ENGENHARIA PORTUÁRIA

Vista aérea de navio conteneiro Neopanamax conduzido por quatro rebocadores, procedendo do Lago Gatún rumo ao Terceiro Jogo de Eclusas de acesso ao Mar do Caribe (Eclusas de Agua Clara), no Canal do Panamá.

Blucher

PAOLO ALFREDINI

ENGENHARIA PORTUÁRIA
MANUAL TÉCNICO

EMILIA ARASAKI
Colaboração especial

2ª edição

ESCOLA POLITÉCNICA DA UNIVERSIDADE DE SÃO PAULO

Engenharia portuária: manual técnico

© 2018 Paolo Alfredini e Emilia Arasaki, 2ª edição

Editora Edgard Blücher Ltda.

1ª edição – 2013

Imagem da capa: teste de *passing ship* no modelo físico do Porto de Santos (escala 1:170) do Laboratório de Hidráulica da Escola Politécnica, estando atracada embarcação Capesize no Armazém 39 e com navio conteneiro de 336 passante carregado na curva do Canal de Acesso. O navio Capesize encontra-se instrumentado para a medição das forças nos cabos de amarração e deslocamentos. O navio conteneiro está sendo radiocontrolado por comandante prático da Santos Pilots. A imagem é a superposição de duas fotografias para se ter a noção do movimento.

Testes na bacia de ondas direcionais espectrais do Laboratório de Hidráulica da Escola Politécnica com os molhes guias-correntes projetados para o canal de acesso ao Porto de Santos (modelo físico na escala 1:120). Na porção inferior da fotografia, estão os dez atuadores de ondas independentes capazes de gerar o espectro direcional do mar.

Blucher

Rua Pedroso Alvarenga, 1245, 4º andar
04531-934 – São Paulo – SP – Brasil
Tel.: 55 11 3078-5366
contato@blucher.com.br
www.blucher.com.br

Segundo Novo Acordo Ortográfico, conforme 5. ed. do *Vocabulário Ortográfico da Língua Portuguesa*, Academia Brasileira de Letras, março de 2009.

DADOS INTERNACIONAIS DE CATALOGAÇÃO NA PUBLICAÇÃO (CIP)
ANGÉLICA ILACQUA CRB-8/7057

Alfredini, Paolo
    Engenharia portuária : manual técnico / Paolo Alfredini, Emilia Arasaki. – 2. ed. – São Paulo : Blucher, 2018.
    1504 p. : il.

    Bibliografia
    ISBN 978-85-212-1319-2 (impresso)
    ISBN 978-85-212-0812-9 (e-book)

    1. Portos – Projetos e construção 2. Portos – Engenharia 3. Hidrovias – obras I. Título. II. Arasaki, Emilia.

18-0710   CDD 627.2

Índice para catálogo sistemático:
    1. Portos – Engenharia

AGRADECIMENTOS

Este livro é o resultado do aprendizado com meus professores da Escola Politécnica da Universidade de São Paulo (EPUSP), das minhas leituras e anotações, da colaboração de meus colegas, da prática da profissão de engenheiro civil em portos e costas, principalmente no Brasil, ao longo de 40 anos.

A minha atuação como professor de Engenharia nos cursos de graduação e pós-graduação há 30 anos foi o incentivo fundamental para este projeto, que se iniciou há quase 20 anos, visando preencher uma lacuna entre o estudante de Engenharia Civil e a literatura sistematizada referente a portos e costas. A partir do livro que antecedeu este título, *Obras e gestão de portos e costas* em suas duas edições (de 2005 e 2009), *Engenharia portuária: manual técnico* foi a evolução natural para atender não só às finalidades acadêmicas, mas também aos profissionais com atribuição para atuar na especialidade.

Agradeço especialmente à editora Blucher, que investiu na ideia do livro, pelo auxílio e pela assistência durante a preparação desta edição nas pessoas de Eduardo Blücher, Bonie Santos e Maria Isabel Silva. À Vale, empresa cujo apoio financeiro, desde 2005, viabilizou comercialmente a disseminação deste conhecimento no meio da comunidade acadêmica e técnica.

Um agradecimento particular ao Engenheiro Edmundo Ferraz, pelo empenho que teve para que se viabilizasse esta edição.

À minha esposa e coautora especial, Profa. Dra. Emilia Arasaki, incentivadora de todas as horas.

Agradeço também aos colaboradores: Karenina Bluvdrowsk (*in memoriam*), Mikaela Ignez (*in memoriam*), Agatha Crocknek (*in memoriam*), Manoel de Araújo (*in memoriam*), Sansão de Oliveira (*in memoriam*), Theophylo Colombo, Benedetto Buyuk Kuroy, Charlie Orawa Galveston, Charlotte de Oliveira, Johan (Hans) Noltes, Mieke den Duyn, Roque de Freitas, Natalia Startseva, José Carlos de Melo Bernardino, Marco Antonio Benitah Salgado, Reinaldo Antonio Ferreira de Lima, Giordano Raffelli, Ambra Montalti, Ivan Valentini e Okasan Yoshiko (*in memoriam*).

Paolo Alfredini

SOBRE OS AUTORES

PAOLO ALFREDINI

Engenheiro Civil pela Escola Politécnica da Universidade de São Paulo, 1979

Ingegnere Civile Idraulico della Facoltà d'Ingegneria dell'Università degli Studi di Padova

Mestre em Engenharia Civil-Hidráulica pela Escola Politécnica da Universidade de São Paulo, 1983

Doutor em Engenharia Civil-Hidráulica pela Escola Politécnica da Universidade de São Paulo, 1988

Livre-Docente em Obras Hidráulicas Fluviais e Marítimas pela Escola Politécnica da Universidade de São Paulo, 1992

Professor Titular em Obras Hidráulicas Fluviais e Marítimas da Universidade de São Paulo, 2008

EMILIA ARASAKI

Bióloga pela Universidade de Santo Amaro, 1986

Mestre em Ciências – Oceanografia Biológica – pelo Instituto Oceanográfico da Universidade de São Paulo, 1997

Doutora em Engenharia Civil-Hidráulica pela Escola Politécnica da Universidade de São Paulo, 2004, com estágio na Universidade de Karlsruhe, Alemanha

Pós-Doutorado em Engenharia Civil pela Escola Politécnica da Universidade de São Paulo, 2005

Professora Colaboradora do Programa de Pós-Graduação em Engenharia Civil da Escola Politécnica da Universidade de São Paulo Pós-Doutorado em Engenharia Civil pelo Instituto Tecnológico da Aeronáutica, 2010

Pós-Doutorado no Instituto Nacional de Pesquisas Espaciais, 2013

PREFÁCIO

A disponibilidade de textos técnicos nacionais para as áreas aplicadas da Engenharia sempre foi um desafio para os profissionais da área. Na verdade, até há poucas décadas, nem textos básicos eram disponíveis em português, por isso, a minha geração de engenheiros teve que recorrer a publicações em inglês, francês, espanhol e italiano para os seus estudos e trabalhos. Infelizmente, por serem textos técnicos, com muitas fórmulas, equações e gráficos, os engenheiros e os estudantes de Engenharia nem mesmo tinham a oportunidade de se aprimorar nas línguas estrangeiras, empregadas nessas publicações.

Num mundo globalizado e numa área profissional de abrangência internacional como a Engenharia, não se está preconizando a necessidade de os textos técnicos serem todos de autores nacionais e escritos em português, muito menos depreciando a importância de livros, manuais, anais, compêndios e artigos técnico-científicos, publicados no exterior, que são imprescindíveis para a atualização dos profissionais brasileiros e para o desenvolvimento do conhecimento.

Para as ciências básicas de formação dos engenheiros, bem como para as ciências de Engenharia, como a termodinâmica, resistência dos materiais e outras, o emprego de textos produzidos no exterior, traduzidos ou não em português, é muitas vezes incentivado, pois permite que abordagens modernas e bastante experimentadas sejam introduzidas no país. Há muitas décadas, empresas se dedicam a produzir textos didáticos, muito bem elaborados e incorporando todas as inovações pedagógicas, contribuindo para a difusão do conhecimento de maneira mais eficaz e estimulando os leitores à sua leitura. Logicamente, pelo seu custo, esses textos são produzidos geralmente em inglês, para atingir um público amplo, e conforme o mercado local, alguns deles são traduzidos em português, geralmente o utilizado no Brasil.

No entanto, quando estamos falando das disciplinas aplicadas de Engenharia, onde as condições locais e ambientais, os aspectos culturais e as características e peculiaridades dos projetos são únicas, o aspecto regional torna-se primordial e a experiência local imprescindível para o desenvolvimento dos trabalhos.

A introdução longa que foi feita é para justificar o meu grande contentamento ao receber as minutas desta nova edição do livro *Engenharia portuária: manual técnico*, uma obra de fôlego com 26 capítulos espalhados em mais de 1.500 páginas. Modestamente, os autores, na introdução do texto, comparam a estruturação deste com o programa da disciplina desenvolvida pelo emérito Professor José Antônio da Fonseca Rodrigues, primeiro docente do assunto na Escola Politécnica de São Paulo, hoje Escola Politécnica da Universidade de São Paulo, ainda em fins do século XIX.

Sabemos, no entanto, que esta publicação incorpora a experiência de séculos de obras no país, mais de um século de estudos sistemáticos no tema, mais de meio século de estudos em modelos físicos e numéricos, e principalmente a prática de execução de obras que são referências no mundo todo. O conhecimento e a experiência internacional estão devidamente incorporados, sendo apresentado todo o conhecimento teórico e experimental no assunto, inclusive com exemplos bastante atraentes, mas a visão brasileira está destacada.

Pela abordagem e atuação dos autores, o texto é bem compreensível e de leitura fácil, o que o torna um livro didático de alta qualidade, seguindo os padrões internacionais, para os alunos de Engenharia Civil e de profissões correlatas. Mais ainda, o texto muito bem estruturado e elaborado, estimula os estudantes a se interessar no tema e assimilar o seu conteúdo, além de motivá-los a atuar nessa área da profissão.

Para os profissionais, o texto é um abrangente manual do assunto, permitindo uma atualização dos seus conhecimentos em Engenharia Portuária, bem como para a obtenção de maiores informações e esclarecimentos. Por ser um trabalho muito compreensivo, o livro atende a todas as expectativas.

Pelo exposto, quero parabenizar os autores pela sua iniciativa e ousadia de realizar um trabalho dessa magnitude e complexidade, que resultou neste excelente livro técnico. Também quero cumprimentar os leitores pela escolha deste texto, cuja leitura contribuirá para os estudantes aprender adequadamente o tema e para os profissionais se aprofundarem no assunto e esclarecerem dúvidas.

Vahan Agopyan

Reitor da Universidade de São Paulo (USP)

Professor titular da Escola Politécnica da USP

Estreito de Bósforo em Istambul (antiga Bizâncio e Constantinopla), entre o Continente Europeu (à esquerda) e o Asiático (à direita), localização estratégica de comércio marítimo desde a Antiguidade, como *hub port* dos impérios Macedônio, Romano, Bizantino e Otomano.

APRESENTAÇÃO

A engenharia civil brasileira iniciou o século XXI com grandes esperanças e otimismo. As obras de infraestrutura estavam em alta e o desenvolvimento tecnológico caminhava com nova velocidade, com incentivos à inovação.

Entretanto, na segunda década do século, veio a crise econômica: as obras pararam, as verbas minguaram e a carência de meios de produção e transporte tornou-se quase impeditiva para o progresso.

No cenário atual, de aparente recuperação, o desenvolvimento do agronegócio e a produção de matéria-prima clamam por diminuição dos custos de transporte para viabilizar a competição de nossos produtos nos mercados internacionais.

A falta de portos de alta capacidade em nosso país é gritante. Há poucos, que concentram grande parte das operações, provocando enormes filas de embarque e desembarque e até congestionamentos em rodovias.

Essa falta não se deve à ausência de profissionais competentes na área. Basta folhear o livro *Engenharia portuária*, de Paolo Alfredini e Emilia Arasaki, um verdadeiro compêndio sobre o assunto, para atestar o potencial de realização a ser desenvolvido.

O projeto de um porto é trabalho que envolve muitas competências e multidisciplinaridade: há questões sobre localização e estrutura que devem prever dimensões de navios e suas manobras; logística portuária relativa à movimentação de cargas; segurança de pessoas e de equipamentos; possíveis danos ambientais; adaptação urbana do entorno às condições de operação; impactos econômicos; geração e uso de energia; e uma infinidade de situações emergentes no dia a dia.

Nesta obra, a maioria desses fatores é abordada de maneira clara, detalhada e precisa por Alfredini e Arasaki, pesquisadores de grande experiência em projeto, ensino e pesquisa dessa atividade tão importante para o progresso e para a vida das populações.

Dividindo o assunto em cinco partes: "Hidráulica marítima", "Hidráulica fluvial", "Obras portuárias e costeiras", "Obras hidroviárias" e "Adaptação do transporte aquaviário às mudanças climáticas". Em edição nova e expandida, o leitor encontrará mais que um livro-texto de estudo, tendo à disposição um manual de projeto completo e confiável.

Todos os exemplos apresentados são relativos a situações reais, a maioria deles contando com a participação dos autores, e tratados dentro do mais sofisticado rigor científico, garantindo ao usuário do texto uma perfeita consonância entre teoria e prática, aspecto precioso para todo trabalho de engenharia.

Assim, acredito estar diante de um guia didático, seguro e completo, que, dado o extremo domínio que os autores têm do assunto, é completado com uma rica lista de referências que, além de corroborarem a qualidade do texto, proporcionam aprofundamento e a obtenção de um alto grau de conhecimento inovador.

José Roberto Castilho Piqueira

Diretor da Escola Politécnica da Universidade de São Paulo (EPUSP)

O Cairo (Egito), no extremo sul do Delta do Rio Nilo. A civilização egípcia, que floresceu a partir do Quarto Milênio a.C., organizou sua logística comercial a partir dessa importante artéria de navegação, que a pôs em comunicação com o Mar Mediterrâneo, tendo sido durante o Império Romano a província considerada como celeiro de grãos do Império.

INTRODUÇÃO

Esta edição do livro *Engenharia portuária: manual técnico* teve como linha mestra descortinar para o leitor, profissional do meio, estudante ou mesmo curioso da temática, o amplo e fascinante panorama de conhecimentos que se espera serem familiares ao engenheiro civil, para que possa empregá-los em sua atribuição ligada à infraestrutura para a navegação e para os portos. Essa arte tecnológica foi sendo aprimorada e transmitida por mais de 150 gerações sucessivas de engenheiros militares e de fortificações e engenheiros civis desde a Antiguidade até os tempos contemporâneos, ao longo de cerca de três mil anos.

O comércio, a riqueza e a potência das nações são fundamentalmente estabelecidos empregando a navegação. Assim, as nações que dominam os conhecimentos de infraestrutura para a navegação e para os portos constituem-se historicamente nos grandes impérios hegemônicos quando passam a controlar os mares, tanto comercial quanto militarmente. De fato, no Ocidente, sucederam-se cronologicamente os impérios: Egípcio, das Cidades-Estado Gregas (Atenas, Esparta e Corinto) e de suas colônias na Magna Grécia (Siracusa, Agrigento, Taranto), Macedônio, Cartaginês, Romano, Bizantino, Sarraceno, Normando, das Repúblicas Marítimas Italianas (Amalfi, Pisa, Genova e Venezia), Espanhol, Neerlandês, Russo e Britânico. Com o declínio dos impérios formais, ao longo do século XX, sobressaíram-se, após as duas Guerras Mundiais, os cinco grandes blocos econômicos e seus satélites comerciais e aliados: Estados Unidos, União Soviética/Rússia, Japão, China e União Europeia.

Comprovação da importância da navegação e dos portos para as nações é a exponencial escalada do porte dos navios conteneiros nos últimos vinte anos, resultante do incremento das transações comerciais globais e que levou à recém-inaugurada obra de maiores eclusas no canal do Panamá. A expectativa é que os conteneiros megamaxes crescerão ainda mais, talvez gerando uma nova classe, uma vez que já estão sendo encomendados navios para 22.000 TEUs.

A demonstrar a pujança do setor, nos últimos vinte anos, oito obras de infraestrutura aquaviária se destacaram no mundo:

- IJmuiden New Sea Lock (Países Baixos)
- Maeslant Barrier (Países Baixos)
- MOSE Storm Surge Barriers em Venezia (Itália)
- Panama Canal New Locks (Panamá)
- Saint Petersburg Storm Surge Barrier (Rússia)
- Sand Engine (Países Baixos)
- Seine – Nord Europe (França)
- Three Gorge Shiplift (China)

No contexto delineado, e por ocasião dos 120 anos (1898-2018) da criação do programa da Disciplina *II Cadeira – Navegação Interior, Canaes, Portos de Mar e Pharóes*, ministrada por mais de duas décadas pelo eminente Engenheiro e Professor *Lente Cathedratico da 6ª Secção*, José Antonio da Fonseca Rodrigues, alinharam-se os capítulos desta obra com aquela estruturação primordial da primeira disciplina sobre infraestrutura para a navegação e para os portos do Curso de Engenheiros Civis da Escola Polytechnica de São Paulo. O engenheiro e professor Fonseca Rodrigues, que atuou profissional e academicamente por mais de cinquenta anos na especialidade, escreveu monografias magistrais, em sintonia com os mais avançados conhecimentos mundiais em sua época, podendo-se citar: *O emprego da Fórmula de Stevenson para o Cálculo da Amplitude da Onda para o Porto de São Sebastião* (1892), trabalho precursor em cinco décadas da construção do Porto de São Sebastião (SP); *As Emboccaduras das Lagôas com Applicação á Barra do Rio Grande do Sul* (1903), trabalho escrito uma década antes do início da construção dos molhes guias-correntes e do Porto Novo de Rio Grande (RS); bem como *Obras de Melhoramento dos Portos de S. Sebastião e Ubatuba* (1941).

Décadas depois, com a reorganização das cátedras, a disciplina passou a se denominar *Cadeira nº 16 – Navegação, Rios, Canaes e Portos*, seguindo praticamente com o mesmo programa e a carga horária primordiais. Com a extinção das cátedras, em 1968, a disciplina passou a se denominar Navegação Interior e Portos Marítimos, em cuja estruturação este livro se fundamenta. Atualmente, tem o nome de Portos, Obras Marítimas e de Navegação, o que remete à sua origem de disciplina voltada à infraestrutura para a navegação e para os portos.

Ao eminente professor *Lente Cathedratico* Fonseca Rodrigues, sucederam-se três outros professores catedráticos e dois professores titulares a quem coube tratar da temática. Assim, essas seis gerações de engenheiros professores se empenharam em manter a continuidade com as origens, garantindo a obrigatoriedade da disciplina, conforme constata-se desde os *Annuarios da Escola Polytechnica de São Paulo*.

Assim, este livro tem a proposta de trazer bases consistentes sobre os conteúdos necessários para a abordagem dos projetos das obras de infraestrutura para a navegação e para os portos e, além disso, oferecer ferramentas para o exercício prático da profissão de engenheiro civil nesta área.

Brevemente, citaremos a seguir as equivalências de números e títulos dos capítulos desta obra com o programa de Navegação Interior, Canaes, Portos de Mar e Pharóes, legado pelo professor José Antonio da Fonseca Rodrigues.

- Capítulo 1 Hidrodinâmica e Estatística das Ondas Curtas Produzidas pelo Vento – *Os ventos. As ondas.*
- Capítulo 2 Dinâmica das Ondas Longas de Maré em Embocaduras Marítimas – *Correntes Marinhas. Estudo pratico das marés. Correntes de maré. Outros meios para assignalar as costas e os canaes.*
- Capítulo 3 Transporte de Sedimentos Litorâneos e Morfologia Costeira – *Regimen das costas*
- Capítulo 4 Hidrossedimentologia, Dinâmica Halina e Morfológica de Embocaduras Marítimas – *Correntes de maré n'um estuario. Estuarios em boas condições naturaes. Estudo topographico do estuario. A embocadura. Embocadura de lagôas em mar sem maré. Lagôas e bacias desembocando em mar de marés.*
- Capítulo 5 Transporte Fluvial de Sedimentos – *Estudo hydrologico e geológico da bacia fluvial. Operações sobre o terreno e observações para o estudo do regimen dos rios. Observações hydrometricas. Determinação da vasão.*
- Capítulo 6 Início do Movimento Sedimentar e Rugosidades no Leito Fluvial – *Constituição do leito. Fórma do leito.*
- Capítulo 7 Quantificação do Transporte Fluvial de Sedimentos – *Fórmulas e methodos de calculos de vasão.*
- Capítulo 8 Morfologia Fluvial e Teoria do Regime – *Cheias fluviais.*
- Capítulo 9 Características Planialtimétricas Fluviais em Planície Aluvionar – *Regularisação do leito.*

- Capítulo 10 Tipos de Portos – *Portos naturaes e artificiais. Local do porto. Portos sobre as costas. Canaes lateraes dando accesso a portos maritimos. Obras de abrigo de portos nacionaes.*

- Capítulo 11 Dimensões Náuticas Portuárias – *Navegação maritima. Obras de accesso aos portos. Os barcos e a navegação de transporte maritimo. Grandes canaes que dão accesso a portos.*

- Capítulo 12 Tipo de Obras de Abrigo Portuárias – *Diversos typos de molhes. Varios typos de quebra-mar. Construcção dos quebra-mares. Apparelhos usados na construção.*

- Capítulo 13 Dimensionamento de Obras de Abrigo Portuárias – *Quebra-mar de enrocamento com superestructura. Quebra-mar de muralha vertical.*

- Capítulo 14 Estruturas e Equipamentos de Acostagem – *Caes. Local próprio para docas. Muralhas de docas e de caes. Construcção dos caes. Entrada das docas. Installações concernentes aos caes.*

- Capítulo 15 Equipamentos de Movimentação e Instalações de Armazenamento de Carga – *Transporte e armazenamento das mercadorias. Installações destinadas ás manobras. Apparelhos de manobra. Installações especiaes. Acção da agua do mar sobre os materiaes de construcção.*

- Capítulo 16 Funções, Organização e Planejamento Portuário – *Regimen comercial dos portos. Principios geraes seguidos para iluminação das costas e das passagens navegaveis. Torres dos Pharóes.*

- Capítulo 17 Tipos de Obras de Defesa dos Litorais – *Diques.*

- Capítulo 18 Efeitos das Obras Costeiras Sobre o Litoral – *Diques.*

- Capítulo 19 Tipos de Obras em Embocaduras Marítimas – *Situação dos portos próximos áembocadura dos rios. Melhoramento da embocadura. Melhoramentos das boccas dos deltas. Obras de fixação do canal no estuario e de regularisação. Molhes na embocadura dos estuarios sujeitos a acção da maré. Melhoramento do accesso a portos situados na entrada de lagôas. Melhoramento da parte maritima dos rios.*

- Capítulo 21 Obras de Escavação Submersas – *Dragagem. Transporte do material dragado.*

- Capítulo 22 Dimensões Náuticas Hidroviárias – *Barcos empregados na navegação fluvial. As grandes bacias hydrographicas brasileiras. As bacias secundarias. Navegação fluvial do Brasil. Melhoramento do leito. Methodos de melhoramento das condições de navegabilidade de um rio: regularização e canalizações dos rios. Meios de transpôr os açudes.*

- Capítulo 23 Obras de Melhoramento Hidroviário para a Navegação – *Diversas espécies de canaes. Canaes de navegação. Canal lateral. Consolidação das margens. Rectificação do leito. Regularisação do leito. Açudes fixos. Açudes semi-fixos. Açudes de cavaletes moveis. Açudes de painéis gyrantes. Protecção contra as inundações e meios de mitigar os seus effeitos. Deseccamento. Canal de ponto de partilha. Obras destinadas á passagem dos barcos para trechos dos niveis differentes. Conservação e administração dos canaes.*

- Capítulo 24 Obras de Transposição de desnível com Eclusas e Capacidade de Tráfego Hidroviário – *Canaes de dous mares. Portas das eclusas.*

- Capítulo 25 Obras de Arte e Equipamentos Especiais da Infraestrutura Associada à Navegação Hidroviária Interior – *Obras destinadas á passagem dos barcos de um trecho a outro do canal.*

- Os Capítulos 20 e 26 tratam de temas que não eram relevantes no início do século XX.

Assim, os autores esperam que o tratamento empregado nesta obra de estudos da infraestrutura para a navegação e para os portos se constitua em degrau inicial de contribuição para um conhecimento abrangente desta arte tecnológica, motivação profissional e ferramenta didática para a revalorização da temática no meio acadêmico e profissional brasileiro.

Roma, 17 de janeiro de 2018

Paolo Alfredini
Emilia Arasaki

Píer IV da Vale no Terminal Marítimo de Ponta da Madeira, em São Luís (MA).

CONTEÚDO

PARTE 1

HIDRÁULICA MARÍTIMA

Modelo físico da Barra Lagunar de Cananeia (SP) para estudos de melhoramentos para a navegação (1955 a 1972).
Escala horizontal 1:400, escala vertical 1:100, com simulação da maré, geração de ondas e fundo móvel.

THE TEN COMMANDMENTS FOR COASTAL PROTECTION

I   Thou shalt love thy shore and beach.

II   Thou shalt protect it gainst the evils of erosion.

III   Thou shalt protect it wisely, yea, verily and work with nature.

IV   Thou shalt avoid that nature turns its full forte gainst ye.

V   Thou shalt plan carefully in thy own interest and in the interest of thine neighbour.

VI   Thou shalt love thy neighbour's beach as thou lovest thine own beach.

VII   Thou shalt not steal thy neighbour's property, neither shalt thou cause damage to his property by thine own protection.

VIII   Thou shalt do thy planning in cooperation with thy neighbour and he shalt do it in cooperation with his neighbour and thus forth. So be it.

IX   Thou shalt maintain what thou has built up.

X   Thou shalt show forgiveness for the sins of the past and cover them with sand. So help thee God.

Per Bruun (1972)

LISTA DE SÍMBOLOS

a amplitude da onda, aceleração centrípeta orbital, parâmetro do espectro JONSWAP, parâmetro de forma da distribuição de Weibull, amplitude da maré

a_B amplitude orbital (metade da excursão total) das partículas fluidas no topo da camada limite oscilatória (aproximadamente no fundo)

a' compacidade dos sedimentos

A semieixo horizontal do movimento orbital em onda de oscilação, parâmetro utilizado por Keulegan na análise de cunha salina estacionária em estuários, fator de amplificação em onda estacionária, parâmetro dos espectros tipo Pierson e Moskowitz e do espectro de Darbyshire

B semieixo vertical do movimento orbital em onda de oscilação, comprimento em baixa-mar para a máxima salinidade oceânica atingir a extremidade oceânica do estuário, largura de abertura em um quebra-mar (brecha), largura do coroamento de um maciço, parâmetro dos espectros tipo Pierson e Moskowitz e do espectro de Neumann

c celeridade, ou velocidade de propagação, ou velocidade de fase das ondas

c_g celeridade de grupo de ondas, ou velocidade de propagação da energia total das ondas (no fluxo de energia)

C coeficiente de Chézy

C_f coeficiente de transmissão da onda

D_i diâmetro de sedimento com i% em peso de diâmetro menor

D'_0 coeficiente de difusão aparente

E energia contida em uma onda por unidade de área, espectro de densidade de energia da onda em função da frequência, probabilidade de encontro esperada

E_T energia contida em uma onda por unidade de largura (comprimento de crista)

f frequência. Encimado por uma barra corresponde à frequência média

F pista de sopro (*fetch*), borda livre

F_g força gravitacional

F_0 parâmetro de *fetch* adimensional

g aceleração da gravidade

G constante universal de gravitação, função de dispersão direcional do espectro direcional de onda

h profundidade d'água

H altura da onda. Quando encimado por uma barra horizontal corresponde à altura média de onda

H'_0 altura de onda em água profunda sem refração

H_p onda de projeto

i ângulo agudo de incidência da direção da frente de onda com a direção da corrente

J declividade da superfície livre

k número de onda, parâmetro do espectro ITTC

K_d coeficiente de difração

K_f coeficiente de reflexão

K_r coeficiente de refração das ondas

K_s coeficiente de empolamento das ondas

K_t coeficiente de transmissão da onda

K_z fator de resposta de pressão das ondas

l comprimento de uma bacia portuária

L comprimento da onda

L'_0 comprimento de onda em água profunda sem refração

L_0 comprimento de cunha salina

m declividade da praia, momento espectral, quociente entre velocidade de corrente e celeridade, número de nós de oscilação estacionária na direção transversal de uma bacia portuária

M massa, transporte de sedimentos litorâneos longitudinal em volume anual

n relação entre a velocidade de grupo e a de fase das ondas, coeficiente de Manning, número de nós de oscilação estacionária na direção longitudinal de uma bacia portuária

N número de ondas numa tempestade, parâmetro utilizado por Ippen na análise de estuários misturados

p pressão das ondas, parâmetro de arrebentação de Swart, função densidade de probabilidade

P potência contida em uma onda por unidade de largura

$P(\ )$ probabilidade de excedência de um parâmetro

Q vazão líquida

$Q(\ )$ probabilidade acumulada de um parâmetro

Q_d vazão de transporte de sedimentos litorâneos longitudinal rumando para a direita da praia de quem olha para o mar

Q_e vazão de transporte de sedimentos litorâneos longitudinal rumando para a esquerda da praia de quem olha para o mar

Q_g vazão de transporte de sedimentos litorâneos longitudinal global

Q_s vazão de transporte de sedimentos litorâneos longitudinal resultante

r intervalo de tempo entre registros sucessivos de amostragem das ondas, ângulo agudo de refração da direção da frente de onda com a direção da corrente

R distância entre dois corpos que se atraem, vazão de água doce

Re   número de Reynolds densimétrico

s salinidade, desvio-padrão

S área de seção transversal, função densidade da variância espectral com a frequência da onda

t ordenada temporal

t_B instante, contado a partir da baixa-mar, em que se atinge a salinidade oceânica na extremidade oceânica do estuário

T período de cruzamento do zero ou de maré. Quando encimado por uma barra horizontal corresponde a período médio

T_p período de pico do espectro de onda. Encimado por uma barra corresponde ao período médio

T_v vida útil de uma obra

T_z período médio de onda de oscilação, período de cruzamento do zero

u componente horizontal da velocidade orbital da onda de oscilação, velocidade longitudinal

u_B máximo valor da velocidade orbital das partículas fluidas no topo da camada limite oscilatória (aproximadamente no fundo)

U	velocidade do vento a uma altura padrão de 10 m sobre o nível d'água, velocidade de transporte de massa pelas ondas curtas
U_*	velocidade de atrito do vento
U_A	velocidade ajustada do vento a dez metros acima do nível do mar
V	velocidade de corrente litorânea longitudinal gerada na arrebentação das ondas, velocidade de corrente
V_r	velocidade de água doce
$V\Delta$	velocidade densimétrica
w	componente vertical da velocidade orbital da onda de oscilação
W	largura de estuário
x	ordenada horizontal
z	ordenada vertical
Z_0	distância vertical entre o *datum* e o nível médio do mar
α	ângulo formado pelas cristas das ondas com a isóbata, ângulo com a horizontal de um talude, constante de Phillips
α^*	parâmetro do espectro JONSWAP derivado aproximadamente por Goda
β	parâmetro do espectro de Pierson e Moskowitz, parâmetro de escala da distribuição de Weibull
γ	parâmetro de agudez do pico do espectro JONSWAP com relação ao espectro de Pierson e Moskowitz, índice de arrebentação, peso específico da água, parâmetro de correção da máxima densidade espectral correspondente ao espectro de Pierson e Moskowitz aplicado no espectro JONSWAP, parâmetro usado na distribuição de Rayleigh para a determinação de $H_{máx}$ e parâmetro de locação na distribuição de Weibull
γ_S, γ_S'	pesos específicos dos grãos pesados ao ar e submersos
δ	esbeltez, ou encurvamento, ou declividade da onda
Δ	fase de componente de maré
ε	largura da banda espectral
η	ordenada da partícula d'água com referência ao nível médio da órbita da onda
θ	fase da onda de oscilação, defasagem angular entre o nível e a velocidade em uma onda de maré, rumo de propagação de onda, ângulo de atrito
λ	comprimento de onda de maré, parâmetro de forma do espectro de Ochi e Hubble
μ	viscosidade dinâmica
ν	viscosidade cinemática do fluido, parâmetro de largura do espectro de energia das ondas
ξ	parâmetro de semelhança da arrebentação de Battjes
ρ	massa específica do fluido
ρ_S	massa específica dos grãos pesados ao ar
σ	parâmetro de largura do espectro JONSWAP, frequência angular da maré, desvio-padrão
σ'	coeficiente de variação
τ_S	tensão de arrastamento de estabilização sobre o fundo exercida pelas correntes
φ	função a potencial de velocidades
ϕ	funções espectrais
ω	frequência angular das ondas
Ω	prisma de maré

SUBÍNDICES:

b	relativo à arrebentação
B	topo da camada limite oscilatória (aproximadamente o fundo)
c	assinala valor crítico quanto ao início de arrastamento dos sedimentos, denota grandeza relacionada à influência de corrente marítima sobre a onda
(o), (0)	indicativo das características das ondas em águas profundas (o), relativo à grandeza na embocadura oceânica (0) de um estuário, momento de ordem zero do espectro em frequência
RMS	raiz do valor quadrático médio na arrebentação
s	indicativo de onda significativa

HIDRODINÂMICA E ESTATÍSTICA DAS ONDAS CURTAS PRODUZIDAS PELO VENTO

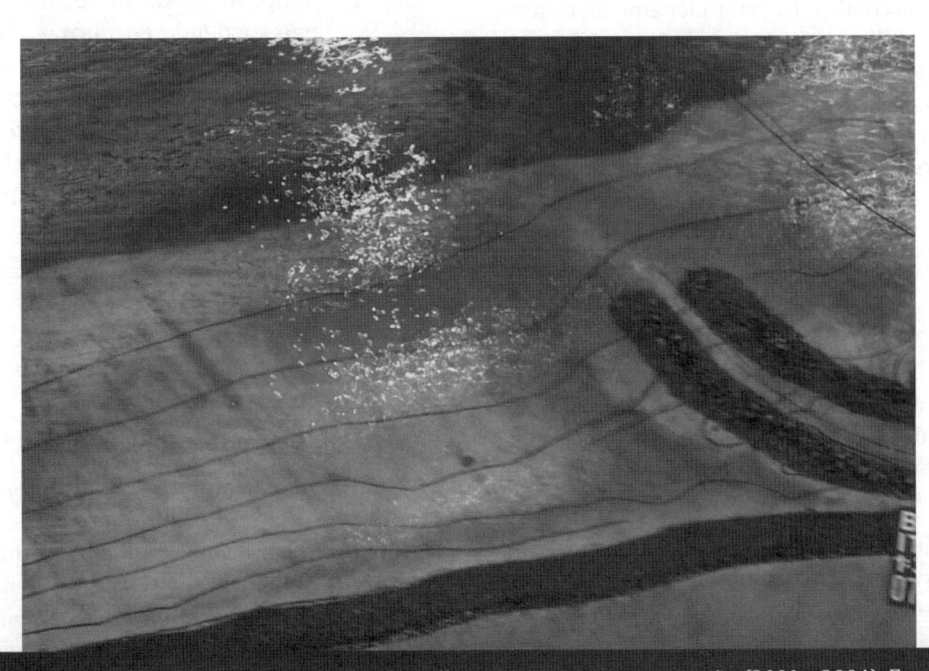

Modelo físico da barra do rio Itanhaém (SP) para estudos de melhoramentos para a navegação (2000 a 2004). Escala horizontal 1:300, escala vertical 1:50, com simulação da maré, geração de ondas e fundo fixo utilizando traçadores sedimentológicos. Visualização das ortogonais das ondas com corante de permanganato de potássio na aproximação da zona de arrebentação da Praia do Centro.

1.1 INTRODUÇÃO SOBRE ONDAS DE OSCILAÇÃO

A superfície livre do mar ou de grandes corpos d'água, como lagos ou reservatórios, apresenta-se, normalmente, ondulada em razão das perturbações no plano d'água em repouso originadas de diversas causas.

Os efeitos das ondas de superfície são de capital importância para o projeto de obras marítimas e lacustres, como portos, vias navegáveis, defesa dos litorais e de margens, obras *offshore* e na Engenharia Naval.

Um conhecimento adequado dos processos físicos fundamentais envolvidos com as ondas de superfície é muito importante para o planejamento e projeto das obras marítimas e lacustres.

As ondas de superfície da interface água-ar transferem energia da fonte que as gerou para alguma estrutura ou linha de costa (ou margem), que dissipa ou reflete uma significativa parcela dessa energia. Assim, as ondas constituem o principal agente modelador da costa, pelo transporte de sedimentos que promovem e produzem muitas das forças às quais as estruturas marítimas ou lacustres estão submetidas.

As ondas de oscilação são movimentos periódicos cuja propagação não envolve grande deslocamento de massas líquidas de sua posição inicial por ocasião de sua passagem.

As ondas de superfície geralmente derivam sua energia dos ventos que sopram sobre a superfície do mar e propagam-se, principalmente, no rumo em que sopram. Convenciona-se indicar como rumo de propagação das ondas ou ventos o azimute com o Norte Verdadeiro da área de onde provêm.

Assumindo-se um mar de profundidade, velocidade do vento e pista de sopro (*fetch*) ilimitados, o estado do mar será caracterizado por uma condição de mar plenamente desenvolvido, que é aproximadamente atendida em mar aberto em grandes profundidades, sendo as ondas resultantes representadas pela Escala Internacional Beaufort de Força do Vento com referenciação à agitação do mar (altura significativa e período aproximados), e os valores em negrito para mares em altas latitudes entre os Trópicos e os Círculos Polares (KAMPHUIS, 2012), conforme a seguinte caracterização:

Força 0:   calmaria de 0 a 1 nó, mar espelhado com agitação nula.

Força 1:   bafagem de 1 a 3 nós, mar encrespado em pequenas rugas com aparência de escamas, mas sem cristas espumosas, com agitação inferior a 0,1 m e 2 s.

Força 2:   aragem de 4 a 6 nós, ligeiras ondas curtas, porém mais pronunciadas sem quebra das cristas, com agitação de 0,1 m a 0,3 m e 3 s.

Força 3:   fraco de 7 a 10 nós, ondas maiores com cristas começando a quebrar e espumas brancas irregularmente esparsas ("carneiros"), com agitação de 0,4 m a 0,6 m e 4 s.

Força 4:   moderado de 11 a 16 nós, pequenas vagas em aumento e "carneiros" bastante frequentes, com agitação de 1,0 m a 1,5 m e 5 s.

Força 5:   fresco de 17 a 21 nós, vagas moderadas tendendo a formas mais longas e pronunciadas com muitos "carneiros" e prováveis borrifos, com agitação de 2,0 m a 2,4 m e 6 s.

Força 6:   muito fresco de 22 a 27 nós, grandes vagas formando-se com extensas cristas de espumas brancas e borrifos, com agitação de 3,6 m a 4,0 m e 8 s.

Força 7:   forte de 28 a 33 nós, mar grosso com pequenos vagalhões e a espuma branca da quebra das ondas começa a ser espalhada em faixas no rumo do vento, com agitação de 4,8 m e **7,0** m e 10 s.

Força 8:   muito forte de 34 a 40 nós, vagalhões moderados e as cristas se quebram em borrifos, com a espuma branca espalhada em faixas bem definidas no rumo do vento, com franca arrebentação, com agitação de 5,5 m a 7,7 m e **11** m e 13 s.

Força 9:   duro de 41 a 47 nós, vagalhões com faixas brancas de espuma no mesmo rumo do vento e suas cristas começam a rolar, com os borrifos começando a afetar a visibilidade, com agitação de 7,0 m a 10,0 m e **18,0** m e 16 s.

Força 10:   muito duro de 48 a 55 nós, grandes vagalhões com grandes cristas que demoram a se desfazer, sendo a espuma branca resultante espalhada em faixas densas no mesmo rumo do vento, tornando-se o conjunto da superfície do mar branco. O rolar das cristas torna-se pesado e a visibilidade é afetada, com a agitação atingindo 9,0 m a 12,0 m e **25,0** m e 18 s.

Força 11:   tempestuoso de 56 a 63 nós, vagalhões excepcionais, podendo encobrir a vista de embarcações pequenas e médias, com o mar completamente coberto por faixas de espuma espalhadas no mesmo rumo do vento, com a crista dos vagalhões se desfazendo em espuma borbulhante e afetando bastante a visibilidade. A interface da agitação entre mar e ar atinge 16,0 m e **35,0** m e 20 s.

Força 12:   furacão 1 de 64 a 71 nós, o ar fica tomado de espuma e borrifos e o mar torna-se completamente branco, com a visibilidade seriamente afetada, com a interface da agitação entre mar e ar atingindo 40 m e 22 s.

Em águas profundas, a máxima altura atingida pelo movimento da onda está limitada pela máxima esbeltez, ou encurvamento, ou declividade da onda ($\delta_{0\ máx}$), que é o quociente entre a altura e o comprimento da onda. Quando o crescimento da esbeltez atinge esse limiar, a onda começa a arrebentar, dissipando parte de sua energia. Michell (1893, apud U. S. ARMY, 1984) sugeriu:

$$\delta_{0\ máx} = 0,142 \sim 1/7$$

Essa condição ocorre quando o ângulo interno entre as duas tangentes à superfície da onda se propagando forma 120°, conforme será explicado no item sobre a arrebentação. Miche (1944, apud KAMPHUIS, 2012) generalizou esse critério para:

$$\frac{H_b}{L_b} = 0,14\,tanh\left(\frac{2\pi h_b}{L_b}\right)$$

Na área de influência do vento sobre a superfície da água, zona de geração (*seas*) das ondas forçadas pelo vento, estas se apresentam com formas irregulares, denominadas vagas (em inglês *seas*), e constantemente mutáveis por causa das irregularidades da ação do vento e da sua variabilidade no rumo de propagação (tridimensionalidade). A descrição da superfície do mar é dificultada pela interação das vagas individuais, podendo-se associar um rumo de propagação a uma média dos rumos das vagas individuais. As vagas mais rápidas sobrepõem-se e passam sobre as mais lentas vindo de diferentes rumos. Algumas vezes, essa interação é construtiva, e outras vezes, destrutiva. Quando as ondas movem-se para fora da zona em que são diretamente afetadas pelo vento, assumem um aspecto mais ordenado, e são denominadas ondulações ou marulhos (em inglês *swell*), com a configuração de cristas e cavados definidos e com uma subida e descida mais rítmicas. Essas ondulações são aproximadamente paralelas e propagam-se de modo sensivelmente uniforme e sem grandes deformações em direção à costa ou às margens, sendo, portanto, ondas bidimensionais. Chegam à costa com intensidade variável em função das características adquiridas quando de sua geração. Tais ondas podem viajar centenas ou milhares de quilômetros, após deixarem a área em que foram geradas, sendo sua energia dissipada internamente ao fluido, pela interação com o ar, no leito em águas rasas e na arrebentação.

O clima de ondas em uma determinada localidade é caracterizado por três parâmetros independentes: período, altura e rumo de propagação, que se correlacionam direcionalmente através das rosas de alturas e períodos de ondas, como é usual representar também para os ventos. É interessante observar que frequentemente denomina-se altura da onda o seu valor na superfície, que corresponde à máxima altura, uma vez que em profundidade esta altura vai se reduzindo.

Na zona de geração das vagas, não é possível o estabelecimento de um equacionamento analítico do movimento, pois as rajadas da ação do vento são um fenômeno essencialmente aleatório, que deve ser tratado estatisticamente. Nesta zona, as vagas comportam-se como oscilações forçadas, em que a força perturbadora do vento é continuamente aplicada. Já as ondulações podem ser mais aproximadas ao conceito de ondas cilíndricas (bidimensionais) simples, sucessivas, equidistantes e de formas idênticas que se propagam com celeridade constante e sem deformações em águas profundas, constituindo um trem de ondas. Neste caso, as ondulações comportam-se muito mais como oscilações livres, ou seja, sem a ação da força perturbadora do vento que as produziu e dependendo apenas da força da gravidade, o que permite o estabelecimento de formulações analíticas para o equacionamento do fenômeno.

As teorias formuladas para descrever analiticamente o mecanismo das ondas de oscilação são baseadas em ondas simples descritas por funções matemáticas elementares que podem ser usadas para descrever o movimento das ondas. Para muitas situações práticas, essas formulações simplificadas fornecem previsões confiáveis para as aplicações em Engenharia.

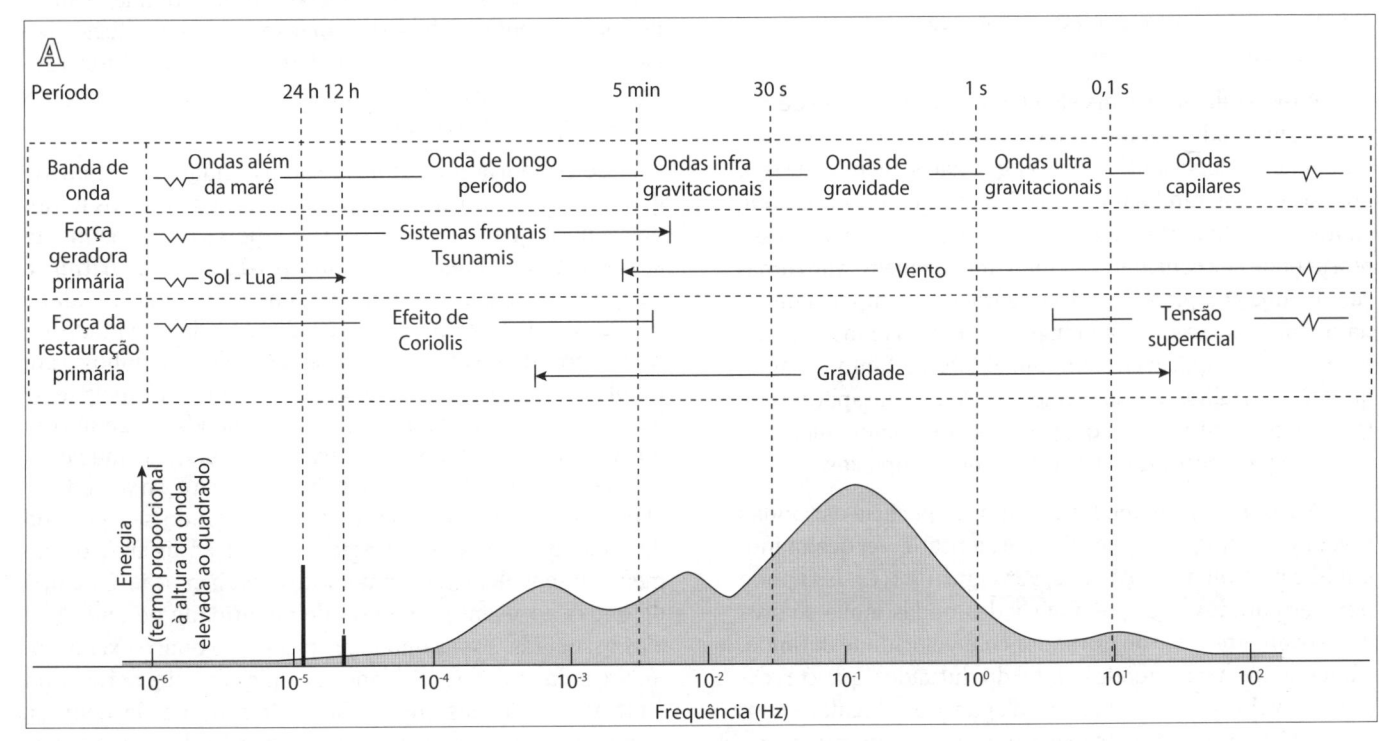

Figura 1.1

(A) Distribuição aproximada da energia superficial das ondas oceânicas ilustrando a classificação das ondas superficiais.

Em geral, o fenômeno das ondas de oscilação é complexo e difícil de ser descrito matematicamente em virtude das características de não linearidade, tridimensionalidade e aleatoriedade. Entretanto, há duas teorias clássicas, uma desenvolvida por Airy, em 1845, e outra por Stokes, em 1847, que descrevem as ondas simples e que preveem bem o comportamento das ondas, principalmente em lâminas d'água maiores relativamente ao comprimento de onda. Entre as teorias de ordem superior, ou de amplitude finita, citam-se a de Stokes de ordem superior (de segunda, terceira e quinta ordens), mais adequada para ondas maiores em grandes profundidades, nas quais a crista, mais afilada, se afasta mais do nível médio que os cavados, mais compridos; a cnoidal, que contempla a distorção da forma da onda pela interação do movimento da água com o fundo em águas rasas; e a solitária, desenvolvida por Boussinesq, em 1872, para o limite de águas muito rasas em que a onda está prestes a arrebentar, e todas as partículas de água têm $z > 0$, correspondendo não realmente a uma onda periódica, mas a uma forma harmônica de deslocamento.

Em particular, todas as teorias clássicas consideram as ondas como progressivas simples, ou seja, inteiramente cilíndricas, reproduzindo-se de forma idêntica em qualquer ponto da superfície líquida ortogonal ao plano de propagação. Isso permite a grande simplificação de poder considerar o movimento apenas em duas dimensões, o que é uma consideração que na natureza somente pode ser admitida em situações muito particulares.

A técnica de modelação física foi, e ainda é, essencial e um fator preponderante no avanço do conhecimento e aprimoramento das teorias clássicas, e das aproximações analíticas, em todo o campo da hidráulica marítima. A ligação teórico-experimental sempre conduz a resultados técnicos essenciais para o projeto, construção e operação das obras marítimas.

A teoria de onda mais elementar, referida como de pequena amplitude ou linear, foi desenvolvida por Airy e é de fundamental importância, uma vez que não somente é de fácil aplicação, mas também confiável, abrangendo um grande campo de todo o regime de ondas. Matematicamente, essa teoria pode ser considerada como uma primeira aproximação de uma completa descrição teórica do comportamento da onda. A experiência ao longo das décadas mostrou que essa teoria é aplicável com confiabilidade tanto a vagas, quanto a marulhos, não havendo necessidade de aplicar uma teoria mais complexa, as quais são normalmente aplicadas somente para pesquisa e projetos muito complexos.

A observação de um flutuador na superfície das ondas revela que sua posição oscila horizontal e verticalmente em torno de uma posição fixa, ver Figura 1.1(C). Isso pode parecer paradoxal, já que o perfil das ondas move-se progressivamente junto ao flutuador com velocidade definida. Obviamente, a velocidade orbital do flutuador, que corresponde à velocidade da partícula d'água, e a velocidade com que a crista da onda se propaga, que corresponde à velocidade de fase ou celeridade da onda, são muito diferentes.

Assim, o conceito de ondas de oscilação ou quase oscilatórias pode ser entendido: corresponde àquelas ondas em que as trajetórias descritas pelas partículas são órbitas fechadas ou quase fechadas em cada período de onda.

Ondas sinusoidais ou harmônicas simples, como as tratadas neste capítulo, são ondas simples cujo perfil superficial pode ser descrito por uma única função seno ou cosseno. Elas são periódicas porque o seu movimento e o seu perfil superficial são recorrentes em iguais intervalos de tempo, definindo o período.

Por outro lado, uma forma de onda que se move relativamente a um ponto fixo, definindo um rumo de propagação, é denominada onda progressiva, que, portanto, reproduz-se no tempo e no espaço. A onda é denominada estacionária quando sua forma não tem rumo de propagação, e sua celeridade é nula.

A teoria linear de Airy descreve ondas puramente oscilatórias. Muitas teorias de ondas de amplitude finita descrevem ondas quase oscilatórias, já que, na realidade, o fluido desloca-se por um pequeno comprimento no rumo de propagação das ondas em cada passagem sucessiva de onda. É importante distinguir os vários tipos de ondas que podem ser gerados e propagados. Na classificação das ondas, o período, intervalo de tempo que uma onda dispende para progredir uma distância de um comprimento de onda, ou o seu recíproco, a frequência, relacionam-se à quantidade relativa de energia contida nas ondas. As forças geradoras primárias e de restauração também caracterizam os tipos de ondas. É importante distinguir os vários tipos de ondas que podem ser gerados e propagados. A Figura 1.1(A) evidencia uma classificação das ondas pelo período, intervalo de tempo que uma onda dispende para progredir uma distância de um comprimento de onda, ou pelo seu recíproco, a frequência. Nessa classificação evidencia-se a quantidade relativa de energia contida nas ondas correspondentemente aos períodos ou frequências. São também indicadas as forças geradoras primárias e de restauração para as várias regiões desse espectro de energia.

De primária importância são as ondas de gravidade geradas pelo vento, que têm períodos de 1 a 30 s – os períodos mais frequentes são de 5 a 15 s –, pois são normalmente as mais importantes nos estudos de Hidráulica Marítima e de grandes lagos. São denominadas ondas de gravidade porque a principal força restauradora é a da gravidade, ou seja, a força que tenta restabelecer o estado de equilíbrio em repouso da superfície da água. Essas ondas propagam-se quase exclusivamente pela ação da gravidade, fazendo com que percorram enormes distâncias com pouquíssima perda de energia, sem alterações sensíveis em sua forma. Tudo se altera nas proximidades das costas, excetuando-se o período da onda, que, uma vez atingida a condição de mar plenamente desenvolvido, se mantém até a arrebentação. Esse tipo de ondas apresenta uma grande quantidade de energia a elas associada. Essas ondas propagam-se quase exclusivamente pela ação da gravidade, fazendo com que percorram enormes distâncias com pouquíssima perda de energia, sem alterações sensíveis em sua forma. Tudo se altera nas proximidades das costas, excetuando-se o período da onda, que, uma vez atingida a condição de mar plenamente desenvolvido, se mantém até a arrebentação.

O espectro de energia de ondas genérico é essencialmente contínuo das ondas capilares (períodos menores a 1 s), passando pelas ondas gravitacionais, ondas de longo período (como as oscilações de superfície em bacias portuárias, tsunamis gerados por terremotos ou erupções vulcânicas submarinas, maremotos gerados por perturbações meteorológicas de grande escala como furacões), até as marés astronômicas. Entretanto, nem todos os períodos de ondas estão presentes em um dado local e em um determinado instante, embora usualmente coexistam diversos períodos diferentes, mesmo que somente com baixos níveis de energia. Por exemplo, a análise detalhada de uma série histórica de níveis d'água em um ponto de uma baía pode mostrar ondas de vento de 2 a 6 s, oscilações geradas pelo deslocamento de uma perturbação meteorológica com período de 1 h e uma maré com componentes de período de 12 a 24 h.

Como vimos, as ondas de gravidade podem ser subdivididas em vagas e ondulações. As primeiras são denominadas ondas de crista curta por conta das interseções de ondas que se propagam em diferentes rumos, e são usualmente compostas por ondas mais esbeltas (sua esbeltez ou encurvamento – relação entre a altura e o comprimento de onda – é maior) com períodos e comprimentos de ondas mais curtos e superfície d'água muito mais perturbada pela ação direta do vento. As ondulações são denominadas ondas longas e são muito mais regulares, pois não estão sujeitas à ação intensa do vento, suas cristas longas se estendem tipicamente por mais de 100 m.

As principais características das ondas de gravidade podem ser resumidas como segue:

a)   São de períodos relativamente curtos, podendo-se citar as seguintes ordens de grandeza máxima:

Tabela 1.1
Ordens de grandeza máximas de parâmetros de ondas produzidas pelo vento

	Oceano Pacífico	Mar do Norte	Mar Mediterrâneo	Cananeia (SP)
Período (s)	22	20	14	12
Comprimento (m)	900	500	300	170
Altura(*) (m)	25	20	10	7

(*) Altura máxima assinalada: 34 m no Oceano Pacífico.

Em águas rasas, os comprimentos das ondas – e, consequentemente, suas celeridades – reduzem-se até mesmo à metade. A amplitude também é reduzida.

b)   Em águas profundas, a sua influência está restrita a uma camada superficial e não a toda profundidade.

c)   Os movimentos das partículas d'água associadas são de magnitude semelhante nas direções vertical e horizontal.

d)   As acelerações verticais das partículas d'água são significativas e aproximam- -se da ordem de magnitude da aceleração da gravidade (g), podendo atingir 0,1 a 0,2 (g) nas maiores ondas.

Já vimos que as ondas reais são complexas, entretanto, muitos aspectos da mecânica dos fluidos necessários para a discussão completa têm influência reduzida na solução da maioria dos problemas de Engenharia. Portanto, uma teoria simplificada que omita muitos dos fatores complicadores é útil. As hipóteses feitas no desenvolvimento da teoria simplificada apresentada devem ser entendidas porque nem todas são justificáveis em todos os problemas. Quando uma hipótese não for válida num problema particular, uma teoria mais completa deve ser empregada.

A mais restritiva das hipóteses comuns é a de que as ondas são pequenas perturbações da superfície da água em repouso. Isso conduz à teoria de onda genericamente denominada de pequena amplitude, linear, de Airy ou de Stokes de primeira ordem. Essa teoria fornece informações para o comportamento de todas as ondas periódicas e uma descrição da mecânica das ondas que é apropriada para a maioria dos problemas de Engenharia. Ela não permite levar em conta o transporte de massa por causa das ondas, ou o fato de que as cristas das ondas afastam-se mais do nível d'água em repouso do que os cavados, ou a própria existência da arrebentação das ondas, para cujas previsões são necessárias teorias mais gerais.

As principais hipóteses formuladas comumente no desenvolvimento da teoria de uma onda simples são:

a)   O fluido é homogêneo e incompressível, portanto, de massa específica (ρ) constante.

b)   A tensão superficial é negligenciável, o que é aceitável para comprimentos de onda superiores a 2 cm e períodos superiores a 0,1 s.

c)   Pode-se negligenciar o efeito da aceleração de Coriolis.

d)   A pressão na superfície livre é uniforme e constante (atmosférica).

e)   O fluido é ideal e não viscoso.

f)   A onda considerada não interage com as outras.

g)   O leito é horizontal, fixo, impermeável, e isso implica que a velocidade orbital vertical junto ao leito é nula.

h)   A amplitude da onda é pequena comparativamente com seu comprimento e a profundidade da água, e sua forma é invariante no tempo e no espaço.

i)   As ondas são planas (ou de crista longa ou bidimensionais), com forma lisa e regular, porque o movimento das partículas líquidas que formam a onda apresenta simetria cilíndrica, ou seja, repete-se identicamente em planos paralelos ao rumo de propagação.

Figura 1.1
(B) Vistas do canal de ondas do LHEPUSP (São Paulo, Estado/DAEE/SPH/CTH).

Como veremos, as velocidades das partículas de água são relacionadas às amplitudes das ondas, e suas velocidades de fase ou celeridades são relacionadas com a profundidade da água e o comprimento da onda. Isso implica, pela hipótese (h), que as velocidades das partículas são pequenas quando comparadas à velocidade de fase da onda.

De um modo geral, pode-se dizer que as três primeiras hipóteses são aceitáveis para virtualmente todos os problemas. As hipóteses (d), (e) e (f) somente não são consideradas em problemas muito específicos. Já as três últimas hipóteses não são consideradas em vários casos, principalmente em águas mais rasas e perto da arrebentação, em que as velocidades das partículas e a velocidade de fase da onda são próximas.

As características, definições e os equacionamentos básicos relacionados com uma onda oscilatória progressiva sinusoidal simples estão ilustrados nas Figuras 1.1(B) e 1.1(C). É interessante relevar que a energia transmitida pelo vento por tensões tangenciais na superfície da massa líquida amortece-se exponencialmente à medida que aumenta a profundidade, caracterizada pela cota z negativa, até anular-se na cota z = - L/2 (em águas profundas), ou até atingir o fundo em águas intermediárias (transicionais) e rasas. Do mesmo modo, o movimento orbital da onda ao entrar em contato com o fundo, "sentindo" o atrito com o fundo, passa a sofrer um amortecimento, igualmente exponencial, à medida que a lâmina d'água h diminui. Matematicamente, as funções que mais se adequam a traduzir esses decaimentos exponenciais são as funções hiperbólicas. Lembre-se que a denominação de altura da onda, quando não especificada, corresponde à altura na superfície livre (z = 0).

A partir dos conceitos fundamentais da mecânica dos fluidos ideais, a equação de conservação de massa (continuidade) para fluido incompressível e bidimensional, pode ser escrita como:

$$\frac{\partial u}{\partial x} + \frac{\partial w}{\partial z} = 0$$

Sendo u e w as componentes das velocidades orbitais das partículas d'água nas direções horizontal e vertical, respectivamente.

Por outro lado, o movimento da partícula fluida é irrotacional, isto é, a rotação angular da partícula sobre seu centro de massa é nula e este desloca-se ao longo de uma trajetória. Nesse caso, há um potencial de velocidades, representado no escoamento bidimensional por:

$$u = \frac{\partial \varnothing}{\partial x}; \; w = \frac{\partial \varnothing}{\partial z}$$

Assim, das equações anteriores resulta a equação de Laplace:

$$\nabla^2 \varnothing = \frac{\partial^2 \varnothing}{\partial x^2} + \frac{\partial^2 \varnothing}{\partial z^2}$$

A solução da equação de Laplace é dada por funções harmônicas.

Ⓒ

Movimento orbital real com órbita não fechada (deriva resultante)

$$u = \frac{ag}{c}\frac{\cosh k(z+h)}{\cosh (kh)}\cos\theta$$

$$w = \frac{ag}{c}\frac{\operatorname{senh} k(z+h)}{\cosh (kh)}\operatorname{sen}\theta$$

u, w: componentes horizontal e vertical da velocidade orbital tangencial (Airy)

$$ax = \frac{g\pi H}{L}\frac{\cosh k(z+h)}{\cosh (kh)}\operatorname{sen}\theta$$

$$az = \frac{-g\pi H}{L}\frac{\operatorname{senh} k(z+h)}{\cosh (kh)}\cos\theta$$

ax, az: componentes horizontal e vertical da aceleração centrípeta orbital (Airy)

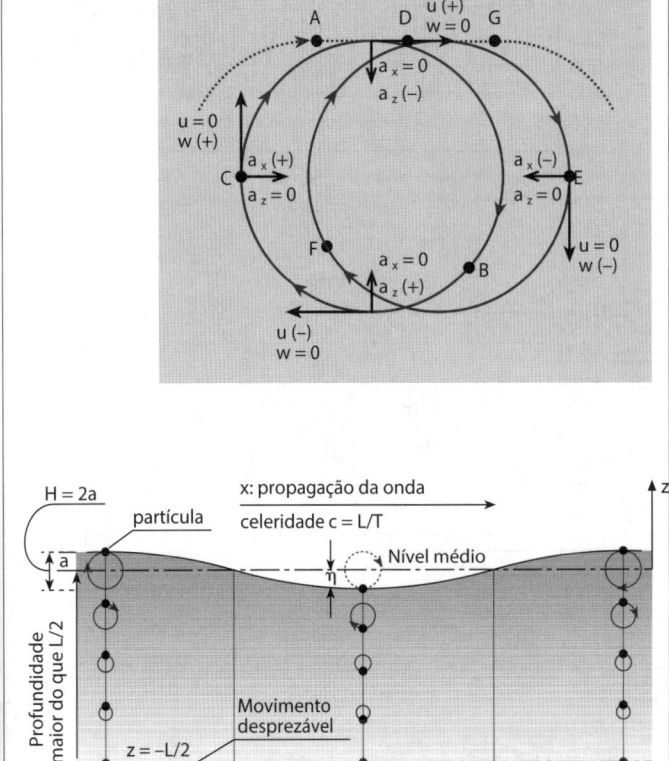

Movimento orbital em águas profundas $\left(h > \dfrac{L}{2}\right)$:

tanh (kh) ~ 1,0 e senh (kh) ~ cosh (kh) >>> (kh). As ondas "não sentem" o fundo

$$\eta = a\cos\underbrace{\left[\frac{2\pi}{L}x - \frac{2\pi t}{T}\right]}_{fase(\theta)} \begin{array}{l}\text{(o movimento}\\ \text{é harmônico no}\\ \text{espaço e no tempo)}\end{array}$$

η = ordenada da linha d'água

k = $(2\pi / L)$ = número de onda

$\omega = (2\pi / T)$ = frequência angular

$L_o = \dfrac{gT}{\omega}$ (o movimento somente depende de T, sem influência de h)

Raio de órbita = a exp(kz)

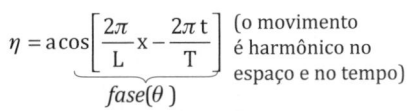

Movimento orbital em águas intemediárias $(L/25 < h < L/2)$ **e rasas** $\left(h < \dfrac{L}{25}\right)$

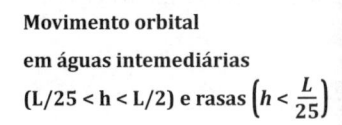
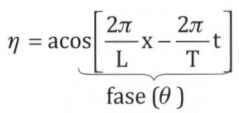

$$\eta = a\cos\underbrace{\left[\frac{2\pi}{L}x - \frac{2\pi}{T}t\right]}_{fase\,(\theta)}$$

η = ordenada da linha d'água

k = $(2\pi / L)$ = número de onda

$\omega = (2\pi / T)$ = frequência angular

$L = \dfrac{gT}{\omega}\tanh(kh)$

e L = $(gh)^{0,5}$ (Equação de Lagrange) em águas rasas,

pois cosh (kh) ~ 1, e senh (kh) ~ tanh (kh) ~ kh

Semieixos da elipse orbital:

$$A = \frac{a\cosh k(z+h)}{\operatorname{senh} (kh)}\ \text{(horizontal)} \qquad B = \frac{a\operatorname{senh} k(z+h)}{\operatorname{senh} (kh)}\ \text{(vertical)}$$

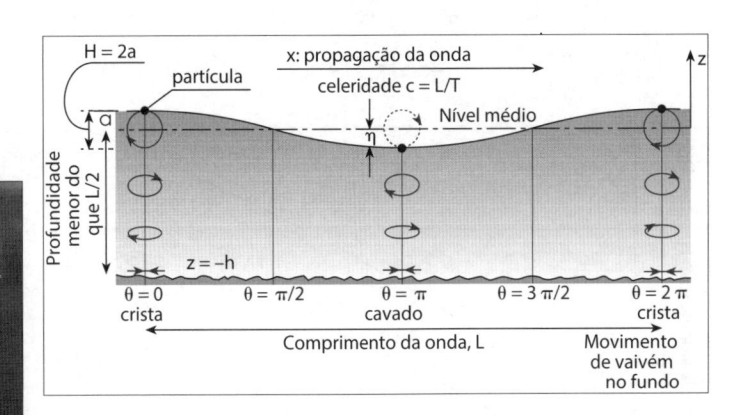

Simplificação de Eckart (erro em torno a 5%) $L = \dfrac{gT}{\omega}\sqrt{\tanh\left(\dfrac{\omega^2 h}{g}\right)}$

Com acurácia de 5% (boa aproximação de engenharia):

Limite de águas profundas: $\dfrac{h}{L_o} = \dfrac{1}{4}$ e $\dfrac{h}{L} = \dfrac{1}{3,73}$

Limite de águas rasas: $\dfrac{h}{L_o} = \dfrac{1}{20}$ e $\dfrac{h}{L} = \dfrac{1}{11}$

Figura 1.1
(C) Definições e equacionamentos básicos de uma onda oscilatória progressiva sinusoidal simples, segundo Airy.

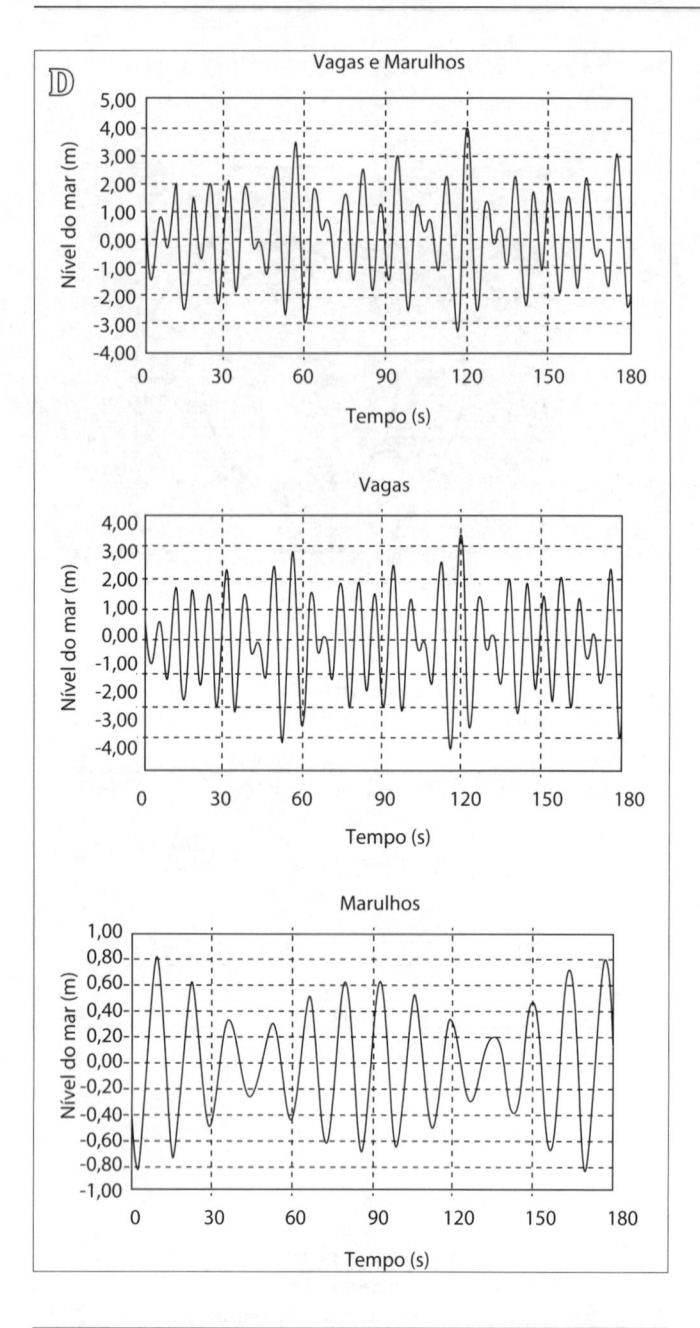

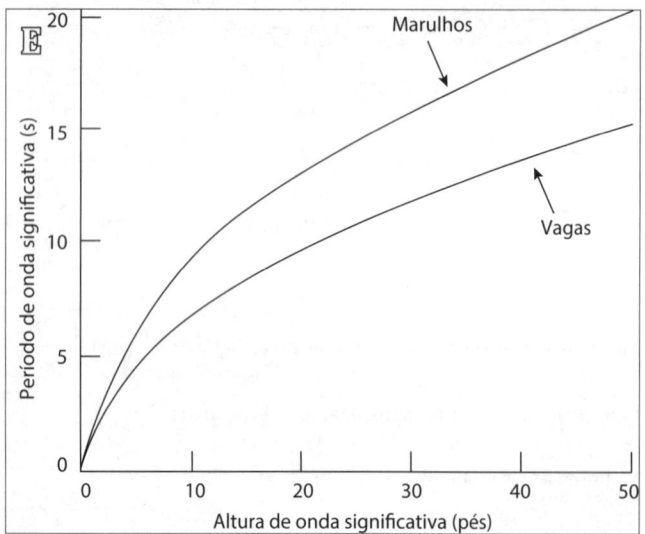

Figura 1.1
(D) Desdobramento entre vagas e marulhos de um mesmo registro.
(E) Correlações entre período e altura significativas de vagas e marulhos.

A equação de Bernoulli generalizada pode ser escrita como:

$$\frac{\partial \varnothing}{\partial t} + \frac{1}{2}\left(u^2 + w^2\right) + \frac{p}{\rho} + gz = 0$$

Na teoria das ondas de Airy o escoamento é suposto irrotacional, existindo, portanto, um potencial de velocidades φ (x,z,t). Consideram-se a equação de Laplace e a equação de Bernoulli generalizada, a qual pode ser reduzida a:

$$\frac{\partial \varnothing}{\partial t} + \frac{p}{\rho} + gz = 0$$

pois, na teoria linear, são negligenciáveis os termos envolvendo o quadrado da velocidade das partículas d'água.

As condições de contorno para a integração e solução do problema resultam da aplicação da equação de Bernoulli simplificada nos extremantes:

a) Superior (superfície livre): a pressão é nula (atmosférica), obtendo-se:

$$\eta = \frac{-1}{g}\left(\frac{\partial \varnothing}{\partial t}\right)_{z=0}$$

Note-se que, como as ondas são consideradas de pequena amplitude, a condição de contorno da superfície livre (z = η) é aproximadamente igual à condição da linha d'água em repouso (z = 0).

b) Inferior (leito): considerado fixo, impermeável e horizontal, tem-se:

$$w = \left(\frac{\partial \varnothing}{\partial z}\right)_{z=-h}$$

A solução harmônica de φ resulta:

$$\varnothing\left(x,z,t\right) = \frac{ag}{\omega}\frac{cosh\left[k\left(h+z\right)\right]}{cosh\left(kh\right)}sen\left(kx - \omega t\right)$$

sendo: k = 2π/L denominado número de onda e ω = 2π/T frequência angular da onda.

Recorde-se da definição das funções hiperbólicas:

$$senh\,x = \frac{e^x - e^{-x}}{2};\ cosh\,x = \frac{e^x + e^{-x}}{2};\ tanh\,x = \frac{e^x - e^{-x}}{e^x + e^{-x}}$$

Tabela 1.2 Comportamento das funções hiperbólicas					
Classificação	h/L	kh	tanh kh	senh kh	cosh kh
Águas profundas (o)	>1/2	>π	»1	$e^{kh}/2$	$e^{kh}/2$
Águas intermediárias	1/20 a 1/2	π/10 a π	tanh kh	senh kh	cosh kh
Águas rasas	< 1/20	< π/10	» kh	» kh	» 1

A Tabela 1.3 apresenta os valores das funções hiperbólicas aplicáveis na Teoria de Airy.

Tabela 1.3 Valores das funções hiperbólicas aplicáveis na Teoria de Airy													
h/L_0	tanh kh	h/L	kh	senh kh	cosh kh	H/H'_0	h/L_0	tanh kh	h/L	kh	senh kh	cosh kh	H/H'_0
0,000	0,000	0,0000	0,000	0,000	1,00	∞	0,20	0,888	0,225	1,41	1,94	2,18	0,918
002	112	0179	112	113	01	2,12	21	899	234	47	2,05	28	920
004	158	0253	159	160	01	1,79	22	909	242	52	18	40	923
006	193	0311	195	197	02	62	23	918	251	57	31	52	926
008	222	0360	226	228	03	51	24	926	259	63	45	65	929
0,010	0,248	0,0403	0,253	0,256	1,03	1,43	0,25	0,933	0,268	1,68	2,60	2,78	0,932
015	302	0496	312	317	05	31	26	940	277	74	75	2,93	936
020	347	0576	362	370	07	23	27	946	285	79	2,92	3,09	939
025	386	0648	407	418	08	17	28	952	294	85	3,10	25	942
							29	957	303	90	28	43	946
0,030	0,420	0,0713	0,448	0,463	1,10	1,13							
035	452	0775	487	506	12	09	0,30	0,961	0,312	1,96	3,48	3,62	0,949
040	480	0833	523	548	14	06	31	965	321	2,02	69	3,83	952
045	507	0888	558	588	16	04	32	969	330	08	3,92	4,05	955
							33	972	339	13	4,16	28	958
0,050	0,531	0,0942	0,592	0,627	1,18	1,02	34	975	349	19	41	53	961
055	554	0993	624	665	20	1,01							
060	575	104	655	703	22	0,993	0,35	0,978	0,358	2,25	4,68	4,79	0,964
065	595	109	686	741	24	981	36	980	367	31	4,97	5,07	967
070	614	114	716	779	27	971	37	983	377	37	5,28	37	969
							38	984	386	43	61	5,70	972
0,075	0,632	0,119	0,745	0,816	1,29	0,962	39	986	395	48	5,96	6,04	974
080	649	123	774	854	31	955							
085	665	128	803	892	34	948	0,40	0,988	0,405	2,54	6,33	6,41	0,976
090	681	132	831	929	37	942	41	989	415	60	6,72	6,80	978
095	695	137	858	0,968	39	937	42	990	424	66	7,15	7,22	980
							43	991	434	73	7,60	7,66	982
0,10	0,709	0,141	0,886	1,01	1,42	0,933	44	992	443	79	8,07	8,14	983
11	735	150	940	08	48	926							
12	759	158	0,994	17	54	920	0,45	0,993	0,453	2,85	8,59	8,64	0,985
13	780	167	1,05	25	60	917	46	994	463	91	9,13	9,18	986
14	800	175	10	33	67	915	47	995	472	2,97	9,71	9,76	987
							48	995	482	3,03	10,3	10,4	988
0,15	0,818	0,183	1,15	1,42	1,74	0,913	49	996	492	09	11,0	11,0	990
16	835	192	20	52	82	913							
17	850	200	26	61	90	913	0,50	0,996	0,502	3,15	11,7	11,7	0,990
18	864	208	31	72	1,99	914							
19	877	217	36	82	2,08	916	1,00	1,000	1,000	6,28	268	268	1,000
0,20	0,888	0,225	1,41	1,94	2,18	0,918	∞	1,000	∞	∞	∞	∞	1,000

A agitação das ondas de oscilação desempenha ação dominante em movimentar os sedimentos do fundo das áreas costeiras, bem como originando as correntes de arrebentação longitudinais, transversais e nas velocidades de transporte de massa, as quais transportam os sedimentos. A assimetria das velocidades sob a crista e o cavado das ondas é outra fonte geradora do transporte resultante de sedimentos.

As ondas podem ser geradas por efeito de ventos locais soprando sobre o mar em uma certa pista de sopro (*fetch*) em um determinado tempo, as vagas; ou ser produzidas por tempestades distantes, quando as ondulações (ou marulhos) têm maior período (digamos, certamente acima de 10 s) e, consequentemente, maior comprimento (digamos, acima de 200 m), com menor dispersão de períodos, rumos e alturas e, por isso, menor esbeltez ($\delta = H/L$) do que as vagas. Na Figura 1.1(D) exemplifica-se situação de estado do mar com superposição de vagas e marulhos e seu desdobramento, podendo-se avaliar nitidamente a maior regularidade dos últimos. As alturas de ondas e respectivos períodos para o estado do mar de projeto devem ser acuradamente determinados a partir de dados de medições, ou inferidos meteorologicamente. Para situações em que não haja essa disponibilidade, a Figura 1.1(E) fornece uma ordem de grandeza orientativa da correlação entre alturas e períodos para vagas e marulhos, de acordo com API (1987).

O monitoramento sistemático da agitação evidencia que os ventos locais e as vagas têm pouco efeito sobre as dimensões e propagação das ondulações, sendo mínima a interação, porque essas últimas ondas, deixando a área da tempestade geradora, têm sua energia atenuada, com consequente redução de altura a alguns centímetros e pouca área exposta ao vento.

1.2 ONDAS MONOCROMÁTICAS E ONDAS NATURAIS

1.2.1 Considerações gerais

A onda de oscilação do tipo mais simples é a monocromática (ou regular, ou de frequência única), que possui um único valor de altura, H e período, T, sendo cada onda idêntica às outras. Se a onda tem uma altura muito reduzida comparada com o seu comprimento, aproxima-se bem de uma oscilação do nível d'água senoidal, e seus parâmetros podem ser fornecidos pela teoria linear de ondas. As ondulações aproximam-se razoavelmente bem das ondas monocromáticas.

As ondas naturais no mar são randômicas e compreendem um espectro de períodos, rumos e alturas de ondas. Denomina-se análise das ondas no domínio da frequência quando se utiliza a caracterização do estado do mar do ponto de vista da frequência. O espectro de densidade de energia em função da frequência, $E(f)$, fornece a distribuição da energia da onda como função da frequência f, independentemente do rumo de propagação. Este é o espectro unidimensional, ou escalar, utilizado como modelo de descrição do estado do mar. Ele determina a energia por unidade de superfície contida em cada uma das infinitas ondas monocromáticas de frequência diferenciada componentes da agitação.

A Figura 1.2 ilustra dados de mar, registrados por ondógrafo em 25, 26 e 27/01/1973 na Plataforma Marítima P-3 da Petrobras, no litoral do Estado do Espírito Santo. No dia 26, nota-se um deslocamento do sistema de alta pressão polar para NE. Como a alta do Atlântico Sul permanece na sua posição, gera-se uma linha de instabilidade estendendo-se na altura do litoral do Rio de Janeiro. Essa linha provoca um aumento na velocidade do vento na costa do Espírito Santo, atingindo às 9h GMT a máxima velocidade de N e NNE com intensidade de 15 nós. A frente fria passa pela área de interesse no dia 27, produzindo mudança na direção dos ventos para SW e SSW, influindo diretamente na mudança da pista de sopro livre dos ventos sobre a superfície do mar. A costa do Espírito Santo nestas latitudes praticamente tem orientação N-S, resultando em uma pista de sopro livre de aproximadamente 40 MN, para os ventos de SW e SSW, enquanto para ventos de NE e NNE a pista é praticamente ilimitada. Os aspectos de distribuição de energia com a frequência evidenciam como a energia ondulatória atinge seu máximo na condição pré-frontal, pela intensificação dos ventos de N e NNE, reduzindo-se com a passagem da frente fria pela redução da extensão da pista de sopro livre e da velocidade dos ventos.

Os chamados momentos espectrais definem a forma do espectro.

O momento de ordem zero do espectro em frequência é denominado de m_0, correspondendo graficamente à área sob a curva espectral, estando assinalados na Figura 1.2(C). A energia média do registro de ondas é igual à variância espectral (desvio-padrão ao quadrado), ou seja:

$$m_0 = \sigma_f^2 = \int_1^{nf} S(f)df,$$

sendo nf o número de frequências componentes.

A mais completa descrição do estado do mar, identificando as frequências e rumos proeminentes, deve descrever o espectro direcional de energia, ou 2D, pois nem todas as ondas se propagam no mesmo rumo. Portanto, a energia total é obtida pela integração:

$$S = \int_0^{2\pi} \int_1^{nf} S(\theta, f)dfd\theta.$$

Na Figura 1.2(D) está exemplificado um espectro direcional pelos rumos θ em graus decimais.

Assim, na realidade, as ondas naturais reais são compostas pela soma contínua de componentes em diferentes frequências, em que cada frequência é composta por uma soma contínua de componentes propagando-se em diferentes rumos. Desse modo, quando ondas propagam-se para fora de uma tempestade, o resultado não é um trem de ondas destacado em um rumo, mas um espectro de onda direcional dispersando-se em diferentes rumos por causa

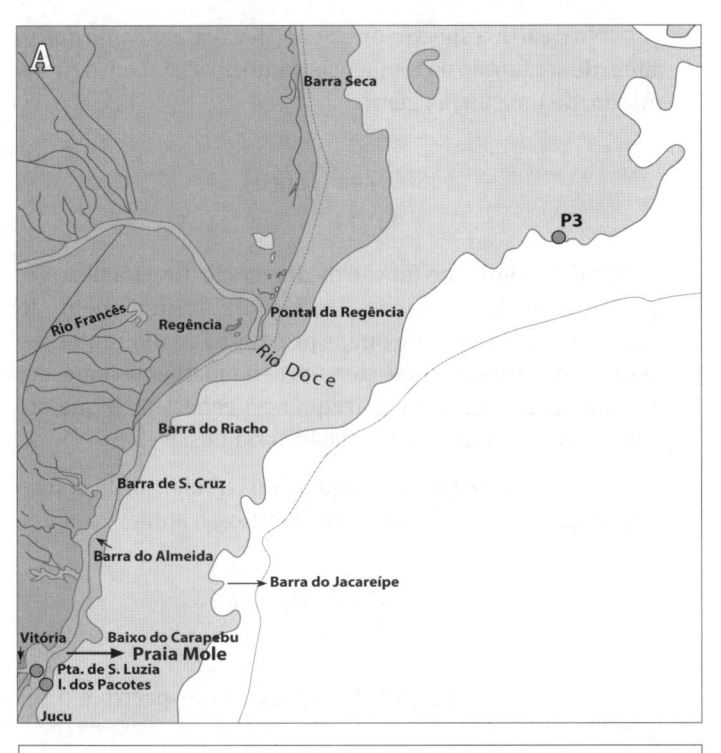

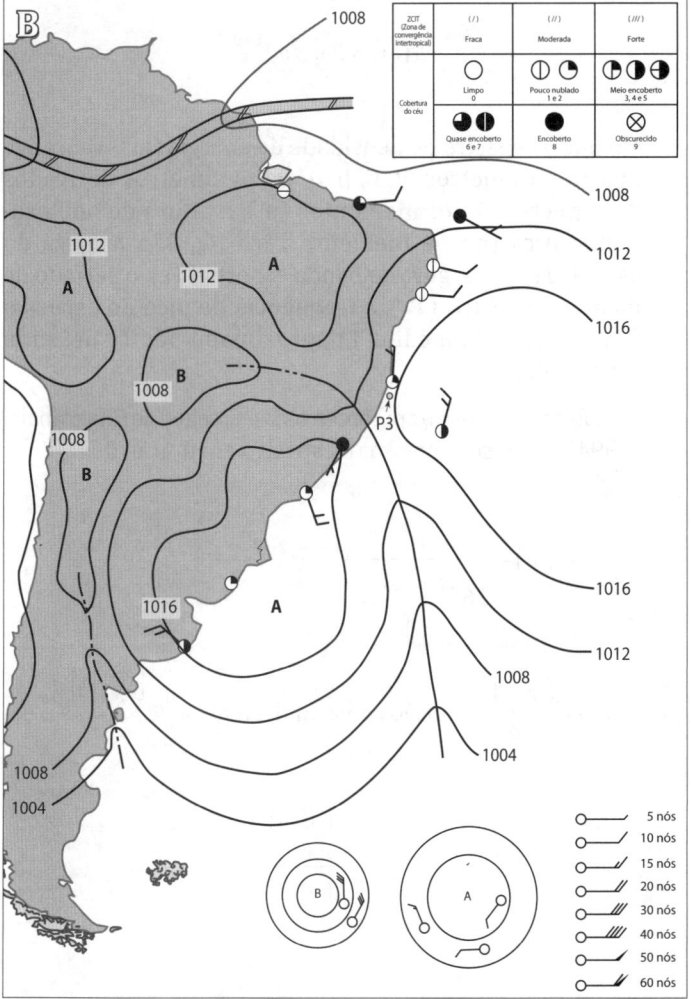

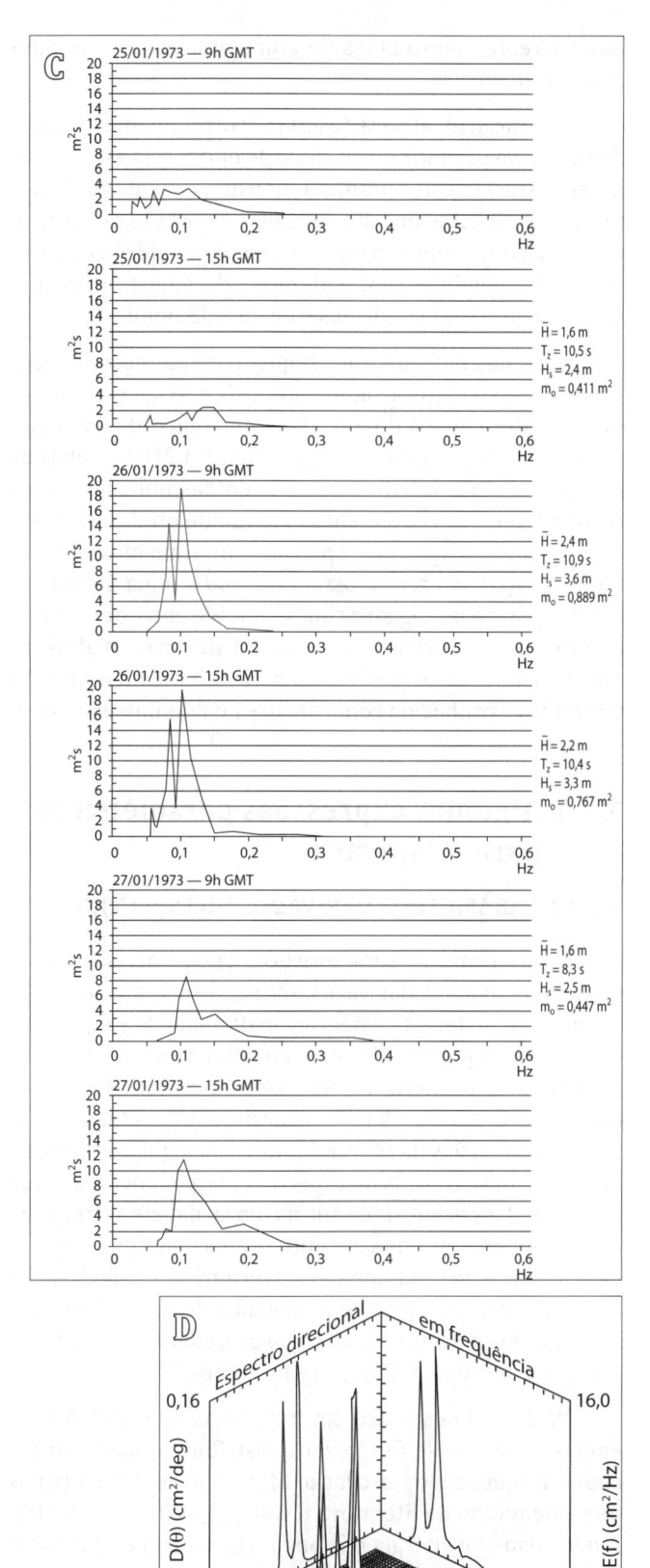

Figura 1.2
(A) Posição da plataforma P-3 (19°22' S; 39°12' W).
(B) Carta sinótica do dia 26/01/1973 às 9h GMT.
   (B1) Representação da intensidade da ZCIT e da cobertura do céu no círculo da cabeça do vetor vento.
   (B2) Representação dos ventos nas cartas sinóticas.
(C) Desenvolvimento do mar ilustrado pelos espectros de distribuição de energia pela frequência.
(D) Espectro direcional-exemplo.

das diferentes velocidades de grupo associadas com diferentes frequências.

A duração ideal para descrever corretamente o estado do mar deve permitir que o clima de ondas seja estatisticamente estacionário durante a amostra, pois na prática o mesmo evolui. Assim, para reduzir a dispersão estatística, o registro deve conter o maior número de ondas em torno da média. Sendo assim, a duração da amostragem que atende a ambas as condições é de 15 a 35 minutos.

As ondas naturais são frequentemente descritas somente pela sua altura significativa, $H_s \simeq H_{m0}$, correspondente à altura média do terço maior de ondas de um registro, e pelo seu período médio, T_z (Figura 1.3(D)) Ambas as grandezas são estatisticamente definidas por ondas correspondentes ao cruzamento ascendente ou descendente do zero (nível d'água em repouso), conforme mostrado na Figura 1.3(D). No *zero crossing method* a onda é definida como a porção do registro compreendido entre dois cruzamentos consecutivos do zero (linha do nível médio) no mesmo rumo, ou para cima, ou para baixo. Esta descrição das ondas é conhecida como análise no domínio do tempo.

1.2.2 Algumas expressões paramétricas para o espectro

1.2.2.1 PARÂMETROS DERIVADOS DO ESPECTRO

No espectro, as características essenciais das ondas podem, na maioria das vezes, ser representadas por uma formulação matemática padrão no domínio da frequência, caracterizada por um número reduzido de parâmetros independentes, como H_s, T, velocidade do vento (U) e fatores de forma. Contudo, não são genericamente adequadas a todas as situações da teoria das ondas irregulares. Apesar disso, a síntese contida no espectro em frequência da energia das ondas permite identificar com facilidade as frequências do fenômeno que concentram mais energia, o que é uma informação fundamental em termos de avaliação para a Engenharia Portuária de fenômenos de ressonância em sistemas de amarração, bem como proceder à separação da energia proveniente de vagas e marulhos.

No caso do espectro em frequência unidirecional da energia, trata-se de descrever a distribuição da variância com a frequência da oscilação S(f) do nível d'água (η), o que é denotado na literatura técnica específica como S(f). A densidade de energia das ondas (por área horizontal) é dada por:

$$E = \frac{\rho g H_{RMS}}{8} = \rho g \sigma^2$$

ou seja, a distribuição da energia em função da frequência é dada por:

$$E(f) = \rho g S(f)$$

No caso do espectro direcional, leva-se em conta que η, além de ser função da frequência, também varia com o rumo. Assim, de uma forma geral:

$$S(f,\theta) = S(f)\, G(\theta)$$

sendo G denominado função de dispersão direcional do espectro direcional de onda. Trata-se da única maneira de identificar dois trens de ondas provindos de diferentes rumos de propagação, mas com aproximadamente a mesma densidade de energia por frequência espectral, o que em um espectro unidimensional não seria possível.

Quando a frequência angular, ou circular, ω, da onda é empregada em vez da frequência cíclica, f, então:

$$\sigma_\omega^2 = \frac{1}{2\pi} \int_{\omega=0}^{\omega=\infty} S(\omega)\, d\omega$$

Uma forma genérica de expressar o espectro é a seguinte:

$$S(\omega) = B\omega^{-p} e^{-C\omega^{-q}}$$

em que o espectro de densidade de energia (m^2s) abrange quatro parâmetros, B, C, p, q. Os parâmetros derivados do espectro são os momentos (m), a altura de onda característica (ou de momento zero H_{m0}), a largura do espectro (v), a largura de banda espectral (ε), o período de pico do espectro (T_p), a frequência de pico do espectro (f_p), e o período médio ($\bar{T}$) aproximado por T_2 definido espectralmente.

Eliminando-se os parâmetros B e C, segundo Chakrabarti (1994), pode-se expressar o espectro em função de H_s e $\bar{\omega}$:

$$S(\omega) = \frac{q}{16\Gamma\left(\dfrac{p-1}{q}\right)} \Lambda^{p-1} H_s^2 \frac{\bar{\omega}^{p-1}}{\omega^p} e^{\left[-\Lambda^p \left(\omega/\bar{\omega}\right)^{-q}\right]}$$

sendo $\Gamma\left(\dfrac{p-1}{q}\right)$: função gama equivalente a $\displaystyle\int_0^\infty \omega^{\left(\frac{p-1}{q}-1\right)} e^{-\omega}\, d\omega$

$$\Lambda = \frac{\Gamma\left(\dfrac{p-1}{q}\right)}{\Gamma\left(\dfrac{p-2}{q}\right)}$$

Os momentos do espectro são definidos como:

$$m_h = \int_{f=0}^{f=\infty} f^h S(f)\, df$$

ou

$$m_n = \int_{\omega=0}^{\omega=\infty} \omega^n S(\omega)d\omega$$

Assim, o momento de ordem zero (m_0) corresponde à área sob o espectro:

$$m_0 = \int_{f=0}^{f=\infty} S(f)df = \sigma_f^2;$$

ou

$$m_0 = \int_{\omega=0}^{\omega=\infty} S(\omega)d\omega = \sigma_\omega^2$$

Mitsuyasu (1972, apud CHAKRABARTI, 1994) apresentou a equação para o momento zero do espectro:

$$m_0 = \left(\frac{B}{q}\right)\frac{\Gamma\left[\frac{(p-1)}{q}\right]}{C^{(p-1)/q}}$$

sendo $\Gamma\left(\frac{p-1}{q}\right)$: função gama equivalente a $\int_0^\infty \omega^{\left(\frac{p-1}{q}-1\right)}e^{-\omega}d\omega$.

A altura de onda de momento zero resulta em: $H_{m0} = 4\sqrt{m_0}$; e o período médio, em $\bar{T} = \frac{2\pi}{\bar{\omega}}$, sendo $\bar{\omega} = \frac{m_1}{m_0}$.

Goda (1979, apud CHAKRABARTI, 1994) mostra que a frequência do pico do espectro é:

$$\omega_p = \left(\frac{Cq}{p}\right)^{\frac{1}{q}}$$

A largura do espectro, ν, é definida como:

$$\vartheta = \sqrt{\frac{m_0 m_2}{m_1^2} - 1}$$

Pode-se definir a largura de banda espectral como:

$$\varepsilon = \sqrt{1 - \frac{m_2^2}{m_0 m_4}}$$

O período médio, $\bar{T}$, pode ser obtido aproximadamente por T_2:

$$T_2 = T_z = \sqrt{\frac{m_0}{m_2}} = \frac{2\pi}{\omega_z}$$

O valor da coordenada média da superfície é dado por:

$$\bar{\eta} = \sqrt{m_0}$$

1.2.2.2 EXPRESSÕES PARAMÉTRICAS MAIS COMUNS PARA DESCREVER O ESPECTRO

Embora a forma do espectro possa ser muito variável, observou-se que era possível alguma esquematização. Assim, por ocasião da ação de ventos fortes, como numa *storm-surge* – evento extremo que induz inclusive uma elevação da maré (*set up*) –, um forte e achatado pico central do espectro pode ter sua forma bem prevista. Por outro lado, para um marulho, que passou por uma filtragem das frequências e se propaga já sem a ação forçada do vento, o pico espectral é bem mais afilado. Na região de águas rasas, com a aproximação da arrebentação da onda, o padrão de um pico afilado em f_p, com picos secundários harmônicos, evidencia a presença de ondas não lineares, como as cnoidais. A existência de mais de um pico no espectro também ocorre com a superposição de trens de ondas.

O espectro unidirecional de parâmetro único mais utilizado é o de Pierson e Moskowitz (1964, apud CHAKRABARTI, 1994), que utiliza H_S, ou U. Vários são os espectros biparamétricos, ou de dois parâmetros, como os de Bretschneider (1959; 1969, apud CHAKRABARTI, 1994), ISSC (1964, apud CHAKRABARTI, 1994), Scott (1965, apud CHAKRABARTI, 1994) e ITTC (1966, apud CHAKRABARTI, 1994). O espectro JONSWAP (HASSELMAN, 1973; 1979, apud CHAKRABARTI, 1994) é um espectro a cinco parâmetros em que usualmente três são mantidos constantes. Todos os espectros anteriores foram desenvolvidos para as condições de águas profundas com pico único, sendo que o espectro de Ochi e Hubble (1976, apud U. S. ARMY, 2002) é um exemplo hexaparamétrico com dois picos, representando um mar composto de vagas e marulhos.

Para a descrição do espectro real, que, numa esquematização muito simples, corresponde a um pico com duas curvas decrescentes para f = 0 e f = ∞, várias expressões paramétricas foram propostas desde o início da década de 1950. Desta primeira fase, podem ser mencionados os espectros a seguir.

Espectro de Darbyshire (1952)

Foi um dos primeiros a ser elaborado. É aplicável a condições de mares completamente desenvolvidos e somente depende da velocidade U do vento atuante.

$$S(f) = \begin{cases} A_D \cdot e^{\left[-\frac{10,79(f-f_p)}{(f-f_p+0,0422)^{1/2}}\right]} & para\ f - f_p > -0,0422 \\ 0 & para\ f - f_p \leq -0,0422 \end{cases}$$

sendo A_D e f_p funções da velocidade do vento U e dadas por

$$A_D = 1,169 \cdot 10^{-5} U^4$$

$$f_p = \frac{1}{\left(1,94\, U^{1/2} + 2,5 \cdot 10^{-7}\, U^4\right)}$$

em que f_p está em Hz, U em m/s e A_D em m²/Hz. A frequência f_p é a de pico do espectro e para a qual o valor de S(f) é máximo.

Espectro de Neumann (1953)

O espectro de Neumann (1953, apud CHAKRABARTI, 1994) foi o primeiro modelo analítico utilizado para aplicações em Engenharia. Também neste caso, só a velocidade U do vento é considerada e o mar deve estar completamente desenvolvido.

$$S(\omega) = B\omega^{-6} e^{\left[-\frac{2g^2}{(\omega U)^2}\right]}$$

sendo B uma constante dimensional. Neste espectro, ω_p resulta em:

$$\omega_p = \sqrt{\frac{2}{3}\frac{g}{U}}$$

O momento de ordem zero do espectro, m_0, obtido computando-se a área sob a curva espectral, resulta em:

$$m_0 = \frac{3\sqrt{\pi}}{\sqrt{2}} B \left(\frac{U}{2g}\right)^5$$

Como $H_s = 4\sqrt{m_0}$, é possível reescrever a equação espectral em função de H_s:

$$H_s^2 = \frac{3\sqrt{\pi}}{2\sqrt{2}} B \left(\frac{U}{g}\right)^5$$

$$S(\omega) = 1,466 H_s^2 \frac{\omega_p^5}{\omega^6} e^{\left[-3\left(\omega/\omega_p\right)^{-2}\right]}$$

Sendo importante observar que tanto H_s quanto ω_p estão expressos em função da velocidade do vento. Por outro lado, considerando a forma genérica do espectro em função dos parâmetros p = 6 e q = 2,

$$S(\omega) = 0,39 H_s^2 \frac{\overline{\omega}^5}{\omega^6} e^{\left[-1,767\left(\omega/\overline{\omega}\right)^{-2}\right]}$$

sendo que, das duas últimas equações, resulta: $\omega_p = 0,767\overline{\omega}$.

Espectro de Phillips (1958)

Um importante conceito básico, que expressa o fundamento histórico-físico do estudo do processo de geração das ondas, foi estabelecido por Phillips (1958, apud KAMPHUIS, 2012), considerando a preservação do princípio de conservação de energia para estabelecer o limite de mar plenamente estabelecido: um mecanismo que compensa o crescimento da onda com a duração do vento. Phillips supôs que este balanceamento residisse na arrebentação das ondas, com o que postulou uma forma de espectro com um valor limitante universal dado por:

$$S(f) = \Phi_P = \frac{\alpha_P g^2 f^{-5}}{(2\pi)^4}; \ ou\ S(\omega) = \alpha_P g^2 \omega^{-5}$$

Em que S(f) é a distribuição da variância com a frequência das ondas, em unidades de comprimento ao quadrado por Hz, sendo α_P uma constante universal adimensional com o valor de 0,0074 e a densidade de energia independente da velocidade do vento. De fato, postula-se que fisicamente a arrebentação local das ondas seja tão forte que o efeito do vento não consiga suplantar este limite físico universal. Assim, postula-se a existência de uma faixa de equilíbrio do espectro, nas proximidades do pico do espectro, em que frequências suficientemente altas induzam efeitos viscosos que comecem a ser significativos na dissipação de energia.

Espectro de Bretschneider (1959, 1969)

Este método considera o valor da altura significativa H_s e a frequência de pico f_p em vez da velocidade do vento. Consequentemente, H_s e f_p são obtidos a partir das medições no campo e relacionados ao vento U, ao comprimento da pista de sopro e a seu rumo. Os modelos espectrais de Phillips, Neumann e Pierson e Moskowitz são derivados para a condição de mar plenamente desenvolvido, no entanto, são razoavelmente aceitáveis para aplicações em mares parcialmente desenvolvidos também (CHAKRABARTI, 1994). O modelo espectral de Bretschneider é um método aplicável a mares em desenvolvimento, seja por limitação de pista de sopro, seja pela duração. Bretschneider (1952; 1959, apud U. S. ARMY, 2002) sistematizou, a partir da grande base de dados de ondas observadas por ocasião da Segunda Guerra Mundial, principalmente a partir dos trabalhos de Sverdrup e Munk (1947; 1951, apud U. S. ARMY, 2002), as relações entre vários parâmetros de geração das ondas e suas respectivas situações de agitação. Este conjunto de estudos pioneiros levou a sigla SMB, a partir das iniciais dos nomes desses pesquisadores, sendo ainda usado para a previsão das ondas a partir de dados do vento. Essa variante de processo de previsão das ondas torna-se interessante quando há uma limitação dos dados e do tempo disponíveis.

A condição em que as ondas estão em equilíbrio com o vento, em mar plenamente desenvolvido, está longe de se constituir em ocorrência comum, mas, sem dúvida, simplifica muitos cálculos na mecânica da geração das ondas. Desse modo, uma variante na previsão de mares não plenamente desenvolvidos passou a ser o método SMB, ou similares. Nesses casos, o rumo do vento é considerado constante se variar em até 30° e mantiver sua intensidade numa faixa entre ± 5 nós, considerando-se valores médios constantes sobre a pista de sopro e para a duração considerada.

Em termos de frequência angular também é possível expressar o espectro. Assim, a partir da hipótese de um espectro de banda estreita, e considerando que as alturas e os períodos das ondas sigam a distribuição de Rayleigh, Bretschneider (1959; 1969, apud CHAKRABARTI, 1994) propôs a forma espectral:

$$S(\omega) = 0,1687 H_s^2 \frac{\omega_s^4}{\omega^5} e^{\left[-0,675\left(\omega_s/\omega\right)^4\right]}$$

Resulta, então, que o período significativo $T_s = 0,946$ T_p. As relações entre a altura e o período da onda e a velocidade do vento foram derivadas empiricamente. Assim, para mar plenamente desenvolvido:

$$\frac{gH_s}{U^2} = 0,282 \ e \ \frac{gT_s}{U} = 6,776$$

Já para mares quase desenvolvidos:

$$\frac{gH_s}{U^2} = 0,254 \ para \ 90\% \ e \ 0,226 \ para \ 80\% \ e \ \frac{gT_s}{U} = 4,764$$

Por essa modelagem, conhecendo-se a velocidade do vento média equivalente a 10 m sobre o nível do mar, é possível obter H_s e T_s. Na Figura 1.2(E), pode-se observar a sequência do crescimento do espectro com o aumento da duração t (6, 12, 18, 24, 66,4 e 204,5 h) para uma velocidade do vento constante em 20 nós, sendo que para t = 66,4 h atinge-se a condição de mar plenamente desenvolvido, segundo Walden (1963, apud CHAKRABARTI, 1994).

Observa-se que tanto o período de pico quanto a altura de onda significativa são menores nos mares parcialmente

desenvolvidos e que, na sequência para o mar plenamente desenvolvido, é transferida mais energia para as ondas de menor frequência (maior período).

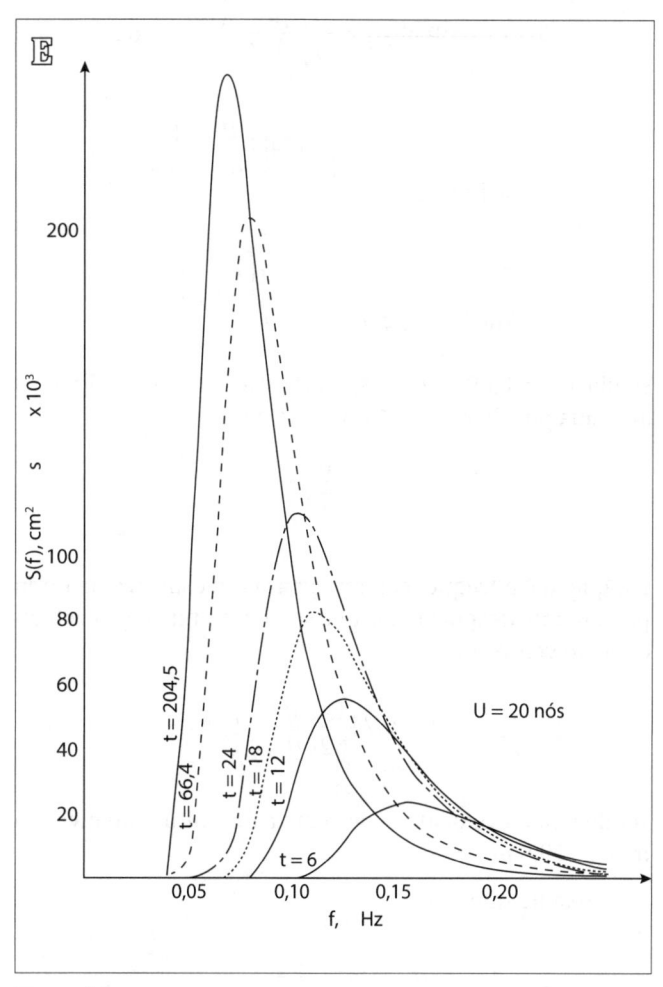

Figura 1.2
(E) Crescimento do espectro de Bretschneider com a duração de um vento constante U = 20 nós.

Espectro ISSC – The International Ship Structures Congress (1964)

O espectro ISSC (1964, apud CHAKRABARTI, 1994) é uma variante do espectro de Bretschneider:

$$S(\omega) = 0,1107 H_s^2 \frac{\bar{\omega}^4}{\omega^5} e^{\left[-0,4427\left(\bar{\omega}/\omega\right)^4\right]}$$

sendo

$$\bar{\omega} = 1,296\omega_p$$

Espectro de Pierson e Moskowitz (1964)

Pierson e Moskowitz (1964, apud HORIKAWA, 1978) agregaram dados medidos no campo à formulação de Phillips – portanto, para mar completamente desenvolvido –

e propuseram a formulação espectral determinada por um só parâmetro, principalmente a velocidade do vento:

$$S_{PM}(f) = \Phi_P \Phi_{PM} = \frac{\alpha_{PM} g^2}{(2\pi)^4 f^5} e^{\left(-\frac{\beta}{f^4}\right)}; \text{ ou}$$

$$S(\omega) = \alpha_{PM} g^2 \omega^{-5} e^{\left[-0,74\left(\frac{\omega U}{g}\right)^{-4}\right]}; \text{ ou}$$

$$S(\omega) = \alpha_{PM} g^2 \omega^{-5} e^{\left[-1,25\left(\frac{\omega}{\omega_p}\right)^{-4}\right]}$$

sendo $\alpha_{PM} = 0,0081$, correspondente à constante de Phillips ajustada por Pierson e Moskowitz, em que:

$$\beta = \frac{5}{4} f_p^4$$

em que f_p é a frequência limite para um espectro de onda plenamente desenvolvida, que somente é função da velocidade do vento, e

$$\beta = 0,74 \left(\frac{g}{2\pi U_{19,5}}\right)^4$$

sendo $U_{19,5}$ a velocidade do vento a uma altura do nível do mar de 19,5 m.

Resulta que

$$\sigma_\omega^2 = m_0 = \frac{\alpha_{PM} g^2}{5\omega_p^4}$$

podendo-se escrever

$$\alpha_{PM} = \frac{5\sigma_\omega^2 \omega_p^4}{g^2}$$

de onde resulta

$$S(\omega) = 5\sigma_\omega^2 \frac{\omega^{-5}}{\omega_p^{-4}} e^{\left[-1,25\left(\frac{\omega}{\omega_p}\right)^{-4}\right]}$$

Por outro lado, a raiz do valor quadrático médio (RMS) é:

$$\sigma_\omega = \sqrt{\frac{\alpha_{PM}}{5}} \frac{g}{\omega_p^2}$$

Considerando que $H_s = 4\sigma_\omega$, pode-se escrever:

$$\omega_p^2 = 0,161 \frac{g}{H_s}$$

O momento de ordem 2 em termos de frequência cíclica resulta em:

$$m_2 = \frac{1}{4} \sqrt{\frac{\pi}{1,25}} \frac{\alpha_{PM} g^2}{(2\pi)^4 f_p^2}$$

A frequência de pico resulta em:

$$\omega_p = 0,710 \, \omega_z$$

Também pode-se calcular o espectro de Pierson e Moskowitz em função de f_p ou H_s, eliminando a velocidade do vento da expressão:

$$A' = \frac{\alpha_{PM} g^2}{(2\pi)^4} \qquad B' = \frac{5f_p^4}{4} = \frac{4\alpha_{PM} g^2}{(2\pi)^4 H_s^2}$$

Outra forma para o espectro de Pierson e Moskowitz, que emprega dois parâmetros, f_p e H_s, sem a velocidade do vento, também pode ser utilizada:

$$A' = \frac{5H_s^2 f_p^4}{16} \qquad B' = \frac{5f_p^4}{4}$$

Este espectro assume que a pista de sopro e a duração do vento são infinitas, o que se aproxima da condição em que o vento atua com magnitude e rumo praticamente constantes sobre grandes extensões de água por dezenas de horas, tendo a prática mostrado ser uma reprodução muito útil para representar tempestades muito severas em projetos de estruturas *offshore*.

Espectro ITTC – The International Towing Tank Conference (1966, 1969, 1972)

O espectro ITTC (1966; 1969; 1972, apud CHAKRA-BARTI, 1994) é uma variante do espectro de Pierson e Moskowitz:

$$S(\omega) = \alpha_{ITTC} g^2 \omega^{-5} e^{-\left[\left(4\alpha_{ITTC} g^2 \omega^{-4}\right)/H_s^2\right]}$$

em que

$$\alpha_{ITTC} = \frac{0,0081}{k^4}$$

e

$$k = \frac{\sqrt{\frac{g}{\sigma_\omega}}}{3,54\omega_z}$$

Quando k = 1, resulta:

$$\omega_z^2 = \frac{g}{3,13H_s}$$

Reduzindo-se ao espectro de Pierson e Moskowitz com um parâmetro (H_S):

$$\alpha_{\mathrm{ITTC}}\, g^2 = \frac{5}{16} H_s^2 \omega_p^4$$

De fato, acaba resultando $\omega_p = 0,710\,\omega_z$, como no espectro de Pierson e Moskowitz. Também pode ser expressa como:

$$\omega_p^4 = \frac{16}{5H_s^2}\alpha_{\mathrm{ITTC}}\, g^2$$

Para valores de k diferentes de 1, o espectro ITTC diferencia-se do de Pierson e Moskowitz.

Formato unificado para os espectros de Bretschneider, ISSC, Pierson e Moskowitz e ITTC

Ao se examinarem os quatro modelos anteriores de espectro, verifica-se que podem ser escritos como biparamétricos, sendo os dois parâmetros uma altura e um período da estatística das ondas. Assim, a forma geral desses modelos espectrais, segundo Chakrabarti (1994), pode ser escrita como:

$$S(\omega) = \frac{A}{4}H_s^2\frac{\tilde{\omega}^4}{\omega^5}e^{\left[-A\left(\omega/\tilde{\omega}\right)^{-4}\right]}$$

considerando a altura significativa e um período característico $\tilde{\omega}$, sendo o coeficiente adimensional A dependente deste último parâmetro, que pode ser ω_p, $\bar{\omega}$ etc. Além disso, esse modelo de formato unificado garante que a área sob a curva espectral corresponde a $H_s^2/16$, independentemente do valor de A e do período característico $\tilde{\omega}$ selecionado. Embora seja frequentemente representado como biparamétrico, o espectro JONSWAP é um modelo que não se enquadra nesta categoria.

Representando adimensionalmente este espectro, tem-se:

$$S(\omega)\frac{\tilde{\omega}}{H_s^2} = \frac{A}{4}\left(\frac{\omega}{\tilde{\omega}}\right)^{-5}e^{\left[-A\left(\omega/\tilde{\omega}\right)^{-4}\right]}$$

A Figura 1.2(F) ilustra graficamente este resultado para diferentes valores do parâmetro adimensional A, sendo que, para descrever o espectro acima,

$$\tilde{\omega} = \left(\frac{5}{4A}\right)^{1/4}\omega_p$$

O momento de ordem n, nesse caso, é expresso por:

$$m_n = \frac{A^{\frac{n}{4}}}{16}\Gamma\left(1 - \frac{n}{4}\right)H_s^2\tilde{\omega}^{\,n}$$

Assim, obtém-se a relação $H_S = 4\sqrt{m_0}$ para n = 0, bem como outras relações notáveis, como:

$$\bar{\omega} = \frac{m_1}{m_0} = \Gamma\left(\frac{3}{4}\right)A^{1/4}\tilde{\omega}$$

$$\omega_z = \sqrt{\frac{m_2}{m_0}} = \left(\pi\,A\right)^{1/4}\tilde{\omega}$$

sendo $\Gamma\left(\dfrac{3}{4}\right) = 1,226$.

A Tabela 1.4, segundo Chakrabarti (1994), evidencia, para os principais modelos espectrais biparamétricos, valores do parâmetro adimensional A e a forma de $\tilde{\omega}$ e suas relações com outras frequências das ondas. Assim, considerando-se uma onda oceânica com $H_S = 15$ m e $\bar{T} = 12$s, o modelo espectral ISSC está especificado e, quantitativamente, chega-se a:

Parâmetro de frequência do espectro de Bretschneider: $\omega_s = 0,90\,\tilde{\omega} = 0,471$ Hz

Parâmetro de frequência do espectro de Pierson e Moskowitz e ITTC: $\omega_p = 0,772\,\tilde{\omega} = 0,404$ Hz

Assim, para H_S e $\bar{T}$ fornecidos, os resultados desses espectros se superpõem, com resultados similares.

Espectro de Scott (1965)

O espectro de Scott (1965, apud CHAKRABARTI, 1994) é uma fórmula independente da velocidade do vento, de sua pista de sopro e de sua duração, sendo, portanto, classificado como descritivo de mar plenamente desenvolvido, sendo biparamétrico:

$$S(\omega) = 0,214H_s^2 e^{\left\{-\left(\omega-\omega_p\right)^2/\left[0,065\left(\omega-\omega_p+0,26\right)\right]\right\}^{\frac{1}{2}}}$$

para $-0,26 < \left(\omega-\omega_p\right) < 1,65$ e 0 noutros trechos.

Essa fórmula, de coeficientes não adimensionais, não recai em nenhuma das formas espectrais genéricas, não considerando haver energia para frequências angulares inferiores a $\omega_p - 0,26$ ou superiores a $\omega_p + 1,65$, esta última frequência associada à máxima energia da onda.

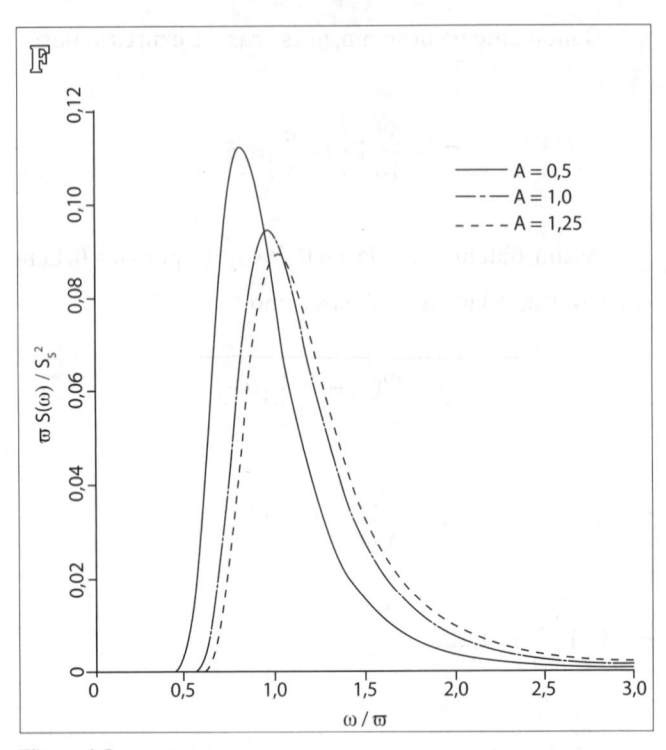

Figura 1.2
(F) Espectros biparamétricos em forma adimensional para diferentes valores de A.

Tabela 1.4
Parâmetros e quocientes paramétricos dos vários espectros biparamétricos

Modelo	A	$\tilde{\omega}$	$\tilde{\omega}/\omega_p$	$\tilde{\omega}/\bar{\omega}$	$\tilde{\omega}/\omega_z$
P-M	5/4	ω_p	1,0	0,772	0,710
Bretschneider	0,675	ω_s	1,167	0,90	0,829
ISSC	0,4427	$\bar{\omega}$	1,296	1,0	0,921
ITTC	5/4	ω_p	1,0	0,772	0,710

Espectro de Mitsuyasu (1972)

Este método propõe uma correção ao espectro de Pierson e Moskowitz considerando as limitações da pista de sopro F e U = U_{10}. Trata-se do primeiro espectro paramétrico que evidenciou que a faixa de equilíbrio não tem um α constante, mas este é influenciado pelo *fetch*. Assim, a partir do espectro de Mitsuyasu (1972, apud HORIKAWA, 1978), passa-se a uma segunda geração de espectros paramétricos.

$$S(\omega)=3,55.10^{-9}g^2\omega^{-5}e^{\left[22,1F_0^{0,312}(\omega U_*/2\pi\,g)^{-4}\right]}\text{ para:}$$

$$-0,3\omega_p<\omega<\omega_p$$

$$S(\omega)=2,30g^2\omega^{-5}F_0^{-0,308}\text{ para: }\omega\geq\omega_p$$

sendo $F_0=\dfrac{gF}{U_*^2}\,eU_*=\dfrac{U}{\left(U^2/gF\right)^{1/3}}$.

Espectro de JONSWAP (1973)

JONSWAP é um anagrama do nome do projeto do qual se origina este método, JOint North Sea WAve Project, que é resultado de uma correção ao espectro de Pierson e Moskowitz por considerar as restrições do efeito da limitação da pista de sopro F, do mar em desenvolvimento – as condições mais frequentemente encontradas na natureza –, e fornecer um espectro com a forma do pico mais acentuada e aguda (Figura 1.2(G)). Este resultado parte de formulação teórica estabelecida por Klaus Hasselmann em 1961 (U. S. ARMY, 2002), que demonstrou que as ondas interagem mutuamente, dispersando a energia nas proximidades do pico espectral para as regiões de cada lado do espectro. A formulação é solidamente fundamentada em medições no Mar do Norte, que demonstraram as interações não lineares entre ondas, sendo frequentemente considerado a forma representativa da onda da tempestade de projeto (CHAKRABARTI, 1994).

Sua expressão é:

$$S_J(f)=\Phi_P\Phi_{PM}\Phi_J=\frac{\alpha_J g^2}{(2\pi)^4 f^5}e^{\left[-\frac{5}{4}\left(\frac{f}{f_p}\right)^{-4}\right]}\gamma^{e^a}\text{ ; ou}$$

$$S(\omega)=0,076(F_0)^{-0,22}g^2\omega^{-5}e^{\left[-1,25(\omega/\omega_p)^{-4}\right]}\gamma^{e^{\left[-(\omega-\omega_p)^2/(2\tau^2\omega_p^2)\right]}}$$

$$1\leq\gamma\leq7$$

$$a=e^{\left[-\frac{(f-f_p)^2}{2\tau^2 f_p^2}\right]}\qquad\tau=\begin{cases}\tau_a=0,07 & para \quad f\leq f_p\\\tau_b=0,09 & para \quad f>f_p\end{cases}$$

Aqui, f_p é a frequência para a qual S(f) é máximo e está relacionado ao comprimento da pista de sopro F, com o vento medido a 10 m da superfície do mar, segundo Mitsuyasu (1980, apud KAMPHUIS, 2012), pela expressão:

$$f_p=2,84\left(\frac{gF}{U^2}\right)^{-0,33}\text{ ; ou: }\omega_p=2\pi\left(\frac{g}{U}\right)(F_0)^{-0,33}$$

sendo U = U_{10}; τ_a e τ_b estão relacionados, respectivamente, com a largura espectral à esquerda e à direita da frequência de pico; α é equivalente à constante de Phillips, mas aqui é dependente do comprimento da pista de sopro F pela expressão:

$$\alpha_J=0,076\left(\frac{gF}{U^2}\right)^{-0,22}$$

Alternativamente, Mitsuyasu (1980, apud HERBICH, 1991; KAMPHUIS, 2012), com base em dados de ondas de várias localidades, propõe:

$$\alpha_M = 0,0817 \left(\frac{gF}{U_{10}^2} \right)^{-\frac{2}{7}} \text{ e } \gamma = 7,0 \left(\frac{gF}{U_{10}^2} \right)^{-1/7}$$

Quando F for desconhecido, adota-se α_{PM} = 0,0081.

O parâmetro Y de agudez do pico do espectro JONSWAP em relação ao espectro de Pierson e Moskowitz é a correção da máxima densidade espectral correspondente. Um valor médio de Y é 3,3, o que molda o pico de energia com uma forma muito mais aguda e pontuda, comparativamente ao pico obtido pela expressão de Pierson e Moskowitz. O parâmetro Y situa-se tipicamente entre 1 e 7 e Mitsuyasu (1980, apud KAMPHUIS, 2012) propõe que:

$$\gamma = \frac{S_J(f_p)}{S_{PM}(f_p)} = 7,0 \left(\frac{gF}{U_{10}^2} \right)^{-1/7}$$

O valor de Y varia mesmo para um vento de intensidade constante, dependendo da duração do vento e do estágio de crescimento ou decaimento da tempestade. Os valores de Y seguem aproximadamente uma distribuição normal de probabilidade.

Usualmente, o espectro JONSWAP é considerado um espectro biparamétrico em Y e ω_p, e α, τ_a e τ_b são adotados como constantes, com os valores anteriormente recomendados. Entretanto, em condições de projeto, somente H_s e T_z de uma onda randômica são especificados. Segundo Chakrabarti (1994), a correlação entre esses parâmetros principais pode ser traduzida pelo par de equações básicas:

$$H_s = \left(0,11661 + 0,01581\gamma - 0,00065\gamma^2 \right) T_p^2$$

$$T_0 = \left(1,49 - 0,102\gamma + 0,0142\gamma^2 - 0,00079\gamma^3 \right) T_z$$

Observa-se que, para Y = 1, H_s = 0,1317 T_0^2, um desvio inferior a 1% com referência ao espectro de Pierson e Moskowitz. Da mesma forma, T_p = 1,4014T_z, com desvio de 0,1 %.

Goda (1979, apud HERBICH, 1991; CHAKRABARTI, 1994) derivou a seguinte expressão aproximada para o espectro JONSWAP:

$$S(\omega) = \alpha^* H_s^2 \frac{\omega^{-5}}{\omega_p^{-4}} e^{\left[-1,25(\omega/\omega_p)^{-4} \right]} \gamma^{e^{\left[-(\omega-\omega_p)^2 \left(2\pi^2\omega_p^2 \right) \right]}}$$

em que

$$\alpha^* = \frac{0,0624}{0,230 + 0,0336\gamma - 0,185(1,9+\gamma)^{-1}}$$

Note-se que, para Y = 1, α^* = 0,312, correspondendo ao espectro de Pierson e Moskowitz.

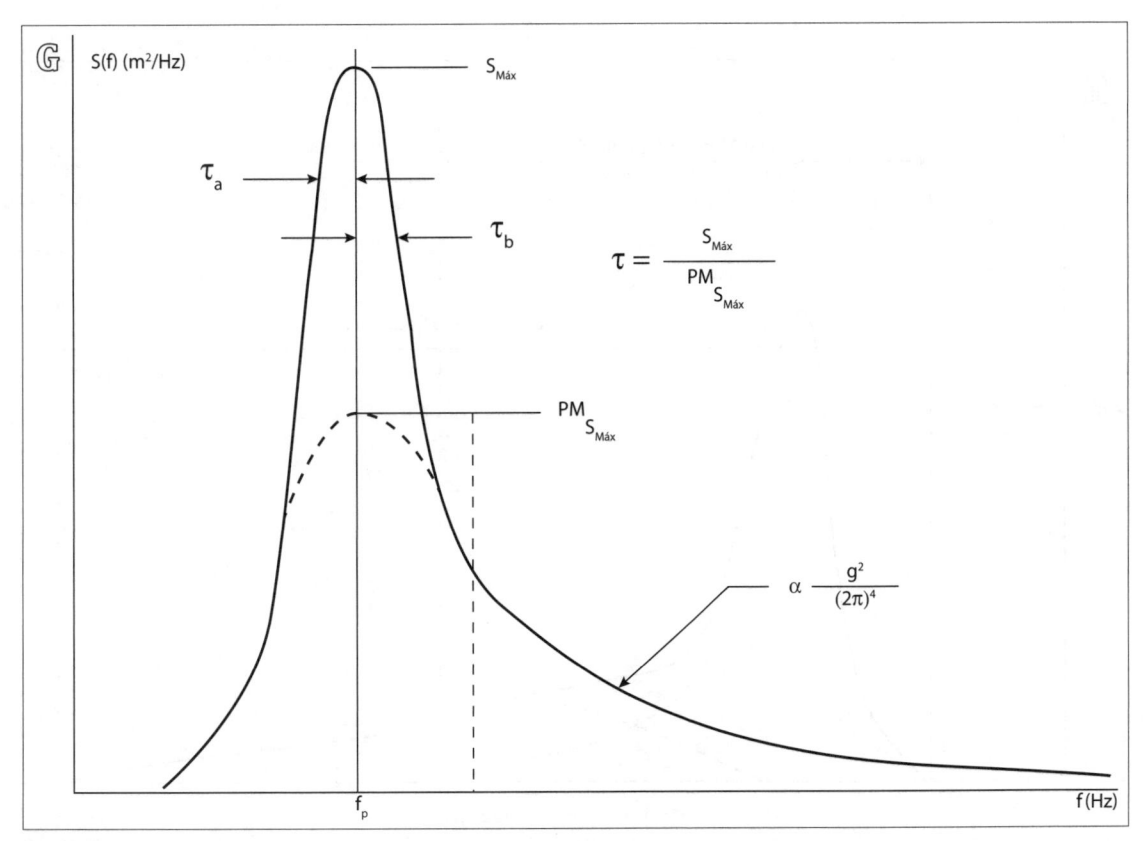

Figura 1.2
(G) Espectros de JONSWAP e Pierson-Moskowitz.

Espectro de Ochi e Hubble (1976)

Em águas profundas e intermediárias, a altura de onda significativa obtida pela análise espectral é usualmente maior que a obtida da análise diretamente no ondograma (U. S. ARMY, 2002). Da mesma forma, o período médio (T_z) estimado pela análise espectral constitui-se somente numa estimativa. O período de pico do espectro, T_p, associado com a máxima energia, obviamente só pode ser obtido pela análise espectral.

A análise espectral de marulhos revela um único valor T_p, decaindo a energia de cada lado da frequência de pico. Os espectros de vagas podem apresentar, em alguns casos, múltiplos picos, em que o correspondente à menor frequência é referente ao marulho, sendo um ou mais nas altas frequências associadas às vagas, podendo o maior ocorrer em qualquer uma delas. Quando ocorre um espectro com duplo pico, em geral, T_z ocorre em maiores frequências que T_p, enquanto em espectro com múltiplos picos não se pode estabelecer uma correlação (U. S. ARMY, 2002).

O espectro de Ochi e Hubble (1976, apud U. S. ARMY, 2002), conforme Figura 1.2(H), é um espectro a seis parâmetros que permite considerar dois picos, um associado às componentes de menor frequência (marulho) e o outro com as vagas geradas por ventos locais nas maiores frequências:

$$S(\omega) = \frac{1}{4} \sum_{j=1}^{2} \frac{\left(\dfrac{4\lambda_j + 1}{4} \omega_{Pj}^4\right)^{\lambda_j}}{\Gamma(\lambda_j)} \frac{H_{sj}^2}{\omega^{4\lambda_j + 1}} e^{\left[-\frac{4\lambda_j + 1}{4}\left(\omega_{Pj}/\omega\right)^4\right]}$$

em que:

H_{s1}, ω_{P1} e λ_1 são a altura significativa, a frequência angular modal e o parâmetro de forma do espectro para o marulho.

H_{s2}, ω_{P2} e λ_2 são a altura significativa, a frequência angular modal e o parâmetro de forma do espectro para as vagas.

$\Gamma(\lambda_j)$ é a função gama equivalente a $\displaystyle\int_0^\infty f^{\lambda_j - 1} e^{-f} df$.

Geralmente, $\lambda_1 \gg \lambda_2$ e, para o valor mais provável de ω_{P1}, $\lambda_1 = 2{,}72$, enquanto λ_2 segue a equação:

$$\lambda_2 = 1{,}82 e^{-0{,}027 H_s}, \text{ com } H_s \text{ em pés}$$

Os parâmetros λ_j controlam a forma e o afilamento dos picos espectrais quando H_{sj} e ω_{0j} são mantidos constantes. Sendo o espectro de Ochi e Hubble de banda estreita, a altura significativa equivalente pode ser dada por:

$$H_s = \sqrt{H_{s1}^2 + H_{s2}^2}$$

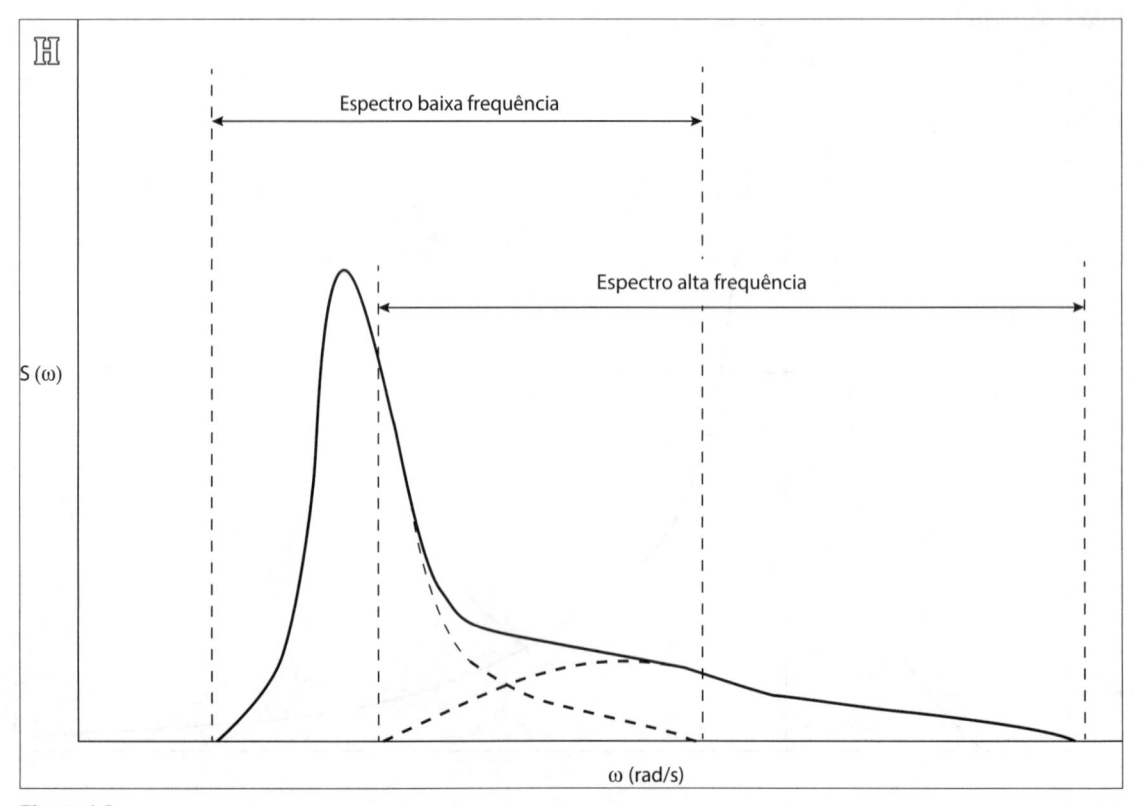

Figura 1.2
(H) Esquematização do espectro de Ochi e Hubble.

Escolha do modelo de espectro

A Figura 1.2(I) apresenta uma comparação entre sete modelos espectrais para uma onda com H_S = 53,8 pés, correspondente a uma altura máxima da ordem de 100 pés, ordem de grandeza da maior onda observada com registro confiável (no Oceano Pacífico), segundo Chakrabarti (1994). Para o parâmetro Y do espectro JONSWAP, adotou-se 3,3, enquanto no de Ochi e Hubble foram usados:

$$H_{s1} = 43 \text{ pés; } \omega_{P1} = 0,38 \text{ Hz; } \lambda_1 = 2,72$$

$$H_{s2} = 32,3 \text{ pés; } \omega_{P2} = 0,80 \text{ Hz; } \lambda_2 = 0,75$$

Pode-se notar que o estado do mar é quase, ou plenamente, desenvolvido; no entanto, a distribuição da energia é bem diferenciada. Inclusive, as observações de ondas de Ochi e Hubble (1976, apud CHAKRABART, 1994) mostram que, para a mesma altura significativa e o mesmo período de pico, a distribuição de energia pode ser muito diferente, o que sinaliza a necessidade de empreender uma campanha ondométrica na área de projeto. Uma tempestade mais representativa deve ser estudada de modo a indicar o(s) modelo(s) mais recomendável(is). Os espectros de Pierson e Moskowitz e JONSWAP são os mais utilizados nas análises em Engenharia Portuária.

Espectro TMA em águas rasas (1976)

A saturação espectral, devida à esbeltez limite que cada onda tem, faz com que, em cada trem de ondas, ocorram arrebentações quando esse limite é atingido. Assim, Bouws et al. (1984, apud KAMPHUIS, 2012), a partir de dados obtidos em Texel – Wadden Zee Island, MARSEN – North Sea German Bight e ARSLOE – Atlantic Remote Sensing Land Ocean Experiment, propuseram um ajuste no espectro JONSWAP para levar em conta a saturação espectral:

$$S_{TMA}\left(f,h\right) = \Phi_P \Phi_{PM} \Phi_J \Phi_h$$

sendo

$$\Phi_h = \frac{1}{2n} tanh^2 \left(\frac{2\pi h}{L} \right)$$

Assim, em águas profundas, Φ_h = 1,0, modificando-se o espectro à medida que vão ocorrendo as arrebentações em águas mais rasas.

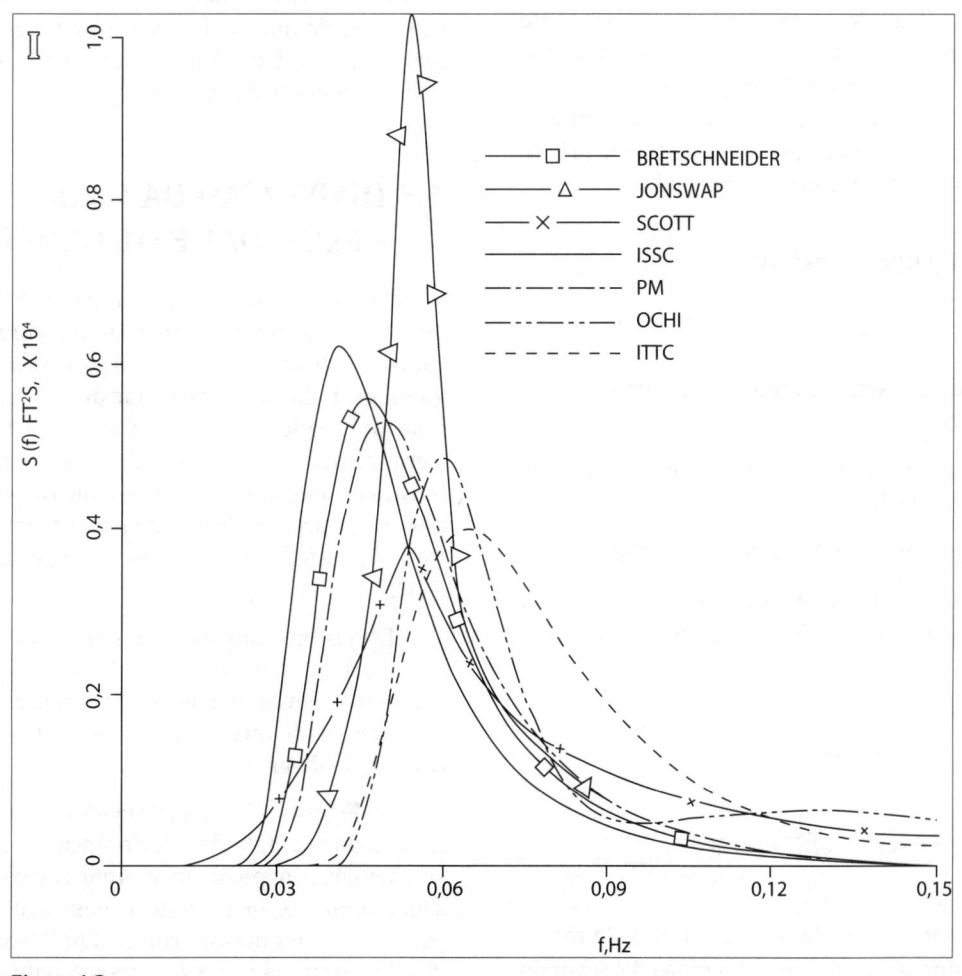

Figura 1.2
(I) Variação da distribuição da energia para diferentes modelos espectrais.

Espectro direcional

Como mostrado nas Figuras 1.2 (D e J), o espectro direcional $S(f,\theta)$ é usualmente expresso pelo produto do espectro em frequência $S(f)$ por uma função $G(f,\theta)$ que descreve a distribuição angular da energia ondulatória nas respectivas frequências, denominada, por isso, função de dispersão direcional. Assim,

$$S(f,\theta) = S(f)\, G(f, \theta)$$

A função de dispersão, ou função de distribuição angular, ou ainda distribuição direcional, é um número adimensional e é normalizada como:

$$\int_{-\pi}^{\pi} G(f,\theta) = 1$$

Goda (1985, apud KAMPHUIS, 2012) foi um dos precursores na abordagem da descrição do espectro direcional, que realmente explica muitas das incongruências do espectro simples em frequência. Esta primeira formulação apontava para uma dispersão direcional seguindo uma função do tipo $\cos^2\theta$, embora a verificação no campo exija um esforço muito maior que o requerido para as medições do espectro em frequência, exigindo no mínimo três sensores de ondas operando simultaneamente. Assim, medições confiáveis são em muito menor quantidade que no caso dos espectros simples em frequência, mas os dados disponíveis apontam para a forma funcional proposta por Goda (1985, apud HERBICH, 1991) como a mais apropriada:

$$G(f,\theta) = G_0 \cos^{2s} (\theta/2)$$

em que:

θ: azimute medido no sentido horário a partir do rumo principal da onda.

G_0: constante presente para atender a normalização da equação integral básica.

s: parâmetro que controla a distribuição angular.

O parâmetro s varia com a frequência e Mitsuyasu et al. (1975, apud HERBICH, 1991) propõem a seguinte formulação:

$$s = s_{máx} (f/f_p)^5 : f \le f_p$$

$$s = s_{máx} (f/f_p)^{-2,5} : f \ge f_p$$

Essa formulação é apoiada por resultados de medições direcionais empregando estereofotogrametria. Segundo Mitsuyasu et al. (1975, apud HERBICH, 1991), o máximo valor de s está relacionado ao estágio de desenvolvimento da onda como vaga:

$$s_{máx} = 11,5\, (2\pi f_p U/g)^{-2,5}$$

e

$$\frac{2\pi f_p U}{g} = 18,8 \left(\frac{gF}{U^2} \right)^{-0,33}$$

Goda e Suzuki (apud HERBICH, 1991) propuseram usar os seguintes valores de $s_{máx}$ para aplicações em Engenharia de vagas e marulhos em águas profundas:

Vagas: 10

Marulhos com curta distância de decaimento (esbeltez ainda relativamente alta): 25

Marulhos com longa distância de decaimento (esbeltez relativamente reduzida): 75

Na medida em que as ondas progridem das águas profundas para as rasas, ficando sujeitas às deformações de empolamento, refração e outras transformações, que alteram o espectro, principalmente a refração produz a concentração da função de dispersão direcional em uma faixa mais estreita. Este último efeito pode ser o responsável pelo incremento do valor de $s_{máx}$.

1.3 DISPERSÃO DA ONDA E VELOCIDADE DE GRUPO

Aquelas ondas em águas profundas que têm maiores períodos e, consequentemente, maiores comprimentos deslocam-se mais rapidamente, sendo as primeiras a atingir regiões afastadas da tempestade que as gerou. O registro em uma localidade de ondas provenientes de uma tempestade a grande distância (mais de 500 milhas náuticas, digamos) mostra ao longo do tempo que o pico do espectro de energia desloca-se progressivamente para as altas frequências, com o que é possível estimar as sucessivas celeridades e o tempo e local de sua origem.

Esta separação das ondas em razão das diferentes celeridades é conhecida como dispersão, característica que produz um fenômeno de interferência entre ondas que forma os chamados grupos de ondas, os quais apresentam uma celeridade de grupo.

As Figuras 1.3(A) e (B) evidenciam um simplificado e idealizado exemplo de interferência de dois trens de onda sinusoidais com pequena diferença de comprimento e, consequentemente, de período, e mesma altura das ondas (H), movendo-se no mesmo rumo. É possível proceder à soma dos dois trens, já que a superposição de soluções é permissível quando se usa a teoria linear. Nas posições em que as

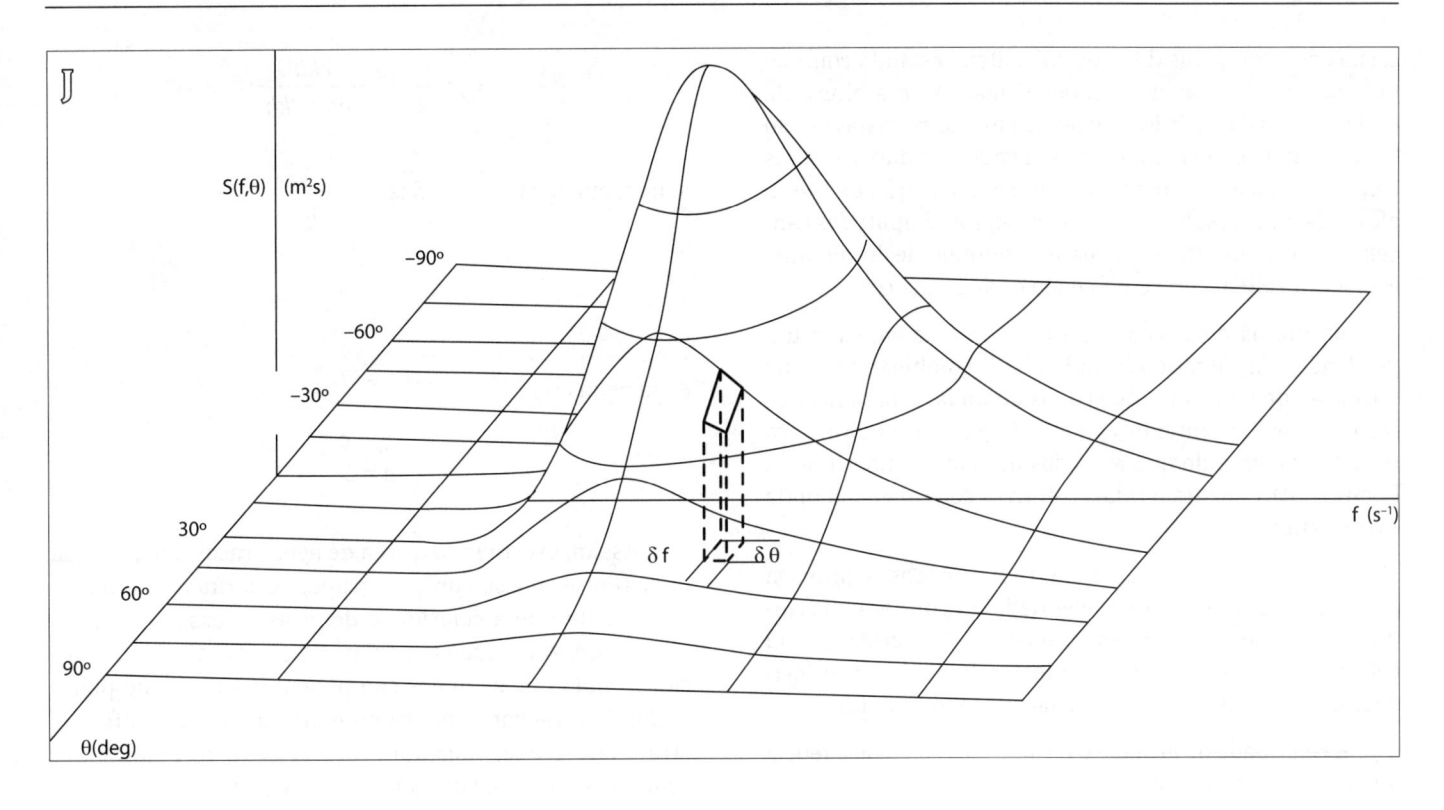

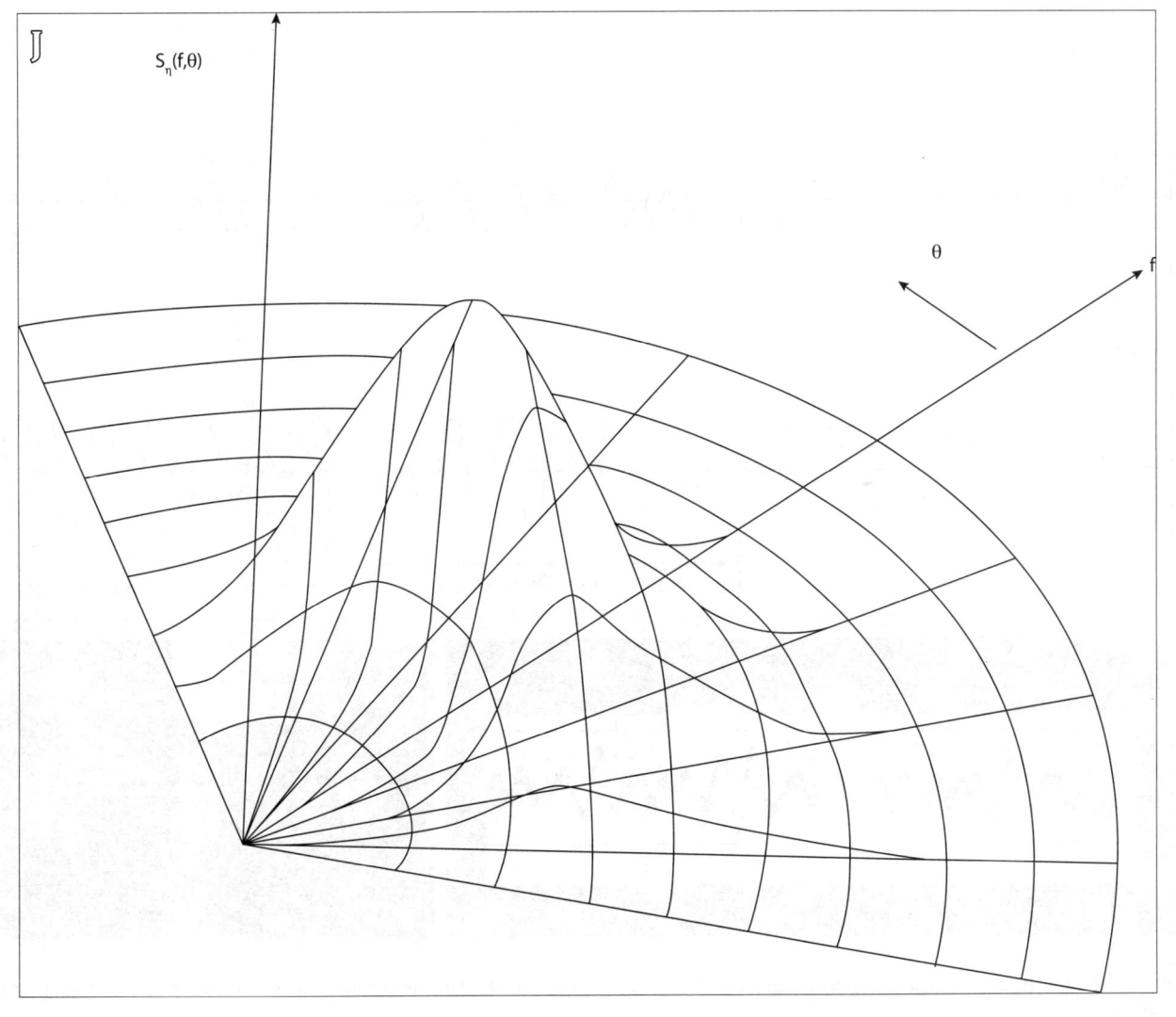

Figura 1.2
(J) Esquemas tridimensionais do espectro direcional.

cristas dos dois trens de onda coincidem, estando completamente em fase, as amplitudes somam-se e a altura de onda observada é 2 H. Nas posições em que as cristas de um trem de onda coincidem com os cavados do outro, os dois trens de onda estão completamente em oposição de fase, a altura de onda resultante é nula, ou seja, as amplitudes cancelam-se e a superfície d'água tem mínimo deslocamento. Na Figura 1.3(C), apresenta-se um ondograma real.

Assim, os dois trens de ondas interagem, cada um perdendo sua identidade individual, combinando-se na formação de uma série de grupos de onda, separados por regiões quase ausentes de agitação. O grupo de onda avança mais lentamente do que as ondas individuais no grupo. A Figura 1.3(E) mostra a relação entre a celeridade da onda e a de grupo.

A celeridade com a qual um trem de ondas se propaga geralmente não é idêntica à celeridade com que as ondas individuais dentro do grupo se propagam. A celeridade – ou velocidade – de grupo (cg) é inferior à celeridade – ou velocidade de fase – em águas intermediárias ou profundas.

A celeridade de grupo e o termo n, (c_g = nc), pela teoria linear de ondas, são dados por:

$$c_g = \frac{c}{2}\left(1 + \frac{2kh}{\operatorname{senh} 2kh}\right)$$

sendo, em águas profundas,

$$c_{g_o} = \frac{c_o}{2}$$
$$n_o = 0,5$$

e em águas rasas,

$$c_g = c$$
$$n = 1$$

Assim, excetuando a área de águas rasas em que cada onda representa seu próprio grupo, a celeridade das ondas é maior do que a celeridade de grupo. Dessa forma, um observador que segue um grupo de ondas com a sua velocidade nota que as ondas componentes surgem no ponto nodal da retaguarda do grupo e movem-se para a frente, através do grupo, viajando com a celeridade, e desaparecem no ponto nodal da vanguarda do grupo.

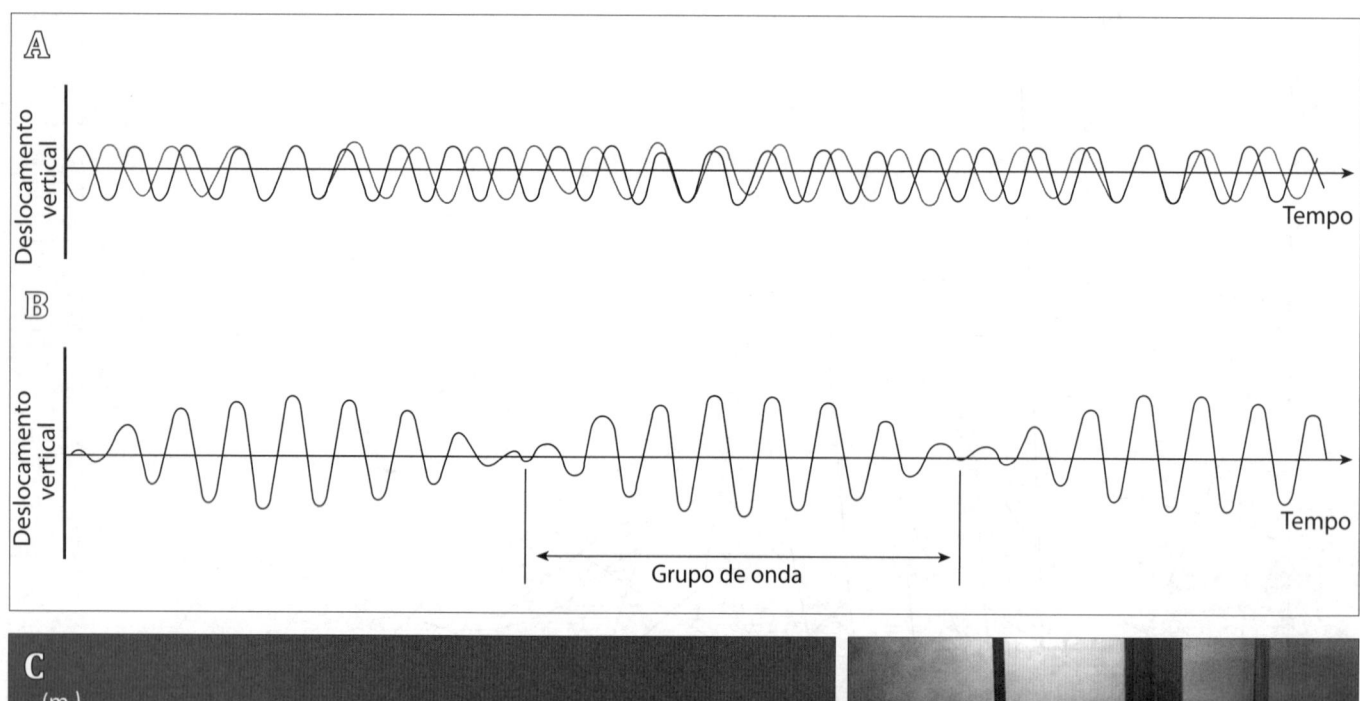

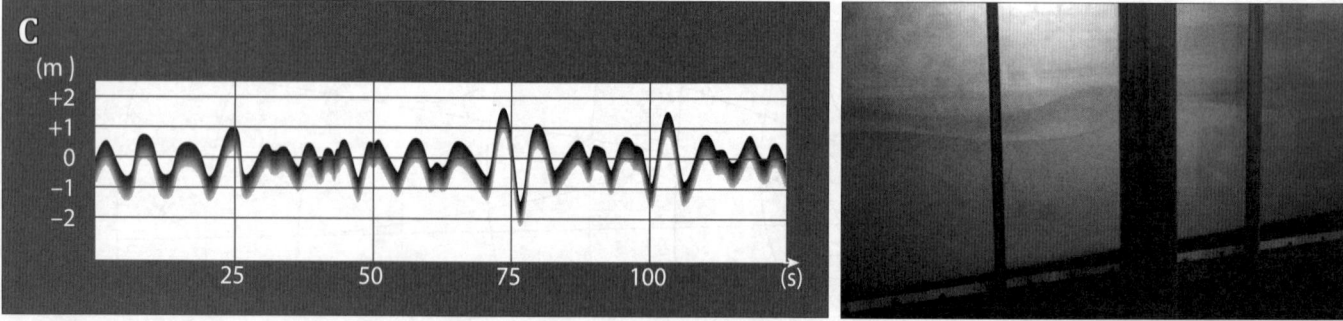

Figura 1.3

(A) e (B) A composição de dois trens de onda (mostrados em preto e cinza) de comprimentos ligeiramente diferentes (mas de mesma amplitude), formando grupos de ondas.

(C) Trecho de ondograma registrado com ondógrafo de ultrassom ao largo da Ilha da Moela em Santos (SP), em uma profundidade de 22 m no dia 18/01/1980 (à esquerda). Fotografia de onda irregular em canal de ondas (à direita).

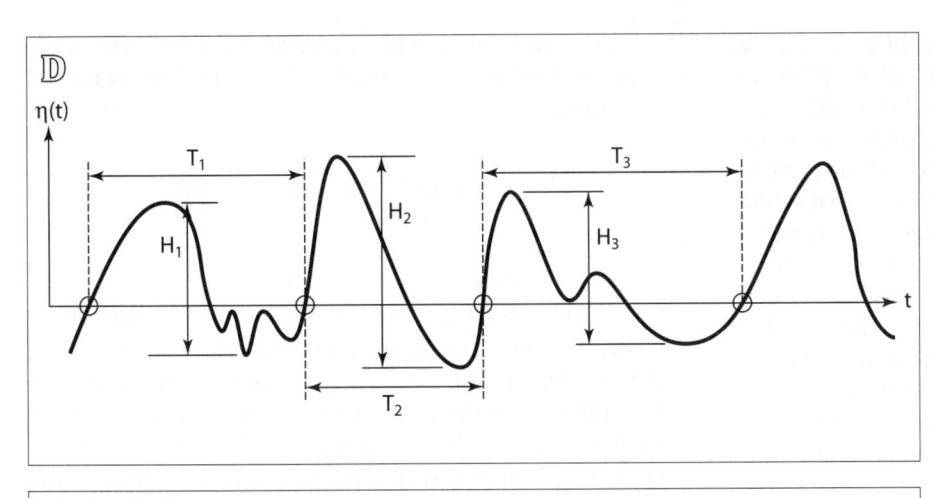

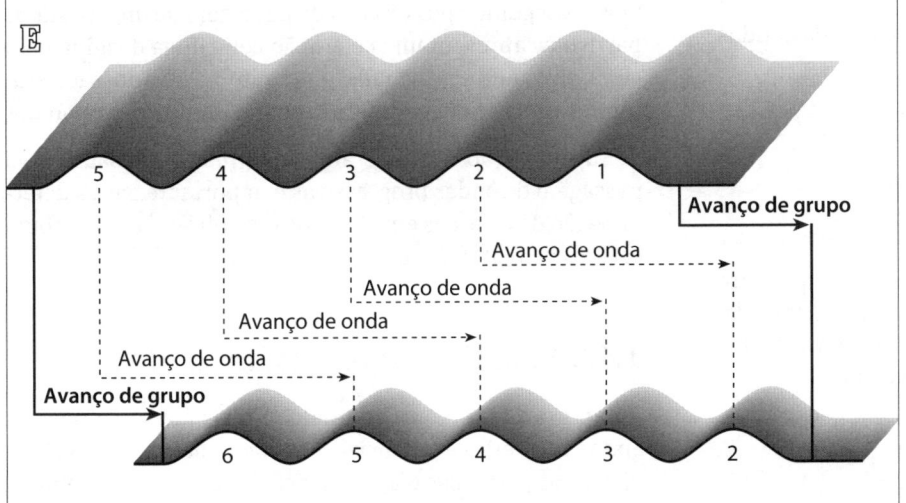

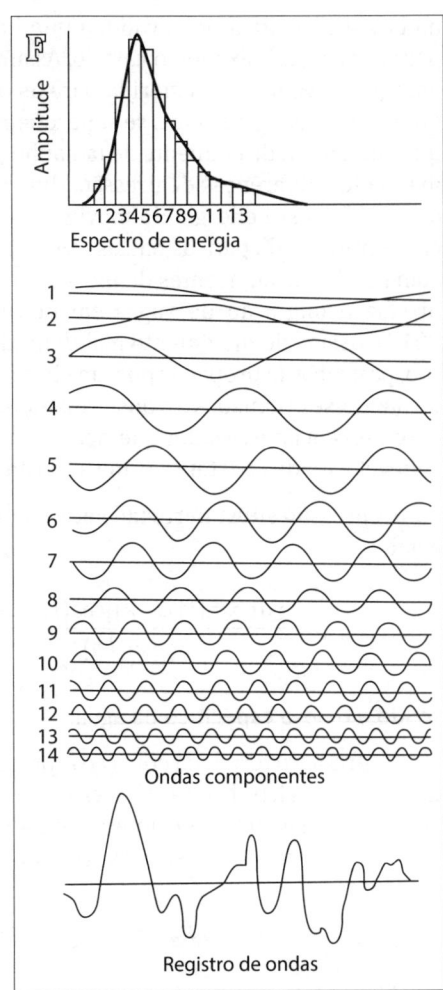

Figura 1.3
(D) Exemplo do método do cruzamento ascendente do zero na definição das ondas individuais.
(E) A relação entre celeridade de onda
e celeridade de grupo. À medida que a onda avança da esquerda para a direita, cada onda move-se através do grupo para extinguir-se na frente (por exemplo, a onda 1), conforme novas ondas formam-se na retaguarda
(por exemplo, a onda 6). Neste processo, a energia da onda encontra-se contida em cada grupo e avança com a velocidade de grupo.
(F) Composição de 14 ondas regulares, seu espectro de energia e o registro resultante da composição harmônica.

A celeridade de grupo é importante, porque é com essa velocidade que a energia das ondas se propaga.

1.4 ENERGIA DA ONDA

1.4.1 Pressão subsuperficial

Velocidades do vento em torno de 0,5 nó começam a romper a tensão superficial da água, permitindo que os turbilhões do vento periodicamente empurrem-na para baixo, produzindo perturbações locais no nível d'água em repouso e formando os primeiros enrugamentos ondulatórios. Uma vez formadas essas ondas primordiais e com o vento aumentando de intensidade, a energia é transferida do vento para as ondas principalmente mediante dois mecanismos, como ilustrado na Figura 1.4. As cristas das ondas, produzindo um obstáculo ao vento, reduzem sua velocidade, podendo chegar a inverter a velocidade do vento para barlavento pela formação de vórtices eólicos nas depressões das ondas. Assim, a tensão de cisalhamento na superfície da água tende a movê-la rumo às cristas de ambos os lados. Por outro lado, a forma da onda produz aumento da velocidade do vento junto à crista e decréscimo junto ao cavado. Esse último efeito induz que a pressão dinâmica seja menor na crista que no cavado, pelo Princípio de Bernoulli. Consequentemente, a pressão relativa à média é negativa na crista e positiva no cavado, o que bombeia mais água para a crista, rebaixando o cavado. Assim, a maior parte da energia do vento é transferida para as ondas de altas frequências (vagas), que mais se superpõem harmonicamente que aumentam diretamente de tamanho por tensão de cisalhamento e diferenças de pressão. Uma vez saindo da zona de geração, essa energia do movimento nas altas frequências é transferida para as baixas frequências pela interação com partículas adjacentes de movimento mais lento, o que produz a migração de vagas em marulhos (KAMPHUIS, 2012). Assim, do movimento mal-definido na zona de geração, passam a se propagar por um efeito natural de seleção, tornando-se ordenadas e transformando-se em uma série de entumescências e cavados que, aparentemente, deslocam-se com velocidade constante rumo às costas.

A pressão subsuperficial efetiva sob a ação das ondas é dada por:

$$p = \frac{\gamma a \cosh[k(h+z)]\cos(kx-\omega t)}{\cosh(kh)} - \gamma z$$

sendo γ o peso específico da água.

O primeiro termo da equação representa a componente dinâmica em virtude da aceleração pela passagem da onda, enquanto o segundo termo é a componente hidrostática da pressão. Pode-se reescrever a equação como:

$$p = \gamma\eta K_z - \gamma z = \gamma(\eta K_z - z)$$

sendo:

$$K_z = \frac{\cosh[k(h+z)]}{\cosh(kh)}$$

O parâmetro K_z é denominado fator de resposta de pressão. Dois casos, particularmente, importantes ocorrem quando:

$$z = 0 \text{ (nível d'água em repouso),}$$
$$z = -h \text{ (no leito).}$$

Conclui-se que a pressão nas zonas de z positivo, com a passagem de uma crista de onda pela seção, pode ser considerada hidrostática, o que está representado na Figura 1.4. Por outro lado, no leito sob a crista da onda ($\eta > 0$), a pressão é inferior à hidrostática, enquanto sob o cavado, supera a hidrostática. A explicação física para essas duas condições extremas é a seguinte: por ocasião da passagem de uma crista, as partículas apresentam aceleração centrífuga dirigida para cima, aliviando a gravidade, enquanto no cavado a aceleração centrífuga é dirigida para baixo no sentido da gravidade.

A definição dos diagramas de pressão causados pela passagem de ondas progressivas é importante para a determinação de esforços em elementos de obras vazadas, como estacas de plataformas.

1.4.2 Energia e potência das ondas

A energia total de um sistema de ondas é a soma de suas energias cinética e potencial. A primeira decorre das velocidades das partículas d'água associadas com o movimento. A segunda resulta da porção de massa fluida acima do cavado. De acordo com a teoria linear, as energias cinética e potencial componentes são iguais, e a energia total em um comprimento de onda por unidade de comprimento de crista é:

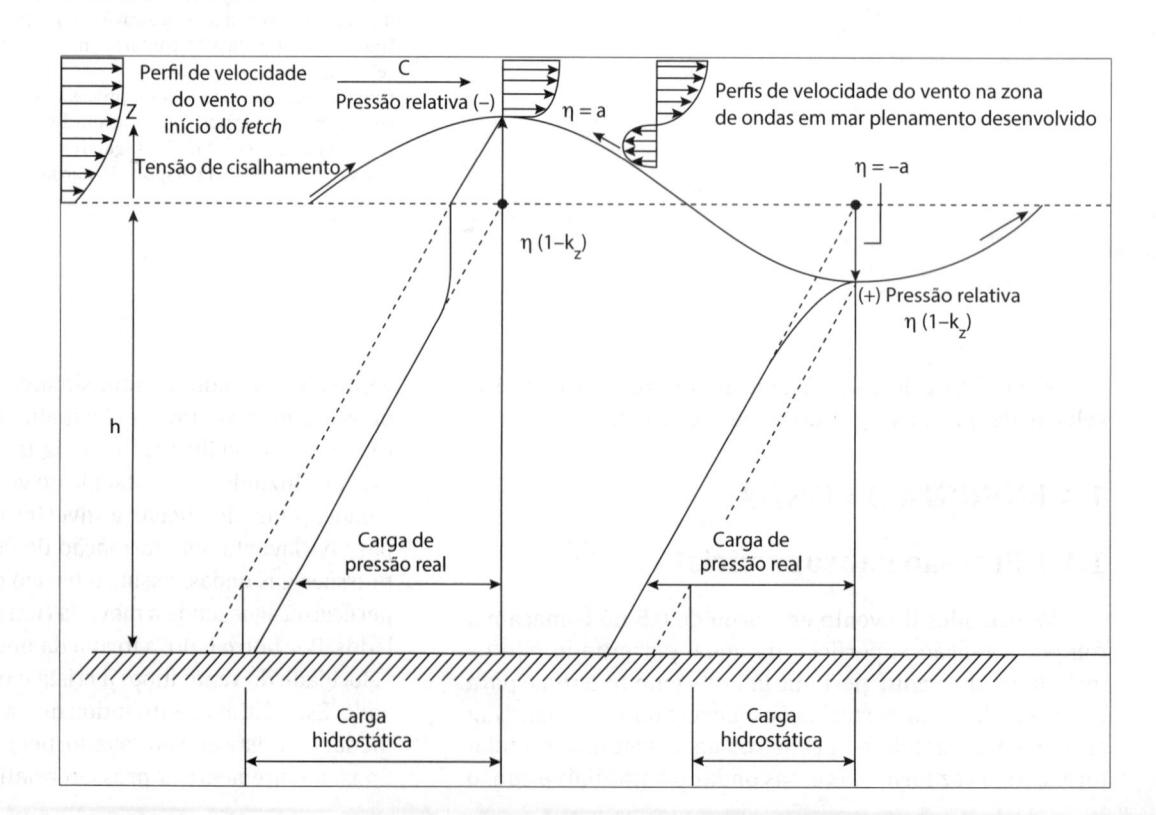

Figura 1.4
Elevação longitudinal dos diagramas de cargas de pressões pela passagem da crista e cavado da onda.

$$E_T = \frac{1}{8} \rho g H^2 L$$

onde ρ é a massa específica da água.

A energia total da onda por unidade de área superficial, denominada energia específica, é dada por:

$$E = \frac{1}{8} \rho g H^2$$

Obviamente, nenhuma energia é transmitida através das regiões com ausência das ondas, ou seja, entre os grupos de ondas. Por outro lado, a transmissão de energia é máxima quando as ondas no grupo atingem a máxima dimensão. Em assim sendo, a energia está contida no grupo de onda e propaga-se com a velocidade de grupo.

O fluxo de energia da onda é a taxa pela qual a energia é transmitida no rumo de propagação da onda em um plano vertical perpendicular a esta e estendendo-se por toda a profundidade. A energia transmitida durante um período equivale à totalidade da energia contida em um comprimento de onda. O fluxo de energia médio por unidade de comprimento de crista é:

$$P = E\,cg = E\,n\,c$$

sendo P também denominada de potência da onda.

Para águas profundas e águas rasas, têm-se respectivamente:

$$P_o = E_o n_o c_o = \frac{1}{8} \rho g H_o^2 \frac{1}{2} \frac{gT}{2\pi} = \frac{1}{32\pi} \rho g^2 H_o^2 T$$

$$P = Ec = \frac{1}{8} \rho g H^2 \sqrt{gh}$$

1.5 CARACTERÍSTICAS ESTATÍSTICAS DAS ALTURAS DAS ONDAS OCEÂNICAS

1.5.1 Distribuição das alturas de ondas em uma tempestade

1.5.1.1 CONSIDERAÇÕES GERAIS

A variação do nível d'água H pela passagem das ondas é uma variável aleatória, sendo, portanto, a probabilidade de um valor de H à sua função densidade de probabilidade p (H), que é traduzida pela distribuição estatística normal, ou Gaussiana, que assume a seguinte a equação:

$$p(H) = \frac{1}{4} \frac{H}{\sigma^2} e^{\left(\frac{-H^2}{8\sigma^2}\right)}$$

Essa equação traduz a chamada distribuição densidade de probabilidade de Rayleigh, válida para espectros de energia de banda estreita em frequência, a qual normalmente concorda bem com registros obtidos por ondógrafos em águas profundas e com espectros de energia com picos muito estreitos.

1.5.1.2 DEFINIÇÃO DA ONDA INDIVIDUAL

Há três métodos para distinguir a onda individual dentre as ondas irregulares contínuas de um registro. Uma delas é a definição crista-cavado (*crest-to-trough*), que é a mais primitiva. Nesse método, a onda individual é definida como a porção do registro entre dois cavados consecutivos. A altura da onda é definida como a diferença de níveis entre a crista acima do cavado precedente, e o período da onda como a duração de tempo entre dois cavados consecutivos. De acordo com esse método, o número de ondas individuais torna-se crescente à medida que a resolução do instrumento registrador aumenta. Do ponto de vista dos efeitos das ondas em estruturas, as ondas muito pequenas não são importantes e é melhor desconsiderá-las quando da determinação das características das ondas. Diferenças não padronizadas poderiam surgir, entretanto, quando se desprezassem pequenas ondas de um registro contínuo.

Pelas razões acima mencionadas, o método crista-cavado não é mais aplicado atualmente. Uma definição alternativa é a do cruzamento do nível médio (*zero-crossing*), que pode ser aplicado de dois modos: cruzamento ascendente (*zero-up crossing*) ou cruzamento descendente (*zero-down crossing*). O primeiro é principalmente usado nos Estados Unidos e Japão (Figura 1.3), enquanto o segundo é usado em vários países europeus. Ambos os métodos são considerados adequados hoje em dia. Nesses métodos, toma-se a porção do registro entre dois pontos consecutivos de cruzamento como uma onda individual, na qual a altura da onda é a distância vertical entre o ponto mais alto e mais baixo da onda, e o seu período como o intervalo de tempo entre dois pontos adjacentes de cruzamento. Esse conceito é uma maneira objetiva de focalizar a atenção nas ondas maiores, tendo-se verificado ser o mais conveniente para o tratamento estatístico. Portanto, esse método é geralmente aceito como apropriado no campo da análise das ondas, e é o que será implicitamente considerado.

1.5.1.3 PROPRIEDADES PROBABILÍSTICAS DAS ONDAS CARACTERÍSTICAS OCEÂNICAS

Em se tratando de ondas irregulares, analisadas estatisticamente, o mais simples seria definir o valor médio da altura de onda e período, considerando todas as ondas de um registro. Tais parâmetros, entretanto, não são apropriados do ponto de vista do projeto seguro das estruturas, porque dariam peso indevido às muitas ondas pequenas que existem entre os grupos de ondas maiores. Por outro lado, no outro extremo poderíamos tomar a maior onda de registro e o correspondente período. Sob o ponto de vista da segurança das estruturas, a onda extrema é um conceito mais aceitável, mas, para algumas estruturas, pode ser excessivo. Na prática da engenharia portuária, náutica e costeira, as ondas pequenas são geralmente negligenciadas e considera-se a média das ondas do terço maior de alturas (que são denominadas ondas significativas (H_S) por serem de maior interesse) em estruturas em blocos para estruturas semirrígidas; em estaqueamento, podem ser utilizadas as médias das 10% maiores ondas; e nas rígidas a média das 1% maiores ondas. A média dos períodos de cruzamento do zero do registro de ondas é denominada T_Z. O período significativo (T_S) corresponde à média do terço maior de períodos das ondas. Com essa definição idealizada das ondas oceânicas, as características do mar real seriam correlacionadas em termos de ondas monocromáticas, permitindo a aplicação de muitas das teorias que foram desenvolvidas para as ondas regulares, o que foi demonstrado na solução de muitos problemas práticos de engenharia.

Ao comparar-se a altura significativa determinada por registro de ondas reais com observações visuais simultâneas, há uma boa correspondência, isto é, um observador experiente pode usualmente estimar bem aproximadamente, daí tal conceito ter sido usado originalmente por Sverdrup e Munk em 1947, no desenvolvimento do seu método de previsão de ondas com base nas condições meteorológicas (*forecasting*), bem como na reconstituição do estado do mar com base nas condições meteorológicas passadas (*hindcasting*).

Os valores determinados a partir de um registro de ondas serão influenciados de algum modo pela duração do registro. Considere-se a seguinte situação: um mar de tamanho reduzido está exposto a um vento leve e constante por muito tempo, de modo que uma altura de onda estável se estabeleça. Além disso, durante o período de apenas meia hora, um severo vendaval passa sobre a área. Durante esse curto período, mas de intensa tempestade, ondas maiores são geradas, as quais serão dissipadas após a tormenta. Se uma altura de onda significativa for determinada usando um registro que dure todo o dia, então a influência da tormenta será mais ou menos dispersada no conjunto; enquanto, se a altura de onda significativa se basear, digamos, num registro de uma hora, incluindo todo o vendaval, esta será maior.

A duração do registro usado deve ser, de um lado, extenso o suficiente para determinar uma média confiável (20 minutos é aproximadamente o mínimo), e, por outro lado, não deve ser tão longo que as condições de ondas variem grandemente durante o período de observação. Muito frequentemente, as alturas de ondas significativas são determinadas a cada 3 horas, 6 horas ou 12 horas, o que corresponde aos intervalos entre muitas outras observações meteorológicas.

A estatística de curto período lida com as propriedades estatísticas de um registro de ondas de 20 minutos a 60 minutos de duração. Uma contribuição muito importante a esse campo da estatística de ondas foi dada por Longuet-Higgins em 1952, tendo mostrado que a distribuição de alturas de ondas, no caso de utilizar-se o método de caracterização das ondas individuais pelo cruzamento do zero, é dada pela distribuição de Rayleigh.

Quando as alturas de ondas individuais num registro de ondas em águas profundas são relacionadas em ordem decrescente, a frequência de ocorrência das ondas acima de um dado valor (excedência) é dada bem aproximadamente pela distribuição de Rayleigh. Esse fato pode ser usado para estimar a altura de uma onda de frequência arbitrária a partir do conhecimento da onda significativa.

Usando esses elementos, podemos determinar a probabilidade de excedência de qualquer altura de onda ocorrente num intervalo caracterizado por determinada altura de onda significativa. Por exemplo, de acordo com a distribuição de Rayleigh, 13,5% das ondas são maiores do que H_S.

Segundo U. S. Army (1984), 72 amostras de 15 minutos de registro, representando 11.678 ondas observadas, foram combinadas, fornecendo uma altura teórica que parece ser cerca de 5% maior do que a altura observada para a probabilidade de 1% e 15% para a probabilidade 0,1°/°°. É possível que a diferença entre as alturas reais e teóricas das ondas de maior altura seja devida à arrebentação das maiores ondas antes de atingir as estações costeiras, portanto, a distribuição de Rayleigh pode ser considerada aproximada para áreas rasas, provavelmente conservativa.

A probabilidade de excedência de uma altura de onda H, (P(H)), em uma tempestade pode ser estimada pela distribuição de Rayleigh (ver Figura 1.5(A)), que é a de melhor ajuste em águas profundas nesta estatística de curto período:

$$P(H) = e^{[-2(H/H_S)^2]} = e^{[-(H/H_{RMS})^2]}$$

correspondendo respectivamente a cálculos com a altura significativa H_S (média do terço maior de alturas das i ondas de um registro) e com a raiz do valor quadrático médio

$$H_{RMS} = \left(\sqrt{\overline{H_i^2}} \right)$$

Para espectro estreito, isto é, com agitação composta por ondas monocromáticas com frequências muito similares entre si, podem ser obtidas as seguintes aproximações espectrais:

$$\overline{H} = \sqrt{2\pi\ m_0} = 0,626\ H_s = \sqrt{\pi}\ H_{RMS}\ /\ 2$$
$$H_{RMS} = \sqrt{8\ m_0} = 0,706\ H_s$$
$$H_s = 4,005\ \sqrt{m_0} = 1,416\ H_{RMS}^{\ *}$$
$$H_{1/10} = 5,091\ \sqrt{m_0} = 1,271\ H_s = 1,80\ H_{RMS}$$
$$H_{1/100} = 6,672\ \sqrt{m_0} = 1,666\ H_s = 2,359\ H_{RMS}$$
$$H_{máx} = 1,86\ H_s(P(H_{máx}) = 0,001)$$

A altura de onda correspondente ao pico da distribuição de probabilidade extrema de Rayleigh é $H_{máx}$, que é a mais provável maior onda em dado registro. Evidentemente, há ondas maiores que $H_{máx}$, mas $H_{máx}$ tem a maior probabilidade de ser maior. $H_{máx}$ não é um valor definido, mas pode ser expresso como o valor máximo mais provável para um dado número de ondas N, de acordo com a equação:

$$H_{máx}\ /\ H_s \approx \frac{1}{1,416}\left[\left(\ln N\right)^{1/2} + \frac{\gamma}{2}\left(\ln N\right)^{-1/2} \right]$$

com $Y = 0,5772$.

---

* O valor 4 é teórico, pois análises e registros reais apresentam valores inferiores a 3,6.

A estimativa para um grande número N de ondas, na prática, pode ser aproximada por:

$$H_{máx} / H_s = \sqrt{\frac{(\ln N)}{2}}$$

Para $N = 1.000$, obtém-se $H_{máx} = 1,86\ H_s$. Para $N = 10.000$, obtém-se $H_{máx} = 2,15\ H_s$.

Considerando como período médio 7,5 s, 10.000 ondas correspondem a 20,8 h, quase um dia. Pode-se concluir que, como regra prática, $H_{máx}$ não é muito diferente de $2H_s$. Usualmente, utiliza-se para o cálculo da onda máxima N=1.000 ondas, que seria equivalente a um período de agitação de aproximadamente 2 horas para períodos de ondas em torno de 7 segundos. Nesse caso, a relação entre a altura máxima e a altura significativa resulta em 1,86.

Cada onda é caracterizada pela porção do registro ondográfico contido entre dois cruzamentos sucessivos do nível médio do mar no período de registro (zero), podendo-se considerar o cruzamento ascendente ou descendente.

Em águas rasas, no entanto, o espectro de energia da onda não é de banda estreita, podendo-se afastar acentuadamente da distribuição de Rayleigh para as altas frequências por influência do fundo e das não linearidades. Assim, ocorre uma superestimação conservativa da altura de onda para uma determinada probabilidade de excedência, da ordem de 5% para P(H) = 1% e de 15% para P(H) = 0,01%, o que decorre da arrebentação das maiores ondas antes de atingirem águas muito rasas.

Ainda não foi derivada nenhuma distribuição do período que tenha sido satisfatoriamente verificada com medições. Relações mais ou menos empíricas foram apresentadas, que relacionam o período da onda com algum outro parâmetro facilmente determinável. Muitas dessas relações foram derivadas para aplicações em determinadas áreas geográficas, não sendo aplicáveis genericamente. Alguns exemplos são os seguintes:

Para o Atlântico Norte: $T = 2,5H$

Para o Mar Mediterrâneo: $T = 4 + 2H^{0,7}$

Para o Mar do Norte: $\overline{T} = 3,94\ H_s^{0,376}$

Essas equações não são dimensionalmente homogêneas, valendo para T em segundos e H em horas.

Segundo Horikawa (1978), observações realizadas no Porto de Nagoya (Japão) apontaram que:

$$T_{1/10} / T_{1/3} = 0,99 \pm 0,06$$

$$T_{1/3} / \overline{T} = 1,07 \pm 0,08$$

O que permitiria assumir estatisticamente $T_{1/10} \approx T_{1/3} \approx 1,1\overline{T}$.

Em termos de distribuição densidade de probabilidade para os períodos das ondas, Bretschneider (1959, apud KAMPHUIS, 2012) propôs a seguinte expressão:

$$p(T) = 2,7 \frac{T^3}{\overline{T}^4} e^{\left[-0,675\left(T/\overline{T}\right)^4\right]}$$

O que resulta na probabilidade de excedência:

$$P(T) = e^{\left[-0,675\left(T/\overline{T}\right)^4\right]}$$

Longuet-Higgins (1962, apud U. S. ARMY, 2002) apresentou outra distribuição densidade de probabilidade para os períodos das ondas, normalmente de banda mais estreita comparativamente à correspondente de alturas, com dispersão na faixa de 0,5 a 2,0 vezes o período médio. Essa distribuição é muito utilizada em projetos de estruturas ao largo, pois demonstra estar ajustada relativamente bem às medições de campo:

$$p(\tau) = \frac{1}{2\left(1 + \tau^2\right)^{3/2}}$$

em que:

$$\tau = \frac{T - T_{0,1}}{\nu T_{0,1}}; \quad T_{0,1} = \frac{m_0}{m_1}; \quad \nu = \frac{m_0 m_2 - m_1^2}{m_1^2}$$

sendo ν o parâmetro de largura do espectro e m os momentos principais do espectro de energia das ondas. Trata-se de uma distribuição semelhante à normal, com a média em $T_{0,1}$, pois é simétrica com relação ao seu máximo em $\tau = 0$.

A caracterização de um registro de ondas naturais é frequentemente efetuada pelo fornecimento da altura de onda significativa e pelo período cruzamento do zero (T_z). Outro período também adotado na caracterização do registro de ondas é o período de pico do espectro (T_p), que, dependendo da forma do espectro, pode ser de 1,1 a 1,4 vezes o período médio. Observe-se que T_p é aproximadamente igual a T_s. Essa é a prática usual adotada nos estudos de Hidráulica Marítima, uma vez que são negligenciadas as ondas menores, cujos efeitos não são dominantes em termos energéticos. Além disso, os registros hidrográficos mostram que a altura de onda significativa corresponde razoavelmente bem à percepção visual da média das maiores ondas que um observador experiente estima, fornecendo resultados muito próximos.

A altura significativa H_s, ou $H_{1/3}$, foi inicialmente proposta por Sverdrup e Munk (1947, apud U. S. ARMY, 2002). Tratou-se de uma correlação com as observações empíricas dos navegantes. Com o advento dos ondógrafos, essa referência histórica permaneceu pela sua fundamentação física com a visão do estado do mar. Por outro lado, a altura significativa pode ser definida a partir da variância do ondograma, ou da integral da variância no espectro (H_{m0}). Assim, $H_{1/3}$ é uma medida direta de H_s, enquanto H_{m0} é uma estimativa sua, que pode ser bem precisa. Em geral, em águas profundas, $H_{1/3}$ e H_{m0} têm valores bem próximos como estimativa da H_s. Na atualidade, a maioria dos sensores e métodos de cálculo na previsão das ondas considera H_{m0}. Thompson e Vincent (1985, apud U. S. ARMY, 2002) pesquisaram esta diferença em águas rasas próximo da arrebentação, encontrando

Figura 1.5
(A) Distribuição de Rayleigh.
(B) Variação da relação H_s/H_{m0} em
    função de δ significativo e de $\bar{h}$.

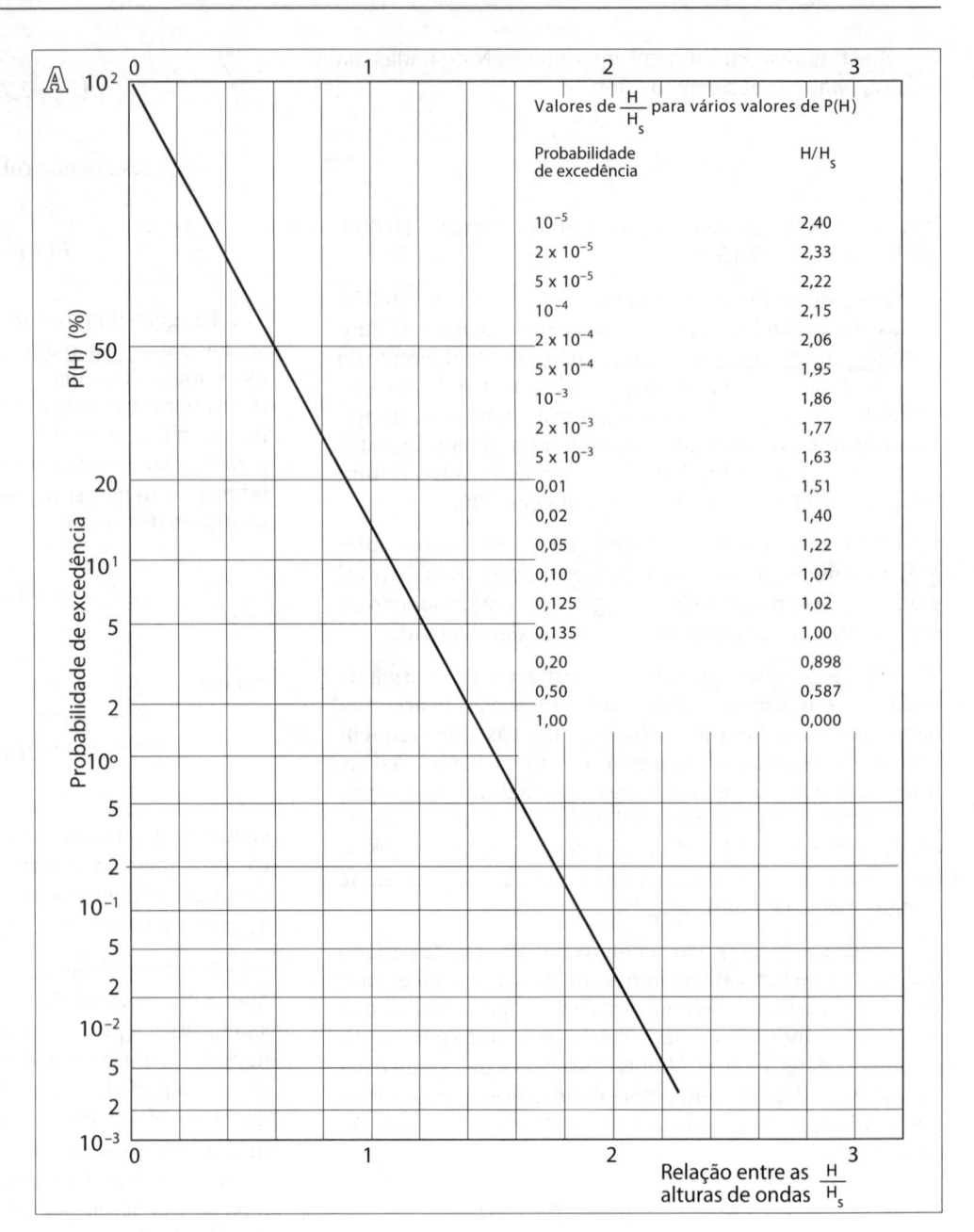

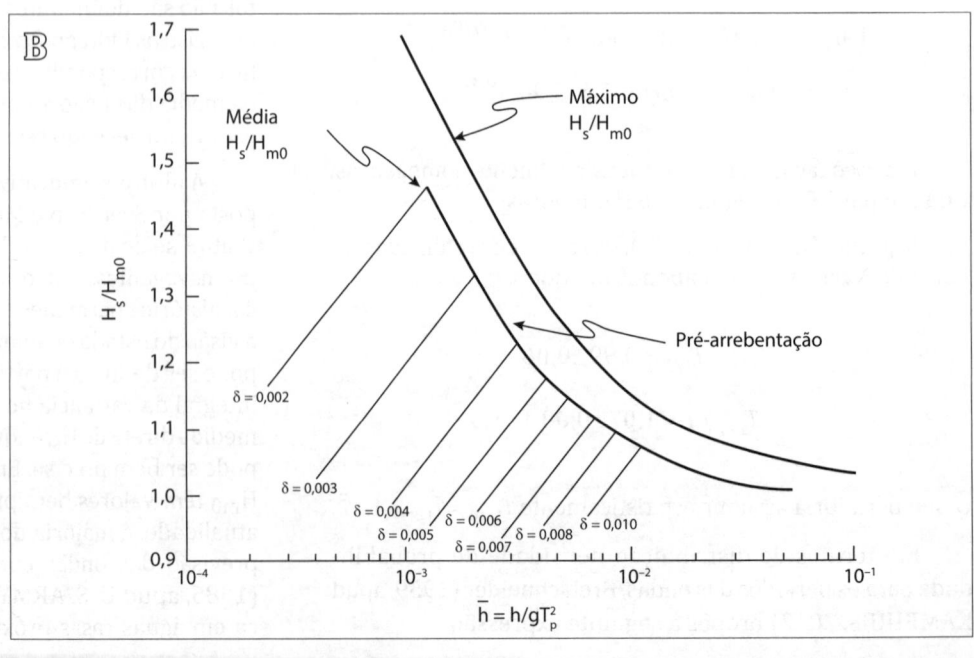

variações contínuas bem pronunciadas (Figura 1.5(B)), com valores máximos de $H_{1/3}/H_{m0}$ próximo da arrebentação. Os maiores valores dessa relação ocorrem para esbeltez significativa maior, o que se explicaria pelo cavado achatado e pelo pico pronunciado da forma da onda, enquanto a variância da elevação do nível d'água é aproximadamente a mesma, somente com uma redistribuição da água diferentemente da onda linear. Após a arrebentação, é mais assemelhada a uma onda de translação, como a maré, sendo $H_{1/3}$ cerca de 10% menor que H_{m0}. Recomenda-se a estimativa de H_S nas proximidades da zona de arrebentação por $H_{1/3}$, mas sabe-se que a maioria dos dados das medições e das modelações numéricas fornecem H_{m0}, o que deve ser corrigido pelo gráfico da Figura 1.5(B).

Espectralmente, a altura significativa é definida como

$$H_{m_0} = H_s = 3,8\sqrt{\left(\int E(f)df\right)} = 3,8\sqrt{m_0}$$

onde $E(f)$ é o espectro em frequência da onda e o valor de 3,8, conforme Goda (1985, apud UNIVERSIDAD POLITÉCNICA DE VALENCIA, 2001), em substituição ao valor teórico de 4,004, segundo Rayleigh.

1.5.2 Distribuição estatística de longo período

A estimativa de longo período – acima de dez anos – da distribuição de alturas é efetuada com metodologias de distribuições estatísticas de fenômenos aleatórios (Weibull, Gumbel, Log-normal etc.) utilizando-se como parâmetro a altura de onda significativa ou máxima (ver Figura 1.6). Essas distribuições, associadas com a distribuição estatística de curto período, permitem estimativas de períodos de retorno para o projeto de obras costeiras.

O termo "eventos extremos" indica os maiores ou menores valores de uma variável em um determinado número de observações. Para a caracterização das condições extremas superiores, por exemplo, costuma-se considerar, dentre outros critérios em termos de limiar de significância, o valor da média mais dois desvios-padrão da distribuição de dados. Estatisticamente, esse limiar engloba aproximadamente 95% do conjunto de dados (um desvio-padrão engloba 68%).

A distribuição de Weibull é um dos métodos mais usuais na análise de valores extremos superiores de altura significativa da onda para uma distribuição de longo período. Segundo esta distribuição a probabilidade de excedência de uma onda é expressa por:

$$P(H) = e^{-\left[\frac{H-\gamma}{\beta}\right]^{\alpha}}$$

sendo γ, β e α, respectivamente, os parâmetros de locação, escala e forma.

A dispersão da previsão de uma altura de onda em função do período de retorno para diferentes distribuições estatísticas começa a ser muito grande quando o período de retorno supera de 3 a 4 vezes o período de observação da base de dados de ondas. Séries históricas contínuas de longo período de registros com ondógrafos no litoral brasileiro são poucas, e assim são usadas técnicas de reconstituição do estado do mar passado (*hindcasting*) a partir de dados meteorológicos para definir as distribuições de longo período, como apresentado no gráfico de Darbyshire e Draper na Figura 1.7(A), a partir da pista de sopro (*fetch*), velocidade do vento a 10 m acima do nível do mar e duração do vento para atingir o mar plenamente desenvolvido. Com os valores da velocidade e do *fetch*, verifica-se a duração para obter a condição para mar plenamente desenvolvido, e se avalia, para a mesma velocidade, se o caso é de limitação de *fetch* ou de duração.

Supondo-se que um vento de 30 nós (Força 7) sopre constantemente sobre um mar profundo por 3 horas, a condição de mar plenamente desenvolvido é atingida com $H_S = 3,3$ m depois de 3 horas a 33 milhas náuticas do início do *fetch*, sendo que em toda essa extensão a altura da onda atingiu seu máximo, que cresce de 0 no início do *fetch* a barlamar até 3,3 m no fim do *fetch* a sotamar. Nesta extensão de *fetch*, as ondas não aumentam mais de altura, mesmo que o vento continue soprando além das 3 horas, tendo-se atingido a condição de mar plenamente desenvolvido para aquele vento e *fetch*. Para distâncias maiores, com maior extensão de *fetch*, se o vento continuar soprando tempo suficiente para atingir a condição de mar plenamente desenvolvido, serão produzidas ondas de maiores alturas. Assim, no primeiro trecho, a altura das ondas após as 3 horas está limitada pelo *fetch* e, no segundo trecho, a limitação em se atingirem ondas de maior altura ocorre pela duração do vento. Esse conceito de mar plenamente desenvolvido foi sugerido por Sverdrup e Munk (1947, apud U. S. ARMY, 2002) e Bretschneider (1952, apud U. S. ARMY, 2002), sendo que a altura de onda limite superior correspondente depende somente da velocidade do vento de acordo com:

$$H_{mpd} = 0,0276\,U^2$$

sendo U a velocidade do vento na altura padrão de 10 m sobre o nível d'água.

Uma das primeiras aproximações teóricas determinísticas, a de Iribarren na década de 1930, fornece:

$$H = 1,2(F)^{1/4};\ T = (62 \times \pi/g)^{1/2} \times (F)^{1/6};\ L = 31 \times (F)^{1/3},$$

para H e L em m, F (fetch) em km, T em s e $g = 9,81$ m/s^2.

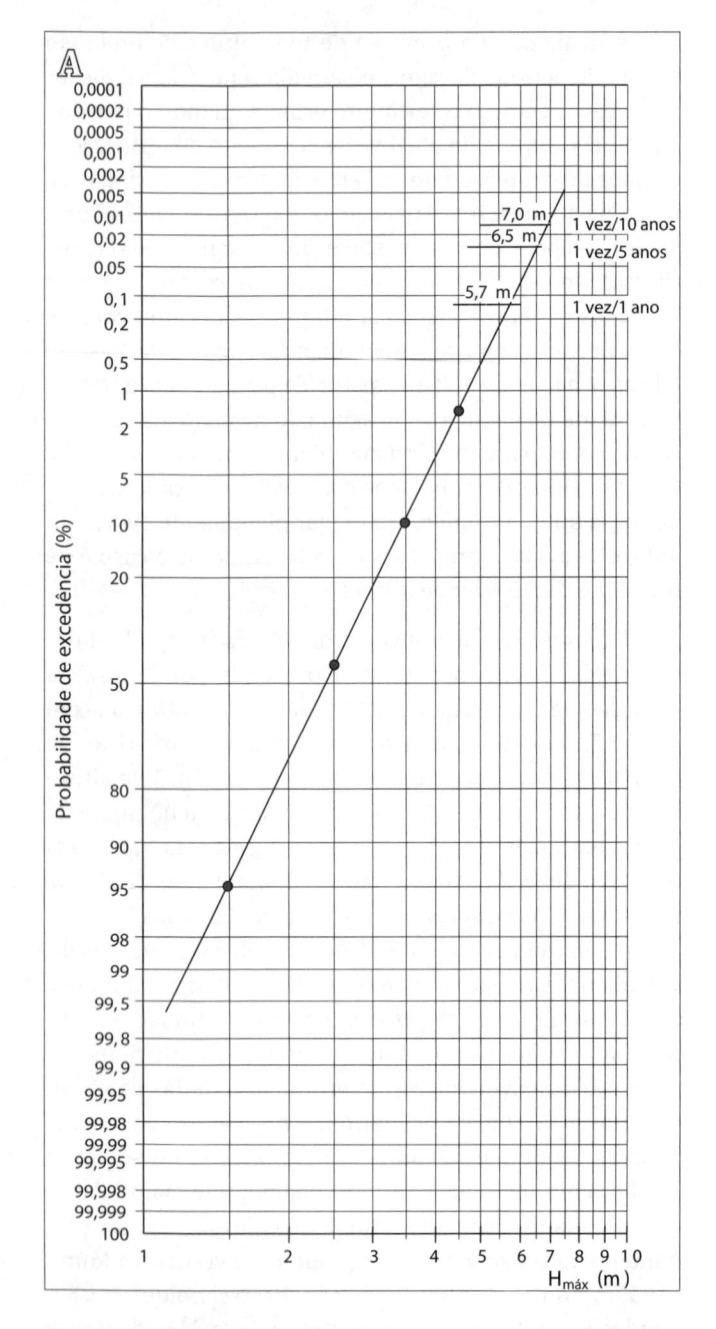

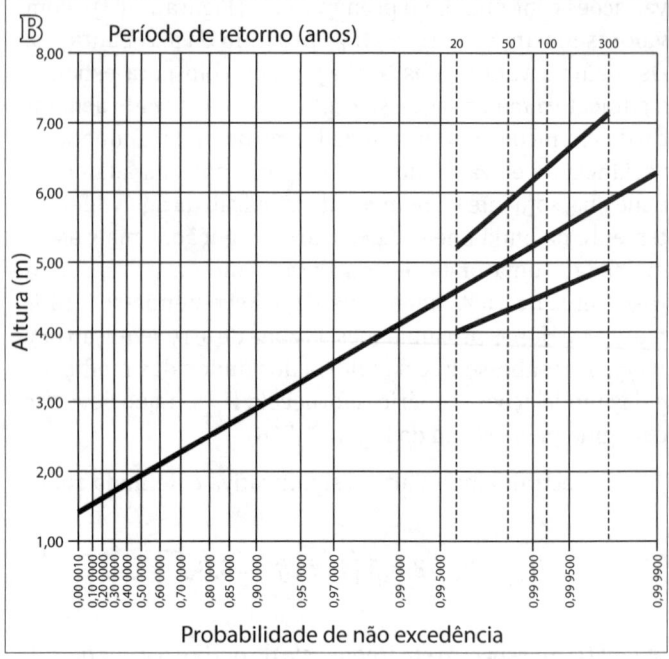

Figura 1.6
(A) Previsão de longo período com ajuste log-normal da altura de onda máxima na costa do Espírito Santo, na localidade assinalada na Figura 1.2(A) (São Paulo, Estado/DAEE/SPH/CTH).
(B) Previsão de longo período com ajuste pela distribuição de Weibull de altura significativa. Está estimada em função da probabilidade de não excedência com base em 16 anos de medições por ondógrafo. Os parâmetros da distribuição de Weibull são: $\gamma = 1,41$, $\beta = 0,73$ e $\alpha = 1,17$. Banda superior 90%.

$$T_p = 7,54 \times \frac{U_A}{g} \times \tanh\left[0,833 \times \left(\frac{g \times h}{U_A^2}\right)^{3/8}\right] \times \tanh\left[\frac{0,0379 \times \left(\frac{g \times F}{U_A^2}\right)^{1/3}}{\tanh\left[0,833 \times \left(\frac{g \times h}{U_A^2}\right)^{3/8}\right]}\right]$$

$$t = 5,37 \times 10^2 \times \left[\frac{g}{U_A}\right]^{4/3} \times \left(T_p\right)^{7/3}$$

Considerando uma função logarítmica para a probabilidade de que as alturas de ondas excedam um certo valor, Larras (1970, apud BANDEIRA, 1974) obteve as seguintes relações entre as alturas máximas anuais, decenais e centenárias:

$$H_{máx\ R = 10\ anos} = 1,39\ H_{máx\ R = 1\ ano}$$
$$H_{máx\ R = 100\ anos} = 1,78\ H_{máx\ R = 1\ ano}$$

Essas extrapolações, particularmente a decenal, foram confirmadas em diversos portos europeus, obtendo-se resultados bem satisfatórios.

Em profundidades reduzidas, pouco profundas (< 15 m), ou intermediárias (entre 15 e 90 m):

$$H_s = 0,283 \times \frac{U_A^2}{g} \times \tanh\left[0,530 \times \left(\frac{g \times h}{U_A^2}\right)^{3/4}\right] \times \tanh\left[\frac{0,00565 \times \left(\frac{g \times F}{U_A^2}\right)^{1/2}}{\tanh\left[0,530 \times \left(\frac{g \times h}{U_A^2}\right)^{3/4}\right]}\right]$$

Sendo as unidades métricas, t o tempo para mar plenamente desenvolvido e $U_A = 0,71 \times U^{1,23}$ a velocidade do vento corrigida para levar em conta a relação não linear entre a velocidade do vento e sua capacidade de arraste. Esta velocidade é conhecida como velocidade eficaz do vento. Na Figura 1.7(B) ilustra-se a obtenção do *fetch* equivalente com base no método da média aritmética das 9 radiais espaçadas angularmente por 3°.

Os projetos *Wave Watch III* (WWIII) do NCEP[*] da NOAA,[**] norte-americano e ERA-40 do ECMWF,[***] europeu, são os mais utilizados na reconstituição *hindcasting*, sendo mais confiáveis os valores a partir de 1979.

Outra fonte de dados para o estabelecimento de séries de longo período é o recurso a observações visuais de ondas, a partir de navios hidrográficos. Nas Figuras 1.8 e 1.9(A) e Tabela 1.5(A) estão apresentados os dados de

---

[*]   NCEP: National Centers for Atmospheric Research.
[**] NOAA: National Oceanic and Atmospheric Administration.
[***] ECMWF: European Centre for Medium-Range Weather Forecasts.

ondas do Banco Nacional de Dados Oceanográficos – BNDO, Marinha do Brasil, que cobrem os anos de 1965 a 1990 no subquadrado 46 do quadrado 376 de Marsden, que abrange as áreas costeiras de latitudes 24 e 25 °S e longitudes de 46 a 47 °W, correspondente ao litoral centro-sul do Estado de São Paulo. São dados de vagas e marulhos obtidos de observações visuais, a partir de navios hidrográficos em águas profundas. Na Tabela 1.5(B) estão apresentados os dados de ondas, já irradiados para águas profundas, regis-

trados com ondógrafo na Praia do Una em Iguape de 1982 a 1985 (Nuclebrás, 1982 a 1985), que é a mais extensa série de registro de agitação da costa do Estado de São Paulo e cujos dados representativos em águas profundas estão consolidados na Figura 1.9(B).

A partir da década de 1990, a altimetria por radares acoplados em satélites, como o Topex/Poseidon, tem permitido obter dados com acurácia de poucos centímetros das

Tabela 1.5(A)
Dados de onda médios em água profunda calculados a partir dos dados do BNDO do subquadrado 46 do quadrado 376 de Marsden; região ao largo da Praia Grande (SP)

Ano	Rumo (°NV)	T_z (s)	$H_o s$ (m)
1982	129,6	5,4	1,19
1983	132,9	4,9	1,00
1984	128,0	5,2	1,12
1985	129,4	5,4	1,11

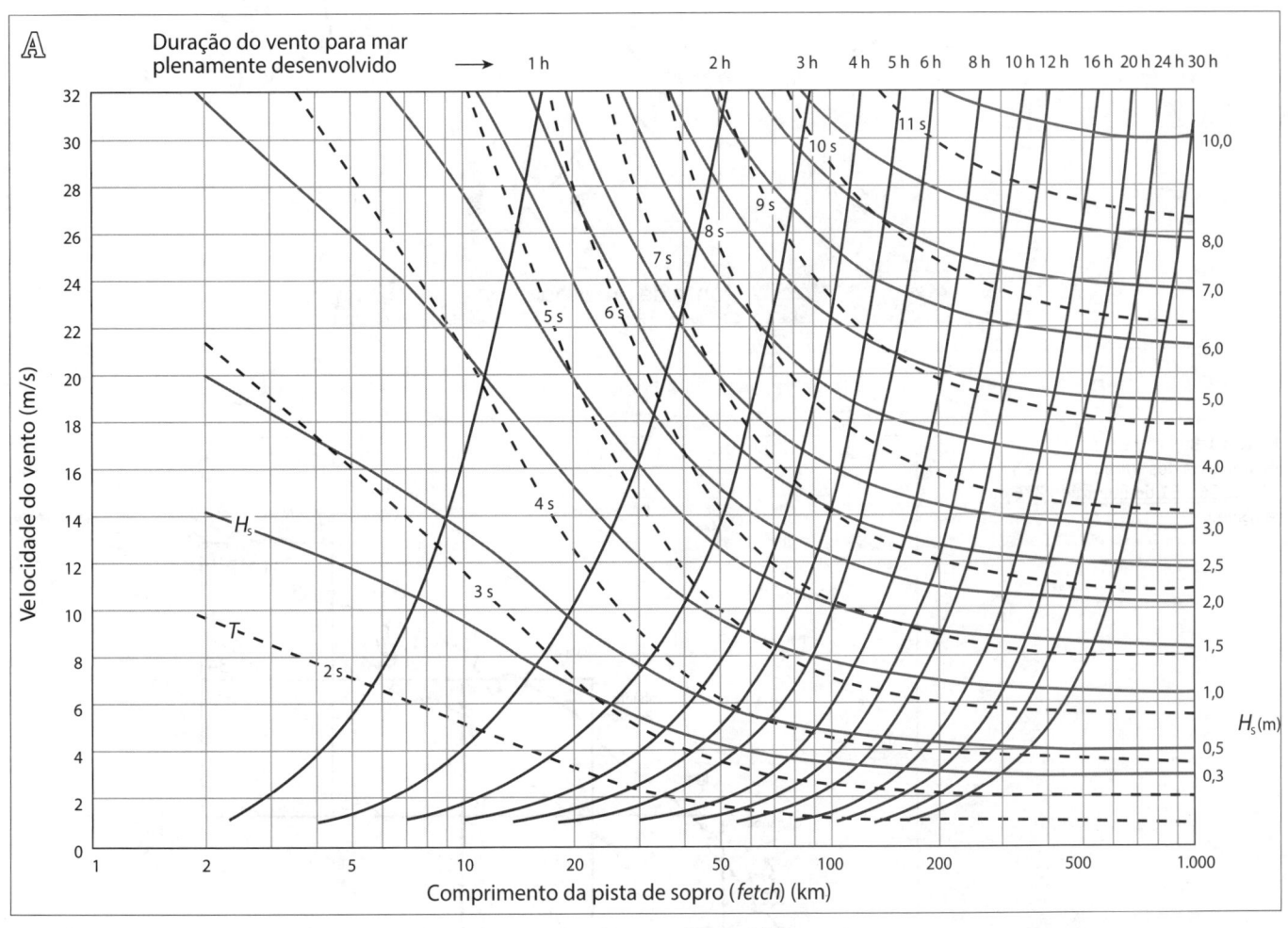

Figura 1.7
(A) e (B) Geração de vaga pelo vento, estimativa das características da agitação significativa em águas profundas gerada pelo vento.

Figura 1.7
(A) e (B) Geração
de vaga pelo vento,
estimativa das
características da
agitação significativa
em águas profundas
gerada pelo vento.

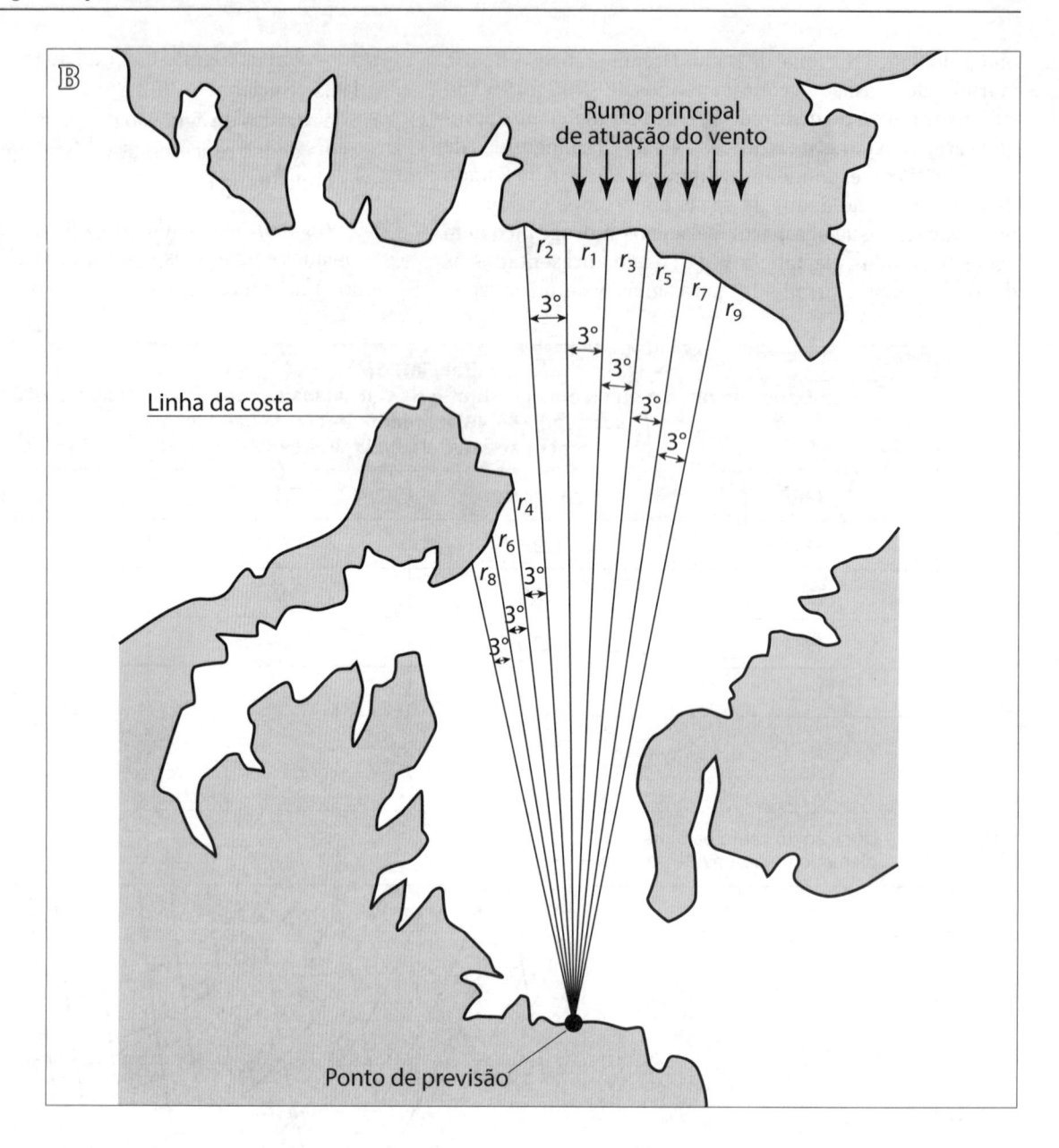

Figura 1.8
Planimetria dos subquadrados 34, 44,
45, 46, 56 e 57 do quadrado 376 de
Marsden.

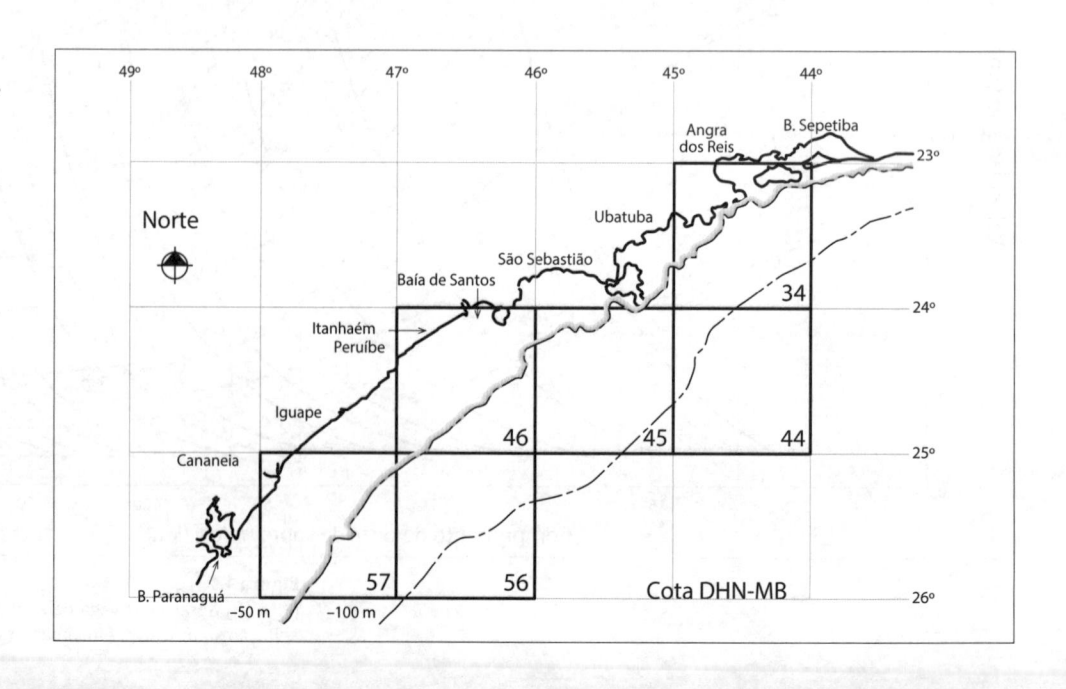

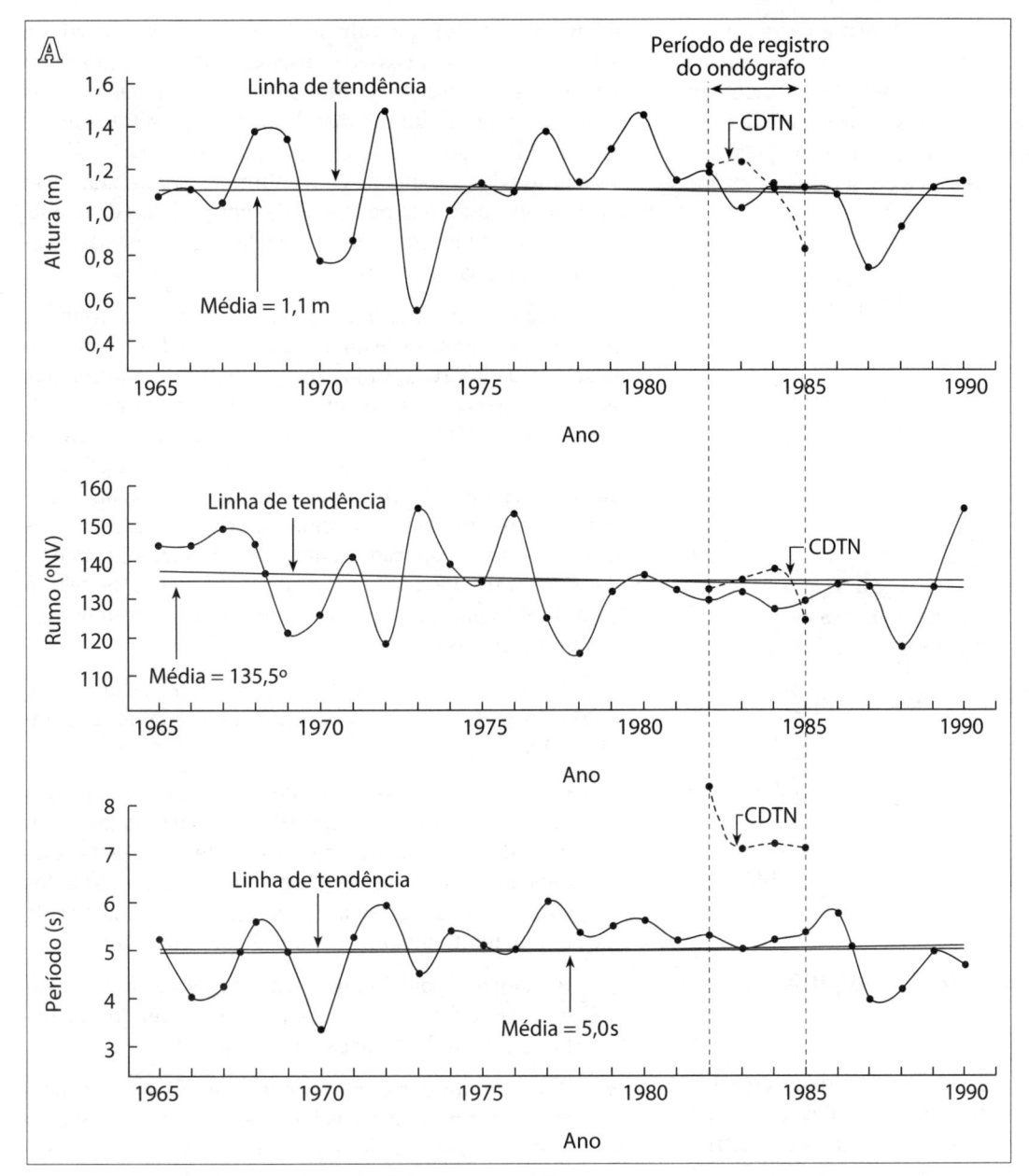

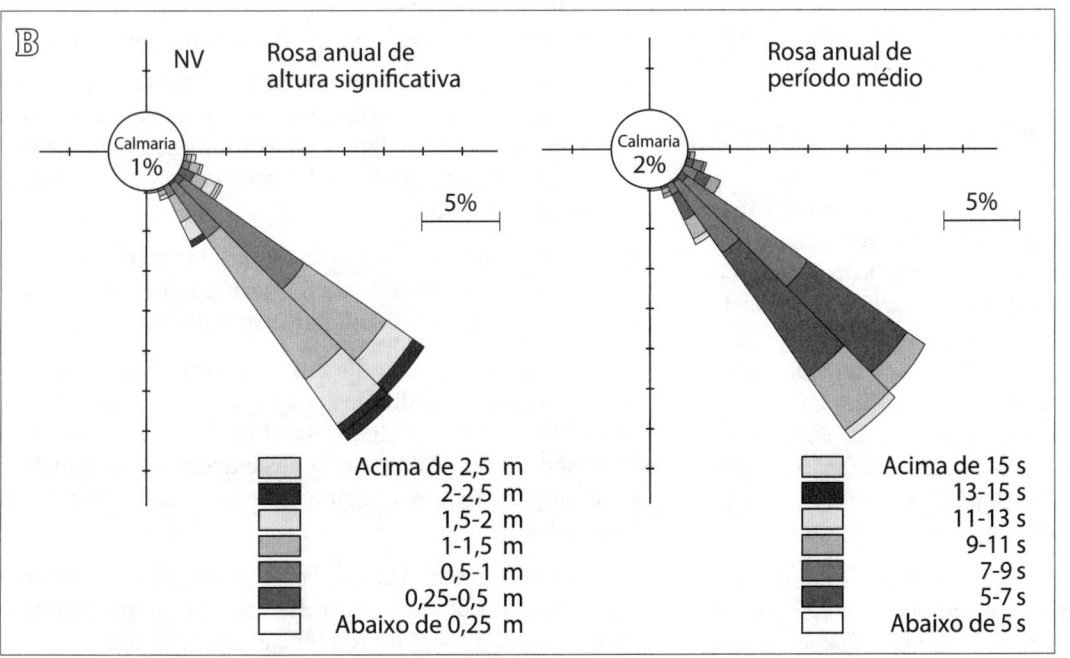

Figura 1.9
(A) Média anual dos parâmetros de ondas obtidos dos dados do BNDO (Brasil/ Marinha/DHN) e da Nuclebrás/CDTN (1982 a 1985) para o subquadrado 46 do quadrado 376 de Marsden. Região ao largo da Praia Grande (SP) (ARAÚJO; ALFREDINI, 2001).
(B) Rosa de ondas representativas de um ano em água profunda a partir dos dados da Nuclebrás/ CDTN (1982 a 1985) da Praia do Una, em Iguape (SP).

oscilações de ondas e marés, principalmente nas grandes profundidades oceânicas, Piccinini (2007), com base em dados satelitais de setembro de 1992 a agosto de 2002, obteve para pontos oceânicos da costa brasileira valores extremos de ondas para 50 anos de período de retorno pela distribuição de Weibull, conforme segue em termos de altura significativa:

- 04°S 32°W – H_{s50} = 3,69 m   – H_{s100} = 3,76 m
- 15°S 35°W – H_{s50} = 4,78 m   – H_{s100} = 4,91 m
- 25°S 35°W – H_{s50} = 7,17 m   – H_{s100} = 7,41 m
- 35°S 35°W – H_{s50} = 11,43 m – H_{s100} = 11,87 m
- 35°S 45°W – H_{s50} = 11,85 m – H_{s100} = 12,36 m

Tabela 1.5(B)
Dados de onda médios em água profunda, calculados a partir dos dados da Nuclebrás/CDTN da Praia do Una em Iguape (SP)

Ano	Rumo (°NV)	T_z (s)	H_{os} (m)
1982	132,7	8,3	1,21
1983	134,8	7,1	1,23
1984	137,9	7,2	1,10
1985	124,5	7,1	0,82

1.5.3 Estimação das ondas extremas

1.5.3.1 CONSIDERAÇÕES GERAIS

As teorias de distribuições de longo período e do valor extremo são ambas usadas para as previsões das características das ondas extremas, mais usualmente dos parâmetros de altura de onda. Na estatística de longo período, todos os dados disponíveis são usados para prever o extremo da distribuição. Na estatística dos valores extremos, usam-se somente os extremos para estimar a distribuição dos valores extremos. Uma aplicação muito comum é o máximo valor de H_s a cada ano coberto pelos dados.

Um evento de projeto muito comum para obras portuárias e costeiras de grande porte e importância econômica nacional e internacional é o chamado estado do mar centenário, que pode ser caracterizado por $H_{R = 100}$. Já para obras de pequeno e médio porte de envergadura nacional/regional/local, é mais comum o uso do estado do mar cinquentenário. É evidente que longas séries de dados são necessárias para servir de base às previsões de eventos tão raros. É comumente aceito que 30 anos de dados são necessários para levar em conta as flutuações climáticas. Mesmo com tão longa cobertura de dados, devem ser feitas extrapolações.

Dificilmente encontram-se séries de dados registrados de ondas durante tão longo período. As ondas extremas devem, então, ser estimadas a partir de observações visuais

e/ou *hindcasting*. Estas últimas são estabelecidas a partir de situações climáticas passadas, usando dados de vento como entrada de um modelo gerador de onda, sendo que, a partir de 1980, dados provindos de satélite têm permitido estabelecer modelos oceanográficos globais a serem calibrados e validados adequadamente com dados nas proximidades do local de interesse. Isso pode ser feito por períodos de tempo, estendendo-se muitos anos atrás, desde que estejam disponíveis mapas climáticos.

Uma importante etapa frequentemente encontrada no projeto é a estimação de uma onda extrema de projeto com base em dados registrados ou por meio de *hindcasting*. Isso geralmente envolve selecionar e ajustar uma distribuição de probabilidade adequada aos dados de alturas de ondas e extrapolá-la para localizar a onda de projeto considerada, como a chamada onda cinquentenária, ou centenária. Essas são alturas de ondas suficientemente grandes que podem ser esperadas com certa pequena probabilidade durante a vida útil da estrutura. Analogias desse tipo de procedimento são as previsões de ventos extremos, terremotos e cheias.

A seleção de uma onda de projeto a partir de uma série de registros de onda é usualmente elaborada nos seguintes estágios:

1. Os dados de alturas e períodos de ondas são coletados ao longo de muito tempo (digamos alguns anos) no local de interesse. Alternativamente, uma técnica de *hindcasting* pode ser usada para complementar dados sobre alturas de ondas ao longo de um período de tempo muito maior (digamos 50 anos ou mais).

2. Uma fórmula de plotagem é usada para reduzir os dados para um conjunto de pontos descrevendo a distribuição de probabilidades das alturas de ondas.

3. Esses pontos são digitalizados de modo a serem normalizados num desejável ajuste linear, isto é, quando plotados em gráficos de probabilidade de valor extremo correspondente à função distribuição de probabilidade escolhida devem fornecer um ajuste linear.

4. Uma linha reta é ajustada pelo método dos mínimos quadrados, ou visualmente, através dos pontos para representar a tendência da extrapolação para o evento extremo de período de retorno do qual se deseja estimar o valor.

5. A linha, então, é extrapolada para localizar o valor de projeto correspondente ao período de retorno escolhido, R, ou à probabilidade esperada E.

Diagramas de excedência de altura de onda esquematizam esse procedimento na Figura 1.6. Estes estágios serão descritos com algum detalhe a seguir, já que uma previsão confiável das condições extremas é de considerável importância em projetos de Engenharia Portuária e Costeira.

Outra etapa fundamental consiste no estabelecimento das etapas do procedimento de estimação, que, normalmente, segue a seguinte sequência de atividades:

1. Sistematização dos dados brutos do clima de ondas para a altura de curto período desejada (H_s, H_{10}, ou H_1).

2. Consolidação das tempestades independentes (*Peak Over Threshold* – POT).

3. Hierarquização das tempestades (*Cumulative Distribution Function* – CDF).

4. Ajuste das ocorrências das alturas de ondas pelas distribuições estatísticas típicas, como: Log-normal, Gumbel e Weibull.

5. Caracterização da onda de projeto por extrapolação das distribuições estatísticas ajustadas para o período de retorno desejado.

6. Identificação da distribuição estatística mais adequada, que fornece o parâmetro de coeficiente de determinação estatístico (r^2) mais próximo a 1,0, isso significando maior aderência da distribuição aos pontos.

7. Análise do valor extremo determinado a partir de dados ordenados para a distribuição selecionada.

8. Determinação do período da onda de projeto a partir da distribuição conjunta de alturas e períodos.

A análise de longo termo do clima ondulatório fornece uma distribuição teórica da probabilidade de ocorrência dos parâmetros da onda ao longo de vários anos. É mais comum que se disponha de uma longa série de dados de ondas, por anos ou décadas. Em particular, em U. S. Army (1984) recomenda-se que se disponha de uma base de dados de duração R/4 (sendo R o período de retorno desejado da onda) para que se possa fazer uma boa estimativa da altura de onda extrapolada. Cada altura de onda na série de dados resume uma condição de curto período. As distribuições de longo termo de períodos e rumos são usualmente consideradas função das distribuições de longo termo de alturas, sendo as mais utilizadas: Log-normal, Gumbel e Weibull.

A análise de longo termo de altura tem dois objetivos específicos: organizar os dados de altura das ondas e extrapolar o conjunto de valores de dados extremos (altos) que ocorrem com baixas probabilidades de excedência. Isso pode ser realizado de várias formas. O uso da análise de regressão pelo método dos mínimos quadrados é usado simplesmente porque é o mais facilmente disponível e mais universalmente entendido como ferramenta estatística. Assim, podem ser aplicados dois métodos básicos para a determinação dos valores das ondas extremas – a partir dos dados agrupados de uma base de dados de longo período completa, ou a partir de dados ordenados usando um limitado número de valores extremos.

Para plotar os dados, deve-se inicialmente atribuir um valor Q(H), probabilidade acumulada, para cada valor amostrado. Para fazer isso, os dados são ordenados de acordo com a altura e o sufixo *m* denota a posição, com *m = 1* correspondendo ao maior valor e m = N ao menor valor da amostra contendo N alturas de onda. Então, uma simples estimativa de excedência P(H) = 1 – Q(H) para cada uma das N alturas é dada por:

$$P(H_m) = 1 - Q(H_m) = m/(N+1).$$

1.5.3.2 DISTRIBUIÇÕES DE PROBABILIDADE DO VALOR EXTREMO

O procedimento de extrapolação tem papel fundamental nesta área de análise, portanto, ajustar empiricamente uma distribuição de probabilidade conveniente, que descreva os dados disponíveis do melhor modo, é essencial.

Várias distribuições de probabilidade foram historicamente usadas ou propostas para descrever a estatística das ondas extremas. Estas incluem a distribuição Log-normal e as Extremantes Tipos I, II e III (esta última tanto limitada superiormente como inferiormente). Embora todas estas tenham base teórica, elas são aqui usadas essencialmente como um ajuste empírico aos dados. Ao descrever as distribuições, é conveniente adotar a seguinte notação para os parâmetros usados para caracterizar cada distribuição específica: α é o parâmetro de forma, o qual determina a forma básica de uma distribuição particular; β é o parâmetro de escala, que controla o grau de dispersão ao longo da abscissa (eixo de variação); e Y é o parâmetro de locação, que localiza a posição da função de densidade ao longo da abscissa. No caso especial da distribuição Tipo III, Y localiza uma das extremidades da função de densidade.

É prática comum plotar qualquer conjunto de dados medidos de modo que a distribuição selecionada se disponha segundo uma linha reta junto aos pontos, o que permite visualizar o procedimento de extrapolação e ajustes visuais onde for apropriado. Portanto, primeiramente selecionam-se as escalas correspondentes, que são construídas de modo a conseguir esse requisito. A ordenada linearizada escala Y é relacionada com a probabilidade acumulada Q(H), a chamada variável reduzida, e a abscissa linearizada da escala X é relacionada com a variação de H de acordo com a distribuição adotada. Então, existe uma relação linear $Y = Ax + B$, com declividade A e intersecção B, os quais são dados em termos dos parâmetros α, β e Y. A seguir, são feitos alguns breves comentários sobre cada uma das distribuições:

- Distribuição Log-normal (Figura 1.10(A)(a)). Corresponde a lnH possuindo distribuição normal, foi a primeira distribuição a ser ajustada a dados de alturas de ondas e tem sido comumente usada em previsões de ondas extremas. As correspondentes escalas de probabilidade log-normal são facilmente obtidas, pois a relação entre Y e $Q(H)$ está listada, como na Tabela 1.5(C).

- Distribuição Extremante do Tipo I, ou de Gumbel, ou Fisher-Tippett I (Figura 1.10(A)(b)). Gumbel desenvolveu consideravelmente esta distribuição no contexto da previsão de cheias. Ela também é frequentemente usada na previsão dos ventos extremos e também das ondas. A correspondente escala de probabilidade extrema (ou de Gumbel) é facilmente obtida com a ordenada dada simplesmente por $Y = -\ln\left(-\ln(Q)\right)$ e a escala da abscissa dada diretamente por H.

Tabela 1.5(C) — Distribuição normal de probabilidades da variável normalizada Y (Z para a log-normal, G para a Gumbel e W para a Weibull limitada inferiormente)						
Z	0	-1	-2	-3	-4	-5
0	0,5000	0,1587	0,0228	1,350E-03	3,169E-05	2,871E-07
-0,1	0,4602	0,1357	0,0179	9,667E-04	2,067E-05	1,701E-07
-0,2	0,4207	0,1151	0,0139	6,872E-04	1,335E-05	9,983E-08
-0,3	0,3821	0,0968	0,0107	4,835E-04	8,546E-06	5,802E-08
-0,4	0,3446	0,0808	0,0082	3,370E-04	5,417E-06	3,340E-08
-0,5	0,3085	0,0668	0,0062	2,327E-04	3,401E-06	1,904E-08
-0,6	0,2743	0,0548	0,0047	1,591E-04	2,115E-06	1,075E-08
-0,7	0,2420	0,0446	0,0035	1,078E-04	1,302E-06	6,008E-09
-0,8	0,2119	0,0359	0,0026	7,237E-05	7,944E-07	3,326E-09
-0,9	0,1841	0,0287	0,0019	4,812E-05	4,799E-07	1,824E-09

Tabela 1.5(D) — Relações de escala de distribuições de probabilidade do valor extremo				
Distribuição	X	Y	A	B
Lognormal	$\ln(H)$	$Q(H) = \dfrac{1}{\sqrt{2\pi}} \displaystyle\int_0^\gamma e^{-t^2/2}\,dt$	$1/\alpha$	$-\beta/\alpha$
Tipo I	H	$-\ln[-\ln(Q(H))]$	$1/\beta$	$-\gamma/\beta$
Tipo II	$\ln(H)$	$-\ln[-\ln(Q(H))]$	α	$-\alpha/\ln\beta$
Tipo III$_L$	$\ln(H - \gamma)$	$\ln[-\ln(P(H))]$	α	$-\alpha/\ln\beta$
	H	$[-\ln(P(H))]^{1/\alpha}$	$1/\beta$	$-\gamma/\beta$
Tipo III$_U$	$-\ln(\gamma - H)$	$-\ln[-\ln(Q(H))]$	α	$\alpha\ln\beta$
	H	$-[-\ln(Q(H))]^{1/\alpha}$	$1/\beta$	$-\gamma/\beta$

- Distribuição Extremante do Tipo II, ou de Fretchet, ou Fisher Tippett II (Figura 1.10(A)(c)). É usada na previsão das velocidades extremas dos ventos. A sua aplicação para a previsão das ondas extremas, derivando do uso de fórmulas de *hindcasting*, foi subsequentemente proposta. Corresponde a lnH possuindo uma distribuição do Tipo I, e, portanto, plota-se como linha reta em escala log-extremante, no qual a ordenada é escalada como $Y = -\ln\left(-\ln\left(Q\right)\right)$, enquanto lnH no lugar de H é plotado linearmente ao longo da abscissa.

- Distribuição Extremante do Tipo III, também chamada de Weibull. Há duas formas alternativas que têm sido adotadas, ou propostas, para a previsão de ondas extremas. São elas as distribuições limitada inferiormente (*lower-bound*), Tipo III$_L$ (Figura 1.10(A)(d)), ou limitada superiormente (*upper-bound*), Tipo III$_U$ (Figura 1.10(A)(e)), para as alturas de ondas. Portanto, em cada caso, Y representa um valor-limite de variação de H além do qual nenhuma ocorrência é possível.

Na distribuição Tipo III$_L$, Y pode ser considerado correspondente a uma pequena altura de onda representando baixo nível de atividade ondulatória, a qual está sempre presente, ou o limite inferior das alturas de ondas incluídas na amostragem de dados. Para valores particulares dos parâmetros, essa distribuição reduz-se à distribuição de Rayleigh (quando $\alpha = 2$, $Y = 0$) ou à distribuição exponencial (quando $\alpha = 1$). Tem sido usada com bastante sucesso na previsão de ondas extremas.

A distribuição Tipo III$_U$ não tem sido geralmente adotada para a previsão de ondas extremas, embora algum especialista a considere. O limite superior considerado torna-a particularmente atrativa, por exemplo, em localidades onde a altura pode ser limitada por profundidade da água, *fetch* ou outras características do gênero, ou em qualquer caso em que uma altura de onda máxima finita correspondente a $Q(H) = 1$ é preferível.

A distribuição do Tipo III depende de três parâmetros, em vez de dois como nas outras distribuições consideradas,

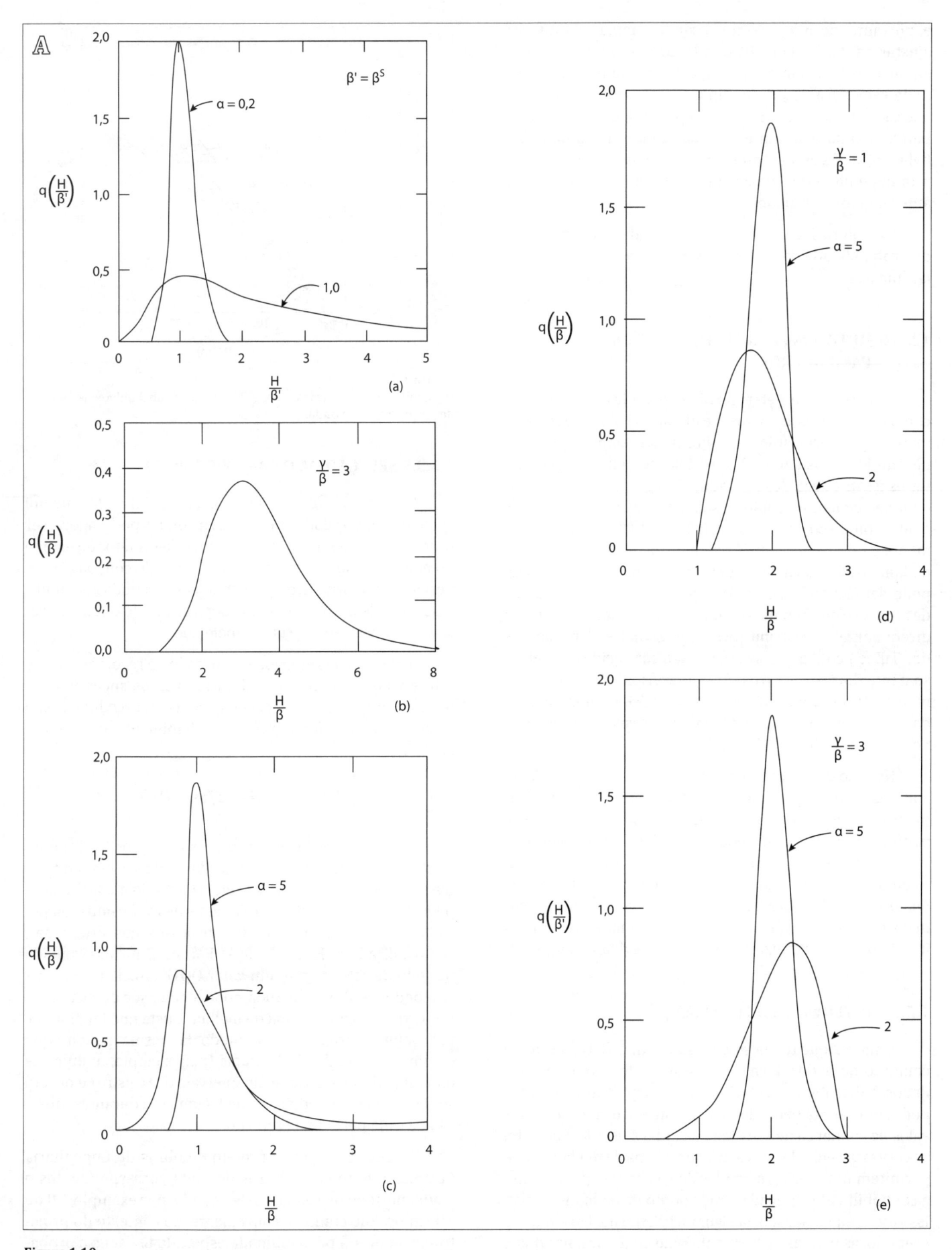

Figura 1.10
(A) Distribuições densidade de probabilidade das distribuições log-normal (a), Gumbel (b), Tipo II ou de Fretchet ou Fisher Tippett II (c), Weibull L (d) e Weibull U (e).

e, portanto, permite melhor flexibilidade na tentativa de ajustar os dados. Por outro lado, ocorre o fato de que a variação teórica em escala log-extremante não cai numa linha reta. Para obter uma linha reta no gráfico, torna-se necessário adotar escalas que dependam de um ou outro parâmetro para serem estimadas, como indicado na Tabela 1.5(D). As escalas que permitem a plotagem em linha reta dependem de se fazer uma estimativa sobre α ou Y antes de plotar os dados.

Na Figura 1.10(A) estão apresentadas as densidades de probabilidade das distribuições mencionadas em escalas lineares.

1.5.3.3 MÉTODOS PARA ESTIMAÇÃO DOS PARÂMETROS

Tendo-se uma determinada distribuição selecionada como o melhor modelo, resta estimar os valores dos parâmetros que permitirão o melhor ajuste empírico entre a distribuição e os dados. A aproximação mais direta é plotar os pontos de dados individuais no gráfico de probabilidade selecionado e, então, desenhar uma linha reta através deles a olho (no caso da distribuição do Tipo III, isso somente é possível se α ou Y tiverem sido escolhidos antecipadamente). Alternativamente, a melhor linha de ajuste pode ser derivada por outros métodos, dentre os quais destaca-se o dos mínimos quadrados. Este pode ser aplicado diretamente às distribuições Log-normal e Extremantes dos Tipos I e II, já que as escalas são conhecidas *a priori* e somente dois parâmetros são necessários em cada caso. O método fornece o coeficiente angular A e a intersecção B da linha de melhor ajuste Y = AX + B. Os valores estimados podem ser obtidos da Tabela 1.5(D).

No caso das distribuições do Tipo III, ou a ordenada ou a abscissa são dependentes dos parâmetros a serem estimados, e, portanto, sem o conhecimento antecipado deste parâmetro, os dados não podem ser plotados, a menos que Y ou α sejam escolhidos para atender a algum valor prescrito ou tentativo. De qualquer modo, o método dos mínimos quadrados pode ser facilmente estendido para fornecer estimativas das três incógnitas, envolvendo um procedimento iterativo para maximizar o coeficiente de determinação r^2.

1.5.3.4 INTERVALOS DE CONFIANÇA

Uma vez que tenha sido ajustada uma distribuição ao conjunto de dados, torna-se desejável aferir o ajuste dos dados à distribuição selecionada. A dispersão dos dados pode ser descrita bem adequadamente em termos de intervalos de confiança de cada lado da linha ajustada. Portanto, as curvas desenhadas de cada lado da linha de melhor ajuste permitem uma série de bandas de confiança, que indicam a confiabilidade agregada a cada ponto de dado particular. Isso está esquematizado na Figura 1.10(B), a qual mostra, por exemplo, as bandas de 50% e 90% de confiança, nas quais espera-se que os dados caiam com probabilidades de 50% e 90%.

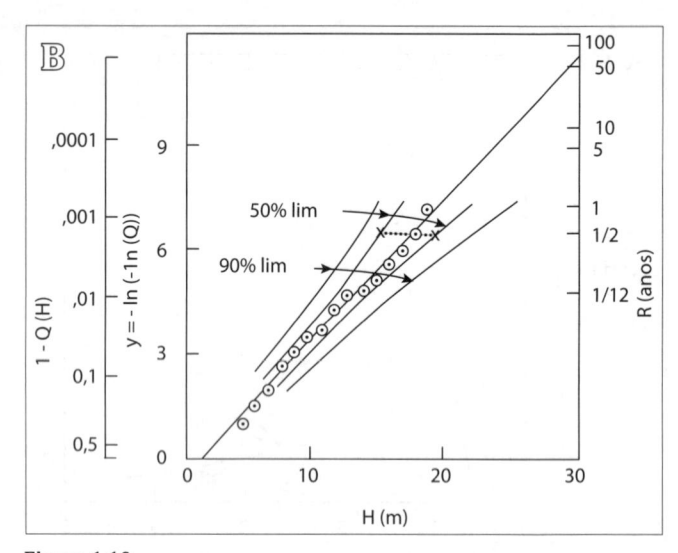

Figura 1.10
(B) Limites de confiança de 50% e 90% para a probabilidade de excedência de altura de onda.

1.5.3.5 SELEÇÃO DA ONDA DE PROJETO

A particular distribuição de probabilidade que foi ajustada para os dados de alturas de ondas pode, agora, ser usada para relacionar algumas ondas de projeto (ou estado do mar de projeto). Isso pode ser escolhido com base num período de retorno R, ou probabilidade esperada E, e, ainda, o período de onda associado com a altura de onda de projeto escolhida tem de ser estabelecido.

O período de retorno, ou intervalo de recorrência, R, é o intervalo de tempo médio entre eventos sucessivos da onda de projeto para que seja igualada ou excedida, e está diretamente relacionado com a probabilidade de excedência *P(H)*.

$$R/r = 1/P(H) = 1/(1-Q(H))$$

em que r é o intervalo de registro associado com cada ponto de dado (portanto, no caso de cada ponto corresponder a uma tempestade individual, r será o intervalo médio de tempo entre tais tempestades). A partir dessa fórmula, os períodos de retorno podem ser dispostos nas ordenadas, como indicado na Figura 1.10(A). Portanto, um determinado período de retorno tem um valor Q(H) associado, e a correspondente altura de onda pode, então, ser determinada por extrapolação da linha de melhor ajuste que foi plotada. Este valor de projeto será definido da mesma maneira que os pontos de dados individuais (por exemplo, a altura de onda significativa durante um intervalo de registro) e deverá ser igualado ou excedido na média uma vez durante a duração de cada período de retorno.

Em muitos casos, o projeto de obras de Engenharia Costeira é feito com alturas de onda correspondentes a algum período de retorno selecionado, por exemplo, 50 ou 100 anos. Entretanto, é conveniente, no contexto do projeto, considerar a probabilidade esperada E. Esta é a probabilidade que a onda de projeto seja excedida ou igualada durante um determinado período, T_v, digamos a vida útil de projeto da estrutura; e realmente é preferível, em vez de escolher R, fazê-lo corresponder a valores de E e T_V. A relação entre essas quantidades é:

$$E = 1 - \left(1 - r / R\right)^{T_v / r}$$

Quando $R / r \gg 1$, uma boa aproximação de E, que é independente do intervalo de registro, é:

$$E \simeq 1 - e^{\left(-T_v / R\right)}$$

Portanto, o período de retorno que fornece uma probabilidade esperada de, por exemplo, 0,1 para uma vida útil de projeto de 50 anos é de 475 anos; e as probabilidades de uma onda de projeto de 50 anos ser excedida dentro de 10, 50 e 100 anos são de 0,181, 0,632 e 0,865 respectivamente.

Se a vida útil da estrutura está definida, a probabilidade esperada E pode ser colocada nas ordenadas, substituindo ou juntamente a R, como esquematizado na Figura 1.10(C).

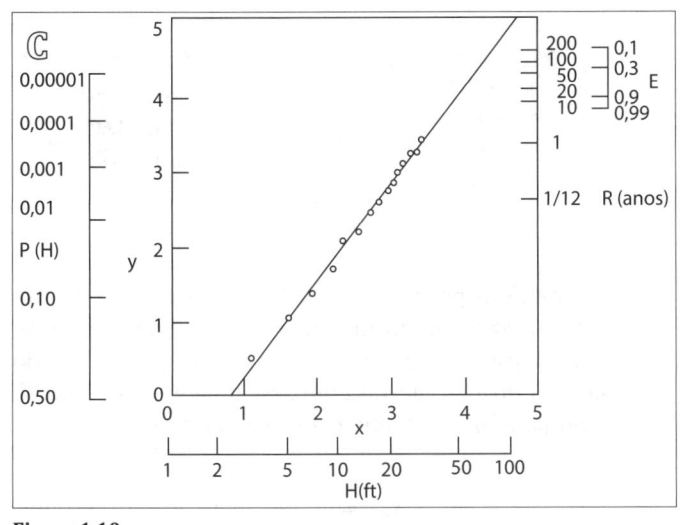

Figura 1.10
(C) Exemplo de distribuição log-normal da probabilidade de excedência da altura de onda.

Para a estimativa do período da onda extrema associada à altura de onda de projeto obtida, pode-se repetir todo o procedimento já visto, usando os períodos das ondas em vez das alturas de ondas como estatística. Usando o mesmo período de retorno das alturas de onda, pode-se obter um valor de previsão correspondente.

1.5.3.6 APLICAÇÕES DA ESTATÍSTICA NA ESTIMAÇÃO DE ONDAS EXTREMAS

Distribuição de H_s e o uso da estatística de longo período

Uma distribuição de longo período de H_s não foi ainda obtida por via teórica, mas, por tentativas, mostrou-se que os melhores ajustes foram obtidos pela distribuição de Weibull com limitação inferior.

$$Q\left(H_s\right) = 1 - e^{\left[-\left(\frac{H_s - \gamma}{\beta}\right)^{\alpha}\right]}$$

em que $\gamma = H_0$ e $\theta = H_C - H_0$ (não confundir este H_0 com H_0, que é a altura de uma onda em água profunda). Os parâmetros H_C, H_0, α devem ser determinados com base nos dados. Como já se viu, a abscissa do gráfico de probabilidade é dada por $\ln\left(H_s - H_0\right)$ e a ordenada por $\ln\left(-\ln\left(P\left(H\right)\right)\right)$, sendo α a declividade da linha reta e H_C o valor de H_S para o qual $\ln\left(-\ln\left(P\left(H_s\right)\right)\right) = 0$. O significado de $\gamma = H_0$ já foi visto anteriormente.

Antes de plotar os dados, estes devem ser dispostos em tabelas de frequência, normalmente em classes de 0,5 m. O meio ou o ponto superior de cada classe é usado como posição de plotagem para altura da onda. Na Figura 1.10(D), apresenta-se um gráfico de Weibull baseado em dados visuais da estação naval climática Mike (65°N e 2°E), segundo Sarpkaya e Isaacson (1981). Há também uma plotagem para $H_0 = 0$.

O período de retorno é dado pela relação entre R/r, em que r é normalmente de 3 horas. Devem ser tomados cuidados quando da comparação de estimativas extremas porque valores diferentes de r são usados (normalmente de 12 minutos a 3 horas).

É muito comum usar períodos de retorno de 50 ou 100 anos na definição da condição de projeto. Como valor prático, a diferença de H_S entre essas duas condições é muito próxima de 6%.

Combinando as equações, obtém-se:

$$H_{sR} = \left(H_C - H_0\right)\left(\ln\left(R / r\right)\right)^{1/\alpha} + H_0$$

em que H_{sR} é a altura da onda significativa para o período de retorno R.

A distribuição assintótica extrema de Gumbel

A expressão fundamental da distribuição de Gumbel é dada por:

$$Q\left(H\right) = e^{-e^{-Y}}$$

em que $Y = A_n \left(X - u_n\right)$. A variável é X, e A_n e u_n são os parâmetros da distribuição (reformulados em relação aos vistos). Rearranjando a equação, tem-se:

$$Y = -\ln\left(-\ln Q\left(H\right)\right)$$

Figura 1.10
(D) Plotagem com a distribuição de Weibull a partir de observações visuais de ondas feitas pelo navio meteorológico Mike, em 1965, nas coordenadas 66° N e 2° E.

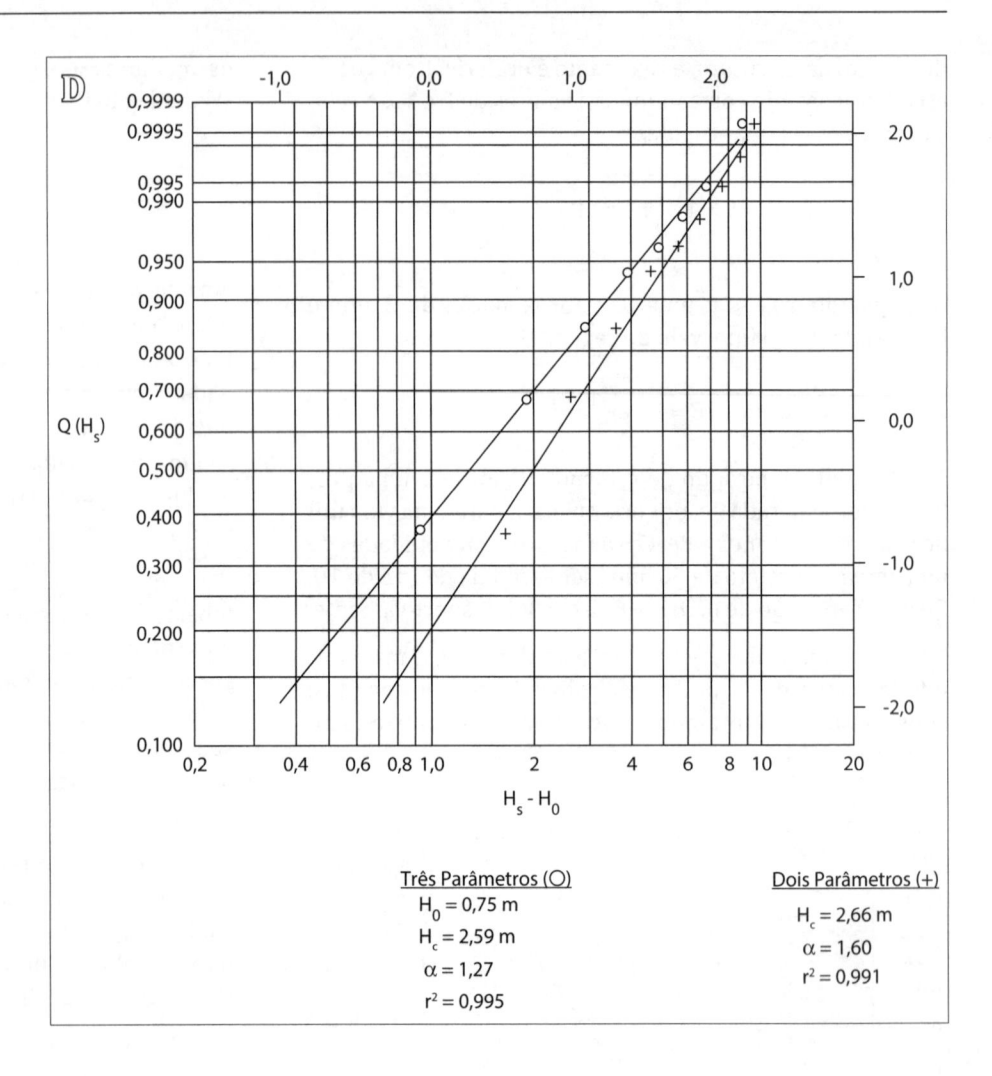

Três Parâmetros (O)
$H_0 = 0,75$ m
$H_c = 2,59$ m
$\alpha = 1,27$
$r^2 = 0,995$

Dois Parâmetros (+)
$H_c = 2,66$ m
$\alpha = 1,60$
$r^2 = 0,991$

Utilizando o papel de probabilidade de Gumbel, o ajuste corresponde a uma linha reta (se os dados seguirem a distribuição) e:

$$u_n = \bar{H} - \frac{\bar{Y}_N}{a_n}$$

$$A_n = \sigma_N / s_H$$

sendo $\bar{Y}_N$ e σ_N a média e o desvio-padrão de Y e s_H o desvio-padrão de H para as N ondas extremas.

Para calcular os parâmetros, os seguintes passos devem ser seguidos:

1. Calcular a média dos extremos, $\bar{H}$.

2. Calcular s_H.

3. Conhecendo N, ler σ_N e $\bar{Y}_N$ na Tabela 1.5(E).

4. Calcular u_n e A_n pelas equações.

Para estimar a adequabilidade do ajuste entre os dados e a distribuição, Gumbel introduziu curvas de controle. Para desenhar tais curvas, deve-se observar o seguinte: os dados entre os níveis de probabilidade 0,15 e 0,85 (-0,64 < Y < 1,82) são assumidos como normalmente distribuídos em torno da média teórica. A probabilidade de que um ponto de dado venha a cair no intervalo de ± um desvio-padrão é de 0,6827. O desvio-padrão s_{H_m} é, então, determinado por:

$$s_{H_m} = \frac{z}{A_n \sqrt{N}}$$

em que $z = \dfrac{\sqrt{1/Q(H) - 1}}{-\ln Q(H)}$.

As curvas de controle são então desenhadas à distância $\pm s_{H_m}$ da linha reta dada pela distribuição de Gumbel.

Fora do intervalo de probabilidade 0,15 e 0,85 valores assintóticos são usados para determinar a distância Δ da linha reta. Para as maiores observações, tem-se:

$$\Delta = \frac{1,14071}{A_n}$$

Além das maiores observações, as curvas de controle são estendidas como linhas paralelas a distâncias ±Δ da linha reta. Se os pontos de dados caírem dentro das curvas de controle, os dados são assumidos como sendo distribuídos segundo Gumbel. Um exemplo está na Figura 1.10(E), segundo Sarpkaya e Isaacson (1981).

Os dados mais comuns usados para análises de ondas extremas são os extremos anuais, entretanto, a maior onda em cada mês tem sido também usada.

| \multicolumn{6}{c}{**Tabela 1.5(E)**} |
| \multicolumn{6}{c}{**Parâmetros da distribuição estatística de Gumbel**} |

N	$\bar{Y}_N$	σ_N	N	Y_N	σ_N
2	0,4043	0,4984	32	0,5380	1,1193
3	0,4286	0,6435	33	0,5388	1,1226
4	0,4458	0,7315	34	0,5396	1,1255
5	0,4588	0,7928	35	0,5403	1,1285
6	0,4690	0,8388	36	0,5410	1,1313
7	0,4774	0,8749	37	0,5418	1,1339
8	0,4843	0,9043	38	0,5424	1,1363
9	0,4902	0,9288	39	0,5430	1,1388
10	0,4952	0,9497	40	0,5436	1,1413
11	0,4996	0,9676	41	0,5442	1,1436
12	0,5035	0,9833	42	0,5448	1,1458
13	0,5070	0,9972	43	0,5453	1,1480
14	0,5100	1,0095	44	0,5458	1,1499
15	0,5128	1,0206	45	0,5463	1,1519
16	0,5157	1,0316	46	0,5468	1,1538
17	0,5181	1,0411	47	0,5473	1,1557
18	0,5202	1,0493	48	0,5477	1,1574
19	0,5220	1,0566	49	0,5481	1,1590
20	0,5236	1,0628	50	0,5485	1,1607
21	0,5252	1,0696	60	0,5521	1,1747
22	0,5268	1,0754	70	0,5548	1,1854
23	0,5283	1,0811	80	0,5569	1,1938
24	0,5296	1,0864	90	0,5586	1,2007
25	0,5309	1,0915	100	0,5600	1,2065
26	0,5320	1,0961	150	0,5646	1,2253
27	0,5332	1,1004	200	0,5672	1,2360
28	0,5343	1,1047	300	0,5699	1,2479
29	0,5353	1,1086	400	0,5714	1,2545
30	0,5362	1,1124	500	0,5724	1,2588
31	0,5371	1,1159	1.000	0,5745	1,2685
			∞	0,5772	1,2826

A condição de projeto em termos de período de retorno é dada por:

$$R = \frac{r}{1 - e^{-e^{-y}}}$$

Para valores altos de H: $R = e^y$. Introduzindo $y = A_n\left(H - u_n\right)$, resulta:

$$H_R = u_n + \frac{\ln R}{A_n}$$

sendo H_R a altura de onda extrema com período de retorno R.

Determinação da probabilidade de ocorrência pela distribuição de Weibull limitada inferiormente

Na prática, $Y = H_0$ corresponde a uma altura de onda mínima, e para muitas das aplicações com alturas de ondas pode ser tomado como nulo. Nessas condições, a equação básica pode ser transformada em linha reta, facilitando a determinação das constantes restantes. Frequentemente, α é próximo de 1,0, o que reduz o trabalho de ajuste a:

$$\ln\left(P(H)\right) = \frac{-1}{\beta} H$$

Tal simplificação de ajuste usualmente funciona muito bem para os problemas práticos, isto é, com valores de P(H) menores que 10% a 20%.

Um exemplo de tal distribuição de longo período, baseada em dados do Mar do Norte, é mostrada na Figura 1.10(F). Esta figura foi compilada para tempestades – intervalos nos quais um único valor de H_S foi determinado – durante 6 horas (MASSIE, 1982).

Como se sabe, o período de retorno R tem magnitude da ordem de vários anos. Isso não significa que tal tempestade somente ocorrerá em intervalos regulares de R anos. De fato, três tempestades separadas, cada uma com intervalo de recorrência de mais de 10 anos, ocorreram durante o mesmo inverno no Mar do Norte há cerca de 45 anos.

Exemplo de aplicação

Apresentação do problema

As informações apresentadas nos itens anteriores dizem mais respeito à condensação de dados de ondas. Os engenheiros precisam aplicar essas informações fundamentando racionalmente um projeto responsável.

Um dos tipos de problema no projeto de estruturas é a utilização de uma única onda, a onda de projeto. A seguir, foi analisada a determinação da probabilidade de

Figura 1.10
(E) Distribuição de Gumbel para dados de H_S (m) de Krakenes (Mar do Norte) entre 1949 e 1974.

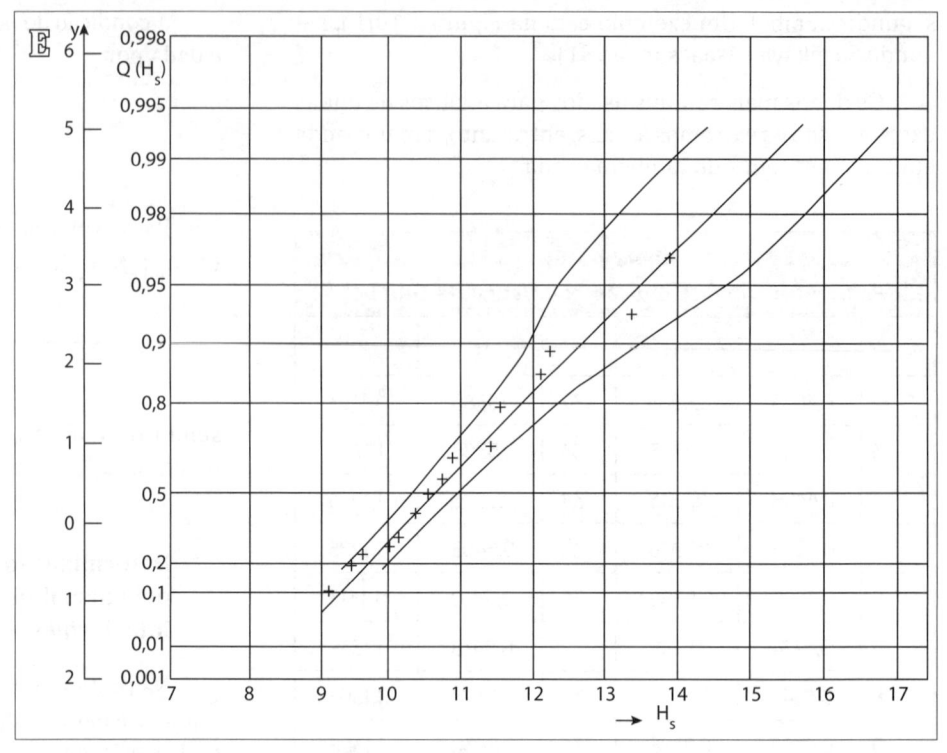

Figura 1.10
(F) Probabilidade de excedência das alturas de ondas significativas.

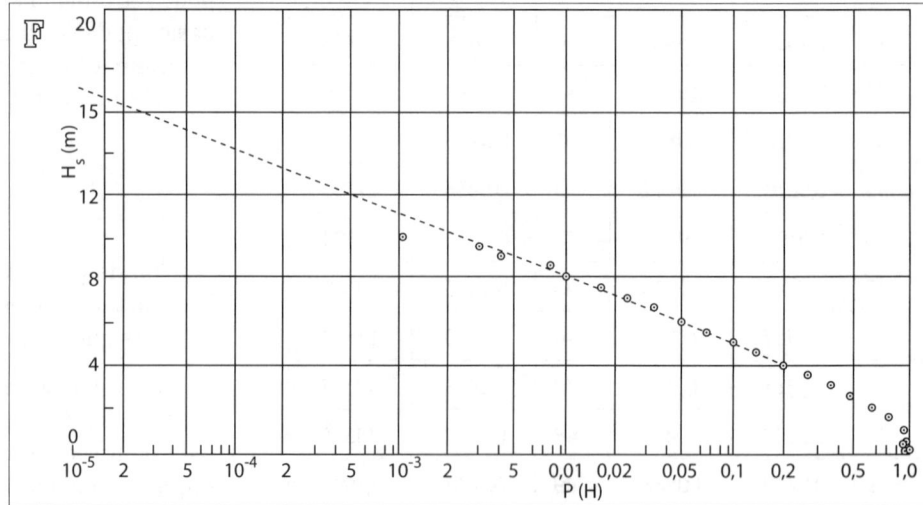

excedência de uma dada onda de projeto. Pode-se perguntar por que não projetar uma estrutura para suportar a maior onda possível. Infelizmente, isso é impossível, já que, como se viu, nas distribuições de alturas de ondas, qualquer altura de onda escolhida – não importa quão grande – tem uma certa probabilidade finita de ser excedida. Algum risco tem de ser aceito. Neste item, analisa-se o problema da determinação da probabilidade de que uma dada altura de onda venha a ser excedida num dado intervalo de tempo.

Enunciado do problema e hipóteses

O enunciado exato do problema é o seguinte: "qual a probabilidade de que uma altura de onda de projeto escolhida, H_P, seja excedida uma ou mais vezes durante a vida útil, T_V, da estrutura?". Essa probabilidade é igual à soma das probabilidades de que H_P seja excedida n vezes com $n \geq 1$. Essa soma pode ser extremamente difícil de ser avaliada. Usando a propriedade das probabilidades: probabilidade de um evento ocorrer + probabilidade de que o evento não ocorra = 1 e compreendendo que se quer "a probabilidade de que algo ocorra", pode-se avaliar isso usando a identidade acima, simplesmente pela avaliação da probabilidade de que nunca ocorra.

Cada tempestade que ocorre pode ser caracterizada por um dado valor de H_S. Essa altura de onda caracteriza um conjunto de N ondas ao qual a estrutura está exposta durante a tempestade. Essas ondas estão distribuídas de acordo com a distribuição de Rayleigh.

Finalmente, assume-se que as alturas de ondas significativas obedecem a uma distribuição de longo período, como a da Figura 1.10(F).

O tratamento numérico

Primeiramente, considere-se uma única tempestade contendo ondas caracterizadas por H_s, escolhendo uma altura de onda de projeto arbitrária, H_P. A probabilidade de H_P ser excedida por qualquer onda é:

$$P(H_P) = e^{-2\left(\dfrac{H_P}{H_s}\right)^2}$$

A probabilidade de não ser excedida é:

$$Q(H_P) = 1 - P(H_P)$$

A probabilidade de essa onda não ser excedida numa série de N ondas é:

$$\left[1 - P(H_P)\right]^N$$

Finalmente, a probabilidade de que esta altura de onda, H_P, seja excedida pelo menos uma vez na tempestade que contém N ondas é:

$$E_1 = 1 - \left[1 - P(H_P)\right]^N$$

O próximo passo é combinar esta probabilidade, E_1, com a probabilidade de que o valor H_s usado acima também ocorra. Esta probabilidade de que H_s ocorra deve provir de uma distribuição de longo período de alturas significativas de ondas. Os dados apresentados em gráfico, como o da Figura 1.10(F), fornecem a informação sobre a probabilidade de que cada valor de H_s seja excedido. Necessita-se, agora, determinar pelo menos aproximadamente qual a probabilidade de que H_s ocorra. Este valor, $p(H_s)$, pode ser entendido como a probabilidade de que alguma altura de onda $H_s - \Delta H_s$ seja excedida, subtraída da probabilidade de que alguma altura $H_s + \Delta H_s$ seja excedida:

$$p(H_s) = P(H_s - \Delta H_s) - P(H_s + \Delta H_s)$$

sendo $p(H_s)$ a probabilidade de que H_s caia no intervalo: $(H_s + \Delta H_s) > H_s > (H_s - \Delta H_s)$. Esse intervalo tem extensão de $2\Delta H_s$ e é caracterizado pelo seu valor médio. Obviamente, o valor de $p(H_s)$ assim obtido é dependente do valor de ΔH_s escolhido. Um valor de ΔH_s de aproximadamente 0,5 m é frequentemente usado.

Agora, tem-se que determinar a probabilidade de que H_P ocorra durante cada período de tempestade. Como E_1 é totalmente independente de $p(H_s)$:

$$E_2 = p(H_s)E_1$$

Este é somente o início da solução, pois é muito possível que H_P ocorra também em outro estado do mar caracterizado por um valor diferente de H_s, completamente fora do intervalo já descrito. Já que outro valor de H_s será usado para designar esta outra condição de tempestade, outro valor de E_1 deverá ser calculado. Assim, o subscrito i será adicionado para caracterizar os valores de H_s escolhidos, bem como E_1 e E_2. Portanto, a equação acima torna-se:

$$E_{2i} = p(H_{si})E_{1i}$$

Teoricamente, deveríamos escolher valores suficientes de H_{si} para cobrir todo o campo possível de alturas de onda de tempestade: de zero até alguma altura de onda máxima possível. O número destes intervalos, N', logicamente dependerá do valor de ΔH_s escolhido anteriormente. À medida que ΔH_s aumenta, N' diminui, resultando em menor número de E_{2i}. Na prática, como será visto no exemplo do próximo item, não se necessita sempre escolher valores de H_{si} cobrindo inteiramente o campo de alturas de onda. Para um dado valor de H_P, que é constante para todo o problema, verifica-se que E_1 aumenta, enquanto $p(H_{si})$ diminui à medida em que H_{si} aumenta. O produto resultante, E_{2i}, é pequeno comparado com os dois extremos de H_{si} e, uma vez que um valor de E_{2i} tornou-se negligenciável, cálculos adicionais com os valores de H_{si} muito pequenos ou grandes são desnecessários, como é visto no exemplo do próximo item.

Já que a condição de uma única tempestade é caracterizada somente por um único valor de H_{si}, duas diferentes tempestades não podem ocorrer simultaneamente; os valores de H_{si} são mutuamente exclusivos, mas logicamente a soma de todas as possíveis $p(H_{si})$ deve ser identicamente igual a 1.

A probabilidade global de que um valor escolhido de altura de onda, H_P, seja excedido pelo menos uma vez no período de uma única tempestade é:

$$E_3 = \sum_{i=1}^{N'} E_{2i}$$

Portanto, a probabilidade de que a onda de projeto não seja excedida é:

$$1 - E_3$$

Sabendo-se, além disso, que há M tempestades possíveis por ano e que a estrutura tem uma vida útil de T_v anos, então essa estrutura deverá estar exposta a MT_v possíveis tempestades. A probabilidade de que H_P não seja excedida durante todo o intervalo de T_v anos é, portanto:

$$(1 - E_3)^{MT_v}$$

E, finalmente, a probabilidade de que a altura de onda de projeto, H_P, seja excedida pelo menos uma vez durante a vida útil da estrutura é:

$$P\left(H_P\right)=1-\left(1-E_3\right)^{MT_v}$$

Se considerarmos esse valor indesejável – muito grande ou muito pequeno –, a única alternativa é escolher outro valor de Hp e repetir todo o procedimento. Tal procedimento pode ser feito de forma tabular, conforme ilustrado para um único valor de Hp no item a seguir.

Exemplo de problema

Trata-se da determinação da probabilidade global de que uma altura de onda de projeto, Hp, de 30 m ocorra pelo

menos uma vez durante a vida útil, T_v, de 25 anos de uma estrutura localizada no Mar do Norte Setentrional, próximo do campo de petróleo de Dunlin (correspondente aos dados da Figura 10.1(F)). Esses valores são muito comuns no Mar do Norte.

Escolhendo ΔH_s como igual a 0,5 m e valores de H_{si} de metro em metro, como listados na coluna 1 da Tabela 1.5(F), note que os limites dos intervalos – coluna 2 da tabela – estão exatamente no meio metro, à exceção dos dois extremos da tabela.

Os valores de $P(H_s)$ listados na coluna 3 provêm do gráfico da Figura 1.10(F), e $p(H_s)$ – coluna 4 – são as diferenças entre valores adjacentes da coluna 3.

Tabela 1.5(F)
Cálculos para a determinação da altura de onda de projeto

(1)	(2)	(3)	(4)	(5)	(6)	(7)	(8)	(9)
H_s	limite do intervalo	$P(H_s)$	$p(H_s)$	$\bar{T}$	N	$P(H_p)$	E_1	E_{2i}
(m)	(m)	(–)	(–)	(s)	(–)	(–)	(–)	(–)
0	0	1,000						
1	1,5	0,79	0,21	3,94	5.480	0,00	0,00	0,00
2	2,5	0,47	0,32	5,11	4.230	0,00	0,00	0,00
3	3,5	0,27	0,20	5,96	3.620	$1,38\times10^{-87}$	0,00	0,00
4	4,5	0,133	0,137	6,64	3.250	$0,139\times10^{-48}$	0,00	0,00
5	5,5	67×10^{-3}	66×10^{-3}	7,22	2.990	$53,8\times10^{-33}$	0,00	0,00
6	6,5	30×10^{-3}	37×10^{-3}	7,73	2.790	$0,193\times10^{-21}$	0,00	0,00
7	7,5	15×10^{-3}	15×10^{-3}	8,19	2.640	$0,111\times10^{-15}$	0,00	0,00
8	8,5	$5,6\times10^{-3}$	$9,4\times10^{-3}$	8,61	2.510	$61,0\times10^{-12}$	0,00	0,00
9	9,5	$3,5\times10^{-3}$	$2,1\times10^{-3}$	9,00	2.400	$0,223\times10^{-9}$	$0,48\times10^{-6}$	$1,00\times10^{-9}$
10	10,5	$1,55\times10^{-3}$	$1,95\times10^{-3}$	9,36	2.310	$15,2\times10^{-9}$	$35,1\times10^{-6}$	$68,5\times10^{-9}$
11	11,5	720×10^{-6}	830×10^{-6}	9,71	2.220	$0,346\times10^{-6}$	$0,768\times10^{-3}$	$0,638\times10^{-6}$
12	12,5	370×10^{-6}	350×10^{-6}	10,03	2.150	$3,73\times10^{-6}$	$7,98\times10^{-3}$	$2,79\times10^{-6}$
13	13,5	160×10^{-6}	210×10^{-6}	10,34	2.090	$23,7\times10^{-6}$	$48,3\times10^{-3}$	$10,1\times10^{-6}$
14	14,5	72×10^{-6}	88×10^{-6}	10,63	2.030	$0,103\times10^{-3}$	0,188	$16,6\times10^{-6}$
15	15,5	35×10^{-6}	37×10^{-6}	10,91	1.980	$0,335\times10^{-3}$	0,485	$18,0\times10^{-6}$
16	16,5	16×10^{-6}	19×10^{-6}	11,17	1.930	$0,884\times10^{-3}$	0,819	$16,0\times10^{-6}$
17	17,5	$7,2\times10^{-6}$	$8,8\times10^{-6}$	11,43	1.890	$1,97\times10^{-3}$	0,976	$8,59\times10^{-6}$
18	18,5	$3,5\times10^{-6}$	$3,7\times10^{-6}$	11,68	1.850	$3,87\times10^{-3}$	0,999	$3,70\times10^{-6}$
19	19,5	$1,6\times10^{-6}$	$1,9\times10^{-6}$	11,92	1.810	$6,83\times10^{-3}$	1,000	$1,90\times10^{-6}$
20	∞	0,00	$1,6\times10^{-6}$	12,15	1.780	$11,1\times10^{-3}$	1,000	$1,60\times10^{-6}$
		$\Sigma=$	1,000				$E_3=\Sigma E_{2i}=$	$81,59\times10^{-6}$

Os valores de períodos médios, $\overline{T}$, listados na coluna 5 foram estimados com base na equação para o Mar do Norte e nos valores de H_s da coluna 1. Os valores de N correspondem a:

$$N = 6 \times 3600 / \overline{T}$$

E foram listados na coluna 6.

Como H_{si} (coluna 1), H_P = 30 m e N (coluna 6) são conhecidos, $P(H_P)$ e E_1 podem ser avaliados pelas equações. Esses valores foram listados nas colunas 7 e 8. E_{2i} segue da equação correspondente e está listado na coluna 9. Essa coluna pode ser, então, somada, resultando: $E_3 = 81,59 \times 10^{-6}$.

Com M = 1.460 (tempestades de 6 horas, de acordo com a Figura 1.10(F)) e T_v = 25 anos, pode-se computar que: $P(H_P)$ = 0,949, ou quase 95% de probabilidade de que pelo menos uma onda venha a exceder os 30 m de altura durante o período de 25 anos. Pode-se observar nessa tabela, que, no caso de cálculos com $H_{si} \leq 8$ m, não há contribuição significativa para E_{2i}. No outro extremo da tabela, os cálculos foram interrompidos no intervalo de 19,5 m a ∞, caracterizado por H_s = 20 m. Neste caso, já que E_1 = 1,000 e permanecerá com este valor para valores mais altos de H_s, os valores de E_2 são idênticos aos de $p(H_s)$. Se mais intervalos acima de $p(H_s)$ = 20 m tivessem sido usados, a soma dos termos para $H_s \geq 20$ m ainda seria a mesma para $p(H_s)$ e E_{2i}.

Os cálculos apresentados na tabela devem ser feitos de forma bastante precisa, usando todos os algarismos significativos.

O problema inverso

Um problema mais comum que o visto no item anterior é o inverso. Qual a altura de onda, H_P, ocorrente com uma dada probabilidade, $P(H_P)$, de ser excedida durante uma dada vida útil, T_v, da estrutura? Esse problema não pode ser resolvido diretamente, recorrendo-se na prática a uma série de cálculos como os apresentados no item anterior. Esse procedimento pode ser representado num gráfico para facilitar a interpolação.

Um segundo tipo de problema

Um tipo de problema completamente diferente é frequentemente encontrado. Corresponde à especificação de que uma estrutura seja projetada para resistir à máxima onda que ocorre numa tempestade que tem alguma dada probabilidade de ser excedida (por exemplo, a tempestade centenária). Há duas possibilidades na Engenharia para resolver o problema. Na primeira, pode-se, um tanto diretamente, determinar uma altura de onda, H_P, tendo uma dada probabilidade de excedência, E_1, em alguma tempestade particular tendo, por exemplo, alguma dada probabilidade de excedência. Podemos, por exemplo, achar H_P correspondente a uma probabilidade de, digamos, 1/1.000 numa tempestade centenária. Nestas condições, para a situação corresponde à Figura 1.10(F): $P(H_s) = 1 / (1.460 \times 100) = 6,849 \times 10^{-6}$.

Usando os dados da mesma figura, tem-se: H_s = 17,6 m, e usando a equação para o Mar do Norte resulta: $\overline{T} = 11,58$ s, correspondendo a N = 1.860. Sabendo-se que E_1 deve ser 1/1.000, pode-se determinar $P(H_P)$ resolvendo:

$$P(H_P) = 1 - \left[1 - E_1\right]^{1/N}$$

Substituindo os valores, resulta $P(H_P) = 0,538 \times 10^{-6}$. A equação pode agora ser resolvida, resultando: H_P = 47,3 m.

A segunda possibilidade é calcular a mais provável máxima altura de onda na tempestade de período escolhido. A melhor – mas mais difícil, pela falta de dados – maneira seria examinar um grande número de registros de ondas, cada um durando um determinado tempo (6 horas, por exemplo) e cada um caracterizado pelo valor escolhido de H_s. Cada registro conterá aproximadamente o mesmo número de ondas, N. Se tivermos esses registros, será simples relacionar a onda máxima em cada registro e submetê-la à análise estatística. Se cada um desses registros de ondas se comporta de acordo com a distribuição de Rayleigh, o problema pode ser abordado por via teórica, resultando: H_P = 34,15 m. O mesmo resultado pode ser obtido colocando-se $P(H_P) = \frac{1}{N}$ na equação da distribuição de Rayleigh.

1.5.3.7 EXEMPLO DE APLICAÇÃO PARA A ONDA H_P DE UMA ESTRUTURA DE ATRACAÇÃO ESTAQUEADA

Sistematização dos dados brutos do clima de ondas para a altura

Segundo a ABNT (1987), para estruturas semirrígidas do tipo píeres estaqueados, a altura da onda de projeto deve ser dimensionada para valores de alturas de ondas entre H_{10} e H_1 ocorrentes na tempestade de período de retorno centenário (ROM 3.1.99, 1999). Considerando que nesta localidade predominam vagas com períodos normalmente inferiores a 7,0 s, com ausência de marulho, optou-se por considerar o limite inferior da recomendação da ABNT, isto é, H_{10}. Assim, foram selecionadas as ondas da categoria H_{10} nos registros do ondógrafo, que são efetuados a cada 20 minutos, bem como os períodos de pico (T_p) associados.

Nas Figuras 1.10(G) a 1.10(R), estão apresentados os gráficos da agitação mensal registrada pelo ondógrafo em termos dos registros de alturas e períodos efetuados a cada 20 minutos.

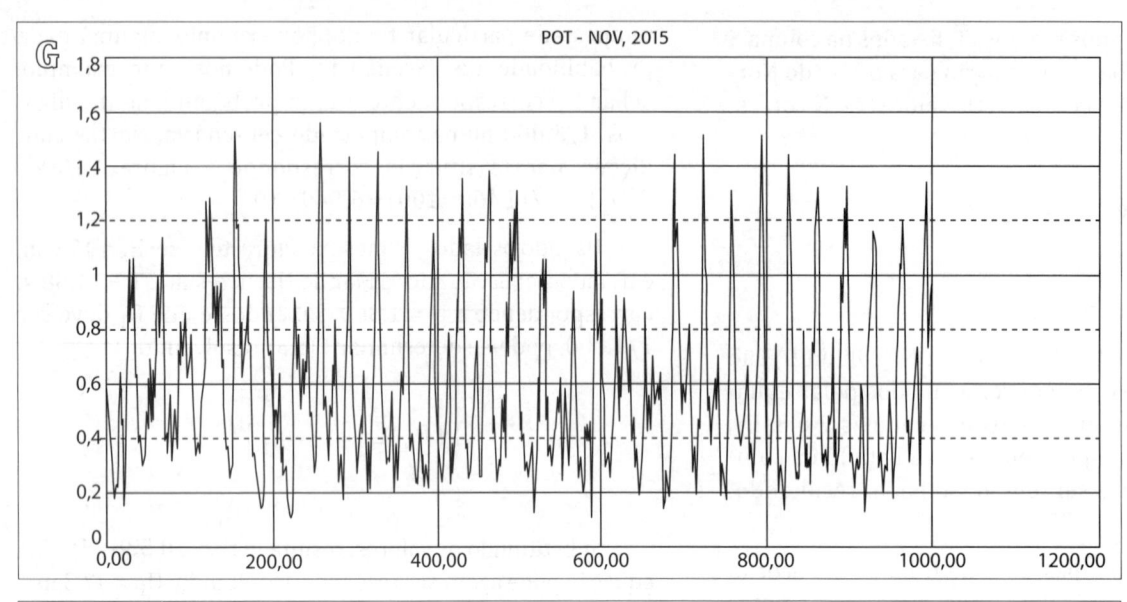

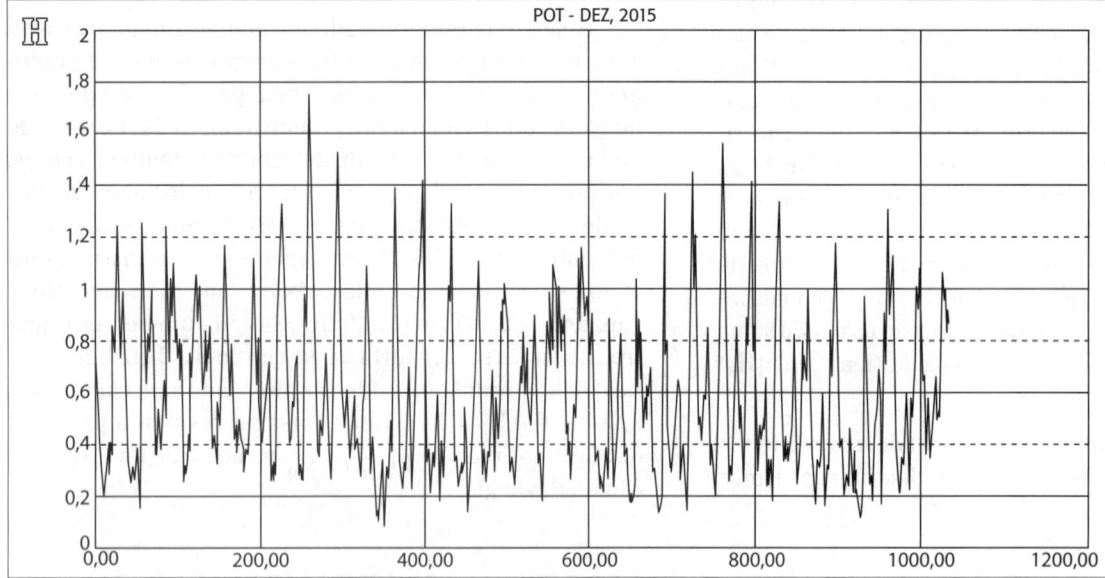

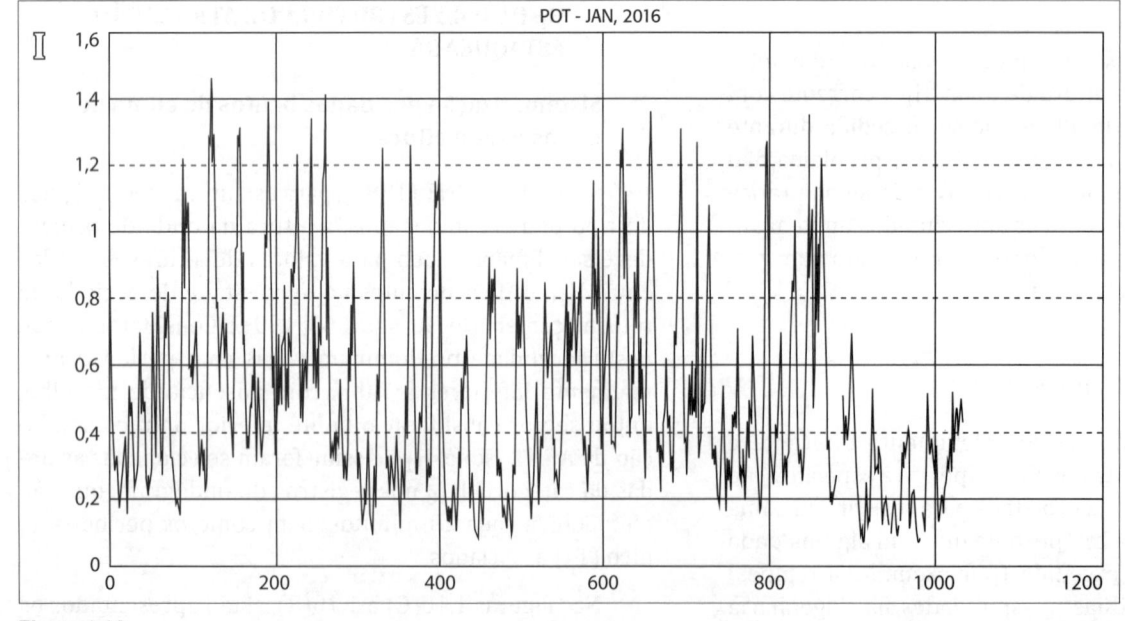

Figura 1.10

(G) Gráfico mensal de H_{10} de novembro de 2015, assinalando as linhas usadas no POT.

(H) Gráfico mensal de H_{10} de dezembro de 2015, assinalando as linhas usadas no POT.

(I) Gráfico mensal de H_{10} de janeiro de 2016, assinalando as linhas usadas no POT.

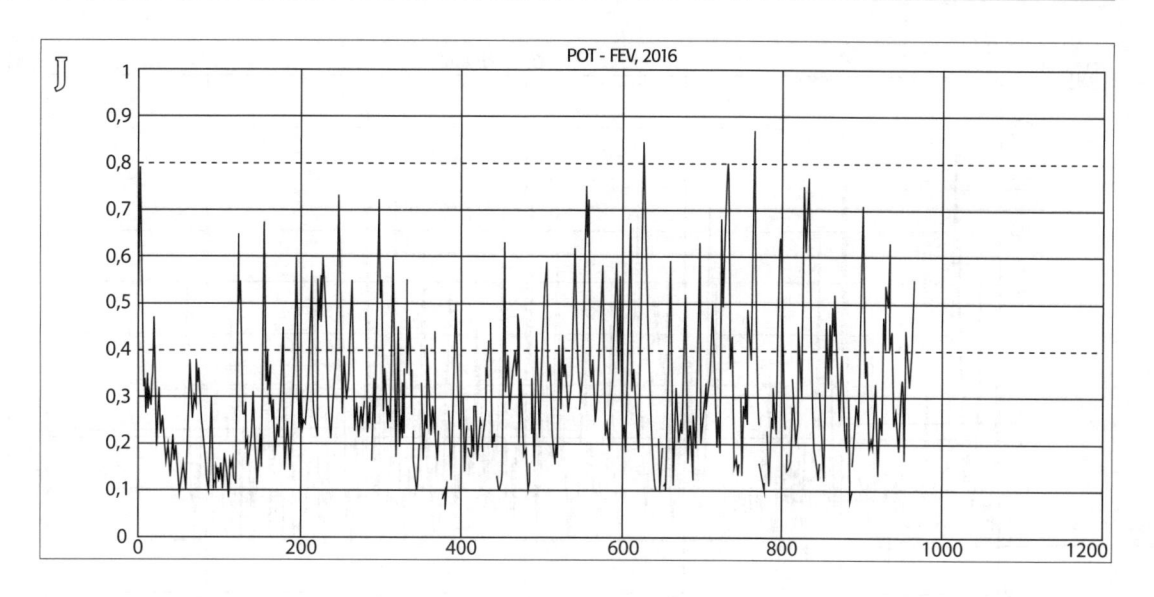

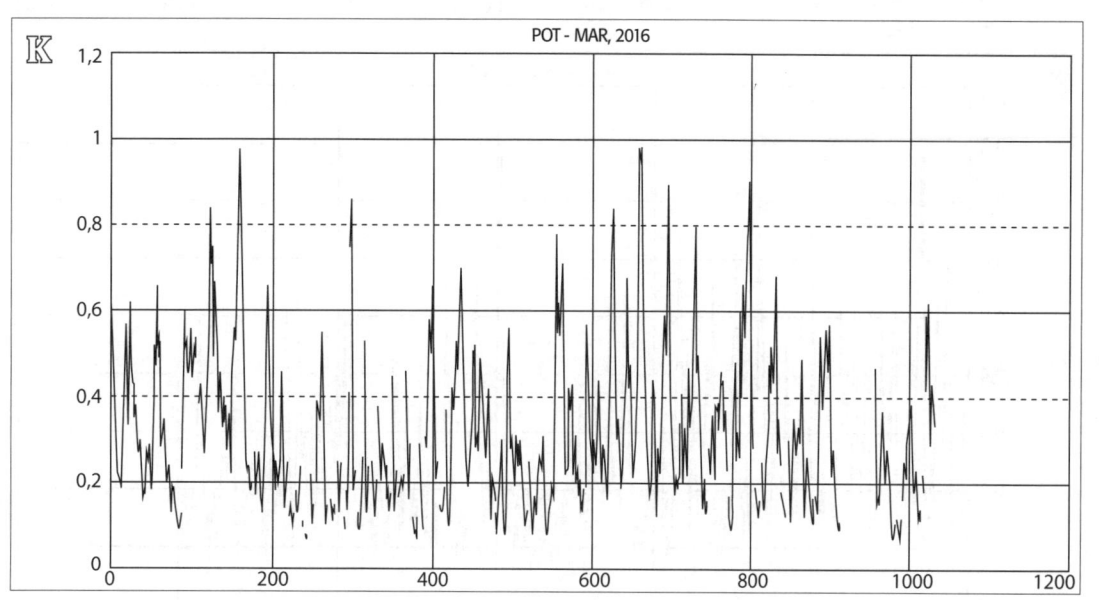

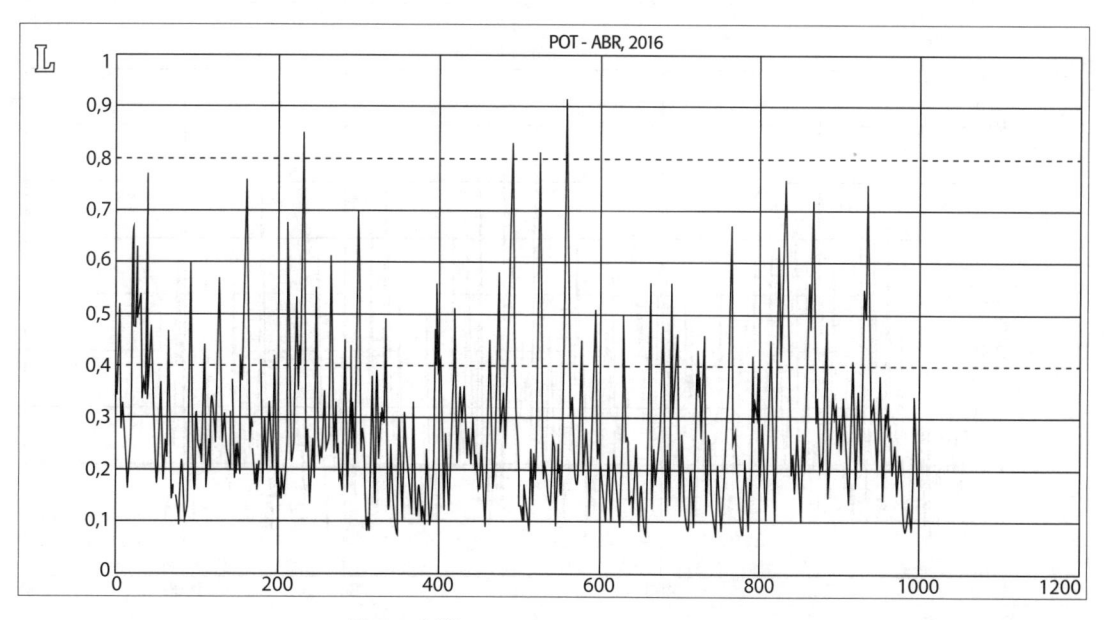

Figura 1.10
(J) Gráfico mensal de H_{10} de fevereiro de 2016, assinalando as linhas usadas no POT.
(K) Gráfico mensal de H_{10} de março de 2016, assinalando as linhas usadas no POT.
(L) Gráfico mensal de H_{10} de abril de 2016, assinalando as linhas usadas no POT.

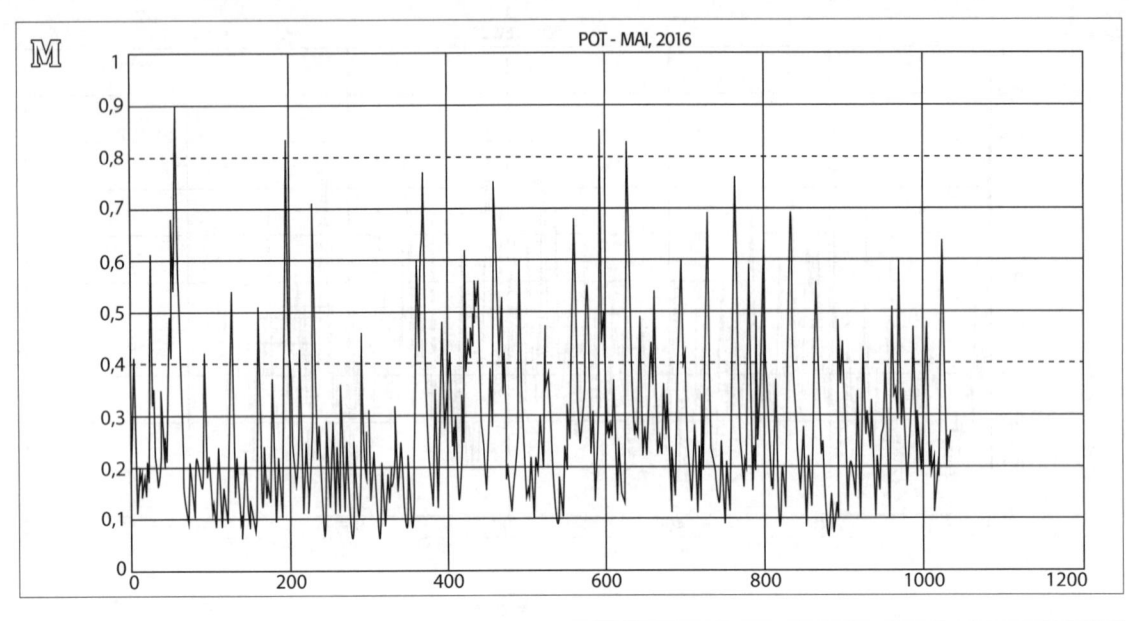

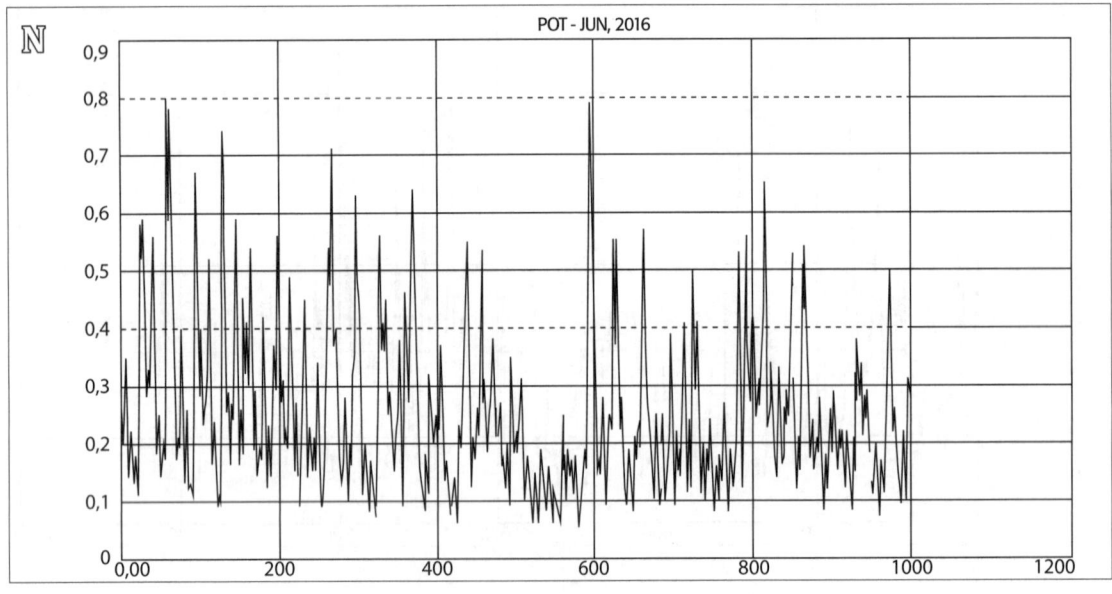

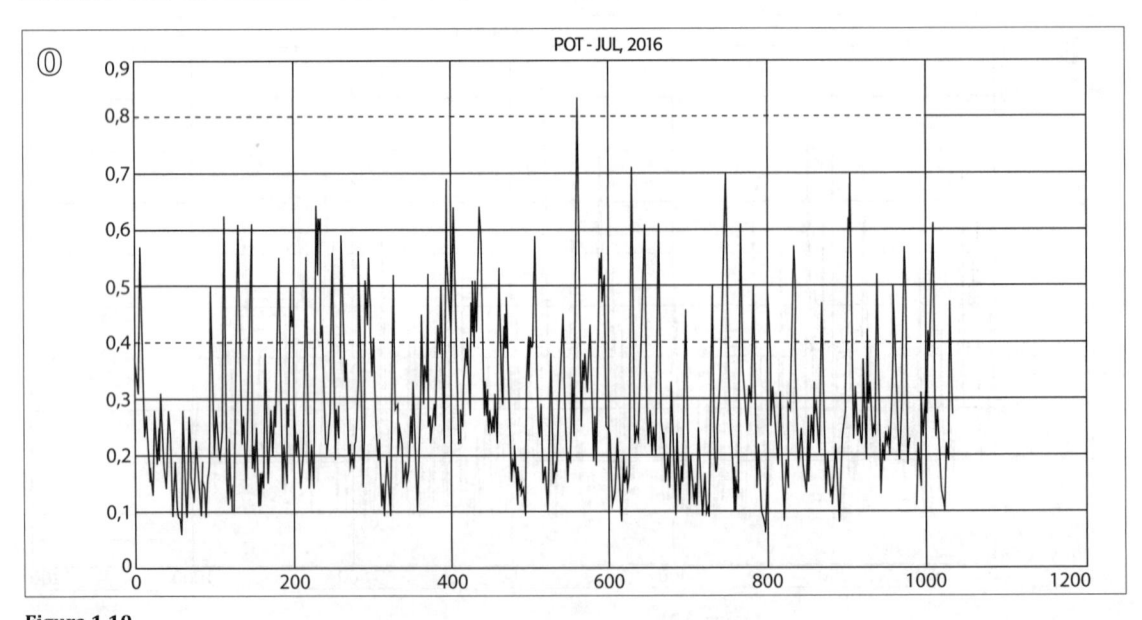

Figura 1.10
(M) Gráfico mensal de H_{10} de maio de 2016, assinalando as linhas usadas no POT.
(N) Gráfico mensal de H_{10} de junho de 2016, assinalando as linhas usadas no POT.
(O) Gráfico mensal de H_{10} de julho de 2016, assinalando as linhas usadas no POT.

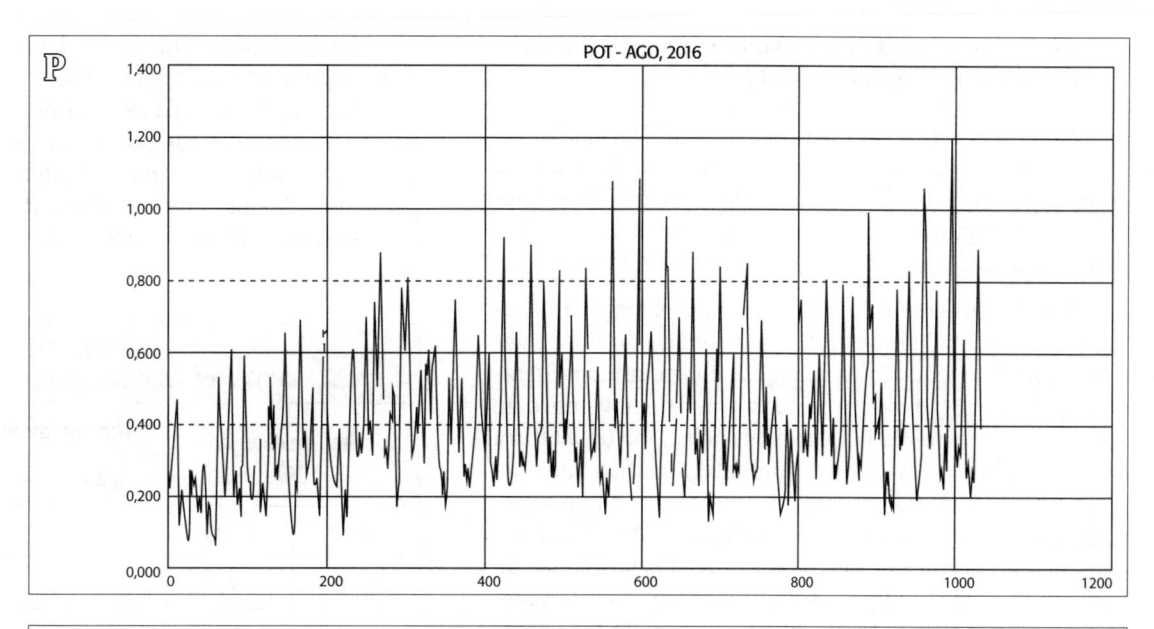

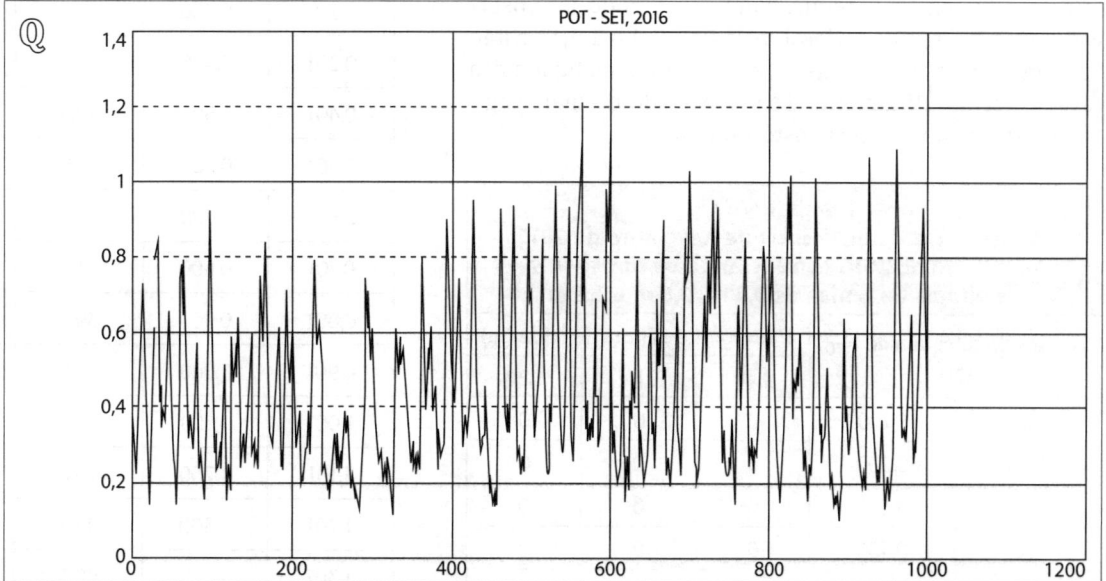

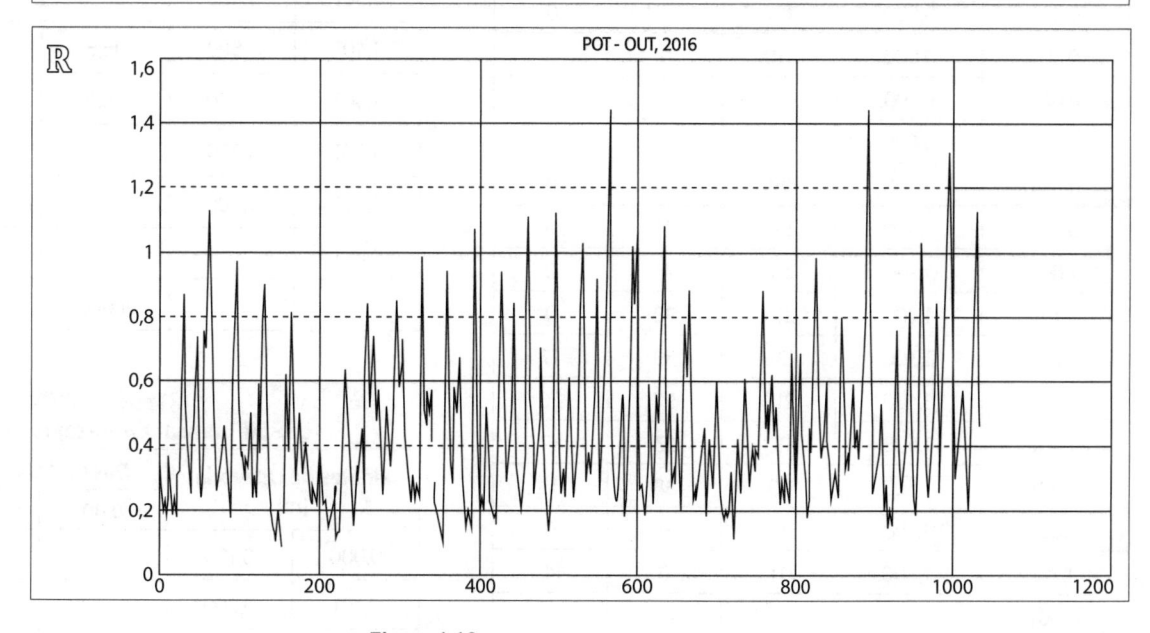

Figura 1.10
(P) Gráfico mensal de H_{10} de agosto de 2016, assinalando as linhas usadas no POT.
(Q) Gráfico mensal de H_{10} de setembro de 2016, assinalando as linhas usadas no POT.
(R) Gráfico mensal de H_{10} de outubro de 2016, assinalando as linhas usadas no POT.

Hierarquização de tempestades independentes (*Peak Over Threshold* – POT)

A teoria estatística no processo de dados agrupados requer que os dados de pontos individuais usados na análise estatística sejam estatisticamente independentes. Para produzir dados de pontos individuais independentes, é necessário pensar mais em tempestades que em ondas individuais.

Para tanto, o método mais comum de separar as alturas de ondas em "tempestades" é chamado de *Peak Over Threshold* (POT), ou picos acima da soleira, como mostrado na Tabela 1.5(G) para o período anual de novembro de 2015 a outubro de 2016. Quando se seleciona uma altura de *threshold* de 0,4 m, arbitrariamente, significa que uma tempestade é definida pelo tempo em que as ondas excedem 0,4 m. O limite das categorias de ondas (*bin*) foi selecionado em 0,10 m. Os únicos dados usados na análise do POT são os picos (máximos valores das alturas de ondas) que ocorrem em cada tempestade, como pode ser observado na Tabela 1.5(G). Nas Tabelas 1.5(H) a 1.5(S) estão apresentados os POT mensais, em que a sazonalidade fica caracterizada nitidamente, com o período de maior agitação estendendo-se de agosto a janeiro.

Nessa tabela, o conjunto de dados representa as alturas de ondas durante as tempestades, arbitrariamente definidas quando a altura de onda exceder os *thresholds*. Entretanto, os valores adotados são por tentativas, procurando-se definir a altura para que os picos das tempestades sejam independentes. Assim, convém testar outros níveis de *threshold*, que nesse caso foram de 0,8 e 1,2.

Tabela 1.5(G)
POT de horas de ocorrência de novembro de 2015 a outubro de 2016 considerando os *thresholds* de alturas de ondas de 0,4 m, 0,8 m e 1,2 m

Limites de categoria de H_{10} (m)		*Thresholds* de altura de onda (m)		
		0,40	0,80	1,20
0,000	0,100	0	0	0
0,101	0,200	0	0	0
0,201	0,300	0	0	0
0,301	0,400	0	0	0
0,401	0,500	257	0	0
0,501	0,600	418	0	0
0,601	0,700	425	0	0
0,701	0,800	325	0	0
0,801	0,900	465	94	0
0,901	1,000	236	74	0
1,001	1,100	216	78	0
1,101	1,200	218	90	0
1,201	1,300	130	59	17
1,301	1,400	210	97	26
1,401	1,500	172	53	19
1,501	1,600	69	38	11
1,601	1,700	0	0	0
1,701	1,800	11	8	4
1,801				
λ		3.152	592	76

Tabela 1.5(H)
POT mensal de novembro de 2015

Limites de categoria (m)		*Thresholds* de altura de onda (m)		
		0,40	0,80	1,20
0,000	0,100			
0,101	0,200			
0,201	0,300			
0,301	0,400			
0,401	0,500	12,3		
0,501	0,600	17,0		
0,601	0,700	24,7		
0,701	0,800	41,0		
0,801	0,900	39,0	7,0	
0,901	1,000	43,2	21,3	
1,001	1,100	21,6	15,0	
1,101	1,200	70,0	24,8	
1,201	1,300	13,7	21,6	6,5
1,301	1,400	68,9	35,0	7,6
1,401	1,500	46,6	16,9	6,7
1,501	1,600	46,0	19,6	5,7
1,601	1,700			
1,701	1,800			
1,801				
		444,0	161,2	26,5

Tabela 1.5(I)
POT mensal de dezembro de 2015

Limites de categoria (m)		*Thresholds* de altura de onda (m)		
		0,40	0,80	1,20
0,000	0,100			
0,101	0,200			
0,201	0,300			

(continua)

(continuação)

Tabela 1.5(I)
POT mensal de dezembro de 2015

Limites de categoria (m)		Thresholds de altura de onda (m)		
		0,40	0,80	1,20
0,301	0,400			
0,401	0,500	26,30		
0,501	0,600	39,60		
0,601	0,700	24,60		
0,701	0,800	7,00		
0,801	0,900	40,70	24,4	
0,901	1,000	17,70	11,3	
1,001	1,100	83,30	28,4	
1,101	1,200	72,30	33,0	
1,201	1,300	63,60	8,7	2,9
1,301	1,400	60,60	20,3	7,5
1,401	1,500	38,30	16,4	4,7
1,501	1,600	23,00	18,3	5,0
1,601	1,700	0,00	0,0	0,0
1,701	1,800	11,30	8,0	3,7
1,801				
		508,3	**168,8**	**23,8**

Tabela 1.5(J)
POT mensal de janeiro de 2016

Limites de categoria (m)		Thresholds de altura de onda (m)		
		0,40	0,80	1,20
0,000	0,100			
0,101	0,200			
0,201	0,300			
0,301	0,400			
0,401	0,500	16,7		
0,501	0,600	21,5		
0,601	0,700	38,7		
0,701	0,800	7,6		
0,801	0,900	58,3	17,1	
0,901	1,000	17,3	6,4	
1,001	1,100	29,0	6,0	
1,101	1,200	18,7	9,7	
1,201	1,300	43,4	24,7	5,9
1,301	1,400	71,4	37,4	8,7
1,401	1,500	66,7	12,0	6,0
1,501	1,600			
1,601	1,700			
1,701	1,800			
1,801				
		389,3	113,3	20,6

Tabela 1.5(K)
POT mensal de fevereiro de 2016

Limites de categoria (m)		Thresholds de altura de onda (m)		
		0,40	0,80	1,20
0,000	0,100			
0,101	0,200			
0,201	0,300			
0,301	0,400			
0,401	0,500	28,1		
0,501	0,600	41,4		
0,601	0,700	30,0		
0,701	0,800	43,0		
0,801	0,900	12,4	2,9	
0,901	1,000			
1,001	1,100			
1,101	1,200			
1,201	1,300			
1,301	1,400			
1,401	1,500			
1,501	1,600			
1,601	1,700			
1,701	1,800			
1,801				
		154,9	2,9	0

Tabela 1.5(L)
POT mensal de março de 2016

Limites de categoria (m)		Thresholds de altura de onda (m)		
		0,40	0,80	1,20
0,000	0,100			
0,101	0,200			
0,201	0,300			
0,301	0,400			
0,401	0,500	30,9		
0,501	0,600	37,7		
0,601	0,700	44,3		
0,701	0,800	20,6		
0,801	0,900	39,7	5,3	
0,901	1,000	19,3	5,7	
1,001	1,100			
1,101	1,200			
1,201	1,300			
1,301	1,400			
1,401	1,500			
1,501	1,600			
1,601	1,700			

(continua)

(continuação)

Tabela 1.5(L)
POT mensal de março de 2016

Limites de categoria (m)		Thresholds de altura de onda (m)		
		0,40	0,80	1,20
1,701	1,800			
1,801				
		192,5	11	0

Tabela 1.5(M)
POT mensal de abril de 2016

Limites de categoria (m)		Thresholds de altura de onda (m)		
		0,40	0,80	1,20
0,000	0,100			
0,101	0,200			
0,201	0,300			
0,301	0,400			
0,401	0,500	24,8		
0,501	0,600	25,7		
0,601	0,700	19,7		
0,701	0,800	33,7		
0,801	0,900	14,3	0,9	
0,901	1,000	4,7	1,3	
1,001	1,100			
1,101	1,200			
1,201	1,300			
1,301	1,400			
1,401	1,500			
1,501	1,600			
1,601	1,700			
1,701	1,800			
1,801				
		72,4	2,2	0

Tabela 1.5(N)
POT mensal de maio de 2016

Limites de categoria (m)		Thresholds de altura de onda (m)		
		0,40	0,80	1,20
0,000	0,100			
0,101	0,200			
0,201	0,300			
0,301	0,400			
0,401	0,500	19,6		
0,501	0,600	41,1		

(continua)

(continuação)

Tabela 1.5(N)
POT mensal de maio de 2016

Limites de categoria (m)		Thresholds de altura de onda (m)		
		0,40	0,80	1,20
0,601	0,700	17,7		
0,701	0,800	32,0		
0,801	0,900	23,7	2,3	
0,901	1,000			
1,001	1,100			
1,101	1,200			
1,201	1,300			
1,301	1,400			
1,401	1,500			
1,501	1,600			
1,601	1,700			
1,701	1,800			
1,801				
		134,1	2,3	0

Tabela 1.5(O)
POT mensal de junho de 2016

Limites de categoria (m)		Thresholds de altura de onda (m)		
		0,40	0,80	1,20
0,000	0,100			
0,101	0,200			
0,201	0,300			
0,301	0,400			
0,401	0,500	19,3		
0,501	0,600	41,7		
0,601	0,700	13,7		
0,701	0,800	18,7		
0,801	0,900		0,3	
0,901	1,000			
1,001	1,100			
1,101	1,200			
1,201	1,300			
1,301	1,400			
1,401	1,500			
1,501	1,600			
1,601	1,700			
1,701	1,800			
1,801				
		93,4	0,3	0

Tabela 1.5(P)
POT mensal de julho de 2016

Limites de categoria (m)		*Thresholds* de altura de onda (m)		
		0,40	0,80	1,20
0,000	0,100			
0,101	0,200			
0,201	0,300			
0,301	0,400			
0,401	0,500	26,2		
0,501	0,600	49,0		
0,601	0,700	47,3		
0,701	0,800	6,4		
0,801	0,900		0,3	
0,901	1,000			
1,001	1,100			
1,101	1,200			
1,201	1,300			
1,301	1,400			
1,401	1,500			
1,501	1,600			
1,601	1,700			
1,701	1,800			
1,801				
		128,9	**0,3**	**0**

Tabela 1.5(R)
POT mensal de setembro de 2016

Limites de categoria (m)		*Thresholds* de altura de onda (m)		
		0,40	0,80	1,20
0,000	0,100			
0,101	0,200			
0,201	0,300			
0,301	0,400			
0,401	0,500	7,4		
0,501	0,600	31,3		
0,601	0,700	55,9		
0,701	0,800	51,1		
0,801	0,900	74,1	12,2	
0,901	1,000	65,3	13,8	
1,001	1,100	35,6	13,9	
1,101	1,200	9,3	4,3	
1,201	1,300	9,7	4,3	0,3
1,301	1,400	0,0		
1,401	1,500			
1,501	1,600			
1,601	1,700			
1,701	1,800			
1,801				
		339,7	**48,5**	**0,3**

Tabela 1.5(Q)
POT mensal de agosto de 2016

Limites de categoria (m)		*Thresholds* de altura de onda (m)		
		0,40	0,80	1,20
0,000	0,100			
0,101	0,200			
0,201	0,300			
0,301	0,400			
0,401	0,500	23,8		
0,501	0,600	36,7		
0,601	0,700	81,5		
0,701	0,800	41,2		
0,801	0,900	72,4	9,4	
0,901	1,000	26,6	4,3	
1,001	1,100	18,0	6,0	
1,101	1,200	7,7	2,3	
1,201	1,300			1,2
1,301	1,400			
1,401	1,500			
1,501	1,600			
1,601	1,700			
1,701	1,800			
1,801				
		307,9	**22**	**1,2**

Tabela 1.5(S)
POT mensal de outubro de 2016

Limites de categoria (m)		*Thresholds* de altura de onda (m)		
		0,40	0,80	1,20
0,000	0,100			
0,101	0,200			
0,201	0,300			
0,301	0,400			
0,401	0,500	21,7		
0,501	0,600	35,4		
0,601	0,700	27,3		
0,701	0,800	22,3		
0,801	0,900	90,0	12,1	
0,901	1,000	41,6	10,0	
1,001	1,100	28,7	8,3	
1,101	1,200	39,6	16,3	
1,201	1,300	0,0	0,0	0,0
1,301	1,400	9,3	4,7	1,7
1,401	1,500	20,3	8,0	2,0
1,501	1,600			
1,601	1,700			
1,701	1,800			
1,801				
		336,2	**59,4**	**3,7**

A probabilidade de que uma altura de onda qualquer seja igual ou menor que determinada altura de onda é denominada Q. Assim, plotando-se Q x H, obtém-se a Função Cumulativa da Distribuição (FCD), enquanto a probabilidade de excedência é denominada P.

Assim, os valores assinalados nas colunas da Tabela 1.5(G) devem ser somados e divididos pelo tempo total, fornecendo os valores de Q na Tabela 1.5(T). Se esses resultados forem plotados num gráfico Q x H, a FCD apresenta-se como uma distribuição de dados de alturas de ondas, mas de difícil extrapolação, pois gera-se uma curva parabólica. Sabe-se que a mais robusta correlação, tanto para interpolação quanto para extrapolação, é a linha reta. Assim, uma FCD deve ser transformada em uma linha reta adaptando-se os valores dos eixos dos gráficos, com o que se obtém a equação de um modelo linear:

$$Y = AX + B$$

em que Y é o eixo da probabilidade transformada em ordenadas, frequentemente denominada variável reduzida, e X é o eixo da altura de onda transformada em abscissas. Os coeficientes A e B são, respectivamente, a inclinação e a intersecção da reta com o eixo das ordenadas, sendo determinados por análise de correlação linear.

Tabela 1.5(T)
Análise dos dados para o *threshold* de 0,4 m

H	N	Q	P	Z	ln H	G	$\alpha=3{,}0$
0,500	257	0,082	0,918	-1,393	0,693	-0,919	0,440
0,600	418	0,214	0,786	-0,793	0,511	-0,432	0,623
0,700	425	0,349	0,651	-0,388	0,357	-0,051	0,755
0,800	325	0,452	0,548	-0,121	0,223	0,231	0,844
0,900	465	0,600	0,400	0,254	0,105	0,670	0,971
1,000	236	0,674	0,326	0,452	0,000	0,931	1,039
1,100	216	0,743	0,257	0,654	-0,095	1,213	1,107
1,200	218	0,812	0,188	0,886	-0,182	1,569	1,186
1,300	130	0,853	0,147	1,051	-0,262	1,841	1,242
1,400	210	0,920	0,080	1,406	-0,336	2,484	1,361
1,500	172	0,975	0,025	1,955	-0,405	3,657	1,542
1,600	69	0,996	0,004	2,658	-0,470	5,629	1,778
1,700	0	0,996	0,004		-0,531	5,629	1,778
1,800	11	1,000	0,000				
T	3.152						

Distribuições estatísticas de ajuste da distribuição das alturas H_{10}

Log-normal

A variável reduzida nesta distribuição é denominada Z, que é plotada em ordenadas em função de ln H em abscissas. O valor de Z corresponde à variável de desvio-padrão:

$$Z = \left(\frac{\ln H - \overline{\ln H}}{s_{\ln H}} \right)$$

Sendo:

$s_{\ln H}$: desvio padrão de lnH

$\overline{\ln H}$: média de lnH

As tabelas de probabilidade normal padrão $Q = \pi(Z)$ são usadas para relacionar Q a Z. Z pode ser obtido a partir de Q. Ao se proceder com esta linearização, resultam:

$$A = \frac{1}{s_{\ln H}} ; B = -\frac{\overline{\ln H}}{s_{\ln H}}$$

A aplicação da distribuição log-normal não forneceu um bom ajuste linear, tendo sido descartada da análise.

Gumbel

Além da distribuição de probabilidade log-normal, é possível usar distribuições desenvolvidas especificamente para análises dos valores extremos. Exemplo disso é a distribuição de Gumbel. Nela, a variável reduzida é chamada de G, que é plotada em função de H, sendo:

$$G = -\ln\left(\ln\frac{1}{Q} \right) ; X = H; A = \frac{1}{\beta} ; B = -\frac{\gamma}{\beta}$$

A aplicação da distribuição de Gumbel fornece para o ajuste linear o resultado apresentado na Figura 1.10(S), para o *threshold* 0,4 m, na Figura 1.10(T) para o *threshold* 0,8 m e na Figura 1.10(U) para o *threshold* de 1,2 m.

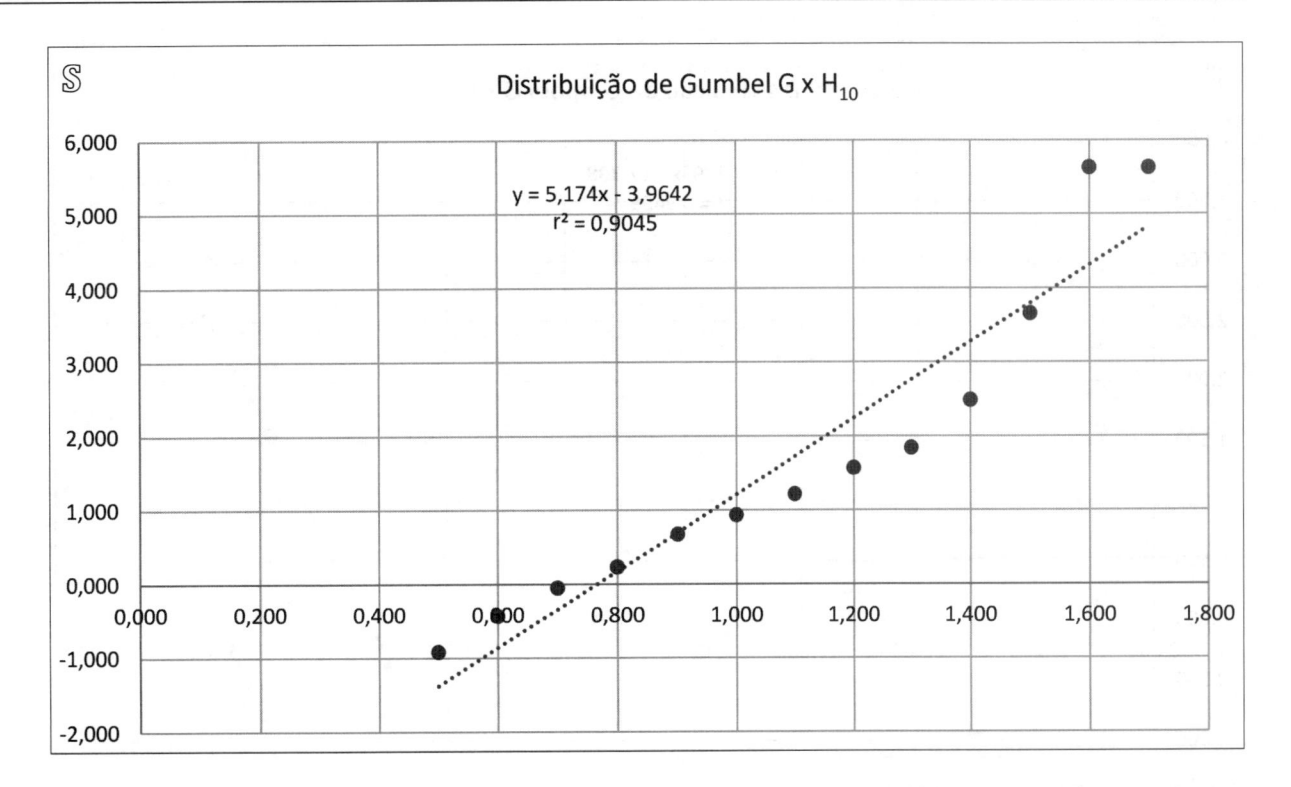

β	0,193	TR = 50 anos	3,07
γ	0,765	TR = 100 anos	3,21

Figura 1.10
(S) Distribuição de Gumbel para o *threshold* de 0,4 m.

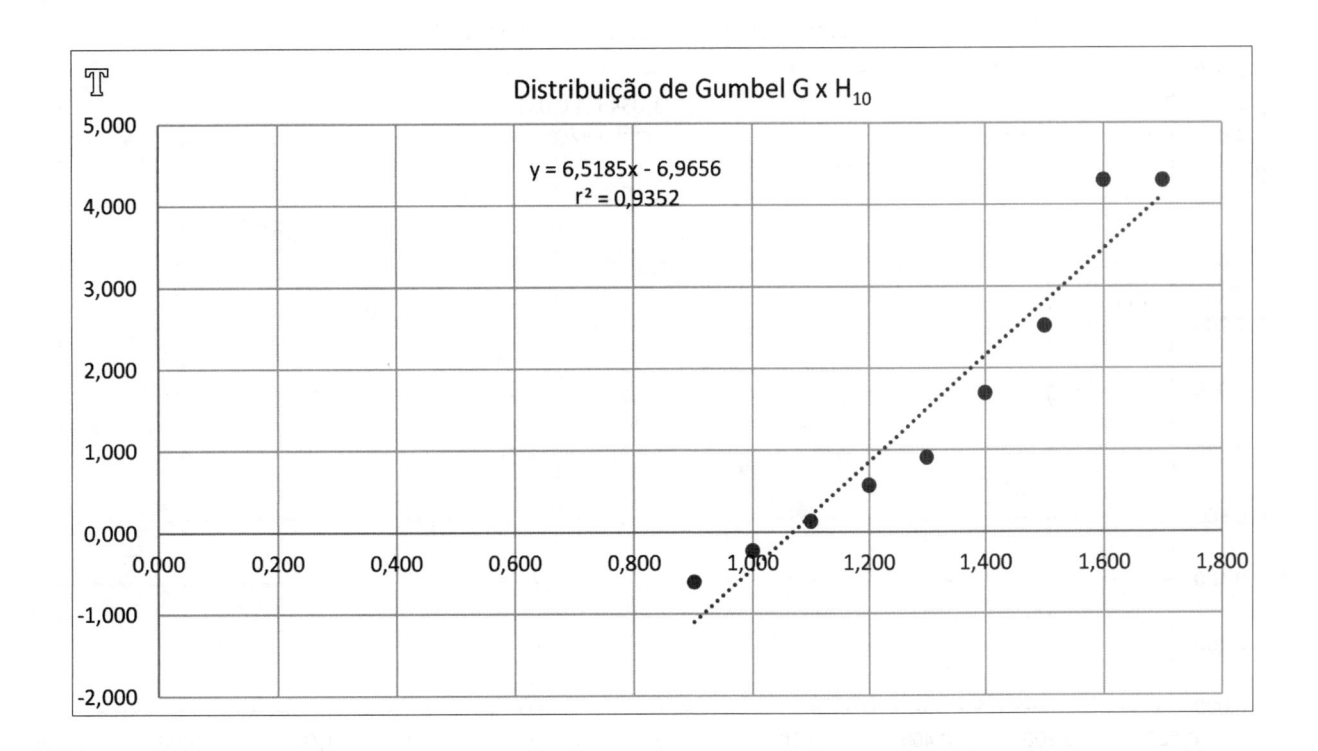

β	0,153	TR = 50 anos	2,65
γ	1,069	TR = 100 anos	2,75

Figura 1.10
(T) Distribuição de Gumbel para o *threshold* de 0,8 m.

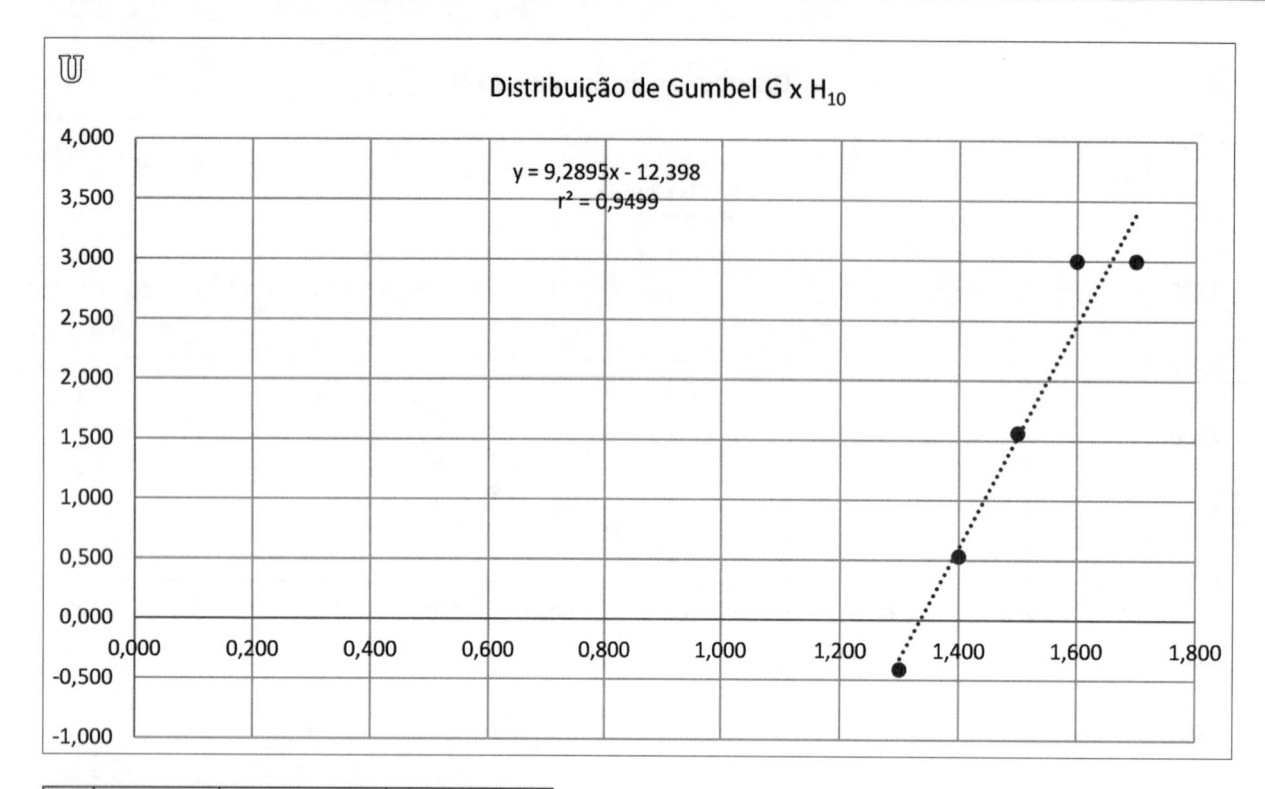

β	0,108	TR = 50 anos	2,22
γ	1,335	TR = 100 anos	2,30

Figura 1.10
(U) Distribuição de Gumbel para o *threshold* de 1,2 m.

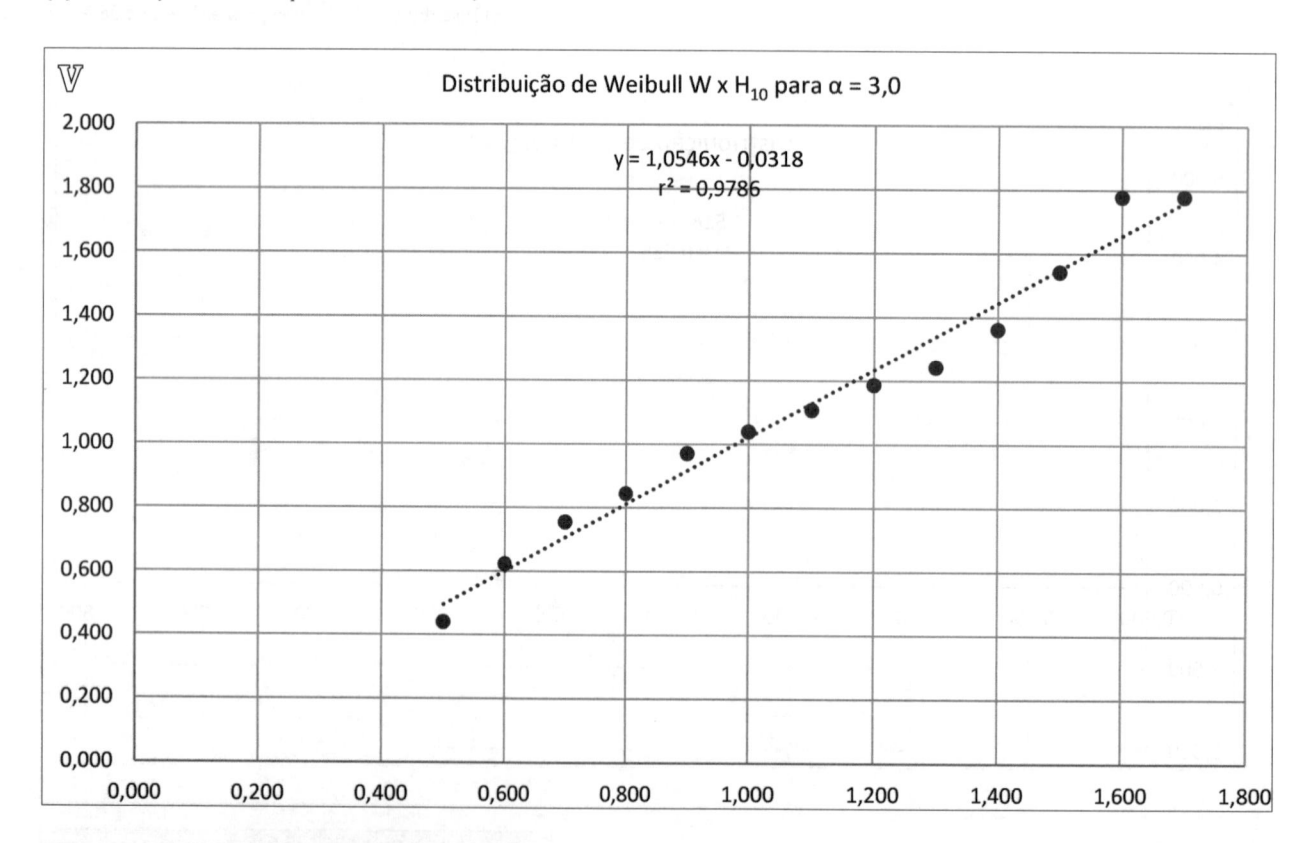

β	0,948	TR = 50 anos	2,20
γ	0,030	TR = 100 anos	2,24

Figura 1.10
(V) Distribuição de Weibull para o *threshold* de 0,4 m e α = 3,0.

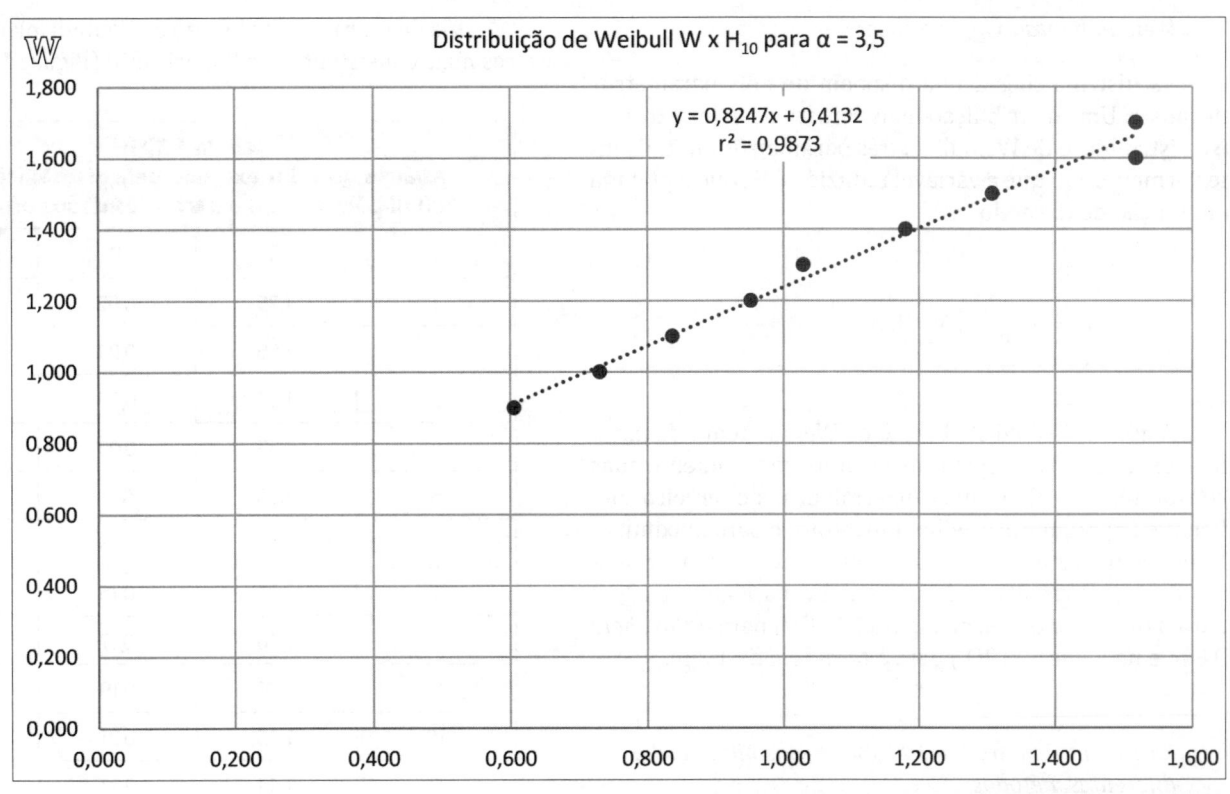

β	1,213	TR = 50 anos	1,86
γ	-0,501	TR = 100 anos	1,90

Figura 1.10
(W) Distribuição de Weibull para o *threshold* de 0,8 m e α = 3,5.

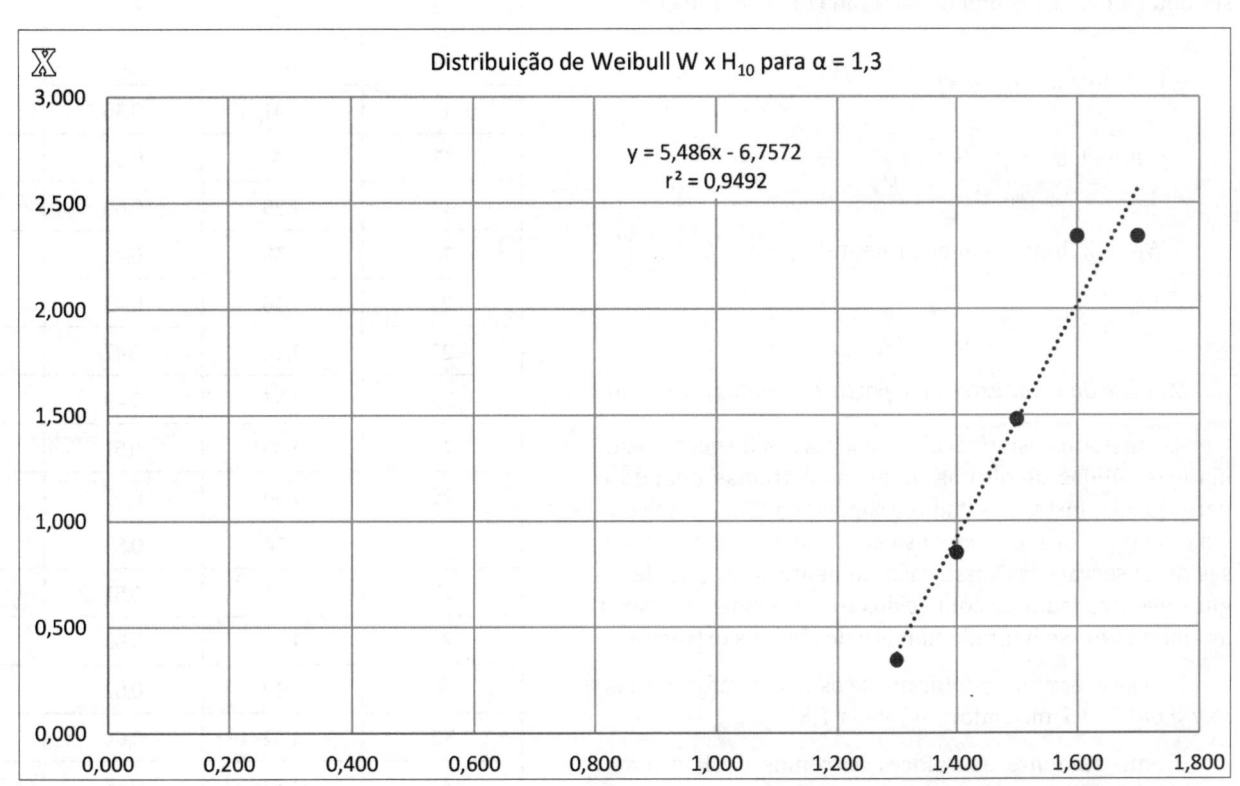

β	0,182	TR = 50 anos	2,16
γ	1,232	TR = 100 anos	2,21

Figura 1.10
(X) Distribuição de Weibull para o *threshold* de 1,2 m e α = 1,3.

Weibull limitada inferiormente

As distribuições acima dispõem de dois parâmetros de ajuste. Uma distribuição mais versátil de valor extremo é a distribuição de Weibull de três parâmetros limitada inferiormente, em que a variável reduzida é W, que é plotada em função de H, sendo:

$$W = \left(\ln \frac{1}{P} \right)^{\frac{1}{\alpha}} ; \; X = H; \; A = \frac{1}{\beta} ; \; B = -\frac{\gamma}{\beta}$$

A aplicação da distribuição de Weibull tem três parâmetros (α, β e γ) e a regressão linear fornece somente duas constantes (A e B). Assim, a determinação do terceiro coeficiente (α) requer procedimento iterativo para maximizar o coeficiente estatístico de determinação r^2, o mais próximo de 1,0. O resultado é apresentado na Figura 1.10(V) para o *threshold* 0,4 m, na Figura 1.10(W) para o *threshold* 0,8 m e na Figura 1.10(X) para o *threshold* de 1,2 m.

Extrapolação para R = 100 anos e sensibilidade dos diferentes métodos

As análises de longo termo de altura de onda organizam os dados e permitem interpolar, ou extrapolar com algum nível de confiabilidade, as probabilidades de excedência. Assim, a altura de onda H para um período de retorno R pode ser determinada, resultando para cada distribuição em:

- Log-normal: $H_R = e^{\left\{ \overline{lnH} + s_{lnH} Z \right\}}$

- Gumbel: $H_R = \gamma - \beta ln \left(ln \frac{1}{Q} \right)$

- Weibull limitada inferiormente: $H_R = \gamma + \beta \left(ln \frac{1}{P} \right)^{\frac{1}{\alpha}}$

Análise do valor extremo a partir dos dados ordenados

Os métodos estatísticos apresentados fornecem estimativas sólidas de alturas de ondas extremas quando o período de registro dos dados é superior a TR/4, o que não é o caso em tela, para o qual somente se dispõe de 12 meses de observações. Nesse caso, somente se dispõe de alguns eventos maiores conhecidos e é necessário embasar as análises nesse limitado número de eventos extremos.

No caso em tela, adotaram-se os dados referentes ao *threshold* de 1,2 m, conforme Tabela 1.5(U).

Como somente os valores extremos de H e o seu *ranking* são conhecidos, estabelece-se uma probabilidade de excedência do tipo:

$$P = \frac{i}{N+1}$$

Via de regra, a distribuição de Weibull fornece os valores mais consistentes na linearização (Figura 1.10(Y)).

Tabela 1.5(U) Análise do valor extremo pela distribuição de Weibull para $\alpha = 1,4$ a partir dos dados ordenados			
i	H	P	W $\alpha = 1,4$
1	1,75	0,02	2,618
2	1,56	0,04	2,272
3	1,56	0,06	2,060
4	1,53	0,09	1,904
5	1,53	0,11	1,779
6	1,51	0,13	1,674
7	1,51	0,15	1,584
8	1,46	0,17	1,504
9	1,45	0,19	1,432
10	1,45	0,21	1,366
11	1,44	0,23	1,305
12	1,44	0,26	1,249
13	1,44	0,28	1,196
14	1,44	0,30	1,147
15	1,43	0,32	1,100
16	1,42	0,34	1,055
17	1,41	0,36	1,012
18	1,41	0,38	0,971
19	1,39	0,40	0,932
20	1,38	0,43	0,894
21	1,36	0,45	0,857
22	1,36	0,47	0,821
23	1,35	0,49	0,787
24	1,35	0,51	0,753
25	1,34	0,53	0,720
26	1,34	0,55	0,688
27	1,33	0,57	0,656
28	1,33	0,60	0,625
29	1,32	0,62	0,595
30	1,32	0,64	0,565
31	1,32	0,66	0,535
32	1,31	0,68	0,505
33	1,31	0,70	0,476

(continua)

(continuação)

Tabela 1.5(U) Análise do valor extremo pela distribuição de Weibull para $\alpha = 1,4$ a partir dos dados ordenados			
i	H	P	$W\alpha = 1,4$
34	1,31	0,72	0,447
35	1,31	0,74	0,418
36	1,31	0,77	0,389
37	1,30	0,79	0,360
38	1,28	0,81	0,331
39	1,27	0,83	0,302
40	1,27	0,85	0,272
41	1,26	0,87	0,241
42	1,25	0,89	0,210
43	1,25	0,91	0,178
44	1,24	0,94	0,144
45	1,24	0,96	0,107
46	1,22	0,98	0,064
47	1,21	1,00	0,000

Discussão quanto ao valor extremo a adotar

Dentre as três distribuições avaliadas, a de Weibull acaba sendo a mais indicada, o que é usual em estatística das ondas extremas, tendo em vista a possibilidade da otimização do coeficiente estatístico de determinação r^2, o mais próximo de 1,0, sendo, portanto, a que mais provavelmente produz um bom ajuste a uma linha reta.

Como a extrapolação para maiores alturas de ondas e períodos de retorno mais longos é uma etapa básica e parte fundamental de qualquer projeto de obra sujeita a ondas, é fortemente recomendado usar todos os dados disponíveis nas muitas formas possíveis para avaliar a sensibilidade dos resultados para as diferentes distribuições e obter maior confiabilidade nos resultados finais.

A utilização do método simplificado Sverdrup, Munk e Bretschneider (SMB) de previsão de alturas significativas e períodos de pico, que leva em consideração os efeitos do vento local sobre uma superfície líquida (Tabela 1.5(V)), fundamenta-se a partir de velocidade do vento, pista de sopro efetiva (*fetch*) e duração do vento (adotada em 2 h), considerando ondas em águas profundas (pois são vagas). Por essas estimativas, considerando o vento máximo e o extremo da faixa de variação, $H_S = 2,6$ m. Considerando a distribuição de Rayleigh corrigida para águas rasas, $H_{10} = 1,3\ H_S$, resultando onda extrema H_{10} de 3,4 m e $T_p = 6,1$ s.

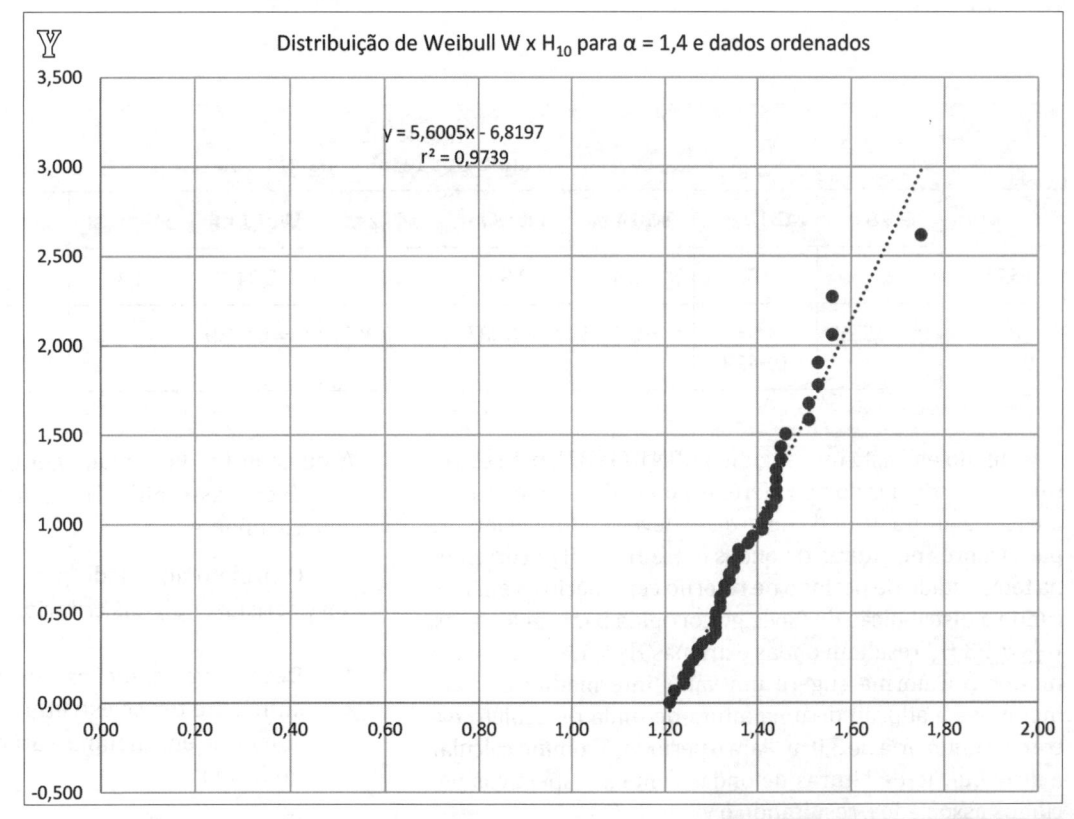

$\beta =$	0,179
$\gamma =$	1,22
TR = 50 anos	1,989
TR = 100 anos	2,042

Figura 1.10
(Y) Distribuição de Weibull para o *threshold* de 1,2 m e $\alpha = 1,4$.

Tabela 1.5(V)
Estimativa de altura significativa e período de pico a partir da ação do vento

Velocidade do vento (m/s)	Altura significativa da onda (m)		Período de pico do espectro (s)	
	Fetch efetivo	Variação	*Fetch* efetivo	Variação
6	0,5	0,4 – 0,6	2,8	2,4 – 3,0
8	0,7	0,6 – 0,9	3,3	2,5 – 3,7
14	1,4	1 – 1,8	4,5	3,8 – 5,1
20	2,1	1,5 – 2,6	5,6	4,5 – 6,1

Por outro lado, dados de ventos de localidade a cerca de 50 km, uma vez que são escassos e incompletos os dados locais, fornecem velocidades máximas de:

Para o período de retorno de 10 anos: 86 km/h
Para o período de retorno de 100 anos: 110 km/h

Nessas condições, as ondas extremas atingiriam as seguintes características significativas:

Período de retorno de 10 anos:

- T_p = 5,4 s

- H_s = 2,0 m

Período de retorno de 100 anos:

- T_p = 5,4 s

- H_s = 2,3 m

Considerando a distribuição de Rayleigh, essas estimativas conduziriam a uma H_{10} centenária de 3,0 m. Assim, pode-se apresentar a Tabela 1.5(W), resumo de resultados obtidos:

Tabela 1.5(W)
Resumo dos resultados obtidos

Gt0,4 m	Gt0,8 m	Gt1,2 m	Wt0,4 m	Wt0,8 m	Wt1,2 m	Wo1,2 m	SMBlocal	SMBpr	Média	s
3,21	2,75	2,30	2,24	1,90	2,21	2,04	3,4	3,0	**2,56**	**±0,54**
r^2 = 0,9045	r^2 = 0,9352	r^2 = 0,9499	r^2 = 0,9786	r^2 = 0,9873	r^2 = 0,9492	r^2 = 0,9739				

Tendo em vista que, segundo ABNT (1987), para estruturas semirrígidas do tipo píeres estaqueados, como no caso em tela, a altura da onda de projeto deve ser dimensionada para valores de alturas de ondas entre H_{10} e H_1 ocorrentes na tempestade de período de retorno centenário e considerando a distribuição de Rayleigh corrigida para águas rasas, H_{10} = 1,3 H_s, resultam ondas extremas H_1 = 1,3 e H_{10} = 3,3 m. Como a norma sugere um valor intermediário, recomenda-se a adoção de uma altura de onda de projeto extrema centenária de 3,0 m. Para o período, é comum calcular a distribuição de alturas de ondas com os respectivos períodos associados, resultando o valor de 7 s.

1.5.3.8 O PROJETO OTIMIZADO

Critérios de projeto

Ficou claro pelo que se viu que algum risco no projeto de obras de Engenharia Portuária e Costeira deve ser aceito.

A questão fundamental, agora, é: "qual o risco mais responsável a assumir?". Neste item, discute-se o problema genericamente.

O projeto adequado para a técnica de projeto ótimo deve satisfazer alguns critérios:

1. Deve haver soluções alternativas para o projeto. É suficiente ter-se estruturas semelhantes que variem somente em alguma característica, como tamanho ou forma.

2. Deve ser possível quantificar economicamente o custo de construção de cada alternativa de projeto.

3. Deve ser possível determinar a probabilidade de dano ou colapso de cada alternativa.

4. A perda econômica resultante do dano ou colapso da construção deve ser determinável.

Já vimos que o item 3 pode ser avaliado para certos tipos de situações. A decisão mais difícil envolve a avaliação do item 4. As consequências técnicas do colapso são razoavelmente fáceis de avaliar; as sociais, ecológicas ou estéticas são usualmente muito mais difíceis de serem expressas em termos econômicos.

Procedimento para a otimização

O procedimento de otimização pode ser o seguinte:

a. Escolhe-se um projeto dentre as alternativas disponíveis no item 1.

b. Para este projeto, o capital total de investimento envolvido na construção é determinado.

c. Por meio da multiplicação das probabilidades de dano ou colapso achadas no item 3, pelas consequências econômicas de tal dano, pode-se obter o valor capitalizado do dano total a ser esperado durante a vida útil do projeto.

d. Repetem-se os três passos acima para cada uma das alternativas de projeto disponíveis.

Uma vez realizados esses passos, escolhe-se o projeto que tiver a menor soma total (soma da construção mais o dano capitalizado). Esta é a solução ótima, de mínimo custo.

Hipóteses implícitas

Deve ser considerado que danos envolvem custos tanto diretos como indiretos. Não somente a estrutura deve ser reparada ou recolocada; há usualmente outras perdas devidas à interrupção de produção ou à perda de vidas humanas.

É também possível que, quando somente um montante limitado de capital encontra-se disponível para a construção (CAPEX), escolha-se uma solução que custe menos para ser implantada, mas que tenha um custo de dano capitalizado maior (OPEX).

Outra condição de contorno a considerar em problemas de otimização é a existência de regulamentações existentes nos Códigos de Obras.

1.6 EFEITOS DE ÁGUAS INTERMEDIÁRIAS E RASAS

1.6.1 Empolamento e refração

1.6.1.1 CONSIDERAÇÕES GERAIS

O empolamento e a refração são deformações sofridas pela onda que resultam da redução da profundidade e da batimetria que ela encontra ao propagar-se rumo à costa em lâminas d'água $h < L/2$, dizendo-se que as ondas "sentem" o fundo.

São as deformações que alteram os parâmetros de ondas em trechos de costa abertos, desabrigados e sem obstáculos à incidência das ondas.

1.6.1.2 EMPOLAMENTO

O empolamento consiste na alteração da altura da onda que decorre somente da redução da profundidade, pouco antes da arrebentação a onda atinge sua altura máxima.

A Tabela 1.6 ilustra a variação do comprimento e da celeridade de uma onda de período $T = 7$ s para algumas profundidades segundo o cálculo da teoria linear de ondas. Pode-se notar que entre profundidades grandes há uma variação desprezível desses parâmetros e que essa variação torna-se grande quando se atingem profundidades pequenas.

Tabela 1.6 Variação do comprimento e celeridade de uma onda com período de 7 segundos			
h (m)	L (m)	c (m/s)	h/L
100	76,50	10,93	1,31
50	76,46	10,92	0,65
38,11	76,22	10,89	0,50
20	71,98	10,28	0,28
10	59,82	8,54	0,17
5	45,65	6,52	0,11

Observa-se na Figura 1.11 uma curva característica do empolamento sem refração de uma onda, nesse caso para uma onda de período $T = 7$ s e altura unitária em água profunda.

A partir da profundidade de 50 m, a altura da onda decresce e atinge um mínimo de 0,92 m, pois a perda de energia por atrito com o fundo supera o efeito de concentração da energia pelo menor volume de água, e a partir deste ponto volta a aumentar continuamente, porque ocorre o efeito contrário ao anteriormente citado. A profundidade de transição entre a teoria linear e a teoria solitária foi calculada em 1,86 m. A partir dessa profundidade, o empolamento passa a ser calculado pela última teoria até a arrebentação, que acontece com $H_b = 1,29$ m e $h_b = 1,66$ m. Esse tipo de propagação sem o efeito da refração pode ocorrer quando a onda apresenta rumo coincidente com a ortogonal das isóbatas, e estas são paralelas entre si.

Considerando a situação em que as ondas aproximam-se de águas intermediárias e rasas com suas frentes formando ângulo com as isóbatas, as frentes tendem a se encurvar e reduzir esse ângulo. Tal fenômeno resulta de que a celeridade reduz-se com a redução da profundidade. Em águas profundas, não se produz refração, já que a celeridade independe da profundidade.

Figura 1.11
Elevação do perfil longitudinal do
empolamento de uma onda com período
$T = 7$ s e $H_0 = 1$ m rumando para a costa.

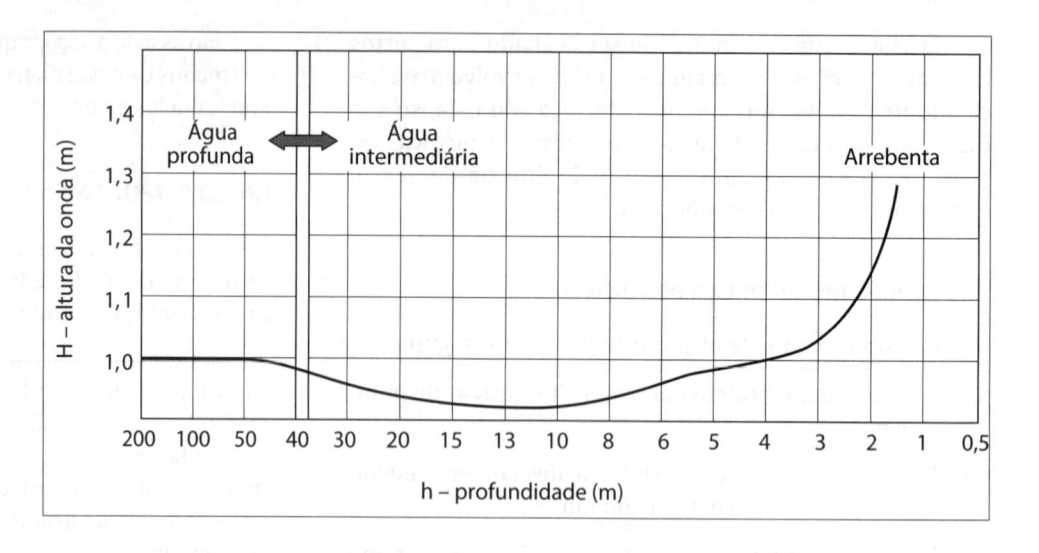

Figura 1.12
Vista planimétrica ilustrando a
correlação entre ângulo (α) de
aproximação da onda, profundidade
(h) e comprimento da frente de onda
(b). As ortogonais (linhas tracejadas)
são normais às frentes de onda e são as
trajetórias seguidas pelos pontos nas
frentes de onda.
h1 > h2 > h3 > h4 > h5 e a2 > a3 > a4 > a5

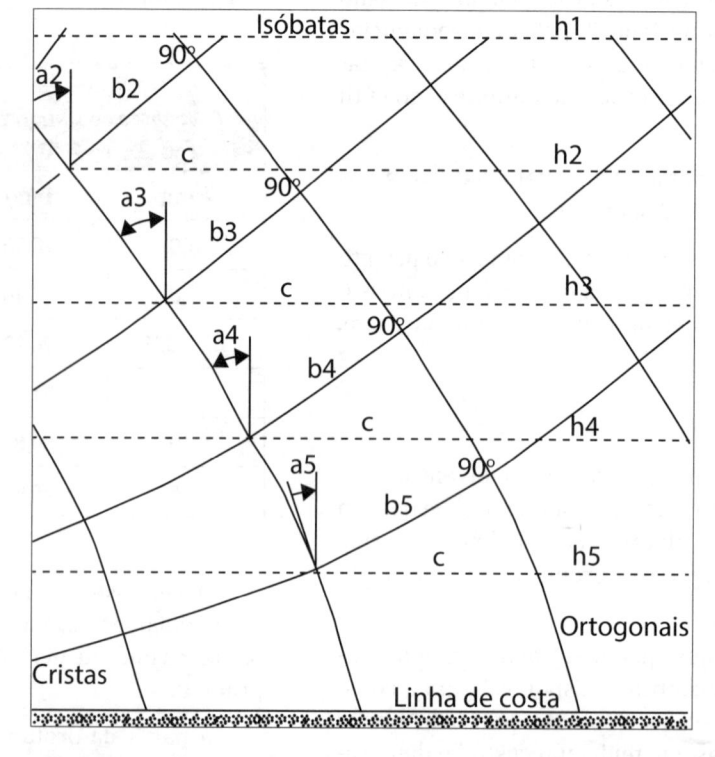

1.6.1.3 REFRAÇÃO E EMPOLAMENTO CONJUNTOS

As ondas refratam-se analogamente ao fenômeno da refração de outros tipos de ondas, por exemplo, das ondas sonoras e luminosas. Ao passar de um meio para outro com índice de refração diferente, ocorre uma variação na velocidade do som ou da luz, o que causa uma mudança angular em seu rumo de propagação.

No caso de a onda hidráulica encontrar uma variação da profundidade que não é ortogonal ao seu sentido de propagação, a mesma frente de onda encontra profundidades diferentes, e haverá para a mesma frente celeridades diferentes. A diferença de profundidade faz com que parte da frente de onda em água mais profunda tenha uma celeridade maior do que a parte em água mais rasa, causando a tendência de a frente atingir a praia paralelamente às curvas batimétricas (ver Figura 1.12). A esse efeito de curvatura chamamos refração.

Assim, a onda refrata quando sua frente encontra isóbatas oblíquas à sua frente de propagação, ou, genericamente, quando em uma mesma frente de onda encontram-se profundidades diferentes.

A mudança de rumo pode ser assinalada pela curvatura das ortogonais, que são linhas imaginárias perpendiculares às cristas da onda e que se estendem no rumo em que a onda avança.

Além da mudança do rumo de propagação, a refração também causa alterações na altura da onda e, nesse caso, na mesma frente de onda, encontram-se alturas diferentes. Essa mudança de altura independe do fenômeno do empolamento e é causada pelo efeito de concentração ou desconcentração de energia que pode decorrer da refração.

Pode-se assumir que a energia entre duas ortogonais permanece constante e que o rumo em que a onda propaga-se é perpendicular às cristas das ondas. Assim, quando a onda refrata, a distância entre suas ortogonais varia, entretanto, a energia entre elas permanece a mesma. Isto é, assume-se no estudo da refração que não ocorre transferência lateral de energia.

Observa-se na Figura 1.13, pelas ortogonais, a refração sofrida pela onda ao longo de um trecho de linha de costa irregular. A distância entre as ortogonais torna-se grande na região da enseada, configurando uma região de desconcentração de energia e, consequentemente, de ondas de alturas inferiores.

Observando-se o pontal nota-se o inverso, ou seja, uma região de forte concentração de energia e alturas de onda maiores. Como consequência, é bem conhecido que, em uma linha de costa como esta, predominam areias nas enseadas e pontais rochosos, bem como a concentração de energia nos cabeços e cotovelos de quebra-mares e molhes.

Assim, a refração tem uma grande importância na distribuição da energia ao longo da costa.

A refração das ondas de oscilação em muito se assemelha ao fenômeno que ocorre na Óptica Geométrica, em que a Lei de Snell-Descartes descreve o comportamento de raios luminosos propagando-se de um meio para outro com diferentes velocidades de propagação. Nas ondas de oscilação, há uma mudança gradual na celeridade em vez de uma abrupta como na Óptica, o que leva às frentes encurvadas, conforme mostrado na Figura 1.13.

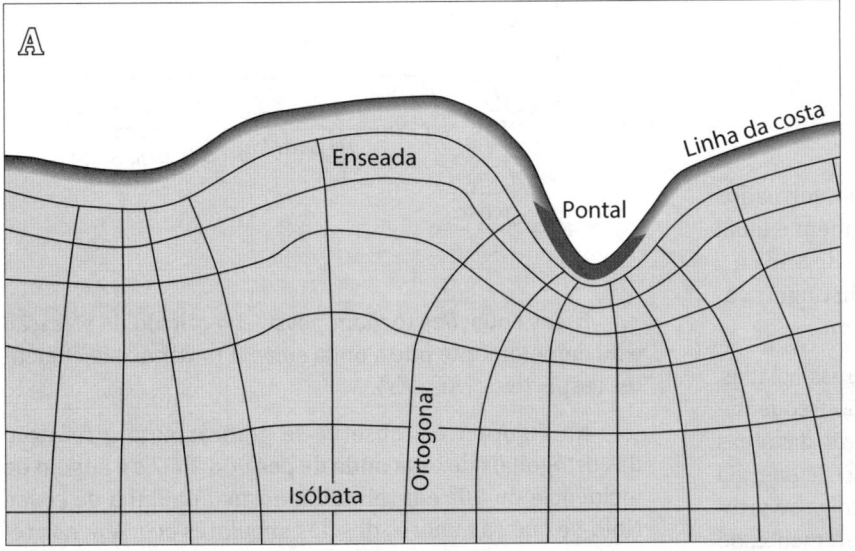

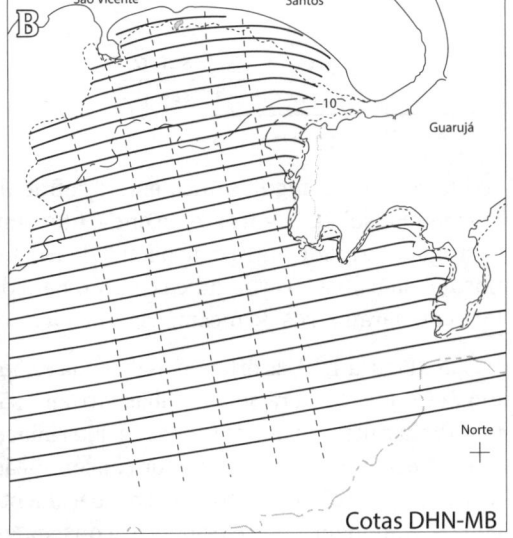

Figura 1.13
(A) Planimetria de refração ao longo da linha de costa.
(B) Planimetria de refração de onda com rumo sul em água profunda e período de 11 s na Baía de Santos.
(C) Concentração de energia em Pontal na Costa dos Lençóis Maranhenses (MA).

Figura 1.14
Lei de Snell-Descartes aplicada, em
planta, à frente de onda em refração.

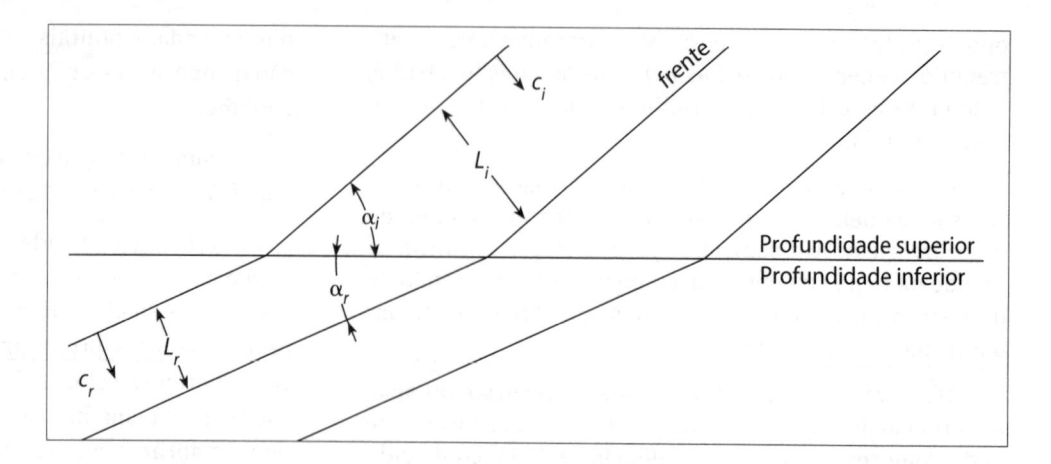

Existem diversas técnicas gráficas e numéricas para a análise da refração, mas, fundamentalmente, todos os métodos são baseados na Lei de Snell-Descartes (ver Figura 1.14):

$$\frac{c_i}{c_r} = \frac{\text{sen } \alpha_i}{\text{sen } \alpha_r}$$

sendo α_i e α_r os ângulos, incidente e refratado, formados entre uma isóbata e a frente de onda, que também é igual ao ângulo formado entre a ortogonal da frente de onda e a normal da isóbata. O subíndice é usado para distinguir valores de parâmetros de mesmo significado.

Na Figura 1.13, as ortogonais da onda estão assinaladas, uma vez que, embora sejam linhas virtuais, são frequentemente mais úteis do que as frentes na determinação das áreas que apresentam maior ou menor concentração de energia das ondas, ou seja, menor ou maior espaçamento entre ortogonais. A mudança da celeridade e, consequentemente, do rumo das ondas (pela Lei de Snell-Descartes) produz a variação da altura da onda. De fato, o efeito da refração na altura da onda é calculado assumindo que a potência transmitida entre duas ortogonais adjacentes permanece constante:

$$P_1 b_1 = P_2 b_2$$

sendo b a distância entre ortogonais. Escolhendo um dos pontos de referência em águas profundas, temos:

$$\frac{H}{H_o} = K_s K_r$$

$$K_s = \frac{H}{H'_o} = \sqrt{\frac{c_o}{c} \frac{1}{2n}} = \sqrt{\frac{1}{\sqrt{(\tanh kh)\left(1 + \dfrac{2kh}{\text{senh } 2kh}\right)}}}$$

$$K_r = \sqrt{\frac{\cos\alpha_o}{\cos\alpha}}$$

Essas equações tornam possível o cálculo da refração e do empolamento que a onda sofre, a partir dos coeficientes respectivos (Kr e Ks).

Na Figura 1.15, observa-se graficamente a refração das ortogonais de uma onda de período $T = 7$ s e ângulo de incidência de 40° em relação à normal da linha de costa. Nota-se que os maiores desvios angulares ocorrem nas regiões de menores profundidades e que, em um caso como esse de isóbatas e linha de costa paralelas, não há diferenças de concentração de energia ao longo da linha de costa.

A Tabela 1.7 apresenta o exemplo de cálculo referente à Figura 1.16 para uma onda de período de 7 s e altura em água profunda de 2 m.

h (m)	L (m)	c/c₀	Ks	α (°)	n	Kr	H/H₀	H (m)	H'(m)[1]	b/b₀
100	76,53	1,0000	1,0000	60,0	0,5000	1,0000	1,0000	2,00	2,00	1,00
15	67,63	0,8839	0,9172	49,9	0,6724	0,8815	0,8085	1,62	1,83	1,29
10	59,74	0,7824	0,9166	42,7	0,7606	0,8245	0,7558	1,51	1,83	1,47
5	45,70	0,5966	0,9808	31,1	0,8713	0,7642	0,7495	1,50	1,96	1,71
3	37,98	0,4968	1,0040	25,5	1	0,7442	0,7472	1,49	2,01	1,81
2[2]	31,01	0,4053	1,1110	20,5	1	0,7307	0,8118	1,62	2,22	1,87

Tabela 1.7
Cálculos referentes à refração da onda apresentada na Figura 1.16

[1] Altura da onda somente considerando o empolamento $T = 7$ s.
[2] Arrebentação.

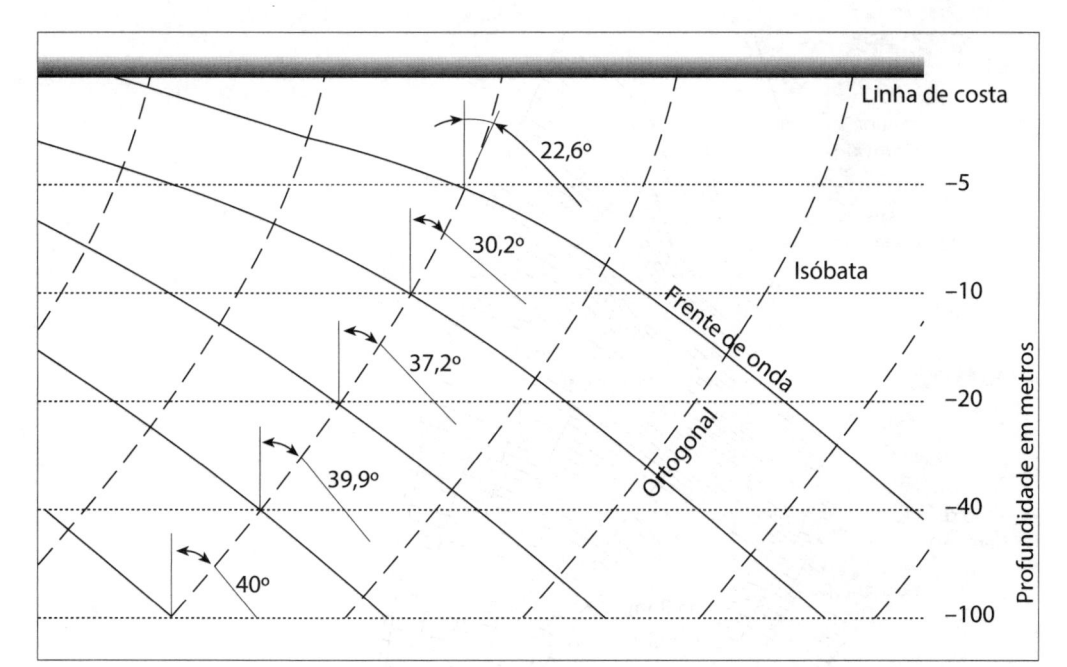

Figura 1.15
Planimetria de exemplo numérico de refração de onda.

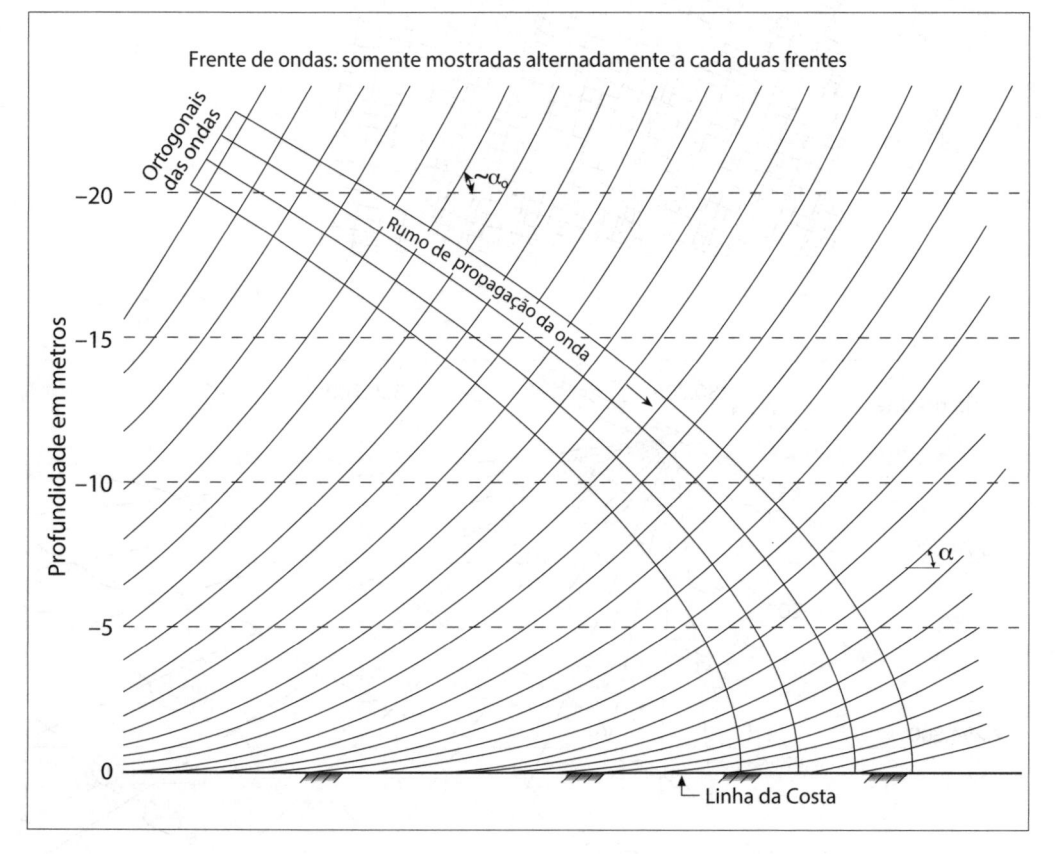

Figura 1.16
Planimetria do padrão de refração de onda com período de 7 s.

O procedimento simplificado descrito é válido quando for possível assumir contornos isobáticos sensivelmente paralelos. De fato, quando esta hipótese for razoavelmente realística, os ângulos refratados numa isóbata são iguais aos incidentes na isóbata sucessiva, pois são ângulos alternos internos, e assim sucessivamente. Desse modo, pode-se tomar quaisquer duas isóbatas e aplicar a Lei de Snell-Descartes sem ser necessário aplicá-la trecho a trecho na propagação, como se exemplificará a seguir. Nas Figuras 1.17 a 1.21, estão apresentados exemplos de cálculos numéricos de propagação de onda na costa do Estado de São Paulo, em que as isóbatas não são necessariamente paralelas entre si.

Figura 1.17
Planimetria de cristas e ortogonais obtidas pelo programa IERAD na Barra de Cananeia (SP) (São Paulo, Estado/DAEE/SPH/CTH). T_z = 9 s e rumo SE.

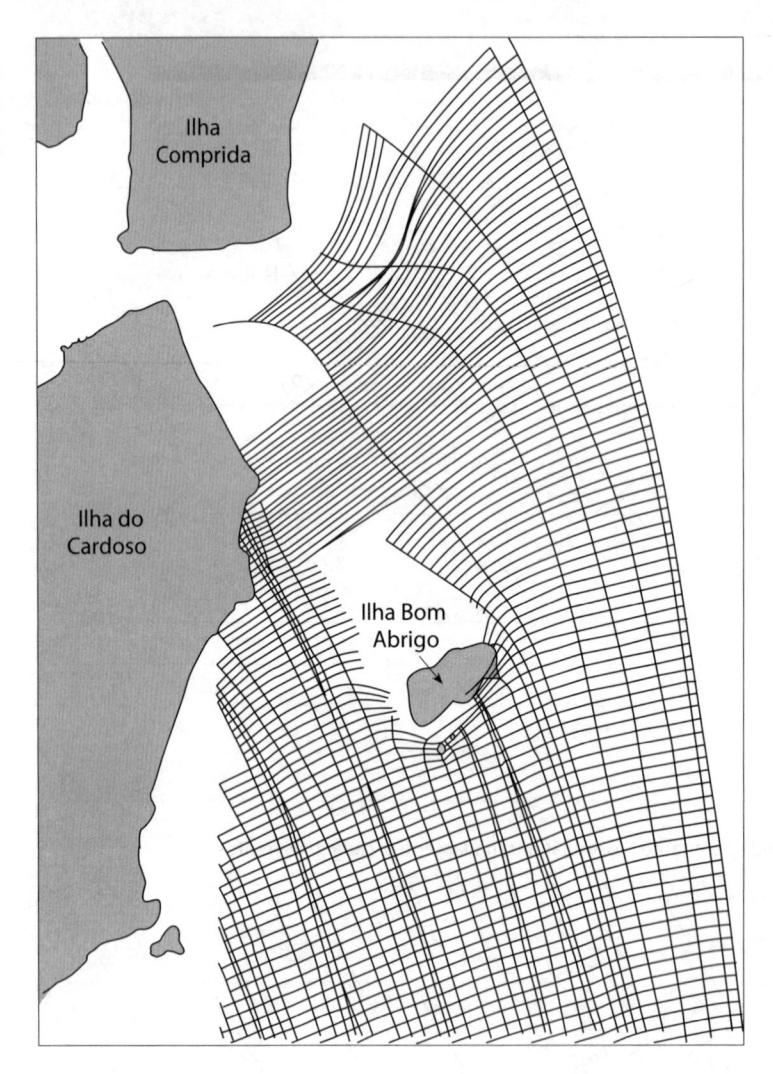

Figura 1.18
Planimetria da irradiação, também denominado leque de Dorrestein ou retrorefração, de ortogonais de onda de período 7 s, a partir de boia posicionada na Praia do Una (Nuclebrás/CDTN, 1982 a 1985) em Iguape (SP) (ARAÚJO, 2000).

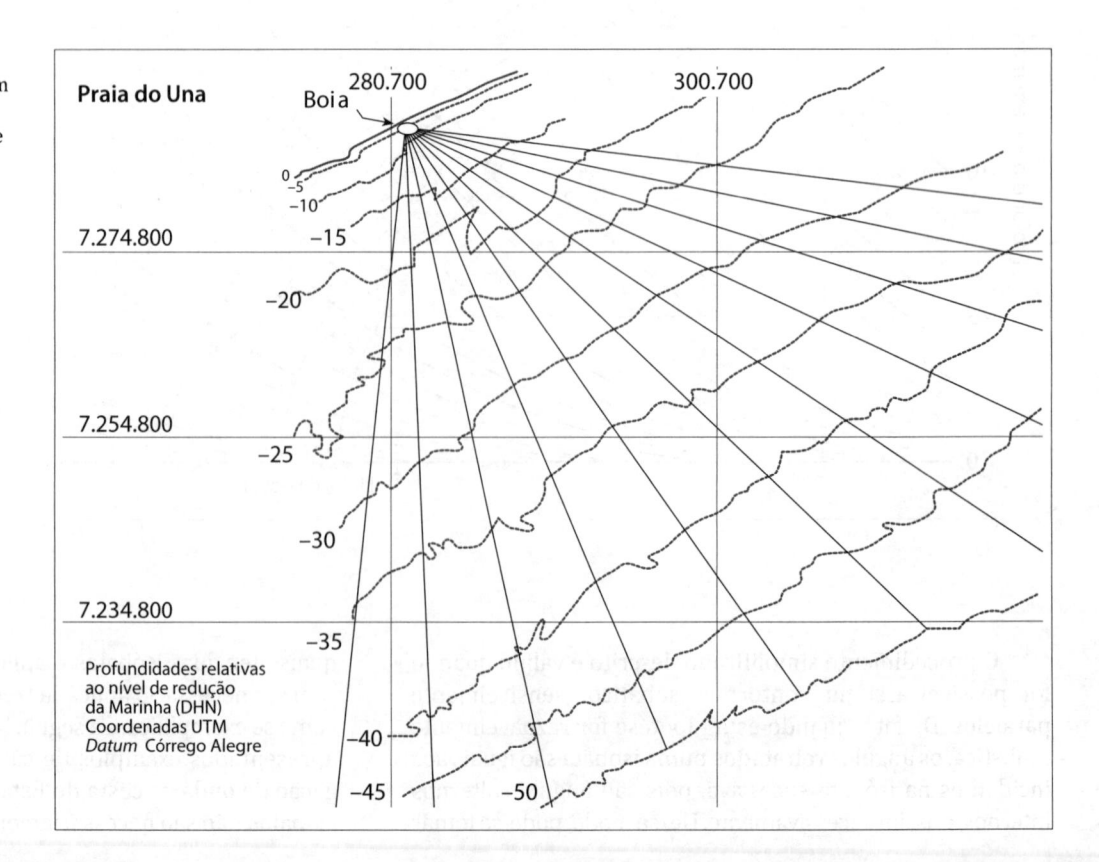

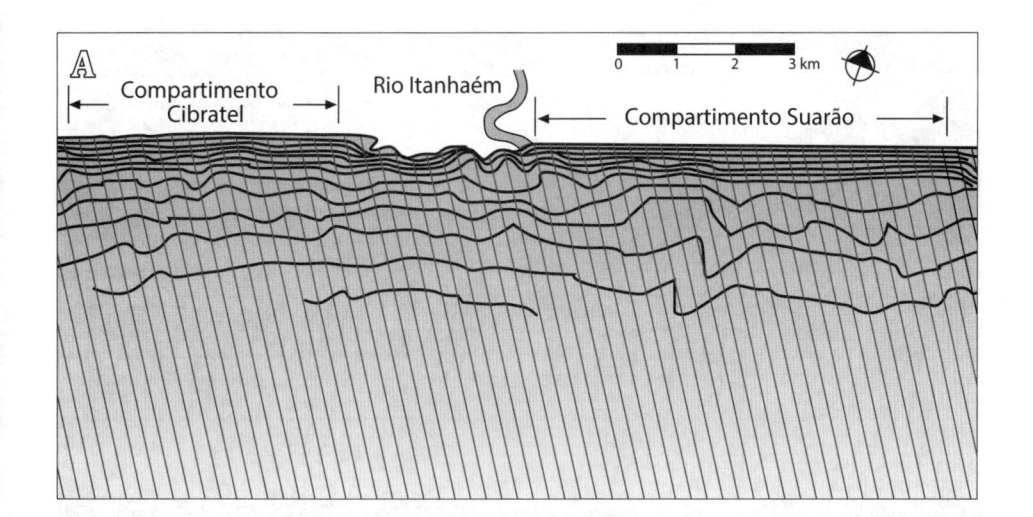

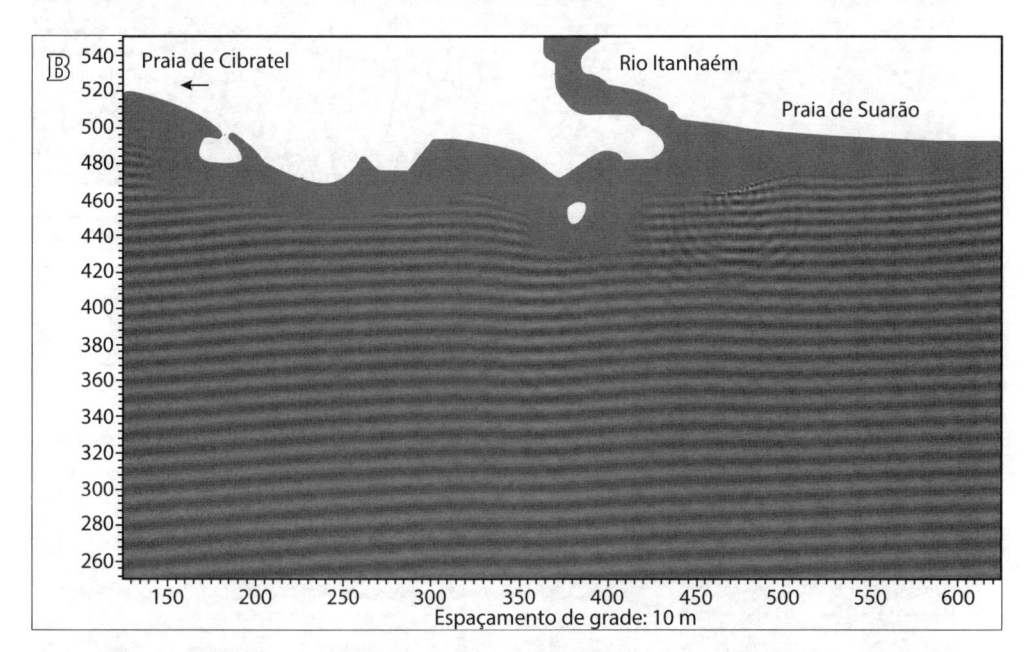

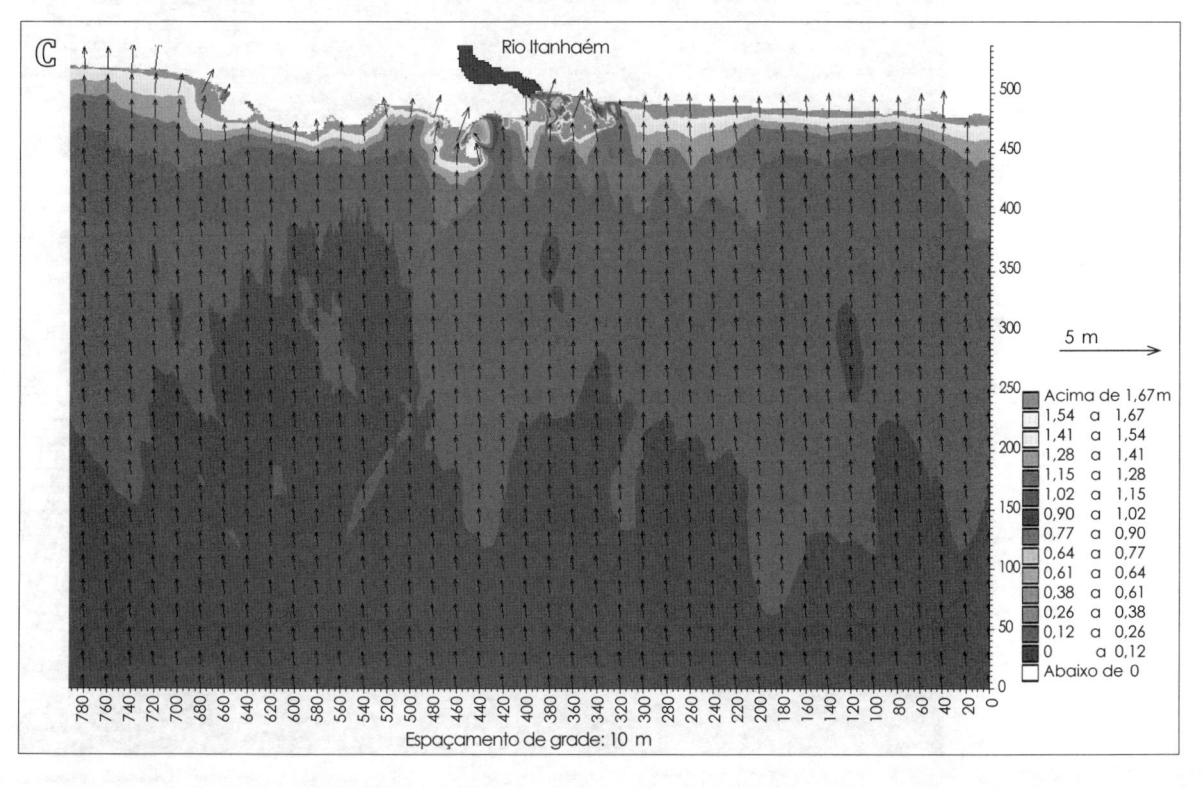

Figura 1.19
(A) Planimetria da refração de onda com $H_{os} = 1$ m , $T_z = 7$ s e $\alpha_o = 135°$ NV incidindo nas praias de Itanhaém (SP). Fonte: Araújo (2000).
(B) Planimetria de cristas de ondas obtidas pelo modelo EDS na Barra do Rio Itanhaém (SP). Fonte: São Paulo, Estado/DAEE/SPH/CTH.
(C) Planimetria de propagação de ondas. Detalhe das alturas das ondas e rumos próximo à foz do Rio Itanhaém (SP) obtidas pelo software MIKE 21 NSW. $H_{os} = 1$ m, $T_z = 7,7$ s e $\alpha_o = 135°$ NV.

Figura 1.19

(D) Planimetria de ortogonais de onda com período de 7,7 s e rumo de 135° NV em águas profundas incidindo na região costeira sob influência da foz do Rio Itanhaém (SP). Desenho sobre foto aérea de 1997 (Base). Fonte: Silva e Alfredini (1999).

(E) Planimetria de frentes de onda com período de 7,7 s e rumo de 135° NV em águas profundas incidindo na região costeira sob influência da foz do Rio Itanhaém (SP). Desenho sobre foto aérea de 1997 (Base). Fonte: Silva e Alfredini (1999).

(F) Planimetria de frentes e ortogonais de onda com período de 7,7 s e rumo de 135° NV em águas profundas incidindo na região costeira sob influência da foz do Rio Itanhaém (SP). Desenho sobre foto aérea de 1997 (Base). Fonte: Silva e Alfredini (1999).

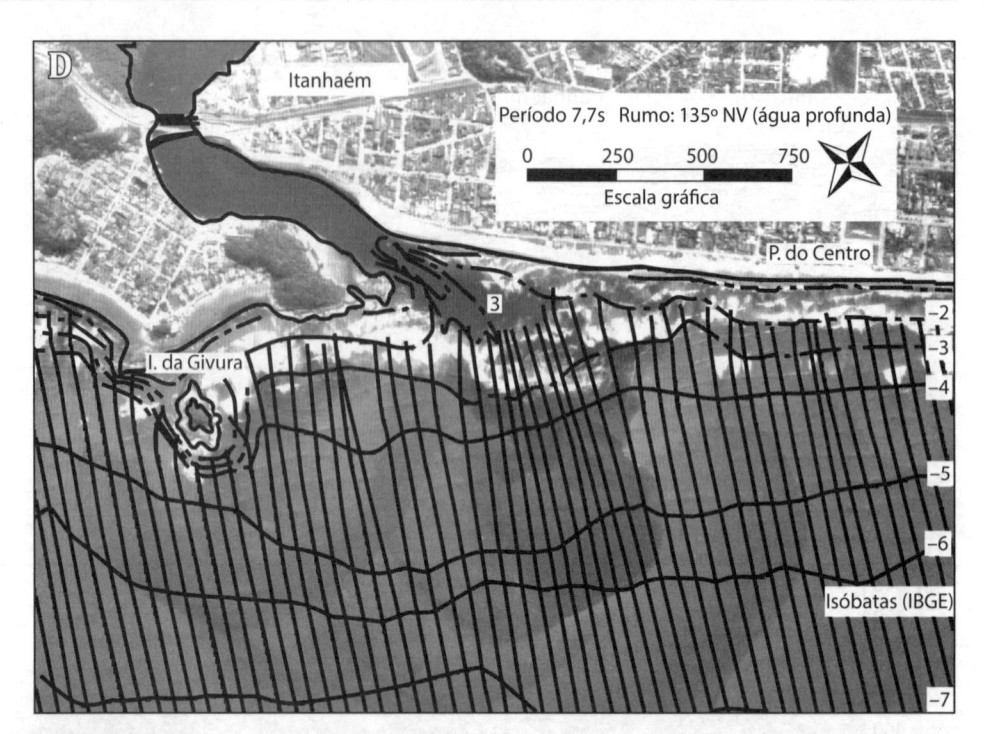

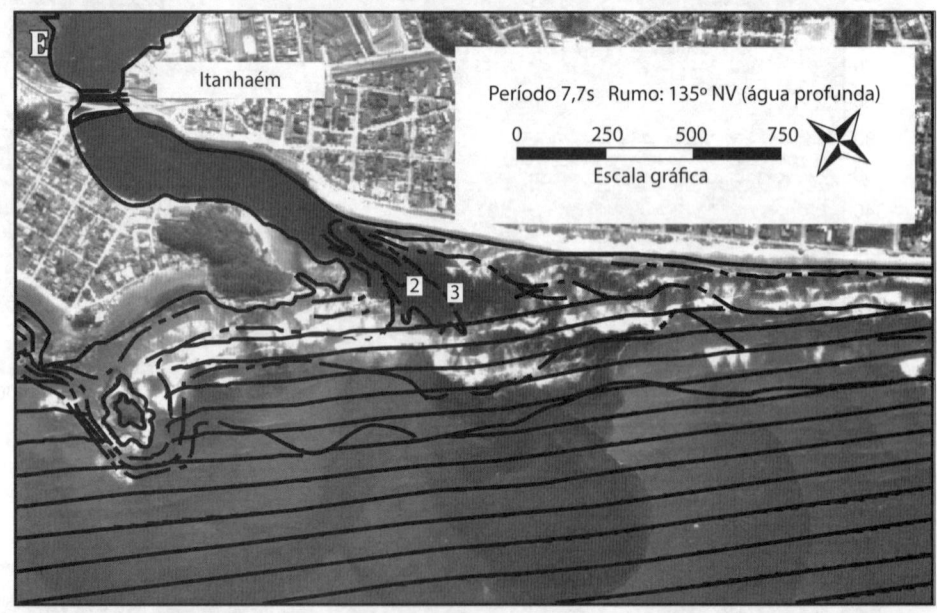

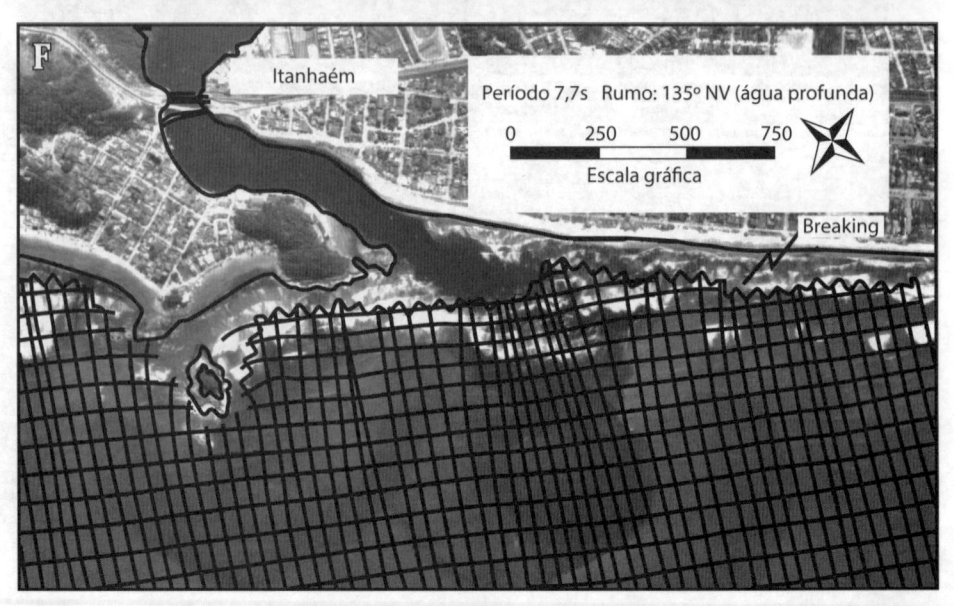

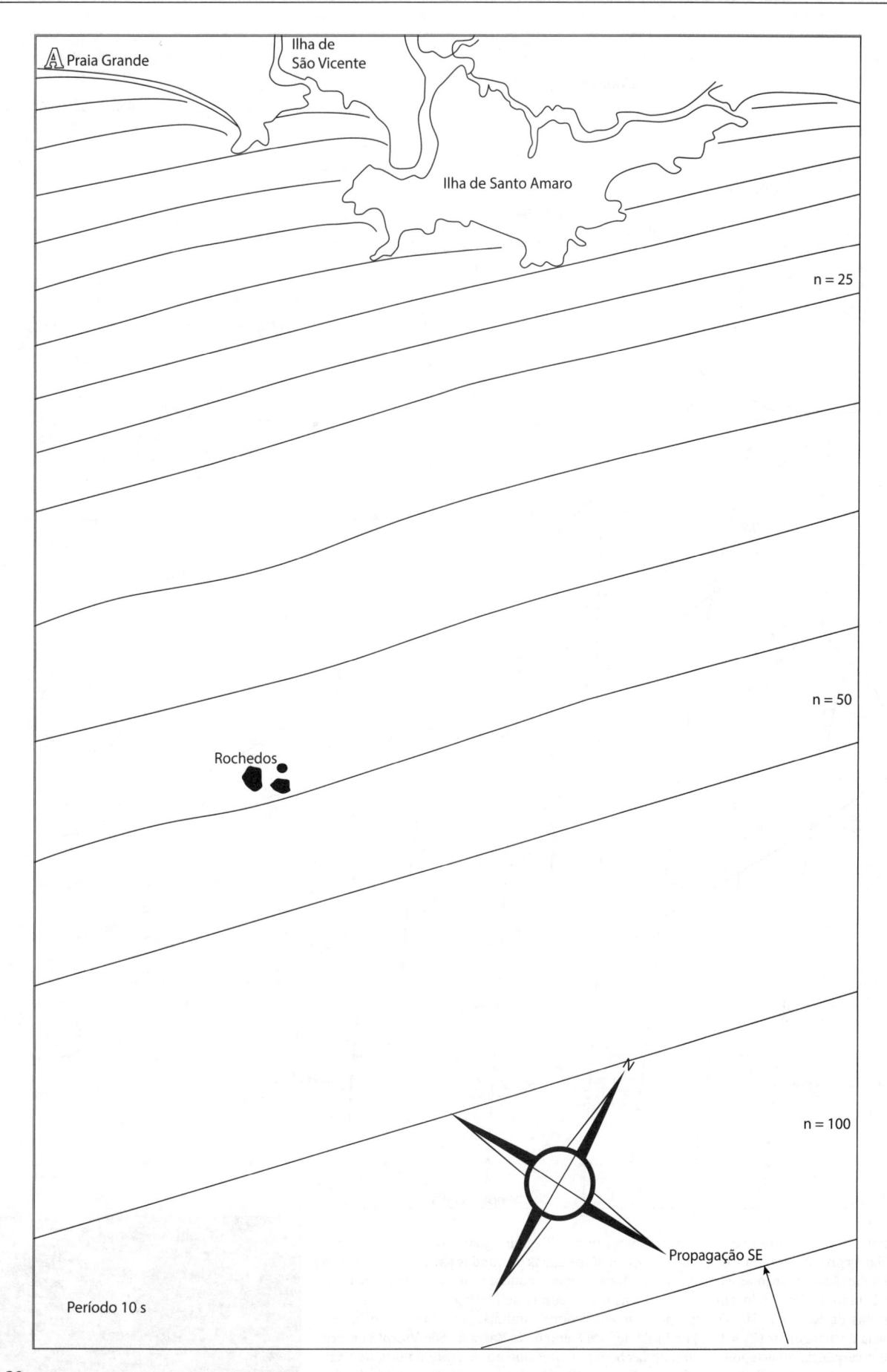

Figura 1.20
(A) Planimetria da refração das frentes de marulhos de rumo SE em água profunda e período de 10 s rumando de águas profundas para as costas de Praia Grande, Baía de Santos, Guarujá e Bertioga, desprezando-se o efeito local de difração no tardoz dos rochedos da Laje de Santos. Os números de ondas estão representados conforme indicado.

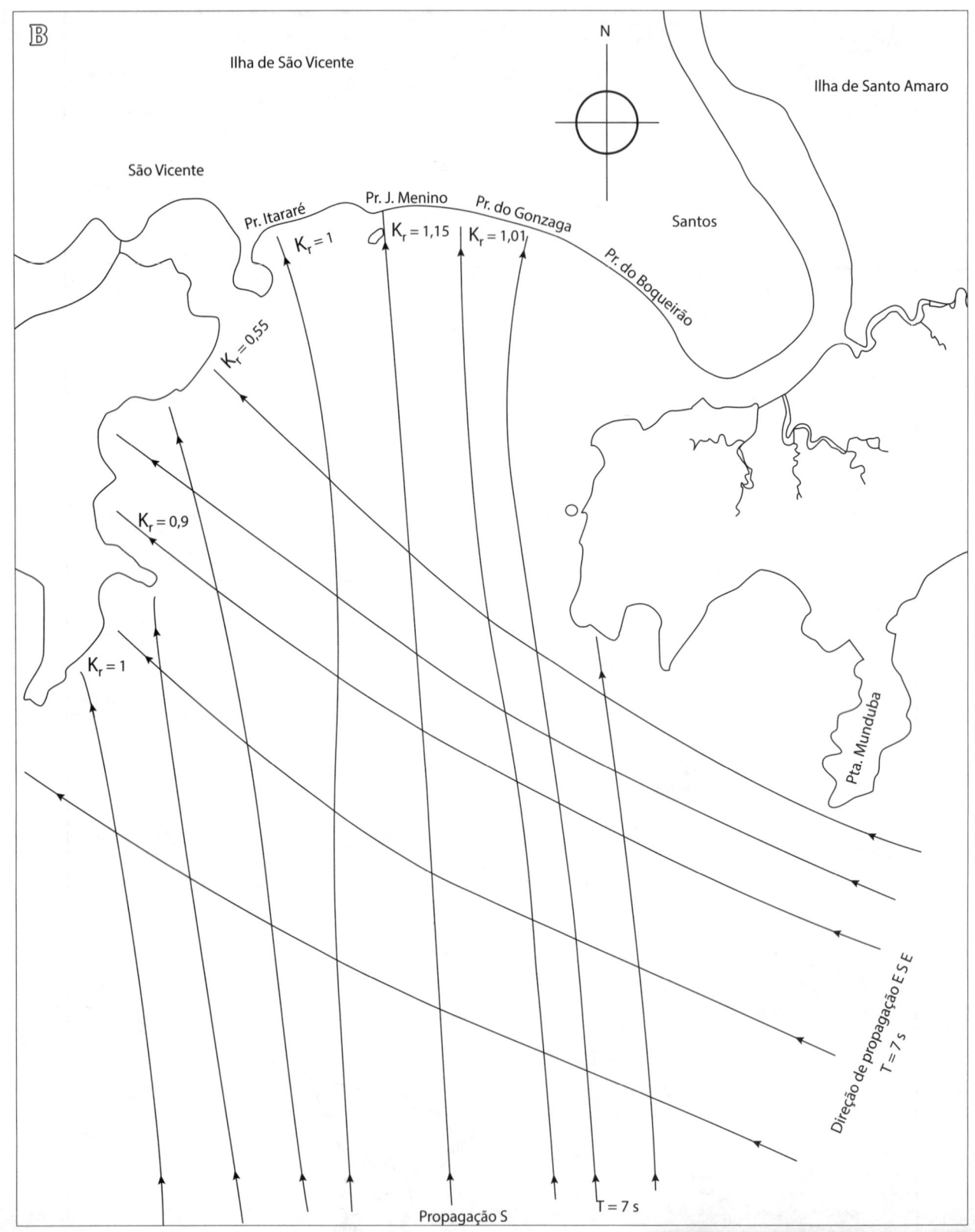

Figura 1.20
(B) Planimetria da refração de ortogonais de vagas de rumos ESE e S em águas profundas e períodos de 7 s, de águas profundas para a Baía de Santos, com K_r de águas profundas para a arrebentação conforme indicado. Esses rumos estão entre os extremos mais frequentes de incidência no litoral centro do Estado de São Paulo. Observa-se que as ondas curtas de S atingem frontalmente as praias abertas de Santos e São Vicente, praticamente com K_r unitário, excetuando-se ligeira convergência de ortogonais ($K_r = 1,15$) na Praia de José Menino. Na Barra de São Vicente ocorre acentuada divergência de ortogonais, com ondas bem menores que no restante da orla da baía, como ocorre também rumo à Praia do Boqueirão, pela difração das ondas pela costeira da Ilha de Santo Amaro. As vagas de ESE difratam-se na Ponta da Munduba, provocando fraca agitação nas praias de Santos e São Vicente. Ao lado, visualização em modelo físico de bacia de ondas da propagação da agitação pelo Canal de Acesso ao Porto de Santos (SP).

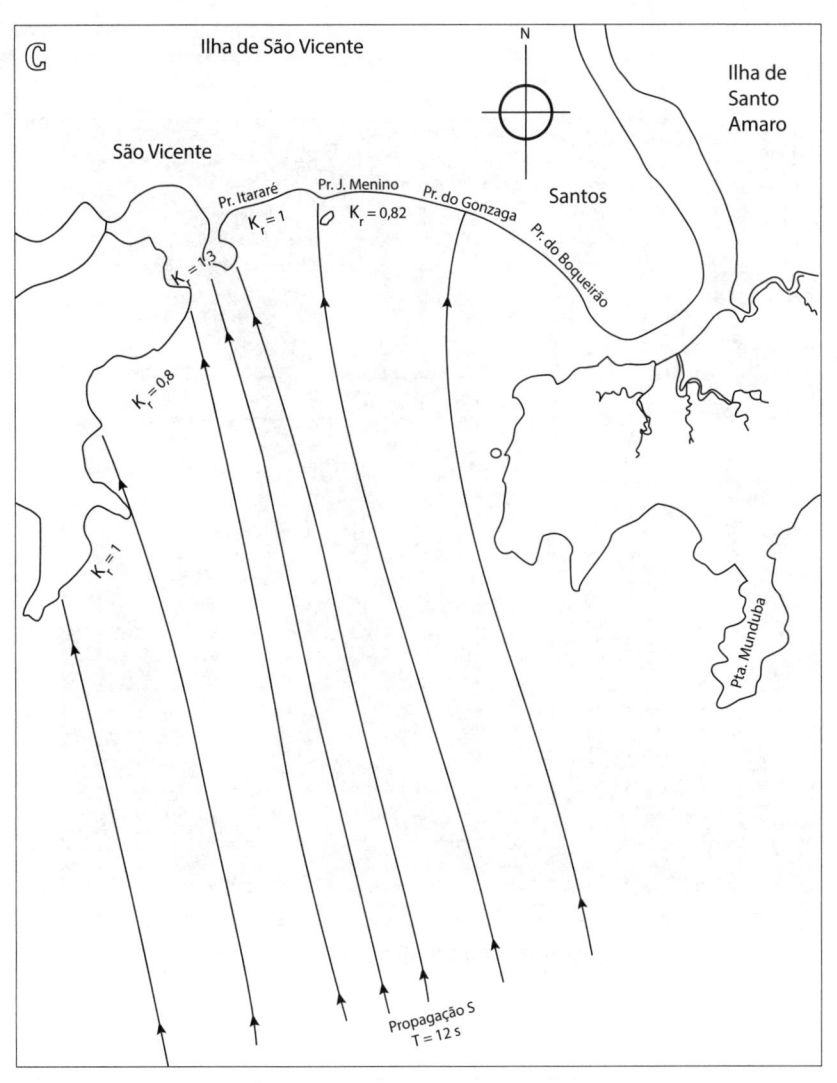

Figura 1.20

(C) Planimetria da refração de ortogonais de marulho de rumo S em águas profundas e período de 12 s, de águas profundas para a Baía de Santos, com K_r de águas profundas para a arrebentação conforme indicado. Pode-se observar claramente que ocorre um sensível aumento da refração com o incremento do período, apresentando-se as ortogonais bem mais encurvadas comparativamente com as vagas equivalentes. Releve-se acentuada convergência de ortogonais na Barra de São Vicente, uma neutralidade na Praia de Itararé e uma divergência nas Praias de José Menino e Gonzaga. Essa é uma explicação quanto à ocorrência de tempestades de grandes alturas de onda na Baía de São Vicente, sem que as praias de Santos sofram o mesmo efeito.

(D) Planimetria da refração de onda de rumo SE em água profunda e período de 11 s, para a Baía de Santos (SP) (São Paulo, Estado/DAEE/SPH/CTH).

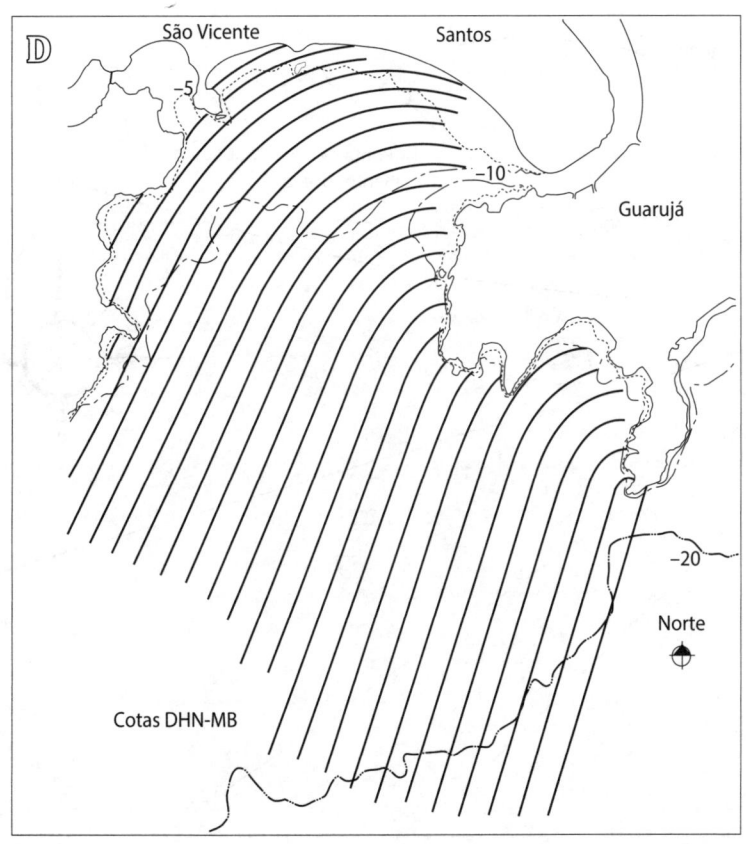

Figura 1.20

(E) Planimetria de propagação de ondas. Direções e alturas de ondas obtidas pelo software MIKE 21 NSW (Onda Sul, T = 9 s) na Baía de Santos (SP).

(F) Diagrama de irradiação para o largo em leque de Dorrestein de defasagem angular de 10°, para ondas de 8 s de período, a partir de ponto na Praia do Tombo, no Guarujá (SP). Observa-se que os rumos de incidência podem variar de 75° a 190 ° em águas profundas, observando-se o abrigo dos rumos entre 160° e 180° em águas profundas por causa da Ilha da Moela. A partir de rumos em águas profundas além de 135°, o valor de K_r eleva-se além de 1,15 até atingir a sombra da Ilha da Moela. A irradiação para o largo equivale a uma refração inversa.

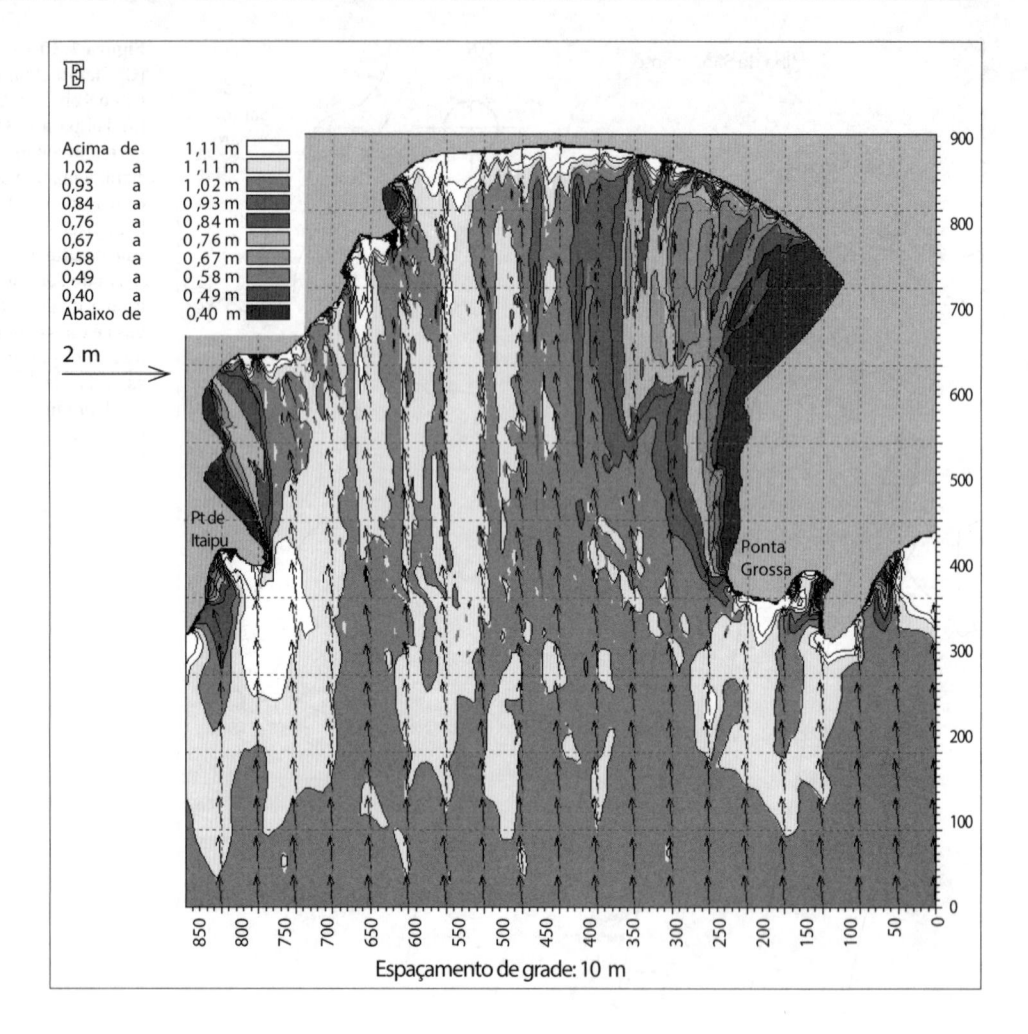

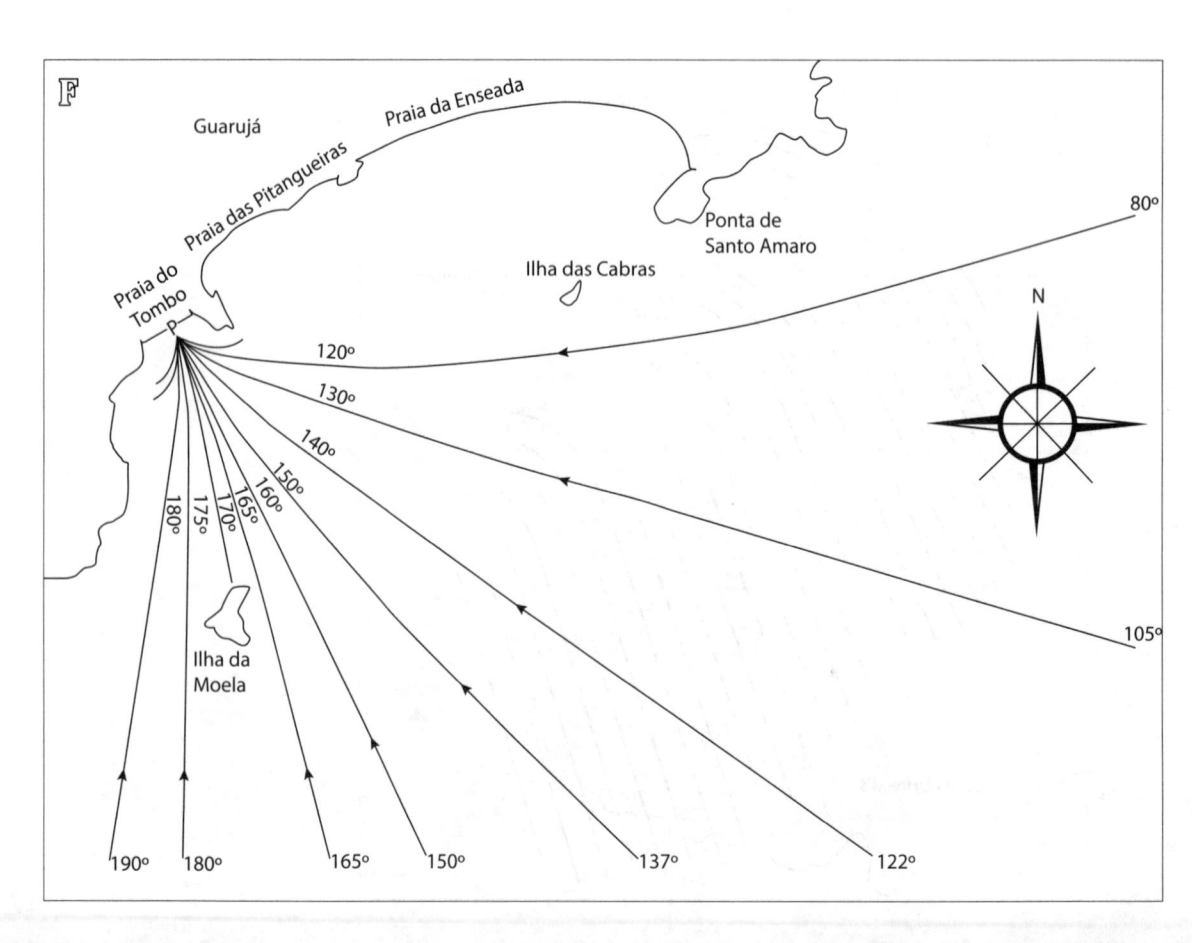

No caso mais frequente, em que as isóbatas não podem ser consideradas paralelas, uma primeira aproximação, de caráter bem prático, consiste em admitir que, entre as isóbatas, as celeridades sejam constantes. Nesse caso, as ortogonais são compostas por poligonais quebradas nas isóbatas, ou em curvas isobáticas intermediárias, convenientemente espaçadas, constituindo uma sucessão de patamares. Normalmente, admite-se, com base na experiência, que não ocorra transmissão de energia ao longo da frente de onda, o que se verifica bem quando o fundo tem variação suave, sem irregularidades de profundidade que possam induzir variações bruscas de rumo e/ou altura da onda. Em alguns casos específicos de conformação do fundo, pode ocorrer o cruzamento de ortogonais de um mesmo trem de ondas (cáustica), correspondendo a uma transmissão lateral de energia, analogamente ao que ocorre na difração.

Para que haja uma precisão razoável na utilização desse método, recomenda-se que as deflexões entre as ortogonais sejam no máximo de 1°, enquanto o desnível necessário entre isóbatas for superior a 1,0 m; quando este cair abaixo de 1,0 m, sugere-se manter esse desnível, mesmo que a deflexão entre ortogonais supere 1°. A Figura 1.21(A) apresenta um exemplo de traçado de plano de refração com o desenho das ortogonais, no qual admite-se, a favor da segurança, como profundidade do patamar a menor profundidade, de forma a acentuar o efeito da refração. Também é de se observar a conveniência de proceder previamente a um "alisamento", isto é, retificação das isóbatas, evitando-se raios de curvatura muito reduzidos. As Figuras 1.21(B) e (C) apresentam um exemplo deste procedimento.

1.6.1.4 DEFORMAÇÕES PROVOCADAS PELAS CORRENTES

As ondas, ao interagirem com uma corrente marítima, sofrem uma variação de celeridade, que induz alterações de comprimento, altura e forma nas frentes de ondas (ALMEIDA, 1963). Nos estudos de obras portuárias e costeiras, essas correntes são fundamentalmente as de maré em estuários e as que ocorrem nas desembocaduras de rios.

Em virtude da complexidade da interação dos perfis de velocidade do movimento oscilatório e do translatório, em primeira aproximação será considerada uma corrente simples, que represente simplificadamente a corrente real. Assim, admite-se velocidade constante na vertical e rumo retilíneo, considerando águas profundas. Os resultados obtidos são aproximados, mas, normalmente, permitem uma análise de sensibilidade para identificar as principais características da interação.

Admite-se basicamente que o período das ondas simples consideradas se mantenha constante, independentemente da velocidade da corrente, o que é uma hipótese bem aceitável, pois as correntes não podem induzir nem desmontar as frentes das ondas. Outra suposição razoável é que a Teoria de Airy aplique-se à água em movimento. Uma terceira hipótese, muito razoável, é que sejam negligenciáveis as perdas de energia por turbulência e viscosidade na interação das ondas com a corrente. Todas essas premissas são suportadas por observações em escala real e em laboratório.

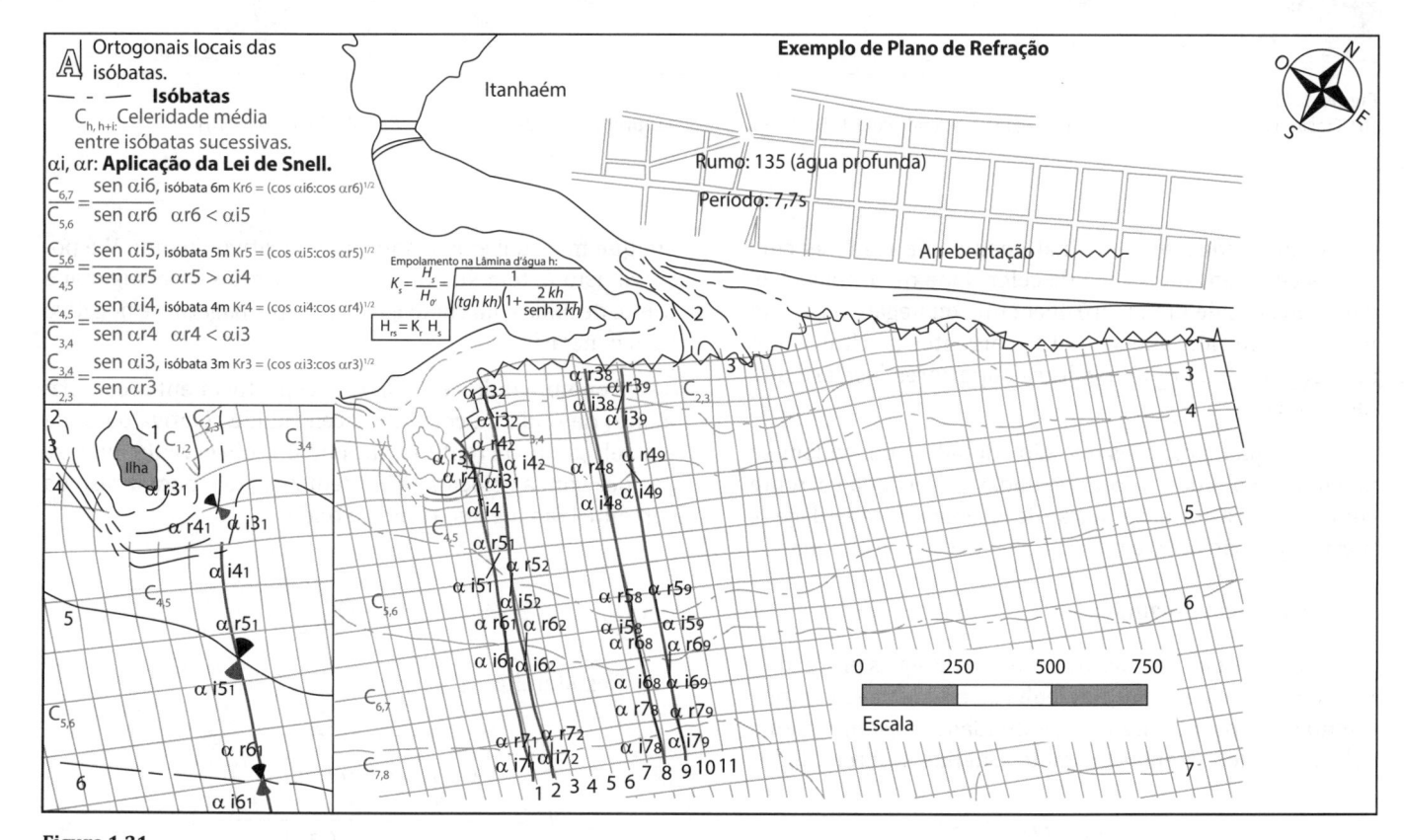

Figura 1.21

(A) Traçado de plano de refração de ondas junto à Barra do Rio Itanhaém e adjacências (SP), com cálculo dos coeficientes de empolamento e refração para uma onda com rumo 135° NV em águas profundas e 7,7 s.

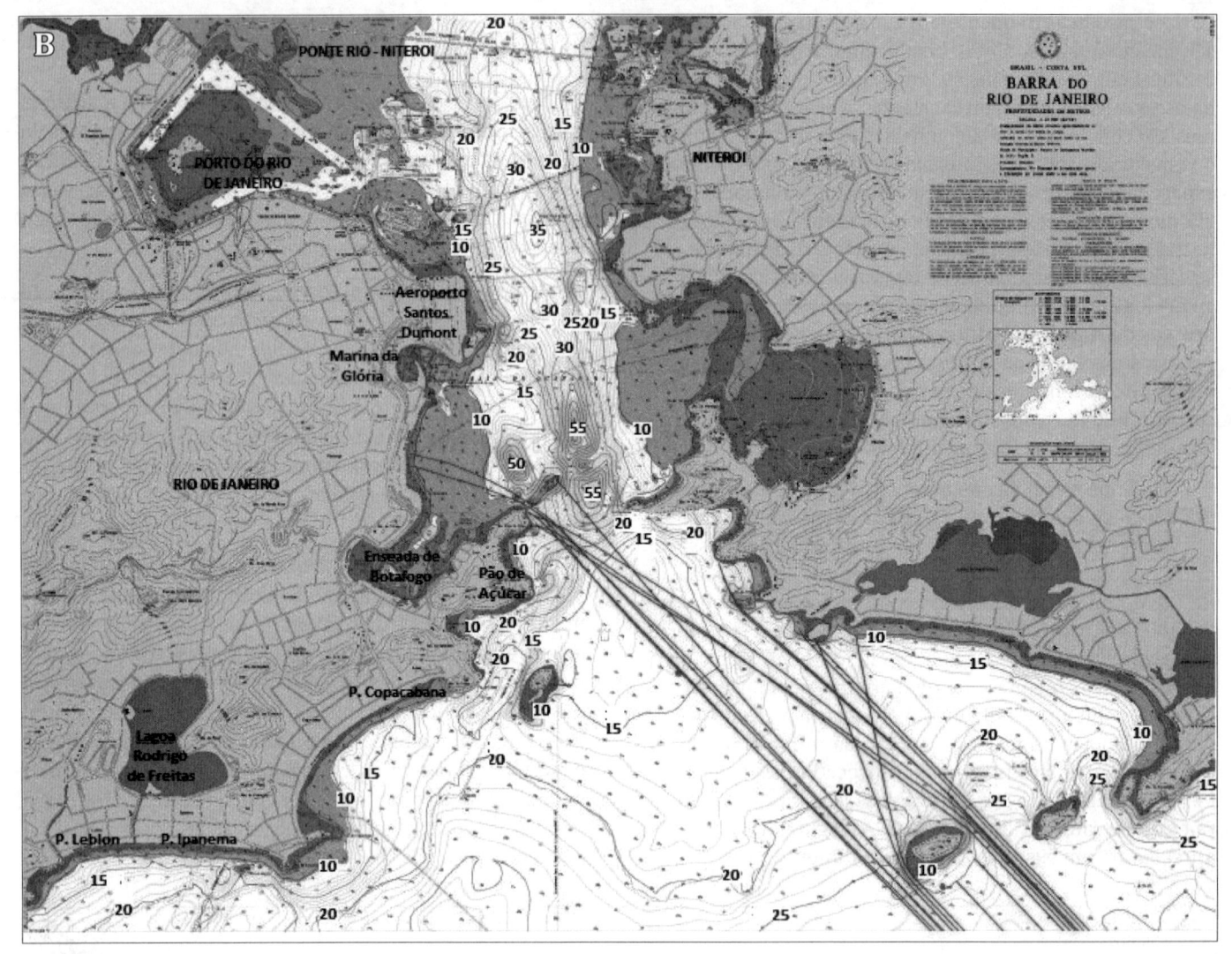

Figura 1.21
(B) Traçado de plano de refração de ortogonais de onda com 135° NV e 7 s em águas profundas, rumando para a Baía de Guanabara (RJ).

Convenciona-se com sinal positivo de rumo as correntes com sentido igual à da celeridade de propagação, como no caso de uma maré enchente, ou negativas, como na foz de um rio. Sabe-se que as correntes marítimas em análise dificilmente têm valores superiores à celeridade das ondas.

As esquematizações que são adotadas subdividem-se na situação em que o trem de ondas penetra na corrente com incidência normal, situação de mais simples abordagem, porque que não ocorre refração, ou em direção oblíqua.

Incidência normal

Considerando-se que, na condição de águas profundas, uma onda cilíndrica simples tenha celeridade c_o e comprimento L_o e encontre numa profundidade constante h uma velocidade de corrente constante V, define-se a relação:

$$m = V/c$$

em que m é convencionado como positivo quando V é positivo, isto é, tem sua projeção na direção da ortogonal à frente de onda com rumo igual ao da propagação, e negativo caso contrário.

Denominando-se L_c e $\bar{c}_c$, respectivamente, comprimento de onda na corrente e celeridade relativa da onda em relação à corrente (vista por um observador que, se desloca com a velocidade V), deduz-se que, para o caso da corrente com mesmo rumo da onda:

$$\bar{c}_c = c_o \tanh \frac{2\pi h}{L_c}$$

Resultando:

$$L_c = L_o \frac{1 + \sqrt{1 + 4m \, cotanh\left(\dfrac{2\pi h}{L_c}\right)}}{2 \, cotanh\left(\dfrac{2\pi h}{L_c}\right)} + m$$

Para o caso de águas profundas, a simplificação da equação resulta em:

$$L_{c_o} = L_o \frac{\left(1 + \sqrt{1 + 4m}\right)^2}{4}$$

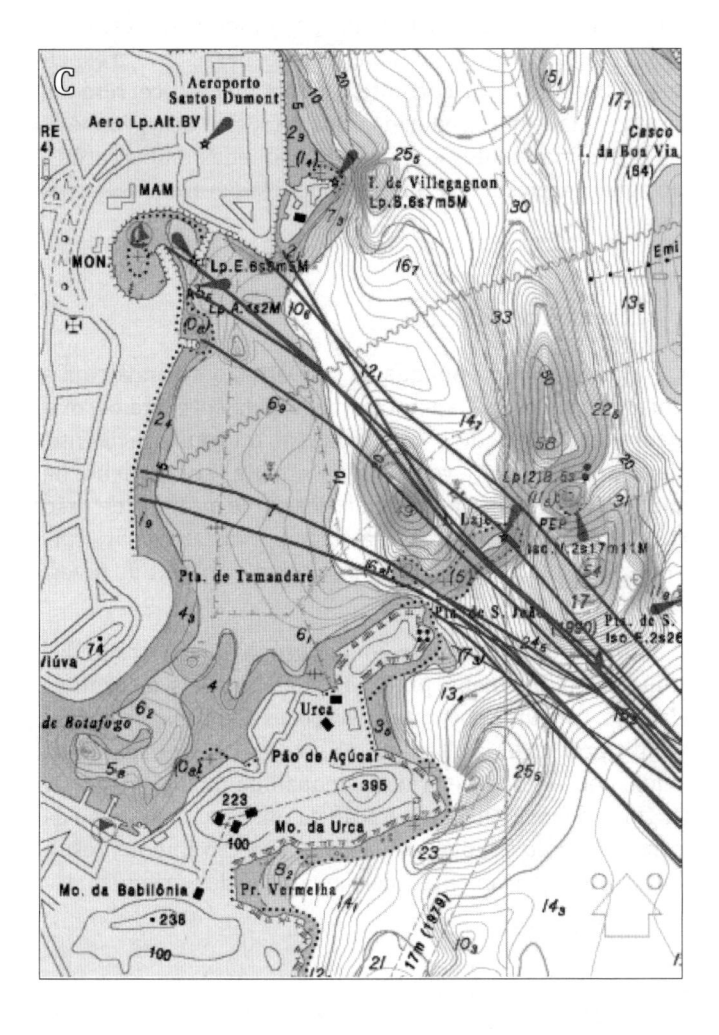

Quando a corrente tem rumo contrário ao da propagação das ondas, para que as ondas penetrem na corrente, as equações anteriores somente podem ser aplicadas caso as condições seguintes sejam satisfeitas:

$$m\cotanh\frac{2\pi h}{L_c} \le \frac{1}{4}$$

$$m \le \frac{1}{4}$$

Para correntes com velocidades acima desses limites, as ondas não conseguem penetrar na corrente e, portanto, arrebentam ao longo da linha de contato com a corrente. Isso evidencia o que se verifica na natureza com vagas curtas produzidas por ventos locais, que podem arrebentar com correntes de velocidades relativamente pequenas.

Em termos de altura da onda, sua variação pode ser estimada, em primeira aproximação, por considerações de energia, tendo em vista que a energia total transportada por unidade de largura da frente de onda é a soma da energia transportada pela celeridade relativa $\overline{c_c}$ mais a energia transportada pela velocidade da corrente, V.

Definindo-se, por analogia, celeridade de grupo da onda relativa à corrente:

$$\overline{c_{g_c}} = \frac{\overline{c_c}}{2}\left[1 + \frac{\dfrac{4\pi h}{L}}{senh\left(\dfrac{4\pi h}{L}\right)}\right]$$

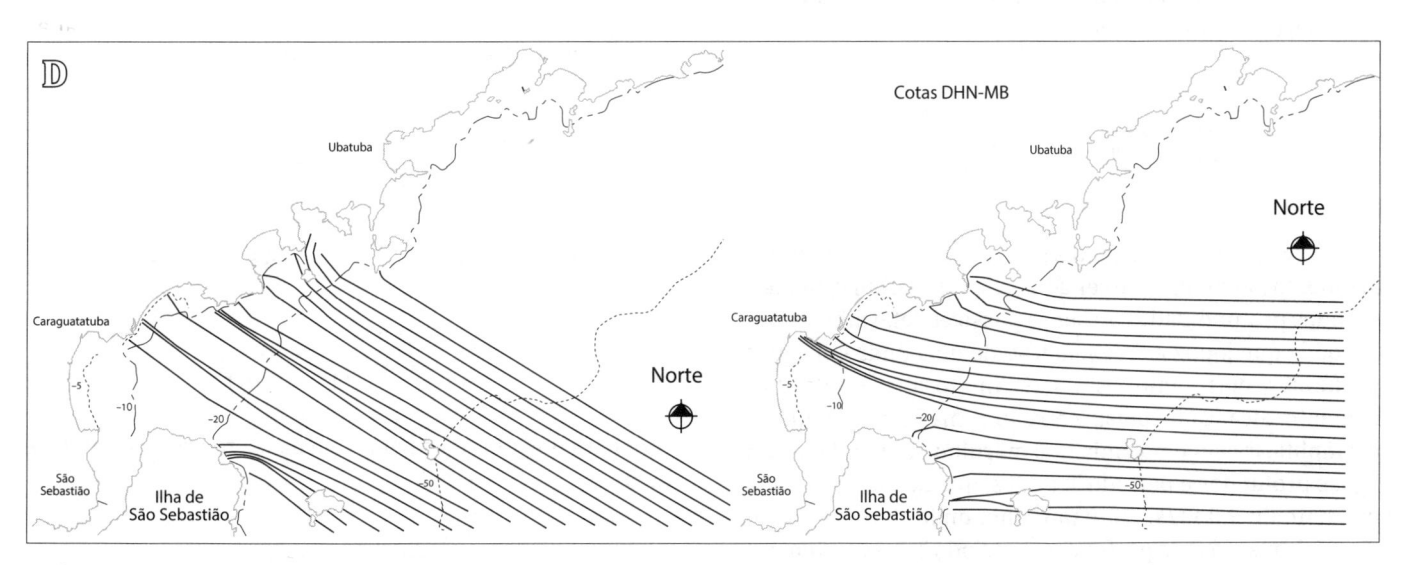

Figura 1.21
(C) Detalhamento do traçado do plano de refração de ortogonais de onda com 135° NV e 7 s em águas profundas, adentrando a Baía de Guanabara (RJ).
(D) Planimetria da saída do programa REFRONDA de ortogonais de onda incidindo na região costeira de Caraguatatuba (SP) (São Paulo, Estado/DAEE/SPH/CTH). $T_Z = 10$ s.

A energia total na profundidade h é:

$$E_{T_c} = \frac{1}{8}\gamma H_c{}^2 \overline{c_{g_c}} + \frac{1}{8}\gamma H_c{}^2 V$$

Considerando a igualdade das potências em dois planos verticais, o primeiro em águas profundas paradas e o segundo em presença da corrente V, em profundidade h, e desprezando-se as perdas de energia:

$$\frac{1}{8}\gamma H_o{}^2 \frac{c_o}{2} = \frac{1}{8}\gamma H_c{}^2 \overline{c_{g_c}} + \frac{1}{8}\gamma H_c{}^2 V$$

Resultando:

$$\left(\frac{H_c}{H_o}\right)^2 = \frac{c_o}{2\left(\overline{c_{gc}} + V\right)} = \frac{1}{2\left(\dfrac{\overline{c_{gc}}}{c_o} + m\right)}$$

Para o caso de águas profundas, pode-se simplificar a equação para:

$$\left(\frac{H_c}{H_o}\right)^2 = \frac{2}{4m+1+\sqrt{4m+1}}$$

Com velocidade da corrente contrária à onda, até m = –0,143, as equações acima fornecem resultados razoáveis, sendo que, para valores menores (mais negativos), ocorre a possibilidade de arrebentações parciais, correspondendo a uma redução acentuada da altura.

As ondas interceptadas pelas correntes marítimas, sofrendo alterações em seu comprimento e sua altura, podem aumentar sua esbeltez δ_c até ocorrer o limite de arrebentação. Nesse caso, somente para águas profundas o resultado é confiável, correspondendo a:

$$\frac{\gamma_{co}}{\gamma_o} = \sqrt{\frac{2}{8m+2}}\frac{4}{\left(1+\sqrt{4m+1}\right)^2}$$

O valor limite da esbeltez ($\delta_{co\,lim}$), que corresponde à arrebentação total, pode ser admitido estável em 0,14 para grandes profundidades. Assim, é possível determinar a velocidade que induz a arrebentação de uma onda em águas profundas, entretanto, esta seria muito alta, sendo dificilmente alcançada pelas correntes marítimas. Pode-se exemplificar com uma onda tipo marulho de H_0 = 3,0 m em águas profundas e período T = 9,0 s, que demandaria uma corrente de 2,0 m/s; enquanto uma onda tipo vaga, com H_0 = 1,5 m em águas profundas e período T = 5,0 s, demandaria uma corrente de 0,9 m/s. Para correntes de sentido contrário à celeridade da onda em águas profundas, ocorre a arrebentação, independentemente da altura da onda,

desde que V ≥ c_0/4, sendo que essa condição exige, da mesma forma, correntes muito elevadas, em geral maiores que as anteriores, respectivamente de 3,5 m/s e 2,0 m/s. Esta última condição pode ser mais factível de ser atingida para ondas de pequena amplitude antes da esbeltez limite.

Observe-se que, quando a onda se propaga no mesmo rumo da corrente, a arrebentação somente se verificará pela redução de profundidade, e como, nesse caso, a esbeltez é diminuída pela corrente, a arrebentação ocorrerá em profundidade mais reduzida. Essa característica é conhecida dos comandantes e pilotos de pequenas embarcações, ao aguardarem a maré enchente para superarem as barras estuarinas.

Incidência oblíqua

Em incidência oblíqua da propagação da onda com a corrente, sendo o ângulo i formado pela corrente permanente de velocidade V com a direção da frente incidente, deve-se decompor a velocidade V em uma componente na direção de propagação da onda (V sen i) e outra na direção normal (V cos i), sendo o sinal dado por m, isto é, para correntes no sentido convergente positivo e no sentido divergente negativo.

De modo semelhante ao que ocorre quando as ondas atingem obliquamente profundidades variáveis, o encontro da onda com uma corrente de direções de propagação diferentes produz uma alteração na direção de propagação da onda, pois altera a celeridade, induzindo uma refração. Os ângulos de incidência e refração da onda com a direção da corrente serão denotados por i e r, respectivamente, resultando geometricamente e pela igualdade do período que:

$$\frac{L}{L_c} = \frac{sen\,r}{sen\,i} = \frac{c}{\overline{c}_c + V\,sen\,i}$$

Em grandes profundidades, tem-se:

$$\frac{c_o^2}{c_{c_o}^2} = \frac{sen\,i}{sen\,r}$$

Podendo-se simplificar a equação prévia para:

$$\frac{L_{c_o}}{L_o} = \frac{sen\,r}{sen\,i} = \frac{1}{\left(1 - m\,sen\,i\right)^2}$$

Para que as ondas penetrem na corrente, é necessário que:

$$\frac{sen\,i}{\left(1 - m\,sen\,i\right)^2} \leq 1$$

Para valores de i superiores aos impostos por esta

condição, ocorre a reflexão total devida à refração, o que somente ocorre quando m é negativo, isto é, quando o sentido de propagação da onda é oposto ao da corrente, situação em que a onda é infletida para fora da corrente.

Em termos de variação da altura de onda pelo encontro das ondas com correntes oblíquas, ela ocorre pela alteração do espaçamento entre ortogonais, o que muda as alturas ao longo das frentes de ondas. Considerações energéticas análogas às já elaboradas anteriormente levam a:

$$\frac{H_c^2}{h} = \frac{\cos i}{\cos r} \frac{c_g}{\overline{c_{g_c}} + V\,sen\,i}$$

Essa equação permite calcular a altura da onda refratada em qualquer profundidade. Do mesmo modo que anteriormente, em águas profundas, tem-se a simplificação:

$$\left(\frac{H_{c_o}}{H_o}\right)^2 = \frac{\cos i}{\cos r} \frac{(1 - m\,sen\,i)^2}{1 + m\,sen\,i}$$

O efeito de uma corrente oblíqua sobre as ondas, produzindo modificações no comprimento e na altura da onda, podem aumentar a esbeltez até atingir o valor limite para a arrebentação. Assim, também para o caso mais simples de águas profundas, pode-se chegar nas relações seguintes:

$$\left(\frac{\gamma_{c_o}}{\gamma_o}\right)^2 = \frac{\cos i}{\cos r} = \frac{(1 - m\,sen\,i)^6}{1 + m\,sen\,i}$$

Essa expressão permite calcular a velocidade e o ângulo de incidência limites da arrebentação. Na prática, a arrebentação ocorre para $\delta_{co\,lim} = 0,10$, valor inferior ao normal de 0,14. Para m positivo, correspondendo a propagação de onda convergente com o rumo da corrente, a altura da onda cresce muito rapidamente com o aumento do ângulo de incidência a partir de um determinado valor, função de m, fazendo com que a onda arrebente ao contato com a corrente. De fato, nenhuma onda pode penetrar numa corrente com m positivo num ângulo superior a 58°.

1.6.1.5 EFEITOS DE FORMAS BATIMÉTRICAS PARTICULARES

Algumas formas complexas das isóbatas, como bancos e vales submarinos, podem produzir deformações significativas a distâncias consideráveis, mas devem ser analisadas com resolução em nível de 1 a 2 comprimentos de onda. Embora de forma aproximada e qualitativa, é de interesse ter uma ideia do comportamento das deformações das ondas em situações esquematizadas simples, tendo em vista orientações gerais para fins de obras e navegação.

As deformações vão, evidentemente, ser função de formas, dimensões e profundidades nas proximidades, uma vez que, via de regra, conformações suaves podem produzir

refrações muito mais importantes que as difrações que se poderiam esperar, ao considerar somente o contorno do obstáculo no plano da linha d'água.

Uma primeira decorrência, comum a todos os obstáculos com dimensões superiores a 1 ou 2 comprimentos de onda, que emerge da linha d'água é o secionamento da frente de onda, ocasionado pela arrebentação ou reflexão. Esse efeito, no entanto, também pode ser induzido por obstáculos submersos, ou por uma inflexão brusca da frente de onda. Em todos esses casos, as extremidades da frente de onda, estabelecidas pelas ortogonais traçadas nos limites do obstáculo, expandem-se lateralmente, por difração, dando origem a diferentes sistemas propagando-se com padrão de mar cruzado. Também se verifica, com base em análises de sensoriamento remoto, que as frentes se unem novamente quando se propagam sobre fundos regulares, nos casos em que as frentes se interseccionam em ângulos inferiores a 10° a 15°.

Casos de bancos isolados ao largo no plano de ondas

Considere-se um banco de alinhamento retilíneo, com declives uniformes e extremidades abruptas, em profundidade constante que não provoque arrebentação. Ao ser investido por ondas oblíquas, o banco desloca as ortogonais paralelamente, deflexão esta função da dimensão do banco, não alterando a direção das ortogonais, mas aumentando as alturas de um lado e diminuindo-as do outro (Figura 1.22(A)).

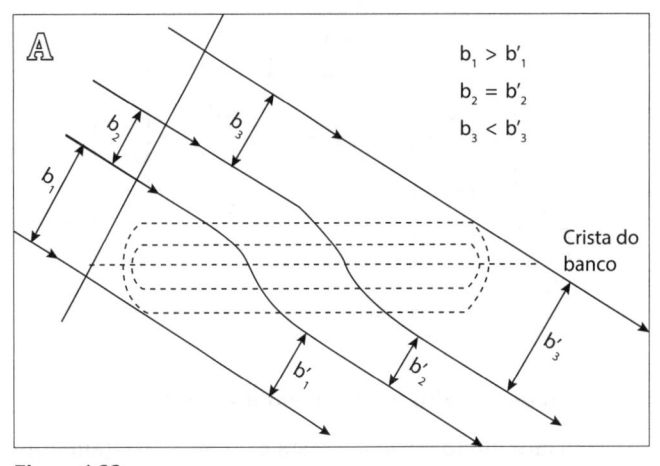

Figura 1.22
(A) Refração das ondas atingindo obliquamente um banco retilíneo.

Para um banco em forma circular com profundidade constante, podem ocorrer efeitos diferentes, em função de seus taludes. De fato, sendo a declividade do talude grande na parte profunda (além de 0,25 L_o) e suave na parte rasa, as ortogonais podem assumir formas espiraladas que se encurvam rumo ao centro. Ocorrem arrebentações com grande agitação produzidas pela refração, com anulação de quase toda a energia abrangida entre as ortogonais traçadas por suas extremidades. Na sombra do banco, não há propagação das frentes diretamente incidentes, somente uma agitação produzida por difração nas extremidades livres da onda.

Sendo a declividade do talude uniforme, as ortogonais, ao atingirem o banco, sofrem forte deflexão, inclusive podendo vir a ocorrer uma reflexão total, divergindo para direções opostas em cada lateral do banco, como ocorre na Óptica Física com uma lente divergente (Figura 1.22(B)). Desse modo, formam-se dois sistemas que interagem mutuamente, bem como com as ondas não perturbadas pelo banco. Assim, grande parte da energia espalha-se rapidamente em grande área, permitindo um discreto abrigo na sombra geométrica do banco até uma distância relativamente longa, quando as porções separadas se unem novamente. Pode inclusive ocorrer a situação na qual, com a declividade do talude crescendo com a profundidade, as ortogonais incidentes podem se cruzar sobre o banco, de modo análogo à cáustica da Óptica Física, fenômeno em que a frente de onda refratada se apresenta com forma irregular, rompendo-se em ponto singular.

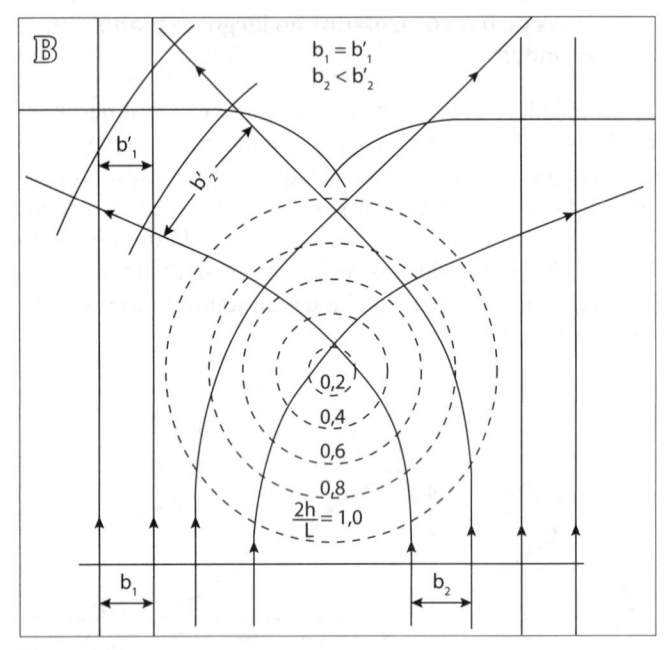

Figura 1.22
(B) Refração das ondas atingindo um banco circular com declividade aproximadamente uniforme.

Caso de um alto fundo normal à costa

Um alto fundo normal à costa e atingido frontalmente pela onda assemelha-se à situação de uma lente convergente na Óptica Física, pois as ortogonais convergem, mais ou menos acentuadamente, para o centro provocando uma concentração de energia que incrementa os coeficientes de refração da área da costa frontal ao alto fundo. Em consequência, nas áreas adjacentes ao alto fundo ocorre uma redução, conforme esquematizado na Figura 1.23. Com incidência oblíqua, o alto fundo produz efeito análogo ao dos bancos isolados.

É de se considerar que o efeito da refração produz arrebentações típicas a esta forma de relevo, em profundidades bem maiores do que se esperaria.

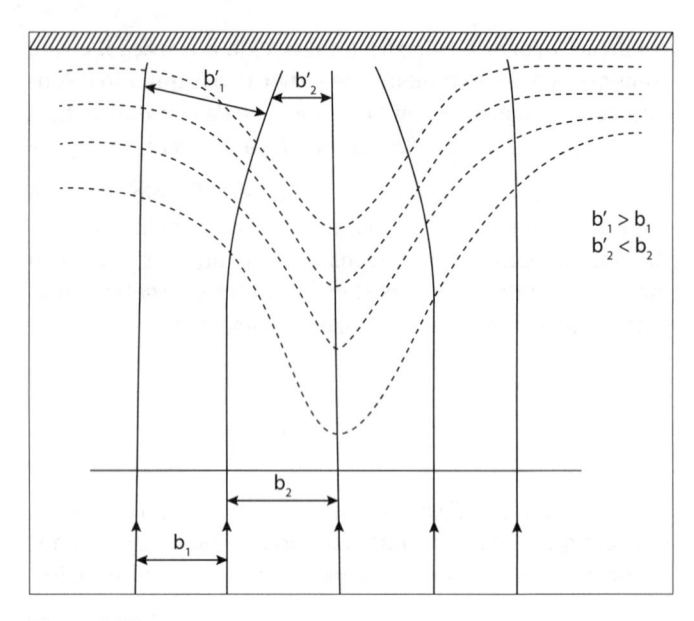

Figura 1.23
Refração das ondas atingindo frontalmente um alto fundo normal à costa.

Caso de um vale submarino

Casos de vales submarinos (*canyons*), ou canais de navegação dragados, têm importante efeito sobre a refração das ondas quando atingidos frontalmente por elas. De fato, as ortogonais divergem, de modo análogo ao efeito de uma lente divergente no caso da Óptica Física (Figura 1.24), produzindo uma sombra que reduz a agitação e protege a costa em seu tardoz, tendendo a concentrar as ortogonais em suas margens.

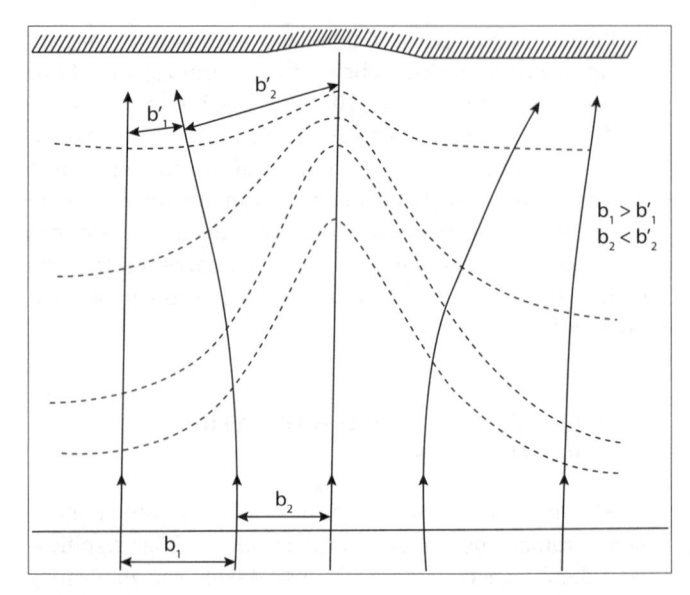

Figura 1.24
Refração das ondas atingindo frontalmente um vale submarino normal à costa.

Com incidência oblíqua das ortogonais sobre o vale submarino, sendo suas paredes paralelas, as ortogonais deslocam-se paralelamente, de modo análogo ao que ocorre com bancos retilíneos.

Reflexões importantes da onda, até mesmo totais, podem ser produzidas pela refração em profundidades crescentes sobre essas conformações.

Casos de ilhas

A interrupção da propagação das ondas por ilhas afeta grandes extensões, sendo percebidas pela refração sobre os fundos que constituem a elevação da formação, pela difração consequente ao rompimento da frente da onda e pela ação das correntes que contornam a ilha. Entretanto, esse último efeito somente passa a ser mais relevante no caso de um grande número de ilhas em regiões sujeitas a fortes marés próximas da costa.

A difração somente é relevante quando a costa é acentuadamente íngreme até profundidades de 10 m a 15 m e os fundos no entorno são planos. Como ilustrado na Figura 1.25(A), ocorre uma difração completa em torno da ilha, ocorrendo a interferência dos dois sistemas de fraca amplitude na região de sombra geométrica, principalmente na linha de centro, se a ilha tiver largura de 4 a 5 comprimentos

de onda. Observa-se que a uma determinada distância da ilha, dependente de seu comprimento, as frentes encurvadas pela difração começam a se cruzar sob ângulos reduzidos, reconstituindo-se a frente de onda com um ponto singular, que tende a desaparecer à distância de cerca de 50L, formando-se uma nova frente de onda. Essa nova frente de onda é aproximadamente uma circunferência em forma, com centro na ilha, tangente à frente principal no ponto singular resultante do cruzamento dos dois segmentos difratados. Em maiores distâncias, o efeito da difração desaparece e a frente de onda retoma completamente sua forma original, que tinha antes de ter passado pela ilha.

Já quando a ilha não tem taludes íngremes, mas suaves nas duas faces tangentes às ortogonais limites, a refração passa a ser dominante e as frentes de ondas giram em torno da ilha (Figura 1.25(B)). No caso de as declividades serem suaves mais próximo da superfície e aumentarem bruscamente em profundidades maiores, sendo as isóbatas aproximadamente circunferências concêntricas, como nos atóis, as ortogonais contornam a ilha e a atingem na face de tardoz. Nesse caso, esta última face pode ficar sujeita a uma agitação mais forte que a face frontal, pela convergência

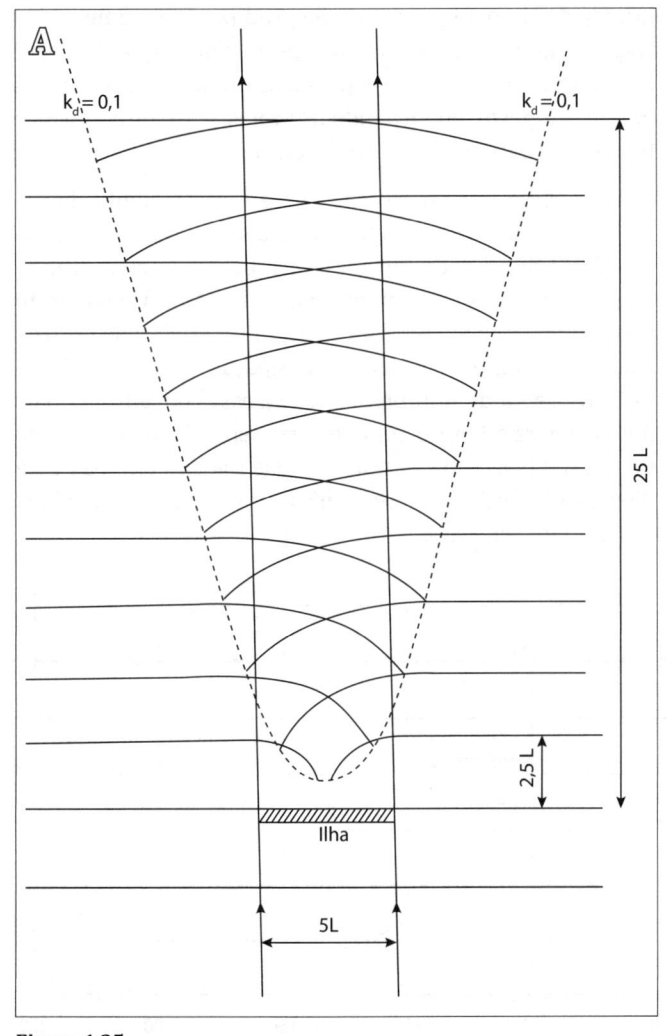

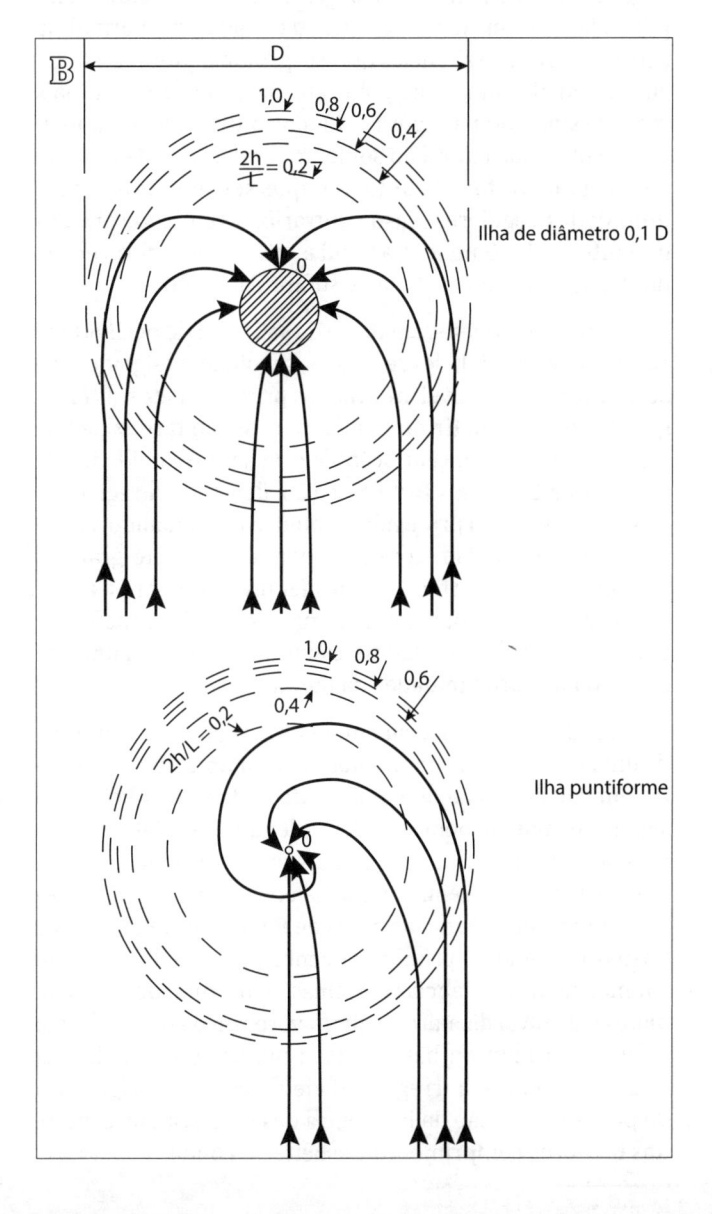

Figura 1.25
(A) Efeito de uma ilha de largura 5L a uma distância 25L.
(B) Refração das ondas atingindo uma ilha circular com forte declividade na região profunda e contorno suave em águas rasas.

de ortogonais e por receber ondas de dois sistemas. A uma grande distância da ilha, o aspecto das ortogonais passa a ser semelhante ao caso anterior de dominância da difração.

Sendo a batimetria suave, aumentando gradativamente a profundidade em maiores profundidades, as ortogonais infletem em cada lateral da ilha, podendo formar dois sistemas que se propagam em direções diferentes, dando origem a uma feição análoga à da Figura 1.22(B)). O lado de tardoz da ilha fica discretamente abrigado, dependendo das isóbatas e da forma da ilha, mas não é um abrigo considerável, a menos que a largura da ilha seja relativamente grande proporcionalmente à linha de costa. Em grande distância da ilha, sobretudo com isóbatas de declividade suave, o aspecto do mar cruzado pode se estender por grandes extensões além da sombra geométrica da ilha.

Casos de saliências da costa, pontas e promontórios

As saliências rochosas costeiras induzem sobre a propagação das ondas efeitos análogos aos anteriormente exemplificados. Assim, se a incidência das ondas for normal na extremidade da saliência, que se prolonga submersa segundo um alto fundo, há uma concentração de ortogonais como assinalado na Figura 1.23. Por outro lado, com incidência oblíqua, a difração somente será verificada quando a extremidade for abrupta, a pique sobre grandes profundidades regulares; caso contrário, a refração será dominante no fenômeno e as ondas pivotarão em torno da ponta, adentrando na zona de sombra geométrica.

Sendo as isóbatas em torno da saliência de declividade suave em profundidades reduzidas, seguindo-se significativa acentuação de desnível até grandes profundidades, as ortogonais podem infletir rapidamente rumo ao tardoz da formação, com uma concentração elevada nas proximidades da ponta, sujeitando-a a forte agitação, deixando a região interna da costa bem protegida. Por outro lado, quando as isóbatas se aprofundam com declividade suave até grandes profundidades, as ortogonais incidentes divergem e a agitação invade toda a zona abrigada, mas com baixos coeficientes de refração, com alguma eventual zona parcialmente abrigada nas proximidades da ponta.

Tendo em vista avaliar situações de agitação no interior de uma baía limitada por pontas ou promontórios, é preciso ter em consideração que o plano de ondas é condicionado significativamente por estes, dependendo essencialmente de uma avaliação dos processos que se desencadeiam neles. Considerando as premissas estabelecidas neste item, pode-se compreender como as obras de Engenharia Portuária e Costeira dependem primordialmente da forma do contorno submarino das saliências extremas, bem como do clima de ondas e do nível da maré. Assim, favorecem o abrigo na baía a forma abrupta da batimetria, a maior obliquidade das ondas incidentes, a irregularidade da costa e a espessura da ponta na direção da incidência das ondas, além, é claro, dos menores comprimento e esbeltez da onda.

As correntes que frequentemente ocorrem nas saliências rochosas costeiras tendem a aumentar o abrigo, dificultando o pivotamento em torno da extremidade da ponta.

1.6.2 Arrebentação

A arrebentação ocorre em virtude da instabilidade que a onda sofre ao encontrar profundidades rasas. À medida que a onda propaga-se sobre fundos de profundidade decrescente, reduz o seu comprimento, ao mesmo tempo em que a altura aumenta, acarretando a redução da celeridade e o aumento da velocidade orbital horizontal. A onda torna-se cada vez mais esbelta e arrebenta, com mudança brusca de sua forma.

O fenômeno da arrebentação das ondas é normalmente associado à desagregação da sua estrutura e ao aparecimento muito rápido de uma forte turbulência.

Quando ocorre a arrebentação, a energia que a onda recebeu do vento é dissipada. Alguma energia é refletida de retorno para o mar, tanto maior quanto maior a declividade (m) da praia (quanto mais suave, menor a reflexão). A maior parcela é dissipada no escoamento turbulento líquido e sólido. Alguma energia produz o fraturamento de rochas e minerais, e ainda mais produz alteração do perfil praial. Quanto ao último aspecto, as ondulações tendem a empinar o perfil, engordando as praias, enquanto as vagas tendem a abater o perfil, erodindo-o.

Havendo um limite físico para o crescimento da esbeltez da onda no empolamento em águas rasas com a redução da profundidade, ocorre a arrebentação com grande dissipação de energia em forma de calor. Assim, a partir do ponto que a onda arrebenta, a altura H_b inicia a se reduzir acentuadamente por causa da dissipação de energia (Figura 1.26). Segundo Kamphuis (2012), esse conceito é o mais objetivo para definir o ponto de arrebentação, de fato, neste ponto, todas as alturas notáveis das ondas definidas pela distribuição de Rayleigh se reduzem em virtude da unicidade deste ponto (h_b e x_b).

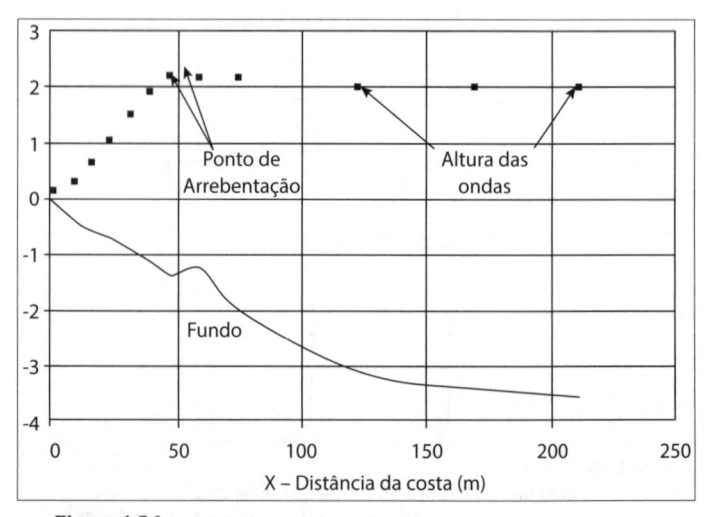

Figura 1.26
Determinação dos parâmetros de arrebentação.

Esse fenômeno não pode ser traduzido pela teoria linear de ondas, e a teoria de onda solitária é que permite obter resultados analíticos sobre o fenômeno, pois considera amplitude finita da onda não linear em profundidade reduzida, sendo a onda longa de comprimento infinito (o nível de seu cavado é o da água em repouso) e, portanto, não periódica. Então, apresenta as características de onda de translação por promover o transporte de massa (ver Figura 1.27).

Antes de atingirem a arrebentação, as ondas podem ser representadas pela teoria linear em um bom trecho de seu percurso de propagação, conforme se verifica na Figura 1.27.

Ao atingirem regiões de menor profundidade, as ondas passam a ter outro comportamento, fugindo do padrão de movimento harmônico simples, caracterizando-se por cavado longo e achatado. A altura da onda aumenta progressivamente e as cristas tornam-se curtas e agudas (ver Figura 1.27).

Assim, são necessárias outras teorias para representar tal propagação, como a teoria cnoidal e a de onda solitária – essa última explica a arrebentação das ondas.

Teoricamente, a forma de onda da onda solitária permanece totalmente acima do nível d'água em repouso e, matematicamente, seu comprimento de onda tende ao infinito.

Miche (1944, apud KAMPHUIS, 2012) estendeu a teoria da esbeltez da onda limite para profundidades limitadas e constantes e generalizou-a para profundidades variáveis, admitindo a propagação integral da energia. Assim, o aparecimento do ponto anguloso na crista do perfil, quando o ângulo das tangentes iguala o mesmo valor de 120° das águas profundas, sendo $0,05 \leq \delta \leq 0,2$, o que corresponde à maioria dos casos práticos, resulta em:

$$\delta_b = 0,14 \tanh\left(\frac{2\pi h_b}{L_b}\right)$$

Observe-se que, para $\delta > 0,2$, a condição da onda limite de Stokes com $\delta_b = 0,14$ passa a ser válida com boa aproximação. Essa equação tem validade para profundidades decrescentes sob a hipótese de que não ocorram reflexões parciais da onda, isto é, com comprimentos de onda e declividades do fundo não muito elevadas.

Outro critério é assimilar a onda progressiva cilíndrica simples na arrebentação como uma onda solitária, para a qual existe um critério simples de arrebentação. Essa possibilidade deriva da validade da equação de Lagrange em águas rasas, bem como de as velocidades na crista de uma onda progressiva diferirem pouco das velocidades na crista de uma onda solitária limite (LARRAS, 1947; 1957, apud ALMEIDA, 1963). Assim, a teoria de onda solitária traduz um movimento irrotacional não linear em profundidade reduzida, podendo ser considerada uma onda progressiva longa de comprimento infinito (o nível de seu cavado é o do nível d'água em repouso), portanto, não periódica. Assim, apresenta as características de onda de translação por promover o transporte de massa. Desse modo, segundo Boussinesq, a celeridade da onda solitária é dada por:

$$c = \sqrt{g(H + h)} = \sqrt{gh(\gamma + 1)}$$

Munk (1949, apud U. S. ARMY, 2002) estabeleceu uma teoria fundamentada nesta analogia, a partir da consideração da conservação da energia para pequena esbeltez de onda em profundidade limitada com variação gradual, estendendo para ondas progressivas cilíndricas simples as equações válidas para ondas solitárias na arrebentação:

$$\frac{H_b}{H_o^{'}} = \frac{1}{3,3\sqrt[3]{\dfrac{H_o^{'}}{L_o}}}$$

$$\frac{h_b}{H_b} = 1,28$$

Comparando-se o critério de Miche, da esbeltez da onda limite, com o de Munk, que considera onda de translação, observa-se uma boa concordância para $0,005 < \delta_0 < 0,07$, que são normalmente os valores mais comuns, uma vez que, pelo critério de Miche, obtém-se $h_b/H_b = 1,15$ e $1,40$ e, pelo critério de Munk, $1,28$. Pelas próprias premissas com que são deduzidas as equações dos dois critérios, o de Miche adapta-se melhor para $\delta_0 > 0,07$ e o de Munk para $\delta_0 < 0,005$. Arrebentações parciais podem surgir quando δ for superior a $0,08$.

É evidente que a mudança da forma de onda da teoria linear para a forma de onda da teoria da onda solitária não se dá bruscamente, existe uma zona de transição, que poderá ser mais ou menos extensa, quando outra teoria, por exemplo, a teoria cnoidal de ondas, estaria mais de acordo com a realidade.

Segundo a teoria de Stokes, em grandes profundidades, a condição limite da arrebentação ocorre quando o ângulo interno das tangentes à crista da onda forma 120° (ver Figura 1.27), fazendo com que apareça um ponto anguloso na extremidade superior da crista. Esse limite de esbeltez ocorre quando a velocidade orbital horizontal da crista da onda iguala-se à celeridade da onda. Um aumento da esbeltez resultaria em uma velocidade da partícula da crista da onda superior à celeridade da onda e, consequentemente, instabilidade.

A condição de velocidade limite corresponde a uma forma limite do perfil da onda solitária e da dinâmica da onda que foram estudadas pelo matemático McCowan (1891, apud CASTANHO, 1966). Segundo Mc Cowan, a velocidade das partículas da crista iguala a velocidade de propagação da onda quando a altura da onda propagando-se como onda solitária corresponde a 0,78 da profundidade. A partir dessa situação limite, a onda arrebentará parcialmente sob a forma de arrebentação progressiva ou se deformará para arrebentar mais tarde sob a forma mergulhante:

$$\gamma_{máx} = \frac{H}{h} = 0,78$$

sendo $\gamma_{máx}$ o índice limite de arrebentação.

Nas praias de declividade mais suave, normalmente, há dois tipos fundamentais de arrebentação das ondas: a progressiva (*spilling* em inglês) e a mergulhante (*plunging* em inglês).

No primeiro, designado por arrebentação progressiva ou deslizante (ver Figura 1.28), a onda empola mantendo praticamente a sua forma simétrica até que uma pequena emulsão ar-água aparece na crista ou nas suas proximidades. Esse início da arrebentação progride até cobrir em geral toda a frente da onda, mantendo-se a zona turbulenta mais ou menos junto da superfície. Enquanto se processa o fenômeno da arrebentação, a onda continua a propagar-se, mantendo em grande parte seu perfil simétrico até a linha da costa (profundidade zero). As arrebentações observadas nas praias durante uma tempestade, quando as ondas são mais esbeltas (vagas), são deste tipo.

No segundo processo de arrebentação, designado por arrebentação mergulhante ou em voluta, tem-se um processo muito mais rápido e violento de dissipação de energia (macroturbulência) (ver Figura 1.29). Com a diminuição de profundidade, há uma forte deformação do perfil da onda: a frente da onda encurta e torna-se cada vez mais inclinada

Figura 1.27
Elevação da alteração do perfil da onda com a profundidade.

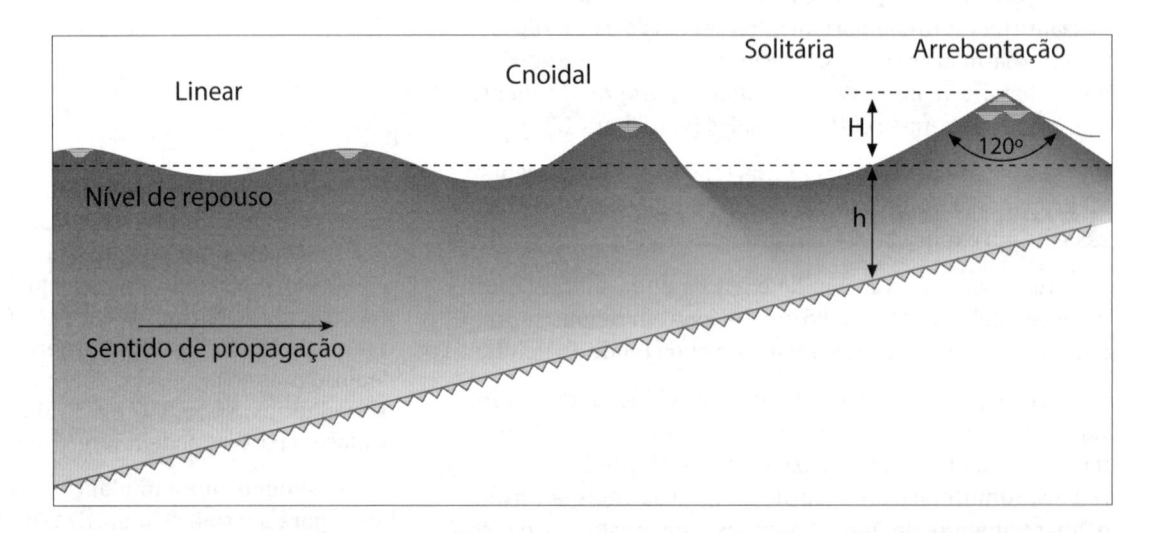

Figura 1.28
Arrebentação progressiva na Praia dos Pescadores em Itanhaém (SP).

Figura 1.29
Arrebentação mergulhante na Praia de Massaguaçu em Caraguatatuba (SP).

(frente côncava), enquanto o tardoz se alonga tornando-se cada vez mais suave (convexo). Em dado momento, há um basculamento da crista da onda, a frente torna-se vertical e a parte superior da crista galga o corpo inferior da onda, caindo em voluta ou mergulho com considerável força, dissipando a energia em curta distância com grande turbulência. As arrebentações mergulhantes em praias de declividade suave estão usualmente associadas com as longas ondulações produzidas por tempestades distantes e caracterizam climas de ondas mais calmos. As vagas de tempestades locais raramente produzem arrebentações mergulhantes em praias de declividade suave, mas podem produzi-las em declividades mais íngremes.

Existem mais dois tipos de arrebentações que ocorrem em costas de declividades mais acentuadas: a arrebentação colapsante (*surging* em inglês), que se assemelha à mergulhante mas não apresenta voluta, ocorrendo o colapso da frente da onda. Ocorre um inchamento súbito da crista, com aparecimento de espuma na parte superior da frente, que apresenta, então, uma forma alongada. E nas costas mais íngremes, incluindo os costões rochosos, outro tipo de arrebentação é produzido por ondas de baixa esbeltez, em que a frente permanece relativamente íntegra à medida que as ondas deslizam praia acima, sendo a zona de arrebentação muito estreita e, frequentemente, mais da metade da energia da onda é refletida de retorno para águas mais fundas.

Fenômeno semelhante ao da arrebentação na costa pode ocorrer em grandes profundidades com ondas de grande esbeltez. Trata-se de uma arrebentação parcial na crista, com a formação de espuma na parte superior, que costuma ser denominada carneiros, ou carneirada. No mar, isso normalmente só ocorre por ação do vento.

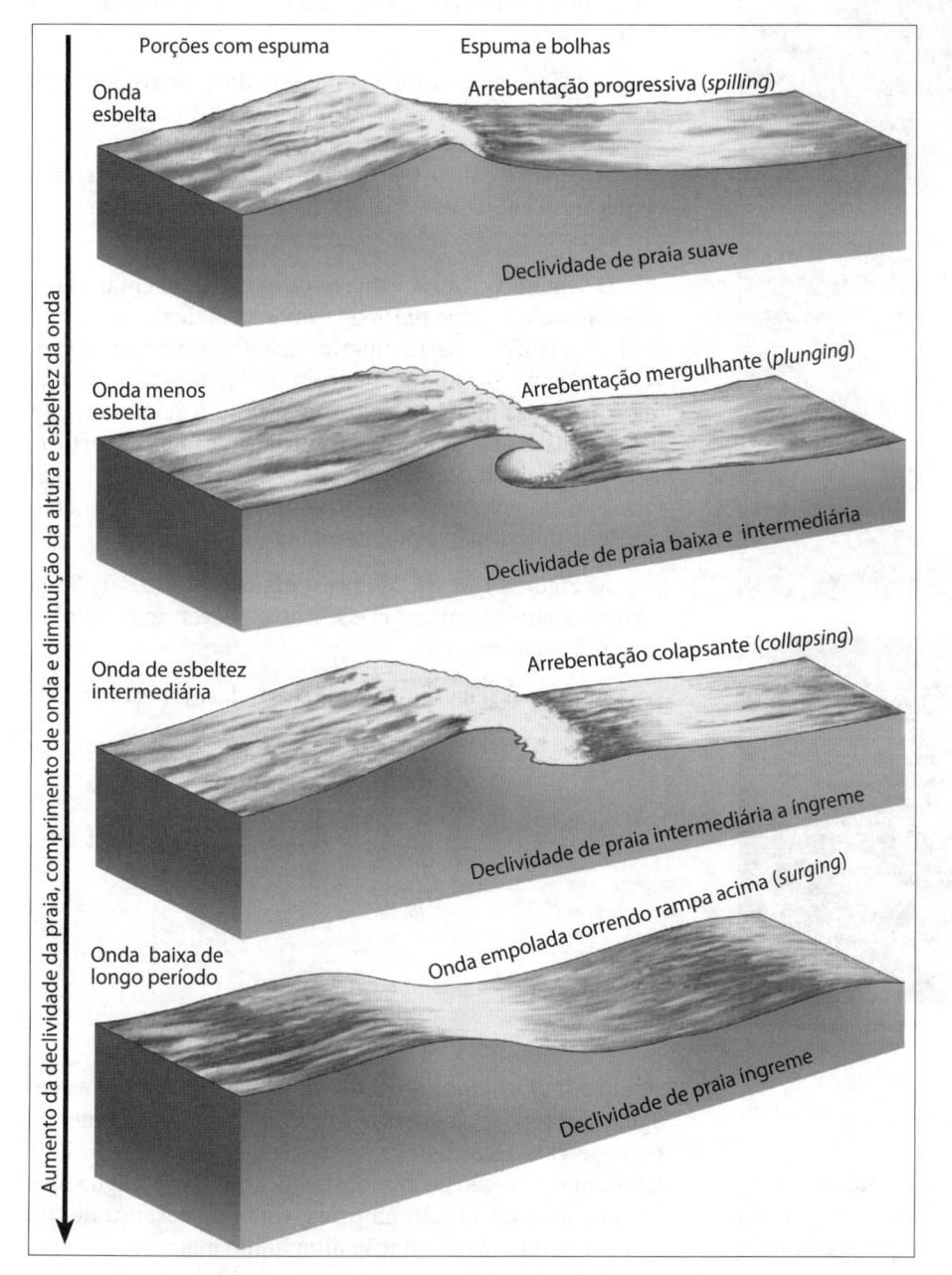

Figura 1.30
Quatro formas de arrebentação e suas relações com declividade da praia, período da onda, comprimento, altura e esbeltez.

O tipo de arrebentação é associado normalmente com a declividade da praia e a esbeltez da onda (ver Figura 1.30, com arrebentações em canal de ondas). Praias suaves são propícias à arrebentação progressiva, enquanto as praias mais íngremes, também chamadas reflexivas, favorecem a arrebentação mergulhante. Por outro lado, ondas de maior esbeltez favorecem a arrebentação progressiva, enquanto ondas de fraca esbeltez proporcionam a arrebentação mergulhante.

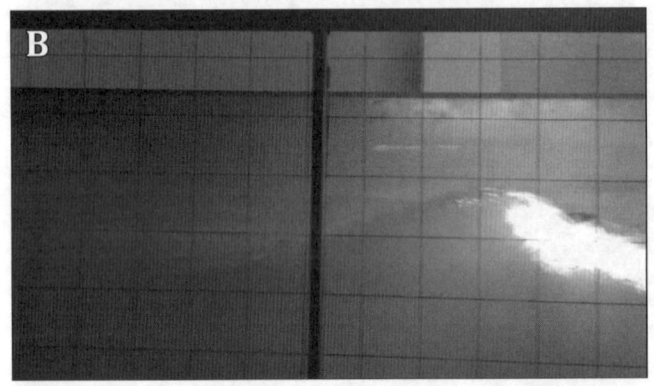

Figura 1.30
(A) Arrebentação colapsante.
(B) Arrebentação mergulhante.
(C) Arrebentação progressiva.

Em cada profundidade, a onda não pode transmitir uma quantidade de energia superior àquela que corresponde à onda limite relativa a essa profundidade. Sempre que houver essa tendência, a onda arrebenta parcialmente e perde energia, de modo que a sua altura desce para o valor correspondente à onda limite. No caso da arrebentação progressiva, existe uma contínua diminuição de altura da onda até se anular na linha da costa, mantendo em cada profundidade as características da onda limite do índice de arrebentação máximo, o que dá um aspecto mais agitado ao mar em razão do período mais extenso de arrebentação, havendo bem pouca reflexão de quantidade de movimento de retorno para o mar. No caso da arrebentação mergulhante, por causa do maior declive da praia, a perda de energia por unidade de comprimento percorrido pela onda na arrebentação é inferior à diferença entre as energias das ondas limites no trecho, havendo uma descontinuidade, que é o macaréu (onda de choque) que atinge a linha da costa com amplitude superior a zero, produzindo importante espraiamento pelo estirâncio (que nas praias mais suaves é insignificante), com pouca reflexão de retorno para o mar.

A razão pela qual as ondas arrebentam pode ser explicada, então, por dois critérios: o da velocidade limite e o da forma limite.

O primeiro critério estabelece que a arrebentação ocorre quando a velocidade orbital das partículas na crista atinge a celeridade da onda. Quando isso acontece, as partículas tendem a galgar o próprio perfil da onda, que, então, começará a entrar em colapso. Essa hipótese parece ser a que se verifica na arrebentação progressiva.

O segundo critério estabelece que a arrebentação começa quando alguma parte da frente da onda torna-se vertical. Pelo fato de a parte superior do perfil propagar-se com velocidade maior do que a parte inferior, o perfil torna-se fortemente assimétrico. A parte superior do perfil alcança a parte mais baixa, ficando a frente praticamente vertical, após o que a onda acaba por galgar a parte inferior, projetando-se em voluta sobre a massa d'água e constituindo o processo de arrebentação mergulhante.

As Figuras 1.31 e 1.32 apresentam os gráficos de Goda e Weggel que permitem classificar e prever as condições de arrebentação.

O gráfico da Figura 1.31 pode ser traduzido pela equação:

$$\frac{H_b}{h_b} = 0,17 \frac{L'_o}{h_b} \left\{ 1 - e^{-\left[\frac{1,5\pi h_b \left(1+15m^{\frac{4}{3}} \right)}{L'_o} \right]} \right\}$$

sendo o índice $'_o$ indicativo de características de ondas em águas profundas sem refração. Com esse procedimento, pode-se classificar as arrebentações, desde que não haja nenhuma alteração de monta significativa entre a água profunda e a arrebentação na praia, como a presença de um obstáculo, ou a arrebentação num fundo mais raso.

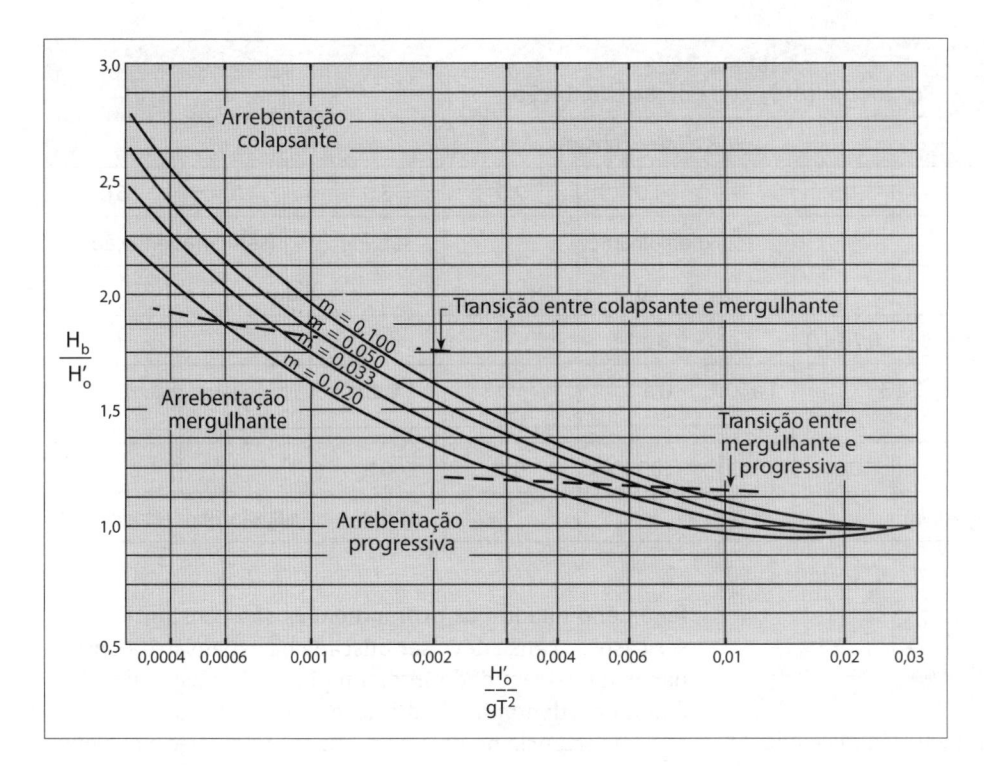

Figura 1.31
Altura de arrebentação adimensionalizada, em função de parâmetro ligado à esbeltez em água profunda.

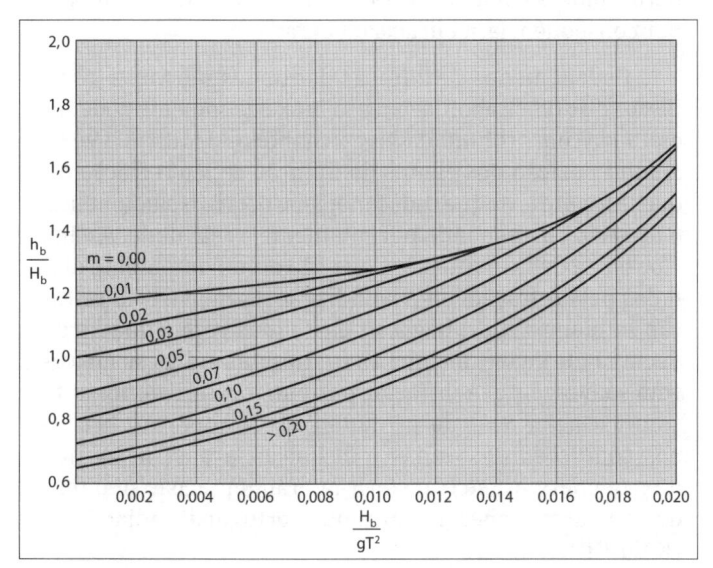

Figura 1.32
Inverso do índice de arrebentação, em função de parâmetro de esbeltez na arrebentação.

O gráfico da Figura 1.32 pode ser equacionado como:

$$\frac{h_b}{H_b} = \frac{1}{b - \left(\dfrac{aH_b}{gT^2}\right)}$$

Sendo:

$$a = 43,75\left(1 - e^{-19m}\right)$$

$$b = \frac{1,56}{\left(1 + e^{-19,5m}\right)}$$

Battjes (1974, apud MASSIE, 1980) concluiu que um parâmetro de semelhança da arrebentação, ξ_o, também denominado número de Iribarren, poderia envolver três das variáveis mais importantes no processo de arrebentação:

$$\xi_o = \frac{m}{\sqrt{H_o / L_o}}$$

A quarta variável, h_b, pode ser obtida a partir do índice de arrebentação Υ, sendo que Battjes propõe uma correlação aproximada entre esses dois últimos parâmetros, que foi ajustada para $0,05 < \xi_o < 2$ pela equação:

$$\gamma = \xi_o^{0,17} + 0,08$$

Outro resultado, proposto por Swart (1974, apud MASSIE, 1980), define um parâmetro p, que varia de 0,0, para arrebentação progressiva, a 1,0, para arrebentação mergulhante, também com a seguinte proposta de correlação entre Υ e p:

$$\gamma = 0,33p + 0,46$$

A Tabela 1.8 sintetiza as propriedades observadas na zona de arrebentação, sendo o número de ondas arrebentando referente ao esperado em cada instante, e o coeficiente de reflexão é definido como o quociente entre as alturas das ondas refletida e incidente.

Os critérios de arrebentação anteriores foram desenvolvidos para ondas regulares, monocromáticas. Para ondas irregulares, Kamphuis (2012) propõe:

Tabela 1.8
Propriedades da zona de arrebentação

Item	Valores e observações							
ξ_0	$\approx 0{,}1$	0,5		1,0	2,0	3,0	4,0	5,0
Tipo de arrebentação	progressiva			mergulhante		*surging*	(sem arrebentação)	
p	0,0			1,0		(inválido)		
Y	0,5 a 0,8	0,7 a 1,0		0,8 a 1,1		1,2		
Número de ondas arrebentando	6 a 7	2 a 3	1 a 2	0 a 1		0 a 1		
Coeficiente de reflexão	10^{-3}	0,01		0,1	0,4	0,8		
Tipo de absorção	absorção (onda progressiva)						reflexão (onda estacionária)	

$$H_{sb} = 0{,}095\ e^{4{,}0\ m}\ L_{bp}\ \tanh\left(\frac{2\pi h_b}{L_{bp}}\right)$$

sendo L_{bp} o comprimento de onda na arrebentação calculado com T_p e:

$$\frac{H_{sb}}{h_b} = 0{,}56\ e^{3{,}5\ m}$$

Na prática, as alturas das ondas em águas rasas variam em um trem de ondas normalmente entre 2/3 e 4/3 da altura média, fazendo com que não exista, na realidade, uma linha de arrebentação, mas uma faixa, tirando grande parte do interesse de uma grande precisão na determinação de uma profundidade de arrebentação fixa. Além disso, as ondas incidentes produzem sempre uma certa reflexão parcial, que produz um *clapotis* irregular nas proximidades da costa, o qual, mesmo de pouca importância, muda continuamente seus ventres, alterando as condições de arrebentação.

A declividade, a rugosidade e a permeabilidade do fundo também influenciam na arrebentação. Segundo Stoker (1957, apud ALMEIDA, 1963), sobretudo a altura da arrebentação pode aumentar até aproximadamente 60% para as maiores declividades observadas nas praias. Por outro lado, pelo efeito de maiores rugosidade e permeabilidade do fundo, a arrebentação tende a ocorrer em áreas mais rasas, e o quociente entre a altura da onda na arrebentação e em águas profundas, que normalmente é superior a 1, pode ser bem inferior à unidade, especialmente se o fundo for pouco inclinado.

1.7 DIFRAÇÃO

1.7.1 Características gerais

A propagação das ondas em regiões com obras de abrigo, ou acidentes naturais da costa, pode ser, em muitos casos, explicada pelo encurvamento das ortogonais em função da batimetria. No entanto, a refração não contempla esse fenômeno quando as profundidades são constantes. Nesses casos, a causa deve ser buscada na expansão da onda a partir da extremidade interrompida pelo obstáculo. Esse fenômeno, denominado difração, tem particulares interesse e importância no projeto de abrigo portuário e costeiro, permitindo avaliar o nível de amortecimento da onda e, por consequência, a eficácia da obra.

Os fenômenos de difração das ondas são muito complexos e de difícil abordagem analítica, que somente pode ser efetuada com profundidades constantes (ALMEIDA, 1963). A sobreposição dos efeitos da difração com a refração requer a hipótese de que cada fenômeno ocorra isoladamente, o que não corresponde perfeitamente à realidade. Assim, é possível definir situações que são dominantemente afetadas pela refração, ou pela difração. Como visto, a refração influencia a propagação das ondas com isóbatas de declividade suave, em que as frentes das ondas se encurvam suavemente. A difração, por outro lado, é dominante com variação nula de profundidade e alteração brusca nas condições das ondas induzida pela obstrução, que força a energia a se transferir lateralmente, não mantendo constante a energia entre duas ortogonais adjacentes (KAMPHUIS, 2012).

A difração é o fenômeno tridimensional oriundo do resultado de uma atenuação da agitação por causa da presença de um obstáculo, sendo responsável pela propagação das ondas nas zonas de sombra geométrica referidas ao rumo das ondas. Na difração, analogamente ao que se conhece com a propagação das ondas eletromagnéticas, a energia é transferida ao longo das frentes de ondas, transversalmente às ortogonais, com celeridade igual à da onda.

Podem distinguir-se cinco zonas principais em torno de um obstáculo atingido pelas ondas (Figura 1.33(A)):

(1) Zona de incidência e reflexão situada frontalmente ao obstáculo, sendo que, no limite de alimentação, inicia-se a redução de amplitude da onda. A superposição de ondas incidentes e refletidas causa a aparência de mar de ondas de crista curta quando a incidência é oblíqua, enquanto para incidência ortogonal forma-se uma onda estacionária parcial.

(2) Zona de incidência, em que deixa de sentir-se a influência do obstáculo.

(3) Zona de alimentação, caracterizada por ceder parte de sua energia, na qual inicia a redução de amplitude.

(4) Zona de expansão, em que o encurvamento das frentes de ondas se inicia.

(5) Zona totalmente abrigada (sombra real).

1.7.2 Difração no tardoz de quebra-mar semi-infinito, rígido e impermeável

Quando uma onda passa do extremo de um obstáculo, como mostrado na Figura 1.33, esse extremo pode ser considerado como uma fonte de geração de ondas que se propagam progressiva e radialmente na zona de sombra no tardoz do obstáculo, com mesmos período e fase da onda incidente. A altura da onda decresce à medida que se procede ao longo dos arcos das frentes de ondas na zona de sombra. Seguindo essa simplificada explicação física, a Figura 1.33(A) apresenta o processo simplificado de Iribarren para o cálculo da difração, que é válido para qualquer ângulo de incidência sobre o extremo do obstáculo. Nesse processo, desprezam-se os efeitos de refração na zona de sombra (pequena variação de profundidade) e as reflexões nas faces externa e interna do obstáculo. Na Figura 1.33(B), apresenta-se o gráfico da difração de Iribarren e isolinhas do gráfico de Wiegel para a dupla difração a 90°, de

onda com 135° NV em águas profundas, $T_p = 7,0$ s, $H_{so} = 4,0$ m, incidindo no tardoz da Ilha da Laje, na margem oeste da entrada da Baía de Guanabara (Rio de Janeiro, RJ). Nas Figuras 1.33 (C), (D) e (E) são apresentadas as características da difração, da mesma onda ao largo, em torno aos molhes da Marina da Glória, incluindo a Figura 1.33(E) a superposição com uma imagem de satélite. As Figuras 1.34 a 1.45 apresentam os gráficos de Wiegel (1962, apud U. S. ARMY, 1984) da variação do coeficiente de difração $K_d = (H_d/H_i)$, sendo H_i a altura em torno da extremidade de obstáculo semi-infinito.

Estes gráficos são válidos para ondas regulares monocromáticas, sendo interessante observar que a direção de incidência assinalada, que corresponde ao limite de expansão, não sofre encurvamento e corresponde a $K_d = 0,50$. Esses gráficos abrangem uma grande gama angular de propagação das ondas, de modo que, na prática, costuma-se adotar a angulação mais próxima da direção de propagação, não sendo necessária a interpolação entre gráficos, mesmo porque a acurácia com a qual a onda de projeto é conhecida não justifica esse refinamento.

A Figura 1.36(B) apresenta um exemplo de aplicação prática de estudo para definição de locação de um molhe de abrigo de uma área portuária. Trata-se de uma incidência de onda a 45°. Por meio dessa avaliação, pode-se verificar a necessidade de implantação de um segundo molhe, o qual, por procedimento análogo, produzirá uma segunda difração, a qual proverá o abrigo necessário para a área portuária.

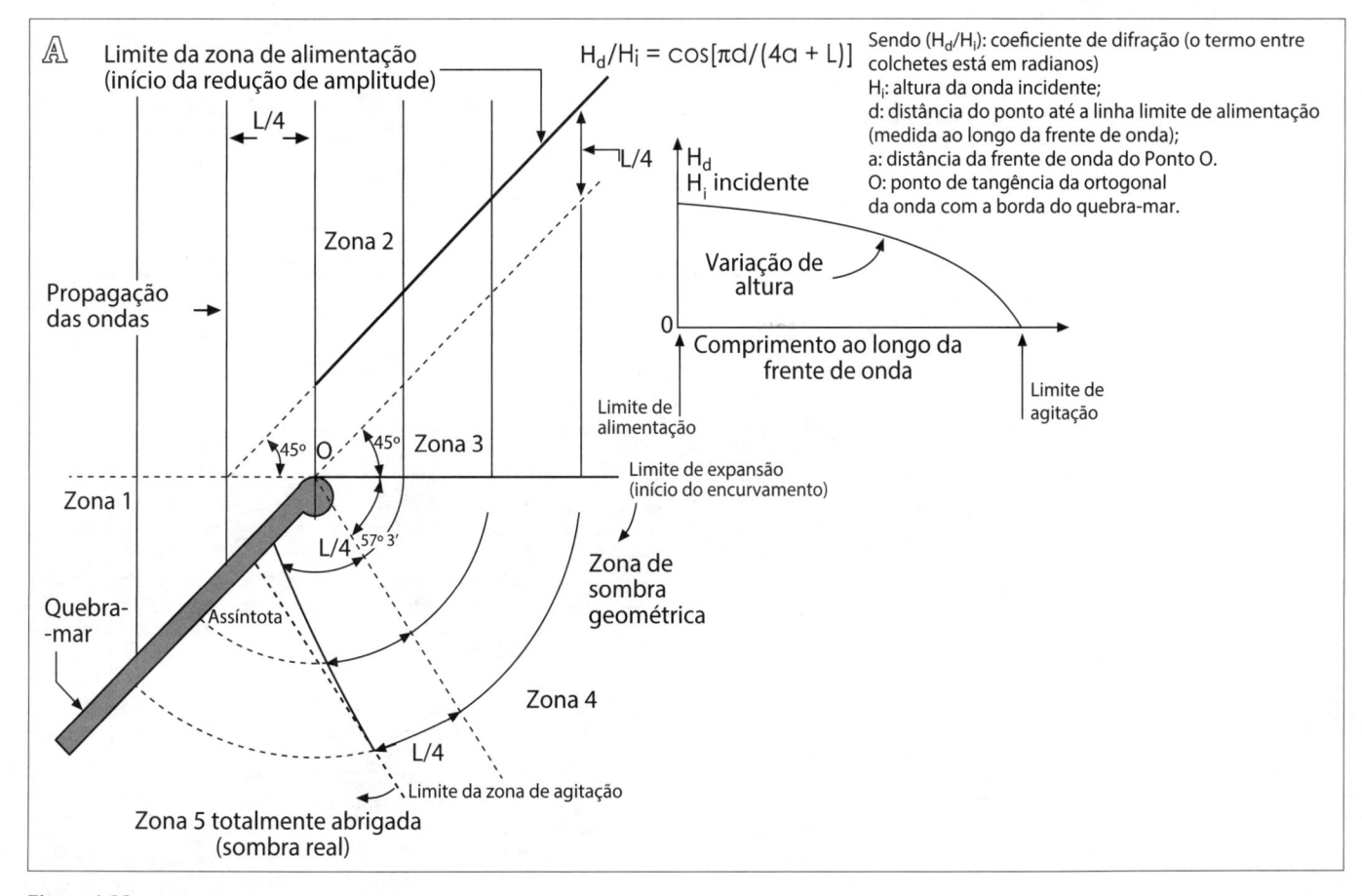

Figura 1.33
(A) Método simplificado de Iribarren (1941) para cálculo de difração.

Os gráficos das Figuras 1.34 a 1.45 mostram o quebra-mar estendendo-se à direita de quem olha para sotamar, exceto a Figura 1.39(B). Caso a estrutura encontre-se do lado oposto ao assinalado, basta espelhar o gráfico. O ângulo de referência é medido da direção do alinhamento do quebra-mar em sentido anti-horário para a direção da onda incidente. As coordenadas x e y são positivas, respectivamente, da extremidade rumo ao quebra-mar e da extremidade rumo à área difratada.

Outra observação relevante é quanto ao posicionamento das frentes de ondas, as quais podem ser aproximadas por arcos de circunferência. Quando se trata do cabeço de um molhe, os arcos centram-se no pé do talude da extremidade, sendo que as frentes além do limite de expansão (K_d = 0,50) para o largo mantêm-se aproximadamente retilíneas, enquanto as frentes que se propagam na sombra geométrica seguem o padrão de arcos de circunferência, como mostrado por Iribarren.

Johnson (1951) propôs um diagrama genérico, que inclui as frentes de ondas, para delinear a difração em torno à extremidade de um quebra-mar semi-indefinido, considerando uma faixa de validade do ângulo formado entre o alinhamento do quebra-mar e a direção das ondas de 45° e 135° (Figuras 139 (B) e (C)), que é a zona angular mais importante para os projetos portuários.

No caso de um quebra-mar propriamente dito, isto é, com duas extremidades expostas a ondas, gera-se difração

Figura 1.33
(B) Dupla difração segundo Iribarren e isolinhas de Wiegel para ângulos de incidência a 90° nas extremidades da Ilha da Laje, margem oeste da entrada da Baía de Guanabara (Rio de Janeiro, RJ). Estão indicadas nas extremidades da ilha a altura e o comprimento de onda incidentes e a profundidade para cada ortogonal.
(C) Difração segundo Iribarren e isolinhas de Wiegel para ângulo de incidência a 90° na extremidade do Molhe Leste da Marina da Glória junto ao Aeroporto Santos Dumont, Baía de Guanabara (Rio de Janeiro, RJ). Estão indicadas na extremidade do molhe a altura e comprimento de onda incidente e a profundidade.

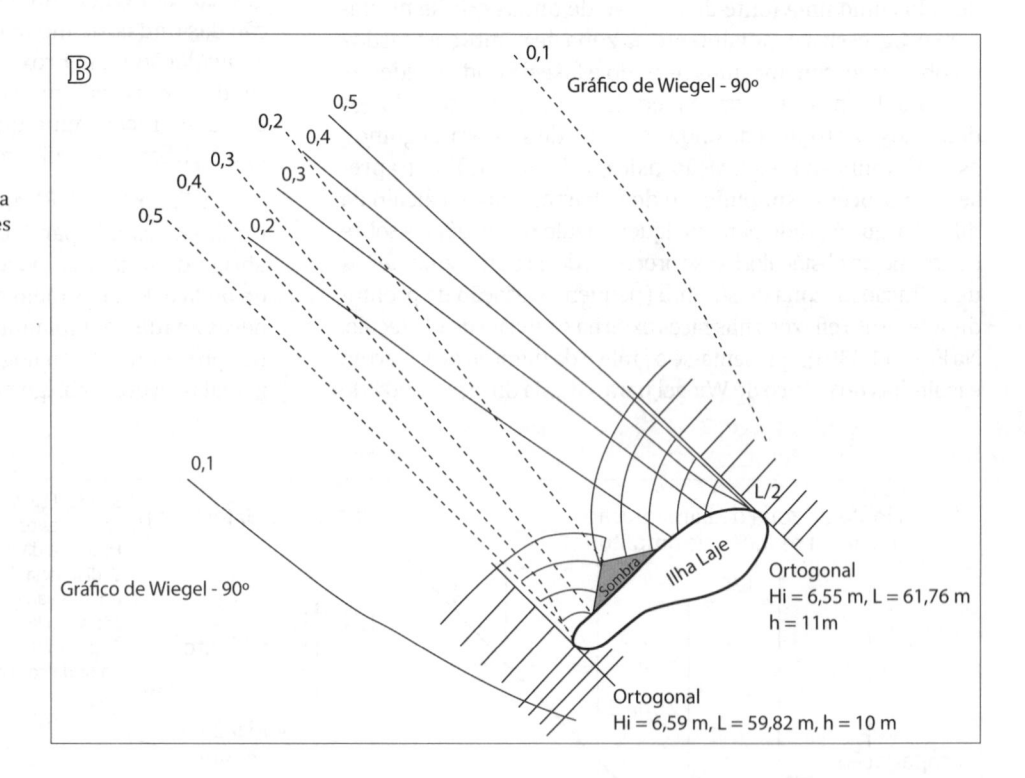

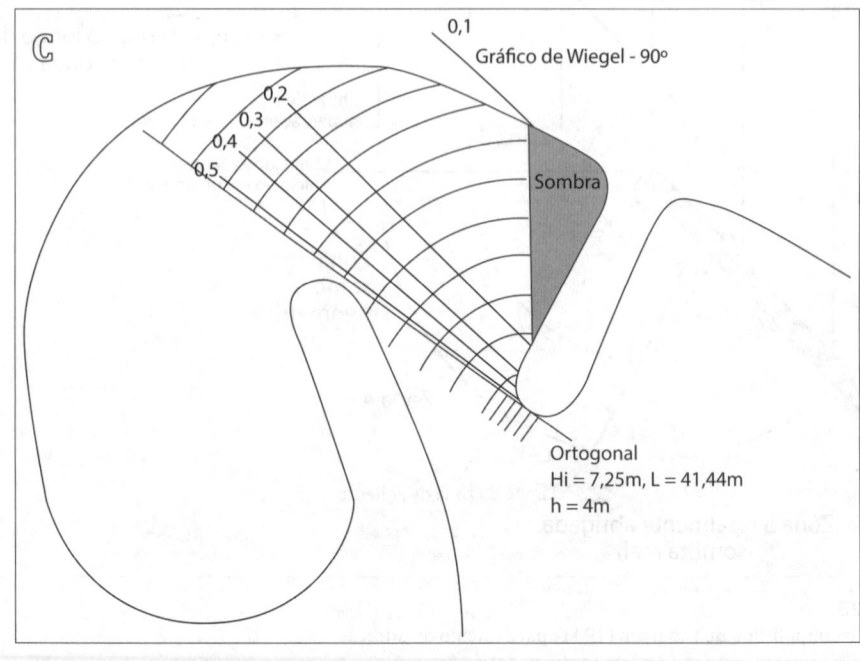

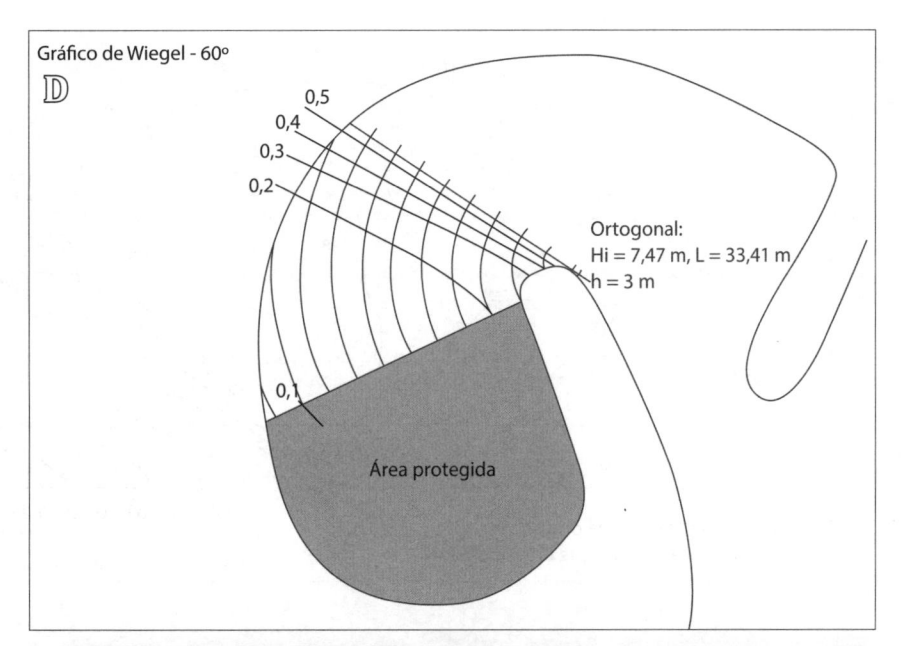

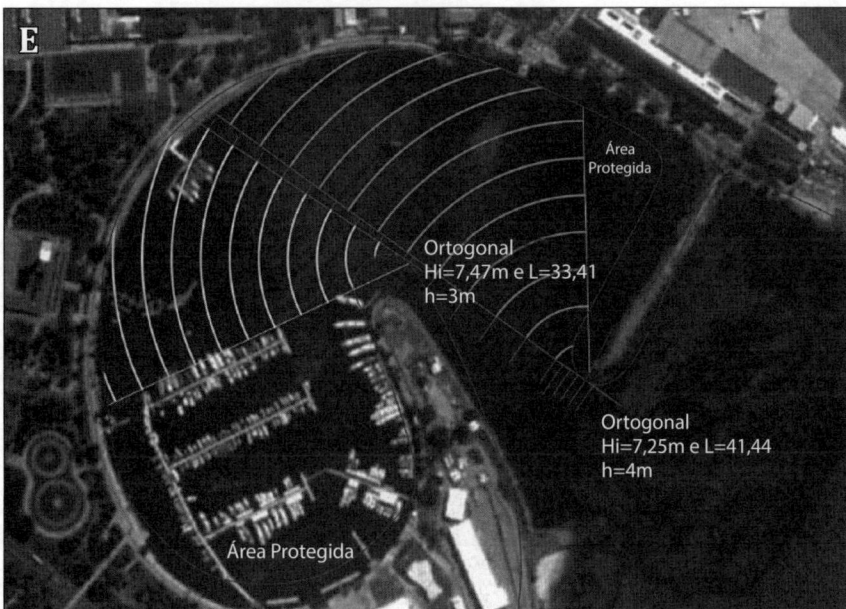

Figura 1.33
(D) Difração segundo Iribarren e isolinhas de Wiegel para ângulo de incidência a 60° na extremidade do Molhe Oeste da Marina da Glória junto ao Aterro do Flamengo, Baía de Guanabara (Rio de Janeiro, RJ). Estão indicadas na extremidade do molhe a altura e comprimento de onda incidente e a profundidade.
(E) Difrações segundo Iribarren nas extremidades dos Molhes da Marina da Glória, Baía de Guanabara (Rio de Janeiro, RJ). Estão indicadas nas extremidades dos molhes as alturas e os comprimentos das ondas incidentes e as profundidades.

Figura 1.34
Planimetria de difração de onda com ataque de 15°.

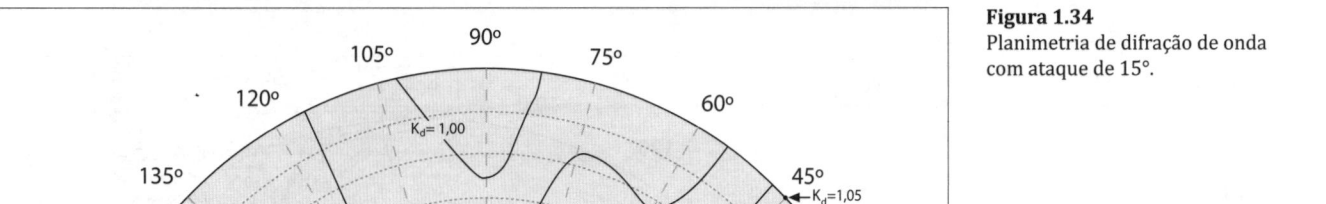

Figura 1.35
Planimetria de difração de onda com ataque de 30°.

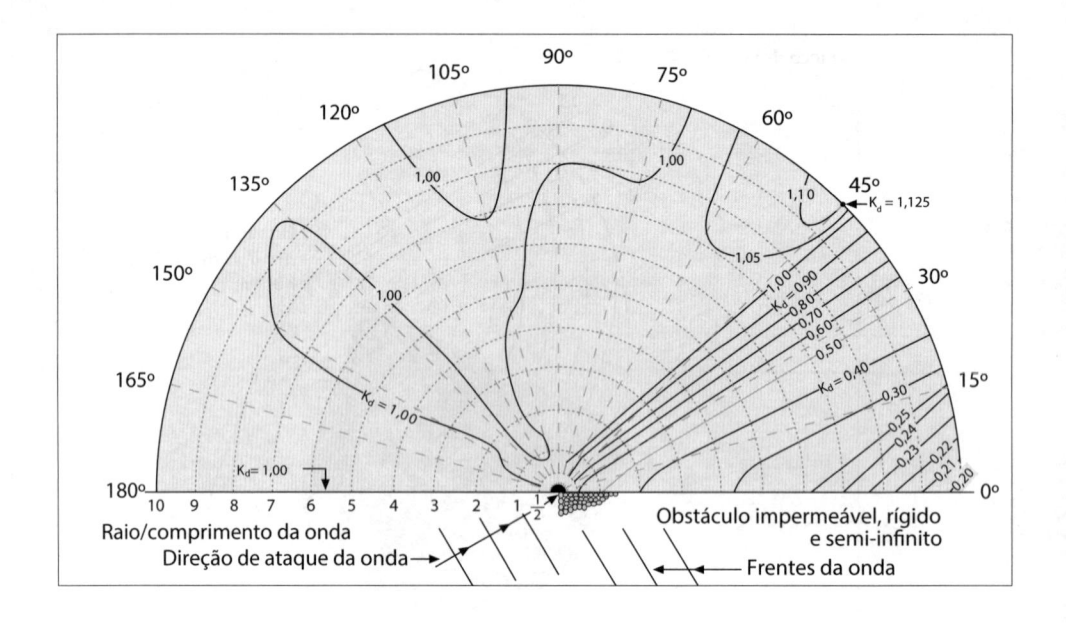

Figura 1.36
(A) Planimetria de difração de onda com ataque de 45°.
(B) Aplicação prática em um estudo de abrigo portuário. Emprego do gráfico de Wiegel para difração em torno do molhe principal.

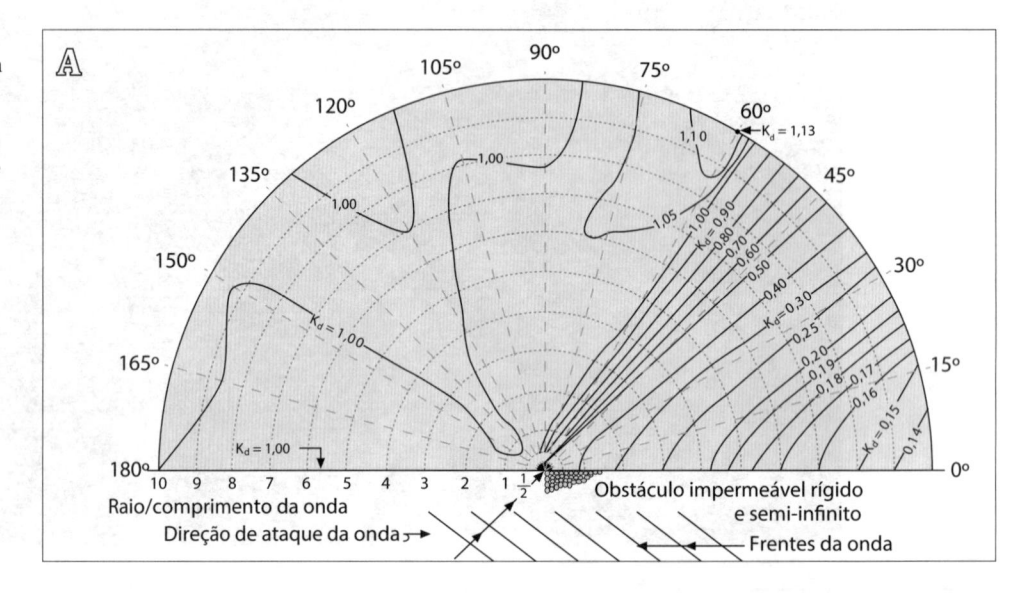

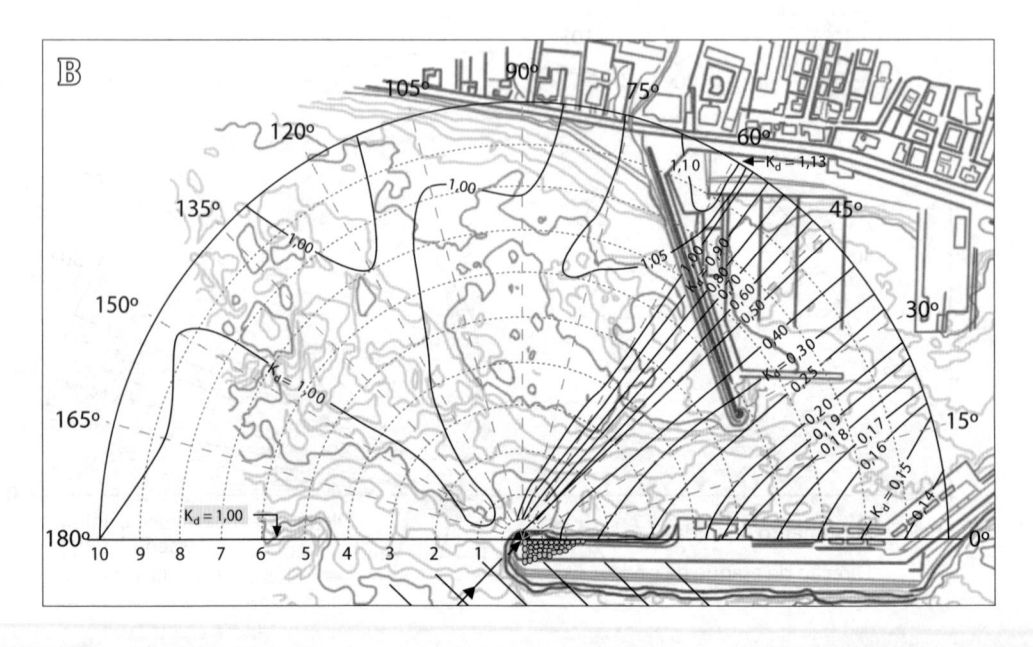

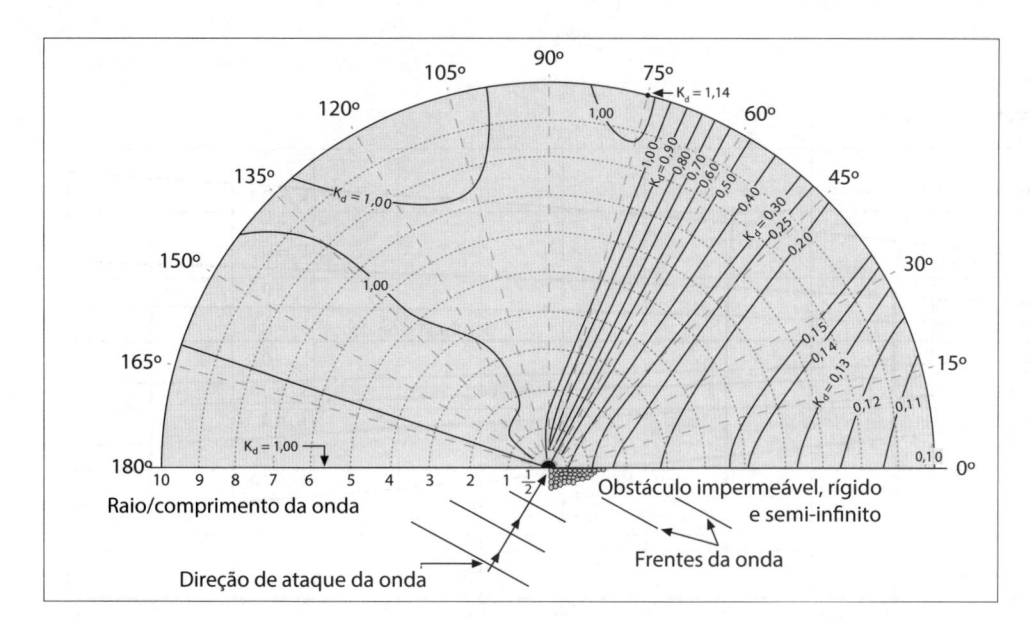

Figura 1.37
Planimetria de difração de onda com ataque de 60°.

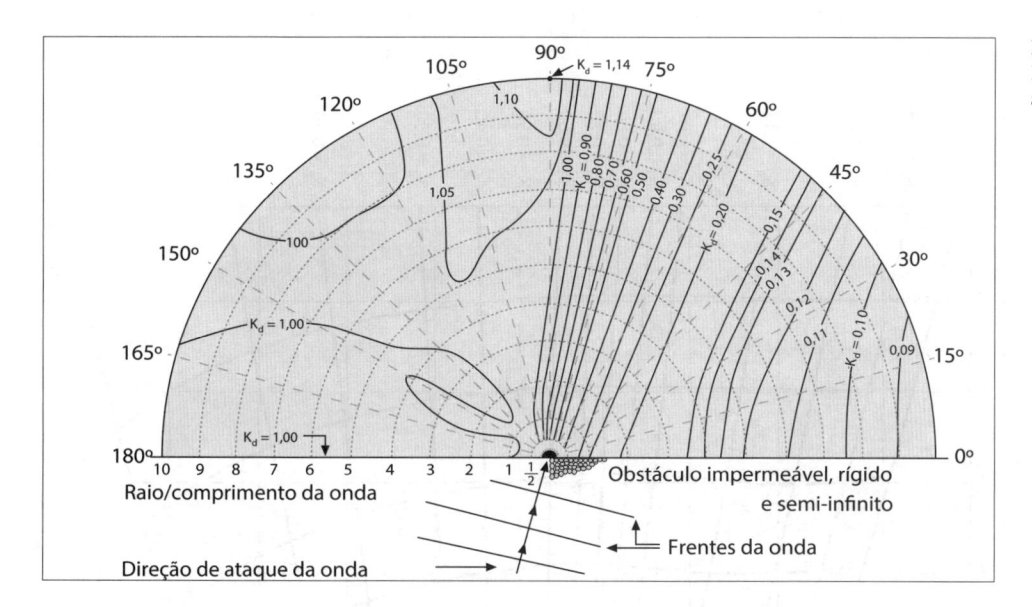

Figura 1.38
Planimetria de difração de onda com ataque de 75°.

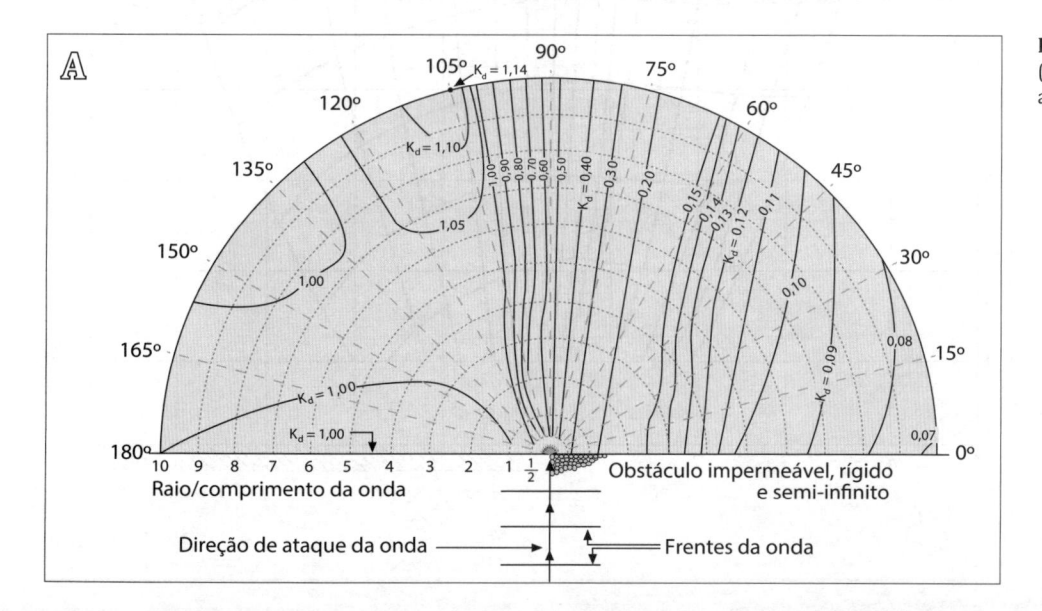

Figura 1.39
(A) Planimetria de difração de onda com ataque de 90°.

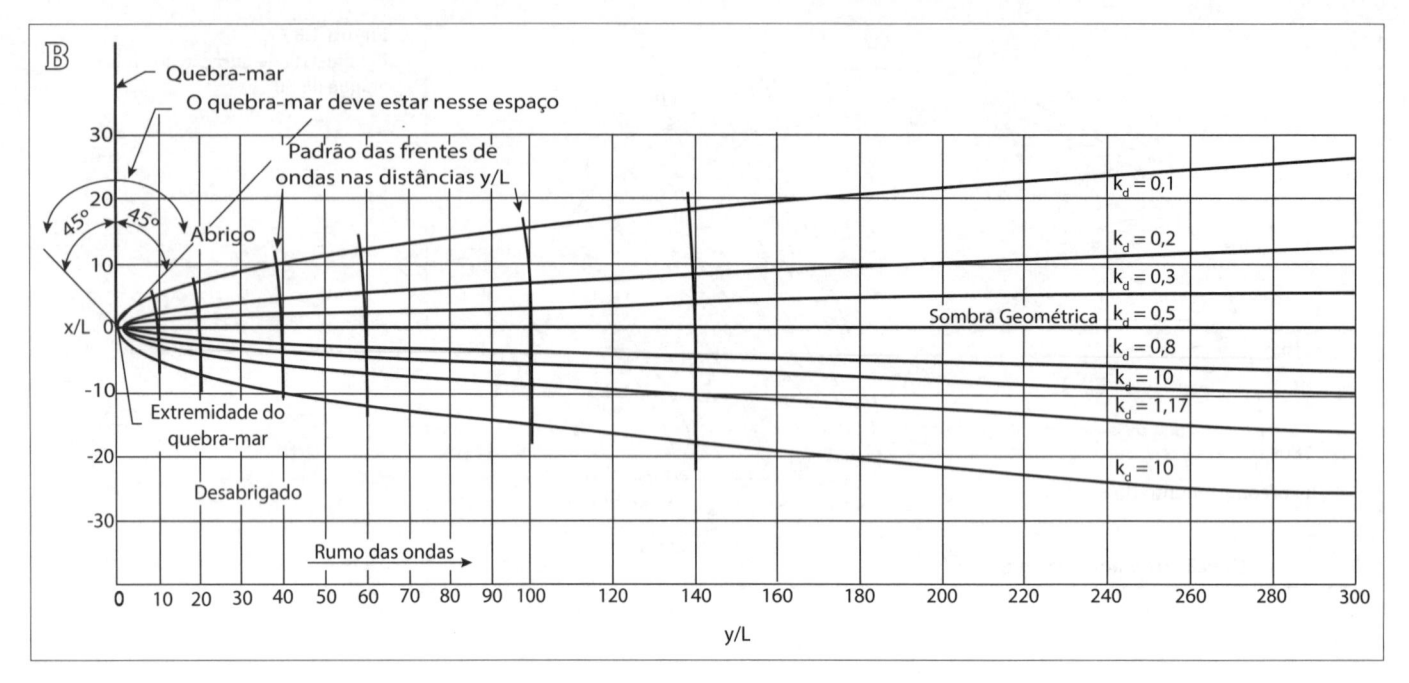

Figura 1.39
(B) Diagrama genérico de coeficientes de difração de Johnson para a difração em torno à extremidade de quebra-mar semi-indefinido.
(C) Detalhamento do diagrama genérico de coeficientes de difração de Johnson para a difração em torno à extremidade de quebra-mar semi-indefinido.

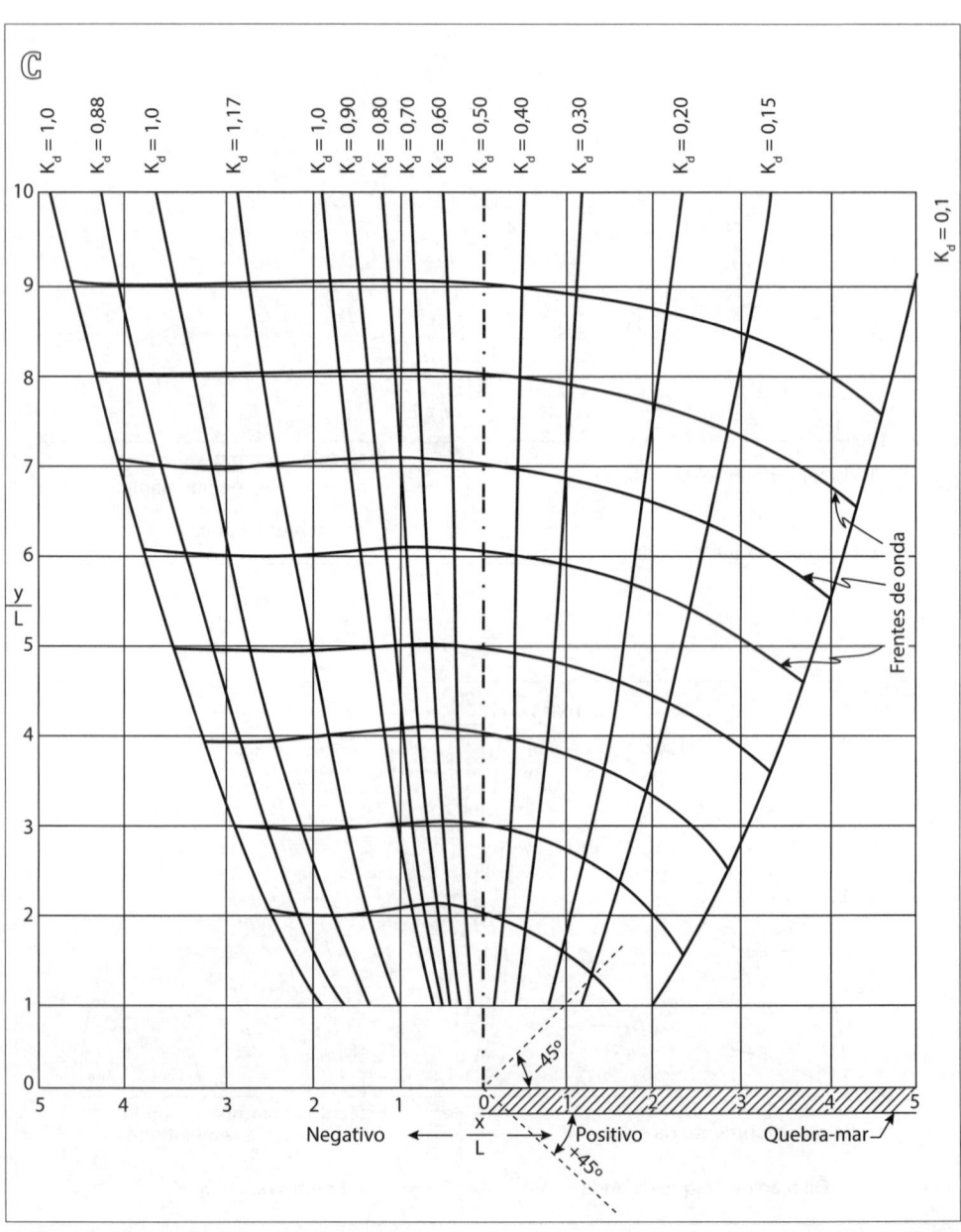

em suas duas extremidades. Uma solução aproximada pode ser vista na Figura 1.41(B). Procede-se à superposição dos diagramas de difração de quebra-mares semi-infinitos, cada um centrado numa extremidade, sendo um espelhado. Segundo U. S. Army (1984), essa aproximação é válida a partir de dois comprimentos de onda no tardoz do quebra-mar e além, não sendo válida nas proximidades da estrutura. É possível definir isolinhas de mesma diferença de fase (β) entre as frentes de ondas, como mostrado na Figura 1.41(B). A composição dos coeficientes de difração pode ser calculada, segundo U. S. Army (1984), pela equação:

$$K_d^2 = K_{d\,extr\,esq}^2 + K_{d\,extr\,dir}^2 + 2\,K_{d\,extr\,esq}^2\,K_{d\,extr\,dir}^2\,\cos(\beta)$$

Sendo:

K_d: coeficiente de difração composto resultante

$K_{d\,extr\,esq}$: coeficiente de difração da onda em torno da extremidade esquerda

$K_{d\,extr\,dir}$: coeficiente de difração composto resultante em torno da extremidade direita

β: diferença angular de fase entre as duas componentes de ondas

O efeito da difração sobre a onda depende da frequência e do rumo da onda incidente, o que faz com que, em ondas irregulares com um determinado espectro direcional de energia, cada componente seja afetado diferentemente pela difração, com variados coeficientes de difração na sombra do quebra-mar. Goda (2000, apud U. S. ARMY, 2002), empregando uma distribuição espectral por frequência similar

ao espectro JONSWAP, obteve os gráficos apresentados na Figura 1.39(D) para vagas de espalhamento direcional muito amplo e marulhos com espalhamento direcional muito limitado, em que Υ está numa proporção de 1:7,5. Na aproximação normal ao quebra-mar, são apresentados em linha cheia os coeficientes de difração e em linha tracejada o chamado coeficiente do período, que é o quociente entre o período espectral da onda difratada e o da onda incidente. Observa-se uma pequena diminuição no período de pico à medida que as ondas se propagam na área de sombra geométrica, enquanto no tratamento com ondas monocromáticas o período é considerado constante, bem como os valores dos coeficientes de difração são geralmente maiores que os equivalentes com ondas monocromáticas, isto é, fornece resultados mais conservativos com alturas de ondas difratadas maiores na mesma posição na sombra geométrica.

Quando existem dois obstáculos limitantes à propagação da onda, formando uma brecha entre as extremidades, ocorre uma dupla difração, sendo a energia que penetra na zona protegida função da largura da abertura. Este é o caso de uma bacia portuária abrigada por dois molhes convergentes, bem como o caso das brechas em um campo de quebra-mares de costa. Trata-se de fenômeno análogo ao da propagação da luz por um diafragma na Óptica Física.

É também interessante observar que a expansão lateral por difração da extremidade de ondas refletidas por obstáculos limitados, como quebra-mares ou molhes de parede vertical, produz uma distribuição lateral de energia por uma grande área, com consequente rápido amortecimento da onda refletida. Este é o caso do *clapotis*, ou onda estacionária, que não se estende a grandes distâncias do obstáculo.

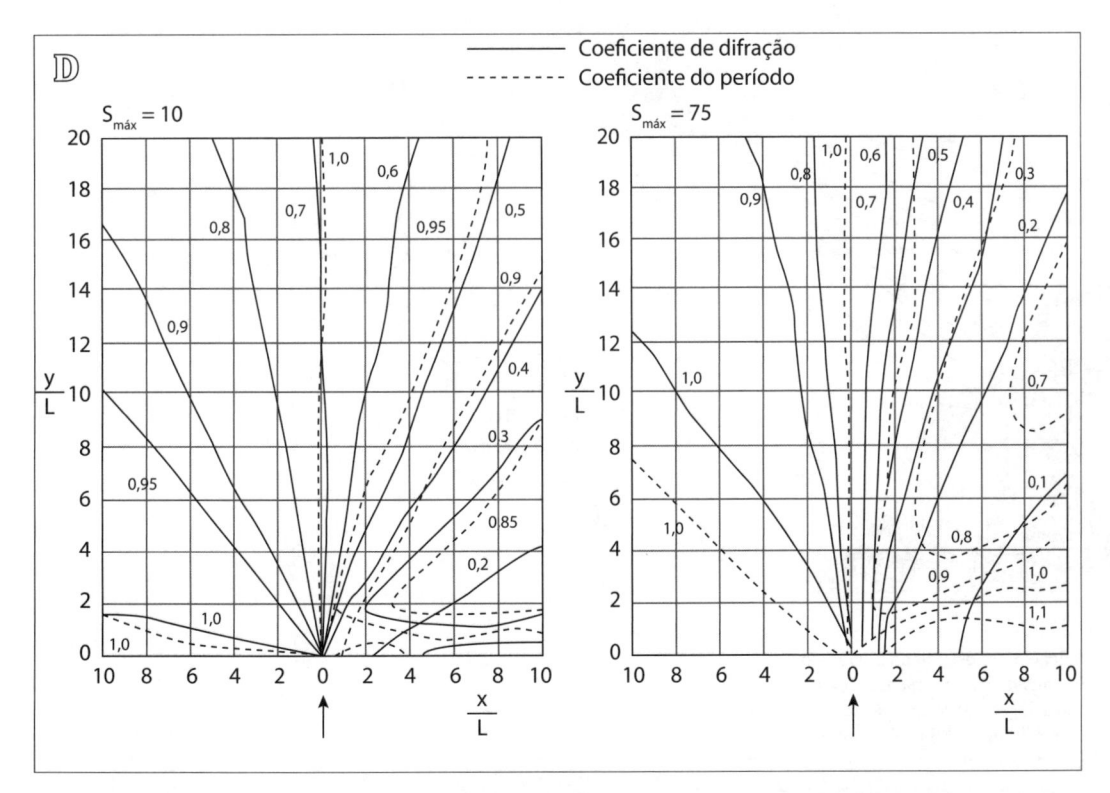

Figura 1.39
(D) Planimetria de difração de onda irregular em quebra-mar semi-infinito à direita de propagação normal da onda rumo ao quebra-mar. À esquerda para vagas e à direita para marulhos. Fonte: Goda (2000, apud U. S. ARMY, 2002).

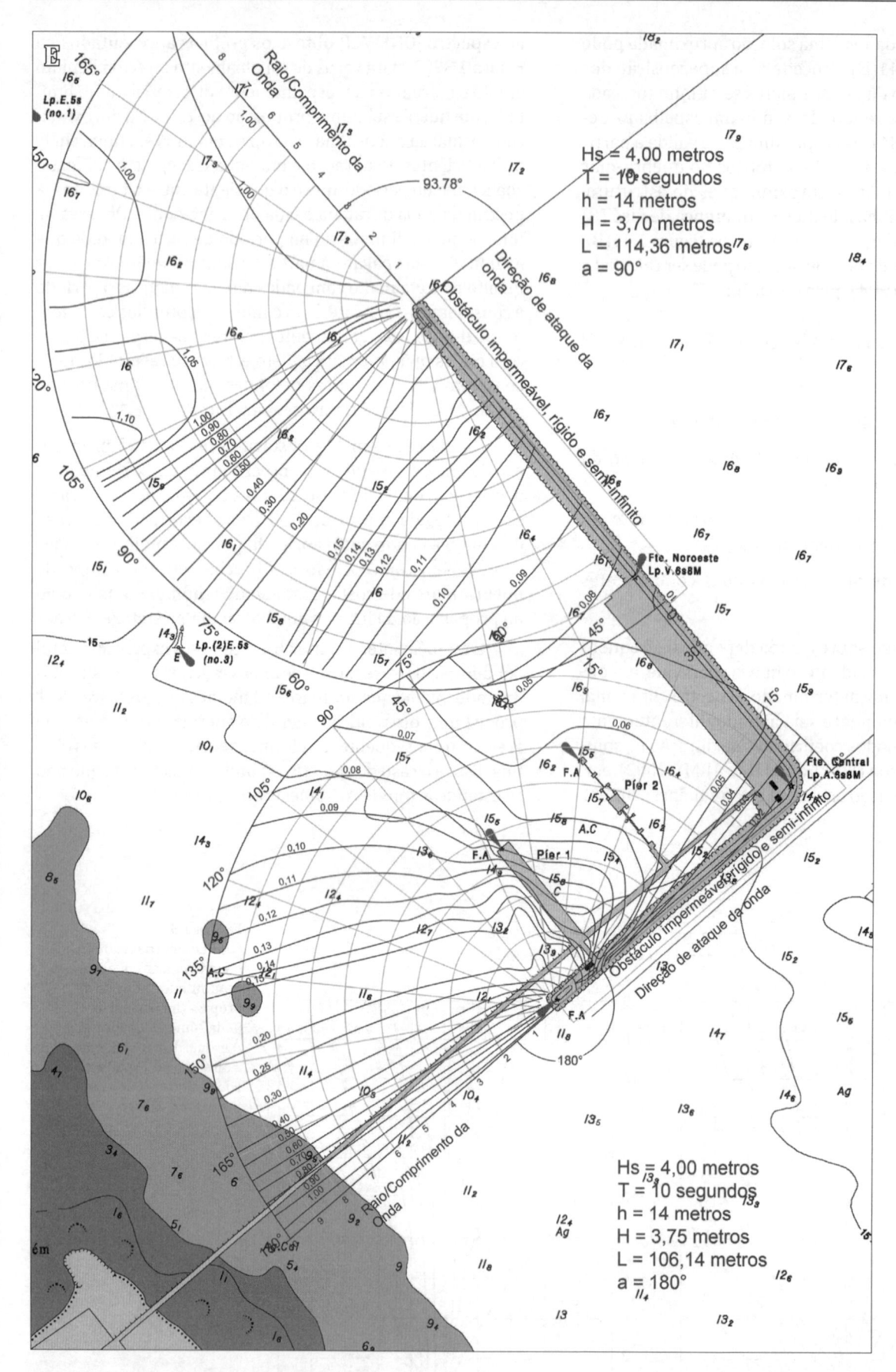

Hs = 4,00 metros
T = 10 segundos
h = 14 metros
H = 3,70 metros
L = 114,36 metros
a = 90°

Hs = 4,00 metros
T = 10 segundos
h = 14 metros
H = 3,75 metros
L = 106,14 metros
a = 180°

Figura 1.39
(E) Aplicação prática do gráfico de Wiegel para estudo do abrigo do
quebra-mar do Porto do Pecém (CE), considerando uma onda de rumo
90° NV em águas profundas, T_p = 10,0 s, H_{so} = 4,0 m, atingindo as duas
cabeças do quebra-mar com alturas de 3,70 m e 3,75 m, com angulação
de 90° e 180° com o quebra-mar segundo Wiegel.

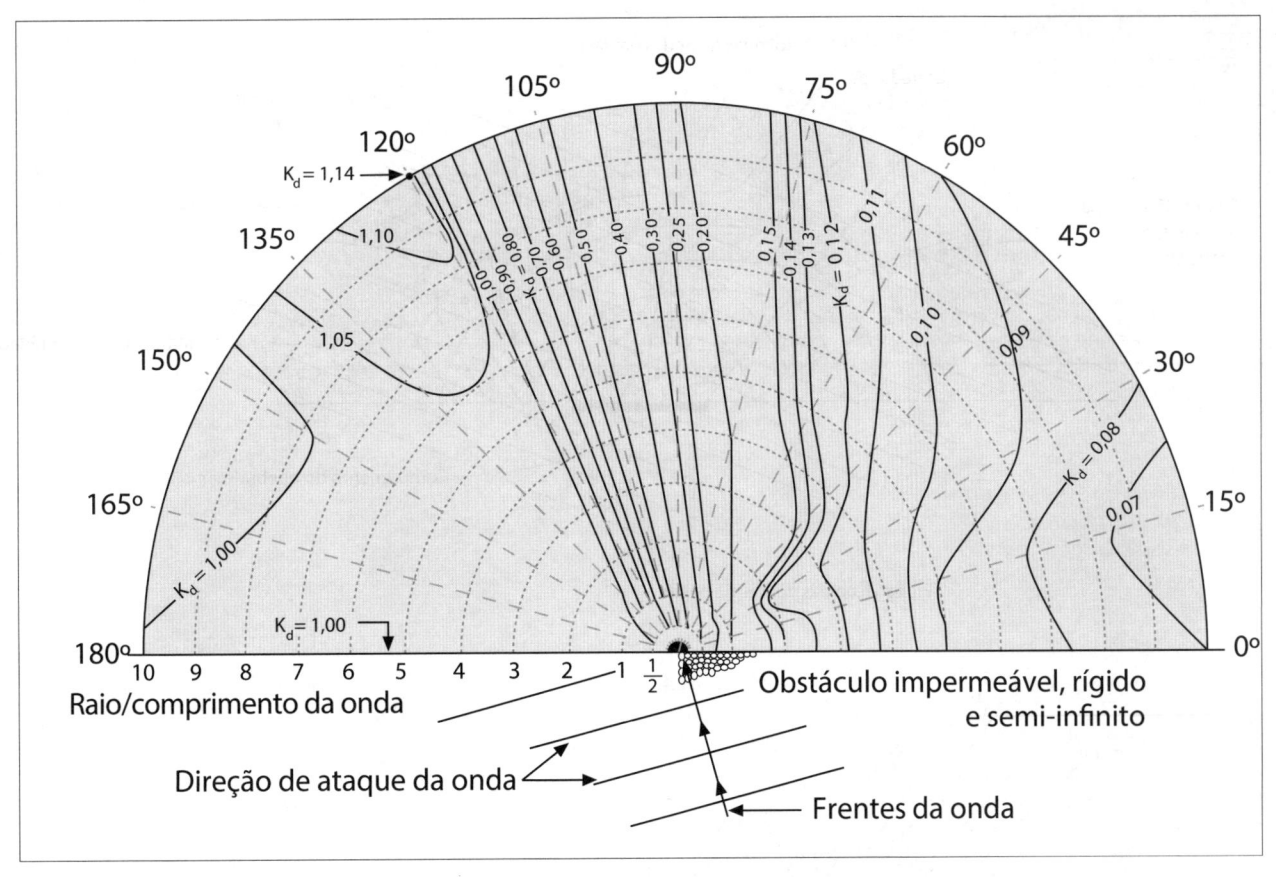

Figura 1.40
Planimetria de difração de onda com ataque de 105°.

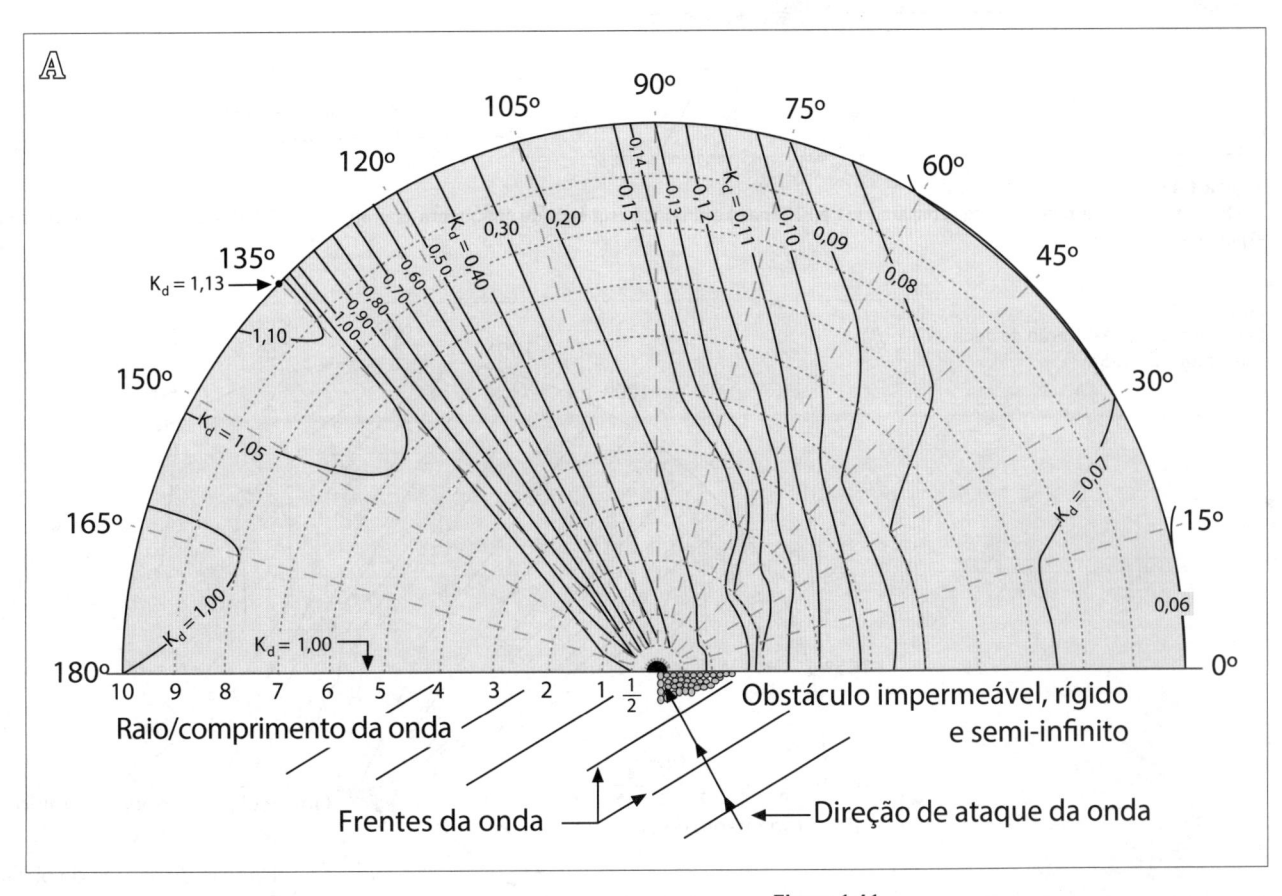

Figura 1.41
(A) Planimetria de difração de onda com ataque de 120°.

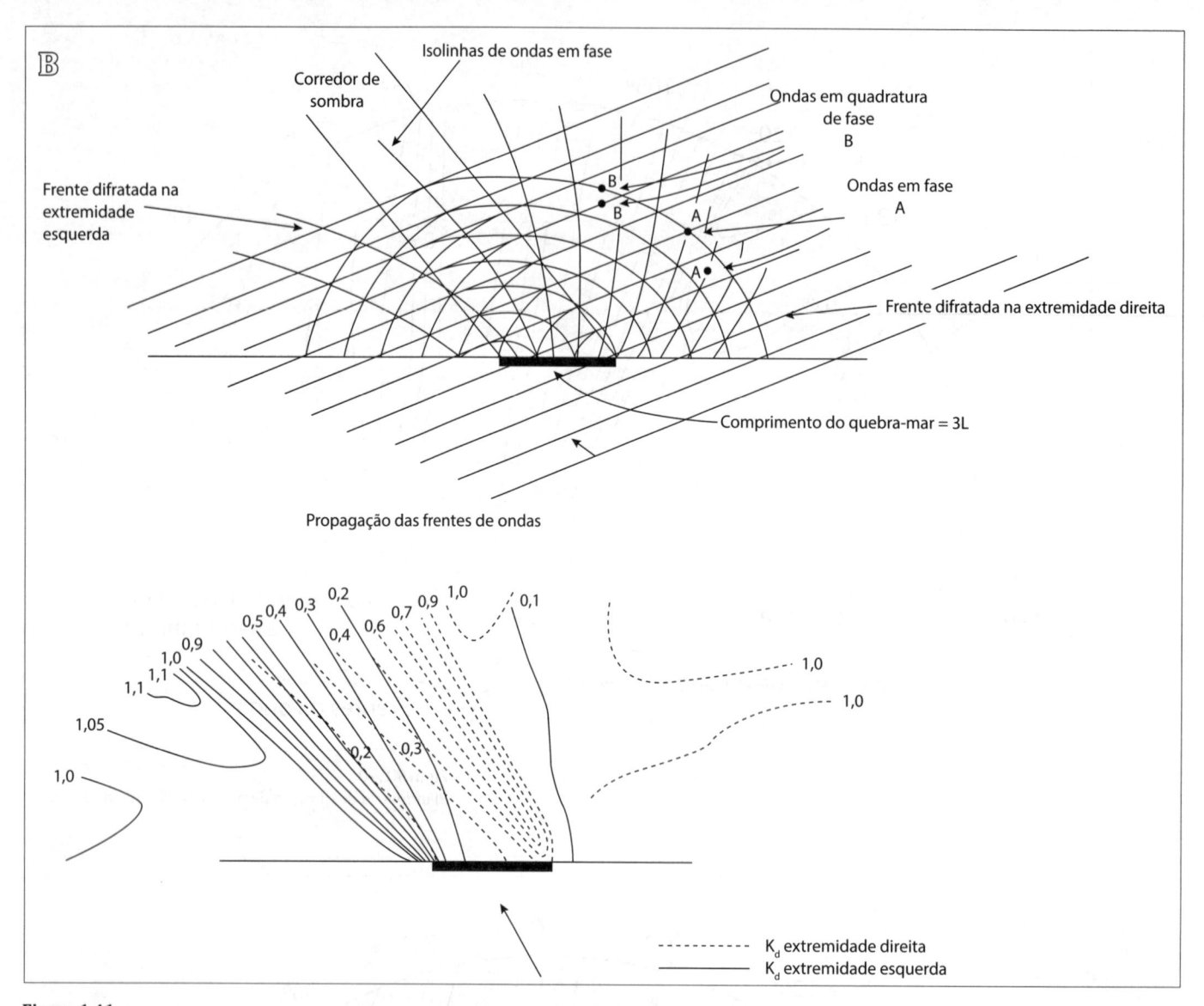

Figura 1.41
(B) Planimetria de difração de onda com ataque de 120° na extremidade esquerda de um quebra-mar *offshore* e de 60° na extremidade direita (diagrama espelhado de 60°)

Figura 1.42
(A) Planimetria de difração de onda com ataque de 135°.

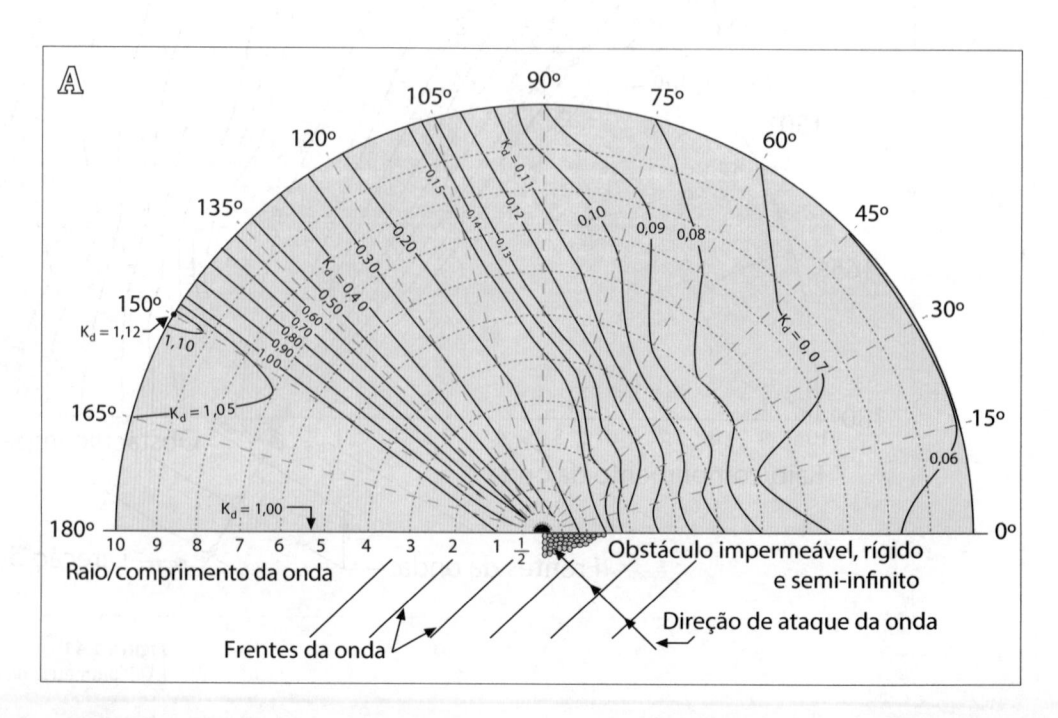

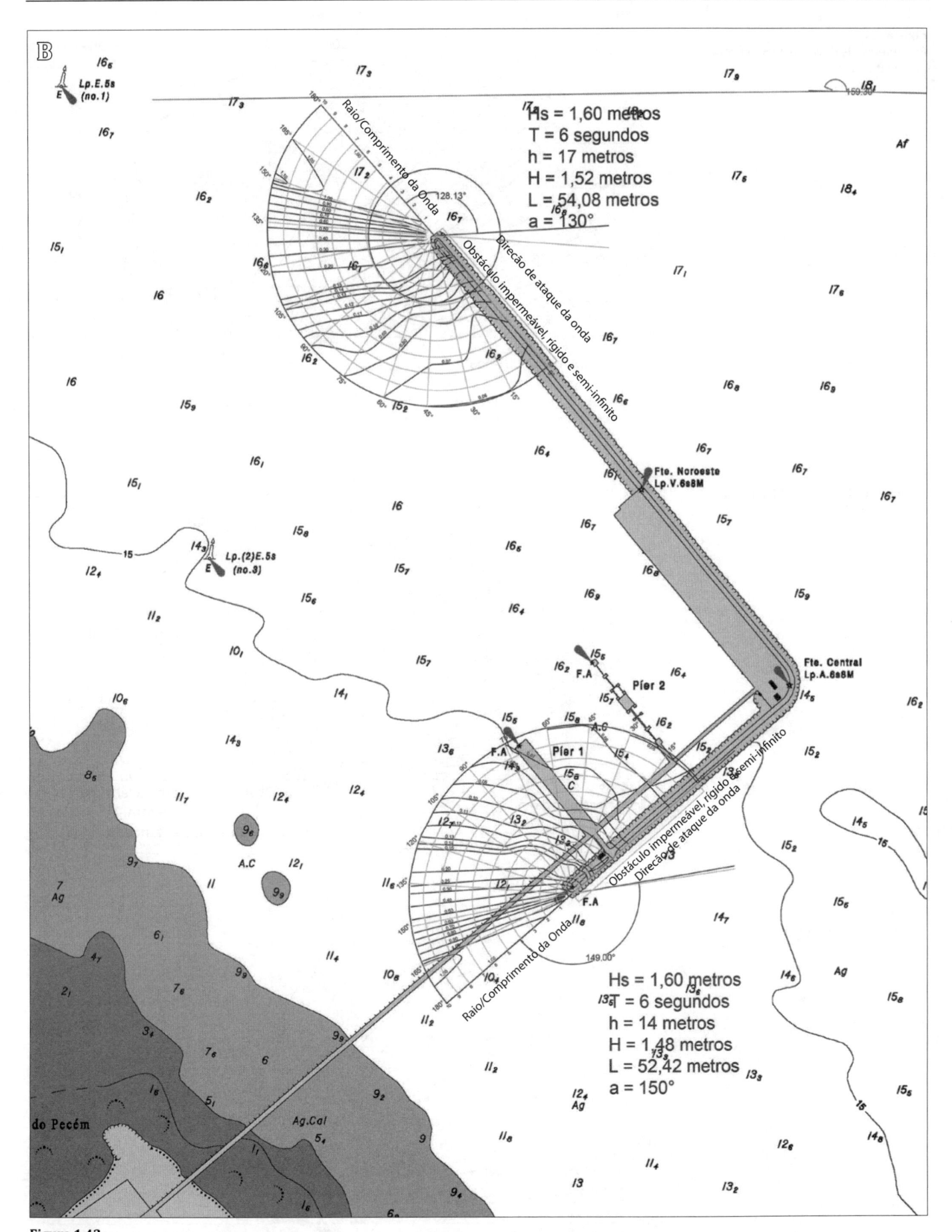

Figura 1.42
(B) Aplicação prática do gráfico de Wiegel para estudo do abrigo do quebra-mar do Porto do Pecém (CE), considerando uma onda de rumo 90° NV em águas profundas, $T_p = 6,0$ s, $H_{so} = 1,6$ m, atingindo as duas cabeças do quebra-mar com alturas de 1,52 m e 1,48 m, com angulação de 130° e 150° com o quebra-mar segundo Wiegel.

Figura 1.43
Planimetria de difração de onda com ataque de 150°.

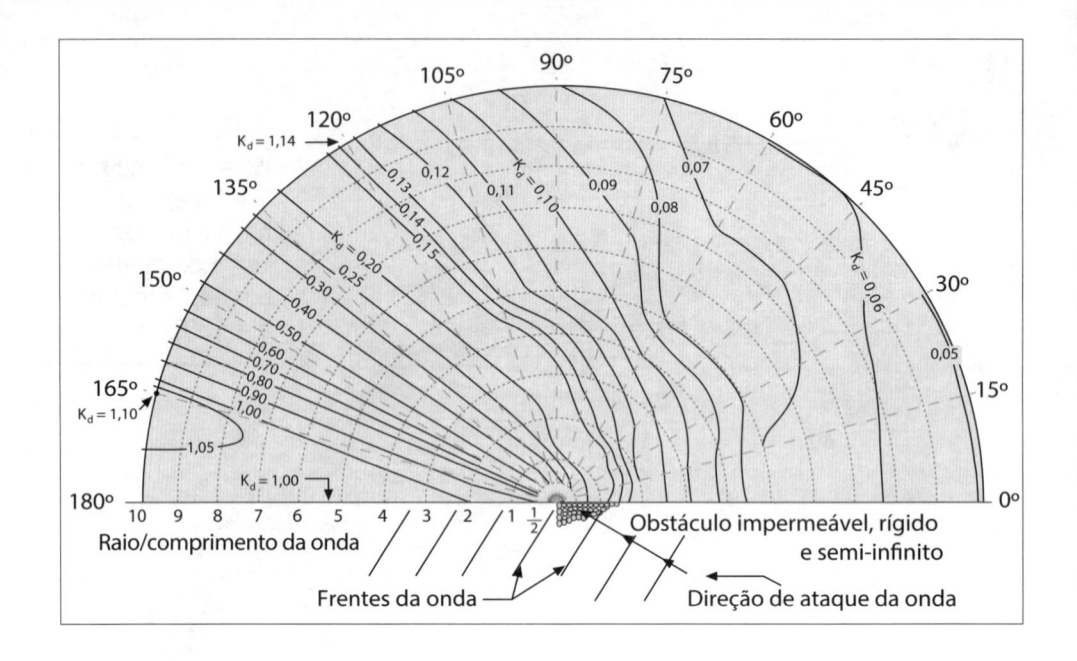

Figura 1.44
Planimetria de difração de onda com ataque de 165°.

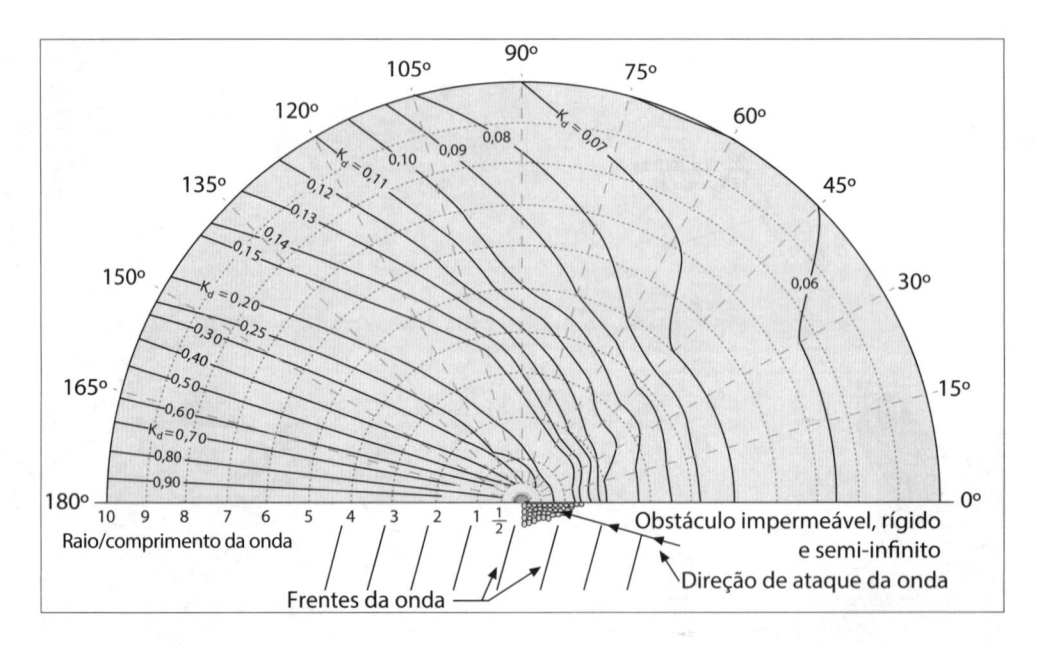

Figura 1.45
Planimetria de difração de onda com ataque de 180°.

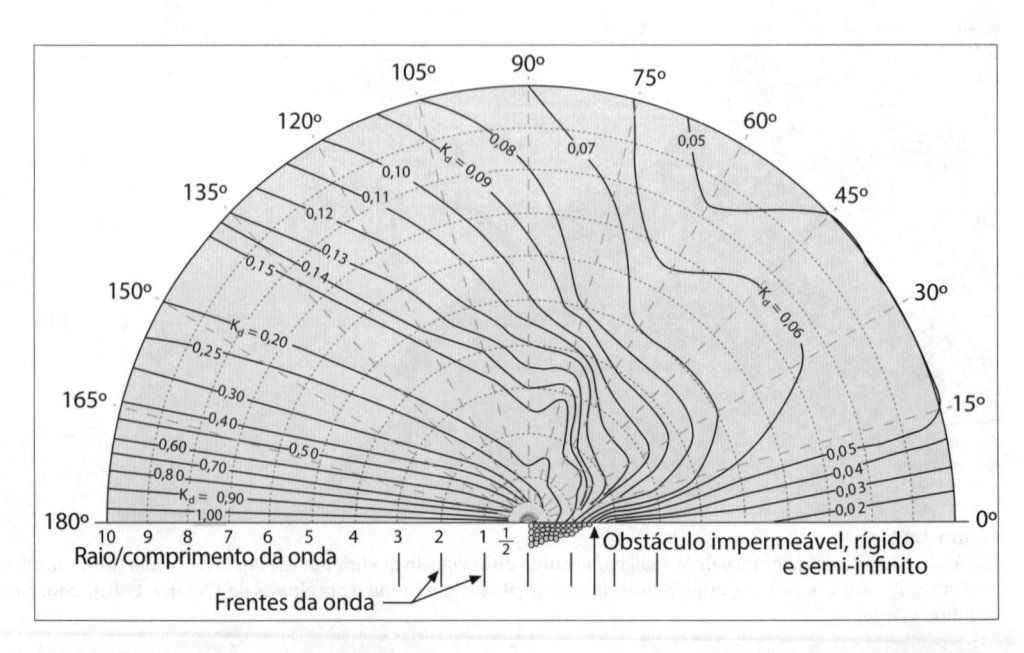

1.7.3 Difração normal no tardoz de abertura em quebra-mar rígido e impermeável

Em muitos portos, ou em campos de quebra-mares costeiros, as ondas propagam-se por aberturas ou brechas nos quebra-mares, relativamente estreitas, ocorrendo a difração de ambos os lados da abertura, modificando a altura da onda na sombra do quebra-mar de modo diferente daquele com uma única extremidade. Em profundidades constantes na zona de sombra, o padrão de difração independe da profundidade, mas caso a profundidade não seja uniforme, situação mais comum nos portos, a difração ocorre conjuntamente com a refração, condição de cálculo mais complexo. A distâncias consideráveis do quebra-mar, os efeitos de refração serão predominantes sobre a difração. As Figuras 1.46 a 1.56 apresentam diagramas genéricos de

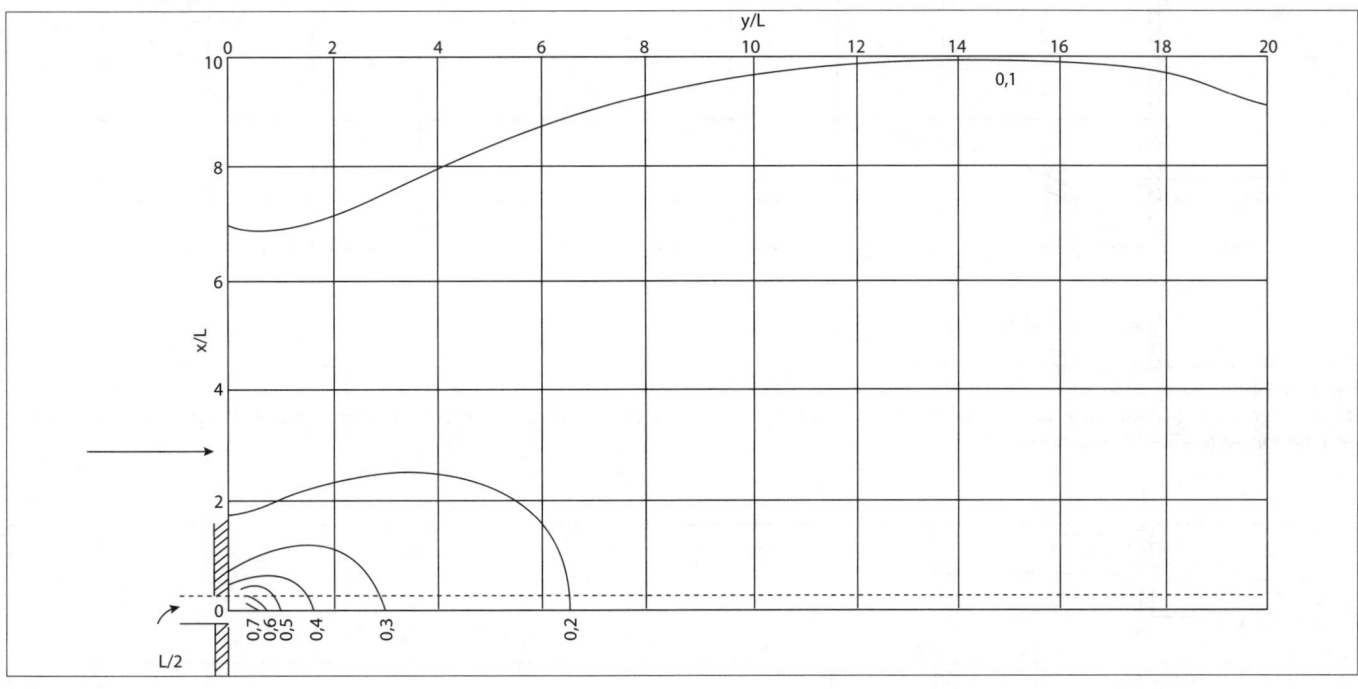

Figura 1.46
Diagrama genérico de coeficientes de difração de Johnson em abertura de quebra-mar com largura de 0,5 comprimento de onda e rumo de propagação de onda normal ao alinhamento da estrutura.

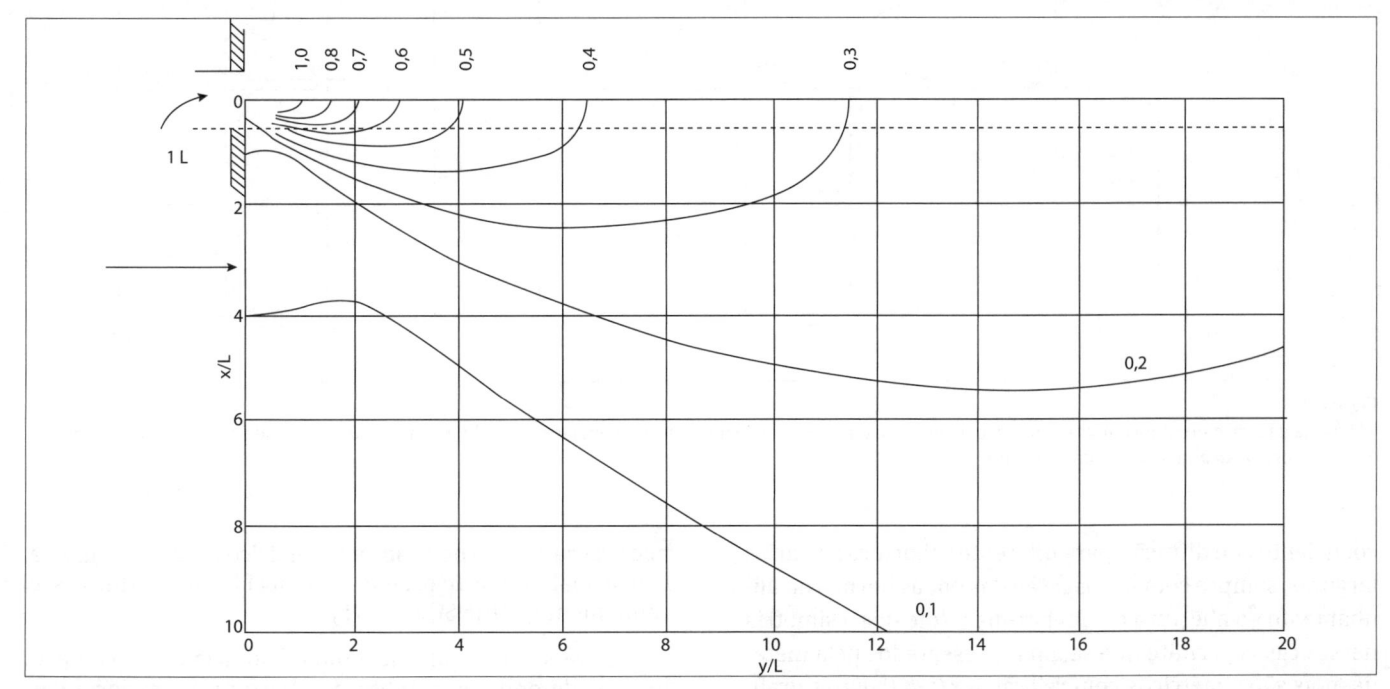

Figura 1.47
Diagrama genérico de coeficientes de difração de Johnson em abertura de quebra-mar com largura de 1,0 comprimento de onda e rumo de propagação de onda normal ao alinhamento da estrutura.

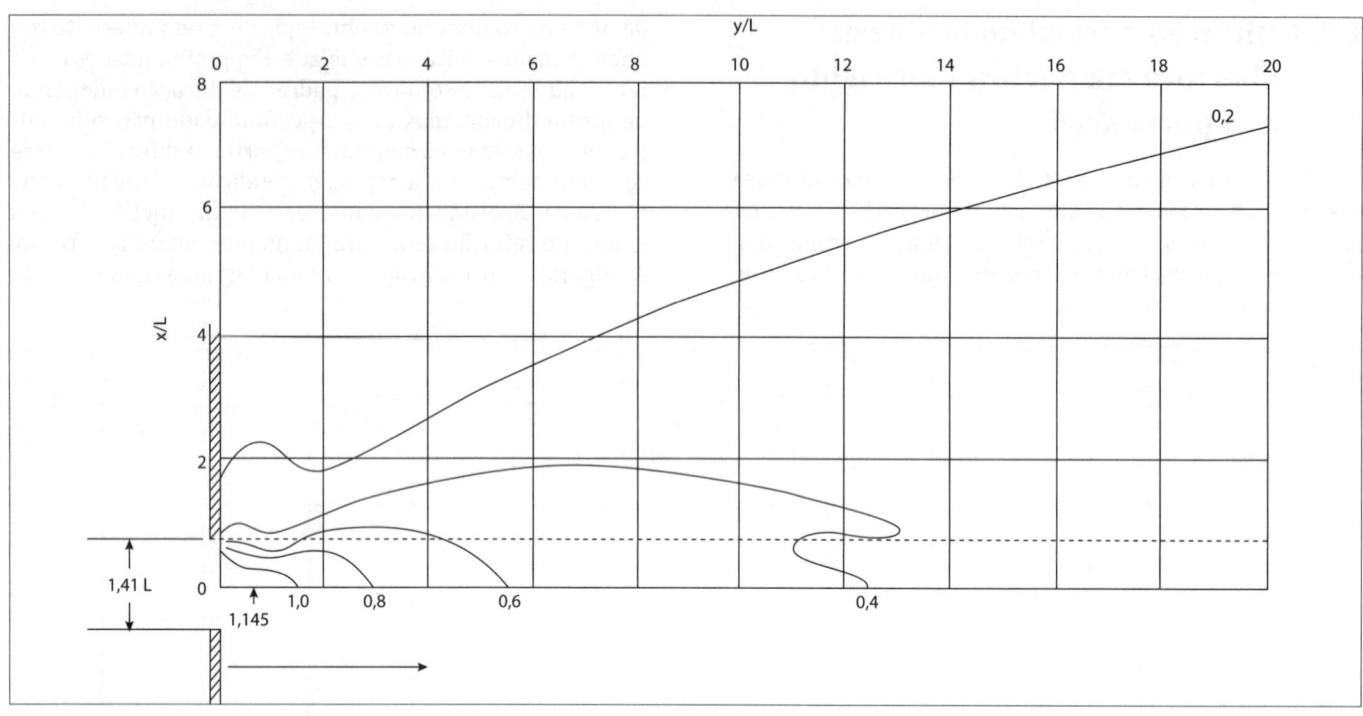

Figura 1.48
Diagrama genérico de coeficientes de difração de Johnson em abertura de quebra-mar com largura de 1,41 comprimento de onda e rumo de propagação de onda normal ao alinhamento da estrutura.

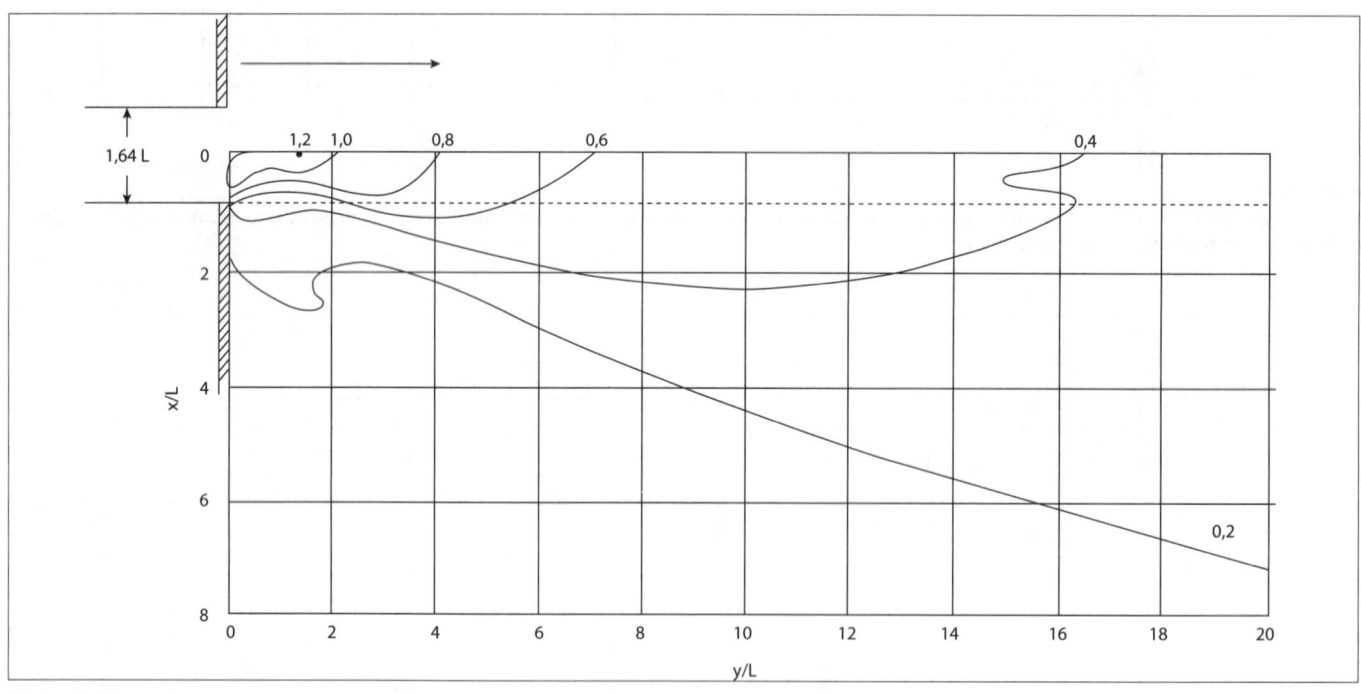

Figura 1.49
Diagrama genérico de coeficientes de difração de Johnson em abertura de quebra-mar com largura de 1,64 comprimento de onda e rumo de propagação de onda normal ao alinhamento da estrutura.

coeficientes de difração para diferentes aberturas e várias larguras, sempre com propagação das ondas normal ao alinhamento da abertura do quebra-mar. Note que a simetria nesses casos permite que sejam representados pela metade, pois são simétricos com relação a x/L = 0. Esses gráficos abrangem uma grande gama de aberturas, de modo que, na prática, costuma-se adotar a mais próxima, não sendo necessária a interpolação entre gráficos, pois a acurácia com a qual a onda de projeto é conhecida não justifica esse refinamento (JOHNSON, 1951).

Deve-se observar que a uma distância de 20 comprimentos de onda na sombra da abertura, na maioria das aplicações práticas, os efeitos da refração devem predominar sobre os da difração (JOHNSON, 1951).

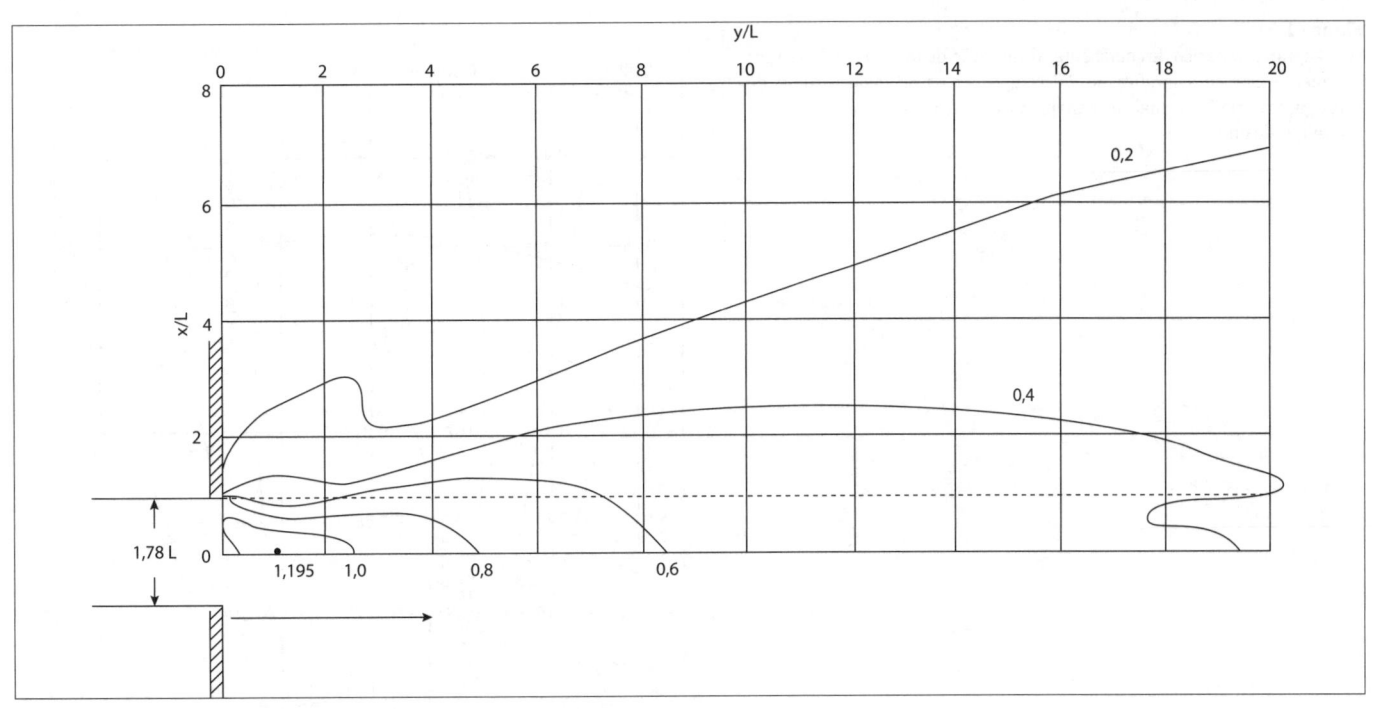

Figura 1.50
Diagrama genérico de coeficientes de difração de Johnson em abertura de quebra-mar com largura de 1,78 comprimento de onda e rumo de propagação de onda normal ao alinhamento da estrutura.

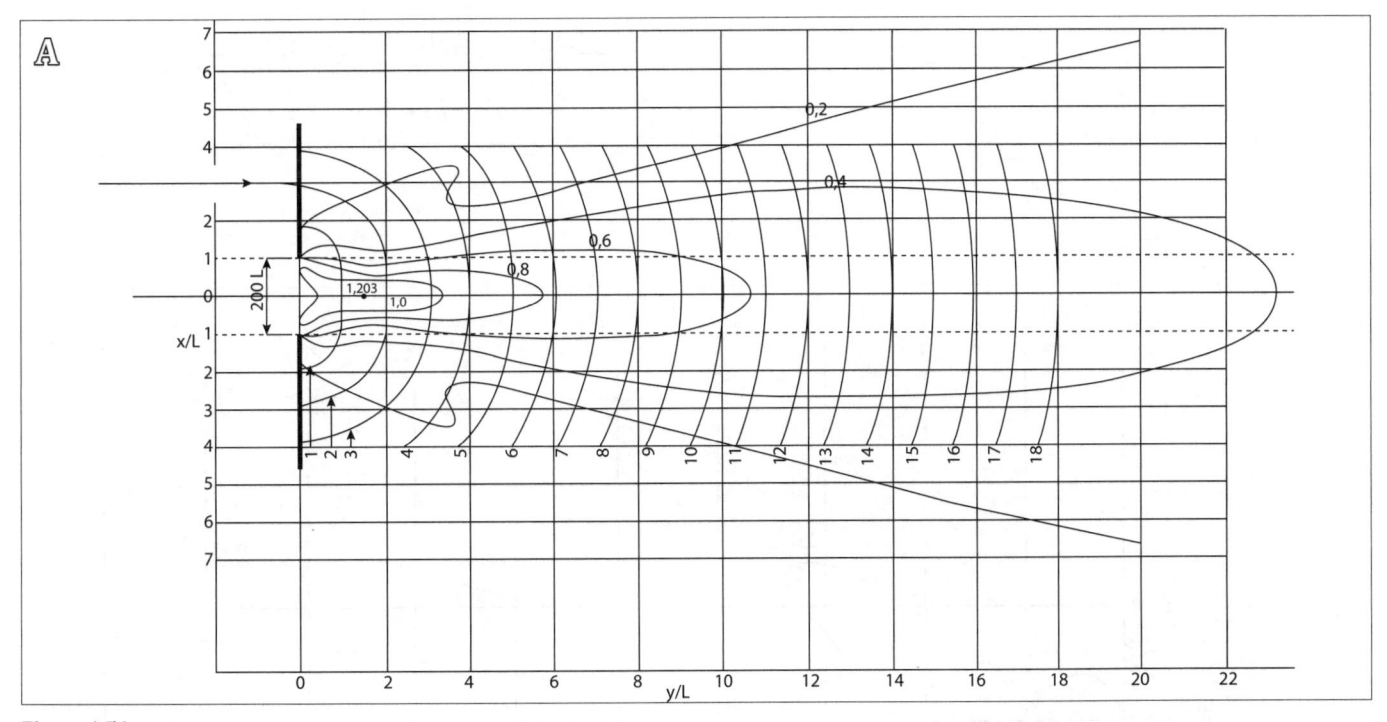

Figura 1.51
(A) Diagrama genérico de coeficientes de difração de Johnson em abertura de quebra-mar com largura de 2,0 comprimentos de onda e rumo de propagação de onda normal ao alinhamento da estrutura. Estão assinaladas 18 frentes de ondas.

Para as aberturas de quebra-mar, as frentes de ondas que se situam além de 8 comprimentos de onda podem ser aproximadas por um arco centrado no meio da abertura, enquanto as frentes situadas até cerca de 6 comprimentos de onda podem ser ajustadas, aproximadamente, por dois arcos centrados nas extremidades do quebra-mar e conectados por um suave arco de circunferência centrado no meio da abertura (U. S. ARMY, 2002).

Quando a abertura no quebra-mar for maior que 5 comprimentos de onda, o padrão da difração de cada lado da abertura é mais ou menos independente um do outro, podendo-se usar o diagrama para quebra-mar semi-infinito com incidência de onda a 90° (JOHNSON, 1951).

Figura 1.51
(B) Diagrama genérico de coeficientes de difração de Johnson em abertura de quebra-mar com largura de 2,0 comprimentos de onda e rumo de propagação de onda normal ao alinhamento da estrutura. Estão assinaladas 10 frentes de ondas.

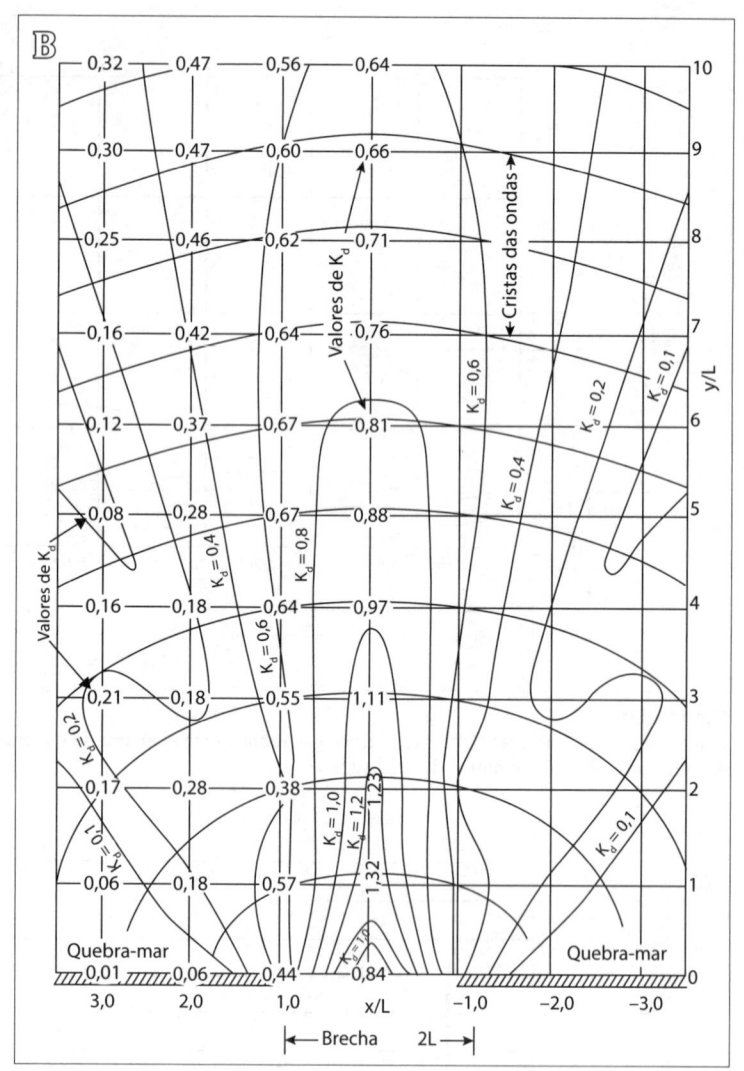

Figura 1.52
Diagrama genérico de coeficientes de difração de Johnson em abertura de quebra-mar com largura de 2,50 comprimentos de onda e rumo de propagação de onda normal ao alinhamento da estrutura.

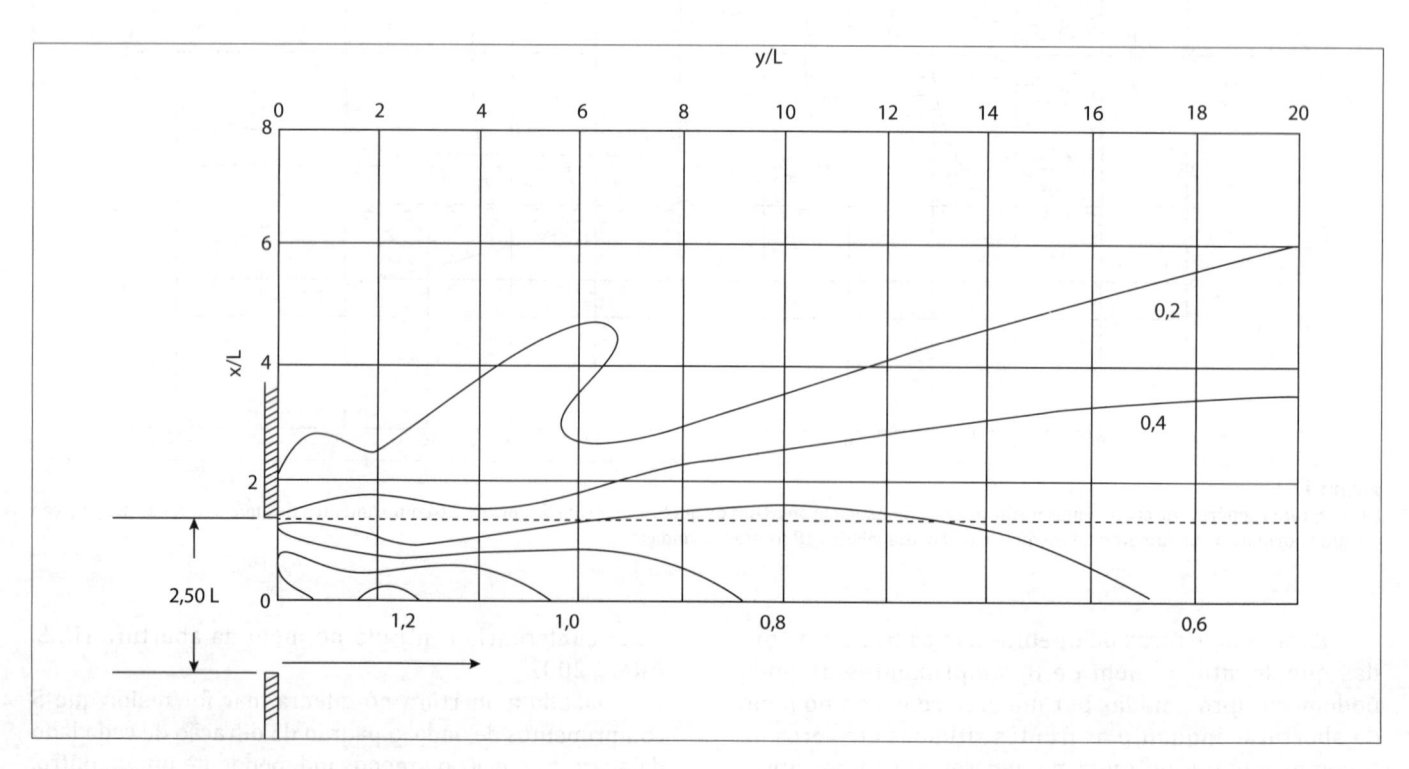

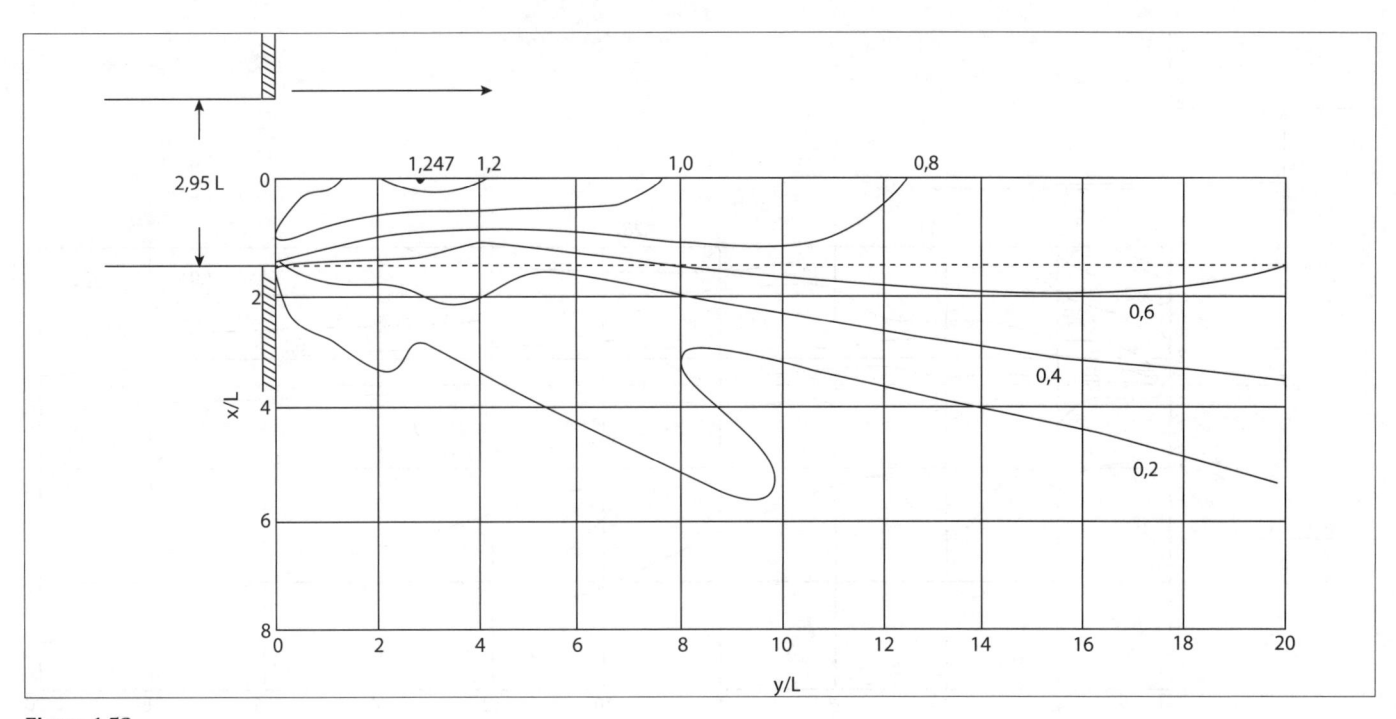

Figura 1.53
Diagrama genérico de coeficientes de difração de Johnson em abertura de quebra-mar com largura de 2,95 comprimentos de onda e rumo de propagação de onda normal ao alinhamento da estrutura.

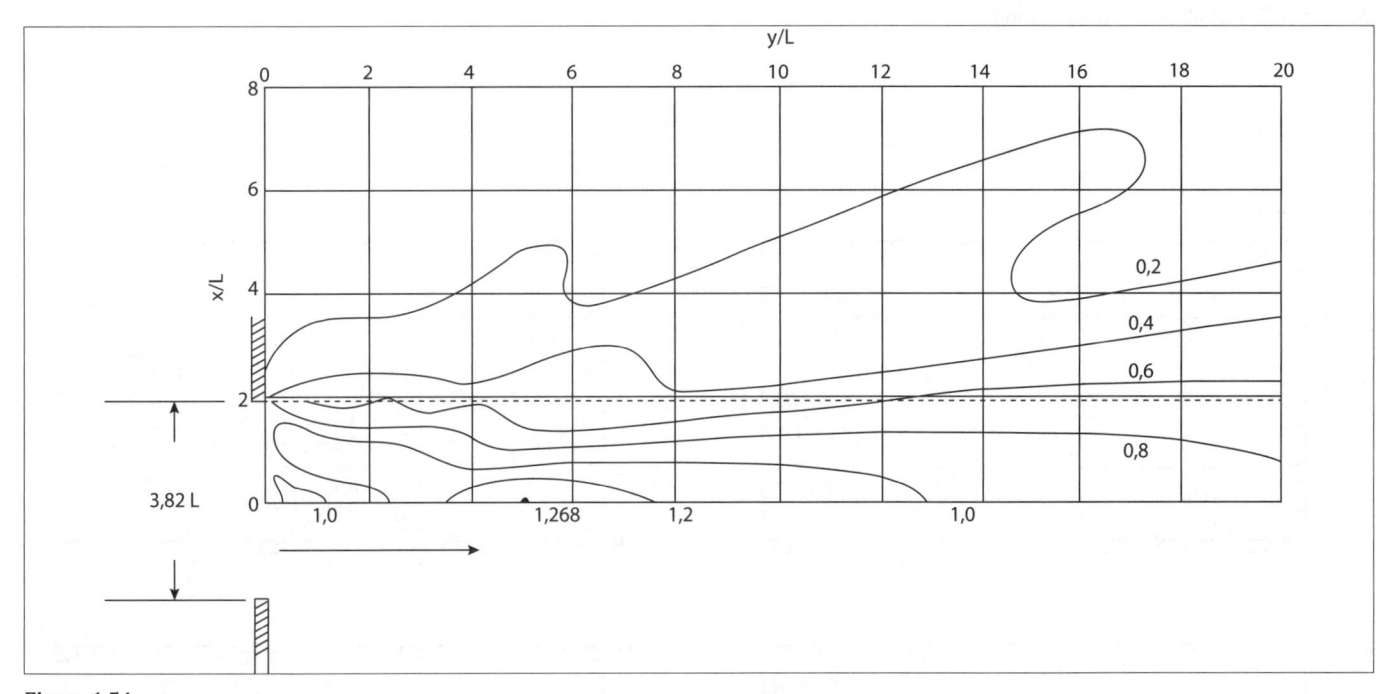

Figura 1.54
Diagrama genérico de coeficientes de difração de Johnson em abertura de quebra-mar com largura de 3,82 comprimentos de onda e rumo de propagação de onda normal ao alinhamento da estrutura.

Goda (2000, apud U. S. ARMY, 2002), empregando uma distribuição espectral por frequência similar ao espectro JONSWAP, obteve os gráficos apresentados nas Figuras 1.56 a 1.59 para vagas de espalhamento direcional muito amplo e marulhos com espalhamento direcional muito limitado, em que Y está numa proporção de 1:7,5. Na aproximação normal à abertura no quebra-mar, são apresentados nos semiplanos à direita os coeficientes de difração e nos semiplanos à esquerda o chamado coeficiente do período, que é o quociente entre o período espectral da onda difratada e o da onda incidente. Observe que existem duas citações de escalas normalizadas horizontais, a primeira em x/B, sendo B a largura da abertura, e a outra em x/L, sendo L o comprimento da onda incidente. As figuras à esquerda abrangem uma área mais ampliada em torno da abertura e as da direita uma área mais abrangente da influência da abertura. Observa-se uma variação no período de pico à medida que as ondas se propagam na área de sombra geométrica, enquanto no tratamento com ondas monocromáticas o período é considerado constante.

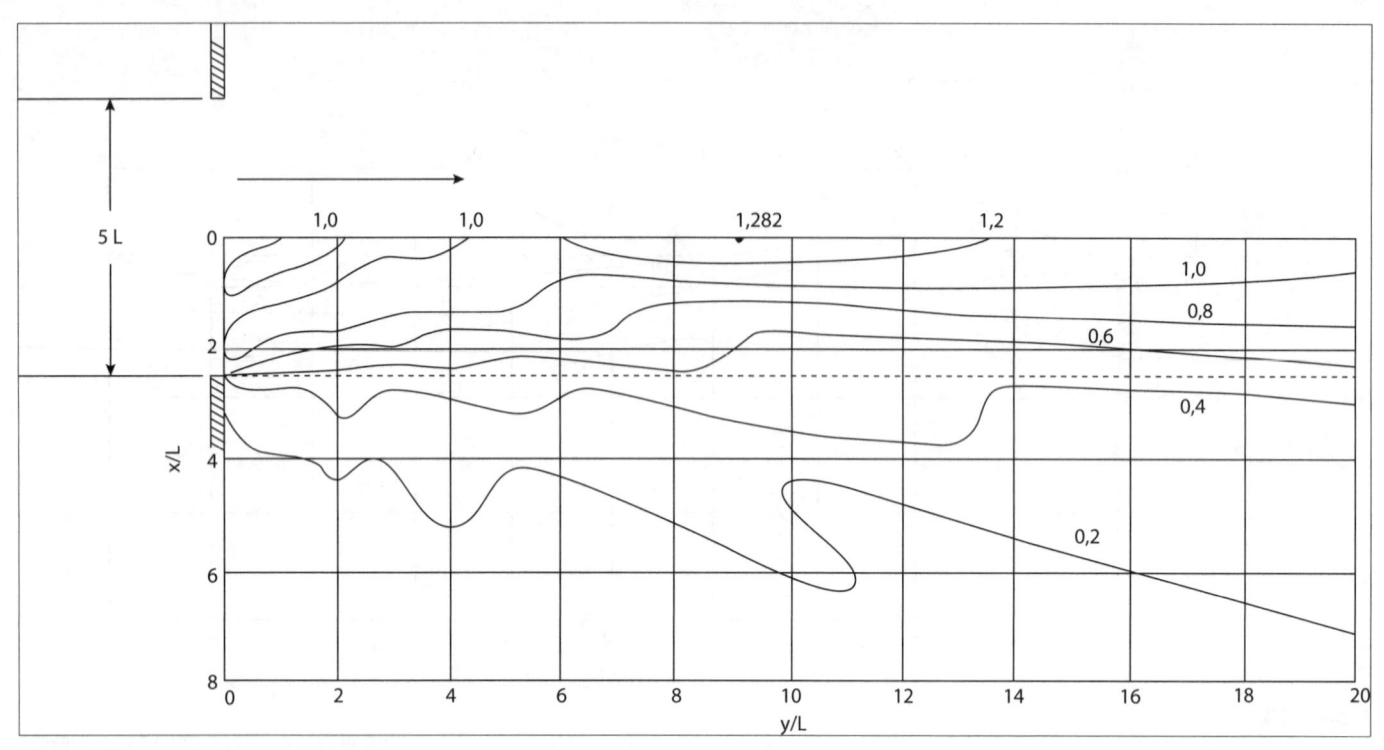

Figura 1.55
Diagrama genérico de coeficientes de difração de Johnson em abertura de quebra-mar com largura de 5,00 comprimentos de onda e rumo de propagação de onda normal ao alinhamento da estrutura.

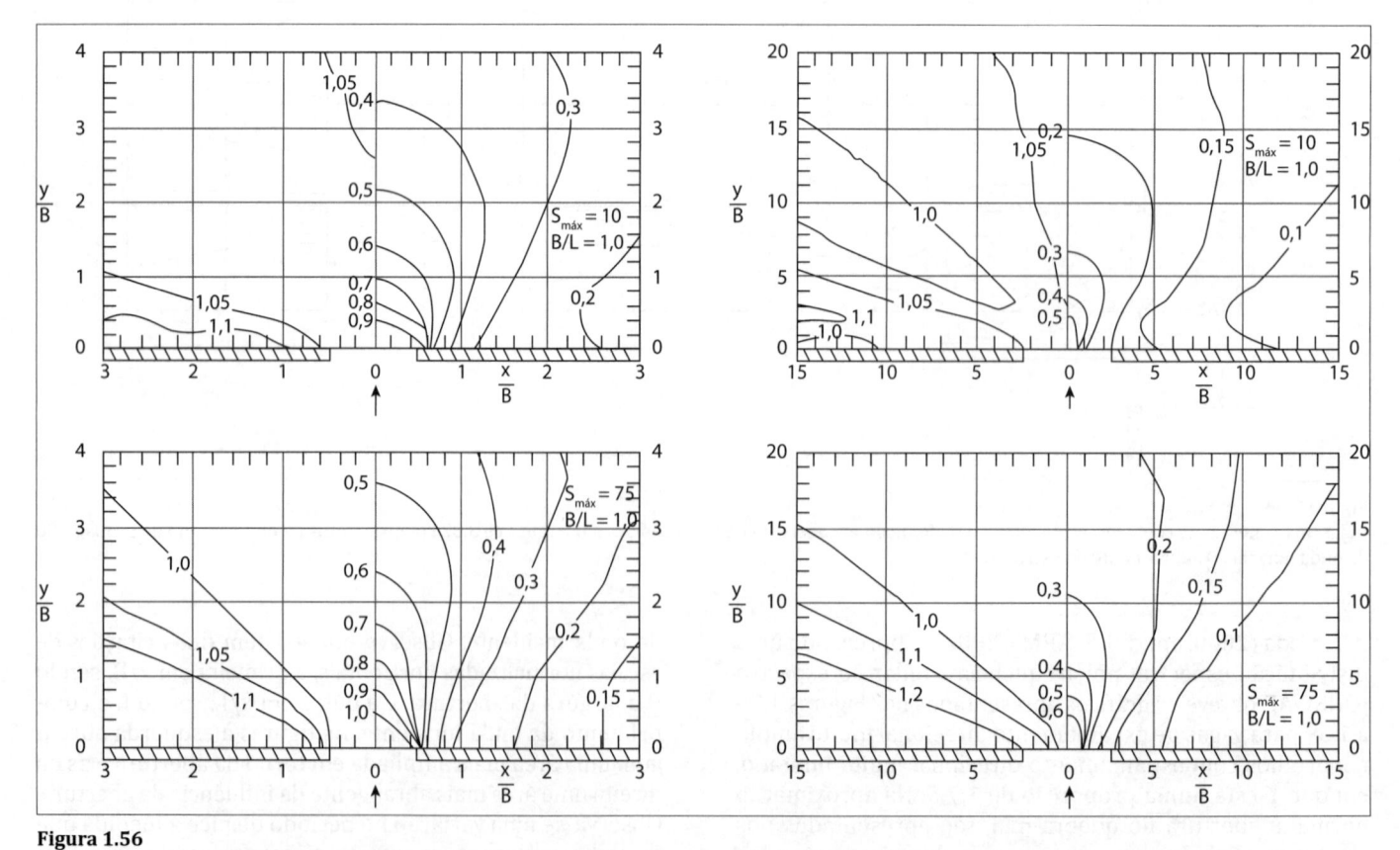

Figura 1.56
Planimetria de difração de onda irregular em abertura de $B/L = 1$ com incidência normal da onda rumo ao quebra-mar. Figuras em cima para vagas e embaixo para marulhos. Nos semiplanos à direita em cada figura, os coeficientes de difração e, nos semiplanos à esquerda, os coeficientes do período. Fonte: Goda (2000, apud U. S. ARMY, 2002).

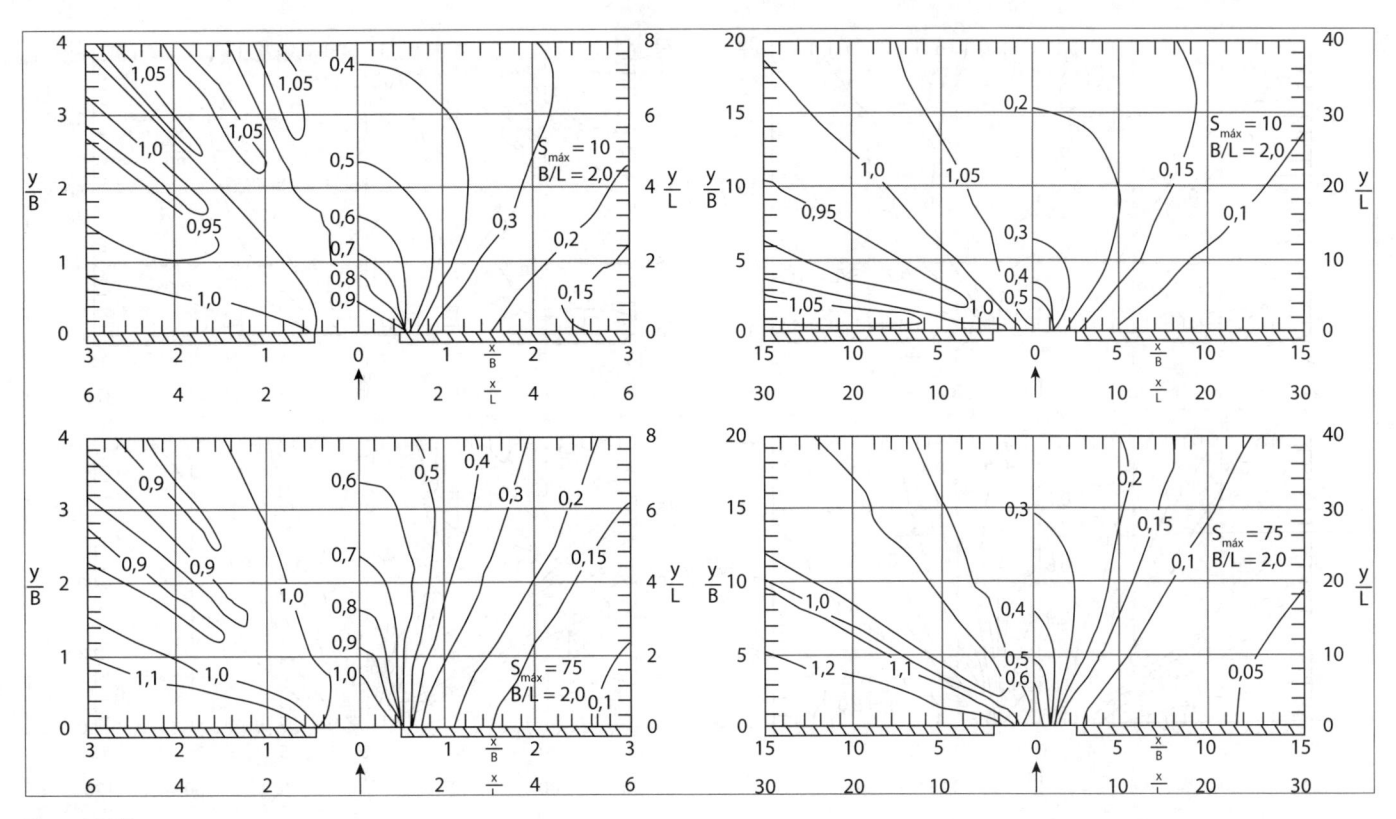

Figura 1.57
Planimetria de difração de onda irregular em abertura de B/L = 2 com incidência normal da onda rumo ao quebra-mar. Figuras em cima para vagas e embaixo para marulhos. Nos semiplanos à direita em cada figura, os coeficientes de difração e, nos semiplanos à esquerda, os coeficientes do período. Fonte: Goda (2000, apud U. S. ARMY, 2002).

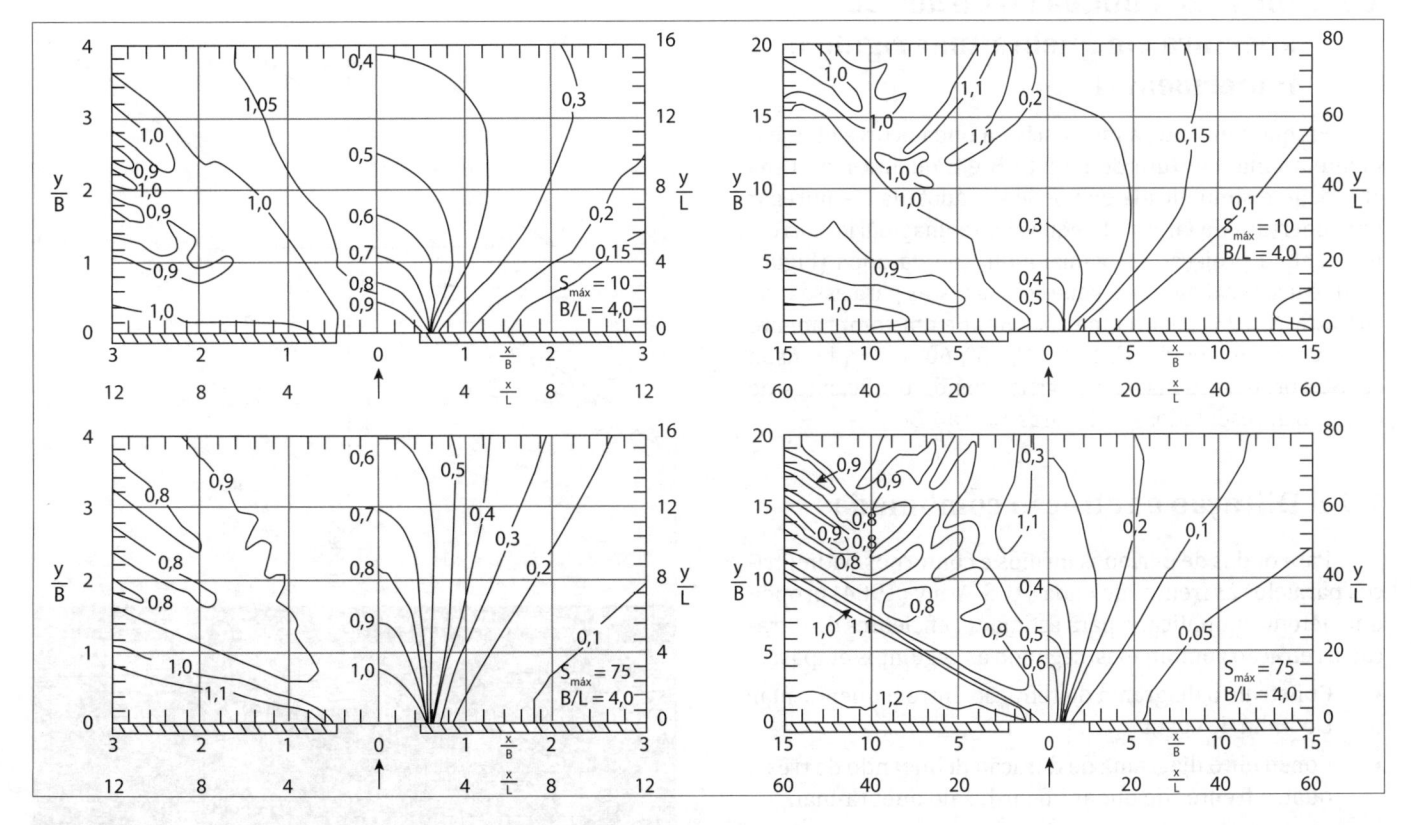

Figura 1.58
Planimetria de difração de onda irregular em abertura de B/L = 4 com incidência normal da onda rumo ao quebra-mar. Figuras em cima para vagas e embaixo para marulhos. Nos semiplanos à direita em cada figura, os coeficientes de difração e, nos semiplanos à esquerda, os coeficientes do período. Fonte: Goda (2000, apud U. S. ARMY, 2002).

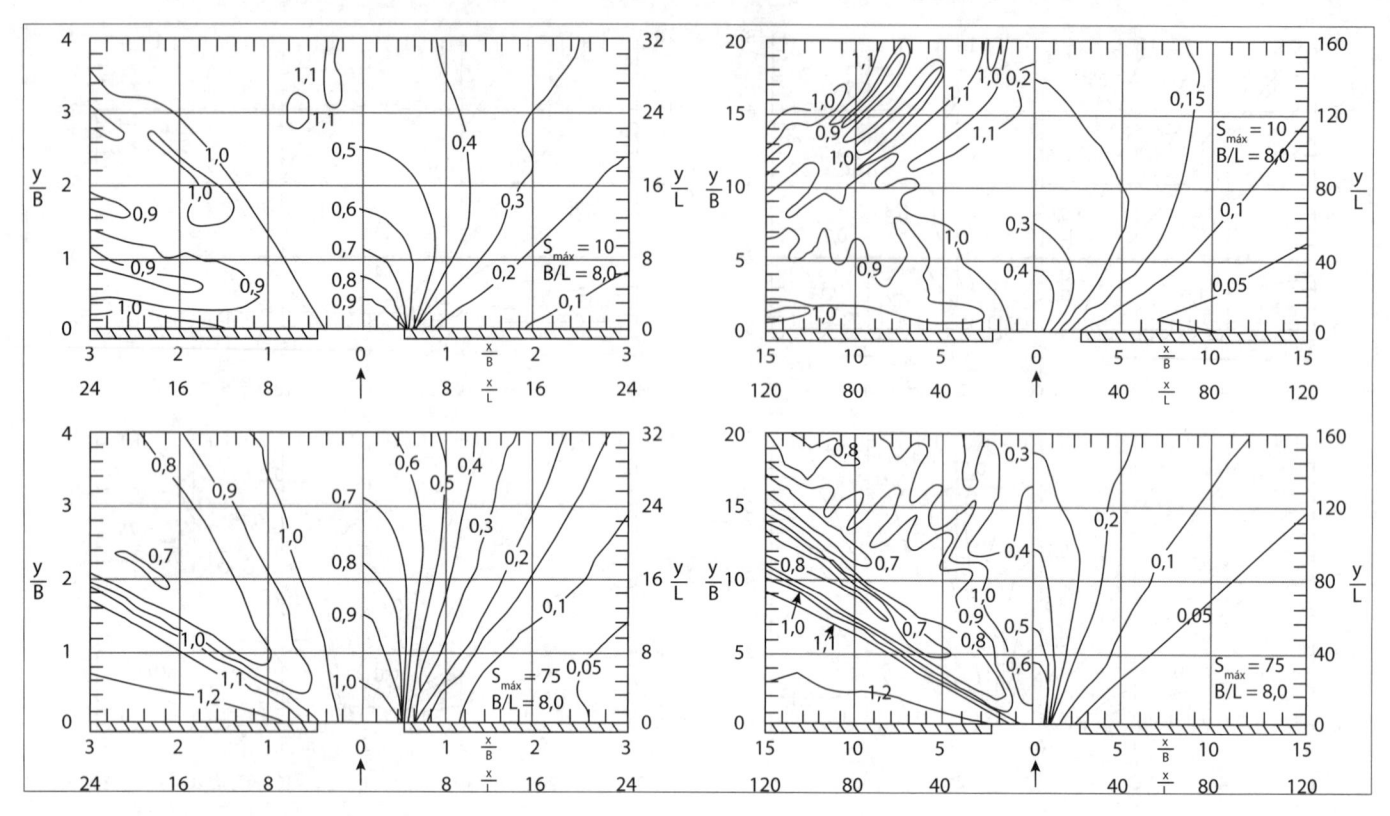

Figura 1.59
Planimetria de difração de onda irregular em abertura de B/L = 8 com incidência normal da onda rumo ao quebra-mar. Figuras em cima para vagas e embaixo para marulhos. Nos semiplanos à direita em cada figura, os coeficientes de difração e, nos semiplanos à esquerda, os coeficientes do período. Fonte: Goda (2000, apud U. S. ARMY, 2002).

1.7.4 Difração oblíqua no tardoz de abertura em quebra-mar rígido e impermeável

Frequentemente, a incidência da onda ocorre obliquamente a uma abertura de largura B em quebra-mar. Uma abordagem simplificada que pode ser adotada é empregar uma abertura de largura B' equivalente imaginária, correspondente à projeção ortogonal à direção da onda (Figura 1.60) e usar os diagramas genéricos já vistos para esse caso (JOHNSON, 1951). Para uma abertura de um comprimento de onda e ângulos de 0°, 15°, 30°, 45°, 60° e 75°, Johnson (1952) propôs os diagramas genéricos de coeficientes de difração apresentados nas Figuras 1.61 a 1.66.

1.7.5 Difração e refração combinadas

Para ondas de períodos médios e contornos batimétricos paralelos às frentes de ondas, U. S. Army (1984) propõe um método simplificado para estimar coeficientes de difração e refração combinadas, segundo as seguintes etapas:

* Construir o diagrama de refração entre o quebra-mar e a linha de costa.

* Construir o diagrama de difração delineando de três a quatro frentes de ondas no tardoz do quebra-mar.

* Com a crista e a direção da onda indicadas pela última crista desenhada no diagrama de difração, construir um novo diagrama de refração rumo à costa.

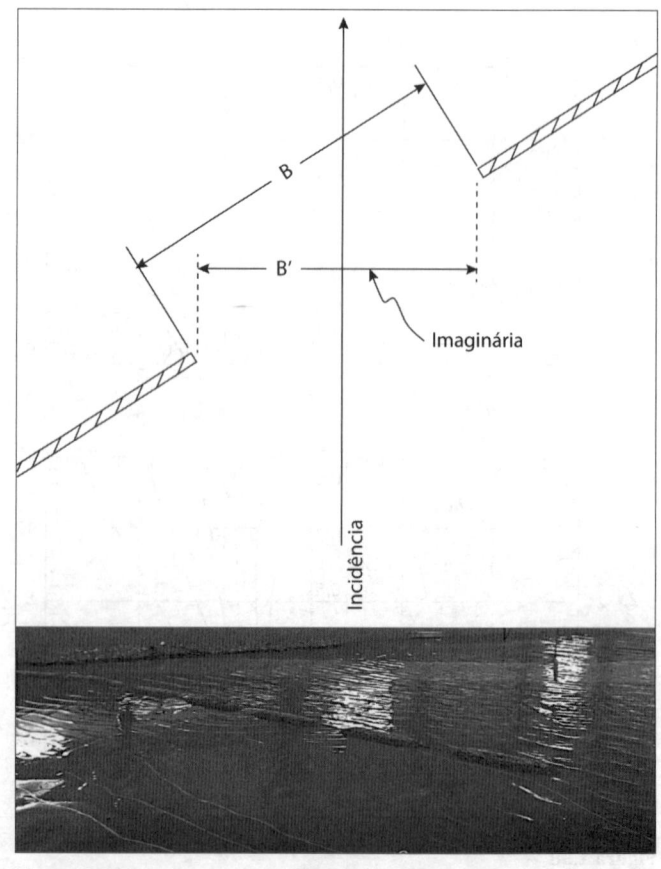

Figura 1.60
Incidência oblíqua em abertura B projetada como ortogonal pela abertura imaginária B' para cálculo simplificado dos coeficientes de difração.

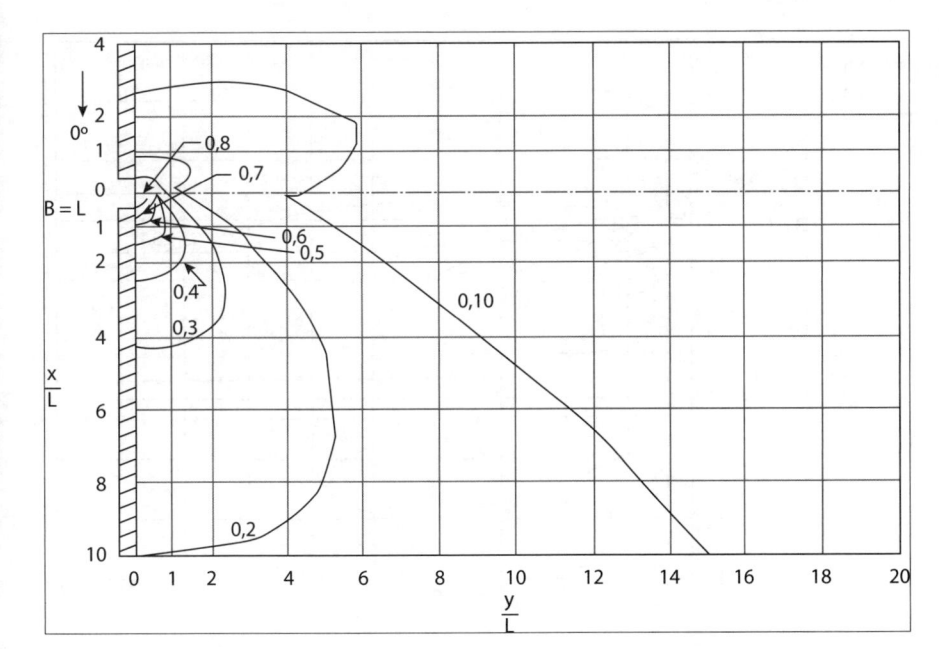

Figura 1.61
Diagrama genérico de coeficientes de difração de Johnson em abertura de quebra-mar com largura de 1 comprimento de onda e rumo de propagação de onda a 0° do alinhamento da estrutura.

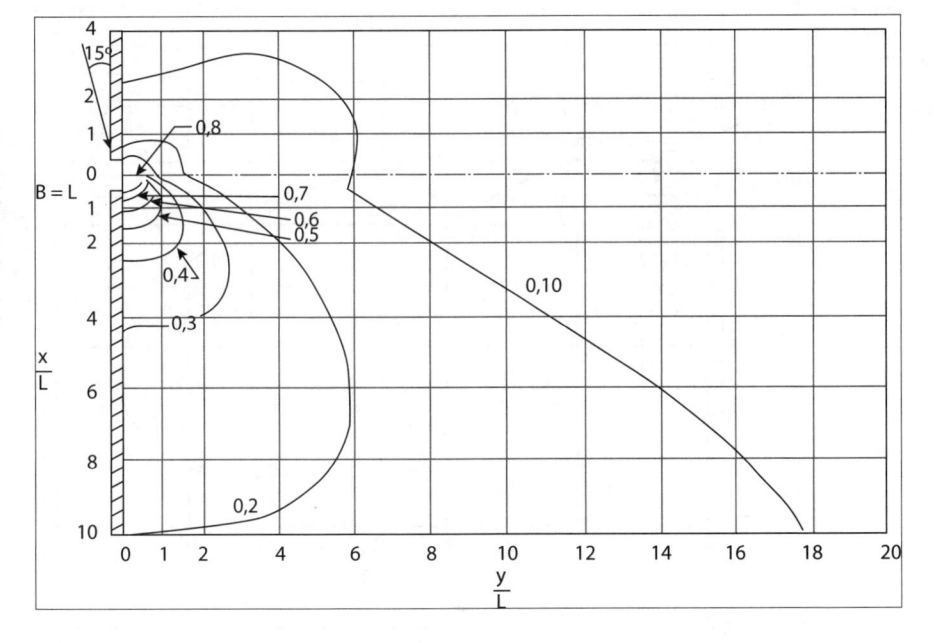

Figura 1.62
Diagrama genérico de coeficientes de difração de Johnson em abertura de quebra-mar com largura de 1 comprimento de onda e rumo de propagação de 15° com o alinhamento da estrutura.

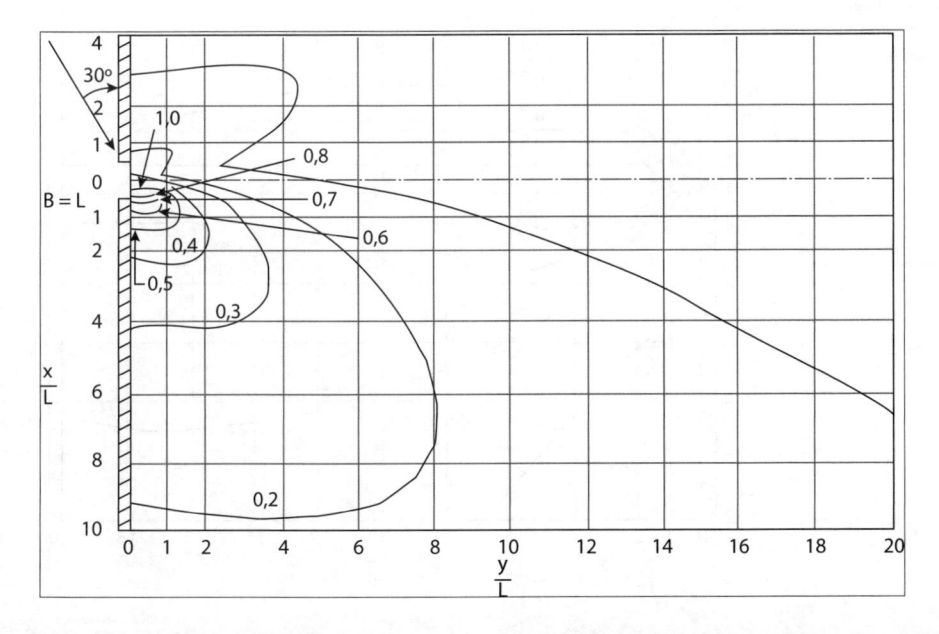

Figura 1.63
Diagrama genérico de coeficientes de difração de Johnson em abertura de quebra-mar com largura de 1 comprimento de onda e rumo de propagação de 30° com o alinhamento da estrutura.

Figura 1.64
Diagrama genérico de coeficientes de difração de Johnson em abertura de quebra-mar com largura de 1 comprimento de onda e rumo de propagação de 45° com o alinhamento da estrutura.

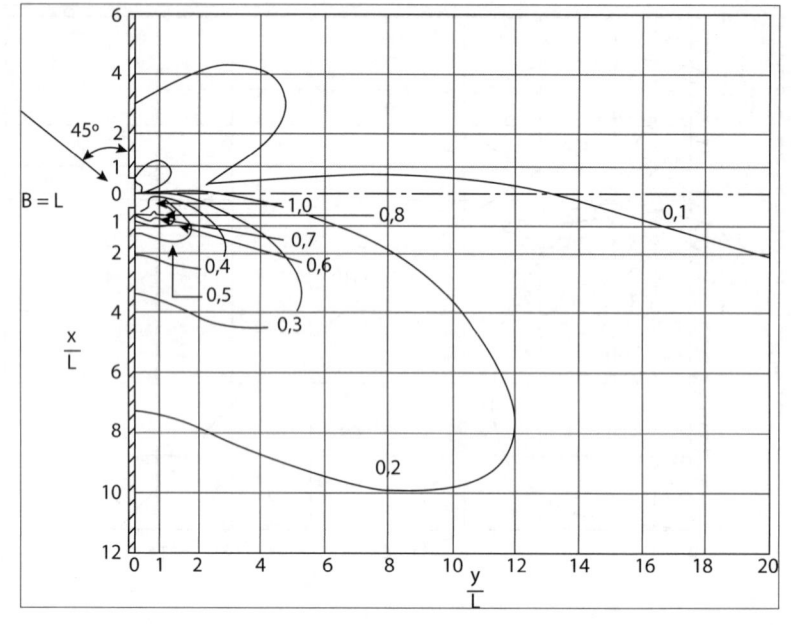

Figura 1.65
Diagrama genérico de coeficientes de difração de Johnson em abertura de quebra-mar com largura de 1 comprimento de onda e rumo de propagação de 60° com o alinhamento da estrutura.

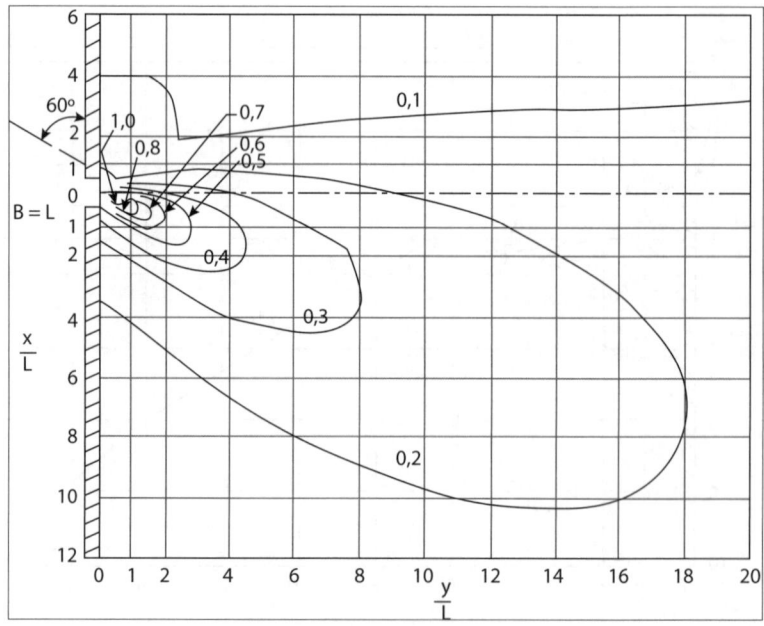

Figura 1.66
Diagrama genérico de coeficientes de difração de Johnson em abertura de quebra-mar com largura de 1 comprimento de onda e rumo de propagação de 75° com o alinhamento da estrutura.

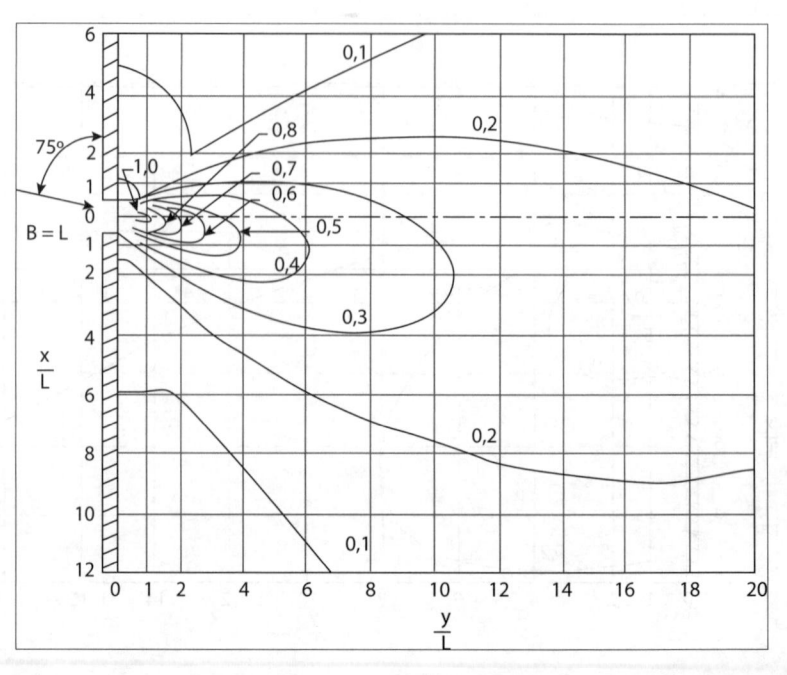

Na Figura 1.67 está apresentado esse procedimento.

O coeficiente de difração e refração combinadas resulta em:

$$K_{dr} = K_r \, K_d \, (b_1/b_2)^{0,5}$$

em que:

K_r: coeficiente de refração no tardoz do quebra-mar.

K_d: coeficiente de difração no ponto da crista da onda a partir de onde a ortogonal para a costa é desenhada.

$(b_1/b_2)^{0,5}$: coeficiente de refração entre a crista da última onda difratada e a mais próxima da costa.

1.7.6 Considerações práticas

Qualquer aproximação analítica e/ou numérica de difração da onda em torno a obstáculos, ou ainda mais, difração superposta a refração e empolamento, somente pode ser modelada mais fielmente em modelos físicos, pois a descrição das ondas como cilíndricas simples não corresponde perfeitamente à realidade, além dos aspectos a seguir elencados.

A dominância do comprimento de onda no fenômeno da difração recomenda empregar, no estudo de agitação de bacias abrigadas, a onda mais longa dentre as observadas em vez da média, ou significativa, que frequentemente se emprega em outras avaliações.

Do mesmo modo, o padrão da difração é muito sensível ao ângulo de incidência da onda, fazendo com que as ondas reais, que são constituídas por uma composição harmônica de ondas simples sintetizadas no espectro de energia direcional (no domínio da frequência e do espaço), difratem-se de modo diferente, geralmente produzindo um estado de mar confuso no tardoz das obras de abrigo, ou outros obstáculos costeiros. Essa realidade torna muito complexa a modelação teórica do fenômeno real.

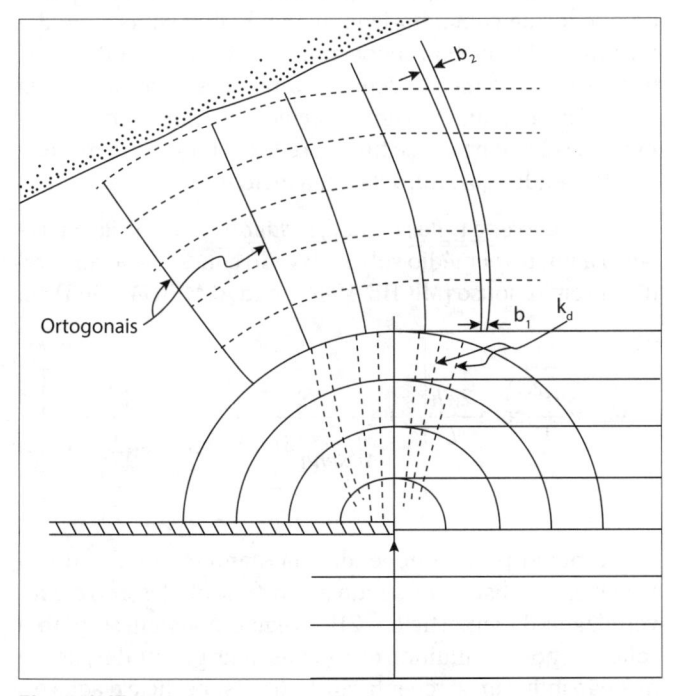

Figura 1.67
Exemplo de aproximação simplificada de difração e refração combinadas para o caso de um quebra-mar semi-infinito, rígido e impermeável.

A forma dos obstáculos à incidência das ondas altera a refletividade da face de incidência, além de, em aberturas nos quebra-mares, ou obstáculos, com incidência oblíqua de ondas, a extremidade atingida pela frente de onda posteriormente gerar reflexões que podem ser importantes, dependendo de sua forma.

Como exemplo final da utilidade das abordagens simplificadas expostas para o caso da difração, apresentam-se as Figuras 1.68 e 1.69. Na Figura 1.68, a frente de onda é rompida por forte inflexão da batimetria, que gera, como consequência, difração nas extremidades dessa significativa singularidade, sobrepondo-se os planos de frentes de ondas, conforme assinalado na figura. A Figura 1.69 reproduz situação análoga, mas agora pela singularidade emersa de uma ilha, que também gera um mar cruzado. Esses esboços traduzem a essência de um complexo fenômeno de dupla difração de modo confirmado pela realidade, apesar das hipóteses simplificadoras, as quais existem em qualquer abordagem de modelação, com a vantagem de rapidamente fornecerem ao engenheiro a sensibilidade do comportamento real.

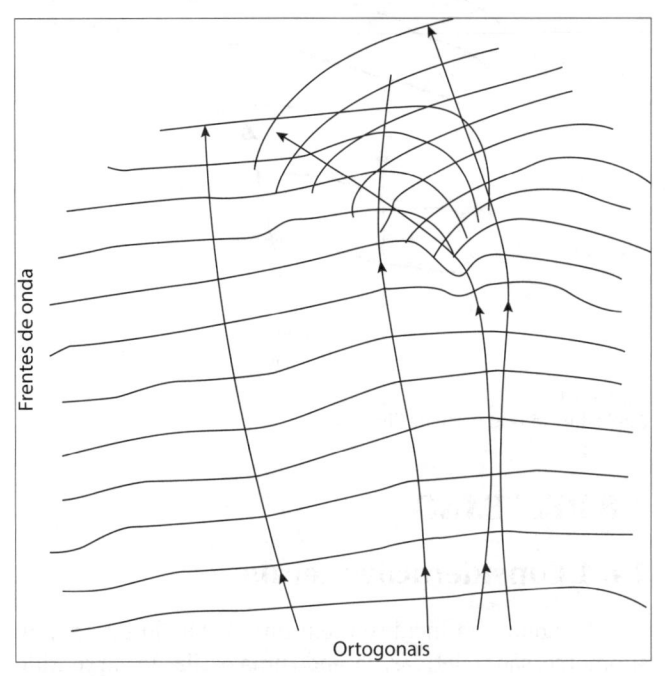

Figura 1.68
Dupla difração sobre inflexão batimétrica submersa.

Por todas essas questões de sensibilidade referentes ao fenômeno real, as aproximações extremamente teóricas tornam-se inócuas, comparativamente com a modelação física. Da mesma forma, tendo em vista a complexidade inerente, justifica-se perfeitamente o emprego dos métodos simplificados, com suas hipóteses, descritos neste capítulo admitindo-se níveis de projeto preliminar, conceitual e pré-básico. Em nível de projeto mais detalhado, básico e executivo, o recurso à modelação física ainda é, e continuará a sê-lo por muitas décadas, a mais segura ferramenta à disposição da Engenharia Portuária e Costeira. De fato, para o dimensionamento mais adequado destas obras, a integração das equações diferenciais hidrodinâmicas que regem o fenômeno somente pode ser efetuada com uma série de hipóteses simplificadoras, enquanto a modelação física se utiliza simplesmente da própria água, a qual se comportará mais fielmente como ela mesma que qualquer abordagem teórica.

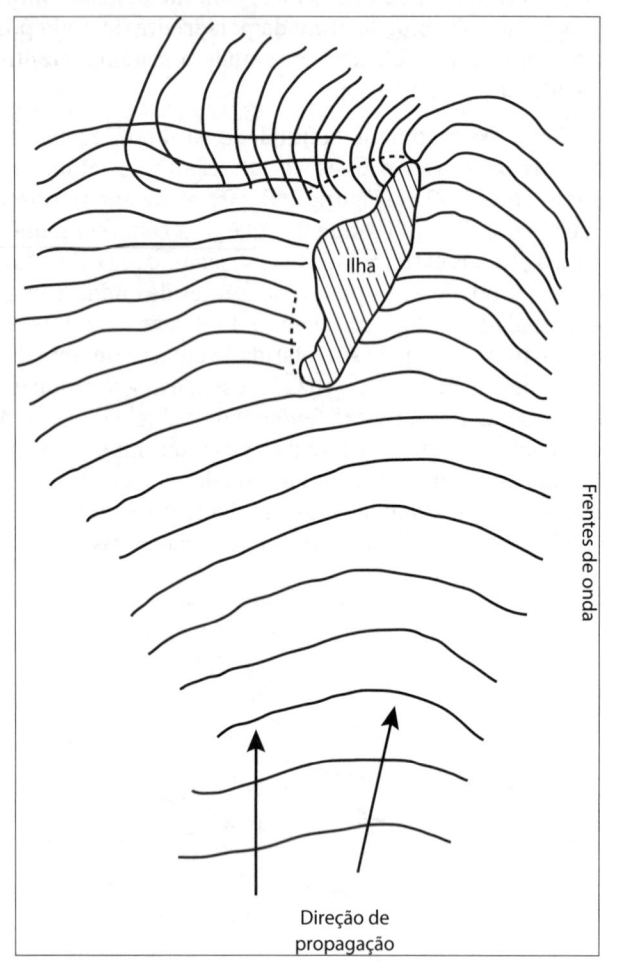

Figura 1.69
Dupla difração em torno de ilha.

1.8 REFLEXÃO

1.8.1 Considerações gerais

As ondas, ao incidirem em um obstáculo imerso, ou submerso, são refletidas, gerando uma oscilação em sentido inverso à incidente, com mesmo período e, consequentemente, mesmos comprimento e fase com relação ao obstáculo. A onda refletida tem menor altura que a incidente, pela perda de energia na reflexão.

Em primeira aproximação, pode-se considerar que as ondas refletidas propagam-se sem interferência das ondas incidentes. A partir da igualdade dos comprimentos de onda, geometricamente decorre a igualdade entre os ângulos da onda incidente e da onda refletida com relação à ortogonal do eixo do obstáculo, podendo-se entender esta última como imagem especular da primeira.

A composição resultante da interferência entre a onda incidente e a refletida produz um movimento oscilatório estacionário, apresentando sempre um ventre junto do obstáculo.

Quando a direção de incidência é ortogonal ao alinhamento do obstáculo, gera-se uma onda refletida de mesma

direção e rumo inverso à incidente. Esta reflexão total, em que as ondas se sobrepõem integralmente, costuma-se denominar *clapotis*, sendo nesse caso total. É importante ressaltar que os quebra-mares de parede vertical devem ser sempre projetados para essa condição, que é a mais desfavorável para a estabilidade da estrutura ao tombamento.

Quando a incidência da onda no obstáculo é oblíqua, gera-se um *clapotis* descontínuo, também denominado *gaufrage*, composto por uma série de intumescências localizadas.

O quociente entre a altura da onda incidente e a da onda refletida denomina-se coeficiente de reflexão. O ângulo de incidência não afeta esse coeficiente, assim, o coeficiente de reflexão é uma propriedade do obstáculo, denominada poder refletor. Por outro lado, o coeficiente de transmissão é definido como o quociente entre a altura de onda transmitida através da estrutura e a altura de onda incidente, como o que ocorre em estruturas permeáveis e em quebra-mares de talude.

Evidentemente, ambos os coeficientes mencionados dependem da geometria e da composição da estrutura, das características de esbeltez da onda incidente e da profundidade relativa (h/L) do local.

Particularmente em estruturas portuárias, a reflexão pode ser tão importante quanto as considerações referentes à refração e à difração. Assim, muros, maciços e revestimentos que componham o perímetro interno de bacias portuárias devem ser projetados, sempre que possível, para dissipar a energia das ondas incidentes em vez de refleti-la. Ao contrário, praias naturais são ótimas formações para dissipar essa energia.

1.8.2 Reflexão total

Obstáculos compostos por parede vertical, ou em talude que forme com a horizontal ângulo que supere um determinado limiar, têm coeficiente de reflexão de 1,0 a 0,9 e, nesses casos, tem-se a reflexão total, que, com incidência normal ao alinhamento do obstáculo, gera um *clapotis* totalmente estacionário. Esse tipo de reflexão tem altura máxima de $2H_i$, sendo H_i a altura da onda incidente.

Ao ocorrer a reflexão total, o *clapotis* total oscila em relação a um nível médio sobre-elevado com relação ao nível d'água em repouso (MICHE, 1944, apud ALMEIDA, 1963) de:

$$\Delta h = \pi \frac{H^2}{L} \coth \frac{2\pi h}{L} \left[1 + \frac{3}{4\left(senh\dfrac{2\pi h}{L}\right)^2} - \frac{1}{4(\cosh\dfrac{2\pi h}{L})^2} \right]$$

O poder refletor depende dominantemente da porção superior do obstáculo, sendo as profundidades entre o nível d'água da superfície e 2H a região mais eficaz para a reflexão, pouco influindo os trechos mais profundos, desde que não induzam arrebentação. Entre a superfície d'água e a altura de H para cima, a onda poderá suplantar o obstáculo, o que modifica o coeficiente de reflexão.

O talude máximo correspondente à reflexão total foi estimado em primeira aproximação por Miche (1951, apud ALMEIDA, 1963) em águas profundas para taludes de ângulo α (em radianos) com a horizontal superiores a 10°:

$$\delta_{máx,o} = 0,254 \sqrt{\alpha}\ sen^2\alpha$$

Para $\alpha < 15°$, taludes frequentes nas costas, a equação pode ser simplificada para:

$$\delta_{máx, o} \cong \frac{(\tan\alpha)^{2,5}}{4}$$

Assim, taludes mais suaves que 10° somente podem refletir ondas de reduzida esbeltez, como as de maré, ou as ondas sísmicas dos tsunamis, que também podem ser refletidas pela batimetria. Desse modo, as praias, que normalmente têm taludes menores que 1/10 ou 5°, têm refletividade praticamente nula. Também não ocorre reflexão das ondas de gravidade em relevos submarinos. Ondas de esbeltez moderada entre 0,02 e 0,05, que são comuns, podem ser refletidas por taludes de 20° e 10°, respectivamente. Taludes de 45° refletem totalmente todas as ondas observadas na natureza, correspondendo a $\delta_{máx, o} = 0,12$.

Deve-se levar em conta que a fórmula não considera a rugosidade do talude, a turbulência do escoamento e termos de segunda ordem, fornecendo, então, estimativas acima do esperado.

Segundo a aproximação de Iribarren e Nogales (1949, apud ALMEIDA, 1963) para águas rasas, o ângulo de talude $\overline{\alpha_{lim}}$ entre arrebentação total e reflexão total é dado por:

$$\tan\overline{\alpha_{lim}} = \frac{8}{T}\sqrt{\frac{H_o}{2g}}$$

que resulta em:

$$\delta_{máx, o} \cong 0,196\ tan^2\alpha$$

Para o cálculo do poder refletor de um talude semi-indefinido, Miche (1951, apud ALMEIDA, 1963) considera que a energia refletida é, no máximo, correspondente à esbeltez limite que se reflete totalmente no talude. Caso a esbeltez supere esse limite, a onda refletida terá uma altura menor que a incidente, sendo a diferença de energia consumida por arrebentação parcial. Assim, o poder refletor, ou coeficiente de reflexão, K_f, do talude com ângulo α (em radianos), considerando superfícies lisas e uma correção intrínseca à turbulência do movimento junto do obstáculo de 0,8, resulta em:

$$K_f = \frac{H_f}{H_i} = 0,203 \frac{\sqrt{\alpha}\ sen^2\alpha}{\delta_o}$$

Segundo Schoemaker e Thijsse (1949, apud ALMEIDA, 1963), o valor da correção intrínseca pode variar entre 0,33, no caso de enrocamentos de quebra-mares, e 0,5 para

superfícies não lisas. Na prática, adota-se o valor de 0,8 para costas rochosas abruptas e valores entre 0,3 e 0,6 para quebra-mares de talude, dependendo da maior ou menor rugosidade e da permeabilidade. O parâmetro ξ_f, definido com $\tan\alpha$ no numerador e H_i no pé da estrutura, constitui-se em parâmetro importante nestas considerações.

Miche (1951, apud UNIVERSIDAD POLITÉCNICA DE VALENCIA, 2001) propôs a decomposição do coeficiente de reflexão K_f em dois fatores, para levar em conta a rugosidade e a permeabilidade (K_{f1}) e a declividade e a curvatura (K_{f2}) da superfície refletora. Assim:

$K_f = K_{f1}.\ K_{f2}$

$K_{f1} = 0,8 \rightarrow$ para praias suaves e impermeáveis

$K_{f1} = 0,3$ a $0,6 \rightarrow$ para praias rugosas, abruptas etc.

$$K_{f2} = \frac{\delta_{máx\ o}}{\delta_o} \qquad K_{f2} \leq 1$$

Battjes (1974, apud UNIVERSIDAD POLITÉCNICA DE VALENCIA, 2001) propõe:

$$K_{f2} = 0,1\ \xi_f$$

De acordo com U. S. Army (2002), estudos realizados na década de 1980 permitiram associar a reflexão em estruturas portuárias e costeiras com a seguinte equação:

$$K_f = \frac{a\xi_f^2}{b + \xi_f^2}$$

na qual as constantes a e b dependem fundamentalmente da geometria da estrutura e secundariamente de as ondas serem monocromáticas ou irregulares. A Tabela 1.9 apresenta os valores propostos desses coeficientes:

Tabela 1.9 Valores de a e b do coeficiente K_f em função do tipo de estrutura e das ondas		
Tipo de estrutura	**a**	**b**
Plana com ondas monocromáticas	1,0	5,5
Plana com ondas irregulares	1,1	5,7
Maciços de enrocamento	0,6	6,6
Quebra-mares com dolos na carapaça e ondas monocromáticas	0,56	10,0
Quebra-mares com tetrápodos na armadura e ondas irregulares	0,48	9,6

Esses resultados, na prática, indicam máximos coeficientes de reflexão da ordem de 0,5 para elevados valores de ξ_f, enquanto para muros de praia, que podem ser aproximados como superfícies planas verticais, o número de Iribarren tende a infinito e, pela irregularidade da superfície, $K_f \sim 0,9$.

Já no caso de praias, conforme mencionado, são geralmente eficientes absorvedoras de ondas, particularmente as vagas (curto período). Segundo U. S. Army (2002), os coeficientes a e b teriam valores de 0,5 e 5,5, respectivamente, embora com significativa dispersão, com baixo número de Iribarren, resultando em baixos K_f.

A onda estacionária pode ser considerada a soma de duas ondas progressivas propagando-se em rumos opostos. As Figuras 1.70 e 1.71 apresentam o perfil vertical esquemático desse fenômeno. Nas posições em que o nível d'água é constante (nós), ocorre o máximo deslocamento oscilatório horizontal de vaivém de água, enquanto nas posições em que a flutuação do nível d'água é máxima (ventres ou antinós), o deslocamento oscilatório horizontal é desprezável. Nas fotografias apresentadas na Figura 1.71 pode-se observar como uma margem íngreme de um paredão de praia induz a reflexão da onda, com intensificação das velocidades orbitais, majorando o efeito erosivo sobre os sedimentos de praia.

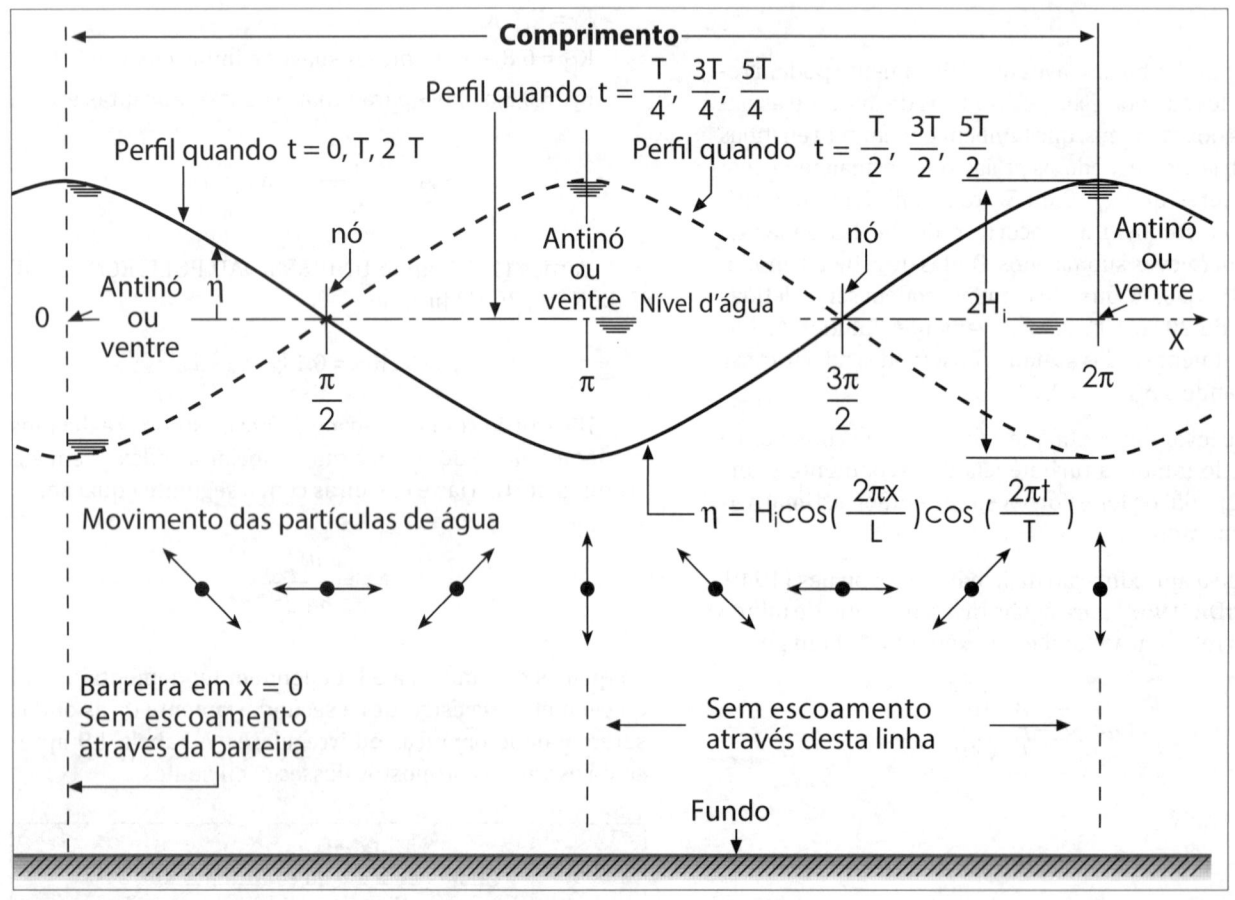

Figura 1.70
Elevação do perfil longitudinal de onda estacionária (*clapotis*) formada pela reflexão perfeita de uma barreira vertical, segundo a teoria linear.

1.8.3 Oscilações em bacias portuárias

1.8.3.1 FUNDAMENTOS

Conforme já mencionado, a reflexão de ondas em recintos portuários pode favorecer a formação de ondas estacionárias com longos períodos, tipicamente entre 30 s e 10 minutos, sendo a oscilação horizontal a que mais preocupa, podendo acarretar danos a defesas em paramentos de cais, rupturas de cabos de amarração de navios etc. Na literatura técnica, são conhecidas também como ressonâncias portuárias, seiches e oscilações ressonantes.

A reflexão da onda corresponde a uma reflexão da energia e, como consequência de múltiplas reflexões e ausência de dissipação de energia em quantidade suficiente em bacias portuárias pode resultar em ressonância.

Em águas rasas confinadas (Figura 1.71(A)), situação comum em muitas baías, estuários e portos, considerando o comprimento da bacia, os períodos capazes de entrar em ressonância são:

$$T_n = \frac{2\ell}{n\sqrt{gh}}$$

sendo $n = 1, 2 \ldots$: o número de nós da oscilação estacionária.

Observe os modos de oscilação fundamental, segundo e terceiro, correspondentes ao primeiro, segundo e terceiro harmônicos, respectivamente, com um, dois e três nós na bacia.

Se a bacia for aberta em um extremo, como ilustrado na Figura 1.71(B), os períodos dos modos ressonantes são:

$$T_n = \frac{4\ell}{(1+2n)} \frac{1}{\sqrt{gh}}$$

O número de nós (n) não inclui o nó na entrada da bacia.

Observe os modos de oscilação fundamental, segundo e terceiro, correspondentes ao primeiro, terceiro e quinto harmônicos, respectivamente.

Assim, o período do seiche é determinado pelo comprimento da bacia e pela profundidade da lâmina d'água. O período T também é conhecido como período de ressonância. Para a onda estacionária se desenvolver, o período de ressonância da bacia deve ser igual ao, ou um múltiplo inteiro (harmônicos), do período da onda. Desse modo, podem-se criar fenômenos ressonantes em bacias costeiras para determinadas frequências de ondas incidentes, o que é particularmente importante de ser verificado em áreas portuárias quanto às condições de atracação. Nas Figuras 1.71 (C) e (D) podem ser visualizadas ações de ondas extremas sobre estruturas costeiras de muros, produzindo reflexões.

Além das dimensões planimétricas e altimétricas da bacia, também a sua forma é determinante nas características dessas oscilações, que podem desenvolver períodos capazes de fazer a bacia entrar em ressonância, bem como os sistemas de amarração da embarcação. Como pode ser observado nas Figuras 1.71 (A) e (B), bacias portuárias podem ter vários modos de oscilação, definidos pelos períodos naturais ressonantes do modo fundamental e seus harmônicos, supondo-se situações bidimensionais com bordas perfeitamente refletivas.

1.8.3.2 CARACTERÍSTICAS DA OSCILAÇÃO ESTACIONÁRIA NOS NÓS

Nas oscilações estacionárias em bacias portuárias, é importante estimar a máxima velocidade horizontal induzida ($u_{máx}$), bem como o máximo movimento da água (2A), para uma altura de onda estacionária 2 H_i. Assim:

$$u_{máx} = \frac{H}{2} \sqrt{\frac{g}{h}}$$

$$2A = \frac{HT_n}{2\pi} \sqrt{\frac{g}{h}}$$

1.8.3.3 BACIAS PORTUÁRIAS CONFINADAS DE FORMA SIMPLES RETANGULAR COM PROFUNDIDADE CONSTANTE E BORDAS VERTICAIS

Para várias condições, bacias portuárias confinadas, de forma simples retangular com profundidade constante e bordas verticais, podem ser aproximadas por recintos fechados, como no caso reproduzido na Figura 1.71(A), em que a dimensão longitudinal x é significativamente superior à dimensão lateral y. Quando as bacias tiverem dimensões de comprimento e largura equivalentes, podendo-se produzir nós das oscilações também na direção transversal, o período natural ressonante pode ser estimado, segundo U. S. Army (2002), pela equação:

$$T_{n,m} = \frac{2}{\sqrt{gh}} \left[\left(\frac{n}{l_x} \right)^2 + \left(\frac{m}{l_y} \right)^2 \right]^{-1/2}$$

em que:

n, m: número de nós ao longo do eixo x, longitudinal, e ao longo do eixo y, lateral, da bacia.

l_x, l_y: dimensões de comprimento e largura da bacia.

Observe-se que, para as situações de bacias longas e estreitas, m = 0 e a equação acima se reduz apenas ao termo referente à dimensão longitudinal e seus n nós, que equivale à equação já vista no item anterior, conhecida como fórmula de Merian (U. S. ARMY, 2002).

1.8.3.4 BACIAS PORTUÁRIAS ABERTAS DE FORMA SIMPLES RETANGULAR ESTREITA COM PROFUNDIDADE CONSTANTE E BORDAS VERTICAIS

Este caso diferencia-se do anterior pelo fato de a bacia ser totalmente aberta numa extremidade. Em bacias abertas de forma simples retangular estreita com profundidade constante e bordas verticais, Ippen e Goda (1963, apud RAICHLEN, 1968; U. S. ARMY, 2002) apresentaram o gráfico da resposta ressonante teórica de um fator de amplificação (A), considerando que não haja dissipação de energia, e o comprimento relativo da bacia portuária (2πl/L = kL). A é definido por convenção como o quociente entre a altura da onda na parede de fundo da bacia portuária e a altura de onda estacionária da onda incidente em linha de costa vertical (que é duas vezes a altura da onda incidente). Na Figura 1.72, está reproduzida essa resposta para vários modos ressonantes, além do fundamental (n = 0), para abertura B total e duas aberturas parciais, assinalando-se a condição de bacia confinada. O gráfico da Figura 1.72 também pode ser colocado em abscissas em termos de período ressonante, pois:

$$\frac{2\pi l}{L} = \frac{2\pi}{T} \frac{l}{\sqrt{gh}}$$

Essa é uma abordagem simplificada que tende a fornecer limites superiores para A, seja porque não leva em conta as perdas por atrito, seja pela existência de oscilações transversais, no caso de bacias mais largas, ou por embocaduras assimétricas, o que altera a posição dos nós. Ainda nessa linha simplificada, mas com geometrias diferenciadas, Zelt (1986, apud U. S. ARMY, 2002) apresentou a Figura 1.73.

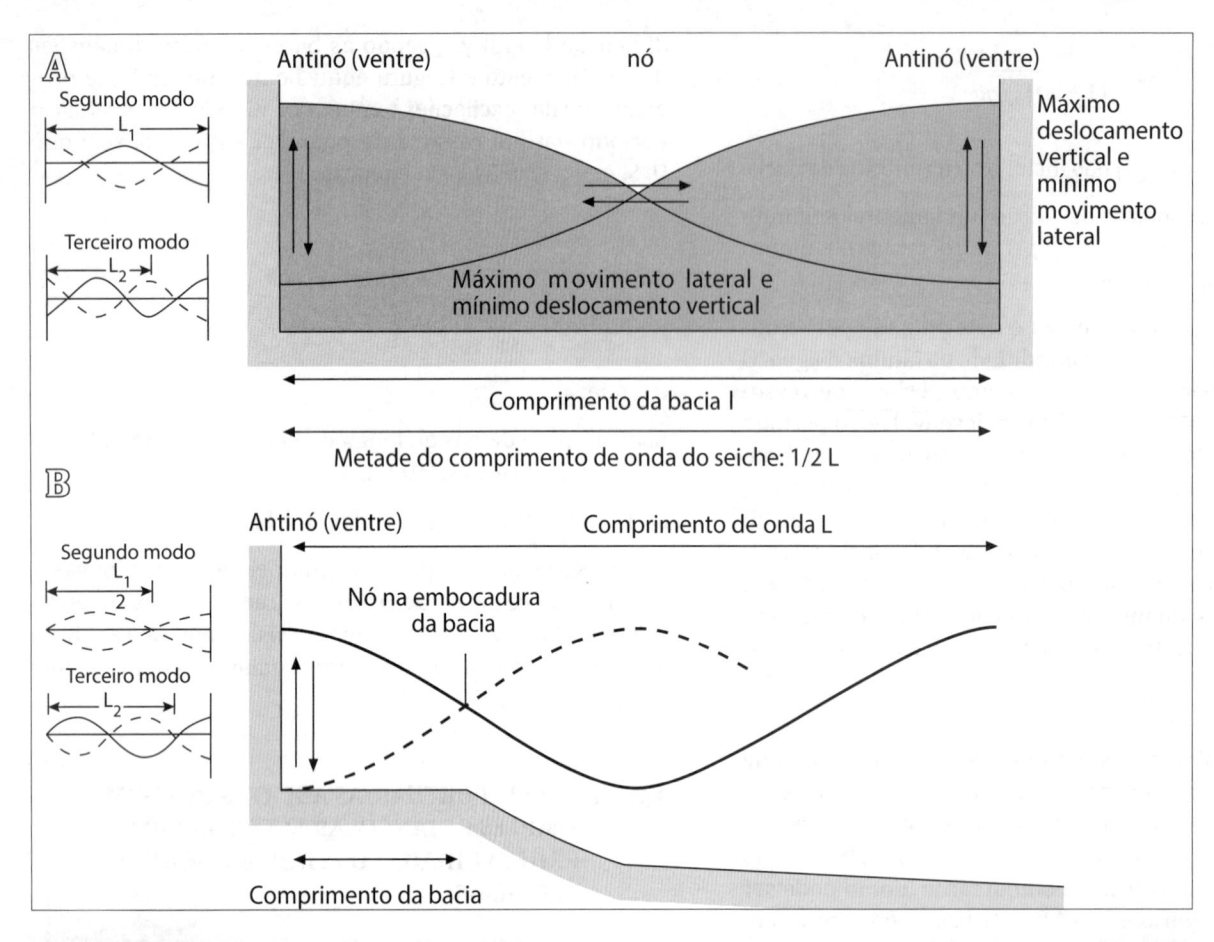

Figura 1.71
(A) Onda estacionária simples em bacia confinada e seus modos de oscilação. Elevação do perfil longitudinal.
(B) Um quarto de comprimento de onda estacionária em um pequeno porto em bacia aberta e seus modos de oscilação. Elevação do perfil longitudinal.
(C) Ação de ressaca na Praia de São Vicente (SP) em julho de 1976, observando-se o efeito da reflexão das ondas junto ao muro da avenida beira-mar (São Paulo, Estado/DAEE/SPH/CTH).
(D) Ação de ressaca na Ponta da Praia, Santos (SP), em 26 de abril de 2005 (ondas de até 4 m).

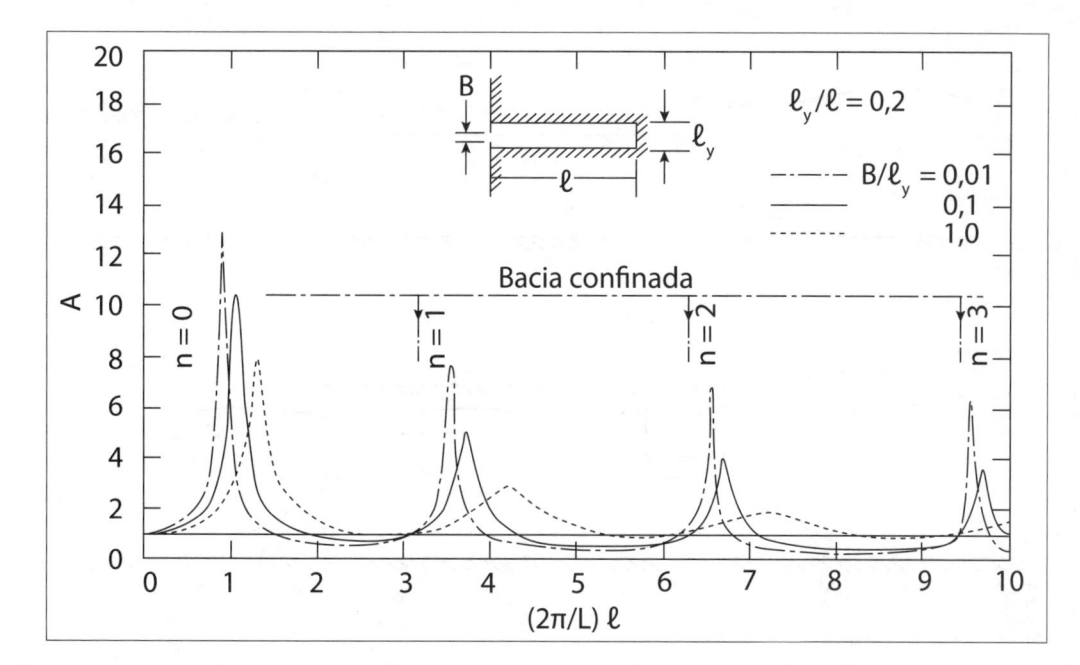

Figura 1.72
Curvas teóricas de resposta do fator de amplificação de oscilação ressonante, A, em bacias portuárias abertas de forma simples retangular estreita com profundidade constante e bordas verticais. Fonte: Ippen e Goda (1963, apud RAICHLEN, 1968; U. S. ARMY, 2002).

Geometria	Primeiro modo ressonante		Segundo modo ressonante	
	kl	A_{RES}	kl	A_{RES}
	1,089	16,43	2,565	11,45
	1,229	10,96	3,177	7,61
	1,315	7,81	4,182	2,68
	1,696	8,12	4,559	4,32
	1,757	21,85	3,280	32,18
	2,050	8,50	4,926	6,19

Figura 1.73
Resposta ressonante para bacias portuárias com diferentes geometrias.

1.8.4 Transmissão

1.8.4.1 FUNDAMENTOS

A parcela de energia ondulatória que penetra no tardoz de uma estrutura de abrigo deve ser minimizada, portanto, deve ser adequadamente estimada para a avaliação do abrigo nesta área em função do custo envolvido na obra. Maciços convencionais com cotas de coroamento submersas (crista abaixo do nível médio do mar), ou semissubmersas (crista no nível médio do mar), permitem propagação sobre os maciços, com a vantagem de altos coeficientes de transmissão para as ondas ordinárias (boa renovação da água) com redução destes para ondas em eventos extremos (defesa contra a erosão em obras costeiras e abrigo em obras portuárias). Por outro lado, quando o coroamento é emerso, podem

ocorrer episódios de galgamento, portanto, em ambos os casos, ocorre transmissão de energia ondulatória. Além disso, estruturas permeáveis, como maciços de enrocamento, podem também propiciar a transmissão.

O coeficiente de transmissão da onda, C_f, é o quociente entre a altura de onda transmitida e a incidente, o que, no caso de ondas irregulares, é aplicável para as alturas de ondas significativas. Evidentemente, este coeficiente é inferior a 1,0. Quanto ao período da onda transmitida, tende a migrar para menores períodos, com um viés da energia espectral para as maiores frequências.

A transmissão de energia através de maciços de enrocamento em talude, que são compostos de camadas graduadas com dimensões decrescentes até o núcleo, é mais relevante para ondas de menor altura e longo período, como a onda de maré, sendo que as ondas curtas de alta esbeltez e baixo período, produzidas pelo vento, têm transmissão negligenciável. Quando o maciço é composto somente por grandes blocos de dimensão uniforme, o que não é convencional para as obras de abrigo, o coeficiente de transmissão pelo maciço é elevado.

Assim, o coeficiente de transmissão resultante em maciços de enrocamento é dado pela expressão:

$$C_t = \sqrt{C_{tt}^2 + C_{tg}^2}$$

Sendo:

C_{tt}: coeficiente de transmissão através da permeabilidade da estrutura

C_{tg}: coeficiente de transmissão por galgamento da estrutura

No caso de quebra-mares flutuantes ancorados, ou apoitados por meio de amarras, reconhecem-se três casos mais comuns, conforme esquematizado na Figura 1.74, que permitem a transmissão das ondas e apresentam-se como alternativa interessante aos maciços convencionais em áreas de forte oscilação de níveis d'água (lagos, reservatórios, rios

Figura 1.74
Quebra-mares flutuantes.

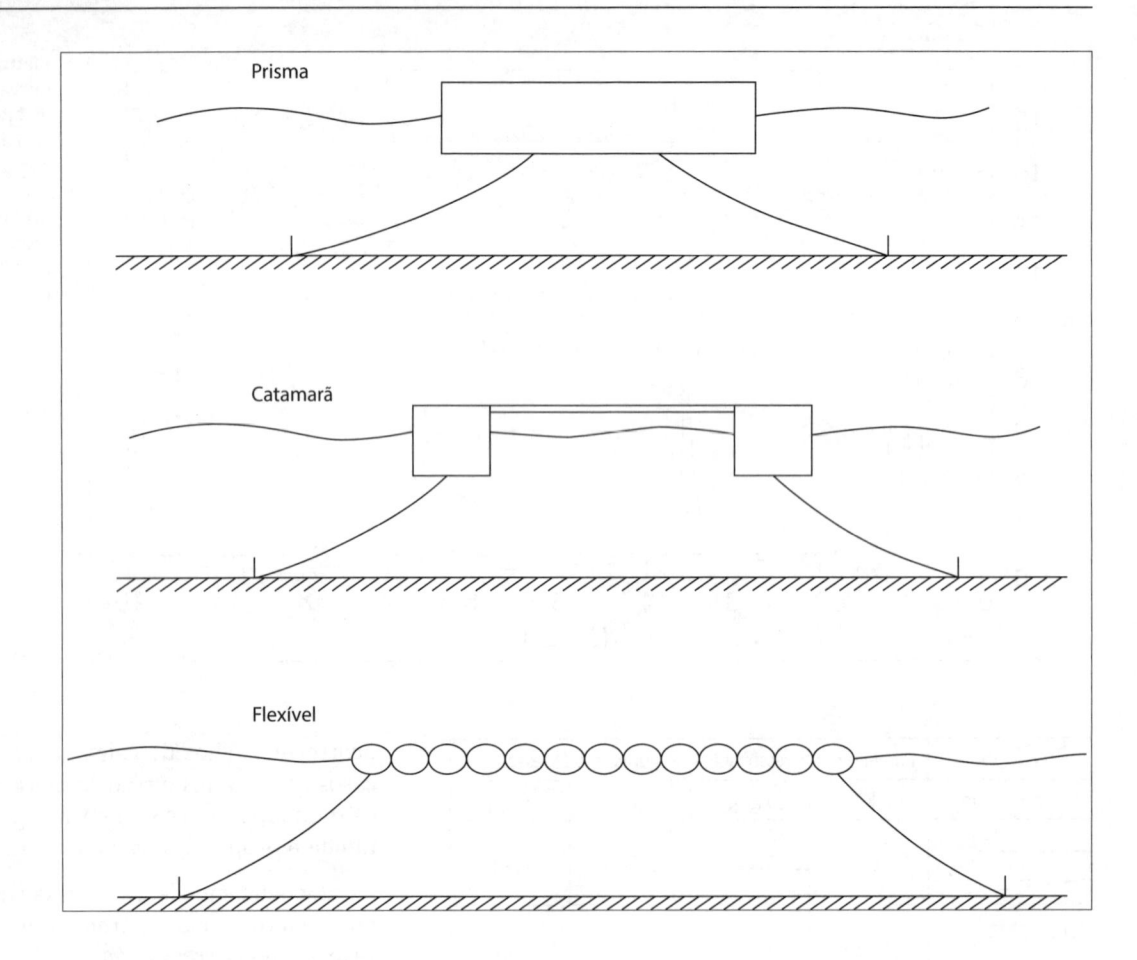

e macromarés), de grandes profundidades, por interferirem menos na livre circulação das águas. Por outro lado, são sujeitos a danos em suas conexões com as amarras e entre estruturas, em função de sua alta sensibilidade ao período das ondas. De fato, considerando como admissível uma onda transmitida de $H_t = 0,6$ m, o período da onda incidente não deve superar os 3 s. Na determinação das cargas sobre amarras, poitas e/ou âncoras, por outro lado, a altura da onda é determinante, sendo o período secundário.

Barreiras verticais delgadas e semirrígidas têm sido utilizadas como quebra-mares em alguns portos em que a carga devida às ondas seja relativamente pequena e a reflexão seja tolerável, bem como o período da onda incidente seja pequeno, com o quociente h/L relativamente alto. Podem ser do tipo emersas, semissubmersas, submersas ou suspensas, não se estendendo até o fundo.

1.8.4.2 MACIÇOS DE ENROCAMENTO

Segundo Seelig (1980, apud U. S. ARMY, 2002), de acordo com o esquema da Figura 1.75, a borda livre F com referência a um nível d'água de projeto vai condicionar a possibilidade de galgamento de um maciço emerso de enrocamento de acordo com a equação:

$$C_t = C\left(1 - \frac{F}{R}\right)$$

recomendada para $(\frac{h_s}{gT^2})$ entre 0,006 e 0,03

Sendo:

$$C = 0,51 - \frac{0,11B}{d}$$

recomendada para B/d entre 0 e 3,2

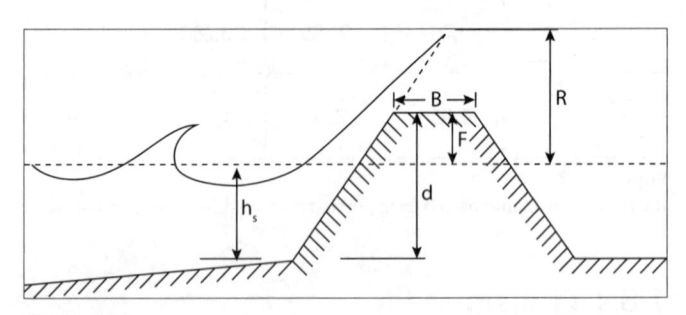

Figura 1.75
Galgamento de maciço de enrocamento.

Para maciços de enrocamento submersos e semissubmersos, Van der Meer e Angremond (1992, apud U. S. ARMY, 2002) propõem o gráfico da Figura 1.76, de correlação entre C_t e F/H_i, com valores positivos de F para quebra-mares emersos de crista baixa e negativos para cristas submersas.

1.8.4.3 QUEBRA-MARES FLUTUANTES

Segundo resultados de modelos físicos, Giles e Sorensen (1979, apud U. S. ARMY, 2002) propuseram a curva C_t x B/L, denominada flexível na Figura 1.77, correspondendo a um conjunto de pneus ancorados a vante e a ré, com calado de um diâmetro de pneu, com h = 4 m e B = 13 m.

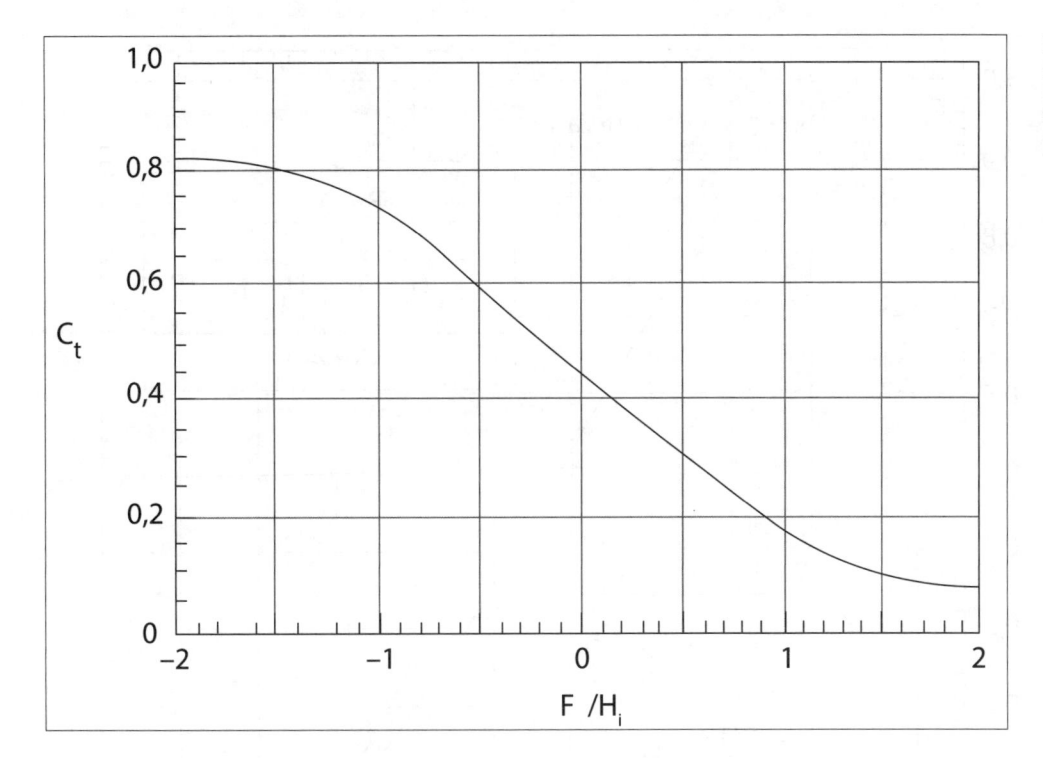

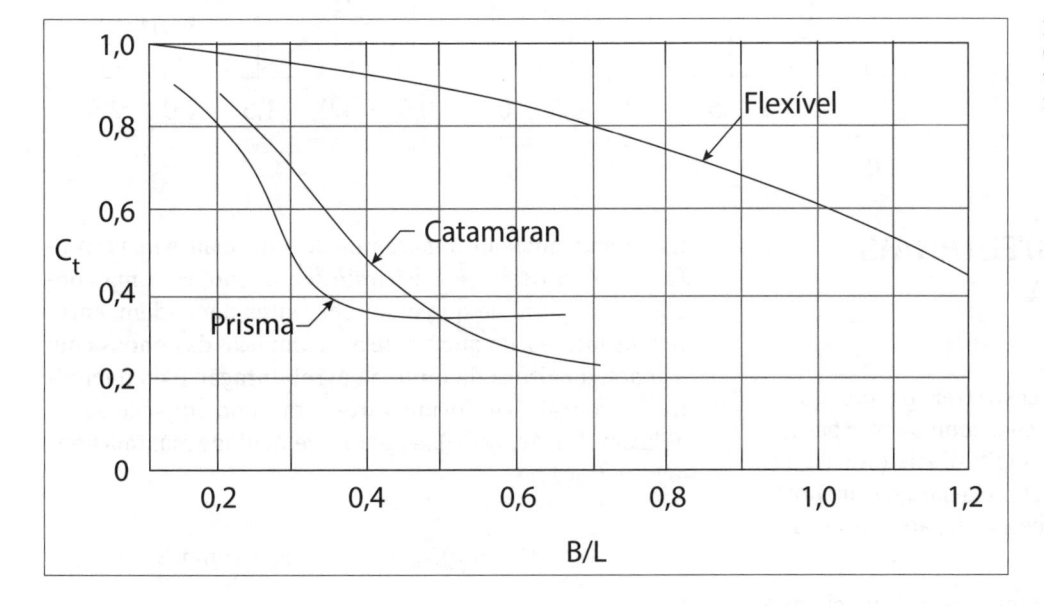

Figura 1.77
Coeficientes de transmissão para os tipos mais comuns de quebra-mares flutuantes.

Halles (1981, apud U. S. ARMY, 2002) testou em modelo físico um pontão prismático de concreto armado com calado de 1,1 m, h = 7,6 m e B = 5 m, bem como um catamarã com dois pontões, calado de 1,4 m e B = 6,4 m. Os resultados da curva C_t x B/L também estão plotados na Figura 1.77.

1.8.4.4 BARREIRAS VERTICAIS

Goda (1969; 2000, apud U. S. ARMY, 2002) propôs, com base experimental, o gráfico da Figura 1.78, que permite estimar os coeficientes de transmissão contemplando uma barreira delgada e uma relativamente grossa, tanto para condições de crista emersa quanto submersa, em ondas monocromáticas e irregulares (neste caso com H_s).

Para barreiras verticais suspensas com relação ao fundo, Wiegel (1960, apud U. S. ARMY, 2002) apresentou uma simples e eficiente formulação analítica, considerando onda monocromática e sem galgamento, que pode ser usada em cálculos de projeto preliminares:

$$C_t = \left[\frac{\dfrac{2k(h-y)}{\operatorname{senh} 2kh} + \dfrac{\operatorname{senh} 2k(h-y)}{\operatorname{senh} 2kh}}{1 + \dfrac{2kh}{\operatorname{senh} 2kh}} \right]^{\frac{1}{2}}$$

Nesse caso, y denota o comprimento do trecho vertical suspenso submerso, desprezando, em favor da segurança, a perda de energia no descolamento da água sob a barreira.

Figura 1.78
Coeficientes de transmissão em
barreiras verticais.

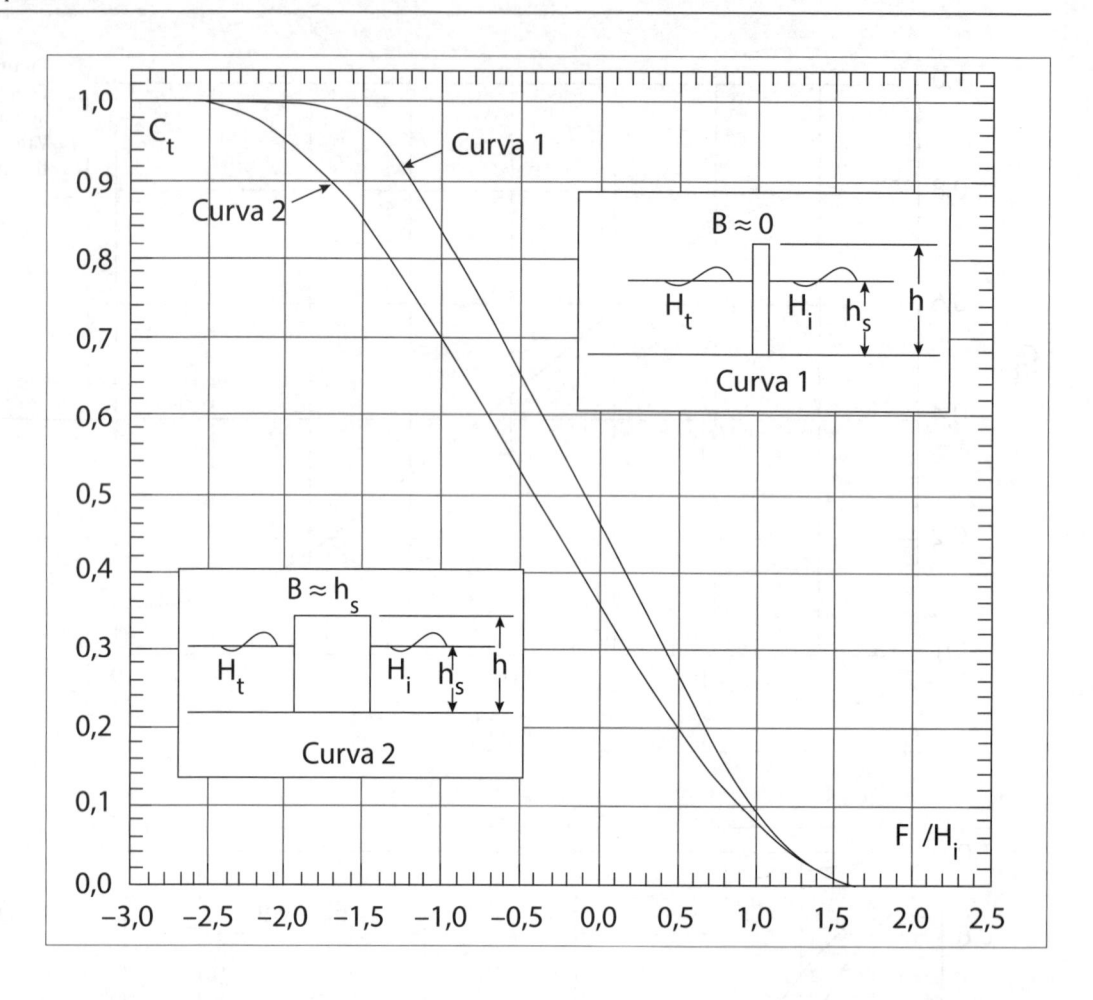

1.9 CORRENTES LONGITUDINAIS PRODUZIDAS PELA ARREBENTAÇÃO

As ondas que se aproximam da costa transportam quantidade de movimento associado, cuja componente paralela à costa produz as correntes longitudinais (ver Figura 1.79(A)), que são de suma importância para o transporte de sedimentos na zona de arrebentação, até a profundidade de fechamento.

As correntes longitudinais produzidas pela arrebentação da onda desenvolvem-se paralelamente à linha de costa e as suas medições mostram que a onda é sensivelmente confinada à zona de arrebentação e que uma substancial variação na velocidade pode existir ao longo da onda. Apresentam tipicamente valores em torno de 30 cm/s, não sendo usuais valores acima de 90 cm/s, e velocidades mais altas já são também induzidas pela ação direta do vento. Embora sejam correntes de baixa velocidade, são importantes para o transporte litorâneo do conjunto de sedimentos mobilizados pela arrebentação das ondas, em razão do seu prolongado período de atuação.

Existe um grande número de expressões que tentam descrever, de forma empírica ou teórica, a velocidade das correntes longitudinais. As primeiras foram estabelecidas por meio de ajustes de dados de campo e laboratório, com o intuito de quantificar sem esclarecer o mecanismo físico, enquanto outras surgiram de uma análise mais aprofundada da descrição física do fenômeno. Há uma concordância geral de que essas correntes dependem, entre outros fatores, do ângulo de aproximação das ondas com a costa, da altura da onda na arrebentação e da declividade da praia, conforme apresentado na equação sugerida em U. S. Army (1984) para a velocidade máxima após arrebentação:

$$V_m = 41,4m\sqrt{gH_b}\,\text{sen}\,\alpha_b\cos\alpha_b \quad \text{(unid. S.I.)}$$

Na Figura 1.79(B) estão apresentadas trajetórias de derivadores na foz do Rio Itanhaém (SP). Este mapeamento evidencia o campo de correntes litorâneas induzidas por arrebentação das ondas, marés, vento e fluviais.

1.10 VARIABILIDADE DO CLIMA DE ONDAS

Em recente estudo, Alfredini et al. (2013), compilaram os dados do modelo meteorológico do Projeto ERA-40 de alturas significativas (H_s) e período de pico do espectro de energia (T_p) para a costa do Estado de São Paulo. Tal série estende-se de 1957 a 2002, tendo-se calibrado e validado os dados com observações por ondógrafos realizadas entre 1982 e 1984 e em 1972/1973 na costa do Estado de São Paulo.

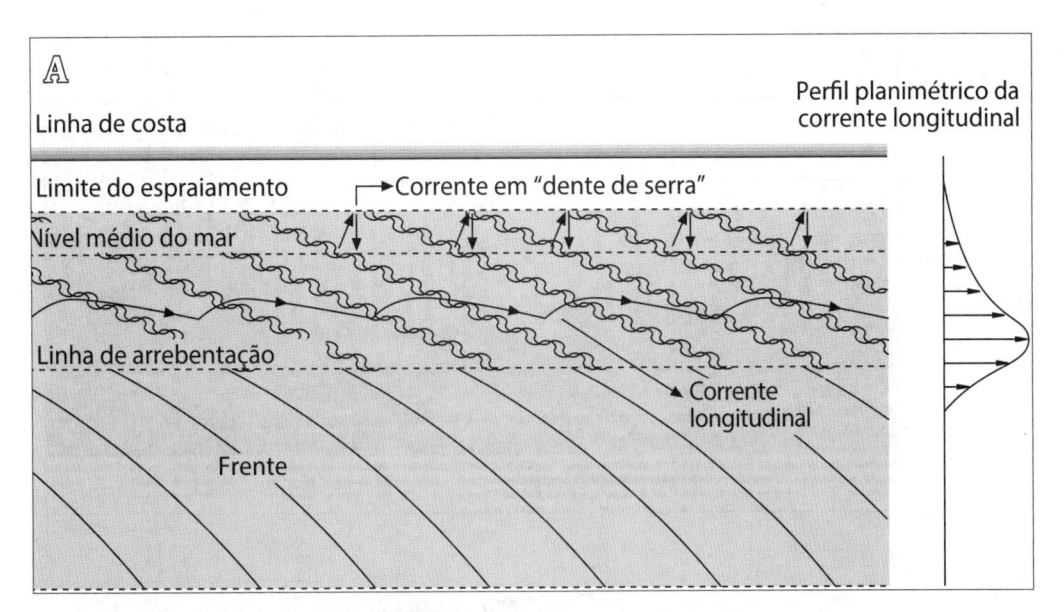

Figura 1.79
(A) Planimetria da corrente longitudinal criada em ataque oblíquo da onda.
(B) Vista zenital de trajetórias de derivadores delineando as correntes litorâneas (m/s) junto à foz do Rio Itanhaém (SP). Desenho sobre foto aérea (Base) (São Paulo, Estado/DAEE/SPH/CTH).

A análise dos resultados encontra-se apresentada nas Figuras 1.80 e 1.81. Considerando situações de H_s superiores ou iguais a 3,0 m e períodos de pico espectrais superiores a 13 s, ou seja, eventos de tempestades extremas, verifica-se um incremento na tendência linear e na média móvel de cinco anos, cujas linhas encontram-se assinaladas nas figuras. Com a média móvel é possível especular sobre a influência de um episódio de aquecimento do ENSO (El Niño Southern Oscillation) nas águas do Oceano Pacífico (1991 a 1993), associado à erupção de grande magnitude do Vulcão Pinatubo nas Filipinas, com um episódio de resfriamento da La Niña nas águas do Oceano Pacífico.

Pela tendência verificada, projetar-se-ia um incremento da altura significativa média de 1,0 m para 1,4 m, entre 1957 e 2050. Também a frequência de ocorrência dos eventos extremos aumentaria em mais de cinco vezes. Lembrando-se que a energia das ondas é proporcional ao quadrado de sua altura, haveria uma elevação no mesmo período igual a duas vezes a que ocorria na década de 1950. Em consequência, as tensões e forças desencadeadas pelos processos de agitação marítima nas costas e estruturas portuárias e costeiras seriam em muito ampliadas.

Esses dados corroboram estudo anterior realizado para a Costa do Espírito Santo por Marquez (2009).

Trata-se de verificação importante a ser considerada nos projetos de obras portuárias e costeiras, ou seja, a atualização da base de dados climáticos.

Figura 1.80
Variação da altura significativa de 1957 a 2002 na Costa do Estado de São Paulo. Ajuste linear e com média móvel de cinco anos.

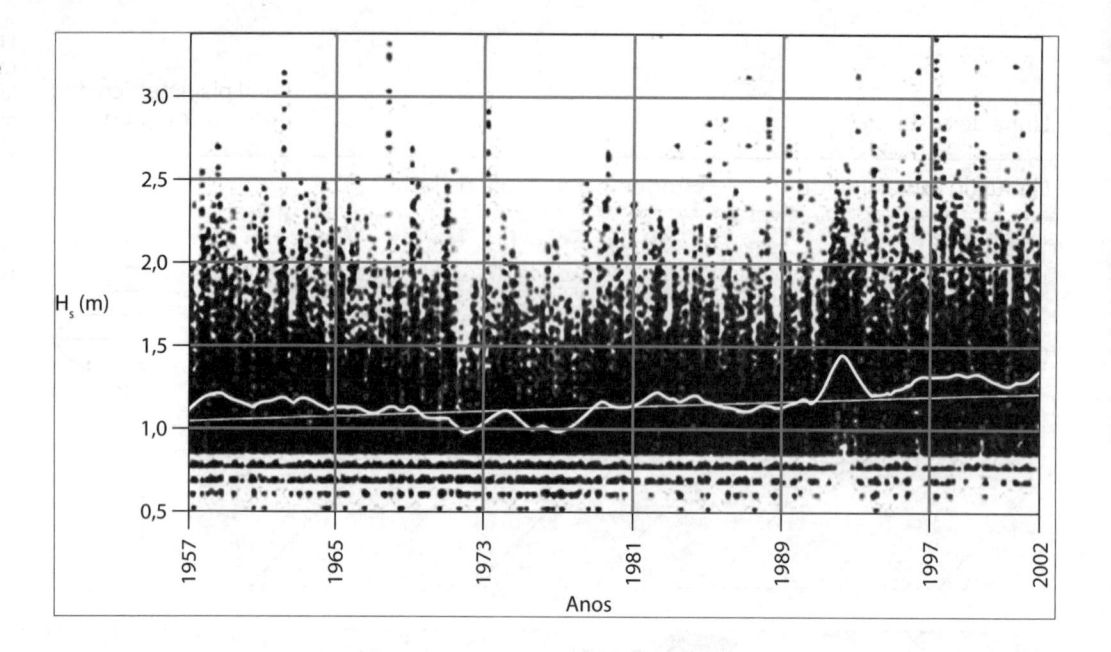

Figura 1.81
Variação do período de pico espectral de 1957 a 2002 na Costa do Estado de São Paulo. Ajuste linear e com média móvel de cinco anos.

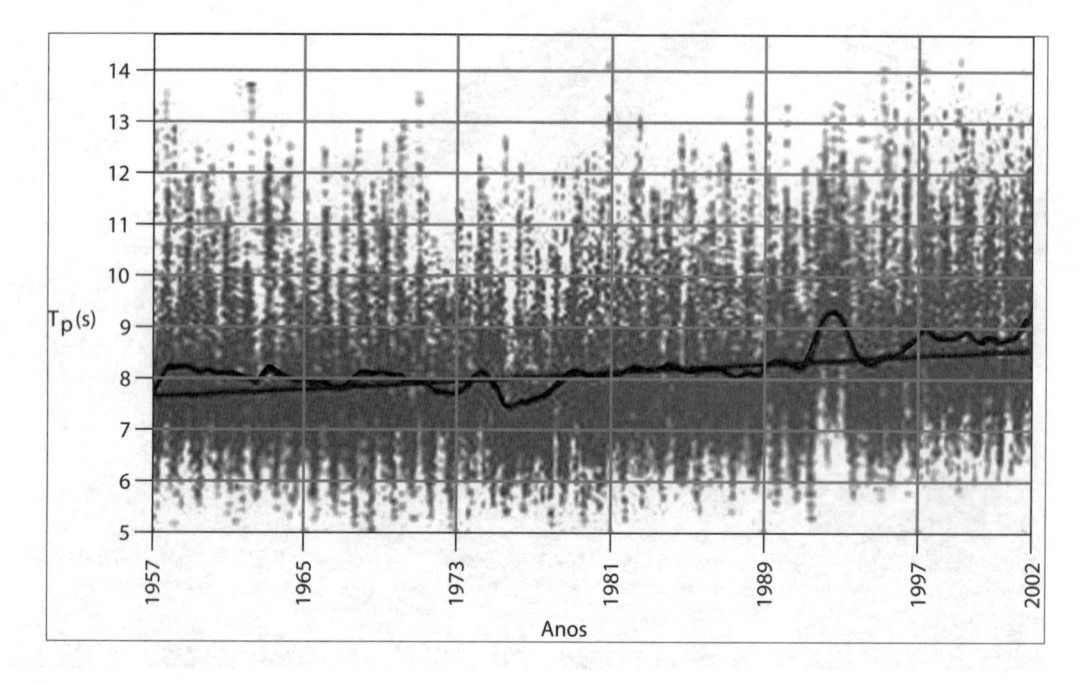

1.11 INCERTEZAS LIGADAS À HIDRODINÂMICA E À ESTATÍSTICA DE ONDAS CURTAS

1.11.1 Considerações gerais

As incertezas referidas neste item refletem o conjunto de erros, aleatoriedade e lacuna de conhecimentos suficientes. De um modo geral, os erros em parâmetros I da mecânica e da estatística ondulatórias referentes às ondas curtas produzidas pelo vento são considerados de distribuição gaussiana (normal), admitindo um valor médio $\bar{I}$ e um desvio-padrão σ_I, sendo a incerteza definida como seu coeficiente de variação σ':

$$\sigma_I^{'} = \frac{\sigma_I}{\bar{I}}$$

Pela definição de desvio-padrão, o valor de I situa-se com 68% de probabilidade entre $\bar{I}\left(1 \pm \sigma_I^{'}\right)$, com 95% de probabilidade entre $\bar{I}\left(1 \pm 2\sigma_I^{'}\right)$ e praticamente com toda probabilidade entre $\bar{I}\left(1 \pm 3\sigma_I^{'}\right)$.

Para o engenheiro portuário e costeiro, que tem a tarefa de manipular as informações básicas da Mecânica Ondulatória, isto é, altura, período e rumo de propagação, é fundamental ter a consciência da ordem de grandeza da incerteza intrínseca envolvida na medição e na estimativa desses parâmetros. De fato, é a partir desses parâmetros e de sua aplicação em vários cálculos que são realizados os dimensionamentos dos projetos das obras marítimas costeiras. Torna-se, desse modo, crucial a sensibilidade com relação às magnitudes e às incertezas deles para que possam ser estabelecidos margens e coeficientes de segurança racionalmente aceitáveis para as obras, ou intervenções, numa otimização entre as óticas conservativa, econômica e ambiental. Por outro lado, esta discussão nos ensina que a sofisticação de metodologias de cálculo, na prática, tem importância limitada, pois esses refinamentos, comparativamente com a ordem de grandeza das incertezas nos parâmetros básicos com as quais depara o engenheiro, não justificam a sua aplicação, tendo mais valor metodologias mais simples, econômicas e pragmáticas de descrever os processos marítimos.

1.11.2 Incertezas nas medições de ondas

As medições de ondas são fundamentadas em medidas instantâneas dos níveis d'água e dos rumos das ondas, tipicamente com frequência de amostragem de 10 Hz em períodos de amostragem típicos de 10 a 20 minutos. Pelos critérios de cruzamento do zero no domínio do tempo, ou de análise do espectro de energia no domínio da frequência, procura-se a equivalência em uma única onda de altura H_s, ou H_{m0} para condensar o período de amostragem completo.

Raciocinando-se em ordem de grandeza típica de altura de onda em uma costa exposta, $H_s = 1,0$ m é um bom exemplo. Mesmo para os equipamentos mais sofisticados da atualidade utilizados cuidadosamente, o erro absoluto tem um desvio-padrão entre 0,05 m e 0,1 m, o que gera uma incerteza de altura de onda medida de 7,5% (KAMPHUIS, 2012). Assim, para $H_s = 1,0$ m, há 68% de probabilidade de que $0,92$ m $< H_s < 1,08$ m, 95% de que $0,85$ m $< H_s < 1,15$ m e praticamente todos os valores de H_s situam-se entre 0,78 m $< H_s < 1,22$ m. Por outro lado, para se consolidar o valor de $H_s = 1,0$ m, várias considerações devem ser tomadas, uma vez que corresponde a 10 a 20 minutos de amostragem e, para que seja representativo do intervalo entre amostragens, tipicamente de 3 h a 6 h, deve-se levar em conta que a velocidade e o rumo do vento variam randomicamente, bem como o nível d'água varia com a oscilação da maré. Assim, ocorre um incremento na incerteza dos valores das alturas de ondas representativas. Segundo Kamphuis (2012), em muitos casos, a incerteza envolvendo o intervalo de amostragem da altura de onda pode dobrar, indo para 15%.

A incerteza na estimativa dos períodos é maior que a referente às alturas das ondas, sendo que Kamphuis (2012) considera razoável uma incerteza de 10% no período de onda medida e de 20% no intervalo de amostragem do período da onda.

Quanto ao rumo de propagação da onda, é sabido que se trata do parâmetro de maior incerteza nas medições de ondas, sendo que, nos mais sofisticados equipamentos direcionais da atualidade, o erro é de $\pm 3°$ para marulhos bem formados e pode chegar a $\pm 10°$ em vagas muito irregulares (KAMPHUIS, 2012). Para outros equipamentos, não direcionais, os erros são muito maiores. Considerando os erros dos equipamentos direcionais mencionados como já correspondentes a $3\sigma_\alpha$, então o desvio-padrão na medição do rumo pode ser estimado em 1° para marulhos bem formados e 3,3° para vagas muito irregulares. Para um mar composto de ambos os tipos de ondas, é razoável assumir um valor médio do desvio-padrão de medição do rumo da ordem

de 2°, independentemente do ângulo do rumo. Entretanto, quando se considera um ângulo de refração com relação às isóbatas, típico de águas intermediárias e rasas de 10°, a incerteza é de 20%.

1.11.3 Incertezas na reconstituição do estado do mar passado

Os procedimentos de reconstituição do estado do mar passado, a partir das informações meteorológicas do vento, evidenciam esses métodos como muito aproximados, mesmo quando cuidadosamente calibrados e validados. Para as situações em que essas verificações de calibração e validação forem rigorosamente demonstradas, Kamphuis (1999, apud KAMPHUIS, 2012) estima as incertezas de alturas em 25% e de períodos em 30% e Burcharth (1992, apud KAMPHUIS, 2012) estima a incerteza da altura entre 10% e 20%.

O erro absoluto na reconstituição do rumo de propagação da onda pode chegar a 30° em águas profundas, enquanto em águas costeiras Kamphuis (2012) propõe o valor de 8° para o desvio-padrão, correspondendo a uma incerteza de 80% para um ângulo de refração de 10°, o que repercute em grande incerteza na região de águas rasas.

1.11.4 Incertezas na estimativa das deformações das ondas

Resultados apresentados por Kamphuis (1999, apud KAMPHUIS, 2012) evidenciam que os cálculos das deformações de ondas da região de águas intermediárias com $H_s = 1,0$ m, $T = 10$ s e $\alpha = 10°$ (ângulo de refração) até atingirem a arrebentação chegam nesta região com incertezas de $\sigma'_{H_b} = 45\%$, $\sigma'_T = 30\%$, $\sigma'_{\gamma_b} = 10\%$ e $\alpha'_{\alpha_b} = 100\%$.

Evidentemente, esses resultados estimam ordens de grandeza superiores para as incertezas, mas assinalam uma questão problemática, pois evidenciam a complexidade e o desafio posto à Engenharia Portuária e Costeira, que, como especialidade da Engenharia Civil, deve tratar com muita atenção e consciência, quase como uma arte tecnológica, a manipulação dos dados e a sua aplicação nos projetos.

1.11.5 Redução das incertezas pela verificação da modelação dos processos marítimos

A complexidade dos processos marítimos hidrodinâmicos é transmitida, como incertezas nos dados de entrada, aos estudos hidrossedimentológicos, como tratado em capítulos sucessivos deste livro, cujas incertezas intrínsecas são ainda maiores, levando a uma potencialização marcante das incertezas dos projetos portuários e costeiros. Desse modo, somente técnicas de redução das incertezas na modelação desses processos podem dar resultados seguros e confiáveis aos engenheiros. Dessa forma, a sistematização das etapas de modelação deve seguir três fases fundamentais: aferição comparativa, calibração e verificação.

A fase de aferição comparativa é utilizada para demonstrar que o modelo simula corretamente processos simples, que, portanto, são passíveis de equacionamentos analíticos, ou analíticos-experimentais, bem conhecidos. Constitui o embasamento do funcionamento do modelo com relação aos processos hidrodinâmicos, hidrossedimentológicos e hidromorfológicos fundamentais. Pode-se citar como exemplo a reprodução de planos de refração da onda em águas intermediárias e rasas em fundos com formas cilíndricas (com isóbatas paralelas), ou a difração da onda em fundo plano em torno a um obstáculo impermeável e rígido, ou a reflexão total da onda de encontro a parede vertical lisa em fundo plano. Nessas situações simplificadas, o modelo deve responder de acordo com a Lei de Snell-Descartes para a refração, de acordo com o processo gráfico de Iribarren para a difração e de acordo com a Lei de Descartes para a reflexão total, pois esta última corresponde a uma refração para uma região em que a celeridade é igual e negativa.

Na calibração, ou taragem, os parâmetros do modelo devem ser ajustados para simular grandezas de valores medidos no real. Certamente, basear a calibração de um modelo físico em medições no real produzirá incerteza bem menor que fundamentá-la em resultados obtidos em um modelo numérico, no qual estão embutidas as incertezas dos dados de entrada e das próprias técnicas de modelação. De fato, Kamphuis (1999, apud KAMPHUIS, 2012) estima a incerteza de dados diretamente obtidos de levantamentos batimétricos no real em 40%, o que leva facilmente a incertezas da ordem de 100% se esses dados passam por uma manipulação em modelo numérico para depois serem utilizados na calibração de um modelo físico.

Finalmente, a minimização da incerteza da modelação pode ser conseguida pela verificação de condições reais que não tenham sido empregadas para a calibração. Para exemplificar, a calibração quanto à morfologia de uma linha de costa para a expansão de uma obra portuária pode ter sido efetuada com a comparação de sondagens batimétricas da região, mas antes da implantação da referida obra. Uma verificação dessa calibração, com a qual se conseguiria reduzir significativamente a incerteza do projeto de expansão, consistiria em avaliar a fidelidade do modelo em simular processos hidrossedimentológicos após a implantação da obra original, como o efeito da difração em torno de molhes de abrigo, ou a reflexão em estruturas de parede vertical, sobre a morfologia.

No contexto atual, principalmente dos modelos numéricos, é frequente a confusão entre essas diferentes etapas, por exemplo, considerar a aferição como calibração e a calibração como verificação, ou avaliar muito qualitativamente por simples comparação de escassos dados reais. Cumprir sucessivamente essas três etapas torna o modelo plenamente validado, reduzindo-se ao máximo suas incertezas na previsibilidade dos processos marítimos para novos projetos de obras, ou intervenções. Trata-se de processo demorado, que tem um custo elevado, tanto em modelos físicos quanto numéricos, no entanto, é a única maneira de obtenção de resultados aceitáveis do ponto de vista da Engenharia.

CAPÍTULO 2

DINÂMICA DAS ONDAS LONGAS DE MARÉ EM EMBOCADURAS MARÍTIMAS

Modelo físico do Terminal Marítimo de Ponta da Madeira (MA) da Vale. Escala geométrica 1:170. Visualização das correntes de maré enchente no entorno da Bacia de Evolução e dos berços de atracação com traçador colorimétrico de permanganato de potássio.

2.1 DINÂMICA DA MARÉ ESTUARINA

2.1.1 Considerações gerais sobre a maré astronômica

2.1.1.1 CARACTERÍSTICAS PRINCIPAIS

As marés astronômicas são oscilações verticais periódicas das massas líquidas da superfície terrestre causadas pela ação da Lua e do Sol. Essas oscilações têm as características de um movimento harmônico composto, que pode, portanto, ser decomposto em diversos movimentos harmônicos simples.

As principais características da maré astronômica podem ser sintetizadas pela sua periódica e previsível, usualmente, regular oscilação do nível d'água, de variável magnitude em altura e com período usual mais comum de 12,42 h (semidiurna), correspondendo, portanto, a uma onda de longo período.

A subida e a descida do nível do mar, respectivamente denominadas de enchente e vazante, estão associadas com correntes de maré com estofas de defasagem variável com a preamar e baixa-mar, dependendo das condições locais.

A causa primária da maré é a complexa variação da atração gravitacional da Lua e do Sol sobre as massas líquidas, por causa da contínua mudança da posição relativa dos astros, balanceada pela centrífuga dos sistemas Terra-Lua e Terra-Sol.

A terminologia geral associada à onda de maré – na Figura 2.1(A) está esquematizada uma composição de onda de maré para o Porto de Santos (SP) em cotas CDS – é apresentada a seguir:

- $\eta = f(x, t)$: a variação do nível d'água apresenta forma próxima de uma senoide ou composição harmônica de curvas senoidais do tipo $\eta = \eta_0 \cos(kx - \sigma t)$;

- η_0: amplitude da maré, sendo o desnível entre preamar e baixa-mar a altura da onda de maré; na prática corrente no Brasil, dá-se o nome de amplitude à altura da maré;

- c: celeridade ou velocidade de fase da onda de maré;

- T: período da onda de maré;

- λ: comprimento da onda de maré;

- $k = 2\pi/\lambda$: número de onda;

- $\sigma = 2\pi/T$: frequência angular.

São, a seguir, definidos alguns termos referentes às marés astronômicas, suas abreviaturas e, em alguns casos, a denominação em inglês (Figura 2.1(C)), pela extensa bibliografia nessa língua sobre o assunto:

- Preamar (PM): maior altura que atingem as águas em uma oscilação.

- Baixa-mar (BM): menor altura que atingem as águas em uma oscilação.

- Amplitude da maré: distância vertical entre uma PM e a BM seguinte.

- Nível médio do mar (NM): valor médio em todos os estágios da oscilação, considerado equivalente ao nível que existiria na ausência das forças produtoras da maré.

- Nível médio da maré (MTL, *mean tide level*): valor médio de um certo número de PM e BM.

- Nível de redução (NR): nível escolhido para referência das sondagens da carta náutica.

- Nível de zero hidrográfico: nível correspondente ao zero de uma régua de marés instalada.

- Maré de sigízia ou de águas-vivas (*spring tide*): a maior maré semidiurna que se segue à lua nova ou à lua cheia.

- Maré de quadratura ou de águas mortas (*neap tide*): a maré semidiurna de menor amplitude que ocorre no período de uma semilunação.

- Maré semidiurna: maré que apresenta duas PM e duas BM no período aproximado de um dia médio.

- Maré diurna: a que apresenta uma PM e uma BM no período aproximado de um dia médio.

- Altura da PM média de sigízia (MHWS, *mean high water spring*): altura média deduzida de uma longa série de observações das alturas das PM de sigízia.

- Altura da BM média de sigízia (MLWS, *mean low water spring*): altura média deduzida de uma longa série de observações das alturas das BM de sigízia.

- Altura da PM média de quadratura (MHWN, *mean high water neap*): valor médio de uma longa série de PM de marés de quadratura.

- Altura da BM média de quadratura (MLWN, *mean low water neap*): valor médio de uma longa série de BM de quadratura.

- Altura da PM média da maré (MHW, *mean high water*): valor médio das alturas das PM médias de sigízia e de quadratura.

- Altura da BM média da maré (MLW, *mean low water*): valor médio das alturas das BM médias de sigízia e quadratura.

- Enchente ou fluxo (*flood*): período durante o qual o nível do mar se eleva.

- Vazante ou refluxo (*ebb*): período durante o qual o nível do mar se abaixa.

- Estofa (*slack tide*) de enchente (ou de vazante): período durante o qual o nível do mar estaciona, terminada a enchente (ou a vazante).

A oscilação constante e periódica do nível do mar, devida à maré, torna necessário o estabelecimento de determinados níveis, invariáveis, para referência de determinadas observações (Figura 2.1(D)). Assim, as marés são observadas em relação ao zero hidrográfico e computadas em relação ao nível médio do mar (NM), por meio das semiamplitudes das componentes harmônicas; as altitudes são todas referidas ao NM; e as profundidades do mar – as sondagens – são referidas a um determinado nível de redução (NR), abaixo do qual o mar não desce senão raramente.

Na Figura 2.1(B) apresenta-se outra previsão de maré para o Porto de Santos em cotas DHN.

2.1.1.2 FORÇAS GERADORAS DA MARÉ

O fenômeno da maré astronômica é uma consequência da lei de gravitação universal, segundo a qual dois corpos se atraem com uma força diretamente proporcional ao produto de suas massas e inversamente proporcional ao quadrado da distância entre eles. Foi assim, sobre a obra de Newton, que se assentou a primeira teoria científica sobre

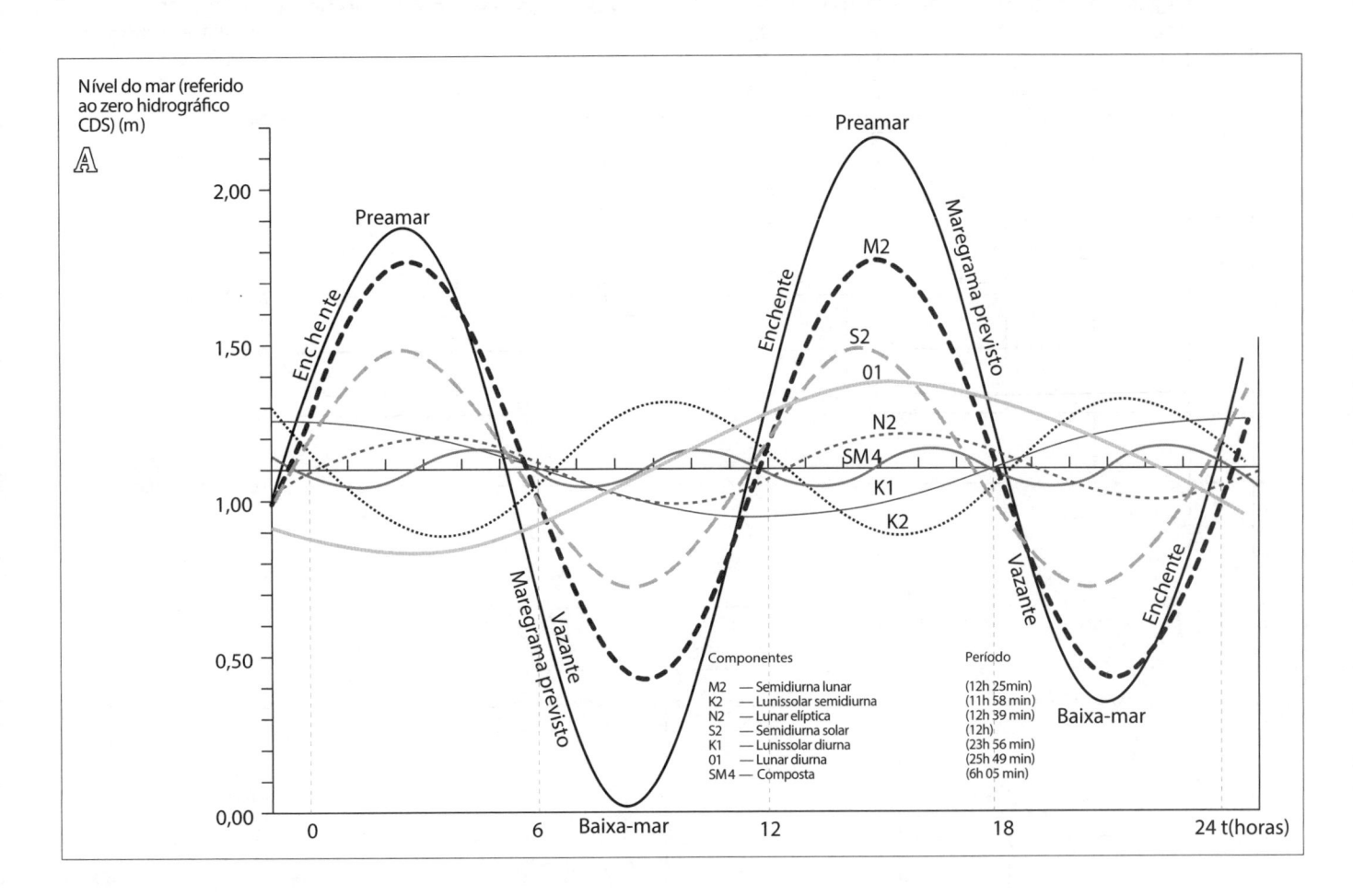

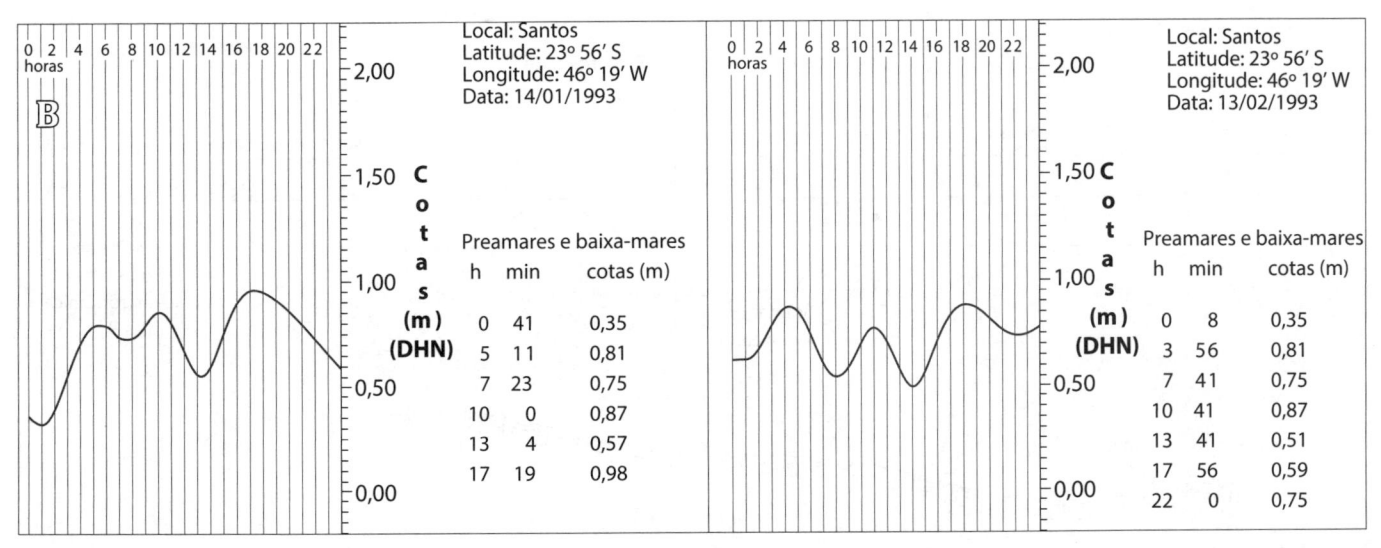

Figura 2.1
(A) Maregrama previsto para o dia 20 de maio de 1947 no marégrafo de Torre Grande, Porto de Santos (SP). Está assinalada a composição harmônica das sete principais componentes harmônicas da maré.
(B) Previsão da maré para o Porto de Santos (SP) nos dias 14/01 e 13/02 de 1993 com o programa desenvolvido por Franco (1988).

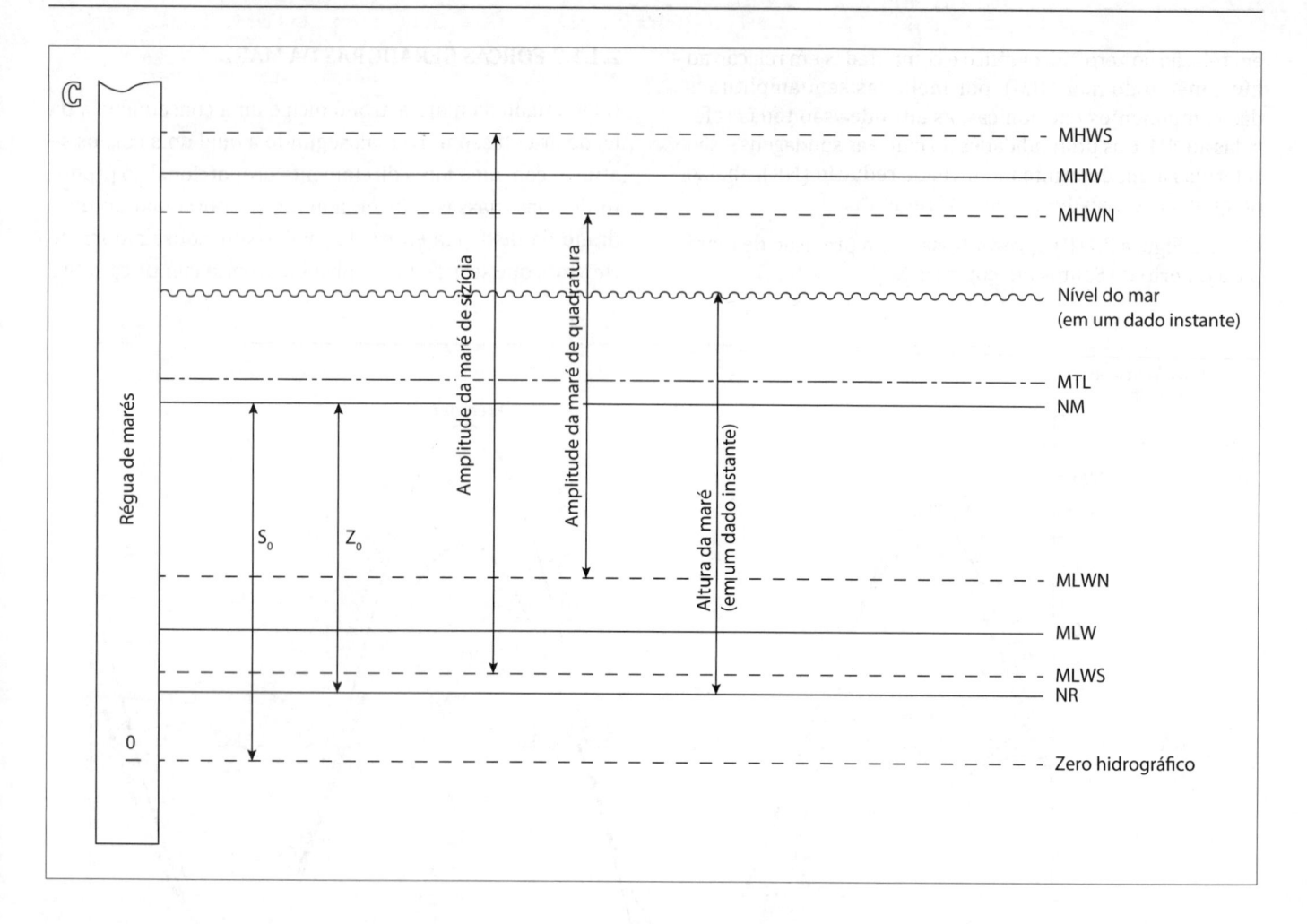

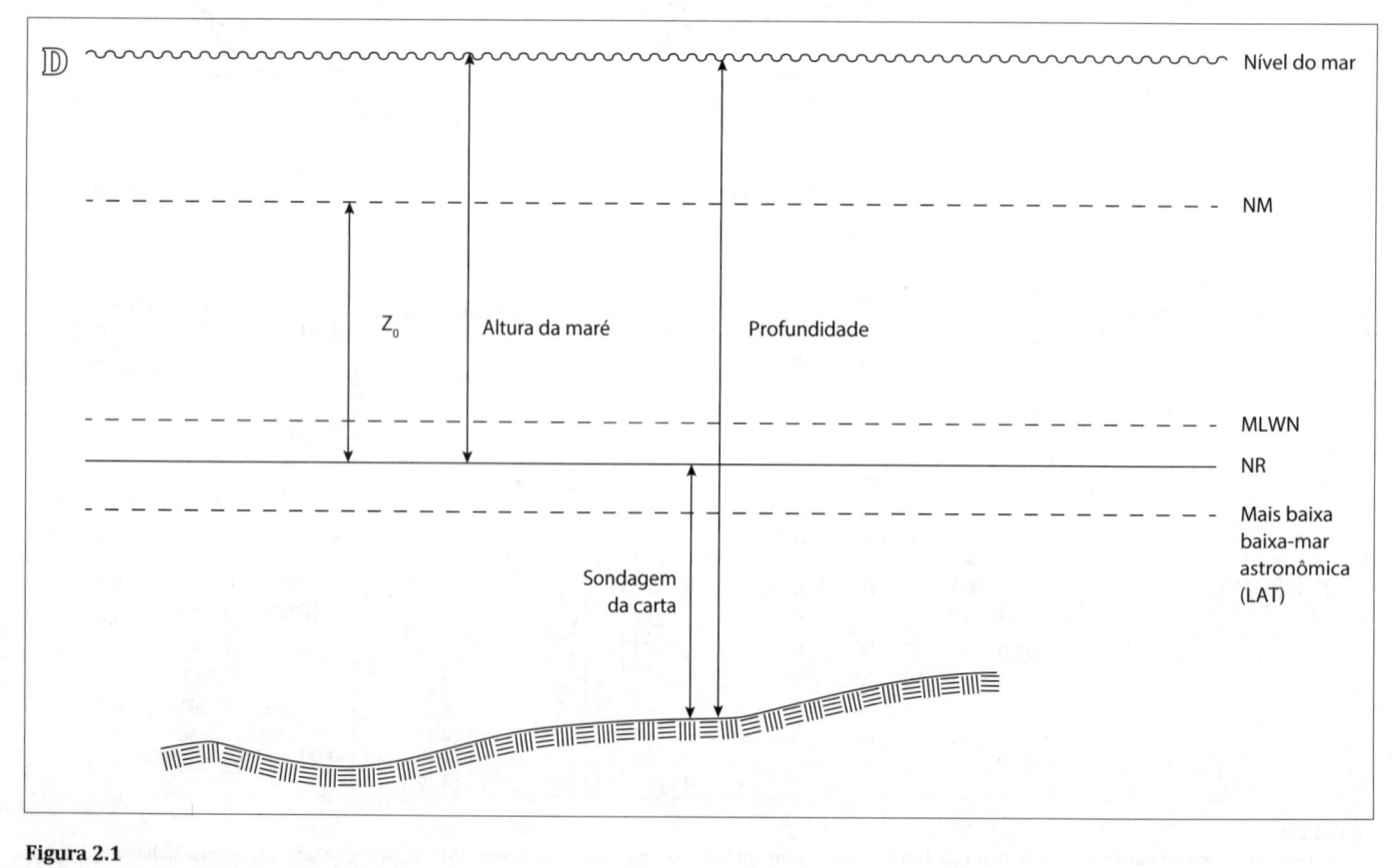

Figura 2.1
(C) Níveis de maré e grandezas associadas.
(D) Níveis de referência.

as marés. Admitindo certas condições ideais, Newton estabeleceu as bases da teoria das marés e exprimiu as variações das forças produtoras do fenômeno por meio de uma maré fictícia, a maré estática ou de equilíbrio. A maré de equilíbrio não leva em conta a inércia da água, tampouco as perdas de energia do escoamento resultante, permitindo prever corretamente o tipo de variação temporal que pode ocorrer como resultado das forças geradoras da maré em determinado local, mas não solucionando a questão da previsão da distribuição geográfica da maré nas bacias oceânicas.

Outros cientistas prosseguiram sua obra, destacando-se Laplace, que formulou as equações do movimento das marés considerando a rotação da Terra, tendo sido o primeiro a distinguir as várias espécies de maré (marés semidiurna, diurna e de longo período), e Lord Kelvin, que muito contribuiu para o estudo das marés, estando seu nome intimamente ligado aos métodos harmônicos de análise e previsão e tendo inventado a máquina previsora da maré.

Considerando inicialmente o sistema Terra-Lua, que apresenta uma revolução de 27,3 dias em torno do centro de massa comum, cada ponto na Terra apresenta a mesma velocidade angular ($\sigma = 2\pi/27{,}3$ dias^{-1}) e a mesma dimensão de raio orbital. Nessas condições, a aceleração centrífuga (produto do raio orbital pela velocidade angular ao quadrado)

e a correspondente força associada é igual em cada ponto da Terra. Esse movimento não deve ser confundido com o de rotação da Terra em torno de seu próprio eixo.

A força centrífuga do sistema Terra-Lua equilibra exatamente as forças de atração gravitacional entre os dois corpos, de modo que o sistema como um todo mantém-se em equilíbrio. As forças centrífugas são de direção paralela à linha de união dos dois centros de massa (da Terra e da Lua) (ver Figura 2.2). Já a magnitude da força gravitacional exercida pela Lua sobre a Terra não é a mesma em todos os pontos da superfície da Terra porque nem todos os pontos estão à mesma distância da Lua. Assim, pontos na Terra mais próximos da Lua experimentarão uma maior atração gravitacional lunar do que pontos do lado oposto da Terra. Além disso, a direção da atração gravitacional da Lua em todos os pontos estará voltada diretamente ao centro da Lua e, portanto, exceto na linha de união dos centros da Terra e da Lua, não estará exatamente paralela à direção das forças centrífugas. A resultante da composição das duas forças é conhecida como força geradora da maré, e, dependendo de sua posição na superfície da Terra com relação à Lua, pode estar dirigida para o interior, paralelamente, ou para fora da superfície da Terra. As forças relativas e os rumos são mostrados na Figura 2.2.

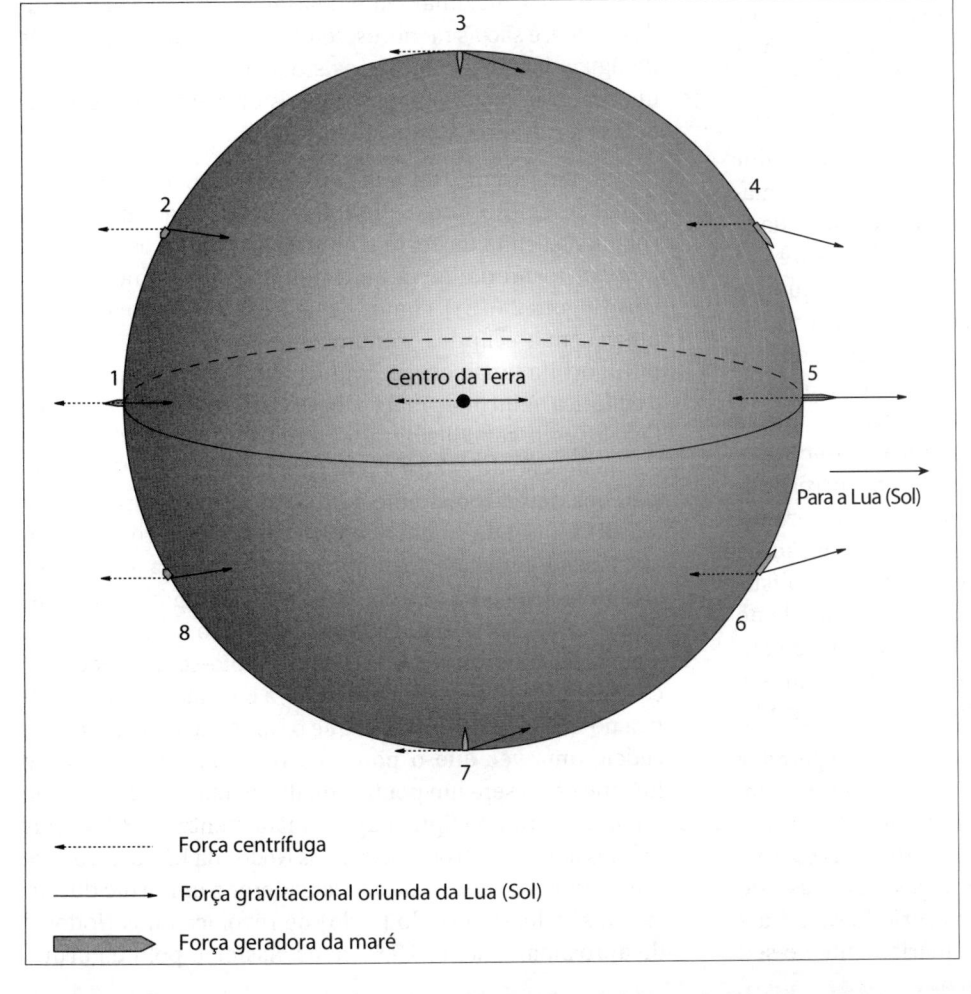

Centro da Terra

Para a Lua (Sol)

Força centrífuga

Força gravitacional oriunda da Lua (Sol)

Força geradora da maré

Figura 2.2
Derivação das forças geradoras da maré (sem escala). A força centrífuga tem exatamente a mesma magnitude e direção em todos os pontos, enquanto a força gravitacional exercida pela Lua (Sol) na Terra varia tanto em magnitude (inversamente com o quadrado da distância à Lua, Sol) quanto em direção (dirigida para o centro da Lua, Sol, com os ângulos exagerados para maior clareza). A força geradora da maré em qualquer ponto é a resultante das forças gravitacional e centrífuga neste ponto, e varia inversamente com o cubo da distância à Lua (Sol).

A força gravitacional F_g entre dois corpos é dada por:

$$F_g = \frac{GM_1 M_2}{R^2}$$

em que M_1 e M_2 são as massas dos dois corpos, R é a distância entre seus centros, e G é a constante universal de gravitação $(6{,}672 * 10^{-11}\ \text{Nm}^2\text{Kg}^{-2})$.

A força centrífuga (F_c) é dada por:

$$F_c = \frac{m \cdot v^2}{r} = m\sigma_r^2$$

sendo constante na superfície da Terra, pois r refere-se à distância entre o centro da Terra e o centro de massa Terra-Lua.

As forças que devem ser consideradas significativas para efeitos da propagação da maré são as componentes horizontais das forças geradoras, denominadas forças trativas, uma vez que são elas que produzem o movimento das águas. Na Figura 2.3 mostra-se como as forças trativas induzirão a um movimento das águas rumo aos pontos 1 e 5 indicados nessa figura, quando a Lua (Sol) está diretamente sobre o Equador.

Como a Lua efetua uma revolução sideral em torno do centro de massa Terra-Lua uma vez a cada 27,3 dias, no mesmo rumo em que a Terra gira em torno de seu eixo (uma vez a cada 24 horas), o período de rotação da Terra com relação à Lua é de 24 horas e 50 minutos (dia lunar). Assim, explica-se, por exemplo, a defasagem do horário da preamar em dias sucessivos (ver Figura 2.4), pois a Lua avança 13° diariamente para leste no seu movimento em torno da Terra.

A órbita da Lua não está no mesmo plano do Equador da Terra (ver Figura 2.5). Assim, quando a Lua está na máxima declinação (28°), o seu efeito diferencial em uma dada latitude terá desigualdades máximas, particularmente nas médias latitudes, gerando desigualdades diurnas que serão máximas em torno dos Trópicos (marés tropicais); enquanto para declinação nula (Lua verticalmente sobre o Equador) não há desigualdades diurnas (marés equatoriais). Além disso, a órbita lunar em torno do centro de massa Terra-Lua não é circular, mas elíptica, com a consequente variação da distância Terra-Lua resultando em correspondentes variações nas forças geradoras da maré; no perigeu, há um incremento de 20%, e no apogeu, uma redução de 20% com relação ao valor médio. A revolução anomalística, completada em 27,5546 dias médios, corresponde ao intervalo de tempo decorrido entre duas passagens consecutivas da Lua pelo perigeu, em que a Lua apresenta-se com seu maior diâmetro em cada revolução em longitude.

O Sol também tem participação como agente gerador da maré, seguindo-se descrição análoga ao efeito da Lua com correspondentes forças trativas. A magnitude das forças geradoras da maré, entretanto, é cerca de 46% das correspondentes lunares, pois o Sol está 360 vezes mais afastado da Terra do que a Lua. A maré solar tem período semidiurno de 12 h. O Sol avança menos de 1° diariamente no seu movimento aparente em torno da Terra. Assim, como as alturas relativas das duas marés lunares semidiurnas são influenciadas pela declinação lunar, também há desigualdades diurnas nas componentes de marés induzidas pelo Sol em virtude da declinação solar. A declinação solar varia ao longo de um ciclo anual, atingindo 23° de cada lado do plano equatorial. Também como no caso da Lua, a órbita da Terra em torno do Sol é elíptica, havendo um periélio e um afélio, entretanto a diferença de distância é bem menor do que a do perigeu e apogeu (4% para o Sol e 13% para a Lua).

Considerando o caso mais simples de declinações nulas do Sol e da Lua, a Figura 2.6 mostra a interação entre as marés lunar e solar observada de um ponto acima do Polo Norte. A rotação da Terra está indicada e as marés estão mostradas esquematicamente. O ciclo completo dos eventos é de 29,5 dias, período denominado de lunação, mês lunar, ou revolução sinódica, findo o qual Lua e Sol acham-se na mesma fase com relação à Terra repetindo-se as fases lineares. Nas Figuras 2.6(A) e (C) as forças geradoras das marés da Lua e do Sol atuam no mesmo rumo coplanar, produzindo as maiores amplitudes da maré, com as maiores preamares e menores baixa-mares. Estas marés são conhecidas como marés de águas-vivas, estando a Lua e o Sol ou em conjunção (Lua Nova) ou em oposição (Lua Cheia), e ambas as situações são denominadas sizígia. Nas Figuras 2.6 (B) e (D), as forças geradoras das marés da Lua e do Sol atuam ortogonalmente uma em relação à outra, estando as marés lunar e solar maximamente defasadas. Assim, as amplitudes de maré são as menores, sendo conhecidas como marés de águas mortas, e ambas as situações são denominadas quadratura. Nesta figura, os bulbos de elevação das águas estão exagerados, como na Figura 2.5.

A intersecção da esfera celeste com os planos do Equador Celeste, da Eclíptica – órbita aparente do Sol (plano da órbita da Terra em torno do Sol) – e da órbita da Lua em torno da Terra gera pontos astronômicos notáveis (Figura 2.6(E)), como Ω, que é a intersecção da órbita lunar com a eclíptica, denominada Nodo Ascendente, em que a órbita lunar, em seu movimento para o Zênite, corta a eclíptica. A inclinação da eclíptica em relação ao Equador Celeste pode ser considerada constante e igual a 23°27'08" e a inclinação da órbita lunar, em relação à eclíptica, pode ser considerada constante para o estudo das marés e igual a 5°08'43". A Lua se desloca na esfera celeste com relação às estrelas, vindo a ocupar aproximadamente a mesma posição em relação à estrela de referência após aproximadamente 27,3216 dias médios. Utilizando as estrelas dos signos do Zodíaco como referência, nota-se que, após ter completado um ciclo em longitude, a Lua não cruza a eclíptica no mesmo ponto, isto é, que o Nodo Ascendente retrocedeu, uma vez que o ponto correspondente à Latitude Eclíptica zero será um ponto situado aquém daquele em que a Lua cortara a eclíptica aproximadamente 27,3216 dias médios antes. A retrogradação dos Nodos da Lua ocorre com um movimento que pode ser considerado uniforme durante um século. O período (ciclo) de revolução dos Nodos é de aproximadamente 18,61 anos. Assim, o polo da órbita

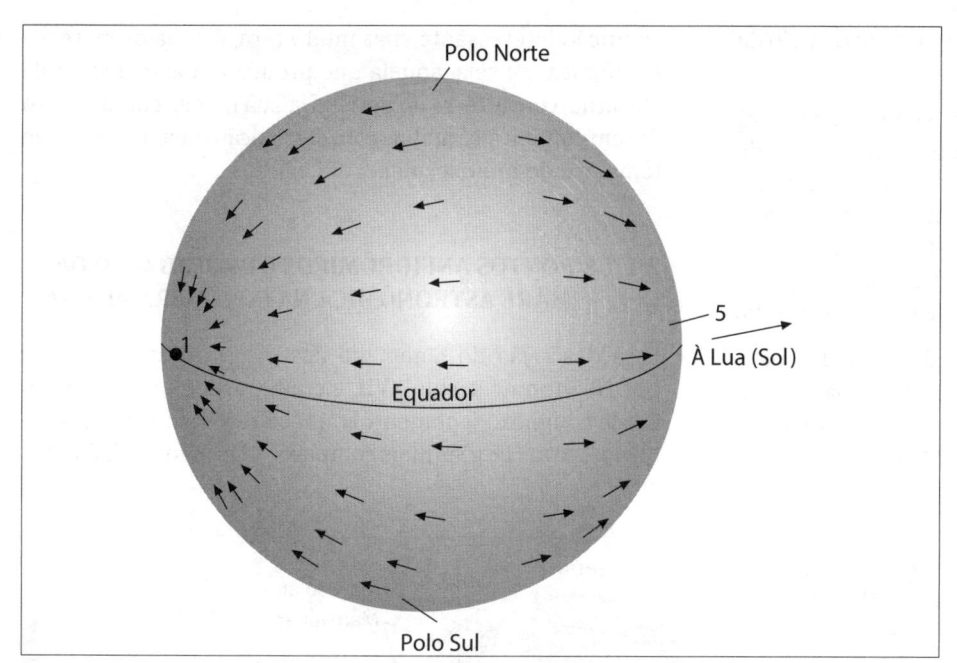

Figura 2.3
A magnitude relativa das forças trativas em vários pontos da superfície da Terra. Assume-se que a Lua (Sol) esteja diretamente sobre o Equador, ou seja, com declinação nula.

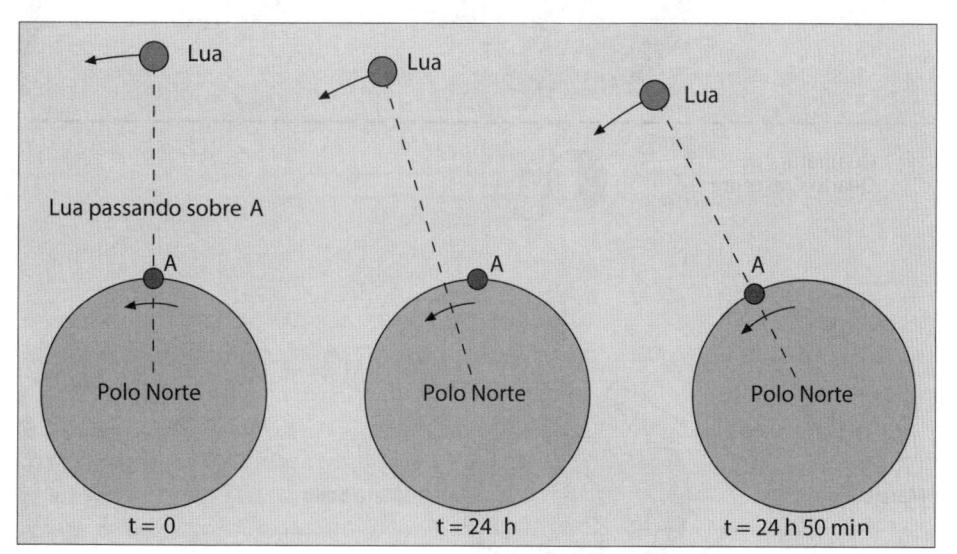

Figura 2.4
A relação entre um dia solar de 24 h e um dia lunar de 24 h e 50 min, visualizado estando-se no Polo Norte da Terra. O ponto A na superfície da Terra, a partir do instante em que a Lua está passando diretamente sobre ele, retorna à sua posição inicial após 24 h (sem escala). Neste tempo, a Lua move-se em sua órbita, de modo que o ponto A deve rodar adicionalmente (outros 50 min) para estar novamente diretamente sob a Lua.

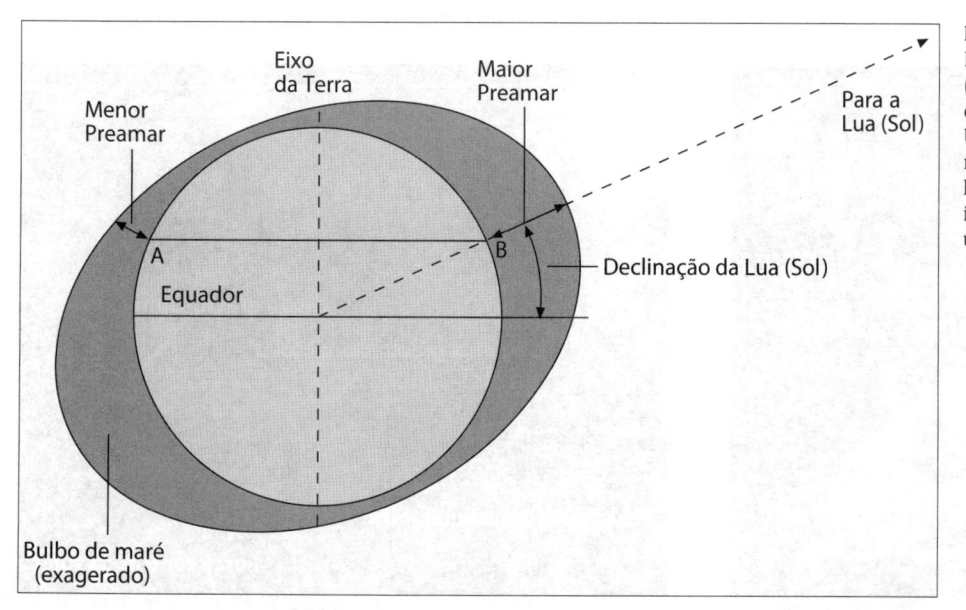

Figura 2.5
Ilustração da produção de marés desiguais (marés tropicais) em latitudes médias por causa da declinação da Lua (Sol) (sem escala). Um observador em B experimentará uma maior maré do que um observador em A; 12 h e 25 min depois as suas posições estarão invertidas, ou seja, cada observador notará uma desigualdade diurna.

lunar executa uma revolução completa em torno do polo da eclíptica em 18,61 anos.

Sendo a Lua o astro dominante no fenômeno da maré astronômica, o ciclo lunar de 18,61 anos, denominado de Ciclo de Precessão dos Nodos Lunares, é um importante período de repetição das marés. Trata-se do tempo decorrido entre dois cruzamentos sucessivos da órbita da Lua com o plano da eclíptica numa mesma fase, que é o plano da órbita da Terra ao redor do Sol, completando sua órbita.

A variação regular na declinação do Sol e da Lua e suas cíclicas variações de posição com referência à Terra produzem muitos constituintes harmônicos, cada um contribuindo com a maré com sua amplitude, período e fase. Uma condição interessante, mas muito rara, é a maior maré astronômica, ou seja, aquela que produz a máxima força de elevação, com a Terra no periélio, a Lua no perigeu, a Lua e o Sol em conjunção e ambos com declinação nula. Tal condição tem período multisecular.

2.1.1.3 PONTOS ANFIDRÔMICOS E PROPAGAÇÃO DA MARÉ ASTRONÔMICA NA COSTA BRASILEIRA

Essa descrição do fenômeno das marés foi desenvolvida por Newton no século XVII, e é uma primeira abordagem desse complexo fenômeno, conhecido como maré de equilíbrio. Outras teorias mais complexas foram formuladas nos

Figura 2.6
Representação esquemática da interação das marés solares e lunares, como vistas a partir de um observador no Polo Norte da Terra.
(A) Lua Nova. Lua em sizígia (Sol e Lua em conjunção). Se houver alinhamento dos três astros, ocorre o eclipse solar.
Maré de águas-vivas.
(B) Quarto Crescente. Lua em quadratura.
Maré de águas mortas.
(C) Lua Cheia. Lua em sizígia (Sol e Lua em oposição). Se houver alinhamento dos três astros, ocorre o eclipse lunar.
Maré de águas-vivas.
(D) Quarto Minguante. Lua em quadratura.
Maré de águas mortas.

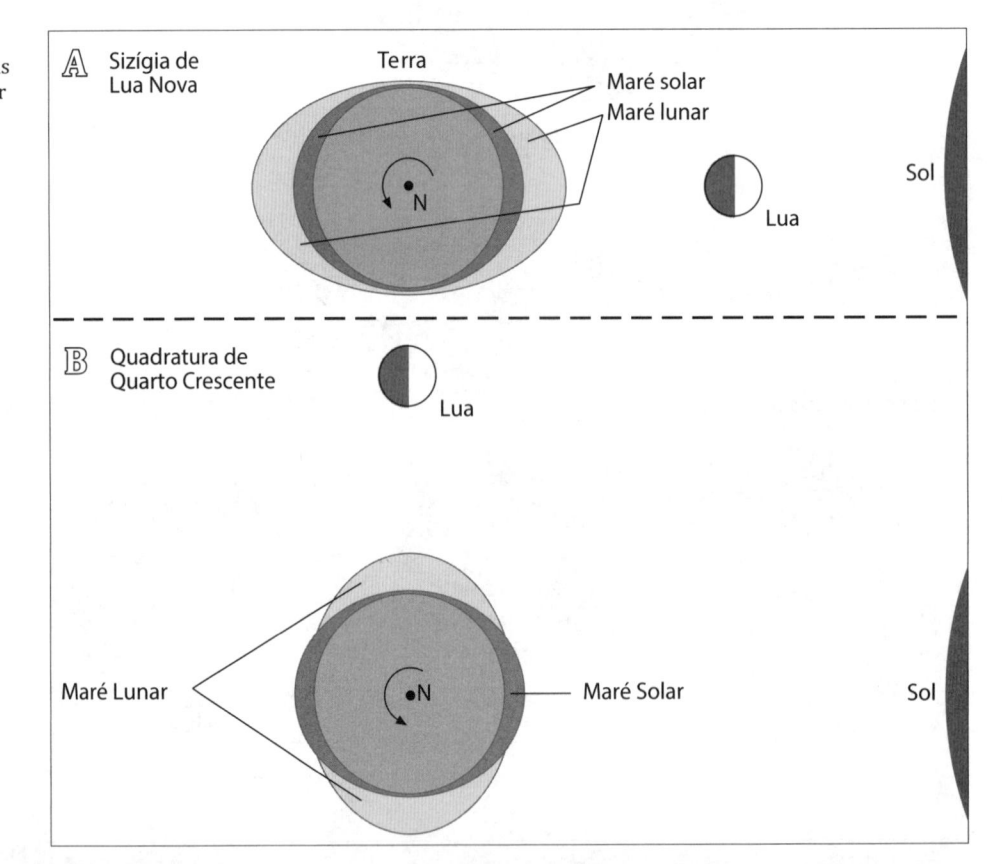

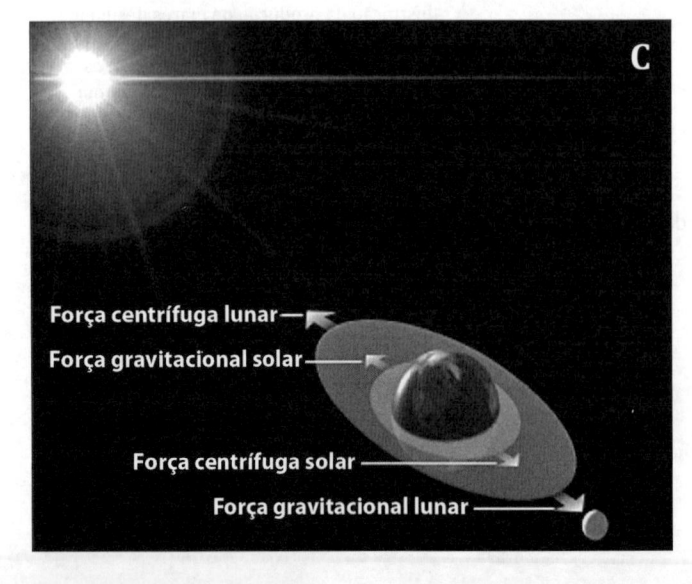

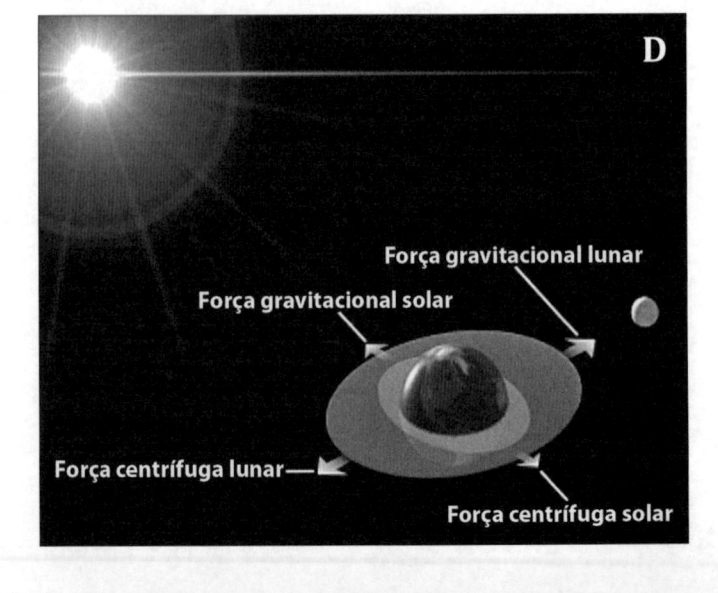

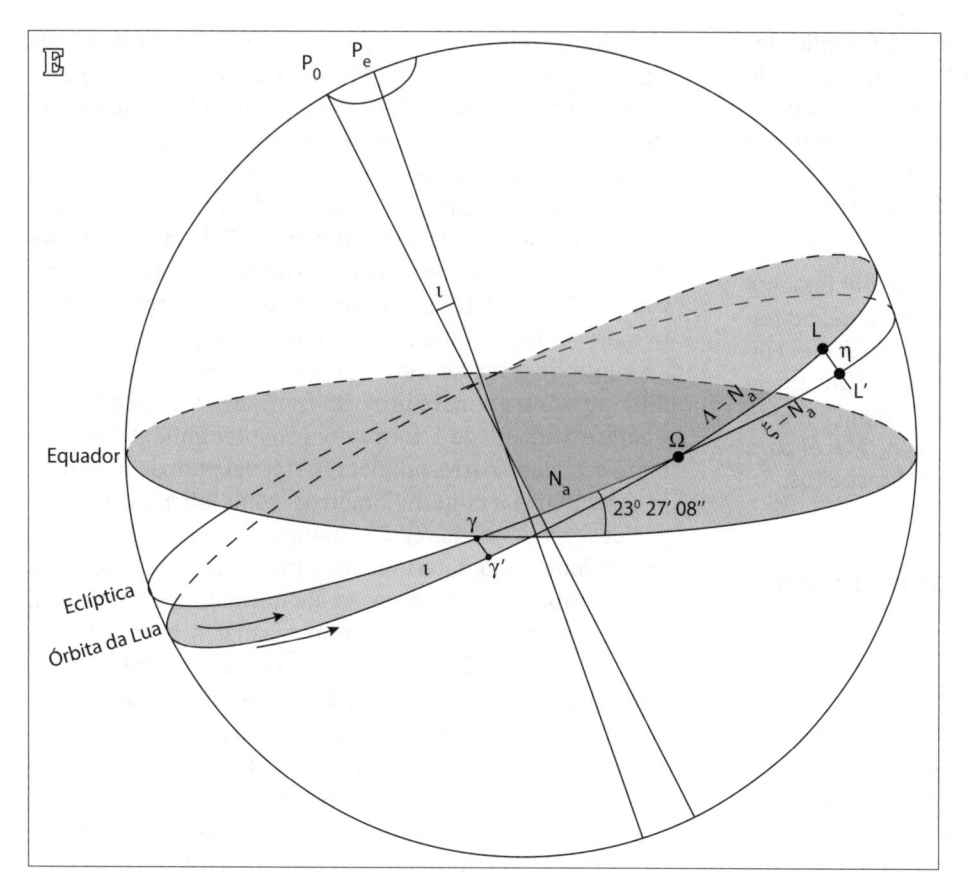

Figura 2.6
(E) Esfera celeste com planos e pontos notáveis.

séculos seguintes e, ainda, continua a pesquisa na Oceanografia Física. A teoria dinâmica das marés, por exemplo, considera a influência das profundidades e configurações das bacias oceânicas, força de Coriolis, inércia, ressonância e forças de atrito nas forças rítmicas das marés. Com essas considerações, pode-se explicar o desenvolvimento dos chamados sistemas anfidrômicos, em que a crista da onda de maré (preamar) circula em torno do ponto anfidrômico uma vez durante cada período de maré (ver Figura 2.7). A amplitude de maré é nula em cada ponto anfidrômico e aumenta afastando-se dele. Em cada sistema anfidrômico, podem ser definidas as linhas cotidais, que ligam todos os pontos com mesma fase no ciclo de maré. Assim, as linhas cotidais irradiam-se para fora do ponto anfidrômico. Ortogonalmente às linhas cotidais, têm-se as linhas de igual amplitude, que são concêntricas em relação ao ponto anfidrômico com amplitudes crescentes afastando-se dele. Na Figura 2.7 estão apresentados os sistemas anfidrômicos para a componente harmônica dominante, que é a semidiurna lunar.

A presença do ponto anfidrômico do Atlântico Sul e do ponto anfidrômico do Mar do Caribe faz com que a amplitude da maré astronômica no Brasil tenda a aumentar de Sul para Norte ao longo da costa. Assim, a maré astronômica na Costa Sul (do Arroio Chuí ao Cabo de São Tomé) e até o sul da Costa Leste (sul da Bahia) é classificada num regime de micromaré (amplitudes menores que 2 m), sendo muito reduzidas no Rio Grande do Sul, com amplitudes mal chegando a 0,5 m. O restante da Costa Leste (até o Cabo Calcanhar, no Rio Grande do Norte) até a Costa Norte no

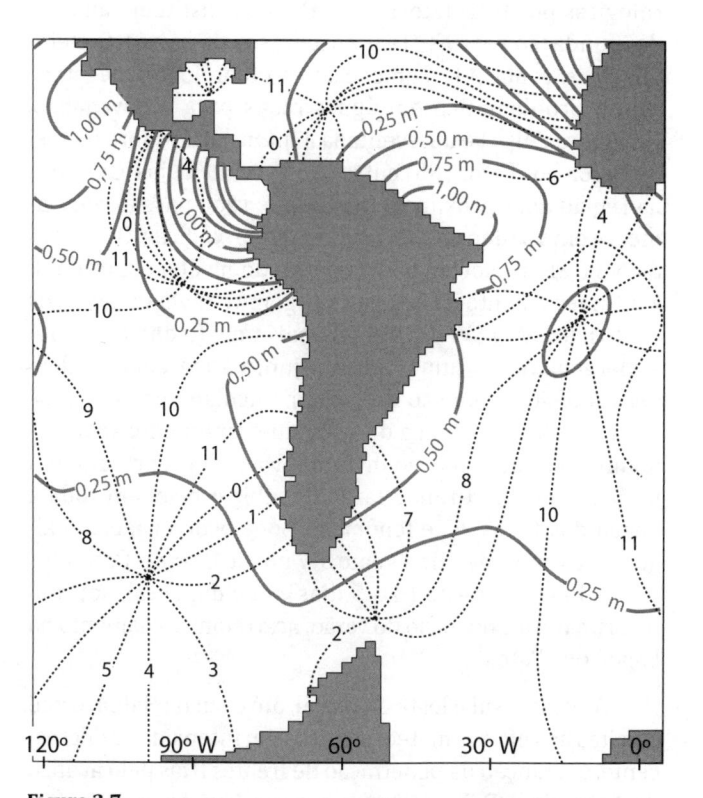

Figura 2.7
Esquema fundamentado em cálculo computacional dos sistemas de pontos anfidrômicos no entorno da América do Sul para a componente de maré dominante (semidiurna lunar). As linhas cotidais estão em tracejado, e as linhas de mesma amplitude, em linha cheia. As linhas cotidais indicam o tempo da preamar em horas lunares, ou seja, 1/24 de um dia lunar de 24,8 h (aproximadamente 1 h e 2 min), após a passagem da Lua pelo Meridiano de Greenwich.

Ceará classifica-se no regime de mesomaré (amplitudes entre 2 m e 4 m). O restante da Costa Norte (até a foz do Rio Oiapoque) é classificada como regime de macromaré (amplitudes superiores a 4 m), com algumas localidades nas embocaduras marítimas dos estados do Maranhão e do Amapá em que a maré atinge condições de hipermaré, com amplitudes superiores a 6 m.

A maré astronômica no Brasil é predominantemente semidiurna, sendo bem conhecida e, normalmente, perfeitamente previsível. A Marinha do Brasil (MB), por meio do Centro de Hidrografia da Marinha (CHM) da Diretoria de Hidrografia e Navegação (DHN), publica regularmente as previsões da maré astronômica (Tábuas de Maré) para os principais portos e localidades costeiras brasileiras.

2.1.2 Considerações gerais sobre a maré não astronômica

2.1.2.1 DESCRIÇÃO GERAL

As condições meteorológicas podem alterar consideravelmente a altura e o horário de uma determinada maré. O vento pode represar a maré, ou reduzi-la, e as pressões atmosféricas também podem sobrelevar o nível (pressão baixa) ou rebaixá-lo (pressão alta). O efeito combinado de ventos com baixas pressões corresponde às marés meteorológicas positivas (storm surge), que constituem ameaça de inundação para as áreas costeiras mais baixas. O efeito oposto é conhecido como maré meteorológica negativa, sendo problemático em águas rasas para a navegação. Na Figura 2.8(A) é apresentada a informação sobre o nível da Lagoa dos Patos (RS) entre 1953 e 1961, cujas variações na região mais próxima a Rio Grande são quase exclusivamente em virtude das variações meteorológicas. Os ventos de NE e SE provocam abaixamento do nível na margem E e intumescimento da água na margem W. Inversamente, os ventos de NW a SW acarretam abaixamento do nível junto à margem W e intumescimento junto à margem E. Além desses efeitos, que são de caráter imediato, os ventos de SW violentos e de longa duração que geralmente acompanham as frentes frias no inverno provocam represamento na Barra do Rio Grande fazendo subir o nível em toda a Lagoa dos Patos. Este fenômeno pode ocorrer mesmo alguns dias antes de cair o vento SW no Rio Grande. Os ventos NE de longa duração (3 a 5 dias), que em geral, sopram na primavera e no início do verão, acarretam escoamento na Lagoa dos Patos.

As costas sul e leste do Brasil, até o sul da Bahia, estão sujeitas aos efeitos meteorológicos em intensidade decrescente, em função da penetração de frentes frias pelo avanço do Anticiclone Polar Atlântico sobre o Anticiclone Tropical Atlântico. Na Baía e Estuário de Santos (SP), esses efeitos, popularmente conhecidos como ressacas, podem sobrelevar o nível médio do mar previsto astronomicamente de mais de 0,5 m, chegando a quase 1 m nas áreas mais confinadas e rasas dos estuários, produzindo rebaixamentos de ordem de grandeza ligeiramente menores.

Um estudo completo de análise estatística de níveis extremos para o Terminal Marítimo de Ponta da Madeira da Vale, em São Luís (MA), efetuado pelo Vice-Almirante Dr. Alberto dos Santos Franco para um ano de registro maregráfico, conforme recomendado por Pugh & Vassie, encontra-se resumido nas Tabelas 2.1. Assim, foram obtidas as estatísticas da maré astronômica (Tabela 2.1(A)), do ruído de fundo (diferenças entre a maré prevista e a observada na Tabela 2.1(B)) e a estatística da oscilação conjunta maré + ruído (Tabela 2.1(C)). No histograma referente ao ruído observa-se que houve 4 ocorrências em que a diferença entre a maré prevista (puramente astronômica) e a observada foi de 1 metro e, consequentemente, se essa maré calculada correspondesse a um máximo de 6 metros, já se atingiria a cota de 7 metros, como afirmavam antigos observadores da região. Como se trata da combinação de um fenômeno determinístico (maré astronômica) com outro probabilístico (variação aleatória do nível do mar), a combinação das duas permite calcular a probabilidade conjunta (Tabela 2.1(C)). Como decorrência desta última estatística, resultam os períodos de retorno em anos, dos vários níveis. Assim, como 328 cm é a altura do nível médio acima do zero do nível de redução (Z_o), o período de retorno de 50 anos corresponderá à cota 328 + 370 = 698 cm. Assim, embora rara, a altura de +700 cm (DHN) pode ocorrer num período típico de projeto de vida útil portuária em São Luís (MA).

Segundo FEMAR (2000), a média das preamares de quadratura é +4,82 m (DHN) e a média das preamares de sizígia é +5,97 m (DHN). Segundo o estudo efetuado pelo dr. Alberto dos Santos Franco, a cota +4,86 m (DHN) resulta numa probabilidade de excedência de 20% e a cota +5,54 m resulta numa probabilidade de excedência de 5%. Segundo o mesmo estudo, a maré resultante (maré prevista mais ruído de fundo) apresenta cotas praticamente idênticas para as mesmas probabilidades, pois o efeito não astronômico é desprezável na região.

2.1.2.2 CONCEITUAÇÃO DA MARÉ NÃO ASTRONÔMICA

Embora a maré astronômica seja a mais conhecida por sua ligação com as fases da Lua, o comportamento da maré abrange também respostas da dinâmica marítima do nível d'água que possuem origem não na astronomia (maré não astronômica), mas na ação da atmosfera sobre o oceano com flutuações em diferentes escalas de tempo, como a maré meteorológica e as marés de vento (ou de tempestade – storm surge), dentre outras. Assim, a maré não astronômica abrange a maré meteorológica, mas não é exclusivamente composta por esta, sendo sua escala de tempos mais ampla que a das marés astronômicas, de alguns dias a poucas semanas. Para um tratamento hidrodinâmico aprofundado dessas marés, especialmente a maré meteorológica, remete-se ao trabalho de Melo Filho (2016), que se constitui no melhor tratado sobre o tema já escrito no Brasil – um verdadeiro estado da arte atual sobre o tema, com fundamento no qual este item está escrito.

Por exemplo, na costa brasileira sujeita ao regime de micromarés, a previsão dada pelas Tábuas de Maré pode ser bastante imprecisa ou sem utilidade, com este inconveniente podendo gerar diferenças que podem chegar à ordem de 100% em relação ao nível real do mar, principalmente nas costas do Rio Grande do Sul e do sul de Santa Catarina, denotando a existência significativa de uma maré de origem não astronômica. Assim, na oscilação bruta do nível do mar, ocorrem, nesta costa, as variações regulares semidiurnas da maré astronômica, mas com uma variação de período mais longo, um "ruído aleatório de fundo", resíduo que surge quando se subtrai da maré bruta a maré astronômica. A Figura 2.8(B) apresenta exemplo dessa característica para o ano de 1993 no registro do marégrafo da Base do Instituto Oceanográfico da Universidade de São Paulo (cortesia do prof. dr. Joseph Harari).

2.1.2.3 ASPECTOS FÍSICOS BÁSICOS SOBRE AS VARIAÇÕES DE NÍVEL DO MAR INDUZIDAS PELA ATMOSFERA

Generalidades

A dinâmica atmosférica induz oscilações de nível do mar por meio de dois processos: pressão normal da atmosfera sobre o oceano e arraste por tensão tangencial pela ação do vento sobre a superfície do mar. É de se relevar nas áreas litorâneas e estuarinas que esse último efeito, o qual está intrinsecamente associado à pressão atmosférica, tem ordem de grandeza, quanto à elevação ou redução do nível do mar, até duas vezes maior que o correspondente à variação da pressão barométrica.

| Tabela 2.1(A) Estação maregráfica: Ponta da Madeira – Latitude: 2°34,0' S, Longitude: 44°22,0' W. Densidade de probabilidade da maré prevista ||||||||
| Mínimo: 8 cm Máximo: 630 cm Média: 328,25 cm |||| Desvio-padrão: 156,58 cm Assimetria: –0,05 Achatamento: –1,27 ||||
N.º	Z	NM + Z	p(Z)	F(Z)	1 –F(Z)	Frequência	Histograma
1	–320	8,25	0,00003	0,00030	0,99970	16	
2	–310	18,25	0,00011	0,00141	0,99859	58	
3	–300	28,25	0,00023	0,00369	0,99631	120	
4	–290	38,25	0,00041	0,00780	0,99220	216	
5	–280	48,25	0,00052	0,01303	0,98697	275	*
6	–270	58,25	0,00080	0,02100	0,97900	419	*
7	–260	68,25	0,00104	0,03141	0,96859	547	*
8	–250	78,25	0,00120	0,04342	0,95658	631	*
9	–240	88,25	0,00141	0,05748	0,94252	739	*
10	–230	98,25	0,00153	0,07274	0,92726	802	**
11	–220	108,25	0,00179	0,90062	0,90938	940	**
12	–210	118,25	0,00177	0,10831	0,89169	930	**
13	–200	128,25	0,00206	0,12892	0,87108	1083	**
14	–190	138,25	0,00214	0,15032	0,84968	1125	**
15	–180	148,25	0,00234	0,17373	0,82627	1230	**
16	–170	158,25	0,00232	0,19697	0,80303	1222	**
17	–160	168,25	0,00244	0,22142	0,77858	1285	**
18	–150	178,25	0,00226	0,24403	0,75597	1188	**
19	–140	188,25	0,00218	0,26579	0,73421	1144	**
20	–130	198,25	0,00201	0,28594	0,71406	1059	**
21	–120	208,25	0,00194	0,30531	0,69469	1018	**
22	–110	218,25	0,00186	0,32388	0,67612	976	**
23	–100	228,25	0,00176	0,34144	0,65856	923	**
24	–90	238,25	0,00173	0,35871	0,64129	908	**

(continua)

(continuação)

	**Tabela 2.1(A)** **Estação maregráfica: Ponta da Madeira – Latitude: 2°34,0' S, Longitude: 44°22,0' W.** **Densidade de probabilidade da maré prevista**
colspan="4"	**Mínimo: 8 cm** **Máximo: 630 cm** **Média: 328,25 cm**	colspan="4"	**Desvio-padrão: 156,58 cm** **Assimetria: –0,05** **Achatamento: –1,27**
N.º	**Z**	**NM + Z**	**p(Z)**	**F(Z)**	**1 –F(Z)**	**Frequência**	**Histograma**
25	–80	248,25	0,00167	0,37546	0,62454	880	**
26	–70	258,25	0,00163	0,39176	0,60824	857	**
27	–60	268,25	0,00166	0,40831	0,59169	870	**
28	–50	278,25	0,00159	0,42420	0,57.580	835	**
29	–40	288,25	0,00159	0,44007	0,55993	834	**
30	–30	298,25	0,00158	0,45584	0,54416	829	**
31	–20	308,25	0,00155	0,47133	0,52867	814	**
32	–10	318,25	0,00154	0,48678	0,51322	812	**
33	0	328,25	0,00158	0,50263	0,49737	833	**
34	10	338,25	0,00156	0,51826	0,48174	822	**
35	20	348,25	0,00159	0,53419	0,46581	837	**
36	30	358,25	0,00154	0,54964	0,45036	812	**
37	40	368,25	0,00159	0,56556	0,43444	827	**
38	50	378,25	0,00161	0,58170	0,41803	848	**
39	60	388,25	0,00166	0,59834	0,40166	875	**
40	70	398,25	0,00164	0,61471	0,38529	860	**
41	80	408,25	0,00172	0,63189	0,36811	903	**
42	90	418,25	0,00178	0,64970	0,35030	936	**
43	100	428,25	0,00185	0,66819	0,33181	972	**
44	110	438,25	0,00186	0,68683	0,31317	980	**
45	120	448,25	0,00211	0,70791	0,29209	1108	**
46	130	458,25	0,00216	0,72953	0,27047	1136	**
47	140	468,25	0,00241	0,75365	0,24635	1268	**
48	150	478,25	0,00245	0,77814	0,22186	1287	**
49	160	488,25	0,00265	0,80468	0,19532	1395	***
50	170	498,25	0,00262	0,83088	0,16912	1377	***
51	180	508,25	0,00247	0,85554	0,14446	1296	**
52	190	518,25	0,00235	0,87900	0,12100	1233	**
53	200	528,25	0,00218	0,90080	0,09920	1146	**
54	210	538,25	0,00212	0,92196	0,07804	1112	**
55	220	548,25	0,00181	0,94007	0,05993	952	**
56	230	558,25	0,00165	0,95658	0,04342	868	**
57	240	568,25	0,00143	0,97093	0,02907	754	*
58	250	578,25	0,00109	0,98181	0,01819	572	*
59	260	588,25	0,00090	0,99077	0,00923	471	*
60	270	598,25	0,00051	0,99587	0,00413	268	*
61	280	608,25	0,0028	0,99863	0,00137	145	
62	290	618,25	0,00012	0,99981	0,00019	62	
63	300	628,25	0,00002	1.00000	0,00000	10	

Tabela 2.1(B)
Estação maregráfica: Ponta da Madeira – Latitude: 2°34,0' S, Longitude: 44°22,0' W.
Densidade de probabilidade do ruído

N.º	Z	NM + Z	p(Z)	F(Z)	1 –F(Z)	Frequência	Histograma
1	–80	–80,00	0,00000	0,00002	0,99998	1	
2	–70	–70,00	0,00000	0,00004	0,99996	1	
3	–60	–60,00	0,00000	0,00004	0,99996	0	
4	–50	–50,00	0,00000	0,00006	0,99994	1	
5	–40	–40,00	0,00003	0,00038	0,99962	17	
6	–30	–30,00	0,00125	0,01286	0,98714	656	*
7	–20	–20,00	0,00872	0,10002	0,89998	4581	*********
8	–10	–10,00	0,02457	0,34576	0,65424	12916	*************************
9	0	0,00	0,03212	0,66691	0,33309	16880	**********************************
10	10	10,00	0,02271	0,89406	0,10594	11939	***************************
11	20	20,00	0,00869	0,98094	0,01906	4566	*********
12	30	30,00	0,00174	0,99831	0,00169	913	**
13	40	40,00	0,00014	0,99971	0,00029	74	
14	50	50,00	0,00000	0,99975	0,00025	2	
15	60	60,00	0,00000	0,99979	0,00021	2	
16	70	70,00	0,00000	0,99983	0,00017	2	
17	80	80,00	0,00001	0,99989	0,00011	3	
18	90	90,00	0,00000	0,99992	0,00008	2	
19	100	100,00	0,00001	1,00000	0,00000	4	

Tabela 2.1(C)
Estação maregráfica: Ponta da Madeira – Latitude: 2°34,0' S, Longitude: 44°22,0' W.
Probabilidade conjunta

N.º	Z	p(Z)	F(Z)	1–F(Z)	Período de retorno	Densidade
2	–390	0,000000	0,000000	1,000000	584,000000	
3	–380	0,000000	0,000000	1,000000	196,119403	
4	–370	0,000000	0,000000	1,000000	84,774194	
5	–360	0,000000	0,000001	0,999999	36,474670	
6	–350	0,000000	0,000005	0,999995	3,826163	
7	–340	0,000004	0,000046	0,999954	0,409655	
8	–330	0,000020	0,000048	0,999752	0,076786	
9	–320	0,000062	0,000869	0,000131	0,021886	
10	–310	0,000141	0,002281	0,997719	0,008342	

(continua)

(continuação)

		Tabela 2.1(C) Estação maregráfica: Ponta da Madeira – Latitude: 2°34,0' S, Longitude: 44°22,0' W. Probabilidade conjunta				
N.º	Z	p(Z)	F(Z)	1–F(Z)	Período de retorno	Densidade
11	–300	0,000258	0,004861	0,995139	0,003914	
12	–290	0,000405	0,008916	0,991084	0,002134	
13	–280	0,000585	0,014769	0,985231	0,001288	*
14	–270	0,000793	0,022701	0,977299	0,000838	*
15	–260	0,001006	0,032756	0,967244	0,000581	*
16	–250	0,001202	0,044781	0,955219	0,000425	*
17	–240	0,001383	0,058611	0,941389	0,000325	*
18	–230	0,001553	0,074143	0,925857	0,000257	**
19	–220	0,001708	0,091218	0,908782	0,000209	**
20	–210	0,001856	0,109781	0,890219	0,000173	**
21	–200	0,002008	0,129856	0,870144	0,000147	**
22	–190	0,002152	0,151373	0,848627	0,000126	**
23	–180	0,002264	0,174010	0,825990	0,000109	**
24	–170	0,002329	0,197296	0,802704	0,000096	**
25	–160	0,002328	0,220577	0,779423	0,000086	**
26	–150	0,002263	0,243203	0,756797	0,000078	**
27	–140	0,002157	0,264771	0,735229	0,000072	**
28	–130	0,002044	0,285216	0,714784	0,000067	**
29	–120	0,001944	0,304652	0,695348	0,000062	**
30	–110	0,001857	0,323218	0,676782	0,000059	**
31	–100	0,001784	0,341059	0,658941	0,000056	**
32	–90	0,001727	0,358329	0,641671	0,000053	**
33	–80	0,001684	0,375166	0,624834	0,000051	**
34	–70	0,001653	0,391700	0,608300	0,000049	**
35	–60	0,001629	0,407995	0,592005	0,000047	**
36	–50	0,001607	0,424068	0,575932	0,000045	**
37	–40	0,001588	0,439947	0,560053	0,000043	**
38	–30	0,001572	0,455669	0,544331	0,000042	**
39	–20	0,001562	0,471287	0,528713	0,000040	**
40	–10	0,001561	0,486902	0,513098	0,000039	**
41	0	0,001568	0,502578	0,497422	0,000038	**
42	10	0,001573	0,518303	0,481697	0,000039	**
43	20	0,001573	0,534034	0,465966	0,000041	**
44	30	0,001577	0,549806	0,450194	0,000042	**
45	40	0,001593	0,565738	0,434262	0,000044	**
46	50	0,001618	0,581921	0,418079	0,000046	**

(continua)

(continuação)

		Tabela 2.1(C) Estação maregráfica: Ponta da Madeira – Latitude: 2°34,0' S, Longitude: 44°22,0' W. Probabilidade conjunta				
N.º	Z	p(Z)	F(Z)	1–F(Z)	Período de retorno	Densidade
47	60	0,001644	0,598358	0,401642	0,000047	**
48	70	0,001675	0,615111	0,384889	0,000049	**
49	80	0,001722	0,632328	0,367672	0,000052	**
50	90	0,001780	0,650128	0,349872	0,000054	**
51	100	0,001849	0,668616	0,331384	0,000057	**
52	110	0,001944	0,688052	0,311948	0,000061	**
53	120	0,002068	0,708732	0,291268	0,000065	**
54	130	0,002210	0,730836	0,269164	0,000071	**
55	140	0,002351	0,754346	0,245654	0,000077	**
56	150	0,002474	0,779086	0,220914	0,000086	**
57	160	0,002548	0,804566	0,195434	0,000097	***
58	170	0,002541	0,829974	0,170026	0,000112	***
59	180	0,002458	0,854550	0,145450	0,000131	**
60	190	0,002335	0,877896	0,122104	0,000156	**
61	200	0,002196	0,899857	0,100143	0,000190	**
62	210	0,002033	0,920187	0,079813	0,000238	**
63	220	0,001841	0,938600	0,061400	0,000310	**
64	230	0,001626	0,954862	0,045138	0,000422	**
65	240	0,001386	0,968719	0,031281	0,000608	*
66	250	0,001122	0,979940	0,020060	0,000948	*
67	260	0,000842	0,988364	0,011636	0,001635	*
68	270	0,000568	0,994044	0,005956	0,003195	*
69	280	0,000334	0,997389	0,002611	0,007286	
70	290	0,000167	0,999061	0,000939	0,020255	
71	300	0,000067	0,999736	0,000264	0,071981	
72	310	0,000021	0,999941	0,000059	0,322561	
73	320	0,000004	0,999986	0,000014	1,329892	
74	330	0,000001	0,999994	0,000006	3,031142	
75	340	0,000000	0,999996	0,000004	5,215838	
76	350	0,000000	0,999998	0,000002	9,370654	
77	360	0,000000	0,999999	0,000001	20,441459	
78	370	0,000000	1,000000	0,000000	50,441459	
79	380	0,000000	1,000000	0,000000	170,649351	
80	390	0,000000	1,000000	0,000000	1.314,000002	
81	400	0,000000	1,000000	0,000000	1.314,000002	

Pressão atmosférica

A condição de equilíbrio entre a atmosfera e as massas líquidas pressupõe uma pressão atmosférica média ao nível do mar, que é variável dependendo da localização geográfica – em média, uma atmosfera corresponde a 1.013,3 mb, numa resposta estática do oceano ao peso da atmosfera. Em resposta a elevações ou reduções de pressão atmosférica, o nível do mar, respectivamente, rebaixa-se ou eleva-se praticamente 1 cm para cada mb, em conformidade com o requisito de pressão resultante sobre o topo da camada tectônica no fundo do mar invariável. É normalmente aceito que essa resposta estática ocorra sem desencadear correntes ou ondas.

Vento

O efeito dinâmico de arrasto do vento sobre o mar gera uma corrente conhecida como eólica, oriunda da transferência da quantidade de movimento do ar para a água. Nessa discussão, passa a ser relevante para o fenômeno a definição de uma escala de tempo de ação do vento com relação ao denominado período inercial, definido por:

$$T_{in} = \frac{\pi}{\omega sen\,(latitude\,local)}$$

sendo:

ω: velocidade angular (Hz) de rotação da Terra = $2\pi/(86.400)$

Processos com frequências suprainerciais são caracterizados por períodos inferiores ao período inercial, que, como ordem de grandeza, para a costa central do Estado de São Paulo (latitude 24,5° S) é de 29 horas. Nesses processos, o efeito de rotação da Terra (geostrófico), representado pela aceleração de Coriolis, pode ser desconsiderado. Uma dinâmica como essa explica a sobrelevação (*set up*), ou o rebaixamento (*set down*), do nível do mar por ação de vento soprando transversalmente do mar para a costa, ou da costa para o mar, respectivamente. Para a ação longitudinal, não há variação de nível, pois o vento atua paralelamente à costa.

Sem o efeito geostrófico, a ação de cisalhamento exercida pelo vento na massa líquida na direção ortogonal à costa induzirá escoamentos impelidos contra a costa, com a declividade da linha d'água empilhando a água e, consequentemente, sobrelevando o nível d'água na costa (maré meteorológica positiva); ou com rumo da costa para o mar, rebaixando o nível d'água na costa (maré meteorológica negativa). Esses efeitos processam-se pelas camadas superiores da lâmina d'água, enquanto no fundo ocorre uma corrente de rumo inverso, em virtude do gradiente de pressão gerado.

Definidos como maré de tempestade por Melo Filho (2016), a partir do termo inglês *storm surge*, estão os eventos que ocorrem numa escala de tempo intermediária entre o *wind set up/set down* e a maré meteorológica. São flutuações do nível do mar geradas por forçantes atmosféricas, especialmente pelo arraste do vento na superfície do mar e pela variação da pressão atmosférica na superfície, associadas a tempestades, que perduram por períodos que vão de poucas horas até 3 dias, com escalas espaciais grandes comparadas à profundidade. De fato, a maré de tempestade cobre uma faixa de frequências mais alta que a maré meteorológica, sendo um fenômeno suprainercial, o que faz com que a participação da rotação da Terra desempenhe um papel secundário. O arraste do vento é, basicamente, a componente da tensão do vento perpendicular e não paralela à costa, como no caso da maré meteorológica.

Para a maré meteorológica, a frequência do processo é subinercial, sendo mandatório considerar o efeito geostrófico associado à aceleração de Coriolis, o qual produz giro anti-horário no Hemisfério Sul e horário no Hemisfério Norte, sendo o vento longitudinal à costa que induzirá a oscilação do nível na ortogonal da costa. Essa dinâmica geostrófica em profundidade produz uma rotação do vetor resultante, entre a força do vento e a de Coriolis, segundo um perfil de espiral decrescente com o aumento da profundidade, estudado pela primeira vez no início do século XX por Ekman, com a determinação do escoamento decorrente da ação de um vento constante sobre um oceano suficientemente largo e profundo e considerando o efeito da rotação da Terra. Por esse modelo, o transporte de massa na camada superficial pelo cisalhamento do vento tem resultante ortogonal ao vento, com rumo de acordo com o hemisfério da localidade em estudo. O resultado é a famosa espiral de Ekman, na qual a velocidade da corrente decresce em módulo e gira lateralmente a partir da superfície para o fundo, ficando o efeito do vento restrito a uma fina camada superficial – conhecida como camada de Ekman. Assim, as variações de nível na costa são o resultado do aporte/retirada de água pela ação do vento paralelamente à linha de costa.

Segundo o aprofundado trabalho de Melo Filho (2016), é possível a ocorrência de uma maré meteorológica sem a presença de qualquer vento local, o que se explicaria pela sua origem remota.

2.1.2.4 REMOÇÃO DA MARÉ ASTRONÔMICA: NÍVEL NÃO ASTRONÔMICO

Melo Filho (2016), removendo analiticamente a maré astronômica de registros de nível da maré bruta em localidades costeiras do Atlântico Sul, desde o sul da Argentina até o Rio de Janeiro, realizou a descrição mais completa sobre a propagação da maré meteorológica na costa ocidental do Atlântico Sul, da qual se extraíram as considerações a seguir.

Embora haja certa controvérsia sobre as componentes harmônicas de longo período (Sa, Ssa, Mm, Mf e MSf) terem origem puramente gravitacional ou deverem sua existência a fatores relacionados ao efeito da radiação solar (a chamada maré radiacional) e/ou ao efeito da atmosfera sobre o oceano, as flutuações de períodos mais longos da maré bruta são consideradas processos não astronômicos.

Ao se realizar a operação de isolamento da maré não astronômica, como pode ser observado na Figura 2.8(B), observa-se que esta caracteriza-se por oscilações de natureza mais aleatória e de periodicidade predominantemente mais longa que a da maré astronômica. Essa maré não astronômica apresenta uma magnitude surpreendente em Rio Grande (RS), com uma clara tendência semestral de diferença de níveis, indicando que a maré não astronômica deve cobrir oscilações numa abrangência de períodos bastante ampla.

Com objetivo de avaliar a contribuição da maré não astronômica nas variações de nível, Melo Filho (2016) comparou a percentagem da energia das flutuações de nível do mar contidas na forma de maré não astronômica com relação à maré bruta para localidades do extremo sul da Argentina até Fortaleza (CE), tendo obtido os seguintes valores, ordenados de sul para norte, para a maré não astronômica:

- Puerto Deseado (Argentina): 1,5% (Latitude 48° S);

- Puerto Madrin (Argentina): 3,4% (Latitude 43° S);

- Mar del Plata (Argentina): 44,5% (Latitude 38° S);

- Rio Grande (RS): 75,6% (Latitude 32° S);

- Imbituba (SC): 29% (Latitude 28° S);

- Cananeia (SP): 27,2% (Latitude 25° S);

- Rio de Janeiro (RJ): 22,9% (Latitude 23° S);

- Salvador (BA): 0,9% (Latitude 8° S);

- Fortaleza (CE): 0,2% (Latitude 4° S).

Verifica-se que a maré astronômica aumenta sua amplitude rumo ao norte na costa brasileira, enquanto a maré não astronômica tem presença marcante nas localidades mais a sul, mas diminui drasticamente nas localidades mais a norte. O resultado para Rio Grande (RS) é destacado pois a maré astronômica é minoritária, sendo a maré não astronômica responsável por cerca de ¾ da energia das flutuações de nível do mar. Em outras localidades da Costa Sul (até o Cabo de São Tomé), apesar do aumento da maré astronômica, a componente não astronômica ainda desempenha papel importante na determinação do nível. Já em Salvador e, mais ainda, em Fortaleza, o nível do mar é totalmente dominado pela maré astronômica, sendo esta responsável por 99,1% da energia das flutuações de nível em Salvador e 99,8% em Fortaleza. Essa última evidência já seria esperada, pois o efeito geostrófico ligado à aceleração de Coriolis é mínimo nas latitudes mais próximas do Equador.

Melo Filho (2016), a seguir, decompõe a maré não astronômica em faixas de frequência preestabelecidas, de acordo com a seguinte proposta de bandas:

- Banda sazonal (S): de 30 dias a 1 ano.

- Maré meteorológica (M): de 3 dias a 30 dias.

- Maré de tempestade e maré de vento (V): de 2 horas a 3 dias.

Da mesma forma, Melo Filho (2016) avaliou, para cada banda da maré não astronômica, a percentagem da energia das flutuações de nível do mar com relação à maré não astronômica total, tendo obtido para cada localidade:

- Puerto Deseado (Argentina): 17,3% (S), 50,0% (M), 32,7% (V);

- Puerto Madrin (Argentina): 9,2% (S), 53,4% (M), 37,4% (V);

- Mar del Plata (Argentina): 8,5% (S), 63,9% (M), 27,6% (V);

- Rio Grande (RS): 24,8% (S), 70,0% (M), 5,2% (V);

- Imbituba (SC): 24,7% (S), 70,2% (M), 5,1% (V);

- Cananeia (SP): 13,1% (S), 79,5% (M), 7,4% (V);

- Rio de Janeiro (RJ): 28,2% (S), 66,0% (M), 5,8% (V);

- Salvador (BA): 62,9% (S), 22,9% (M), 14,2% (V);

- Fortaleza (CE): 27,3% (S), 27,3% (M), 45,4% (V)

A amplitude das variações sazonais de nível apresenta valores significativos (máximo da ordem de 40 cm) em toda a Costa Sul brasileira. Esse fato reveste-se de grande importância, pois as variações "lentas" (escala de meses) do nível do mar são controladas por essa banda. Por exemplo, a vulnerabilidade da costa a inundações e erosão será afetada por tais variações sazonais de nível.

O comportamento da maré meteorológica é de especial interesse, pois é nessa banda que a maior parte da energia contida na maré não astronômica se concentra na Costa Sul brasileira. Analisando o espectro de energia em frequência da maré meteorológica, Melo Filho (2016) conclui que a energia aumenta progressivamente no rumo da baixa frequência, tendendo a desenvolver três regiões de concentração de energia, com períodos aproximadamente nas faixas entre 10 e 15 dias, 5 e 8 dias e 3 e 4 dias, classificando essas bandas, respectivamente, como lenta (de 14 a 30 dias), intermediária (de 7 a 14 dias) e rápida (de 3 a 7 dias).

Ainda segundo Melo Filho (2016), a análise espaço-temporal da maré meteorológica evidencia nítida semelhança em localidades vizinhas, contando, obviamente, com defasagens temporais que dependem das características das localidades e da distância entre elas. A observação dessas defasagens na Costa Sul brasileira sugere que a maré meteorológica apresenta padrão de propagação de sul para norte, comportamento que se repete na costa argentina, denotando que a origem da propagação encontra-se no extremo sul da América do Sul Atlântica. As observações na natureza mostram claramente que a maré meteorológica na Costa Sul do Brasil é uma versão retardada e atenuada da maré meteorológica proveniente da Argentina. São indícios consistentes de que a maré meteorológica em qualquer localidade da costa brasileira é significativamente afetada por efeitos de origem remota provenientes do sul. O vento local parece ter papel secundário no que concerne à geração

Ⓐ

Local	Alturas sobre o nível de redução				
	Média das alturas máximas	Média das alturas mínimas	Máxima observada	Mínima observada	Nível médio
Ponta da Feitoria	51 cm	Zero	146 cm	–44 cm	24 cm

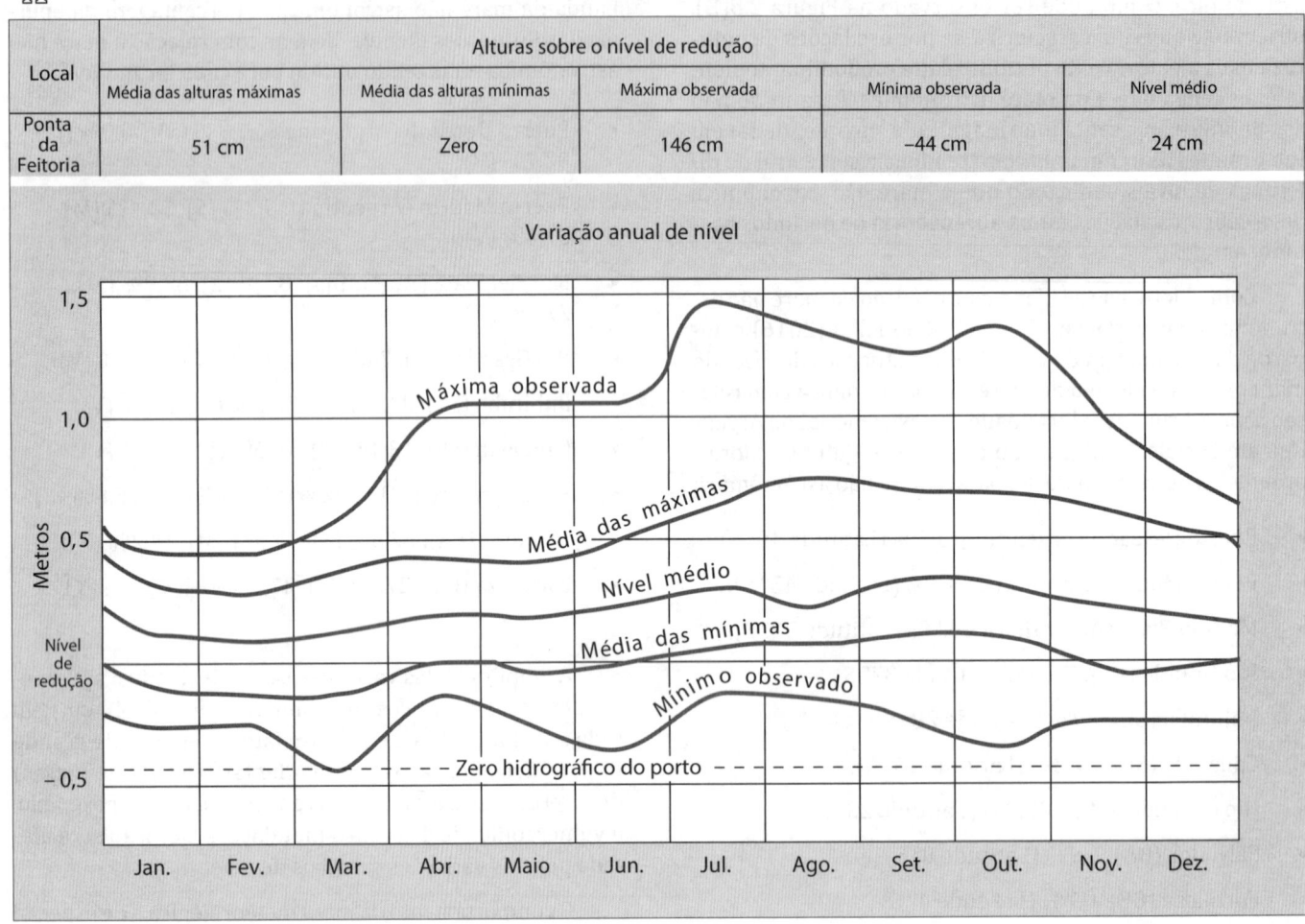

Ⓑ

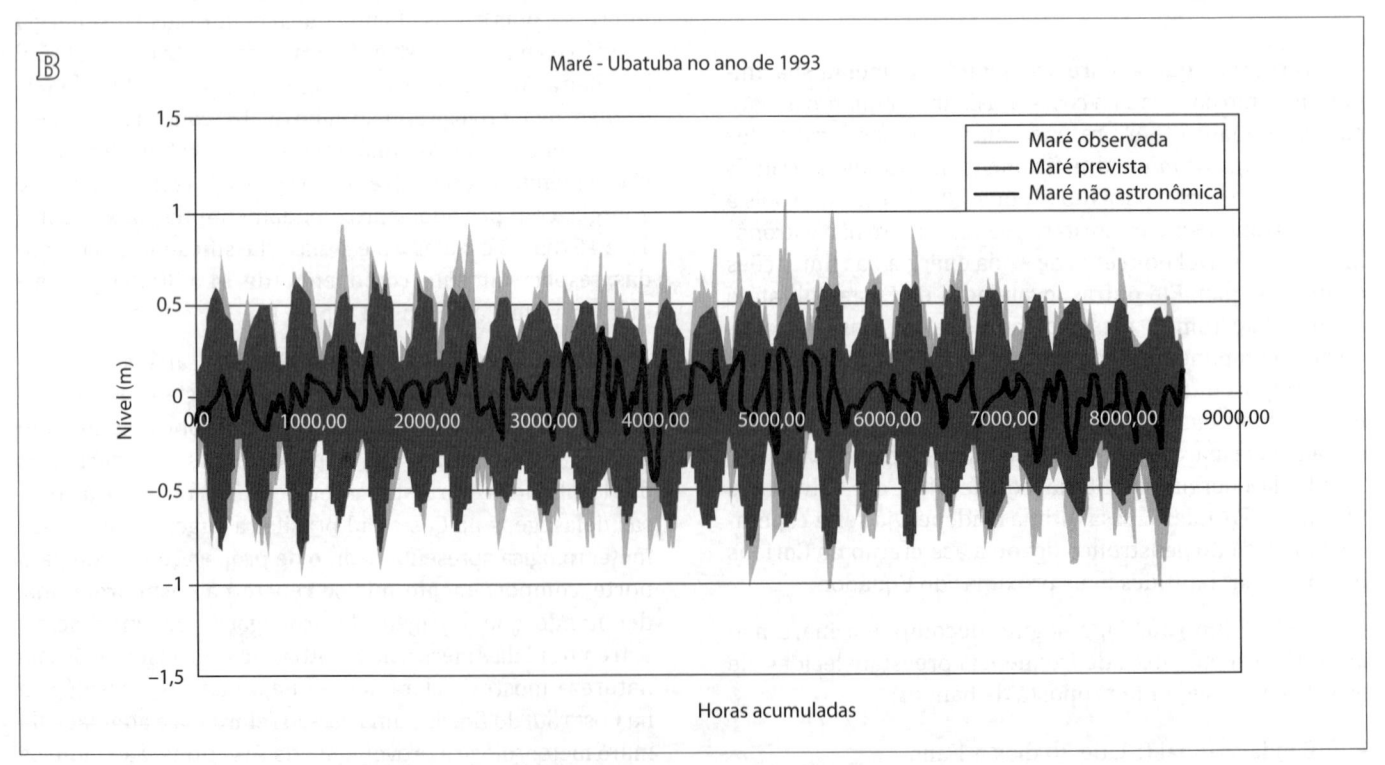

Figura 2.8

(A) Informação sobre o nível da Lagoa dos Patos na Ponta da Feitoria entre 1953 e 1961.

(B) Maregrama obtido do marégrafo da Base do Instituto Oceanográfico da Universidade de São Paulo pela equipe do prof. Joseph Harari em Ubatuba (SP) no ano de 1993. A maré observada é a bruta, a prevista é a astronômica e a diferença das duas corresponde à maré não astronômica, cujo nível está assinalado. A numeração em abscissas corresponde às horas julianas do ano.

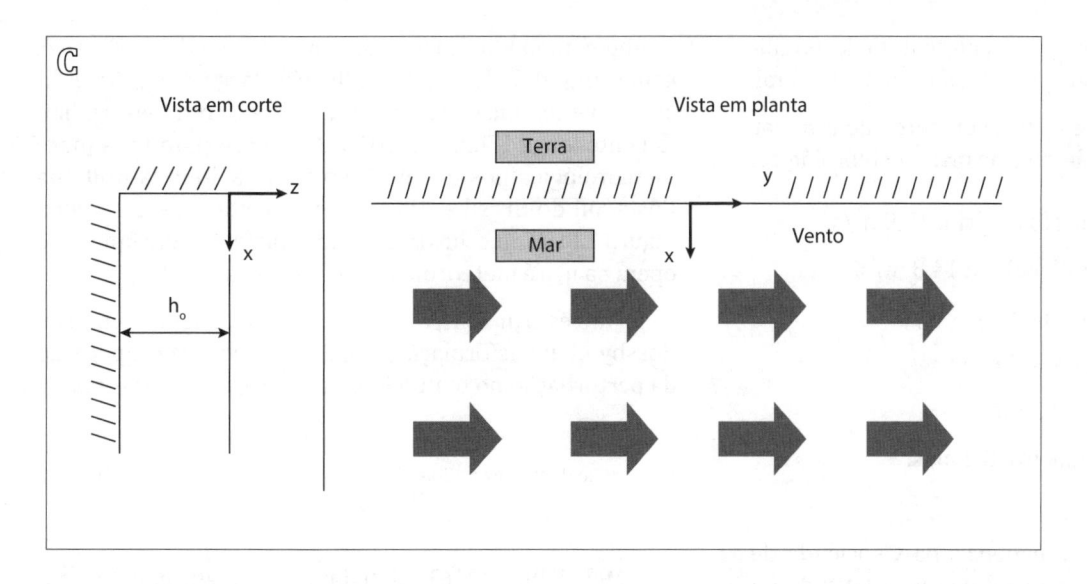

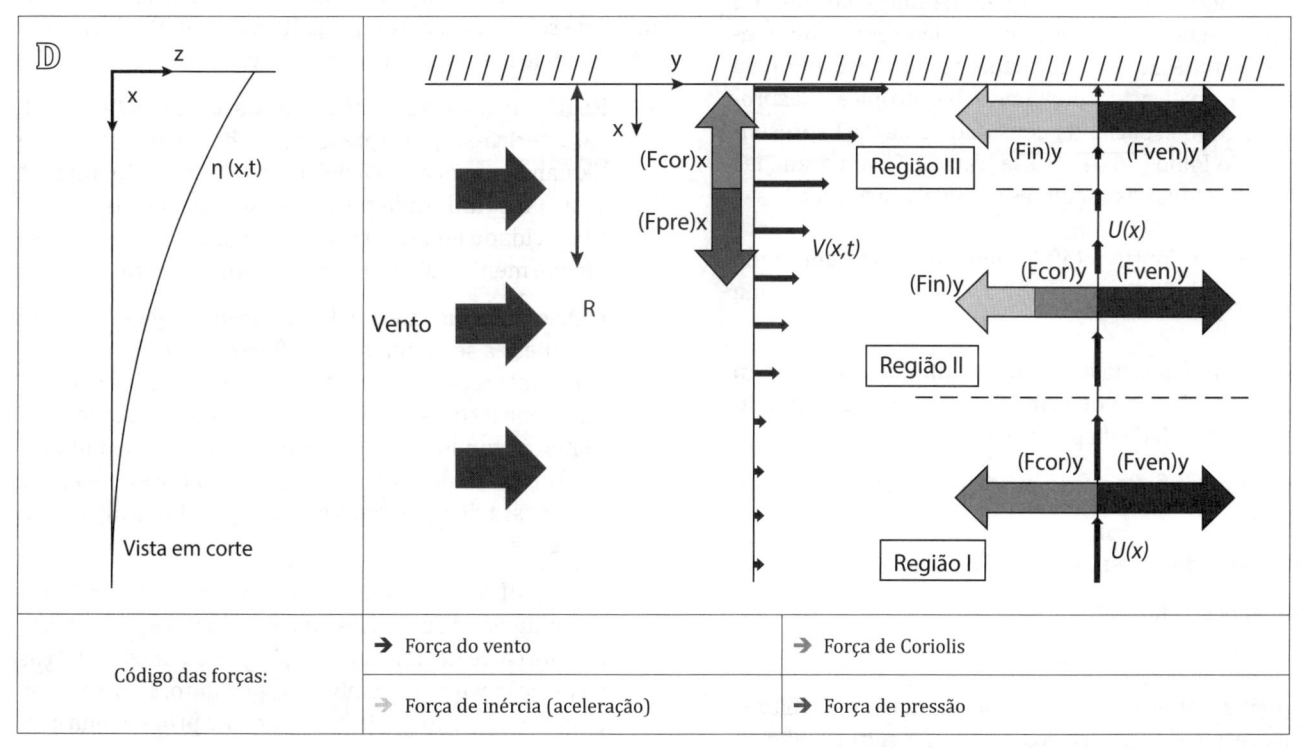

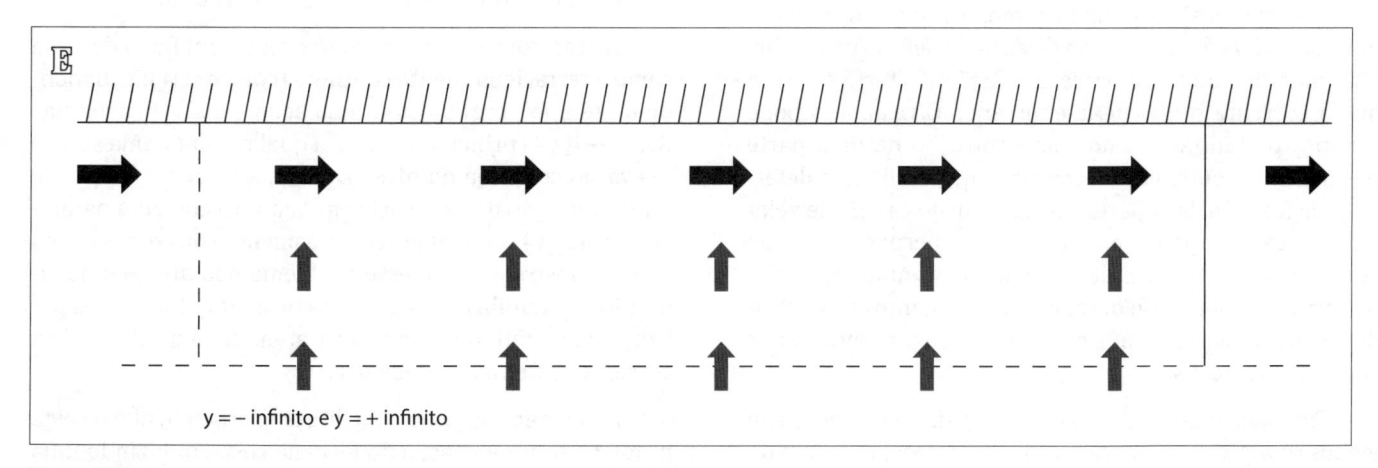

Figura 2.8
(C) Características do problema clássico a ser resolvido. Fonte: adaptada de Melo Filho (2016).
(D) Ilustração esquemática da dinâmica que opera na solução clássica de maré meteorológica (válida para o Hemisfério Sul) para uma situação de sobre-elevação de nível na costa. Fonte: adaptada de Melo Filho (2016).
(E) Balanço de massa da solução clássica (vista em planta). Fonte: adaptada de Melo Filho (2016).

da maré meteorológica, atuando mais no sentido de modificar sinais que já estão passando pela Plataforma Continental.

Em seu estudo, Melo Filho (2016) procurou determinar a velocidade de propagação do sinal de maré meteorológica:

- De Puerto Deseado a Puerto Madrin: 13,9 m/s.

- De Puerto Madrin a Mar del Plata: 14,8 m/s.

- De Mar del Plata a Rio Grande: 10,7 m/s.

- De Rio Grande a Imbituba: 7,5 m/s.

- De Imbituba a Cananeia: 12,6 m/s.

- De Cananeia ao Rio de Janeiro: 8,2 m/s.

É possível observar uma tendência da velocidade de propagação do sinal diminuir à medida que a latitude do local diminui, sendo certamente um dos fatores que influenciam a determinação da velocidade, como mostrado pela aprofundada análise hidrodinâmica barotrópica (desprezando a variação espacial da densidade da água) apresentada por Melo Filho (2016). Nesse tratado, foram avaliadas analiticamente todas as seguintes possíveis variáveis:

- Plataforma Continental: influência da profundidade média, influência da largura, influência da forma do fundo.

- Vento: influência da intensidade, influência da largura da pista, influência do comprimento da pista, influência da mobilidade da pista de vento.

- Correntes: influência do atrito das correntes com o fundo.

- Influência do oceano adjacente.

- Influência da latitude.

Somente a título de exemplo, apresentam-se conceitualmente os resultados associados ao escoamento de Ekman (solução clássica), cuja análise mostra que, no início, o movimento da água dá-se na direção do vento (y), porém, à medida que o tempo passa, a rotação da Terra faz com que a corrente se desvie lateralmente. O resultado pode ser interpretado como uma superposição de uma parte permanente e outra não permanente, que oscila com determinada frequência. A parte permanente do campo de velocidades existe apenas na componente perpendicular ao vento. De fato, medições de correntes feitas num ponto fixo na camada superior do oceano e rastreamentos de derivadores superficiais indicam, normalmente, a presença dessas correntes inerciais.

Para uma maré meteorológica forçada localmente, sem efeitos remotos, com um campo de vento constante, com direção paralela à costa e infinitamente uniforme nessa direção, e, desconsiderando o efeito do atrito da água com o fundo, resulta a aproximação que limita o problema a uma dimensão espacial, sendo unidimensional na direção x. Considere-se,

também, uma Plataforma Continental tipo degrau, isto é, com profundidade constante, h_o, e de largura infinita. Adicionalmente, considere-se que a costa seja retilínea e infinitamente longa (Figura 2.8(C)). A solução para uma maré meteorológica positiva no Hemisfério Sul em latitude da Costa Sul do Brasil está conceitualmente apresentada na Figura 2.8(D), que ilustra esquematicamente a dinâmica que opera na maré meteorológica gerada localmente.

Para essa análise, torna-se importante definir o raio de Rossby, ou de deformação, que é a distância de propagação da perturbação no tempo inercial, ou seja, em águas rasas:

$$\text{Raio de Rossby} = [86.400\ (gh)^{1/2}]/[4\pi\ \text{sen (latitude local)}]$$
$$\text{(Sistema métrico)}$$

Melo Filho (2016) subdividiu esquematicamente o domínio da solução em três regiões (Figura 2.8(D)), ilustrando o balanço de forças nas direções x e y:

- Região I: localizada afastada da costa (x/R >> 1), caracteriza-se por apresentar o balanço clássico de Ekman, no qual a força de arraste do vento (paralela à costa) é equilibrada pela força de Coriolis associada à velocidade média da corrente, a qual ocorre perpendicularmente ao vento e no sentido da terra.

- Região II: região intermediária, em que o efeito da costa já começa a se manifestar e o fluxo de água em direção à terra começa a diminuir. Com isso, a força de Coriolis associada à corrente perpendicular à costa também diminui, afetando o equilíbrio de Ekman. O desequilíbrio de forças na direção y ocasiona uma aceleração da água nessa direção, representada pela força de inércia na figura.

- Região III: nessa região vizinha à costa (x/R << 1), a corrente em direção à terra (direção x) cessa, anulando a força de Coriolis na direção y. O balanço de forças na direção y que se estabelece, portanto, é entre a força do vento e a força de inércia, o que produz uma aceleração contínua da água ao longo da costa.

A ação continuada do vento produz um fluxo de água rumo à terra, igualmente contínuo (corrente U não depende do tempo), o que causa uma acumulação de água nas Regiões II e I (principalmente), a qual resulta numa sobre-elevação contínua do nível. De fato, a solução indica que tanto a posição da superfície (η) quanto a corrente paralela à costa (V) aumentam continuamente com o passar do tempo, mostrando que esse problema não atinge uma situação de equilíbrio (na ausência de atrito). Em outras palavras, enquanto o vento estiver atuando, o nível sobe e a corrente costeira se intensifica.

A dinâmica que opera na direção perpendicular à costa produz a sobre-elevação do nível na costa, induzindo uma força de pressão no sentido do mar, que é contrabalançada pela força de Coriolis associada à corrente paralela à costa. A corrente paralela à costa, portanto, mesmo aumentando continuamente no tempo por ação do vento, obedece a um balanço instantaneamente geostrófico. A corrente paralela à costa, ou corrente costeira oriunda da maré meteorológica, é essencialmente geostrófica e, portanto, altamente influenciada pela rotação da Terra.

O balanço de massa indicado pela presente solução também tem aspectos peculiares. Para analisar essa questão, Melo Filho (2016) calculou o balanço de massa num volume de controle com a fronteira interna sendo a linha de costa e a fronteira externa posicionada numa distância arbitrária de escala dada por 5R e indo de -∞ a +∞ ao longo da costa (Fig. 2.8(E)). Na fronteira externa, a vazão de água (transporte de Ekman) é constante e dá-se exclusivamente na direção da costa. Todo o volume de água que entra pela fronteira externa é acumulado e a água que corre ao longo da costa entra e sai pelas fronteiras laterais (que nesse caso estão localizadas em y = ±∞). O transporte de Ekman serve, em sua totalidade, para sobre-elevar o nível; portanto, a água que corre ao longo da costa simplesmente entra pela fronteira lateral a montante e sai pela fronteira a jusante.

Outro aspecto enfatizado em Melo Filho (2016) é que a maré meteorológica é móvel, não estática, tendo em vista que se geram correntes associadas a ela, sendo que a componente normal à costa, composta principalmente pelo transporte de Ekman, apesar de muito inferior à componente paralela, é fundamental para alterar o nível de repouso do mar. Em contrapartida, a componente paralela à costa, por meio do atrito da água com o fundo, gera o mecanismo básico para controlar e limitar as variações de nível. Tomando como exemplo o caso de uma maré meteorológica positiva na costa brasileira, à medida que o nível se eleva em resposta ao aporte de água do transporte de Ekman, as correntes costeiras (geostróficas) de S para N associadas começam a retirar a água acumulada sob a protuberância e transferi-la para norte. Esse processo dá origem a uma "frente" de elevação móvel que se desloca ao longo da costa no mesmo sentido da corrente, ou seja, de S para N, mas com velocidade diferente. A velocidade de deslocamento, ou propagação, da protuberância será função das características da Plataforma Continental e da latitude local. No caso da maré meteorológica negativa, ocorre uma frente de rebaixamento de nível que se desloca também para norte.

O aperfeiçoamento dos modelos de circulação atmosférica possibilitou, atualmente, previsões atmosféricas de boa qualidade para um horizonte de tempo de poucos dias. Esse fato limita a previsibilidade da maré meteorológica para esse mesmo horizonte de tempo (MELO FILHO, 2016).

Finalmente, Melo Filho (2016) propõe que as perturbações móveis que constituem a maré meteorológica podem ser interpretadas como ondas de Plataforma Continental, que podem ser classificadas em:

- Ondas de Kelvin: plataforma de profundidade constante.

- Ondas de Plataforma Continental (*Continental Shelf waves*): plataforma com fundo inclinado e águas homogêneas.

- Ondas costeiras confinadas (*coastally trapped waves*): plataforma com fundo inclinado e águas estratificadas.

2.1.3 Descrição matemática das marés astronômicas

2.1.3.1 CONSIDERAÇÕES GERAIS

As descrições matemáticas das marés astronômicas são esquematizações analíticas da onda de maré real.

A seguir são apresentadas duas das mais simples e relevantes descrições matemáticas para estuários, que são a onda progressiva longa e a onda estacionária longa.

Ao largo das grandes bacias oceânicas, são as correntes de maré que constituem a origem da maré. A componente horizontal da atração astronômica gera movimentos oscilatórios progressivos com velocidades não negligenciáveis.

2.1.3.2 ONDA PROGRESSIVA LONGA

Qualquer recipiente que contenha água, como uma bacia oceânica, sempre possui um período de oscilação que lhe é próprio, condicionado pela forma da bacia. Assim, se uma força convenientemente coordenada alterar a situação de repouso do líquido, a água começará a oscilar, como um pêndulo, e apresentará um período perfeitamente definido. Persistindo a força com período idêntico àquele da oscilação gerada, que venceu a inércia e o atrito, esta será mantida. Ocorrerá, então, um estado de ressonância entre causa e efeito, vindo a amplitude da oscilação a sofrer um aumento considerável.

Imaginando-se uma bacia oceânica hipoteticamente retangular e prismática de comprimento l e profundidade h, muito superior à amplitude da oscilação, o período próprio T dessa oscilação na referida bacia pode ser expresso por:

$$T = \frac{2l}{\sqrt{gh}}$$

Essa expressão evidencia a razão pela qual as marés semidiurnas apresentam, em geral, uma amplitude consideravelmente maior que as diurnas. De fato, os oceanos reais têm dimensões de l e h mais próximas das condições que, na equação acima, conduziriam a um valor de T de quase 12 horas, ou seja, um valor que favorece a existência de marés semidiurnas de grande amplitude.

Esse tipo de onda tem ocorrência típica em mar aberto e na plataforma continental, não sendo muito comum em estuários fluviais. Assim, tem-se o seguinte equacionamento em áreas costeiras confinadas.

As hipóteses consideradas nessa dedução são:

- onda linear ($\eta/\lambda \ll 1$);

- não há influência da rotação de Coriolis;

- as velocidades u são relevantes somente na direção principal de desenvolvimento da conformação costeira (escoamento dominantemente unidirecional);

- condição barotrópica ($\rho \approx \rho_0$) no tempo e no espaço;

- condição sem atrito;

- geometria uniforme com h constante.

- aporte fluvial desprezável de vazão líquida.

  Nessas condições, as soluções são:

  $\eta = \eta_0 \cos(kx - \sigma t)$

  $u = (g\eta_0/c)\cos(kx - \sigma t)$

  $c = (gh)^{1/2}$

Assim, em ondas progressivas puras, as correntes e os níveis d'água estão em fase, ou seja, a corrente de enchente inicia em meia-maré ascendente, atingindo o máximo na preamar, enquanto a de vazante atinge o máximo na baixa--mar, ocorrendo as estofas de corrente nas meias-marés.

- Onda estacionária longa

  Nesse tipo de descrição analítica da onda de maré, assu-mem-se as mesmas equações e premissas do item anterior, mas se admite a reflexão total da onda progressiva na extre-midade interior do estuário (x = 0). Essa esquematização traduz um comportamento relativo entre η e u muito comum em estuários menores.

  No ponto de reflexão interno, a velocidade horizontal é nula, produzindo-se as seguintes soluções:

  $\eta = \eta_0 \cos(kx) \cos(\sigma t)$

  $u = (g\eta_0/c) \operatorname{sen}(kx) \operatorname{sen}(\sigma t)$

  $c = (gh)^{1/2}$

Assim, no caso de ondas estacionárias puras, as cor-rentes e os níveis d'água estão em quadratura de fase, ou seja, a corrente de enchente inicia na baixa-mar, atingindo o máximo na meia-maré ascendente, enquanto a vazante atinge o máximo na meia-maré descendente, ocorrendo as estofas de corrente em preamar e baixa-mar.

Pelas expressões anteriores, pode-se ter uma aproxi-mação com precisão de ± 20% quanto à máxima corrente estuarina a partir da expressão $(g\eta_0/c)$, agregando-se a con-tribuição fluvial de (R/S), sendo R a vazão fluvial e S = Wh a área da seção transversal, como positiva para a vazante e negativa para a enchente.

2.1.4 A maré astronômica real em estuários

A maré astronômica real em estuários não é coincidente com os modelos analíticos apresentados por uma série de fatores, como a seguir comentado.

Usualmente, é aceitável desprezar o efeito de Coriolis em sistemas estuarinos com pequenos canais, sendo des-prezável em absoluto para pequenas latitudes.

O efeito de atrito com o fundo deve ser considerado.

Os efeitos de não linearidade são quase sempre im-portantes para alturas de maré superiores a 1 m, passando a ser notada uma assimetria principalmente no compor-tamento das velocidades, mantendo-se a variação de nível aproximadamente senoidal.

Ao serem realizadas observações maregráficas durante uma Lunação ou Mês Lunar (aproximadamente 30 dias), sendo a maré nitidamente semidiurna, observaremos que as maiores amplitudes de maré – desnível entre as alturas de preamares e baixa-mares consecutivas – verificam-se nas proximidades da Lua Cheia e da Lua Nova, e as menores ocorrem próximo aos quartos Crescente e Minguante. As mesmas observações permitem-nos verificar que o intervalo de tempo decorrido entre a passagem da Lua pelo meri-diano local e o instante da preamar, ou da baixa-mar, é apro-ximadamente constante para determinado local. Assim, pode-se deduzir uma constante das observações referidas conhecida como Estabelecimento Vulgar do Porto (HWF&C, *High Water Full and Change*), que é o intervalo decorrido entre a hora da passagem meridiana da Lua e a hora da preamar em dias de sizígia. O dia de sizígia não corresponde à maior amplitude de maré, a qual ocorre geralmente após a Lua Cheia ou a Lua Nova, com um intervalo denominado idade da maré semidiurna.

2.1.5 Modificações dinâmicas da maré astronômica em estuários

Na plataforma continental e área costeira adjacente, a maré oceânica sofre sensíveis deformações com relação às suas características de alto-mar:

- refração, reflexão e difração;

- efeitos de pequenos fundos, ou seja, em profundidades da ordem de grandeza das amplitudes da maré:

  — redução de celeridade, produzindo aumento da amplitude (empolamento);

  — atrito crescente com o fundo, produzindo redução da amplitude.

Em linhas de costa convergentes, como mares confi-nados e embocaduras estuarinas, ocorre amplificação da amplitude por:

- maior concentração de energia por unidade de largura;

- ressonância por reflexão da onda de maré.

A propagação da maré no interior de estuários está sujeita a um ou outro dos seguintes efeitos dominantes:

- efeito morfológico de confinamento lateral e redução de profundidades, acarretando:

  □ concentração de energia, gerando grandes ampli-tudes e correntes associadas;

  □ explicam-se as grandes marés na Baía de São Marcos (MA), em cujo canal de acesso externo a amplitude é de 4,2 m, e em Itaqui, a 60 milhas náuticas da entrada do canal, pode atingir 7 m;

- atrito: produz dissipação de energia da onda de maré com redução de amplitude.

A velocidade de propagação da maré em estuários depende da profundidade da lâmina d'água, e, portanto, a crista da onda longa da maré, que é a preamar, desloca-se mais rapidamente do que o seu cavado, a baixa-mar. Esse fenômeno guarda semelhança com a deformação da forma de onda de oscilação ao se aproximar da arrebentação. Como resultado, há uma assimetria no ciclo de maré, com um intervalo relativamente longo entre a preamar e a sucessiva baixa-mar, e um intervalo mais curto entre a baixa-mar e a sucessiva preamar. As máximas velocidades das correntes de maré associadas com as marés estuarinas, normalmente, não estão em fase com as preamares e baixa-mares. Portanto, na embocadura estuarina, a máxima velocidade da maré enchente pode coincidir com a preamar, enquanto rio acima a preamar pode vir a ocorrer em concomitância com a estofa. Entretanto, invariavelmente a corrente de vazante persiste por tempo mais longo do que a de enchente, em parte como resultado da assimetria do ciclo de maré referida, e, em parte, porque a vazão fluvial resulta em uma vazão residual rumo ao mar.

2.1.6 Efeitos das larguras e profundidades nas massas estuarinas

À medida que a maré se propaga em corpos d'água estuarinos, a mudança da profundidade da lâmina d'água e da largura estuarina (efeito de afunilamento) modifica a maré segundo uma abordagem simplificada que admite:

- Atrito desprezável.
- Desprezáveis efeitos não lineares.
- Desprezável efeito de Coriolis.
- Inexistência de reflexões da energia ondulatória, ou seja, gradual mudança na largura e profundidade.

Define-se $E = f(\gamma \eta_0^2)$: energia da onda de maré por área horizontal, sendo γ: peso específico da água, e c_g: velocidade de propagação da energia de ondas longas em águas rasas, que corresponde a $(gh)^{1/2}$.

Entre as hipóteses anteriores, o fluxo de energia da onda de maré é constante, tendo-se, portanto,

$$\eta_0^2 \, W \, h^{1/2} = \text{constante}$$

o que resulta em

$$\eta_0 \, \alpha \, W^{-1/2}, \text{ com h constante}$$

$$\eta_0 \, \alpha \, h^{-1/4}, \text{ com W constante}$$

Conclui-se que o afunilamento tem um efeito muito maior em aumentar η_0 comparativamente à redução de profundidade. Assim, por exemplo, tomando-se como referência

a entrada do estuário, com W = B, h = D e η_0 = A, as seguintes situações podem ocorrer para o interior do estuário:

Caso (a): W = B/2, h = D, produzem h_0 = 1,4A (somente efeito de afunilamento).

Caso (b): W = B, h = D/2, produzem η_0 = 1,2A (somente efeito de aprofundamento).

Nessas condições, o comprimento da onda sendo $\lambda = T(gh)^{1/2}$, fazendo com que $\lambda \, \alpha \, h^{1/2}$, resulta na esbeltez da onda de maré: $(\eta_0/\lambda) \, \alpha \, h^{-1/4} \, h^{-1/2} = h^{-3/4}$.

Em certas situações, a profundidade local e/ou largura passam a produzir um extremo crescimento de η_0 e, consequentemente, da esbeltez, produzindo a pororoca ou macaréu, como resultado de um grande estreitamento fluvial ou de um grande aumento da declividade fluvial. Então, a celeridade da onda de choque formada é dada pela equação:

$$c_p = \{1 + [(h_1 - h_2)/(h_1 + h_2)]\}[g(h_1 + h_2)/2]^{1/2}$$

sendo h_1 e h_2, respectivamente, as profundidades maior e menor associadas à onda com pronunciada esbeltez. De fato, a pororoca (*tidal bore*) resulta da combinação de hipermarés astronômicas, Plataforma Continental larga e rasa e existência de embocaduras afuniladas.

Em condições extremas $h_1 \gg h_2$, ou h_2 tendendo a zero, gera-se uma enchente com celeridade de $(2gh_1)^{1/2}$, que se move 40% mais rapidamente do que uma enchente normal.

As pororocas ocorrem nos períodos de grandes cheias fluviais – já que a vazão de água doce tende a empinar a onda de maré –, associadas a marés de águas-vivas. No Rio Amazonas, a altura da onda atinge 5 m, movendo-se rio acima a velocidades de até 12 nós, mas as maiores ocorrem nos estuários da costa do Amapá.

2.1.7 Previsão da maré astronômica por análise harmônica

A descrição analítica da maré é resolvida expressando a variação do nível d'água como a soma de termos exclusivamente periódicos harmônicos no tempo (frequência angular) e de amplitude constante. Isso é o que se denomina desenvolvimento harmônico. Assim, na prática, a altura da maré é obtida pela soma de uma série de termos periódicos, cujas constituintes, ou componentes, serão determinadas pela observação direta da maré no local estudado. A Tabela 2.2 apresenta a listagem geral das componentes astronômicas.

O método harmônico é o mais usual e satisfatório para a previsão de alturas de maré. Utiliza o conhecimento de que a maré observada é a somatória de um número de componentes ou marés parciais, cada uma das quais precisamente correspondente ao período de um dos movimentos astronômicos relativos entre Terra, Sol e Lua. Cada uma das marés parciais tem uma amplitude e uma fase que são únicas para uma dada localidade, e a fase é a fração do ciclo de maré completada com relação a uma dada referência de tempo.

Tabela 2.2 Espécies das constituintes harmônicas astronômicas	
	Espécies
	Longo período
Sa	Solar anual
Ssa	Solar semestral
Mm	Lunar mensal
Mf	Lunar quinzenal
Mtm	Lunar termensal
	Diurnas
$2Q_1$	Lunar elíptica de 2ª ordem
σ_1	Variacional
Q_1	Lunar elíptica maior
ρ_1	Eveccional maior
O_1	Lunar principal
M_1	Lunar elíptica menor
χ_1	Eveccional menor
π_1	Solar elíptica maior
P_1	Solar principal
S^*_1	Meteorológica
K_1	Lunissolar declinacional
ψ_1	Solar elíptica menor
ϕ_1	Solar de 2ª ordem
θ_1	Eveccional
J_1	Lunar elíptica
OO_1	Lunar de 2ª ordem
	Semidiurnas
$2N_2$	Lunar elíptica de 2ª ordem
μ_2	Variacional
N_2	Lunar elíptica maior
ν_2	Eveccional maior
M_2	Lunar principal
λ_2	Eveccional menor
L_2	Lunar elíptica menor
T_2	Solar elíptica maior
S_2	Solar principal
R_2	Solar elíptica menor
K_2	Lunissolar declinacional
	Terdiurna
M_3	Terdiurna lunar

Atualmente, só esse método é empregado na previsão das marés. A previsão pelo método harmônico exato requer o conhecimento de, pelo menos, 20 constantes harmônicas do lugar. Com o emprego das nove constantes harmônicas principais do lugar, entretanto, pode-se chegar a resultados satisfatórios pelo método harmônico aproximado de previsão.

O princípio da análise harmônica da maré é o da decomposição do registro maregráfico em uma série de movimentos harmônicos simples, cujas componentes têm precisão determinística (FRANCO, 1988). A partir de um registro contínuo, ou com alturas horárias da maré de, no mínimo, 30 a 32 dias, obtém-se a altura da maré instantânea como:

$$\eta = Z_0 + \sum_{i=1}^{N} a_i \cos[(2\pi t / T_i) + \Delta i]$$

onde:

Z_0: distância vertical entre o datum vertical e o nível médio do mar;

a_i, T_i, Di: amplitude, período e fase da componente harmônica i;

N: número de componentes harmônicas usadas.

A principal componente da maré astronômica é denominada M2, a principal lunar, de período igual a 12 h e 25 min, correspondendo, portanto, a uma componente de período semidiurno.

As componentes com períodos fracionários ao semidiurno, 1/2, 1/3 e 1/4, são denominadas sobremarés e traduzem a influência geomorfológica de não linearidade, por confinamento e redução de profundidade. Nas Tabelas 2.3 estão apresentadas as fichas de dados característicos dos postos maregráficos de Salinópolis (PA), correspondendo a uma das maiores amplitudes de maré do litoral brasileiro, e Porto de Santos (SP) e Henrique Laje (SC), correspondendo a uma das menores amplitudes de maré do litoral brasileiro, segundo dados da Diretoria de Hidrografia e Navegação da Marinha do Brasil.

Na Figura 2.1 estão apresentadas as previsões de maré para o Porto de Santos (SP), para o dia 20 de maio de 1947 (sizígia), estando ilustrada a composição harmônica para a maré. Na Tabela 2.5 estão apresentadas tábuas de marés para Itanhaém (SP) no ano de 1999 (São Paulo, Estado/DAEE/SPH/CTH).

O nível de redução das sondagens adotado pela Diretoria de Hidrografia e Navegação da Marinha do Brasil para as Cartas Náuticas e Tábuas de Marés corresponde à baixa-mar média de sizígia da Carta Náutica de maior escala da localidade. Esta definição, muitas vezes encontrada, também equivale a dizer que, para origem de contagem das profundidades, tem-se necessidade de empregar um nível bem baixo, de forma que não se tenha, a não ser raramente, menos água que o indicado pelas sondagens.

Pode parecer à primeira vista que o NR deveria ser o das mais baixas baixa-mares. Na prática, porém, isso é desaconselhável, pois essas marés, geralmente, ocorrem em casos muito raros e pouco frequentes e não é razoável que se registre, em uma carta, sondagens sempre menores que as profundidades prováveis na maior parte do tempo. A recomendação do Bureau Hidrográfico Internacional (BHI), nesse sentido, era de que o nível de redução adotado nas cartas

Informações	Tabela 2.3(A) Ficha maregráfica de Salinópolis (PA)					
	Ondas fundamentais			Ondas superiores e compostas		
Posição $\varphi = 00°36'$ S $\lambda = 47°24'$ W Fuso: + 3 h Localização do marégrafo: Porto Grande		Amplitude (cm)	Fase (°)		Amplitude (cm)	Fase (°)
	S_a	–	–			
	S_{sa}	–	–	$2SM_2$	5,5	322
	M_m	9,8	90		–	
	M_f	–	–	MK_3	3,0	292
	MS_f	4,6	7	$MO_3 = 2MK_3$	1,5	15
Época e duração **das observações** Ano de 1955 22/02 a 25/03/1955 Observação: 32 dias Método de observação: Marégrafo Autoridade: IAGS Método de análise: T. Liverpool Institute	K_1	8,5	219	SK_3	–	–
	O_1	10,7	229	SO_3	–	–
	P_1	2,7	219	S_3	–	–
	Q_1	4,0	255			
	J_1	1,5	289	M_4	9,5	288
	M_1	0,6	293	MS_4	8,5	4
	OO_1	0,6	34	MN_4	3,0	288
	$\nu K_1 = \rho_1$	–	–	MK_4	–	–
	$\nu J_1 = \sigma_1$	0,3	282	S_4	–	–
	$TK_1 = \pi_1$	0,2	219	SK_4	–	–
	$NJ_1 = 2Q_1$	0,3	282	SN_4	–	–
Referência de nível Marca de referência de nível no extremo W da estrada Getúlio Vargas Zero do marégrafo: 525,8 cm, abaixo da referência de nível Nível médio: 341,1 cm acima do zero do marégrafo Cota do nível médio acima do nível de redução da carta de maior escala: 259,3 cm Carta nº 40	$KP_1 = \varphi_1$	0,1	219			
	$LP_1 = \chi_1$	–	–	M_6	4,0	335
	$IO_1 = \theta_1$	–	–	$2MS_6$	6,4	57
	SO_1	–	–	$2MN_6$	3,4	355
	MP_1	–	–	$2SM_6$	2,8	150
	S_1	–	–	MSN_6	3,0	63
	$RP_1 = \psi_1$	0,1	219	S_6	–	–
	KQ_1	–	–	$2MK_6$	–	–
	M_2	169,9	207	MSK_6	–	–
	S_2	65,9	259			
	N_2	34,5	197	M_8	–	–
Notas particulares **de caráter prático** Altura da maior preamar observada acima do zero do marégrafo: 598 cm Altura da menor baixa-mar observada acima do zero do marégrafo: 82 cm Classificação da maré: Semidiurna Estabelecimento do porto: 7h22	K_2	18,0	260	$3MS_8$	–	–
	ν_2	6,7	197	$2(MS)_8$	–	–
	$2MS_2 = \mu_2$	8,8	306	$2MSN_8$	–	–
	L_2	37,2	207	S_8	–	–
	T_2	4,0	259			
	$2N_2$	4,6	187	**Outras ondas**		
	MNS_2	–	–			
	λ_2	–	–	OQ_2	–	–
	KJ_2	–	–	OP_2	–	–
	R_2	–	–	MKS_2	–	–
	M_3	2,4	317	MSN_2	–	–

Tabela 2.3(B)
Ficha maregráfica da Estação de Santos (SP)

Informações	Ondas fundamentais			Ondas superiores e compostas		
		Amplitude (cm)	Fase (°)		Amplitude (cm)	Fase (°)
Posição $\varphi = 23°57,3'$ S $\lambda = 46°18,7'$ W Fuso: + 3 h Localização do marégrafo: Torre Grande	S_a	10,2	25			
	S_{sa}	5,0	180	$2SM_2$	0,6	196
	M_m	4,2	289			
	M_f	1,7	141	MK_3	2,5	117
	MS_f	1,5	121	$MO_3 = 2MK_3$	0,7	96
	K_1	6,3	143	SK_3	1,4	230
Época e duração das observações Ano de 1956 01/01 a 23/12/1956 Observação: 356 dias Método de observação: Marégrafo Autoridade: DNPRC Método de análise: T. Liverpool Institute	O_1	11,5	81	SO_3	1,7	56
	P_1	2,3	136	S_3	–	–
	Q_1	2,5	58			
	J_1	0,8	192	M_4	2,6	355
	M_1	0,8	95	MS_4	2,2	143
	OO_1	0,2	133	MN_4	1,3	318
	$\nu K_1 = \rho_1$	0,3	72	MK_4	0,9	166
	$\nu J_1 = \sigma_1$	0,5	34	S_4	0,7	196
	$TK_1 = \pi_1$	0,2	220	SK_4	0,4	253
	$NJ_1 = 2Q_1$	0,4	14	SN_4	0,6	61
Referência de nível Marca de referência de nível situada no meio-fio em frente ao Edifício da Alfândega Zero do marégrafo: 456,5 cm, abaixo da referência de nível Nível médio: 151,23 cm acima do zero do marégrafo Cota do nível médio acima do nível de redução da carta de maior escala: 76,69 cm Carta n° 1.701	$KP_1 = \varphi_1$	0,4	100			
	$LP_1 = \chi_1$	0,4	159	M_6	0,7	148
	$\lambda O_1 = \theta_1$	0,3	174	$2MS_6$	0,4	74
	SO_1	0,5	51	$2MN_6$	1,4	180
	MP_1	0,2	294	$2SM_6$	0,5	77
	S_1	1,1	138	MSN_6	0,4	142
	$RP_1 = \psi_1$	0,1	127	S_6	–	–
	KQ_1	–	–	$2MK_6$	0,1	157
	M_2	36,4	88	MSK_6	0,1	91
	S_2	22,5	91			
	N_2	5,4	149	M_8	–	–
Notas particulares de caráter prático Altura da maior preamar observada acima do zero do marégrafo: 287 cm Altura da menor baixa-mar observada acima do zero do marégrafo: 12 cm Classificação da maré: Mista Estabelecimento do porto: 2h55	K_2	7,4	82	$3MS_8$	–	–
	ν_2	0,4	139	$2(MS)_8$	–	–
	$2MS_2 = \mu_2$	2,1	122	$2MSN_8$	–	–
	L_2	1,6	37	S_8	–	–
	T_2	0,8	20			
	$2N_2$	2,0	149	**Outras ondas**		
	MNS_2	0,2	189			
	λ_2	0,7	21	OQ_2	0,7	89
	KJ_2	0,9	278	OP_2	0,4	353
	R_2	0,6	128	MKS_2	1,3	162
	M_3	4,9	234	MSN_2	1,2	224

Tabela 2.3(C) Ficha maregráfica da Estação Henrique Laje (SC)					
Informações	**Ondas fundamentais**			**Ondas superiores e compostas**	
		Amplitude (cm)	**Fase (°)**		**Amplitude (cm)**	**Fase (°)**

Informações	Onda	Amplitude (cm)	Fase (°)	Onda	Amplitude (cm)	Fase (°)
Posição $\varphi = 28°13,8'$ S $\lambda = 48°39,0'$ W Fuso: + 3 h Localização do marégrafo: no cais	S_a	–	–			
	S_{sa}	–	–	$2SM_2$	0,2	56
	M_m	6,50	104			
	M_f	–	–	MK_3	0,5	41
	MS_f	1,70	5	$MO_3 = 2MK_3$	0,1	236
Época e duração das observações Ano de 1955 01/01 a 01/02/1955 Observação: 32 dias Método de observação: Marégrafo Autoridade: IAGS Método de análise: T. Liverpool Institute	K_1	5,30	125	SK_3	–	–
	O_1	11,80	73	SO_3	–	–
	P_1	1,80	125	S_3	–	–
	Q_1	2,60	46			
	J_1	0,40	106	M_4	3,3	350
	M_1	0,50	120	MS_4	1,6	67
	OO_1	1,10	353	MN_4	1,5	321
	$\nu K_1 = \rho_1$	–	–	MK_4	–	–
	$\nu J_1 = \sigma_1$	0,40	19	S_4	–	–
	$TK_1 = \pi_1$	0,10	125	SK_4	–	–
	$NJ_1 = -2Q_1$	0,30	19	SN_4	0,7	50
Referência de nível Marca de referência de nível situada no piso inferior do cais Zero do marégrafo: 431,2 cm, abaixo da referência de nível Nível médio: 226,9 cm acima do zero do marégrafo Cota do nível médio acima do nível de redução da carta de maior escala: 40,4 cm Carta n° 1.908	$KP_1 = \varphi_1$	0,10	125			
	$LP_1 = \chi_1$	–	–	M_6	0,2	190
	$\lambda O_1 = \theta_1$	–	–	$2MS_6$	0,2	186
	SO_1	–	–	$2MN_6$	0,2	138
	MP_1	–	–	$2SM_6$	0,5	117
	S_1	–	–	MSN_6	0,6	296
	$RP_1 = \psi_1$	0,03	125	S_6	–	–
	KQ_1	–	–	$2MK_6$		
	M_2	13,70	61	MSK_6	–	–
	S_2	10,40	59			
	N_2	4,20	154	M_8	–	–
Notas particulares de caráter prático Altura da maior preamar observada acima do zero do marégrafo: 275 cm Altura da menor baixa-mar observada acima do zero do marégrafo: 156 cm Classificação da maré: Mista Estabelecimento do porto: 1h46	K_2	2,80	59	$3MS_8$	–	–
	ν_2	0,80	154	$2(MS)_8$		
	$2MS_2 = \mu_2$	0,90	204	$2MSN_8$	–	–
	L_2	1,00	24	S_8	–	–
	T_2	0,60	59			
	$2N_2$	0,50	248	**Outras ondas**		
	MNS_2	–	–			
	λ_2	–	–	OQ_2	–	–
	KJ_2	–	–	OP_2	–	–
	R_2	–	–	MKS_2	–	–
	M_3	1,00	118	MSN_2	–	–

fosse tal que a maré só raramente descesse abaixo dele, sendo o plano de referência ao qual todas as profundidades cartografadas estão relacionadas. Assim, atualmente, a Organização Hidrográfica Internacional (OHI) o define como um plano tão baixo que a maré, em condições normais, não fique abaixo dele.

A DHN adota, para NR de suas cartas, o nível de baixa-mar de sizígia das Índias (ISLW), cuja semiamplitude dá a distância do NR abaixo do NM como uma soma de quatro semiamplitudes:

$$Z_0 = H_{(M_2)} + H_{(S_2)} + H_{(K_1)} + H_{(O_1)}$$

Ou, quando se tiver $H_{(K_1)} + H_{(O_1)} < 0,1 \left(H_{(M_2)} + H_{(S_2)} \right)$, o nível será dado pela expressão:

$$Z_0 = 1,1 \left(H_{(M_2)} + H_{(S_2)} \right)$$

O NR é também empregado como o zero das informações de marés, conforme recomendação da OHI, o que facilita sobremodo o trabalho do navegante. De fato, para saber a profundidade de um local em determinado instante, bastará a ele somar ao valor da sondagem registrada na carta a altura da maré nesse instante.

Nas cartas náuticas é habitual que constem os níveis notáveis das marés para orientação dos navegantes:

MSL: Nível médio do mar (NM);

MHWS: Média das preamares de sizígia;

MHWN: Média das preamares de quadratura;

MLWN: Média das baixa-mares de quadratura;

MLWS: Média das baixa-mares de sizígia.

O datum vertical adotado para as cotas topográficas nas cartas do IBGE em âmbito nacional, ou do IGC (antigo IGG) no Estado de São Paulo, corresponde ao nível médio do mar registrado pelo marégrafo de Imbituba (SC) na década anterior a 1958. Como exemplo da importância da menção ao nível de referência (NR), ou datum vertical, apresenta-se a Tabela 2.6, que sintetiza as referências utilizadas pelas várias entidades e empresas em suas cotas altimétricas na Baixada Santista (SP). Na Tabela 2.7 está apresentado o cálculo dos níveis médios mensais do ano de 1971 com os valores dos níveis médios diários para as alturas de maré registradas no marégrafo de Torre Grande, Porto de Santos (SP), com referência ao zero hidrográfico da Codesp (HARARI; CAMARGO, 1995).

Para efeitos geodésicos, o nível médio do mar é definido como o valor médio observado para cada hora em um período de pelo menos 19 anos, a fim de englobar ciclos de 18,61 anos (período da declinação lunar, quando a lua completa uma volta de 360° de longitude) nas amplitudes e fases das marés, minimizando-se, assim, o efeito meteorológico.

É obtido pela média das alturas horárias de uma longa série de observações. A situação do NM é afetada pelas componentes de pouco fundo e apresenta flutuações com os períodos semianuais das componentes solares de longo período, sendo ligeiramente diferente do nível médio da maré (MTL). Apresenta ainda irregularidades atribuídas a perturbações meteorológicas.

No caso de não se dispor de um grande número de observações para determinação do NM, como no caso de levantamentos expeditos, ele poderá ser determinado, aproximadamente, por meio de 38 observações horárias da maré (y), convenientemente combinadas, conforme a expressão:

$$30\,S_0 = (y_0 + y_2) + (y_8 + y_{10}) + (y_{16} + y_{18}) + (y_5 + y_7) + (y_{13} + y_{15}) + (y_{21} + y_{23}) + (y_{10} + y_{12})$$
$$+ (y_{18} + y_{20}) + (y_{26} + y_{28}) + (y_{15} + y_{17}) + (y_{23} + y_{25}) + (y_{31} + y_{33}) + (y_{20} + y_{22})$$
$$+ (y_{28} + y_{30}) + (y_{36} + y_{38})$$

em que os índices indicam as horas correspondentes às ordenadas y.

Essa fórmula poderá ser expressa sob a forma da Tabela 2.4.

Tabela 2.4 Fatores a serem aplicados de acordo com a hora para a estimativa expedita do nível médio					
Hora	Fator	Hora	Fator	Hora	Fator
0	1	13	1	26	1
1	0	14	0	27	0
2	1	15	2	28	2
3	0	16	1	29	0
4	0	17	1	30	1
5	1	18	2	31	1
6	0	19	0	32	0
7	1	20	2	33	1
8	1	21	1	34	0
9	0	22	1	35	0
10	2	23	2	36	1
11	0	24	0	37	0
12	1	25	1	38	1

Na coluna Fator estão registrados os multiplicadores para as alturas y correspondentes às horas respectivas.

O excesso de observações sobre 24 horas é uma consequência da disparidade dos períodos das diversas ondas. Embora o intervalo total seja de 38 horas, vemos que nem todas as alturas são aproveitadas, enquanto outras são computadas duas vezes, o que tem por finalidade o isolamento das diversas componentes.

São adotados os seguintes símbolos com referência ao NM:

• S_0: altura do NM em relação ao zero hidrográfico;

- Z_0: altura do NM em relação ao NR;
- A_0: altura do NM em relação a um nível arbitrário.

2.2 PROPAGAÇÃO DA MARÉ EM ESTUÁRIOS

2.2.1 Circulação e misturação

Em estuários, braços de mar e baías extensas, como na Baía de Marajó e no Estuário do Rio Pará (PA), a duração da enchente é geralmente menor que a da vazante, quanto mais o escoamento da maré adentra nas áreas mais confinadas e de menor profundidade (ver Figura 2.9(C)).

Os movimentos verticais da água associados com a subida e descida da maré, como os apresentados nas Figuras 2.9 (A) a (C) para uma sizígia no Complexo Estuarino-Lagunar de Iguape, Cananeia (SP) (ver Figura 2.10), na Baía de São Marcos (MA)[*] e no Porto de Belém (PA), são acompa-

nhados na horizontal por movimentos da água denominados correntes de maré. As maiores amplitudes de maré do mundo registram-se na Baía de Fundy, entre as Províncias de Nova Scotia e New Brunswick (Canadá), com localidades em que atinge 14,5 m (MHWS) a 17,0 m (máxima preamar), já tendo-se registrado 21,6 m com efeito de máxima preamar de *storm surge* positivo. Na Figura 2.9(D) pode-se observar uma *tidal bore* no Rio Truro, em Nova Scotia, que deságua na Baía de Fundy, numa maré enchente de amplitude de 12 m. Em outro rio que deságua na Baía de Fundy, o Rio Annapolis, opera desde 1984 uma PCH de 20 MW (Figuras 2.9 (E) e (F)). Essas correntes de maré atuam em toda a lâmina d'água e apresentam as mesmas periodicidades que as oscilações verticais, tendendo em áreas rasas (baías, golfos) não confinadas a seguir um padrão planimétrico elíptico (ver Figura 2.11(A)). Na Figura 2.11(B) está apresentada uma série de perfis de corrente ao longo do ciclo da maré. A redução da velocidade próximo do fundo é típica do comportamento das correntes de maré em áreas rasas, sendo importante quando forem considerados os aspectos da misturação.

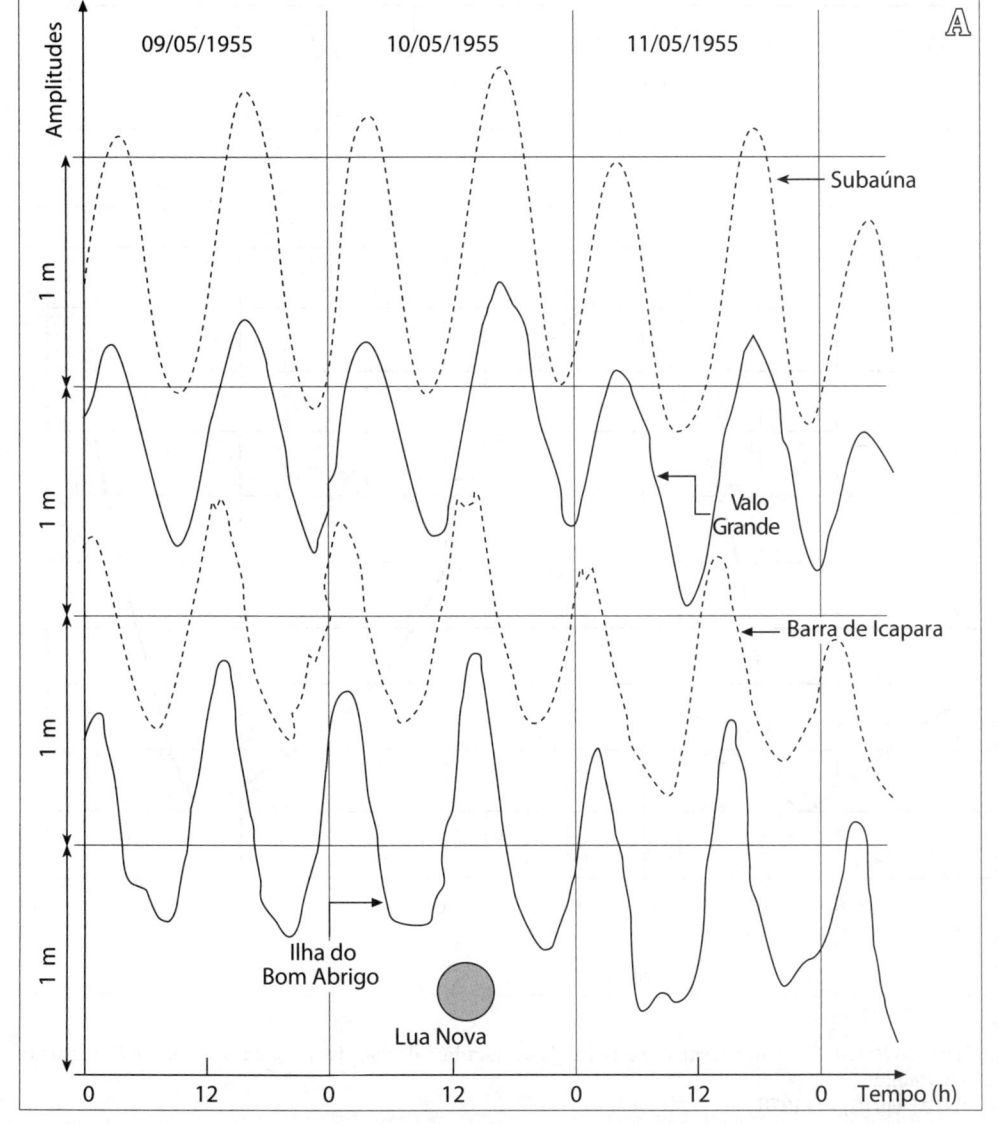

Figura 2.9
(A) Propagação da maré observada de 09 a 11/05/1955 nos marégrafos instalados no Complexo Estuarino-Lagunar de Iguape-Cananeia. Condição de sizígia (São Paulo, Estado/DAEE/SPH/CTH).

---

[*] A Baía de São Marcos (MA) é um estuário hipersíncrono, por ter forma afunilada, ou seja, à medida que a onda de maré avança para o interior, a convergência das margens produz o empolamento da onda pela concentração da energia, que não é compensada pelo atrito no fundo e margens. Como consequência, a amplitude e as correntes da maré aumentam rumo à cabeceira. Seguindo para montante, no trecho fluvio-marítimo a convergência diminui e o efeito de atrito torna-se maior, reduzindo a amplitude da maré como em Arari.

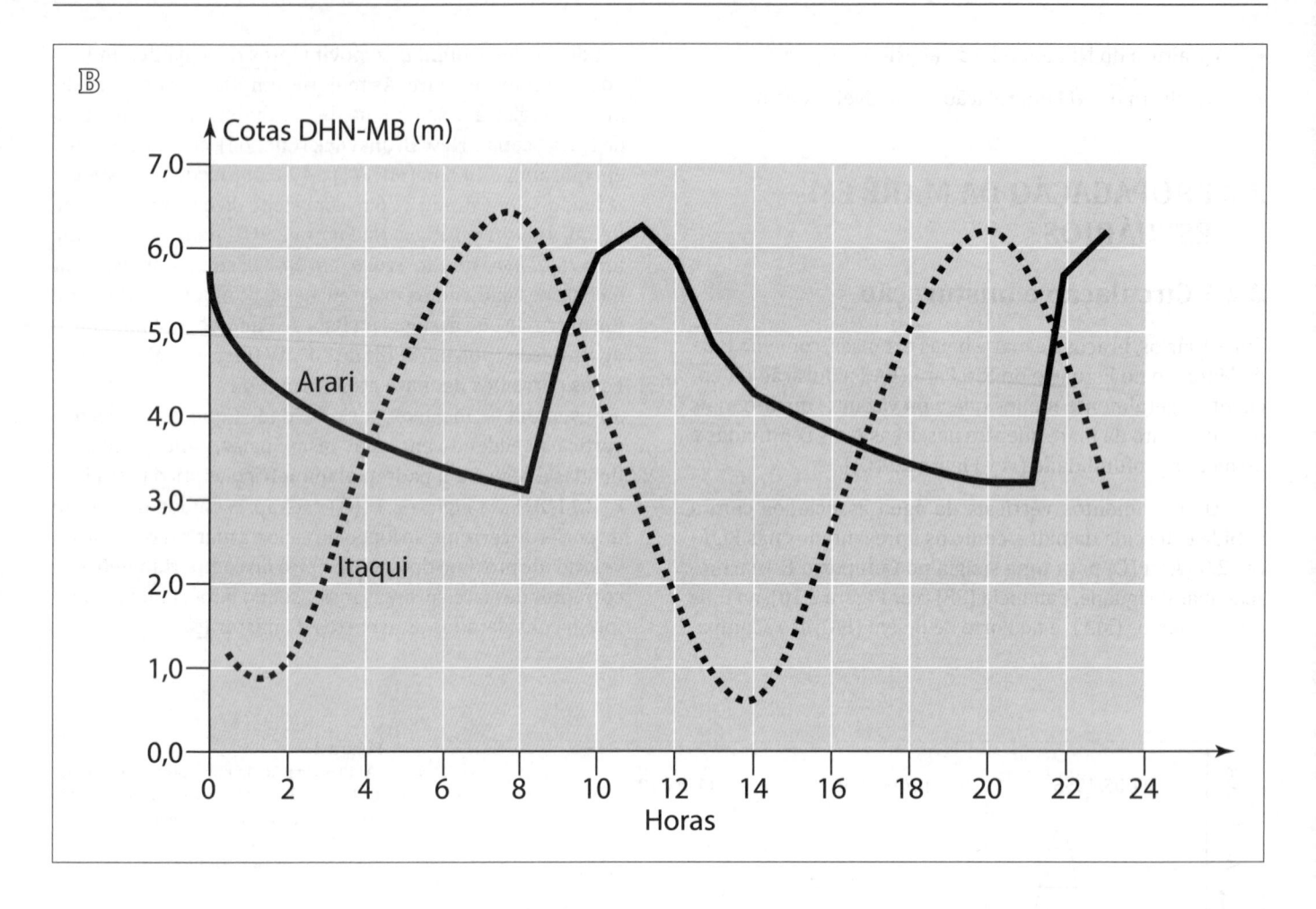

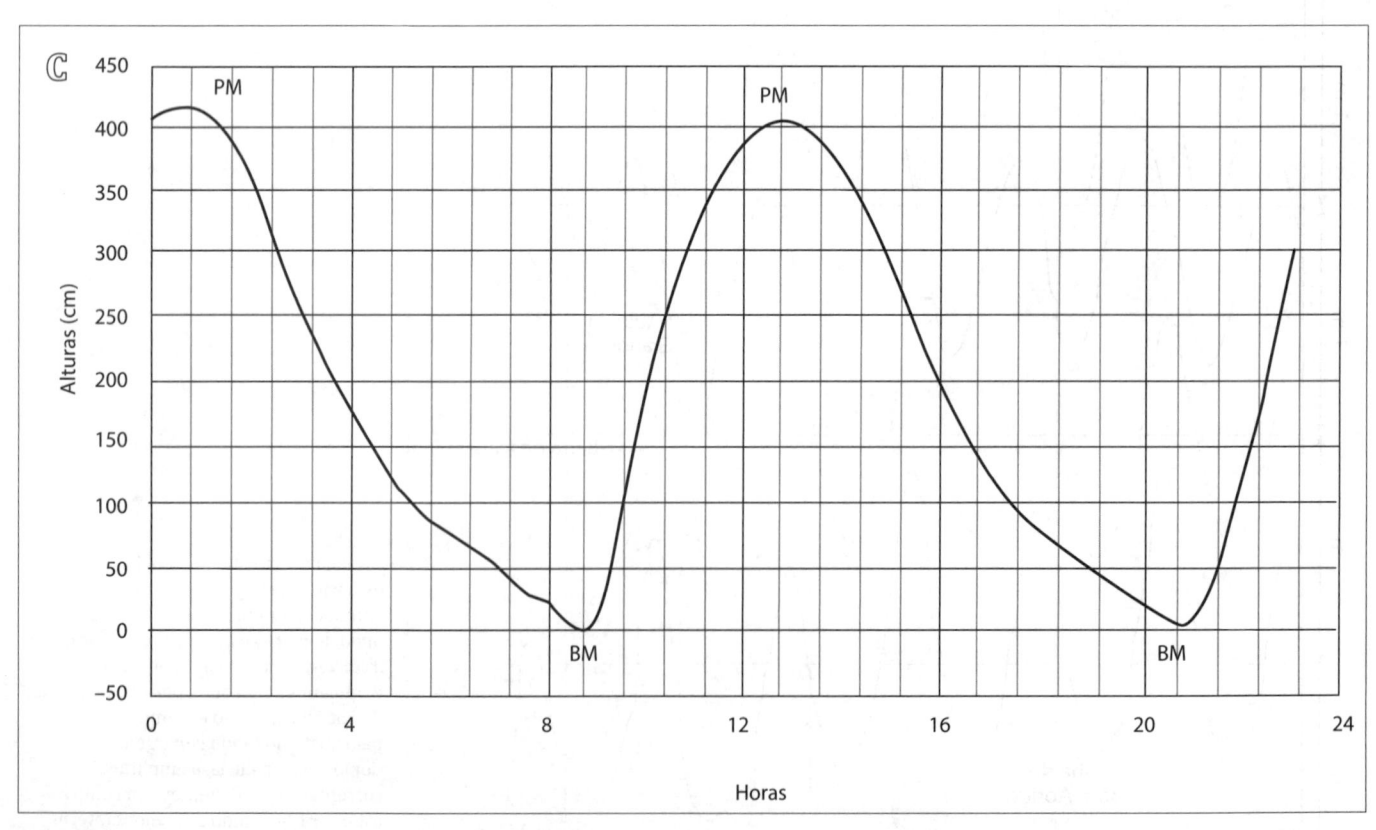

Figura 2.9

(B) Maregramas em condição de sizígia na Baía de São Marcos (MA). Itaqui situa-se a 10 km da embocadura da Baía de São Marcos e Arari no Estuário do Rio Mearim, 100 km a montante da referida embocadura.

(C) Maré em águas rasas. Maregrama em Belém (PA), em 01/01/1978.

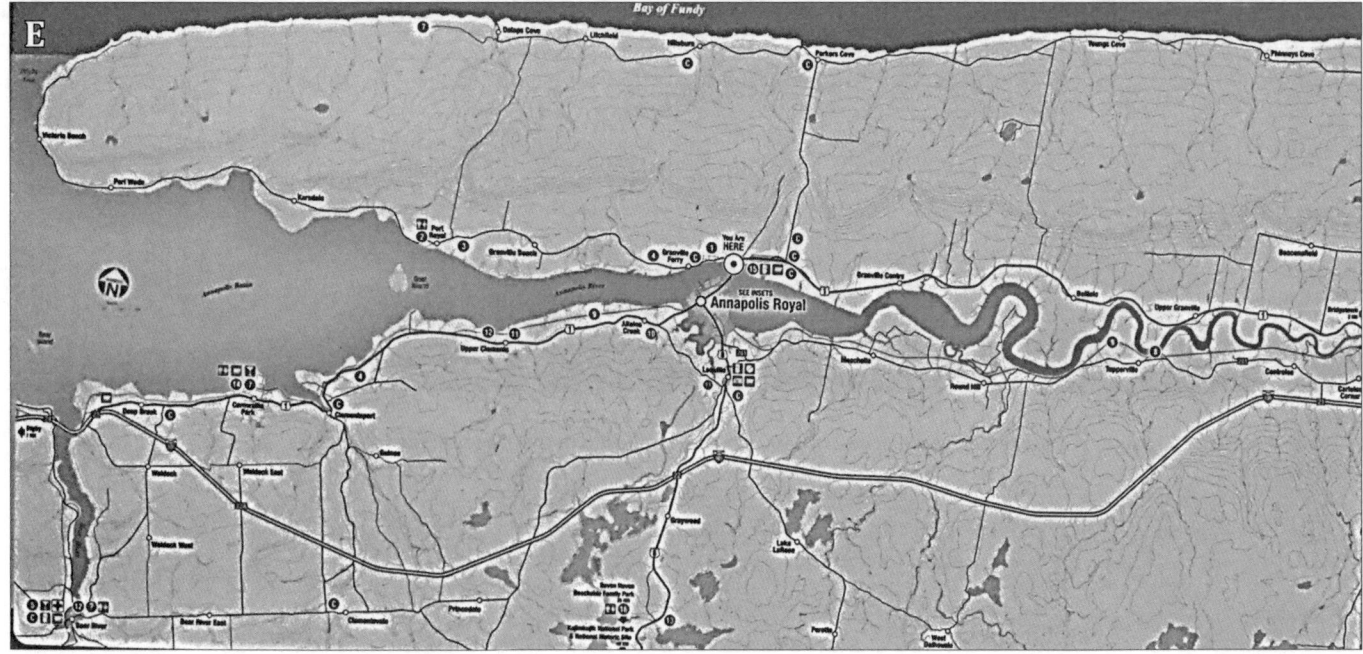

Figura 2.9
(D) *Tidal bore* no Rio Truro, Nova Scotia (Canadá), que deságua na Baía de Fundy (Canadá). Este macaréu foi produzido por uma maré enchente de amplitude de 12 m na Baía de Fundy, onde se registram as maiores amplitudes de maré do mundo (MHWS de 14,5 m, máxima preamar de 17,0 m e máxima preamar com efeito de *storm surge* positivo de 21,6 m).
(E) Planimetria de trecho da Baía de Fundy, Nova Scotia (Canadá), em que deságua o Rio Annapolis, em cuja embocadura encontra-se a Usina Maremotriz de Annapolis Royal, uma pequena central hidrelétrica (PCH) construída em 1984 que gera 20 MW operando nas duas marés vazantes do dia.

Figura 2.9
(F) Vista da tomada d'água com capacidade de engolimento para 400 m^3/s, operando nos dois períodos diários de vazante uma turbina de baixa queda do tipo Straflo.

Tabela 2.5(A) – TÁBUAS DE MARÉS – FOZ DO RIO ITANHAÉM – 1999 – Primeiro semestre

LATITUDE 24°11,2' S	LONGITUDE 46°47,3' W	FUSO + 3 H
EPUSP – IO USP	NÍVEL MÉDIO 0,78 m	CARTA DHN 1700

	JANEIRO						FEVEREIRO						MARÇO				
DIA	HORA hh:mm	ALT m	DIA	HORA hh:mm	ALT m	DIA	HORA hh:mm	ALT m	DIA	HORA hh:mm	ALT m	DIA	HORA hh:mm	ALT m	DIA	HORA hh:mm	ALT m
1 ○	0241	1,4	16	0202	1,4	1	0341	1,4	16 ●	0302	1,5	1	0247	1,4	16	0208	1,5
	0824	0,4		0826	0,4		0913	0,4		0915	0,3		0821	0,3		0828	0,3
	1353	1,2		1426	1,3		1443	1,3		1521	1,4		1358	1,3		1430	1,4
	2032	0,2		2028	0,0		2123	0,1		2128	−0,1		2041	0,1		2032	−0,1
2	0321	1,4	17	0241	1,4	2	0409	1,3	17	0336	1,5	2 ○	0311	1,4	17 ●	0239	1,5
	0900	0,4		0858	0,4		0945	0,4		0941	0,3		0849	0,3		0853	0,3
	1423	1,2	●	1502	1,3		1513	1,3		1554	1,4		1426	1,4		1502	1,5
	2102	0,1		2106	0,0		2147	0,2		2206	0,0		2102	0,1		2108	−0,1
3	0358	1,4	18	0317	1,4	3	0438	1,3	18	0408	1,4	3	0338	1,3	18	0309	1,5
	0936	0,4		0930	0,4		1011	0,4		1006	0,4		0913	0,3		0915	0,3
	1454	1,2		1536	1,3		1547	1,3		1626	1,3		1456	1,4		1536	1,4
	2132	0,2		2147	0,0		2209	0,2		2245	0,0		2123	0,2		2145	0,0
4	0436	1,3	19	0356	1,4	4	0502	1,2	19	0443	1,3	4	0358	1,3	19	0339	1,4
	1008	0,5		1002	0,4		1045	0,4		1034	0,4		0943	0,3		0938	0,3
	1526	1,3		1609	1,3		1619	1,3		1702	1,3		1526	1,4		1608	1,4
	2200	0,2		2224	0,0		2234	0,3		2326	0,2		2143	0,2		2221	0,1
5	0509	1,2	20	0436	1,4	5	0526	1,1	20	0517	1,2	5	0419	1,2	20	0408	1,3
	1043	0,5		1034	0,5		1117	0,4		1058	0,5		1011	0,3		1000	0,3
	1600	1,2		1647	1,2		1656	1,3		1747	1,2		1558	1,4		1645	1,3
	2228	0,2		2308	0,1		2258	0,4					2204	0,3		2300	0,2
6	0547	1,1	21	0513	1,3	6	0553	1,1	21	0013	0,3	6	0439	1,2	21	0439	1,2
	1117	0,5		1106	0,5		1200	0,5		0554	1,1		1045	0,3		1024	0,4
	1639	1,2		1728	1,2		1738	1,2		1124	0,5		1632	1,3		1726	1,2
	2300	0,3		2356	0,2		2326	0,5		1851	1,1		2226	0,4		2347	0,4
7	0624	1,1	22	0558	1,2	7	0626	1,0	22	0117	0,5	7	0458	1,1	22	0508	1,1
	1200	0,6		1143	0,6		1254	0,5		0638	1,0		1119	0,4		1051	0,4
	1719	1,2		1819	1,1		1828	1,1	☾	1200	0,6		1709	1,2		1832	1,1
	2332	0,4									2102	1,0		2254	0,5			
8	0713	1,0	23	0051	0,3	8	0002	0,6	23	0254	0,6	8	0517	1,0	23	0047	0,6
	1253	0,6		0647	1,1		0741	0,9		0741	0,9		1206	0,4		0541	1,0
	1808	1,1		1224	0,6	☽	1409	0,6		1323	0,7		1758	1,1		1117	0,5
				1938	1,0		1943	1,0		2306	1,1		2324	0,6		2056	1,0
9	0011	0,5	24	0158	0,4	9	0102	0,7	24	0449	0,6	9	0536	0,9	24	0224	0,7
	0821	1,0		0745	1,0		1009	0,9		0945	0,8		1319	0,5		0626	0,9
☽	1358	0,6	☾	1339	0,7		1549	0,5		1804	0,5		1906	1,0	☾	1202	0,6
	1911	1,0		2130	1,0		2139	0,9								2302	1,1
10	0108	0,6	25	0323	0,5	10	0611	0,7	25	0017	1,2	10	009	0,7	25	0443	0,7
	0945	0,9		0904	0,9		1134	1,0		0604	0,6		0447	0,8		0824	0,8
	1515	0,6		1647	0,6		1709	0,4		1139	0,9	☽	0924	0,8		1749	0,5
	2041	1,0		2308	1,1		2334	1,0		1849	0,4		1508	0,5			
													2113	0,9			
11	0336	0,7	26	0454	0,5	11	0654	0,6	26	0106	1,3	11	0628	0,7	26	006	1,2
	1056	1,0		1038	0,9		1224	1,1		0653	0,5		1113	0,9		0554	0,6
	1632	0,5		1806	0,5		1808	0,3		1224	1,0		1647	0,5		1119	0,9
	2219	1,0								1923	0,3		2328	1,0		1832	0,4
12	0551	0,6	27	0019	1,2	12	0036	1,2	27	0147	1,4	12	0653	0,6	27	0051	1,3
	1153	1,0		0604	0,5		0724	0,5		0724	0,5		1208	1,0		0630	0,5
	1734	0,4		1149	1,0		1306	1,2		1258	1,1		1751	0,3		1206	1,0
	2341	1,1		1853	0,4		1856	0,2		1953	0,2					1904	0,3
13	0641	0,6	28	0111	1,3	13	0115	1,3	28	0217	1,4	13	0023	1,2	28	0121	1,3
	1236	1,1		0658	0,5		0754	0,4		0754	0,4		0715	0,5		0700	0,5
	1824	0,3		1234	1,0		1343	1,2		1328	1,2		1251	1,2		1239	1,1
				1928	0,3		1938	0,1		2017	0,1		1838	0,2		1932	0,2
14	0036	1,2	29	0156	1,4	14	0154	1,4				14	0102	1,3	29	0151	1,4
	0719	0,5		0739	0,4		0821	0,4					0739	0,4		0724	0,4
	1315	1,2		1309	1,1		1415	1,3					1324	1,3		1308	1,2
	1908	0,2		2000	0,2		2013	0,0					1917	0,1		1956	0,2
15	0121	1,3	30	0236	1,4	15	0228	1,5				15	0136	1,4	30	0215	1,4
	0754	0,5		0813	0,4		0849	0,3					0804	0,3		0753	0,3
	1353	1,2		1343	1,2		1449	1,4					1358	1,4		1338	1,3
	1951	0,1		2030	0,1		2053	−0,1					1956	0,0		2017	0,2
			31	0308	1,4										31	0239	1,3
				0847	0,4											0817	0,2
			○	1411	1,3										○	1404	1,4
				2058	0,1											2038	0,2

Tabela 2.5(B) – TÁBUAS DE MARÉS – FOZ DO RIO ITANHAÉM – 1999 – Primeiro semestre

LATITUDE 24°11,2' S	LONGITUDE 46°47,3' W	FUSO + 3 H
EPUSP – IO USP	NÍVEL MÉDIO 0,78 m	CARTA DHN 1700

	ABRIL						MAIO						JUNHO				
DIA	HORA hh:mm	ALT m	DIA	HORA hh:mm	ALT m	DIA	HORA hh:mm	ALT m	DIA	HORA hh:mm	ALT m	DIA	HORA hh:mm	ALT m	DIA	HORA hh:mm	ALT m
1	0300	1,3	16	0241	1,4	1	0253	1,3	16	0245	1,3	1	0332	1,2	16	0326	1,2
	0847	0,2		0851	0,2		0853	0,1		0858	0,2		0951	0,1		0956	0,2
	1436	1,4	●	1519	1,5		1449	1,4		1553	1,4		1556	1,3		1717	1,2
	2056	0,2		2123	0,1		2054	0,3		2149	0,3		2151	0,5		2254	0,5
2	0321	1,3	17	0309	1,3	2	0313	1,3	17	0311	1,2	2	0406	1,2	17	0400	1,2
	0913	0,2		0911	0,2		0923	0,1		0924	0,2		1032	0,2		1030	0,3
	1504	1,4		1556	1,4		1521	1,4		1636	1,3		1641	1,3		1806	1,2
	2115	0,3		2202	0,2		2119	0,4		2226	0,4		2230	0,6		2336	0,6
3	0343	1,3	18	0338	1,3	3	0339	1,2	18	0341	1,2	3	0447	1,1	18	0439	1,1
	0945	0,2		0938	0,3		1000	0,2		0954	0,2		1119	0,2		1106	0,3
	1538	1,4		1636	1,3		1600	1,3		1724	1,2		1730	1,2		1904	1,1
	2138	0,3		2241	0,4		2151	0,5		2309	0,6		2317	0,6			
4	0402	1,2	19	0404	1,2	4	0406	1,1	19	0411	1,1	4	0538	1,0	19	0023	0,7
	1017	0,2		1002	0,3		1041	0,2		1026	0,3		1215	0,3		0521	1,1
	1611	1,3		1723	1,2		1643	1,3		1832	1,1		1832	1,2		1149	0,4
	2202	0,4		2324	0,5		2223	0,5								2013	1,0
5	0423	1,1	20	0434	1,1	5	0438	1,0	20	0002	0,7	5	0028	0,7	20	0123	0,7
	1054	0,3		1028	0,4		1128	0,3		0449	1,0		0702	0,9		0617	1,0
	1653	1,2		1836	1,1		1736	1,2		1106	0,4		1326	0,3	☾ 1247		0,5
	2230	0,5					2308	0,6		2002	1,0		1947	1,1		2128	1,0
6	0445	1,0	21	0023	0,7	6	0523	0,9	21	0109	0,7	6	0251	0,7	21	0236	0,7
	1141	0,4		0504	1,0		1236	0,4		0536	1,0		0851	0,9		0734	1,0
	1741	1,1		1102	0,5		1847	1,1		1204	0,5		1447	0,4		1453	0,6
	2306	0,6		2043	1,0					2139	1,0		2109	1,1		2232	1,0
7	0502	0,9	22	0156	0,8	7	0028	0,8	22	0241	0,8	7	0443	0,7	22	0351	0,6
	1251	0,5		0547	0,9		0747	0,9		0651	0,9		1015	1,0		0906	1,0
	1854	1,0	☾	1156	0,6		1402	0,4	☾	1538	0,6	☽	1602	0,3		1708	0,6
				2236	1,1		2026	1,1		2247	1,1		2226	1,1		2321	1,0
8	002	0,8	23	0400	0,8	8	0504	0,7	23	0400	0,7	8	0536	0,6	23	0453	0,5
	0402	0,8		0723	0,8		0954	0,9		0845	0,9		1119	1,1		1038	1,0
☽ 0602		0,8		1708	0,5	☽ 1532		0,4		1713	0,5		1706	0,3		1802	0,6
	0839	0,8		2338	1,1		2209	1,1		2334	1,1		2324	1,2			
	1436	0,5															
	2056	1,0															
9	0604	0,7	24	0511	0,7	9	0547	0,6	24	0458	0,6	9	0615	0,5	24	0002	1,1
	1045	0,9		1013	0,9		1102	1,0		1024	1,0		1213	1,2		0543	0,4
	1611	0,4		1800	0,4		1645	0,3		1800	0,5		1802	0,3		1143	1,1
	2300	1,1					2317	1,2								1841	0,5
10	0626	0,6	25	0015	1,2	10	0617	0,5	25	008	1,1	10	0009	1,2	25	0041	1,1
	1143	1,0		0553	0,6		1154	1,1		0539	0,5		0649	0,4		0626	0,3
	1719	0,3		1126	1,0		1741	0,2		1126	1,1		1300	1,3		1232	1,2
	2356	1,2		1838	0,4					1834	0,4		1854	0,2		1911	0,5
11	0653	0,5	26	0051	1,3	11	0002	1,3	26	0039	1,2	11	0049	1,2	26	0113	1,2
	1224	1,2		0623	0,5		0647	0,4		0615	0,4		0721	0,3		0706	0,2
	1809	0,2		1208	1,1		1238	1,3		1209	1,2		1347	1,4		1313	1,2
				1904	0,3		1826	0,1		1900	0,4		1938	0,2		1943	0,5
12	0036	1,3	27	0115	1,3	12	0041	1,3	27	0106	1,2	12	0121	1,2	27	0149	1,2
	0713	0,4		0653	0,4		0711	0,3		0653	0,3		0753	0,2		0747	0,1
	1302	1,3		1241	1,2		1315	1,4		1251	1,3		1426	1,4		1354	1,3
	1854	0,1		1928	0,3		1909	0,1		1924	0,4		2019	0,3		2013	0,4
13	0109	1,4	28	0141	1,3	13	0113	1,3	28	0136	1,2	13	0154	1,2	28	0221	1,2
	0739	0,3		0719	0,3		0739	0,3		0724	0,2		0823	0,2		0823	0,1
	1338	1,4		1311	1,3		1354	1,4		1324	1,3	●	1508	1,4	○	1432	1,4
	1934	0,0		1949	0,3		1953	0,1		1949	0,4		2058	0,3		2045	0,4
14	0143	1,4	29	0204	1,3	14	0145	1,3	29	0202	1,3	14	0224	1,2	29	0254	1,3
	0802	0,3		0751	0,2		0804	0,2		0800	0,1		0854	0,2		0902	0,0
	1409	1,4		1345	1,4		1432	1,5		1400	1,4		1553	1,4		1509	1,4
	2009	0,0		2008	0,3		2030	0,1		2013	0,4		2138	0,4		2117	0,4
15	0211	1,4	30	0228	1,3	15	0213	1,3	30	0230	1,3	15	0256	1,2	30	0328	1,2
	0826	0,2		0819	0,1		0830	0,2		0836	0,1		0924	0,2		0941	0,0
	1445	1,5	○	1413	1,4	●	1509	1,5	○	1438	1,4		1634	1,3		1551	1,4
	2049	0,0		2030	0,3		2108	0,2		2043	0,4		2213	0,5		2153	0,5
									31	0300	1,2						
										0909	0,1						
										1513	1,4						
										2113	0,4						

Tabela 2.5(C) – TÁBUAS DE MARÉS – FOZ DO RIO ITANHAÉM – 1999 – Primeiro semestre			
LATITUDE 24°11,2' S	**LONGITUDE 46°47,3' W**		**FUSO + 3 H**
EPUSP – IO USP	**NÍVEL MÉDIO 0,78 m**		**CARTA DHN 1700**

JULHO

DIA	HORA hh:mm	ALT m	DIA	HORA hh:mm	ALT m
1	0404	1,2	16	0351	1,3
	1021	0,1		1021	0,2
	1632	1,4		1730	1,2
	2228	0,5		2300	0,5
2	0443	1,2	17	0424	1,2
	1104	0,1		1049	0,3
	1715	1,3		1804	1,1
	2309	0,5		2339	0,5
3	0526	1,1	18	0502	1,2
	1154	0,2		1117	0,4
	1804	1,2		1843	1,0
	2356	0,6			
4	0623	1,1	19	0021	0,6
	1253	0,3		0547	1,1
	1900	1,2		1151	0,5
				1934	0,9
5	0058	0,7	20	0117	0,6
	0743	1,0		0641	1,0
	1400	0,3	☾	1228	0,6
	2006	1,1		2058	0,9
6	0241	0,7	21	0234	0,6
	0923	1,0		0756	1,0
☽	1519	0,4		1341	0,7
	2124	1,0		2228	0,9
7	0443	0,6	22	0358	0,5
	1053	1,1		0941	1,0
	1639	0,4		1756	0,7
	2241	1,0		2334	1,0
8	0551	0,5	23	0509	0,5
	1200	1,2		1121	1,0
	1749	0,4		1845	0,6
	2343	1,1			
9	0636	0,4	24	0021	1,1
	1256	1,3		0606	0,3
	1843	0,4		1226	1,1
				1917	0,6
10	0028	1,1	25	0102	1,1
	0715	0,3		0654	0,2
	1343	1,4		1309	1,2
	1930	0,4		1947	0,5
11	0106	1,1	26	0139	1,2
	0751	0,2		0736	0,1
	1426	1,4		1349	1,3
	2009	0,4		2015	0,4
12	0143	1,2	27	0211	1,3
	0823	0,2		0811	0,0
●	1506	1,4		1424	1,4
	2049	0,4		2045	0,4
13	0213	1,2	28	0247	1,3
	0854	0,1		0851	0,0
	1545	1,4	○	1500	1,4
	2123	0,4		2113	0,4
14	0247	1,3	29	0319	1,3
	0924	0,1		0926	0,0
	1621	1,4		1538	1,4
	2156	0,4		2145	0,4
15	0315	1,3	30	0354	1,3
	0954	0,2		1006	0,0
	1656	1,3		1611	1,4
	2228	0,5		2213	0,4
			31	0428	1,3
				1047	0,0
				1653	1,4
				2245	0,5

AGOSTO

DIA	HORA hh:mm	ALT m	DIA	HORA hh:mm	ALT m
1	0504	1,2	16	0439	1,3
	1128	0,1		1043	0,4
	1730	1,3		1728	1,1
	2317	0,5		2336	0,4
2	0549	1,2	17	0515	1,2
	1217	0,2		1106	0,5
	1811	1,2		1749	1,0
	2353	0,6			
3	0651	1,1	18	0019	0,5
	1319	0,4		0602	1,1
	1904	1,0	☾	1134	0,6
				1813	0,9
4	0041	0,6	19	0126	0,5
	0834	1,0		0704	1,0
☽	1441	0,5		1209	0,7
	2011	0,9		2113	0,9
5	0256	0,7	20	0306	0,6
	1034	1,0		0851	0,9
	1617	0,5		1834	0,7
	2151	0,9		2309	0,9
6	0539	0,6	21	0445	0,5
	1156	1,2		1115	1,0
	1743	0,5		1856	0,6
	2323	0,9			
7	0636	0,4	22	008	1,0
	1254	1,3		0551	0,4
	1841	0,5		1223	1,1
				1919	0,6
8	0019	1,0	23	0053	1,1
	0713	0,3		0639	0,2
	1341	1,4		1302	1,2
	1924	0,4		1943	0,5
9	0058	1,1	24	0126	1,2
	0749	0,2		0719	0,1
	1419	1,4		1338	1,3
	2000	0,4		2006	0,4
10	0132	1,2	25	0200	1,3
	0819	0,1		0758	0,0
	1454	1,4		1409	1,4
	2034	0,4		2032	0,3
11	0202	1,3	26	0232	1,4
	0849	0,1		0834	-0,1
●	1526	1,4	○	1443	1,5
	2102	0,4		2058	0,3
12	0232	1,3	27	0304	1,4
	0913	0,1		0908	-0,1
	1556	1,4		1515	1,5
	2130	0,3		2123	0,3
13	0302	1,4	28	0336	1,4
	0938	0,1		0947	-0,1
	1623	1,3		1549	1,4
	2158	0,3		2149	0,3
14	0334	1,4	29	0408	1,4
	1000	0,2		1023	0,0
	1647	1,2		1619	1,4
	2226	0,4		2213	0,4
15	0404	1,3	30	0443	1,3
	1021	0,3		1102	0,1
	1708	1,1		1654	1,3
	2258	0,4		2241	0,4
			31	0523	1,2
				1149	0,3
				1728	1,1
				2308	0,5

SETEMBRO

DIA	HORA hh:mm	ALT m	DIA	HORA hh:mm	ALT m
1	0617	1,1	16	0536	1,1
	1245	0,5		1100	0,6
	1808	1,0		1658	1,0
	2341	0,5			
2	0802	1,0	17	0041	0,5
	1408	0,6		0634	1,0
☽	1900	0,9	☾	1134	0,7
				1624	0,9
3	0032	0,6	18	0223	0,6
	1030	1,0		0819	0,9
	1608	0,7		1304	0,8
	2043	0,8		1839	0,7
				2249	0,9
4	0534	0,6	19	0413	0,5
	1156	1,2		1102	1,0
	1743	0,6		1847	0,6
	2313	0,9		2351	1,0
5	0628	0,4	20	0524	0,4
	1249	1,3		1204	1,1
	1836	0,5		1902	0,5
6	009	1,0	21	0032	1,1
	0706	0,3		0615	0,2
	1328	1,4		1243	1,3
	1909	0,5		1924	0,4
7	0047	1,1	22	0106	1,2
	0739	0,2		0658	0,1
	1402	1,4		1315	1,4
	1941	0,4		1947	0,4
8	0117	1,2	23	0141	1,3
	0806	0,1		0736	0,0
	1432	1,4		1349	1,4
	2006	0,3		2009	0,3
9	0147	1,3	24	0211	1,4
	0830	0,1		0811	-0,1
●	1458	1,4		1417	1,5
	2034	0,3		2034	0,3
10	0213	1,4	25	0245	1,5
	0854	0,1		0849	-0,1
	1523	1,4	○	1451	1,5
	2100	0,3		2058	0,2
11	0245	1,4	26	0317	1,5
	0913	0,2		0924	0,0
	1545	1,3		1519	1,4
	2126	0,2		2121	0,3
12	0311	1,4	27	0353	1,4
	0932	0,2		1002	0,1
	1604	1,2		1551	1,3
	2156	0,2		2147	0,3
13	0345	1,4	28	0426	1,4
	0953	0,3		1041	0,2
	1621	1,2		1619	1,2
	2224	0,3		2209	0,3
14	0415	1,3	29	0508	1,3
	1009	0,4		1124	0,4
	1638	1,1		1651	1,1
	2300	0,3		2238	0,4
15	0453	1,2	30	0606	1,1
	1034	0,5		1219	0,5
	1653	1,0		1723	1,0
	2341	0,4		2306	0,5

Tabela 2.5(D) – TÁBUAS DE MARÉS – FOZ DO RIO ITANHAÉM – 1999 – Segundo semestre

LATITUDE 24°11,2' S   LONGITUDE 46°47,3' W   FUSO + 3 H

EPUSP – IO USP   NÍVEL MÉDIO 0,78 m   CARTA DHN 1700

OUTUBRO						NOVEMBRO						DEZEMBRO					
DIA	HORA hh:mm	ALT m	DIA	HORA hh:mm	ALT m	DIA	HORA hh:mm	ALT m	DIA	HORA hh:mm	ALT m	DIA	HORA hh:mm	ALT m	DIA	HORA hh:mm	ALT m
1	0800	1,0	16	0017	0,4	1	0415	0,5	16	0251	0,4	1	0434	0,5	16	0321	0,4
	1347	0,7		0621	1,0		1104	1,1		0917	1,1		1106	1,1		0938	1,1
	1804	0,9		1126	0,7		1639	0,7	☾	1711	0,7		1626	0,6		1658	0,6
	2351	0,6		1626	0,9		2115	0,9		2228	1,0		2145	1,0		2249	1,1
2	1021	1,1	17	0153	0,5	2	0534	0,5	17	0406	0,4	2	0539	0,5	17	0434	0,3
	1556	0,7		0802	1,0		1154	1,2		1038	1,1		1151	1,1		1049	1,1
☽	1934	0,8	☾	1756	0,7		1730	0,6		1753	0,6		1715	0,5		1749	0,5
				2202	0,9		2258	1,0		2326	1,1		2302	1,0		2349	1,2
3	0509	0,6	18	0336	0,5	3	0615	0,4	18	0509	0,3	3	0621	0,5	18	0538	0,3
	1139	1,2		1015	1,0		1230	1,2		1132	1,2		1223	1,1		1143	1,2
	1726	0,7		1809	0,6		1804	0,5		1823	0,5		1758	0,4		1828	0,4
	2238	0,8		2313	1,0		2349	1,1					2356	1,1			
4	0606	0,4	19	0453	0,4	4	0651	0,3	19	0013	1,2	4	0653	0,5	19	0041	1,3
	1226	1,3		1128	1,2		1300	1,3		0602	0,2		1254	1,2		0630	0,3
	1809	0,6		1834	0,5		1836	0,4		1213	1,3		1836	0,3		1226	1,2
	2347	1,0								1853	0,4					1904	0,3
5	0647	0,3	20	0002	1,1	5	0026	1,2	20	0056	1,3	5	0038	1,2	20	0126	1,4
	1302	1,3		0547	0,2		0717	0,3		0649	0,1		0719	0,4		0717	0,3
	1843	0,5		1209	1,3		1326	1,3		1253	1,3		1323	1,2		1304	1,2
				1856	0,4		1904	0,3		1921	0,3		1909	0,2		1939	0,3
6	0023	1,1	21	0043	1,2	6	0100	1,3	21	0138	1,4	6	0113	1,3	21	0211	1,4
	0717	0,2		0630	0,1		0741	0,3		0732	0,1		0743	0,4		0802	0,3
	1336	1,4		1247	1,4		1353	1,3		1324	1,3		1351	1,2		1341	1,2
	1909	0,4		1919	0,3		1936	0,2		1949	0,2		1947	0,1		2011	0,2
7	0056	1,2	22	0117	1,3	7	0132	1,3	22	0215	1,4	7	0151	1,3	22	0254	1,4
	0743	0,2		0709	0,0		0800	0,3		0811	0,1		0808	0,4		0845	0,3
	1400	1,4		1319	1,4		1415	1,3		1358	1,3	●	1419	1,2	○	1411	1,2
	1938	0,3		1945	0,3		2004	0,1		2017	0,2		2021	0,1		2045	0,2
8	0123	1,3	23	0153	1,4	8	0202	1,4	23	0256	1,5	8	0224	1,3	23	0338	1,4
	0806	0,2		0751	0,0		0821	0,3		0853	0,2		0834	0,4		0923	0,4
	1424	1,3		1353	1,4	●	1439	1,3	○	1428	1,3		1449	1,2		1447	1,2
	2004	0,2		2008	0,2		2038	0,1		2047	0,2		2058	0,1		2117	0,1
9	0154	1,4	24	0226	1,5	9	0236	1,4	24	0338	1,4	9	0302	1,4	24	0419	1,4
	0826	0,2		0828	0,0		0843	0,4		0932	0,3		0902	0,5		1000	0,4
●	1449	1,3	○	1421	1,4		1502	1,2		1500	1,2		1519	1,2		1517	1,2
	2032	0,2		2034	0,2		2108	0,1		2115	0,2		2136	0,1		2151	0,2
10	0221	1,4	25	0302	1,5	10	0309	1,4	25	0421	1,4	10	0341	1,3	25	0502	1,3
	0847	0,2		0906	0,1		0906	0,4		1011	0,4		0936	0,5		1039	0,5
	1508	1,3		1453	1,4		1526	1,2		1530	1,2		1553	1,2		1553	1,2
	2100	0,2		2058	0,2		2145	0,1		2149	0,2		2213	0,1		2223	0,2
11	0253	1,4	26	0341	1,4	11	0347	1,3	26	0509	1,3	11	0421	1,3	26	0549	1,2
	0904	0,3		0945	0,2		0936	0,5		1056	0,5		1011	0,5		1117	0,6
	1526	1,2		1521	1,3		1553	1,1		1602	1,1		1628	1,1		1626	1,2
	2128	0,2		2124	0,2		2223	0,2		2221	0,3		2300	0,2		2258	0,3
12	0323	1,4	27	0419	1,4	12	0426	1,3	27	0608	1,2	12	0508	1,3	27	0638	1,1
	0924	0,4		1023	0,3		1006	0,5		1145	0,6		1056	0,6		1200	0,6
	1547	1,2		1551	1,2		1621	1,1		1639	1,1		1713	1,1		1706	1,1
	2200	0,2		2153	0,3		2308	0,3		2302	0,3		2351	0,2		2338	0,4
13	0358	1,3	28	0506	1,3	13	0513	1,2	28	0723	1,1	13	0600	1,2	28	0738	1,0
	0949	0,4		1108	0,5		1049	0,6		1245	0,7		1151	0,6		1254	0,6
	1606	1,1		1619	1,1		1700	1,0		1721	1,0		1817	1,0		1756	1,1
	2236	0,3		2221	0,3					2354	0,4						
14	0436	1,3	29	0609	1,1	14	006	0,3	29	0854	1,1	14	0053	0,3	29	0023	0,5
	1011	0,5		1202	0,6		0615	1,1		1400	0,7		0704	1,1		0849	1,0
	1623	1,1		1654	1,0		1149	0,7	☽	1823	1,0		1309	0,7	☽	1356	0,7
	2319	0,3		2258	0,4		1826	0,9					1951	1,0		1858	1,0
15	0519	1,2	30	0754	1,1	15	0121	0,4	30	0143	0,5	15	0204	0,4	30	0134	0,6
	1045	0,6		1319	0,7		0739	1,1		1009	1,1		0817	1,1		1000	1,0
	1639	1,0	☽	1738	0,9		1539	0,8		1521	0,7	☾	1528	0,7		1509	0,6
				2351	0,5		2100	0,9		1958	0,9		2130	1,0		2021	1,0
			31	0951	1,1										31	0439	0,6
				1509	0,8											1100	1,0
				1853	0,9											1621	0,6
																2204	1,0

Tabela 2.6
Relação entre vários níveis de referência (*data* verticais) e o zero hidrográfico da Codesp –
Companhia Docas do Estado de São Paulo

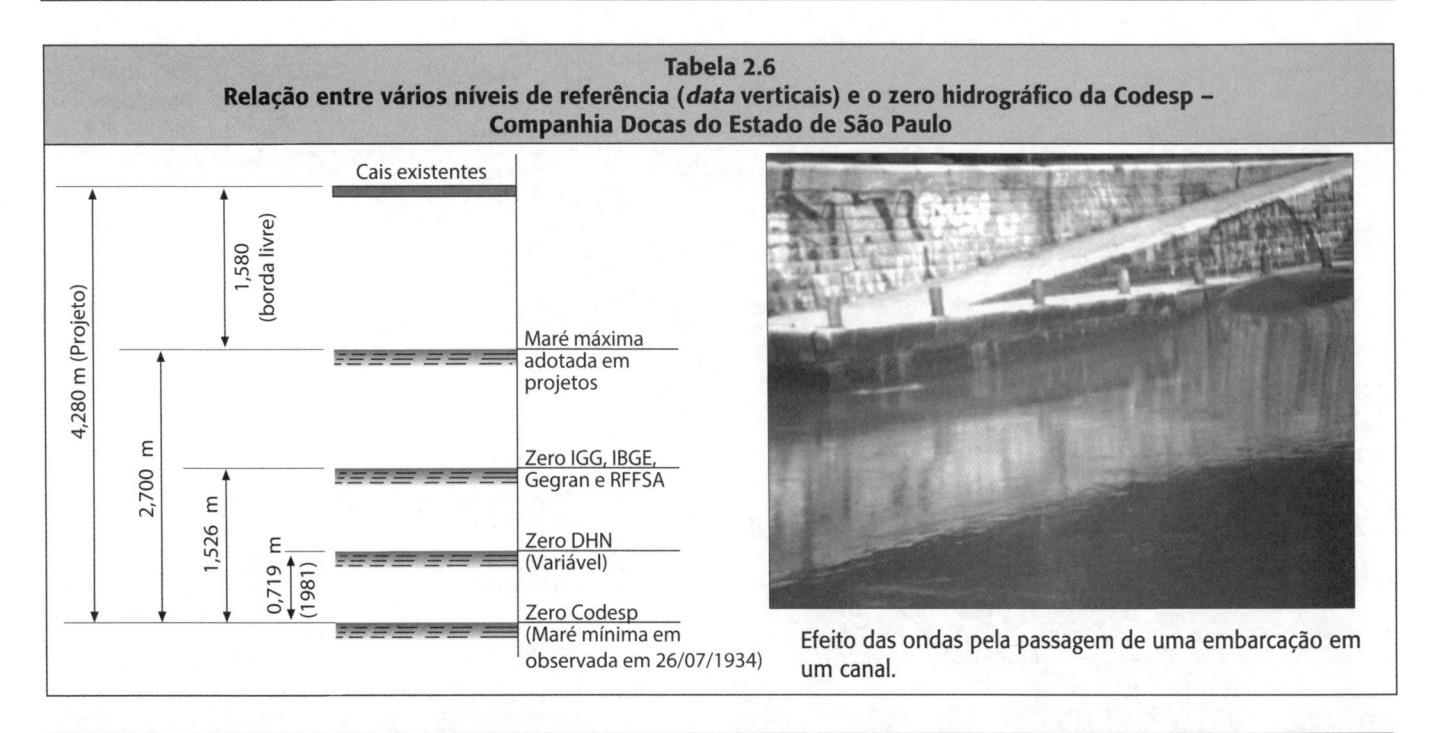

Efeito das ondas pela passagem de uma embarcação em um canal.

Tabela 2.7
Cálculo do nível médio mensal com os valores do nível médio diário, para as alturas de maré
no marégrafo de Torre Grande (referidas ao zero hidrográfico da Codesp), Porto de Santos (SP)

Mês	Nível médio (cm)	Mês	Nível médio (cm)
Janeiro	142,58	Julho	145,83
Fevereiro	147,26	Agosto	142,57
Março	147,42	Setembro	125,36
Abril	169,99	Outubro	138,65
Maio	157,50	Novembro	141,66
Junho	160,23	Dezembro	145,38

Valor médio no ano de 1971: 147,01 cm.

A propagação da maré em estuários tende a ser mais semelhante à hidrodinâmica de onda estacionária (Figura 2.11(C)), em que níveis e correntes estão defasados de 90°, correspondendo às velocidades mínimas os instantes da preamar e baixa-mar (estafas de corrente) e as máximas ocorrendo para o nível médio. Na prática, as embocaduras marítimas não são geometricamente uniformes, nem ocorre reflexão perfeita para formar uma onda estacionária pura, além do efeito do atrito, formando-se na realidade uma onda mista entre puramente estacionária e puramente progressiva.

De modo geral, a velocidade máxima em uma maré, enchente ou vazante, é proporcional à amplitude elevada a uma potência entre 0,5 e 1. Na área do Terminal de Ponta da Madeira, em São Luís, por exemplo, este valor é de 0,67.

Na plataforma continental interior, em baías e lagunas, nas quais o influxo de água doce é reduzido, predominam condições de águas bem misturadas. Na Figura 2.12 estão apresentados mapas de correntes de maré para a área de Peruíbe (SP). Na Figura 2.13 estão apresentadas trajetórias

de derivadores delineando as correntes de maré a 2 m de profundidade em condições de vazante e enchente para o Canal de São Sebastião (SP). Nas Figuras 2.14 e 2.15 estão apresentadas trajetórias de derivadores lastreados a 3 m de profundidade delineando as correntes de maré em sizígia na Baía de São Marcos, em São Luís (MA). Nas Figuras 2.16, 2.17 e 2.18 estão apresentadas trajetórias de derivadores lastrados a 3 m de profundidade, delineando as correntes de maré em sizígia na Ponta da Madeira, Baía de São Marcos, em São Luís (MA). Na Figura 2.19 está apresentada a visualização das trajetórias de correntes de maré enchente em condições de sizígia no modelo físico das áreas da Ponta da Madeira, Baía de São Marcos, em São Luís (MA).

Na Figura 2.20 está apresentado um gráfico polar de correntes de maré a 5 m de profundidade em condição de maré de sizígia na Ponta da Madeira, na Baía de São Marcos, em São Luís (MA), evidenciando um caráter alternativo e axial nas correntes de enchente e vazante.

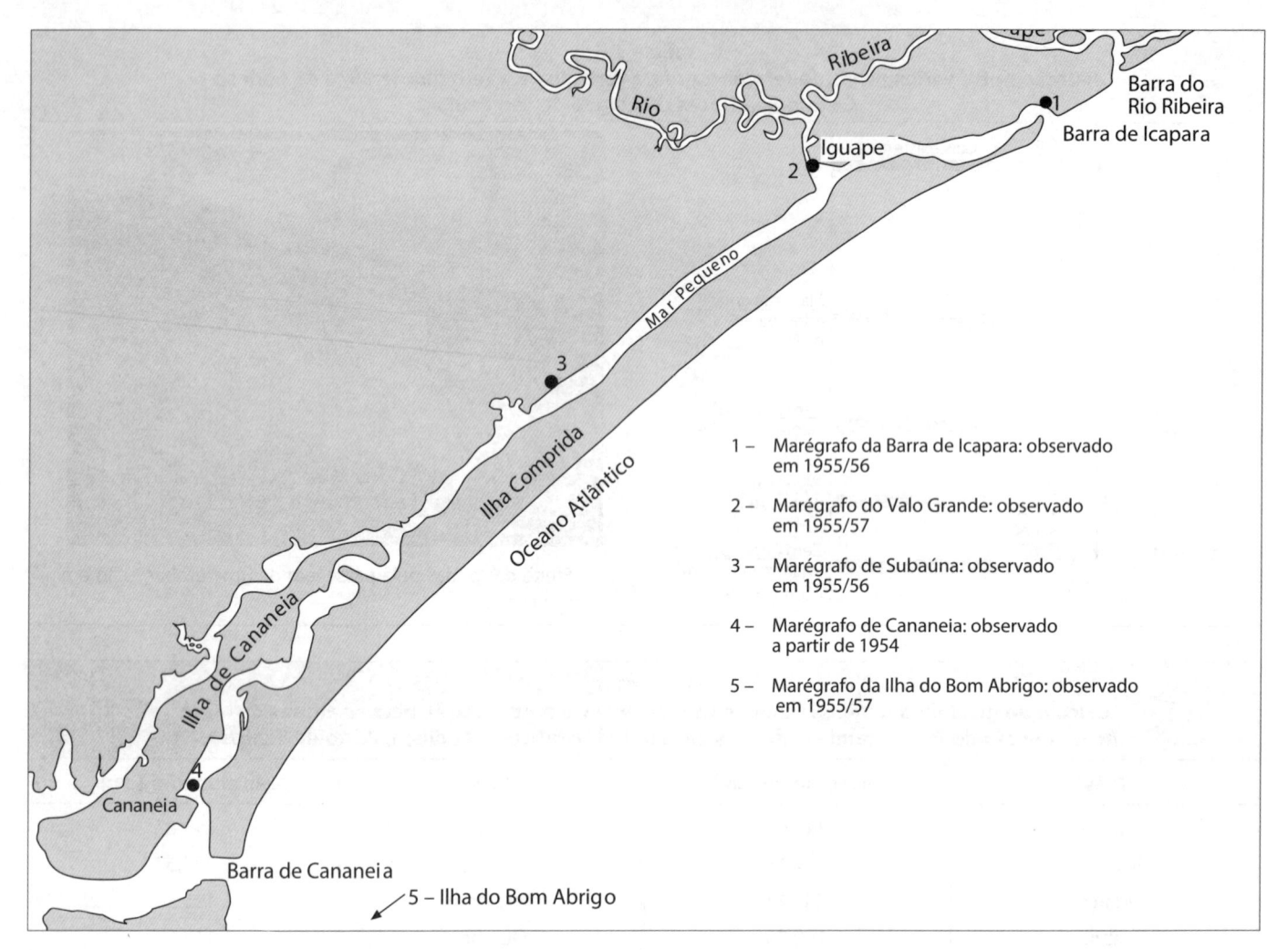

Figura 2.10
Localização planimétrica de marégrafos instalados no Complexo Estuarino-Lagunar Cananeia-Iguape (SP) entre 1955 e 1957.

Em áreas em que a corrente de maré é suficientemente forte, o arrasto produzido por atrito com o fundo causa turbulência que gera misturação vertical nas camadas mais profundas da lâmina d'água, produzindo condição de água bem misturada. Em outras áreas, em que as correntes de maré são mais fracas, ocorre pouca misturação e, portanto, a estratificação (camadas d'água com diferentes densidades) pode se desenvolver. As fronteiras entre tais áreas contrastantes de águas misturadas ou estratificadas são, com frequência, fortemente inclinadas e bem definidas, de modo que há marcantes diferenças na massa específica da água de cada lado da fronteira.

A circulação estuarina consiste no movimento de redistribuição da água mediado no tempo, ou seja, resultante ou residual.

A misturação estuarina consiste na redistribuição de constituintes dissolvidos ou em suspensão na água, por exemplo, o sal e os sedimentos respectivamente, mediados no tempo.

As forçantes para essas redistribuições podem ser de três ordens:

- Diferenciada distribuição de densidades, por causa da vazão de água doce.

- Marés astronômicas deformadas pela geomorfologia.

- Tensão sobre a massa líquida produzida pelo vento.

O tempo de integração para essas análises deve ser de, no mínimo, um período (enchente-vazante), sendo desejável que se tomem 30 períodos de maré (ciclo sizígia-quadratura). Os padrões circulatórios estuarinos podem ser basicamente classificados em três categorias, e são comuns nas condições reais as combinações dessas três categorias básicas.

2.2.2 Tipos de circulação

- Circulação gravitacional (clássica de estuários)

Esse padrão circulatório, que é o mais comum em estuários, decorre da diferença de densidade produzida pelo encontro das águas doces de vazão fluvial com as águas salgadas do mar. Na Figura 2.21 encontra-se esquematizado esse padrão de circulação.

Na Figura 2.22 estão apresentados resultados da modelação numérica das correntes de maré e induzidas pelo vento no litoral central do Estado de São Paulo. À circulação de correntes de maré superpõem-se os efeitos meteorológicos produzindo circulação residual.

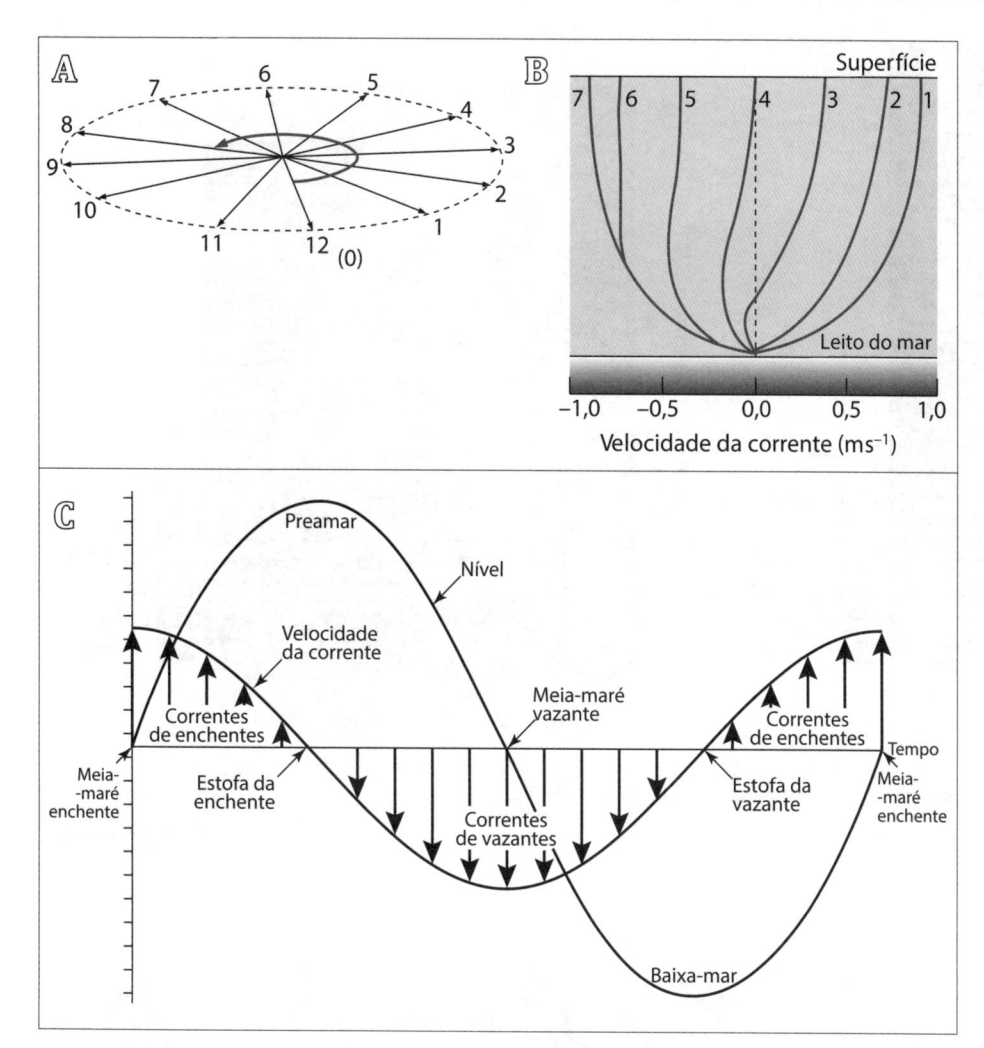

Figura 2.11
(A) O padrão planimétrico elíptico seguido pelas partículas de água em uma corrente de maré durante um ciclo de maré completo. Os sucessivos rumos da corrente são mostrados pelas setas. O comprimento das setas é proporcional à velocidade da corrente no tempo assinalado (representação polar). Os números referem-se a horas lunares (62 min) medidas após um tempo inicial arbitrário do ciclo.
(B) Uma série de perfis verticais de correntes de maré, mostrando o retardamento das correntes próximo ao leito do mar. Somente meio-ciclo está mostrado.
(C) Padrão estacionário reversível puro entre maregrama e correntograma.

Nesse tipo de circulação, mais água participa do escoamento comparativamente ao aporte fluvial simplesmente, e a camada superficial pode exportar tipicamente de 10 a 40 R, sendo R a vazão fluvial. A resultante de vazão em cada seção é sempre de R. O valor típico das correntes de maré instantâneas é de aproximadamente 1 m/s.

- Circulação residual de maré

Esse padrão circulatório, ilustrado na Figura 2.23, decorre da interação não linear entre as correntes de maré e a batimetria. Origina-se de escoamentos não homogêneos e/ou de efeitos de atrito, produzindo diferentes efeitos na seção transversal. Usualmente, surge por diferenças de profundidade, e normalmente o canal mais profundo é o de vazante, e torna-se mais significativa para alturas de maré superiores a 1 m. Os valores típicos das correntes de maré residuais são da ordem de 0,1 a 0,2 m/s.

- Circulação residual induzida pelo vento sobre o estuário

A circulação residual induzida pelo vento sobre o estuário é uma circulação secundária superposta às anteriores, tipicamente instável pela alta variabilidade do vento em intensidade e direção. Assim, as tensões induzidas pelo vento intensificam ou reduzem a circulação gravitacional, e ventos com prolongada atuação produzem declividades na superfície livre.

- Modos transientes de circulação

Em virtude das variabilidades hidrológicas na vazão e meteorológicas nos ventos, e dos efeitos afastados originados no mar, a circulação de um mesmo estuário pode ser bem diversificada ao longo de um ano climatológico.

2.2.3 Variação relativa do nível médio do mar e seus impactos

2.2.3.1 CONTEXTO QUANTO ÀS MUDANÇAS CLIMÁTICAS

O nível médio do mar sofre oscilações de longo período, documentadas pelas evidências geológicas. É fato conhecido que, no período da última grande Glaciação Quaternária (18.000 A.P.), o nível médio do mar sofreu regressão de 110 m, enquanto na máxima transgressão holocênica (conhecida como Transgressão Santos no Estado de São Paulo) atingiu cerca de 4 m acima do nível médio do mar atual, há 5.100 anos A.P.

Tais oscilações podem resultar de efeito eustático, por variação do volume das águas nos oceanos, e/ou tectônico.

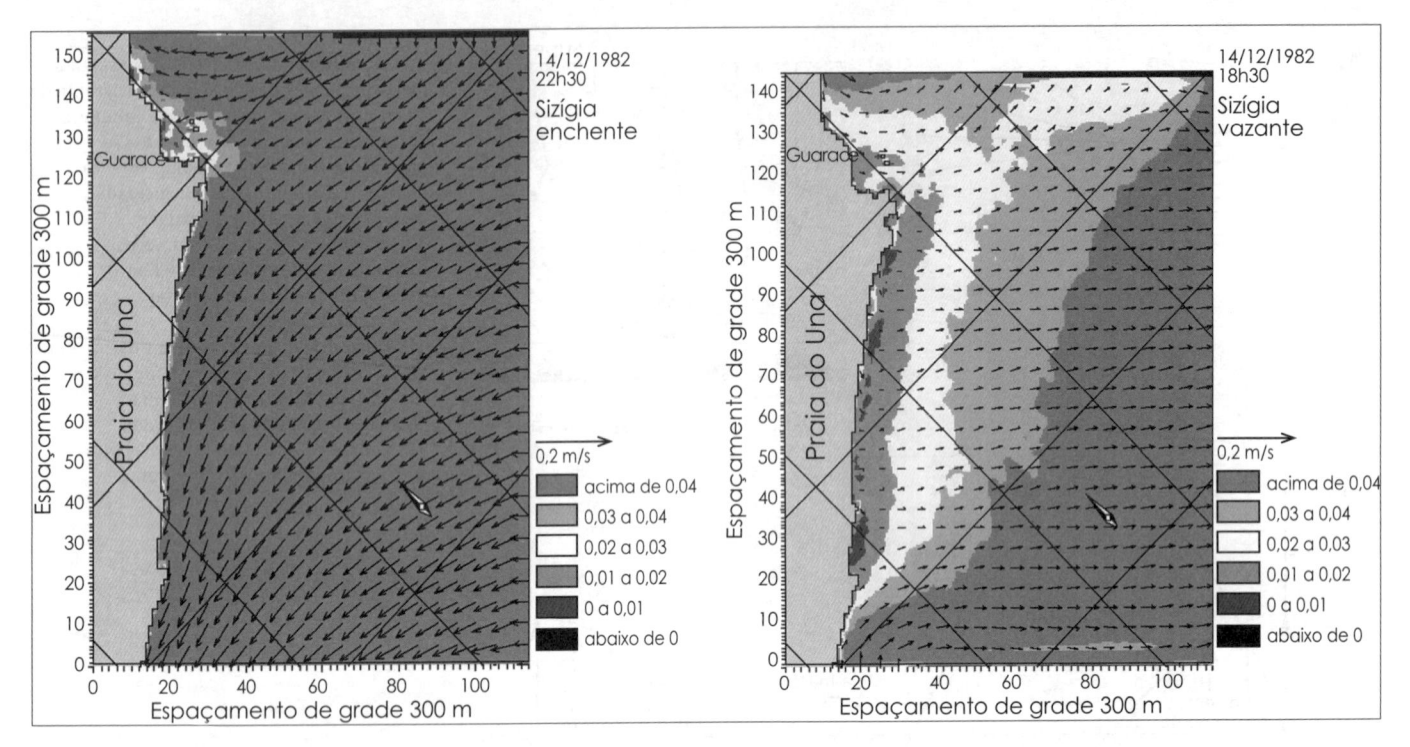

Figura 2.12
Mapas de correntes de maré – Peruíbe. Fonte: Baptistelli, Araújo e Alfredini (2003).

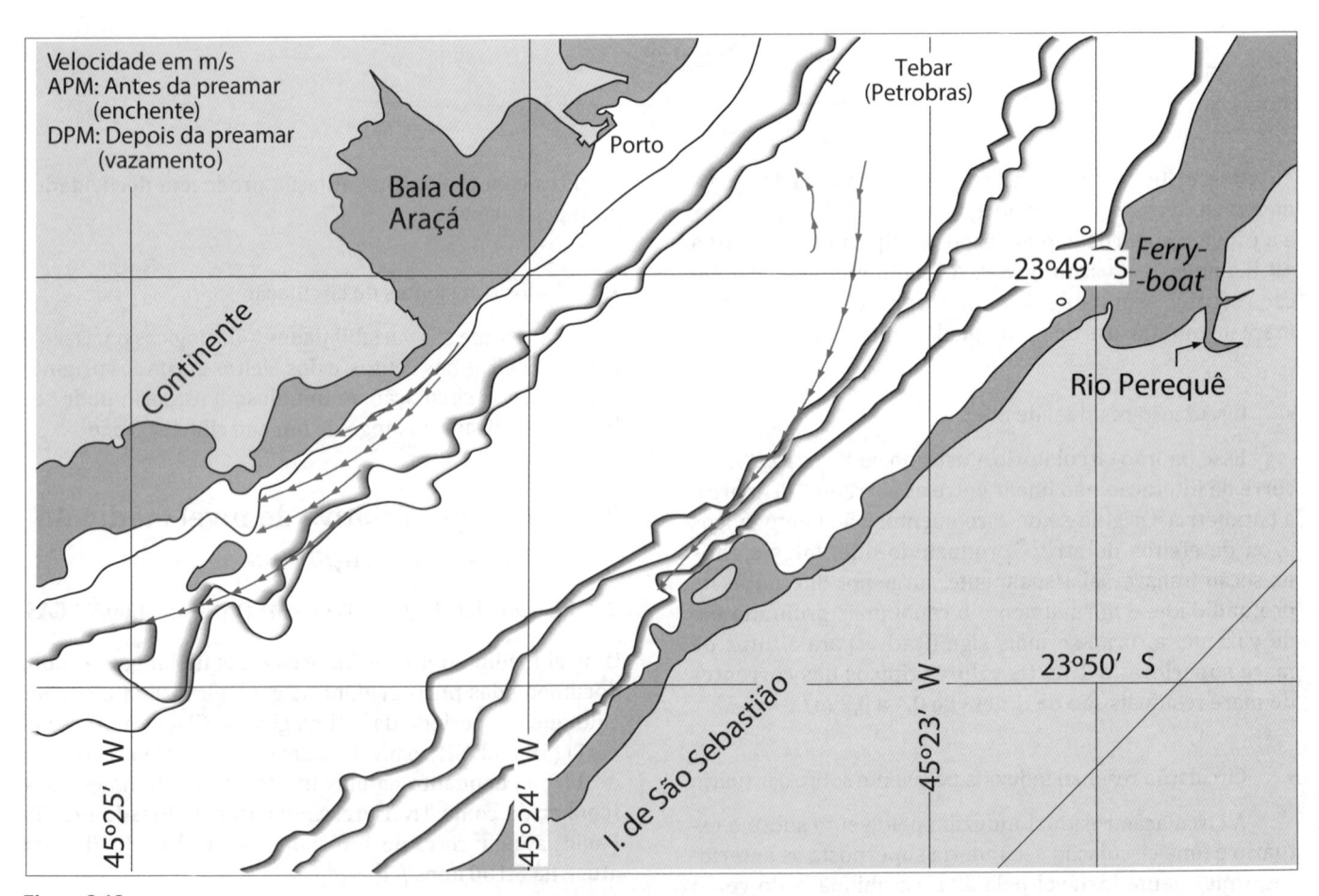

Figura 2.13
Planimetria de trajetórias de derivadores lastrados a 2 m de profundidade no Canal de São Sebastião (SP) – Campanha Hidrográfica de 1964. Fonte: São Paulo, Estado/DAEE/SPH/CTH.

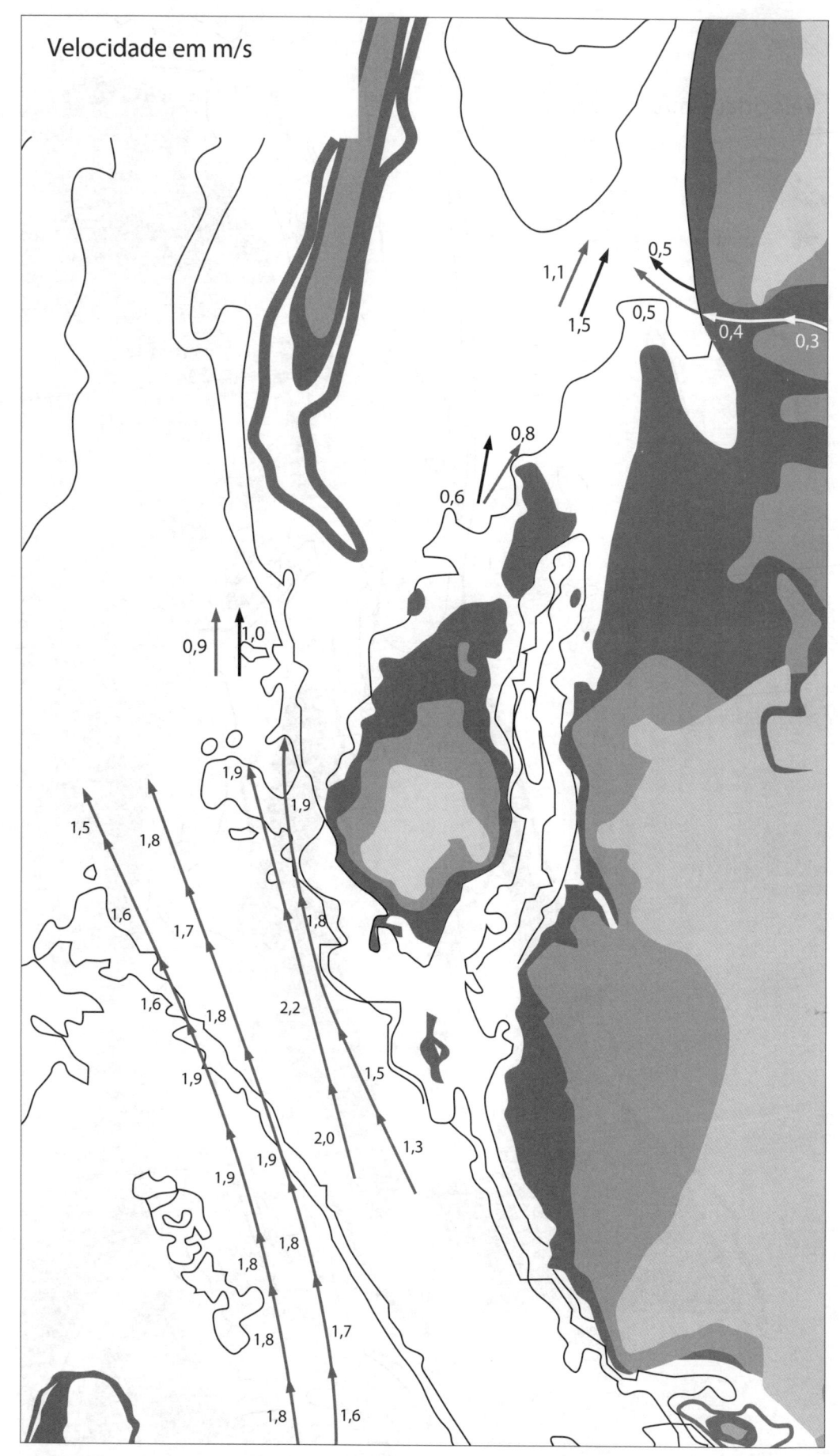

Figura 2.14
Planimetria de trajetórias de derivadores lastrados a 3 m de profundidade em maré vazante de sizígia na Baía de São Marcos (MA). Fonte: São Paulo, Estado/DAEE/SPH/CTH.

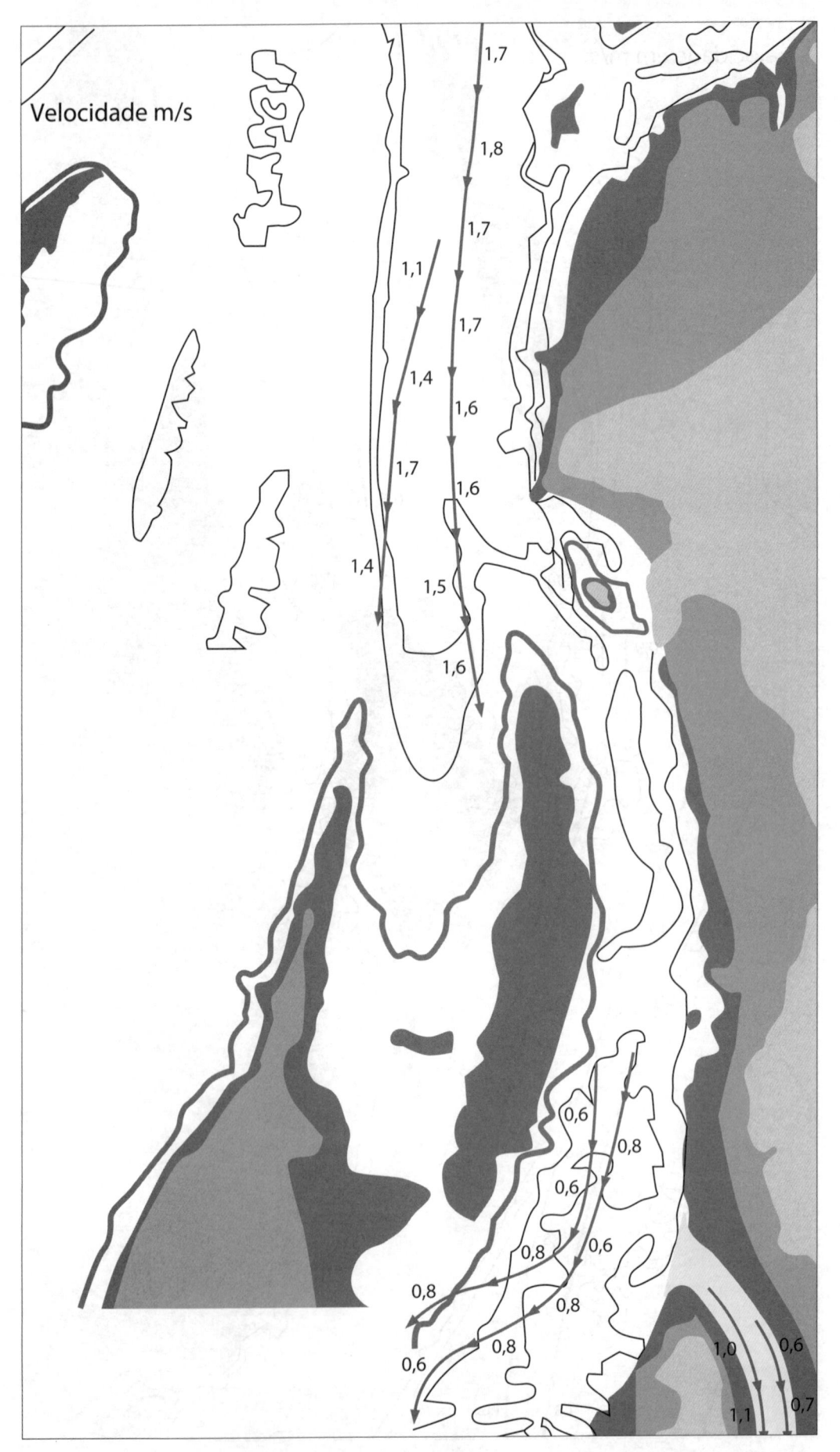

Figura 2.15
Planimetria de trajetórias de derivadores lastrados a 3 m de profundidade em maré enchente de sizígia na Baía de São Marcos (MA). Fonte: São Paulo, Estado/DAEE/SPH/CTH.

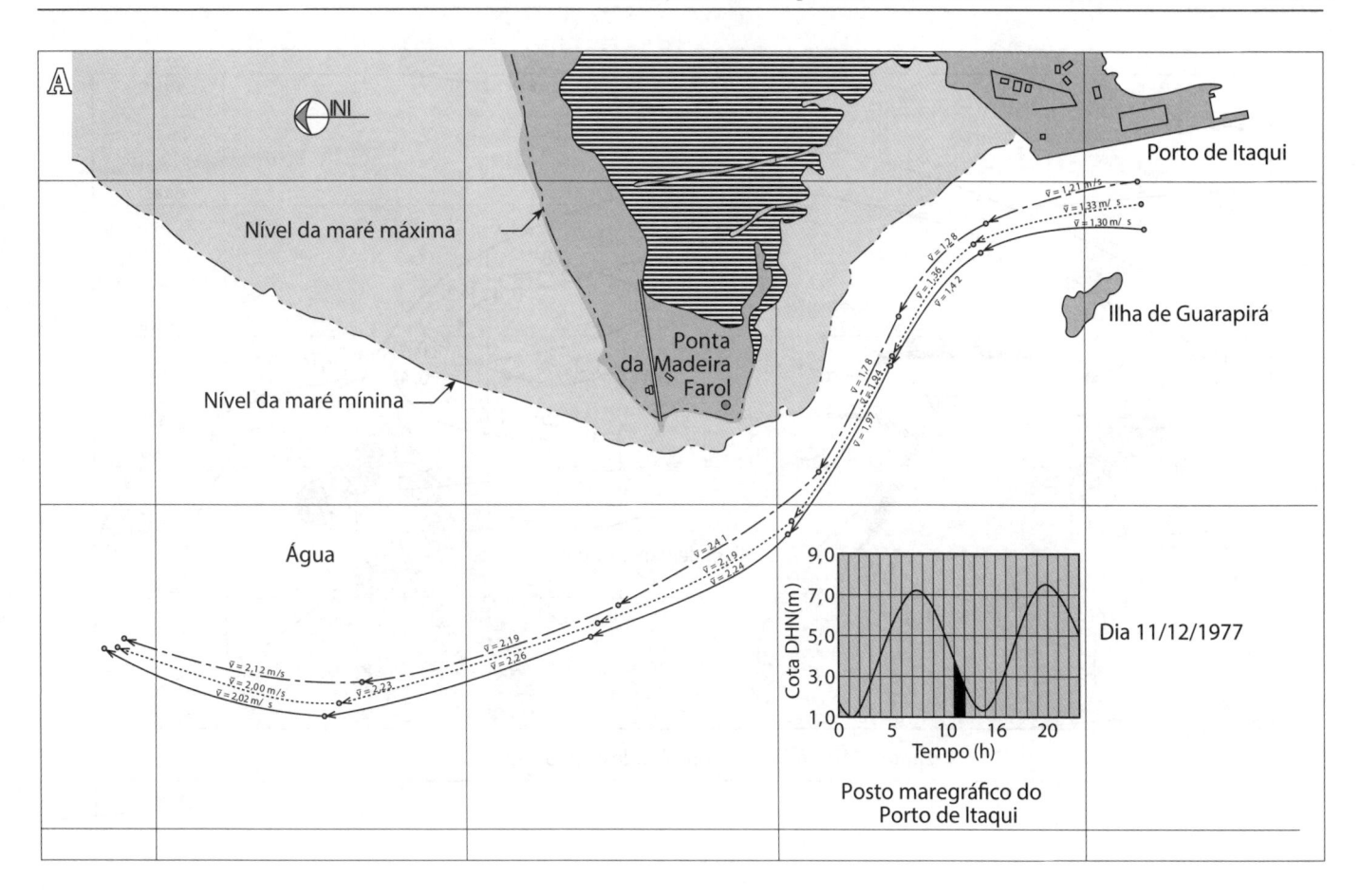

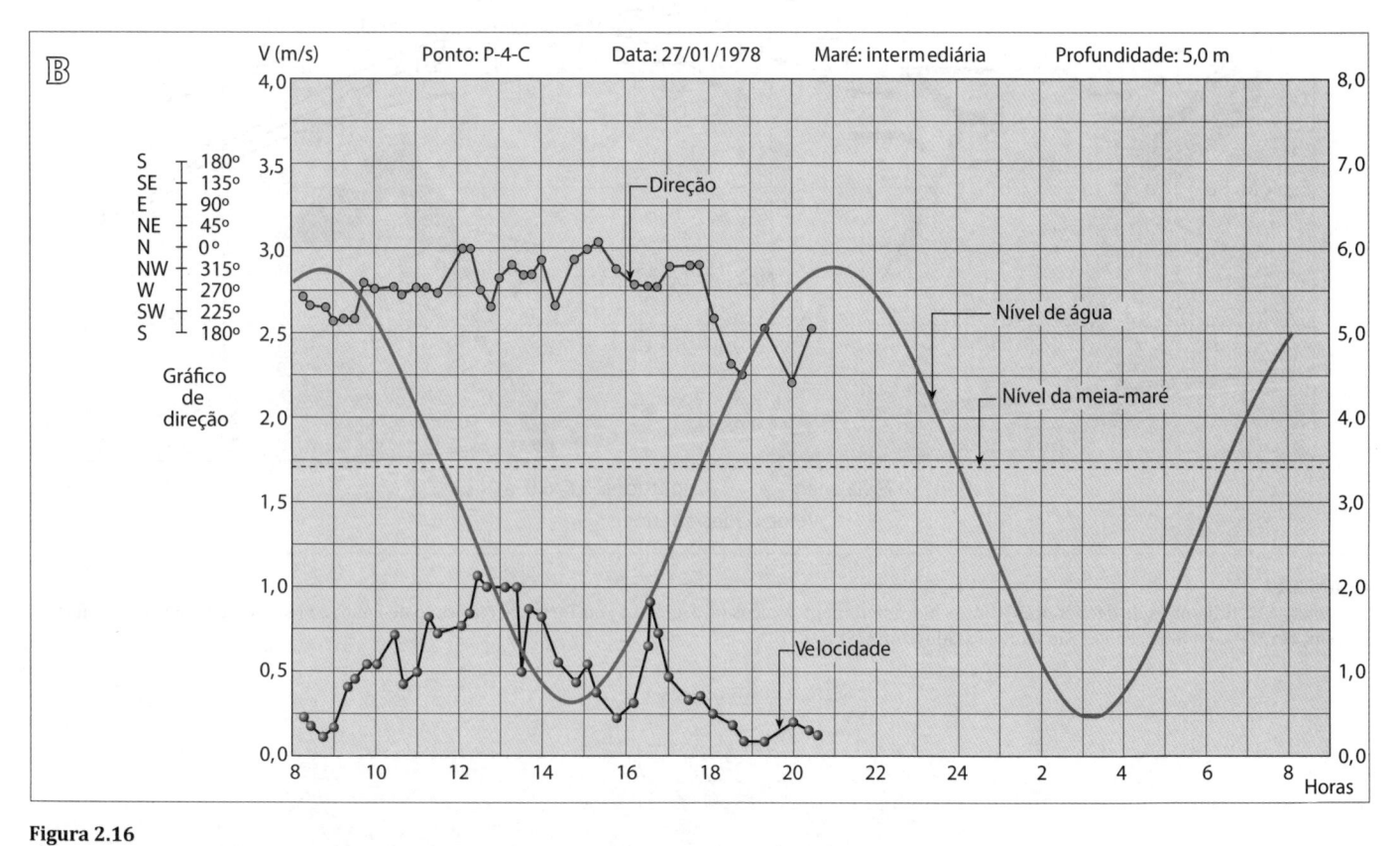

Figura 2.16
(A) Planimetria de campanha de trajetórias de derivadores em maré vazante de sizígia na Baía de São Marcos (MA).
(B) Correlação entre maré e correntes no Porto de Itaqui (MA). Fonte: São Paulo, Estado/DAEE/SPH/CTH.

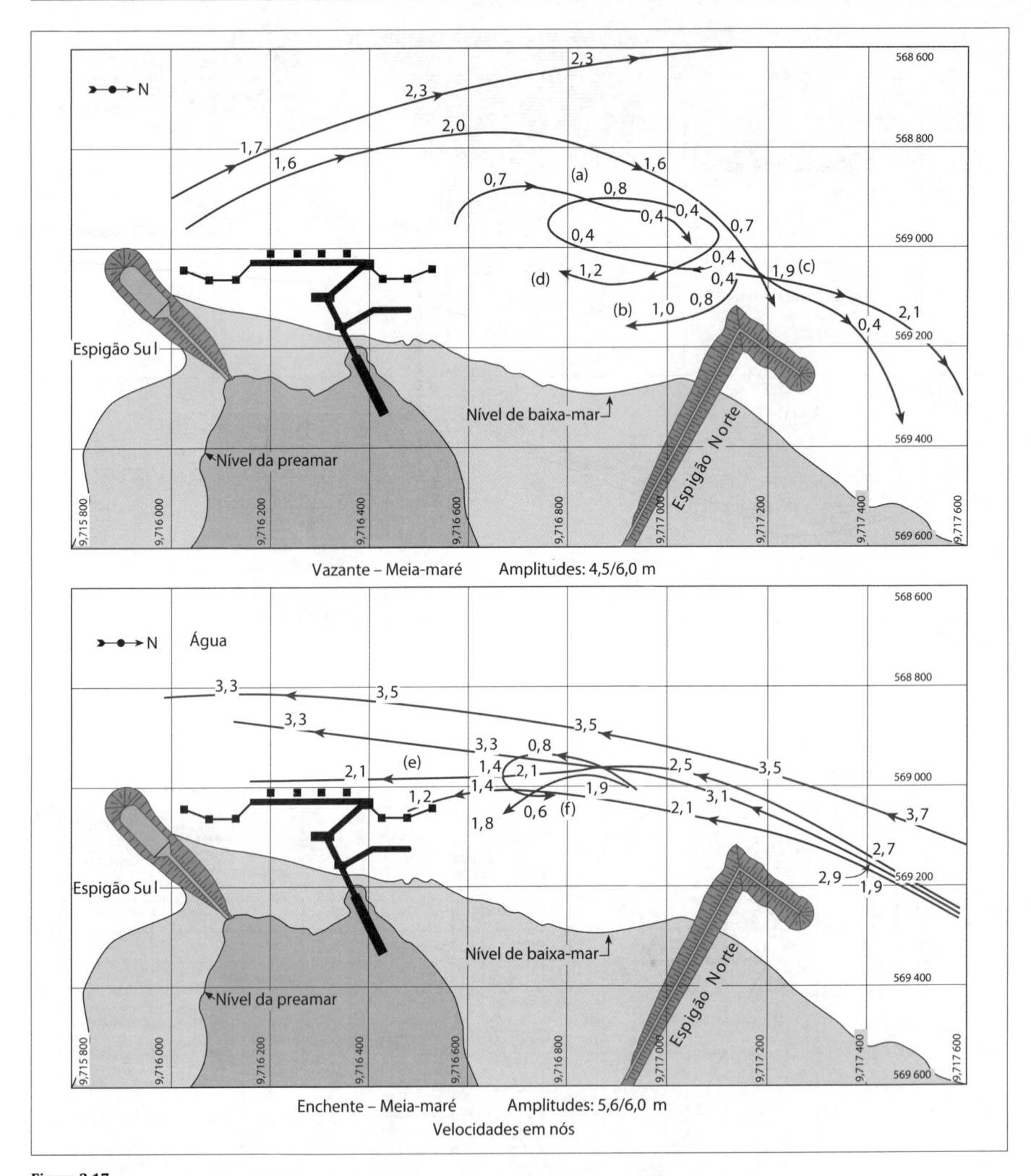

Figura 2.17
Planimetria de trajetórias de derivadores e fluxos hidrossedimentológicos (a, b, c, d, e, f) no Terminal Marítimo de Ponta da Madeira da Vale, na Baía de São Marcos, em São Luís (MA). Fonte: São Paulo, Estado/DAEE/SPH/CTH.

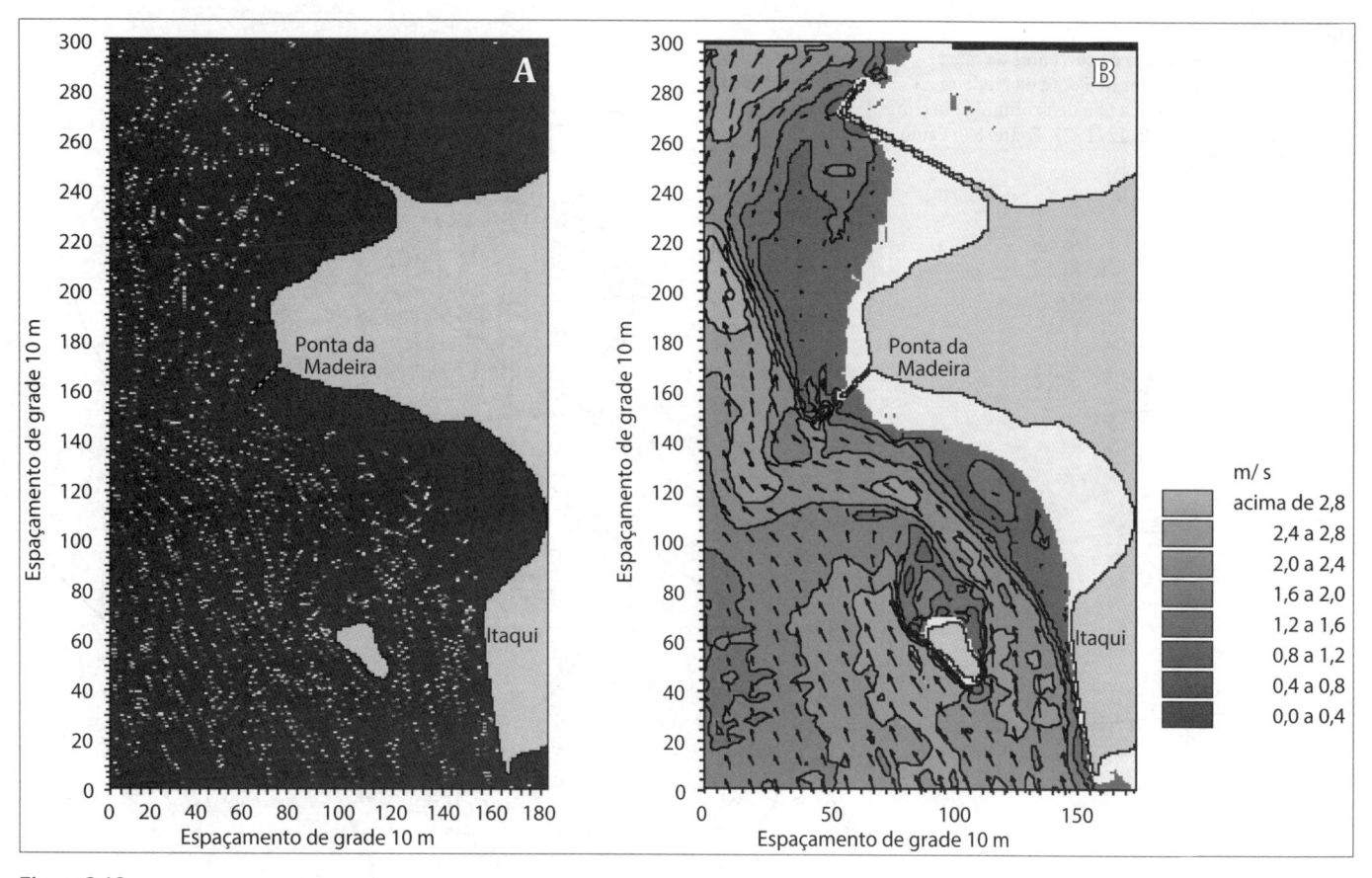

Figura 2.18

(A) Resultado gráfico do *software* MIKE 21, mostrando a planimetria do escoamento das correntes, 2 h após a preamar de 6 m de amplitude na área do Terminal Marítimo de Ponta da Madeira da Vale, na Baía de São Marcos, em São Luís (MA).

(B) Resultado gráfico do *software* MIKE 21, mostrando velocidades e direção das correntes em maré vazante de 6 m de amplitude na área do Terminal Marítimo de Ponta da Madeira da Vale, na Baía de São Marcos, em São Luís (MA). Fonte: São Paulo, Estado/DAEE/SPH/CTH.

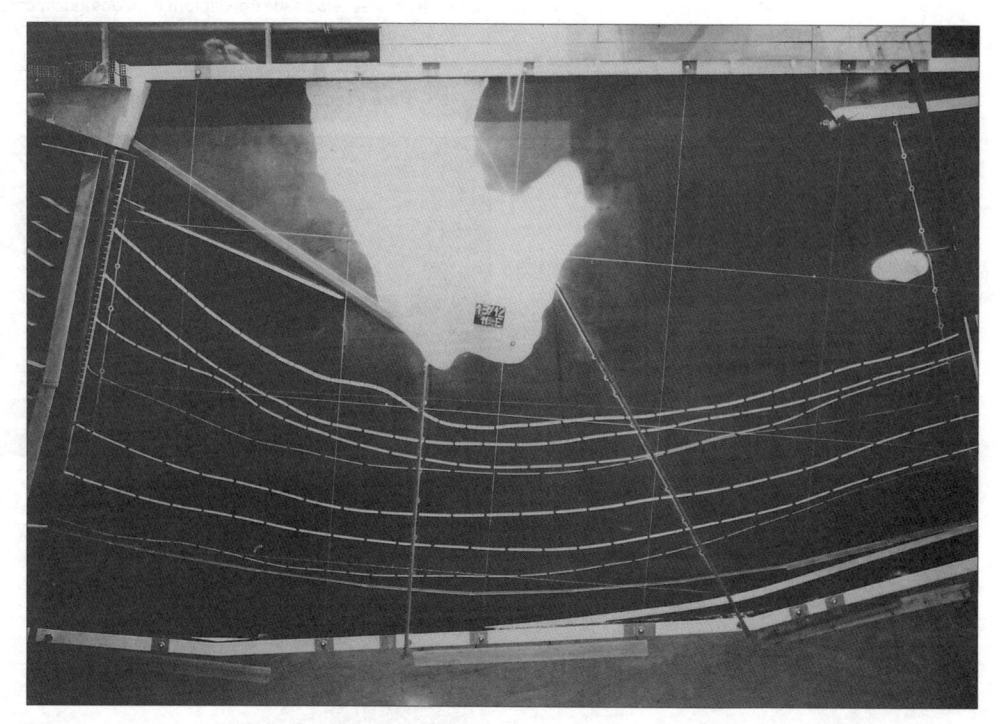

Figura 2.19

Visualização planimétrica das trajetórias de correntes de maré de sizígia em enchente no modelo físico das áreas do Terminal da Ponta da Madeira e adjacências (escala 1:170), na Baía de São Marcos, em São Luís (MA). Fonte: São Paulo, Estado/DAEE/SPH/CTH.

Figura 2.20
Gráfico polar planimétrico de correntes de maré no Ponto P1, proximidades de Ponta da Madeira na Baía de São Marcos (MA), a 5 m de profundidade em maré de sizígia do dia 12/12/1977. Fonte: São Paulo, Estado/DAEE/SPH/CTH.

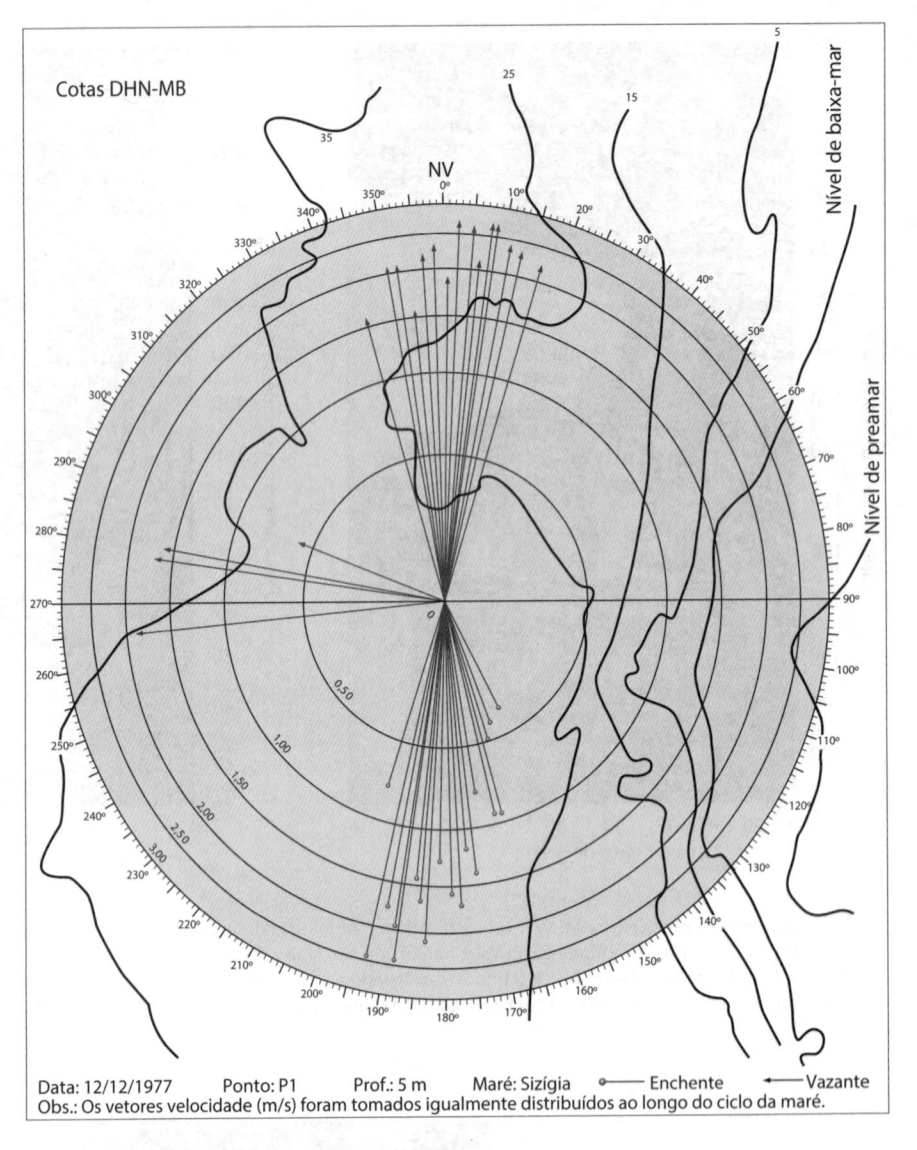

Data: 12/12/1977   Ponto: P1   Prof.: 5 m   Maré: Sizígia ⊙—— Enchente   ←—— Vazante
Obs.: Os vetores velocidade (m/s) foram tomados igualmente distribuídos ao longo do ciclo da maré.

Figura 2.21
Representação esquemática da circulação de água, gradientes de salinidade e velocidade em um estuário parcialmente misturado.
(A) Elevação da seção longitudinal mostrando a circulação de água e o gradiente de salinidade. A linha horizontal tracejada é a profundidade em que não há velocidade residual, seja para o mar, seja para a terra.
(B) Elevação do perfil vertical de salinidade ao longo da linha vertical tracejada em (A), mostrando haloclina pobremente definida.
(C) Elevação do perfil vertical de velocidade ao longo da linha vertical tracejada em (B) mostrando o marcante escoamento residual para montante de água salgada junto ao leito.

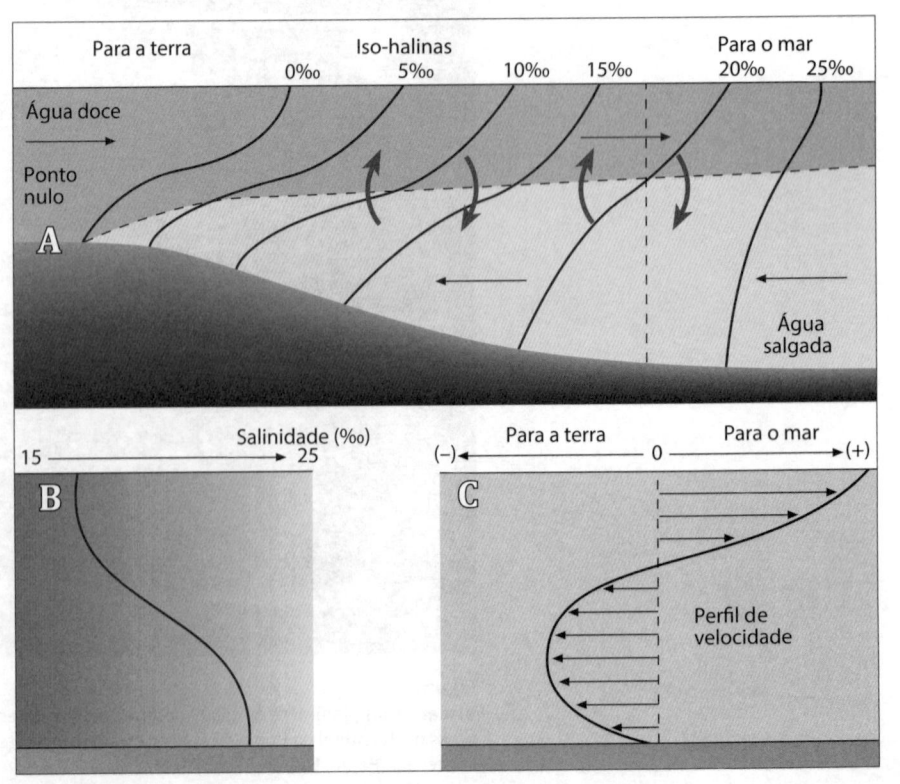

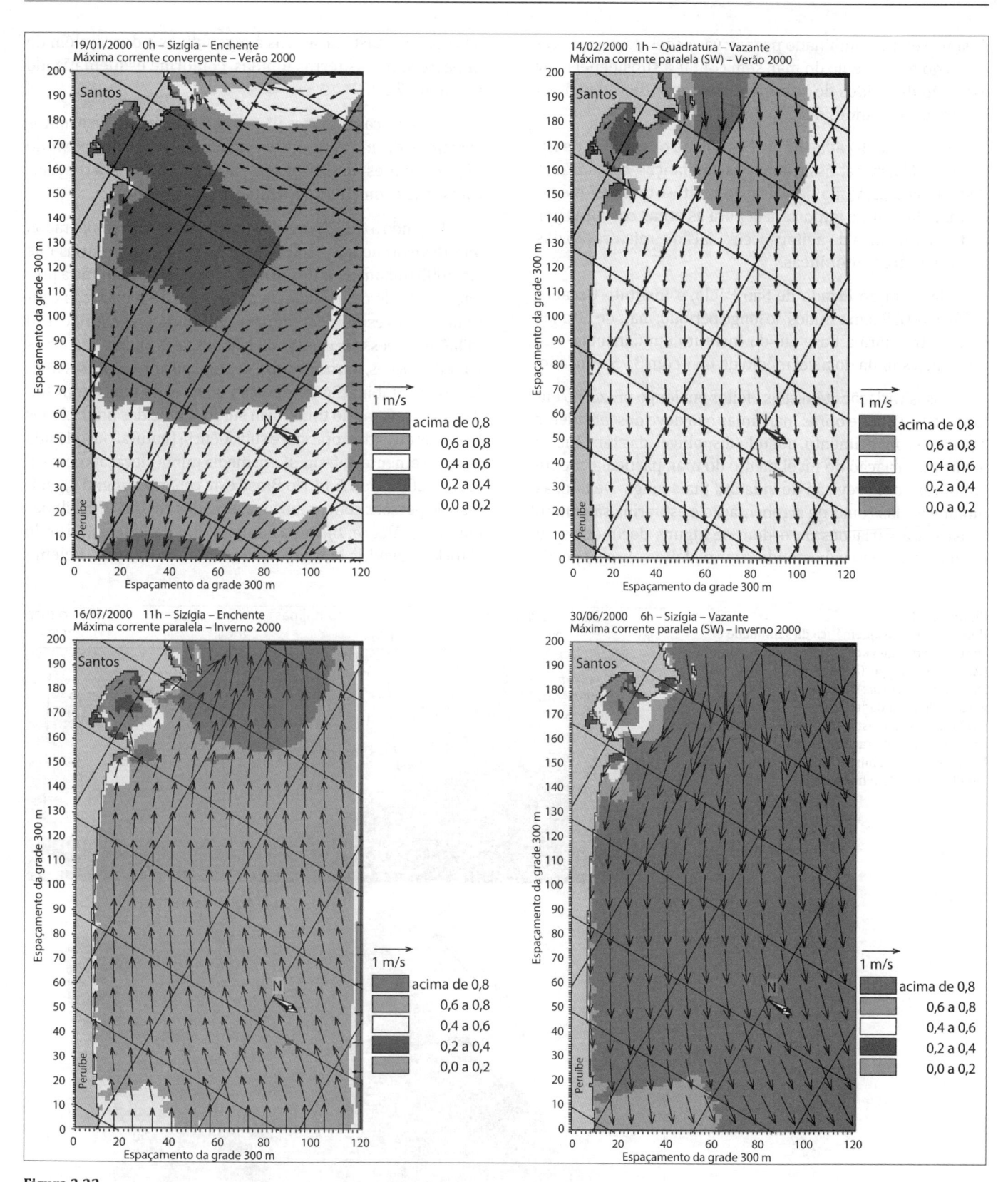

Figura 2.22
Resultados da modelação numérica com o software MIKE 21 HD da planimetria da circulação de correntes de maré e induzidas pelo vento na área entre a Baía de Santos e Peruíbe (SP). Fonte: Baptistelli, Araújo e Alfredini (2003).

Assim, o efeito combinado produz variações na posição relativa do nível médio do mar, sem contar a subsidência por extração de fluidos do subsolo e por carga de sedimentos em áreas de grandes deltas.

Na última década, intensificaram-se os estudos de Hidráulica Marítima, associados às mudanças climáticas e dedicados à previsão da variação relativa do nível médio do mar, de grande importância para as áreas costeiras por afetar a dinâmica da agitação, circulação e misturação das águas nas áreas litorâneas.

Na costa do Estado de São Paulo, o Instituto Oceanográfico da USP tem estudos de longo período, mais de 40 anos de registro, para a Base Sul do Instituto em Cananeia, que indicam a subida do nível médio do mar com 3,75 mm/ano.

Essas variações têm seus efeitos em longo prazo, no entanto, o projeto de obras marítimas não deve desconsiderar a priori o conhecimento, quando disponível, das tendências locais de variação do nível médio do mar, particularmente em obras com previsão de vida útil mais longa. De fato, as dinâmicas das zonas de arrebentação e estuarina são muito sensíveis a variações da ordem de alguns decímetros no nível médio do mar, bastando citar o efeito sobre os perfis de praia e a misturação das águas salinas e doces, além do impacto sobre as terras úmidas, conforme esquematizado na Figura 2.24.

As políticas públicas para o enfrentamento de eventos extremos do mar em um cenário de elevação relativa do nível do mar estão sintetizadas na Figura 2.25, para prevenir catástrofes como as apresentadas na Tabela 2.8.

Segundo a OECD (Organization for Economic Co-operation and Development), até 2070 as 136 cidades portuárias que em 2005 tinham mais de um milhão de habitantes terão a probabilidade de ocorrência de um evento de inundação centenária, correspondente a uma população exposta de 150 milhões de pessoas e a US$ 35 trilhões de prejuízos materiais nas edificações, infraestrutura de transporte e de outras utilidades. A combinação de elevação do nível do mar, tempestades mais severas do tipo storm surge (induzidas por ciclones tropicais ou extratropicais) e subsidência (natural ou induzida antropicamente) cifram-se em média numa elevação, com relação a 2005, de 1,5 m. No Brasil este cenário atingirá 1,5 milhão de pessoas com prejuízos estimados em US$ 135 bilhões em Porto Alegre, Baixada Santista, Rio de Janeiro, Grande Vitória, Salvador, Maceió, Recife, Natal, Fortaleza e Belém.

Figura 2.23
Representação esquemática da salinidade e circulação de água em estuário bem misturado.
(A) Elevação do perfil longitudinal mostrando iso-halinas verticais e ausência de gradiente vertical de salinidade.
(B) Perspectiva mostrando a deflexão das águas causada pela aceleração de Coriolis no caso do Hemisfério Sul. A misturação lateral induz uma circulação residual horizontal.

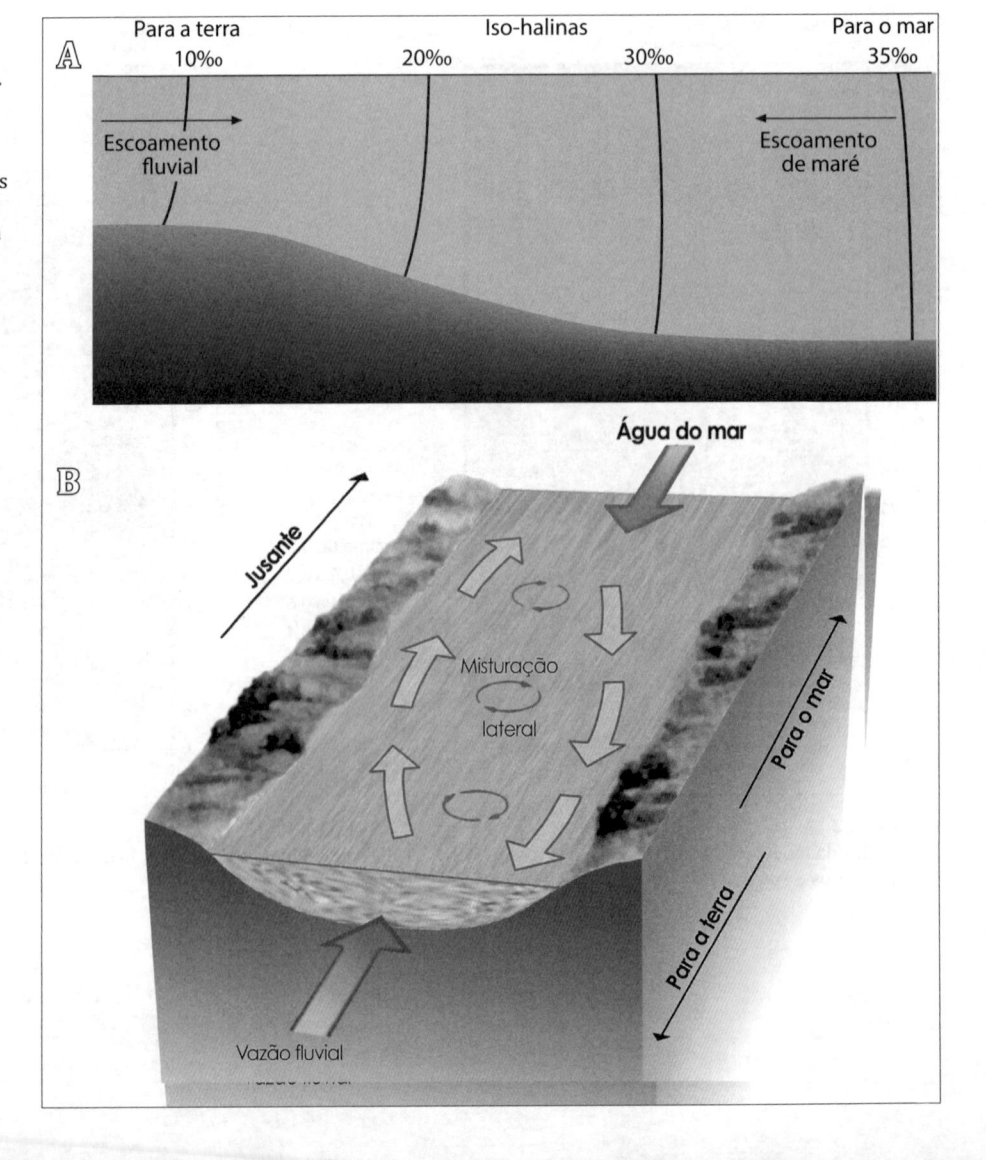

Figura 2.24
Elevação de perfil transversal da costa. Impacto sobre as terras úmidas quando da elevação do nível do mar.

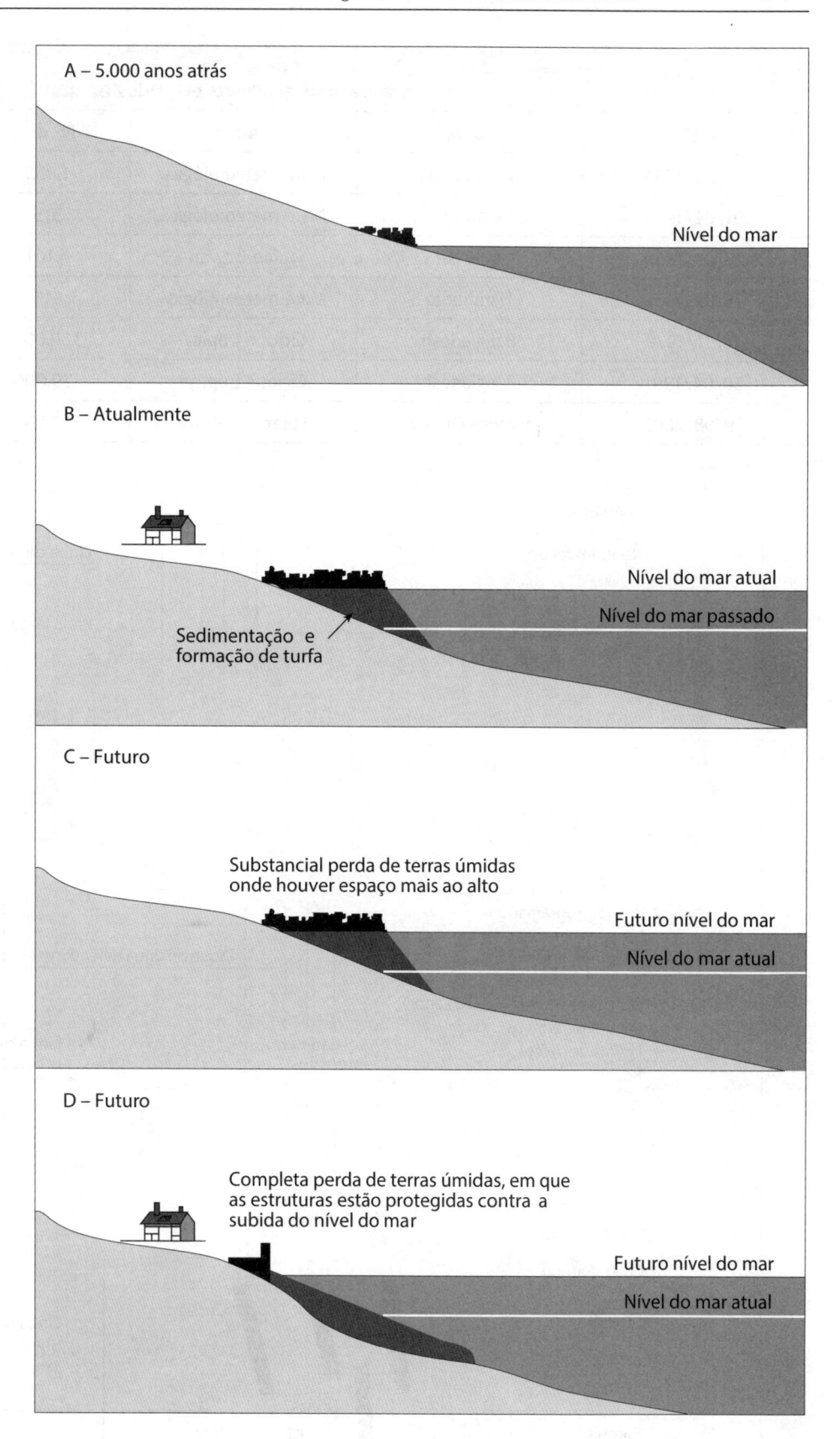

Tabela 2.8				
Alguns eventos extremos ocorridos no mar				
Data	**Local**	**Causa**	**Nº de mortes**	**Pessoas afetadas**
01/02/1953	SW Holanda	Maré meteorológica	1.835	250.000
01/02/1953	E Reino Unido	Maré meteorológica	315	32.000
26/09/1959	Baía Ise	Tufão Isewan	5.101	430.000
16/02/1962	Hamburgo	Maré meteorológica	315	–
12/11/1970	Bangladesh	Ciclone tropical	300.000	Desconhecido
30/04/1991	Bangladesh	Ciclone tropical	139.000	4,5 milhões
29/08/2005	Estados Unidos	Furacão Katrina	> 1.100	> 500.000

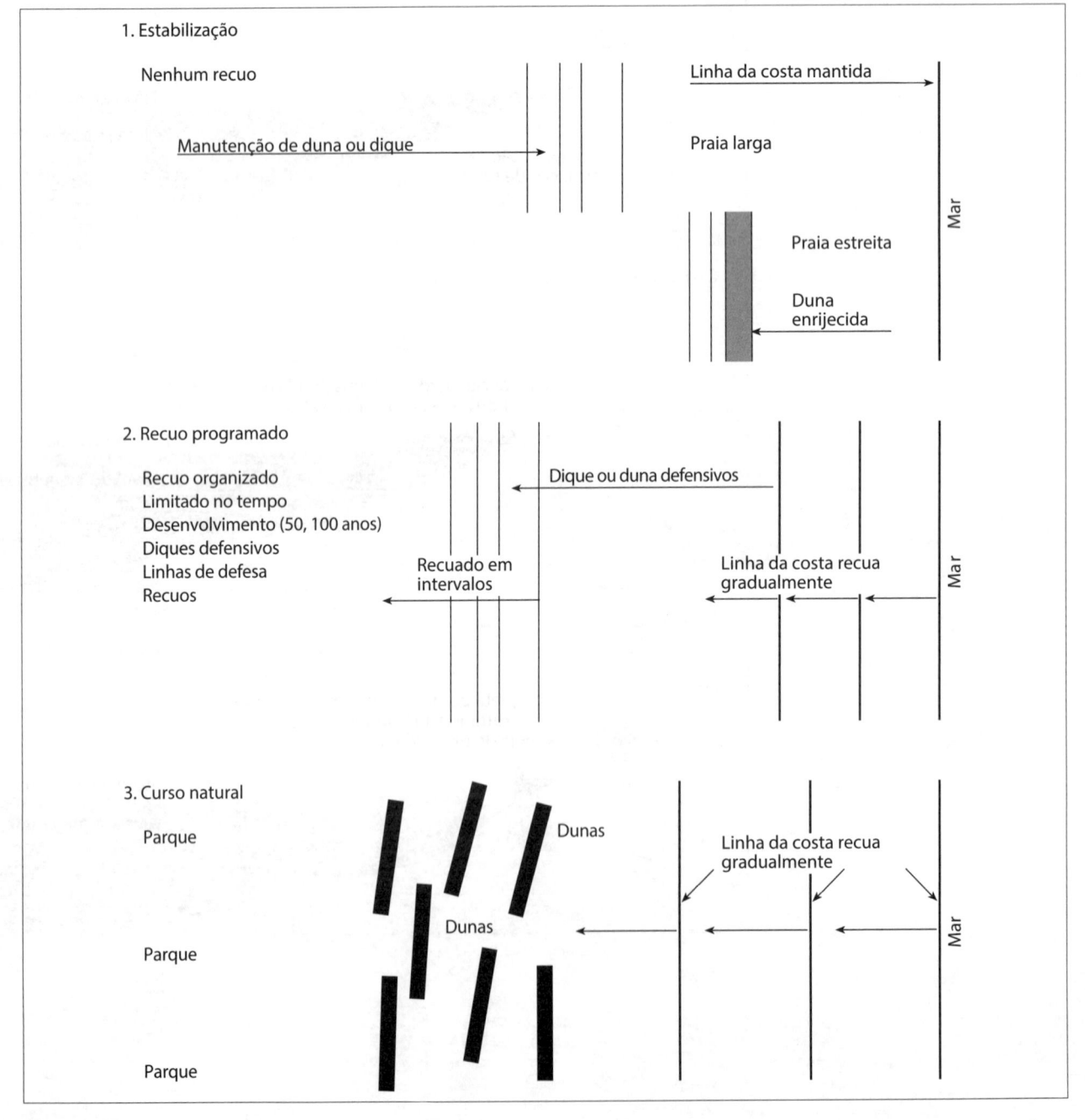

Figura 2.25
Esquematização planimétrica de políticas públicas para enfrentamento da elevação do nível do mar.

2.2.3.2 ESTUDO DE CASO DA BAÍA E ESTUÁRIO DE SANTOS E SÃO VICENTE (SP)

Introdução

A comunidade científica, mediante distintos estudos, concluiu que está ocorrendo uma intensificação do efeito estufa pelo significativo aumento dos gases (GEE), o que tem alterado de forma expressiva as temperaturas atmosféricas e oceânicas e os inúmeros e correspondentes padrões de circulação e clima.

Se confirmadas as projeções para a mudança do clima global futuro, os impactos poderão ser potencialmente irreversíveis. Nesse caso, os países insulares e as regiões urbanas costeiras são as mais vulneráveis, com possibilidades reais de inundação em médio e longo prazo. O aumento do nível médio relativo do mar trará consequências econômicas para a pesca, a agricultura, a navegação, a recreação, o lançamento de efluentes, a proteção costeira, a produtividade biológica e a diversidade (Comissão Nacional Independente sobre os Oceanos, 1998).

Outras consequências expressivas podem ocorrer em muitos sistemas ecológicos e socioeconômicos advindas de longos períodos de secas e de um provável aumento de pragas e doenças tropicais, não se afastando a possibilidade de ter afetado o satisfatório fornecimento de alimentos e recursos hídricos, prejudicando imensamente a qualidade de vida e a saúde humana.

Uma elevação no nível médio relativo do mar de apenas 0,3 cm em trechos dominados por mesomarés e micromarés, condições que se observam em grande parte do litoral brasileiro, poderia ocasionar consequências notáveis, embora não totalmente imprevisíveis. Cidades como João Pessoa, Recife, Maceió, Aracaju, Salvador, Rio de Janeiro, Vitória, Santos, Paranaguá, Florianópolis e Rio Grande, áreas de grande densidade populacional e importantes complexos industriais-portuários e turísticos, são potencialmente inundáveis em suas porções mais baixas (Comissão Nacional Independente sobre os Oceanos, 1998).

Para as regiões Sudeste e Sul do Brasil, um pequeno aumento no nível relativo do mar seria suficiente para acarretar mudanças na zonação de marismas, manguezais e faixas de transição para restinga, até sua total eliminação (Comissão Nacional Independente sobre os Oceanos, 1998).

De acordo com a publicação IPCC (2002), as características importantes da América Latina, considerada como região com algumas das maiores concentrações de biodiversidade do planeta, vêm apresentando a perda de cerca de 1% ao ano de mangues, reduzido, assim, as zonas de refúgio para peixes, crustáceos e moluscos.

A Baixada Santista, a mais populosa e urbanizada subunidade do litoral paulista, tem apresentado modificações profundas, pelas influências dos aspectos sociais e econômicos, com significativa alteração na qualidade ambiental por causa da intensa urbanização (caso de Santos e São Vicente), seja ela decorrente da industrialização (complexo industrial de Cubatão), do complexo portuário (Santos) ou do turismo (Praia Grande, Guarujá e Bertioga). O relatório Programa de Controle de Poluição – Procop (São Paulo/Secretaria do Meio Ambiente/Cetesb, 2001) apresenta um estudo detalhado das poluições industrial e orgânica presentes no sistema estuarino de Santos e São Vicente, que têm contribuído para a degradação das áreas adjacentes. Foram apontadas também como causas da degradação as alterações físicas dos habitat resultantes de processos de assoreamento, erosão e aterros de canais e manguezais.

Os resultados do estudo, encomendado pelo Ministério do Meio Ambiente e executado pelo laboratório do CTH-DAEE-USP, abrangeu grande parte dos municípios da Baixada Santista. Mostraram os prováveis cenários de inundação nas áreas urbanas e nos bosques de mangues. O auxílio financeiro foi do Banco Mundial, Global Environment Facility – GEF e Conselho Nacional de Desenvolvimento Científico e Tecnológico – CNPq.

Área de estudo

A Baía e Estuário de Santos e São Vicente (Figura 2.26) está localizada ao sul do Trópico de Capricórnio, compreendendo a área da escarpa da Serra do Mar, planície sedimentar, até o mar entre os rios Mongaguá e Itapanhaú (Bertioga), totalizando 2.402 km^2 de área. Os municípios que delimitam a área de estudo são Santos, São Vicente, Praia Grande, Cubatão, Guarujá e Bertioga.

Nas áreas planas do Estuário de Santos e São Vicente, sujeitas à ação das marés, ocorrem cerca de 40% de manguezais do litoral paulista (Herz, 1991), e um levantamento com base em fotos aéreas de 1958 a 1989 mostrou que 58 km^2 dos mangues originais encontravam-se degradados e 20 km^2 foram aterrados para ocupação urbana ou industrial. Cerca de 50 km^2 mantinham-se em boas condições, grande parte situada em Bertioga (Silva et al., 1991).

Conforme a publicação Cetesb (2004), os mangues da Baixada Santista podem ser divididos nas seguintes áreas, de acordo com as características estruturais como altura, idade etc.: São Vicente, Estuário de Santos e Bertioga (mangue do rio Itapanhaú, região não incluída neste estudo). A área de mangue da Baixada Santista é muito importante (aproximadamente 100 km^2), excluindo-se as zonas devastadas. A escassez de Avicenia nesse mangue talvez seja consequência do seu intenso abate para extração de tanino (Luederwaldt, 1919). Outro estudo realizado na região da Baixada foi o de Paiva Filho (1982), que relacionou a intrusão marinha no Canal dos Barreiros com a distribuição das espécies de ictiofauna.

Efeitos da elevação do nível do mar sobre os mangues

O aumento do nível do mar é uma ameaça, particularmente, para as áreas úmidas do Atlântico Sul. Em regiões salinas como manguezais, a subida do nível do mar submergirá as áreas úmidas, causando a morte da vegetação por estresse salino (Kennedy et al., 2002). Field (2001) afirma que as áreas úmidas costeiras poderão lidar com as alterações do nível do mar quando forem capazes de permanecer na mesma elevação relativamente à amplitude de maré. Titus e Richman (2001) consideram que a elevação do nível do mar, por si só, não mostra quais áreas ficarão submersas, mas é o fator mais importante, e as dimensões dessas áreas dependerão principalmente dos seguintes fatores: inclinação da costa, velocidade de elevação, aporte de sedimentos e disponibilidade de área (ocupação/urbanização). Se a inclinação do terreno for suave, a taxa de elevação não for muito elevada e houver aporte de sedimentos aliado à disponibilidade de áreas mais interiores, ocorrerá apenas um deslocamento da área de manguezal sem perda significativa. Se houver aumento rápido do nível para o interior, a área de manguezal a ser colonizada será restrita, ocorrendo perda em extensão desse ecossistema. Também, se a inclinação for pequena e não houver aporte de sedimentos, a área permanentemente inundada será maior, não havendo possibilidade de colonização de novas áreas, e a perda será significativa.

Material e métodos

O estudo foi desenvolvido na área que abriga o maior porto da América Latina e a maior região metropolitana do litoral do Estado de São Paulo. Os principais objetivos do diagnóstico foram: levantamento bibliográfico da variação do nível do mar na região; análise dos impactos da elevação do nível do mar a partir dos resultados obtidos em modelo físico; composição e precisão de impactos sobre a fauna e flora.

A publicação U.S., NRC (1987) considerou três cenários de elevação média de nível do mar para o ano de 2100, que correspondem a 0,5, 1 e 1,5 m. No presente estudo, os resultados apresentados correspondem ao cenário mais pessimista de elevação.

O modelo físico da Baía e Estuário de Santos e São Vicente (ver Figura 2.27), utilizado neste estudo, foi construído no Laboratório de Hidráulica da Escola Politécnica

Figura 2.26
Mapa mostrando a área de estudo.

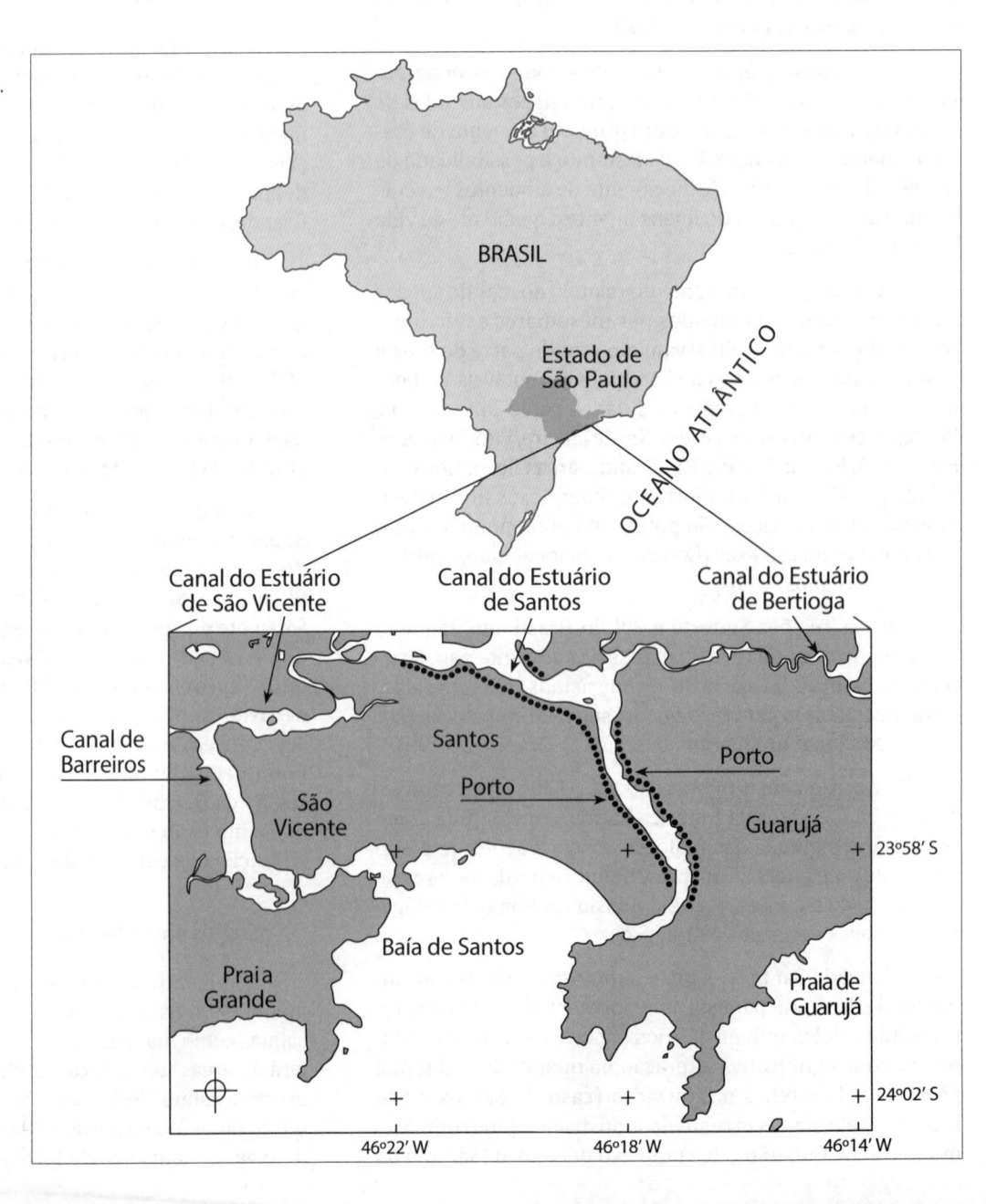

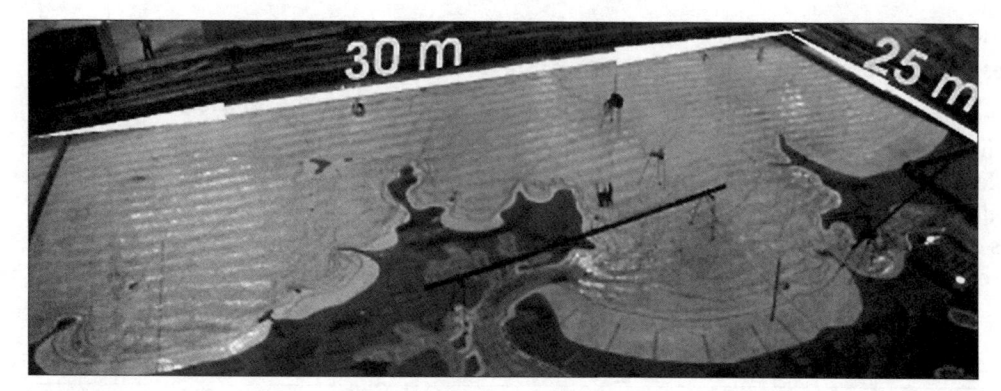

Figura 2.27
Modelo físico da Baía e Estuário de Santos e São Vicente.

da Universidade de São Paulo – LHEPUSP, com escalas horizontal e vertical de 1:1.200 e 1:200, respectivamente. Possui área útil de 750 m² representando aproximadamente 1.000 km² da região estudada. O modelo é froudiano, de fundo fixo, com escala de descarga de 1:1:3394113 e tempo de escala de correntes de maré de 1:84,85 (Alfredini et al., 2008).

A bacia em que está representado o modelo físico conta com geradores de ondas e de marés. O registro da agitação de ondas é realizado com pontas capacitivas, e a circulação de correntes, com micromolinetes de fibra ótica (Figura 2.28). Tanto as pontas capacitivas como os micromolinetes estão situados em pontos estratégicos no modelo. Para a reprodução das correntes de maré, criou-se um software no próprio LHEPUSP. Também se dispõe de uma instalação zenital para a documentação fotográfica e de vídeo, cobrindo a área principal do modelo.

Um mapa de cobertura de vegetação também foi gerado, mostrando cenários prováveis de inundação nos mangues e a intrusão salina.

Este mapa foi criado a partir da digitalização de 29 cartas contendo pontos topográficos, curvas de nível e linhas de contorno da costa e dos estuários. Nesse modelo digital de terreno, foram traçados os contornos de baixa-mar e preamar correspondentes à condição de elevação média de 1,5 m. Finalmente, uma composição de fotos aéreas (escala 1:20.000) e imagens de satélite foi sobreposta ao modelo digital de terreno.

RESULTADOS E DISCUSSÃO

Elevação do nível médio do mar na área de estudo

Em recente estudo, Alfredini et al. (2008) compilaram os dados do marégrafo do Porto de Santos de 1940 a 2007 (Figura 2.29), abrangendo mais de três ciclos da declinação lunar de 18,61 anos. Trata-se da mais longa série de dados maregráficos contínuos da costa brasileira. Os resultados apontam inequivocamente para uma elevação relativa do nível do mar. Assim, considerando a Figura 2.29, tem-se as variações relativas do nível médio (MSL), das máximas (HHW) e das mínimas baixa-mares anuais (LLW). Respectivamente, nessa ordem, para os três ciclos da declinação lunar entre 1952 e 2007 (56 anos), tem-se as seguintes projeções de elevação em 100 anos: 25,4 cm, 46,7 cm e 44,6 cm. As mesmas projeções utilizando os dois ciclos mais recentes entre 1970 e 2007 (38 anos) aponta para um incremento desses gradientes: 39,1 cm, 56,9 cm e 65,2 cm. Na continuidade desses estudos, Alfredini avaliou as séries dos marégrafos de Ubatuba (SP), de 1954 a 2005, Ilha Fiscal, (RJ), de 1963 a 2009, Recife (PE), de 1947 a 1987 e Belém (PA), de 1948 a 1987. Essas longas séries com mais de dois ciclos de declinação lunar também apontaram para elevações do nível médio em 38 anos de 35 a 65 cm, neste século. Verificou-se que efeitos meteorológicos de longo período, como o El Niño-Southern Oscillation (Enso), podem ser responsáveis por variabilidades periódicas nos parâmetros de maré.

Testes em modelo físico

Primeiro, nos ensaios de calibração, foi sendo modificada a rugosidade do modelo físico na zona do Estuário de Santos e São Vicente, conforme sequenciado na Figura 2.30, até à configuração definitiva na qual os tempos de maré medidos no modelo físico coincidiram aproximadamente com os dados reais. O procedimento de validação consistiu na comparação das velocidades de corrente nas áreas da baía e do estuário. Uma vez calibrado e validado, vários testes foram realizados para comparar os tempos de propagação de maré (atraso em relação ao tempo de origem) entre o nível atual e uma elevação média de 1,5 m do nível do mar (Tabela 2.9). O tempo de origem corresponde à preamar na maré de sizígia na Ilha das Palmas. A Tabela 2.10 apresenta a mudança correspondente à velocidade de corrente na Seção S1, localizada na embocadura

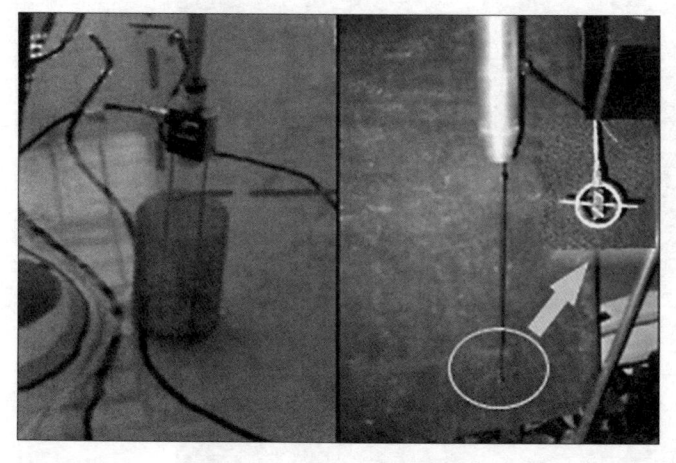

Figura 2.28
Ponta capacitiva (esquerda) e micromolinete (direita). No detalhe, o sensor.

do Estuário de Santos, e na Seção 10, localizada na embocadura do Estuário de São Vicente. A Figura 2.31 mostra parte dos estuários modelados.

Com as tabelas citadas, é possível observar que o aumento da prisma de maré com a elevação média do nível do mar em 1,5 m reduzirá o tempo de propagação de maré em Santos e São Vicente a partir das duas embocaduras até a zona de encontro das águas. Entretanto, a taxa de redução não é igual nos dois canais estuarinos, sendo maior no Estuário de São Vicente. Em razão dessa mudança na propagação de maré dentro da área estuarina, associada ao padrão de reflexão das ondas de maré, é possível verificar o aumento da velocidade na embocadura de Santos e a redução na de São Vicente. Com essa conclusão, pode-se estimar o aumento de profundidade na embocadura de Santos e a redução na embocadura de São Vicente.

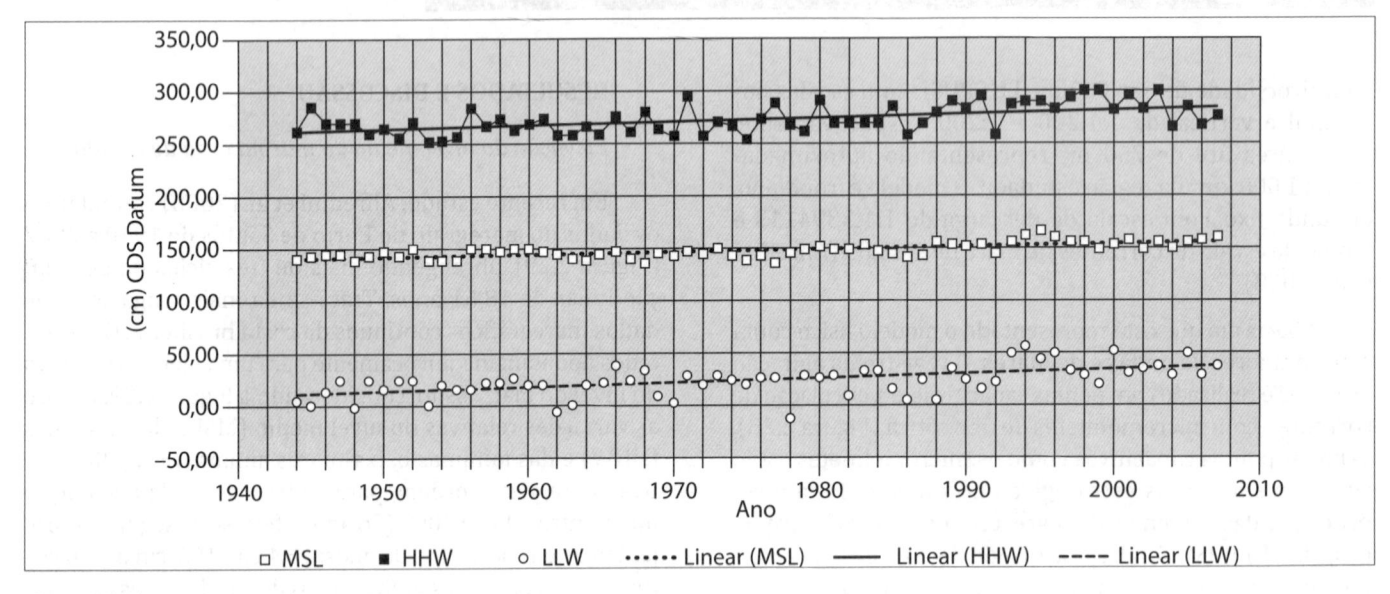

Figura 2.29
Variação do nível relativo do mar no marégrafo do Porto de Santos, de 1944 a 2007.

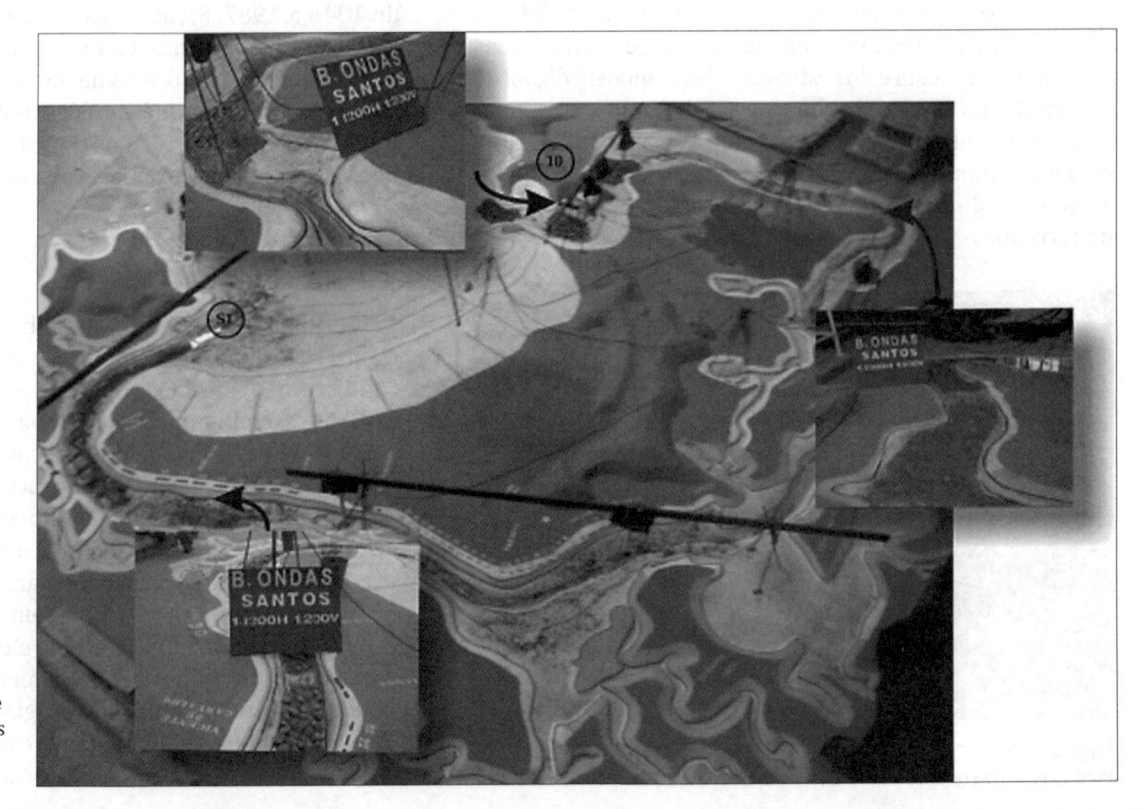

Figura 2.30
Calibração da rugosidade no modelo por meio do ajuste da granulometria de pedregulhos argamassados no fundo dos canais estuarinos.

Tabela 2.9
Comparação de tempo de propagação (min) entre a situação de nível médio do mar atual e uma elevação de 1,5 m no Estuário de Santos e São Vicente

ESTUÁRIO DE SANTOS		
Seção	**Modelo (nível médio do mar atual) Calibração**	**Modelo (nível médio do mar + 1,5 m)**
10 min (boca)	9,45	0,20
30 min	30,80	23,76
50 min	55,23	38,90
70 min (*)	67,59	40,38
ESTUÁRIO DE SÃO VICENTE		
Seção	**Modelo (nível médio do mar atual) Calibração**	**Modelo (nível médio do mar + 1,5 m)**
10 min (boca)	9,62	4,35
30 min	32,17	20,62
50 min	60,80	30,23
70 min (*)	72,86	38,89

(*) Significa a zona de interferência entre as ondas de maré de Santos e São Vicente.

Efeitos da elevação do nível do mar nos manguezais da região

A Figura 2.31 apresenta as indicações das áreas de estudo referidas a seguir, sendo a localização das áreas mencionadas assinaladas pelos códigos alfanuméricos citados nas figuras.

Canal de Bertioga (CB)

No Canal de Bertioga, haverá inundação em áreas próximas ao Rio Caiubura (margem continental – duas grandes áreas CB-1 e CB-2, Figura 2.32), e na região do Rio Tia Maria (CB-3, Figura 2.33) não haverá grande perda. Próximo ao Largo do Candinho, as margens do Rio Cabuçu (CB-4, Figura 2.33) não sofrerão grandes alterações. As margens do Rio Trindade (Santos) terão as suas áreas entre as alças completamente submersas (CB-5, Figura 2.33).

O mesmo cenário ocorrerá com o Rio Maratanua no município de Guarujá (CB-6, Figura 2.33) e também na área adjacente ao Rio Crumaú (CB-7, Figura 2.33). As áreas entre os rios Agari e Caipira (CB-8, Figura 2.33) serão completamente submersas, incluindo as ilhas em frente ao morro do Caipira.

Região de Santos (S)

No município de Santos, parte do mangue será inundada no Rio Diana (S-1, Figuras 2.34 e 2.35), assim como no Rio Sandi (S-2, Figura 2.35) e Ilha Barnabé (S-3, Figura 2.34). As margens do Rio Jurubatuba (S-4, Figura 2.35) também serão

inundadas e a proximidade com a Serra do Mar impedirá a expansão do mangue para o interior. As inundações nas áreas adjacentes ao Rio das Onças e ao Rio Quilombo (S-5, Figura 2.35) serão muito extensas, submergindo grande parte do manguezal existente.

Região de Cubatão (C)

À leste da cidade de Cubatão, os baixios formados pelos rios Cascalho, Casqueiro e Cubatão até o largo do Canéu serão completamente inundados, exceto pequenas porções de terreno mais elevado (C-1, Figura 2.36).

Na área à oeste da cidade, em que se encontram o Rio Paranhos, Rio Santana, Rio Queiroz e Rio Mãe Maria, haverá inundação de grande parte desse manguezal, juntando as águas dos rios Paranhos e de Mãe Maria (C-2, Figuras 2.36 e 2.37).

Região de São Vicente (SV)

Em São Vicente, as áreas adjacentes ao Rio Branco (SV-1, Figura 2.37) serão mantidas com perda de pequenas áreas inundadas. Já no Rio Mariana e no Rio Bragal as áreas submersas serão de grande extensão (SV-2 e SV-3, Figura 2.37).

Região de Praia Grande (PG)

No Rio Piaçabuçu (ao norte de Praia Grande), não haverá alteração significativa mesmo com a submersão da Ilha Ermida (PG-1, Figura 2.38). Já seu afluente, o Rio Guaramar (PG-2), apresentará uma área inundada bem superior.

Tabela 2.10
Comparação de velocidades entre o nível atual e uma elevação de 1,5 m do nível do mar

Seção	Estado da maré	Velocidade (m/s) nível atual	Velocidade (m/s) + 1,5 m
S1	Enchente	1,00	1,04
	Vazante	0,88	0,98
10	Enchente	1,08	0,77
	Vazante	1,03	0,94

Figura 2.31
Seções S1 (boca do Estuário de Santos, à esquerda) e 10 (boca do Estuário de São Vicente, à direita).

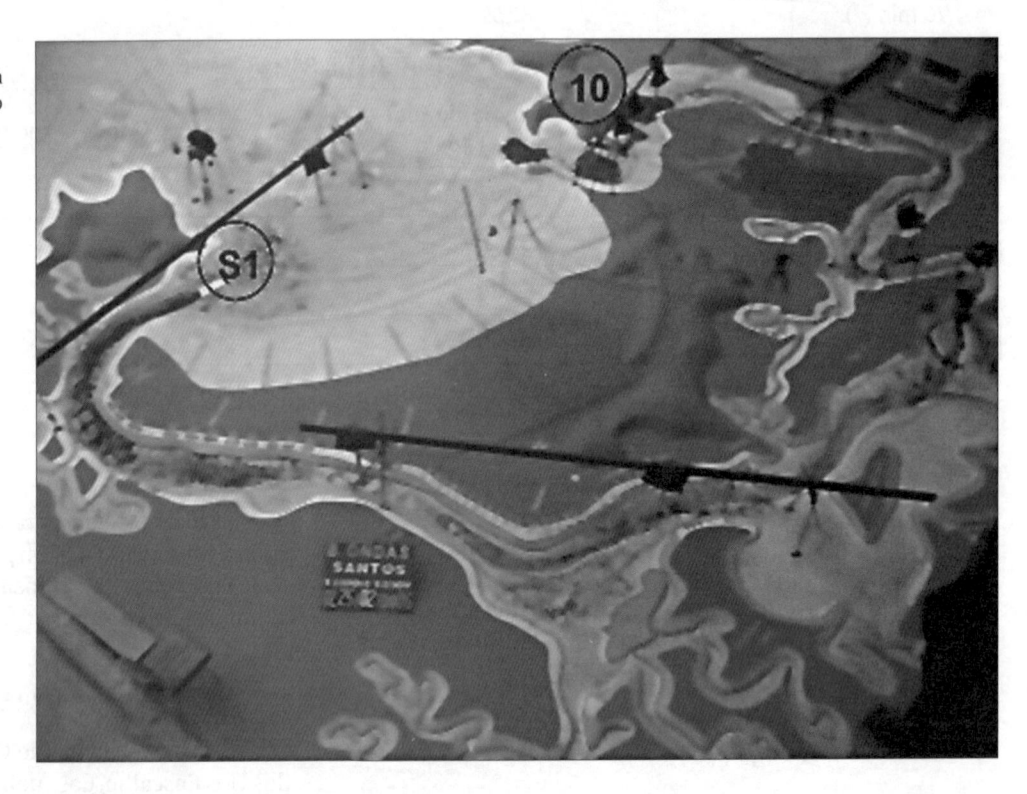

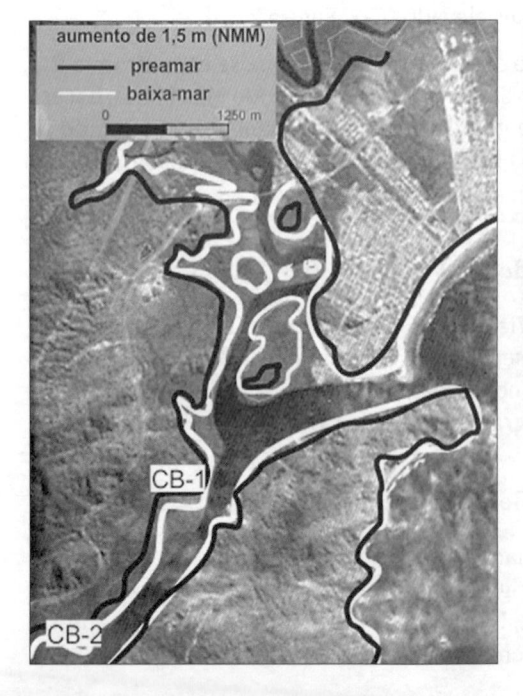

Figura 2.32
Planimetria de inundação de áreas do Canal de Bertioga (CB-1 e CB-2).

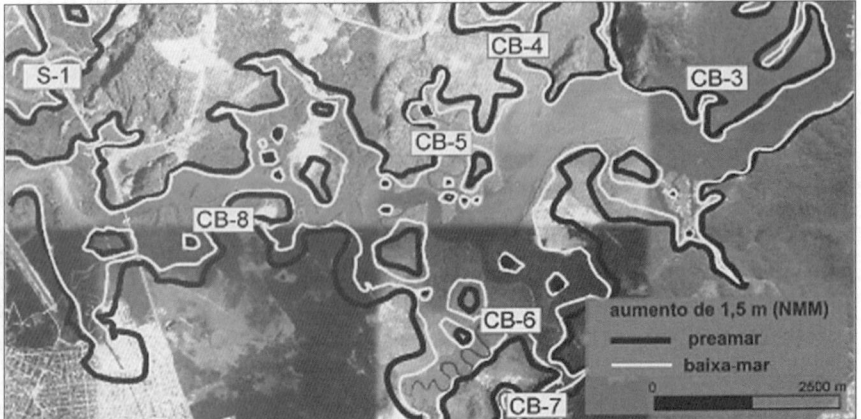

Figura 2.33
Planimetria de inundação de áreas do Canal de Bertioga (CB-3 a CB-8).

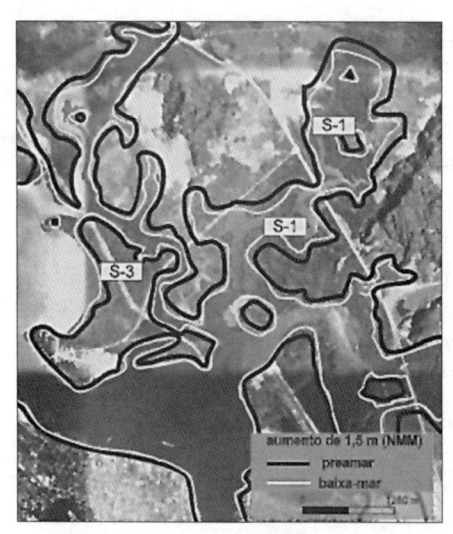

Figura 2.34
Planimetria de inundação de área de Santos (S-1 e S-3).

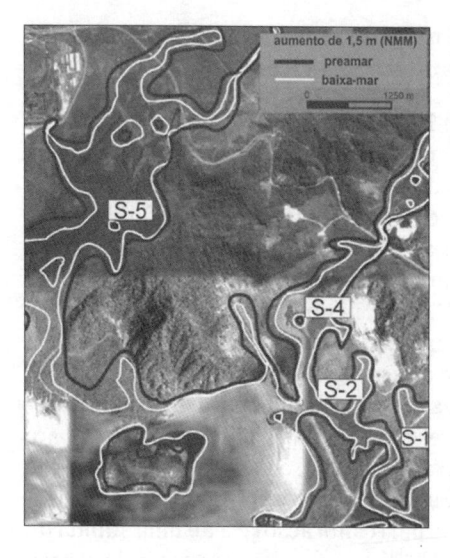

Figura 2.35
Planimetria de inundação de área de Santos (S-1, S-2, S-4 e S-5).

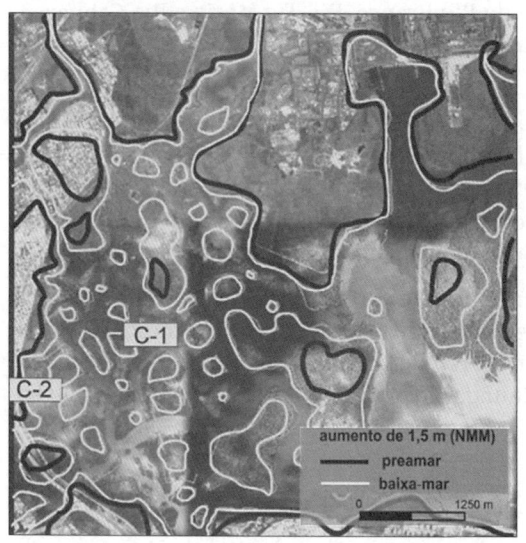

Figura 2.36
Planimetria de inundação de área de Cubatão (C-1 e C-2).

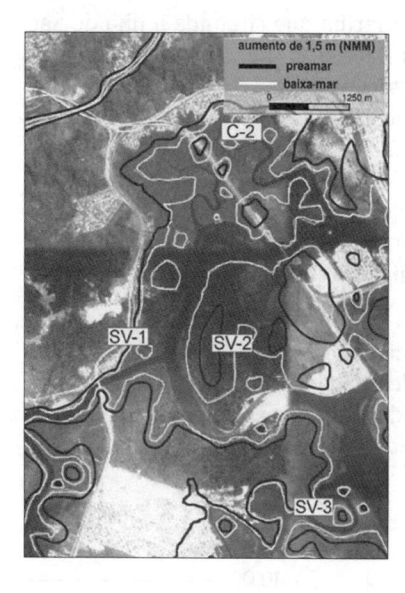

Figura 2.37
Planimetria de inundação de área de Cubatão (C-2) e áreas de São Vicente (SV-1 a SV-3).

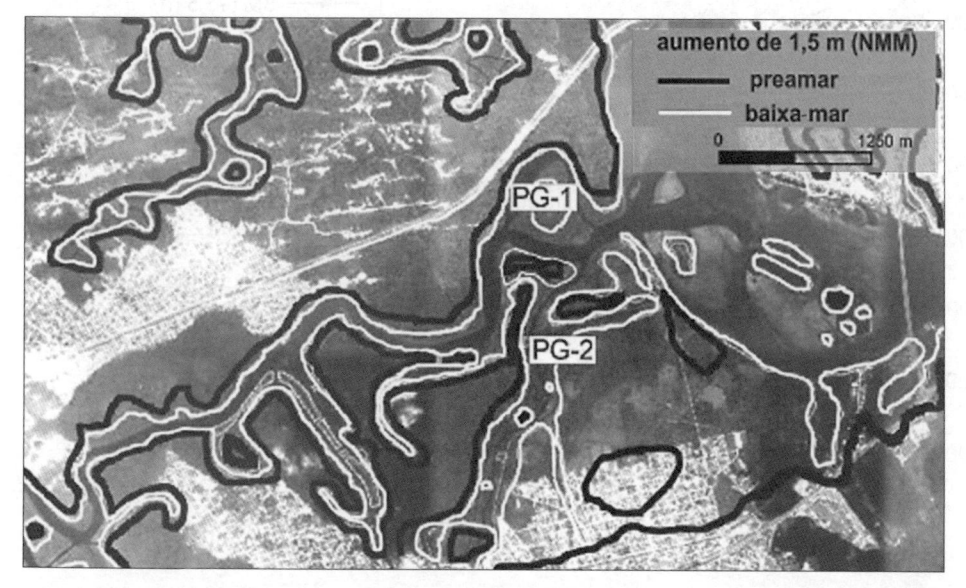

Figura 2.38
Planimetria de inundação de área de Praia Grande.

A elevação do nível do mar e a intrusão salina no Estuário de Santos e São Vicente

Nas décadas de 1960 e posteriores, com a implantação do Canal de Piaçaguera (entre C-1 e S-5), que permite acesso à Bacia de Evolução do Polo Petroquímico e Siderúrgico de Cubatão, bem como com as dragagens de aprofundamento do Canal de Acesso ao Porto de Santos, a intrusão salina avançou significativamente pelo Estuário do Canal do Porto. No Estuário de São Vicente, nenhuma obra de dragagem, ou de outro gênero, foi efetuada que pudesse afetar a intrusão salina. No entanto, a aplicação do método de Ippen (1966) para estimar a intrusão salina aponta para uma significativa elevação dos teores de salinidade, particularmente para as condições de baixa-mar (BM), comparativamente às de preamar (PM). Na Figura 2.39 essa comparação é mostrada, entre a situação atual (calibração) e a de uma subida do nível médio do mar de 1,5 m, considerando maré de sizígia. A distância é medida a partir da boca do estuário na Ponte Pênsil rumo ao Rio Santana.

De toda a região estuarina que circunda a Ilha de São Vicente, é no Canal dos Barreiros (km 0 a 4,5 a partir da boca do Estuário de São Vicente) que se desenvolve a maior atividade pesqueira, principalmente de camarão durante o verão. A diversidade específica das espécies varia sazonalmente, sofrendo nítido declínio nos meses em que há uma menor precipitação pluviométrica e uma marcante elevação da salinidade. A ictiofauna do Estuário de São Vicente, Canal dos Barreiros, é constituída por um mínimo de 53 espécies.

Verificando-se uma maior intrusão salina em consequência da elevação do nível médio do mar relativo, deve-se esperar uma migração dessa ictiofauna mais para montante do estuário, correspondendo a áreas de maior contaminação atual, por causa de passivos ambientais passados.

Tal perspectiva leva a uma maior preocupação quanto à sobrevivência dessa ictiofauna.

Discussão final

Em relação à área da Baixada Santista estudada, nota-se que haverá inundação de extensas áreas de manguezal sem possibilidade de migração desses bosques para áreas mais interiores, seja em função do relevo pela proximidade da Serra do Mar, seja pela ocupação antrópica e pelas rodovias que limitam esse deslocamento do ecossistema para o interior.

Nos municípios de Santos e Cubatão, as áreas inundadas serão muito extensas. No caso do Canal de Bertioga, no qual os manguezais encontram-se mais preservados, também haverá uma perda de aproximadamente 50% dessas áreas. Ao que parece, a área interna do Estuário de Santos será praticamente toda submersa, ocorrendo a anastomose dos canais e rios. A maioria dessas áreas de manguezal será perdida. Em poucas regiões do estuário, como os manguezais do Rio Branco, Rio Tia Maria e Rio Cabuçu, as áreas de mangue serão mantidas.

Assim, se esse cenário se confirmar, provavelmente haverá uma perda superior a 50% da área total de manguezal atualmente existente. Outra questão importante é o que ocorrerá com o aporte de sedimento. Ele poderá compensar essa elevação? Isso poderia trazer, em algumas regiões, a possibilidade de manutenção dos manguezais.

Também é preciso verificar se as áreas não inundadas permanentemente não sofrerão interrupções dos fluxos de água por barreiras, como estradas, o que, mesmo não ocorrendo inundação permanente, não permitiria o desenvolvimento desse ecossistema.

Figura 2.39
Intrusão salina do Estuário de São Vicente até o Rio Santana.

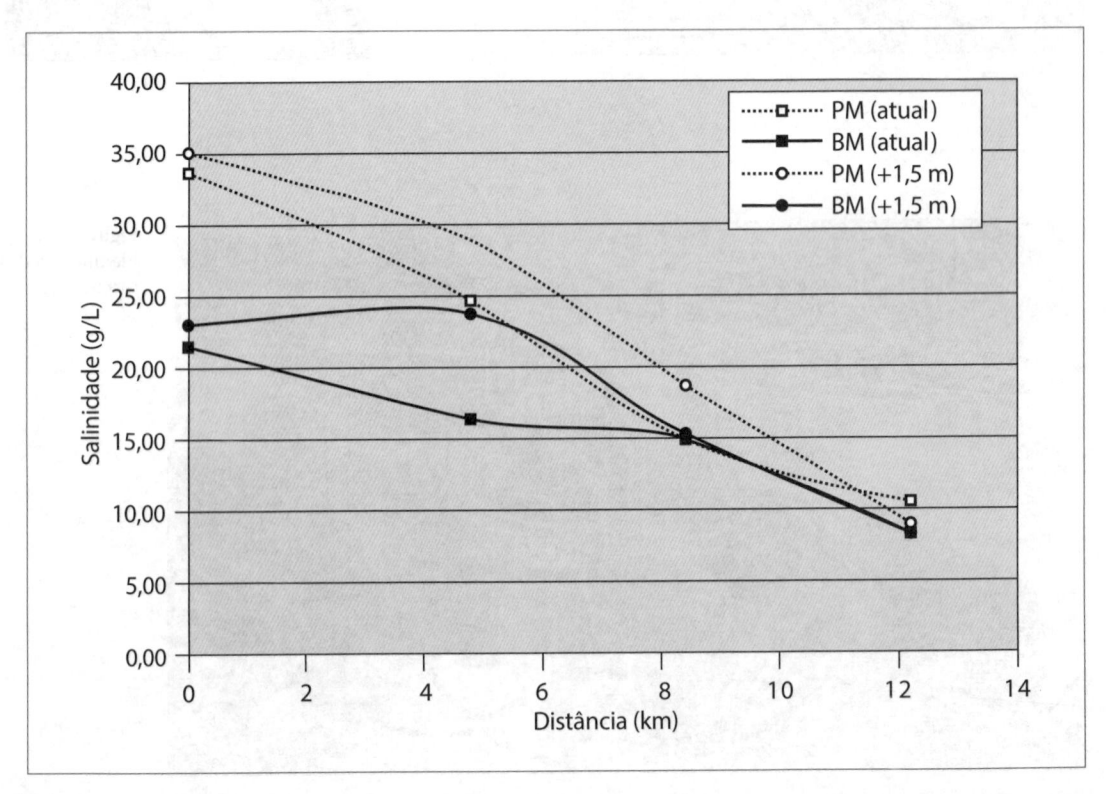

Como efeito da redução das áreas de manguezal no Estuário de Santos e São Vicente, algumas das funções ecológicas desse ecossistema costeiro poderão ser comprometidas, entre elas a retenção de sedimentos e poluentes, exportação de matéria orgânica e nutrientes para as águas costeiras adjacentes e manutenção de habitat crítico para algumas espécies que se utilizam do manguezal em alguma fase do seu ciclo de vida. Alguns trabalhos mostram que a área de manguezal está diretamente relacionada com a produção pesqueira da zona costeira adjacente e que sua redução implicaria a redução dessa produção (PAULY; INGLES, 1999).

O recrudescimento dos efeitos de marés meteorológicas positivas *(Storm Surge)* na costa do Estado de São Paulo tem sido acompanhado por Alfredini. Efetivamente a frequência entre 2005 e 2011 tem sido notável, podendo-se destacar a sequência:

- 26/04/2005 (Figura 2.40) fechou a Barra no Canal de Acesso ao Porto de Santos por mais de 12 horas;

- 02/06/2006 (Figura 2.41) danificou seriamente o aterro do acostamento da Rodovia Rio-Santos na Praia Massaguaçu em Caraguatatuba (SP). Alguns dias depois

Figura 2.40
Storm Surge de 26 de abril de 2005.

Figura 2.41
Storm Surge de 2 de junho de 2006.

varreu a costa até o sul da Bahia, colapsando o molhe de abrigo de barcaças na Siderurgica de Tubarão (ES), bem como obrigando o navio a desatracar com frete morto no Píer 2 do Complexo Portuário de Tubarão da Vale em Vitória, depois de quebrar cabos e defensas;

- 01/08/2006 (Figura 2.42) sentida com danos na Plataforma de Pesca Amadora de Monguaguá (SP);

- 08/09/2009 (Figura 2.43) muito forte na Baía de Santos, inundando completamente a praia e parcialmente as pistas da Avenida Beira Mar;

- 05 a 08/04/2010 (Figura 2.44);

- 14 a 18/08/2010 (Figura 2.45) assoreando fortemente os canais de drenagem das praias de Santos, bem como o próprio canal de acesso ao porto;

Figura 2.42
Storm Surge de 2 de agosto de 2006.

Figura 2.43
Storm Surge de 8 de setembro de 2009.

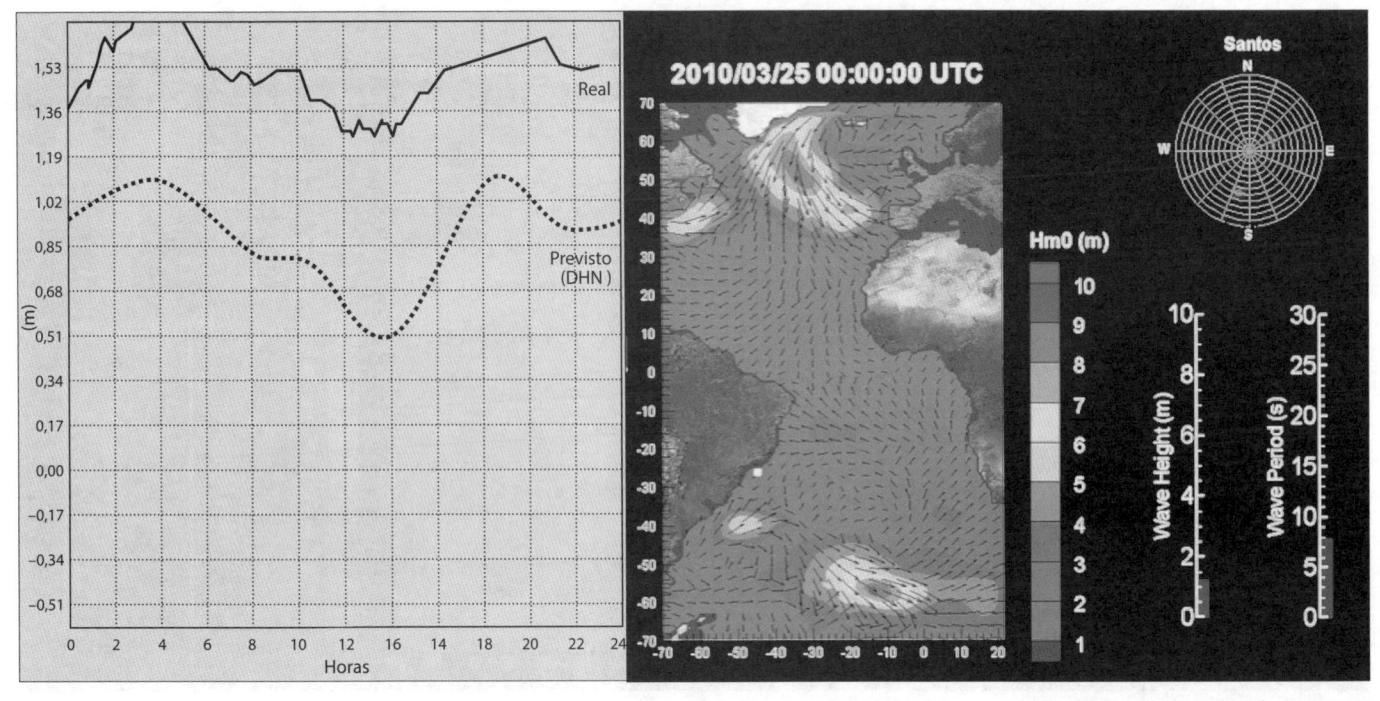

Figura 2.44
Storm Surge de 5 a 8 de abril de 2010.

Figura 2.45
Storm Surge de 14 a 18 de agosto de 2010.

- 04/05/2011 (Figura 2.46) produzindo inundações nas ruas da Ponta da Praia em Santos.

Nessas figuras encontra-se apresentado o resultado do modelo climático Ondas do Brasil (cortesia Baird & Associates Coastal Engineering Ltd.), ilustrando as alturas significativas (Hm_0) e os períodos de pico do espectro, bem como as rosas. O clima apresentado é sempre de alguns dias antes das fotos, representando a gênese do storm surge.

Na Tabela 2.11 apresenta-se um quadro resumo das condições maregráficas e climáticas para esses eventos extremos.

Como uma síntese das consequências dessas variabilidades climáticas na Baía e Estuário de Santos, apresenta-se a Figura 2.47 (ALFREDINI et al., 2013), que é extensível a qualquer região marítima sujeita a esses processos.

Figura 2.46
Storm Surge de 4 de maio de 2011.

Tabela 2.11
Quadro resumo das condições maregráficas e climáticas

Data	Maré astronômica m	Maré registrada m	Efeito meteorológico (m)	H_sm na isóbata de -10 m (DHN)	Vento m/s *Offshore*	Vento Rumo °
08/09/2009 8:20	0,81	1,19	0,38	0,47	8,53	13
05/04/2010 10:10	0,69	1,50	0,81	1,25	11,89	209
15/08/2010 0:50	0,55	1,30	0,75	2,85	10,56	205
04/05/2011 9:20	0,23	0,63	0,41	2,17	7,00	230
29/05/2011 15:10	1,19	1,33	0,15	4,96	11,92	236
24/08/2011 3:00	0,75	0,91	0,15	4,24	8,24	112

2.3 ONDA DE MARÉ EM RIO DESAGUANDO NO MAR

2.3.1 Considerações gerais

A presente abordagem tem por objetivo contribuir para o melhor entendimento dos efeitos que a maré provoca no escoamento de um rio no trecho próximo à sua foz no mar. Considerando a solução analítica adimensional para as equações que regem o fenômeno, é possível obter resultados abrangentes, uma vez que se está utilizando uma abordagem completamente adimensional.

2.3.2 Equações de Saint-Venant

As equações utilizadas para estudar a maré fluvial são as equações de Saint-Venant unidimensionais (1-D) na forma

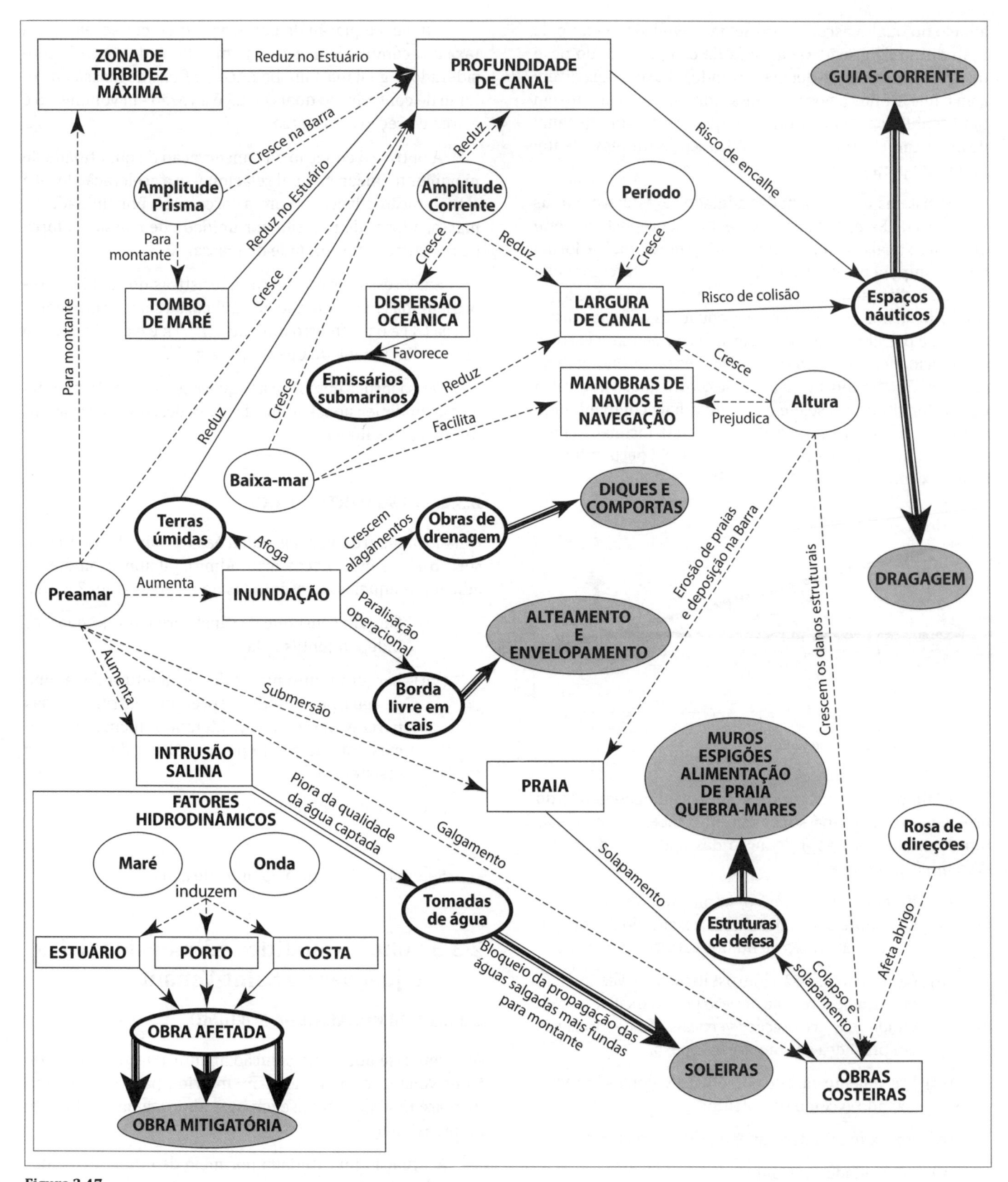

Figura 2.47
Impactos costeiros e estuarinos das variabilidades climáticas.

diferencial. As equações de Saint-Venant são deduzidas a partir das leis básicas da mecânica dos fluidos que governam os escoamentos à superfície livre: a conservação da massa e a conservação da quantidade de movimento linear.

2.3.2.1 SISTEMA NATURAL DE COORDENADAS E HIPÓTESES BÁSICAS

Inicialmente, é importante estabelecer o sentido atribuído no texto à expressão canal fluvial. O canal em questão é aquele no qual o escoamento se dá primordialmente pela ação direta da gravidade através da componente do peso da água na direção do declive, fazendo uma analogia direta com o que acontece nos rios. Dessa forma, o escoamento em um canal fluvial, ao contrário do que ocorre em um canal de maré, caracteriza-se por um único sentido de movimento: montante para jusante.

O sistema de coordenadas adotado para determinar as equações de Saint-Venant tem o eixo x sobreposto ao leito do canal, o qual é inclinado em relação a horizontal de forma que a componente da velocidade de maior interesse tenha a mesma direção de x. Observa-se que, se o eixo x fosse colocado na horizontal, como nas equações de águas rasas, haveria a possibilidade de surgir uma componente vertical da velocidade, causando dificuldade extra. Assim, para se estudar o fenômeno, no sistema de coordenadas natural, o eixo x (longitudinal) segue o eixo do canal acompanhando a sua macrotopografia, apresentando uma inclinação i em relação à horizontal, considerando o eixo z perpendicular ao eixo x como mostra a Figura 2.48.

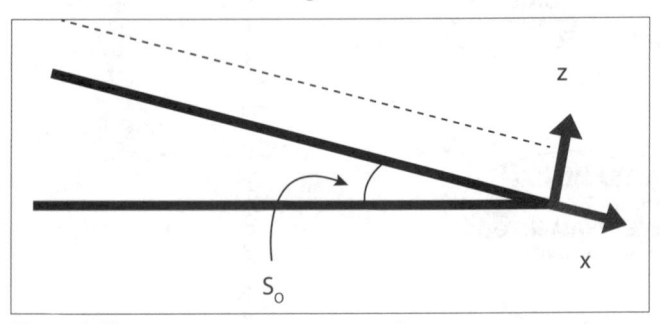

Figura 2.48
Vista em corte da seção longitudinal do canal.

Definidas as características básicas da geometria do problema, o próximo passo consiste em estabelecer as demais hipóteses necessárias à dedução das equações de Saint-Venant, como segue:

(i) Escoamento isocórico, implicando em um valor constante para a densidade, excluindo dessa análise escoamentos de fluidos estratificados;

(ii) Campo de pressão hidrostático, uma vez que, no balanço de forças na direção perpendicular ao movimento as acelerações verticais são desprezíveis em presença da componente peso.

(iii) Escoamento em alto número de Reynolds, caracterizando-o como turbulento;

(iv) Aproximação de pequeno declive de Morris;

(v) Declividade constante.

2.3.2.2 MODELO UNIDIMENSIONAL

A partir das hipóteses estabelecidas no item anterior, é possível deduzir as equações de Saint-Venant na sua forma unidimensional, uma vez que as características do escoamento permitem esta aproximação, na qual u representa uma velocidade média na seção transversal.

Uma é a equação de conservação de massa, em que a taxa de acúmulo de massa em um volume de controle considerado é igualada a um balanço do fluxo de massa no volume de controle, no qual $Q = uS$ é a vazão em volume e S é a área da seção transversal.

A outra é a equação da conservação da quantidade de movimento linear, na qual relaciona-se a aceleração local e a aceleração advectiva com a força peso por unidade de massa, a força de pressão por unidade de massa e a força de resistência por unidade de massa.

Cabe ressaltar que as características do canal são representadas por R_H, o raio hidráulico, ou seja, a razão entre a área ($\bar{A}$) e o perímetro molhado ($\bar{P}$) e k é o coeficiente de proporcionalidade de Chézy, que é g/C^2.

Dessa forma, obtém-se as equações da Saint-Venant na forma unidimensional, utilizadas para descrever escoamentos em canais fluviais.

2.3.2.3 CASO PARTICULAR

Uma forma particular das equações de Saint-Venant pode ser obtida, sendo necessário admitir algumas hipóteses adicionais àquelas apresentadas no início do item 2.3.2.1:

(vi) Largura constante do canal, tornando as equações independentes dela;

(vii) Largura muito maior do que a altura da lâmina de água, permitindo desprezar a contribuição das paredes laterais, considerando apenas o atrito existente no fundo para o cálculo das forças de resistência;

(viii) Canal retangular.

Sendo $h(x,t)$ a altura da linha de água.

2.3.3 Solução analítica adimensional das equações de Saint-Venant

2.3.3.1 FORMULAÇÃO DA SOLUÇÃO

Apresenta-se aqui uma solução analítica das equações de Saint-Venant, obtidas no item anterior, para o problema da maré fluvial, com base em uma abordagem totalmente adimensional.

A situação foi estudada por meio de um modelo simplificado, porém, com os mesmos aspectos físicos fundamentais do fenômeno. Para tanto, foi necessário considerar outras hipóteses em complementaridade às hipóteses usadas na dedução das equações de Saint-Venant.

Sejam as hipóteses:

(ix) A maré provoca perturbações em uma situação de equilíbrio, dada pelo escoamento permanente uniforme fluvial no rio. Tais perturbações devem ser pequenas de forma a provocar apenas variações na velocidade da corrente sem, no entanto, ocasionar inversão de fluxo em nenhum local do canal. Assim, uma pequena oscilação periódica é produzida no nível médio da água na foz, tal que: a, α e h representam, respectivamente, a amplitude, a frequência da oscilação e a altura da água para o escoamento básico do rio em regime permanente uniforme, de forma que:

$$a/h < 1$$

(x) A maré é representada de forma simplificada por uma única componente harmônica no tempo, com período T, capaz de se propagar rio acima sem sofrer reflexão.

A vazão do rio a montante é considerada constante, ou seja:

$$uh = q$$

sendo: u a velocidade média do escoamento básico do rio em regime permanente uniforme e q = Q/B a vazão por unidade de largura (B) ou vazão específica.

O fenômeno é descrito esquematicamente na Figura 2.49:

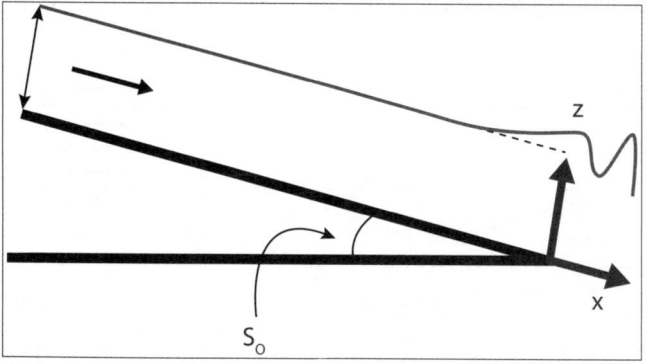

Figura 2.49
Representação esquemática do problema estudado.

2.3.3.2 ADIMENSIONALIZAÇÃO DAS EQUAÇÕES

Sob o ponto de vista das aplicações, soluções adimensionais são mais convenientes do que as dimensionais, na medida que a independência de valores numéricos (dimensionais) possibilita que tais soluções sejam utilizadas em um espectro maior de situações.

A adimensionalização é feita usando uma escala intrínseca da onda definida em termos da velocidade básica do rio (u) e da frequência da oscilação de nível de período T imposta na foz.

$$\Lambda = u/\omega$$

Substituindo as novas variáveis nas equações de Saint Venant, respectivamente, surgem os números adimensionais de Froude referentes ao escoamento não perturbado e o parâmetro M:

$$M = \omega h/ku$$

Um aspecto importante da solução adimensional refere-se à interpretação física do fenômeno. Inicialmente, observa-se que os parâmetros a/h e Froude devem admitir valores suficientemente pequenos a fim de garantir a maré de pequena amplitude em regime fluvial.

Para tanto, o parâmetro M adimensional pode ser interpretado fisicamente como a razão entre as forças de inércia e atrito, sendo utilizado como um indicador da dinâmica predominante no fenômeno da maré fluvial.

Assim, M pode ser interpretado como um equivalente ao número de Reynolds, sendo utilizado como indicador do regime em que o escoamento se processa, tendo como divisor de águas o ponto de equilíbrio entre forças de inércia e atrito, ou seja: M = 1, como segue:

M<<1, indica predomínio das forças de atrito;

M>>1, indica predomínio das forças de inércia.

Cabe verificar, então, em qual regime o fenômeno da maré fluvial se enquadra.

Pode-se, por exemplo, verificar um aumento na importância das forças de inércia, na medida em que houver um aumento na frequência (ω), desde que os demais parâmetros sejam mantidos fixos.

Cabe observar que a participação das forças de inércia pode:

1. diminuir, na medida em que o período de oscilação aumentar (ω diminui);

2. aumentar, na medida em que a vazão específica aumentar;

3. aumentar, na medida em que diminuir a declividade do rio.

2.3.3.3 SOLUÇÃO ANALÍTICA NO REGIME DOMINADO PELO ATRITO PARA MARÉ SEMIDIURNA (T = 12,42 H)

Suponha-se o seguinte comportamento da maré fluvial no regime de atrito considerando as características de um rio costeiro como segue:

- Vazão média de longo período: $Q = 20 \ m^3/s$.

- Amplitude média de maré: 0,8 m.

- Período da maré (T): 12,42 h (lunar semidiurna).

- $\omega = 1,405 \times 10^{-4} \ s^{-1}$.

- L: comprimento de onda longa = $(2\pi/\omega)(gh)^{1/2}$ = 203,3 km.

- Largura média no trecho de 12 km em análise: 100 m.

- Distância da foz até o local onde se deseja avaliar a maré: x = 12 km.

- Declividade do álveo no trecho em análise: i = 10^{-5}.

- q = 20/100 = 0,200 $m^3/s/m$.

- C = 30 $m^{1/2}/s$, equivalentemente k = g/C^2 = 0,011.

- h = 2,108 m.

- u = 0,095 m/s.

- a/h = 0,380 << 1, satisfazendo a condição de maré de pequena amplitude e F_R = 0,021, indicando que o escoamento básico do rio se processa em regime fluvial, conforme requerido pela solução.

- M = 0,286, fato que caracteriza uma situação na qual as forças de atrito predominam (M < 1).

- O parâmetro de escala (λ), nesse caso, vale 676,157 m.

- x/λ = 12.000/676,157 = 17,747.

O fenômeno pode ser observado na Figura 2.50.

- A maré fluvial, no caso do predomínio das forças de atrito, atenua-se mais fortemente, uma vez que a onda quase que desaparece a uma distância aproximada da

metade do seu comprimento. De fato: para x/λ = 17,747, a amplitude da maré é < 1,6‰ ~ 1 mm.

A previsão da chamada distância X de penetração a partir da foz, até onde a maré poderá ser perceptível, pode ser quantificada como a extensão do álveo em que a oscilação do nível d'água corresponde a 1% da amplitude de maré existente na foz. Nessas condições, a Figura 2.51, que apresenta a distância de penetração adimensional em função de M e do número de Froude, fornece para M = 0,286 e número de Froude = 0,021: X/λ = 45, X = 30.427,677 m. A essa distância da foz, a amplitude da maré seria de 8 mm.

O comprimento de onda da maré fluvial (L_f) pode ser normalizado por L, apresentando na Figura 2.52 sua variação em função de M e do número de Froude. Essa figura mostra que, para o regime típico da maré fluvial, L_f < L. Os cálculos anteriores evidenciam a presença de duas cristas no interior do rio, conforme esperado. De fato:

- Para M = 0,286 e número de Froude = 0,021, resulta L_f/L = 0,48, portanto: L = 0,48 x 203,3 = 97,6 km.

Analisando a Figura 2.53, infere-se que, para a faixa de valores de M, segundo os quais as forças de inércia e de atrito são da mesma ordem de grandeza, tem-se que X/L ≈ 1, o que indica que a maré fluvial está sofrendo uma atenuação de aproximadamente 100% na distância de um (1) comprimento de onda quando M ≈ 1. Consequentemente, como M = 1 representa o ponto de separação entre o regime

Figura 2.50
Representação do nível de água (adimensionalizado por h) no regime dominado pelo atrito nos tempos adimensionais 0 (a),$\pi/2$ (b), π (c) e $3\pi/2$ (d).

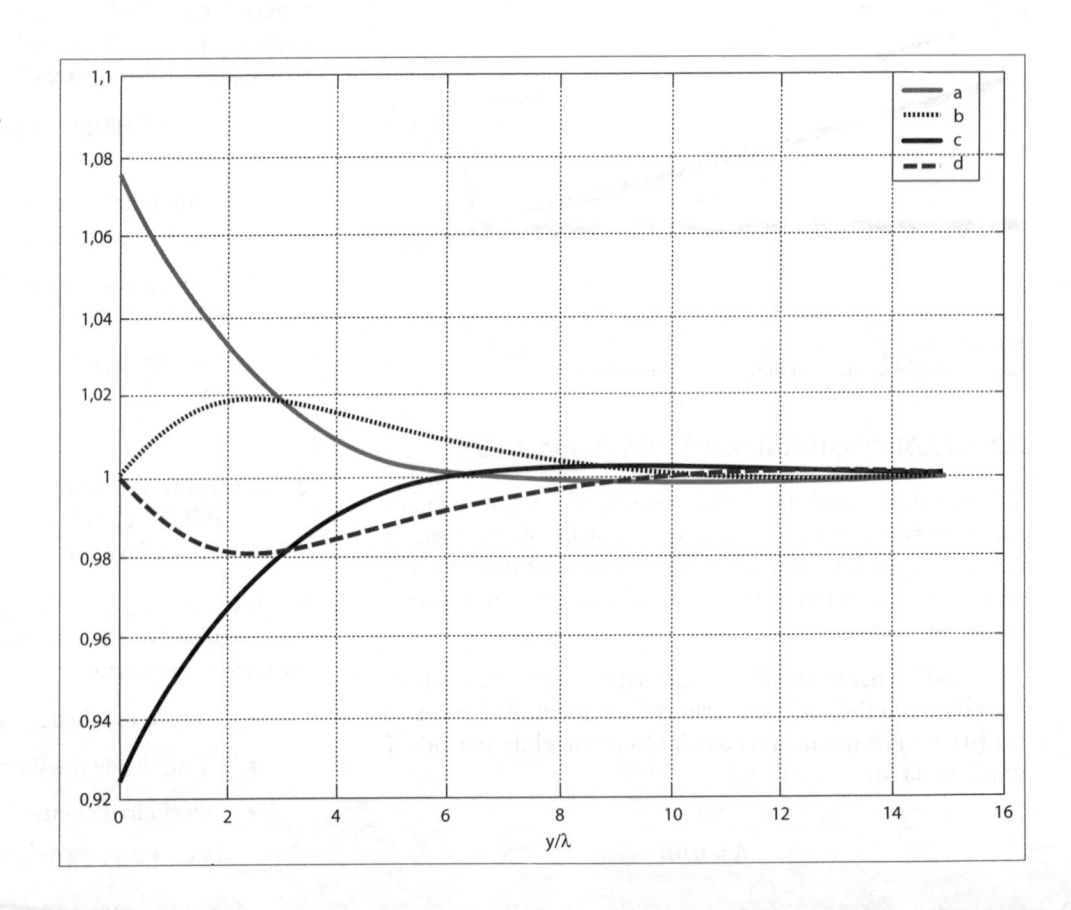

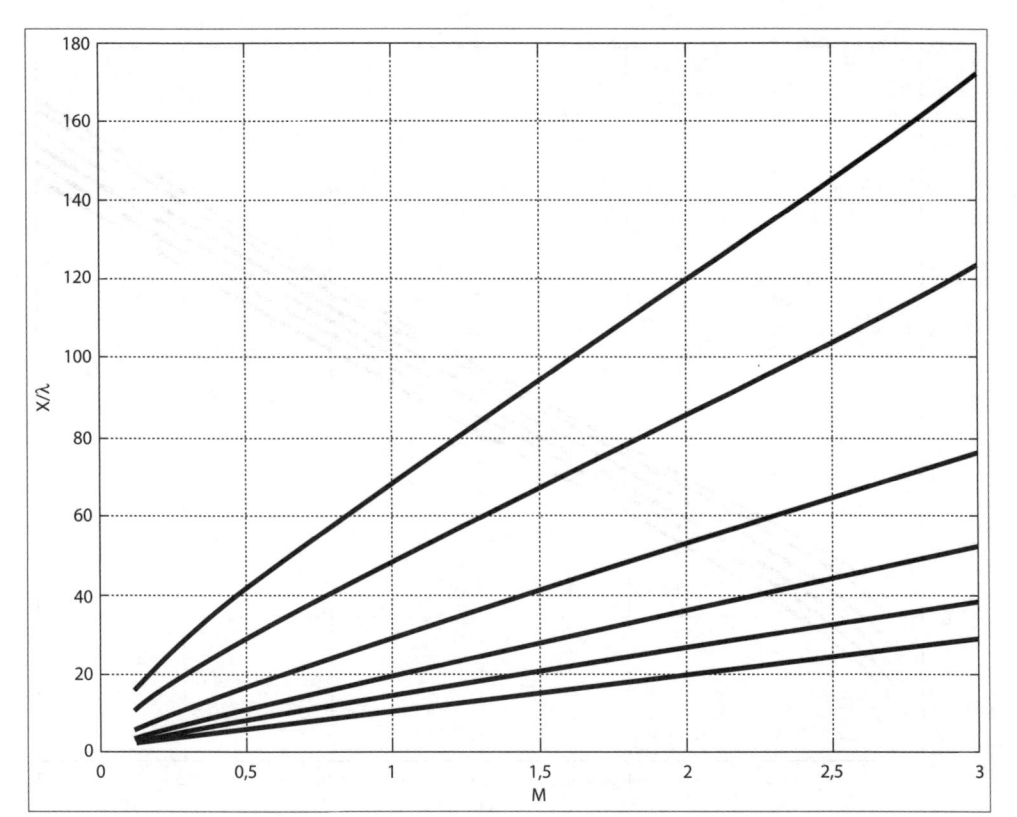

Figura 2.51
Relação da distância de penetração adimensional X/λ com a variação de M para o número de Froude = 0,075 (curva que atinge os maiores valores da distância); 0,10; 0,15; 0,20; 0,25 e 0,3 (curva que atinge os menores valores da distância).

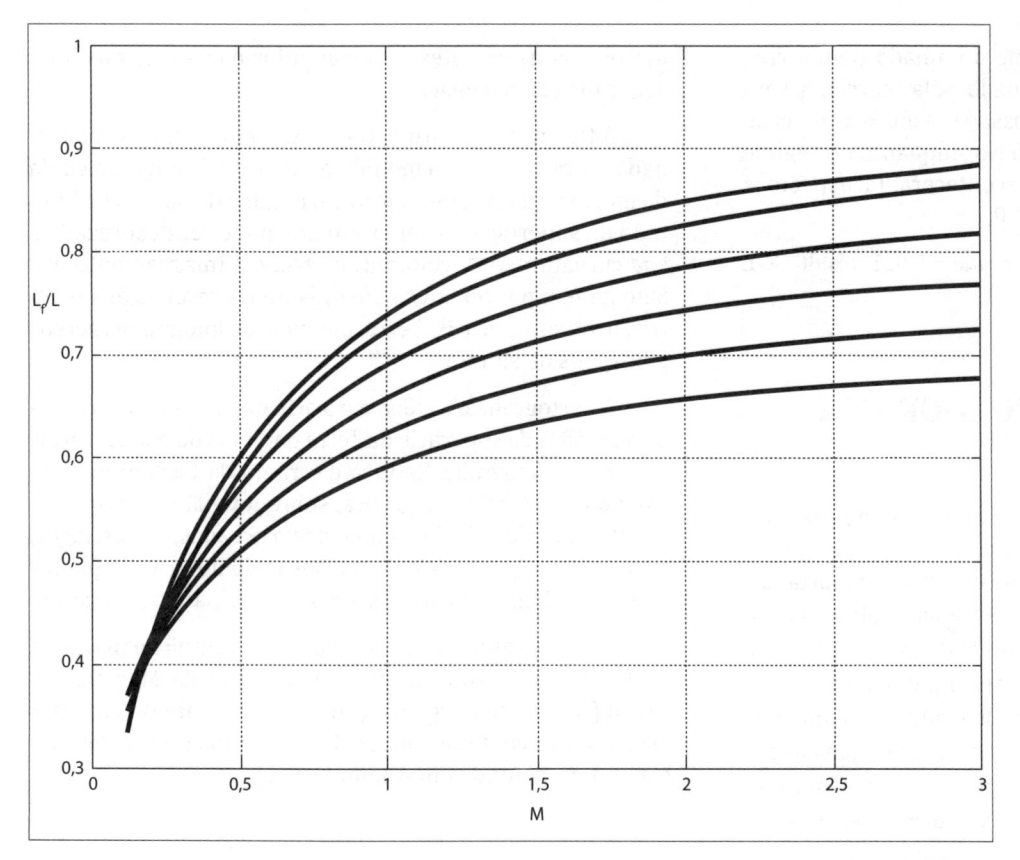

Figura 2.52
Representação da variação de L_f/L em função de M (0,12<M<3) e número de Froude = 0,075 (curva que atinge os maiores valores de L_f/L): 0,10; 0,15; 0,20; 0,25 e 0,3 (curva que atinge os menores valores de L_f/L).

Figura 2.53
Representação da variação de X/L em função de M (0,12 < M <3) e número de Froude = 0,075 (curva que atinge os maiores valores de X/L); 0,10; 0,15; 0,20; 0,25 e 0,3 (curva que atinge os menores valores de X/L).

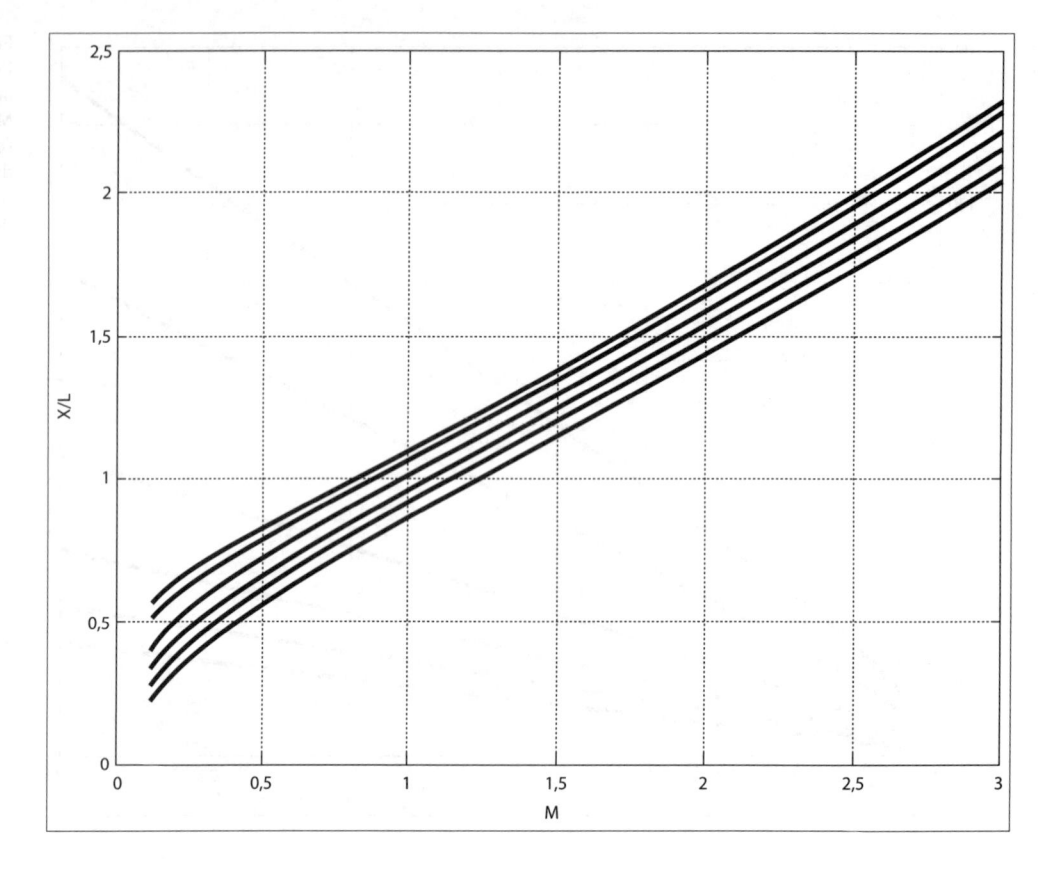

dominado pela inércia e o regime dominado pelo atrito, verifica-se que, no regime dominado pela inércia, X será sempre maior do que L, sendo possível identificar mais de uma crista de onda no interior do rio, enquanto no regime dominado pelo atrito, isso nunca acontecerá. Tal aspecto já podia ser observado na Figura 2.50.

- Para M = 0,286 e número de Froude = 0,021, resulta X/L =0,8 e, portanto: X = 78 km.

2.4 ELEMENTOS DE HIDROGRAFIA

2.4.1 Definições gerais

Hidrografia é a ciência da medida e do estudo de oceanos, mares, rios, lagos e outras águas navegáveis, bem como das zonas terrestres adjacentes. Reveste-se de grande importância o seu conhecimento, especialmente em águas mais rasas que as profundidades oceânicas, nas quais ondas, ventos, marés e correntes são determinantes para a segurança da navegação. A Hidrografia compreende todos os elementos fundamentais que devem ser conhecidos para a segurança da navegação nessas regiões, bem como a publicação, sob uma forma adequada para o uso dos navegantes, das informações obtidas.

Ela encerra, portanto, um vasto campo de atividades que os hidrógrafos são levados a empreender, como observações geodésicas, topográficas, astronômicas e geográficas; determinação do relevo submarino (batimetria); estudo de marés, correntes e outros serviços oceanográficos e meteorológicos; construção e publicação de cartas e divulgação de roteiros de navegação, listas de faróis, auxílios-rádios,

avisos aos navegantes e outras informações de auxílio à segurança da navegação.

A Geodesia é o estudo das questões científicas relacionadas com a forma e a medida da Terra. A Topografia cuida da medida e da representação em detalhe de um trecho limitado da superfície da Terra, em que pode ser desprezada a sua curvatura. A Aerofotogrametria e o Imageamento por Satélite têm por objetivo a medida e a representação de um trecho da superfície da Terra, por meio de fotogramas aéreos e imagens de satélite.

A Cartografia é a ciência e a arte que trata da representação gráfica da superfície da Terra por meio de mapas, cartas e planos. Cartografia Náutica é o ramo da Cartografia que trata da representação gráfica, sobre um plano, de um trecho da superfície da Terra que inclua oceanos, mares, lagos, rios e outras águas navegáveis, por meio de cartas e planos que contenham informações de interesse para o navegante.

A Cartografia Náutica Brasileira é atribuição privativa da Diretoria de Hidrografia e Navegação da Marinha do Brasil (DHN), cuja organização é orientada tendo em vista esse fim básico. Essa síntese de elementos de Hidrografia está fundamentada em Aboim (1954).

2.4.2 Geodesia e topografia

2.4.2.1 FORMA DA TERRA

A verdadeira forma da Terra, denominada geoide, é definida como a superfície do nível médio dos mares, prolongada através dos continentes.

Em cada ponto, essa superfície será normal à vertical local, ou seja, à direção da gravidade, sendo, assim, uma superfície equipotencial (Figura 2.54). A superfície do geoide é irregular e de equação muito complexa. Para o cálculo das posições, há necessidade de se substituir o geoide por uma superfície matemática que o represente dentro de certa aproximação. Em Geodesia, então, admite-se a forma de um elipsoide de revolução para a Terra. O elipsoide de revolução é o gerado por uma elipse que gira em torno de seu eixo menor, que corresponde ao eixo terrestre.

As posições das estações da Terra são, então, projetadas verticalmente sobre o elipsoide, o que definirá suas posições geodésicas.

Elipsoide de referência

O elipsoide é calculado em função de arcos de meridianos e paralelos, medidos em diversas partes da Terra. Existem vários elipsoides de referência, que diferem ligeiramente entre si, conforme os arcos levados em conta no seu cálculo.

Na Tabela 2.12, são citados os parâmetros dos elipsoides mais notáveis utilizados no Brasil.

Achatamento e excentricidade

O elipsoide de revolução é caracterizado pelos valores de seus semieixos, ou pelo valor de um deles combinado a um dos parâmetros da elipse que o gera, nomeadamente o achatamento ou a excentricidade.

O achatamento é a razão entre a diferença dos semieixos e o semieixo maior (Figura 2.54):

$$\mu = \frac{a-b}{a}$$

Coordenadas elipsóidicas

Um ponto M sobre o elipsoide é definido por suas coordenadas de longitude e latitude. A longitude é o ângulo diedro formado pelos planos dos meridianos de origem e do ponto e se confunde com a longitude geográfica.

No elipsoide existem, porém, várias latitudes, entre as quais duas são mais relevantes (Figura 2.55): a latitude geocêntrica (ψ), que é o ângulo formado entre o raio vetor do ponto e o plano do Equador, e a latitude geodésica (φ), que é o ângulo formado entre a normal à superfície no ponto e o plano do Equador.

Tabela 2.12 Elipsoides mais notáveis usados no Brasil				
Autoridade	Ano	Raio equatorial (m)	Raio polar (m)	Achatamento
HAYFORD	1909	6.378.388	6.356.912	1/297
SAD 69	1969	6.378.160	6.356.775	1/298
WGS84	1984	6.378.137	6.356.752	1/298
SIRGAS2000/GRS80	1980			

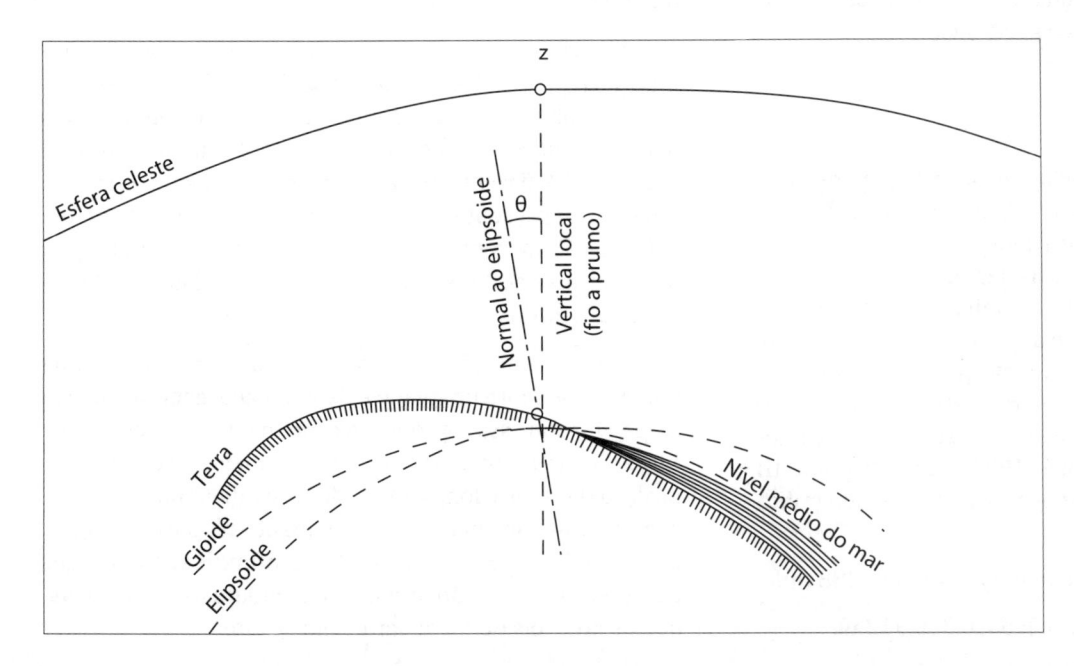

Figura 2.54
Ilustração dos conceitos de geoide e elipsoide.

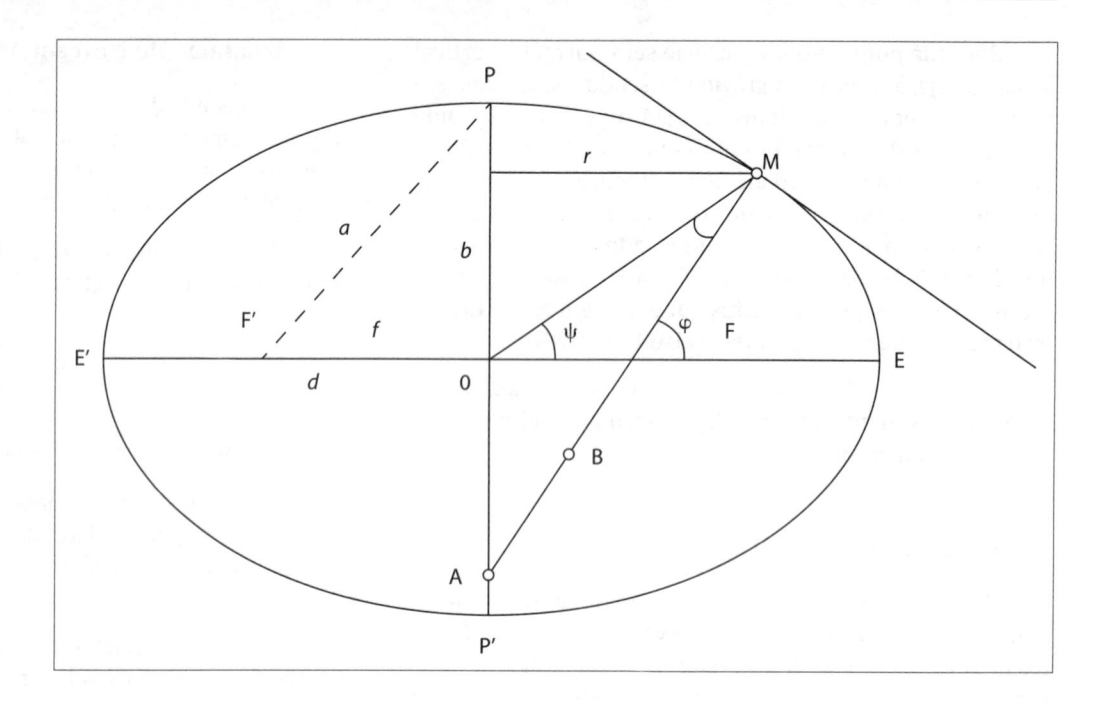

A latitude geodésica difere da latitude geográfica determinada por observações astronômicas, pois esta é o ângulo formado pela direção da vertical física do ponto (ou seja, a direção do fio a prumo) com o plano do Equador, que não coincide com a normal ao elipsoide. Abstraído, porém, o desvio da vertical, a latitude geodésica se confundirá com a geográfica, determinada por observações astronômicas. O ângulo formado pelo raio vetor em um ponto com a normal ao elipsoide que por ele passa denomina-se ângulo da vertical (V) e não deve ser confundido com o desvio citado da vertical.

Pela Figura 2.55, resulta:

$$V = \varphi - \psi$$

Seu valor encontra-se tabulado para o elipsoide internacional, em função da latitude geodésica.

Seções do elipsoide

É infinito o número de seções planas que se pode fazer passar por um ponto do elipsoide. Com exceção das seções perpendiculares ao eixo polar (determinadas pelos paralelos), que são circulares, todas as demais são elípticas. As seções que contêm a normal denominam-se seções normais. A seção meridiana, que é a que contém o eixo polar, tem seus parâmetros iguais ao do elipsoide, consequentemente, seu eixo maior é igual ao diâmetro equatorial e o menor, igual ao eixo polar. As medidas do elipsoide de referência internacional de Hayford (1909), adotado pelo BHI e sugerido pela União Internacional Geodésica e Geográfica em 1924, são:

*   Raio equatorial (semieixo maior): a = 6.378.388 m.

*   Raio polar (semieixo menor): b = 6.356.912 m.

*   Comprimento de quadrante de meridiano: 10.002.288 m.

*   Comprimento de quadrante equatorial: 10.019.148 m.

*   Raio médio: $\dfrac{2a+b}{3}$ = 6.371.299 m.

*   Valor da milha equatorial (comprimento do arco de 1 minuto no Equador): 1.855,398 m.

*   Achatamento: μ = 1/297.

2.4.3 Cartografia

2.4.3.1 GENERALIDADES

Cartografia é a ciência e a arte de expressar graficamente, por meio de mapas e cartas, o conhecimento da superfície da Terra, em seus variados aspectos.

Não sendo a Terra uma superfície desenvolvível, é impossível representá-la sem deformações de distorções cartográficas sobre um plano, sendo necessário estender umas partes e contrair outras para que se tenha, num todo, a representação da superfície terrestre. Consequentemente, todas as representações cartográficas têm determinada deformação inerente, que não pode ser anulada completamente, mas pode ser determinada ou anulada em determinado sentido.

A representação da superfície da Terra, ou de uma porção dela, sobre um plano é denominada, genericamente, mapa. Quando essa reprodução contém informações de particular interesse para o navegante e os meios de determinar posição (latitude e longitude) e direções, denomina-se carta, contendo maior ênfase e detalhamento na parte de água, assinalando cotas isobáticas das profundidades, perigos e auxílios à navegação, indicando somente os pontos e aspectos notáveis de terra para o navegante.

2.4.3.2 CLASSIFICAÇÃO DAS CARTAS

As cartas náuticas abrangem costas, mares, rios, lagos e lagoas navegáveis, nas quais o navegante coloca o seu ponto, traça sua derrota de navegação. As cartas náuticas são classificadas pela DHN em:

- Cartas gerais: as de escala menor que 1:3.000.001.

- Cartas de grandes trechos: escalas de 1:3.000.000 a 1:1.500.001.

- Cartas de médios trechos: escalas de 1:1.500.000 a 1:500.001.

- Cartas de pequenos trechos: escalas de 1:500.000 a 1:150.001.

- Cartas particulares: as de escala maior que 1:150.000.

2.4.3.3 SISTEMAS DE PROJEÇÕES

Denominam-se sistemas de projeções os métodos empregados para representar a superfície da Terra sobre um plano. Esses métodos foram originalmente fundamentados em projeções geométricas, daí o seu nome já universalmente consagrado. Posteriormente, progrediram para um sentido matemático mais analítico.

As projeções analíticas são obtidas exclusivamente por cálculo, como no caso da projeção de Mercator, universalmente adotada na construção de cartas náuticas, que também é denominada cilíndrica equatorial apenas por conservar no seu quadriculado uma disposição semelhante à das demais projeções cilíndricas equatoriais.

Quanto à superfície de projeção, esta pode ser realizada diretamente sobre um plano ou sobre uma superfície desenvolvível. Assim, um dos sistemas de projeção pode ser classificado como projeção cilíndrica (Figura 2.56), como a projeção de Mercator.

Quanto à posição da superfície de projeção, os sistemas podem ser classificados em:

- Projeções polares ou equatoriais;

- projeções meridianas ou inversas;

- projeções horizontais.

Assim, as projeções planas são classificadas segundo a posição do ponto de tangência ou polo da projeção, como as cônicas e as cilíndricas, segundo a posição do eixo dessas superfícies.

Quanto às deformações, a projeção de Mercator é considerada equidistante, ou seja, não apresenta deformações lineares, sendo os comprimentos representados em escala uniforme. Essa equidistância só poderá dar-se segundo uma única direção:

- Meridiana: equidistância segundo um meridiano.

- Transversal: equidistância segundo um paralelo.

É impossível construir-se uma projeção ao mesmo tempo equidistante meridiana e transversal. A equidistância em um desses sentidos implica distorção no outro. As projeções conformes são as que não deformam os ângulos nem, consequentemente, as pequenas áreas.

Projeções cilíndricas

Considere-se um cilindro tangente à esfera-modelo no Equador, com seu eixo coincidindo com o da Terra. Ao se desenvolver a superfície cilíndrica segundo um plano, verifica-se que o Equador será representado por uma reta, em verdadeira grandeza; os demais paralelos serão linhas retas paralelas ao Equador; os meridianos serão linhas retas paralelas entre si e perpendiculares ao Equador.

As leis das projeções cilíndricas equatoriais são expressas sob forma diferente da que temos visto: indicam a distância, no cilindro, do ponto a representar o Equador em função da latitude:

$$y = f(\varphi)$$

2.4.3.4 PROJEÇÃO DE MERCATOR PARA O ELIPSOIDE

Das projeções cilíndricas, será estudada em detalhe apenas a equatorial conforme, ou seja, a projeção de Mercator, em que o eixo do cilindro é paralelo ao da Terra (Figura 2.56).

Como se sabe, à medida que aumenta a latitude, vão se reduzindo os círculos dos paralelos. Sendo a circunferência do Equador $2\pi R$ e a dos paralelos $2\pi R\cos\varphi$, observa-se que a razão destes para o Equador é $\cos\varphi$. Ora, na projeção cilíndrica equatorial todos os paralelos são representados por um segmento igual ao do Equador. São, portanto, distendidos segundo uma razão igual a $\sec\varphi$, que compensa seu encurtamento real na Terra.

Os meridianos, porém, têm todos o mesmo comprimento sobre a esfera, igual ao do Equador. Para manter a conformidade da projeção, será, pois, necessário distender os meridianos na mesma razão da deformação dos paralelos, de forma a compensar o crescimento destes.

Unidade da carta

Toda a construção do quadriculado da projeção de Mercator é baseada no comprimento escolhido para representar 1 milha equatorial (1.855,398 metros), denominado unidade da carta (u), sempre expresso em milímetros.

Arbitrado esse valor, os meridianos podem ser traçados paralelos entre si e afastados de u x $\Delta\lambda$, sendo $\Delta\lambda$ a diferença de longitude entre eles.

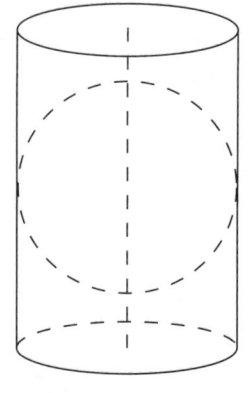

Figura 2.56
Projeção cilíndrica.

Escala das longitudes

É graduada no sentido E-W. Cada divisão de 1' desta escala corresponde a um arco de 1 minuto de longitude e é igual a u, unidade da carta. Essa grandeza u, entretanto, que permanece constante em todos os paralelos, representa diversos valores lineares, pois os comprimentos dos arcos de 1 minuto de paralelo vão decrescendo à medida que a latitude aumenta.

Uma divisão de 1' da escala de longitude só representa 1 milha equatorial no Equador ($\varphi = 0$), representando nas outras latitudes 1M. equat. x cos φ aproximadamente. Portanto, a escala de longitudes é variável quanto aos valores lineares, não podendo ser empregada para medir distâncias na carta.

Escala de latitudes

É graduada no sentido N-S. Cada divisão de 1' corresponde ao arco de um minuto de latitude. Pode-se admitir que uma divisão de 1 minuto da escala de latitudes represente, aproximadamente, uma milha equatorial em todas as latitudes, que é, na prática, considerada igual a uma milha marítima internacional (1.852 m). Por esse motivo, a escala gráfica de latitudes é empregada para medir distâncias sobre a carta de Mercator, devendo ser sempre tomada na altura em que se encontra a distância a medir.

Escala numérica

Visto que a escala gráfica das latitudes pode ser empregada na medida das distâncias sobre a carta para achar o valor da escala numérica, é estabelecida a razão entre uma dimensão qualquer na carta e sua verdadeira grandeza na Terra (Figura 2.57).

$$E = \frac{bd}{BD}$$

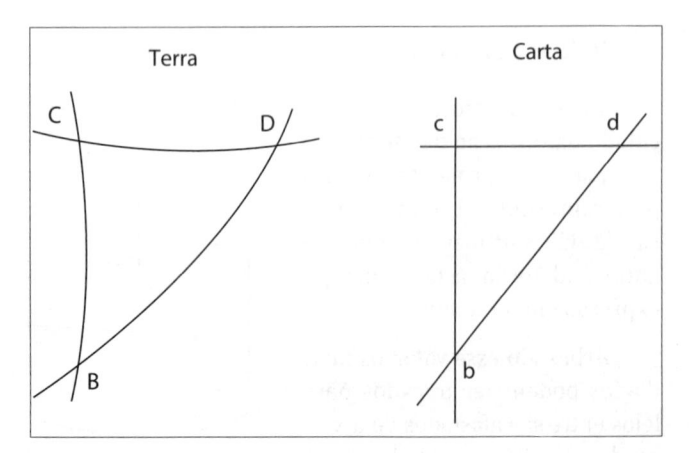

Figura 2.57
Ilustração das mesmas distâncias na Terra e na carta.

Considerando os triângulos BCD e bcd suficientemente pequenos, pode-se escrever:

$$E = \frac{bd}{BD} = \frac{bc}{BC} = \frac{cd}{CD}$$

Porém, como

$$cd = u \times d\lambda'$$

$$CD = comprimento\ do\ arco\ de\ 1'paralelo \times d\lambda'$$

obtém-se para valor da escala numérica da carta:

$$E = \frac{u}{comprimento\ do\ arco\ de\ 1'paralelo}$$

Portanto, a escala numérica da projeção de Mercator é variável, dependendo da latitude. É costume internacionalmente seguido indicar o valor numérico da escala da carta calculada para determinada latitude de referência: é o que se denomina escala natural da carta e somente tem valor para o paralelo de referência, sendo indicada apenas para dar uma ideia aproximada da escala em que é representado o trecho abrangido. Em todas as cartas náuticas da DHN, a escala natural é calculada para a latitude média da carta, isto é, a média das latitudes dos paralelos extremos.

A expressão da escala natural é, então:

$$E_n = \frac{u}{compr.\ arco\ 1'paralelo\ médio}$$

Planos

Nas cartas de escala natural igual ou superior a 1:25.000, não é apreciável a variação da escala de latitudes, podendo-se, então, construir seu quadriculado adotando-se a noção de plano, isto é, uma representação em escala uniforme de partes iguais.

2.4.3.5 FOLHA DE BORDO

A folha de bordo é a representação gráfica do levantamento hidrográfico efetuado. É normalmente construída em escala dupla da carta definitiva e remetida à DHN pelo chefe da comissão hidrográfica que por ela é responsável. A folha de bordo é construída na projeção de Mercator quando sua escala natural é igual ou menor que 1:25.000, sendo que, para escala igual ou maior que 1:25.000, será construída como planos. Um exemplo de folha de bordo está apresentado na Figura 2.58.

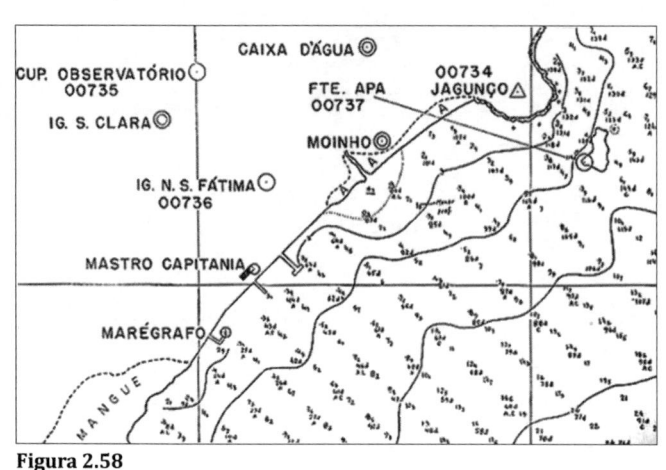

Figura 2.58
Exemplo de folha de bordo.
Fonte: adaptada de Aboim (1954).

2.4.3.6 CARTA NÁUTICA

A carta-padrão é mantida em dia, recebendo todas as correções publicadas pela Marinha em *Aviso aos navegantes*.

A primeira impressão de uma carta construída, denominada nova-carta, constitui a primeira edição, sendo registradas na margem inferior as notas: "Publicada em" e "1.a Edição em", sendo as duas datas a mesma.

As reimpressões feitas para suprir o estoque da distribuição, em que são introduzidas apenas as correções divulgadas no *Aviso aos navegantes*, não são indicadas por nenhuma nota específica. O navegante, entretanto, poderá estimar a época da impressão do exemplar verificando a data do último *Aviso aos navegantes*, cujo número vem impresso no canto inferior esquerdo. Quando as correções a introduzir forem de tal monta que acarretem grandes modificações em parte da carta, é feita uma nova tiragem, cancelando as anteriores, em que constará, em vez da data da edição, a nota "Grandes Correções em". Se as correções forem tais que tornem necessária uma revisão total da carta, será então produzida uma nova edição, sendo registrado seu número de ordem na nota correspondente, isto é, "2.a Edição em" ou "3.a Edição em" etc. Um exemplo de carta náutica está apresentado na Figura 2.59.

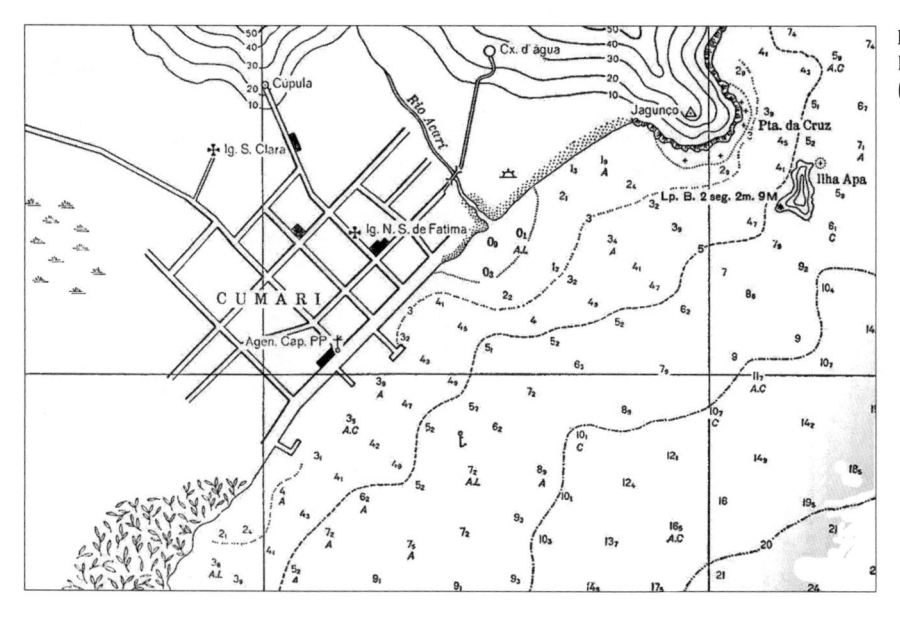

Figura 2.59
Exemplo de carta náutica. Fonte: adaptada de Aboim (1954).

CAPÍTULO 3

TRANSPORTE LITORÂNEO DE SEDIMENTOS E MORFOLOGIA COSTEIRA

Modelo físico da Barra do Rio Itanhaém (SP) para estudos de melhoramentos para a navegação (2000 a 2004). Escala horizontal 1:300, escala vertical 1:50, com simulação da maré, geração de ondas e fundo fixo utilizando traçador sedimentológico de areia fina para avaliações sedimentológicas sobre o transporte litorâneo.

3.1 INTRODUÇÃO

A dinâmica do movimento dos sedimentos costeiros começou a ser mais intensamente estudada na década de 1950. Do ponto de vista da Engenharia Costeira, a importância do tema é muito grande para a solução de problemas práticos relevantes, como o assoreamento de bacias portuárias e as erosões de praias em áreas de elevado valor social e/ou econômico. Não muito tempo atrás, a maioria das obras costeiras era feita por tentativas, em razão da insuficiência do conhecimento relativo à mecânica dos processos litorâneos.

Os processos litorâneos ligados à morfologia costeira e do fundo do mar resultam da combinação de forças naturais (ligadas a ondas, correntes, ventos e tectônicas) e antrópicas (ligadas à ação humana, principalmente em obras de Engenharia Costeira) nas formações geológicas expostas. Muito frequentemente, a costa é formada por material arenoso, que responde de modo bem rápido a estas ações por meio do fenômeno de transporte de sedimentos. As costas rochosas respondem geralmente muito mais lentamente a tais influências e, por isso, interessam mais aos geólogos do que aos engenheiros civis.

A contínua ação dos movimentos do mar sobre a costa, que determina o clima de ondas e a intensidade e direção das correntes, varia em muitas escalas de tempo, de segundos até milênios. Também o suprimento de sedimentos é irregular no tempo e no espaço. Portanto, a qualquer instante, a formação e a composição granulométrica da costa e do fundo do mar apresentam um padrão complexo que tende para um equilíbrio dinâmico, o qual se insere em um período mais amplo correspondente à era geológica.

Assim, o equilíbrio das praias é, em geral, um equilíbrio dinâmico, ou seja, grandes quantidades de areia encontram-se normalmente em movimento, mas de tal forma que a quantidade de material que entra em uma área durante um intervalo de tempo dado é igual, em média, à quantidade que dela sai no mesmo intervalo de tempo. A posição da linha média da costa é relativamente estável por um período de meses ou anos, enquanto a posição instantânea sofre oscilações de curto período.

As praias são erodidas, engordam ou permanecem estáveis dependendo do balanço entre o volume de sedimentos suprido e disponível e o volume de sedimentos retirado pelo transporte, resultante, principalmente, da ação de ondas e correntes nas direções longitudinal e transversal à praia.

A área de interesse desses estudos está compreendida entre o ponto ao largo em que as ondas em águas pouco profundas começam a movimentar os sedimentos do fundo e o limite em terra dos processos marinhos ativos. Esse último é usualmente definido por um campo de dunas ou uma linha de rochedos.

As obras de Engenharia Costeira, alterando o regime natural de transporte de sedimentos, rompem, em geral, o equilíbrio estabelecido em um litoral, embora em todos os projetos procure-se interferir minimamente na linha de costa estabelecida. Erosões ou assoreamentos excessivos podem afetar a integridade estrutural ou a utilidade funcional de uma obra costeira. Frequentemente, a falta de material ocorre em algum local, como erosões indesejáveis em praias e, em outros locais, a superabundância de material pode ser problemática, como o assoreamento de um canal navegável.

Assim, é indispensável ao engenheiro civil que se ocupa de trabalhos marítimos conhecer, com relativa precisão, o modo e a intensidade com que se processa o caminhamento das areias. Dessa forma, a escolha da solução mais adequada, tendo em vista atender um determinado objetivo, será feita com maior segurança; bem como poderá evitar ou resolver com maior eficácia os problemas resultantes da ruptura do equilíbrio dinâmico existente anteriormente à obra.

A questão do movimento dos sedimentos marinhos é extraordinariamente complexa em virtude do número dos parâmetros envolvidos. Comparativamente a previsões similares em rios, os cálculos em Engenharia Costeira tendem a ser de uma ordem de magnitude mais difícil. Os movimentos oscilatórios da água sob as ondas e as várias correntes envolvidas na zona de arrebentação são muito complexos e aumentam muito as variáveis a considerar, sem pensar no desconhecimento de leis gerais do movimento dos sedimentos, que nem para as correntes unidirecionais foram ainda consolidadas. Além disso, assumem importância nada transcurável os dados geográficos e geológicos de base, como a natureza e a estabilidade dos materiais expostos à ação marinha, os aportes fluviais e, em geral, a morfologia e a estratigrafia da costa.

Ao se abordar o movimento dos sedimentos no mar, é necessário distinguir, antes de tudo, as zonas antes e depois da arrebentação, já que as características e a intensidade dos movimentos aluvionares são muito diferentes.

Os movimentos que se produzem antes de a onda arrebentar são, em geral, movimentos de vaivém, relativamente bem definidos e com uma resultante sempre de pequena intensidade. Ao contrário, os movimentos aluvionares produzidos durante e após a arrebentação são extraordinariamente complexos. As quantidades de areias postas em movimento nesta zona são, em geral, muito grandes, resultando importante o seu conhecimento por parte do engenheiro costeiro, pois boa parte das obras costeiras situa-se nesta área.

O movimento dos sedimentos na zona de arrebentação realiza-se basicamente em duas direções, resultando em movimentos aluvionares muito diferentes quanto às suas características e consequências.

O transporte que se processa na direção mar-costa, nos dois sentidos, ou seja, sensivelmente perpendicular (transversal) às batimétricas, é o responsável pelas alterações do perfil da praia como resultado da ação das ondas em ataque frontal. Nesse transporte, o perfil procura adaptar-se às condições climáticas existentes. Se bem que as quantidades de areia movimentadas possam ser surpreendentemente grandes, a resultante anual é praticamente nula e a praia oscila entre duas situações extremas de "bom tempo" e de "mau tempo".

Já o transporte que se processa na direção paralela à praia, ou seja, sensivelmente paralelo (longitudinal) às batimétricas, é consequência do ataque oblíquo das ondas, o que gera na zona de arrebentação uma corrente responsável pelo carreamento de material nesta direção. Trata-se de movimento em um só sentido ou, pelo menos, de resultante indicando um sentido predominantemente nítido, do que se conclui que o equilíbrio em uma praia sujeita a tal movimento deverá ser forçosamente dinâmico. O rompimento desse equilíbrio poderá causar problemas importantes, quer de assoreamentos indesejáveis, quer de erosões mais ou menos graves. Esse movimento de sedimentos constitui-se no denominado transporte litorâneo longitudinal de sedimentos.

O estudo dos dois transportes é feito separadamente, ou seja: ao se estudar o transporte litorâneo, pressupõe-se que o perfil de equilíbrio esteja formado.

Mesmo assim, dada a complexidade do escoamento na zona de arrebentação, não se tem aí o transporte de sedimentos completamente definido. Há basicamente duas questões. A primeira é a descrição hidrodinâmica da corrente longitudinal, agente motriz do fenômeno, e a outra é o próprio mecanismo do transporte de sedimentos, ou seja, as leis físicas capazes de descrever o movimento dos grãos sob a ação do escoamento, se por arrastamento ou suspensão, e quais os seus limites.

Vários estudos sobre o transporte litorâneo já foram realizados, quer na natureza, quer em laboratório. Existem estudos experimentais que procuram ligar diretamente o volume de material transportado com as características das ondas atuantes, enquanto outros abordam o transporte de sedimentos com base nas características dos agentes transportadores (correntes de arrebentação e ondas).

Com esses conhecimentos, o engenheiro costeiro poderá avaliar mais adequadamente a eficiência e o impacto da construção de estruturas, dragagens, engordamento de praias e outras obras realizadas na zona costeira para limitar ou reverter erosões ou deposições. Essas obras, muitas vezes, superpõem-se a um equilíbrio dinâmico da costa, resultando em uma nova condição de equilíbrio, que pode ou não ser desejável. Assim, as obras costeiras podem afetar os processos litorâneos por:

- mudança na taxa e/ou nas características dos sedimentos supridos à costa;

- ajustamento no nível do fluxo de energia das ondas em direção à costa;

- diretamente interferindo com o processo de transporte costeiro de sedimentos.

Como exemplos do primeiro caso, podem ser citados: a construção de uma barragem que retenha sedimentos de um rio que desemboca a barlamar de uma costa, e, portanto, prive a costa do aporte de sedimentos; colocação periódica de areia diretamente na praia para engordá-la. Exemplos do segundo e do terceiro casos são, respectivamente: construção de um quebra-mar destacado que intercepta a aproximação das ondas à praia, reduzindo, consequentemente, o transporte de sedimentos ao longo da praia e induzido pelas ondas; construção de um espigão atravessando a zona de arrebentação e interrompendo diretamente as correntes ao longo da praia, que são induzidas pelas ondas, e o transporte de sedimentos.

Para o progresso do conhecimento sobre os processos litorâneos, dispõe-se, por um lado, da Hidrografia, Oceanografia Física, Mineralogia e Sedimentometria; de outro lado, utiliza-se a experimentação em modelo físico ou na natureza, com meios técnicos modernos: computadores, traçadores radioativos e aparelhos de medida autônomos do mar.

Grande quantidade de dados foi acumulada quanto ao transporte costeiro de sedimentos, mediante investigações de campo e laboratório. Embora os dados sejam úteis nas tentativas de entender os processos litorâneos, os fenômenos são complexos e difíceis de medir, e muito é entendido em senso qualitativo. Portanto, muito esforço ainda é necessário para estudar o mecanismo do movimento dos sedimentos nos processos costeiros.

3.2 ORIGENS E CARACTERÍSTICAS DOS SEDIMENTOS DE PRAIA

3.2.1 Considerações gerais

A areia de praia representa o último produto da erosão de rochas cristalinas, produzido por rios ou por geleiras atualmente desaparecidas (origem terrígena), trazido ao mar.

É extremamente raro, e praticamente pode-se excluir, que a areia de praia provenha da erosão direta das costas atuais (as quais produzem apenas blocos, seixos e lodo) ou mesmo da progressiva abrasão dos seixos.

A areia de praia também pode ser proveniente da destruição de bancos conchíferos ou de coral pela abrasão produzida pelas ondas ou pela ação perfurante de certos micro-organismos. Provém de rios ou geleiras atuais e mesmo de aportes eólicos. A areia é então:

- calcárea no primeiro caso;

- silicosa, calcárea, basáltica ou xistosa no segundo caso.

A maior parte do material sólido é carreada para as áreas marítimas como transporte sólido em suspensão, existindo também pequena carga sólida proveniente do transporte por arrastamento de fundo. A Figura 3.1 evidencia a distribuição do aporte sedimentar ao longo das margens oceânicas. A Figura 3.2 mostra a estimativa de transferência anual de sedimentos para os oceanos.

A ação continuada das ondas reduz os elementos não silicosos, pois os grãos de quartzo são quimicamente os mais estáveis e mecanicamente mais resistentes.

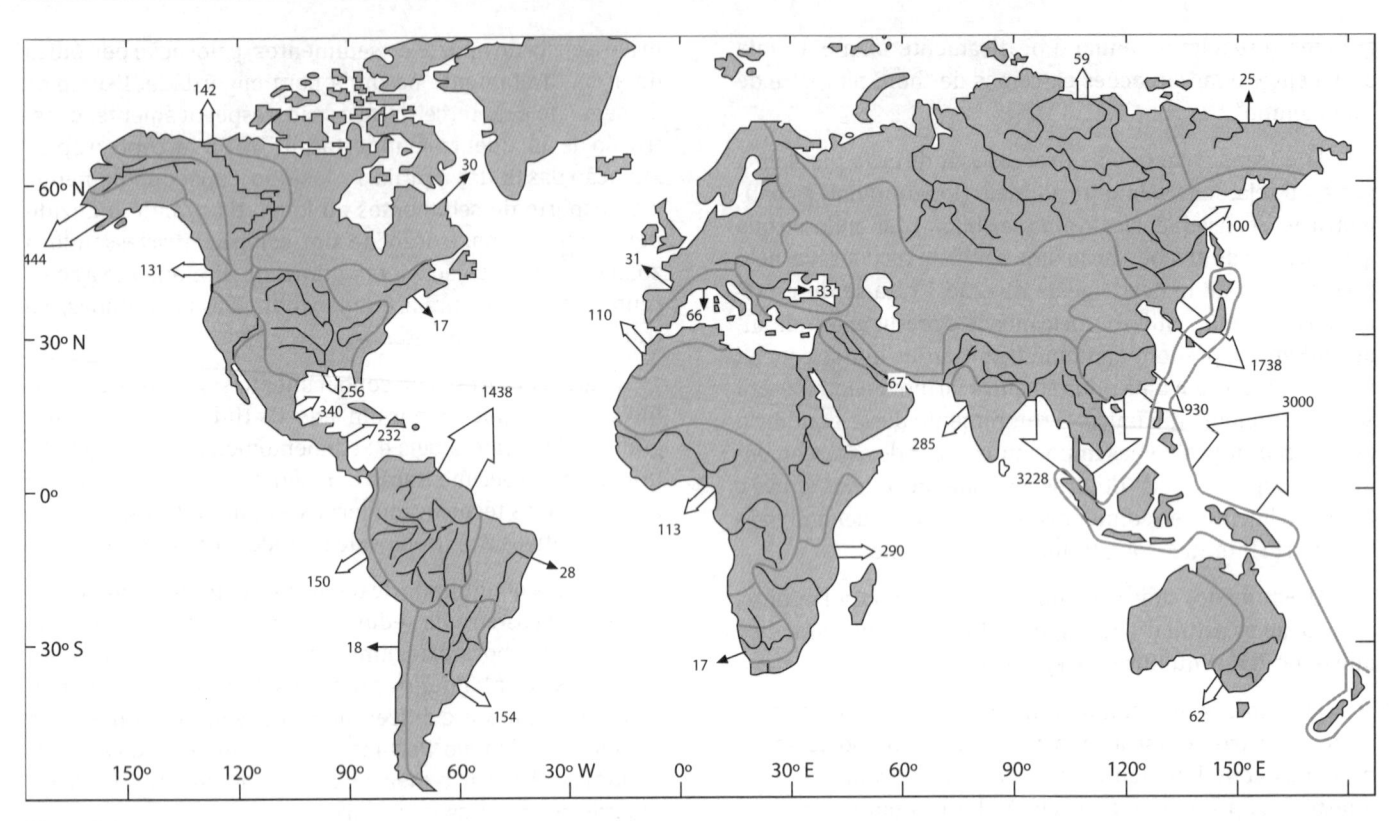

Figura 3.1
A média anual de aporte de descarga de sedimentos em suspensão das maiores bacias de drenagem do mundo. Os valores correspondem a cifras de 10^9 toneladas/ano. A descarga de sedimentos é proporcional à largura das setas. As linhas divisórias são as fronteiras das principais bacias de drenagem.

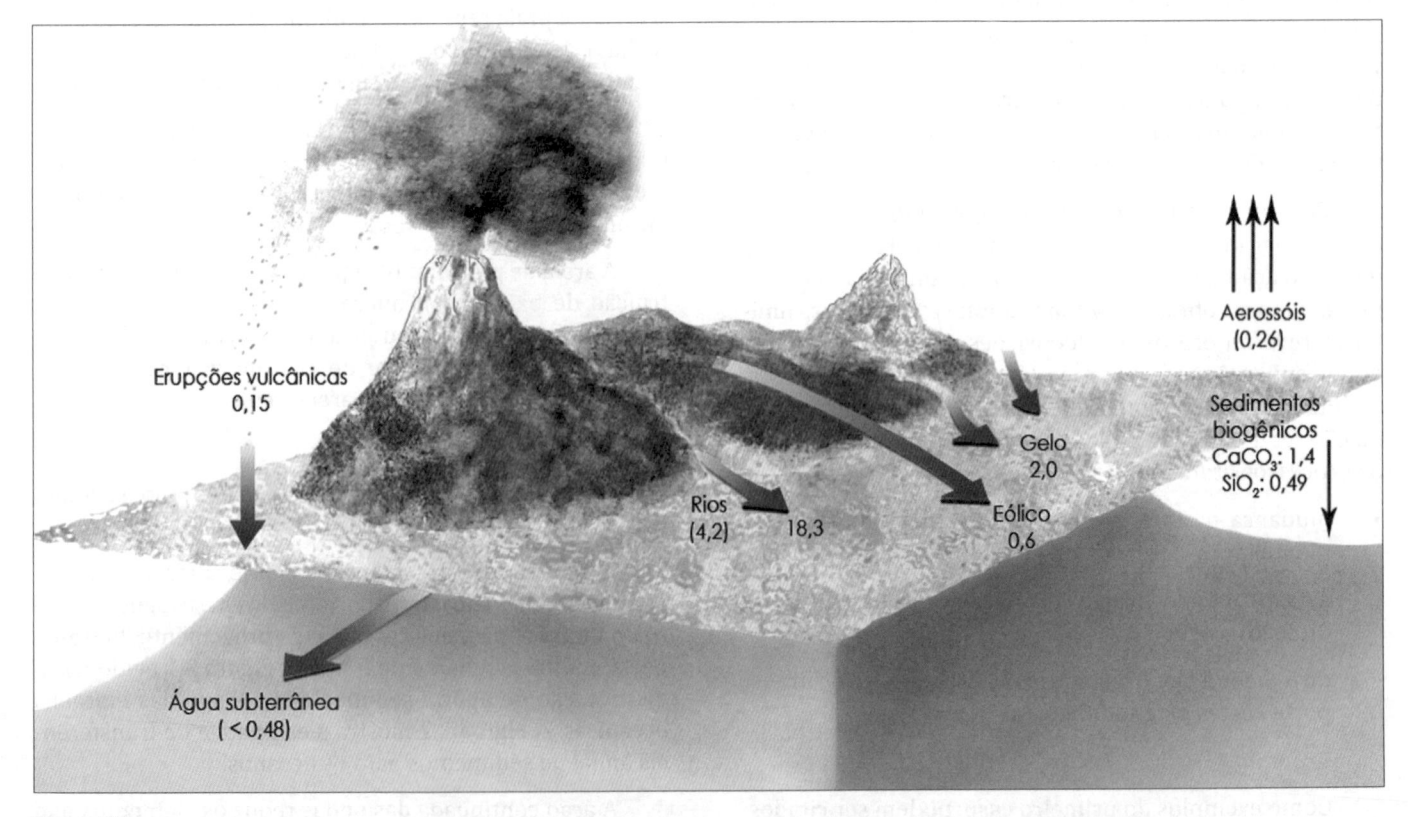

Figura 3.2
Representação esquemática da transferência anual de materiais sedimentares para os oceanos em cifras de 10^9 toneladas por ano. Os números entre parênteses referem-se ao material dissolvido.

Assim, a areia de praia é composta, predominantemente, de grãos de sílica com fragmentos de minerais pesados.

O período simplesmente histórico em que vivemos não é de forma nenhuma suficiente, em relação à escala das grandes eras geológicas, para a produção dos grandes depósitos atuais de areia, que resultaram da erosão massiva de rochas cristalinas em eras geológicas passadas.

3.2.2 Balanço sedimentar

3.2.2.1 ELEMENTOS DO BALANÇO SEDIMENTAR

O balanço sedimentar é um balanço volumétrico do transporte de sedimentos para um segmento selecionado da costa. É fundamentado na quantificação do transporte de sedimentos, erosão e deposição para um determinado volume de controle. Em geral, as quantidades de sedimentos são relacionadas de acordo com as fontes, os sumidouros e processos que produzem aumentos ou subtrações. O objetivo de um balanço sedimentar é permitir ao engenheiro costeiro identificar os processos mais relevantes, estimar taxas volumétricas requeridas para os objetivos do projeto, e assinalar os processos mais significativos para se ter especial atenção.

Qualquer processo que aumente a quantidade de areia no volume de controle definido é denominado uma fonte. Qualquer processo que reduza a quantidade de areia no volume de controle é denominado sumidouro.

Em geral, as fontes são identificadas como positivas e os sumidouros, como negativos. Alguns processos (como o transporte litorâneo) desempenham funções tanto de fonte como de sumidouro no volume de controle.

As fontes e os sumidouros são considerados pontuais quando atuam em porções limitadas do volume de controle e são medidos em volume por ano (Q_i). São considerados lineares quando se estendem ao longo de segmentos nos limites do volume de controle e são medidos em volume por ano por unidade de comprimento de praia (q_i), sendo o volume por ano correspondente a $Q^*_i = b_i q_i$, onde b_i corresponde ao comprimento do segmento de praia da fonte ativa.

A Tabela 3.1 fornece um quadro de classificação dos elementos que contribuem para o balanço sedimentar na zona litorânea, conforme ilustrado na Figura 3.3.

Em um balanço sedimentar, a importância relativa dos diferentes fontes e sumidouros é variável, sendo alguns deles até desprezáveis em um balanço global particular.

Já em um balanço sedimentar completo, a diferença de volumes entre a areia adicionada por todas as fontes e a removida por todos os sumidouros deve ser zero. Usualmente, o balanço é feito para estimar uma erosão ou taxa de deposição desconhecida. Assim, esquematicamente:

Soma das fontes – Soma dos sumidouros = 0,

ou:

Soma das fontes conhecidas – Soma dos sumidouros conhecidos =

= Fonte ou sumidouro desconhecido

Na Figura 3.4(A) estão ilustradas as relações espaço-tempo dos processos litorâneos. Na Figura 3.4(B) é apresentado o balanço sedimentar esquemático proposto para o litoral centro-sul do Estado de São Paulo, segundo Araújo e Alfredini (2001).

Tabela 3.1
Classificação dos elementos do balanço sedimentar na zona costeira

Elementos	Localização			
	Ao largo da zona litorânea	Para a terra da zona litorânea	Dentro da zona litorânea	Limites ao longo da praia da zona litorânea
Fonte pontual (volume/unidade de tempo)	Q^+_1 Depósito ao largo ou ilha	Q^+_2 Rios, drenagens[*]	Q^+_3 Alimentação artificial de praia	Q^+_4 Transporte longitudinal contribuindo[*]
Sumidouro pontual (volume/unidade de tempo)	Q^-_1 Vale submarino	Q^-_2 Embocaduras[*]	Q^-_3 Mineração, dragagem	Q^-_4 Transporte longitudinal removendo[*]
Fonte linear (volume/ unidade de tempo/ unidade de comprimento de praia)	q^+_1 Transporte de areia provinda do largo	q^+_2 Erosão costeira, incluindo erosão de dunas e rochedos[*]	q^+_3 Erosão de praia[*], produção de $CaCO_3$ (carbonatos)	–
Sumidouro linear (volume/unidade de tempo/unidade de comprimento de praia)	q^-_1 Transporte de areia para o largo	q^-_2 Galgamento, armazenamento em terra e nas dunas	q^-_3 Armazenamento[*] da praia, perdas de $CaCO_3$	–

[*] Fontes e sumidouros naturais que usualmente são os principais elementos no balanço sedimentar.

Figura 3.3
Representação esquemática tridimensional
do balanço sedimentar na zona litorânea.

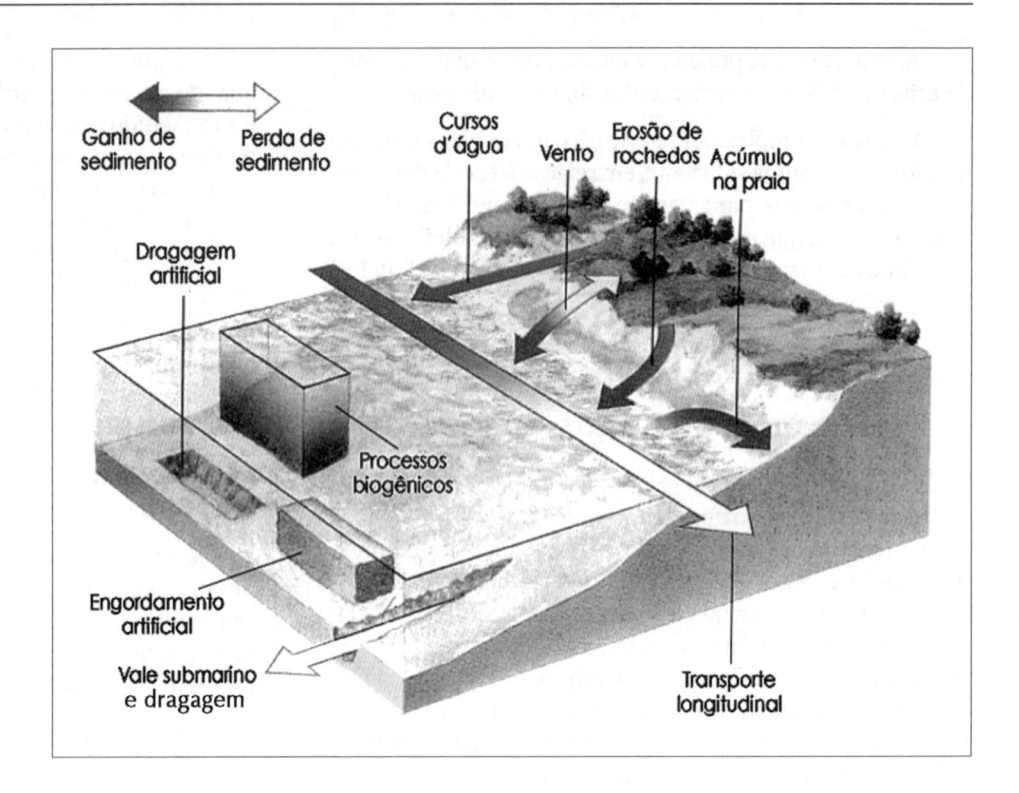

As correntes ao largo da zona de arrebentação são conhecidas como Água Costeira e suas evidências são bem descritas em Geobrás (1966).

3.2.2.2 LIMITES DO BALANÇO SEDIMENTAR

No estudo de uma linha de costa determinada, é conveniente abordar cada unidade morfológica separadamente. A unidade, nesse caso, é definida idealizadamente como a área costeira cujos limites são tais que os processos litorâneos na área não sejam afetados pelas condições físicas nas áreas adjacentes; ou seja, a energia e o material disponíveis dentro da área não dependem das áreas adjacentes. Em alguns casos, as fronteiras de uma unidade são bem definidas, enquanto em outros casos pode variar. Geralmente, as fronteiras das unidades morfológicas consistem de características costeiras como pontais rochosos, barreiras litorâneas construídas pelo homem, vales submarinos, ou outras características costeiras que evitam o movimento sedimentar para dentro e para fora da área costeira sob consideração. A Baía de Santos (SP), situada entre a Ponta de Itaipu, a oeste, e a Ponta da Munduba, a leste, é exemplo de uma unidade morfológica.

A estabilidade relativa de uma linha costeira dentro de uma dada unidade morfológica é dependente do material e da energia disponíveis para a costa. A ação da onda é a principal fonte de energia, mas, como as características da onda mudam continuamente, uma linha de costa particular aparentemente nunca alcança completa estabilidade quando curtos períodos de tempo, como dias ou semanas, são considerados. Ao longo de um maior período, como um ano ou

década, em que o suprimento e perda de material da unidade morfológica e o suprimento de energia da onda não forem alterados por estruturas de Engenharia, a linha costeira é comparativamente estável. A taxa anual de suprimento de material iguala, portanto, a taxa de perda para a taxa anual média de energia da onda. Qualquer mudança provocada pelo homem na configuração costeira produz uma alteração nestas taxas, que modificam a configuração até que uma nova condição seja alcançada, estando em equilíbrio com o alterado balanço material-energia. O tempo necessário para atingir esta nova condição de equilíbrio depende muito da magnitude relativa das várias condições pelas quais o material é suprido ou retirado na zona litorânea em estudo.

Os limites para o balanço sedimentar são definidos pela área em estudo, pela escala de tempo de interesse e pelos propósitos do estudo. Em uma dada área de estudo, compartimentos adjacentes para o balanço (volumes de controle) podem ser necessários com limites perpendiculares à costa nas mudanças mais significativas do sistema litorâneo. Como exemplo, têm-se as embocaduras entre segmentos de praia em erosão e estáveis, e entre segmentos de praia estáveis e em processo de assoreamento. Os limites paralelos à costa são necessários tanto no limite marítimo como no limite para a terra do volume de controle. O limite marítimo é usualmente estabelecido no limite (ou além) do limite de movimento sedimentar ativo, e o limite para a terra, além do limite de erosão antecipado pelo estudo da vida útil da obra. A superfície de fundo do volume de controle deve passar sob a camada sedimentar que se move ativamente, e o topo do limite deve incluir a mais alta elevação no volume de controle.

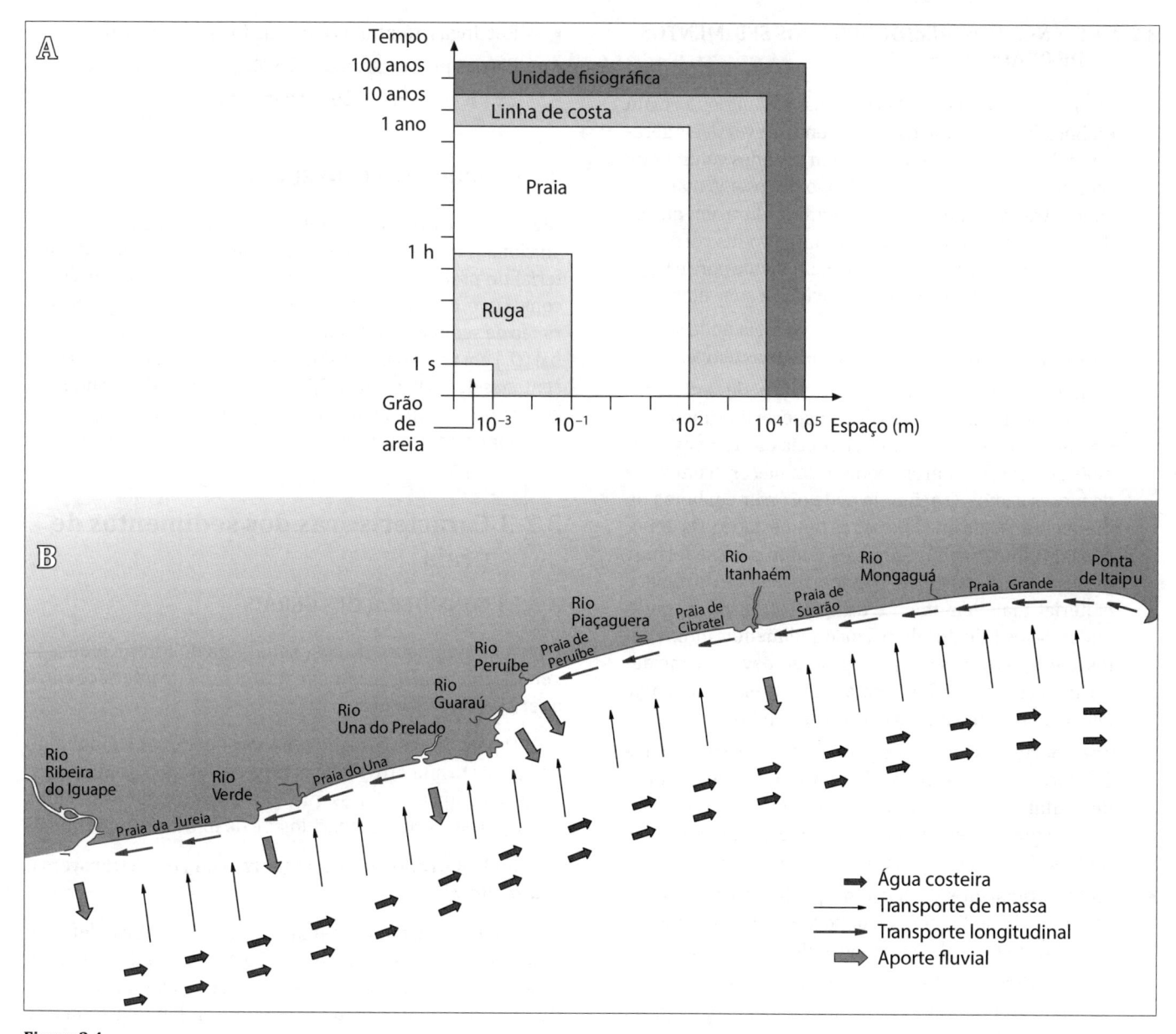

Figura 3.4
(A) Relações espaço-tempo dos processos litorâneos.
(B) Planimetria do balanço sedimentar esquemático proposto para o litoral centro-sul do Estado de São Paulo (ARAÚJO; ALFREDINI, 2001).

3.2.2.3 ELENCO DAS FONTES DOS SEDIMENTOS DE PRAIA

- Rios. A maior parte da carga sedimentar fluvial é mais fina do que as dimensões da areia fina e permanece em suspensão até ser depositada ao largo. Em desembocaduras costeiras, como os estuários ou deltas fluviais, a maior parte da fração areia da carga sedimentar é depositada antes de atingir a zona litorânea. Barragens e programas de controle de erosão podem ser grandes redutores desta fonte. A erosão do Delta do Rio Nilo (Egito) ao longo do século XX, cuja costa recuou cerca de 3 mil m, devem-se em grande parte à construção das barragens de Aswan (1902) e Aswan Alta (1967). Outras costas de áreas deltaicas, com importantes rios associados, historicamente mostraram esse efeito após a implantação de barragens, como o Rio Rodano no Mar Mediterrâneo, o Rio Mississippi no Golfo do México e os Rios Paraíba do Sul e São Francisco no Oceano Atlântico.

- Erosão de costas e rochedos. Frequentemente, a principal fonte de areia é a erosão de uma praia ou rochedo a barlamar. As praias fornecem areia quando a onda e a corrente litorânea apresentam capacidade de transporte que excede o suprimento de areia de fontes a barlamar deste ponto. Esse tipo de erosão pode ser essencialmente contínuo, mas em geral ocorre com taxas elevadas durante as tempestades quando a erosão dos rochedos é mais comum.

- Transporte de ilhas ou bancos ao largo.

- Alimentação artificial de praia. Em muitos casos, a mais econômica maneira de defender uma praia sujeita à erosão é engordando artificialmente a praia, usando areia de alguma área de empréstimo, como depósitos ao largo, baías, campos de dunas etc. A areia é colocada no estirâncio periodicamente (por exemplo, a cada um ou dois anos).

- Produção de carbonato.

- Sedimentos trazidos pelo vento.

3.2.2.4 ELENCO DOS SUMIDOUROS DOS SEDIMENTOS DE PRAIA

- Embocaduras e lagunas. Portos, baías e estuários formam embocaduras em que os escoamentos reversíveis gerados pelas marés podem aprisionar grandes volumes de sedimentos transportados ao longo da costa. A maré enchente traz sedimentos para a embocadura, em que se depositam na estofa. A maré vazante produz correntes que podem carregar a areia suficientemente para o largo de modo a ser efetivamente removida da zona litorânea.

- Galgamento de cordões litorâneos. A areia pode ser removida da praia e área de dunas durante as tempestades.

- Acúmulo no pós-praia e dunas. A areia pode ser temporariamente levada da área de transporte litorâneo para esta área. Dependendo da frequência das tempestades mais severas, essa areia pode permanecer acumulada de meses a anos. O acúmulo pode ocorrer em horas ou dias pela ação de ondas, após as tempestades. Os depósitos nas dunas requerem mais tempo para se formar, meses ou anos, porque o transporte pelo vento move o material mais lentamente do que o transporte pelas ondas. Se os cálculos do balanço sedimentar forem feitos logo após uma severa tempestade, deve-se considerar uma compensação quanto a essa areia acumulada, levando em conta a ação natural das ondas.

- Transporte de sedimentos para o largo. Esse transporte é favorecido pelas ondas de tempestade, que podem depositar a areia de praia suficientemente ao largo fazendo com que ela não retorne no espraiamento das ondulações de pequena esbeltez subsequentes.

- Vales submarinos. Neles, uma porção do transporte litorâneo de sedimentos é depositada e subsequentemente transportada para as grandes profundidades.

- Deflação. Trata-se do transporte de areias pelo vento e que mais frequentemente produz transporte da praia para os campos de dunas.

- Restingas, tômbolos e outras formações costeiras.
- Perdas por abrasão ou dissolução de carbonatos.
- Extração, mineração e dragagem.

3.2.2.5 PROCESSOS CONVECTIVOS

Alguns processos podem retirar ao mesmo tempo em que adicionam material, resultando inalterado o volume do material de praia no volume de controle. Trata-se de processo convectivo, cujo mais importante exemplo é o transporte litorâneo de sedimentos. Assim, é possível ter um transporte global (Q_g) em uma costa retilínea exposta em taxas superiores a centenas de milhares de m^3/ano sem ser notado quando não houver obras implantadas. Outros processos desse tipo ocorrem por causa de correntes de maré e ventos litorâneos.

3.2.3 Características dos sedimentos de praia

3.2.3.1 CONSIDERAÇÕES GERAIS

Com a denominação de costa, margem ou litoral, indica-se genericamente a área que constitui a faixa de interface entre a terra emersa e o mar.

O perfil transversal de um litoral pode ser subdividido em um certo número de zonas características, cuja importância está ligada aos efeitos que sobre elas são determinados pela ação das correntes marítimas e do movimento das ondas.

Na Figura 3.5 está esquematizado um perfil transversal de um litoral.

Os dois extremos da maré em um dado local definem o estirâncio, zona sujeita à excursão de maré. Indica-se como fundo submarino a zona ilimitada que se estende ao largo do mais baixo nível da maré, correspondendo à zona que nunca fica emersa.

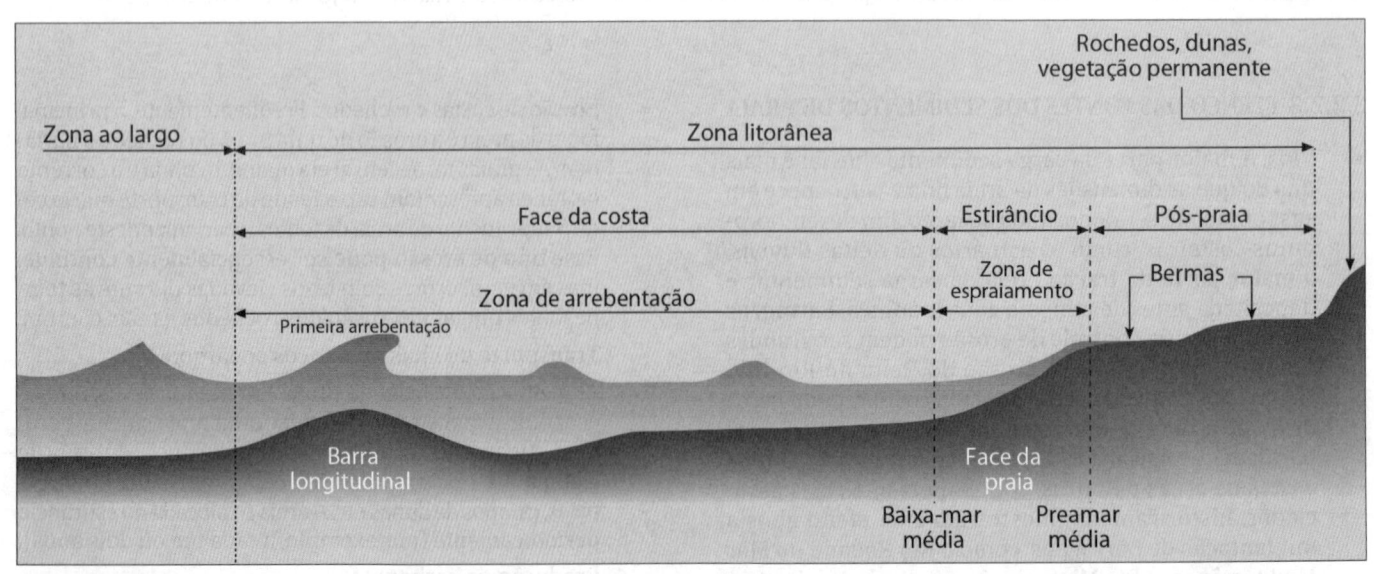

Figura 3.5
Elevação do perfil transversal da zona litorânea com as zonas de influência da maré e ação da onda.

Define-se como praia a zona que se estende entre o limite mais baixo da maré e o limite superior, no qual são sentidos os efeitos dinâmicos do movimento das ondas, que se situa, em geral, mais para a costa do que o nível da maré alta.

A presença, a quantidade e o tipo dos materiais que formam o fundo marinho, que caracterizam o efeito da ação desagregadora do mar sobre as rochas litorâneas, podem indicar o estágio de desenvolvimento (idade) de um dado local.

Os sedimentos que são carreados para o mar da terra variam de dimensão, dos mais finos, como as argilas, até as areias grosseiras e os fragmentos de rocha. No caso dos sedimentos trazidos por correntes fluviais, a carga sedimentar é classificada em duas porções: carga de lavagem, que corresponde aos finos sedimentos trazidos por lavagem superficial da bacia hidrográfica, e carga de material do leito, que corresponde basicamente aos sedimentos oriundos do próprio leito fluvial, e que podem ser transportados tanto por arrastamento de fundo como em suspensão.

As observações das dimensões dos materiais de praia sujeitas ao ataque de ondas indicam que muito pouco material mais fino do que 0,2 mm está presente. O material mais fino, que é usualmente a carga de lavagem transportada em suspensão, é carreado para o largo em maiores profundidades, como resultado da ação de correntes.

Os grandes blocos e seixos, normalmente, permanecem próximos do ponto de origem, enquanto areias, siltes e argilas movimentam-se, em geral, a grandes distâncias. Como resultado da ação de ondas e correntes, os siltes e argilas tendem a permanecer em suspensão próximo à costa, depositando-se eventualmente ao largo. Podem depositar-se também em baías bem abrigadas, com fraca ação de correntes e ondas, enquanto as praias expostas são compostas, invariavelmente, de areia, pedregulhos, seixos e blocos.

A maior parte das areias de praia é predominantemente composta de quartzo, mineral mecanicamente durável e quimicamente inerte, cuja densidade é de 2,65. Pequenas quantidades de feldspato (2,54 a 2,64 de densidade), carbonatos (conchas, corais) e minerais pesados (com densidades superiores a 2,87) completam a composição. Assim, a densidade dos grãos situa-se em torno de 2,6. A densidade aparente das areias varia de 1,45 a 1,85 quando secas e de 1,9 a 2,15 quando saturadas.

3.3 CIRCULAÇÃO INDUZIDA PELAS ONDAS JUNTO À COSTA

3.3.1 Considerações gerais

Os movimentos da massa de água induzidos pelas ondas, combinados com fatores como insolação, vento, precipitação, marés e outros fatores meteorológicos, geram padrões de circulação complexos nas zonas litorâneas de pequena profundidade. Entretanto, nas praias arenosas, as ondas normalmente assumem o principal papel na geração das correntes litorâneas e, em muitas praias, é facilmente notada a existência de fortes correntes induzidas pelas ondas com direções paralelas ou ortogonais à linha de costa.

Um efeito das ondas de superfície é a criação de movimentos fluidos que podem ser muito efetivos na erosão e no transporte dos materiais de praia. Sabe-se, das teorias de ondas de amplitude finita, que as órbitas descritas pelas partículas fluidas são abertas. Assim, deve-se considerar dois tipos de movimentos fluidos:

- as velocidades orbitais instantâneas das partículas na superfície (u);
- a velocidade do transporte de massa (U) correspondente ao deslocamento resultante que uma partícula sofre ao longo de um período.

Junto ao fundo:

$$U_B = \frac{1,25\left(a_B^2 k\omega\right)}{\left(senh^2\left(kh\right)\right)}$$

De um modo geral:

$$U = \frac{\left(\pi\frac{H}{L}\right)^2\left(\frac{c}{2}\right)\left[\cosh\ 2k\left(z+h\right)\right]}{\left(senh^2\left(kh\right)\right)}$$

Somente o segundo tipo de movimento é considerado "corrente".

A erosão e o transporte de sedimentos são ambos processos dinâmicos. A erosão requer força geradora junto ao fundo resultante de velocidades e acelerações acima de algum valor de soleira, enquanto o transporte requer que as órbitas das partículas sedimentares sejam abertas. Distinguem-se dois casos extremos:

- Em águas profundas, não há velocidade orbital das partículas junto ao fundo por definição, de modo que a onda não pode erodir. Todo o material em suspensão é muito fino.

- Em águas rasas, a situação é mais complexa, principalmente com fundos inclinados. À medida que a onda atinge profundidades menores, passa a haver a interação da onda com o fundo e, dessa forma, a água presente no fundo começa a movimentar-se. As partículas de água nesta região começam a avançar no rumo de propagação da onda. A taxa do avanço é chamada velocidade de transporte de massa. Em geral, a velocidade de transporte de massa é muito pequena. Em profundidades intermediárias, $u = 10^{-1}c$ e $U = 10^{-2}c$, e, já próximo da arrebentação, a celeridade da onda, a velocidade orbital das partículas fluidas e a velocidade do transporte de massa aproximam-se em magnitude e direção.

Quando a onda arrebenta, uma massa fluida é injetada na zona de arrebentação (jato de arrebentação) formando uma onda de translação. Esta massa d'água possui uma certa energia e quantidade de movimento. Dois casos podem ser considerados: o ataque frontal e o mais geral, ataque oblíquo.

3.3.2 Ataque frontal

Trata-se do caso bidimensional em que as cristas das ondas são paralelas à linha da costa e a água que atravessa a linha de arrebentação tende a acumular-se junto à costa (ver Figura 3.6). Desse modo, cria-se uma carga que produzirá o retorno da água para o largo, mantendo-se, em média, o equilíbrio entre os volumes que passam em um e em outro sentido (condição de continuidade em um período de onda). É o caso em que as frentes das ondas arrebentam praticamente em paralelo à linha de costa. O retorno da água pode ocorrer de duas maneiras: ou sob a forma de correntes de concentração (*rip currents*) ou sob a forma de um retorno imediato, uniformemente distribuído ao longo da linha de arrebentação.

3.3.3 Ataque oblíquo

Trata-se do caso tridimensional, o mais comum na natureza: há uma componente de quantidade de movimento paralela à praia e a água que atravessa a seção de arrebentação, ao mesmo tempo que se acumula junto à costa, adquire movi-mento mais ou menos paralelo à costa segundo a corrente longitudinal. O retorno da água pode dar-se de duas maneiras: sob a forma de correntes de concentração (*rip currents*) ou sob a forma de um retorno imediato, uniformemente distribuído ao longo da linha de arrebentação. É provável que o primeiro tipo de retorno ocorra com barras fortemente pronunciadas ao longo da linha de arrebentação: a água que transpõe a barra é "canalizada" entre esta e a costa e concentra-se. No caso de praias sem barras e com isóbatas sensivelmente paralelas, é mais provável o retorno uniforme.

Na Figura 3.7, apresenta-se o padrão de circulação descrito. As correntes costeiras fluem aproximadamente paralelas à costa e constituem um movimento relativamente uniforme nas águas mais profundas adjacentes à arrebentação. Podem ser correntes de maré, de deriva (geradas pelo vento) ou correntes de gradiente. O sistema de correntes junto à costa é associado à ação das ondas e consiste de: (1) transporte de massa em direção à costa em virtude da ação das ondas; (2) movimento da água na direção longitudinal à costa; e (3) escoamentos de compensação, ou retorno, em direção ao mar, como as correntes de concentração (*rip*).

Figura 3.6
Elevação do perfil transversal do padrão de circulação das correntes induzidas pela arrebentação no perfil transversal.

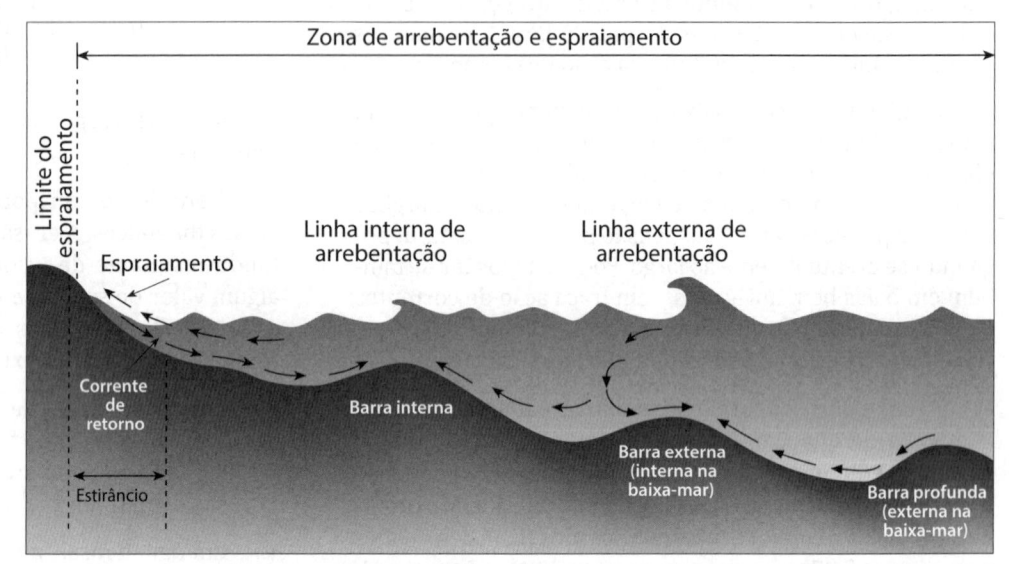

Figura 3.7
Padrão planimétrico de circulação junto da costa – caso tridimensional.

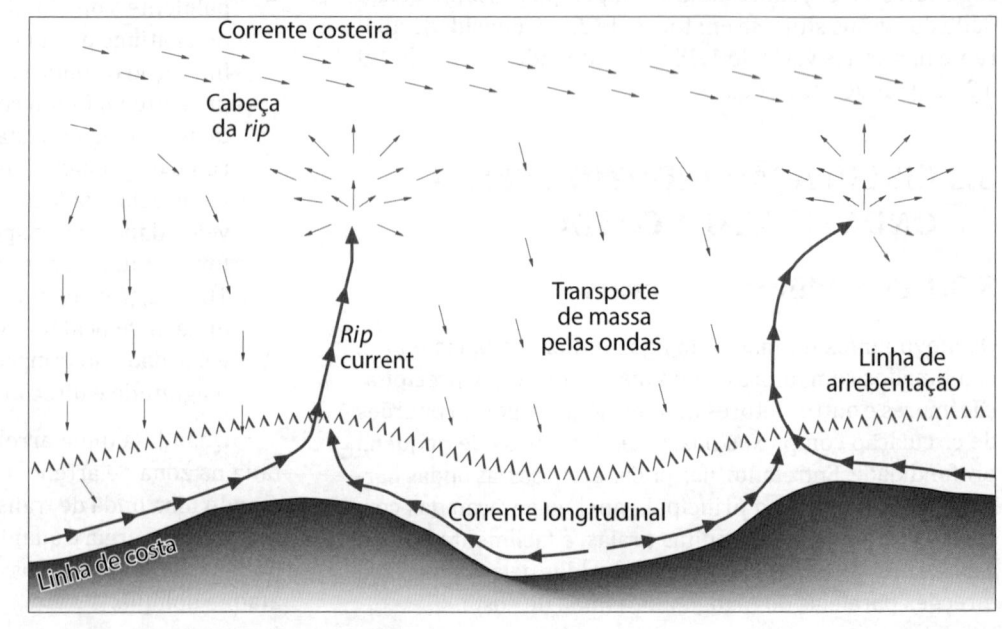

Na Figura 3.8, apresenta-se esquematicamente a geração da corrente longitudinal.

A velocidade da corrente longitudinal no caso de existirem correntes de compensação não concentradas varia em direção e intensidade de acordo com o valor instantâneo de três componentes: corrente longitudinal, jato de arrebentação e corrente de retorno. Supondo o caráter solitário da onda incidente na arrebentação, a sua energia concentra-se em um intervalo de tempo muito curto, enquanto a corrente de retorno faz-se sentir em um intervalo de tempo muito maior (praticamente até a chegada da onda seguinte), tendo como consequência que a sua intensidade é relativamente pequena. Assim, a trajetória de um derivador lançado na zona de arrebentação tem um andamento geral paralelo à praia, embora a direção do movimento seja para a terra durante a chegada da onda (combinação durante um curto intervalo de tempo da corrente incidente, variável no tempo, com a corrente longitudinal geral, sensivelmente constante no tempo), ao passo que, depois da passagem da onda incidente, a direção do movimento é ligeiramente para o mar (combinação da corrente de retorno sensivelmente segundo a linha de maior declive com a corrente longitudinal geral paralela à praia). Na Figura 3.8 foi apresentado o aspecto das trajetórias desta corrente, bem como a corrente no estirâncio (jato de arrebentação).

A máxima velocidade da corrente longitudinal situa-se logo após a arrebentação. Já foram medidos valores máximos desta corrente até 1,3 m/s, correspondendo a valores médios de 0,3 m/s.

As correntes de compensação concentradas (*rips*) têm altas velocidades (maior que 1 m/s), capazes de atravessar a arrebentação. Tais correntes formam parte de uma célula de circulação de água que conduz os sedimentos trazidos pelas correntes longitudinais para o largo, sendo também um importante processo de renovação da água da zona de arrebentação.

3.4 DESCRIÇÃO DO TRANSPORTE LITORÂNEO DE SEDIMENTOS

3.4.1 Considerações gerais

As questões envolvidas nos projetos de Engenharia Costeira e Portuária geralmente requerem respostas a uma ou mais das seguintes questões:

- Quais são as condições do transporte litorâneo de sedimentos locais?
- Qual a tendência de migração da costa em curto e longo prazo?
- Qual a distância para o largo em que a areia está sendo ativamente movimentada?
- Quais a direção e a taxa do movimento de sedimentos transversal?
- Quais a forma média e o espectro de variação para o perfil de praia?
- Qual o efeito da estrutura nas praias adjacentes e no transporte litorâneo de sedimentos?

Tendo em vista as respostas a essas questões, pode-se projetar e gerir obras de defesa dos litorais, como: espigões, quebra-mares, muros, engordamento artificial de praias; ou visando a segurança da navegação, como: molhes, guias-correntes, canais de navegação e dragagens.

O transporte de sedimentos ocorre de dois modos: por arrastamento de fundo dos grãos que se arrastam sobre o leito por causa da ação do escoamento, e em suspensão pelas correntes, após os grãos terem sido levantados do leito pela turbulência. Ambos estão usualmente presentes ao mesmo tempo, sendo mais fácil identificar duas zonas de transporte com base no tipo de movimento fluido

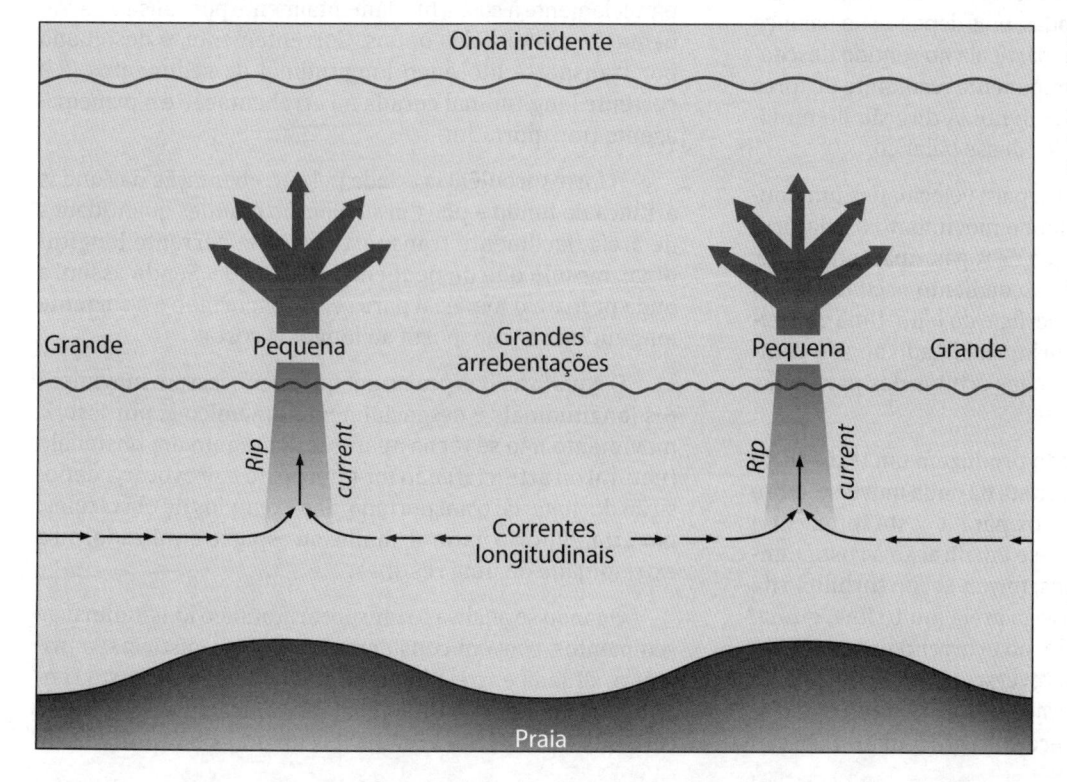

Figura 3.8
Vista planimétrica de um trecho de linha de costa mostrando a formação de *rip currents* decorrente da variação nas alturas de ondas ao longo das cristas das ondas.

que inicia o movimento sedimentar: ao largo o transporte é iniciado pela ação das ondas sobre rugas, e na zona de arrebentação o transporte é iniciado, principalmente, pelo fenômeno da arrebentação. Em cada uma dessas zonas o transporte de sedimentos resultante se deve a dois processos: o movimento fluido periódico induzido pelas ondas, que inicia o movimento sedimentar, e as correntes superpostas que transportam os sedimentos.

Os movimentos sedimentares que se processam antes de a onda arrebentar são de vaivém, embora sempre com uma resultante de pequena intensidade em um dos dois sentidos. Trata-se, em geral, de movimentos relativamente bem definidos. Pelo contrário, os movimentos sedimentares ocorridos durante e após a arrebentação são extraordinariamente complexos e suas características são estudadas globalmente, ou seja, macroscopicamente. As quantidades de areia postas em movimento nessa zona são normalmente muito grandes e daí a sua importância para o engenheiro costeiro, ainda mais que é nessa zona que, em geral, são construídas as suas obras.

Os diferentes mecanismos de transporte sólido são aqui descritos qualitativamente.

3.4.2 Ao largo da arrebentação

À medida que uma onda de oscilação move-se em águas rasas, atinge-se uma profundidade na qual os movimentos das partículas fluidas são induzidos junto ao fundo. Para a costa desse ponto, as velocidades fluidas e seus gradientes de pressão oscilantes tornam-se mais intensos. Do mesmo modo, as forças hidrodinâmicas instantâneas máximas exercidas nas partículas individuais de sedimentos aumentam para a costa desse ponto. Neste ponto, ou mais para a costa, tais forças tornam-se grandes o suficiente para causar um movimento oscilatório ou quase oscilatório das partículas do leito. Esse movimento oscilatório das partículas sedimentares não tem órbitas fechadas, pois depende do balanço entre a componente de peso da partícula no sentido descendente do talude da praia e a componente resultante da força hidrodinâmica no sentido ascendente. A direção do movimento da partícula vai depender desse balanço.

Frequentemente se observa, para velocidades um pouco maiores do que as que iniciam o movimento oscilatório das partículas do leito, a formação de rugas. Aparentemente, decorrem do descolamento do escoamento oscilatório em torno de irregularidades da superfície do leito. Uma vez iniciada a sua formação, o fator principal ligado ao seu comprimento de onda é a dimensão das órbitas das partículas d'água junto ao fundo.

Tais conformações de fundo produzem um transporte e graduação de areia. Quando a crista da onda move-se sobre uma ruga, os movimentos fluidos para a costa induzem a areia do dorso da ruga a mover-se em direção à costa também e para o cavado entre rugas; forma-se um turbilhão na zona de descolamento que carrega areia muito fina, que se eleva pelo gradiente de pressão; ao ocorrer a passagem do cavado da onda, o escoamento reverso do fluido dispersa o material em suspensão em direção ao largo. O efeito cumulativo desse processo cíclico parece ser a gradual propagação

da forma da ruga na direção da costa, com as partículas mais leves sendo continuamente movimentadas para o largo.

À medida que a velocidade do fluido aumenta, crescem a altura e a velocidade de propagação das rugas. Entretanto, atinge-se uma velocidade crítica além da qual ocorre um decréscimo até o desaparecimento das conformações para velocidades suficientemente altas.

3.4.3 Região de arrebentação

Há dois tipos fundamentais de movimentos sedimentares, muito diferentes nas suas características e consequências.

O primeiro corresponde aos movimentos chamados "transversais", ou seja, movimentos que se processam em uma direção sensivelmente perpendicular às isóbatas. Trata-se de movimentos ao longo do perfil de praia, ora no sentido mar-costa, ora no sentido inverso, mediante os quais o perfil procura adaptar-se às condições do clima de ondas. Efetivamente, as ondas de "tempestade" ou de "inverno" provocam erosões nas praias, enquanto as ondas de "bom tempo" ou de "verão" provocam o seu progressivo engordamento. Se bem que as quantidades de areia movimentadas possam ser surpreendentemente grandes (a erosão é, em geral, muito rápida, enquanto o enchimento processa-se em ritmo mais lento), a resultante anual é praticamente nula, e a praia oscila, por assim dizer, entre duas situações extremas, de "inverno" e de "verão". Por essa razão, os movimentos sedimentares devem ser apenas verificados para que as fundações das obras costeiras considerem a situação de erosão máxima, bem como no caso da criação ou conservação de praias. A Figura 3.9 mostra um perfil transversal típico e suas compartimentações; nela estão esquematizados os tipos de perfis de praia.

O segundo tipo de movimento é o mais importante e consiste no caminhamento longitudinal dos sedimentos paralelamente à costa, fundamentalmente por causa da arrebentação oblíqua das ondas. Correntemente, é designado por transporte litorâneo longitudinal de sedimentos, e a corrente longitudinal gerada na arrebentação é o principal agente transportador.

A forte turbulência criada pela arrebentação das ondas arranca do fundo e põe em suspensão grandes quantidades de areia, facilmente transportadas pela corrente longitudinal, mesmo que de pequena intensidade. Sendo assim, a onda prepara o material para ser transportado e a corrente longitudinal o transporta ao longo da costa.

O equilíbrio das praias em que se processam movimentos longitudinais é essencialmente dinâmico e, por isso, o movimento não se torna aparente, enquanto um obstáculo (natural ou artificial) não for interposto e provocar a deposição do material transportado. São exemplos de obstáculos: um promontório natural, molhe ou espigão enraizado, ou a extremidade de uma restinga.

Quando se analisa o transporte litorâneo longitudinal de sedimentos, convém considerar duas zonas distintas: a primeira, situada entre a linha de arrebentação e a costa (entendido como cota zero o nível de redução das sondagens verticais equivalente à média das menores baixa-mares de sizígia), em que se manifesta a corrente longitudinal. Nesta zona, o material sólido é transportado pela corrente, quer em suspensão quer por arrastamento de fundo, como nos cursos d'água. A segunda é a zona de espraiamento, na qual as partículas sólidas têm um movimento aproximadamente em zig-zag, resultante de uma subida oblíqua na direção de propagação da onda e de uma descida que se efetua praticamente segundo a linha de maior declive da praia. Este movimento ao longo da zona de espraiamento pode, na prática, ser considerado como o limite do caminhamento sedimentar até a linha da costa, e a sua importância relativa dependerá fundamentalmente da importância do espraiamento, que é mais acentuado quanto maior for a inclinação da praia e menor a esbeltez das ondas (ver Figura 3.10). Assim, o transporte litorâneo depende, por um lado, das características dos sedimentos e, por outro lado, das características da praia e da onda.

Características desta zona são os bancos ou barras de arrebentação, que constituem um sistema de grandes dimensões. Inclusive, a posição da barra mais ao largo é usada para definir o seu limite. Sendo zona de atuação da arrebentação, o nível de turbulência é alto e predomina o movimento de sedimentos em suspensão. Os fundos cavados entre as barras formam canais naturais para as correntes litorâneas paralelas à praia. As ondas com esbeltez superior a 2,5% arrebentam mais afastadas do estirâncio e formam barras de arrebentação mais pronunciadas, enquanto o jato de praia no estirâncio (caminhamento sedimentar em "dente de serra") é mais reduzido.

O transporte de sedimentos no estirâncio pode ser por arrastamento de fundo ou em suspensão. Quando a arrebentação é progressiva, predomina o transporte por arrastamento de fundo, enquanto na mergulhante o espraiamento pode estar mais carregado de material em suspensão. O transporte por arrastamento de fundo, quando do ataque oblíquo das ondas, produz um espraiamento e retorno com padrão em dente de serra ocasionando o caminhamento sedimentar do jato de praia. É um fenômeno semelhante ao que produz a corrente longitudinal. Essas correntes alimentam as correntes de retorno ou compensação concentradas (*rips*) ou distribuídas.

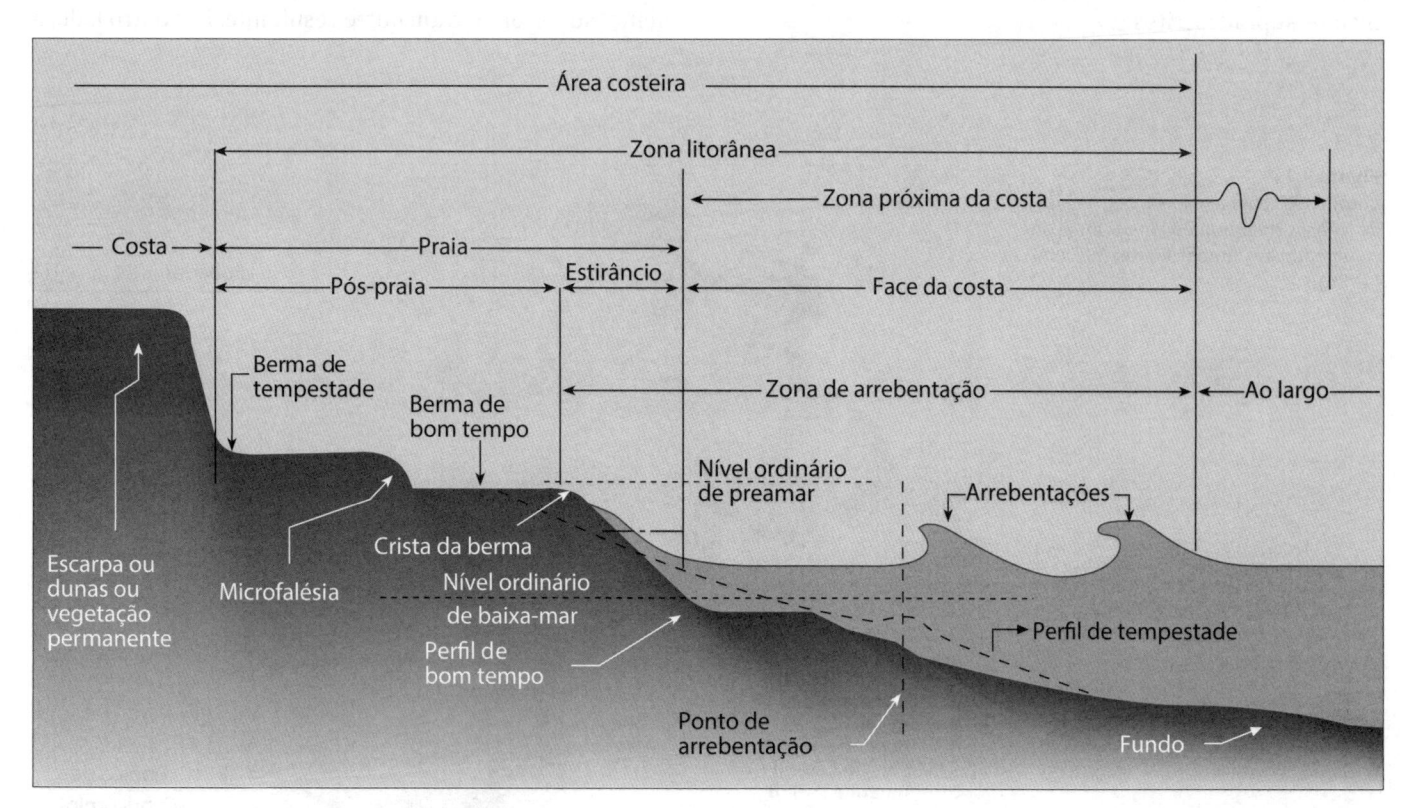

Figura 3.9
Elevação do perfil transversal típico e suas compartimentações.

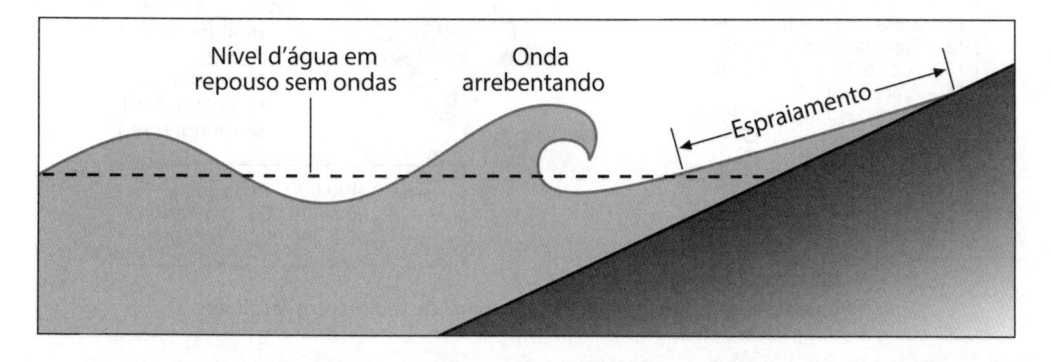

Figura 3.10
Elevação do perfil transversal do espraiamento: a subida do nível médio para terra da arrebentação.

Pode-se assim resumir as características principais do transporte de sedimentos em praias:

- Transporte por arrastamento de fundo em virtude da intensa ação das velocidades fluidas junto ao fundo.

- Movimentação de grandes quantidades de sedimentos pela ação turbulenta da arrebentação das ondas.

- Transporte de material fino em suspensão de modo semelhante ao transporte de massa fluida.

O transporte em suspensão rumo ao largo pode ser em decorrência das correntes de concentração (*rips*) ou outras correntes de compensação menos intensas; ou rumo à costa como transporte de massa; ou ser paralelo à costa promovido pela corrente longitudinal.

O movimento oscilatório de arrastamento de fundo pode acontecer também nos três sentidos citados.

Para as considerações de Engenharia Costeira, importa conhecer o movimento sedimentar resultante dos mecanismos supradescritos.

De um modo geral, o transporte litorâneo longitudinal de sedimentos à praia é o mais importante. Os estudos indicam que a maior percentagem de areia transportada ao largo da costa ocorre da linha de arrebentação para a praia. Até hoje, nenhuma relação genérica entre a onda e as características sedimentares existe para estimar esse transporte. Conhecem-se as variáveis mais importantes, porém as taxas mais prováveis de transporte litorâneo em uma costa natural são obtidas pela quantidade de material depositado junto a estruturas costeiras, ou pelo conhecimento de erosões costeiras, bem como levantamentos de dragagens de manutenção em bacias portuárias. Na Figura 3.11 estão apresentadas estimativas desse tipo feitas no Brasil (Alfredini, 1999), sendo que, evidentemente, quanto maior o período de análise, mais confiável a taxa indicada.

Ao se apresentarem os dados de transporte litorâneo, é importante diferenciar o transporte resultante do global. A distribuição anual das direções de proveniência da energia das ondas pode produzir um transporte dominante em uma direção de modo que o transporte global seja ligeiramente superior ao transporte resultante. Por outro lado, a

Figura 3.11
Localidades com a respectiva taxa anual de transporte litorâneo longitudinal de sedimentos resultante. Fonte: Alfredini (1999).

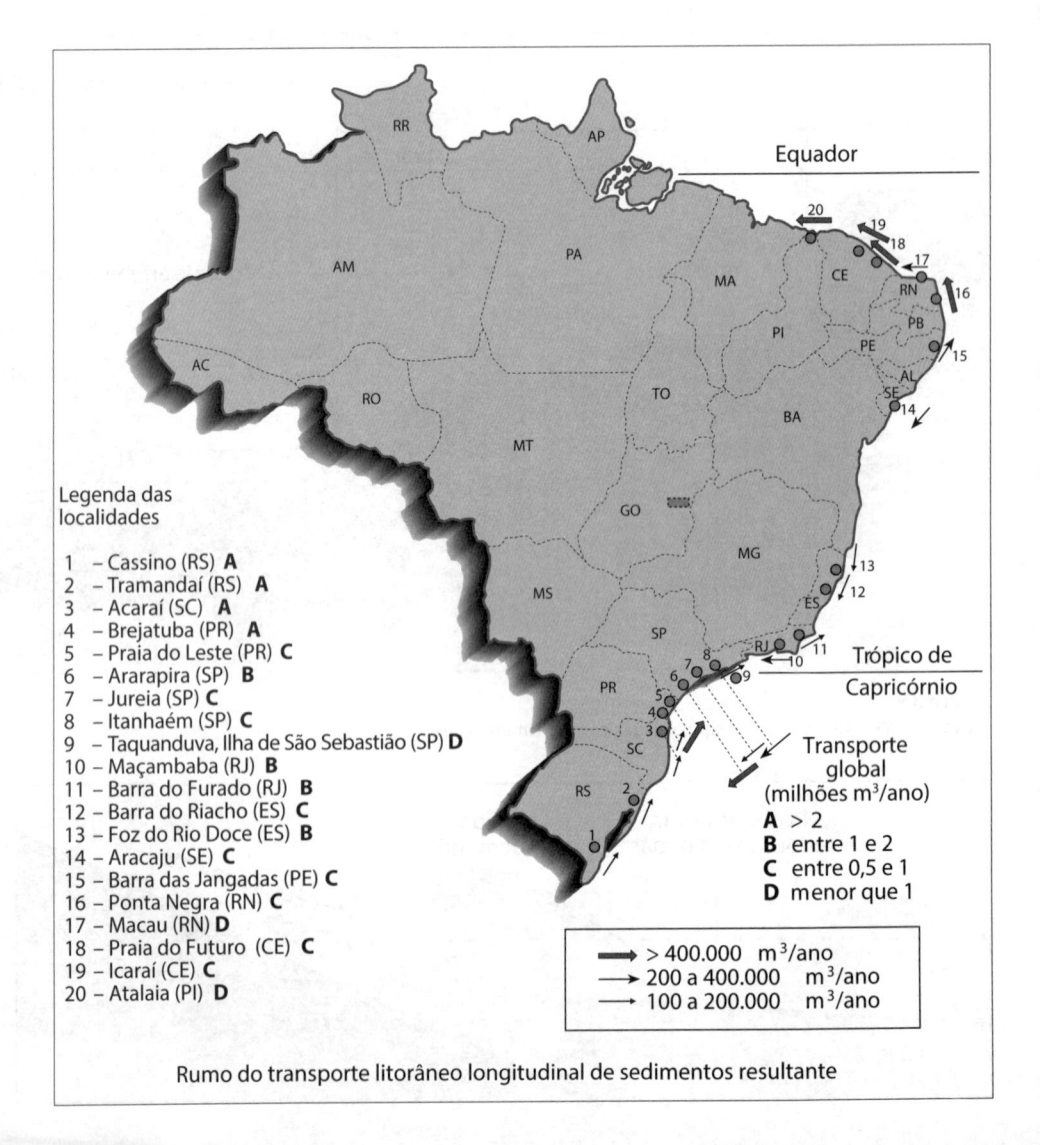

Legenda das localidades

1 – Cassino (RS) **A**
2 – Tramandaí (RS) **A**
3 – Acaraí (SC) **A**
4 – Brejatuba (PR) **A**
5 – Praia do Leste (PR) **C**
6 – Ararapira (SP) **B**
7 – Jureia (SP) **C**
8 – Itanhaém (SP) **C**
9 – Taquanduva, Ilha de São Sebastião (SP) **D**
10 – Maçambaba (RJ) **B**
11 – Barra do Furado (RJ) **B**
12 – Barra do Riacho (ES) **C**
13 – Foz do Rio Doce (ES) **B**
14 – Aracaju (SE) **C**
15 – Barra das Jangadas (PE) **C**
16 – Ponta Negra (RN) **C**
17 – Macau (RN) **D**
18 – Praia do Futuro (CE) **C**
19 – Icaraí (CE) **C**
20 – Atalaia (PI) **D**

Transporte global (milhões m³/ano)
A > 2
B entre 1 e 2
C entre 0,5 e 1
D menor que 1

→ > 400.000   m³/ano
→ 200 a 400.000   m³/ano
→ 100 a 200.000   m³/ano

Rumo do transporte litorâneo longitudinal de sedimentos resultante

distribuição de energia das ondas pode ser tal que aproximadamente o mesmo volume de sedimentos é transportado em cada sentido (ponto nodal). Então, o transporte litorâneo resultante é praticamente nulo, mas o transporte global pode ser muito grande.

As vazões sólidas do transporte litorâneo longitudinal de sedimentos são usualmente expressas em volumes anuais aparentes transportados, mas deve-se lembrar que, instantaneamente, podem ser extremamente variáveis, excedendo em várias vezes a média anual resultante durante uma tempestade e caindo a zero nos períodos de calmarias e ondas mais fracas. As vazões sólidas anuais também podem ser muito variáveis de ano para ano, em razão de variações no clima de ondas, modificações nas estruturas costeiras e variações no volume de sedimentos disponíveis das fontes principais (por exemplo, as grandes cheias periódicas de rios).

O movimento de sedimentos transversal à praia resulta de mudanças sazonais no clima de ondas. Assim, a areia é normalmente movimentada da costa para o largo nos meses de inverno, quando vagas de curto período e maior esbeltez ocorrem; e nos meses de verão o movimento se dá no sentido inverso pela ação da ondulação de maior período e menor esbeltez.

3.5 PERFIS, ALINHAMENTOS DE PRAIA E FORMAÇÕES COSTEIRAS TÍPICAS

3.5.1 Perfis transversais e alinhamentos de praia

3.5.1.1 PERFIL DE EQUILÍBRIO

A análise da estabilidade de uma praia em longo prazo está relacionada com a determinação de qual será a forma final, planimetricamente e em elevação, ou perfil, bem como sua evolução temporal em uma escala de anos. O objetivo desse tipo de análise é assegurar que a funcionalidade da praia se mantenha estável, tendo em vista seu uso e sua ocupação, ou estimar como uma intervenção pode alterar esta condição. Para tanto, dois tipos de modelo são os mais utilizados: o de perfil de equilíbrio e os de evolução temporal de linha de costa (estes serão vistos em capítulo mais adiante).

Chama-se perfil de equilíbrio (ou limite) de praia aquele que uma dada onda formaria em um dado material não coesivo de praia se a sua ação durasse indefinidamente. Em outras palavras, sob a ação de uma onda, caracterizada pelos parâmetros altura, período e rumo em uma dada profundidade, o perfil inicial da praia altera-se até atingir um estágio de equilíbrio, no qual o perfil fica inalterado. Este, por definição, é o perfil de equilíbrio para a onda e o material em consideração. Na prática, não é necessário que a ação se mantenha indefinidamente, mas ao menos que a resposta da praia seja muito mais rápida que a escala de interesse.

Um dos modelos para a determinação do perfil de equilíbrio mais empregado é o proposto por Dean em 1977

(apud DEAN, 1996), que ajusta o perfil de uma praia por meio de uma expressão potencial parabólica, na qual a única variável é o parâmetro dimensional de forma A, que Dean (1987, apud DEAN, 1996) definiu como uma função da velocidade de queda do grão:

$$h = Ax^{2/3}$$

Em que:

$A = Kw^{0,44}$

h: profundidade da água

x: distância a partir da costa

A: parâmetro de forma

w: velocidade de queda do grão

K = 0,51 (adimensional)

De uma maneira aproximada, para praias compostas de areia com massa específica $\rho_s = 2{,}65$ tf/m^3, a velocidade de queda do grão pode ser obtida a partir do tamanho de grão (D) no Sistema Internacional de Unidades, como:

$w = 1{,}1 \cdot 10^6 \, D^2$ para D < 0,1 mm

$w = 273 \, D^{1,1}$ para 0,1 mm < D < 1 mm

$w = 4{,}36 \, D^{0,5}$ para D > 1 mm

Observe-se que, na formulação de Dean (1977), a forma do perfil depende única e exclusivamente do tamanho de sedimento pelo parâmetro de forma A. A formulação não estabelece qual o limite do perfil para o largo, sendo usual adotar-se a profundidade de fechamento do perfil, h*, de Birkemeier (1985, apud UNIVERSIDAD DE CANTABRIA, 2002), que é aproximada por 1,57 H_{s12}, sendo H_{s12} a altura de onda significativa que é excedida 12 horas por ano numa profundidade que esteja entre uma e duas profundidades de fechamento. A profundidade de fechamento é uma média anual, não devendo ser usada como valor extremo de máxima erosão, correspondendo à posição em que as variações verticais do perfil ao longo do tempo são da ordem da incerteza de medida, isto é, com movimento desprezável de sedimentos.

Desse modo, uma praia de areia apresentará uma declividade mais suave que uma praia de cascalho; uma praia aberta, ou seja, exposta a uma frente de onda mais energética, apresentará um perfil ativo mais prolongado que uma praia protegida.

Classificam-se em dois tipos extremos: o chamado "perfil de verão", ou "de bom tempo" ou "de engordamento", ou "com barra emersa"; e o chamado "perfil de inverno", ou de "mau tempo", ou "de erosão", ou "com barra imersa". Na Figura 3.9 estão esquematizadas essas características. Os geólogos citam a chamada regra de Bruun, esquematizada na Figura 3.12, que está associada a essa oscilação de perfis de praia, para estimar os impactos sobre a costa das oscilações do nível médio do mar nas eras geológicas.

Figura 3.12
(A) Comportamento da elevação do
perfil transversal do equilíbrio da zona
litorânea, em função da elevação do nível
relativo do mar.
(B) Comportamento da elevação do
perfil transversal de equilíbrio da zona
litorânea, em função da descida do nível
relativo do mar, em analogia com a
situação anterior.

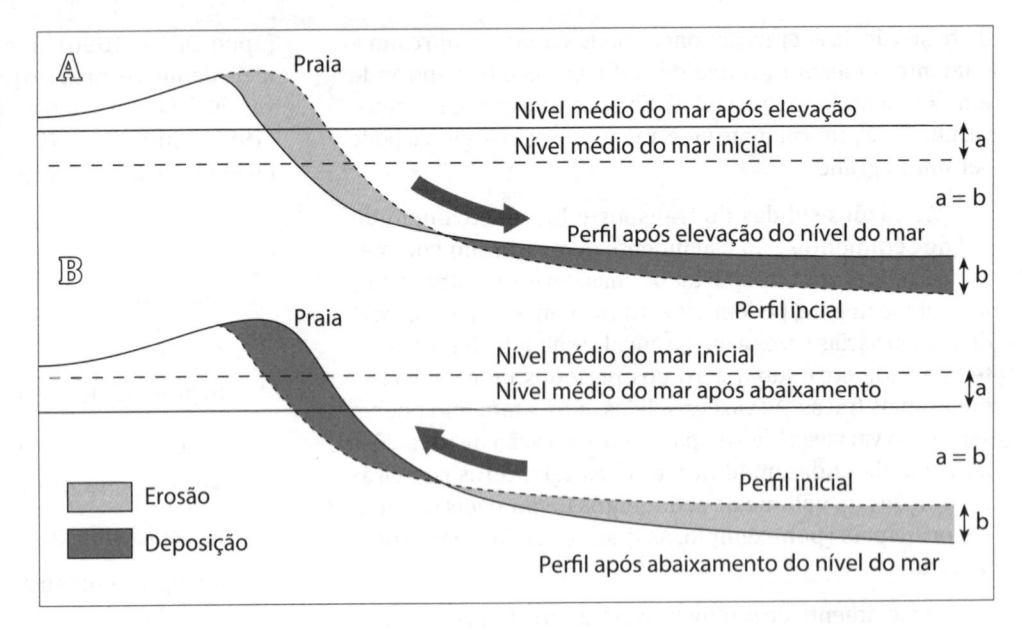

O "perfil com barra emersa" caracteriza-se por maiores declividades no estirâncio, avanço (à altura do nível d'água em repouso) em relação a um perfil inicial de menor declividade e formação da barra. O "perfil com barra imersa" caracteriza-se por menores declividades no estirâncio, recuo (à altura do nível d'água em repouso) em relação a um perfil inicial de maior declividade, e aparecimento de barra. Na natureza, tais barras aparecem de maneira bem característica em mares de marés fracas e sujeitos a climas de ondas de padrão regular, como no caso do litoral do Rio Grande do Sul. No caso mais geral, em que a praia está sujeita à variação do nível d'água causada pela maré e a um clima de ondas complexo, observam-se alternâncias de épocas de erosão, quando a praia é atacada por vagas e ondas esbeltas durante a estação de mau tempo, para épocas de engordamento, quando apenas chega à praia ondulação proveniente do largo e de baixa esbeltez durante estação de bom tempo. Nem sempre, porém, as barras aparecem, porque tanto a variação de nível d'água quanto a irregularidade do clima de ondas fazem com que as ondas sucessivas não arrebentem no mesmo ponto do perfil, mas trabalhem um trecho de praia que pode assumir largura considerável. Em consequência, os perfis das praias naturais costumam apresentar andamento contínuo, ligeiramente côncavo.

3.5.1.2 IMPORTÂNCIA E CARACTERÍSTICAS DOS PERFIS TRANSVERSAIS DE PRAIA

Os perfis transversais de praia são medidos perpendicularmente à linha da costa na zona ativa de movimentação sedimentar, sendo de suma importância para os estudos de Engenharia Costeira. Esta zona ativa estende-se tipicamente de campos de dunas, ou linhas de rochedos, ou área de vegetação permanente, a um ponto ao largo em que se tem transporte incipiente das areias em razão da ação das ondas (usualmente, profundidades de aproximadamente 10 m em mar aberto). Nessa zona, uma porção do perfil de praia pode mudar drasticamente em poucas horas com um

brusco aumento da agitação (ver Figura 3.12(C)). Os dados de perfis de praia são importantes para um conhecimento e quantificação dos processos costeiros, e para planejamentos de engordamentos artificiais de praias, projetos de muros de praia, píeres, campos de espigões, dutos submarinos e outros tipos de estruturas costeiras. Na Figura 3.12(D) exemplifica-se como a recuperação pode ser bem mais demorada em tempestades muito fortes.

Um típico perfil de praia compreende uma ou duas bermas na área de pós-praia situadas acima do nível máximo de espraiamento (onde se forma uma microfalésia); uma região aproximadamente com andamento retilíneo de fraca declividade, que se estende entre os níveis extremos de oscilação da maré e que corresponde ao estirâncio; e uma região com fraca concavidade, sempre imersa, em que a declividade diminui para o largo e também pode apresentar uma ou mais barras de arrebentação aproximadamente paralelas à costa.

A declividade de cada um dos trechos depende de:

- características do clima de ondas;
- características da areia;
- correntes junto à costa;
- pontos fixos (como a plataforma continental, limite da vegetação permanente, bancos de coral ou de terreno resistente) que são níveis de base com os quais o perfil forçosamente deve concordar.

Existe uma correlação entre declividade do estirâncio, dimensão dos grãos de areia e exposição ao ataque das ondas. A declividade é mais suave à medida que a onda é mais forte e a areia é mais fina. Assim, as praias engordam nos seus trechos mais altos em detrimento dos mais baixos nos períodos de fraca agitação, em que a areia é movimentada em direção à costa; enquanto o inverso ocorre nos períodos de forte agitação. As declividades mais usuais das

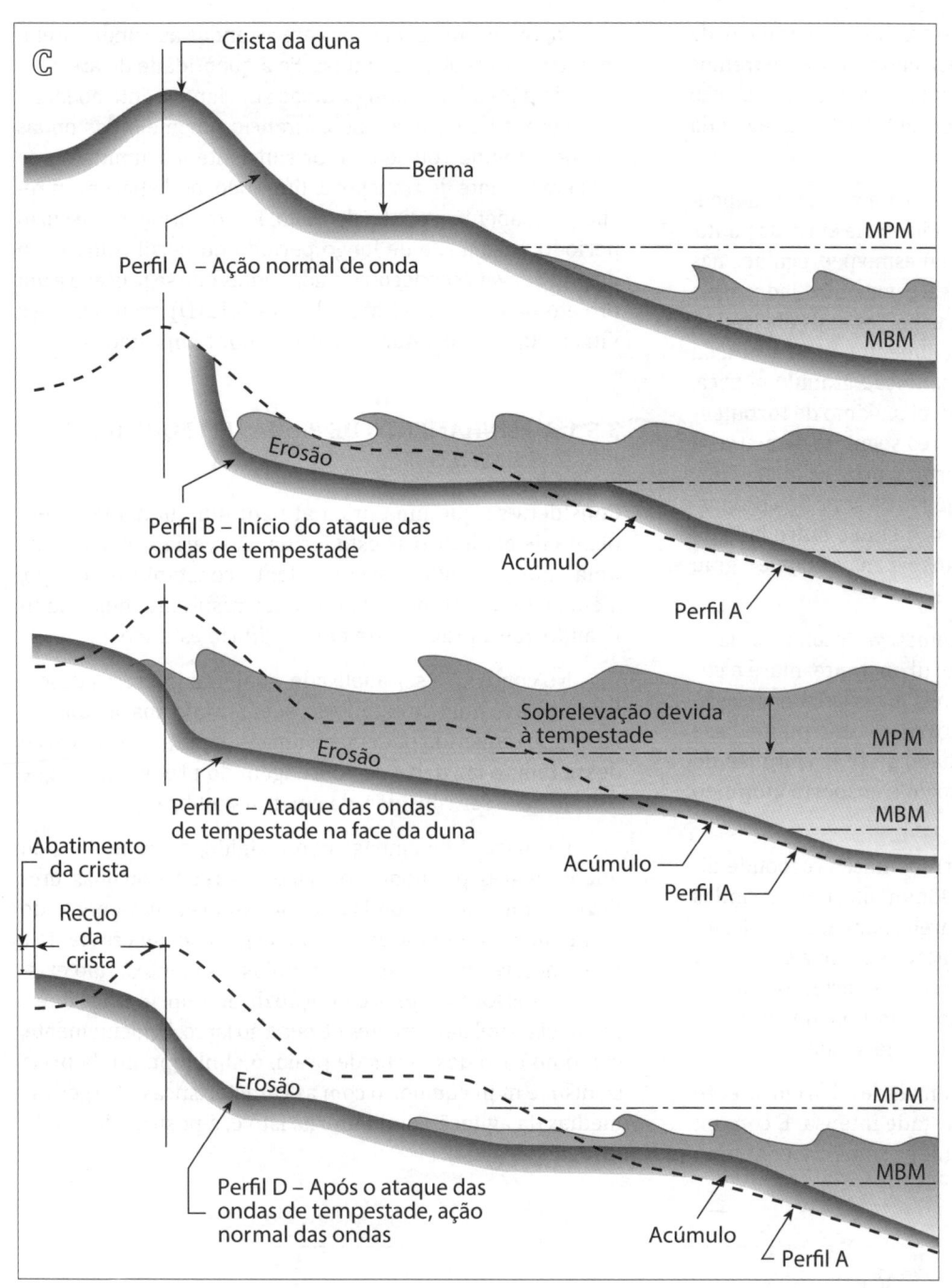

Figura 3.12
(C) Diagrama esquemático da elevação de perfil transversal de praia sob ataque de onda de tempestade na praia e duna.
(D) Exemplo de recuperação natural da erosão por tempestades muito fortes nas praias ao sul da Ilha Gran Canaria (Espanha).

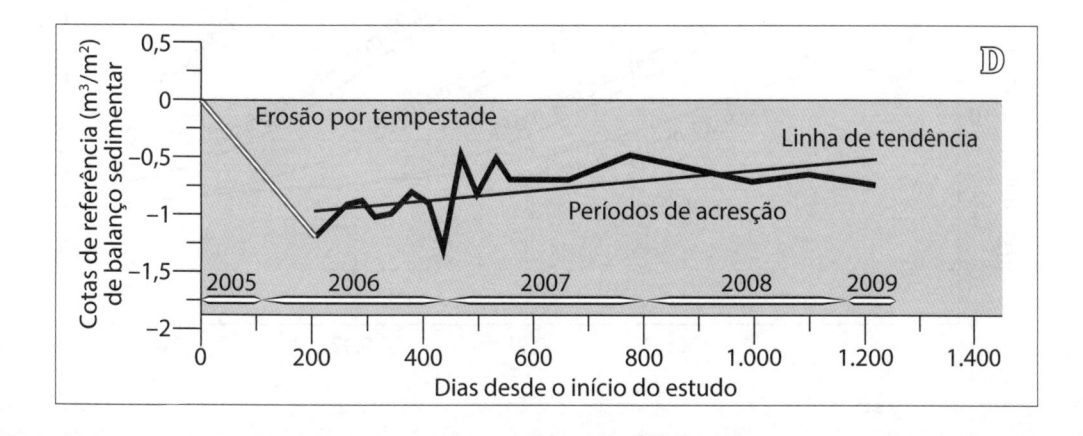

praias são da ordem de 1 a 5% no trecho do estirâncio, de acordo com os locais e as estações, tendo valores extremos de 0,2% a 20%. Na Figura 3.13 está apresentada a relação entre a declividade da praia (em graus), a esbeltez da onda e a dimensão média do grão.

As dimensões e granulometria da areia de praia dependem essencialmente da agitação ondulatória em cada ponto. De fato, acha-se areia grosseira ou mesmo pedregulhos nas partes menos abrigadas da agitação; por outro lado, areia fina e até vasa são encontradas nas partes mais abrigadas, em que podem tranquilamente sedimentar. A estrutura da arrebentação é fundamental na definição granulométrica, pois é junto dela que ocorrem o nível máximo de turbulência e os grãos mais grosseiros. A área seguinte de material mais grosseiro corresponde às bermas, provavelmente por causa do efeito de carreamento seletivo da areia fina proporcionado pelo vento. Por outro lado, de um e outro lado da linha de arrebentação os sedimentos são mais finos, e o grau de finura aumenta para o largo.

Assim, para falar de granulometria de uma praia, é preciso definir local, ponto do perfil, instante, maré e clima de ondas, pois a dimensão da areia pode variar na relação de 1 para 3 de um dia para o outro no mesmo ponto. Esse aspecto deve ser muito bem avaliado ao se lançar mão de esquemas de análise do fenômeno do transporte litorâneo de sedimentos.

A geometria das barras de arrebentação responde diretamente ao clima de ondas predominante. Com as ondas de maior altura, move-se para o largo (por causa do deslocamento para o largo da arrebentação) e a barra cresce em altura. Com o retorno das ondas menores, forma-se a barra mais para a costa e com menor dimensão. Com ondas extremamente reduzidas, nenhuma barra é formada.

Um perfil de praia pode recuar mais de 30 m em direção à costa durante uma única tempestade intensa. É comum formar-se um "perfil de tempestade" somente com uma

berma, ou mesmo sem ela e com as ondas atacando diretamente os rochedos e as dunas. Se a quantidade de areia removida para o largo atingir áreas suficientemente ao largo, não permitindo retorno ao estirâncio por meio das ondas "de bom tempo", ou se não for suficiente a acumulação de areia resultante do transporte litorâneo, pode haver um recuo permanente na linha da costa. Essas variações de curto período, sazonais e de longo período do perfil transversal da praia devem ser documentadas antes que se proceda a um projeto de obra costeira. Na Figura 3.12(D) exemplifica-se uma recuperação natural da erosão por tempestades.

3.5.1.3 ALINHAMENTO DE PRAIAS EM EQUILÍBRIO ESTÁTICO

Considera-se que uma praia atingiu um alinhamento em planta de equilíbrio se esta forma não varia sob a ação de uma agitação ondulatória incidente constante no tempo, além de ter um transporte litorâneo resultante nulo, significando que a praia estará em equilíbrio estático.

No contexto a ser analisado, somente interessa descobrir o estado final de equilíbrio, sem ter informação quanto ao tempo requerido para tanto, uma vez que a determinação desse tempo faz parte da abordagem do problema em que a praia deve ser considerada em desequilíbrio.

Formações de embasamento rígido, como molhes ou quebra-mares, promontórios, salientes, recifes ou ilhas, produzem a difração das ondas, ocasionando encurvamento do alinhamento da praia, em forma de gancho, ou crescentes, o que ocorre em enseadas, tômbolos e salientes. Não existindo essas formações, a condição de equilíbrio exige que a praia seja paralela às frentes de onda ao largo. Evidentemente, como no caso dos perfis de praia, o alinhamento da praia se dispõe num equilíbrio com as características energéticas médias da agitação ondulatória, isto é, a posição de equilíbrio média anual.

Figura 3.13
A relação entre a declividade da praia (medida em graus), a esbeltez da onda (H/L) e a dimensão média do grão.

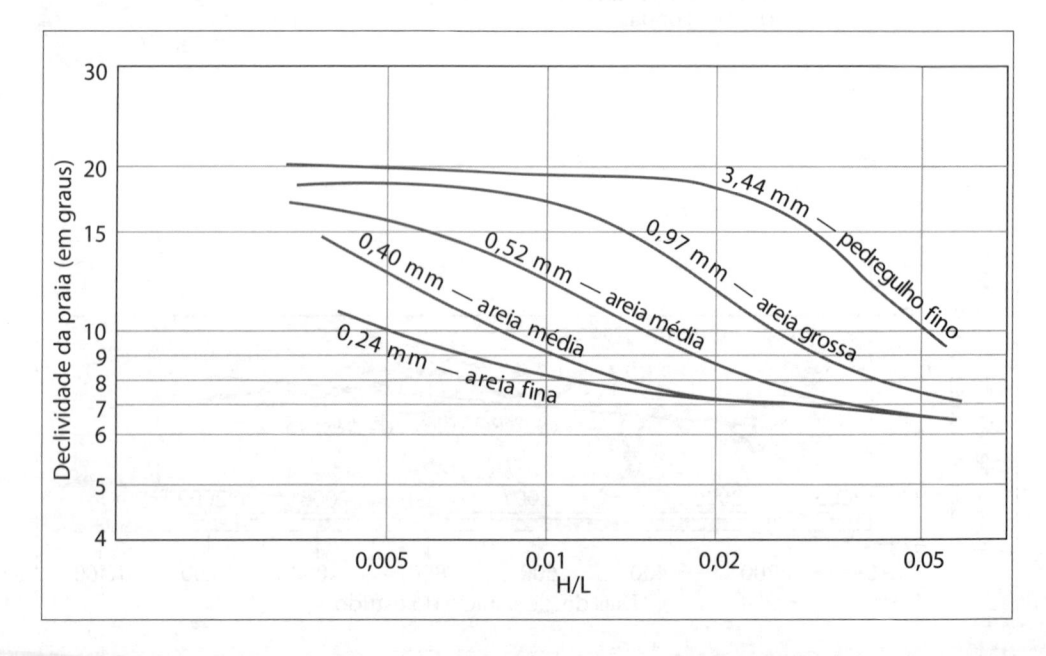

No caso da presença de um molhe ou promontório, a Figura 3.14 ilustra adimensionalmente as conhecidas regiões com efeitos de difração (Regiões 2 e 3), enquanto na Região 1 a onda não se altera em seu rumo, sendo a praia em equilíbrio paralela às frentes de onda ao largo. As dimensões X e Y são medidas, respectivamente, paralela e perpendicularmente às frentes de ondas. Assim, do ponto de vista da incidência das ondas, define-se neste tipo de modelo três regiões:

- Região 1: não existe efeito do molhe sobre as ondas e o gradiente de altura de onda na quebra é nulo.

- Região 2: as ondas não são modificadas em seu rumo de propagação, mas a difração no molhe cria um gradiente longitudinal de altura de onda.

- Região 3: alteração do rumo de propagação e da altura das ondas na quebra por efeito combinado da refração e da difração.

Conhecida a distância Y/L, pode-se determinar o ângulo $\alpha_{mín}$ que forma a normal às frentes que passa pelo ponto de controle e a linha que une o ponto de controle ao ponto Po.

Dentre os diferentes modelos existentes na bibliografia para definir a forma em planta de equilíbrio de uma praia, a parábola de Hsu e Evans (1989, apud UNIVERSIDAD DE CANTABRIA, 2002) é a mais utilizada, porque permite o ajuste da forma em planta da praia:

$$\left(\frac{R}{R_0}\right) = C_0 + C_1\left(\frac{\beta}{\theta}\right) + C_2\left(\frac{\beta}{\theta}\right)^2$$

Em que:

- R: raio vetor, medido a partir do ponto de difração, que define a forma da praia.

- R_0: raio vetor, medido a partir do ponto de difração, que corresponde ao extremo abrigado da praia.

- C_0, C_1, C_2: coeficientes em função de β.

- β: ângulo (fixo) formado entre o rumo das ondas e o raio vetor R_0.

- θ: ângulo (variável) entre o rumo das ondas e o raio vetor R.

Observa-se que a forma em planta do alinhamento de uma praia em equilíbrio estático é independente da granulometria da areia e da altura da onda incidente, sendo resultante do rumo das frentes no ponto de controle e da distância adimensional Y/L.

A partir dessa fórmula, González e Medina (2001, apud UNIVERSIDAD DE CANTABRIA, 2002) desenvolveram uma metodologia que permite a previsão e o desenho da forma em planta de praias de enseada, onde o ângulo $\beta = 90° - \alpha_{min}$ é função de:

- número de comprimentos de onda ou distância adimensional que exista até a linha de costa (Y/L);

- rumo de onda, que corresponde ao rumo do fluxo médio de energia na zona do ponto de difração (ponto de controle).

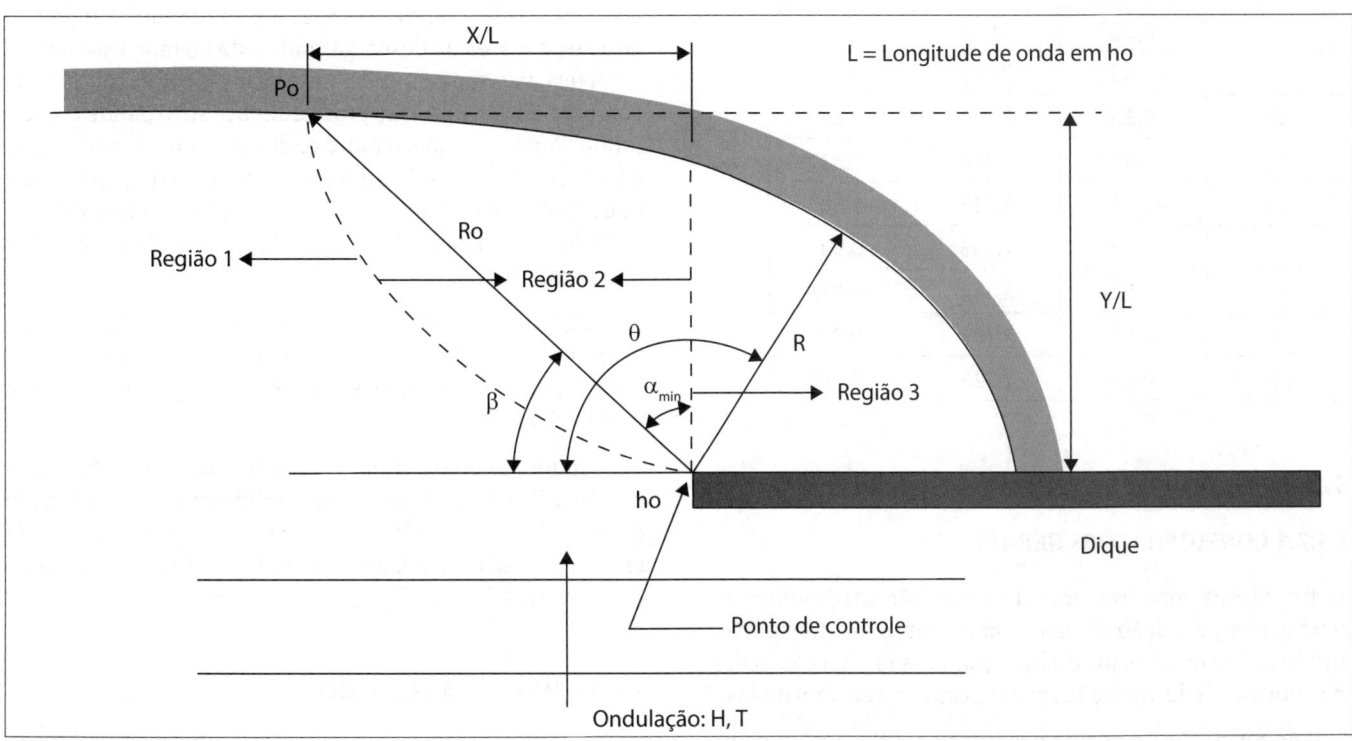

Figura 3.14
Diagrama para a definição das variáveis da forma em planta de equilíbrio. Fonte: adaptada de Universidad de Cantabria (2002).

Tabela 3.2 Coeficientes da parábola do alinhamento da praia			
$\beta°$	C_0	C_1	C_2
20	0,054	1,040	–0,094
22	0,054	1,053	–0,109
24	0,054	1,069	–0,125
26	0,052	1,088	–0,144
28	0,050	1,110	–0,164
30	0,046	1,136	–0,186
32	0,041	1,166	–0,210
34	0,034	1,199	–0,237
36	0,026	1,236	–0,265
38	0,015	1,277	–0,296
40	0,003	1,322	–0,328
42	–0,011	1,370	–0,362
44	–0,027	1,422	–0,398
46	–0,045	1,478	–0,435
48	–0,066	1,537	–0,473
50	–0,088	1,598	–0,512
52	–0,112	1,662	–0,552
54	–0,138	1,729	–0,592
56	–0,166	1,797	–0,632
58	–0,196	1,866	–0,671
60	–0,227	1,936	–0,710
62	–0,260	2,006	–0,746
64	–0,295	2,076	–0,781
66	–0,331	2,145	–0,813
68	–0,368	2,212	–0,842
70	–0,405	2,276	–0,867
72	–0,444	2,336	–0,888
74	–0,483	2,393	–0,903
76	–0,522	2,444	–0,912
78	–0,561	2,489	–0,915
80	–0,600	2,526	–0,910

3.5.2 Formações costeiras típicas

3.5.2.1 CONSIDERAÇÕES GERAIS

As formações costeiras aqui descritas são originalmente produzidas pela ação do mar como agente do transporte litorâneo. Formações produzidas por erosão diferencial do mar por causa de variações geológicas não são abordadas.

As formações a seguir descritas são: flechas, barras, restingas, barreiras, tômbolos, baías e bancos.

3.5.2.2 FLECHAS

As flechas são formações costeiras que morfologicamente podem situar-se na interface entre os mecanismos fluvial e marítimo como agentes formadores.

Formam-se nas desembocaduras fluviais, as quais trazem o aporte sólido continental a praias com significativo transporte litorâneo longitudinal de sedimentos. São comuns migrações cíclicas da flecha em função da sua ruptura pela ação das cheias dos rios ou pelas ondas. Como exemplos, pode-se citar a foz do Rio Ribeira de Iguape (SP), cuja migração cíclica está documentada nas Figuras 3.15 e 3.16(A) e (B); a foz do Rio Una em São Sebastião (SP), na Figura 3.17; a foz do Rio Perequê em Ilhabela (SP) no Canal de São Sebastião, na Figura 3.18, em que se observa o intensivo retrabalhamento das areias em barras arenosas pelas ondas; e a foz obstruída do Rio Massaguaçu na praia homônima em Caraguatatuba (SP), nas Figuras 3.19 e 3.20.

3.5.2.3 BARRAS

Trata-se de formações costeiras semelhantes às flechas, porém formadas em embocaduras costeiras com transporte litorâneo longitudinal de sedimentos mais fraco relativamente ao efeito das correntes de maré da embocadura, o que faz a barra manter-se praticamente sempre coberta pela maré. Formam-se na desembocadura de um rio ou em embocaduras lagunares.

São produzidas pela redução da capacidade de transporte das correntes de vazante ao atingirem as profundidades mais ao largo, sendo insuficientes para manter o transporte sólido, que, geralmente, é muito maior do que o litorâneo. A barra forma-se marcadamente quando há um adequado suprimento de areia, uma área muito plana ao largo e uma área de descarga confinada no mar. Essa última característica tende a criar no sentido do mar um jato de corrente de vazante, que gradualmente se expande e se difunde. Por outro lado, a maré enchente tem a tendência de não se concentrar sobre a linha da barra, a qual, portanto, pode manter-se como característica permanente. Através da barra, o transporte litorâneo longitudinal de sedimentos tem continuidade.

Por essas características, os canais das barras são instáveis e sofrem variações dependendo da ocorrência de fortes tempestades ou vazões fluviais, causando problemas à navegação (se existir).

Citam-se como exemplos as barras lagunares de Ararapira (ver Figura 3.21) na divisa administrativa com o Estado do Paraná em Cananeia (SP), de Cananeia (ver Figura 3.22) entre a Ilha do Cardoso e a Ilha Comprida (SP), e de Icapara (ver Figura 3.23).

3.5.2.4 RESTINGAS OU LIDOS

Os geógrafos identificam uma grande variedade de tipos de restingas ou lidos. Consistem em uma língua arenosa que se

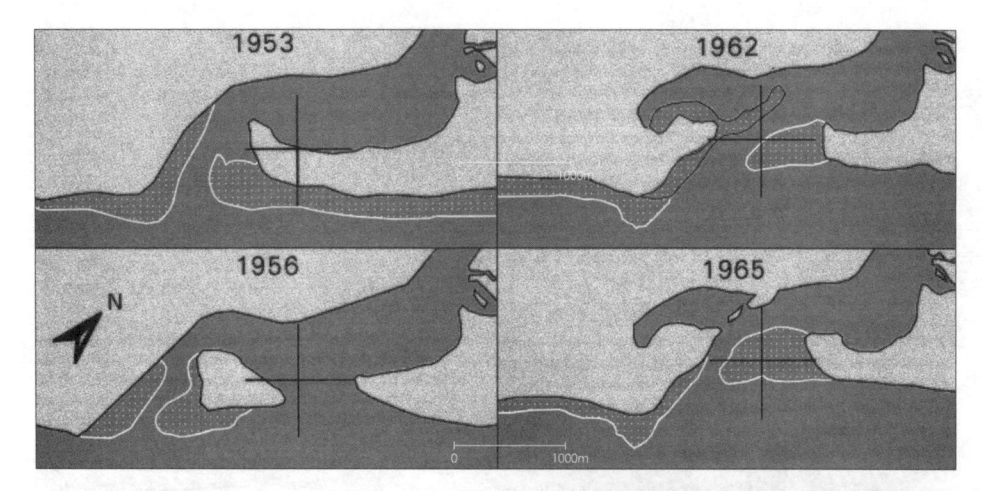

Figura 3.15
Evolução planimétrica da Barra do Rio
Ribeira do Iguape (SP) (São Paulo,
Estado/DAEE/SPH/CTH).

Figura 3.16
(A) Evolução das barras do Ribeira do Iguape
e Icapara (SP) (1981-1991). A fotografia de
referência é de 1991.
(B) Fotografia aérea, novembro de 2000
(Base).

Figura 3.17
Fotografia aérea de 2000 da Barra do Rio
Una em São Sebastião (SP) (BASE).

Figura 3.19
Fotografia aérea de 2000 da Lagoa Azul
na foz obstruída do Rio Massaguaçu
na Praia de Massaguaçu (SP) em
Caraguatatuba (SP) (Base).

Figura 3.18
Fotografia aérea de 23 de julho de 1982 da Barra do Rio Perequê
em Ilhabela (SP). Observa-se o trecho entre o atracadouro
do *ferry-boat* e a costa rasa da foz com nítidas barras
arenosas (Base).

Figura 3.20
Vista elevada da Praia de Massaguaçu em
Caraguatatuba (SP), em 2001, visualizando-se
em primeiro plano a Lagoa Azul (São Paulo,
Estado/DAEE/SPH/CTH).

Figura 3.21
Fotografia aérea de outubro de 2000 da Barra do Ararapira em Cananeia (SP). A divisa administrativa entre São Paulo e Paraná está em contínua mudança pela migração da embocadura rumo SW (Base).

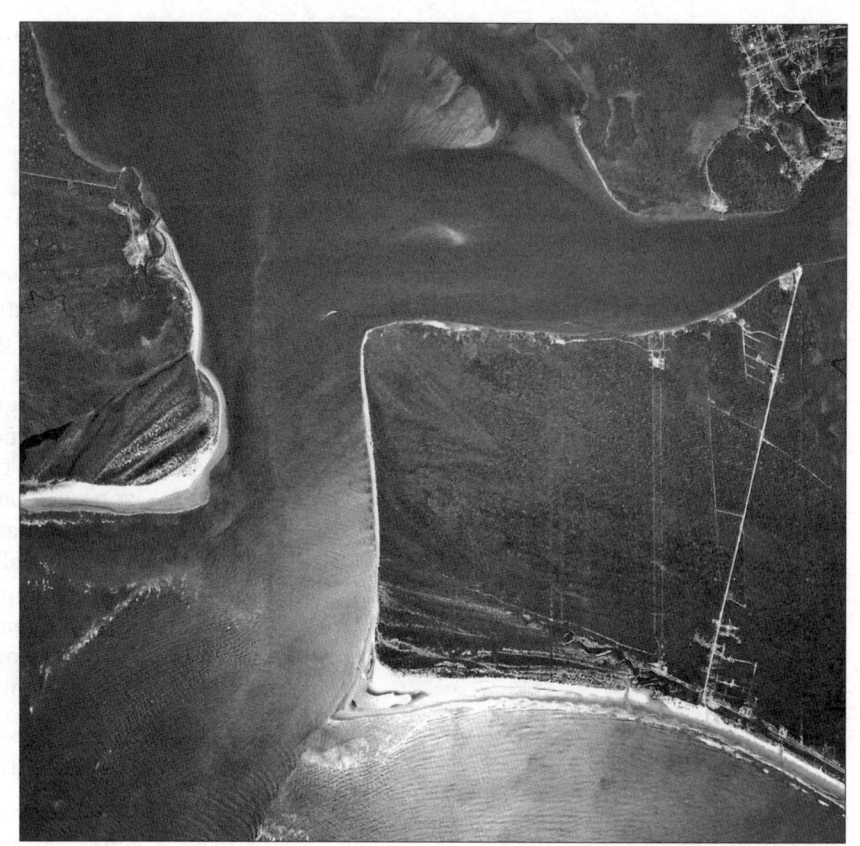

Figura 3.22
Fotografia aérea de novembro de 2000 da Barra da Cananeia, entre a Ilha Comprida (à direita na foto) e a Ilha do Cardoso (à esquerda na foto) (Base).

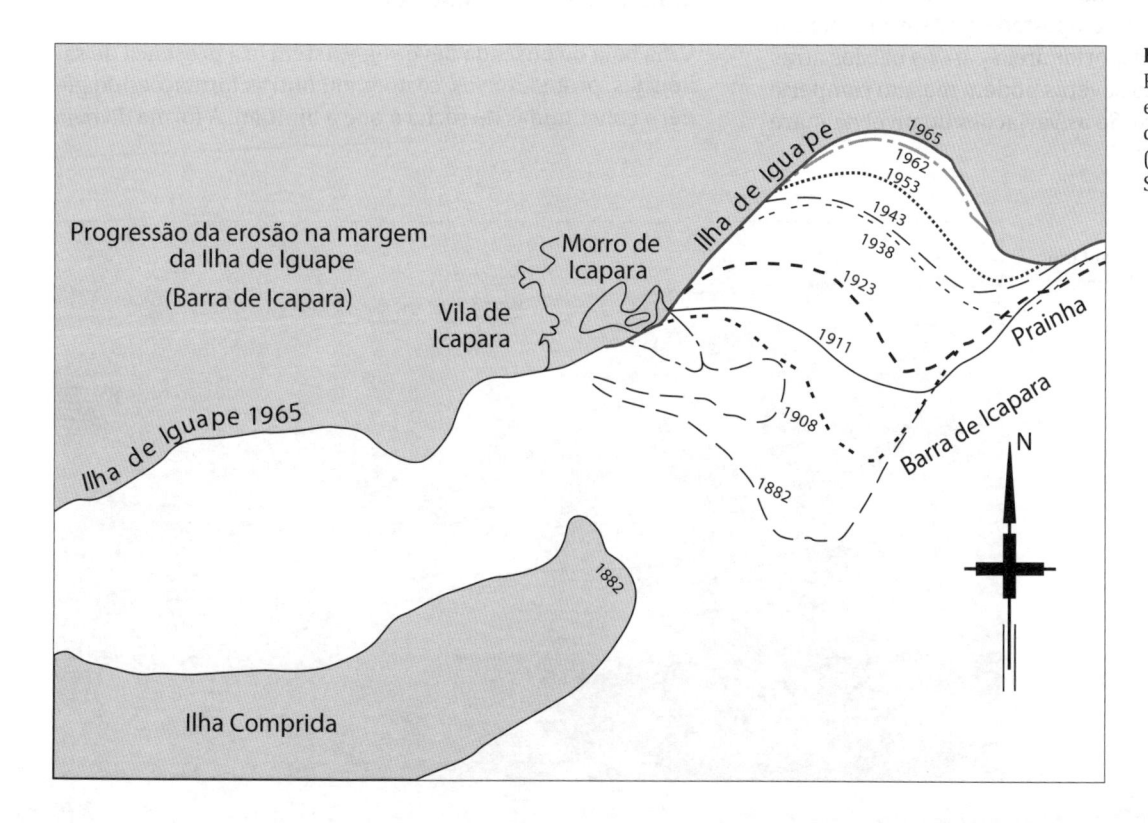

Figura 3.23
Progressão planimétrica da erosão na margem da Ilha de Iguape (Barra de Icapara) (São Paulo, Estado/DAEE/SPH/CTH).

projeta no mar a partir de uma saliência costeira associada a um intenso transporte litorâneo longitudinal de sedimentos. Sua direção é usualmente uma continuação da linha costeira a partir da qual os sedimentos são supridos.

A restinga é gerada por uma brusca redução da velocidade da corrente litorânea longitudinal produzindo a deposição sedimentar. Pode formar-se a partir do extremo de um espigão ou molhe, de uma ponta ou cabo, descontinuidades reentrantes da costa (como baías ou lagunas), as quais produzem alargamento da seção hídrica da corrente longitudinal, com a consequente redução da capacidade de transporte litorâneo e deposição do material.

Existem restingas de comprimentos de dezenas de quilômetros, e normalmente apresentam uma ligeira concavidade (gancho) em direção à costa. Podem alongar-se de metros até alguns decâmetros (mais raramente, alguns hectômetros) por ano, mas a sua progressão nunca é uniforme. Como exemplo dessa formação, cite-se a restinga da Marambaia na Baía de Sepetiba (RJ) (ver Figura 3.28(B)).

3.5.2.5 BARREIRAS

Em contraste com as restingas, que são formadas por material que se movimenta ao longo da costa, as barreiras (ou ilhas-barreiras) formam-se com material movimentado perpendicularmente à costa.

Podem formar-se quando for suficiente o suprimento de material de praia proveniente do largo e a batimetria for tal que as ondas arrebentam a alguma distância da costa, por causa de uma larga zona de estirâncio raso. A barreira forma-se na extremidade externa desta zona rasa em que as ondas arrebentam; o aporte de areia eventualmente formará uma berma – isolada da costa – que se transformará na barreira. As ondas de tempestade podem arrebentar sobre esta barreira e transportar areia para os baixios atrás dela. Tempestades muito severas podem mesmo romper e abrir "bocas" na barreira. Se as variações do nível da maré

permitirem a berma manter-se emersa, então o vento também pode transportar areia e formar dunas ao longo das barreiras. Exemplos de formações deste tipo são as ilhas de Pellestrina e Lido na Laguna de Veneza.

3.5.2.6 TÔMBOLOS

A presença de um obstáculo destacado em frente a uma costa, como um afloramento rochoso, um quebra-mar destacado, ou mesmo um navio encalhado, reduz a atividade da onda na zona de sombra entre o obstáculo e a costa. Como a redução da agitação das ondas na zona de sombra resulta em uma redução da capacidade de transporte dos sedimentos, o material transportado ao longo da costa se deposita na zona de sombra formando um tômbolo, que é um istmo (que, em geral, somente se descobre na baixa-mar) de material móvel que pode desenvolver-se entre o obstáculo e a costa. A dupla difração originada pelo ataque das ondas ao obstáculo produz a tendência de formação de uma deposição em forma de cúspide na costa adjacente, que pode evoluir até ligar a ilha ao continente.

A formação do tômbolo, como no caso da restinga, depende do transporte sedimentar paralelamente à praia.

A origem da denominação provém de localidade na costa da Toscana (Itália) no Mar Tirreno (Figura 3.24), em que a ausência de significativas correntes de maré permite condições propícias a este tipo de formação. Como exemplos, citam-se os tômbolos do Poço de Anchieta na Praia de Cibratel em Itanhaém (SP) (ver Figura 3.25), da Ilha Porchat e de Urubuqueçaba na Baía de Santos (SP) (ver Figuras 3.26 e 3.27).

3.5.2.7 BAÍAS E ENSEADAS

Uma baía ou enseada deve sua existência à presença de saliências, promontórios, costões, ou outras formações do gênero constituídas de rocha e que a limitam. A forma da baía

Figura 3.24
Tômbolos que unem a Ilha de Argentario ao continente italiano no Mar Tirreno.

Figura 3.25
Vista do tômbolo do Poço de Anchieta em 1999, com a Praia de Cibratel em Itanhaém (SP) ao fundo.

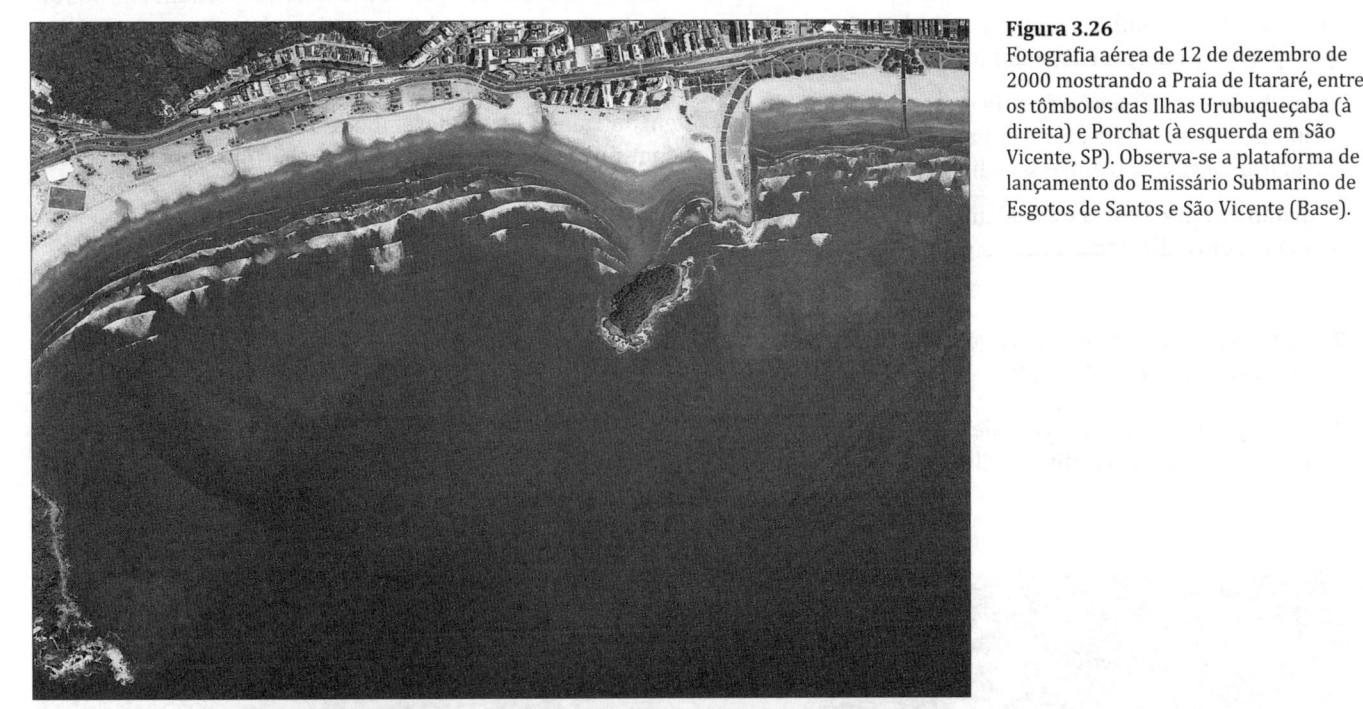

Figura 3.26
Fotografia aérea de 12 de dezembro de 2000 mostrando a Praia de Itararé, entre os tômbolos das Ilhas Urubuqueçaba (à direita) e Porchat (à esquerda em São Vicente, SP). Observa-se a plataforma de lançamento do Emissário Submarino de Esgotos de Santos e São Vicente (Base).

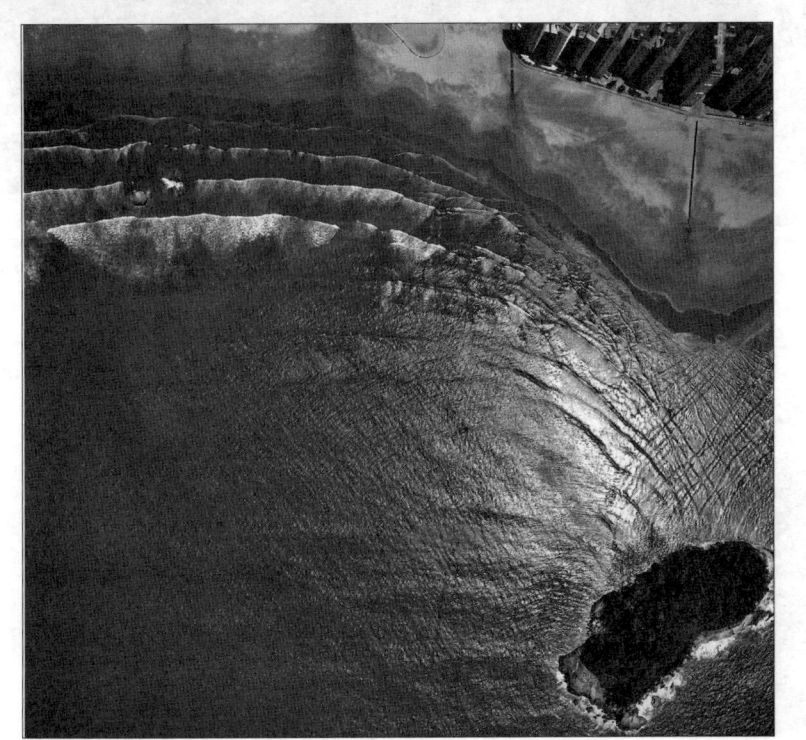

Figura 3.27
Fotografia aérea de 15 de dezembro de 1972, mostrando o tômbolo da Ilha Urubuqueçaba e a Praia de Itararé em São Vicente (SP). Observar a dupla difração no tardoz da ilha (Base).

depende até um certo grau da direção de exposição ao ataque das ondas. Algumas características dessas formações:

- A forma planimétrica varia dependendo da orientação da linha costeira em relação à direção das tempestades. A extremidade de sotamar da baía tende a apresentar uma linha de costa mais retilínea, paralela às ondas dominantes. A extremidade da barlamar é mais encurvada, conformada pela difração da onda em torno de um costão ou promontório, como no caso da Enseada de Ubatuba (SP) (ver Figura 3.28(A)).

- Uma linha de costa frontal às ondas dominantes tende a ser simetricamente encurvada entre os limites da baía (ver Figura 3.28(B)).

- A erosão de uma linha costeira de uma baía é limitada pela perda de energia das ondas junto aos seus limites.

- Quando ocorre um acréscimo de material de praia suprido por rios que descarregam na baía, esta tende a formar uma restinga entre seus limites.

- A distância para a costa na qual uma baía erode é relacionada com a distância entre os promontórios.

3.5.2.8 CORDÕES LITORÂNEOS, BANCOS E FORMAÇÕES COMPLEXAS

São formações costeiras com complexos mecanismos de formação. A presença de cordões retilíneos é associada ao abaixamento do nível do mar (regressão marinha), enquanto cordões curvos são associados ao transporte litorâneo ao longo da costa. Os bancos ao largo das costas são formações de grande escala e suas evoluções influenciam em longo prazo as áreas costeiras, pois alteram as condições de aproximação das ondas junto às costas.

De um modo geral, as formações naturais da costa podem apresentar uma combinação dos tipos analisados.

3.5.2.9 ESTUDO DE CASO DAS PRAIAS DE SUARÃO E CIBRATEL EM ITANHAÉM (SP)

Suarão e Cibratel são praias próximas, separadas pela foz do Rio Itanhaém e por afloramentos rochosos que intercalam as pequenas praias dos Pescadores e do Sonho, que são separadas pelo tômbolo da Ilha Givura (ver Figura 3.25), e se encontram a SW da desembocadura. Suarão e Cibratel encontram-se em um trecho da costa aberto, desabrigado e sem obstáculos à incidência das ondas.

A Figura 3.29 mostra as praias de Suarão e Cibratel. Considera-se como compartimento Cibratel a região de linha de costa delimitada entre o Poço de Anchieta (ver Figura 3.24) até cerca de 4,8 km para SW rumo à foz do Rio Piaçaguera. O compartimento Suarão compreende a região delimitada pela Praia do Centro, logo ao lado da foz do Rio Itanhaém, até 7,4 km rumo NE, em direção à foz do Rio Mongaguá.

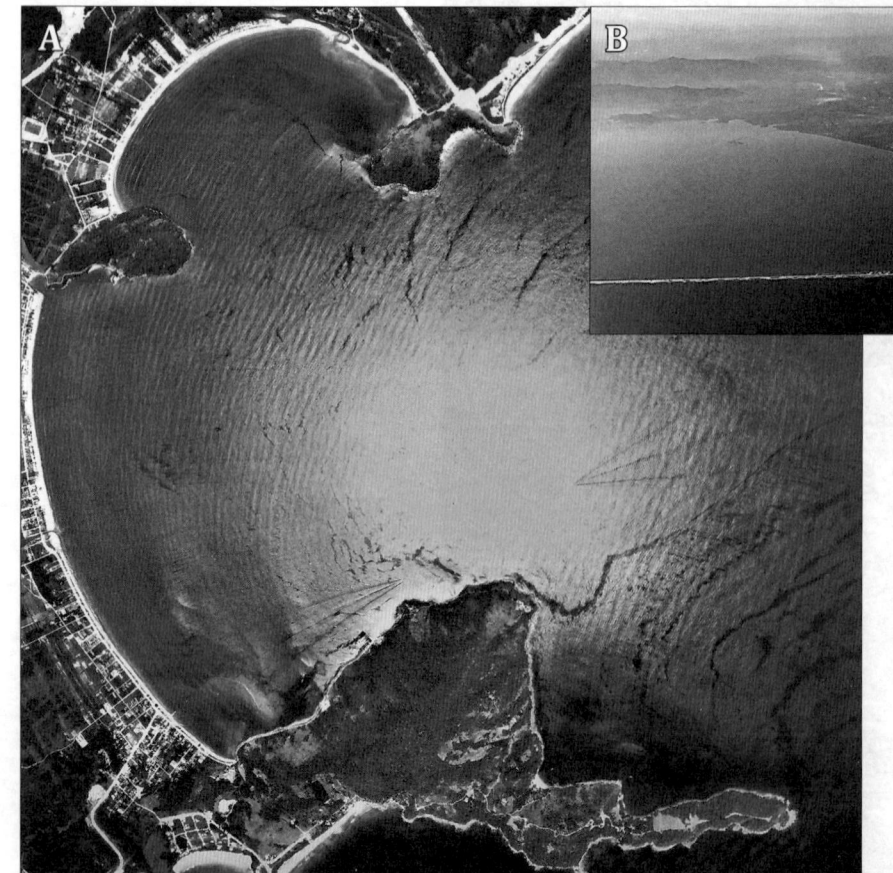

Figura 3.28
(A) Fotografia aérea de 9 de janeiro de 1973 da Enseada de Ubatuba (SP), notando-se as frentes de onda do quadrante leste (Base).
(B) Foto aérea da Restinga da Marambaia em primeiro plano e da Baia de Sepetiba em segundo plano.

A direção média da linha de praia do compartimento Suarão é de 58,58 NV, e de Cibratel, 56,58 NV (ver Figura 3.29).

Ambas as praias de Suarão e Cibratel possuem declividades suaves, com largura média da faixa praial em torno de 90 m. Enquadram-se na classificação de praias dissipativas. As praias dissipativas apresentam zona de arrebentação larga e bem desenvolvida, sedimentos de granulometria fina, baixo gradiente topográfico, ausência de correntes de retornos persistentes e, principalmente, ondas com arrebentação do tipo progressiva.

A granulometria dos sedimentos presentes na zona de arrebentação das duas praias é constituída de areia fina e média. Ao largo de ambas as praias, as isóbatas acompanham a linha de costa, sem grandes desvios e com granulometria caracterizada por areias finas. A Figura 3.30 apresenta os pontos de coleta de sedimentos e os resultados da análise granulométrica efetuada. Tais análises permitem estimar uma granulometria de D_{50} = 0,4 mm para a zona de arrebentação das praias de Suarão e de Cibratel.

Cazzoli (1997) identificou granulometria de D_{50} = 0,41 mm em uma barra que aflorou parcialmente em abril de 1994 na Praia do Centro. Essa barra certamente resultou da arrebentação das ondas. Dessa forma, pode-se considerar que a granulometria nela encontrada é representativa da granulometria da zona de arrebentação. Outra análise de sedimentos coletados por Cazzoli nas profundidades de 3, 5 e 8 m localizadas em frente à Praia de Cibratel, do Costão de Paranambuco e da Praia do Centro, indicou a presença de areias finas com D_{50} = 0,1 mm.

A Figura 3.31 mostra fotografia aérea de 1960, época em que a ocupação urbana não avançava sobre as praias. As dunas, que em um passado pouco distante abundavam no ambiente praial de Itanhaém foram impermeabilizadas, e parte foi removida para aterro. A Figura 3.32 mostra os campos das formações duníferas nos Lençóis Maranhenses (MA) na região da Foz do Rio Preguiças, região de singular beleza no mundo.

A ocupação da praia não respeitou os limites do pós-praia ainda sob a ação da dinâmica da agitação marítima (ver Figuras 3.33 a 3.38). Atualmente, essas praias sofrem com os problemas dessa ocupação, em que o mar, em ocasiões de ressaca, atinge parte das edificações, sem contar com as muretas dos vários quiosques que pontilham toda a linha de costa do município de Itanhaém.

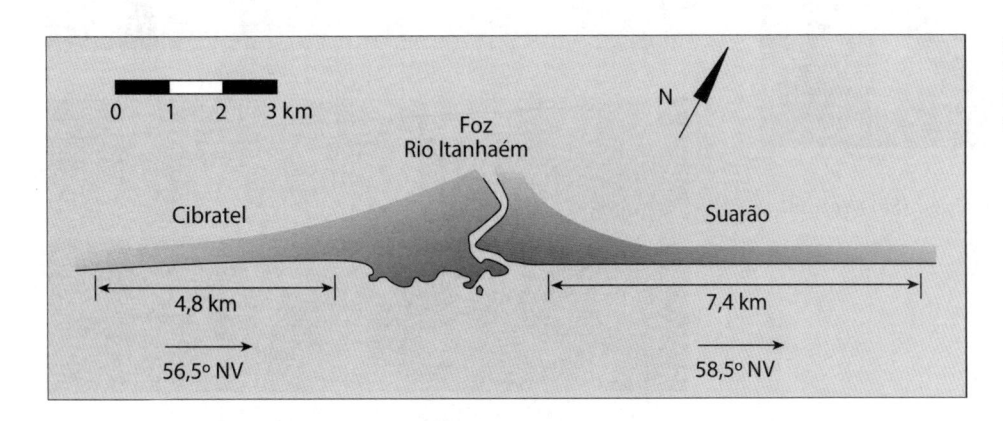

Figura 3.29
Planimetria dos compartimentos Cibratel e Suarão e suas respectivas extensões e alinhamentos.

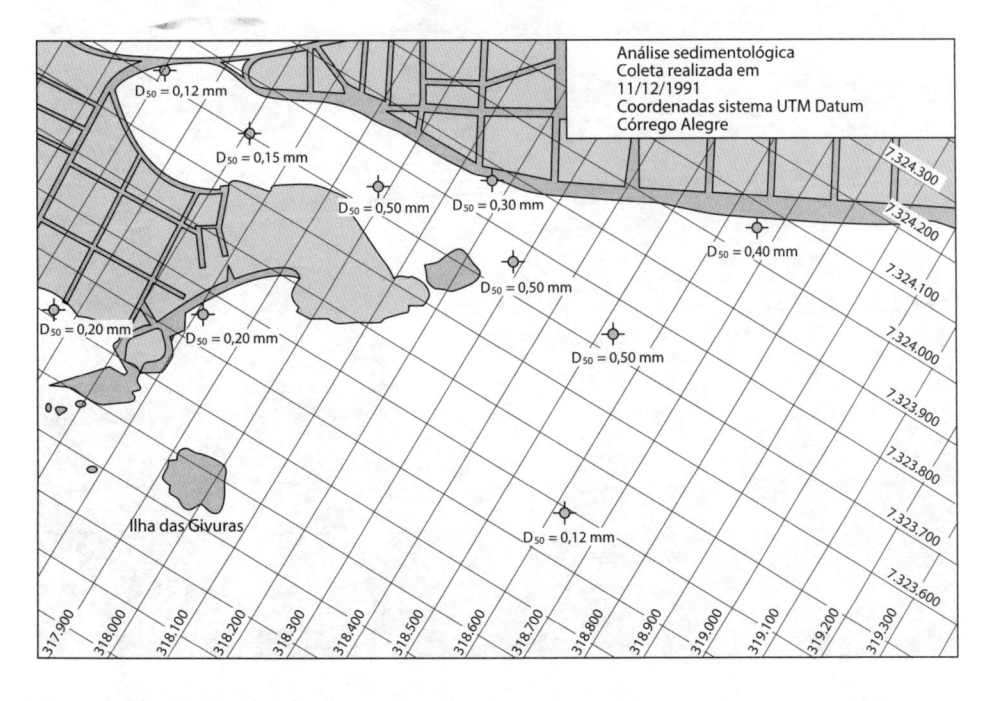

Figura 3.30
Planimetria dos pontos de coleta e análise sedimentológica (São Paulo, Estado/DAEE/SPH/CTH).

Figura 3.31
Vista aérea das praias adjacentes à foz do Rio Itanhaém (SP) na década de 1960 (São Paulo, Estado/DAEE/SPH/CTH).

Figura 3.32
(A) Campos de dunas dos Grandes Lençóis Maranhenses (MA), de beleza ímpar.
(B) Campos de dunas dos Lençóis Maranhenses (MA).
(C) Duna à margem do Rio Preguiças (MA).
(D) Campos de dunas da Costa Norte do Brasil.

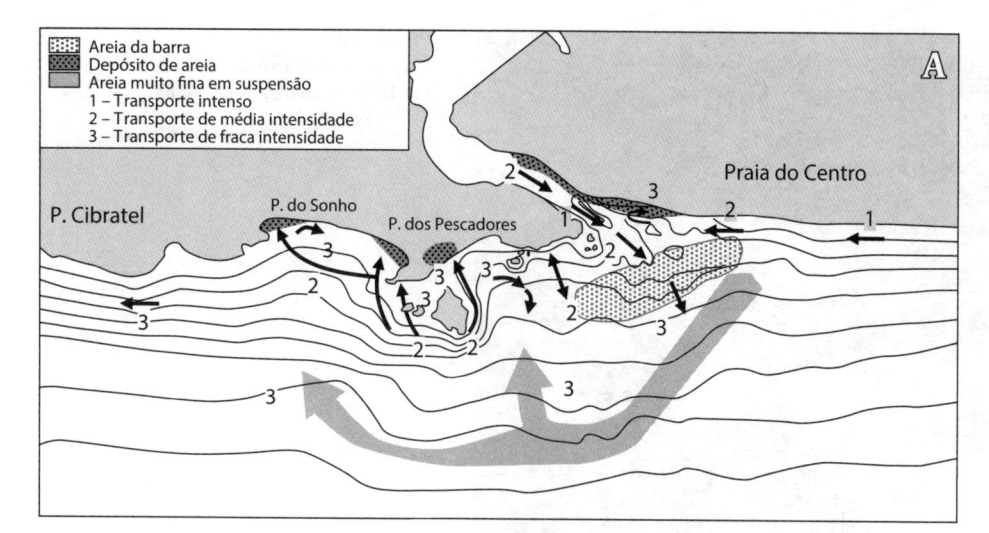

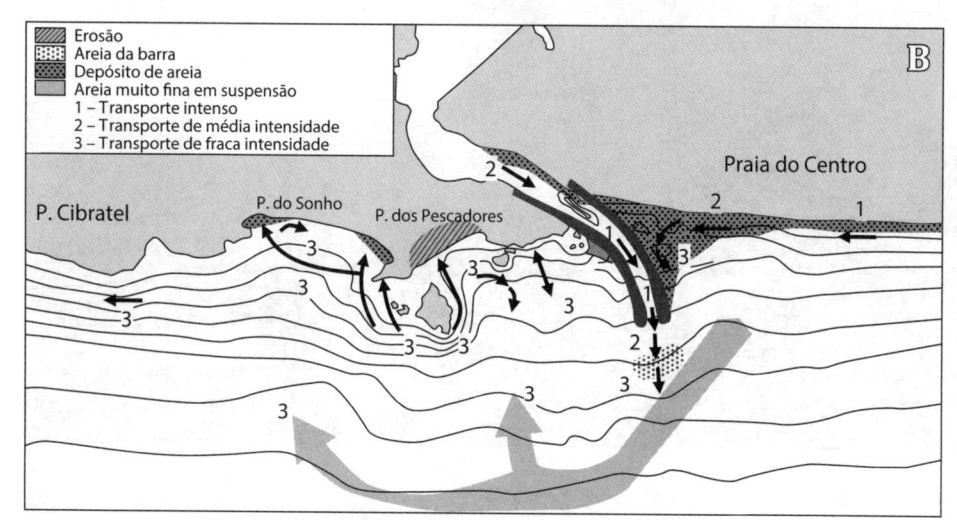

Figura 3.33
(A) Esquematização planimétrica da dinâmica hidrossedimentológica na barra e praias de Itanhaém (SP) na situação atual. (B) Mesma situação com a implantação de molhes guias-correntes projetados (São Paulo, Estado/DAEE/SPH/CTH).

Figura 3.34
Vista da Barra do Rio Itanhaém (SP) e sua pluma de sedimentos em 1999, com a Praia Grande (SP) ao fundo.

A Barra do Rio Itanhaém

A Bacia Hidrográfica do Rio Itanhaém é a maior do litoral paulista depois da Bacia do Rio Ribeira do Iguape, com uma área de drenagem de 1.000 km². Seus principais formadores são os rios Branco, Aguapeú e Preto.

O Rio Itanhaém é caracteristicamente um rio de planície, meandrante e de regime fluvial de baixa energia. A orientação da foz do rio é desviada para E pelas formações dos morros em sua margem SW, sendo o último o Morro do Sapucaitava.

A Figura 3.31 mostra a vista aérea da foz do Rio Itanhaém em 1960. As Figuras 3.34 e 3.35 mostram a Barra do Rio Itanhaém – na Figura 3.34, observa-se a pluma de sedimentos do rio, e a Figura 3.35 apresenta a vista aérea zenital da foz do Rio Itanhaém em 2002 (Base).

A Barra do Rio Itanhaém é bem desenvolvida e demonstra marcadamente que há um adequado suprimento de areia, uma área muita plana ao largo e uma área de descarga confinada no mar.

Na Figura 3.39 se apresenta a sondagem batimétrica da Barra do Rio Itanhaém, levantada de setembro a dezembro

Figura 3.35
Foto aérea da Barra do Rio Itanhaém (SP) em 15 de maio de 2002 (BASE).

Figura 3.36
Vista do primeiro quiosque da Praia do Centro próximo à Boca da Barra do Rio Itanhaém (SP) em 1998.

Figura 3.37
Vista de trecho do pós-praia da Praia do Centro em Itanhaém (SP) em 1998.

Figura 3.38
Vista do muro de praia do Clube Satélite na Praia do Centro em Itanhaém (SP) em 1998.

de 1991, em que a barra apresenta profundidades mínimas de 1,7 m (DHN) na baixa-mar no canal da barra.

A sondagem batimétrica da barra de julho de 1998 mostra profundidades mínimas de 0,4 m (DHN) na baixa-mar no canal da barra (ver Figura 3.40), valores confirmados na sondagem de abril de 2001. Tal deficiência tem prejudicado a navegação local. As maiores embarcações pesqueiras (calado de 1,5 m), e também as escunas, só podem vencer a barra em horários entre a meia-maré e a preamar, seguindo um traçado que requer muita perícia.

Essas sondagens permitem evidenciar a dominância do transporte litorâneo longitudinal de sedimentos no entulhamento da barra nos meses de estiagem e maior intensidade de ressacas (inverno), mantendo-se, entretanto, o canal da barra na mesma posição.

Nas Figuras 3.41 a 3.44, estão apresentadas imagens do modelo físico instalado na bacia de ondas do Laboratório de Hidráulica da EPUSP, para estudar a obra de melhoria da barra por guias-correntes projetados pela Equipe de Hidráulica Marítima do laboratório.

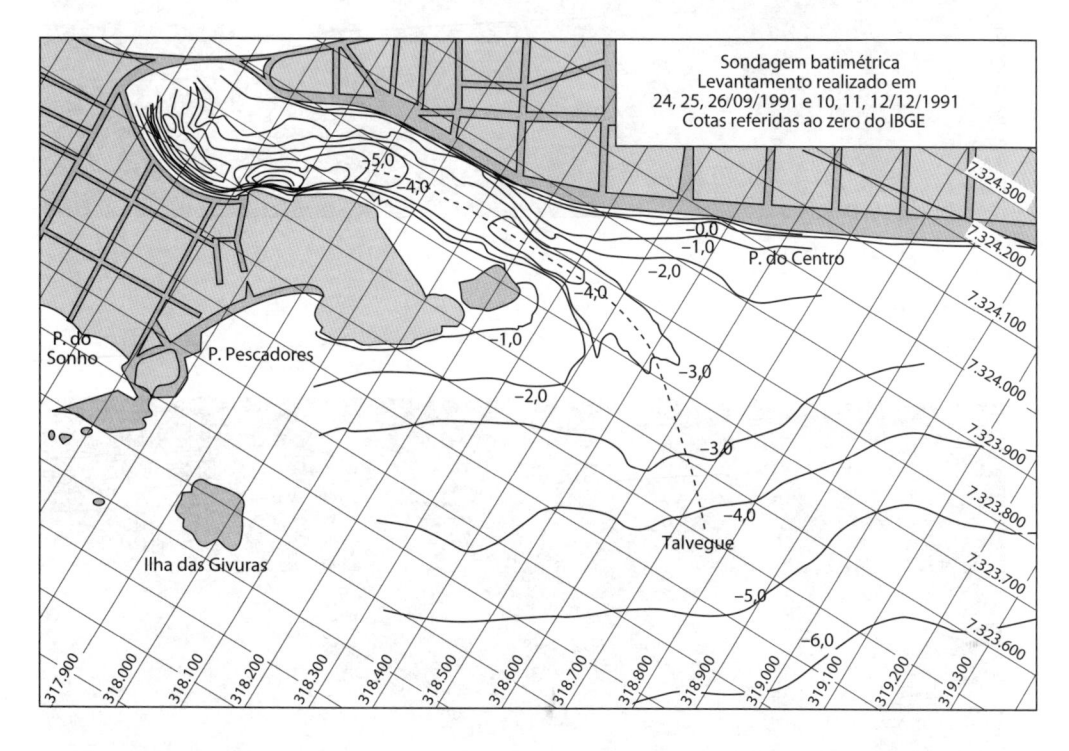

Figura 3.39
Planta da batimetria da Barra do Rio Itanhaém (SP) em setembro/dezembro de 1991 (São Paulo, Estado/DAEE/SPH/CTH).

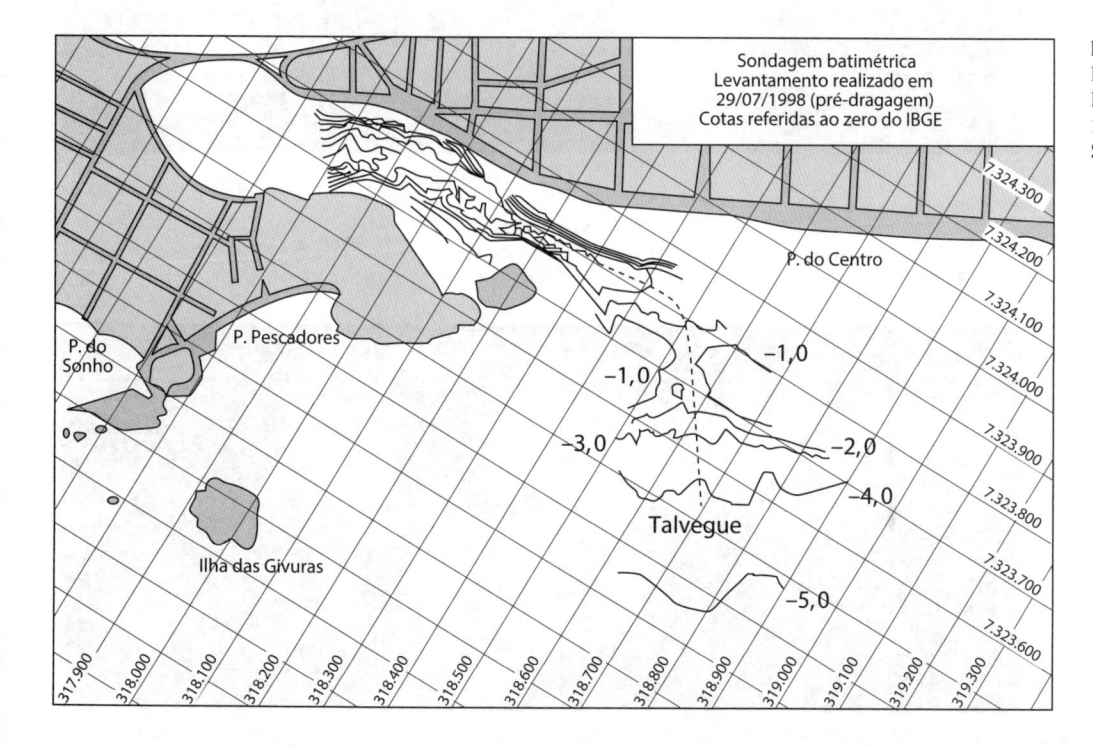

Figura 3.40
Planta da batimetria da Barra do Rio Itanhaém (SP) em julho de 1998 (São Paulo, Estado/DAEE/SPH/CTH).

Figura 3.41
Estudo em modelo físico (escala vertical 1:50 e escala horizontal 1:300) da obra de melhoramento da Barra do Rio Itanhaém (SP) por guias-correntes. Visualização zenital da bacia de ondas, observando-se o deslocamento da mancha de corante por ação da agitação (São Paulo, Estado/DAEE/SPH/CTH).

Figura 3.42
Estudo em modelo físico (escala vertical 1:50 e escala horizontal 1:300) da obra de melhoramento da Barra do Rio Itanhaém (SP) por guias-correntes. Visualização da Praia do Centro no modelo (São Paulo, Estado/DAEE/SPH/CTH).

Figura 3.43
Estudo em modelo físico (escala vertical 1:50 e escala horizontal 1:300) da obra de melhoramento da Barra do Rio Itanhaém (SP) por guias-correntes. Visualização da bacia de ondas do Laboratório de Hidráulica da EPUSP (São Paulo, Estado/DAEE/SPH/CTH).

Figura 3.44
Estudo em modelo físico (escala vertical 1:50 e escala horizontal 1:300) da obra de melhoramento da Barra do Rio Itanhaém (SP) por guias-correntes (São Paulo, Estado/DAEE/SPH/CTH).

A migração livre da foz do Rio Mongaguá

O Rio Mongaguá situa-se a NE da Praia de Suarão, a cerca de 20 km da foz do Rio Itanhaém. Entre as fozes desses dois rios, a linha de costa mantém-se retilínea, não encontrando nenhum obstáculo.

O Rio Mongaguá apresentava até a primeira metade dos anos 1970 sua foz livre para migrar sob a ação das ondas e correntes, formando uma flecha (ver Figuras 3.45 e 3.46). Segundo comunicação pessoal de Monteiro e Monteiro (1999) a P. Alfredini, em tais condições sua foz era acentuadamente desviada em até 1 km para SW, o que obrigava à execução de obras de contenção (diques) e à abertura de valo na praia para reconduzi-lo à posição atual fixada por enrocamentos. Na Figura 3.46 é bem visível o dique executado para interromper o rio com objetivo de que um novo talvegue fosse naturalmente criado com o auxílio da execução de um valo na praia. Nota-se também o braço morto do rio resultante do dique. Trata-se de uma bacia hidrográfica de área muito menor do que o Rio Itanhaém (cerca de 10 km^2), com consequente dominância das correntes longitudinais de arrebentação para SW sobre as fracas correntes de maré e fluviais. Atualmente, a foz do rio encontra-se fixada por dois enrocamentos que avançam até cotas correspondentes à mínima baixa-mar (ver Figura 3.47).

Figura 3.45
Foto aérea da foz do Rio Mongaguá (SP) em 1959 (BASE).

Figura 3.46
Foto aérea da foz do Rio Mongaguá (SP) em 1972 (Base).

Figura 3.47
Foto aérea da foz do Rio Mongaguá (SP) em 1997 com a foz fixada pelos enrocamentos (Base).

A migração da foz do Rio Piaçaguera

O Rio Piaçaguera constitui o limite SW da Praia de Cibratel, estando a cerca de 15 km de distância da foz do Rio Itanhaém.

O Rio Piaçaguera é um canal supridor de lama, sendo apenas uma drenagem intermitente intercordões litorâneos.

Em frente à sua foz, rumo ao mar, encontra-se um afloramento cristalino rochoso em forma de ilha chamado Pedra dos Jesuítas. Essa pequena ilha é distante aproximadamente 600 m da linha de praia, e as profundidades ao seu redor podem ser estimadas em torno de 5 m (DHN). Pelo fato de situar-se bem em frente à foz do Rio Piaçaguera

e a essa distância, exclui-se que a ilha interfira na migração da sua foz.

As fotografias aéreas (Figuras 3.48 a 3.53), impressas nas mesmas escala e posição neste estudo, apresentam em diferentes datas – de 1959 a 1997 – os diversos traçados da foz do Rio Piaçaguera. Na maioria das fotografias, observa-se claramente o entulhamento de sedimentos em sua margem NE obrigando ao desvio da foz do rio rumo SW.

Segundo Cazzoli (1997), que durante 14 meses levantou o traçado da foz do Rio Piaçaguera, entre abril de 1994 e maio de 1995 (ver Figuras 3.54 e 3.55), a desembocadura do Rio Piaçaguera sempre apresentou no setor praial orientações para S, SSE, SE, ESE e E.

Figura 3.48
Foto aérea da foz do Rio Piaçaguera, Itanhaém (SP), em 1959 (BASE).

Figura 3.49
Foto aérea da foz do Rio Piaçaguera, Itanhaém (SP), em 1973 (Base).

Figura 3.50
Foto aérea da foz do Rio Piaçaguera, Itanhaém (SP), em 1986 (Base).

Figura 3.51
Foto aérea da foz do Rio Piaçaguera, Itanhaém (SP), em 1994 (BASE).

Figura 3.52
Foto aérea da foz do Rio Piaçaguera, Itanhaém (SP), em maio de 1997 (Base).

Figura 3.53
Foto aérea da foz do Rio Piaçaguera, Itanhaém (SP), em junho de 1997 (Base).

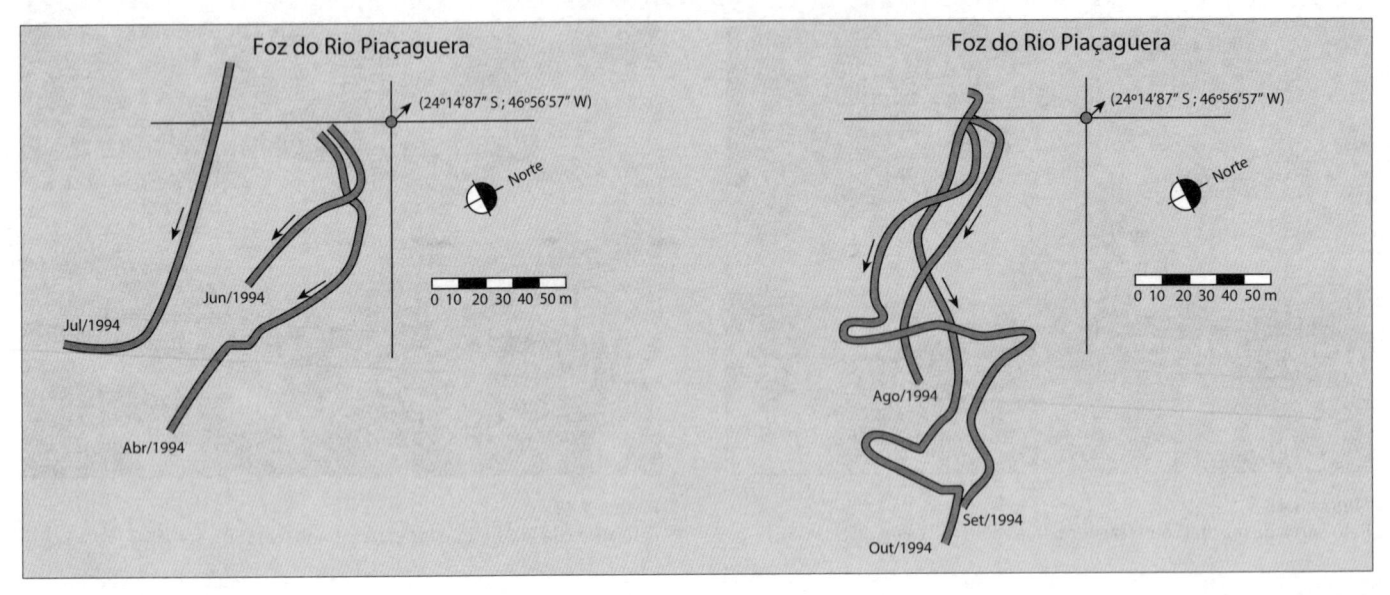

Figura 3.54
Planimetria da migração da foz do Rio Piaçaguera em Itanhaém (SP) de abril de 1994 a outubro de 1994 (ARAÚJO, 2000).

Figura 3.55
Planimetria da migração da foz do Rio Piaçaguera em Itanhaém (SP) de novembro de 1994 a maio de 1995 (ARAÚJO, 2000).

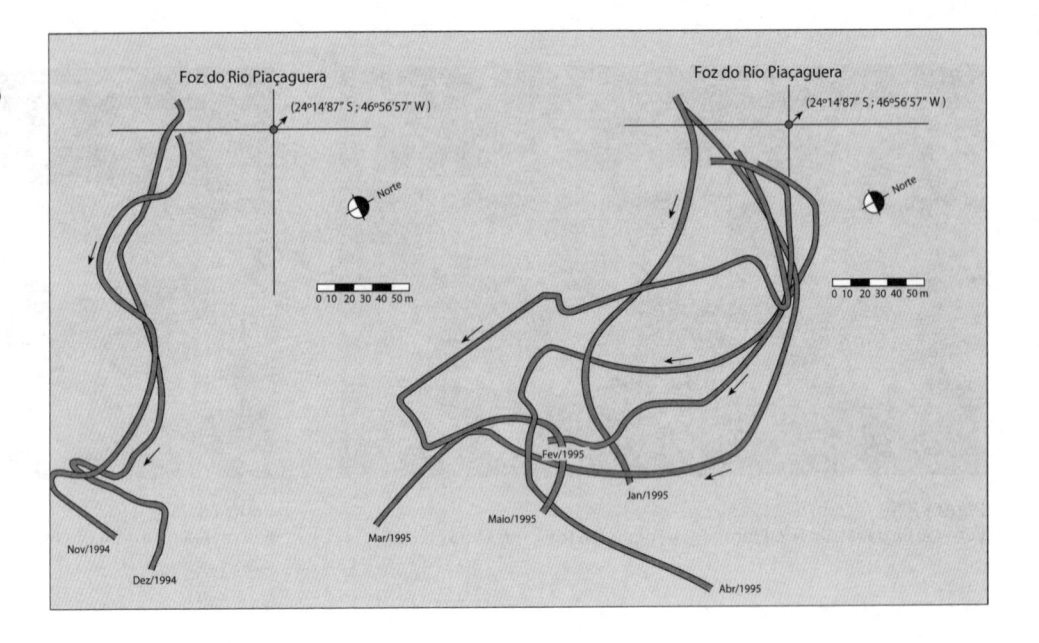

3.6 ANÁLISE QUANTITATIVA DO PROCESSO DE TRANSPORTE LITORÂNEO

3.6.1 Início do movimento de sedimentos não coesivos e conformações de fundo

3.6.1.1 CONSIDERAÇÕES GERAIS

Na Figura 3.56(A) e (B), encontram-se esquematizados os processos de transporte dos sedimentos marinhos não coesivos, correspondendo a forçantes associadas às correntes e à agitação, produzindo tensões de arrastamento que na prática atuam em conjunto na movimentação dos sedimentos, seja por arrastamento de fundo, seja em suspensão.

O conhecido perfil logarítmico de velocidades das correntes em uma vertical nas áreas marítimas nunca é rigorosamente permanente, o que produziria gráfico linear nas escalas logarítmicas de distância do fundo (y) em função da velocidade neste ponto (ver Figura 3.57). Assim, as tensões de arrastamento também são afetadas por essa variabilidade temporal das forçantes, o que afeta o transporte de sedimentos.

Primeiro, as correntes de maré e outras correntes marítimas têm variabilidade de rumo, como visto no Capítulo 2. Também, sofrem acelerações a partir das condições de velocidades muito reduzidas ou nulas (estofas), atingem um máximo e, então, novamente se desaceleram (ver Capítulo 2). O resultado é um perfil logarítmico encurvado, conforme mostrado na Figura 3.57. Esse fato acarreta uma subestimativa das tensões de arrastamento no fundo para correntes

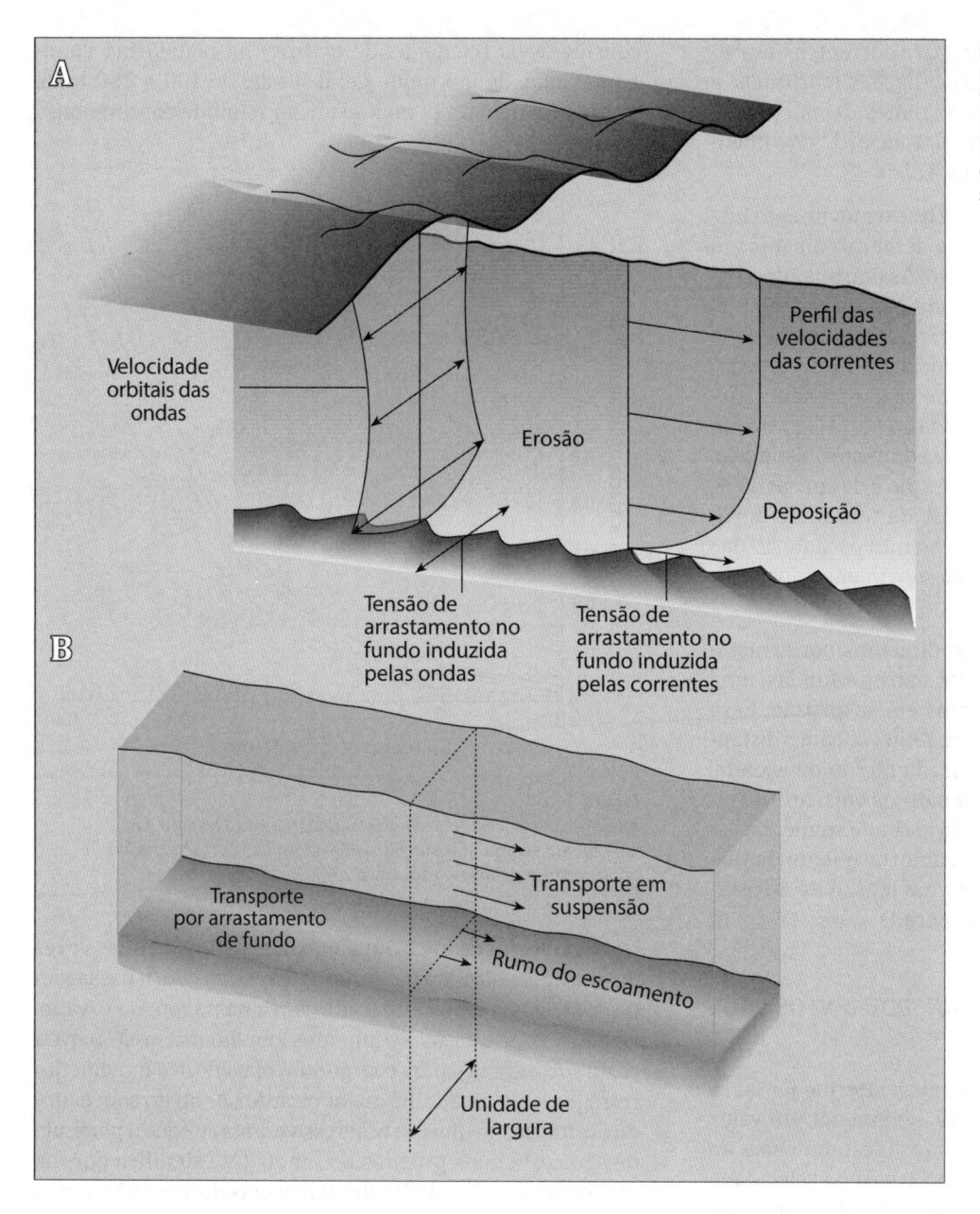

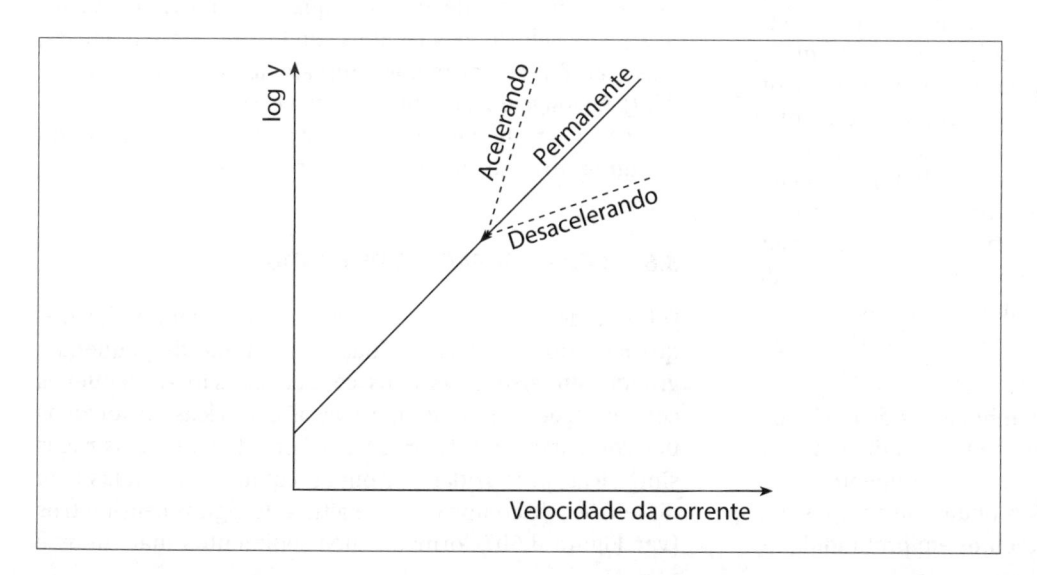

Figura 3.57
Curvaturas do perfil logarítmico de velocidades produzidas pela aceleração e desaceleração dos escoamentos, por exemplo, nas correntes de maré.

acelerando e uma superestimativa para correntes desacelerando-se. Entretanto, em muitas situações marítimas, a aceleração e a desaceleração das correntes de maré ocorrem próximo das estofas, quando o potencial de movimento sedimentar é, de qualquer forma, baixo.

Um segundo aspecto a relevar é que o movimento turbulento das correntes sobre o fundo demora a ajustar seu perfil à rugosidade presente no fundo. Assim, quando a rugosidade de fundo é muito acentuada pelo enrugamento, cria-se uma obstrução física ao escoamento, denominada rugosidade de forma, que reduz a capacidade do escoamento de movimentar sedimentos. Isso significa que somente parte da tensão de arrastamento associada ao perfil logarítmico está disponível para movimentar os sedimentos. Estima-se que, para as correntes de maré, essa fração é de apenas 50%, sendo consumidos os restantes 50% de tensão no enrugamento do fundo. No caso do movimento oscilatório das ondas, a porcentagem associada ao movimento dos sedimentos decai para cerca de 10%.

Finalmente, o transporte de sedimentos por arrastamento de fundo induz, nas camadas mais profundas, uma concentração elevada de sedimentos em suspensão. Essa elevada densidade da mistura bifásica reduz-se com o distanciamento do fundo, gerando um gradiente de densidade. Torna-se, desse modo, mais difícil para os vórtices turbulentos moverem o fluido mais denso ascendentemente, e o gradiente de densidade produz um amortecimento da turbulência que tem como resultante uma tensão de arrastamento no fundo menor do que a esperada.

3.6.1.2 INÍCIO DO MOVIMENTO DE SEDIMENTOS NÃO COESIVOS

À medida que a onda move-se em águas intermediárias, a máxima velocidade orbital aumenta até exceder um valor crítico limite (ou de soleira) u_{Bc}, em correspondência ao qual o fundo começa a se mover. Como a máxima velocidade orbital relaciona-se com a amplitude orbital e o período da onda, é possível relacionar a velocidade orbital crítica ao período da onda e à dimensão do sedimento que pode ser movimentado. Na Figura 3.58 está apresentada essa relação para sedimentos de quartzo (mineral mais comum constituinte dos grãos sedimentares). Pode-se observar que a velocidade orbital crítica requerida para mover um sedimento de uma determinada dimensão aumenta à medida que o período da onda aumenta. Assim, ela corresponde a 0,25 m/s para mover partícula de quartzo de 1 mm em uma vaga de 1 s de período, enquanto para uma ondulação de 15 s de período passa a 0,4 m/s. A justificativa para esse comportamento reside na rapidez com a qual a partícula de água é acelerada para a sua máxima velocidade horizontal, sendo muito maior para os períodos mais curtos, o que produz mais atrito com o fundo.

Evidentemente, há muitas combinações de período e altura da onda e profundidade que podem produzir a velocidade crítica necessária para mover um sedimento de determinada dimensão. As grandes ondas de tempestade são capazes de movimentar sedimentos em profundidades

considerável (centenas de metros) na plataforma continental, que, de um modo geral, atinge de 100 a 250 m de profundidade para depois se iniciar o talude continental.

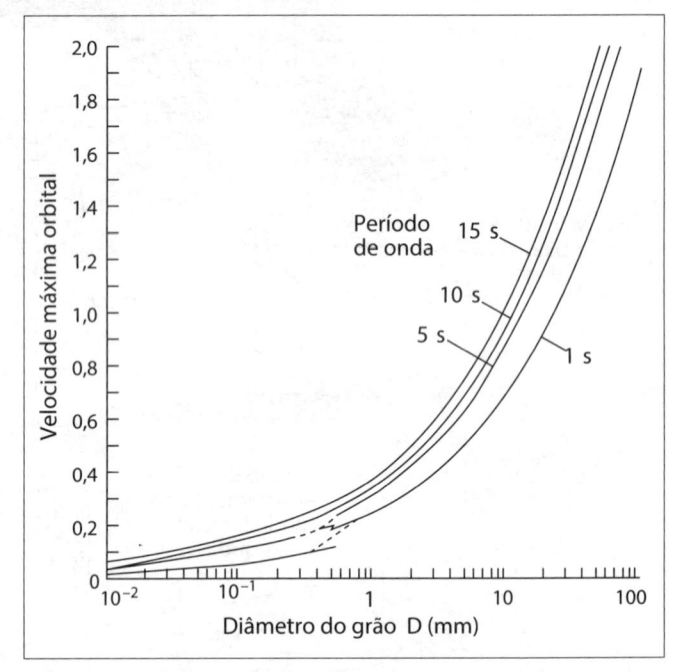

Figura 3.58
A relação entre a velocidade orbital máxima junto ao leito e o movimento sedimentar sob ondas de diferentes períodos (grãos de quartzo-sílica de massa específica 2.650 kg/m³).

A velocidade horizontal máxima é atingida duas vezes na passagem da onda: no rumo progressivo com a passagem da crista e no rumo retrógrado com a passagem do cavado, fazendo com que os sedimentos movimentem-se para a costa sob a crista e para o largo sob o cavado. No movimento retrógrado do cavado, há maior retardo por atrito com o fundo do que no movimento progressivo, uma vez que a partícula de água está mais próxima do fundo. Isso significa que, na realidade, as velocidades das partículas de água não são as mesmas em ambos os rumos, como apresentado pela teoria linear de ondas. No movimento para a costa, as velocidades orbitais são máximas, mantendo-se, entretanto, somente por curto intervalo de tempo; enquanto no movimento para o largo as velocidades orbitais são ligeiramente menores, mas mantêm-se por maior intervalo de tempo (ver Figura 3.59). Ao longo do movimento para a costa, sedimentos mais grosseiros são movimentados por arrastamento de fundo e sedimentos mais finos o são em suspensão.

3.6.1.3 CONFORMAÇÕES DE FUNDO

O fundo do mar raramente é plano, sendo com maior frequência coberto de conformações de fundo de pequena e grande dimensões. As mais conhecidas são as pequenas conformações de fundo de rugas assimétricas, produzidas por correntes em estuários ou baixios de maré, e as rugas simétricas, produzidas por ondas, comuns nas praias com dimensões de comprimento e altura de alguns centímetros (ver Figura 3.60), formadas nos sedimentos mais finos e

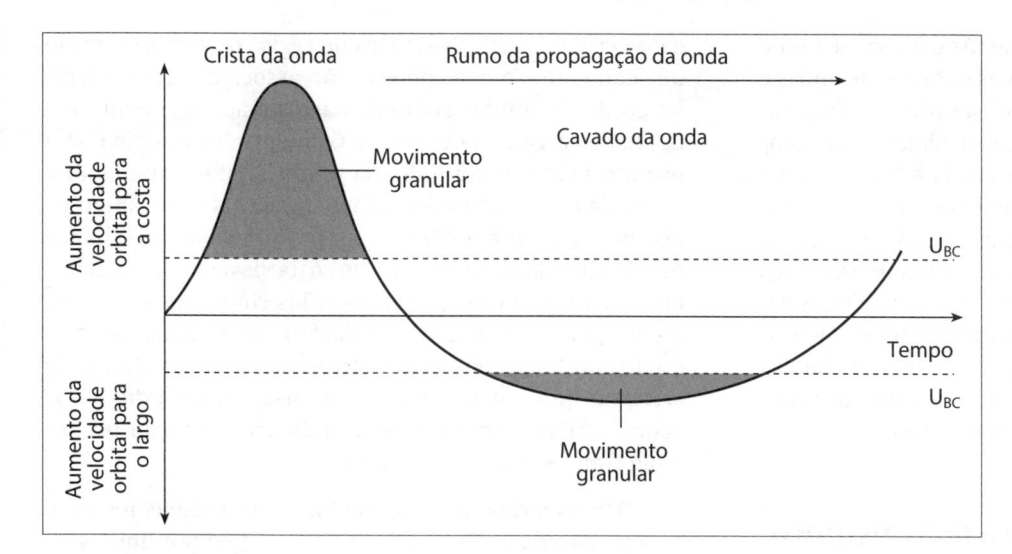

Figura 3.59

A assimetria das velocidades orbitais das partículas associadas com a onda em águas rasas. u_{Bc} é a velocidade de soleira a partir da qual os grãos de uma determinada dimensão serão colocados em movimento. A área sombreada sob (ou acima de) cada curva representa a faixa de velocidades acima da qual os grãos dessa dimensão serão transportados. As áreas não sombreadas representam a faixa de velocidades nas quais esses grãos não serão transportados.

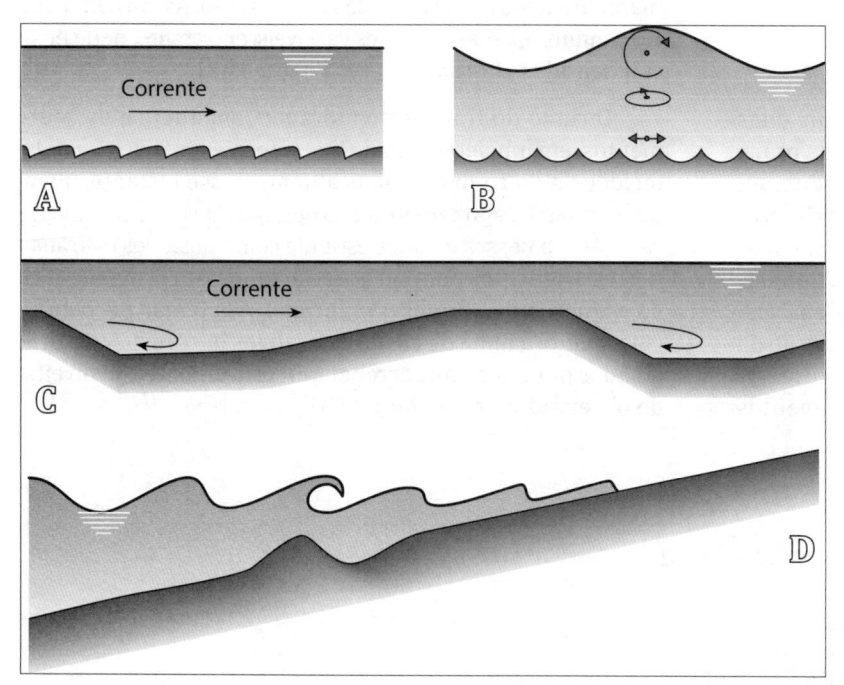

Figura 3.60

Tipos de conformações de fundo:
(A) rugas produzidas por correntes;
(B) rugas produzidas por ondas;
(C) ondas de areia;
(D) barras de arrebentação;
(E) barras de arrebentação na Praia da Ponta da Areia em São Luís (MA).

com velocidades relativamente baixas. As conformações de fundo de maior escala formam grandes sistemas de ondas e bancos de areia, com dimensões de vários metros com relação ao fundo circunvizinho, nas áreas de plataforma continental interna, como no entorno do Canal de Acesso à Baía de São Marcos (MA). Intermediariamente a essas conformações, podem ser formadas as dunas (megarrugas), com dimensões de altura de vários decímetros e comprimentos de dezenas de metros, produzidas por correntes mais velozes do que as que produzem as rugas e em sedimentos arenosos mais grosseiros, e as barras de arrebentação das ondas, associadas a sedimentos de areia média a grossa e à forte turbulência da arrebentação das ondas.

3.6.2 A estimativa da vazão do transporte litorâneo

3.6.2.1 CONSIDERAÇÕES GERAIS

O transporte de areia paralelamente à costa tem duas componentes principais. Na imediata vizinhança da praia, o movimento em "dente de serra" do fluido produz um significativo transporte. As correntes longitudinais produzem um significativo transporte de sedimentos, particularmente nas vizinhanças da arrebentação das ondas, carregando grandes quantidades de sedimento em suspensão. A Figura 3.61 apresenta um exemplo de variação da concentração de sedimentos em suspensão, corrente longitudinal, transporte litorâneo longitudinal de sedimentos

e do perfil de praia. Dois picos no registro da concentração de sedimentos em suspensão são associados com a arrebentação das ondas sobre as barras e ao movimento em dente de serra do jato de praia, que produz um pico bem pronunciado junto à linha da costa. Também se mediu a vazão do transporte litorâneo longitudinal de sedimentos por metro de praia. Mesmo fora da imediata vizinhança das arrebentações e da linha de costa, há algum transporte litorâneo resultante, já que os grãos colocados em movimento pelas velocidades oscilatórias das ondas são carreados ao longo da costa pela corrente longitudinal. Na arrebentação, a maior parte do transporte de sedimentos ocorre em suspensão, mas fora da arrebentação predomina o arrastamento de fundo.

O transporte litorâneo longitudinal de sedimentos pode ser comparado a um "rio de areia", que tem por limites de margem a linha de costa e a da arrebentação. Assim como um rio comum, apresenta vazões variáveis, entretanto, pode possuir sentidos alternantes (ver Figura 3.62).

O rumo do transporte litorâneo longitudinal de sedimentos, em um determinado instante, depende do rumo de incidência do trem de ondas atuante nesse instante, além de batimetria, alinhamento e exposição da costa. A convenção clássica nesses estudos estipula como positivos os transportes originados por ondas que arrebentam provenientes da esquerda de um observador que visa o mar perpendicularmente à linha de costa, e negativos os transportes originados por ondas que arrebentam provenientes da direita do observador (ver Figura 3.63).

Figura 3.61
Variação típica da concentração de sedimentos, correntes longitudinais, transporte litorâneo longitudinal de sedimentos e perfil transversal de praia com a distância a partir da costa.

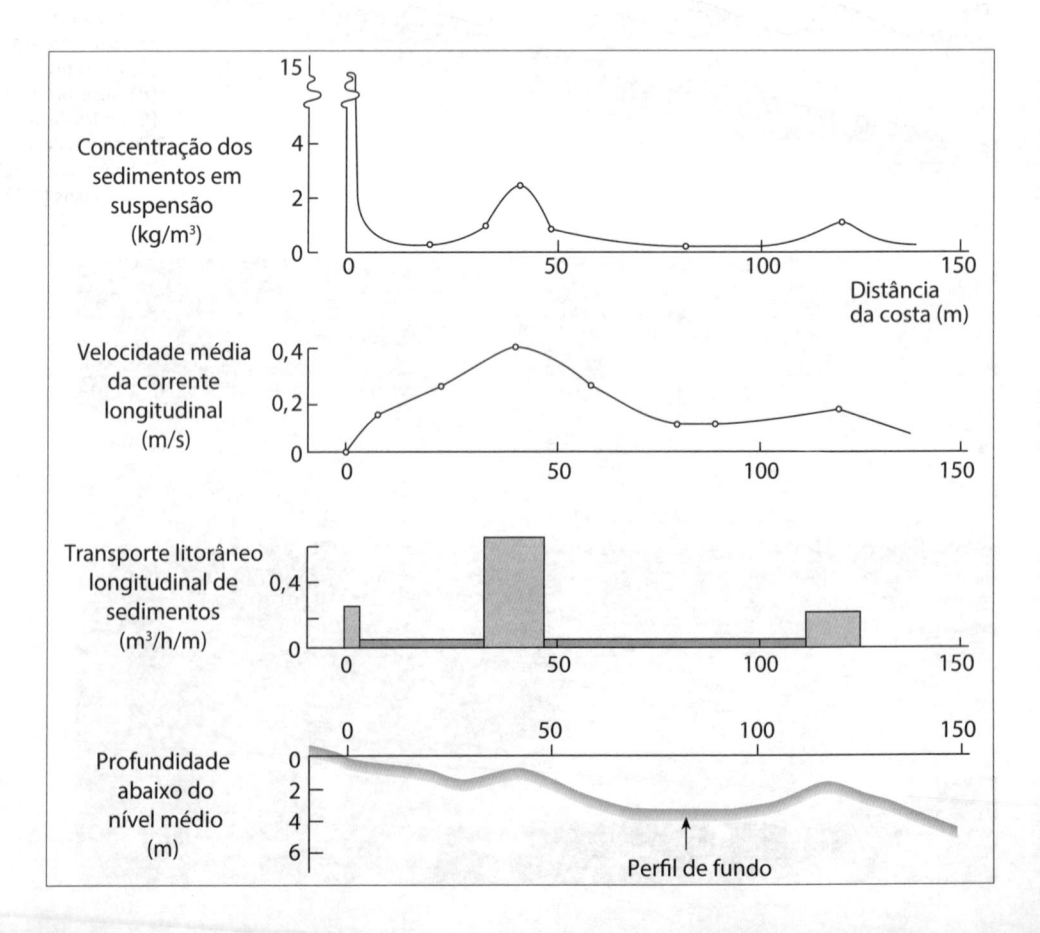

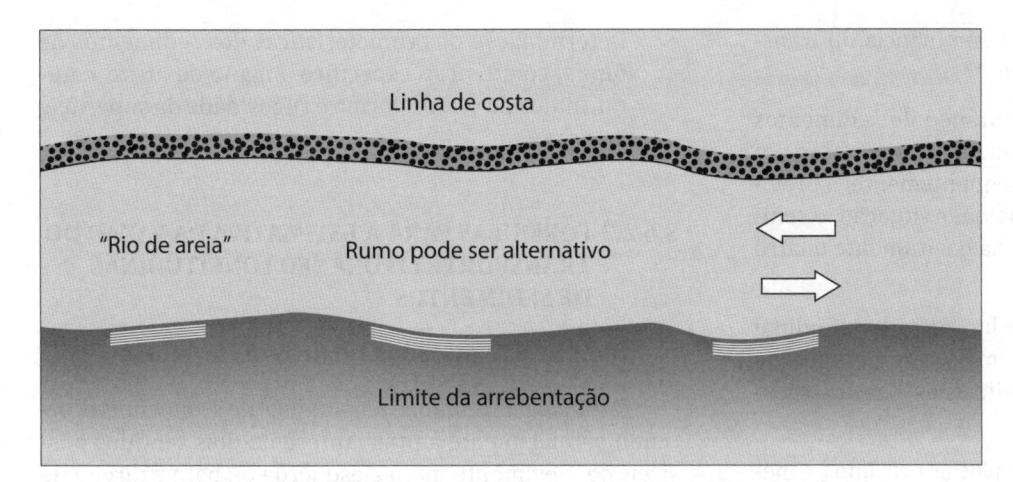

Figura 3.62
Analogia planimétrica do transporte litorâneo longitudinal de sedimentos com um "rio de areia".

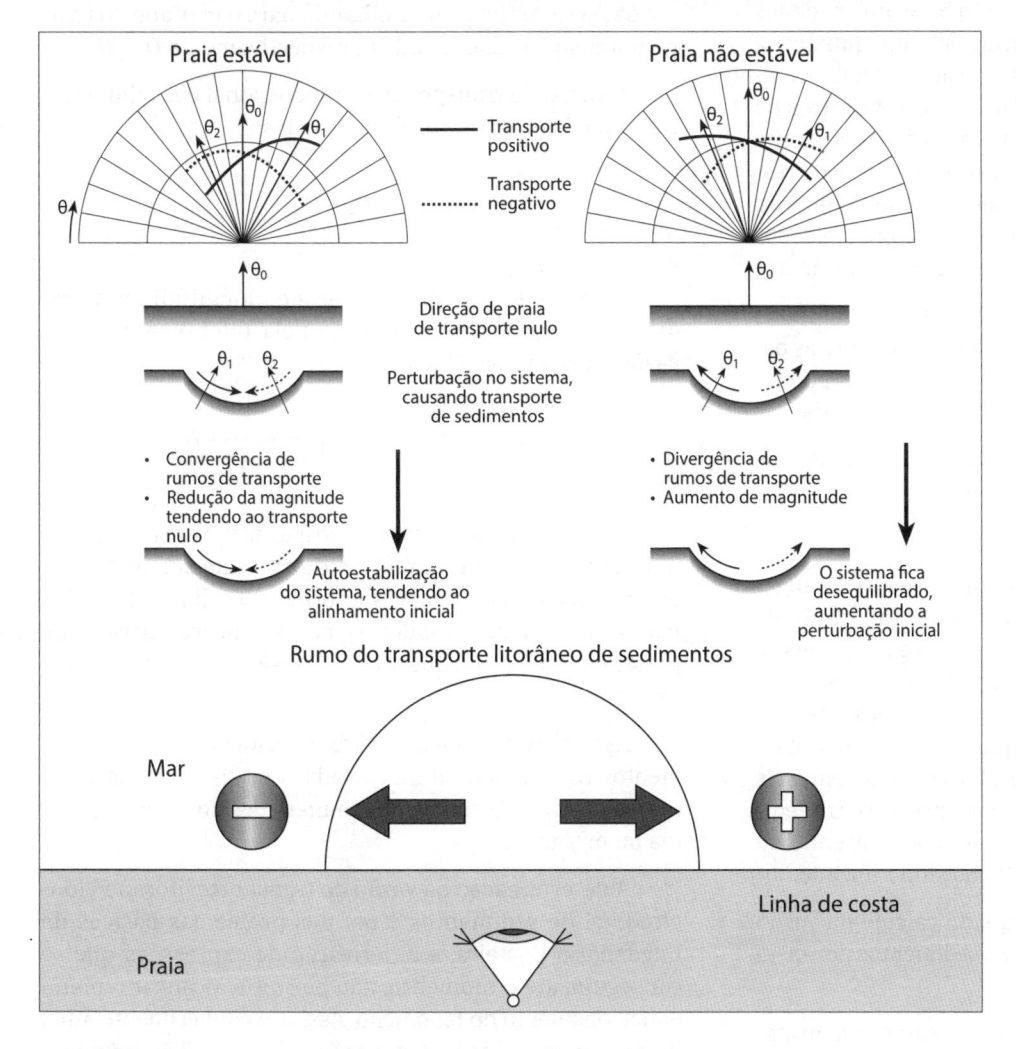

Figura 3.63
Rosa de transporte litorâneo e convenção do sinal do transporte litorâneo longitudinal de sedimentos em planta.

A somatória em valores absolutos desses transportes fornece o valor do transporte global de sedimentos na linha de costa. A somatória dos transportes considerando seu sentido fornece o valor do transporte de sedimentos resultante.

Se na Figura 3.63 traçarmos um semicírculo com radiais e calcularmos para cada uma os transportes negativo e positivo, poderemos estabelecer as curvas de transportes negativo e positivo para essa linha de costa unindo os pontos de cada radial. Esta representação gráfica denomina-se rosa de transporte litorâneo, a qual permite estabelecer o

alinhamento de praia estável, correspondendo à radial em que os dois transportes são iguais (resultante nula).

É importante conhecer tanto os valores globais como os resultantes do transporte litorâneo longitudinal de sedimentos. Há casos em que o transporte global de sedimentos é muito elevado e o transporte de sedimentos resultante é bem pequeno, ou seja, praticamente o mesmo volume de sedimentos é transportado em cada sentido. Em outros casos, as vazões de transporte global de sedimentos praticamente se igualam às vazões de transporte de sedimentos resultante, configurando uma forte dominância do transporte de sedimentos em um sentido.

Como já visto, o transporte litorâneo de sedimentos causa consideráveis problemas, como a sedimentação em portos, erosões de praias etc. Consequentemente, a previsão do transporte litorâneo, em qualquer situação, é sempre muito importante. Atualmente, há basicamente quatro métodos para essa previsão:

1) Prever a vazão do transporte litorâneo longitudinal em um local é adotar a vazão mais bem definida de um local próximo, com modificações baseadas em condições locais.

2) Não se conhecendo as vazões em locais próximos, a melhor maneira passa a ser o cômputo baseado em dados mostrando modificações históricas na topobatimetria da zona litorânea. Para tanto, são usados cartas, levantamentos batimétricos, fotografias aéreas, registros de dragagens etc. Assim, esse método é particularmente apropriado se há algum obstáculo (crescimento de restinga ou flecha, deposições em embocaduras lagunares, deposições junto a molhes ou espigões) nas proximidades que capta no todo ou em parte o transporte litorâneo.

3) Na impossibilidade de utilizar na prática os métodos (1) e (2), aceita-se a utilização de fórmulas empíricas baseadas em condições locais das ondas, as quais podem ser usadas para fornecer estimativas aproximadas.

4) Campanha sedimentométrica completa por pelo menos um ciclo climático completo (1 ano).

O método (1) depende muito do julgamento do engenheiro e dos dados locais. O método (2) é uma aplicação de dados históricos que fornece respostas úteis e confiáveis se os dados básicos forem disponíveis a um custo razoável e sua interpretação for baseada no conhecimento local. O método (3), que será detalhado a seguir, requer o conhecimento de condições representativas das ondas, fornecendo respostas menos trabalhosas, mas também menos precisas. O método (4) é o ideal, porém o mais caro, não se conhecendo no Brasil nenhuma localidade em que tenha sido utilizado.

Como premissas para um adequado cálculo da vazão do transporte litorâneo longitudinal de sedimentos por meio dos métodos citados, têm-se:

- Registro de ondas e observações dos rumos de propagação pelo período mínimo de um ano.

- Boas informações sobre o fundo no que se refere a suas características físicas e geométricas.

- Cartas batimétricas do fundo em escala adequada para garantir o traçado de diagramas de refração.

- Levantamento do perfil de praia em pelo menos duas épocas distintas do ano.

- Estudo sedimentológico da região determinando faixas granulométricas, altura e comprimento de rugas para diferentes profundidades a partir da arrebentação.

- Determinação das características dos sedimentos de fundo, como: peso específico, ângulo de atrito natural, índice de vazios, forma e rugosidade da superfície do grão.

3.6.2.2 FÓRMULAS PARA A ESTIMATIVA DA VAZÃO DO TRANSPORTE LITORÂNEO LONGITUDINAL DE SEDIMENTOS

Definições e métodos relativos às fórmulas

O transporte litorâneo longitudinal de sedimentos ocorrendo paralelamente à praia apresenta dois sentidos possíveis de movimento: para a esquerda ou para a direita de um observador na praia e olhando para o mar aberto (correspondem a vazões sólidas), respectivamente Q_e e Q_d.

A vazão de transporte litorâneo global de sedimentos é a soma das vazões nos dois sentidos:

$$Q_g = Q_e + Q_d$$

A vazão de transporte litorâneo longitudinal de sedimentos resultante é definida pela diferença entre as vazões nos dois sentidos:

$$Q_s = Q_e - Q_d \qquad \text{(Supondo } Q_e > Q_d)$$

Cada quantidade dessas possui utilidades na Engenharia: Q_g é usada na previsão de taxas de sedimentação em embocaduras lagunares e fornece um limite superior para as outras quantidades; Q_s permite prever erosões de praias em uma costa aberta; Q_e e Q_d são usadas no projeto de molhes.

As vazões do transporte litorâneo longitudinal de sedimentos são usualmente fornecidas em unidades de volume por tempo. Assim, usam-se unidades como m³/s, m³/dia ou m³/ano.

A determinação da vazão do transporte litorâneo longitudinal de sedimentos é um dos problemas básicos da Engenharia Costeira, e a derivação de expressões que se conseguiu, até o momento, não permitiu alcançar o pleno equacionamento do fenômeno. Assim, o conhecimento atual do movimento dos sedimentos não está suficientemente desenvolvido para o estabelecimento de uma formulação genérica. No entanto, conhecem-se soluções analíticas obtidas por meios experimentais (ensaios em laboratório e observações na natureza) e por meios teóricos, que permitem estimar as vazões sólidas.

A evolução dos métodos de cálculo da vazão do transporte litorâneo inicia-se na década de 1930, e principalmente após a Segunda Guerra Mundial. Desde então, muitas formulações surgiram, muitas empíricas, baseadas somente no fluxo de energia e na pura proporcionalidade com a vazão sólida. Outras, fundamentadas na conservação da quantidade de movimento, ou, então, criadas a partir de análises dimensionais.

Algumas fórmulas tentam modelar a física do processo com um enfoque microscópico, a ponto de chegarem aos esforços de cisalhamento desencadeados pelos agentes hidrodinâmicos. Os parâmetros de interesse dessas fórmulas, além dos habituais que são rumo, altura e período das ondas, são os mais diversos, podendo-se citar, por exemplo, tipo de arrebentação, fatores de forma da onda, dados do sedimento e da água, declividade do perfil e sua rugosidade, entre outros. Verifica-se que essas expressões que demandam muitos parâmetros e detalhes do transporte de sedimentos apresentam dificuldades para sua utilização: são necessárias medições e estimativas muito confiáveis, além de extensas e simultâneas. Normalmente, são muito sensíveis aos parâmetros intervenientes; dessa forma, a exigência de estimar ou medir faz com que muitas das vantagens de tais formulações desapareçam com relação às formulações macroscópicas, como as baseadas no princípio do fluxo da energia, tornando, na prática, essas últimas mais úteis.

Quando se discutem as fórmulas que calculam o transporte litorâneo longitudinal de sedimentos, deve-se saber que, em virtude da grande complexidade do fenômeno que gera o transporte e à variabilidade e aleatoriedade dos parâmetros envolvidos, a precisão, mesmo a níveis de confiança elevados, é invariavelmente baixa.

Atualmente, esses métodos ainda encontram-se em desenvolvimento, com numerosos problemas a serem resolvidos, incluindo a precisão dos levantamentos hidrográficos, a limitada extensão de área hidrografada, a precisão na avaliação da energia das ondas e a influência da dimensão dos grãos na vazão. Entretanto, constituem-se em métodos úteis para cálculos preliminares e comparativos.

Como mencionado, existem métodos que procuram estimar a vazão do transporte litorâneo a partir das tensões de cisalhamento desencadeadas pelos agentes hidrodinâmicos (ondas e correntes). Trata-se de outra linha de aproximação do fenômeno que tenta modelar a física do processo de modo mais detalhado (microscopicamente) do que a aproximação do fluxo de energia (tratamento macroscópico). Entretanto, essa segunda aproximação requer um conhecimento detalhado ou a adoção de valores dos parâmetros físicos, como conformações de fundo, tensões de cisalhamento combinadas de ondas e correntes etc. Assim, a necessidade de estimar ou medir muitos parâmetros intervenientes faz desaparecer muitas das vantagens das formulações mais detalhadas, e torna mais úteis as expressões globais, como as fundamentadas no princípio do fluxo de energia.

De fato, com relação às calibrações dos modelos propostos pelas fórmulas, se os dados são obtidos por estimativas de deposição do transporte de sedimentos, como o assoreamento junto a estruturas, armadilhas de sedimentos, crescimento de restingas e outras formações costeiras, os detalhes do transporte de sedimentos são perdidos e tudo que pode ser efetivamente calibrado apropriadamente são expressões relacionadas ao fluxo de energia. Com relação ao uso real das expressões, verifica-se que as expressões relacionadas com as tensões de cisalhamento são muito sensíveis a parâmetros detalhados, como certas combinações de declividades de praia e dimensões dos grãos. Também em modelos de morfologia costeira, as vazões do transporte sólido devem ser calculadas várias vezes e requerem uma expressão simples e estável para fornecer uma expressão flexível aos tempos de processamento de computadores.

Fórmula de Kamphuis (1991)

A vazão de transporte litorâneo longitudinal de sedimentos é função de uma combinação dos parâmetros da onda incidente, do fluido, do sedimento e da forma do perfil praial, cujos efeitos são inter-relacionados. A solução encontrada por Kamphuis para simplificar essa análise foi usar propriedades adimensionais desse grande número de parâmetros.

Esta expressão representa um dos avanços mais recentes das formulações baseadas no fluxo de energia das ondas na arrebentação para o cálculo da vazão do transporte litorâneo. Fundamenta-se em dados de laboratório e de campo com as seguintes características:

$$Q_s = 6,24 \cdot 10^4 \, H^2_{sb} T^{1,5} m^{0,75} D_{50}^{-0,25} \text{sen}^{0,6}(2\alpha_b)$$

$$\text{em } m^3/\text{ano (unid. S.I.)}$$

Portanto, consideram-se as características da onda significativa na arrebentação e a teoria linear das ondas.

Schoonees e Theron (1994) testaram 52 fórmulas com dados coletados nos mais variados locais do mundo, que resultaram em uma enorme quantidade de dados, dos quais 273 pontos quantificavam vazões de transporte litorâneo longitudinal de sedimentos, o que é considerável. Pela comparação de vazões preditas e medidas, a fórmula de Kamphuis (1991) foi identificada como a que universalmente melhor estima as vazões de transporte de sedimentos.

Na Tabela 3.3 apresenta-se a estimativa das vazões do transporte litorâneo de sedimentos calculadas para os compartimentos Suarão e Cibratel em Itanhaém (SP).

De qualquer modo, a clássica fórmula do CERC é ainda muito usada, embora a sua acurácia possa variar em torno de ± 50% do valor real:

$$Q_s = 0,39 \left[\frac{\rho\sqrt{g}}{16\gamma^{1/2}(\rho_s - \rho)a'} \right] H_{sb}^{5/2} \text{sen}(2\alpha_b)$$

onde a' é usualmente adotado como 0,6, compacidade dos sedimentos (volume de sólidos no volume total aparente).

Tabela 3.3 Vazões do transporte litorâneo longitudinal de sedimentos calculadas pela fórmula de Kamphuis (1991) para os compartimentos Suarão e Cibratel			
Transporte litorâneo longitudinal de sedimentos (m³/ano)			
Compartimento Suarão		Compartimento Cibratel	
Global	Resultante	Global	Resultante
389.000	353.000	400.000	352.000

HIDROSSEDIMENTOLOGIA, DINÂMICA HALINA E MORFOLOGIA EM EMBOCADURAS MARÍTIMAS

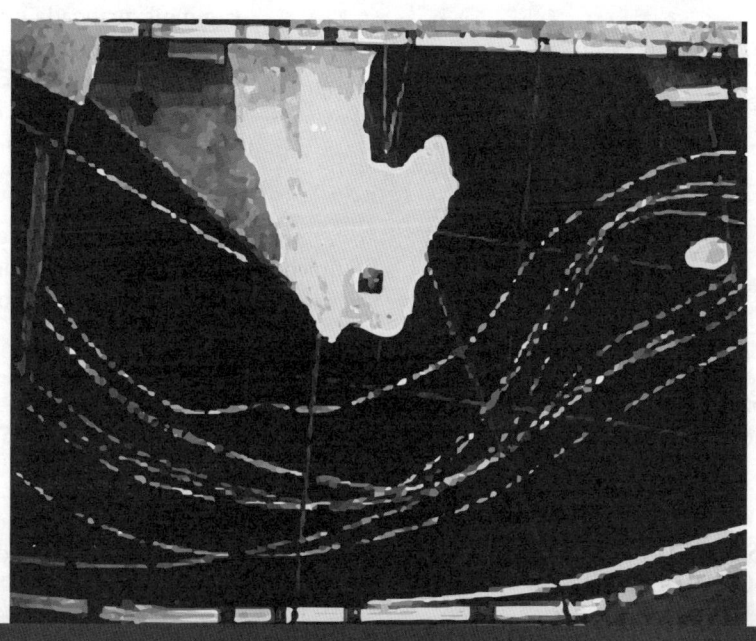

Visualização planimétrica das trajetórias de correntes de maré vazante de sizígia de 7,0 m de amplitude, da direita para a esquerda da foto, no modelo físico da Ponta da Madeira e adjacências (escala 1:170), na Baía de São Marcos, em São Luís (MA), em 1979.

4.1 DESCRIÇÃO GERAL DAS EMBOCADURAS MARÍTIMAS

4.1.1 Definição generalizada de estuário e a importância do seu estudo

4.1.1.1 DEFINIÇÃO CLÁSSICA DE ESTUÁRIO

A definição clássica de estuário pode ser considerada a proposta por Cameron e Pritchard (1963, apud KJERFVE, 1985), os quais conceituaram estuário como um corpo d'água costeiro:

- semifechado;
- que possui livre conexão com o mar aberto;
- com salinidade (‰ ou g/L) mensuravelmente diluída pela água doce oriunda da drenagem hidrográfica;
- com dimensões menores do que mares fechados.

Na prática, essa definição muito restritiva pode abranger funcionalmente:

- baías sujeitas a marés;
- trechos fluviais sujeitos a marés;
- trechos costeiros sujeitos a vazões fluviais.

4.1.1.2 IMPORTÂNCIA DE ESTUDAR ÁGUAS ESTUARINAS

As águas estuarinas constituem-se em áreas de suma importância socioeconômica e ambiental, e seu gerenciamento deve estar embasado nos princípios do desenvolvimento sustentável.

Os estuários e seu entorno apresentam-se com uma, ou normalmente várias, das seguintes características:

- terras úmidas (*wetlands*) ricas em nutrientes;
- abundância de recursos pesqueiros, por ser berçário da vida marinha;
- áreas de recreação e lazer;
- áreas portuárias e de navegação;
- grande densidade populacional;
- potenciais jazidas de hidrocarbonetos;
- áreas de segurança naval;
- áreas de diluição de efluentes domésticos e/ou industriais.

Desta sucinta caracterização, evidenciam-se os múltiplos usos dos recursos hídricos e sua situação conflitiva nas áreas estuarinas.

4.1.1.3 CARACTERÍSTICAS DAS ZONAS REFERENTES À DEFINIÇÃO FUNCIONAL DE ESTUÁRIO

No âmbito da definição funcional de estuário apresentada na seção 4.1.1, pode-se propor uma subdivisão de zonas do estuário (ver Figura 4.1), como a seguir relacionado:

- Zona fluvial: é caracterizada por escoamento unidirecional, sem influência de maré, com salinidades desprezáveis (abaixo de 0,1‰).

- Zona flúvio-marítima: é caracterizada por estar sob influência da maré, apresentando escoamento de rumo reversível nos trechos mais rumo ao mar, com salinidades inferiores a 1‰ e extensões dependentes da forma do estuário e da magnitude da maré, podendo atingir de dezenas a centenas de km.

- Zona de mistura estuarina: constitui-se no estuário propriamente dito, apresentando influência da maré e escoamento reversível, com as seguintes características:

  o extensão: trata-se de uma fronteira dinâmica rumo à terra, com salinidade de 1‰, estendendo-se até a embocadura ou foz fluvial;

  o delta de maré vazante: trata-se de um alto fundo de barras arenosas, formadas pelo mecanismo de captura do transporte litorâneo pelo efeito de "molhe hidráulico" e difusão de correntes exercido pela descarga da embocadura;

  o delta de maré enchente: é um alto fundo arenoso produzido pela captura do transporte litorâneo pelas correntes de enchente;

  o zona de turbidez máxima: região com máxima concentração de sedimentos em suspensão por causa da floculação dos sedimentos finos (argila e silte), situando-se aproximadamente no entorno de salinidades de 2‰ a 8‰, ou seja, dependendo da maré e da vazão de água doce;

  o camada limite costeira: é constituída por águas estuarinas sujeitas a correntes de arrebentação e correntes de maré alternativas com pouca mistura de águas oceânicas, apresentando turbidez de ordem igual ou superior a 100 ppm, sendo a sua porção mais avançada no mar denominada pluma, e separada da zona ao largo, em que a turbidez é mínima, por uma frente costeira, cujo afastamento da costa (de 1 a 20 km) é função da maré, vazão de água doce e do regime de ventos.

Na Figura 4.2 apresenta-se o esquema de um estuário típico segundo a definição de Fairbridge, em que as fronteiras estão sujeitas a oscilações de acordo com as estações, o clima e as marés.

4.1.2 Classificação dos estuários

São várias as formas de classificar os estuários. Apresentam-se neste item a classificação oriunda das suas características morfogeológicas e a derivada das características de circulação e estratificação.

Os estuários são formações geologicamente efêmeras, pois dependem da variação do nível relativo do mar, da eficiência de filtração do aporte sedimentar (retenção dos sedimentos), das obras de Engenharia para controlar a colmatação do estuário visando reduzir a retenção sedimentar e, morfologicamente, do balanço de processos fluviais e marítimos.

A maioria dos estuários é geologicamente muito recente, desenvolvidos desde o último período pós-glacial de subida do nível do mar, inundando linhas de costa e afogando os vales das embocaduras fluviais. Atualmente, estão progressivamente se colmatando com sedimentos. Nas situações em que a descarga sedimentar é alta e há limitada ação das ondas e correntes de maré, então um estuário aberto rapidamente se colmata produzindo o crescimento de um delta rumo ao mar às expensas do estuário.

A classificação morfogeológica apresenta três categorias básicas de formações: laguna, estuário e delta. Na ordem citada, cresce o domínio dos processos fluviais de aporte sólido sobre os processos marítimos litorâneos e de marés, e, consequentemente, a granulometria sedimentar se afina.

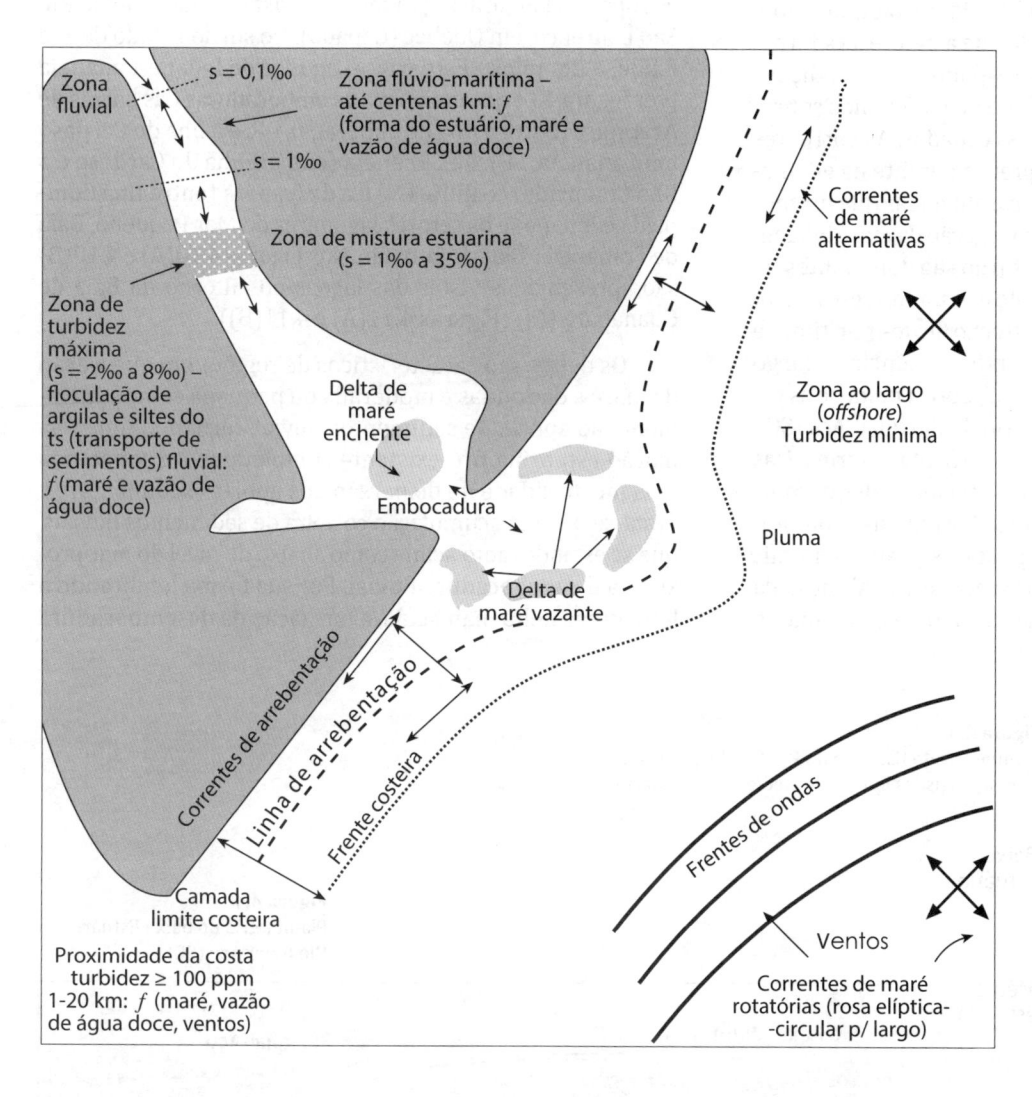

Figura 4.1
Planimetria da definição funcional de estuário.

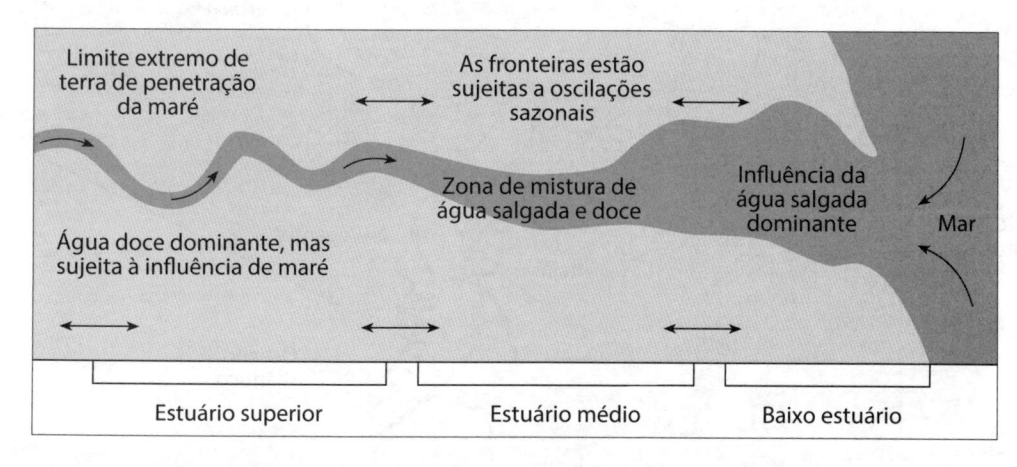

Figura 4.2
Esquema planimétrico de um estuário típico, segundo a definição de Fairbridge. As fronteiras são zonas de transição que oscilam de acordo com as estações, o clima e as marés.

Os estuários, segundo esta classificação, são característicos de regiões em que a variação da maré é relativamente grande e o transporte de sedimentos fluvial não é muito elevado. A maioria dos estuários é constituída de embocaduras sobre bancos cobertos ou descobertos (baixios, alto--fundos, barras ou ilhas), que são formações decorrentes da redução da velocidade e da capacidade de transporte (competência) da circulação de correntes em virtude do alargamento da seção. A geomorfologia de um estuário (forma global) é essencialmente uma condição de fronteira fixada, mas os canais modificados pelo escoamento podem ser considerados como fronteira variável. Cada novo equilíbrio é estabelecido durante anos, de modo que a natureza, a forma e a rugosidade dos fundos não correspondem às condições exatas do momento, mas do conjunto de fenômenos sobrevindos após épocas mais ou menos recuadas. As correntes de maré exercem a contribuição preponderante na geometria do fundo, em razão do transporte aluvionar que promovem. Assim, as características da propagação da maré influem no traçado dos canais, que por seu turno são dominantes na orientação das correntes de enchente e vazante. O escoamento fluvial tem maior importância no trecho flúvio-marítimo, e correntes litorâneas podem ter grande influência ao largo da embocadura. Nas Figuras 4.3 a 4.5, apresentam-se as características de localização do Estuário do Rio Itajaí-Açu (SC), que abriga o principal porto do Estado de Santa Catarina. Nas grandes cheias de 1983 e 2008, as fortes velocidades na margem côncava em que se situa o porto levaram as profundidades de –12 m a –18 m, fazendo as estacas-prancha do cais serem solapadas. Na Figura 4.6 apresenta-se a localização da área estuarina mais importante do Estado de São Paulo: o Estuário Santista, composto do Estuário do Canal da Bertioga (que deságua entre Bertioga, SP, e o Guarujá na Ilha de Santo Amaro, SP), Estuário do Canal do Porto de Santos e Estuário de São Vicente, representando uma das áreas estuarinas brasileiras mais importantes em termos socioeconômicos, tendo a montante a área flúvio-marítima do Baixo Rio Cubatão, em que se situa o Polo Petroquímico e Siderúrgico, e com duas de suas embocaduras na Baía de Santos. Na Figura 4.7(A) está apresentada foto aérea zenital do Estuário do Rio Potengi em Natal (RN), na Figura 4.7(B) está apresentada foto aérea do Estuário do Rio Douro (Portugal), um dos principais da Europa, e na Figura 4.7(C) tem-se a vista do Estuário do Rio São Lourenço, em Québec (Canadá). No sul do Estado de São Paulo, o Complexo Estuarino-Lagunar de Iguape-Cananeia (ver Figura 4.8) que conforma as embocaduras das barras de Ararapira (entre a ilha de Superagui, PR, e a Ilha do Cardoso em Cananeia, SP), de Cananeia (entre a Ilha do Cardoso e a Ilha Comprida) (Figura 4.9) e a de Icapara (entre Ilha Comprida e Iguape) e os setores lagunares do Mar Pequeno, Baía de Trapandé e Mar de Cubatão. Nas Figuras 4.10(A) e 4.10(B) são apresentadas vistas das lagoas no entorno da Baía de Guanabara (RJ) (Figuras 4.11(A) e 4.11(B)).

Os deltas são característicos de regiões em que a ação da maré e das ondas é moderada ou pequena comparativamente ao aporte de sedimentos fluvial, tornando uma formação estuarina pré-existente completamente colmatada pela incapacidade de dispersão dos aportes sedimentares. Trata-se de uma acumulação costeira de sedimentos fluviais, que se estende tanto acima como abaixo do nível do mar próximo à desembocadura fluvial. Por sua forma lembrando a letra grega delta maiúscula, a formação da desembocadura

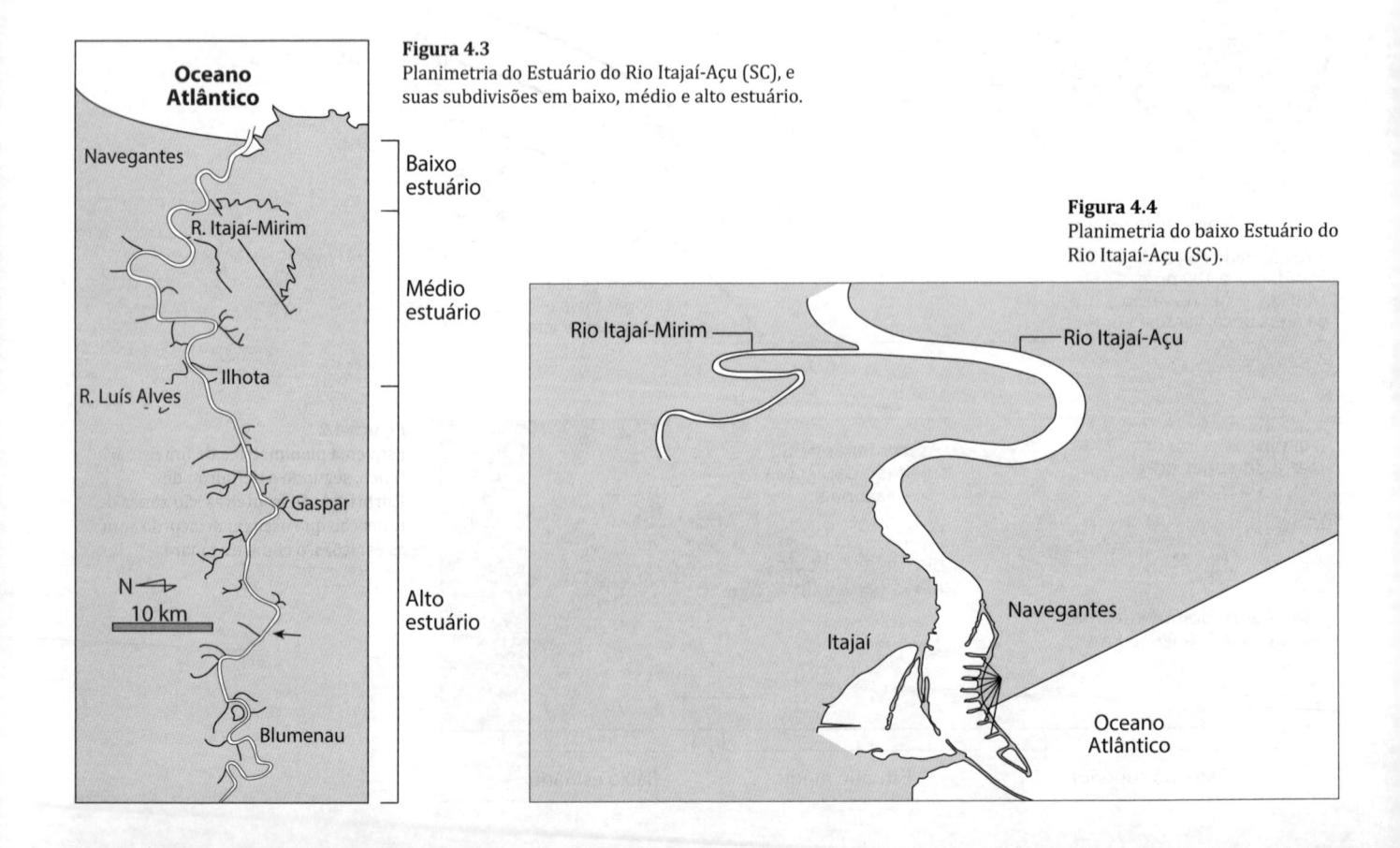

Figura 4.3
Planimetria do Estuário do Rio Itajaí-Açu (SC), e suas subdivisões em baixo, médio e alto estuário.

Figura 4.4
Planimetria do baixo Estuário do Rio Itajaí-Açu (SC).

do Rio Nilo no Mar Mediterrâneo (Egito) deu origem à denominação. Usualmente, os rios formadores possuem uma vasta bacia hidrográfica, que supre grandes vazões líquidas e sólidas. Constituem-se frequentemente em extensas áreas alagadiças de alta produtividade biológica e fertilidade, tornando-as, entre outros motivos, importantes áreas de conservação. São também regiões em que espessas camadas de sedimentos e vegetação acumulam-se rapidamente, sendo, portanto, páleo-deltas importantes fontes de petróleo, gás e carvão. Na Figura 4.12 se apresenta o trecho costeiro do Delta do Rio São Francisco (SE/AL) e na Figura 4.13 o Delta do Rio Ebro (Espanha) no Mar Mediterrâneo.

As lagunas constituem-se em um corpo d'água junto a costa muito plana, separado do largo por um cordão de areia, muitas vezes uma ilha-barreira, com variável número de aberturas. O desenvolvimento desse último resulta da interação entre correntes de maré e correntes litorâneas, associada a características geológicas, localização dos canais lagunares e geometria da laguna.

A classificação de circulação e estratificação é concernente à estrutura de misturação das águas em função da dinâmica salina. Denominando-se de velocidade residual aquela mediada ao longo de vários ciclos de maré (idealmente, 30 ciclos), verifica-se que, em função do diferente grau de misturação das águas, por causa da maré e descarga de água doce, um mesmo estuário pode ser considerado estratificado (apresentando a chamada cunha salina, como na Figura 4.14), parcialmente misturado (ver Figura 2.21), ou bem misturado (ver Figura 2.23), com diferentes perfis de velocidade residual.

4.1.3 Características gerais dos processos estuarinos

4.1.3.1 PROPAGAÇÃO DA MARÉ

A propagação da maré em estuários através das correntes de maré é muito importante pelo transporte de sedimentos que promove, modelando os fundos aluvionares e atuando em toda a profundidade líquida como forçante do transporte de sedimentos em suspensão. É interessante notar que em uma área estuarina com diversas embocaduras, como a do Estuário Santista, a onda de maré apresenta zonas de encontro das águas (tombo), em que existe a tendência de redução das correntes de maré e amplificação das alturas de maré, que penetram pelas várias bocas – no exemplo, a zona de interferência das ondas que penetram pela Ponta da Praia e pela Baía de São Vicente situa-se em média no Rio Casqueiro. Assim, o mecanismo de propagação das correntes deve ser adequadamente conhecido para se projetar obras de Engenharia em estuários.

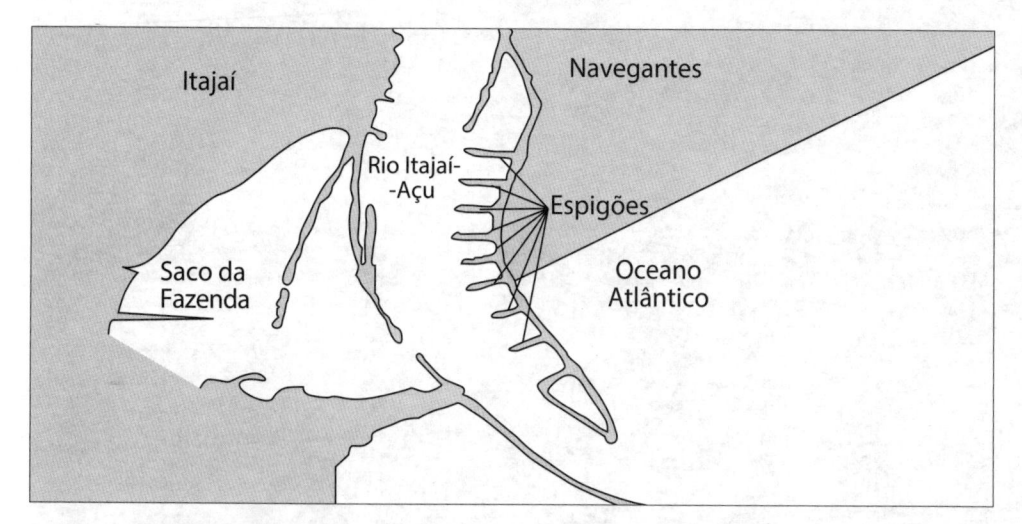

Figura 4.5
Planimetria da embocadura do Estuário do Rio Itajaí-Açu (SC) calibrada pelos guias-correntes do porto.

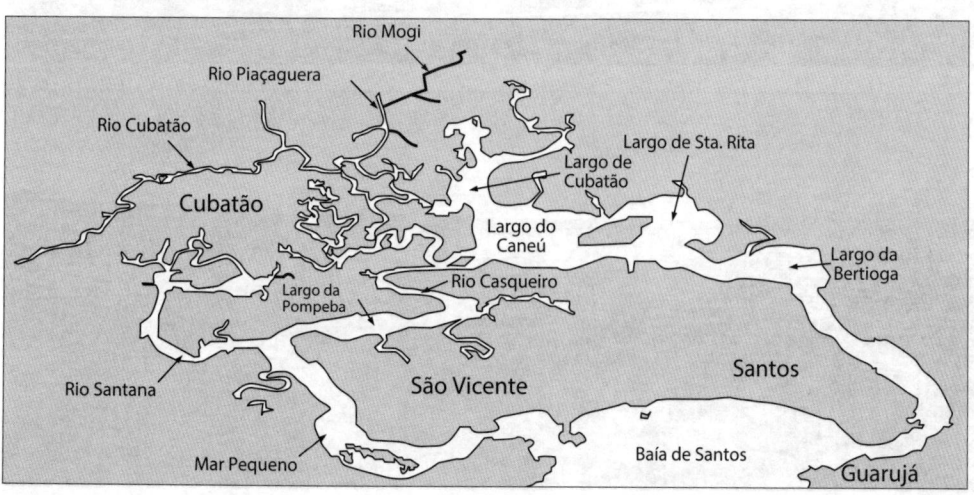

Figura 4.6
Planimetria da Baía de Santos e Estuário Santista (SP).

Figura 4.7
(A) Estuário do Rio Potengi em Natal (RN).
(B) Estuário do Rio Douro (Portugal).
(C) Estuário do Rio São Lourenço em Québec (Canadá).

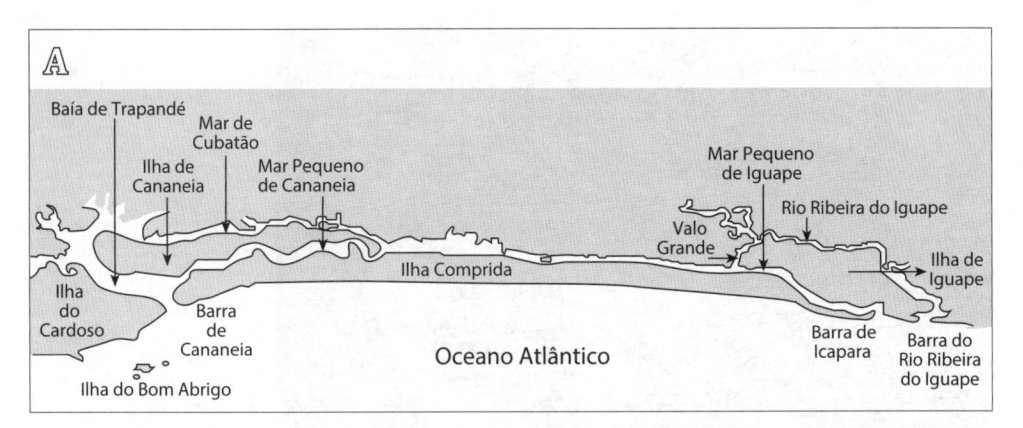

Figura 4.8
(A) Planimetria do Complexo Estuarino-Lagunar de Iguape-Cananeia e Estuário do Rio Ribeira do Iguape (SP).
(B) Barra de Ararapira.
(C) Barra de Cananeia.
(D) Barra de Icapara em conjunto com a Barra do Rio Ribeira do Iguape.

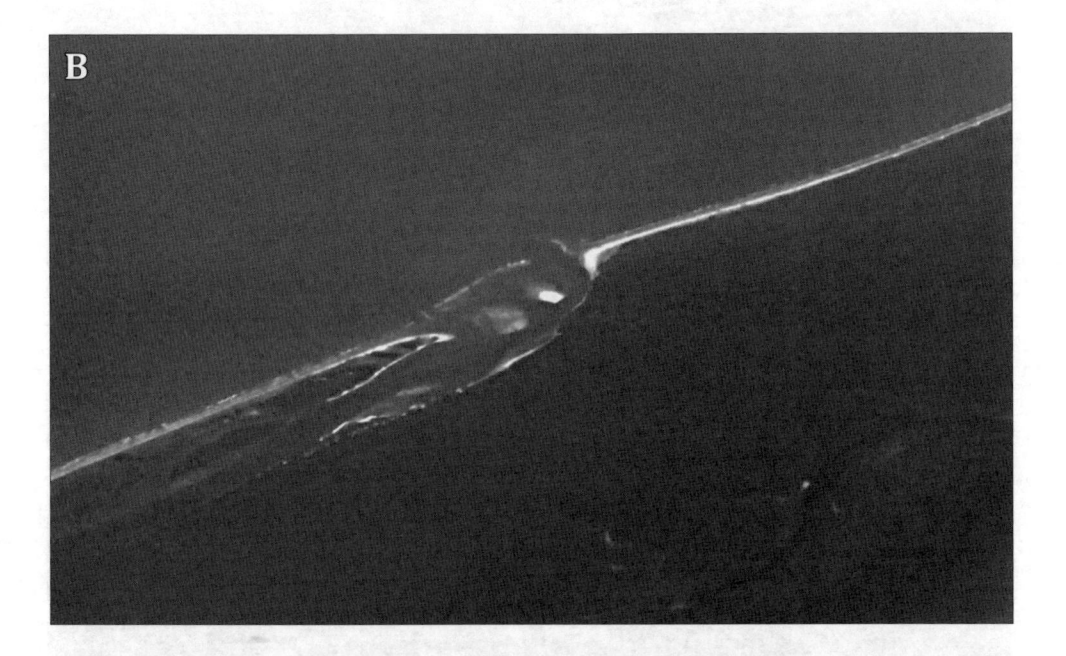

Figura 4.9
Barra Lagunar de Cananeia (SP).

Figura 4.10
(A) Lagoa Rodrigo de Freitas no Rio de Janeiro (RJ).
(B) Lagoas Piratininga e Itaipu em Niterói (RJ).

Figura 4.11
(A) Vista aérea da Baía de Guanabara.
(B) Enseada de Botafogo na Baía de Guanabara (RJ).

Figura 4.12
Delta do Rio São Francisco (SE/AL).

Figura 4.13
Delta do Rio Ebro (Espanha).

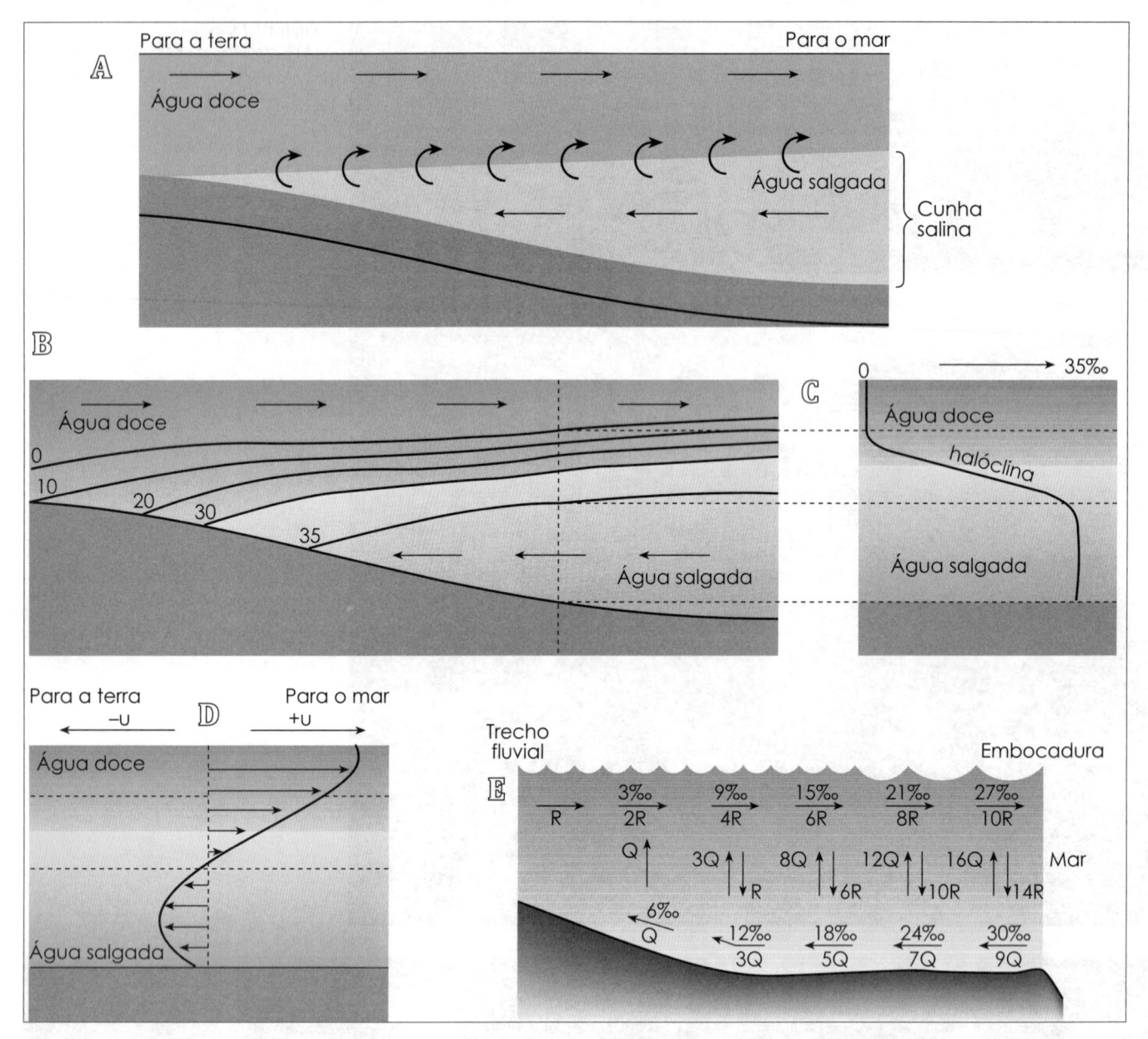

Figura 4.14
Representação esquemática em perfil longitudinal da circulação de água, distribuição de salinidade e gradientes de velocidade em estuário com cunha salina.
(A) Perfil longitudinal da circulação de água. As setas horizontais indicam a circulação residual. Esta é para o mar na superfície, em virtude da misturação e do escoamento do rio, e para a terra no fundo, por causa da misturação vertical através da interface água do rio/água salgada.
(B) Seção longitudinal dos gradientes salinos mostrando acentuada haclóclina.
(C) Perfil vertical de salinidade na posição indicada pela linha vertical tracejada em (B).
(D) Perfil vertical de velocidade ao longo da linha tracejada vertical em (B) (perfil longitudinal) mostrando os escoamentos residuais.
(E) Ilustração esquemática dos volumes trocados em segmentos de um estuário e da conservação de volume e sal durante um ciclo completo de maré. Salinidade em ‰, e R e Q são volumes iguais.

As correntes de maré são essencialmente periódicas e de rumo variável, e o vetor velocidade ao longo do período de maré descreve uma rosa de correntes. São ditas alternativas ou reversíveis aquelas que apresentam uma rosa muito achatada, com correntes de enchente e vazante de direções sensivelmente opostas e estofas de corrente com anulação quase que completa da velocidade. São ditas giratórias ou rotativas aquelas que assumem todos os rumos ao longo do ciclo de maré. Na Figura 2.20 está apresentada uma rosa de correntes de maré, do tipo alternativo axial, para um ponto nas proximidades da Ponta da Madeira na Baía de São Marcos (MA) no dia 12 de dezembro de 1977.

As máximas correntes de enchente costumam ocorrer em níveis d'água relativamente altos, situados entre a meia-maré e a preamar, enquanto as máximas correntes de vazante encontram-se em níveis d'água relativamente baixos, entre a meia-maré e a baixa-mar. Assim, as correntes de enchente atuam com considerável uniformidade no estuário, agindo sobre os sedimentos de margens, bancos e canais, depositando-os nas estofas de preamar. Já as correntes de vazante concentram inicialmente a sua atuação rapidamente nos canais, resultando em uma grande ação modeladora, pois apresentam maior velocidade pela menor seção transversal de escoamento, e há uma predominância dos canais de vazante sobre os de enchente.

As correntes de maré em embocaduras estuarinas são induzidas tanto por marés astronômicas (previsíveis) quanto pela superposição de efeitos climáticos (meteorológicos) à extremidade marítima, por causa da circulação atmosférica. A DHN da Marinha do Brasil tem publicadas cartas de correntes de maré para previsão das velocidades de alguns dos principais portos brasileiros. A progressão dos sistemas frontais pelas regiões Sul e Sudeste do Brasil influencia sobremaneira o regime de marés costeiras pelos efeitos climáticos de pressões e ventos, pois as amplitudes de maré astronômica são inferiores a cerca de 2 m nesta área costeira. O efeito dos ventos nas regiões duníferas perto de embocaduras costeiras nas regiões Sul e Sudeste pode ser tão intenso que o transporte de sedimentos litorâneo e eólico venha a obstruir a embocadura e represar as águas interiores, como ocorreu na Embocadura Lagunar de Tramandaí em duas ressacas, de 31 de dezembro de 1979 a 2 de janeiro de 1980, e de 14 a 19 de junho de 1980, em decorrência das quais correntes de vazante concentradas, represadas no sistema lagunar interior, solaparam e produziram dano considerável ao cais da Petrobras ali localizado.

4.1.3.2 ESCOAMENTO FLUVIAL E SEUS EFEITOS

A caracterização da distribuição da salinidade no estuário tem repercussões sobre a circulação de correntes, sobre a qualidade das águas e sobre o transporte de sedimentos.

O movimento de água doce saindo do estuário para o mar é acompanhado pela entrada de água salgada para o interior do estuário. Essa água salgada deve ser reposta para se obter a conservação de massa. Nesse caso, a mesma quantidade de sais misturados com a água doce, e removidos pela embocadura na unidade de tempo, deve ser reposta por um idêntico influxo de água com sais dissolvidos. Em virtude da densidade ligeiramente menor da água doce, por empuxo esta se move sobre a água salgada para fora do estuário, enquanto essa última move-se rumo à terra próximo ao fundo. Na Figura 4.14 está esquematizado o efeito de mistura em um estuário estratificado.

Em um estuário, as correntes de densidade têm efeito considerável. De fato, por causa da diferença de densidade entre a água salgada na extremidade marítima e a água doce do aporte fluvial, existe um fluxo residual para a terra de água pelo fundo, e um movimento compensatório para o mar próximo à superfície. Esta circulação produz o transporte de sedimentos finos para a terra até um ponto de movimento residual nulo no leito, que se situa próximo ao limite terrestre dos gradientes de densidade, sendo a água predominantemente doce acima desse ponto. Quando as vazões fluviais são altas, essa posição desloca-se para o mar e, ao contrário, quando as vazões fluviais são pequenas, move-se para a terra.

Escoamentos estratificados ocorrem em estuários com reduzida ação de maré, ou seja, com pequena amplitude de maré ou leitos mais íngremes, e consequentemente pequeno prisma de maré (volume d'água que adentra o estuário entre baixa-mar e preamar), ou podem ocorrer nas marés de quadratura e com baixas vazões em estuários que são, em geral, parcialmente misturados. Por exemplo, no Rio Mississippi (Estados Unidos) foi detectada água salgada no leito a 218 km de sua embocadura na estiagem, sendo a altura de maré de sizígias da ordem de 0,6 m, tendo influência da maré até 426 km da embocadura. Por outro lado, estuários bem misturados ocorrem com maiores marés, como no caso do Rio Mersey (Inglaterra) e do Rio Hooghly (Índia), tendo o primeiro influência da maré por 50 km a partir da embocadura, com altura de maré de até 10 m na boca, e o segundo, respectivamente, 300 km e 5 m.

O balanço do transporte de água e sedimentos durante um ciclo de maré é para o mar em todas as profundidades.

4.1.3.3 PROCESSOS SEDIMENTOLÓGICOS

Os processos sedimentológicos relativos ao transporte sólido em estuários são caracterizados pela presença de sedimentos mais finos do que os, em geral, intervenientes nos processos litorâneos. A areia média e grosseira acumula-se de preferência nos canais bem marcados pelas fortes correntes de maré. As areias misturadas com vasa acumulam-se de preferência ao lado dos canais, enquanto sobre as ilhas ou bancos aumenta a proporção de vasa, quanto mais afastados das zonas de fortes correntes. Em regiões de maior calma, encontra-se de 95 a 99% de material com dimensão inferior a 40 μm. Assim, as bacias e os portos situados em estuários constituem-se em áreas particularmente favoráveis ao envasamento.

Não existe propriamente um transporte por arrastamento de fundo, porém pode ser dada essa denominação aos materiais, geralmente mais grosseiros, que as correntes transportam relativamente em bloco junto ao fundo. Essa fração representa pequena porcentagem dos sedimentos transportados (em torno de 10% a 20%), mas são os que mais interessa analisar quanto ao comportamento dos fundos, pois compõem cerca de 90% do leito estuarino.

O transporte de sedimentos em suspensão é o principal modo de transporte estuarino, responsável pela movimentação de 75% a 95% da carga sólida total. Os siltes e areias finas são transportados predominantemente por esse mecanismo. Os sólidos mais finos, argila e silte, manifestam características coesivas. Na Figura 4.15(A) e (B) estão apresentadas as iso-halinas e isoconcentrações de sedimentos em suspensão no Estuário do Canal do Porto de Santos, cujo padrão dominante é parcialmente misturado.

4.2 INTRUSÃO SALINA EM ESTUÁRIOS

4.2.1 Descrição da dinâmica da intrusão salina

4.2.1.1 ESTRATIFICAÇÃO EM ESTUÁRIOS

A estratificação salina resulta fundamentalmente das variações de salinidade das águas, usualmente de 0 a 35 g/L.

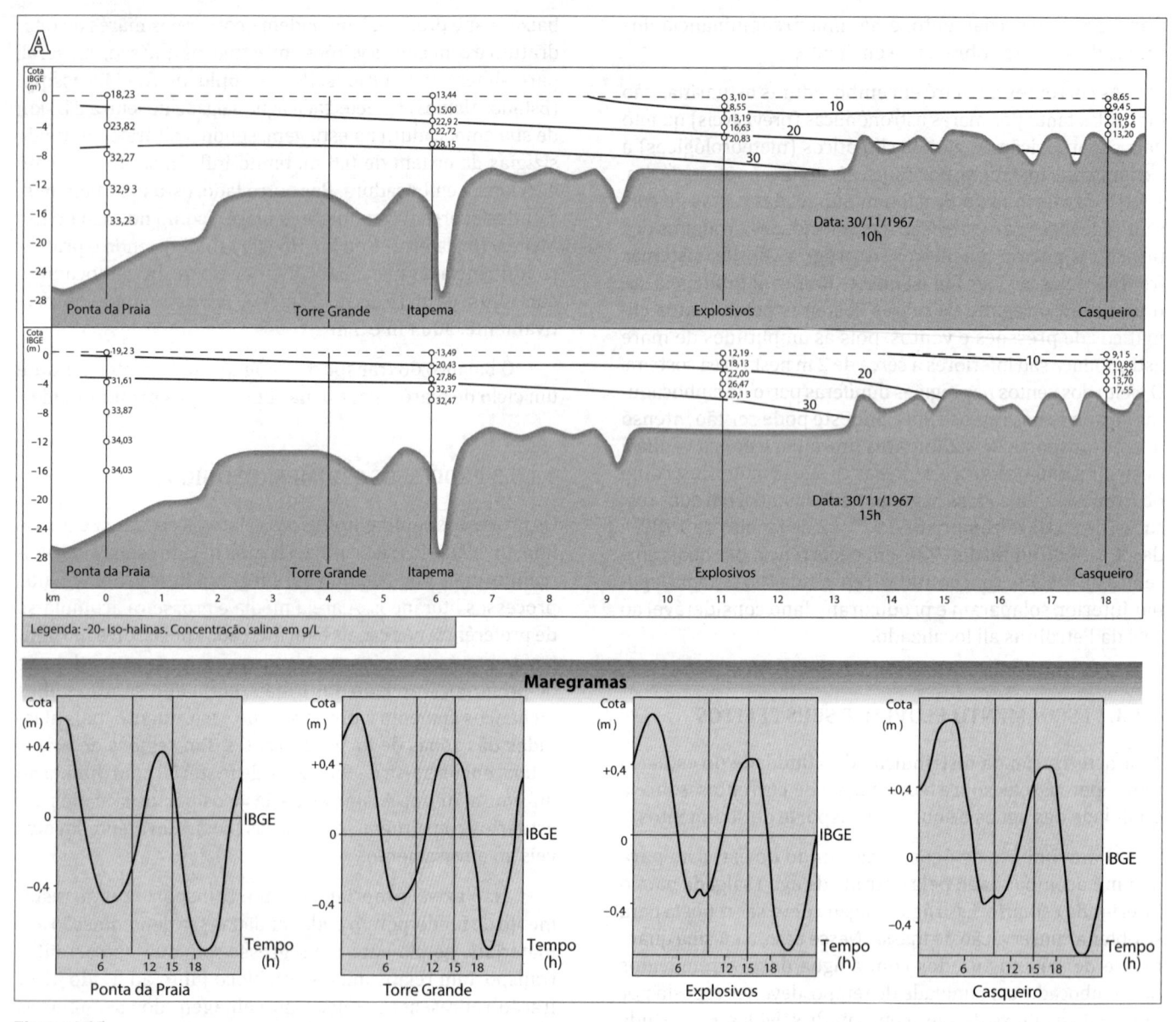

Figura 4.15
(A) Perfil longitudinal das iso-halinas (em g/L) no Estuário do Canal do Porto de Santos (São Paulo, Estado/DAEE/SPH/CTH).

O grau de mistura das águas em um estuário, que é o oposto da estratificação, pode ser aproximado pela relação entre o volume de água doce e o volume do prisma de maré, que é o volume de água que adentra o estuário, a partir do mar, entre a estofa de baixa-mar e a de preamar. Esse parâmetro de mistura permite classificar os perfis de iso-halinas conforme ilustrado na Figura 4.15(C), respectivamente:

○ 0 para estuário misturado;

○ 0,1 para estuário parcialmente misturado;

○ 1 para estuário estratificado.

Na Figura 4.15(C), a salinidade cresce para a esquerda.

Quanto à estratificação, os estuários podem ser classificados basicamente em três categorias:

- Estuário em cunha salina, conforme ilustrado na Figura 4.14, que se apresenta com as seguintes características:

○ baixa energia da maré;

○ altamente estratificado, formando-se uma acentuada haloclina;

○ brusca interface entre as duas camadas;

○ a pouca mistura vertical ocorre pela arrebentação das ondas interfaciais que injetam pequenas quantidades de água salgada na camada de água doce superior;

○ a água salgada perdida para a camada superior é reposta por um lento influxo de água marinha para a terra sob a água doce;

○ a posição da cunha salina depende da vazão fluvial, que, quando é baixa, facilita a penetração para a terra da cunha, ocorrendo o oposto com o aumento da vazão.

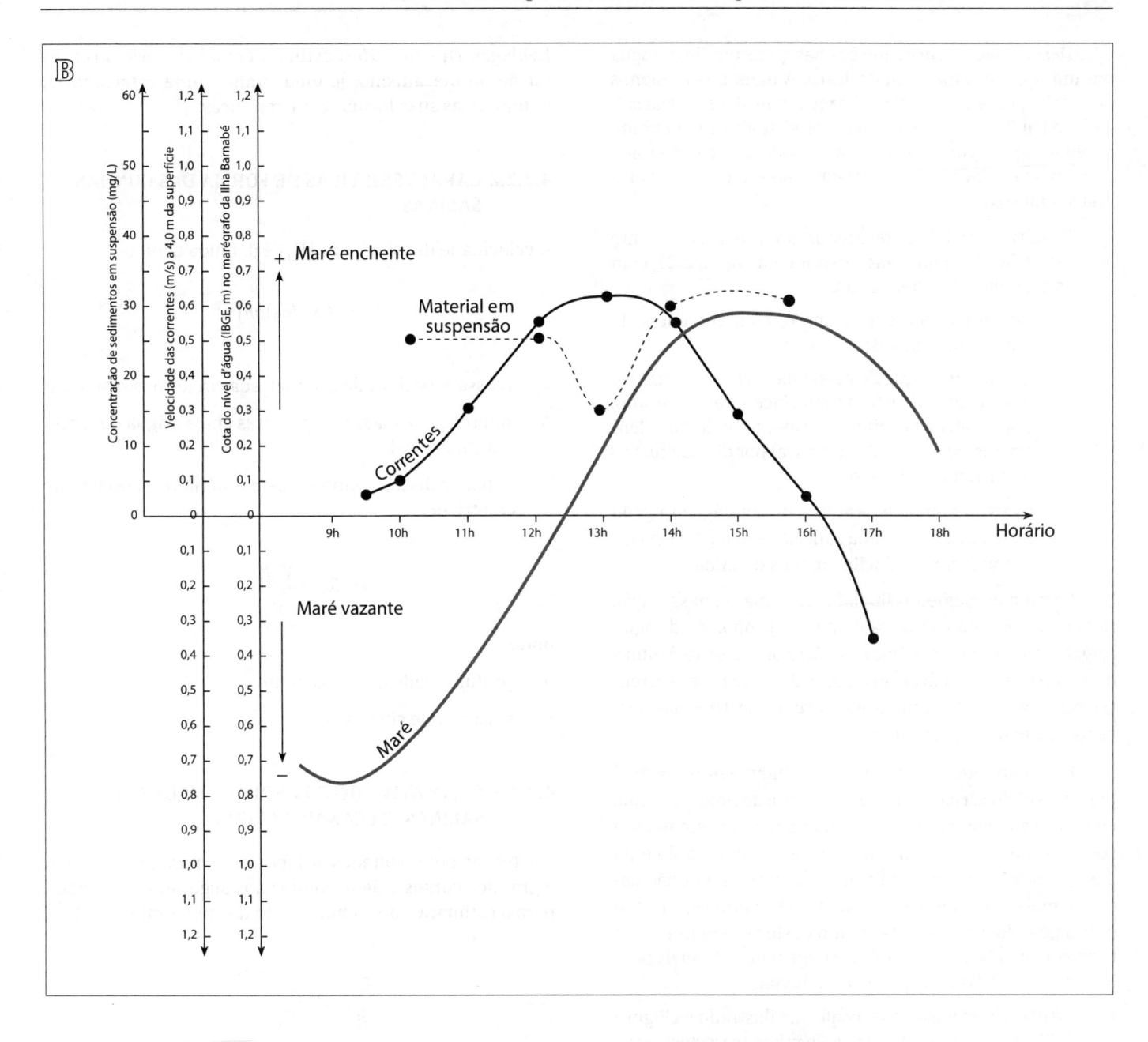

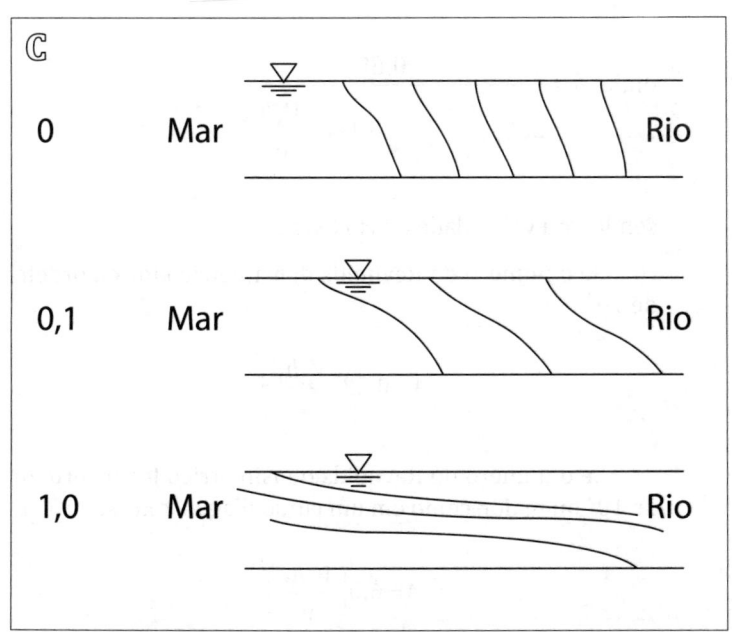

Figura 4.15
(B) Concentrações de sedimentos em suspensão, correntes e maré na Seção Ilha dos Bagres – Explosivos do Canal do Porto de Santos (ver Figura 4.18) (São Paulo, Estado/DAEE/SPH/CTH).
(C) Classificação da mistura das águas salgadas com as águas doces em estuários. De cima para baixo as isso-halinas apresentam-se: bem misturadas, parcialmente misturadas e estratificadas.

Desenvolve-se em condições nas quais um rio deságua em um mar com maré muito fraca. A água fluvial menos densa flui sobre a superfície da água mais densa, água salgada marinha, a qual, por não haver virtualmente nenhum movimento de corrente de maré, pode ser considerada como uma cunha salina estacionária no tempo que se afunila subindo o rio.

- Estuário parcialmente misturado (ou parcialmente estratificado), conforme ilustrado na Figura 2.21, com as seguintes características:

  ○ moderada energia da maré, com correntes de maré significativas;

  ○ grande circulação de massa na enchente e vazante que, além do atrito na interface interna, produz grande atrito no leito estuarino, gerando turbulência que torna a mistura vertical por difusão turbulenta ainda mais efetiva;

  ○ a mistura em dois sentidos, ou seja, água salgada misturada na camada superior e água doce na inferior, torna a haloclina menos definida.

Como o escoamento fluvial para o mar é, nesse caso, misturado com uma relativamente alta proporção de água salgada, o escoamento compensatório para a terra é muito maior do que no estuário em cunha salina. Assim, as correntes residuais são tipicamente da ordem de 10% das correntes de maré superpostas.

Rumo ao interior do estuário, o movimento residual para a terra do escoamento de água junto ao fundo diminui, enquanto o movimento residual para o mar do escoamento superior aumenta. A profundidade de movimentação nula das águas cresce até coincidir com o leito estuarino, não havendo mais movimento para a terra, definindo-se, então, o ponto nulo do estuário. Esse ponto desloca-se mais para a terra com marés de sizígia e/ou estiagem fluvial e mais para o mar em quadraturas e/ou cheias fluviais.

- Estuário bem misturado, conforme ilustrado na Figura 2.23, que se apresenta com as seguintes características:

  ○ é um típico comportamento de lagunas costeiras e de estuários largos, rasos, de forma afunilada e com marés de grande altura;

  ○ linhas iso-halinas verticais.

Com a mesma vazão de água doce, um estuário pode ser estratificado nas marés de quadratura e bem misturado nas marés de sizígia.

4.2.2 Mecanismo de uma cunha salina estacionária

4.2.2.1 CONSIDERAÇÕES GERAIS

A intrusão salina em um rio que se comunica com um mar sem maré em que há uma estabilização da penetração salina pode ser tratada como uma cunha salina estacionária.

Keulegan (Ippen, 1966) estudou em laboratório a reprodução do mecanismo de uma cunha salina estacionária, definindo as suas formas características.

4.2.2.2 CARACTERÍSTICAS DE FORMA DAS CUNHAS SALINAS

A velocidade densimétrica (V_Δ) é definida como:

$$V_\Delta = [(\Delta\rho/\rho_0)gh]^{1/2}$$

ρ_0:   massa específica da água salgada em termos residuais;

$\Delta\rho$:   diferença de massas específicas entre a água de fundo e a superficial.

A partir disso, estabeleceu-se o número de Reynolds densimétrico:

$$\mathrm{Re} = \frac{V_\Delta h}{v}$$

onde:

h: profundidade do escoamento;

v: viscosidade cinemática.

4.2.2.3 ESTIMATIVA DO COMPRIMENTO DE CUNHAS SALINAS EM CANAIS LARGOS

A extensão dos resultados de laboratório para canais largos e grandes cursos d'água conduz aos seguintes resultados para a estimativa do comprimento da cunha salina (L_0):

$$\frac{L_0}{h} = A\left(\frac{2V_r}{V_\Delta}\right)^{-5/2},$$

onde $A = \dfrac{0{,}88}{280\left(\dfrac{V_\Delta h}{v}\right)^{-1} + 0{,}148\left(\dfrac{V_\Delta h}{v}\right)^{-1/4}}$

sendo Vr a velocidade do rio (R/S).

Se o número do Reynolds densimétrico for da ordem de 10^4:

$$A = 0{,}23\left(\frac{V_\Delta h_0}{v}\right)^{1/2}$$

Se o número do Reynolds densimétrico for da ordem de 10^7 ou maior, como em um curso d'água, tem-se:

$$A = 6{,}0\left(\frac{V_\Delta h_0}{v}\right)^{1/4}$$

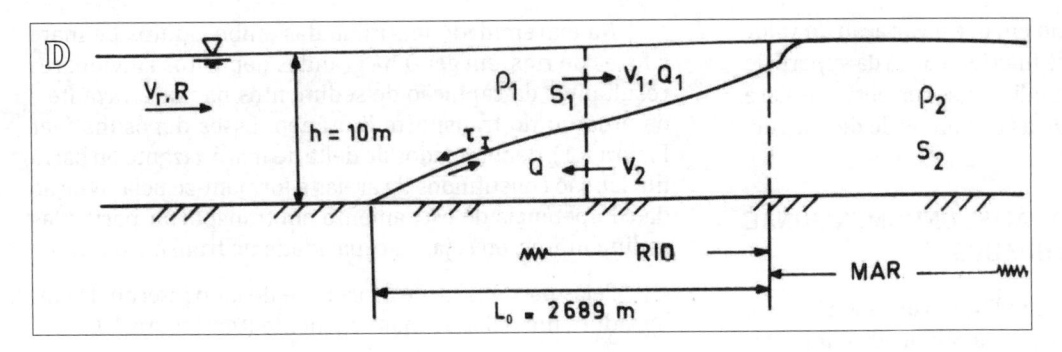

Figura 4.15
(D) Cunha salina estacionária em embocadura estuarina fluvial.

4.2.2.4 APROXIMAÇÃO DE SCHIJF E SCHÖNFELD (1953)

Sabe-se que uma cunha salina estabelece-se em um rio desaguando água doce num estuário que descarrega no mar, sendo que a água do mar avança intrusivamente ao longo do fundo do rio abaixo da descarga de água doce (Figura 4.15(D)). O comprimento da cunha intrusiva é determinada por um equilíbrio entre a tensão de atrito, τ_I, ao longo da interface e o gradiente de pressão horizontal resultante da inclinação da interface. Quando esse equilíbrio é estritamente satisfeito, a cunha salina estará em uma posição estável, com a água doce fluindo para o mar pela superfície dispersando-se por uma fina camada superficial no mar. A extensão dessa cunha é muito importante para a determinação de problemas de assoreamento de material fino coesivo.

Schijf e Schönfeld (1953, apud MASSIE, 1982) derivaram uma expressão para o comprimento da cunha salina em um canal prismático, horizontal e retangular descarregando em um mar infinito sem maré:

$$L_0 = \frac{2h}{f_I}\left(\frac{1}{5F^2} - 2 + 3F^{\frac{2}{3}} - \frac{6}{5}F^{\frac{4}{3}}\right)$$

com:

$$f_I = \frac{8\tau_I}{\rho\left(V_1 - V_2\right)\,V_1 - V_2}$$

$$F = \frac{V_r}{\sqrt{\dfrac{\rho_2 - \rho_1}{\rho_1}gh}}$$

Essa expressão ilustra a influência da lâmina d'água, h, da velocidade da vazão fluvial, V_r, e da diferença de massas específicas na intrusão salina. Um valor razoável para f_I é da ordem de 0,1. Obviamente, em um idealizado estado de equilíbrio, $V_2 = 0$, razão pela qual nenhuma tensão de cisalhamento é mostrada no fundo. Na Figura 4.15(D) foram utilizados os valores típicos: $f_I = 0,08$; $h = 10$ m; $V_r = 0,2$ m/s; e $\dfrac{\rho_2 - \rho_1}{\rho_1} = 0,0246$, resultando $L_0 = 2.689$ m.

Na realidade, em vez de uma cunha estática, o que ocorre é um estado de equilíbrio dinâmico, ocorrendo mistura ao longo da interface entre as massas de água. Sal e água do mar são transportados pela água do rio de volta para o mar, conforme mostrado na linha tracejada vertical que atravessa a cunha. A continuidade na fase líquida exige que o balanço de vazões seja:

$$Q_1 = R + Q$$

em que:

Q₁: defluxo líquido resultante através da seção transversal

Q_1: defluxo líquido resultante através da seção transversal

R: vazão fluvial de água doce

Q: aporte de água do mar na cunha

A continuidade do sal também deve ser mantida, o que implica:

$$Q_1 S_1 = QS_2$$

Em um estuário real, no entanto, o problema da intrusão da cunha salina é muito mais complexo, pois R varia, a influência da maré está presente e o estuário certamente não é prismático. De modo geral, a influência da maré é dominante, levando a um incessante movimento oscilatório de todo o sistema de duas camadas sobre um fundo desigual. Esse movimento, consequentemente, aumenta a mistura através da interface. De fato, em estuários com forte influência de maré e pequeno fluxo de água doce, a estratificação pode ser essencialmente destruída, conduzindo a um estuário bem misturado, em que a média do transporte de sal pelo escoamento fluvial está em equilíbrio com o transporte de sal para o estuário por difusão. O efeito dessa difusão, combinada com a quantidade de movimento de intrusão fluindo como uma língua de sal, pode retardar o instante de máxima salinidade média num ponto de um rio com maré até pouco depois da estofa de preamar.

4.2.3 Análise de estuários misturados

4.2.3.1 REPRESENTAÇÃO ESQUEMÁTICA UNIDIMENSIONAL DA INTRUSÃO SALINA

Quando o prisma de maré resulta muito maior em relação à vazão de água doce durante um ciclo de maré, o estuário pode vir a ser classificado como bem misturado. Nesse tipo de dinâmica hidráulico-salina, a intrusão não pode ser identificada por uma fronteira definida claramente como uma interface entre água doce e água salgada, como no caso de uma cunha salina. Assim, as salinidades podem ser tratadas como médias ao longo da profundidade. Admite-se definir como bem misturado o estuário em que a variação do valor médio temporal da salinidade é inferior a 50% da superfície para o fundo do canal. Nessas condições, as correntes de maré são muito mais eficazes do que as correntes de densidade.

4.2.3.2 FUNDAMENTOS DA ANÁLISE UNIDIMENSIONAL DE ESTUÁRIOS MISTURADOS

No tratamento unidimensional simplificado de Ippen (1966), pode-se chegar à equação que define a salinidade para qualquer distância x, medida como positiva a partir da extremidade oceânica para o interior do estuário, e para qualquer instante t da maré, cuja contagem inicia-se a partir do instante de baixa-mar na extremidade oceânica:

$$\frac{s(x,t)}{s_0} = \exp\left\{ -\frac{V_r}{2D_0'B}\left[N - (N - x)\exp\left(a_0\frac{(1-\cos\sigma t)}{h} \right) + B \right]^2 \right\}$$

onde:

s_0:   salinidade oceânica;

D'_0:   coeficiente de difusão aparente;

B: comprimento em baixa-mar para a máxima salinidade oceânica atingir a extremidade oceânica do estuário;

a_0:   amplitude da maré na extremidade oceânica;

σ: frequência angular da maré;

h: profundidade média do estuário.

O termo N é dado pela equação

$$N = \left(\frac{hu_0}{a_0\sigma} \right)$$

onde u_0 é a máxima corrente de maré na extremidadade oceânica do estuário.

A estimativa de B é dada pela equação

$$B \approx \frac{u_0}{\sigma}(1-\cos\sigma t)$$

onde tB é o instante, contado a partir da baixa-mar, em que se atinge a salinidade oceânica na extremidade oceânica do estuário.

4.3 PROCESSOS SEDIMENTOLÓGICOS

4.3.1 Fontes sedimentares

4.3.1.1 CONSIDERAÇÕES GERAIS

As fontes sedimentares que contribuem com seu aporte para uma área estuarina podem ser inicialmente subdivididas, quanto à origem imediata, em terra ou no mar.

Na extremidade marítima das embocaduras de maré e fozes de rios, em geral há grandes depósitos aluvionares resultantes da captação de sedimentos na maré vazante e da atuação do transporte litorâneo. Esses depósitos (ver Figura 4.1), denominados de delta de maré vazante ou barra fluvial, são constituídos de areias e formam-se pela redução da competência do escoamento em transportar partículas sedimentares, ou seja, da capacidade de transporte.

Pelas mesmas razões, forma-se do lado interno da embocadura um delta de maré enchente (ver Figura 4.1).

Esses dois corpos arenosos são muito dinâmicos, mudando de posição com frequência, e periodicamente são objeto de dragagem em áreas de importância para a navegação.

Os fundos estuarinos internos são constituídos de areias marinhas que penetram pela embocadura através da circulação gravitacional e/ou residual.

Frequentemente, formam-se dunas e ondulações de fundo nos canais marcados pelas correntes de maré.

Depósitos de lama no interior do estuário indicam a posição média da zona de máxima turbidez; esses depósitos tendem a se compactar nos períodos de quadratura, nos quais as marés são mais fracas, conforme se encontra esquematizado nas Figuras 4.1 e 4.16.

A retenção de sedimentos na bacia hidrográfica contribuinte, situação que ocorre com a construção de aproveitamentos de barragens, pode desencadear a erosão costeira, como ocorreu nos rios Nilo (Egito), Ródano (França), Paraíba do Sul (RJ) e São Francisco (SE/AL), trazendo problemas aos assentamentos urbanos que se situem nessa área.

Por outro lado, a erosão rural, motivada por desmatamentos, práticas agrícolas, implantação de loteamentos, aumenta o aporte sedimentar aos estuários, causando problemas para os portos e canais de navegação ali implantados.

4.3.1.2 DESCRIÇÃO DAS FONTES SEDIMENTARES

As diversas fontes sedimentares estuarinas devem ser, de modo conveniente, identificadas e quantificadas estimativamente, visando a implantação de projetos de aproveitamento e controle do estuário.

Fontes possíveis de sedimentos são:

- erosão das bacias hidrográficas fluviais;
- penetração, pela embocadura marítima, de aporte por erosão da plataforma continental ou oriundo do transporte litorâneo;
- descargas de efluentes domésticos, industriais e esgotos;
- erosão eólica de dunas costeiras e bancos descobertos;
- retorno de material dragado;
- decomposição ou dejetos de organismos vivos marinhos ou fluviais.

As duas primeiras fontes são as mais importantes, embora especial consideração deva ser dada ao retorno de material dragado, dependendo de sua localização com relação à embocadura.

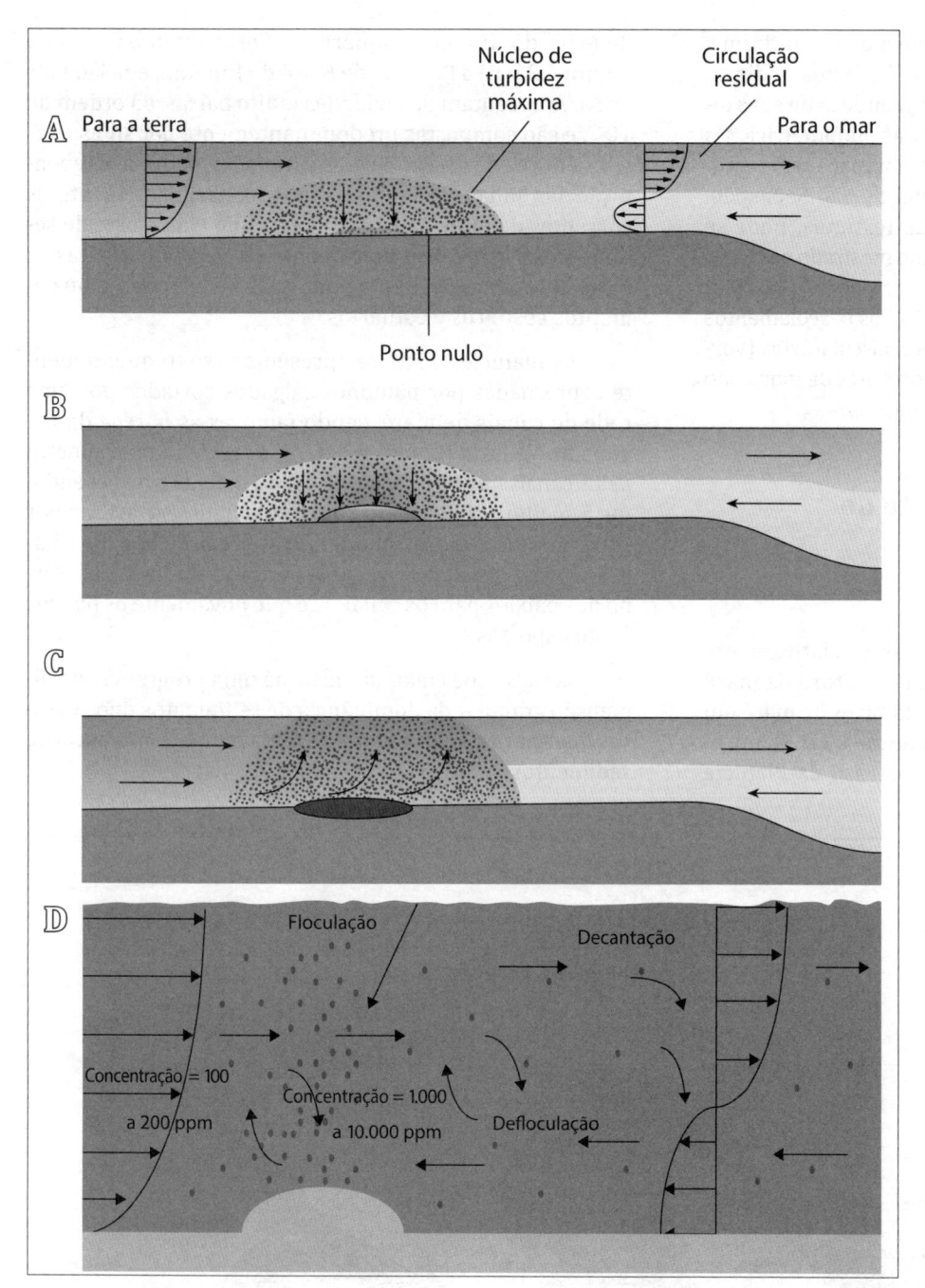

Figura 4.16
Perfil longitudinal estuarino. A acumulação e o movimento de lama fluida em estuário parcialmente misturado. O corpo lenticular estende-se por distâncias de 1 a 10 km e desloca-se estuário acima ou abaixo por algumas centenas de metros ao longo do ciclo das marés de quadratura e sizígia. Onde (A) é o caso geral, (B) se encontra em maré de quadratura, (C) se encontra em maré de sizígia e (D) se encontra na zona de turbidez máxima (ZTM).

4.3.1.3 LEVANTAMENTOS SEDIMENTOLÓGICOS DE APOIO

A aplicação de métodos sedimentológicos paralelamente aos levantamentos hidrográficos (relativos a batimetria, ondas, correntes, marés, vazões líquidas e sólidas etc.) ressalta fenômenos que normalmente poderiam passar despercebidos. De fato, os sedimentos depositados no fundo de uma área marítima constituem-se na resultante final de todas as forças, fatores e agentes ocorrentes. Se os sedimentos estão presentes e se sua distribuição se faz segundo determinados padrões ou características, é em consequência direta de todo o complexo de situações e condições atuantes.

Assim, os levantamentos sedimentológicos de apoio possibilitam a triagem do grande acervo de dados normalmente obtidos pelos métodos hidrográficos, permitindo estabelecer com relativamente poucos dados e em curto prazo o padrão de circulação da área, definir o grau de intensidade e a orientação das correntes, identificar as fontes e os volumes transportados, reconhecer e demarcar as áreas preferenciais de deposição, bem como as mais convenientes para servirem de bota-fora de dragagens, e também prever as consequências do desequilíbrio hidráulico que obras projetadas produzirão.

A distribuição granulométrica dos sedimentos de fundo pode ser apropriadamente apresentada em planta por meio dos diagramas triangulares. De fato, além de permitirem a análise da distribuição espacial dos sedimentos, indicam diretamente sua graduação textural, a grandeza de suas dimensões médias, e o grau de seleção granulométrica. Os desenhos das Figuras 4.17 a 4.19 ilustram casos reais estudados para o Estuário Santista e Canal de São Sebastião. Com base na distribuição das classes texturais, pode-se deduzir a circulação geral nas áreas, como mostrado nas Figuras 4.18 e 4.19. Em particular, os alargamentos (varizes) estuarinos de seção hidráulica, em razão dos descolamentos das correntes que geram escoamentos recirculatórios (vórtices) e redução das velocidades das correntes de maré, são áreas preferenciais de deposição sedimentar.

4.3.2 Dinâmica do transporte de sedimentos

4.3.2.1 PLANÍCIES DE MARÉ

Nas áreas em que a energia das ondas é relativamente baixa ao longo de um trecho de costa e a altura da maré é de moderada a grande, formam-se planícies de maré em vez de praias (ver Figura 4.20). Na Figura 4.21(A), apresenta-se o aspecto do enrugamento na vasa da Planície

de Maré do Rio Juqueriquerê em Caraguatatuba, SP e na Figura 4.21(B) a Planície de Maré do Rio Anil, em São Luís (MA). Apresentam declividades muito baixas, da ordem de 10^{-5}, e são compostas predominantemente por siltes e argilas em vez de areias. Nessas condições, é rara a arrebentação das ondas por muito tempo e, consequentemente, as correntes de maré são mais efetivas no transporte de sedimentos. Formam-se tipicamente em regiões restritas ao abrigo de formações como pontas, ilhas-barreiras, embaiamentos costeiros e estuários.

As planícies de maré apresentam-se frequentemente contornadas por pântanos salgados cortados por uma rede de canais de maré, sendo famosas as *barene* da Laguna de Venezia (Figura 4.21(C)). A água do mar penetra pelos canais na maré enchente, gradualmente preenchendo-os à medida que a maré sobe até a água extravasar por sobre as suas bordas, inundando as áreas de baixios adjacentes. Após a estofa de preamar, a água é drenada de retorno dos baixios para os canais até que novamente os baixios ficam expostos.

Nas situações mais simples, há uma progressão na dimensão granular da dominância de sedimentos finos vasosos mais para a extremidade de terra para a dominância de sedimentos arenosos na extremidade marítima.

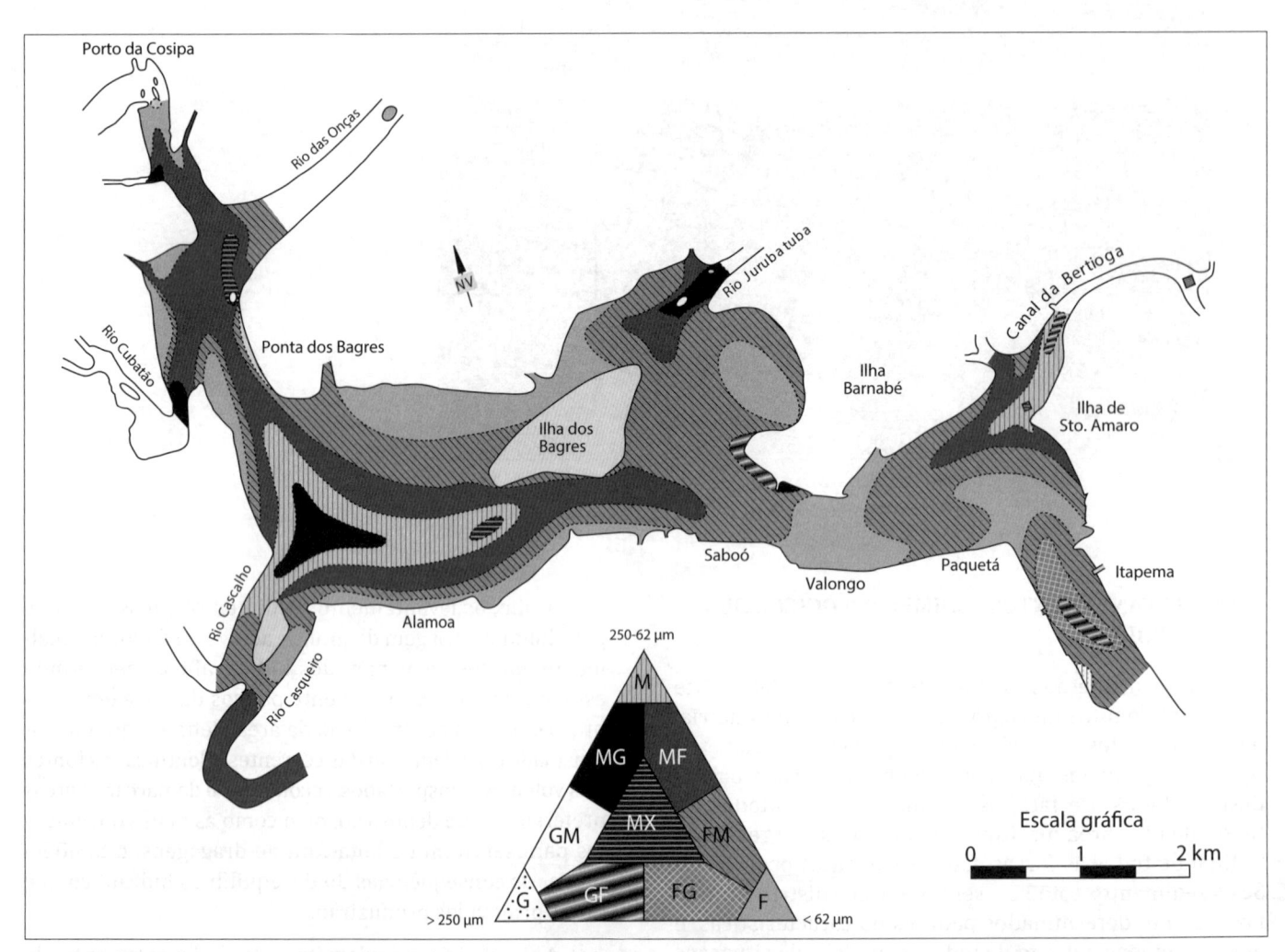

Figura 4.17
Distribuição planimétrica textural dos sedimentos de fundo do Estuário Santista (SP) (São Paulo, Estado/DAEE/SPH/CTH).

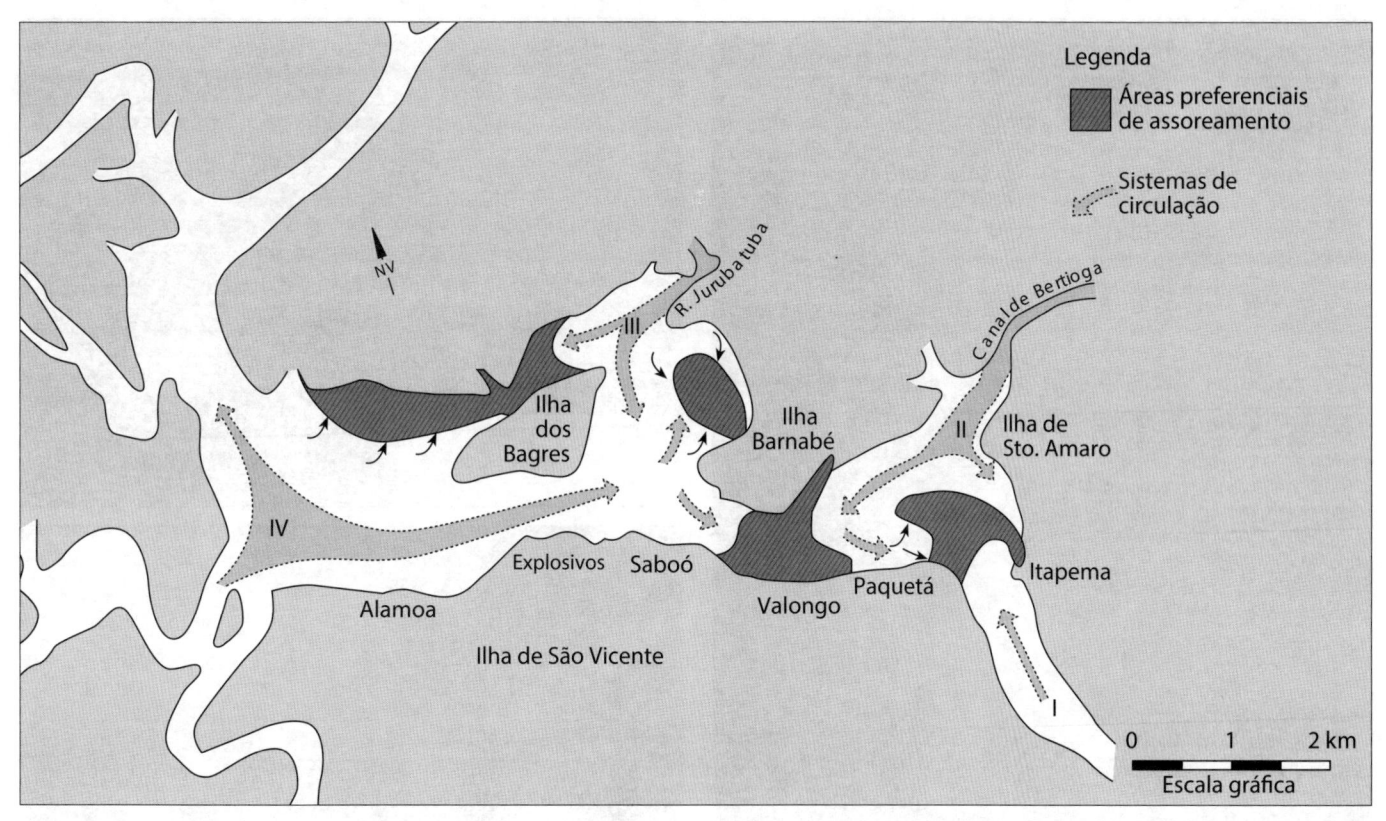

Figura 4.18
Esquema geral planimétrico da circulação no Estuário Santista (SP) (São Paulo, Estado/DAEE/SPH/CTH).

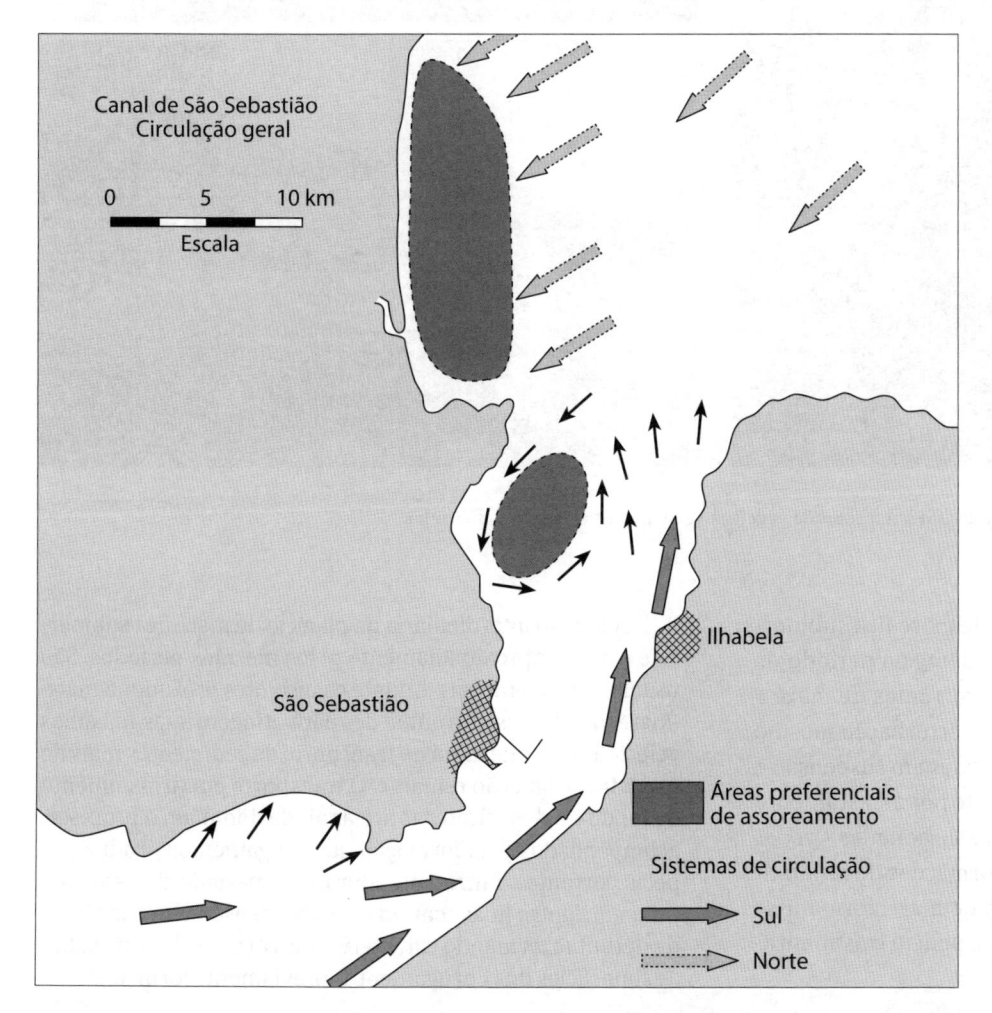

Figura 4.19
Esquema geral planimétrico da circulação no Canal de São Sebastião (SP) (São Paulo, Estado/ DAEE/SPH/CTH).

Figura 4.20
Planície de maré do Largo de Santa Rita em Santos (SP). Aspectos da vegetação de manguezal e da vasa marinha.

A porção mais baixa da planície de maré fica submersa a maior parte do tempo, correspondente ao período da maré em que fica submetida a fortes correntes de maré e alguma ação de ondas, que produzem perturbação mesmo nas estofas. Por isso, as lamas são mantidas em suspensão e os sedimentos são depositados somente por arrastamento de fundo, consistindo de areias bem selecionadas (*slikke*, como na Figura 4.21(D)). Como conformações de fundo típicas, por causa das fortes correntes de maré, formam-se enrugamentos e macroenrugamentos, e podem existir enrugamentos formados por ondas.

A porção intermediária da planície de maré fica submersa e exposta aproximadamente pelos mesmos períodos. São usualmente submersas durante os instantes próximos à meia-maré, quando as correntes de maré atingem suas máximas velocidades, o que influi no transporte de sedimentos mais do que a fraca agitação reinante. O transporte por arrastamento de fundo e a deposição das areias ainda dominam o processo, acompanhados pela formação de enrugamentos produzidos pelas correntes. Entretanto, durante o período da estofa de preamar, lamas finas mantidas em suspensão têm condições de decantar, formando características cortinas de lama sobre as superfícies dos enrugamentos previamente formados.

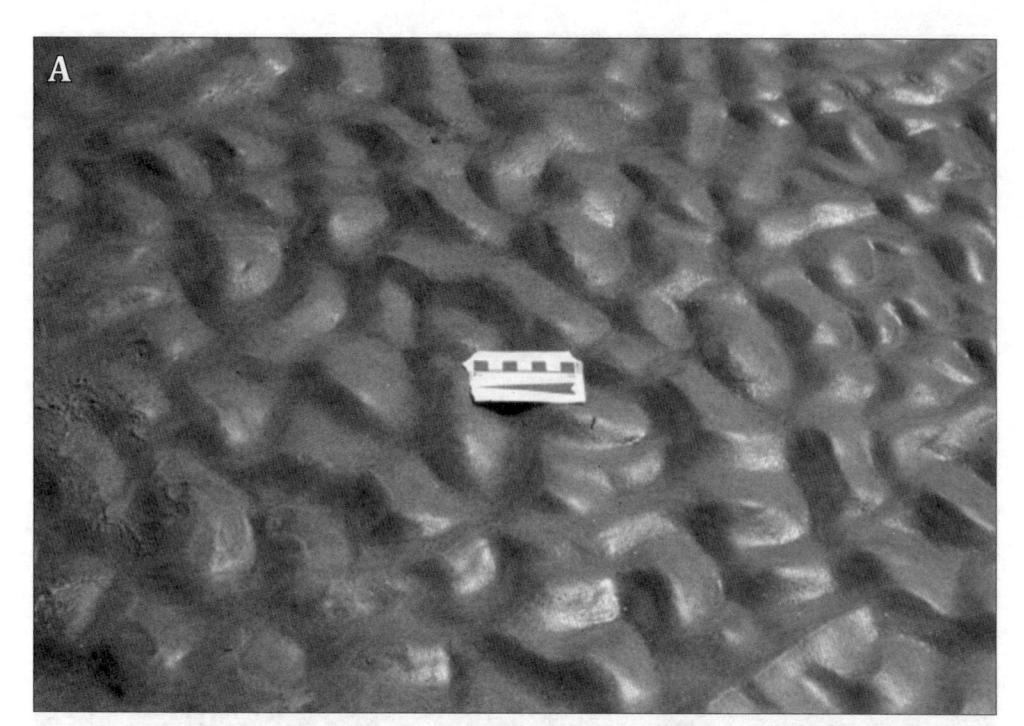

Figura 4.21
(A) Enrugamento na vasa da Planície de Maré do Rio Juqueriquerê, São Sebastião (SP) (São Paulo, Estado/DAEE/SPH/CTH).
(B) Extensas planícies de maré no Rio Anil em São Luís (MA).
(C) *Barene* da Laguna di Venezia (Itália).

A porção mais alta da planície de maré somente fica submersa na preamar, quando as velocidades das correntes caem a zero. Não há transporte por arrastamento de fundo nem deposição, mas durante a estofa as lamas decantam para formar os baixios de lama. Quando a corrente retorna, esses bancos somente serão erodidos se as tensões de arrastamento suplantarem as tensões críticas do material coesivo depositado. Tipicamente, correntes de 0,4 a 0,5 m/s são necessárias para a ressuspensão de lamas, enquanto a redeposição não ocorre a menos que as correntes caiam a valores entre 0,1 e 0,2 m/s.

A deposição de sedimentos finos siltosos e argilosos nas porções mais altas da planície de maré é também reforçada pela sua defasagem de deposição. À medida que a maré enchente inunda a planície de maré e a corrente começa a enfraquecer, inicia-se o processo de decantação assim que se atinge uma velocidade de atrito crítica de deposição.

Entretanto, não decantam verticalmente na água, pois são carreados para a terra, em que se depositam pelas correntes que ainda fluem. Assim, depositam-se a alguma distância para a terra do ponto em que a velocidade de atrito crítica de deposição foi atingida. Considerando que a corrente de vazante apresente velocidade igual à de enchente, quando o escoamento for retomado os sedimentos depositados não serão ressuspendidos até muito tempo posterior comparativamente ao que ocorre com a enchente. Esse efeito se combina com as propriedades coesivas dos sedimentos. Como resultado, na maré vazante os sedimentos permanecerão em suspensão por um período menor do que na enchente e não se moverão tanto para o mar quanto para a terra. Assim, essa é uma zona de rápida deposição, e conforme o fundo se alteia com novas acumulações de lama, o grau de duração da submergência na preamar diminui.

Finalmente, os baixios expostos por períodos suficientemente longos, as terras úmidas, começam a ser colonizados por plantas terrestres, que nas nossas latitudes tropicais são, em geral, manguezais. As raízes das plantas auxiliam a ligação sedimentar e previnem, pela sua retenção, novas erosões. E mais significativa é a desaceleração produzida no escoamento, propiciando ainda mais deposição de siltes e argilas. A colonização total nas porções mais altas da planície de maré conduz ao desenvolvimento de pântanos salgados (*schorre*) em climas mais temperados e frios (Figura 4.21(E)) e, em climas tropicais e equatoriais, os manguezais, que são inundados normalmente somente nas preamares de sizígia. Estes se estendem em direção ao mar e as regiões localizadas mais para a terra são cada vez menos frequentemente inundadas. Essa colonização intensifica-se nas cotas superiores às preamares médias de quadratura. Entretanto, os profundos canais de drenagem persistem durante muito tempo, posteriormente ao processo de drenagem citado.

4.3.2.2 ESTUÁRIOS

Considerações gerais

O comportamento em longo prazo de um estuário depende muito da taxa resultante de acumulação de material em seu leito. A ação da maré e os gradientes de densidade produzem movimento residual para a terra próximo ao leito nas porções intermediárias dos estuários. Esse movimento para a terra é contrabalançado por fortes vazões fluviais e pela concentração do escoamento nos principais canais de águas baixas, quando os níveis de maré caem rumo à baixa-mar.

Os sedimentos em movimentação em um estuário deslocam-se pendularmente sob a ação da maré, mas a areia movendo-se junto ao leito desloca-se relativamente pouco durante cada maré de sizígia e não se desloca absolutamente até que não seja atingida e excedida localmente a tensão de arrastamento crítica no leito. Durante as marés de quadratura, pode haver movimento muito reduzido ou praticamente nulo, mas o transporte sólido aumenta muito rapidamente com a tensão de arrastamento, que depende da velocidade das correntes. Sabe-se que os escoamentos turbulentos são quadráticos, ou seja, as tensões de arrastamento no leito são proporcionais ao quadrado da velocidade, fazendo com que o transporte por arrastamento de fundo seja proporcional ao saldo entre a velocidade atuante e a crítica elevado a um expoente da ordem de 5 (MCDOWELL; O'CONNOR, 1977).

Já para os sedimentos mais finos transportados em suspensão, ocorre um deslocamento de considerável distância no movimento de vaivém a cada maré. As características do material e o teor de salinidade têm importância no comportamento sedimentar. Assim, as partículas de silte comportam-se como as areias quanto ao início e à cessação do movimento no leito, mas uma vez colocadas em suspensão movem-se com a água e somente decantam lentamente da suspensão quando o nível de turbulência é reduzido. As partículas argilosas, por seu turno, floculam em água salgada,

decantando rapidamente em águas calmas ou com fracas correntes para formar uma camada móvel, inconsolidada, quando atingem inicialmente o leito. Essa camada tem a propriedade de um líquido com alta concentração sólida, requerendo uma tensão de arrastamento reduzida para ser movimentada, mas comportando-se como um líquido viscoso quando em movimento. As lamas floculadas decantam de uma corrente turbulenta somente em velocidades muito reduzidas do escoamento sobre o leito. Por outro lado, requerem uma maior tensão de arrastamento e velocidade de escoamento para serem ressuspendidas. A quantidade de lama que se movimenta em suspensão em qualquer instante depende mais da disponibilidade de material a ser erodido do que da intensidade da tensão de arrastamento, uma vez que tenha sido excedido o valor crítico.

Considerações sobre os mecanismos de sedimentação

Grande parte dos sedimentos fluviais transportados é retida pela deposição estuarina. Uma grande proporção desse sedimento é lama, oriunda da carga de lavagem da bacia hidrográfica, que no ambiente estuarino sedimenta, preponderantemente, pelo processo de floculação, em que a agregação das finas partículas argilosas e siltosas forma grandes flocos, que se depositam mais rapidamente.

A floculação é resultado da atração molecular das forças conhecidas como de Van der Waals, que não são particularmente fortes, mas cuja tensão varia inversamente ao quadrado da distância entre as partículas de argila, e tornam-se importantes quando as partículas ficam muito próximas. Em águas doces, o fenômeno não ocorre porque, por vários motivos, os minerais argilosos estão negativamente carregados, repelindo-se mutuamente. Em águas salobras, a interação dos cátions (íons positivos) livres da água produz um efeito neutralizador que reduz a carga negativa e permite que a força de atração molecular passe a ser dominante se as partículas se encontrarem suficientemente próximas.

A floculação é um importante processo nas porções estuarinas em que a misturação das águas doces com as salgadas ocorre. Há três formas principais pelas quais a atração molecular passa a ser dominante entre as partículas:

- pela turbulência na coluna d'água resultante da ação de vento ou do atrito da corrente;

- pelo movimento browniano;

- são capturadas por partículas maiores que colidem com elas e decantam rapidamente.

A magnitude da influência da floculação na sedimentação pode ser avaliada comparando a velocidade de queda de partículas de argila em água doce à de flocos de partículas em água salgada com salinidade acima de 5 ‰. Segundo Massie (1982), essa relação é maior que 1:50. Nessas áreas, o material que forma o fundo estuarino não é a usual forma de argila compacta. De fato, o sedimento que se forma como resultado da floculação contém grande quantidade de água, sendo que o volume do sedimento (partículas sólidas mais água) pode ser de 5 a 10 vezes o volume das partículas, isto é, a relação de vazios pode ser tão elevada quanto 10. Tamanho volume de água mantém a massa específica baixa. Assim, o material comporta-se como um fluido viscoso, com viscosidade da ordem de 100 a 5.000 vezes a da água, comparável à do iogurte. Esse material, denominado lama fluida, é tão mole que as embarcações podem frequentemente navegar através dele.

A composição das camadas de lama fluida apresenta predominância de argilas (50% a 70%), sendo o restante geralmente composto por siltes e matéria orgânica. Em ambientes naturalmente energéticos, como estuários, a porcentagem de matéria orgânica tende a ser no máximo 2%. A concentração de sedimentos em suspensão pode variar entre 10.000 e 100.000 mg/L, dependendo de sua composição, sendo que esta pode influenciar significativamente seu comportamento. A massa específica da camada de lama fluida geralmente apresenta valores entre aproximadamente 1.080 kg/m^3 e 1.250 kg/m^3, sendo variável conforme as características locais dos sedimentos finos disponíveis.

O processo de consolidação da lama fluida é muito lento, mas pode ser interrompido, sendo as partículas ressuspensas quando a velocidade da corrente atinge valores críticos, entre 0,2 e 1,0 m/s.

Extensas camadas de lama fluida existem em muitas áreas portuárias estuarinas (ver Capítulo 11). Com os dispositivos de ecossondagem, pode-se estimar a massa específica das camadas de lama fluida do leito. Na superfície da lama, a massa específica é de aproximadamente 1.030 kg/m^3, com valores normalmente admissíveis para navegação entre 1.150 kg/m^3 e 1.250 kg/m^3.

As porções superiores da lama fluida comportam-se como um fluido viscoso, cuja dragagem é extremamente fácil, mas cuja produtividade, medida em termos de quantidade de sólidos, é ínfima.

Embora a floculação explique como lamas muito finas tendem a decantar em estuários, não explica os vastos depósitos vasosos retidos no corpo d'água estuarino. Há três fatores que podem explicar essa rápida acumulação:

- A defasagem deposicional dos sedimentos finos associada à coesão das lamas.

- Assimetria da maré, em razão de que a onda de maré propagando-se para o interior do estuário apresenta a crista da preamar movendo-se mais rapidamente do que o cavado da baixa-mar, já que a velocidade de propagação depende da profundidade local. Esse mecanismo produz uma mudança mais lenta da corrente em preamar do que em baixa-mar, acarretando na preamar um período de estofa mais extenso, quando o material em suspensão tem mais tempo para decantar.

- Rápidas mudanças na velocidade da corrente de maré associadas à inundação e ao escoamento dos baixios de lama estuarinos. À medida que a maré sobe, um grande volume d'água tem de escoar por seções transversais de área relativamente pequena dos canais principais, tendo de fluir com alta velocidade, e neste estágio a areia grossa e mesmo os pedregulhos podem ser movimentados para o interior do estuário e depositar-se no canal. Conforme a água extravasa para a planície de maré, a velocidade reduz-se rapidamente, pois o escoamento não está mais confinado em uma seção transversal de área reduzida e, portanto, a deposição dos sedimentos mais finos em suspensão é retomada. O reverso ocorre na maré vazante, fazendo com que as curvas de velocidade sejam assimétricas entre a baixa-mar e a preamar.

Na Figura 4.17 estão apresentados resultados das campanhas sedimentológicas de coleta de material de fundo de trecho do Estuário do Canal do Porto de Santos (SP). Pela representação do diagrama triangular, tem-se uma descrição planimétrica muito informativa quanto ao padrão de sedimentação, ficando evidente que as áreas de deposição de material silteargiloso são as de menores velocidades, e, consequentemente, mais sujeitas à degradação das profundidades por assoreamento, como as áreas de descolamento das correntes principais e as dos largos de Bertioga, Santa Rita e Caneú; e também fica evidenciada a redução gradativa da competência das correntes no desemboque dos canais, pela deposição seletiva dos materiais mais grosseiros até os mais finos.

Estuários com cunha salina

No estuário com cunha salina, domina o escoamento fluvial na superfície, com apenas um reduzido escoamento para a terra de água do mar junto ao fundo. Assim, praticamente todo o material em suspensão é de origem fluvial. Parte desse material, geralmente o mais grosseiro, sedimenta no leito através da haclóclina e o remanescente é carreado para o mar, onde a floculação e a redução de velocidade do escoamento resultante da dispersão das correntes fluviais conduzem à rápida deposição. Se o aporte sedimentar fluvial for muito grande e a ação das ondas for fraca, um delta pode vir a se formar. Na extremidade de terra do estuário, em que o rio encontra a cunha salina, o escoamento de água doce flui por sobre a água salgada deixando o transporte por arrastamento de fundo abaixo, podendo formar-se uma barra de material grosseiro próximo ao início da cunha salina.

Estuários parcialmente misturados

Em estuários parcialmente misturados, o escoamento para a terra da água salgada ao longo do leito é suficientemente forte para mover os sedimentos para o interior do estuário até o ponto de velocidade residual nula no leito. O material movimentado pode tanto ser originário da bacia hidrográfica, que floculou em contato com água com salinidade crescente e decantou, quanto de origem marítima. Onde o transporte cessa, uma região de máxima turbidez é formada e nela se encontram concentrações de sedimentos em suspensão no entorno de 100 a 200 ppm em estuários com menor altura de maré, até 1.000 a 10 mil ppm em estuários com maiores alturas de maré. A dimensão do grão desse material é geralmente inferior a 10 μm. A turbulência nesse ponto e as altas concentrações de material em suspensão favorecem a floculação das argilas.

O padrão de circulação das águas favorece a formação da máxima turbidez. Os sedimentos em suspensão são trazidos para jusante pelo transporte fluvial até o início do estuário. Na porção superior do estuário, sedimentos marinhos em suspensão são trazidos pelo escoamento para a terra da água do mar junto ao leito, sendo misturados nas camadas superiores na região de máxima turbidez em que o escoamento residual é para o mar. Uma mistura de sedimentos marinhos e fluviais é carreada para o mar até um ponto em que a mistura de água salgada e doce é suficientemente reduzida para permitir que o sedimento decante, sendo uma parte deles, então, carreada para a terra até o ponto nulo do escoamento de água salgada junto com nova porção de sedimentos trazida do mar. Esse padrão circulatório atua como uma armadilha sedimentar que retarda a saída dos sedimentos para o mar aberto.

Considerando a mesma vazão fluvial, há uma variação na posição da região de máxima turbidez com o ciclo lunar. Nas maiores marés de sizígia, quando as correntes de maré penetram de forma mais acentuada para o interior do estuário e são as mais intensas, a região de máxima turbidez estará também em sua posição mais interna ao estuário, bem como conterá a máxima concentração de sedimentos em virtude da abundância de sedimentos marinhos trazidos pelas correntes de maré, reforçadas pelas correntes residuais. Por outro lado, nas menores marés de quadratura, a mesma região encontra-se em sua posição mais para o mar com a mínima concentração de sedimentos.

Evidentemente, a vazão fluvial também afeta a posição da região de turbidez máxima. Uma grande vazão fluvial pode empurrar essa região para o mar, e eventualmente para fora do estuário; entretanto, para vazões fluviais muito baixas, a máxima turbidez pode ser fraca e mal definida.

Em alguns estuários com grande altura de maré, o produto final desse ciclo é a acumulação, durante as quadraturas, de lama fluida, a qual é erodida e ressuspendida nas marés de sizígia. Aparentemente, à medida que a altura de maré e as correntes associadas diminuem após as sizígias, cada vez menos material é capaz de ser ressuspendido, e mais carga em suspensão é capaz de decantar na região de máxima turbidez para formar uma camada de lama junto ao leito. Esse efeito é combinado com os maiores períodos de estofa nas preamares de quadraturas do que nas preamares de sizígia. Durante as marés de quadratura, a lama fluida torna-se um tanto mais compactada, de modo que, quando as alturas de maré e correntes associadas tornam a crescer, nem todo sedimento é ressuspendido e alguma porção é deixada permanentemente depositada.

4.3.2.3 DELTAS

A estrutura de um delta

Na Figura 4.22 está apresentada a descrição da estrutura deltaica e sua inserção nas áreas costeiras. Em planta, um delta afigura-se como uma extensa área baixa sobre o nível do mar, em geral sulcada por uma rede de canais ativos, que são separados por vegetação e/ou área de águas rasas. A descrição corresponde à planície deltaica. Os numerosos canais são denominados distributários, e quando um canal se entulha de sedimentos, o escoamento extravasa para encontrar novos caminhos para transpor a obstrução, formando, assim, novos canais.

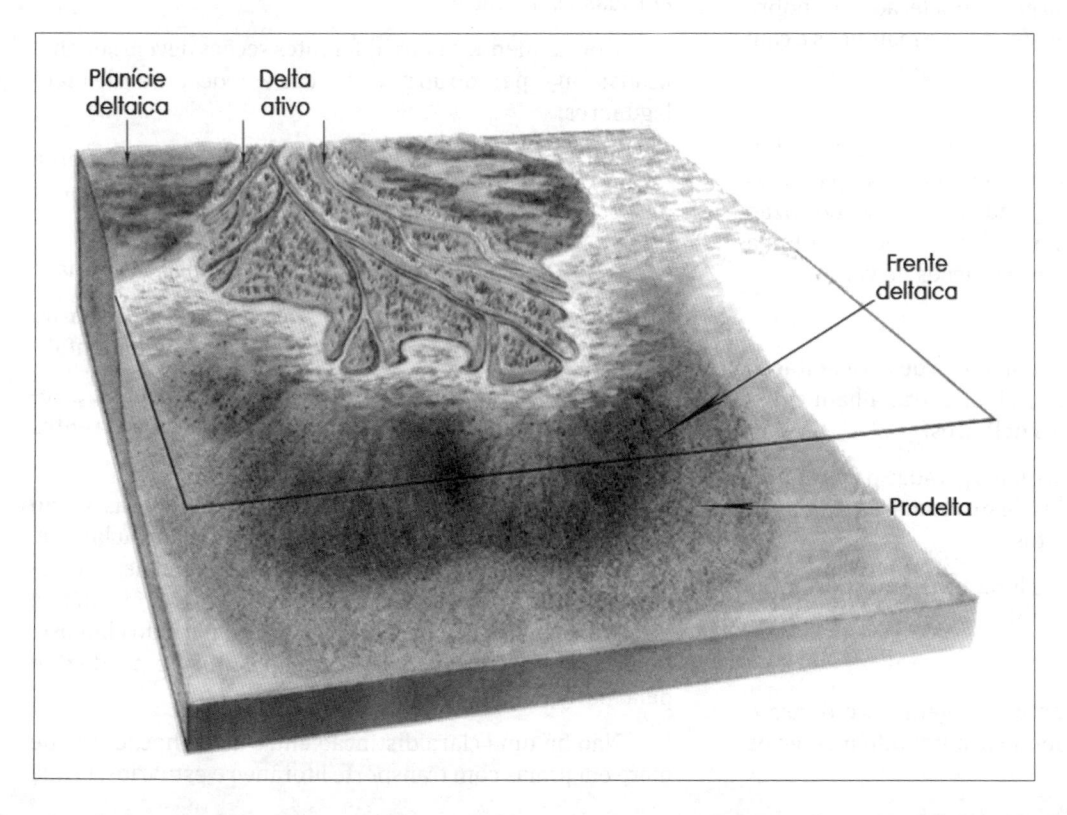

Figura 4.22
Estrutura de um delta.

Ao largo da planície deltaica situa-se a frente deltaica, que compreende a linha de costa e parte do delta submarino, em que os sedimentos deltaicos mergulham no mar. Essa é a porção do delta em que o transporte fluvial por arrastamento de fundo se deposita e, portanto, consiste fundamentalmente de areias.

A zona mais profunda ao largo é o prodelta, que recebe a maior parte do silte e da argila que são transportados para o mar em suspensão. Trata-se de uma porção normalmente imperceptível de ser distinguida do meio ambiente sedimentar da plataforma continental.

Misturação e deposição sedimentar nas desembocaduras dos distributários

Embora tenha sido introduzida a distinção entre estuários e deltas com embasamento no aporte e na deposição de sedimentos, os processos de misturação entre as águas marinhas e fluviais são fundamentalmente os mesmos descritos para os estuários. Assim, as diferenças no tipo e grau de misturação na desembocadura dos distributários levam a diferentes padrões de deposição sedimentar. Por outro lado, diferenças relativas na ação fluvial, das correntes de maré e da agitação conduzem a maneiras diferentes pelas quais os sedimentos são redistribuídos para moldar a forma característica do delta.

Os fatores que controlam a sedimentação deltaica são:

- Regime fluvial:
  - Padrão do canal fluvial: é anastomosado com grandes variações de vazão e meandrante com pequenas variações de vazão.
  - Tamanho e seleção dos grãos: os sedimentos são mais grosseiros e com grau de seleção mais pobre com grandes variações de vazão, e mais finos e com grau de seleção mais evoluído com pequenas variações de vazão.
  - Geometria e orientação dos sedimentos supridos: formam-se corpos arenosos alongados e paralelos à linha de costa com grandes variações de vazão e corpos arenosos alongados e oblíquos à linha de costa com pequenas variações de vazão.
- Processos litorâneos:
  - Energia das ondas: as correntes de arrebentação geradas pelas ondas erodem, retrabalham e dispersam os sedimentos deltaicos.
  - Altura da maré: as correntes geradas pelas marés, mais ativas em regiões de macromarés, ajudam a dispersar os sedimentos.
  - Atividade das correntes litorâneas: transportam as areias ao longo do litoral.
- Fatores climáticos:
  - Região úmida e quente: a vegetação é densa e recobre a planície deltaica, ajudando a reter os sedimentos.
  - Região úmida e fria: a vegetação é variável com as estações e ocorre a formação de turfa na planície deltaica.
  - Região seca e quente: a vegetação é escassa, propiciando o retrabalhamento eólico dos sedimentos.
  - Região seca e fria: a vegetação é escassa e processos eólicos e glaciais alternam-se com as estações.
- Comportamento tectônico:
  - Região em soerguimento: o rio e seus distributários dissecam e retrabalham os depósitos deltaicos.
  - Região estável: ocorre o empilhamento de sedimentos enquanto prograda.
  - Região em subsidência: ocorre a superposição de sucessivos lobos enquanto prograda.

4.3.2.4 EMBOCADURAS DE MARÉ LAGUNARES

Considerações gerais

Uma embocadura de maré propriamente dita, em geral, tem margens aproximadamente paralelas, é usualmente pequena em relação à bacia interior, as correntes na embocadura são originadas hidraulicamente em razão da diferença de carga hidráulica entre o mar e a baía, mais do que da propagação da onda de maré, sendo, portanto, basicamente refletora da ação das ondas longas.

Em sentido mais abrangente, confunde-se com as embocaduras estuarinas, embora nestas a embocadura seja larga e não resulte refletiva com relação à onda de maré, a qual se propaga estuário acima. Considera-se que o efeito de ambas é semelhante quanto aos processos litorâneos em suas vizinhanças.

Normalmente, quatro diferentes seções devem ser analisadas em separado ao se tratar das embocaduras de maré lagunares:

- Garganta do canal: correspondendo à seção de área mínima da seção transversal, usualmente com pouca agitação residual.
- Seção baía: composta por áreas de deposição e canais.
- Seção marítima: pode incluir áreas de deposição e um ou mais canais, onde a agitação tem papel fundamental.
- Seção intermediária: situada entre a garganta e a seção marítima, em que se combina a ação de correntes e da agitação.

Essas embocaduras de maré são entendidas como todas as ligações entre o mar aberto e uma baía ou laguna. Os estuários propriamente ditos não se incluem nesta categoria, entretanto muitas embocaduras de maré têm aporte de alguma água doce, particularmente no período chuvoso. Nesse âmbito, o escoamento principal anual é produzido pela maré.

Não há uma clara distinção entre as embocaduras de maré em praias com transporte litorâneo e estuários, já que muitas embocaduras têm uma limitada contribuição de água doce, mesmo que sazonal. Entretanto, as embocaduras de maré aqui tratadas são aquelas em que as correntes de densidade em virtude da água doce são inexistentes, ou têm papel reduzido. Não obstante, muitas dessas formações apresentam-se com a característica de embocaduras em uma costa com transporte litorâneo. Os critérios de distinção dependem, entre outros fatores, do material constituinte do fundo, que, se for todo composto por areias finas a grossas (0,06 a 0,5 mm), preserva a característica de embocadura de maré, situação que se torna mais complexa se o material for, principalmente, argila e silte.

O desenvolvimento planimétrico dessas formações resulta do confronto entre as correntes de maré e litorâneas de arrebentação.

Hidrossedimentologia das embocaduras de maré

Uma descrição esquemática de uma embocadura de maré real pode ser considerada como constituída de um sistema simples de embocadura-baía, com canal unindo o mar com a baía ou laguna (ver Figura 4.23(A) e (B)). Um aspecto prático a levar em conta é que a seção transversal pode ser considerada hidraulicamente larga, permitindo que se assuma o raio hidráulico aproximadamente igual à profundidade média da seção.

Em um estuário com dominância estacionária da onda de maré ocorre a propagação até a cabeceira do estuário, em que a onda é refletida rumo à embocadura, compondo-se com a maré incidente. De modo análogo ao ilustrado na Figura 1.47(B), se o comprimento da embocadura for igual a um quarto do comprimento da onda de maré, ou múltiplo, ocorrerá a formação de um nó na embocadura e um antinó na cabeceira, ou tombo de maré. Assim, na embocadura as correntes de maré serão máximas, maximizando as vazões, conforme evidenciado na Figura 4.23(B), na qual está levando em conta também o efeito de atrito em embocaduras reais.

A maioria dos estuários têm dimensões reduzidas, comparativamente ao comprimento da onda maré, tendendo o ponto nodal a formar-se ao largo da embocadura.

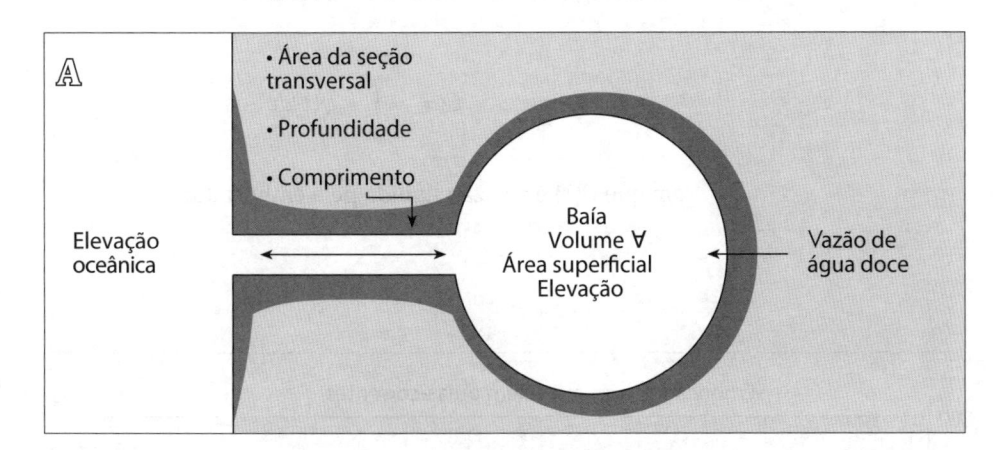

Figura 4.23
(A) e (B) Planimetria de sistema idealizado de embocadura-baía em planta e perfil.

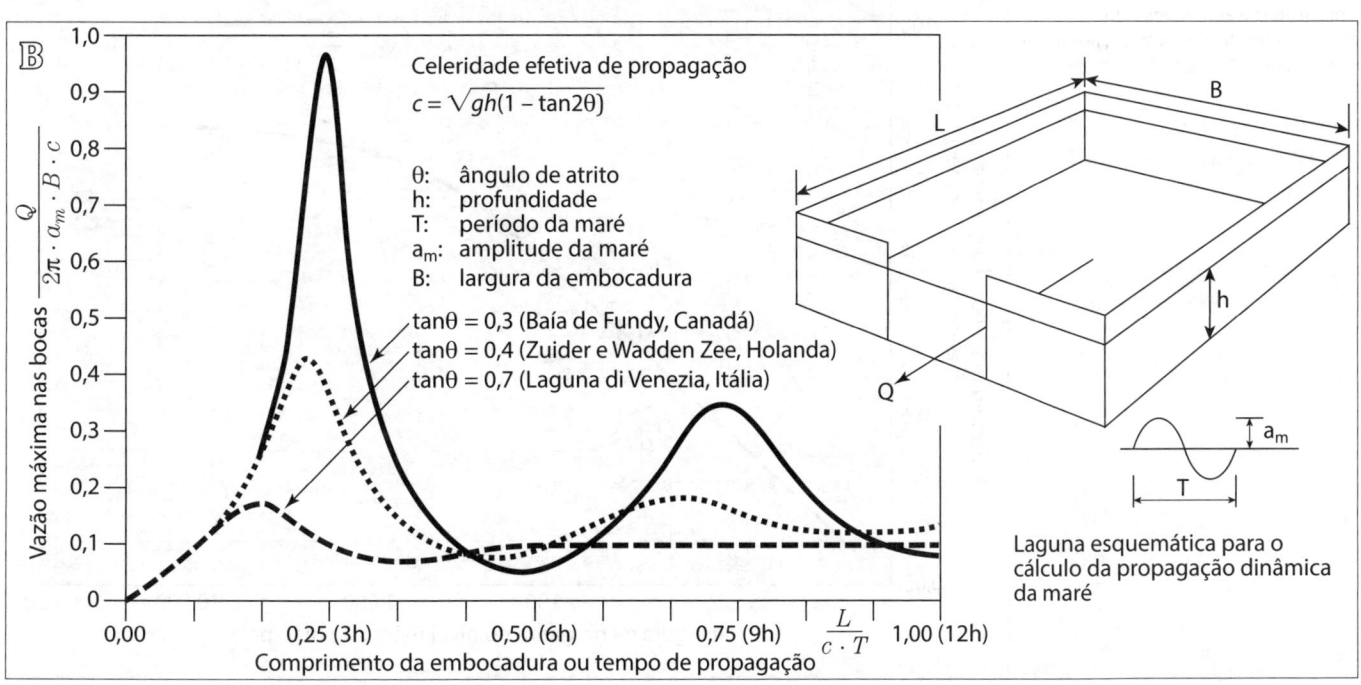

Em um sistema idealizado de embocadura-baía, essa conformação é considerada um canal com seção transversal de área constante S, igual à da garganta, e profundidade h igual à média, referidos ao nível médio do mar. Na Figura 4.24 estão apresentados os resultados da relação de Mehta (1976, apud BRUUN, 1978) entre profundidade e largura na garganta quanto ao nível médio do mar para embocaduras norte-americanas sem guias-correntes.

A resistência ao escoamento nessas embocaduras pode ser tratada de forma semelhante ao caso fluvial, com a diferença de que o escoamento de maré produz variação cíclica de profundidade e velocidade, induzindo variações nas conformações de fundo do leito. No entanto, a hidrodinâmica de um sistema simples de embocadura-baía pode ser estudada com suficiente precisão, em termos de Engenharia, usando um valor médio no tempo do fator de atrito.

Nessas condições, a clássica fórmula de Manning-Strickler para escoamentos permanentes em canais é assumida válida para um regime de escoamento de maré, podendo-se escrever:

$$n = Wh^{5/3}J^{1/2}/Q$$

$$C = h^{1/6}/n$$

e, portanto,

$$C = S^{1/6}/(nW^{1/6})$$

em que:

n: coeficiente de Manning;

C: coeficiente de Chézy;

h: profundidade média da seção transversal;

J: declividade da superfície livre;

W: largura superficial do canal no nível médio.

Bruun e Gerritsen (1960, apud BRUUN, 1978) propuseram uma expressão empírica para C, como:

$$C = 30 + 5 \log S \text{ (S.I.)}$$

Um valor típico de n nessas embocaduras está em torno de 0,028, para dimensões granulométricas entre 0,2 e 0,4 mm e correntes máximas iguais ou inferiores a 1 m/s.

Outro parâmetro de suma importância no estudo do comportamento dessas embocaduras é o prisma de maré (Ω) na embocadura, que é o volume de água que adentra a baía, a partir do mar, entre a estofa de baixa-mar e a de preamar, ou seja, durante a fase da enchente. Na ausência de vazão de água doce na baía, ou outros escoamentos, um volume igual de água escoará na vazante:

$$\Omega = \int_0^{T_{enchente} ou \, T_{vazante}} Q(t)dt$$

em que $Q(t)$ é a vazão líquida pela embocadura.

Figura 4.24
Gráfico de Mehta da relação de largura-profundidade para várias embocaduras de maré norte-americanas e em um modelo físico. Dados de embocaduras sem melhoramento de guias-correntes.

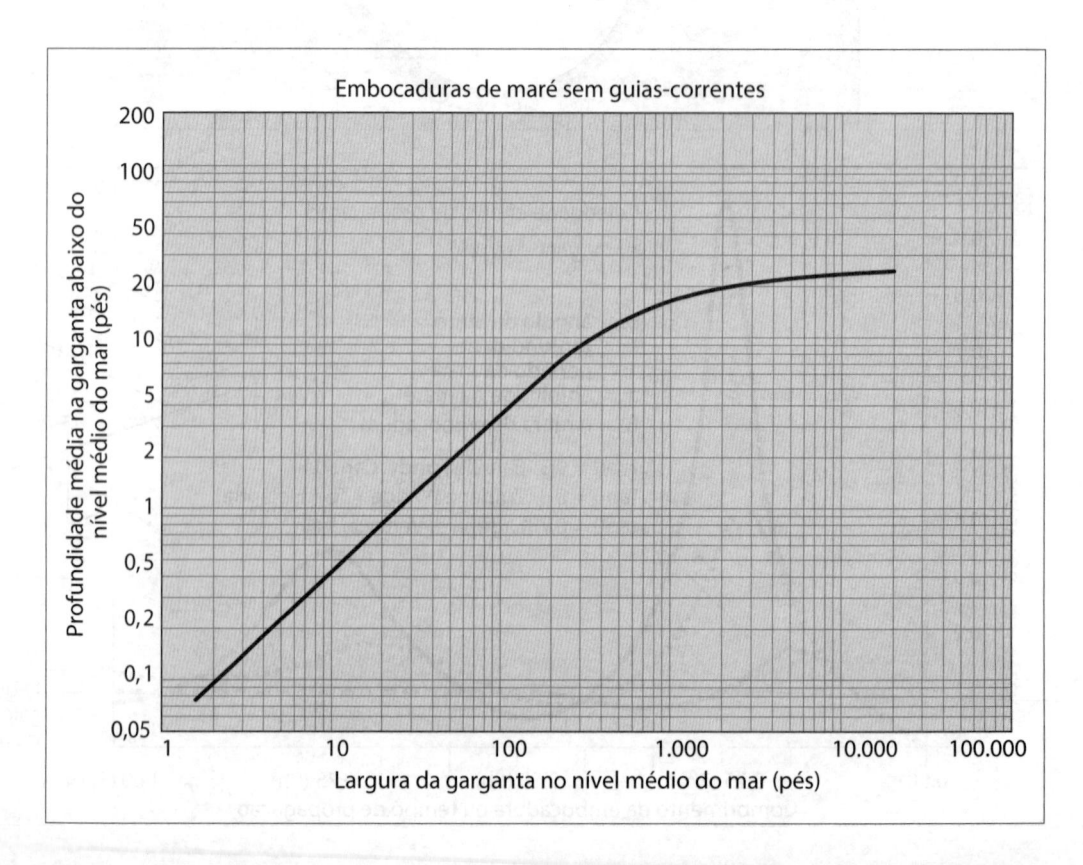

Considerando uma maré senoidal, Keulegan (1967, apud BRUUN, 1978) mostrou que o prisma pode ser bem aproximado por:

$$\Omega = (Q_{máx}\, T)/(0,86\pi)$$

O transporte de sedimentos e acúmulos na embocadura podem ser analisados em função da agitação reinante no mar, conforme esquematizado nas Figuras 4.25 e 4.26.

Para uma ação intensa de agitação, a carga de sedimentos em suspensão é produzida nos depósitos rasos marítimos, bem como nas praias de ambos os lados da embocadura, e carreada para o canal da embocadura e baía. Há menos, reduzida, ou inexistente agitação na baía, motivo pelo qual o transporte em suspensão das areias é pequeno ou inexistente. O que foi depositado no canal da embocadura deverá ser, portanto, carreado de retorno ao mar principalmente por arrastamento de fundo, mas, como as correntes sobre os depósitos na baía são relativamente fracas, somente uma pequena porção, se for, é arrastada para o mar. Caso a embocadura esteja protegida por guias-correntes a situação é similar, mas como a função dessas estruturas é barrar o transporte litorâneo, a embocadura absorve menor quantidade de material no escoamento de enchente, bem como deixa fluir mais eficientemente para o largo no escoamento da vazante.

Para uma ação mais fraca da agitação a situação é similar, mas todos os modos de transporte são mais fracos. Nesses casos, uma grande parte do material trazido para a área da garganta pelas correntes de enchente pode ser retornada para o mar pelas correntes de vazante. Com o melhoramento por guias-correntes, pouco material poderá transpassar a extremidade destas obras, e a seção transversal poderá finalmente desenvolver-se como não erodível. Contudo, há menor probabilidade de que tais embocaduras com moderado transporte litorâneo sejam melhoradas por guias-correntes. Um canal dragado é provavelmente, neste caso, suficiente em muitas situações, já que a manutenção resultante é relativamente pequena.

A diferença entre ambos os casos reside fundamentalmente no desenvolvimento e na configuração da barra externa. Assim, em costas muito expostas à agitação, a barra externa está sujeita a fortes forças para o interior da embocadura pelas ondas, aumentando o aporte para o interior da baía, em que o material pode assentar permanentemente nos depósitos da baía. Onde a agitação é mais moderada, o material pode assentar na garganta e a assimetria entre as velocidades de enchente e vazante pode resultar em uma ação de escoamento mais forte por ação das correntes de vazante, retornando o material para o mar e produzindo depósitos marítimos acentuados.

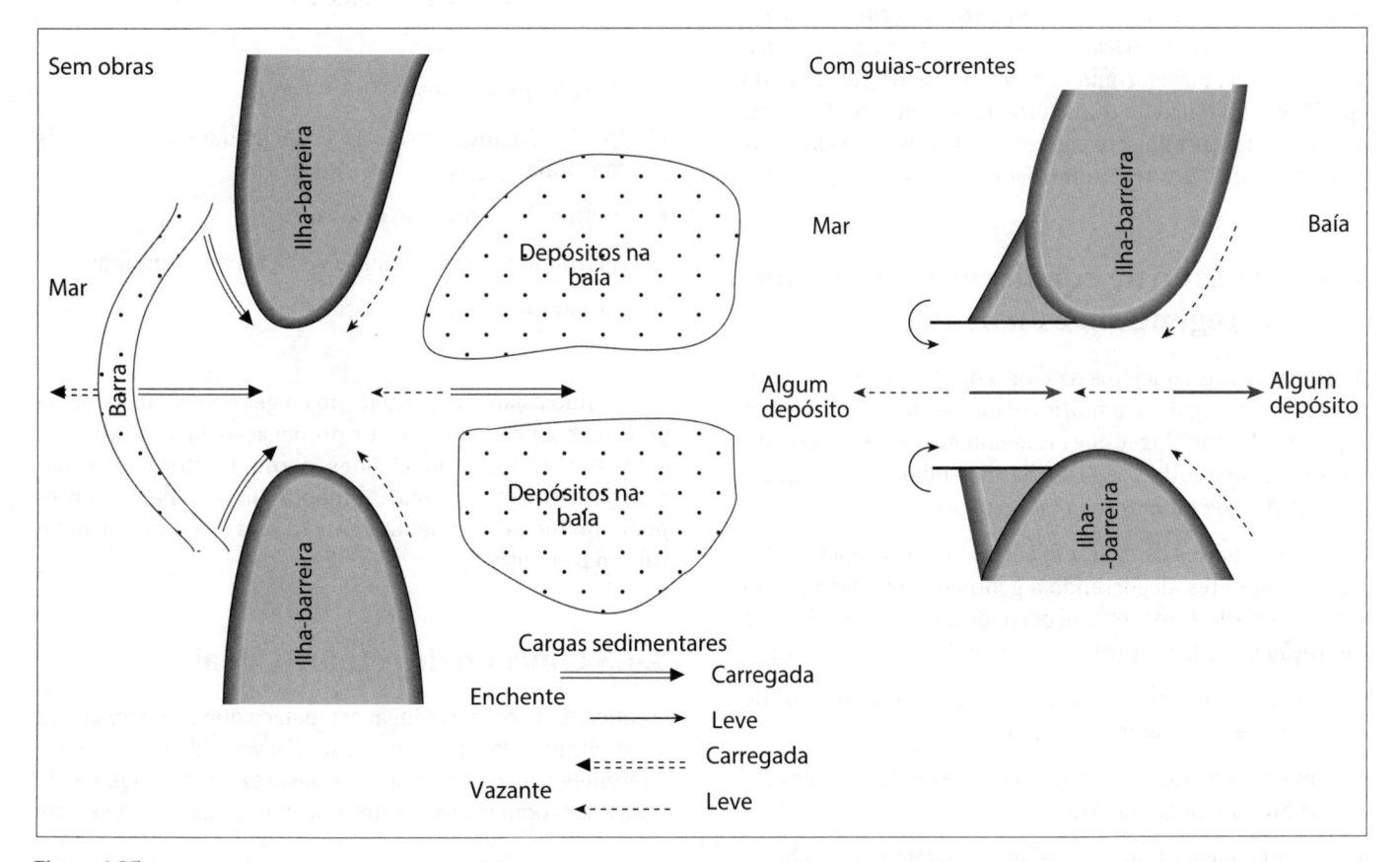

Figura 4.25
Planimetria do movimento sedimentar em embocadura de maré com forte agitação.

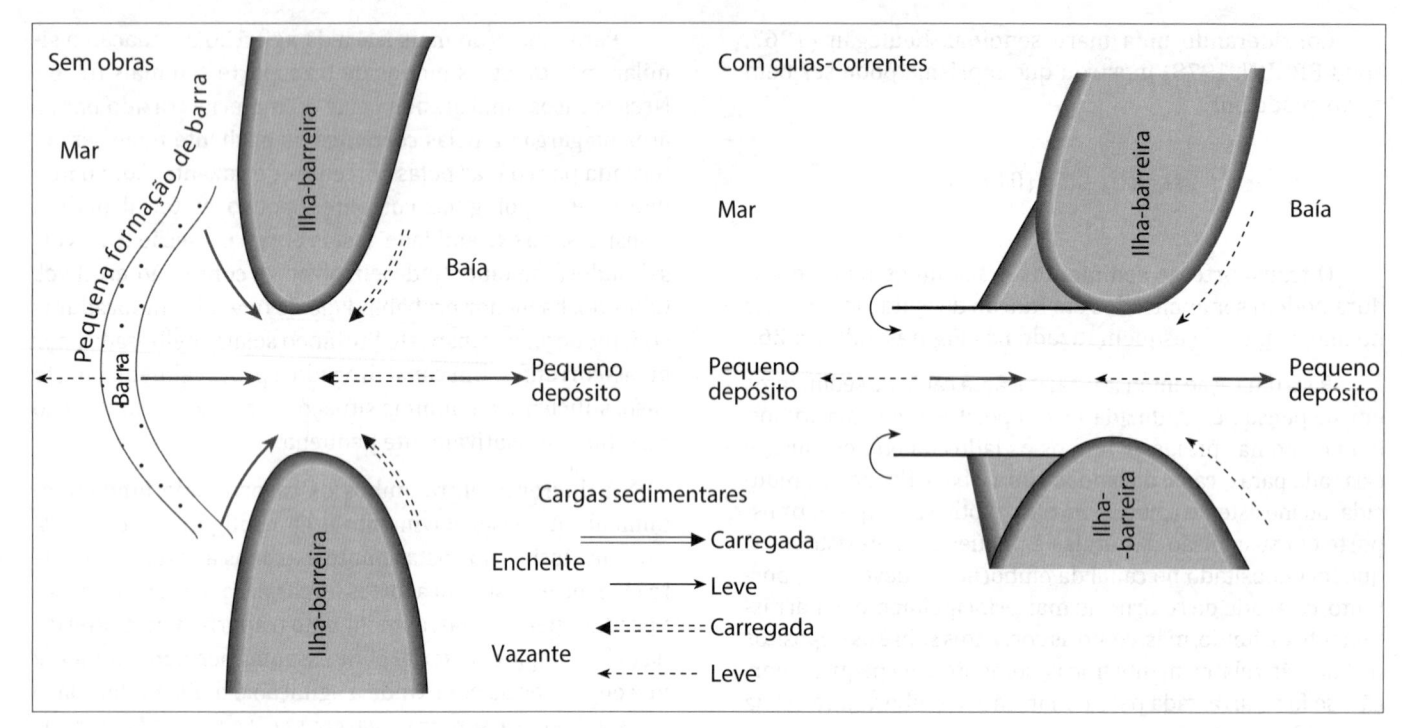

Figura 4.26
Planimetria do movimento sedimentar em embocadura de maré com fraca agitação.

4.4 PROCESSOS MORFOLÓGICOS

4.4.1 Considerações gerais

Os processos morfológicos correspondem às alterações das características geométricas em planta, perfil ou seção transversal dos estuários, como consequências de rupturas do equilíbrio dinâmico do transporte de sedimentos. Os graus de liberdade morfológicos referem-se à variação de largura, profundidade e posições/dimensões dos bancos.

4.4.2 Conceito de equilíbrio dinâmico ou de regime em estuários

A utilização dos conceitos da teoria de regime na morfologia estuarina significa admitir condições dominantes para a geração da morfologia, que normalmente resultam da combinação de marés de sizígia médias na embocadura com vazões fluviais de montante (a margens plenas).

Nos estuários há interação entre variáveis dependentes e independentes, decorrendo a geometria estuarina, bem como a distribuição e o transporte de sedimentos, de uma interação complexa entre as variáveis "independentes":

- características da maré na embocadura em termos de altura e andamento no tempo;

- mecanismo de propagação da maré em termos de correntes ao longo do estuário;

- contribuições líquidas e sólidas provenientes da bacia hidrográfica;

- magnitude do aporte sólido a partir do mar, carreado por correntes de maré ou de densidade e eventual penetração de agitação;

- granulometria e densidade dos sedimentos.

E as "dependentes":

- profundidades, larguras e declividades dos canais naturais;

- dimensões e posição dos bancos;

- gradientes longitudinais e verticais de salinidade;

- granulometria dos depósitos.

Sendo assim, uma alteração na geometria do estuário pode agir sobre celeridade de propagação da maré, defasagem entre níveis e velocidades, perda de carga do escoamento, e no prisma de maré. Então, a variável "dependente" pode modificar a "independente" e esta pode impor novo valor à primeira.

4.4.3 Conceito de estuário ideal

O conceito de estuário ideal estabelece que são constantes as amplitudes das variações de nível e velocidade média nas diferentes seções estuarinas, e desprezáveis as vazões de água doce comparativamente às de maré. Assim, tem-se que:

$$W = W_0 \, e^{-mx\cot(\theta)}$$

onde:

W: largura do estuário no nível médio de cada seção transversal;

W_0: largura do estuário no nível médio da seção da embocadura;

x: distância da seção considerada até a embocadura;

m: razão entre as amplitudes das variações de nível entre a seção considerada e a da embocadura;

θ: defasagem angular entre a variação de níveis e a de velocidades.

Muitos estuários reais com sedimentos de fundo arenosos (dimensões características de 0,1 a 0,5 mm) comportam-se como estuários ideais próximo ao mar, valendo a equação:

$$Q_m = S_m C \left(\tau_s/\gamma\right)^{1/2}$$

onde:

Q_m: máxima vazão de maré em sizígia média;

S_m: área transversal no nível médio;

C: coeficiente de Chézy, que pode ser aproximado em muitos estuários pelos estudos realizados em embocaduras de maré;

τ_s: tensão de arrastamento de estabilização sobre o fundo exercida pelas correntes, que pode variar nos casos usuais de 0,35 a 0,5 kgf/m², com valor mais comum de 0,45 kgf/m²;

γ: peso específico da água.

Outro conceito a ser citado é o de velocidade de estabilidade residual, obtida dividindo-se o volume total do prisma de maré pelo semiperíodo da maré e pela área transversal no nível médio. Em estuários com depósitos arenosos finos (0,15 a 0,2 mm), essa velocidade está em torno de 0,55 m/s, valor que se eleva para 0,7 m/s no caso de bancos coesivos de lama.

4.4.4 Processos morfológicos em deltas

4.4.4.1 CONSIDERAÇÕES GERAIS

Na Figura 4.27 está apresentada a classificação de deltas oceânicos com base no fornecimento de sedimentos e nos fluxos de energia de onda e de maré.

Os processos envolvidos na formação de deltas podem ser construtivos, com o delta em forma alongada ou lobada, ou destrutivos, dominados por ondas. Os primeiros são oriundos de uma dominância de processos fluviais e de aporte sedimentar das bacias hidrográficas, enquanto os últimos são dominados por processos marinhos de ondas e correntes costeiras.

Os principais processos morfológicos envolvidos na dinâmica deltaica moldam basicamente três classes principais de deltas.

4.4.4.2 DELTAS DOMINADOS PELO RIO

Ocorrem quando a altura de maré é muito reduzida e a ação das correntes de maré é muito fraca. O mais conhecido e bem descrito caso é o do Delta do Mississippi (Estados Unidos)

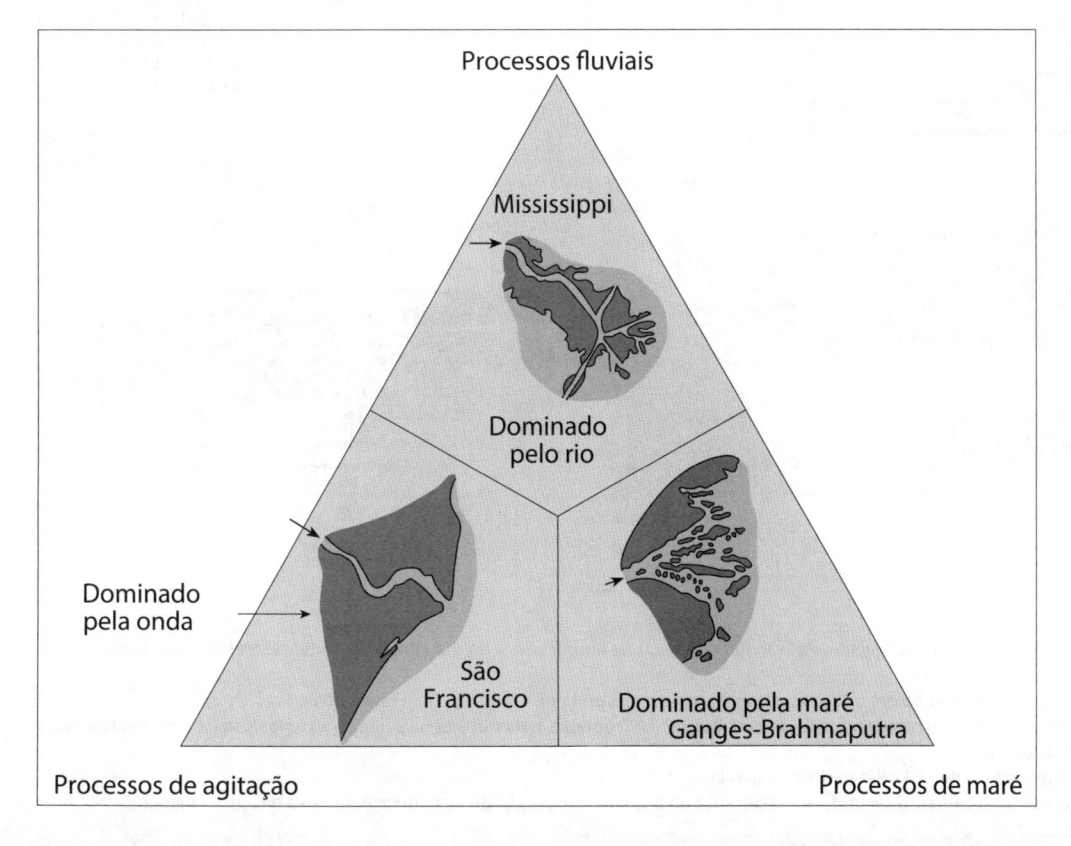

Figura 4.27
A classificação de vários sistemas deltaicos com fundamentação na intensidade seletiva dos processos fluviais, de agitação e de maré.

no Golfo do México. O padrão de circulação e misturação é semelhante àquele correspondente a um estuário com cunha salina, afetando o modo como os sedimentos se depositam. A formação ou não da estratificação de densidade depende da velocidade do escoamento fluvial e da profundidade da embocadura.

Assim, a estratificação de densidade ocorre mais provavelmente quando a velocidade do escoamento fluvial é de moderada a baixa e a desembocadura do distributário é relativamente profunda, permitindo que a cunha salina penetre para a terra, conforme ilustrado na Figura 4.28. À medida que a água escoa para o mar aberto além da desembocadura, ela se dispersa sobre a superfície das águas marinhas como um jato bidimensional (pluma). Essas plumas podem estender-se por vários quilômetros além da desembocadura. A misturação ocorre tanto na base da água doce que flui sobre a água salgada como lateralmente à pluma. A pluma expande-se por uma grande frente e o escoamento se desacelera, sendo os sedimentos mais grosseiros depositados rapidamente para formar uma barra de desembocadura. Quando o rio carreia uma alta proporção de sedimentos de granulometria grosseira, a deposição sedimentar na desembocadura

conduz a uma redução de profundidade na desembocadura e a uma misturação das águas doces e salgadas, em vez da estratificação. Quando a proporção de sedimentos finos coesivos é dominante, parte deposita-se nos baixios de maré internos, mas a maioria é carreada para o mar, vindo a se depositar no prodelta por floculação.

A expansão lateral da pluma à medida que se move para fora da desembocadura do distributário e a misturação das águas doce e salgada nas fronteiras laterais da pluma de água doce produzem o desenvolvimento de um sistema de escoamento secundário que contribui para uma alteração do padrão de sedimentação. Como a água doce menos densa permanece acima da água salgada, que é mais densa, ela é ligeiramente mais elevada com relação às águas marinhas circunvizinhas e, portanto, tende a escoar lateralmente, criando uma zona de divergência. Nas laterais da pluma, na interface onde há a misturação, a água do mar tende a fluir lateralmente rumo à pluma para repor a água perdida na misturação. Onde a zona de convergência entre as águas ocorre, a água do mar mergulha e move-se por sob a pluma, atingindo sua área central. Neste ponto, a água doce sobe novamente em virtude da divergência na superfície. Assim, a célula de circulação dupla

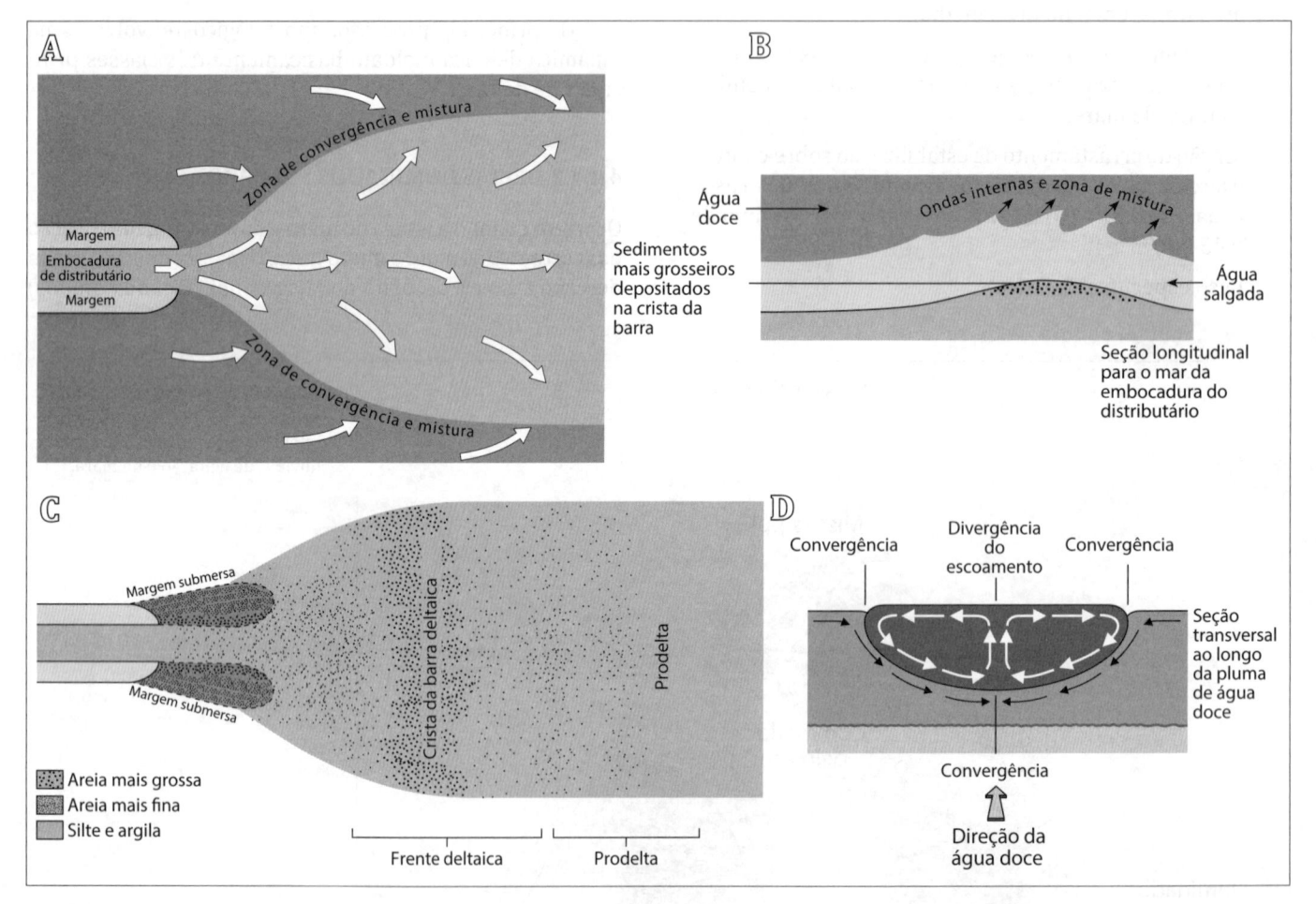

Figura 4.28

Padrões de dispersão e misturação da água doce e água salgada. Padrão deposicional na embocadura do distributário onde a estratificação de densidade ocorre. As setas indicam o rumo do movimento d'água.

(A) A dispersão lateral da pluma de água doce entrando em uma bacia relativamente profunda de água salgada. Planimetria.

(B) Misturação da água salgada devido à geração e arrebentação de ondas internas na fronteira água doce-água salgada, e deposição de sedimentos como barra deltaica. Elevação do perfil longitudinal.

(C) A deposição sedimentar junto à embocadura do distributário. Planimetria.

(D) Seção transversal através do sistema de escoamento secundário, resultante do escoamento lateral de água doce e mistura da água salgada.

conduz a uma divergência nas águas superficiais e a uma convergência no leito. A convergência do escoamento no leito evita a redistribuição lateral dos sedimentos mais grosseiros e, portanto, eles são confinados em um padrão linear ao largo da desembocadura do distributário.

Próximo da desembocadura, diques naturais submersos, ou margens sedimentares aflorantes, são formados com andamento ligeiramente divergente para o largo. Consequentemente, os distributários e seus depósitos tendem a ser alongados, retilíneos em forma de dedos, produzindo a clássica conformação em pé de pássaro.

Quando a velocidade da vazão fluvial é alta, a descarga é intensamente turbulenta, ocorre uma vigorosa mistura-ção com a água salgada e, consequentemente, a estratificação de densidade não pode ocorrer, conforme ilustrado na Figura 4.29. Assim, no caso do Rio Amazonas, a vazão é tão potente, em média de 180 mil m^3/s (variando de 120 mil m^3/s em novembro a 250 mil m^3/s em maio), que a água salgada é forçada para o largo da barra deltaica. Se a descarga se produz em profundidades moderadas, então a misturação turbulenta se processa em três dimensões e a pluma pode expandir-se tanto vertical como lateralmente. Entretanto,

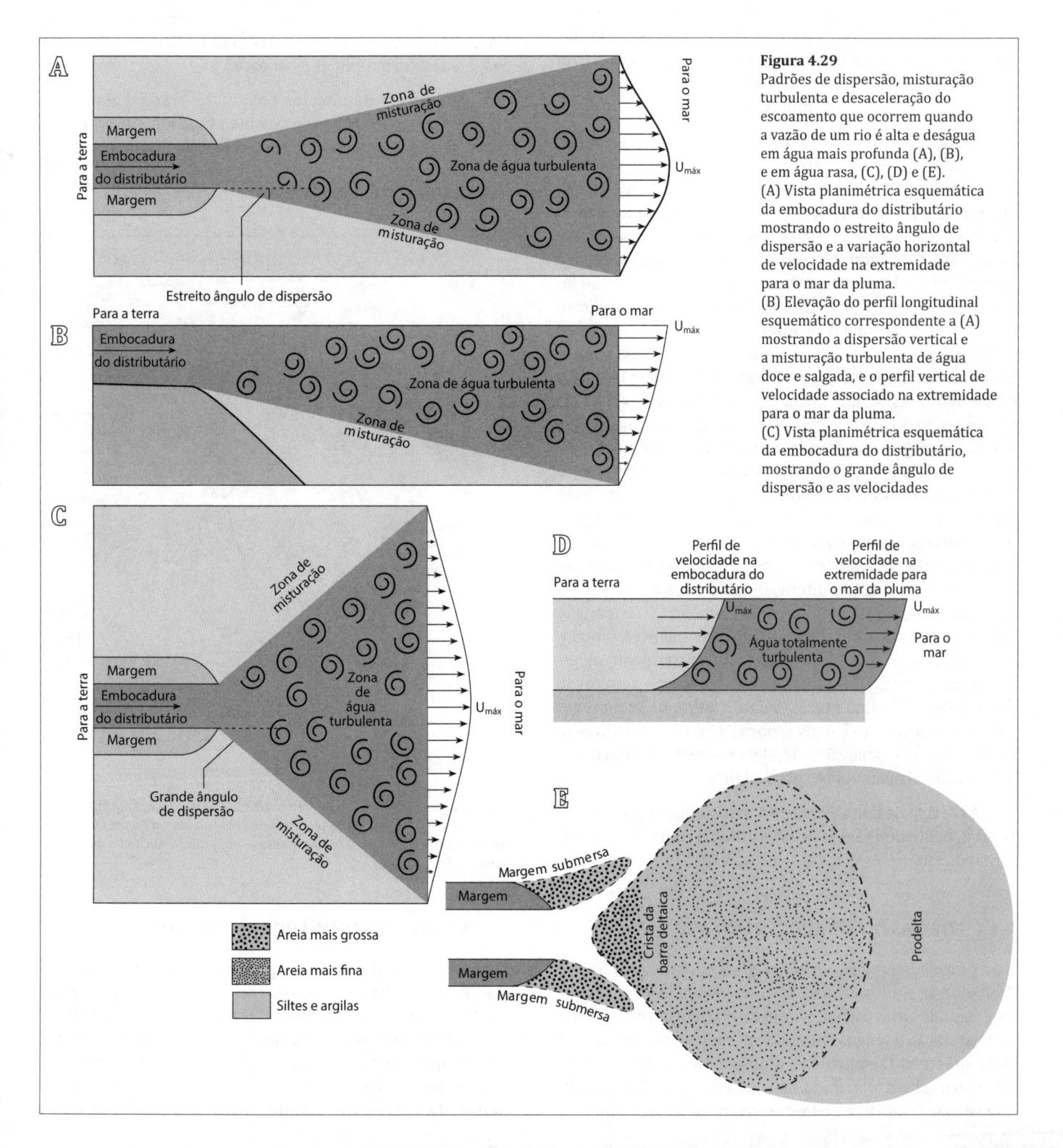

Figura 4.29
Padrões de dispersão, misturação turbulenta e desaceleração do escoamento que ocorrem quando a vazão de um rio é alta e deságua em água mais profunda (A), (B), e em água rasa, (C), (D) e (E).
(A) Vista planimétrica esquemática da embocadura do distributário mostrando o estreito ângulo de dispersão e a variação horizontal de velocidade na extremidade para o mar da pluma.
(B) Elevação do perfil longitudinal esquemático correspondente a (A) mostrando a dispersão vertical e a misturação turbulenta de água doce e salgada, e o perfil vertical de velocidade associado na extremidade para o mar da pluma.
(C) Vista planimétrica esquemática da embocadura do distributário, mostrando o grande ângulo de dispersão e as velocidades

em razão da expansão em profundidade, a magnitude da expansão lateral é reduzida e o ângulo de dispersão é relativamente pequeno. Como a água é profunda, a misturação não ocorre justo em cima do leito, o qual é coberto por uma camada de água marinha não misturada. Existe um escoamento residual nessa última camada resultante da misturação vertical, movendo-se a água marinha para a terra para repor aquela perdida pela misturação no movimento para o mar da água doce. Entretanto, a tensão de arrastamento com o leito resultante desse escoamento residual não é muito grande. A desaceleração do escoamento de água doce decorre principalmente da misturação turbulenta e é, apesar disso, em geral suficiente para os sedimentos se depositarem. Como a dispersão lateral do escoamento está restrita próximo à desembocadura, o sedimento se distribui, ainda uma vez, sobre uma zona muito estreita.

Muitos rios transportam uma maior proporção de sedimentos de granulometria grosseira, que é depositada geralmente próximo à desembocadura do distributário, alteando o nível do leito marinho. Consequentemente, é mais usual a água doce ser descarregada em água rasa. Nesse caso, existe uma limitação espacial de a pluma expandir-se verticalmente, havendo, portanto, uma maior expansão lateral. A misturação turbulenta ocorrerá até o leito, em razão da alta velocidade e das profundidades rasas. A tensão de arrastamento com o leito imediatamente ao largo da desembocadura do distributário será significativa, pelo fato de o escoamento residual de água ser para o largo, e vigorosamente atingindo o leito, como em um estuário bem misturado, significando que uma grande quantidade de sedimentos de granulometria grosseira transportados por arrastamento de fundo é transportada para o largo. A grande expansão lateral e a misturação até o leito conduzem a uma rápida desaceleração do escoamento e consequente deposição da carga transportada por arrastamento de fundo, produzindo-se, então, um ciclo de interação que reduz ainda mais a profundidade, o que conduz a um aumento da expansão lateral, misturação e desaceleração do escoamento. A sequência desse processo na prática atinge um ajustamento divergente, em que canais bifurcantes estabelecem-se em torno dos depósitos sedimentares, sendo, então, o escoamento compartilhado entre canais e, por isso, tanto a misturação vertical como a expansão lateral são reduzidas, bem como a tensão de arrastamento sobre o leito.

Esse tipo de delta é caracterizado também como construtivo, pela dominância de fácies fluviais em razão do domínio do rio.

4.4.4.3 DELTAS DOMINADOS PELA MARÉ

Essas formações ocorrem em regiões em que a agitação é limitada e as alturas de maré são geralmente maiores do que 4 m, gerando fortes correntes de maré que têm um maior efeito na misturação das águas fluviais e marinhas e na distribuição de sedimentos. O efeito desse ambiente se assemelha ao de um estuário bem misturado. Assim, a estratificação de densidade não se estabelece e a misturação turbulenta predomina.

O escoamento residual é para o mar em todas as profundidades, mas superposto a este ocorre um escoamento para a terra associado à maré enchente e um escoamento para o largo associado à maré vazante, movimentos esses acompanhados pelos sedimentos.

Os sedimentos fluviais trazidos para os distributários são rapidamente retrabalhados pelas correntes de maré em uma série de cristas lineares submersas no âmbito da desembocadura e mais para o largo. Essas formações podem ter vários quilômetros de extensão e algumas dezenas de metros de largura e até 20 m de altura. À medida que o delta cresce gradualmente rumo ao mar, as cristas arenosas pretéritas ficam expostas acima do nível do mar e são colonizadas por vegetação, formando ilhas lineares.

Por serem dominados pela maré, esses deltas apresentam-se com forma tipicamente afunilada. Entretanto, a descrição apresentada confere ao complexo deltaico uma conformação muito irregular, conforme ilustrado na Figura 4.30 para o Delta do Ganges-Brahmaputra (Bangladesh).

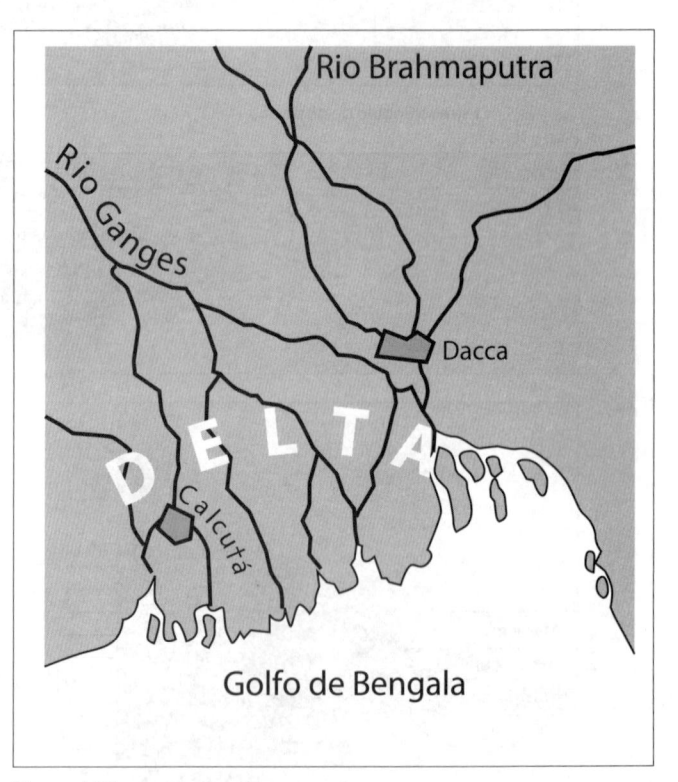

Figura 4.30
Planimetria do delta ativo do Ganges-Brahmaputra (Bangladesh), mostrando o delineamento planimétrico em franjas e a forma afunilada dos distributários em suas embocaduras em uma condição de delta dominado pela maré.

4.4.4.4 DELTAS DOMINADOS POR ONDAS

Quando um rio deságua em um mar onde a energia da agitação é alta, tem-se a conformação deltaica dominada pelas ondas, como o Delta do Rio São Francisco ilustrado na Figura 4.13. O resultado da conformação é muito semelhante àquele que ocorre em um estuário quando as ondas se propagam para a terra contra a maré vazante, produzindo redução da celeridade e comprimento e aumento da altura das ondas. Como resultado dessas alterações, as ondas que se aproximam da embocadura estão sujeitas à arrebentação anterior em águas mais profundas do que o normal, o que promove uma extensiva misturação de água marinha e água doce, ocasionando a ruptura da estratificação. Quando uma parte da frente de onda atinge a região mais avançada da pluma, sofre retardamento em relação às partes laterais, e as ondas são refratadas em torno da pluma, o que reforça ainda mais o processo de misturação.

Esta vigorosa misturação das águas marinhas e fluviais conduz a uma rápida desaceleração do escoamento de água doce, e igualmente rápida deposição de sedimentos. Somente a areia muito fina escapa da deposição e é carreada para o mar para ser depositada mais ao largo. Os sedimentos mais grosseiros são depositados na zona de misturação como uma barra em crescente. Entretanto, a barra é retrabalhada rapidamente pelas ondas e a carga de material por arrastamento de fundo é deslocada mais para a terra pela ação das ondas, e, frequentemente, forma uma série de barras de arrebentação.

A linha de costa de um delta dominado por ondas é caracterizada por praias arenosas e retilíneas, tendo usualmente somente uma suave protuberância em que a desembocadura do distributário encontra o mar. Há menos distributários do que nos casos dos deltas dominados por rios e dominados por marés. À medida que o delta cresce para o mar, a planície deltaica passa a ser constituída por um conjunto de praias abandonadas, que se estendem agora acima do nível do mar.

4.4.4.5 OUTROS TIPOS DE DELTAS

Frequentemente, mais de um tipo de processos ativos influenciam a forma deltaica, havendo, então, um espectro de deltas que podem ser considerados como processo formativo intermediário aos três básicos anteriormente descritos.

4.4.5 Processos morfológicos em embocaduras de maré

4.4.5.1 CONSIDERAÇÕES GERAIS

Qualquer embocadura de maré em praias com transporte litorâneo está em equilíbrio dinâmico, pois as condições de escoamento, ondas e transporte litorâneo sofrem contínuas alterações. Assim, as causas de possíveis assoreamentos podem ser:

- Prolongamento do canal ou canais da embocadura para o mar.

- Depósitos volumosos de transporte litorâneo, particularmente nas tempestades mais severas, por exemplo, na Lagoa Azul, Praia de Massaguaçu em Caraguatatuba (SP) (ver Figuras 3.19 e 3.20).

- Desdobramento do canal principal em dois ou mais canais, ou formação de um ou mais canais adicionais por

causas naturais ou artificiais, sendo exemplo desse último caso a construção do Valo Grande entre o Rio Ribeira do Iguape e o Mar Pequeno (SP) (ver seção 4.5.3).

- Mudanças na área da baía ou laguna, pela construção de barragens, por exemplo, ou pelo crescimento de vegetação.

- Atenuação da onda de maré por afastamento da condição de ressonância na laguna.

4.4.5.2 RELAÇÕES EMPÍRICAS DE CONDIÇÕES DE EQUILÍBRIO DE REGIME

São bem conhecidas as relações empíricas, de origem norte-americana, associando as características morfológicas do canal da embocadura ao prisma de maré. A relação proposta por O'Brien (1969) é aplicável a embocaduras arenosas (com ou sem guias-correntes) em equilíbrio dinâmico e maré semidiurna ou com desigualdades diurnas:

$$S = a_1 \Omega^{m_1}$$

sendo essa equação válida em unidades do sistema inglês, ou seja, em pés, e o prisma de maré está baseado na altura da maré de sizígia média.

Segundo O'Brien, os coeficientes assumem os seguintes valores médios: $a_1 = 4,69 \times 10^{-4}$ e $m_1 = 0,85$. Jarrett (1976, apud BRUUN, 1978) reanalisou com mais detalhamento os resultados de O'Brien, conforme apresentado na Figura 4.31.

A estabilidade dinâmica da embocadura, analisada em período representativo de no mínimo um ciclo hidrológico-climático, é caracterizada pelo fato de os elementos envolvidos conseguirem manter a situação com mudanças relativamente pequenas na geometria da embocadura, incluindo posição, forma em planta e áreas de seção transversal. Condições extremas de baixa frequência de ocorrência tendem a afastar a embocadura, por um tempo, desse estado.

Nessas embocaduras, as forças envolvidas no balanço morfológico são principalmente o transporte litorâneo, que é carreado para a embocadura pelas correntes de enchente para depositar-se nas barras interna ou externa, áreas de deposição e baixios que tendem a entulhar a embocadura; e as correntes de vazante e outras correntes, que tentam varrer esses depósitos para o largo e manter a seção transversal da embocadura.

Basicamente, esse é um balanço entre forças ligadas ao prisma de maré (Ω em m^3) e forças produzidas pelas ondas, induzindo o transporte de sedimentos litorâneo longitudinal anual total (M_{tot} em m^3/ano). O parâmetro Ω/M_{tot} é comprovadamente, por vários exemplos, um bom indicador das condições gerais de estabilidade da embocadura. Esse conceito foi introduzido por Bruun e Gerritsen em 1960 e, posteriormente, aprimorado pelo primeiro autor (apud BRUUN, 1978).

A condição para a manutenção da embocadura é a de que o material depositado nela pelas correntes induzidas

Figura 4.31
Prisma de maré em função da área da seção transversal para embocaduras nas costas dos Estados Unidos.

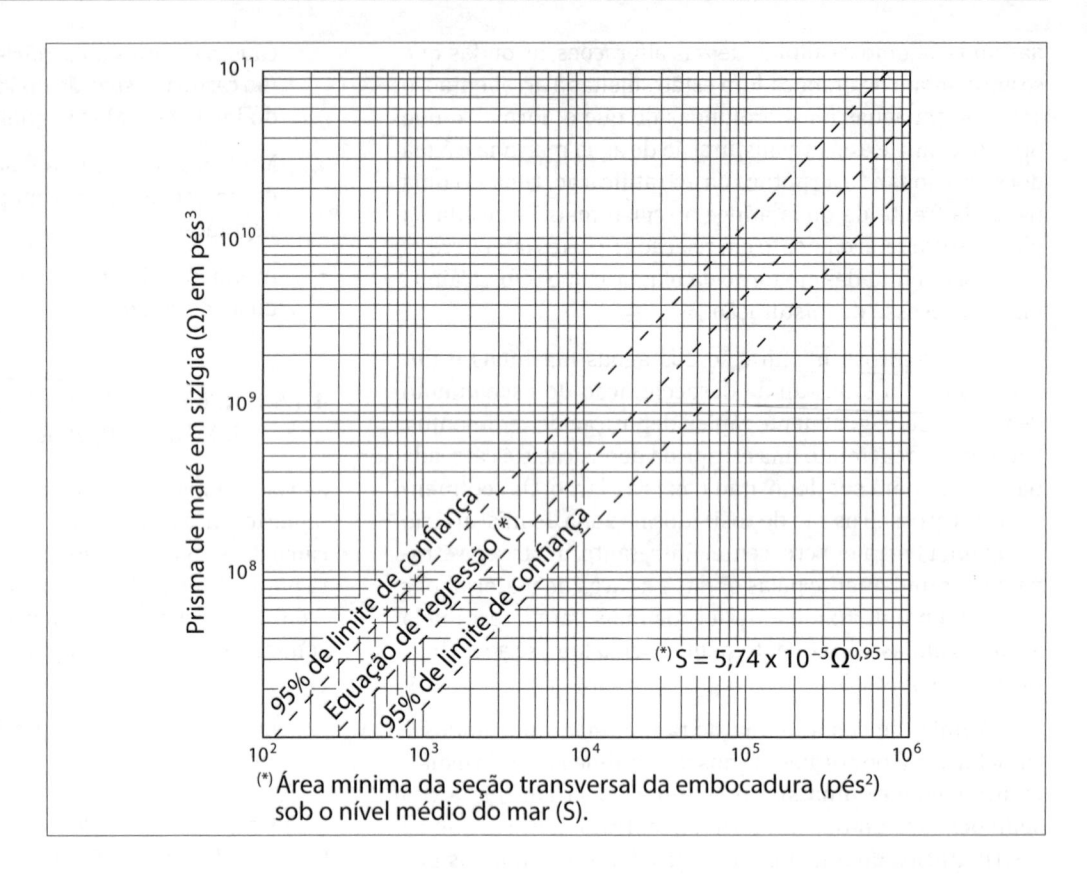

pela arrebentação das ondas seja carreado embora pelas correntes de maré.

Com base em grande número de casos estudados (BRUUN, 1978), a classificação proposta é a seguinte:

- $\Omega/M_{tot} > 300$: nenhuma ou pequena barra, profundidade de equilíbrio no canal superior a 9 m na baixa-mar média de sizígia.

- $150 < \Omega/M_{tot} < 300$: condições relativamente boas, com pequena barra e bom carreamento. Profundidade de equilíbrio no canal de 6 a 9 m na baixa-mar média de sizígia. Alfredini (2002) estimou em 150 e 7,5 m os valores na embocadura do Canal do Porto de Santos (SP).

- $100 < \Omega/M_{tot} < 150$: condições menos satisfatórias e a formação da barra marítima torna-se mais pronunciada. Profundidade de equilíbrio no canal de 3 a 6 m na baixa-mar média de sizígia. Alfredini (2002) estimou em 133 e 4 m os valores na embocadura de Cananeia (SP).

- $50 < \Omega/M_{tot} < 100$: a barra de entrada torna-se grande, mas existe usualmente um canal atravessando-a. Profundidade de equilíbrio no canal de 2 a 3 m na baixa-mar média de sizígia.

- $20 < \Omega/M_{tot} < 50$: piores situações para a navegação. Embocaduras típicas de transpasse de barra. As ondas arrebentam sobre a barra durante as tempestades, mantém-se a embocadura pelas cheias sazonais oriundas das precipitações sobre a laguna. Profundidade de equilíbrio no canal de 1 a 2 m na baixa-mar média de sizígia. Alfredini (2002) estimou em 30 e 2 m os valores na embocadura de Icapara em Iguape (SP).

- $\Omega/M_{tot} < 20$: trata-se de embocaduras temporárias, que podem inclusive se fechar, como na Praia de Itaúna na embocadura da Lagoa de Saquarema (RJ) anteriormente à fixação. Profundidade de equilíbrio no canal menor que 1 m na baixa-mar média de sizígia. Alfredini (2002) estimou em 10 e 1 m os valores na embocadura do Rio Itanhaém (SP).

Frequentemente é mais fácil medir S, seção transversal da garganta, do que o prisma de maré. Assim, tem-se:

$$\Omega/M_{tot} = (S v_{T/2}\, T/2)/M_{tot}$$

onde $v_{T/2}$ a velocidade média no semiciclo da maré.

Verifica-se, de um modo geral, que a velocidade média máxima de embocaduras de maré arenosas encontra-se em torno de 1 m/s, enquanto a velocidade média $v_{T/2}$ situa-se em torno de 0,71 ou em cerca de 2/3 m/s, com o que se pode estabelecer a seguinte classificação, em unidades do sistema internacional, para condições de marés semidiurnas:

- $(2/3)\,S/M_{tot} > 0,9 \times 10^{-2}$: condições de boa estabilidade

  $0,45 \times 10^{-2} < (2/3)\,S/M_{tot} < 0,9 \times 10^{-2}$: condições de estabilidade moderada

  $(2/3)\,S/M_{tot} < 0,45 \times 10^{-2}$: condições de pobre estabilidade

Essa classificação foi baseada em ampla variação de S, entre 100 e 30 mil m².

4.5 ESTUDOS DE CASOS

4.5.1 Aspectos relativos à dinâmica hidráulico-salina do Baixo Rio Cubatão (SP)

4.5.1.1 INTRODUÇÃO

A Baixada Santista situa-se na planície costeira frontal ao planalto aonde se localiza a região da Grande São Paulo (SP) (ver Figuras 4.7 e 4.8). Essa região concentra parcela considerável da atividade econômica do Brasil, situando-se nela o Porto de Santos, principal porto do país, e o Parque Industrial de Cubatão. A principal bacia hidrográfica que se desenvolve na baixada é a do Rio Cubatão.

A Bacia Hidrográfica do Rio Cubatão recebe águas da Bacia do Alto Rio Tietê, situada no planalto, por meio das descargas turbinadas na Usina Hidroelétrica Henry Borden da Emae, que provêm da Represa Billings. Esta última foi implantada prevendo, além da afluência natural, um sistema de reversão das águas do Rio Pinheiros, afluente do Rio Tietê, por meio de duas estações elevatórias.

A dinâmica hidráulico-salina na Bacia Hidrográfica do Baixo Rio Cubatão influi diretamente na qualidade da água captada nas tomadas d'água situadas entre a sua foz, no Estuário do Canal do Porto de Santos, e os limites montantes de máxima incursão das águas de origem marítima, bem como dos aquíferos subterrâneos. Particularmente sensíveis ao teor de cloretos da água de origem marítima são os processamentos industriais atualmente utilizados no Polo Industrial de Cubatão e para abastecimento de água potável.

Atualmente, encontra-se em andamento um generalizado esforço de racionalização, tratamento e reúso da água, que deverão nortear a política de recursos hídricos na região.

Neste estudo, apresentam-se os principais resultados relativos ao comportamento hidráulico-salino do Baixo Rio Cubatão (ALFREDINI, 1994; ALFREDINI; GRAGNANI, 1996) em função dos estudos realizados nas décadas de 1980 e 1990, com particular detalhamento das observações feitas no ano hidrológico 1992/1993.

4.5.1.2 DESCRIÇÃO GERAL DA ÁREA DE INFLUÊNCIA DESTE ESTUDO

O Rio Cubatão deságua através de dois braços no sistema estuarino de Santos, estando sob influência da maré que penetra pela Barra de Santos, que se situa na Baía de Santos (ver Figuras 4.8 e 4.32).

A Bacia Hidrográfica do Baixo Rio Cubatão é a principal contribuinte de água doce ao sistema flúvio-marítimo sob influência da Barra de Santos. Quanto à disponibilidade de água subterrânea, as vazões são muito mais reduzidas e as captações são sujeitas à salinização do aquífero com o tempo. Não sendo as vazões naturais regularizadas, deve-se considerar para fins de abastecimento as vazões mínimas fluviais, que são muito insuficientes, mesmo com captações em outras bacias próximas.

O balanço hídrico, apresentado em 1993, evidenciava que, além do problema de contenção da intrusão salina proveniente do Estuário do Canal do Porto, existia um enorme déficit hídrico no abastecimento, sendo que 12,35 m^3/s de água eram retirados dos rios e não retornavam a eles. Para suprir esse deficit havia necessidade, por um lado, da importação de água e, por outro lado, de um esforço efetivo de racionalização do consumo de água. O deficit foi historicamente suprido pelas vazões turbinadas na Usina Henry Borden, da Light, sucedida pela Eletropaulo e pela atual Emae, provenientes do Reservatório Billings.

As descargas provenientes do canal de fuga da Usina Henry Borden deságuam no Rio Cubatão a cerca de 1 km a montante da barragem móvel da Refinaria Presidente Bernardes da Petrobras, representando esta soleira o limite

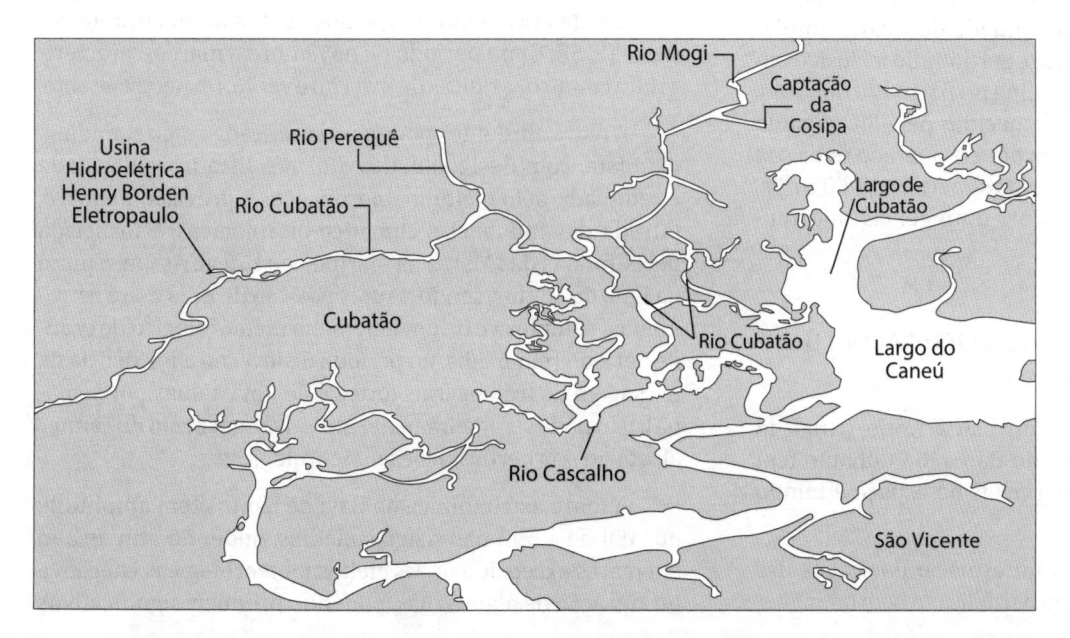

Figura 4.32
Planimetria da Bacia Hidrográfica do Baixo Rio Cubatão (SP).

da influência marítima no Rio Cubatão, e situando-se a cerca de 2 km a montante da confluência do Rio Perequê, último afluente antes de o rio atingir o braço ocidental da foz (ver Figura 4.32). O braço oriental recebe as águas do Rio Piaçaguera e do Mogi, sendo que, em virtude de a vazão natural do Rio Mogi ser insuficiente para satisfazer à demanda da Companhia Siderúrgica Paulista-Cosipa, o bombeamento d'água da Cosipa inverte o sentido de escoamento do Rio Piaçaguera, e nesse processo as águas do braço oriental penetram para montante (ver Figura 4.32).

4.5.1.3 O CONTROLE DAS INTRUSÕES SALINAS COM AS DESCARGAS DA USINA HENRY BORDEN

Com o crescimento da demanda de água na região do Baixo Rio Cubatão nas últimas duas décadas do século XX, o problema da qualidade e quantidade do recurso hídrico foi se tornando cada vez mais crítico. Foram realizados vários estudos para tentar solucionar, ou pelo menos mitigar, o problema representado pelos elevados teores de cloretos associados à intrusão da cunha salina. A concentração máxima admissível desses últimos depende do uso que se dá à água. Assim, por exemplo, no processo industrial: para fins siderúrgicos o limite máximo recomendável é de 170 ppm; para a produção de indústrias químicas, que usam a água como matéria-prima e não apenas para resfriamento, esses limites são variáveis, como no caso da Carbocloro, que é de 200 ppm; e para potabilidade o limiar está em torno de 250 ppm. É oportuno lembrar que o Rio Cubatão a montante da barragem da Petrobras, em que se situa a estação de tratamento de água para abastecimento urbano, tem teores de cloretos residuais de 30 a 60 ppm, considerados normais. Lembra-se que o teor de cloretos presentes na água do mar corresponde a cerca de 55% da salinidade, proporção que diminui com o maior aporte de água doce.

As vazões descarregadas na Usina Henry Borden constituíram-se historicamente no controle predominante do fenômeno de intrusão salina, representando medida operacional de frenagem das vazões de origem marítima trazidas pelas marés de enchente, uma vez que a geração de energia proporcionou sempre a disponibilidade de vazões amplamente superiores ao deficit hídrico, permitindo inclusive mitigar os problemas de intrusão salina no Baixo Rio Cubatão. Dados econômicos da geração, fornecidos pela Eletropaulo em 1993, indicavam que o sistema por ela operado tinha seu ponto ótimo para vazões turbinadas superiores a 60 m³/s, o que nem sempre se verificou, por contingências hidrológicas, ambientais ou políticas.

4.5.1.4 COMPORTAMENTO HIDRÁULICO-SALINO DO BAIXO RIO CUBATÃO

A misturação da água salgada do Estuário do Canal do Porto com a água doce afluente do Baixo Rio Cubatão tem característica extremamente variáveis no espaço e tempo em função de:

- oscilação do nível de água no estuário por causa das marés astronômicas, que são periódicas e bem definidas, e das chamadas "marés meteorológicas", geradas pelas mudanças de pressões barométricas e ventos associados atuando na massa oceânica. As primeiras são deterministicamente previsíveis, enquanto as últimas são abordadas probabilisticamente pelo caráter aleatório;

- vazões fluviais com valores influenciados pelas vazões descarregadas na Usina Henry Borden;

- correntes induzidas pela maré e pela diferença de densidade da água;

- propagação da onda de maré desde a Baía de Santos pelos canais estuarinos;

- propagação das vazões fluviais;

- geometria dos canais;

- precipitações pluviométricas sobre a bacia hidrográfica contribuindo para um maior poder de diluição das águas pelo aumento das vazões dos rios e contribuição direta no estuário.

A capacidade de renovação das águas pelo braço ocidental do Rio Cubatão é maior do que pelo braço oriental, ou seja: tanto a penetração como a expulsão da cunha salina são mais rápidas no primeiro, que apresenta menor resistência ao escoamento.

Em virtude da posição geográfica, as principais e mais frequentes perturbações meteorológicas que alteram as condições oceanográficas locais são as frentes frias, que produzem em sua passagem sensível alteração dos níveis do mar, influenciando o comportamento hidráulico-salino estuarino com condições para um maior ou menor armazenamento dos volumes líquidos, ou seja, aumento ou redução dos teores de cloretos durante vários ciclos de maré em razão das trocas entre a camada d'água inferior, de maior salinidade, e a superior.

Existe uma tendência de circulação atmosférica com predominância de ventos do quadrante sul (SW, S, SE) no período de abril a outubro, e dos ventos do quadrante sudeste (S, SE, E) no período de novembro a março, caracterizando condições típicas de inverno e verão, respectivamente.

A maré em Santos pode ser classificada como semidiurna mista, com desigualdades diurnas. Esta irregularidade é reforçada pelo efeito meteorológico. A previsão da maré, filtrada das influências climático-hidrológicas, é fornecida pelas Tábuas das Marés da Marinha do Brasil. Assim, a maré na Baía de Santos, sendo a superposição de uma maré astronômica complexa e de um fenômeno meteorológico de grande período (em média, no período de inverno a incidência de passagem de frentes frias fortes é de uma a duas por semana), não pode ser inteiramente previsível, em razão do caráter aleatório das perturbações meteorológicas.

A maré astronômica na Baía de Santos tem amplitude normal de 1,5 m nas sizígias médias, podendo atingir 2 m em marés excepcionais. Os efeitos meteorológicos chegam a ter duração de alguns dias, podendo produzir significativos deslocamentos do nível do mar. Assim, já foram observadas sobrelevações de até 1 m ou rebaixamento de 0,5 m na maré prevista.

Os rios da vertente marítima da Serra do Mar caracterizam-se morfologicamente por apresentarem declividades extremas, que, associadas à sua pequena área de drenagem e à alta pluviosidade regional, resultam, como decorrência dos curtos tempos de concentração, em regimes de escoamento de características torrenciais, com ondas de cheia de curta duração e grande amplitude. Assim, na estiagem, a vazão natural do Rio Cubatão é da ordem de 5 m^3/s, podendo baixar a 1,4 m^3/s em condições excepcionais, ou subir a 500-600 m^3/s em cheias esporádicas. Na época de chuvas (de novembro a maio), as vazões normais são de 7 m^3/s, podendo atingir picos de 1.000 m^3/s. Da mesma forma, no Rio Mogi a vazão básica de estiagem é de 1 a 1,5 m^3/s e cheias bruscas podem atingir máximos de 600 m^3/s.

Do ponto de vista hidráulico-salino, o Estuário do Canal do Porto pode ser considerado homogêneo lateralmente, e de parcialmente misturado a moderadamente estratificado verticalmente para qualquer tipo de maré e qualquer valor de descarga fluvial, tendendo à estratificação das bocas para as cabeceiras. Durante as marés enchentes ou por ocasião da passagem das frentes frias, a água salgada oceânica, mais densa, penetra no estuário pela Barra de Santos, em direção às cabeceiras, por baixo da camada de água doce que escoa permanentemente para jusante em direção ao oceano, constituindo a intrusão salina.

A principal captação de água situada no trecho sob influência do braço oriental do Rio Cubatão é a captação de água industrial da Cosipa, situada em um trecho de antigo meandro do Rio Mogi, a cerca de 7 km do canal de fuga da Usina Henry Borden (ver Figura 4.32). Aqui, constata-se um caráter oscilatório nos teores de cloretos, em razão da ação das marés em suas fases enchente e vazante, produzindo incremento e redução, respectivamente. Verifica-se que a permanência do nível médio da água em cotas elevadas propicia ao sistema condições favoráveis para o avanço da cunha salina, principalmente em marés de quadratura. A ocorrência de chuvas na bacia contribuinte ao Rio Mogi tem efeito favorável na redução dos teores de cloretos nesta região. Nas marés de sizígia há uma maior renovação das águas, reduzindo-se os efeitos da intrusão salina, por conta das ações mais intensas de enchente e vazante da maré; enquanto nas marés de quadratura as águas salobras têm maior possibilidade de penetração devido, praticamente, à estabilidade do nível d'água. Em condições propícias, como marés de quadratura com nível médio elevado do mar, persistente ausência de chuvas na bacia e baixas vazões naturais ou provindas da Usina Henry Borden, a camada superficial da coluna d'água é gradualmente salinizada, produzindo a contaminação completa e persistente do sistema.

Os teores de cloretos no trecho sob influência do braço ocidental do Rio Cubatão podem ser caracterizados pelos dados obtidos na tomada d'água industrial da Carbocloro, localizada na margem esquerda do Rio Cubatão, junto à confluência com o Rio Perequê (ver Figura 4.32). A onda de maré apresenta períodos de enchente mais rápidos do que os de vazante. As velocidades das correntes são, em geral, muito reduzidas, mesmo para elevadas vazões turbinadas na Usina Henry Borden, em razão da baixa declividade do álveo, e as operações da barragem móvel da Petrobras podem influenciar na propagação das vazões em função dos transientes hidráulicos que podem produzir em um curto período. Com grandes descargas na Usina Henry Borden, pode-se ter todo o trecho com escoamento apenas de vazante mesmo com a ocorrência de fortes marés, o que produz um recuo progressivo da intrusão salina do trecho fluvial. Neste trecho as estofas de corrente ocorrem cerca de 2 h defasadas com relação às preamares e baixa-mares locais. Também aqui se observa que as marés mais favoráveis à intrusão salina são as de quadratura, particularmente as com fortes irregularidades (estofa prolongada), sobretudo quando da elevação do nível médio do mar por motivos meteorológicos, pois não há a expulsão da cunha salina na vazante, a menos que aconteça uma forte vazão afluente de água doce, penetrando-a ciclicamente rio acima. Os eventos de intrusões salinas mais agudos ocorrem entre a preamar e a estofa de corrente locais.

Uma vez que a cunha salina apresenta intrusões profundas no Rio Cubatão, há uma maior dificuldade na sua expulsão, verificando-se que a cunha permanece mesmo após um considerável aumento de vazão e da inversão do sentido da corrente fluvial, mantendo-se o teor de cloretos elevado por vários ciclos de maré.

4.5.1.5 APRESENTAÇÃO DOS RESULTADOS DO ESTUDO

Visando verificar a influência dos diversos fatores intervenientes, foram coletados e analisados vários dados relativos à dinâmica hidráulico-salina do Baixo Rio Cubatão: fotos de satélite meteorológico e cartas sinóticas relativas aos períodos das mais significativas intrusões salinas do intervalo 1992/1993; previsões das Tábuas das Marés; níveis d'água registrados no marégrafo da Ilha Barnabé da Codesp; níveis d'água na tomada d'água da Cosipa; alturas pluviométricas nos postos DAEE – Departamento de Águas e Energia Elétrica – E3-037 Paranapiacaba, representativo da região das cabeceiras do Rio Mogi, e DAEE E3-143 Cota 400, representativo do curso médio do Rio Cubatão; níveis d'água registrados no posto telefluviométrico do DAEE no Rio Mogi; vazões turbinadas na Usina Henry Borden da Emae; teores de cloretos junto ao fundo dos canais das tomadas d'água industrial da Cosipa e Carbocloro.

4.5.1.6 ANÁLISE E CONSIDERAÇÕES FINAIS

A análise de longo período permitiu evidenciar a efetiva influência das vazões descarregadas pela Usina Henry Borden sobre a intrusão salina no Baixo Rio Cubatão. De fato, no período de 1983 a 1984, quando as vazões médias mensais turbinadas ficaram vários meses abaixo de 60 m^3/s, houve um recrudescimento nas intrusões. No período posterior até março de 1992, todas as vazões médias mensais foram superiores a 59 m^3/s, não se registrando maiores problemas nas captações d'água do Baixo Rio Cubatão, observando-se também influências hidrológicas maiores ou menores em função da maior ou menor precipitação pluviométrica. Finalmente, os últimos anos foram os mais críticos em função da redução das vazões turbinadas, particularmente a partir de junho de 1993. A observação mostra claramente que a área mais cronicamente afetada pela intrusão salina é a influenciada pelo braço oriental do Rio Cubatão, em que os teores de cloretos permanecem por muito mais tempo elevados – embora os eventos mais agudos ocorram na área influenciada pelo braço ocidental, onde também a resposta do sistema a aumentos da vazão é mais rápida.

A avaliação das condições meteorológicas evidencia claramente a influência da passagem de perturbações meteorológicas.

A análise dos dados de marés relativos a níveis d'água máximos e mínimos evidencia que as diferenças entre os dados dos marégrafos e os das Tábuas de Marés indicam que: as sobrelevações dos níveis máximos são maiores do que os rebaixamentos dos níveis mínimos, o que mostra que as marés meteorológicas positivas são dominantes. Esse empilhamento da maré é mais intenso nos meses de inverno e é menor no verão, fator que é importante condicionador da dinâmica hidráulico-salina no Baixo Rio Cubatão.

Quanto à análise do período anual entre junho de 1992 e maio de 1993, pode-se constatar que:

- Os meses de intrusão salina mais acentuada foram junho e julho de 1992 e maio de 1993.

- As vazões turbinadas mais frequentes situaram-se no intervalo de 45 a 50 m³/s.

- No período as chuvas podem ser consideradas dentro da média histórica para a Bacia do Rio Mogi e cerca de 10% acima desta para a Bacia do Rio Cubatão. Comparando-se os dados de teores de cloretos com os de precipitações, observa-se que os meses com maiores teores correspondem aos mais secos.

- Os meses em que são mais observados níveis médios acima dos normais são os de julho e agosto de 1992 e abril e maio de 1993.

Quanto às comparações dos períodos selecionados, podem ser feitas as seguintes considerações:

- Os teores de cloretos foram consideravelmente maiores nos períodos com efeito meteorológico.

- As vazões turbinadas nos períodos com efeito meteorológico são ligeiramente inferiores às correspondentes sem efeito meteorológico.

- Nos períodos com efeito meteorológico, sempre foram registradas precipitações significativas pelo menos em um dos postos de referência, enquanto nas situações sem efeito meteorológico somente ocorreu uma altura pluviométrica significativa.

- Os níveis médios no estuário foram majorados em média em torno de 40 cm, com relação aos normais de longo termo, nos períodos com efeito meteorológico, o que, por consequência, é acompanhado pelas marés extremas.

Comparando-se os períodos sem efeito meteorológico, verifica-se que nas marés de quadratura a intrusão é mais acentuada, mesmo com maiores vazões turbinadas.

Pode-se concluir que as vazões médias turbinadas do porte das descarregadas no período, entre 40 e 60 m³/s, não são suficientes para deter a incidência frequente de intrusões salinas em um ano de média pluviosidade. As observações das marés no período permitem concluir que a maior penetração salina ocorre nas situações com níveis médios mais elevados. As comparações entre os períodos de marés com efeito meteorológico positivo e sem esse efeito mostraram que a intrusão é sensivelmente maior quando ele ocorre, a despeito de precipitações. Nas marés de quadratura, a intrusão é mais acentuada comparativamente às sizígias.

4.5.2 Modelo analítico para vazão de barreira hidráulica no Rio Cubatão (SP)

4.5.2.1 INTRODUÇÃO

Desenvolveu-se uma pesquisa (CARDOSO; ALFREDINI, 1998) fazendo-se um balanço anual utilizando a aproximação de cunha salina estacionária com a metodologia proposta por Keulegan (IPPEN, 1966). Os cálculos foram efetuados para dados de marés observados no Porto de Santos, e marés de previsão harmônica, obtendo-se as vazões diárias de água doce necessárias para barrar o avanço da cunha salina pelo trecho fluvial do Rio Cubatão.

4.5.2.2 DADOS UTILIZADOS

No desenvolvimento deste estudo, foram utilizados os dados de marés envolvendo o período de junho de 1992 a maio de 1993, em que as vazões turbinadas nas Usinas Henry Borden seguiram uma regra operacional aproximadamente constante, de modo que as descargas mantiveram-se em torno de 50 m³/s e as precipitações pluviométricas ficaram em valores em torno de médias históricas (ALFREDINI; GRAGNANI, 1996), o que permitiu analisar o teor de cloretos nas águas do Rio Cubatão como função dos eventos intrusivos por meio dos níveis das marés.

Além dos dados de marés para a obtenção das vazões e volumes de água doce necessários para barrar a intrusão da cunha salina, também são necessárias as massas específicas das camadas superior (ρ_s de água doce) e inferior (ρ_f de água salgada), considerando-se os seguintes valores médios para as condições de sizígia e quadratura: para o braço oriental $\rho_s = 1,000$ g/cm³ e $\rho_f = 1,009$ g/cm³, e para o braço ocidental $\rho_s = 1,001$ g/cm³ e $\rho_f = 1,006$ g/cm³.

As dimensões geométricas médias utilizadas para os cálculos da barreira hidráulica à cunha salina nos pontos A e B foram: profundidade de 4 m para ambos os braços e comprimento e largura de 5 mil e 50 m (braço oriental) e 4 mil e 40 m (braço ocidental), respectivamente.

4.5.2.3 TEORIA UTILIZADA

Na posição de cunha estacionária, não há escoamento resultante, pois a vazão de água salgada Q_f é equilibrada pela vazão de água doce Q_s, segundo Keulegan (IPPEN, 1966).

Na Figura 4.33 está apresentada, graficamente, a relação entre a vazão média disponível e a do modelo de Keulegan em função do índice de cloretos para cinco classes de variação de teores, que traduzem diferenciadas condições de intrusão salina em termos de impacto sobre as operações industriais de uma usina siderúrgica como a Cosipa:

- abaixo de 200 ppm: condições ideais (A);

- de 200 a 500 ppm: operação com auxílio eficiente de unidade desmineralizadora (B);

- de 500 a 1.000 ppm: operação com auxílio de unidade desmineralizadora com perda crescente de eficiência (C);

- de 1.000 a 2.000 ppm: operação com prejuízo crescente da qualidade do produto siderúrgico, em virtude da cristalização de sais nas chapas produzidas no alto forno, exigindo a decapagem do produto acabado (D);

- acima de 2.000 ppm: proliferação de mariscos nos dutos de captação e condições proibitivas de trabalho pelas altas taxas de sais (E).

4.5.2.4 CONCLUSÕES

O principal resultado deste estudo foi estimar os volumes de água doce necessários para barrar a cunha salina na entrada dos dois braços em que se bifurca a foz do Rio Cubatão (Seções A e B), evitando a sua progressão nos trechos fluviais do Baixo Rio Cubatão e afluentes.

Foi verificado que, para manter a condição de cunha salina estacionária estabelecida, é necessário dispor de vazões médias mensais de água doce entre 66 e 76 m³/s, atingindo valores máximos na faixa de 154 a 235 m³/s. A ordem de grandeza das vazões obtidas é coerente com o conhecimento da dinâmica hidráulico-salina do Baixo Rio Cubatão.

Em 1992/1993, o balanço dos recursos hídricos da região apresentava o seguinte quadro:

- Disponibilidade hídrica média em vazão plurianual: 19 m³/s.

- Demandas de água para uso público e industrial:

  ○ captação: 20 m³/s;

  ○ restituição aos corpos d'água: 13,8 m³/s;

  ○ vazão que não retornava aos rios: 12,3 m³/s.

Pode-se concluir desses dados que a vazão média de água doce oriunda da bacia e remanescente para barrar o avanço da cunha salina era de cerca de 7 m³/s, devendo o remanescente ser suprido pela reversão das águas da Bacia do Alto Tietê por meio do turbinamento nas Usinas Henry Borden. No período analisado, as vazões médias mensais turbinadas acrescidas dos aportes naturais estimados de água doce variaram entre 50 e 79 m³/s, dos quais, uma vez subtraída a vazão que não retorna aos rios, resultaram valores efetivamente disponíveis para barrar a cunha salina de 38 a 67 m³/s. Estes valores revelaram-se insuficientes na prática, uma vez que em 296 dos 365 dias do período anual analisado foi registrada incidência de cunha salina na captação da Cosipa.

Pela análise idealizada em que estão baseados esses cálculos, verifica-se que as vazões de água doce necessárias para barrar a cunha salina não são operacionalmente viáveis para a lei de manobra de uma usina hidroelétrica. Mesmo com a capacidade máxima de adução das Usinas Henry Borden, de 150 m³/s, não é possível deter os eventos intrusivos máximos. Assim, uma condição razoável de convivência com os eventos de avanço da cunha salina seria o aporte de vazões médias (naturais somadas às turbinadas) de cerca

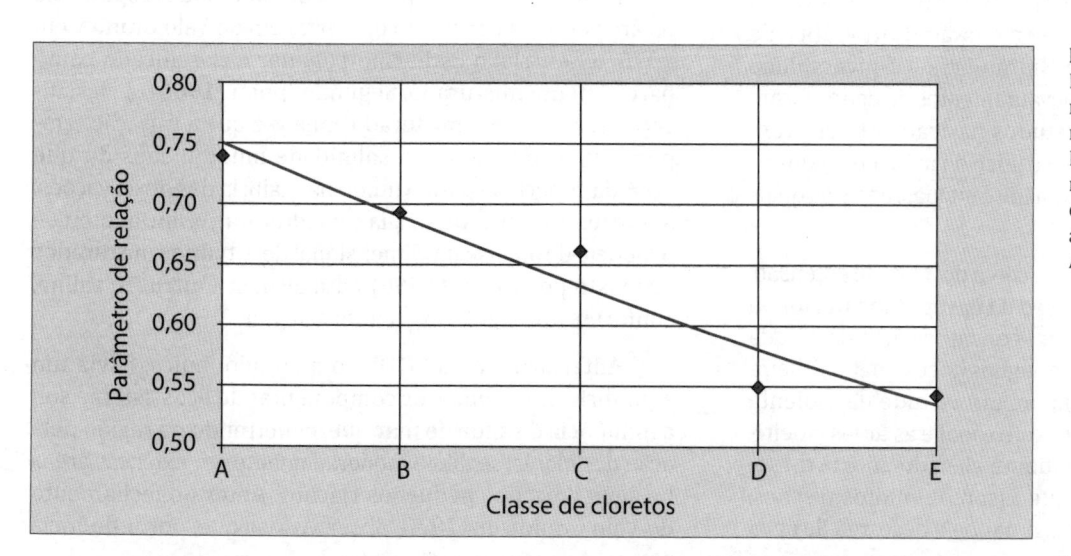

Figura 4.33
Relação entre as vazões médias do modelo de Keulegan e vazão natural disponível na bacia do Rio Cubatão x Classe de cloretos na tomada d'água da Cosipa para o período de junho de 1992 a maio de 1993 (SANTOS; ALFREDINI, 2002).

de 100 m^3/s. Esse número corresponde ao turbinamento médio historicamente praticado em Henry Borden antes das restrições de turbinamento impostas desde 1992, época em que os eventos intrusivos não eram tão frequentes no trecho fluvial do Baixo Rio Cubatão.

Finalmente, deve ser ressaltado o resultado obtido da comparação dos cálculos da vazão de água doce considerando os dados maregráficos observados e a previsão harmônica da maré. Esses resultados permitem evidenciar claramente o efeito meteorológico sobre a dinâmica salina da região. Verifica-se que nos meses de julho a setembro os valores das vazões médias mensais resultam mais elevados, em até mais do que 10 m^3/s do que os previstos, denotando claramente o efeito da maior frequência das marés meteorológicas associadas às passagens das frentes frias, produzindo o empilhamento das águas contra a costa e elevando os níveis médios do mar. Por outro lado, uma tendência oposta ocorre nos meses de verão, culminando em março com um valor de vazão cerca de 10 m^3/s inferior, evidenciando o enfraquecimento das frentes frias, resultando em rebaixamentos do nível médio do mar, o que facilita as condições de drenagem das águas interiores. Esta sazonalidade, no entanto, se compensa em uma análise anual, resultando em valores muito próximos comparando os cálculos baseados nos dados maregráficos e da previsão.

4.5.3 Impacto da vazão da Barragem do Valo Grande na distribuição de salinidade no Complexo Estuarino--Lagunar de Iguape-Cananeia (SP)

4.5.3.1 INTRODUÇÃO

O Complexo Estuarino-Lagunar de Iguape-Cananeia, localizado no extremo sul do Estado de São Paulo (ver Figuras 4.8 e 4.9), possui cerca de 2.000 km^2 e é o maior e o mais bem preservado do gênero no litoral paulista, revestindo-se de grande importância como berçário da vida marinha, sendo considerado um dos maiores viveiros de peixes e crustáceos do litoral brasileiro. Desde a década de 1950, com a instalação da Base Sul do Instituto Oceanográfico da Universidade de São Paulo e da Missão Hidrográfica de Cananeia do Laboratório de Hidráulica da Universidade de São Paulo, vários estudos e levantamentos de dados foram realizados na região. Esses estudos basicamente visaram a obtenção do conhecimento científico da área, bem como a avaliação do impacto das obras ali implantadas, entre as quais se destaca o Valo Grande.

O Canal do Valo Grande, com cerca de 3 km de extensão, aberto com a finalidade do acesso da navegação interior ao porto marítimo de Iguape no Mar Pequeno, a partir da década de 1850, pôs em comunicação as águas doces do Rio Ribeira com as salobras do Mar Pequeno. Em virtude da violenta erosão a que foram submetidos este canal e as áreas ribeirinhas, bem como do correspondente elevado aporte de sedimentos no Mar Pequeno e que assoreou muitos trechos, além do impacto sobre a biota lagunar pela descarga de água

doce e turva e de outros fatores, em 1978 um barramento permeável foi construído visando reduzir sensivelmente tais inconvenientes. Desse modo, as águas voltaram a fluir em sua totalidade pelo chamado Ribeira Velho em uma extensão de 27 km até a desembocadura marítima da Barra do Ribeira. No entanto, grandes inundações passaram a assolar frequentemente a Bacia Hidrográfica do Rio Ribeira do Iguape – e a pior delas em volume e permanência das águas altas foi a de junho de 1983 –, cujas áreas ribeirinhas 150 anos após o início da construção do Valo estão ocupadas principalmente pela cultura da banana. No começo da década de 1990, iniciou-se a obra de implantação da barragem vertedora definitiva, que será dotada de comportas cuja operação deverá ser regulada por uma regra a ser definida pelas condicionantes hidrológicas, bem como ecológicas, no que diz respeito ao impacto sobre a biota do Mar Pequeno.

Neste estudo (ALFREDINI; SANTOS, 1998) avalia-se em nível conceitual, por meio de um modelo unidimensional simplificado, o impacto da operação do vertedor da Barragem do Valo Grande sobre a salinidade do sistema estuarino-lagunar.

4.5.3.2 CARACTERIZAÇÃO GERAL DA REGIÃO

O Complexo Estuarino-Lagunar é basicamente conformado por três ilhas que definem o sistema de canais de maré por onde se propagam as ondas de maré a partir de três embocaduras marítimas. Conforme mostrado na Figura 4.8, as ilhas Comprida, do Cardoso, de Cananeia e de Iguape conformam o Mar Pequeno, o Mar de Cubatão e a Baía de Trapandé. A onda de maré penetra no complexo pela: Barra de Icapara, entre a Ilha Comprida e a Ilha de Iguape; Barra de Cananeia, entre a Ilha Comprida e a Ilha do Cardoso; e Barra do Ararapira, entre a Ilha do Cardoso e a Ilha do Superagui (PR), sendo essa última a divisa administrativa com o Estado do Paraná. As áreas de encontro das ondas de maré situam-se em Subaúna na Pedra do Tombo no Mar Pequeno, no Rio Guapara, que é um alargamento do Mar de Cubatão, e no canal interno entre a Ilha do Cardoso e o continente a cerca de 6 km da foz na Baía de Trapandé.

De acordo com as medições de salinidade disponíveis na área desde a conclusão da Barragem do Valo Grande, em 1978, o Complexo Estuarino-Lagunar é classificado como parcialmente misturado. Segundo Ippen (1966), a classificação seria de bem misturado, uma vez que a variação temporal do valor médio da salinidade muda menos do que 50% da superfície para o fundo na maioria das observações, abrangendo marés de sizígia e quadratura. Assim, adotou-se o modelo de análise unidimensional de estuários misturados proposto por Ippen (1966) para avaliar a intrusão salina, conforme apresentado no item a seguir.

Anteriormente a 1840, ao que tudo indica, havia um equilíbrio ótimo entre os componentes do ecossistema sob a influência da água do mar que, penetrando na região pela ação das marés, se diluía moderadamente por extensas áreas na água doce dos pequenos riachos. Antes do fechamento do Valo Grande em 1978, observava-se que, por influência das grandes vazões do Rio Ribeira do Iguape, as variações de temperatura, salinidade e transparência da água modificavam-se constantemente em um mesmo local durante o dia, em virtude das fortes correntes e da carga sedimentar trazida pelo rio. A vazão mediana do ano médio do Rio Ribeira imediatamente a montante do Canal do Valo Grande é de 375 m^3/s. Em consequência, o ambiente tornou-se, principalmente no Mar Pequeno de Iguape, em grande parte impróprio para a reprodução, o crescimento e mesmo a vida de inúmeros organismos, cujas populações foram reduzidas drasticamente ou desapareceram da região por não encontrarem condições ideais para a sua sobrevivência. A Baía de Trapandé e o Mar de Cubatão apresentam a ictiofauna mais rica da região.

A salinidade, uma das características ambientais mais importantes para o desenvolvimento da biota lagunar, apresentava os seguintes valores médios na vertical (em g/L) no Mar de Cananeia próximo à cidade de Cananeia nos meses de setembro a março: 19,87 ± 4,29 anteriormente ao fechamento do Valo Grande (anos de 1975, 1976 e 1977) e 28,14 ± 2,1 no primeiro ano após o fechamento do Valo Grande (no ano de 1979). A estação do ano de menor salinidade é normalmente de fevereiro-março, e a de maior salinidade, agosto-outubro.

Neste caso, serão aplicados os fundamentos da análise unidimensional de estuários misturados segundo Ippen (1966).

4.5.3.3 CONSIDERAÇÕES SOBRE OS DADOS UTILIZADOS

Toda aproximação conceitual envolve inevitáveis esquematizações da realidade física para se atingir uma solução. Na abordagem unidimensional aqui utilizada, além das considerações já adotadas no equacionamento apresentado no item anterior, foram adotadas algumas simplificações e/ou considerações adicionais que importa salientar.

A base de dados na qual foi fundamentada a verificação da calibração do modelo foi levantada na campanha hidrográfica de 1983 a 1985, efetuada pelo Centro Tecnológico de Hidráulica DAEE-EPUSP, contando com o apoio do Instituto Oceanográfico da USP. Para as diversas seções levantadas em marés de quadratura e sizígia, procedeu-se à determinação das salinidades médias na vertical de medida (talvegue do canal), que em geral eram medidas em períodos próximos à preamar e à baixa-mar, com o intuito de se obterem as salinidades extremas. Tais medições abrangeram os meses de setembro a março, considerando, portanto, as situações de salinidades mínimas e máximas. Não se considerou nos cálculos a penetração de água doce do Rio Ribeira do Iguape no Mar Pequeno através da Barra de Icapara, que se situa muito próxima à primeira (cerca de 2 km).

A informação de maré utilizada neste estudo foi extraída das Tábuas das Marés da Base Sul do Instituto Oceanográfico da USP, para a análise da dinâmica do Mar Pequeno de Cananeia e da Baía de Trapandé, e das Tábuas de Maré da Marinha (1983, 1984 e 1985) para Santos e Paranaguá (Canal Sueste), para a análise do Mar Pequeno de Iguape. Desse modo, não foram considerados eventuais efeitos meteorológicos sobre a maré.

A geometria dos canais estuarinos foi reduzida a dimensões médias de largura considerando o canal retangular, com base no levantamento das seções batimétricas realizado em 1984 e 1985, ponderando linearmente as áreas em função do espaçamento entre as seções. Por se tratar de canais largos, o raio hidráulico foi assumido igual à profundidade.

A composição das características geométricas do Estuário do Mar do Taquari, que se situa entre a Baía de Trapandé e o Mar de Cubatão, teve de ser aproximada para o trecho do canal interno à Ilha do Cardoso, em virtude de não se dispor de hidrografia para esta área.

O tempo t_B foi adotado exatamente igual ao semiperíodo da maré, e para o cálculo de u_0 admitiu-se comportamento de onda estacionária pura para a maré com período de 44.700 s.

As vazões de água doce adotadas fundamentaram-se no balanço hídrico exposto para as descargas fluviais medianas do ano médio, não tendo sido considerada a influência de precipitações pluviométricas e evaporações referentes às superfícies molhadas do corpo estuarino-lagunar. A condição vigente no período de 1983 a 1985 para o Canal do Valo Grande presumiu uma percolação pelo maciço da barragem. Admitiu-se uma condição denominada Valo Grande aberto, que considera uma descarga pelo vertedor da barragem de 178 m^3/s, correspondente a uma primeira aproximação de regra operativa que mantenha uma divisão equitativa das águas do Rio Ribeira entre o Valo Grande e o Ribeira Velho. Deve-se levar em conta que, com a implantação de barragens de regularização, previstas a montante da bacia, esses valores poderão ser significativamente reduzidos.

4.5.3.4 RESULTADOS OBTIDOS

Os dados foram elaborados por meio de planilhas eletrônicas produzindo gráficos dos resultados, como na Figura 4.34 para o Mar Pequeno de Cananeia (ver Figura 4.35). Os gráficos apresentam as condições de preamar e baixa-mar medidas e calculadas pela teoria de Ippen (1966) com o Valo Grande fechado e as calculadas com as comportas da Barragem do Valo Grande deixando passar 178 m^3/s.

O conjunto de gráficos considera o Mar Pequeno de Cananeia, tendo-se como seção 0 a da boca da Barra de Cananeia.

4.5.3.5 ANÁLISE E CONCLUSÕES

A Barra de Cananeia, por ser a embocadura de maior seção transversal, apresenta condições mais favoráveis de troca das águas entre o sistema lagunar interior e o mar e, em consequência, a salinidade é mais elevada e o seu decaimento rumo ao interior do sistema é mais reduzido, denotando maior influência das condições marítimas.

Figura 4.34
Salinidade média em maré de
sizígia no Mar Pequeno de Cananeia
(ALFREDINI; SANTOS, 1998).

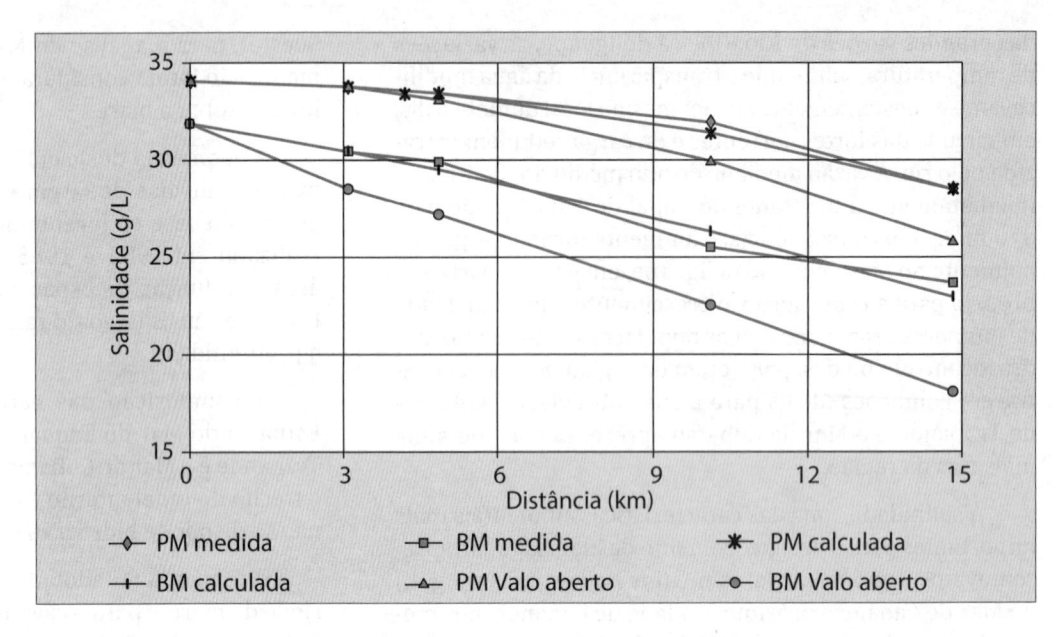

Figura 4.35
Planimetria do Mar Pequeno de
Cananeia.

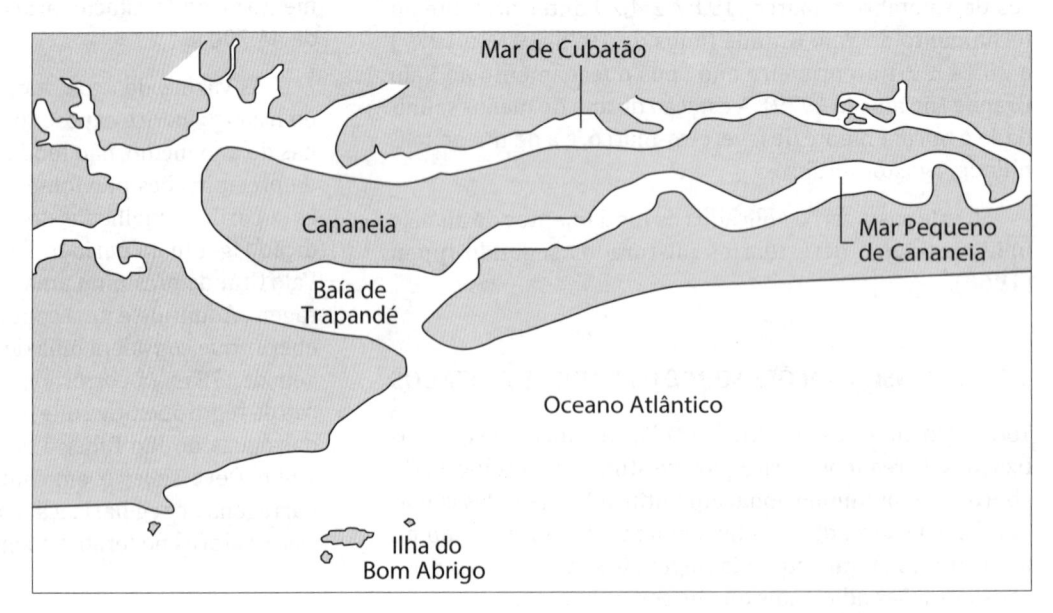

O modelo unidimensional, na forma como foi aplicado, funciona bem nos trechos mais próximos à embocadura marítima, sendo mais falho à medida que se dirige o cálculo para as áreas interiores. Os resultados, comparativamente às salinidades citadas na seção 4.5.3.2, situam-se dentro da ordem de grandeza esperada.

4.5.4 O Terminal Marítimo de Ponta da Madeira (MA)

4.5.4.1 INTRODUÇÃO

O Terminal Marítimo de Ponta da Madeira – PDM é um terminal privativo da Vale. Constitui-se no terminal portuário que escoa os minérios da Província Mineral da Serra dos Carajás (PA). Encontra-se localizado na Ponta da Madeira na Baía de São Marcos, próximo ao Porto de Itaqui da Empresa Maranhense de Administração Portuária – Emap, em São Luís (MA), como mostra a fotografia aérea de 1977 (Figura 4.36(A)) anteriormente à implantação do terminal. O PDM foi planejado para possuir berços com capacidade para movimentação de 70 milhões de toneladas por ano e uma frota esperada de mineraleiros entre 20 mil e 270 mil tpb, e atualmente atracam no seu Píer I navios de até 370 mil tpb. As suas várias etapas de implantação têm sido estudadas em modelo físico no Laboratório de Hidráulica da EPUSP (Figura 4.36(B)).

4.5.4.2 A OBRA PORTUÁRIA

A obra portuária encontra-se abrigada por dois espigões, enraizados na Ponta da Madeira (ver Figura 4.37), que é o ponto em que as isóbatas de profundidades superiores a 20 m mais se aproximam da costa. Entre os espigões, ao abrigo das correntes mais fortes, situam-se as estruturas de acostagem e do carregador de navios (ver Figura 4.37).

Figura 4.36
(A) Ortofoto de 1977 mostrando o Porto de Itaqui e a Ponta da Madeira em condições de maré vazante (ALFREDINI, 1983).
(B) Vista do modelo físico do Complexo Portuário de Ponta da Madeira (São Paulo, Estado/DAEE/SPH/CTH).

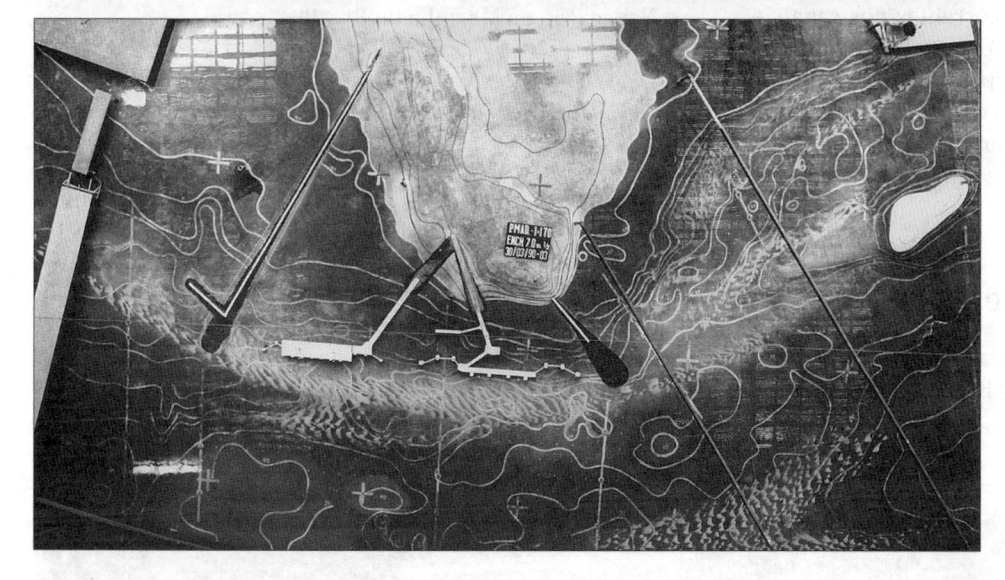

Figura 4.37
Visualização planimétrica dos padrões de sedimentação no modelo físico (escala 1:170) das áreas do Terminal Marítimo de Ponta da Madeira e adjacências, Baía de São Marcos, em São Luís (MA) (São Paulo, Estado/DAEE/SPH/CTH).

Esta solução foi adotada com a finalidade de desviar as fortes correntes de maré de vazante e enchente, criando uma área abrigada com escoamento recirculatório de baixas velocidades na região dos berços.

A solução final adotada para as obras de abrigo á constituída por dois espigões retilíneos. O Espigão Norte tem um desenvolvimento de 1.050 m e o Sul, de 315 m, conforme mostrado na Figura 4.37. Os espigões são constituídos por enrocamentos com um perfil do tipo trapezoidal.

Foram necessárias adaptações nos espigões originalmente projetados para implementar a efetividade da dragagem de manutenção dos fundos e as condições de abrigo. Tais modificações foram estudadas por meio de modelo físico e tiveram sucesso no real, resultando em grande economia nos custos da operação portuária.

4.5.4.3 CARACTERÍSTICAS HIDRÁULICAS E SEDIMENTOLÓGICAS EM PONTA DA MADEIRA

As campanhas hidrográficas indicam que, com exceção do que ocorre nas áreas de recirculação, as correntes de maré na Baía de São Marcos nas proximidades da Ponta da Madeira são axiais e alternativas quanto ao sentido (ver Figura 2.20), e quanto à variação de intensidade são praticamente sinusoidais ao longo da maré, apresentando aproximadamente velocidades máximas nos instantes de meia-maré e mínimas nas estofas de preamar e baixa-mar. Afetam toda a massa líquida. Os campos de correntes estão apresentados nas Figuras 2.15 a 2.19. Observa-se, ainda, que a maré é do tipo semidiurna com desigualdades diurnas muito pequenas, atingindo excepcionalmente 7 m de amplitude em sizígias e tendo uma moda em torno de 4,5 m. A velocidade máxima das correntes constatada no campo foi de 5,1 nós. Foi verificada uma correlação clássica entre as velocidades máximas, que ocorrem próximo às meias-marés, e as amplitudes de maré elevadas a 2/3. Sabe-se que em áreas estuarinas o expoente da altura varia entre 0,5 e 1,0, sendo o coeficiente dependente do ponto de observação e do estado da maré (enchente ou vazante).

O clima de ondas local é muito moderado, com vagas máximas observadas de 1,1 m de altura. A salinidade varia de 20 a 25 g/L e a baía pode ser considerada sem estratificação de densidade.

O transporte de sedimentos é fortemente condicionado pelas correntes de maré e também pelas cheias fluviais, principalmente da Bacia Hidrográfica do Rio Mearim. O transporte de sedimentos litorâneo é desprezável. A concentração de sedimentos em suspensão está em torno de 100 ppm e é principalmente composta de silte e argila. Há grandes conformações de fundo em razão das correntes nos canais e bancos da baía. O fundo é constituído, principalmente, por camadas de areia com diferentes espessuras sobre rochas sedimentares que afloram no fundo dos canais com fortes correntes. Predomina areia fina com granulometria inferior a 0,5 mm, sendo mais graúda nos canais e mais fina nas áreas abrigadas.

4.5.4.4 A ADAPTAÇÃO NO ESPIGÃO NORTE

A solução final adotada para as obras de abrigo é constituída por dois espigões retilíneos. O Espigão Norte tem um desenvolvimento de 1.050 m e o Sul, de 315 m. Os espigões são constituídos por enrocamentos com um perfil do tipo trapezoidal.

Os espigões foram construídos entre maio de 1980 e setembro de 1982, e o porto somente começou a operar em janeiro de 1986. Assim, em 1983 o monitoramento batimétrico indicou um processo de sedimentação na área abrigada, com maior intensidade entre os futuros berços de atracação. A Figura 4.38 mostra a configuração do processo de sedimentação observado e reproduzido no modelo físico com traçador sedimentológico constituído de poliestireno (depósitos esbranquiçados na foto). Um programa intensivo de estudos de campo e em modelo físico foi, então, desenvolvido para reduzir o custo das futuras dragagens de manutenção, tendo culminado com uma modificação no Espigão Norte, como mostra a Figura 4.37, com a finalidade de melhorar as condições de limpeza das correntes de enchente. Consistiu em arrasar os 100 m finais do espigão, aproveitando-se esse material na construção de um direcionador concentrador de correntes com 150 m de comprimento. Nesse programa, as condições de abrigo nas áreas dos berços foram cuidadosamente avaliadas, visando evitar uma degradação de tais áreas.

Com a modificação introduzida, que foi implantada entre 1985 e 1986, o volume anual a ser dragado foi reduzido em cerca de 50% com periodicidade média em torno de 18 meses, sendo a cota de dragagem para o Píer 1 de 25 m com relação ao nível de redução da Diretoria de Hidrografia e Navegação da Marinha do Brasil.

4.5.4.5 A ADAPTAÇÃO NO ESPIGÃO SUL

Com base nos ensaios em modelo físico, e nas recomendações internacionais para amarrações seguras de grandes navios, o Manual do Porto para o início das operações no PDM continha algumas recomendações. Depois do início das operações portuárias, observou-se que na fase final de carregamento, principalmente em marés vazantes de sizígia, alguns navios de médio a grande porte apresentavam movimentos com casos de ruptura de cabos de amarração.

Figura 4.38
Visualização planimétrica da sedimentação no modelo físico da área portuária do Terminal Marítimo de Ponta da Madeira (escala 1:170), na Baía de São Marcos, em São Luís (MA) (São Paulo, Estado/DAEE/SPH/CTH).

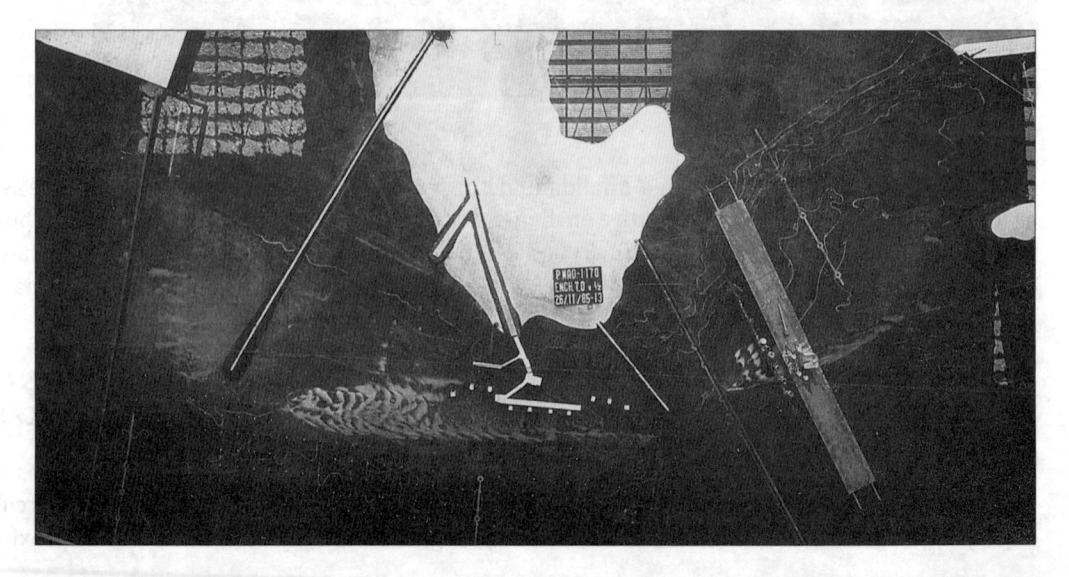

Essas ocorrências confirmavam as ressalvas já feitas com base no estudo em modelo físico. Observou-se também que navios com planos de amarração adequados, e que mantinham os cabos ajustados, sem lazeira, durante o carregamento, poderiam evitar a ampliação do movimento por efeito de inércia, desde que as marés não fossem de altura superior a 6 m.

Em virtude das grandes variações de maré, à grande diversidade dos tipos e estado de conservação dos cabos e à melhor ou pior atenção dedicada à amarração por parte das tripulações, tornava-se difícil controlar a amarração dos navios durante o carregamento. A solução imediata e provisória foi o emprego de rebocadores testando o navio contra as defesas quando o movimento tendia a se iniciar, para evitar a sua amplificação, principalmente nos períodos em torno à meia-maré vazante ao final do carregamento.

Os estudos conduzidos no modelo físico mostraram que o problema descrito era fundamentalmente oriundo da formação de vórtices na extremidade do Espigão Sul durante as marés vazantes e que, desenvolvendo-se e crescendo de tamanho em seu percurso de trânsito pelo Píer 1, acabavam envolvendo o navio e deslocando-o consigo (ver Figura 4.39). Assim, concluiu-se ser necessário eliminar total ou parcialmente este efeito, o que foi conseguido rebaixando-se os 130 m finais do Espigão Sul para uma cota de −2,75 m (ver Figura 4.37). Assim, a extremidade rebaixada ficou submersa e, em vazante, permitiu a penetração parcial da corrente na área abrigada em que o vórtice era originado, reduzindo as suas dimensões e, portanto, a sua ação sobre o navio.

Essa modificação foi implantada entre julho e outubro de 1987. Desde então, ocorreram somente alguns casos de movimentos de navios durante o carregamento, com necessidade da utilização de rebocadores, que resultaram, principalmente, de planos de amarração mal ajustados e com equipamento deficiente, como falta de guinchos e/ou cabos muito flexíveis e/ou em mau estado de conservação, além de situações com folgas sob a quilha inferiores a 5% do calado. Navios com porte superior a 300 mil tpb têm carregado em marés de alturas superiores a 5 m sem auxílio de rebocadores.

4.5.4.6 CONSIDERAÇÃO FINAL

As características deste estudo evidenciam a complexidade do ambiente estuarino em termos hidrodinâmicos e do regime de transporte de sedimentos, o que exige uma abordagem em vários níveis de atuação, como suficientes informações de levantamentos de campo, modelação e monitoramento dos resultados.

4.5.4.7 AS ONDAS DE AREIA DO CANAL DE ACESSO DO COMPLEXO PORTUÁRIO DO MARANHÃO

A área portuária do Maranhão constitui-se no segundo maior complexo portuário do Brasil e um dos maiores do mundo em termos de movimentação de carga, com mais de 60 milhões de toneladas movimentadas em 2002, ou seja, mais de 10% da movimentação portuária anual do país. Situada na costa ocidental da Ilha de São Luís, na Baía de São Marcos, esta área portuária abrange o Complexo Portuário de Ponta da Madeira, da Vale, o Porto de Itaqui, da Emap, e o Porto da Alumar. Em termos do potencial logístico do transporte aquaviário brasileiro, tende a se constituir em cerca de dez anos no principal polo portuário brasileiro em movimentação de cargas, em função dos projetos previstos para a área. Localiza-se próximo dos grandes mercados consumidores, como Estados Unidos, Europa e Ásia através do Canal do Panamá. Constituindo-se em escoadouro natural de ampla região geoeconômica, que é a Amazônia Legal Oriental (ver Figura 4.40(A)), as principais cargas movimentadas são os minérios de ferro e manganês, provenientes da Província

Figura 4.39
Visualização planimétrica do campo de correntes de maré, em meia-maré vazante de 7 m de amplitude, no modelo físico do Terminal Marítimo de Ponta da Madeira (escala 1:170), na Baía de São Marcos, em São Luís (MA) (São Paulo, Estado/DAEE/SPH/CTH).

Figura 4.40
(A) Localização da área de estudo.
(B) Planimetria do Canal de Acesso
com as áreas especiais e de fundeio.

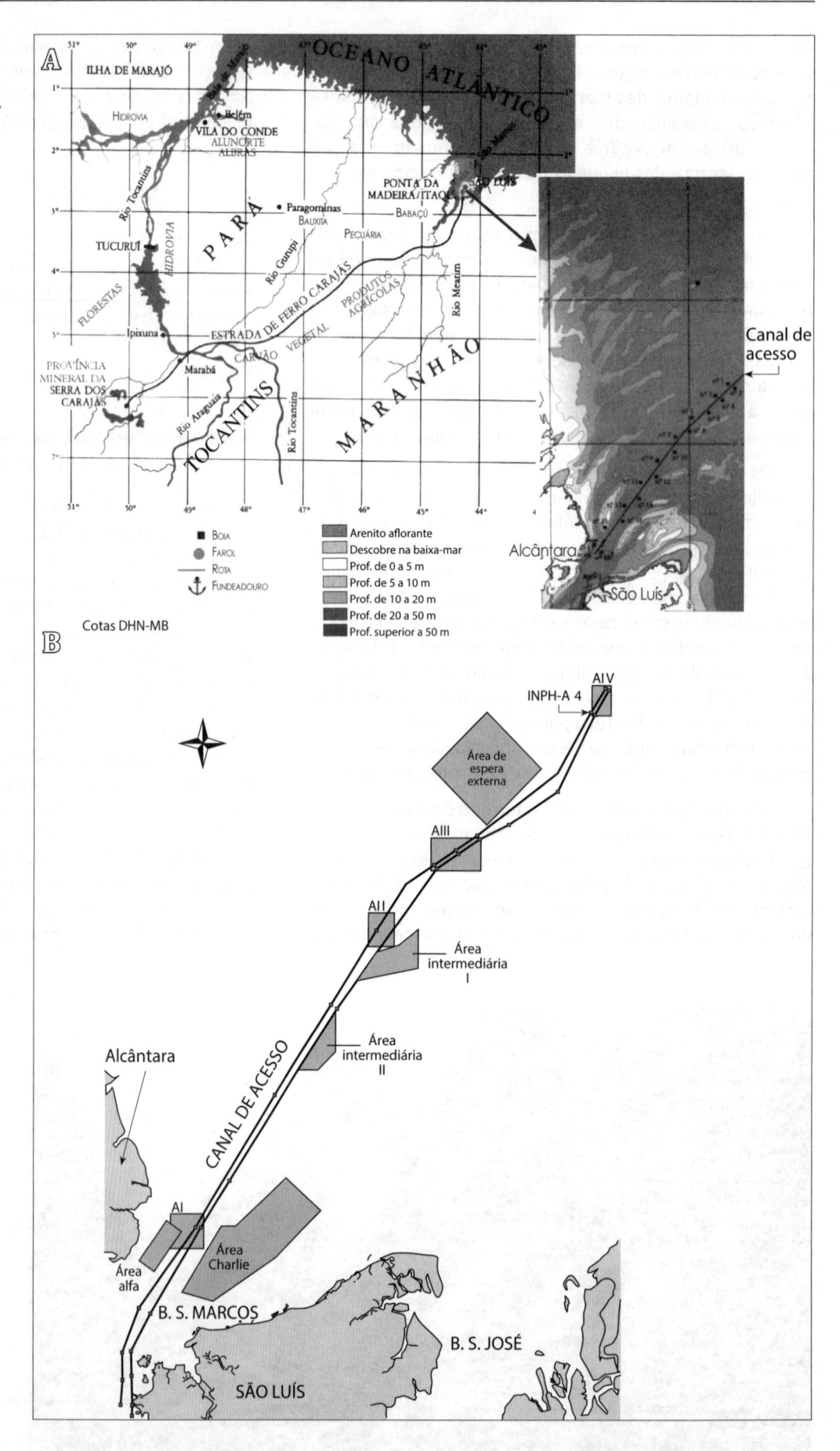

Mineral de Carajás (PA), ferro gusa, alumina e alumínio, resultado do beneficiamento da bauxita provinda do Rio Trombetas (PA), grãos e granéis líquidos. Nos próximos anos, estão previstos projetos de ampliação de berços de atracação e áreas retroportuárias para o embarque de concentrado de cobre da Província Mineral de Carajás, o que tornará o Brasil de importador em exportador, importação de carvão para usinas termoelétricas e siderúrgicas, embarque de produtos siderúrgicos e maior movimentação de contêineres.

O Canal de Acesso do Complexo Portuário do Maranhão desenvolve-se em sua maior extensão na subárea oceânica da plataforma continental do Maranhão (Golfão Maranhense), sendo o restante situado na própria Baía de São Marcos. Ao largo da costa do Maranhão, em frente à Baía de São Marcos, observa-se a formação de bancos de areia margeando o Canal de Acesso, tendo sido, por consequência, necessário balizar o canal em seus cerca de 100 km a partir da Ponta da Madeira. O canal apresenta quatro áreas especiais denominadas Área I, Área II, Área III e Área IV, no sentido sudoeste-nordeste (ver Figura 4.40(B)). Essas áreas apresentam a formação de ondas de areia.

Ondas de areia são uma classe de conformação de fundo, compostas predominantemente de solo não coesivo, em forma de onda dos sedimentos transportados, conforme pode ser visto na Figura 4.41, notando-se a formação de cristas (regiões escuras) e cavados (regiões claras). Trata-se de megaenrugamentos que se formam onde a água tem profundidade suficiente e o aporte de areia é abundante com velocidades do escoamento relativamente fortes, geralmente desenvolvidas por correntes de maré. Essas formações têm comprimentos superiores a 10 m, podendo chegar a centenas de metros, e alturas acima de 1 m.

Poucas localidades do mundo apresentam as condições necessárias para a formação de ondas de areia como a região do Canal de Acesso do Complexo Portuário do Maranhão, com fortes correntes de maré, areia fina e profundidade suficiente (ver Figura 4.42).

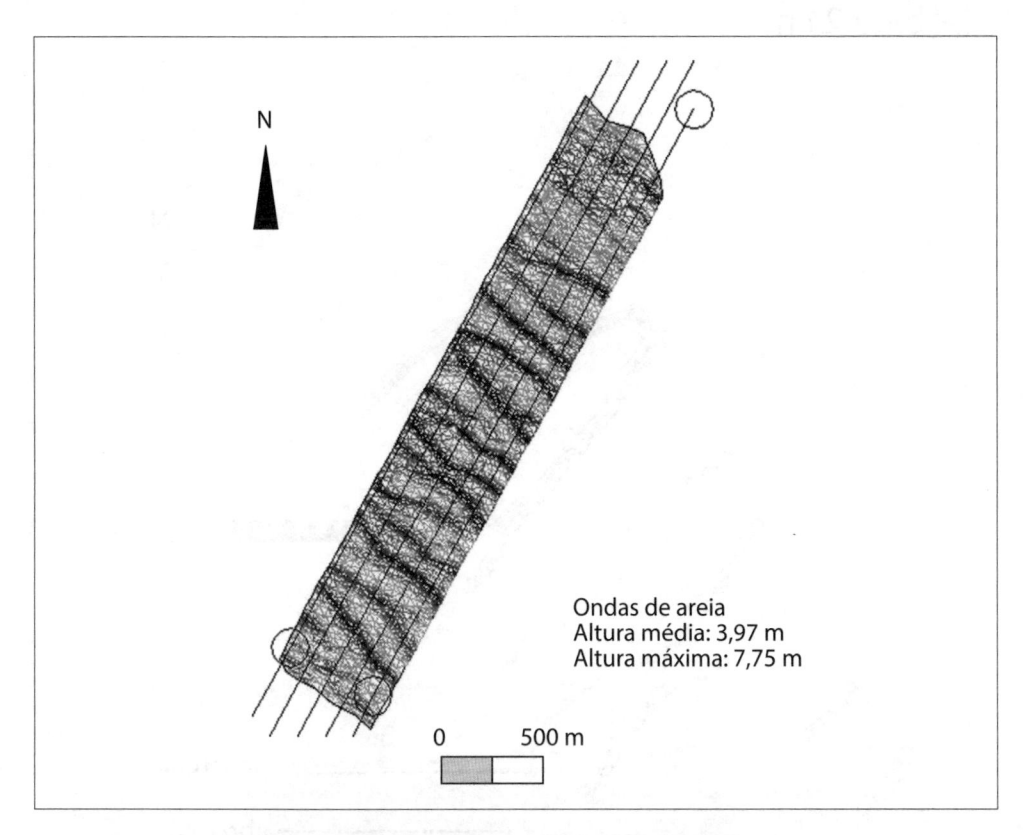

N

Ondas de areia
Altura média: 3,97 m
Altura máxima: 7,75 m

0   500 m

Figura 4.41
Superfície planimétrica criada a partir da batimetria da Área IV, no período de outubro de 1998, do Canal de Acesso do Complexo Portuário do Maranhão.

Figura 4.42
Localização de incidência de ondas de areia.

A evolução das isóbatas de 24 m para a Área IV mostra que as formações de ondas de areia não apresentam significativa mudança de posição com o tempo, o que pode ser interessante para um plano de dragagem. O resultado é observado na Figura 4.43.

Para cada área peculiar, foram estabelecidos três alinhamentos, na direção do canal e iniciando-se ao sul, para o levantamento batimétrico longitudinal do canal. Para a Área IV, o alinhamento foi: linha 1, ponto inicial (E626503, N9799500); linha 2, ponto inicial (E626650, N9799500), e linha 3, ponto inicial (E626798, N 9799500).

Aproximando-se da crista da terceira onda, do alinhamento da linha 1 da Área IV, pode-se notar que a migração dessa onda oscilou cerca de 20 m em quase cinco anos sem tendência definida, conforme pode ser visto na Figura 4.44.

A reduzida migração dessas ondas, principalmente nas Áreas III e IV, é provavelmente explicada pela simetria alternativa nas correntes de maré nas respectivas regiões. Na Figura 4.45, pode ser observado o levantamento de velocidade de correntes realizado no Ponto A4 (coordenadas: latitude 1°48'33" S e longitude 43°51'57" W), localizado nas proximidades da Área IV, no período de abril de 1991.

Figura 4.43
Evolução planimétrica das curvas de isóbatas de 24 m.

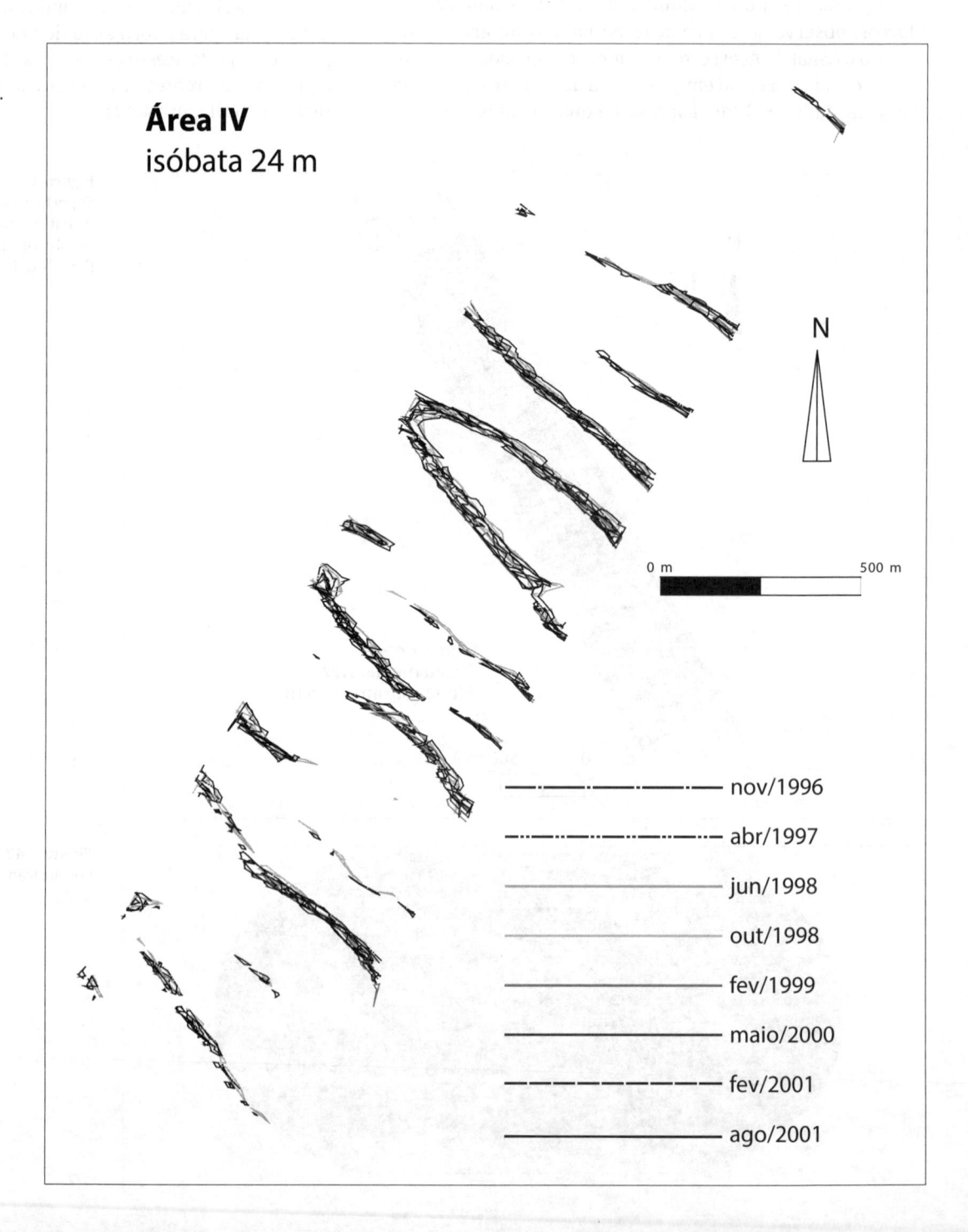

Área IV
isóbata 24 m

N

0 m — 500 m

— · — · — · — · nov/1996
— · · — · · — · · abr/1997
———— jun/1998
———— out/1998
———— fev/1999
———— maio/2000
— — — — fev/2001
———— ago/2001

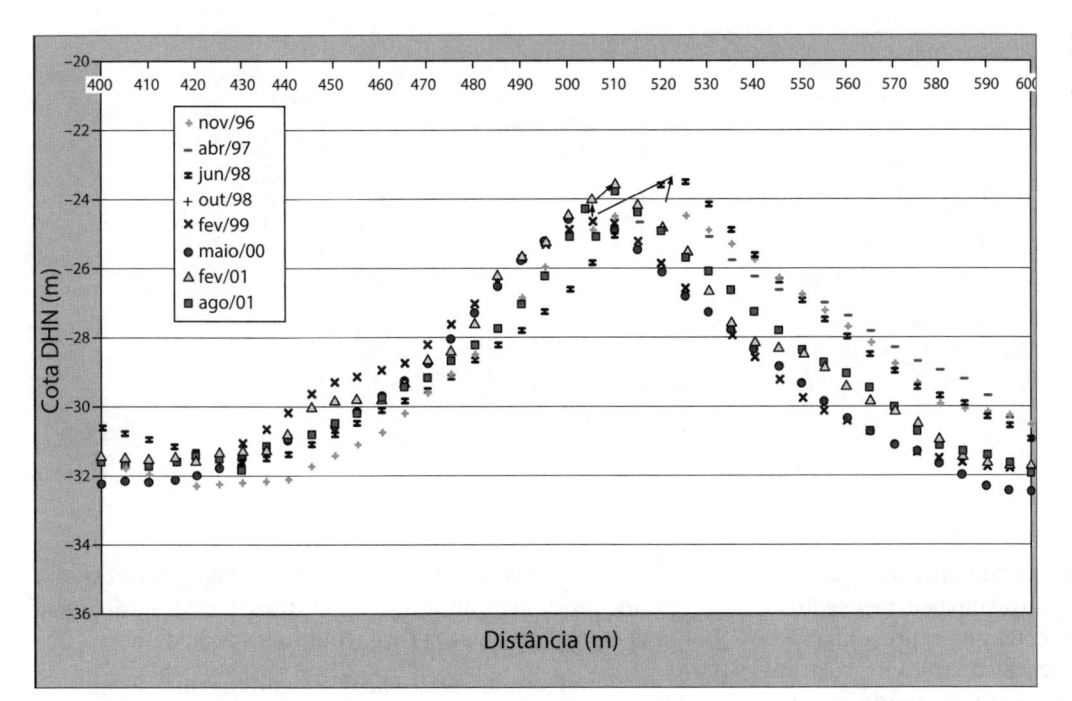

Figura 4.44
Elevação da migração longitudinal da terceira onda da Área IV.

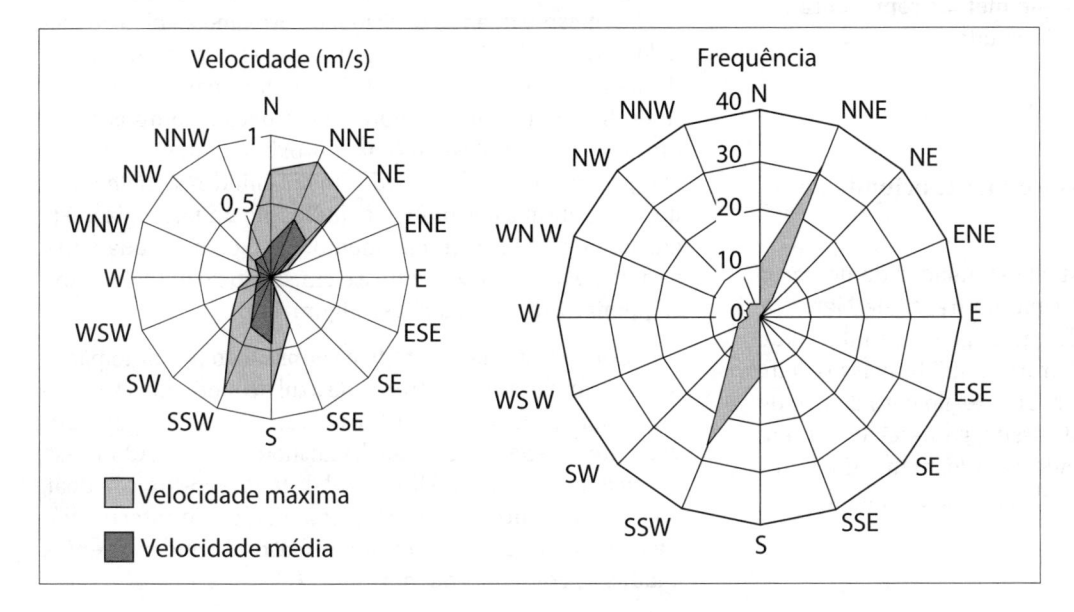

Figura 4.45
Rosa das velocidades de maré (m/s) no Ponto A4 (a 20 m do fundo) nos dias 5 a 26 de abril de 1991.

4.5.5 Estudo da dispersão de efluentes de emissários submarinos na Baixada Santista (SP)

4.5.5.1 INTRODUÇÃO

No presente estudo, são apresentados alguns resultados dos vários ensaios realizados em modelo físico. Este trabalho regional abrange a área costeira entre a Praia do Forte (município de Praia Grande) e a Praia da Enseada (Guarujá), interessando a disposição oceânica e o impacto sobre as costas dos municípios de Praia Grande, São Vicente, Santos e Guarujá.

O modelo físico da Baía e Estuário de Santos e São Vicente foi construído, calibrado e validado para os estudos do projeto PROBIO (MMA/Banco Mundial/GEF/CNPq), com o intuito de produzir diagnóstico sobre os efeitos da elevação do nível do mar, decorrente do aquecimento global da atmosfera sobre a região (ver Figura 2.27).

A bacia em que está instalado o modelo físico conta com geradores de ondas e de marés. O registro da agitação de ondas é feito por pontas capacitivas e circulação de correntes com micromolinetes de fibra ótica (ver Figura 2.28). Para a reprodução das correntes de maré, criou-se um software no próprio Laboratório de Hidráulica da Escola Politécnica da USP. O esquema de funcionamento da maré no modelo é mostrado na Figura 4.46. A aquisição de dados a analisar é feita digitalmente na cabine de operações situada em um canto do modelo. Também dispõe de uma instalação zenital para a documentação fotográfica e de vídeo, cobrindo a área principal do modelo.

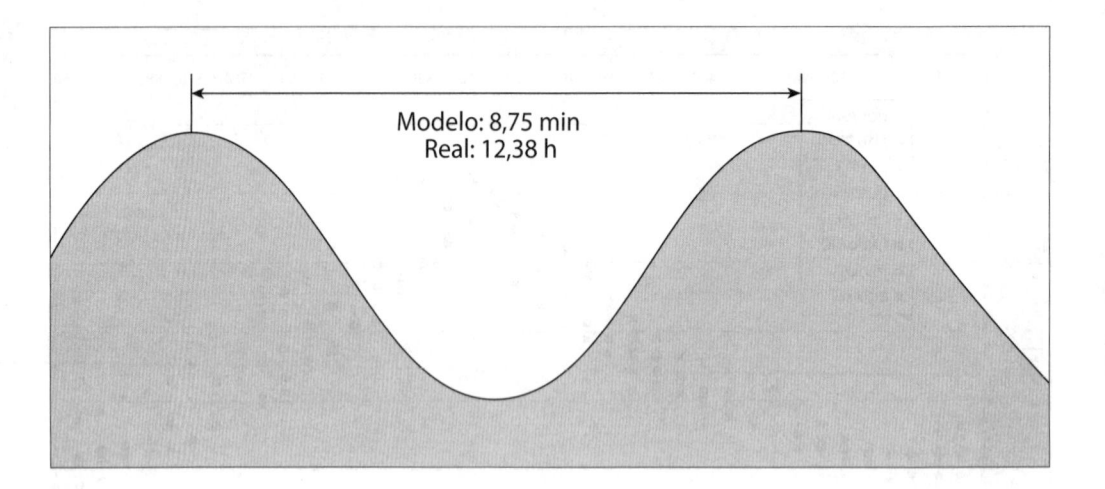

Figura 4.46
Equivalência da duração da onda
de maré no modelo e no real.

Modelo: 8,75 min
Real: 12,38 h

O objetivo geral foi o desenvolvimento de uma metodologia de avaliação de dispersão de despejo de esgoto em modelo físico. Para tanto, as técnicas de representação de descarga do efluente com a utilização do traçador colorimétrico azul de metileno foram aprimoradas, sendo avaliados conceitualmente dispositivos que melhor representaram a condição de vento na região de estudo.

4.5.5.2 RESULTADOS

Simulação da descarga de efluente oriundo de emissário submarino

Para a elaboração do sistema simulador de descarga de efluente, utilizou-se o princípio do frasco de Mariotte. Este frasco apoia-se no fato de que as pressões interna do recipiente e externa a ele tendem a se equilibrar. Isso é feito por meio de um tubo que insere ar externo para dentro do recipiente (Figura 4.47). Sendo assim, garante-se o preenchimento do tubo com ar quando há escoamento do fluido, tornando a pressão na extremidade do tubo igual à pressão atmosférica.

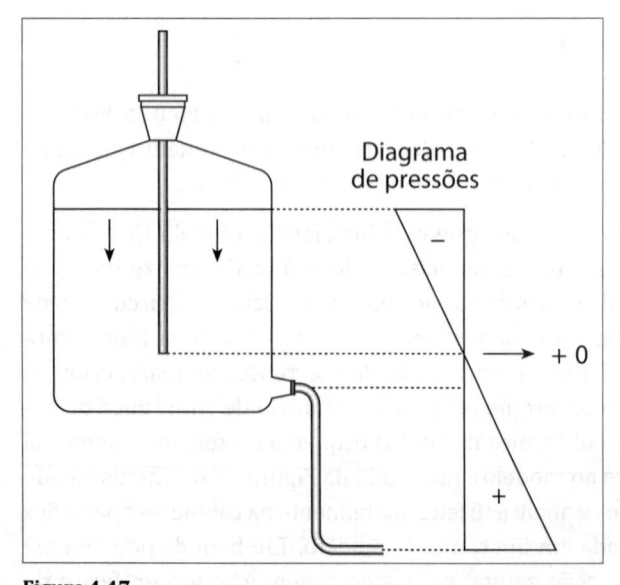

Diagrama
de pressões

−

+ 0

+

Figura 4.47
Esquema de funcionamento do frasco de Mariotte.

Quanto às diferentes vazões necessárias para o estudo, foram obtidas variando a altura do frasco para se adicionar uma maior (ou menor) carga hidráulica ao sistema.

Notou-se que o frasco acoplado diretamente ao emissário conferia ainda vazões muito altas (aproximadamente 5 L/h), mesmo quando posicionado próximo ao piso do modelo. Para isso, foi desenvolvida uma peça que tem a finalidade de dissipar a energia excedente, permitindo o posicionamento do frasco a alturas maiores. Essa peça é composta por um tubo fino de plástico (com aproximadamente 50 m de comprimento) que é enrolado em um cilindro semelhante a uma serpentina, permitindo a dissipação uniforme da energia ao longo de seu comprimento. Ela é posicionada entre a saída do frasco de Mariotte e o emissário do modelo, como esquematizado a seguir (ver Figura 4.48).

Com o sistema montado e calibrado, o próximo passo foi determinar a concentração de azul de metileno a ser empregada nos ensaios, porque essa variável afeta significativamente a dispersão da mancha no modelo físico. Adotou-se a concentração de 0,25% de azul de metileno como a ideal, pois tal concentração confere uma dispersão intermediária da mancha, compatível com cenários de ondas e ventos aliados às correntes de marés.

4.5.5.3 REPRESENTAÇÃO DO VENTO NO MODELO FÍSICO DA BAIXADA SANTISTA

O principal parâmetro que induz a fortes ondas na região da Baixada Santista é o vento, sobretudo os ventos de SW provenientes de passagens de frentes frias.

Para simular essa situação, foi construído um túnel de vento como mostra a Figura 4.49. O túnel é feito com placas de acrílico (comprimento total de 7,5 m e largura de 3 m), o que permite a sua montagem e desmontagem. As laterais são removíveis e servem para evitar o escape do vento, podendo ser posicionadas a alguns milímetros acima do nível de água do modelo, com o auxílio de grampos (ver Figura 4.49). Em outras partes, a placa lateral foi substituída por um plástico cristal para permitir melhor ajuste nas áreas em que não há o contato com a água. O sistema está apoiado em calantes usados para ajustar as placas sobre o modelo. O túnel de vento está posicionado com rumo de 232°30', posição representativa de vento proveniente de SW. A velocidade do exaustor foi calibrada de acordo com os resultados de modelação numérica (Harari e Gordon, 2001):

- Maré de sizígia do dia 7 de fevereiro de 1997 às 19h locais, correspondendo na Tábua de Marés a uma vazante de 1,3 m de amplitude (marégrafo de Torre Grande) – preamar de 1,4 m às 15h36 e baixamar às 21h32.

- Ventos intensos reproduzindo aproximadamente o efeito de frentes frias, com ventos de SW 50 km/h na Baía de Santos.

- Sobrelevação devida aos ventos de 50 cm no nível do mar além da previsão da Tábua de Marés.

O campo de circulação de correntes vigente nessa situação descrita nos resultados da modelação numérica apresenta os seguintes aspectos mais notáveis:

- Junto à embocadura do Canal do Porto observa-se uma deflexão das correntes de maré associadas às eólicas em um rotacionamento horário rumo à Ponta da Praia. Esta convergência das correntes resultantes atinge valores de até 60 cm/s no real, correspondendo no modelo a 4,2 cm/s.

- Nas proximidades da Ilha das Palmas também se observam velocidades convergentes à costa da mesma ordem de grandeza.

- Como se pode observar na Figura 4.50, o túnel de vento atua sobre uma área na qual os resultados do modelo numérico indicam correntes resultantes rumo à costa.

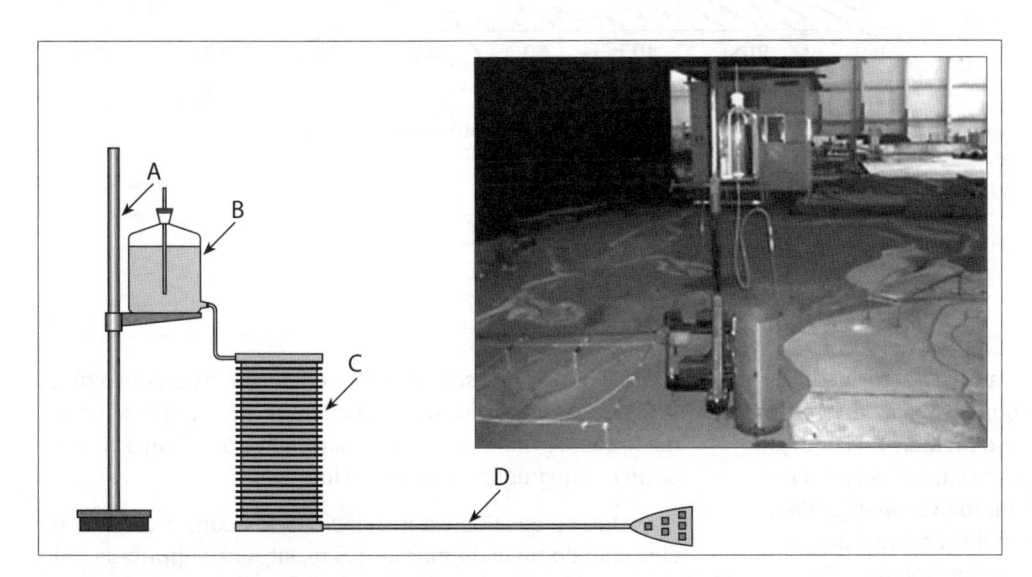

Figura 4.48
À esquerda, esquema do sistema composto por um pedestal (A), frasco de Mariotte (B), cilindro dissipador de energia (C) e tubo de aço inox (D), representando o emissário. À direita, foto do sistema no modelo físico.

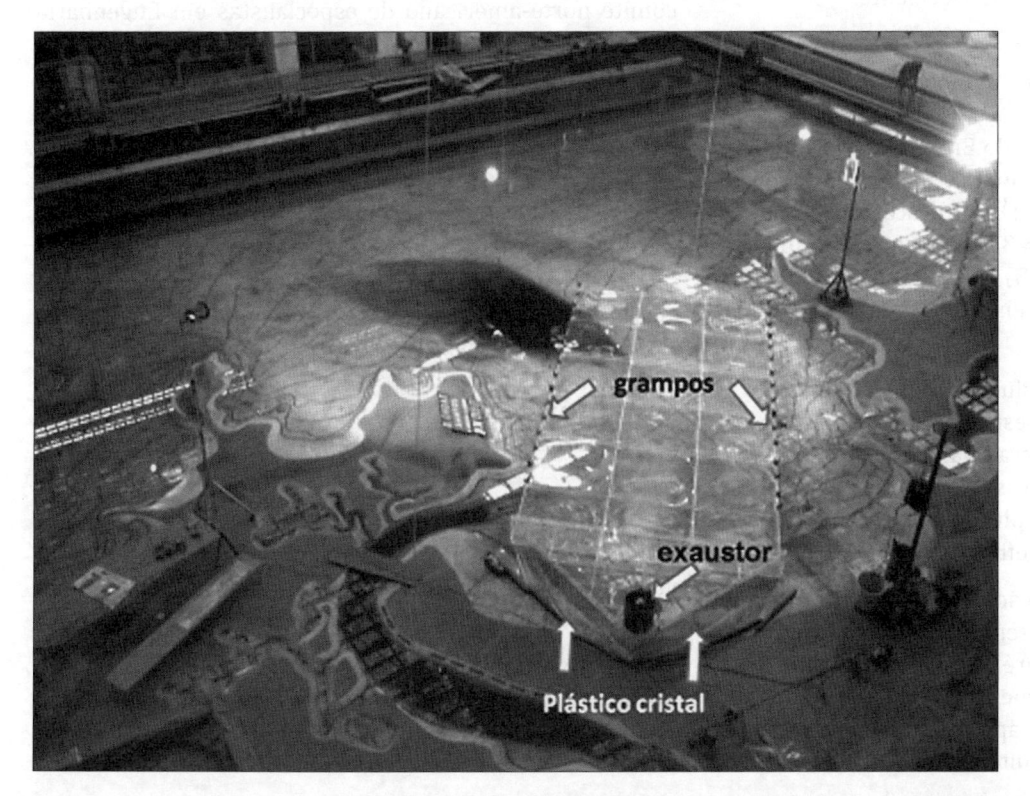

Figura 4.49
Foto do túnel de vento simulando a ação de vento sobre a pluma.

Figura 4.50
Resultado da modelação numérica e
posição da inserção do túnel de vento.

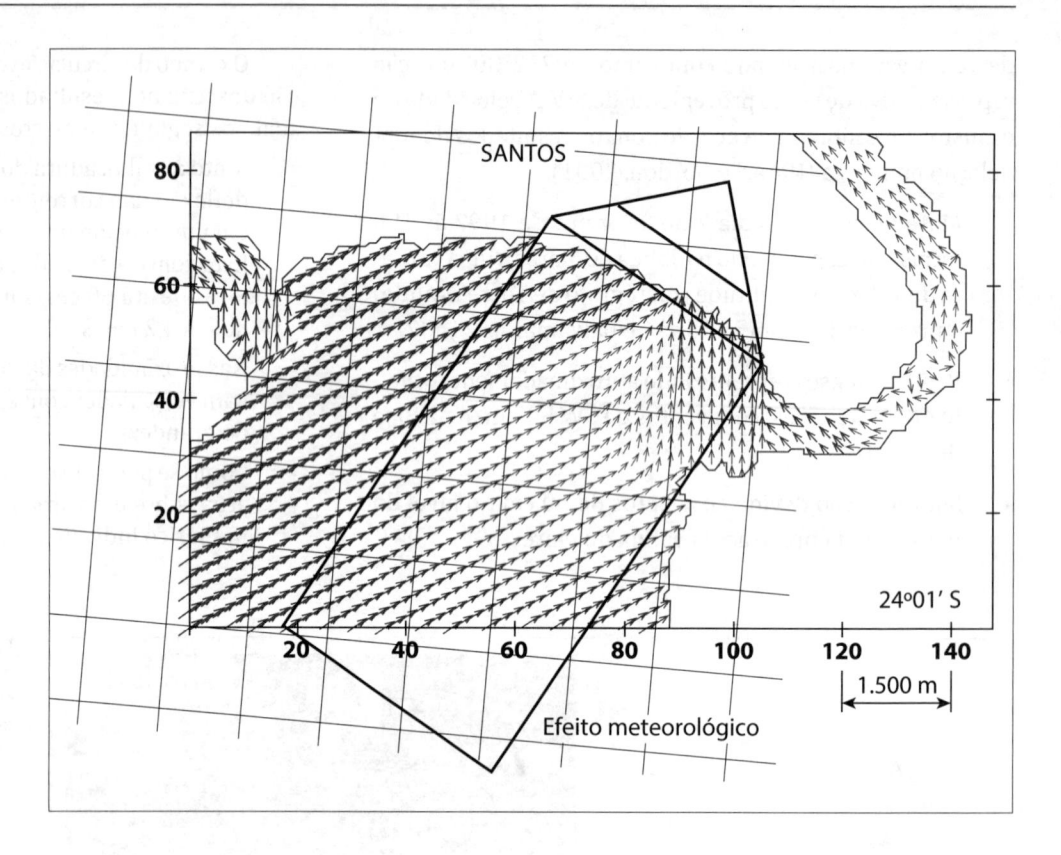

Esse ajustamento deu-se por tentativa e erro, medindo-se as velocidades na água correspondentes às diferentes rotações do exaustor, escolhendo-se o melhor. Tal condição foi monitorada por meio de uma ponta capacitiva para medição do nível de água em ponto homólogo ao marégrafo da Torre Grande e por derivadores para a estimativa das velocidades nos pontos mencionados anteriormente.

4.5.5.4 EMISSÁRIO DE SANTOS

Sobre a possibilidade de extensão do Emissário de Santos, testes com diferentes comprimentos (4 e 5 km) e vazão máxima de descarga ($Q_{máx}$ = 5,6 m³/s) e descarga volumétrica média de operação ($Q_{média}$ = 3,5 m³/s) foram simulados (ver Figuras 4.51(A) e 4.51(B), respectivamente). Em ambos os casos, a condição de vento de SW foi simulada com o rumo à praia.

Esses testes ilustram que a pluma do efluente tende a se dispersar em direção ao mar, especialmente para o cenário de vazão média 3,5 m³/s. Para a vazão máxima, parte da pluma retorna ao Canal de Acesso ao Porto. Esse resultado confirma a presença de uma pluma com maior dimensão para uma descarga maior de efluente.

A comparação com a condição de 5 km de extensão mostra que a dispersão tende a seguir para o mar aberto (menor ação de correntes de maré enchente e transporte de ondas) em razão do prolongamento do emissário, mostrando uma tendência similar ao apresentado na situação atual de 4 km, mas com menor intensidade de dispersão

rumo à praia. Os resultados da modelação física com o túnel de vento mostraram que a dispersão no campo afastado neste cenário adverso poderia ser melhorada com o aumento no comprimento do emissário.

Outros ensaios estão relacionados com o cenário de elevação do nível do mar de 1,5 m, situação apontada pelo comitê norte-americano de especialistas em Engenharia Costeira [U.S., NRC (1987)] como mais crítica para o ano de 2100. Dessa forma, os ensaios simularam este cenário sem o prolongamento do emissário (comprimento atual de 4 km) e vazão máxima de projeto de 5 m³/s (Figura 4.52). Esses ensaios foram realizados com ação do vento SW rumo à praia, bem como sem atuação do vento.

Observa-se, na figura, que a pluma apresenta melhor dispersão rumo ao mar aberto na situação sem vento, havendo o retorno de parte da pluma tanto para o Canal de Acesso ao Porto quanto para o Canal de São Vicente, situação que também ocorre para o ensaio 30 com vento SW. Neste ensaio, a pluma concentra-se na parte central e área externa da baía, porém sem a dispersão apresentada no ensaio 31.

Para a situação atual de funcionamento do Emissário de Santos, a vazão média de 3,5 m³/s tem a dispersão favorecida no caso do prolongamento do Emissário, sem a atuação de vento SW (Figura 4.53).

Na referida figura, observa-se que o prolongamento propicia uma melhor dispersão da pluma. Na situação atual, há o retorno da pluma para o interior da baía e em direção a Ponta Grossa e Ponta Rasa.

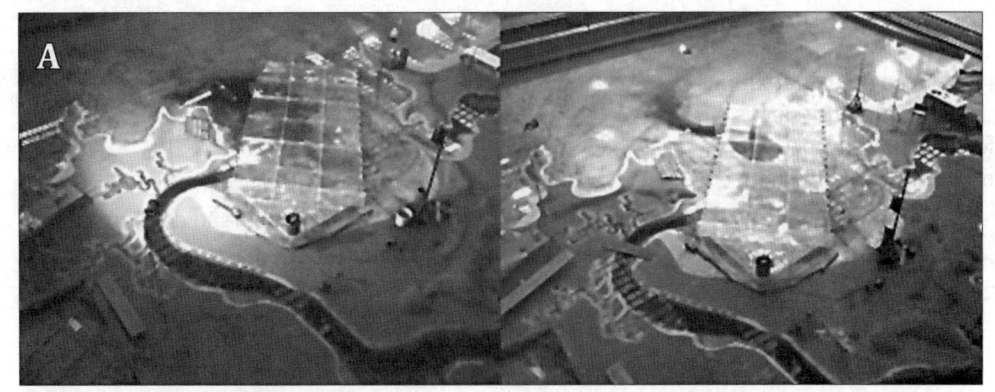

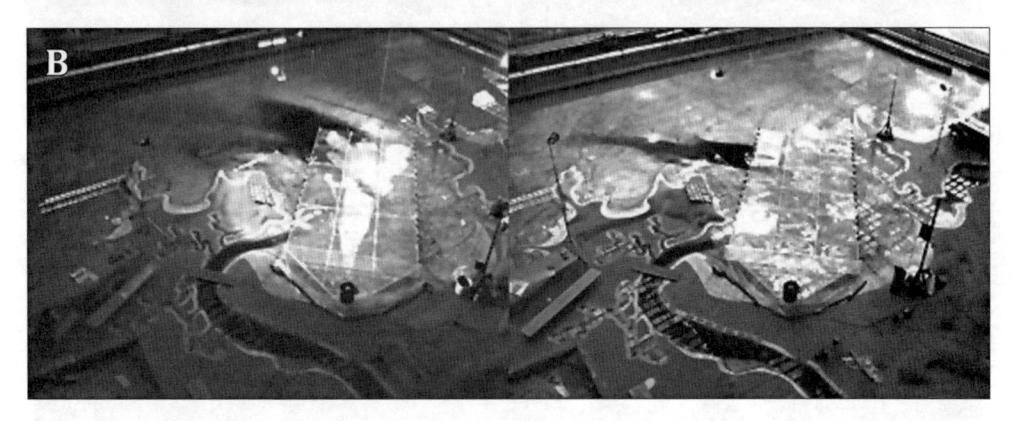

Figura 4.51
(A) Ensaios no Emissário de Santos com 4 km de extensão. À esquerda, vazão máxima (5,6 m³/s) e à direita com vazão média de operação (3,5 m³/s). (B) Ensaios em Santos com 5 km de extensão. À esquerda, vazão máxima (5,6 m³/s) e à direita com vazão média de operação (3,5 m³/s).

Figura 4.52
Ensaios de elevação média do nível do mar em Santos com emissário de 4 km. À esquerda com simulação de vento rumo à praia; à direita sem vento.

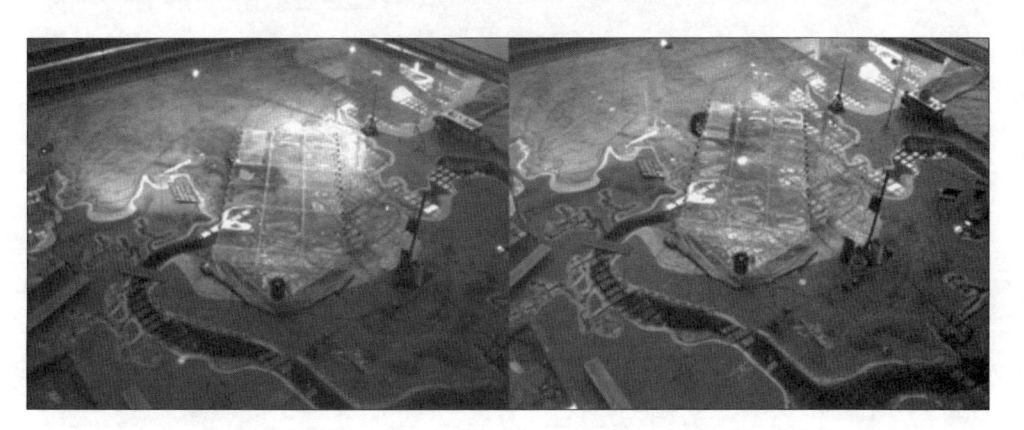

Figura 4.53
Ensaios no Emissário de Santos com vazão média atual de operação (3,5 m³/s). À esquerda, comprimento atual do Emissário de 4 km; à direita, emissário com extensão total de 5 km.

4.5.5.5 CONCLUSÕES

Os ensaios em modelo físico para a avaliação da dispersão da pluma de efluente oriundo de descarga de emissários submarinos mostraram-se uma ferramenta importante para a tomada de decisão quanto ao sistema de saneamento adotado no litoral paulista.

As simulações na área do Emissário de Santos mostraram que a pluma do efluente apresenta a tendência de uma dispersão rumo ao mar para os cenários de vazão média atual. Para um cenário de elevação relativa do nível do mar e prevendo-se um aumento de vazão, parte da pluma retorna ao Canal de Acesso ao Porto de Santos.

Avaliando-se a extensão do Emissário em mais 1 km e com a atuação do vento de SW, a dispersão da pluma é melhorada para o cenário de vazão média, assim como para o de elevação relativa do mar.

HIDRÁULICA FLUVIAL

Visualização do escoamento no Pedral de Sumaúma (1999), no Rio Araguaia (TO).
Modelo físico com escala horizontal 1:200 e escala vertical 1:50 na vazão de 14.000 m³/s.

*[...] si sentì un forte boato: il fiume aveva rotto
l'argine maestro, [...] Dove prima la gente
gioiva è un'immensa laguna di morte.*

Il 14 novembre 1951. (Manchete de jornal por ocasião
da maior cheia do Rio Po em tempos contemporâneos.)

LISTA DE SÍMBOLOS

A amplitude do meandro: distância, medida transversalmente ao vale, entre os ápices sucessivos no eixo

$\bar{A}$ área hidráulica

B largura do canal na superfície

c concentração do material em suspensão à distância y do leito; coeficiente que depende da natureza petrográfica do sedimento

c_0 concentração de referência à distância $y_0 = 0,05$ h do leito

C coeficiente de Chézy; comprimento do vale

d distância do fundo em que se verifica a tensão máxima de arrastamento nos lados de um canal

D granulometria do material transportado; dimensão característica dos sedimentos do leito (normalmente D_{50} ou D_m, ou seja, mediano ou médio)

D_{50} diâmetro dos sedimentos em que 50% do peso dos grãos têm dimensões inferiores

D_{90} diâmetro dos sedimentos em que 90% do peso dos grãos têm dimensões inferiores

D^* diâmetro sedimentológico

F relação entre largura do canal na superfície e profundidade média

g aceleração da gravidade

h profundidade média

i declividade do fundo

J declividade da linha de energia

J' declividade da linha de energia efetiva

J'' declividade da linha de energia dissipada nas conformações de fundo

k constante de Von Karman (= 0,4 em água límpida = 0,2 em água muito turva)

k_s rugosidade equivalente do leito

k'_s rugosidade equivalente superficial

k''_s rugosidade equivalente de forma

K coeficiente de Strickler

K_d coeficiente para obter a altura em que ocorre a tensão máxima de arrastamento nos lados do canal

K_M coeficiente para obter a tensão máxima de arrastamento no fundo do canal

K'_M coeficiente para obter a tensão máxima de arrastamento nos lados do canal

l largura no fundo do canal

L desenvolvimento da curva de um canal

M porcentagem de argila e silte presente no perímetro da seção

n coeficiente de Manning

$\bar{P}$ perímetro molhado

q vazão específica

q_{ss} vazão sólida em suspensão por unidade de largura

q'_{sf} vazão sólida em peso submerso por unidade de largura

q^* parâmetro da fase líquida na fórmula de resistência ao escoamento de Brownlie

Q vazão líquida

Q_m vazão média anual

Q_s vazão sólida total

Q_{sf} vazão sólida de fundo

Q_{ss} vazão sólida em suspensão

R raio de curvatura medido a partir do eixo do canal (ou talvegue)

$R_{\text{cônc}}$ raio de curvatura da margem côncava

R_{conv} raio de curvatura da margem convexa

R_H raio hidráulico

u_* velocidade de atrito do escoamento

v velocidade local do escoamento à distância y do fundo

v_m velocidade média do escoamento; velocidade média do escoamento na curva

w velocidade de queda, sedimentação ou decantação das partículas de sedimento

x distância percorrida; abscissa medida a partir da margem convexa

X_1 número de Reynolds de atrito da partícula

X_2 parâmetro de Shields

y distância do leito

z expoente da lei de Rouse

Δz sobre-elevação do nível d'água na margem côncava

Δ altura da duna

γ peso específico do líquido

γ_s peso específico dos grãos

γ'_s peso específico submerso dos grãos

Λ comprimento da duna

θ ângulo de repouso do sedimento

μ viscosidade dinâmica da água

ν viscosidade cinemática da água

Ξ parâmetro adimensional de intensidade de atrito

ρ massa específica da água

ρ_s massa específica do material granular

σ_g desvio-padrão da distribuição granulométrica

τ tensão de arrastamento

τ_0 tensão de arrastamento do escoamento sobre o leito

τ_M tensão máxima de arrastamento no fundo

τ'_M tensão máxima de arrastamento nos lados

Φ ângulo de talude com a horizontal, parâmetro adimensional de transporte

CAPÍTULO 5

TRANSPORTE FLUVIAL DE SEDIMENTOS

Visualização do escoamento pelo vertedor no modelo físico da Barragem da Usina Hidroelétrica de Jirau (2011), no Rio Madeira (RO).

5.1 INTRODUÇÃO

5.1.1 Considerações gerais

Enquanto os fenômenos hidráulicos dos escoamentos com fronteiras fixas são suscetíveis de uma representação analítica bem definida, de acordo com as leis da hidrodinâmica, o mesmo não ocorre nos escoamentos com fronteiras móveis, pois nestes casos existe influência recíproca entre o escoamento e sua fronteira. Sendo autores de sua própria geometria, os escoamentos bifásicos (sólido-líquido) com fronteiras móveis constituem um fenômeno que obedece a um mecanismo muito complexo, cuja formulação analítica ainda não é suficientemente abrangente, tendo-se que recorrer, em muitos casos, a métodos empíricos para o seu estudo.

Considerando um escoamento à superfície livre constituído por fronteiras móveis compostas por material incoerente, à medida que o escoamento adquire energia suficiente para iniciar o transporte sólido (condição crítica), o material de fundo começa a se mover e é transportado no sentido do escoamento. O movimento do material corresponde a uma quantidade de material sólido transportado na unidade de tempo – vazão sólida – e será tanto maior quanto maior for a energia do escoamento, que é proporcional à velocidade do escoamento. Para estágios de transporte sólido estabelecido, surgem ondulações na superfície do fundo que se distribuem irregularmente, acarretando alterações da rugosidade e, consequentemente, na resistência ao escoamento, o que, por seu turno, vai afetar a vazão líquida. Para valores suficientemente elevados da velocidade de escoamento, as partículas mais finas do fundo podem entrar em suspensão no meio do líquido, afetando as pulsações turbulentas do escoamento, o que também influi na vazão líquida. Assim, percebe-se uma intensiva ação recíproca entre as duas fases, condicionada basicamente por parâmetros relativos ao escoamento, aos sólidos e ao fluido.

Neste curso, é dada ênfase ao estudo do transporte sólido à superfície livre por correntes unidirecionais uniformes com sedimentos soltos, ou seja, sem coesão (incoerentes), considerando basicamente situações bidimensionais.

5.1.2 Condicionantes do transporte de sedimentos

De modo geral, o transporte sólido depende de condicionantes hidráulicas (correntes e ondas), hidrometeorológicas, sedimentológicas, geomorfológicas (geologia e topobatimetria), de recobrimento vegetal das bacias hidrográficas e da influência antrópica. As condicionantes hidráulicas, hidrometeorológicas e a influência antrópica são agentes ativos, enquanto as demais são passivas. Trata-se de escoamentos essencialmente não permanentes, tridimensionais e de fronteira variável no espaço e no tempo.

A ação da água é o agente ativo, além da ação antrópica, que causa, ou afeta diretamente, a erosão. Assim, as águas de chuva (ver Figura 5.1) podem ter efeitos variados, dependendo de sua intensidade, quantidade, duração e frequência. De fato, uma chuvada pode produzir acentuado efeito erosivo no solo, e se a mesma quantidade precipitada se distribuir em um tempo maior, ocorrerão menores estragos, pois as gotas terão menor peso e não terão tanto impacto. Além disso, haverá o encharcamento progressivo do solo com infiltração, sem a formação das enxurradas que tendem a lavar o solo. O escoamento das águas pluviais se subdivide na infiltração pelo terreno e no escoamento superficial, e se caracteriza pela sazonalidade hidrológica (grandes vazões sólidas nos períodos de chuvas) e pelo abatimento do pico de vazão de cheia, quanto maior for a parcela de água infiltrada.

As características sedimentológicas do solo dizem respeito à forma de sua curva granulométrica (estrutura) e dos grãos (textura), sendo os sedimentos mais facilmente erodidos as areias finas de curva granulométrica uniforme (bem

Figura 5.1
Escoamento da água na superfície do solo. Efeito erosivo nas barrancas do Rio Mogi em Cubatão (SP) na década de 1980 (São Paulo, Estado/DAEE/SPH/CTH).

Tabela 5.1 Dados sobre erosão	
Tipo de cobertura vegetal	**Quantidade de material removido (kg/ha/ano)**
Mata virgem	1~4
Mata explorada (madeira etc.)	220
Pastagem	4.000
Algodoal	24.800
Mamona	41.500
Feijão	38.100
Mandioca	33.900
Amendoim	26.700
Arroz	25.100
Soja	20.100
Cana	12.400
Café	20.000

selecionadas/mal graduadas) e grãos arredondados, que também facilitam a infiltração, enquanto as argilas resistem por coesão à erosão e impedem a infiltração. As características topobatimétricas de aumento da declividade e do comprimento da rampa produzem aumento da erosão pelo escoamento superficial veloz e pouca infiltração, dependendo da rugosidade da superfície, estando correlacionadas à ação da gravidade no deslocamento de cada partícula em função do seu peso. As características geológicas estão ligadas à consistência dos materiais, ao comportamento na infiltração e no escoamento superficial, à espessura e ao ângulo de mergulho da camada e às fraturas existentes. A cobertura vegetal protege o solo contra a erosão pluvial (ver Tabela 5.1), aumentando a evapotranspiração e a infiltração e, consequentemente, reduzindo o escoamento superficial, além do efeito de interceptação. Considera-se a produção de sedimentos (kg/ha/ano) muito baixa (<50), baixa (de 50 a 700), moderada (de 700 a 2.000), alta (de 2.000 a 4.000) ou muito alta (acima de 4.000).

Essa tabela evidencia como a maior biodiversidade das espécies (mata virgem) fornece maior proteção ao solo, com vegetais de diferenciadas dimensões (sub-mata), em vez de mata muito homogênea e pobre na diversidade. De fato, raízes superficiais são importantes para estruturar o solo e evitar erosão.

5.1.3 A erosão por ação hidráulica

A erosão hídrica superficial se subdivide em:

- Erosão pluvial produzida pelo impacto das gotas de chuva caindo em superfícies desprotegidas, desintegrando parcialmente os componentes naturais do solo, liberando partículas finas que são projetadas a uma certa distância.

- Erosão laminar, que se produz nas chuvadas em que o solo superficial encontra-se saturado. Caracteriza-se por um desgaste suave e uniforme da camada superficial em toda a sua extensão.

- Erosão generalizada por escoamento difuso caracterizado por sulcos, ravinas ou dedos (ver Figura 5.2), que se infiltram após pequeno percurso, depositando os sedimentos transportados já desagregados. Quando os filetes percorrem maiores distâncias, transportando maior quantidade de material, ocorre o escoamento difuso intenso, que vai se aprofundando e concentrando.

- Erosão por escoamento concentrado pode ser oriunda da falta de boa estrutura do solo com camada impermeável profunda, vindo a se formar sulcos profundos, cujos deslizamentos podem produzir as voçorocas (ver Figura 5.3).

A erosão por remoção em massa é entendida como movimentos de grandes quantidades de materiais de formações superficiais e de rochas sob a ação combinada de gravidade e saturação da água, podendo ser subdividida em:

Na Figura 5.4, estão apresentadas fotos referentes aos grandes processos de remoção em massa que ocorreram na Bacia Hidrográfica do Rio Santo Antônio, em Caraguatatuba (SP). Nas grandes corridas de detritos (*debris flow*) o material, desde terra até grandes matacões e árvores inteiras, é arrastado encosta abaixo pelos eventos de chuvas extremas em taludes muito íngremes, como ocorreu em 18 de março de 1967 em Caraguatatuba (SP).

Na Figura 5.5 está representada a Bacia do Rio Aguapeí, no Estado de São Paulo, e a perda de solo estimada em coletas efetuadas de 1972 a 1991 (FIGUEIREDO, 1993).

Figura 5.2
Erosão em sulcos, ravinas ou dedos.
Terrenos desnudos na periferia da cidade
de São Paulo (década de 1980) (São
Paulo, Estado/DAEE/SPH/CTH).

Figura 5.3
Infraestruturas mal concebidas dão
origem a ravinas e até voçorocas gigantes
(São Paulo, Estado/DAEE/SPH/CTH.).

Figura 5.4
Efeitos de erosão por remoção em massa
nas vertentes da Bacia Hidrográfica do
Rio Santo Antônio, em Caraguatatuba
(SP), após a catástrofe de março de 1967.
(A) e (B) Fotos de 1971 evidenciando os
aludes nas encostas e o cone de dejeção
aluvial na Planície Costeira.

Figura 5.4

Efeitos de erosão por remoção em massa nas vertentes da Bacia Hidrográfica do Rio Santo Antônio, em Caraguatatuba (SP), após a catástrofe de março de 1967 (continuação).

(C) Foto de 1996 em que ainda são visíveis as cicratizes na vegetação e a ocupação urbana de alto risco.

(D) e (E) Fotos de 1971 evidenciando a alta declividade das encostas.

(F) Foto de 1996 mostrando a erosão no talude da rodovia dos Tamoios.

(G) e (H) Fotos de 1971 dos depósitos na planície (São Paulo, Estado/DAEE/SPH/CTH).

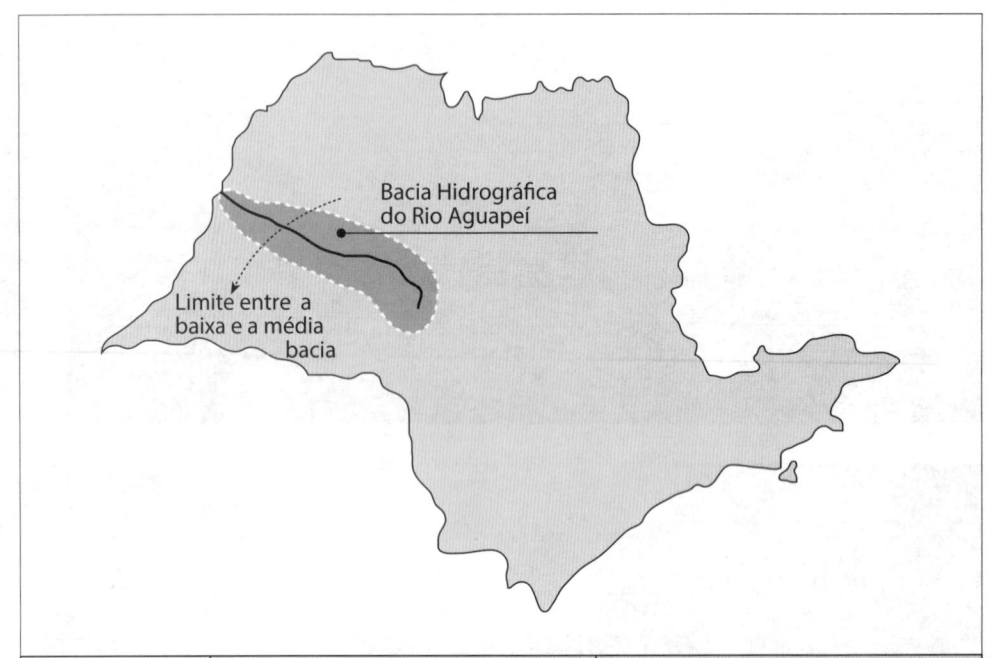

Bacia	Área de drenagem		Perda de solo de 1972 a 1991	
	(ha)	(%)	(t)	(%)
Alta	367.000	42,46	165.760.783	41,49
Média	497.300	57,54	233.814.599	58,51
Alta e média	864.300	100,00	399.575.382	100,00

Na Figura 5.6 são apresentadas imagens de mineração de areia no Rio Douro (Portugal), cuja atividade produziu o desabamento de uma ponte pela erosão do leito do rio.

A erosão fluvial consiste no transporte de sedimentos promovido no material do leito pela ação das correntes fluviais como agente morfológico, e o seu estudo é enfatizado neste curso. Considerando a Figura 5.7, verifica-se que as cabeceiras dos rios são compostas por sedimentos de dimensões maiores, como pedras, seixos e pedregulhos. À medida que são transportados, os materiais mais grosseiros sofrem desgaste e se fracionam em sedimentos de granulometria menor, areia grossa, média e fina, segregando-se paulatinamente rumo ao médio e baixo curso, havendo a geração de sedimento mais fino silteargilosos, que vem a se depositar nas áreas de menor turbulência como lama.

Figura 5.6
(B), (C) e (D) Mineração de areia no Rio Douro (Portugal).

Figura 5.6
(E) Mineração de areia no Rio Douro (Portugal).

Figura 5.7
Bacia hidrográfica e relacionamento com a produção de sedimentos.
(A) Foto de 2012 da Alta Bacia do Rio Marecchia em Nova Feltria (Itália).
(B) Foto de 1979 da Média Bacia do Rio Paraíba do Sul em Pindamonhangaba (SP) (São Paulo, Estado/DAEE/SPH/CTH).
(C) Foto de 2000 da foz do Rio Juqueriquerê entre Caraguatatuba e São Sebastião (SP) (BASE).

De modo geral:

- Na alta bacia há maior erosão e transporte de sedimentos, com forte degradação dos solos, representando grande fonte de sedimentos.

- Na média bacia a erosão diminui pelo decréscimo das declividades e pela menor intensidade das chuvadas, correspondendo à área de transferência de sedimentos, com formação de braços e meandros fluviais.

- Na parte baixa da bacia a maior parte dos sedimentos erodidos produz agradação, distribuindo-se os depósitos no leito e nas várzeas.

Na Figura 5.8 observam-se efeitos de erosão de margem e, na Figura 5.9, os efeitos de assoreamentos pelo fato de a produção de sedimentos a montante (aporte) superar a capacidade de transporte de sedimentos do rio.

5.1.4 A viabilidade de obras de Engenharia Hidráulica e o transporte de sedimentos

O transporte de materiais sólidos em escoamentos é importante para o estudo de viabilidade técnico-econômica e ambiental de um grande número de obras de Engenharia Hidráulica, podendo-se citar:

- Na Hidráulica Fluvial: obras de melhoria da geometria e cinemática do escoamento, visando navegação, controle de cheias, defesa das áreas ribeirinhas, estabilidade de obras fluviais, abastecimento de água, conservação do solo e da vegetação da bacia hidrográfica. Trata-se da construção de diques, espigões,

Figura 5.8
(A) Erosão em margem do Rio Ribeira de Iguape entre Sete Barras e Registro (SP), 1987.
(B) Erosão de margem no Córrego dos Meninos, Grande São Paulo, década de 1980 (São Paulo, Estado/DAEE/SPH/CTH).

Figura 5.9
Assoreamento ao longo do baixo curso do Rio Santo Antônio em Caraguatatuba (SP), na década de 1970 (São Paulo, Estado/DAEE/SPH/CTH).

soleiras, revestimentos de canais, cortes de meandros, dragagens e derrocamentos, estudos de canais e confluências.

- Nos aproveitamentos hidráulicos: assoreamento de reservatórios e tomadas d'água (ver Figuras 5.10 a 5.16), ensecadeiras (ver Figura 5.17), erosões junto às fundações de pilares de pontes (ver Figura 5.18) ou a jusante de vertedores de barragens (Figura 5.16),

decantação e difusão de sólidos em tratamentos d'água e efluentes, canais industriais ou de irrigação, abrasão de tubulações, bombas e turbinas, transporte sólido por conduto forçado (lododutos e minerodutos).

- Em Hidráulica Marítima: assoreamento de portos e canais navegáveis, defesa dos litorais contra erosões, serviços de dragagem podem ter como origem a alteração do balanço sedimentar fluvial.

Figura 5.10
Esquema em elevação do perfil longitudinal de formação de depósitos de sedimentos nos reservatórios com indicação dos principais impactos decorrentes. No limite da vida útil, o reservatório fica reduzido a fio d'água, sem capacidade de laminação das cheias. Em estágios intermediários de assoreamento, o volume de espera das cheias reduz a potência geradora de usinas hidroelétricas.

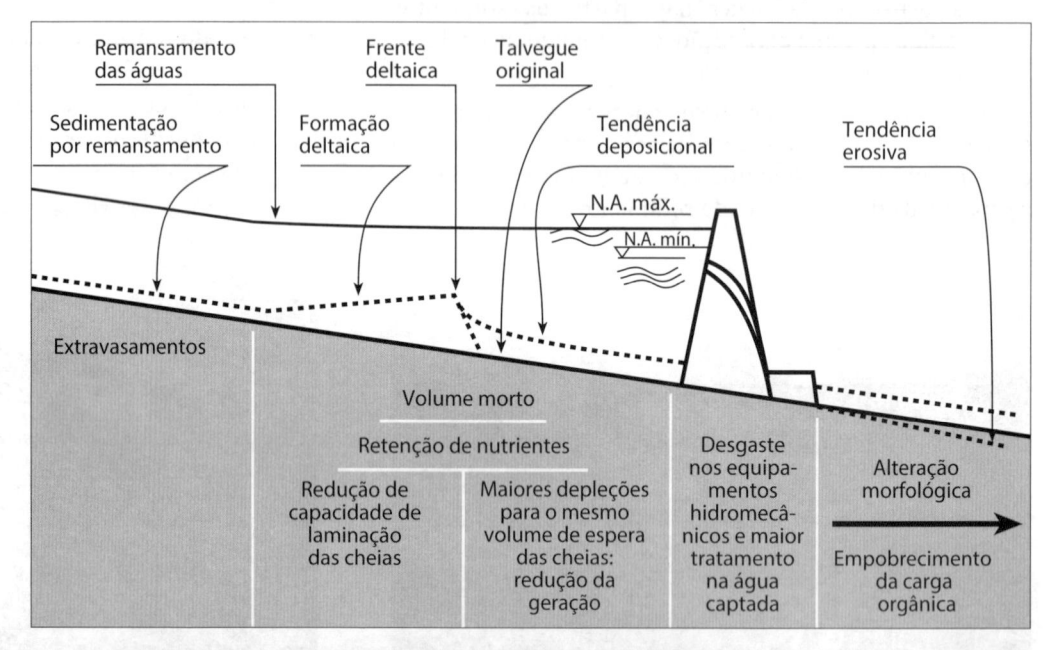

Figura 5.11
Barragem extravasora de gravidade de Itatinga do Porto de Santos, em Bertioga (SP).

Figura 5.12
Barragem de gravidade e extravasores de superfície e fundo da Pequena Central Hidrelétrica (PCH) Luiz Dias, em Itajubá (MG).

Figura 5.13
Canal de fuga das turbinas da PCH Luiz Dias.

Figura 5.14
(A) e (B) Barragem em arco de concreto armado de Ridracoli, na Região da Emilia-Romagna (Itália), observando-se a face de jusante com o extravasor de superfície, bacia de dissipação concretada e consolidação das ombreiras.

Figura 5.15
Vertedores da Barragem de Ilha Solteira (SP).

Figura 5.16
Casa de força, vertedores e barragem de terra de Corbara no Rio Tevere, em Orvieto (Itália).

Figura 5.17
Ensacadeira no Rio Grande na construção da Barragem de Água Vermelha (SP/MG) (São Paulo, Estado/DAEE/SPH/CTH/FCTH).

Figura 5.18
Erosão junto a pilar da ponte no Rio Perequê em Ilhabela (SP).

A eficiência de numerosas obras hidráulicas tem sido seriamente afetada, com prejuízos que vão até a inutilização total, por não terem sido devidamente considerados os problemas de transporte sólido.

5.2 MODALIDADES DO TRANSPORTE SÓLIDO

Costuma-se distinguir três modalidades em que é composto o transporte sólido total:

- Arrastamento de fundo: as partículas sólidas deslocam-se junto ao fundo por rolamento ou escorregamento sobre outras partículas, sem perder contato com o fundo.

- Suspensão: as partículas sólidas deslocam-se no meio do escoamento sem entrar em contato com o fundo.

- Saltitação: as partículas sólidas são alternadamente transportadas por arrastamento e em pequenos saltos.

Em geral, importa apenas considerar as duas primeiras modalidades, pois a saltitação constitui-se em uma modalidade híbrida das duas principais.

A velocidade das partículas transportadas por arrastamento é sempre muito menor do que a das transportadas em suspensão, aproximando-se esta da velocidade média do escoamento. Além disso, as partículas em suspensão deslocam-se permanentemente e as arrastadas movem-se de forma intermitente, alternando períodos de deslocamento com outros de repouso, em geral sob outras partículas do fundo.

A diferença de velocidades das partículas em suspensão e por arrastamento, aliada à circunstância de o transporte em suspensão fazer-se em toda a seção do escoamento, enquanto o transporte por arrastamento se processa apenas em uma camada relativamente delgada junto ao fundo, faz com que nos cursos d'água naturais a vazão sólida em suspensão seja, de modo geral, consideravelmente superior à vazão sólida por arrastamento. No alto curso, a vazão sólida em suspensão representa de 90% a 95% do transporte sólido total, reduzindo-se para 65% a 90% à medida que a erosão da bacia vai decrescendo por diminuição da declividade do curso d'água.

É a turbulência do escoamento que mantém o material em suspensão. As partículas são transportadas de baixo para cima quando a componente vertical da velocidade turbulenta é ascendente e maior do que a velocidade de decantação das partículas, e de cima para baixo em caso contrário.

A forma como ocorre o transporte sólido não proporciona uma nítida separação entre as modalidades, pois na prática estabelece-se uma continuidade entre o material transportado por arrastamento e em suspensão, reduzindo-se progressivamente a concentração desse último do fundo para a superfície. Nas mesmas condições hidráulicas, as partículas menores são transportadas em suspensão e as mais grosseiras, por arrastamento.

Algumas partículas muito finas podem ser transportadas sempre em suspensão, formando as denominadas suspensões coloidais, decantando somente sob a ação de forças físico-químicas que produzem a floculação (coagulação) das partículas. Esse é o caso da ação da água salobra sobre cargas sedimentares fluviais nos estuários, que, aumentando de dimensão (formam-se flocos com dimensões muito maiores do que as das partículas que os compõem), decantam formando depósitos característicos.

Na maioria dos escoamentos fluviais, é o material mais grosseiro, transportado por arrastamento, que condiciona a morfologia (forma) dos leitos. Já nos reservatórios ou em estuários, as condições podem modificar-se completamente, em virtude das baixíssimas velocidades no primeiro caso e do fenômeno da floculação no segundo.

5.3 EQUILÍBRIO DOS ESCOAMENTOS COM FUNDO MÓVEL

Nos cursos d'água, as vazões líquidas e sólidas não permanecem constantes, sendo as condições de fronteiras variáveis. Costuma-se denominar de equilíbrio dinâmico ou de regime a situação em que o leito, embora sujeito a variações sazonais, acaba por retornar periodicamente a uma topobatimetria semelhante.

Esse equilíbrio pode ser rompido por alterações nas condições de alimentação das vazões líquidas e sólidas, alterações das características do escoamento, ou por mudança na geometria dos canais. Porém, a tendência fluvial será sempre de buscar um novo equilíbrio em função das novas condições. A viabilidade das obras hidráulicas está estritamente relacionada com as previsões dessas modificações.

A modificação do equilíbrio fluvial com a construção de uma barragem é um exemplo bem característico (ver Figura 5.16). Em virtude do barramento, boa parte da carga sedimentar transportada deposita-se, ocasionando a elevação do leito (assoreamento) a montante. A jusante, a capacidade de transporte fluvial passa a ser maior do que o aporte sedimentar, por causa da maior energia cinética do escoamento em relação à situação original sem barramento e da retenção no reservatório, ocasionando uma tendência de aprofundamento do leito (erosão). Ambos os aspectos, se mal avaliados, podem ter graves consequências, reduzindo a vida útil e a eficiência do aproveitamento, ocasionando o solapamento de estruturas a jusante, como pilares de pontes, tomadas d'água e obras de proteção de margem, bem como da própria fundação do barramento. Por outro lado, a influência do barramento na regularização das vazões reduz a capacidade de transporte do rio como um todo, sendo possível que, mais a jusante da zona de erosões, o rio venha a apresentar deposições.

Outro exemplo comum é a modificação do regime fluvial como resultado do reflorestamento ou obras de controle de erosões na bacia hidrográfica contribuinte, o que tem sempre uma influência muito mais considerável na redução da vazão sólida do que na redução da vazão líquida, podendo produzir erosões ao longo do curso médio e baixo dos rios.

Em rios que se subdividem em vários braços, a ruptura do equilíbrio em um deles, como o aprofundamento do leito com consequente maior vazão líquida escoada, produzirá consequências nos demais, que, no caso, seriam a redução das vazões líquidas escoadas com prováveis deposições associadas.

5.4 CURVA-CHAVE SÓLIDA

As curvas-chave sólidas ou de sedimentos são influenciadas pela variação sazonal do regime fluvial ao longo do ano (período de cheias e estiagem), bem como por ciclos úmidos ou secos de longo período (plurianuais). Assim, para se obterem curvas-chave representativas, é importante que as medições abranjam toda a variação do nível d'água do período considerado, associadas aos respectivos valores de descarga sólida.

No traçado de uma curva-chave sólida, é conveniente o uso de gráfico bilogarítmico, em razão da grande dispersão dos dados e à grande variação dos valores entre mínimos e máximos. Normalmente, a dispersão de pontos é elevada, havendo uma grande variação de descarga sólida para uma mesma descarga líquida.

Nas Figuras 5.19 e 5.20 estão apresentados exemplos de correlações de vazões sólidas estabelecidas no trecho médio-superior do Rio Paraíba do Sul, entre Jacareí e Cachoeira Paulista, em quatro postos sedimentamétricos mantidos pelo DAEE, entre 1979 e 1982. Na Figura 5.21 estão apresentadas imagens da coleta de sedimentos do fundo com draga amostradora tipo Van Veen. Nas Figuras 5.22 a 5.24, estão apresentados aspectos das medições realizadas no Posto Rio Comprido, em Guaratinguetá (SP).

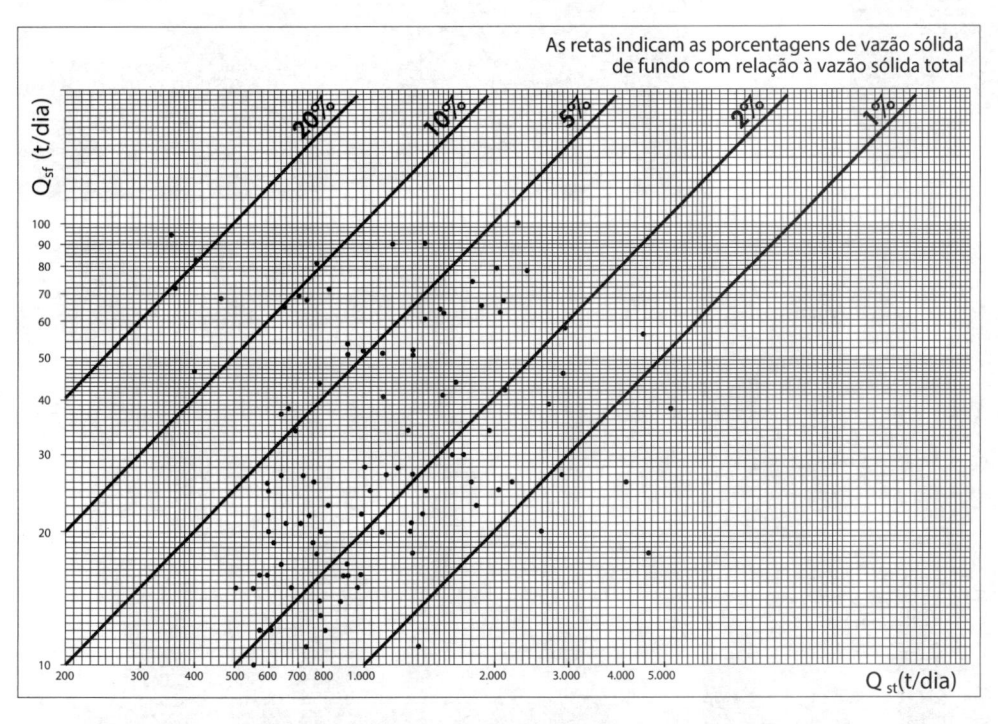

Figura 5.19
Correlação entre a vazão sólida de arrastamento de fundo e a vazão sólida total no trecho médio-superior do Rio Paraíba do Sul. (São Paulo, Estado/DAEE/SPH/CTH).

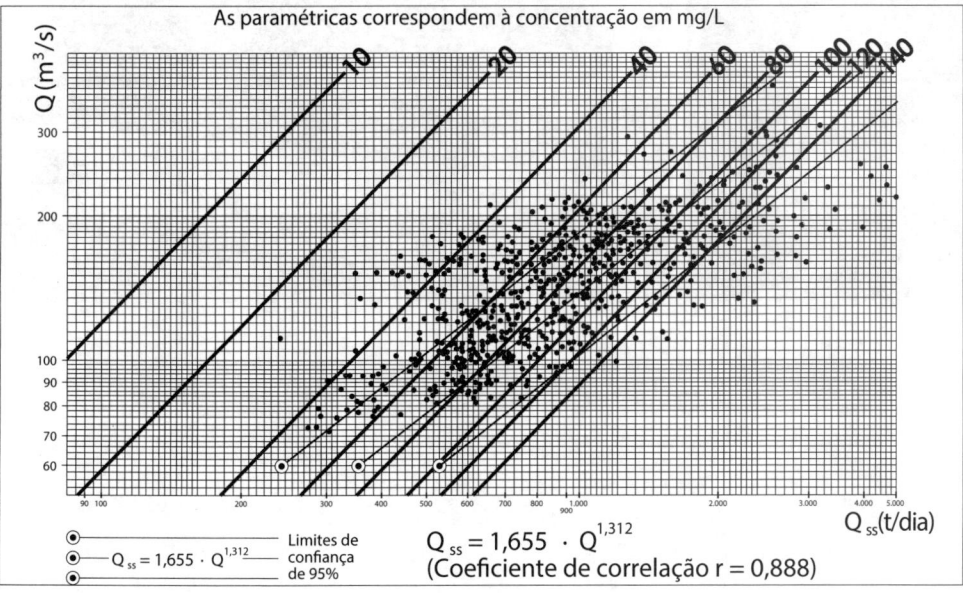

Figura 5.20
Curva-chave sólida entre a vazão líquida e a vazão sólida em suspensão no Posto Rio Comprido no Rio Paraíba do Sul, em Guaratinguetá (SP). (São Paulo, Estado/DAEE/SPH/CTH).

$$Q_{ss} = 1,655 \cdot Q^{1,312}$$
(Coeficiente de correlação r = 0,888)

Figura 5.21
Sequências de amostragem de sedimentos do fundo com draga amostradora Van Veen.
(A) Amostrador com mandíbulas armadas.
(B) Amostrador pronto para ser descido.
(C) Retorno do amostrador com as mandíbulas fechadas contendo a amostra.
(D) Retirada da amostra para análise.

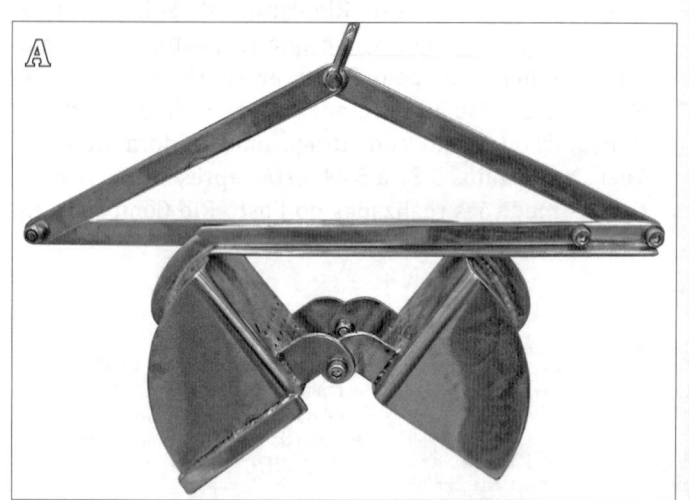

Figura 5.22
Pontão flutuante utilizado no Posto Sedimentométrico do Rio Comprido no Rio Paraíba do Sul, em Guaratinguetá (SP) (São Paulo, Estado/DAEE/SPH/CTH).

Figura 5.23
Descida de turbidissonda para coleta de sedimentos em suspensão no Posto Sedimentométrico do Rio Comprido no Rio Paraíba do Sul, em Guaratinguetá (SP) (São Paulo, Estado/DAEE/SPH/CTH).

Figura 5.24
Extração da garrafa amostradora
de sedimentos em suspensão
da turbidissonda no Posto
Sedimentométrico do Rio Comprido
no Rio Paraíba do Sul (SP) (São Paulo,
Estado/DAEE/SPH/CTH).

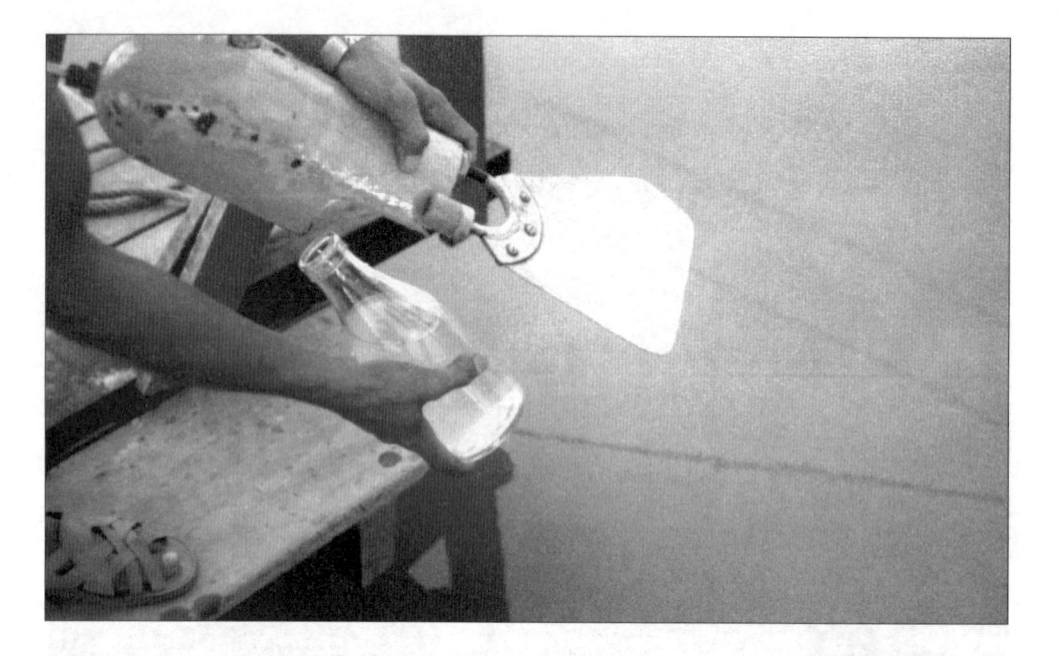

Figura 5.25
Operação de descida de aparelho
amostrador de vazão sólida de fundo
no Posto Sedimentométrico do Rio
Comprido no Rio Paraíba do Sul (SP)
(São Paulo, Estado/DAEE/SPH/CTH).

5.5 DISTRIBUIÇÃO DE TENSÕES DE ARRASTAMENTO NA FRONTEIRA

A distribuição de tensões de arrastamento, que o escoamento exerce sobre a fronteira, o leito e taludes, caracteriza-se pelos parâmetros:

τ tensão de arrastamento;

γ peso específico da água;

h profundidade da água;

$\overline{A}$ área molhada;

$\overline{P}$ perímetro molhado;

R_{H} raio hidráulico;

i declividade do canal.

A tensão de arrastamento no fundo em canal de largura indefinida é deduzida a partir do esquema de forças apresentado na Figura 5.26. O equilíbrio de forças do volume de controle isolado corresponde a:

$$\underbrace{\tau_0 \overline{P} x}_{\substack{\text{força de atrito} \\ \text{na fronteira}}} = \underbrace{\gamma \overline{A} x \operatorname{sen} \alpha}_{\substack{\text{peso de água do} \\ \text{volume de controle}}} \therefore \tau_0 = \gamma R_{\mathrm{H}} \operatorname{sen} \alpha$$

Para as condições de canal largo ($R_{\mathrm{H}} \sim h$) e reduzida declividade (sen $\alpha \sim$ tan $\alpha = i$), resulta

$$\tau_0 = \gamma h i$$

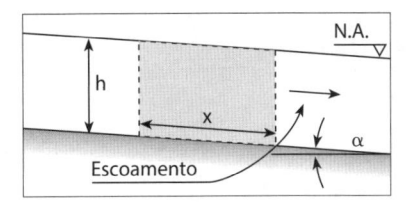

Figura 5.26
Perfil longitudinal do esquema de forças atuante em um perfil longitudinal de um escoamento uniforme em canal.

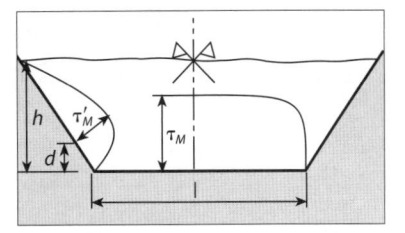

Figura 5.27
Esquematização em uma elevação transversal de um canal trapezoidal. Distribuição de tensões.

Em um canal trapezoidal, a distribuição da tensão de arrastamento tem o aspecto indicado na Figura 5.27. A tensão máxima no fundo é:

$$\tau_M = K_M \gamma h i$$

A tensão máxima nos lados é:

$$\tau'_M = K'_m \gamma h i$$

No fundo, τ_M ocorre no eixo de simetria do canal. Nos taludes, τ'_M verifica-se a uma distância do fundo de $d = K_d h$. Esses coeficientes podem ser tabelados em função da declividade dos taludes das margens (horizontal : vertical) e da relação l/h, como segue na Tabela 5.2:

Tabela 5.2
Distribuição das tensões de arrastamento do escoamento na fronteira em canais trapezoidais

$\dfrac{l}{h}$	$^2/_1$			$^3/_2$			0 (retangular)		
	K_M	K'_M	K_d	K_M	K'_M	K_d	K_M	K'_M	K_d
0	0	0,650	0,3	0	0,565	0,3	0	0	–
1	0,780	0,730	–	0,780	0,695	–	0,372	0,468	1,0
2	0,890	0,760	0,2	0,890	0,735	0,2	0,686	0,686	1,0
3	0,940	0,760	–	0,940	0,743	–	0,870	0,740	1,0
4	0,970	0,770	0,2	0,970	0,750	0,2	0,936	0,744	1,0
6	0,980	0,770	–	0,980	0,755	–	–	–	–
8	0,990	0,770	0,2	0,990	0,760	0,2	–	–	–

INÍCIO DO MOVIMENTO E RUGOSIDADE NO LEITO FLUVIAL

Visualização da utilização de micromolinete de fabricação CTH em modelos físicos, capaz de medir velocidades de 5 cm/s a 150 cm/s. Vista ampliada da textura da rugosidade típica de fundo de modelo moldado com argamassa desempenada e não queimado (alisado).

6.1 HIDRÁULICA DOS ESCOAMENTOS COM FUNDO MÓVEL

6.1.1 Lei de distribuição de velocidades

A forma do perfil de velocidades (v) em profundidade (y crescente a partir do leito) em escoamento turbulento rugoso obedece a uma tendência, que pode ser aproximada pela lei logarítmica de velocidades:

$$\frac{v}{u_*} = \frac{2,3}{k}\log\left(\frac{y}{k_s}\right) + 8,5$$

onde:

v: velocidade local do escoamento à distância y do fundo;

$u_* = \sqrt{\dfrac{\gamma h J}{\rho}}$: velocidade de atrito do escoamento (γ: peso específico da água, massa específica da água, h: lâmina d'água, J: declividade da linha de energia);

k: constante de Von Karman ($= 0,4$ em água límpida/$= 0,2$ em água muito turva);

k_s: rugosidade equivalente do leito.

Esta lei tem sido verificada por diversos autores em observações de campo, e os maiores desvios em relação às medições ocorrem mais próximos da superfície livre, em razão do atrito do escoamento com o ar.

6.1.2 Perdas de carga nos escoamentos com fundo móvel

Sabe-se que, quando se sobrepõem dois ou mais sistemas de rugosidades em um escoamento, as contribuições de cada um dos sistemas podem ser calculadas separadamente e adicionadas para se determinar o valor total da perda de carga.

Para os escoamentos com fundo móvel, a resistência oposta pelas margens, em geral, varia pouco com o regime de escoamento, dependendo do material que as constitui ou da natureza da sua cobertura vegetal. Se o canal for largo, como acontece usualmente nos cursos d'água naturais com fundo móvel, interessa fundamentalmente a resistência do fundo. Essa última pode ser decomposta na resistência em razão da rugosidade dos grãos ou rugosidade superficial, e na devida às conformações de fundo que o leito forma quando há transporte sólido, que é conhecida como rugosidade de forma. Assim:

$$k_s = k'_s + k''_s$$

onde k_s a rugosidade equivalente total (' = superficial/'' = de forma)

Meyer-Peter e Müller propuseram a decomposição da inclinação da linha de energia:

$$J = J' + J''$$

Os termos ligados à rugosidade superficial participam diretamente no transporte do material móvel e costumam, por isso, ser designados de efetivos. Os termos ligados à rugosidade de forma correspondem à energia dissipada nas conformações de fundo e têm valores dependentes das suas características.

6.1.3 Turbulência

A turbulência é o fator preponderante no transporte de sedimentos em suspensão. Como se sabe, em um escoamento turbulento permanente, a velocidade em cada ponto está sujeita a flutuações temporais, tanto de intensidade como de direção. A variação pode expressar-se por:

$$u = \bar{u} + u'$$
$$v = \bar{v} + v'$$
$$w = \bar{w} + w'$$

sendo os termos $u-$, $v-$, $w-$ os valores médios dos componentes de velocidade nos três eixos ortogonais, e u', v', w' são as flutuações, cujo valor médio no tempo é nulo.

6.2 PROPRIEDADES DOS SEDIMENTOS

6.2.1 Caracterização

As dimensões dos sedimentos influem tanto na rugosidade superficial de fundo como na mobilidade deles. Podem classificar-se granulometricamente em:

- Partículas finas o suficiente para serem mantidas em suspensão pelo movimento browniano. São partículas argilosas, com diâmetro D inferior a 5 μm (Associação Brasileira de Normas Técnicas – ABNT).

- Partículas finas o suficiente para serem facilmente transportadas em suspensão pelo escoamento. São siltes (5 μm < D < 50 μm) e areias finas (50 μm < D < 400 μm), segundo a classificação da ABNT.

- Partículas mais grosseiras transportadas por arrastamento. Trata-se de areias médias e grossas (0,4 mm < D < 5 mm) ou pedregulhos (D > 5 mm), segundo a classificação da ABNT.

A presença de mais de 10% em peso de partículas argilosas em uma amostra é suficiente para induzir propriedades coesivas ao material. Na Figura 6.1 apresentam-se curvas granulométricas típicas do material em suspensão e no leito.

O peso específico dos grãos (γ_s) dos sedimentos varia geralmente pouco, sendo mais comum o valor médio 2,65 gf/cm^3 (sílica).

Para caracterizar os sedimentos do ponto de vista de sua mobilidade, é também frequente recorrer-se à velocidade de decantação ou sedimentação (w), pois esse parâmetro é uma medida da energia dissipada no movimento relativo das partículas e do fluido, traduzindo simultaneamente a influência de dimensões, forma e peso específico e, ainda, a da viscosidade e do peso específico da água. A sua estimativa faz-se, em geral, recorrendo-se a ábacos obtidos experimentalmente.

6.2.2 Origem

Há duas classes principais quanto à origem dos sedimentos:

- Sedimentos originados na área da bacia hidrográfica e trazidos por lavagem superficial (*wash load*). Trata-se de sedimentos mais finos do que os erodidos e transportados no curso d'água, apresentando maiores concentrações nos períodos de cheias. São constituídos preponderantemente por argila e silte e transportados em suspensão coloidal, não tendo sido objeto de análise neste capítulo.

- Sedimentos erodidos no próprio leito e nas margens pelas correntes.

6.3 INÍCIO DO TRANSPORTE SÓLIDO POR ARRASTAMENTO

6.3.1 Considerações gerais

Os principais parâmetros envolvidos com o transporte sólido próximo do leito são os seguintes:

- Propriedades intrínsecas da água: viscosidade dinâmica (μ) e massa específica (ρ).

- Propriedades do material granular: dimensão (D), massa específica (ρ_s) e peso específico submerso (γ'_s), forma dos grãos e da curva granulométrica.

- Dinâmica do escoamento: profundidade (h), velocidade de atrito (u_*) e forma da seção transversal.

O fenômeno bifásico é inteiramente determinado por combinações adimensionais que envolvem esses parâmetros.

6.3.2 Início do transporte

Na prática, muitas vezes é importante conhecer as condições críticas de início do transporte sólido no leito, em função da estabilidade dos canais. No caso mais comum, em que o material do leito é constituído de granulometria não uniforme, o movimento se dá de forma progressiva, à medida que aumentam a velocidade do escoamento junto ao fundo e a correspondente tensão de arraste tangencial sobre o leito. Assim, começam a mover-se primeiro grãos com menores dimensões e/ou mais expostos às solicitações do escoamento, e só algum tempo depois verifica-se um transporte generalizado.

Dois conceitos são usualmente adotados nesses estudos: o de tensão de arrastamento crítica no leito e o de velocidade crítica de erosão, abaixo de cujos valores o movimento dos sedimentos é insignificante.

Existem várias correlações empíricas que expressam os dois conceitos. A comparação das diversas formulações mostra certa discrepância entre os resultados obtidos por vários autores, contudo, não é exagerada e está de acordo com a dispersão habitual de estudos de transporte de sedimentos.

Entre os métodos que utilizam o conceito de tensão de arrastamento crítica, o critério de Shields é o mais consagrado. Com base na análise dimensional, Shields estabeleceu

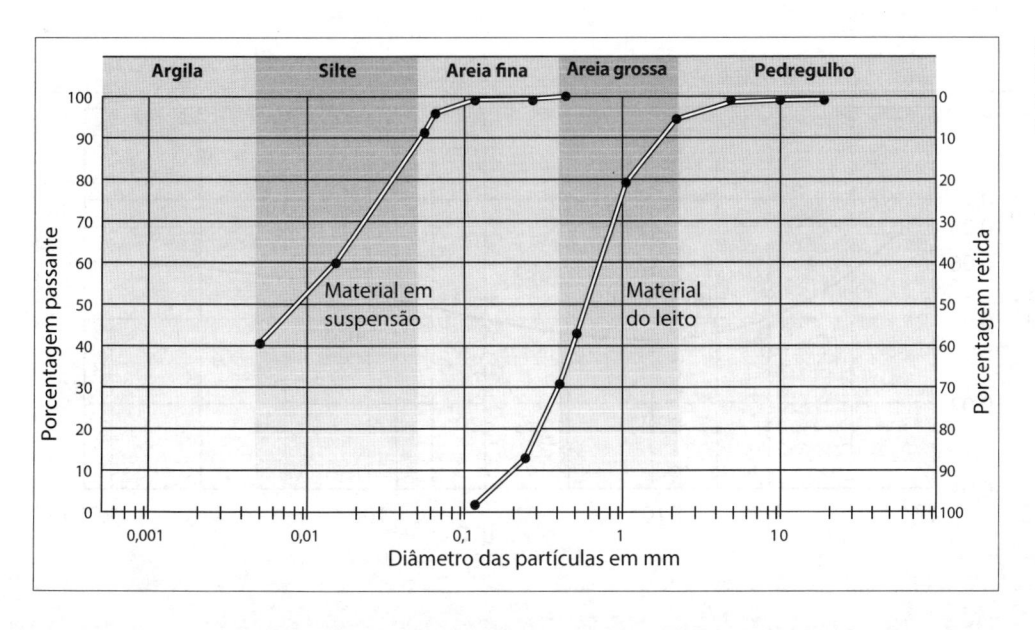

Figura 6.1
Curvas granulométricas típicas de material em suspensão e do leito em uma seção fluvial.

uma relação, em termos adimensionais, entre a tensão de arrastamento e a dimensão dos grãos (ver Figura 6.2), onde:

X_2: parâmetro de Shields;

X_1: número de Reynolds de atrito da partícula;

τ_0: tensão de arrastamento do escoamento sobre o leito. Corresponde a $\gamma h J$;

D: dimensão característica dos sedimentos do leito (normalmente, D_{50} ou D_m, ou seja, mediano ou médio);

u_*: velocidade de atrito do escoamento;

v: viscosidade cinemática da água.

A curva do diagrama de Shields separa o plano em dois campos: um de movimento e outro de repouso. Essa relação foi originalmente proposta para observações experimentais em escoamentos permanentes unidirecionais e próximos do regime uniforme, com água sem sedimentos em suspensão, sobre leito plano de material solto de granulometria uniforme. Trata-se de um diagrama universal, com validade para qualquer fluido e material sedimentar.

A análise da forma da curva de Shields mostra que, para os escoamentos naturais correntes, ou seja, com valores elevados de X_1, pode-se considerar X_{2c} (valor crítico) como 0,06, correspondendo, portanto, a uma proporcionalidade direta entre a tensão de arrastamento crítica e a dimensão do material.

Outro adimensional que costuma ser empregado com frequência para esses estudos é o chamado diâmetro sedimentológico:

$$D_* = D_{50} \left[\frac{\left(\frac{\gamma_s}{\gamma} - 1 \right) g}{v^2} \right]^{1/3}$$

O diâmetro sedimentológico pode ser usado em substituição de X_1 no gráfico de Shields, permitindo expressar X_{2c} da seguinte forma:

Para $D_* < 4$: $X_{2c} = 0{,}24 D_*^{-1,00}$

Para $4 < D_* < 10$: $X_{2c} = 0{,}14 D_*^{-0,64}$

Para $10 < D_* < 20$: $X_{2c} = 0{,}04 D_*^{-0,10}$

Para $20 < D_* < 150$: $X_{2c} = 0{,}013 D_*^{0,29}$

Para $D_* > 150$: $X_{2c} = 0{,}055$

As tensões críticas de arrastamento em água para materiais não coesivos grosseiros, considerando ângulo de repouso do material e talude da margem, são no fundo:

$$\tau_0 \ (\text{kgf/m}^2) = 0{,}8 \ D_{75} \ (\text{cm})$$

sendo D_{75} o diâmetro correspondente a 75% em peso de materiais de diâmetro inferior. Nos taludes:

$$\tau'_0 = K\tau_0$$

onde K é função do ângulo de repouso θ do material e do ângulo dos taludes com a horizontal ϕ (ver Figura 6.3).

Na Tabela 6.1 estão apresentados os resultados de tensões críticas de arrastamento para sedimentos não coesivos finos, em função do diâmetro e da turbidez das águas.

Na Tabela 6.2 apresentam-se resultados de tensões críticas de arrastamento em água para sedimentos coesivos, em função da composição e do índice de vazios.

Um exemplo de correlação velocidade média de escoamento com água $\times$ dimensão dos grãos para grãos de sílica está apresentado na Figura 6.4. Foi proposto por Hjülstrom e

Figura 6.2
Diagrama de Shields.

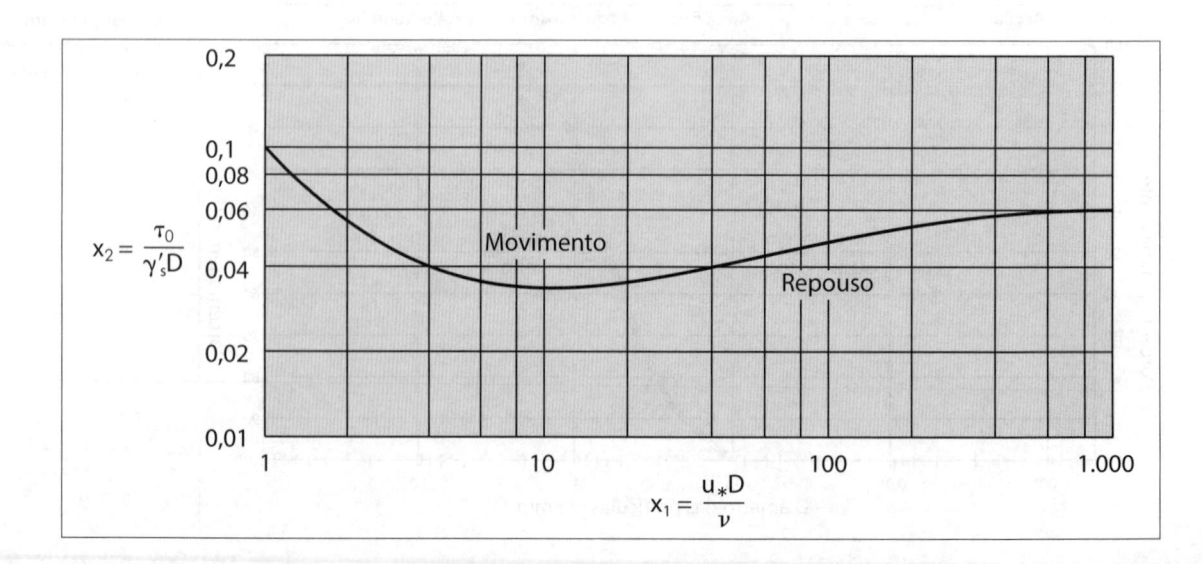

permite avaliar os seguintes aspectos: as partículas mais facilmente erodidas são as areias finas e médias, enquanto silte e argila requerem velocidades críticas mais elevadas, em virtude da coesão que manifestam, e as areias grossas e pedregulhos, sedimentos soltos de maior peso, também requerem velocidades críticas mais elevadas, por causa da sua resistência mecânica. Outro aspecto importante a observar é o de que os sedimentos são transportados em suspen-

são com velocidades inferiores às exigidas para o início de transporte (erosão), pois, uma vez iniciado o movimento, perdem o embricamento recíproco e a ocultação entre grãos. Nas Tabelas 6.3 a 6.6 estão apresentados resultados de velocidades de arrastamento críticas para materiais não coesivos e coesivos, considerando a dimensão característica, a porosidade e composição dos materiais coesivos, fatores corretivos para lâminas d'água e sinuosidade do canal.

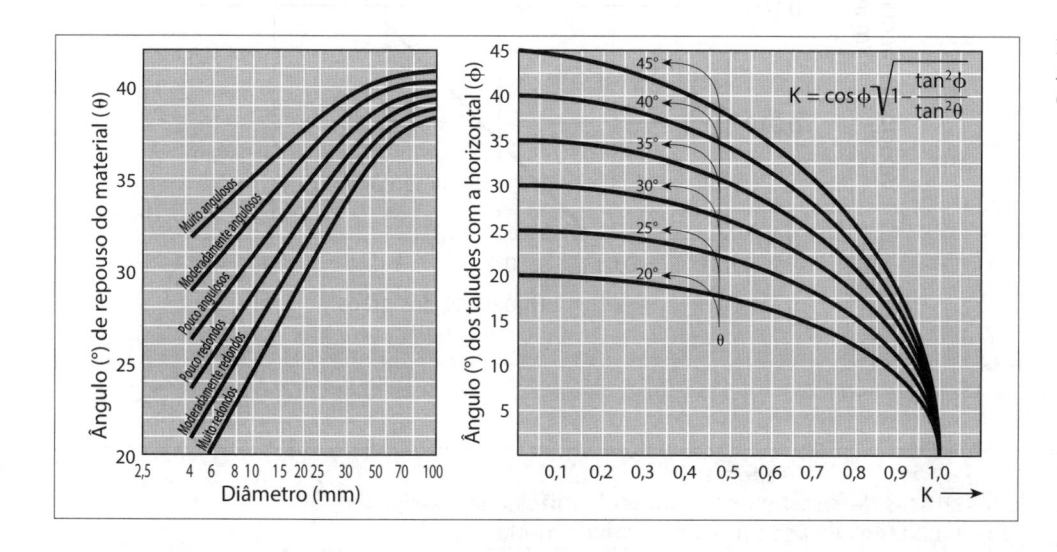

Figura 6.3
Ângulos de repouso e K de materiais não coesivos grosseiros.

Tabela 6.1
Tensões críticas de arrastamento dos sedimentos não coesivos finos
τ_0 em kgf/m²

Turbidez da água	Diâmetro mediano D_{50} em mm					
	0,1	0,2	0,5	1,0	2,0	5,0
Água clara	0,12	0,13	0,15	0,20	0,29	0,68
Água com sedimentos finos em pequena quantidade	0,24	0,25	0,27	0,29	0,39	0,81
Água com sedimentos finos em grande quantidade	0,38	0,38	0,41	0,44	0,54	0,90

Tabela 6.2
Tensões críticas de arrastamento dos sedimentos coesivos
τ_0 em kgf/m²

Material coesivo do leito	Natureza do leito			
	Bem pouco compactado com uma relação de vazios de 1,2 a 2,0	Pouco compactado com uma relação de vazios de 0,6 a 1,2	Compactado com uma relação de vazios de 0,3 a 0,6	Muito compactado com uma relação de vazios de 0,2 a 0,3
Argilas arenosas (porcentagem de areia inferior a 50%)	0,20	0,77	1,60	3,08
Solos com grandes quantidades de argilas	0,15	0,69	1,49	2,75
Argilas	0,12	0,61	1,37	2,59
Argilas muito finas	0,10	0,47	1,04	1,73

Figura 6.4
Gráfico de Hjülstrom.

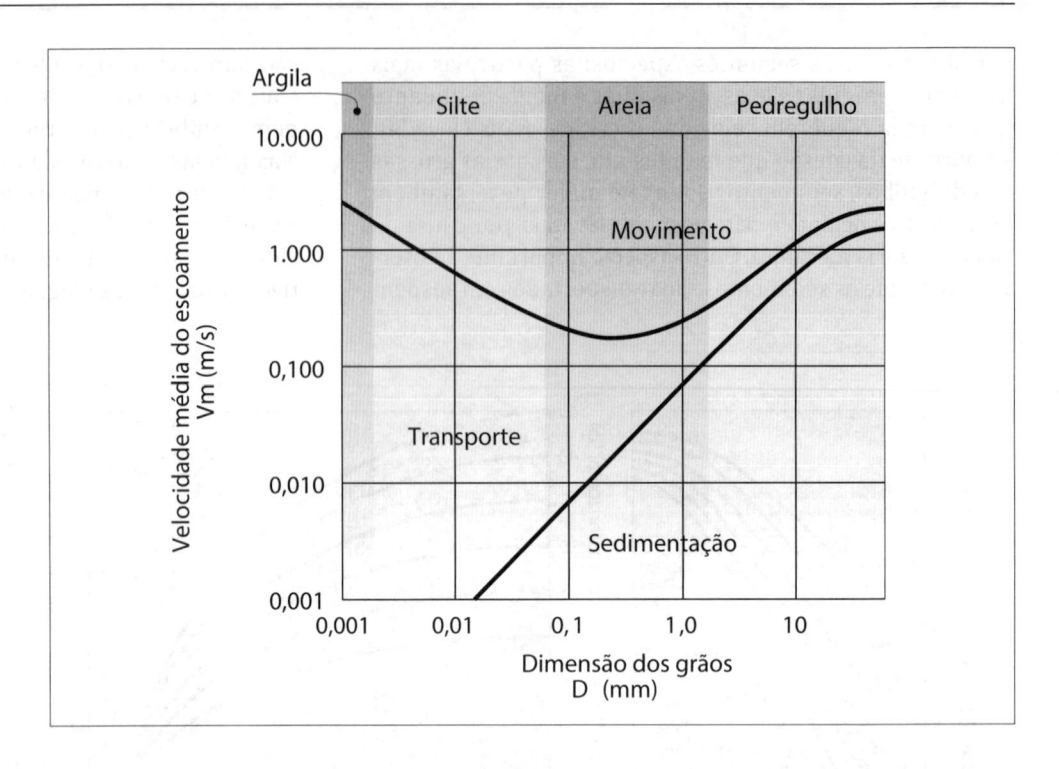

Tabela 6.3
Velocidades críticas de arrastamento dos sedimentos não coesivos
Profundidades de água h = 1 m – canais retilíneos

Material	Diâmetro mm	Velocidade média m/s	Material	Diâmetro mm	Velocidade média m/s
Silte	0,005	0,15	Cascalho fino	15,0	1,20
Areia fina	0,050	0,20	Cascalho médio	25,0	1,40
Areia média	0,250	0,30	Cascalho grosso	40,0	1,80
Areia grossa	1,000	0,55	Cascalho grosso	75,0	2,40
Pedregulho fino	2,500	0,65	Cascalho grosso	100,0	2,70
Pedregulho médio	5,000	0,80	Cascalho grosso	150,0	3,50
Pedregulho grosso	10,000	1,00	Cascalho grosso	200,0	3,90
Pedregulho grosso	15,000	1,20			

Tabela 6.4
Velocidades críticas de arrastamento dos sedimentos coesivos (em m/s)

Material coesivo do leito	Natureza do leito			
	Bem pouco compactado com uma relação de vazios de 1,2 a 2,0	Pouco compactado com uma relação de vazios de 0,6 a 1,2	Compactado com uma relação de vazios de 0,3 a 0,6	Muito compactado com uma relação de vazios de 0,2 a 0,3
Argilas arenosas (porcentagem de areia inferior a 50%)	0,45	0,90	1,30	1,80
Solos com grandes quantidades de argilas	0,40	0,85	1,25	1,70
Argilas	0,35	0,80	1,20	1,65
Argilas muito finas	0,32	0,70	1,05	1,35

Tabela 6.5 Velocidades críticas de arrastamento dos sedimentos Fator corretivo para alturas de água $h \neq 1$ m								
Altura média (m)	0,30	0,50	0,75	1,00	1,50	2,00	2,50	3,00
Fator corretivo	0,80	0,90	0,95	1,00	1,10	~1,10	1,20	~1,20

Tabela 6.6 Velocidades críticas de arrastamento dos sedimentos Fator corretivo para canais com curvas				
Grau de sinuosidade	Retilíneo	Pouco sinuoso	Moderadamente sinuoso	Muito sinuoso
Fator corretivo	1,00	0,95	0,87	0,78

Na Tabela 6.7 estão apresentados ângulos de inclinação de taludes estáveis para diversos materiais.

Tabela 6.7 Inclinação dos taludes estáveis	
Natureza dos taludes	Inclinação horizontal : vertical
Rocha dura, alvenaria ordinária, concreto	0 a 1/4
Rocha fissurada, alvenaria de pedra seca	1/2
Argila dura	3/4
Aluviões compactos	1/1
Cascalho grosso	3/2
Terra ordinária, areia grossa	2/1
Terra mexida, areia normal	2,5/1 a 3/1

6.3.3 Ressuspensão

A condição crítica de início de suspensão de uma partícula sólida pode ser definida por diferentes critérios, como o de Bagnold, que considera essa situação quando a força hidrodinâmica ascencional, devido à turbulência, supera o peso da partícula. Essa situação ocorre quando:

$$u_*/w = 1$$

Um outro critério mais geral foi apresentado posteriormente por Van Rijn, fazendo considerações semelhantes:

$$u_*/w = 4/D_* \text{ para } 1 < D_* < 10 \text{ (sedimentos finos) e}$$
$$u_*/w = 0,4 \text{ para } D_* > 10$$

Nas condições usuais e sistema métrico (S. I.) pode ser calculado por:

$$D_* = 25.287 \, D$$

A velocidade de queda (em m/s) das partículas finas, até 100 mm (siltes e areias muito finas), é calculada pela lei de Stokes, que, para as condições usuais, é dada no sistema métrico (S. I.) por:

$$w = 898.333 \, D^2$$

Um outro aspecto a considerar diz respeito a ressuspensão de sedimentos assoreados. Esse é um assunto ainda muito pouco explorado, principalmente devido à sua complexidade. Em geral, limita-se a estudos de casos para materiais na faixa granulométrica das argilas. O que se sabe de estudos sobre o assunto é que a tensão crítica de ressuspensão dos sedimentos coesivos é bastante superior à condição de início de deposição. Estudos realizados no Laboratório de Hidráulica da EPUSP, com sedimentos na faixa dos siltes procedentes do Rio Pinheiros, resultaram na tensão de cisalhamento crítica de ressuspensão de 0,408 N/m². Em se tratando de material mais graúdo, na faixa das areias, a condição de estabilidade do material de leito segue o critério de Shields.

6.4 CONFORMAÇÕES DE FUNDO

Uma vez iniciado o transporte por arrastamento, com o crescimento progressivo da velocidade do escoamento (e da tensão de arrastamento no leito), o leito móvel passa a apresentar, em ordem sequencial, as seguintes conformações: leito plano, rugas, dunas, transição e antidunas. As três primeiras constituem o chamado regime inferior do leito, em contraposição ao regime superior que corresponde às demais (ver Figura 6.5).

Figura 6.5
Conformações de fundo dos leitos
móveis em perfil longitudinal.

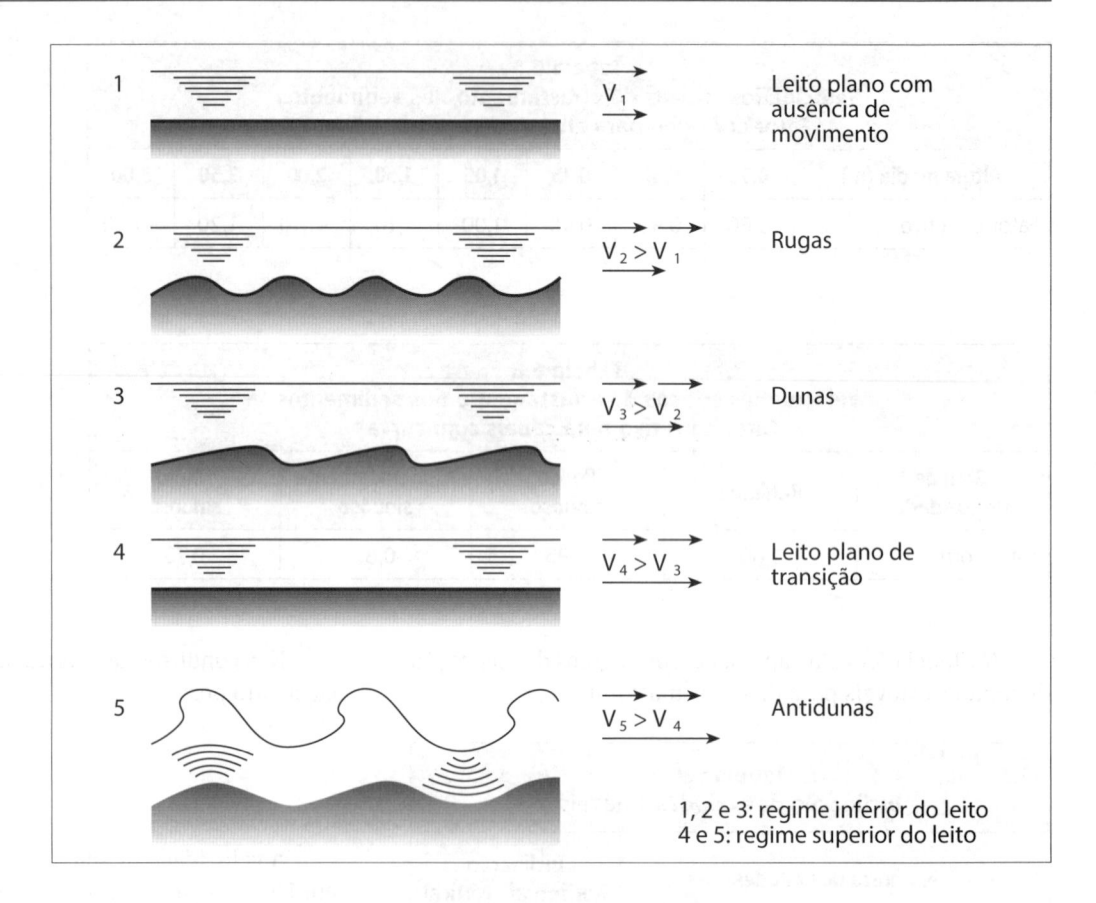

As rugas são ondulações sensivelmente regulares, com forma aproximadamente sinusoidal, com alturas da ordem dos centímetros e comprimentos de onda da ordem dos decímetros. Deslocam-se para jusante com uma velocidade reduzida comparada com a do escoamento, e suas dimensões são praticamente independentes das do escoamento. A concentração de sedimentos em suspensão varia de 10 ppm a 200 ppm (partes por milhão, ou mg/L), sendo o transporte por arrastamento de fundo em saltos discretos.

As dunas são ondulações muito mais irregulares do que as rugas, que exibem um talude de montante mais suave em relação ao mais íngreme de jusante, com alturas da ordem dos decímetros e comprimentos de onda da ordem de metros a centenas de metros. Deslocam-se para jusante com uma velocidade muito inferior à do escoamento, e suas dimensões são fortemente dependentes das do escoamento. A concentração de sedimentos em suspensão varia de 100 ppm a 1.200 ppm nas rugas sobre dunas e de 200 ppm a 2.000 ppm para as dunas, sendo o transporte por arrastamento de fundo em saltos discretos.

Quando o escoamento aproxima-se do regime crítico ou o ultrapassa, formam-se o leito plano de transição e as antidunas. Essas últimas são ondulações de forma aproximadamente sinusoidal, com dimensões semelhantes à das dunas, associadas sempre em fase a ondas da superfície livre, e cuja forma propaga-se para montante, para jusante ou pode ser estacionária. A concentração de sedimentos em suspensão varia de 1.000 ppm a 3.000 ppm na transição com as dunas em remoção, de 2.000 ppm a 6.000 ppm no leito plano superior e da ordem de 2.000 ppm nas antidunas e nos rápidos com ressalto. No regime superior do leito, o transporte por arrastamento de fundo é contínuo.

Evidentemente, nas situações em que não esteja presente o leito plano, a rugosidade de forma é muito mais importante na resistência hidráulica oposta ao escoamento do que a rugosidade superficial. Assim, é muito importante estimar as características das conformações de fundo, pois, para definir corretamente a curva que correlaciona a profundidade do escoamento e a vazão líquida (curva-chave), é fundamental conhecer os coeficientes de resistência ao escoamento. Em consequência da variação da rugosidade de forma, a curva-chave nos escoamentos com leito móvel não é de simples definição, como nos escoamentos com fronteiras fixas, não bastando conhecer uma equação do escoamento, mas requerendo-se também uma equação que relacione a rugosidade com as vazões líquidas.

Entre as inúmeras formulações feitas neste tema, deve-se ressaltar a proposta por Van Rijn (1984), quanto às características das dunas:

$$\frac{\Delta}{h} = 0,11 \left(\frac{D_{50}}{h} \right)^{0,3} \left(1 - e^{-0,5T} \right) (25 - T)$$

$$T = \left\{ \left[\frac{\sqrt{g} v_m}{18 \log \left[\frac{12h}{3D_{90}} \right]} \right]^2 - u_{*c}^2 \right\} / u_{*c}^2$$

$$\Lambda = 7,3h$$

$$k_s = 3D_{90} + 1,1\Delta \left(1 - e^{-25\frac{\Delta}{\Lambda}} \right)$$

onde:

Δ: altura da duna;

D_{50}, D_{90}: diâmetros dos sedimentos correspondentes a dimensões em que 50% e 90% dos grãos têm dimensões inferiores;

v_m: velocidade média do escoamento;

Λ: comprimento da duna.

6.5 RESISTÊNCIA AO ESCOAMENTO EM LEITO MÓVEL

6.5.1 Métodos de resistência global

Nesses métodos, a resistência ao escoamento é tratada como um todo, não sendo subdividida em resistência devida à rugosidade dos grãos e resistência devida à rugosidade superficial da forma das conformações de fundo. Como exemplos desses métodos, podem ser citados os de Cruickshank e Maza (1973, apud CUOMO; RAMOS; ALFREDINI, 1986) e Brownlie (1983, apud CUOMO; RAMOS; ALFREDINI, 1983). Em ambos os métodos é feita a consideração quanto ao regime do leito, inferior ou superior.

Na fórmula de Cruickshank e Maza, o regime inferior do leito é considerado quando:

$$\frac{1}{J} \geq 70\left(\frac{h}{D_{84}}\right)^{0,350}, \text{ resultando: } \frac{v}{w_{50}} = 6,03\left(\frac{h}{D_{84}}\right)^{0,634} J^{0,456}$$

Já o regime superior é considerado quando:

$$\frac{1}{J} \geq 55\left(\frac{h}{D_{84}}\right)^{0,382}, \text{ resultando: } \frac{v}{w_{50}} = 5,45\left(\frac{h}{D_{84}}\right)^{0,644} J^{0,352}$$

A fórmula de Brownlie resulta numa correlação múltipla do tipo:

$$\left(\frac{h}{D_{50}}\right) = \alpha \ q_*^{\beta} \ J^{\gamma} \sigma_g^5$$

sendo:

$$q_* = \frac{q}{\sqrt{gD_{50}^3}}$$

q: vazão específica por unidade de largura

σ_g: desvio-padrão da distribuição granulométrica

Tabela 6.8 Coeficientes da fórmula de Brownlie				
Regime	α	β	γ	δ
Inferior	0,3724	0,6539	−0,2542	0,1050
Superior	0,2836	0,6248	−0,2877	0,08013

6.5.2 Métodos com subdivisão da resistência

Nesses métodos, a resistência ao escoamento resulta da soma dos efeitos da rugosidade dos grãos e da rugosidade de forma. Como exemplo desses métodos, pode ser citado o de Engelund e Hansen (1967, apud CUOMO; RAMOS; ALFREDINI, 1986). A fórmula de Engelund e Hansen é a seguinte:

$$\frac{v_m}{u'_*} = 2,5\ln\left(\frac{h'}{k_s}\right) + 6,0, \text{ sendo que: } X_2' = 0,06 + 0,4X_2^2$$

Sendo $k_s = 2,5 \ D_{50}$

6.5.3 Exemplo de aplicação na determinação de curva-chave

Considere calcular a curva-chave a partir dos equacionamentos vistos, comparativamente com o método de Manning, tendo-se como características gerais de um trecho de rio aluvionar:

- declividade: 0,00027 m/m
- seção típica trapezoidal com talude: 1V:2H
- largura de base: 120 m
- profundidade máxima: 3,5 m
- granulometria: $d_{50} = 0,00053$ m, $d_{16} = 0,00019$ m e $d_{84} = 0,00108$ m
- velocidade de queda: $w_{50} = 0,08$ m/s
- distribuição log-normal desvio-padrão: 2,41

Os resultados são apresentados nas Tabelas 6.9 a 6.12 e na Figura 6.6.

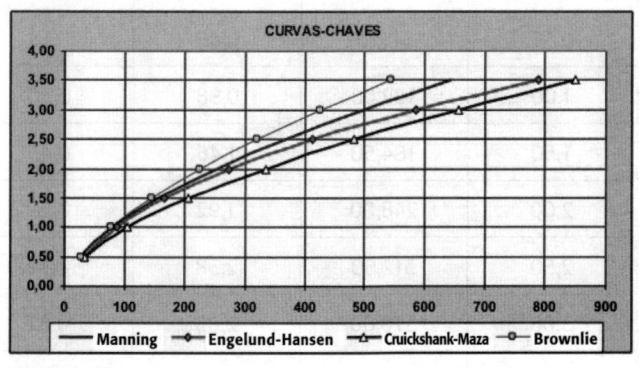

Figura 6.6
Comparação das curvas-chave pelos diferentes métodos.

	Tabela 6.9 Curva-chave de Manning			
h (m)	$\bar{A}$ (m²)	$\bar{P}$ (m)	R_H (m)	Q (m³/s)
0,50	60,50	122,24	0,49	25
1,00	122,00	124,47	0,98	79
1,50	184,50	126,71	1,46	156
2,00	248,00	128,94	1,92	252
2,50	312,50	131,18	2,38	366
3,00	378,00	133,42	2,83	497
3,50	444,50	135,65	3,28	645

	Tabela 6.10 Curva-chave de Cruickshank e Maza			
h (m)	$\bar{A}$ (m²)	v_m/w_{50}	v_m (m/s)	Q (m³/s)
0,50	60,50	6,97	0,56	34
1,00	122,00	10,81	0,86	106
1,50	184,50	13,98	1,12	206
2,00	248,00	16,78	1,34	333
2,50	312,50	19,33	1,55	483
3,00	378,00	21,69	1,74	656
3,50	444,50	23,92	1,91	851

	Tabela 6.11 Curva-chave de Brownlie					
h (m)	$\bar{A}$ (m²)	B_m (m)	h/D_{50}	$q/(gD_{50}^3)^{0,5}$	q (m³/s.m)	Q (m³/s)
0,50	60,50	121	943	5.708	0,22	26
1,00	122,00	122	1.887	16.475	0,63	77
1,50	184,50	123	2.830	30.629	1,17	144
2,00	248,00	124	3.774	47.555	1,82	225
2,50	312,50	125	4.717	66.896	2,56	319
3,00	378,00	126	5.660	88.407	3,38	425
3,50	444,50	127	6.604	111.910	4,27	543

	Tabela 6.12 Curva-chave de Engelund e Hansen						
h (m)	$\bar{A}$ (m²)	R_H (m)	X_2	X'_2	u_*' (m/s)	V_m (m/s)	Q (m³/s)
0,50	60,50	0,49	0,15	0,07	0,02	0,56	34
1,00	122,00	0,98	0,30	0,10	0,03	0,72	87
1,50	184,50	1,46	0,45	0,14	0,03	0,90	166
2,00	248,00	1,92	0,59	0,20	0,04	1,10	274
2,50	312,50	2,38	0,74	0,28	0,05	1,32	413
3,00	378,00	2,83	0,87	0,37	0,06	1,55	584
3,50	444,50	3,28	1,01	0,47	0,06	1,78	789

6.5.4 Exemplo de ajuste do método de Brownlie a rios do Estado de São Paulo

Cuomo, Ramos e Alfredini (1986), utilizando dados fluviométricos de 27 postos hidrossedimentológicos de rios do Estado de São Paulo, obtiveram a seguinte relação para expressar a resistência ao escoamento em canais com fundo móvel no regime inferior do leito:

$$\left(\frac{\gamma_s - \gamma}{\gamma}\right) \cdot \left(\frac{\tau_0}{(\gamma_s - \gamma)D_{50}}\right) = w \cdot \left(\frac{q \cdot J}{\sqrt{g \cdot D_{50}^3}}\right)^x \cdot j^y \cdot \sigma_g^z$$

onde:

q: vazão específica;

σ_g: desvio-padrão da distribuição granulométrica;

$x =$ 0,6414;

$y =$ 0,1448;

$z =$ 0,0077;

$w =$ 0,7118.

CAPÍTULO 7

QUANTIFICAÇÃO DO TRANSPORTE FLUVIAL DE SEDIMENTOS

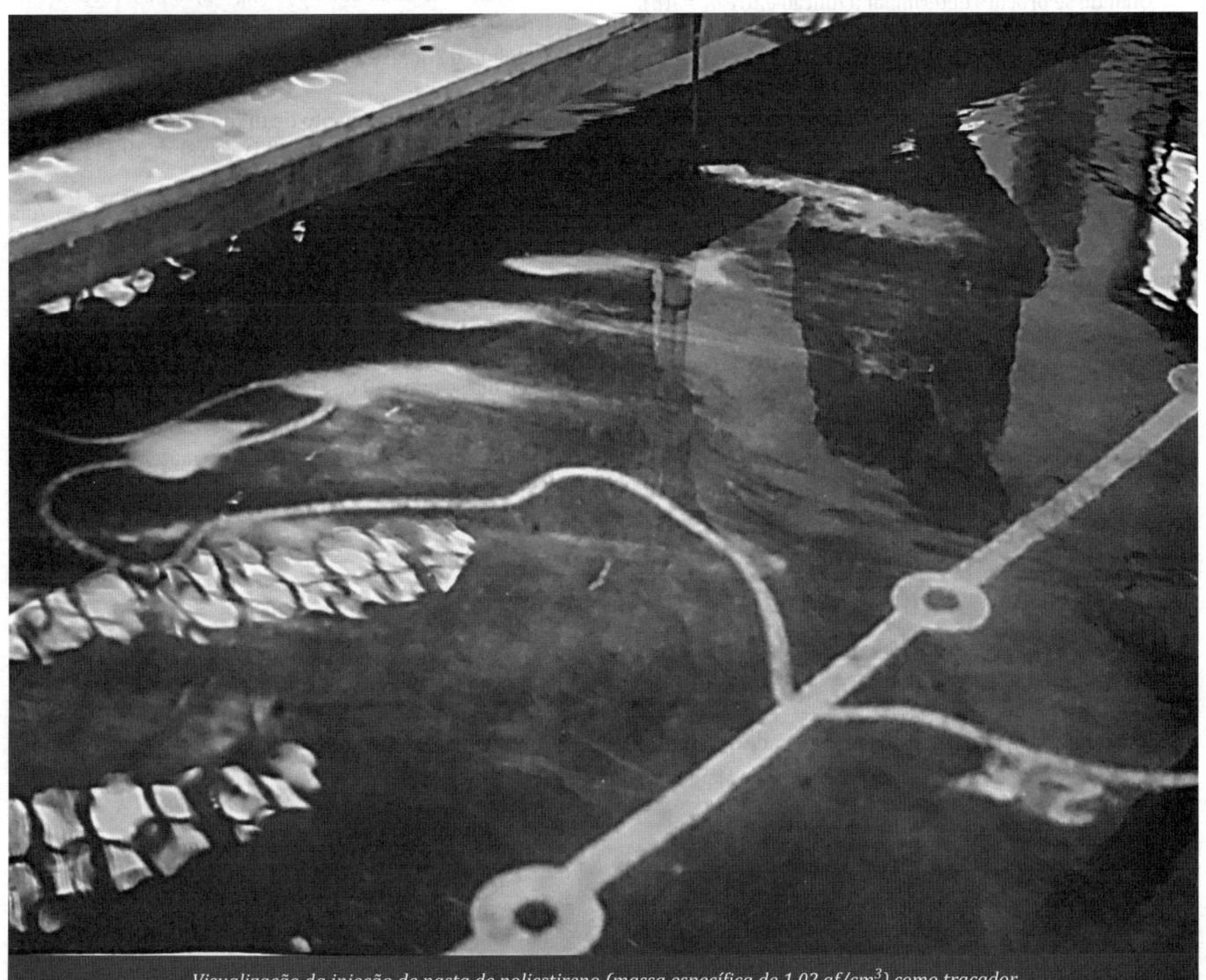

Visualização da injeção de pasta de poliestireno (massa específica de 1,02 gf/cm³) como traçador sedimentológico para avaliação da capacidade de transporte de sedimentos em modelo físico.

7.1 CAPACIDADE DE TRANSPORTE POR ARRASTAMENTO DE FUNDO

Têm sido propostas várias fórmulas para o cálculo da capacidade de transporte sólido por arrastamento, no entanto, dada a complexidade das relações em jogo, não se conseguiu elaborar uma expressão analítica de aplicação absolutamente geral. Na realidade, muitas das formulações não diferem essencialmente na sua estrutura, podendo-se atribuir a diversidade eventual de resultados ao fato de as várias expressões somente serem válidas dentro das condições experimentais que serviram de base para o seu estabelelecimento. De um modo geral, os métodos utilizados para derivar as várias formulações existentes podem ser assim subdivididos:

- Tipo Du Boys: $Q_{sf} = f(\tau_0 - \tau_{0c})$, em que Q_{sf} corresponde à vazão sólida de fundo.

- Tipo Schoklitsch: $Q_{sf} = f(Q)$.

- Tipo Einstein: $Q_{sf} = f$ (análise dimensional e/ou estatística).

- Combinação de processos.

Quando se procura determinar a função entre $q_{sf} = f(q)$, ou seja, entre vazões sólidas e líquidas específicas (por unidade de largura do escoamento), a partir de várias fórmulas, depara-se geralmente com uma dispersão, mas os resultados de observações realizadas em vários cursos d'água naturais permitem concluir que a lei de variação é, muitas vezes, aproximadamente da seguinte forma:

$$q_{sf} = aq^b$$

sendo a e b constantes com valores dependentes das condições particulares de cada caso. A constante b, contudo, não varia muito, estando em geral compreendida entre 3 e 4. A representação dos valores observados de vazões sólidas e líquidas em um gráfico de curva-chave sólida de coordenadas logarítmicas permite determinar os valores de a e b.

A seguir, apresenta-se a fórmula proposta por Meyer-Peter e Müller, que foi baseada num amplo campo de experimentação:

$$\frac{\gamma h \left(\dfrac{K}{K'}\right)^{3/2} J}{D_{50}} - 0,047\gamma'_s = \frac{0,25\sqrt[3]{\rho}\left(q'_{sf}\right)^{\frac{2}{3}}}{D_{50}}$$

em que:

q'_{sf}: vazão sólida em peso submerso por unidade de largura;

$K = 1/n$: coeficiente de Strickler (n: coeficiente de Manning);

$K' = 26\, D_{90}^{-1/6}$ (S.I.).

A quantidade $(K/K')^{3/2}J$ corresponde à parcela da declividade da linha de energia (J) responsável pela movimentação do material sólido, enquanto o remanescente da energia corresponde à resistência encontrada na formação das conformações de fundo. Esta fórmula pode ser aplicada a escoamentos uniformes, com material de fundo não uniforme e com conformações de fundo, porém sem concentrações de sedimentos em suspensão muito elevadas.

Exemplo de aplicação

O posto sedimentométrico do Rio Comprido, instalado pelo Centro Tecnológico de Hidráulica no rio Paraíba do Sul, no município de Guaratinguetá (SP), operou de outubro de 1979 a setembro de 1980 medindo vazão sólida por arrastamento de fundo e vazão sólida em suspensão. Estava localizado em trecho retilíneo do rio, sem singularidades próximas, onde o escoamento é regular e não há portos de areia. A seção transversal era bem regular e sem alterações bruscas de rugosidade e declividade. Não havia ilhas ou junções de afluentes nas proximidades.

Ao longo do ano hidrológico 1979/1980, as seguintes vazões notáveis ocorreram:

- Líquida: variou de 72 m^3/s (de 24 a 26 de outubro de 1979) a 263 m^3/s (em 7 de abril de 1980).

- Líquida média mensal: 154 m^3/s ($R_H = 2,02$ m, $B = 100,90$ m, $J = 1,469\ 10^{-4}$, $n = 0,02595$).

- Líquida máxima: 263 m^3/s ($R_H = 2,90$ m, $B = 104,89$ m, $J = 1,481\ 10^{-4}$, $n = 0,02910$).

- Sólida de arrastamento de fundo: variou de 10 tf/dia a 170 tf/dia.

- Sólida de arrastamento de fundo para vazões líquidas em torno de $154 \pm 15\ m^3/s$ (28 valores): de 19 a 153 tf/dia; 69 ± 38 tf/dia.

- Sólida em suspensão: variou de 269 tf/dia a 10.110 tf/dia (incluindo a carga de lavagem).

- Sólida total: variou de 360 tf/dia a 4.962 tf/dia (incluindo a carga de lavagem), tendo sido registrada a cifra de 2.743 tf/dia em 8 de abril de 1980 (vazão líquida de 239 m^3/s), um dia após a vazão máxima, e 2.111 tf/dia no dia seguinte, 9 de abril (vazão líquida de 208 m^3/s).

A granulometria característica do material do leito foi a seguinte:

$D_{10} = 0,225$ mm

$D_m = 0,670$ mm

$D_{90} = 1,220$ mm

O peso específico do grão, Y_s, e da água, Y, adotados foram 2.600 kgf/m^3 e 1.000 kgf/m^3, respectivamente. Assim, a transformação da vazão sólida de peso submerso para peso ao ar é feita multiplicando a vazão em peso submerso por:

$$\frac{\gamma_s}{\gamma_s - \gamma}$$

A aplicação da fórmula de Meyer-Peter e Müller para a vazão média mensal e a máxima das médias fornece os seguintes valores em peso ao ar:

- para a vazão líquida média mensal: 126 tf/dia

- para a vazão líquida máxima: 226 tf/dia

Observa-se que o valor de 126 tf/dia situa-se próximo ao valor médio mais um desvio-padrão, bem como, dos 28 valores de vazões líquidas na faixa de ± 10% da vazão líquida média mensal, houve dois valores que foram superiores a 126 tf/dia. Considerando as grandes incertezas quando se trata de estimativas de transporte sólido, o resultado da fórmula de Meyer-Peter e Müller resulta bem razoável.

7.2 TRANSPORTE SÓLIDO EM SUSPENSÃO

7.2.1 Distribuição da concentração de sedimentos transportados em suspensão

O transporte de sedimentos em suspensão é resultado da turbulência do escoamento, particularmente da componente vertical das flutuações de velocidade. A concentração de sedimentos aumenta com a proximidade do leito. O fluxo ascendente das partículas é equilibrado em média pelo efeito gravitacional, uma vez que a resultante média das flutuações turbulentas é nula, resultando nulo o fluxo médio nesta direção. A lei de distribuição da concentração em profundidade pode ser dada pela expressão proposta por Rouse em 1937:

$$\frac{c}{c_0} = \left(\frac{h-y}{y} \frac{y_0}{h-y_0} \right)^z$$

onde:

c: concentração do material em suspensão à distância y do leito;

c_0: concentração de referência à distância $y_o = 0{,}05$ h do leito;

$z = \dfrac{w}{ku_*}$: expoente da lei de Rouse;

w: velocidade de queda, sedimentação ou decantação das partículas de sedimento (ver Figura 7.1).

O expoente ou parâmetro da lei de Rouse é um indicativo importante, pois valores elevados de **z** indicam ou que o nível de turbulência é baixo (pequeno), como é o caso de escoamentos que adentram em zonas estuarinas, ou a presença de sedimentos graúdos em suspensão (velocidade de queda elevada). Neste caso, os sedimentos concentram-se mais próximos ao leito, não tendo condições de atingir alturas elevadas na coluna líquida, tendendo a se depositar mais rapidamente. O raciocínio inverso também pode ser feito, de forma que partículas finas (siltes e argilas) ou situações de alto nível de turbulência (rios de grande declividade) apresentam uma distribuição de concentração de sedimentos em suspensão mais uniformemente distribuída ao longo da coluna líquida.

A equação tem validade restrita nas proximidades do leito e na superfície livre, pois as concentrações resultariam, respectivamente, infinita e nula. Vanoni determinou as curvas de variação da concentração adimensional de sedimentos em suspensão em função da profundidade relativa para diferentes valores de z (ver Figura 7.2). Nas Figuras 7.2 e 7.3, vê-se que os sedimentos mais finos tendem a uma distribuição mais uniforme em profundidade em uma mesma condição de escoamento (u_*), pois apresentam menor velocidade de decantação e, consequentemente, menor z; por outro lado, quanto maior a energia do escoamento, que é proporcional a u_*, maior a uniformidade da concentração em profundidade para um mesmo sedimento (portanto, com a mesma velocidade de decantação), pois resultam menores valores de z.

Pode-se considerar que a velocidade de decantação é, de certa forma, uma medida da energia necessária para transportar uma partícula sólida em suspensão, assim como a velocidade de atrito é uma medida da capacidade de transporte do rio. Também, que o expoente z é uma medida da energia que o rio utiliza para transportar determinado sedimento: sendo um valor baixo, significa que a energia necessária é mais reduzida.

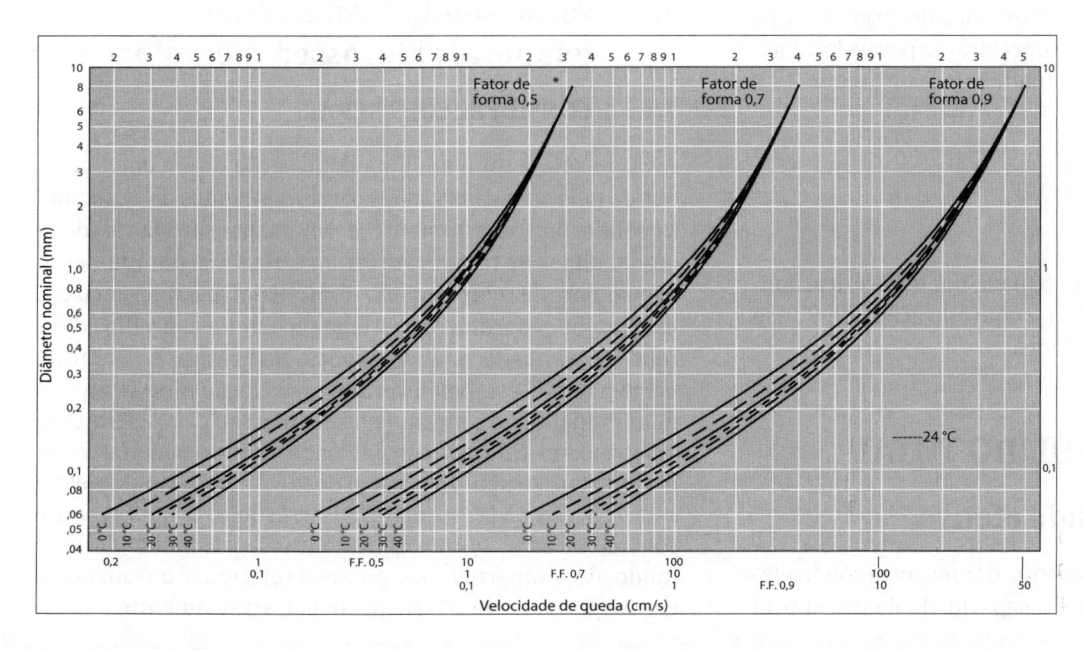

Figura 7.1
Velocidade de queda de sedimentos de sílica, com diferentes formas, em água destilada em repouso. (*)Considerando um sedimento de forma elipsoidal com semieixos a, b e c na ordem decrescente, o fator de forma é igual a $\frac{c}{\sqrt{ab}}$.

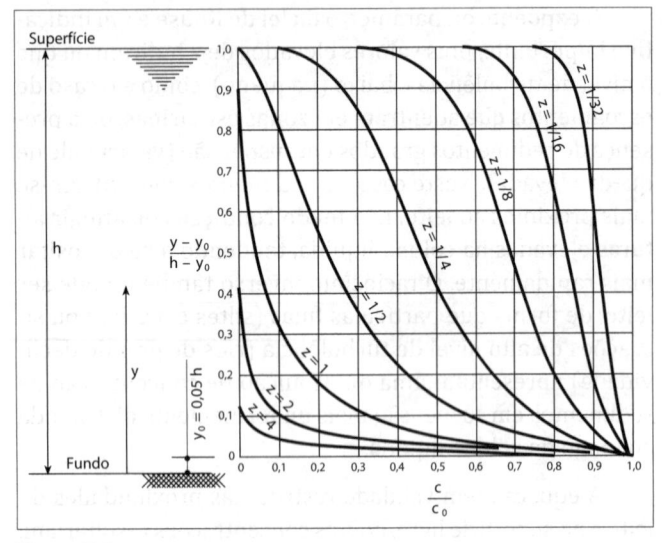

Figura 7.2
Distribuição em profundidade da concentração de material sólido em suspensão.

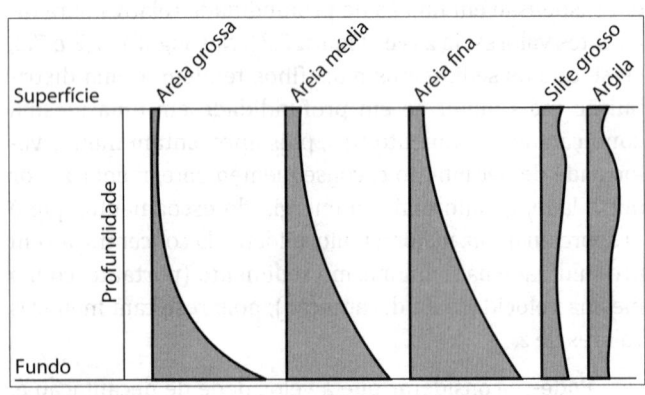

Figura 7.3
Distribuições verticais de concentração de sedimentos em suspensão que podem ocorrer em uma corrente líquida.

7.2.2 Determinação da vazão sólida em suspensão

A vazão sólida em suspensão por unidade de largura (q_{ss}) é obtida integrando o produto da concentração pela velocidade do escoamento em toda a profundidade (ver Figura 7.4), ou seja,

$$q_{ss} = \int_{y_0}^{h} cv\,dy$$

Esta integração pode ser efetuada por via teórica, aplicando-se as expressões da lei de concentrações de Rouse e da lei logarítmica de velocidades.

7.3 TRANSPORTE SÓLIDO TOTAL

7.3.1 Transporte sólido efetivo

Em uma dada seção do escoamento, o transporte sólido efetivo é função do balanço entre a capacidade de transporte

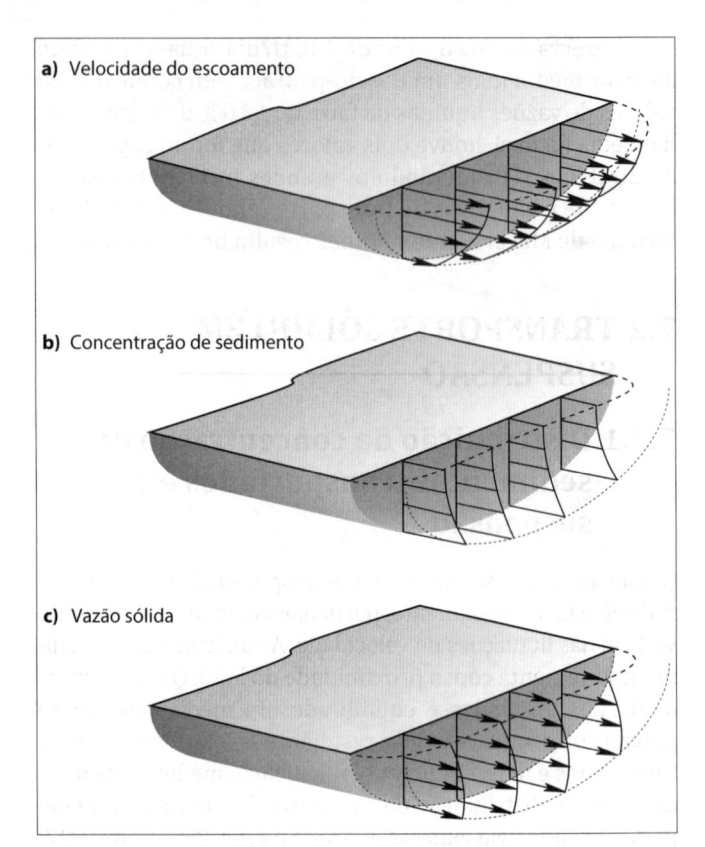

a) Velocidade do escoamento

b) Concentração de sedimento

c) Vazão sólida

Figura 7.4
Distribuição na seção transversal da velocidade do escoamento, concentração de sedimentos e vazão sólida nos cursos d'água.

sólido das correntes e a disponibilidade de sedimentos a serem transportados (aporte sedimentar). A tendência do comportamento natural é a de sempre buscar atingir a condição de equilíbrio dinâmico neste balanço, ou seja, que a capacidade de transporte iguale o aporte. Quando a primeira é superior ao segundo, o equilíbrio dinâmico é atingido por processo erosivo, enquanto na situação oposta o é por processo deposicional (ver Figura 7.5).

7.3.2 Vazão sólida total e séries temporais hidrossedimentológicas

7.3.2.1 CONSIDERAÇÕES GERAIS

A vazão sólida total em uma dada seção do escoamento é obtida pela soma das vazões correspondentes ao transporte sólido por arrastamento e em suspensão. Essas duas modalidades de transporte foram tratadas separadamente não só porque o mecanismo de transporte é diferenciado, mas também porque se costuma recorrer a aparelhos diferentes para medir as duas vazões. Na prática, no entanto, não é possível estabelelecer uma separação nítida entre as duas modalidades, mesmo porque não são completamente independentes. De fato, considerando-se que o material transportado em suspensão provém do fundo, sua granulometria está representada no material arrastado, o que permite considerar uma continuidade no transporte sólido desde o fundo até a superfície, e é possível relacionar o transporte em suspensão com o transporte por arrastamento.

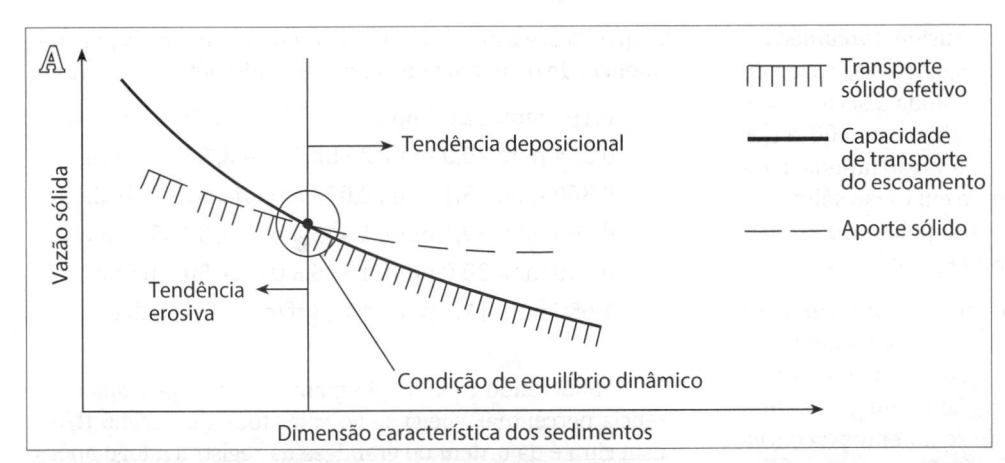

Figura 7.5
(A) Esquema ilustrativo do transporte sólido efetivo em uma dada seção, em função da dimensão característica dos sedimentos.
(B) Tendência erosiva.
(C) Tendência deposicional.

Em certos casos, o material em suspensão não provém do fundo, mas das vertentes da bacia hidrográfica, e nessas circunstâncias o transporte em suspensão é completamente independente do transporte por arrastamento, tendo-se que considerar variáveis de influência fisiográfica da bacia hidrográfica.

Os métodos de cálculo da vazão sólida apresentados não incluem os materiais de fina granulometria, que não estão representados no material do leito e provêm diretamente da lavagem superficial (*wash load*) da bacia hidrográfica para serem totalmente transportados em suspensão. A vazão sólida desse material mais fino não depende das características hidráulicas do escoamento, mas das características fisiográficas da bacia hidrográfica e das variações espaciais e temporais das precipitações. A sua determinação somente poderá ser feita recorrendo-se a medições diretas ou a resultados extrapoláveis de medições feitas em outras bacias análogas.

As vazões sólidas em suspensão em uma dada seção fluvial dependem mais do que se passa a montante, principalmente da alimentação de material sólido fino proveniente da bacia hidrográfica contribuinte, comparado ao que se passa na vizinhança imediata da própria seção. Com relação à vazão sólida por arrastamento, são as variáveis locais que predominam, as quais são de mais fácil definição do que as variáveis fisiográficas.

As quantidades de sedimentos que os rios transportam para os oceanos correspondem a cifras muito elevadas. Assim, estima-se que o Rio Amarelo, na China, transporte cerca de 2 bilhões de toneladas por ano; o Rio Ganges, na Índia, 1,5 bilhão; o Rio Amazonas, 0,4 bilhão; o Rio Mississipi, nos Estados Unidos, 0,3 bilhão; o Rio Nilo, no Egito, 0,1 bilhão, entre os maiores contribuintes. Essas cargas dependem do regime de chuvas, da natureza do solo e de sua cobertura vegetal.

7.3.2.2 CÁLCULO DA VAZÃO SÓLIDA TOTAL

Dentre os métodos propostos para cálculo da vazão sólida total, apresenta-se a formulação proposta por Graf et al. (1968, apud GRAF, 1971), fundamentada em dois números adimensionais, ψ e ϕ, respectivamente o parâmetro de intensidade de atrito e o parâmetro de transporte, definidos nas equações a seguir:

$$\psi = \frac{\rho_s - \rho}{\rho}\frac{D_i}{JR_H}$$

$$\phi = \frac{\bar{c}_1 v_m R_H}{\sqrt{\dfrac{\rho_s - \rho}{\rho}gD_i^3}}$$

sendo:

subíndice i: indicativo de fração granulométrica do leito que está a se calcular

$\bar{c}$: concentração adimensional volumétrica das partículas transportadas

Graf et al. (1968, apud GRAF, 1971) propõem a seguinte relação entre os dois adimensionais:

$$\phi = 10,39\left(\psi\right)^{-2,52}$$

Determinada a concentração adimensional volumétrica média de cada fração granulométrica, calcula-se a vazão de transporte sólido total em volume para toda a seção como se cada fração granulométrica contribuísse com 100% dos sólidos, por meio do produto de $\bar{c}$ pela vazão líquida. Para transformar a vazão sólida volumétrica em vazão sólida em peso aparente ao ar, basta multiplicá-la pelo peso específico aparente, que é em torno de 1.600 kgf/m^3.

Este método funciona bem quando as conformações de fundo são dominantes na definição da rugosidade com relação à rugosidade superficial, o que é o caso da maioria dos rios na natureza. Sua utilização resulta no somatório do transporte de cada fração de sedimentos da curva granulométrica.

Exemplo de aplicação

Dispondo-se dos dados anteriormente mencionados do posto sedimentométrico do Rio Comprido, acrescenta-se agora a distribuição das frações granulométricas do leito:

0,160 mm: 6,778%

0,254 mm: 18,555%

0,360 mm: 24,778%

0,505 mm: 22,278%

0,650 mm: 4,444%

1,658 mm: 23,053%

Observa-se que a primeira faixa situa-se ligeiramente abaixo de D_{10}, limite da carga de lavagem, mas foi incluída nos cálculos.

Os cálculos foram efetuados considerando a vazão líquida de $271,4$ m^3/s, correspondendo a uma velocidade média na seção hidráulica de $0,857$ m/s. A seguir estão indicados os valores das concentrações $\bar{c}$ se cada fração do leito contribuísse com 100% do transporte sólido e as

respectivas vazão sólida e vazão sólida ponderada pela frequência de ocorrência na curva granulométrica do leito:

0,160 mm: 124,3 ppm, 4.658,7 tf/dia, 315,8 tf/dia

0,254 mm: 79,0 ppm, 2.958,3 tf/dia, 549,1 tf/dia

0,360 mm: 55,1 ppm, 2.073,6 tf/dia, 513,8 tf/dia

0,505 mm: 39,1 ppm, 1.465,3 tf/dia, 326,5 tf/dia

0,650 mm: 30,0 ppm, 1.125,3 tf/dia, 50,0 tf/dia

1,658 mm: 11,5 ppm, 431,3 tf/dia, 99,4 tf/dia

Ponderando cada fração granulométrica pela sua ocorrência percentual, chega-se ao valor total de $1.854,6$ tf/dia. Esta cifra é da ordem de grandeza da registrada logo após o dia da vazão máxima, se levarmos em conta que os dados de campo contemplam também a carga de lavagem daquela onda de cheia. Assim, a aproximação de cálculo resulta razoável.

Outra fórmula muito empregada é a de Engelund e Hansen:

$$\phi = \frac{\left(v_m\right)^2}{8\left(u_*\right)^2}\,0,1\left(X_2\right)^{2,5} \cong \frac{q_s}{26.500\sqrt{1,65g\left(D_{50}\right)^3}}$$

A aproximação foi efetuada para o peso específico da sílica.

Considere-se agora o seguinte exemplo:

Em uma seção fluvial aproximadamente retangular, foram levantados os seguintes parâmetros sedimentométricos:

Largura: 100 m

Profundidade máxima: 2,0 m (seção de grande largura)

Declividade local: $2,5 \times 10^{-4}$

$D_{50} = 0,4$ mm

Deseja-se calcular a vazão modeladora pelo critério de seção plena e o respectivo transporte sólido total.

Procedendo-se aos cálculos obtém-se:

$$u_* = \sqrt{9,8\cdot 2\cdot 2,5\cdot 10^{-4}} = 0,070\ \frac{m}{s}$$

$$X_2 = \frac{\gamma u_*}{\gamma'_s gD_{50}} \cong \frac{u_*}{1,65\,gD_{50}} = 0,757$$

$$\tau'_* = 0,06 + 0,4\cdot 0,757^2 = 0,290 = \frac{u'^2_*}{1,65\cdot 9,8\cdot D_{50}} \therefore u'^2_* = 0,043\ m/s$$

$$h' = \frac{0,043^2}{9,8\cdot 2,5\cdot 10^{-4}} = 0,764\ m$$

$$v_m = 0,043\cdot 2,5\ ln\left(\frac{0,764}{2,5\cdot 0,4\cdot 10^{-3}}\right) + 6,0 = 0,978\ m/s$$

$$Q_{mp} = 0,978\cdot 100\cdot 2,0 = 195,6\ m^3/s$$

$$\phi = \frac{0,978^2}{8\left(0,07\right)^2}\,0,1\left(0,764\right)^{2,5} = 1,244 = \frac{q_s}{26.500\sqrt{1,65\cdot 9,8\left(0,0004\right)^3}} \therefore q_s = 1,06\ \frac{N}{sm} \therefore Q_{st} = 106,0\ N/s$$

7.3.2.3 CORRELAÇÕES ENTRE HIETOGRAMAS, HIDRÓGRAFAS E VAZÕES SÓLIDAS

As correlações entre séries temporais de parâmetros pluviométricos (hietogramas), hidráulicos (níveis d'água e hidrógrafas de vazões) e sedimentológicos (concentrações de sedimentos em suspensão e vazões sólidas) permitem estabelecer a caracterização sedimentológica de aporte sólido de uma bacia hidrográfica contribuindo numa dada seção fluviométrica.

Como exemplificação, foi realizada a caracterização hidrossedimentológica da bacia hidrográfica do rio Itajaí-Açu a partir da análise das séries temporais de dados de nível d'água, vazão fluvial (m^3/s), concentração de material em suspensão (mg/L) e vazão sólida em suspensão da estação fluviométrica de Indaial (SC), da rede de monitoramento da Agência Nacional de Energia Elétrica (ANEEL), a mais próxima da desembocadura estuarina do rio sem sofrer influência da maré. A estação fluviométrica de Indaial, código de identificação 83690000, está localizada nas coordenadas 26°56'28" S e 49°14'14" W, a uma altitude de 86,13 m e distante cerca de 90 km da desembocadura marítima. O ponto de medição dos parâmetros fluviais capta cerca de 70% da bacia de drenagem, o que corresponde a aproximadamente 11.110 km^2, sendo representativo das características da bacia de drenagem. Os dados obtidos apresentam frequência de amostragem diária dos parâmetros cota fluvial (m), descarga fluvial (m^3/s) e concentração de material em suspensão (mg/L). Foram analisados os dados referentes ao período de novembro de 1998 a junho de 2010.

Na análise dos parâmetros nível do rio, vazão fluvial, concentração de material em suspensão e vazão sólida em suspensão, pode ser observado na Figura 7.6(A) que, de maneira geral, o comportamento de todos os parâmetros foi semelhante para o período avaliado. Ocorreram diversos picos em posição coincidente em relação ao tempo, embora suas intensidades não concordem sempre. Em 30 de setembro de 2001, ocorreu um pico bastante elevado, atingindo uma vazão sólida de 297.750 t/dia, sendo também observado nos demais parâmetros. O pico de concentração que ocorreu no final de 2003 teve uma repercussão muito pequena nos demais parâmetros, provavelmente constituído majoritariamente por carga de lavagem. Pode ser observada também uma curva ascendente no final de 2008, especialmente no nível do rio e na vazão fluvial.

Na Figura 7.6(B) estão apresentados os hietogramas registrados na Bacia do Baixo Rio Mearim (MA), nas cidades de Vitória do Mearim a montante e São Luís a jusante, bem como as hidrógrafas de vazões líquidas e vazões sólidas em Vitória do Mearim no período compreendido pelo ciclo climático de 1980 a 1985. Pode-se observar como, pela influência dos ventos alísios, o primeiro semestre é úmido, correspondendo às maiores vazões líquidas e sólidas, bem como à defasagem entre os picos de vazão líquida e sólida. A condição mais frequente é a do pico da vazão sólida ocorrer previamente ao pico da vazão líquida, em razão da carga de lavagem superficial acumulada sobre os terrenos da bacia hidrográfica durante o período de estiagem, bem como pela infiltração das precipitações pluviométricas ter de recarregar os aquíferos após a estiagem, retardando o pico do escoamento superficial.

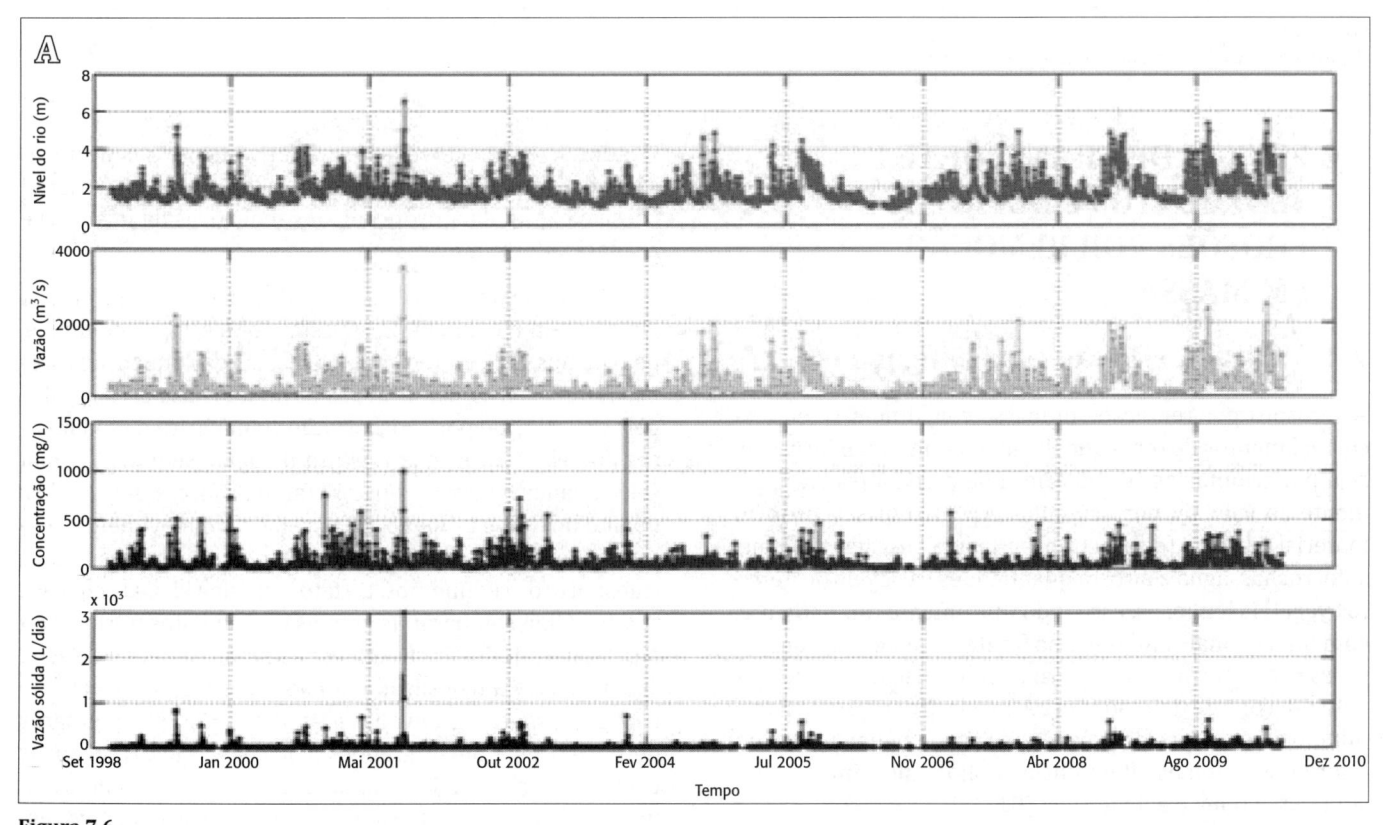

Figura 7.6
(A) Séries temporais de nível, vazão fluvial, concentração de material em suspensão e vazão sólida em suspensão no posto fluviométrico Indaial, representativo da contribuição da Bacia Hidrográfica do rio Itajaí-Açu (SC).

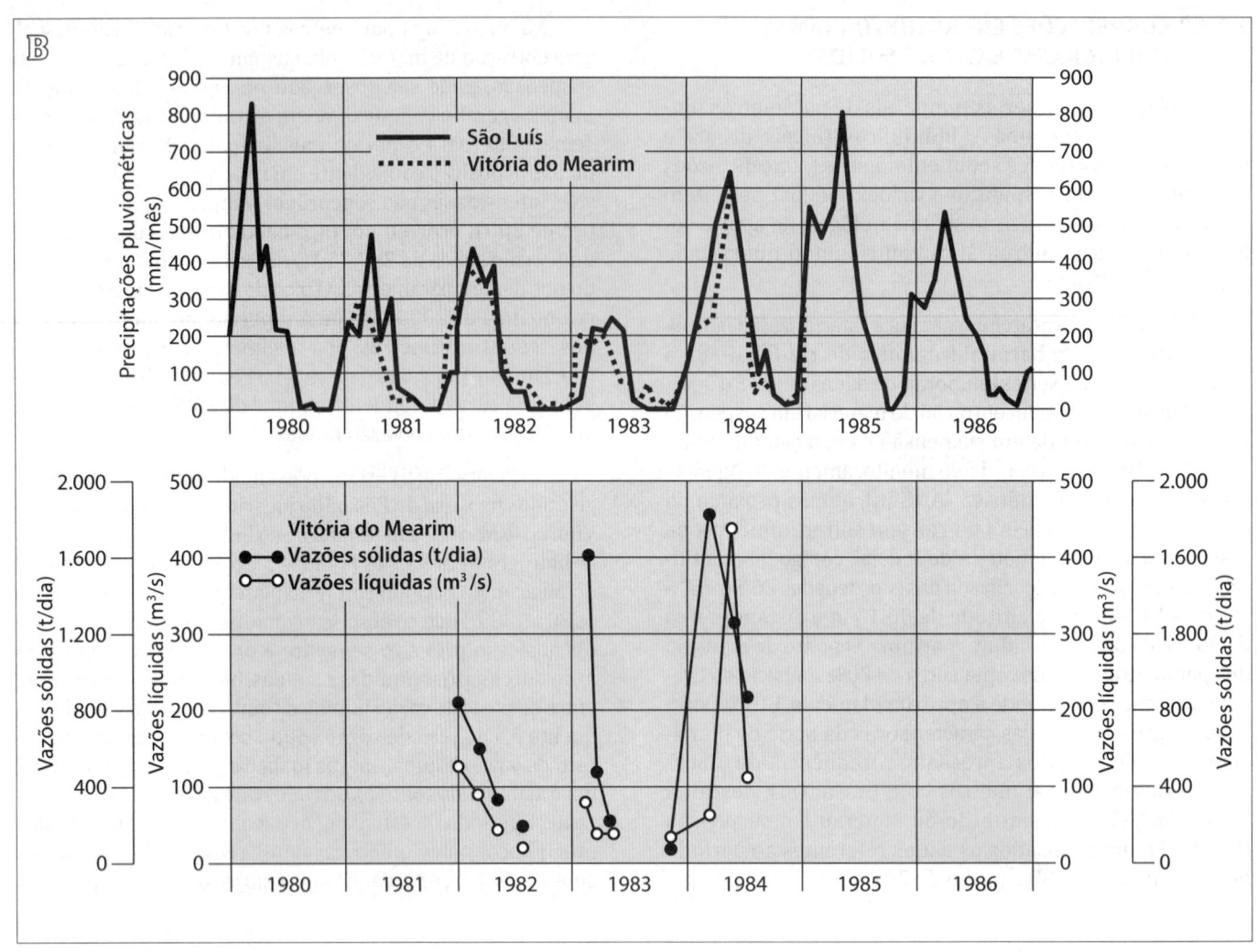

Figura 7.6
(B) Hietograma e hidrógrafa da Bacia do Rio Mearim.

7.4 FLUXOS DE TRANSPORTE DE SEDIMENTOS E DETRITOS EM EROSÕES POR REMOÇÃO EM MASSA

7.4.1 Caracterização e classificações

As erosões por remoção em massa constituem-se em escorregamentos de terra que fluem para um canal formado, seja por tributários secundários que escoam transversalmente ao vale, ou por acúmulos criados por seu próprio material detrítico (*debris*) transportado. Consistem de lama, solo, rochas, água e ar com quantidades variáveis de detritos vegetais lenhosos, escoando tipicamente rapidamente, com uma ou mais ondas e uma frente de material granular grosseiro, para jusante de canais em encostas íngremes para um cone de dejeção (*fan*). A Tabela 7.1 apresenta a terminologia dos tipos de erosões por remoção em massa em diferentes idiomas. Referência bibliográfica importante sobre esse tema é a de Rosso (2011).

A classificação pela concentração pode ser qualitativamente visualizada pelo "Le Ballon de Rugby" de Meunier

(Figura 7.7), que correlaciona relativamente a concentração volumétrica de sedimentos, a relação entre o material coesivo e granular (propriedades reológicas da mistura) e a velocidade do movimento.

Para ser considerada corrida de detritos (*debris flow*) o material em movimento deve estar solto e capaz de fluir, e, pelo menos, 50% deve ser de partículas das dimensões arenosas ou maiores, conforme as terminologias apresentadas pela classificação por concentração volumétrica de sedimentos (Tabela 7.2). É uma mistura de água, sedimentos mal selecionados e outros detritos. Tanto as forças dos sólidos, quanto do fluido influenciam fortemente o movimento, distinguindo-o das avalanches de rochas ou os escoamentos de transporte de sedimentos. De fato, tem uma elevada concentração sólida comparando com os escoamentos normais ou hiperconcentrados, bem como um elevado conteúdo de água com relação a um deslizamento de encosta ou avalanche de rochas. O material envolve granulometrias sedimentares desde as argilas até os grandes matacões de leitos rochosos decompostos, além de componentes orgânicos, como os lenhosos. A corrida de detritos no sentido mais restritivo tem uma significativa quantidade de partículas grosseiras, principalmente em sua frente de avanço.

Tabela 7.1						
Terminologias das erosões por remoção em massa em diferentes idiomas						
Terminologia inglesa	**Expressões inglesas alternativas**	**Alemão**	**Francês**	**Italiano**	**Espanhol**	**Português**
debris flow	debris torrent, debris avalanche	(granularer) Murgang	lave torrentielle (granulaire)	colata di detrito, lava torrentizia	corriente de derrubios	fluxo de detritos, corrida de detritos
mudflow	mudflow	Schlammstrom, feinkörniger Murgang	coulée de boue lave torrentielle boueuse	colata di fango	colada de barro	fluxo de lama, corrida de lama
hill slope debris flow	debris avalanche, mudslide	Hangmure	coulée boueuse	scivolamento di detrito	colada de derrubios	deslizamento de encostas
hyper-concentrate flow	debris flood, mud flood, immature debris flow	intensiver Geschiebetransport*	charriage hyper-concentré*	trasporto solido iperconcentrato	flujo hipercon-centrado	fluxo hipercon-centrado
normal streamflow, flood including fluvial sediment transport	–	Hochwasser mit Geschiebetransport	crue avec charriage	piena con trasporto solido	flujo con carga de fondo	inundação com transporte de sedimentos

* Estas expressões referem-se às condições do sedimento (*immature debris flow*) que ocorrem em escoamento hiperconcentrado ou em escoamento normal em declividades íngremes.

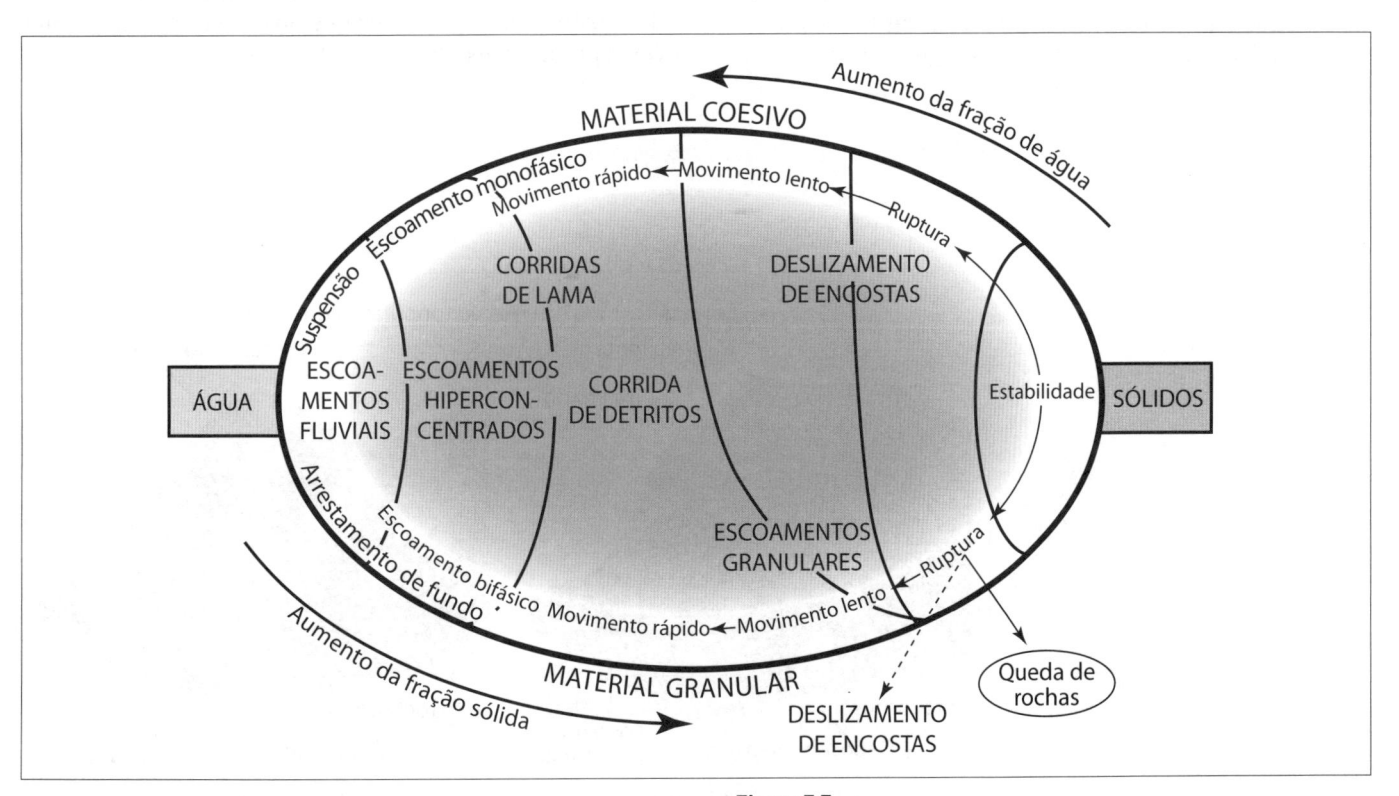

Figura 7.7
Classificação qualitativa de Meunier para as erosões por remoção em massa.

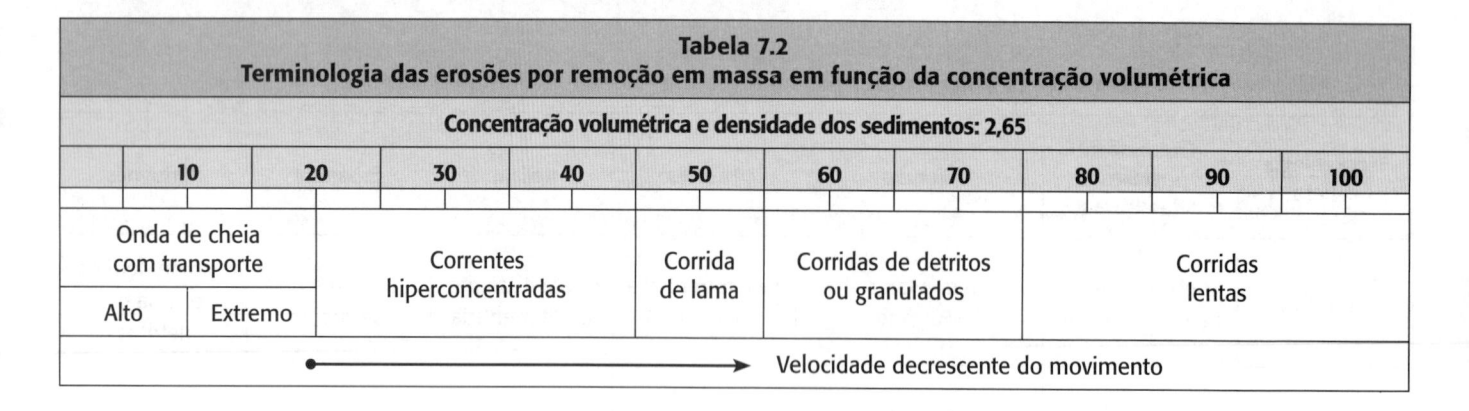

Tabela 7.2
Terminologia das erosões por remoção em massa em função da concentração volumétrica

Concentração volumétrica e densidade dos sedimentos: 2,65									
10	20	30	40	50	60	70	80	90	100

Onda de cheia com transporte — Alto / Extremo · Correntes hiperconcentradas · Corrida de lama · Corridas de detritos ou granulados · Corridas lentas

Velocidade decrescente do movimento →

Uma variante da corrida de detritos é a corrida de lama, que é uma mistura de água com predominantemente argila, silte e areia em sua composição granulométrica, formando um fluxo viscoso e fluindo rapidamente, com uma ou mais ondas, podendo incluir detritos orgânicos, para jusante em canais montanhosos mais suaves. Trata-se, portanto, de uma corrida de detritos com granulometria granular mais fina. O comportamento viscoso evita a rápida drenagem da água, apresentando distâncias de avanço do cone de dejeção maiores do que nas corridas detríticas de material granular mais grosseiro.

Outro critério de classificação pode ser o que diz respeito ao mecanismo de colapso ou ruptura (gatilho ou *trigger*) para o início do movimento:

- Instabilidade de talude desencadeada pela precipitação intensa em curtos períodos de tempo (chuvadas de alta intensidade), minutos ou algumas horas. Os detritos instabilizados contêm mais água em enxurrada em declive íngreme, transformando-se em corrida de detritos ou de lama.

- Um grande escorregamento de talude pode temporariamente bloquear o canal de escoamento das águas, sendo seguido pelo movimento de colapso para jusante, pela alta concentração de água, ou pela ruptura deste bloqueio de barragem (*dam break*) natural efêmera pelo aumento da pressão nos poros e erosão.

- Cheias relâmpago (*flash-flood*) em uma mistura de material sólido pela erosão do fundo e margens, cheia contendo alta concentração de sólidos, tornando-se na sequência corrida de detritos.

É possível também uma classificação pela origem do depósito, como mostrado na Figura 7.8, em que a corrida de detritos ocorre por deslizamento de encosta, não em um canal preestabelecido, ou canalizado nesta feição.

Figura 7.8
Corrida de detritos em deslizamentos.

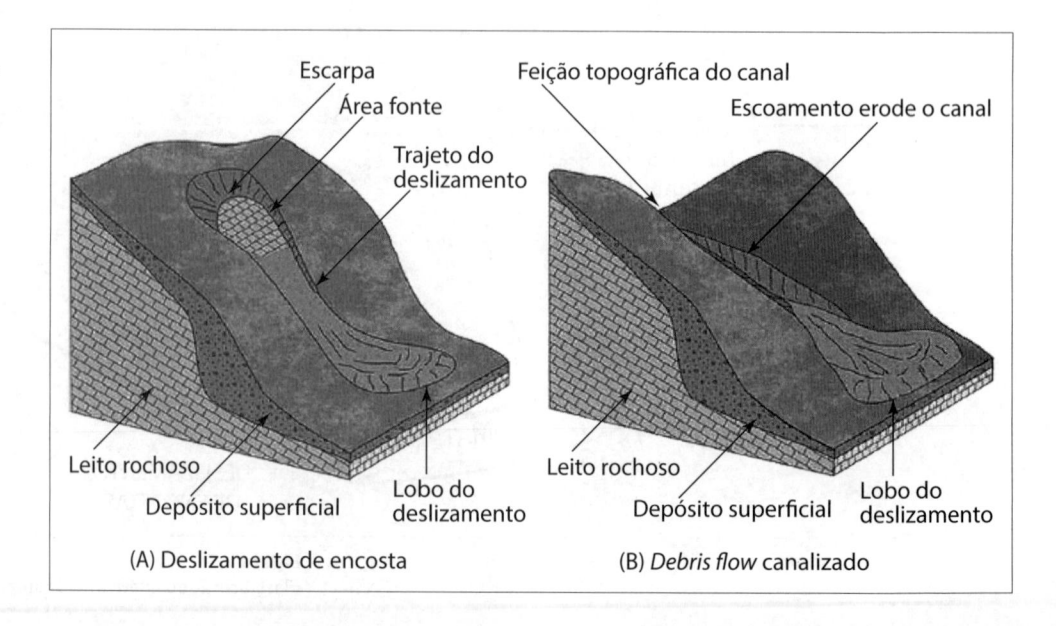

(A) Deslizamento de encosta

(B) *Debris flow* canalizado

7.4.2 As três zonas que compõem o processo das erosões por remoção em massa

Na Figura 7.9 estão apresentadas as três zonas que compõem o processo das erosões por remoção em massa, bem como a sua caracterização quanto a ângulos de declividade (Tabela. 7.3).

Tabela 7.3
Ângulos de inclinação do talvegue típicos nas diferentes zonas do processo de erosão por remoção em massa

Ângulo	Características do movimento
$20° < \theta$	Ocorrência
$15° < \theta < 20°$	Início de fluxo
$10° < \theta < 15°$	Início de decréscimo da velocidade e continuação do fluxo
$3° < \theta < 10°$	Diminuição de velocidades e parte frontal para
$0° < \theta < 3°$	Deposição

Na área fonte tem-se a região de colapso, frequentemente associada a profundas ravinas (Figura 7.10). Entre 15° e 23° a condição de equilíbrio teórico costuma ser rompida por escorregamentos de terra superficiais nos coluviões, apresentando zonas de convexidades de taludes que concentram o escoamento sub-superficial, entrando grandes quantidades de água rapidamente nas camadas superiores do solo, enquanto menor é o fluxo nas camadas mais fundas e junto o topo rochoso menos impermeáveis. Os aspectos geomorfológicos que afetam o colapso são:

- Área com grande erosão (Figura 7.11);
- Alta declividade com grande camada detrítica (Figura 7.12);
- Instabilidade de taludes com escorregamento de solo (Figura 7.13(A), (B) e (C));
- Crescimento da camada detrítica por escorregamento de solo no canal (Figura 7.14);
- Erodibilidade das margens (Figura 7.15).

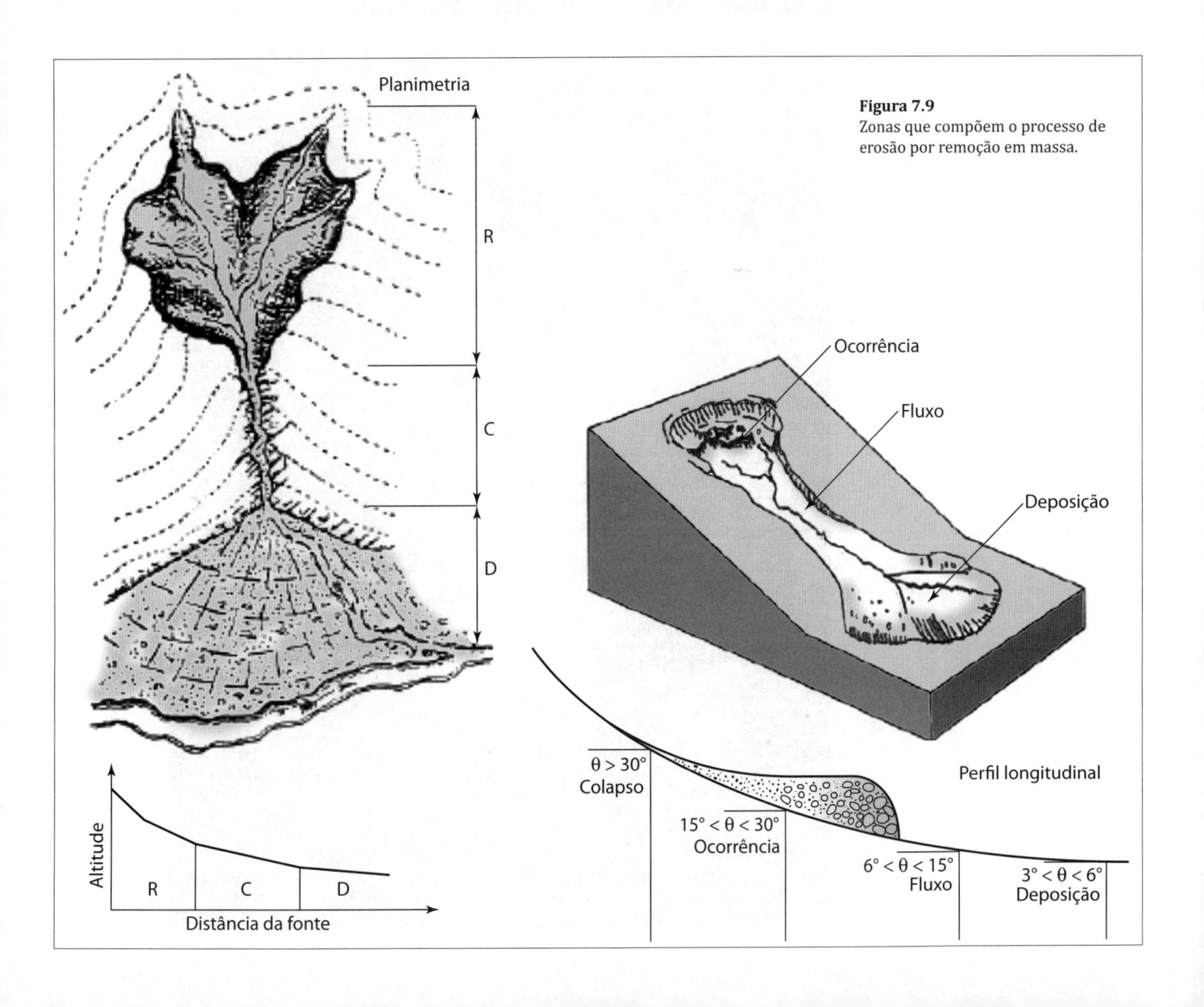

Figura 7.9
Zonas que compõem o processo de erosão por remoção em massa.

Figura 7.10
Ravinas no topo das vertentes.

Figura 7.11
Deslizamento de 1956 no Monte Serrat
em Santos (SP).

Figura 7.12
Morros em torno a
Caraguatatuba (SP).

Figura 7.13
(A) Instabilidade de taludes
com escorregamento do
solo e vegetação nos Alpes
Alemães em Neschwanstein
(Alemanha).
(B) Colapso a partir do
escorregamento do solo.

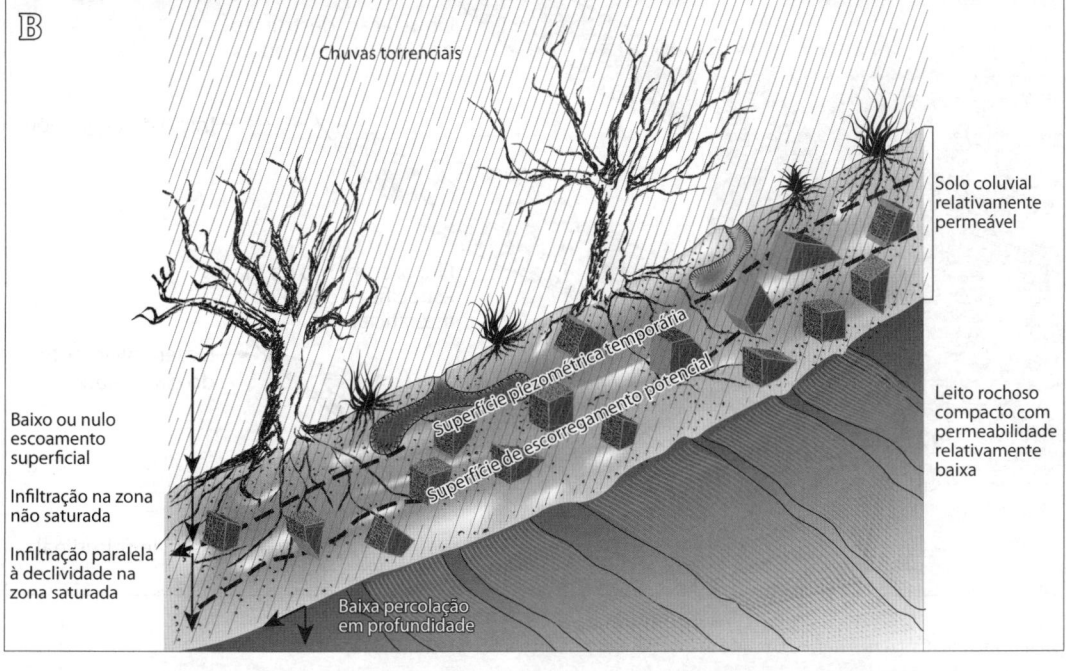

Figura 7.13
(C) Deslizamentos de taludes em
Caraguatatuba (SP) em março de 1967.

Particularmente relevante é a descrição do processo de liquefação ilustrado na Figura 7.14, a qual ocorre pelo aumento da pressão intersticial entre os grãos, superando as forças de atrito interno da estrutura entre os grãos. Esse processo também pode ocorrer por vibração, como em abalos sísmicos, por dragagens que removam depósitos que anteriormente equilibravam um talude, ou por sobrecarga.

Na zona de transporte o escoamento flui movendo-se para jusante em canal principal confinado. Característica morfológica e física indicativa desses processos são os acúmulos de detritos lateralmente nas margens (Figuras 7.16 e 7.17). A formação desses depósitos deve-se ao extravasamento lateral da frente da corrida de detritos com profundidade superior ao escoamento anterior. Esse tipo de depósito também é frequente na parte superior do cone de dejeção. Nas Figuras 7.18 a 7.20 são evidenciados exemplos de percursos na zona de transporte.

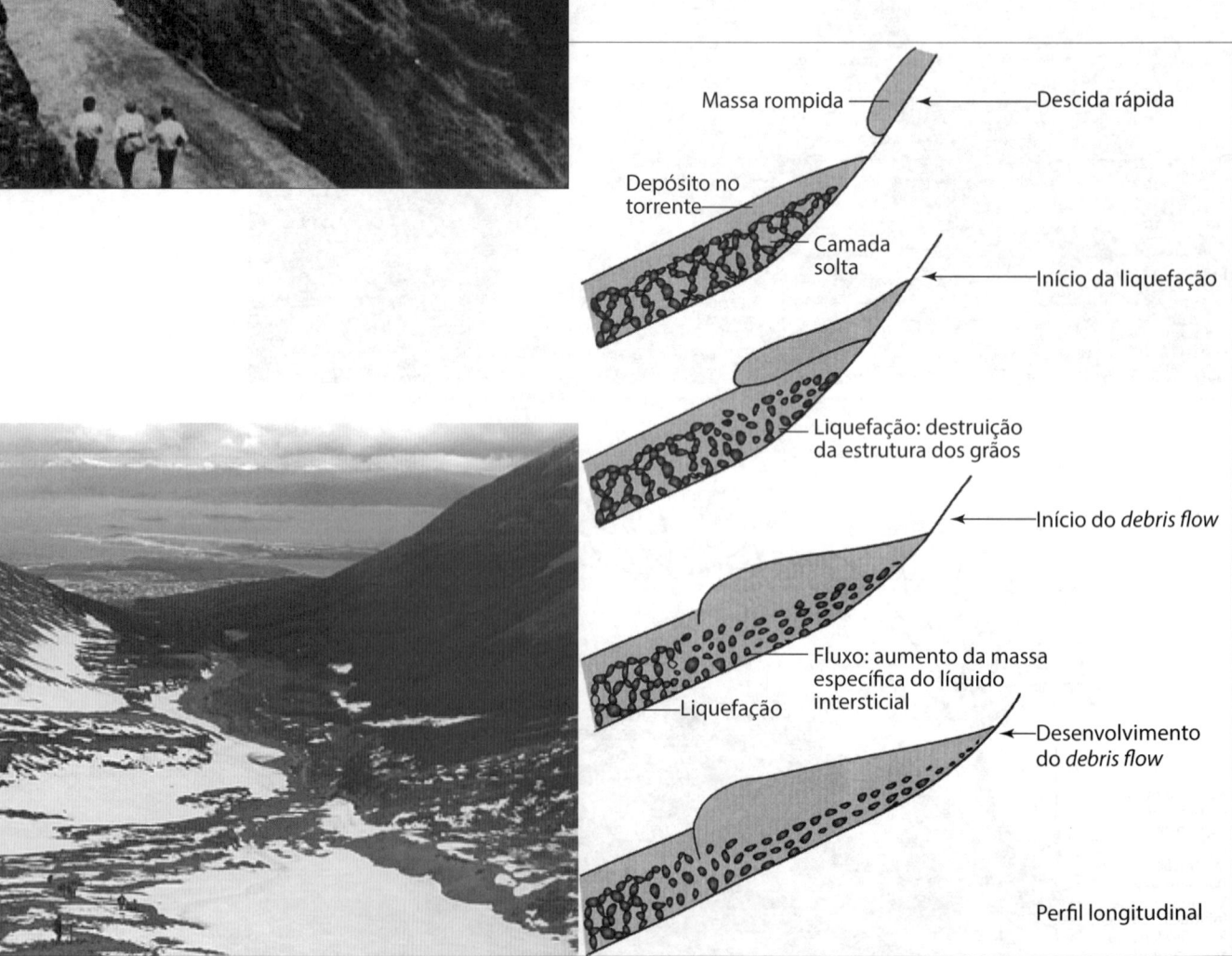

Figura 7.14
Colapso por escorregamento no canal principal. Canal nas montanhas do sul da Patagônia (Argentina) (MIYASAWA, 2012).

Figura 7.15
Erosão das margens.

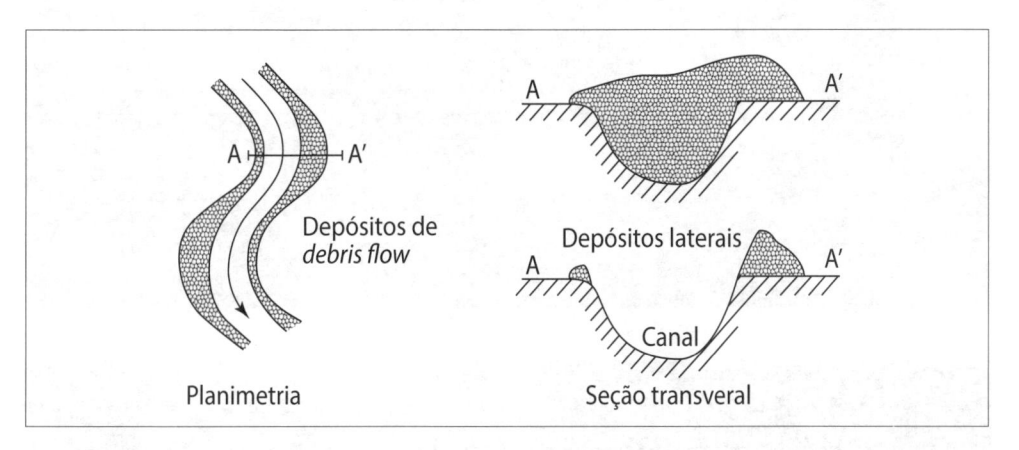

Figura 7.16
Depósitos detríticos laterais, à feição de diques naturais indicativos das corridas de detritos.

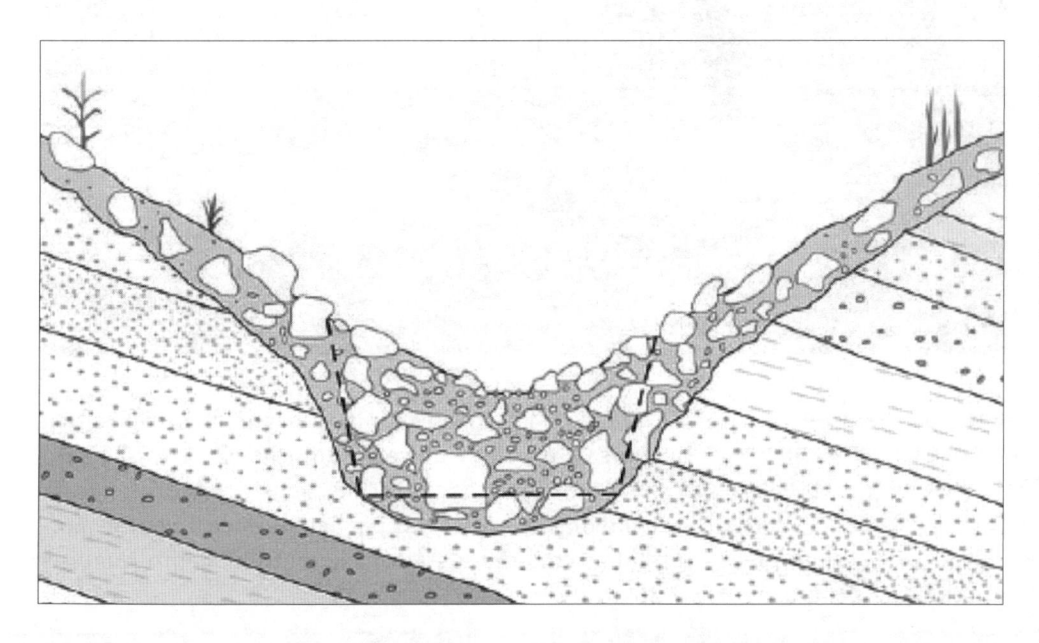

Figura 7.17
Elevação de seção transversal esquemática da zona de transporte mostrando o acúmulo de sedimentos acima do leito rochoso com a linha tracejada estimando a envoltória de largura e profundidade para recarga de acúmulo de material entre dois eventos extremos. Em uma corrida de detritos este volume pode ser erodido para jusante.

Figura 7.18
Torrente Lamone em Marradi (Itália), observando-se o acúmulo de detritos lateralmente.

Figura 7.19
Dimensões dos blocos de rocha evidenciando o percurso da corrida de detritos no Rio Mantegueira, em Caraguatatuba (SP).

Figura 7.20
Dimensões dos blocos de rocha evidenciando o percurso da corrida de detritos no Rio do Ouro, principal formador do Rio Santo Antônio em Caraguatatuba (SP).

Os depósitos dos acúmulos laterais são caracterizados por terem as maiores granulometrias na parte superior do depósito, conforme as estratigrafias mostradas nas Figuras 7.21 e 7.22.

O cone de dejeção da zona de depósito (Figura 7.23) tem suas dimensões características de distância de avanço e largura da frente a partir da seção crítica inicia-se o processo de sedimentação (Figura 7.24). No cone de dejeção os materiais mais grosseiros param seu movimento antes das partículas mais finas, formando lobos com grande altura de entulhamento (Figuras 7.25 a 7.27).

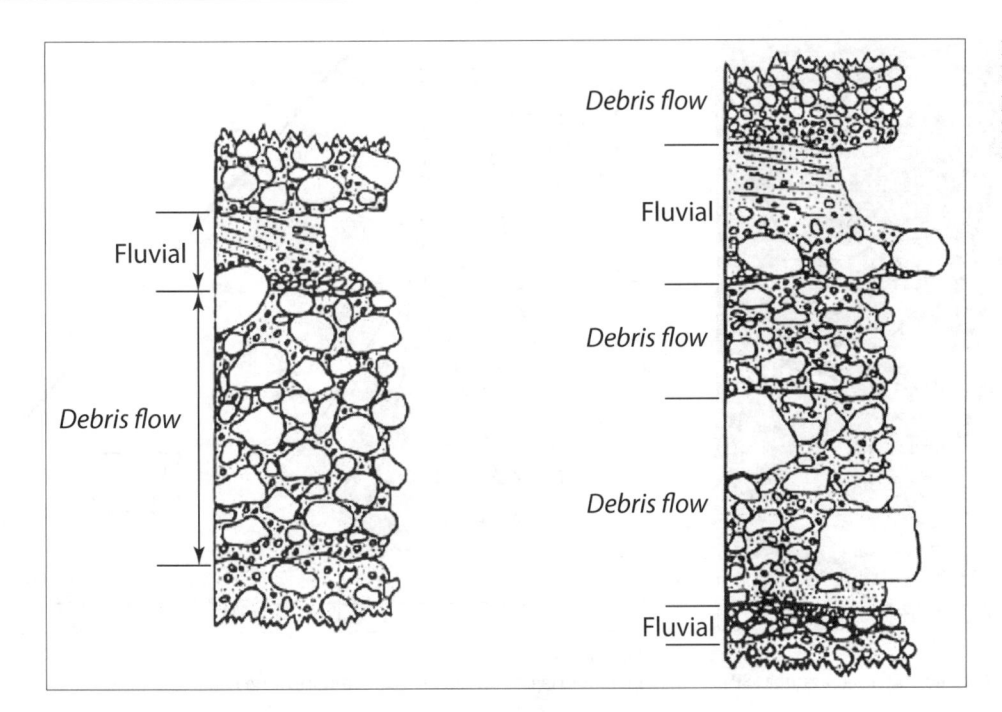

Figura 7.21
Estratigrafias verticais típicas de processos de transporte de sedimentos fluviais e corridas detríticas intercaladas.

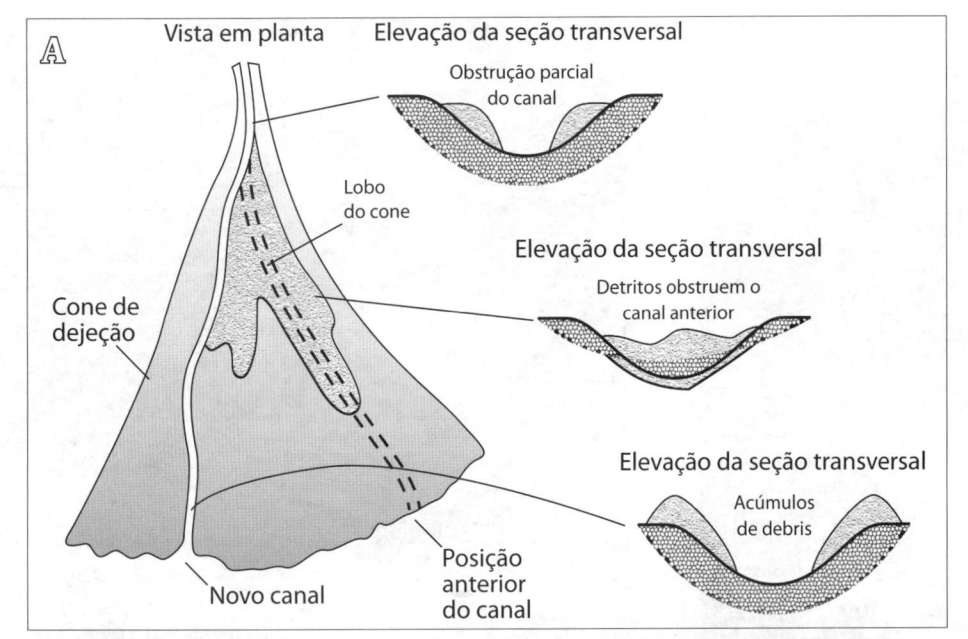

Figura 7.22
(A) Descrição do cone de dejeção.
(B) Foto aérea dos cones de dejeção dos rios Kousumiginokawa, Kousugawa e Nishiyamagawa no Lago Toyako em Hokkaido (Japão).

Figura 7.23
Acúmulos no cone de dejeção do Rio Santo Antônio em Caraguatatuba (SP).

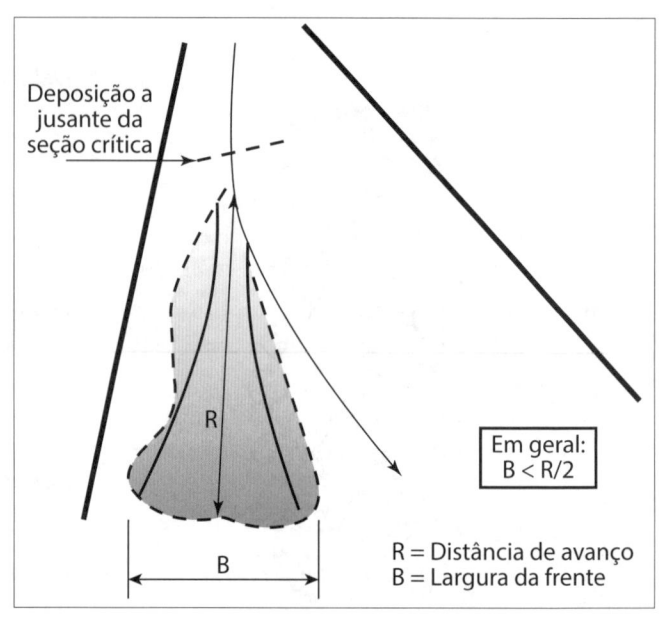

Figura 7.24
Planimetria das dimensões características do cone de dejeção.

Figura 7.25
Os acúmulos no cone de dejeção do Rio Santo Antônio em Caraguatatuba (SP) apresentam até 5 m de altura.

Figura 7.26
Movimentação de grandes blocos rochosos pesando mais de 5 t vindos das vertentes da Bacia Hidrográfica do Rio Santo Antônio em Caraguatatuba (SP).

Figura 7.27
Entulhamento (lobo) de detritos na parte superior do cone de dejeção do Rio Santo Antônio, em Caraguatatuba, após as chuvadas de março de 1967.

7.4.3 Estudo de caso da corrida de detritos de 18 de março de 1967, em Caraguatatuba (SP)

Para ter-se ideia de um evento que foi denominado "a Catástrofe de Caraguatatuba", estudos foram realizados por Sakai & Alfredini (2012) e Witiski (2012), no âmbito do Projeto Rede Litoral do Edital CAPES – Ciências do Mar, visando estimar por modelação matemática a área atingida por essa que foi em ma das mais trágicas ocorrências do gênero no Brasil. Os registros oficiais contabilizaram 436 vítimas fatais e mais de 3 mil desabrigados em uma população de cerca de 15 mil habitantes no Município de Caraguatatuba, embora se saiba que esse número foi superior. Para se ter uma ideia do risco que esse município, como tantos outros em situações semelhantes nas vertentes da Serra do Mar, corre nos dias atuais basta pensar que a sua população residente é atualmente de mais de 100 mil habitantes e em crescimento com ocupação de espaços territoriais cada vez mais amplos.

Estima-se que cerca de 7,6 milhões de toneladas de detritos desceram as vertentes do Rio Santo Antônio após dias de chuvas intensas que culminaram com o hietograma estimado na Figura 7.28 e com o hidrograma correspondente da Figura 7.29, cujo pico atingiu 418 m³/s.

A Figura 7.30 mostra a subdivisão do trecho do cone de dejeção do rio Santo Antônio em cinco áreas e a mancha urbana atual. Em 1967 as áreas A, B e C praticamente não eram habitadas, nem tampouco a margem direita do rio Santo Antônio nas áreas D e E. Na área E encontra-se a foz no mar.

Como resultado da modelação apresentam-se as figuras a seguir comentadas:

- As Figuras 7.31 e 7.32 mostram as áreas que foram inundadas na Catástrofe de 1967 e em uma condição de cheia mais modesta;

- A Figura 7.33 mostra para as áreas A, B e C os batentes hídricos atingidos na Catástrofe de 1967, chegando a mais de 6 m em alguns trechos.

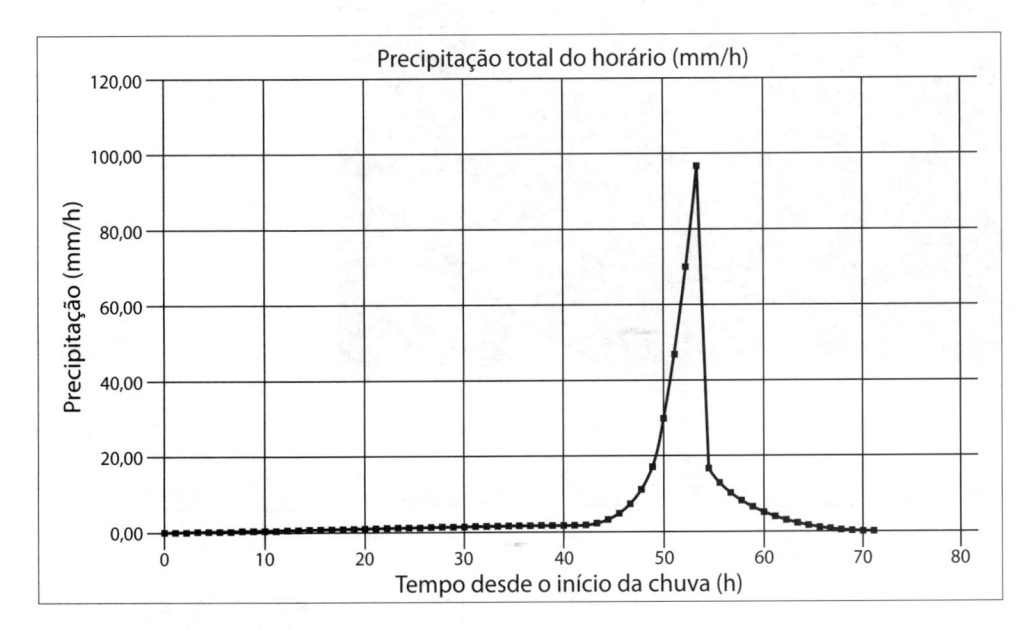

Figura 7.28
Hietograma estimado da precipitação pluviométrica ocorrida sobre a Bacia do Rio Santo Antônio, em Caraguatatuba (SP) a partir da 0 hora do dia 16 de março de 1967.

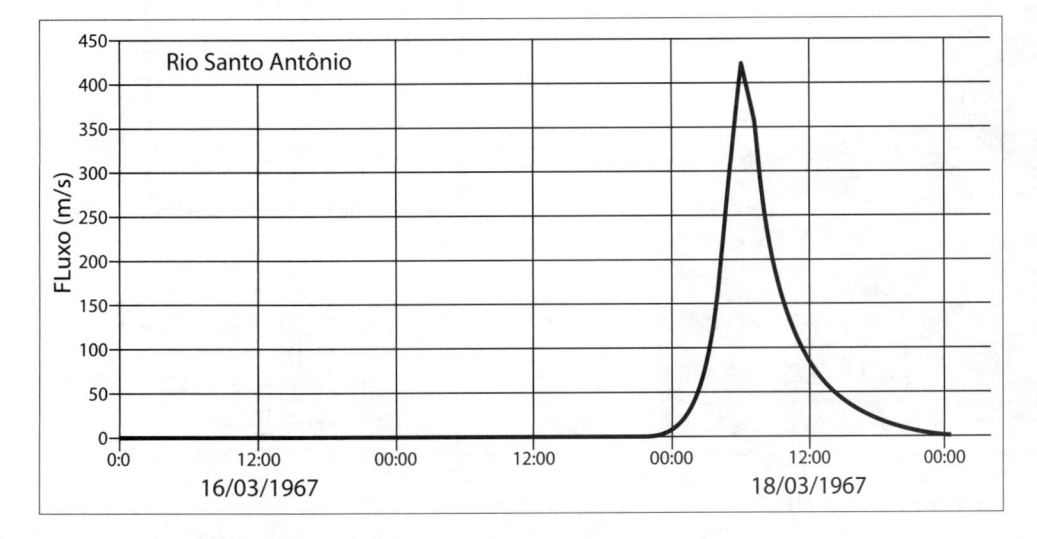

Figura 7.29
Hidrograma estimado da vazão ocorrida na Bacia do Rio Santo Antônio, em Caraguatatuba (SP) a partir da 0 hora do dia 16 de março de 1967.

Figura 7.30
Subdivisão planimétrica do cone de
dejeção do Rio Santo Antônio em
Caraguatatuba (SP).

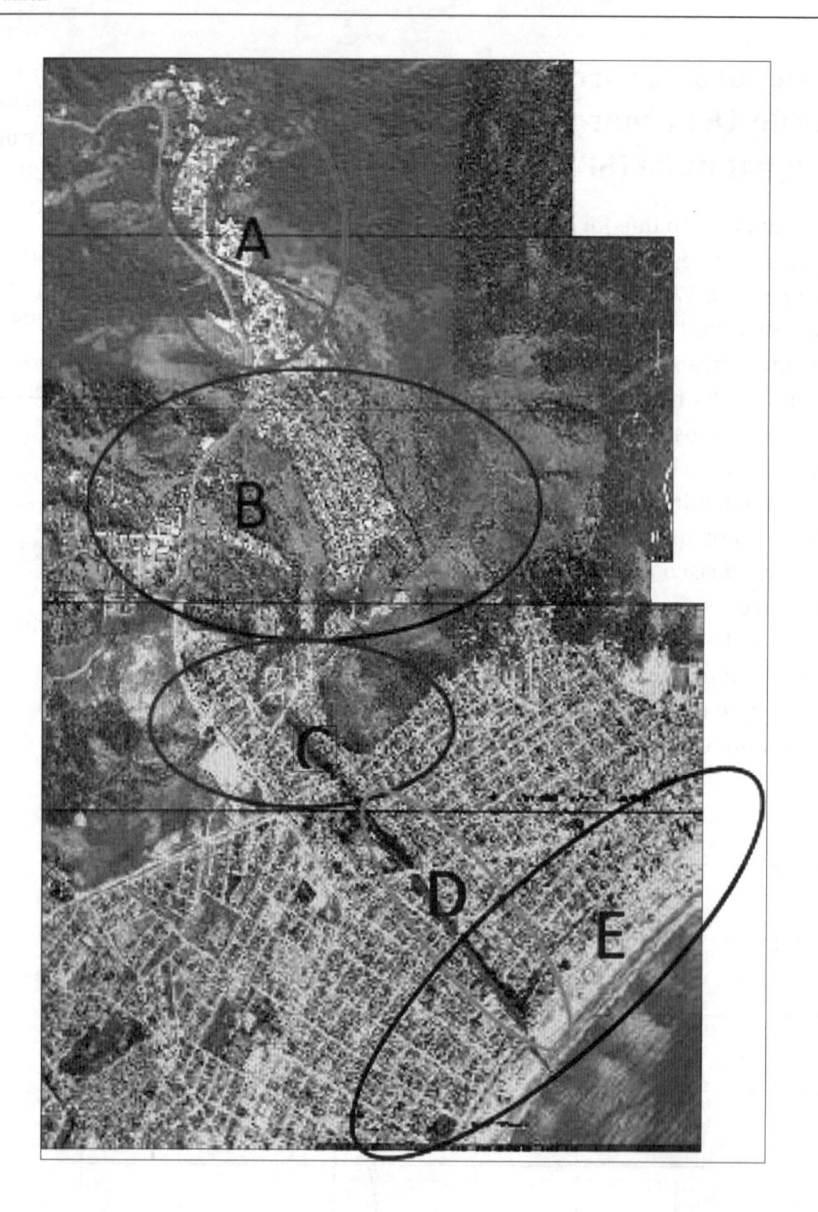

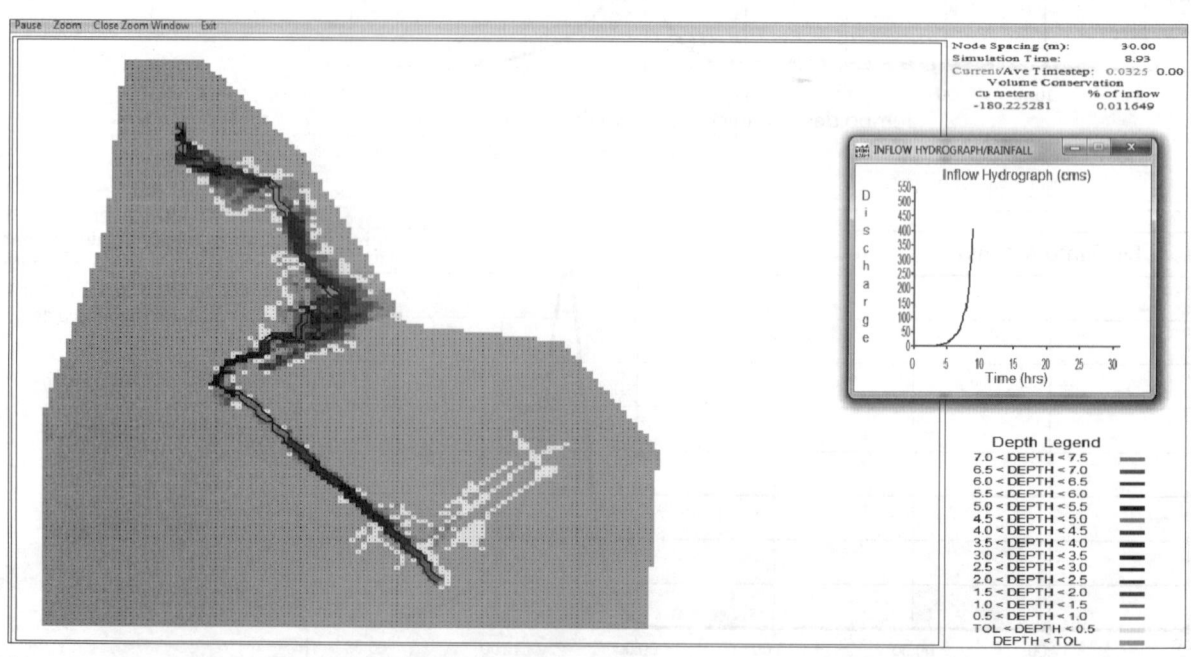

Figura 7.31
Planimetria da área de inundação modelada para a vazão de 400 m³/s, equivalente à ocorrida em 18/03/1967.

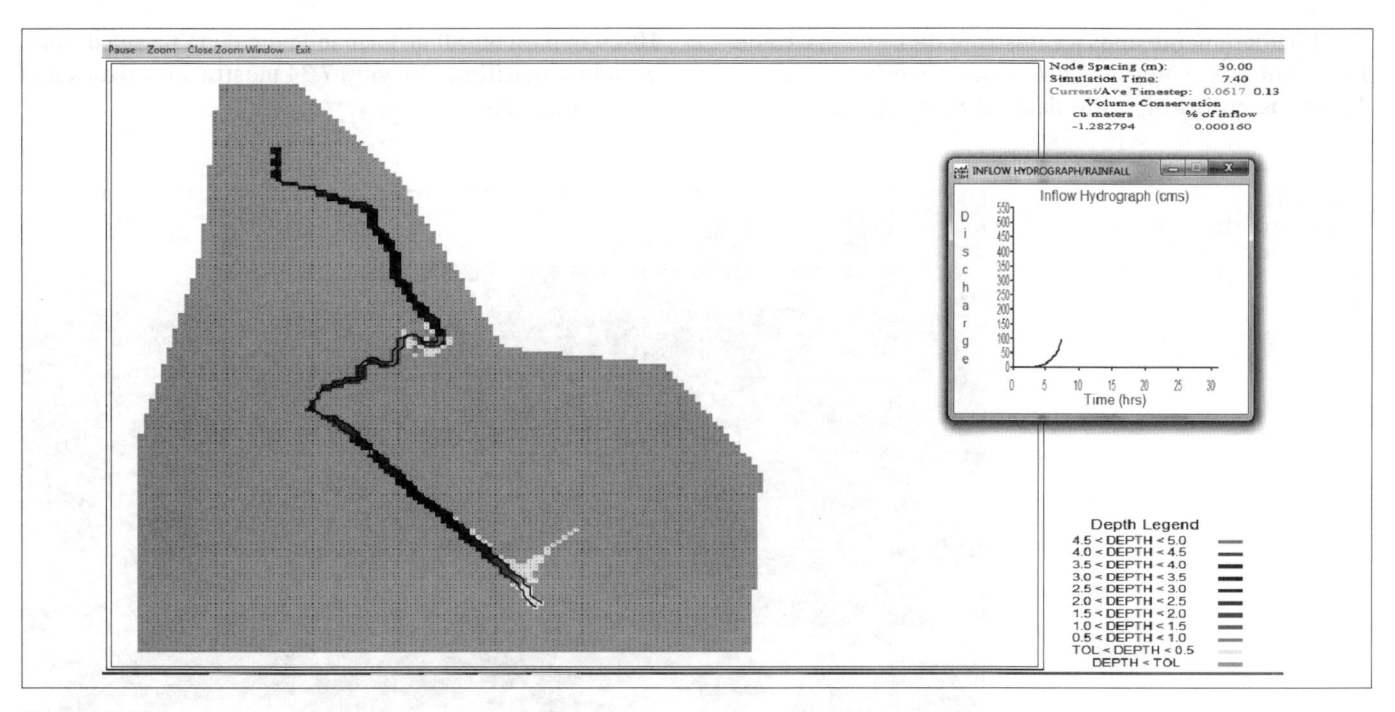

Figura 7.32
Planimetria da área de inundação modelada para a vazão de 100 m³/s.

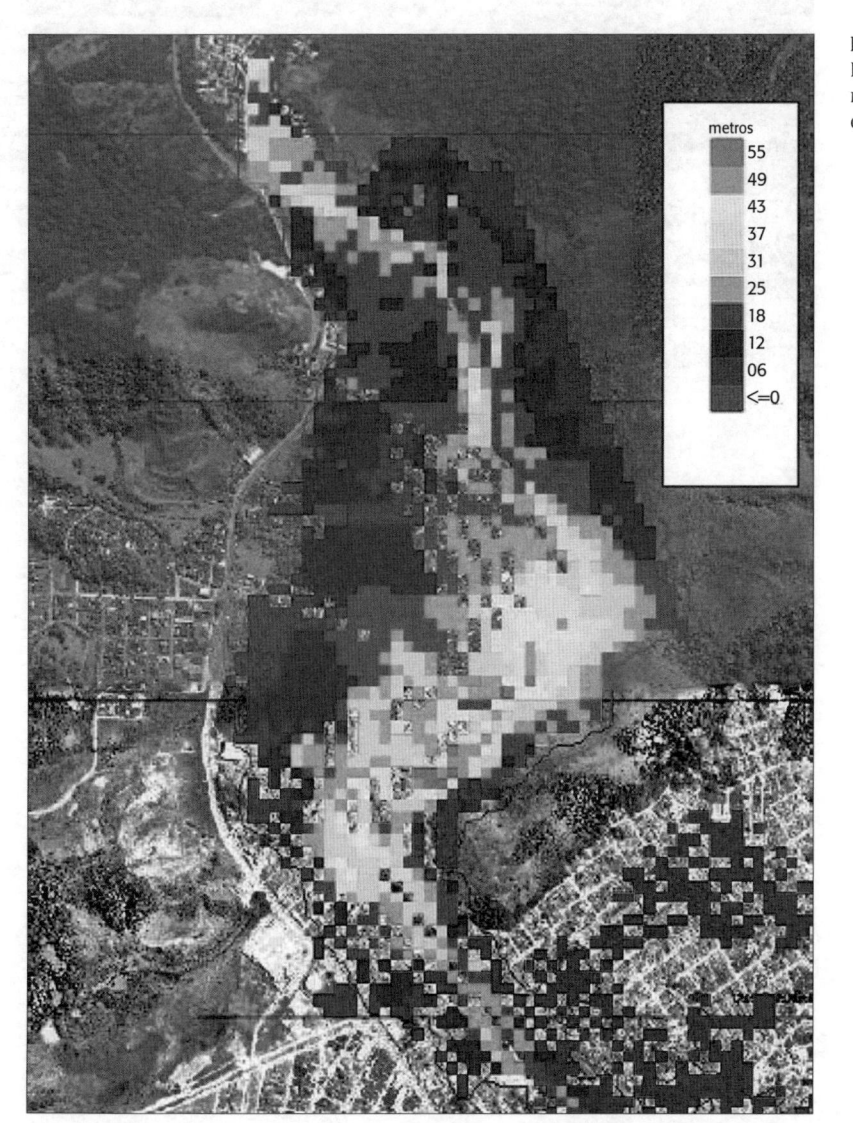

Figura 7.33
Planimetria dos batentes hídricos modelados nas áreas A, B e C, para a condição de 18/03/1967.

Imediatamente após a catástrofe de 18 de março de 1967, um dos maiores *debris flows* historicamente cadastrados no Brasil, o Rio Santo Antônio alargou-se de 10-20 m para 60-80 m, formando um delta na sua desembocadura marítima. A Figura 7.34 mostra uma vista aérea dessa condição.

Figura 7.34
Vista aérea da planície aluvionar do Rio Santo Antônio em Caraguatatuba (SP) após a catástrofe de 18 de março de 1967.

CAPÍTULO 8

MORFOLOGIA FLUVIAL E TEORIA DO REGIME

Visualização da técnica de construção de um modelo físico.

8.1 INTRODUÇÃO

A Morfologia Fluvial é o ramo da Hidráulica Fluvial que estuda a formação, evolução e estabilização dos cursos d'água naturais produzidas pelo escoamento líquido, sendo um ramo da Geomorfologia, parte da Geologia que estuda a evolução da superfície terrestre ao longo das eras geológicas.

À medida que o desenvolvimento da ocupação das bacias hidrográficas avança, induzindo crescentes alterações no transporte de sedimentos e, por consequência, no comportamento dos rios, o conhecimento da Morfologia Fluvial torna-se essencial para as obras de Engenharia Fluvial ligadas à navegação interior, por sistematizar conceitos fluviais fundamentais.

Fundamentalmente, a bacia hidrográfica pode ser subdividida morfologicamente (ver Figura 8.1(A), (B), (C), (D) e (E)) em:

- Alta bacia ou curso superior

  No trecho inicial ou de cabeceiras, o rio tem alta declividade do perfil longitudinal e o escoamento fluvial é de alta velocidade, transportando cargas sedimentares mal selecionadas (bem graduadas, de argilas a grandes blocos) em um leito, normalmente, acidentado e em aprofundamento. A tendência erosiva conduz à redução das declividades a partir do nível de base a jusante, produzindo leito retilíneo e vale encaixado, mesmo porque a menor área da bacia hidrográfica contribuinte corresponde a um menor aporte sedimentar.

- Média bacia ou curso médio

  Neste trecho de média declividade do perfil longitudinal, a velocidade é relativamente menor do que no curso superior e o rio tende a um perfil de equilíbrio com moderada sinuosidade. O rio tende a continuar aprofundando-se no vale, desenvolvendo trabalho de modelação das margens não consolidadas, as quais deslizam pela ação da corrente e desgastam-se pela abrasão com os materiais carreados. Sendo maior a contribuição da bacia hidrográfica, as vazões são maiores e, nos lugares em que o leito se alarga, decresce a velocidade das correntes e formam-se bancos ou ilhas, por causa da perda de competência na capacidade de transporte das correntes e/ou pela presença de níveis de base.

- Baixa bacia ou curso inferior

  Neste trecho de baixa declividade longitudinal, o decréscimo de velocidade é acentuado, com leito aluvionar e reduzida ação erosiva, limitada pela proximidade altimétrica do nível de base final. A tendência à sedimentação é ulteriormente reforçada pelo grande aporte de contribuição de toda a área da bacia hidrográfica a montante.

A Morfologia Fluvial conceitua o nível de base final, segundo o qual o nível do mar corresponde àquele rumo em que os rios tendem a erodir os seus leitos, planificando-se. Existem, ainda, os níveis de base temporários, como lagos naturais e/ou artificiais (reservatórios de barragens), ou soleiras de material do álveo muito resistente (quedas ou corredeiras), que podem desempenhar por muito tempo a função de níveis de base.

Outro conceito fundamental diz respeito à evolução fluvial, com a classificação de jovem, madura e senil. Rios jovens possuem grandes declividades e acentuada tendência a erodir os terrenos, com vales de encostas abruptas em forma de "V" e grande número de quedas d'água e corredeiras, sendo denominados de rios de montanha ou torrentes. Nos rios maduros as declividades são menores, as seções de escoamento alargam-se, a topografia torna-se mais plana e os perfis longitudinais passam a variar de maneira gradual, sem quedas e corredeiras, correspondendo a situações próximas ao equilíbrio dinâmico entre a carga de sedimentos aportada de montante e a capacidade de transporte do escoamento. Os rios senis apresentam declividades reduzidas, barragens naturais ao longo das margens e zonas pantanosas no seu entorno, sendo a topografia dos vales extremamente plana por representar o assoreamento tendendo ao aplainamento da topografia e a "estuarização" do rio. Está claro que essa classificação aplica-se a trechos de rios, ou seja, tramos de um mesmo rio podem ser classificados de forma diferenciada. Além disso, os limites entre as categorias não são bem definidos, correspondendo, muitas vezes, a transições mais ou menos longas, e não há necessariamente a sequência cronológica unívoca, pois alterações naturais ou artificiais nas condições do escoamento podem mudar o estágio fluvial.

Outra classificação de grande utilidade para as obras de Engenharia é a ligada à forma, pela qual os cursos d'água podem ser classificados em retilíneos e meandrados em canal único e entrelaçados (*braided*), como na Figura 8.1F, e anastomosados em canais múltiplos. Os canais retilíneos são raros na natureza, pois, mesmo quando as margens são aproximadamente retas, os talvegues são sinuosos, até no caso de o leito atravessar zonas de solo com composição homogênea. É difícil estabelecer um critério único para fronteira entre canais retilíneos e meandrados. Segundo Leopold, Wolman e Miller (1964, apud BITTENCOURT, 1980), a sinuosidade – razão entre o comprimento L do rio no talvegue (lugar geométrico da linha dos pontos de maior profundidade) e o comprimento do vale C – entre as duas situações seria de 1,5, o mesmo ocorrendo entre canais entrelaçados e anastomosados. Os rios meandrados, que se caracterizam em planta pela sucessão de curvas, alternam seções com grandes fossas nas margens côncavas das curvas com bancos nas margens convexas e seções rasas nas inflexões, sendo que os rios em equilíbrio dinâmico normalmente são deste tipo, embora o processo de formação de meandros usualmente esteja em evolução. Os rios entrelaçados (*braided*) caracterizam-se por grandes declividades, grandes larguras das seções, que são rasas, com talvegues múltiplos e com larguras variáveis, sendo rios que transportam grandes quantidades de sedimentos.

A classificação pelo traçado dos canais pode ser feita pela relação entre a largura e a profundidade:

- Retilíneo: < 40 (canal simples com barras longitudinais)

- Entrelaçado: entre 40 e 300 (pluricanais com barras e pequenas ilhas)

- Meandrado: < 40 (canal simples)

- Anastomosado: < 10 (pluricanais com ilhas largas e estáveis)

O conceito de Morfologia Fluvial que pode ser considerado a síntese fundamental para a Engenharia é o de equilíbrio dinâmico de um rio. Considerando a escala de tempo das obras de Engenharia, que pode variar de algumas décadas, um rio estará em equilíbrio se o balanço de seus processos de erosão e deposição, ao longo do período estabelecido, não produzir alterações mensuráveis em suas características. Tais rios são, portanto, sistemas em equilíbrio dinâmico, e as vazões líquidas e sólidas são consideradas variáveis independentes das características do canal, as quais, no equilíbrio, atingem uma condição tal que toda a carga de sedimentos trazida pela rede de afluentes é transportada, sem que haja erosão ou deposição no leito.

A fundamentação das observações da Morfologia Fluvial sobre semelhanças gerais nos processos de evolução dos rios é apresentada em bases quantitativas, por meio de uma série de relações entre as variáveis do processo da Geometria Hidráulica.

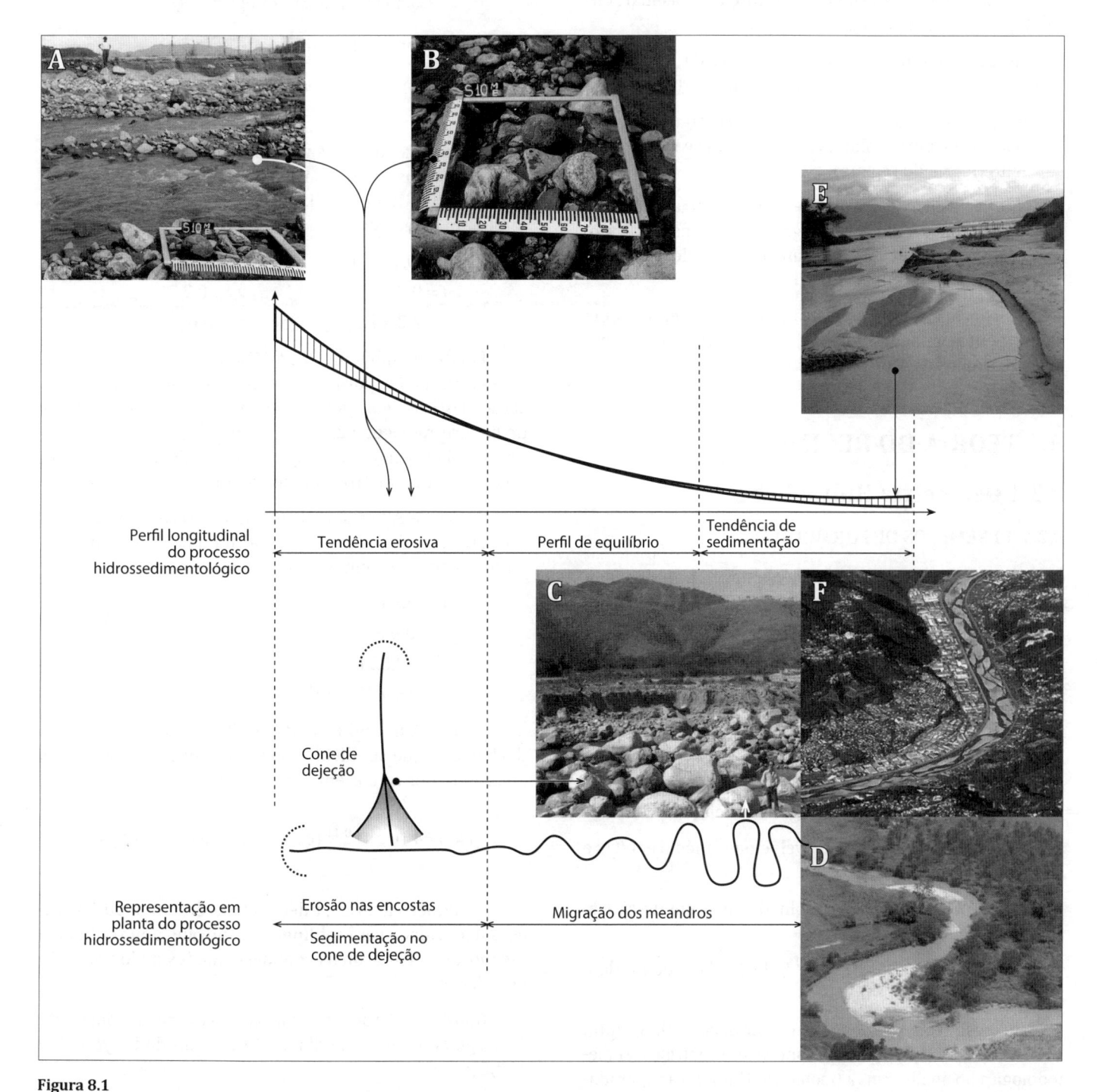

Figura 8.1
Esquema representativo do processo hidrossedimentológico da bacia hidrográfica.
(A) e (B) Fotos de 1971 do aspecto da granulometria grosseira na Bacia Hidrográfica do Rio Santo Antônio em Caraguatatuba (SP).
(C) Foto da Bacia Hidrográfica do Rio Santo Antônio, em Caraguatatuba (SP).
(D) Foto de 1979 do Rio Piracuama, da Bacia Hidrográfica do Rio Paraíba do Sul no Estado de São Paulo.
(E) Foto de 1971 da planície costeira de Caraguatatuba (São Paulo, Estado/DAEE/SPH/CTH).
(F) Rio Var no sopé dos Alpes Marítimos franceses em Nice com traçado entrelaçado.

O estudo da Geometria Hidráulica visa conhecer de que forma as diversas variáveis do escoamento em canais se ajustam à modificação em uma delas, ao que se denomina de resposta fluvial. Os canais aluvionares, que escoam em terrenos compostos por materiais transportados pelos próprios rios ou por outros que os antecederam, são livres para ajustarem suas dimensões, formas e seus perfis longitudinais às alterações hidráulicas. É importante diferenciar o caso dos rios de leito rochoso, cuja morfologia é determinada pelo material constituinte de suas margens e leitos, variando dentro de limites precisos.

As duas famílias clássicas de teoria da Morfologia Fluvial para avaliar a estabilidade dos cursos d'água são:

- as que ligam as características do curso d'água com o seu transporte sólido, vazões líquidas e material do leito (teoria do regime);

- as que ligam o desenvolvimento planimétrico do curso d'água com o altimétrico longitudinal e transversal, sem correlação explícita com transporte sólido, vazões líquidas e material do leito.

As conclusões dessas teorias, embora divergindo em alguns pontos, podem ser consideradas valiosas ferramentas nos estudos de Morfologia Fluvial.

8.2 TEORIA DO REGIME

8.2.1 Geometria Hidráulica

8.2.1.1 EXEMPLOS DE FORMULAÇÕES

O campo da teoria do regime teve seu início de desenvolvimento nos estudos de pesquisadores ingleses na Índia, no Paquistão e no Egito, visando a determinação de relações empíricas entre alguns parâmetros geométricos e hidrossedimentológicos para o dimensionamento de canais de irrigação estáveis.

Lacey (1929-1930, 1933-1934, 1946 e 1958, apud GHOSH, 1983), empregando unidades do sistema inglês ($1 cuft/s$ = 0,028 m^3/s, 1 ft = 0,3048 m, 1 $inch$ = 0,0254 m 1 $sqft$ = 0,093 m^2), propôs as seguintes relações:

v_m = 1,17 $(8 D_{75}{}^{0,5})^{0,5} R_H{}^{0,5}$: velocidade média em ft/s e com D_{75} em $inches$.

$\bar{P}$ = 2,67 $Q^{0,5}$: perímetro molhado em ft em função da vazão líquida.

i = 0,00057 $(8 D_{75}{}^{0,5})^{1,67} Q^{-0,5}$: declividade do fundo e com D_{75} em ft.

As pesquisas de Leopold e Maddock (1953, apud BITTENCOURT, 1980) introduziram valiosa contribuição metodológica ao analisarem a Geometria Hidráulica separadamente para várias vazões líquidas em uma dada seção fluvial, bem como para várias seções ao longo do canal para vazões líquidas de mesma frequência (tempo de recorrência). Concluíram que, em ambos os casos, os diversos parâmetros variam com a vazão líquida (Q) como simples expressões exponenciais, a que chamaram Geometria Hidráulica (no sistema inglês de unidades, em ft e $cuft$/s):

Largura do canal na superfície: $B = aQ^b$

Profundidade média: $h = cQ^f$

Velocidade média: $v_m = kQ^m$

Vazão sólida em suspensão: $Q_{ss} = pQ^j$

Declividade do canal: $i = tQ^z$

Coeficiente de Manning: $n = rQ^y$

Pela equação da continuidade, tem-se:

$$Q = Bhv_m = ackQ^{b+f+m} \longrightarrow ack = 1,\ b + f + m = 1$$

Os valores de a, c e k variam muito, mas b, f, j e m têm valores médios muito consistentes para uma dada seção (LEOPOLD; WOLMAN; MILLER, 1964, apud BITTENCOURT, 1980) em torno de:

b = 0,12 a 0,26	m = 0,34 a 0,55
f = 0,36 a 0,45	y = −0,2
j = 2,2 a 2,5	z = 0,05

Fundamentalmente, Q e Q_{ss} são variáveis independentes determinadas por fatores externos, como a hidrologia, características geológicas, pedológicas (solo), topográficas, de cobertura vegetal da bacia hidrográfica etc. Os demais fatores são considerados dependentes e ajustam-se às alterações dos parâmetros independentes.

Simons e Albertson (1960, apud GHOSH, 1983) para um canal com fundo e margens de areia propuseram as seguintes equações (em unidades ft, ft/s e $cuft$/s):

$$\bar{P} = 3,5\ Q^{0,5}$$
$$B = 0,9\ \bar{P}$$
$$R_H = 0,52\ Q^{0,36}$$
$$v = 13,9\ (R_H{}^2 i)^{0,33}$$

Henderson (1963, apud GHOSH, 1983) propôs que a declividade que subdivide canais retilíneos, meandrantes ou ambos, dos canais entrelaçados seja:

$$i = 0,64\ D^{1,14} Q^{-0,44}\ (\text{com D em } ft \text{ e Q em } cuft/s)$$

Qualquer canal cuja declividade é menor ou igual a essa declividade será retilíneo, meandrante, ou retilíneo e meandrante. Para canais com declividades maiores, serão entrelaçados.

Ghosh (1983) adaptou equações para canais com fundo e margens de areia média a fina (em unidades ft, ft/s e $cuft$/s):

$$i = 0,68\ D^{1,15} Q^{-0,46}$$
$$\bar{P} = 0,97\ D^{-0,15} Q^{0,46}$$
$$B = 0,87\ D^{-0,15} Q^{0,46}$$
$$R_H = 0,11\ D^{-0,15} Q^{0,46}$$

8.2.1.2 EXEMPLO DE APLICAÇÃO

Como exemplo de verificação da Geometria Hidráulica em rios aluvionares, pode-se considerar as características morfológicas do Rio Itajaí-Açu em seu curso inferior e leito encaixado de vazões médias. Suas características são:

B = 50 m
Q = 230 m³/s
v_m = 0,7 m/s
i = 0,8 x 10⁻⁵
a = 22,12
b = 0,15
f = 0,405
m = 0,445

8.2.2 Resposta fluvial

8.2.2.1 A INFLUÊNCIA DA GRANULOMETRIA DO MATERIAL TRANSPORTADO

Schumm (1971), estudando a influência da carga de sedimentos vasosos (dimensão característica D < 0,074 mm) silte-argilosos na geometria do canal, obteve a seguinte relação (sistema inglês de unidades em ft e cuft/s):

$$F = 55M^{-1,08}$$
$$F = 56\frac{Q_m^{0,10}}{M^{0,74}}$$
$$B = 2,3\frac{Q_m^{0,38}}{M^{0,39}}$$
$$h = 0,6M^{0,34}Q_m^{0,29}$$

onde:

F: B/h;

M: porcentagem de argila e silte presente no perímetro da seção;

Q_m: vazão média anual.

8.2.2.2 RESPOSTA FLUVIAL POR MEIO DO ESTUDO DO TRANSPORTE DE SEDIMENTOS

A resposta fluvial é uma das preocupações centrais da Morfologia Fluvial. Segundo os estudos de Santos-Cayado e Simons (1972, apud BITTENCOURT, 1980), relaciona-se a seguir como respondem as variáveis dependentes (morfologia do canal) às alterações nas variáveis independentes. O sinal + significa aumento, o sinal – redução, e, não havendo sinal, significa constância, sendo Q_s a vazão sólida total (em suspensão e por arrastamento de fundo):

$$Q_s^+Q^+ \sim i^+h^-B^+$$
$$Q_s^-Q^- \sim i^-h^+B^-$$
$$Q_s^-Q^+ \sim i^-h^+B^+$$
$$Q_s^+Q^- \sim i^+h^-B^\pm$$
$$Q_sQ^+ \sim i^-h^+B^+$$

$$Q_sQ^- \sim i^+h^-B^-$$
$$Q_s^+Q \sim i^+h^-B^+$$
$$Q_s^-Q \sim i^-h^+B^-$$

8.2.2.3 AVALIAÇÃO QUALITATIVA DA RESPOSTA FLUVIAL

Os estudos anteriormente apresentados sobre Geometria Hidráulica e resposta fluvial a mudanças naturais ou impostas artificialmente permitem o estabelecimento de algumas normas gerais:

- h é diretamente proporcional a Q;
- B é diretamente proporcional a Q e a Q_s;
- i é inversamente proporcional a Q e diretamente proporcional a Q_s;
- P, a sinuosidade, é diretamente proporcional à declividade do vale e inversamente proporcional a Q_s.

A análise qualitativa das transformações que ocorrem nos perfis longitudinais dos rios para diversos casos de alterações nas condições originais do escoamento é apresentada, exemplificadamente, para as situações mais comuns:

- Retificação do rio principal por corte de meandros

A retificação produz aumento de i, que deverá ser compensado por um maior transporte sólido e um processo de erosão regressivo (para montante). O nível médio do rio cairá, significando rebaixamento dos níveis de base dos afluentes, ou seja, aumento da declividade, da erosão regressiva e do transporte sólido, como no rio principal.

- A construção de uma barragem

A construção de uma barragem produz a retenção dos sedimentos transportados pelo rio no reservatório. Conforme visto na seção 8.2.2.1, para jusante, a mesma vazão Q, ou um pouco menor, com Q_s praticamente nulo, exigirá a redução da declividade (abaixamento do leito), o que ocorrerá pela erosão do leito até ser atingido um perfil de equilíbrio, superando o aumento da profundidade, tornando os níveis de enchente inferiores aos vigentes anteriormente à implantação da barragem. Quando o reservatório se saturar pelo volume de sedimentos e voltar a verter o valor inicial Q_s, a tendência será retornar a se atingir a declividade inicial a jusante. A deposição evolui grandes distâncias para montante, provocando a elevação dos níveis de cheia e dos níveis de base dos afluentes.

- Redução de Q e aumento de Q_s

A redução da vazão líquida e o aumento da vazão sólida podem ser em virtude da maior utilização da terra (uso consuntivo na irrigação e desnudamento de terrenos), ou a alterações climáticas. Conforme visto na seção 8.2.2.1, ocorrerá aumento da declividade, que produz elevação do leito e do nível d'água, redução da profundidade, que tende a rebaixar o nível d'água. É mais provável que a elevação do leito supere a redução de profundidade, resultando em níveis de enchente superiores aos previstos, e aumentando prejuízos com as inundações. Efeitos opostos acontecem com o aumento da cobertura vegetal da bacia hidrográfica.

8.3 EVOLUÇÃO DOS CURSOS D'ÁGUA

8.3.1 Princípios fundamentais que regem a modelação do leito

Três princípios fundamentais regem a modelação do leito fluvial:

- Princípio da saturação

  Considerando os parâmetros fundamentais $\{Q, [h, i], [\gamma_s, D]\}$, pode-se definir a capacidade de transporte do escoamento como o potencial máximo de transporte de sedimentos em uma dada seção, para um dado material, em uma dada vazão. A erosão tende a ocorrer nos trechos de maior declividade e/ou menor aporte sólido, e a deposição, nos trechos de menor declividade e/ou maior aporte sólido. Considerando a Figura 8.1, verifica-se a tendência erosiva na alta bacia (erosão retrógrada dos talvegues), uma vez que o aporte sólido é superado pela capacidade de transporte do escoamento; enquanto há tendência deposicional nos cones de dejeção, acúmulos sedimentares dos aportes de montante pela brusca variação de declividade entre trechos mais íngremes e suaves, ou nos reservatórios de barragens, pois o aporte sólido supera a capacidade de transporte do escoamento. Outros exemplos a citar são a tendência erosiva a jusante de barragens e a tendência deposicional em bacias hidrográficas com pouco recobrimento vegetal,

porque o aporte sólido é, respectivamente, menor e maior do que a capacidade de transporte do escoamento.

- Princípio da declividade

  Considerando os parâmetros fundamentais $\{Q, [Q_s/Q], [h, C]\}$, quando a turbidez Q_s/Q é maior e $[h, C(\text{coeficiente de Chézy})]$ são menores, a tendência da declividade de equilíbrio i_{eq} é ser maior, o que ocorre com o perfil de equilíbrio sendo atingido por sedimentação. A tendência oposta acontece produzindo perfil de equilíbrio por erosão. Em trechos da alta bacia há o aprofundamento do leito, vale encaixado e retilíneo. Na planície aluvionar (várzea), ocorre o aumento do percurso fluvial, que se torna sinuoso ou meandrado com vale composto: o leito maior tem maior declividade pela tendência à sedimentação nas grandes enchentes, em que o aporte supera a capacidade de transporte, e o leito médio tem menor declividade (sinuosidade acentuada) pela tendência à erosão nas estiagens, em que o aporte é menor do que a capacidade de transporte (ver Figuras 8.2 e 8.3).

  Assim, leito médio, ou genericamente leito, corresponde à calha recoberta pelas águas quando o rio se escoa à borda plena das margens, correspondendo à vazão morfologicamente dominante com período de retorno entre 1 e 2 anos, normalmente, enquanto o leito menor é a parte inferior do leito médio e corresponde às condições de estiagem. Já o leito maior corresponde ao vale

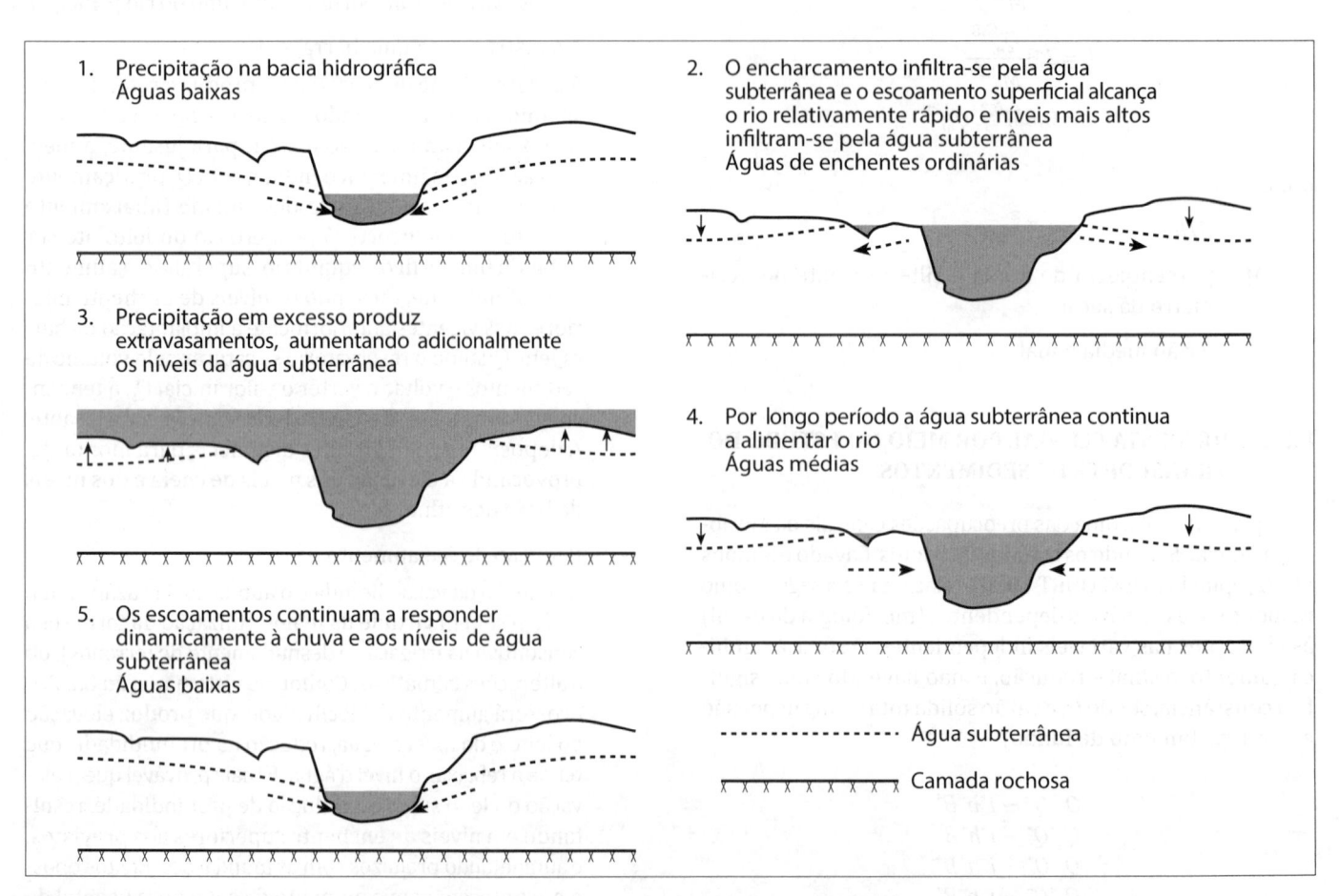

Figura 8.2
Níveis d'água notáveis de uma seção transversal, como combinação de escoamento superficial e infiltração subterrânea.

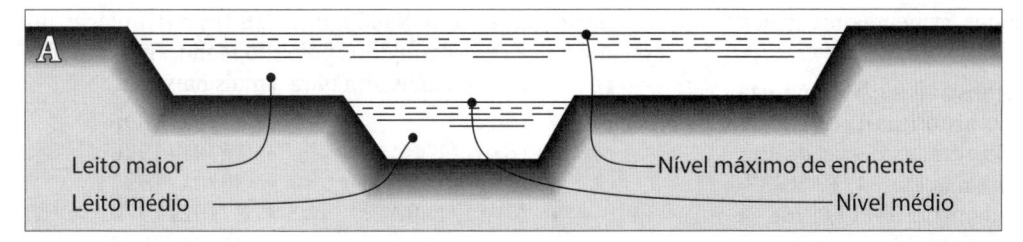

Figura 8.3
(A) Composição esquemática da seção transversal de um canal composto.
(B) Seção transversal no trecho médio superior do Ro Tevere na Umbria (Itália).
(C) Margem esquerda do leito maior do Torrente Talvera, em Bolzano (Itália).
(D) Vista da cheia do Rio Waal (Países Baixos), em 11 de janeiro de 2018, mostrando a inundação do leito maior do rio.

recoberto pelas águas das grandes enchentes, nas águas de transbordamento.

Nas Figuras 8.5 (A) a (E) estão mostradas várias marcas afixadas a muros de construções históricas da cidade de Firenze (Itália) e indicativas de grandes cheias do Rio Arno, que corta a cidade, ocorridas em 04/12/1333, 1557 (ainda no calendário juliano) e 04/11/1966, a maior de todas historicamente conhecidas já no calendário gregoriano. Nas Figuras 8.5 (F) e (G) placas indicam os níveis atingidos pelo Rio Meno, em Frankfurt (Alemanha), da mais alta para a mais baixa:

- 1342
- 18/01/1682
- 1784
- 27/11/1882
- 11/01/1576

- 21/02/1896
- 16/01/1920
- 30/01/1995
- 27/02/1970
- 05/01/2003

Figura 8.4
Modificações do leito de um curso d'água segundo o perfil longitudinal nas cheias e estiagens.

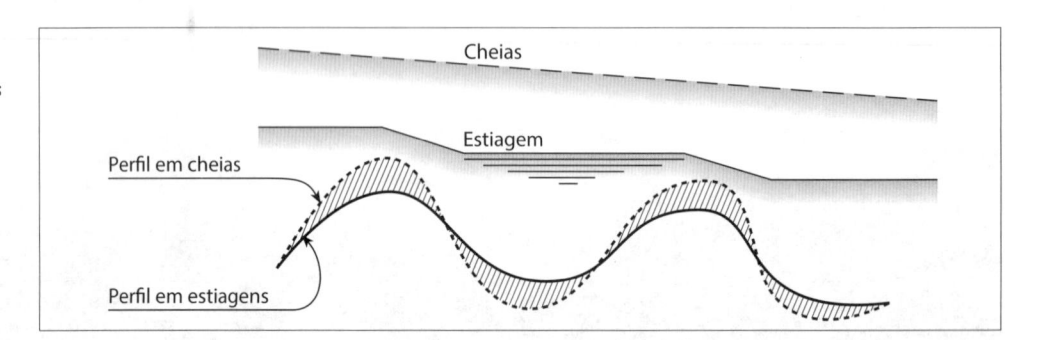

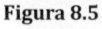

Figura 8.5
(A) Marcação da cheia de 1966, acima da lápide da cheia de 1333, em Firenze (Itália).
(B) Marcação da cheia de 1966, acima da lápide da cheia de 1557, em Firenze (Itália).
(C) Marcação da cheia de 1966, acima da lápide da cheia de 1557, em Firenze (Itália).

Figura 8.5

(D) Marcação da cheia de 1966, em Firenze (Itália).

(E) Marcação da cheia de 1966, em Firenze (Itália).

(F) e (G) Placas afixadas na cabeceira de ponte demarcam as cotas atingidas pelo Rio Meno em Frankfurt (Alemanha).

Em muitos rios, o comportamento fluvial do perfil de equilíbrio é traduzido por uma curva de concavidade voltada para cima e tangente à horizontal no limite de jusante junto ao nível de base, conforme apresentado na Figura 8.1.

- Princípio da seleção

A sedimentação inicia-se com os sedimentos mais grosseiros, enquanto a erosão principia com os sedimentos mais finos. Assim, a granulometria e a declividade do leito fluvial decrescem de montante para jusante. Sternberg admitiu, a partir de verificações em vários rios, a diminuição gradual do peso, causada pela redução de tamanho pela abrasão (desgaste) mútua dos grãos em movimento:

$$p = p_0 e^{-cx}$$

onde:

p_0: peso inicial;

x: distância percorrida;

c: coeficiente que depende da natureza petrográfica do sedimento;

p: peso final.

A abrasão ou desgaste dos grãos no processo de transporte de montante para jusante contribui para a seleção granulométrica, mas não explica totalmente o afinamento da granulometria.

8.3.2 Perfis longitudinais fluviais

A declividade superficial do nível d'água tende a ser mais uniforme nas águas altas, aproximando-se da declividade média do rio, enquanto nas águas baixas a linha d'água apresenta-se em séries de trechos de declividade suave intercalados de trechos mais turbulentos em correspondência aos bancos (altos fundos) (ver Figura 8.4). A diferente espessura da lâmina d'água exerce influência sobre os sedimentos em seus movimentos progressivos para jusante, levando-os das fossas para acrescer os baixios sucessivos nas cheias, e sendo arrastados dos baixios para as fossas sucessivas na estiagem (ver Figura 8.4). Assim, as cheias acentuam o aprofundamento das fossas e a elevação dos altos fundos dos bancos, enquanto as águas baixas tendem a nivelar o perfil, concluindo-se que as formas dos perfis longitudinais dos leitos variam consideravelmente com a sazonalidade hidrológica.

8.3.3 Efeito dos filetes líquidos no processo hidrossedimentológico

Os rios desenvolvem-se caracterizando-se por trechos com erosão dominante, onde os álveos convergem para a cabeceira

de um vale ou planície aluvionar. Nessa última, os depósitos em forma de cone de dejeção, ou planície, apresentam as características descritas na seção 8.3.1 no princípio da declividade, ou seja, leito médio com percurso sinuoso ou meandrado. O termo meandro vem do nome de um rio em Éfeso, atual Turquia (Figura 8.6(A)).

A sinuosidade de um rio é uma tendência natural de realização do menor trabalho em curva em terrenos não consolidados e de baixa granulometria (aluvião), e, normalmente, os trechos retilíneos têm comprimentos que não superam 10 vezes a largura do canal.

Na Figura 8.6(B) está apresentado esquematicamente o escoamento em um meandro típico. Os meandros têm a tendência ao deslocamento, procurando na migração ocupar todas as posições possíveis dentro do vale em que estão contidos, a menos que algum obstáculo os impeça, como terrenos naturais consistentes (afloramentos rochosos, jazidas de argila etc.), ou obras de fixação. A migração de um curso d'água é, em princípio, uma consequência do processo hidrossedimentológico. Na Figura 8.6(B) observa-se que a profundidade do canal muda sistematicamente ao longo da curva, sendo a seção mais rasa a do ponto de inflexão, e a mais profunda, a do eixo da curva. As formas das seções transversais também mudam: ela é simétrica em relação ao eixo do canal a jusante do ponto de inflexão e mais assimétrica no eixo da curva, em que as maiores profundidades situam-se próximas à margem côncava. Na seção de inflexão, a velocidade da água é a menor do trecho, com uma distribuição assimétrica em que as velocidades maiores estão do lado da margem em que se encontra a concavidade da curva imediatamente anterior. As velocidades crescem do ponto de inflexão até o eixo da curva seguinte. À meia-distância entre o ponto de inflexão e o eixo da curva, a distribuição da velocidade é quase simétrica, com reduzida circulação transversal. O máximo da assimetria na distribuição de velocidade ocorre na seção do eixo da curva, com as maiores velocidades situando-se próximas da concavidade da curva e onde a circulação transversal torna-se mais intensa, a qual, combinada com a tendência ao deslocamento de translação do escoamento, dá origem a um movimento helicoidal. Como resultado desse movimento helicoidal, ocorre o ataque da margem côncava, havendo o mergulho dos filetes líquidos, e o transporte do material erodido para a margem convexa, onde, na ressurgência dos

Figura 8.6
(A) Planície aluvionar assoreada do Rio Meandro, em Éfeso (Turquia).

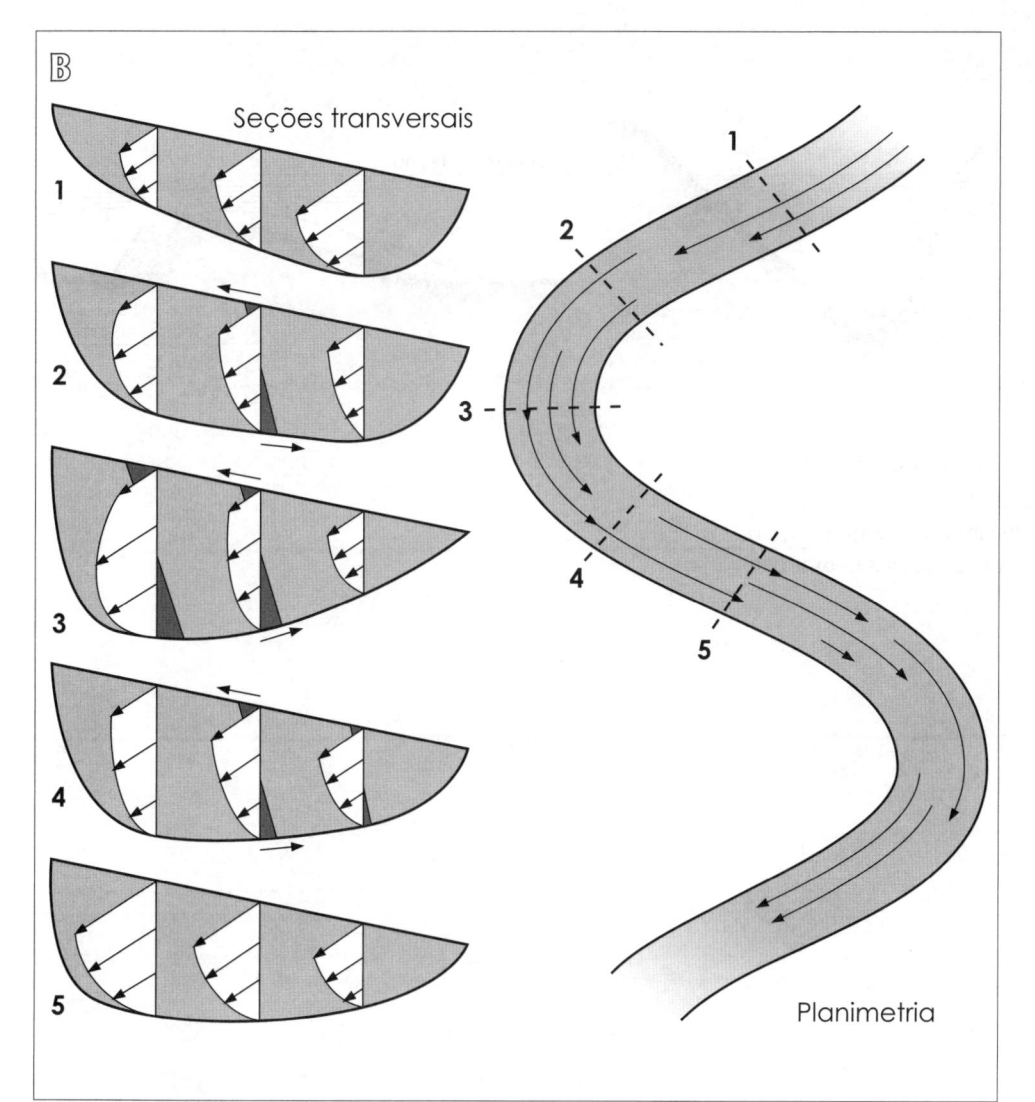

Figura 8.6
(B) Escoamento idealizado em um meandro típico. As ilustrações da parte esquerda indicam os vetores velocidade para jusante em cinco seções transversais na curva. A componente lateral da velocidade é indicada pela área triangular hachurada. A ilustração da direita mostra, em planta, as linhas de corrente na superfície do meandro.

Seções transversais

Planimetria

filetes líquidos, é depositado, em parte, pela menor tensão de arrastamento atuante, formando um banco ou barra.

Assim, observa-se que a corrente divaga continuamente de uma margem para outra. A formação de correntes transversais, mais acentuadas nos ápices das curvas pela ação centrífuga, produz elevação do nível d'água mais pronunciado na margem côncava do que na convexa. Segundo Grashof, a sobrelevação Δz é proporcional ao quadrado da velocidade média.

Quando a largura do leito é muito grande, forma-se um banco no meio da seção transversal do canal, dando origem a um duplo talvegue na seção transversal da curva (Figura 8.7(A) e (B)).

A erosão das margens côncavas e a deposição nas margens convexas tendem a fazer as curvas dos meandros moverem-se lateralmente, atravessando todo o vale. A evolução do processo hidrossedimentológico nas curvas do meandro faz as alças ficarem cada vez mais fechadas, até o momento em que duas alças se cortam e uma das alças fica abandonada, aumentando a declividade do leito e, portanto, sua capacidade erosiva, remodelando-se todo o sistema a jusante deste ponto em busca de nova situação próxima ao equilíbrio.

Segundo Leopold e Langbein (1960), foram sugeridas as seguintes relações empíricas (sistema inglês de unidades, em ft):

$$C = 10,9B^{1,01}$$
$$A = 2,7B^{1,1}$$
$$C = 4,7R^{0,98}$$

onde:

C: comprimento do vale;

A: amplitude do meandro – distância, medida transversalmente ao vale, entre os ápices sucessivos no eixo;

R: raio de curvatura medido a partir do eixo do canal.

Figura 8.7
Seção transversal.
(A) Talvegue único em curva estreita.
(B) Formação de duplo talvegue em
curva larga.

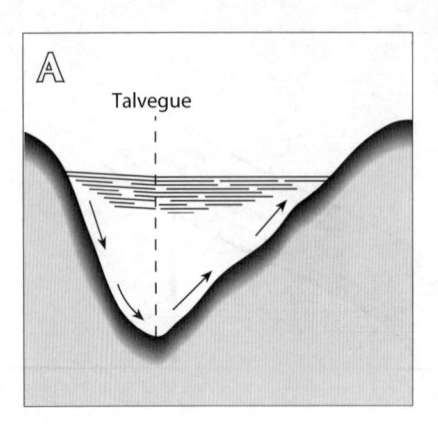

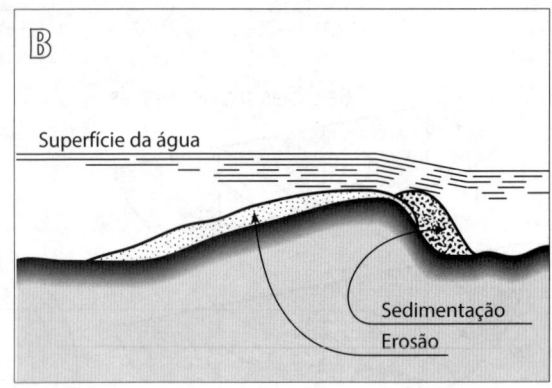

Figura 8.7
Seção transversal.
(A) Talvegue único em curva estreita.
(B) Formação de duplo talvegue em
curva larga.

A Figura 8.6(B) trata-se de uma esquematização do escoamento em meandros. Na verdade, o escoamento resultante e as linhas potenciais consistem em uma rede de hipérboles, que representam as soluções para a geometria das curvas.

CAPÍTULO 9

ENGENHARIA DE RIOS: CARACTERÍSTICAS PLANIALTIMÉTRICAS FLUVIAIS EM PLANÍCIE ALUVIONAR

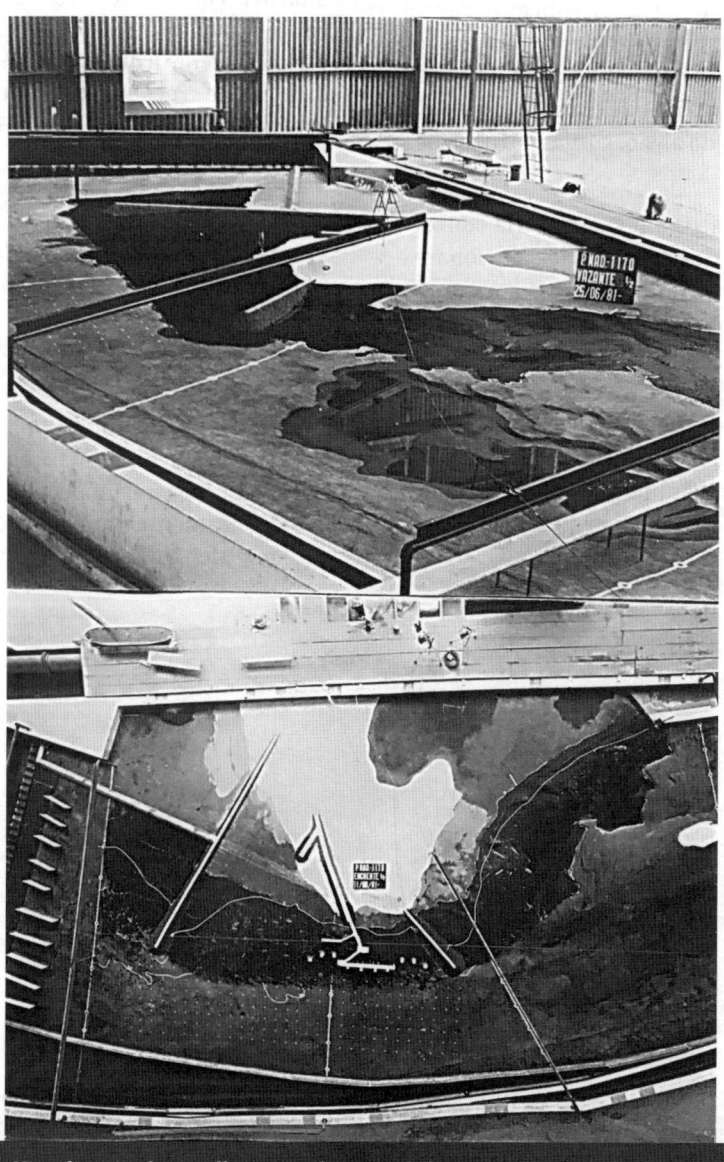

Visualização do espalhamento de pasta de baquelite (densidade de 1,38) e resultado final de ensaio em modelo físico.

9.1 ENGENHARIA DE RIOS

9.1.1 CONSIDERAÇÕES GERAIS

Segundo Garbrecht (1983), a Engenharia de Rios requer em grande dose de medida intuição, compreensão e experiência, constituindo-se em uma arte além da ciência da Engenharia Hidráulica. De fato, trata-se da tarefa de garantir estabilidade morfológica fluvial em planta, na seção transversal e na seção longitudinal no que diz respeito à proteção (margens, defesa das inundações, condições de drenagem) e emprego (como na navegação). Desse modo, os métodos e elementos de melhoramentos utilizados na Engenharia de Rios têm que ser escolhidos de forma que um equilíbrio possa ser alcançado, bem como mantido, exigindo o menor esforço técnico e de despesas. Como se sabe, um sistema fluvial que permaneça por longos períodos em equilíbrio é referido como em regime na Engenharia de Rios, como resultante de todas as forças de instabilização e de preservação, que conduzem a um balanço e um equilíbrio na formação do leito fluvial. Assim, as obras de melhoramentos fluviais devem criar, manter ou consolidar um equilíbrio. A geometria do curso d'água é tratada com maior ênfase neste capítulo no que diz respeito ao alinhamento do eixo (talvegue) do álveo, curvas e transições entre curvas.

Os estudos contemporâneos em sua maioria concordam que o curso natural dos rios em planícies aluvionares é constituído por uma sucessão de curvas com curvaturas alternantes, uma vez que seções retilíneas ou arcos de circunferência não são estáveis, a menos que sejam consideravelmente reforçadas. Esse conhecimento qualitativo, no entanto, ainda não chegou a ser consolidado em equacionamentos completamente abrangentes e replicáveis (universais), devido ao grande número de parâmetros interdependentes e condições de contorno variáveis que ditam o comportamento fluvial.

9.2 LEIS DE FARGUE E GEOMETRIA DAS CURVAS FLUVIAIS

Os estudos realizados no fim do século XIX e início do século XX pelo Engenheiro Civil Hidráulico Fargue no trecho de planície aluvionar do Rio Garonne (França), com largura média de 100 a 150 m, vazão média de 275 m³/s e máxima de 4.450 m³/s, para meandros suaves com amplitudes entre 150 e 200 m e comprimentos de onda de 922 a 1.670 m, permitiram o enunciado de uma série de leis empíricas, que foram verificadas como válidas para meandros regulares e norteiam a implantação de obras de melhoramento fluviais. Segundo Fargue, um curso d'água é composto somente por curvas (ver Figuras 9.1 a 9.8), as quais se estendem de um ponto de inflexão (curvatura nula) – que divide dois trechos com curvaturas opostas, ou surflexão, que separa dois trechos de curvaturas diversas no mesmo sentido – a outro ponto. A cada ponto de inflexão ou surflexão corresponde uma soleira (ponto de mínima profundidade), e a cada vértice, ponto de máxima curvatura, corresponde uma fossa ou sorvedouro (ponto de máxima profundidade relativa). No caso do Rio Garonne, comprimento da inflexão era equivalente a duas vezes a sua largura (medida na superfície) neste trecho, sendo que a largura no ápice das curvas correspondia de 1,17 a 1,32 vezes a largura na inflexão (GARBRECHT, 1983).

As leis de Fargue são as seguintes:

- Lei do talvegue: a linha de máxima profundidade (talvegue) ao longo do curso d'água tende a se aproximar da margem côncava, e o material ali escavado se deposita na margem convexa (ver Figuras 9.2 e 9.6).

- Lei do afastamento: as profundidade máximas das fossas (sorvedouros) na margem côncava e mínimas (soleiras) nas inflexões correspondem aos vértices das curvas e inflexões, respectivamente, deslocados ligeiramente para jusante (aproximadamente, 0,25 B) por efeito de inércia (ver Figuras 9.5 a 9.8).

Figura 9.1
Desenvolvimento em planta do leito fluvial.

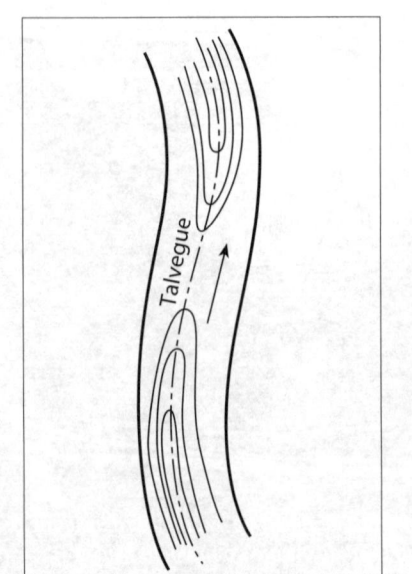

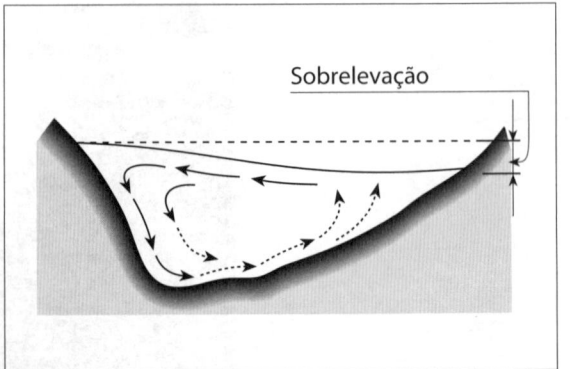

Figura 9.2
Circulação transversal das correntes em uma seção transversal típica de uma curva fluvial.

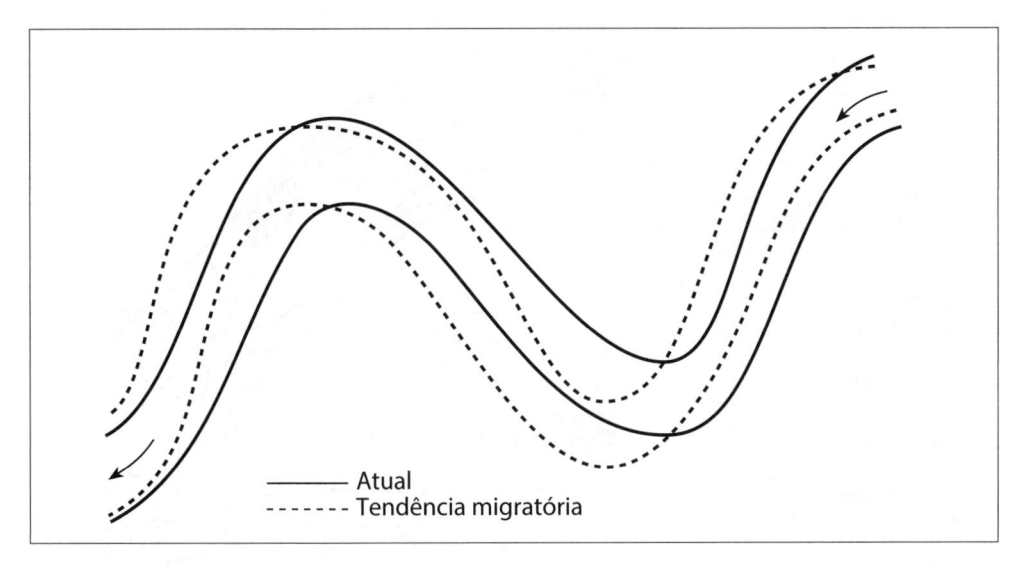

Figura 9.3
Esquematização em planta da migração dos meandros fluviais.

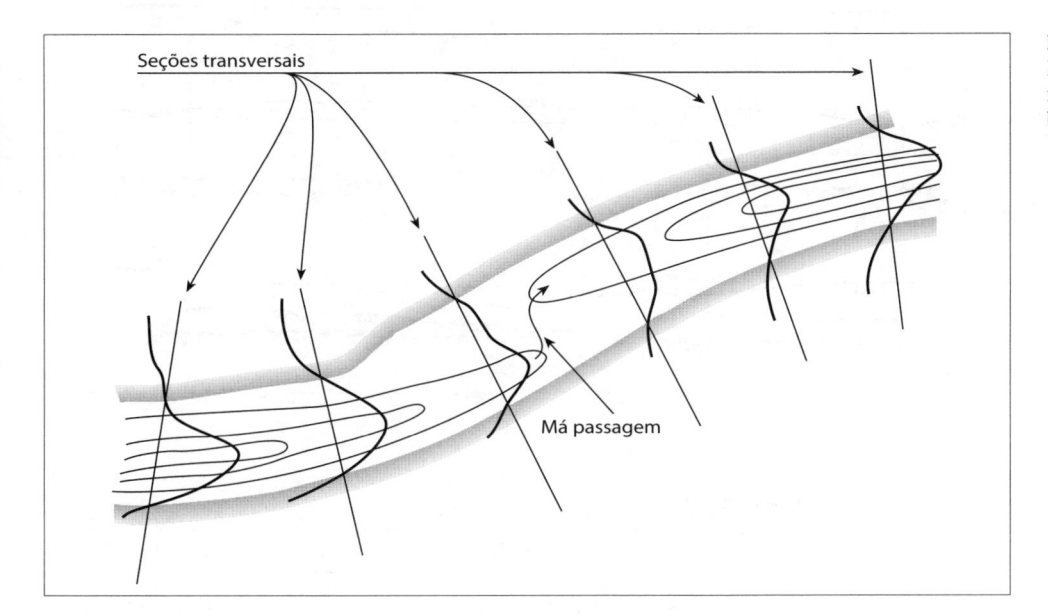

Figura 9.4
Esquematização planimétrica de uma má passagem do talvegue (mudança brusca do alinhamento fluvial).

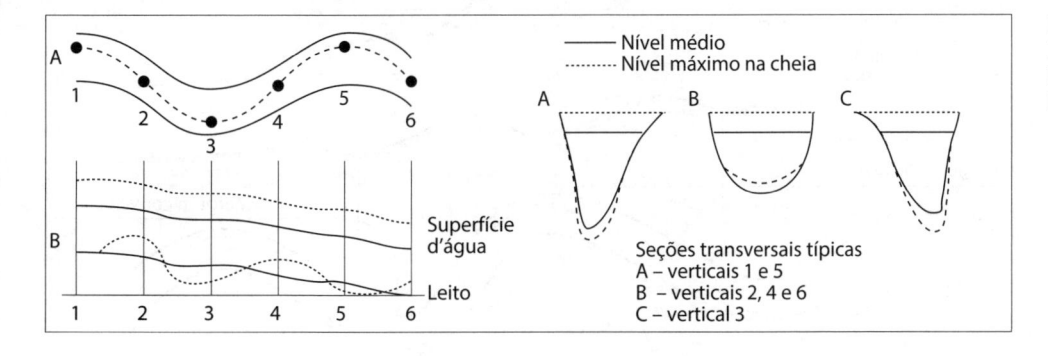

Figura 9.5
Esquematização de talvegue e perfis longitudinais do leito e da lâmina líquida de um rio.

- Lei da fossa (sorvedouro), ou do fundo: a profundidade é tanto maior quanto maior for a curvatura no talvegue ($1/R$) correspondente (maior efeito erosivo).

- Lei do desenvolvimento: as leis têm validade para as curvas de desenvolvimento médio do curso d'água, ou seja, nem muito longas, nem muito curtas com relação à largura do canal ($3 B < R < 6 B$ e $5 B < L < 11 B$).

- Lei do ângulo, ou da curvatura média: em curvas com igual desenvolvimento de comprimento de talvegue, a profundidade média é maior quanto maior o ângulo externo das tangentes (maior efeito erosivo).

- Lei da continuidade: o perfil de fundo é regular quando há variação contínua da curvatura, e, por consequência, toda mudança brusca de curvatura produz redução brusca de profundidade.

Figura 9.6
Representação esquemática do
escoamento e da morfologia, em
planta, seção transversal e perfis
longitudinais em uma curva de
um rio.

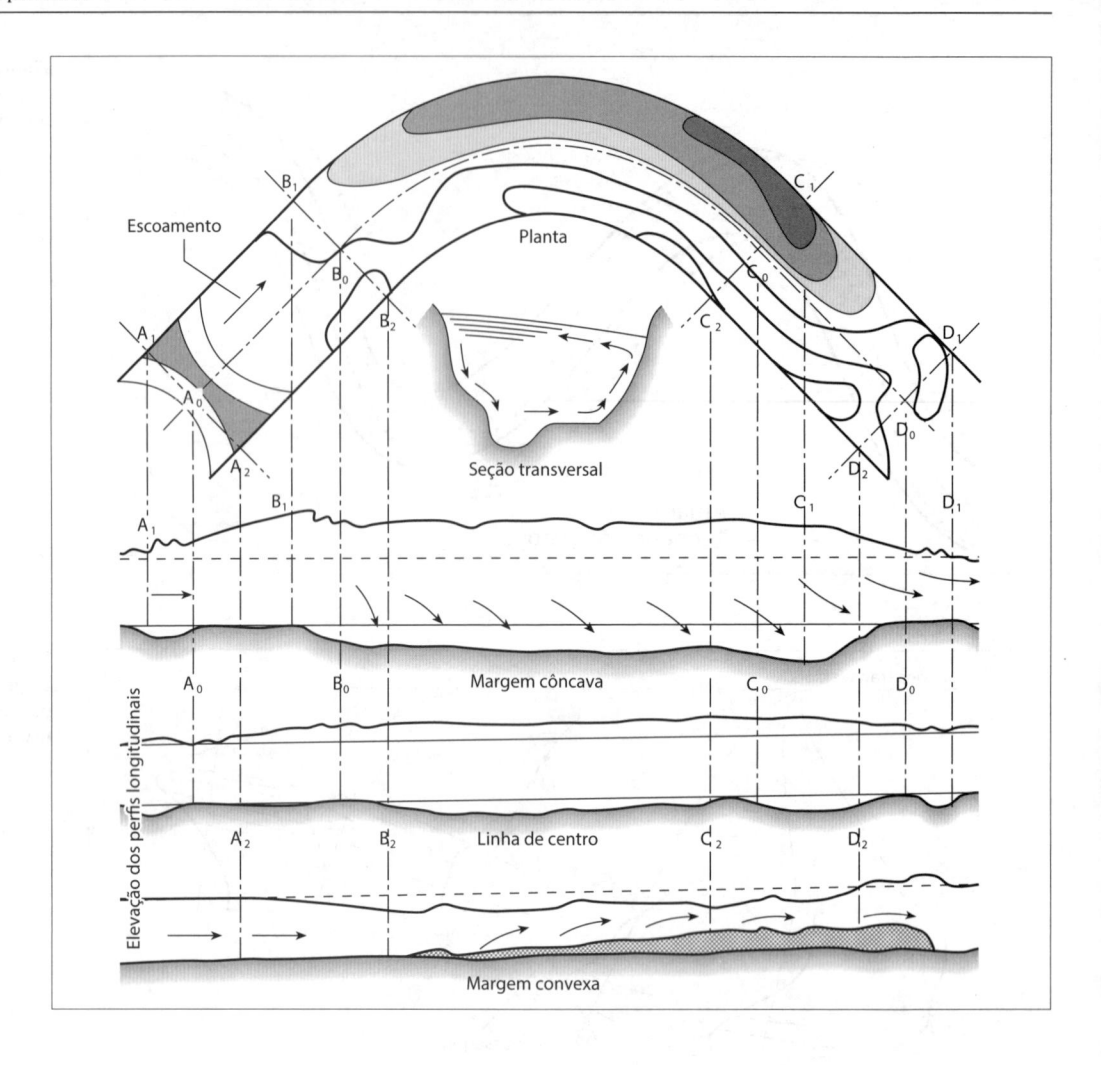

Figura 9.7
Correspondência entre o
desenvolvimento planimétrico e o
perfil longitudinal batimétrico e da
linha d'água em um rio.

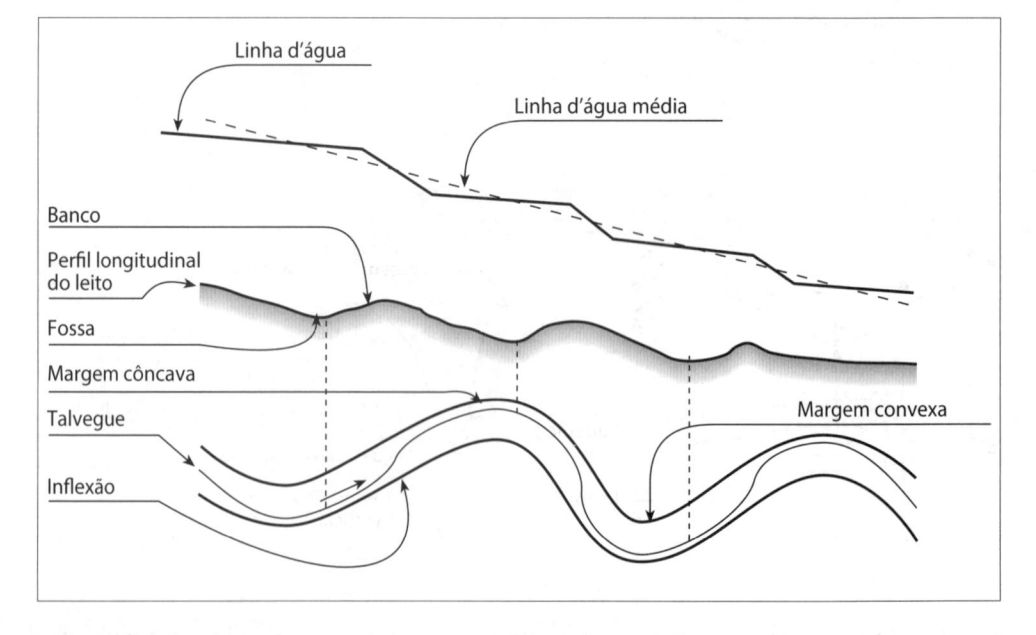

- Lei da declividade de fundo: a variação da curvatura é proporcional à variação da declividade de fundo.

Com base nessas leis, as curvas iniciam nos pontos de inflexão com raios infinitos, que decrescem até o ápice da curva no qual atinge o mínimo valor. Simultaneamente, a largura da curva cresce. Como curvas de transição, Fargue

recomenda a lemniscata, que se adapta à mudança de raio que ocorre, entretanto sem fundamentação hidromecânica.

Como anteriormente mencionado, ainda não foi viável até o momento calcular numericamente a geometria das curvas em regime (raio, comprimento e largura) em função das características hidrológicas, hidráulicas e morfológicas,

Figura 9.8
Evolução planimétrica de rio na Patagônia, Argentina (MIYASAWA, 2012).

uma vez que as fórmulas disponíveis empregadas são empíricas, não tendo validade generalizada. Esses equacionamentos podem fornecer uma estimativa da ordem de grandeza das dimensões das curvas, com grande variação de seus limites. Além disso, segundo Garbrecht (1983), tais equacionamentos não apontam nenhum detalhe quanto ao alinhamento de margem mais favorável para a curva. De fato, a transição de direção mais frequentemente empregada em projetos de canais e seus melhoramentos consiste na aplicação de arcos de circunferência entre trechos retos, simplesmente porque é mais simples projetar e construir desse modo, mas sem fundamentação hidromecânica; bem como é rigorosamente incorreto assumir que diferentes escoamentos nas curvas exijam a mesma largura de canal do que nos trechos retilíneos. De fato, no caso dos estudos, com base no fato de que em rios naturais em planícies aluvionares sucessões abruptas de segmentos retilíneos e arcos de circunferência não são compatíveis com a teoria do regime, algumas vezes opta-se por empregar lemniscatas,

clotoides ou curvas compostas de parábolas cúbicas, do mesmo modo sem fundamentação hidromecânica.

Conforme comentado no Capítulo 8, o fluxo do escoamento nas curvas é hidromecanicamente bem representado por hipérboles (Figura 9.5), para as quais também há restrições de traçado. Assim, se muito acentuadas podem resultar em descolamentos das margens, para ângulos superiores a 11°. As formas de curvas encontradas por Fargue somente em bases puramente empíricas de observações na natureza têm propriedades muito favoráveis, conforme repetidamente confirmado na prática em várias obras de melhoramento fluviais. Assemelham-se significativamente a curvas hiperbólicas, de modo que, do ponto de vista prático e teórico, estas curvas empregadas no âmbito dos princípios gerais de Fargue parecem representar a solução ótima para o alinhamento dos melhoramentos das curvas fluviais. Senão vejamos quando comparadas com as curvas circulares:

i) A assimetria da distribuição de velocidades decresce e, como consequência, o gradiente transversal do nível d'água e a corrente espiral diminuem, de modo que a distribuição de tensões na seção transversal torna-se mais uniformes.

ii) Como consequência de (i), a seção transversal em canais aluvionares torna-se mais uniforme em termos de erosão da margem côncava e assoreamento na convexa.

iii) O risco de descolamento do escoamento na margem convexa é reduzido, pois a pressão diminui no ápice e porque a região de potencial descolamento passa a situar-se em área onde prevalece a aceleração.

iv) Em função de (i) e (iii) as perdas de energia devido às curvas são reduzidas.

v) Fenômenos de reflexão e erosão associada são minorados.

vi) O fluxo sedimentar é desviado rumo à margem convexa, tornando-se mais retilíneo.

As condições mais favoráveis para o escoamento e para a navegação ocorrem com a diminuição uniforme da curvatura (a partir do ápice) e da largura do rio simultaneamente. Para jusante da transição, a largura e a curvatura tornam a crescer uniformemente até o próximo ápice. Esse critério é satisfeito pelas curvas hiperbólicas, as quais, portanto, conferem uma forma ótima para o perfil altimétrico, mas também proporcionam condições de fluxo favoráveis nas transições. Nessas condições, tem-se:

R: raio médio de curvatura (com o eixo do canal ou talvegue)

R_s: raio no ápice da curva

R_i: raio referido à margem interna (infinito na transição)

R_a: raio referido à margem externa (infinito na transição)

B: largura na superfície na transição

B_a: largura na superfície no ápice

l: comprimento do trecho retilíneo da transição

L: comprimento da onda entre dois ápices sucessivos homólogos.

R/B = 4 a 7

L/B = 8,5 a 14

R_s/B_a= 2 a 3

L/B_a = 7 a 11

B_a = (1,2 a 1,3) B

l = (1 a 2) B

A relação entre planta e seção transversal na curva foi descrita empiricamente por Ripley (1927) como:

$$y = 1{,}445h\left\{\left[1 - \frac{x^2}{\left(\dfrac{B}{2}\right)^2}\right] + \frac{5{,}34}{R_{\text{cônc}}}\left[1 - \frac{x^2}{\left(\dfrac{B}{2}\right)^2}\right]x\right\}$$

onde:

y: profundidade crescente da superfície para o fundo;

x: abscissa medida a partir da margem convexa;

h: profundidade média.

A seguir, são apresentados alguns equacionamentos de caráter empírico para a determinação do raio de curva (medido no talvegue) em regime (GARBRECHT, 1983):

Ripley: $R \geq 40\,(\bar{A})^{1/2}$

Makaveyev: $R = 0{,}004\,i^{-1}\,(Q)^{1/2}$

Altunin: $4B > R > 7{,}5B$

Leopold - Wolman: $R = 2{,}3\,B = 13{,}4\,Q^{0{,}50}$

Sendo:

A: área hidráulica (m^2)

Q: vazão (m^3/s)

i: declividade do talvegue

B: largura do canal na superfície (m)

Na prática, estimativas sobre as geometrias de curvas mais favoráveis somente podem ser obtidas através de medições e observações efetuadas no campo. De fato, quase todos os rios apresentam seções em regime, nas quais é possível estimar essas relações. A modelação física de fundo móvel pode ser empregada para contribuir significativamente nesta estimativa.

9.3 MEANDROS DIVAGANTES

O escoamento das correntes em um curso d'água (ver Figura 9.2) aluvionar permite explicar, pela lei do afastamento de Fargue, a modificação da forma dos meandros com o tempo. De fato, conforme representado na Figura 9.3, cria-se um movimento de translação na deformação do leito no sentido da declividade.

O comportamento da corrente, em períodos de águas altas principalmente, produz modificações do eixo do canal, fazendo com que as fossas praticamente se superponham (ver Figura 9.4), e a água se dirija ortogonalmente sobre uma das margens, o que é indesejável em rios navegáveis, pois aumenta o risco de choque das embarcações com a margem.

A escavação do lado côncavo e a sedimentação no lado convexo das curvas induzem nestas a formação de uma seção de equilíbrio aproximadamente triangular (Figuras 9.5 e 9.6). A correspondência entre o desenvolvimento planimétrico e o perfil longitudinal batimétrico e da linha d'água está apresentada na Figura 9.7.

Nas Figuras 9.8 e 9.9, observa-se o desenvolvimento planimétrico fluvial em planícies aluvionares.

Na Figura 9.10 se apresenta o perfil longitudinal do Rio Paraíba do Sul (SP). Na década de 1950, foi iniciado projeto de retificação do Rio Paraíba do Sul no seu trecho médio superior entre Guararema e Pindamonhangaba. O comprimento primitivo do rio era de 257 km, e projetou-se passá-lo para 160 km, correspondendo a um aumento da declividade média de 0,00018 para 0,00027. Com o aumento da declividade e, consequentemente, da tensão de arrastamento sobre o leito, uma intensa erosão produziu um abaixamento generalizado no leito e na linha d'água. Deve-se

levar em conta também que na região há intensa atividade mineradora de portos de areia, que em 1971 se caracterizava como demonstra a Tabela 9.1.

Assim, nas três primeiras localidades, o efeito dominante no abatimento da linha d'água deveu-se preponderantemente à mineração, enquanto nas últimas três é mais atribuído aos cortes de meandros.

Tabela 9.1
Erosão e portos de areia no Rio Paraíba do Sul

Município	Quantidade	Extensão (km)	Volume (m³/dia)	Abatimento (cm/ano)
Guararema	7	42,5	1.570	15
Jacareí	15	60,0	3.150	19
S. José dos Campos	13	30,0	3.950	48
Caçapava	2	5,0	100	6
Tremembé	2	3,0	100	10
Pindamonhangaba	2	3,0	100	10

Figura 9.9
(A) Evolução planimétrica do Rio Po no Piemonte (Itália). Observa-se ao centro da figura e abaixo do curso atual do rio uma antiga alça colmatada e vegetada. (B) Meandros do Rio Madeira em Humaitá (AM). Observa-se, no canto inferior direito, uma lagoa em forma de lua crescente, oriunda de uma alça de meandro abandonada.

Figura 9.9
(C) Meandros do Rio Purus (AM) e de seu afluente, o Rio Tapauá. Observar, na parte inferior da foto, lagoas em forma de quarto de lua crescente, resquícios de antigas posições do curso do rio.
(D) Curvas do Rio Solimões (AM) antes de sua confluência com o Rio Negro, quando o rio passa a se chamar Amazonas.

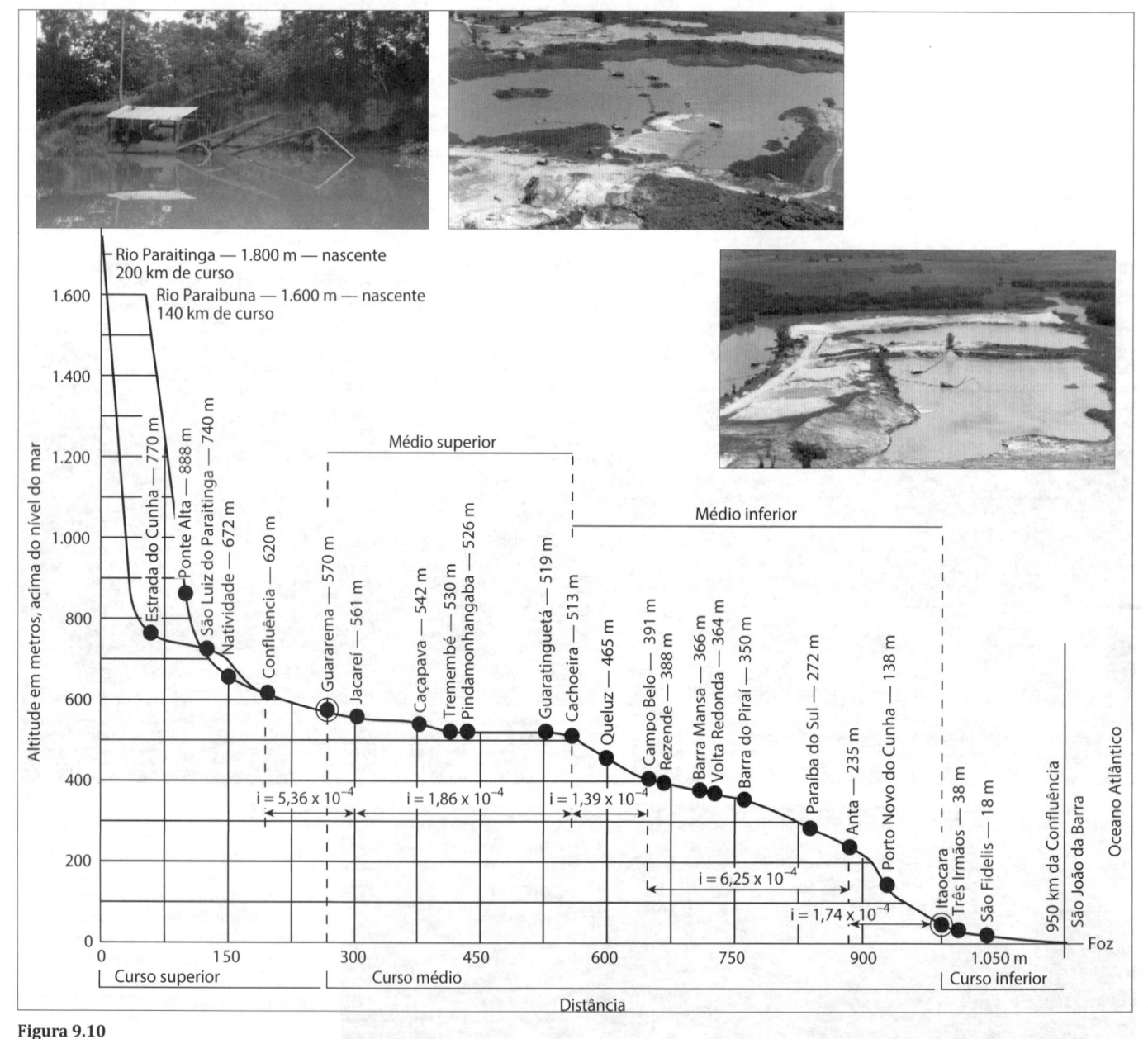

Figura 9.10
Perfil longitudinal do Rio Paraíba do Sul. Fotos de 1979 com portos de areia no Rio Paraíba do Sul entre Jacareí e Caçapava (SP) (São Paulo, Estado/DAEE/SPH/CTH).

PARTE 3

OBRAS PORTUÁRIAS E COSTEIRAS

Vista do modelo físico, escala 1:170, do Porto de Santos ensaiando manobras de navegação com modelo de navio radiocontrolado.

"Gran laguna fa gran porto."
(Aforisma da *Serenissima Repubblica di Venezia*)

LISTA DE SÍMBOLOS

a área da seção longitudinal do casco do rebocador abaixo da linha d'água (pés^2)

A ângulo da corrente em relação ao costado do rebocador; área requerida (m^2); estimativa de dimensão de bacia portuária de uma marina (m^2)

A' 0,25 da área da seção transversal do casco molhado (pés^2)

A'_a área da projeção transversal do casco acima da linha d'água

A'_s área da projeção da seção transversal da superestrutura

A_e área de erosão no perfil do maciço entre o nível d'água em repouso $\pm$ 1 altura de onda de projeto

A_{gr} área bruta de estocagem para um galpão de trânsito (m^2)

A_L área vélica longitudinal (m^2)

A_T área vélica transversal (m^2)

A_{TEU} área necessária por TEU incluindo as faixas do equipamento de transporte (m^2)

B boca do navio

B_{nd} largura nominal da dársena entre as faces dos escudos das defensas (linhas de atracação)

$B_{máx}$ boca máxima do maior navio de projeto que possa operar em qualquer um dos cais da dársena

BP_g força necessária ao giro do navio (em tf)

c folga líquida sob a quilha; celeridade da onda; coesão (tf/m^2); taxa média de descarregamento por barco por hora

c_b movimentação (produtividade) anual por berço (t/ano, TEU/ano)

c_{bm} produtividade média anual do berço

c_{gb} celeridade de grupo na arrebentação em águas rasas

c_{min} mínima folga líquida admissível sob a quilha

c_p pico total diário da descarga no porto

$\bar{c}$ folga líquida média sob a quilha

C coeficiente de arrasto em função do ângulo de ataque sobre o navio e a relação profundidade : calado

C_B coeficiente de bloco do navio

C_c classificação de manobrabilidade da embarcação; coeficiente de configuração; coeficiente de arrasto da corrente em função do ângulo de ataque sobre o navio e a relação profundidade : calado

C_e coeficiente de excentricidade

C_k relação entre a altura da onda característica e a altura da onda significativa

C_m coeficiente de massa de água adicional; coeficiente de massa hidrodinâmica de Shigeru Ueda

C_r coeficiente de rigidez

C_w coeficiente de arrasto do vento em função do ângulo de ataque

CE custo de navio fundeado esperando para atracar

CS capacidade de armazenagem

CV custo de berço ocioso vazio

d profundidade em frente ao quebra-mar

d_B altura da berma

d_c profundidade de fechamento

d_s profundidade média local junto ao quebra-mar costeiro

D dimensionamento do cálculo do diâmetro dos círculos de giração de fragata; profundidade de fechamento na teoria de uma linha

D_a dimensão nominal do bloco

D_{a50} dimensão mediana dos blocos

D_{50} diâmetro mediano da proteção de revestimento do leito

E probabilidade de ocorrência; probabilidade de encontro

E_c energia característica nominal

E_e energia efetiva de atracação do navio (tf.m)

E_f máxima energia de impacto (em kNm) a ser absorvida pela defensa

$f_{área}$ relação entre a superfície bruta e a superfície líquida, considerando as faixas de tráfego para as FLTs de transporte da carga geral; razão entre a área bruta e a área líquida (levando em conta as faixas internas de trânsito e os contêineres)

f_d fator de profundidade

f_g fator de gradação

$f_{mercadoria}$ fator devido ao desmonte e estocagem separada de entregas especiais, bens danificados etc.

f_r fator de irregularidade para as chegadas de embarcações (entre 1 e 2)

$f_{volumétrico}$ fator volumétrico

f_{TEU} fator-TEU

F borda livre; carga mínima de ruptura de cada cabo crítico

Fr coeficiente de Froude

Fr_c coeficiente de Froude crítico

g aceleração da gravidade local

h profundidade do canal; lâmina d'água; turno diário de trabalho

h_f profundidade de interseção entre os perfis original e final da estrutura reformatada

h_s altura média da carga no CFS; altura média de empilhamento (m)

H altura da onda de projeto; horas trabalhadas em um ano

H_b altura da onda correspondente à raiz do valor quadrático médio das ondas na arrebentação

H_i altura da onda incidente

H_k altura da característica da média das 1/50 maiores ondas

H_{kt} altura da embarcação

H_o número de estabilidade

H_p altura de onda de projeto

H_s altura de onda significativa, para estudos de maior precisão deve-se considerar a influência do período

H_{sb} altura de onda significativa na arrebentação

H_{sP} altura significativa de projeto

H_{st} calado aéreo

H_{10} média das alturas de 10% das maiores ondas de um registro

i	índice do estado do mar escolhido
I	pico selecionado do movimento do navio referente à posição média do navio
k_a	fator de forma utilizado por Van der Meer para precisar a espessura da armadura; coeficiente de empuxo ativo
k_c	coeficiente de forma no cálculo de esforço de correntes
k_{cx}	coeficiente de forma longitudinal
k_{cy}	coeficiente de forma transversal
k_p	coeficiente de empuxo passivo
k_v	coeficiente de forma
K	coeficiente de estabilidade; coeficiente de segurança; parâmetro adimensional
l	distância entre o centro de gravidade do navio e o ponto de contato com a defensa
l_s	folgas de atracação
L	comprimento do navio; nível d'água; comprimento da estrutura normal à linha de costa na teoria de uma linha
L_c	extensão analisada
L_g	largura da brecha entre quebra-mares destacados
L_o	comprimento da onda em águas profundas considerando T_z
L_{pp}	comprimento da embarcação entre perpendiculares
L_q	comprimento do cais
L_r	soma do L_{OA} do rebocador e da projeção horizontal do cabo de reboque
L_s	folgas de atracação; comprimento de quebra-mar costeiro
L_B	comprimento de quebra-mar costeiro
$L_B{}^*$	comprimento adimensionalizado de quebra-mar costeiro com referência à distância da linha de costa
L_{OA}	comprimento total de embarcação
$L_{OAméd}$	comprimento total médio das embarcações
m	número de berços
m_b	taxa de ocupação do berço
m_c	taxa média aceitável de ocupação do berço (de 0,65 a 0,70); taxa média de ocupação do galpão de trânsito, ou estocagem.
$me_{méd}$	massa específica média da mercadoria arrumada no porão do navio
M_1	massa total deslocada pelo navio (t)
M_2	massa de água adicional ou massa hidrodinâmica
n	número de horas de descarregamento por dia; número de navios que chegam em um dia; porosidade dos sedimentos
n_c	número de dias compreendidos em um ciclo de pesca
n_{hy}	número de horas operacionais (efetivamente trabalháveis) em um ano
n_r	dias de espera em um ciclo
n_u	dias de descarregamento em um ciclo
N	capacidade total dos navios no maior pico; número total de embarcações; número de embarcações que podem ser acomodadas
N_a	número de embarcações lado a lado
N_c	movimentação total anual que passa pelo galpão de trânsito; número de movimentos de contêineres por ano e por tipo de

	pilha em TEUs ou número de TEUs movidos através do CFS (TEUs/ano)
$N_{d>H}$	número total de blocos que se deslocaram uma distância d>H
N_i	número de ondas encontradas
N_{od}	número de unidades deslocadas em uma faixa de largura D_a
N_r	número de embarcações na espera
N_s	número de estabilidade
N_t	número total de blocos
N_w	número de vezes que a onda de projeto ocorre ao longo da vida útil da estrutura
N_D	número total de blocos deslocados
$N_{H/2<d<H}$	número total de blocos que se deslocaram uma distância H/2<d<H
$N_{H/4<d<H/2}$	número total de blocos que se deslocaram uma distância H/4<d<H/2
$N_{20'}$	número de TEUs
$N_{40'}$	número de FEUs
P	peso dos blocos de armadura; peso dos blocos de enrocamento em espigões; pontal da embarcação; produção líquida por portêiner; produtividade média de uma entidade de movimentação de carga (em t/h)
P_b	porosidade global do maciço
P_e	potência efetiva ou potência no cabo de reboque
P_n	probabilidade de ocorrer n navios simultaneamente no porto pela distribuição de Poisson
P_w	pressão do vento (em lbf /pés^2)
PR	produtividade anual ótima de um berço
q	vazão específica de galgamento (*overtopping*) admissível
q_s	amplitude da variação periódica da vazão sólida de areia fluvial na teoria de uma linha
q_R	vazão sólida de areia fluvial na teoria de uma linha
q_0	vazão sólida permanente de areia fluvial na teoria de uma linha
Q_B	máximo valor da vazão sólida de transpasse de areia na teoria de uma linha
Q_0	vazão do transporte de sedimentos litorâneo longitudinal na teoria de uma linha
r	raio de giração do navio
r_f	coeficiente de rugosidade adimensional de Van der Meer
r_{st}	altura média da pilha/altura nominal de empilhamento (varia de 0,6 a 0,9)
rec	cálculo da recessão da berma de um quebra-mar de berma
R	raio da curva; força empregada pelo empurrador para deslocar a embarcação para a linha de atracação; período de retorno; força devida ao vento (em kN)
R_a	resistência de atrito devida ao movimento do casco em fluido viscoso (kgf)
R_{ae}	resistência aerodinâmica (em tf)
R_c	altura entre o nível d'água e a cota de coroamento do muro
R_d	resistência de pressão dinâmica (em tf)
R_r	resistência residual devida à resistência da onda e dos vórtices
R_t	resistência total (em lbf)

R_A	fator de sobre-enchimento de material de empréstimo para alimentação artificial de praia	VR	capacidade dos acessos externos
R_J	fator de realimentação de praia com material de empréstimo	$V_{10,1\,min}$	velocidade média do vento a 10 m de altura e rajada de 1 minuto
$R_{2\%}$	limite de espraiamento (*runup*) que é excedido por 2% das ondas	W	largura em trecho retilíneo; largura da praia de projeto; comprimento de um aterro de praia disposto entre espigões na teoria de uma linha
s	espaço entre barcos	W_o	velocidade de giro (em °/s)
S	superfície molhada (em m^2); distância de visada a partir da ponte de comando da embarcação	W_s	sobrelargura; faixa de varredura
S_a	dano na armadura	W_B	folga com a margem grande o suficiente para reduzir os efeitos de margem a um mínimo controlável
S_{mk}	esbeltez da onda característica	W_M	faixa de manobra
S_{mo}	esbeltez da onda em águas profundas	W_P	distância de passagem larga o suficiente para reduzir a interação navio-navio a um mínimo controlável
$t_{d,\,máx}$	tempo máximo de estadia, em que 98% dos contêineres tenham deixado o terminal	W_{50}	peso mediano dos blocos
$t_{d,\,méd}$	tempo médio de estadia (dias)	x_g	espaçamento entre espigões
t_f	tempo em que ocorre o transpasse de obstáculo costeiro na teoria de uma linha	X	componente longitudinal
t_N:	duração do pico	y	número médio de berços; locação da arrebentação medida entre o alinhamento de quebra-mar costeiro e a linha de costa engordada em preamar média
T	calado estático; calado médio do navio (em pés); calado do navio nas condições da atracação; capacidade de movimentação anual de carga de um terminal; período de variação da vazão sólida de areia fluvial na teoria de uma linha	y_b	largura da zona de arrebentação
T_d	período dominante	y_g	comprimento médio de um espigão
T_{om}	período de onda médio	y*	distância adimensionalizada de quebra-mar costeiro com referência à largura da zona de arrebentação e espraiamento
T_{sP}	período da onda de projeto significativa	y_{80}	largura da zona de arrebentação e espraiamento
T_v	vida útil da obra	Y	componente transversal
T_z	período médio de cruzamento do zero das ondas		
TOB	taxa de ocupação dos berços de um terminal	α	ângulo da curva; ângulo do talude; ângulo entre o sentido positivo de v_s e c
u_b	velocidade próxima ao leito	α_b	ângulo entre a crista da onda na arrebentação e a linha da costa
U_c	velocidade da corrente na fórmula de Hoult	α_{bg}	ângulo entre a crista da onda na arrebentação e o eixo x na teoria de uma linha
U_m	velocidade do centro de massa da mancha de efluente na fórmula de Hoult	α_o	ângulo de incidência da crista de onda com o eixo x na teoria de uma linha
U_v	velocidade do vento na fórmula de Hoult	α_{sg}	ângulo entre a linha da costa e o eixo x na teoria de uma linha
v	máxima velocidade da corrente na frente de avanço do cabeço do espigão	α_S	ângulo de incidência da crista de onda com o eixo y na teoria de uma linha
v_c	velocidade da componente transversal da corrente atuando sobre o costado do rebocador (em nós)		
v_s	velocidade do navio	γ	peso específico dos blocos do enrocamento; ângulo formado entre a perpendicular à linha de atracação que passa pelo centro de gravidade do navio e a linha que une este com o ponto de contato com a defensa
V	velocidade da embarcação (relativa à água); velocidade de reboque (em pés/s); velocidade da embarcação com relação ao fundo; velocidade de aproximação do centro de gravidade do navio perpendicularmente à linha de atracação (m/s); velocidade característica do vento sustentado a 10 m de elevação da superfície do mar (em m/s); velocidade da corrente (em m/s); volume de carga em contêiner de 1 TEU	γ_a	peso específico da água
		γ_n	peso específico natural
		γ_s	peso específico dos blocos
V_c	velocidade absoluta da corrente; velocidade média do perfil vertical da corrente do nível d'água à quilha (em nós)	δ	relação entre o transporte litorâneo externo e interno na teoria de uma linha
$V_{c\,1\,min}$	velocidade média da corrente correspondente a uma profundidade de 50% do calado do navio em um intervalo de 1 minuto	δ_m	esbeltez média da onda em água profunda
V_e	velocidade para canais irrestritos	Δ	volume de deslocamento; densidade relativa da proteção de enrocamento
V_k	velocidade do navio em relação à água (em nós)		
V_w	velocidade do vento (em nós) considerando a velocidade média da rajada em 30 s	ε	coeficiente de difusão da escala de tempo da alteração da linha de costa na teoria de uma linha

θ	ângulo formado pela direção do vento com o eixo longitudinal soprando contra a proa 0° e 180° contra a popa	ρ_w	massa específica da água
		ρw	massa específica do ar a 20°C
ξ_m	parâmetro de semelhança da arrebentação (número de Iribarren) para o talude do maciço, utilizando período médio da onda	σ_{ci}	desvio-padrão da variação da folga líquida sob a quilha
ξ_p	parâmetro de semelhança da arrebentação (número de Iribarren) para o talude do maciço, utilizando o período de pico do espectro da onda	σ_s	desvio-padrão do movimento instantâneo do navio
		ϕ	ângulo de atrito; ângulo de fase da variação periódica
ρ	massa específica da água do mar	ω	frequência da onda
ρ_c	massa específica da água salgada a 20°C	ω_e	frequência de encontro experimentada pelo navio
ρ_s	massa específica dos blocos; massa específica do sedimento	ω_{ei}	média da frequência de encontro

CAPÍTULO 10

TIPOS DE PORTOS

Vista do modelo físico, escala 1:170, do Terminal da Ilha Guaíba da Vale sendo ensaiado sob a ação das ondas.

10.1 CLASSIFICAÇÃO DOS TIPOS DE PORTOS

10.1.1 Definição

O conceito atual de porto, elo de importância na cadeia logística como terminal multimodal, está ligado a:

- Abrigo

  Condição primordial de proteção da embarcação tipo de ventos, ondas e correntes, em que se possa ter condições de acesso à costa (acostagem), visando a movimentação de cargas ou passageiros, por meio de obra de acostagem que proveja pontos de amarração para os cabos da embarcação, garantindo reduzidos movimentos e com mínimos esforços de atracação durante a operação portuária. Ocorrências de incidentes e acidentes produzem custos diretos de recuperação da obra/navio, indiretos por lucros cessantes e intangíveis por perdas de vidas e/ou o porto vir a ser considerado inseguro.

- Profundidade e acessibilidade

  A lâmina d'água deve ser compatível com as dimensões da embarcação tipo (comprimento, boca e calado) no canal de acesso, bacias portuárias (de espera ou evolução) e nos berços de acostagem.

- Área de retroporto

  São necessárias áreas terrestres próprias para movimentação de cargas (armazenagem/estocagem/administração portuária) e passageiros.

- Acessos terrestres, aquaviários e aeroviários

  São necessários acessos terrestres (rodoviários e/ou ferroviários e/ou dutoviários), aquaviários (hidroviários) e aeroviários para prover eficientemente a chegada ou retirada de cargas e passageiros no porto, considerando a localização dos polos da infra-estrutura de produção e urbana. Nesta logística, deve-se dispor de apropriada infovia para o controle das operações.

- Impacto ambiental

  A implantação de um porto traz implicações ao meio físico e biológico adjacente, devendo ser cuidadosamente avaliadas suas implicações socioeconômicas. Atualmente, somente um estudo de impacto ambiental multidisciplinar aprovado pelas agências de controle do meio ambiente governamentais permite a obtenção de licença (prévia, de construção e operação) para novos empreendimentos.

10.1.2 Natureza dos portos

Os portos podem ser classificados, em termos de suas características primordiais de abrigo e acessibilidade, em:

- Naturais

  São aqueles em que as obras de melhoramento ligadas a abrigo e acessos às obras de acostagem são inexistentes ou de reduzida monta, pois as condições naturais já as proveem para a embarcação tipo. Frequentemente, são portos estuarinos com canais de barras de boa estabilidade.

- Artificiais

  São aqueles em que as obras de acostagem devem ser providas de obras de melhoramento de abrigo e acessos para a embarcação tipo.

10.1.3 Localização

A classificação quanto à localização dos portos marítimos considera:

- Portos exteriores

  Os portos exteriores situam-se diretamente na costa. Podem ser do tipo salientes à costa (ganhos à água), quando são implantados aterros que avançam sobre o mar, ou encravados em terra (ganhos à terra), quando são compostos por escavações formando dársenas, píeres, canais e bacias.

- Portos interiores

  Os portos interiores podem ser estuarinos, lagunares ou no interior de deltas.

- Portos ao largo

  Os portos ao largo da zona de arrebentação, distantes da costa, podem até mesmo não ser providos de abrigo, dependendo da carga e da frequência de chegada de navios e das combinações climáticas locais.

Uma tendência que se tem verificado, a partir da década de 1980, nos grandes portos interiores do mundo desenvolvido é a migração para terminais exteriores. De fato, Rotterdam (Estuário do Rio Maas), Shangai (Estuário do Rio Yangtzé), Le Havre (Estuário do Rio Sena) e Dunkerque são alguns exemplos desse processo. Essa tendência é motivada fundamentalmente pelo crescimento do porte dos navios, especialmente os conteneiros, pela saturação do espaço disponível e pelos grandes volumes de dragagem necessários para a manutenção dos gabaritos de navegação.

10.1.4 Utilização

Quanto à carga movimentada e ao tipo de equipamento para tanto, os portos classificam-se em:

- Portos de carga geral

  Portos comerciais que movimentam carga geral, isto é, acondicionada em qualquer tipo de invólucro (sacaria, fardos, barris, caixas, bobinas etc.) em pequenas quantidades. Nos portos de carga geral, em princípio, qualquer carga pode ser movimentada, havendo uma tendência geral de unitização dessas cargas em contêineres.

- Portos especializados

  Os portos ou terminais especializados movimentam predominantemente determinados tipos de cargas, podendo ser de exportação ou internação de carga, como: granéis sólidos ou líquidos (carga sem embalagem, como os minérios), contêineres, pesqueiros, de lazer (marinas), militares (bases navais da Armada) como ilustrado nas Figuras 10.5(C), 10.8(D) e 10.15(D) e de passageiros (Figuras 10.5(D) e 10.5(E)) e estaleiros.

10.2 OBRAS DE MELHORAMENTO DOS PORTOS

Fundamentalmente, as obras de melhoramento dos portos são: externas e internas.

As obras externas estão sujeitas às ondas e correntes, são as obras de abrigo (molhes, quebra-mares e espigões), de melhoria das condições de acesso (guias-correntes), canais de acesso e bacias (espera e evolução).

As obras internas são implantadas nas áreas abrigadas, como: obras de acostagem, estruturas para o equipamento de movimentação de carga, retroporto (áreas de estocagem, vias e pátios rodoferroviários, oficinas, docas secas e estaleiros).

Serviços de dragagem são comuns como obras de melhoramentos, podendo representar vultosos investimentos.

10.3 ARRANJO GERAL DAS OBRAS PORTUÁRIAS

10.3.1 Obras portuárias encravadas na costa ou estuarinas

Na Figura 10.1(A) e (B) está apresentada uma obra encravada na costa ou estuarina. Esta solução, muitas vezes, é adotada

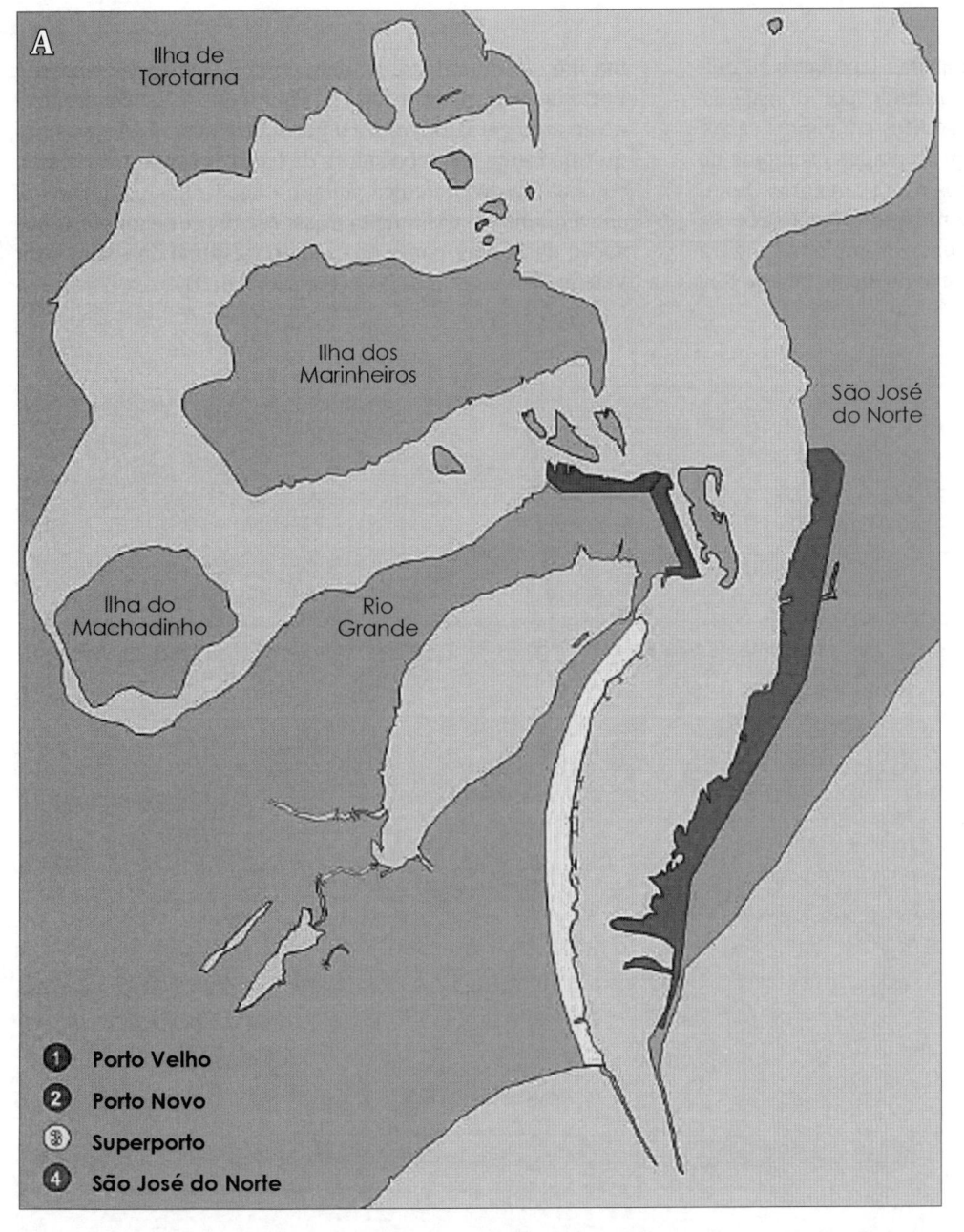

Figura 10.1
(A) Planimetria das zonas portuárias do Porto de Rio Grande (RS), no Estuário da Lagoa dos Patos.

Figura 10.1
(B) Vista aérea geral dos molhes guias-correntes na Barra de Rio Grande, molhe oeste em primeiro plano e molhe leste em segundo plano.

em embocaduras marítimas (estuarinas, lagunares ou deltaicas), sendo frequentemente concluído por dragagens, além da implantação de guias-correntes em alguns casos. Nas Figuras 10.2 a 10.15 estão apresentados exemplos de portos que podem ser enquadrados nesta categoria. Quando os cais apresentam um alinhamento que forma uma bacia, tem-se a denominada dársena. Como exemplo, na Figura 10.6(A), pode-se observar que o Porto do Rio de Janeiro for

ma uma grande dársena, bem como as três dársenas do Porto de Esmirna (Turquia) na Figura 10.14. Esta concepção de arranjo geral maximiza o perímetro acostável para uma mesma frente na embocadura da bacia, no entanto cria uma condição hidrodinâmica sujeita a água mais estagnada e, consequentemente, sujeita a assoreamentos e menor renovação das águas, como no caso do terminal da Usiminas e Valefértil em Cubatão (SP) (Figura 10.3(D)).

Figura 10.2
(A) Planimetria do arranjo geral de obra portuária estuarina do Porto de Itajaí (SC).

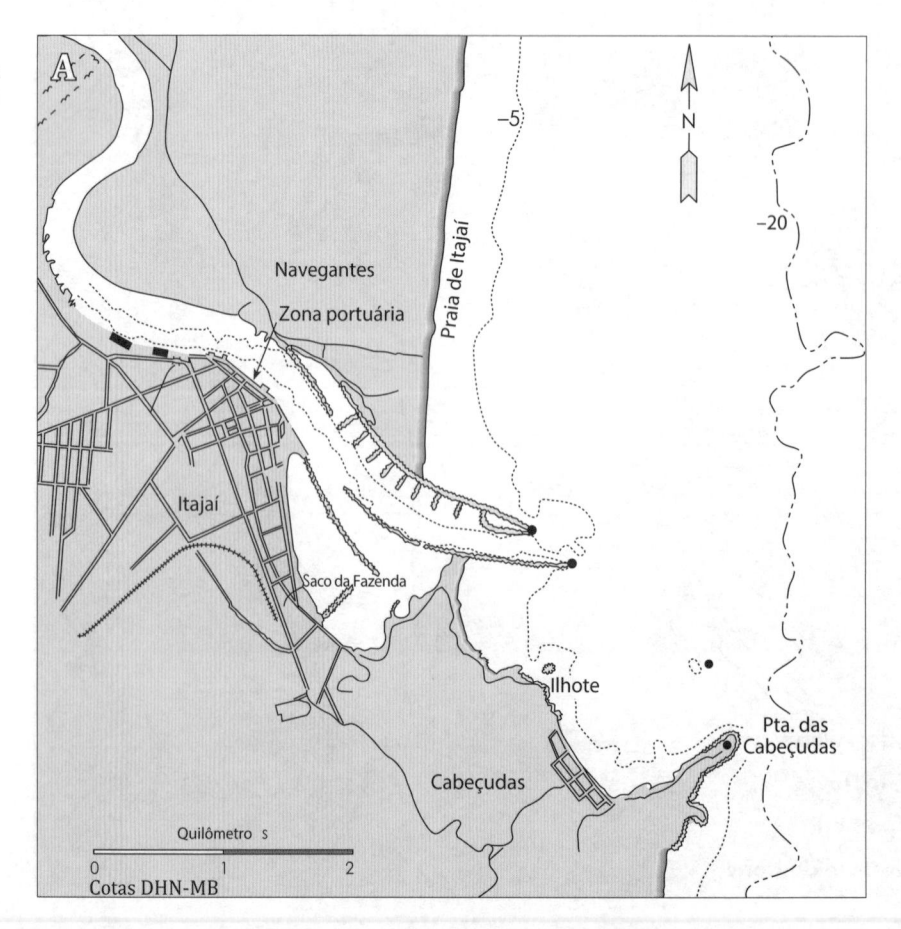

Figura 10.2
(B) Vistas dos molhes guias-correntes do Porto de Itajaí (SC).

Figura 10.3
Vistas aéreas do Porto de Santos (SP),
no Estuário do Rio Cubatão.
(A) Vista geral.
(B) Vista aérea do Largo da Bertioga,
com os terminais da EMBRAPORT à
direita (contêineres) e da Ilha Barnabé
à esquerda (produtos químicos),
na parte superior da foto. Na porção
inferior (esquerda), visualizam-se os
terminais do Saboó (contêineres)
e do Valongo (apoio operacional).

Figura 10.3
(C) Vista aérea do Largo do Caneú, com os terminais da BTP à direita (contêineres) e da Alamoa à esquerda (derivados refinados de petróleo).
(D) Terminal da Usiminas e Valefértil em Cubatão (SP).
(E) Terminal da Usiminas em Cubatão (SP): berços para descarga de carvão, descarga de minério de ferro e carregamento de produtos siderúrgicos.

Figura 10.3
(F) Terminal Integrador Portuário Luiz
Antonio Mesquita – TIPLAM da VLI,
em Cubatão (SP).

Figura 10.4
Vista aérea do TEBIG – Terminal da Ilha
Grande da TRANSPETRO (RJ).

Figura 10.5
Vistas aéreas dos terminais portuários
da Baía de Sepetiba (RJ).
(A) TIG – Terminal da Ilha Guaíba,
da Vale.

Figura 10.5
Vistas aéreas dos terminais portuários da Baía de Sepetiba (RJ).
(B) Porto Sudeste, da Prumo, e Porto de Itaguaí, da CODERJ.
(C) Terminal Portuário da CSA – Companhia Siderúrgica do Atlântico, da Thyssen-Krupp.

Figura 10.6
Porto do Rio de Janeiro, da CODERJ.
(A) Planimetria.
(B) Vista aérea.

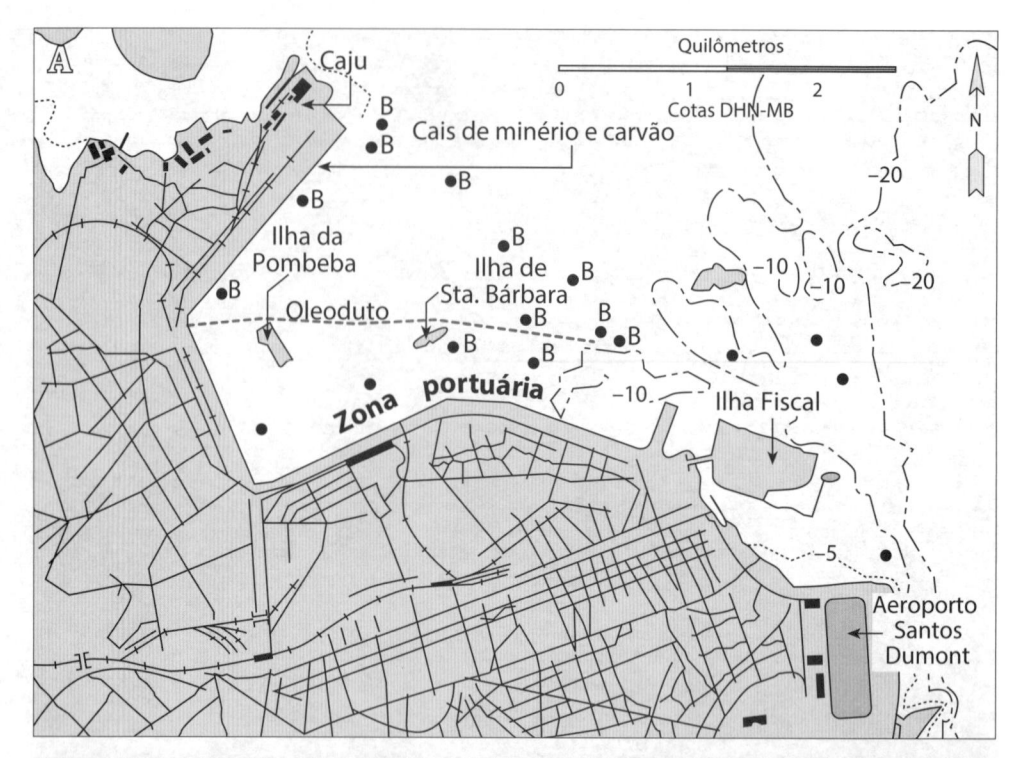

Figura 10.7
Vista aérea do Porto de Recife (PE),
da CODEPE, no Estuário dos rios
Capibaribe e Beberibe.

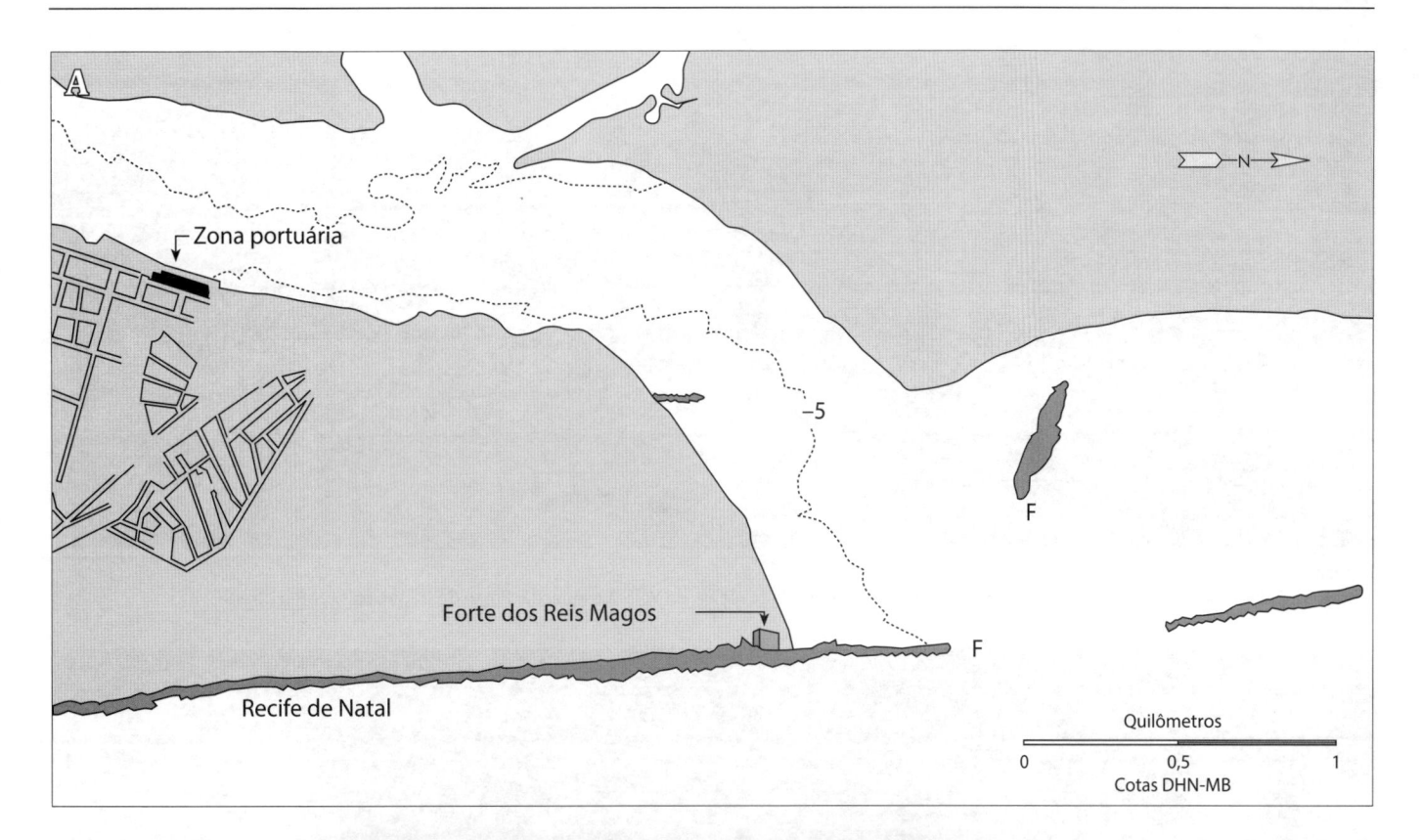

Figura 10.8
Porto de Natal (RN), da CODERN, no
Estuário do Rio Potengi.
(A) Planimetria.
(B) Vista aérea.

Figura 10.9
Portos na Baía de São Marcos, em São Luís (MA). Terminal de Ponta da Madeira, da Vale, à esquerda; Porto de Itaqui, da EMAP, à direita.

Figura 10.10
Vista aérea do Porto de Hamburg (Alemanha), no Estuário do Rio Elba.

Figura 10.11
Doca Deurganck, que recebe os navios conteneiros de grande porte no Porto de Antuérpia (Bélgica).

Figura 10.12
Vistas aéreas:
(A) Porto de Osaka (Japão).
(B) Porto de Toulon (França).

Figura 10.13
Port Fuad (Egito) na Embocadura do Canal de Suez. Apresenta arranjo geral em dársenas.

Figura 10.14
Vista aérea do porto comercial de Esmirna (Turquia) no Mar Mediterrâneo.

Figura 10.15
Porto de Calais (França).

10.3.2 Obras portuárias salientes à costa e protegidas por molhes

Nas Figuras 10.16 e 10.17 estão apresentadas duas variantes da concepção de obra saliente à costa protegida por molhes de enrocamento ou blocos especiais. Nas Figuras 10.17 a 10.26 estão apresentados exemplos de portos enquadrados nessa categoria.

10.3.3 Obra portuária ao largo protegida por quebra-mar

A solução para um porto ao largo abrigado está esquematizada na Figura 10.27(A), constando de berço de atracação no tardoz de um quebra-mar isolado destacado da costa e longa ponte de ligação ao retroporto. Na Figura 10.27 estão apresentados exemplos de portos desse tipo.

Figura 10.16
Porto de Imbituba (SC).

PORTO DE BARRA DO RIACHO

Figura 10.17
Solução saliente à costa com molhes. Portocel em Aracruz (ES).

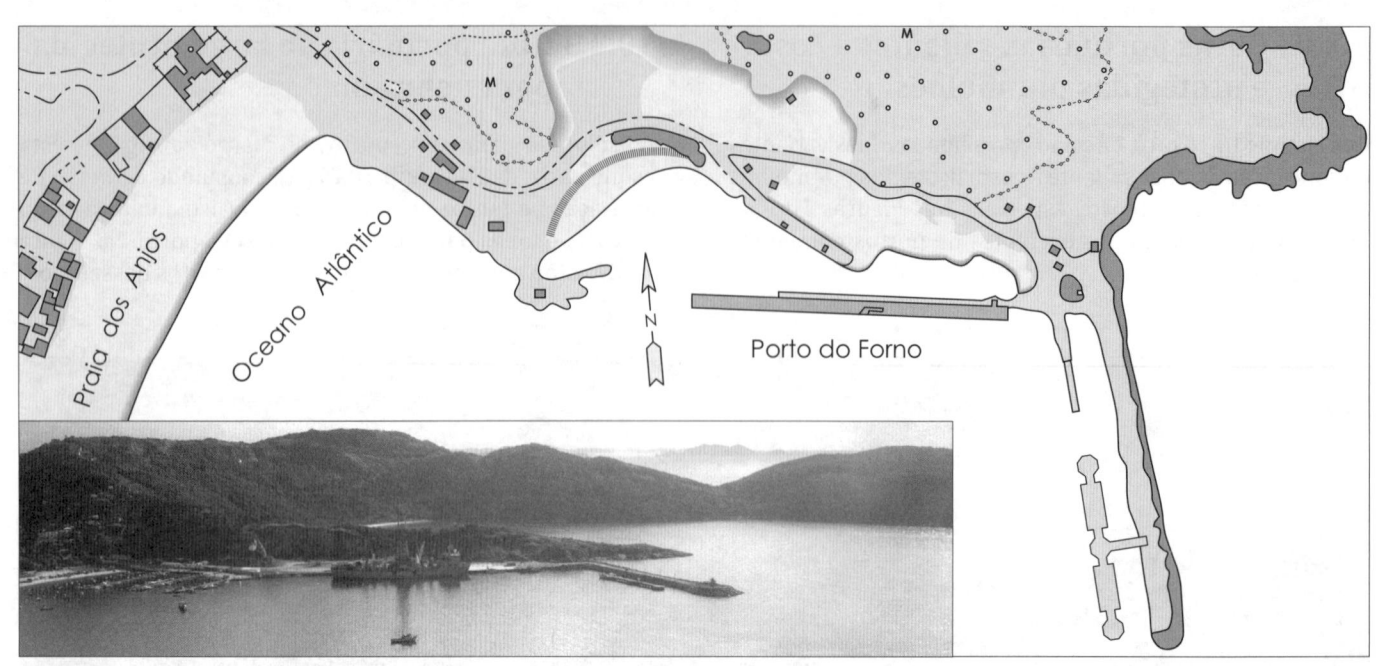

Figura 10.18
Planimetria do arranjo geral de obra portuária saliente à costa protegida por molhe. Porto do Forno em Arraial do Cabo (RJ).

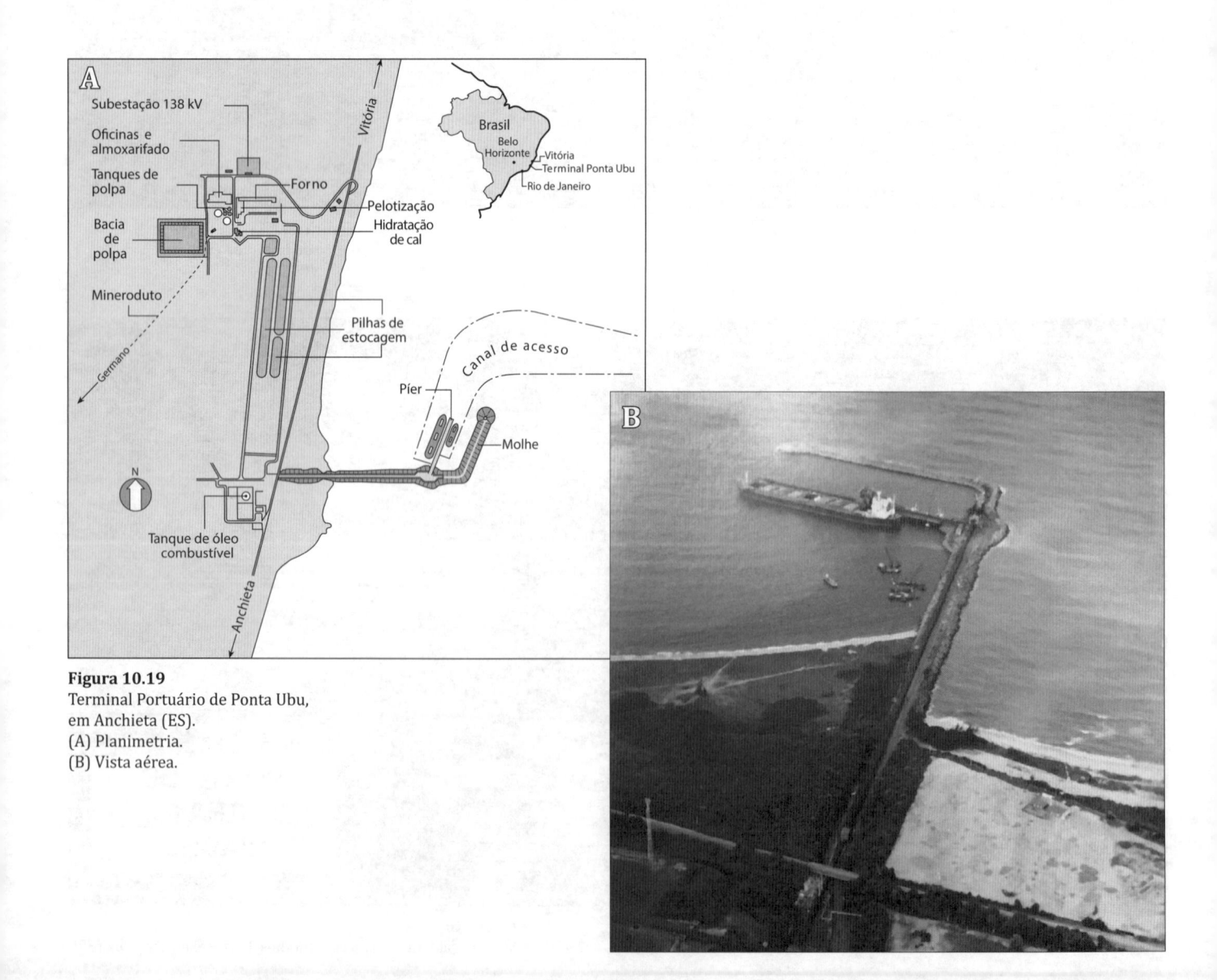

Figura 10.19
Terminal Portuário de Ponta Ubu,
em Anchieta (ES).
(A) Planimetria.
(B) Vista aérea.

Figura 10.20
(A) Vista aérea do Complexo Portuário de Tubarão, da Vale, e Porto de Praia Mole, em Serra (ES).
(B) Vista aérea do Porto de Praia Mole.

Figura 10.21
Porto de Suape (PE).

Figura 10.22
Porto de Santo Antônio, Fernando de Noronha (PE).

Figura 10.23
Vista aérea da expansão externa do
Porto de Rotterdam (Países Baixos),
Maasvlakte 2.

Figura 10.24
Porto de Barcelona no Mar
Mediterrâneo (Espanha).

Figura 10.25
Vista aérea do Porto de Tarragona
(Espanha) no Mar Mediterrâneo.

Figura 10.26
Vista aérea do Porto de Zeebrugge
(Bélgica).

Figura 10.27
Vistas de obras portuárias abrigadas por quebra-mares.
(A) Porto do Açu (RJ) – Terminal TX1 como projetado originalmente.
(B) Terminal Marítimo de Belmonte (BA).
(C) Planimetria do Porto de Pecém (CE).

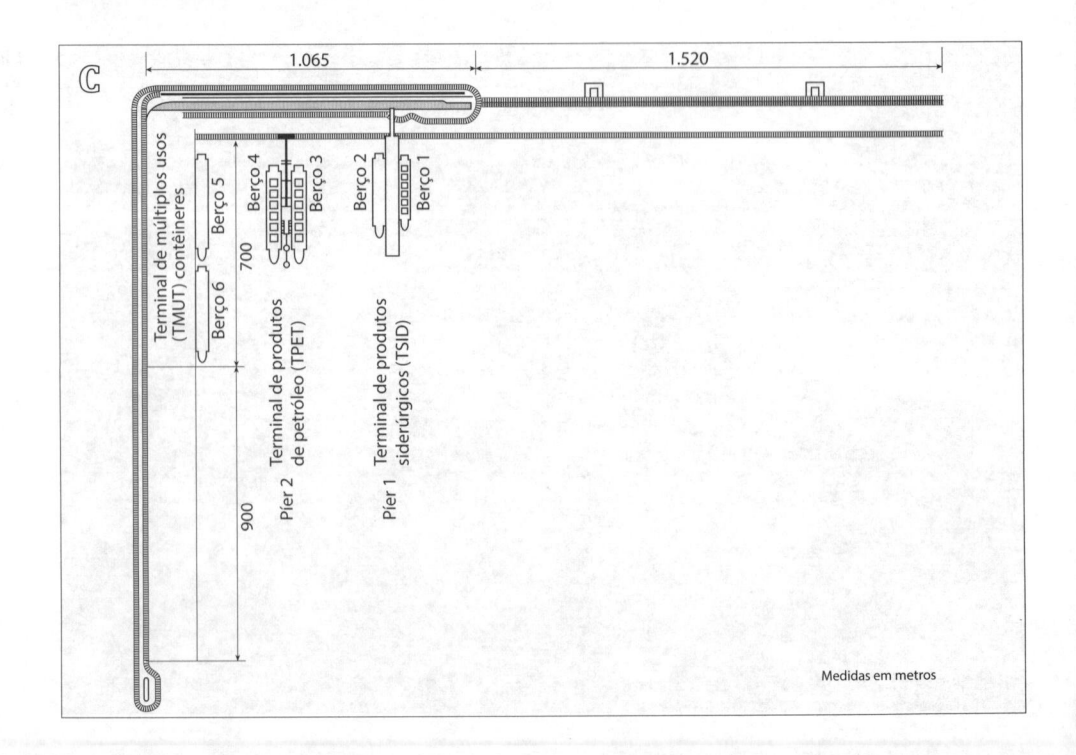

Medidas em metros

Figura 10.27
Vistas de obras portuárias abrigadas por quebra-mares.
(D) Porto de Gdansk (Polônia), no Mar Báltico.
(E) Porto de Colonia do Sacramento (Uruguai).
(F) Porto de Istambul (Turquia) no Mar de Marmara.

10.3.4 Outros tipos de arranjos gerais

Existem outros tipos de arranjos gerais portuários, como os de acesso naturalmente abrigados, como os portos de São Sebastião do Dersa (ver Figura 10.28) e Tebar da Petrobras (ver Figura 10.28) no Canal de São Sebastião (abrigados pela Ilha de São Sebastião).

Os portos-ilha, como o Terminal Salineiro Tersab em Areia Branca (RN) (ver Figura 10.29), em que a ilha artificial abriga os berços de barcaças e no berço 201 o navio atraca. O terminal situa-se a 8 mn da costa. A plataforma com dimensões de 244 m × 92 m foi aterrada e recoberta com piso de sal para garantir a pureza do produto armazenado. É o principal porto de escoamento de sal a granel produzido pelo Estado do Rio Grande do Norte, que corresponde a 95% do sal marinho produzido no Brasil. A plataforma da ilha artificial *offshore* é protegida da ação das ondas por quebra-mar de parede vertical de concreto armado de 4,0 m de altura, com o cais de barcaças salineiras que provêm do continente abrigado das ondas. As maiores barcaças que atracam têm 2 mil tpb (85 m × 14,5 m × 1,0).

10.4 LOCALIZAÇÃO DE QUEBRA-MARES

Na localização de quebra-mares e molhes para abrigo portuário, devem ser considerados fundamentalmente:

- dimensão da área abrigada;

- grau de abrigo de berços e bacias portuários para operações de movimentação de cargas e manobras dos navios;

- influência no transporte de sedimentos litorâneo, avaliando a sedimentação na área abrigada e o impacto ambiental de erosão/sedimentação na área costeira adjacente.

Nas Figuras 10.30 a 10.32 estão apresentadas esquematicamente três localizações de quebra-mares e molhes, com exemplos de portos brasileiros.

Nas Figuras 10.33 e 10.34 estão apresentados dois arranjos portuários com as respectivas alturas de ondas referidas à onda incidente.

Figura 10.28
(A) Foto aérea dos Portos de São Sebastião (SP) (BASE).
(B) Tebar.
(C) Porto de São Sebastião (SP).
(D) Porto Pesqueiro de Ilhabela (SP).

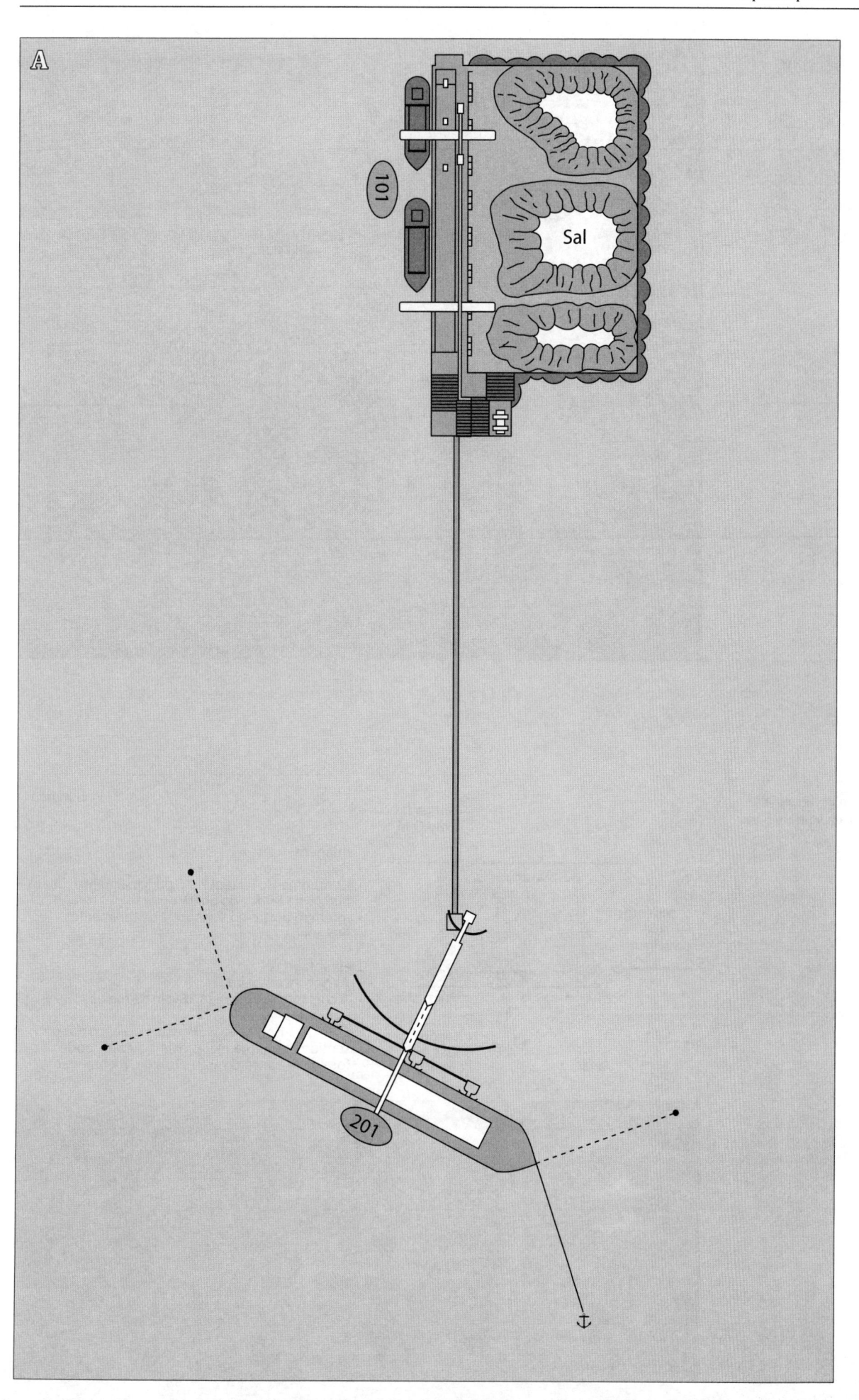

Figura 10.29
TERSAB em Areia
Branca (RN).
(A) Planimetria.

Figura 10.29
TERSAB em Areia Branca (RN).
(B) Vista aérea.

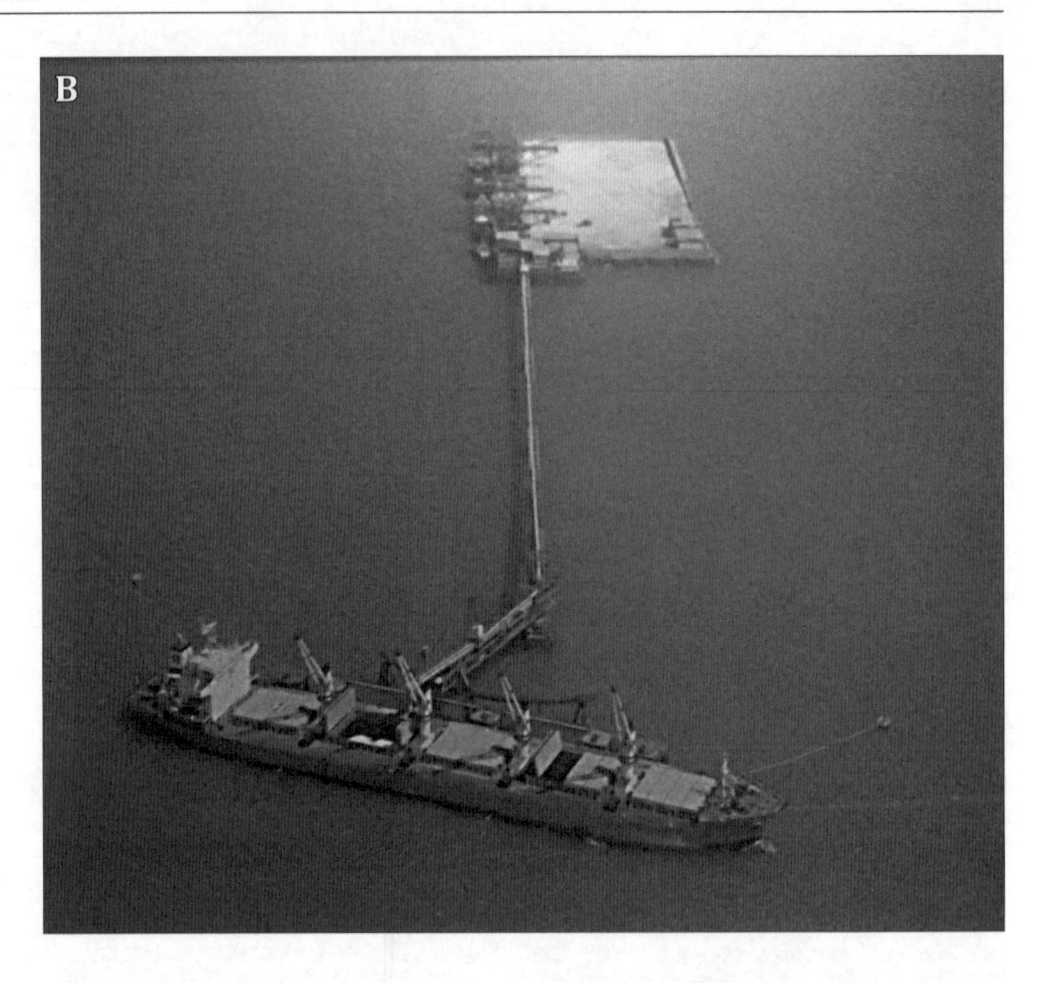

Figura 10.30
Quebra-mar. Exemplo do Terminal
Portuário de Sergipe da Vale em Barra
dos Coqueiros (SE).

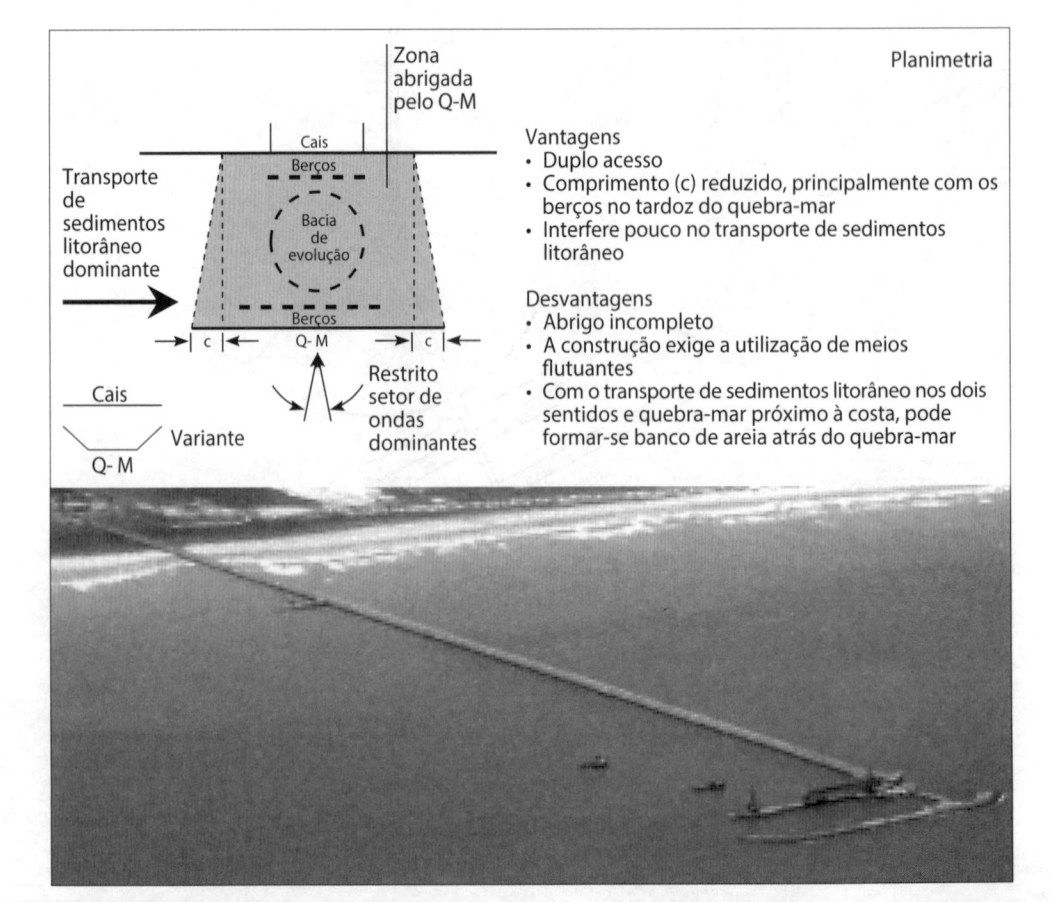

Planimetria

Zona
abrigada
pelo Q-M

Cais
Berços

Transporte
de
sedimentos
litorâneo
dominante

Bacia
de
evolução

Berços

c ← Q-M → c ←

Cais

Q-M   Variante

Restrito
setor de
ondas
dominantes

Vantagens
• Duplo acesso
• Comprimento (c) reduzido, principalmente com os
berços no tardoz do quebra-mar
• Interfere pouco no transporte de sedimentos
litorâneo

Desvantagens
• Abrigo incompleto
• A construção exige a utilização de meios
flutuantes
• Com o transporte de sedimentos litorâneo nos dois
sentidos e quebra-mar próximo à costa, pode
formar-se banco de areia atrás do quebra-mar

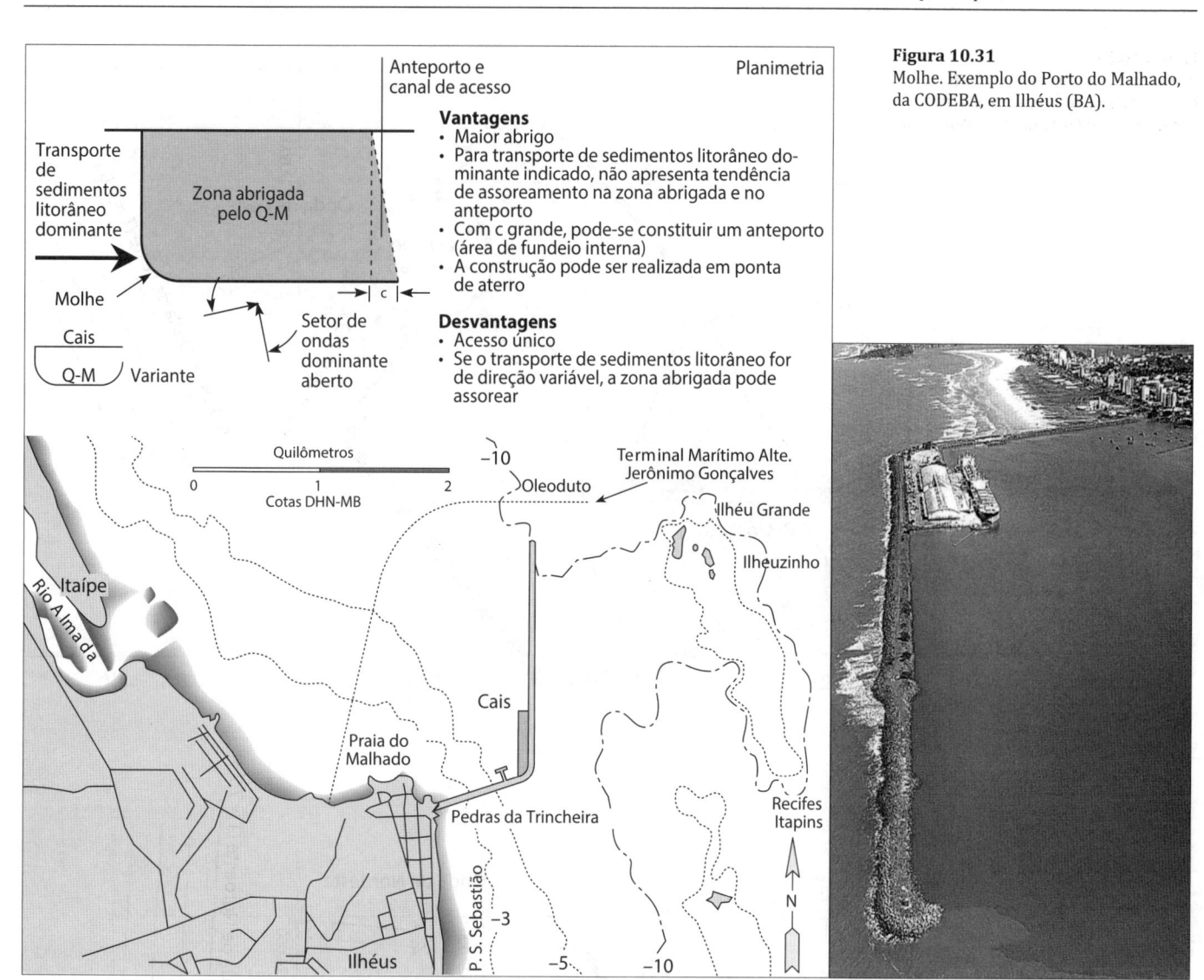

Planimetria

Vantagens
- Maior abrigo
- Para transporte de sedimentos litorâneo dominante indicado, não apresenta tendência de assoreamento na zona abrigada e no anteporto
- Com c grande, pode-se constituir um anteporto (área de fundeio interna)
- A construção pode ser realizada em ponta de aterro

Desvantagens
- Acesso único
- Se o transporte de sedimentos litorâneo for de direção variável, a zona abrigada pode assorear

Figura 10.31
Molhe. Exemplo do Porto do Malhado, da CODEBA, em Ilhéus (BA).

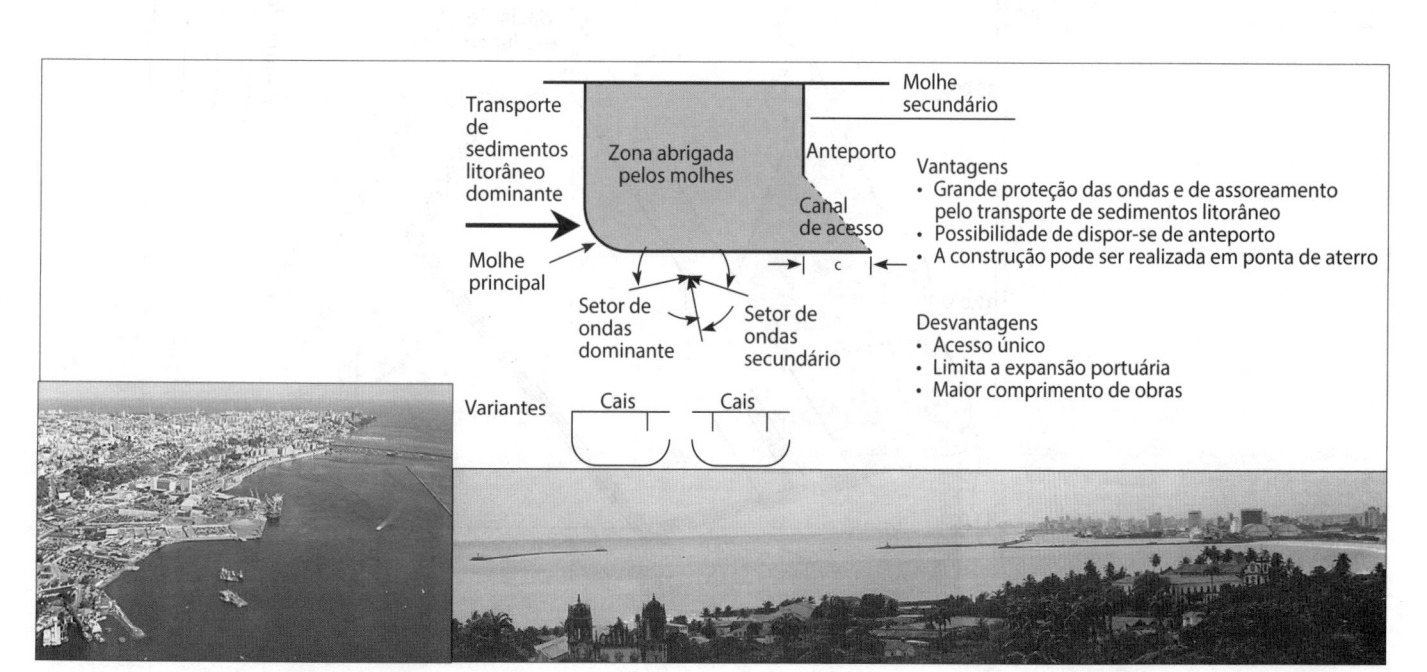

Vantagens
- Grande proteção das ondas e de assoreamento pelo transporte de sedimentos litorâneo
- Possibilidade de dispor-se de anteporto
- A construção pode ser realizada em ponta de aterro

Desvantagens
- Acesso único
- Limita a expansão portuária
- Maior comprimento de obras

Figura 10.32
Molhes convergentes com quebra-mar frontal. Exemplos dos Portos de Salvador (BA) e Recife (PE).

(continua)

Figura 10.33
Planimetria das alturas de ondas (m) estimadas no estudo em modelo físico de agitação para o Porto de Praia Mole (ES).

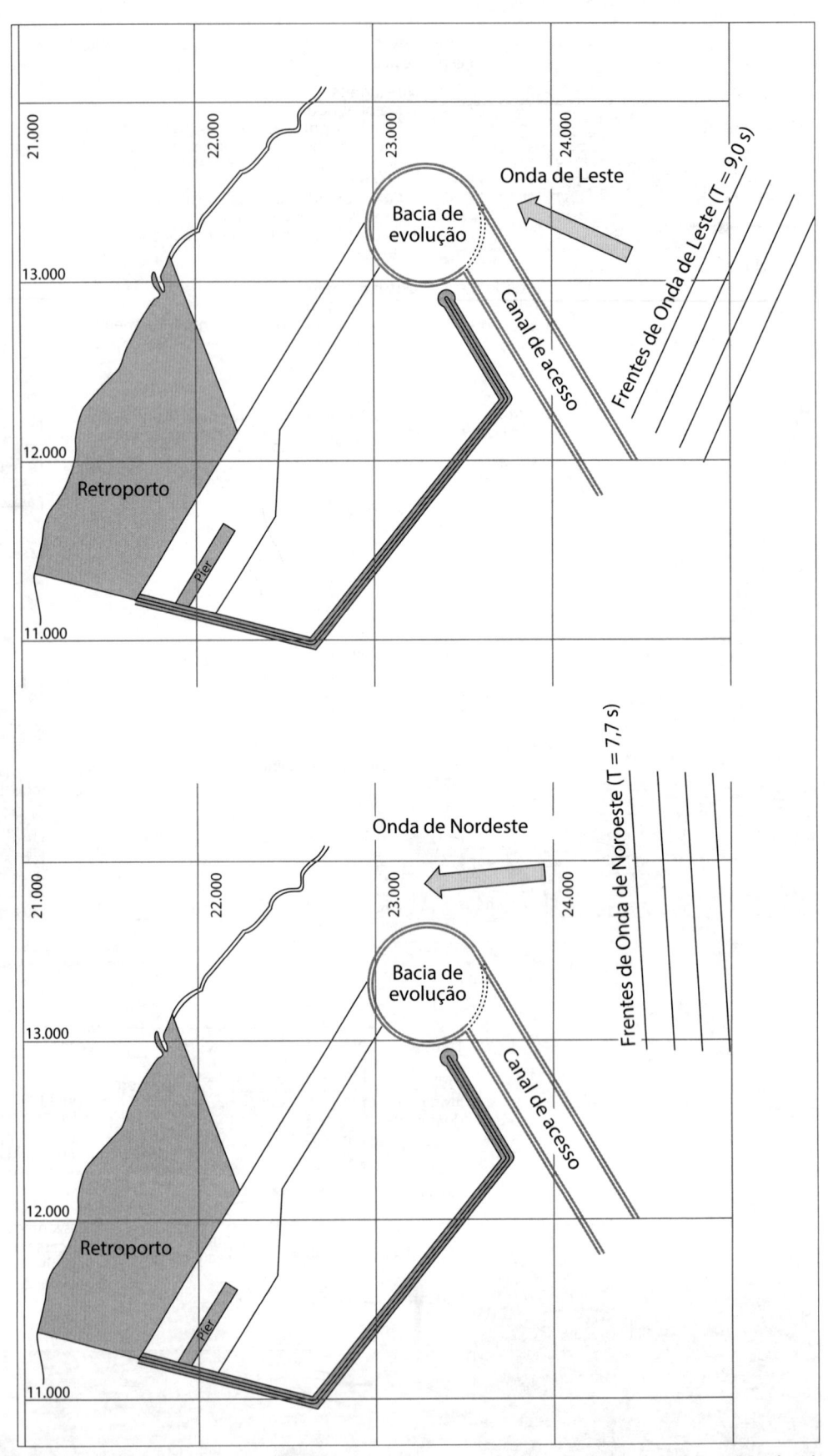

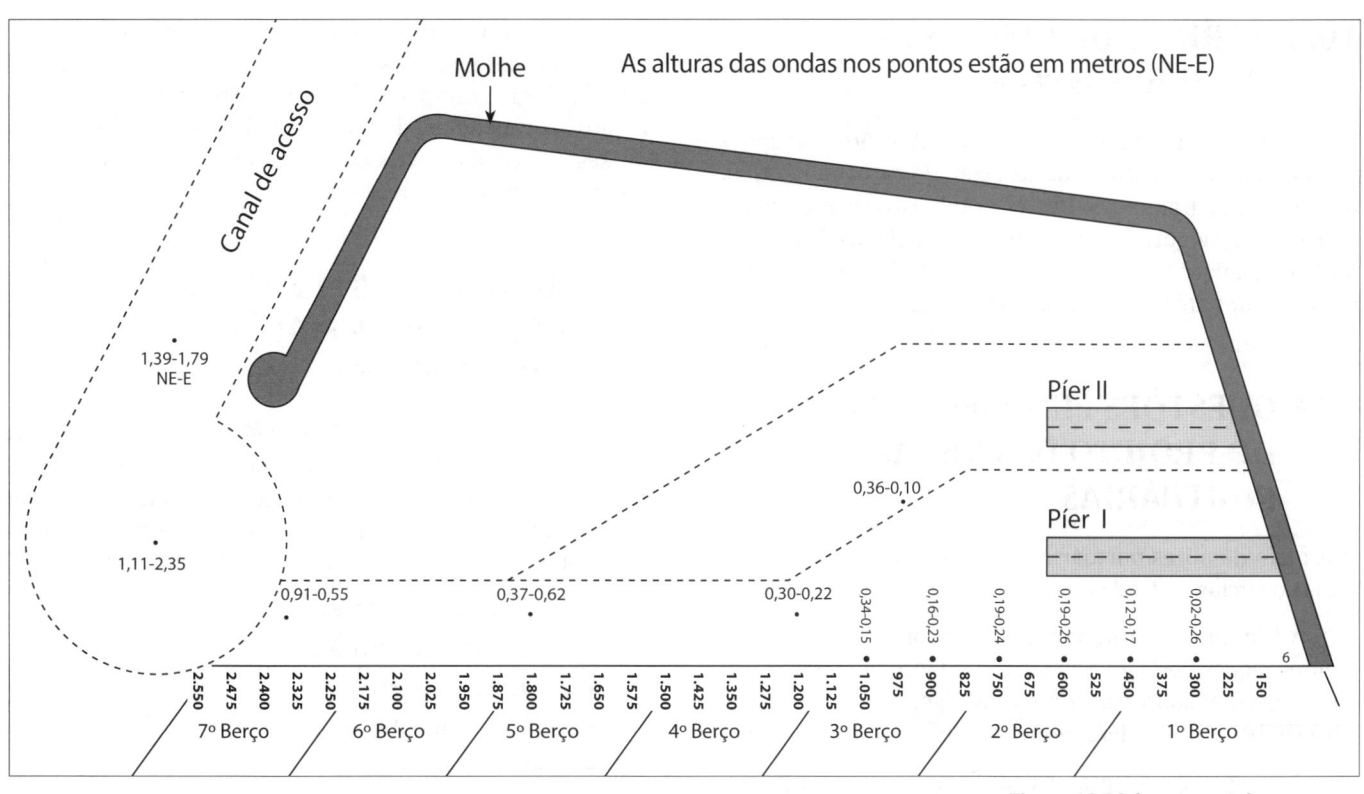

Figura 10.33 (continuação)

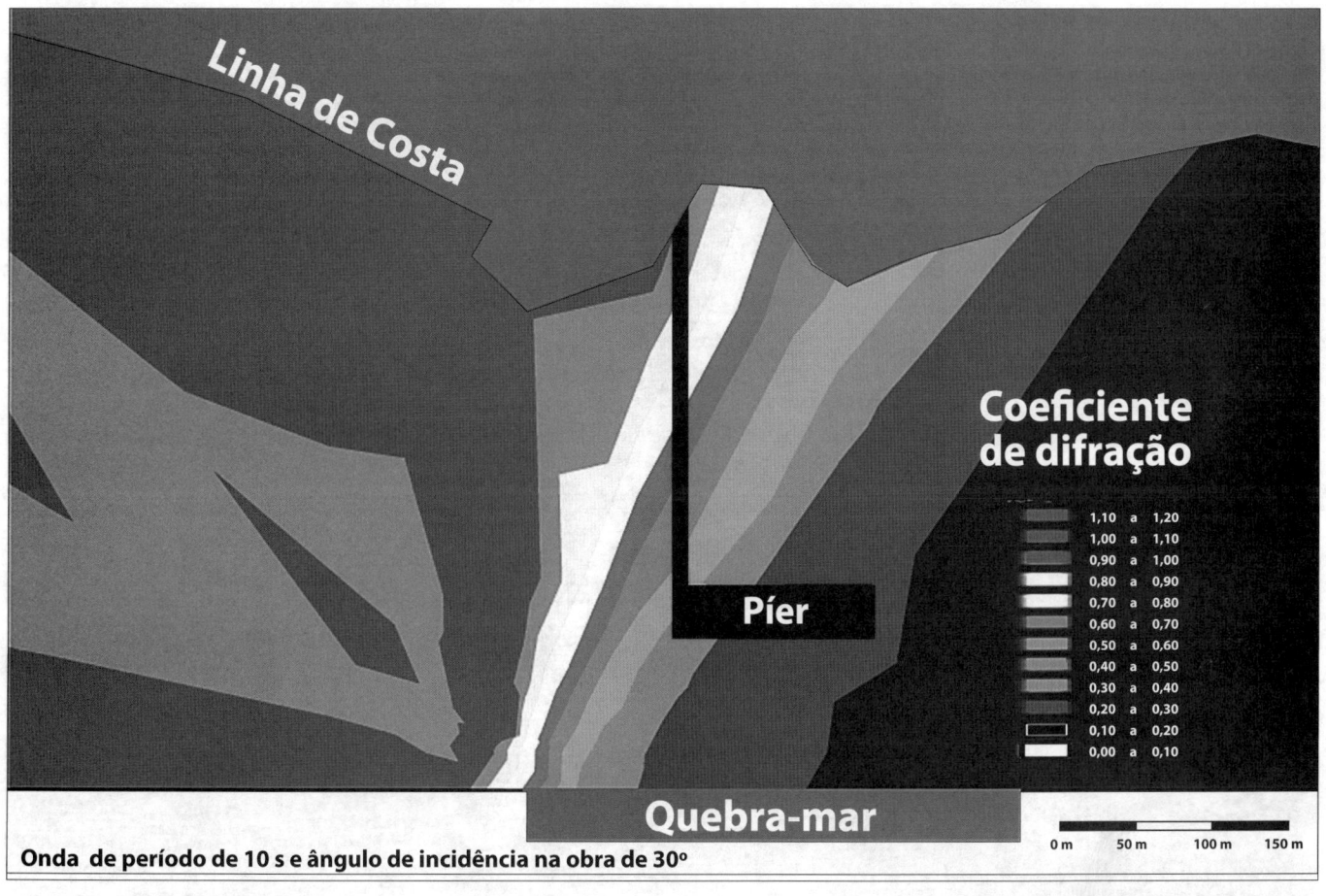

Figura 10.34
Estudo da difração de onda para o Terminal Marítimo de Belmonte (BA) da Veracel.

10.5 MARINAS OU PORTOS DE RECREIO E LAZER

Ao longo do século XX consolidou-se a difusão dos esportes náuticos, como atividade de lazer, de turismo náutico, havendo uma grande proliferação de Portos de recreio ou marinas. Nas Figuras 10.35 a 10.43 estão ilustradas várias destas instalações, que podem abrigar desde pequenas embarcações até grandes iates oceânicos.

10.6 QUESTÕES FUNDAMENTAIS DO PROJETO DAS OBRAS PORTUÁRIAS

O projeto de obras portuárias envolve o conhecimento de várias ciências aplicadas.

A Hidráulica Marítima e a Fluvial fornecem os fundamentos requeridos para estimar a ação hidrodinâmica de ondas e correntes sobre estruturas de abrigo, acostagem, canais e bacias, bem como referentes ao transporte de sedimentos.

A Geotecnia e a Mecânica dos Solos são básicas para o projeto das fundações das obras portuárias e estabilidades de taludes de maciços e aterros.

E mais: dimensionamento das estruturas para suportar os esforços estáticos e dinâmicos dos equipamentos e cargas, forças de impacto e amarração dos navios; conhecimentos gerais de estabilidade dos flutuantes e princípios de segurança da navegação; características dos equipamentos de movimentação de cargas.

10.7 AÇÕES EM ESTRUTURAS PORTUÁRIAS MARÍTIMAS OU FLUVIAIS

A Norma Brasileira NBR nº 9.782/87 (ABNT, 1987) fixa os valores representativos das ações que devem ser consideradas nos projetos de estruturas portuárias marítimas ou fluviais, aplicando-se esses valores às estruturas de abrigo e acostagem, sendo consideradas as ações provenientes de:

- cargas permanentes;
- sobrecargas verticais;
- cargas móveis;
- meio ambiente;
- atracação;
- amarração;
- terreno.

Figura 10.35
(A) Vista aérea das marinas na Enseada de Botafogo, Rio de Janeiro (RJ).
(B) Vista aérea da Marina da Gloria, Rio de Janeiro (RJ).

Nesta abordagem, são enfatizadas as ações provindas do meio ambiente resultantes das ações de correntes, marés, ondas e ventos.

- Correntes

O valor da velocidade de corrente a ser adotado é aquele obtido em medições no local de implantação da estrutura portuária; em estruturas portuárias fluviais, o valor mínimo a adotar para a velocidade de fluxo das águas é de 1 m/s.

- Marés e níveis d'água

Para estruturas portuárias marítimas, o valor da altura da maré a ser adotado é aquele obtido em medições no local de implantação da estrutura portuária. Em estruturas portuárias fluviais, o nível máximo normal é obtido da curva de permanência de alturas no local.

Para estruturas de acostagem, o nível adotado corresponde à altura que não seja ultrapassada em 95% do tempo de recorrência considerado igual à expectativa da vida útil da obra. Para estruturas de proteção, a porcentagem pode ser reduzida para 80%, significando que na vida útil admitem-se que sejam superadas cotas máximas da maré de projeto, reduzindo-se a borda livre adotada em projeto.

- Ondas

Devem ser obtidas em medições efetuadas nas proximidades da área de implantação da estrutura portuária.

O período de recorrência da onda de projeto não pode ser menor que a expectativa da vida útil da obra, sendo, no mínimo, de 50 anos para as obras permanentemente expostas. Considerando critérios estritamente comerciais, o tempo de *pay-back* de uma obra pode ser evidentemente menor.

A altura da onda de projeto a ser adotada no cálculo de estruturas portuárias, de abrigo ou acostagem, situadas fora da zona de arrebentação, não afetadas quanto à sua segurança por eventual galgamento, deve ser:

- H_1, que é a média aritmética das alturas do centésimo superior das maiores ondas, para estruturas rígidas (muros e paredes), pois sua ruína é um colapso brusco, quase instantâneo.

- Entre H_1 e H_{10}, em que H_{10} é a média aritmética das alturas do décimo superior das maiores ondas, para estruturas semirrígidas (sobre estacas).

Figura 10.36
Marina de Barcelona (Espanha) no Mar Mediterrâneo.

Figura 10.37
Marina de Palma de Mallorca (Espanha) no Mar Mediterrâneo.

Figura 10.38
Marina de Denia (Espanha) no Mar Mediterrâneo.

Figura 10.39
Marina do Funchal, na Ilha da Madeira (Portugal).

Figura 10.40
Vista aérea da marina de Vilanova i la Galtrie (Espanha).

Figura 10.41
Marina de Santa Margherita Ligure
(Itália), no Mar Tirreno.

Figura 10.42
Marina de Chiavari (Itália), no Mar
Tirreno.

Figura 10.43
(A), (B), (C) e (D) Marina no Rio
Motlawa, em Gdansk (Polônia).

- H_s, que é a média aritmética das alturas do terço superior das ondas, chamada altura significativa, para estruturas flexíveis de blocos naturais ou artificiais. Nestes casos a ruína resulta da acumulação de danos, em geral na carapaça.

Estruturas portuárias que sejam prejudicadas pelo citado galgamento e requeiram riscos mínimos devem ser projetadas, por segurança, considerando alturas de onda superiores a H_1.

Devem ser analisadas as ações decorrentes dos fenômenos de empolamento, refração, difração, reflexão e arrebentação da onda de projeto.

Considerando a expectativa de vida útil das estruturas marítimas, a Figura 10.44 ilustra a ação da ressaca de agosto de 2006 sobre a Plataforma de Pesca Amadora de Mongaguá (SP). Tal estrutura, com cerca de 30 anos sem manutenção, encontrava-se visivelmente deteriorada, principalmente em suas extremidades, nas quais os últimos cavaletes de estacas já se encontravam desconectados do restante da obra.

- Ventos

A velocidade do vento a ser considerada é a velocidade média em 10 min, medida no local de implantação da estrutura portuária a uma altura de 10 m. Os valores máximos de rajada podem ser reduzidos em 10%. Em nenhum caso são admitidas velocidades para o vento menores do que 20 m/s. A Figura 10.45 ilustra o desabamento de equipamento ocorrido em dezembro de 2009, por vento de 120 km/h, no Porto de Praia Mole (ES).

Figura 10.44
Aspecto da deterioração da estrutura marítima da Plataforma de Pesca Amadora de Mongaguá (SP). Fonte: São Paulo, Estado/DAEE/CTH.

Figura 10.45
Desabamento de carregador de carvão no Porto de Praia Mole (ES) ocasionado por vento que atingiu 120 km/h.

Para a avaliação de uma estrutura portuária, particularmente as de defesa dos recintos portuários, é necessário definir as diferentes fases de projeto, especificar sua duração, organizar temporalmente o estudo, avaliar a probabilidade de ocorrência dos agentes e definir os regimes de seus estados, principalmente os meteorológicos, do terreno e de uso e exploração. As fases de projeto são construção, serviço (vida útil), reparo, conservação e desmantelamento. É interessante observar que a última fase (desmantelamento) pode durar de duas a três vezes mais que a fase de construção.

Segundo a ROM 1.0-99 (1999), tem-se a seguinte recomendação quanto à vida útil mínima de obras de defesa:

Para áreas portuárias

Porto comercial diversificado: 50 anos.

Porto comercial especializado: 50 anos quando vinculado a suprimento energético, ou matérias-primas minerais estratégicas, sem dispor de instalações alternativas adequadas para o seu manuseio ou armazenamento; 25 anos nos demais casos.

Porto pesqueiro: 25 anos.

Marina: 25 anos.

Porto industrial: 50 anos quando vinculado a suprimento energético, ou matérias-primas minerais estratégicas, sem dispor de instalações alternativas adequadas para o seu manuseio ou armazenamento; 25 anos nos demais casos.

Porto militar: 50 anos quando essencial à defesa nacional; 25 anos nos demais casos.

Proteção de aterros e margens: 50 ou 25 anos, de acordo com a área portuária em que se localize.

Para áreas litorâneas

Defesa contra grandes inundações, as quais, em caso de colapso, poderiam gerar grandes inundações no território: 50 anos.

Proteção de tomadas d'água e descargas: 50 anos para instalações associadas ao abastecimento de água para uso urbano e produção energética; 25 anos nos demais casos.

Proteção e defesa das margens: 50 anos quando, em sua zona de influência, localizarem-se edificações ou instalações industriais; 15 anos nos demais casos.

Recuperação e defesa dos litorais: 15 anos.

Ainda segundo a ROM 1.0-99 (1999), a operatividade mínima exigida de uma obra de abrigo com relação ao conjunto de estados-limite de parada operativa que podem ocorrer na fase de serviço, bem como o número médio de paradas e a sua duração máxima, é função das consequências derivadas da parada operativa. Assim, a operatividade deve ser maior quando as consequências econômicas da parada operativa forem importantes.

Para a operatividade mínima, reportando-se a 1 como 100% na vida útil da obra, sugerem-se os valores a seguir.

Para áreas portuárias

Porto comercial com zonas de armazenamento ou de operação de cargas ou passageiros justapostas à obra de abrigo, que podem ser afetadas por solapamento desta: 0,99.

Porto comercial com zonas de armazenamento ou de operação de cargas justapostas à obra de abrigo, que não são afetadas pelos solapamentos desta: 0,95 com movimentação de granéis, 0,99 com movimentação de passageiros e carga geral regular e 0,95 com movimentação de carga geral intermitente; em casos de movimentações sazonais, a operatividade mínima refere-se a este período.

Porto pesqueiro: 0,99; em casos de movimentações sazonais, a operatividade mínima refere-se a este período.

Marina: 0,99; em casos de movimentações sazonais, a operatividade mínima refere-se a este período.

Porto industrial com zonas de armazenamento ou de operação de cargas ou passageiros justapostas à obra de abrigo, que podem ser afetadas por solapamento desta: 0,99.

Porto industrial com zonas de armazenamento ou de operação de cargas justapostas à obra de abrigo, que não são afetadas pelos solapamentos desta: 0,95; em casos de movimentações sazonais, a operatividade mínima refere-se a este período.

Porto militar: 0,99.

Proteção de aterros e margens: 0,99.

Para áreas litorâneas

Defesa contra grandes inundações, as quais, em caso de colapso, poderiam gerar grandes inundações no território: 0,99.

Proteção de tomadas d'água e descargas: 0,99; 0,95 quando puder se considerar que a demanda se adapte à parada operativa.

Proteção e defesa das margens: 0,85; 0,99 quando sua zona de influência for urbana ou industrial.

Recuperação e defesa dos litorais: 0,85.

Considerando o número máximo de paradas por ano admissíveis, tem-se:

Para áreas portuárias

Porto comercial com zonas de armazenamento ou de operação de cargas ou passageiros justapostas à obra de abrigo, que podem ser afetadas por solapamento desta: 2 com cargas perigosas; 5 com cargas não perigosas.

Porto comercial com zonas de armazenamento ou de operação de cargas justapostas à obra de abrigo, que não são afetadas pelos solapamentos desta: 10.

Porto pesqueiro: 5.

Marina: 5.

Porto industrial com zonas de armazenamento ou de operação de cargas ou passageiros justapostas à obra de abrigo, que podem ser afetadas por solapamento desta: 2 com cargas perigosas; 5 com cargas não perigosas.

Porto industrial com zonas de armazenamento ou de operação de cargas justapostas à obra de abrigo, que não são afetadas pelos solapamentos desta: 10.

Porto militar com zonas de armazenamento ou de operação justapostas à obra de abrigo, que podem ser afetadas por solapamento desta: 2.

Porto militar com zonas de armazenamento ou de operação justapostas à obra de abrigo, que não são afetadas por solapamento desta: 10.

Proteção com zonas de armazenamento justapostas à obra de abrigo, que podem ser afetadas por solapamento desta: 2 com cargas perigosas; 10 com cargas não perigosas.

Para áreas litorâneas

Defesa contra grandes inundações, as quais, em caso de colapso, poderiam gerar grandes inundações no território: 0.

Proteção de tomadas d'água e descargas: 5; 2 quando sua zona de influência for urbana ou industrial.

Proteção e defesa das margens: 10; 2 quando sua zona de influência for urbana ou industrial.

Recuperação e defesa dos litorais: 10.

10.8 REVITALIZAÇÃO URBANÍSTICA DE ANTIGAS ÁREAS PORTUÁRIAS

Com a expansão da atividade portuária global, as áreas portuárias mais antigas tornam-se rapidamente obsoletas, seja porque se situam em canais de profundidades reduzidas, seja porque a urbanização das cidades acaba por avançar em regiões limítrofes da área retroportuária.

Um cuidado especial deve ser evitar a degradação destes espaços. Assim, ao longo do século XX várias áreas portuárias nestas condições foram urbanisticamente revalorizadas por meio da revitalização do seu foco funcional para atividades turísticas e comerciais. São inúmeros os exemplos bem sucedidos dessas intervenções em vários países. Nas Figuras 10.46 a 10.49 ilustram-se algumas dessas intervenções urbanísticas de sucesso.

Figura 10.46
Puerto Madero no Porto de Buenos Aires (Argentina) no Rio da Prata.
(A) Vista geral dos antigos armazéns do cais do porto que foram reestruturados para utilização comercial.

Figura 10.46
Puerto Madero no Porto de Buenos
Aires (Argentina) no Rio da Prata.
(B) Guindaste do porto transformado
em ponto de informações turísticas.
(C) Embarcação histórica como museu
flutuante.

Figura 10.47
Porto de Esmirna (Turquia) no Mar Mediterrâneo.
(A) Armazém transformado em Centro Comercial.
(B) Fachada preservada do antigo armazém.
(C) Interior reestruturado do armazém.

Figura 10.48
Porto do Chifre de Ouro no Estreito de Bósforo em Istambul (Turquia), Observa-se à esquerda a grande Mesquita Azul construída após a conquista do Império Bizantino pelo Império Otomano, com a queda de Constantinopla, em 1453. O Porto de Constantinopla foi por mais de mil anos o mais importante da Civilização Ocidental como *hub port* das rotas comerciais do Oriente e Ocidente.

Figura 10.49
Ruínas do antigo Porto de Éfeso (Turquia) no Mar Mediterrâneo. À época do Império Romano chegou a ser o terceiro mais importante comercialmente do Mar Mediterrâneo. Era o escoadouro dos produtos da rota da seda vinda do Oriente.

DIMENSÕES NÁUTICAS PORTUÁRIAS

Vistas em instantes imediatamente sucessivos do modelo físico, escala 1:170, do Porto de Santos ensaiando manobra de navegação em passing ship com modelo de navio conteneiro de 336 m de comprimento radiocontrolado e modelo de navio graneleiro Capesize atracado e instrumentado para medir esforços de amarração e deslocamento.

11.1 CANAIS DE ACESSO

11.1.1 Aspectos relacionados à dimensão vertical de canais de acesso portuários

11.1.1.1 PROFUNDIDADE

O valor da profundidade requerida pela embarcação tipo no canal de acesso portuário pode ser considerado, conforme método determinístico, como uma somatória que inclui aspectos relacionados à maré local, bem como efeitos de onda, *squat* (afundamento dinâmico paralelo acrescido ao *trim*, que é o desnivelamento longitudinal), calado estático da embarcação tipo – que aqui será considerado aquele extremo, ou seja, o valor de calado em condições de pleno carregamento –, além da variação da densidade, alterações do leito e sobredragagens. A representação esquemática desses componentes está sintetizada na Figura 11.1, incluindo os fatores relacionados ao nível d'água, ao navio e ao fundo.

Em relação a esses aspectos, algumas considerações se fazem necessárias:

- Maré

    Segundo a ROM 3.1-99 (1999), o nível de maré selecionado depende da semiamplitude da maré de águas-vivas equinocial e do efeito de maré meteorológica:

– Quando a semiamplitude superar 0,50 m: baixa-mar de águas-vivas menos 0,30 m.

– Quando a semiamplitude for inferior a 0,50 m: nível médio do mar menos 0,80 m.

A influência desse fator é notória, uma vez que determina a situação crítica sob a qual se dará a obtenção da profundidade requerida pela embarcação. No fundo trata-se de uma definição técnico-econômica, podendo-se considerar valores mínimo minimorum, incluindo efeitos meteorológicos, como convém a portos que não contemplam restrições de nível de maré até portos que admitam a operação em condições de janela de maré favoráveis, como em cotas acima de meia-maré até as preamares de quadratura. Ondas longas que possam produzir ressonância, bem como regimes fluviais também devem ser considerados, quando possam ocorrer. A elevação do nível do mar nas próximas décadas deverá também ser avaliada quanto à folga sob a quilha e, principalmente, quanto ao calado aéreo.

- Variação de densidade

    Considerar variações da densidade da água, com relação à densidade padrão da água salgada, uma vez que o afundamento aumenta com água de menor densidade. De água salgada para água doce o calado aumenta 2,619%, enquanto em água salobra o aumento é de 1,310%. Em

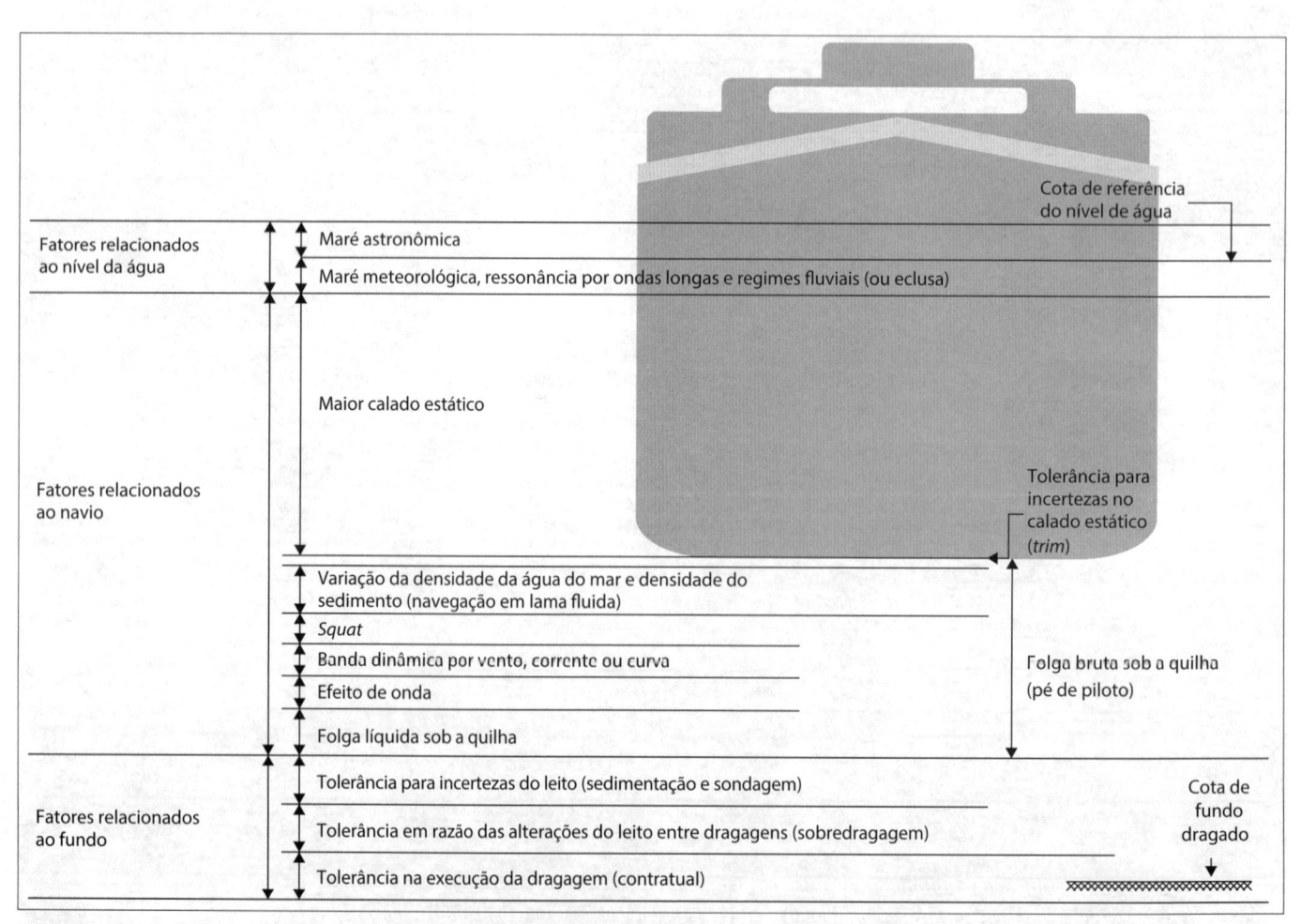

Figura 11.1

Discretização das parcelas constituintes do cálculo da profundidade requerida de navegação para canal de acesso.

situações especiais de lama fluida junto à quilha, o afundamento se reduz ligeiramente.

- Normalmente considera-se a embarcação carregada com quilha paralela à linha d'água (*even keel*), sem *trim* estático, entretanto a *trimagem* pode ser demorada e, em alguns casos, contra a segurança. Assim, não é raro um *trim* estático mais de popa, pois o de proa prejudica a manobrabilidade. A ROM 3.1-99 (1999) recomenda, para levar em conta *trim*, banda e deformações, adotar para navios mercantes um máximo de 0,0025L_{pp}, para grandes petroleiros ou graneleiros, 0,0015L_{pp}, e para os demais, 0,0020L_{pp}, sendo L_{pp} o comprimento entre perpendiculares do navio (definido na Figura 11.10). Não se incluem nesse item as bandas por carregamento irregular ou pelo deslocamento de cargas.

- Tolerâncias para incerteza do leito contemplam a precisão da técnica de sondagem batimétrica (monofeixe, *side-scan* ou multifeixe, por exemplo), bem como à sedimentação entre sondagens. A incerteza na sondagem é fundamentalmente em razão das ondas ocorrentes durante o levantamento. Estima-se que seja de 1% da profundidade, com sistema de compensação de ondas (ROM 3.1-99, 1999), supondo ondas de altura inferior a 0,50 m em águas exteriores e inferiores a 0,25 m em águas interiores. Senão se dispuser de sistema de compensação de ondas, deve-se acrescer 0,25 m em águas exteriores e 0,10 m em águas interiores. Recomendam-se esses valores para ecobatímetros de varredura lateral ou multifeixes.

- Sobredragagem corresponde a uma maior dragagem com relação ao gabarito previsto, prevendo a sedimentação entre dragagens. Depende das condições locais de aporte sedimentar, sendo usual de 0,6 a 0,9 m (U. S. Army, 2006).

- Tolerância contratual de dragagem, conforme a precisão esperada no corte, em consequência da dragagem não ter precisão de um corte uniforme.

- *Squat*
Quando um navio aumenta sua velocidade com relação à água, mergulha apreciavelmente com relação à situação parada, navegando em uma depressão, que produz uma translação vertical (arfagem, ou *heave*), ocorrendo um desnivelamento longitudinal do navio (*trim*), oriundo de uma rotação em torno do eixo horizontal transversal (caturro, ou *pitch*). O *squat* é a soma dos dois movimentos. Estes efeitos aumentam em águas rasas e como ordem de grandeza usual variam de 0,3 a 0,9 m nestas condições. O fluxo d'água pela quilha é acelerado e potencializado pelo *squat* em águas rasas, aumentando a resistência viscosa friccional. Segundo Barrass (apud PIANC, 2014), para $C_B < 0,7$, típico valor para conteineiros, navios de cruzeiro e *ferries*, o *squat* máximo ocorre na popa, enquanto para petroleiros e graneleiros ele é mais comum na proa.

A principal componente do efeito *squat* é a velocidade do navio com relação à água. Assim, se o navio navegar em um canal de acesso com uma velocidade menor, terá menor afundamento, aumentando a folga abaixo da quilha. No entanto, em áreas confinadas e de baixa folga sob a quilha, a menor velocidade reduz a efetividade do leme da embarcação em conduzir as manobras, vindo a exigir o auxílio de rebocadores.

Existem inúmeras formulações teóricas e empíricas sobre a determinação do afundamento dinâmico *squat* (afundamento paralelo + *trim*), apresenta-se inicialmente a do International Commission for the Reception of Large Ships – ICORELS (1980, apud PIANC, 2014) (todas as grandezas representadas em unidades do Sistema Internacional):

$$Squat_{máximo} \ (m) = C \times \frac{\nabla}{Lpp^2} \times \frac{Fr^2}{\sqrt{(1 - Fr^2)}}$$

sendo: $\nabla = C_B \times L_{pp} \times B \times T$: volume de deslocamento

L_{pp}: comprimento da embarcação entre perpendiculares

B: boca

C: Para $C_B \geq 0,80 = 2,4$
Para $0,70 \leq C_B \leq 0,80 = 2,0$
Para $C_B \leq 0,70 = 1,7$

T: calado estático

C_B: coeficiente de bloco

$$Fr = \frac{V}{\sqrt{g \times h}}$$

onde: Fr: número de Froude da profundidade

V: velocidade da embarcação (relativa à água)

h: profundidade do canal

g: aceleração da gravidade local

Velocidades típicas em canais de acesso retilíneos variam de 5 a 12 nós, sendo as mínimas usuais de 4 a 6 nós, para manter adequada condução do navio (governo e manobrabilidade) em não perder o controle do leme e a eficiência do propulsor ao acesso à bacia de evolução.

Esse adimensional é o número de Froude calculado com a profundidade, que é uma medida da resistência da embarcação ao mover-se em água rasa. Assim, por exemplo, petroleiros não têm suficiente potência para superar 0,6, enquanto conteineiros limitam-se a 0,7. Como velocidades absolutas do navio, são recomendadas por ROM 3.1-99 (1999):

Áreas externas
- Vias de aproximação extensas (> 50 L_{pp}): 8 a 15 nós
- Vias de aproximação limitadas (< 50 L_{pp}): 8 a 12 nós
- Acesso a fundeadouros: 2 a 3 nós
- Canal de acesso: 6 a 10 nós
- Para acesso a áreas de manobra: 4 a 6 nós
- Para acesso a áreas de atracação: 2 a 3 nós (píeres)
- Cruzamento de bocas de portos: 4 a 8 nós

Áreas internas
- Acesso a fundeadouros: 2 a 3 nós
- Canal de acesso: 6 a 10 nós
- Acesso a áreas de manobras: 4 a 6 nós
- Acessos a dársenas, cais e atracadouros: 2 a 3 nós

Para obter a velocidade relativa à água, deve-se levar em consideração as correntes de maré e fluviais.

Relações h/T > 1,5 (água relativamente profunda) normalmente tornam o *squat* negligenciável. Também, para velocidades absolutas inferiores a 2 nós, em aproximação, atracação ou manobras, que costumam ser feitas com auxílio de rebocadores, o *squat* é desprezível (ROM 3.1-99, 1999).

Para canais e canais restritos, é importante levar em conta o fator de bloqueio (S), que corresponde à fração da área da seção transversal da hidrovia ocupada pela seção molhada da embarcação a meia-nau. Valores típicos variam de 0,1 a 0,3, respectivamente para canais menos restritos e para canais restritos, ou canais (ver Figura 11.3(B)).

O movimento de um navio com velocidade V em um canal restrito ou em um canal produz um escoamento de retorno. Como resultado, o nível d'água cai, o que causa uma redução adicional na área transversal da hidrovia e, portanto, uma amplificação do escoamento de retorno e do afundamento do nível d'água. Devido a esse efeito, o *squat* aumenta mais do que a função quadrática de V. Assim, a estimativa do *squat* somente é possível para velocidades inferiores a uma velocidade crítica correspondente a:

$$Fr_c = \{2sen[arcsen(1 - S)/3]\}^{1,5}$$

Em que:

$$Fr_c = (V_{cr})/(gh_M)^{0,5}$$

Sendo h_M o quociente entre a área hidráulica e a largura do canal na linha d'água.

Assim, a fórmula da ICORELS é válida para canais irrestritos e parcialmente válida para canais restritos nas seguintes condições:

$Fr \leq 0,7$
$0,6 < C_B < 0,8$
$2,19 < B/T < 3,5$
$1,1 < h/T < 2,0$
$0,22 < h_T/h < 0,81$
$5,5 < L_{pp}/B < 8,5$
$16,1 < L_{pp}/T < 20,2$

Outra fórmula de *squat* máximo é a de Barrass (2004, apud PIANC, 2014):

$$Squat_{máximo} = C_B V_k^2 (100/K)^{-1}$$

Sendo:

V_k: velocidade do navio em relação à água em nós
$K = 5,74 S^{0,76}$

A fórmula de Barrass é válida para os três tipos de canais da Figura 11.3(B) nas seguintes condições:

$0,5 < C_B < 0,85$
$0,1 < S < 0,25$
$1,1 < h/T < 1,4$

Eryuzlu (1994, apud PIANC, 2014) propõe a seguinte fórmula para o *squat* máximo:

$$Squat_{máximo} = 0,298T(h/T)^{0,1725}Fr^{2,289}K_b$$

Sendo:

$$K_b = (3,1) (W/B)^{-0,5} \text{ para } W/B < 9,61$$

Para $W/B \geq 9,6$ e para canais irrestritos, $K_b = 1$
Sendo W a largura do canal no fundo.
A fórmula de Eryuzlu é válida para canais irrestritos e para canais restritos, nas seguintes condições:

$C_B \leq 0,8$
$2,4 < B/T < 2,9$
$1,1 < h/T < 2,5$
$6,7 < L_{pp}/B < 6,8$

Uma última fórmula que pode ser elencada para a determinação do *squat* máximo é a de Yoshimura (1986, apud PIANC, 2014):

$$Squat_{máximo} = \{[0,7 + 1,5(h/T)^{-1}][C_B/(Lpp/B)]$$
$$+ 15(h/T)^{-1}[C_B/(Lpp/B)]^3\}V_e/g$$

Sendo:

$V_e = V$ para canais irrestritos
$V_e = V(1 - S)^{-1}$ para canais restritos e canais

A fórmula de Yoshimura é válida para os três tipos de canais, nas seguintes condições:

$0,55 < C_B < 0,8$
$2,5 < B/T < 5,5$
$h/T \geq 1,2$
$3,7 < L_{pp}/B < 6,0$

• Banda dinâmica (*heel*)

A importância de um calado adicional por ação de vento, corrente ou mudança de rumo, produzindo uma banda dinâmica (*heel*), é insignificante para a maior parte dos movimentos que se produzem dentro dos portos devido à reduzida velocidade de deslocamento das embarcações e à atuação de rebocadores, que em geral reduzem a banda. Por outro lado, este fator é importante para navegação em canal externo, pois pode chegar a alcançar de 10 a 15 graus.

• Ondas

É sabido que os efeitos que uma onda causa em uma dada embarcação no que tange ao seu movimento vertical dependem de muitos fatores, como o comprimento e a velocidade da embarcação, e os parâmetros característicos da onda (altura, período e direção). Conforme mostrado na Figura 11.2, o maior efeito das ondas sobre a embarcação ocorre quando o seu comprimento é quase igual ao comprimento da onda, são os denominados marulhos (*swell*), com período de pico da onda maior que 10 s, aproximadamente. Para períodos de onda inferiores a 6 s os grandes navios de carga respondem fracamente, pois seus períodos naturais

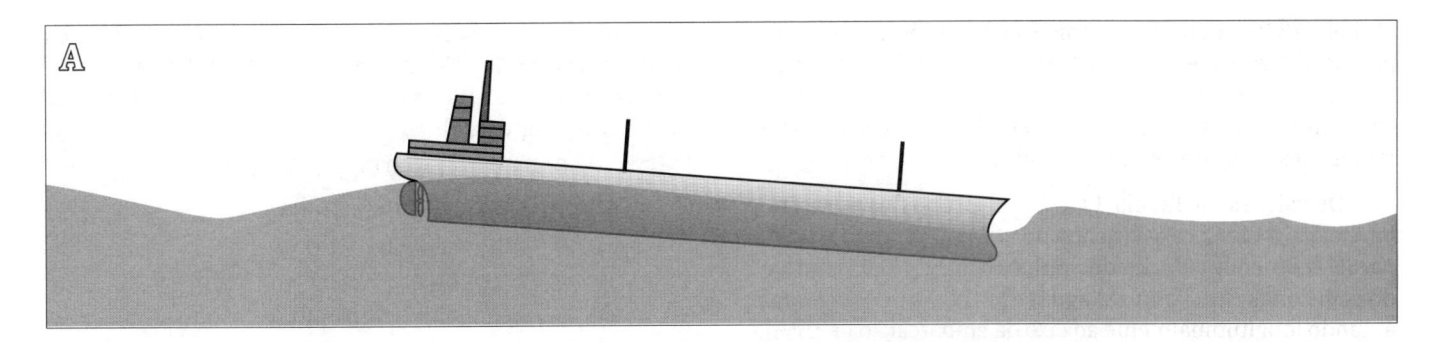

são muito maiores, mas são períodos que influenciam os rebocadores, por serem embarcações menores.

Segundo PIANC (1997), o efeito onda situa-se entre 0,2.T e 0,4.T, sendo o limite inferior para alturas de onda menores do que 1,0 m. U. S. Army (2006) recomenda utilizar 1,2.H_i, sendo H_i a altura da onda incidente. Terminais de maior profundidade operam com valores entre 1,2 e 2,4 m, independentemente do calado do navio e da altura da onda.

Os incrementos de calado em virtude da ação do clima de ondas podem ser estimados pelos critérios simplificados propostos na ROM 3.1-99 (1999). Na Tabela 11.1 apresentam-se as estimativas de referência para embarcações acima de 60 m de comprimento entre perpendiculares (L_{pp}). A altura da onda é H_s do estado do mar. O acréscimo de calado sugerido também é o significativo. Para estudos determinísticos e supondo-se que o espectro de movimentos do navio seja proporcional ao espectro do clima de ondas, o acréscimo máximo deve ser majorado por:

- 2,00 – $E_{máx}$: para navio deslocando-se
- 2,35 – $E_{máx}$: para navio fundeado, ou atracado

Sendo $E_{máx}$ o risco máximo admissível segundo as características da área e a manobra que se analisa. Este valor depende do nível de danos, podendo ser classificado em

Figura 11.2
(A) Efeito das ondas nas embarcações.
(B) Navio carregado no Canal de Acesso em demanda à área portuária do Maranhão.
(C) Navio em lastro no Canal de Acesso em demanda à área portuária do Maranhão.

risco de início de avarias (incipiente), quando a embarcação não é significativamente afetada em sua navegabilidade ou quando o tráfego marítimo não é interrompido por períodos superiores de 2 a 10 dias (de acordo com a importância náutica da área), e risco de destruição total; possibilidade de perdas humanas (custos intangíveis) reduzida a nenhuma (limitado) ou esperada (elevado); e repercussão econômica em função do índice quociente entre a soma de custos diretos (reparo dos danos) e indiretos (lucros cessantes e multas) divididos pelo investimento, que pode ser baixo, médio e alto. Assim $E_{máx}$ pode variar de 0,05, para risco de destruição total, com possíveis perdas de vidas humanas e alta repercussão econômica, até 0,50, para incipiente risco de avarias e sem risco à vida humana

Tabela 11.1								
Critério simplificado para a determinação dos movimentos verticais do navio em razão da ação das ondas								
Comprimento do navio (L_{pp} em m)	Altura de onda (m)							
	0,50	1,00	1,50	2,00	2,50	3,00	3,50	4,00
	Movimento vertical do navio (m)							
75	0,10	0,17	0,34	0,58	0,76	1,02	1,30	1,58
100	0,05	0,14	0,28	0,46	0,65	0,87	1,12	1,36
150	0,00	0,09	0,20	0,34	0,51	0,69	0,87	1,08
200	0,00	0,05	0,15	0,26	0,40	0,57	0,72	0,92
250	0,00	0,03	0,10	0,21	0,33	0,48	0,63	0,80
300	0,00	0,00	0,07	0,16	0,25	0,39	0,56	0,68
400	0,00	0,00	0,04	0,11	0,18	0,31	0,51	0,58

(Tabela 13.3). A condição mais frequente de projeto nos portos abrigados é do valor 0,50, exceção feita, evidentemente, aos terminais que movimentam cargas perigosas, como inflamáveis e explosivas, além das situações de terminais desabrigados à ação de ondas.

Os valores da Tabela 11.1 foram propostos para embarcações à plena carga (acima de 90% da carga máxima), parados ou com velocidades reduzidas (F_r < 0,05), situados em zonas com lâmina d'água (h) > 1,5 × T e com ondas atuando longitudinalmente ao eixo da embarcação (+ 15%).

Para navios com carga parcial, os coeficientes da Tabela 11.1 devem ser multiplicados pelos seguintes fatores:

- Deslocamento = 70% do máximo: 1,10
- Deslocamento < 50% do máximo: 1,20

Para valores intermediários utiliza-se interpolação linear.

A correção quanto às velocidades determina-se multiplicando os valores da Tabela 11.1 por:

- F_r = 0,15: 1,25
- F_r > 0,25: 1,35

Para valores intermediários utiliza-se interpolação linear.

A correção quanto à lâmina d'água determina-se multiplicando os valores da Tabela 11.1 por:

- h/T < 1,05: 1,10

Para valores intermediários utiliza-se interpolação linear.

A influência da direção de atuação do clima de ondas, em relação ao eixo longitudinal do navio, determina-se multiplicando os valores da Tabela 11.1 pelos seguintes fatores:

- = 35°: 1,40
- = 90°: 1,70 (*beam waves*)

Para valores intermediários utiliza-se interpolação linear.

Para valores intermediários de comprimento do navio utiliza-se interpolação linear entre intervalos. Havendo vários fatores corretivos, deve-se utilizar o produto dos fatores individuais, determinados pelos critérios precedentes, para multiplicar os valores da Tabela 11.1.

A folga líquida sob a quilha (*Under Keel Clearance* – UKC) leva em conta uma componente relacionada com a segurança e manobrabilidade do navio, mínima lâmina d'água para manter o controle da navegação; bem como a margem de segurança para minimizar o contato da quilha com o fundo, levando em conta a sua natureza. É necessária para proteger os propulsores de madeiras ou outros detritos sobre o fundo, de deslocamentos de material de fundo e de falhas nas bombas e condensadores dos motores por embarque de água com sedimentos. Esta folga depende da velocidade do navio, porte do navio e consistência dos fundos (ROM 3.1-99). Para navios acima de 30 mil tpb tem-se:

- Velocidade > 8 nós: 0,90 m (fundo lodoso ou arenoso) a 1,20 m (fundo rochoso ou rígido como areia consolidada ou argila rija);
- Velocidade < 8 nós: 0,60 m a 0,90 m;
- Navio atracado: 0,30 m a 0,60 m.

Para navios abaixo de 10.000 tpb correspondem os seguintes pares de valores (entre parênteses foram colocados os valores recomendáveis para embarcações menores, de lazer e pesqueiras):

- 0,60 (0,40 m) m a 0,90 (0,60) m
- 0,50 (0,30) m a 0,80 (0,50) m
- 0,30 (0,20) m a 0,60 (0,40) m

Para navios entre 10.000 tpb e 30.000 tpb, deve-se interpolar linearmente, em função do tpb, entre os correspondentes valores acima elencados.

Analogamente, para navios menores, esportivos e pesqueiros, a recomendação é de:

- 0,40 m a 0,60 m
- 0,30 m a 0,50 m
- 0,20 m a 0,40 m

Segundo ICORELS (1980, apud PIANC, 2014), adota-se o valor de 0,5 a 1,0 m, de acordo com o tipo de embarcação, carga transportada, consequências ambientais, densidade de tráfego. Nesta recomendação, o valor de 0,5 m é um mínimo, que deve ser estendido até 1,0 m para grandes consequências de toque com o fundo, como no caso do fundo rochoso.

Se o fundo for de lama fluida, é possível considerar o conceito de navio assentado no fundo na baixa-mar, que é conhecido como NAABSA (*Not Always Afloat but Safe Aground*).

- Margem de manobra é definida como a média no tempo da folga sob a quilha, que deve estar acima de um mínimo para que haja manobrabilidade adequada. Esta é uma verificação independente dos cálculos anteriores, uma vez que não inclui as ondas. PIANC (2014) recomenda no mínimo 5% do calado, ou 0,6 m, o que for maior. Essa verificação deve ser feita em áreas de navegação internas e nas áreas externas para condições de reduzido marulho. Quando houver assistência de rebocadores nas áreas internas, o valor sugerido é de 0,5 m, independentemente do calado.

- Tolerâncias na execução da dragagem: segundo a ROM 3.1-99 (1999), recomenda-se adotar tolerâncias de 0,30 m para solos macios e 0,50 m para terrenos de natureza rochosa.

11.1.1.2 REGRAS EMPÍRICAS PARA A PROFUNDIDADE

Para canais e bacias abrigados das ondas, é comum estabelecer, somente para os fatores relacionados ao navio, como uma primeira estimativa aproximada um mínimo de 1,10 para a relação profundidade-calado, para V ≤ 10 nós, o que é adotado em muitas áreas portuárias com um acréscimo para 1,15 quando da incidência de marulhos e V > 15 nós. Em canais sujeitos à ação de ondas, valores mínimos de 1,3 são adotados para H_s < 1,00 m e 1,5 para ondas maiores com períodos e rumos desfavoráveis (ASCE, 2005). Quanto mais essa relação se aproxima da unidade, mais direcionalmente estável é o navio e, consequentemente, mais lenta é a sua resposta. É comum levar isso em conta para alargar um canal, o que evidencia a relação mútua entre largura e profundidade.

Em PIANC (2014), sugere-se que, para canais externos e qualquer velocidade do navio, adote-se a lâmina d'água relacionada aos fatores do navio como função do marulho e do tipo de fundo:

- Para marulhos baixos (H_s < 1 m): 1,15 T a 1,2 T
- Para marulhos moderados (1 m < H_s < 2 m): 1,2 T a 1,3 T
- Para marulho pesado (H_s > 2 m): 1,3 T a 1,4 T.

Os menores valores são para menores períodos de marulho. A esses valores devem-se somar as tolerâncias com o fundo, sendo:

- Para lama: nenhuma
- Para areia/argila: 0,5 m
- Para rocha: 1,0 m

Em canais internos, essa influência do tipo de fundo tem os seguintes valores:

- Para lama: nenhuma
- Para areia/argila: 0,4 m
- Para rocha: 0,6 m

A ROM 3.1-99 (1999) cita outros critérios empíricos, de uso habitual, para a estimativa da lâmina d'água dos fatores relacionados ao navio:

Para anteportos, fundeadouros, vias de navegação externas e bocas de portos

- Abrigados pela forma da costa: 1,10 T
- Pouco abrigados: 1,20 T
- Desabrigados com agitação H_s < 1,00 m: 1,30 T
- Totalmente desabrigados com ondas H_s ≥ 2,00 m: 1,50 T

Para vias navegáveis internas

- Abrigadas: 1,10 T
- Pouco abrigadas: 1,15 T

Para áreas de manobras

- Abrigadas: 1,08 T
- Pouco abrigadas: 1,12 T

Cais e píeres abrigados

- Para navios grandes (deslocamento total > 10.000 t): 1,08 T
- Para navios pequenos e médios (deslocamento total < 10.000 t): 1,05 T

Cais e píeres pouco abrigados

- Para navios grandes (deslocamento total > 10.000 t): 1,12 T

- Para navios pequenos e médios (deslocamento total < 10.000 t): 1,10 T

Em qualquer dos casos tratados, a folga bruta sob a quilha deve ser maior ou igual a 0,50 m, que pode ser reduzida para 0,30 m no caso de embarcações pesqueiras.

11.1.1.3 REQUISITOS MÍNIMOS DE SERVIÇO

Como requisitos mínimos de serviço recomendados na determinação dos níveis d'água de referência, a ROM 3.1-99 (1999) sugere o número máximo de horas de paralisação e o número máximo de vezes pelo tempo. Nessa orientação, não estão incluídas as paradas por condições climáticas.

Para áreas de navios em trânsito (canais, bocas portuárias e áreas de manobra)

- Portos de interesse geral:

  Áreas abertas a todo tipo de embarcações: 100 h/ano em 10 vezes/ano; 10 h/mês em 1 vez/mês; 6 h consecutivas desde que não haja duas paradas sucessivas ininterruptas.

  Áreas abertas a embarcações pesqueiras e de recreio: 10 h/ano em 1 vez/ano; 2 h/mês em 1 vez/mês; 1 h consecutiva desde que não haja duas paradas sucessivas ininterruptas.

Terminais especializados

- Passageiros, contêineres, *ferries* e terminais que operem com linhas regulares: 100 h/ano em 20 vezes/ano; 10 h/mês em 2 vezes/mês; 6 h consecutivas desde que não haja duas paradas sucessivas ininterruptas.

- Granéis e outros terminais que não operem com linhas regulares: 200 h/ano em 20 vezes/ano; 10 h/mês em 2 vezes/mês; 6 h consecutivas desde que não haja duas paradas sucessivas ininterruptas.

Para áreas de permanência dos navios (atracação e fundeio)

- Portos de qualquer tipo: 20 h/ano em 2 vezes/ano; 10 h/mês em 1 vez/mês; 6 h consecutivas desde que não haja duas paradas sucessivas ininterruptas.

- Terminais especializados:

  Passageiros, contêineres, *ferries* e terminais que operem com linhas regulares: 100 h/ano em 5 vezes/ano; 10 h/mês em 1 vez/mês; 6 h consecutivas desde que não haja duas paradas sucessivas ininterruptas.

  Granéis de qualquer tipo e outros terminais que não operem com linhas regulares: 200 h/ano em 20 vezes/ano; 20 h/mês em 2 vezes/mês; 6 h consecutivas desde que não haja duas paradas sucessivas ininterruptas.

11.1.1.4 CALADO AÉREO

A folga no calado aéreo (*Air draught clearance* – ADC) é a distância vertical entre o topo da embarcação e a estrutura sobrestante, como a superfície inferior do tabuleiro de pontes, linhas de alta tensão, cabos etc.

Na Figura 11.10(A) estão definidas a altura da embarcação (H_{kt}) e o calado aéreo (H_{st}). Deve-se considerar o nível d'água navegável mais alto historicamente. PIANC (2014) recomenda adotar:

– Para canais externos: ADC = 0,05 H_{st} + 0,4 T
– Para canais internos: ADC = 0,05 H_{st}, mas no mínimo 2 m

11.1.2 Aspectos relacionados à largura de canais de acesso portuários

11.1.2.1 FUNDAMENTOS

Na Figura 11.3(A) está apresentado o esquema básico dos elementos de um canal de acesso portuário dimensionado para uma embarcação tipo, consistindo do canal propriamente dito e da faixa balizada sinalizada (*fairway*). Esta última permite a passagem de embarcações menores de cada lado do canal útil. Para minimizar a dragagem de implantação e a de manutenção, o alinhamento do canal deve seguir o talvegue natural.

As boias de delimitação do canal são apoitadas no fundo por meio de amarras, manilhas e destorcedores, oscilando em torno da poita em função de ondas, correntes e vento, o que define um círculo de incerteza de sua posição média que está desenhada na Figura 11.3(A). Assim, considera-se largura efetiva balizada aquela que se estende entre as excursões internas ao canal das boias de boreste e bombordo.

Os canais de acesso portuários podem ser subdivididos em externos, expostos à ação da agitação, que produz significativos movimentos verticais no navio, e internos, abrigados das ondas. Quanto à profundidade, os canais podem ser classificados conforme mostrado na Figura 11.3(B).

A parcela da largura de um canal de acesso referente ao governo[*] inerente da embarcação está apresentada na Figura 11.4, e é a largura correspondente à faixa de manobra básica. Essa faixa de manobra básica corresponde à manutenção, em média, do curso, sendo conseguida com ângulos de leme inferiores a 5°. Depende da habilidade do piloto e do número e características do(s) propulsor(es) e leme(s), bem como do tipo estrutural em função da carga, que de um modo geral são projetados para as condições de águas profundas. Nas águas mais rasas e confinadas dos portos, governo e manobrabilidade[**] são mais pobres. Os *tunnel thrusters*, ou hélices transversais (podem ser de proa ou popa), quando disponíveis, aumentam a manobrabilidade, especialmente em baixas velocidades (< 3 nós). Existem navios que utilizam também o *thruster* azimutal sob a quilha para posicionamento dinâmico (DP), sendo normalmente utilizados nas atividades de Engenharia Oceânica para permitir a manutenção da posição da embarcação. Em geral, uma boa capacidade de manobra conduz à redução dos custos operacionais do navio, representando menor resistência adicional em manobras e uma redução do consumo de combustível, reduzindo o tempo de manobra, conduzindo a uma menor assistência de rebocadores, com consequente redução do tempo de escala em portos. Uma classificação quanto à manobrabilidade da embarcação é sugerida em ROM 3.1-99 (1999):

– Manobrabilidade boa: navios com dois propulsores, *ferries*, Ro/Ros, navios de cruzeiro, navios de guerra (exceto submarinos) e embarcações pequenas (pesqueiras e esportivas).

Figura 11.3
(A) Elementos da seção transversal de canal de acesso.
(B) Classificação segundo a profundidade.

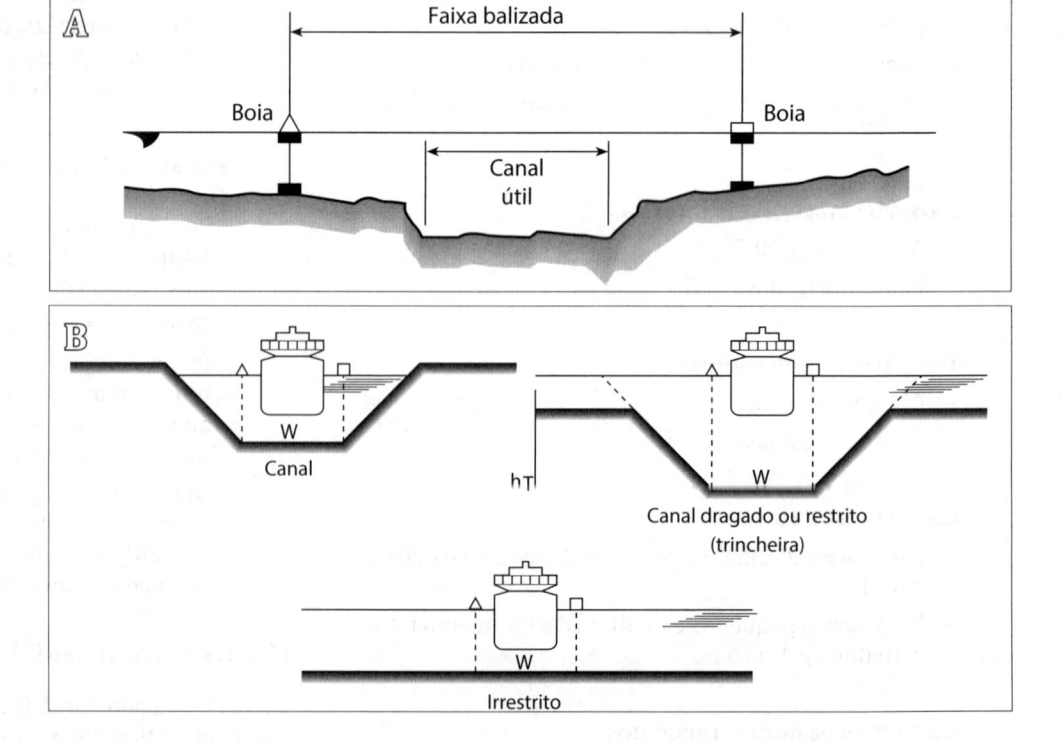

— Manobrabilidade média: petroleiros, graneleiros, gaseiros, conteneiros, mercantes de carga geral, polivalentes e navios de cruzeiro, com carga maior do que 50% de tpb. Pode-se considerar que os navios citados apresentam capacidade de boa manobrabilidade quando carregados menos do que 50% do tpb.

— Manobrabilidade má: navios avariados e navios antigos mal mantidos.

Para efeitos de dimensionamento de vias navegáveis com tráfego geral, recomenda-se utilizar a condição de manobrabilidade média (ROM 3.1-99, 1999).

Em PIANC (2014), a classificação anterior de manobrabilidade sugerida para formas de cascos esbeltas (baixo C_B), como conteneiros e gaseiros,[*] é de manobrabilidade pobre (são mais estáveis em seu curso). As formas de casco com grande corpo paralelo (alto coeficiente de bloco), como VLCCs, VLOCs, ULCCs e ULOCs, são menos estáveis em seu curso.

Vários fatores ambientais agregam-se na definição da largura de um canal de acesso, e na Figura 11.5 pode-se observar, como exemplo, o efeito de forte vento cruzado na manobra. Segundo Padovezi (2003), a experiência tem mostrado que uma condição crítica de manobras para os grandes comboios fluviais é aquela em que os comboios trafegam com chatas vazias e sujeitos a ventos de través. Em virtude de suas grandes áreas vélicas, os comboios vazios têm dificuldade de manter o rumo sob a ação de forças externas. É praticamente indispensável a utilização de sistemas auxiliares de manobras, como *thrusters*, para controle dos comboios com chatas vazias.

Admitem-se canais de acesso em mão simples quando estes forem curtos, sem tráfego concorrente em mão dupla, ou quando existam trechos de alargamento que permitam o tráfego em mão dupla.

Em canais de mão dupla, deve-se considerar uma largura adicional entre as faixas de manobra, que leva em conta a redução da interação hidrodinâmica navio-navio (ver Figura 11.6). De fato, quando os navios se cruzam, ou ultrapassam muito próximos, as respectivas esteiras de ondas interagem, criando tendência à sucção mutua e risco de colisão (Figura 11.6).

Outra margem de segurança adicional a considerar na largura de um canal de acesso são as folgas com as margens (ver Figura 11.7), ou bancos submersos, uma vez que o efeito das forças de sucção dos bancos normalmente produzem rotação do navio. Assim, ocorre deriva pela sucção transversal rumo ao banco e um movimento com o eixo vertical pelo centro de gravidade, que guina o navio para descolar da margem. A navegação em canais dragados deve ser feita com cuidado, pois além das limitações próprias deste tipo de navegação, podem aparecer efeitos inesperados encontrados em canais estreitos. De fato, ao tentar navegar com velocidade em canais, o navio tende a mergulhar de forma alarmante em relação às margens do canal e, se o navio se afasta do centro desse canal, o governo, ou manobra do leme pode ser afetado, pois à medida

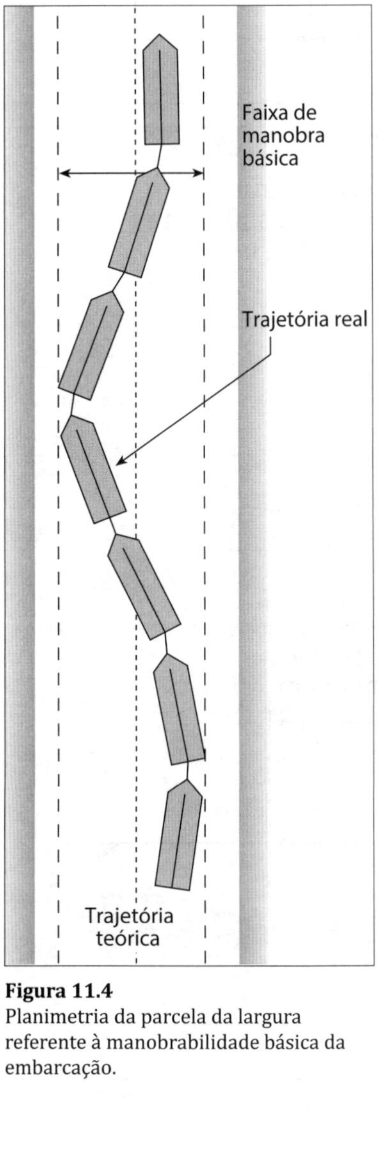

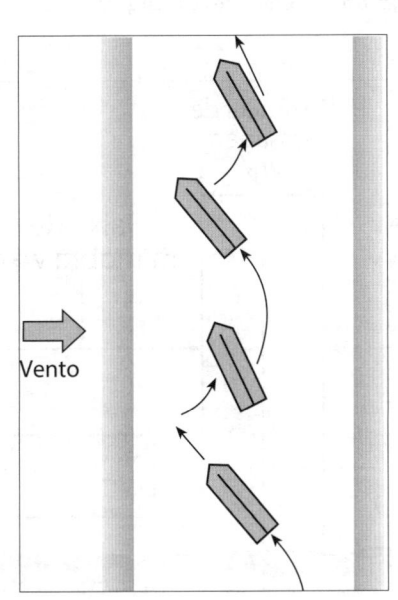

Figura 11.4
Planimetria da parcela da largura referente à manobrabilidade básica da embarcação.

Figura 11.5
Planimetria da manobra com forte vento cruzado, exagerada para maior clareza.

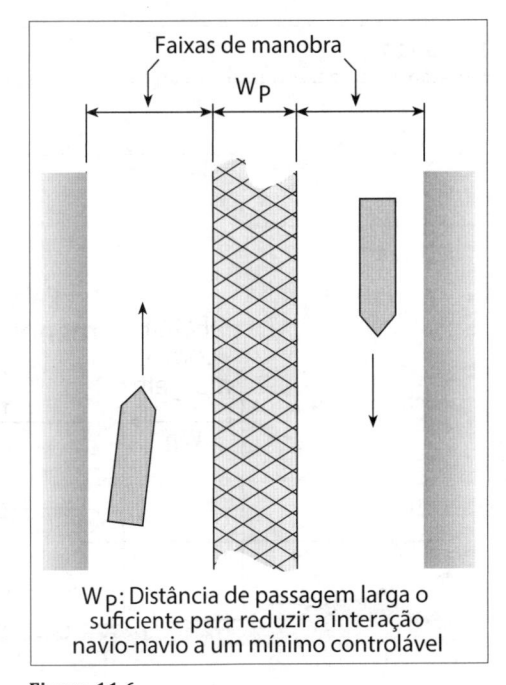

Figura 11.6
Planimetria da distância de passagem em canais de mão dupla e efeito da interação das esteiras.

---

[*] Os navios gaseiros classificam-se em LNG (*Liquid Natural Gas*) ou GLN (Gás Liquefeito Natural) ou metaneiro e LPG (*Liquid Petroleum Gas*) ou GLP (Gás Liquefeito de Petróleo) ou butaneiro.

que o navio se aproxima da margem, há uma tendência de ser atraído para o banco e, ao mesmo tempo, há uma tendência de afastar a proa da margem do banco mais próximo. Esse efeito é mais sensível quanto maior o porte da embarcação. Quando o navio navega mais próximo de uma margem do que de outra, a passagem entre o costado e a margem mais próxima fica mais estreita, havendo um aumento do fluxo d'água e rebaixando o nível. Assim, o navio tende a aproximar-se da margem mais próxima do banco, o que determina o efeito de sucção do banco. Entretanto, quando o navio se aproxima do banco, a sua onda de proa aumenta e tende a afastar a proa do banco. Portanto, na proximidade de um banco, em águas rasas, o navio está sujeito a dois efeitos: a sucção do banco, que tende a dirigi-lo para a parte mais rasa e o efeito do banco, que tende a afastar a proa e aproximar a popa do banco.

Na Figura 11.8 estão apresentados, segundo PIANC (2014), os elementos da largura de um canal de acesso de mão dupla retilíneo. Podem ser discretizados 13 fatores que compõem a largura requerida (ver Figura 11.9).

As dimensões características da embarcação tipo estão apresentadas na Figura 11.10(A), e na Tabela 11.2 são fornecidas dimensões típicas de embarcações marítimas, correspondendo cada coluna aos máximos valores, que podem não ocorrer simultaneamente para o mesmo navio. O porte bruto inclui a capacidade de carga, combustível, óleo, água doce, mantimentos, tripulação e bagagem e é medida em toneladas de porte bruto (tpb), em inglês (dwt). Como referência de uma das mais antigas sociedades classificadoras do mundo, pode-se citar a RINA (*Registro Italiano Navale*), em cujo acervo podem ser consultadas as características de embarcações desde 1861. Nas Figuras 11.10(B) a (F), visualiza-se o ambiente e percepção de manobra a partir da ponte de comando de navios.

A tabela de ulagem (m^3/cm) de uma embarcação determina o volume transportado em tanque ou cisterna em função da altura da carga.

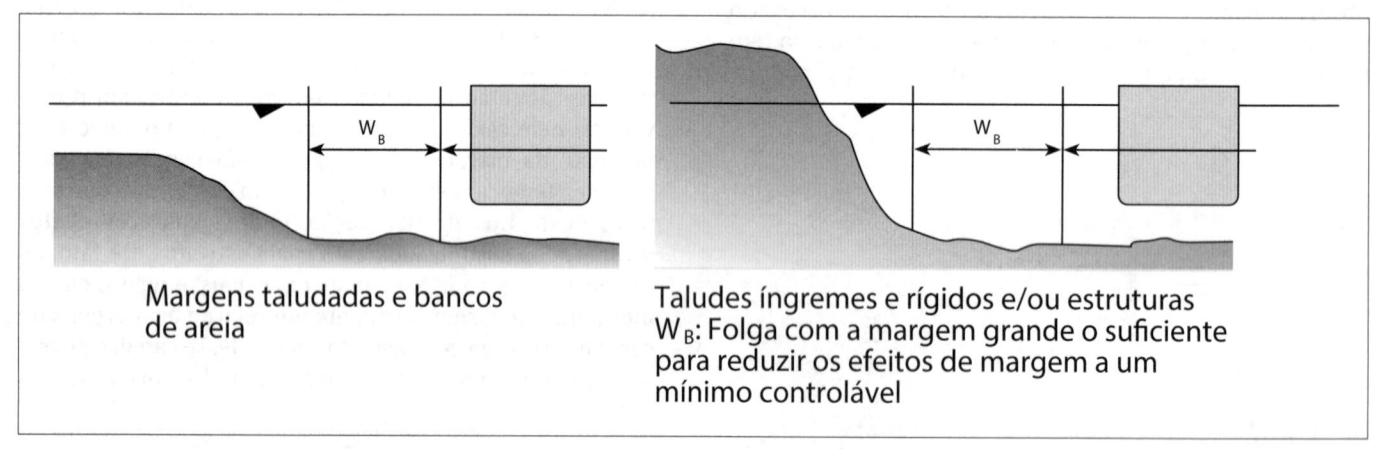

Figura 11.7
Elevação da seção transversal da margem de segurança em razão da proximidade das margens.

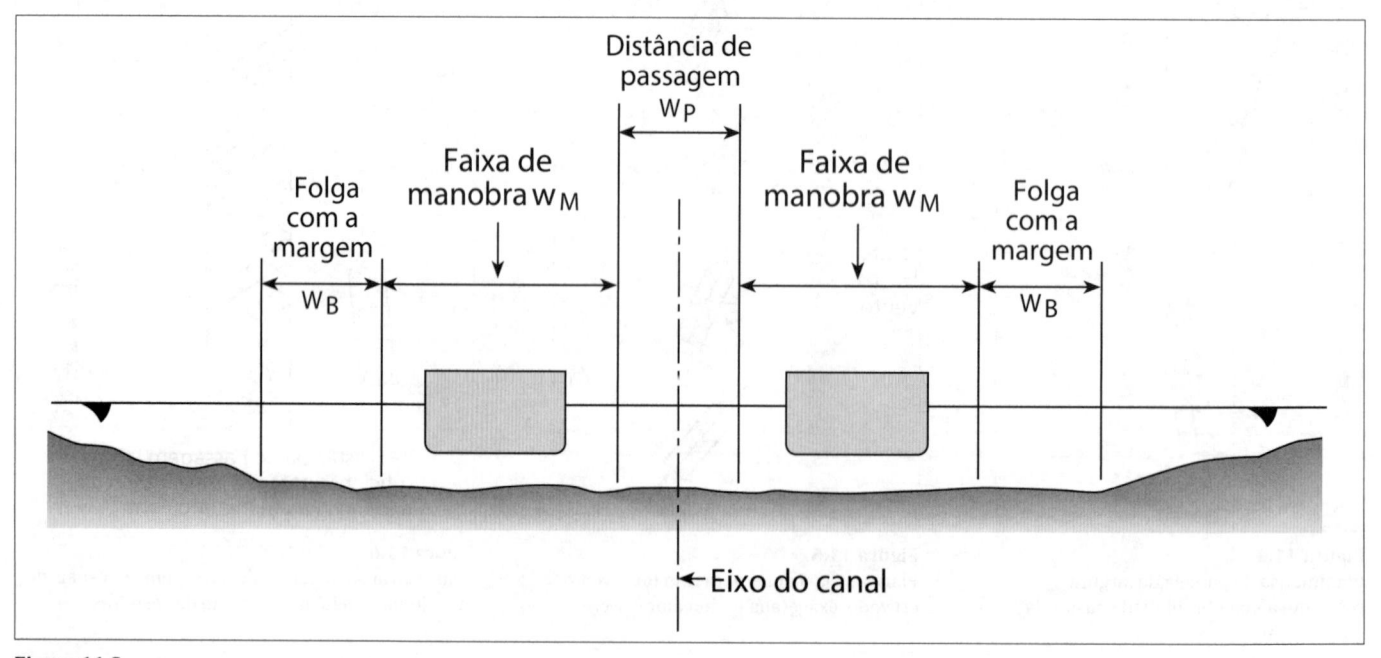

Figura 11.8
Elevação da seção transversal dos elementos da largura de um canal de acesso de mão dupla.

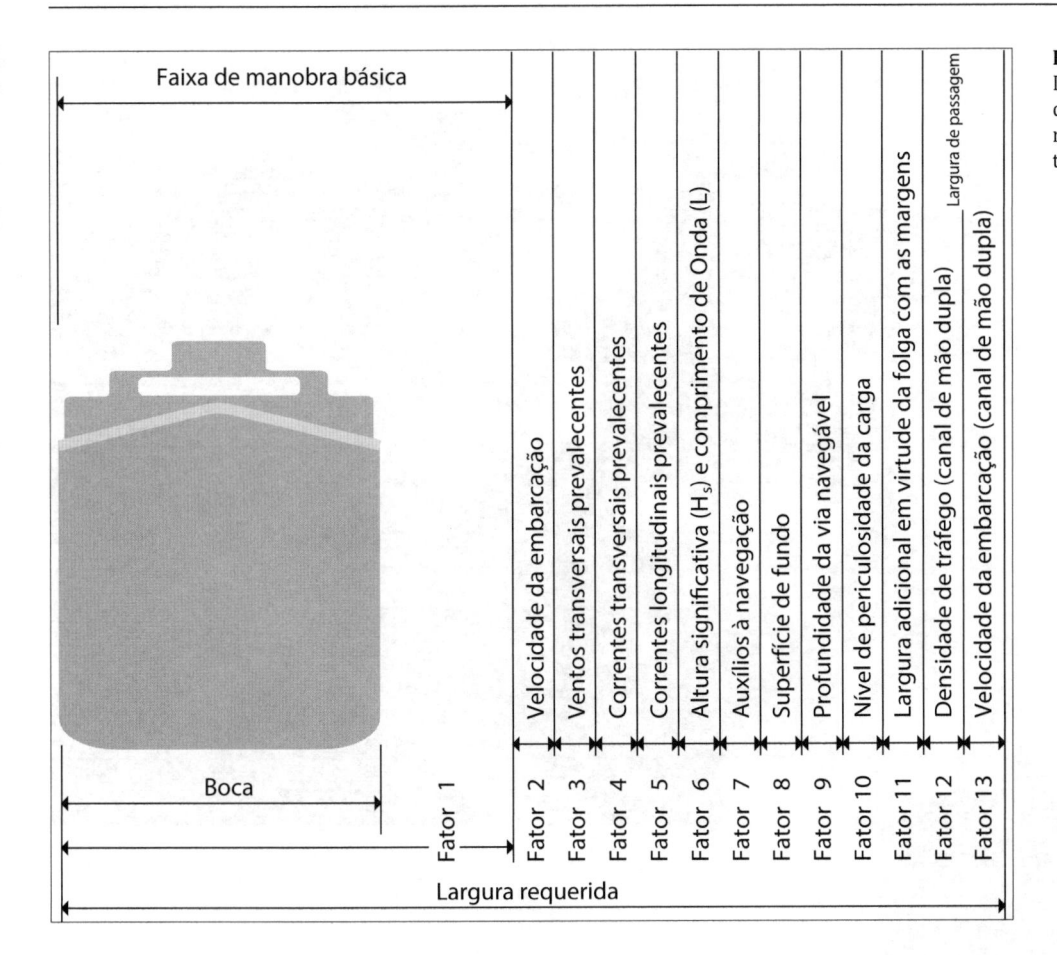

Figura 11.9
Discretização das parcelas constituintes do cálculo da largura requerida de navegação para canal de acesso em trecho retilíneo.

Tanto nos canais de acesso quanto nas bacias portuárias, é recomendável a assistência de rebocadores portuários de acordo com o porte bruto da embarcação e seus recursos de manobra (*thrusters*).

Os rebocadores são embarcações fundamentais para a operação portuária, pois proporcionam capacidade de manobra mais segura e eficiente aos navios, constituindo-se em importante recurso no controle de restrições operacionais para as embarcações em portos. Os rebocadores tradicionais são os de propulsão convencional (um hélice e um leme na popa), de multimotores e lemes e de propulsão azimutal com motores giratórios e sem lemes. Assim, são classificados por suas trações estáticas (*bollard pull*) e propulsão. Auxiliam na parada do navio e em seu governo em baixa velocidade, no giro do navio quando com baixo seguimento e no empurrar e puxar o navio para o cais. Suas ações de empurra e reboque não são via de regra anguladas.

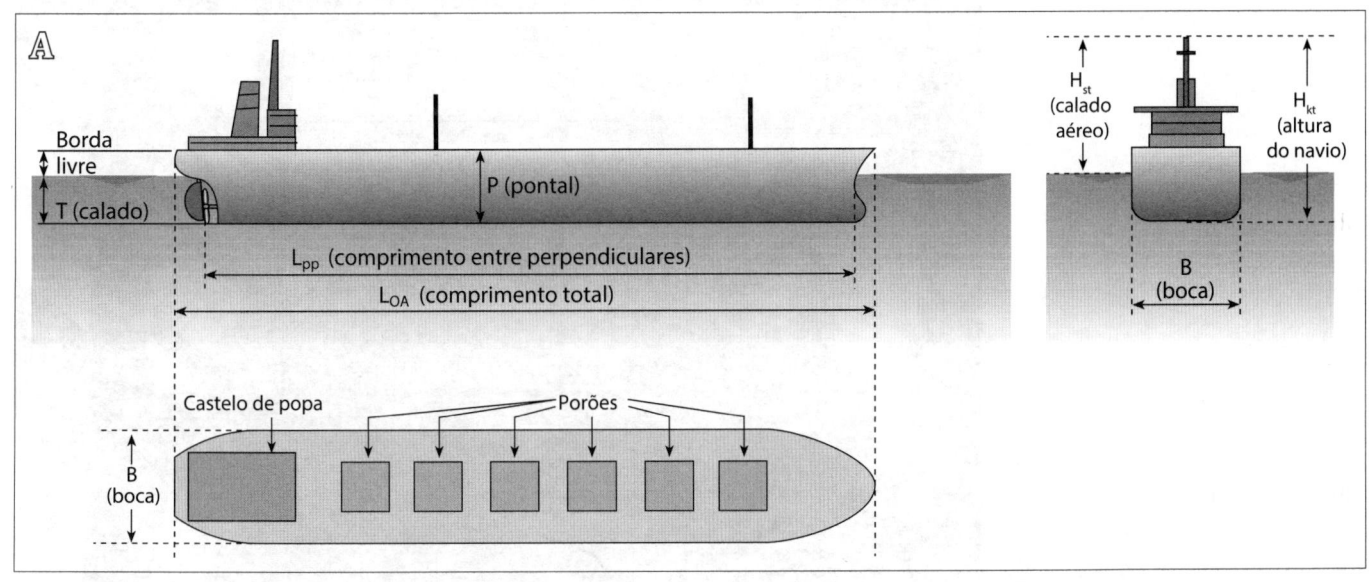

Figura 11.10
(A) Dimensões características dos navios.

Figura 11.10
(B) e (C) Ponte de comando do
mineraleiro Berge Stahl (365.000 tpb).
(D), (E) e (F) Vistas das pontes de
comando de navios navegando no Canal
de acesso ao Porto de Santos (SP).

Tabela 11.2 Dimensões típicas das embarcações marítimas							
Porte bruto (tpb)	Deslocamento (t)	Comprimento$_{OA}$ (m)	Comprimento$_{PP}$ (m)	Boca (m)	Calado (m)	Coeficiente de bloco	Capacidade aproximada
Petroleiros (ULCC)							**m³**
500.000	590.000	415,0	392,0	73,0	24,0	0,84	
400.000	475.000	380,0	358,0	68,0	23,0	0,83	
350.000	420.000	365,0	345,0	65,5	22,0	0,82	
Petroleiros (VLCC)							**m³**
300.000	365.000	350,0	330,0	63,0	21,0	0,82	
275.000	335.000	340,0	321,0	61,0	20,5	0,81	
250.000	305.000	330,0	312,0	59,0	19,9	0,81	
225.000	277.000	320,0	303,0	57,0	19,3	0,81	
200.000	246.000	310,0	294,0	55,0	18,5	0,80	
Petroleiros							**m³**
175.000	217.000	300,0	285,0	52,5	17,7	0,80	
150.000 ✳	186.000	285,0	270,0	49,5	16,9	0,80	
125.000	156.000	270,0	255,0	46,5	16,0	0,80	
100.000 ⁝	125.000	250,0	236,0	43,0	15,1	0,80	
80.000	102.000	235,0	223,0	40,0	14,0	0,80	
70.000	90.000	225,0	213,0	38,0	13,5	0,80	
60.000	78.000	217,0	206,0	36,0	13,0	0,79	
Navios-tanques de produtos químicos							**m³**
50.000	66.000	210,0	200,0	32,2	12,6	0,79	
40.000	54.000	200,0	190,0	30,0	11,8	0,78	
30.000	42.000	188,0	178,0	28,0	10,8	0,76	
20.000	29.000	174,0	165,0	24,5	9,8	0,71	
10.000	15.000	145,0	137,0	19,0	7,8	0,72	
5.000	8.000	110,0	104,0	15,0	7,0	0,71	
3.000	4.900	90,0	85,0	13,0	6,0	0,72	
Graneleiros (OBO)							**m³**
400.000 △	464.000	375,0	356,0	62,5	24,0	0,85	
350.000	406.000	362,0	344,0	59,0	23,0	0,85	
300.000 ☐	350.000	350,0	333,0	56,0	21,8	0,84	
250.000 ○	292.000	335,0	318,0	52,5	20,5	0,83	
200.000 ○	236.000	315,0	300,0	48,5	19,0	0,83	
150.000	179.000	290,0	276,0	44,0	17,5	0,82	
125.000	150.000	275,0	262,0	41,5	16,5	0,82	
100.000	121.000	255,0	242,0	39,0	15,3	0,82	
80.000	98.000	240,0	228,0	36,5	14,0	0,82	
60.000 ✕	74.000	220,0	210,0	33,5	12,8	0,80	

(continua)

(continuação)

Porte bruto (tpb)	Deslocamento (t)	Comprimento$_{OA}$ (m)	Comprimento$_{PP}$ (m)	Boca (m)	Calado (m)	Coeficiente de bloco	Capacidade aproximada
Tabela 11.2							
Dimensões típicas das embarcações marítimas							
Graneleiros (OBO)							**m³**
40.000 ✧	50.000	195,0	185,0	29,0	11,5	0,79	
20.000	26.000	160,0	152,0	23,5	9,3	0,76	
10.000	13.000	130,0	124,0	18,0	7,5	0,76	
Gaseiros (LNG) prismáticos							**m³**
125.000	175.000	345,0	333,0	55,0	12,0	0,78	267.000
97.000	141.000	315,0	303,0	50,0	12,0	0,76	218.000
90.000	120.000	298,0	285,0	46,0	11,8	0,76	177.000
80.000	100.000	280,0	268,8	43,4	11,4	0,73	140.000
52.000	58.000	247,3	231,0	34,8	9,5	0,74	75.000
27.000	40.000	207,8	196,0	29,3	9,2	0,74	40.000
Gaseiros (LNG) com esferas							**m³**
75.000	117.000	288,0	274,0	49,0	11,5	0,74	145.000
58.000	99.000	274,0	262,0	42,0	11,3	0,78	125.000
51.000	71.000	249,5	237,0	40,0	10,6	0,69	90.000
Gaseiros (LPG)							**m³**
60.000	95.000	265,0	245,0	42,2	13,5	0,66	
50.000	80.000	248,0	238,0	39,0	12,9	0,65	
40.000	65.000	240,0	230,0	35,2	12,3	0,64	
30.000	49.000	226,0	216,0	32,4	11,2	0,61	
20.000	33.000	207,0	197,0	26,8	10,6	0,58	
10.000	17.000	160,0	152,0	21,1	9,3	0,56	
5.000	8.800	134,0	126,0	16,0	8,1	0,53	
3.000	5.500	116,0	110,0	13,3	7,0	0,52	
Porta-contêineres (Post Panamax)							**TEU**
245.000	340.000	470,0	446,0	60,0	18,0	0,69	22.000
200.000	260.000	400,0	385,0	59,0	16,5	0,68	18.000
195.000	250.000	418,0	395,0	56,4	16,0	0,68	14.500
165.000	215.000	398,0	376,0	56,4	15,0	0,66	12.200
125.000	174.000	370,0	351,0	45,8	15,0	0,70	10.000
120.000	158.000	352,0	335,0	45,6	14,8	0,68	9.000
110.000	145.000	340,0	323,0	43,2	14,5	0,70	8.000
100.000	140.000	326,0	310,0	42,8	14,5	0,71	7.500
90.000	126.000	313,0	298,0	42,8	14,5	0,66	7.000
80.000	112.000	300,0	284,0	40,3	14,5	0,66	6.500
70.000	100.000	280,0	266,0	41,8	13,8	0,64	6.000
65.000	92.000	274,0	260,0	41,2	13,5	0,62	5.600

(continua)

(continuação)

Tabela 11.2 Dimensões típicas das embarcações marítimas							
Porte bruto (tpb)	Deslocamento (t)	Comprimento$_{OA}$ (m)	Comprimento$_{pp}$ (m)	Boca (m)	Calado (m)	Coeficiente de bloco	Capacidade aproximada
Porta-contêineres (Post Panamax)							*TEU*
60.000	84.000	268,0	255,0	39,8	13,2	0,61	5.200
55.000	76.500	261,0	248,0	38,3	12,8	0,61	4.800
Porta-contêineres (Panamax)							*TEU*
60.000	83.000	290,0	275,0	32,2	13,2	0,69	5.000
55.000	75.500	278,0	264,0	32,2	12,8	0,68	4.500
50.000	68.000	267,0	253,0	32,2	12,5	0,65	4.000
45.000	61.000	255,0	242,0	32,2	12,2	0,63	3.500
40.000	54.000	237,0	225,0	32,2	11,7	0,62	3.000
35.000	47.500	222,0	211,0	32,2	11,1	0,61	2.600
30.000	40.500	210,0	200,0	30,0	10,7	0,62	2.200
25.000	33.500	195,0	185,0	28,5	10,1	0,61	1.800
20.000	27.000	174,0	165,0	26,2	9,2	0,66	1.500
15.000	20.000	152,0	144,0	23,7	8,5	0,67	1.100
10.000	13.500	130,0	124,0	21,2	7,3	0,69	750
Navios Ro/Ro							*CEU*
50.000	87.500	287,0	273,0	32,2	12,4	0,78	5.000
45.000	81.500	275,0	261,0	32,2	12,0	0,79	4.500
40.000	72.000	260,0	247,0	32,2	11,4	0,77	4.000
35.000	63.000	245,0	233,0	32,2	10,8	0,76	3.500
30.000	54.000	231,0	219,0	32,0	10,2	0,74	3.000
25.000	45.000	216,0	205,0	31,0	9,6	0,72	2.500
20.000	36.000	197,0	187,0	28,6	9,1	0,72	2.000
15.000	27.500	177,0	168,0	26,2	8,4	0,73	1.500
10.000	18.400	153,0	145,0	23,4	7,4	0,71	1.000
5.000	9.500	121,0	115,0	19,3	6,0	0,70	600
Carga geral							*CEU*
40.000	54.500	209,0	199,0	30,0	12,5	0,71	
35.000	48.000	199,0	189,0	28,9	12,0	0,71	
30.000	41.000	188,0	179,0	27,7	11,3	0,71	
25.000	34.500	178,0	169,0	26,4	10,7	0,71	
20.000	28.000	166,0	158,0	24,8	10,0	0,70	
15.000	21.500	152,0	145,0	22,6	9,2	0,70	
10.000	14.500	133,0	127,0	19,8	8,0	0,70	
5.000	7.500	105,0	100,0	15,8	6,4	0,72	
2.500	4.000	85,0	80,0	13,0	5,0	0,75	

(continua)

(continuação)

Porte bruto (tpb)	Deslocamento (t)	Comprimento$_{OA}$ (m)	Comprimento$_{pp}$ (m)	Boca (m)	Calado (m)	Coeficiente de bloco	Capacidade aproximada
Tabela 11.2 Dimensões típicas das embarcações marítimas							
Navios transportadores de veículos							*CEU*
70.000	52.000	228,0	210,0	32,2	11,3	0,66	8.000
65.000	48.000	220,0	205,0	32,2	11,0	0,64	7.000
57.000	42.000	205,0	189,0	32,2	10,9	0,62	6.000
45.000	35.500	198,0	182,0	32,2	10,0	0,59	5.000
36.000	28.500	190,0	175,0	32,2	9,0	0,55	4.000
27.000	22.000	175,0	167,0	28,0	8,4	0,55	3.000
18.000	13.500	150,0	143,0	22,7	7,4	0,55	2.000
13.000	8.000	130,0	124,0	18,8	6,2	0,54	1.000
8.000	4.300	100,0	95,0	17,0	4,9	0,53	700
Ferries							*CEU*
50.000	82.500	309,0	291,0	41,6	10,3	0,65	
40.000	66.800	281,0	264,0	39,0	9,8	0,65	
30.000	50.300	253,0	237,0	36,4	8,8	0,65	
20.000	33.800	219,0	204,0	32,8	7,8	0,63	
15.000	25.000	197,0	183,0	30,6	7,1	0,61	
12.500	21.000	187,0	174,0	28,7	6,7	0,61	
11.500	19.000	182,0	169,0	27,6	6,5	0,61	
10.200	17.000	175,0	163,0	26,5	6,3	0,61	
9.000	15.000	170,0	158,0	25,3	6,1	0,60	
8.000	13.000	164,0	152,0	24,1	5,9	0,59	
7.000	12.000	161,0	149,0	23,5	5,8	0,58	
6.500	10.500	155,0	144,0	22,7	5,6	0,56	
5.000	8.600	133,0	124,0	21,6	5,4	0,58	
3.000	5.300	110,0	102,0	19,0	4,7	0,57	
2.000	3.500	95,0	87,0	17,1	4,1	0,56	
1.000	1.800	74,0	68,0	14,6	3,3	0,54	
Ferries rápidos (multicasco)							*CEU*
9.000	3.200	127,0	117,0	30,5	4,3	0,43	
6.000	2.100	107,0	93,0	26,5	3,7	0,43	
5.000	1.700	97,0	83,0	24,7	3,4	0,43	
4.000	1.400	92,0	79,0	24,0	3,2	0,42	
2.000	700	85,0	77,0	21,2	3,1	0,39	
1.000	350	65,0	62,0	16,7	2,1	0,37	
500	175	46,0	41,0	13,8	1,8	0,35	
250	95	42,0	37,0	11,6	1,6	0,35	

(continua)

(continuação)

Tabela 11.2 Dimensões típicas das embarcações marítimas							
Porte bruto (tpb)	Deslocamento (t)	Comprimento$_{OA}$ (m)	Comprimento$_{pp}$ (m)	Boca (m)	Calado (m)	Coeficiente de bloco	Capacidade aproximada
Navios de cruzeiro (Post Panamax)							*Passageiros*
220.000	115.000	360,0	333,0	55,0	9,2	0,67	5.400/7.500
160.000	84.000	339,0	313,6	43,7	9,0	0,66	3.700/5.000
135.000	71.000	333,0	308,0	37,9	8,8	0,67	3.200/4.500
115.000	61.000	313,4	290,0	36,0	8,6	0,66	3.000/4.200
105.000	56.000	294,0	272,0	35,0	8,5	0,67	2.700/3.500
95.000	51.000	295,0	273,0	33,0	8,3	0,67	2.400/3.000
80.000	44.000	272,0	231,0	35,0	8,0	0,66	2.000/2.800
Navios de cruzeiro (Panamax)							*Passageiros*
90.000	48.000	294,0	272,0	32,2	8,0	0,67	2.000/2.800
80.000	43.000	280,0	248,7	32,2	7,9	0,66	1.800/2.500
70.000	38.000	265,0	225,0	32,2	7,8	0,66	1.700/2.400
60.000	34.000	252,0	214,0	32,2	7,6	0,63	1.600/2.200
60.000	34.000	251,2	232,4	28,8	7,6	0,65	1.600/2.200
50.000	29.000	234,0	199,0	32,2	7,1	0,62	1.400/1.800
50.000	29.000	232,0	212,0	28,0	7,4	0,64	1.400/1.800
40.000	24.000	212,0	180,0	32,2	6,5	0,62	1.200/1.600
40.000	24.000	210,0	192,8	27,1	7,0	0,64	1.200/1.600
35.000	21.000	192,0	164,0	32,0	6,3	0,62	1.000/1.400
35.000	21.000	205,0	188,0	26,3	6,8	0,61	1.000/1.400
30.000	18.200	190,0	175,0	25,0	6,7	0,61	850/1.200
25.000	16.200	180,0	165,0	24,0	6,6	0,60	700/1.000
20.000	14.000	169,0	155,0	22,5	6,5	0,60	600/800
15.000	11.500	152,0	140,0	21,0	6,4	0,60	350/500
10.000	8.000	134,0	123,0	18,5	5,8	0,59	280/400
5.000	5.000	100,0	90,0	16,5	5,6	0,59	200/300
Barcos de pesca oceânicos							*Passageiros*
7.500	9.100	128,0	120,0	17,1	6,8	0,64	
5.000	6.200	106,0	100,0	16,1	6,2	0,61	
3.000	4.200	90,0	85,0	14,0	5,9	0,58	
2.500	3.500	85,0	81,0	13,0	5,6	0,58	
2.000	2.700	80,0	76,0	12,0	5,3	0,54	
1.500	2.200	76,0	72,0	11,3	5,1	0,52	
1.200	1.900	72,0	68,0	11,0	5,0	0,50	
1.000	1.600	70,0	66,0	10,5	4,8	0,47	
700	1.250	65,0	62,0	10,0	4,5	0,44	
500	800	55,0	53,0	8,6	4,0	0,43	

(continua)

(continuação)

Porte bruto (tpb)	Deslocamento (t)	Comprimento$_{OA}$ (m)	Comprimento$_{pp}$ (m)	Boca (m)	Calado (m)	Coeficiente de bloco	Capacidade aproximada
			Tabela 11.2				
			Dimensões típicas das embarcações marítimas				
250	400	40,0	38,0	7,0	3,5	0,42	
150	300	32,0	28,0	7,5	3,4	0,41	
Barcos de pesca costeira							*Passageiros*
100	200	27,0	23,0	7,0	3,1	0,39	
75	165	25,0	22,0	6,6	2,8	0,40	
50	115	21,0	17,0	6,2	2,7	0,39	
25	65	15,0	12,0	5,5	2,6	0,37	
15	40	11,0	9,2	5,0	2,3	0,37	
Iates a motor							*Passageiros*
–	9.500	160,0	135,0	21,8	5,5	–	
–	7.000	140,0	120,0	23,5	5,0	–	
–	4.500	120,0	102,0	18,5	4,9	–	
–	3.500	100,0	85,0	16,5	4,8	–	
–	1.600	70,0	60,0	13,5	3,8	–	
–	1.100	60,0	51,0	12,0	3,6	–	
–	700	50,0	43,0	9,0	3,5	–	
–	500	45,0	39,0	8,5	3,3	–	
–	250	40,0	24,0	8,0	3,0	–	
–	150	30,0	25,0	7,5	2,9	–	
–	50	20,0	17,0	5,5	2,7	–	
Barcos a motor							*Passageiros*
–	35,0	21,0	–	5,0	3,0	–	
–	27,0	18,0	–	4,4	2,7	–	
–	16,5	15,0	–	4,0	2,3	–	
–	6,5	12,0	–	3,4	1,8	–	
–	4,5	9,0	–	2,7	1,5	–	
–	1,3	6,0	–	2,1	1,0	–	
Iates a vela							*Passageiros*
	1.500	90,0	67,5	13,5	6,5	–	
	1.000	70,0	51,5	11,5	6,0	–	
	650	60,0	42,0	11,2	5,5	–	
	550	50,0	37,5	9,5	5,0	–	
	190	40,0	35,0	9,3	4,5	–	
	125	30,0	28,0	7,2	3,6	–	
	40	20,0	17,5	5,5	3,0	–	
	13	15,0	11,2	4,5	2,5	–	

(continua)

(continuação)

Porte bruto (tpb)	Deslocamento (t)	Comprimento$_{OA}$ (m)	Comprimento$_{pp}$ (m)	Boca (m)	Calado (m)	Coeficiente de bloco	Capacidade aproximada
Tabela 11.2 — **Dimensões típicas das embarcações marítimas**							
Barcos a vela							*Passageiros*
	10	12,0	11,0	3,8	2,3	–	
	5	10,0	9,5	3,5	2,1	–	
	1,5	6,0	5,7	2,4	1,5	–	
	1,0	5,0	4,3	2,0	1,0	–	
	0,8	2,5	2,3	1,5	0,5	–	
Navios de guerra							
Navios de transporte							
16.000	20.000	172,0	163,0	23,0	8,2	0,65	
Porta-aviões							
15.000	19.000	195,0	185,0	24,0	9,0	0,48	
Navio de desembarque de tropas							
5.000	5.700	117,0	115,0	16,8	3,7	0,80	
Fragata lança-mísseis							
4.000	7.000	134,0	127,0	14,3	7,9	0,49	
Contratorpedeiro							
3.500	4.600	120,0	115,0	12,5	5,5	0,58	
Fragata rápida							
1.500	2.100	90,0	85,0	9,3	5,2	0,51	
Submarino							
1.500	1.800	68,0	67,0	6,8	5,4	0,73	
Corveta							
1.400	1.800	89,0	85,0	10,5	3,5	0,58	
Dragaminas							
750	1.000	52,0	49,0	10,4	4,2	0,47	
Navio patrulha							
400	500	58,0	55,1	7,6	2,6	0,46	

Obs.: As dimensões das embarcações podem variar até 10%, dependendo do projeto e país de origem.

Legendas:

△ ULOC, ou Chinamax, ou Valemax   □ VLOC   ○ Capesize   ◇ Handysize

✳ Suezmax   ✛ Aframax   ✕ Handymax e Supramax

Q-Max ou Qatar-Máx são navios metaneiros para o transporte de gás natural liquefeito (LNG), sendo os maiores do mundo, com capacidade de 266.000 m³ e dimensões limites de 345 m x 53,8 m x 12 m.

Rebocadores são largamente utilizados nos procedimentos finais de atracação, dependendo do porte da embarcação, particularmente para navios de grande porte. Essa necessidade decorre do fato de que o navio perde capacidade de governo nas velocidades muito baixas, próximas da atracação. Segundo Kikutany (1977), cita-se o número típico de rebocadores requerido para a atracação de acordo com o porte como:

Porte (em vezes de 10.000 tpb):	~6	6~12	12~17	17~(22)
Número de rebocadores:	2	3	4	5~(6)

Segundo também as normas técnicas japonesas, a potência total dos rebocadores em HP deve corresponder a 10% do tpb do navio sendo manobrado.

Tais recomendações estão de acordo com a experiência prática, evidentemente não significando que o número de rebocadores possa ser reduzido em circunstâncias especiais. A indisponibilidade de rebocadores suficientes é a principal razão de alguns terminais *offshore* utilizarem guinchos de terra para maior segurança na atracação e manutenção da amarração do navio quando atracado. Além disso, os rebocadores são ainda embarcações relativamente fracas, comparativamente com as forças desenvolvidas em grandes embarcações pela ação de pressões de ventos (a ação do vento é 1/29 da equivalente de corrente marítima), ondas e correntes (mesmo que estas últimas sejam moderadas). De fato, os rebocadores somente podem ser eficazes na condução do navio quando abrigados de ondas de altura significativas inferiores a 1~1,5 m e correntes abaixo de 2 nós, mesmo assim tendo que dispender parte de seu *bollard pull* (tração estática) em empurrar ou puxar para se manter na posição de manobra. O teste de tração estática é realizado em condições ideais, sem vento ou correntes, de modo que é da prática usual considerar aproximadamente 80% da tração estática como efetivamente aplicável durante a manobra. O *bollard pull* em tf corresponde a cerca de 1% da potência em HP do rebocador. *Thrusters*, frequentemente disponíveis na proa e possivelmente na popa de grandes navios, são muito fracos para sustentar a posição das embarcações sob ação de ventos, ondas, ou correntes de qualquer magnitude. Considerando todo este contexto, guinchos em terra, como em dolfins, podem ser operados pelo terminal portuário, ou pelo navio.

Para executar o reboque tradicional, com o cabo passado da popa do rebocador para a proa do rebocado, o primeiro deverá desenvolver com suas máquinas, uma força capaz de vencer as resistências oferecidas por ele mesmo e pelo navio em movimento longitudinal a determinada velocidade. A resistência de um navio ao ser tracionado no sentido longitudinal, com determinada velocidade, é, portanto, medida pela força necessária para rebocar o navio e sua velocidade. A potência P_e necessária para vencer essa resistência é denominada potência no cabo de reboque, ou potência efetiva, dada por:

$$P_e = \frac{R_t V}{550}$$

sendo:

R_t: resistência total em lbf

V: velocidade de reboque em pés/s

A resistência total é composta por várias componentes que interagem mutuamente de forma não linear, podendo-se simplificar em três componentes:

- Resistência de atrito R_a devida ao movimento do casco em fluido viscoso

  A fórmula aperfeiçoada por Froude pemite estimar a resistência de atrito resultante das forças tangenciais sobre a carena:

$$R_a = f S V^{1,825}$$

sendo:

R_a: resistência de atrito em kgf

V: velocidade em nós

S: superfície molhada em m^2

Os fatores f homologados são dependentes do comprimento do navio:

50 m : 0,0441	180 m: 0,0426
100 m: 0,0433	200 m: 0,0424
120 m: 0,0431	250 m: 0,0421
140 m: 0,0429	300 m: 0,0419
160 m: 0,0428	350 m: 0,0417

- Resistência residual R_r devida à resistência da onda e dos vórtices e resistência de pressão dinâmica R_d

  À resistência devida à energia que deve ser suprida continuamente para manter o sistema de ondas na superfície da água, soma-se a resistência dos vórtices produzidos pelas saliências ou apêndices do costado do navio, compondo a resistência residual. Trata-se da força longitudinal que atua no casco do navio em razão da pressão em todos os pontos da carena exercidos pelo escoamento do líquido. Segundo Lord Kelvin, com o movimento do navio, em um ponto de pressão, adiante da proa, formam-se ondas que se combinam para formar um determinado padrão, que consiste de ondas transversais logo atrás deste ponto, junto com ondas divergentes, sendo o conjunto contido em um setor de 19° 28' para cada lado da linha de eixo do navio, a partir do ponto de pressão. Hughes, conduzindo extensos estudos de modelagem física, propôs a fórmula que denominou de resistência de pressão dinâmica:

$$R_d = 0,00112\, A' V^2$$

sendo:

R_d: resistência de pressão dinâmica em tf

V: velocidade em nós

A': 0,25 da área da seção transversal do casco molhado em pés^2

- Resistência aerodinâmica R_{ae} oferecida pelo impacto do ar sobre as obras mortas

  Um navio navegando em mar calmo e sem vento sofre uma resistência aerodinâmica das partes do casco acima d'água, das superestruturas, chaminés e outras componentes de obras mortas, além de cargas sobre o convés, como contêineres. Se houver vento, a resistência dependerá da intensidade e rumo relativo, além do que adicionalmente o vento produzirá ondas que vão dar um acréscimo no valor da resistência. Em virtude das várias finalidades das superestruturas, somente podem ter formatos aerodinâmicos adequados para ventos de proa ou próximo dessa direção. A maior resistência oferecida pelas superestruturas é devida à formação de vórtices, variando de acordo com o equacionamento do arrasto quadrático da velocidade do vento. Hudson, em Leishman & Hudson (1977), propõe a fórmula:

$$R_{ae} = 0,00045(A'_s + A'_a)P_w$$

sendo:

R_{ae}: resistência aerodinâmica em tf

A'_s: área da projeção da seção transversal da superrestrutura (pés²)

A'_a: área da projeção transversal do casco acima da linha d'água (pés²)

P_w: pressão do vento em lbf/pés²

A pressão do vento pode ser estimada pelos seguintes valores:

Velocidade do vento (nós)	P_w (lbf/pés²)
1 a 3	0,004 a 0,036
4 a 6	0,064 a 0,14
7 a 10	0,20 a 0,40
11 a 16	0,48 a 1,00
17 a 21	1,16 a 1,77
22 a 27	1,94 a 2,90

A resistência total R_t costuma ser fornecida para velocidades típicas de reboque portuário, entre 1 e 7 nós, com os navios de diferentes deslocamentos em lastro e à plena carga, em tfte (tf de tração estática, ou *bollard pull*).

Como exemplo de ordem de grandeza, apresenta-se a seguir o valor de R_t para duas situações extremas de porte bruto de embarcações mineraleiras, Panamax de 60.000 tpb e VLOC de 305.000 tpb, nas condições em lastro e à plena carga e com velocidades de reboque entre 1 e 7 nós:

* Condição em lastro e dimensões em pés e pés²
    - Panamax: L = 672,6; B = 90,0; T = 21,3; S = 71.625; Área molhada transversal = 1.917; A'_s = 2.956; A'_a = 2.952
    - VLOC: L = 1.089; B = 188,0; T = 36,1; S = 228.638; Área molhada transversal = 6.787; A'_s = 11.100; A'_a = 12.200
* Condição à plena carga e dimensões em pés e pés²
    - Panamax: L = 672,6; B = 90,0; T = 36; S = 88.890; Área molhada transversal = 3.240; A'_s = 2.956; A'_a < 2.952
    - VLOC: L = 1.089; B = 188,0; T = 75,5; S = 306.121; Área molhada transversal = 14.194; A'_s = 11.100; A'_a < 12.200

O cálculo inicial anterior costuma ser realizado considerando a tração estática em condições de ausência de corrente e calmaria, acrescentando um coeficiente de segurança de 10% em virtude da existência de apêndices e que o rebocador propriamente tem de vencer para desenvolver a velocidade de reboque desejada. Caso haja significativas áreas de cargas sobre o convés, as mesmas terão de ser incluídas no cálculo da R_{ae}. Na condição real, a manobra com correntes, a favor, ou contra, deverá ter seu efeito adicionado ou subtraído do valor calculado para a velocidade desejada, podendo-se fazer a estimativa destes esforços conforme apresentado no Capítulo 14, o mesmo também podendo ser feito para o vento. Ainda ao considerar a força de tração estática que o rebocador deverá empregar deve-se considerar uma folga de 10% para emergência, bem como a idade do rebocador e data do certificado de medição e sua validade. Nesse sentido, é apropriado que na execução de um reboque fossem anotadas as condições ambientais do vento e corrente, rumo e velocidade em relação a pontos em terra, bem como a potência empregada nos motores para efeitos de verificações e fiscalização.

V (nós)	R_a (tf) Px lst VLOC lst Px pc VLOC pc	R_d (tf) Px lst VLOC ls Px pc VLOC pc	R_{ae} (tf) Px lst VLOC lst Px pc VLOC pc	R_t (tf) Px lst VLOC lst Px pc VLOC pc
1	0,28 0,89 0,35 1,19	0,54 1,90 0,91 3,98	0,01 0,04 0,01 0,03	0,83 2,83 1,27 5,20
2	1,00 3,14 1,24 4,21	2,15 7,60 3,63 15,90	0,05 0,21 0,04 0,14	3,20 10,95 4,91 20,25
3	2,10 6,58 2,60 8,82	4,83 17,11 8,17 35,78	0,09 0,37 0,07 0,26	7,02 24,06 10,84 44,86
4	3,55 11,13 4,40 14,91	8,59 30,42 14,52 63,62	0,17 0,67 0,12 0,45	12,31 42,22 19,04 78,98
5	5,33 16,72 6,61 22,40	13,42 47,53 22,69 99,40	0,27 1,06 0,20 0,72	19,02 65,31 29,50 122,52
6	7,43 23,33 9,23 31,25	19,33 68,44 32,67 143,14	0,37 1,46 0,27 1,00	27,13 93,23 42,17 175,38
7	9,85 30,90 12,22 41,40	26,31 93,16 44,47 194,83	0,53 2,08 0,38 1,47	36,69 126,14 57,27 237,70

Uma vez atingindo a bacia de evolução, o navio deve sofrer uma rotação com auxílio dos rebocadores, que o giram de uma inversão de rumo de 180°. Em áreas sujeitas a fortes correntes de maré, recomenda-se, de modo geral, que navios de deslocamentos superiores a 100 mil tpb somente manobrem em correntes abaixo de 3,0 nós; enquanto navios de porte inferior podem manobrar em correntes inferiores a 4,0 nós. Quando o navio com auxílio de rebocadores já se encontra girado e passa a deslocar-se paralelamente ao berço de atracação, inicia-se a manobra de aproximação, com velocidades em torno a 0,3 nós, para navios com portes brutos superiores a 300 mil tpb; 0,4 nós, para portes brutos até 300 mil tpb; 0,5 nós, para portes brutos até 200 mil tpb e 0,6 nós para portes brutos até 100 mil tpb. Finalmente, a atracação ocorre no último estágio da aproximação, com velocidades compatíveis com o projeto da estrutura de atracação (ver Capítulo 14). Quanto ao lastreamento dos navios leves, existe o lastro de viagem e o lastro leve, mantido quando de atracações e desatracações.

Para o cálculo da força necessária ao giro do navio, pode empregar-se a seguinte fórmula:

$$BP_g = 4{,}464 \cdot 10^{-8} \, W_o^2 \, L^3 T$$

sendo:

BP_g: força necessária ao giro do navio em tf

L: comprimento do navio em pés

T: calado médio do navio em pés

W_o: velocidade de giro em °/s

Para W_o recomendam-se valores de 0,25°/s para navios com portes brutos até 250 mil tpb e 0,15°/s para portes brutos superiores, com o que pode-se estimar a duração da manobra e, consequentemente a distância percorrida em deriva pelo conjunto navio-rebocador por ação da corrente agente. Na aproximação e atracação o navio estará sujeito às forças solicitantes de ventos e correntes, conforme as estimativas apresentadas no Capítulo 14 para as condições de amarração, pois já se encontra muito próximo do berço.

Quando um rebocador atua como empurrador, no costado do navio para atracação, ele agirá com sua potência segundo uma resultante, com sua componente longitudinal X atuando perpendicularmente ao costado do navio e a sua componente transversal Y atuando paralelamente à linha longitudinal do navio, visando anular o efeito da corrente sobre o rebocador. Para o cálculo da componente transversal desta força, pode-se empregar a fórmula geral de Hughes:

$$Y = \frac{5{,}705 \, a v_c^2 senA}{\left(1{,}273 + senA\right)2240}$$

sendo:

A: o ângulo da corrente em relação ao costado do rebocador

a: a área, em pés², da seção longitudinal do casco do rebocador abaixo da linha d'água

v_c: a velocidade, em nós, da componente transversal da corrente atuando sobre o costado do rebocador.

Em termos práticos, como exemplo, considerando para um valor médio de 779 pés², tem-se a seguinte força Y em função de v_c ortogonal ao eixo longitudinal do rebocador:

V_c (nós)	Y (tf)	V_c (nós)	Y (tf)
1,0	0,87	3,0	7,86
1,5	1,96	3,5	10,69
2,0	3,50	4,0	14,00
2,5	5,46		

A componente X, atuando perpendicularmente ao costado do navio, deve contrapor as forças de vento e correntes atuando nesta porção do costado, conforme as estimativas apresentadas no Capítulo 14. Assim, a força R de empurrador que vai realmente ser empregada para deslocar o navio para a linha de atracação é dada por:

$$R = \sqrt{X^2 + Y^2}$$

Dessa forma podem-se estimar os elementos de informação para o planejamento das manobras, em termos de quantidade mínima necessária de rebocadores em função de sua potência e tipo de propulsão, além dos fatores de emergência e segurança já mencionados quando do reboque, o que constitui-se na forma apropriada da redundância de segurança.

O navio é desacelerado bem antes da aproximação do berço, sendo usualmente assistidos por rebocadores quando o controle do navio é perdido abaixo de 3 a 4 nós, velocidades, muitas vezes, necessárias em portos com muitos berços de vários terminais para prevenir ondas e rupturas de cabos de amarração de navios atracados.

De acordo com a DPC – Diretoria de Portos e Costas da Marinha do Brasil, a Tabela 11.3 apresenta sugestão de número de rebocadores e tração estática (*bollard pull*) dos mesmos. Como subsídios é recomendável consultar Hensen (1997). Estudos em etapas mais avançadas de projeto portuário (básico e executivo) deverão ser realizados em Centros de Simulação de Manobras, sendo recomendável que sejam conduzidos por Prático e, quando possível, acompanhados ou validados por pessoal das Capitanias dos Portos a quem cabe a jurisdição. Deve-se considerar também o tipo de sistema de propulsão, que pode ser com hélices convencionais, ou hélices especiais.

Tabela 11.3 Sugestão de correspondência entre tonelagem de porte bruto (TPB) da embarcação com a força da tração estática longitudinal (*bollard pull*) dos rebocadores		
TPB (t)	**Força de tração (*bollard pull*) em t métrica**	**Número recomendado de rebocadores**
de 2.000 até 2.500	3,0	1
de 2.501 até 3.000	5,0	1
de 3.001 até 4.500	6,0	1
de 4.501 até 5.000	7,0	1
de 5.001 até 7.500	9,0	1
de 7.501 até 10.000	11,0	1 a 2
de 10.001 até 12.500	14,0	1 a 2
de 12.501 até 15.000	17,0	1 a 2

(continua)

(continuação)

Tabela 11.3 Sugestão de correspondência entre tonelagem de porte bruto (TPB) da embarcação com a força da tração estática longitudinal (*bollard pull*) dos rebocadores		
TPB (t)	**Força de tração (*bollard pull*) em t métrica**	**Número recomendado de rebocadores**
de 15.001 até 17.500	19,0	1 a 2
de 17.501 até 20.000	21,0	1 a 2
de 20.001 até 25.000	25,0	1 a 2
de 25.001 até 30.000	28,0	1 a 2
de 30.001 até 35.000	32,0	2
de 35.001 até 40.000	36,0	2
de 40.001 até 45.000	39,0	2
de 45.001 até 50.000	42,0	2
de 50.001 até 60.000	46,0	2
de 60.001 até 70.000	51,0	2
de 70.001 até 80,000	53,0	2
de 80.001 até 90.000	55,0	2 a 3
de 90.001 até 100.000	56,0	2 a 3
de 100.001 até 110.000	58.0	2 a 3
de 110.001 até 120.000	60,0	2 a 3
de 120.001 até 130.000	62,0	2 a 3
de 130.001 até 140.000	64,0	2 a 3
de 140.001 até 150.000	66,0	2 a 3
de 150.001 até 160.000	81,0	2 a 3
de 160.001 até 170.000	83,0	2 a 3
de 170.001 até 180.000	86,0	2 a 3
de 180.001 até 190.000	87,0	2 a 3
de 190.001 até 200.000	89,0	2 a 3
de 200.001 até 210.000	90,0	4
de 210.001 até 220.000	91,0	4
de 220.001 até 230.000	93,0	4
de 230.001 até 240.000	95,0	4
de 240.001 até 250.000	96,0	4
de 250.001 até 270.000	98,0	4
de 270.001 até 290.000	101,0	4
de 290.001 até 310.000	106,0	4
de 310.001 até 330.000	110,0	4 a 6
de 330.001 até 350.000	114,0	4 a 6
de 350.001 até 370.000	118,0	4 a 6
de 370.000 até 390.000	121,0	4 a 6

Rebocadores de propulsão convencional são dotados de um ou mais hélices, sempre fixos, que produzem uma força sempre na direção longitudinal. Têm uma capacidade de manobra limitada, pois a força de tração a ré é, geralmente, muito inferior à força de tração a vante. Existe também a dificuldade de se manterem perpendiculares ao costado dos navios quando atingidos por ventos e correntes. Os de dois hélices têm um pouco mais de capacidade de governo, usando rotações diferentes nos dois eixos, criando um binário de forças de popa que é adicionado à ação do leme.

Nos rebocadores com propulsão azimutal, há a substituição do hélice fixo por um propulsor que pode mudar o sentido de sua corrente de descarga. Não precisam de leme para governar, já que a propulsão faz este papel por sua atuação em 360°, atuando para vante ou para ré, mantendo praticamente a mesma força de tração. O sistema de propulsão azimutal pode ser instalado tanto a ré quanto a vante (rebocadores tratores). Estes últimos são excelentes para operar no costado do navio, mesmo com influência de ventos e correntes. O mais conhecido desses sistemas é o Schottel.

O sistema de propulsão cicloidal é composto de dois conjuntos de lâminas verticais móveis fixados em discos paralelos ao fundo do rebocador. Os discos giram em velocidade constante, produzindo uma força de intensidade e sentido controlados pelo ângulo de cada uma das lâminas. Também possuem alta capacidade de manobra, além de possibilitar que as alterações no sentido da aplicação da força sejam feitas com maior velocidade. No entanto, têm elevado custo de implantação e manutenção e calado elevado, em função dos conjuntos de lâminas verticais, (*steering pull*) impossibilitando a operação em locais rasos. São também denominados de *escort tug* e o mais conhecido desses sistemas é o Voith-Schneider.

Esses rebocadores auxiliam na redução da velocidade das embarcações, no controle do apramento e no curso do navio em qualquer velocidade em locais restritos ou de altos riscos de impacto ambiental, acompanhamento e intervenção no navio quando não há possibilidade de redução de velocidade. Segundo a IMO MSC1. 101/T3 (2003), somente estes rebocadores podem prestar assistência (forças de governo e frenagem) ao navio em velocidades acima de 5 nós e seu guincho deve ser do tipo *render recovery* (regulagem de força e comprimento). Seu emprego em águas desabrigadas e canais restritos pode gerar forças hidrodinâmicas no casco do rebocador que podem ser três vezes superiores à tração estática do próprio rebocador. Assim, são classificados de acordo com sua tração estática, tipo de propulsão, ângulo máximo de atuação e velocidade máxima de atuação. Enquanto os demais rebocadores efetuam simples testes de tração estática, estes têm que efetuar testes de tração dinâmica.

Em um teste de tração dinâmica, é efetuada a medição da força de governo do rebocador (transversal à derrota) e de tempo de manobra na mudança de posição de governo.

Na primeira fase, então, o rebocador conecta seu cabo de reboque na popa da embarcação assistida e segue com o cabo solecado, ambas embarcações navegando com a mesma velocidade. O rebocador então se posicionará em um ângulo pré-fixado de ataque relativo ao fluxo de água, gerando uma força hidrodinâmica (sustentação transversal e arrasto longitudinal) na carena do rebocador que é empregado para governar o navio assistido, devendo-se registrar a tração resultante no cabo de reboque. Estas leituras, combinadas com o ângulo do cabo, devem ser utilizadas para estabelecer a força de governo sobre a embarcação, que é transversal à derrota. O teste de manobra consiste na medição do tempo que o rebocador emprega para mudar de uma posição de governo de no mínimo 30o de um bordo de embarcação assistida para a posição espelhada no bordo oposto.

A ação de hélices, produzindo fortes jatos junto às estruturas, seja por rebocadores ou *thrusters*, pode levar a erosões localizadas que produzem recalques. No caso do Portocel, esse processo causou o afundamento do aterro sob a plataforma do cais sob uma empilhadeira. Em Rio Grande também ocorreu processo semelhante.

11.1.2.2 METODOLOGIA PARA O CÁLCULO DA LARGURA DE CANAIS DE ACESSO PORTUÁRIOS

A PIANC (2014) recomenda uma metodologia determinística a ser usada para o cálculo da largura de canais de acesso portuários em nível de projeto conceitual, isto é, com os dados disponíveis. As dimensões, sem considerar auxílio de rebocadores, estão descritas nas Tabelas 11.4 a 11.13 e nas Figuras 11.11 e 11.12. Nestas, B, L e T correspondem à boca, comprimento e calado da embarcação. Na prática, esse projeto conceitual resulta normalmente em favor da segurança, podendo-se otimizar as dimensões nas etapas sucessivas de detalhamento, que são o projeto básico e o executivo. Nessas etapas subsequentes, contando-se com novos dados levantados, é mandatório que se realizem simulações em modelo físico e/ou matemático, com a manobra sendo feita por prático habilitado do porto, sob supervisão.

Nos trechos em curva, deve-se verificar o raio mínimo da curva requerido a partir do eixo do canal (ver Figura 11.11 e Tabela 11.14), bem como a faixa de varredura requerida (ver Figura 11.12). Segundo PIANC (2014), nas curvas as larguras adicionais a serem acrescidas à boca são devidas ao ângulo de deriva e ao tempo de resposta do piloto em alterar o curso, respectivamente estimados por:

$$L_{OA}^2/(aR)$$

sendo:

a = 8 para navios normais

a = 4,5 para navios de maior deslocamento com $C_B \geq 0,8$ (petroleiros, graneleiros etc.)

R: raio da curva

e por:

$$0,4 \, B$$

Para vias de tráfego geral, o dimensionamento deve ser feito para o pior caso, que corresponde a a = 4,5. Segundo ROM 3.1-99 (1999), quando as margens do trecho em curva são curvas, como na Figura 11.12(B), é preferível que a sobrelargura W_s seja situada no interior da curva. Essa recomendação justifica-se porque, tendo o navio como referência de navegação, a margem interior antecipa as manobras para a execução da curva, ajustando progressivamente o ângulo do timão.

Segundo Padovezi (2003), para aplicações em hidrovias interiores com comboios, a sobrelargura W_s pode também ser dada pela fórmula:

$$W_s = 3,456 \, \alpha \, V^2 \, L_{OA}^2/(R \, C_c \, S)$$

sendo:

V: velocidade da embarcação com relação ao fundo

α: ângulo da curva

S: distância de visada a partir da ponte de comando da embarcação, cujo valor mínimo está entre 2.000 m e 2.500 m

C_c: classifica a manobrabilidade da embarcação

C_c = 1 para sistemas convencionais

C_c = 2 se há sistema auxiliar (*thruster* ou lemes de proa)

C_c = 3 se os propulsores são azimutais, ou os lemes são de alta sustentação

Por fim, adicionam-se as larguras adicionais, de forma análoga ao que já se viu para os trechos retos. Estas dimensões podem ser consideravelmente reduzidas contando-se com rebocadores, sendo função do número, tração estática e sistema operacional (convencionais ou azimutais) dos mesmos. Nestes dimensionamentos recomenda-se utilizar ângulos de leme intermediários, em torno de 15° a 20°, mantendo uma reserva de guinada entre 20° e 35° para eventualidades. Os trechos retilíneos entre duas curvas devem ser de pelo menos $5 \cdot L_{pp}$ de extensão (PIANC, 1997).

Nos casos em que cais, ou qualquer outro tipo de instalação, esteja presente nas margens do canal, sugere-se um espaçamento de 2,5 B (do navio de projeto) entre o limite do canal e qualquer embarcação atracada (ROM 3.1-99, 1999). Da mesma forma, recomenda-se manter esse espaçamento com a posição mais próxima de um navio fundeado.

Tabela 11.4
Faixa de manobra básica incluindo a boca

Manobrabilidade da embarcação	Boa	Moderada	Pobre
Largura requerida	1,3 B	1,5 B	1,8 B

Tabela 11.5
Classificação da velocidade do navio em relação à água quanto à intensidade (nós)

Veloz	> 12
Moderada	> 8 ≤ 12
Lenta	> 5 ≤ 8

Tabela 11.6
Classificação dos ventos transversais prevalecentes quanto à intensidade (nós)

Severo	> 33 ≤ 48 (Beaufort 7-9)
Moderado	> 15 ≤ 33 (Beaufort 4-7)
Fraco	≤ 15 (Beaufort 4)

Tabela 11.7
Classificação das correntes transversais prevalecentes quanto à intensidade (nós)

Forte	≥ 1,5 < 2,0
Moderada	≥ 0,5 < 1,5
Fraca	≥ 0,2 < 0,5
Negligenciável	< 0,2

Tabela 11.8
Classificação das correntes longitudinais prevalecentes quanto à intensidade (nós)

Forte	≥ 3,0
Moderada	≥ 1,5 < 3,0
Fraca	< 1,5

Tabela 11.9
Classificação quanto à periculosidade da carga transportada

Categoria	Carga
Baixa	Passageiros; cargas em geral; contêineres; granéis sólidos
Média	Petróleo
Alta	Combustíveis; gás liquefeito de petróleo; metaneiros; butaneiros; produtos químicos de todas as classes

Tabela 11.10
Densidade de encontro de tráfego

Categoria	Densidade de tráfego (embarcações de projeto/dia)
Leve	0-1
Moderada	> 1-3
Pesada	> 3

Tabela 11.11
Largura adicional devida à folga com a margem

Largura adicional	Velocidade da embarcação	Canal externo (não abrigado)	Canal interno (abrigado)
Suave talude submerso (1:10 ou mais suave)	Veloz	0,2 B	0,2 B
	Moderada	0,1 B	0,1 B
	Lenta	0,0	0,0
Canal com laterais taludadas e com bancos de areia	Veloz	0,7 B	0,7 B
	Moderada	0,5 B	0,5 B
	Lenta	0,3 B	0,3 B
Margens íngremes e rígidas, estruturas	Veloz	1,3 B	1,3 B
	Moderada	1,0 B	1,0 B
	Lenta	0,5 B	0,5 B

Tabela 11.12 — Largura de passagem para canais de mão-dupla		
Largura adicional	**Canal externo (não abrigado)**	**Canal interno (abrigado)**
Velocidade da embarcação com relação à água		
Veloz	2,0 B	1,8 B
Moderada	1,6 B	1,4 B
Lenta	1,2 B	1,0 B
Densidade de tráfego		
Leve	0,0	0,0
Moderada	0,2 B	0,2 B
Pesada	0,5 B	0,4 B

Quando se trata de ultrapassagem de um navio pelo outro, esses fatores devem ser incrementados em 50% (ROM 3.1-99, 1999).

Tabela 11.13 — Larguras adicionais para canais com seção transversal reta em função de B				
Fator	**Condições**	**Velocidade da embarcação**	**Canal externo**	**Canal interno**
(a) Velocidade da embarcação com relação à água		Veloz	0,1 B	0,1 B
		Moderada	0,0	0,0
		Lenta	0,0	0,0
(b) Ventos transversais prevalecentes	Fraco	Veloz	0,1 B	0,1 B
		Moderada	0,2 B	0,2 B
		Lenta	0,3 B	0,3 B
	Moderado	Veloz	0,3 B	0,3 B
		Moderada	0,4 B	0,4 B
		Lenta	0,6 B	0,6 B
	Severo	Veloz	0,5 B	0,5 B
		Moderada	0,7 B	0,7 B
		Lenta	1,1 B	1,1 B
(c) Correntes transversais prevalecentes	Negligenciável	Todas	0,0	0,0
	Fraca	Veloz	0,2 B	0,1 B
		Moderada	0,25 B	0,2 B
		Lenta	0,3 B	0,3 B
	Moderada	Veloz	0,5 B	0,4 B
		Moderada	0,7 B	0,6 B
		Lenta	1,0 B	0,8 B
	Forte	Veloz	1,0 B	–
		Moderada	1,2 B	–
		Lenta	1,6 B	–

(continua)

(continuação)

Tabela 11.13 Larguras adicionais para canais com seção transversal reta em função de B				
Fator	**Condições**	**Velocidade da embarcação**	**Canal externo**	**Canal interno**
(d) Correntes longitudinais prevalecentes	Fraca	Todas	0,0	0,0
	Moderada	Veloz	0,0	0,0
		Moderada	0,1 B	0,1 B
		Lenta	0,2 B	0,2 B
	Forte	Veloz	0,1 B	0,1 B
		Moderada	0,2 B	0,2 B
		Lenta	0,4 B	0,4 B
(e) Altura significativa H_s de ondas transversais	$H_s \leq 1$	Todas	0,0	0,0
	$3\,m > H_s > 1\,m$	Todas	0,5 B	–
	$H_s > 3\,m$	Todas	~1,0 B	–
(f) Auxílios à navegação	Excelente, com pares de boias com refletor de radar, indicação luminosa de alinhamento, VTS, práticos, DGPS e ECDIS (carta eletrônica oficial)		0,0	0,0
	Boa, com pares de boias com refletor de radar, indicação luminosa de alinhamento, práticos e DGPS		0,2 B	0,2 B
	Moderada, quando nenhum dos recursos acima está disponível		0,4 B	0,4 B
(g) Superfície do fundo do canal	Se profundidade $\geq 1,5\,T$		0,0	0,0
	Se profundidade $< 1,5\,T$ • Lisa e macia		0,1 B	0,1 B
	• Rugosa e dura		0,2 B	0,2 B
(h) Profundidade do canal	$\geq 1,5\,T$ (interno e externo)		0,0	0,0
	$\geq 1,25\,T\ e < 1,5\,T$ (externo)		0,1 B	
	$\geq 1,15\,T\ e < 1,5\,T$ (interno)			0,2 B
	$< 1,25\,T$ (externo) $< 1,15\,T$ (interno)		0,2 B	0,4 B
(i) Nível de periculosidade da carga	Inclui periculosidade por toxicidade, potencial explosivo, potencial de poluição, potencial de combustão, potencial corrosivo; corresponde a navios LNG, LPG e certas classes dos químicos		Sem largura adicional, desde que disponha-se de medidas de segurança adicionais, como redução de velocidade, assistência VTS, embarcações de patrulha e restrição do tráfego em duas mãos	

– No item (f) deve ser considerada a visibilidade quanto à incidência de neblina e precipitações pluviométricas. Visibilidade restrita é normalmente considerada abaixo de 0,5 milha náutica. Como exemplo, a Santos Pilots, Praticagem de Santos, abaixo de 1.000 m considera restrições às manobras e abaixo de 500 m, suspensão de manobras.
– VTS é o *Vessel Traffic Service*.

Tabela 11.14
Raio requerido em função do tipo de navio para h/T = 1,2 e ângulo do leme de 20°

Tipo de navio	R
Cargueiro	5 L_{OA}
Cargueiro pequeno	6 L_{OA}
Conteneiro Post Panamax	7 L_{OA}
Conteneiro Panamax	6 L_{OA}
VLOC	6 L_{OA}
Graneleiro Panamax	6 L_{OA}
Graneleiro pequeno	5 L_{OA}
VLCC	5 L_{OA}
Petroleiro pequeno	5 L_{OA}
Gaseiro LNG	4 L_{OA}
Navio com refrigeração	5 L_{OA}
Navio de passageiros	4 L_{OA}
Ferry-boat	5 L_{OA}

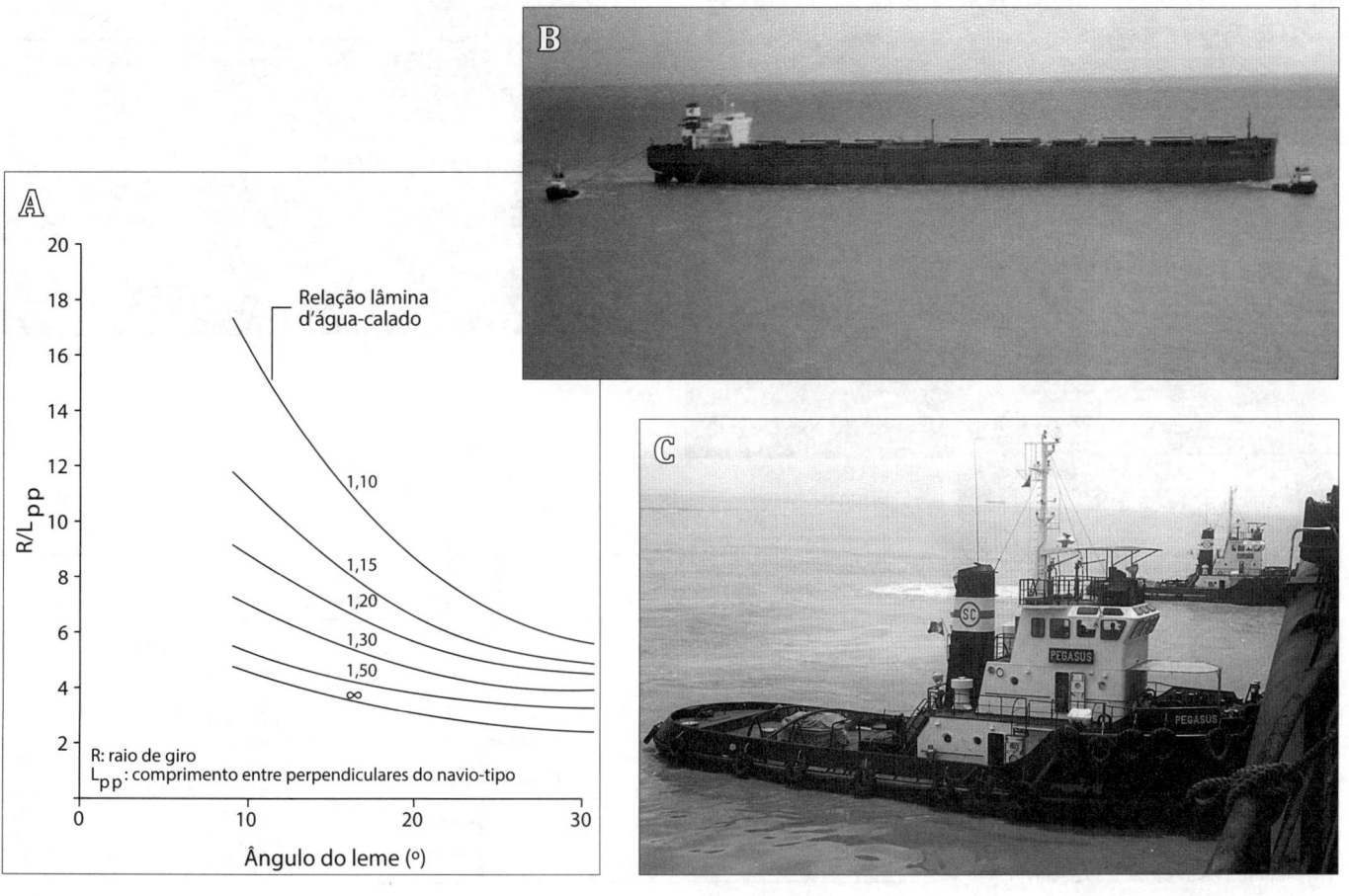

Figura 11.11
(A) Raio requerido pela embarcação em função do ângulo de leme e profundidade de água, para conteneiro com hélice e leme únicos.
(B) e (C) A manobra auxiliada por rebocadores em bacias de evolução reduz o raio requerido (atracação de mineraleiro Federal Skeena, de 130 mil tpb, no Píer I do Complexo Portuário de Ponta da Madeira da Vale em São Luís (MA) em maio de 1986).

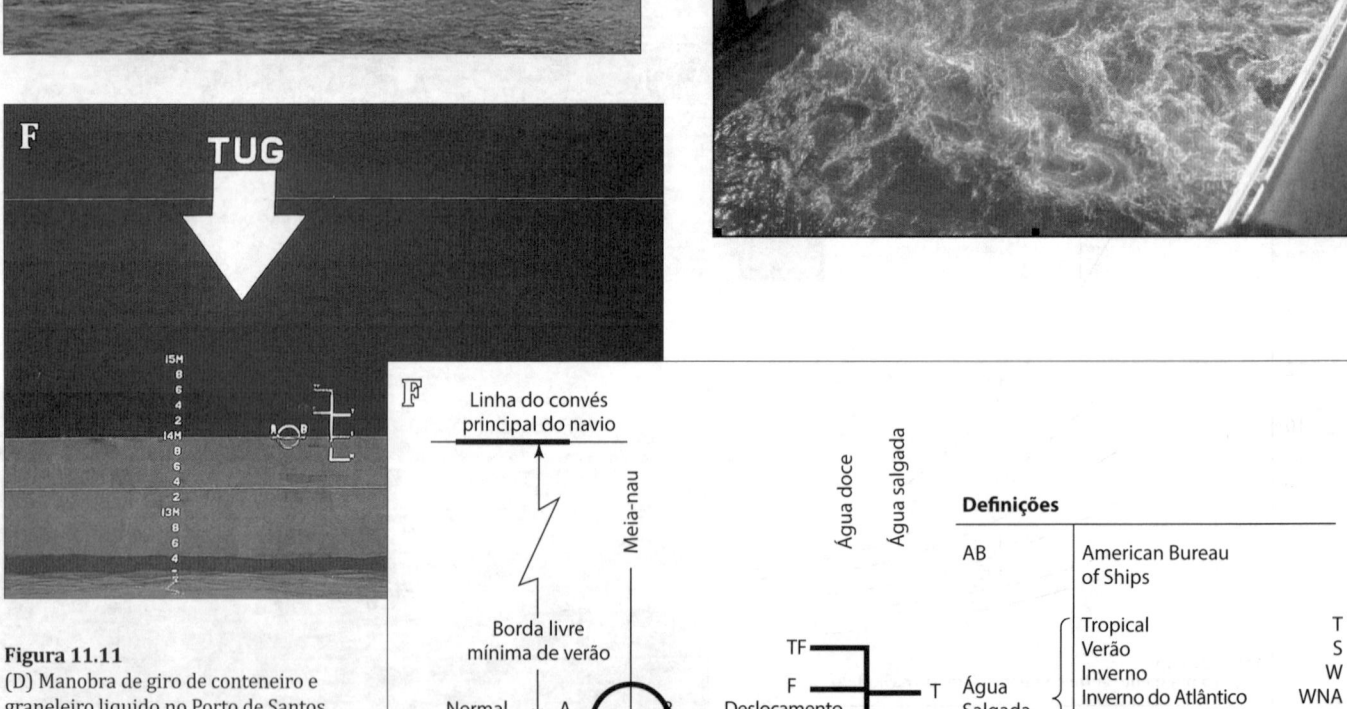

Figura 11.11
(D) Manobra de giro de conteneiro e graneleiro líquido no Porto de Santos. Manobra de atracação no Porto de Santos (SP).
(E) Manobra de desatracação de navio dotado de *thrusters*, dispensando rebocadores (hélices transversais). Porto de Santos (SP).
(F) Marcas no costado do navio: local no qual os rebocadores podem empurrar, disco de Plimsoll, Marcas de Estação à meia-nau e indicação de calado.

Linha do convés principal do navio

Meia-nau

Água doce

Água salgada

Definições

AB — American Bureau of Ships

Borda livre mínima de verão

Normal

A   B

Deslocamento

TF

F

T   Água Salgada

S

W

WNA

Carga

Tropical   T
Verão   S
Inverno   W
Inverno do Atlântico WNA
Norte   N
Água doce   F
Água doce tropical   TF

Calado

Linha da quilha do navio

Figura 11.11
(G) Berço de rebocadores no Complexo Portuário de Ponta da Madeira, da Vale em São Luís (MA).
(H) Navio de cruzeiro com três *bow thrusters*.
(I) *Stern thruster* de conteneiro *feeder* (cabotagem).
(J) Manobra de mineraleiro no Terminal da Ilha Guaíba (TIG), da Vale, com quatro rebocadores.

Figura 11.12
(A) Faixa de varredura requerida na curva em função do ângulo de leme e profundidade d'água, para conteneiro com hélice e leme únicos.
(B) Planimetria de caracterização da largura adicional em trechos em curva.

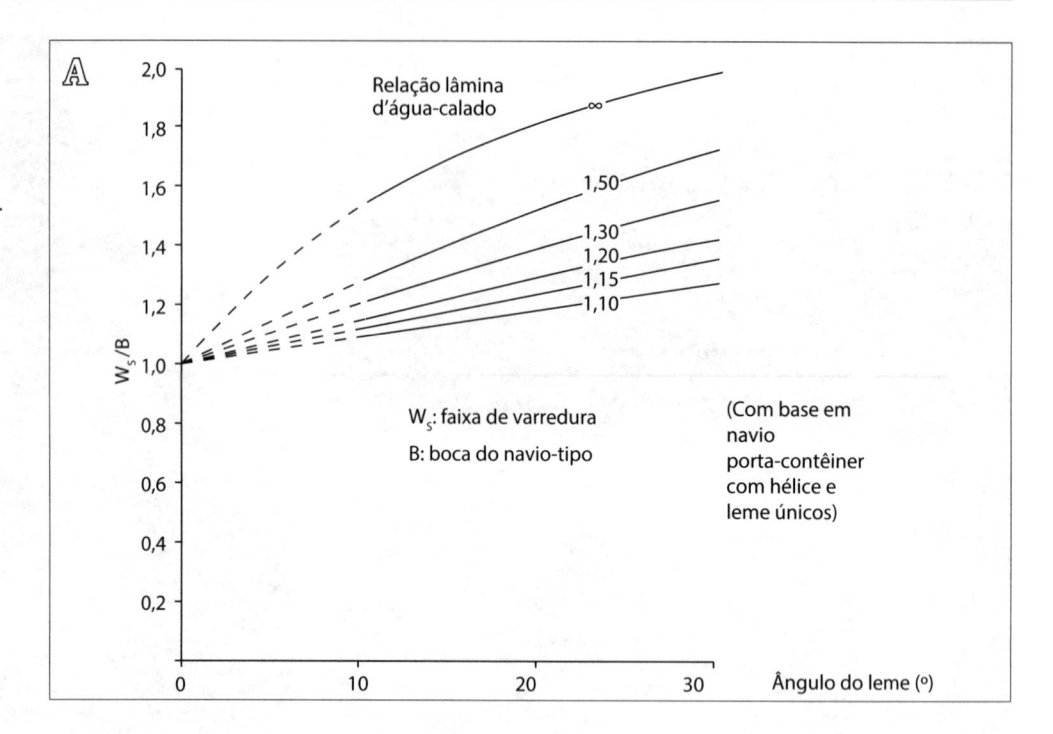

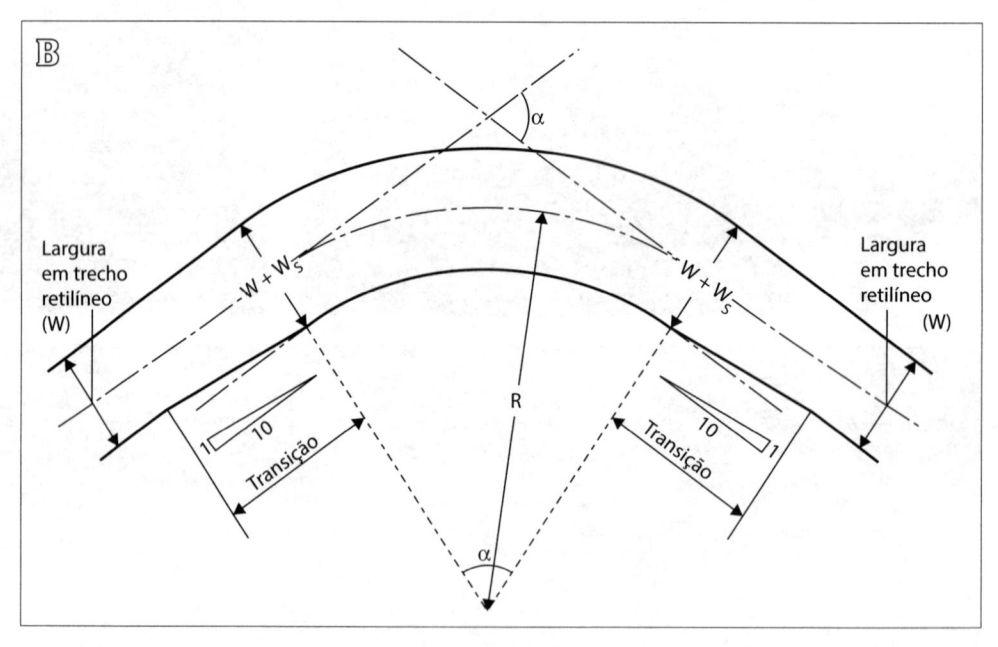

Segundo a PIANC (2014), o efeito de *passing ship*, que ocorre quando da passagem de um navio em canal relativamente confinado sobre navio atracado, pode ser minorado respeitando os seguintes critérios:

— Manter um espaçamento mínimo, costado a costado, de 2 B, se a velocidade do navio passante for menor que 4 nós.

— Manter um espaçamento mínimo, costado a costado, de 4 B, se a velocidade do navio passante for entre 4 e 6 nós.

Essa perturbação, caso não sejam obedecidas as tolerâncias mínimas de espaçamento, pode causar interrupção da carga/descarga do navio atracado, ou até excessivas cargas sobre linhas de amarração e defensas.

O efeito do navio passante é principalmente gerado pelo campo de pressão que se apresenta em torno de navios em navegação. À medida que o navio avança, ele empurra a água a sua frente e a desvia de sua trajetória. Assim, resulta uma área de alta pressão em torno da proa. A água acelerada pela alta pressão flui ao longo das laterais do casco rumo à popa, padrão de escoamento que acarreta baixas pressões relativas ao longo dos costados do navio. Finalmente, a água em movimento para novamente em uma região de alta pressão próxima à popa. Dessa maneira, a distribuição de pressão é relativamente alta na proa e popa, com pressão baixa a meia-nau. Esse efeito de perturbação é maior próximo ao navio passante e diminui com a distância dele.

O padrão geral dos efeitos no navio atracado pela passagem são os seguintes:

- Repulsão, à medida que o campo de alta pressão próximo à proa se aproximando induz força transversal puxando o navio atracado no sentido do passante, e momento em relação ao eixo vertical, girando o navio com sua extremidade mais próxima da proa do navio passante de encontro às defensas.

- Na medida em que o navio passante rebaixa o nível d'água, as forças repulsivas mudam para atrativas e o navio atracado tende a se deslocar transversalmente rumo ao navio passante.

- Assim que o navio passante ultrapassa o atracado, este mergulha rumo ao primeiro com uma translação longitudinal que puxa o navio no mesmo rumo do passante para a área de baixa pressão. Nessa fase, movimentos e forças de amarração são usualmente maiores. O navio atracado tende a afastar-se das defensas, fazendo com que se perca o efeito restritivo destas ao movimento, e o navio atracado pode se mover mais. Essa condição é a situação mais crítica, em que os movimentos do navio atracado podem se tornar significativamente maiores.

- Novamente as forças de atração mudam para repulsivas assim que o efeito da alta pressão da popa se torna maior, puxando o navio atracado com uma força transversal com sentido para o berço e um momento de sentido oposto ao da fase anterior.

Esses efeitos podem ser mais importantes nos casos em que os navios atracados sejam mais sensíveis a movimentos, como petroleiros, gaseiros e conteneiros.

Nas bocas portuárias com duas margens, segundo ROM 3.1-99 (1999), as condições-limite operacionais, considerando as condições climáticas transversais (consideradas normalmente para o dimensionamento), na ausência de estudos específicos para a área, são as seguintes:

velocidade absoluta do vento $V_{10\,m,\,1\,min} \leq 20$ nós

velocidade absoluta da corrente ≤ 1 nó

altura da onda $H_s \leq 3,0$ m

Em portos de refúgio para embarcações menores (pesqueiras e esportivas), ou naqueles que são dimensionados para condições severas, sugerem-se:

velocidade absoluta do vento $V_{10\,m,\,1\,min} \leq 32$ nós

velocidade absoluta da corrente ≤ 4 nós

altura da onda $H_s \leq 5,0$ m

Nas condições operacionais mais desfavoráveis, a largura da boca portuária mínima para o navio de projeto deve ser maior ou igual a L_{OA}, para prevenir a situação em que a embarcação ficasse encalhada em ambas as margens, com o risco de partir-se na baixa-mar.

Recomenda-se que a diretriz do canal seja retilínea e seu eixo não deve fazer ângulo superior a 15° com a direção predominante de corrente e vento.

Na região de obras de travessias (pontes ou cabos aéreos), o canal deve apresentar alinhamento retilíneo, bem demarcado, de no mínimo 5 comprimentos da maior embarcação da frota que frequenta o porto, sendo de cerca de 2 comprimentos de um dos lados da travessia.

Quanto às declividades dos taludes em função da natureza do solo:

- rocha: próximo a vertical;
- argila rija a média: 1:1 a 1:3;
- argila arenosa: 1:3 a 1:4;
- areia grossa a fina: 1:4 a 1:6;
- areia fina siltosa: 1:6 a 1:10;
- argila mole e vaza: no máximo 1:10;
- o ângulo de repouso efetivo nos materiais granulares dependerá também da ação hidrodinâmica das ondas e correntes.

Nos canais extensos, com ocorrência de fortes correntes ou ventos transversais à diretriz do canal, a largura mínima deve ser parametrizada pelo comprimento do maior navio de projeto (L_{OA}):

- mão simples: 1 L_{OA};
- mão dupla: 1,5 L_{OA}.

Havendo necessidade de deflexões, o traçado do canal deve conter segmentos retilíneos (tangentes), conectados por arco de círculo com comprimento mínimo para as tangentes igual a três vezes o comprimento do maior navio de projeto.

11.1.3 Exemplos de canais de acesso portuários

Nas Figuras 11.13 e 11.14(A) estão apresentados exemplos de um canal externo de acesso portuário (Figura 11.13) e de um canal interno de acesso portuário (Figura 11.14(A)). Nas Figuras 11.14 (B) a (E), está ilustrada a boca do Porto de Calais (França) com a sequência de passagem de dois *ferries*.

No site <www.marinetraffic.com> é possível visualizar em tempo real o posicionamento de navios em várias áreas de navegação e portos do mundo.

Figura 11.13
(A) Planimetria da batimetria referida
à baixa-mar média de sizígia do Golfão
Maranhense (MA).
(B) Planimetria do canal de Acesso,
áreas de dragagem e de espera para
o Complexo Portuário de Ponta da
Madeira, Porto de Itaqui e Porto de
Alumar, na Baía de São Marcos (MA).

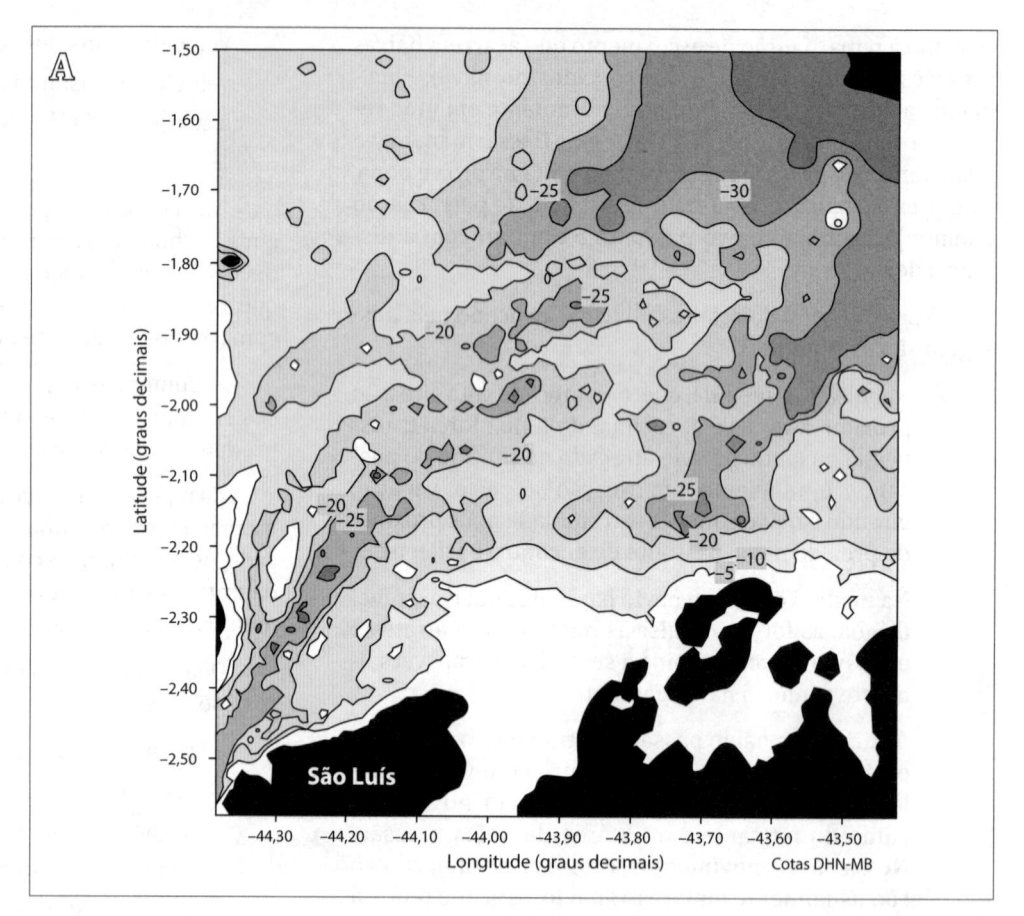

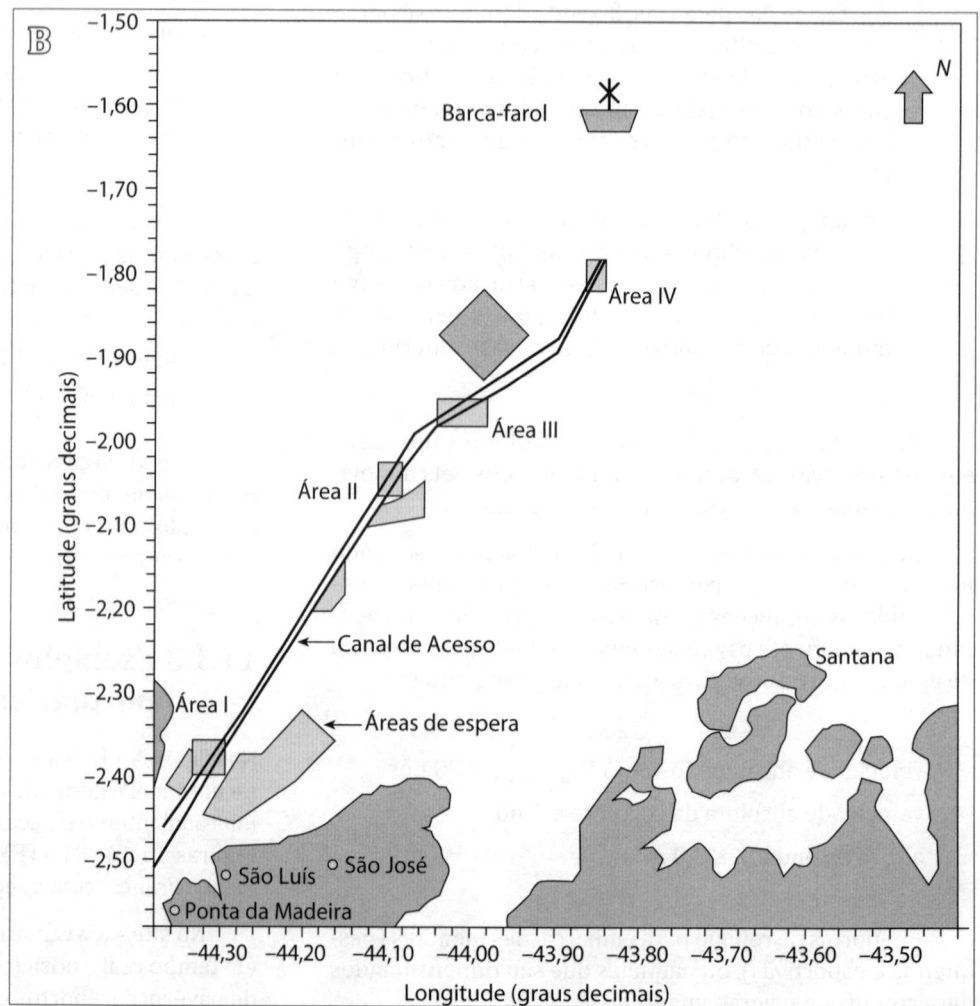

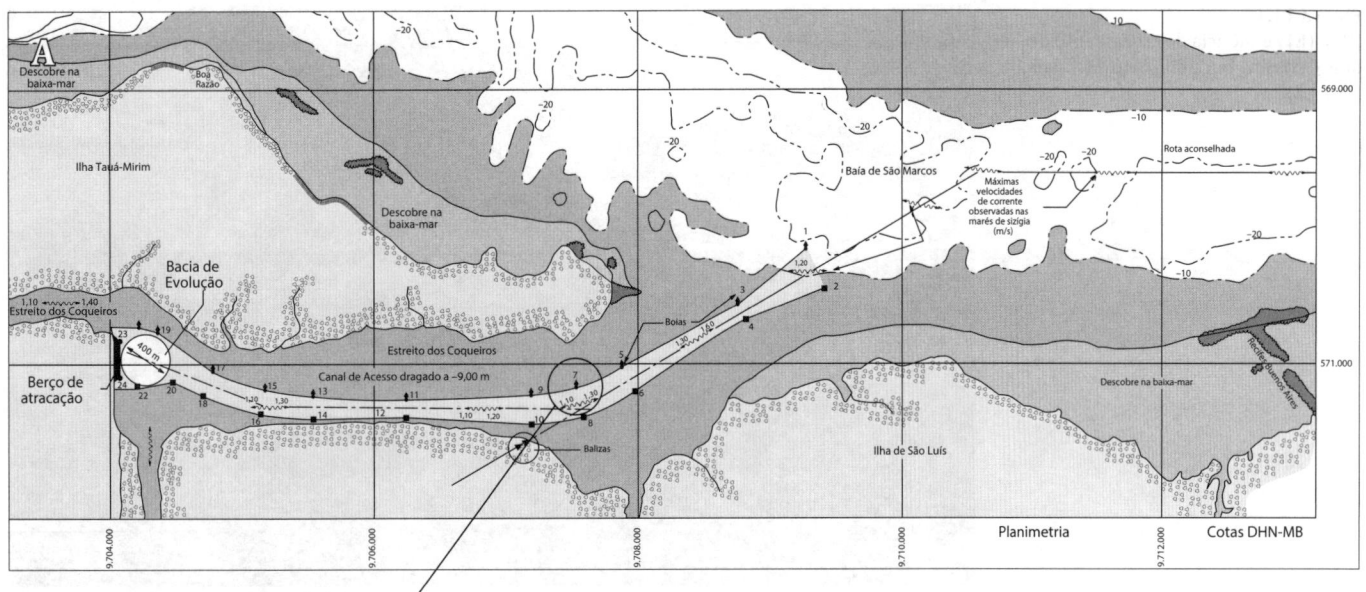

Figura 11.14
(A) Planimetria do Canal de Acesso ao Porto da Alumar em São Luís (MA).
(B) a (E) Sequência de cruzamento de dois *ferries* na boca do porto de Calais (França).

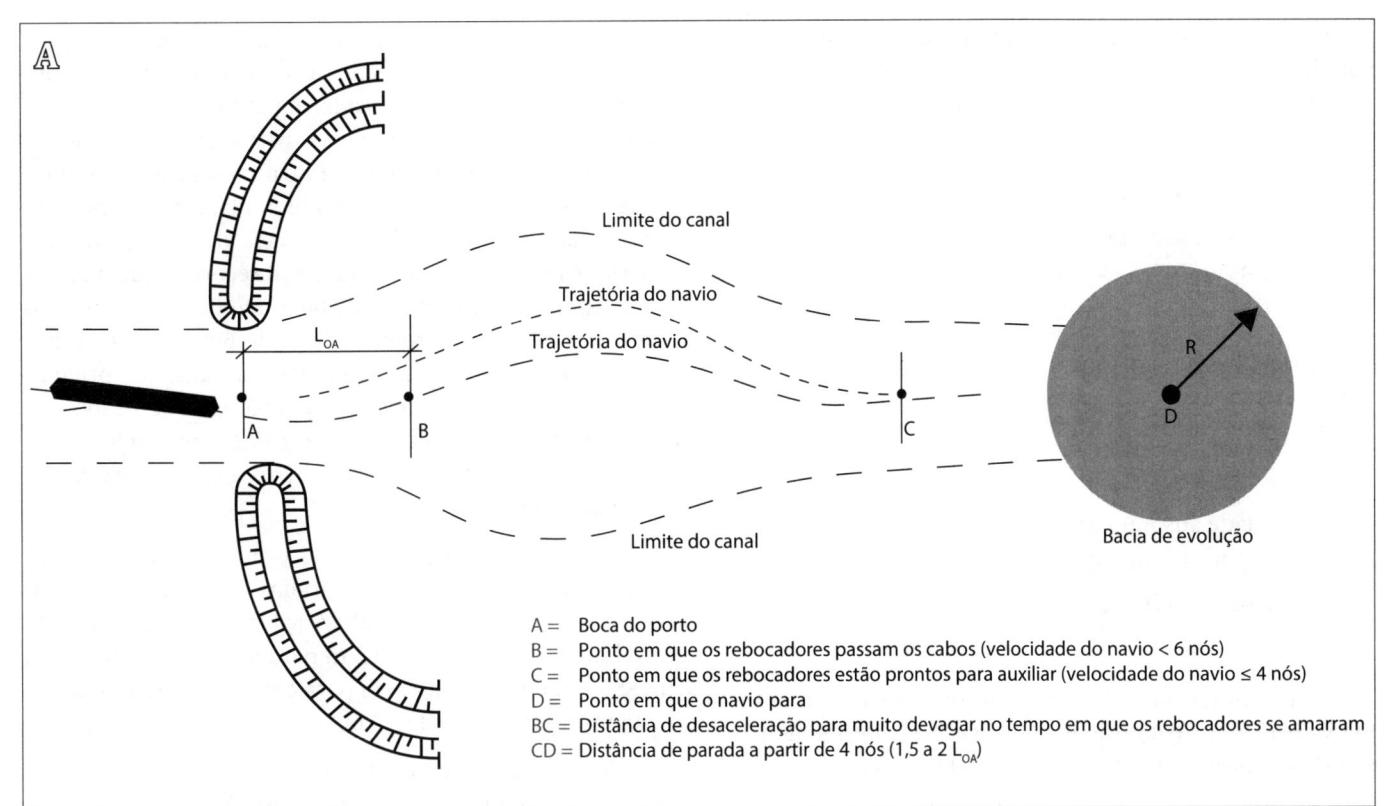

A = Boca do porto
B = Ponto em que os rebocadores passam os cabos (velocidade do navio < 6 nós)
C = Ponto em que os rebocadores estão prontos para auxiliar (velocidade do navio ≤ 4 nós)
D = Ponto em que o navio para
BC = Distância de desaceleração para muito devagar no tempo em que os rebocadores se amarram
CD = Distância de parada a partir de 4 nós (1,5 a 2 L_{OA})

11.2 BACIAS PORTUÁRIAS

11.2.1 Distância de parada e bacias de evolução

Segundo PIANC (2014), a distância de parada de grandes navios em trecho reto (Figura 11.15(A)) pode ser subdividida em:

- Entrada do navio (A), com a velocidade máxima operacional, para o interior do porto, considerado um trecho de $1L_{OA}$.

- Percurso (BC) correspondente ao tempo para adicionar os rebocadores e para que eles se disponham para a manobra. Esse tempo é da ordem de 5 a 20 minutos, sendo 15 minutos um tempo de referência. Neste trecho o navio deve reduzir de sua velocidade máxima operacional para a velocidade mínima de governo do leme (em torno a 4 nós). Os rebocadores de cabo passado fornecem seu cabo para o navio, que o amarra em algum cabeço com ou sem auxílio de guincho.

- Distância de parada efetiva (CD) a partir do instante em que o navio dá toda máquina a ré e os rebocadores manobram. Esta distância é de 1,5 a $2,0L_{OA}$.

Quanto ao dimensionamento da zona de parada do navio, a ROM 3.1-99 (1999) considera que os navios, antes de parar, estejam se deslocando na velocidade máxima admissível nas vias de navegação de acesso. Assim, as paradas podem se dar em trecho reto, curvo ou misto.

A ROM 3.1-99 (1999) sugere, para a parada do navio em círculo seguida do giro (Figura 11.15(B)), os seguintes valores de raio de parada para navios com um hélice:

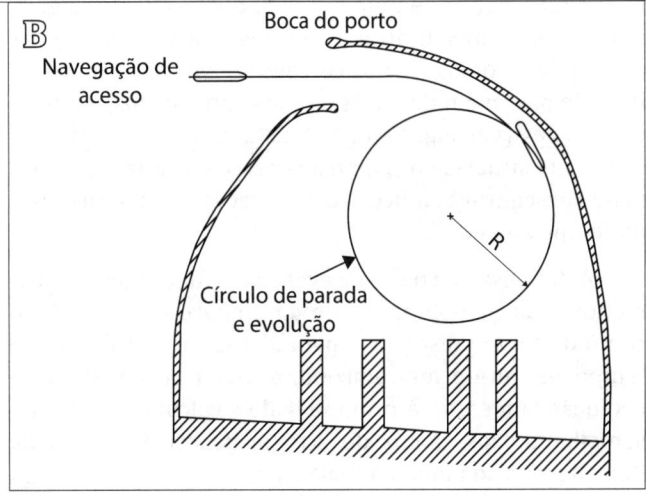

Figura 11.15
(A) Distância de parada em reta.
(B) Parada em curva.

- Para profundidade ≥ 5 T: 8 L_{pp} (recomendado) com 6 L_{pp} (mínimo).

- Para profundidade de 1,5 T: 10 L_{pp} (recomendado) com 7 L_{pp} (mínimo).

- Para profundidade ≤ 1,2 T: 16 L_{pp} (recomendado) com 10 L_{pp} (mínimo).

Para navios com dois hélices, as cifras anteriores podem ser reduzidas em 10% para profundidades ≥ 1,5 T e 20% para profundidades ≤ 1,2 T. Pelo fato de necessitar de maior espaço, este tipo de solução de parada é pouco recomendada pelo seu elevado custo.

Para a determinação da largura serão considerados os mesmos fatores já vistos para curvas em canal.

As condições ambientais do limite operacional para a parada do navio em círculo, independentemente da direção, segundo a ROM 3.1-99 (1999), são:

velocidade absoluta do vento $V_{10\,m,\,1\,min} \leq 20$ nós

velocidade absoluta da corrente ≤ 1 nó

altura da onda $H_s \leq 3,0$ m

Quando a parada ocorre em águas não abrigadas, o limite operacional recomendado, não direcional, pela ROM 3.1-99 (1999) passa a ser:

velocidade absoluta do vento $V_{10\,m,\,1\,min} \leq 20$ nós

velocidade absoluta da corrente ≤ 2 nós

altura da onda $H_s \leq 2,0$ m

Para a condição de desatracação, quando o navio retoma velocidade, a condição é simétrica, pois normalmente segue-se o procedimento inverso ao da parada.

A localização de uma bacia de evolução, ou de giro, para as manobras de atracação e desatracação deve estar protegida de ondas, fortes correntes e ventos, bem como livre de passagem de dutos e cabos submarinos, e outras obstruções (ver Figura 11.16). Esta área deve preferencialmente situar-se próximo aos berços de atracação, devendo assegurar condições de atracação em mais de 95% do tempo ao ano.

A dimensão da bacia de evolução é função do comprimento e da manobrabilidade da embarcação tipo, bem como do tempo disponível para efetuar a manobra (se o tempo permitido for reduzido, o diâmetro da bacia de evolução aumenta). A profundidade é calculada de forma semelhante aos canais de acesso, desconsiderando os itens ligados ao movimento da embarcação, sendo a folga sob a quilha de no mínimo 1 m, valor adotado também para os berços de atracação, para evitar que a embarcação assente no fundo.

As manobras de giro de um navio e a sua condução em movimento à ré estão entre as operações mais delicadas realizadas pelos práticos. Sobre esta questão é preciso ter em conta que os rebocadores portuários têm capacidade para conduzir tais manobras somente em regiões com ondas de 1,0 a 1,5 m, dependendo de sua potência e tipo de propulsão. Os recursos de *thrusters* para as guinadas são muito limitados pela condição hidrodinâmica da velocidade do navio, que dificulta a entrada da água pelo duto do *thruster*, o qual é plenamente eficiente somente abaixo de 1,3 nós e completamente ineficiente acima de 6 nós. Quanto aos rebocadores, sua eficiência também é extremamente limitada pela velocidade do navio, das correntes de maré e pelo comprimento do cabo de reboque. As condições mais favoráveis são para velocidades do navio abaixo de 4 a 5 nós, com ondas abaixo de 1 m e correntes de maré

abaixo de 2 nós, pois as exigências da hidrodinâmica agentes são menores, mas mesmo nestas condições parte considerável da força do rebocador é perdida na sustentação destes esforços hidrodinâmicos (pelo menos 10% de sua tração estática), ficando o restante para ser exercido sobre o navio. A ação do vento é mais limitada, correspondendo aproximadamente a 1:29 em termos da velocidade das correntes da maré. Deve-se também recordar que o período natural dos rebocadores é bem menor do que dos navios que estes conduzem, na faixa de 6 s, o que os torna vulneráveis a maiores movimentos verticais, que prejudicam sua eficiência. O uso de cabos longos de reboque é mais recomendável quando da ação das ondas, pelo menor ângulo formado com o plano horizontal, minimizando o risco de romper o cabo.

Segundo as recomendações praticadas no Japão, as ondas limites a serem consideradas em bacias de evolução são de 0,3 m para embarcações com deslocamento total inferior a 500 t; de 0,5 m para deslocamentos totais até 50 mil t e de 0,7 a 1,5 m para embarcações com deslocamento total acima de 50 mil t.

Tendo-se em conta todos estes fatores, fica claro que deve-se considerar, nestas operações reservas de segurança e redundância de equipamentos, não se fiando com capacidades nominais, muitas vezes não disponíveis, e falhas nos equipamentos, ou falha no entendimento das ordens de manobras dos Práticos para os mestres dos rebocadores.

Em manobras à ré é essencial a assistência dos rebocadores, pois o leme não governa, ficando difícil o controle do navio.

Segundo PIANC (2014), a melhor forma de uma bacia de evolução consiste em uma área circular cujo diâmetro é 3 L_{OA} da embarcação tipo. Uma dimensão intermediária, que oferece maior dificuldade de giro, corresponde a 2 vezes o comprimento da embarcação tipo, tomando mais tempo de manobra e utilizando, além dos recursos de máquina e leme da embarcação, a assistência de rebocadores.

Segundo U. S. Army (2006) para correntes prevalecentes menores ou iguais a 0,5 nó, o diâmetro mínimo da bacia de evolução é de 1,2 Lpp contando com auxílio de rebocadores e *thrusters* (se disponíveis). Para correntes entre 0,5 e 1,5 nós a recomendação mínima é de um diâmetro de 1,5 Lpp. Para correntes superiores a 1,5 nós recomenda-se a utilização de testes em simuladores de manobras, bem como no caso de navios com grande área vélica sujeitos a velocidades do vento superiores a 25 nós.

O raio mínimo da bacia de evolução sugerido pela ROM 3.1-99 (1999) para a condição sem auxílio de rebocadores depende da profundidade:

– Para profundidade ≥ 5 T: 3 L_{pp}

– Para profundidade de 1,5 T: 3,5 L_{pp}

– Para profundidade $\leq 1,2$ T: 5 L_{pp}

Também aqui supõe-se que essas dimensões correspondam ao limite operacional:

velocidade absoluta do vento $V_{10\,m,\,1\,min} \leq 20$ nós

velocidade absoluta da corrente ≤ 1 nó

altura da onda $H_s \leq 3,0$ m

Quando há auxílio de rebocadores, a ROM 3.1-99 (1999) sugere a área indicada na Figura 11.16(A) como Bacia de Evolução, quando o navio adentra com velocidade não superior a 0,20 m/s e posiciona seu centro de gravidade G no centro da área.

$B_G \geq 0,10\ L_{OA}$

$L_G \geq 0,35\ L_{OA}$

$R_{cr} \geq 0,80\ L_{OA}$

Supõe-se como limite operacional as seguintes condições:

velocidade absoluta do vento $V_{10\,m,\,1\,min} \leq 20$ nós

velocidade absoluta da corrente $\leq 0,2$ nós

altura da onda $H_s < 1,5$ m a 2,0 m, dependendo dos rebocadores

Em casos de obras de acostagem em dársenas, se a Bacia de Evolução for projetada no interior da dársena, seguem-se os critérios anteriormente expostos. Entretanto, é mais favorável e costumeiro situá-las na boca da dársena com seu centro sobre o eixo longitudinal desta, como indicado na Figura 11.16(B), que supõe o uso de rebocadores. Seu dimensionamento é análogo ao visto anteriormente. Observe-se que, no caso de cais adjacente à dársena, devem ser mantidos os espaçamentos de segurança já vistos.

11.2.2 Bacias de espera ou fundeio

Segundo PIANC (2014), uma embarcação fundeada em uma única âncora necessita dispor de um círculo de raio igual a 5 vezes a profundidade local em baixa-mares de sizígia acrescido do comprimento do navio L_{OA} e uma folga para eventual movimentação da âncora, da ordem de 30 m, correspondendo a boa tença (garra) para a unhagem do ferro. Em zonas sujeitas a agitação deve ser adotada folga adicional de no mínimo 25 m, observando-se as peculiaridades locais. No dimensionamento de número de navios para uma determinada área de fundeio, deve-se garantir que os círculos delimitados não se interceptem, sendo cada um independente de outros. A profundidade é calculada de forma semelhante aos canais de acesso, desconsiderando os itens ligados ao movimento da embarcação. Na Figura 11.17 ilustram-se áreas de fundeio. Somente para exemplificar, o Porto de Santos, o mais importante do Hemisfério Sul, tem 64 berços de atracação e suas áreas de fundeio (incluindo a militar, de inspeção sanitária e de quarentena) comportam cerca de 150 navios.

Considera-se que as âncoras devem ter um peso proporcional ao deslocamento máximo da embarcação. Para navios

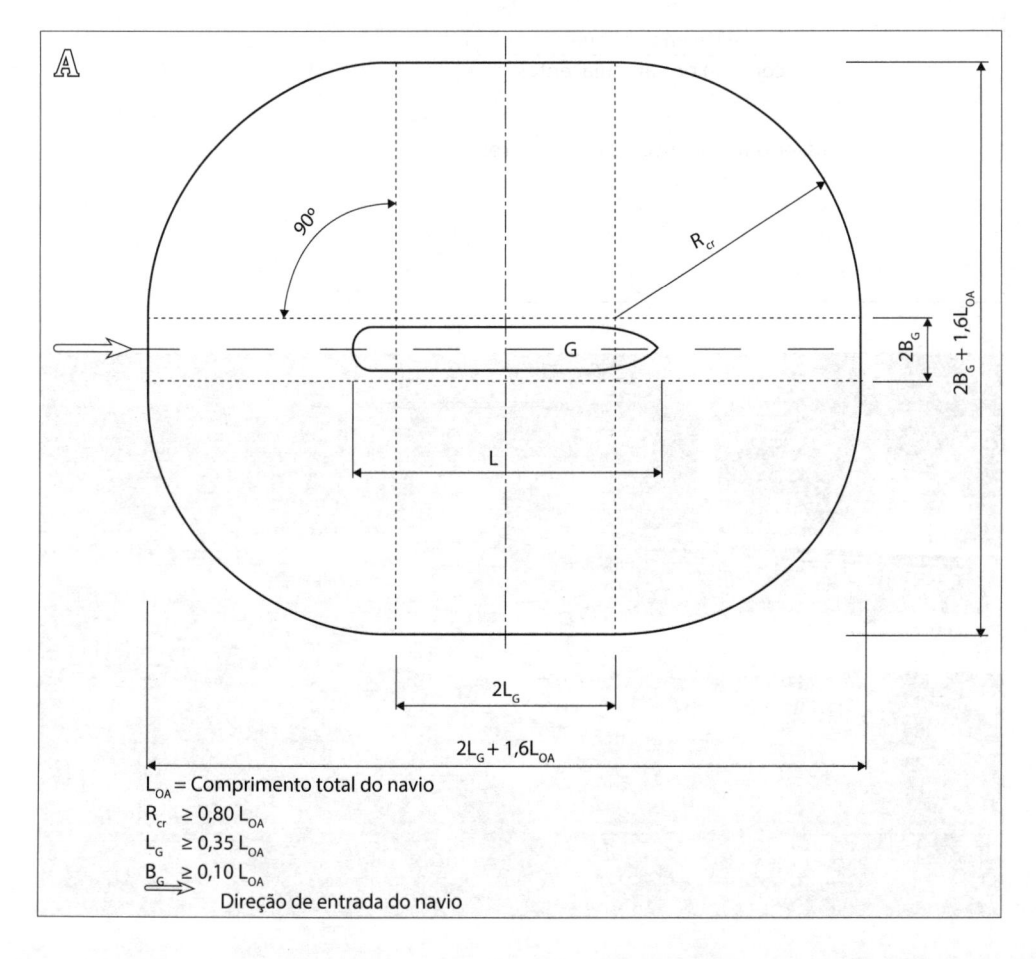

Figura 11.16

(A) Ilustração planimétrica da área da Bacia de Evolução com ajuda de rebocadores.

Figura 11.16
(B) Bacias de evolução na boca de dársenas.
(C) Vistas de manobras em Simulador Analógico de Manobras (SIAMA) de Panamax radiocontrolado nos berços do Píer III do Complexo Portuário de Ponta da Madeira da Vale em São Luís (MA). Fonte: São Paulo, Estado/DAEE/SPH/CTH.

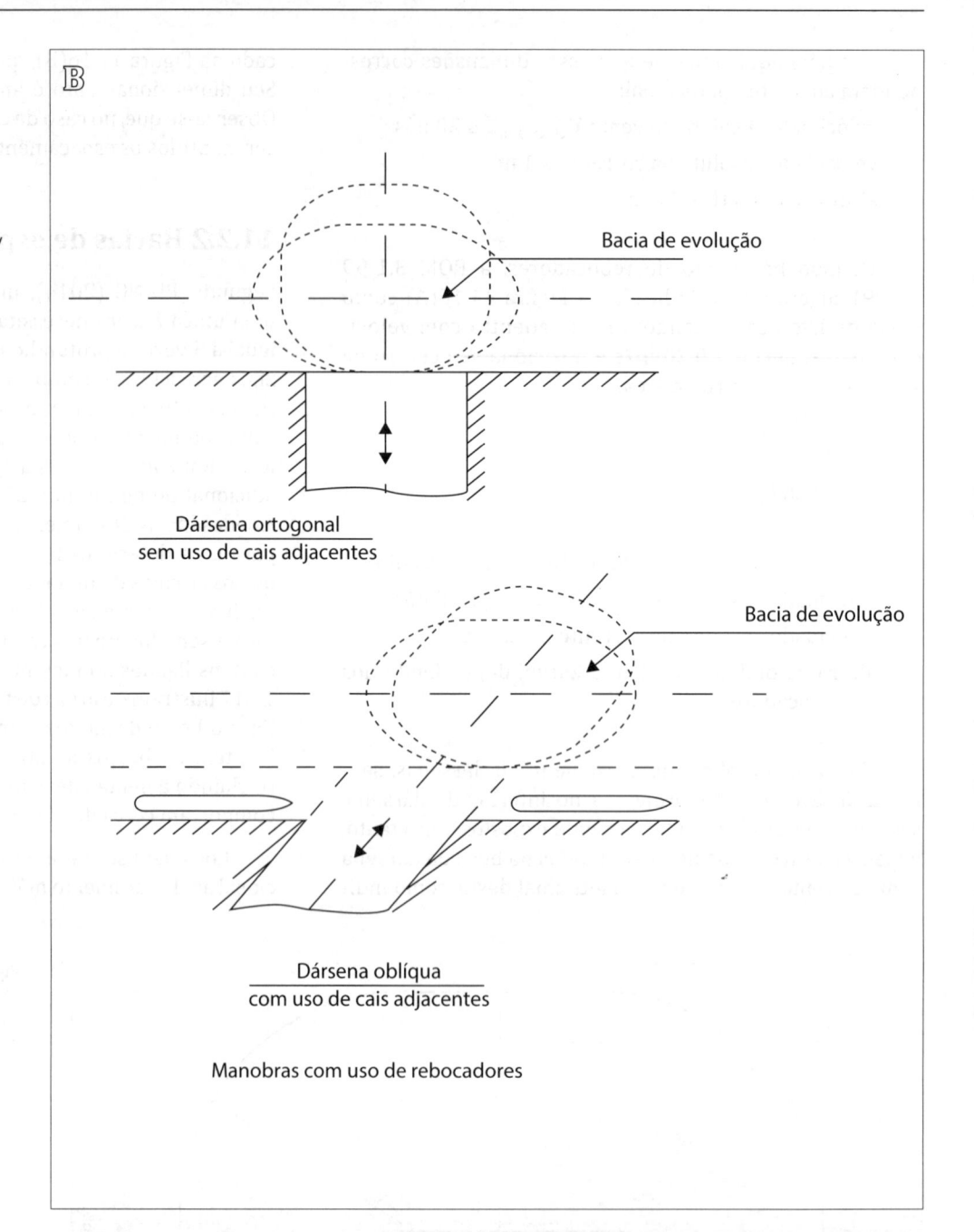

Bacia de evolução

Dársena ortogonal
sem uso de cais adjacentes

Bacia de evolução

Dársena oblíqua
com uso de cais adjacentes

Manobras com uso de rebocadores

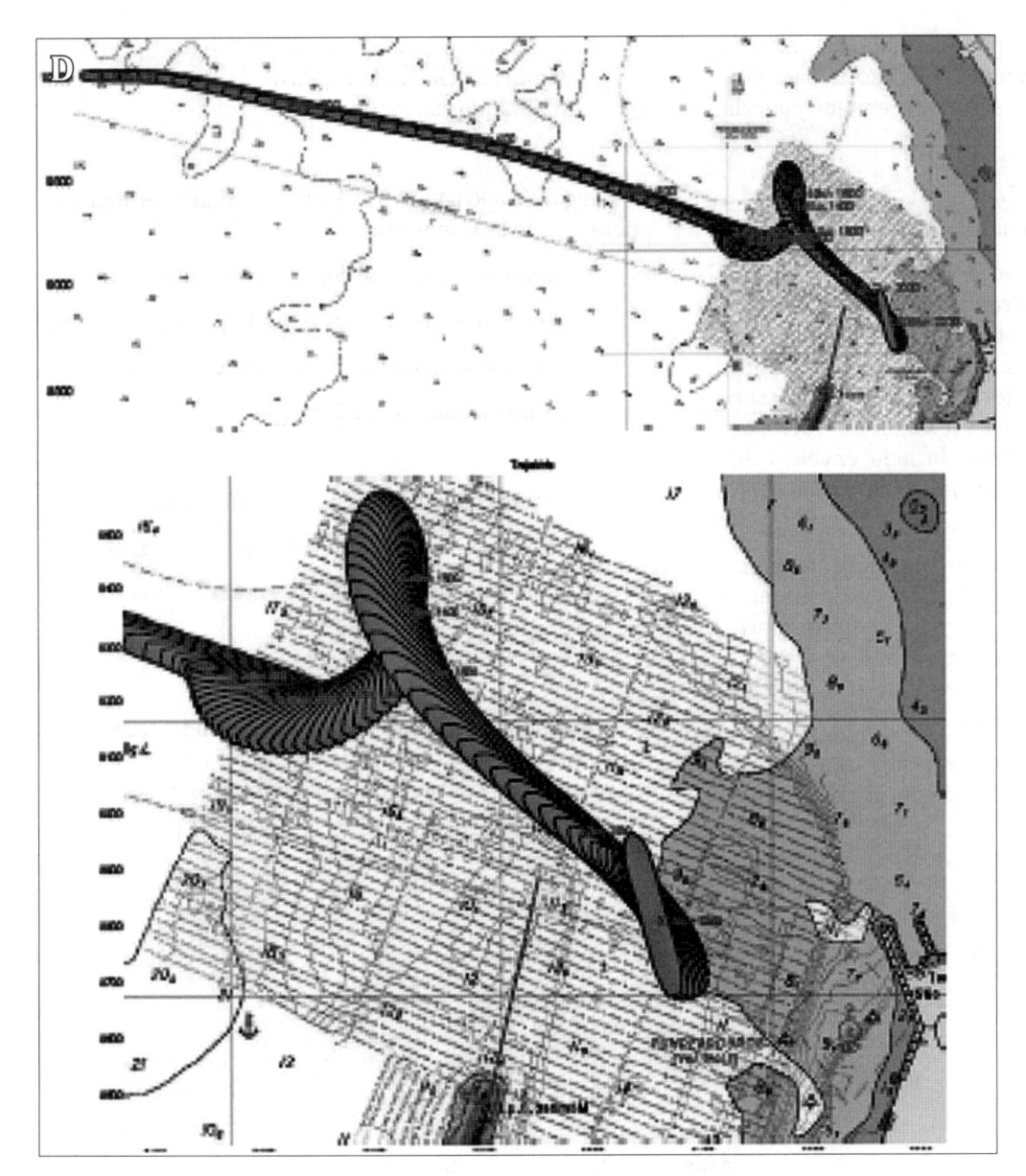

Figura 11.16
(D) Manobra executada em simulador matemático com navio conteneiro de L_{OA} = 300 m. Giro por bombordo e atracação por boreste com auxílio de rebocadores no Porto de Salvador (BA).

de maior porte, para cada tonelada de deslocamento, deve-se ter 1 kg de peso para a âncora, enquanto para embarcações de recreio, ou pesca, uma âncora de 90 kg já é suficiente para uma embarcação de 50 t. As âncoras empregadas a bordo de navios podem ser classificadas nos seguintes tipos: Almirantado (15 a 500 kg), patentes e Danforth (50 a 6.000 kg), especiais e poitas (de 2 a 600 kg). Âncoras de 100 kg podem penetrar 1,5 m em leito arenoso e até 2,5 m em leito mole, enquanto âncoras de 2,5 t, 2 m e 9 m, respectivamente.

Segundo ROM 3.1-99 (1999), e como mostrado na Figura 11.17(A), além de L_{OA} e comprimento total da amarra em projeção horizontal, deve-se levar em conta:

- Folga adicional por imprecisões no fundeio da ordem de 25% a 50% de L_{OA}.

- Margem para o escorregamento da âncora em função da velocidade do vento:

- Fundos com boa tença:

  ≤ 10 m/s: 0

  20 m/s: 60 m

  30 m/s: 120 m

  ≥ 30 m/s: 180 m

- Fundos com má tença:

  ≤ 10 m/s: 30 m

  20 m/s: 90 m

  30 m/s: 150 m

  ≥ 30 m/s: 210 m

– Uma folga de segurança pode ser estimada em 10% de L_{OA}, com um mínimo de 20 m, exceto para embarcações pesqueiras e esportivas em que poderia reduzir-se a 5 m.

Em termos de tença do fundo:

– Os melhores fundos são os de areia fina e dura, areia com lama e lama compacta. São aceitáveis os de areia e conchas, bem como os de pedra solta, pedregulho e cascalho. Os fundos de argila são bons, mas têm o inconveniente de que, se a âncora escorrega, fica difícil fazer com que volte a morder, pois suas unhas se emplastram ficando envoltas em uma massa de argila, obrigando a sua retirada para que seja lavada.

– Os fundos de lama fluida são relativamente pouco seguros, pois, embora sejam fáceis de prender, é provável que o ferro escorregue sem que a amarra dê sinais perceptíveis. Por outro lado, se a âncora se enterra muito profundamente na lama, pode vir a ser impossível de retirá-la.

– São fundos de má tença os de rocha e os excessivamente duros, pois as unhas da âncora podem não se agarrar, ou, ao contrário, podem ficar presas em alguma saliência do fundo, dificultando ou impossibilitando sua recuperação.

Segundo a ROM 3.1-99 (1999), as condições-limite de operação são as seguintes:

– Para manobras de aproximação e amarração:

velocidade absoluta do vento $V_{10 m, 1 min} \leq 17,0$ nós

velocidade absoluta da corrente $\leq 2,0$ nós

altura da onda $H_s \leq 2,5$ m

– Para permanência do navio no fundeadouro:

velocidade absoluta do vento $V_{10 m, 1 min} \leq 24,0$ nós

velocidade absoluta da corrente $\leq 2,0$ nós

altura da onda $H_s \leq 3,5$ m

Quando se tratar de navios com grande área vélica, como metaneiros, conteneiros, petroleiros em lastro etc., os valores acima devem ser reduzidos em 20%.

Figura 11.17
(A) Esquema planimétrico de fundeio.
(B) Área do Fundeio do Porto de Salvador (BA) no interior da Baía de Todos os Santos.

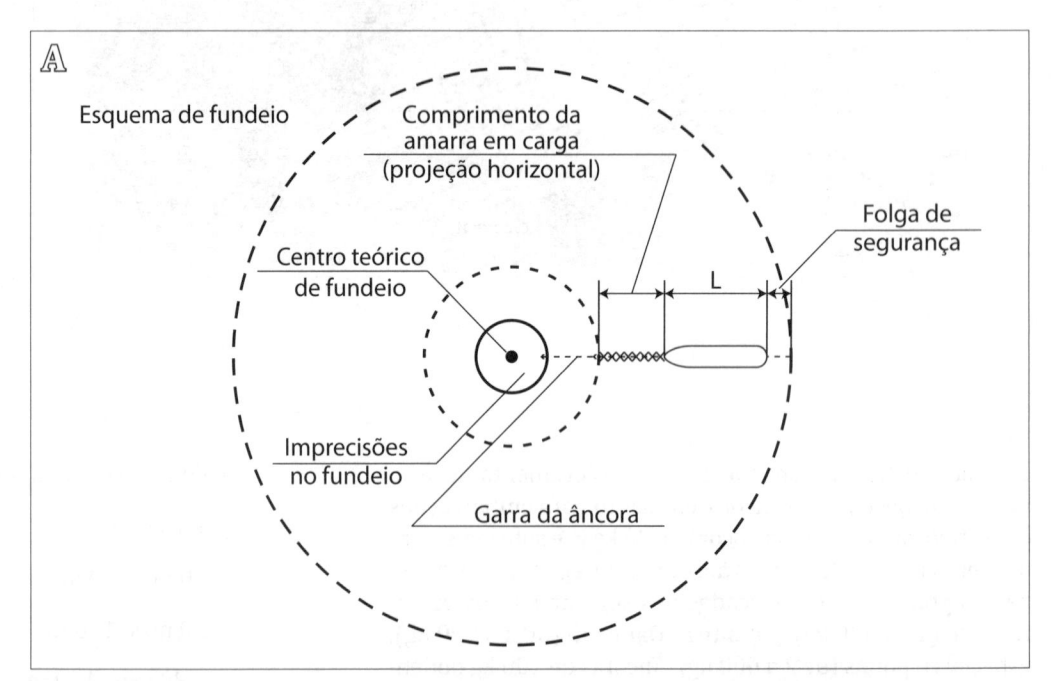

11.2.3 Bacias de berço

Recomenda-se, para a bacia do berço de acostagem, sendo L_{OA} e B, respectivamente, as dimensões de comprimento e boca do maior navio de projeto em local abrigado e sem correntes: comprimento de 1,25 L_{OA} e largura de 1,25 B com auxílio de rebocadores e comprimento de 1,5 L_{OA} e largura 1,5 B com seus próprios meios.

Na Figura 11.18 pode-se visualizar a aproximação com assistência de rebocadores de navio a um berço de atracação.

Nas proximidades da bacia do berço, a assistência dos rebocadores deve estar eficazmente disponível particularmente em áreas confinadas. A Figura 11.19 apresenta as folgas nas linhas de atracação recomendadas pela ROM 3.1-99 (1999). Os valores sugeridos supõem velocidades longitudinais das correntes inferiores a 1,5 m/s, desatracações tanto de proa como de popa e uso de rebocadores, tendo como parametrização o navio de maior L_{OA} para o calado definido. Para outras condições, recomenda-se utilizar simuladores físicos ou matemáticos.

Quanto à largura das dársenas, sempre considerando o concurso de rebocadores, a ROM 3.1-99 (1999) recomenda:

– Quando o alinhamento de fechamento transversal da dársena é utilizado como cais, o dimensionamento é o sugerido na Figura 11.20(A), com os critérios estabelecidos na Figura 11.19.

– Quando os alinhamentos longitudinais da dársena puderem abrigar 4 berços, 2 em cada cais, sem operações de navios acostados a contrabordo (*ship-to-ship*), a largura mínima recomendada (Figura 11.20(B)) é obtida pelo maior valor entre:

$$B_{nd} = 3 B_{máx} + L_r + 20 \text{ m}$$
$$B_{nd} = 5 B_{máx} + L_r$$

sendo:

B_{nd}: largura nominal da dársena entre faces dos escudos das defensas (linhas de atracação)

$B_{máx}$: boca máxima do maior navio de projeto que possa operar em qualquer dos cais da dársena

L_r: soma do L_{OA} do rebocador e da projeção horizontal do cabo de reboque, correspondente ao rebocador necessário para os maiores navios de projeto que possam operar em qualquer dos berços de atracação da dársena. No caso de não se dispor dessa informação, poderão ser usados os seguintes critérios:

Deslocamento total do navio (t)	L_r (m)
Até 5.000	45
Maior que 5.000 até 10.000	46-50
Maior que 10.000 até 30.000	51-60
Maior que 30.000 até 60.000	61-70
Maior que 60.000	71-85

Figura 11.18
Vistas de manobras reais de atracação e simuladas em Simulador de Ponte Completa (modelo matemático) e Simulador Analógico de Manobras (SIAMA – modelo físico). Fonte: São Paulo, Estado/DAEE/SPH/CTH.

ESQUEMA REPRESENTATIVO DO CAIS	L_{OA} DO MAIOR NAVIO QUE OPERA NA DÁRSENA (m)				
	MAIOR DE 300	300-201	200-151	150-100	MENOR DE 100
1 - Distância l_o entre navios atracados no mesmo alinhamento (m) 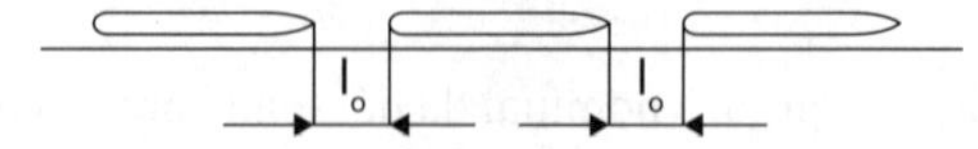	30	25	20	15	10
2- Separação l_s entre navio e mudança de alinhamento ou tipo de cais (m) a) 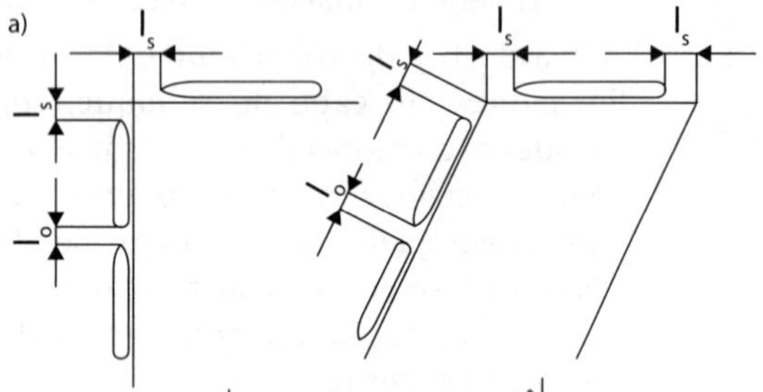	30	25	20	10	5
b) 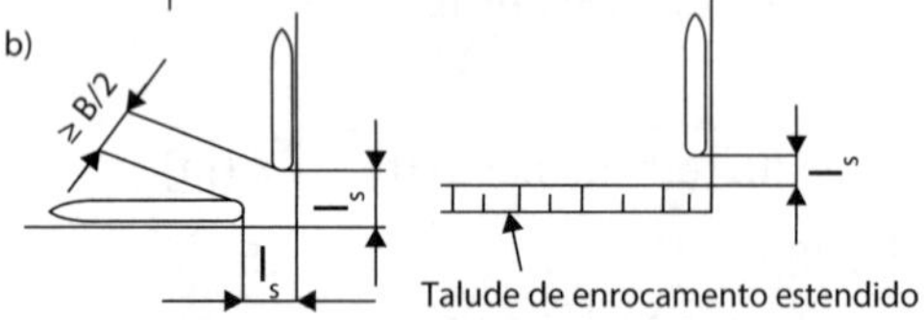	45/40	30	25	20	15
Talude de enrocamento estendido até a cota do calado do navio de projeto c) 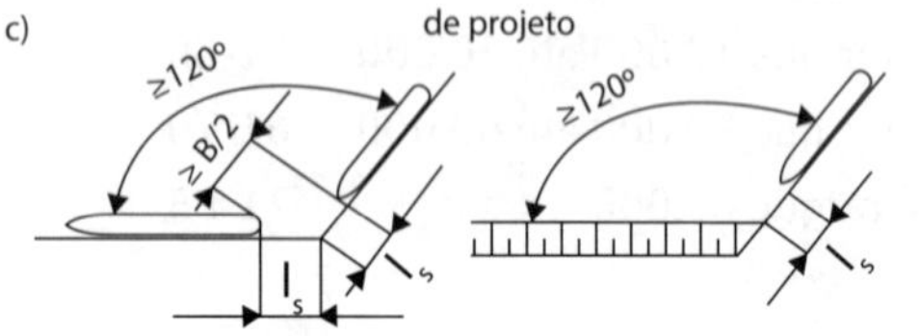	30/25	20	15	15	10
d) 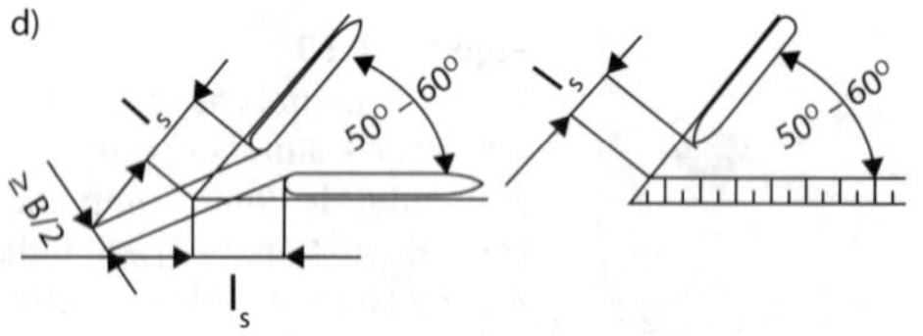	-/60	50	40	30	20
e) 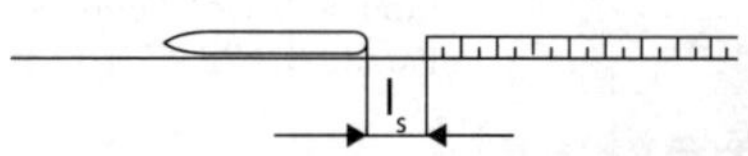	20	15	15	10	10

(1) Para navios com L_{OA} <12 m tome-se como valor l_o=0,20 L_{OA}, reajustando-se os restantes valores proporcionalmente.
(B) Boca do maior navio que afete a determinação da dimensão analisada.

Figura 11.19
Espaçamentos nas linhas de atracação.

Caso somente haja cais em um dos alinhamentos longitudinais, a largura pode ser diminuída em uma vez $B_{máx}$.

– Quando os alinhamentos longitudinais da dársena puderem abrigar 2 berços, um em cada cais, sem operações de navios acostados a contrabordo (ship-to-ship), a largura mínima recomendada (Figura 11.20(C)) é obtida pelo maior valor entre:

$$B_{nd} = 2 B_{máx} + L_r + 20 \text{ m}$$

$$B_{nd} = 3 B_{máx} + L_r$$

Caso somente haja cais em um dos alinhamentos longitudinais, a largura pode ser diminuída em uma vez $B_{máx}$.

As condições-limite de operação na atracação e quando atracado estão apresentadas na Tabela 11.15, segundo ROM 3.1-99 (1999).

11.2.4 Requisitos mínimos de serviço

Como requisitos mínimos de serviço recomendados para os espaços náuticos horizontais, a ROM 3.1-99 (1999) sugere o número máximo de horas de paralisação por condições climáticas.

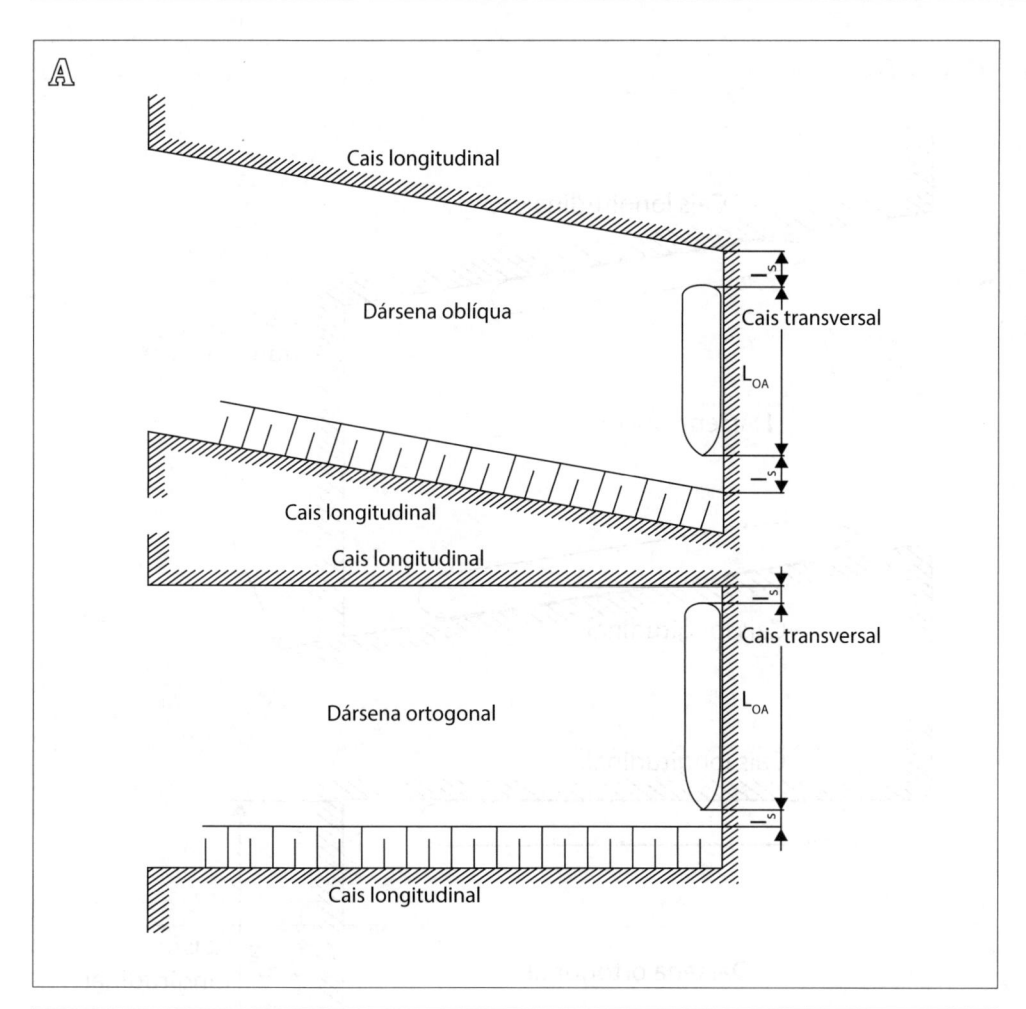

Cais longitudinal

Dársena oblíqua

Cais transversal

L_{OA}

Cais longitudinal

Cais longitudinal

Cais transversal

L_{OA}

Dársena ortogonal

Cais longitudinal

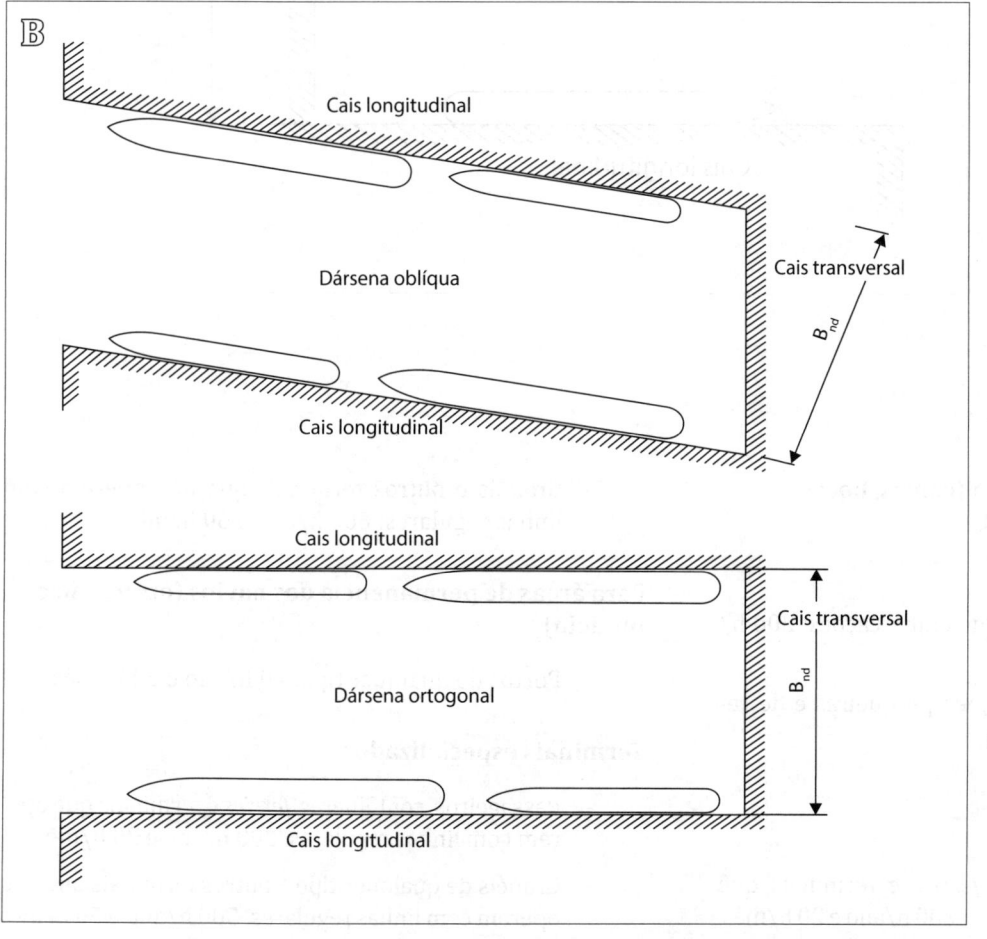

Cais longitudinal

Dársena oblíqua

Cais transversal

B_{nd}

Cais longitudinal

Cais longitudinal

Cais transversal

B_{nd}

Dársena ortogonal

Cais longitudinal

Figura 11.20
Largura de dársenas.
(A) Condicionantes devidas ao uso do cais transversal.
(B) Alinhamentos longitudinais com dois cais.

Figura 11.20
(C) Largura de dársenas. Alinhamentos
longitudinais com um cais.

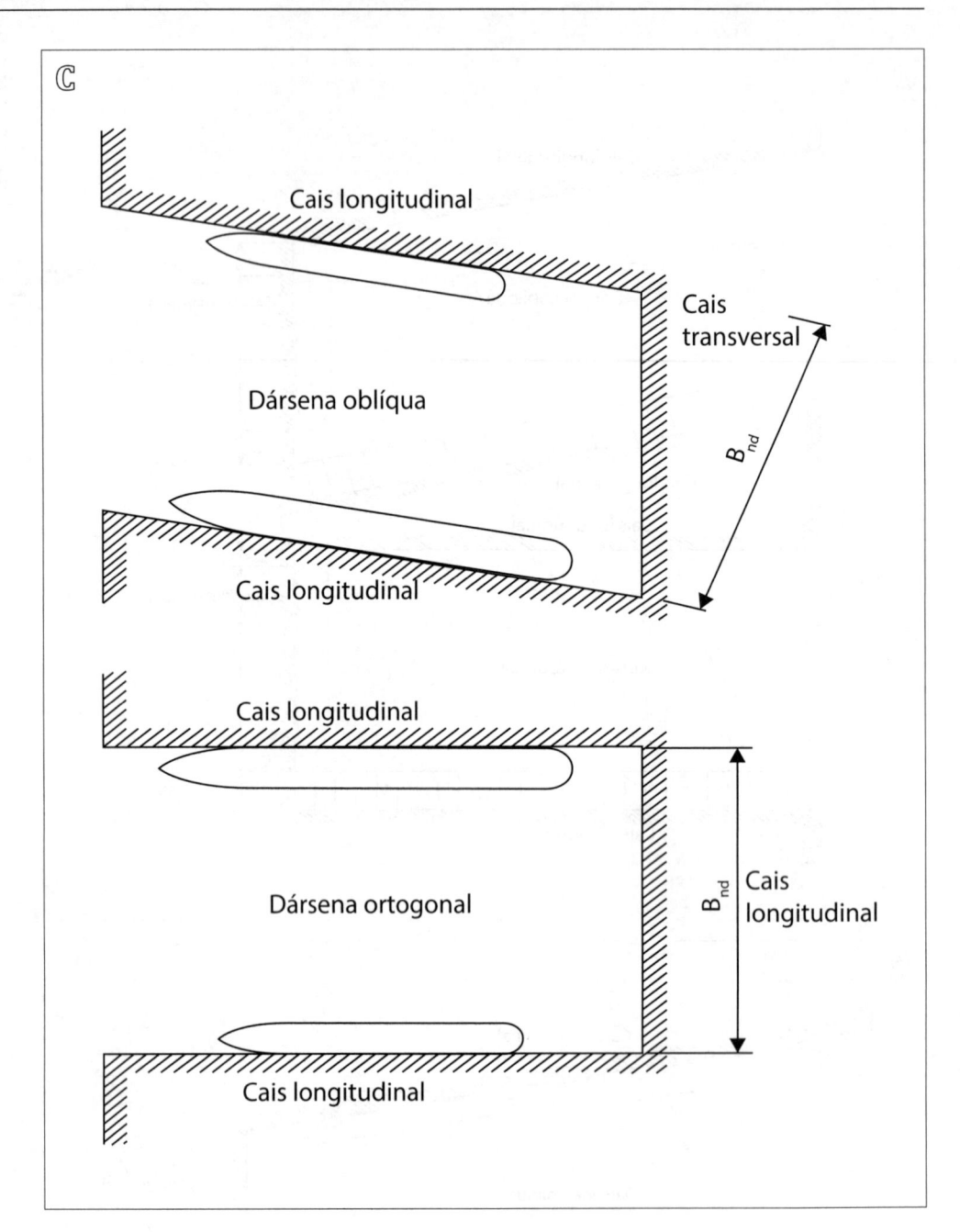

Para áreas de navios em trânsito (canais, bocas portuárias e áreas de manobra)

– Portos de interesse geral:

Áreas abertas a todo tipo de embarcações: 200 h/ano e 20 h/mês

Áreas abertas a embarcações pesqueiras e de recreio: 20 h/ano e 4 h/mês

Terminais especializados

– Passageiros, contêineres, *ferries* e terminais que operem com linhas regulares: 200 h/ano e 20 h/mês.

– Granéis e outros terminais que não operem com linhas regulares: 600 h/ano e 60 h/mês.

Para áreas de permanência dos navios (atracação e fundeio)

– Portos de qualquer tipo: 40 h/ano e 20 h/mês

Terminais especializados

– Passageiros, contêineres, *ferries* e terminais que operem com linhas regulares: 200 h/ano e 20 h/mês

– Granéis de qualquer tipo e outros terminais que não operem com linhas regulares: 500 h/ano e 50 h/mês

	Velocidade absoluta do vento $V_{10,1 min}$	Velocidade absoluta da corrente $V_{c\,1\,min}$	Altura da onda H_s
Tabela 11.15 **Condições-limite de operação de navios em cais**			
1. Atracação de navios			
• Ações no sentido longitudinal ao cais	17,0 m/s	1,0 m/s	2,0 m/s
• Ações no sentido transversal ao cais	10,0 m/s	0,1 m/s	1,5 m/s
2. Paralisação das operações de carga e descarga (equipamentos convencionais)			
• Ações no sentido longitudinal ao cais			
– Petroleiros			
< 30.000 TPM	22 m/s	1,5 m/s	1,5 m
30.000-200.000 TPM	22 m/s	1,5 m/s	2,0 m
> 200.000 TPM	22 m/s	1,5 m/s	2,5 m
– Graneleiros			
Carregando	22 m/s	1,5 m/s	1,5 m
Descarregando	22 m/s	1,5 m/s	1,0 m
– Gaseiros			
< 60.000 m^3	22 m/s	1,5 m/s	1,2 m/s
> 60.000 m^3	22 m/s	1,5 m/s	1,5 m/s
– Mercantis de carga geral, pesqueiros de alto mar e navios com refrigeração	22 m/s	1,5 m/s	1,0 m
– Conteneiros, Ro/Ros e *ferries*	22 m/s	1,5 m/s	0,5 m
– Transatlânticos e navios de cruzeiro (1)	22 m/s	1,5 m/s	0,5 m
– Pesqueiros de pesca fresca	22 m/s	1,5 m/s	0,6 m
• Ações no sentido transversal ao cais			
– Petroleiros			
< 30.000 TPM	20 m/s	0,7 m/s	1,0 m
30.000-200.000 TPM	20 m/s	0,7 m/s	1,2 m
> 200.000 TPM	20 m/s	0,7 m/s	1,5 m
– Graneleiros			
Carregando	22 m/s	0,7 m/s	1,0 m
Descarregando	22 m/s	0,7 m/s	0,8 m
– Gaseiros			
< 60.000 m^3	16 m/s	0,5 m/s	0,8 m
> 60.000 m^3	16 m/s	0,5 m/s	1,0 m
– Mercantis de carga geral, pesqueiros de alto mar e navios com refrigeração	22 m/s	0,7 m/s	0,8 m
– Conteneiros, Ro/Ros e *ferries*	22 m/s	0,5 m/s	0,3 m
– Transatlânticos e navios de cruzeiro (1)	22 m/s	0,5 m/s	0,3 m
– Pesqueiros de pesca fresca	22 m/s	0,7 m/s	0,4 m

(continua)

(continuação)

Tabela 11.15 Condições-limite de operação de navios em cais			
	Velocidade absoluta do vento $V_{10,1\,min}$	Velocidade absoluta da corrente $V_{c\,1\,min}$	Altura da onda H_s
3. Permanência dos navios no cais			
– Petroleiros e gaseiros			
• Ações no sentido longitudinal ao cais	30 m/s	2,0 m/s	3,0 m
• Ações no sentido transversal ao cais	25 m/s	1,0 m/s	2,0 m
– Transatlânticos e navios de cruzeiro (2)			
• Ações no sentido longitudinal ao cais	22 m/s	1,5 m/s	1,0 m
• Ações no sentido transversal ao cais	22 m/s	0,7 m/s	0,7 m
– Embarcações esportivas	22 m/s	1,5 m/s	0,4 m
• Ações no sentido longitudinal ao cais	22 m/s	1,5 m/s	0,4 m
• Ações no sentido transversal ao cais	22 m/s	0,7 m/s	0,2 m
– Outros tipos de navio	Limitações impostas pelas cargas de projeto dos cais		

Notas:

$V_{10,1\,min}$	=	Velocidade média do vento a 10 m de altura e rajada de 1 minuto.
$V_{c\,1\,min}$	=	Velocidade média da corrente correspondente a uma profundidade de 50% do calado do navio em um intervalo de 1 minuto.
H_s	=	Altura significativa da onda, sendo que, para estudos de maior precisão, deve-se considerar a influência do período.
Longitudinal	=	Entende-se atuação longitudinal quando a direção está compreendida em ± 45° com o eixo longitudinal do navio.
Transversal	=	Entende-se atuação longitudinal quando a direção está compreendida em ± 45° com o eixo transversal do navio.
(1)	=	As condições referem-se ao embarque e desembarque de passageiros.
(2)	=	As condições se referem aos limites para manter uma habitabilidade aceitável com os passageiros a bordo.

11.3 PROFUNDIDADES EM ÁREAS LAMOSAS: A ABORDAGEM DO FUNDO NÁUTICO

11.3.1 Considerações gerais

O fundo náutico é definido como a cota, referida ao nível de redução da carta náutica, adequada para a segurança da navegação, que possa ser aceita como correspondente ao fundo do canal. Assim, dois critérios devem ser atendidos:

• O casco do navio não deve sofrer dano, mesmo que seu calado atinja a profundidade náutica plena;

• A governabilidade e manobrabilidade do navio não devem sofrer nenhum efeito adverso.

A folga sob a quilha aqui está referida à interface lama--água em repouso, a menos que seja mencionado de outra forma.

Uma folga sob a quilha menor pode ser aceitável quando um navio está se movendo em baixa velocidade em área calma, como próximo dos cais, e, particularmente, se o movimento é assistido por rebocadores. Em um berço sujeito a maré, no qual o navio encontra-se em um bolsão dragado e somente movimenta-se na preamar, um maior valor de densidade pode ser adotado para o fundo, entretanto, a captação de lama pelas tomadas d'água de resfriamento pode vir a ser um problema.

Sob o ponto de vista prático e operacional, a abordagem do fundo náutico requer:

1. Um critério prático, isto é, a seleção das características físicas da lama atuando como parâmetro para a abordagem náutica do fundo e seu valor crítico;

2. Um método prático de sondagem para a contínua determinação da cota aceitável;

3. Um valor mínimo para a folga sob a quilha (pé do piloto) requerida com referência a este fundo náutico,

garantindo um risco mínimo de contato com o mesmo e um comportamento aceitável do navio;

4. Conhecimento sobre o comportamento do navio nestas situações; se necessário adotar medidas para compensar efeitos adversos no governo e manobrabilidade.

11.3.2 Determinação Prática do Fundo Náutico (PIANC, 1997)

11.3.2.1 CARACTERÍSTICAS DA LAMA

As características reológicas de um fluido são a resistência ao escoamento, deformação e mudanças estruturais. O comportamento reológico é graficamente representado por um reograma (curva de escoamento), fornecendo uma relação entre a taxa de tensão de cisalhamento $\dot{\gamma} = d\tau/d_t$ e a tensão de cisalhamento τ. A declividade $d\tau/d\gamma$ desta curva é denominada como viscosidade dinâmica diferencial e a relação τ/γ é denominada viscosidade dinâmica aparente.

Para um fluido newtoniano (por exemplo a água), não existe diferença entre as viscosidades diferencial e aparente, de modo que o comportamento reológico está completamente caracterizado somente por um parâmetro: a viscosidade dinâmica η (Figura 11.21(A)). A lama, por outro lado, é um material visco-plástico, o que significa que sua viscosidade dinâmica aparente decresce monotonicamente em função de sua taxa de tensão de cisalhamento (Figura 11.21(C)).

Para efeitos de Engenharia, a lama é frequentemente considerada como um fluido de Bingham, com comportamento reologicamente determinado (Figura 11.21(B)) por:

– Sua viscosidade dinâmica diferencial η;

– Sua rigidez inicial τ_y.

A comparação com a Figura 11.21(C) mostra que usar o modelo de Bingham para descrever a reologia da lama implica em grande simplificação, por várias razões:

– A declividade de um reograma de lama não é constante, mas decresce com a taxa de cisalhamento;

– Diferentes relações ocorrem com o crescimento, ou decréscimo, da tensão de cisalhamento: uma menor tensão de cisalhamento é necessária para obter a mesma deformação se a tensão de cisalhamento decresce.

Este último comportamento mencionado é consequência da tixotropia da lama. Como o cisalhamento do material resulta na quebra da estrutura original, ocorre a liquefação, resultando na queda da resistência ao escoamento. De forma mais simples pode-se dizer que a lama passa a se comportar mais como um líquido, após ser solicitada. Outra consequência da tixotropia é a de que para diferentes ciclos de aumento, e subsequentes reduções das taxas de tensão de cisalhamento, os reogramas consecutivos situam-se abaixo dos anteriores. Por outro lado, quando a solicitação cessa, ocorre uma recuperação estrutural ao longo de um certo tempo e sua rigidez inicial aumenta novamente (consolidação). Assim, pode-se concluir que o reograma de uma amostra de lama depende de sua história de carregamento (história reológica).

Este comportamento peculiar causa dificuldades em definir os parâmetros do modelo de Bingham. A Figura 11.21(C) mostra vários valores característicos de tensão de cisalhamento que podem ser utilizados para definir a rigidez inicial, como, por exemplo:

– τ_0: estático ou inferior;

– τ_B: de Bingham, ou superior, ou tensão residual.

Assumindo-se o modelo de Bingham, τ_B (rigidez inicial de Bingham) e η_∞ (viscosidade diferencial de Bingham) são usualmente selecionados como parâmetros do modelo.

Outra importante propriedade física é a densidade ρ_2, relacionada com a fração volume dos sólidos ϕ e a concentração de material sólido T_s:

$$\rho_2 = \rho_1(1-\phi) + \rho_s\phi = \rho_1(1-\phi) + T_s$$

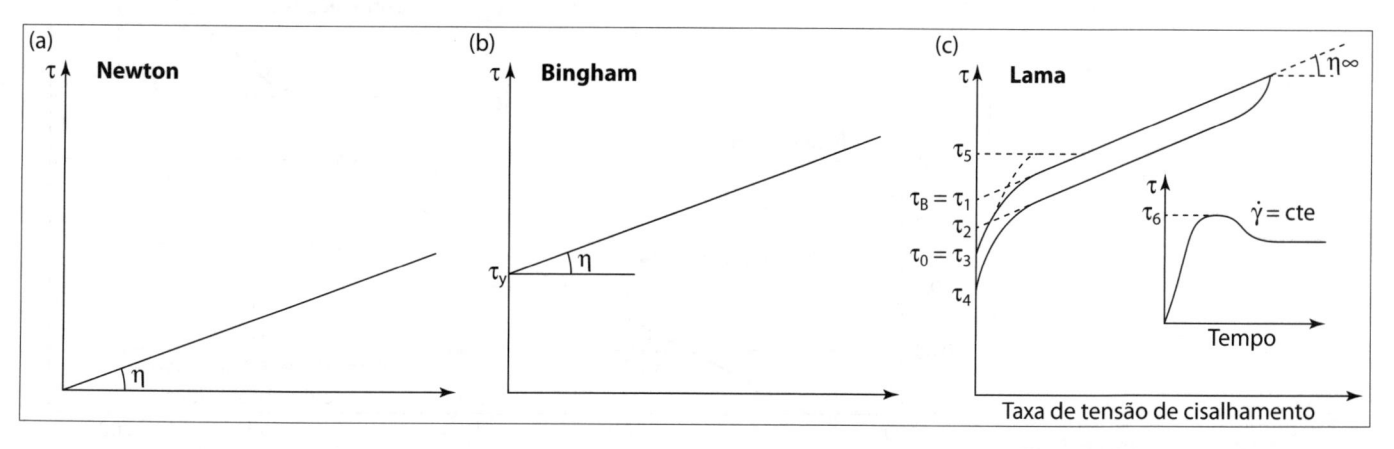

Figura 11.21
Características reológicas de fluidos.

Sendo ρ_1 e ρ_s as densidades da água e do material sólido (sedimento), respectivamente.

Para uma determinada amostra de lama, a viscosidade e a rigidez inicial podem ser consideradas como função da fração volume de sólidos (e, portanto, da densidade), mas também dependem de outros parâmetros:

- História de carregamento
- Conteúdo de areia
- Diâmetro da partícula
- Mineralogia da argila
- Taxa de deformação (Taxa de tensão de cisalhamento)
- Porcentagem de matéria orgânica
- Química da água (especialmente pH, salinidade) etc.

Se todos esses parâmetros forem dados, a viscosidade e/ou a rigidez inicial podem ser considerados como puramente função da densidade. De acordo com a variação da densidade, uma distinção pode ser feita entre lama fluida e lama plástica (Figura 11.22):

- Para baixas frações de volume de sólidos e, portanto, pequena densidade, a lama é uma suspensão solta similar à água, tendo uma viscosidade e rigidez inicial que não é, ou somente ligeiramente, dependente da densidade (lama fluida);

- Lama com maior fração de volume de sólidos e, portanto, maior densidade, é um depósito sedimentar com propriedades reológicas mais facilmente mensuráveis e que dependem fortemente da densidade (lama plástica). Além do comportamento viscoso, este tipo de lama apresenta comportamento elástico também, comparável com um solo; esta combinação é referida como viscoelasticidade (ou elastoviscosidade).

Esta mudança no comportamento estrutural é chamada transição reológica. A correspondente rigidez inicial situa-se abaixo de 10 N/m², embora pesquisas em hidrovias alemãs apontaram valor crítico de 120 N/m².

Típicos perfis reológicos e de densidade em depósitos de lama solta são mostrados na Figura 11.23. A densidade parece crescer mais ou menos gradualmente com a profundidade; algumas vezes típicos degraus são observados nos quais a densidade aumenta dificilmente com a profundidade. A curva de rigidez inicial claramente mostra a cota de transição reológica.

11.3.2.2 USO DE ECOBATIMETRIA PARA DETERMINAR O FUNDO NÁUTICO

O uso de ecobatimetria com diferentes frequências resulta em uma indicação qualitativa se uma camada não consolidada de lama está presente ou não. Níveis de alta frequência (100 a 210 kHz) indicam a interface entre água e lama, enquanto os sinais de baixa frequência (15 a 33 kHz) penetram na camada de lama (Figura 11.24). E são normalmente refletidos por um fundo bem consolidado ou duro.

Um ecograma é determinado pela impedância acústica, a qual é influenciada pelos gradientes de densidade, mais do que pela densidade propriamente. Além disso, as ondas de baixa frequência, algumas vezes, refletem em vários níveis, não resultando em um sinal inequívoco, devido a influências como bolhas de gás, horizontes de areia etc.

Essas dificuldades com a interpretação dos ecogramas de baixa frequência não ocorrem sempre, de modo que em algumas localidades encontra-se uma relação razoável com os parâmetros físicos da lama. Assim, como exemplo, tem-se:

- O ecograma de 33 kHz geralmente corresponde com a massa específica de 1.150 kg/m³ no estuário do Loire (França).

Figura 11.22
Curva de rigidez inicial em relação à concentração de sedimentos secos.

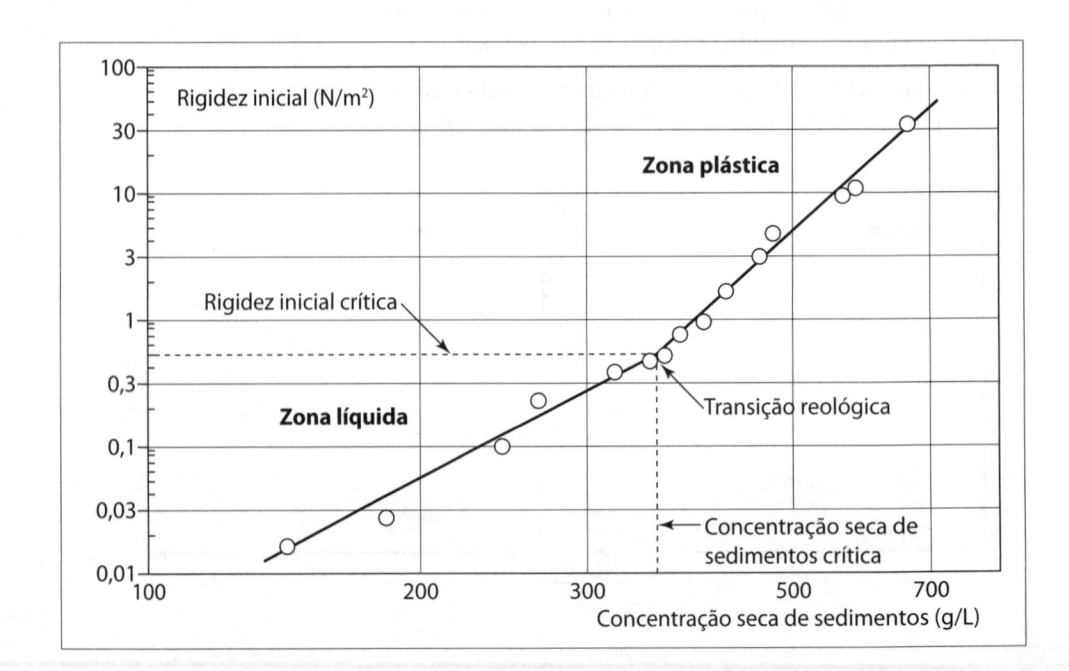

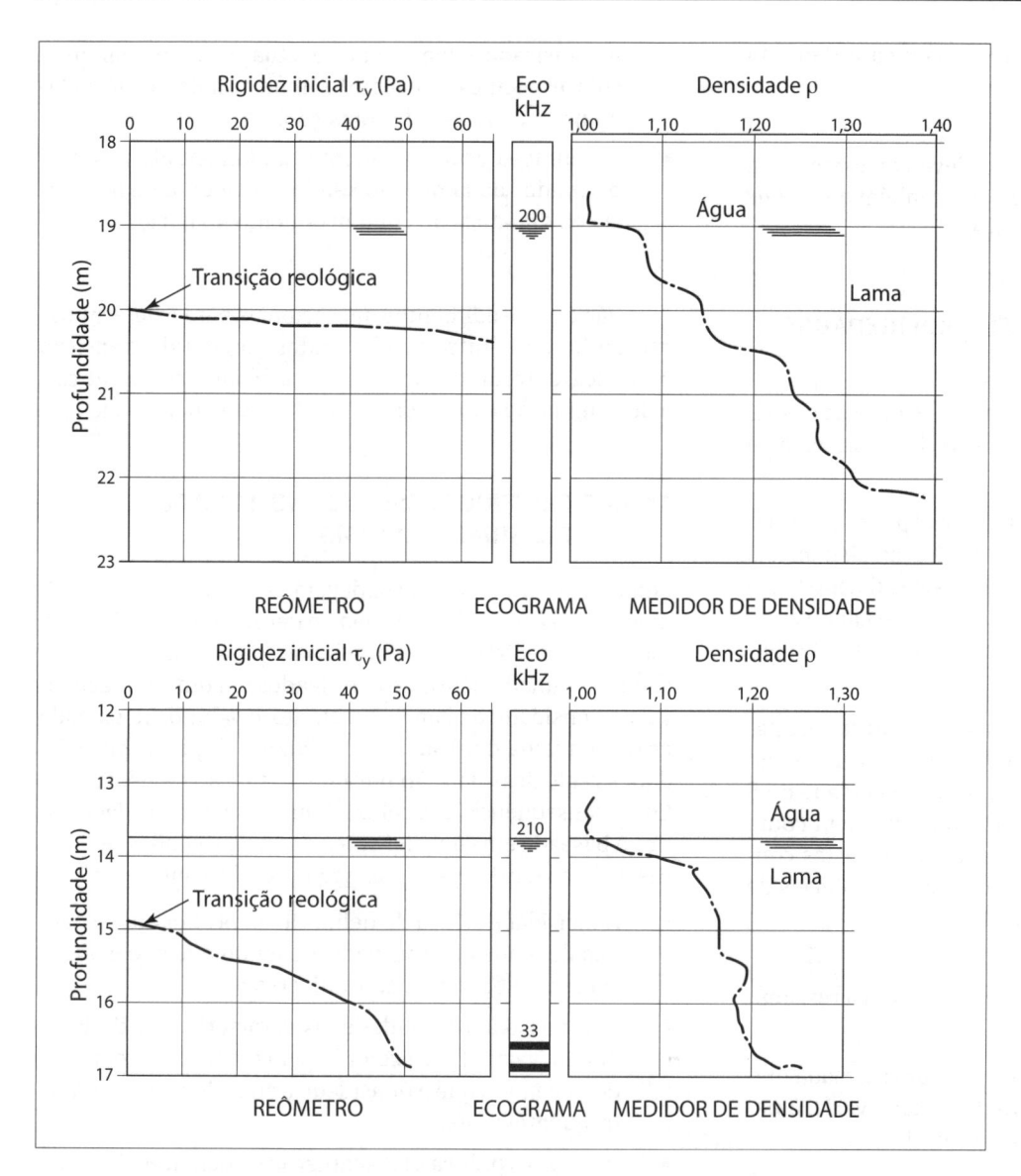

Figura 11.23
Típicos perfis verticais reológicos e de densidade em depósitos de lama solta.

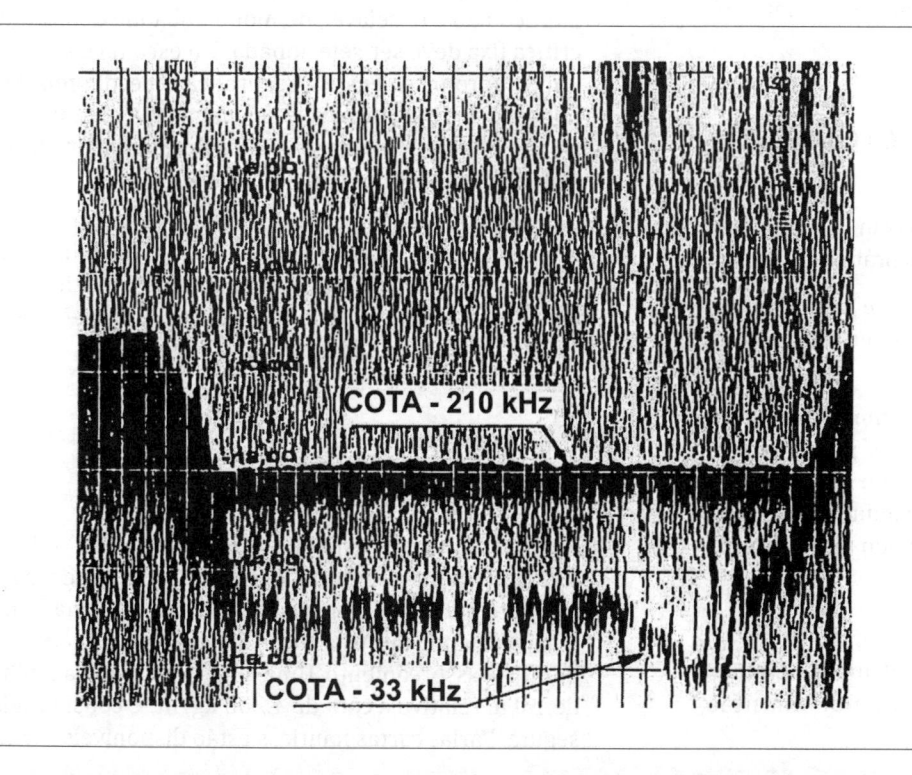

Figura 11.24
Elevação de seção transversal de ecossondagem com alta e baixa frequência em fundos com lama.

- Em Antuérpia (Bélgica), o fundo náutico é definido pelo ecograma de 33 kHz.

A aplicabilidade de tal critério deve ser examinada para cada localidade, uma vez que pode também depender da sazonalidade e flutuações de maré.

11.3.2.3 CRITÉRIOS BASEADOS EM PROPRIEDADES REOLÓGICAS

Sob o ponto de vista científico, uma definição deve-se basear na rigidez inicial. Por outro lado, a escolha deste valor é algo delicado.

Um valor máximo para a rigidez inicial poderia ser baseado em uma comparação teórica das forças disponíveis no propulsor e leme com a inércia dos navios devido tanto ao atrito com a água e o contato com o fundo de lama, sendo este último aproximado pelo produto da superfície de contato com a rigidez inicial.

Entretanto, tal aproximação conduz a valores aceitáveis para rigidez inicial muito alta. Por exemplo, um navio de 100 mil tpb seria capaz de navegar em velocidade de 5 nós se a rigidez inicial é inferior a 100 N/m²; bem como seria possível executar manobras com o leme nestas condições. A prática, no entanto, fornece muitas evidências de que tais condições não são realísticas:

- Ensaios em modelos mostraram que este procedimento não resulta em valores corretos para a resistência inicial.

- Os cálculos somente são válidos para uma camada uniforme de lama. Se a espessura da camada varia, o navio tende a seguir o caminho mais fácil.

- A eficiência do leme e propulsor podem ser influenciados pelas ondas internas.

11.3.2.4 DEFINIÇÃO DO FUNDO NÁUTICO COM BASE NA TRANSIÇÃO REOLÓGICA

Uma definição teórica do fundo náutico com base na transição reológica oferece várias vantagens práticas:

- A rigidez inicial correspondente a este nível é muito baixa (1 a 3 N/m²) e pode, portanto, ser considerada segura;

- Como as propriedades reológicas aumentam muito rapidamente com a profundidade nas proximidades da cota de transição, pode ser esperado que um substancial aumento da profundidade conduza a inaceitáveis valores de rigidez inicial, de modo que esta cota seja considerada econômica.

Apesar destas vantagens práticas, algumas objeções podem ser levantadas contra o uso da cota de transição reológica:

- A transição reológica não se situa realmente em uma cota específica, entretanto, indica mais apropriadamente uma região de transição;

- A definição está meramente fundamentada nas propriedades da lama, não sendo considerada a influência na dinâmica do comportamento do navio.

Vários procedimentos operacionais para a determinação do fundo náutico são baseados na cota de transição reológica, entretanto, em razão de considerações práticas, a determinação é baseada em medições de densidade.

11.3.2.5 CRITÉRIOS BASEADOS NUMA COTA DE DENSIDADE DA LAMA

Como vários sistemas de sondagem estão disponíveis atualmente para a medição contínua da densidade do sedimento, muitos procedimentos operacionais para a determinação da profundidade náutica são baseados em um valor aceitável da densidade da lama. Entretanto, o valor da densidade crítica da lama depende da localidade, já que as propriedades reológicas não são puramente função da densidade. Como consequência, a escolha de uma cota de densidade crítica é baseada em considerações das propriedades reológicas da lama local. Isto leva às seguintes desvantagens:

- A densidade crítica de definição da profundidade náutica depende da localidade, de modo que não é possível estabelecer um valor universal;

- Em uma dada localidade, as características da lama podem variar (por exemplo pelo efeito de sazonalidade), de modo que a densidade crítica deve ser alterada frequentemente;

- Por razões práticas, tal adaptação da definição do fundo náutico não é desejável, de modo que uma densidade crítica fixa deve ser selecionada. Tal escolha é sempre um compromisso entre a segurança e a economia. Se, por razões de segurança, é selecionada a menor densidade crítica, é duvidoso se esta densidade proposta represente a solução mais econômica;

- Ocasionalmente, os perfis de densidade mostram degraus típicos, nos quais a densidade é pouco influenciada por vários metros de profundidade, o que implica em que a associação do fundo náutico somente à densidade pode levar a incertezas.

11.3.2.6 EXEMPLOS

- Rotterdam (Holanda)

A cota com massa específica de 1.200 kg/m³ foi selecionada para a área do *Europoort* controlado pelo *Rijkwaterstaat*, pois observações sobre a camada de lama revelaram que esta cota é dificilmente influenciada por forte assoreamento. Uma folga líquida sob a quilha de 1,0 m relativo à cota de 1.200 kg/m³ é considerada segura. Várias cartas náuticas estão disponíveis:

a) Carta hidrográfica: profundidade sondada pela ecosonda de 210 kHz, coincidindo com a interface lama-água (massa específica de aproximadamente 1.050 kg/m^3);

b) Carta de densidade: profundidades das cotas com massa específica de 1.100, 1.150 e 1.200 kg/m^3;

c) Carta dupla: profundidades sondadas da carta hidrográfica e fundo náutico indicado pela massa específica de 1.200 kg/m^3;

d) Carta náutica: fundo náutico (1.200 kg/m^3) com indicação das camadas de lama (Figura 11.25).

- Zeebrugge: Canal "*Pas van het Zand*" e Porto Externo (Bélgica)

Pela avaliação reológica da lama e resultados no real, concluiu-se que o horizonte de densidade 1.150 kg/m^3 representa um critério seguro para o fundo náutico no porto e seu canal de acesso, já que a transição reológica sempre parece corresponder a valores maiores de densidade. Assim, a cota de 1.150 kg/m^3 representa o pior caso, no sentido que acima desta cota nenhuma tensão de cisalhamento significativa, ou detectável, pode ser medida, considerando-se o limite superior da camada de lama a cota sondada pela ecosonda de 210 kHz.

Pode-se concluir que o fundo náutico é definido como a cota correspondente à transição reológica, mas como um sistema de sondagem contínuo para monitorar esta cota não existe, ele é, na prática, substituído por uma cota de densidade crítica. Esta cota corresponde na realidade com a transição reológica para lama sem areia, enquanto para lama com maior conteúdo de areia, a transição reológica migra para maiores valores de massa específica (1.200, ou mesmo 1.260 kg/m^3).

São produzidas diferentes cartas:

a) Carta com os dados de ecossondagem de 210 e 33 kHz;

b) Carta com informação da massa específica de 1.150 kg/m^3, que apresenta três sub-cartas: a sondagem de ecossonda de 210 kHz, a cota de massa específica 1.150 kg/m^3 e a de diferença de profundidades entre as duas anteriores;

c) Carta náutica real é uma combinação das duas anteriores, sendo que nas áreas de lama os dados da ecossonda de 210 kHz são substituídos pelo horizonte de massa específica de 1.150 kg/m^3.

A máxima intrusão da quilha do navio na camada de lama é de 7%.

- Nantes-Saint Nazaire – Bordeaux (França)

O procedimento seguido nos estuários do Loire e da Gironda é comparável com a abordagem de Zeebrugge. A cota de massa específica 1.200 kg/m^3 é aceita como fundo náutico, já que, em média, esta densidade corresponde à cota de transição reológica.

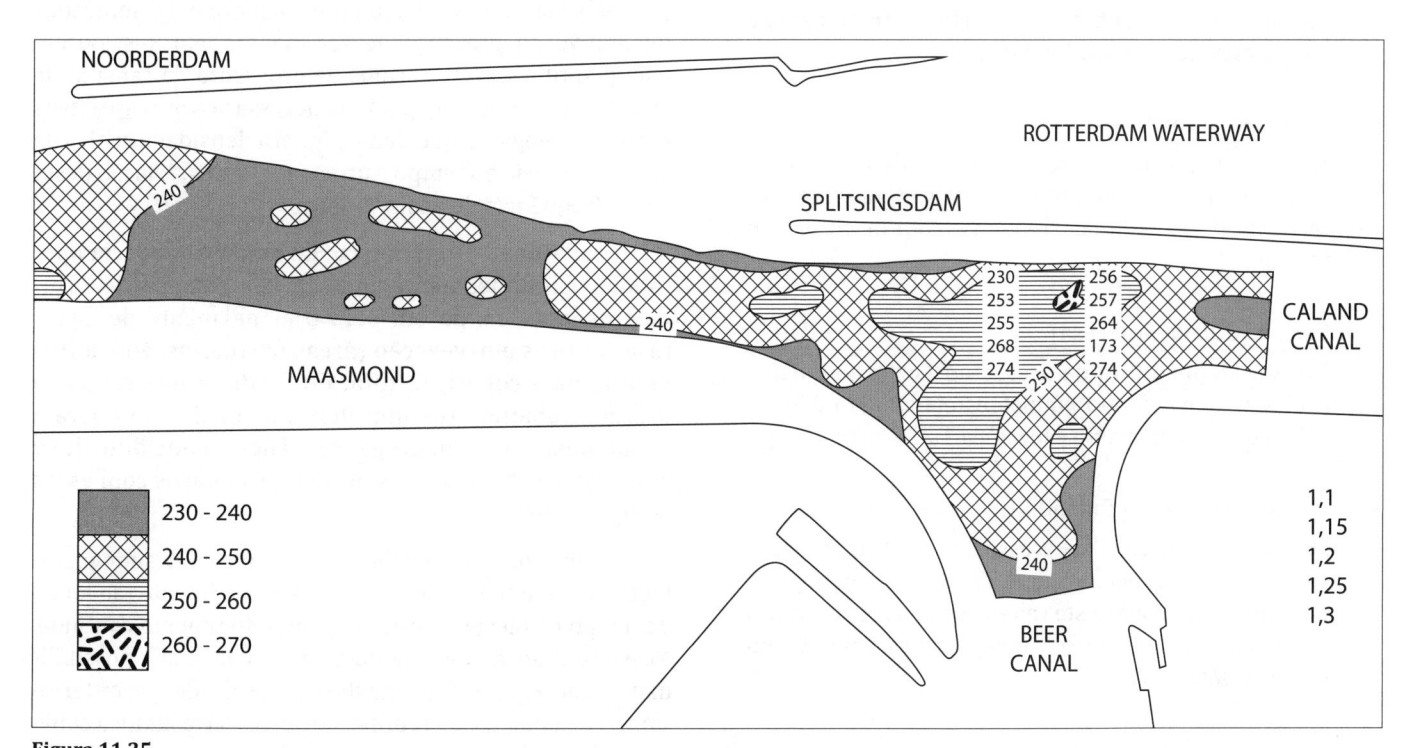

Figura 11.25

Carta de massa específica dos fundos em lama fluida nos canais navegáveis ao Porto de Rotterdam (Holanda) mostrando as cotas (em decímetros sob o nível de redução) do horizonte de 1.200 kg/m^3.

Somente em duas verticais de amostragem no Canal Caland estão apontadas para informação as variações das cotas de acordo com a densidade considerada (1,1, 1,15, 1,20, 1,25 e 1,30).

- Alemanha

  A Agência Federal de Vias Navegáveis determina, com base em critério de massa específica, o fundo náutico em várias áreas de navegação com lama:

  a) Brunsbüttel: 1.180 a 1.250 kg/m^3

  b) Emden Fahrwasser: 1.220 a 1.240 kg/m^3

  c) Wilhelmshaven> 1.220 kg/m^3

  Estes valores de massa específica correspondem a uma tensão de cisalhamento não drenada de 0,12 kN/m^2, a qual foi levantada como um valor médio para a cota de transição reológica. Os valores de massa específica crítica devem ser verificados pelo menos anualmente.

- Golfo do México (EUA)

  O Programa de Pesquisa em Dragagem do Corpo de Engenheiros do Exército dos EUA considera a implantação do conceito de fundo náutico, definido por meio de uma densidade crítica correspondente à cota de transição reológica em vários canais (Rio Calcasieu, Louisiana; Rio Sabine, Texas; Gulfport, Mississippi).

  Estas informações têm o objetivo de serem divulgadas aos pilotos, conjuntamente com dados de ecossondagens de alta e baixa frequências. Entretanto, com base na experiência e em seu próprio julgamento, os pilotos podem aceitar navios cujos calados sejam mais fundos do que as cotas de densidade crítica. O Corpo de Engenheiros do Exército dos EUA, ao reportar a cota de densidade crítica, não apresenta nenhuma garantia formal sobre sua navegabilidade. A decisão final da profundidade navegável é delegada ao conhecimento dos pilotos locais sobre o comportamento do navio e sua prática de manobrabilidade.

- Maracaibo (Venezuela)

  A cota correspondente à massa específica de 1.200 kg/m^3 é aceita como fundo náutico, uma vez que, em média, esta densidade ocorre com a cota de transição reológica.

- Caiena (Guiana Francesa)

  No Rio Mahury, que dá acesso ao Porto de Caiena, aceita-se que o fundo náutico esteja situado 0,30 m acima da cota de massa específica 1.270 kg/m^3.

- Porto de Bangkok (Tailândia)

  Considera-se no canal de acesso que a cota correspondente à massa específica de 1.230 kg/m^3 seja segura, desconhecendo-se se este valor baseou-se em pesquisa sobre as propriedades da lama, ou simplesmente em práticas náuticas locais.

- Porto de Cochin (Índia)

  Considera-se a cota de massa específica 1.200 kg/m^3 como fundo náutico, no entanto, o critério não é aplicado em virtude da falta de instrumentação sofisticada.

11.3.3 Aplicabilidade quanto à representatividade das camadas de lama fluida nas cartas náuticas brasileiras

A Diretoria de Hidrografia e Navegação (DHN) da Marinha do Brasil, representando o Brasil, Estado Membro e fundador da International Hydrographic Organization (IHO), segue rigorosos padrões estabelecidos por aquela instituição no que se refere à coleta de dados de levantamentos hidrográficos (IHO, 2008, 2011) e à representação desses dados em carta náutica (IHO, 2014).

Em termos de ecobatímetros, sabe-se que quanto maior a frequência, menor a penetração no fundo, maior a acurácia e maior a resolução, sendo considerados ecobatímetros de alta frequência aqueles com mais de 200 kHz e os de frequência baixa aqueles com menos de 50 Hz.

A fim de garantir a acurácia e uma alta resolução no mapeamento do fundo (para detecção de reduzidas feições), requerida pela IHO, a DHN, em águas rasas (abaixo de 100 m de profundidade), críticas para a navegação, utiliza ecobatímetros multifeixe de alta frequência na medição da profundidade. Havendo lama fluida, tal camada não é detectada, nem representada na carta náutica. Este protocolo segue as publicações normativas da IHO, estando alinhado com os Serviços Hidrográficos dos Estados Membros da IHO. De fato, não há correlação unívoca e universal entre a frequência do ecobatímetro e a profundidade náutica (navegável), não se podendo generalizar. Entretanto, de fato, o emprego de ecobatímetros monofeixe de dupla frequência (alta e baixa) operando simultaneamente é um indicador qualitativo da presença de sedimentos lamosos, porém não quantitativo (em termos de espessura da camada de lama fluida navegável), pois são necessários os respectivos estudos reológicos, que determinem a densidade crítica da lama (que varia no tempo e no espaço) e a correlação desta com a frequência do ecobatímetro

Ecobatímetros monofeixe de dupla frequência operando simultaneamente indicam a presença de sedimentos lamosos, porém para o mapeamento de águas rasas críticas à navegação (áreas portuárias, etc), a IHO determina a cobertura total do fundo, o que requer o uso de ecobatímetros multifeixe, os quais não operam simultaneamente em dupla frequência, o que dificulta a detecção de camadas de sedimentos lamosos com esses equipamentos.

Assim, como a lama fluida é dinâmica, variando planimetricamente (local para local) e temporalmente (ao longo do tempo no mesmo local), exige monitoramento contínuo. Nesse sentido, a Marinha do Brasil reconhece a possibilidade da navegação em lama fluida, mas desde que criteriosamente definida. Sua representação na carta náutica como parte da profundidade cartografada não se coaduna com o contido nas publicações normativas da IHO, além de ser considerada inviável, uma vez que a camada de lama fluida varia no espaço e no tempo.

TIPOS DE OBRAS DE ABRIGO PORTUÁRIAS

Diferentes blocos artificiais de concreto usados em modelos físicos.

12.1 CONSIDERAÇÕES GERAIS SOBRE AS OBRAS DE ABRIGO

12.1.1 Função

A função das obras de abrigo é a criação de área protegida contra as ondas de gravidade geradas pelo vento (quebra-mares, molhes ou molhes guias-correntes) ou correntes (espigões). Os quebra-mares são estruturas isoladas, destacadas da costa.

A seção-tipo da obra de abrigo (Figura 12.1(A)) pode ser genericamente descrita por ser composta de:

- Embasamento, que condiciona a maneira como a estrutura transmite as cargas à fundação, tendo em vista a capacidade de suporte do terreno ou para regularizar um substrato rochoso, bem como por questões econômicas.

- Corpo central que condiciona a transmissão do fluxo de energia da agitação incidente, repassando ao embasamento a resultante da solicitação. É a componente principal de estabilização à ação da agitação, induzindo à sua arrebentação, reflexão os outros processos de dissipação de energia.

- Superestrutura com para-ondas ou defletor de ondas, que condiciona o galgamento sobre a crista da estrutura, permitindo instalações e acessibilidade a veículos, bem como, eventualmente, proporcionando a implantação de berços de atracação no tardoz do maciço. É realizada após a acomodação da fundação, embasamento e estrutura.

A energia do espectro em frequência e direcional da agitação incidente é, então, alterada pela obra de abrigo (Figura 12.1(B)), de acordo com sua concepção, planimetria e tipologia da agitação, nos seguintes modos:

- Dissipação pela arrebentação e atrito superficial, de fundo e interno. Quando presente, a arrebentação progressiva e mergulhante podem dissipar mais de 90% da energia incidente, enquanto a colapsante e demais, geralmente, não dissipam mais do que 60%, sendo o restante dissipado por atrito no talude e transformado nos outros modos a seguir descritos.

- Reflexão rumo ao largo pela modificação brusca da geometria do meio de propagação do trem de ondas, como em uma berma, ou na mudança das características hidráulicas de permeabilidade

- Transmissão para sotamar por galgamento em sua crista e por permeabilidade do corpo central, embasamento e fundação, quando algum destes é permeável. Na prática, para quebra-mares de enrocamento com comprimento de transmissão da ordem de grandeza do comprimento de onda a permeabilidade pode ser considerada nula, não havendo a sotamar do maciço agitação pelo modo de transmissão pelo maciço, comportando-se este como largura infinita.

- Difração nas extremidades.

12.1.2 Finalidades

As finalidades de implantação de obras de abrigo podem ser:

- Criação de uma bacia portuária. Os quebra-mares (isolados da costa) e molhes (enraizados na costa) abrigam a bacia portuária da agitação ondulatória, enquanto os espigões são obras corta-correntes.

- Proteção do canal de acesso de portos situados em embocaduras costeiras, quando se denominam de molhes guias-correntes, por se desenvolverem a partir da costa até atingirem profundidades compatíveis com as exigências de navegação. Nesses casos, proveem:

  - manutenção dos fundos por preservarem correntes de maré com competência para assegurar as profundidades, garantindo mínimas necessidades de dragagens;

  - estabilidade da embocadura por interceptarem o transporte de sedimentos litorâneo da zona de arrebentação;

  - abrigo do canal de acesso.

- Defesa do litoral contra a erosão provocada pelas ondas (quebra-mares isolados e espigões de praia).

12.2 TIPOS CONVENCIONAIS DE OBRAS DE ABRIGO

Os tipos convencionais de obras de abrigo são os mais usados nas obras de maior porte. É feita menção à obra de quebra-mares, ou molhes, por ser a mais complexa, entretanto, os espigões também seguem estruturas semelhantes.

Considerando os modos de controle e transformação da energia da agitação incidente pode-se projetar o maciço da obra de abrigo com diferentes composições, resultando a dominância de alguns modos.

- Quebra-mar de talude (Figura 12.1)

  Os molhes, ou quebra-mares, de talude são as mais antigas estruturas marítimas em maciço executadas para defender as costas das tempestades. Estas obras ainda são largamente utilizadas, lançando-se blocos naturais ou de concreto até uma cota de coroamento especificada, podendo ter uma superestrutura no ápice.

  Os quebra-mares de talude apresentam frente inclinada voltada para o mar, composta da parte externa resistente do manto, a armadura ou carapaça, com blocos naturais ou pré-moldados de concreto sobre os quais pode ocorrer a quebra da agitação. Completam o corpo central deste maciço camadas graduadas de enrocamento e pedras, afinando-se rumo ao núcleo, visando conter a permeabilidade à onda de choque, bem como os recalques por acomodação dos blocos.

Se há suficiente disponibilidade de enrocamento e seja importante reduzir a refletividade nas áreas náuticas adjacentes, o quebra-mar de talude pode ser dotado de superestrutura (Figura 12.1(B)), ou não (Figura 12.1(C)), visando a dissipação da energia ondulatória incidente por arrebentação, atrito no contorno e atrito interno. A redução da refletividade dá-se pelo ângulo do talude e pela largura e porosidade do maciço e a redução do galgamento é função da dinâmica oscilatória sobre o talude e da borda livre adotada.

Os maciços de quebra-mares submersos e semi-submersos (Figura 12.1(D)) são mais utilizados como obras de defesa dos litorais, tendo em vista aspectos técnicos, ambientais e paisagísticos. As obras com finalidade essencialmente portuária são normalmente com maciço emerso, visando evitar onda residual no tardoz da obra.

Quanto ao dano da agitação ondulatória, caracterizam-se estes maciços por dano à estrutura que ocorre progressivamente até o colapso, representando o comportamento de estruturas flexíveis.

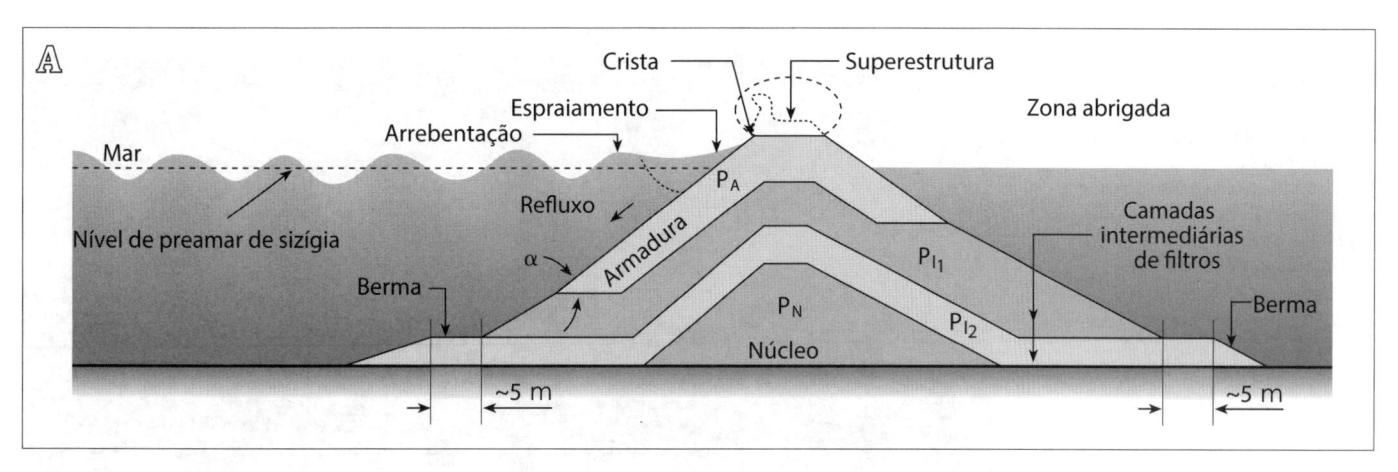

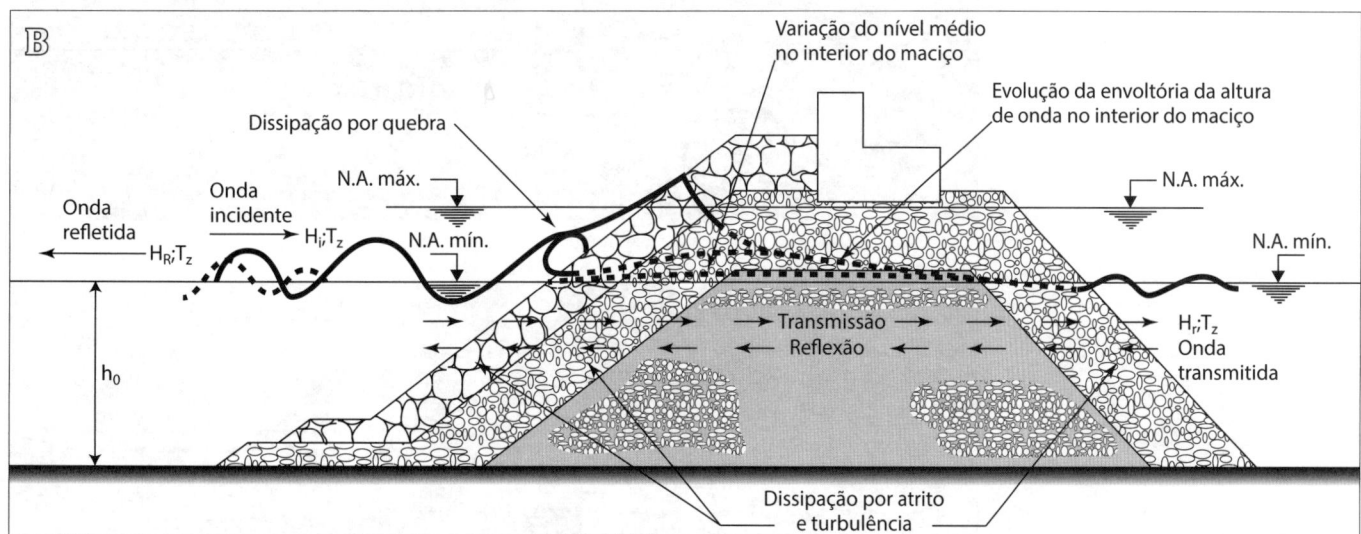

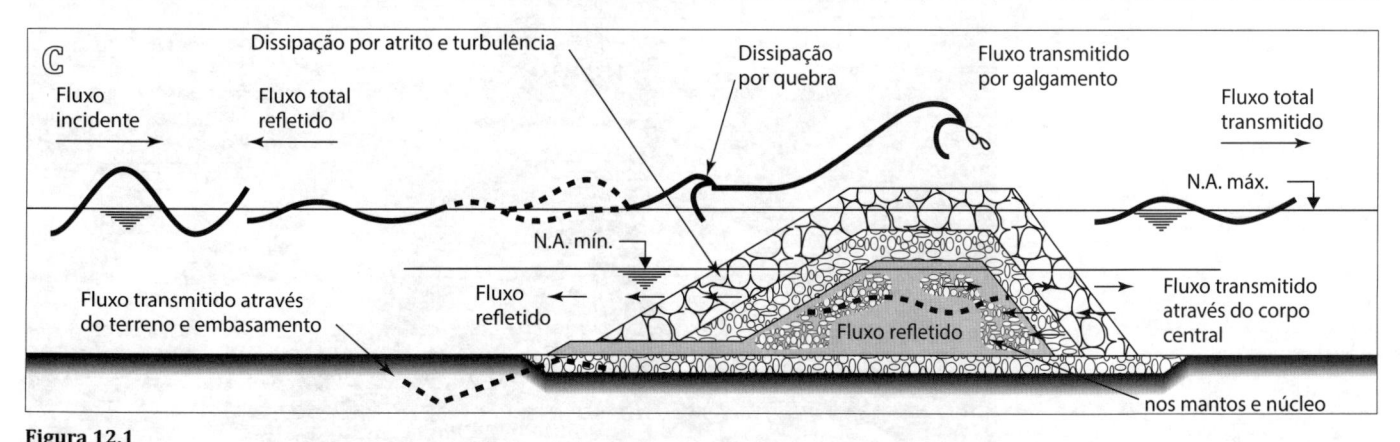

Figura 12.1
(A) Elevação de seção transversal de quebra-mar de talude.
(B) Elevação de seção transversal dos modos de transformação da energia ondulatória incidente por um maciço de quebra-mar de talude não galgável.
(C) Elevação de seção transversal de quebra-mar de talude com galgamento moderado.

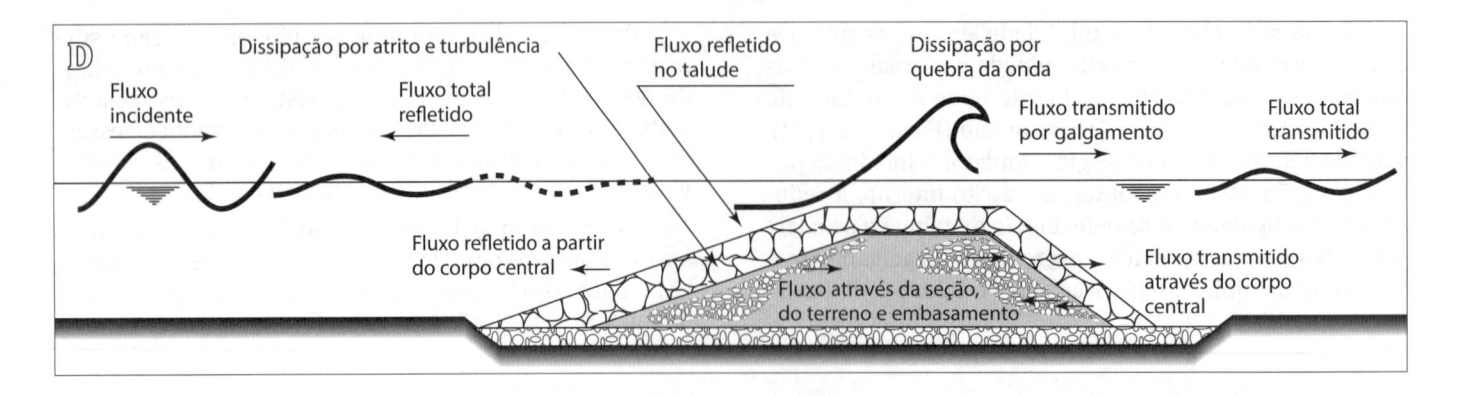

Figura 12.1
(D) Elevação de seção transversal de quebra-mar de talude submersa ou semi-submersa.
(E) Vista do enrocamento do cabeço do molhe do Porto de Suape (PE).
(F) Molhe de Praia Mole na Ponta de Tubarão em Vitória (ES),

Figura 12.1
(G) Enrocamento no cabeço do molhe de Praia Mole na Ponta de Tubarão em Vitória (ES).
(H) Quebra-mar do Porto de Colonia do Sacramento (Uruguai).

- Características gerais:
  - formado por maciço de seção transversal trapezoidal constituída por blocos de enrocamento ou concreto;
  - é o mais tradicional e ainda muito usado;
  - é de fácil construção e manutenção, sendo eficiente no amortecimento da energia das ondas;
  - a ROM 1.0-09 (2009) recomenda profundidades de implantação até 35 a 45 m, dependendo da capacidade de suporte do terreno.

- Funcionamento hidráulico:
  - a dissipação da energia das ondas se dá principalmente por turbulência na arrebentação das ondas e por atrito sobre o talude;
  - a arrebentação ocorre quando a onda atinge profundidades de 1 a 1,5 vezes a altura da onda.

- Quebra-mar de parede vertical (Figura 12.2).

Os quebra-mares de parede vertical são utilizados sobretudo em localidades em que a amplitude de maré é fraca, bem como em condições nas quais a energia refletida não crie condições náuticas inaceitáveis no entorno do maciço, ou em outras zonas ou infraestruturas portuárias.

Em não havendo grande disponibilidade de materiais granulares para enrocamento, como se verifica frequentemente nas costas do Mar Mediterrâneo e do Japão, a tipologia de quebra-mar constituído por caixão de concreto armado lastreado e assentado sobre manto de regularização é comum.

Nas obras tradicionais em parede vertical o paramento voltado para o mar é vertical e contínuo. A estrutura é composta de empilhamento solidarizado de blocos maciços pré-fabricados de concreto, ou caixões celulares de concreto armado pré-moldados (Figura 12.2). Atualmente, a preferência, por facilidades construtivas, recai sobre estes últimos, que são transportados do canteiro de fabricação ao local da obra flutuando e rebocados, sendo lastreados na locação especificada normalmente por agregados ou com concreto magro. Para terrenos com fraca capacidade de suporte da fundação, para os quais as estruturas de gravidade exigiriam grandes camadas de regularização, ou substituição do solo, pode-se lançar mão de cortinas de estacas prancha cravadas para atingir o substrato rochoso adequado.

As obras não convencionais apresentam perfil inclinado no topo, ou a presença de uma bacia de dissipação no ápice, ou furos na parede vertical, todas concepções voltadas a facilitar a dissipação das ondas incidentes.

Diferentemente ao que ocorre com as obras em talude compostas por maciços lançados, os danos nestas estruturas ocorrem na forma de bruscas movimentações de blocos ou colapso da inteira estrutura, assim que se atingem os valores críticos da agitação ondulatória, acarretando situações de difícil reparo estrutural. Por esta característica, os coeficientes de segurança adotados no projeto são considerados de estruturas rígidas.

- Características gerais:
  - formado por parede vertical, impermeável, constituída por caixões de concreto armado lastreados de areia, blocos maciços de concreto ou estacas-prancha. Atualmente, as dimensões dos caixões pré-fabricados chegam a 60 m de comprimento, 40 m de boca e 35 m de pontal para reboque;
  - a fundação é constituída por um manto de regularização de enrocamento, exigindo que se evitem regiões com camadas moles e de baixa capacidade de suporte;
  - reduz ao mínimo o volume da obra, permitindo a utilização de seu tardoz como cais;
  - tem a desvantagem de sofrer ruína abrupta se os esforços solicitantes excederem os níveis de projeto;
  - exige equipamentos de construção mais sofisticados;
  - as profundidades de implantação recomendadas pela ROM 1.0-09 (2009) estão entre 15 m e 40 a 50 m, dependendo da capacidade de suporte do terreno. O reboque de caixões deve dar-se com agitação $H_s \leq 1,0$ m e $T_p \leq 9$ s.
- Funcionamento hidráulico:
  - produz a reflexão da onda incidente, cuja energia é enviada para o largo, produzindo uma onda estacionária (*clapotis*) à frente da obra pela sobreposição das ondas incidentes e refletidas;
    - o *clapotis* arrebenta a partir de profundidades inferiores a 2,5 vezes a altura da onda incidente;
    - recomenda-se a adoção desse tipo de obra somente em profundidades superiores às citadas

para evitar as pressões dinâmicas da arrebentação sobre a parede (produzindo a compressão de bolsas de ar que formam jatos d'água de grande altura – *gifle*) e a erosão do manto de regularização no pé da estrutura e o seu descalçamento.

- Quebra-mar misto (Figura 12.3)

  A colocação de um caixão de concreto armado pré-moldado sobre um maciço de quebra-mar de talude submerso ou semi-submerso amplia o abrigo do corpo central, condição que é a de um quebra-mar misto.

- Características gerais:
  - é um tipo intermediário aos anteriores, composto por uma maciço de enrocamento submerso sobre o qual é assentada uma parede vertical;
  - permite estender o quebra-mar de tipo vertical a maiores profundidades ou em terrenos de menor resistência (argilas marinhas moles, por exemplo). A ROM 1.0-09 (2009) recomenda profundidades de implantação entre 20 m e 60 a 80 m, dependendo da capacidade de suporte do terreno;
  - em geral, é de manutenção dispendiosa.
- Funcionamento hidráulico:
  - dependendo da altura da onda e da maré, podem ocorrer os fenômenos de reflexão, arrebentação ou ambos;
  - as ondas são refletidas pela parede vertical nas preamares mas arrebentam contra a parede ou no talude de enrocamento na baixa-mar.

- Quebra-mar de estrutura mista (Figuras 12.1 (A) e (B) e 12.4).

  Consiste em um quebra-mar de talude com uma superestrutura de coroamento destinada a complementar a proteção contra o galgamento das ondas, bem como permitir via para inspeções e manutenção.

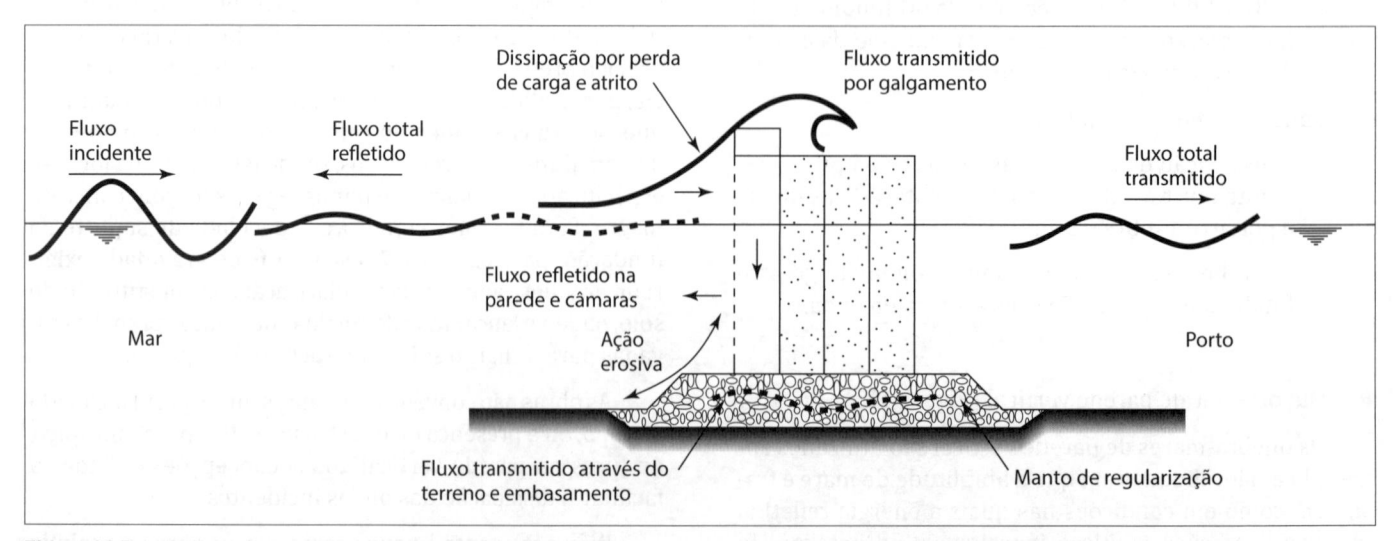

Figura 12.2
Elevação de seção transversal de quebra-mar de parede vertical assentado sobre embasamento de regularização.

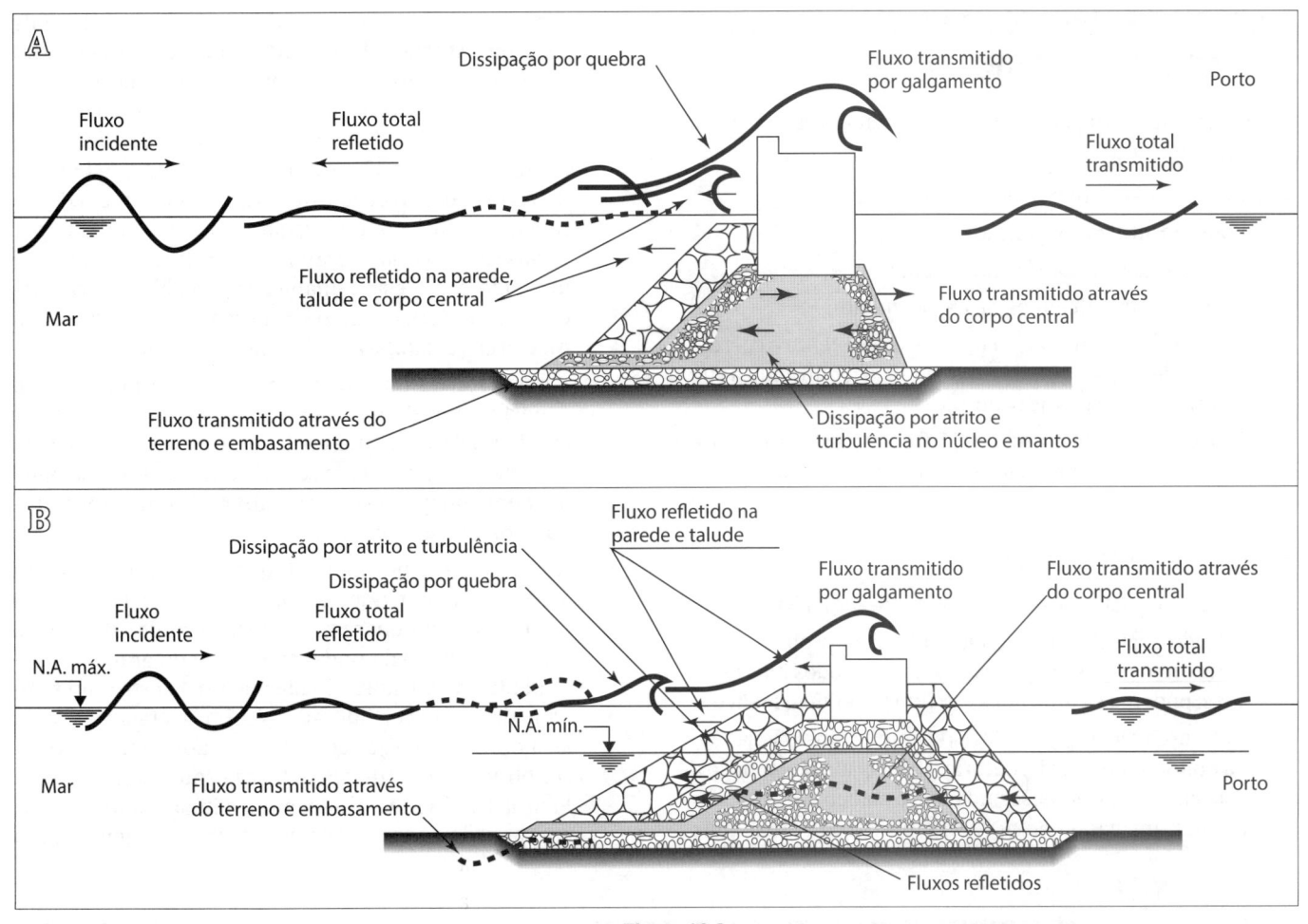

Figura 12.3
(A) Elevação de seção transversal de quebra-mar misto com maior refletividade.
(B) Elevação de seção transversal de quebra-mar misto com menor refletividade.

Figura 12.4
(A) e (B) Vista de portos de recreio e pesqueiros na Ilha da Madeira (Portugal) com armadura de blocos artificiais de concreto antifer e superestrutura.

12.3 TIPOS NÃO CONVENCIONAIS DE OBRAS DE ABRIGO

São menos utilizados, e se encontram em obras especiais ou de menor vulto.

- Quebra-mar com núcleo de areia ou argila
- Pode ser utilizado quando:
  - a ação das ondas for moderada;
  - houver insuficiência de enrocamento;
  - o terreno de fundação for pouco resistente e corresponder a uma grande espessura, inviabilizando a sua remoção e substituição.
- Tem taludes reduzidíssimos (1:6 ou mais suave) e pode ser revestido por camadas de betume ou concreto.

- Quebra-mar descontínuo
- Pode ser estaqueado ou flutuante (fundeado) (Figura 12.5).
- Quando a agitação não é importante, ou para obras provisórias com ondas inferiores a 2,0 m e períodos inferiores a 7 s, podem ser utilizadas estruturas semipermeáveis.
- Obra notável no gênero foi o da ampliação do Porto de La Condamine, em Montecarlo (Principado de Mônaco). Esta ampliação foi conseguida com o aumento do espelho de mar abrigado não por um molhe tradicional, pois

a profundidade do mar é muito alta no eixo de onde seria necessária a obra (~ 50 m), bem como a logística para tal envergadura de obra paralisaria o país. A solução foi a colocação do maior caixão em concreto armado protendido e flutuante já construído, com comprimento de 352,75 m, pontal de 22 m e boca de 28 m. Esta construção está articulada por meio de rótula metálica de 650 t, ligada em terra e apoiada por várias âncoras na extremidade ao largo. O caixão é utilizado como estacionamento e instalações comerciais que amortizaram o seu preço. Foi construído em Algeciras (Espanha) e rebocado por 1.500 km.

- A resposta de um quebra-mar descontínuo quando exposto a um determinado clima de ondas pode ser medida pelo chamado coeficiente de atenuação. Este coeficiente representa a relação entre a altura da onda incidente no quebra-mar e a altura da onda transmitida para a área protegida.

- No caso de quebra-mar estaqueado (Figura 12.5(A)), a atenuação depende fundamentalmente de quanto a estrutura da antepara mergulha, da lâmina d'água, da altura e período da onda, bem como do grau de refletividade da estrutura. O galgamento da estrutura também deve ser considerado. Assim, trata-se de uma avaliação complexa, cuja melhor aproximação deve ser obtida por modelagem física e/ou matemática. Na Figura 12.5(A) são apresentadas imagens de ensaios em canal de ondas para uma estrutura do gênero para

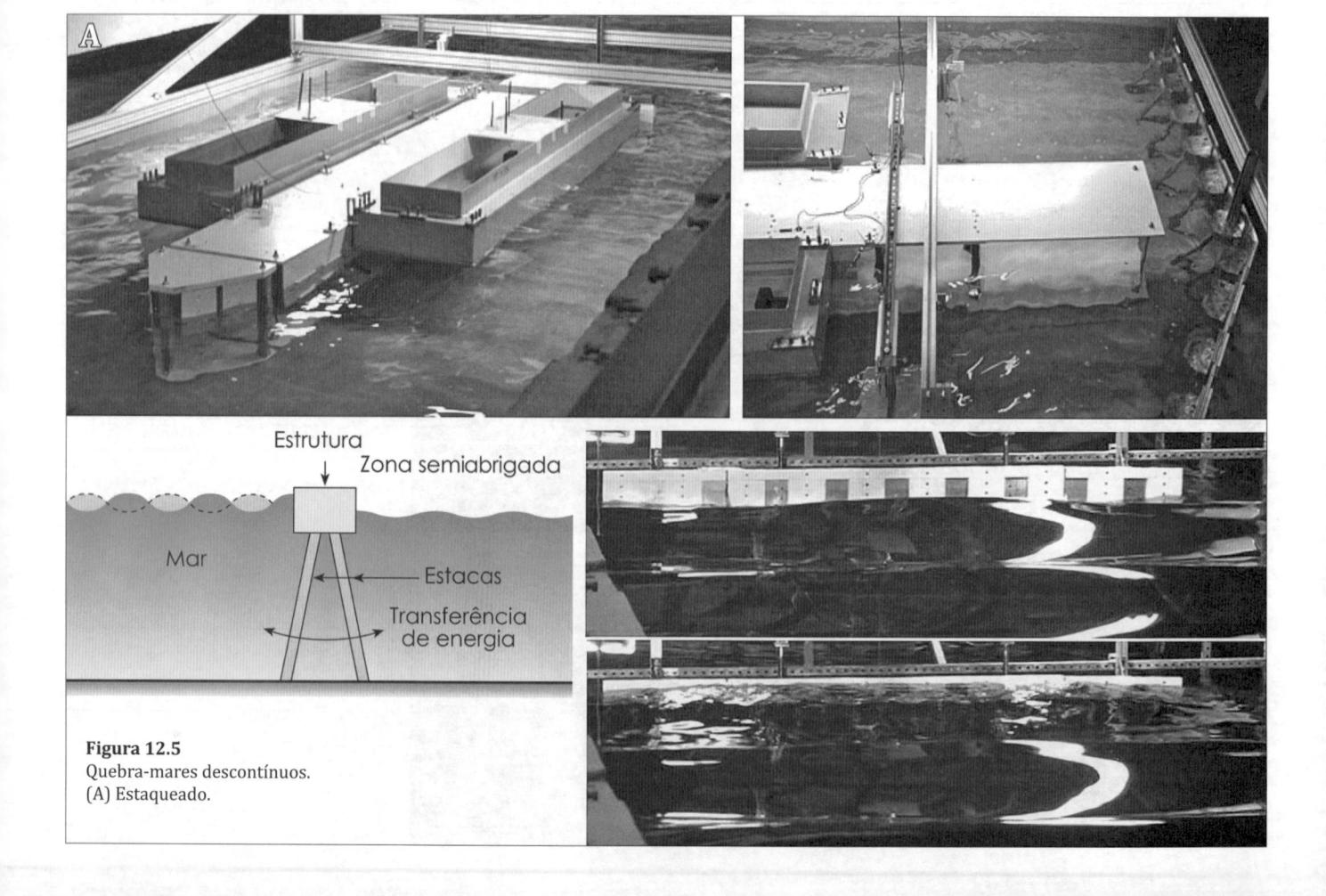

Figura 12.5
Quebra-mares descontínuos.
(A) Estaqueado.

abrigar um terminal de barcaças com ondas extremas modeladas fisicamente com 1,5 m de altura significativa e período de pico do espectro de 5 s.

- No caso particular de um quebra-mar flutuante, a resposta, medida pelo coeficiente de atenuação, será uma função complexa de suas dimensões principais: largura ou boca alinhada ao rumo de propagação, calado; mas também do comprimento da onda incidente, bem como da profundidade do local de instalação e da tensão aplicada no sistema de amarração e ancoragem. A transferência de energia da agitação é parcialmente amortecida dentro das premissas em que foi projetada, uma vez que que a oscilação do flutuante corresponde a uma geração de ondas secundárias.

- Em geral, especifica-se um determinado coeficiente de atenuação a ser obtido para um determinado período da onda incidente, e, em função desta especificação inicial, procuram-se as dimensões e tensões em amarrações de modo a obter-se a atenuação desejada. Como regra geral, procura-se as dimensões que levem ao menor quebra-mar possível para a atenuação desejada. Esta fase do projeto de um quebra-mar flutuante permite definir as dimensões principais a partir de uma especificação inicial de projeto, sendo feita a análise da estabilidade estática do quebra-mar e é possível obter-se estimativas de volume e custo de materiais e itens principais do sistema. Obtidas as dimensões e tensões em amarrações para um determinado comprimento de onda é possível obter os vários coeficientes de atenuação para os distintos comprimentos (ou períodos) de onda que compõem o clima de ondas do local.

- Obtidas as dimensões principais, a etapa subsequente consiste na análise da resposta do quebra-mar quando exposto ao espectro de energia característico do clima de ondas. Nesta fase são obtidos os esforços hidrodinâmicos em elementos estruturais do quebra-mar e em amarrações. Nesta fase são utilizadas uma variedade de modelos de análise hidrodinâmica e estrutural.

- A Figura 12.5(B) mostra a seção transversal de um quebra-mar tipo pontão flutuante em caixão de concreto armado. O quebra-mar é constituído de um, ou um certo número de pontões; cada pontão sendo mantido em posição por um determinado número de amarras, conforme ilustrado. Esta solução é utilizada em fazendas de peixes, abrigos provisórios, portos de recreio, entre outros atracadouros.
  - Tem funcionamento semelhante ao quebra-mar de parede vertical, refletindo as ondas.
  - A transferência de energia das ondas sob a estrutura proporciona somente um abrigo parcial. No caso do flutuante, a oscilação da peça que o constitui transforma-o em um gerador de ondas secundárias.
  - O flutuante pode ser usado em fazendas de peixes, abrigos provisórios de obras, marinas etc.

- Quebra-mar de parede vertical com caixões de parede frontal perfurada (Figura 12.6)
- Baseia-se na dissipação da energia das ondas por jatos de alta velocidade gerados pelas ondas incidentes nas perfurações do paramento.

- A eficiência na dissipação de energia depende das dimensões e do espaçamento dos orifícios, da distância das paredes e separação das células.

- Quebra-mar pneumático (Figura 12.7)
- Proporciona proteção contra ondas relativamente curtas.
- Consiste na emissão de jatos de ar comprimido (ou líquidos) a partir de um duto assentado no fundo do mar.

- Quebra-mar de berma
- O projeto de quebra-mares de enrocamento pode ser desenvolvido de maneira convencional (ver Figura 12.1), com uma armadura ou carapaça constituída no mínimo por duas camadas de blocos que não se desloquem por ação das ondas (quebra-mar de talude), ou de uma maneira não convencional, com um enrocamento formado por uma berma com blocos de variadas dimensões, constituindo-se no quebra-mar de berma (ver Figura 12.8). A ROM 1 (1999) recomenda profundidades máximas de implantação de 35 a 40 m.

- O quebra-mar de berma consiste em uma massa porosa de blocos de enrocamento, com largura suficiente para permitir a dissipação da energia das ondas. A porosidade média da berma é grande por utilizar uma faixa granulométrica bem estendida (*rip-rap*), permitindo que a onda incidente percole na berma e perca sua energia.

- Os blocos de enrocamento do maciço da berma podem se movimentar sob a ação das ondas, produzindo a acomodação do perfil do lado do mar, conduzindo a seção transversal a um perfil mais estável e consolidado. Daí ser denominado um maciço dinamicamente estável.

- A Figura 12.8 apresenta o esquema de uma seção transversal típica de quebra-mar de berma, com o perfil construído com uma largura inicial de berma, e o perfil acomodado, após a ação das ondas de projeto, com uma largura resultante menor formando um perfil típico em S, com a declividade mais suave em termos de nível médio do mar para produzir a arrebentação da onda.

- O quebra-mar de berma possui estabilidade maior do que o quebra-mar de talude, pois a grande massa porosa da berma de enrocamento permite a propagação das ondas dentro dela, dissipando mais energia do que no quebra-mar de talude, no qual o fluxo é restrito em razão da reduzida permeabilidade da armadura. Além disso, a ação das ondas faz com que a estabilidade da seção transversal do quebra-mar de berma aumente, com um perfil estabilizado desenvolvido sob a ação das ondas mais consolidado, e com um intertravamento entre os blocos maximizado.

- Nos quebra-mares de berma, podem ser utilizados blocos mais leves e com uma maximização da utilização da pedreira local, sendo a produção da pedreira separada em menor número de categorias. No entanto, sua construção exige grandes quantidades de material.

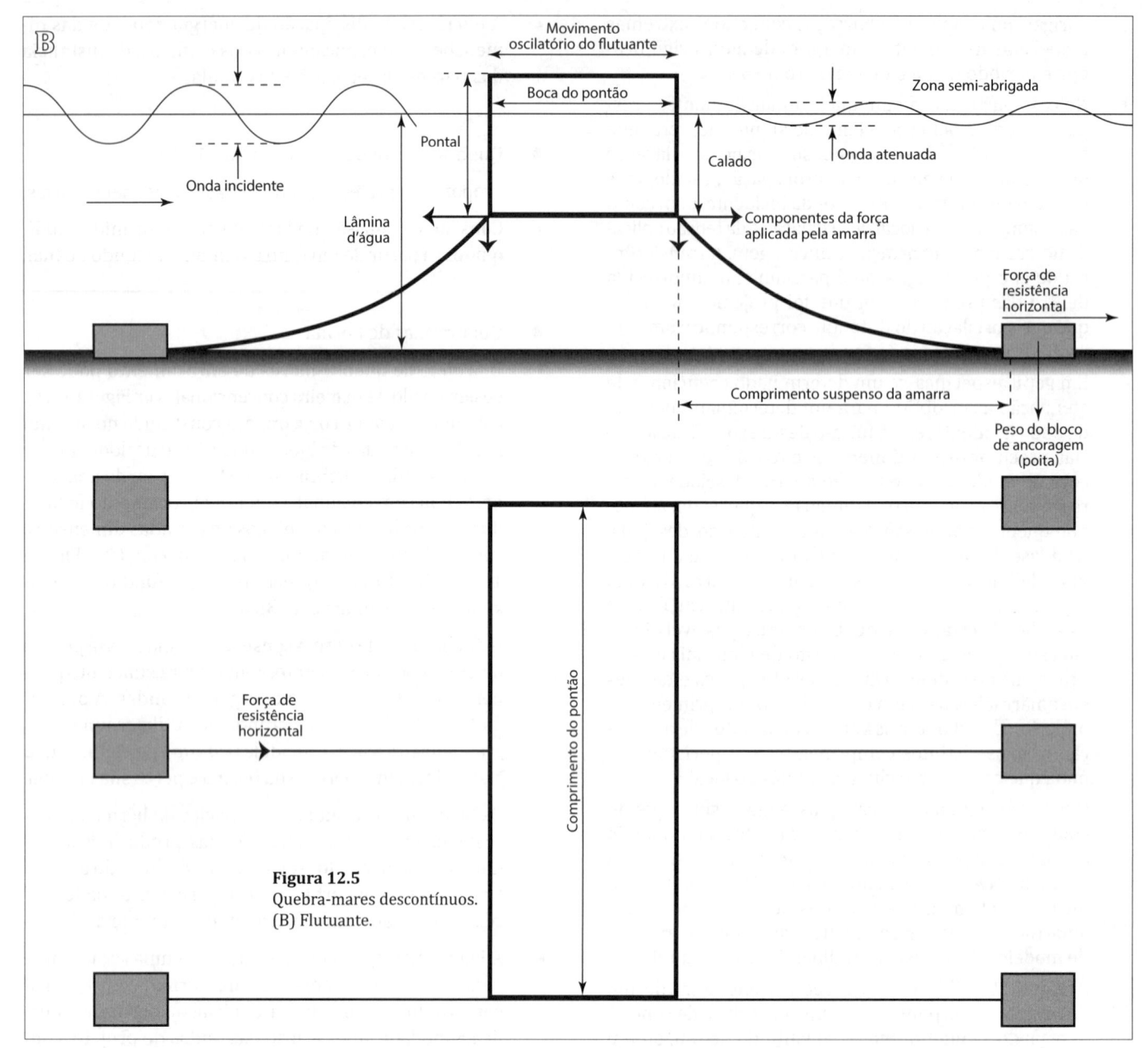

Figura 12.5
Quebra-mares descontínuos.
(B) Flutuante.

Figura 12.6
Elevação de seção transversal de caixão perfurado.

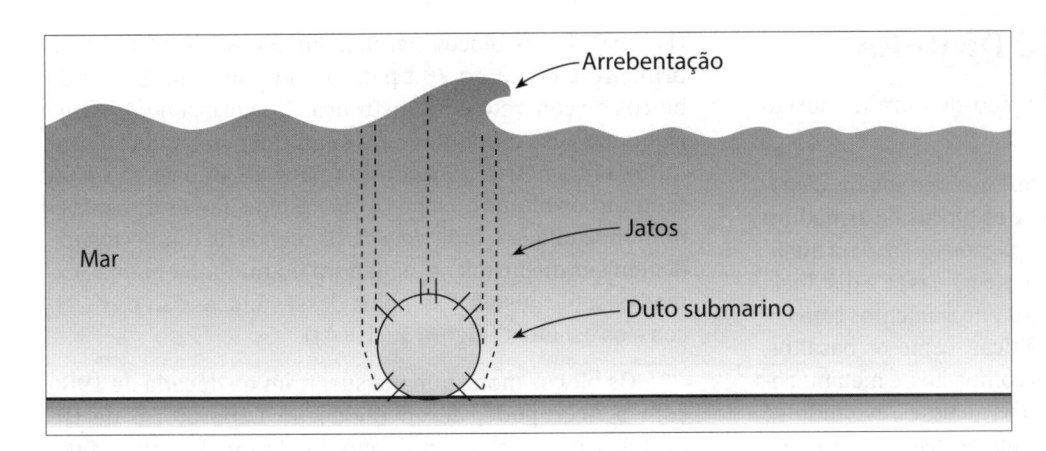

Figura 12.7
Elevação de seção transversal de quebra-mar pneumático.

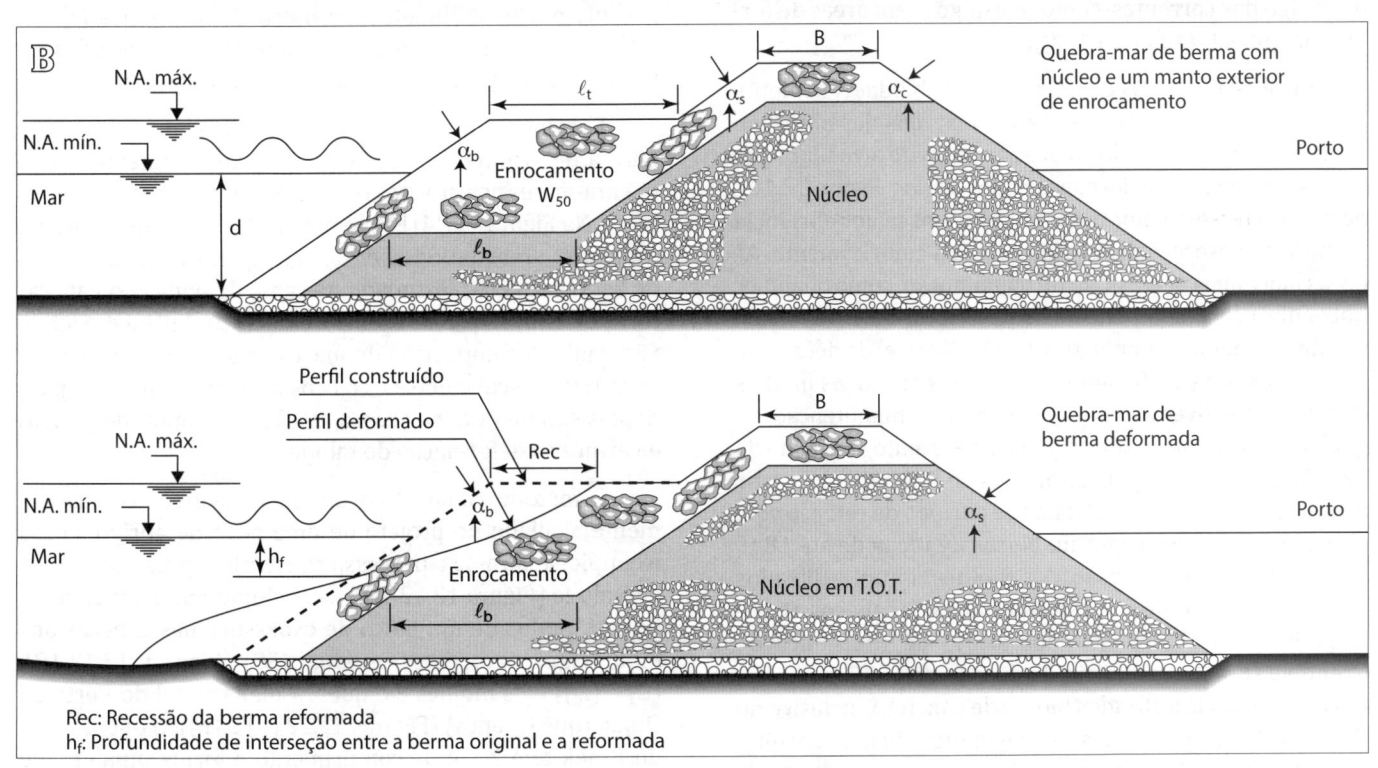

Rec: Recessão da berma reformada
h_f: Profundidade de interseção entre a berma original e a reformada

Figura 12.8
(A) Enrocamento do quebra-mar de berma do Terminal Portuário Inácio Barbosa da Vale em Barra dos Coqueiros (SE).
(B) Elevação de seção transversal típica de quebra-mar de berma dinamicamente estável.

12.4 ESCOLHA DO TIPO DE OBRA

Fundamentalmente, a escolha do tipo de obra de abrigo depende de:

- Disponibilidade de enrocamento. Envolve o volume disponível e a possibilidade de obter os blocos de armadura com adequado Plano de Fogo aplicado na jazida, a qualidade da rocha (preferencialmente ígneas) e a distância de transporte. São aconselhados enrocamentos com rochas de alta resistência vulcânicas, como os basaltos, magmáticas, como os granitos compactos, e metamórficas de boa compacidade, como os gnaisses, evitando-se os materiais que são quimicamente reagentes com a água do mar, como os calcários.

- Profundidade.

- Onda de projeto.

- Condição de fundação. Camadas de argila marinha mole costumam estar presentes, pois há 18 mil anos o N.M.M. esteve mais de 100 m abaixo do atual, fazendo com que as planícies aluvionares estivessem mais avançadas na plataforma continental. O quebra-mar de Barra dos Coqueiros (SE), por exemplo, em sua concepção original rompeu o solo em área com artesianismo, já que a sobrecarga para adensamento da fundação produziu ruptura geotécnica.

Além disso, o dimensionamento das obras de abrigo das ondas, como os molhes ou quebra-mares, difere das obras de abrigo das correntes, como os espigões em áreas de fortes correntes (ver Figura 12.9).

Deve-se também considerar a possibilidade, somente nas armaduras dos trechos mais solicitados das obras, de ocorrer a substituição dos blocos naturais de armadura por blocos de concreto de formas complexas (ver Figura 12.10), de modo a ter-se menor peso unitário, mas maior eficiência unitária de absorção de energia pelo seu embricamento. As obras marítimas necessitam de manutenção, como qualquer outra obra civil, sob pena de se deteriorarem e perderem sua funcionalidade (ver Figura 12.11). No final da década de 1990, após mais de 80 anos de sua construção, os molhes de Rio Grande tiveram uma grande obra de manutenção, no qual os maiores blocos de armadura de granito vermelho de 12 tf foram repostos por tetrápodos de 8 tf, aptos a resistir a ondas significativas de 50 anos de período de retorno com alturas de 7 m, que exigiriam blocos de rocha de até 18 tf. Para a sucessiva expansão dos molhes, foram utilizados tetrápodos de 8 e 12,5 tf, estes últimos nos cabeços. Os tetrápodos, concebidos no Laboratório de Hidráulica de Grenoble (França) no início da década de 1950, ainda estão entre os mais utilizados blocos de concreto, inclusive no Brasil. Na Europa, os blocos cúbicos antifer são também muito usados, tendo sido desenvolvidos para uso no Porto de Antifer (França).

Os primeiros quebra-mares construídos com blocos de concreto na armadura foram os de Argel (Argélia) e Marselha (França). Eram blocos paralelepipédicos de 22 t para o primeiro e de 22 t a 26 t para o segundo. A utilização de blocos de concreto em substituição do enrocamento ocorre quando há dificuldade de se obter nas jazidas a granulometria pétrea especificada para a carapaça, ou para diminuir o volume do maciço, no caso de blocos de concreto monocamada (*single-layer*). Os blocos de dupla camada devem ser dispostos na armadura no mínimo em duas camadas superpostas. Exemplos desses blocos são os maciços e os esbeltos (Figura 12.10(A)).

Os blocos monocamada surgiram na década de 1980 com o Accropode, desenvolvido no Laboratório de Hidráulica da Artelia, em Grenoble (França). Atualmente, existem vários desses blocos, sendo os que mais se destacam o Accropode II e o Core-loc (ver Figura 12.10(A)), este último criado pelo U.S. Army Corps of Engineers. Em particular, o Core-loc apresenta uma porosidade da ordem de 55%, o que permite uma redução substancial do galgamento (*overtopping*). No final da década de 1990, foi lançada uma evolução do Accropode, que é o Accropode II. Deve-se relevar que há menos tolerância de execução que com os blocos de dupla camada, acarretando mais precisão na colocação dos blocos e na execução da camada subjacente à armadura. A economia no consumo de concreto dos blocos tipo *single layer* pode chegar a 90% em relação aos blocos de dupla camada, como tetrápodos e blocos cúbicos.

Segundo U. S. Army (2002) (Figura 12.10(A)), os blocos de concreto podem ser subdivididos em quatro categorias: maciços, volumosos, esbeltos e vazados. Os blocos maciços garantem a estabilidade hidráulica da armadura essencialmente pelo seu peso, enquanto os esbeltos são eficazes tanto pelo seu peso quanto pelo seu embricamento.

Ensaios em modelos físicos são a principal ferramenta para a determinação das características e dimensões dos quebra-mares nos projetos básicos e executivos dessas estruturas. Na Figura 12.11(F) são mostradas imagens de procedimentos e resultados de ensaios de quebra-mar de berma de Saquarema (RJ) estudado no canal de ondas do Laboratório de Hidráulica da Escola Politécnica da Universidade São Paulo. A composição do maciço segue a escala geométrica 1:20, basculando-se os blocos de forma homóloga, para depois submeter o maciço à agitação randômica de projeto e verificar a deformação do talude

O método construtivo também deve ser cuidadosamente avaliado no projeto de uma obra de abrigo. Como exemplo, ilustra-se o processo construtivo para um maciço em talude (Figura 12.12(A)), o envelopamento por camada de tetrápodos de um bloco de espessura nas cabeças dos molhes guias-correntes de Itajaí (SC) (Figuras 12.12 (B), (C) e (D)) e os molhes e o quebra-mar frontal do Porto de Dunkerque (França) (Figuras 12.12 (E) e (F)). O quebra-mar do Braek tem 7 km de comprimento e forma uma grande bacia abrigada para os grandes mineraleiros e petroleiros. O Porto Autônomo de Dunkerque é o terceiro em movimentação de carga da França, depois de Le Havre e Marseille, e é o principal porto mineraleiro da França, graças à Usina

Siderúrgica da Arcelor-Mittal, em primeiro plano, no porto industrial. A doca seca número 6 do Porto de Dunkerque, com 350 m de comprimento e 52 m de largura, permite reparos e manutenção de embarcações até 170.000 tpb. A doca seca flutuante tem guindaste de capacidade até 16.000 t de içamento para reparos navais.

Na Figura 12.13 apresentam-se aspectos das obras nos maciços de enrocamento dos espigões de abrigo do Complexo Portuário de Ponta da Madeira da Vale (1980-1987) em São Luís (MA). Nas Figuras 12.12, 12.14, 12.16 e 12.17 estão apresentados exemplos de obras com utilização de blocos artificiais de concreto.

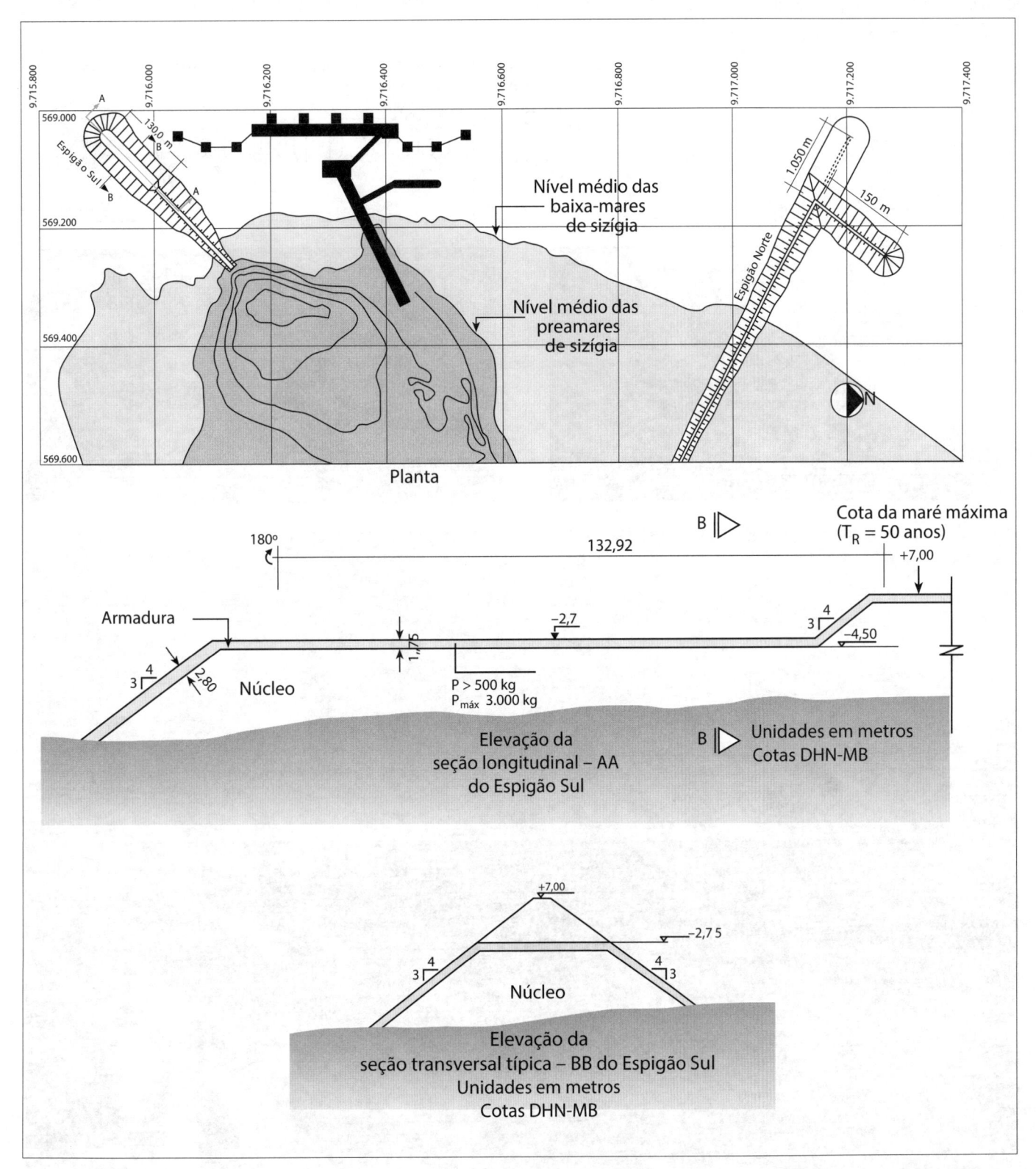

Figura 12.9
Arranjo geral do Terminal Marítimo da Ponta da Madeira da Vale em São Luís (MA). Fonte: Souza e Alfredini (1993).

Figura 12.10
(A) Blocos de formas complexas pré-moldados de concreto usados como unidades de armaduras.
Fonte: U. S. Army (2002).
(B) Tetrápodos utilizados no reforço de cabeço das guias-correntes em Torres (RS).
(C) Blocos Antifer.
(D) Blocos Antifer do maciço do molhe de Zeebrugge (Bélgica).

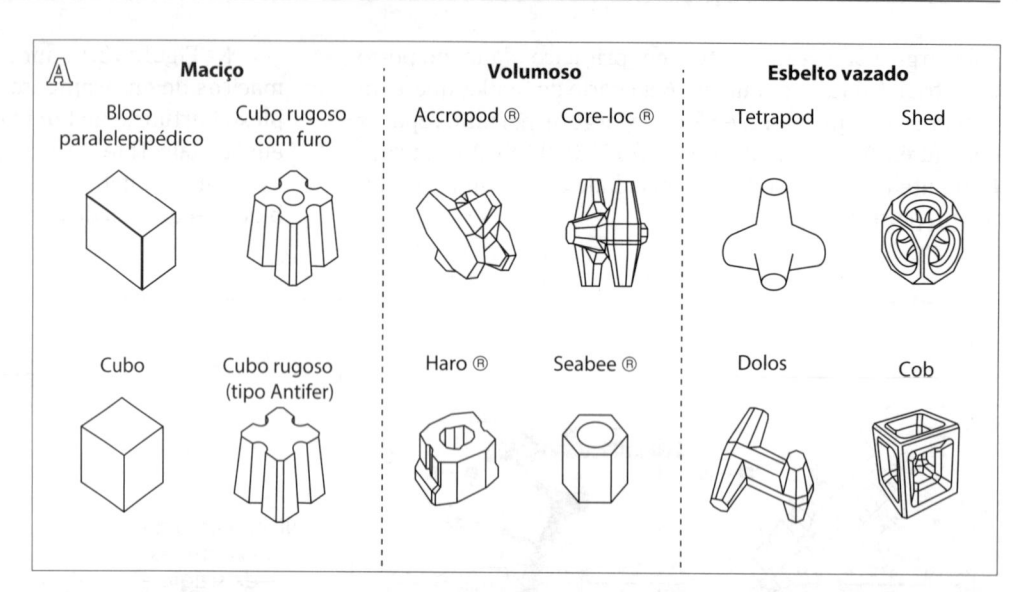

Figura 12.10
(E) Pátio de armazenagem dos blocos Core-loc utilizados na armadura do quebra-mar do TX1 do Porto do Açu (RJ).

Figura 12.11
(A) Ressaca de 10 de agosto de 2005 galgando o molhe do Porto de Imbituba (SC).
(B) e (C) Efeito da ressaca de junho de 2006 sobre o enrocamento do molhe do terminal de barcaças da CST em Vitória (ES).

Figura 12.11
(D) Estado de deterioração no cabeço do molhe leste de Rio Grande (RS) no final dos anos 1990. Observa-se o rompimento do coroamento com fuga de material do núcleo.

Figura 12.11
(E) Danos nas cabeças dos pontões de concreto armado e fissura profunda transversal em pontão do quebra-mar flutuante da Marina do Yacht Club Ilhabela, após eventos de maior agitação em abril e setembro de 2009.

Figura 12.11
(F) Ensaio em canal de ondas.
(São Paulo, Estado/DAEE/SPH/CTH).

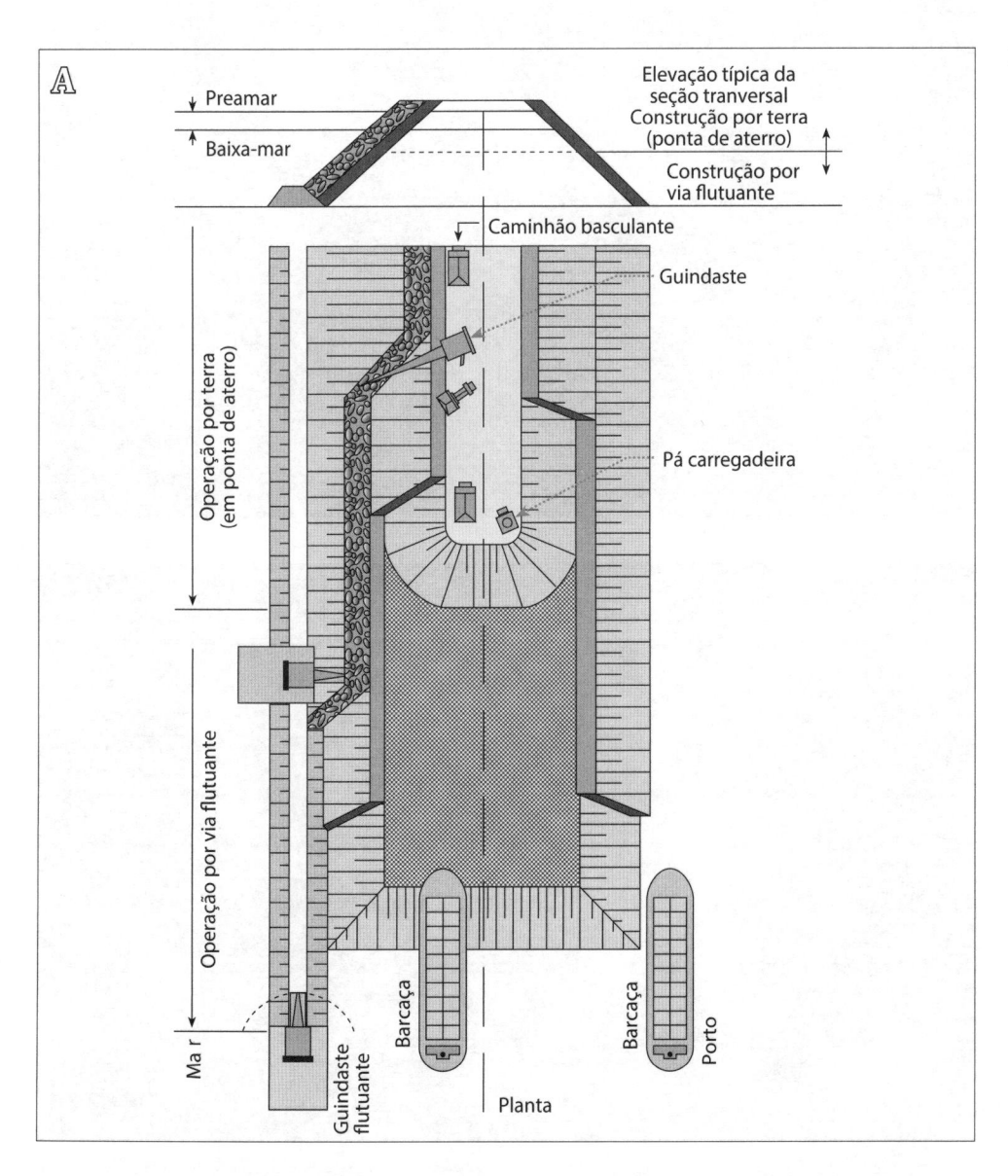

Figura 12.12
(A) Construção de maciço em talude.

Figura 12.12
(B) Vista dos molhes do Porto de Itajaí
(SC) a partir do cabeço do Molhe Sul.
(C) Vista do cabeço do Molhe Sul,
com a proteção externa de tretápodos.
(D) Tetrápodos assentados com
marcação do número de série
e data da cura.

Figura 12.12
(E) Vista aérea do Porto de Dunkerque (França), com seus molhes e o extenso quebra-mar frontal.
(F) Coroamento concretado do quebra-mar frontal ao Porto de Dunkerque (França).

Figura 12.13
(A) Enrocamento de Ponta da Madeira, em São Luís (MA). Exploração da pedreira de Rosário (1980), desmonte da bancada rochosa granítica por perfuração e colocação de explosivos, remoção dos blocos por pá carregadeira e transporte por caminhões basculantes. (São Paulo, Estado/DAEE/SPH/CTH).

Figura 12.13
(B) Enrocamento de Ponta da Madeira, em São Luís (MA). Avanço em ponta de aterro dos maciços dos espigões Sul e Norte, com arrumação por pá carregadeira (1980). (São Paulo, Estado/DAEE/SPH/CTH).
(C) Enrocamento de Ponta da Madeira, em São Luís (MA). Avanço em ponta de aterro do núcleo e armadura do Espigão Norte (1981). (São Paulo, Estado/DAEE/SPH/CTH).

Figura 12.13
(D) Enrocamento de Ponta da Madeira, em São Luís (MA). Finalização do basculamento e posicionamento de blocos de armadura, com guindaste com caçamba de mandíbulas. Cabeço do Espigão Sul (1983). (São Paulo, Estado/DAEE/SPH/CTH).

Figura 12.13
(E) Enrocamento de Ponta da Madeira, em São Luís (MA). Arrumação do talude de armadura do Espigão Sul (1983). (São Paulo, Estado/DAEE/SPH/CTH).

Figura 12.13
(F) Enrocamento de Ponta da Madeira, em São Luís (MA). Medição da declividade dos taludes para ajuste ao recomendado de projeto de 4(h):3(V). Talude do Espigão Sul (1983). (São Paulo, Estado/DAEE/SPH/CTH).
(G) Enrocamento de Ponta da Madeira, em São Luís (MA). Guindastes fllutuantes e terrestres operando caçambas para movimentação de enrocamento na obra de construção de apêndice defletor no Espigão Norte (1986). (São Paulo, Estado/DAEE/SPH/CTH).

Figura 12.13
(H) Enrocamento de Ponta da Madeira, em São Luís (MA). Meios terrestres e flutuantes operando na obra de rebaixamento da extremidade do Espigão Sul (1987). (São Paulo, Estado/DAEE/SPH/CTH).

Figura 12.14
Molhe com armadura e blocos artificiais de concreto tipo Antifer em seu trecho exposto ao mar na Ilha da Madeira (Portugal).
(A) Vista geral.

Figura 12.14
Molhe com armadura e blocos artificiais de concreto tipo Antifer em seu trecho exposto ao mar na Ilha da Madeira (Portugal).
(B) Transição do trecho do enraizamento com blocos de enrocamento na armadura para o trecho com armadura em blocos Antifer.
(C) Cabeço do molhe.

Figura 12.15
(A) e (B) Molhes guias-correntes de Rio Grande (RS), nos quais foi efetuado reforço nos cabeços com tetrápodos.

Figura 12.16
Blocos especiais de concreto para compor recifes artificiais com a finalidade de criar um banco lagosteiro, Porto de Cabedelo (PB).

Figura 12.17
Blocos paralelepipédicos de concreto como obra longitudinal aderente em muro de choque, em Bari (Itália).

12.5 INSTALAÇÕES PARA PRÉ-FABRICAÇÃO, TRANSPORTE, ASSENTAMENTO E SUPERESTRUTURA DE CAIXÕES DE CONCRETO ARMADO

12.5.1 Características gerais das instalações para pré-fabricar os caixões de concreto armado

Historicamente, notável obra precursora do gênero foram os Mulberry Ports A e B, respectivamente operativos em 16 de junho e 14 de junho de 1944 pelas tropas norte-americana e anglo-canadense na costa da Normandia, em Saint Laurent--sur Mer e Arromanches (França). Tais estruturas constituí-ram quebra-mares com 212 caixões de concreto armado, denominados Phoenix, com 70 m de comprimento, 15 m de boca e 20 m de pontal, que foram lastreados d'água, forman-do dois quebra-mares de 8 km de comprimento cada um, abrigando bacias de 500 ha.

Os caixões foram construídos em estaleiros no Estuário do Rio Tâmisa, na Inglaterra, rebocados e assentados já a partir do dia 7 de junho de 1944, dia seguinte do desembar-que das tropas aliadas. Estas gigantescas obras viabilizaram a logística para a continuidade do desembarque de tropas e suprimentos, tendo em vista que os principais portos da re-gião encontravam-se fortemente defendidos pelas tropas alemãs, viabilizando a rápida liberação da França ocupada. O Mulberry Port A foi muito danificado pela tempestade de 19 a 21 de junho de 1944, aproveitando-se parte de suas estruturas em reforçar Port Winston, como foi rebatizado o Mulberry B.

A estrutura celular em concreto armado dos monólitos de caixões em concreto armado tem desenvolvimento sen-sivelmente vertical, remetendo a sistemas construtivos es-pecíficos. Por outro lado, a necessidade de flutuabilidade para o seu transporte e assentamento conduz a sistemáticas de canteiros navais, como carreiras e diques secos, ou ins-talações especificamente projetadas. Excepcionalmente, quando as dimensões das peças forem mais modestas, é possível a execução das peças sobre cais, ou pátios, e a sua colocação na água por vários tipos de equipamentos, como gruas fixas, pórticos rolantes ou cábreas.

- No caso em que a amortização econômica do custo da instalação seja elevado para o custo da obra, em ter-mos de quantidade e dimensões das peças, o canteiro para a pré-fabricação pode utilizar-se de diques secos ou carreiras para construção naval, existentes ou pro-visórios, nas proximidades da obra. Neste último caso, os terrenos devem ser providos de adequada capaci-dade de suporte e garantia de estanqueidade, bem como dotados de portas e dispositivos de enchimento e esvaziamento.

- Instalações especiais e fixas (ver Figuras 12.18 a 12.20) justificam-se economicamente para operações

em larga escala e estendidas no tempo, com recurso a técnicas executivas industriais de linha de montagem, projetadas levando em conta:

- Abrigo da agitação ondulatória;
- Características geotécnicas dos terrenos de fundação;
- Condições de acessibilidade de atracação para su-primento de materiais;
- Vias terrestres de acessibilidade.

As estruturas de suporte apresentam diferenciadas formas de infraestrutura de fundação tendo em vista as características geotécnicas, podendo ser compostas de estruturas metálicas, concreto armado, ou mistas, compondo dois planos básicos de trabalho:

- Plano de apoio móvel da plataforma inferior que sustenta a concretagem do caixão durante as pri-meiras fases e que pode variar verticalmente de alguns metros acima do nível do mar até a profun-didade necessária para o lançamento;

- Entreliçamento superior móvel de sustentação do equipamento de distribuição do concreto e os de suspensão das formas móveis (balancins).

Os aparelhamentos para alimentação e distribuição dos materiais e para movimentação das partes móveis complementam as instalações.

Os requisitos fundamentais para estas instalações são:

- Iniciar a construção do monólito sobre plano de assentamento a seco a partir da soleira de base, a qual recomenda-se seja composta sem interrupção da concretagem em fase única;

- A concretagem do corpo do caixão deve prosseguir usando formas deslizantes, simultaneamente ali-viando o peso contando com o empuxo hidrostático imergindo gradativamente o plano de apoio;

- Deve-se dispor de sistema de distribuição de con-creto de forma a aduzir a vazão requerida de modo adequado pelas bombas de concretagem;

- Os limitados movimentos oscilatórios do conjunto plataforma-caixão devem ser suportados pelos sis-temas de suspensão; e

- Possibilidade do lançamento do caixão ao mar mediante a imersão do plano de apoio na cota necessária.

- Instalações flutuantes (Figuras 12.21 a 12.40) têm ca-racterísticas de outros meios de operação flutuantes, como pontões, barcaças, dragas, rebocadores, entre ou-tros. Esta opção apresenta a interessante característica de poder ser movimentada de um canteiro a outro sem ter desmobilização e mobilização, podendo rapidamen-te operar com equipamentos subsidiários montados, como gruas, esteiras transportadoras e dutos para o su-primento dos materiais. O flutuante é atracado por ca-bos de rigidez elevada operados por guinchos.

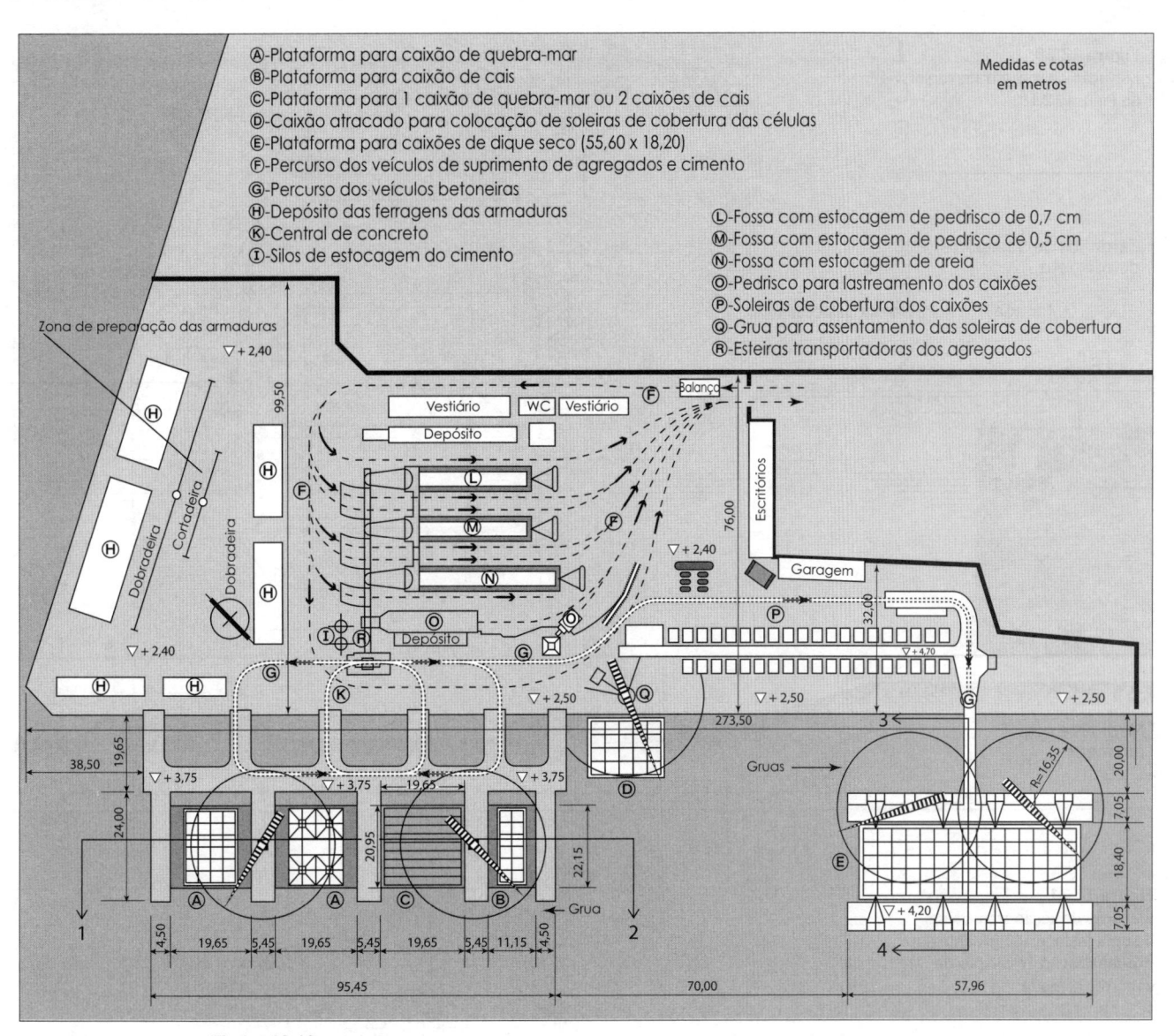

Figura 12.18
Planimetria do canteiro de Ponte Canepa, no Porto de Genova (Itália), para pré-fabricação de caixões de concreto armado.

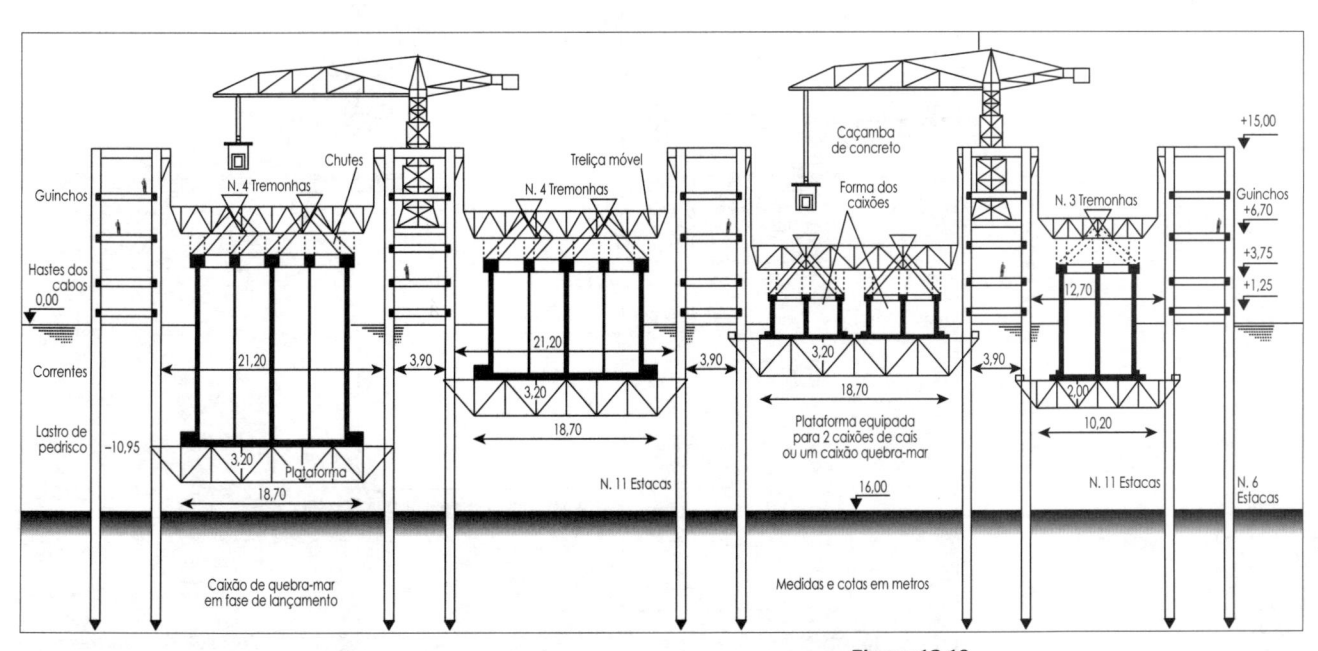

Figura 12.19
Elevação da seção longitudinal 1-2 da Figura 12.18.

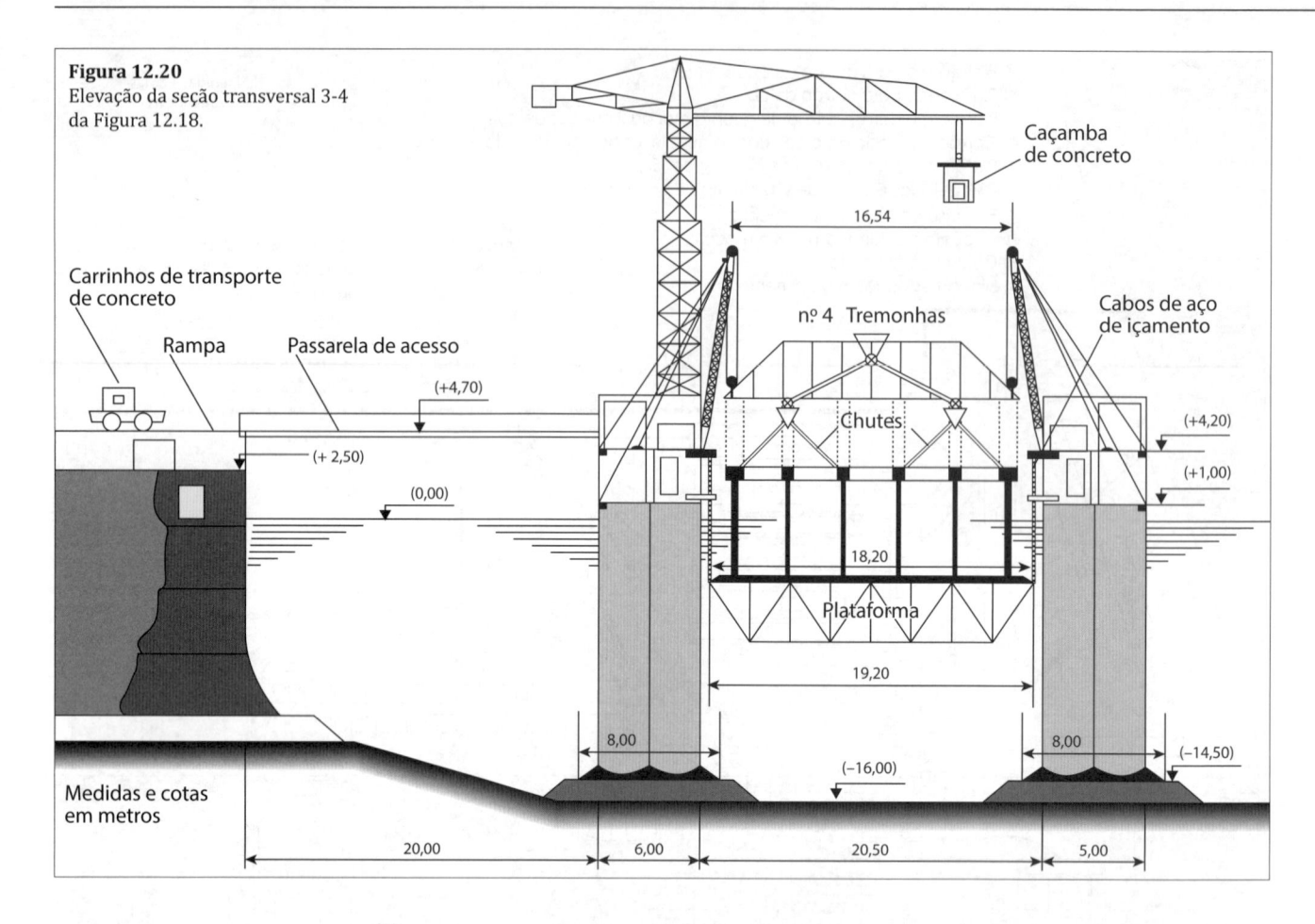

Figura 12.20
Elevação da seção transversal 3-4
da Figura 12.18.

Caçamba
de concreto

Carrinhos de transporte
de concreto

Rampa   Passarela de acesso

nº 4   Tremonhas

Cabos de aço
de içamento

(+4,70)

(+ 2,50)

(0,00)

Chutes

(+4,20)

(+1,00)

18,20

Plataforma

19,20

8,00   (−16,00)   8,00   (−14,50)

Medidas e cotas
em metros

20,00   6,00   20,50   5,00

16,54

Figura 12.21
Elevação da seção transversal
de uma instalação flutuante para
pré-fabricação de caixões de
concreto armado.

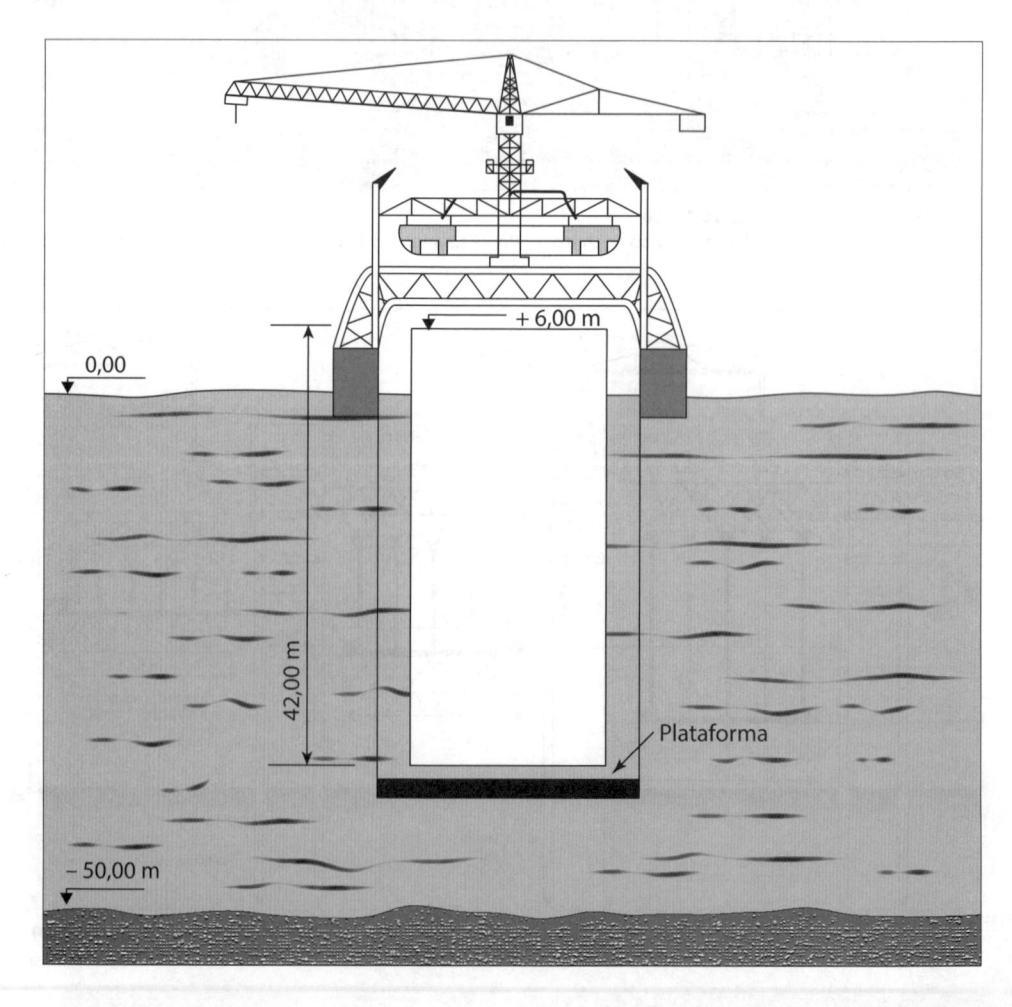

+ 6,00 m

0,00

42,00 m

Plataforma

− 50,00 m

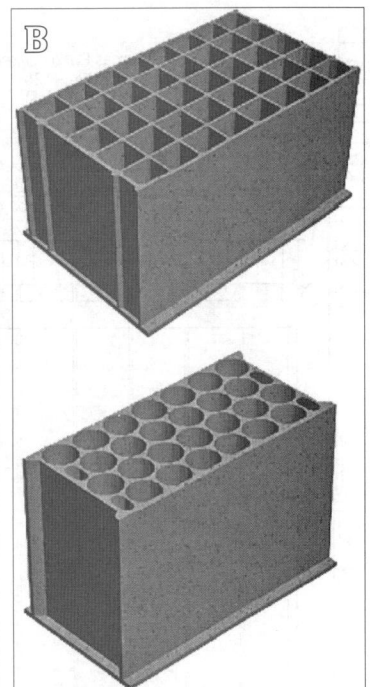

Figura 12.22
(A) Vista tridimensional do dique flutuante Kugira.
(B) Tipos de caixões celulares de concreto armado que podem ser fabricados.
(C) Vista do dique flutuante Kugira.
(D) Vista do entreliçamento superior formado por 15 vigas transversais e 3 contraventamentos longitudinais, que é descida e içada por macacos hidráulicos. Dispõe na longarina central de três distribuidores de concreto e nas longarinas externas de duas gruas para a distribuição das armaduras que são armazenadas em plataformas de estocagem.

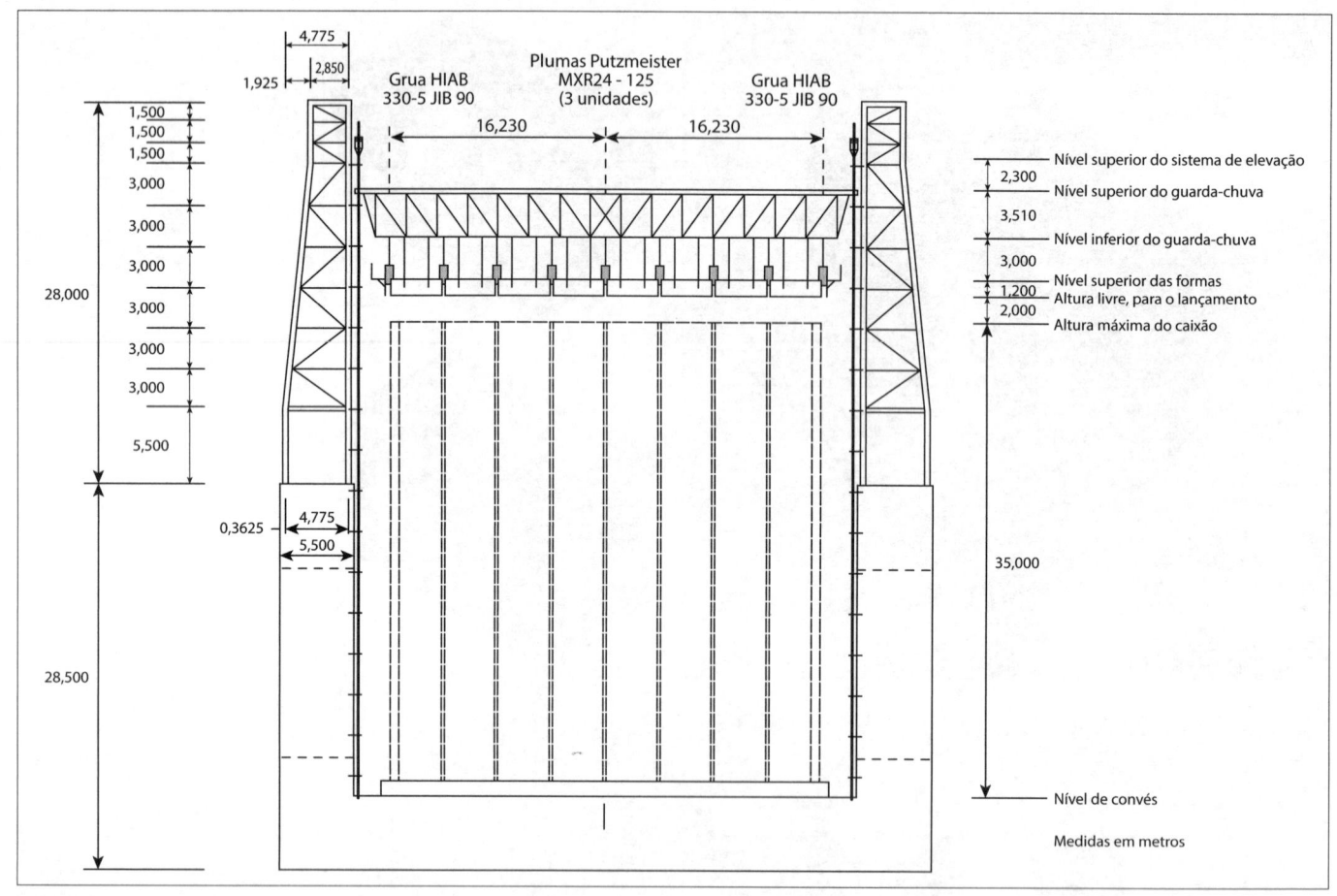

Figura 12.23
Elevação da vista frontal do dique flutuante Kugira.

Figura 12.24
Elevação da vista lateral do dique flutuante Kugira.

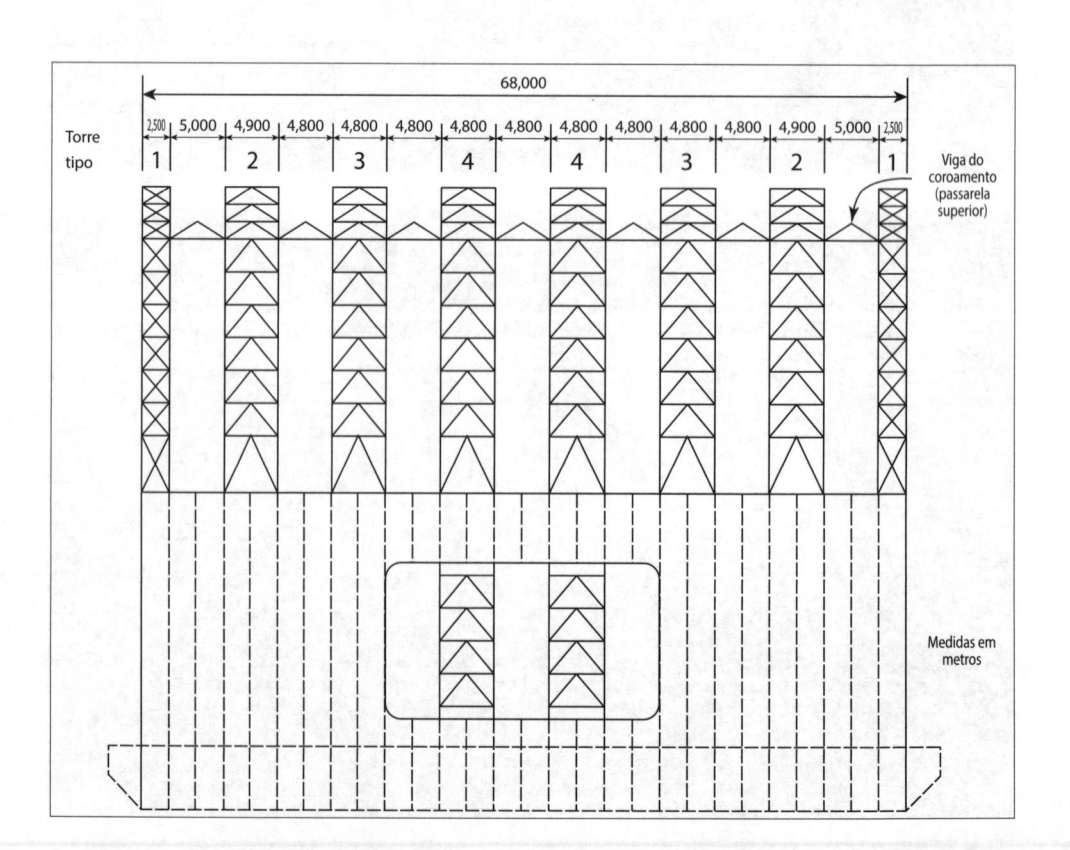

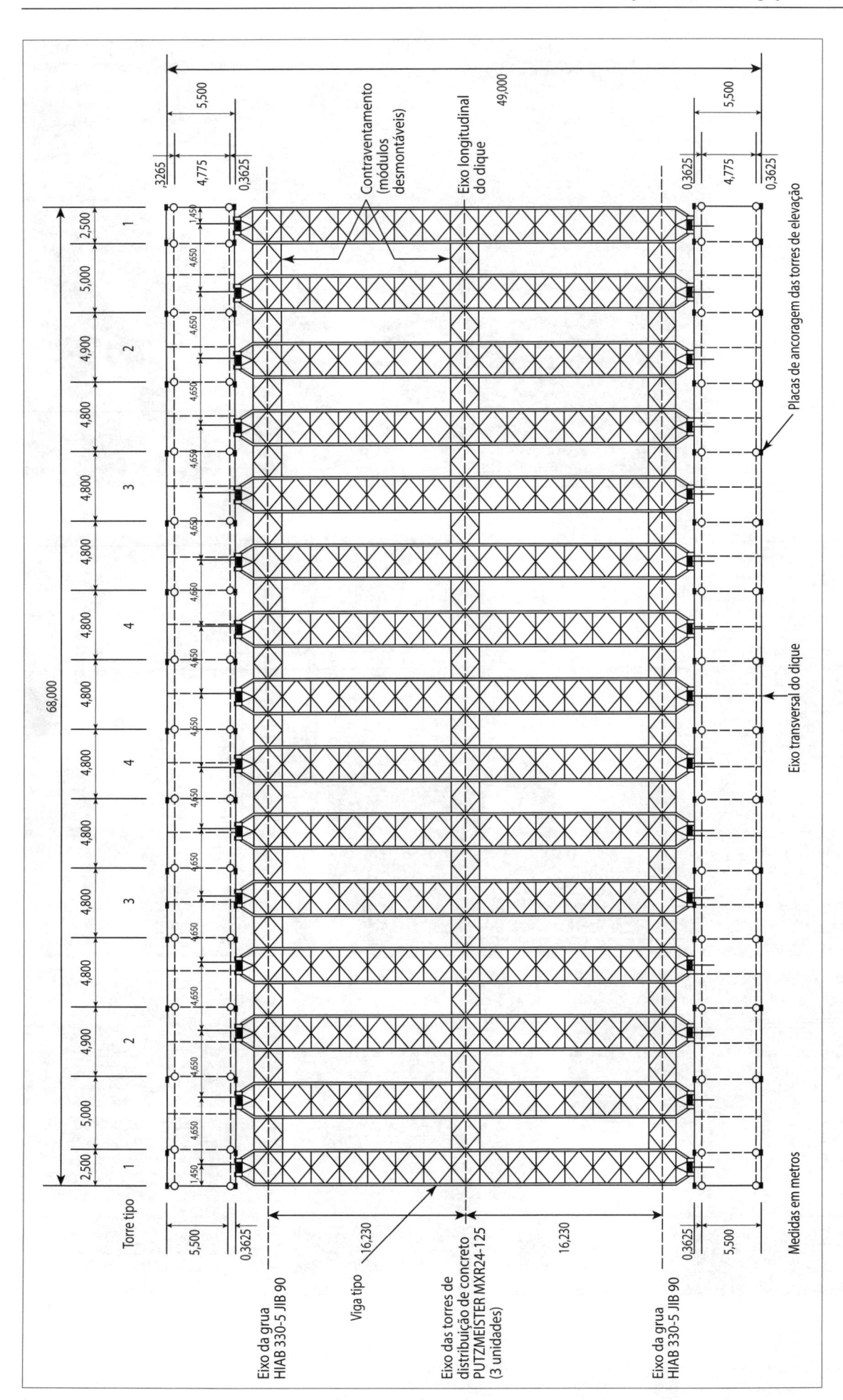

Figura 12.25
Planimetria do dique flutuante Kugira.

Figura 12.26
Vista aérea de instalação de canteiro
com o dique flutuante Kugira.

Figura 12.27
Equipamentos operacionais do dique flutuante.
(A) Entreliçamento superior (guarda-chuva).
(B) Balancim com 2 macacos hidráulicos de elevação e descida do entreliçamento superior.
(C), (D), (E) e (F) Arranjo das formas deslizantes suspensas no entreliçamento superior.

Figura 12.28
Operação de disposição da armadura da soleira do caixão.
(A) Colocação da armadura da soleira do caixão sobre o flutuante de apoio.
(B) Flutuante de apoio no interior do dique flutuante e suspensão da armadura da soleira do caixão à medida que o dique reflutua.
(C) Remoção do flutuante, após o enganchamento da armadura da soleira do caixão totalmente no entreliçamento superior.
(D) Vista em detalhe da armadura suspensa no entreliçamento.

Esta instalação pode ser composta por um casco compartimentado metálico, ou em concreto armado, integrado rigidamente a quatro torres, conferindo ao conjunto a necessária estabilidade náutica quando do lançamento. As torres suportam as estruturas de suspensão de guindastes, guinchos, treliça para a distribuição do concreto e das formas móveis. O lastreamento para a imersão e emersão é controlada pela adução e extração de água dos compartimentos dos quais é composta a estrutura de suporte. O caixão encontra-se sempre rigidamente apoiado na plataforma de base até o lançamento, quando a quilha da plataforma é imersa em cota que permita a flutuabilidade de caixão. Na Figura 12.21 ilustra-se o segundo tipo destas instalações flutuantes, nas quais dois cascos metálicos, assemelhando-se a um catamarão, são interligados rigidamente por entreliçamentos de aço, o superior que se eleva para permitir o lançamento do caixão concluído e um inferior, os quais sustentam uma plataforma móvel como as utilizadas nas instalações fixas. Neste caso, a imersão do caixão ocorre independentemente da imersão dos dois flutuantes, que sustentam o peso próprio da estrutura e o correspondente ao deslocamento da plataforma, não havendo necessidade de lastreamento dos cascos para a manutenção da estabilidade náutica. Esta metodologia permite a execução da construção de caixões com grandes alturas, como os utilizados para compor o cais de atracação de petroleiros no Porto de Sines (Portugal), com dimensões de pontal de 42 m, comprimento de 21 m e boca de 19 m. Além do já citado excepcional caixão flutuante do Porto de La Condamine (Mônaco), as dimensões dos maiores caixões já construídos oscilam em torno a 23 mil t de deslocamento total e pontal de 34 m, comprimento de 67 m e boca de 25 m.

Figura 12.29
Procedimento de armação e concretagem da soleira do caixão e passagem das esperas.
(A) Forma de concreto preparada para receber a armadura da soleira do caixão.
(B) Descida da armadura da soleira.
(C) Armadura da soleira apoiada na plataforma e início da concretagem.
(D) Passagem da armadura de espera pelas células da forma.
(E) Elevação transversal esquemática do estágio.

Como exemplo de uma instalação flutuante, nas Figuras 12.22 a 12.40 está ilustrado o dique flutuante Kugira, patenteado pela Acciona Infraestructura para a fabricação dos caixões em concreto armado, cujos componentes são o dique flutuante com soleira coberta por laje de concreto poroso drenante (68 × 38 m), entreliçamento superior, conjunto de elevação do entreliçamento superior (guarda-chuva) e forma deslizante. O seu deslocamento total é de 15 mil t até a cota superior da soleira. A soleira em estrutura metálica deste flutuante de 74 × 49 × 5,5 m serve de apoio a torres metálicas de 68 × 5,5 × 23 m (ver Figuras 12.23 a 12.25). Duas comportas laterais à vante e ré e tanques interligados com válvulas conferem deslocamento adicional de 10 mil t, permitindo fabricar caixões de quase 10 mil m³ sem que o concreto seja curado em presença de água do mar. O lastreamento pode ser feito por gravidade ou bombeamento, dispondo também dos normais equipamentos para atracação e fundeio. A profundidade de submersão máxima é de 27,5 m, permitindo construir caixões com pontais de 31 m e calados de 21 m. O canteiro aonde posicionar o flutuante deve-se encontrar ao abrigo de ondas (ver Figuras 12.26 e 12.40). Na Figura 12.27 visualiza-se um dos 30 balancins, cada um com capacidade para 140 t, com 2 macacos hidráulicos cada um para movimentação da forma deslizante de modo eletronicamente sincronizado e monitorado. Barras rígidas perfuradas são acionadas pelos macacos nas torres laterais. Dispõe na longarina central do entreliçamento superior de três distribuidores de concreto e nas longarinas externas de duas gruas para a distribuição das armaduras do corpo central do caixão que são armazenadas em plataformas de estocagem. Também são dispostos neste entreliçamento as linhas de alimentação para os vibradores de concreto.

A armadura da soleira do caixão e das esperas do corpo central do caixão é executada em flutuante de apoio que transporta a armadura para o interior do dique flutuante, de onde a ferragem é suspensa por ganchos no entreliçamento superior (Figura 12.28). Retira-se a balsa a seguir para fazer emergir a soleira de concreto drenante do dique flutuante, procedendo-se à sua limpeza e colocação de um plástico de separação entre o dique e o concreto do novo caixão a ser moldado e a forma de perfis metálicos (Figura 12.29).

Figura 12.30
Construção do fuste do caixão.
(A) Bombeamento de concreto.
(B) Distribuição de concreto.
(C) Passagem da armadura.
(D) Distribuição de concreto e distribuição de armadura.

Figura 12.31
Deslizamento das formas para a concretagem do corpo central do caixão.
(A) Término do deslizamento.
(B) Posicionamento do entreliçamento para o lançamento do caixão.

Na sequência, o entreliçamento superior desce a armadura e retiram-se os ganchos de fixação, para finalmente os distribuidores de concreto do entreliçamento superior iniciar a concretagem das extremidades para o centro do caixão, de forma simétrica, permitindo a desforma o mais rápido possível. Após o concreto ter presa e iniciar a cura, retira-se a forma da soleira. A seguir, a forma deslizante é descida e realiza-se o enlaçamento das esperas pelo interior da forma.

Uma vez colocada e bem disposta a forma do fuste procede-se ao seu enchimento e vibração em camadas de 30 cm. Quando o concreto do primeiro enchimento tiver a resistência necessária, inicia-se o deslizamento da forma a uma velocidade média em torno a 20 cm/h, elevando-se o entreliçamento superior com os macacos hidráulicos, travados a cada 25 cm por segurança. A concretagem é realizada em camadas de 30 cm em toda a seção transversal, sendo seguida por vibração com vibradores de alta frequência (200 kHz). Durante toda a fase de deslizamento é colocada a armadura de forma contínua no mesmo ritmo da subida do concreto por meio das gruas que deslocam-se em carris sobre o entreliçamento (Figura 12.30). Consegue-se, deste modo, deslizar um caixão entre 4,0 e 5,0 m/dia.

Nos últimos metros do deslizamento lastreia-se o interior do caixão com água do mar, por questão de estabilidade náutica e ao final do deslizamento o entreliçamento descola do caixão (Figura 12.31). Para o lançamento ao mar do caixão, os tanques do dique flutuante são lastrados em sequência determinada simetricamente. Assim que o caixão adquire flutuabilidade própria, desprendendo-se, o lastreamento cessa quando a folga entre as soleiras do caixão e do dique é de 1,0 m e o caixão é conduzido para fora do dique flutuante (Figura 12.32).

Uma vez que o caixão esteja completamente fora do dique flutuante, inicia-se a reflutuação do dique, extraindo o lastro dos tanques na ordem inversa do lastreamento e descendo o entreliçamento superior, limpando-se a forma deslizante, para iniciar a fabricação de nova unidade. Antes que a soleira do dique flutuante tenha totalmente emergido, interrompe-se a manobra de reflutuação para introduzir a armadura do novo caixão a ser fabricado.

12.5.2 Transporte dos caixões

A partir do lançamento da instalação de fabricação, o caixão passa a ser um flutuante até a sua colocação no local da obra. Assim, deve ter estabilidade náutica e dispor de meios idôneos para todas as manobras necessárias, como a passagem de cabos, o reboque, a acostagem e a atracação. Assim, são providos durante a construção de cabeços desmontáveis colocadas no coroamento; outros ganchos e dispositivos especiais para o reboque são embutidos em correspondência das quinas verticais do fuste a uma altura conveniente acima da linha de flutuação.

É conveniente dispor de dois rebocadores mais um de *stand-by* com pelo menos 30 tf de *bollard-pull* (tração estática) (Figura 12.33). A velocidade média de reboque em áreas portuárias está em torno de 2 a 3 nós e somente deve ser realizada com condições de agitação de alturas de ondas inferiores a 1,0 m. Fazem exceção as situações nas quais se prevê um transporte em grandes distâncias, já ocorreram acima de 1.000 milhas náuticas enfrentando tempestades fortes. Nestes últimos casos deve-se dispor de rebocadores oceânicos, aptos a suportar ondas de 2,0 a 3,0 m de altura, ou navios semi-submersíveis, como os que transportam portêineres. Para estas transferências em grandes distâncias com reboque, os caixões devem ter grande estabilidade náutica, bem como cuidados de fechamento das células superiormente para garantir total estanqueidade.

Na fase final deste transporte, o caixão é posicionado em frente ao anterior.

Figura 12.32
Lançamento do caixão ao mar.
(A) Fixação dos cabos de reboque.
(B) Ação do rebocador puxando o caixão para fora do dique flutuante.

Figura 12.33
Faina de reboque de caixão.
(A) Fase inicial da operação de reboque.
(B) Preparo para a passagem dos cabos para o segundo rebocador.
(C) Reboque de um caixão em curso.
(D) Reboque de um caixão na obra do Porto do Açu (RJ).

12.5.3 Assentamento dos caixões

Para a constituição do embasamento da cava de fundação dos caixões é utilizado material de pedreira como areia grossa com pedregulhos, pedrisco e britas, *tout-venant* e pedras e blocos maiores de armadura, oportunamente classificado e descartado sobre o fundo do mar compondo a espessura desejada.

A dragagem da cava de fundação deve deixar o fundo na cota projetada para o embasamento de apoio aos caixões de concreto, devendo-se ter a precaução de não avançar muito com relação à descarga dos materiais do embasamento para que não haja assoreamento.

Nas Figuras 12.34 e 12.35 ilustram-se o carregamento e descarga dos batelões tipo *split-barge* (com abertura pelo fundo) que operam com ondas abaixo de 1,5 m, que vão compondo o núcleo, a armadura e a regularização da superfície do embasamento. Todas estas operações são acompanhadas por monitoramento batimétrico. Na regularização final da superfície o arrasamento é feito por draga, ou pela movimentação horizontal na cota pré-determinada de uma lâmina que arrasta o excesso para os lados do embasamento, e finalização com auxílio de mergulhadores.

A operação de colocação do caixão consiste essencialmente em afundá-lo uniformemente mediante o gradual lastreamento das células com água, por meio da abertura de válvulas na estrutura, até que apoie na posição desejada. Nesta operação, os cabos passados em guinchos colocados no caixão anteriormente já assentado, rebocadores e batelões permitem o alinhamento do caixão com a estrutura já existente (Figuras 12.36 e 12.37)). Monitora-se continuamente a posição planialtimétrica e, atingida a posição, abrem-se as válvulas. A água é substituída pelo lastro definitivo de material granular a partir do instante em que o caixão apoia-se sobre o embasamento (ver Figuras 12.38(A) e (B)). A junta entre caixões é executada com auxílio de um pequeno guindaste para colocar os tubos dispostos nos extremos dos nichos que formam os lábios da junta (ver Figuras 12.38(C) e (D)).

12.5.4 Execução da superestrutura

A superestrutura é construída geralmente em concreto simples moldado *in situ*. Quando a obra marítima está isolada de terra é necessário o uso de pontões com instalação completa de betonagem à bordo, com silos de cimento e depósito e silos de agregados. Pode ser conveniente em alguns casos a utilização de sistema de pré-fabricação de peças que possam ser transportadas e colocadas na obra mediante pontões especiais.

A laje de fecho das células e a viga de coroamento são as componentes básicas da superestrutura. A laje de fecho das células serve para confinar o preenchimentos dos compartimentos do caixão, ambas podendo ser moldadas por um carro forma, que se desloca por acionamento hidráulico. A Figura 12.39 ilustra a sequência final da superestrutura que é completada pela pavimentação e, eventualmente, a instalação de pontos de amarração e defensas, dependendo da funcionalidade da muralha de caixões 12.

Figura 12.34
Atracadouro de serviço para o
carregamento dos batelões *split-barge*.
(A) Carregamento de batelão em
atracadouro de serviço.
(B) Batelão transportando
enrocamento e pedras para o
embasamento do caixão.

Figura 12.35
Descarga de batelões na cava
de fundação para constituir o
embasamento do caixão.
(A) Descarga de pedras de TOT
e enrocamento da armadura do
embasamento.

Figura 12.35
Descarga de batelões na cava
de fundação para constituir o
embasamento do caixão.
(B) Descarga de brita de regularização
no topo do embasamento do caixão.

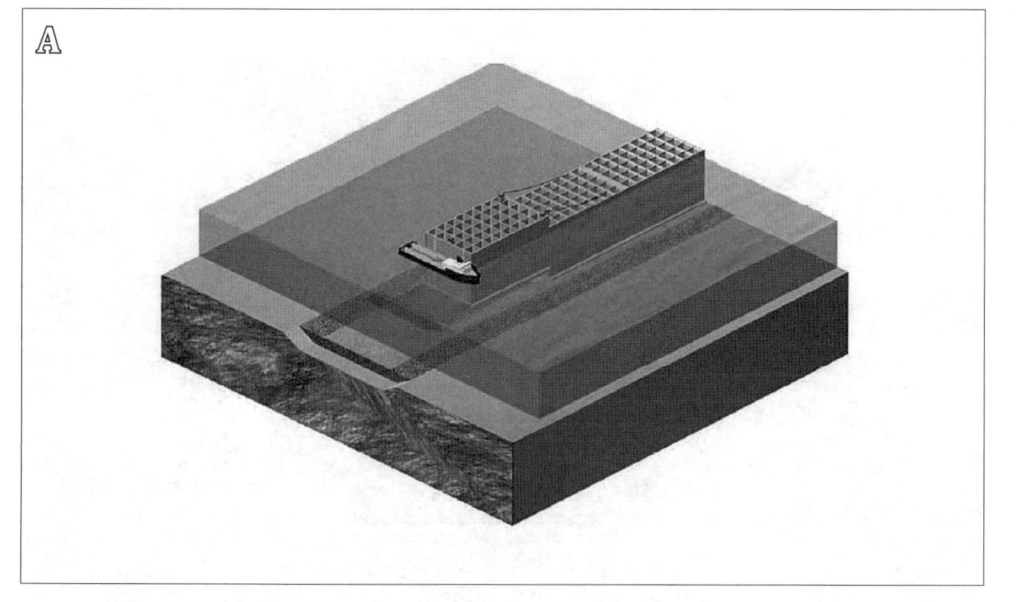

Figura 12.36
Posicionamento e afundamento do
caixão.
(A) Posicionamento do caixão com
barcaças ou rebocador e afundamento
com a abertura das válvulas até tocar
no fundo.
(B) Lastreamento final com material
dragado.

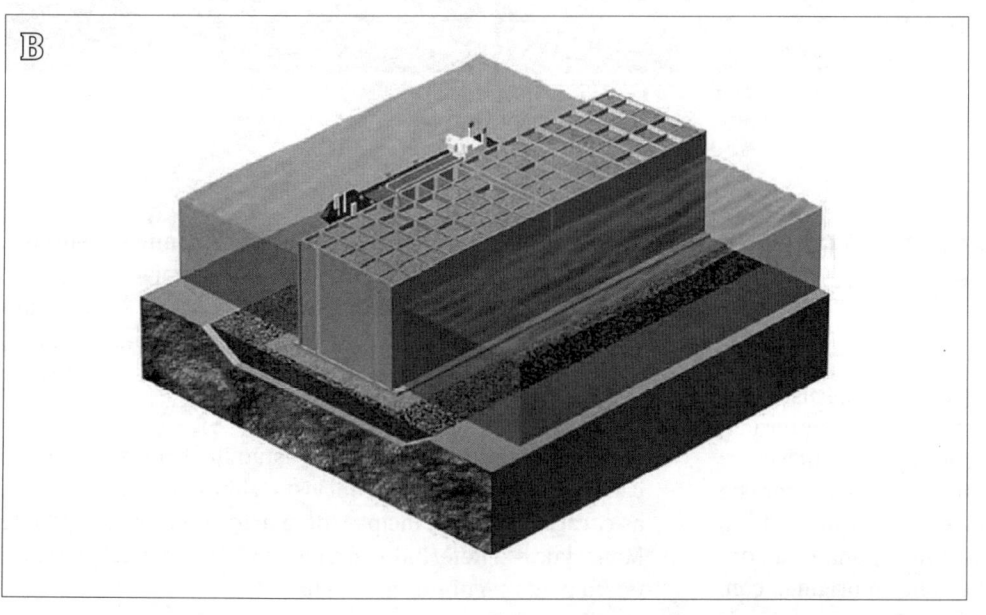

Figura 12.37
Posicionamento e afundamento do caixão.
(A) Passagem dos cabos e guinchos.
(B) Posicionamento com auxílio de rebocador.
(C) Batelão auxiliando como guia de posicionamento.
(D) Enchimento de célula do caixão a partir de abertura de válvula de admissão da água do mar.

Figura 12.38
Enchimento das células dos caixões e controle altimétrico e planimétrico de alinhamentos.
(A) Enchimento com material granular fino de dragagem ou pedreira.
(B) Controle contínuo de diferença de altura entre células adjacentes.
(C) Preparação dos tubos de fecho das juntas.
(D) Colocação dos tubos de juntas.

12.6 MOLHE COM NÚCLEO DE AREIA – O CASO DE MAASVLAKTE 2 EM ROTTERDAM

Na borda NW de Maasvlakte 2 (Rotterdam, Países Baixos), por onde os navios adentram ao Porto de Rotterdam através do canal de acesso, a conformação portuária foi dada por um molhe rígido de 3,5 km de extensão e cota de coroamento NAP + 14 m (NAP: nível d'água normal em Amsterdam). Esse projeto é denominado "duna de pedra com maciço em blocos". Trata-se de solução original, com núcleo constituído de areia. Foi assim denominada em contraposição ao contorno flexível de duna e praia, com 7,5 km, implantado na porção oeste e sul de Maasvlakte 2. Foi levado em conta em seu projeto o custo de 50 anos de manutenção, permitindo-se uma defesa mais flexível onde a ação do mar é menos severa.

Nas Figuras 12.41 e 12.42 estão ilustradas, em elevação da seção transversal e em vista tridimensional reduzida, as características principais do maciço do molhe rígido de Maasvlakte 2. Referindo-se à Figura 12.41, o maciço é composto pelos seguintes materiais:

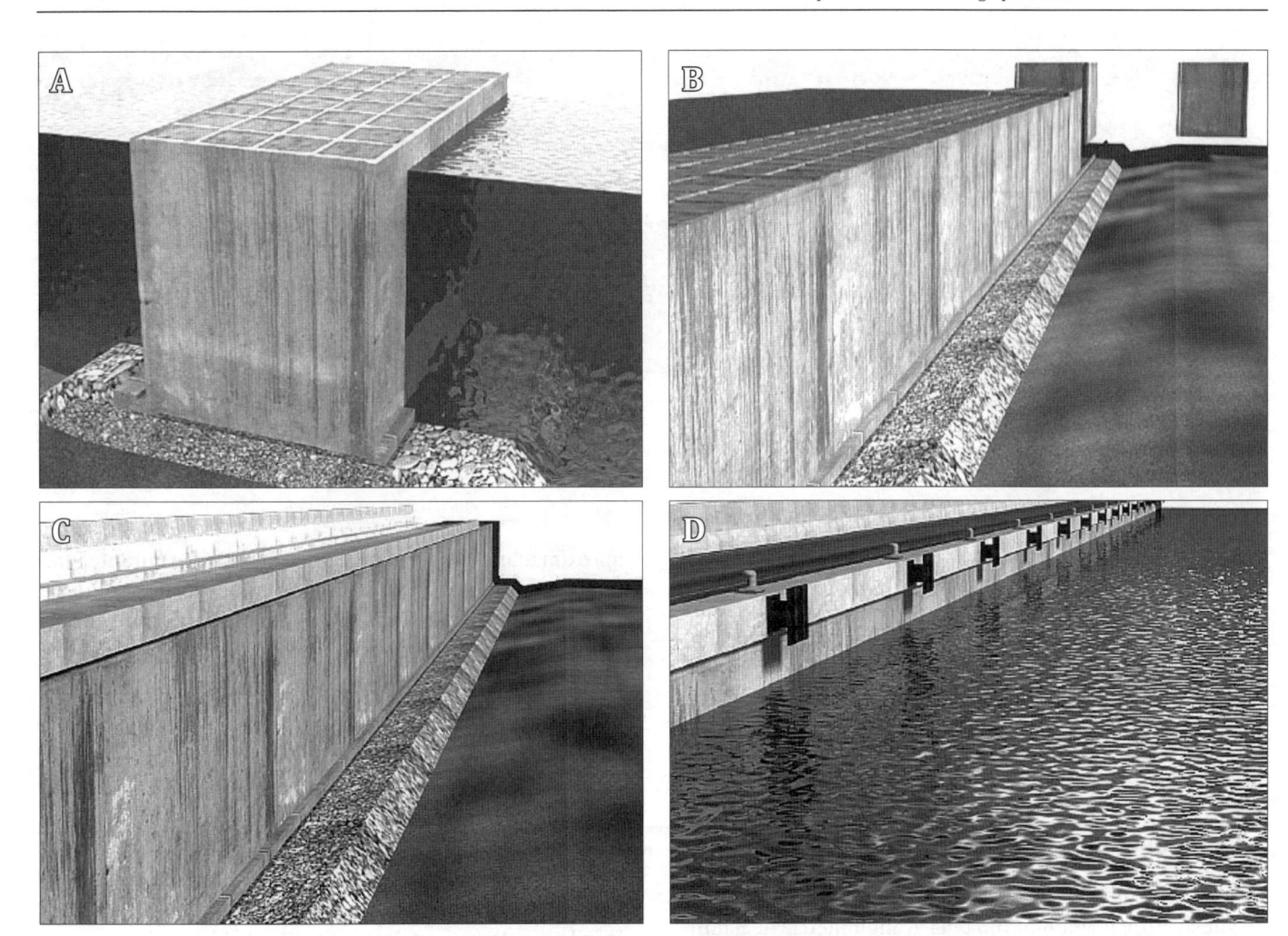

Figura 12.39
Sequência final de conclusão da superestrutura do caixão.
(A) Caixão assentado sobre o seu embasamento.
(B) Sequência de colocação dos caixões.
(C) Superestrutura de concreto armado instalada.
(D) Pavimentação viária, instalação de pontos de amarração (cabeços) e instalação das defensas.

Figura 12.40
Vista aérea do canteiro do flutuante Kugira no Porto do Açu (RJ) aonde os caixões de concreto armado constituirão os molhes do TX2.

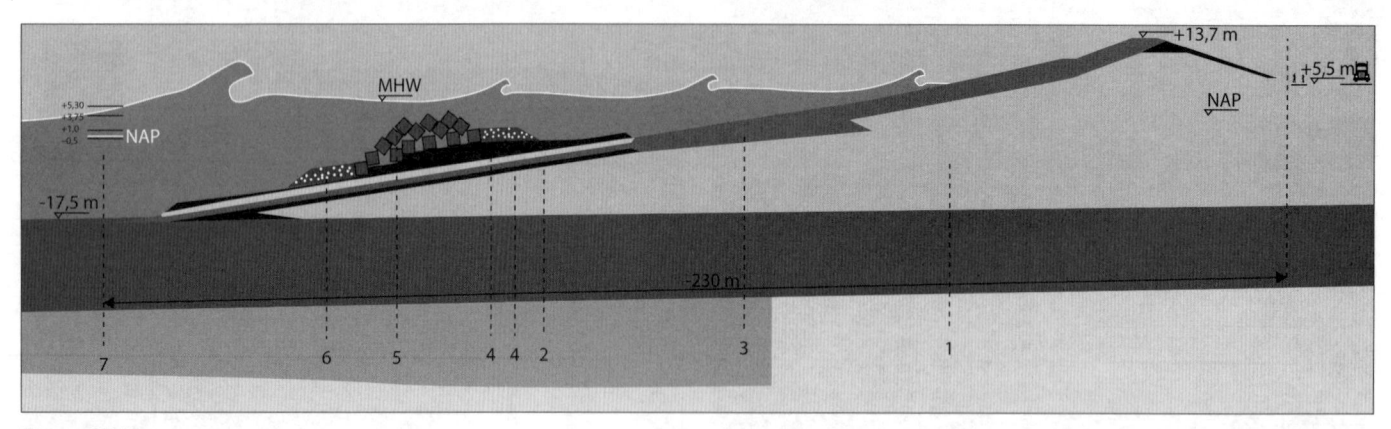

Figura 12.41
Elevação da seção transversal do molhe rígido de Maasvlakte 2 no Porto de Rotterdam (Países Baixos).

1. AREIA

O núcleo do molhe rígido consiste de diferentes camadas de areia. Camada de areia mais grossa (dimensão mínima de 0,37 mm) sob as rochas para prevenir que a areia fina (cerca de 0,15 mm), que se encontra mais funda, seja lavada e perdida, ocasionando assentamentos indesejáveis para o molhe.

2. PEDREGULHO

A camada de pedregulho é importante para reter a areia do substrato, cobrindo-a com uma granulometria de 3 mm a 35 mm.

3. PEDRA DE MÃO

Esta camada pode ser entendida como uma "duna de pedra", ou praia rochosa, consistindo de uma camada de aproximadamente 4 m de espessura com material de 20 mm a 135 mm. Essa praia rochosa é de movimentação mais dinâmica que um molhe-padrão, já que as pedras movem-se com as correntes e as ondas. Entretanto, para manter as deformações dentro de limites aceitáveis, sua declividade não pode ser muito íngreme. Assim, foi estudada uma declividade relativamente suave, de aproximadamente 1:7,5,

aproximadamente a mesma que se desenvolve durante uma tempestade pesada. A "duna de pedra" requer somente uma manutenção limitada, graças à inclusão do molhe composto por blocos de concreto.

4. ENROCAMENTO

As várias camadas de pedras no topo das pedras de mão foram projetadas de modo que cada camada estivesse recoberta por camada sobrejacente, para evitar a lavagem e a perda de material pelas ondas, podendo produzir o colapso do maciço de blocos de concreto acima. O enrocamento colocado imediatamente sob o maciço de blocos de concreto tem pesos variando de 150 kg a 800 kg cada rocha, enquanto a camada entre esse enrocamento e as pedras de mão tem pesos entre 5 kg e 70 kg por peça.

5. BLOCOS DE CONCRETO

A armadura do maciço do molhe é composta por blocos de concreto de 40 t (Figura 12.43), medindo 2,5 m³ x 2,5 m³ x 2,5 m³, posicionados por potente retroescavadeira sobre um flutuante, cuja peça de pinçamento (Figura 12.44) pode pegar os blocos em qualquer ângulo. O ajuste fino do posicionamento (precisão de 15 cm) utiliza o guindaste Blockbuster (Figura 12.45). Esse maciço protege a praia de pedras de mão. As ondas somente passam sobre o molhe em tempestades mais fortes, situação em que a "praia rochosa" passa a ser atingida. Para a terra desse molhe, plantou-se grama sobre uma camada de argila.

6. PROTEÇÃO DO PÉ DO TALUDE DO MACIÇO

A proteção do pé do molhe é composta por blocos de enrocamento pesando de 1 t a 10 t, junto ao pé do talude formado pelos blocos de concreto, de modo que estes não rolem ou se desloquem de suas posições. Sem essas proteções, uma tempestade mais pesada poderia causar o colapso do maciço, vindo a formar um empilhamento na base.

Figura 12.42
Modelo tridimensional do maciço do molhe rígido de Maasvlakte 2 no Porto de Rotterdam (Países Baixos).

7. COTAS

NAP: nível d'água normal em Amsterdam

Preamar média: NAP + 1,0 m

Baixa-mar média: NAP – 0,5 m

A catastrófica inundação de fevereiro de 1953:
NAP + 3,75 m

Em 2010, o nível médio do mar era de aproximadamente NAP 0 m. O molhe foi projetado para uma tempestade de período de retorno de 10.000 anos. Essa tempestade corresponde a um nível de NAP + 5,0 m e uma altura de onda de 8 m. A resistência do molhe foi testada em modelo físico para o ano de 2060 com um nível de maré de vento (*storm surge*) de NAP + 5,30 m, considerando uma elevação do nível do mar de 0,30 m entre 2010 e 2060. Para 2110, foi reservado espaço para elevar o coroamento em mais 0,50 m.

Figura 12.43
Bloco de concreto de 40 t que compõe a armadura do maciço do molhe de Maasvlakte 2.

Figura 12.44
Pinça da retroescavadeira usada na colocação dos blocos de concreto do molhe rígido de Maasvlakte 2.

Figura 12.45
Modelo do guindaste Blockbuster usado no posicionamento de precisão dos blocos de concreto do molhe rígido de Maasvlakte 2.

DIMENSIONAMENTO DE OBRAS DE ABRIGO PORTUÁRIAS

Vista lateral de ensaio em canal de ondas da estabilidade de talude de molhe em berma na escala 1:20.

13.1 ANTEPROJETO DE QUEBRA-MAR DE TALUDE

13.1.1 Características gerais da seção transversal

Constituem-se em maciços com camadas graduadas de blocos (ver Figuras 13.1 e 13.2) com as seguintes características básicas:

Armadura (carapaça ou manto)

- Suporta a ação direta das ondas.

- Constituída por blocos de enrocamento ou concreto.

- Crista de altura suficiente para minimizar galgamentos.

- Superestruturas de concreto (conchas defletoras, por exemplo) reduzem galgamentos, diminuindo a altura e o volume da crista e permitindo a passagem de veículos e tubulações sobre a crista.

- $P_A > P_I > P_N$ (uma ou mais camadas de filtros).

- Critérios de filtro entre camadas visando evitar: perda de finos do núcleo (principalmente no *down-rush* da onda), acarretando acomodações excessivas das camadas e excessiva penetração da energia das ondas por causa da permeabilidade do maciço.

Segundo Terzaghi (apud U. S. ARMY, 2002), as granulometrias das camadas superior (filtro) e inferior (fundação) têm de satisfazer:

- Critério de retenção do filtro: D_{15} (superior) ≤ 4 a $5\ D_{85}$ (inferior).

- Critério de permeabilidade do filtro: D_{15} (superior) ≥ 4 a $5\ D_{15}$ (inferior).

- Critério de estabilidade interna: D_{60} (superior) $\leq 10\ D_{10}$ (inferior).

- Critério semelhante ao do maciço de enrocamento: D_{50} (superior) ≤ 15 a $20\ D_{50}$ (inferior).

Camadas de filtros e núcleo (infraestrutura)

- Dimensionadas para o aproveitamento ótimo do volume disponível de blocos. O núcleo é constituído pelo material mais fino, também chamado resto da pedreira ou *tout-venant* (TOT), normalmente limitado a 5 kg em obras de maior porte, podendo admitir-se valores em torno a 0,5 kg em obras em áreas mais rasas e de menor porte.

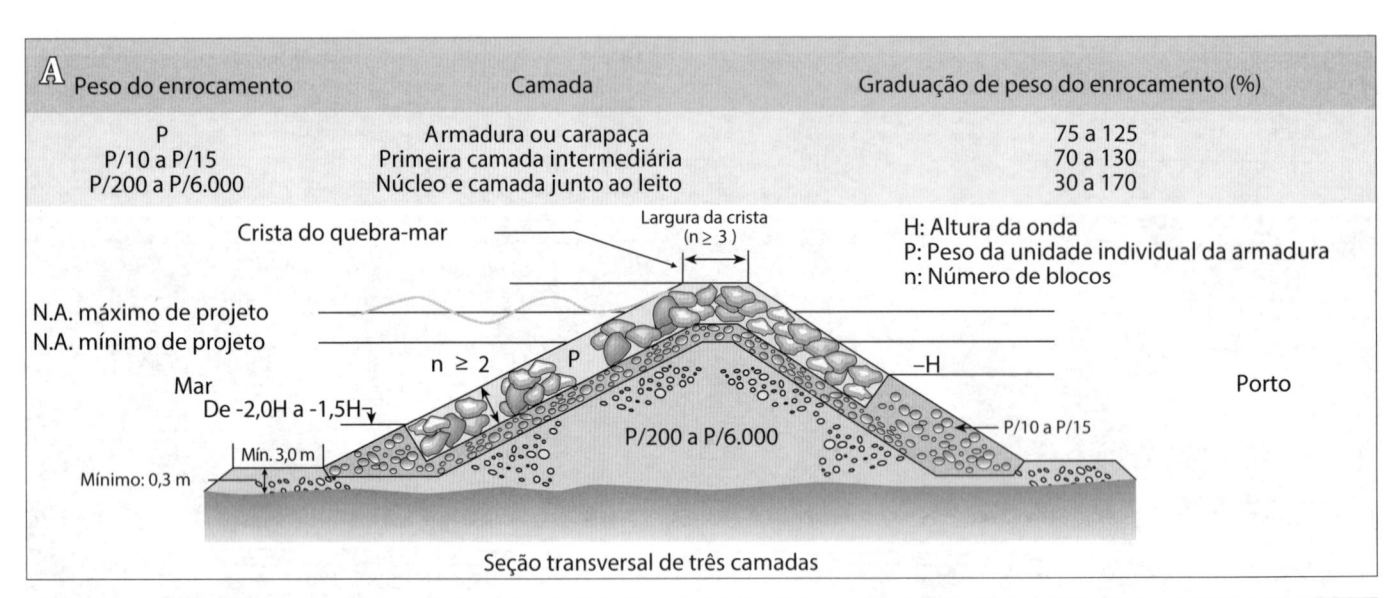

ⒶPeso do enrocamento	Camada	Graduação de peso do enrocamento (%)
P	Armadura ou carapaça	75 a 125
P/10 a P/15	Primeira camada intermediária	70 a 130
P/200 a P/6.000	Núcleo e camada junto ao leito	30 a 170

Crista do quebra-mar — Largura da crista (n ≥ 3)

H: Altura da onda
P: Peso da unidade individual da armadura
n: Número de blocos

N.A. máximo de projeto
N.A. mínimo de projeto

Mar
De -2,0H a -1,5H
n ≥ 2   P   –H   Porto
Mín. 3,0 m   P/200 a P/6.000   P/10 a P/15
Mínimo: 0,3 m

Seção transversal de três camadas

Figura 13.1
(A) Elevação de seção transversal de um maciço de enrocamento com exposição do lado marítimo com condições de galgamento zero ou moderado.
(B) Exemplo do trecho GHJ do molhe de abrigo do Porto de Luís Correia (P). Seção transversal.

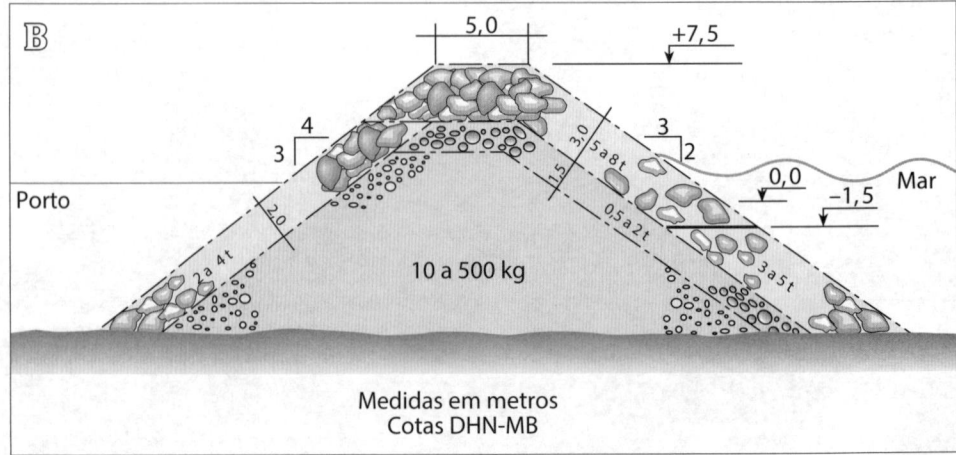

Ⓑ 5,0   +7,5
4   3,0   3
3   0,5 a 8 t   2
Porto   1,5   0,0   Mar
2,0   0,5 a 2 t   –1,5
2 a 4 t   10 a 500 kg   3 a 5 t

Medidas em metros
Cotas DHN-MB

Deve-se evitar material muito fino, cujo deslocamento por ação dos fluxos de filtração, em razão da ação das ondas, possa causar acomodações indesejáveis do maciço.

Bermas

- Hidráulicas para prevenção da erosão do pé do maciço e pré-arrebentação das ondas.

- Geotécnicas ou de equilíbrio, visando a estabilidade do maciço.

O filtro no pé localiza-se onde os blocos maiores e a base em que o quebra-mar assenta, frequentemente areia, estão adjacentes. Visando evitar a fuga dos finos através da armadura, o filtro deve ser composto por várias camadas compactadas, seguindo os critérios de filtro de Terzaghi. A sua função é muito importante para evitar o solapamento do pé, o que faria os blocos maiores caírem na cavidade formada, ameaçando a estabilidade de toda a armadura. Em águas

mais rasas, deve-se prover uma maior proteção desse filtro em virtude da arrebentação das ondas (Figura 13.2).

Flexibilidade estrutural

- Admitem certa porcentagem de dano na armadura com ondas superiores às de projeto.

- Manutenção relativamente fácil nos períodos de calmarias, após fortes tempestades.

- Devem ser evitados danos às camadas de infraestrutura por não serem dimensionadas para resistir à ação direta das ondas.

13.1.2 Composição do maciço

A composição do maciço é função de aspectos econômicos (custo de transporte e aproveitamento da pedreira) e do ataque

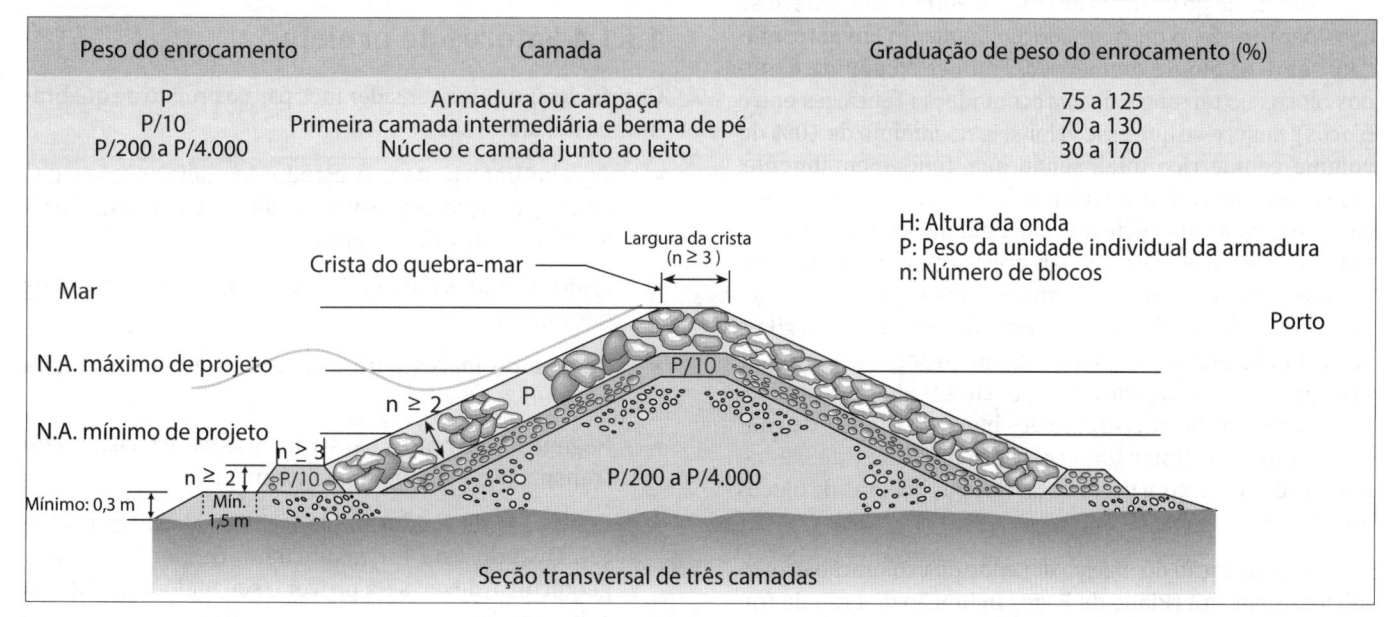

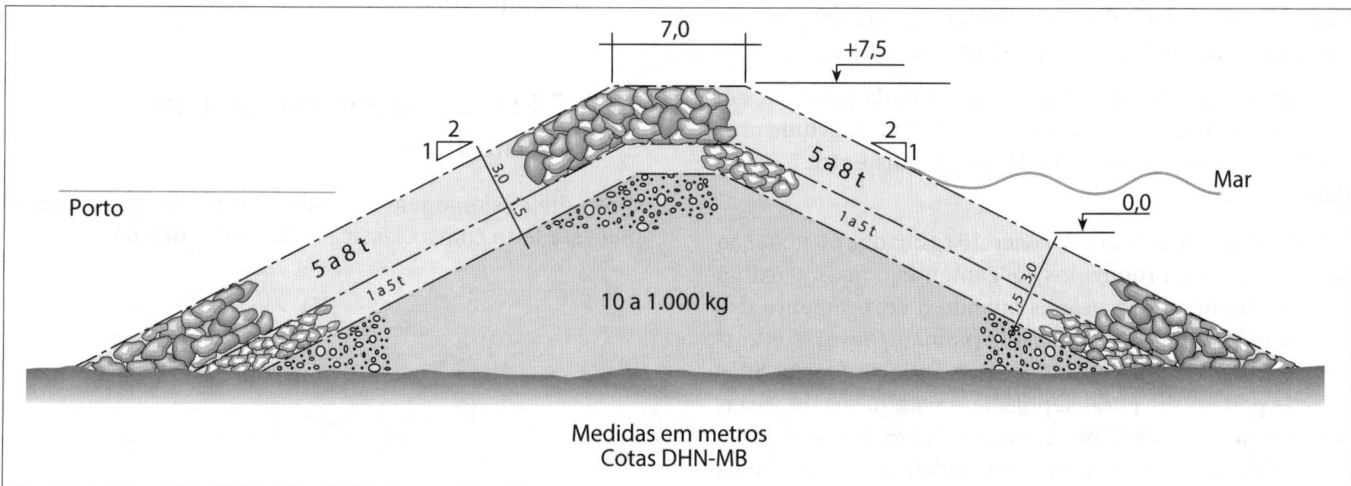

Figura 13.2
Elevação da seção transversal de um maciço de enrocamento para exposição às ondas em ambos os lados com condições de galgamento moderado. Exemplo do cabeço do molhe de abrigo do Porto de Luís Correia (PI).

das ondas, podendo ser de enrocamento, misto com infraestrutura de enrocamento e armadura com blocos de concreto, ou de blocos de concreto (oneroso para grandes volumes).

Apresenta-se na Tabela 13.1 um exemplo de classificação de blocos de enrocamento, bem como a proporção típica em volume de cada categoria na composição do maciço.

Tabela 13.1
Exemplo de composição granulométrica de maciço de enrocamento

Classificação		% em volume
Tout-venant	5 kg < P < 50 kg	66% a 90%
1ª categoria	50 kg < P < 1 t	
2ª categoria	1 t < P < 3 t	10% a 34%
3ª categoria	3 t < P < 7 t	
4ª categoria	7 t < P < 10 t	

No cálculo de volumes efetivos de enrocamento, deve-se considerar o efeito do chamado agulhamento em percentagem sobre o volume geométrico. Trata-se do afundamento dos blocos no terreno e de sua acomodação (encaixes entre blocos). Sugere-se que esse valor seja no mínimo de 10% do volume geométrico total, sendo que, fundamentalmente, esse acréscimo influirá na camada de núcleo que está em contato com a superfície do solo. Evidentemente, deve ser feito um cálculo geotécnico mais preciso quanto à compactação das areias e ao adensamento de camadas de argila orgânica. Dependendo do caso, técnicas de retirada da argila e substituição por areia, ou aceleração do adensamento por pré-carga com drenos de areia, podem ser alternativas economicamente viáveis. No caso dos blocos artificiais de concreto, é usual estimar um acréscimo da ordem de 3% no volume de concreto, a título de perdas por quebras de blocos ou rejeição.

A composição do maciço depende da exploração econômica da pedreira (Plano de Fogo em função do grau de fraturamento da rocha) e dos pesos de blocos para o quebra-mar. Em geral, o peso máximo situa-se em torno de 10 a 15 t.

Em termos de produtividade de obra da pedreira, em volumes empolados, considera-se 10.000 m³/dia uma produção excelente, sendo valores muito bons entre 5.000 e 8.000 m³/dia.

Os blocos artificiais de concreto (armados ou não) são pré-moldados e produzidos em canteiros o mais próximo possível da obra. São usados quando o enrocamento das pedreiras próximas é insuficiente (volume/peso) e os custos de transporte de outras áreas é antieconômico. Suas formas podem ser paralelepipédicas com pesos de várias dezenas de toneladas (por exemplo, 75 t ⇔ 2 × 4 × 4 m³) e complexas, com grande eficiência unitária na absorção da energia das ondas pelo seu embricamento, com variadas formas. Os blocos artificiais de concreto têm custo unitário muito maior do que o enrocamento.

13.1.3 Equipamentos e métodos construtivos

A obtenção dos blocos para as obras pode ser:

- Enrocamento: equipamento de pedreira (explosivos, pás carregadeiras, caminhões fora de estrada, guindastes etc.).

- Blocos de concreto: equipamento de um canteiro de pré-moldados (formas, silos de agregados e cimento, usina de concreto, guindastes etc.).

O transporte e a colocação dos blocos podem ser efetuados:

- Por via flutuante (camadas mais fundas), utilizando: chatas, rebocadores, cábreas (guindastes flutuantes), barcaças especiais (basculantes ou tendo comportas de fundo) etc.

- Por via seca, utilizando: via férrea, caminhões basculantes, guindastes, tratores etc.

13.1.4 Fatores de projeto

Os principais fatores considerados para o projeto de quebra-mares de talude são:

- Topobatimetria para o estudo das deformações das ondas (refração, arrebentação, difração e reflexão) e da melhor localização da obra.

- Clima de ondas para definir alturas, períodos e rumos das ondas.

- Regime de marés para a definição de níveis d'água notáveis.

- Regime de correntes para avaliar as características do transporte de sedimentos litorâneo.

- Condições de fundação (capacidade de carga do leito). Quando esta for insuficiente do ponto de vista geotécnico, dever-se-á prover o seu melhoramento ou substituição.

13.1.5 Pré-dimensionamento da armadura

O pré-dimensionamento do peso dos blocos de armadura pode ser feito com a clássica fórmula de Hudson:

$$P \geq \frac{(H)^3 \gamma_s}{K \left(\dfrac{\gamma_s}{\gamma_a} - 1 \right)^3 \cotan \alpha}$$

sendo:

H: altura da onda de projeto; correntemente utiliza-se Hs (KHAMPIUS, 2012; SAYÃO; SILVA, 2016), entretanto, U. S. Army (1984; 2002) recomenda utilizar H_{10};

γ_s: peso específico dos blocos;

[2,3/3,2] tf/m^3 para enrocamento (2,7 mais comum);

[2,2/2,6] tf/m^3 para concreto;

(2,4 mais comum);

γ_a: peso específico da água;

cotan α: [1,3/3,0], com α correspondendo ao ângulo do talude da faixa mais comum;

K: coeficiente de estabilidade (ver Tabela 13.2) sem *overtopping*, que depende de:

- onda arrebentando no talude ou não: sem arreb. $\mapsto$ maior K $\mapsto$ menor P;

- porcentagem admitida de dano: o critério "sem dano" considera o galgamento do maciço desprezável e de 0% a 5% dos blocos deslocados na tempestade de projeto;

- forma de bloco: maior embricamento $\mapsto$ maior K $\mapsto$ menor P;

- número de blocos por camada: maior número de blocos $\mapsto$ maior K $\mapsto$ menor P;

- colocação dos blocos (lançados ou arrumados): arrumados $\mapsto$ maior K $\mapsto$ menor P;

- corpo ou cabeço do maciço: no extremo do maciço (cabeço) há maior concentração da energia das ondas em virtude da refração $\mapsto$ menor K $\mapsto$ maior Px, bem como menor proteção lateral dos blocos;

- declividade do talude somente para o cabeço.

- Para um *riprap* bem graduado, o peso máximo deve ser de até 4 P_{50} (peso mediano fornecido pela fórmula de Hudson) e o peso mínimo, 0,125 P_{50}. Esse tipo de armadura é geralmente mais aplicável em revestimentos que em quebra-mares ou molhes, estando limitada a ondas menores de 1,5 m de altura.

A quantificação dos danos é baseada no quociente entre o número de blocos deslocados e o número total de blocos numa área específica da estrutura. Essa área é frequentemente adotada em torno do nível do mar estático mais ou menos 1 altura significativa da onda de projeto, pois é nessa faixa que geralmente os blocos se deslocam (WOLTERS, 2011).

Como blocos deslocados, podem-se considerar os blocos que se deslocaram mais de 1 unidade de diâmetro nominal (HUDSON 1959, apud WOLTERS, 2011). Esse é o critério vigente mais utilizado. O diâmetro nominal do bloco é calculado para o valor mediano, em que 50% dos blocos de sua classe são mais leves. O diâmetro nominal do bloco é igual à raiz cúbica do quociente entre a massa do bloco e a massa específica do material do bloco.

O critério para verificação do deslocamento de blocos de concreto de dupla camada, como os tetrápodos, pode ser feito também ponderando a distância (d) que ele se moveu em relação à sua posição inicial. A dimensão característica do bloco utilizado pode ser sua altura Hb (SAYÃO; SILVA, 2016). Considere-se que o diâmetro nominal (D_a) de um tetrápodo corresponde a 0,65 de sua altura. Assim, três limites de deslocamentos podem ser definidos:

1 – Deslocamento medido maior que a altura do bloco;

2 – Deslocamento entre 0,5 e a altura do bloco;

3 – Deslocamento entre 0,25 e 0,5 altura do bloco.

As fórmulas utilizadas para o cálculo da porcentagem de danos (%D) são:

$$\%D = N_D/N_t$$

$$N_D = N_{d>Hb} + 0,4(N_{Hb/2 < d < Hb} + N_{Hb/4 < d < Hb/2})$$

em que:

N_D: número total de blocos deslocados

N_t: número total de blocos

$N_{d>H}$: número total de blocos que se deslocaram uma distância d>H.

$N_{H/2<d<H}$: número total de blocos que se deslocaram uma distância H/2 < d < H.

$N_{H/4<d<H/2}$: número total de blocos que se deslocaram uma distância H/4 < d < H/2.

Sendo todos relacionados a uma área específica.

Tais frações de deslocamento foram assumidas porque possuem o potencial de produzir uma falha (quebra) do bloco, em virtude de fratura ou movimento excessivo. No caso de blocos de concreto em monocamada, usualmente nenhum dano e somente pequenos balanços são aceitáveis na condição de projeto. A camada de armadura também deve estar apta a suportar uma sobrecarga com uma onda 20% maior que a onda de projeto sem sofrer dano severo.

Segundo U. S. Army (2002), uma classificação convencional do nível de danos é a seguinte:

— Sem dano: nenhum deslocamento de blocos.

— Início de danos: algumas unidades são deslocadas. Equivale ao critério de dano zero usado em U. S. Army (1984) com relação ao coeficiente de estabilidade K da fórmula de Hudson, definido como de 0 a 5% de dano. Pelo critério de Hudson, corresponde ao quociente do volume erodido pelo volume total, entre a metade da altura da crista, medida a partir do nível do mar estático, e uma profundidade H_s abaixo deste último nível. Esse dano foi definido para enrocamento com talude 2(H):1(V) a 3(H):1(V). Para dolos em talude 1,5(H):1(V), esse dano fica entre 0 e 2%. Para Accropode (monocamada) 4(H):3(V), esse dano é de 0%.

— Dano intermediário, que pode ir do moderado ao severo: há deslocamentos de blocos, mas sem expor a camada intermediária, ou de filtro, ao ataque direto da onda. Pelo critério de Hudson, de 5% a 10% de dano. Esse dano foi definido para enrocamento com talude 2(H):1(V) a 3(H):1(V). Para cubos em talude de 1,5(H):1(V) a 2(H):1(V), esse dano é de 4%. Para Accropode (monocamada) 4(H):3(V), esse dano é de 1 a 5%.

— Colapso: há exposição ao ataque da onda na camada intermediária, ou de filtro. Pelo critério de Hudson, o dano é $\geq$ 20%. Esse dano foi definido para enrocamento

Tabela 13.2
Valores sugeridos para K para uso na determinação do peso das unidades da armadura segundo U.S. ARMY (1984; 2002)

Critério de dano nulo (de 0 a 5% de dano) e mínimo galgamento[9]

| Unidades de armadura Enrocamento: | n[3] | Colocação | Corpo da estrutura $K^{(2)}$ | | Cabeço da estrutura K | | Declividade do talude |
			Onda arrebentando	Onda não arrebentando	Onda arrebentando	Onda não arrebentando	cot α
Liso e arredondado	2	Aleatória	*1,2*	2,4	*1,1*	1,9	1,5 a 3
Liso e arredondado	>3	Aleatória	*1,6*	3,2	1,4	2,3	(5)
Rugoso e angular	1	Aleatória[4]	(4)	2,9	(4)	2,3	(5)
Rugoso e angular	2	Aleatória	2,0	4,0	*1,9*	3,2	1,5
					1,6	2,8	2,0
					1,3	2,3	3,0
Rugoso e angular	>3	Aleatória	*2,2*	4,5	2,1	4,2	(5)
Rugoso e angular	2	Especial[6]	5,8	7,0	5,3	6,4	(5)
Paralelepipédico[7]	2	Especial[1]	7,0-20,0	*8,5-24,0*	–	–	
Tetrápodo e quadrípodo	2	Aleatória	7,0	8,0	5,0	6,0	1,5
					4,5	5,5	2,0
					3,5	4,0	3,0
Tribar	2	Aleatória	*9,0*	10,0	8,3	9,0	1,5
					7,8	8,5	2,0
					6,0	6,5	3,0
Dolos	2	Aleatória	15,8	31,8	8,0	*16,0*	2,0[8]
					7,0	*14,0*	3,0
Cubo (dano 0%)	2	Aleatória	–	5,3	–	3,9	1,5
Cubo (dano 0%)	2	Aleatória	–	4,0	–	2,9	2,0
Cubo (dano 4%)	2	Aleatória	–	8,1	–	12,0	1,5
Cubo (dano 4%)	2	Aleatória	–	6,1	–	8,8	2,0
Cubípodo	2	Aleatória	28	28	7	7	2,0
Cubípodo	1	Aleatória	12	12	5	5	1,5
Core-loc	1	Aleatória	16	16	13	13	4:3
Accropode II	1	Aleatória	12	15	12	15	4:3
Riprap	–	Aleatória	2,2	2,5	–	–	

Obs.:
[1] Os valores de K em itálico não são fundamentados em resultados de ensaios e são fornecidos somente para fins de projeto preliminar.
[2] Aplicável para taludes de 1 para 1,5 a 1 para 5.
[3] É o número de unidades que compõem a espessura da camada de armadura.
[4] O uso de armadura de enrocamento com uma camada composta por uma única unidade não é recomendado para estruturas sujeitas à arrebentação das ondas e somente em condições especiais é recomendável para estruturas sujeitas a ondas que não arrebentam. Quando utilizados, os blocos devem ser cuidadosamente dispostos.
[5] Até mais informação estar disponível, o uso de K deve estar limitado a taludes 1 para 1,5 a 1 para 3.
[6] Colocação especial com o eixo maior do bloco disposto perpendicularmente à face da estrutura.
[7] Blocos de forma paralelepipédica: blocos alongados com dimensão maior que cerca de 3 vezes a menor dimensão.
[8] A estabilidade dos dolos em taludes mais íngremes do que 1 para 2 deve ser verificada em ensaios em modelo para cada caso específico.
[9] Para o corpo do quebra-mar, com n = 2, colocação aleatória, onda não arrebentando e mínimo galgamento, pode-se estimar o dano ocasionado por altura de onda H superior à altura de onda de dano nulo ($H_{D=0}$) como segue, em função de $H/H_{D=0}$:
Para dano de 5% a 10%: 1,08 (enrocamento rugoso), 1,09 (tetrápodos) e 1,10 (dolos);
    10% a 15%: 1,19
    15% a 20%: 1,27
    20% a 30%: 1,37
    30% a 40%: 1,47
    40% a 50%: 1,56
Para os blocos artificiais de concreto ocorre o risco de ruptura dos blocos e não convém considerar essas hipóteses.

com talude 2(H):1(V) a 3(H):1(V). Para dolos em talude 1,5(H):1(V), esse dano é ≥ 15%. Para Accropode (monocamada) 4(H):3(V), esse dano é ≥ 10%.

Por outro critério que considera o parâmetro S:

$$S_a = \text{Área da armadura erodida}/D_{a50}{}^2$$

Sendo D_{a50} a dimensão mediana dos blocos.

Tem-se para enrocamento:

1,5(H):1(V): dano inicial 2, dano intermediário 3 a 5 e colapso 8.

2,0(H):1(V): dano inicial 2, dano intermediário 4 a 6 e colapso 8.

3,0(H):1(V): dano inicial 2, dano intermediário 6 a 9 e colapso 12.

4,0(H):1(V) para 6,0(H):1(V): dano inicial 3, dano intermediário 8 a 12 e colapso 17.

Finalmente, Van der Meer (1988, apud U. S. ARMY, 2002) define:

- para cubos com talude de 1,5(H):1(V): $N_{od} = (S_a - 0,4)/1,8$
- para tetrápodos com talude de 1,5(H):1(V): $N_{od} = (S_a - 1)/1,2$
- para accropodes com talude de 4(H):3(V): $N_{od} = (S_a - 1)/1,2$

sendo N_{od} o número de unidades deslocado em uma faixa de largura D_a.

Sobre a declividade do talude, a inclinação 1:1 pode ser adotada no talude interno do corpo do maciço, uma vez que a dissipação de energia não é importante. Já para o talude externo essa inclinação não é recomendável, pois os blocos se tornam muito instáveis em função da agitação. Com a utilização de blocos patenteados monocamada, convém a utilização de armaduras com maior declividade, 4H:3V, visando aumentar a eficácia de embricamento entre os blocos. Para taludes mais suaves a estabilidade é menor, pois o encaixe entre os blocos é menos eficaz. Para armaduras de dupla camada, como com tetrápodos ou antíferes, a inclinação média recomendável é de 1,5 (H:V), sendo que nos primeiros predomina o efeito embricamento e nos segundos, o peso e a regularidade de colocação. Ainda para os blocos antífer, a inclinação 2,0 (H:V) pode ser viável, por reduzir o galgamento pela maior dissipação de energia e por tornar a estabilidade pelo peso do bloco mais eficaz; entretanto, é mais custosa por corresponder a maior volume de blocos.

Estando a estrutura ao largo da zona de arrebentação, então a altura de projeto é igual à altura significativa na estrutura. A altura da onda de projeto com ondas arrebentando é chamada de critério de projeto limitado pela profundidade. De fato, em profundidades relativamente rasas, próximas à costa, esse critério pode ser expresso por: se há alguma possibilidade de que uma onda quebre na estrutura, a onda de projeto para a estrutura deve ser aquela que quebre exatamente na estrutura. De fato, qualquer onda mais alta arrebentará mais para o largo e terá perdido muito de sua energia e altura quando chegar à estrutura. Por outro lado, quaisquer ondas mais baixas, por definição, resultam em forças menores sobre a estrutura.

Assim, a estrutura estando numa profundidade h_s, a máxima altura significativa possível para a onda arrebentando diretamente na estrutura pode ser obtida considerando h_s por h_b na equação de arrebentação:

$$H_{sP} = (H_{sb})_{máx} = 0,56\, h_s\, e^{3,5\,m}$$

Dessa maneira, a altura da onda de projeto é função somente da lâmina d'água na estrutura e da declividade do fundo. Entretanto, Kamphuis (2012) mostrou que alguns fatores secundários influenciam a onda de projeto:

- A onda arrebentando produz uma elevação do nível d'água na estrutura (espraiamento, ou *setup*).
- Uma onda longa que acompanha as formas dos grupos de ondas incidentes forma flutuações no nível d'água de período substancialmente longo na estrutura.

Assim, a fórmula simples apresentada anteriormente deve sofrer um pequeno ajuste:

$$H_{sP} = (H_{sb})_{máx} = 0,56\,(h_s + 0,1H_{sb})\,e^{3,5\,m}$$

sendo H_{sb} a altura significativa na arrebentação da onda com período de retorno R em água profunda.

Além disso, Kamphuis (2012) considera que a frequente ocorrência da onda de projeto, bem como o fato de o dano no maciço ser cumulativo, torna recomendável aplicar um coeficiente de segurança K=1,5 para esse projeto na zona de arrebentação:

$$H_P = (H_{sb})_{máx} = 0,56K(h_s + 0,1H_{sb})\,e^{3,5\,m}$$

A fórmula de Hudson pode ser remanejada na seguinte forma:

$$N_s = \frac{H_p}{\Delta_a D_a} = \left(K cotan\ \alpha\right)^{1/3}$$

sendo:

N_s: número de estabilidade

$\Delta_a = \dfrac{\gamma_s}{\gamma_a} - 1$

D_a: diâmetro nominal do bloco

Van der Meer (1987, apud KAMPHUIS, 2012), utilizando H_s em armadura com dupla camada de enrocamento, sem *overtopping*, e incluindo algumas características adicionais das ondas na condição de projeto não limitada pela profundidade, propôs:

Para arrebentações progressivas $\left(\xi_m < \xi_{mc}\right)$

$$N_s = \frac{H_s}{\Delta D_a} = 6{,}2\, P_b^{\,0{,}18}\left(\frac{S_a}{\sqrt{N_w}}\right)^{0{,}2} \xi_m^{-0{,}5}$$

Para arrebentações mergulhantes $\left(\xi_m > \xi_{mc}\right)$

$$N_s = \frac{H_s}{\Delta D_a} = 1{,}0\, P_b^{\,-0{,}13}\left(\frac{S_a}{\sqrt{N_w}}\right)^{0{,}2} \sqrt{cotan\, \propto}\, \xi_m^{P_b}$$

A transição entre ambas as arrebentações ocorre para o valor crítico:

$$\xi_{mc} = \left(6{,}2 P_b^{\,0{,}31}\, \sqrt{\tan\alpha}\,\right)^{\left(P_b+0{,}5\right)^{-1}}$$

Sendo:

P_b: porosidade global do maciço. Van der Meer sugere que, para uma armadura sobre uma camada impermeável, $P_b = 0{,}1$, para a armadura sobre camada filtrante com núcleo grosseiro, $P_b = 0{,}4$, e para o maciço construído inteiramente por blocos de armadura, $P_b = 0{,}6$.

S_a: dano na armadura $= \dfrac{A_e}{D_a^{\,2}}$.

Para dano zero, Van der Meer recomenda $S_a = 2$. Para o colapso do maciço, normalmente definido no ponto em que a camada sob a armadura (armadura secundária ou primeira camada intermediária) fica exposta, a recomendação é $S_a = 15$.

A_e: área de erosão no perfil do maciço entre o nível d'água em repouso ± 1 altura de onda de projeto.

ξ_m: parâmetro de semelhança da arrebentação para o talude do maciço $= \dfrac{\tan\alpha}{\sqrt{\delta_m}}$.

δ_m: esbeltez média da onda em água profunda $=$ $\dfrac{H_s}{L_{o,m}} = \dfrac{2\pi H_s}{g T_m^{\,2}}$.

N_w: número de vezes que a onda de projeto ocorre ao longo da vida útil da estrutura. Para tal valor, Van der Meer recomenda usar no máximo $N_w = 7.500$.

Essencialmente, em arrebentações mergulhantes, a expressão anterior é necessária para ondas bem chatas (pouco esbeltas). Para ondas limitadas pela profundidade,

H_s é substituído por $H_{2\%}/1{,}4$, sendo $H_{2\%}$ a altura que ultrapassa em 2% as ondas incidentes no pé da estrutura. Para blocos de concreto, limitando-se ao caso de cotan $\alpha = 1{,}5$, dano zero, $3 < \xi_m < 6$ e condições não limitadas pela profundidade, Van der Meer propõe:

$$N_s = c_1 \delta_m^{c_2}$$

Sendo que os valores de c_1 e c_2 dependem do tipo de bloco:

Para cubos em dupla camada: $c_1 = 1$ e $c_2 = -0{,}1$

Para tetrápodos em dupla camada: $c_1 = 0{,}85$ e $c_2 = -0{,}2$

Para Accropodes: $c_1 = 3{,}7$ e $c_2 = 0$, com $c_1 = 4{,}1$ é o colapso.

Para tetrápodos em condições limitadas pela profundidade a equação fica:

$$N_{2\%} = 1{,}4 c_1 \delta_m^{c_2}$$

Em que $N_{2\%}$ é calculado ao invés de com H_s com a altura da onda com 2% de probabilidade de ser excedida na tempestade com H_s, o que, pela distribuição de Rayleigh, resulta em: $H_{2\%} = 1{,}4\, H_s$.

13.1.6 Pré-dimensionamento da seção transversal

13.1.6.1 ESPESSURA DA ARMADURA

A espessura da armadura em primeira aproximação é dada por:

$$n\sqrt[3]{P/\gamma_s}$$

Sendo os mínimos recomendáveis de camadas:

n = 2 a 3 para enrocamento;

n = 2 para blocos de concreto de dupla camada;

n = 1 para blocos de concreto de monocamada.

Com um pouco mais de precisão, a espessura da armadura pode ser dada por:

$$n k_a D_a$$

Valores típicos de k_a são:

Rocha: 1 com porosidade e = 0,37

Cubos modificados: 1,1 com porosidade e = 0,47

Tetrápodos: 1,04 com porosidade e = 0,50

Dolos: 0,94 com porosidade e = 0,56

O número de unidades necessárias por unidade de comprimento do maciço pode ser aproximada por:

$$N_a = \frac{A_a n k_a \left(1 - e\right)}{D_a^{\,2}}$$

Em que A_a é a área da superfície do maciço por unidade de comprimento do maciço.

13.1.6.2 ALTURAS RECOMENDÁVEIS E SUPERESTRUTURA

As alturas mínimas recomendáveis estão assinaladas na Figura 13.3(A). No caso de uso de defletor de ondas, é possível reduzir a altura da crista, contando que o topo do defletor de altura 0,5 H situe-se na cota de máximo espraiamento. As cotas de máximo espraiamento e máximo refluxo assinaladas na figura são orientativas de suas ordens de grandeza.

Os muros defletores, também chamados de muros-cortina, têm como função refletir melhor a onda incidente e então amortecer a energia que é transmitida à face interior do talude.

Para o dimensionamento de muros verticais, como os perfis da Figura 13.3(B), para a determinação de R_c (altura entre o nível d'água e a cota de coroamento do muro), tem-se a seguinte equação determinada por Bradbury e Allsop (1988):

$$\frac{q}{gHT_{om}} = a\left[\left(\frac{R_c}{H}\right)^2 \sqrt{\frac{S_{om}}{2\neq}}\right]^{-b}$$

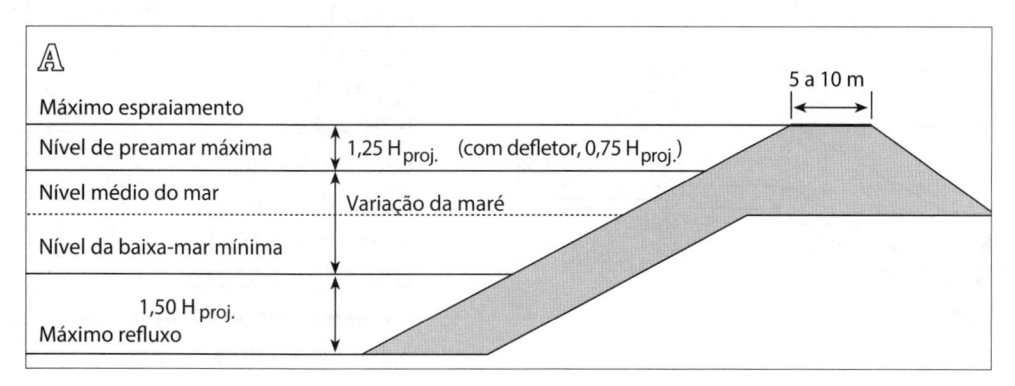

Figura 13.3
(A) Elevação da seção transversal de alturas mínimas recomendáveis para a armadura.
(B) Diferentes perfis de taludes.

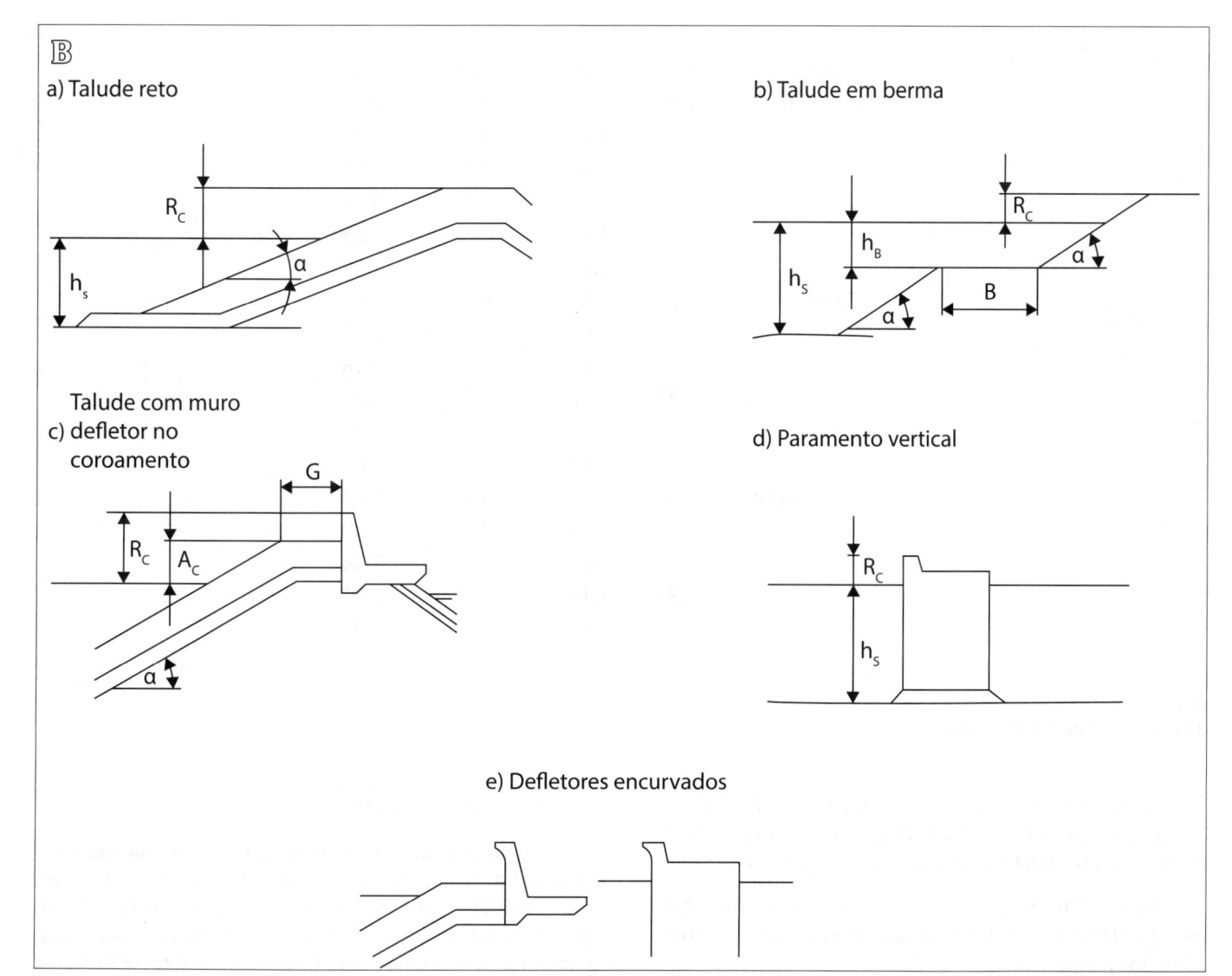

Em que:

q: vazão específica de galgamento admissível

g: aceleração da gravidade

H: altura de onda de projeto

T_{om}: período de onda médio

$$S_{om} = 2\pi\, \frac{H}{gT_{om}^2}$$

a, b: coeficientes que dependem da inclinação i do talude, do tipo de material da armadura e da relação entre a berma c e a altura de onda H.

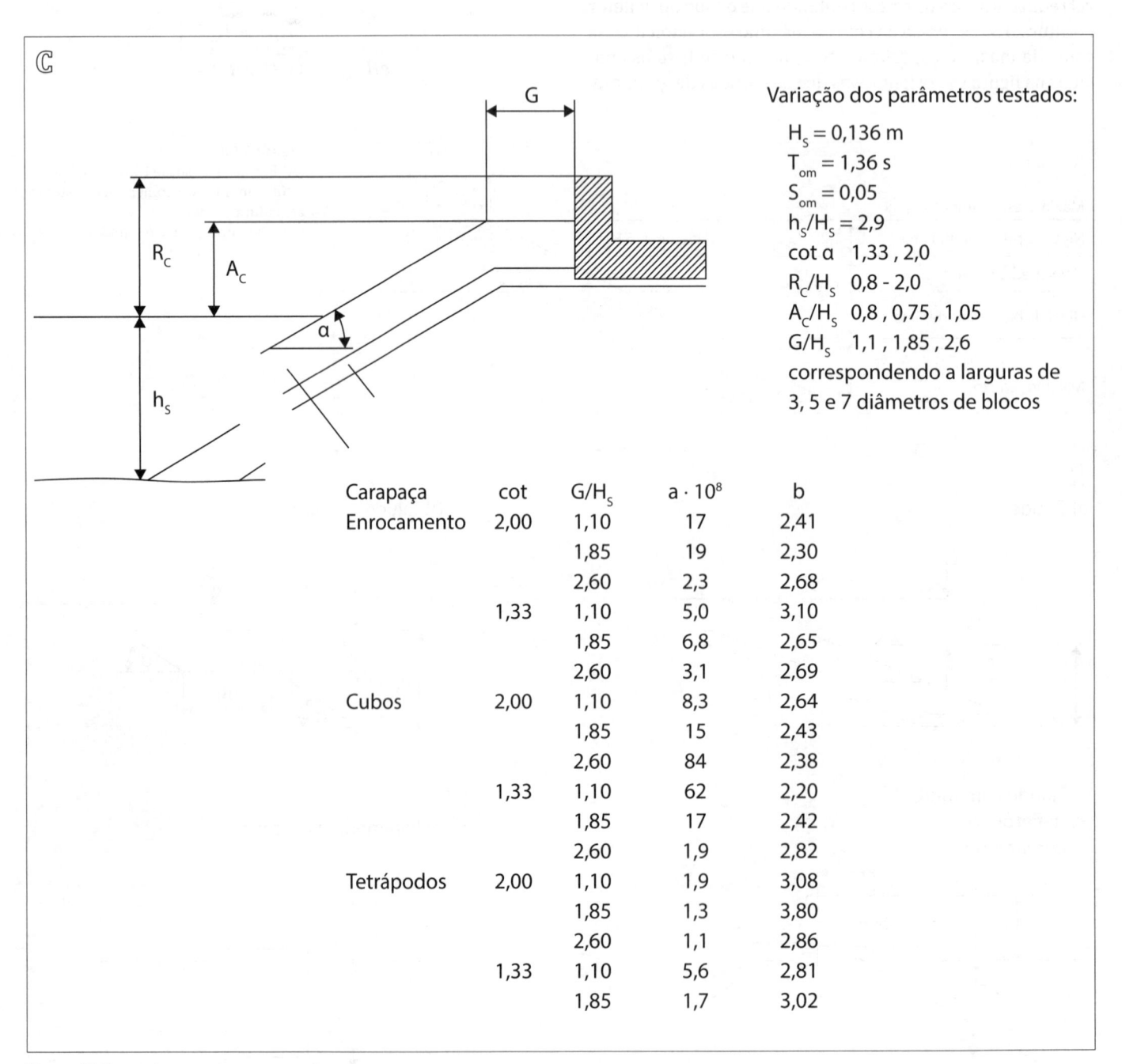

Variação dos parâmetros testados:

$H_s = 0,136$ m
$T_{om} = 1,36$ s
$S_{om} = 0,05$
$h_s/H_s = 2,9$
cot α 1,33 , 2,0
R_c/H_s 0,8 - 2,0
A_c/H_s 0,8 , 0,75 , 1,05
G/H_s 1,1 , 1,85 , 2,6
correspondendo a larguras de 3, 5 e 7 diâmetros de blocos

Carapaça	cot	G/H_s	$a \cdot 10^8$	b
Enrocamento	2,00	1,10	17	2,41
		1,85	19	2,30
		2,60	2,3	2,68
	1,33	1,10	5,0	3,10
		1,85	6,8	2,65
		2,60	3,1	2,69
Cubos	2,00	1,10	8,3	2,64
		1,85	15	2,43
		2,60	84	2,38
	1,33	1,10	62	2,20
		1,85	17	2,42
		2,60	1,9	2,82
Tetrápodos	2,00	1,10	1,9	3,08
		1,85	1,3	3,80
		2,60	1,1	2,86
	1,33	1,10	5,6	2,81
		1,85	1,7	3,02

Figura 13.3
(C) Coeficientes de Aminti e Franco.

Os coeficientes recomendados para o dimensionamento em questão são aqueles determinados por Aminti e Franco (1988, apud US ARMY, 2012), conforme Figura 13.3(C).

Assim, determinando-se R_c, as dimensões A_c e G (Figura 13.3(B)) são obtidas pela relação entre os parâmetros adotados no modelo.

13.1.6.3 NÍVEIS DE MARÉ

Em termos de preamar máxima, conservativamente deve-se adotar a média das preamares astronômicas superiores (MHHW), adicionando-se a previsão de elevação do nível médio do mar ao fim da vida útil (T_v) da obra e um valor por conta de maré de vento (*storm surge*) e meteorológica positiva. Para o nível mínimo, a referência é a média das baixa-mares astronômicas inferiores (MLLW) acrescida da mesma componente de elevação do nível médio do mar e subtraindo-se a maré de vento negativa e a maré meteorológica negativa (maré seca).

13.1.6.4 LARGURA DA CRISTA DO MACIÇO

Quanto à crista, ou coroamento do maciço em rocha, é usualmente feita da mesma rocha do restante do maciço, com pelo menos 3 blocos de largura. Quando o maciço tem armadura em blocos de concreto, usualmente um bloco monolítico provê o suporte para as unidades da armadura, consistindo em uma superestrutura. Esse coroamento maciço pode suportar tráfego e infraestruturas. Uma área delicada do maciço é justamente a de contato entre os blocos da armadura com a superestrutura, uma vez que a impermeabilidade da superestrutura aumenta as velocidades do escoamento, facilitando o deslocamento, ou mesmo a ruptura, dos blocos de armadura.

13.1.6.5 COTA DA CRISTA DO MACIÇO

Uma primeira estimativa quanto à cota da crista em um maciço de enrocamento é o limite do espraiamento (*runup*) das maiores ondas superpostas com o nível d'água mais alto. Tal altura previne o galgamento (*overtopping*) de qualquer onda, evitando, consequentemente, qualquer passagem de onda no tardoz do maciço. Entretanto, tal cota de crista é muito alta, formando uma barreira visual incômoda, mas, principalmente, o custo da obra é muito sensível à altura da crista. Como resultado, toleram-se limites de galgamento como os apresentados no Quadro 13.1.

Uma estimativa relativamente simples de *runup* R proposta por Van der Meer (1993, apud KAMPHUIS, 2012) é a seguinte:

$$\frac{R_{2\%}}{H_s} = 1,5 \, r_f \xi_p \quad para \; \xi_p < 2$$

$$\frac{R_{2\%}}{H_s} = 3 \, r_f \quad para \; \xi_p \geq 2$$

Em que $R_{2\%}$ é o *runup* que é excedido por 2% das ondas, r_f leva em conta o atrito, o ângulo de aproximação das ondas e se as ondas são de crista curta e ξ_p é calculado com o período de pico do espectro da onda. Para maciços em enrocamento e com ondas vindo na direção normal à face frontal, $r_f = 0,5$. Para dolos, $r_f = 0,45$. Para um talude liso, $r_f = 1,0$. Para as ondas usuais de crista curta, r_f pode ser multiplicado por um fator que varia linearmente de 1 a 0° para 0,8 em 90°.

Para blocos cúbicos de concreto em condições limitadas pela profundidade, Van der Meer (1993) propõe a seguinte equação:

$$\frac{R_{2\%}}{H_s} = 1,17 \xi_m^{0,46}$$

Para determinar a cota de coroamento, pode-se utilizar a formulação de Waal e Van der Meer (1992), que relaciona a vazão específica (por unidade de comprimento do maciço) de *overtopping* com a altura significativa de projeto, H_{sP}, $R_{2\%}$, e a borda livre, F, do maciço:

$$q = 8.10^{-5} \sqrt{g \, H_{sP}^3} \; exp\left(3,1 \, \frac{R_{2\%} - F}{H_{sP}} \right)$$

Essa fórmula é válida para um maciço em talude, com inclinação externa 2(H):1(V) e sem superestrutura.

Quanto ao galgamento (*overtopping*), as principais referências internacionais são CIRIA-CUR-CETMEF (2012), EurOtop (2007) e U. S. Army (2002). O galgamento somente ocorrerá se o espraiamento (*runup*) exceder a borda livre da estrutura, apresentando-se no Quadro 13.1 as taxas de *overtopping* recomendadas q (m³/s por m de comprimento), segundo Allsop et al., apud Ciria, Cur, CETMEF (2012).

O fluxo de *overtopping* deverá ser desviado por drenagem para minimizar o nível de agitação no tardoz do maciço e evitar danos ao manto interno e coroamento do molhe. Dessa forma, os critérios de estabilidade aplicam-se às condições extremas (100 anos, por exemplo), enquanto os critérios operacionais aplicam-se para a onda anual. Assim, critérios de estabilidade para condições extremas são:

q < 20 a 50 (CEM) L/s/m;

q < 20 a 60 (CIRIA-CUR) L/s/m;

q < 50 a 200 (EurOtop) L/s/m.

Critérios operacionais (veículos e pedestres):

q < 0,02 a 0,05 L/s/m (CEM e CIRIA-CUR) L/s/m;

q < 0,1 a 1 L/s/m (EurOtop).

Por exemplo, como sugestão para $q_{máx}$ (L/s/m):

Para período de retorno de um ano: 1 L/s/m

Para período de retorno de 50 anos: 20 L/s/m

Em caso de uma tempestade, convém que o molhe seja evacuado e fechado ao acesso, devendo permanecer somente pessoal treinado e autorizado.

Finalmente, deve ser lembrado que um maciço de enrocamento inevitavelmente cede após sua construção. Se a base sob a estrutura é sólida (areia, pedregulhos ou rocha), é usual adicionar 0,3 m na cota da crista de projeto. Para solos mais moles, a base do maciço é algumas vezes alargada para diminuir as cargas sobre o solo. Algumas vezes, solo muito fraco diretamente sob a estrutura é removido e substituído por material granular. Se o maciço estiver sujeito a acomodações substanciais, cálculos geotécnicos mais precisos são necessários para determinar a cota da crista de projeto.

As dimensões das camadas intermediárias de filtro e núcleo têm seus volumes proporcionais à distribuição granulométrica oriunda da pedreira.

	Vazão média de *overtopping* (m³/s por m de comprimento)	Volume de pico de *overtopping* (m³ por m de comprimento)
Quadro 13.1 **Vazões críticas de *overtopping* e volumes**		
Pedestres		
Inseguro para pedestres não conscientes do perigo, sem visão nítida do mar, facilmente incomodáveis e assustados, calçada estreita ou próxima da borda.	$q > 3 \cdot 10^{-5}$	$V_{máx} > 2 \cdot 10^{-3}$ a $5 \cdot 10^{-3}$
Inseguro para pedestres conscientes, clara visão do mar, não facilmente incomodáveis e assustados, capazes de tolerar ficar molhados, calçada larga.	$q > 1 \cdot 10^{-4}$	$V_{máx} > 0,02$ a $0,05$
Inseguro para pessoal treinado, bem abrigado e protegido, expectativa de ficar molhado, escoamento de *overtopping* nos menores níveis somente, sem jato caindo, pequeno perigo de cair da calçada.	$q > 1 \cdot 10^{-3}$ a $0,01$	$V_{máx} > 0,5$
Veículos		
Inseguro para dirigir em velocidade moderada ou alta, *overtopping* impulsivo, produzindo queda de jatos em alta velocidade.	$q > 1 \cdot 10^{-5}$ a $5 \cdot 10^{-5}$	$V_{máx} > 5 \cdot 10^{-3}$
Inseguro para dirigir em baixa velocidade, *overtopping* por escoamentos pulsantes em baixa altura somente, sem queda de jatos.	$q > 0,01$ a $0,05$	$V_{máx} > 0,1$
Marinas		
Afundamento de pequenos barcos de 5 m a 10 m do maciço, danos em iates maiores.	$q > 0,01$	$V_{máx} > 1$ a 10
Dano significativo ou afundamento de iates maiores.	$q > 0,05$	$V_{máx} > 5$ a 50
Construções		
Sem dano.	$q < 1 \cdot 10^{-6}$	
Danos pequenos nos acabamentos etc.	$1 \cdot 10^{-6} < q < 3 \cdot 10^{-5}$	
Dano estrutural.	$q > 3 \cdot 10^{-5}$	
Maciços em taludes de aterro		
Sem dano.	$q < 2 \cdot 10^{-3}$	
Dano se a crista não é protegida.	$2 \cdot 10^{-3} < q < 0,02$	
Dano se o talude no tardoz não é protegido.	$0,02 < q < 0,05$	
Dano mesmo que totalmente protegido.	$q > 0,05$	
Revestimentos ou muros de praia		
Sem dano.	$q < 0,05$	
Dano se a avenida beira-mar não é pavimentada.	$0,05 < q < 0,2$	
Dano mesmo que a avenida beira-mar seja pavimentada.	$q > 0,2$	

Nas Figuras 13.4, 13.5 e 13.6 estão apresentados exemplos de molhe e molhes guias-correntes em talude.

Considera-se o trecho de cabeço da obra os últimos 15 a 45 m do eixo do maciço, sendo via de regra composto por um alargamento da seção, de modo a aumentar o perímetro em planta, proporcionando maior proteção lateral entre os blocos. O alargamento é também necessário tendo em vista facilitar o giro dos veículos que efetuam a manutenção do maciço, bem como para a instalação de farolete de sinalização náutica. É comum que o cabeço também seja mais sobrelevado do que a cota do corpo do maciço por estar mais sujeito a galgamento pelas ondas.

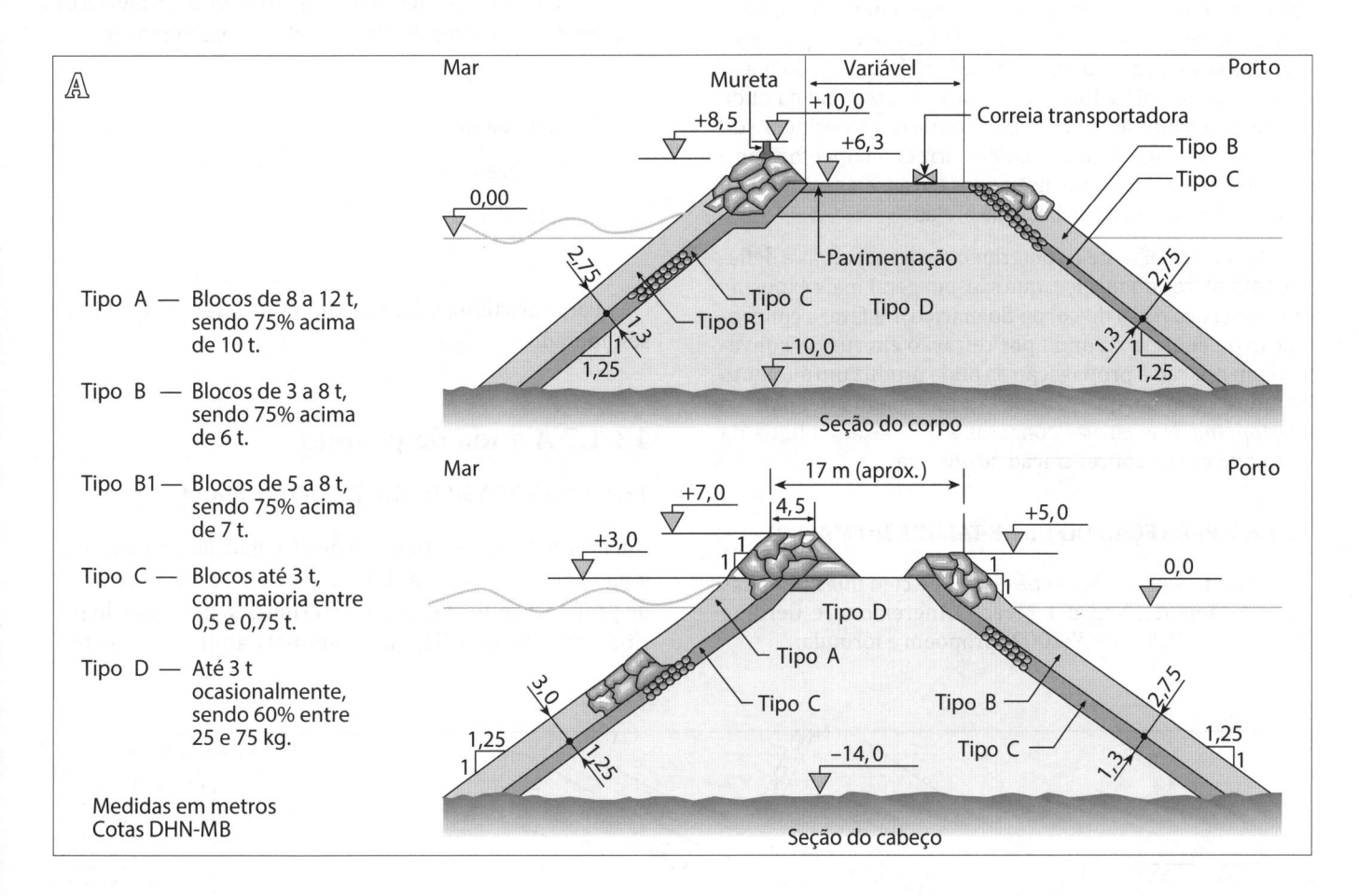

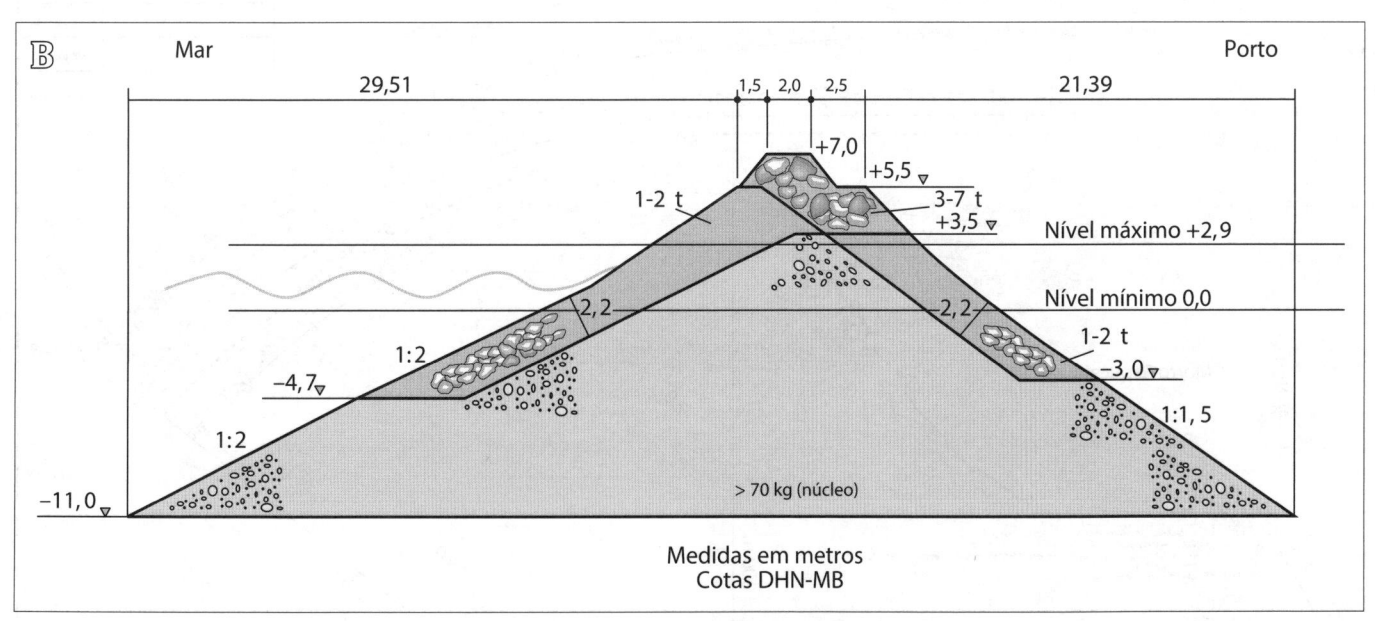

Figura 13.4
Elevações transversais.
(A) Seções típicas do molhe de Ponta Ubu (ES).
(B) Seção típica do Terminal da Salgema em Maceió (AL).

13.1.6.6 TRECHOS DO CABEÇO E COTOVELOS DO MACIÇO

A estabilidade na área crítica do arredondamento do cabeço da estrutura pode ser aprimorada aumentando o diâmetro do cabeço ou adicionando um apêndice com deflexão no rumo da área abrigada. Desse modo, além de se obter um melhor suporte para os blocos adjacentes, ocorre também uma redução das alturas das ondas por difração antes que elas atinjam a área mais vulnerável do cabeço do maciço, que fica de 90° a 150° com relação à ortogonal da onda incidente, rumo à área abrigada. A otimização do ângulo do talude e o arranjo geométrico dos arredondamentos cônicos somente podem ser conseguidos em ensaios em modelo físico tridimensional (de bacia de ondas).

Efeito semelhante ao anterior ocorre em curvas e deflexões angulares do maciço, que são, em geral mais expostas que as seções retas do corpo do maciço. De fato, a concentração de energia da onda por refração em curvas convexas com relação à propagação da onda produz um aumento da altura da onda, que por sua vez incrementa o *runup* e o *overtopping*. Nas curvas côncavas é a reflexão oblíqua da onda que gera a concentração de energia.

13.1.6.7 PROTEÇÃO DO PÉ DE TALUDE DO MACIÇO

Quanto à proteção do pé do talude com duas camadas de enrocamento, Van der Meer, D'Angremond e Gerding (1995, apud U. S. ARMY, 2002) propõem a fórmula:

$$N_s = \frac{H_s}{\Delta D_{a50}} = \left(0,24\frac{h_b}{D_{a50}} + 1,6\right) N_{od}^{0,15}$$

Em que h_b é a profundidade da água no topo da berma do pé.

N_{od} para uma proteção de pé padrão de 3 a 5 blocos de largura e 2 a 3 blocos de altura pode ser estimado por:

0,5: sem dano

2: dano aceitável

4: dano severo

Para bermas mais largas, valores maiores de N_{od} devem ser adotados.

13.1.7 A onda de projeto

13.1.7.1 PROBABILIDADE DE OCORRÊNCIA

Uma vez ajustada a estimativa de distribuição estatística de longo período das ondas (ver Capítulo 1), a altura da onda de projeto significativa H_{sP} é determinada por meio do período de retorno $R(H_s)$, definido pela altura significativa

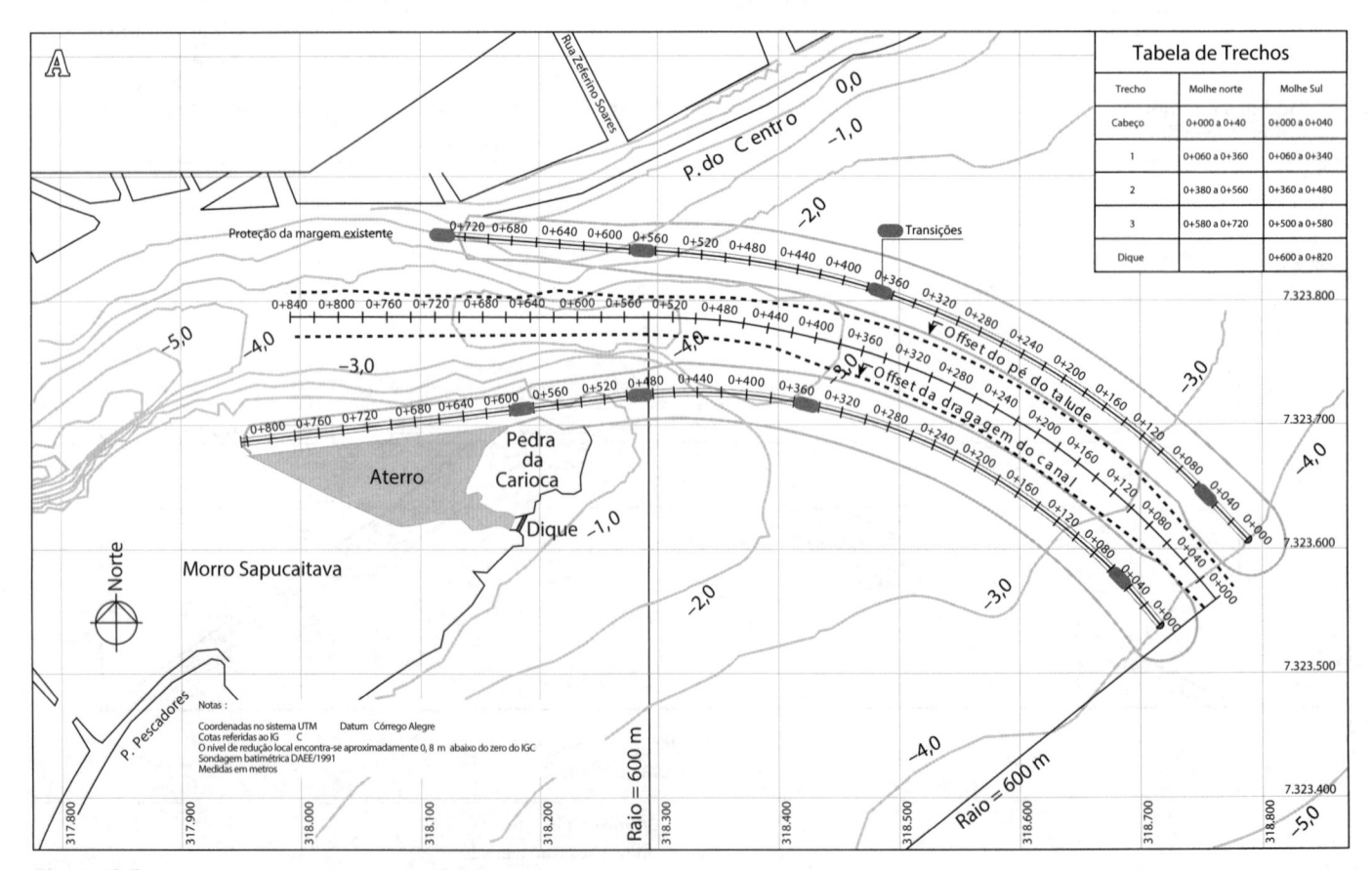

Figura 13.5
(A) Planta do arranjo geral dos molhes guias-correntes do Estudo para Melhoramento da Barra do Rio Itanhaém. (São Paulo, Estado, 1955 a 2004.)

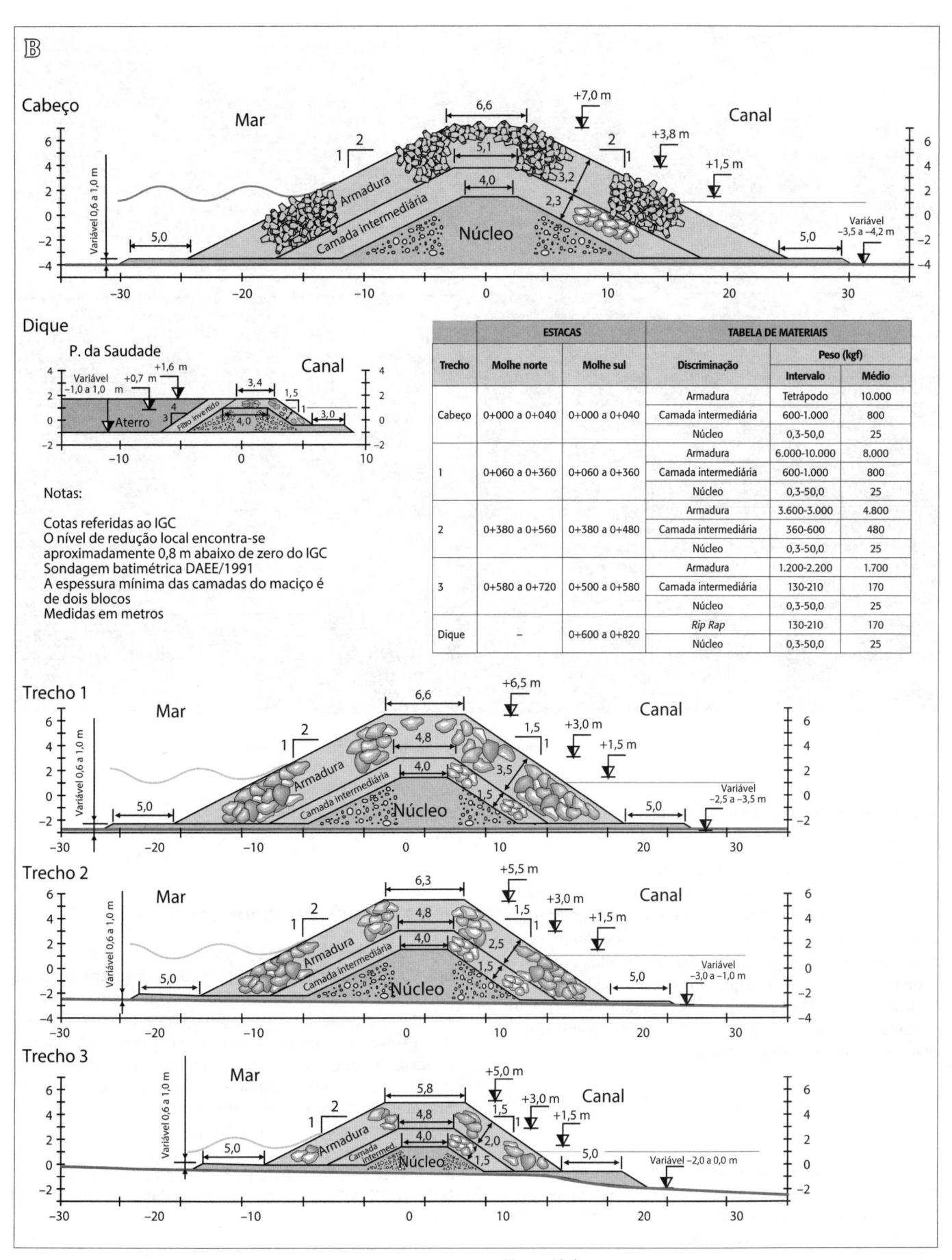

	ESTACAS		TABELA DE MATERIAIS		
Trecho	Molhe norte	Molhe sul	Discriminação	Peso (kgf)	
				Intervalo	Médio
Cabeço	0+000 a 0+040	0+000 a 0+040	Armadura	Tetrápodo	10.000
			Camada intermediária	600-1.000	800
			Núcleo	0,3-50,0	25
1	0+060 a 0+360	0+060 a 0+360	Armadura	6.000-10.000	8.000
			Camada intermediária	600-1.000	800
			Núcleo	0,3-50,0	25
2	0+380 a 0+560	0+380 a 0+480	Armadura	3.600-3.000	4.800
			Camada intermediária	360-600	480
			Núcleo	0,3-50,0	25
3	0+580 a 0+720	0+500 a 0+580	Armadura	1.200-2.200	1.700
			Camada intermediária	130-210	170
			Núcleo	0,3-50,0	25
Dique	–	0+600 a 0+820	Rip Rap	130-210	170
			Núcleo	0,3-50,0	25

Notas:

Cotas referidas ao IGC
O nível de redução local encontra-se
aproximadamente 0,8 m abaixo de zero do IGC
Sondagem batimétrica DAEE/1991
A espessura mínima das camadas do maciço é
de dois blocos
Medidas em metros

Figura 13.5
(B) Elevações das seções transversais dos molhes da obra de guias-correntes
do Estudo para Melhoramento da Barra do Rio Itanhaém. (São Paulo, Estado,
1991 A 2001.)

Figura 13.6
Recuperação, entre 2010 e 2014, do enrocamento do maciço do molhe em talude do Porto de Praia Mole, em Serra (ES).

H_s e pela probabilidade de encontro $E(H_s, T_v)$ apresentada por tal altura durante a vida útil T_v da obra.

O período de retorno $R(H_s)$ é definido como o intervalo de tempo médio entre dois eventos de agitação consecutivos caracterizados por estados de mar com alturas significativas que igualam ou superam H_s e coincide com o tempo entre as tempestades que contêm os citados estados do mar. A probabilidade $E(H_s, T_v)$ de que um evento de agitação ondulatória caracterizado por uma altura significativa H_s com período de retorno $R(H_s)$ se verifique durante a vida útil T_v pode ser calculado pela equação:

$$E(H_s, T_v) = 1 - e^{[-T_v/R(H_s)]}$$

Assim, H_{sP} da onda de projeto pode ser quantificada pela altura H_s da onda significativa que apresenta um fixado período de retorno ou uma fixada probabilidade de encontro, designada a vida útil da obra.

Segundo Battjes (BENASSAI, 2006) o período da onda de projeto significativa, T_{sP}, pode ser estimado a partir do período dominante, por meio da seguinte relação empírica:

$$T_{sP} = \frac{T_d}{1,05} \quad e \quad T_d = 9\pi \sqrt{\left(\frac{H_{sP}}{4g}\right)}$$

13.1.7.2 INDICAÇÕES NORMATIVAS

Para cada obra marítima é necessário identificar a vida útil, T_v, com relação ao projeto na qual se insere, levando em conta características funcionais da obra em si. Para tal fim, deve-se proceder à avaliação do nível de risco, ou seja, das probabilidades de danos admissíveis, levando em conta os danos que possam ocorrer à obra e à possibilidade de recuperar a funcionalidade normal com operações de manutenção. O nível de risco ótimo pode ser oriundo de uma avaliação de custo benefício. Como exemplo de normativa a esse respeito, podem ser citadas as *"Istruzioni tecniche per la progettazione delle dighe frangiflutti"* utilizadas na Itália (BENASSAI, 2006). A tipologia das obras é subdividida em:

- Infraestruturas para uso geral: são obras de defesa de empreendimentos urbanos ou industriais não destinados a uma finalidade específica, e para os quais não é claramente identificável o fim da vida útil ou funcional.

- Infraestruturas para uso específico: são obras de defesa das instalações industriais, depósitos ou plataformas de carga e descarga, de portos industriais, de plataformas petrolíferas etc.

Quanto ao nível de segurança requerido, é especificado:

- O Nível 1 refere-se a obras ou instalações de interesse local e auxiliar, que comportem um reduzido risco de perdas de vidas humanas, ou danos ambientais em caso de acidentes. Situações típicas são as de projeto de obras de defesa dos litorais, portos secundários ou marinas, descargas no mar, estradas litorâneas etc.

- O Nível 2 refere-se a obras ou instalações de interesse geral, comportando moderado risco de perdas de vidas humanas ou de danos ambientais em caso de acidente. Obras de grandes portos, disposição marítima de grandes cidades, entre outras, incluem-se nesse nível.

- O Nível 3 refere-se a obras ou instalações para a defesa de inundações, sendo de interesse supranacional por apresentarem um elevado risco de perdas de vidas humanas ou de dano ambiental no caso de acidente. Trata-se das defesas de centros urbanos ou industriais, entre outros.

Assim, a recomendação italiana para a vida útil, T_v, para obras ou estruturas de caráter definitivo é de:

- 15 anos para infraestruturas de uso específico nível 1;
- 25 anos para infraestruturas de uso específico nível 2 e de uso geral nível 1;
- 50 anos para infraestruturas de uso específico nível 3 e de uso geral nível 2; e
- 100 anos para infraestruturas de uso geral nível 3.

Tabela 13.3
Máxima probabilidade de dano admissível, E, no período de vida útil da obra

Dano incipiente	Risco para a vida humana	
Repercussão econômica	Reduzido	Elevado
Baixa	0,50	0,30
Média	0,30	0,20
Alta	0,25	0,15
Destruição total	Risco para a vida humana	
Repercussão econômica	Reduzido	Elevado
Baixa	0,20	0,15
Média	0,15	0,10
Alta	0,10	0,05

Assumem-se as probabilidades correspondentes ao dano incipiente ou à destruição total com relação às alterações sofridas pela obra em caso de dano e às dificuldades nos reparos do dano sofrido. Para estruturas rígidas (quebra-mares de parede vertical), para os quais é extremamente difícil reparar o dano sofrido, assume-se a probabilidade de destruição total. Para estruturas flexíveis, ou obras passíveis de reparos, assume-se a probabilidade de dano incipiente, correspondentemente entendido como o nível de dano especificado previamente com relação ao tipo de estrutura, acima do qual o dano é apreciável e torna-se necessário intervir com obras de manutenção. Para essas últimas obras deve-se, de qualquer modo, verificar também o cenário de dano total, ou estado último, ou seja, a superação de um nível especificado para o qual a obra cessa de exercer uma apreciável função protetiva em função do tipo de estrutura.

Assim, a combinação da vida útil da obra, Tv, e da probabilidade de ocorrência, E, determina o período de retorno R do evento de projeto:

$$R = \frac{T_v}{[-\ln(1-E)]}$$

Em relação a este período de retorno, a partir da estatística dos eventos extremos de longo período deduzir-se-á a altura da onda de projeto e o correspondente período. A onda significativa assim estimada tem aproximadamente a probabilidade E (também denominada de probabilidade de encontro) de ser superada ao longo da vida útil da obra. Com relação a esta intensidade da solicitação ondulatória, será escolhido o valor característico da altura de onda caso a caso, devendo-se assumir nos cálculos ulteriores margens de segurança que assegurem uma probabilidade de ocorrência e, portanto, de dano da obra, efetivamente próxima a E. Estas margens adicionais derivam das incertezas quanto:

Características estimadas da onda de projeto;

- Intensidade da solicitação efetiva para dada onda solicitante, ou seja, do modelo da ação ondulatória utilizado nos cálculos; e
- Comportamento da fundação, ou seja, dos modelos de verificação estrutural e geotécnica utilizados.

13.2 METODOLOGIA DE PROJETO DE UM QUEBRA-MAR DE BERMA

A acomodação do perfil do lado do mar em quebra-mares de berma é função das seguintes variáveis:

- tipo de projeto (dinâmico ou estático);
- tempestade de projeto (altura, período e rumo da onda) e sua duração;
- granulometria da armadura: dimensão e forma dos blocos e geometria da berma (cota e largura);
- permeabilidade do núcleo;
- profundidade no pé da obra.

Os projetos de quebra-mares de berma ainda são desenvolvidos com base em ensaios em modelos físicos.

Nas Figuras 13.7 a 13.10 estão apresentadas características de quebra-mares de berma do Brasil.

No projeto de estabilidade e reformatação dos quebra-mares de berma os parâmetros mais utilizados são:

$$N_s = H_o = \frac{H_s}{\Delta D_{50}}$$

$$H_o T_o = \frac{H_s}{\Delta D_{50}} \sqrt{\frac{g}{D_{50}}} T_z$$

$$\Delta = \frac{\rho_s}{\rho_w} - 1$$

$$f_g = \frac{D_{85}}{D_{15}};$$

$$N_s^* = \frac{\left(H_s^2 L_o\right)^{1/3}}{\Delta D_{50}}$$

$$N_s^{**} = \frac{H_k}{C_k \Delta D_{50}} \left(\frac{S_{mo}}{S_{mk}}\right)^{-(1/5)} \left(\cos \beta_o\right)^{2/5} \approx \frac{0{,}89 H_k}{C_k \Delta D_{50}}$$

sendo:

$N_s = H_o$: número de estabilidade;

$H_o T_o$: número de estabilidade do período;

H_s: altura de onda significativa;

f_g: fator de gradação;

ρ_s: massa específica dos blocos;

ρ_w: massa específica da água;

$$D_{50} = \left(\frac{W_{50}}{\rho_s}\right)^{1/3};$$

W_{50}: peso mediano dos blocos;

g: aceleração da gravidade;

T_z: período médio de cruzamento do zero das ondas;

H_k: altura da onda característica da média das 1/50 maiores ondas;

C_k: relação entre a altura da onda característica e a altura da onda significativa, sendo $H_k/H_s = 1{,}55$ para águas profundas seguindo a distribuição de Rayleigh;

L_o: comprimento da onda em águas profundas considerando T_z;

S_{mo}: $2\pi H_s/(g T_z^2)$;

S_{mk}: esbeltez da onda característica, adotada como 0,03;

β_o: ângulo entre o rumo médio das ondas e a perpendicular ao eixo longitudinal do corpo do quebra-mar.

Conforme visualizado na Figura 12.8(B), uma importante medida na reformatação da berma é a recessão rec. Outro parâmetro é a profundidade de interseção entre os perfis original e final da estrutura reformatada h_f. PIANC (2003) a partir de diversos ensaios em modelos físicos dinamarqueses e noruegueses apresenta as seguintes aproximações para ambos os parâmetros

$$\frac{rec}{D_{50}} = 2{,}7 \cdot 10^{-6} \left(H_o T_o\right)^3 + 9 \cdot 10^{-6} \left(H_o T_o\right)^2 +$$

$$+ 0{,}11 \left(H_o T_o\right) - \left(-9{,}9 f_g^2 + 23{,}9 f_g - 10{,}5\right) - f_d$$

$$\frac{h_f}{D_{50}} = \frac{0{,}2d}{D_{50}} + 0{,}5$$

sendo:

f_g: válido para valores entre 1,3 e 1,8;

f_d: fator de profundidade: $f_d = -0{,}16 \left(\dfrac{d}{D_{50}}\right) + 4{,}0$, na faixa $12{,}5 < \dfrac{d}{D_{50}} < 25$;

d: profundidade em frente ao quebra-mar.

Segundo os autores, as condições para a validade destas equações são:

$$1{,}3 < f_g < 1{,}8 \quad e \quad 12{,}5 < \frac{d}{D_{50}} < 25$$

Outra fórmula que pode ser citada para o cálculo da recessão da berma é a de Sigurdarson e Van der Meer:

$$rec = 1{,}6\ D_{50}(N_s - 1)^{2{,}5}$$

É usual nesses maciços dividir o enrocamento entre núcleo e armadura de acordo com o tamanho, sendo que cada um representa cerca de 50% do volume total. Os métodos construtivos definem a cota do topo do núcleo e a cota da berma, uma vez que usualmente esses maciços são construídos em ponta de aterro, com equipamento apoiado em terra. Assim, as cotas citadas devem situar-se acima do nível d'água.

Desta forma, PIANC (2003) sugere classificar a mobilidade de um quebra-mar de berma segundo a Tabela 13.4.

Tabela 13.4 Critério de mobilidade de um quebra-mar de berma			
Regime	$N_s = H_o$ ou N_s^{**}	$H_o T_o$	N_s^*
Pouco movimento	< 1,5 – 2	< 20 – 40	< 3,4 – 5,4
Movimento limitado durante a reformatação, estaticamente estável	1,5 – 2,7	40 – 70	5,4 – 7,8
Relevante movimento, dinamicamente estável.	> 2,7	> 70	> 7,8

Figura 13.7
(A) Canteiro de confecção de tetrápodos de 45 t no Shakotan Port, em Yobetsucho, Hokkaido (Japão).
(B) Blocos artificiais de concreto estocados no Porto de Naha, em Okinawa (Japão).
(C) Molhe em caixão de concreto armado com proteção de armadura em talude de tetrápodos no Porto de Hizukacho, em Shakotan, Hokaido (Japão).

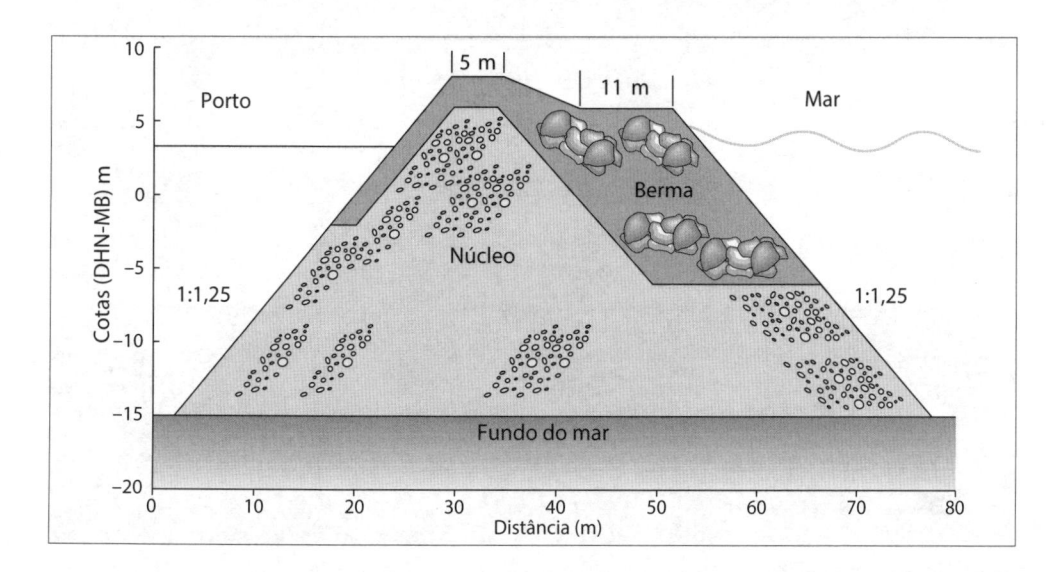

Figura 13.8
Elevação da seção transversal do quebra-mar de berma do Porto de Pecém, Ceará.

Figura 13.9
Molhe do Porto de Santo Antônio em
Fernando de Noronha (PE).
(A) Vista do alto.
(B) Vista lateral do cabeço.
(C) Vista frontal do cabeço.

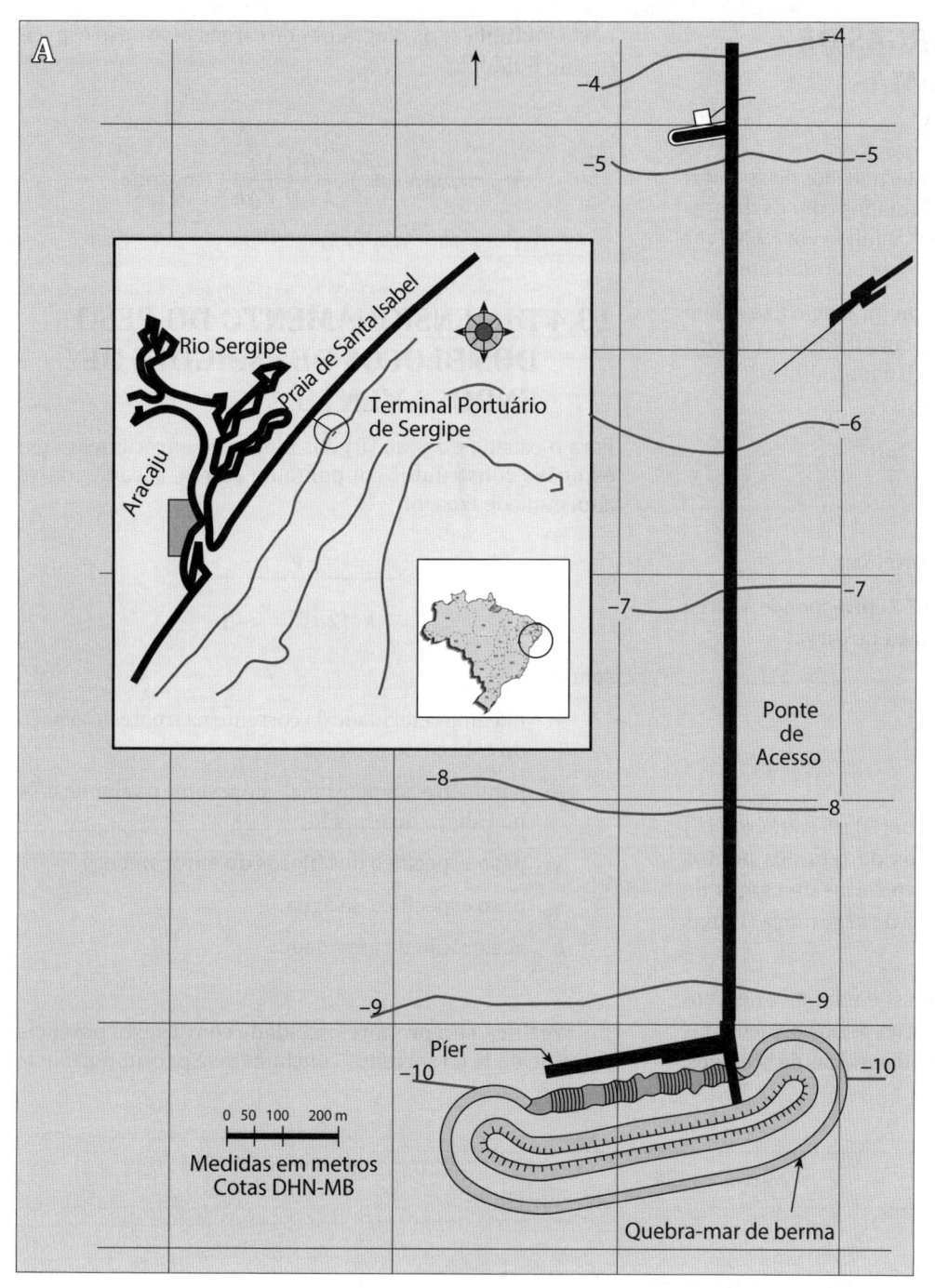

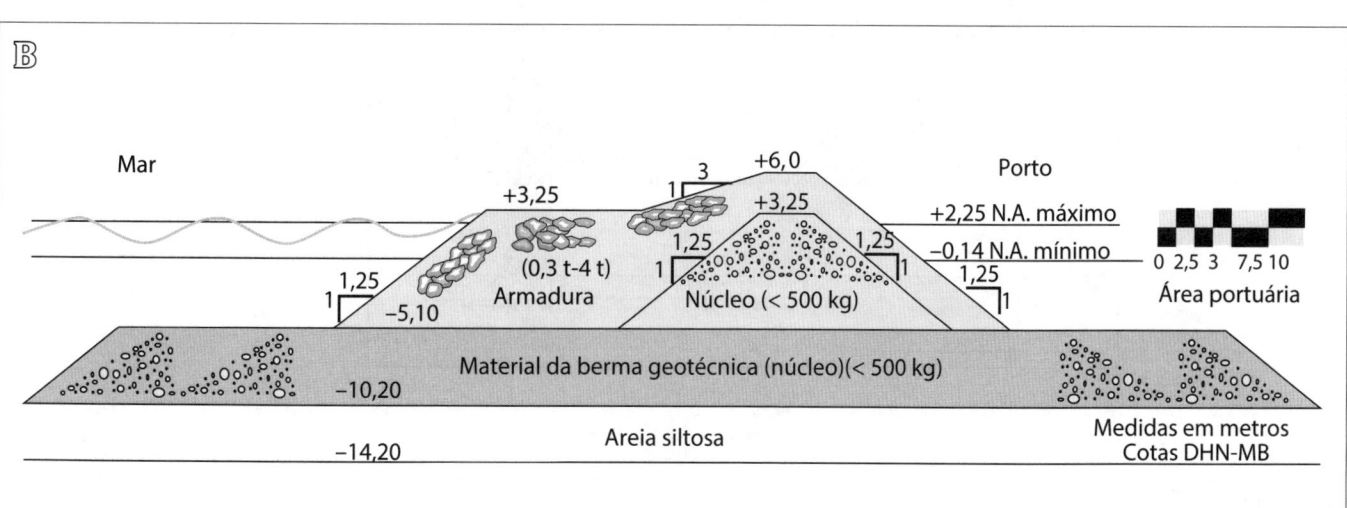

13.3 DIAGRAMA DE CARGAS DE PRESSÃO SOBRE UMA PAREDE VERTICAL

Os diagramas de cargas de pressão determinados pelas ondas de *clapotis* são frequentemente calculados com os diagramas simplificados desenvolvidos por Sainflou em 1928 (ver Figura 13.11), fundamentados na teoria hidrodinâmica.

Quando uma onda de altura H e comprimento L se reflete em uma parede vertical (3-1-5), o plano médio do *clapotis* se eleva com relação ao N. A. estático a uma altura

$$\Delta h = \frac{\pi H^2}{L} \cotan h \frac{2\pi h}{L}$$

acima do nível d'água em repouso original.

O segmento A–B– da Figura 13.11 corresponde à carga hidrostática média original. Os termos de carga:

$$\Delta c = \frac{H}{\cosh \frac{2\pi h}{L}}$$

estão demarcados no fundo à direita (D) e à esquerda (F) do ponto B. A união por segmentos de reta dos pontos D a C e F a E fornece as linhas envoltórias de cargas de pressão máximas e mínimas a favor da segurança (linhas tracejadas).

Os diagramas de cargas máximas e mínimas, descontado o diagrama de cargas hidrostáticas, estão apresentados na Figura 13.11. Para a obtenção dos diagramas de pressões,

basta multiplicar os diagramas de cargas pelo peso específico do fluido.

Assim:

$$p_{AG} = \rho g(h + \Delta c)\left(\frac{H + \Delta h}{h + H + \Delta h}\right) \text{ (máxima)}$$

$$p_{EH} = \rho g(H - \Delta h) \text{ (mínima)}$$

13.4 DIMENSIONAMENTO DO PESO DOS BLOCOS DE ESPIGÕES DE ENROCAMENTO

Para o cálculo do peso (P) dos blocos de enrocamento em espigões construídos em ponta de aterro, recomenda-se a fórmula de Izbash:

$$P \geq \frac{\gamma v^6}{\frac{6}{\pi} K^3 (2g)^3 \left(\frac{\gamma}{\gamma_a} - 1\right)^3}$$

sendo:

- v: máxima velocidade da corrente na frente de avanço do cabeço do espigão;
- K: parâmetro adimensional que assume o valor de 0,74 no cabeço do espigão;
- γ: peso específico dos blocos do enrocamento;
- γ_a: peso específico da água;
- g: aceleração da gravidade.

Verifica-se a proporcionalidade com a sexta potência da velocidade da corrente, concluindo-se pela importância

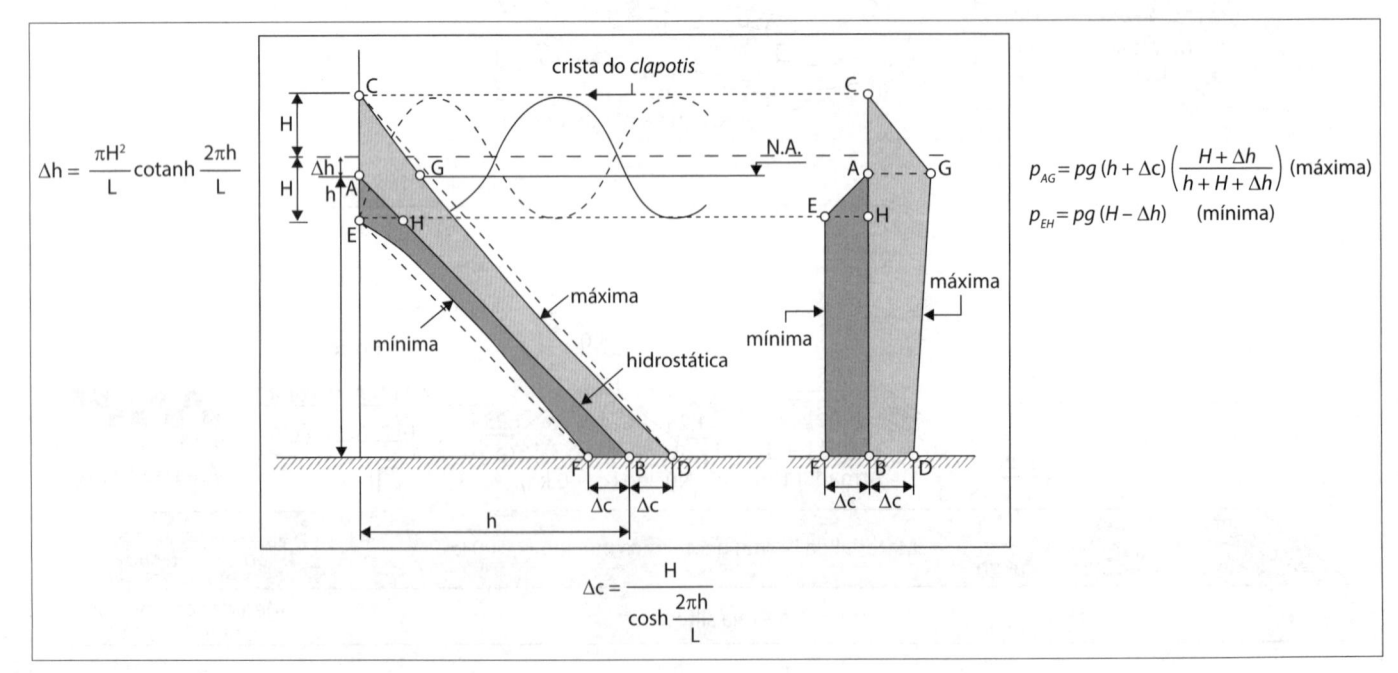

Figura 13.11
Elevações dos diagramas de cargas de pressão de um *clapotis* em paramento vertical.

da correta adoção desta para o dimensionamento do peso dos blocos.

Na Figura 13.12 estão apresentados resultados obtidos pela fórmula de Izbash e os obtidos em ensaios em modelo físico para o estudo do lançamento do Espigão Norte do Terminal Marítimo de Ponta da Madeira da Vale em São Luís (MA). Na Figura 13.13 estão apresentadas algumas das seções transversais tipo dos espigões Sul e Norte do citado terminal.

13.5 EXEMPLOS DE OBRAS DE QUEBRA-MARES DE TALUDE

13.5.1 Molhes de Rio Grande (RS)

Recentemente, os molhes de talude de enrocamento (com tetrápodos nos trechos mais expostos da carapaça dos cabeços) de Rio Grande (RS), após recuperação nos enrocamentos realizada ao final da década de 1990, foram estendidos com relação ao seu comprimento original, visando o aumento da profundidade do canal de acesso da

área portuária estuarina. Nas Figuras 13.14 a 13.16 estão descritas as características principais da obra de extensão destes maciços.

13.5.2 Molhe de Punta Riso no Porto de Brindisi (Itália)

Nas Figuras 13.17 e 13.18 estão apresentadas as características principais do molhe de talude de enrocamento (com tetrápodos na armadura) com superestrutura de Punta Riso no Porto de Brindisi (Itália) no Mar Adriático.

13.5.3 Molhe do Porto de Riposto, em Catania (Itália)

Na Figura 13.19 está apresentada a obra de molhe de talude de enrocamento, em material lávico do Etna, e armadura reforçada com blocos artificiais paralelepipédicos em con-

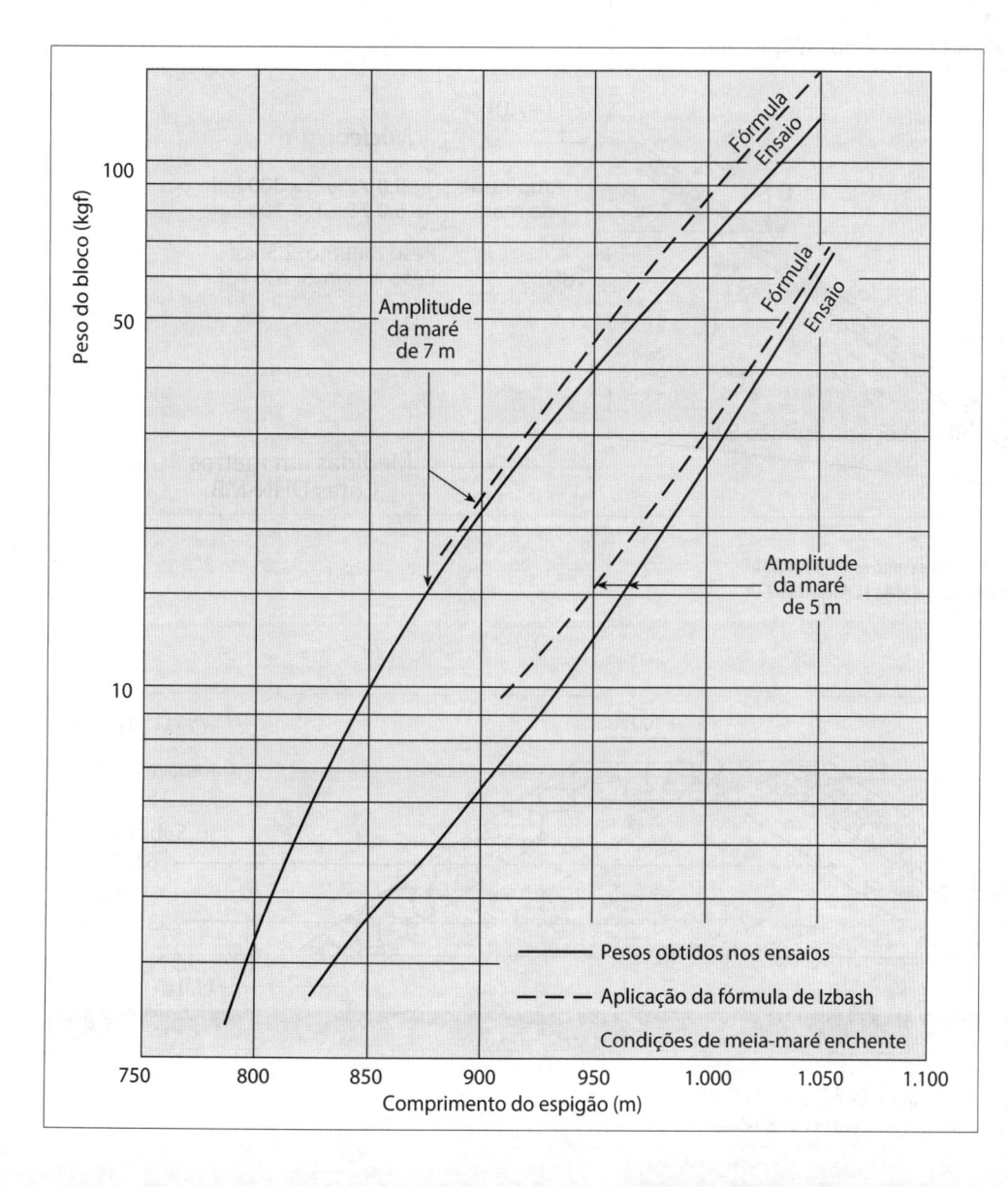

Figura 13.12
Comparação entre os cálculos pela fórmula de Izbash e ensaios em modelo físico – construção do Espigão Norte do Terminal Marítimo de Ponta da Madeira da Vale em São Luís (MA). (CARVALHO et al., 1989)

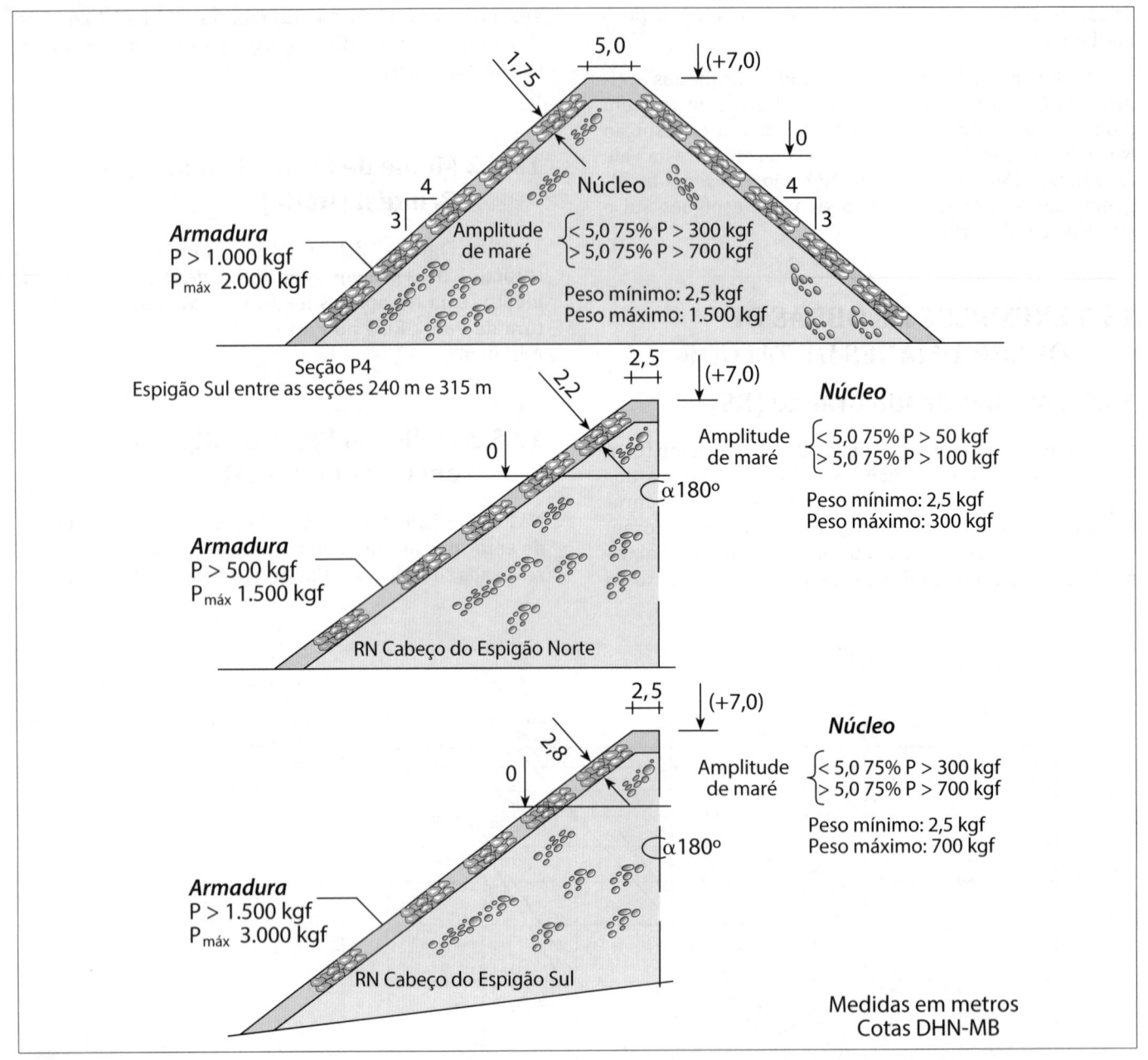

Figura 13.13
Elevações das seções transversais P4, RN e RS dos espigões do Terminal
Marítimo de Ponta da Madeira da Vale em São Luís (MA) (CARVALHO et
al., 1989).

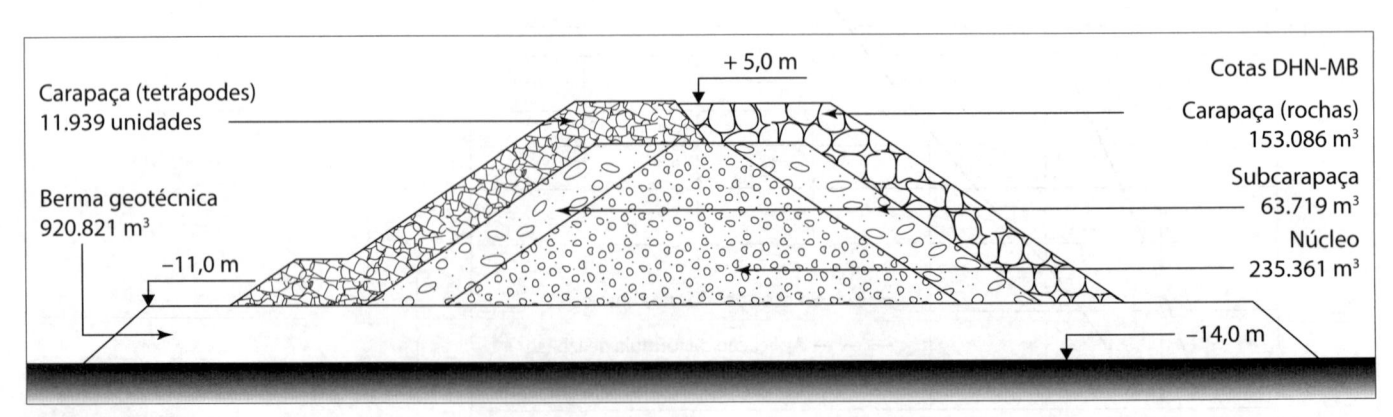

Figura 13.14
Elevação da seção transversal da extensão dos molhes de Rio Grande,
indicando-se os respectivos volumes empregados nos diferentes trechos.

creto (dimensões de 2 × 4 × 4 m) com peso unitário de 75 tf, tendo em vista a severa agitação dominante do Mar Jônio, entre as mais fortes do litoral italiano. O maciço apresenta coroamento com superestrutura.

13.6 EXEMPLO DE OBRAS DE QUEBRA-MAR DE PAREDE VERTICAL

13.6.1 Obras de abrigo no Porto de Genova (Itália)

O Porto de Genova é o maior e mais importante economicamente da Itália, estando situado no mar Tirreno. Nas Figuras 13.20 a 13.28 estão apresentadas as obras de abrigo em parede vertical deste porto, que é constituído de várias dársenas.

Na Figura 13.21 apresenta-se a elevação da seção transversal do primeiro trecho do quebra-mar externo da Bacia da Lanterna, com 1.550 m de comprimento. É composta por muralha de conjuntos justapostos de três blocos celulares com peso unitário de 220 tf, posicionados por pontão com esta capacidade de içamento. As células foram enchidas com concreto de cal e pozolana.

O segundo trecho do quebra-mar externo para proteção da Bacia de Sampierdarena, com comprimento de 1.850 m, é composto por blocos do tipo cheio (Figura 13.22), ditos ciclópicos, com peso unitário de 450 tf, com largura de 4,50 m na direção longitudinal do quebra-mar. O posicionamento

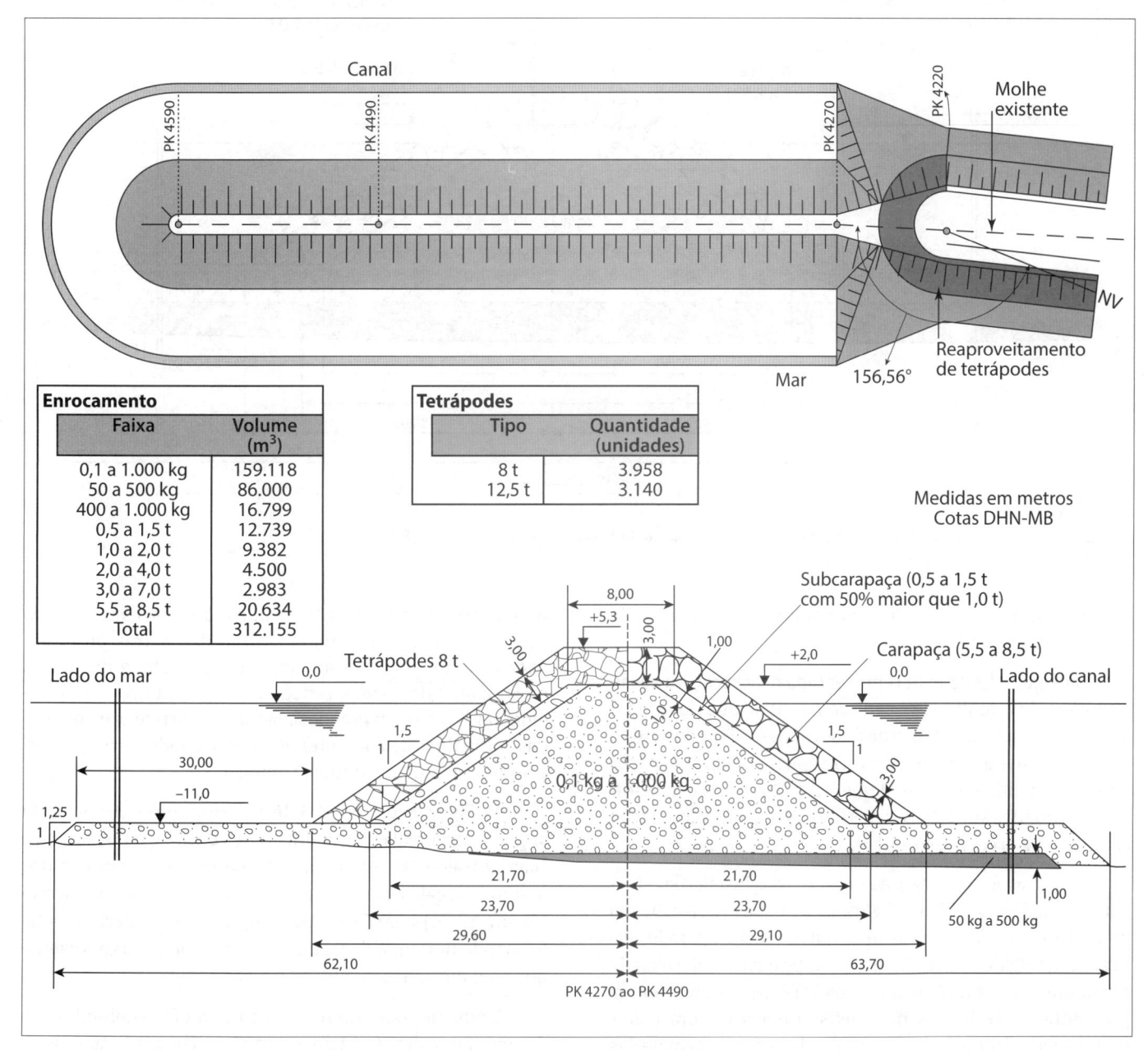

Figura 13.15
Planimetria e elevação da seção transversal do trecho final do corpo do Molhe Leste de Rio Grande (RS).

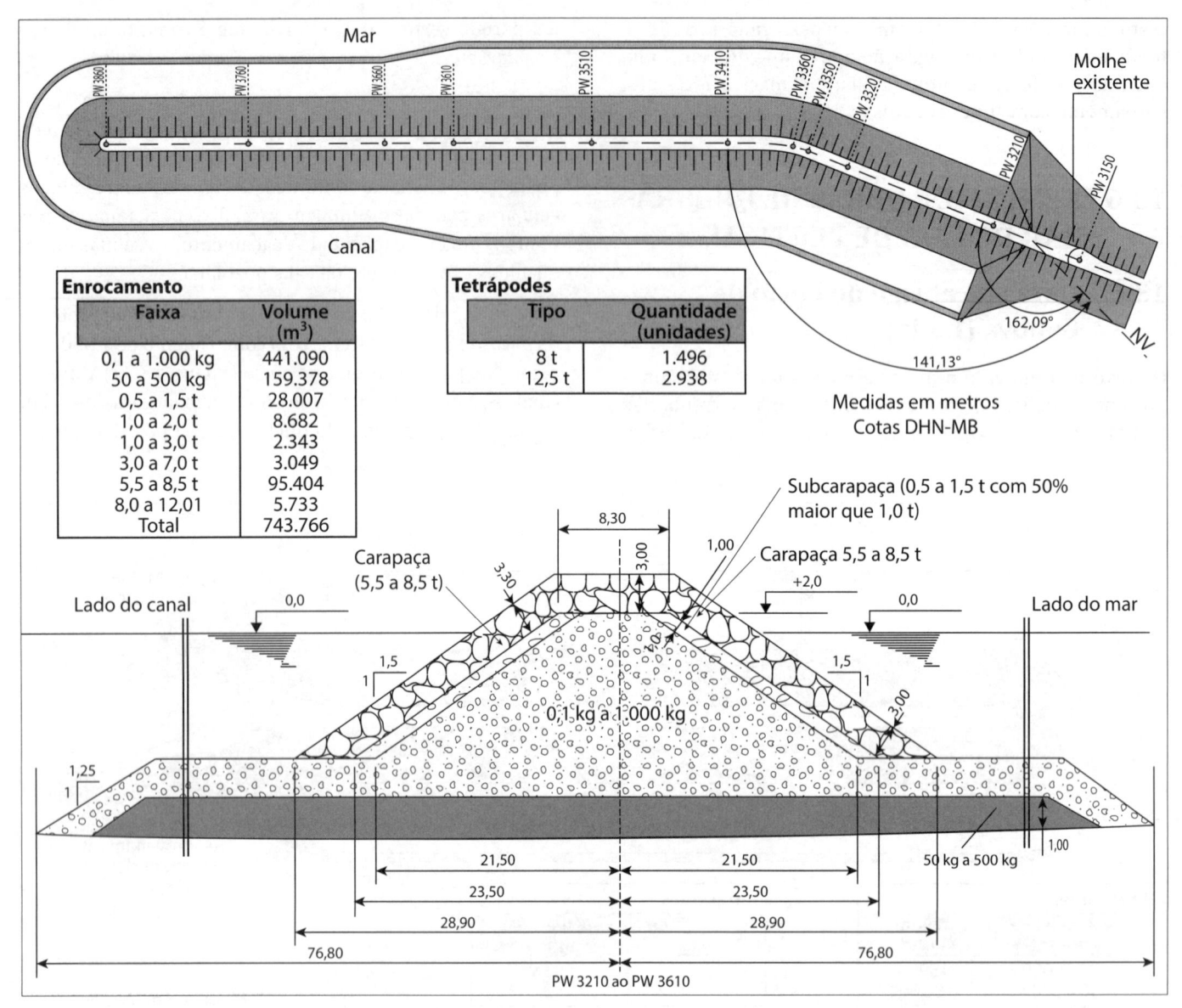

Figura 13.16
Planimetria e elevação da seção transversal do trecho final do corpo do Molhe Oeste de Rio Grande (RS).

dos monólitos foi realizado com pontão de capacidade de içamento de 450 tf.

Na Figura 13.23 está representada a elevação da seção transversal do molhe de Cagni, com 630 m, que delimita o grande complexo portuário de Genova a leste. Foi construído também com muralha de blocos ciclópicos, tendo sido particularmente difícil seu assentamento, que requereu a retirada das camadas superficiais dos fundos e sua recomposição com leito de areia descartada.

Para o abrigo e contenção do aterro das instalações siderúrgicas da ITALSIDER, na Figura 13.24 pode ser visualizada a elevação da seção transversal do quebra-mar de parede vertical de Cornigliano, com 925 m de comprimento. Foi realizada em fundos de reduzida profundidade (8 m), sendo formada por muralha de blocos maciços sobrepostos, com pesos unitários de 300 a 360 tf, tendo as interfaces formatadas em dente e contradente. O canal de tranquilização e o cais de contenção do terrapleno artificial das instalações industriais

permitiu o posterior preenchimento da área formando o pátio definitivo. Singularmente, em razão das baixas profundidades, para evitar o descalçamento em virtude dos fortes movimentos das ondas refletidas, o quebra-mar foi protegido em seu pé com grandes placas de concreto armado unidas por malhas de correntes, de modo a poder acompanhar o afundamento dos fundos fronteiros.

As Figuras 13.25 e 13.26 apresentam a elevação da seção transversal dos quebra-mares de abrigo do Estaleiro Naval Ansaldo. O quebra-mar externo, com 750 m de comprimento, foi realizado inicialmente (Figura 13.25) e o interno (Figura 13.26), com 670 m de comprimento, posteriormente, formando um canal de tranquilização. Ambos foram realizados com muralhas de blocos maciços.

A pioneira obra do Aeroporto Cristoforo Colombo, em Genova, foi realizada na área portuária. Foi uma grandiosa e sistemática empresa de emprego dos caixões celulares em concreto armado. É constituído de uma grande aterro artificial

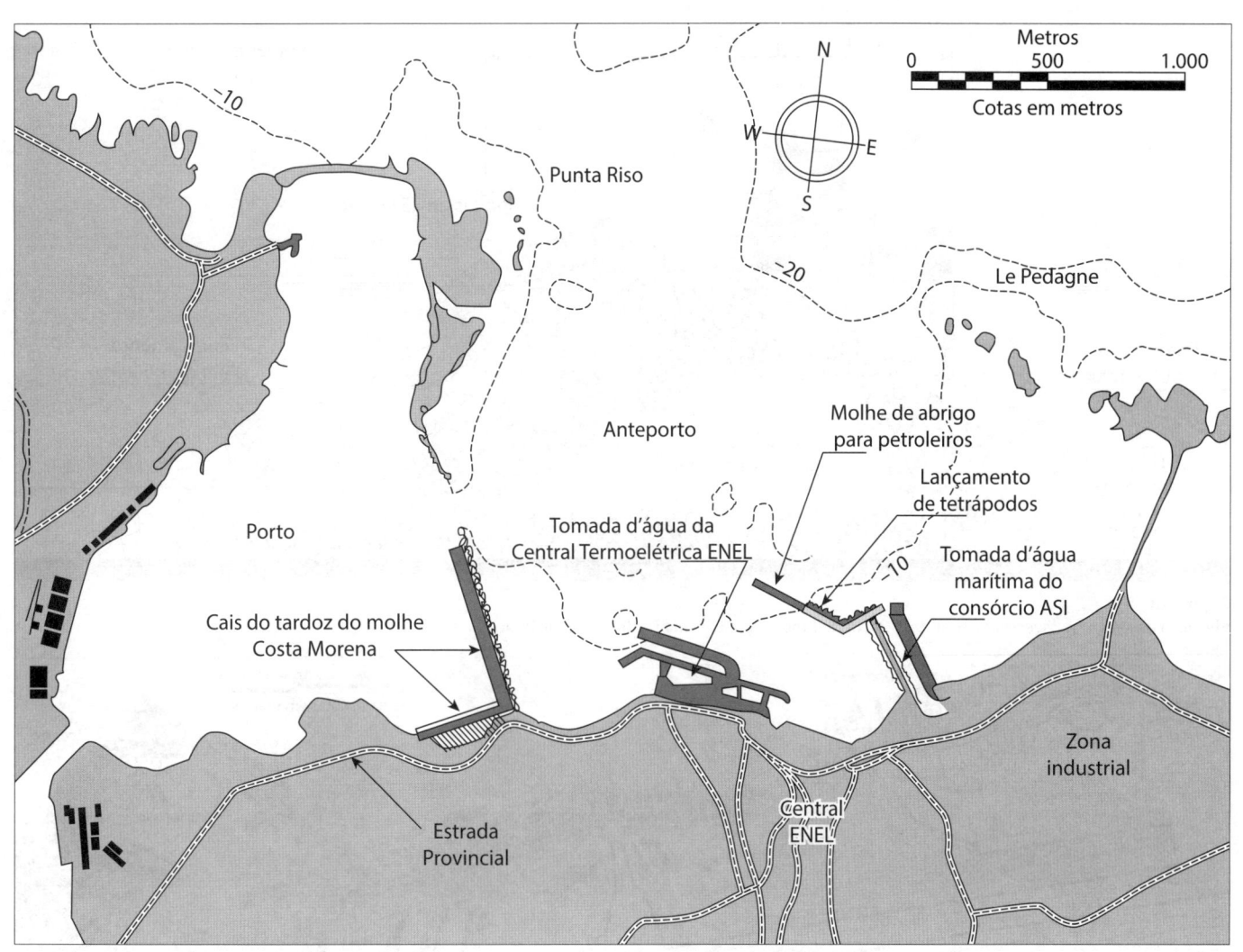

Figura 13.17
Planimetria do Porto de Brindisi (Itália) no Mar Adriático.

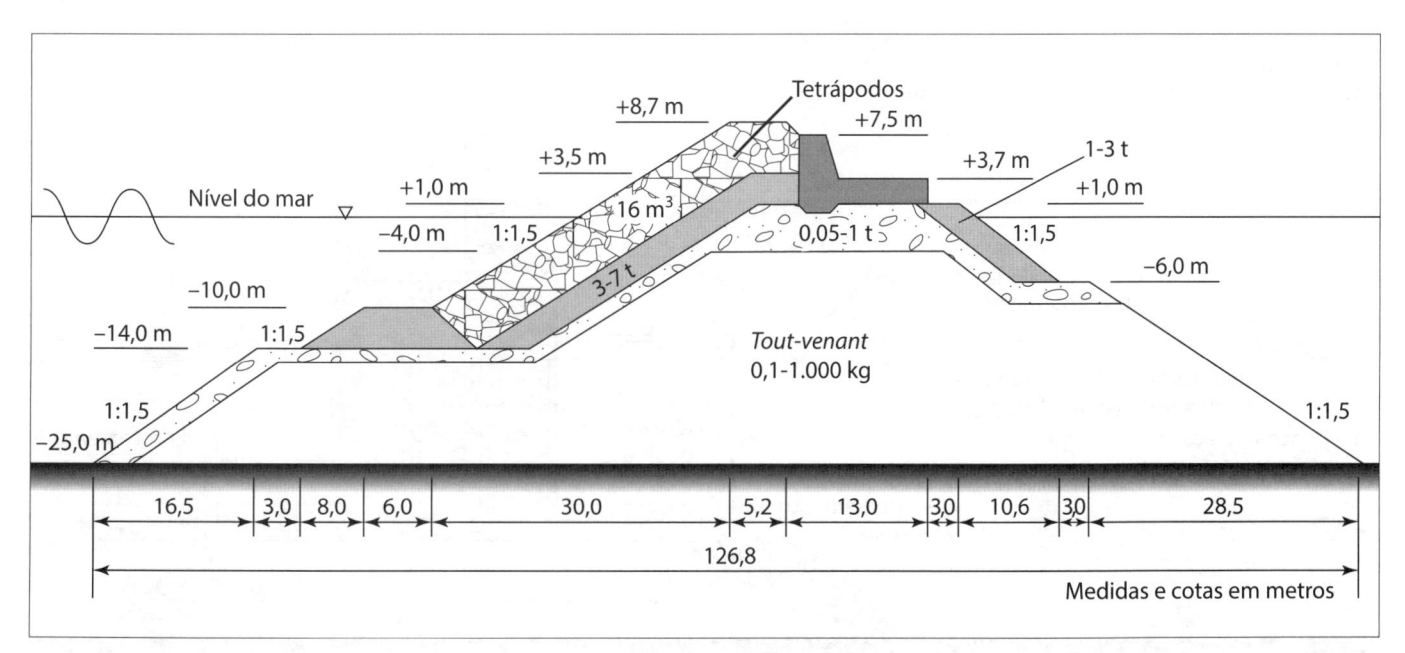

Figura 13.18
Elevação da seção transversal em talude de enrocamento do Molhe de
Punta Riso no Porto de Brindisi (Itália) no Mar Adriático.

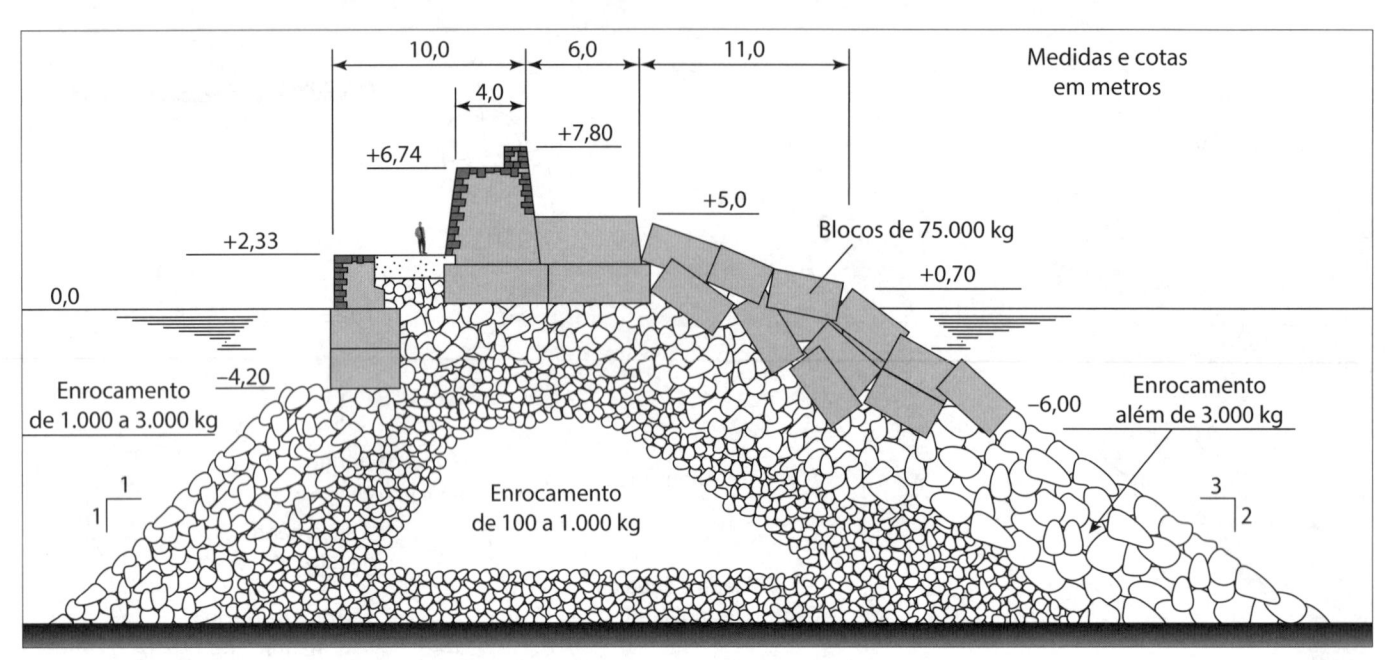

Figura 13.19
Elevação da seção transversal do molhe do Porto de Riposto em Catania (Itália), no Mar Jônio.

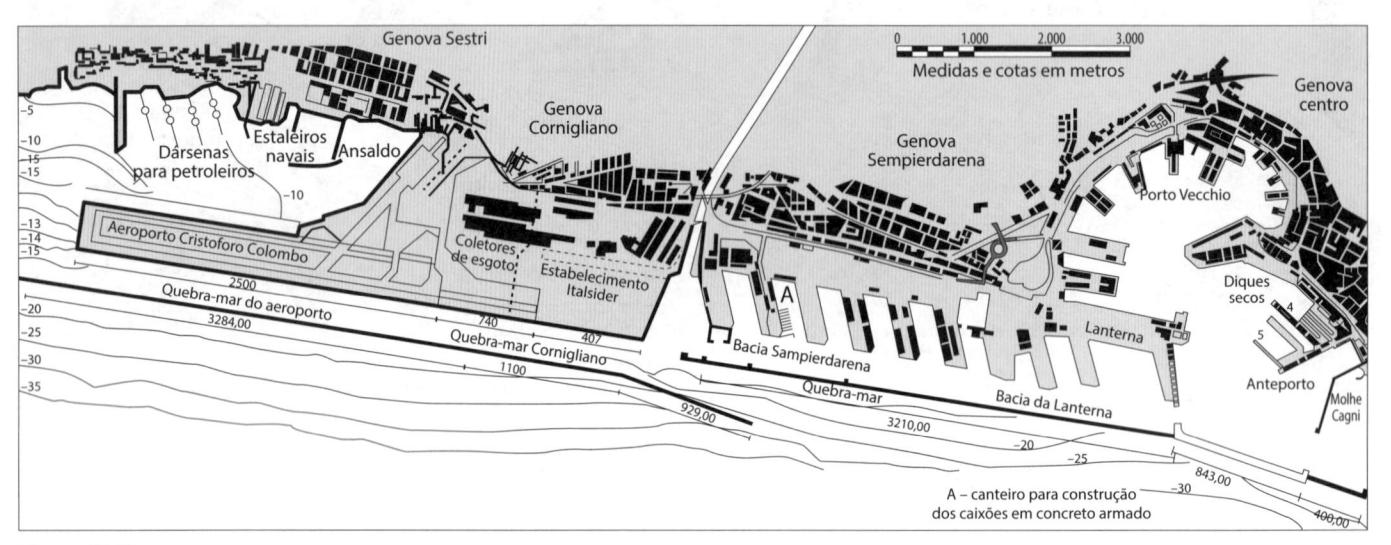

Figura 13.20
Arranjo geral do Porto de Genova (Itália) no Mar Tirreno.

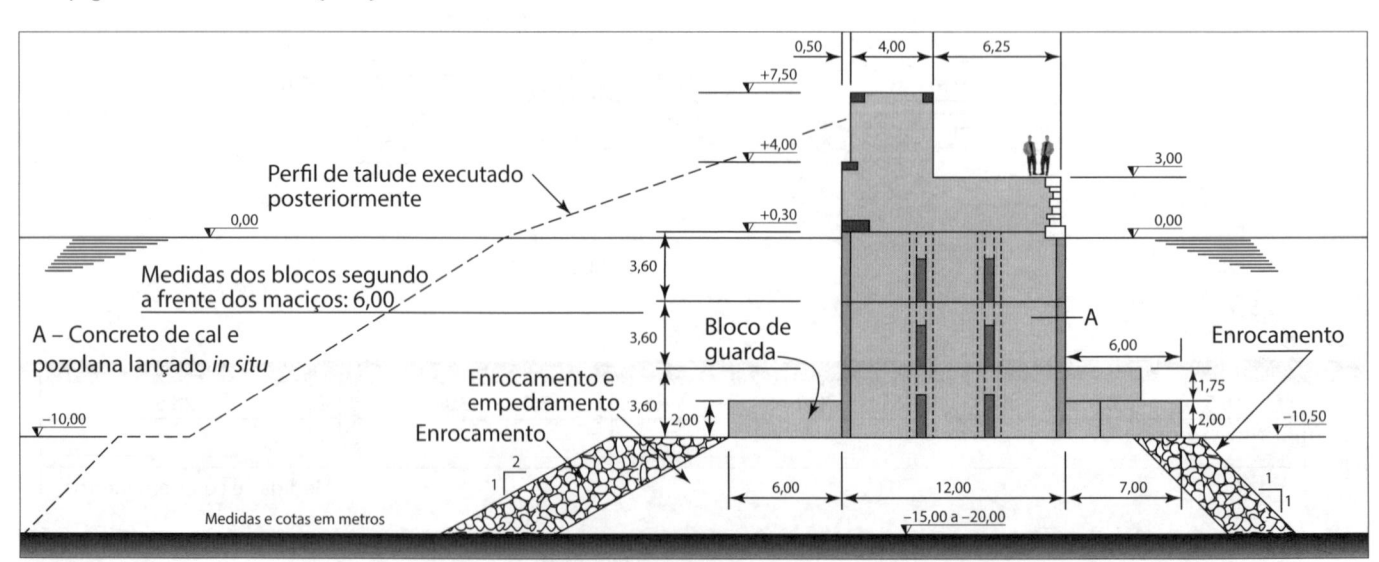

Figura 13.21
Elevação da seção transversal do primeiro trecho do quebra-mar externo da Lanterna no Porto de Genova (Itália).

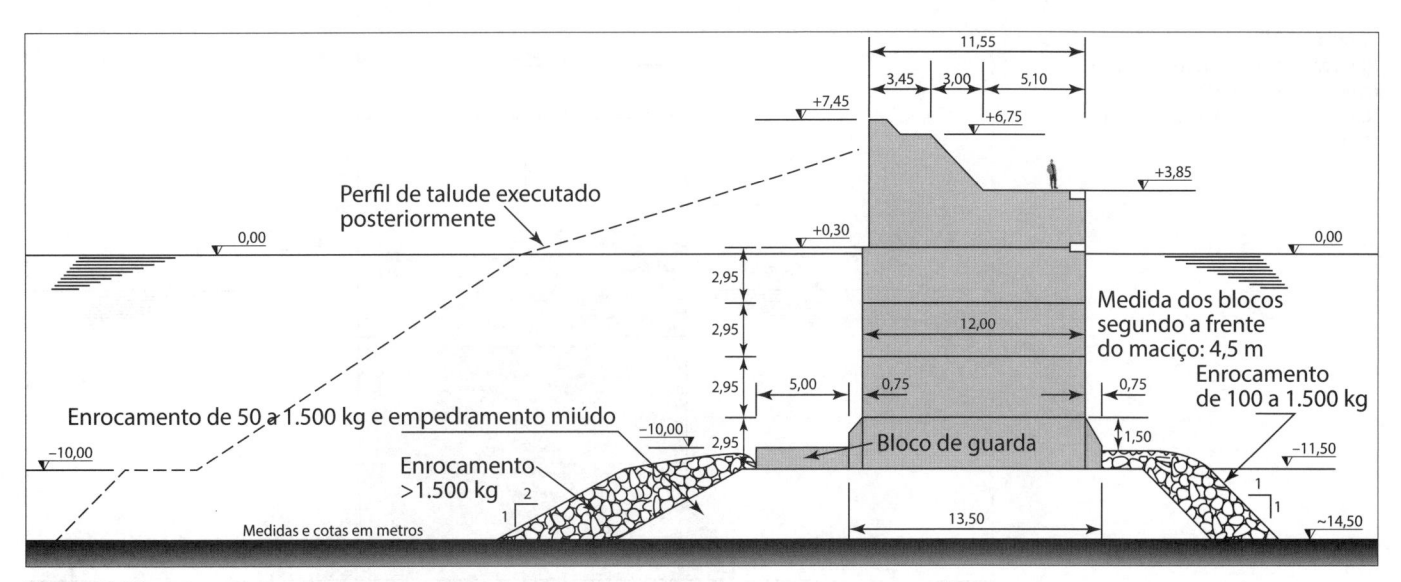

Figura 13.22
Elevação da seção transversal do segundo trecho do quebra-mar externo de Sampierdarena no Porto de Genova (Itália).

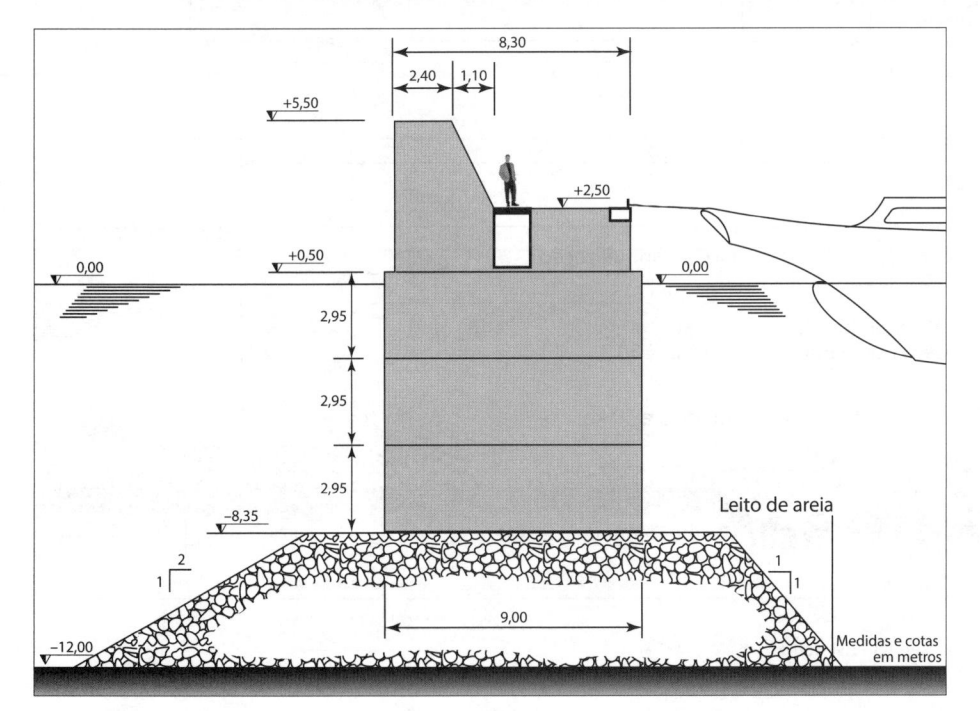

Figura 13.23
Elevação da seção transversal do molhe de Cagni no Porto de Genova (Itália).

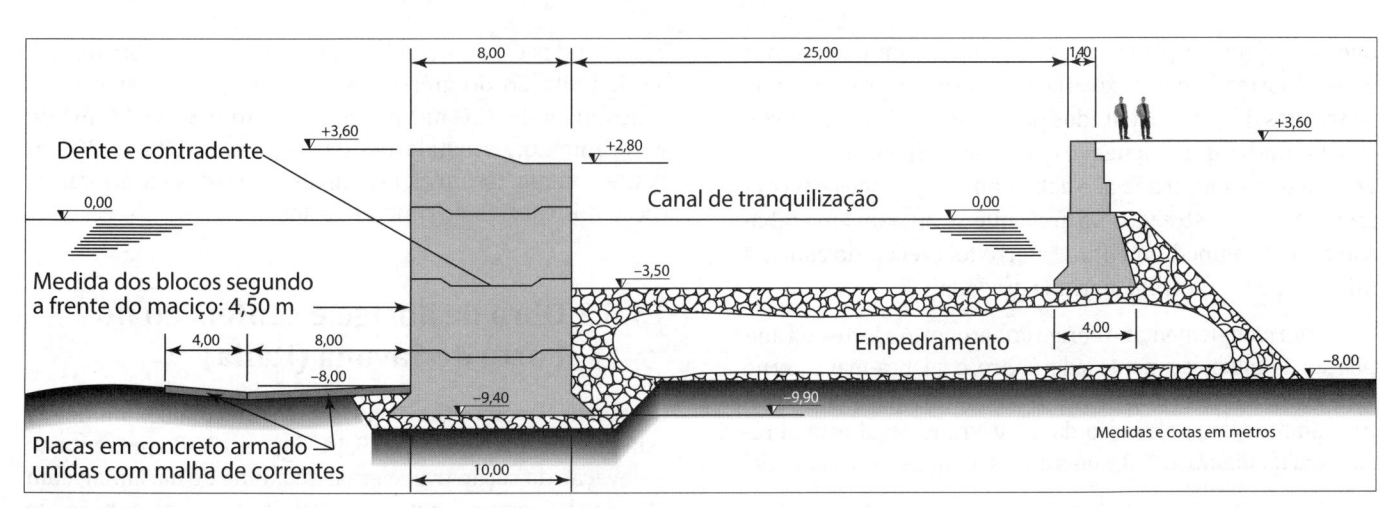

Figura 13.24
Elevação da seção transversal do quebra-mar de contenção de Cornigliano no Porto de Genova (Itália).

Figura 13.25
Elevação da seção transversal do quebra-mar de abrigo do Estaleiro Naval Ansaldo no Porto de Genova (Itália).

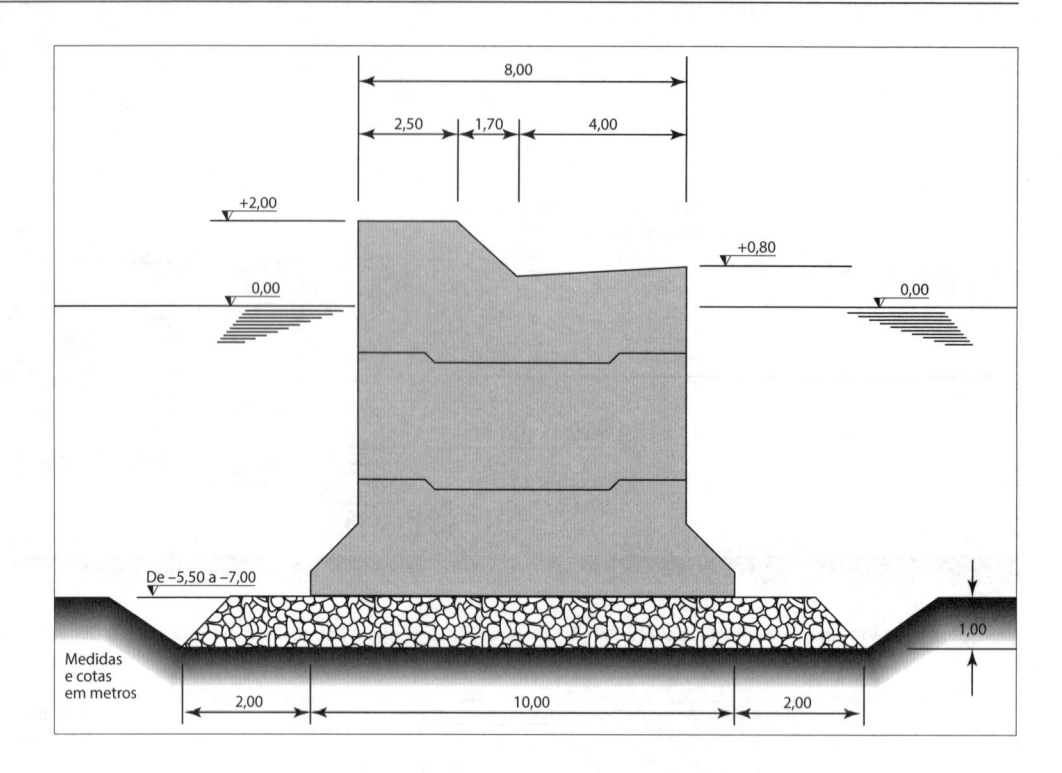

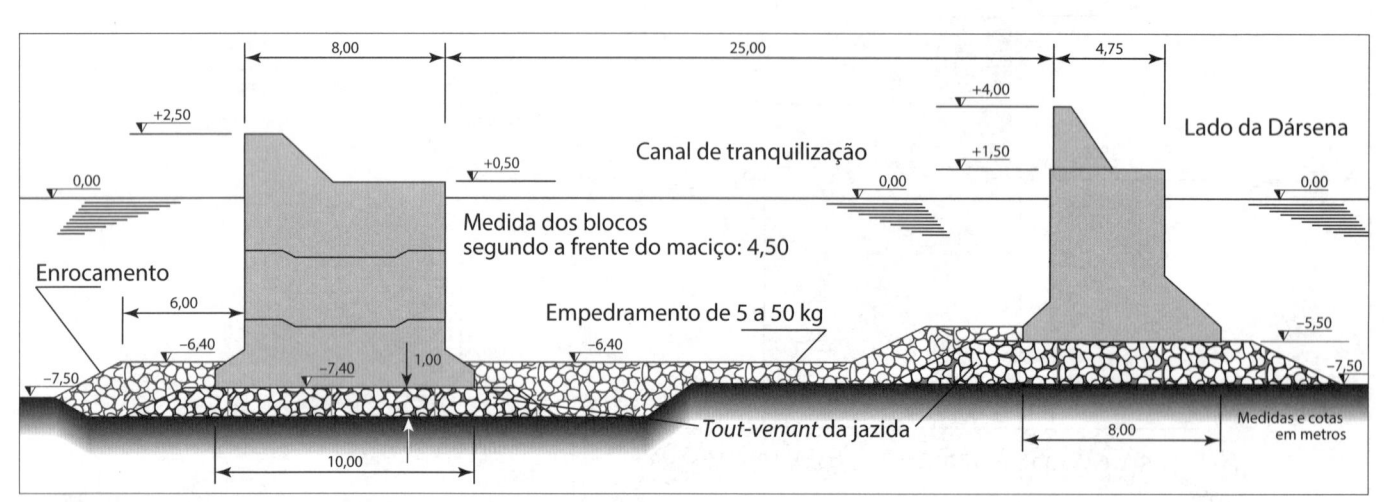

Figura 13.26
Elevação da seção transversal do quebra-mar da dársena do Estaleiro Naval Ansaldo no Porto de Genova (Itália).

que se projeta em pleno mar, abrigado por um quebra-mar externo formado por caixões celulares em concreto armado lastreados de areia, separados por um canal de tranquilização das ondas que galguem o quebra-mar (Figura 13.27). A grande península artificial é delimitada por caixões em concreto armado lastreados de areia que se apoiam em embasamento de empedramento. O aterro foi executado com 8,4 milhões de m³ de areia marinha dragada.

Para complementar o abrigo do aeroporto a leste e da ampliação do estabelecimento siderúrgico, o quebra-mar externo foi completado em Cornigliano. Os fundos nos quais esta estrutura embasa, cuja elevação da seção transversal está apresentada na Figura 13.28, superam os 30 m de profundidade.

Em conjunto, o quebra-mar externo do Aeroporto e de Cornigliano medem mais de 5,3 km, com a utilização de 285 grandes caixões celulares, aos quais se somam os 287 de delimitação do aterro do aeroporto, tendo sido utilizados mais de 720 mil m³ de concreto e 3.535.00 m³ de enrocamento. As instalações das Figuras 12.18 a 12.20, em Ponte Canepa, foram as principais utilizadas na pré-fabricação dos caixões de concreto armado.

13.6.2 Obra de abrigo e contenção no Porto de Savona (Itália)

O Porto de Savona situa-se no Mar Tirreno e sua planimetria está descrita na Figura 13.29. Na Figura 13.30 apresenta-se a elevação da seção transversal do molhe de barlamar, com 385 m de comprimento, construído como contenção de aterro de pátio em seu tardoz, situando-se em fundos de 16,5

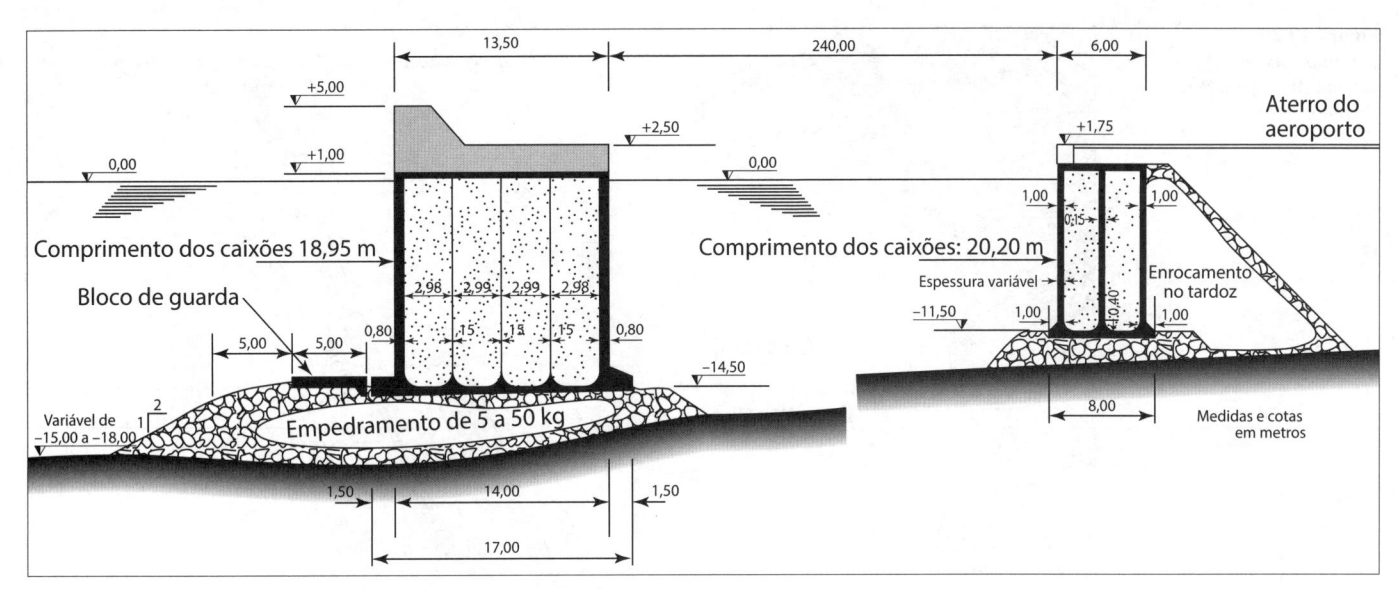

Figura 13.27
Elevação da seção transversal do quebra-mar de Cornigliano no Porto de Genova (Itália).

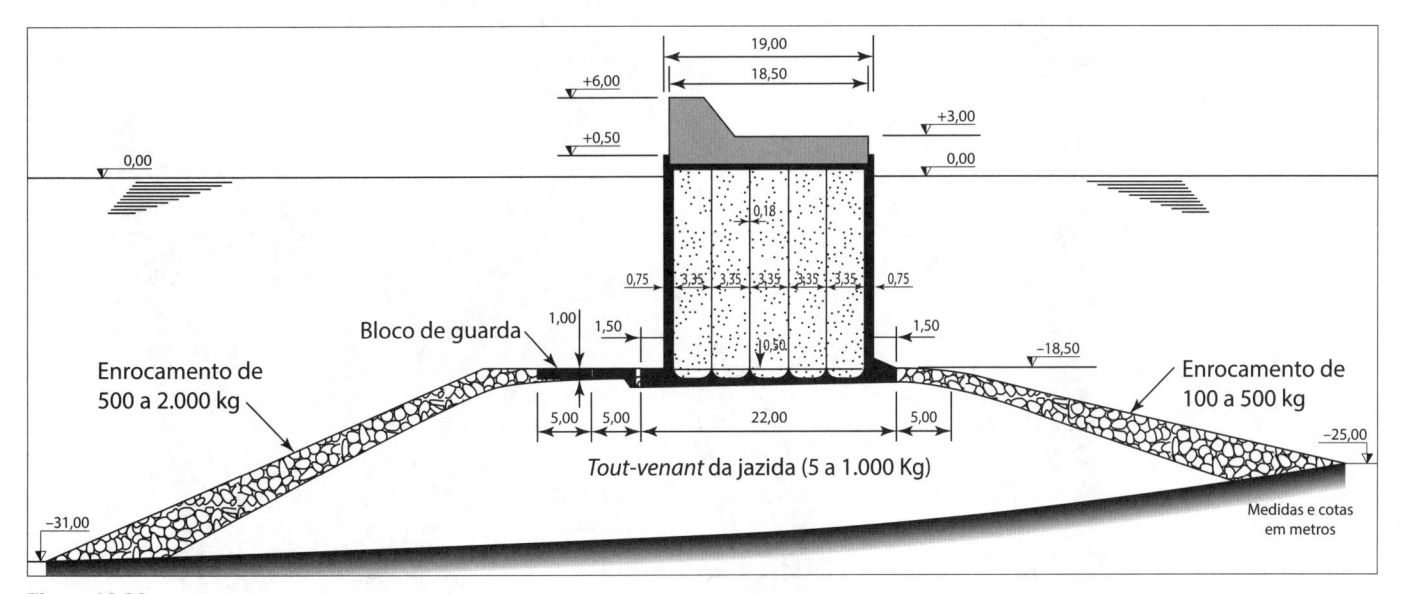

Figura 13.28
Elevação das seções transversais do quebra-mar e dique do Aeroporto Cristoforo Colombo, junto ao Porto de Genova (Itália).

a 26 m, sendo composto por 15 caixões celulares em concreto armado.

13.6.3 Obra de abrigo e contenção no Estaleiro Naval de Castellammare di Stabia (Itália)

Na Figura 13.31 está mostrada a elevação da seção transversal do quebra-mar de 311 m de comprimento que abriga e contém aterro no tardoz do Estaleiro Naval de Castellammare di Stabia no Mar Tirreno. Esta estrutura é constituída de muralha de blocos maciços sobre enrocamento, formando um quebra-mar misto. Estes blocos foram posicionados por pontão de capacidade de içamento de 220 tf.

13.6.4 Obras de abrigo em Punta Riso e Costa Morena no Porto de Brindisi (Itália)

Na Figura 13.32 está apresentada a elevação da seção transversal da obra de abrigo de Punta Riso, no Porto de Brindisi (Itália), no Mar Adriático.

Na Figura 13.33 tem-se a elevação da seção transversal do molhe e cais de Costa Morena, que tem 800 m de comprimento. A infraestrutura é formada por 34 caixões celulares em concreto armado, pré-fabricados e assentados em embasamento de empedramento, com lastro de areia subjacente. As células do lado do mar foram enchidas com concreto, enquanto as outras o foram com areia e pedras.

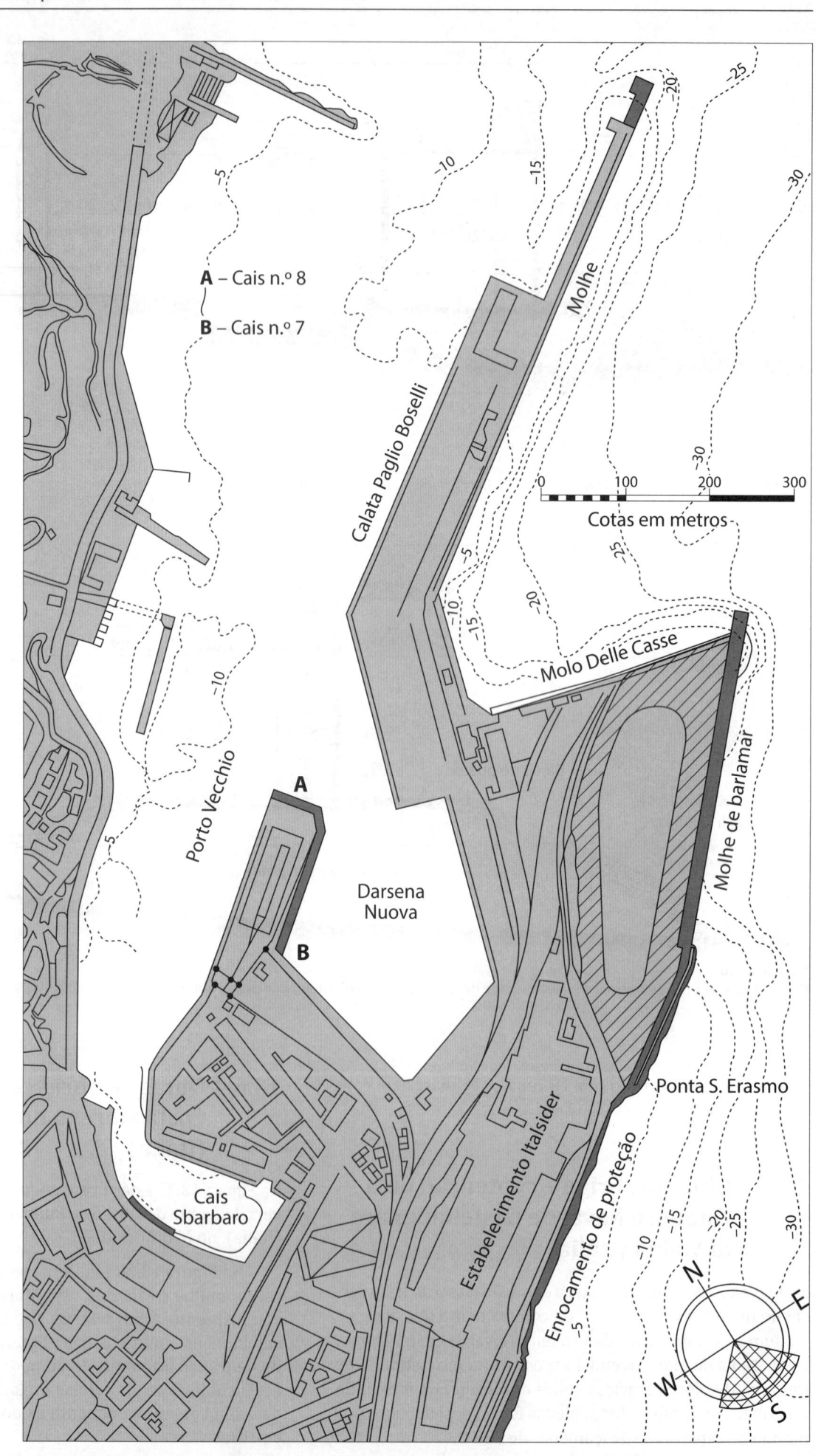

A – Cais n.º 8

B – Cais n.º 7

Molhe

Calata Paglio Boselli

Molo Delle Casse

Molhe de barlamar

0   100   200   300

Cotas em metros

A

B

Darsena
Nuova

Porto Vecchio

Estabelecimento Italsider

Ponta S. Erasmo

Enrocamento de proteção

Cais
Sbarbaro

N
E
W
S

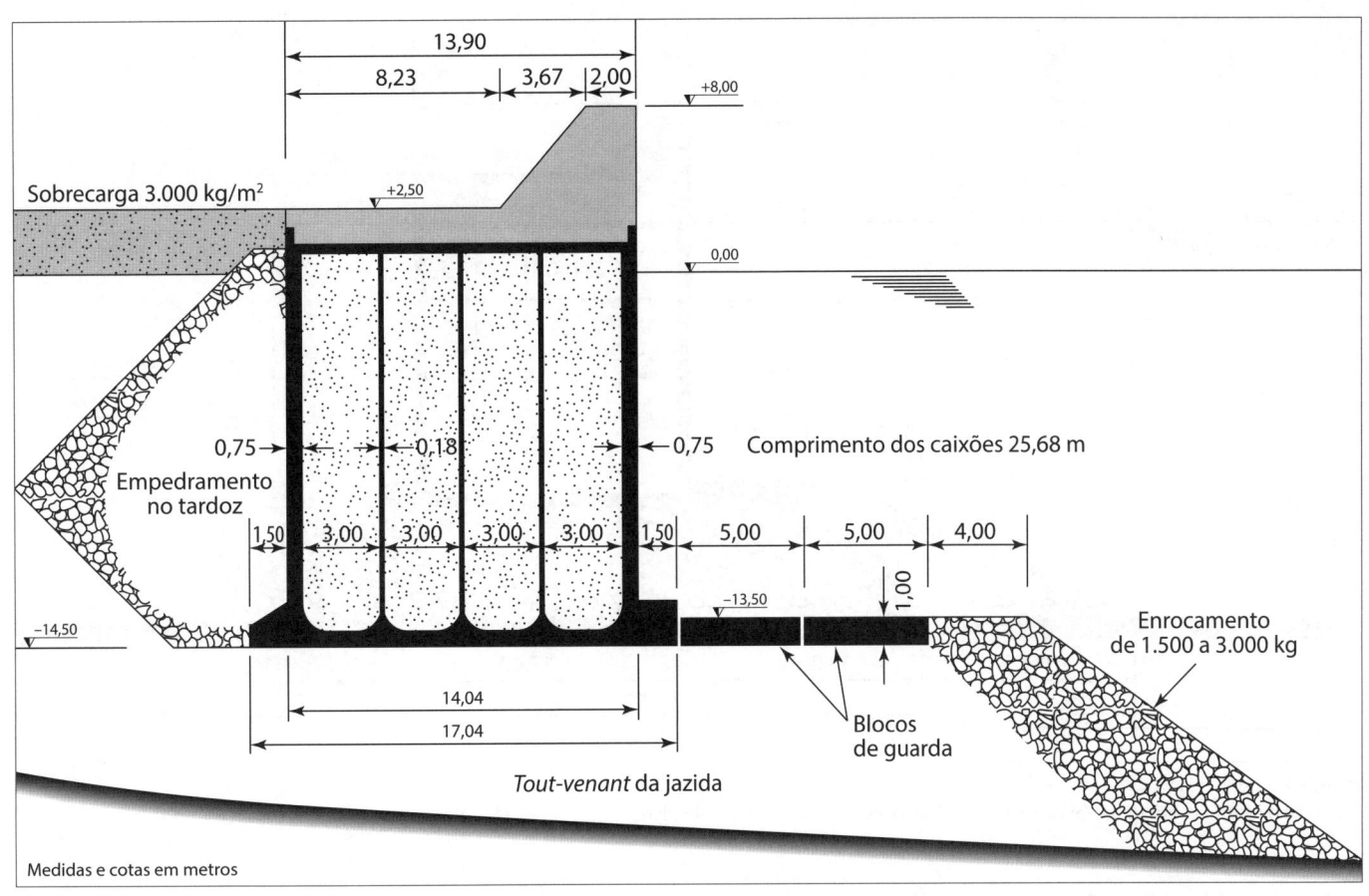

Figura 13.30
Elevação da seção transversal do molhe de barlamar do Porto de Savona (Itália), no Mar Tirreno.

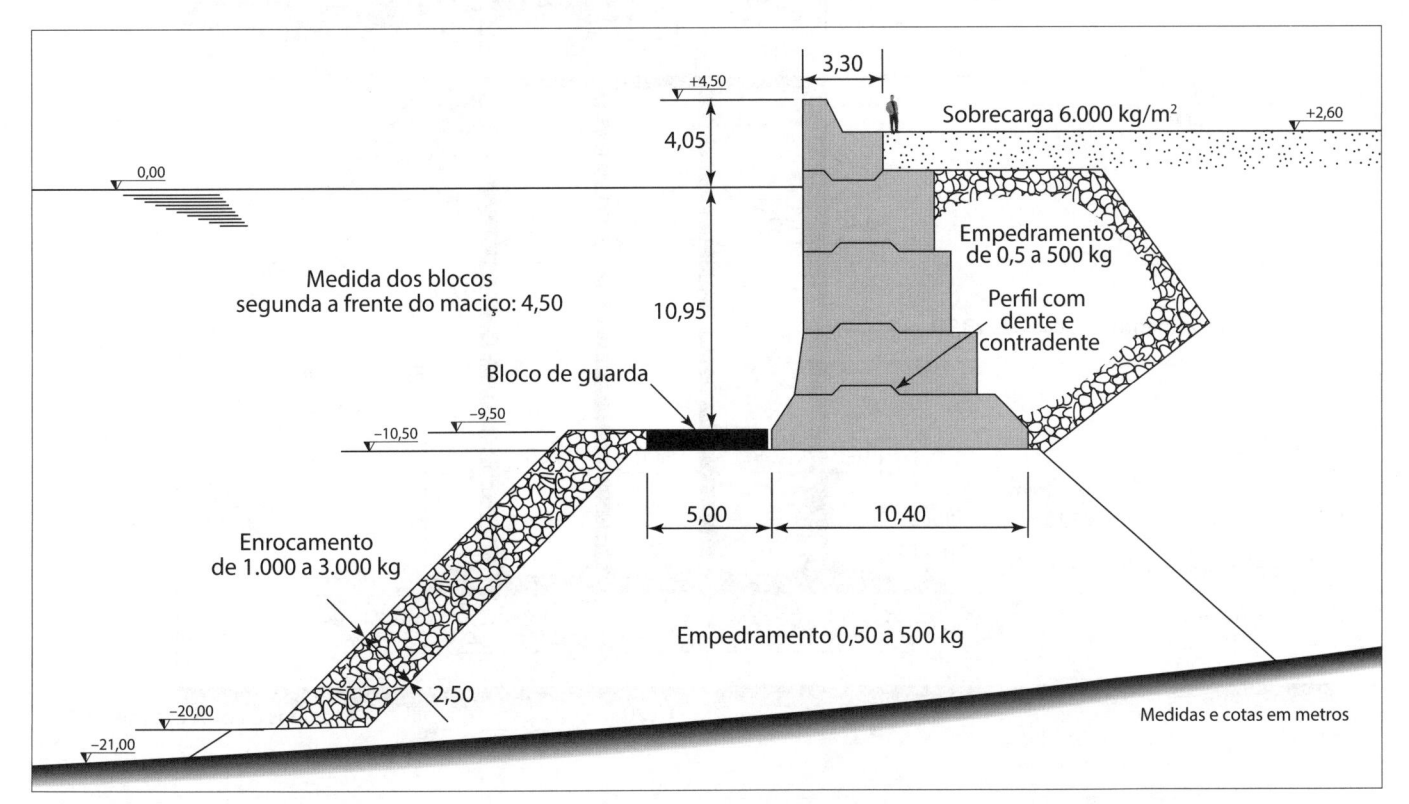

Figura 13.31
Elevação da seção transversal do quebra-mar de abrigo dos pátios do Estaleiro Naval de Castellammare di Stabia em Napoli (Itália), no Mar Tirreno.

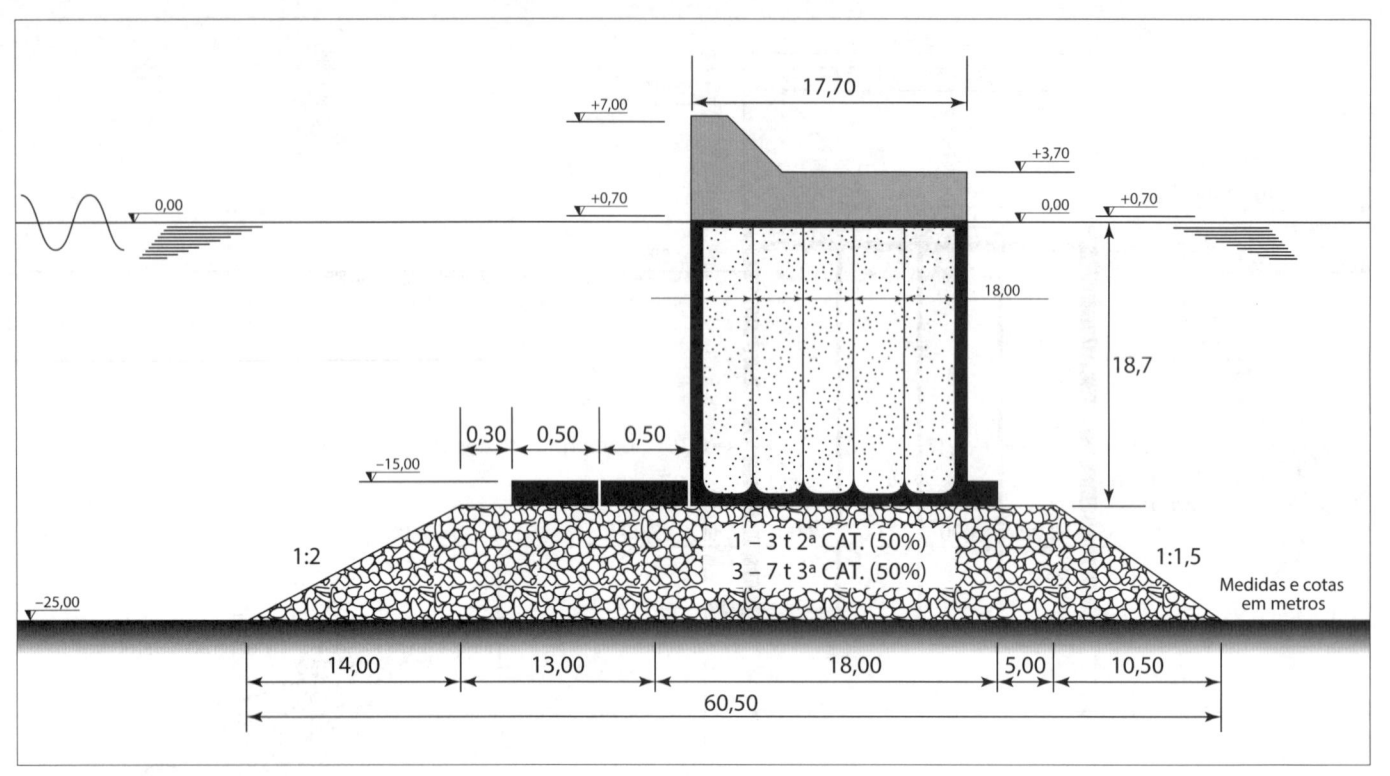

Figura 13.32
Elevação da seção transversal em caixões do Molhe de Punta Riso no Porto de Brindisi (Itália) no Mar Adriático.

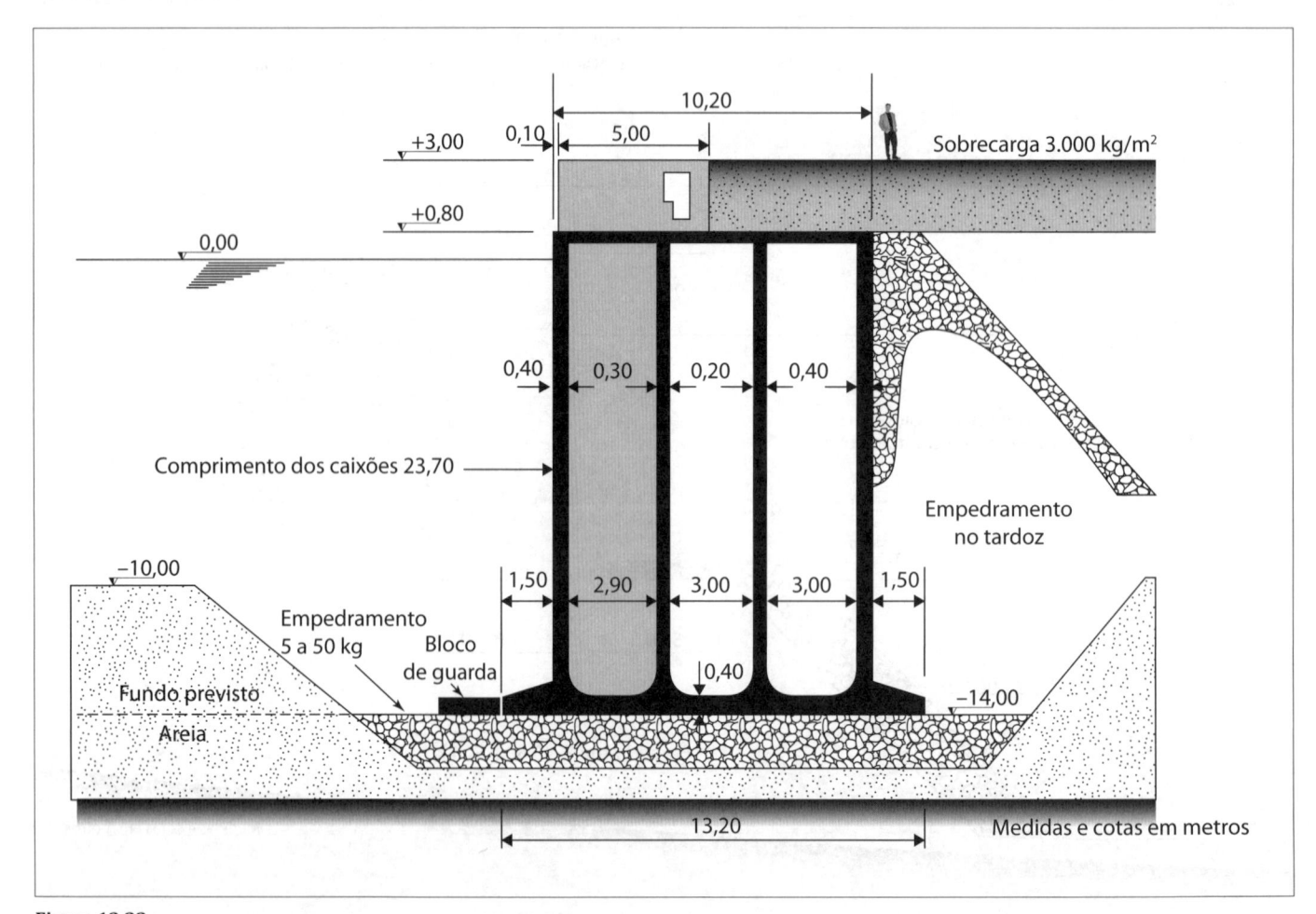

Figura 13.33
Elevação da seção transversal do molhe e cais de Costa Morena, no Porto de Brindisi (Itália) no Mar Adriático.

O prolongamento do molhe de abrigo para petroleiros em 200 m foi realizado com 9 caixões de concreto armado, lastreados de areia, cuja elevação da seção transversal pode ser vista na Figura 13.34. O molhe é dotado de superestrutura em concreto armado, para permitir a atracação dos petroleiros no tardoz.

13.6.5 Quebra-mar externo a oeste do Porto Industrial de Taranto (Itália)

Nas Figuras 13.35 e 13.36 pode-se visualizar a localização e a elevação da seção transversal do quebra-mar externo a oeste do Porto Industrial de Taranto (Itália) no Golfo de Taranto no Mar Jônio. O quebra-mar tem comprimento de 1.300 m e é composto por 58 caixões celulares em concreto armado com dimensões de fuste de 23,23 × 11,50 m, realizados em instalação flutuante (Figura 12.21). Os caixões estão assentados em embasamento disposto em escavação prévia do fundo argiloso, composto por leito de areia e empedramento.

13.6.6 Molhes espanhóis no Mediterrâneo

Na Figura 13.37 está apresentada a elevação da seção transversal do molhe do Porto de Tarragona, realizado com caixões celulares de concreto armado sobre embasamento em argila siltosa dragada. Na Figura 13.38 tem-se a solução de um quebra-mar misto em elevação da seção transversal da obra de abrigo do molhe do Porto de Cartagena.

13.6.7 Obras de abrigo no Japão

No Japão a solução de obra de abrigo em parede vertical é frequentemente utilizada mesmo em fundos de lâmina d'água limitada, de modo que os caixões destas obras, muitas vezes, se situam em posição sujeitas a arrebentações. Esta sistemática preferência a soluções em parede vertical, com relação às mais conservativas soluções em talude de enrocamento foi determinada seja pela maior rapidez e segurança de execução, pois operando em mares constantemente agitados é difícil o emprego de barcaças e de meios flutuantes, seja pela escassa ou nula disponibilidade de enrocamento de suficiente resistência para a realização da obra em talude. Desse modo, a solução em caixões celulares lastreados de areia passou a ser frequente no Japão.

Em função da severidade da ação da agitação no Oceano Pacífico, em virtude dos violentíssimos tufões que investem suas baías e enseadas, cuidados muito especiais são tomados quanto ao embasamento, recomendando-se o uso de blocos guardiães do lado interno e externo, visando evitar o escorregamento do caixão sobre o embasamento; bem como soluções com blocos artificiais de concreto de resistência incrementada para formar um talude de proteção

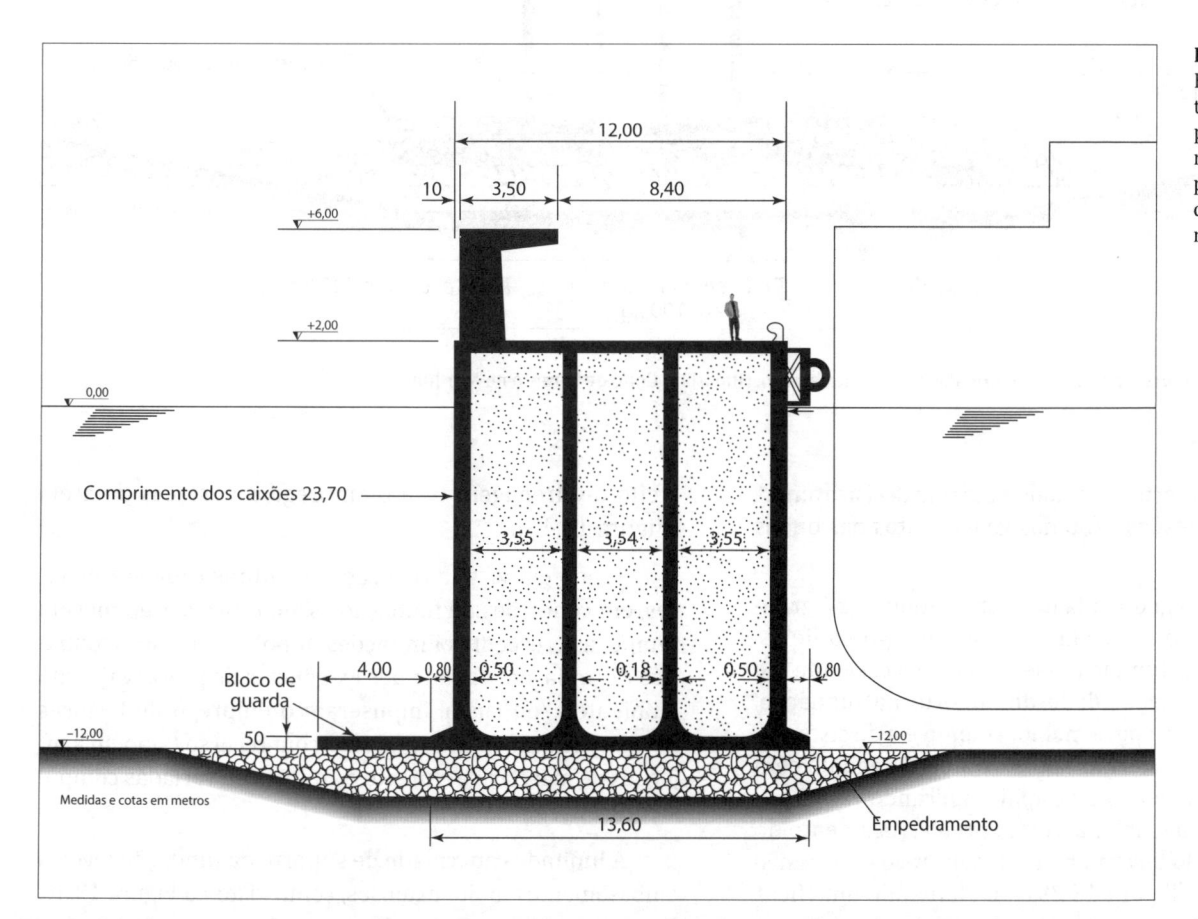

Figura 13.34
Elevação da seção transversal do prolongamento do molhe de abrigo para petroleiros, no Porto de Brindisi (Itália) no Mar Adriático.

Figura 13.35
Planimetria do Porto Industrial de
Taranto (Itália) no Golfo de Taranto no
Mar Jônio.

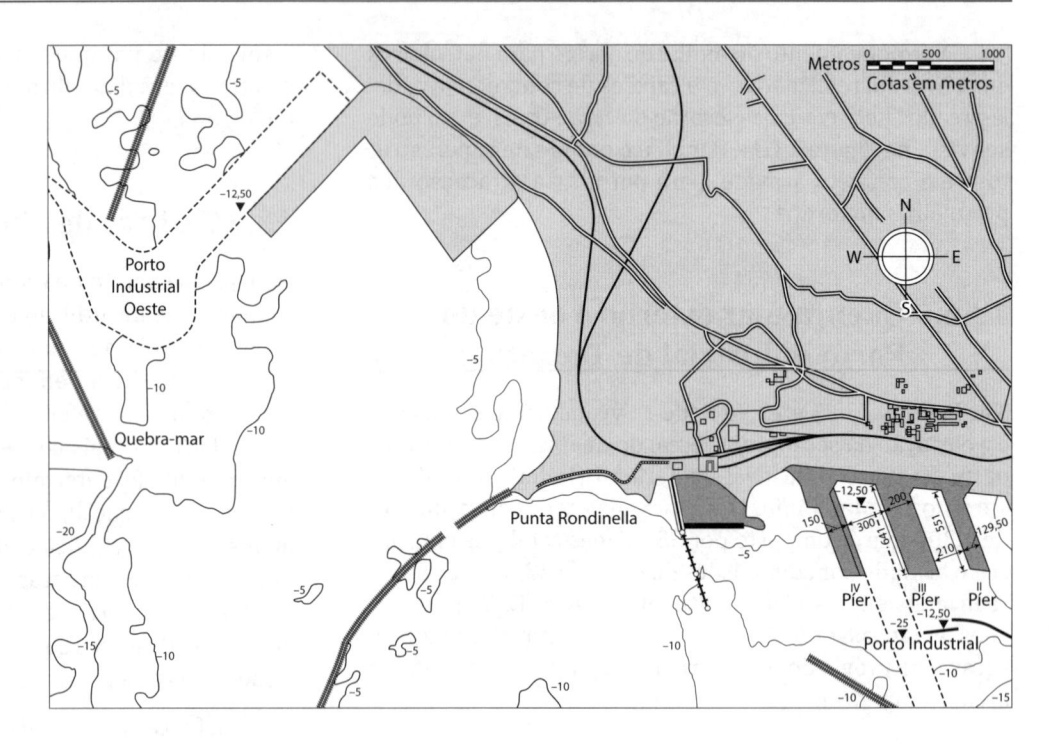

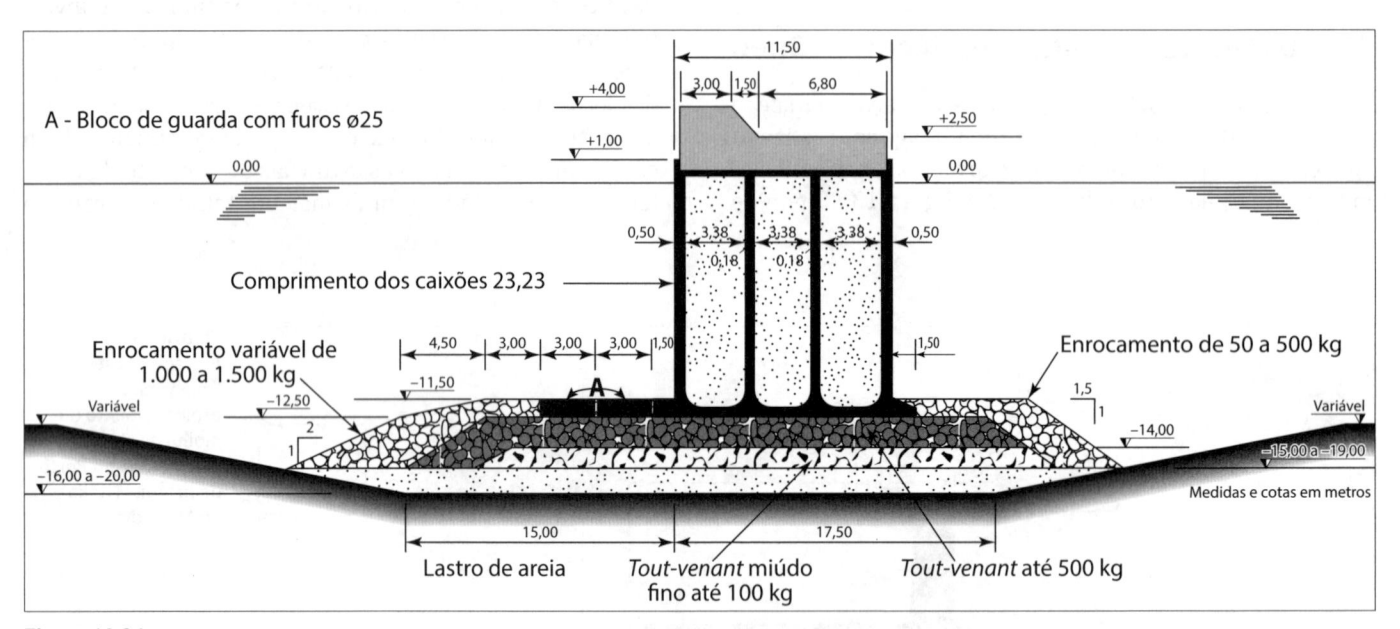

Figura 13.36
Elevação da seção transversal do quebra-mar do Porto Oeste de Taranto, (Itália) no Golfo de Taranto no Mar Jônio.

da obra em parede vertical, visando obter um decisivo amortecimento das reflexões e/ou dos galgamentos das ondas incidentes.

Os desafios da geotecnia nas obras japonesas é grande, seja pela frequência sísmica, com o perigo da liquefação da areia de fundação, seja pela necessidade de melhoramento da capacidade de suporte da fundação. Uma primeira técnica para melhoramento é a de sistemáticos descartes de materiais secos de aterro, seguido com o melhoramento do terreno de apoio, aplicando vários critérios da geotecnia marinha, como: pré-carregamento do terreno, retirada do terreno natural mais fraco e sucessivo descarte de areia (Figura 13.39), ou efetuando um eficaz efeito de drenagem com o emprego de estacas de areia (Figura 13.40).

Tendo em vista a realização de obras cada vez maiores, em condições de fundação assim difíceis e, ao mesmo tempo, as crescentes limitações impostas ao uso sistemático de areia, em virtude das exigências de preservação do ambiente e/ou custo, impuseram o emprego de técnicas de compactação mais complexas, com recurso também a injeções de mesclas de cimento e aditivos de variadas composições, ou *jet grouting*.

A limitada capacidade de suporte da fundação levou à embasamentos muito extensos, como visto na Figura 13.40.

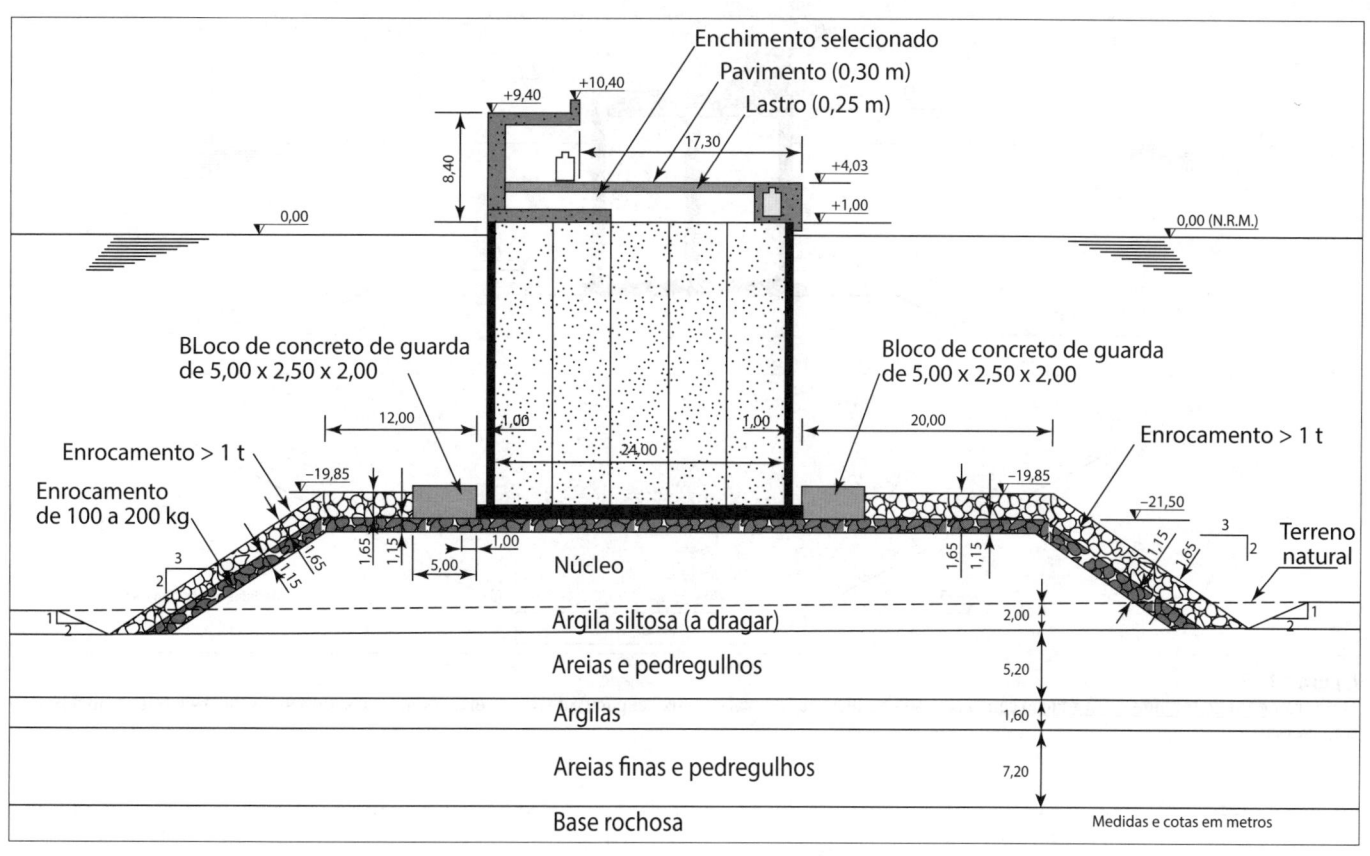

Figura 13.37
Elevação da seção transversal do molhe do Porto de Tarragona
(Espanha), no Mar Mediterrâneo.

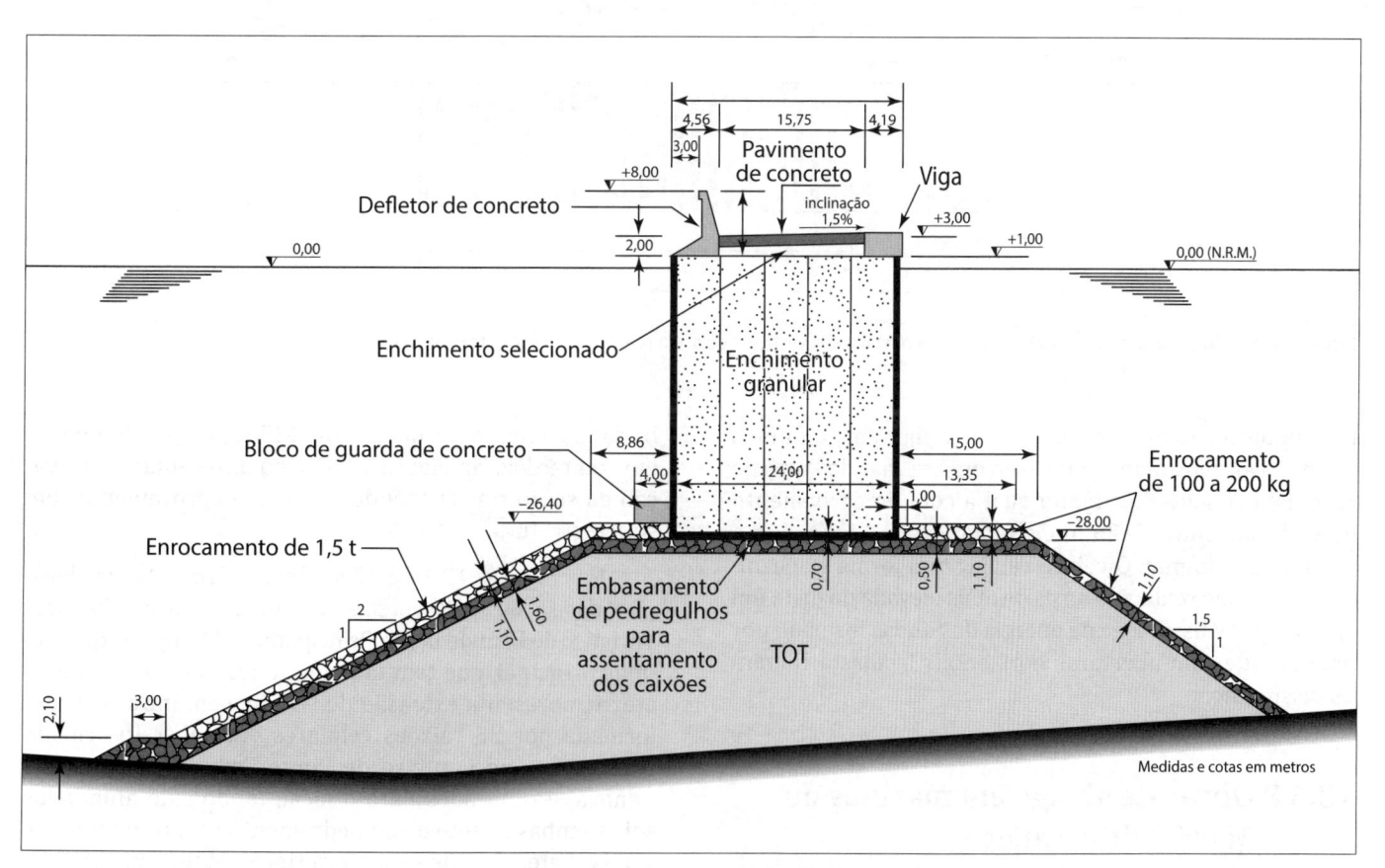

Figura 13.38
Elevação da seção transversal do molhe do Porto de Cartagena
(Espanha), no Mar Mediterrâneo.

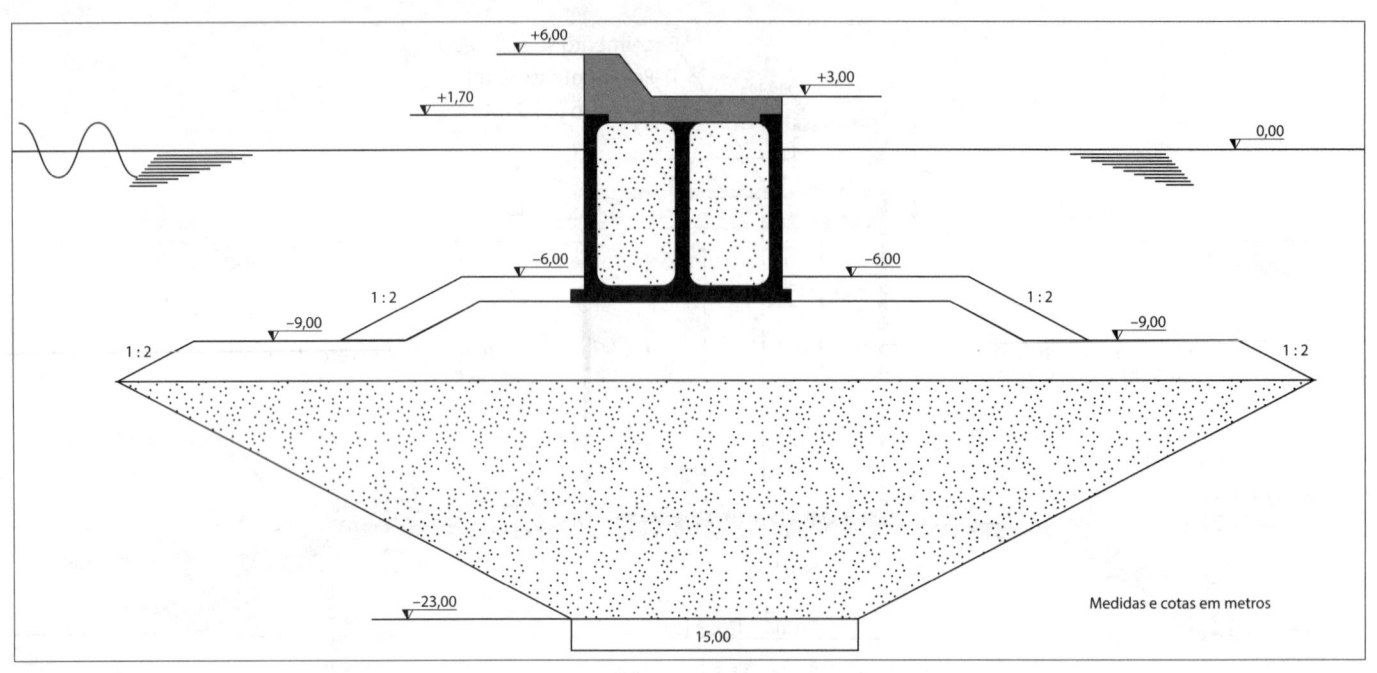

Figura 13.39
Melhoramento do terreno de fundação com a retirada do terreno natural de baixa capacidade de suporte e sucessivos descartes de areia (elevação de seção transversal).

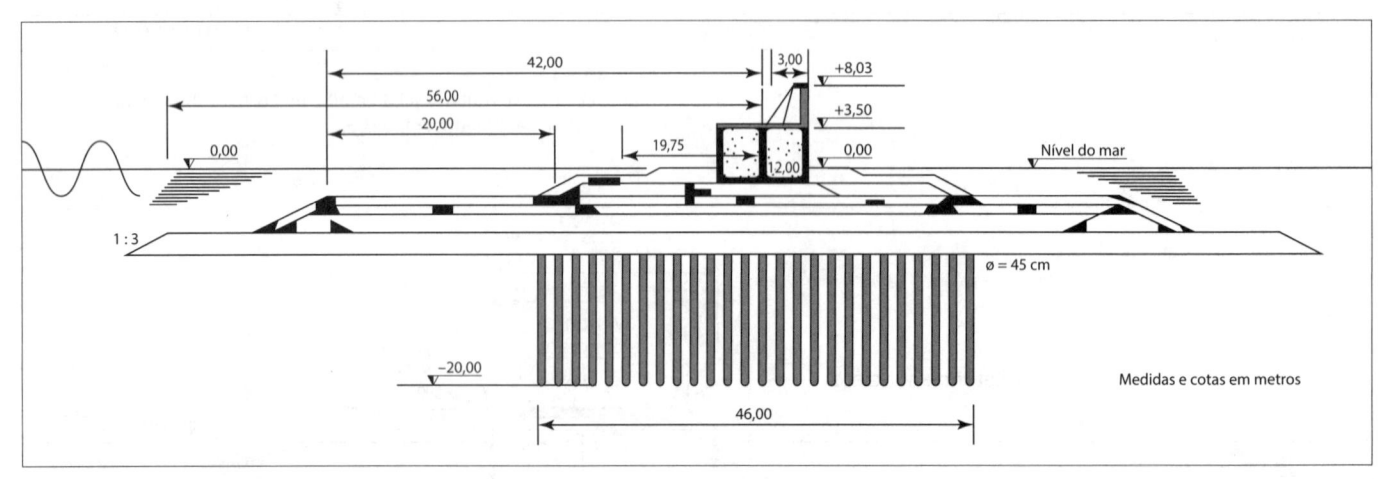

Figura 13.40
Melhoramento do terreno de fundação com emprego de drenos verticais de areia (elevação de seção transversal).

Em condições extremas como estas, atingiram-se limites construtivos inusitados, como o do quebra-mar do Porto de Kamaishi (Figura 13.41), no qual a cota do coroamento do embasamento é – 25 m e o fundo está a – 60 m sob o nível médio do mar. O caixão celular tem forma trapezoidal, tendo sido realizado na parte mais elevada do fuste um aparato para dissipação da energia das ondas formado por uma parede com aberturas horizontais ligadas a câmara de dissipação.

13.6.8 Obras de abrigo em marinas no Mar Mediterrâneo

Na Figura 13.42 está apresentada a planimetria do Porto da Marina de Alassio (Itália), no Mar Tirreno. O molhe de barlamar tem comprimento de 425 m, dispondo de cais em seu tardoz. Na Figura 13.43 está apresentada a elevação da seção transversal do molhe em enrocamento com superestrutura.

Nas Figuras 13.44 e 13.45 estão apresentadas elevações das seções transversais das obras de abrigo do Porto Turístico de Fontvieille, no Principado de Mônaco. O quebra-mar principal, que tem também função de contenção de aterro, apresenta extensão de 930 m, com infraestrutura formada por 35 caixões celulares em concreto armado construídos no Canteiro de Ponte Canepa, no Porto de Genova, e rebocados para o local, tendo sido afundados sobre embasamento de empedramento com profundidade variável até 20 m de espessura (local de máxima profundidade com lâmina d'água de 37 m), sendo lastreados com areia. A superestrutura foi dotada de bacia de vertimento

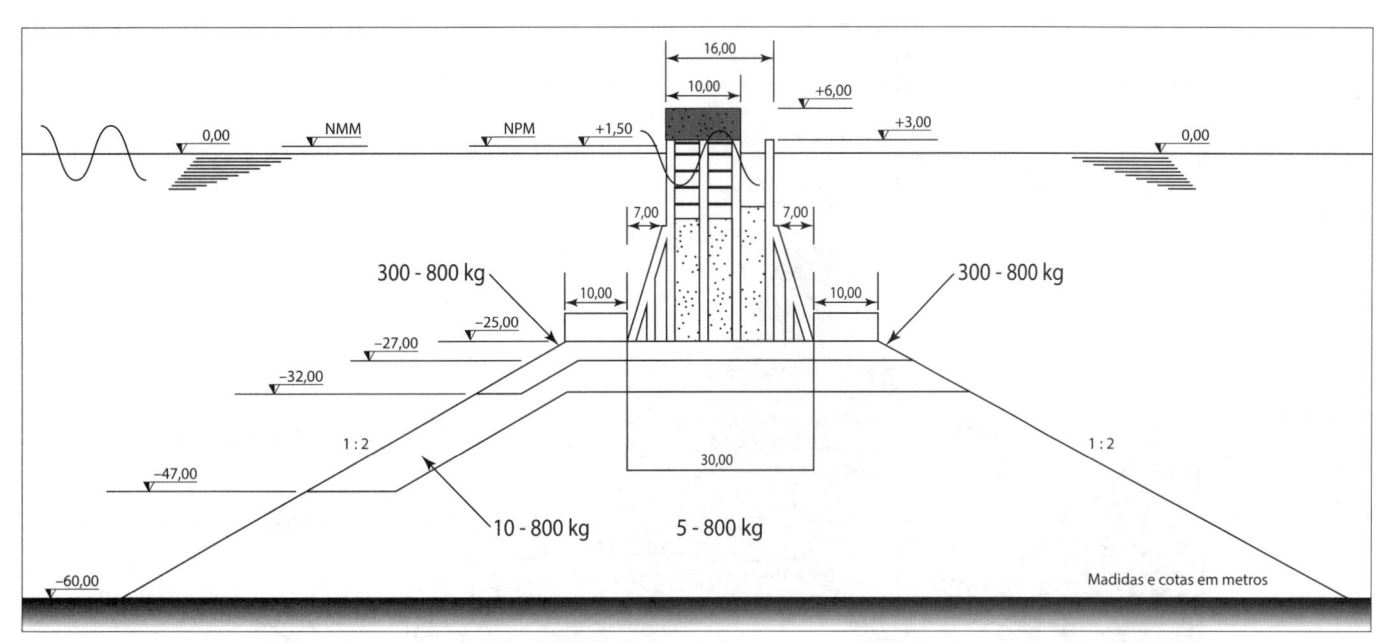

Figura 13.41
Elevação da seção transversal do quebra-mar do Porto de Kamaishi (Japão), no Oceano Pacífico.

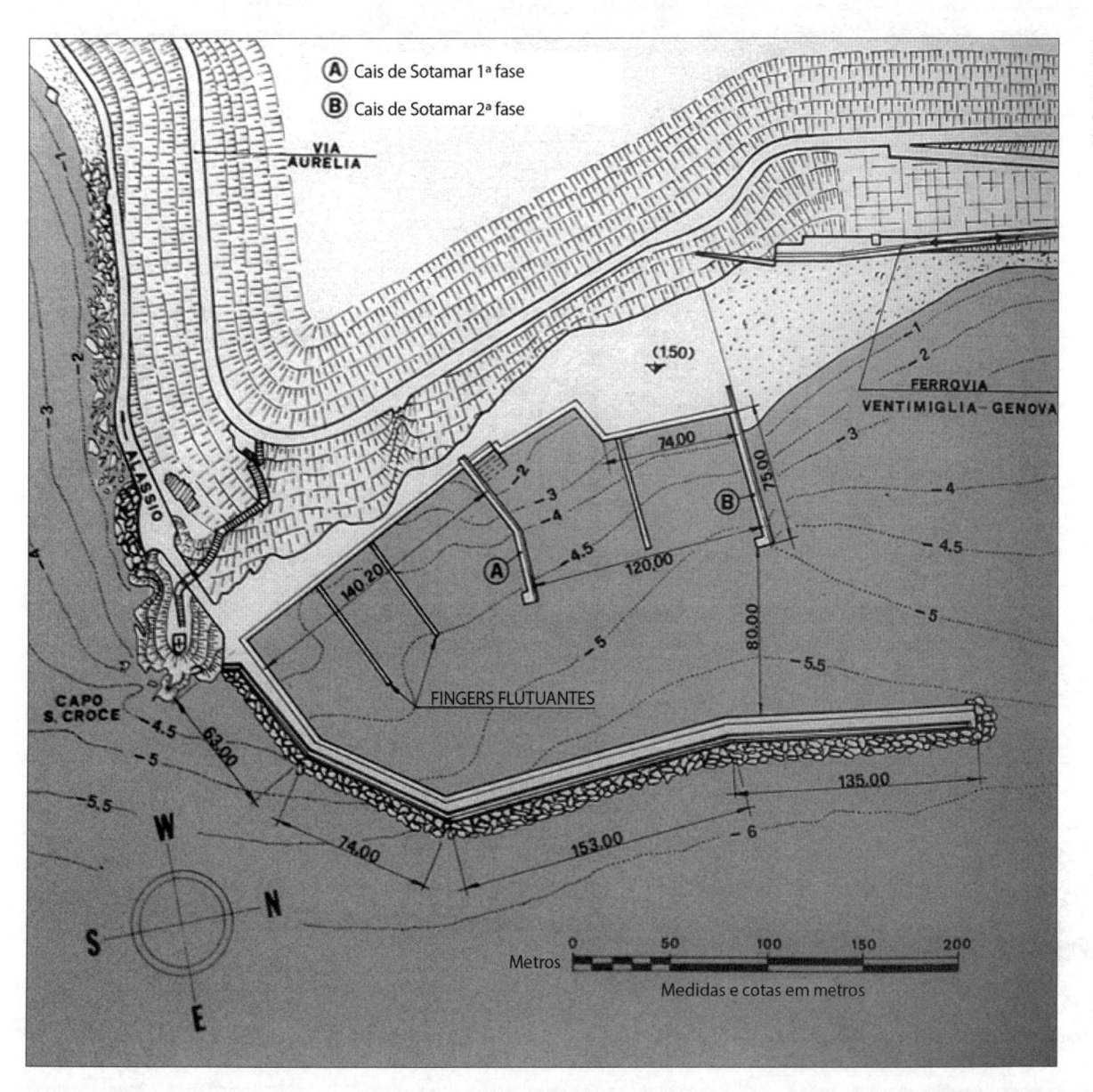

Figura 13.42
Planimetria do Porto da Marina de Alassio (Itália), no Mar Tirreno.

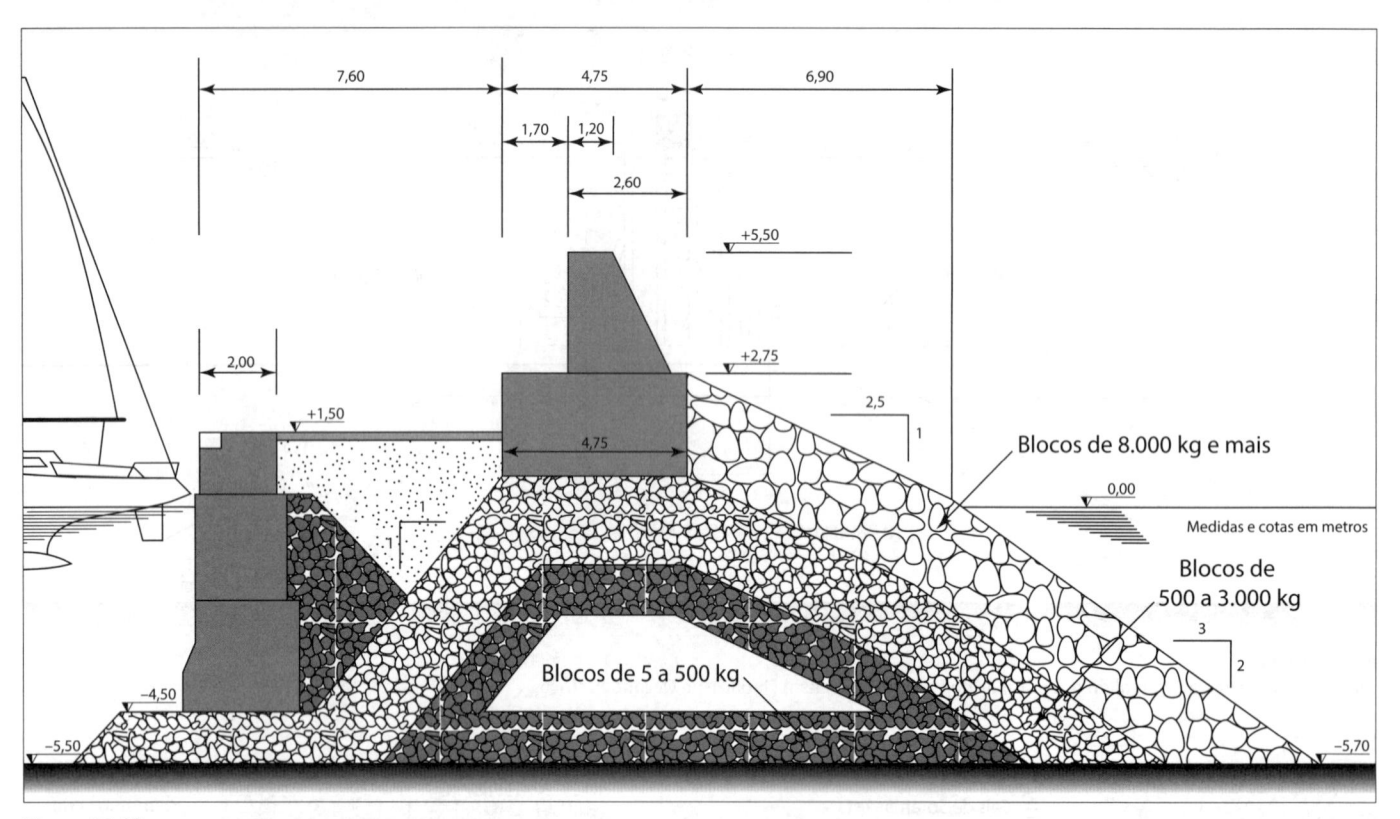

Figura 13.43
Elevação da seção transversal do molhe de barlamar do Porto da Marina de Alassio (Itália), no Mar Tirreno.

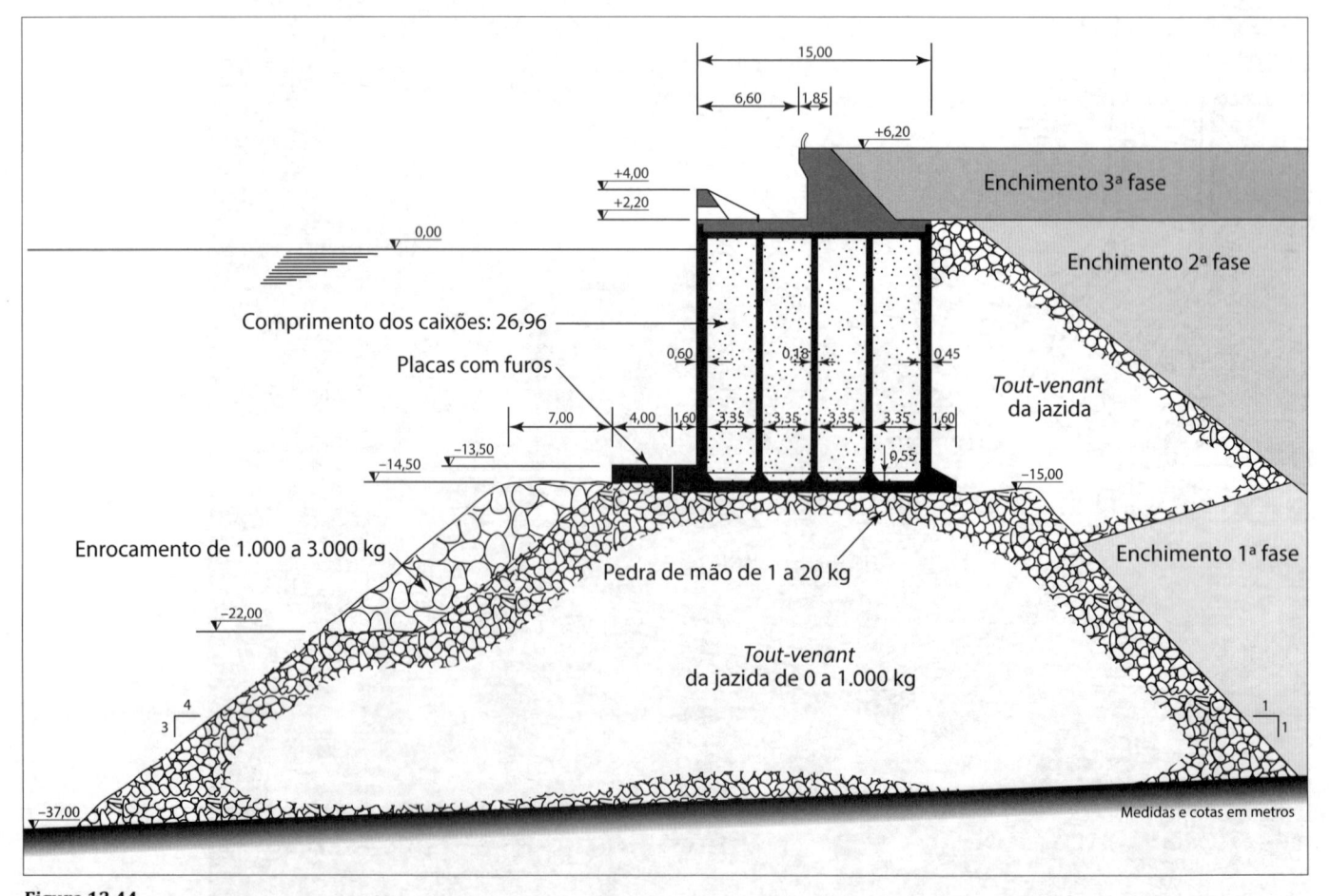

Figura 13.44
Elevação da seção transversal do quebra-mar com superestrutura dotada de bacia de dissipação do Porto Turístico de Fontvieille, no Principado de Mônaco, Mar Mediterrâneo.

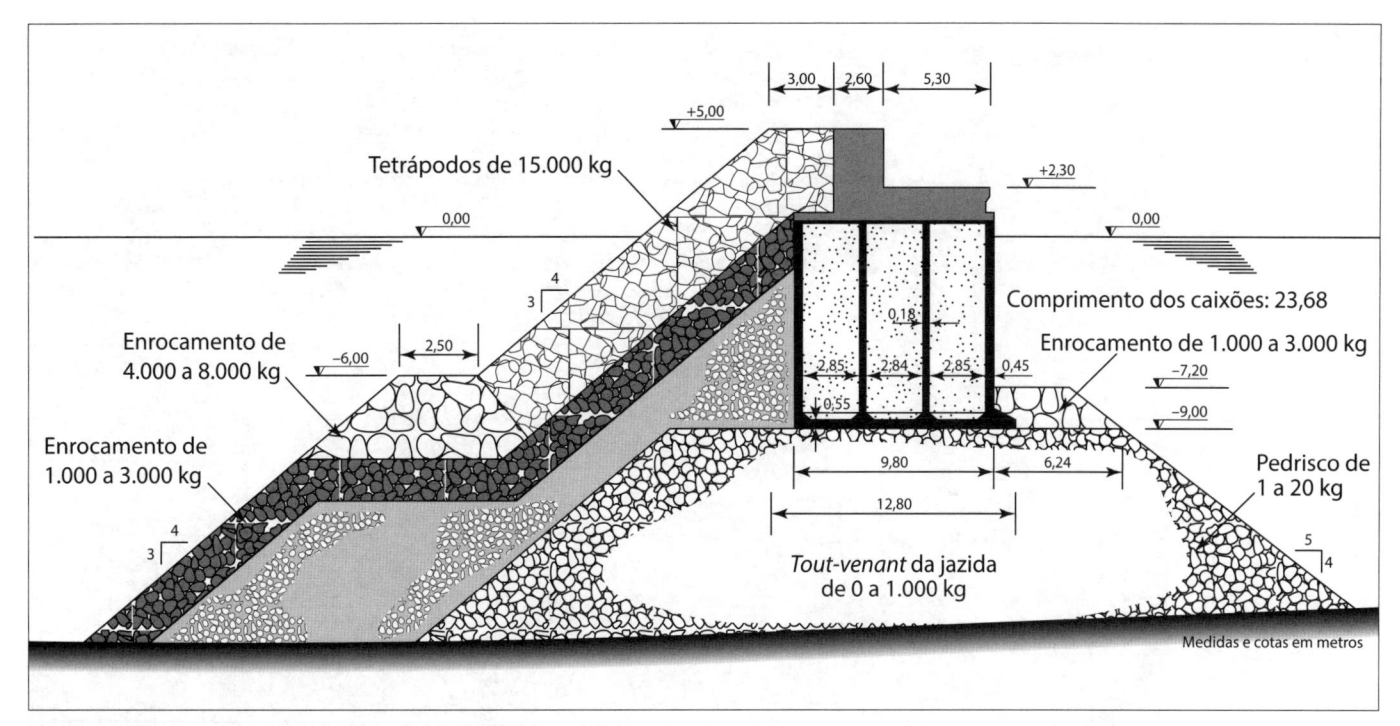

Figura 13.45
Elevação da seção transversal do molhe secundário do Porto Turístico de Fontvieille, no Principado de Mônaco, Mar Mediterrâneo.

com parapeito perfurado, estudada em modelo hidráulico para reduzir o galgamento das ondas incidentes sobre o aterro no tardoz da obra, o que é obtido contrapondo os fluxos que chegam com aqueles que defluem da bacia. O molhe secundário que completa o abrigo é composto por 5 caixões celulares de concreto armado, também construídos e rebocados desde o Porto de Genova, protegidos do lado do mar com um talude de blocos tetrápodes de peso unitário de 15 tf.

13.6.9 Porto Pesqueiro de Terrasini em Palermo (Itália)

Nas Figuras 13.46 e 13.47 apresentam-se a elevação e a planimetria da seção transversal do molhe do Porto Pesqueiro de Terrasini, em Palermo (Itália), no Mar Tirreno. Composto por talude de enrocamento do lado do mar e caixões celulares em concreto armado pré-fabricados no Porto de Palermo, rebocados e afundados sobre o embasamento

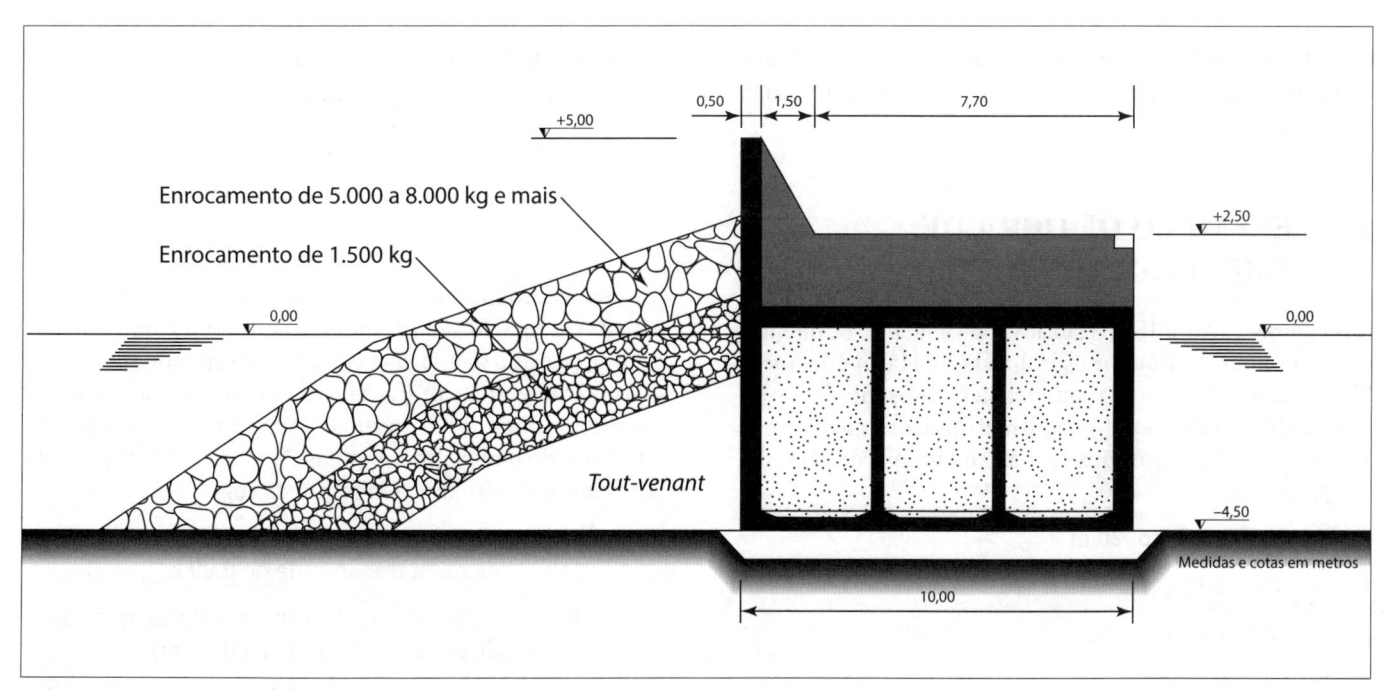

Figura 13.46
Elevação da seção transversal do molhe de barlamar do Porto Pesqueiro de Terrasini, em Palermo (Itália), no Mar Tirreno.

Figura 13.47
Planimetria do
Porto Pesqueiro
de Terrasini, em
Palermo (Itália),
no Mar Tirreno.

e, posteriormente, lastreados de areia. O talude externo é composto de enrocamento natural com peso unitário até 12 tf.

13.7 EXEMPLO DE OBRA DE QUEBRA-MAR FLUTUANTE

Nas Figuras 13.48 a 13.54 está ilustrada a solução de quebra-mar em pontões flutuantes utilizada na Marina do Yacht Club Ilhabela (SP), cuja planimetria é apresentada na Figura 25(C) do Proêmio e esquematicamente nas Figuras 13.48 e 13.49. Os pontões têm as seguintes características principais:

– Comprimento: 20 m

– Boca: 5 m

– Pontal: 2 m

– Calado: 1,36 m

– Borda-livre: 0,64 m

– Deslocamento total: 71,99 kgf

– Volume de concreto: 29,325 m^3

– Comprimento das correntes de amarras: 25 m

– Peso das correntes de amarras: 500 kgf/m

As Figuras 13.50 a 13.54 ilustram a disposição destas estruturas, que foram projetadas para uma lâmina d'água de 7 m, período das vagas de 3,2 s, correspondendo a 16 m de comprimento, e altura da onda de projeto de 1,5 m. Os resultados obtidos em ensaios em canal de ondas quanto a eficiência do quebra-mar para as ondas de 3,2 s de período com comprimento de 16 m foram os seguintes:

– Para onda incidente de 0,60 m: Eficiência de 85% (altura de onda transmitida de 0,09 m)

– Para onda incidente de 1,00 m: Eficiência de 82% (altura de onda transmitida de 0,18 m)

– Para onda incidente de 1,50 m: Eficiência de 73% (altura de onda transmitida de 0,40 m)

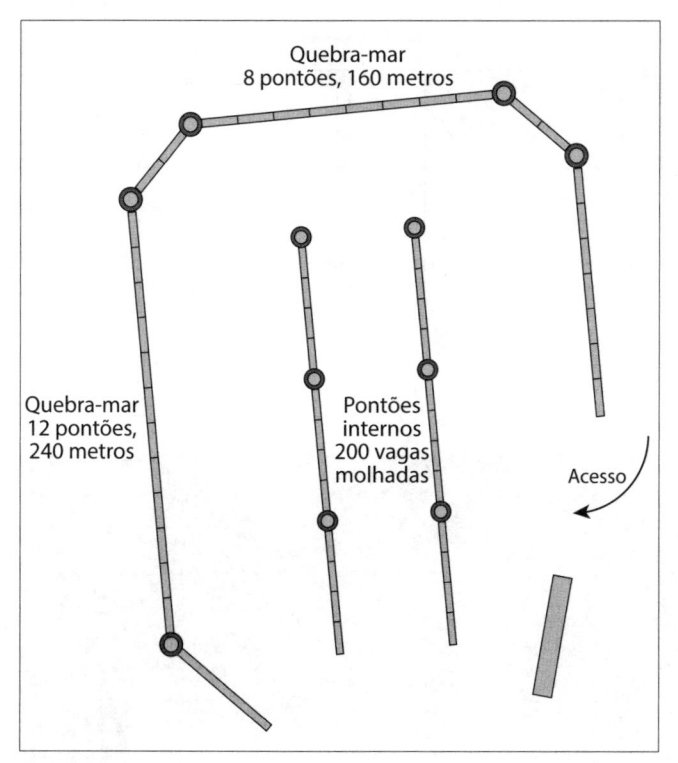

Figura 13.48
Planimetria esquemática de conjunto do arranjo geral de quebra-mares e pontões para atracação.

A partir de ondas com comprimento maior do que 16 m, o pontão começa a perder eficiência, resultando na completa perda do seu efeito de amortecimento para períodos acima de 3,8 s, situação em que as ondas incidentes não são afetadas. Para conseguir eficiência até esta faixa de períodos, seria necessário aumentar a boca para cerca de 7 m, com o que se aumentaria o período natural de balanço em cerca de 40%.

Os pontões externos funcionam como quebra-mares descontínuos e os internos são utilizados como *fingers* para amarração das embarcações e instaladas a energia elétrica e rede de telecomunicações. Peças de forma octogonal de concreto são utilizadas para compor as quinas dos arranjos de pontões. Tais peças são conectadas por cabos de amarração para articulação, sem transferência de momento da movimentação das ondas, e funcionam como elemento fusível, pois devem romper com estado do mar severo, visando preservar a integridade dos pontões flutuantes.

Os pontões são amarrados por cabos de aço galvanizado embainhados por cilindro de borracha sintética. São 6 cabos de 1" de diâmetro para os pontões externos e 4 cabos de 5/8" para os internos. No apoitamento são utilizadas 4 correntes CRL-25, com 500 kgf/m e 25 m de comprimento total, conforme ilustrado nas Figuras 13.53 e 13.54.

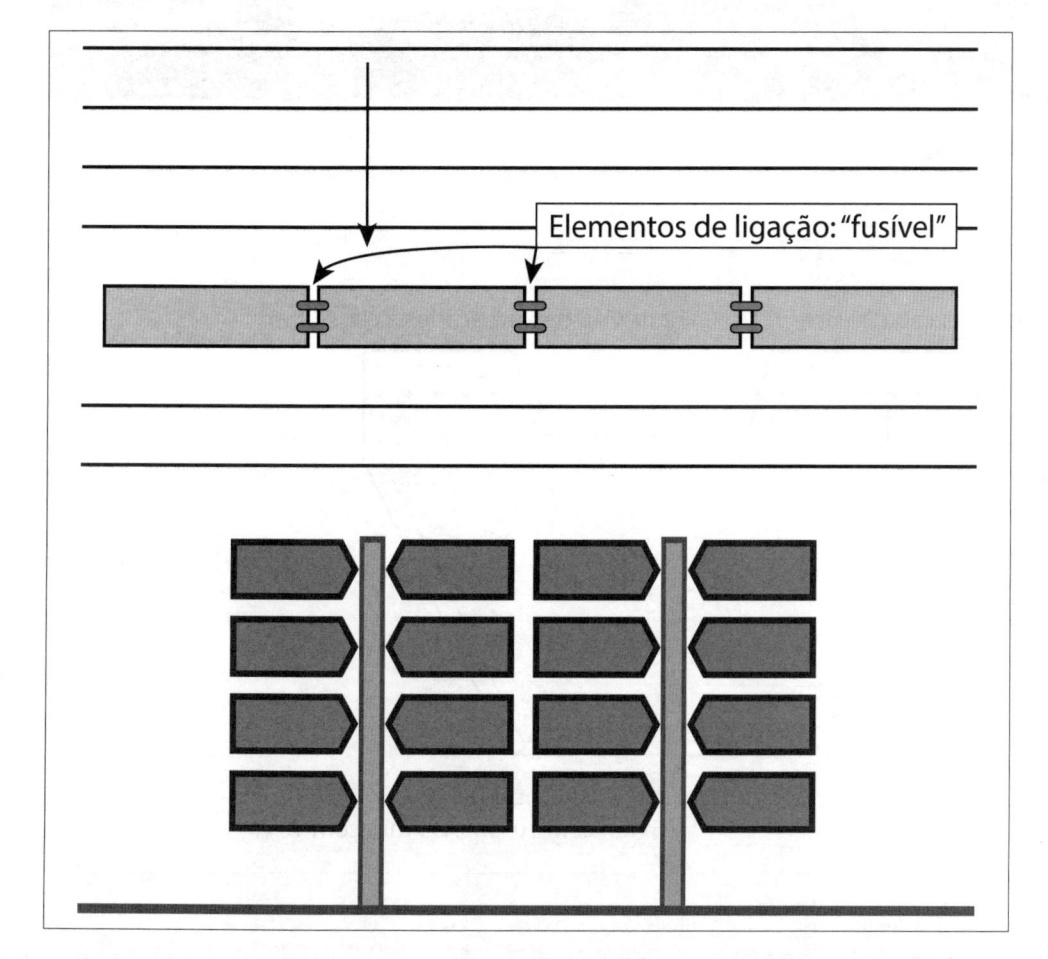

Figura 13.49
Esquema planimétrico da ação ondulatória pelo quebra-mar de pontões rumo aos pontões de atracação.

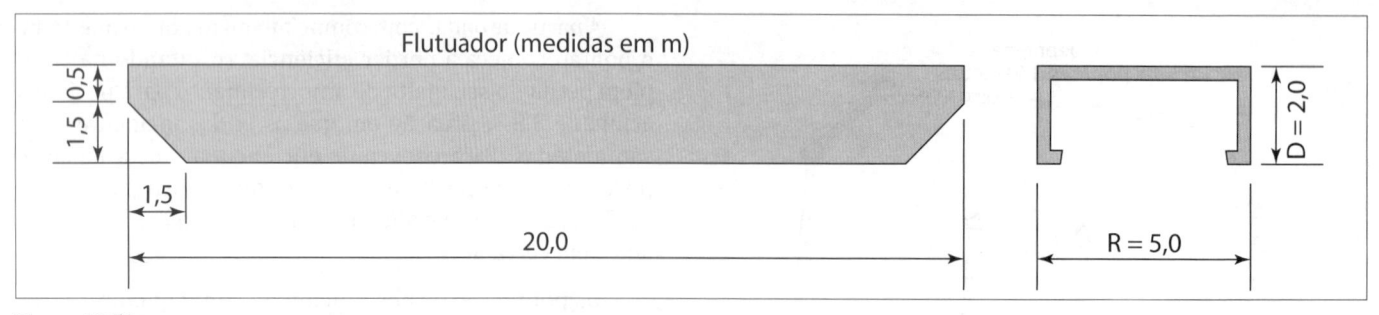

Figura 13.50
Elevações longitudinal e transversal esquemáticas dos pontões.

Figura 13.51
Vista das instalações da Marina do Yacht Club Ilhabela.

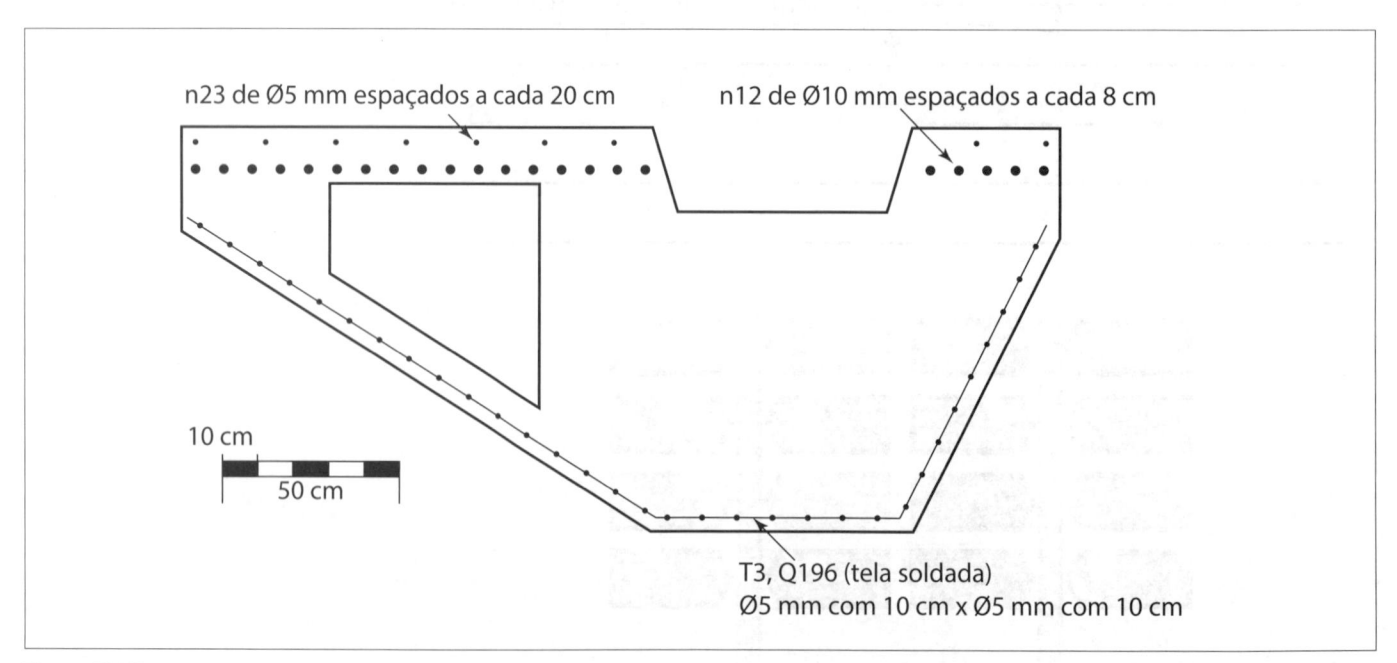

Figura 13.52
Elevação esquemática da seção transversal da ferragem dos pontões.

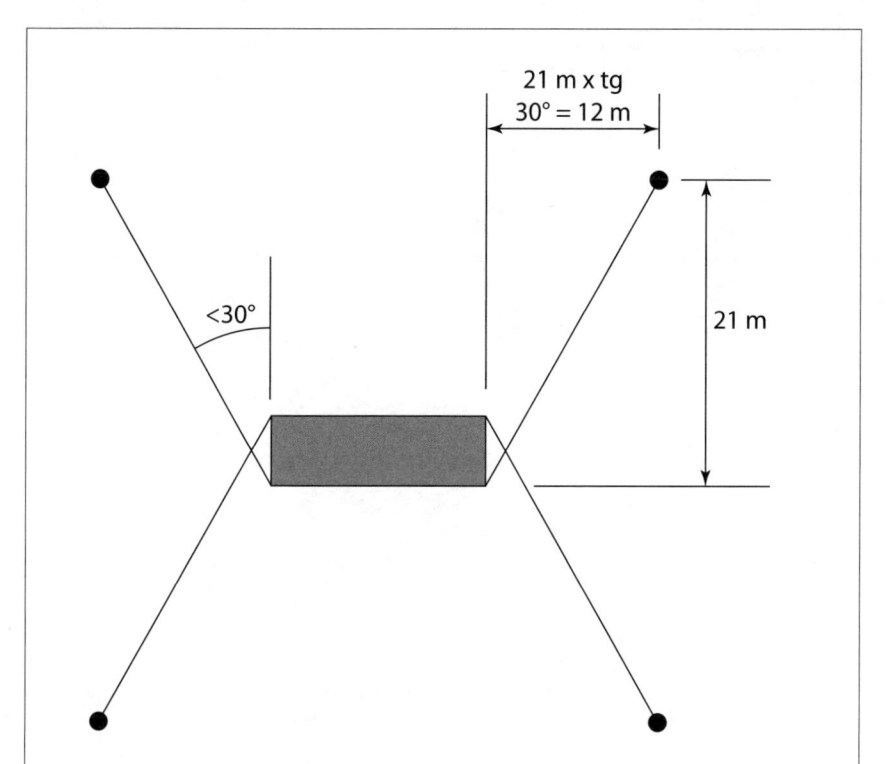

Figura 13.53
Planimetria esquemática do apoitamento dos pontões.

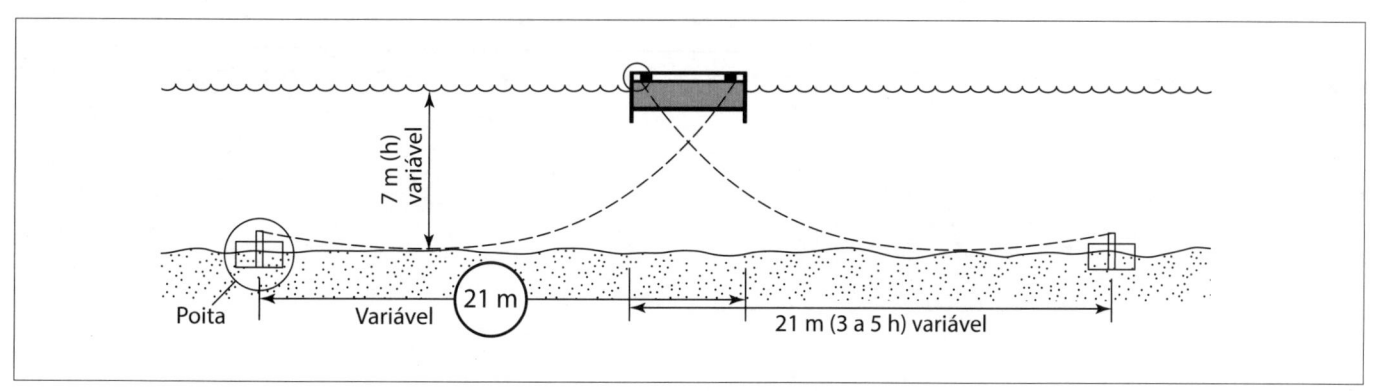

Figura 13.54
Elevação esquemática da seção transversal dos apoitamentos dos pontões,

CAPÍTULO 14

ESTRUTURAS E EQUIPAMENTOS DE ACOSTAGEM

Modelo físico do Complexo Portuário de Ponta da Madeira da Vale, na Baía de São Marcos, em São Luís (MA). Escala geométrica 1:170. Visualização da montagem instalada para a modelação de linhas de amarração do navio e defensas do píer e da instrumentação para a medição dos movimentos do navio e de esforços nas linhas de amarração e defensas pela ação das correntes de maré no entorno do Berço Sul do Píer IV.

14.1 CARACTERÍSTICAS GERAIS, CLASSIFICAÇÃO E TIPOS PRINCIPAIS DAS OBRAS ACOSTÁVEIS

14.1.1 Generalidades

As obras portuárias de acostagem constituem-se em obras maciças para resistir aos elevados esforços estruturais, não sendo, portanto, recomendáveis estruturas esbeltas. De fato, estão sujeitas aos seguintes esforços basicamente:

- Cargas horizontais elevadas em razão do impacto das embarcações e dos esforços nos cabos de amarração das embarcações atracadas.

- Cargas verticais concentradas por causa dos equipamentos de movimentação de cargas.

- Efeitos de empuxos de terras, que podem ser comparáveis aos demais carregamentos.

A adoção da solução de obra acostável mais apropriada vincula-se às condições locais:

- características topobatimétricas;
- condições de solo;
- são de fundamental importância o cálculo dos empuxos de terra e a capacidade de carga do leito de fundação;
- análise de possíveis recalques de estruturas;
- metodologias e custos de dragagem;
- escavações e estaqueamento;
- níveis do mar e agitação ondulatória;
- condições climáticas;
- corrosividade pelo solo e/ou água do mar e/ou ataque ácido de micro-organismos sobre os materiais de construção, como ocorrido com cianobactérias que atacaram o aço do concreto armado no Porto de Vila do Conde (PA), exigindo pintura especial.

As obras de acostagem podem ser em estrutura contínua ou em elementos discretos. A Norma Brasileira NBR n.º 13.209/94 (ABNT, 1994) apresenta os critérios que devem ser observados para a concepção e o projeto de obras de acostagem previstos em um planejamento portuário.

O arranjo geral de um porto é em larga medida determinado pelo espelho d'água, que condiciona e modela as áreas terrestres de movimentação e armazenagem de cargas. Nesse contexto, é fundamental ter em mente os aspectos básicos do comportamento de manobrabilidade do navio nessas águas confinadas e restritas, o qual pode ser sumarizado como segue.

A eficiência do leme condiciona a reação do navio em função da rotação do hélice. De fato, virar o leme para girar o navio cria um momento sobre a embarcação, que pode ser aumentado pela ação do propulsor. Por exemplo, grandes petroleiros e graneleiros têm relações comprimento:boca na faixa de 6 a 7, grandes coeficientes de bloco, na faixa de 0,75 a 0,85, e pequenas relações boca:calado. Para a relação massa:potência propulsiva e a área do leme típicas dessas embarcações, a resposta ao leme é relativamente demorada, no entanto, uma vez vencida a inércia, a habilidade de girar do navio é intrinsecamente boa, devendo ser conduzida pelo piloto. Outro aspecto a considerar é que, em águas restritas, o tempo de resposta da embarcação ao leme pode ser reduzido por ação sincronizada do leme com ação curta do propulsor (um jato) suficiente para impulsionar o navio, mas sem que este ganhe velocidade.

O navio é considerado dinamicamente estável quando o momento exercido pelo leme é neutralizado pelo movimento do navio ocasionado pela alteração inicial, quando cessa a ação do leme, retornando o navio ao seu curso original, enquanto em um navio instável o navio reforça a rotação inicial, continuando o navio a girar mesmo cessada a ação do leme. Em águas rasas, a estabilidade de curso tende a ser melhor que em águas profundas.

Bow thrusters são úteis para as operações de atracação e desatracação, entretanto, para velocidades do navio de 4 a 5 nós, perdem muito de sua eficácia.

Frequentemente, um projetista portuário se defronta com a decisão entre duas alternativas de arranjo geral portuário: um modesto canal no qual pelo menos alguns navios apresentarão um risco muito alto de acidente causado por problemas de manobrabilidade, ou um canal projetado bem espaçoso, no qual todos os navios podem navegar com segurança. A segunda alternativa pode parecer muito atrativa à primeira vista, até que o capital a ser investido (CAPEX) nesta ampla área de porto e canal seja computado, pois o custo é muito elevado.

A questão principal é por que os navios encontram dificuldades de manobrar nos portos? Como visto no Capítulo 11, correntes transversais induzem uma força de deriva, que pode desviar o navio significativamente de sua trajetória normal. Além disso, quando a velocidade do navio é forçosamente reduzida com a diminuição de profundidade, essa influência da corrente se acentua. Assim, a velocidade muito devagar adiante dos navios nas proximidades e no porto torna a eficácia de seu(s) leme(s) bem mais reduzida. A situação torna-se mais crítica quando o propulsor é parado para reduzir a velocidade do navio mais rapidamente. Como o leme está colocado imediatamente atrás do propulsor (hélice), a perda do jato também reduz a efetividade do leme. Finalmente, se o navio reverte máquina a ré para acelerar a parada, há uma grande probabilidade de que se perca toda a governabilidade. Como exemplo, se um VLCC de 200.000 tpb tem de fazer uma parada a partir de 15 nós, a distância de parada é de cerca de 2,5 milhas náuticas, e ele quase certamente não se manterá no curso. De fato, a popa de um navio provida de hélice com passo direito (rotação horária) tende a guinar para bombordo quando o propulsor é revertido, portanto a proa guina para boreste se o navio ainda está indo adiante.

Assim, a alternativa para o comandante do navio, em uma hidrovia restrita, é recorrer à assistência de rebocadores, os quais nos grandes navios (acima de 50.000 tpb) são mais eficientes em conter a influência das correntes laterais, mantendo o navio em curso. Desse modo, geralmente, consegue-se manter o navio em curso graças à ação dos rebocadores, e o navio consegue reverter o propulsor, se necessário, de modo a desacelerar mais rapidamente mantendo o curso.

14.1.2 Obras contínuas

Nas concepções estruturais de obras contínuas, as funções de acesso, suporte de equipamentos, atracação (absorção de choques das embarcações) e amarração das embarcações estão integradas na plataforma principal (Figuras 14.1 a 14.4), podendo ser (ver também item 14.3.2):

- Cais de paramento fechado ou de face vertical: possuem uma cortina frontal que contém o terrapleno no tardoz, podendo ter solução estrutural de cais com plataforma de alívio, já que a plataforma alivia a cortina dos empuxos, ou não.

- Cais de paramento aberto: a área sob a plataforma de operações apresenta um talude a partir do fundo do berço de atracação, podendo dispor de plataforma de alívio, ou não.

As soluções apresentadas nas Figuras 14.1 a 14.3 correspondem a cais corridos com uma frente acostável. Na Figura 14.4, está apresentada solução com plataforma contínua, formando píer tipo *finger* com duas frentes acostáveis. Esta alternativa de concepção estrutural conduz a maior rendimento operacional com relação à anterior, no entanto, sua adoção depende de características topobatimétricas dos berços e bacias e das características do equipamento de movimentação de carga. As concepções estruturais em cais contínuo descritas normalmente utilizam-se de equipamentos de movimentação de carga deslizantes, que se deslocam ao longo da frente acostável. Na Figura 14.5 tem-se o esquema de uma alternativa de estrutura em cais contínuo com fundações independentes para o equipamento de movimentação de carga e com cortina ancorada.

14.1.3 Obras em estruturas discretas

Nesta concepção estrutural, os elementos discretos desempenham funções específicas de acostagem: acesso, suporte de equipamentos, atracação e amarração. Tais concepções estruturais são frequentes em grandes terminais de minérios[*] em geral:

- por garantirem maior segurança às obras, pois eventuais danos por acidentes ficam circunscritos a determinadas estruturas;
- por reduzirem a envergadura das obras, desde que o equipamento de movimentação de carga e a

separação das funções estruturais o permitam, o que as faz vantajosas.

Assim, nas Figuras 14.6 e 14.7 apresentam-se exemplos de arranjos gerais de estruturas de acostagem de terminais de granéis líquidos. Nas Figuras 14.8 e 14.9 estão apresentados exemplos de arranjos gerais de estruturas de acostagem de terminais de granéis sólidos de minérios, observando-se que as lanças dos carregadores pivotam em torno de pontos de articulação. As plataformas de amarração e atracação são denominadas de dolfins ou duques d'Alba.

Quanto ao modo das estruturas de resistirem aos esforços horizontais, podem ser classificadas em:

- Obras pesadas, que resistem pelo seu peso.
- Obras semipesadas, que resistem pelo seu peso e engastamento.
- Obras leves, que resistem pelo engastamento.

14.1.4 Condições operacionais

O ciclo completo de operação referente a um navio no porto compreende:

- chegada na bacia de fundeio (Figura 14.9(C));
- preparação para a atracação, incluindo evolução do navio e atividades de preparação da atracação na bacia portuária;
- atracação e amarração na estrutura do berço;
- operações de movimentação de carga no berço;
- desatracação;
- eventual evolução e partida da bacia portuária.

Para manter uma razoável condição de manobrabilidade nas áreas portuárias internas, os navios devem dispor de lastro de porto. Essa condição deve garantir a imersão do propulsor, sendo típico um valor de 35% do tpb de verão, incluindo combustível, água fresca e mantimentos (THORESEN, 2014).

Manobrar o navio em água rasa confinada, nas proximidades de outras embarcações, é completamente diferente de manobrá-lo em águas profundas em mar aberto, com tráfego menos frequente e distante. De fato, os navios são primariamente projetados para as condições de mar aberto, portanto são significativas as mudanças de sua resposta em águas rasas. Os aspectos que dificultam as manobras em águas confinadas compreendem duas situações basicamente. A primeira corresponde a embarcações grandes, com grandes calados, como petroleiros e graneleiros a plena carga, com reduzida folga sob a quilha. A segunda diz respeito a navios com grande área vélica, como gaseiros, conteneiros, navios Ro/Ro, navios de cruzeiro, graneleiros e petroleiros em lastro.

As manobras de atracação e desatracação podem ser feitas de uma das seguintes maneiras:

- usando somente os recursos do navio: motor, leme, *thrusters* e âncora do navio;

---

[*] Para navios ULCC, *Ultra Large Crude Oil Carrier*, ULOC, *Ultra Large Ore Carrier*, VLOC, *Very Large Ore Carrier*, ou VLCC, *Very Large Crude Oil Carrier*.

Figura 14.1
Porto da Alumar
em São Luís (MA).

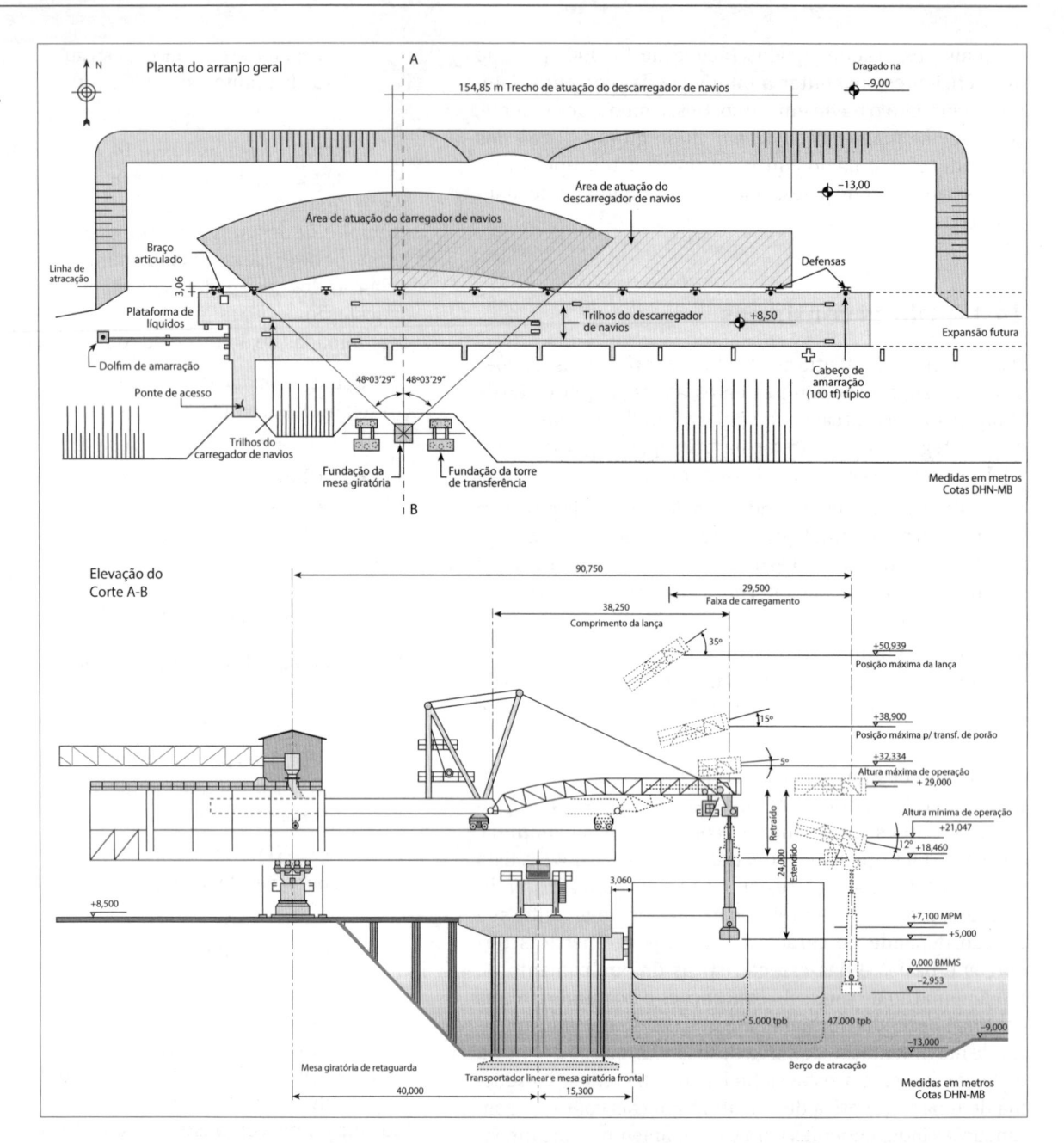

Figura 14.2
Da direita para a esquerda: Cais 100, 101, 102, 103 e 104 (com navio sendo atracado) do Porto de Itaqui da EMAP, São Luís (MA).

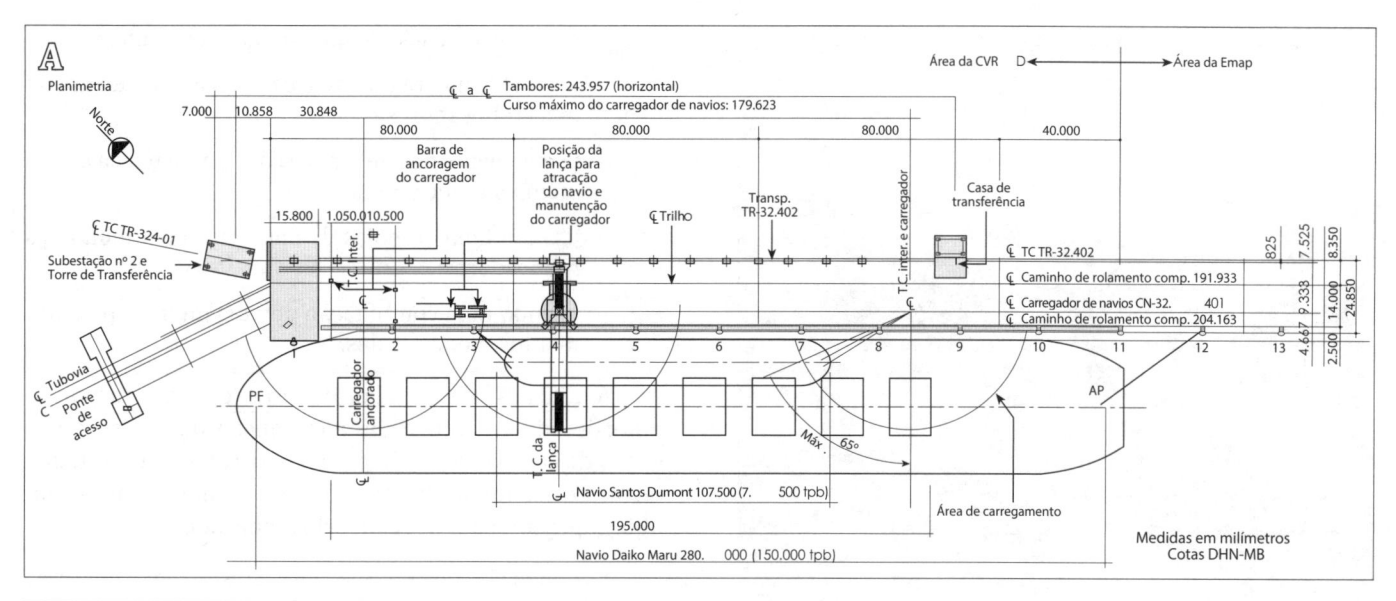

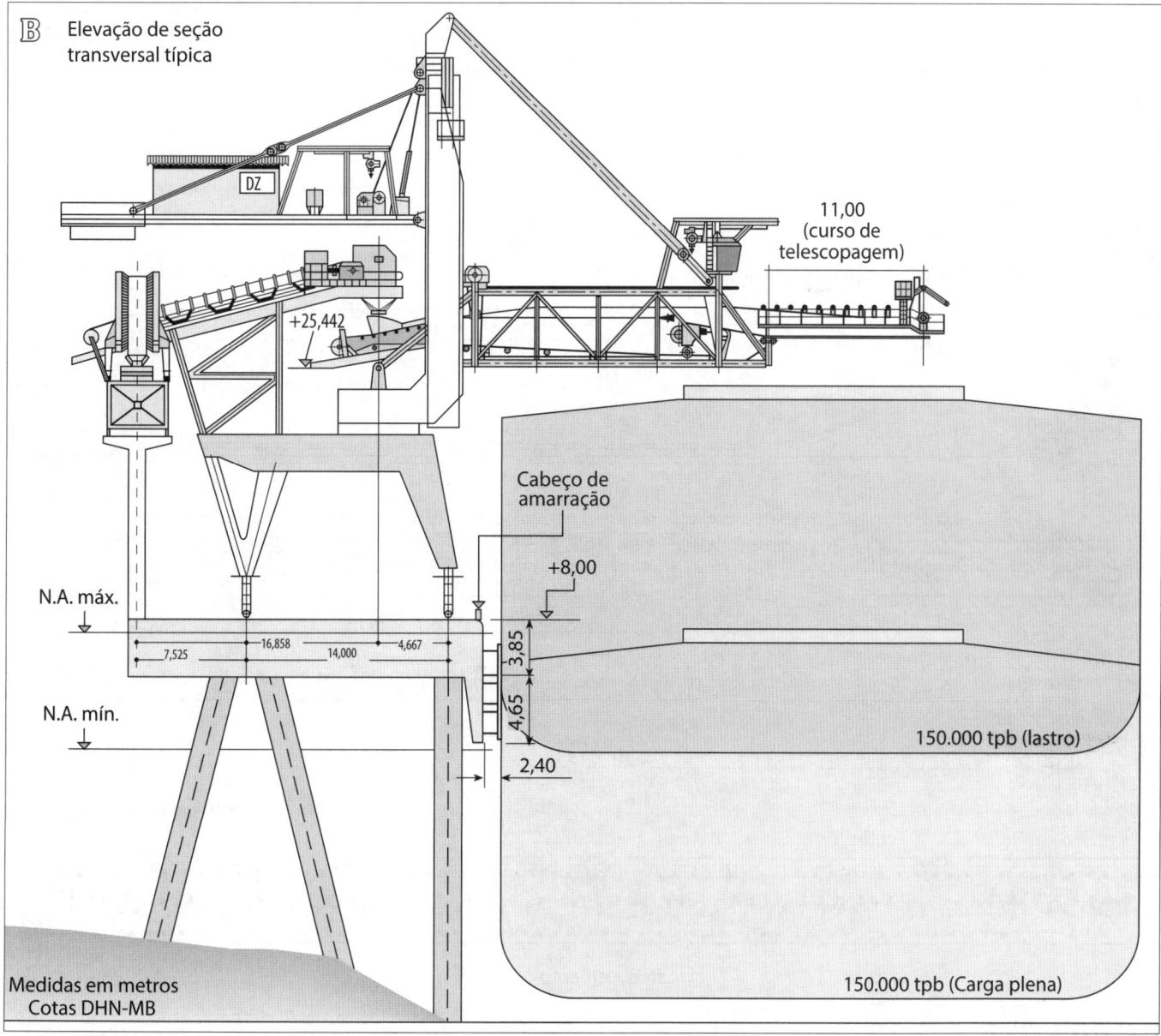

Figura 14.3
Píer II do Complexo Portuário de Ponta da Madeira da Vale em São Luís (MA).
(A) Planimetria.
(B) Elevação da seção transversal.

Figura 14.3
Píer II do Complexo Portuário de Ponta da Madeira da Vale em São Luís (MA).
(C) Aproximação de navio conduzido por rebocadores.

– com a assistência de um ou mais rebocadores;

– usando a âncora do navio e com o auxílio de um ou mais rebocadores;

– usando guinchos de terra e com a assistência de um ou mais rebocadores;

– usando boia ou boias de amarração e um ou mais rebocadores;

– usando uma combinação de dois ou mais procedimentos mencionados.

A utilização de guinchos de terra repassa a responsabilidade administrativa da manutenção das tensões nos cabos do capitão do navio para o *port captain*. Entretanto, técnica e economicamente, é um procedimento mais vantajoso que somente depender dos rebocadores.

As dimensões do berço devem corresponder a uma área em planta de pelo menos 1,2 L_{OA} de comprimento do navio mais longo por 1,5 B de largura do navio de maior boca (THORESEN, 2014).

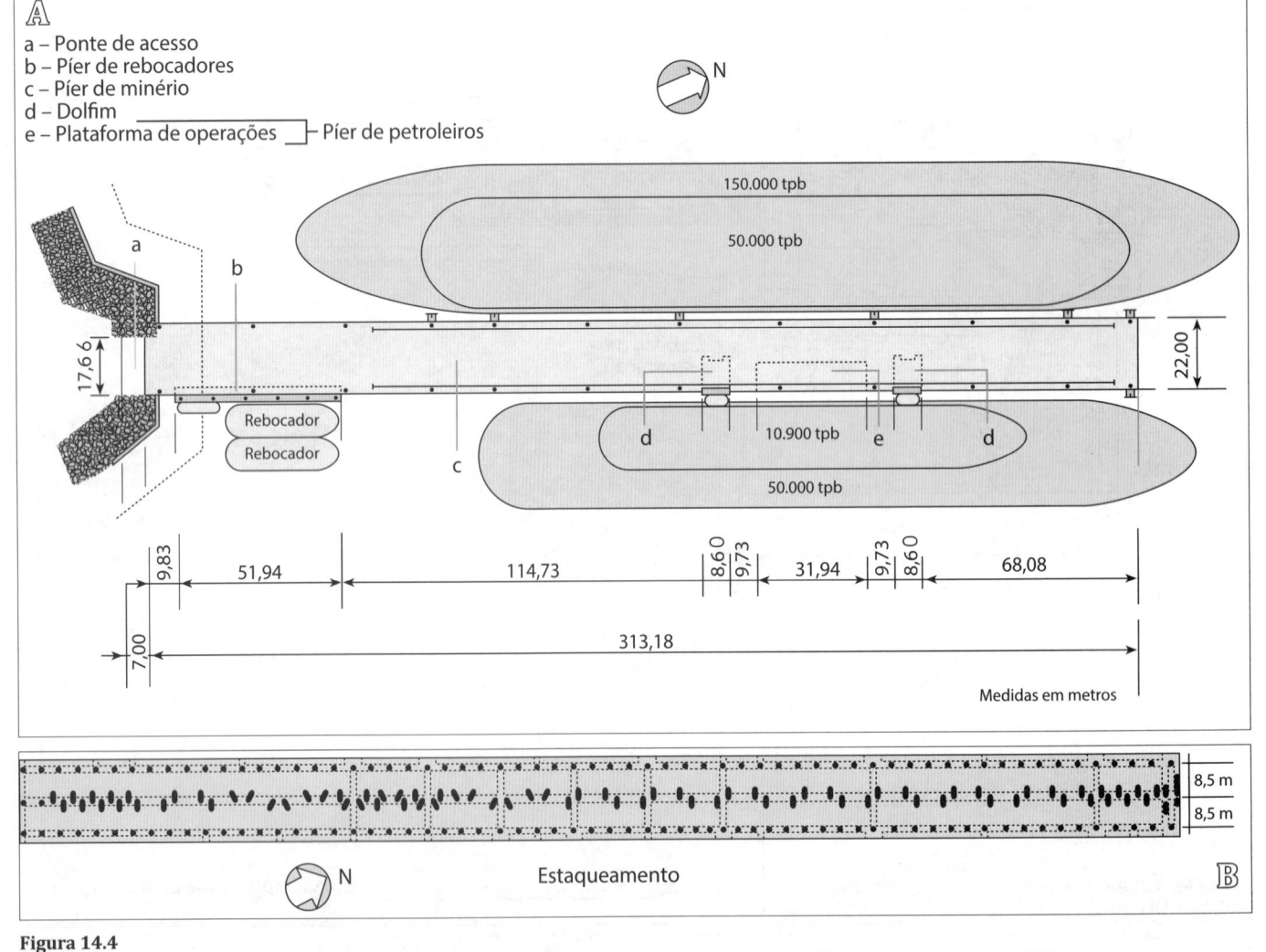

Figura 14.4
(A) Planimetria do arranjo geral de obras com dois lados acostáveis. Arranjo geral do píer de Ponta Ubu da Vale, em Anchieta (ES).
(B) Superestrutura e estaqueamento do píer de minério de Ponta Ubu da Vale (ES). Estaqueamento vertical espaçado de 5,0 m nas vigas longitudinais externas. Estaqueamento inclinado 3,54 : 1 H com espaçamento variável na viga central. As vigas longitudinais estão espaçadas de 8,5 m e a espessura do tabuleiro varia de 0,35 a 0,50 m.

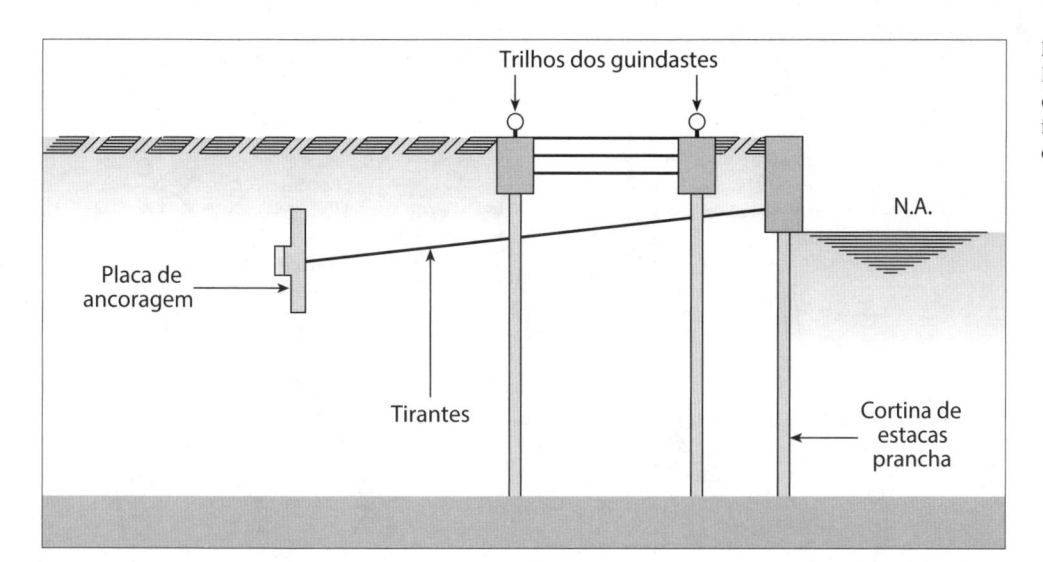

Figura 14.5
Elevação de seção transversal de cais de cortina atirantada com fundações independentes para suporte do equipamento deslizante.

Trilhos dos guindastes

N.A.

Placa de ancoragem

Tirantes

Cortina de estacas prancha

14.1.5 Assistência dos rebocadores

Tendo em vista a segurança das operações de atracação e desatracação de grandes navios-tanque de óleo e gás (estes têm grande área vélica) e mineraleiros, a assistência de rebocadores é mandatória, principalmente na atracação, de modo que o navio se aproxime com a menor obliquidade possível com a linha de atracação, se possível paralelamente. A assistência consiste na aplicação de força nos locais permitidos do casco do navio (atuação como empurrador) ou em cabos de reboque (atuação como rebocador), auxiliando em giros, frenagens e atracação propriamente dita. Além disso, são uma importante redundância a favor da segurança em casos de falhas de máquina ou de condução do navio. Por isso, rebocadores de escolta (*escort*), ou acompanhando o navio em *stand-by* nas proximidades da embarcação, podem garantir imediata assistência numa situação de emergência. Sob esse último aspecto, se possível, a embarcação deve ser atracada com sua proa para o mar, o que facilita no caso de uma partida de emergência.

A manobrabilidade intrínseca do navio sem *thrusters* é normalmente perdida abaixo de 3 a 4 nós, o que pode variar de navio para navio, mas o importante é que antes que isso ocorra a embarcação esteja assistida pelos rebocadores. A potência dos rebocadores em hp (1 hp ~ 0,75 kW) é aproximadamente 10 a 12 vezes a sua tração estática em kN.

Somente como exemplificação, há cerca de duas décadas a velocidade máxima para percurso do Canal de Acesso no Estuário do Porto de Santos era de 6 nós, o que correspondia a máquina muito devagar adiante para a maioria dos navios. Atualmente, este valor migrou para 8 a 9 nós, especialmente para os conteneiros Post Panamax, dependendo do porte do navio, o que passou a criar maiores interações hidrodinâmicas dos navios passantes sobre os atracados.

A assistência que pode ser prestada pelo rebocador depende de inúmeros fatores, como tipo, forma e configuração do casco, número, tipo e posição dos propulsores (convencionais ou azimutais), tração estática, condições ambientais (ondas, ventos e correntes), porte e tipo do navio, velocidade do navio, e modo de operação (rebocador ou empurrador). A maior sensibilidade referente à condição ambiental diz respeito à agitação, principalmente no modo de empurrador, podendo zerar sua tração estática efetiva acima de determinada altura de onda, normalmente de 1,5 a 2,0 m. Essa situação é decorrente da incapacidade do rebocador de fornecer impulso de intensidade e ângulo constantes, em virtude da agitação e dos movimentos do navio e do rebocador não serem síncronos (movimento relativo entre os dois, principalmente em vagas), assim uma parcela da potência é consumida para manter posição/controle e acompanhar a velocidade lateral do navio.

A maior desvantagem operacional do rebocador consiste no cabo de reboque. A mais alta velocidade em que se costuma passar o cabo é de cerca de 6 nós em condições ideais. Entretanto, a velocidade tem de ser ainda mais reduzida, até cerca de 3 nós, antes que os rebocadores possam assistir efetivamente o navio. Rebocadores com propulsores Voith-Schneider têm extrema mobilidade, sendo muito efetivos em altas velocidades, pois podem se mover em velocidade máxima ou puxar em qualquer direção, embora sua tração estática por potência (~135 N/kW) seja mais baixa que a de equivalentes rebocadores normais (~170 N/kW) ou com propulsor em túnel (~210 N/kW).

Por outro lado, a configuração espacial do arranjo geral portuário influencia também na eficiência dos rebocadores, determinando tração estática e número, como cabos de reboque mais curtos, consequentemente mais inclinados verticalmente, reduzindo o tracionamento horizontal da linha.

É interessante observar que, em muitos portos, são as condições de segurança das embarcações de apoio (rebocadores, lancha dos práticos, barcos de manuseio dos cabos) na atracação ou desatracação as limitantes das condições de agitação para a realização da manobra, pois são mais sensíveis.

Como premissa, a tração estática efetiva dos rebocadores disponível no porto deve ser maior que as máximas ações ambientais admissíveis atuantes sobre o maior navio em manobra sem que este tenha nenhuma propulsão acionada.

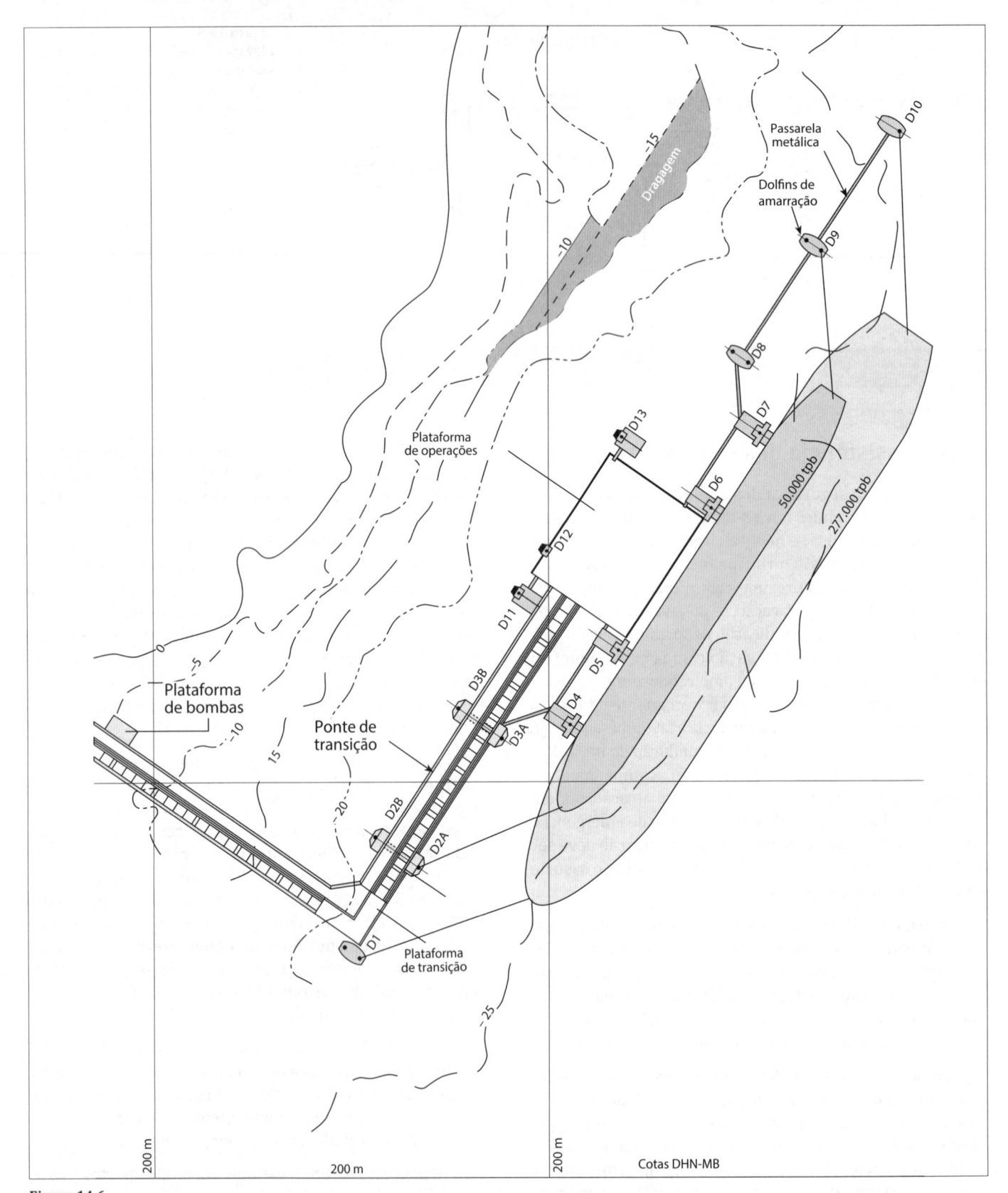

Figura 14.6
Planimetria do arranjo geral das obras de acostagem e carregamento de um terminal para granéis líquidos.

Nas operações de atracação e desatracação, a ação do vento deve ser majorada em 20%, para levar em conta o efeito de rajada. Além disso, para mover a embarcação contra o vento e a corrente, de um modo geral, é necessária uma força da ordem de 30% mais elevada que para sustentá-lo parado.

Thoresen (2014) também recomenda que seja aplicado um coeficiente de segurança que majore a somatória das forças ambientais de vento (já majorada pelo efeito de rajada), ondas e correntes em 1,2 a 1,5 vezes para o cálculo da tração estática necessária, dependendo das condições climáticas.

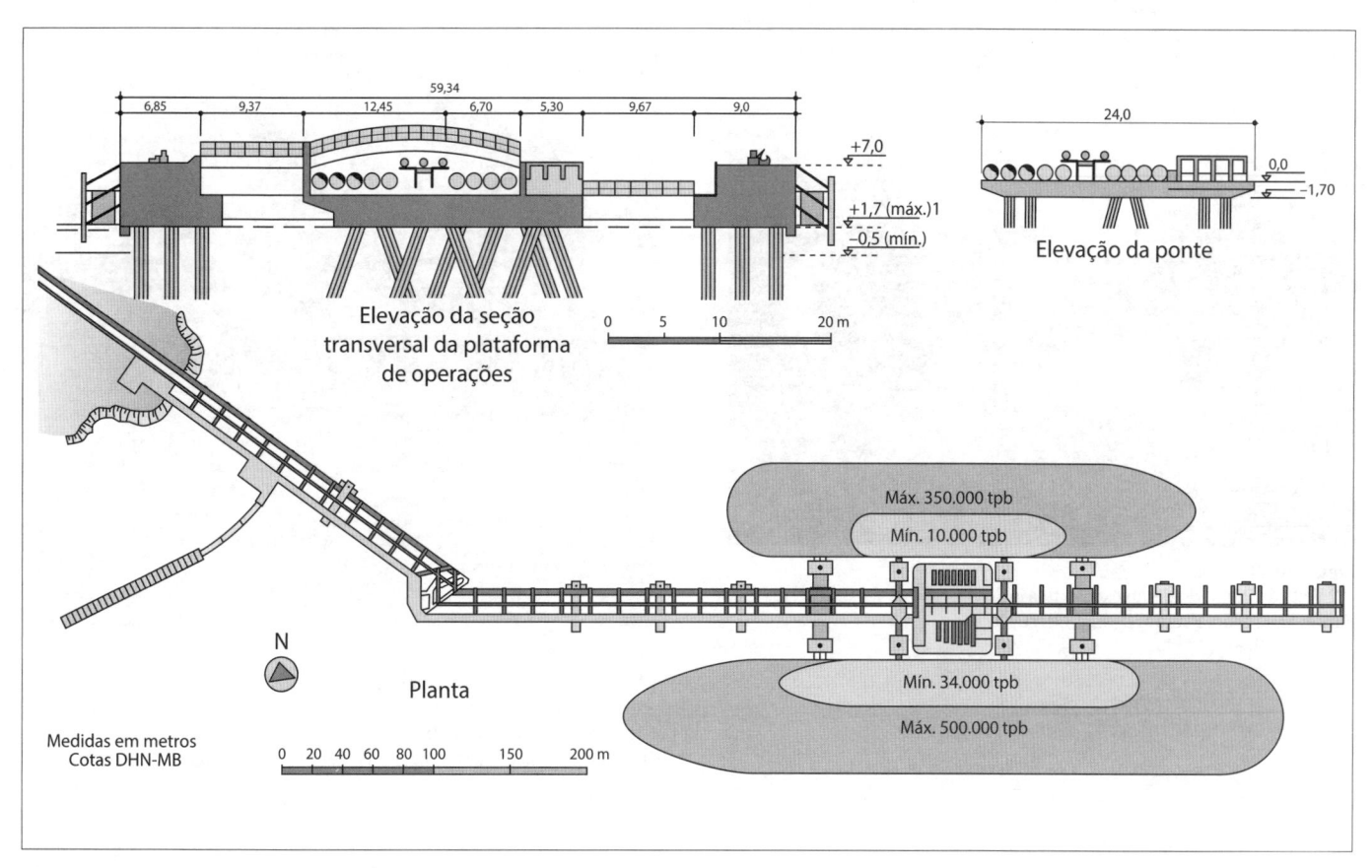

Figura 14.7
Terminal para óleo, Tebig, Angra dos Reis (RJ).

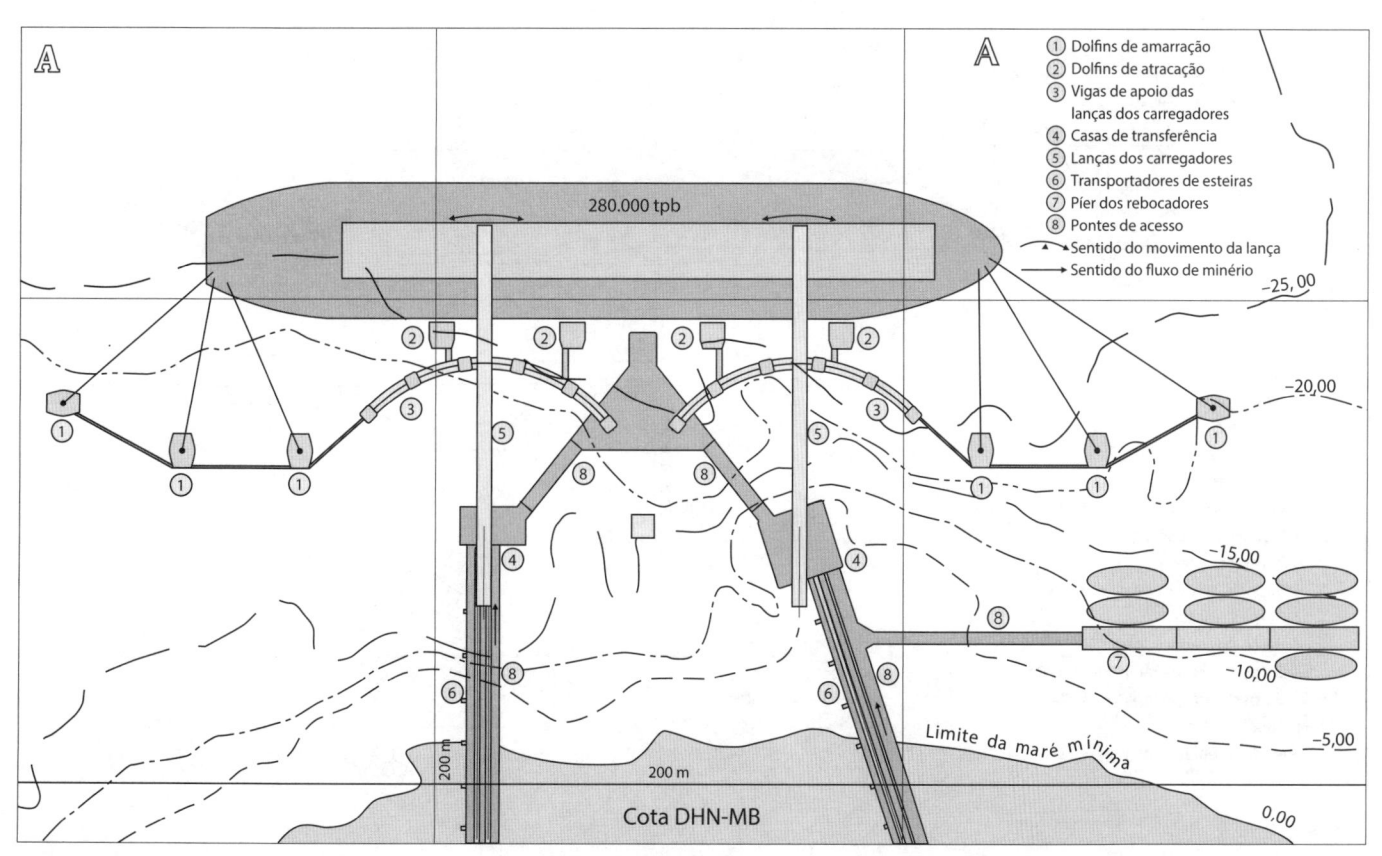

Figura 14.8
(A) Planimetria do arranjo geral das obras de acostagem e carregamento de um terminal mineraleiro com carregador de quadrante duplo.

Figura 14.8
(B) Vista do Píer II do Complexo Portuário de Tubarão da Vale em Serra (ES).
Fonte: São Paulo, Estado/DAEE/SPH/CTH.

Figura 14.9
(A) Vista do Píer I do Complexo Portuário de Ponta da Madeira da Vale em
São Luís (MA) com o Berge Stahl (365.000 tpb), navio classe ULOC. Fonte:
São Paulo, Estado/DAEE/SPH/CTH.
(B) Planimetria do arranjo geral das obras de acostagem e carregamento.

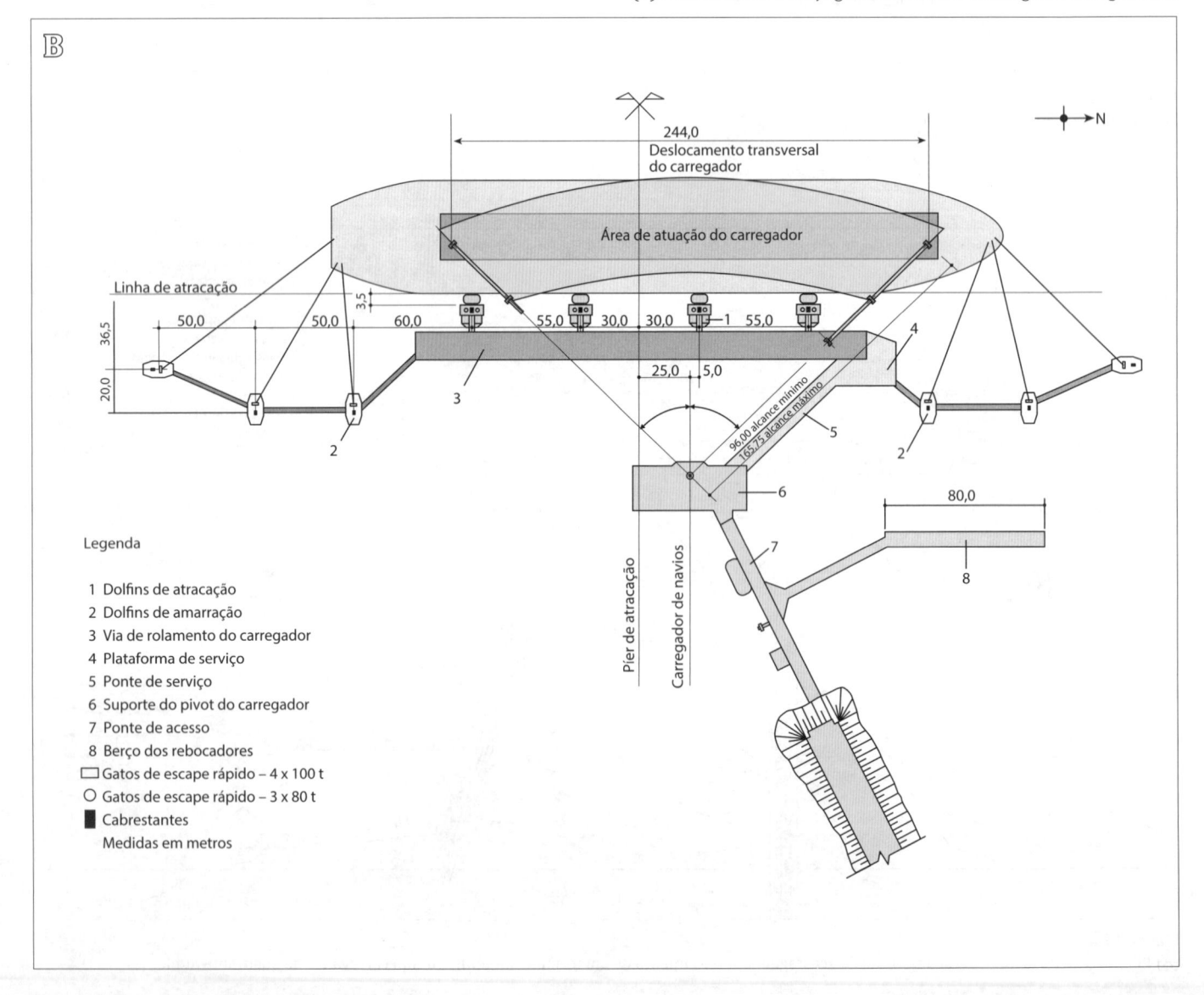

Legenda

1 Dolfins de atracação
2 Dolfins de amarração
3 Via de rolamento do carregador
4 Plataforma de serviço
5 Ponte de serviço
6 Suporte do pivot do carregador
7 Ponte de acesso
8 Berço dos rebocadores
☐ Gatos de escape rápido – 4 x 100 t
○ Gatos de escape rápido – 3 x 80 t
■ Cabrestantes
　Medidas em metros

Figura 14.9
(C) Área de fundeio na Baía de São Marcos para espera de atracação nos terminais do Complexo Portuário do Maranhão, São Luís (MA).

Esse fator de segurança justifica-se pela dificuldade de se ter ação solidária de rebocadores exercendo a mesma função em uma manobra, bem como pela imprecisão na determinação da tração estática necessária para controlar o navio. Finalmente, um fator de segurança operacional adicional de 1,2 a 1,5 é recomendável, correspondendo ao quociente da capacidade total de tração estática (incluindo *thrusters* do navio se houverem) pela tração estática determinada para atender às condições ambientais. Ressalve-se a importância desse fator de segurança operacional, que leva em conta aspectos relativos ao modo de ação como rebocador, como comprimento e direção do cabo de reboque, ou empurrador, como ângulo de ação no casco do navio, em função de marulho e condições de corrente.

Em geral, o número de rebocadores utilizado em manobras de atracação ou desatracação de navios de maior porte pode variar de 2 a 6, sendo mais comum de 3 a 5, e recomenda-se em instalações de maior risco, como as de óleo e gás, dispor de pelo menos um rebocador de *stand-by* por razões de segurança, para enfrentar eventual piora das condições ambientais ou para saídas de emergência (no caso de incêndio etc.) (THORESEN, 2014). Assim, nessas últimas instalações são necessários pelo menos 4 rebocadores na atracação e 3 na desatracação.

Sigtto (1997, apud THORESEN, 2014), para o caso dos navios gaseiros, recomenda a disponibilidade de 3, mas preferencialmente 4 rebocadores na assistência e que estes tenham condição de aplicar aproximadamente metade da tração estática em cada extremidade do navio.

Considerando primordialmente a segurança do navio e dos rebocadores, a falha de um rebocador deve ser levada em conta, de modo que a operação de atracação ou desatracação possa ser completada ou abortada em segurança com as unidades remanescentes, situação em que deve ser ponderada a redução dos parâmetros de atracação ou desatracação (THORESEN, 2014). Nesses casos, a disponibilidade de *thrusters* no navio incrementa sobremaneira a margem de segurança da manobra, lembrando que estes não devem ser considerados na determinação da potência dos rebocadores.

Thoresen (2014) exemplifica uma matriz de risco (Quadro 14.1) que explicita a relação entre a consequência de falha de um rebocador e a sua probabilidade de ocorrência, mapeando o risco. Assim, pode-se observar que, no caso de terminais de óleo e gás, a probabilidade de se perder o controle sobre o navio deve ser de pelo menos 3 ou inferior, pois com 1 rebocador a menos ainda restariam 2, considerando que a consequência da perda de controle sobre o navio nesses terminais é muito séria (danos ao navio em manobra, ao terminal e a outros navios atracados no terminal). A análise de risco tem prevalência sobre os cálculos de tração estática que definem o número de rebocadores.

Evidentemente, rebocadores devem estar disponíveis para serem utilizados, bem como custam para serem alugados para as manobras. Quando o tempo de viagem do navio é de grande importância e as manobras portuárias são conduzidas frequentemente, uma alternativa ao uso de rebocadores é sempre econômica.

Quadro 14.1
Matriz de risco em função das consequências e probabilidades de falha de um rebocador

Consequência	Risco = consequência x probabilidade					
5 (catastrófica)					Risco inaceitável	
4						
3						
2						
1 (bem reduzida)	Risco aceitável					
	1 (improvável)	2	3	4	5 (bem elevado)	Probabilidade
	5	4	3	2	1	Número de rebocadores

14.1.6 *Bow thrusters*

Para navios velozes carregando cargas caras e demandando a muitos portos atrasos e custos de aluguel de rebocadores representam uma significativa parcela de gastos na operação global. O exemplo mais comum dessa situação são os conteneiros.

Os conteneiros geralmente têm *bow thrusters* além de duplos propulsores, ambos podendo aprimorar as características de manobra. O *bow thruster* é um propulsor montado em um eixo localizado transversalmente ao navio em um tubo dentro d'água que se estende no fundo do casco, de bordo a bordo, bem a vante do navio. Evidentemente, tais *bow thrusters* são um investimento de capital para o navio e usualmente são vantajosos economicamente em embarcações como os conteneiros.

14.2 AÇÃO DAS EMBARCAÇÕES NAS OBRAS ACOSTÁVEIS

14.2.1 Considerações gerais

No projeto de obras portuárias, é fundamental o conhecimento quanto às ações das embarcações sobre as estruturas acostáveis, correspondentes aos esforços transmitidos às estruturas na atracação e na amarração. Somente assim é possível dimensionar a absorção adequada desses esforços para se adequar aos limites de segurança, que preservam a integridade das defensas e cabos de amarração, e operacionais de movimentação segura da carga para o navio e o porto.

Na atracação das embarcações, o impacto transmite a energia cinética da embarcação à obra, transformada em energia potencial de deformação das estruturas e defensas.

O uso de um eficiente sistema de amarração é essencial para a segurança do navio, sua tripulação, o terminal e o meio ambiente. A otimização das linhas de amarração para resistir às várias forças que atuam sobre o navio conduz às seguintes questões:

- Quais as forças a considerar?
- Quais os princípios gerais a considerar na distribuição dos esforços nas linhas de amarração?
- Como aplicar os princípios no estabelecimento de um bom arranjo de plano de amarração?

A primeira questão é função dos agentes ambientais de maré, vento, ondas e correntes. As outras duas questões podem ser orientadas de acordo com as recomendações de renomadas entidades internacionais em náutica. Assim, pelo critério da PIANC, o plano de amarração deve ser capaz de restringir os movimentos do navio aos seus limites operacionais nos quais é feito o carregamento, reduzindo, consequentemente, os esforços inerciais, que devem ser contidos. Estes últimos são em muito superiores à tração estática simples, pois agregam quantidade de movimento ao esforço de tração.

As forças de amarração, uma vez a embarcação atracada, são oriundas de ventos, ondas e correntes e transmitidas pelos cabos aos elementos de fixação. Para tanto, é necessário dispor um mínimo de conhecimento básico das características das embarcações. Na Figura 14.11 estão apresentados sinteticamente alguns desses aspectos:

- Oscilações verticais extremas de flutuação das embarcações e do nível d'água (Figura 14.10) são determinantes na definição da cota da obra de acostagem e no gabarito dos equipamentos de movimentação de carga, considerando-se o calado e o calado aéreo.
- As forças oriundas das pressões do vento são exercidas sobre as áreas vélicas (emersas ou mortas) (Figura 14.11(A)).
- As forças oriundas das pressões das correntes são exercidas sobre as áreas vivas (imersas) (Figura 14.11(B)).

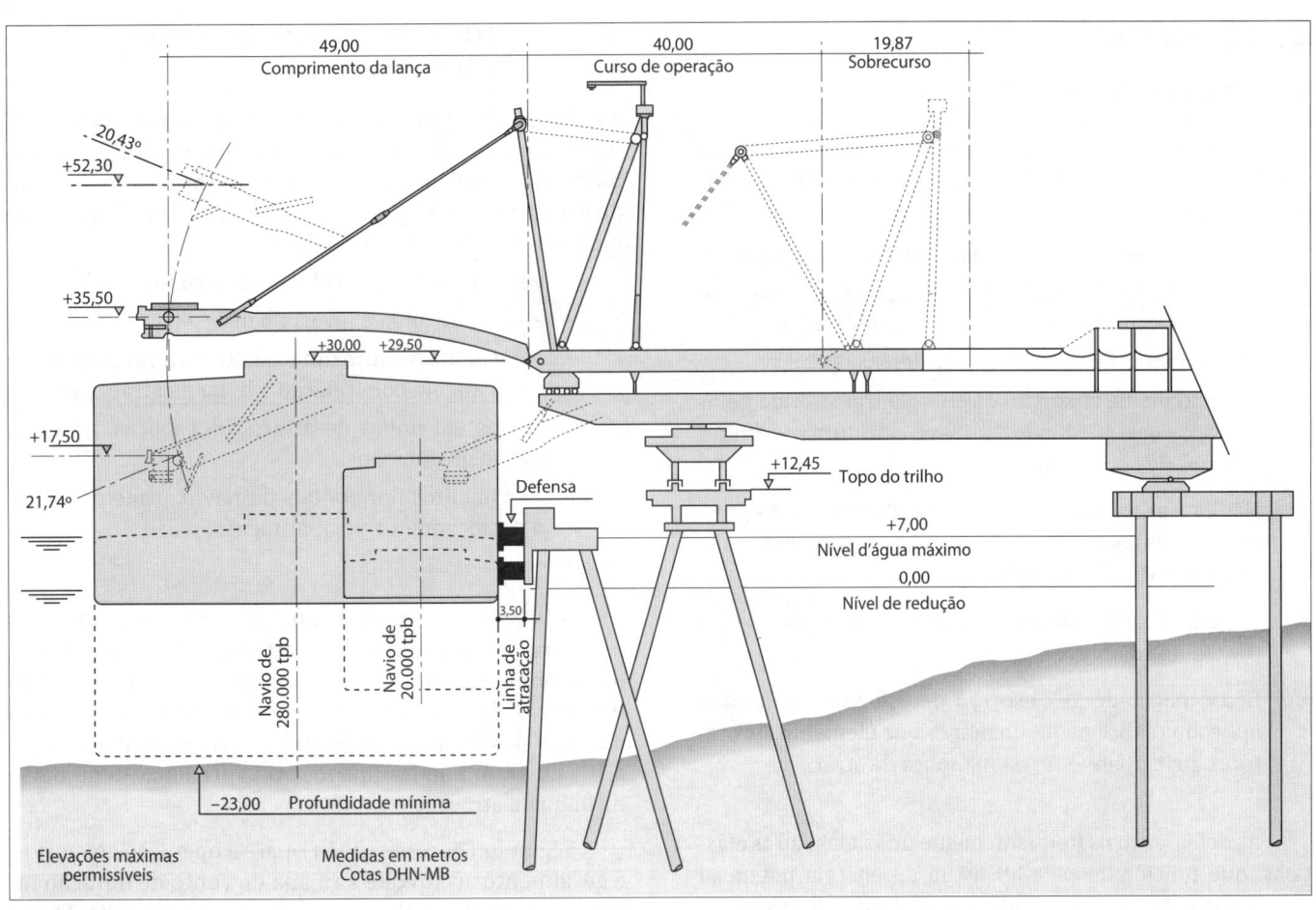

Figura 14.10
Planimetria da oscilação vertical extrema do navio em função do nível d'água e carregamento no Píer I do Complexo Portuário de Ponta da Madeira da Vale em São Luís (MA).

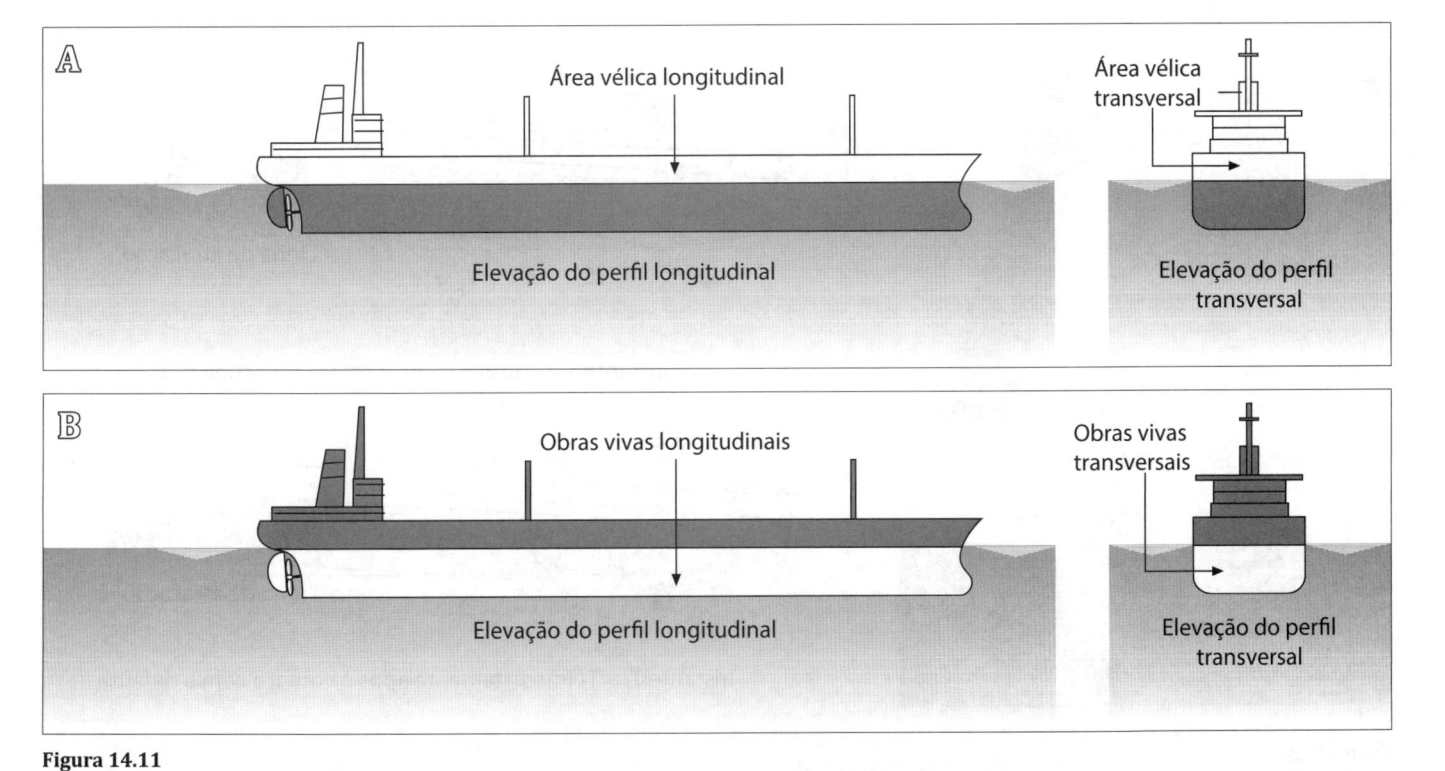

Figura 14.11
(A) Elevação das obras mortas dos navios com áreas vélicas expostas à ação transversal e longitudinal do vento.
(B) Elevação das obras vivas dos navios expostas às correntes transversais e longitudinais.

14.2.2 Defensas

14.2.2.1 CARACTERIZAÇÃO

As defensas constituem-se na interface entre as embarcações e as estruturas de acostagem para proteger ambas dos esforços de impacto nas atracações.

As defensas têm a finalidade de absorver a energia cinética advinda das movimentações das embarcações atracadas e nas operações de atracação e desatracação.

Os requisitos de um sistema de defensas são:

- Capacidade de absorção da energia transmitida pelas embarcações, mantendo a força na estrutura nos limites capazes de serem suportados.

- Não causar danos aos cascos das embarcações. As pressões máximas admissíveis nos cascos dos navios são da ordem de 20 a 40 tf/m^2.

- Impedir o contato direto dos navios com as partes desprotegidas da obra.

- Boa capacidade de absorção de esforços localizados aplicados sobre pequeno número de elementos protetores, principalmente na manobra de atracação.

As defensas mais frequentemente utilizadas são as elásticas, que funcionam pela absorção de energia potencial elástica de deformação. As defensas de gravidade absorvem energia da colisão do navio pela elevação do baricentro de um peso. Por fim, existem defensas em que a absorção da energia ocorre por outros princípios, como a compressão do ar (pneumáticas), flutuação de pontões etc.

14.2.2.2 VELOCIDADES RECOMENDADAS DE ATRACAÇÃO

Nas instalações portuárias que recebem navios de grande porte, como os de óleo e gás e os mineraleiros, é conveniente que haja equipamento de monitoramento das condições de atracação (*Docking Aid System* – DAS), que pode incluir sensores de medição de:

- vento e correntes (velocidade e rumo);

- alturas de onda e níveis do mar;

- velocidade de aproximação do navio, sua distância e seu ângulo com relação à linha de atracação;

- cargas em linhas de atracação, cabeços, ganchos, polias ou guinchos;

- movimentos horizontais do navio, principalmente o deslocamento e o abatimento.

O DAS deveria monitorar principalmente os 300 m da manobra do navio da linha de atracação. Uma vez atracado, o monitoramento deve ser continuado para avaliação das forças de atracação. Os sistemas mais confiáveis de medição de distâncias utilizam *laser*. As Figuras 14.12 (A) a (C) ilustram a hidrodinâmica da aproximação do navio da linha de atracação.

Segundo Thoresen (2014), para a operação em portos, é geralmente aceito que a rajada de vento de duração inferior a 1 minuto seja de importância secundária. Entretanto, em alguns terminais de óleo e gás no mundo, foi observado que durações entre 20 s e 30 s podem afetar os navios-tanque em lastro. Assim, recomenda-se que, para um navio-tanque atracado, seja usada a velocidade média

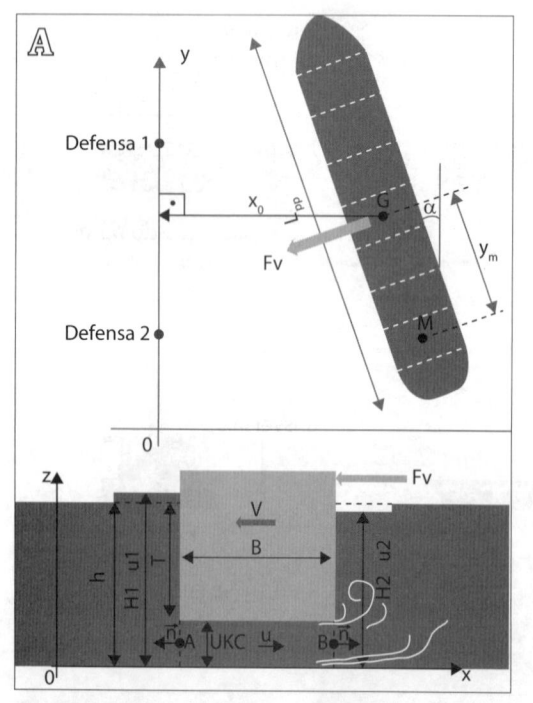

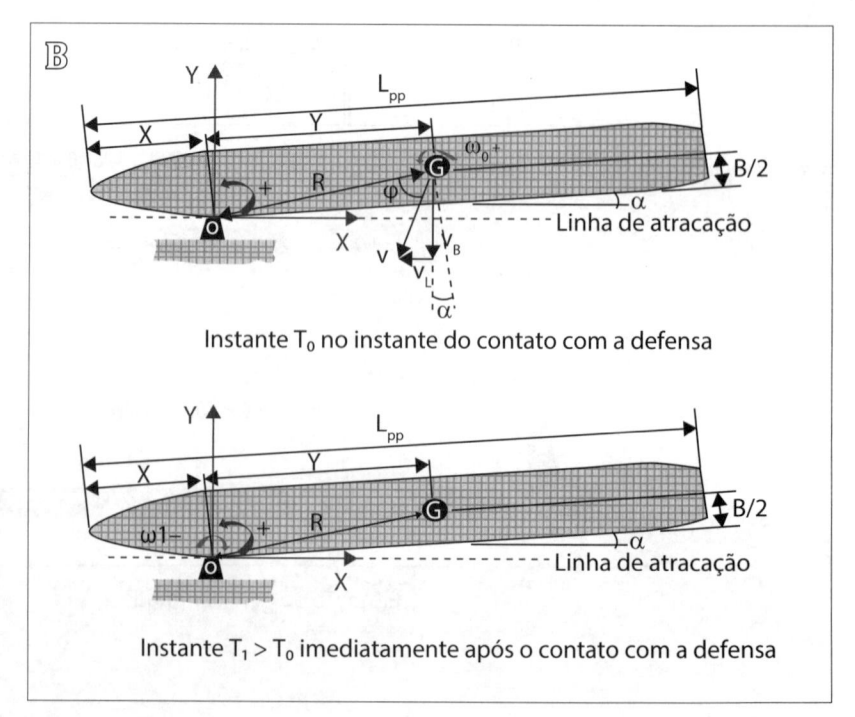

Instante T_0 no instante do contato com a defensa

Instante $T_1 > T_0$ imediatamente após o contato com a defensa

Figura 14.12
(A) Esquematização conceitual da dinâmica de aproximação do navio da linha de atracação.
(B) Cinemática do navio no instante do toque e imediatamente após o toque na defensa.

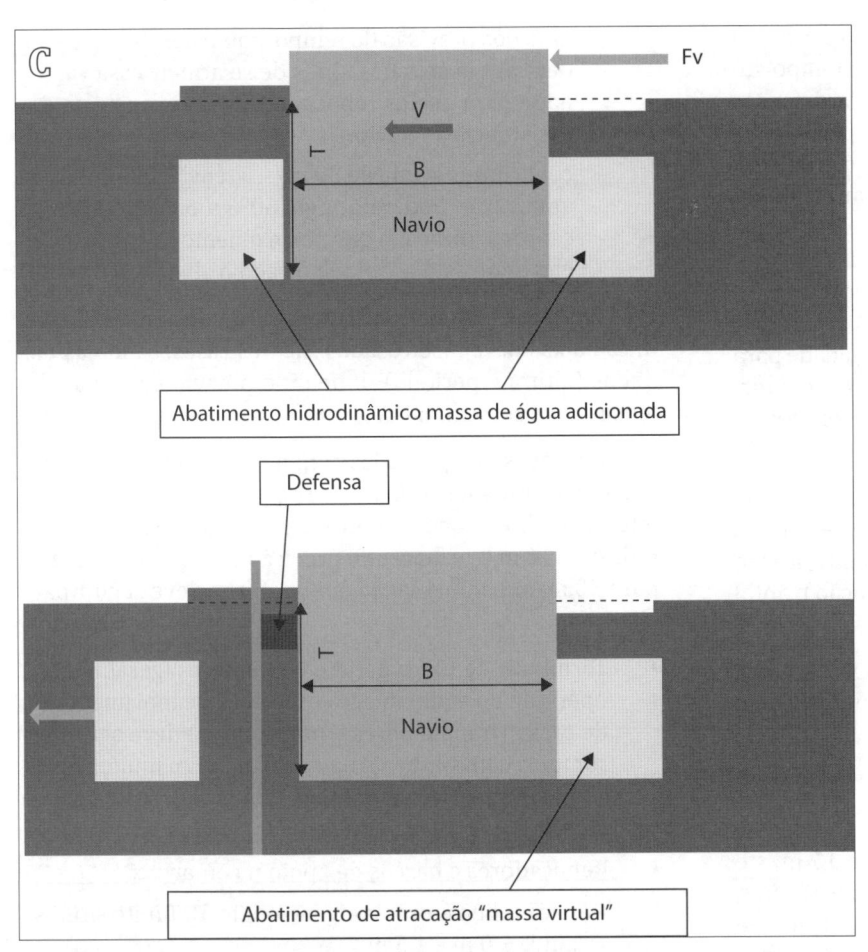

Figura 14.12
(C) Massas de água adicionadas na aproximação e na atracação do navio.
(D) Píer IV do Complexo Portuário de Ponta da Madeira da Vale em São Luís (MA). Painel no píer indicativo da distância e velocidade de aproximação do navio da linha de atracação por sensoriamento remoto.

do vento correspondente à rajada mais curta que possa afetar o navio. Quando atracado, esta seria a de tempo suficiente para solicitar as linhas de amarração e defensas (levando em conta a inércia do navio), com período de retorno de 100 anos, considerando se possível o gradiente do perfil de velocidade do vento na vertical. Para a manobrabilidade de navios com superestruturas de área vélica bem elevada, como petroleiros em lastro, gaseiros, conteneiros, *ferries* e Ro/Ro, uma relação muito importante é o quociente da velocidade do vento com relação à velocidade do navio: para valores entre 6 e 7, há grande dificuldade para controlar o navio e, para valores aproximadamente em torno de 10, isso resulta praticamente impossível, mesmo para os petroleiros em plena carga.

Obviamente a ação do vento sobre o navio depende de qual área do navio está exposta: para um grande petroleiro, por exemplo, para uma mesma velocidade do vento, a ação transversal é cerca de 3 a 5 vezes maior que a ação frontal ou de ré.

Thoresen (2014), com base na experiência mundial, elenca velocidades do vento, média em 10 minutos, sugeridas como limites operacionais:

- Terminais de cruzeiro: 18 m/s, com localização abrigada de ondas e correntes.

- Terminais de *ferries*: para atracação entre 15 m/s e 30 m/s e para desatracação entre 12 m/s e 35 m/s, dependendo do rumo do vento (pior condição é o vento de través), com localização abrigada de ondas e correntes.

- Terminais de óleo e gás (dependendo de uma análise de risco) com localização abrigada de ondas (abaixo de 0,6 m) e correntes:
  - cerca de 10 m/s para atracação de embarcações com área vélica superior a 5.000 m²;
  - cerca de 15 m/s para atracação de embarcações com área vélica inferior a 3.000 m²;
  - cerca de 15 m/s como limite operacional de transferência do granel líquido;
  - cerca de 20 m/s como limite de desconexão dos braços de carregamento, dependendo da recomendação do fabricante;
  - cerca de 22 m/s como limite de segurança do sistema de amarração: a embarcação deve arriar âncora se houver previsão de aumento da intensidade do vento, bem como medidas extraordinárias de segurança devem ser adotadas, como lastrear o navio para reduzir a área vélica, usar linhas de amarração adicionais, ter um ou mais rebocadores de *stand-by* (para empurrar o navio contra as defensas, já estando os braços de carregamento desconectados), e outras no sentido de reduzir o risco de ruptura de cabos;
  - cerca de 25 m/s: se possível, o navio deve ser desatracado para seguir para alto mar. Observe-se que esta manobra somente poderá ser realizada se os rebocadores puderem operar com as ondas produzidas por esse vento forte. Assim, é importante dispor de

uma boa previsão do tempo, pois a desatracação poderá ser necessária antes de se atingir essa velocidade para que os rebocadores ainda consigam dar assistência ao navio.

- com ventos acima de 30 m/s, a tensão nas linhas de amarração poderá atingir 60% a 65% do MBL do cabo, condição em que normalmente o freio do guincho onde está acoplado o cabo o alivia.

Em terminais mais expostos à ação das ondas, limites mais baixos devem ser usados. Nesses casos, as forças das ondas (altura e período) impelindo o navio contra as defensas deve ser estimado.

Em casos de operações com navio atracado a contrabordo em transbordo (*ship to ship*), a operação deve ser interrompida e a conexão entre os navios deve ser interrompida com 16 m/s; e, havendo previsão de o vento aumentar para 20 m/s, a embarcação mais externa deve seguir para alto mar.

- Terminais de carga geral e contêineres: geralmente a operação do equipamento específico de movimentação de carga (transtêineres e portêineres) deve ser interrompida com vento acima de 20 m/s. Em muitos casos, a faixa-limite para a operação de guindastes varia de 25 a 35 nós (ASCE, 2014).

- Rebocadores e barcos de apoio na amarração:
  - para rebocadores convencionais: H_s limite situa-se entre 1,0 m e 1,5 m;
  - para rebocadores azimutais: H_s limite situa-se em 1,5 m;
  - para barcos ou lanchas de apoio na amarração: H_s limite situa-se entre 1,0 m e 1,3 m.

As recomendações internacionais são de velocidades de atracação de projeto da ordem de 30 cm/s, com ângulos de aproximação de 10° a 15°. A Tabela 14.1(A) fornece um detalhamento desse valor em função das condições de vento e da facilidade de aproximação. Recomenda-se que a velocidade de aproximação, em seu estágio final antes do toque nas defensas, seja no máximo 2/3 da velocidade de aproximação utilizada no projeto da estrutura de atracação, bem como que o ângulo de obliquidade com a linha de atracação esteja entre 3° e 5°. Alguns terminais portuários de maior porte utilizam equipamento detector da velocidade e da distância de aproximação das embarcações (ver Figura 14.12(D)), registradas em painel no cais, cujos números sejam visíveis a pelo menos 200 m. Desse modo, o comandante e o prático conseguem ler os dados a partir da ponte de comando.

PIANC (2002) recomenda, para o projeto do sistema de defensas para grandes navios com assistência de rebocadores, valores não inferiores a:

- 10 cm/s: para condições muito favoráveis;

- 15 cm/s: em muitos casos;

- 25 cm/s: para condições muito desfavoráveis com correntes transversais e/ou muito vento.

Tabela 14.1(A)
Velocidade perpendicular à linha de atracação (m/s) recomendada para o navio com portes brutos indicados, em função das condições de vento e proteção da bacia (NBR 9782)

Condições de vento e ondas	Condições de aproximação (proteção da bacia portuária)	> 10.000 tpb	5.000 a 10.000 tpb	1.000 a 5.000 tpb	< 1.000 tpb
Fortes	Difíceis	0,30	0,40	0,55	0,75
Fortes	Favoráveis	0,20	0,30	0,45	0,60
Moderadas	Aceitáveis	0,15	0,20	0,35	0,45
Protegido	Difíceis	0,10	0,15	0,20	0,25
Protegido	Favoráveis	0,10	0,12	0,15	0,20

Tabela 14.1(B)
Velocidade de atracação com assistência de rebocadores recomendada por Thoresen (2014)

Deslocamento total do navio (t)	Velocidade em m/s		
	Condições favoráveis	Condições moderadas	Condições desfavoráveis
Abaixo de 10.000	0,20 a 0,16	0,45 a 0,30	0,60 a 0,40
De 10.000 a 50.000	0,12 a 0,08	0,30 a 0,15	0,45 a 0,22
De 50.000 a 100.000	0,08	0,15	0,20
Acima de 100.000	0,08	0,15	0,20

Na Tabela 14.1(B) (THORESEN, 2014), são recomendadas velocidades médias de atracação com a assistência de rebocadores, diferenciadas de acordo com o porte da embarcação e das condições náuticas. No caso de defensas de rampas para *ferries* e navios Ro/Ro atracando com seus próprios meios, as velocidades de atracação, dependendo da distância de frenagem, geralmente variam entre 0,4 m/s e 1,0 m/s.

14.2.2.3 DIAGRAMA FORÇA (CARGA) DE REAÇÃO X DEFLEXÃO (DEFORMAÇÃO)

Na Figura 14.13 estão apresentadas curvas força (carga) de reação e absorção de energia × deflexão de defensas do tipo π. As diferentes paramétricas (1, 2, 3, 4) correspondem a diferentes graus de absorção de energia do elastômero, de H de altura e L de comprimento em mm. As curvas características costumam fornecer as deflexões de projeto (*rated*) e máxima, conforme assinalado na Figura 14.13 para deflexões de 60% e 62,5%.

As defensas com altos gradientes de força × deflexão têm maior capacidade de absorção de energia e, consequentemente, altas pressões de contato com os cascos dos navios. É frequente o uso de escudos para reduzir a pressão de contacto.

As defensas com baixos gradientes de força × deflexão têm grandes deflexões para uma determinada energia absorvida e, consequentemente, menores pressões de contato com os cascos dos navios. São equipamentos mais caros pelas maiores dimensões.

14.2.2.4 DEFENSAS ELÁSTICAS

As defensas elásticas atuam absorvendo a energia cinética das embarcações em aproximação (Figuras 14.14 e 14.15) em energia potencial de deformação elástica.

A maior parte desses dispositivos emprega elementos de borracha tratada para resistir à ação da água do mar.

As partes constituintes das defensas e seus elementos de fixação devem ter resistência suficiente aos esforços solicitantes, incluindo as solicitações tangenciais que possam ocorrer.

Na Figura 14.16 podem ser visualizadas situações de não conformidade em instalações de atracação.

O tipo mais simples de defensa flexível são os pneus, cuja absorção de energia é da ordem de 1 a 2 tfm por unidade.

As defensas celulares são muito empregadas (Figuras 14.17 e 14.18), sendo rígidas quando solicitadas axialmente, consistindo em um grande cilindro, ou tronco de cone, de borracha solicitado à compressão axial, flambando quando solicitado acima de determinado limite. Para menores solicitações podem ser usadas transversalmente (Figura 14.18 (E) e (F)), funcionando como flexíveis até ocorrer o fechamento do orifício por esmagamento da borracha, sendo denominadas de tubulares.

As defensas arco do tipo V, M ou π podem ser dispostas ao longo do cais vertical ou horizontalmente (Figuras 14.19 e 14.20), tendo características análogas às defensas cilíndricas.

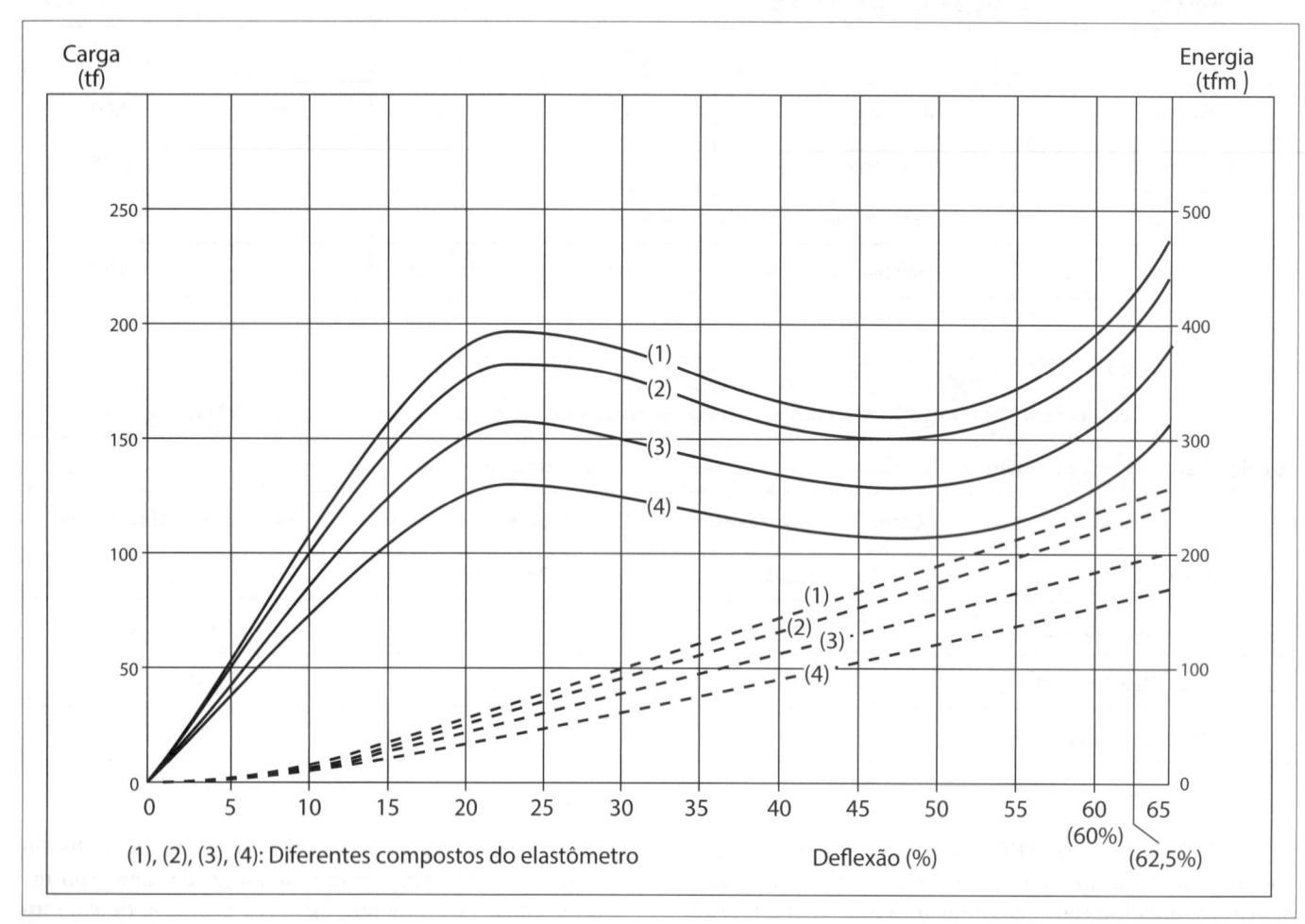

Figura 14.13
Curvas típicas de comportamento de defensas do tipo π por metro de comprimento (2.500 H x 1.000 L).

Figura 14.14
(A) Aproximação de navio conduzido por rebocadores pelo canal de acesso interno do Porto de Santos (SP).
(B) Aproximação final de navio para atracação no Porto de Santos (SP).

Figura 14.15
Aproximação final das defensas de navio no Píer III do Complexo de Ponta de Madeira da Vale em São Luís (MA).

Figura 14.16
(A) Caixões flutuantes com defensas de pneus usados como espaçadores provisórios para conseguir maior profundidade junto à linha de atracação. Cais de fertilizantes do Porto de Paranaguá (PR).
(B) Segundo cais do Portocel em Barra do Riacho, Aracruz (ES). Vista das defensas provisórias com pneus de tratores e cabeço de amarração.
(C) As defensas originais foram rompidas por esforço de torção-cisalhamento.

Figura 14.16
(D), (E) e (F) Vistas do dano estrutural ocasionado ao paramento do cais da Hidrovias do Brasil S. A. no Rio Pará, em Vila do Conde (PA), pela colisão de navio em velocidade mais elevada que a recomendada.
(G) Defensa e escudo fora de uso no Píer 1 do Complexo Portuário de Tubarão da Vale em Serra (ES).

Figura 14.17
Defensa celular.
(A) Mecânica da solicitação.
(B) Defensas instaladas no Porto de São Sebastião (SP).

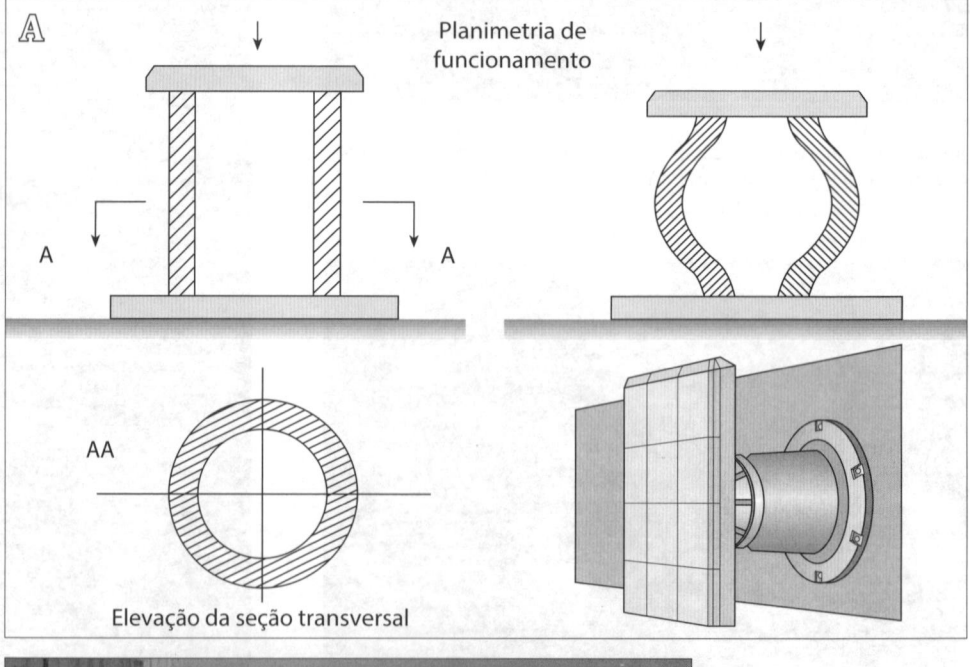

Planimetria de funcionamento

Elevação da seção transversal

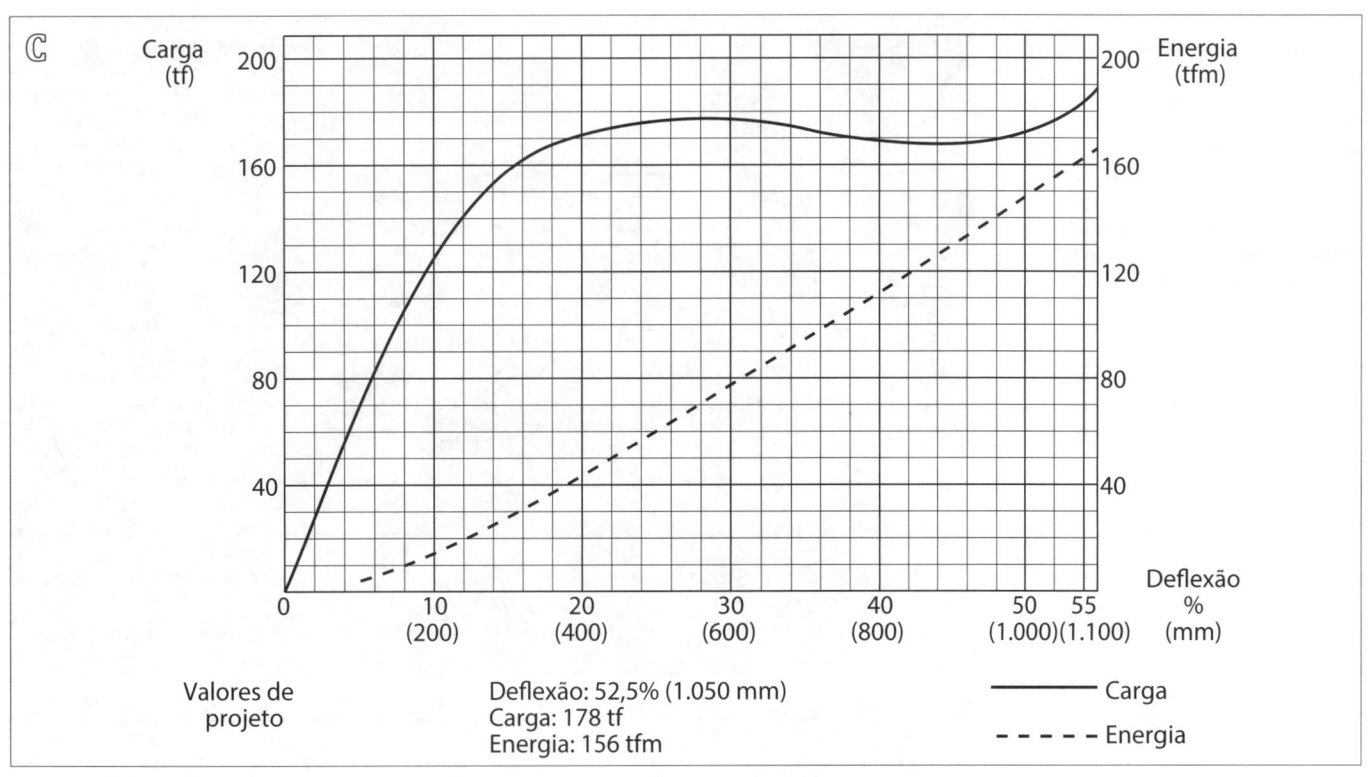

Figura 14.17
(C) Exemplo de curvas características.

Figura 14.18
(A) Defensas do Píer I do Complexo Portuário de Ponta da Madeira da Vale em São Luís (MA).

Figura 14.18
(B) Defensas celulares tronco-cônicas no Berço Sul do Píer IV do Complexo Portuário de Ponta da Madeira da Vale em São Luís (MA).
(C) Defensa celular tronco-cônica acoplada ao escudo de aço no Terminal da BTP, no Porto de Santos (SP).
(D) Defensa celular tronco-cônica no Terminal de Navios de Cruzeiro do Porto de Tallinn (Estônia).

Figura 14.18
(E) Defensas celulares transversais no porto de Hamburg (Alemanha).
(F) Defensas celulares transversais no terminal de *ferry-boats* no Porto de Buenos Aires (Argentina).

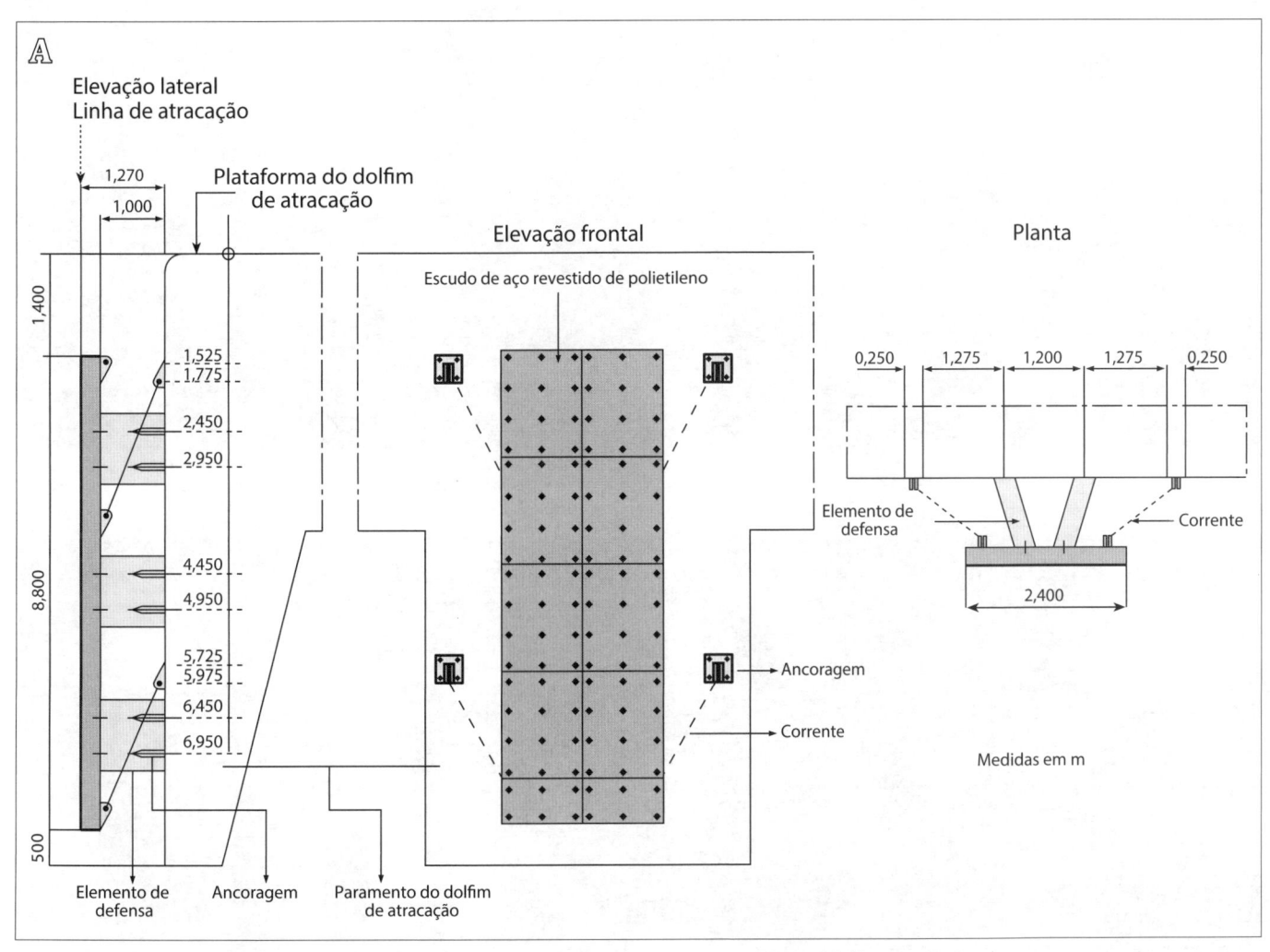

Figura 14.19
(A) Detalhamento de fixação de defensa tipo π em dolfim de atracação.

Figura 14.19
(B) Exemplo de curvas características.
(C, D, E, F, G) Sequência de solicitação
de defensas no Terminal de Granéis
Líquidos – TGL do Complexo Portuário
de Tubarão da Vale em Vitória
(ES), contando-se com sistema de
arrefecimento por água.

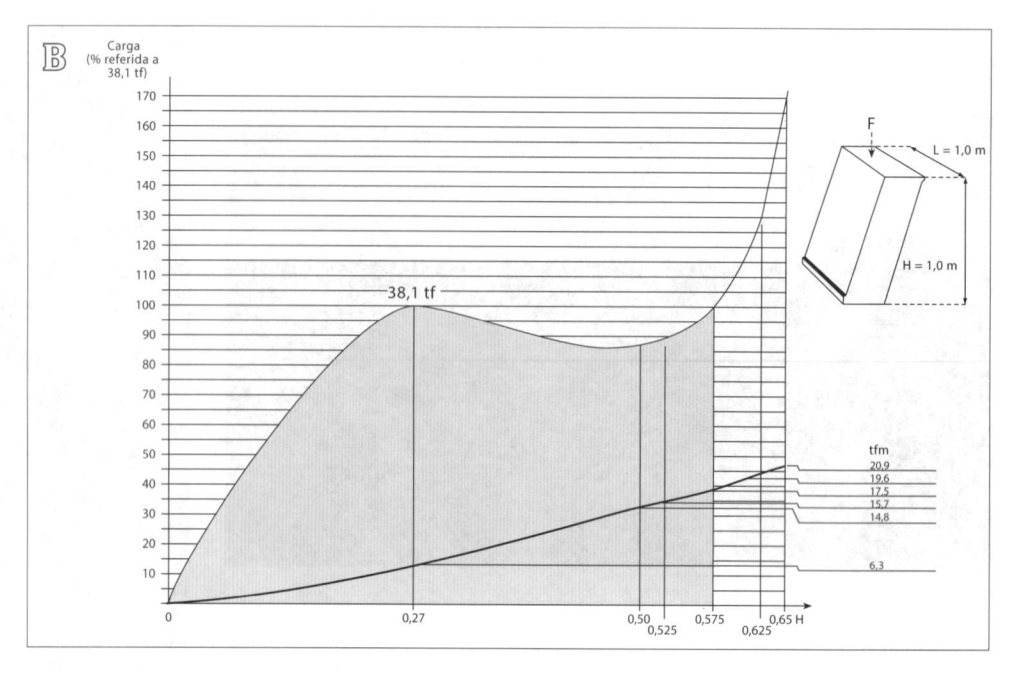

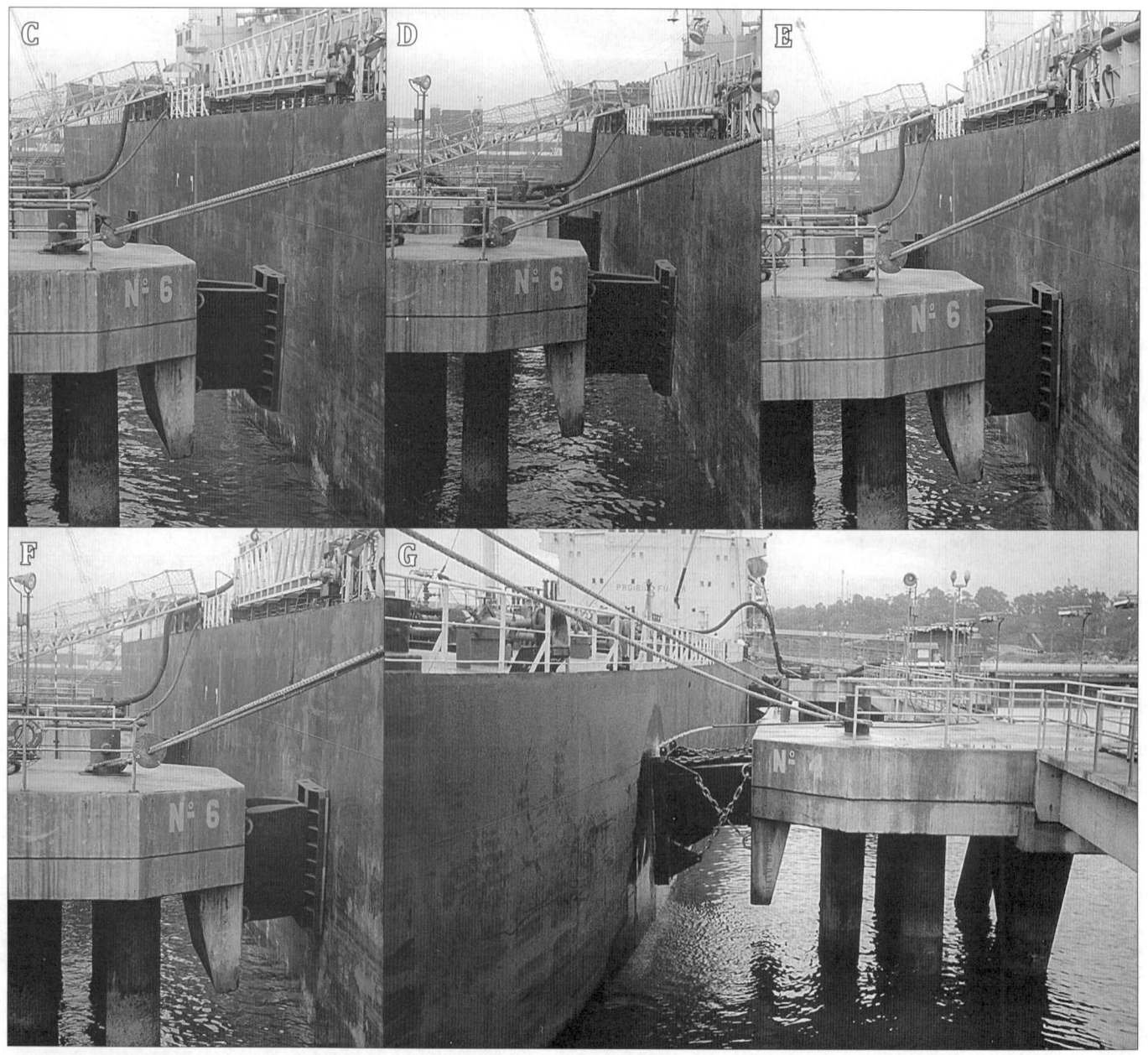

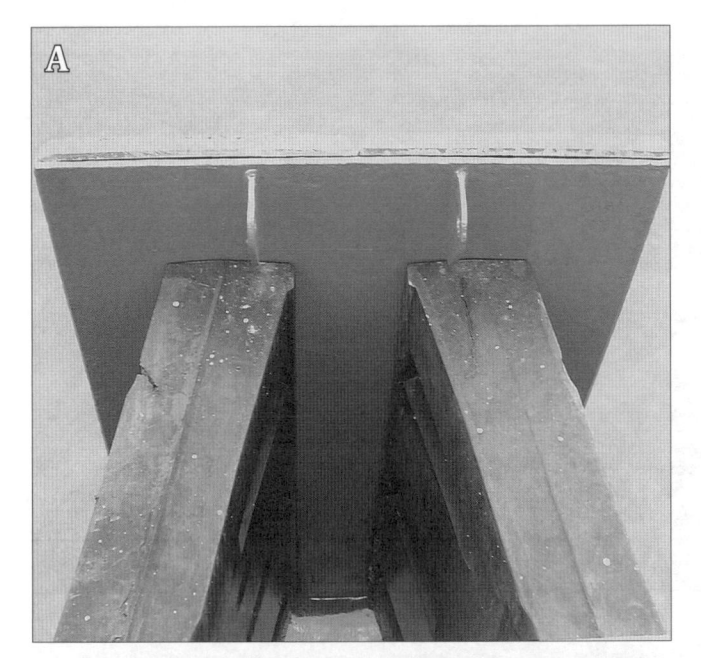

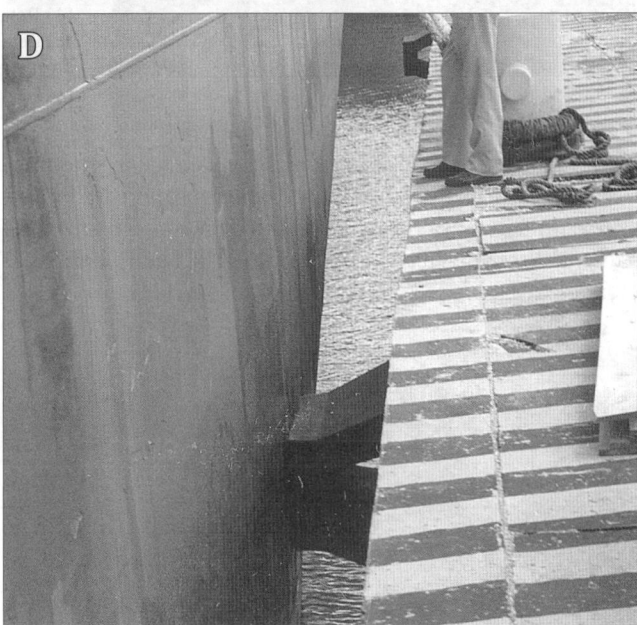

Figura 14.20
(A) Defensas π instaladas com escudo frontal no cais do Píer III do Complexo Portuário de Ponta da Madeira da Vale em São Luís (MA).
(B) Terminal de contêineres do Porto de Suape (PE).
(C) Defensas π instaladas com escudo frontal no Porto de Cabedelo (PB).
(D) Segundo cais do Portocel em Barra do Riacho, Aracruz (ES). Vista das defensas tipo π.
(E) Cais de fertilizantes do Porto de Paranaguá (PR) com defensas tipo π.

Figura 14.21
(A) Defensa pneumática no cais do Porto de Gdynia (Polônia).
(B) Defensa pneumática originalmente no píer do Complexo Portuário de Ponta da Madeira da Vale em São Luís (MA).

Na Figura 14.21 vê-se uma defensa do tipo pneumática, que é flutuante e de comportamento rígido. Na Figura 14.22, uma defensa tipo amortecedor Raykin, em forma de sanfona de borracha com comportamento rígido e boa capacidade para resistir às solicitações tangenciais.

Figura 14.22
Amortecedor Raykin nos dolfins de acostagem do Tebar da Petrobras em São Sebastião (SP).

Os dolfins elásticos (Figura 14.23) constam de estaca ou conjunto de estacas de aço, contraventadas ou não no topo, que absorvem o impacto no topo na forma de energia elástica de flexão. Têm diagramas característicos intermediários a 1 e 2 e são empregados tanto em terminais para *ferry-boats* quanto em grandes terminais para granéis líquidos. Possuem o inconveniente de poderem adquirir deformações permanentes quando fortemente solicitados.

14.2.2.5 CRITÉRIOS DE SELEÇÃO DAS DEFENSAS

As obras com infraestrutura vazada e esbelta, pouco resistentes a esforços horizontais, recomendam o uso de defensas que absorvam energia com grandes deformações, reduzindo a força na estrutura.

As obras maciças, resistentes a grandes esforços horizontais, recomendam defensas menos flexíveis.

14.2.2.6 ESTIMATIVA DAS AÇÕES DE ATRACAÇÃO

O impacto do navio contra a estrutura de atracação, em uma primeira etapa, transmite parte da energia cinética de seu movimento de aproximação à obra, transformada em energia potencial de deformação das defensas e das estruturas, atingindo-se uma deformação máxima e um esforço correspondente que deve ser absorvido pela estrutura de atracação, situação primordial para o projeto da estrutura de atracação. Já em uma segunda etapa, o anulamento da velocidade do navio pelo contacto, o restante da energia cinética de aproximação e a restituição elástica da recuperação da deformação das defensas transmuta-se em mudança nas velocidades e diretriz de movimento do navio, rotacionando em torno do ponto de impacto se a sua rota de colisão for oblíqua à linha de atracação, podendo mesmo ocorrer um segundo impacto no extremo oposto do navio. Perdas de energia e dissipações diversas ocorrem neste processo.

Geralmente, quando um navio aproxima-se do berço para inicialmente paralelamente à linha de atracação, a cerca de 10 a 20 m desta, seguindo-se a aproximação final ao cais com auxílio de rebocadores, ou *thrusters*. Os ângulos normais de aproximação do eixo longitudinal do navio com a linha de atracação não passam de 10° a 15°.

Girgrah (1977, apud THORESEN, 2014) propõe uma fórmula empírica para a máxima energia de impacto (em kNm) a ser absorvida pela defesa com base somente na tonelagem do deslocamento total do navio (M_1):

$$E_f = 10\ M_1\ [120 + (M_1)^{1/2}]^{-1}$$

Sugere-se a aplicação de um multiplicador de 0,5 nos casos em que o impacto for absorvido por duas defesas, ou quando for acompanhado pela rotação do navio.

Pela Norma Brasileira NBR n°. 9782/87 (ABNT, 1987), a energia cinética característica transmitida pelo navio na atracação é determinada pela equação:

$$E_c = 0{,}5(M_1 + M_2) \cdot V^2 \cdot C_e \cdot C_r$$

sendo:

E_c: energia característica nominal

M_1: massa total deslocada pelo navio

M_2: massa de água adicional, ou massa hidrodinâmica

V: velocidade de aproximação do centro de gravidade do navio perpendicularmente à linha de atracação

C_e: coeficiente de excentricidade

C_r: coeficiente de rigidez

A massa M_1 varia de acordo com o tipo de movimentação portuária. Na movimentação de descarga, a massa considerada é a máxima que o navio pode deslocar. Na movimentação de carregamento, a massa considerada é de navio em lastro ou parcialmente carregado, admitindo-se considerar o valor de 0,9 M', em que M' é a massa correspondente à capacidade de carga total do navio, seu porte bruto (tpb) dividido pela aceleração da gravidade g.

M_2 corresponde à massa de água movimentada em conjunto com o navio na atracação. De fato, quando a embarcação movimenta-se com aceleração na água, está sendo submetida a forças de resistência da água que dependem da aceleração, além das forças de resistência em virtude da viscosidade e turbulência, que dependem da velocidade da embarcação. Assim, além da força necessária para acelerar a massa do navio, existem as forças para deslocar a água que se desloca com o navio e para vencer as resistências. Para o cálculo da massa de água adicionada, considera-se o equivalente ao volume de um cilindro de água de diâmetro

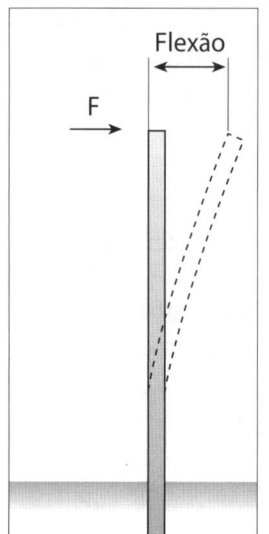

Figura 14.23
Dolfim elástico. Exemplo dos dolfins elásticos do Terminal Portuário de Sergipe da Vale em Barra dos Coqueiros (SE).

igual ao calado do navio nas condições de atracação e o comprimento igual ao comprimento do navio.

$$M_2 = \frac{\pi \cdot T^2}{4} \cdot \frac{L \cdot \gamma_a}{g}$$

sendo:

T: calado do navio nas condições da atracação

L: comprimento do navio

γ_a: peso específico da água (para água salgada 1,025 tf/m^3)

A velocidade V de aproximação do navio perpendicularmente à linha de atracação é influenciada por diversos fatores, como, por exemplo, tamanho da embarcação, condições de abrigo do porto, condições meteorológicas, uso (ou não) de rebocadores e *thrusters* e até mesmo da habilidade do piloto. Os valores mínimos a serem adotados para o cálculo da energia de atracação característica são apresentados na Tabela 14.1, sendo que, para as mesmas condições, devem ser menores para navios maiores.

O coeficiente de excentricidade leva em consideração a energia dispendida pelo navio no movimento de rotação:

$$C_e = \frac{r^2}{l^2 + r^2}$$

sendo:

l: distância entre o centro de gravidade do navio e o ponto de contato com a defensa. Caso seja no início do corpo paralelo, como usual, pode ser estimada em 0,375 L_{OA}. Usualmente, o primeiro contato se dá no meio do terço intermediário do L_{OA}, aproximadamente entre 25% a 40% do L_{OA}.

r: raio de giração do navio.

A distância l deve ser medida paralelamente à linha de atracação e a norma sugere que r pode ser adotado como aproximadamente igual a 25% do comprimento do navio. Segundo PIANC (1984):

$$r \sim (0,19 C_B + 0,11) L_{pp}$$

Segundo Mason (1981), C_e pode ser estimado por:

$$C_e = \frac{1}{1 + 16\beta^2}$$

sendo:

$$\beta = l/L$$

Assim, os valores de C_e podem variar de 0,20 a 1,00. PIANC (2002) recomenda que C_e tenha valor mínimo de 0,5.

O coeficiente de rigidez considera a parcela de energia de atracação absorvida pela deformação do costado do navio. Esse valor depende da rigidez do sistema de defensas e da estrutura do navio, podendo variar entre 0,90 e 0,95. Segundo PIANC (2002), o valor de 0,90 é o recomendável para defensas rígidas.

Como uma aproximação relativamente grosseira, Ligteringen e Velsink (2014) sugerem a equação simplificada:

$$E = M \cdot c_b \cdot V^2/2$$

em que:

$$c_b = 0,7$$

Por outro lado, o método neerlandês, mais preciso, considera:

$$E = M \cdot V^2 \cdot C_m \cdot C_e \cdot C_r \cdot C_c$$

em que:

C_m: coeficiente de massa de água adicional

C_c: coeficiente de configuração

Assim, $C_m \cdot M$ é a massa virtual do navio, compreendendo a massa da embarcação e a massa adicional de água que acompanha o navio. O valor de C_m depende da folga sob a quilha, da velocidade de aproximação e do gradiente de desaceleração após o contato com o dolfim, sugerindo-se a fórmula proposta pela Delft University of Technology:

$$C_m = 1,2 + 0,12 \cdot T/(h - T)$$

Essa fórmula se aplica a navios aproximando-se lateralmente na atracação, situação que maximiza a massa adicional.

Como recomendação prática, quanto à velocidade a adotar:

– Para condições favoráveis de corrente e vento: 0,10 m/s

– Para condições médias de corrente e vento: 0,15 m/s

– para condições de corrente e vento na atracação com navios pequenos: 0,25 m/s

É interessante citar valores de energia de atracação praticados pela British Petroleum (BP) e pela Shell em função do porte dos navios petroleiros:

– Para 50.000 tpb: 103 kJ (BP) e 120 kJ (Shell)

– Para 100.000 tpb: 152 kJ (BP) e 183 kJ (Shell)

- Para 150.000 tpb: 185 kJ (BP) e 250 kJ (Shell)
- Para 200.000 tpb: 215 kJ (BP) e 345 kJ (Shell)
- Para 300.000 tpb: 260 kJ (BP) e 515 kJ (Shell)

Para o coeficiente de excentricidade C_e, que leva em conta a rotação do navio durante a atracação, além da translação, indica-se a seguinte fórmula:

$$C_e = (r^2 + l^2\cos^2\gamma)/(r^2 + l^2)$$

em que γ é o ângulo formado entre a perpendicular à linha de atracação que passa pelo centro de gravidade do navio e a linha que une este com o ponto de contato com a defensa.

O valor de r para muitos navios varia de 0,2 L a 0,3 L e l situa-se em torno de 0,25, o que resulta em valores de C_e entre 0,5 e 0,8.

O fator de configuração C_c leva em conta o tipo de estrutura do berço. Para píeres estaqueados, $C_c = 1,0$, mas no caso de cais fechado, $C_c = 0,8$ pelo fato de o colchão de água entre a face do cais e o navio não escapar suficientemente rápido pelos extremos do navio e sob a quilha.

Uma vez estimada a energia característica nominal, os esforços característicos de impacto do navio nas estruturas devem ser calculados com o auxílio das curvas características fornecidas pelo fabricante, que correlacionam a energia absorvida com a deformação imposta e a força transmitida. Para a obtenção do valor final da força de impacto é necessário majorar o valor característico, considerando que ações variáveis provocam efeitos desfavoráveis para a segurança da estrutura, recomendando a NBR n.º 9782/87 (ABNT, 1987), que esta majoração seja de 1,4 para combinações normais características (em serviço) e 1,0 para combinações excepcionais, de duração extremamente curta e muito baixa probabilidade de ocorrência durante a vida útil da obra, mas que devem ser consideradas no projeto estrutural em estado último.

Forças paralelas à linha de atracação surgem em razão do atrito entre o costado do navio e o sistema de defensas, dependendo seus valores característicos do coeficiente de atrito do tipo de revestimento do painel frontal (escudo) empregado com o aço do costado do navio, como sugerido pela NBR nº. 9782/87 (ABNT, 1987):

Aço: 0,35 a 0,4

Madeira seca: 0,6

Madeira molhada: 0,2

Borracha: 0,3 a 0,4

Resina sintética: 0,1 a 0,2

Thoresen (2014) sugere os seguintes coeficientes de atrito com o aço:

Aço: 0,25

Polipropileno: 0,2

Madeira: 0,4 a 0,6

Borracha: 0,6 a 0,7

Segundo demonstrado por Mason (1981), o efeito do atrito no cálculo da energia de impacto é desprezável.

Quando a aproximação do navio for inclinada com relação à linha de atracação, o sistema de defensas deve ser dimensionado para absorver toda a energia de impacto em apenas um ponto de atracação. No caso de cais contínuo, o espaçamento das defensas deve ser suficiente para que se assegure proteção da estrutura quando houver acostagem oblíqua à linha de atracação, normalmente variando de 10 a 30 m em cais corridos, e nos dolfins de atracação nas obras com elementos discretos. Em qualquer situação, o sistema de defensas deve ser dimensionado para absorver a energia de atracação do navio sem que se produzam deformações permanentes na estrutura ou nas defensas.

Na literatura técnica que versa sobre a atracação de navios, habitualmente considera-se o conceito de massa hidrodinâmica (ou virtual), que engloba o efeito de M_1 e M_2, conduzindo ao coeficiente de massa hidrodinâmica Cm dos navios. O efeito de massa hidrodinâmica é maior quando o navio se movimenta transversalmente ao cais (que é a situação mais comum) comparativamente ao movimento longitudinal, mas comparativamente a velocidade de aproximação é muito mais baixa do que no movimento longitudinal do navio. Assim, PIANC (apud MASON, 1981) define:

$$C_m = \frac{M_1 + M_2}{M_1}$$

Diversos autores propuseram estimativas para C_m, como citado por PIANC (1984), sendo uma das mais reconhecidas a de Vasco Costa:

$$C_m = 1 + 2\frac{T}{B}$$

sendo B a boca do navio.

A Japan Association of Ports and Harbours recomenda que a energia efetiva de atracação do navio seja calculada pela fórmula:

$$E_e = \frac{M_1 V^2}{4g} C_m$$

sendo:

E_e: energia efetiva de atracação do navio (tf.m)

M_1: deslocamento total do navio (tpb)

V: velocidade de aproximação do navio perpendicularmente à linha de atracação (m/s)

C_m: coeficiente de massa hidrodinâmica de Shigeru Ueda

g: aceleração da gravidade

com:

$$C_m = 1 + \left(\frac{\pi}{2C_B}\right)\left(\frac{T}{B}\right)$$

em que:

T: calado do navio
C_B: coeficiente de bloco do navio
B: boca do navio

Segundo Mason (1981), o coeficiente de transmissão que multiplica a energia cinética do navio calculada com a massa M_1 varia de 0,3 a 0,5, dependendo dos fatores já comentados, ou seja: direção do choque, rotação do navio em torno do ponto de contacto e da deformação do navio e da estrutura.

Quando a embarcação atraca com seus próprios recursos, é usual que o faça formando um ângulo com a linha de atracação, de modo que cada unidade de defesa deve ser dimensionada para absorver a energia total do impacto, uma vez que o primeiro contato do navio é quase sempre em uma defesa. Já quando a embarcação está assistida por rebocadores, a atracação se dá paralelamente à linha de atracação ao longo de uma linha de contato, que em alguns conteineiros pode ser da ordem de 20% do comprimento do navio, enquanto num navio cargueiro convencional pode ser mais de 70%. Essa condição é importante na escolha do tipo de defesa, do seu espaçamento e quanto ao cálculo da força atuante na estrutura e no navio (THORESEN, 2014).

As recomendações alemãs (EAU, 2004, apud THORESEN, 2014) recomendam que o paramento do cais seja dimensionado para as operações normais com as seguintes cargas de compressão e verticais (em kN/m linear de berço), respectivamente, em função da tonelagem do deslocamento total do navio:

2.000 t: 15 e 10
5.000 t: 15 e 15
10.000 t: 20 e 20
20.000 t: 25 e 20
30.000 t: 30 e 25
50.000 t: 35 e 25
100.000 t: 40 e 30

As forças horizontais devidas à ação de ondas de longo período atuando ao longo do berço dependem do comprimento da onda de longo período com relação ao porte do navio. Assim, por exemplo, com uma onda de esbeltez de 1:2.000, a força de impacto nas defesas em um navio de 300.000 t é de aproximadamente 1.500 kN. Na direção da linha de atracação, a força de atrito desenvolvida em defesas de borracha será da ordem de 1.500 x 0,7 = 1.050 kN sobre a estrutura do berço.

Considerando um dimensionamento pela NBR nº. 9782/87 (ABNT, 1987) do sistema de defesas para a atracação

com V = 15 cm/s para carregamento de um navio ULOC cujas dimensões são:

Deslocamento total: 686.000 tf
Porte bruto: 614.000 tpb
L_{pp} = 425 m
B = 80 m
T = 20,14 m

Tem-se:

M' = 0,9 × 614.000 = 552.600 tf
M_1 = 552.600/9,81 = 56.330,28 tfs²/m
$M_2 = \frac{\pi \cdot 20,14^2}{4} \cdot \frac{425 \cdot 1,025}{9,81} = 14.146,62$ tfs²/m
C_e = 0,5
C_r = 0,95
E_c = 0,5 (56.330,28 + 14.146,62) × 0,15² × 0,5 × 0,95 = 376,61 tfm = 3.694,55 kNm

Levando em conta um ângulo de inclinação de atracação de 5°, bem como outras incertezas, convém considerar uma queda de eficiência da defesa em torno a 10%, correspondendo a uma majoração de 10% na energia calculada. Finalmente, aplica-se a majoração de 1,4 para combinações normais características (em serviço), resultando na energia total:

$$E = 1,1 \times 1,4 \times 3.694,55 = \mathbf{5.689,61 \text{ kNm}}$$

14.2.3 Cabos de amarração

14.2.3.1 MOVIMENTOS FUNDAMENTAIS DAS EMBARCAÇÕES E SEUS LIMITES RECOMENDADOS

Os movimentos fundamentais das embarcações estão assinalados na Tabela 14.2:

— translações: deslocamento (ou deriva), abatimento e arfagem;
— rotações: balanço (ou jogo), caturro e cabeceio.

Os movimentos que podem ser efetivamente restringidos pelas amarrações nos navios atracados são o deslocamento, o abatimento e o cabeceio, que são os movimentos que se desenvolvem no plano horizontal, nos quais o efeito restritivo das linhas de amarração é mais efetivo. Para os movimentos induzidos pelas ondas no plano vertical, o sistema de amarração é pouco efetivo, sendo mais importante a atuação das defesas, que devem agir pelo atrito com o costado do navio para que este tenha tais movimentos induzidos restringidos. A amarração e o sistema de defesas devem evitar ao máximo o crescimento das forças de inércia do navio. O sistema de defesas é importante não somente como absorvedor de energia nas defesas pouco reativas (com grande efeito de histerese entre a compressão e a

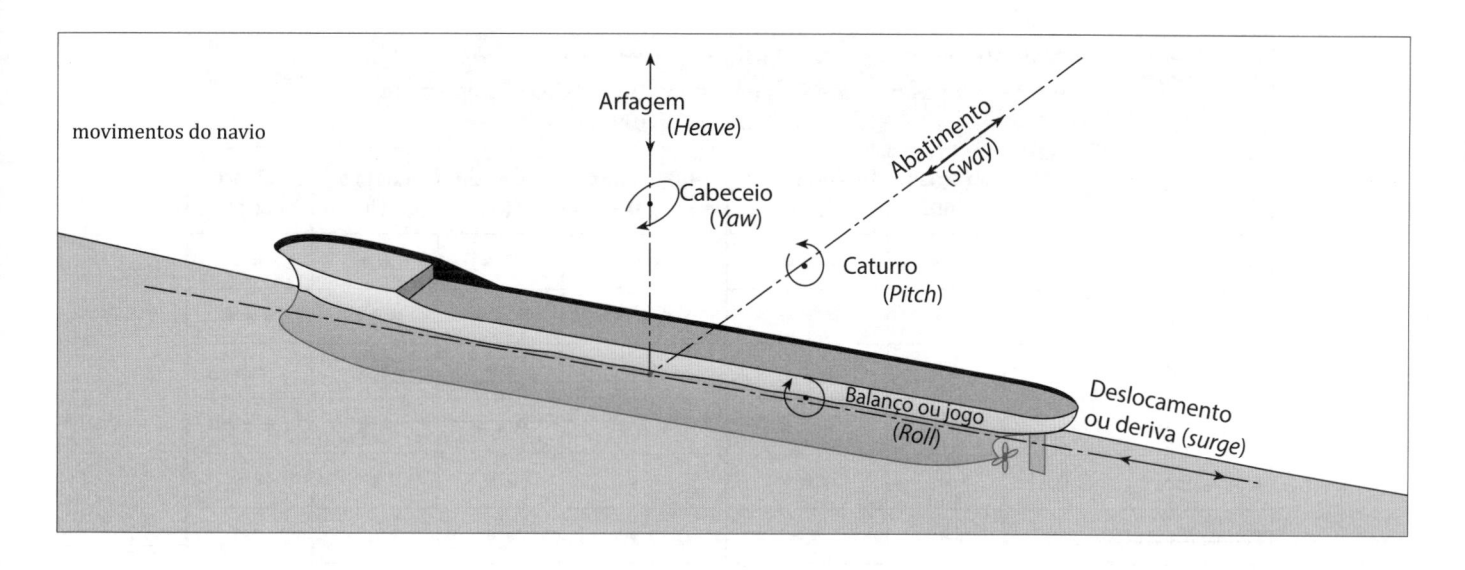

movimentos do navio

Arfagem (*Heave*)

Cabeceio (*Yaw*)

Abatimento (*Sway*)

Caturro (*Pitch*)

Balanço ou jogo (*Roll*)

Deslocamento ou deriva (*surge*)

Tabela 14.2
Critérios de movimentação[1] recomendados para a segurança operacional dos navios nos cais segundo PIANC (1995)

Tipo de navio	Equipamento de movimentação de carga	Arfagem (m)	Deslocamento (m)	Abatimento (m)	Cabeceio (°)	Caturro (°)	Balanço (°)
Barcos pesqueiros	Guindaste monta-cargas (descarga vertical)	0,4	0,15 1,00	0,15 1,00	3	3	3
	Bomba aspiradora		2,00	1,00			
Cabotagem com navio carregado	Equipamento embarcado	0,6	1,00	1,20	1	1	2
	Guindaste de cais	0,8	1,00	1,20	2	1	3
Ferries e navios Ro/Ro	Rampa lateral[2]	0,6	0,60	0,60	1	1	2
	Rampa de tempestade	0,8	0,80	0,60	1	1	4
	Passarela	0,8	0,40	0,60	3	2	4
	Rampa ferroviária	0,4	0,10	0,10		1	1
Carga geral		1,0	2,00	1,50	3	2	5
Conteneiros[4]	Rendimento 100%	0,8	1,00	0,60	1	1	3
	Rendimento 50%	1,2	2,00	1,20	1,5	2	6
Graneleiros	Guindastes	1,0	2,00	1,00	2	2	6
	Descarregador de roda de caçamba	1,0	1,00	0,50	2	2	2
	Carregador de esteira		5,00	2,50	3		
Petroleiros	Braço de movimentação		3,00[3]	3,00			
Metaneiros	Braço de movimentação		2,00	2,00	2	2	2

Obs.:

[1] Os movimentos são considerados de pico a pico, com exceção do abatimento que é o afastamento da linha de atracação.

[2] Rampa equipada com roletes.

[3] Nas localidades expostas: 5,0 m (os braços de movimentação de óleo permitem normalmente grandes movimentos).

[4] D'Hondt (1999, apud THORESEN, 2014) recomenda para conteneiros os seguintes limites: caturro: 0,4° com relação ao plano horizontal; balanço: 0,24° com relação ao plano horizontal; composição de caturro com balanço: 0,45° com relação ao plano horizontal; arfagem: máxima amplitude de 20 cm com relação à posição em repouso, e máxima velocidade de 7,5 cm/s com relação ao centro de gravidade.

Tabela 14.3 Importância dos movimentos de navio atracado para a operação, segundo Per Bruun (1993)						
Tipo de navio	**Arfagem (m)**	**Deslocamento (m)**	**Abatimento (m)**	**Cabeceio (°)**	**Caturro (°)**	**Balanço (°)**
Supplier	∗∗	∗∗∗	∗∗	∗∗	∗∗	∗∗
Navios Ro/Ro	∗∗	∗∗∗	∗∗∗	∗∗∗	∗∗∗	∗∗∗
Carga geral	∗∗	∗∗∗	∗∗	∗∗	∗∗	∗∗
Conteneiros	∗∗	∗∗∗	∗∗∗	∗∗∗	∗∗	∗∗∗
Mineraleiros e graneleiros	∗	∗∗∗	∗∗	∗∗	∗	∗∗
Petroleiros VLCC	∗	∗∗	∗∗	∗∗	∗	∗∗
Metaneiros (LNG)	∗∗	∗∗∗	∗∗∗	∗∗∗	∗∗	∗∗∗
Butaneiros (LPG)∗	∗∗	∗∗∗	∗∗∗	∗∗∗	∗	∗∗∗

∗ O LPG é composto principalmente por butano, isobutano, propano, buteno e propeno.

Tabela 14.4 Limites operacionais de movimentação de navios com mais de 200 m de comprimento descarregando e com períodos de oscilação de 60 a 120 s, segundo Per Bruun (1993)					
Tipo de navio	**Arfagem (m)**	**Deslocamento (m)**	**Abatimento (m)**	**Cabeceio (°)**	**Balanço (°)**
Navios Ro/Ro (doca normal) Navios Ro/Ro (rampa lateral) Navios Ro/Ro (rampa na proa ou popa)	± 0,3 ± 0,1 ± 0,1	± 0,5 ± 0,2 ± 0,1	0,3 0,2 nulo	± 2 nulo nulo	± 3 nulo nulo
Carga geral	± 0,5	± 1,0	0,5	± 2	± 3
Mineraleiros (descarga com guindaste *clamshell*)	± 0,5	± 1,5	0,5	± 2	± 4
Graneleiros (com elevador ou sugador)	± 0,5	± 0,5	0,5	± 1	± 1
Petroleiros VLCC	± 0,5	± 2,3	1,0	± 3	± 4
Metaneiros e butaneiros	nulo	± 0,1	0,1	nulo	nulo

Tabela 14.5 Valores limites de amplitudes de movimentos para operações de carga e descargas de alguns tipos de navios, segundo USA (2005)						
Tipo de navio	**Arfagem (m)**	**Deslocamento (m)**	**Abatimento (m)**	**Cabeceio (°)**	**Caturro (°)**	**Balanço (°)**
Navios Ro/Ro	0,4 a 0,8	0,1 a 0,6	0,1 a 0,6	1,0 a 3,0	1,0 a 2,0	1,0 a 4,0
Carga geral < 10.000 tpb	0,6	1,0	1,2	1,0	1,0	2,0
Conteneiros	1,0	1,0 a 2,0	1,5	3,0	2,0	5,0
Petroleiros		3,0	3,0			

Tabela 14.6
Limites operacionais recomendados quanto à agitação ondulatória para carga e descarga

Tipo de embarcação	Porte bruto (tpb)	Altura significativa de onda (m)							
		Ondas de través (*beam sea*)				Ondas frontais ou de popa (*head-on, stern-on*)			
		Philpott (1969)	Bratteland (1974)	Le Méhauté (1977)	Velsink* (1987)	Bratteland (1974)	Harris (1981)	Harris (1982)	Velsink* (1987)
Barcos de recreio	–	0,15-0,3	–	0,2-0,4	–	–	–	–	–
Barcos pesqueiros	< 500	0,15-0,3	0,8	0,8	–	0,8	–	–	–
	> 500	–	1,3	–	–	1,3	–	–	–
Navios Ro/Ro	< 20.000	–	–	–	–	–	0,5	0,5 T$_z$ até 7 s	–
Carga geral	< 30.000	0,3-0,6	0,8	0,7	0,8	1,2	0,5	0,20 T$_z$ = 15 – 20 s 0,24 T$_z$ = 10 – 15 s 0,40 T$_z$ = 7 – 10 s 0,54 T$_z$ até 7 s	1,0
Conteneiros	<20.000	–	–	< 0,5	–	–	0,3	0,3 T$_z$ = 4 – 6 s	0,5 (e Ro/Ro)
Graneleiros	< 20.000 Descarga com *clamshell*	–	–	–	–	–	–	0,3-0,75 T$_z$ até 7 s	–
	< 30.000	–	0,8	0,8	–	1	0,5-0,75	–	–
	30-100.000 Carga	1,5	–	1,2	1,0	–	1,2	–	1,5
	30-100.000 Descarga	–	1	1	0,8 a 1,0	1,4	0,75-1	–	1,0
	60-90.000 Descarga com *clamshell*	–	–	–	–	–	–	0,35 T$_z$ = 20 s 0,45 T$_z$ = 16 s 0,55 T$_z$ = 12 s 0,80 T$_z$ = 8 s	–
	120-150.000 Descarga com *clamshell*	–	–	–	–	–	–	0,40 T$_z$ = 20 s 0,50 T$_z$ = 16 s 0,70 T$_z$ = 12 s 0,95 T$_z$ = 8 s 1,00 T$_z$ = 7 s	–
Navios tanque	< 30.000	–	–	1,5	–	–	0,5-0,75	–	1,5
	30-100.000	0,6	–	3	1,0 a 1,1	–	1-2	–	1,5 a 2,0
	100.000	–	1,4	0,3	1,1	2	–	–	2,0
	250.000	–	1,6	0,5	1,0 a 1,5	2	–	–	2,5 a 3,0
	500.000	–	–	0,5	1,0 a 1,5	–	–	–	2,5 a 3,0
Metaneiros e butaneiros	75.000 m³	–	–	< 0,5	–	–	–	–	–
	125.000 m³	–	–	< 0,7	–	–	–	–	–

(*) Períodos entre 7 s e 12 s.

Tabela 14.7
Limites operacionais recomendados por Per Bruun (1993)

Mar	Porte bruto (tpb) ÷ 1000	Alturas aceitáveis de onda (m)		
		Média	Mínima	Máxima
Frontal	200-250	2,0	1,0	4,5
	50-100	2,0	1,0	4,0
	1,5-30	1,2	0,4	2,0
Oblíquo	200-250	1,6	1,0	3,0
	50-100	1,9	1,0	4,0
	1,5-30	1,0	0,4	2,0
Través	200-250	1,6	0,75	3,0
	50-100	1,4	1,0	2,0
	1,5-30	0,8	0,4	1,5

Tabela 14.8
Limites operacionais recomendados por PIANC (1995) para embarcações de pequeno porte

Comprimento do barco (m)	Mar de través (Beam)		Mar frontal (Head)	
	Período (s)	Altura significativa (m)	Período (s)	Altura significativa (m)
4,0 – 10	< 2,0 2,0 – 4,0 > 4,0	0,20 0,10 0,15	< 2,5 2,5 – 4,0 > 4,0	0,20 0,15 0,20
10 – 16	< 3,0 3,0 – 5,0 > 5,0	0,25 0,15 0,20	< 3,5 3,5 – 5,5 > 5,5	0,30 0,20 0,30
20	< 4,0 4,0 – 6,0 > 6,0	0,30 0,15 0,25	> 4,5 4,5 – 7,0 > 7,0	0,30 0,25 0,30

descompressão), mas também como provedor de um efeito de amortecimento em todos os movimentos, especialmente pelo atrito entre a defensa e o casco do navio contra o movimento de deslocamento. Nesse sentido, no sistema de amarração são necessárias linhas de traveses bem fortes e seguras, devendo ser particularmente rígidas no caso de defensas muito reativas.

Os vários movimentos não são igualmente importantes para diferentes tipos de navios. O deslocamento é relativamente menos importante para os petroleiros quando carregam ou descarregam por meio de mangotes em braços articulados, comparativamente com navios porta-contêineres, nos quais os contêineres devem ser engatados uns nos outros. Da mesma forma para o abatimento. Para os navios mineraleiros ou graneleiros as condições dependem do tipo de granel. Para os mineraleiros, a dimensão dos porões é determinante, tendo em vista que as caçambas têm de passar livremente pela abertura. A arfagem não é importante,

uma vez que os movimentos para cima e para baixo são relativamente lentos. Para os navios porta-contêineres, os movimentos mais importantes são o deslocamento, abatimento e balanço, enquanto a arfagem também não é tão importante por ser mais lenta. O balanço, por sua vez, é um movimento importante para içamento de cargas pesadas, particularmente em virtude do risco de colisão com as aparas do porão por movimentos excessivos.

As operações de transbordo (*ship to ship*), de regaseificação, de contêineres e Ro/Ro são muito sensíveis aos movimentos do navio, podendo acarretar considerável *downtime*, sendo portanto necessário escolher com cuidado especial a locação desses terminais.

A Tabela 14.2 evidencia que os movimentos mais perigosos são os que ocorrem no plano horizontal, que podem romper as linhas de amarração. Dentre eles, o deslocamento, ou deriva, é usualmente o mais danoso para a eficiência das operações.

No caso de movimentos que sejam considerados pelo capitão excedentes do limite de segurança para o navio permanecer no berço, é importante que haja tempo para o navio desatracar e a possibilidade de fazer isso. Se a assistência dos rebocadores for requerida na manobra de desatracação, as condições de operação dos rebocadores não devem ser obstadas de ter sua atuação satisfatória. Poderia ocorrer que o limite operacional para operação segura dos rebocadores fosse atingido antes do limite de segurança dos movimentos do navio ser alcançado.

Em geral, a agitação ondulatória é a principal forçante de movimentos inaceitáveis do navio e forças no plano de amarração, tanto em portos costeiros quanto em soluções *offshore* de atracação em monoboias. Assim, não somente a altura da onda é importante, mas também o seu período, além do seu rumo com relação à embarcação. A direção de onda que menos afeta o navio é a frontal ou de ré (*head-on*, *stern-on*), enquanto a direção de través (*beam sea*) é a de maior efeito, ficando a direção de quarto (*quartering sea*) como intermediária.

Em termos do período da agitação, os mais curtos (vagas inferiores a 6 s a 8 s) afetam as embarcações menores. Os períodos mais longos (marulhos acima de 10 s a 20 s) afetam os maiores navios, com esbeltez da onda na faixa de 1:2.000 a 1:3.000. A razão para isso é o risco de ressonância do navio livre em procedimento de atracação ou desatracação, bem como do navio amarrado no berço. Assim, o movimento do navio pode aumentar significativamente se o período da forçante ondulatória está na mesma faixa dos períodos naturais do navio.

Num sistema de amarração e defensas convencional, por exemplo, um período natural de um navio atracado está em torno de 1 minuto ou mais (THORESEN, 2014), sendo a realização de ensaios em modelo físico a melhor avaliação desse comportamento perante ondas e correntes. A ação do vento é mais importante quando o navio amarrado descola das defensas. Em termos de correntes, a não linearidade das curvas de carga *versus* a deformação das defensas e das linhas de amarração, a maior rigidez das defensas com relação ao sistema de amarração, a inércia do navio com relação ao centro de gravidade da massa virtual do navio, os momentos das forças com relação a este e a velocidade da corrente (acima de 1 m/s) geram movimentos periódicos de período longo no navio.

Os períodos naturais das embarcações livres para as oscilações no plano vertical devem ser estimados e comparados com o período da forçante de ondas. Se ambos forem próximos, poderá ser esperada ressonância, com amplificação dos movimentos do navio.

Para o movimento de arfagem de graneleiros a plena carga, pode-se estimar o período natural como $10\,(T/g)^{1/2}$, sendo T o calado e g a aceleração da gravidade. O período natural de balanço pode ser estimado como: $2,5\,B\,(g\,GM)^{-1/2}$, sendo B a boca e GM a altura metacêntrica transversal (com relação ao eixo longitudinal do navio). Segundo pesquisadores japoneses (PIANC, 2014), GM pode ser estimada, em média, como B/25. O período natural de caturro pode ser estimado como: $2,0\,L_{pp}\,(g\,GM_L)^{-1/2}$, sendo GM_L a altura metacêntrica longitudinal (com relação ao eixo transversal do navio).

Nas Tabelas 14.2 a 14.8 estão apresentados critérios internacionais recomendados para a segurança operacional das embarcações atracadas. Caso alguns desses limites sejam suplantados, é recomendável suspender a movimentação de carga. A Norma Brasileira NBR nº. 9.782/87 (ABNT, 1987) recomenda como condições limites de operação portuária: vento de 60 km/h e agitação residual de até 0,70 m.

14.2.3.2 FUNÇÃO E ARRANJO DE AMARRAÇÃO

A função dos cabos e sistemas de amarração é manter a embarcação atracada com segurança no berço, de modo a permitir uma operação de movimentação de carga dentro dos limites operacionais toleráveis. A praxe portuária é a de que os cabos de amarração das embarcações sejam fornecidos por estas aos portos, ficando a responsabilidade do estado de manutenção dos cabos a cargo do armador (dono do navio) da embarcação.

Os cabos são passados pelas bordas das embarcações por aberturas ovoidais arredondadas, denominadas buzinas, para minimizar o desgaste por atrito dos cabos. Essas aberturas também podem ser constituídas por um rasgo linear na borda e dotadas de rodetes. Em princípio, é sempre recomendável passar somente um cabo em cada buzina ou rodete, evitando-se atrito mútuo entre cabos, com consequente desgaste.

Na Figura 14.24 apresentam-se alguns tipos comuns de arranjos das linhas de amarração:

- Os cabos denominados de lançantes (de vante e ré), longos e de direção longitudinal à embarcação, frequentemente são utilizados nas manobras de atracação e desatracação pelos rebocadores.

- Os cabos denominados de traveses ou semitraveses (de vante e ré) têm cabos de comprimentos intermediários, e são destinados a resistir aos esforços transversais sobre a amarração.

- Os cabos denominados de *springs* (de restrição à vante e à ré) são cabos curtos longitudinais, destinados a resistir aos esforços longitudinais sobre a amarração.

As estruturas de amarração têm seu cálculo estrutural verificado para os esforços limites últimos nos cabos, correspondentes à sua ruptura.

14.2.3.3 PRINCÍPIOS GERAIS PARA A AMARRAÇÃO SEGURA DOS NAVIOS

As seguintes recomendações sobre o funcionamento das amarrações devem ser sempre consideradas:

- Plano de amarração deve ser o mais simétrico possível com relação à meia-nau, quanto a geometria (horizontal e vertical), material dos cabos, bitola e pré-tensionamento pelos guinchos do navio.

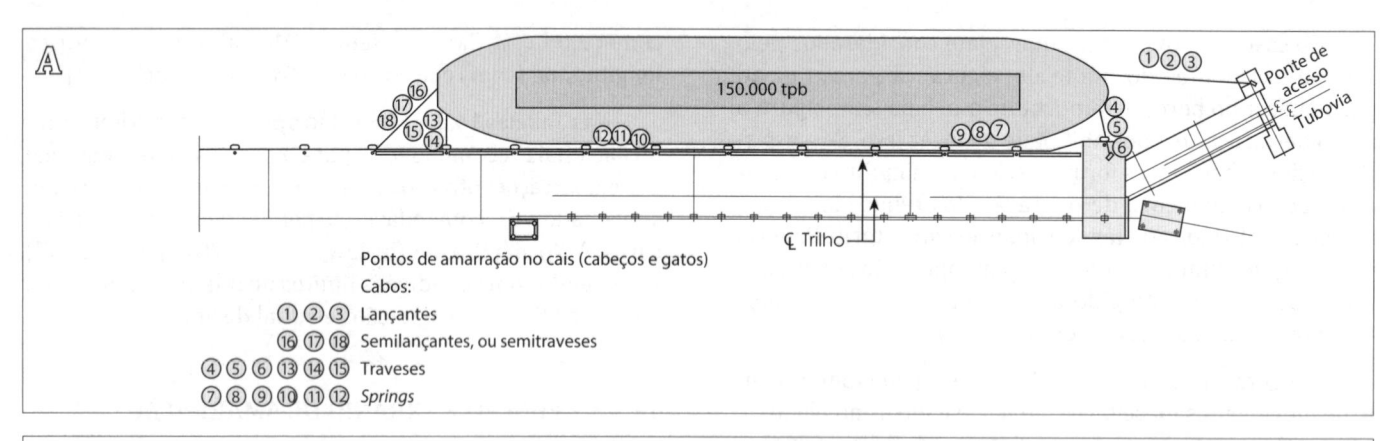

A

150.000 tpb

① ② ③ Ponte de acesso
Tubovia

Pontos de amarração no cais (cabeços e gatos)

Cabos:

① ② ③ Lançantes

⑯ ⑰ ⑱ Semilançantes, ou semitraveses

④ ⑤ ⑥ ⑬ ⑭ ⑮ Traveses

⑦ ⑧ ⑨ ⑩ ⑪ ⑫ *Springs*

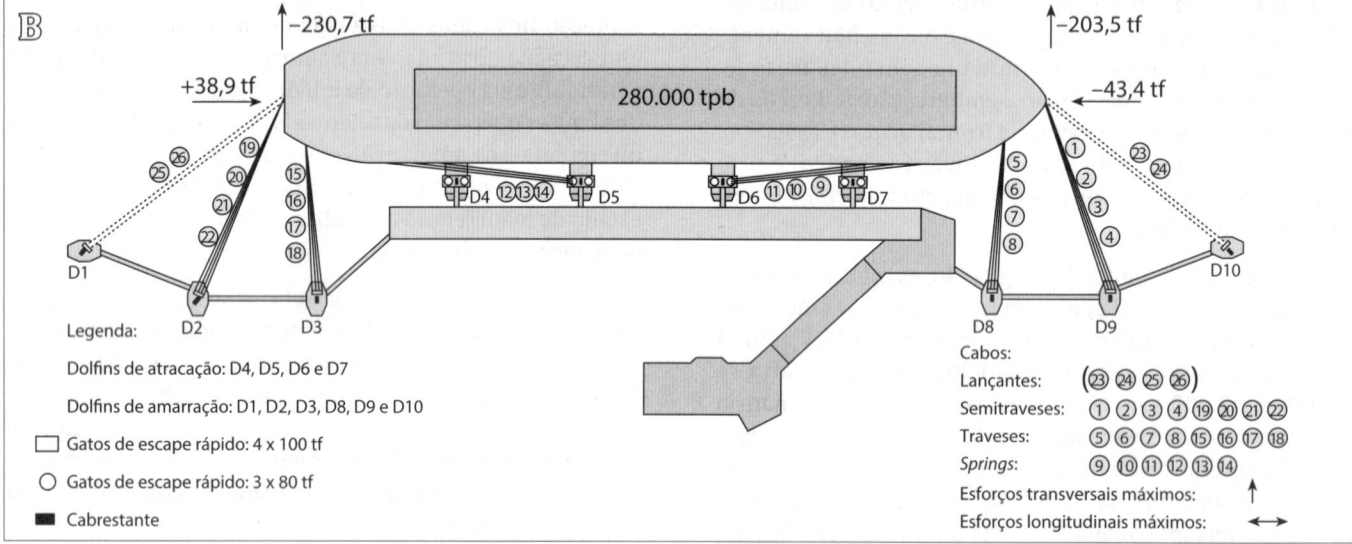

B

↑ −230,7 tf   ↑ −203,5 tf

+38,9 tf   280.000 tpb   −43,4 tf

D4   D5   D6   D7

D1   D2   D3   D8   D9   D10

Legenda:

Dolfins de atracação: D4, D5, D6 e D7

Dolfins de amarração: D1, D2, D3, D8, D9 e D10

□ Gatos de escape rápido: 4 × 100 tf

○ Gatos de escape rápido: 3 × 80 tf

■ Cabrestante

Cabos:

Lançantes: (㉓ ㉔ ㉕ ㉖)

Semitraveses: ① ② ③ ④ ⑲ ⑳ ㉑ ㉒

Traveses: ⑤ ⑥ ⑦ ⑧ ⑮ ⑯ ⑰ ⑱

Springs: ⑨ ⑩ ⑪ ⑫ ⑬ ⑭

Esforços transversais máximos: ↕

Esforços longitudinais máximos: ↔

Figura 14.24

(A) Planos de amarração em cais corrido.

(B) Planos de amarração em terminal com dolfins de atracação.

(C) Guinchos de cabos traveses em navios atracados no Píer I do Complexo Portuário de Ponta da Madeira da Vale em São Luís (MA).

Figura 14.24
(D) Detalhe da passagem de cabos pelas buzinas e pelos rodetes do navio, observando-se o disco da rateira para evitar a entrada de roedores.
(E) Buzinas de navio.
(F) Passagem de cabos por rodetes de navio.
(G) Deflexão de cabos a partir de guincho do navio.

- Todos os cabos das linhas que desempenham funções iguais devem ter as mesmas características quanto a geometria (horizontal e vertical), material dos cabos, bitola, comprimento do calabrote de fibra (no caso de cabos de aço) e pré-tensionamento pelos guinchos do navio.

- A capacidade de restrição ao movimento transversal ou longitudinal é afetada pelo ângulo vertical do cabo com relação ao plano do cais e pelo ângulo horizontal formado pelo mesmo com relação à linha de atracação de contato do costado do navio com as defensas.

- A restrição ao movimento horizontal, por exemplo, é reduzida aproximadamente de 25% quando se passa de um ângulo vertical de cabo de 20° para 45°, razão pela qual recomenda-se como ângulo vertical limite 25°. Assim, os pontos de amarração devem estar localizados em terra, entre 35 a 50 m do costado do navio, dependendo da altura do ponto e das variações de maré e carregamento.

- A efetividade da restrição por tipo de cabo depende de seu ângulo horizontal e sua rigidez. Assim, por exemplo, os cabos lançantes são pouco efetivos na absorção dos esforços, pois são cabos longos e, consequentemente, pouco rígidos, comparativamente com os cabos

springs, que desempenham função semelhante na restrição dos esforços longitudinais.

14.2.3.4 MATERIAIS E CONSTITUIÇÃO DOS CABOS

Os materiais utilizados na fabricação dos cordões trançados de cabos de amarração de embarcações são:

- Fibras naturais vegetais: o cânhamo sempre foi o material mais usado no comércio aquaviário até meados do século passado, tanto para amarração como para uso geral, por sua resistência e durabilidade, e, atualmente, foi praticamente substituído pelas fibras sintéticas.

- Fibras sintéticas: de um modo geral, são as de mais fácil manuseio, por serem mais leves, não absorverem água e não dilatarem ou enrigecerem, como o cânhamo. As fibras mais utilizadas são poliéster, náilon (poliamida), polipropileno.

- Arames de aço: constituem-se nos cabos mais rígidos, feitos de arames de aço trançados e enrolados sobre um núcleo metálico ou de fibras. Não são recomendáveis em terminais de inflamáveis, em razão do risco de produzirem faíscas ao serem atritados. Costumeiramente apresentam um calabrote (chicote) de fibra, de cerca de 11 m a 12 m, que deve ter carga de ruptura pelo menos 25% superior à do arame, para facilitar o manuseio e tornar o cabo um pouco menos rígido, de modo que responda sem a tendência de apresentar picos de esforço muito elevados. A costura entre o arame e o calabrote deve ser muito bem feita para que não se torne um ponto de fraqueza da linha.

- Sendo os cabos de amarração a ligação entre o navio e o cais, recomenda-se que, na movimentação de produtos, sejam utilizados pelos navios discos que envolvem o cabo para evitar o acesso de roedores (Figura 14.24(D)).

As linhas de arames de aço fornecem grandes MBL e resistência à abrasão, mas são difíceis de manusear, somente permitem pequenas elongações, não dissipam cargas impulsivas, e, portanto, não distribuem as cargas mais uniformemente. As fibras sintéticas são mais facilmente manuseáveis e, comparativamente com o aço, são mais elásticas, entretanto são mais fracas, desgastam e sofrem abrasão mais facilmente. Atualmente, foram desenvolvidas algumas fibras que combinam alguns dos benefícios de ambos os tipos, como o Aramid e o HMPE (*High-modulus polyethylene*), de marcas como Dyneema e Spectra.

14.2.3.5 CARACTERÍSTICAS

São as seguintes as principais características dos cabos de amarração:

- Elasticidade

  Tendência do cabo de retornar ao comprimento original com a remoção do esforço solicitante.

- Extensibilidade

É a elongação do cabo em resposta à solicitação. É representada pela curva carga (ou tensão) × elongação (ou deformação), conforme exemplificado na Figura 14.25.

- Rigidez

  É o quociente entre a carga aplicada e a elongação no cabo.

- Carga de ruptura (*Minimum Breaking Load* – MBL)

  Corresponde à máxima carga em que o cabo comporta-se de acordo com a elasticidade linear (lei de Hooke), e a partir da qual o material escoa, introduzindo deformação permanente no cabo.

- Carga máxima de trabalho (*Safe Working Load* – SWL)

  Usualmente consideram-se 55% de MBL para cabos de arame de aço, mandatoriamente passados em guinchos, e 75% para cabos sintéticos não passados nos guinchos. Para cabos sintéticos passados nos guinchos, emprega-se SWL = 50% de MBL e para poliamida 45%. Esses valores consideram vida útil média em torno de 12 meses (cânhamo), 30 meses (arames de aço e polipropileno) e 60 meses (náilon).

14.2.3.6 ESTIMATIVA DE FORÇAS SOLICITANTES POR AÇÃO DO VENTO

Como padrão, a velocidade média e o rumo do vento devem ser registrados a 10 m acima do nível do mar em 10 minutos. Segundo o Norwegian Petroleum Directorate (1977, apud THORESEN, 2014), recomenda-se que a máxima velocidade do vento mediada em curtos intervalos de tempo seja obtida multiplicando a média em 10 minutos por um fator de rajada. Caso os dados de vento sejam de localidade em terra, deve-se aplicar um fator de correção terra-mar que, na ausência de melhores dados, costuma ser um acréscimo de 10% nos valores medidos em terra.

Figura 14.25
Curvas carga x elongação adimensionais típicas.

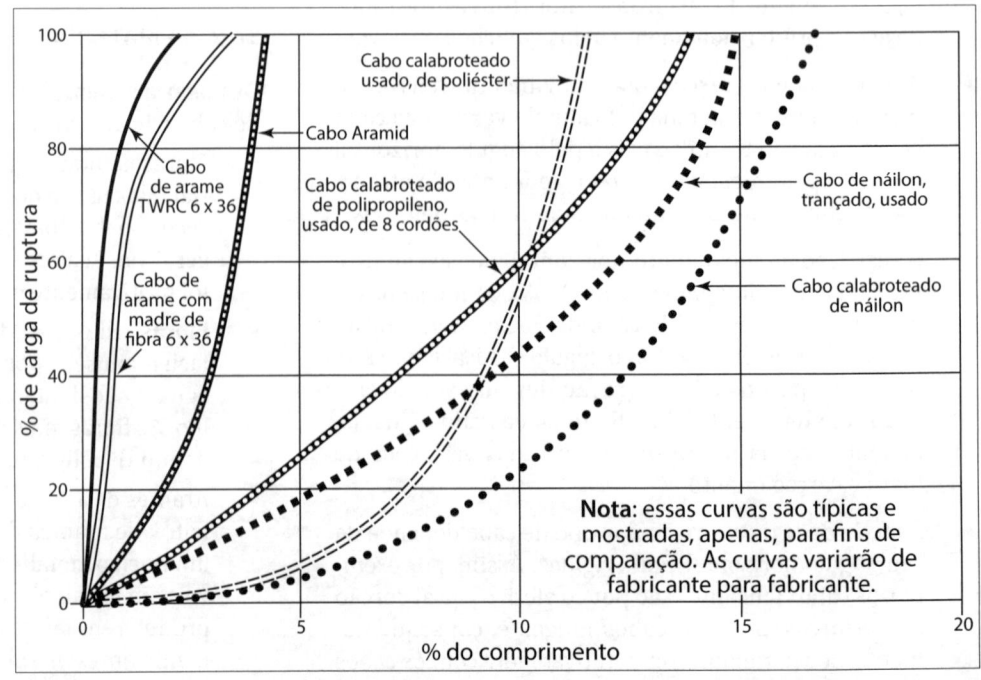

Nessas condições, a rajada relevante, em duração e velocidade, é aquela capaz de suplantar a inércia e mover o navio, solicitando as linhas de amarração e defensas. Em geral, para a operação portuária e do navio, rajadas de duração inferior a 1 min são de importância secundária, mas, para terminais de óleo e gás, durações entre 20 s e 30 s podem afetar principalmente os navios em lastro. Assim, recomenda-se que, em cálculos estimativos das forças de amarração, utilize-se a máxima velocidade da rajada em 30 s (OCIMF, 1977), o que corresponde a um acréscimo de aproximadamente 20% com relação à velocidade média.

A estimativa das forças solicitantes sobre um navio, seja por vento, correntes ou ondas, por métodos semiempíricos, como os que serão apresentados, fornece somente uma orientação da magnitude das forças, as quais devem ser estimadas com maior refinamento com a utilização de modelos físicos.

Não se dispondo de informação específica, PIANC (2010) sugere aplicar, como tentativa para altas velocidades, os seguintes fatores de rajada com relação à média em 10 minutos:

- média em 3 s: 1,35;
- média em 10 s: 1,30;
- média em 15 s: 1,27;
- média em 30 s: 1,21;
- média em 1 min: 1,15;
- média em 10 min: 1,0.

Se a média de referência for de 1 hora, os fatores de rajada seriam os seguintes:

- média em 3 s: 1,56;
- média em 10 s: 1,48;
- média em 1 min: 1,28;
- média em 10 min: 1,12;
- média em 30 min: 1,05;
- média em 1 h: 1,00.

Evidentemente, o fator de rajada depende das condições topográficas em torno da locação do porto, recomendando-se a utilização dos fatores de rajada com relação à velocidade média em 1 hora (THORESEN, 2014).

Para o projeto das estruturas do berço, uma velocidade inferior a 30 m/s com fator de rajada de 1,2, não deve ser adotada, limite este que corresponde a 0,81 kN/m². Caso a velocidade média do vento supere 25 m/s a 30 m/s, a embarcação terá de deixar o berço ou fazer lastro para reduzir a área vélica.

Pela Norma Brasileira NBR nº. 9782/87 (ABNT, 1987), o esforço aerodinâmico devido ao vento sobre um navio atracado (Figura 14.26(A)) pode ser calculado pela equação:

$$R = k_v \frac{V^2}{1600}\left(A_T \cos^2\theta + A_L \operatorname{sen}^2\theta\right)$$

sendo:

R: força devida ao vento em kN

V: velocidade característica do vento sustentado a 10 m de elevação da superfície do mar em m/s

k_v: coeficiente de forma

A_T: área vélica transversal em m²

A_L: área vélica longitudinal em m²

θ: ângulo formado pela direção do vento com o eixo longitudinal, soprando contra a proa 0° e 180° contra a popa.

Recomenda-se que não sejam consideradas velocidades de vento que provoquem pressões superiores a 1 kN/m² nas áreas vélicas, que são também denominadas obras mortas, enquanto as obras vivas são as áreas sujeitas às correntes.

O coeficiente de forma k_v é variável com a direção do vento em relação ao navio e com o estado deste em lastro ou totalmente carregado, podendo assumir valores entre 0,6 a 1,3, admitindo-se assumir-se em média 1,2 a 1,3 para vento transversal e 0,9 para ventos frontais ou de ré, ou valores obtidos em ensaios em túnel de vento. A ROM 0.2-90 (1990) sugere valores de k_v entre 1,0 e 1,3 e, na ausência de melhores indicações, recomenda usar 1,3 e velocidades médias correspondentes a rajadas em 1 minuto para embarcações com comprimento maior que 25 m e 15 s para embarcações menores. O mesmo critério de rajada em 1 minuto é adotado pela British Standard (BS) 6349-1:2000.

Outro critério muito utilizado é o da OCIMF (1977), no qual os esforços devidos ao vento (w) longitudinal (x) e transversais (y) à ré (A) e à vante (F) podem ser estimados (em tf) pelas seguintes equações de arrasto (valores negativos para ré e para o largo):

$$F_{xw} = C_{xw}\left(\frac{\rho_w}{7600}\right)v_w^2 A_T$$

$$F_{yAw} = C_{yAw}\left(\frac{\rho_w}{7600}\right)v_w^2 A_L$$

$$F_{yFw} = C_{yFw}\left(\frac{\rho_w}{7600}\right)v_w^2 A_L$$

sendo:

ρ_w: 0,1248 kgfs²/m⁴: massa específica do ar a 20 °C

C: coeficientes de arrasto em função do ângulo de ataque sobre o navio

V_w: velocidade do vento em nós considerando a velocidade média da rajada em 30 s

A_T: área vélica transversal em m²

A_L: área vélica longitudinal em m²

Os coeficientes de arrasto para um navio petroleiro com casario na popa, em lastro e em carga plena, são fornecidos nas Figuras 14.26 (B) e (C), adaptadas de OCIMF (1977), de acordo com o rumo do vento θw, conforme já definido. Os coeficientes de arrasto para navios LNG tanque e conteneiros são apresentados nos Quadros 14.2 (em lastro) e 14.3 (a plena carga) (OCIMF/SIGTTO).

A OCIMF (1977) recomenda, caso não se disponha de estimativa de ação do vento para o projeto do plano de amarração, que se considere, no mínimo, 60 nós em qualquer direção. Essa é a velocidade que as linhas de amarra-ção a bordo devem suportar, além das correntes atuantes, sendo esses valores sugeridos para navios-tanque acima de 16.000 tpb.

Evidentemente, o esforço máximo produzido pelo vento ocorre com navio em lastro, quando é máximo o calado aéreo. As maiores forças ocorrem com ventos transversais atuando sobre as áreas mortas (vélica) do navio em lastro, uma vez que o arrasto aerodinâmico é cerca de 5 vezes maior do que para a mesma condição com vento longitudinal.

Quadro 14.2
Coeficientes de vento em navio-tanque e conteneiros em lastro (OCIMF/SIGTTO, 1995)

Ângulo com a proa (°)	Navios-tanque LNG membrana			Navios-tanque LNG esféricos		
	C_{yFw}	C_{yAw}	C_{xw}	C_{yFw}	C_{yAw}	C_{xw}
0	0,00	0,00	−1,02	0,00	0,00	−1,02
15	−0,12	−0,07	−0,95	−0,12	−0,07	−0,95
30	−0,29	−0,20	−0,80	−0,30	−0,19	−0,80
45	−0,44	−0,35	−0,56	−0,51	−0,33	−0,56
60	−0,52	−0,45	−0,30	−0,61	−0,45	−0,30
75	−0,52	−0,52	−0,10	−0,60	−0,55	−0,10
90	−0,46	−0,59	0,02	−0,55	−0,62	0,02
105	−0,38	−0,64	0,15	−0,46	−0,64	0,15
120	−0,30	−0,65	0,39	−0,35	−0,62	0,48
135	−0,20	−0,60	0,65	−0,22	−0,50	0,83
150	−0,10	−0,45	0,79	−0,12	−0,34	0,97
165	−0,04	−0,20	0,89	−0,04	−0,15	1,02
180	0,00	0,00	0,90	0,00	0,00	1,00

Quadro 14.3
Coeficientes de vento em navios-tanque e conteneiros a plena carga (OCIMF/SIGTTO, 1995)

Ângulo com a proa (°)	Navios-tanque LNG membrana			Navios-tanque LNG esféricos		
	C_{yFw}	C_{yAw}	C_{xw}	C_{yFw}	C_{yAw}	C_{xw}
0	0,00	0,00	−1,02	0,00	0,00	−1,02
15	−0,12	−0,07	−0,95	−0,12	−0,07	−0,95
30	−0,29	−0,20	−0,80	−0,30	−0,19	−0,80
45	−0,44	−0,35	−0,56	−0,51	−0,33	−0,56
60	−0,52	−0,45	−0,30	−0,61	−0,45	−0,30
75	−0,52	−0,52	−0,10	−0,60	−0,55	−0,10
90	−0,46	−0,59	0,02	−0,55	−0,62	0,02
105	−0,38	−0,64	0,15	−0,46	−0,64	0,15
120	−0,30	−0,65	0,39	−0,35	−0,62	0,48
135	−0,20	−0,60	0,65	−0,22	−0,50	0,83
150	−0,10	−0,45	0,79	−0,12	−0,34	0,97
165	−0,04	−0,20	0,89	−0,04	−0,15	1,02
180	0,00	0,00	0,90	0,00	0,00	1,00

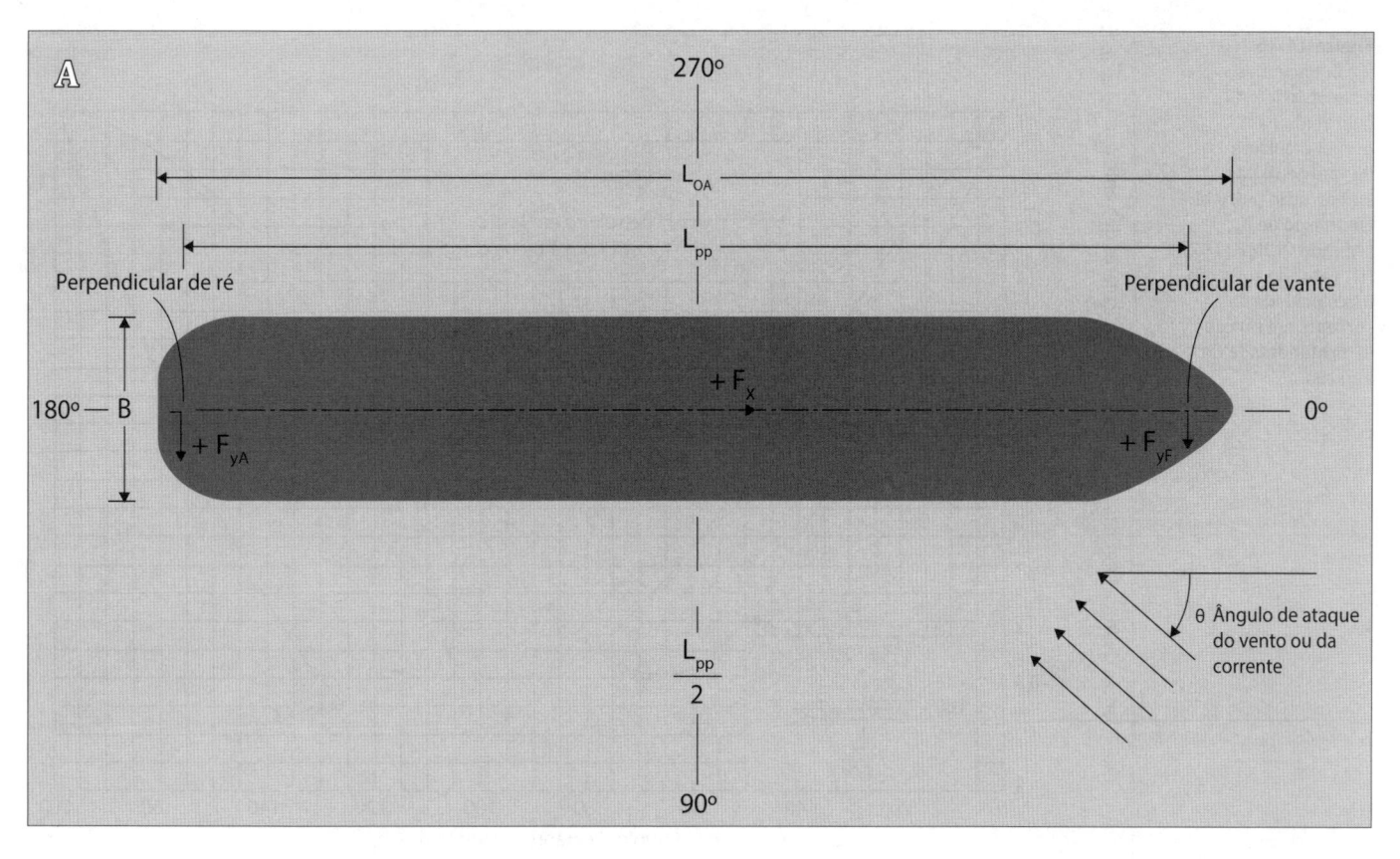

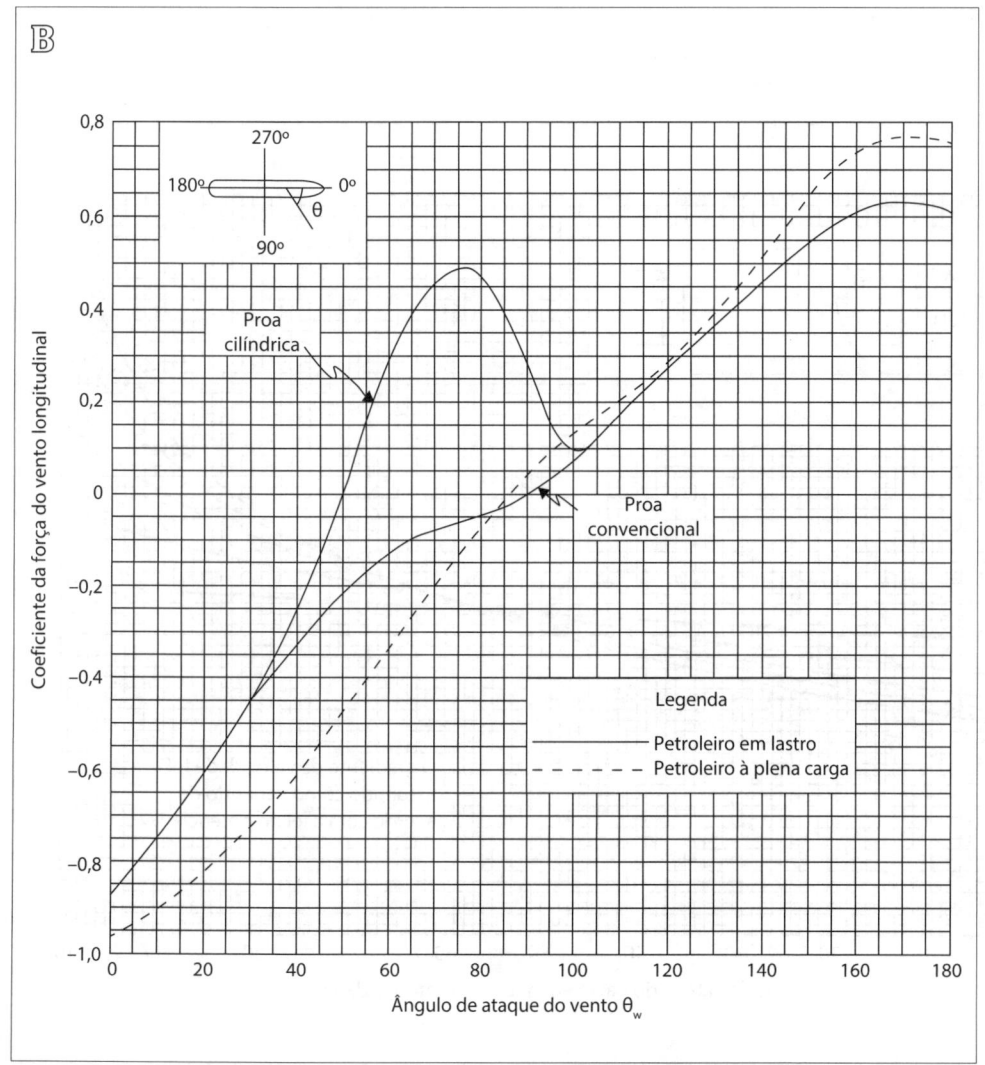

Figura 14.26
(A) Esquematização e convenção de sinais para os cálculos das forças de arrasto sobre uma embarcação.
(B) Coeficientes de arrasto longitudinal pelo vento para embarcação petroleira em função de θ_w, segundo OCIMF (1977).

Figura 14.26
(C) Coeficientes de arrasto lateral pelo vento nas perpendiculares de vante e ré para embarcação petroleira em função de θ_w, segundo OCIMF (1977).
(D) Fator de correção da velocidade da corrente em função da profundidade de atuação.

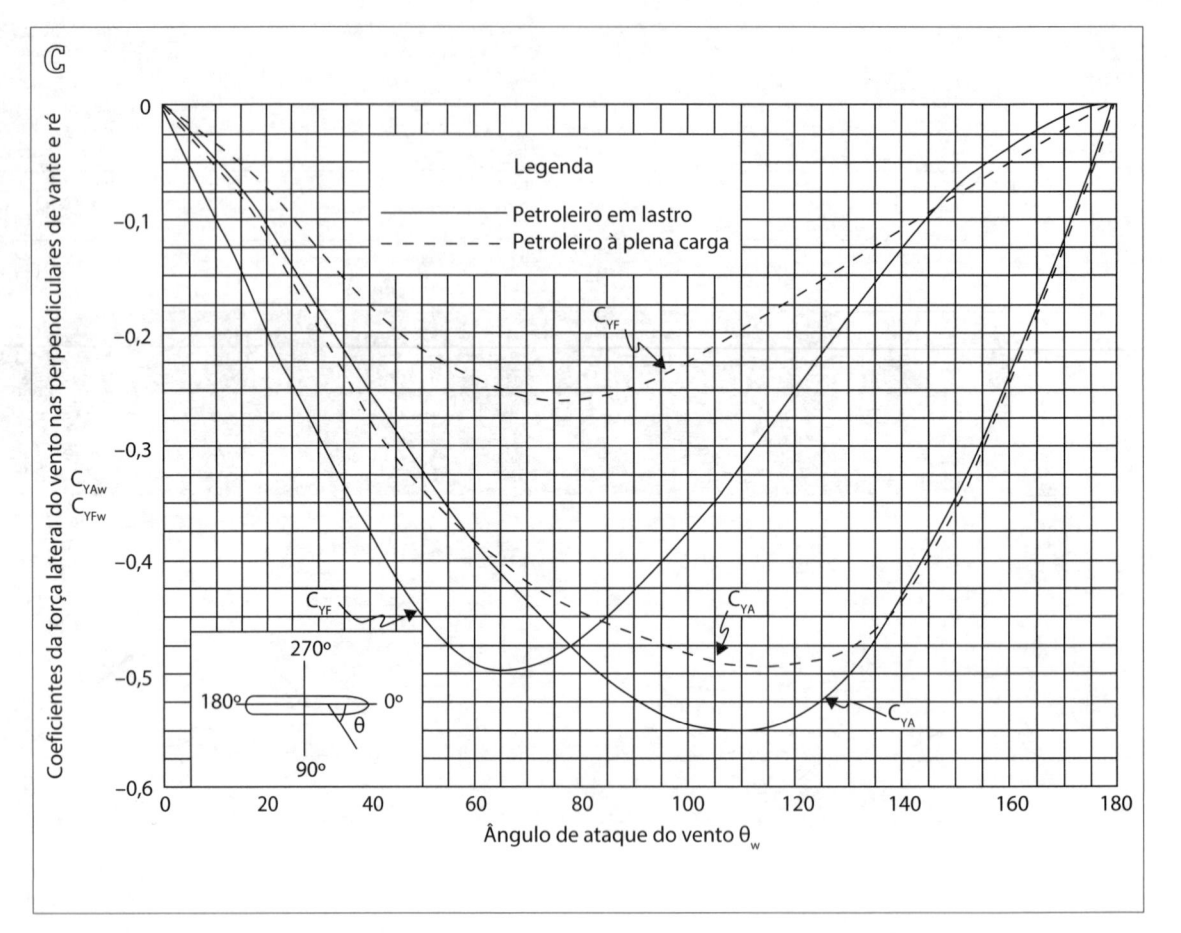

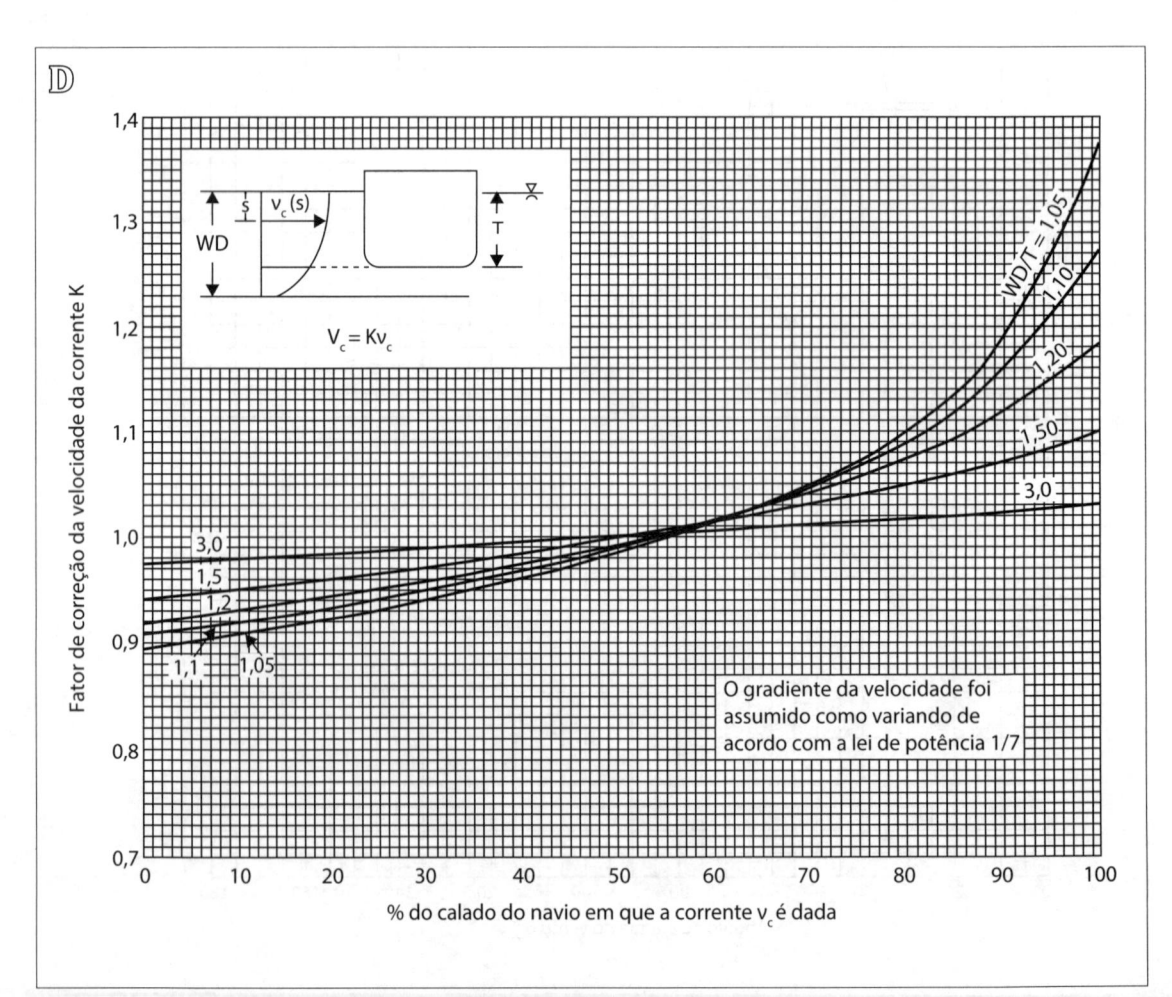

Para uma estimativa inicial, não se dispondo das áreas vélicas exatas do navio, segundo Siano (1983) podem ser utilizadas as seguintes simplificações:

- Navio carregado:

$$A_L = 1,96 L_{OA} (P-T_{máx})$$

$$A_T = 2,89B (P-T_{máx})$$

em que P é o pontal da embarcação.

- Navio leve:

$$A_L = 1,96 L_{OA} (P-T_{máx}) + 0,64 L_{OA} T_{máx}$$

$$A_T = 2,89B (P-T_{máx}) + 0,62 BT_{máx}$$

14.2.3.7 ESTIMATIVA DE FORÇAS SOLICITANTES POR AÇÃO DE CORRENTES

As forças de correntes, que devem ser somadas às do vento, são também oriundas do arrasto hidrodinâmico, sendo maiores com o navio carregado, quando as áreas vivas são máximas e a folga sob a quilha (pé do piloto) é mínima. Em áreas sujeitas a marés de significativa amplitude preponderam as correntes de maré, com as máximas correntes, de enchente e vazante, ocorrendo ligeiramente defasadas com os instantes de meia-maré, enquanto as mínimas ocorrem nos estofos de preamar e baixa-mar, também ligeiramente defasados com os instantes da preamar e baixa-mar.

Pela Norma Brasileira NBR nº. 9782/87 (ABNT, 1987), o esforço devido às correntes sobre um navio atracado pode ser calculado pela equação:

$$R = 0,528 \, V^2 \, L_{pp} T k_c$$

sendo:

R: valor do esforço na direção da corrente, em kN

k_c: coeficiente de forma

V: velocidade da corrente em m/s

L_{pp}: comprimento do navio entre perpendiculares em m

T: calado da embarcação em m

A Figura 14.26(D), adaptada de OCIMF (1977), apresenta o gráfico do fator de correção da velocidade da corrente (K).

O valor do coeficiente de forma depende essencialmente do rumo da corrente e da relação entre a lâmina d'água no local (h) e o calado do navio T. Os valores aproximados de k_c a serem assumidos estão apresentados na Tabela 14.9, ou obtidos a partir de ensaios em modelo físico.

Recomenda-se que mesmo no caso da corrente estar alinhada com o navio (0°) considere-se a possibilidade de variação da direção da corrente de, no mínimo, aproximadamente 20º.

Mason (1981) demonstrou que, levando-se em conta as áreas transversal e longitudinal do navio, a ação das correntes nas obras vivas desdobra-se na equação e consideram-se os coeficientes de forma k_{cx} e k_{cy}, respectivamente longitudinal e transversal, uma vez que as condições hidrodinâmicas são essencialmente diferentes em cada direção. De fato, para o fluxo das correntes longitudinalmente ao eixo do navio a forma da embarcação é alongada, desenvolvendo menor arrasto do que no fluxo transversal; além da influência da lâmina d'água do berço de atracação:

$$k_{cx} = 1 + \frac{T}{h}$$

$$k_{cy} = 1 + \left(1 + \frac{T}{h}\right)^3$$

Da mesma forma que para o vento, a OCIMF (1977) sugere a estimativa (em tf) dos esforços devidos às correntes (c) longitudinais (x) e transversais (y) à ré (A) e à vante (F) pelas seguintes equações de arrasto (valores negativos para ré e para o largo):

$$F_{xc} = C_{xc} \left(\frac{\rho_c}{7600} \right) v_c^2 T L_{pp}$$

$$F_{yAc} = C_{yAc} \left(\frac{\rho_c}{7600} \right) v_c^2 T L_{pp}$$

$$F_{yFc} = C_{yFc} \left(\frac{\rho_c}{7600} \right) v_c^2 T L_{pp}$$

Tabela 14.9
Valores aproximados do coeficiente de forma k_c

k_c		Ângulo formado pela direção da corrente com o eixo longitudinal do navio				
		20°	40°	60°	80°	90°
h/T	1,1	1,2	3,1	4,1	4,6	4,7
	1,5	0,5	1,3	2,0	2,3	2,3
	7,0	0,2	0,6	0,8	0,9	0,9

sendo:

$\rho_c = 104{,}5 \text{ kgfs}^2/\text{m}^4$: massa específica da água salgada a 20 °C

C_c: coeficientes de arrasto em função do ângulo de ataque sobre o navio e a relação profundidade : calado

V_c: velocidade média do perfil vertical da corrente do nível d'água à quilha em nós

T: calado em m

L_{pp}: comprimento entre perpendiculares em m

Sendo o efeito do arrasto pela ação das correntes similar, bastando comparar as equações, pode-se concluir que, a paridade de área de atuação, e sendo as velocidades relacionadas quadraticamente, as forças se relacionam de acordo com a raiz quadrada do quociente entre as massas específicas do ar e da água. Isto é, para gerar a mesma força de arrasto da corrente, a velocidade do vento tem de ser cerca de 29 vezes maior sobre uma mesma área.

Os coeficientes de arrasto para um petroleiro com casario na popa são fornecidos nas Figuras 14.26 (E), (F), (G), (H), (I) e (J), de acordo com o rumo da corrente θ_c, segundo a mesma convenção usada para o vento. Proa convencional é a que apresenta bulbo, e a cilíndrica é aquela em "V".

A Figura 14.26(K), modificada de OCIMF (2010), ilustra o incremento da força de arrasto transversal sobre navio atracado com a redução da folga sob a quilha.

A OCIMF (1977) estabelece como critério mínimo, para navios-tanque acima de 16.000 tpb, de verificação da amarração:

- Vento médio em 30 s vindo de qualquer direção de 60 nós, simultaneamente, com quaisquer das condições de corrente a seguir:
  - Corrente de 3 nós alinhada, ou
  - 2 nós formando 10° com a linha de atracação, ou
  - 0,75 nó transversalmente à linha de atracação.

A magnitude das correntes geradas pelo vento em mar aberto é de 1% a 2% da velocidade do vento a 10 m do nível do mar.

A Tabela 14.10, modificada de OCIMF (2010), exemplifica a aplicação deste critério.

14.2.3.8 ESTIMATIVA ESTÁTICA DE FORÇAS DE UM PLANO DE AMARRAÇÃO

O terminal portuário deve estabelecer em mútuo acordo com o comandante da embarcação, antes da chegada, como o navio deverá ser realmente amarrado, tendo pessoal com sólidos conhecimentos dos princípios de amarração, do projeto do sistema de amarração do cais e das cargas a que o plano de amarração estará sujeito, provavelmente, em função das variações da intensidade de vento e correntes. Deverão ter capacidade de identificar os limites operacionais aplicáveis aos vários tipos de navios e arranjos de amarração que possam ser utilizados no cais, bem como a

Tabela 14.10
Forças transversais e longitudinais em navios convencionais pelo critério mínimo OCIMF (2010)

tpb em calado de verão		Forças transversais (tf)		Forças longitudinais (tf)	
		Vento	Corrente	Vento	Corrente
18.000	Carregado	33	16	17	6
	Em lastro	84	9	21	4
30.000	Carregado	50	42	23	16
	Em lastro	112	21	26	9
70.000	Carregado	67	78	25	30
	Em lastro	168	21	34	18
150.000	Carregado	98	107	34	42
	Em lastro	213	29	46	23
300.000	Carregado	156	171	51	67
	Em lastro	336	48	72	25
Metaneiro	125.000 m³	396	76	78	30

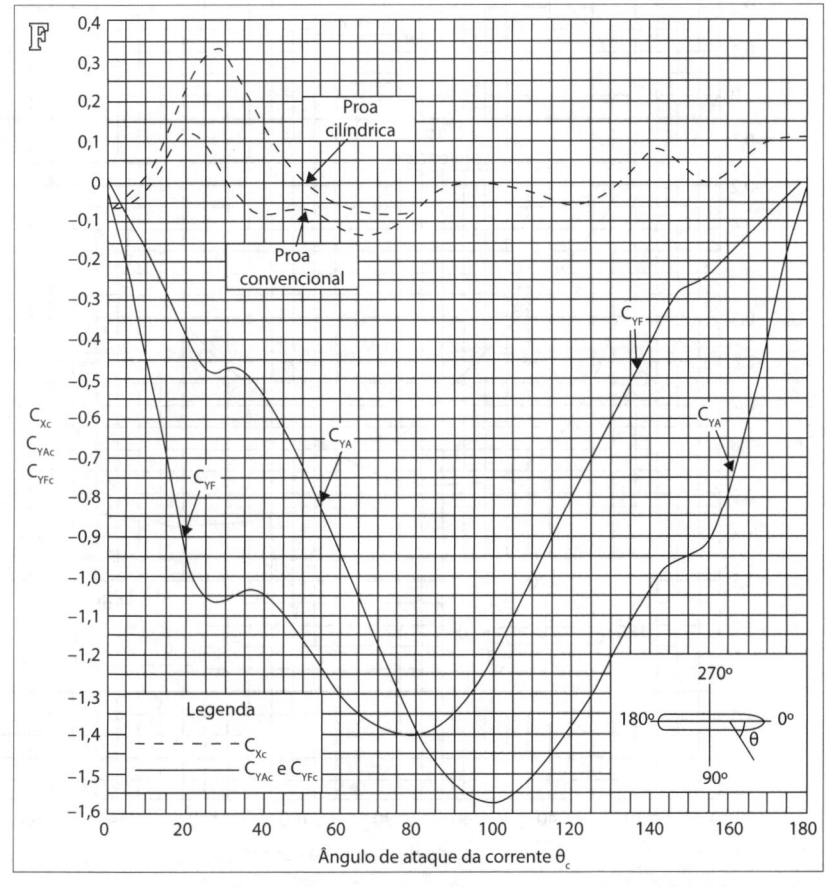

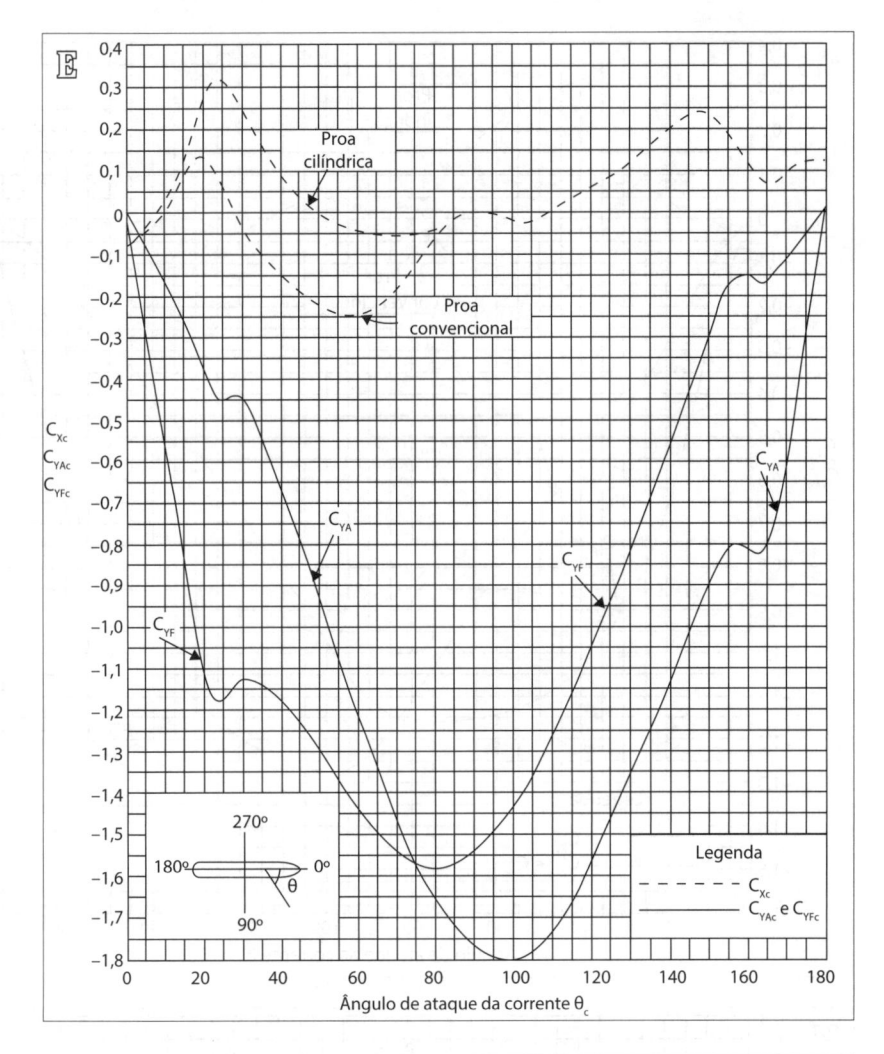

Figura 14.26
(E) Coeficientes da força longitudinal da corrente e coeficientes da força lateral à vante e à ré para a relação WD/T = 1,05.
(F) Coeficientes da força longitudinal da corrente e coeficientes da força lateral à vante e à ré para a relação WD/T = 1,10.

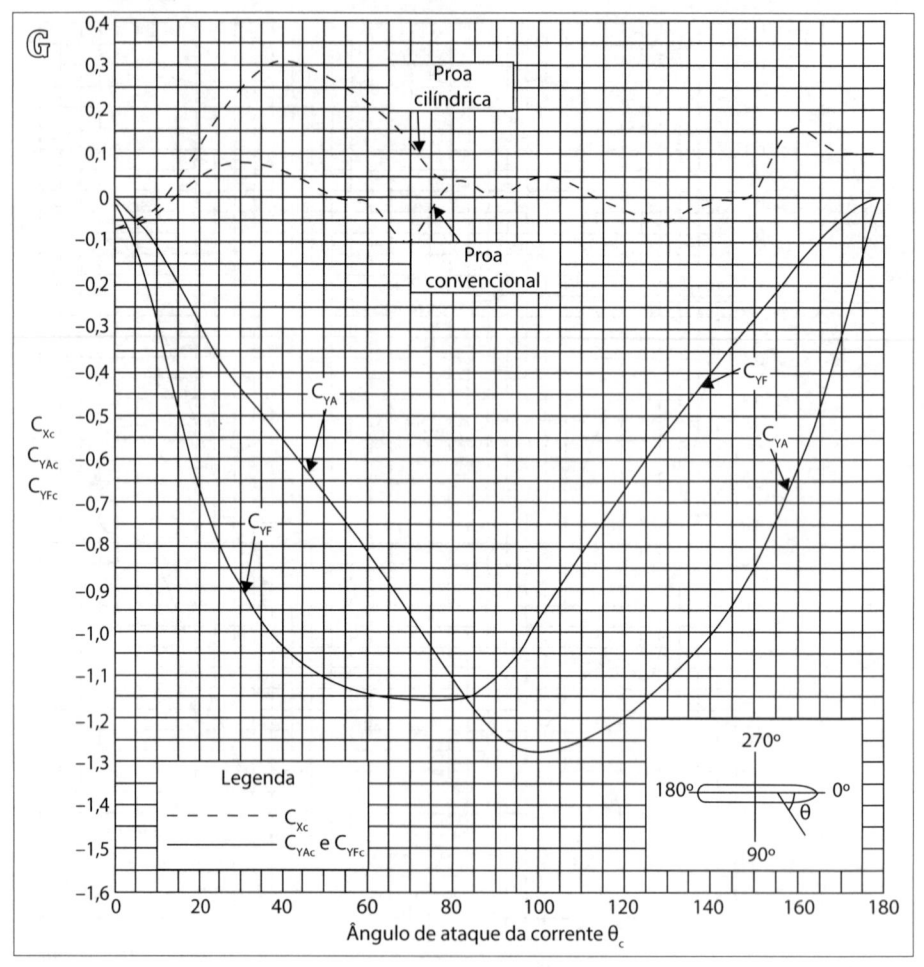

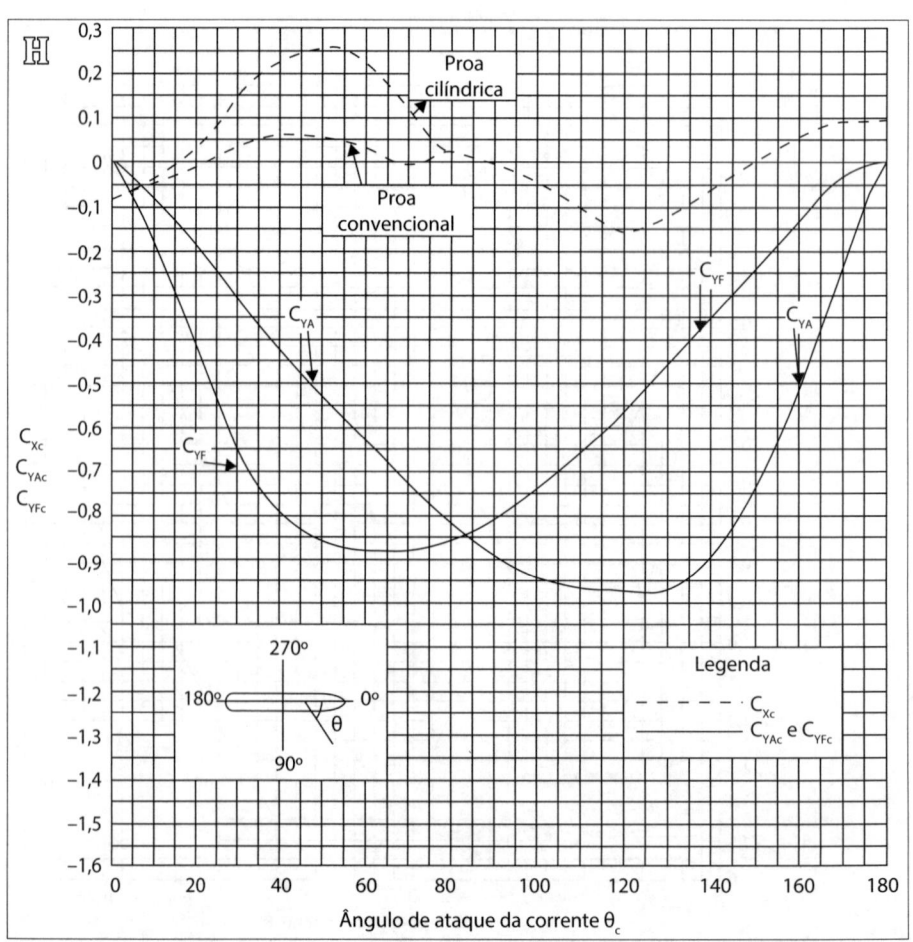

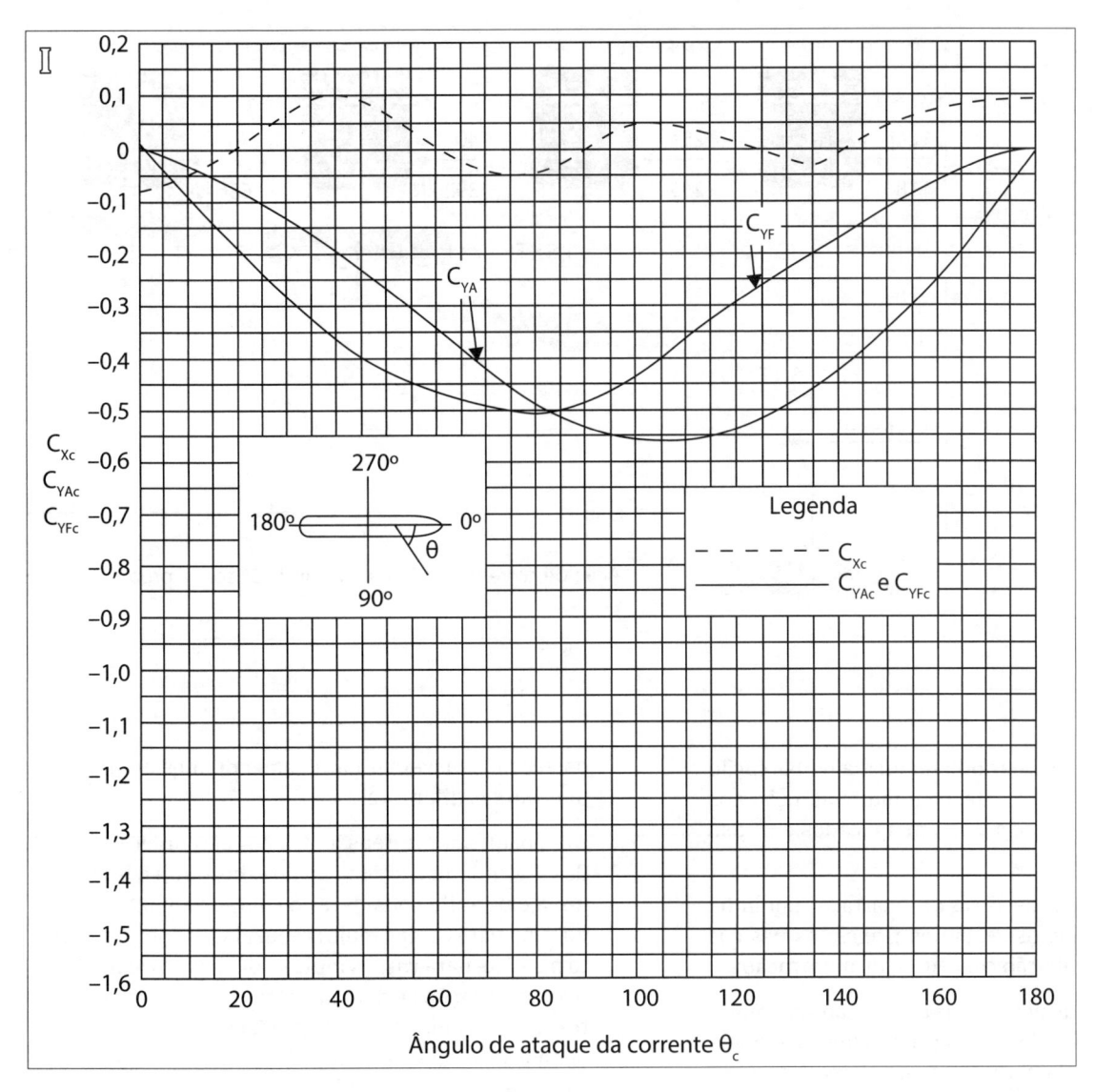

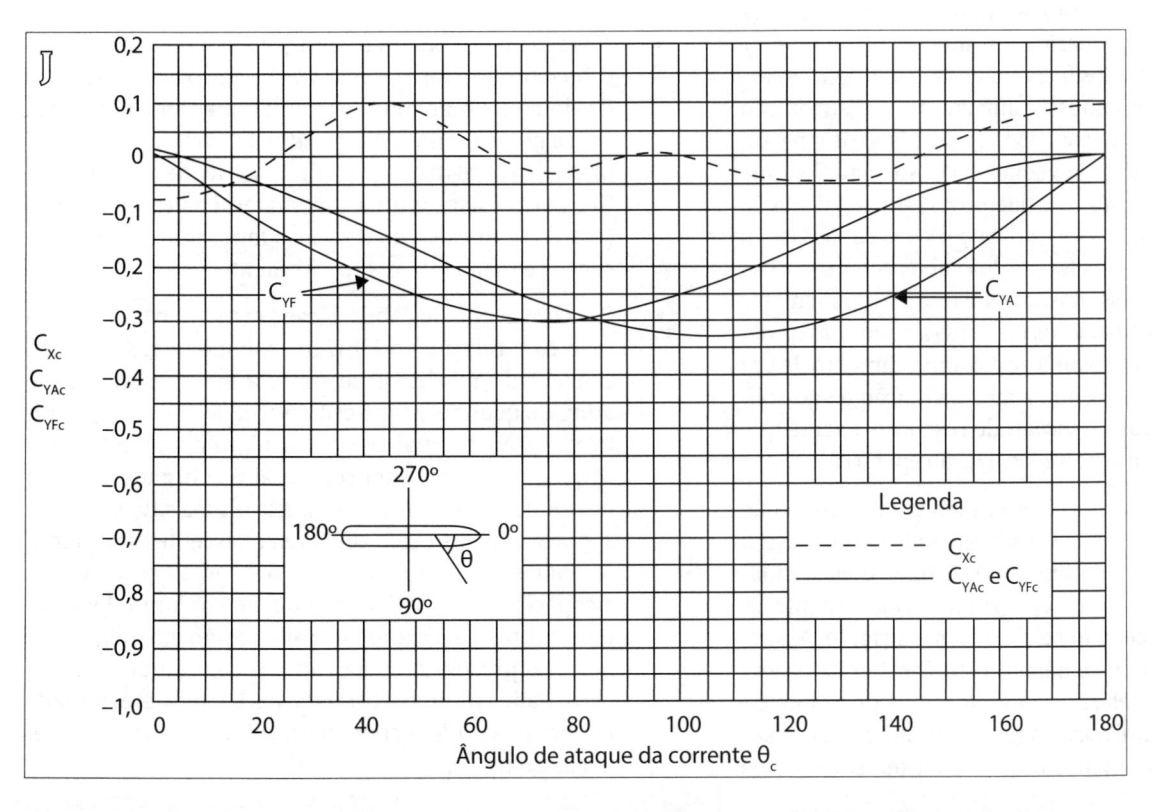

Figura 14.26
(I) Coeficientes da força longitudinal da corrente e coeficientes da força lateral à vante e à ré para a relação WD/T = 3,00.
(J) Coeficientes da força longitudinal da corrente e coeficientes da força lateral à vante e à ré para a relação WD/T = 6,00.

Figura 14.26
(K) Incremento da força de arrasto transversal sobre navio atracado com a redução da folga sob a quilha: 5; 1,6; 0,5; 0,2 vezes o calado (T).

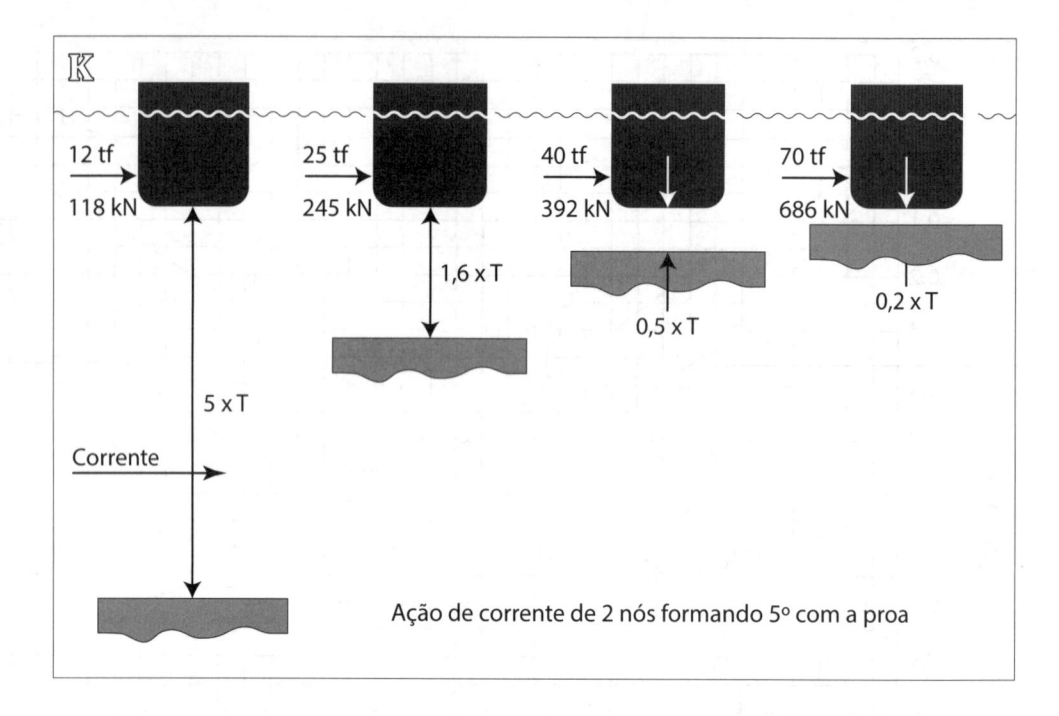

sua manutenção durante o período no qual a embarcação estiver atracada, particularmente, com muita atenção aos procedimentos de emergência a serem aplicados em caso de necessidade.

Na estimativa estática de forças de amarração por linha podem ser estabelecidos os seguintes princípios básicos de análise para uma avaliação conceitual de amarração:

- O comportamento de um cabo de amarração submetido à carga é elástico, sendo a força proporcional à elongação, na maior parte de sua resposta ao esforço. Na ausência de pré-tensionamento, à imposição de uma carga solicitante corresponderá a um movimento do navio, afastando-se de pontos fixos em terra, o que gera as cargas restritivas nos cabos de amarração. A distribuição das forças sobre os vários cabos de um plano de amarração é determinado pela geometria deste arranjo, uma vez que os movimentos das diferentes posições do navio devem ser compatíveis às elongações dos cabos, assim como a resultante das forças dos cabos com as cargas solicitantes externas. Assim, os cabos não podem ser considerados isoladamente, mas interagindo com os demais, entretanto, aproxima-se o comportamento de um grupo de cabos exercendo a mesma função como solidários, como todos os *springs* de restrição à vante que vão para um mesmo ponto de fixação em terra.

- Para o cálculo das restrições em um sistema misto de cabos, ou seja, cabos que trabalham juntos, com mesmo comprimento, mas de diferentes bitolas e elasticidade, pode-se considerar o comprimento equivalente de cabo mais elástico com relação ao mais rígido. Assim, por exemplo, cabos de náilon costumam ser da ordem de 10 vezes mais elásticos do que cabos de arame de aço de mesma bitola, assim seu comprimento deve ser multiplicado por 10; mesmo raciocínio aplicável à área

da seção transversal para cabos de mesmo material, mas bitolas diferentes.

- Uma pequena pré-tensão, via de regra inferior a 10% da carga mínima de ruptura do cabo, retira o brando da linha e permite considerar o comportamento elástico do cabo para cargas muito reduzidas. O comportamento plástico, para cargas muito elevadas, já é característico de situações extremas, além da carga máxima de trabalho. Assim, o ajuste da pré-tensão pode corresponder a tesar o cabo ou soltá-lo (abrandar ou pagar a linha – *pay-out*).

- Na restrição de través (lateral), a força reativa em cada cabo é proporcional a $\cos\alpha/l$, em que o ângulo α é definido como o ângulo horizontal que um cabo forma com a normal à linha longitudinal do navio e l é o comprimento total do cabo. A componente desta força efetiva para resistir a uma carga lateral é proporcional a $(\cos\alpha)^2/l$. No caso da restrição longitudinal utiliza-se $\mathrm{sen}\,\alpha/l$ e $(\mathrm{sen}\,\alpha)^2/l$, respectivamente.

- Para um grupo de cabos, o cabo crítico é o mais solicitado com relação ao MBL correspondente. A máxima capacidade restritiva de um plano de amarração é atingida quando o cabo crítico atingir a sua carga limite, situação na qual se desvinculará do conjunto, e a carga que deveria suportar recairá sobre um número menor de cabos. Via de regra, esta última situação não é suportada pelos cabos úteis remanescentes, iniciando-se falhas sucessivas no arranjo de amarração. Assim, a capacidade restritiva máxima do conjunto depende do cabo crítico. Quando os cabos estão em guinchos é possível preservá-los da ruptura calibrando os guinchos para soltar os cabos a partir de determinada tração, o que não ocorre para cabos passados em cabeços do navio.

- Da mesma forma, a eficiência de qualquer cabo relaciona-se à geometria do cabo crítico, bem como com a sua própria. De um modo geral, considera-se que o navio encontra-se com plano de amarração adequado quando este arranjo estende-se praticamente de forma simétrica com relação ao eixo transversal do navio, ou seja, a capacidade restritiva transversal provida pelos traveses e a longitudinal pelos *springs*. Assim, a decomposição das cargas é efetuada nestas duas direções ortogonais, dividindo-se os cabos em dois grupos de restrição (transversal e longitudinal) e duas diferentes funções (à vante e à ré).

- As inclinações verticais dos cabos formadas com a horizontal afetam as forças e capacidades restritivas do mesmo modo que os ângulos horizontais, sendo assim recomenda-se que estas angulações mantenham-se abaixo de 25°, situação em que esta inclinação será desprezada.

Uma vez subdivididos os cabos nas quatro categorias (longitudinal, vante e ré e transversal, vante e ré), calculam-se os termos $\cos\alpha/l$ e $(\cos\alpha)^2/l$ ou $\text{sen}\alpha/l$ e $(\text{sen}\alpha)^2/l$ de cada cabo, bem como o somatório dos termos quadráticos para cada categoria de cabos. A partir desta tabulação determina-se o cabo crítico de cada categoria, ou seja, maior reação $\cos\alpha/l$ ou $\text{sen}\alpha/l$, e da amarração como um todo, que é o que apresenta maior eficiência de restrição e, consequentemente o primeiro a falhar em caso de colapso do plano de amarração. Assim, as capacidades restritivas R transversais e longitudinais à vante e à ré, ligadas aos cabos críticos, são determinadas, seja à vante, seja à ré, pelas equações:

$$F_{ly} = \frac{R_y}{\sum \dfrac{\cos^2\alpha}{l}} \frac{\cos\alpha}{l}$$

$$F_{lx} = \frac{R_x}{\sum \dfrac{\text{sen}^2\alpha}{l}} \frac{\text{sen}\alpha}{l}$$

sendo F a carga mínima de ruptura de cada cabo crítico. Reciprocamente, dispondo-se da estimativa dos esforços solicitantes de projeto de ventos e correntes somados, calculam-se os valores de R que deverão ser suportados, avaliando-se a solicitação sobre os cabos críticos, que caso não suportem terão de ser trocados por cabos de maior carga mínima de ruptura.

Considerando o plano de amarração da Figura 14.24(B), como exemplificação deste cálculo, tem-se as seguintes condições:

- Característica do navio: 280.000 tpb; L_{pp} = 340 m; B = 55,0 m; T = 21,5 m; A_T = 1.030 m²; A_L = 3.230 m².

- Vento: rajada com velocidade de 27 nós formando 45° com a proa do navio no rumo de afastamento da atracação.

- Corrente de maré para amplitude de 7,0 m: 1,36 nós (90°) e 2,19 nós (0 e 180°).

- Corrente de maré para amplitude de 5,5 m: 1,15 nós (90°) e 1,88 nós (0 e 180°).

- Resumo dos esforços de ventos e correntes:

$$F_{xw} = -6,8 \text{ tf}; F_{yAw} = -12,0 \text{ tf}; F_{yFw} = -7,7 \text{ tf}$$

$$F_{xc+} = 45,7 \text{ tf}; F_{xc-} = -36,6 \text{ tf}; F_{yAc} = -218,7 \text{ tf};$$
$$F_{yFc} = -195,8 \text{ tf} \text{ (para amplitude de 7,0 m)}$$

$$F_{xc+} = 33,7 \text{ tf}; F_{xc-} = -27,0 \text{ tf}; F_{yAc} = -156,4 \text{ tf};$$
$$F_{yFc} = -140,0 \text{ tf (para amplitude de 5,5 m)}$$

$$F_{x+} = 38,9 \text{ tf}; F_{x-} = -43,4 \text{ tf}; F_{yA} = -230,7 \text{ tf};$$
$$F_{yF} = -203,5 \text{ tf (para amplitude de 7,0 m)}$$

$$F_{x+} = 26,9 \text{ tf}; F_{x-} = -33,8 \text{ tf}; F_{yA} = -168,4 \text{ tf}; F_{yF} = -147,7 \text{ tf}$$
$$\text{(para amplitude de 5,5 m)}$$

- Considerando todos cabos de polipropileno, com bitola de 80 mm, MBL = 72 tf, a distribuição de esforços por conjuntos de cabos, supondo atuação solidária com mesma pré-tensão e ângulos desprezáveis com a horizontal, resulta nos seguintes valores para a amplitude de 7,0 m:

Restrição a F_{yF} = −203,5 tf:
   cabos 1, 2, 3 e 4; α = 11,51°; l = 95 m; %MBL = 32,11
   cabos 5, 6, 7 e 8; α = −7,65°; l = 78 m; %MBL = **39,55**

Restrição a F_{yA} = −230,7 tf:
   cabos 19, 20, 21 e 22; α = −21,56°; l = 100 m; %MBL = 33,19
   cabos 15, 16,1 7 e 18; α = 4,61°; l = 72 m; %MBL = **49,40**

Restrição a F_{x-} = −43,4 tf :
   cabos 1, 2, 3 e 4; α = 11,51°; l = 95 m; %MBL = 2,86
   cabos 12, 13 e 14; α = 82,15°; l = 69 m; %MBL = **19,52**

Restrição a F_{x+} = 38,9 tf:
   cabos 19, 20, 21 e 22; α = −21,56°; l = 100 m; %MBL = −3,98
   cabos 9, 10 e 11; α = −81,72°; l = 66 m; %MBL = **−16,23**

Em negrito estão assinalados os cabos críticos mais solicitados por cada grupo de funções, sendo que os mais criticamente solicitados do conjunto são os traveses de ré. Considerando a restrição total a cada força, bem como o limite de carga máxima de trabalho de 55% MBL, dispõe-se dos seguintes valores:

$$R_{yF} = 283,0 \text{ tf (3,93 MBL)}$$

$$R_{yA} = 257,1 \text{ tf (3,57 MBL)}$$

$$R_{x-} = 122,3 \text{ tf (1,70 MBL)}$$

$$R_{x+} = -131,8 \text{ tf (1,83 MBL)}$$

As estruturas de amarração devem resistir em estado último às condições de ruptura dos cabos, enquanto para efeito de avaliação das cargas em serviço os esforços de ruptura dos cabos deverão ser divididos pelos coeficientes de segurança das estruturas de amarração. No caso de dolfins de amarração, os coeficientes de segurança adotados são da ordem de 2 a 2,5, mas na prática, em conseqüência do elevado grau de hiperestaticidade deste gênero de estruturas, o coeficiente de segurança costuma ser no limite inferior desta faixa, em torno a 2,1 (MASON, 1981).

Fatores de segurança (FS) são necessários tanto para as linhas de amarração quanto para os cabeços, ou ganchos de desengate rápido. Para os dispositivos de amarração, o SWL em geral deve superar o MBL das linhas multiplicado pelo número de linhas a ele ligadas.

De acordo com UFC 4-159-03 (U.S. DEPARTMENT OF DEFENSE, 2016), um FS = 3,0 deve ser aplicado na carga máxima estimada na linha para a escolha do MBL, seja para cabos de aço ou sintéticos. No caso do náilon (poliamida), seu FS deve ser de 3,5 para levar em conta a redução de 15% na resistência quando molhado. O UFC (U.S. DEPARTMENT OF DEFENSE, 2016) requer que o dispositivo de amarração tenha um FS = 3,9 MBL (incremento de 1,3 sobre o FS = 3,0). Assim, o SWL deve ser igual ou maior que esta carga, bem como exige que o arranjo de amarração continue a prover pelo menos 75% de sua capacidade total original de projeto, caso qualquer dos elementos individuais do sistema de amarração falhe.

OCIMF (2008, apud ASCE, 2014), por outro lado, requer que o SWL dos dispositivos de amarração dos navios sejam iguais ou maiores que o MBL da linha mais solicitada a ser usada, sendo os seguintes FS:

- Cabo de arame de aço: 1,82 (55% do MBL).
- Cabos sintéticos exceto náilon: 2,0 (50% do MBL).
- Cabo de poliamida (náilon) molhado: 2,22 (45% do MBL).
- Calabrotes para cabos de arames de aço: 2,28 para sintéticos e 2,5 para náilon.

Em qualquer caso, o FS para os calabrotes devem ser maiores que para a linha de amarração.

Como se pode observar, os critérios UFC (U.S. DEPARTMENT OF DEFENSE, 2016) frequentemente conduzem a projetos conservativos, muitas vezes impraticáveis. Já os critérios da OCIMF parecem mais adequados para FS em muitas aplicações. Entretanto, os valores finais de FS devem ser julgados sob o prisma de uma engenharia baseada na experiência adquirida e de considerações sobre os critérios de projeto ambiental, severidade das consequências de falha em linha ou nos dispositivos de amarração e nível de confiança nos resultados da análise da amarração.

14.2.3.9 AÇÃO DE ONDAS

Na maioria dos terminais a ação da agitação das ondas é mitigada pela condição natural, ou por obras de abrigo. Em situações nas quais haja condições para a ação de agitação mais significativa, tais circunstâncias poderão gerar cargas consideráveis sobre o sistema de amarração do navio. Tais forças são enfrentadas, via de regra, pela utilização de *springs* adicionais. Os efeitos diminuem proporcionando-se um certo grau de elasticidade à amarração e por uma escolha adequada do sistema de defensas.

Não há procedimento padronizado para calcular as cargas das ondas sobre um navio atracado. A ação das ondas e a reação do sistema de amarração e defensas resultam de uma complexa interação da cinemática das partículas de água na onda, dos movimentos do navio e da resposta do sistema de amarração e defensas, além de aspectos ligados com a massa adicional, o amortecimento e os efeitos de ordem superior não lineares (THORESEN, 2014). As forças das ondas atuam sobre os navios atracados de dois modos, sendo o primeiro a oscilação linear na frequência da onda. Essa força resulta da integração das pressões hidrodinâmicas sobre a carena do navio. A embarcação oscilando reflete e dispersa ondas que contribuem para o amortecimento da onda incidente. Os coeficientes de massa adicional e amortecimento são distintos para os seis graus de liberdade de movimentos do navio, sendo dependentes da frequência da oscilação. Em águas rasas, a relação h/T, ou seja, a folga sob a quilha, tem significativa influência sobre esses coeficientes. Além disso, ocorrem forças restauradoras de empuxo que podem produzir arfagem e caturro em períodos naturais do sistema. Finalmente, as forças de restauração do plano de amarração e do conjunto de defensas são não lineares e podem induzir movimentos ressonantes. O segundo modo de atuação é uma força não linear da onda, em virtude da randomicidade da agitação, sendo conhecida como força de deriva lenta de baixa frequência, oriunda dos grupos de ondas e dos efeitos da ação de grupos de ondas altas intercaladas por ondas baixas. Para esse último movimento, o amortecimento é relativamente reduzido nas baixas frequências, usualmente na faixa de períodos de 20 s a 100 s, que estão na faixa dos períodos naturais dos navios atracados, ocasionando trações excessivas nas linhas de amarração e grandes forças nas defensas. Desse modo, as principais consequências para o navio são as seguintes:

- Importantes forças de amarração ocorrem com os efeitos de ondas acima de 20 s, intensificando-se na faixa de 40 s a 200 s.
- O movimento de balanço é excitado primariamente pelo marulho com períodos na faixa de 13 s a 19 s.
- O caturro é reduzido e não é tão sensível ao período da onda, enquanto a arfagem tende a igualar a altura da onda em longos períodos, sendo reduzida para os períodos mais curtos.

A ROM 0.2-90 (1990) fornece recomendações para estimar essas forças como segue:

Força transversal (em kN):

$$F_{Twv} = C_{fwv} \times C_{dwv} \times \gamma \times H_s^2 \times D'$$
$$\times sen^2 \theta_{wv} \times 10$$

Força longitudinal (em kN):

$$F_{Lwv} = C_{fwv} \times C_{dwv} \times \gamma \times H_s^2 \times D' \\ \times \cos \theta_{wv} \times 10$$

em que:

D' = L_{pp} x sen θ + B x cos θ: projeção do comprimento do navio na direção da onda incidente.

C_{fwv}: coeficiente do plano d'água em função do comprimento da onda L e do calado do navio T. Se (2 π/L) x D > 1,4, então C_{fwv} = 0,064, e se (2 π/L) x D < 0,2, então C_{fwv} = 0,0.

C_{dwv}: coeficiente de profundidade em função do comprimento da onda L e da lâmina d'água local h. Se (4 π/L) x h > 6,0, então C_{dwv} = 1,0, e se (4 π/L) x h < 0,0, então C_{dwv} = 2,0.

γ: peso específico da água (1,034 tf/m³ para água salgada e 1,00 tf/m³ para água doce).

H_s: altura de onda significativa.

θ: ângulo entre o eixo longitudinal do navio, da proa para a popa, e a direção da onda.

L_{pp}: comprimento entre perpendiculares.

B: boca do navio.

T: calado do navio.

h: lâmina d'água.

14.2.4 Equipamento de amarração baseado em terra

A fixação das linhas de amarração no cais pode-se dar por cabeços ou ganchos de desengate rápido.

Nas Figuras 14.27(A) e (B) estão apresentadas duas soluções de cabeços de amarração. Em primeiro plano, na Figura 14.27(A) é uma peça especial fundida fixada no cais e, em segundo plano, é um tubo embutido no concreto do cais. Como exemplo de passagem dos cabos, pode-se ver cabeços do primeiro tipo na Figura 14.27(B) e do segundo tipo na Figura 14.19(B) a (F). Nas Figuras 14.27(C) e (D) podem ser observadas soluções diferenciadas de cabeços, duplo e alteado.

Os cabeços submetidos a cargas superiores à sua resistência são elementos fusíveis, que rompem mas não devem comprometer a estrutura em que estão fixados com sobrecargas. Nesse sentido, são mais seguros os cabeços em que a base e a cabeça são soldadas com uma resistência cuidadosamente calibrada da solda, para que a ruptura ocorra acima da carga especificada. Nos cabeços convencionais, a ruptura ocorre nos parafusos chumbadores de ferro fundido na estrutura do berço, cuja ruptura explosiva não ocorre de modo tão preciso como em uma solda com resistência calibrada, sendo muito perigosa para pessoas, para a estrutura e para as embarcações.

Figura 14.27
Distintos tipos de cabeços de amarração em ferro fundido chumbados no cais.
(A) Cais do Porto Novo de Rio Grande (RS).

Figura 14.27
Distintos tipos de cabeços de
amarração em ferro fundido
chumbados no cais.
(B) Cais 102 do Porto de Itaqui (Emap)
em São Luís (MA).
(C) Cabeço duplo no Porto de Ravenna
(Itália), no Mar Adriático.
(D) Cabeço alteado em dolfim de
amarração no Terminal de Cruzeiros
do Porto de Tallinn (Estônia).

Na Figura 14.28 apresenta-se o arranjo com ganchos de desengate rápido (*quick release hooks*), muito utilizado em terminais portuários de grande porte. Esta solução provê maior segurança de liberação imediata dos cabos do navio por simples acionamento remoto ou manual de uma alavanca. Nas Figuras 14.28 (H), (I) e (J), pode-se observar um sistema de ganchos de desengate rápido automatizado de monitoramento e soltura remota dos cabos.

Na Figura 14.28(A) observa-se a cabrestante, que é um guincho auxiliar para puxar o cabo mensageiro (retinida) amarrado no cabo do navio. As cabrestantes normalmente

Figura 14.28
(A) Conjuntos de ganchos de desengate rápido e cabrestante no Píer III do Complexo Portuário de Ponta da Madeira da Vale em São Luís (MA).
(B) Terminal de Petróleo – Cais 106 e 107 – do Porto de Itaqui (EMAP) em São Luís (MA). Conjuntos de ganchos de desengate rápido em dolfim de amarração.
(C) Píer I do Complexo Portuário de Ponta da Madeira da Vale em São Luís (MA).

Figura 14.28
(D) Terminal de Petróleo – Cais 106 – do Porto de Itaqui (EMAP) em São Luís (MA).
(E) Dolfim de atracação do Porto de Suape (PE).

têm capacidades variando de 5 tf a 20 tf e velocidades em torno a 30 m/min.

Finalmente, devem ser citados sistemas de amarração suplementares nos quais guinchos no cais fornecem cabos de terra para o navio (Figuras 14.28(K) a (N)), bem como sistemas com placas de aço pneumáticas de sucção que substituem os cabos de amarração do navio (berço para navios de porte reduzido).

Nas Figuras 14.28(R) e (S) visualizam-se exemplos de monitoramento das condições ambientais e dos esforços nos cabos de amarração em Centro de Controle Operacional.

Nas instalações de berços de navios com grandes dimensões, como de óleo e gás e minérios, torna-se recomendável dispor do equipamento de monitoramento das condições de atracação (*Docking Aid System* – DAS) incluindo sensores de:

– vento e corrente (velocidade e rumo);

– alturas de onda e níveis do mar;

– velocidade de aproximação.

Em cais flutuantes, atracadouros provisórios, ou em casos especiais, utilizam-se no auxílio à amarração âncoras

Figura 14.28
(F) Dolfim de amarração no Tebar da Petrobras em São Sebastião (SP).
(G) Vista de cabos de aço provindos de buzina e rodete de popa, a partir de guinchos do navio, para os ganchos de desengate rápido do Dolfim 3 do Píer I do Complexo Portuário de Ponta da Madeira da Vale em São Luís (MA).
(H) Conjunto de ganchos de desengate rápido e cabrestante de dolfim de amarração do Berço Sul do Píer IV do Complexo Portuário de Ponta da Madeira, da Vale, em São Luís (MA). Este conjunto é dotado de células de carga, conforme mostradas em detalhe na Figura 14.28(I) para cabos de arame de aço com MBL de 95 tf.
(I) Célula de carga instalada no braço do gancho para monitoramento da carga de tração sobre a peça.

Figura 14.28

(J) Vista do direcionamento dos cabos de través do navio a partir das buzinas de proa de um navio atracado para os ganchos. Observar na borda o tubo liso para evitar que os cabos rocem no concreto da borda do píer e se desgastem.

(K) Guincho de terra com capacidade para 100 tf *Safe Work Load* com controle remoto de tracionamento do cabo de arame de aço de 95 tf, no Berço Sul do Píer IV do Complexo Portuário de Ponta da Madeira, da Vale, em São Luís (MA).

(L) Passagem do cabo de terra do guincho para o *fairlead* direcional.

Figura 14.28
(M) Direcionamento do cabo de terra de través para uma buzina de proa do navio.
(N) Direcionamento dos cabos de terra de través para uma buzina de popa do navio.
(O) Posicionamento do navio no berço.

Figura 14.28
(P) Visualização do conjunto de cabos
do navio e de terra de través de vante.
(Q) Visualização a partir do navio dos
cabos passados pelo navio e dos cabos
de terra.
(R) Monitoramento das condições
ambientais no Centro de Controle
Operacional.

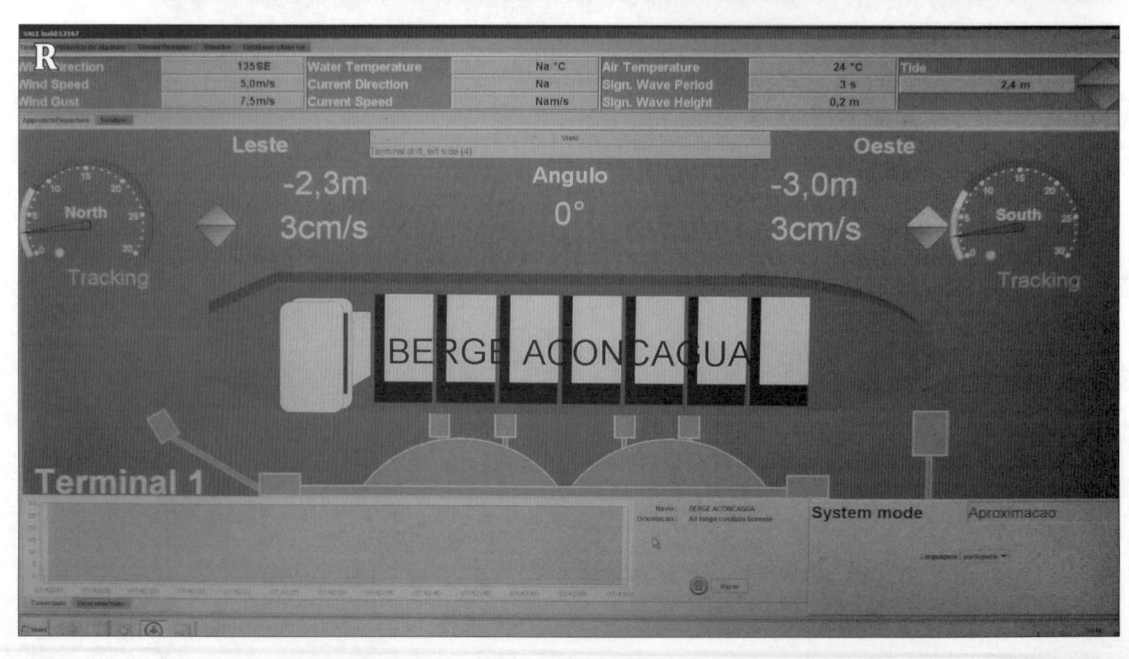

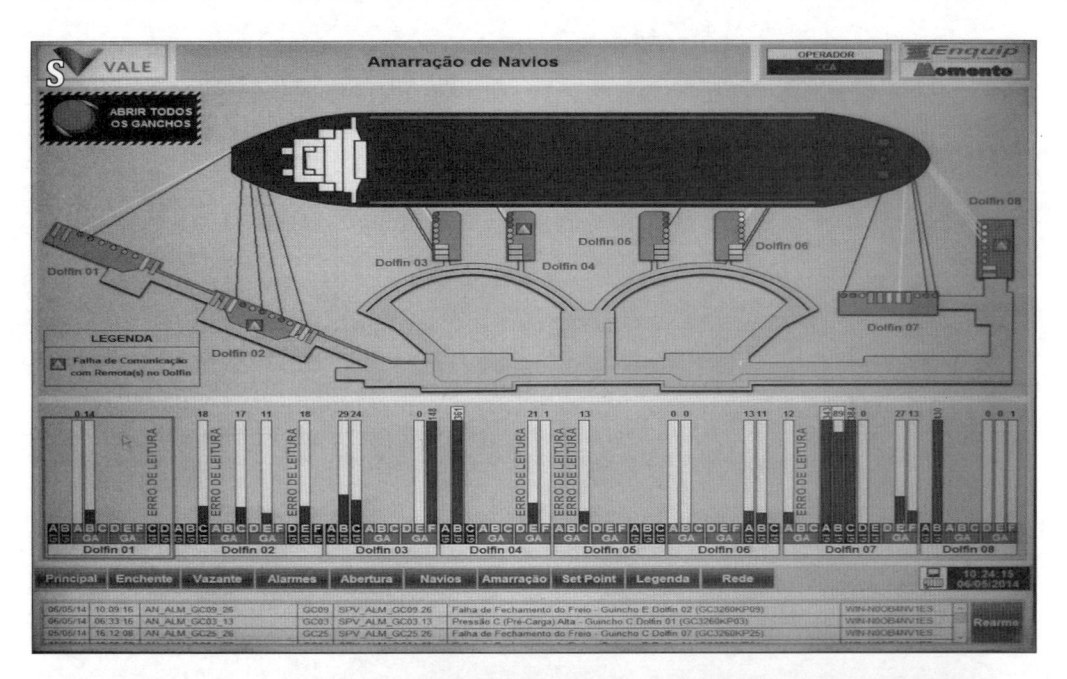

Figura 14.28
(S) Monitoramento dos esforços nos cabos de amarração no Centro de Controle Operacional.
(T) Instalação para linhas lançantes e traveses no Píer III do Complexo Portuário de Ponta da Madeira da Vale, na Baía de São Marcos, São Luís (MA). Ganchos de desengate rápido e guinchos de terra.
(U) Instalação para linhas *spring* de ré no Píer III. Ganchos de desengate rápido e guinchos de terra.

Figura 14.28
(V) Ganchos de desengate rápido com cabos do navio no Píer III.
(W) Guinchos de terra para cabos traveses de vante de arame de aço.
(X) Vista em detalhe de guincho de terra para cabos traveses de vante de arame de aço.

Figura 14.28
(Y) Vista da passagem de cabos de terra e do navio na posição de través de vante.

do navio e/ou boias com amarras em poitas, situação na qual os efeitos de catenária das amarras e os movimentos possíveis dos pontos de fixação devem ser avaliados.

Segundo a NBR nº 9782/87 (ABNT, 1987) os dispositivos de amarração de qualquer tipo devem ter dimensionamento estrutural compatível com os esforços de amarração, bem como deve ser verificada sua segurança ao arrancamento. Quanto ao arrancamento, devem ser dimensionados com coeficiente de segurança menor que o adotado no dimensionamento da estrutura, de forma a permitir que rompam sem danificar a estrutura. É usual o uso de coeficientes de segurança entre 1,75 e 2,0. Quanto a esta questão, deve-se lembrar que os cabeços a bordo do navio também devem ser considerados quanto ao seu limite de arrancamento, uma vez que são o outro extremo de carga vinculado aos cabos de amarração, quando não em guinchos.

A ABNT (1987) recomenda as seguintes trações mínimas nos dispositivos de amarração a serem dimensionados em função do deslocamento dos navios (em kN), segundo Tabela 14.11.

No caso de a estrutura do berço estar sujeita frequentemente a ventos superiores a 17 m/s e corrente superior a 1 m/s, as trações mínimas devem ser aumentadas em 25%. As cargas sobre o cabeço podem atuar no plano horizontal até 180°, semiplano para o largo, e até 60° na vertical. Assim, a estrutura do berço deve ser dimensionada para uma força vertical mínima de 0,87 x a tração assinalada na Tabela 14.11, e a fundação do cabeço deve ser dimensionada para uma força 20% maior que a capacidade do cabeço.

Além dos cabeços usuais, frequentemente são instalados cabeços de tempestade mais recuados na plataforma, a cerca de 30 m da face do cais (ASCE, 2014), projetados

Tabela 14.11
Trações mínimas nos dispositivos de amarração em terra em função do deslocamento dos navios (kN) – recomendação da NBR nº. 9782/87, ABNT (1987)

Deslocamento do navio	Trações mínimas	Espaçamento aproximado (m)	Carga normal ao berço (kN/m berço)	Carga no cabeço (kN/m)
Até 20.000	100	10	15	10
Até 100.000	300	20	20	15
Até 200.000	600	20	25	20
Até 500.000	800	25	35	20
Até 1.000.000	1.000	30	40	25
Até 2.000.000	1.500	30	50	30
Maior que 2.000.000	2.000	35	65	40

para o dobro das cargas dos demais. Cabeços duplos são recomendáveis quando é comum a amarração de cabos de navios diferentes.

Segundo a Japan Association of Ports and Harbours, as forças de tracionamento em um cabeço são as recomendadas na Tabela 14.12. Para navios com deslocamento total inferior a 200 tf, ou além de 100 mil tf e para instalações de atracação que acomodem navios em condições de mar severo, devem ser determinadas as forças trativas por medições das condições específicas.

Tabela 14.12
Forças de tracionamento dos navios sobre os cabeços em terra

Deslocamento total em tonelagem	Tracionamento em cabeços de través (tf)	Tracionamento nos cabeços para *springs* (tf)
200 a 500	15	15
500 a 1.000	25	25
1.000 a 2.000	35	25
2.000 a 3.000	35	35
3.000 a 5.000	50	35
5.000 a 10.000	70	50 (25)
10.000 a 15.000	100	70 (35)
15.000 a 20.000	100	70 (35)
20.000 a 50.000	150	100 (50)
50.000 a 100.000	200	100 (50)

Os valores entre parênteses são para pontos de amarração no navio que não tenham mais que 2 linhas, o que, aliás é a recomendação de número máximo de cabos por cabeço.

Segundo a mesma referência, a recomendação para o espaçamento máximo e número mínimo de cabeços por berço é dada na Tabela 14.13.

Tabela 14.13
Arranjo de cabeços no berço

Deslocamento total em tonelagem	Máximo espaçamento de cabeços (m)	Mínimo número de cabeços por berço
~ 2.000	10 a 15	4
2.000 a 5.000	20	6
5.000 a 20.000	25	6
20.000 a 50.000	35	8
50.000 a 100.000	45	8

Os cabeços para cabos traveses devem ser instalados em ambas as extremidades do berço, o mais afastado possível da linha de atracação e os de cabos *springs* devem ser instalados o mais próximo da linha de atracação.

Segundo Mason (1981), no caso de obras contínuas, como cais corridos, sugere-se cabeços de amarração dispostos a distâncias de 1 a 1,4 vezes a boca dos navios.

As forças nas linhas de amarração devidas a mudanças na elevação do navio, seja por variação da maré, seja pela operação de carregamento, devem ser compensadas pelo apropriado pré-tensionamento dos cabos. Valores típicos de pré-tensionamento correspondem de 5% a 10% do MBL do cabo, sendo o menor valor correspondente a cabos "solteiros", ou seja, tensionados pelo guincho auxiliar e laçados em cabeços de bordo, enquanto que para cabos passados no guincho deve-se considerar o segundo valor. Segundo ASCE (2014), para grandes navios, recomenda-se 10 tf como valor de pré-tensão, para garantir frequente compressão das defensas.

A eficácia de uma linha de amarração depende de dois ângulos: o vertical, que a linha forma com a plataforma ou dolfim, e o ângulo horizontal, que a linha forma com a linha de atracação. Quanto mais angulada for a orientação na vertical, menos efetiva fica a linha para resistir ao esforço horizontal, de acordo com o cosseno do ângulo formado com a horizontal. Da mesma forma, quanto maior o ângulo horizontal com a linha de atracação, menos efetiva a restrição da linha ao esforço longitudinal e mais efetiva para o transversal. A incorporação nos planos de amarração de linhas lançantes de vante e ré, orientadas entre as direções longitudinal e transversal à linha de atracação e, normalmente, de maior comprimento e mais elásticos (usadas pelos rebocadores de cabo passado), conforme ilustrado na Figura 14.29, modificada de OCIMF (2010), é de efetividade muito reduzida comparativamente às linhas de través e *spring*.

Assim, conclui-se que a embarcação encontra-se normalmente mais eficientemente amarrada com um plano de amarração ao "longo do comprimento do navio" com *springs* e traveses, devendo-se evitar os lançantes, por seu longo comprimento e pobre orientação. Além disso, o ângulo vertical deve ser mantido mínimo.

Os princípios gerais configuram diretrizes para otimizar a distribuição de esforços pelo plano de amarração do navio. Na prática, a escolha final depende das condições climáticas, geometria do píer e projeto dos navios. Alguns práticos, por exemplo, pedem cabos lançantes para auxiliar na manobra de atracação, ou desatracação, enquanto outros se utilizam dos *springs* para esta finalidade. Os semi-traveses também podem ser vantajosos em berços nos quais os pontos de amarração estejam muito próximos da linha de atracação e, consequentemente, boas linhas de traveses não estejam disponíveis, com excessivos ângulos verticais, acarretando em considerável redução da capacidade de restrição ao movimento.

Outro fator a considerar é o melhor comprimento das linhas de amarração. Seria desejável manter todas as linhas em um ângulo vertical menor do que 25°, que corresponde a 10% de perda de restrição com relação à horizontal. As linhas mais longas são vantajosas, tanto do ponto de vista de absorver os esforços, quanto na maior eficácia de pré-tensionamento, entretanto, para cabos de material mais elástico este aumento de comprimento pode ser uma desvantagem, por permitir ao navio se mover excessivamente. Na Figura 14.29 está ilustrado o efeito do comprimento de cabo de aço suposto sem catenária, com deformação de 1% para o MBL,

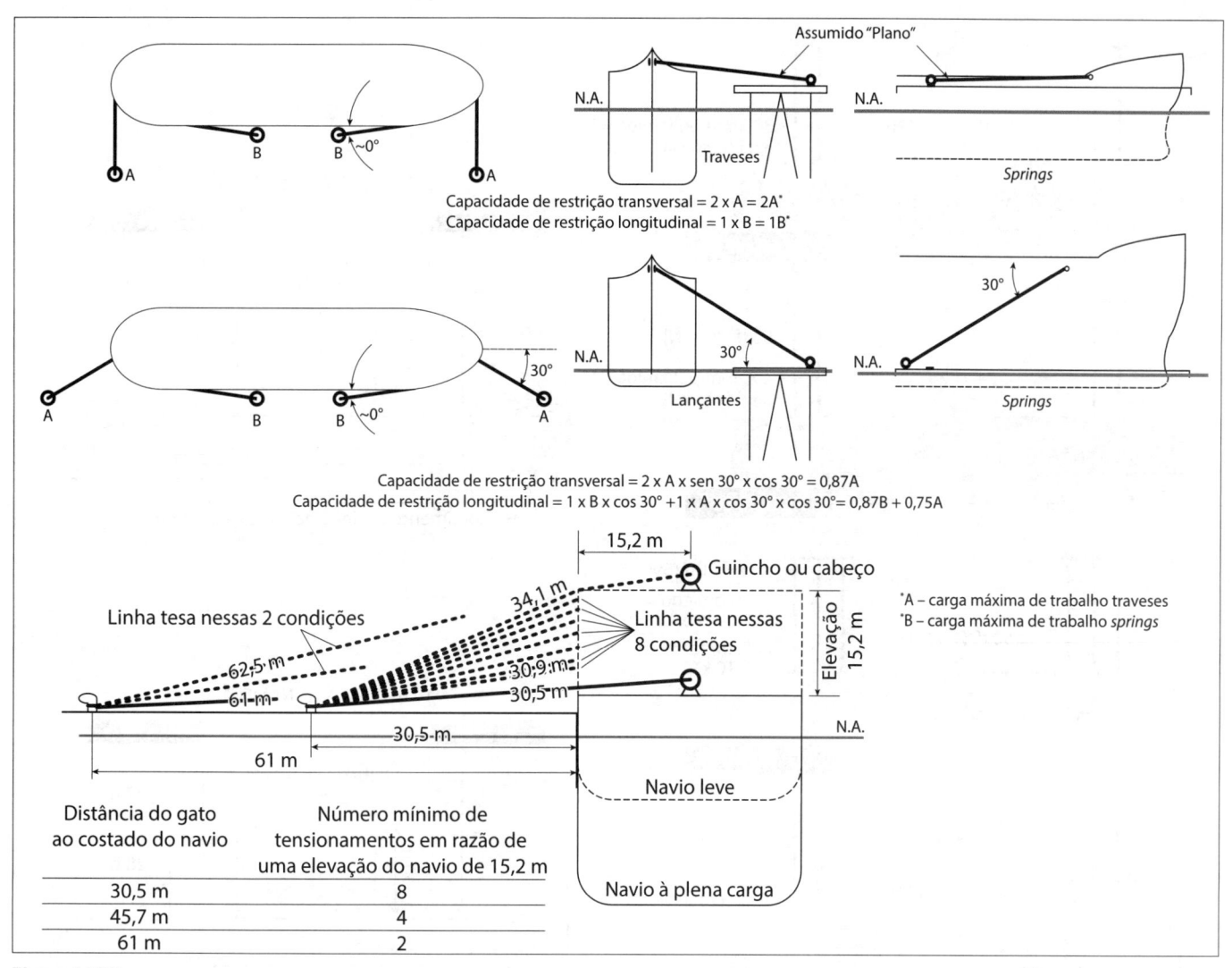

Figura 14.29
Efeito da orientação e comprimento do cabo na capacidade de restrição de movimentos dos navios atracados.

bem como ajuste de pré-tensionamentos quando atingida a carga máxima de trabalho. Observe-se que a faina necessária aumenta muito nos cabos mais curtos, tendo-se que pagar ou retesar várias vezes o cabo, o que é problemático para navios com tripulações cada vez mais reduzidas, como atualmente.

O objetivo do pré-tensionamento é o de assegurar que todas as linhas compartilhem o esforço da melhor forma possível, limitando os movimentos do navio no berço. A aplicação da carga ao cabo pelo guincho do navio antes que as forças solicitantes atuem reduz os movimentos do navio e otimiza a distribuição dos esforços quando cabos de diferentes comprimentos e elasticidades são usados. A Figura 14.30, modificada de OCIMF (2010) evidencia esse fato para cabos de aço de 40 mm de bitola 6 × 37 IWRC.

Quanto à questão da manutenção da tensão na linha, deve-se mencionar a existência de sistemas de atracação dinâmica, como o chamado ShoreTension, que pode ser empregado em quaisquer instalações portuárias e tipos de embarcações de porte. Esse sistema reduz significativamente a movimentação dos navios (até 90%) comparativamente com os sistemas de amarração convencionais. Trata-se de um dispositivo com forma cilíndrica que exerce a mesma tensão constante nas linhas que estão fixas nos cabeços do cais ou píer. Emprega cabos Dyneema de até 150 tf de SWL, com registro das cargas nos cabos. Trata-se de um sistema que somente requer energia elétrica para o sistema hidráulico externo, que apenas é empregado uma vez para calibrar a tensão desejada, depois do que o seu cilindro hidráulico move-se de acordo com as forças associadas à linha de amarração sem mais necessidade de energia.

Na Figura 14.30(A) também pode-se observar a influência de diferentes características de cabos exercendo a mesma função, em que os cabos mais rígidos, de maior bitola e mais curtos são os cabos críticos, por absorverem maior esforço. Em consequência, não é conveniente misturar cabos exercendo a mesma função.

14.2.5 *Passing ships*

É importante determinar o impacto da velocidade dos navios passantes no navio atracado. Deslocamento ou deriva excessiva (*surge*) do navio no berço pode produzir danos em defensas, braços de carregamento e linhas de amarração.

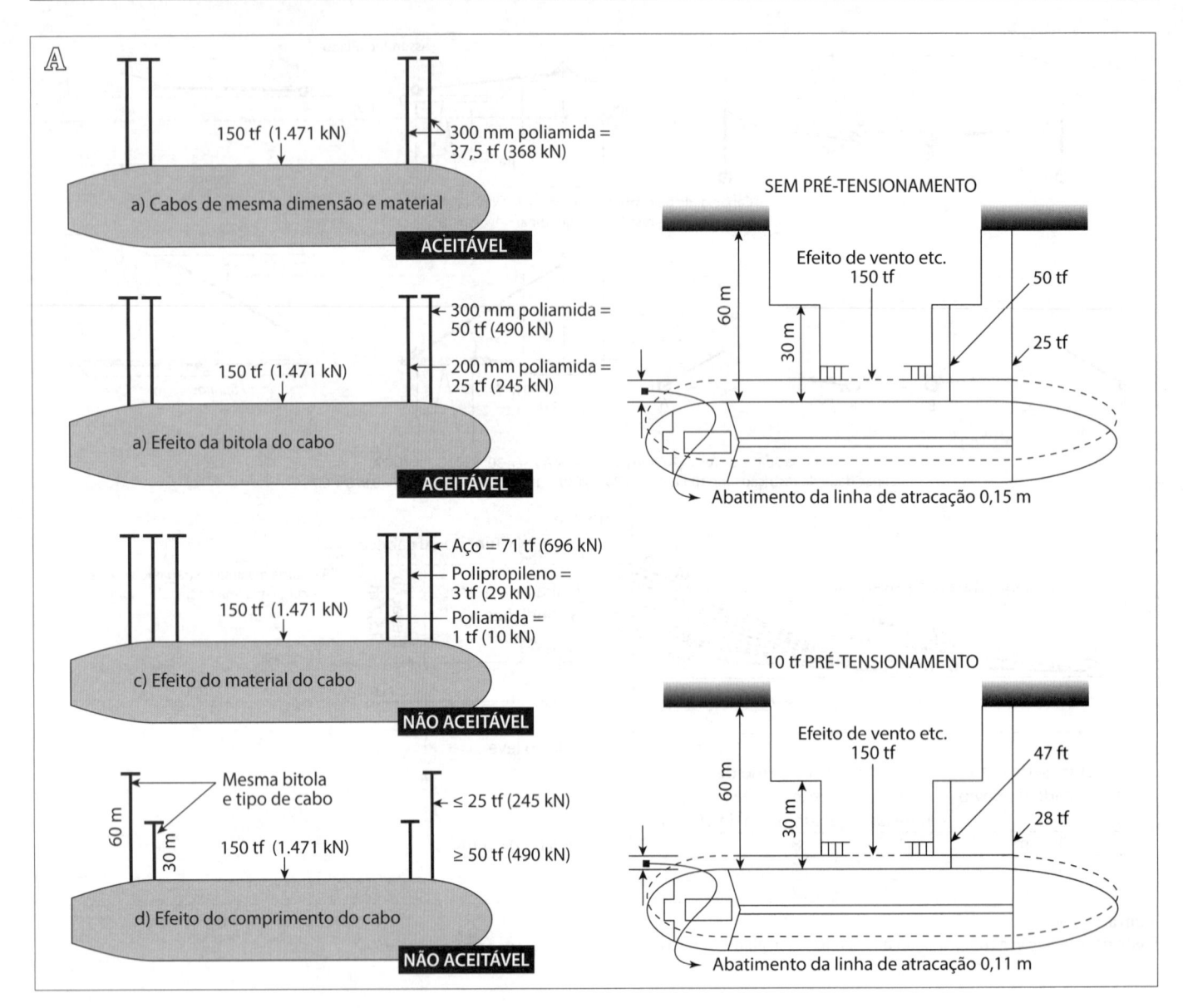

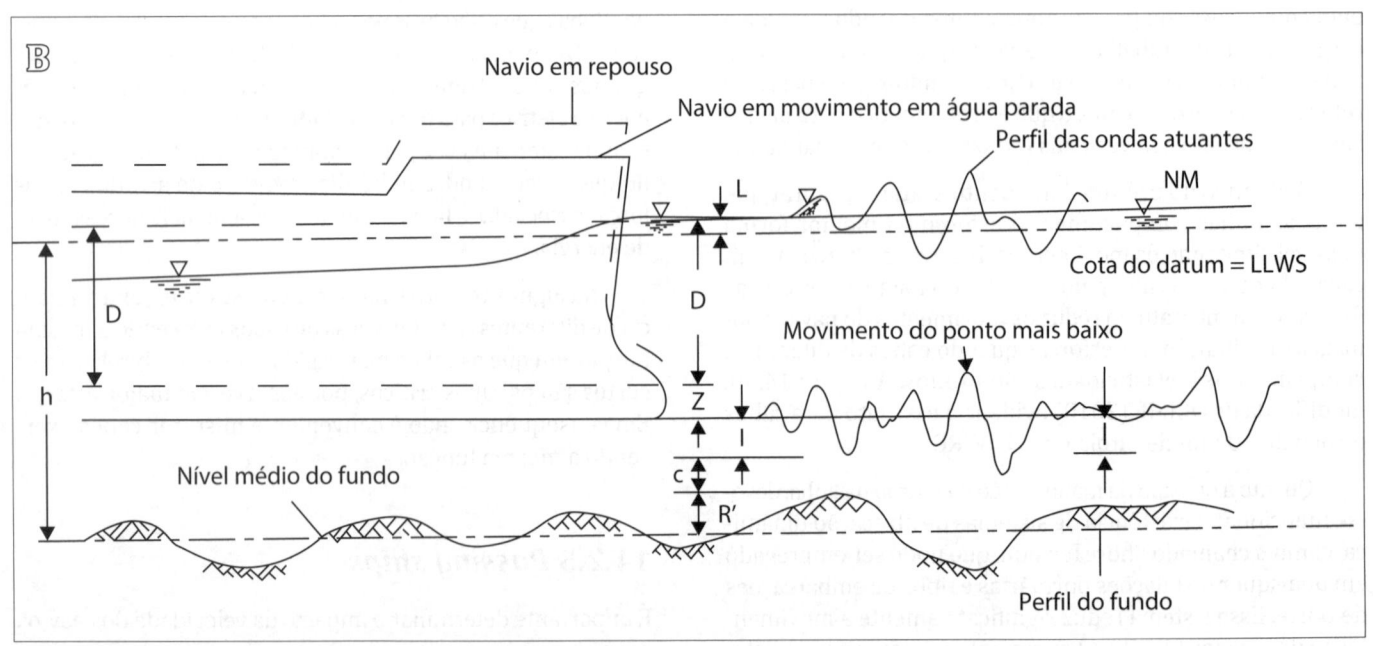

Figura 14.30
(A) Efeito de diferentes características de cabos traveses sujeitos à mesma força transversal.
(B) Esquema definidor dos parâmetros de profundidade.

Segundo Thoresen (2014), como orientação geral, a velocidade do navio passante a 50 m do costado do atracado não deve estar acima de 4 nós e, no caso de uma distância de 100 m, não deve ser maior que 5 nós. No caso de navios-tanque atracados, a distância costado a costado com o navio passante deve ser maior que 150 m. Se o navio atracado for um navio-tanque LNG, a distância costado a costado deverá ser de 200 m a 250 m, e se o navio passante também for um tanque LNG a distância deverá ser de pelo menos 300 m.

14.2.6 Visibilidade

Segundo Thoresen (2014), no caso de má visibilidade por neblina (visibilidade inferior a 1.000 m) e chuvas intensas, em geral, a visibilidade entre 500 m e 1.000 m pode ser aceitável para manobras e atracação em portos. Se a visibilidade for inferior a 2.000 m, a velocidade do navio deve ser reduzida a 6 nós ou menos para deslocamentos de porte bruto acima de 10.000 tpb. Para visibilidades abaixo de 1.000 m, é aconselhável, por razões de segurança, para todos os navios de grandes dimensões, petroleiros e gaseiros, a assistência de rebocadores em áreas restritas dos canais de maior intensidade de tráfego, áreas mais internas dos portos, terminais petroleiros etc. Em casos de grandes portos, a recomendação é que o navio não inicie manobras se a visibilidade for menor que 3 L_{OA}, sendo que, para rebocadores de cabo passado, deve-se incluir no comprimento do navio o comprimento inteiro do cabo. Como uma regra geral, muitos terminais de granel líquido fecham para atracação e desatracação se a visibilidade for inferior a 1.000 m a 2.000 m.

14.2.7 Disponibilidade do berço

A disponibilidade total do berço, ou seu oposto, o *downtime*, podem ser subdivididos, segundo Thoresen (2014), em dois casos:

– Disponibilidade de navegação: corresponde à percentagem do tempo em que o navio tem condições de se dirigir do alto mar para o berço. Impedem essa situação: correntes excessivas; ventos acima de 20 nós, que prejudicam as manobras; ondas acima de 1,5 m, que interrompem a assistência dos rebocadores; marulhos e ondas longas; visibilidade abaixo de 1.000 m; indisponibilidade de rebocadores.

– Disponibilidade operacional: corresponde à percentagem do tempo operacional durante a qual o navio pode operar carregando ou descarregando no berço. Impedem essa situação: interrupção de movimentação de carga com ventos acima de 40 nós; movimentos excessivos do navio no berço; manutenção da estrutura do berço.

Algumas das ocorrências de não conformidade elencadas podem ocorrer simultaneamente, o que diminui o *downtime*. Dependendo do tipo de berço (tipo de carga movimentada), o tempo total anual de disponibilidade média navegável e operacional não deve ser inferior a cerca de 90% a 95% (*downtime* de 10% a 5%), em virtude dos custos extras dos tempos de espera para os navios. Em terminais petroleiros, 10% de *downtime* em base anual é uma norma. Em base mensal, a disponibilidade do berço não deve ficar abaixo de 85% em qualquer mês do ano.

14.2.8 Avaliação probabilística do risco de colisão da quilha do navio com o fundo

14.2.8.1 FATORES INFLUENCIANDO A PROFUNDIDADE

O incremento das dimensões dos navios nas últimas décadas levou à necessidade de espaços náuticos mais fundos e largos. A profundidade adicional também significa que o volume de material a ser dragado aumenta rapidamente à medida que a profundidade aumenta. Os custos de investimento para dragagem, sistemas de navegação e manutenção dos fundos crescem significativamente em função da profundidade. Por outro lado, o número de navios que realmente necessitam dessas grandes profundidades e o seu benefício para o porto diminuem na medida em que a profundidade cresce. Todos esses fatores combinados com a escassez de capital para tais investimentos de larga escala tornam necessária uma acurada otimização das profundidades. Assim, podem-se resumir as seguintes quatro etapas para este dimensionamento:

a) Escolha da alternativa de projeto.

Evidentemente, além da profundidade, um navio de projeto ou séries de diferentes navios, velocidades do navio, larguras dos espaços náuticos e seus alinhamentos devem ser selecionados. Esses gabaritos obviamente influenciarão os custos de construção, mas também influem na resposta do navio em ondas e, portanto, nos custos de danos potenciais.

b) Determinação dos custos de construção.

Os custos de construção resultam diretamente da geometria dos espaços náuticos e incluem tanto os custos da dragagem de implantação quanto os da manutenção capitalizada, bem como o investimento e a manutenção dos auxílios à navegação necessários.

c) Determinação do custo dos danos.

Os danos econômicos são mais difíceis de serem avaliados, podendo ser, por exemplo:

– Um navio que tenha de ser docado e repintado depois de ter erodido sua quilha em um banco de areia.

– Um navio que não manobre adequadamente num espaço restrito e tenha encalhado, tendo de ser resgatado ou necessitando que se faça a salvatagem de sua carga.

– Colisões entre navios, resultando em danos ou possível naufrágio.

– Um navio que bata no fundo, abra o casco, faça água e possa naufragar.

– Consequências de dano ambiental de um vazamento de óleo, perda de vidas, perda de cargas, custos de atrasos se o canal for interditado ou fechado.

Além dos custos desses danos serem difíceis de estimar, eles têm de ser multiplicados pela probabilidade de realmente ocorrerem, a qual será descrita a seguir.

Em alguns casos, a estimativa dos custos dos danos é, na melhor situação, um tanto arbitrária, motivo pelo qual alguns projetistas escolhem alternativamente reduzir a probabilidade de um determinado tipo de dano a um nível aceitavelmente baixo.

d)   Repetição das etapas anteriores para diferentes projetos.

14.2.8.2 APROXIMAÇÃO AO PROBLEMA

O interesse é avaliar a dimensão de profundidade à luz de duas questões:

1.   A profundidade é grande o suficiente de modo que o navio possa manobrar adequadamente?

2.   A probabilidade de que o navio bata no fundo em sua manobra é aceitavelmente baixa?

Ambas as questões dependem da folga sob a quilha do navio. A resposta da primeira depende do valor médio da folga sob a quilha (ou, pelo menos, em uma suficientemente alta percentagem de tempo), enquanto a da segunda depende do valor da folga sob a quilha individual instantânea. Assim, tanto a média quanto a variação estatística da folga sob a quilha são importantes na análise a seguir.

Existem outros fatores envolvidos, entretanto. O nível d'água varia com a maré, ou agitação, fazendo com que a folga sob a quilha se altere lentamente. As ondas presentes fazem com que o navio se movimente mais frequentemente em torno de sua posição média de profundidade. Assim, tanto o nível d'água quanto a resposta do navio em ondas mudam, alterando a folga sob a quilha. As ondas dão origem aos movimentos verticais do navio, que são caturro, arfagem e balanço. O fundo também não é plano.

Usualmente, o *datum* das cartas náuticas corresponde à média de longo termo das mais baixas baixa-mares de sizígia medidas (LLWS). O NM, nível d'água em repouso, situa-se na cota L da Figura 14.30(B). Na mesma Figura, D é o calado do navio. O *squat* produzido pelo movimento do navio no ponto mais baixo da quilha encontra-se assinalado por Z, sendo s a resposta instantânea do navio em ondas e I o acréscimo de profundidade para compensar a ação da onda.

Aqui é importante salientar a descrição do efeito *squat*, já mencionado no Capítulo 11, que ocorre quando o navio navega adiante em água em repouso. Na verdade, o *squat* pode ser subdividido em dois componentes: o *squat* propriamente dito e o *trim*.

O *squat*, entendido como um componente desse movimento oriundo da hidrodinâmica do avanço do navio, é um afundamento (*sinkage*) do navio com quilha paralela à linha d'água em repouso, resultante das mudanças de pressão da água em torno do casco. De fato, à medida que o navio se movimenta a vante, a água flui no rumo oposto ao longo do casco, da proa para a popa. Aplicando-se o teorema de Bernoulli de conservação da energia, verifica-se que a pressão em uma determinada cota neste escoamento de retorno deve ser mais baixa que na mesma cota em água em repouso. Desse modo, a superfície do nível d'água se rebaixa e o navio afunda com ela. Evidentemente, em canais restritos, a velocidade do escoamento de retorno é relativamente mais alta que em profundidades oceânicas irrestritas, pois o escoamento tem de passar por uma seção transversal menor, de modo que o rebaixamento da superfície da água é maior.

O *trim* é um componente do *squat*, aqui entendido como o movimento de afundamento e inclinação da quilha (Capítulo 11), referente ao afundamento da popa do navio relativo à proa. Assim, o *trim* é uma rotação do navio em torno ao eixo transversal. Ele resulta da assimetria dos padrões de escoamento em torno da proa e da popa. A atuação do propulsor aumenta a efetividade do escoamento de retorno na popa em navios com boa forma hidrodinâmica (coeficiente de bloco mais baixo), como conteneiros ou navios cargueiros velozes, fazendo com que a popa afunde mais que a proa. Graneleiros ou grandes petroleiros, por outro lado, têm altos coeficientes de bloco e a proa atenua as concentrações das correntes de retorno em torno da proa, fazendo com que esta afunde mais que a popa.

Como é impossível dragar o fundo perfeitamente plano, a irregularidade deste, r, ocorre em um ponto genérico do fundo com relação ao nível médio do fundo, o que é compensado pela tolerância na profundidade, R'.

Os requisitos mínimos de manobrabilidade do navio determinam uma folga líquida sob a quilha mínima disponível o tempo todo (c). Assim, pode-se escrever a seguinte relação para h (profundidade média):

$$h = R' + c + I + Z + D - L$$

ou:

$$c(t) = h + L(t) - Z - D - s(t) - r(x(t))$$

14.2.8.3 NÍVEL D'ÁGUA EM REPOUSO DE PROJETO

O calado do navio em água em repouso, D, depende, além do peso do navio carregado, da densidade da água, que depende da temperatura e da salinidade desta.

O nível d'água, L, é dependente de muitos fatores. Um dos mais importantes é a densidade de tráfego do navio de projeto. Se esses navios de projeto entram no porto somente ocasionalmente, em poucos dias, por exemplo, é usualmente aceitável atrasar as suas entradas até algum horário próximo da preamar, desde que outras condições, como as correntes, permitam navegação segura. Entretanto, havendo significativas variações nos níveis de preamar ao longo do mês, o projetista tenderá a escolher um nível de preamar que será excedido em todo dia normal, a maior preamar de quadratura (HHWN), como base. Caso os atrasos ainda sejam muito custosos, a menor preamar de quadratura (LHWN) poderá ser selecionada. Além disso, dependendo do tempo de percurso, níveis mais baixos poderão ser escolhidos. Usualmente, L é positivo e não varia muito em trechos curtos de passagem do navio. Essa variação no nível d'água pode ser incluída por um desvio-padrão σ_L, que, de qualquer modo, será baixo para trechos curtos. Esse problema é referido como "do navio ocasional".

Por outro lado, se o navio de projeto deve entrar no porto muito frequentemente, como um *ferry-boat* com um horário estabelecido várias vezes ao dia, então o nível d'água de projeto deve ser garantido com certeza absoluta. Esse nível será provavelmente mais baixo até que LLWS, de modo a permitir a operação mesmo com condições extraordinárias de maré meteorológica negativa. Essas ocorrências são bem definidas localmente e apresentam, portanto, σ_L baixo, como no caso do problema anterior. Assim, a adoção desse nível baixo de projeto para o nível d'água, embora importante para o tráfego de uma embarcação, seria conservativo para a avaliação de otimização da hidrovia como um todo, pois, na maior parte do tempo, o navio estaria entrando com nível d'água consideravelmente mais alto. A avaliação como um todo poderia ser mais bem fundamentada em um nível igual ao nível médio do mar e seu correspondente desvio-padrão, um valor muito maior que o anterior, pois inclui toda a maré com outras influências. Essa é uma aproximação mais adequada para esse problema.

14.2.8.4 MOVIMENTO DO NAVIO

A resposta do navio ao espectro de ondas apresenta valor máximo de I no movimento para baixo, s, do navio, satisfazendo à distribuição de Rayleigh, já que são as ondas que produzem esse rebaixamento. Assim, a probabilidade de excedência é dada por:

$$P(I) = e^{-\frac{1}{2}\left(\frac{I}{\sigma_s}\right)^2}$$

em que:

   I: pico selecionado do movimento do navio com referência à posição média do navio

   P(I): probabilidade de que I seja excedido

   σ_s: desvio-padrão do movimento instantâneo do navio

14.2.8.5 IRREGULARIDADES DO FUNDO

A característica irregular do fundo pode ser oriunda das imperfeições de dragagem, bem como por processos naturais, como sedimentação e formação de enrugamentos e dunas pelo transporte de fundo. Se essas irregularidades de fundo, r, forem esquematizadas como uma onda senoidal com altura R, então o desvio-padrão da elevação do fundo é:

$$\sigma_r = \frac{1}{2\sqrt{2}}R = 0,3536R$$

14.2.8.6 FOLGA LÍQUIDA SOB A QUILHA

O desvio-padrão de variáveis independentes em associação é:

$$\sigma_{(L+s+r)} = \left(\sigma_L^2 + \sigma_s^2 + \sigma_r^2\right) = \sigma_c$$

Se o nível d'água for considerado constante, ou pouco variável, então $\sigma_L = 0$. Deve ser enfatizado que σ_s caracteriza a resposta do navio em ondas durante a sua passagem pelo local de interesse, e uma grande variedade de estados do mar, com diferentes intensidades, pode ocorrer. Assim, devem ser selecionadas N' características de estado do mar, cada uma fornecendo um valor diferente de σ_s; digamos então: σ_{si}, e um correspondente conjunto de σ_{ci}, em que i varia de 1 a N'.

Existe um valor mínimo, $c_{mín}$, da folga líquida sob a quilha que garante a adequada manobrabilidade do navio. Esse valor pode ser determinado por ensaios em modelo físico, que usualmente apontam que, quando $c < c_{mín}$ por um certo período, ocorrerá um dano, seja por uma colisão com outros navios, seja por encalhe em profundidades mais rasas.

14.2.8.7 CRITÉRIO DE OTIMIZAÇÃO DA PROFUNDIDADE

O primeiro método de otimização da profundidade é aquele em que a folga líquida sob a quilha, c, deve ser maior que um dado valor $c_{mín}$ pelo menos por certa percentagem de tempo, ou seja, c pode ser inferior a $c_{mín}$ por não mais que uma certa percentagem de tempo. O valor dessa percentagem fornece a resposta desejada para esse critério de otimização.

Esse critério depende dos valores instantâneos do movimento do navio, s, em vez de somente seus valores extremos. Sabe-se que as elevações do nível d'água estão normalmente distribuídas em torno de um valor médio, enquanto seus valores extremos (alturas das ondas) seguem a distribuição de Rayleigh. Os movimentos do navio e as folgas líquidas sob a quilha são análogos. Nesse sentido, para as elevações instantâneas, trabalha-se com uma distribuição normal (Gaussiana):

$$P(x) = \frac{1}{\sqrt{2\pi}} \int_x^\infty e^{-0,5q} dq$$

onde:

   P(x): é a probabilidade de x ser igualado, ou excedido e x é a variável expressa em unidades de σ

Alguns valores representativos de x e P(x) são fornecidos no Quadro 14.4.

Quadro 14.4 Propriedades da distribuição normal	
P(x) em %	x*
10^{-5}	~ 5,653
10^{-4}	4,754
10^{-3}	4,266
0,01	3,720
0,05	3,294
0,10	3,091
0,50	2,576
1,00	2,327
2,00	2,074
5,0	1,644
10,0	1,282
15,9	1,000
25,0	0,675
50,0	0,000

* x é tornado adimensional pela divisão do seu valor pelo desvio-padrão σ.

Neste ponto, necessita-se determinar a probabilidade de que um valor instantâneo da folga líquida sob a quilha, c, seja menor que o mínimo admissível, $c_{mín}$. Isso pode ser feito relacionando o deslocamento máximo admissível a partir da folga média da quilha com o desvio-padrão da folga sob a quilha:

$$x_i = \frac{\bar{c} - c_{mín}}{\sigma_{ci}}$$

onde:

$\bar{c}$: folga líquida média sob a quilha

$c_{mín}$: mínima folga líquida sob a quilha admissível

σ_{ci}: desvio-padrão de variáveis independentes em associação (L, s, r)

i: índice do estado do mar escolhido

x_i: fator correspondente a uma probabilidade $P(x_i)_i$ no Quadro 14.4

Na medida em que o fundo se torna mais raso, $\bar{c}$ e, consequentemente, $\bar{c} - c_{mín}$ diminuem, reduzindo o valor de x_i, o que, por sua vez, aumenta a probabilidade $P(x_i)_i$ de o navio seguir para uma situação de dificuldade.

O segundo critério de otimização envolve o risco de que o navio bata no fundo. Portanto, nesse instante, a folga líquida sob a quilha é nula. Os efeitos de movimento do navio e variações dos níveis d'água e do fundo combinaram-se em uma variação da folga líquida sob a quilha caracterizada por σ_{ci}. Assim, o navio bate no fundo sempre que um valor de pico dessa variação excede a folga líquida sob a quilha admissível. Portanto, se a amplitude da variação em torno da média é denotada por c, então há que se determinar a probabilidade de que c seja maior que a folga líquida sob a quilha fornecida, $\bar{c}$. Como agora são importantes os extremos, podem-se usar as propriedades da distribuição de Rayleigh.

Antes disso, entretanto, convém apresentar o conceito de frequência de encontro. Um navio movendo-se contra ondas frontais encontrará mais ondas por unidade de tempo que encontraria um observador parado. Esta chamada frequência de encontro é dada por:

$$\omega_e = \omega\left(1 - \frac{v_s}{c}\cos\alpha\right)$$

onde:

c: celeridade da onda

v_s: velocidade do navio

α: ângulo entre o sentido positivo de v_s e c

ω: frequência da onda

ω_e: frequência de encontro experimentada pelo navio

O período de encontro é dado pela relação:

$$T_e = \frac{2\pi}{\omega_e}$$

Voltando à descrição do procedimento de otimização, o número de extremos do movimento do navio (portanto, mínimos de folga líquida sob a quilha) é igual ao número de ondas encontradas durante a passagem do navio pelo espaço em questão (assume-se que há muito mais irregularidades de fundo que ondas). Assim, o número de ondas resultante encontrado é:

$$N_i = \frac{L_c}{v_s}\frac{\omega_{ei}}{2\pi}$$

onde:

L_c: extensão analisada

i: índice do estado do mar selecionado

N_i: número de ondas encontradas

v_s: velocidade do navio

ω_{ei}: média da frequência de encontro

A probabilidade de que um movimento relativo individual seja maior que a folga líquida sob a quilha admissível, $\bar{c}$, é calculada a partir da distribuição de Rayleigh:

$$P\left(\overline{c}\right)_i = e^{-\frac{1}{2}\left(\frac{\overline{c}}{\sigma_{ci}}\right)^2}$$

onde:

$\overline{c}$: folga líquida sob a quilha fornecida

$P(\overline{c})_i$: probabilidade de que a variação da folga líquida sob a quilha iguale, ou exceda $\overline{c}$

σ_{ci}: desvio-padrão da variação da folga líquida sob a quilha

i: índice do estado do mar escolhido

A probabilidade de que $\overline{c}$ não seja excedida é: $1 - P(\overline{c})_i$. A probabilidade de que não seja excedida em uma série de N eventos independentes é: $(1 - P(\overline{c})_i)^N$. Finalmente, a probabilidade de que a variação da folga líquida sob a quilha exceda a folga líquida sob a quilha admissível pelo menos uma vez durante a passagem do navio é: $E_{1i} = 1 - (1 - P(\overline{c})_i)^N$, que corresponde nesse segundo critério à probabilidade, $P(x_i)_i$, de que o navio não terá condições de manobrar adequadamente no primeiro critério, embora o dano associado em cada caso seja bem diferente.

Obviamente, ambos os critérios são importantes em um projeto. De fato, um navio que não pode manobrar apropriadamente tem um grande risco de derivar em seu curso e encalhar em águas mais rasas, ou de colidir com outro navio. Um navio que bate no fundo, por outro lado, pode fazer água e perder carga que polua o ambiente, ou mesmo afundar e interditar a manobra de outros navios.

Essas probabilidades estimadas pelos dois critérios dizem respeito a um navio e um estado do mar.

14.2.8.8 NÚMERO DE NAVIOS NA ÁREA EM ESTUDO

Existe a probabilidade, logicamente, de que mais de um navio, ou mesmo nenhum, esteja na área em um dado instante. A informação sobre o número de navios na área é importante, pois vários navios podem encontrar o mesmo estado do mar, ou estados do mar podem ocorrer quando a área estiver sem navios. A influência de um navio em outro não será considerada, mas existe.

Para o "problema do navio ocasional", o acesso à área de navegação é proibido por algum tempo para os navios que não sejam daquela determinada classe.

A probabilidade de que a margem de segurança seja mantida para um navio é: $(1 - E_{1i})$. Para m navios, essa probabilidade é de $(1 - E_{1i})^m$. Observe-se que a probabilidade de manter a margem de segurança para zero navios é sempre 1.

Assim, a probabilidade de que pelo menos um desses navios bata no fundo, ou não consiga manobrar e esteja presente, é, portanto: $[1 - (1 - E_{1i})^m]p_i(m)$, sendo $p_i(m)$ a probabilidade de que haja m navios tipo na área (m varia de 0 até um número inteiro M'). Assim, a probabilidade de que todo esse grupo de m navios passe sem bater no fundo é:

$1 - [1 - (1 - E_{1i})^m]p_i(m)$, e a probabilidade de que todos os navios dessa classe atravessando a área em grupos de 0 (sem navios) ao máximo de M' passem sem bater no fundo é dada pela produtória:

$$\prod_{m=0}^{M'}\left\{1-\left[1-\left(1-E_{1i}\right)^m\right]p_i\left(m\right)\right\}$$

A probabilidade de que pelo menos um desses navios fique em dificuldade neste estado do mar i é:

$$E'_{1i} = 1-\prod_{m=0}^{M'_i}\left\{1-\left[1-\left(1-E_1\right)^m\right]p_i\left(m\right)\right\}$$

Então, esse resultado indica que E'_{1i} é a probabilidade de que pelo menos um navio tipo bata no fundo ou não consiga manobrar adequadamente no padrão de chegadas durante 1 ano, considerando que o estado do mar tipo i ocorra continuamente.

14.2.8.9 VARIAÇÕES DE LONGO TERMO NA ONDA

Sendo E'_{1i} a probabilidade de que a requerida margem de segurança não seja mantida, a probabilidade de que tanto o estado do mar i ocorra e a margem de segurança não seja mantida é: $E_{2i} = p(H_s).E'_{1i}$, o que pode ser determinado para cada H_s e resulta numa série de valores de E_{2i}. Assim, a probabilidade de que a margem de segurança seja mantida durante todo o ano é:

$$E_3 = \prod_{i=1}^{N'}\left(1-E_{2i}\right)$$

dividindo-se em N' intervalos a distribuição de ondas de longo termo. Assim, a probabilidade de falha ou dificuldade do navio ocorrer durante 1 ano é: $1 - E_3$.

14.2.8.10 ANÁLISE ECONÔMICA

Para se efetuar uma otimização, é necessário determinar o custo anual do dano provável. O custo anual desse dano para o navio tipo selecionado é a probabilidade de dano durante o ano multiplicada pelo custo do dano resultante do acidente. Esse custo deve incluir não somente o dano ao navio e à carga transportada, mas também atrasos de outros navios que terão de esperar pela remoção do navio encalhado ou naufragado e consequências ambientais da poluição resultante, dentre outros.

Cada navio que se utiliza da área tem alguma probabilidade de falha. Na prática, no entanto, navios menores, com maiores folgas líquidas sob a quilha média, $\overline{c}$, terão uma probabilidade tão pequena de se envolver em problemas que o custo anual de dano causado por essas embarcações é negligenciável. Portanto, a otimização é usualmente conduzida considerando somente alguns poucos diferentes navios de projeto.

O custo anual do dano deve ser comparado com o custo do capital originalmente investido na área de navegação. Assim, é necessário transformar esse custo anual em uma soma equivalente de dinheiro, a qual, em juros compostos, pagará pelo total de dano esperado para a vida útil da área. Isso envolve a determinação do valor presente de uma série de retiradas futuras uniformes (pagamentos), cada uma equivalente ao custo anual do dano para toda a vida útil da área. Esse dano capitalizado deve ser somado ao custo inicial de implantação da área por dragagem, também capitalizando-se, de modo semelhante, todas as previstas dragagens periódicas de manutenção.

Assim, finalmente, o projeto ótimo da área de navegação é o que tem o mínimo custo capitalizado.

14.2.8.11 A COMPLEXIDADE DO PROBLEMA

Existe um sem número de possíveis interações de combinações de parâmetros que devem ser testados para se obter a otimização de uma área de navegação.

O parâmetro mais óbvio é a profundidade h. Ela muda a folga líquida média sob a quilha, $\bar{c}$, o *squat* e o *trim*, Z, e o movimento do navio, σ_{si}, o qual, por seu turno, influencia σ_{ci}, E_{1i} etc.

Impor uma restrição quanto aos horários durante os quais certos navios são admitidos altera L e σ_L e, portanto, $\bar{c}$ e σ_c. Entretanto, um certo tempo mínimo deve estar disponível para o navio atravessar a área. Essa opção é a do "problema do navio ocasional", que pode reduzir substancialmente a probabilidade de dano , mas aumenta custos pelos atrasos de tráfego.

A redução de velocidade de alguns navios poderia diminuir os efeitos *squat e trim* aumentando $\bar{c}$. Por outro lado, vai alterar σ_s e, portanto, σ_c, bem como aumentar o número de ondas encontradas durante a passagem.

Pode-se mudar a geometria da área de navegação, como o seu alinhamento, mas isso alterará a resposta do navio em ondas, bem como o número de ondas encontradas.

Alterações dos horários dos navios ou mesmo atrasos podem ser impostos para certas condições de ondas, de modo a modificar o número e a frequência de navios na área.

O estado do mar pode ser modificado pela implantação de obras de abrigo, mas o custo dessa obra deverá ser incluído no custo de implantação da área por dragagem.

A ampliação da área de navegação pode reduzir o dano associado à pobre manobrabilidade, no entanto aumenta o CAPEX (custo de implantação) e o OPEX (custo de manutenção).

14.2.8.12 EXEMPLO SIMPLIFICADO

Deseja-se avaliar uma área de navegação com 5 milhas náuticas e 300 m de largura. A profundidade de projeto relativa à baixa-mar, medida com relação ao nível médio do fundo, é de 20 m. O calado de projeto do navio tipo, um navio-tanque petroleiro de grandes dimensões, é de 18,5 m em água salgada. As ondas que se propagam ao longo do eixo dessa área de navegação estão descritas no Quadro 14.5 e na Figura 14.30(C).

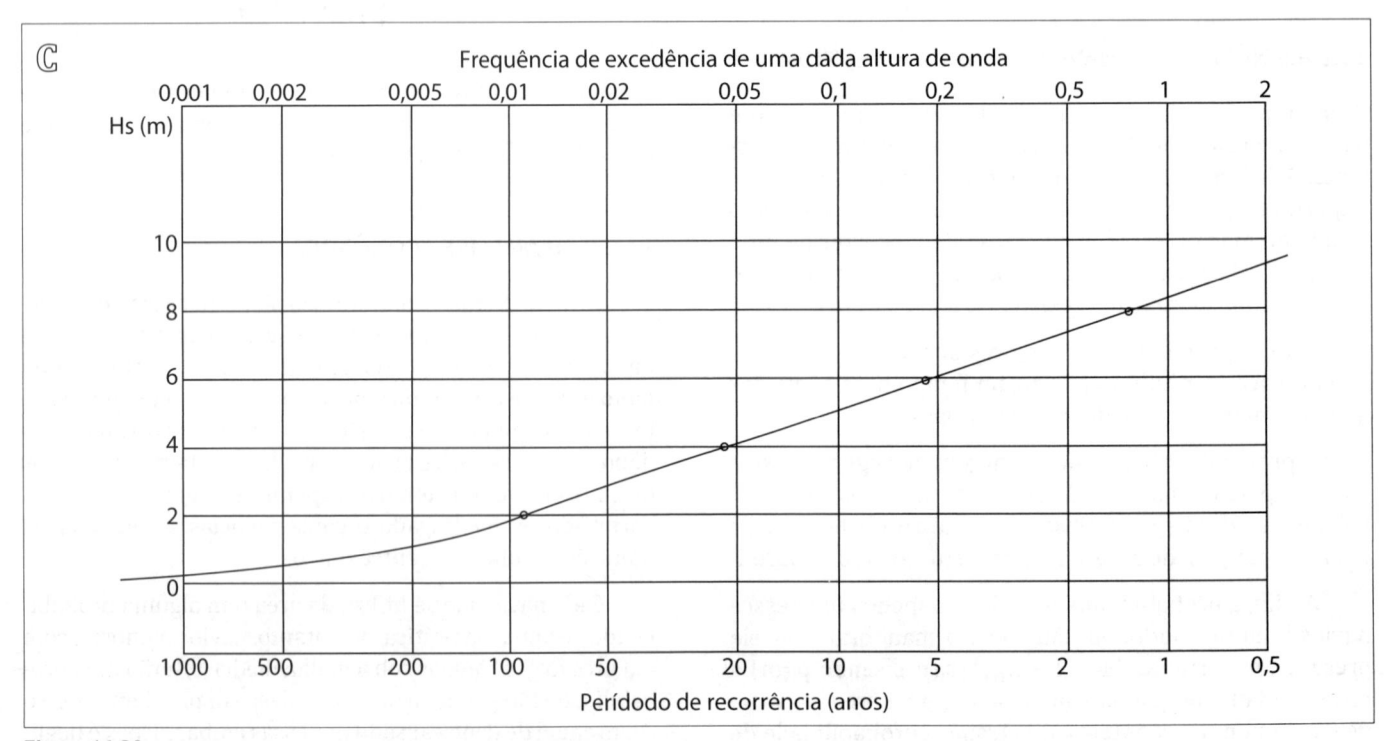

Figura 14.30
(C) Dados da estatística de longo período das ondas.

Quadro 14.5
Dados da onda e resposta do navio

H_s (m)	$P(H_s)$ (tempestades/ano)	H_s (m) característico	$p(H_s)$ (tempestades/ano)	Período da onda (s)	$\sigma_{s\,(m)}$
10	0,33				
		9	0,97	19	1,13
8	1,30				
		7	4,0	15	0,78
6	5,3				
		5	16,7	11	0,50
4	22				
		3	70	6	0,27
2	92				
		1	1928	4	0,083
0	2.020				

A embarcação se move contra as ondas com velocidade de 5 nós; trata-se de um "problema do navio ocasional". Assim, o número de navios na área, m, e a probabilidade de ocorrência associada são:

m	$p_i(m)$
0	0,90
1	0,09
2	0,01

Nesse caso, M' = 2, assumindo-se que essa condição seja verdadeira para todas as condições de tempestade fornecidas. Outro dado informado é que as irregularidades de fundo têm altura de cerca de 0,5 m.

Os navios têm permissão de entrar na área somente nas proximidades da preamar durante um período em que o nível d'água médio seja de +2,0 m e σ_L é de 0,25 m. O *squat* e o *trim* são calculáveis a partir de ensaios em modelo físico. O valor de σ_{si} está listado no Quadro 14.5.

Deve-se verificar a probabilidade de que o navio bata no fundo.

Solução

Os cálculos relativos à solução estão apresentados no Quadro 14.6, do qual serão explicitados os cálculos da segunda linha (H_s = 7 m e T = 15 s) e cujos dados das três primeiras colunas provêm do Quadro 14.5, sendo simplesmente repetidos.

Considerando que a profundidade do canal é de 22 m, correspondendo a (h + L), pela teoria linear de ondas calcula-se a celeridade de 13,73 m/s. Assim, a frequência de encontro com α = 180° resulta ω_e = 0,497 rad/s. Resulta que o número de ondas encontrado é N = 285. O valor de σ_s é obtido do Quadro 14.5 e σ_r = (0,356)(0,5) = 0,177 m.

O desvio-padrão da folga líquida sob a quilha, σ_c, resulta:

$$\sigma_c = \sqrt{0{,}25^2 + 0{,}177^2 + 0{,}78^2} = 0{,}838\ m$$

Observe-se que, para as maiores ondas, a influência dos movimentos do navio, por σ_s, é dominante no valor de σ_c, enquanto, para as ondas menores, outros fatores influem no desvio-padrão da folga líquida sob a quilha.

A folga líquida sob a quilha em repouso pode ser obtida colocando-se valores médios na correspondente equação. Os valores médios de r e s são zero e Z é zero em repouso:

c = 20,0 + 2,0 - 0 - 18,5 - 0 - 0 = 3,5 m

O *squat*, entendido aqui como *squat* propriamente dito mais *trim*, em 5 nós é aproximadamente 0,3 m, o que fornece uma folga líquida média sob a quilha de $\bar{c}$ = 3,2 m. Valores de $P(\bar{c})$ seguem a distribuição de Rayleigh:

$$P(\bar{c}) = e^{-\frac{1}{2}\left(\frac{3{,}2}{0{,}838}\right)^2} = 6{,}82x10^{-4}$$

Quadro 14.6
Cálculos de avaliação do canal de navegação

H_s (m)	$p(H_s)$ (tempestades/ano)	Período T (s)	Celeridade em água profunda c_0 (m/s)	Celeridade local (m/s)	Frequência de encontro ω_{ei} (rad/s)	Número de ondas N_i (-)	Desvio-padrão do movimento do navio σ_s (m)	Desvio-padrão da folga sob a quilha σ_c (m)	$P(\overline{c})$ (-)	E_1 (-)	Número de navios m (-)	$p(m)$ (-)	Termo (-)	E'_1 (-)	E_{2i} (-)
9	0,97	19	29,67	14,09	0,391	224	1,13	1,171	$2,39 \times 10^{-2}$	0,996	0	1,00	0,00	0,00	0,00
											1	0	0,00		
											2	0	0,00		
7	4,0	15	23,43	13,73	0,497	285	0,78	0,838	$6,82 \times 10^{-4}$	0,177	0	0,90	0,00	0,0205	0,0820
											1	0,08	$1,42 \times 10^{-2}$		
											2	0,02	$6,45 \times 10^{-3}$		
5	16,7	11	17,18	12,90	0,685	392	0,50	0,586	$3,35 \times 10^{-7}$	$1,31 \times 10^{-4}$	0	0,90	0,00	$1,44 \times 10^{-5}$	$2,40 \times 10^{-4}$
											1	0,09	$1,18 \times 10^{-5}$		
											2	0,01	$2,62 \times 10^{-6}$		
3	70	6	9,37	9,24	1,339	767	0,27	0,408	$4,39 \times 10^{-14}$	$< 10^{-99}$	0	0,90	0,00	0,00	0,00
											1	0,09	0,00		
											2	0,01	0,00		
1	1928	4	6,25	6,25	2,218	1271	0,083	0,317	$7,45 \times 10^{-23}$	$< 10^{-99}$	0	0,90	0,00	0,00	0,00
											1	0,09	0,00		
											2	0,01	0,00		

e

$$E_1 = 1 - \left(1 - 6{,}82\text{x}10^{-4}\right)^{285}$$

Sendo E_1 a probabilidade de que o navio encalhe se estiver navegando na tempestade considerada, observa-se que, para a mais severa tempestade listada no Quadro 14.6, a probabilidade de que isso ocorra é maior que 99%. Nessas condições, qualquer *port master* responsável fecharia a área. Poderia também alterar a programação dos navios tipo, como indicado nas duas colunas seguintes do Quadro 14.6. A concepção é que os navios devem partir mais cedo se uma tempestade severa estiver se aproximando.

A coluna "termo" corresponde ao termo: $[1 - (1 - E_1)^m]$ $p_i(m)$, que é a probabilidade de que pelo menos um dos m navios bata no fundo. Observe-se que cada termo correspondente a $H_s = 9$ m é zero, pois o canal foi efetivamente fechado, fazendo $p(m) = 0$ para m > 0. Note-se que o caso m = 0 é um caso especial degenerado. Observe-se, também, que esses termos tornam-se menores na medida em que E_1 fica menor para o mesmo valor de $p(m)$. Os valores resultantes de E'_1 estão listados na sequência, e, em particular, para a segunda linha:

$$E'_1 = 1 - (1 - 0)(1 - 1{,}42\text{x}10^{-2})(1 - 6{,}45\text{x}10^{-3}) = 0{,}0205$$

Observe-se que o caso m = 0 não influencia o resultado.

Os valores de E_2 são o produto de E'_1 e $p(H_s)$, resultando para a segunda linha:

$$E_2 = (0{,}0205)(4{,}0) = 0{,}0820$$

Finalmente,

$$E_3 = (1 - 0)(1 - 0{,}0820)(1 - 2{,}40 \times 10^{-4})(1 - 0)(1 - 0) = 0{,}9178$$

e a probabilidade de um navio bater no fundo é de $1 - 0{,}9178 = 0{,}0822$, ou 8,22% por ano.

O resultado não é muito ruim. Observe-se que a área de navegação foi dimensionada para uma relação h/T = 1,2, que é relativamente comum para áreas de navegação sujeitas a ondas.

14.3 ELEMENTOS BÁSICOS NO PROJETO ESTRUTURAL DAS OBRAS DE ACOSTAGEM

14.3.1 Considerações gerais

As dimensões das obras de acostagem são fundamentalmente:
- lâmina d'água;
- altura da estrutura;
- comprimento do berço;
- largura da plataforma de operações.

Os esforços solicitantes sobre as obras de acostagem se devem fundamentalmente a:
- movimentação de cargas e passageiros;
- equipamentos de movimentação de cargas;
- edificações portuárias;
- impacto de atracações das embarcações;
- amarração dos navios;
- empuxos de terra e hidrostáticos;
- ação de ventos, ondas e correntes.

14.3.2 Classificação do tipo estrutural

14.3.2.1 CLASSIFICAÇÃO

Na Figura 14.31 pode ser observada uma classificação do tipo estrutural de obra de acostagem, estando subdividida em paramento fechado (vertical) ou aberto. A solução estrutural de paramento fechado pode ser subdividida em cais de gravidade e cais em cortinas de estacas-prancha. No caso do paramento fechado, o efeito de pistonamento do colchão de água pelo casco do navio ao atracar produz maior amortecimento do impacto sobre as defensas, do que no caso de paramento aberto.

14.3.2.2 CAIS DE GRAVIDADE

Os cais de gravidade têm como princípio estático o uso de estruturas pesadas.

Podem ser indicadas três variantes:
- Muralha de blocos (Figuras 14.32 a 14.34), com as seguintes características:
  - atualmente, a solução é considerada antieconômica;
  - suas vantagens são a alta durabilidade e a simplicidade de execução;
  - o uso de blocos maiores é vantajoso por reduzir o número de operações de assentamento, mas depende de equipamentos de transporte com grande capacidade de carga e assentamento com guindastes flutuantes (pontões e cábreas);
  - exige boas condições de fundação, podendo ser necessária a remoção de solos fracos e a sua substituição por material mais adequado;
  - por causa da possível acomodação do terreno, recomenda-se uma pré-carga do terreno com os próprios blocos antes de se moldar ou colocar a peça de coroamento;
  - a peça de coroamento somente deve ser moldada ou disposta quando o terrapleno estiver cheio;
  - o uso de enrocamento no tardoz da muralha reduz os empuxos hidrostáticos diferenciais por facilitar a drenagem.

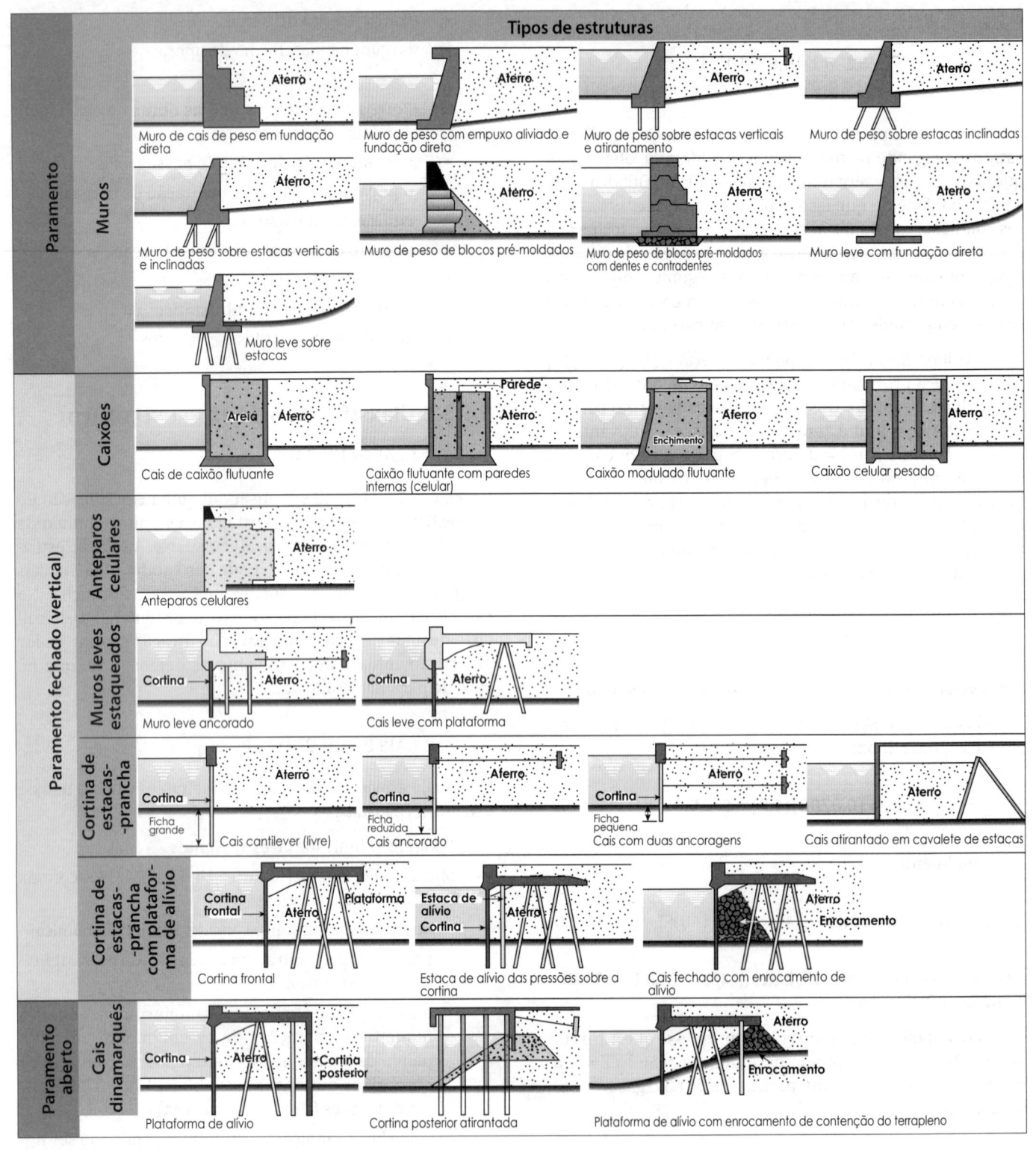

Figura 14.31
Elevações da seção transversal de tipos de estruturas de acostagem.

- Muralha de caixões de concreto (Figura 14.35), com estas características:

  - pode ser considerada como o caso extremo da muralha de blocos, pois funciona como um único bloco constituído de um caixão de concreto armado cheio de areia;

- é moldada em parte (porção inferior) ou totalmente em carreiras ou docas secas, podendo a porção superior ser completada com o caixão flutuando se a área do canteiro for abrigada; são rebocados em períodos de águas calmas para a área da obra, onde são enchidos de água para afundar e depois enchidos de areia;

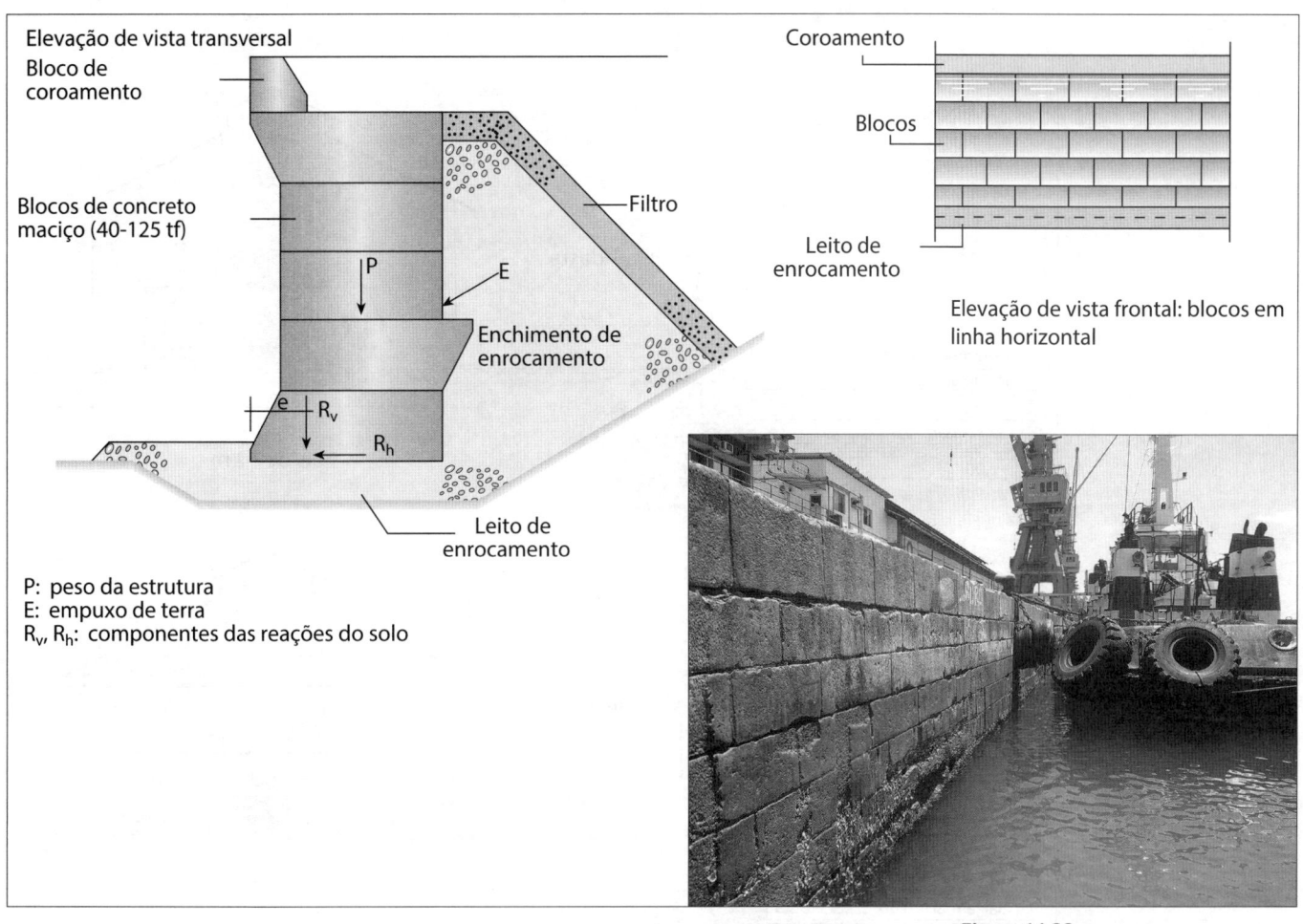

Elevação de vista transversal

Bloco de coroamento

Blocos de concreto maciço (40-125 tf)

P

E

Filtro

Enchimento de enrocamento

e

R_v

R_h

Leito de enrocamento

P: peso da estrutura
E: empuxo de terra
R_v, R_h: componentes das reações do solo

Coroamento

Blocos

Leito de enrocamento

Elevação de vista frontal: blocos em linha horizontal

Figura 14.32
Muralha de blocos. Imagem do cais do Porto de Salvador (BA).

– requer boas condições de fundação, uma vez que os assentamentos podem romper as juntas entre os caixões e produzir fuga de terra do tardoz da obra.

• Muralha de elementos celulares (Figura 14.36), com estas características:

– durante a fase de cravação e de enchimento parcial, as cortinas devem ser cintadas para resistir a esforços horizontais de correntes e ondas;

– as acomodações do terreno são aceitáveis antes do término do coroamento, recomendando-se a cravação das estacas frontais em camadas com adequada capacidade de carga.

14.3.2.3 CAIS EM CORTINAS DE ESTACAS-PRANCHA

Os cais em cortinas de estacas-prancha têm como princípio estático se constituírem em estruturas leves.

Nas Figuras 14.37 a 14.39 estão esquematizados os esforços solicitantes básicos sobre a estrutura, sendo que:

• P é definido por aspectos operacionais, estando vinculado às movimentações de cargas ou passageiros, equipamentos de movimentação de cargas e edificações portuárias na plataforma de operações.

• I é definido pelas velocidades de aproximação das embarcações atracando, estando vinculado à velocidade de impacto nas defensas.

• B é definido pelos efeitos de ventos, ondas e correntes nas movimentações das embarcações atracadas (considerar as condições extremas de lastro e carga plena), estando vinculado às forças de amarração das embarcações.

• G é o peso atuante.

• E é definido por considerações geotécnicas, estando vinculado aos empuxos de terra ativo (a) e passivo (p).

• W é o empuxo hidrostático resultante.

• A é a força de ancoragem em tirante.

• P_i é a reação do solo na estaca.

Podem ser citadas duas variantes fundamentais:

• Muralha de estacas-prancha tradicionais (ver Figuras 14.37 e 14.38), com as seguintes características:

– frequentemente, é a solução de menor custo;

– para solos fracos, o comprimento de ancoragem pode ser substituído por estacas inclinadas;

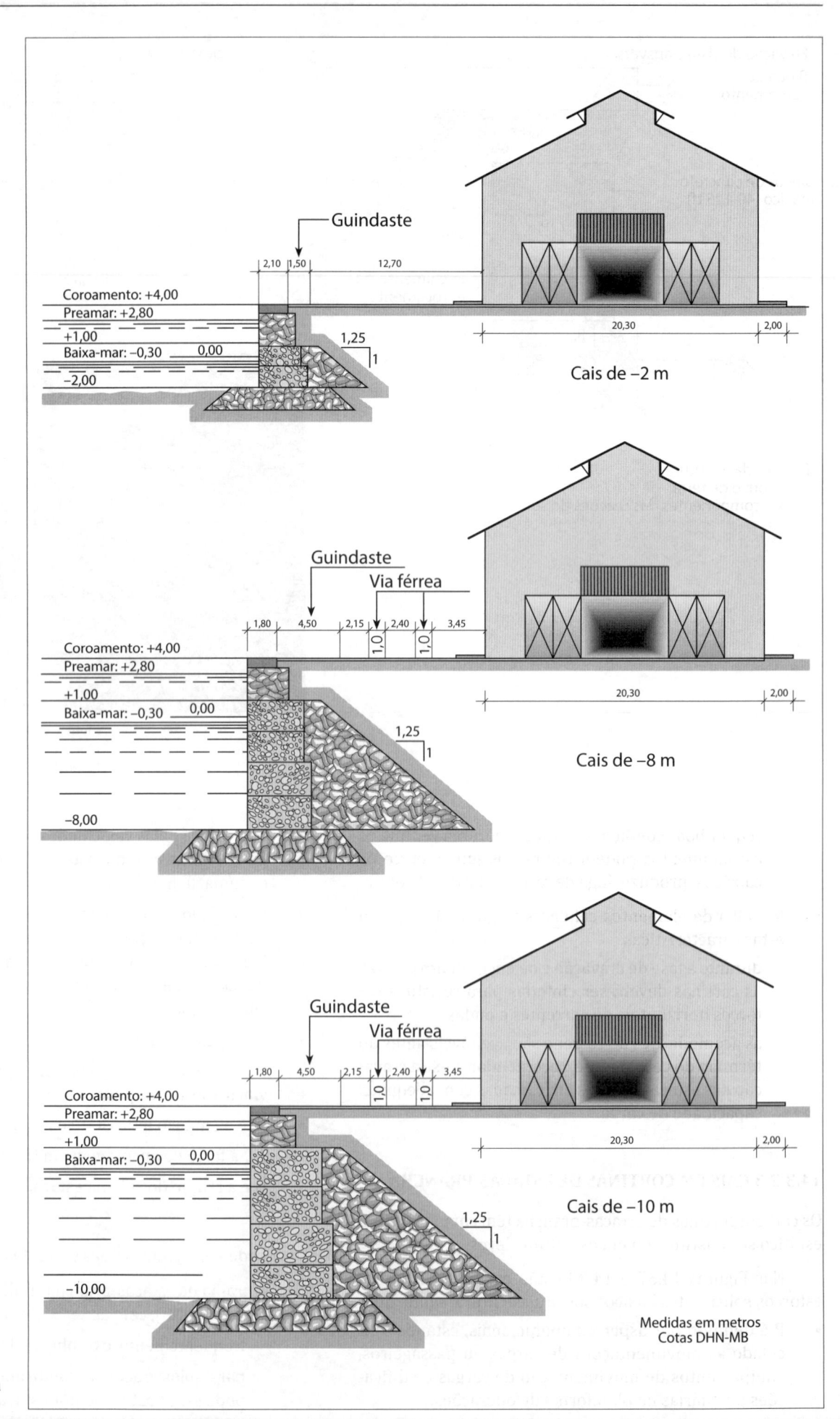

Figura 14.33
Porto de Salvador (BA).
Elevações de seções
transversais da muralha
de cais.

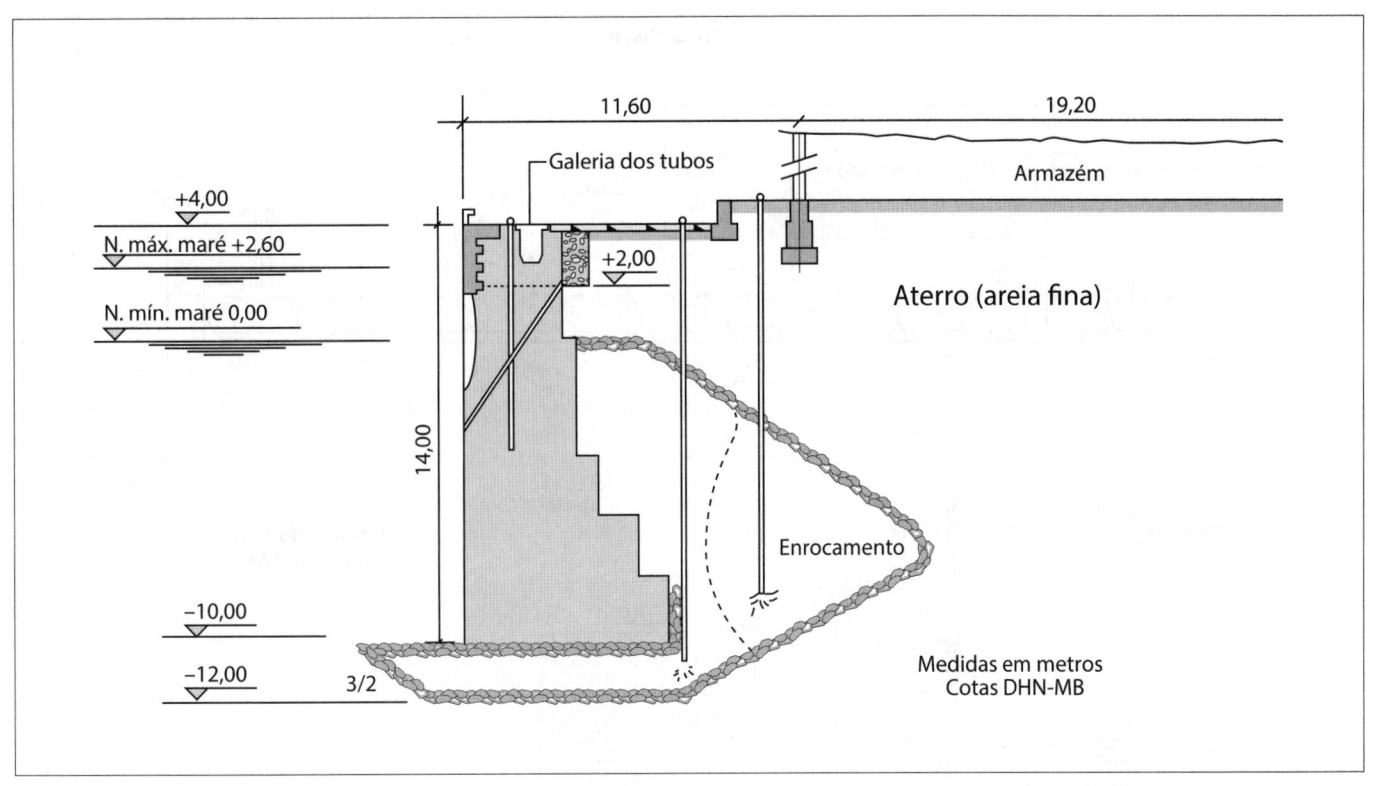

Figura 14.34
Porto de Recife (PE). Elevação de corte transversal típico da muralha de cais.

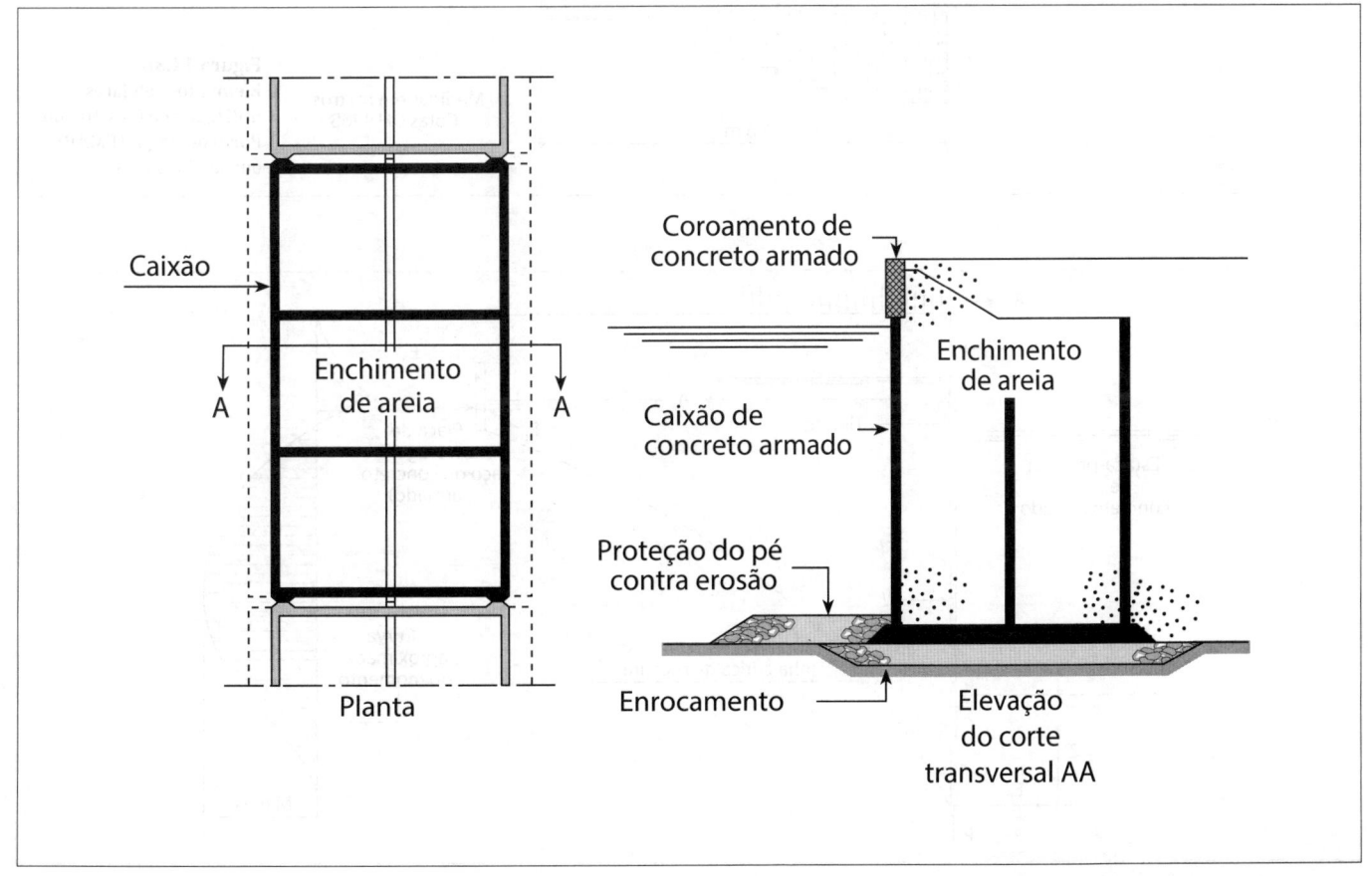

Figura 14.35
Muralha de caixões.

Planta-chave

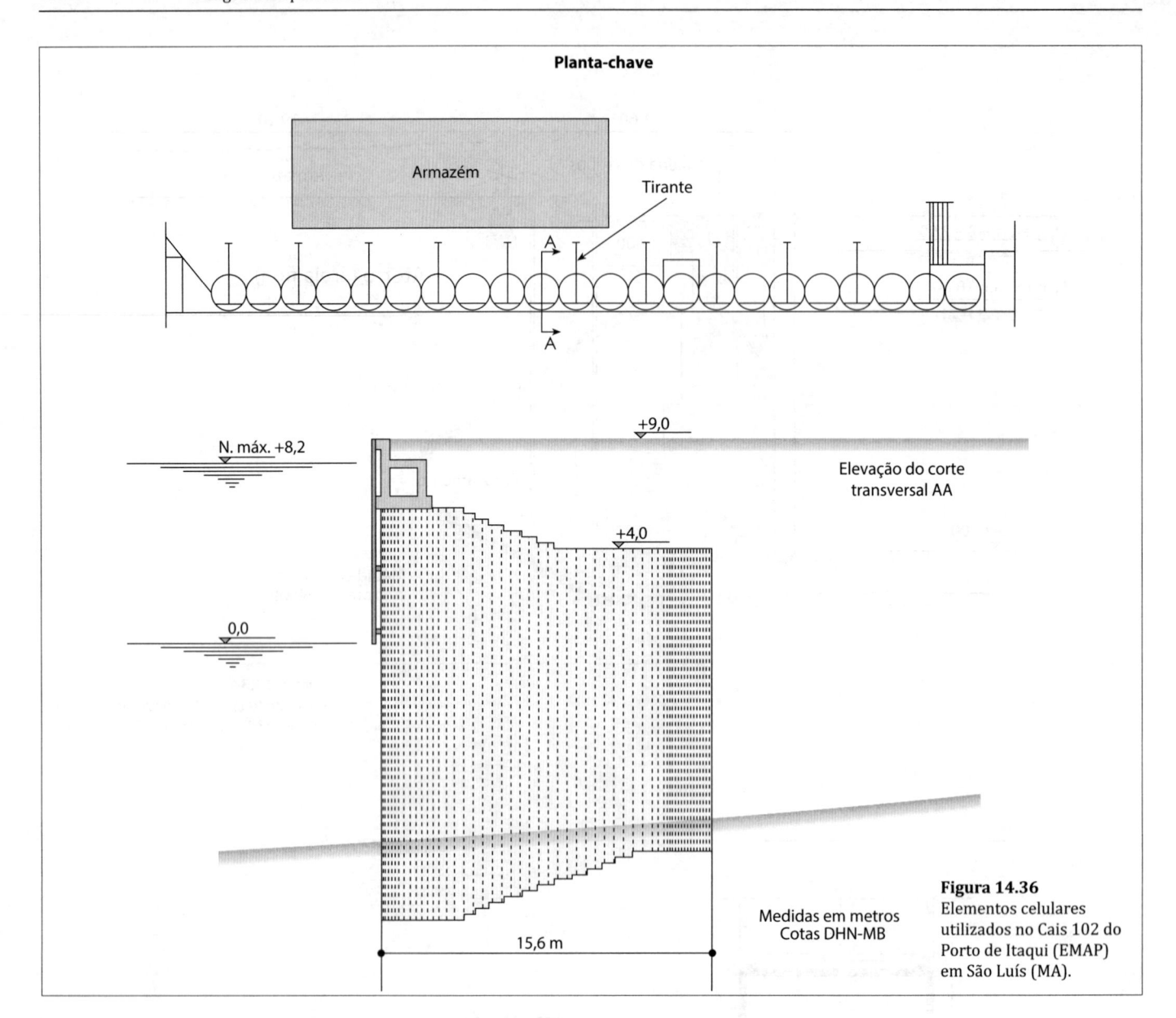

Armazém

Tirante

N. máx. +8,2

+9,0

Elevação do corte
transversal AA

+4,0

0,0

Medidas em metros
Cotas DHN-MB

15,6 m

Figura 14.36
Elementos celulares
utilizados no Cais 102 do
Porto de Itaqui (EMAP)
em São Luís (MA).

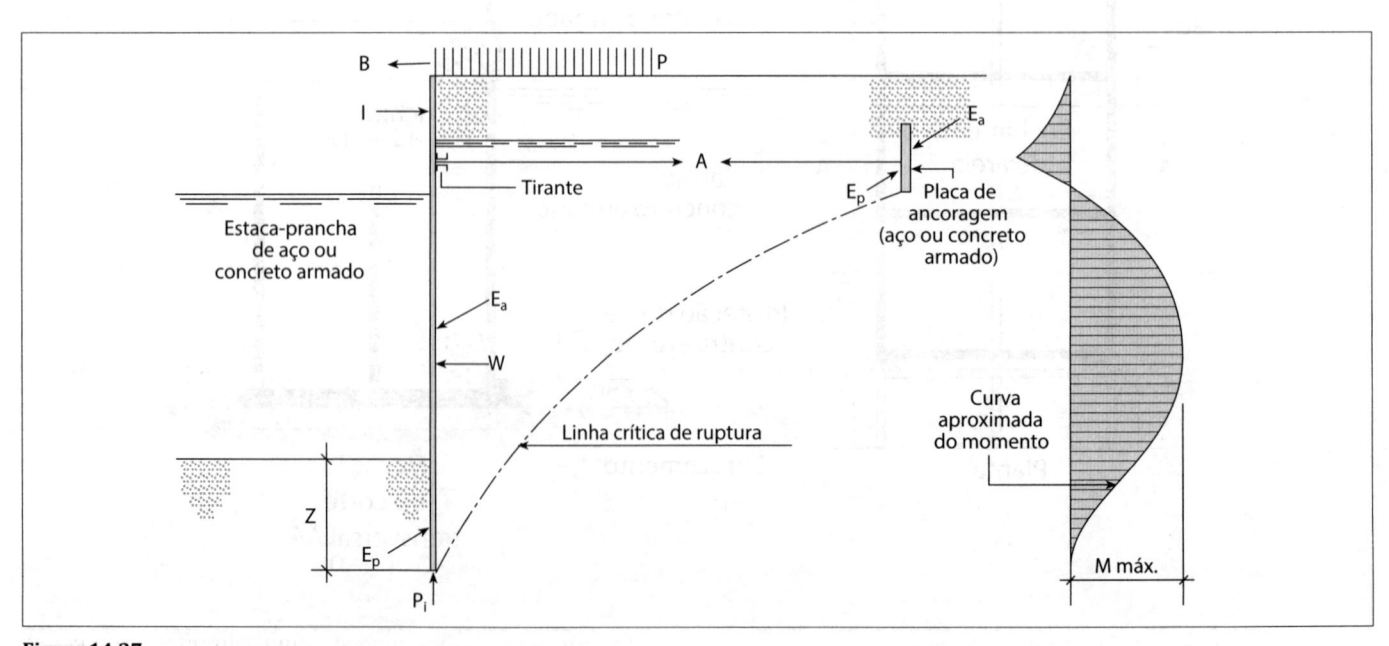

B

I

P

E_a

Tirante

A

E_p

Placa de
ancoragem
(aço ou concreto
armado)

Estaca-prancha
de aço ou
concreto armado

E_a

W

Curva
aproximada
do momento

Linha crítica de ruptura

Z

E_p

P_i

M máx.

Figura 14.37
Elevação de seção transversal de muralha de estacas-prancha normal.

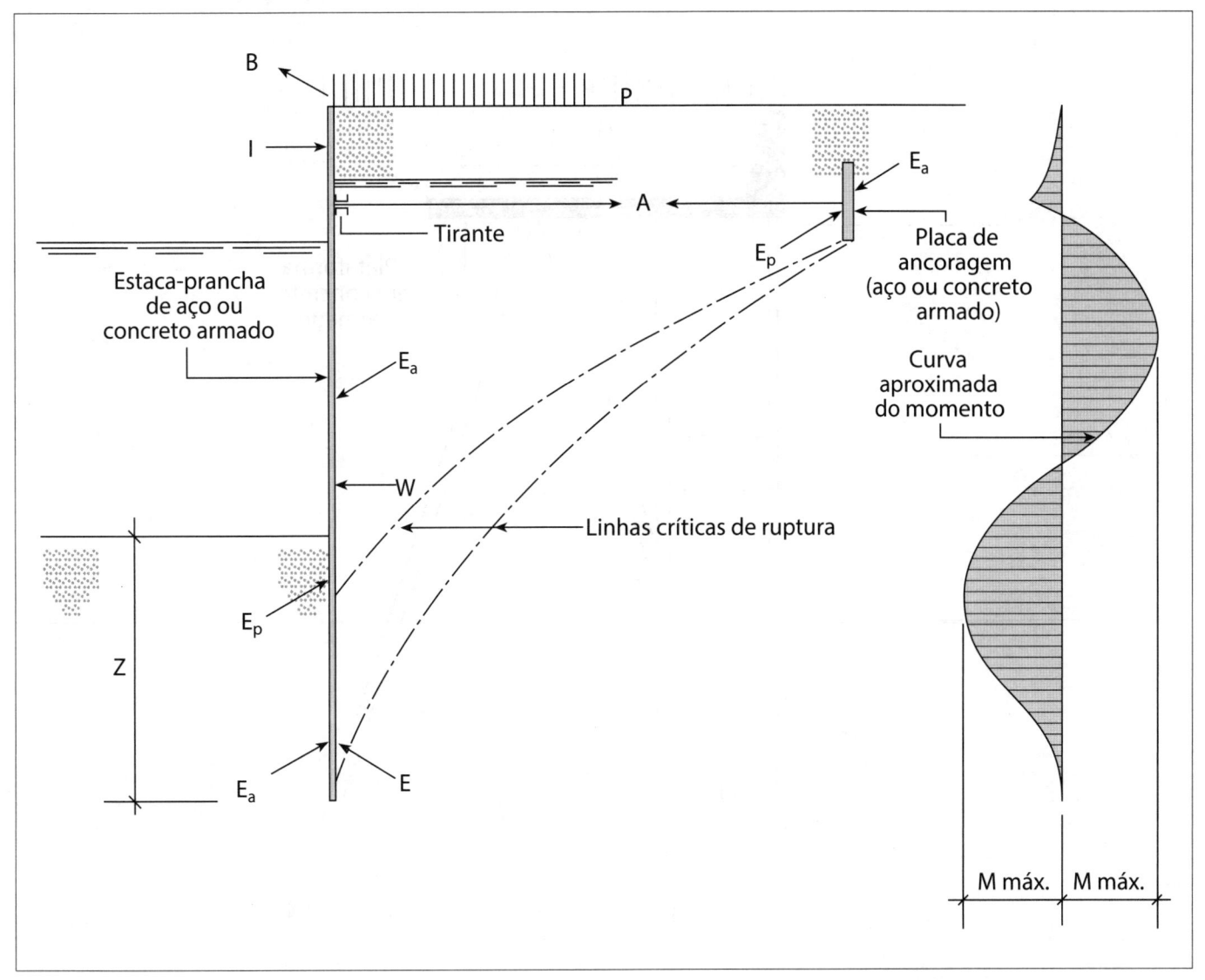

Figura 14.38
Elevação de seção transversal de
muralha de estacas-prancha fixa.

— eventuais acomodações do terreno são absorvidas pela estrutura, que é flexível, entretanto, a repercussão pode não ser aceitável para os equipamentos de movimentação de cargas e outras estruturas.

• Muralha de estacas-prancha com plataforma de alívio (cais dinamarquês) (Figura 14.39), com as seguintes características:

— é uma alternativa ao processo tradicional para solos fracos com empuxos ativos e acomodações inaceitáveis e cargas elevadas sobre a plataforma de operações;

— utiliza-se o princípio de redução do empuxo ativo sobre a cortina, sendo transmitido para o estaqueamento pela plataforma;

— nas Figuras 14.40 e 14.41 apresentam-se exemplos de aplicação dessa solução estrutural.

14.3.2.4 CAIS DE PARAMENTO ABERTO

Os cais em paramento aberto têm como princípio estático se constituírem em estruturas leves, nas quais as cargas verticais são absorvidas pelas estacas verticais e as cargas horizontais são absorvidas por estacas inclinadas (ou tirantes) e pelo terrapleno.

Trata-se de estrutura largamente utilizada, com talude de enrocamento de declividade o mais íngreme possível e cortina frontal para atracações.

Nas Figuras 14.42 a 14.48 estão apresentados exemplos de aplicação desta solução estrutural.

14.3.2.5 PÍERES ESTAQUEADOS EM ESTRUTURAS DISCRETAS

Os píeres estaqueados em estruturas discretas têm como princípio estático o de se constituírem em estruturas leves.

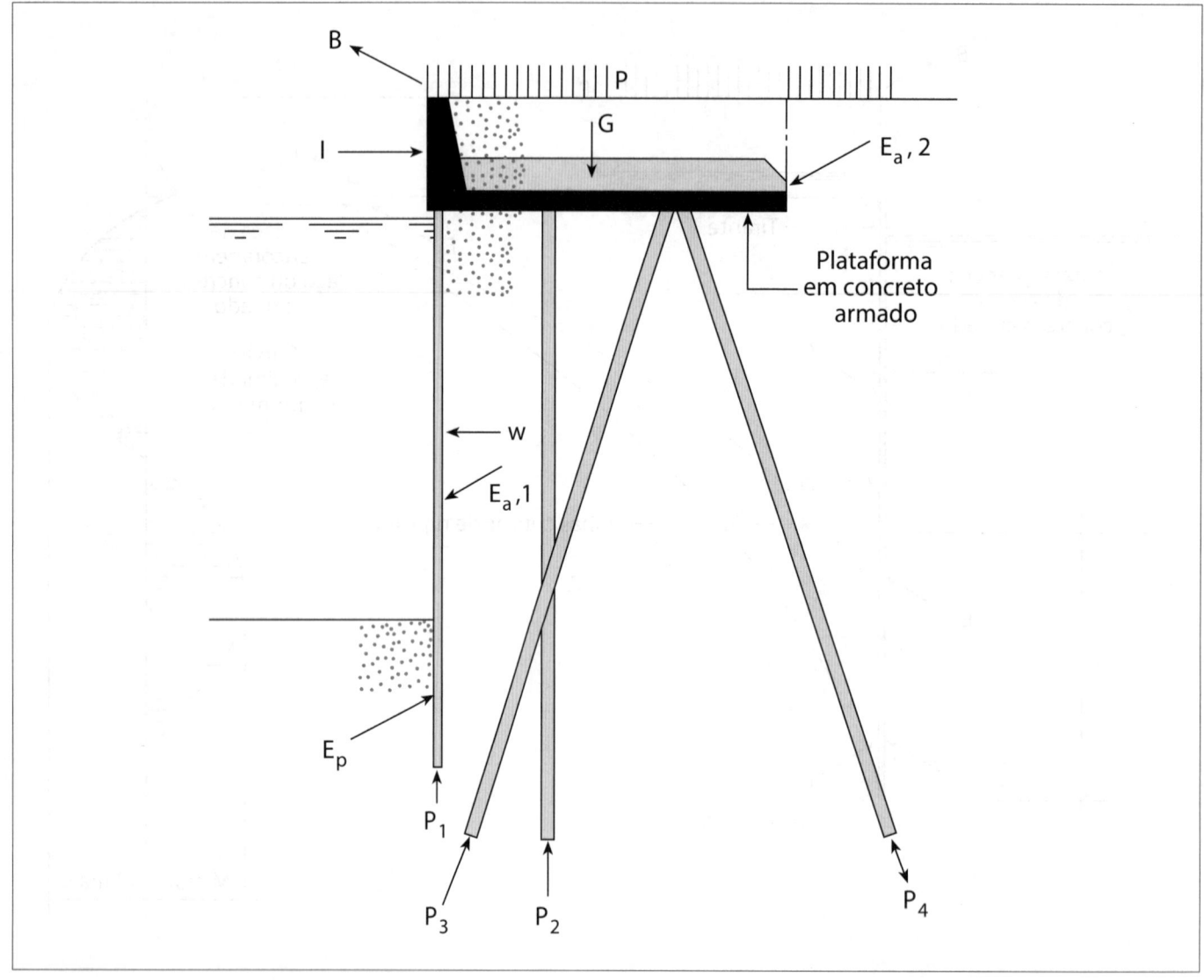

Figura 14.39
Elevação de seção transversal de muralha de estacas-prancha com plataforma de alívio.

Nas Figuras 14.49 e 14.50 estão apresentados exemplos de aplicação desta solução estrutural.

As estacas podem ser de aço (com proteção catódica), concreto armado ou protendido e plataformas de concreto armado moldadas *in situ* ou pré-moldadas.

14.3.2.6 RAMPAS DE TERMINAIS *ROLL-ON/ROLL-OFF* (RO/RO) E *FERRIES*

Os navios Ro/Ro e os *ferries* são equipados de rampas de proa e/ou popa para movimentação de carga e/ou passageiros diretamente por veículos que adentram a estiva ou o convés. Para tanto, as estruturas de acostagem devem ser dotadas de rampas fixas, para variações do nível d'água inferiores a 1,5 m, ou ajustáveis, para grandes variações do nível d'água, adequadamente projetadas para receber a rampa do navio. Nas Figuras 14.51 a 14.54 apresentam-se

exemplos destas estruturas, desde as mais simples para balsas e barcas, às que servem modernos navios.

14.4 PORTOS FLUVIAIS

14.4.1 Considerações gerais

A conexão entre a carga e a hidrovia consiste no porto ou terminal hidroviário fluvial. Na implantação das hidrovias é necessário prever um tipo de porto que permita não somente a ampliação na tonelagem inicialmente considerada, bem como a introdução de novos tipos de cargas. O porto fluvial tem como elemento básico o cais, que deve ser intermodal com ligação direta com outros meios de transporte de massa terrestres (rodovia e ferrovia), uma vez que a tendência é de se transformarem em polos comerciais para onde se concentram as cargas regionais.

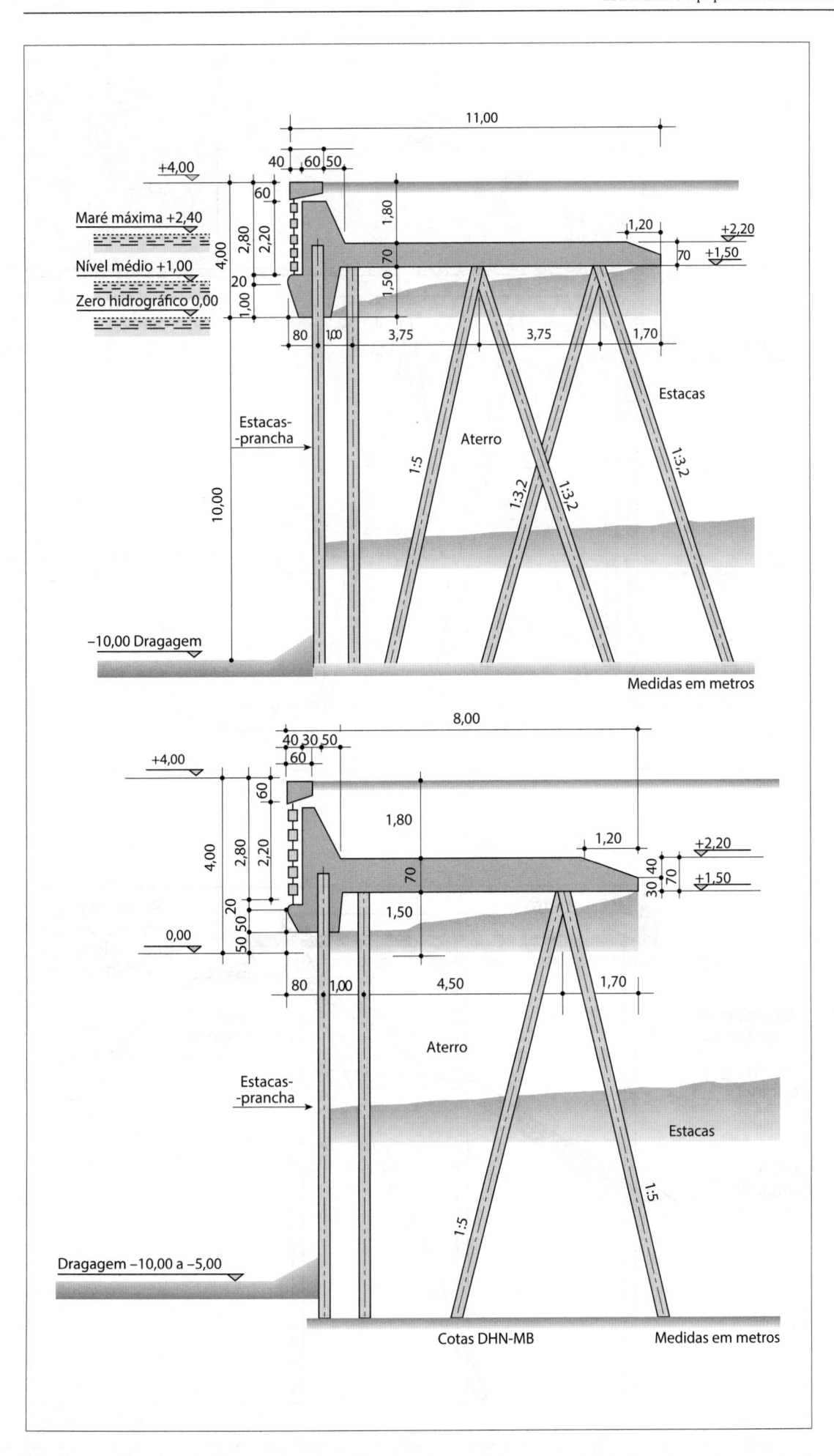

Figura 14.40
Porto de Paranaguá, cais comercial. Elevações de cortes transversais da estrutura de acostagem.

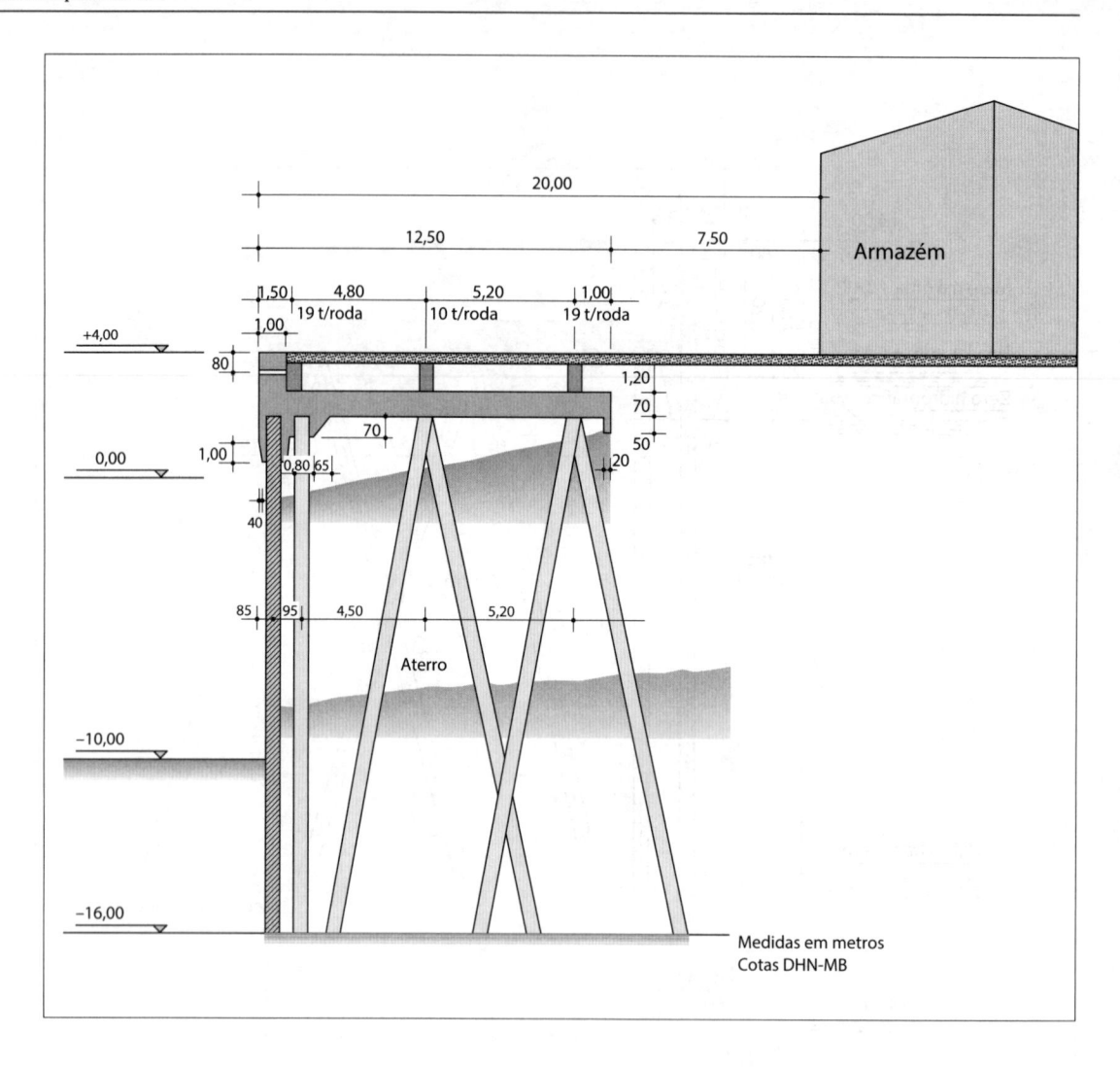

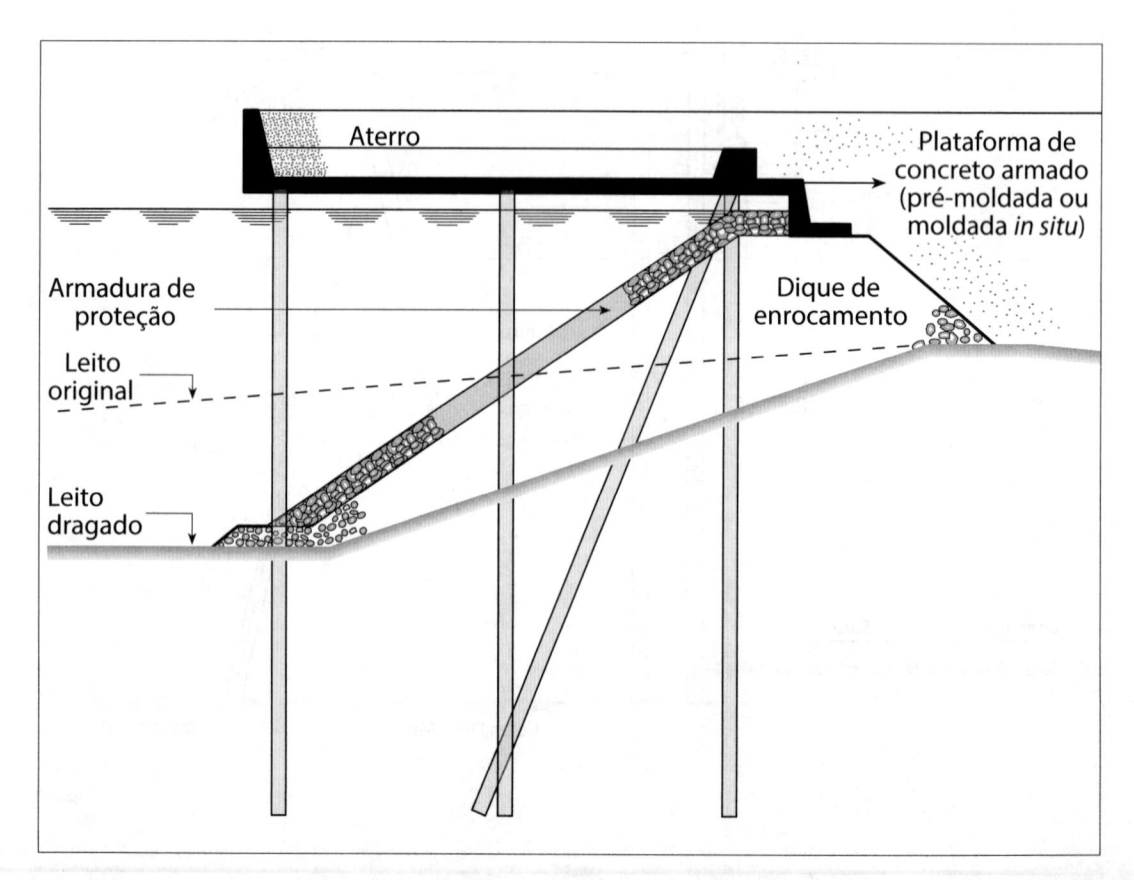

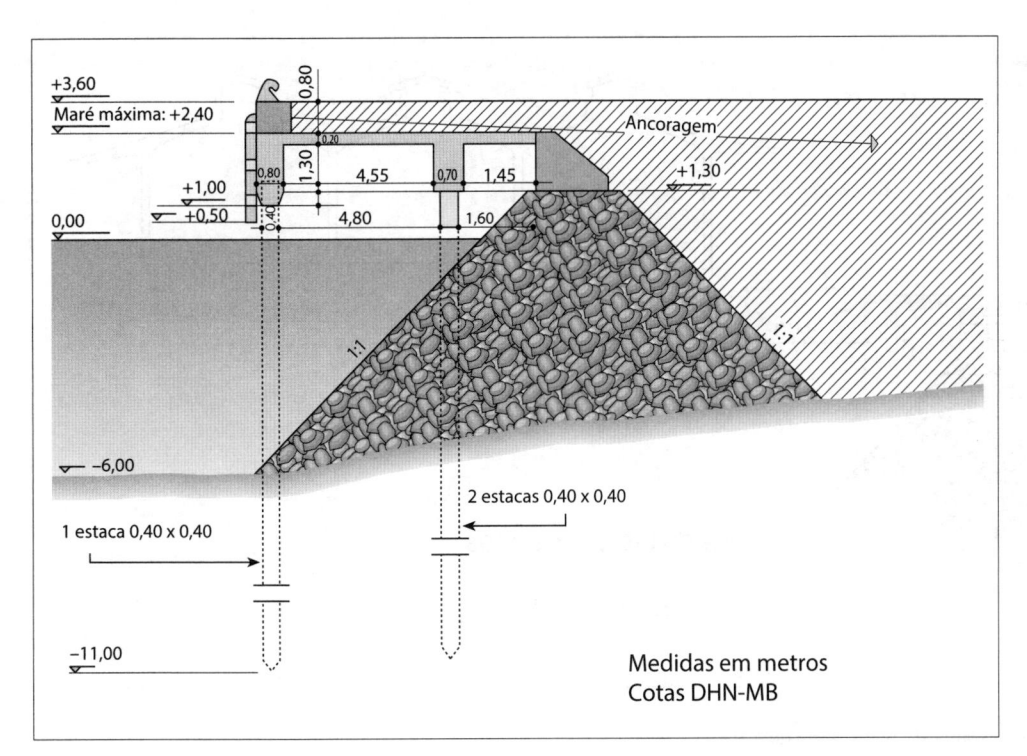

Figura 14.43
Elevação da seção transversal de Porto de Forno. Arraial do Cabo (RJ). Cais de 6,0 m. Estrutura de cais.

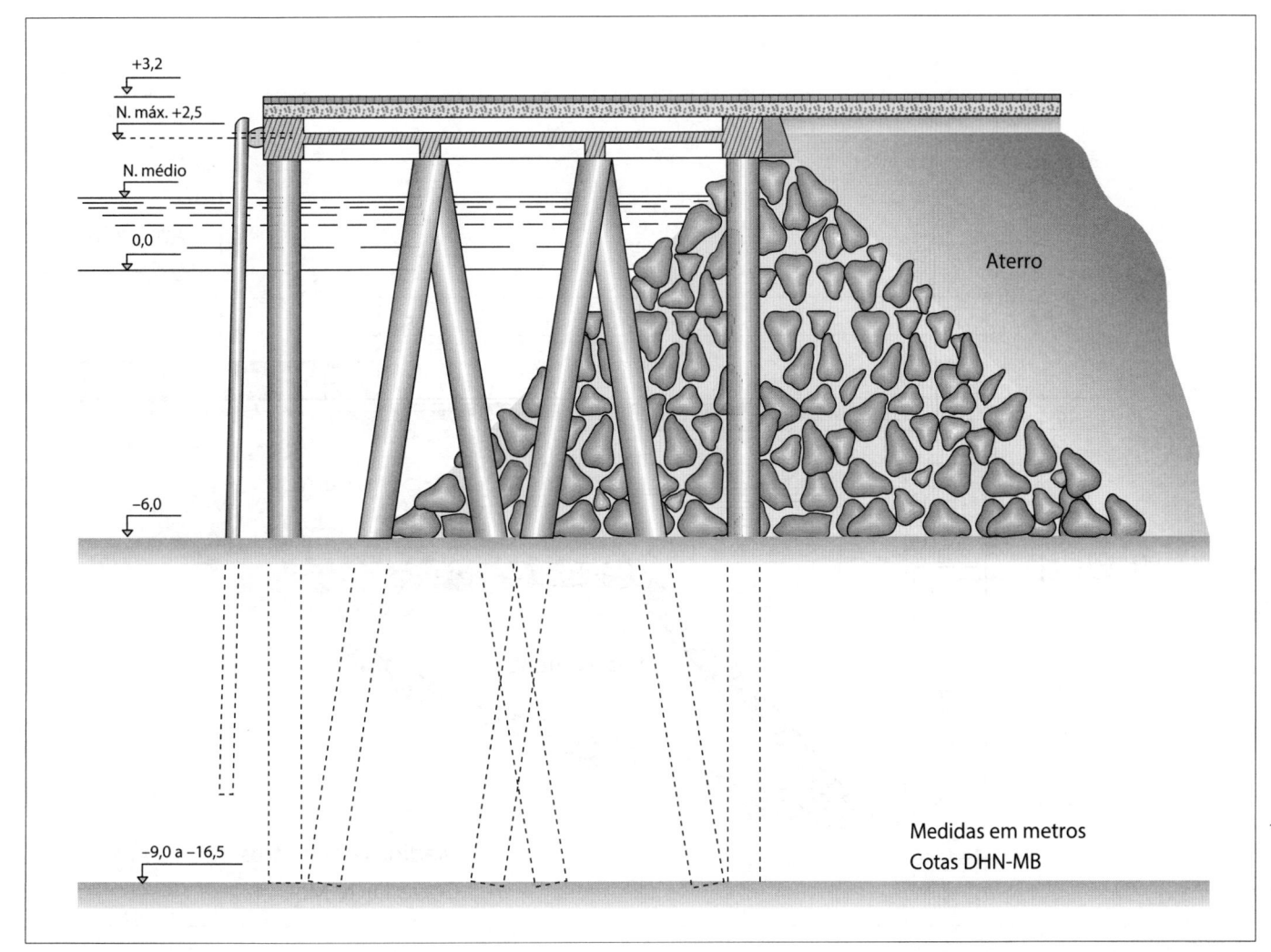

Figura 14.44
Porto de Itajaí (SC). Elevação da seção transversal da estrutura do cais.

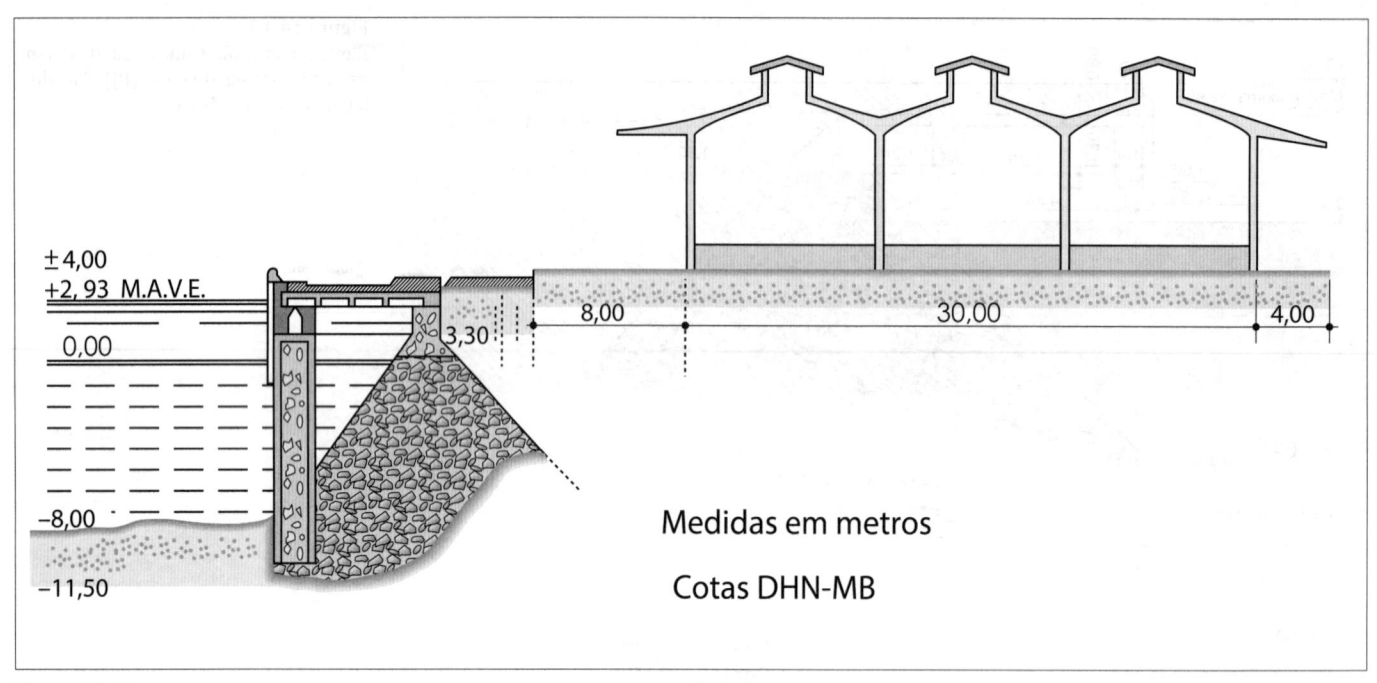

Figura 14.45
Elevação da seção transversal do Porto de Aracaju (SE) no Estuário do
Rio Sergipe. Seção transversal da estrutura do cais.

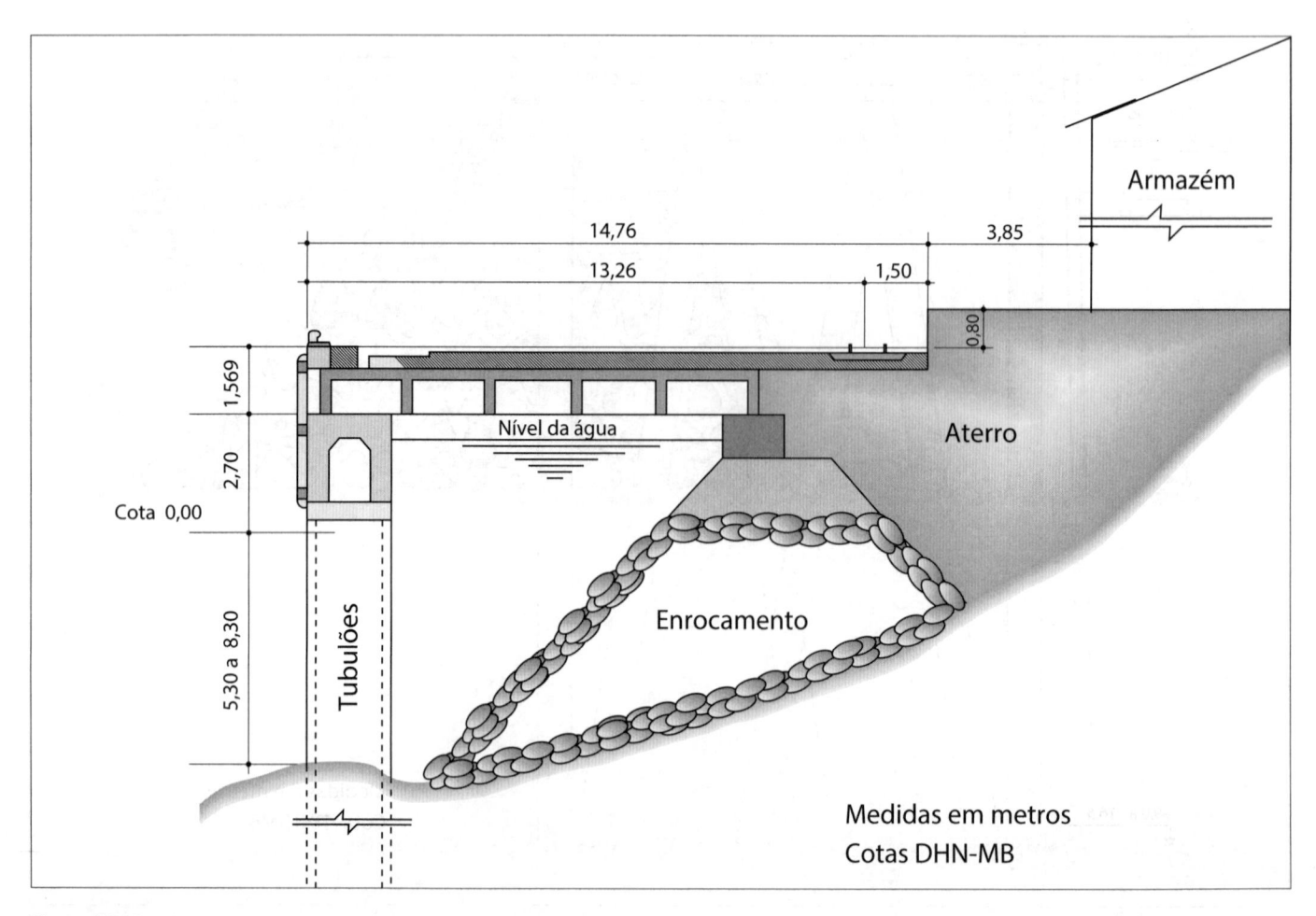

Figura 14.46
Porto de Natal (RN). Elevação do corte transversal (esquemático) da
estrutura do cais.

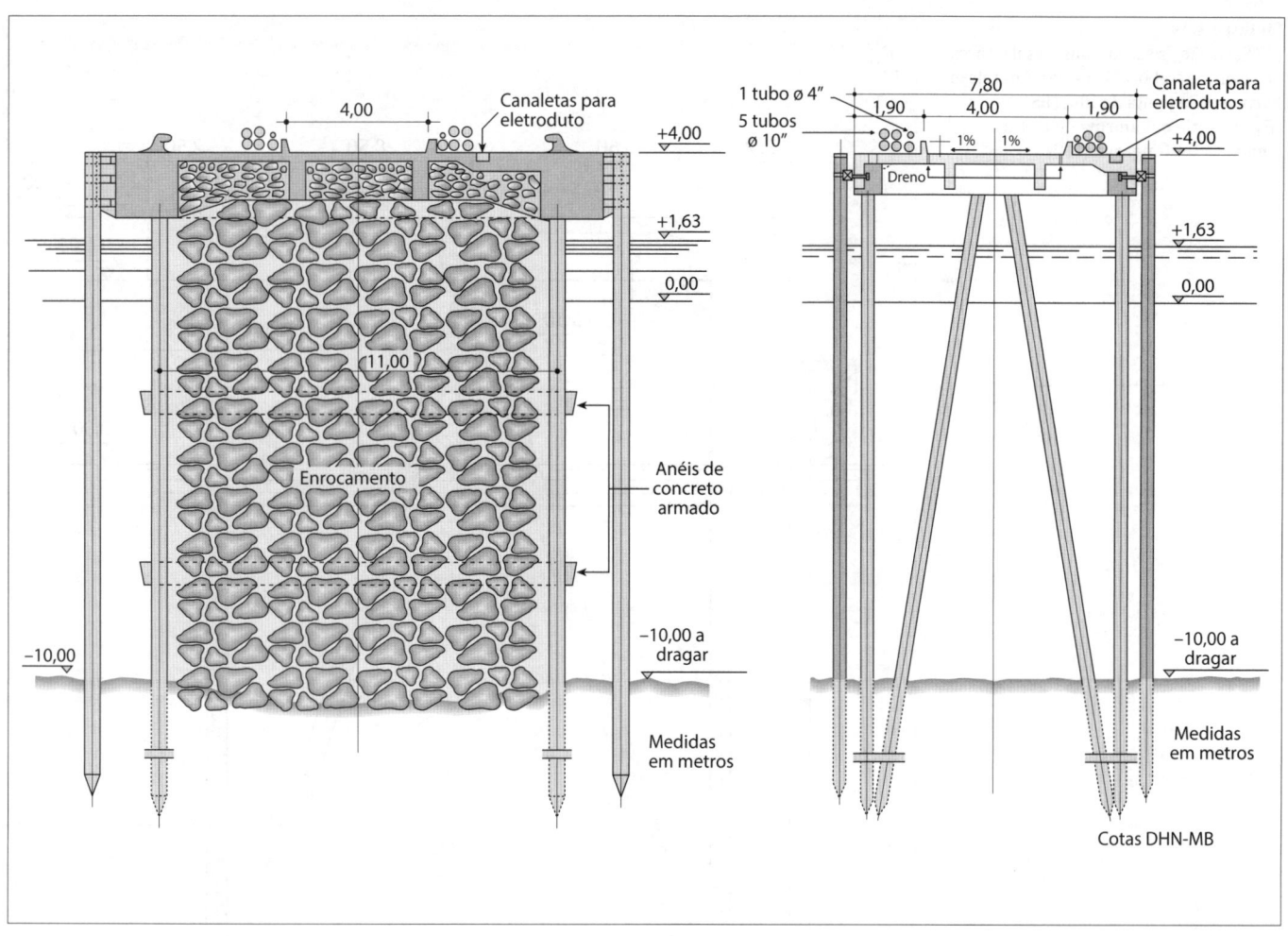

Figura 14.47
Elevação da seção transversal do Porto de Paranaguá (PR). Cais de inflamáveis. Seções transversais da estrutura.

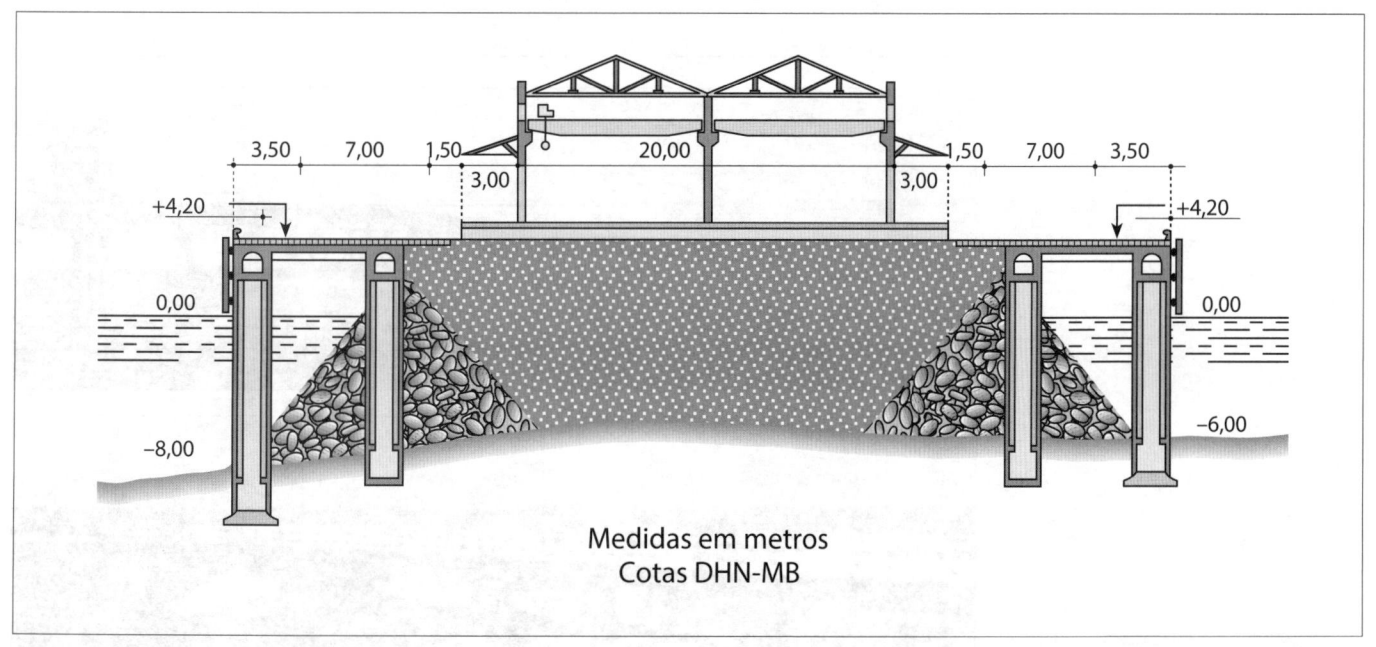

Figura 14.48
Elevação do Porto de São Sebastião. Seção transversal da estrutura do cais.

Figura 14.49
(A) Elevação da seção transversal na área do píer de rebocadores do Complexo Portuário de Ponta do Ubu (ES).
(B) Vistas da plataforma de pesca amadora de Mongaguá (SP).

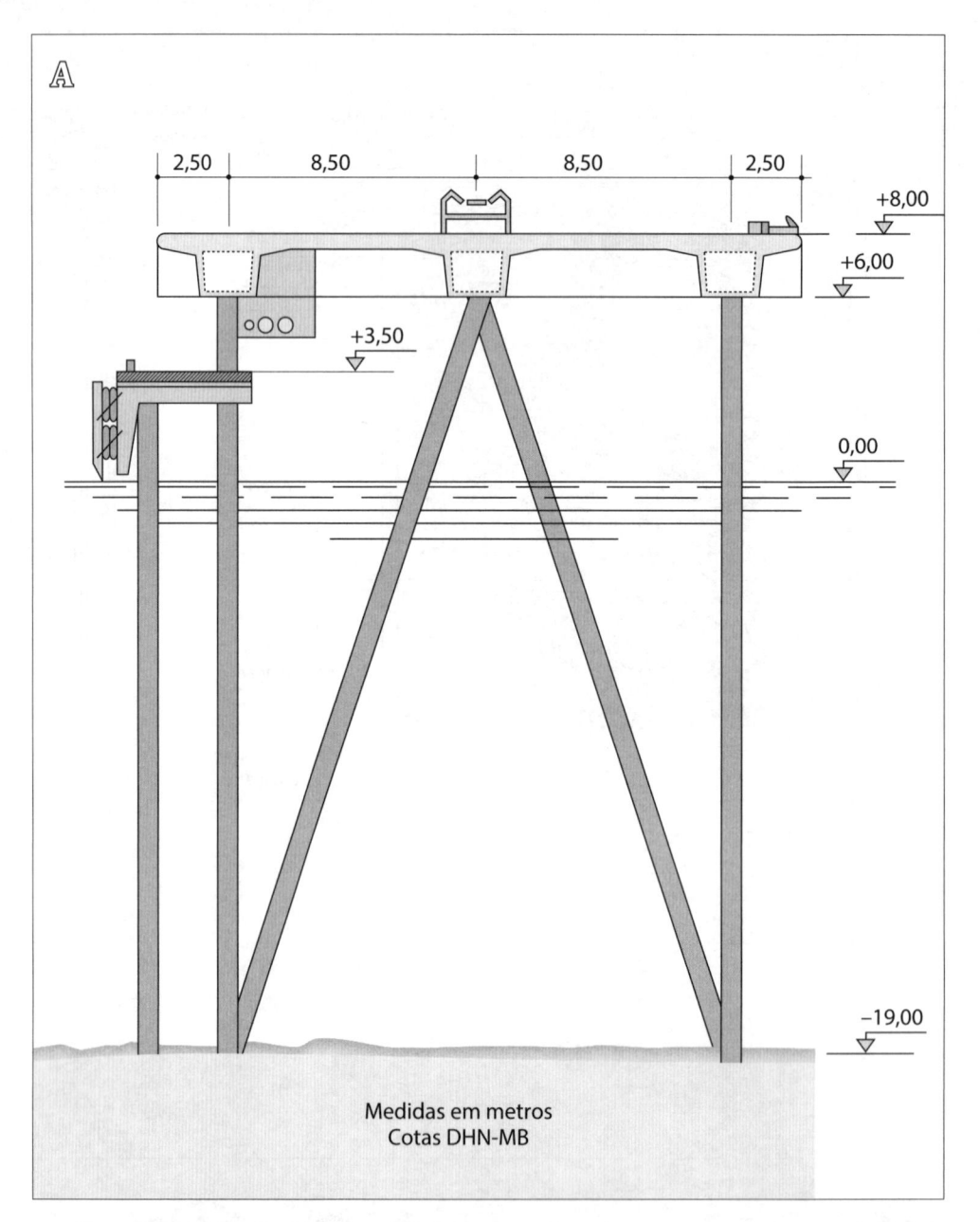

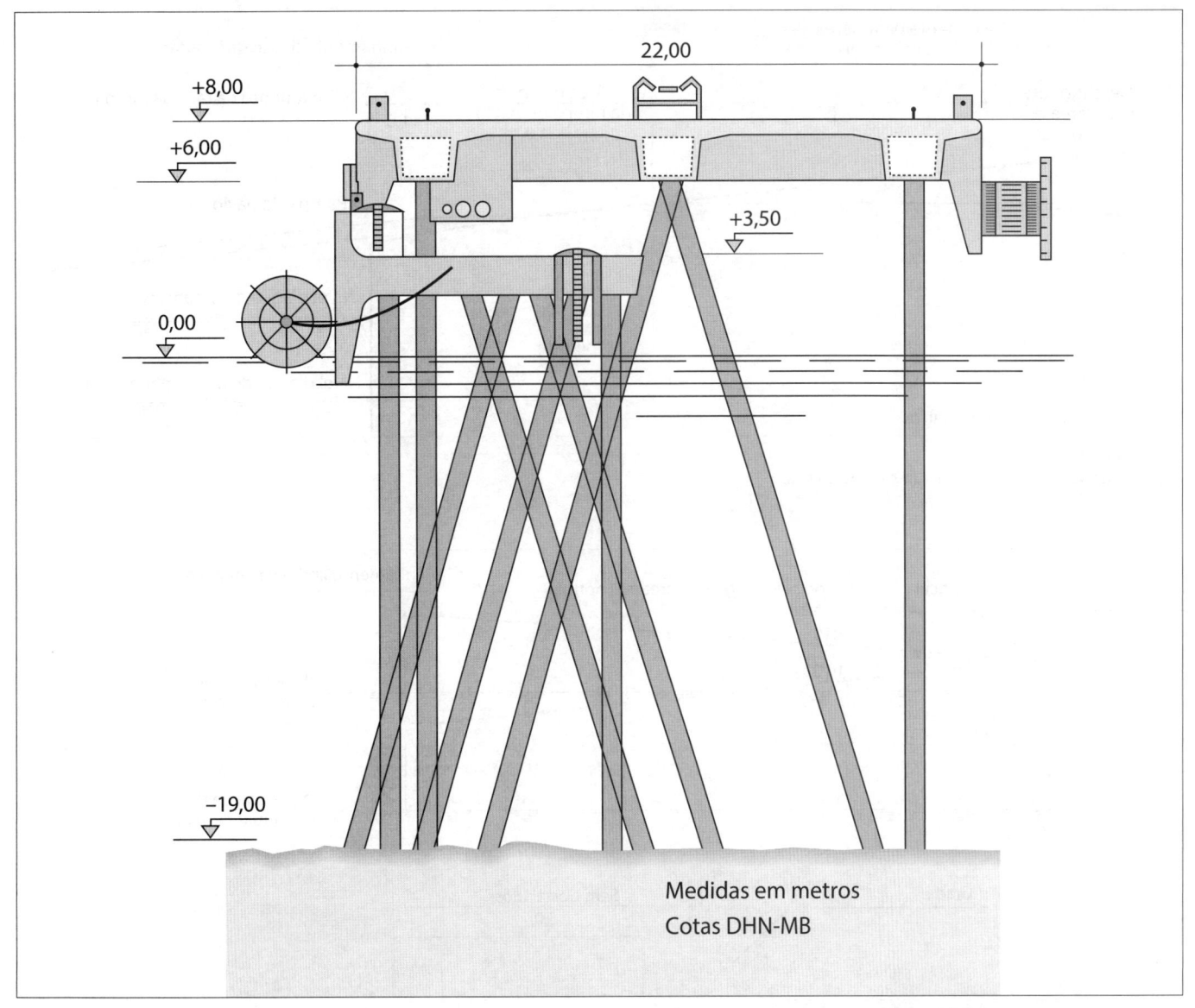

22,00

+8,00

+6,00

+3,50

0,00

−19,00

Medidas em metros
Cotas DHN-MB

Figura 14.50
Elevação de seção transversal na área
do píer de petroleiros do Complexo
Portuário de Ponta do Ubu (ES).

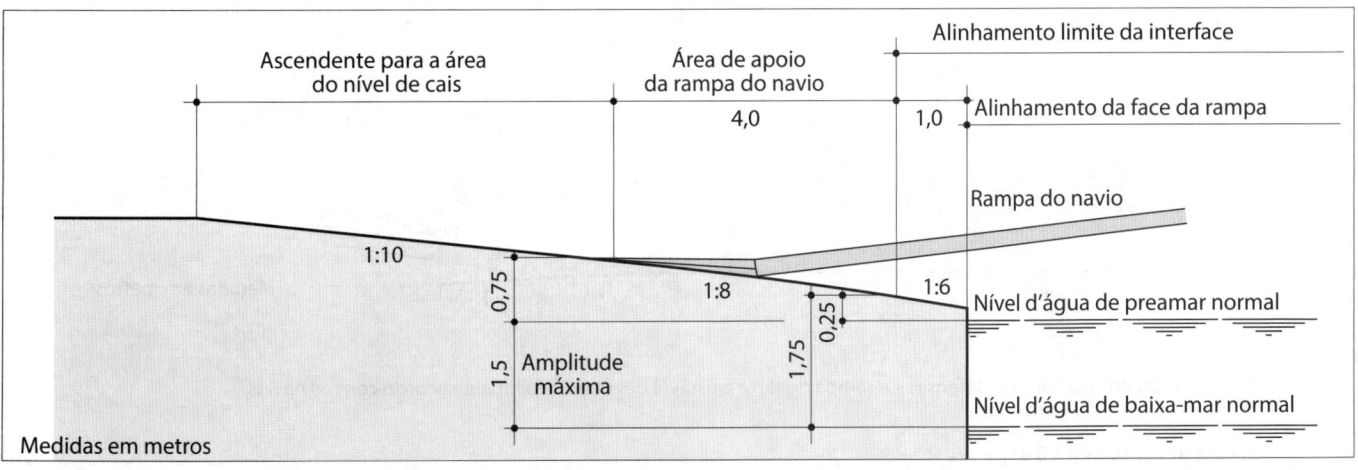

Alinhamento limite da interface

Ascendente para a área
do nível de cais

Área de apoio
da rampa do navio

4,0 | 1,0 Alinhamento da face da rampa

Rampa do navio

1:10

0,75

1:8

1:6

Nível d'água de preamar normal

0,25

1,75

1,5 Amplitude
máxima

Nível d'água de baixa-mar normal

Medidas em metros

Figura 14.51
Elevação da seção transversal de
rampa de terra fixa.

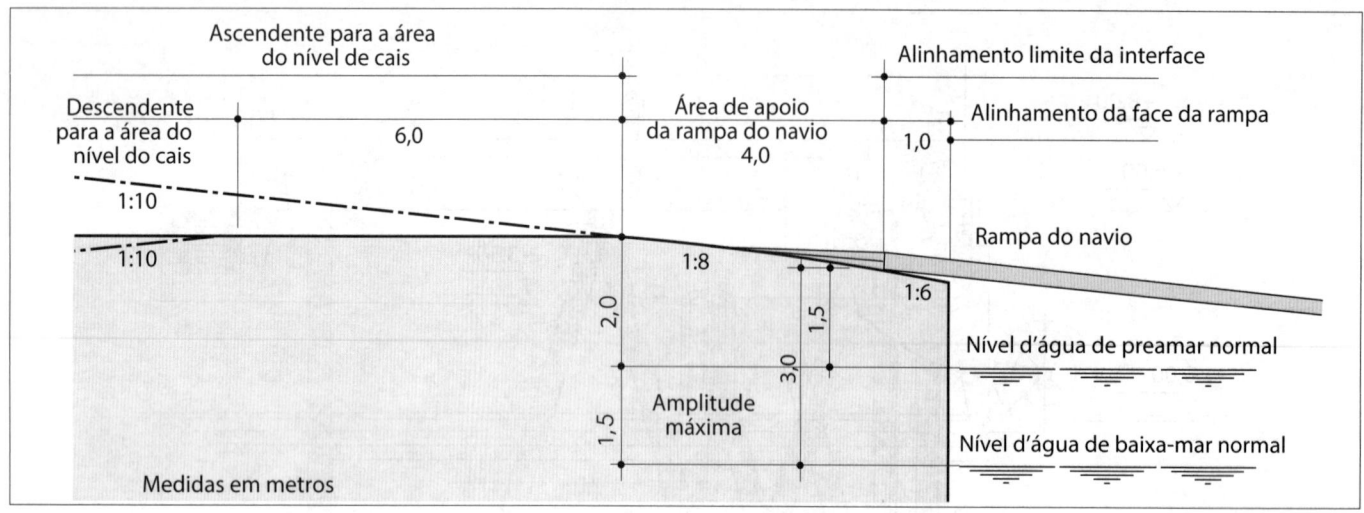

Figura 14.52
Elevação da seção transversal de rampa de terra fixa.

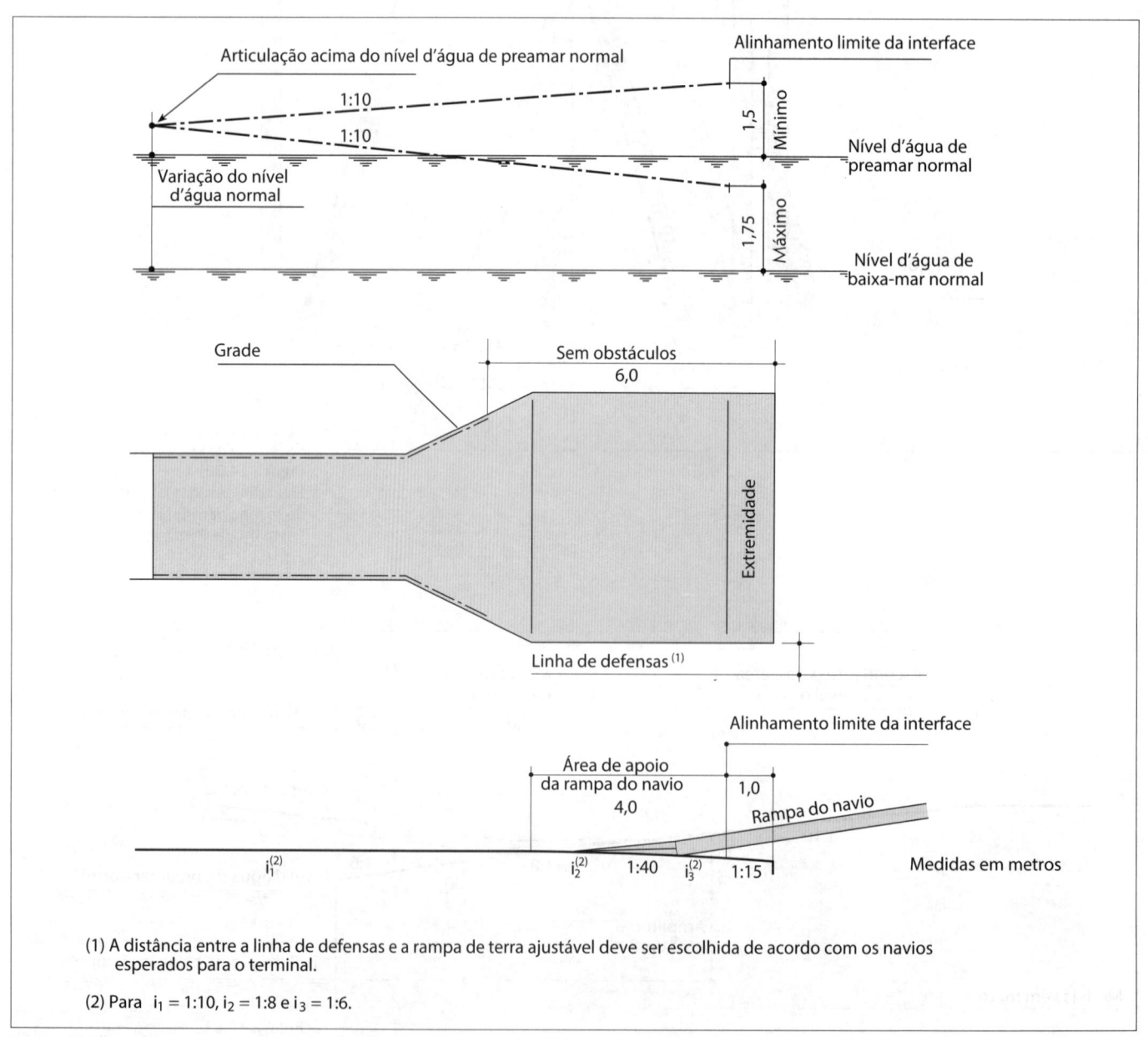

(1) A distância entre a linha de defensas e a rampa de terra ajustável deve ser escolhida de acordo com os navios esperados para o terminal.

(2) Para $i_1 = 1:10$, $i_2 = 1:8$ e $i_3 = 1:6$.

Figura 14.53
Elevação da seção transversal de rampa de terra ajustável.

Figura 14.54
(A) e (B) Rampa do terminal de
Ferry-boats do Departamento
Hidroviário do Estado de Sergipe
em Barra dos Coqueiros (SE)
na travessia do Rio Sergipe.
(C) Travessia Santos-Guarujá (SP).
(D) *Ferry-boat* em Denia (Espanha)
na travesssia para as Ilhas Baleares.

Figura 14.54
(E) Travessia para as Ilhas Baleares.
(F) Terminal de *ferry-boat* no Porto de Napoli (Itália).

Assim, a tendência atual é situar o porto junto às fontes produtoras, consumidoras ou armazenadoras, reduzindo ao mínimo o transporte pelos modais terrestres.

A seleção do local para a implantação do porto deve garantir sua longevidade, sem problemas de operação e expansão, considerando-se:

• Posição quanto às correntes fluviais:

É necessário examinar as correntes, em razão dos problemas de assoreamentos e erosões.

• Posição quanto aos ventos:

Em reservatórios de larguras expressivas, em que ocorram pistas de sopro superiores a 2.000 m ou ventos superiores a 40 km/h, deve-se verificar as alturas de ondas produzidas na determinação da cota do cais e da segurança para as instalações de armazenagem (armazéns e silos), visando constituir uma borda livre segura para as oscilações do nível d'água fluvial.

• Adequação para os acessos rodoviários e ferroviários:

Deve haver uma harmonização entre a possível expansão dos pátios de manobras e a permanência de carretas e vagões com os silos e armazéns.

• Áreas para manobras e acostagem de comboios.

14.4.2 Acesso e abrigo

Os portos fluviais devem prover condições de acostagem que limitem os esforços de amarração a valores da ordem de 5 tf por cabo. Assim, é desejável que as ondas produzidas por ventos e/ou passagem de embarcações não ultrapassem 50 cm de altura, as correntes não superem 1 m/s e os ventos mais frequentes estejam limitados a 10 km/h. De modo geral, não há necessidade de obras de abrigo, pois essas condições podem ser atendidas.

14.4.3 Obras de acostagem

Para facilitar o acesso, a preferência de arranjo das obras de acostagem é longitudinal, com acostagem na direção do eixo da hidrovia. Normalmente, a questão mais importante a ser resolvida nos portos fluviais consiste na possibilidade de grandes variações do nível d'água, o que torna as obras mais onerosas e influi no seu esquema operacional.

A borda livre em geral utilizada com referência ao nível d'água máximo é de 1 a 1,5 m, mas quando a variação é muito grande (acima de 7 m), essa borda livre costuma reduzir-se a 0,3 a 0,5 m.

Nas Figuras 14.55 a 14.62 estão apresentados exemplos de obras de acostagem de portos fluviais; os tipos mais comuns são os já descritos na Seção 14.3, para variações de nível de até 7 m, aos quais se acrescentam:

- Cais em plataformas superpostas:

  Para variações de nível d'água muito elevadas, podem ser utilizadas instalações de acostagem compostas por plataformas superpostas em diferentes cotas, cada uma com acesso terrestre independente. Essas estruturas têm a desvantagem de dificultar a movimentação de carga diretamente de linhas férreas ou com

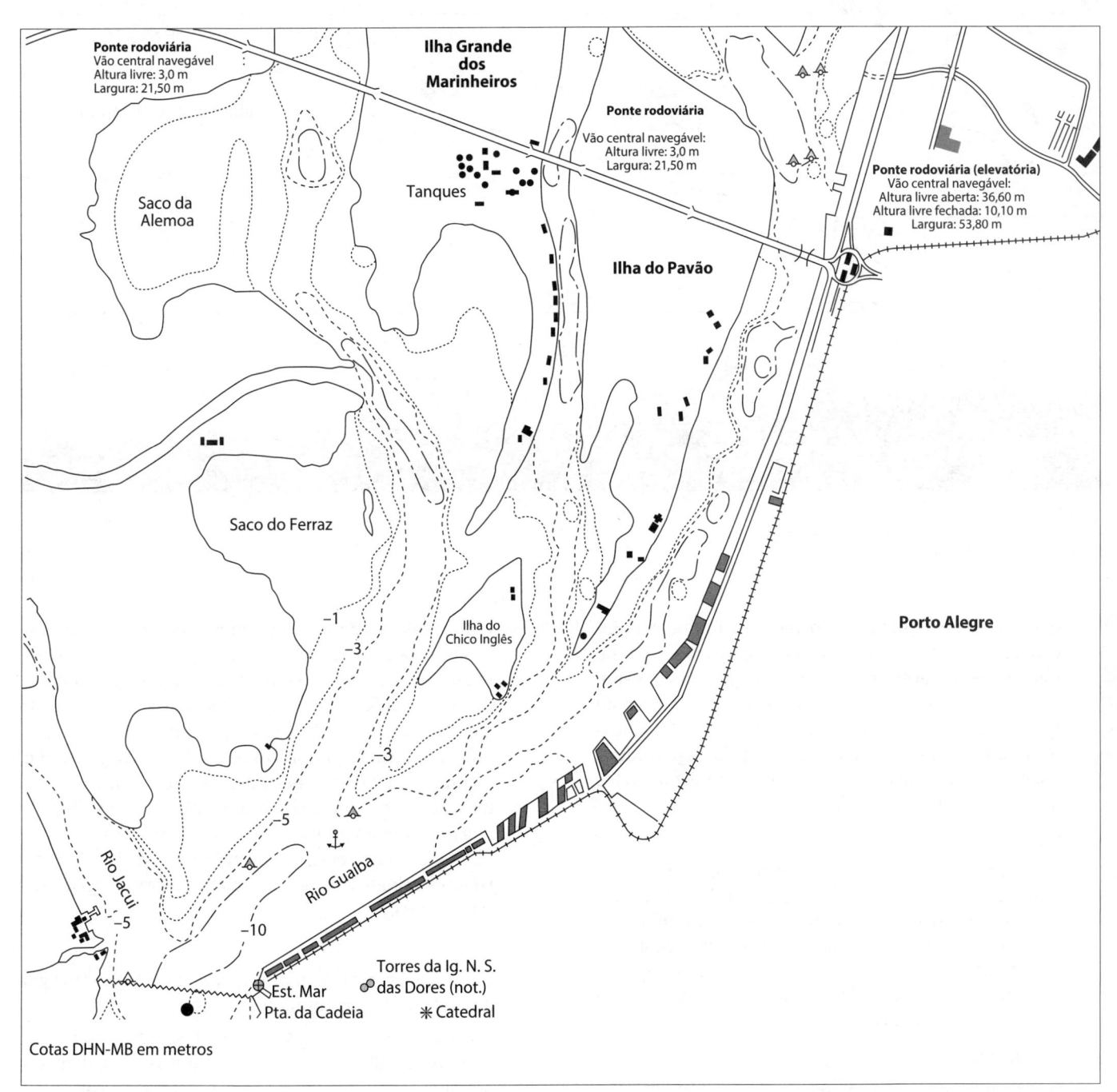

Figura 14.55
Planimetria do Rio Guaíba. Porto de Porto Alegre (RS) na Hidrovia Taquari-Lagoa dos Patos.

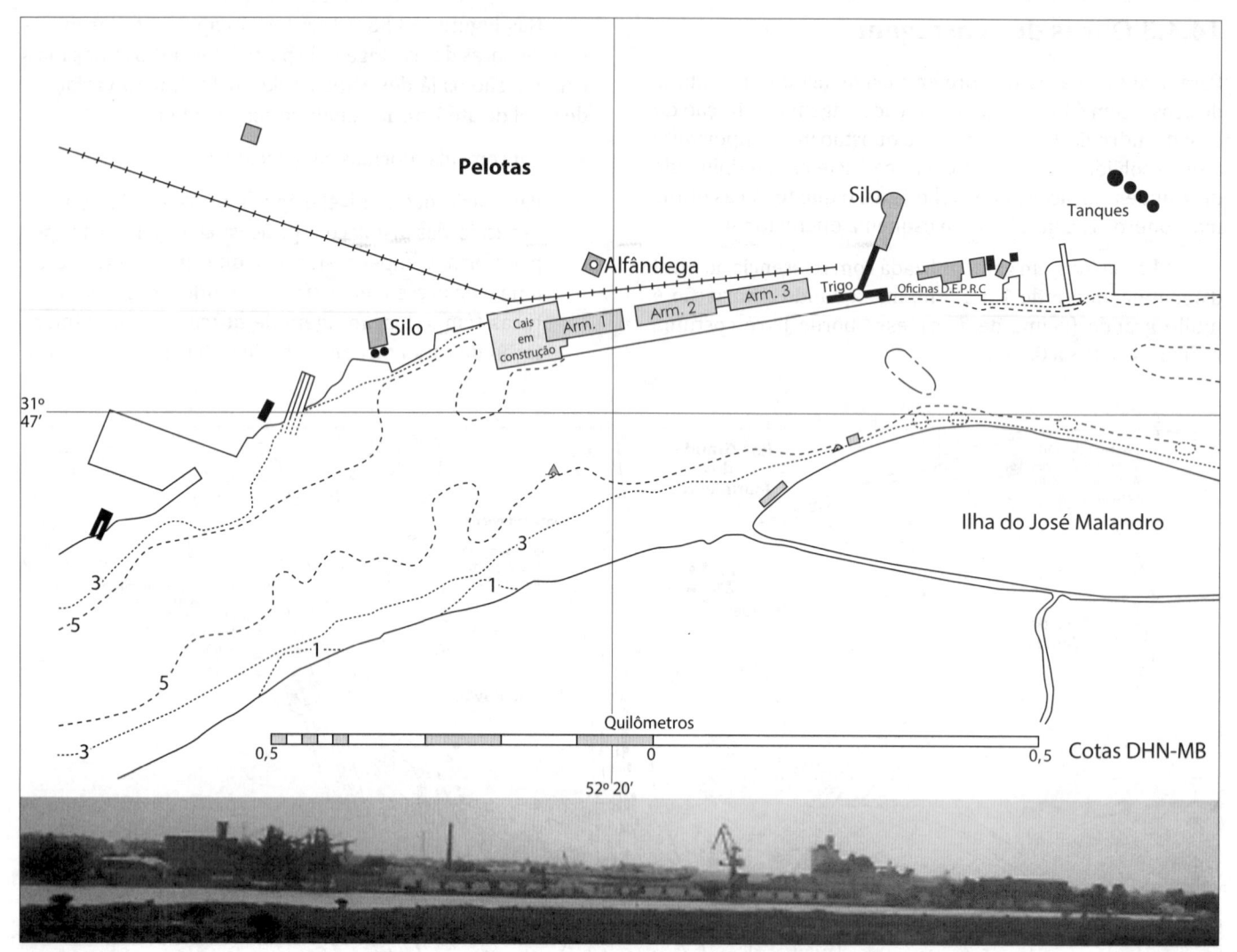

Figura 14.56
Planimetria do Porto de Pelotas (RS) na Hidrovia
Lagoa Mirim, São Gonçalo, Rio Grande.

emprego de esteiras transportadoras. Também há inconvenientes para o acesso das embarcações quando têm de operar junto aos patamares superiores em épocas de águas altas, ou no período de águas baixas no qual se exige limpeza da plataforma dos depósitos de sedimentos e detritos deixados pelas águas altas. Assim, é uma solução empregada somente em portos de pequena movimentação de cargas.

* Cais em rampa:

Os cais em rampa são compostos por rampa contínua longitudinal ao canal, com inclinação de 5% a 10% entre o nível d'água máximo de cheia e o mínimo de estiagem. Como no caso do cais em plataformas superpostas, são desvantajosos por exigirem o emprego de equipamentos com lanças de maior alcance para atender às embarcações.

* Cais flutuantes:

Os cais flutuantes são compostos de um flutuante que acompanha as variações do nível d'água e onde são realizadas as operações de movimentação de cargas. Essas instalações possuem a vantagem de prover acostagem segura, com cota invariável com o nível d'água. As embarcações podem ser atracadas ao flutuante ou a dolfins de atracação, evitando o impacto com a plataforma flutuante de movimentação de carga. Têm o inconveniente de não permitirem o acesso ferroviário, mas permitem o acesso rodoviário, e as instalações fixas de movimentação de cargas encontram-se implantadas sobre eles, garantindo-se bom rendimento (pontes rolantes, esteiras transportadoras, sugadores, teleféricos).

* Outros tipos de cais:

Os cais mistos são constituídos por uma combinação das soluções estruturais descritas.

Outras soluções mais simplificadas, como estaqueamentos de madeira, trapiches de estacas de madeira ou metálicas, são utilizadas para embarcadouros, além das monoboias e quadro de boias.

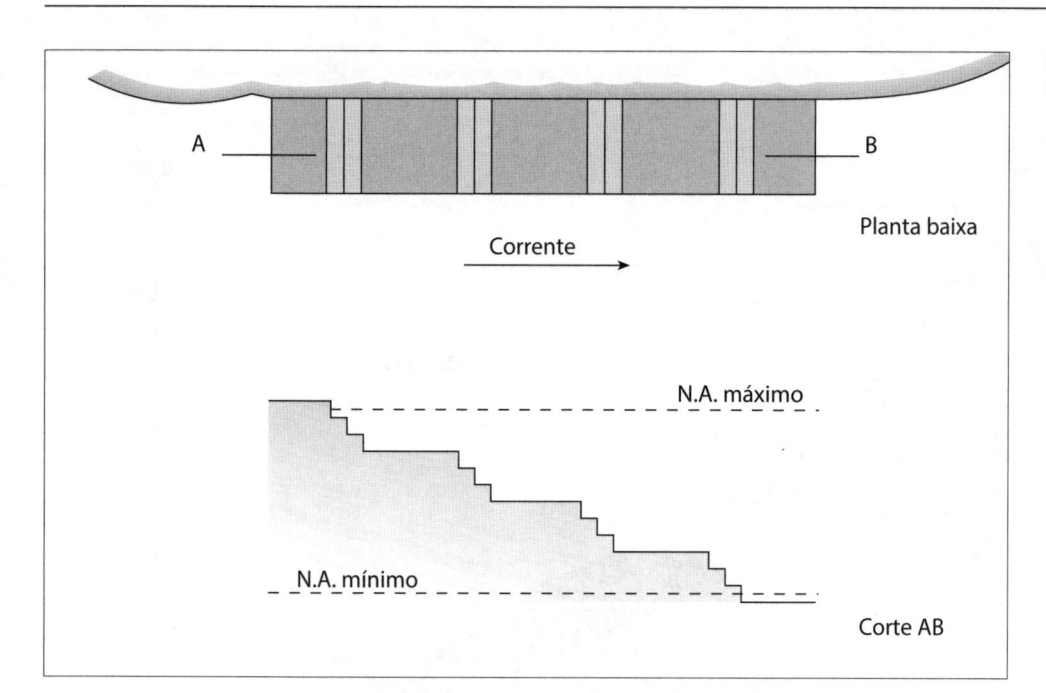

Figura 14.57
Esquema de porto em escada.

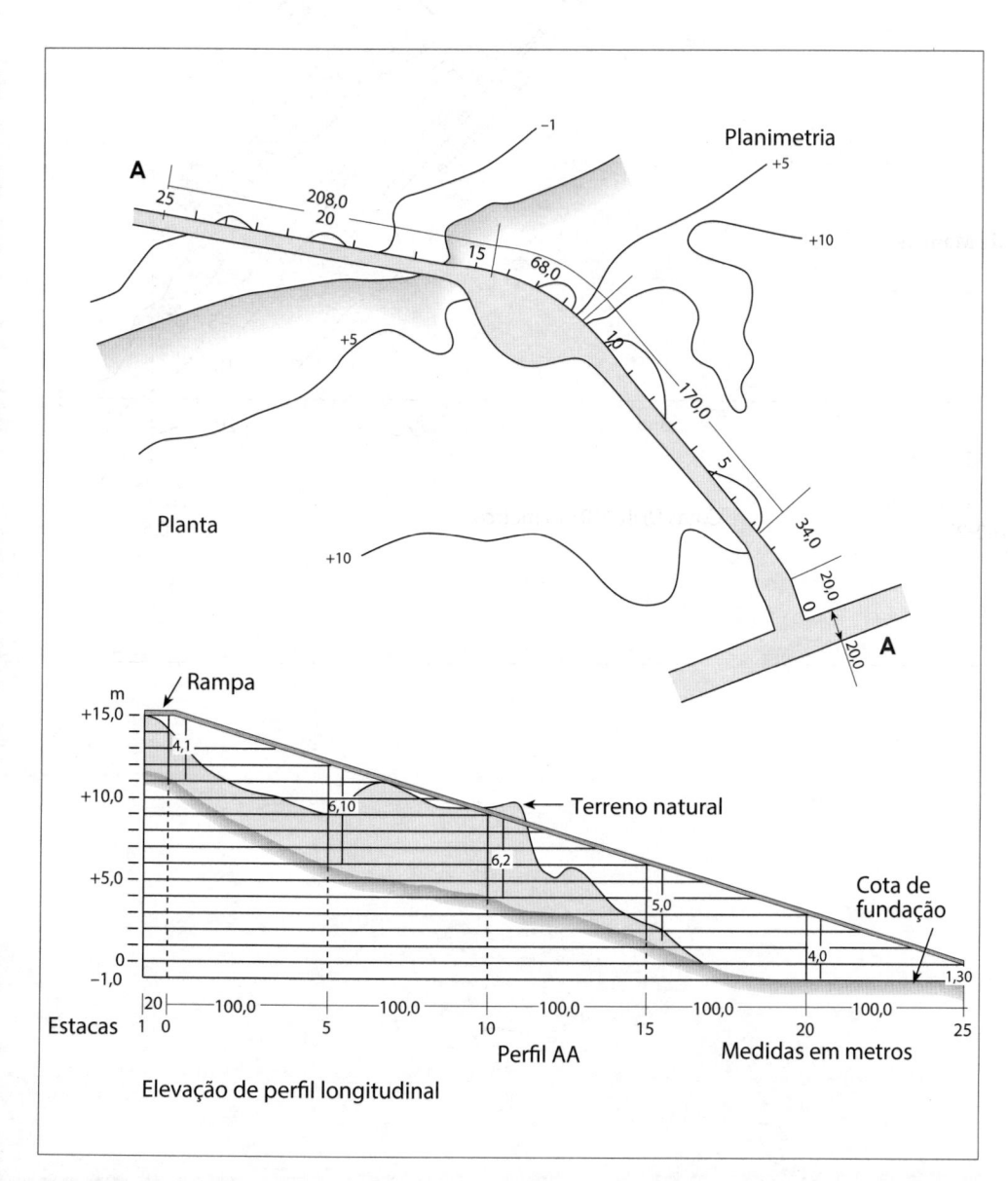

Figura 14.58
Esquema de porto em rampa.

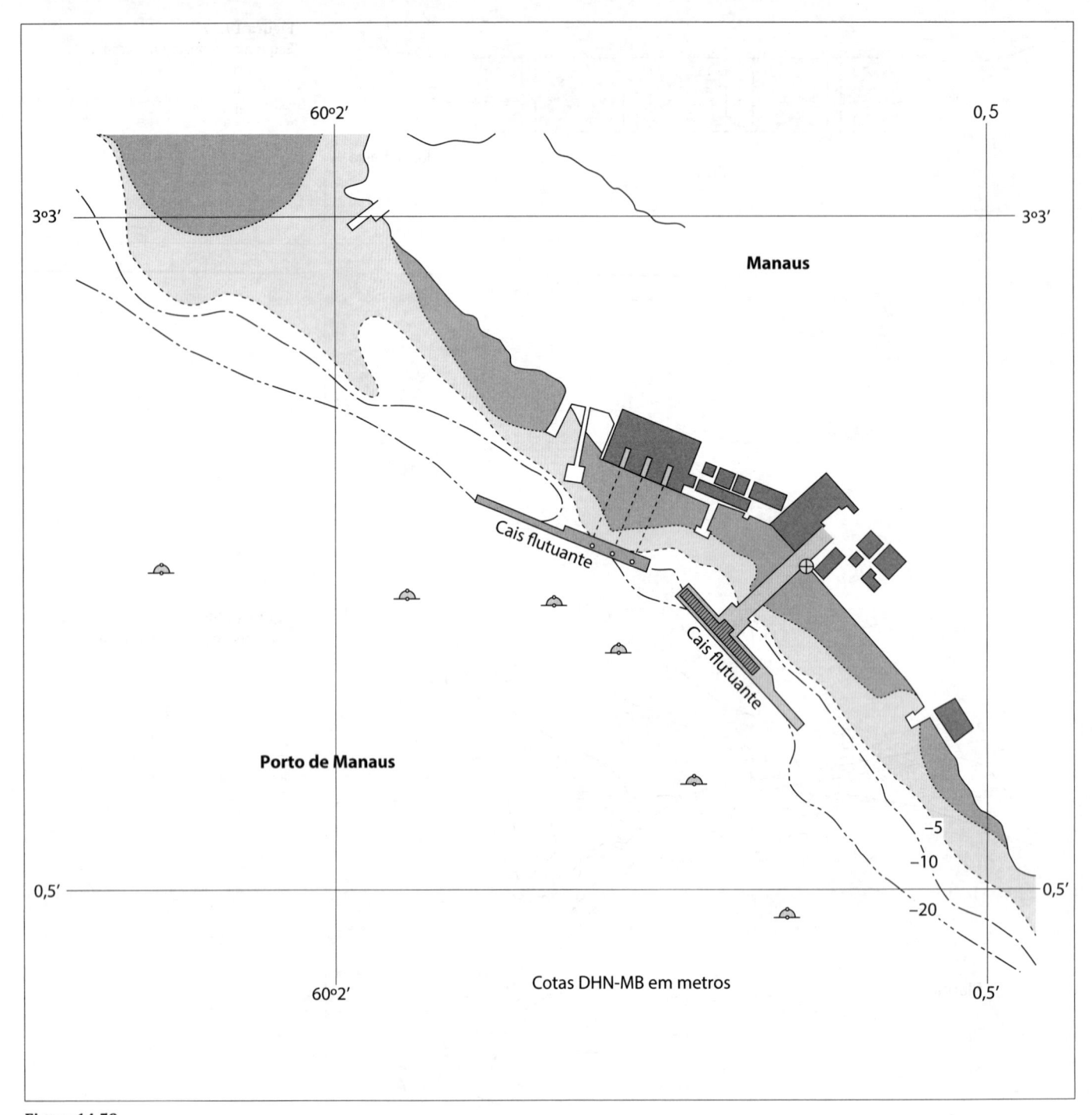

Figura 14.59
Planimetria do Porto de Manaus (AM) na
Hidrovia do Rio Negro.

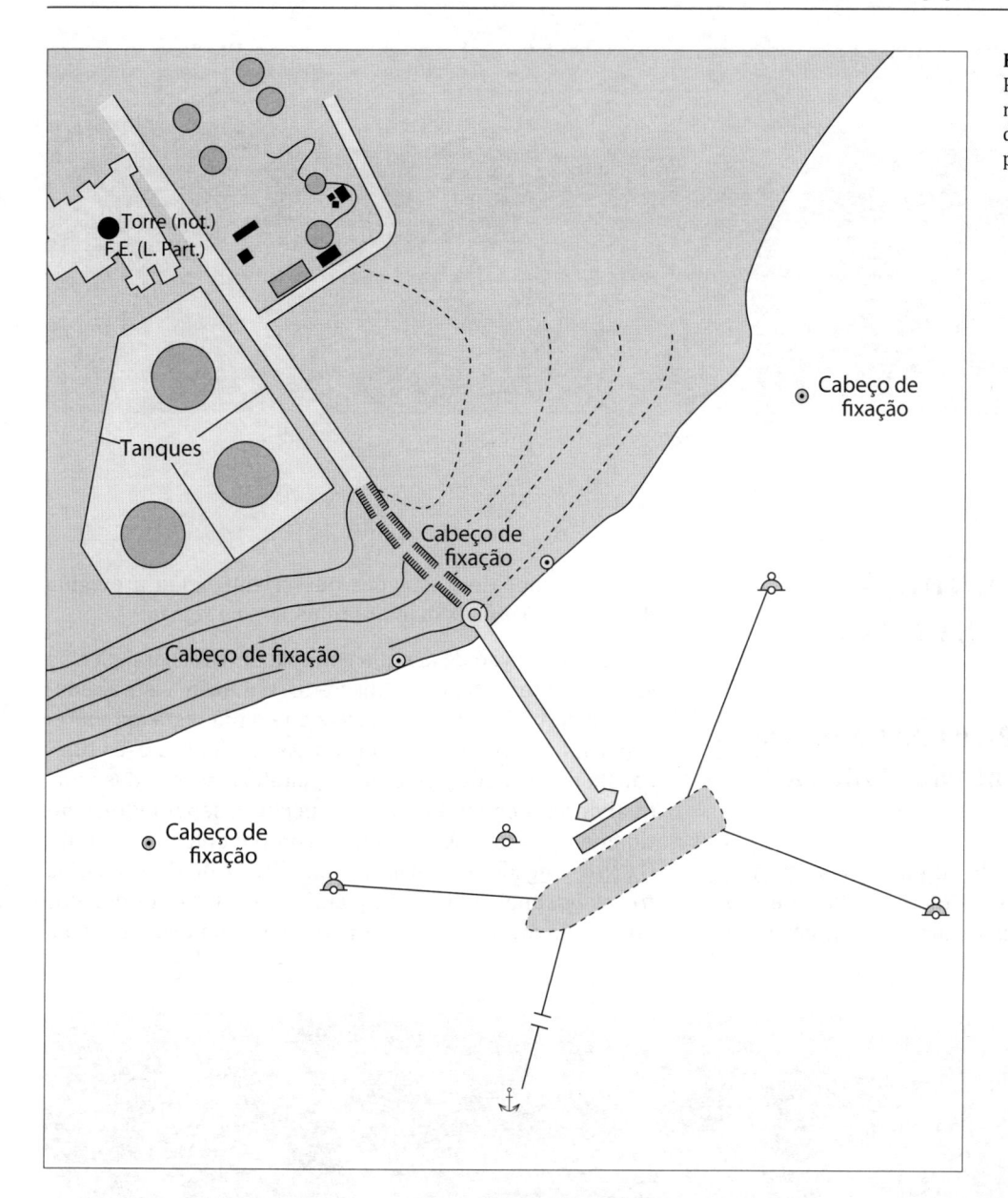

Figura 14.60
Planimetria do Porto de Manaus (AM) na Hidrovia do Rio Negro. Terminal da Refinaria – Plano de amarração de petroleiros, em quadro de boias.

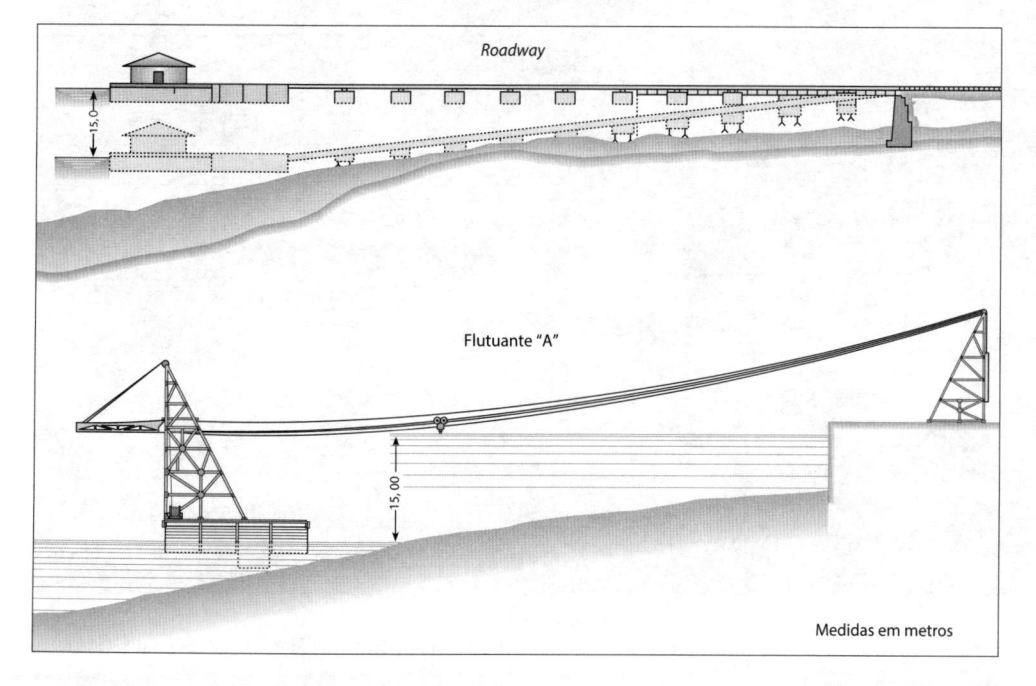

Figura 14.61
Elevação do perfil longitudinal do Porto de Manaus (AM) na Hidrovia do Rio Negro. Seções longitudinais dos cais flutuantes Roadway e Flutuantes A, com 500 m de extensão e ligados à terra por pontes flutuantes com 100 m de comprimento.

Figura 14.62
Porto Fluvial de Frankfurt no Rio Meno
(Alemanha).

14.5 DESCRIÇÃO DE MÉTODOS CONSTRUTIVOS DE OBRAS ESTAQUEADAS

14.5.1 Construção do Píer I do Complexo Portuário de Ponta da Madeira (1980-1985)

O Píer I do Complexo Portuário de Ponta da Madeira (ver Figura 14.63), pertencente à Vale, situa-se na Baía de São Marcos, em São Luís (MA). As estruturas de atracação são abrigadas por dois espigões que criam região protegida das fortes correntes de maré reinantes na região.

A concepção de arranjo geral da obra foi estabelecida em elementos estruturais discretos, tendo em vista a redução do vulto das obras, uma vez que o píer está apto a receber navios de até 400 mil tpb. Assim, a obra estrutural consta de diversos elementos e plataformas isoladas, cada qual desempenhando função específica, separando-se nitidamente as funções dos vários componentes estruturais. O CN, carregador de navios (*shiploader*), é do tipo linear ou *travelling*, apoiando-se em plataforma reta no tardoz dos dolfins de atracação e pivotando em plataforma recuada

Figura 14.63
Píer I do Complexo Portuário de Ponta da Madeira em São Luis, (MA).

da frente acostável, aonde se encontra a casa de transferência do transportador de minério (esteira) que provém das pilhas de armazenamento do pátio para a esteira na lança do equipamento carregador. Dolfins de atracação e de amarração interligados por passarelas metálicas leves (*catwalks*) apoiadas sobre estas estruturas completam estes componentes estruturais essenciais de suporte dos equipamentos, atracação e amarração. As pontes de acesso e o píer de rebocadores completam a obra civil.

Aspecto de primordial importância na concepção do píer foi a adoção da solução em fundação constituída por estaqueamento, tornando a obra tipo "hidrodinamicamente transparente", ou seja, interferindo de forma desprezável com o fluxo das correntes de maré e, consequentemente, dos sedimentos. Para a implantação do estaqueamento contou-se com plataforma marítima de trabalho, com característica elevatória e autonivelante (Figura 14.64(A)). As camisas de aço perdidas das estacas e as armaduras eram preparadas no canteiro (Figuras 14.64 e 14.65) e levadas por barcaças (marrecas) para a frente de cravação (Figuras 14.67 e 14.68). No canteiro também situava-se a central de concreto (Figura 14.66).

Figura 14.64
(A) Vista aérea do canteiro e embarcadouro de serviço.
(B) Camisas de aço das estacas preparadas para cravação. Marcação métrica e submétrica.
(C) Acabamento das camisas de aço.

Figura 14.65
Armadura das estacas.

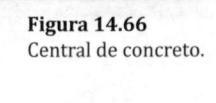

Figura 14.66
Central de concreto.

Figura 14.67
Vista aérea de conjunto da faina da obra.

Figura 14.68
(A), (B) e (C) Transporte das camisas das estacas para posicionamento, içamento e cravação.

A plataforma marítima de trabalho tinha quatro pernas de 50 m de comprimento cada uma (Figura 14.69). Com elas a plataforma tinha ancoragem encravada no fundo do mar, garantindo total estabilidade nas operações. Sobre ela um guindaste de 50 t, mais a perfuratriz Wirth U 1500 com coroa de *roller bits* e a entubadora com *pull down* de 150 t, que permitia escavar estacas de até 2,1 m de diâmetro.

Na maré baixa, as pernas descem e se apoiam no fundo. À medida que a maré sobe, macacos hidráulicos nas pernas suspendem a plataforma mantendo-a fora do alcance das águas.

Cravaram-se, assim, as camisas metálicas perdidas de 2 m de diâmetro com martelo Delmag, depois o equipamento Wirth perfurava e limpava o tubulão (Figura 14.70), descendo-se a armadura e, em seguida, o concreto submerso.

Figura 14.69
(A) Plataforma marítima de trabalho em posição mais avançada e com as pernas içadas.
(B) Vista aérea em primeiro plano da plataforma marítima de trabalho com as quatro pernas apoiadas no fundo.

Uma vez concluída a fundação, eram completados os blocos das estacas e as vigas e lajes da superestrutura (Figuras 14.71 a 14.73). Os dolfins de amarração e atracação têm estacas de 1,30 m de diâmetro e inclinadas 1H:4V. A plataforma reta de apoio do CN é ligada monoliticamente com os blocos de fundação, que têm 5 estacas com diâmetros de 1,30 m. Em seu extremo, separada estruturalmente, encontra-se a plataforma de serviço, destinada a manobras para veículos da operação e manutenção, também com estaqueamento de 1,30 m de diâmetro. A ponte de serviço liga a casa de transferência com a plataforma de serviço, sendo usada para fins de manutenção da lança do CN e para acesso de veículos à plataforma de apoio do CN. A casa de transferência do pivô da lança do carregador e das estruturas metálicas da própria casa de transferência têm estaqueamento vertical e inclinado com diâmetro de 1,80 m. Nesta instalação, o minério proveniente do pátio de estocagem, por meio do transportador de esteira, é transferido ao carregador de navios. A ponte de acesso que liga as estruturas em terra com a casa de transferência do pivô, servindo de apoio às torres do transportador de esteira, é composta de pista de acesso para veículos e equipamentos de operação e manutenção e apoiando-se em estacas de 0,80 m de diâmetro. Finalmente, o terminal de rebocadores é uma plataforma em concreto armado moldada no local sobre estacas de 1,30 m de diâmetro, tendo a ponte de ligação com a ponte de acesso sido executada em concreto armado pré-moldado, completado por laje moldada *in loco*.

Figura 14.70
Operações na plataforma marítima.
(A) Cravação das camisas de aço das estacas.
(B) Perfuração.

Figura 14.71
Cavaletes de estacas.

Figura 14.72
Estacas com armadura
de espera para receber
os blocos e plataforma.

Figura 14.73
Cavaletes de estacas com bloco e superestrutura da ponte de acesso.

A obra civil chegando em sua etapa final (Figuras 14.74 e 14.75), passou-se à instalação dos acessórios de atracação (fixação das defensas), amarração (instalação dos conjuntos de ganchos de desengate rápido) e a montagem dos equipamentos eletro-mecânicos do CN (Figura 14.76).

Figura 14.74
Vista aérea das etapas conclusivas de construção da plataforma do carregador de navios.

14.5.2 Construção dos Berços Sul e Norte do Píer IV do Complexo Portuário de Ponta da Madeira (2010-2012)

O Píer IV do Complexo Portuário de Ponta da Madeira (ver Figura 14.77), pertencente à Vale, situa-se na Baía de São Marcos, em São Luís (MA), apresenta uma ousada concepção portuária, raramente encontrada no mundo. De fato, as estruturas de atracação, compostas por estruturas discretas como no caso do Píer I, são completamente desabrigadas das fortes correntes de maré reinantes na região. Tal decisão foi tomada tendo em vista as interferências hidrossedimentológicas que obras de abrigo das correntes poderiam determinar, conforme a experiência obtida na implantação do Píer I. Seu posicionamento foi otimizado com recursos de modelação matemática e física, de modo a obter ao longo da linha de atracação velocidades máximas em torno a 4 nós e o mais alinhadas possíveis com a mesma. Trata-se de um píer de águas profundas, com uma ponte de acesso de 1.620 m de comprimento, destinado a receber os grandes navios da classe Valemax e Chinamax, motivo pelo qual a amarração das embarcações é suplementada por cabos em guinchos de terra.

Para se ter uma ideia dos cabos empregados inicialmente nos Valemax, foram: 20 de arame de aço com 44 mm de bitola e MBL de 95 tf fornecidos pelo navio e 16 cabos HMPE com 44 mm de bitola e MBL de 138 tf em guinchos de terra.

Os dolfins de atracação foram projetados apenas com estacas verticais pinadas nas rochas de grande diâmetro, pois a solução convencional, com estacas inclinadas, se mostrou inviável ante as condições do mar local, esforços atuantes e prazos de execução, ou seja, trata-se de um dolfim de dimensões, esforços e solução estrutural incomuns.

A estrutura dos dolfim é constituída por 8 estacas verticais de 2,75 m de diâmetro coroadas por um bloco de concreto dom dimensões de 16,50 × 17,50 m e espessura de 3,20 m. Para a execução das estacas empregam-se camisas perdidas de 2,75 m de diâmetro interno assentadas na cota −28,00 m, na qual inicia-se a escavação com diâmetro de 2,50 m até a cota –47,00 m. Durante a fase de construção o leito marinho encontrava-se na cota –25,00 m, podendo, após o início da operação, chegar à cota –35,00 m, em virtude da sua erosão.

Os embarcadouros de serviço na região retroportuária (Figura 14.78) do Complexo Portuário de Ponta da Madeira permitiram o acesso de meios flutuantes à frente da obra. A mobilização de equipamentos de alta performance (Figura 14.79), como a plataforma auto-elevatória *jack-up* (à direita na Figura 14.79), que é um maquinário composto de quatro pernas cilíndricas ligadas a uma plataforma metálica, bem como o sistema construtivo *cantitravel* (à esquerda na Figura 14.79), constituído por um guindaste que opera sobre uma plataforma móvel, que se movimenta por sobre as estacas já cravadas pelo guindaste, permitiu a realização da obra em curto período de tempo.

A Figura 14.80 esquematiza a etapa inicial da metodologia executiva da montagem do bloco de estaqueamento dos dolfins de atracação. As manilhas de concreto, ou capitéis, são posicionados a partir de guindaste apoiado na plataforma curva do CN de duplo quadrante. Na sequência de Figuras pode-se visualizar esta etapa a partir de uma vista panorâmica aérea (Figura 14.81), desde a condição das camisas metálicas prontas para receber os capitéis (Figura 14.82), passando pela colocação dos balancins capitéis a partir da plataforma curva do CN (Figura 14.83) e envolvendo a camisa metálica (Figura 14.84). Nas Figuras 14.85 a 14.89 visualiza-se o procedimento de descida do entreliçamento de apoio para a execução da forma e concretagem de primeira etapa (Figuras 14.90 a 14.92) do bloco de estaqueamento. Na Figura 14.93 vê-se o bloco do Dolfim 6 de Atracação concluído.

Figura 14.77
Vista aérea panorâmica do primeiro navio a atracar no Berço Sul do Píer IV, em dezembro de 2012.

Figura 14.78
Embarcadouro de serviço com flutuante de transporte dos caminhões betoneiras.

Figura 14.79
Visualização da plataforma auto-elevatória *jack-up*.

Figura 14.80
(A) e (B) Metodologia executiva da montagem do bloco dos dolfins de atracação D3 a D6.

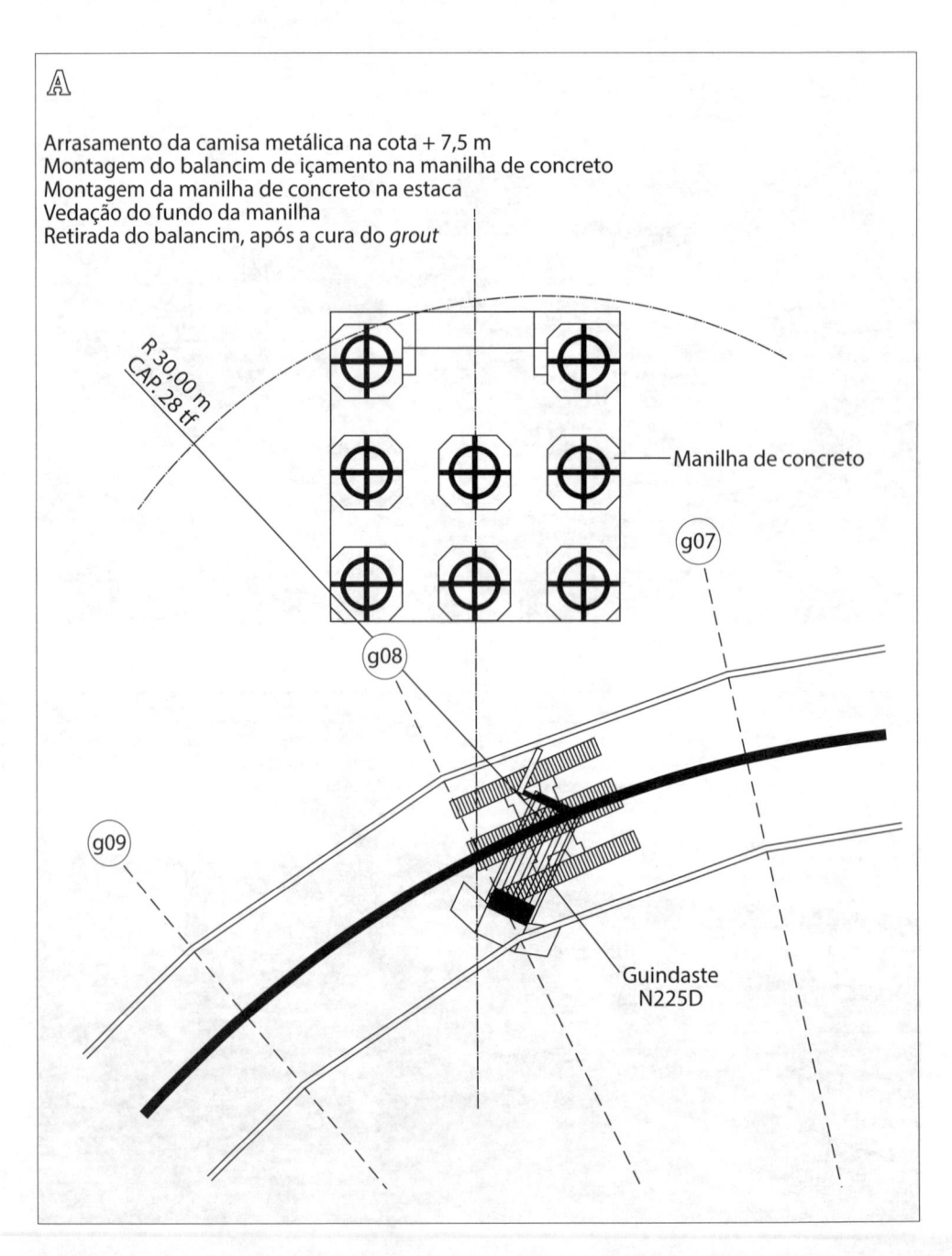

Ⓐ

Arrasamento da camisa metálica na cota + 7,5 m
Montagem do balancim de içamento na manilha de concreto
Montagem da manilha de concreto na estaca
Vedação do fundo da manilha
Retirada do balancim, após a cura do *grout*

R 30,00 m
CAP. 28 tf

Manilha de concreto

g07

g08

g09

Guindaste
N225D

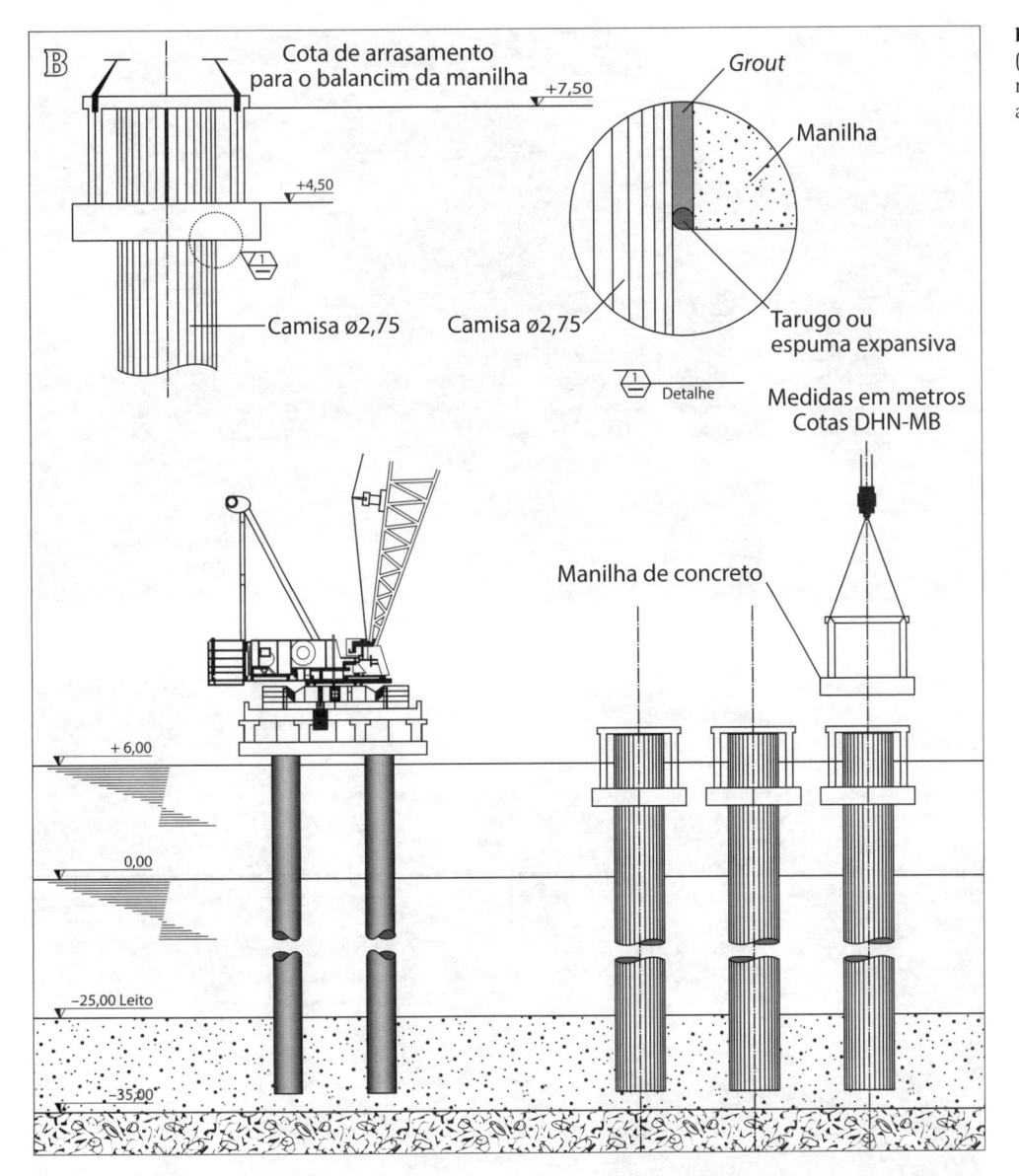

Figura 14.80
(A) e (B) Metodologia executiva da montagem do bloco dos dolfins de atracação D3 a D6.

Figura 14.81
Visualização aérea das atividades de construção dos dolfins de atracação.

Figura 14.82
Visualização das 8 camisas metálicas cravadas que receberão a concretagem do estaqueamento do Dolfim 6 de Atracação.

Figura 14.83
Vista de um dos capitéis de concreto armado que receberão a pré-laje da forma para concretagem de estacas do Dolfim 6 de Atracação.

Figura 14.84
Vista de um dos capitéis de concreto armado, contendo a camisa metálica com armadura preparada para a concretagem do bloco de estacas do Dolfim 6 de Atracação.

Figura 14.85
Posicionamento da plataforma *jack-up* no trabalho de cravação do estaqueamento de dolfim de atracação.

Figura 14.86
Etapas de descida do entreliçamento para a montagem da frente de obra para concretagem de um bloco de estaqueamento de dolfim de atracação.

Figura 14.87
Etapas de descida do entreliçamento para a montagem da frente de obra para concretagem de um bloco de estaqueamento de dolfim de atracação.

Figura 14.88
Etapas de descida do entreliçamento para a montagem da frente de obra para concretagem de um bloco de estaqueamento de dolfim de atracação.

Figura 14.89
Etapas de descida do entreliçamento para a montagem da frente de obra para concretagem de um bloco de estaqueamento de dolfim de atracação.

Figura 14.90
Concretagem da primeira etapa.

Figura 14.91
Concretagem da primeira etapa.

Figura 14.92
Concretagem da primeira etapa.

Figura 14.93
Vista do bloco do Dolfim 6 de
Atracação.

Figura 14.94
Maquete eletrônica com a visualização
do equipamento de atracação e
amarração do Dolfim 6 de Atracação.
São 6 ganchos de desengate rápido em
2 gatos com cabrestante e 3 guinchos
de terra com *fairleads*.

Nas Figuras 14.94 a 14.96 estão ilustrados equipamentos de atracação e amarração disponíveis no Berço Sul do Píer IV, que conta, além dos tradicionais ganchos de desengate rápido para receber os cabos dos navios, com guinchos e cabos de terra. Toda a amarração prevista é realizada em cabos de arame de aço, de grande capacidade de MBL, com chicote de fibra sintética.

Na etapa final da obra, os equipamentos eletro-mecânicos dos dois CNs formando o sistema em duplo quadrante são ultimados (Figuras 14.97 (A) e (B)).

Com esta obra, o Complexo Portuário de Ponta da Madeira tornou-se o maior do Hemisfério Ocidental em movimentação de carga, graças à possibilidade de receber os maiores mineraleiros do mundo (Figura 14.98), como os da classe Valemax (400.000 tpb; L_{pp} 353 m; B = 65,0 m e T = 23,0 m –11,6 m leve).

Nas Figuras 14.99 (A) a (J) estão apresentadas etapas construtivas do Berço Norte do Píer IV do Complexo Portuário de Ponta da Madeira, da Vale, na Baía de São Marcos, em São Luís (MA). A obra foi executada entre 2013 e 2015 e transformou o complexo na área portuária de maior movimentação de carga da América Latina.

14.5.3 Construção do Berço 2 do Porto da Alumar em São Luís (MA) (2007-2009)

O Porto da Alumar encontra-se localizado na confluência do Rio dos Cachorros com o Estreito dos Coqueiros (Figura 11.15), na margem leste da Baía de São Marcos, ao sul do Porto de Itaqui, no Estado do Maranhão. A movimentação de carga consiste no descarregamento de bauxita e no carregamento de alumina, além do recebimento de insumos (carvão, soda, coque e piche), iniciando suas operações em 1984.

Para o atendimento das novas demandas de carga, a expansão do Berço 2 do Porto da Alumar consistiu na extensão do berço existente em 251,50 m para leste, para permitir a atracação de 2 navios de 65 mil tpb (L_{pp} = 215 m) simultaneamente, incluindo-se a construção de nova estrutura de acesso (ponte) com 57,98 m de comprimento e 10,10 m de largura predominante a partir da extremidade do novo trecho (segundo berço). A principal instalação eletro-mecânica é a de mais um descarregador de navios, com capacidade nominal para 2.300 t/hora de bauxita.

Manteve-se a mesma largura da plataforma do Berço 1, de 19,60 m e os trilhos do descarregador de navios foram prolongados, permitindo que as máquinas de descarregamento possam se deslocar do longo dos dois berços. Mantendo-se o mesmo padrão do Berço 1 foram instaladas defensas e cabeços de amarração a cada 29,00 m.

O píer foi construído com estrutura de concreto armado, parcialmente pré-moldada e com elementos moldados *in loco* para consolidação do conjunto estrutural. As estruturas foram assentadas em estacas de concreto moldadas *in loco*, com perfuração do solo resistente e a utilização de camisas metálicas perdidas com diâmetro de 0,90 m. As estacas foram distribuídas em 3 linhas longitudinais, em vãos espaçados a cada 7,25 m. Nas Figuras 14.100 a 14.104 podem ser visualizadas as obras em andamento.

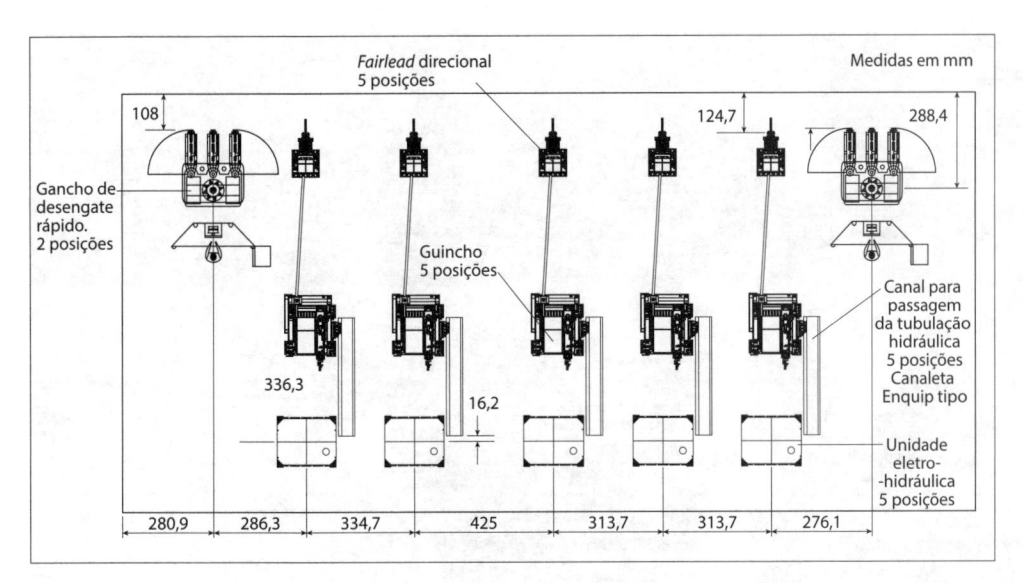

Figura 14.95
Arranjo geral de disposição de guinchos e ganchos de terra no Dolfim de Amarração 7.

Figura 14.96
Defensas instaladas nos dolfins de atracação 4, 5 e 6.

Figura 14.97
(A) Vista aérea panorâmica do Complexo Portuário de Ponta da Madeira e da etapa conclusiva da obra.

Figura 14.97
(B) Vista aérea da etapa conclusiva da obra do Berço Sul do Píer IV.

Figura 14.98
(A), (B) e (C) Vistas aéreas da obra do Berço Sul do Píer IV da Vale concluída.
(D) Navio Valemax de 400.000 tpb na fase final de atracação no Berço Sul
do Píer IV.

Figura 14.99
(A) Vista aérea geral da construção do Berço Norte do Píer IV.
(B), (C) e (D) Construção dos acessos aos pivots 3 e 4 dos respectivos carregadores de navios (*Shiploaders* tipo Dual Quadrante)
(E) Contraventamento entre os eixos de acesso ao pivot 4.
(F) Pátio A: fabricação de pré-moldados: movimentação da ferragem pré-montada.
(G) Pátio A: montagem de armações de pré-moldados.

Figura 14.99
(H) Pátio A: armação pré-montada de pré-moldados.
(I) e (J) Pátio de fabricação de pré-moldados: tratamento e acabamento.
(K) Vista aérea com a indicação do avanço da execução das estruturas.

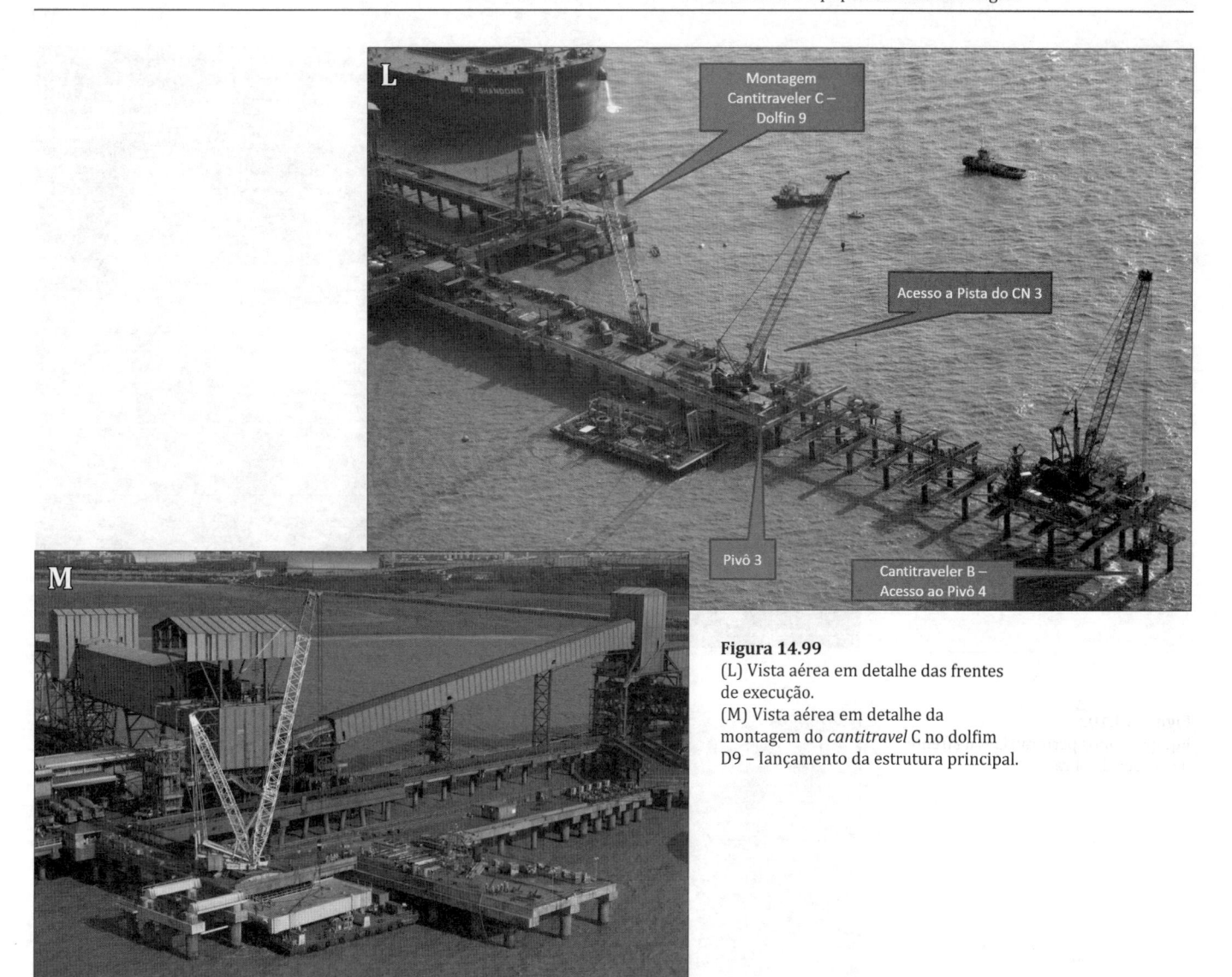

Montagem
Cantitraveler C –
Dolfin 9

Acesso a Pista do CN 3

Pivô 3

Cantitraveler B –
Acesso ao Pivô 4

Figura 14.99
(L) Vista aérea em detalhe das frentes
de execução.
(M) Vista aérea em detalhe da
montagem do *cantitravel* C no dolfim
D9 – lançamento da estrutura principal.

Figura 14.100
Barcaça em atividade para
posicionamento e cravação das camisas
metálicas.

Figura 14.101
Vista da frente da obra. Em primeiro plano, camisas metálicas já cravadas com armadura de espera, bem como perfuração sendo efetuada. Em segundo plano, a estrutura já completada com blocos e vigas pré-moldadas.

Figura 14.102
Equipamentos perfuratrizes na frente de avanço da obra.

Figura 14.103
Ação de equipamento perfuratriz.

Figura 14.104
Etapa de conclusão da superestrutura com elementos pré-moldados.

14.5.4 Construção do Terminal da BTP no Porto de Santos (SP) (2010-2013)

Da mesma forma que a Área Portuária do Maranhão, englobando o Terminal Marítimo de Ponta da Madeira e os portos de Itaqui e da Alumar, constitui-se na principal do Hemisfério Ocidental em movimentação de carga, a Área Portuária do Estuário de Santos constitui-se na principal do Hemisfério Sul em valores agregados às cargas comercialmente. Em 2013, após mais de duas décadas sem novas implantações de projetos portuários de envergadura, foram inaugurados os terminais da Empresa Brasileira de Terminais Portuários (Embraport) e da Brasil Terminal Portuário (BTP). Estas novas instalações duplicarão a movimentação de contêineres e incrementar significativamente a movimentação de granéis líquidos do Porto de Santos.

O terminal da Embraport está implantado na margem esquerda do Porto de Santos, no Largo de Bertioga, ocupando uma área de 848.500 m², com 1.100 m de cais acostável e quatro berços de atracação. Na Figura 14.105 tem-se uma vista panorâmica da etapa inicial das obras de terraplenagem e da obra concluída.

A Brasil Terminal Portuário (BTP) foi constituída em janeiro de 2007, com o objetivo de construir e operar um novo terminal multiuso para contêineres e granéis líquidos localizado no Porto Organizado de Santos, ocupando área de 490 mil m² de área total na margem direita do porto. O terminal da BTP foi dimensionado para operar 1,2 milhões de TEUs por ano, contando com três berços de atracação para navios até 9.000 TEUs (Figura 14.106), tendo sido construído pela empresa Andrade Gutierrez.

Figura 14.105
Vista do Terminal Portuário EMBRAPORT, no Porto de Santos (SP), em obras.

Figura 14.106
Arranjo geral do Terminal Portuário da BTP, no Porto de Santos (SP).

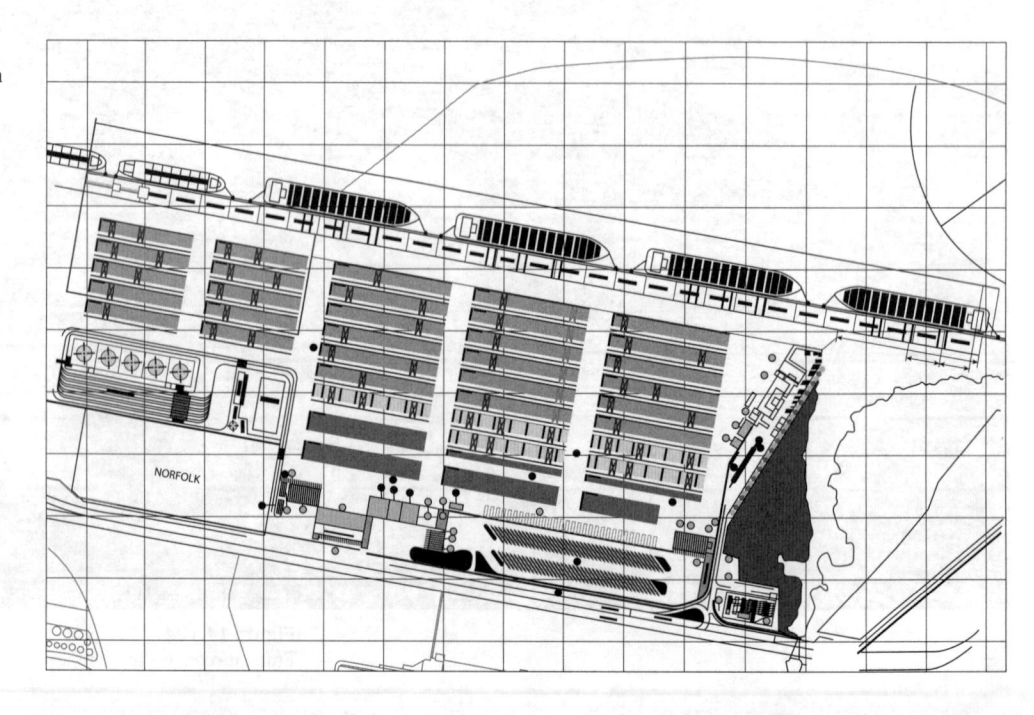

A área de implantação do cais encontra-se na foz do Rio Saboó, em presença de manguezal a ser preservado com a proteção e o monitoramento da fauna e da flora locais e o replantio de várias espécies da vegetação nativa dos 30 mil m^2 de manguezal da região. Cerca de um quinto do custo total do empreendimento foi destinado para os aspectos ambientais, em grande parte, por estar situado na região do antigo lixão do Porto de Santos, com solo local severamente contaminado, além de toda espécie de detritos. Para poder dar sequência na execução da obra foi então necessário tratar o solo, processo realizado em duas fases:

- Primeira Fase:

  Remediação da área utilizando técnica patenteada de tratamento do solo contaminado, que consistia em lavar o solo e devolvê-lo limpo para a área de origem. Porém, em razão do alto grau de contaminação, esse processo não obteve os resultados esperados, além de ter baixa produtividade.

- Segunda Fase:

  Remoção de 680 mil m^3 de solo contaminado do antigo lixão. Consistiu em dispor todo o solo contaminado em aterro credenciado na Região Metropolitana de São Paulo e fazer a reposição com solo não contaminado. Na Figura 14.107 observa-se a escavação do solo contaminado original e nas Figuras 14.108(A) e 14.108(B) a instalação de pré-condicionamento de isolamento de quarentena, para o acondicionamento do solo nos caminhões que efetuavam o transporte para o destino final, após serem totalmente lavados externamente. O material contaminado está sendo monitorado ambientalmente pela Companhia Ambiental do Estado de São Paulo (CETESB).

Uma vez efetuada a troca do solo contaminado, procedeu-se ao adensamento do subsolo de argila marinha mole, característico da região da Baixada Santista, para minimizar os recalques após a obra. Para isso, foi utilizada a técnica de aterros de sobrecarga, com alturas de 4 a 6 m de terra (Figura 14.109), com a retirada da água por meio de geo-drenos, visando acelerar os recalques em seis meses, nos quais o solo tem um recalque de cerca de 3 m. As áreas de aterro de sobrecarga foram utilizadas como para pátio de estocagem das estacas pré-moldadas do cais (Figura 14.109), aumentando a carga sobre a fundação para acelerar a drenagem, em especial no processo de expulsão da água. A movimentação de terra realizada nesta etapa foi de 2 milhões m^3. Após esta etapa o solo recalcado foi coberto com pedra rachão (Figura 14.110) para garantir mais resistência ao solo, observando-se que o solo ainda poderia sofrer recalques residuais, posteriormente.

As estacas de fundação da laje de alívio e do cais são de secção circular vazada, o que reduz o peso próprio para 800 kg/metro linear, com dimensões de 24, 48 e 52 metros de comprimento e 80 centímetros de diâmetro. Foram moldadas *in loco* em concreto protendido no canteiro da obra (Figuras 14.111 a 14.119), que ao atingir 20 MPa de resistência à compressão rompiam-se as cordoalhas, permitindo uma maior resistência para o transporte até a localidade de cravação, uma vez que seu içamento era feito inicialmente na horizontal por pórticos que retiravam as camisas metálicas das estacas que já atingiam 40 MPa de resistência. A protensão também foi usada para garantir resistência às estacas ao esforço de tracionamento em virtude do impacto na atracação dos navios.

Figura 14.107
Área de escavação do antigo lixão do Porto de Santos (SP).

Figura 14.108
(A) Galpão de quarentena para recepção e acondicionamento do solo contaminado.
(B) Instalações de lavagem dos veículos junto ao galpão de quarentena.

Figura 14.109
Vista de um dos aterros de sobrecarga.

Figura 14.110
Recobrimento do solo adensado com pedra rachão.

Figura 14.111
Vista geral da linha de fabricação das estacas no canteiro de obras.

Figura 14.112
Preparo das ferragens das armaduras das estacas.

Figura 14.113
Vista da central de concreto do canteiro de obras.

Figura 14.114
Disposição da camisa metálica concêntrica interna e montagem da armadura.

Figura 14.115
Cordoalhas de protensão do concreto.

Figura 14.116
Sequência das etapas de moldagem *in loco* das estacas, da direita
para a esquerda: encamisamento interno e colocação da armadura,
aplicação da forma externa para concretagem e aceleração da cura por
aquecimento com resistência elétrica, protensão e cura final para a cravação.

Figura 14.117
Concretagem da estaca.

Figura 14.118
Área de estocagem de pré-moldados.

Figura 14.119
Área de estocagem de pré-moldados em
finalização de cura.

Isolando a plataforma estaqueada do cais do aterro retroportuário, uma cortina de estacas-prancha associada a uma laje de alívio (Figuras 14.120 e 14.121) provê a contenção dos empuxos de terra.

A cravação das estacas no mar foi realizada com equipamento composto por uma torre de içamento metálica, capaz de levantar até 60 toneladas, instalada sobre uma barcaça fundeada no canal por oito âncoras (Figuras 14.122 e 14.123). Um sistema computadorizado garantiu o nivelamento da barcaça por ocasião da cravação, conjuntamente com posicionamento satelital GPS, que permitiu garantir que a estaca estivesse locada com precisão e rapidez, necessitando apenas de um ajuste fino do topógrafo. As estacas inclinadas foram cravadas com 1H:4V. A cota média de cravação foi de –40 metros (DHN) e não tiveram necessidade de execução de emendas. A Figura 14.124 apresenta a planta de formas da plataforma do cais, podendo-se observar nos alinhamentos A e E a correspondência com a localização dos trilhos dos portêineres.

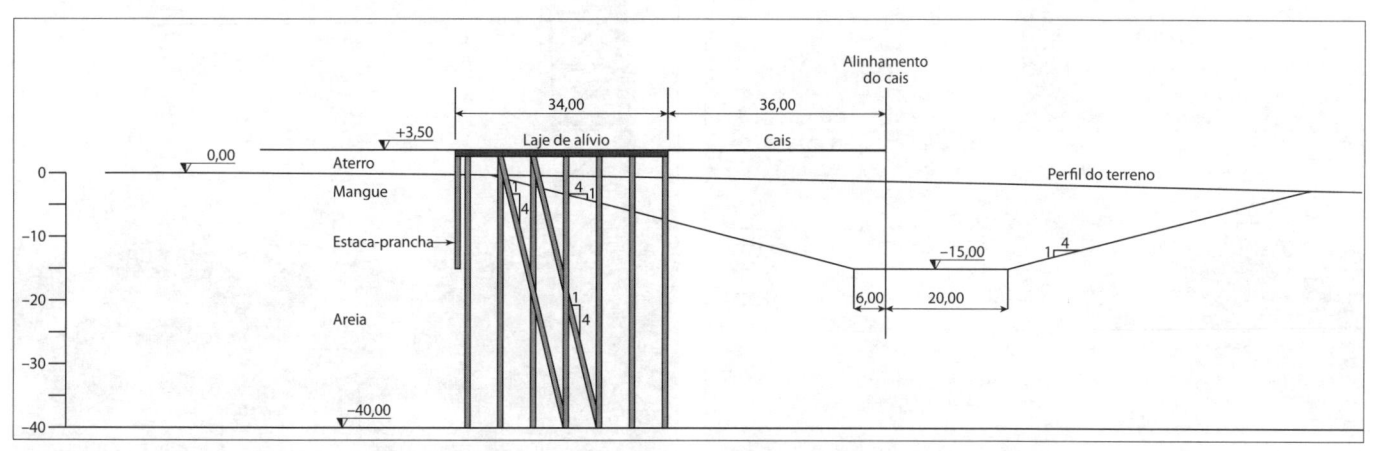

Figura 14.120
Elevação da seção transversal do cais berço de atracação.

Figura 14.121
(A) Estacas prancha cravadas para a contenção do aterro retroportuário.
(B) Escavação frontal ao estaqueamento de contenção do aterro para preparo da cota de cravação das estacas de fundação da plataforma do cais.

Figura 14.122
(A) Frente de cravação do estaqueamento da plataforma do cais.
(B) Equipamento flutuante de cravação das estacas.

Figura 14.123
Visualização panorâmica da etapa de cravação das estacas da plataforma
do cais e assentamento dos pré-moldados para composição da laje,
observando-se duas frentes de equipamentos de flutuante cravador e
guindaste de assentamento.

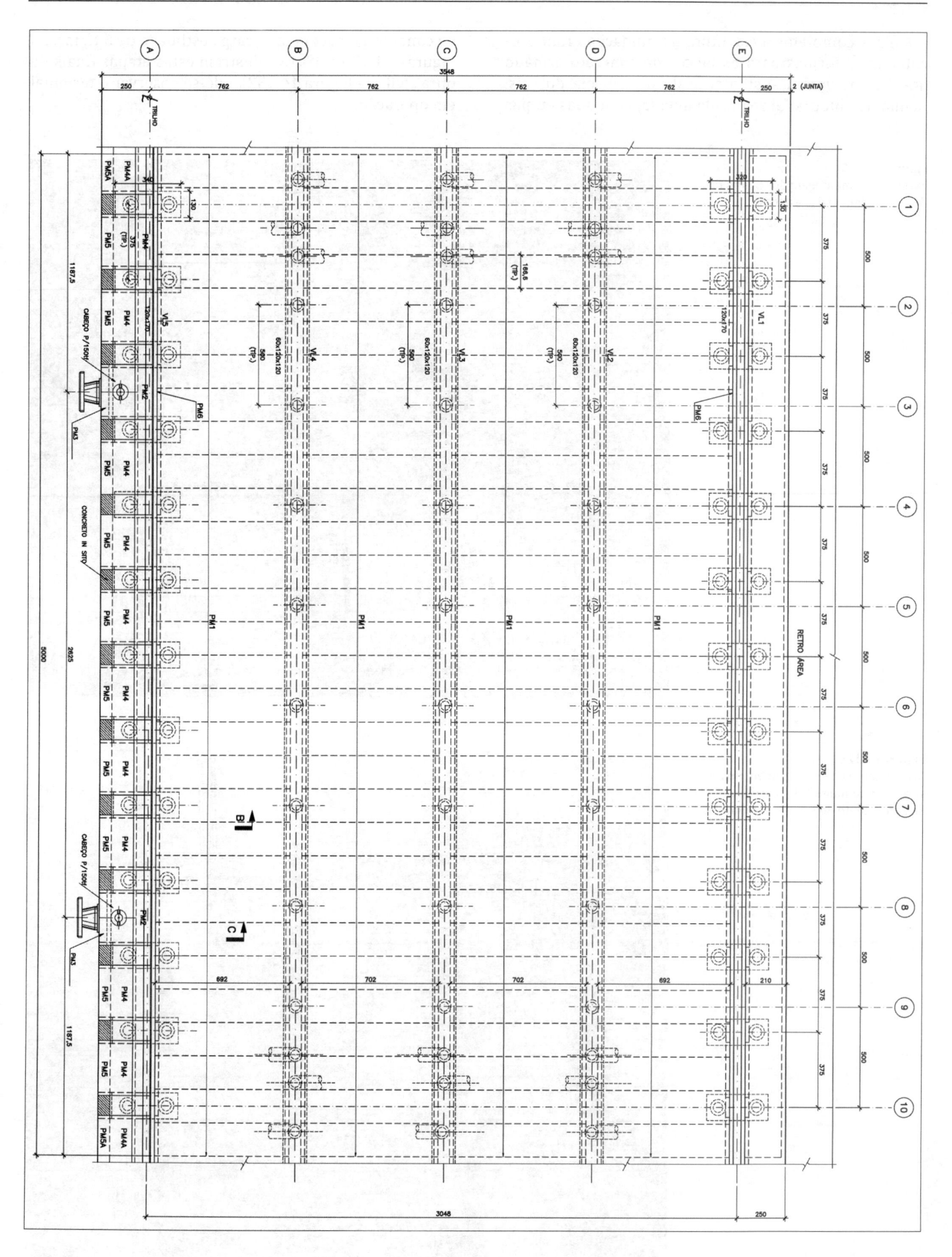

Figura 14.124
Planta de formas da plataforma do cais – Trecho típico.

Para completar a estrutura de fundação eram executadas as formas para os blocos de concreto armado que garantiriam a sustentação da plataforma do cais. Acima dos blocos foi realizada uma laje em duas etapas de concretagem, com uma carga estimada de 5 tf/m². As Figuras 14.125 a 14.131 ilustram estas etapas finais da obra civil. Na Figura 14.132 pode-se observar o terminal em operação.

Figura 14.125
Execução da montagem dos blocos de concreto armado das estacas.

Figura 14.126
Arrasamento do estaqueamento para sucessiva montagem do bloco de coroamento do estaqueamento.

Figura 14.127
Em primeiro plano a execução da montagem dos blocos de concreto armado do estaqueamento.

Figura 14.128
Marreca transportando caminhões betoneira para a frente de concretagem da obra.

Figura 14.129
Concretagem de primeira etapa da laje
da plataforma do cais.

Figura 14.130
(A) Cura química úmida de concretagem.
(B) Laje do cais curada. Em primeiro
plano a ranhura do trilho interno dos
portêineres e a junta com a laje de
alívio da retroárea.

Figura 14.131
Içamento de peças pré-moldadas para a plataforma do cais.

Figura 14.132
Terminal da BTP em operação, Santos (SP)
(A) Vista transversal à linha de atracação.
(B) Vista longitudinal à linha de atracação.

14.6 DESCRIÇÃO DE MÉTODOS CONSTRUTIVOS DE OBRAS EM PAREDE VERTICAL

14.6.1 Construção do Berço 1 do Porto da Alumar em São Luís (MA) (1981-1984)

A construção do Berço 1 do Porto da Alumar foi iniciada em 1981, sendo a infraestrutura do píer (ver Figura 14.1) constituída por:

- Plataforma com 264,70 m de comprimento e 19,60 m de largura.
- Ponte de acesso de 22,00 m e largura de 10,00 m.
- Um dolfim de amarração.
- Quatorze blocos para apoio das correias transportadoras.
- Plataforma para torre de transferência de 22,20 m × 34,45 m.
- Estrutura de apoio do pivô do carregador.

A instalação foi provida de um carregador de alumina com capacidade de 2.000 t/h e um descarregador de bauxita com capacidade de 1.500 t/h. Foi projetado para receber navios de até 70 mil tpb, com lâmina d'água de 13,00 m na baixa-mar mínima e 20,20 m na preamar máxima.

A peculiaridade da infraestrutura da plataforma é que foi composta por 9 caixões de concreto armado, com diâmetro externo de 18,10 m e altura total de 22,10 m. Os caixões foram assentados sobre um embasamento de pedra britada com cerca de 100 cm de espessura, ficando seu fundo na cota –15,50 m (DHN). A superestrutura compõe-se de vigas e lajes pré-moldadas em concreto armado, complementadas por concretagem *in loco*.

As demais estruturas são apoiadas na convencional solução em estacas com camisa metálica incorporada de diâmetro de 88 cm, tendo suas superestruturas moldadas *in loco*.

A grande variação da maré local, com máximas amplitudes anuais superiores a 6,0 m, aliada consequentemente a um intenso transporte de sedimentos, levou à opção da pré-fabricação de caixões de concreto armado em carreira construída no próprio local do canteiro, o que permitia o lançamento dos caixões nas preamares e seu reboque para o local do berço, quando eram assentados nas baixa-mares sobre o leito já previamente preparado.

A carreira foi executada com 45 m de largura e 170 m de comprimento. Um guindaste-grua situado em posição central em relação à carreira, central de concreto e central de armação, executou as movimentações de material para a construção da primeira fase dos caixões. Era dotada de três longarinas de concreto armado sobre as quais deslizava uma plataforma metálica, na qual era feita a primeira fase da pré-fabricação dos caixões. A plataforma apoiava-se sobre roletes e seu deslizamento era feito com auxílio de um guincho ancorado no trecho mais alto da carreira e ligado ao carro metálico por meio de cabos de aço.

Os caixões eram inicialmente pré-fabricados sobre a plataforma metálica utilizando-se formas deslizantes, sendo executada a sapata do caixão, com 0,65 m de altura e as paredes com 35 cm de espessura com altura total de 4,65 m. Após a concretagem da base era deixada a armação de arranque e montadas as formas deslizantes. Uma vez concluída a concretagem e cura desta primeira etapa, a operação seguinte consistia em deslizar a plataforma até o trecho mais baixo, fazendo com que o caixão flutuasse, desprendendo-se da plataforma de pré-fabricação. A seguir, aproveitando as correntes de maré, era imediatamente rebocado e ancorado junto à ponte de acesso ao píer, já então construída, onde prosseguia-se o deslizamento das formas e a concretagem até atingir a altura total de 22,10 m. Ao completar-se o deslizamento das formas, os caixões já se encontravam com um calado de cerca de 10 m e eram novamente rebocados para um local próximo ao berço, no qual ficavam provisoriamente estocados. Posteriormente, iam sendo retirados deste local, à medida que eram assentados em suas posições definitivas (Figura 14.133).

Como a intensidade do assoreamento na área de assentamento dos caixões chegava até 50 cm/dia, tornou-se necessário, antes de iniciar a operação de embasamento, colocar no fundo uma saia metálica de 26 m de diâmetro e 4 m de altura, concêntrica ao caixão que seria posteriormente assentado. Dentro dessa saia era feita uma nova dragagem para retirar o material sedimentado, e ela impedia a entrada de mais material, não somente enquanto era feita a dragagem, como também quando, posteriormente, se procedia à operação de embasamento. A saia era posicionada no fundo por guindaste flutuante. O dispositivo de dragagem consistia em um conjunto de braços articulados, o qual dragava à medida em que girava dentro da saia, atingindo todos os locais da superfície interna,

Figura 14.133
Caixões de concreto armado provisoriamente estocados antes do assentamento em suas locações definitivas.

sendo a boca de sucção provida de jatos d'água de alta pressão que auxiliavam na desagregação do material. A saia metálica era provida, em sua parte superior e ao longo de toda a sua periferia, de um sistema de tubos com orifícios no qual injetava-se ar comprimido, funcionando por todo o período na qual a saia estava submersa, criando uma superfície circular de bolhas de ar, a qual impedia a entrada de material em suspensão para dentro da superfície da saia.

Terminada a dragagem da cava de um caixão, era instalado o dispositivo de lançamento e nivelamento de brita.

O lançamento e nivelamento da camada de embasamento não foi possível de ser executado pela maneira convencional manual, empregando mergulhadores, pois em razão do grande refluxo de sedimentos oriundos da própria dragagem do cais e da bacia de evolução verificava-se assoreamento muito intenso. Assim, foi desenvolvido um sistema totalmente automatizado para distribuição da pedra britada e seu nivelamento, o qual não fosse prejudicado pela variação da maré e pela sedimentação. Tal equipamento constava fundamentalmente de uma estrutura metálica, composta por um tubo de queda, o qual se ramificava em tremonhas invertidas em sua base. O conjunto apoiava-se e girava em torno de uma estaca metálica provisoriamente cravada. Ao girar 360° em torno da estaca, as tremonhas invertidas geravam uma superfície plana circular na cota previamente escolhida. A pedra britada era lançada no tubo de queda e distribuía-se pelas tremonhas inferiores até enchê-las completamente. À medida que o conjunto começava a girar, a brita saía pelas tremonhas, cujas faces posteriores faziam uma varredura e criavam automaticamente, uma superfície de embasamento perfeitamente plana e nivelada. O tubo de queda era abastecido de pedra britada mediante uma correia transportadora apoiada em treliça metálica fixada na estaca provisória de apoio e na margem, aonde era abastecida por uma pá carregadeira. Normalmente, a operação de embasamento, uma vez iniciado o lançamento de brita, demorava 24 horas para cada caixão.

Após concluído o embasamento, o caixão era imediatamente assentado e retirada a saia metálica de proteção, repetindo-se a operação no caixão seguinte.

Como medida complementar, para eventuais inspeções no fundo e verificações nos trechos de embasamento já executados, foi construído um caixão pneumático em concreto armado, o qual permitia proceder-se a inspeções *in loco* dessas verificações, bem como a recomposição, se necessária, de qualquer trecho de embasamento que porventura ficasse fora da especificação de conformidade.

A operação sucessiva, de assentamento dos caixões era executada em duas etapas: posicionamento com dois guindastes em terra e com um guindaste flutuante e afundamento do caixão com a baixa-mar. Uma vez posicionado o caixão por meios topográficos, mantinha-se o mesmo em sua posição final com os três guindastes. O plano de assentamento era, então, executado de modo que o caixão assentasse no embasamento exatamente na baixa-mar, quando iniciava-se o seu lastreamento com água para anular sua flutuabilidade na enchente seguinte. Este procedimento de assentamento apresenta a vantagem de que, na hipótese do caixão ficar posicionado fora das tolerâncias mínimas, a operação possa ser repetida bombeando-se água para fora do caixão, de modo a reflutuá-lo, repetindo-se, então, a operação de assentamento. Uma vez finalizado o enchimento com água, a saia metálica era retirada.

Finalmente, o caixão era enchido com material laterítico, a partir de terra com emprego de correia transportadora. Após ser colocado um volume de argila suficiente para que o caixão ficasse estável, a água era retirada do interior, prosseguindo-se com o enchimento.

A superestrutura dos caixões iniciava-se com a execução da primeira laje, apoiada nas paredes do caixão, sobre a qual eram concretadas vigas de reforço e outras estruturas de apoio. Entre as vigas internas eram apoiadas vigas pré-moldadas. A transição dos caixões circulares para a superestrutura retangular originou vigas que se projetavam externamente aos caixões, em balanços que chegaram a 6 m. Assim, foi necessário projetar e construir um conjunto de treliças metálicas de escoramento, que eram deslocadas de um caixão para outro. Os vão entre os caixões eram vencidos por vigas pré-moldadas de concreto armado montadas por

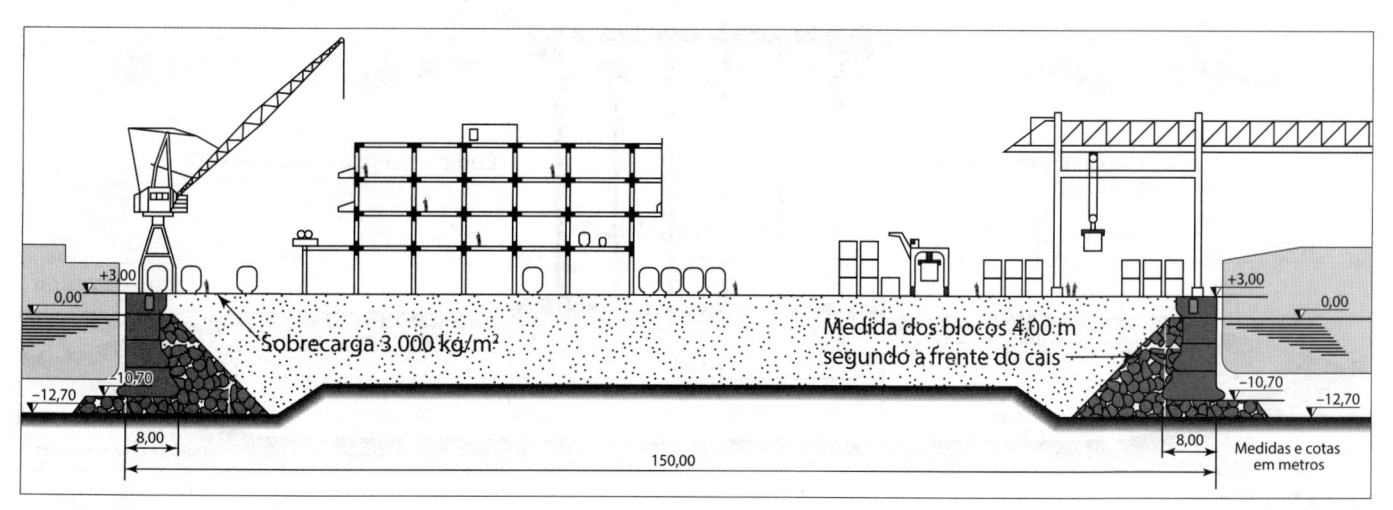

Figura 14.134
Elevação da seção transversal do Píer Libia, primeiro para a atracação de navios contenêiros no Mar Mediterrâneo em 1969, Porto de Genova (Itália).

um guindaste de 100 t a partir do caixão imediatamente anterior, já concluído.

Os principais quantitativos da obra foram:
- Concreto: 18.054 m³
- Enchimento de argila dos caixões: 45.527 m³
- Lastro de brita do embasamento: 8.272 m³
- Rip-rap de proteção de taludes: 26.991 m³
- Manta geotêxtil: 21.713 m²
- Cravação de camisa metálica de 88 cm: 1.389 m
- Perfuração do estaqueamento: 1.189 m
- Dragagem: 250.000 m³
- Cortinas de estacas prancha metálicas: 1.162 m
- Colchão de concreto para proteção de taludes: 11.173 m³

14.6.2 Construção dos cinco salientes da Bacia Portuária de Sampierdarena no Porto de Genova (Itália) (1930-1937)

Cinco mil metros de cais distribuídos nos salientes, ou píeres, Etiopia, Eritrea, Somalia, Libia e Canepa na Bacia Portuária de Sampierdarena no Porto de Genova (ver Figura 13.20) (Itália) cada um com comprimento de 400 m e cerca de 80 ha de dársenas, 75 ha de pátios totalmente ganhos ao mar, foram construídos entre 1930 e 1937.

Os muros dos cais são do tipo muralhas de blocos maciços sobrepostos em fundos na cota –12 m a –12,7 m. O Píer Libia foi o primeiro no Mar Mediterrâneo para acostagem de navios contenêiros (Figura 14.134).

14.6.3 Construção do píer para atracação de navios carvoeiros e petroleiros de porte bruto até 60 mil tpb no Porto de La Spezia (Itália) (1960-1962 e 1969-1971)

Em duas etapas, entre 1960 e 1962 e entre 1969 e 1971, o píer para atracação de navios carvoeiros e petroleiros do Porto de La Spezia (Itália) foi construído com infraestrutura constituída por 9 grandes caixões de concreto armado (Figura 14.135). Particularmente cuidado foi o embasamento, em virtude da reduzida capacidade de suporte do subsolo argiloso e siltoso, o que conduziu ao alargamento da base do caixão e à substituição das camadas superficiais do sedimento, que foram substituídos por uma ampla sub-fundação em leitos de areia, tot e empedramento.

14.6.4 Construção de cais no Porto de Pasajes (Espanha) (1955-1959)

Um conjunto de cais de 1.134 m de comprimento foi construído entre 1955 e 1959 no Porto de Pasajes (Espanha) (Figura 14.136), em que fortes oscilações de maré e fortes sobrecargas sobre o terreno formado por depósitos lamosos de fraca capacidade de suporte condicionaram a solução estrutural. Conforme ilustrado na Figura 14.137, o cais foi concebido em muro aliviado. Para assegurar a estabilidade de conjunto da obra, foram removidas as camadas superficiais do terreno, regenerando-os com leito de areia de largura variável, de acordo com a profundidade do substrato rochoso e com os requisitos de estabilidade. A infraestrutura é formada por 65 caixões celulares em concreto armado, os quais têm as células mais ao largo sem lastro (vazias), de modo a reduzir a pressão sobre o solo. Para a pré-fabricação

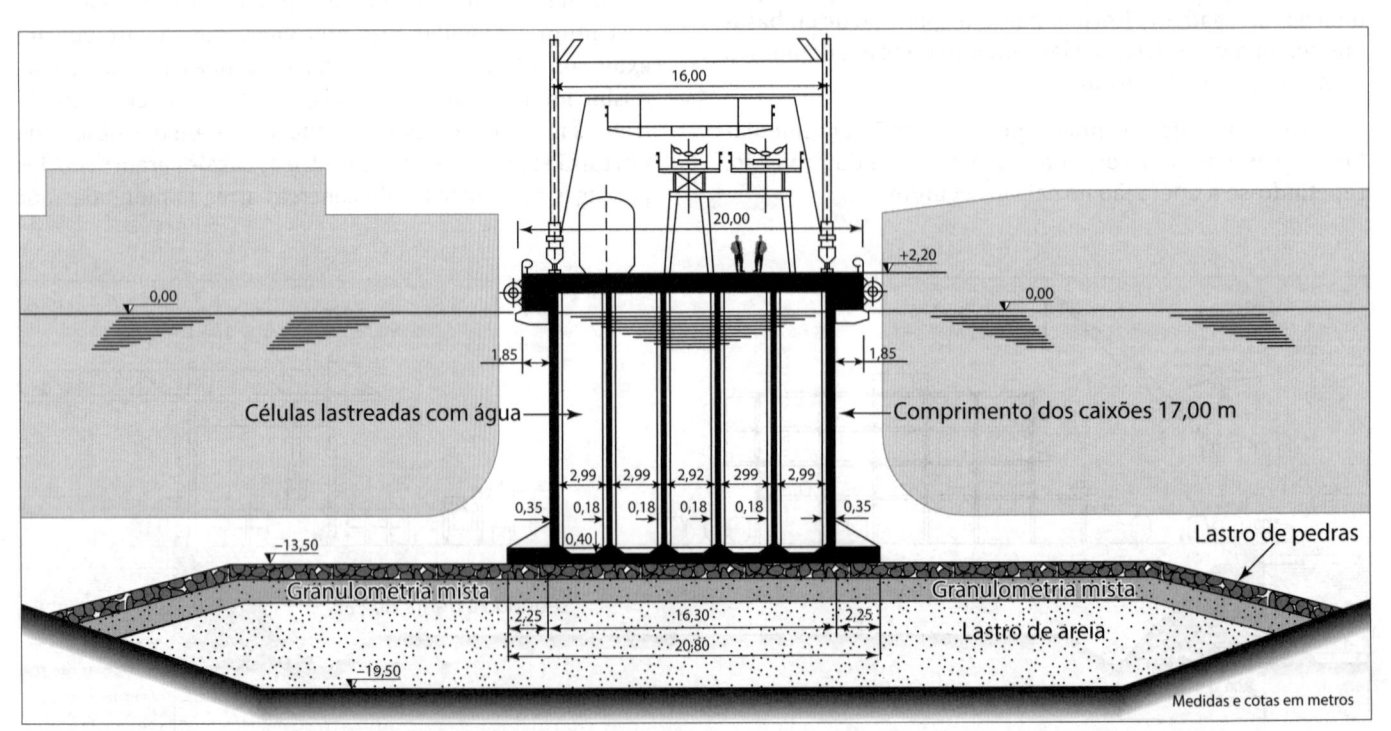

Figura 14.135
Elevação da seção transversal do píer para atracação de navios carvoeiros e petroleiros no Porto de La Spezia (Itália), no Mar Tirreno.

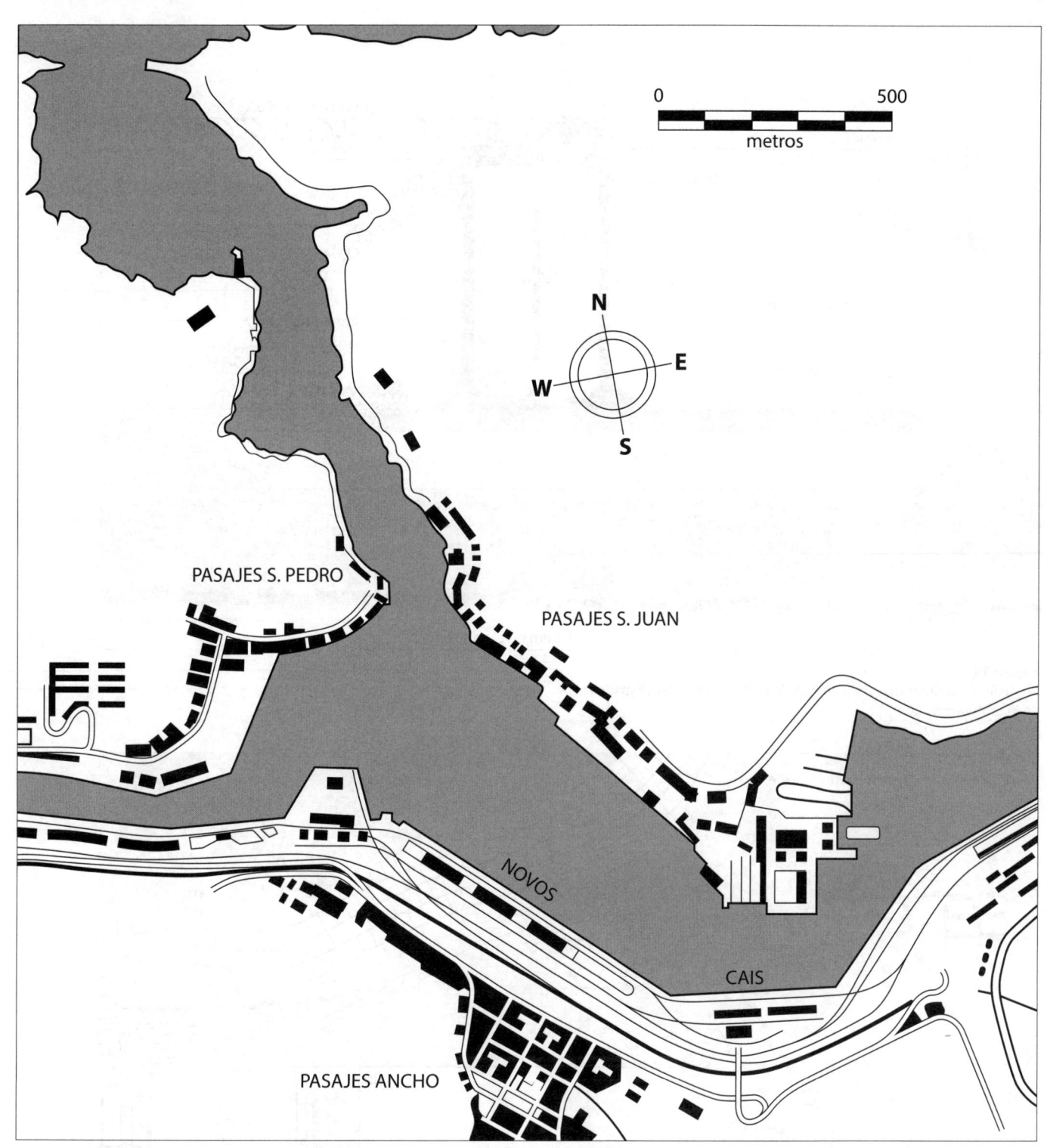

Figura 14.136
Planimetria do Porto de Pasajes (Espanha), no Mar Mediterrâneo.

dos caixões foi empregado um canteiro fixo com duas plataformas suspensas.

14.6.5 Construção de cais no Porto de Barcelona (Espanha) (1965-1969)

Entre 1965 e 1969 foram construídos no Porto de Barcelona (Espanha) (Figura 14.138) dois cais, com 1.350 m de comprimento, compostos por 60 caixões celulares de concreto armado, correspondendo a 7 ha de pátios. Um cais situava-se no tardoz do quebra-mar externo e o outro do lado externo do cais de sotamar. A infraestrutura foi constituída pelos caixões celulares em concreto armado, com as células mais ao largo preenchidas de concreto e as demais com areia (Figura 14.139). Os caixões foram pré-fabricados em canteiro do tipo plataforma suspensa, instalado do lado interno do quebra-mar e que foi sucessivamente desmontado.

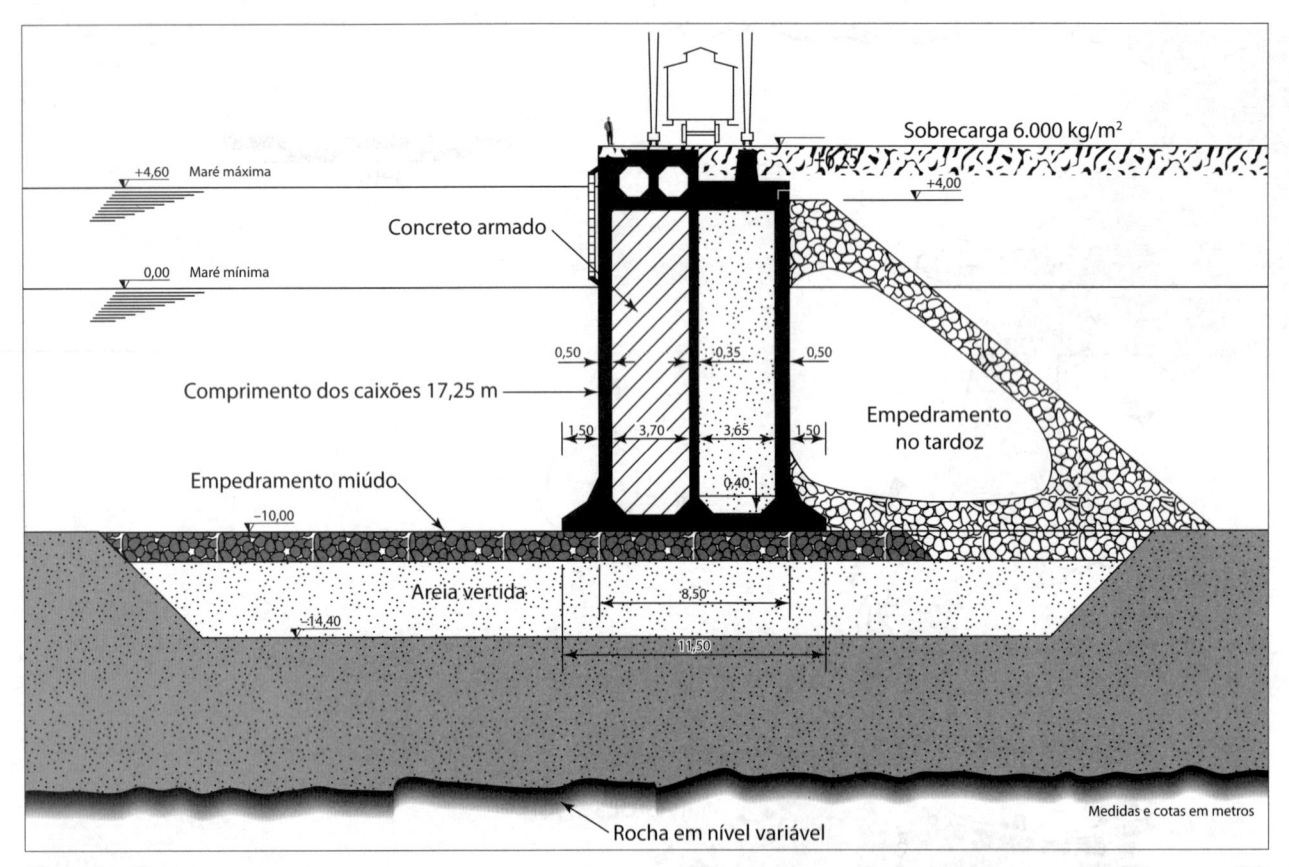

Figura 14.137
Elevação da seção transversal do cais do Porto de Passajes (Espanha),
no Mar Mediterrâneo.

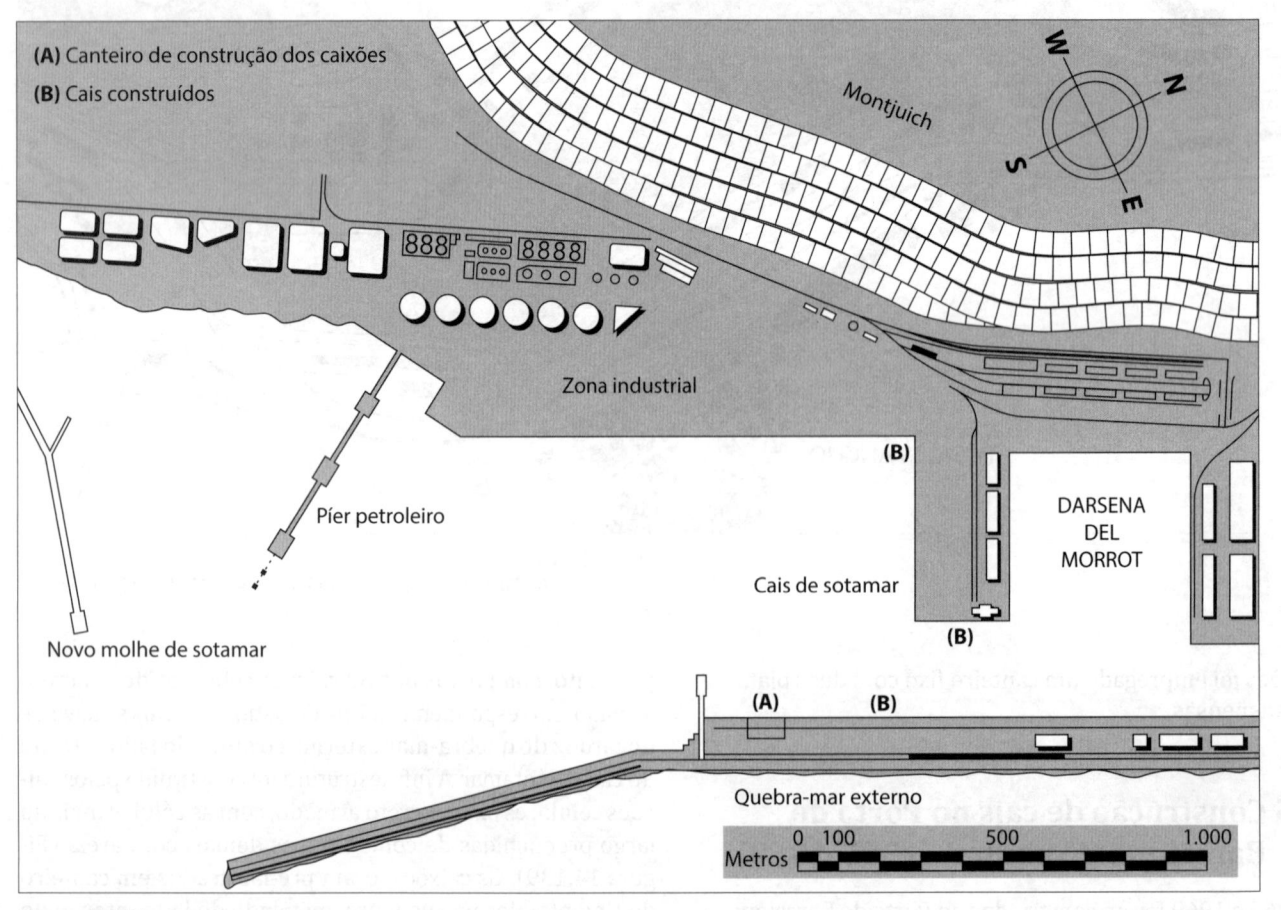

Figura 14.138
Planimetria do Porto de Barcelona (Espanha), no Mar Mediterrâneo.

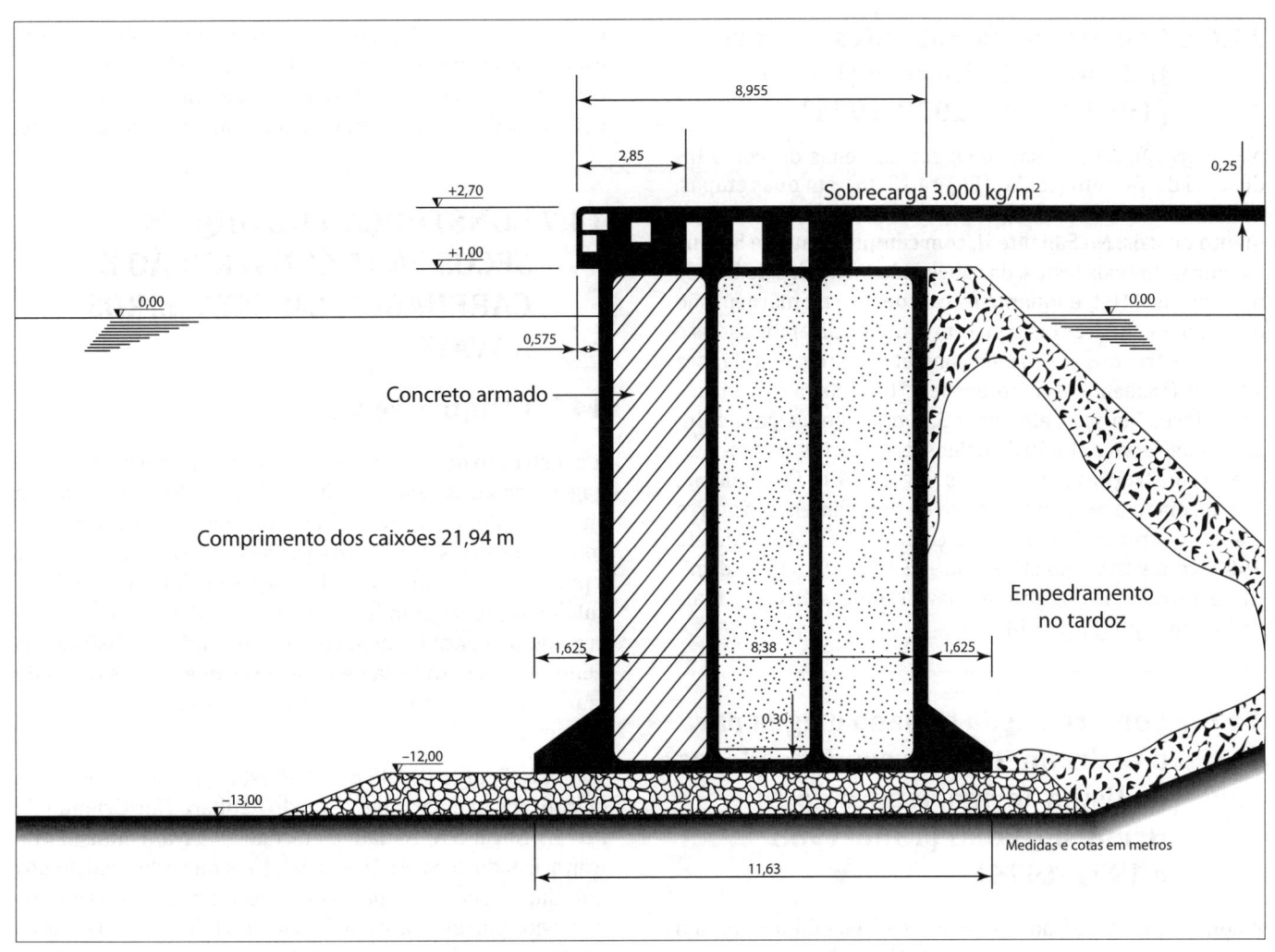

Figura 14.139
Elevação da seção transversal dos cais do Porto de Barcelona (Espanha) no Mar Mediterrâneo.

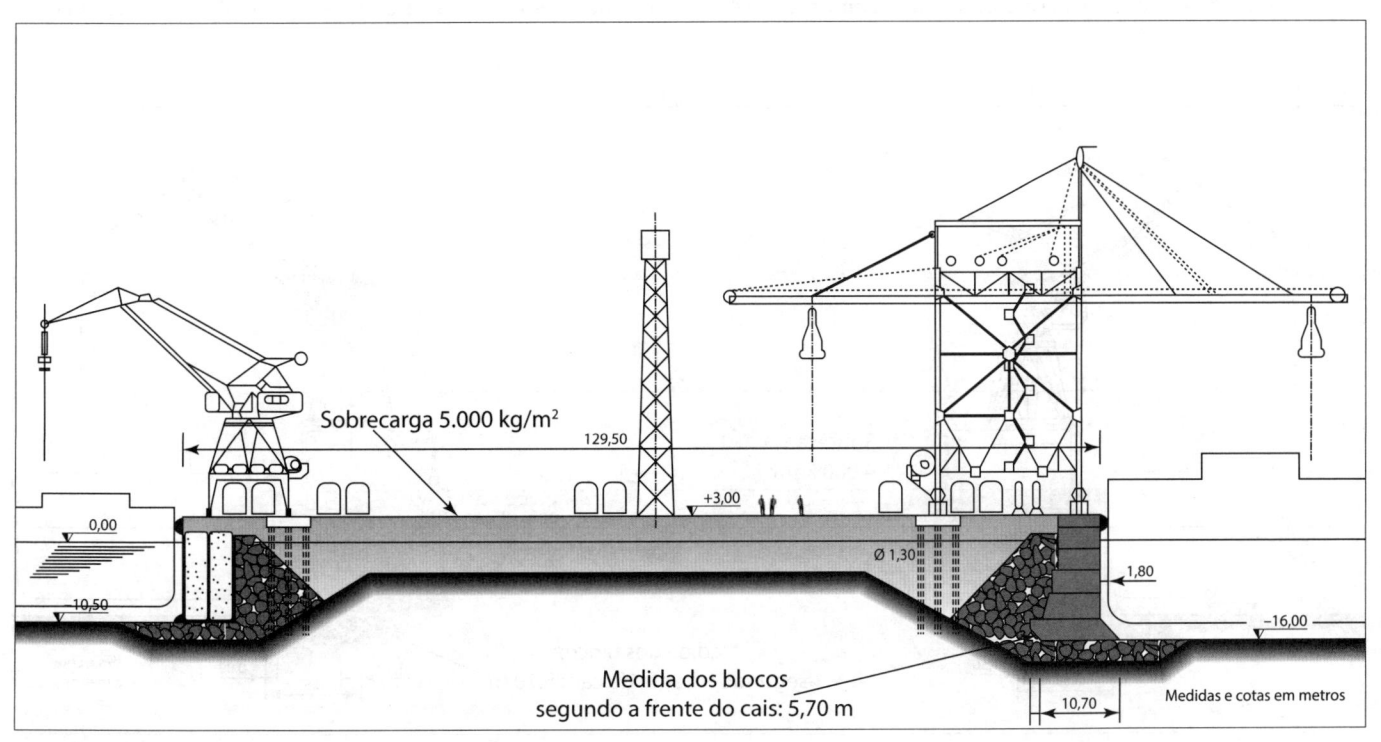

Figura 14.140
Elevação da seção transversal do Segundo Píer do Porto Industrial de Taranto (Itália), no Golfo de Taranto no Mar Jônio.

14.6.6 Construção de salientes no Porto Industrial de Taranto (Itália) (1962-1964 e 1970-1974)

A construção de três salientes das dársenas do Porto Industrial de Taranto (Itália) (Figura 13.35), em duas etapas, 1962 a 1964 e 1970 a 1974, ampliou em 4.000 m o comprimento do cais. No Saliente II, com comprimento de 550 m, os muros dos cais leste e da cabeça são formados de blocos maciços de 410 t, enquanto os cais oeste e na margem são de caixões celulares em concreto armado, pré-fabricados e depois lastreados *in situ* com concreto e agregados (Figura 14.140). O Saliente III compreende 1.700 m de cais, formados com blocos maciços, aterros, 1.350 m de linhas para guindastes de serviço, 4.000 de trilhos ferroviários, pavimentações e construções operacionais (Figura 14.141). O Saliente IV é formado a oeste por maciço de enrocamento, o aterro e a infraestrutura do cais leste com blocos maciços de até 450 t, com escavação até a cota −25 m da dársena, permitindo a atracação dos grandes navios mineraleiros, de mais de 300 mil tpb (Figura 14.142).

14.6.7 Construção da tomada d'água para o resfriamento dos condensadores da Usina Termoelétrica de Brindisi (Itália) (1966-1968 e 1972-1975)

A construção da tomada de 40 m³/s d'água do mar para o resfriamento dos condensadores da Usina Termoelétrica de Brindisi (Itália) (Figura 14.143) foi realizada em terra com dois grandes caixões em concreto armado medindo em planta $27,2 \times 27,4 \text{ m}^2$, com fundação realizada em ar comprimido e que constituem o salão das bombas (Figura 14.144). A bacia de carga é obtida no mar com um dique em caixões celulares em concreto armado, lastreados com areia e concreto e protegido pelo canal de tranquilização e quebra-mar externo de talude.

14.7 CONSTRUÇÃO DE DIQUES SECOS PARA CONSTRUÇÃO E CARENAGEM EM ESTALEIROS NAVAIS

14.7.1 Diques secos

A construção de diques secos para construção e para carenagem (reparos) em estaleiros navais estão entre as obras civis de maior envergadura, exigindo os melhores recursos contemporâneos de projeto e execução. Assim, pode-se citar a pré-fabricação, em fase de flutuação, do dique por meio da solidarização de grandes monólitos celulares em concreto armado protendido; bem como a aplicação de diafragmas bentoníticos para isolamento e ensecamento das zonas de mar para poder executar as estruturas dos diques totalmente a seco.

Nas Figuras 14.145 e 14.146 estão apresentadas vistas de concepção do arranjo geral do Astillero Nor Oriental da PDVSA Naval S.A, Astialba, em Punta Playa, Península de Araya, Estado de Sucre (Venezuela), em que estão concluídos dois diques secos, um para construção e outro para reparos de navios petroleiros e conversão de VLCC em FPSO. A área náutica do estaleiro foi projetada para ser abrigada por dois molhes, que confinam a bacia portuária com píeres e cais para acabamento e cais para recebimento de materiais. A construção ficou em parte a cargo da empresa Andrade Gutierrez.

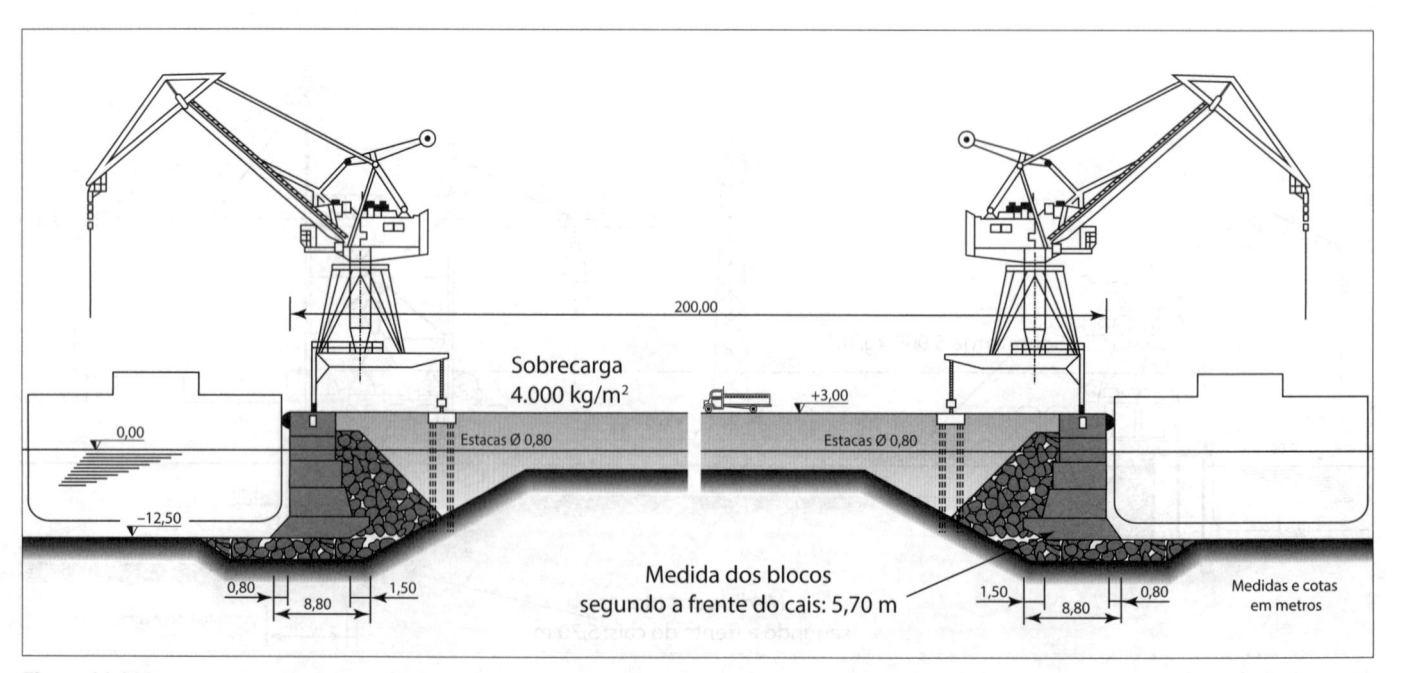

Figura 14.141
Elevação da seção transversal do Terceiro Píer do Porto Industrial de Taranto (Itália), no Golfo de Taranto no Mar Jônio.

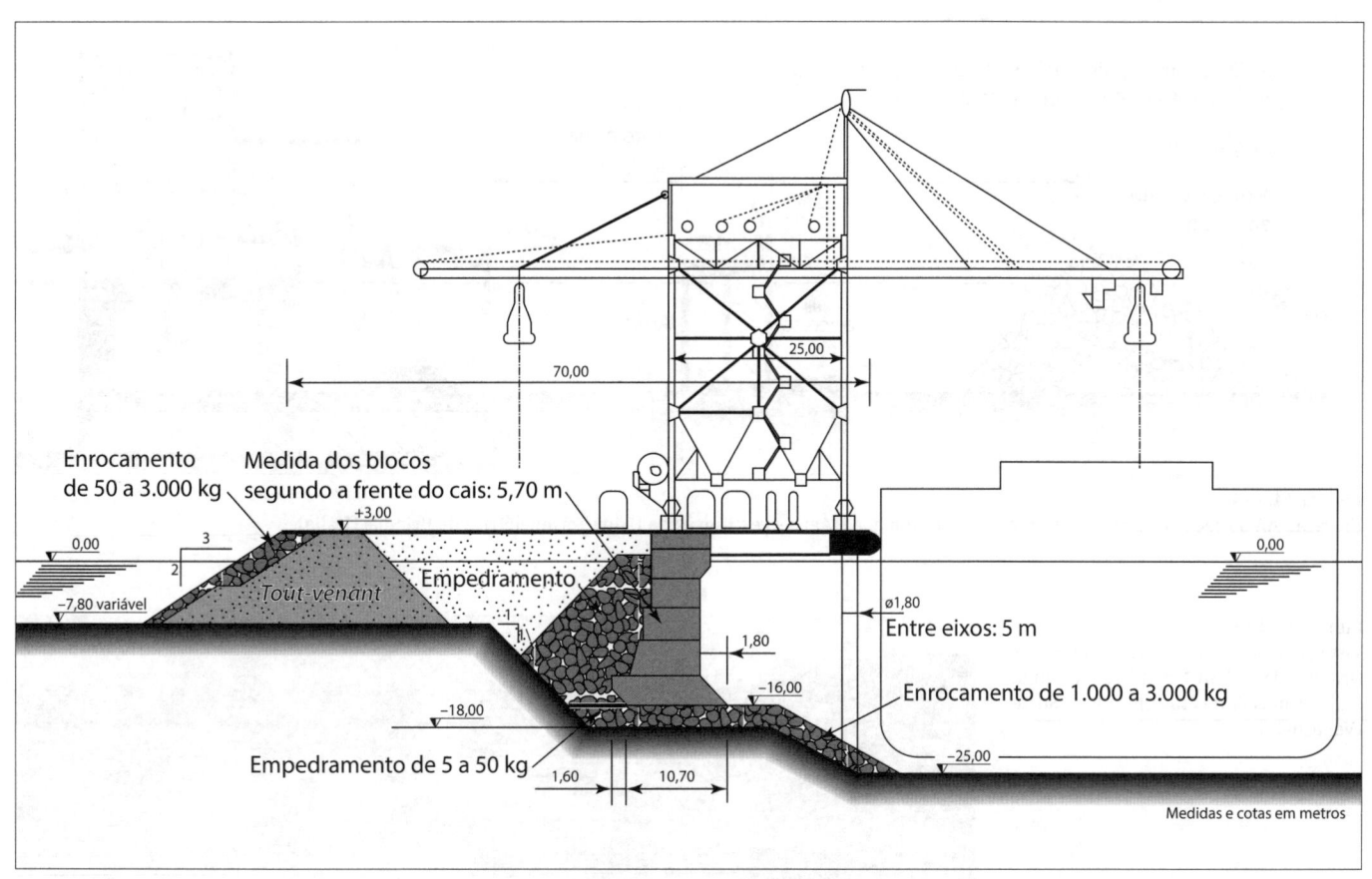

Figura 14.142
Elevação da seção transversal do Quarto Píer do Porto Industrial de
Taranto (Itália), no Golfo de Taranto no Mar Jônio.

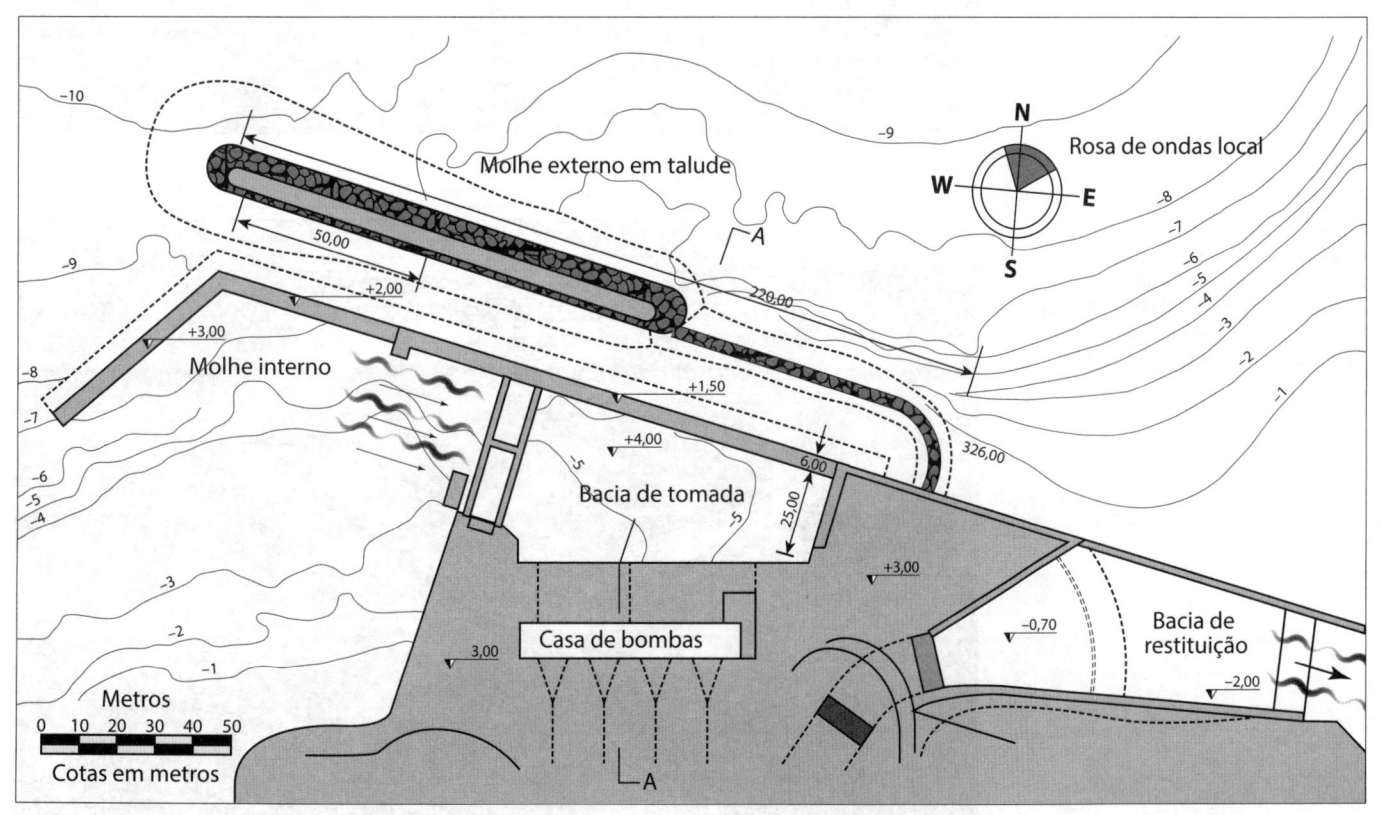

Figura 14.143
Planimetria da instalação de tomada d'água e restituição da
Usina Termoelétrica de Brindisi (Itália), no Mar Adriático.

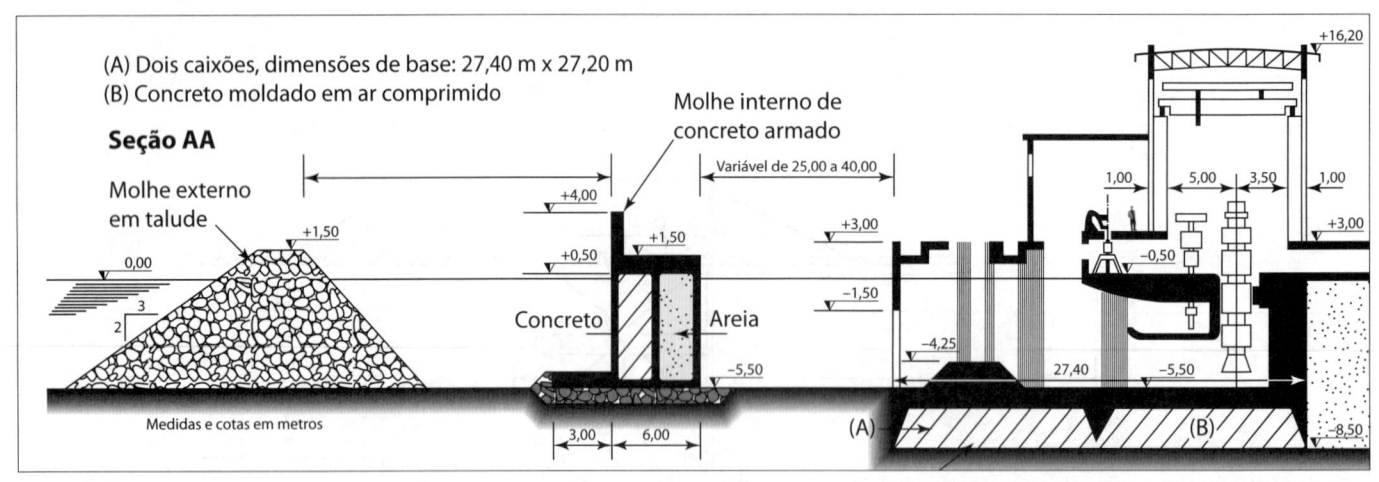

Figura 14.144
Elevação AA da seção transversal da instalação de Tomada D'Água e restituição da Usina Termoelétrica de Brindisi (Itália).

Figura 14.145
Vista geral de concepção do Astillero Nor Oriental da PDVSA Naval S.A. em Punta Playa, Península de Araya, Estado de Sucre (Venezuela).

Figura 14.146
Concepção dos diques secos de construção e reparação naval do Astillero Nor Oriental da PDVSA Naval S.A. em Punta Playa, Península de Araya, Estado de Sucre (Venezuela).

Na Figura 14.147 evidencia-se esquematicamente a distribuição de pressões hidrostáticas e de empuxos de terras sobre uma estrutura de um dique seco. O peso próprio do dique seco deve ser pelo menos 1,05 vezes a força ascencional. Para aliviar as pressões dispõe-se das alternativas de alívio parcial, total ou sem alívio das pressões de empuxo. Para as soluções com alívio, cortinas diafragma *cut-off* isolam o *radier* ou todo o dique, enquanto o peso próprio adequado e/ou sistemas de ancoragem sustentam a estabilidade na solução sem alívio. Estruturalmente, as soluções com alívio reduzem a espessura do *radier* e dos muros de ala, enquanto excelentes condições de solo são necessárias para a solução sem alívio. Em termos de manutenção, as soluções com alívio exigem sistema de bombeamento. Economicamente, a solução com alívio parcial é a mais bem balanceada, pela redução do custo do *radier* e menor bombeamento do que na solução de alívio total.

Nestas instalações, o casco das embarcações é escorado lateralmente por pontaletes e pela quilha pelo empilhamento do picadeiro. Nesse sentido, torna-se necessário dimensionar a altura do dique seco, tendo em vista as dimensões dos navios que serão construídos, reparados ou adaptados. No caso do estaleiro Astialba, como exemplo tem-se:

- Dique de construção de embarcação nova
  - Navios petroleiros a serem construídos no dique (comprimento total, boca e pontal):
    VLCC de 300.000 tpb (339 m × 60 m × 30,5 m) Calado leve: 3,44 m
    SUEZMAX de 150.000 tpb (275 m × 48 m × 23,7 m) Calado leve: 2,79 m
    Aframax de 100.000 tpb (231 m × 38 m × 23 m) Calado leve: 2,47 m

- Calado de flutuação, sem *trim*, no lançamento com lastro:
  VLCC: 4,20 m
  SUEZMAX: 3,30 m
  Aframax: 3,00 m

A altura necessária do dique seco para saída do VLCC, que é a embarcação mais crítica, considerando altura do picadeiro de 1,80 m, folga líquida sob a quilha de 1,00 m e 0,50 m para outros afundamentos, como banda, resulta em 7,50 m. A altura final recomendada para o dique é de 8,00 m no nível da maré nula

- Dique de reparo
  - Navios petroleiros a serem docados para reparo ou conversão:
    VLCC
    Conversão de VLCC para FPSO
    SUEZMAX
    AFRAMAX
  - Os calados críticos são para VLCC com avaria e a conversão de uma FPSO:
    VLCC (sem avaria): 4,20 metros
    VLCC (com avaria): 7,00 m (estimado)
    Conversão de VLCC para unidade FPSO: 7,00 m
  - A altura necessária do dique seco para saída ou entrada no dique de reparo são as mesmas anteriormente dimensionadas para a construção, acrescentando-se o apêndice no fundo da quilha da FPSO, que foi estimada em 1,50 m. Assim, a altura necessária para o dique é de 11,80 m, correspondendo a uma altura final recomendada de 12,00 m no nível da maré nula.

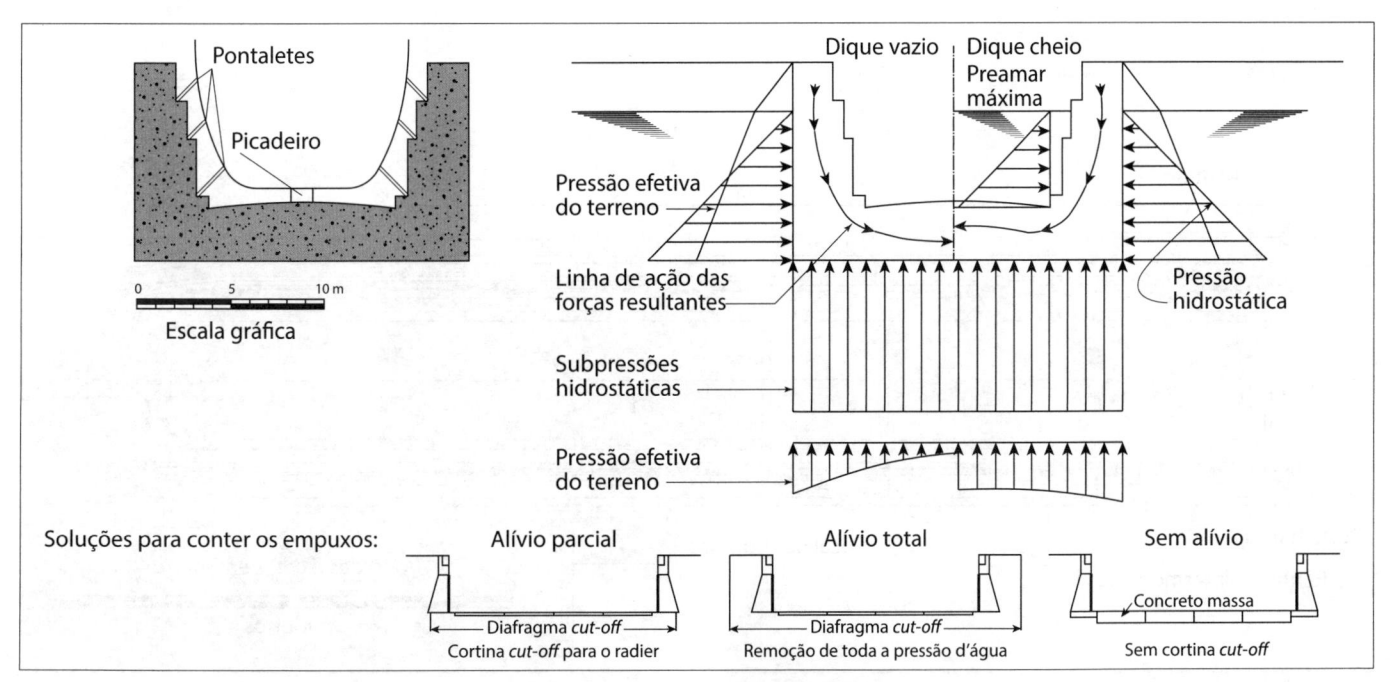

Figura 14.147
Seção clássica de dique seco e distribuição de pressões hidrostáticas e empuxos de terras sobre a estrutura.

14.7.2 Exemplos de obras de diques secos

14.7.2.1 CONSTRUÇÃO DO DIQUE SECO PARA CARENAGEM N.º 4 NO PORTO DE GENOVA (ITÁLIA) (1935-1939)

O dique seco para carenagem n.º 4 no Porto de Genova (Itália) foi construído entre os anos 1935 e 1939 (Figuras 14.148 e 14.149). Seus muros de ala, aos flancos, foram formados em mar com grandes caixões celulares em concreto armado, trazidos flutuando ao local e assentados sobre o leito rochoso, muito corrugado, previamente aflorado e preparado com dragagem. Os caixões eram dotados de câmara de trabalho e foram afundados no leito rochoso mediante escavação de 45 mil m^3 em ar comprimido até alcançar a rocha compacta, em cotas variáveis de –20 a –30 m. As câmaras de trabalho e as células do corpo dos caixões foram, então, enchidas de concreto. Uma vez executados os muros de ala, as cabeças e as guias para a porta-barcaça tornou-se possível o ensecamento da zona de *radier* e, portanto, a construção do mesmo a céu aberto. A casa de bombas foi convenientemente instalada em um caixão de concreto armado colocado ao lado do dique seco e depois completado. As dimensões do dique seco são: comprimento total de 278,25 m, largura interna de 40,00 m e cota do *radier* no eixo longitudinal de –14,25 m.

14.7.2.2 CONSTRUÇÃO DO DIQUE SECO PARA CARENAGEM N.º 5 NO PORTO DE GENOVA (ITÁLIA) (1958-1962)

O dique seco para carenagem n.º 5 no Porto de Genova (Itália) foi construído entre os anos 1958 e 1962 (Figuras 14.150 e 14.151). A metodologia construtiva foi condicionada por dois aspectos: a zona portuária prevista para a construção era de intenso tráfego, impedindo interdições provisórias para a construção, e o fundo rochoso era muito fraturado, não idôneo à ancoragem por tirantes, situando-se em cotas muito variáveis. Assim, lançou-se mão de uma obra celular especial, pré-fabricada totalmente em fase de flutuação em outra posição do porto, transportada *in situ* e, posteriormente, afundada com água, sendo finalmente lastreada com areia até estar estável por gravidade sobre o leito de assentamento elástico, nivelado por uma superfície de mais de 16 mil m^2. Este lastro de nivelamento para o assentamento foi formado vertendo areia marinha, coberta por pedrisco, seja desmontando a rocha de fundo, nos locais em que situava-se em cota muito elevada, seja removendo o recobrimento de terreno silto-arenoso, substituído por concretagem submersa vertida na zona de rocha mais profunda. O grande monólito, de comprimento total de 260,50 m, largo 52,00 m (internamente 38,00 m) e com deslocamento provisório de 140 mil t, elevado a 220 mil t na fase de assentamento, foi realizado com solidarização por protensão longitudinal em bainhas embutidas nos 15 caixões celulares pré-fabricados, com dimensões planimétricas de 52,00 × 17,40 m, no canteiro mostrado na Figura 12.18 em grande plataforma específica para tanto. É de se ressaltar que as câmaras de junção entre caixões contíguos foram particularmente estudadas para consentir a perfeita acostagem dos grandes elementos flutuantes e a acurada execução a seco das estruturas de união. A protensão agente também no sentido transversal ao dique requereu 9.800 cabos. O acabamento em fase de flutuação e com solidarização dos elementos, para sucessivo assentamento sobre o embasamento elástico completaram a construção, em que a cota do fundo do dique situa-se a –10,50 m.

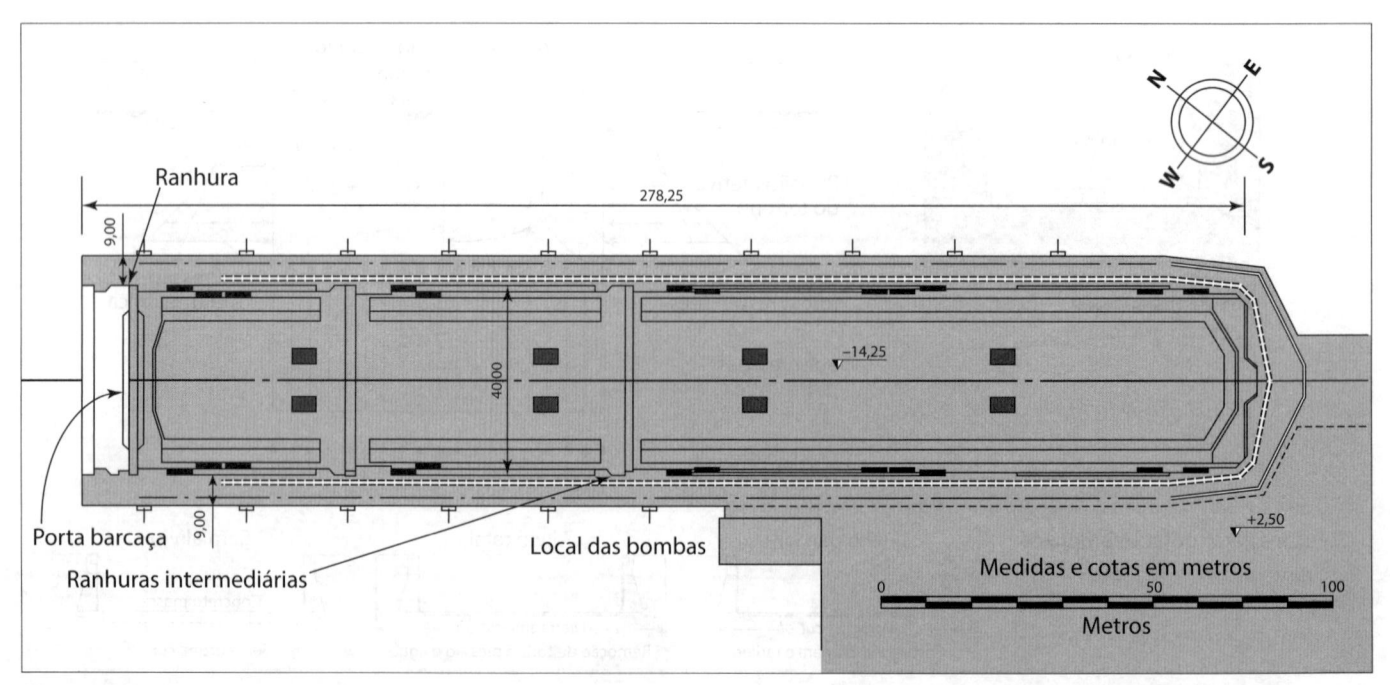

Figura 14.148
Planimetria do dique seco nº 4 do Porto de Genova (Itália), no Mar Tirreno.

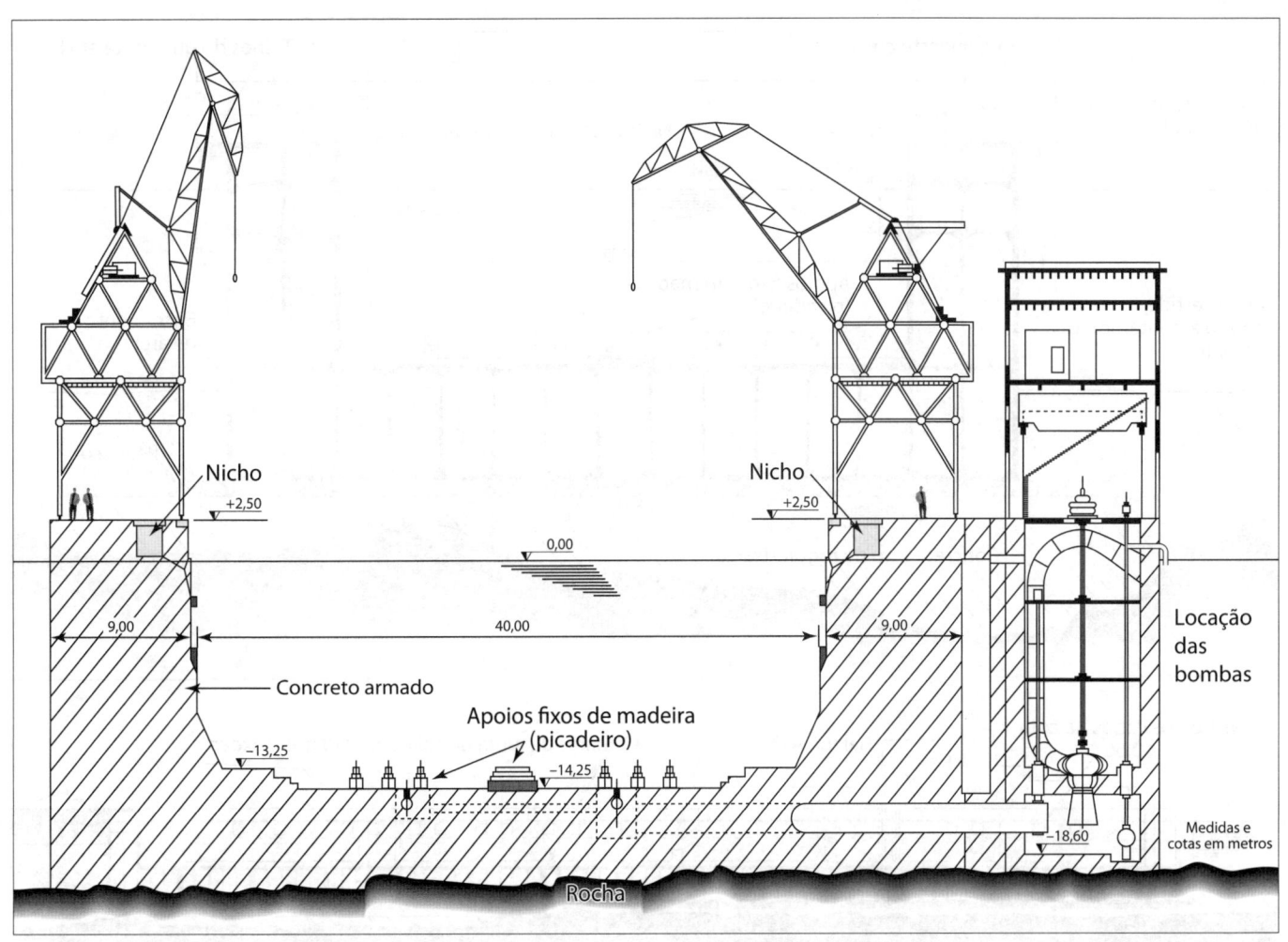

Figura 14.149
Elevação da seção transversal do dique seco nº 4 do Porto de Genova (Itália), no Mar Tirreno.

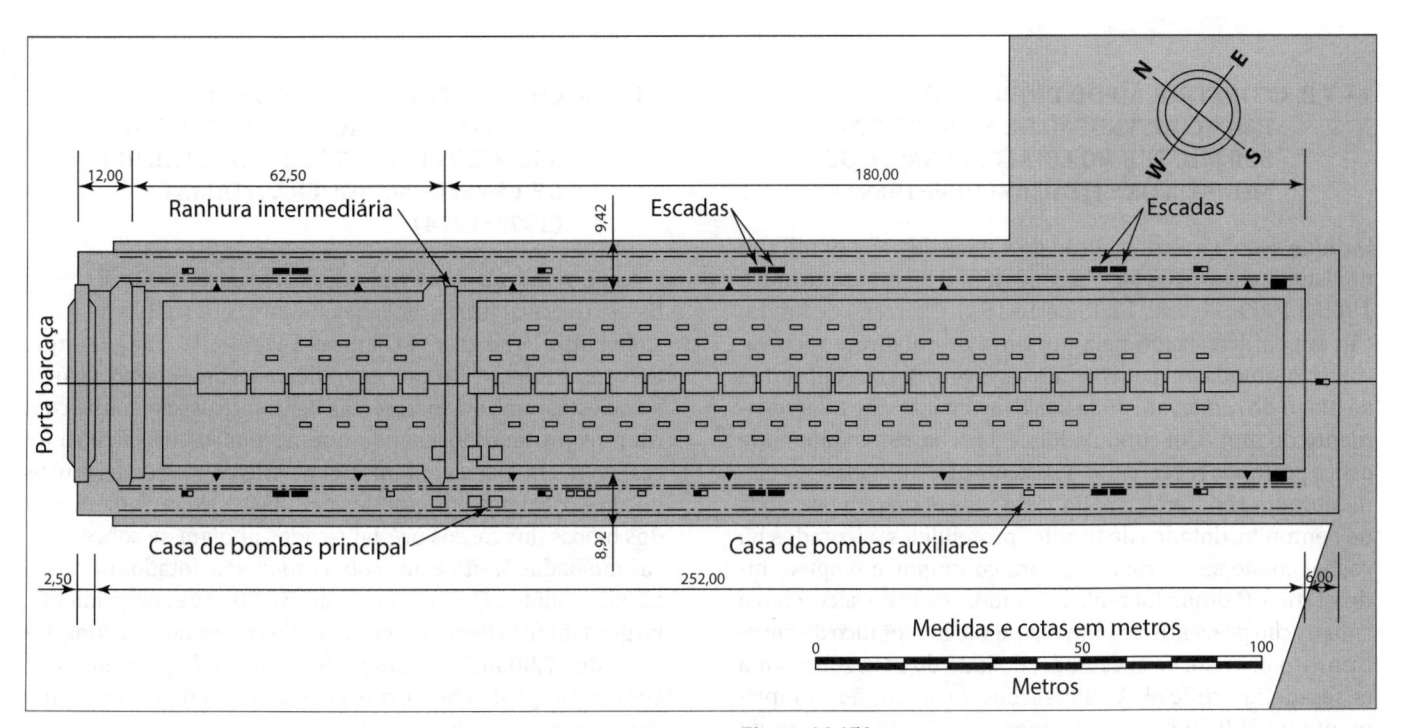

Figura 14.150
Planimetria do dique seco nº 5 do Porto de Genova (Itália), no Mar Tirreno.

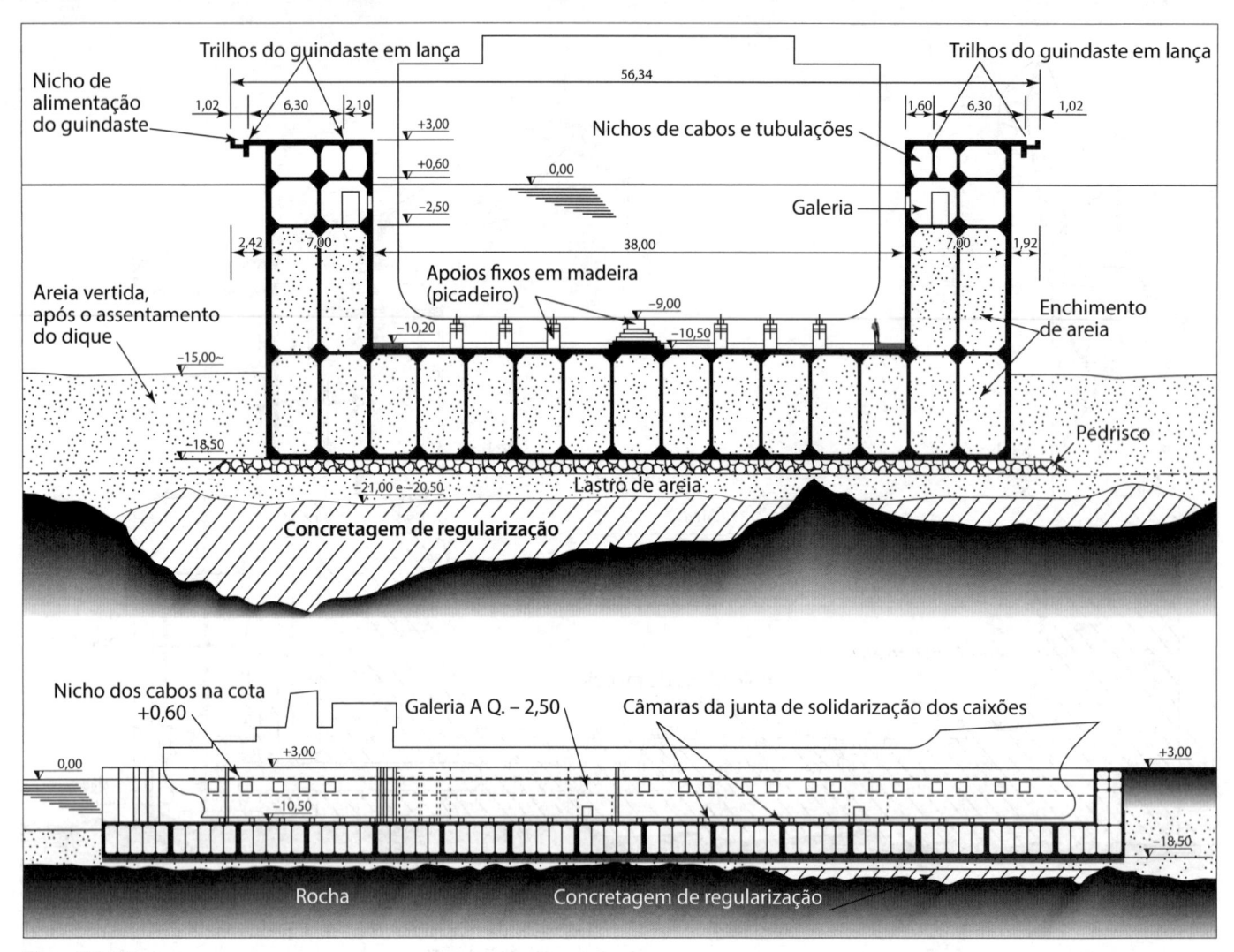

Figura 14.151
Elevações da seção transversal e longitudinal do dique seco nº 5 do Porto de Genova (Itália), no Mar Tirreno.

14.7.2.3 CONSTRUÇÃO DO DIQUE SECO PARA CONSTRUÇÃO DE NAVIOS DE ATÉ 320 MIL TPB NO ESTALEIRO NAVAL DE MONFALCONE (ITÁLIA) (1965-1969)

O dique seco para construção de navios de até 320 mil tpb no Estaleiro Naval de Monfalcone (Itália) foi realizado entre 1965 e 1969 (Figuras 14.152 e 14.153). O terreno de fundação era caracterizado pela presença de substrato rochoso calcário situado em cotas muito variáveis, desde superiores ao plano do *radier*, até 36 m sob o mesmo. Assim, o carregamento do dique foi conduzido até a rocha, sendo que onde esta é profunda recorreu-se a sustentações formadas por elementos em concreto armado moldados *in situ* em presença de bentonita, dotados de tirantes protendidos ancorados na rocha, aonde se necessitava, para contrapor o empuxo hidrostático. O dique foi realizado inteiramente a seco, com a construção preventiva de um diafragma bentonítico de ensecamento provisório, executado, do lado do mar, sobre uma ensecadeira artificial. As dimensões do dique são: comprimento de 350,00 m, largura interna de 56,00 m e cota do *radier* no eixo longitudinal de – 8,50 m.

14.7.2.4 CONSTRUÇÃO DO DIQUE SECO PARA CONSTRUÇÃO DE NAVIOS DE ATÉ 300 MIL TPB NO ESTALEIRO NAVAL BREDA DE VENEZIA-MARGHERA (ITÁLIA) (1973-1974)

O dique seco para construção de navios de até 300 mil tpb no Estaleiro Naval Breda de Venezia-Marghera (Itália) foi realizado entre 1973 e 1974 (Figuras 14.154 e 14.155). O dique foi construído a seco por meio de ensecamento provisório e não estrutural, em diafragmas bentoníticos armados e com titantes protendidos, sendo que no mar a ensecadeira foi realizada em dique com injeção plástica. O *radier*, os muros de ala e os trilhos dos grandes guindastes de movimentação dos blocos dos cascos pré-fabricados apoiam-se sobre estacas moldadas *in situ* e que sob o *radier* são dotados de tirantes protendidos. O dique seco tem 336,00 m de comprimento, largura interna de 54,00 m e cota do *radier* no eixo longitudinal de –7,00 m. Também pode ser alagado parcialmente, com emprego de comportas ensecadeiras de vedação tipo *stop-log*, permitindo a construção dos navios com o procedimento *semitandem*.

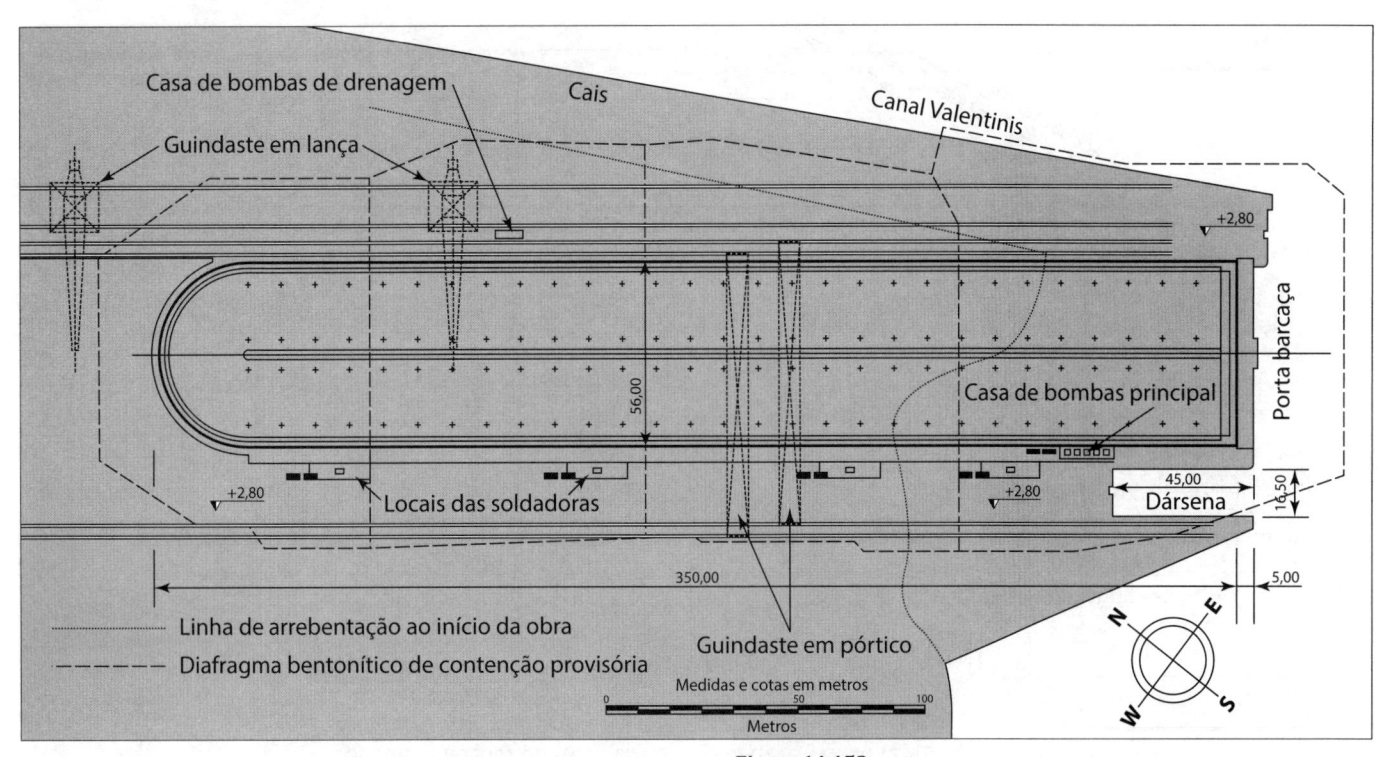

Figura 14.152
Planimetria do dique seco da Italcantieri, para fabricação de navios até 320 mil tpb no Porto de Monfalcone (Itália) no Mar Adriático.

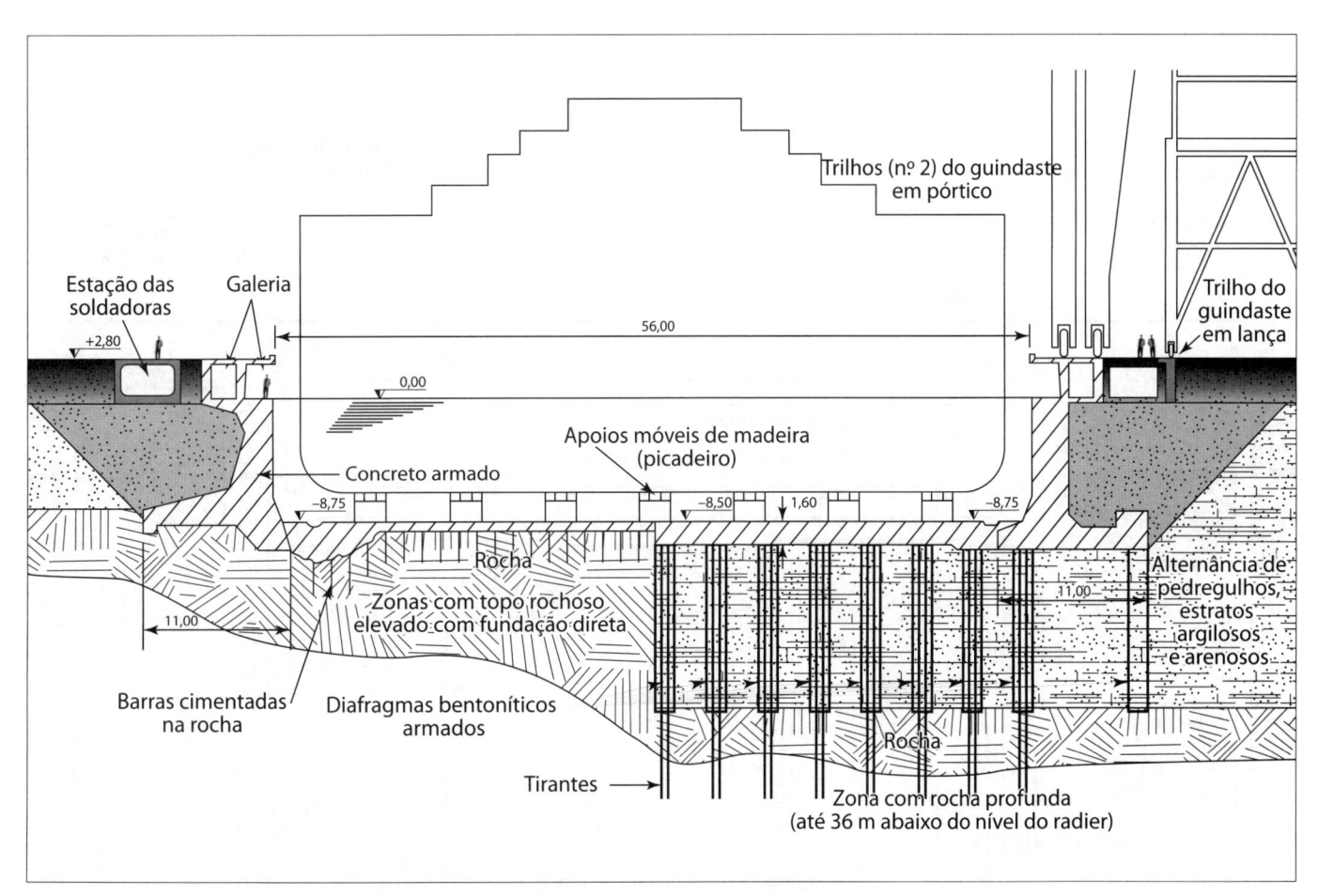

Figura 14.153
Elevação da seção transversal do dique seco da Italcantieri para fabricação de navios até 320 mil tpb no Porto de Monfalcone (Itália) no Mar Adriático.

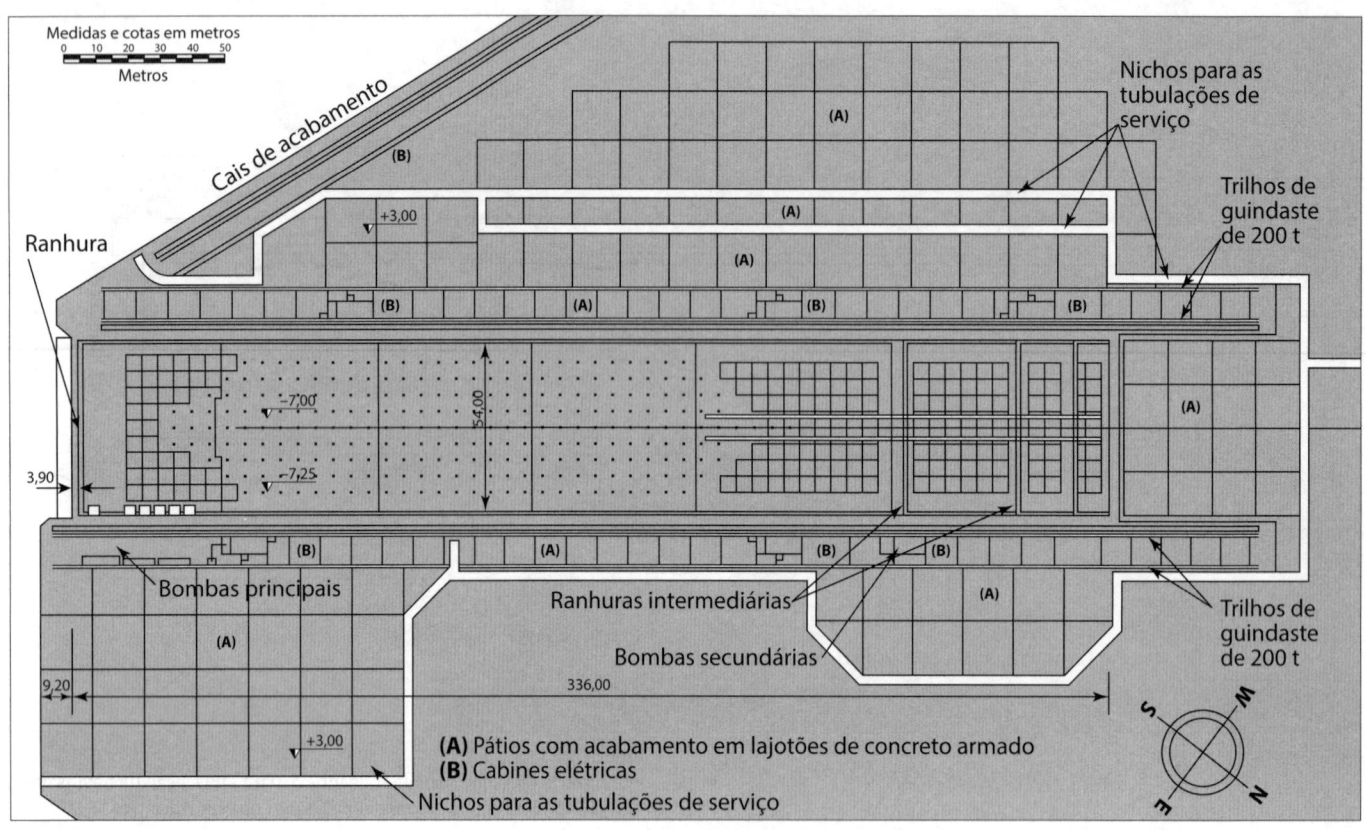

Figura 14.154
Planimetria do dique seco da Breda para fabricação de navios até 300 mil tpb no Porto de Marghera, em Venezia (Itália), no Mar Adriático.

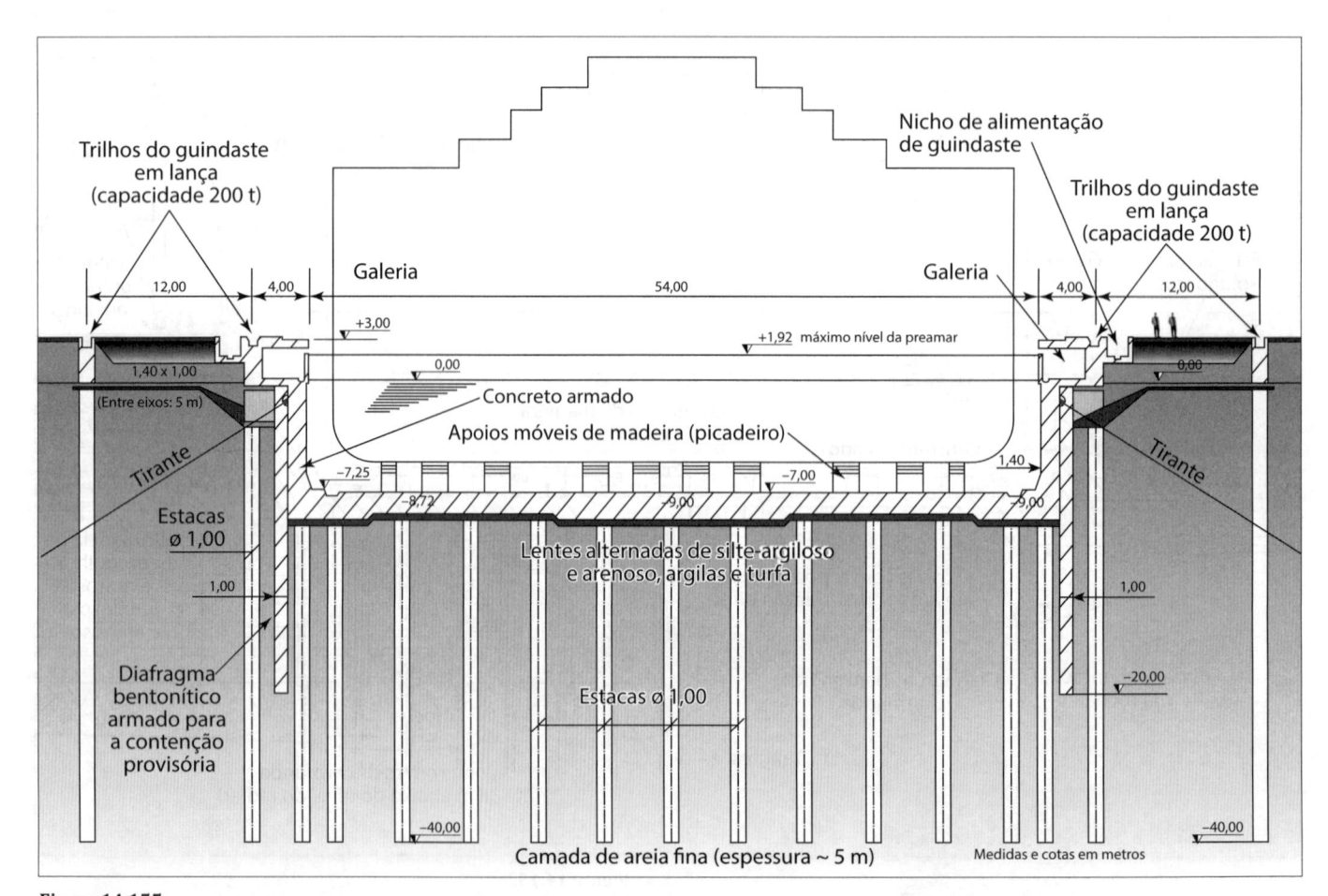

Figura 14.155
Elevação da seção transversal do dique seco da Breda para construção de navios até 300 mil tpb no Porto Marghera, em Venezia (Itália), no Mar Adriático.

14.7.2.5 CONSTRUÇÃO DO DIQUE SECO PARA CARENAGEM DE NAVIOS DE ATÉ 300 MIL TPB NO PORTO DE LIVORNO (ITÁLIA) (1967-1975)

O dique seco para carenagem de navios até 300 mil tpb no Porto de Livorno (Itália) foi construído entre 1967 e 1975 (Figuras 14.156 e 14.157). Trata-se de dique seco de gravidade, com fundação direta sobre o terreno, formado por alternância de camadas de argilas e siltes arenosos. Para a execução a seco das obras no mar foi executado um dique de ensecadeira de 1.250 m, lançado com diafragma bentonítico de estanqueidade até a cota –30,00 m. A escavação necessária para a formação do dique seco, foi realizada por meios de dragagem marítima antes do fechamento da ensecadeira, atingiu a cota –20,5 m, sendo seguida pela construção do dique, efetuada gradualmente e com prudencial lentidão para garantia da estabilidade dos taludes. As dimensões do dique seco são de 350,00 m de comprimento total, largura interna de 56,00 m e cota de fundo variável de –10,00 a –11,00 m. O *radier* é acessível aos equipamentos por meio de uma rampa, que desce no interior de uma estrutura tubular em concreto armado, estaticamente isolada do dique seco com uma junta com visita de inspeção.

14.7.3 Carreiras

14.7.3.1 CONSTRUÇÃO DA CARREIRA N.° 4 PARA CONSTRUÇÃO DE NAVIOS DO ESTALEIRO NAVAL DE CASTELLAMMARE DI STABIA (ITÁLIA) (1957-1960)

A complexa estrutura em concreto armado da carreira n.° 4 do Estaleiro Naval de Castellammare di Stabia (Itália) foi construída entre 1957 e 1960 (Figura 14.158). A estrutura apoia-se, em parte, sobre terreno arenoso com camadas argilo-siltosas e material vulcânico e, em parte, sobre aterro em areia vertida em mar. Na zona mais elevada, a carreira encontra-se com fundação a céu aberto, enquanto na zona terminal a infraestrutura foi composta por elementos pré-fabricados em concreto armado assentados por pontão flutuante e depois solidarizados com injeção de concreto armado. O avanço da carreira sob o nível do mar foi formado por lajotões de concreto armado pré-fabricados e assentados com pontão flutuante. Esta carreira permite a construção de navios Panamax de 65 mil tpb, tendo 239 m de comprimento, largura de 32 m, com avanço sob o nível do mar de 67 m de comprimento e largura de 27 a 18 m.

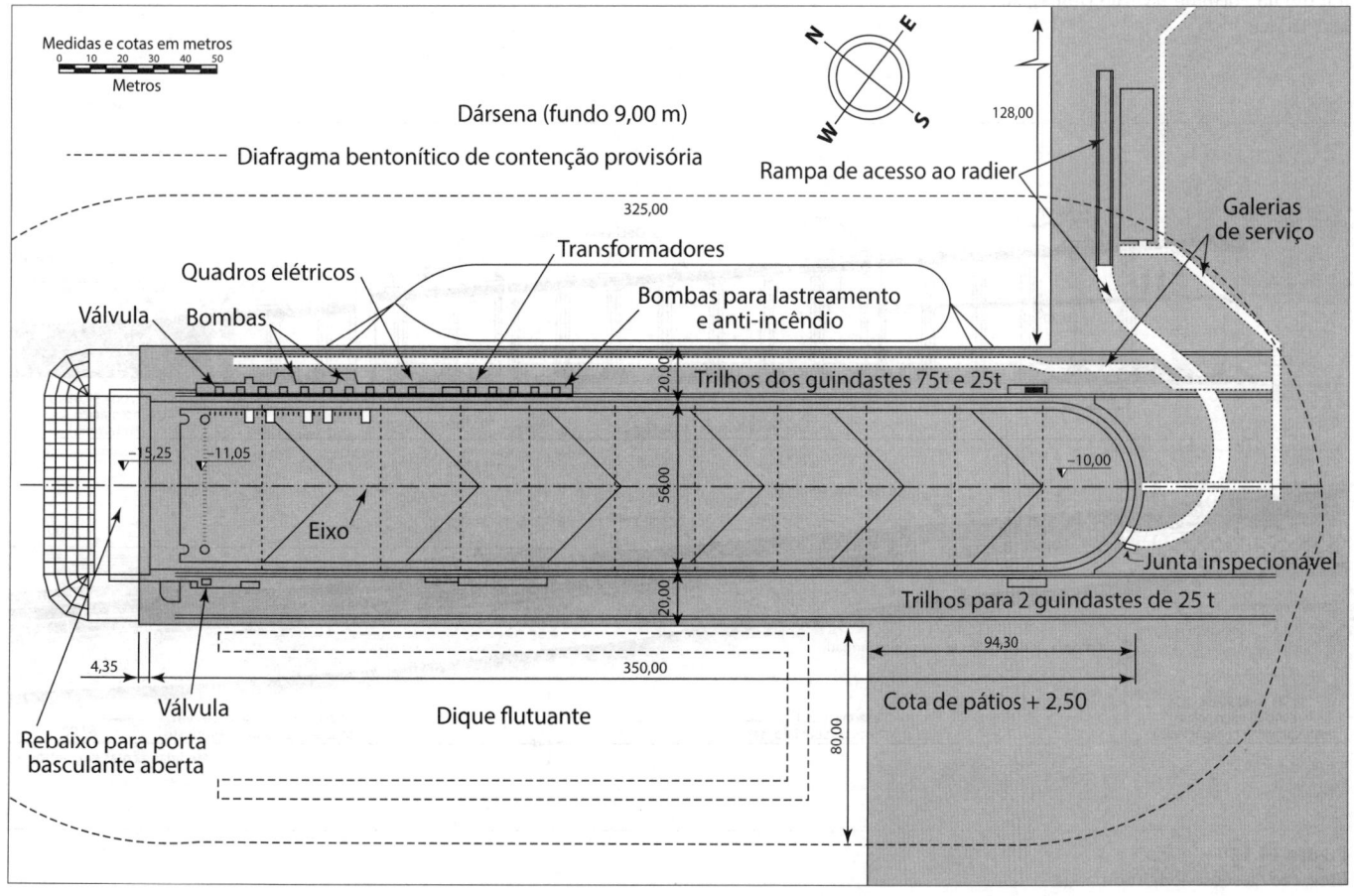

Figura 14.156
Planimetria do dique seco para fabricação de navios até 300 mil tpb no Porto de Livorno, no Mar Tirreno (Itália).

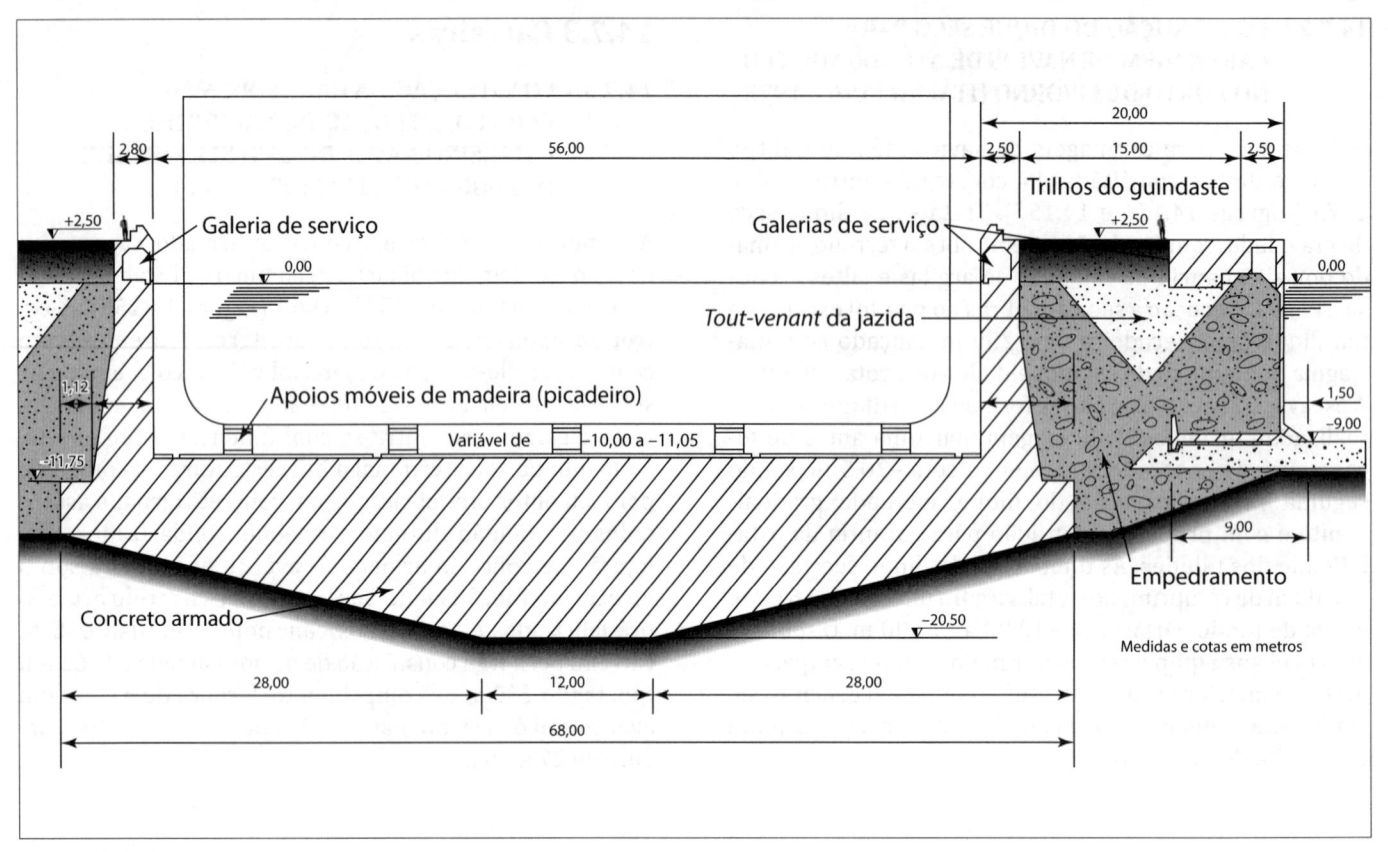

Figura 14.157
Elevação da seção transversal do dique
seco para fabricação de navios até 300
mil tpb no Porto de Livorno (Itália), no
Mar Tirreno.

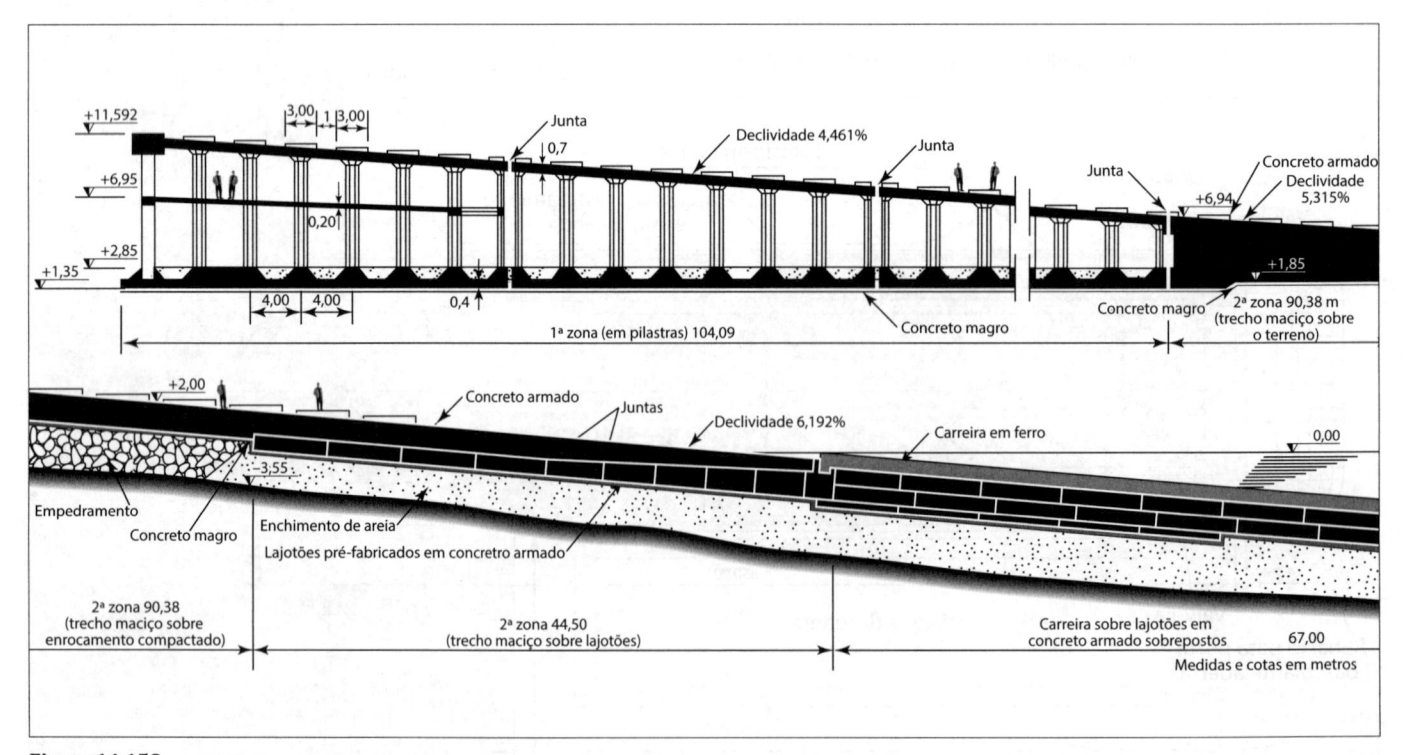

Figura 14.158
Elevação da seção longitudinal da
Carreira nº 4 do Estaleiro Naval de
Castellammare di Stabia (Itália),
no Mar Tirreno.

14.7.3.2 CONSTRUÇÃO DA CARREIRA PARA CONSTRUÇÃO DE NAVIOS DO ESTALEIRO NAVAL DE RIVA TRIGOSO (ITÁLIA) (1974-1976)

A carreira para construção de navios até 30 mil tpb do Estaleiro de Riva Trigoso (Itália) (Figura 14.159) foi construída entre 1974 e 1976. Esta carreira, com dimensões de 175 m de comprimento e 60 m de largura tem estrutura em concreto armado com fundação direta sobre o terreno arenoso, excetuando-se o trecho sobre a praia, que é prudencialmente sustentado por estacas. A extremidade no mar, com fundação além da cota –3 m foi realizada sob a proteção de estacas prancha metálicas parcialmente incorporadas. Completam a obra os trilhos de guindaste, que se estendem em mar em suportes sobre colunas.

14.7.4 Cais e píeres de acabamento e reparos

14.7.4.1 CONSTRUÇÃO DO PÍER PARA REPAROS OU ACABAMENTO PARA NAVIOS ATÉ 250 MIL TPB DO PORTO DE GENOVA (ITÁLIA) (1971-1973)

O píer para atracação de navios até 250 mil tpb em reparos ou acabamento do Porto de Genova (Itália) dispõe de duas grandes gruas, com estrutura composta por 10 caixões celulares em concreto armado apoiados sobre terreno recalcável de natureza silte-arenosa com presença de argila (Figuras 14.160 e 14.161). O terreno foi bonificado, substituindo camadas superficiais mais fortemente silto-argilosas com um leito de areia e, então, submetido a pré-carregamento, enchendo

de areia as células dos caixões. Depois de oportuno período as células foram esvaziadas, procedendo-se posteriormente à execução, também com elementos pré-fabricados, da superestrutura e dos elementos estruturais de ligação.

14.7.4.2 CONSTRUÇÃO DO CAIS PARA ACABAMENTO DE NAVIOS DO ESTALEIRO NAVAL BREDA NO PORTO MARGHERA (ITÁLIA) (1974)

Em 1974 foi construída no Porto Marghera, em Venezia (Itália), um cais para acabamento de navios do Estaleiro Naval Breda, com comprimento de 340 m com cortina contínua, formada com diafragma bentonítico armado e tirantes protendidos. A superestrutura é suportada pela cortina e por estacas cravadas no terreno argilo-siltoso com camadas de areia (Figura 14.162).

14.7.4.3 CONSTRUÇÃO DAS OBRAS DO CAIS PARA ACABAMENTO DE NAVIOS DO ESTALEIRO NAVAL DE CASTELLAMMARE DI STABIA (ITÁLIA) (1957-1958 E 1963-1964)

O cais para acabamento do Estaleiro Naval de Castellammare di Stabia, em Napoli (Itália), foi construído em duas etapas, em um comprimento de 240 m. A infraestrutura é constituída por muralha de blocos maciços pesando até 220 t, sobre embasamento muito elevado em terreno lamoso sujeito à ruptura, que teve de ser em parte removido e regenerado com areia marinha (Figura 14.163). Os trilhos no tardoz do cais têm fundação sobre estacas armadas com perfis metálicos.

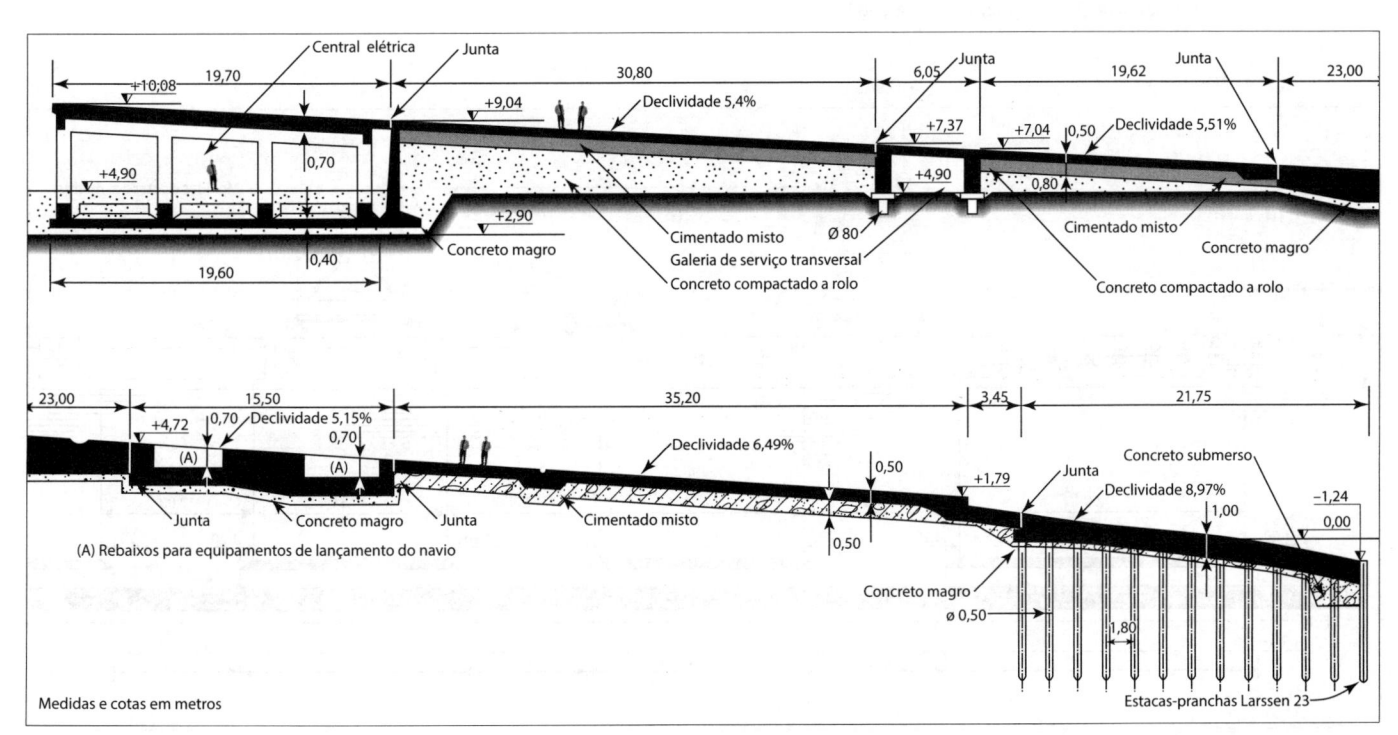

Figura 14.159
Elevação da seção longitudinal da Carreira do Estaleiro Naval de Riva Trigoso (Itália), no Mar Tirreno.

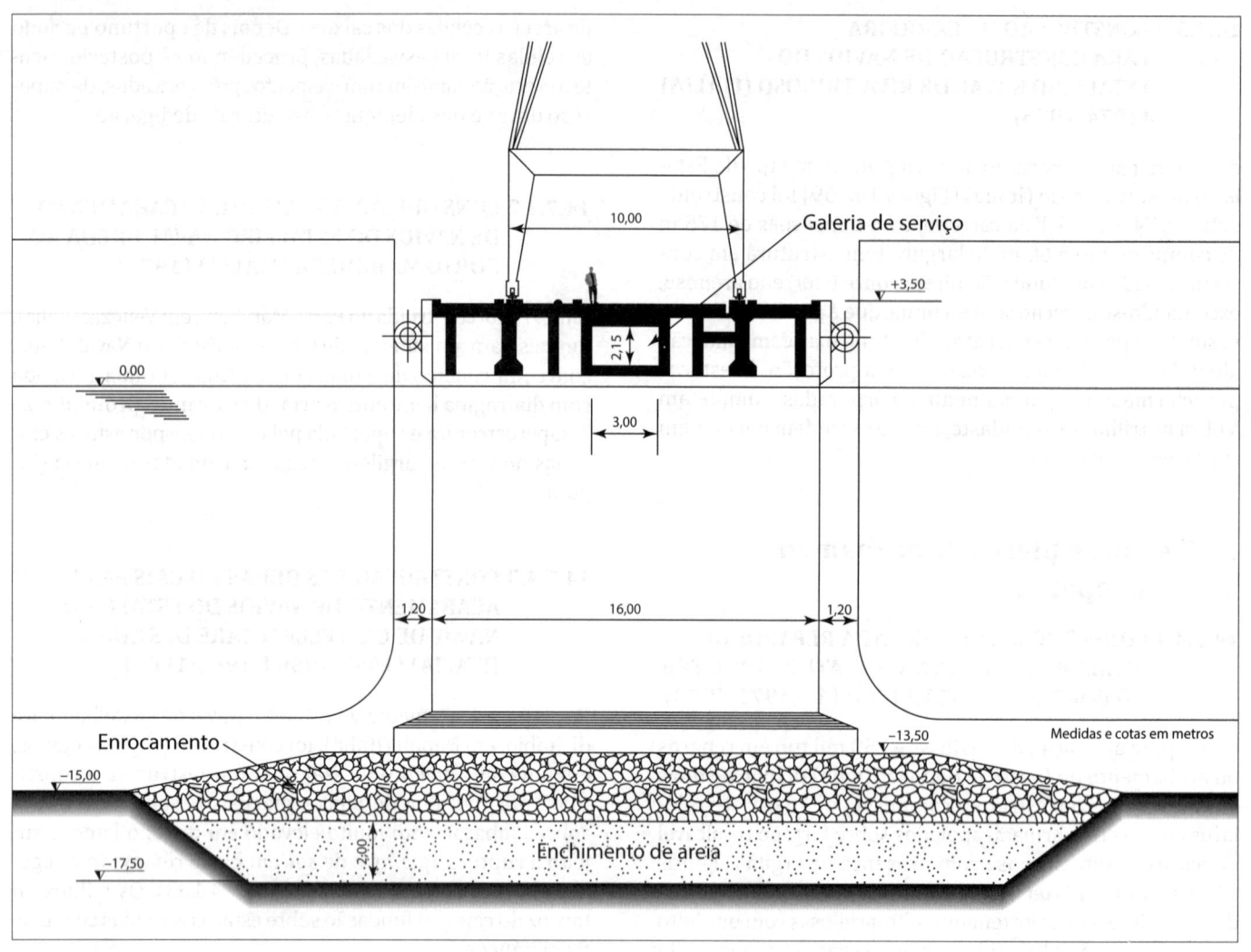

Figura 14.160
Elevação da seção transversal do píer de atracação para navios até 250 mil
tpb em reparos ou acabamento no Porto de Genova (Itália), no Mar Tirreno.

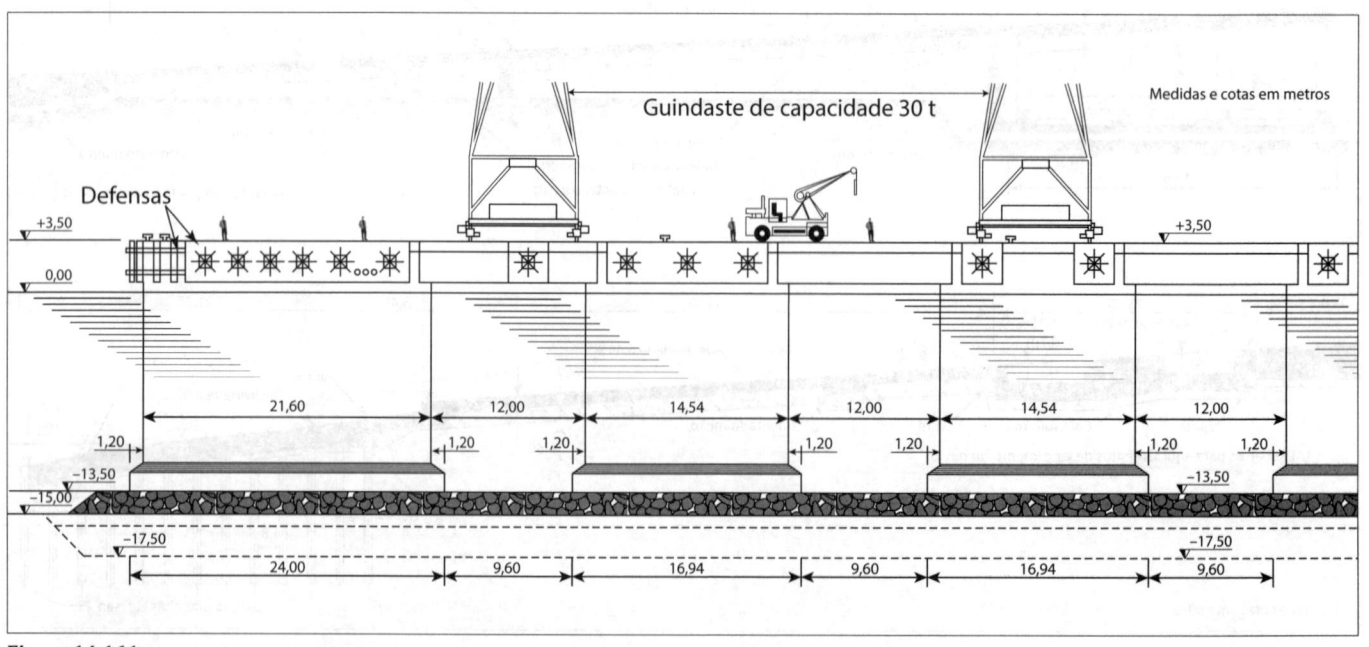

Figura 14.161
Elevação da seção longitudinal do píer de atracação para navios até 250 mil
tpb em reparos ou acabamento no Porto de Genova (Itália), no Mar Tirreno.

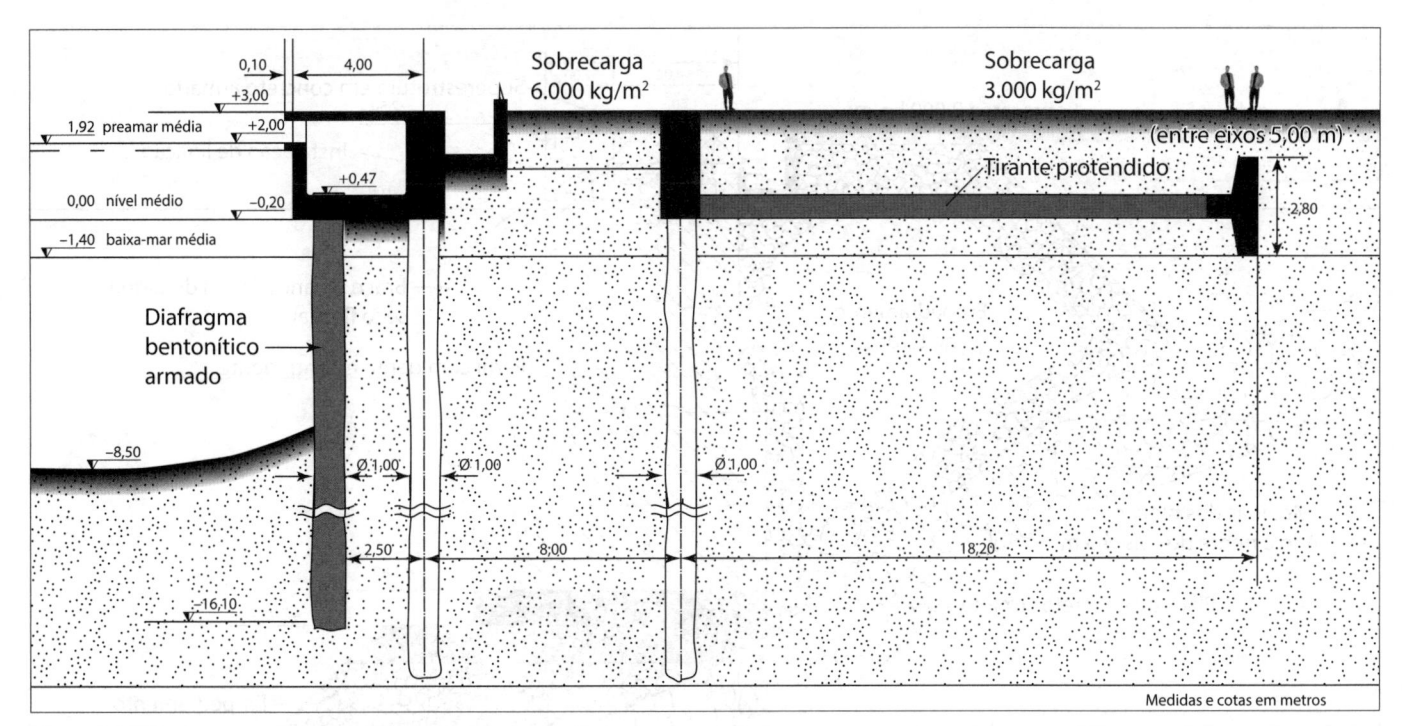

Figura 14.162
Elevação da seção transversal do cais de acabamento no Estaleiro Naval Breda em Marghera, Venezia (Itália), no Mar Mediterrâneo.

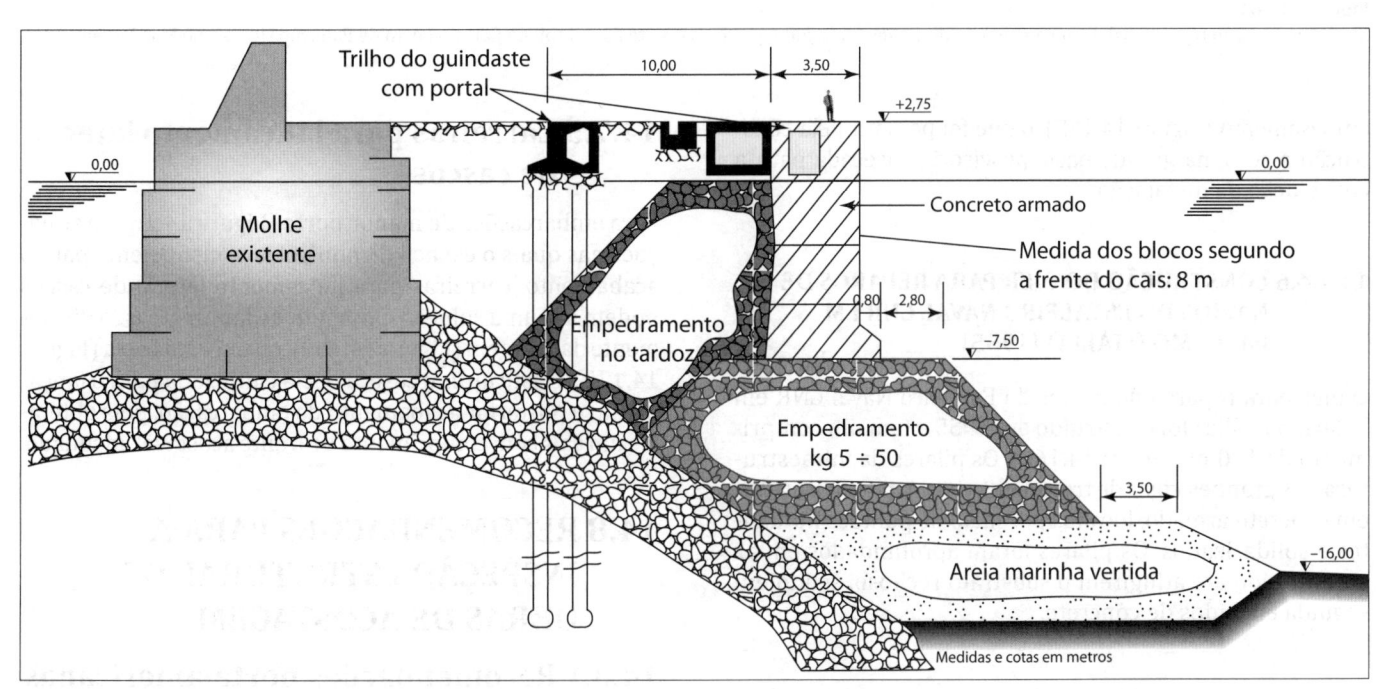

Figura 14.163
Elevação da seção transversal do cais de acabamento no Estaleiro Naval de Castellammare di Stabia em Napoli (Itália), no Mar Tirreno.

14.7.4.4 CONSTRUÇÃO DAS OBRAS DE ANCORAGEM PARA DIQUES SECOS FLUTUANTES NO PORTO DE PALERMO (ITÁLIA) (1956-1957)

As estruturas em concreto armado para ancoragem de diques secos flutuantes para navios até 60 mil tpb e para navios até 19 mil tpb do Estaleiro Naval CNR, no Porto de Palermo (Itália), foram construídas nos anos 1956 e 1957 (Figura 14.164).

14.7.4.5 CONSTRUÇÃO DAS OBRAS DOS CAIS DO COMPLEXO DE CARENAGEM DO PORTO DE LIVORNO (ITÁLIA) (1975)

O complexo de carenagem para reparos de navios do Porto de Livorno (Itália), concluído em 1975, tem 700 m de comprimento para a atracação de navios para reparos, bem como de um dique seco flutuante. A infraestrutura é formada por um muro em concreto armado com contra-fortes apoiado em

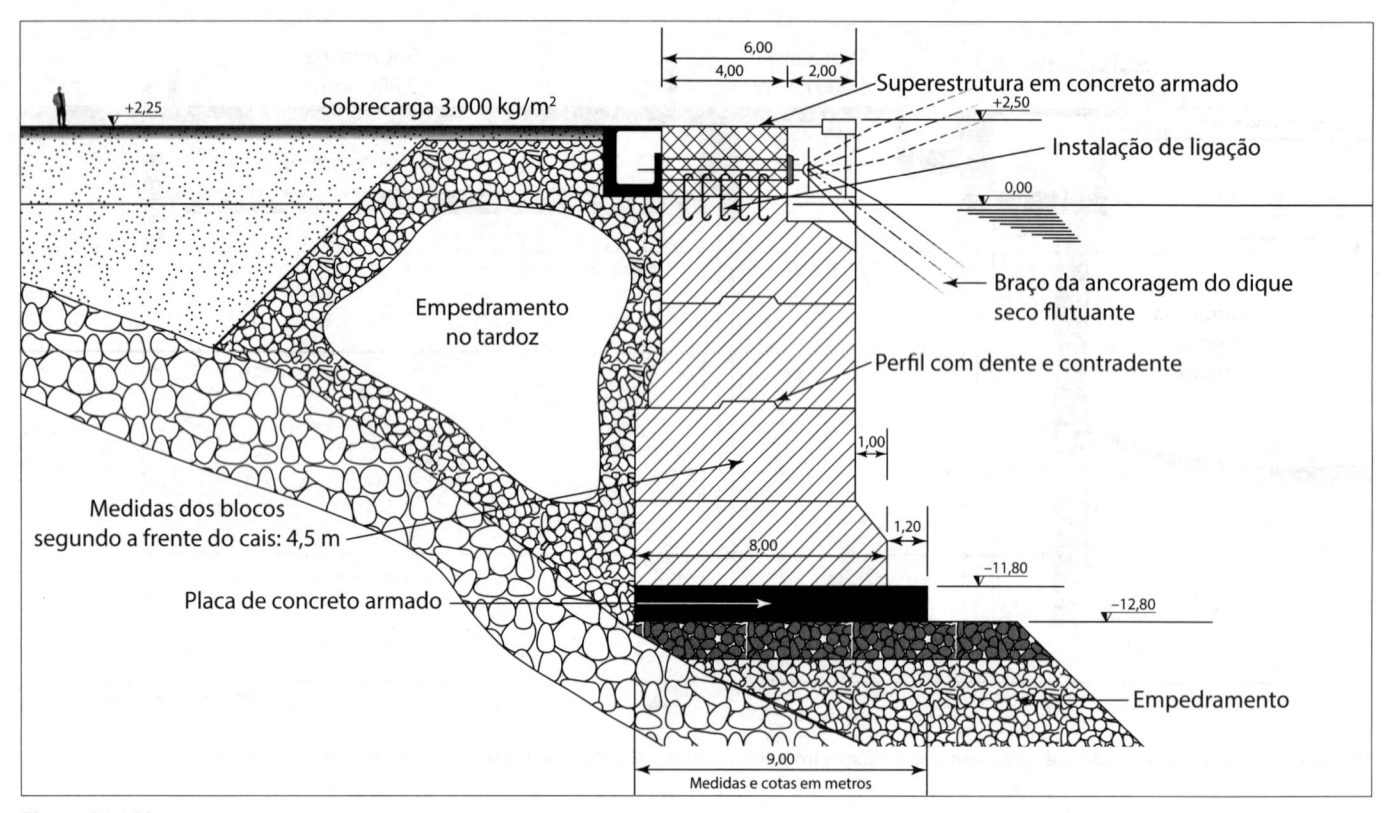

Figura 14.164
Elevação da seção transversal da ancoragem do dique seco flutuante, para navios até 60 mil tpb no Cais do Porto de Palermo (Itália), no Mar Tirreno.

embasamento (Figura 14.165), o que foi possível pela construção a seco, na grande bacia provisória ensecada para a construção da instalação.

14.7.4.6 CONSTRUÇÃO DO PÍER PARA REPAROS DE NAVIOS DO ESTALEIRO NAVAL CNR EM PALERMO (ITÁLIA) (1955)

O píer para reparos de navios do Estaleiro Naval CNR em Palermo (Itália) foi construído em 1955 e tem um comprimento de 110 m (Figura 14.166). Os pilares da infraestrutura e as grandes vigas de travamento foram pré-fabricados em concreto armado, locados por meio de pontões flutuantes e solidarizados. Os pilares foram aprofundados em ar comprimido até atingirem o substrato rochoso, sendo em seguida enchidos de concreto.

14.7.4.7 CONSTRUÇÃO DO PÍER PARA ACABAMENTO DE NAVIOS DO ESTALEIRO NAVAL DE CASTELLAMMARE DI STABIA (ITÁLIA) (1958 E 1963-1964)

O píer para acabamento de navios do Estaleiro Naval de Castellammare di Stabia (Itália) foi construído em duas fases, nos anos 1958 e 1963-1964 e tem um comprimento de 98,50 m (Figura 14.167). O píer é inteiramente realizado com elementos pré-fabricados maciços de peso individual até 220 t, seja a infraestrutura de blocos sobrepostos, que a superestrutura formada com grandes lajotões em concreto armado, que suportam um guindaste com capacidade no gancho de 90 a 120 t.

14.7.5 Carreiras para lançamento lateral de cascos

Para embarcações de menor porte (Figura 14.168) e situações nas quais o espaço disponível seja insuficiente para o acabamento, carreiras para lançamento lateral de cascos podem ser uma solução, podendo-se lançar o casco diretamente da margem (Figura 14.169), ou em uma bacia (Figura 14.170). Neste último caso, a bacia é utilizada para o lançamento e posterior acabamento da embarcação, pois obtém-se um cais com comprimento de frente acostável adequado.

14.8 RECOMENDAÇÕES PARA A INSPEÇÃO ESTRUTURAL DE OBRAS DE ACOSTAGEM

14.8.1 Recomendações norte-americanas (US Navy)

As definições de padrões de níveis na tarefa de exame de elementos individuais inspecionados, incluindo os acessórios de amarração (ganchos de desengate rápido, cabeços e cabrestantes) e atracação (defensas e suas fixações) e as estruturas de interligação e acesso (passadiços metálicos de ligação, guarda-corpos, escadas e aparelhos de apoio), frequentemente, são uma combinação de pelo menos dois dos seguintes níveis, que foram propostos pela US Navy:

- Nível I: tem a finalidade de uma visualização em um exame geral por inspeção visual e/ou tátil para confirmar as condições de *as-built* e detectar dano severo.

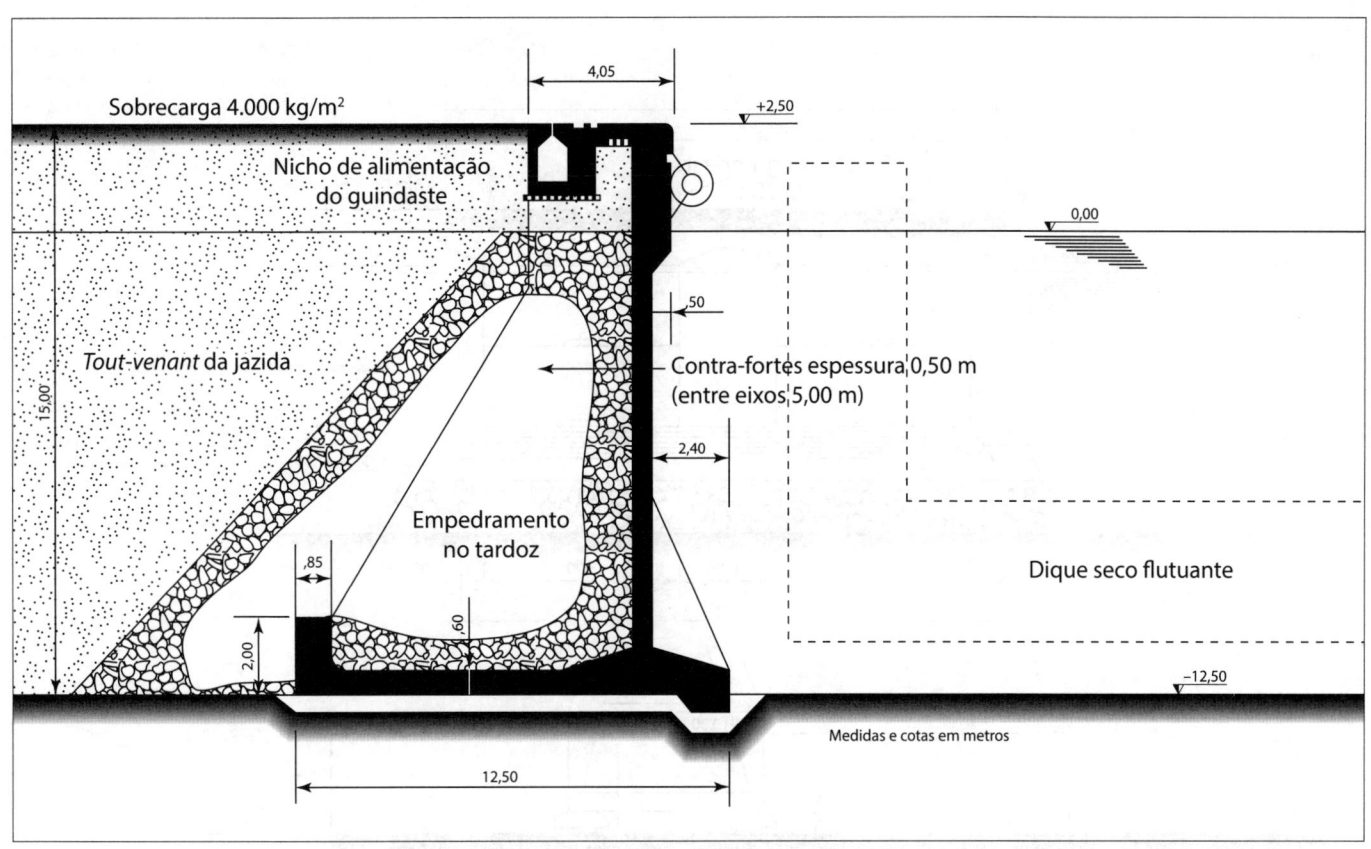

Figura 14.165
Elevação da seção transversal do cais em concreto armado com contrafortes, em Livorno (Itália), no Mar Tirreno.

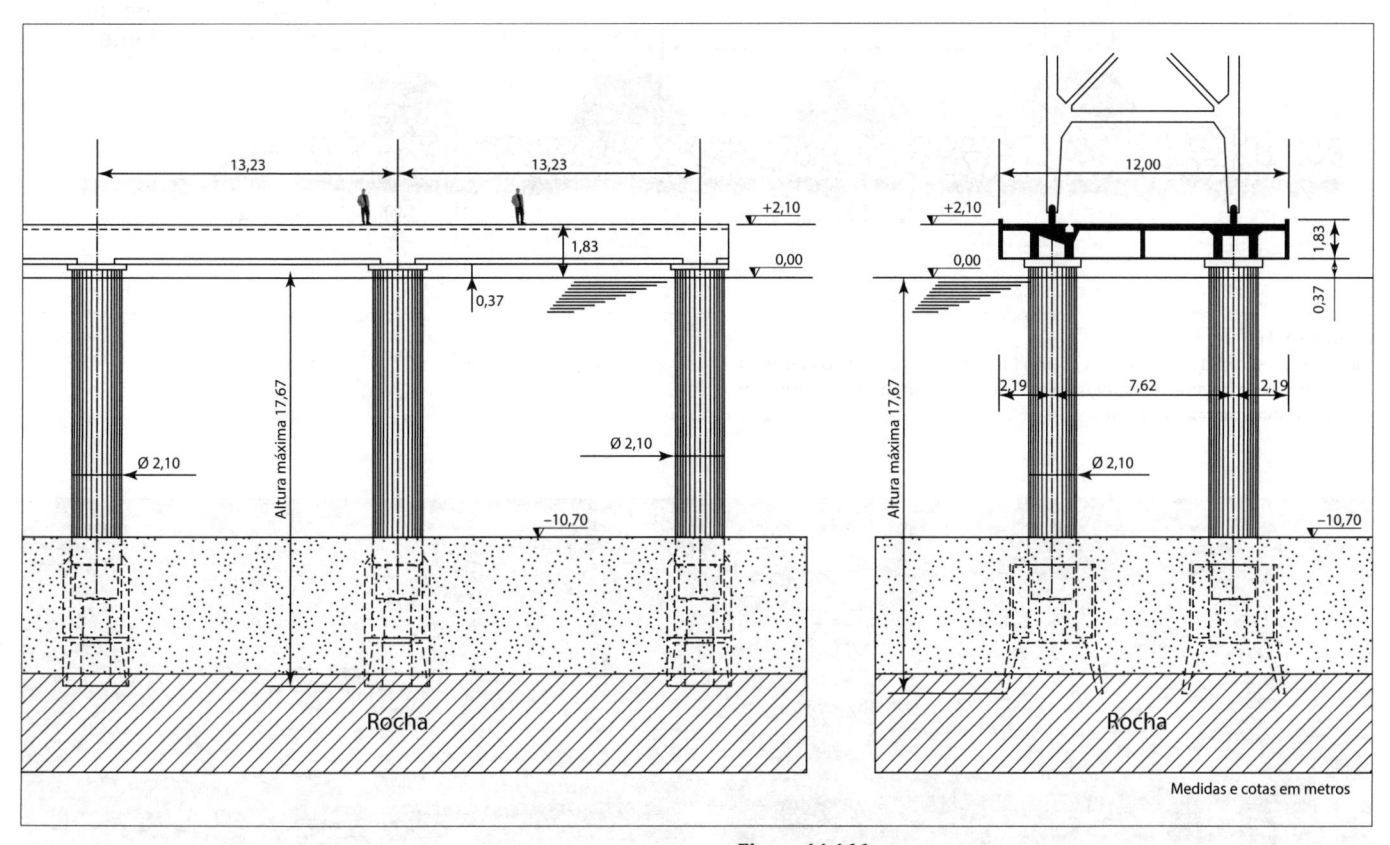

Figura 14.166
Elevação da seção longitudinal parcial e da seção transversal do píer para reparos de navios do Estaleiro Naval CNR no Porto de Palermo (Itália), no Mar Tirreno.

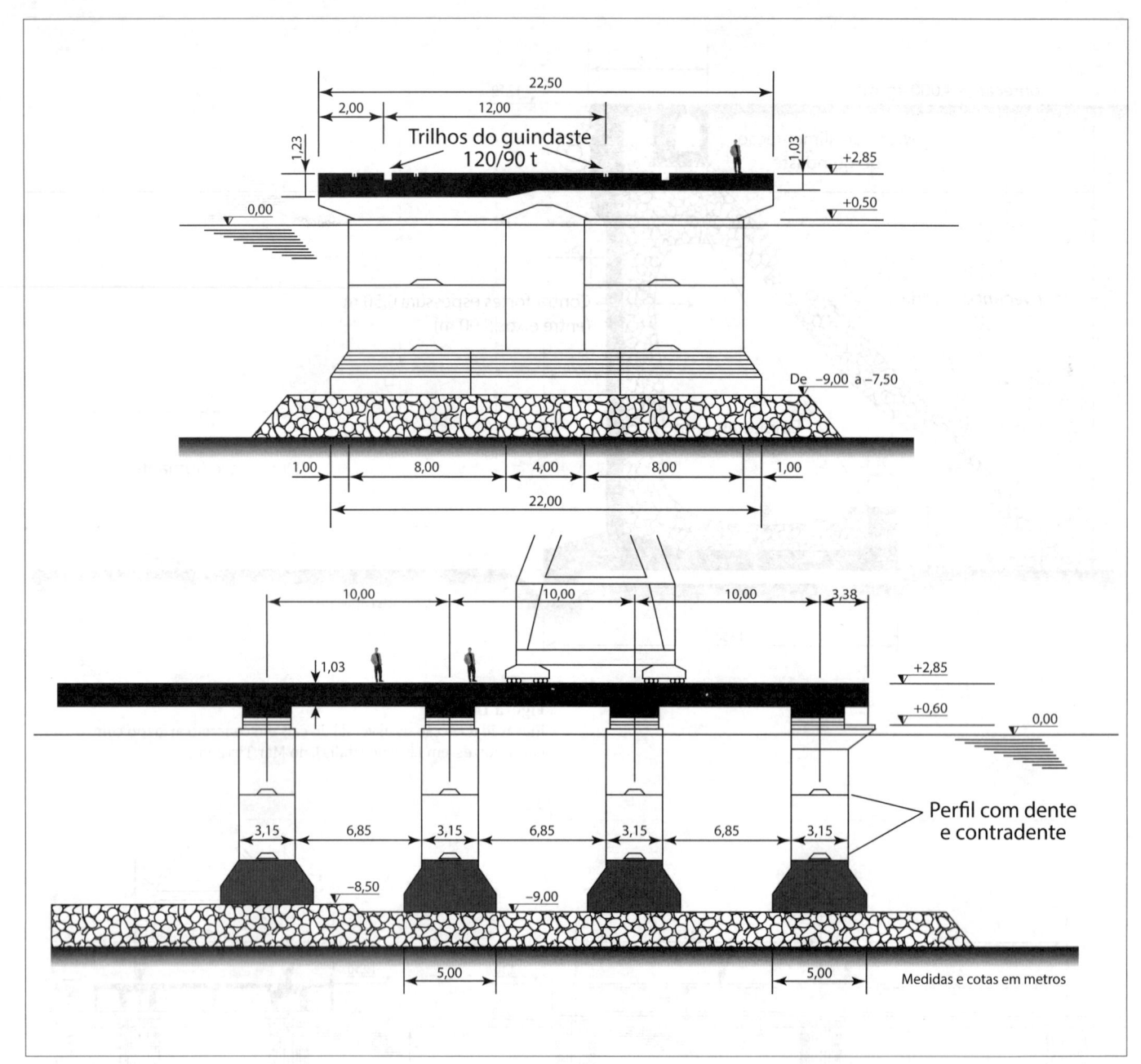

Figura 14.167
Elevação da seção transversal e da seção longitudinal parcial do píer para acabamento de navios do Estaleiro Naval de Castellammare di Stabia em Napoli (Itália), no Mar Tirreno.

Figura 14.168
Navio Drobnicowiec, de 5.348 tpb, construído em Gdynia (Polônia) em 1958.

Figura 14.169
Lançamento lateral em carreira, Gdynia (Polônia), no Mar Báltico.

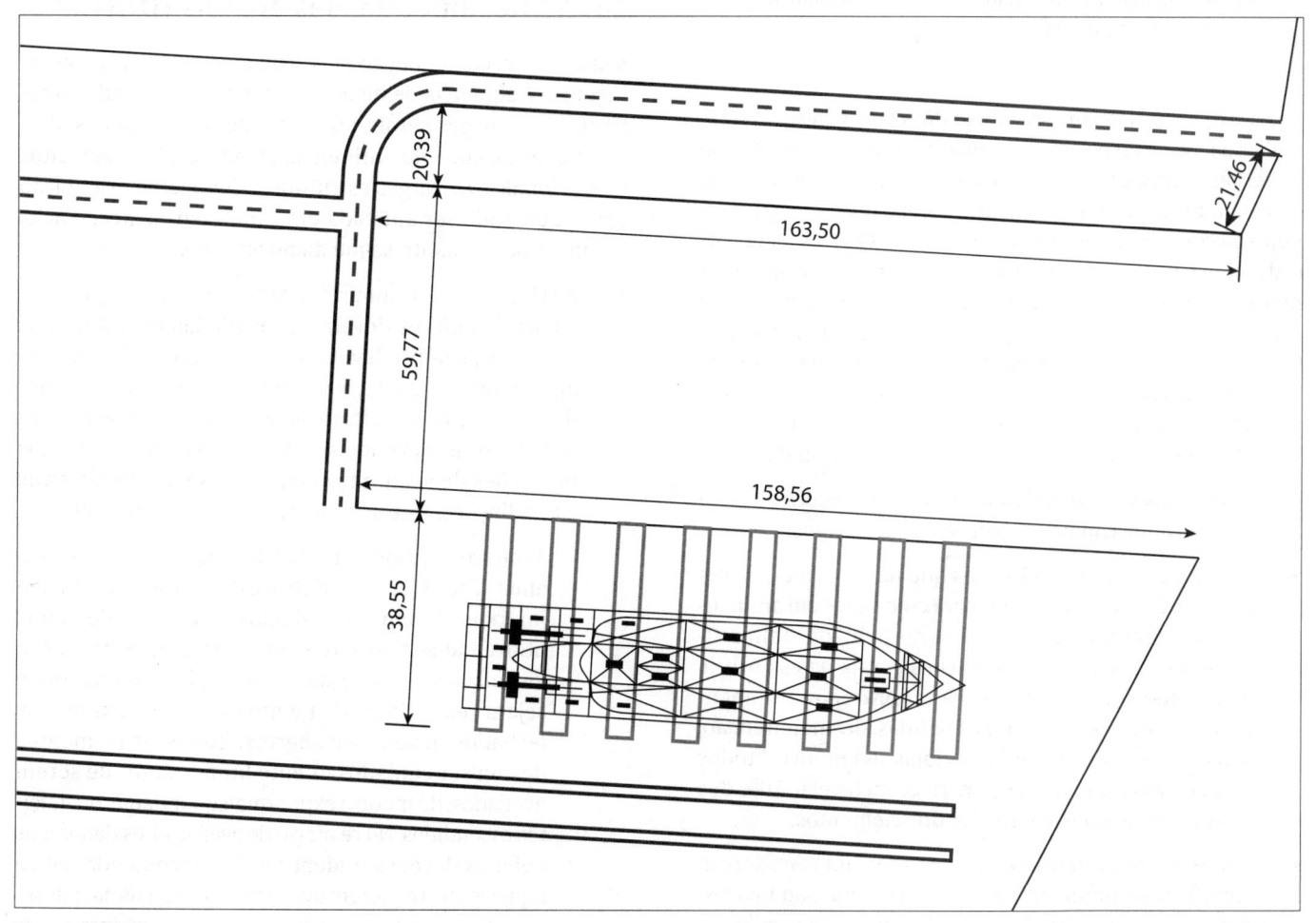

Figura 14.170
Exemplo de arranjo de carreira para lançamento lateral em bacia para embarcações de L_{OA} = 120 m, B = 25 m e T = 9 m.

Os defeitos detectáveis no aço e nas estruturas metálicas são corrosão generalizada e/ou severos danos mecânicos, enquanto no concreto armado são maiores carbonatações e fraturamentos, severas corrosões na armadura e estacas rompidas.

- Nível II: realizada num exame detalhado para detectar defeitos superficiais normalmente obscurecidos pelo crescimento de organismos marinhos. Frequentemente requerem a limpeza dos elementos estruturais em áreas restritas críticas, ou que sejam representativas de toda a estrutura, por meio de quantificações e medidas detalhadas. Os defeitos detectáveis no aço e nas estruturas metálicas são moderados danos mecânicos e maiores corrosões alveolares, enquanto no concreto armado são carbonatação e fraturamentos superficiais, oxidação na armadura e exposição de armadura e/ou cabos de pré-tensão.

- Nível III: visa detectar com exames muito detalhados danos ocultos interiores, ou coletar informações mais detalhadas. Frequentemente requer a limpeza prévia dos elementos estruturais e o uso de testes não destrutivos, mas pode também requerer o uso parcial de técnicas de testes destrutivos em amostras do material. Os defeitos detectáveis no aço e nas estruturas metálicas são na espessura do material, enquanto no concreto armado são localização da armadura, início de corrosão do aço da armadura, vazios internos e mudança na resistência do material.

Os defeitos detectáveis, entendidos como quaisquer anomalias na forma ou na estrutura interna de um elemento e/ou materiais inspecionados, que afetem de forma adversa sua capacidade funcional ou vida útil na estrutura, dizem respeito ao comportamento do aço e de outras partes metálicas e do concreto das estruturas. Para as partes constantemente submersas das estacas metálicas, a recomendação é contar com a proteção integral contra o ataque corrosivo, causado pela água do mar, por intermédio de um sistema de proteção catódica com corrente impressa. A eficiência dessa proteção deve ser mandatoriamente mantida, tendo em vista a preservação da integridade das estacas metálicas.

Em termos de tipos e frequências das inspeções, as recomendações americanas estabelecem quatro tipos:

- Inspeção de rotina: não mais que uma vez a cada três anos, podendo-se estender para cinco anos em ambientes considerados de menor agressividade. Tem a finalidade de avaliar as condições gerais da estrutura, atribuindo uma condição de hierarquização e recomendando ações para futuras medidas de manutenção. Tipicamente, devem ser inspecionados em Nível I todos os elementos emersos e submersos, em Nível II, 10% dos elementos, e em Nível III, 5% dos elementos.

- Inspeção de avaliação expedita: após um evento com significativo potencial causador de dano. São investigações de curta duração, normalmente por emergência. Tem a finalidade de realizar uma rápida visualização, por avaliação emersa e/ou submersa, de uma estrutura, tipicamente após tempestades, impactos de embarcação, acomodações do terreno, incêndios ou eventos similares, tendo por objetivo determinar a integridade da estrutura e se ela demandará uma atenção mais específica. Tipicamente, trata-se de inspeção de Nível I para todos os elementos emersos apropriados.

- Investigação de engenharia: excepcionalmente, quando julgada necessária como resultado de uma das outras três modalidades de inspeção ou para determinar a adequação para um uso diferente. Tem a finalidade de realizar testes detalhados ou a investigação de uma estrutura, de modo a entender a natureza e/ou a extensão da deterioração e/ou avaliar a capacidade da estrutura para uma específica condição de carregamento. Tipicamente são inspeções de Nível II ou III nos elementos apropriados.

- Inspeção para o projeto do reparo: quando tiver sido tomada a decisão de proceder a reparos na estrutura. Tem a finalidade de documentar as características relevantes de cada defeito a ser reparado, de modo que possam ser gerados documentos. Tipicamente, são inspeções de Nível II para todos os elementos emersos e imersos.

14.8.2 Recomendações alemãs (DIN)

Segundo a recomendação europeia de estruturas de acostagem, a frequência de inspeções depende de: idade da estrutura, condições gerais, materiais de construção usados, condições de subsolo, influências ambientais e requisitos operacionais e de cargas estruturais. Como uma orientação geral, que pode ser ajustada em cada caso, se necessário, recomenda-se quanto segue da norma DIN:

- Avaliações: as estruturas de acostagem e amarração principais dos píeres devem ser avaliadas em intervalos regulares, sempre levando em conta o conhecimento apreendido de avaliações anteriores. Estruturas secundárias não estão sujeitas a essas avaliações ou inspeções mandatórias, devendo ser verificadas como parte das inspeções de segurança de rotina, sendo facultativas as avaliações. As referidas avaliações compreendem:

  - Avaliações principais: sua periodicidade é de seis anos. Todos os elementos estruturais, emersos e imersos, devem ser avaliados a distância de toque, utilizando-se todos os equipamentos que facilitem a visualização e o acesso (como andaimes etc.) onde sejam requeridos. Elementos em compartimentos fechados devem ser abertos. Todos os elementos devem ser cuidadosamente limpos antes de serem avaliados, de modo a expor quaisquer danos ou defeitos escondidos. No relatório de avaliação, os danos e os defeitos devem ser identificados, recomendando-se aqueles que requerem avaliações adicionais nas subsequentes avaliações secundárias, ou em intervalos mais curtos. Isso se aplica particularmente a danos e defeitos cujo efeito individual ou cumulativo possa comprometer estabilidade, segurança ou durabilidade da estrutura. Essas avaliações principais no concreto armado e no aço são similares às já comentadas no item 14.8.1, recomendando-se que áreas que já tenham sido reparadas sejam avaliadas com redobrada atenção, bem como o sistema de proteção catódica das estruturas metálicas.

– Avaliações secundárias: uma avaliação secundária da estrutura deve ser realizada três anos após a realização da avaliação principal. Essas avaliações devem levar em conta o conhecimento obtido na avaliação principal precedente, devendo investigar os danos e os defeitos reportados. Se essas avaliações secundárias revelarem situações dúbias ou evidências de maiores alterações ocorridas na estrutura, uma investigação mais minuciosa deverá ser promovida, a qual poderá parcial ou integralmente atender ao escopo de uma avaliação maior.

– Avaliações não periódicas: devem ser efetuadas após eventos mais severos que possam ter afetado as condições da estrutura ou se as avaliações de inspeção geral e/ou de rotina de monitoramento assim o recomendarem. Não deve substituir uma avaliação principal nem uma secundária.

– Avaliações em conformidade com requisitos regulatórios: determinados componentes de maquinaria ou de equipamentos elétricos, como os motores de cabrestantes ou a proteção catódica, também devem ser inspecionados de acordo com recomendações e padrões regulatórios. Deve-se verificar se todas as avaliações necessárias e o trabalho de manutenção foram efetuados em tais componentes ao longo de sua operação e inspeção.

- Inspeção geral: todas as estruturas devem ser vistoriadas aproximadamente na mesma época a cada ano, observando-se explicitamente os danos e os defeitos com os recursos disponíveis ordinariamente na operação a partir de locais acessíveis. Essa inspeção poderá ser omitida nos anos de realização de avaliações principais ou secundárias. A atenção nessas inspeções estará voltada aos danos e aos defeitos já mencionados anteriormente. Adicionalmente, as estruturas deverão ser inspecionadas após eventos excepcionais que possam produzir efeito deletério na estabilidade e na segurança das estruturas, tipicamente após tempestades, impactos de embarcação, incêndios, acomodações do terreno ou eventos similares.

- Inspeção de rotina: são observações do dia a dia de todas as estruturas de acostagem com respeito à sua segurança, como parte do monitoramento geral do terminal. Adicionalmente, todos os componentes estruturais devem ser vistoriados duas vezes ao ano, sem auxílios especiais, para evidenciar danos ou defeitos que possam produzir risco à segurança. Somente devem ser reportadas as ocorrências mais sérias.

14.8.3 Recomendações PIANC

A PIANC considera inicialmente uma questão de opções de estratégias para a manutenção geral no ciclo de vida a ser gerenciado:

- Estratégia de ruptura: os levantamentos e os reparos são normalmente limitados a danos localizados e diretamente observáveis.

- Estratégia de inspeção: são realizadas inspeções regulares da estrutura, de modo a identificar os danos em seu início e limitá-los por manutenção ou reparo.

- Estratégia de prevenção: proteções preventivas regulares e/ou renovação da estrutura e acréscimos de utilidades que evitem futuro dano.

A PIANC recomenda que, na estratégia de inspeção, a inspeção de todas as estruturas portuárias sujeitas a degradação e danos seja realizada com base anual ou, em alguns casos, mais frequentemente. Preconiza três formas de inspeção:

- Periódica: realizada em intervalos regulares de acordo com um programa predeterminado e com o objetivo de observar e registrar a condição das estruturas portuárias e detectar prematuramente o início de quaisquer alterações adversas que necessitem de alguma intervenção para restaurar a integridade. A inspeção de elementos típicos pode ser suficiente quando há repetição de estruturas. O intervalo mais frequente de inspeção é influenciado pela estratégia de manutenção adotada, mas em portos comerciais costuma variar de 3 a 12 meses. Na prática, essa variabilidade ocorre dependendo de ambiente, tipo de material e significância das estruturas individualmente. As inspeções subaquáticas são usualmente realizadas uma vez a cada 3 a 5 anos. Estruturas existentes e não previamente submetidas a avaliações regulares devem ser examinadas detalhadamente, de modo a obter uma base de fundamentação para o estabelecimento do programa de inspeções.

- Estendida: essa inspeção deve ser realizada sempre que as inspeções periódicas indicarem a necessidade. Também se pressupõe a inclusão de todos os elementos estruturais. Nos anos iniciais de uma estrutura, essas inspeções podem ser mais espaçadas, mas à medida que a idade aumenta, ou se uma inspeção anterior indicar a necessidade, a frequência deve ser aumentada.

- Especial: essa inspeção é normalmente realizada antes ou depois de trabalhos de reparo maiores e quando ocorrem eventos anormais, como sobrecargas, colisões de navios, tempestades, incêndios e vazamentos de produtos químicos tóxicos. Costuma ocorrer após a constatação de defeitos inesperados durante avaliação regular, de tal ordem que possam comprometer a segurança ou a funcionalidade da estrutura ou indiquem a necessidade de medidas de remediação.

14.9 RECUPERAÇÃO E REFORÇO ESTRUTURAL EM CAIS

14.9.1 Considerações gerais

As administrações portuárias cada vez mais têm a necessidade de readequar estruturas que foram dimensionadas em função de uma embarcação tipo, em virtude da tendência de crescimento dos navios. Portos de todo o mundo têm procurado se adequar às novas tendências impostas pelo mercado de transporte aquaviário de cargas e empresas de navegação. Embarcações maiores, com maiores consignações (carregamentos) são dois objetivos a serem perseguidos, em função de gerarem economias de escala, resultando em custos unitários menores por tonelada movimentada. Entre os esforços desenvolvidos pelos portos estão as obras de dragagem de aprofundamento de canais de acesso, bacias de evolução e berços de atracação, readequação de obras de defesa (quebra-mares, molhes, guias-corrente etc) e de acostagem (cais, berços, defensas, cabeços etc).

A necessidade de recuperar e reforçar cais antigos é a futura dragagem nos berços de atracação, para compatibilizá-los em etapa seguinte à dragagem do canal de acesso e bacias de evolução, o que finalmente permitirá a atracação de navios maiores. Entretanto, previamente à dragagem dos berços, se faz necessária a realização de obras de recuperação e reforço de cais, como forma de evitar a erosão de pé ou solapamento das fundações, tornando a estrutura instável ao risco de tombamento e colapso.

A exemplificação a seguir ilustrada fundamenta-se no projeto de recuperação e reforço estrutural para aprofundamento dos berços entre os armazéns 12A e 23, região dos Outeirinhos, que se estende por cerca de 1.700 m na margem direita do Porto de Santos (SP), e para os quais prevê-se o aprofundamento de cotas –11,7 a –14, 2 m (DHN) para –15,00 m (DHN).

14.9.2 Inspeção visual subaquática

A primeira etapa neste processo de recuperação e reforço é a inspeção visual e táctil nas estruturas de cais, incluindo estacas prancha de carga e fundo de laje, a fim de diagnosticar a situação operacional desses elementos, verificando o seu nível de conservação e identificar a presença de eventuais patologias estruturais (trincas, fissuras, ferro exposto, perda de material etc.). A Figura 14.171 ilustra o resultado de uma inspeção deste gênero.

14.9.3 Estudos geotécnicos

Consistem na realização de sondagens do tipo SPT, tanto no lado de terra quanto no lado do mar, a fim de conhecer o perfil geológico típico dos terrenos e definição dos parâmetros de interesse para as análises (Figura 14.172).

Nota-se que o terreno (lado terra) é composto basicamente por uma camada de aterro de areia fina assente sobre uma camada de argila mole marinha. Admitiu-se para as análises que a camada de aterro arenoso ocorre até a cota –11,00 m (CODESP) ou = 11,70 m (DNH), ou seja, abaixo desta tem-se apenas argila marinha. Admitiu-se também que o nível d'água (NA) do terreno coincide com o nível mínimo do mar, ou seja, encontra-se na cota 0,00 CODESP (–0,70 m DHN) por se tratar, neste caso, de uma situação mais desfavorável (a favor da segurança).

Adotaram-se os seguintes parâmetros para a camada de areia:

- Peso Específico Natural (γ_n) = 1,80 tf/m^3
- Coesão (c) = 0,0 tf/m^2
- Ângulo de Atrito (ϕ) = 30°
- Coeficiente de empuxo ativo (k_a) = 0,30

A Tabela 14.14 resume os resultados de diversos ensaios triaxiais realizados na região para a obtenção dos parâmetros de resistência da argila marinha. Nota-se que a resistência não drenada (coesão) da argila aumenta com a profundidade, sendo maior do lado terra. Entretanto, adotou-se, a favor da segurança, uma coesão crescente para a camada de argila dada por s_u = 3,8 + 0,3·z, onde "z" é a profundidade a partir da cota –11,00 m CODESP.

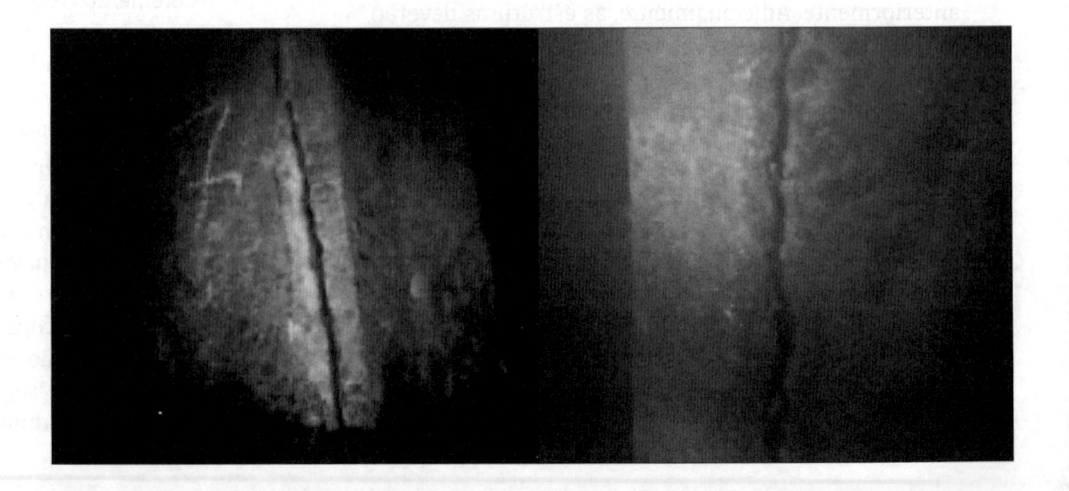

Figura 14.171
Fotografia subaquática de estaca de carga com trinca (Cais Outeirinhos no Porto de Santos).

Tabela 14.14		
Parâmetros de resistência oriundos de ensaios triaxiais		
Cota CODESP (m)	Lado mar s_u (tf/m^2)	Lado terra s_u (tf/m^2)
−11 a −12	3,0	4,5
−12 a −13	3,5	4,5
−13 a −16	4,0	4,5
−16 em diante	4,0	5,0

Adotaram-se, também, os seguintes parâmetros para a argila marinha:

- Peso Específico Natural (γ_n) = 1,50 tf/m^3
- Ângulo de Atrito (ϕ) = 0°
- Coeficientes de empuxo ativo e passivo: $k_a = k_p = 1,00$.

A Figura 14.172 sintetiza este perfil típico.

14.9.4 Cálculo das estruturas

O dimensionamento do reforço da estrutura do cais será realizado em colunas de *jet-grouting* (solo-cimento) com perfis metálicos, o que é necessário para o aumento da profundidade pela dragagem dos berços. O cálculo é do tipo evolutivo, em três etapas, considerando as resistências máximas do solo (com Coeficiente de Segurança 1,5 no passivo) ao longo das diversas fases de carregamento.

14.9.5 Execução das obras

A primeira fase da realização da obra será a recuperação da estrutura existente, para reconduzi-la às condições originais de projeto. Nela, as estacas foram classificadas em três

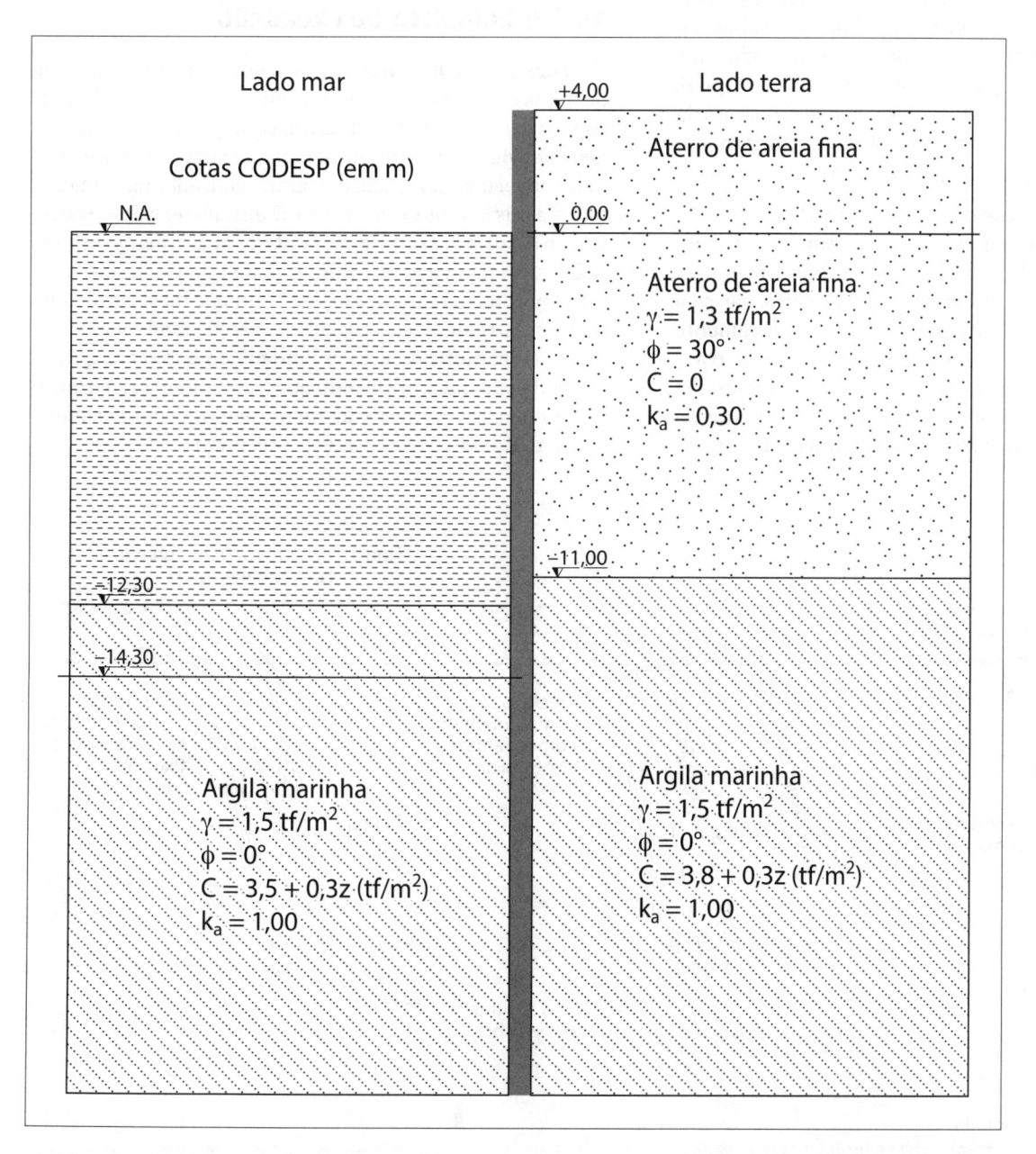

Figura 14.172
Perfil típico.

tipos de acordo com as condições patológicas encontradas (Figura 14.173). As do Tipo 1 são estacas com fissuras verticais com aberturas reduzidas e extensão concentrada, nas quais o processo de recuperação consiste apenas na retirada de materiais soltos, limpeza da armadura remanescente e aplicação de revestimento com massa epoxi bicomponente para aplicação subaquática, com o intuito de proteger a armadura. As do Tipo 2 são estacas que apresentam fissuras verticais com grandes aberturas e perda de material (concreto), ou têm a armadura exposta distante do contato estaca/laje, nas quais apenas a limpeza da armadura não será o suficiente, devendo-se, portanto, ser incorporada nova armadura longitudinal com estribos e novo revestimento com *grout* cimentício de tipo específico para uso subaquático. Por fim, as estacas do Tipo 3 são as que apresentam a pior situação, pois o comprometimento da armadura se dá junto à laje, por isso, além do tratamento igual ao das estacas do Tipo 2, receberão um novo engaste na laje, preenchidos com aditivo epoxi.

A recuperação das estacas-prancha por sua vez foi dividida em dois tipos. A do Tipo A, mais simples, na qual não há dano na armadura, sendo necessária apenas limpeza e aplicação de massa epoxi para revestimento; e as do Tipo B, onde houve prejuízo à armadura, nas quais será necessária a incorporação de novas armaduras e novo revestimento com *grout* cimentício para uso subaquático.

Por fim, a recuperação da parte inferior das lajes onde houver armaduras expostas será realizada por meio da aplicação de massa epoxi de maneira a proteger as armaduras. Procedida a recuperação das estruturas existentes, dar-se-á início aos serviços de reforço, por uma técnica largamente utilizada como solução estrutural em todo o mundo, o *jet-grouting*, que consiste na injeção de calda de cimento em alta velocidade no subsolo através de pequenos bicos (de 2 a 4 mm), posicionados na extremidade de uma composição

especial de hastes, que giram em velocidade constante, na medida que sobem em direção à superfície (Figura 14.174). O diâmetro desejado para as colunas executadas por essa técnica é alcançado a partir de uma série de variáveis, como a quantidade e diâmetro de bicos injetores, a relação água/cimento, a pressão do bombeamento para injeção da calda, além do tipo de solo no qual a obra será executada. A técnica de *jet-grouting* não visa o preenchimento dos vazios existentes no solo, mas sim a formação de elementos geometrizados pela mistura da calda de cimento com o solo, obtendo-se, assim, as colunas de *jet-grouting*. Uma coluna executada próxima de outra já consolidada a envolverá, criando um bloco único, dessa forma, para garantir que a obra atenda os requerimentos técnicos, é necessário que as estacas sejam executadas na ordem estabelecida previamente no projeto (Figura 14.174). Após a conclusão da execução da coluna, nela é inserido um perfil metálico, com o intuito de garantir sua continuidade, além da resistência quanto à tração.

14.9.6 Logística de execução

Uma das principais condicionantes no que tange a execução de obras em um porto é a grande dificuldade quanto à interrupção das operações portuárias, para que a obra possa ser desenvolvida com segurança, fato que se torna muito mais perceptível quando se fala em obras realizadas diretamente na área dos berços de atracação. O desafio do reforço deste trecho de cais concomitantemente com as operações portuárias, é a de que após a liberação de um dos berços, esse será mantido livre por, no máximo, quatro dias, período no qual serão realizados os serviços, não havendo a possibilidade da garantia de disponibilidade do berço nos quinze dias subsequentes, obrigando que a equipe se dirija a outro trecho de cais, no qual trabalhará pelo mesmo período e assim por diante até que a obra seja finalizada.

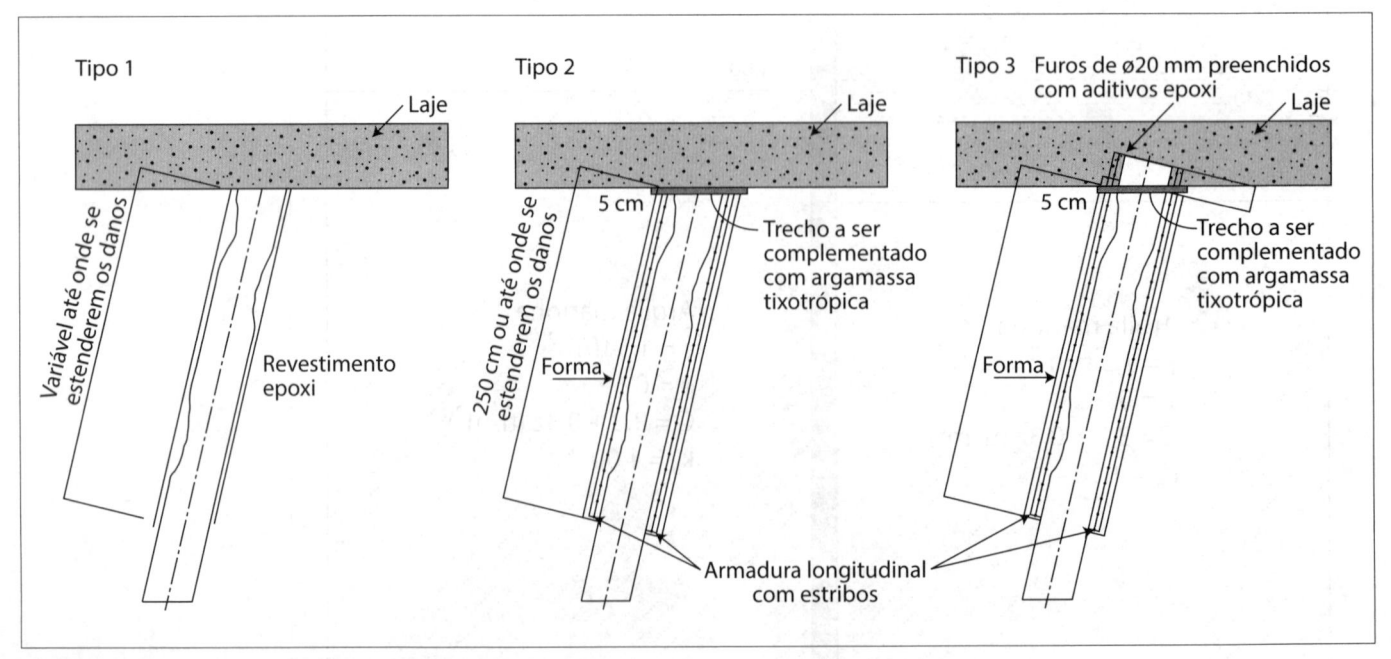

Figura 14.173
Tipos de recuperação das estacas do cais.

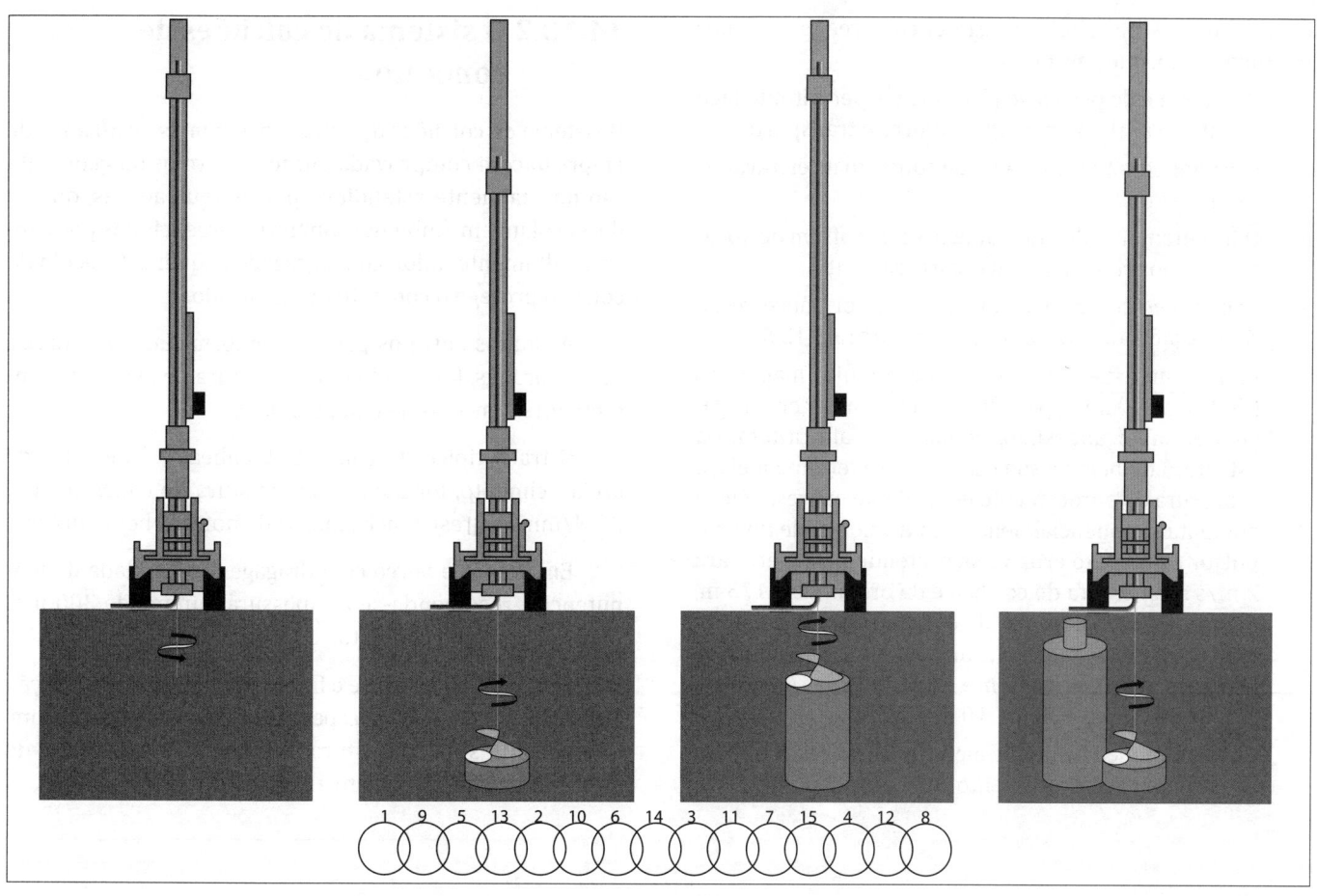

Figura 14.174
Execução de colunas de *jet-grouting* e ordem de execução.

14.9.7 Cuidados ambientais

Visando amenizar os impactos ocasionados pela obra, alguns cuidados ambientais devem ser tomados, entre os quais se destaca o controle do refluxo que é gerado durante a execução das colunas de *jet-grouting*, formado principalmente do composto do solo natural, com traços de calda de cimento. Para a correta destinação desse material, que quando eliminado diretamente na água do estuário poderia ocasionar grave prejuízo ao meio ambiente, deverão ser penetradas camisas metálicas, que são tubos metálicos com diâmetro aproximado de 40 cm, dois metros no solo estendendo-a até a cota de um metro acima da maré máxima. A haste do *jet-grouting* será posicionada no interior dessa camisa, de modo que o refluxo do material gerado, que no caso dessa obra estima-se ser da ordem de 10 mil m³, poderá ser conduzido até barcaças ou até ao cais, possibilitando assim o descarte do material em local adequado.

14.10 PROTEÇÃO CONTRA EROSÃO NA FUNDAÇÃO DO CAIS

14.10.1 Considerações gerais

A proteção de estruturas da fundação do cais contra a erosão depende da ação exercida em cada caso:

– Por hélice. Os principais parâmetros que afetam a sucção do propulsor e o projeto da proteção são: folga da posição mais baixa do propulsor com o fundo, diâmetro do propulsor e potência empregada pelo propulsor no berço.

– Pelo jato de embarcações velozes atracadas. Grandes *ferries* têm jatos propulsivos que excedem os 23 m/s, os quais defletindo no fundo durante a atracação criam altas velocidades de impacto do jato no leito do berço. Em locais nos quais os berços não são protegidos, fossas erosivas muito significativas se formam, podendo atingir até 9 m de depressão em depósitos moles.

– *Thrusters*. Estes jatos dos propulsores laterais atuam sobre os taludes de cais abertos, tipo dinamarquês.

– Pela ação de ondas e correntes. Não são normalmente relevantes isoladamente, mas quando o forem, ou em conjunto com as situações anteriores, a erosão tem que ser contida.

Uma situação que vem se tornando comum é a de aprofundamento dos berços para comportar navios de maior calado e porte, condições que desencadeiam novas condições erosivas e necessidade de proteção.

As proteções convencionais com camadas de materiais granulares são cada vez menos empregadas, tendo em vista os avanços dos materiais geossintéticos preenchidos por microconcreto, que garantem:

– O sistema é de peso leve $(0,7 \text{ kg/m}^2)$, permitindo fácil manuseio *in situ* por mergulhadores e transporte.

– Formam-se robustas placas de concreto intertravadas submersas.

– Diferentemente do enrocamento, não sofrem deslocamentos por rolamento ou escorregamento.

– Constituem-se em sistemas de alta performance, resistindo a jatos de alta velocidade, a partir de 12,5 m/s.

– Empregam espessuras de proteção muito mais finas (de 100 a 600 mm), permitindo economizar em dragagem e, importantíssimo, reduzindo a altura total da estrutura do berço e sua ficha. Para se ter uma ideia, a espessura do enrocamento equivalente em resistência aumenta exponencialmente com a velocidade do propulsor cujo efeito erosivo se pretende proteger: para 2 m/s a espessura do colchão é da ordem de 0,175 m, de um tapete horizontal de enrocamento 0,9 m e de uma proteção de talude 1,1 m; para 4 m/s, seriam, respectivamente, 0,25 m, 1,7 m e 2,2 m; para 6 m/s, seriam, respectivamente, 0,30 m, 3,0 m e 4,2 m.

– Custos exponencialmente menores comparativamente ao emprego de enrocamento convencional.

14.10.2 O sistema de colchões de concreto

O sistema de colchões de concreto tem mais de 50 anos de emprego com comprovada eficácia. Os rolos da geomanta são normalmente estendidos por mergulhadores, que os desenrolam em ambiente submerso, preenchidos por concreto altamente fluido com agregado pequeno. O tecido do colchão protege o concreto de ser lavado.

As juntas entre os painéis são formadas por zíperes, ou costuradas, formando uma cobertura de placas de concreto intertravadas de boa qualidade.

O traço típico do concreto bombeado é de 2 : 1 de areia : cimento, formando uma mistura de concreto com 35 N/mm^2 de resistência, que se demonstra bem durável.

Em áreas de berço com dragagem controlada de manutenção, recomenda-se a espessura mínima de 200 mm para o colchão de concreto.

Sob o colchão e sobre o fundo é necessária a colocação de um filtro geotêxtil com espessura média de 100 a 150 mm, que permite suportar alturas significativas de ondas de até 1,5 m em talude sujeito a variação de maré.

CAPÍTULO 15

EQUIPAMENTOS DE MOVIMENTAÇÃO E INSTALAÇÕES DE ARMAZENAMENTO DE CARGAS

Modelo físico do Complexo Portuário de Ponta da Madeira da Vale, na Baía de São Marcos, em São Luís (MA). Escala geométrica 1:170. Visualização da montagem instalada para a modelação de manobras no Simulador Analógico de Manobras (SIAMA). Reprodução em primeiro plano dos dois carregadores de navios do tipo guindaste rolante (travelling shiploader) do Píer III e do carregador de navios do tipo linear (linear shiploader) do Píer I.

15.1 INTRODUÇÃO

15.1.1 Considerações gerais

Visando o planejamento físico dos terminais em seu *master plan* (planejamento de longo prazo em 20 a 30 anos, envolvendo faseamentos de 5 a 10 anos), a classificação da carga no que diz respeito à forma de transporte é a seguinte:

A. Granel sólido

B. Granel líquido

C. Contêineres (*Lift-on/Lift-off* ou Lo/Lo)

D. *Roll-on/Roll-off* (Ro/Ro)

E. Outros (como carga geral, multipropósito, cruzeiro, *ferries*, pesqueiros, marinas, militares)

O terminal de carga geral, dimensionado para a movimentação de carga solta ou fracionada, como *break-bulk* (muitas peças de várias dimensões e pesos), *mass-break--bulk* ou *neobulk* (muitas peças com praticamente os mesmos tamanhos e algumas vezes de peso uniforme) e sacarias (*bagged goods*), perdeu muito de sua importância passada nos portos contemporâneos com o advento do contêiner. Entretanto, são necessários e devem ter capacidade para movimentar uma maior diversidade de cargas, inclusive ocasionalmente contêineres trazidos no convés de embarcações multipropósito (LIGTERINGEN; VELSINK, 2014). De fato, terminais especializados para determinada carga exigem grandes investimentos, o que demanda uma movimentação mínima anual para que seja competitivo economicamente, exigindo mão de obra especializada treinada para aquela carga específica e espaço no porto. Assim, como exemplos, um TECON somente é justificável para movimentações acima de 50.000 TEUs/ano, enquanto um terminal para granel necessitaria de movimentações superiores a 0,5 a 2 MTPA (milhões de toneladas por ano).

As embarcações de carga geral e multipropósito situam-se no porte de 5.000 a 25.000 tpb, com calados entre 7,5 m e 10 m e comprimentos entre 100 m e 170 m. Um desenvolvimento recente desses terminais é o *all-weather terminal*, que consiste em uma doca coberta para carga e descarga de produtos suscetíveis às intempéries, como papel, fertilizantes, açúcar a granel etc.

A carga solta fracionada tem diferentes tipos de empacotamento e acondicionamento, como caixas, engradados, sacaria, fardos, lingotes, bobinas, tambores, rolos e carga refrigerada (para frutas, carne, pescado etc.), sendo transportada por navios cargueiros convencionais, navios multipropósito e navios refrigerados. Denomina-se uma peça de carregamento ou içamento (*lift*) o peso movimentado pelo guindaste do navio (*derrick* ou pau de carga) ou guindaste do porto, podendo-se classificar por categorias, forma ou embalamento e método de movimentação:

1. Mercadorias em sacas de forma indefinida são movimentadas por cordas em *pallets*.

2. Carga solta fracionada normal em engradados, caixas, tambores, lingotes etc. são movimentadas por cordas, ganchos e *pallets*.

3. *Neobulks* de placas de aço, barras e arames, madeira serrada (ou não), papel etc. são movimentadas por cordas, ganchos e *cassettes*.

A Figura 15.1(A) apresenta um exemplo de arranjo típico de cais de carga geral contemporâneo, adaptada de Ligteringen e Velsink (2014).

Os berços de carga geral requerem uma área imediatamente adjacente às embarcações ao longo de seu comprimento, uma vez que a movimentação horizontal de carga deve ocorrer ao longo do comprimento e perpendicularmente à embarcação, pois as instalações de armazenamento devem estar o mais próximo possível, porque os custos de movimentação horizontal de carga são elevados. A carga é movimentada pelos guindastes das embarcações (paus de carga), pelos guindastes do porto, ou cábreas (guindastes flutuantes operando a contrabordo da embarcação) em vários pontos do cais ao longo do comprimento da embarcação (em correspondência aos porões), estando associada a um percurso de transporte horizontal no porto. Portanto, um berço de carga geral é normalmente uma estrutura continuamente conectada à terra para atracação, amarração e movimentação de carga.

Os terminais multipropósito contemporâneos diferenciam-se muito pouco dos terminais de carga geral e muitos resultam da adaptação dos últimos em arranjo geral e equipamentos utilizados (LIGTERINGEN; VELSINK, 2014). Muitos dos terminais multipropósito movimentam carga solta com carga conteinerizada e/ou Ro/Ro, no entanto, nesse caso, o fluxo de contêineres já é regular e não ocasional. A migração de um terminal de carga geral para multipropósito permite que a instalação receba pequenos conteneiros (*feeders*) de cabotagem, por exemplo. Entretanto, essa adaptação exigirá: mais espaço de pátio, removendo-se alguns galpões e trilhos de beira de cais; provável reforço de fundação e pavimento, para suportar trilhos de guindastes e portêineres (ou *mobiles*) pesados; e o embutimento/rebaixamento de cabeços, para não interferirem com a rampa de embarcações Ro/Ro. As Figuras 15.1 (B) e (C), adaptadas de Ligteringen e Velsink (2014), apresentam arranjos gerais típicos de cais multipropósito.

No extremo oposto de arranjo das instalações de movimentação e armazenamento de cargas estão os terminais de granéis líquidos (petróleo cru, produtos químicos e gás liquefeito). Nos terminais para embarcações-tanque, a movimentação de carga ocorre somente pela meia-nau, por meio do mangote da embarcação, que se conecta aos braços de movimentação de óleo do porto instalados em uma reduzida plataforma de operações. O arranjo geral estrutural das obras de acostagem é, normalmente, em elementos discretos conectados por passarelas de estrutura leve. No limite, a acostagem pode se reduzir a uma monoboia, um quadro de boias ou estruturas em jaqueta, nas quais as embarcações são amarradas. No caso do quadro de boias, usualmente um dos fundeios conta com a amarra e a âncora do navio. Os tanques

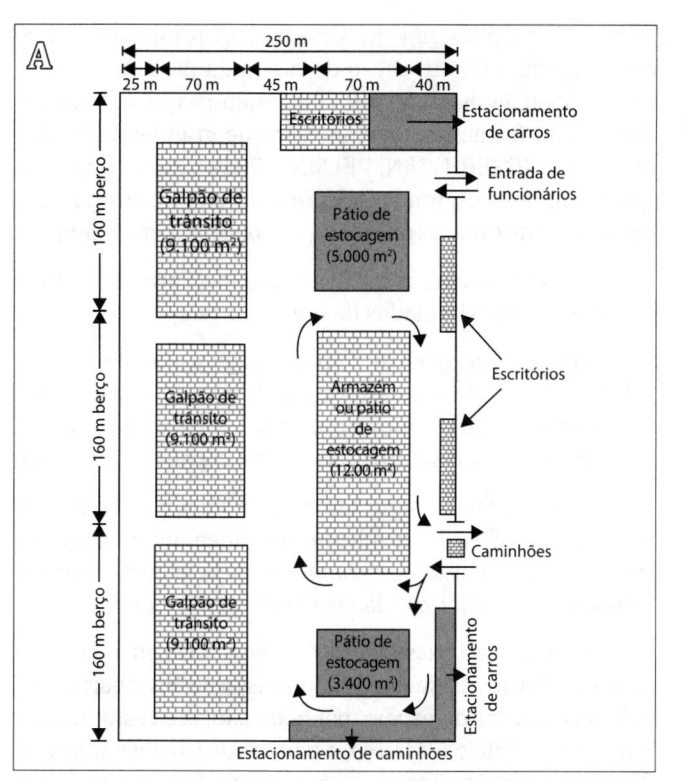

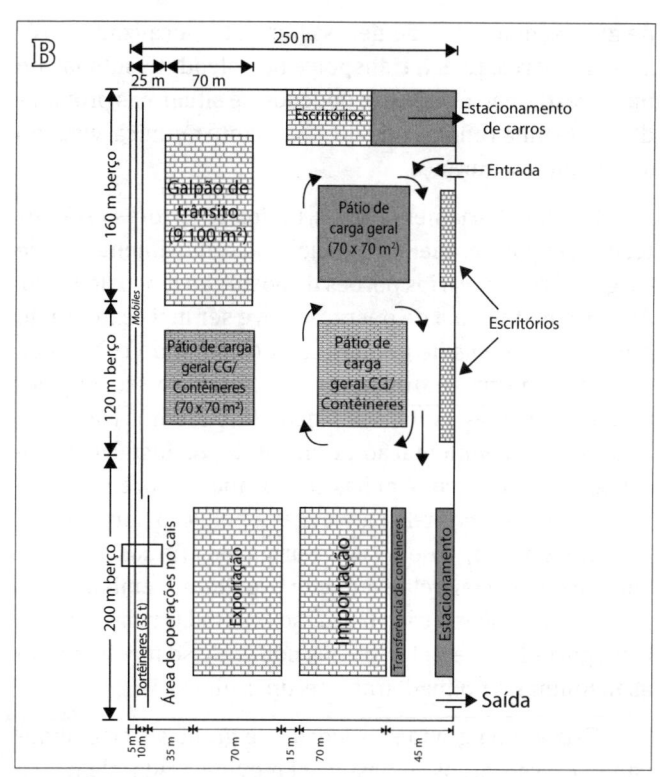

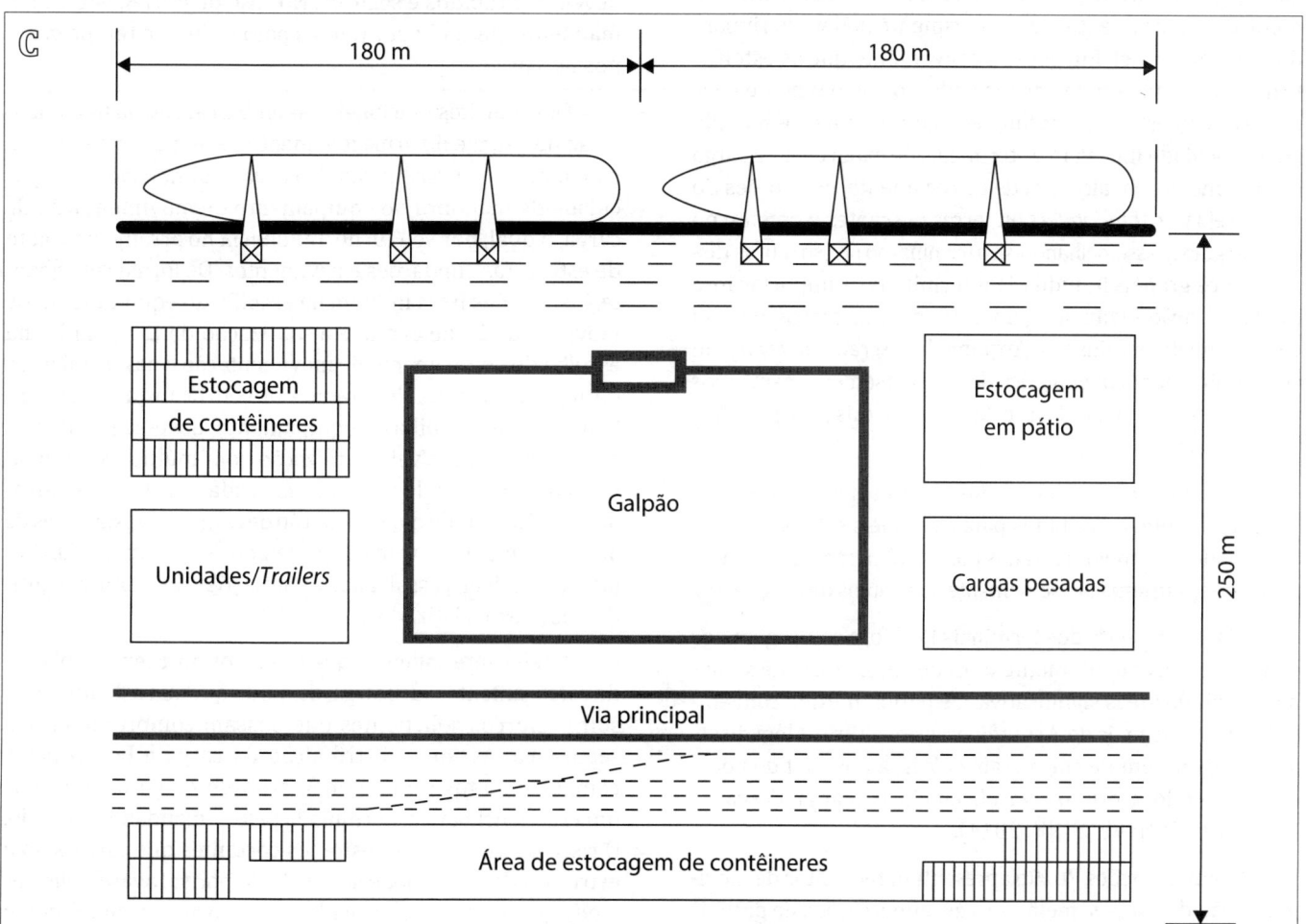

Figura 15.1
(A) Exemplo típico de cais contemporâneo de carga geral solta para três berços de atracação.
(B) Adaptação do terminal de carga geral da Figura 15.1(A) para terminal multipropósito.
(C) Exemplo de um terminal multipropósito.

de armazenamento não necessitam estar localizados próximo ao berço, pois o transporte por oleoduto submarino ou terrestre não é oneroso, podendo se situar nas proximidades de uma refinaria ou de uma planta química, visando aumentar a segurança.

Intermediariamente aos arranjos anteriores estão os terminais para granel sólido, no qual a movimentação de carga ocorre em vários porões dispostos ao longo do navio. Assim, a plataforma de operação deve ser mais extensa do que nos terminais de granéis líquidos, visando cobrir boa parte do comprimento do navio. Granéis sólidos são frequentemente movimentados por sistemas de esteiras transportadoras de movimentação permanente. As instalações de armazenamento, com pilhas a céu aberto (preferencialmente cercadas por tela para evitar a poluição por material particulado fino) ou em silos e armazéns (grãos comestíveis), devem estar relativamente próximas à embarcação, até 1 km. As pilhas a céu aberto são separadas pelas esteiras transportadoras e pelos trilhos por onde se movimentam as máquinas empilhadeiras e recuperadoras.

Existe uma grande variedade de granéis (ferro, manganês, carvão, grãos comestíveis) movimentada, além de o modo de carregamento/descarregamento poder diferir para um mesmo granel. Em geral, é conveniente que as esteiras transportadoras sejam encapsuladas, principalmente para os grãos comestíveis, mas também para os minérios quando em particulado fino. Para os terminais de exportação, a carga cai livremente, em alta taxa de carregamento, nos porões do navio, seja por *ship-loaders* ou torres pescantes (somente no caso de grãos), assemelhando-se o terminal ao de estruturas discretas dos granéis líquidos. Nos terminais de importação, a movimentação é feita por guindastes com caçambas, ou com o princípio do parafuso de Arquimedes (*screw conveyor*), ou com equipamento pneumático de sucção (somente para grãos comestíveis) conduzindo as estruturas de cais para guindastes pesados.

Os requisitos funcionais dos terminais de contêineres são semelhantes aos citados para os granéis sólidos quando as unidades são movimentadas por portêineres, caso contrário recai-se em situação semelhante aos berços de carga geral.

Diferentemente dos terminais Ro/Ro, a estocagem dos contêineres frequentemente dura de vários dias até semanas, exigindo áreas significativas de pátios, mesmo com empilhamento de mais de 3 contêineres em altura. Além disso, a estocagem tem de ser a mais próxima possível dos berços, de modo a otimizar a eficiência na carga/descarga (LIGTERINGEN; VELSINK, 2014).

As embarcações Ro/Ro apresentam requisitos de movimentação de carga semelhantes às embarcações de granéis líquidos, dispondo de um ou dois pontos bem definidos de movimentação de carga, requerendo, em correspondência, rampas.

Determinante no arranjo geral de terminais Ro/Ro é o tipo de rampa do navio. De fato, com rampa de popa podem

haver dois arranjos: um em dársena, com as rampas apoiando-se na linha de atracação do fundo da dársena, e outro com o navio alinhado ao cais com a rampa apoiando-se em um pontão flutuante, para os casos de grandes variações de maré (LIGTERINGEN; VELSINK, 2014). Para rampas de quarto ou laterais, um cais de alinhamento contínuo, sem obstruções de cabeços ou trilhos, é a concepção mais simples.

Terminais de frutas e sucos dispõem de armazéns refrigerados nas proximidades da borda do cais.

Terminais pesqueiros de porte exigem, no mínimo, um galpão refrigerado para estocagem do pescado, instalações de processamento do pescado, edifícios para sua venda e áreas para abastecimento dos barcos e reparos (carreiras).

Terminais para barcaças ou comboios de navegação interior em países desenvolvidos movimentam todo tipo de carga já mencionado nos grandes rios, bem como surgem terminais de menor escala em rios e canais menores.

Terminais de passageiros (*Ferries* e Cruzeiros) requerem um edifício assemelhado a uma estação ferroviária, com bilheterias, salas de espera, banheiros, lojas e restaurantes. Entre esse edifício e o berço, o embarque e o desembarque devem ser rápidos e seguros. No caso de *ferries*, isto é normalmente efetuado por pontes para reduzir o tempo gasto nos berços.

Os requisitos funcionais das embarcações, da movimentação de carga e do armazenamento devem estar de acordo com o peso, a distribuição de carga, a dimensão e a capacidade de manobra do equipamento de movimentação de carga, o qual, por seu turno, influencia no arranjo e projeto de estruturas, fundações e pavimentos. De forma semelhante, instalações fixas influem na escolha do equipamento de movimentação de carga, e a unitização da carga influi na escolha do equipamento de movimentação e nas instalações de armazenamento. No arranjo e projeto de instalações fixas, bem como na escolha do equipamento, deve-se privilegiar, tanto quanto possível, a utilização com múltiplas finalidades, com exceção de instalações nitidamente especializadas. Os sistemas de movimentação de carga e as instalações de armazenamento devem ser projetados com a maior flexibilidade possível, ressalvadas as situações de terminais nitidamente especializados.

É relevante salientar que os navios apresentam planos de carregamento e descarga, de modo que sua estrutura não sofra esforços solicitantes que possam comprometer sua segurança. Assim, a distribuição da carga à bordo pelos compartimentos de movimentação de carga deve seguir uma sequência pré-determinada pelo comandante do navio. O risco de desenvolver esforços cortantes que estressem a estrutura do casco pode ser avaliada por softwares (*master load*) que efetuam os cálculos das tensões a que o casco está sendo submetido.

Denomina-se comissionamento o termo contratual que estabelece o tempo e condições de assistência técnica que será prestada no local pelo fornecedor de equipamentos e instalações após a sua conclusão e entrega total à operação.

Assim, a etapa conclusiva do empreendimento portuário é o comissionamento, que é o processo que visa garantir que os sistemas e componentes da instalação portuária estejam projetados, instalados, testados, operados e mantidos de acordo com as necessidades e requisitos operacionais contratados pelo operador portuário. O comissionamento é constituído por um conjunto de técnicas e procedimentos de engenharia aplicados de forma integrada para verificar, inspecionar e testar cada componente da instalação portuária, visando torná-la operacional, dentro dos requisitos estabelecidos em contrato, passando, muitas vezes, por uma fase de operação assistida Assim, assegura-se a transferência do fornecedor para o operador de forma ordenada e segura, garantindo sua operacionalidade em termos de desempenho, confiabilidade e rastreabilidade de informações. Em uma primeira fase do comissionamento portuário são efetuados testes sem carregamento, por exemplo, de atracação, amarração, desamarração e desatracação de navios, para testar as defesas, os equipamentos de amarração (cabeços, ganchos de desengate rápido, guinchos de terra e cabrestantes), bem como de funcionamento dos sistemas transportadores e descarregadores em vazio; para posteriormente iniciar os testes com carga dos CNs ou equipamentos de descarga. Uma vez concluída esta primeira etapa, passa-se à operação assistida, que pode durar até seis meses, durante a qual vão ser aferidos os testes de performance dos equipamentos de movimentação de carga, sendo que nesta etapa procede-se ao *ramp up* da instalação portuária até atingir a máxima capacidade de utilização.

15.1.2 Dimensões dos terminais

15.1.2.1 CONSIDERAÇÕES GERAIS

Os dois principais componentes de qualquer terminal são o número de berços, que determina o comprimento do cais (o *waterfront*) necessário, e a área de estocagem. Segundo Ligteringen e Velsink (2014), existem três métodos, com precisão crescente, disponíveis para efetuar este cálculo a partir da movimentação de carga anual/capacidade de estocagem:

1. Uma estimativa usando relações de capacidade com valores empíricos de tonelagem de carga por metro de comprimento de cais, ou a respectiva área em metros quadrados (englobando a área de estocagem, as áreas de vias de rodagem e ferroviárias internas, os escritórios etc.).

2. Um cálculo da produtividade do berço/capacidade de estocagem levando em consideração o tipo específico de equipamento de movimentação de carga e o seu número, mas estimando os valores de ocupação.

3. Um cálculo detalhado, que acrescenta ao procedimento 2 as variações nas chegadas e os tempos de serviço das embarcações, aplicando-se a teoria de filas ou modelos de simulação para determinar o comprimento apropriado de cais e área de estocagem.

15.1.2.2 CAIS E PÍERES

As relações de capacidade para cais e píeres são sugeridas por Ligteringen e Velsink (2014) como segue:

Carga geral convencional: 500 a 750 t/ano por m^2.

Contêineres: 300 a 1.000 TEUs/ano por m, ou 3.000 a 10.000 t/ano por m.

Carvão: 25.000 a 75.000 t/ano por m.

Minério de ferro: 50.000 a 150.000 t/ano por m.

Óleo cru: 70 milhões t/ano por berço.

Essa é apenas uma estimativa prévia, com pouca exatidão, pois existe uma grande variação na produtividade dependendo de tipo de equipamento, número de navios etc.

De um modo geral, adicionar a produtividade do berço aumenta a acurácia da estimativa conceitual prévia, em nível 2, tendo-se:

$$c_b = P.N.n_{hy}.m_b$$

Sendo:

c_b: movimentação (produtividade) anual por berço (t/ano, TEU/ano).

P: produtividade no carregamento/descarregamento por unidade de equipamento (guindaste, portêiner, bombas, etc.) em t/h.

N: número de unidades de movimentação de carga em um navio de porte médio.

n_{hy}: número de horas operacionais por ano (dependendo do número de turnos).

m_b: fator estimado de ocupação do berço.

O valor de m_b depende do tipo de terminal e do número de berços, podendo-se em geral afirmar que, para a condição de chegadas aleatórias de navios e tempo de espera aceitável baixo, tem-se m_b baixo, enquanto, para um horário fixo de chegadas (como no caso dos *ferries*), torna-se possível tomar m_b próximo da unidade.

A divisão da movimentação de carga anual pela produtividade do berço fornece o número de berços. A partir desse cálculo, o comprimento do cais, L_q, é obtido pela multiplicação do número de berços pelo comprimento do navio médio (ou navio de projeto no caso de um berço único), adicionando-se as folgas necessárias para a passagem das linhas de amarração e segurança:

$$L_q = L_{s,máx} + 2.15 \text{ para } n = 1$$
$$e$$
$$L_q = 1,1.n.(L_{s,méd} + 15) + 15 \text{ para } n>1$$

O comprimento assim calculado permite uma folga entre navios e mais uma folga nos berços extremos de 15 m para cada berço. No caso de embarcações de maior porte, as folgas de 15 m devem ser aumentadas para 30 m. No caso de píeres, a extensão do *waterfront* depende do arranjo geral.

15.1.2.3 ÁREAS DOS TERMINAIS

Ainda segundo Ligteringen e Velsink (2014), para a área do terminal sugerem-se as seguintes relações:

Carga geral convencional: 4 a 6 t/ano por m^2.

Contêineres: 0,6 a 1,0 TEU/ano por m^2.

Carvão: 15 a 25 t/ano por m^2.

Minério de ferro: 30 a 40 t/ano por m^2.

Óleo cru: 40 a 50 t/ano por m^2.

Para melhorar essa estimativa em nível 2, a seguinte fórmula geral é proposta:

$$A_{gr} = (C.t_{d,\,méd}.f_{área})/(me_{méd}.h_s.365.m_s)$$

em que:

A_{gr}: área de estocagem bruta (m^2).

C: movimentação anual de carga de projeto (t/ano).

$t_{d,\,méd}$: tempo médio de permanência da carga (dias).

$f_{área}$: fator que leva em conta a diferença entre área bruta e líquida e requerimentos específicos da carga.

$me_{méd}$: massa específica média da carga (t/m^3).

h_s: altura média de empilhamento (m).

m_s: ocupação de estocagem estimada.

Deve-se observar que a área de estocagem bruta somente inclui o espaço necessário para vias de rodagem, dutos, trilhos dos guindastes, esteiras transportadoras, escritórios etc. da área de estocagem, não se considerando vias internas, escritórios etc. que não estejam associados à área de estocagem.

O tempo de permanência depende do tipo de carga e das condições específicas do terminal (alto fluxo, ou reservas estratégicas). O valor de m_s depende das variações entre os fluxos de chegada e retirada, mas também de opções de contingência, como a disponibilidade de espaço de estocagem adicional a certa distância do terminal, que representa um custo extra, entretanto compensador diante da superlotação durante muito tempo.

15.2 BERÇOS PARA CARGA GERAL E TERMINAIS MULTIPROPÓSITO

15.2.1 Dimensionamentos

15.2.1.1 NÚMERO DE BERÇOS E COMPRIMENTO DO CAIS

O comprimento do cais é função do número de berços. Uma primeira estimativa mais aproximada considera a abordagem de cálculo da movimentação por berço (c_b em t/ano) a partir da produtividade média de uma entidade de movimentação de carga (equipe – *gang*, ou guindaste – *crain*, ou bomba etc.) (P em t/h), do número de entidades de movimentação de carga em um navio de porte médio (N_{gs}) e do número de horas operacionais (de trabalho efetivo) em um ano (depende do número de turnos, *shifts*).

$$c_b = P.N_{gs}.n_{hy}.m_b$$

em que n_{hy} é o número de horas operacionais (efetivamente trabalháveis) em um ano e m_b é a taxa de ocupação do berço.

Mais adiante são fornecidas estimativas de P em função do tipo de carga. No caso de mescla de cargas, deve-se ponderar o valor da produtividade da equipe de estivadores. Do mesmo modo, o número de equipes por navio depende do porte da embarcação, como será visto adiante, devendo-se usar uma média ponderada para N_{gs} em função da mescla de portes de navios.

Como valores ilustrativos desse cálculo, Ligteringen e Velsink (2014) sugerem considerar duas situações. Inicialmente, um terminal para carga solta e produtos de madeira, com relação de 3 para 1 entre essas cargas. P é de 12,5 t/h e o comprimento dos navios varia de 100 m a 150 m, correspondendo a uma média de 2,5 equipes por navio. Com dois turnos por dia, em 6 dias da semana, n_{hy} resulta em 4.992 horas. Para uma taxa de ocupação do berço de 0,7, a produtividade média do berço é de 109.000 t/ano. Essa taxa de ocupação do berço é bem alta, mas não é incomum nos terminais de carga geral, tendo em vista que o tempo de espera é mais facilmente admissível.

Então, o número de berços é determinado (desprezando o tempo de atracação e desatracação) pelo quociente entre a movimentação anual prevista e a movimentação anual do berço. Consequentemente, calcula-se o comprimento do cais pelo equacionamento já apresentado.

Outra situação ilustrativa é o caso de um navio de 15.000 tpb que tenha de descarregar 3.000 tpb e embarcar 1.500 tpb com 3 equipes de estivadores com produtividade de 15 t/h para o mesmo tipo de carga do exemplo anterior. Na atracação e na amarração é gasta 1 hora, tempo aproximado também para desatracar. O tempo total de descarga e embarque é de 100 horas, o que, para uma operação em dois turnos diários, corresponde a 6,25 dias. Essas ordens de grandeza são típicas nos terminais de carga geral, diferentemente dos terminais de contêineres. Assim, é comum vários dias com o navio atracado, de modo que poucas horas de atraso (tempo de espera, atracação, desatracação, abertura e fechamento dos portões, reparos e manutenção em guindaste etc.) são toleráveis.

15.2.1.2 ÁREA DE ESTOCAGEM E ARRANJO GERAL INTEGRAL

A área necessária para as instalações de estocagem (galpão de trânsito, pátio, armazém) deve ser determinada a partir da movimentação anual e do tempo médio de trânsito (tempo de permanência ou estadia – *dwell time*) das mercadorias como parâmetros básicos. Ligteringen e Velsink (2014) exemplificam o cálculo da área bruta de estocagem (A_{gr}) para um galpão de trânsito (*transit shed*) como segue:

$$A_{gr} = (f_{área}.f_{mercadoria}.N_c.t_{d,\,méd})/(m_c.h_s.me_{méd}.365)$$

em que:

N_c: movimentação total anual que passa pelo galpão de trânsito.

$t_{d,\,méd}$: estadia média da mercadoria em dias.

$me_{méd}$: massa específica média da mercadoria arrumada no porão do navio (t/m^3).

h_s: altura média de empilhamento (m).

$f_{área}$: relação entre a superfície bruta e a superfície líquida, considerando as faixas de tráfego para as FLTs (*Fork Lift Trucks*, empilhadeiras de içamento com forquilha) etc.

$f_{mercadoria}$: devido ao desmonte e estocagem separada de entregas especiais, bens danificados etc.

m_c: taxa média de ocupação do galpão de trânsito, ou estocagem.

Como exemplo de valores típicos podem-se citar:

N_c: 120.000 t/ano.

$t_{d,\,méd}$: 10 dias.

$me_{méd}$: 0,6 t/m^3.

h_s: 2 m.

$f_{área}$: 1,5.

$f_{mercadoria}$: 1,2.

m_c: 0,7, usualmente adotado entre 0,65 e 0,75 (depende das flutuações em $t_{d,\,méd}$ e do número de berços).

Resultando em A_{gr} de 7.200 m^2, equivalente a um galpão de 125 m x 60 m.

Claramente, havendo sazonalidades nos fluxos de carga, a área de estocagem tem de ser calculada em função dos valores de pico em vez da movimentação anual. Para o dimensionamento das áreas de pátios e armazéns, o procedimento é o mesmo, mas variando os valores dos parâmetros.

Na Figura 15.1(A) (UNCTAD, 1984, apud LIGTERINGEN; VELSINK, 2014) apresenta-se um arranjo geral típico de um terminal contemporâneo de carga geral, cujas características são:

1. O comprimento do berço de 160 m equivale a um dimensionamento para um navio médio de 130 m (10.000 tpb), no entanto pode acomodar também um navio de 25.000 tpb com comprimento de 170 m.

2. Os três galpões de trânsito são posicionados próximos ao cais, cuja área de operações tem largura de 25 m como valor mínimo, embora 30 m fosse preferível.

3. A largura da zona central de entregas de 45 m é condicionada pela necessidade de movimentação de carretas longas (15 m) entre as baias dos galpões de trânsito e do armazém (Figura 15.2(B)). Essa largura poderia ser ampliada para 45 m no caso de uma grande movimentação desses veículos longos. Outra medida de tráfego que melhora a capacidade e a segurança do terminal é a circulação em mão única.

4. O armazém somente é necessário se o operador do terminal necessita oferecer uma estada mais longa para a carga, para envelhecê-la ou ordená-la e empacotá-la para ser vendida pelo armazém.

5. Deve haver suficiente espaço para escritórios para a administração do terminal e para os agentes das companhias marítimas, além de estacionamentos para caminhões, carretas e veículos particulares.

15.2.1.3 TERMINAIS MULTIPROPÓSITO

Quando o volume de tráfego de contêineres é limitado, sem expectativa de crescimento, não há viabilidade econômica para um terminal separado para contêineres, devendo-se operá-los nos berços de carga geral. Assim, os contêineres são movimentados com as instalações disponíveis e o seu transporte deve ser efetuado por empilhadeiras pesadas e carretas.

Os terminais multipropósito totalmente novos necessitam de mais espaço de retaguarda que um simples terminal de carga geral, uma vez que o que os caracteriza é a operação simultânea de navios de carga geral e conteneiros de até 275 m de comprimento e 11 m de calado (de 2.500 a 5.000 TEUs).

Os terminais multipropósito tornam-se também necessários quando os navios que demandam um terminal de carga geral começam a transportar quantidade significativa de contêineres, de modo que a adaptação do terminal permita o recebimento de navios de carga geral e pequenos conteneiros *Handysize*. Assim, o arranjo geral da Figura 15.1(A) não é adequado para receber navios conteneiros, pois estes necessitam de estocagem em pátios junto do cais, bem como de plataforma de operações mais larga.

Segundo Ligteringen e Velsink (2014), a adaptação poderia conduzir a um arranjo geral como o da Figura 15.1(C), com a demolição de dois galpões de trânsito e do armazém, cujas áreas foram remanejadas para pátios de estocagem de contêineres. As características do terminal passam a ser:

1. Cerca de 200 m do cais foram convertidos para a movimentação de contêineres, suficientes para embarcações multipropósito de até 25.000 tpb e conteneiros *Handysize*. Supõe-se que o calado máximo não tenha sido alterado, o que encareceria sobremaneira a adaptação estrutural das fundações do cais para que não se pusesse em risco a estabilidade estrutural.

2. Instalação de um portêiner sobre trilhos no trecho de cais mais dedicado aos conteneiros, ficando os guindastes móveis sobre pneus para operarem em toda a extensão do cais.

3. A área de operações no cais foi alargada no trecho de movimentação dos contêineres para facilitar a operação do equipamento de movimentação entre o cais e o pátio de estocagem e vice-versa.

4. Como usual nos terminais de contêineres, existem pátios específicos para exportação e importação, bem como uma parte do pátio de carga geral mais próxima do cais pode ser empregada para contêineres fora das dimensões padronizadas. O galpão de trânsito remanescente pode também ser usado para *stripping/stuffing* dos contêineres.

15.2.2 Cota

A mínima cota requerida para o nível do cais corresponde a uma combinação de preamar e ação de agitação de ondas, cujo período de retorno deve situar-se bem acima da recorrência anual. Em situações de oscilação do nível d'água de até 2 m, é possível utilizar os guindastes das embarcações, enquanto para oscilações maiores utilizam-se os guindastes do porto. Em geral, a cota de coroamento do cais em relação ao nível do mar em águas-vivas equinociais é da ordem de 1,5 a 2,5 m, desde que não haja grandes amplitudes de marés.

A Tabela. 15.1 fornece alguns exemplos de bordas livres de cais em função do tipo de carga movimentada (não somente berços de carga geral) em portos no mundo. Por outro lado, a Japan Association of Ports and Harbours recomenda o seguinte critério:

	Amplitude de maré > 3,0 m	Amplitude de maré < 3,0 m
Grandes navios (lâminas d'água > 4,5 m)	0,5 a 1,5 m	1,0 a 2,0 m
Embarcações menores (lâminas d'água < 4,5 m)	0,3 a 1,0 m	0,5 a 1,5 m

A ROM 3.1-99 (1999) sugere considerar como nível d'água máximo de operação a cota da preamar de águas-vivas equinocial acrescida de 0,5 m para levar em conta maré meteorológica, quando a amplitude da maré é superior a 1,0 m. Essa recomendação para condições de amplitude de maré inferiores a 1,0 m sugere que seja a cota do nível médio do mar acrescido de 1,0 m. Por outro lado, para se calcular o nível médio operacional, considerando maré meteorológica, deve-se somar 0,10 m ao nível médio do mar.

A partir do nível médio de operação, a ROM 3.1-99 sugere as seguintes bordas livres:

– Navios de grande deslocamento (10.000 tpb): 2,5 m.

– Navios de deslocamento médio (entre 1.000 e 10.000 tpb): 2,0 m.

– Navios de pequeno deslocamento não esportivos: 1,5 m.

– Embarcações esportivas com comprimento maior que 12 m: 1,0 m.

– Embarcações esportivas com comprimento menor que 12 m: 0,50 m.

Entretanto, deve-se comparar a cota obtida com outro critério, que é o de não inundação do cais. Essa condição deverá ser verificada em função do nível mais alto da água (incluindo efeito meteorológico) e acrescentando mais 0,5 m. Nesse nível mais alto deve-se levar em conta ondas e influência do regime fluvial (se houver).

É interessante mencionar que, embora não frequentes, situações de inundação de cais podem ocorrer. No Brasil são famosas as ocorrências no Porto de Itajaí (SC) (1982 e 2008) e de Porto Alegre (RS) (1941, 1967 e 2015).

15.2.3 Larguras das plataformas

A largura da plataforma, ou praça de movimentação de carga, corresponde à distância da frente do cais à faixa de trânsito, ou à área de pátio de armazenagem.

Nos arranjos portuários mais antigos, a plataforma correspondia a uma combinação de via de rodagem e ferrovia, com espaço para guindastes portuários em trilhos para o acesso direto às embarcações, sendo a carga diretamente encaminhada para as linhas de armazéns junto ao cais, sem que sejam dispostas na plataforma para posterior deslocamento horizontal. Nesta concepção, uma largura de plataforma de aproximadamente 13 m era considerada satisfatória (5,5 m para via de rodagem, 4,5 m para ferrovia, duas vezes 0,75 m para as pernas do guindaste e 1,5 m para a acomodação dos cabeços do cais).

Tabela 15.1
Exemplos de bordas livres de cais em função do tipo de carga movimentada em alguns portos no mundo

Tipo de carga	Porto	Borda livre (m)
Carga geral	Píer II TMPM (Brasil)	1,00
	Salvador (Brasil)	1,20
	Recife (Brasil)	1,40
	Pasajes (Espanha)	1,55
	Santos (Brasil)	1,58
	Southampton (Inglaterra, Reino Unido)	1,80
	Larnaca (Chipre)	1,70
	Itaqui (Brasil)	2,00
	Long Beach (EUA)	2,65
Pesca	Pasajes (Espanha)	1,25 – 1,65
	Aberdeen (Escócia, Reino Unido)	1,80
Granéis	Porto da Alumar (Brasil)	1,40
	Píer III TMPM (Brasil)	2,00
	Adelaide (Austrália)	2,30
	Rotterdam (Países Baixos)	2,50
Contêineres	Itajaí (Brasil)	0,70
	Felistowe (Inglaterra, Reino Unido)	1,25
	Leith (Escócia, Reino Unido)	1,45
	Pasajes (Espanha)	1,55
	Santos (Brasil)	1,58
	Greenock (Escócia, Reino Unido)	2,20
	Valencia (Espanha)	2,40
Roll-on/Roll-off	Southampton (Inglaterra, Reino Unido)	2,10
Suppliers	Forno (Brasil)	1,20
Marinas		0,80 – 1,10

Nas condições atuais, muitas vezes, a instalação portuária não apresenta essa concepção racionalizada, e a plataforma transformou-se mais em uma curta e larga via de rodagem entre a embarcação e a estocagem em trânsito dos veículos envolvidos no processo de movimentação de carga, como empilhadeiras, carretas etc., bem como área de estocagem pulmão. Assim, na prática corrente, as larguras da plataforma oscilam de 20 a 40 m. O comprimento do berço, em geral, é de um comprimento mais uma boca do navio-tipo.

15.2.4 Largura total da área no tardoz da frente do cais

Com uma plataforma de 20 a 40 m, uma estocagem coberta ou pátio de estocagem com largura de 40 a 60 m e uma largura de 20 a 30 m de acessos de via de rodagem e/ou ferrovia no tardoz, totaliza-se uma largura total entre 80 e 130 m no tardoz da frente do cais. Quando há demanda de armazéns adicionais (de segunda ou terceira linha), pátios de estocagem no tardoz das instalações de estocagem em trânsito, a largura total aumenta consideravelmente. Deve-se considerar que essas áreas envolvidas no processo de armazenamento estão sujeitas a limitações físicas e financeiras, ligadas a dimensões das bacias portuárias, disponibilidade de material para terraplenos e topografia.

15.2.5 Armazenamento coberto das cargas

A NSTR (*Nomenclature Uniforme Des Marchandises pour les Statistiques de Transport, Revised*) elenca os grupos principais de fluxos de carga, de acordo com a forma como são transportados, aos quais podem ser associadas as mercadorias (*commodities*) de carga geral e o respectivo tipo de empacotamento/acondicionamento. São exemplos de mercadorias:

0. Produtos agrícolas: madeira serrada (pré-cintadas – *pre-slung*) e papel (bobinas – *rolls*).

1. Produtos alimentares: fruta condensada (contêineres especiais), açúcar (sacas), vinhos (contêineres especiais) etc.

2. Combustíveis minerais sólidos: carvões, coques etc.

3. Produtos derivados do petróleo: óleo lubrificante (tambores – *drums*).

4. Minério de ferro e sucata metálica.

5. Ferro, aço e metais não ferrosos: perfis de aço (pré-cintados) e placas de aço (bobinas).

6. Minerais brutos; materiais de construção: cimento (sacas em *pallets*).

7. Fertilizantes: fosfato (sacas em *pallets*).

8. Produtos químicos: resinas (sacas).

9. Veículos, maquinaria e outros bens: componentes de maquinaria (engradados – *crates*).

Algumas dessas mercadorias podem, dependendo da importância local do produto, ser movimentadas em terminais a elas dedicados, como produtos florestais (papel e celulose), açucareiros, salineiros, químicos etc.

O tipo de equipamento de carga e descarga é similar para essa ampla gama de produtos, sendo fundamentalmente guindastes com capacidade de içamento em torno de 20 t a 30 t. Quanto à estocagem, existem alguns requisitos específicos de determinadas cargas, como armazéns refrigerados e medidas de segurança adicionais para cargas de risco.

O peso da carga estocada por metro quadrado da área de estocagem depende de:

* fator de estiva (m³/t) para diferentes produtos e unidades de carga (Tabela. 15.2);

Tabela 15.2
Fatores de estiva da carga geral

Carga	Fator de estiva (m³/tonelada)
Café em sacas	1,84–2,12
Cobre em lingotes	0,28–0,34
Cobre em bobinas	0,85
Algodão em fardos	1,42–3,82
Peixe congelado em caixas	1,98–2,27
Ração de peixe em sacos	1,76–1,84
Farinha em sacos	1,22–1,36
Ferro gusa	0,28–0,34
Veículos motorizados	4,25–8,50
Borracha em sacos	1,84–1,90
Placas de aço e barras	0,28–0,45
Madeira e produtos derivados:	
Dura	0,80–1,40
Macia	1,40–2,40
Bobina de papel	2,40–2,70
Bobinas de celulose	1,27–1,59

* altura média de empilhamento, que é limitada pelas condições de fundação e pela altura de erguimento do equipamento de movimentação de carga;

* espaço requerido para a movimentação de carga pelo equipamento apropriado, bem como para o acesso de carga.

Diversas cargas gerais, como sacarias, caixas e pequenos volumes, exigem cobertura para sua estocagem em galpões tipo industriais. De modo geral, tem-se 1 m²/t armazenada.

A escolha entre armazéns com área livre, sem colunas (ver Figura 15.2), ou estruturas com colunas interiores é feita com fundamento na comparação de custos, considerando que essas últimas permitem áreas maiores de armazenagem. Sempre que possível, no entanto, devem ser evitados colunas e degraus internos.

Os armazéns devem dispor de portas amplas (5 a 6 m de largura por 5 m de altura no mínimo) em correspondência aos porões do navio-tipo para permitir a passagem simultânea de duas empilhadeiras, conveniente ventilação e iluminação.

Os acessos do lado do cais, atualmente, devem permitir o acesso livre a empilhadeiras e outros veículos de movimentação de carga, e do lado externo, uma plataforma elevada no nível dos vagões e/ou carretas usualmente utilizados, sendo que, no primeiro caso, basta uma estreita plataforma ao longo do comprimento do armazém, enquanto no segundo podem ser dispostas obliquamente várias baias para carga e descarga pela ré (ver Figuras 15.2 e 15.3).

15.2.6 Pátios de estocagem

Os pátios de estocagem (a céu aberto) são indicados para carga que não sofre dano pelas intempéries e não pode ser facilmente roubada, como veículos, maquinaria encaixotada, madeira, produtos siderúrgicos, bobinas e lingotes de metal etc. É importante prover esses pátios de iluminação para permitir as atividades noturnas.

15.2.7 Equipamento para movimentação de carga

15.2.7.1 CONSIDERAÇÕES GERAIS

A alternativa de transferência de carga diretamente de/para o navio ainda é possível, porém não é a mais comum, pois as capacidades de descarga/carga do navio são superiores às taxas em que os produtos podem ser retirados/entregues.

Frequentemente, a carga é transportada por empilhadeira de movimentação vertical com forquilha (*Fork Lift Truck* ou FLT) para galpões de trânsito ou pátios de estocagem, em função de suas dimensões e da necessidade de proteção. Esses últimos estão ligados aos vários modais de transporte, seja para exportação, ou para importação. A estocagem em armazém é utilizada para cargas com longas estadias.

Os requisitos dos sistemas de movimentação de cargas nos portos, como o número de unidades de cada categoria

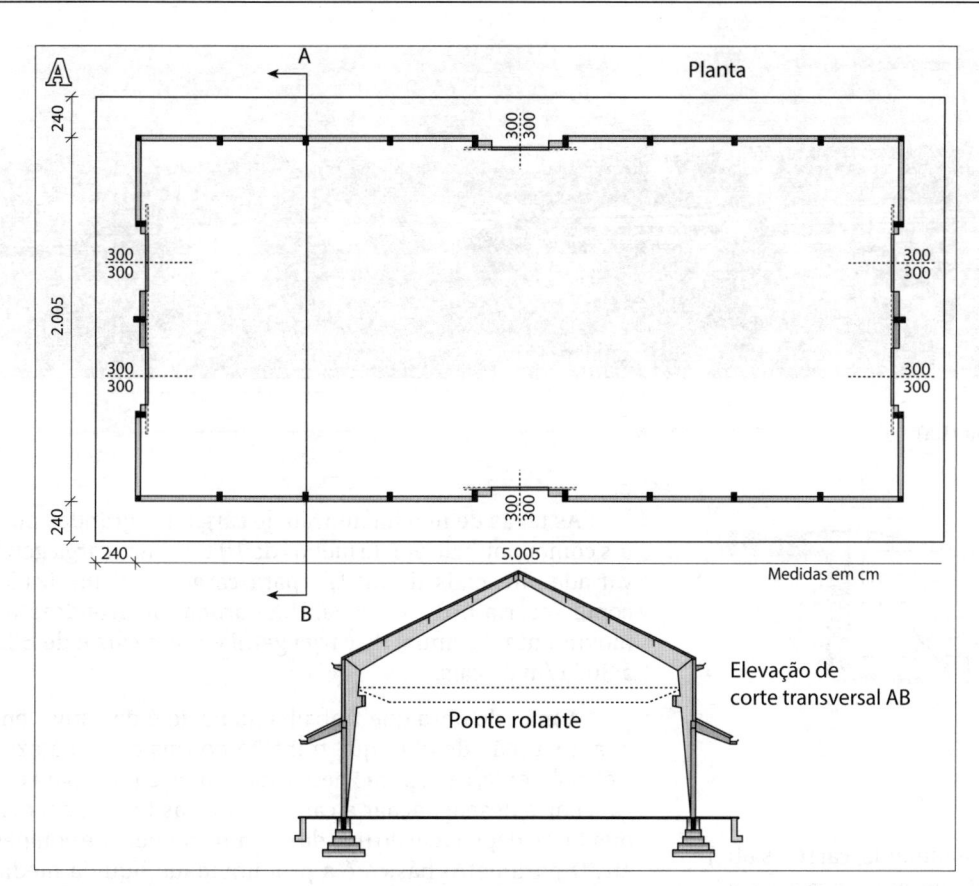

Figura 15.2
(A) Armazém típico para cargas gerais (planta e corte).
(B) Planimetria do arranjo de plataforma para caminhão e exemplo de espaço necessário para os caminhões.

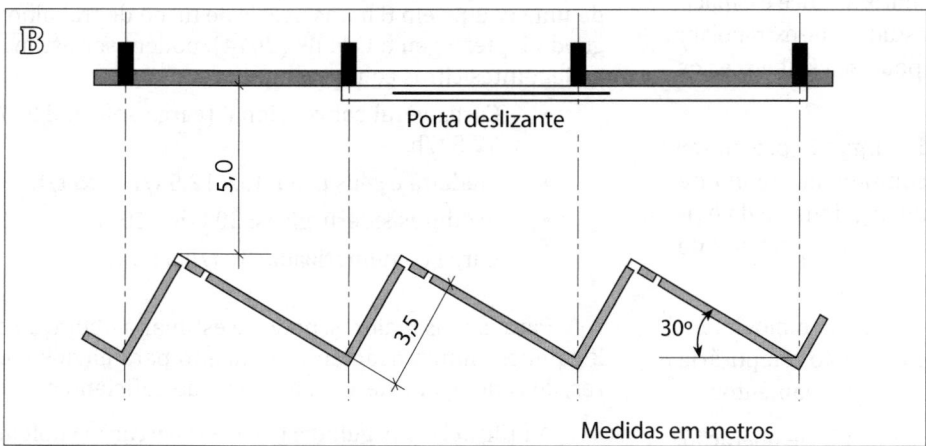

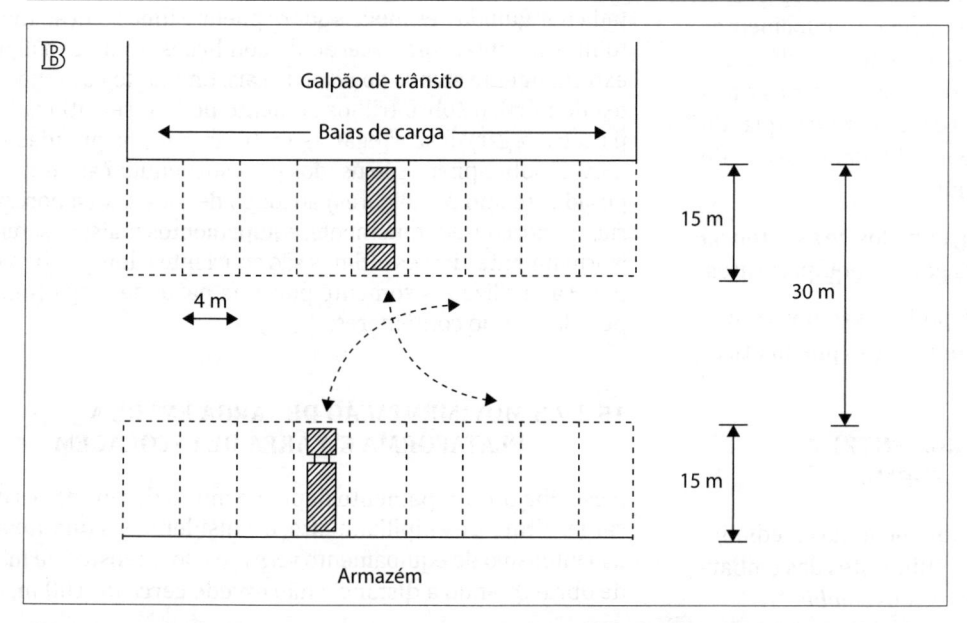

Figura 15.2
(C) Cais de carga geral do Porto de Salvador (BA).

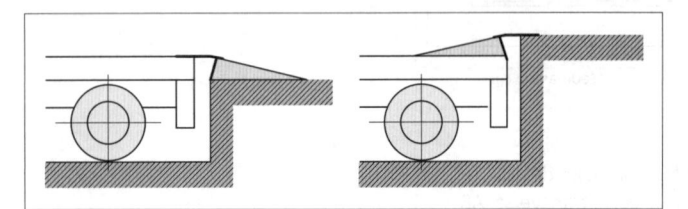

Figura 15.3
Ajustamento da altura da plataforma.

de equipamento (guindastes, empilhadeiras, carretas etc.) requerido, sua capacidade de erguimento, alcance e capacidade de carregamento, dependem de estudos que extrapolam os objetivos deste texto. No entanto, pode-se estabelecer os seguintes princípios:

- Os sistemas de movimentação de carga não devem ser planejados de modo que um componente tenha de aguardar por outro, por exemplo, o guindaste da embarcação não deve movimentar carga diretamente de uma empilhadeira.

- A carga deve ser disposta na plataforma e movimentada a partir dali. Tal estocagem-pulmão temporária economiza tempos de operação dos equipamentos.

- Os equipamentos devem ter versatilidade de operação. Assim, um maior número de unidades de equipamentos para uso múltiplo é frequentemente uma melhor solução do que um número muito menor de vários tipos diferenciados de equipamentos especializados, quando se consideram capacidade, disponibilidade, custos de investimento, operação e manutenção.

- Deve-se dispor de serviços organizados de assistência técnica e peças sobressalentes para os equipamentos.

- Os modos de movimentação podem ser horizontal, vertical, por bombeamento e por sucção pneumática.

15.2.7.2 MOVIMENTAÇÃO DE CARGA ENTRE A EMBARCAÇÃO E A PLATAFORMA

As embarcações têm suas cargas movimentadas mediante guindastes de pórtico sobre trilhos, guindastes das embarcações, ou guindastes móveis sobre pneus *(mobiles)*.

As taxas de movimentação de carga nos grandes portos comerciais variam de menos de 10 t/h, para carga geral variada, até mais de 30 t/h para carga geral unitizada, como sacaria pré-amarrada. Uma ordem de grandeza da movimentação anual de carga geral em um cais é de 600 a 800 t/m de cais.

A mão de obra que trabalha no navio é da estiva, enquanto a mão de obra que trabalha no cais é a capatazia. Normalmente, cada porão necessita de uma equipe para enganchar e desenganchar a carga. Assim, as taxas de movimentação dependem do tipo de carga, do número de equipes etc. O parâmetro básico é a produtividade líquida média de uma equipe em 8 horas usuais de turno de trabalho. Segundo Ligteringen e Velsink (2014), podem ser estimadas as seguintes cifras como exemplo:

- Carga geral convencional (carga solta): 8,5 t/h a 12,5 t/h.

- Madeira e seus produtos: 12,5 t/h a 25 t/h.

- Produtos siderúrgicos: 20 t/h a 40 t/h.

- Carga conteinerizada: 30 t/h a 55 t/h.

Para navios maiores, pode-se estimar a operação com 3 equipes simultaneamente, enquanto para navios menores, de cabotagem, de 1 a 2 equipes são suficientes.

A utilização dos guindastes da embarcação suplementada por guindastes móveis sobre pneus é uma solução muito interessante, com exceção de condições de nível d'água extremamente abaixo do nível do cais. Enquanto os guindastes de pórtico sobre trilhos somente podem ser utilizados para carregar/descarregar as embarcações, os guindastes móveis sobre pneus são usados para suspender cargas mais pesadas (como contêineres) ao longo de toda a área portuária, sendo, consequentemente, equipamentos mais versáteis. Normalmente, desses últimos são suficientes dois por berço, pois são utilizados somente por uma parte da carga (mais pesada), como contêineres.

15.2.7.3 MOVIMENTAÇÃO DE CARGA ENTRE A PLATAFORMA E A ÁREA DE ESTOCAGEM

A escolha do equipamento depende muito das unidades de carga, altura de empilhamento, e considerações quanto ao uso intensivo de equipamento *versus* o uso intensivo de mão de obra. Quando a distância não excede cerca de 100 m, as empilhadeiras são normalmente as preferidas. Para maiores distâncias, preferem-se as carretas.

Os galpões de trânsito são posicionados na proximidade do cais e o transporte é normalmente realizado por FLTs, com pelo menos três equipes. Para distâncias de transporte superiores a 100 m, o *Multi Trailer System* (MTS), consistindo de até cinco *trailers* interconectados e puxados por um trator de pátio, torna-se atrativo, ficando as FLTs na função de carregar/descarregar os *trailers*. Segundo Ligteringen e Velsink (2014), recomendam-se duas FLTs por porão, dois tratores e oito *trailers* para atender à produtividade. Na área de estocagem, um ou dois *mobiles* e mais algumas FLTs são necessários para atender à movimentação de carga.

Nos terminais de carga geral contemporâneos, a conexão com ferrovia localiza-se na retaguarda do terminal, enquanto os caminhões têm acesso à área de estocagem pelas vias internas. Para acessibilidade à navegação interior, as barcaças são normalmente movimentadas nos cais marítimos.

15.2.7.4 MOVIMENTAÇÃO NO INTERIOR DAS ÁREAS DE ESTOCAGEM EM TRÂNSITO

Nas áreas de estocagem cobertas, predominam empilhadeiras, esteiras transportadoras e trabalho manual. Nos pátios de estocagem a céu aberto, os guindastes móveis e as empilhadeiras são utilizados preferencialmente.

15.2.7.5 CARACTERÍSTICAS DE OPERAÇÃO DOS EQUIPAMENTOS

Na Tabela 15.3 estão mostradas características, vantagens e desvantagens de algumas categorias comuns de equipamentos de movimentação de carga.

Na Figura 15.4 estão apresentadas características típicas de empilhadeira e de sua operação. Na Figura 15.5 apresenta-se a evolução das carretas rodoviárias nos últimos 10 anos no Brasil.

Na Figura 15.6 apresentam-se três instalações típicas de cais de carga geral.

15.2.7.6 DETALHES DE PROJETO DO BERÇO

Nos grandes portos comerciais, a operação de movimentação de cargas é realizada durante as 24 horas do dia, exigindo adequada iluminação das áreas, que são dotadas de torres de iluminação. Na Figura 15.7, observam-se operações portuárias noturnas. As estruturas de atracação e acessibilidade devem estar equipadas com iluminação suficientemente adequada durante todo o período de operação no berço e à noite contra ações criminosas (THORESEN, 2014).

Define-se como intensidade padrão de iluminação o mínimo valor da intensidade média de iluminação no pavimento, ou superfície do chão, a ser mantida para a funcionalidade requerida. As intensidades padrão para as principais instalações externas são as seguintes:

Cais, incluindo as instalações de atracação para passageiros ou veículos e barcos de lazer: 100 lx. Sendo que para outras instalações de atracação utiliza-se 30 lx, podendo-se reduzir para 20 lx para cargas não perigosas.

Pátios para contêineres e carga geral: 20 lx.

Rampas para embarque de passageiros e veículos: 75 lx, podendo ser reduzida para 20 em outras passagens.

Em razão do grande consumo de energia nas instalações portuárias, linhas elétricas de alta tensão devem garantir o adequado suprimento, se possível permitindo autonomia de continuidade de abastecimento durante 24 horas (Figura 15.8).

Tabela 15.3			
Equipamento para movimentação de carga geral			
Tipo	**Características gerais**	**Vantagens**	**Desvantagens**
Empilhadeiras	Capacidade: 2-45 t Erguimento: 2,5-5 m	Indicada para erguimento, transporte a curta distância, carga e empilhamento.	Altas cargas nas rodas dianteiras.
	Acionamento: Gasolina Diesel Elétrica Gás	Aceleração. Longa vida. Ausência de poluição do ar. Preferida para trabalhos no porão dos navios.	Monóxido de carbono nos gases de escapamento. Recarga de baterias demorada no caso do acionamento elétrico.
Tipo	**Características gerais**	**Vantagens**	**Desvantagens**
Guindastes móveis sobre rodas pneumáticas	Capacidade: 2-40 t	Versátil: pode ser usado onde necessário e para todos os tipos de cargas.	Somente para erguimentos estacionários, não usado para transporte de cargas. Patolas são normalmente usadas nas operações. Cabine do operador muito baixa para os operadores olharem para baixo no porão do navio, devendo fiar-se na sinalização da tripulação do navio.
Cavalos motores e *trailers*	HP: 50-100 Capacidade: 10-20 t	Barato e relativamente fácil de manter.	Somente para transporte horizontal, devendo ser suplementado por equipamento de erguimento.

Figura 15.4
(A) Características típicas de
empilhadeira para 3 t de movimentação.
(B) Movimentação de fardos no Portocel
em Barra do Riacho, Aracruz (ES).

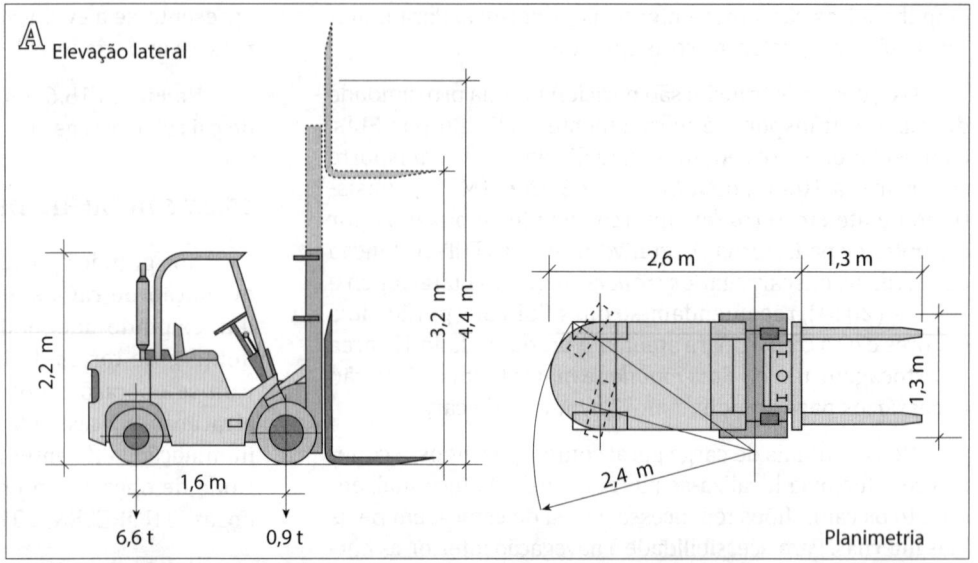

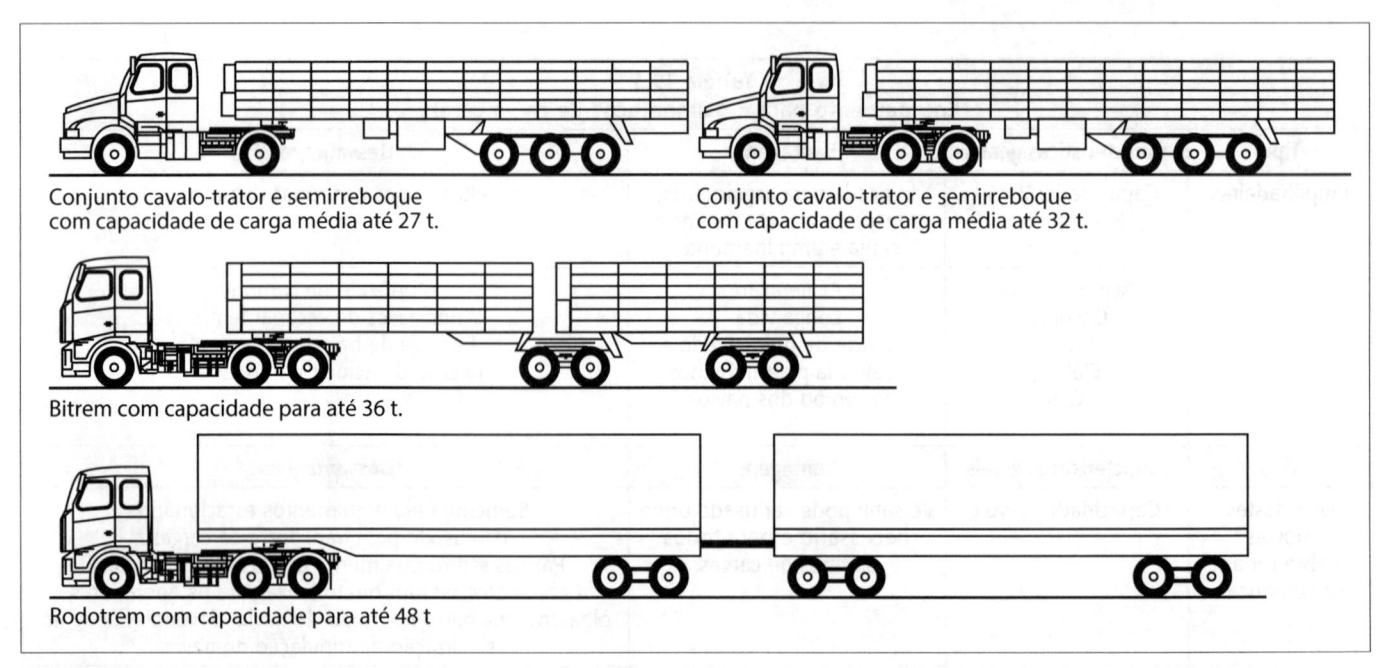

Conjunto cavalo-trator e semirreboque
com capacidade de carga média até 27 t.

Conjunto cavalo-trator e semirreboque
com capacidade de carga média até 32 t.

Bitrem com capacidade para até 36 t.

Rodotrem com capacidade para até 48 t

Figura 15.5
Evolução do equipamento rodoviário
da década de 1990 à de 2000.

Figura 15.6
(A) Vista aérea do Berço 103 do Porto de Itaqui da EMAP em São Luís (MA).
Cais e pátio com lingotes de alumínio para embarque; ao fundo, silo vertical
de grãos.
(B) Plataforma de operações do Cais do Porto de São Sebastião (SP).
(C) Cais e pátio para movimentação de papel no Porto de Riga (Letônia).

Figura 15.7
(A) Píer III do Complexo Portuário de Ponta da Madeira da Vale em São Luís (MA). Operação portuária noturna no Píer III.
(B) Porto de Itaqui (EMAP) em São Luís (MA). Operação portuária noturna.

Figura 15.8
(A) Torre Grande no Porto de Santos (SP).
Suprimento autônomo de energia elétrica
para o porto.

Figura 15.8
(B) Pequena Central Hidroelétrica (PCH) de Itatinga do Porto de Santos (SP) (14 MW), que se conecta ao porto por 30 km de linha de transmissão.

Quanto ao suprimento de potência elétrica (THORESEN, 2014), somente devem ser empregados cabos subterrâneos de suprimento de baixa e alta voltagem para as instalações portuárias, guindastes, iluminação etc. A cobertura de terra para esse sistema deve ser de aproximadamente 0,8 m a 1 m. Os pontos de conexão de potência ao longo da frente do berço deverão ser em intervalos entre 50 e 200 m, em função do tipo de atividades realizadas no berço. A entrega da potência elétrica às embarcações atracadas torna possível desligar os motores do navio, mantendo um suprimento da ordem de 50 a 100 kW, aproximadamente o equivalente a uma residência de grandes dimensões. Quanto à voltagem e à frequência, também são similares ao suprimento elétrico urbano, isto é, 110, 230 ou 400 V em 50 ou 60 Hz.

Quanto ao abastecimento de água bruta e potável, pelo menos duas linhas independentes são necessárias para cada seção de terminal ou porto. Os hidrantes devem estar instalados em intervalos de aproximadamente 100 a 200 m e, em áreas mais frias, o sistema de tubulações deve estar locado com suficiente recobrimento de terra para proteção contra o congelamento (THORESEN, 2014).

Os sistemas de drenagem para as estruturas do berço e áreas do terminal podem ser divididos em sistemas em conduto forçado e livre. No sistema em conduto forçado, a água pode estar poluída, por exemplo, por derrame de óleo em berços de granéis líquidos, devendo a água superficial ser coletada por um sistema de drenagem separado para tratamento. No sistema em condutos abertos, a superfície superior da estrutura do berço e terminal devem ser projetadas para permitir que os jatos das ondas e das águas pluviais sejam drenados diretamente para o porto. As declividades devem situar-se entre 40 (H) : 1 (V), para áreas com previsão de recalques diferenciais, 60 (H) a 100 (H) : 1 (V),

para áreas sem riscos de recalque (THORESEN, 2014). A distância mínima da tubulação abaixo da espessura da plataforma para desaguar é de 50 mm, sendo desejável 100 mm. Esse recolhimento pode se dar por ralos, com coleta radial, ou mais eficientemente por canaletas longitudinais horizontais com fendas (bocas de lobo horizontais em concreto de alta resistência), que permitem recolher 35 l/s para distâncias mínimas de 50 m entre as descargas de extravasão. As peças para acesso nas inspeções e saídas devem ser de ferro fundido com possibilidade de serem fechadas e abertas/suspensas, para facilitar a remoção de objetos indesejáveis que tenham caído na rede. Esse sistema tem vantagens com relação ao de grelha contínua porque, com trânsito pesado, este último acarreta muita manutenção.

A disposição de esgoto na área do porto deve ser suprida por um sistema de esgotamento especial e ligado à rede municipal ou a uma instalação de tratamento dedicada.

Os interceptores de óleo e combustível devem ser dispostos em linhas de tubulação especiais.

Escadas de acesso devem ser dispostas em intervalos de 50 m ao longo da frente acostável da estrutura do berço (THORESEN, 2014). Para ser acessível a partir da água, a escada deve se estender até a cota de 1 m abaixo da Lowest Astronomical Tide (LAT). Para prover suficiente resistência, a escada deve ser dimensionada para uma carga horizontal e vertical de 1,0 kN/m.

Guarda-corpos (*handrails*) e *guardrails* devem ser providenciados de ambos os lados das calçadas e na parte da estrutura propriamente dita do berço se eles não interromperem a movimentação da carga ou o plano de amarração dos navios. O topo dos guarda-corpos e *guardrails* devem estar pelo menos a 1,0 m acima da laje do berço (THORESEN, 2014).

Ao longo das extremidades dos berços, devem ser previstos meios-fios, ou de concreto ou de trilhos usados, para prevenir, por exemplo, que veículos escorreguem para a água. Devem ter pelo menos 200 mm de altura e projetados para uma carga localizada de 15 a 25 kN, dependendo do tipo de tráfego (THORESEN, 2014).

Equipamentos de salvatagem devem ser instalados nas estruturas dos berços, especialmente nas extremidades dos píeres. Recomenda-se que as correntes que suportam as boias circulares do lado do mar estejam situadas entre as escadas. As correntes devem se estender até a cota de 1,0 m abaixo da LAT com cerca de 30 m de linha flutuante.

As pavimentações devem ser duráveis e de alta performance, principalmente nos terminais de carga seca. Elas podem ser de asfalto, concreto pré-moldado e de blocos de concreto. Corretamente construídos, tendo em vista também a adequação da sub-base e da base, os pavimentos garantem as seguintes vantagens: bom desempenho, custo econômico, baixa manutenção e alta durabilidade. As dimensões requeridas e materiais usados nas diferentes camadas vão depender das condições do *subgrade*, tendo em vista as cargas e condições de tráfego esperadas. Dentro de limites econômicos, devem ser empregados os materiais de melhor qualidade, por exemplo, para suportar 100 kN/m^2 de carga móvel e 1.000 kN de carga axial localizada, isto é, a base para uma pavimentação de concreto deve ser conservativa. A base para uma pavimentação asfáltica deve adequar-se às normas nacionais.

Genericamente, as seguintes diretrizes e recomendações devem ser seguidas para a construção da sub-base e da base (THORESEN, 2014):

– Estabilidade mecânica da sub-base/base: o material na base deve ser construído com pedra britada graduada aproximadamente entre 0 e 30 mm (máxima gradação de 0 a 60 mm). A espessura dessa camada deve estar entre 100 e 150 mm. Quando do uso de sub-base, o material deve estar aproximadamente entre 0 e 60/200 mm.

– Outros materiais para a base: asfalto ou cimento estabilizador.

– Tolerância na elevação: a tolerância na espessura da base superior é de mais ou menos 10 mm para se obter a máxima estabilização.

– Os materiais devem corresponder aos requisitos de qualidade das normas nacionais.

Segundo Thoresen (2014), uma construção típica para um *subgrade* muito bom, com California Bearing Ratio (CBR) de 25% ou mais, pode ter, aproximadamente, 45 cm de camada de base superior (5 cm de espessura de pedra britada de 0 a 30 mm), base inferior (10 cm de espessura de pedra britada de 0 a 60 mm) e sub-base (30 cm de pedra britada de 0 a 150 mm). Para um *subgrade* de moderada resistência, com CBR de 10%, passa-se a 80 cm de camada (espessuras de 5, 15 e 60 cm, respectivamente) e uma

geogrelha. Para um *subgrade* de muito pobre resistência, com CBR de 5%, passa-se a 100 cm de camada de base (20 cm de espessura de cimento ou asfalto estabilizador), sub-base superior (20 cm de pedra britada de 0 a 80 mm), uma geogrelha, sub-base inferior (60 cm de pedra britada de 0 a 150/200 mm), outra geogrelha e um geofiltro.

Entre a base e a pavimentação, existe a camada de assentamento (*bedding layer*) de cerca de 3 cm de areia, devendo seguir as recomendações (THORESEN, 2014):

– Pedregulhos britados entre 0 e 8 mm, no máximo de 0 a 11 mm.

– Camada compactada com espessura média de 30 mm, admitindo-se desvios máximos de ± 10 mm.

– O material deve ser umedecido ao fim da compactação.

– Materiais apropriados para obtenção de boa drenagem.

– Materiais devem atender aos requisitos de qualidade das normas locais.

Segundo Thoresen (2014), todos os tipos de pavimentação apresentam o problema de ceder junto a estruturas sólidas, como fundações e placas de concreto, drenos etc., devido às dificuldades de uma adequada compactação da base. Esse problema aparece normalmente após longo período de uso. Para manter o caimento apropriado, a pavimentação deve ser construída com uma sobrelevação próximo às estruturas. Assim, um aumento da espessura da camada de assentamento pode ser deixado em aproximadamente 10 mm gradualmente em 1 m a 2 m.

Quanto aos tipos de blocos a empregar, a experiência tem mostrado que os blocos intertravados de concreto, com 8 a 12 cm de espessura, têm capacidade de resistir a cargas mais altas do que o concreto asfáltico, particularmente em dias quentes, quando os suportes dos contêineres ou seus cantos podem penetrar no asfalto (THORESEN, 2014). Uma alternativa para esse último tipo de pavimentação é o emprego de espessas placas de aço sobre o asfalto nestes pontos.

Em relação ao assentamento dos blocos de concreto intertravados, podem ser convenientemente assentados por máquinas de assentamento (rendimento de 1.000 m^2 de pavimentação em 10 h de trabalho em áreas maiores que 2.000 a 3.000 m^2) e verifica-se que sua performance é otimizada se sua direção de junção esteja rotacionada de 45° com relação à direção do tráfego. Além disso, para a obtenção de uma maximização do intertravamento, as juntas entre blocos devem ser menores do que 5 mm, preferencialmente, de 2 mm a 3 mm, devendo estar completamente preenchidas de areia seca com emprego de vibrador (THORESEN, 2014). Caso não haja um padrão de encaixe linear (Figuras 15.48 (B)), preferir o assentamento em formato de espinha de peixe (Figuras 15.6 (B) e 15.81 (A)).

Quanto à instalação dos trilhos dos guindastes na superfície do cais, no passado, para a proteção dos cabos elétricos para o guindaste, que devem sempre estar do lado do mar do trilho do guindaste, placas de aço longitudinais articuladas eram usadas para cobrir a bandeja dos cabos. Tratava-se de um sistema pesado que necessitava de muita manutenção, como o engraxamento das dobradiças. O sistema em si exigia fortes guias nos guindastes para abrir e fechar as placas e, frequentemente, as placas ficavam abertas, sendo danificadas pelo próprio guindaste em seu retorno de posição ou por outro veículo que colidisse com elas (THORESEN, 2014). Um novo sistema, o *Panzerbelt*, é um cinturão de borracha composto por diferentes camadas para aumentar sua resistência e garantir operação segura em qualquer condição climática. O perfil metálico da canaleta associada é facilmente instalado na concretagem do berço, bem como dispõe de uma cobertura de aço armado com borracha. Trata-se de um sistema que permite proteção mais segura dos cabos, facilita o içamento dos cabos pelo cinturão, proporciona a redução do ruído de abertura e fechamento dos vãos e o aumento da velocidade dos guindastes, não apresenta problemas para a passagem de outros veículos sobre a canaleta, tem flexibilidade em clima mais frio e não requer grande manutenção.

Nas terminações das linhas de guindastes, é necessária a instalação de blocos de fim de curso (*stopper*).

Nas Figuras 15.9 a 15.11 estão mostradas instalações portuárias dotadas de guindastes de pórtico sobre trilhos e sobre pneus (*mobiles*), bem como cábreas, guindastes flutuantes de grande capacidade de içamento.

Figura 15.9
(A) Guindaste com pinçante de capacidade de içamento de 30 t no Terminal Marítimo de Belmonte (BA) para carregamento de barcaças com madeira em até 500 t/h.
(B) Carregamento de granito no Porto de Cabedelo (PB).

Figura 15.10
(A) Porto de Itaqui (EMAP) em São Luís (MA). Guindastes de pórtico e vagões ferroviários no Cais 102.
(B) Cábrea Pará (250 t) no Porto de Santos (SP). Equipamento com dimensões de 50 m de comprimento, 22 m de boca e 2,8 m de calado máximo, propulsão com dois motores Schottel e altura de içamento do moitão principal de 35 m para peso de até 250 tf, com giro de 360°.

Figura 15.11
Guindaste sobre pneus *(mobiles)* operando no Porto de Paranaguá (PR).

Na Figura 15.12 observam-se instalações para movimentação de papel e celulose em embarcações dotadas de pórticos com movimentação de conjunto de *frame* com engate/desengate pneumático (a nitrogênio).

Na Figura 15.13(A), observa-se a descarga de fertilizantes de navio com a utilização do guindaste da embarcação. Nas Figuras 15.13(B), (C) e (D), observa-se o carregamento de açúcar a granel (C) e em sacas por meio de duto cilíndrico com helicoide (D).

15.3 TERMINAIS DE CONTÊINERES

15.3.1 Considerações gerais

O tráfego de contêineres mundial tem seguido em crescimento constante desde 2009.

A evolução do porte dos conteneiros nos últimos dez anos seguiu uma rápida e impressionante escalada para atender ao mercado, atingindo-se a dimensão dos *Ultra Large Container Ships*, ou *Jumbo Vessels*, ou Megamaxes (conteneiros acima de 18.000 TEUs). Em março de 2017, foi entregue

Figura 15.12
(A) Vista do navio transportador de bobinas de papel jornal atracado no Porto de Santos (SP). A embarcação é dotada de pórticos com telhado para proteger o produto de chuva na movimentação e *frame* com engate/desengate pneumáticos.
(B) Movimentação de bobinas de papel jornal no Porto de Santos (SP).
(C) Cais do Portocel em Barra do Riacho, Aracruz (ES). Movimentação por empilhadeira do porto e içamento de embarque por meio do pórtico do navio dotado de *frame* com engate/desengate pneumáticos.

Figura 15.13
(A) Descarga de sacas de fertilizantes com o guindaste do navio. Porto de Paranaguá (PR).
(B) Carregamento de açúcar a granel no Porto de Santos (SP).
(C) Carregador automatizado de sacas de açúcar no Porto de Santos (SP).
(D) Carregamento automatizado de sacas de açucar no Porto de Santos (SP).

o primeiro conteneiro de 20.179 TEUs, o MOL Triumph, com 400 m de comprimento, 59 m de boca e pontal de 32,8 m. Em abril de 2017, o conteneiro Madrid Maersk foi entregue, tendo capacidade para 20.568 TEUs, com 399 m de comprimento e 59 m de boca. Em maio de 2017, o OOCL Hong Kong, da Orient Overseas Container Line, quebrou a barreira dos 21.000 TEUs, com 400 m de comprimento e 59 m de boca e capacidade para 21.413 TEUs, custando cerca de US$ 1 bilhão. A expectativa é de que os conteneiros Megamaxes crescerão ainda mais, talvez gerando uma nova classe. A característica desses navios gigantes é estarem limitados a calados de 21 m, que é o maior calado admissível para passar pelos Estreitos de Malacca (navios Malaccamax).

A adequação dos terminais, para acompanhar o crescimento do porte dos conteneiros, seguiu as diretrizes de aumento da produtividade dos portêineres (já com lanças de 60 m além da linha de atracação) e a automatização completa com controle remoto desde a movimentação das pilhas até os portêineres.

Os terminais de contêineres (TECONs) são, em princípio, instalações de trânsito facilitado na interface entre o transporte aquaviário e o terrestre. Os contêineres desembarcados devem continuar o seu percurso até o destinatário logo após sua chegada ao terminal. O processo alfandegário dos contêineres lacrados deve-se dar com a autorização do destinatário ou em instalações alfandegadas próximas ao local da entrega. Os contêineres cheios (consolidados) a serem embarcados devem chegar ao terminal não muito antes de a embarcação zarpar.

A unitização de cargas representa a racionalização da movimentação de carga contemporânea, consolidando a carga em grandes unidades passíveis de movimentação mecânica. Há dois sistemas principais de unitização de carga: os contêineres e os *pallets*.

A uniformização e a modulação da carga solta em comprimentos de 20 e 40 pés, com largura de 8 pés, fizeram com que se adotasse a unidade equivalente (TEU) em 20 pés (o contêiner de 40 pés corresponde a 2 TEUs = 1 FEU). A Tabela 15.4 mostra as características dos contêineres padrão ISO mais utilizados. Observe-se que o contêiner não pode ser carregado no seu peso máximo com carga de alta densidade, sendo que, na prática, a carga útil é da ordem de 10 t para 1 TEU e 17,5 t para 1 FEU.

Medidas constantes na Tabela 15.4

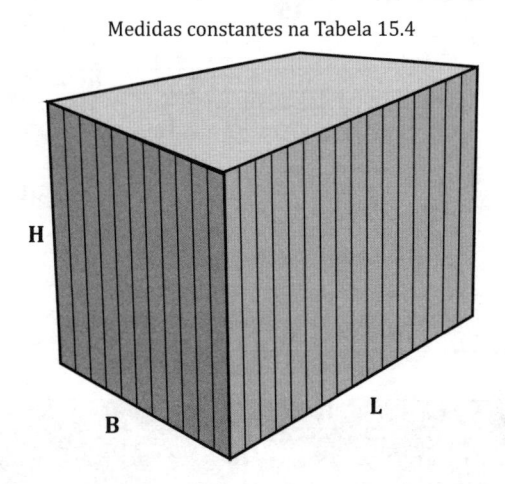

Além dos contêineres normais, existem os contêineres especiais, que requerem estocagem separada dos demais:

- Refrigerados *(reefers)*, que necessitam de suprimento de energia do navio e do terminal.

- Contêineres-tanque, com armação de quadros abertos em torno de um tanque, devendo ser estocados separados dos demais no pátio com as precauções de segurança para uma carga de risco.

- Chatos, constituídos de uma plataforma com as fixações nos cantos, sendo utilizados para carga de peças de grandes dimensões que não possam ser acomodadas em caixa, embora atendam aos requisitos de dimensão da carga útil.

Também existem contêineres não padronizados:

- Comprimento alongado *(oversize)* além de 40 pés, sendo o mais usado o de 45 pés.

- Cubos altos *(high cubes)* além de 2,60 m.

- Largura maior, além de 2,44 m.

É relevante salientar que os contêineres não padronizados trazem inconvenientes na concepção do sistema de unitização, pois vão contra os seus princípios. Não podem ser colocados nos porões, pois não se adaptam às guias das células dimensionadas para os padrões ISO, tendo de viajar no convés, além de exigirem armazenagem separada dos contêineres padronizados. O distribuidor *(spreader)*, que é o quadro que fica sob o carrinho do portêiner *(crane trolley)* ou do equipamento de pátio, deve ser ajustável a dimensões diferentes para atender às quatro travas giratórias nos cantos, o mesmo problema de fixação anterior para o transporte por via ferroviária ou rodoviária.

O sistema de *pallets* acomoda entre 1 e 3,5 m^3 e tem um peso entre 0,5 e 2 t. O transporte por *pallets* é muito sensível à distância de transporte quando comparado com o sistema de contêineres, cuja capacidade unitária em peso é

Tabela 15.4
Características dos contêineres

Comprimento (pés)	Material	L (m)	B (m)	H (m)	Peso do contêiner (t)	Peso de carga máxima (t)	Peso total máximo (t)	Volume interno (m³)
40	Alumínio	12,19	2,44	2,44	2,8	27,7	30,5	63,3
40	Alumínio	12,19	2,44	2,59	3,4	27,1	30,5	67,0
40	Alumínio	12,19	2,44	2,89	3,9	26,6	30,5	75,0
40	Aço	12,19	2,44	2,44	3,4	27,1	30,5	63,0
40	Aço	12,19	2,44	2,59	3,6	26,9	30,5	67,0
20	Alumínio	6,06	2,44	2,59	1,9	18,4	20,3	33,0
20	Aço	6,06	2,44	2,44	2,0	18,3	20,3	31,0
20	Aço	6,06	2,44	2,59	2,2	18,1	20,3	33,0

de 10 a 20 vezes superior para 1 TEU. As mais importantes economias associadas com os contêineres são aqueles derivados do tempo do ciclo do navio e nos custos de movimentação das cargas nos portos. Existe nesse sistema, então, um grande potencial de ganhos quando estes custos representam a maior proporção do total dos custos porto-a-porto.

15.3.2 Equipamentos do terminal de contêineres

Previamente à chegada do conteneiro, os contêineres a serem descarregados são identificados, bem como na pilha de exportação os contêineres a serem embarcados são arrumados de forma a serem levados na ordem correta. Assim que o navio estiver amarrado no cais, os contêineres acima do convés começam a ser removidos pelos portêineres.

Os portêineres (Figuras 15.14(A) e (B)) são normalmente movimentados sobre trilhos ou por guindastes sobre pneus que são patolados (Figuras 15.14(C) e 15.18) para a movimentação dos contêineres, e são os equipamentos de cais. Os contêineres a carregar e descarregados são posicionados no espaço entre as pernas frontais e de ré do portêiner, sendo carregados pelo veículo transportador entre o pátio e o cais. Os portêineres dispõem de uma lança que pode ser suspensa quando não opera para não interferir com o castelo dos navios na atracação. O *trolley* de içamento do distribuidor está acoplado à cabine de operações que o posiciona sobre o contêiner que se pretenda movimentar. Segundo

Figura 15.14
(A) Elevação transversal e frontal de um portêiner, adaptada de Ligteringen e Velsink (2014).
(B) Portêineres com duplo *trolley* no ECT Delta Terminal, no Porto de Rotterdam (Países Baixos).

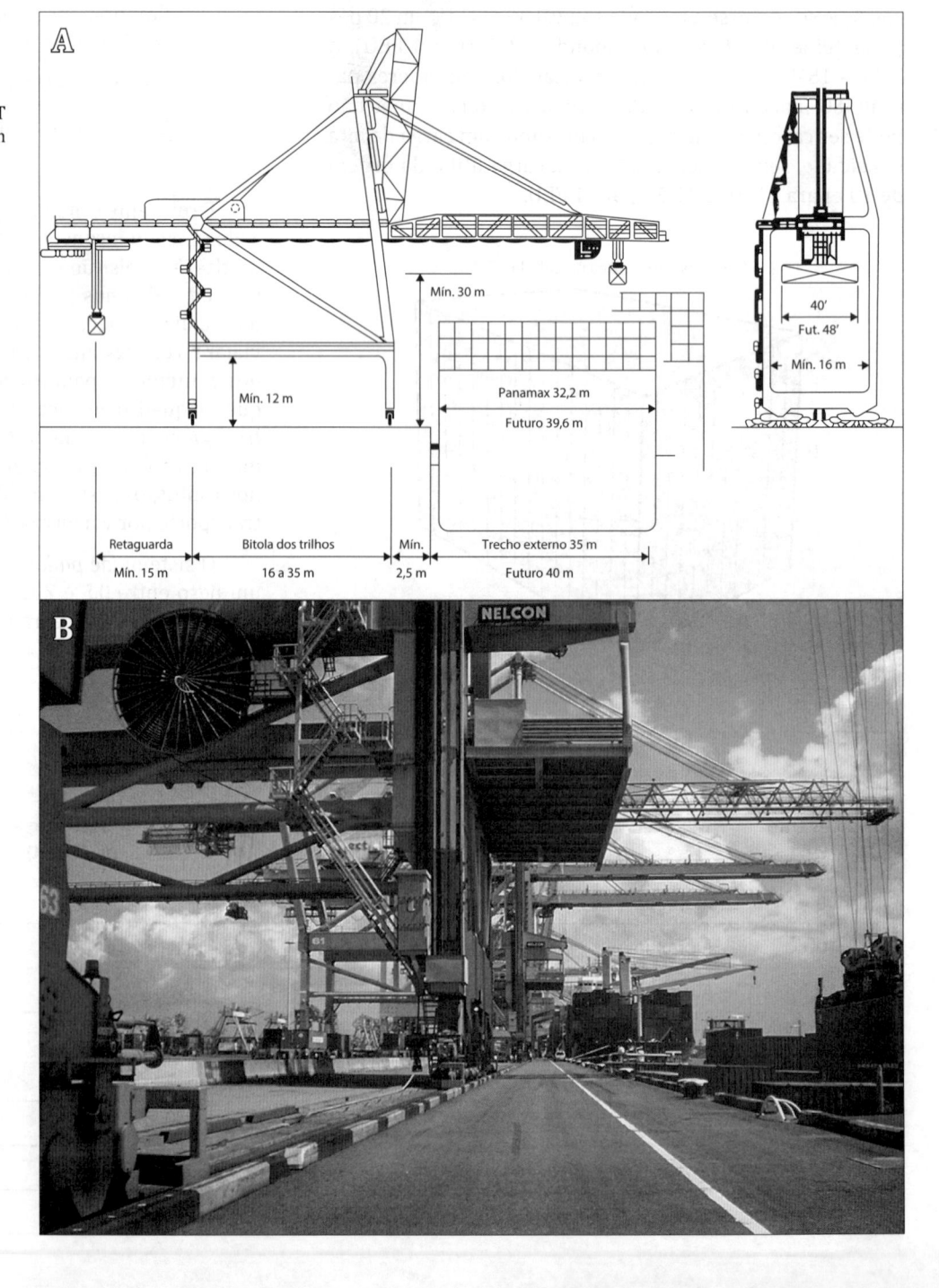

Figura 15.14
(C) Guindaste patolado (*mobile*) sobre pneus na plataforma de operações do Porto de Itaqui (EMAP) em São Luís (MA).

Ligteringen e Velsink (2014), atualmente os portêineres têm as seguintes dimensões características:

- Capacidade de içamento: de 40 t a 80 t ou mais, de modo a movimentar 2 FEUs.

- Comprimento da lança: chega a 60 m nos terminais concentradores (*hub*).

- Espaçamento de trilhos: variando de 15 m a 35 m.

- Largura mínima entre as pernas de vante e ré: no mínimo 16 m para permitir a passagem de contêineres não padronizados.

- Produtividade: picos de 40 a 50 movimentos por hora, médias de 20 a 30 movimentos por hora. Considerando a proporção típica entre contêineres de 1 TEU e 1 FEU, bem como o tempo em que o portêiner não está ativo (ocioso, em manutenção ou reparos), a produtividade anual de um portêiner atinge algo em torno a 135.000 TEUs/ano em portos como Hamburg e Le Havre.

Na Figura 15.15(A), visualiza-se navio semissubmersível transoceânico atracado para a operação de descarga de portêineres, e na Figura 15.15(B), os portêineres já em operação.

Estes são os equipamentos mais utilizados entre o cais e o pátio de estocagem e vice-versa (em terminais de baixa capacidade, também são usados no pátio), em ordem de sofisticação (LIGTERINGEN; VELSINK, 2014):

- Empilhadeira de movimentação vertical com forquilha (*Fork Lift Truck* ou FLT), apropriada para movimentar contêineres de 1 TEU, como carga útil média. Por esse motivo, os contêineres de 1 TEU têm duas canaletas retangulares em seu fundo, de modo que as forquilhas possam passar por baixo. FLTs mais avançadas dispõem de distribuidores, que suspendem o contêiner pelo seu topo (Figura 15.16(A)). Além dessa limitação, necessita de acessos laterais a uma pilha no pátio, exigindo que estas tenham 2 larguras de contêiner (lado a lado), o que exige muito espaço entre as pilhas. Desse modo, é frequente seu uso para somente movimentar contêineres vazios ou em terminais multipropósito com limitada movimentação e muito espaço.

- Empilhadeira *reach stacker*, que dispõe de uma lança com distribuidor, que movimenta o contêiner pelo topo (Figura 15.16(B)). Assim, tem a vantagem de alcançar a segunda fileira de uma pilha de contêineres lado a lado, que pode ser composta por 4 contêineres lado a lado. Ainda exige um espaço amplo entre as pilhas, além de exercer alta carga sobre o pavimento com suas rodas frontais, exigindo pavimentação reforçada.

- Chassis em *trailers* individuais para utilização somente no pátio, em que são movimentados por cavalos mecânicos. Os contêineres são estocados no próprio chassis, tendo, portanto, limitado espaço disponível.

- Transtêiner (*Stradle Carrier* ou SC) operando em pilhas de contêineres separadas por faixas suficientemente largas para a passagem das pernas e dos pneus do SC. Permite operação até o empilhamento de 3 contêineres, ficando o operador/condutor em cabine no topo.

Figura 15.15
(A) Chegada de portêineres no Terminal da BTP no Porto de Santos, (SP).
(B) Terminal da BTP em operação, Porto de Santos (SP).

Figura 15.16
(A) *Fork Lift Truck* com *spreader* desengatando contêiner sobre carreta.

Figura 15.16
(B) *Reachstacker* do Terminal de Contêineres do Porto de Suape (PE) em proximidade de RTG operador de pilha. Carreta sob o RTG.

Nos terminais de alta capacidade, as funções de transporte e empilhamento são frequentemente separadas, destacando-se para o transporte:

- *Multi Trailer System* (MTS) consistindo de até cinco *trailers* interconectados e puxados por um trator de pátio, com a vantagem da redução significativa do número de condutores.

- Veículo guiado automaticamente (*Automated Guide Vehicle* – AGV) que segue trajetórias padronizadas no pavimento (Figura 15.17(C)), sendo controlado remotamente a partir de uma central de operações, o que permite substancial redução de mão de obra. Apresenta, com o tempo, o inconveniente de rápido desgaste do pavimento com a formação de depressões em correspondência das rodas, exigindo pavimentação reforçada.

- *Lift*-AGV, que posiciona o contêiner em uma plataforma para ser transportado por um ASC (*Automated SC*), conferindo alta movimentação de carga (Figura 15.17(C)).

Os equipamentos mais utilizados no pátio são:

- Pórtico sobre pneus (*Rubber Tyred Gantry* – RTG), usualmente utilizado em estocagens de até quatro contêineres de largura e dois de altura nominal (Figuras 15.16(B), 15.17 e 15.20). Podem ser deslocados em diferentes pilhas, mas exigem boas condições de suporte do terreno pelas altas cargas sobre o pavimento.

- Pórtico montado sobre trilhos (*Rail Mounted Gantry* – RMG), indicado para terreno de menor capacidade de suporte, pois os trilhos distribuem melhor a carga comparativamente ao RTG. Tem um grande vão entre as pernas, permitindo sua utilização em pilhas de largura de até dez contêineres.

- Guindaste de ponte suspensa (*Overhead Bridge Crane* – OBC), em que o guindaste se movimenta em trilhos em vigas suportadas por colunas de concreto armado em altura de 18 m do pavimento.

- Guindaste automático de empilhamento (*Automated Stacking Crane* – ASC), que opera em conjunto com os AGVs e permite operação em pilhas de estocagem de até cinco contêineres de largura e até quatro contêineres de altura (Figura 15.17(C)).

O transporte do pátio para o estacionamento de caminhões (e vice-versa) é efetuado principalmente por SCs, enquanto para ferrovia e hidrovia são utilizados diferentes equipamentos, dependendo da distância.

Com o incremento das movimentações de cargas nos portos, é crescente a automação nos principais portos do mundo, particularmente no que diz respeito à movimentação de contêineres. Os portos de Hamburg (Alemanha) e Rotterdam (Países Baixos) estão entre os que lideram esse campo. Como exemplo, o ECT Delta Terminal, no Porto de Rotterdam, dispõe de um grande parque de equipamentos automatizados, como os reboques automáticos (AGVs) e os transtêineres automáticos (*Automatic Straddle Carrier* – ASC), conforme mostrado nas figuras. Os AGVs transportam o contêiner entre o navio e as pilhas na retroárea, e vice-versa, sem a presença de operadores. Os ASCs, da mesma forma, movimentam, carregam e descarregam os contêineres no pátio. Os portêineres com duplo *trolley* são semiautomatizados (Figura 15.14(B)); enquanto uma mesa opera a bordo, a outra, sem operador, carrega ou descarrega o contêiner na retaguarda do portêiner.

Figura 15.17
(A) RTG operador de pilhas no Terminal de Contêineres do Porto de Paranaguá (PR).
(B) RTG no TCL do Porto de Leixões (Portugal).
(C) AGVs transportando contêineres sob a mesa (*trolley*) automatizada do portêiner (em primeiro plano) e ASC sobre as pilhas na retroárea (ao fundo) no ECT Delta Terminal, no Porto de Rotterdam (Países Baixos).

15.3.3 Cota e largura da plataforma

15.3.3.1 CONSIDERAÇÕES GERAIS

A cota da plataforma deve, em princípio, seguir a mesma recomendação dos berços para carga geral. Normalmente a plataforma também é contínua ao longo do comprimento das embarcações, como no caso dos berços de carga geral. A largura da plataforma é fundamentalmente dependente do portêiner, exigindo um espaço de 20 a 50 m, dependendo dos modelos. Entre a plataforma e o pátio de estocagem de contêineres, deve haver uma via de rodagem para o equipamento móvel.

O arranjo geral do terminal depende dos equipamentos de movimentação de carga escolhidos. Fundamentalmente, esse dimensionamento requer a quantificação de:

- comprimento do cais e número de portêineres;
- área de operações no cais (*apron*);
- área de estocagem;
- área de transferência dos contêineres para os modais rodo-ferro-aquaviários;
- edificações, como escritórios, portarias (*gates*), oficinas e estação de transferência.

Fundamental nesse dimensionamento é a divisão modal do fluxo de contêineres anual médio, que fornece a estimativa do número de contêineres entrando e saindo por mar, pelas linhas de longo curso e de cabotagem (*feeder* e *short-sea*) e para a *hinterland* por modais interiores rodo-ferro-aquaviários (LIGTERINGEN; VELSINK, 2014). Denominam-se contêineres de transbordo (*transshipment*) aqueles que chegam e retornam via mar, existindo pequena parcela que entra e sai pelos modais interiores. Além das pilhas de estocagem de importação e exportação, no pátio deve haver também espaço reservado para pilhas de contêineres vazios.

O chamado fator-TEU (f_{TEU}), que é característico para cada tipo de porto, pode ser obtido de dados estatísticos e é dado pela fórmula:

$$f_{TEU} = (N_{20'} + 2.N_{40'})/(N_{20'} + N_{40'})$$

em que N é o número de TEUs e FEUs.

Esse fator é importante porque a produtividade dos portêineres é dada em movimentos por hora.

Figura 15.18
(A) Arranjo da linha de empilhamento junto ao cais e guindaste sobre pneus (*mobile*) no ECOPORTO, Porto de Santos (SP).
(B) Vista de conjunto do terminal.

Figura 15.19
(A) Portêineres do Terminal de Contêineres do Porto de Paranaguá (PR).
(B) Portêiner do Terminal de Contêineres do Porto de Suape (PE).
(C) Portêineres do Terminal ECOPORTO (antigo TECONDI) no Porto de Santos (SP).

Assim, para baixos f_{TEU} existe dominância de contêineres de 1 TEU.

15.3.3.2 COMPRIMENTO DO CAIS E DEFINIÇÃO DO NÚMERO DE PORTÊINERES

Inicialmente, utilizando-se valores empíricos para a produtividade média anual do berço (c_{bm}), obtém-se:

$$c_{bm} = P.f_{TEU}.N.n_{hy}.m_b$$

em que P é a produção líquida por portêiner, sendo este o número médio de contêineres movimentados entre navio e terra (e vice-versa) no período compreendido entre a atracação do navio e a sua desatracação. Esse período inclui todos os intervalos não produtivos, como a abertura dos porões, o reposicionamento do portêiner, o tempo entre turnos de trabalho e simples manutenções dos portêineres (LIGTERINGEN; VELSINK, 2014). Assim, uma produtividade nominal bruta de 50 a 60 movimentos por hora facilmente corresponde a uma produtividade líquida de 25 movimentos por hora.

Essa abordagem é a mais simples possível, mas permite avaliar a relevância de cada parâmetro:

- A ocupação do berço da ordem de 0,35 é frequentemente ocorrente, pela premência da busca de tempos de espera mínimos pelas companhias de navegação. Na verdade, a ocupação do berço até 0,5 a 0,6 não resulta em significativo tempo de espera para a maioria dos navios, enquanto taxas de ocupação de 80% a 90% criam longos tempos de espera para os navios.

- Nos grandes terminais concentradores (*hubs*) contemporâneos, a produtividade de berço pode atingir 500.000 TEUs por ano em virtude de alto fator-TEU, maiores navios médios, maior número de portêineres e alta produtividade por navio. É costumeiro usar também o parâmetro de produtividade do terminal em TEUs por metro de cais por ano. Segundo Ligteringen e Velsink (2014), TECONs do tipo de Hamburg e Le Havre atingem valores médios de 1.000 TEUs/m/ano, mas alguns terminais conseguem o dobro dessa cifra.

- O número de portêineres por berço depende do porte médio do conteneiro, do número de berços e do máximo número de portêineres que possa operar um navio. Os conteneiros Post Panamax não comportam mais que cinco portêineres trabalhando simultaneamente, mas para a nova geração de conteneiros ULCS e Megamaxes são necessárias mais unidades, bem como um aumento da produtividade dos portêineres. Esse último pode ser conseguido, por exemplo, operando a movimentação dos contêineres de ambos os lados de uma bacia que acomoda um conteiner por vez, ou com duplo sistema de *trolley* movimentando 2 FEUs (equivalentes a 4 TEUs) simultaneamente, ou com incremento de automação e redução do tempo de ciclo. A solução de operação

dos dois lados de uma bacia, aplicada no TECON de Amsterdam que tem uma largura de 55 m, permitindo acomodar embarcações ULCS de 53 m de boca, dispõe de cinco portêineres com 60 m de lança de cada lado para operação simultânea.

- A evolução em andamento para os ULCSs e Megamaxes é a de guindaste de pórtico correndo com pernas em duas bordas de cais de uma dársena longa, comportando uma embarcação com 4 distribuidores, o que duplica o número de movimentos de contêineres. Trata-se do guindaste COFASTRANS (Container Vessel Fast Transhipment System), segundo Rankine et al. (2018).

O comprimento do cais é determinado com base no número de berços.

15.3.3.3 ÁREA DE OPERAÇÕES NO CAIS

As faixas da área de operações no cais podem ser subdivididas, segundo Ligteringen e Velsink (2014), a partir da quina do cais, junto à linha de atracação para terra:

- Faixa de serviço de 3 a 5 m entre a quina do cais e o trilho externo do portêiner, para acessibilidade da tripulação, passagem de suprimentos e outros serviços.

- Bitola do portêiner, que é determinada em função do projeto mecânico deste, bem como do espaço necessário para os veículos de transporte, tendo em vista que os contêineres são normalmente movimentados nesse espaço e são necessárias faixas segregadas para os veículos que operam em cada portêiner.

- Espaço imediatamente seguinte ao trilho interno, usado para içamento de contêineres especiais.

- Faixa de tráfego para SC, MTS ou AGV que interliga o pátio de estocagem com o cais, sendo normalmente duas pistas para o SC, enquanto para o AGV é necessária uma largura igual àquela entre os trilhos dos portêineres.

Diferentemente dos terminais convencionais de carga geral, por motivos de segurança e eficiência, não é permitido acesso de caminhões e ferrovias à área de operações do cais.

15.3.3.4 PÁTIO DE ESTOCAGEM

O pátio de estocagem é usualmente dividido em pilhas separadas para exportação, importação, *reefers*, cargas perigosas e vazios. Existe também um galpão (*Containers Freight Station* – CFS) para carga importada em um único contêiner, mas com diferentes destinações (*stripping*), bem como carga vinda de diferentes origens para ser exportada em um mesmo contêiner (*stuffing*).

A área superficial para as diferentes pilhas pode ser calculada (LIGTERINGEN; VELSINK, 2014) com a seguinte fórmula:

$$A = (N_c.t_{d,\,méd}.A_{TEU})/(r_{st}.365.m_c)$$

em que:

A: área requerida (m^2).

N_c: número de movimentos de contêiner por ano e por tipo de pilha em TEUs.

$t_{d,\,méd}$: tempo médio de estadia (dias).

A_{TEU}: área necessária por TEU incluindo as faixas do equipamento de transporte (m^2).

r_{st}: altura média da pilha/altura nominal de empilhamento (varia de 0,6 a 0,9).

m_c: taxa média aceitável de ocupação (de 0,65 a 0,70).

O tempo médio de estadia deve ser considerado separadamente para exportação, importação e contêineres vazios, pois, para esses últimos, os tempos de estadia são muito maiores. Pode-se estimar:

$t_{d,\,máx}$: tempo máximo de estadia, em que 98% dos contêineres tenham deixado o terminal. Na Europa Ocidental equivale a 10 dias, enquanto em países em desenvolvimento é da ordem de 20 a 30 dias.

$t_{d,\,méd} = (t_{d,\,máx} + 2)/3$

O fator A_{TEU} é de estimativa empírica, dependendo dos sistemas de movimentação e da altura nominal de empilhamento, de acordo com o Quadro 15.1:

Quadro 15.1
Área de estocagem por TEU para diferentes equipamentos

Sistema	Altura nominal de empilhamento	A_{TEU} (m^2/TEU)
Chassis	1	50 a 65
SC	2	15 a 20
	3	10 a 13
RMG/RTG	2	15 a 20
	3	10 a 13
	4	7,5 a 10
	5	6 a 8
FLT	2	34 a 40
Reach Stacker	3	25 a 30

O fator r_{st} leva em conta que a sequência de retirada ou colocação de contêineres nas pilhas é parcialmente incerta, bem como o reposicionamento dos contêineres é caro. Estatisticamente, a necessidade de reposicionamento é maior para pilhas mais altas, e, consequentemente, o valor de r diminui.

O fator m_c (taxa média ótima de ocupação), que leva em conta que o padrão de chegadas e partidas dos contêineres ao terminal, é estocástico por natureza. Assim, o valor ótimo depende da frequência de distribuição de chegadas e partidas, bem como da frequência de ocorrência de pilha saturada.

Quanto à área do CFS, pode ser calculada como segue (LIGTERINGEN; VELSINK, 2014):

$$A_{CFS} = (N_c.V.t_{d,\,méd}.f_{área}.f_{volumétrico})/(h_s.365.m_c)$$

em que:

N_c: número de TEUs movidos pelo CFS (TEUs/ano).

V: volume de carga em contêiner de 1 TEU.

$f_{área}$: razão entre a área bruta e a área líquida (levando em conta as faixas internas de trânsito e os contêineres).

$f_{volumétrico}$

h_s: altura média da carga no CFS (m).

m_c: taxa aceitável de ocupação.

O CFS assemelha-se aos galpões de trânsito em terminais convencionais de carga geral. Os contêineres são posicionados em torno do CFS durante a transferência de carga, sugerindo-se $f_{área}$ ~1,4. O fator $f_{volumétrico}$ leva em conta o espaço adicional necessário para a carga que necessite de reparos ou tratamento especial, podendo-se assumir valores de 1,1 a 1,2. Para m_c, analogamente ao visto para as pilhas de estocagem, os valores normais são de 0,6 a 0,7.

Observe-se que a estocagem dos contêineres para exportação é feita próxima ao cais, visando agilizar o carregamento. Também, em muitos terminais, as pilhas de vazios e o CFS são externos ao terminal.

Para se ter uma ideia do parâmetro de movimentação por área total do terminal para alguns dos maiores terminais do mundo, podem-se citar:

Rotterdam (Euromax): 25.000 TEUs/ha.

Singapura: 22.000 TEUs/ha.

Kaohsiung: 15.400 TEUs/ha.

15.3.3.5 ÁREA DE TRANSFERÊNCIA E EDIFICAÇÕES

As portarias de acesso (*gates*) são utilizadas para ingresso e saída de caminhões, visando ao cumprimento das formalidades administrativas da carga (inspeção alfandegária e liberação), à inspeção de qualquer dano nos contêineres e a instruções aos motoristas quanto à localização das áreas de transferência.

Na área de transferência, os caminhões ocupam suas áreas designadas. Essas áreas localizam-se imediatamente na retaguarda das pilhas de importação, para minimizar a distância para o contêiner importado, enquanto os contêineres a serem exportados são levados diretamente para as pilhas de exportação. O equipamento mais comum para a transferência é o SC.

A transferência por via ferroviária pode ser efetuada no próprio terminal, com os trilhos correndo paralelamente à área de transferência dos caminhões. Entretanto, mais frequentemente, é criado um pátio ferroviário fora da área do terminal, com área de estocagem e guindastes de pórtico, (como nas Figuras 15.20 (A), (B), (C) e (D)). facilitando a formação de composições com mesma destinação nos RSC (*Rail Service Center*), que se interligam com o terminal por caminhões ou, mais modernamente, por uma estrada interna que permita o uso de equipamentos do terminal, como os MTS.

A transferência de contêineres a partir de embarcações de navegação interior é frequentemente feita diretamente no cais marítimo. Entretanto, ocorrem desvantagens como a menor produtividade dos portêineres (as barcaças movem-se mais que o navio), bem como é comum que as barcaças coletem os contêineres em vários terminais, com maior tempo acumulado. Além disso, em virtude da diferença de custo/ dia, as embarcações marítimas sempre têm prioridade

com relação às barcaças, sendo a movimentação de carga dessas últimas frequentemente interrompida quando uma embarcação marítima demanda o berço. Esses três inconvenientes poderiam ser superados pela criação de um BSC (*Barge Service Center*), semelhante ao RSC, com conexões internas para o terminal de contêineres. O BSC mais frequentemente deve situar-se fora do porto marítimo, onde novas ligações para os modais terrestres possam ser criadas, contornando áreas congestionadas do porto marítimo.

Edificações complementares são escritórios e oficinas para reparo e manutenção de equipamentos.

Na Figura 15.20 (F), (G) e (H) pode-se observar uma sequência de operações típicas no carregamento de contêineres.

Figura 15.20
Movimentação de contêineres fora da área do terminal portuário no Porto de Balboa (Panamá) pela Panama Canal Railway Company.
(A) Composição ferroviária formada por vagões permitindo o empilhamento de contêineres de 2 TEUs.
(B) RTG para movimentação dos contêineres na composição ferroviária.
(C) e (D) RTGs e empilhadeira junto de composição ferroviária.

Figura 15.20
Movimentação de contêineres no Porto de Valencia (Espanha).
(C) e (D) RTGs e empilhadeira junto de composição ferroviária.
(E) e (F) RTGs para movimentações nas pilhas.
(G) Içamento de 2 TEUs a partir da carreta.

Figura 15.20
Movimentação de contêineres no Porto de Valencia (Espanha).
(H) Portêiner posicionando os 2 TEUs no convés.

Nesse caso, com o distribuidor (*spreader*) em operação *twinlift*, podem-se observar as travas giratórias (*twistlock*) do distribuidor, que se acoplam às quatro peças com orifícios nos vértices superiores dos contêineres (*corner castings*). Na base do contêiner existem outras quatro *corner castings*, que são também travadas na plataforma de reboques de carretas ou de vagões.

Nas Figuras 15.21 e 15.22, apresentam-se exemplos de terminais de movimentação de contêineres.

15.4 TERMINAIS *ROLL-ON/ROLL-OFF* E DE *FERRIES*

15.4.1 Considerações gerais

Dependendo do porte do navio e da distância de navegação, podem ser distinguidos os seguintes tipos de transporte Ro/Ro:

- *Ferries* Ro/Ro: trata-se de uma evolução dos antigos *ferries* (Figuras 15.24 (A), (B), (E) e (F)), incluindo os veículos dos passageiros e os ônibus, com tempos de viagem de poucas horas a um dia. Serviço regular, cuja frequência depende da demanda.

- Navios Ro/Ro: são navios exclusivos de carga dedicados a longas e médias distâncias de navegação.

- Conteneiros Ro/Ro: consistem em navios Ro/Ro e Lo/Lo. O transporte Ro/Ro tem como vantagem uma conexão rápida e sem escalas para os *trailers* que transportam os contêineres, eliminando estadias em pátios de estocagem. Contudo, até certos valores de distância de transporte e volume de carga, é menos vantajoso que o transporte de contêineres, pois exige mais mão de obra para guiar os

veículos um a um para dentro e para fora do navio, bem como mais espaço que a carga conteinerizada.

- *Car carriers*: são navios em que os veículos de uma fábrica são exportados.

15.4.2 Arranjo geral dos terminais Ro/Ro e de *ferries*

15.4.2.1 CARACTERIZAÇÃO

Existem vários elementos comuns entre os terminais Ro/Ro e de *ferries*:

- O desembarque dos *trailers* está concentrado em um ponto, usualmente na popa ou na proa do navio, o que condiciona a configuração do cais.

- O máximo número de *trailers* (e outros veículos no caso de *ferries*) a ser embarcado deve ser estacionado em maneira ordenada nas proximidades do ponto de embarque. No desembarque, os *trailers* também precisam de espaço para estacionamento quando são movimentados por tratores do terminal. Segundo Ligteringen e Velsink (2014), recomenda-se dimensionar uma área total de estacionamento que acomode duas vezes a área necessária para uma carga de navio completa.

Existem também diferenciais entre os dois terminais:

- A redução do tempo de serviço é muito mais importante para os *ferries*, tendo em vista o curto tempo de navegação e os horários definidos, motivo pelo qual o berço é dimensionado para minimizar o tempo de atracação, enquanto, para os terminais Ro/Ro, o berço é comparável àqueles de carga geral e contêineres.

- Os terminais de *ferries* precisam dispor de instalações apropriadas para os passageiros, com um edifício do terminal e pontes de acesso separadas para o navio.

- As companhias de *ferries* são possuidoras e operam os terminais.

15.4.2.2 INSTALAÇÕES NO BERÇO DE TERMINAIS RO/RO

Para embarcações Ro/Ro com rampas laterais, de quarto ou de popa (Figura 15.23(A)), o cais clássico, suficientemente longo e sem obstáculos como cabeços muito próximos, atende aos requisitos de atracação. Para as embarcações com rampa de popa, torna-se necessária uma área em terra separada, podendo ser fixa ou flutuante (Figuras 15.23 (B) a (J)). No primeiro caso, é comum que a área seja compartilhada com as instalações de outro cais/terminal, como um multipropósito ou um terminal de contêiner e Ro/Ro em conjunto. Já plataformas fixas ou flutuantes (*link span*) são típicas em terminais Ro/Ro em que essa solução flexível foi agregada.

Figura 15.21
(A) Berço de contêineres da Libra Terminais Portuários, no Porto de Santos (SP).
(B) Detalhe da movimentação de um contêiner pelo portêiner içado pelos cabos do distribuidor com engates.
(C) Terminal para contêineres (TECON) de Conceiçãozinha, Porto de Santos (SP).

Figura 15.21
(D) Terminal para contêineres (TECON) do Porto de Salvador (BA).

Figura 15.22
(A) Terminal para contêineres do Porto de Leixões (Portugal).
(B) Terminal de Contêineres no Porto de Barcelona (Espanha).
(C) Vistas dos Terminais de Contêineres de Maasvlakte 2, no Porto de Rotterdam (Países Baixos).

Figura 15.22
(D), (E), (F), (G), (H), (I), (J), (K), (L), (M), (N) e (O) Vistas dos Terminais de Contêineres de Maasvlakte 2, no Porto de Rotterdam (Países Baixos).

Figura 15.22
(P), (Q), (R), (S), (T), (U), (V), (W) e (X) Vistas dos Terminais de Contêineres
do Porto de Hamburg (Alemanha).
(Y) Terminais de Contêineres do Porto de Tokyo (Japão).

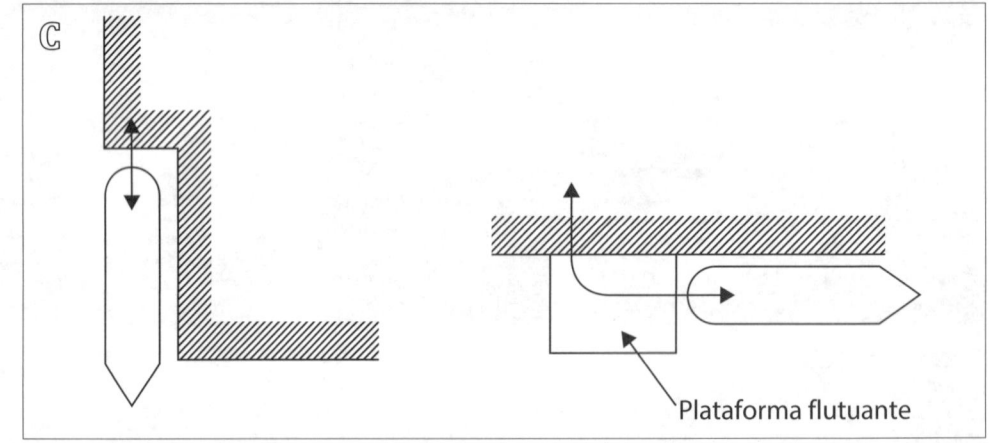

Figura 15.23
(A) Pátio do TVV, Terminal de Veículos do Porto de Santos (SP), e navio Ro/Ro do tipo car carrier.
(B) Terminal de Veículos do Porto de Vitória (ES). Atracação de navio Ro/Ro do tipo car carrier com a rampa fechando a popa e navio em operação já com a rampa descida.
(C) Áreas de carregamento fixa e flutuante.
(D) e (E) Plataforma flutuante do Porto de Santo Antônio, no Arquipélago de Fernando de Noronha (PE).

Plataforma flutuante

Figura 15.23
(F), (G), (H), (I) e (J) Plataforma flutuante do Porto de Santo Antônio, no Arquipélago de Fernando de Noronha (PE).

O número de berços pode ser estimado como no caso dos terminais de contêineres, em que a capacidade de desembarque ou embarque é dada em número de *trailers* por hora.

O comprimento do berço segue o mesmo cálculo visto para os terminais de contêineres, sendo o maior navio o determinante para o espaço requerido. Para um cais com vários berços com navios Ro/Ro de rampas laterais ou de quarto, vale também o que foi visto para os terminais de contêineres.

A área para estacionamento é função do número de veículos movimentados por ano, do tempo de estadia médio em dias e da área por veículo. Devem ser previstos espaço adicional para as vias de acesso e capacidade de reserva considerando picos de carga. Como exemplo, para uma estadia média de 2 dias, o que é alto para os terminais Ro/Ro contemporâneos, e uma área necessária para cada *trailer* de 40 m², a área de estacionamento é da ordem de 1 ha para uma movimentação anual (embarque/desembarque) de 25.000 veículos (LIGTERINGEN; VELSINK, 2014).

15.4.2.3 INSTALAÇÕES NOS TERMINAIS DE *FERRIES*

O número de berços depende do número de embarcações a serem atendidas simultaneamente, sendo a movimentação de passageiros e veículos feita por rampas que conectam o navio à terra. Quando o terminal encontra-se localizado em águas relativamente calmas, um arranjo geral como o da Figura 15.24(C) (superior) é suficiente, com defensas em um bordo e defensas de popa, mantendo-se o navio em posição com cabos de vante e ré; é o chamado berço de canto. Em áreas mais expostas a ondas e/ou correntes, a solução

de berço mais fechado em cunha (Figura 15.24(C) inferior) torna-se necessária, sendo muito comum. O conjunto de grande densidade de defensas de ambos os lados permite velocidade de aproximação relativamente alta e direciona o navio para a posição correta de atracação, ao mesmo tempo que, por atrito, reduz a sua velocidade. Por isso, essas embarcações são dotadas de um cintamento perimetral no nível de um dos conveses.

A área do terminal deve facilitar o fluxo de veículos em ambos os sentidos, incluindo suficiente área de estacionamento. O arranjo geral do terminal depende do número de berços, da capacidade das embarcações e das condições geométricas disponíveis em terra.

O edifício do terminal deve ser uma construção com utilidades para os passageiros, como bilheterias, salas de espera, lanchonete e/ou restaurante e, possivelmente, algumas lojas. O embarque/desembarque de passageiros deve ser separado do embarque/desembarque de veículos, preferivelmente por conexões em ponte do edifício para a embarcação.

15.4.3 Rampas e pontes

Os navios Ro/Ro e os *ferries* são dotados de pelo menos uma rampa. Quando em navegação, a rampa içada fecha a abertura no casco do navio, enquanto, no berço, é abaixada e dá acesso a terra. Dependendo do porte do navio, de sua carga e da variação da maré no berço, podem ser necessários diferentes arranjos para o embarque/desembarque para garantir a continuidade do trânsito.

Figura 15.24
(A) *Ferry-boat* em berço de canto no Porto de Pireus (Grécia).
(B) Terminal de *ferry-boats* do Porto de Estocolmo (Suécia).
(C) Arranjo geral tipo berço de canto (superior) e arranjo geral tipo berço em cunha (inferior).
(D) Ponte articulada do lado de terra e flutuante do lado do navio, adaptada de Ligteringen e Velsink (2014).
(E) Terminal de *ferries* e navios de cruzeiro do Porto de Barcelona (Espanha).
(F) Terminal de *ferries* do Porto de Napoli (Itália).

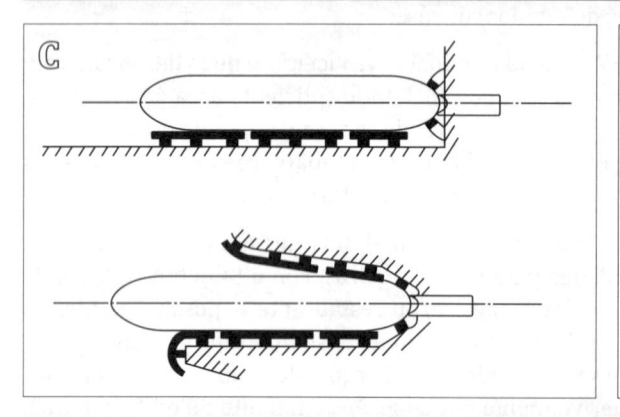

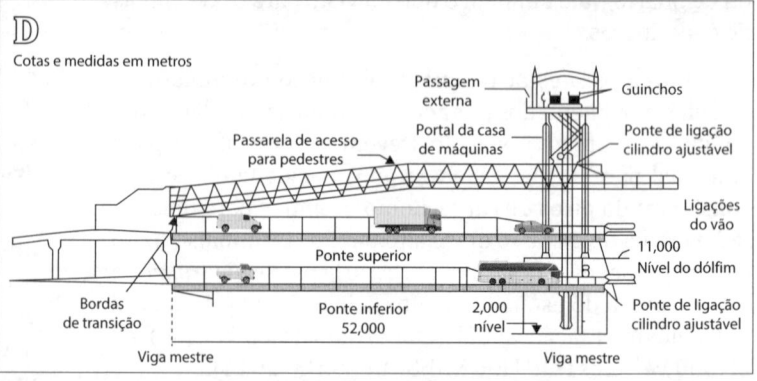

Variação da maré inferior a 1,5 m

Nessas condições, torna-se viável uma área de desembarque fixa, de modo que o seu projeto possa acomodar a rampa do navio em todas as condições de maré, considerando a máxima declividade de 1:8 e com a área de terra declinando rumo à frente acostável, conforme visto nas Figuras 14.51 e 14.52. Internacionalmente, adotam-se duas classes de navios:

- Classe A (Figura 14.51): navios que, a plena carga, ficam com 0,25 m a 1,75 m acima do nível d'água.

- Classe B (Figura 14.52): navios que, a plena carga, ficam com 1,5 m a 3,0 m acima do nível d'água.

Variação da maré superior a 1,5 m

Nesse caso, um sistema de ponte é necessário entre a rampa do navio e o lado de terra, havendo várias concepções:

- Ponte articulada do lado da terra e flutuante do lado do navio (Figura 14.53). A ponte move-se para cima e para baixo conforme a maré, sem consumir energia. Tem o inconveniente, no entanto, de a resposta da ponte em ondas poder ser sensível e diferente daquela do navio, sendo que essa defasagem pode afetar severamente a movimentação de passageiros e veículos. Outra limitação dessa concepção é que não pode acomodar grandes diferenças de calado das embarcações.

- Ponte articulada do lado da terra e mecanicamente ajustável em altura do lado do navio (Figura 15.24(D)). É uma solução comum, com duas pontes para veículos leves e pesados e uma passarela para passageiros, as quais são ajustadas à variação da maré por guinchos.

- Um pontão flutuante localizado ao longo do cais é uma solução de grande flexibilidade (pode ser relocado para outras posições no cais) e de custo relativamente baixo comparativamente às anteriores.

15.4.4 Proteção do fundo do berço

O efeito da velocidade do jato dos propulsores no material de leito do berço propicia risco de erosão (fossas) em sedimentos não coesivos sem proteção de revestimento. Nos terminais Ro/Ro e de *ferries*, pela elevada potência e pelo modo de atuação do propulsor nas desatracações, esse efeito é mais acentuado, oferecendo risco à própria estabilidade da estrutura do cais (VERHEIJ et al., 1987, apud LIGTERINGEN; VELSINK, 2014). Os autores sugerem o dimensionamento da proteção para um fundo estável de acordo com a fórmula:

$$D_{50} \geq 1,3 \ u_b^2/(g.\delta)$$

sendo:

D_{50}: diâmetro mediano da proteção de revestimento do leito.

u_b: velocidade próxima ao leito.

δ: densidade relativa da proteção de enrocamento.

Com o aumento do porte dos navios e, consequentemente, da potência dos propulsores, um revestimento do tipo *riprap* teria D_{50} muito mais elevados, exigindo espessura considerável de filtro de transição para a areia. Assim, colchões de concreto, ou uma geoforma com concretagem submersa, ou blocos de concreto assentados por embarcações especiais e colocados sobre uma geomembrana, são alternativas novas para a proteção do leito.

15.5 TERMINAIS PARA GRANÉIS LÍQUIDOS

15.5.1 Considerações gerais

No comércio mundial, a maior movimentação de carga é de óleo cru e produtos derivados do petróleo a granel, para os quais serão aqui enfatizadas as questões de movimentação de carga. Para estas cargas são utilizadas tanto descrições em unidades de peso, como volumétricas. Exemplo típico desta última é o barril de petróleo de 159 L.

O óleo cru (densidade de 0,85) e os derivados de petróleo são transferidos por dutos entre as instalações de armazenamento em terra e as embarcações. Uma distinção deve ser feita entre terminais de carregamento e de descarga. A descarga é normalmente efetuada pelas bombas da embarcação, enquanto o terminal provê a energia para o bombeamento para o carregamento da embarcação.

A carga/descarga é efetuada por uma tubulação aproximadamente centralizada no navio.

A maioria das cargas líquidas é de movimentação perigosa, muitas são inflamáveis e muitas são tóxicas. Assim, as instalações têm como requisito situarem-se afastadas das demais instalações de armazenagem portuária, e ser dotadas de equipamentos e pessoal para combate a incêndio e de limpeza.

Devido à natureza, as consequências de derramamentos de gases liquefeitos podem ser muito mais severas do que nos terminais de petróleo cru, pois o gás evapora mais rapidamente, produzindo uma nuvem de gás, e sua inflamabilidade produz normalmente muito mais radiação calorífica. Assim, para o planejamento desses terminais, várias distâncias de segurança devem ser consideradas:

- A distância em que nuvens de vapor oriundas de vazamentos ou derramamentos possam se desenvolver com uma densidade inflamável (acima do limite inferior de inflamabilidade – LFL – *Lower Flammable Limit*) ou explosiva (acima do limite inferior de explosão – LEL – *Lower Explosive Limit*). Dentro desses limites não deve ocorrer nenhuma fonte de ignição não controlável.

–   Possíveis fontes de fogo no terminal devem situar-se suficientemente distantes de fontes de radiação que possam causar dano a pessoas.

–   No caso do uso ou processamento de produtos tóxicos, a distância de possíveis fontes de vazamentos ou derramamentos dentro das quais possa se desenvolver densidade que cause dano físico a pessoas.

Por essas peculiaridades, os terminais de petróleo cru e gás devem se localizar em áreas não acessíveis a outras embarcações que não os navios-tanque, bem como facilmente isoláveis por barreiras flutuantes. Para reduzir ao mínimo os riscos e as dimensões dos derramamentos, as vazões dos produtos devem ser restringidas, de modo que as válvulas de emergência atuem rapidamente. Pequenos incidentes podem ocorrer ocasionalmente, mesmo com todas as melhores medidas de segurança (ruptura de tubulações ou de mangotes flexíveis, falha de válvulas, flanges, lacres e vedações), motivo pelo qual devem ser sempre preservadas as distâncias de segurança.

Um aspecto digno de atenção é que o berço de granéis líquidos deve ser, tanto quanto possível, de refúgio, de modo que a embarcação possa permanecer no berço sob quaisquer condições climáticas. Não sendo possível isso, principalmente por razões econômicas, os procedimentos de alerta de tempestade devem permitir a desatracação segura em tempo suficiente. Esse procedimento é mais importante para os gaseiros, pois eles somente podem navegar cheios ou vazios (1% a 2% de produto mantido nos tanques refrigerados). Diferentemente dos petroleiros, os gaseiros não têm repartições em seus tanques, o que, para cargas parciais, produz muita agitação no tanque quando o navio está sob ondas, situação que pode provocar a ruptura da parede do tanque, bem como a perda de estabilidade do navio (LIGTERINGEN; VELSINK, 2014).

Estatisticamente, o maior risco de acidentes se relaciona a falhas nos tanques de armazenamento, que podem acarretar consequências catastróficas que são praticamente impossíveis de deter por distâncias de segurança. Nessas situações de maior risco de acidentes de grande vulto, somente se pode lançar mão de medidas precaucionais de planejamento e operação para reduzir a probabilidade de ocorrência a níveis extremamente baixos. Exemplos dessas medidas são a interdição do tráfego de outros navios nas vizinhanças de gaseiros navegando nos limites do porto e a proibição de navegação com pobre visibilidade, bem como, para o mesmo produto, dotar os tanques de parede dupla: internamente, um tanque criogênico de aço-níquel e, externamente, um tanque de contenção de concreto armado para uma improvável ruptura do tanque interno. Esses tanques têm capacidade da ordem de 150.000 m³ a 200.000 m³.

O transporte marítimo de LNG, constituído principalmente de metano, com densidade de cerca de 0,45 (entre 0,43 e 0,50), e LPG, constituído principalmente de uma mistura de propano e butano, com densidade entre 0,58 e 0,60, ocorre em meio refrigerado. O LNG é transportado em temperaturas de cerca de –165 °C, e o LPG, de cerca de –50 °C, sendo seu volume reduzido a 1/600 de seu volume original, daí o risco de algum dano no isolamento dos tanques produzir uma forte explosão. Alguns navios gaseiros de cabotagem transportam LPG em alta pressão (7 bar). Já o LNG pode ser liquefeito por pressão muito alta em CNG, que é transportado em cilindros de aço relativamente pequenos.

A possibilidade de regaseificação a bordo dos gaseiros é utilizada em alguns navios, permitindo a utilização do gás como combustível. Outra peculiaridade dos gaseiros LNG é o seu calado em lastro ser somente um pouco menor que o calado carregado, pois a embarcação tem de embarcar muita água de lastro para garantir sua estabilidade.

Nos navios gaseiros LNG de tanques esféricos (sistema Ross-Mosenberg), os tanques sobressaem cerca de 17 m acima do convés, fazendo com que a influência do vento seja considerável.

O estado líquido em que o petróleo cru e o gás são transportados permite altas capacidades de movimentação por bombeamento, da ordem de 25.000 t/h para o petróleo cru e 25.000 m³/h para LNG. Disso decorre que os navios ocupam as instalações portuárias por um curto período somente, cerca de 1 a 1,5 dia, incluindo o tempo para limpeza, lastreamento etc.

Também há mais facilidade para fazer operações *offshore* por meio de oleodutos, gasodutos, mangotes em monoboias fundeadas ou quadro de boias. Para gases refrigerados, a tecnologia para gasodutos criogênicos submarinos ainda não foi desenvolvida, não havendo a possibilidade da operação em monoboia; no entanto, estocagem e unidades de regaseificação flutuantes (*Floating Storage and Regaseification Unit* – FRSU) já estão disponíveis.

15.5.2 Berços convencionais para óleo cru e derivados de petróleo e para gases liquefeitos refrigerados ou comprimidos

O arranjo geral mais genérico das instalações do berço, ou de um sistema de monoboia, tem sua movimentação de carga condicionada a ondas (principalmente marulhos de períodos maiores que 12 s), sendo que nos píeres é fundamental uma boa orientação quanto às ondas e um alinhamento o mais paralelo possível às correntes.

O comprimento do berço é calculado garantindo como espaçamento entre navios alinhados a boca do maior navio de projeto. Além disso, em muitos navios a tubulação de distribuição não está exatamente a meia nau, podendo estar deslocada até 15 m para vante e 10 m para ré, de modo que a distância entre as linhas de centro dos berços deve ser: comprimento do maior navio + boca do maior navio + 2 x 15 m.

As funções do terminal de granel líquido condicionam sua forma, suas dimensões, suas locações e seu arranjo geral, podendo ser:

- – transbordo e estocagem;
- – supridor e distribuidor de refinaria;
- – combinação das duas anteriores.

Os terminais ligados a refinarias têm uma menor diversidade de produtos, em virtude do volume e da origem do petróleo cru importado e da faixa de produtos refinados produzidos. Por outro lado, para os terminais de exportação de óleo cru, a localização do campo de petróleo ou gás é fator determinante na seleção da localização do terminal.

Segundo Ligteringen e Velsink (2014), uma refinaria de médio porte tradicional, com uma movimentação anual de 5 a 6 milhões de toneladas, deve ter instalações para receber de 25 a 30 VLCCs de 200.000 tpb por ano, enquanto os produtos refinados poderiam ser exportados em 100 a 240 navios tanque na faixa de embarcações Handysize de 25.000 a 50.000 tpb. Assim, dois ou três berços seriam necessários para acomodar esses navios. Em não existindo porto abrigado de grande profundidade, pode ser mais atrativo descarregar o petróleo cru em uma monoboia ao largo, evitando a dragagem de canal de acesso e bacias e a construção de um píer para os grandes petroleiros. Assim, seriam suficientes dois berços com capacidade para receber navios tanque para produtos refinados até 50.000 tpb (Handymax). A limitação ambiental recomendada para o vento quanto à atracação é: acima de 12,5 m/s a 15 m/s, consideram-se condições inseguras não permitidas. Quanto às ondas, a sugestão de alturas-limite são as seguintes:

Durante a atracação e sem marulho: 1,5 m a 2,0 m (píer) e 2,0 m a 3,0 m (monoboia)

Durante a atracação com marulho: 1,0 m a 1,5 m (píer) e 2,0 m a 3,0 m (monoboia)

Durante a movimentação do produto: 2,0 m a 3,0 m (píer) e 4,0 m a 6,0 m (monoboia)

Os berços frequentemente são compostos de uma pequena plataforma central de movimentação de carga e estruturas de amarração e acostagem em elementos discretos, além da ponte de acesso (dimensionada tipicamente para a carga de um caminhão de 15 t) e do oleoduto ou gasoduto lateralmente ou sob a ponte (com vãos de 4 m a 12 m). É recomendável que as ancoragens dos dutos coincidam com a posição das vigas de apoio da ponte, bem como suas juntas de dilatação. Um arranjo típico está apresentado na Figura 15.25. A plataforma tem as dimensões suficientes para acomodar os dutos e outros equipamentos mecânicos, equipamento de proteção contra incêndio e acesso do pessoal.

Quando o píer é dotado somente de dois dolfins de atracação (*breasting dolphins*), os dois devem distar da proa e da popa 0,3 L_{OA}. Quando a variação das dimensões dos navios é grande, pode-se chegar a até quatro dolfins de atracação, sendo que o espaçamento entre dois dofins não deve superar 0,4 L_{OA}, bem como normalmente deve-se prover mais dois dolfins de amarração.

Denominam-se *finger piers* aqueles que permitem atracação de ambos os lados, com uso compartilhado da ponte de acesso, dos dolfins de amarração e da plataforma de operações (parcialmente). O inconveniente dessa solução deve ser avaliado, isto é, a necessidade de alargar a plataforma de operações para garantir os recomendados 35 m a 50 m de distância entre o ponto de amarração em terra e a linha de atracação, uma recomendação para manter o ângulo vertical dos cabos abaixo de 25°.

A carga é transferida por dispositivos flexíveis, que permitem absorver as movimentações das embarcações relativamente à plataforma. Tais dispositivos podem ser basicamente o braço de movimentação e mangotes. Como medida de segurança, os braços de movimentação têm um sistema de autodesconexão que normalmente solta os mangotes em amplitudes de ±2,5 m a 3 m para petroleiros e em ±2,5 m para LNG.

O braço de movimentação de carga consiste em tubos metálicos rígidos conectados por juntas giratórias que permitem que a extremidade do braço junto à embarcação possa descrever uma série de movimentos dentro de uma envoltória admissível para os movimentos da embarcação. Nas Figuras 15.26 e 15.27 estão esquematizados esses aspectos. Os braços podem ser operados manualmente (diâmetros de tubos abaixo de 6 polegadas), ou hidraulicamente. O espaçamento mínimo entre braços é da ordem de 3 m a 4,5 m, dependendo da dimensão do equipamento.

Outra alternativa de movimentação da carga é a utilização de mangotes compostos de borracha e arame de aço.

Na Figura 15.28 apresentam-se exemplos de plataforma de movimentação de granel líquido, que tipicamente tem dimensão de 20 m² x 35 m².

Hidrocarbonetos, que são gases nas temperaturas e pressões normais, têm de ser transportados em estado líquido em embarcações especiais, por refrigeração e/ou compressão do gás, como o gás liquefeito de petróleo – LPG e o metano. A transferência da carga é muito similar à dos granéis líquidos, predominando os braços de movimentação de carga, principalmente nas baixas temperaturas. Há uma importante diferença, entretanto, pelo excesso de vapor por ebulição que se forma no processo de carregamento das embarcações, exigindo um sistema separado de duto de retorno do vapor para a terra, para ser queimado, ou reliquefeito para ser reinjetado na linha de carregamento.

Os berços são construídos de maneira análoga aos terminais de petróleo, com maiores restrições de afastamento de outras instalações, e exigindo um abrigo muito bom, pois o isolamento interno dos tanques das embarcações pode ser danificado, com consequências catastróficas, quando os tanques estão parcialmente cheios.

Deve-se destacar como as peculiaridades de alto risco nos terminais gaseiros condicionam alguns aspectos nos píeres:

- Os requisitos restritivos de segurança influem no projeto estrutural na adoção de coeficientes de segurança mais conservativos, tensões aceitáveis etc.

Figura 15.25
(A) e (B) Arranjo geral do Terminal de Granéis Líquidos do Porto de Estocolmo (Suécia).
(C) Planimetria de arranjo típico de berço para granel líquido.
(D) Casa de Bombas para Combate a Incêndio no Terminal Transpetro do Porto de Cabedelo (PB).

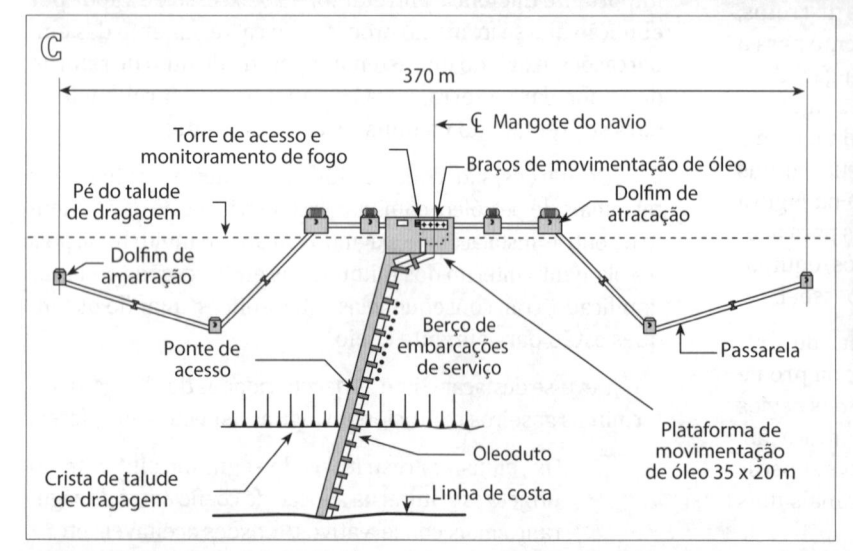

Torre de acesso e monitoramento de fogo

370 m

Ȼ Mangote do navio

Braços de movimentação de óleo

Pé do talude de dragagem

Dolfim de atracação

Dolfim de amarração

Ponte de acesso

Berço de embarcações de serviço

Passarela

Plataforma de movimentação de óleo 35 x 20 m

Oleoduto

Crista de talude de dragagem

Linha de costa

CASA DE BOMBAS COMBATE A INCÊNDIO

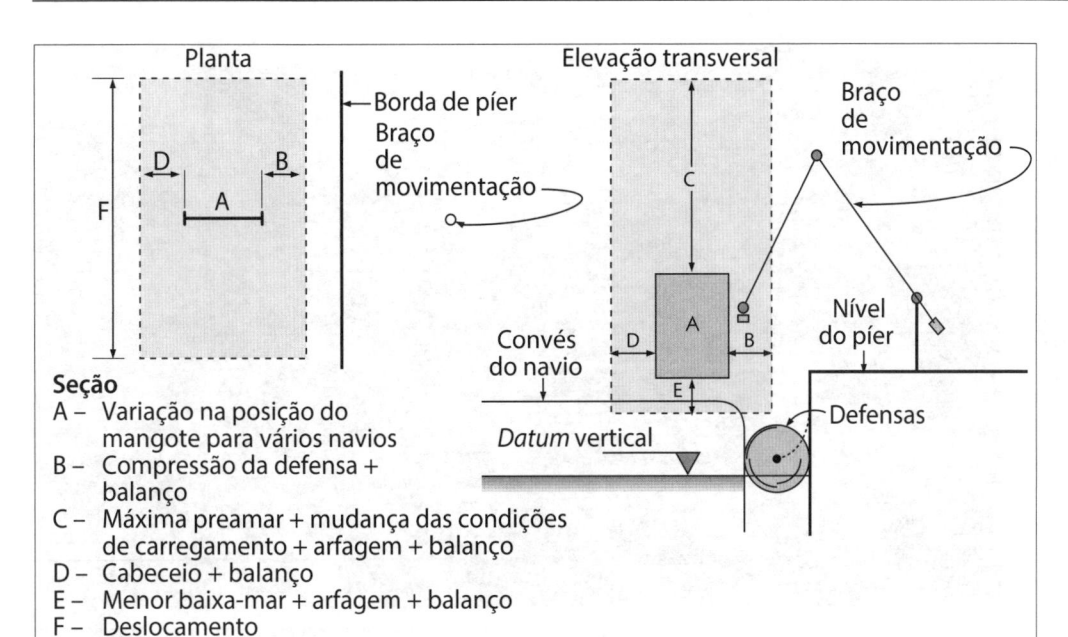

Figura 15.26
Movimento relativo entre o mangote do navio e a plataforma de movimentação de óleo.

Planta — Elevação transversal

Borda de píer
Braço de movimentação

Braço de movimentação

Convés do navio

Nível do píer

Datum vertical

Defensas

Seção
A – Variação na posição do mangote para vários navios
B – Compressão da defensa + balanço
C – Máxima preamar + mudança das condições de carregamento + arfagem + balanço
D – Cabeceio + balanço
E – Menor baixa-mar + arfagem + balanço
F – Deslocamento

Figura 15.27
(A) Instalações do Tebar da Petrobras em São Sebastião (SP).
(B) Braço de movimentação de óleo no Terminal da Alamoa no Porto de Santos (SP).
(C) Mangotes no Terminal Transpetro do Porto de Cabedelo (PB).
(D) Instalação do Porto de Suape (PE). (São Paulo, Estado/DAEE/SPH/CTH).

Figura 15.28
(A) Terminal de Granéis Líquidos do Complexo Portuário de Tubarão da Vale em Vitória (ES).
(B) Terminal de Petróleo – Cais 106 – do Porto de Itaqui (EMAP) em São Luís (MA).
(C) Plataforma para granéis líquidos (soda cáustica) do Porto da Alumar em São Luís (MA). Observar a barreira flutuante para contenção de vazamentos.
(D) Barreiras flutuantes para contenção de vazamentos no Terminal da Alamoa no Porto de Santos (SP).

- No caso de vazamentos ou derrames, as temperaturas muito baixas do LNG podem expor estruturas metálicas não protegidas a uma fragilidade irreversível, motivo pelo qual devem ter uma aplicação de camada de concreto, ou mesmo serem incorporadas à estrutura de concreto.

- Devem ser evitados espaços geométricos que facilitem a formação de bolsões de gás.

- As camadas de isolamento em torno ao gasoduto duplicam, ou até triplicam a área do duto exposta ao vento, aumentando as forças de arrasto do vento.

- Deformações e rotações das estruturas devem ser muito limitadas.

- Deve ser dotado de um sofisticado sistema de combate a incêndio.

- Os gasodutos para movimentar o LNG entre o navio e a tancagem são muito caros, restringindo a transporte a longas distâncias.

15.5.3 Estocagem de granéis líquidos

A instalação de estocagem típica em terminais para granéis líquidos (tancagem) consiste em uma série de tanques cilíndricos de aço (ver Figura 15.29(A)), seja com coberturas que flutuam no líquido do tanque (ver Figura 15.29(B)), ou com coberturas cônicas, visando evitar a contaminação pela chuva e prevenir a evaporação.

O conjunto de tanques de estocagem pode ser concebido para vários líquidos diferentes (um de cada vez), ou dedicados a um produto apenas. No primeiro caso, é necessário prever os custos de limpeza e a degradação do produto a cada troca, e em uma primeira aproximação a capacidade requerida de toda a instalação é de 3 a 4 vezes o maior carregamento embarcado ou recebido. No segundo caso, a capacidade requerida é de 3 a 4 vezes o maior carregamento embarcado ou recebido de cada produto. Devem ser previstas áreas em torno dos tanques para contenção de eventuais vazamentos (ver Figura 15.29(B)).

Outro critério para fixar a capacidade de estocagem operacional para o petróleo cru é considerar uma tancagem equivalente a um mês de consumo além de um estoque estratégico. Já para os tanques de gás, por seu alto custo, a capacidade de estocagem é mantida ao mínimo.

No caso dos tanques para petróleo, a distância entre eles é principalmente determinada pela obrigatoriedade de cercar cada tanque por um dique de concreto ou terra, criando um espaço horizontal e vertical para que, no evento de colapso completo do tanque, o petróleo possa ser contido nessa trincheira.

Como ordem de grandeza quanto à estocagem de LNG, Ligteringen e Velsink (2014) exemplificam que um terminal com movimentação de 6.000.000 m³ por ano requer aproximadamente 15 ha a 20 ha para estocagem, em 4 tanques de 60.000 m³ a 80.000 m³ cada. O espaço está ligado às zonas de segurança já mencionadas.

Os gases liquefeitos exigem tanques especiais com baixas temperaturas e/ou altas pressões, com custos de investimentos e operação bem maiores que os tanques convencionais, demandando, no primeiro caso, isolamento e instalação de refrigeração (para reliquefação dos vapores), e formato esférico no segundo (ver Figura 15.29(C)).

15.5.4 Terminais operando com boias

Em virtude da facilidade com a qual os granéis líquidos são transportados em dutos, instalações com fundeio por boias têm sido projetadas. Em se tratando de operações de carga ou alívio *offshore* existe limitação da onda atuante. Para operação com monoboia de carregamento de navios $H_s < 4,5$ m para conexão, e deve desconectar se $H_s > 9$ m, mas com períodos sempre abaixo de 15s para operar, independentemente da altura de onda.

Os oleodutos submarinos podem ser enterrados, mas isso não é sempre necessário. O entrincheiramento é necessário quando se pretende aumentar a estabilidade do oleoduto quanto a correntes e ondas e a proteção contra danos (âncoras, redes de pesca) e para evitar tensões não aceitáveis no oleoduto em curvas de raio curto e/ou grandes trechos sem apoio.

Outra alternativa que vem sendo usada são terminais *offshore* para estocagem flutuante, que pode ser economicamente viável no caso de campos de petróleo pequenos ou remotos. O terminal é uma monoboia com uma embarcação de estocagem permanentemente amarrada (*Floating Storage Unit* – FSU). Nesse caso os navios tanque se aproximam para carregar. Essa concepção também pode ser utilizada para gás liquefeito, sendo mais comum, no entanto, que a FSRU (*Floating Storage and Regaseification Unit*) opere em águas protegidas pela vulnerabilidade da operação *ship-to-ship* com gasoduto criogênico.

Para grandes movimentações de petróleo cru por ano, essas soluções começam a ser menos atrativas, em virtude de menores taxas de descarregamento comparativamente a um píer fixo, grandes atrasos e riscos de poluição. A amarração e a desamarração da embarcação na boia requerem que rebocadores e barcos de serviço se afastem, limitando a acessibilidade.

15.5.4.1 TERMINAL CONVENCIONAL COM QUADRO DE BOIAS DE AMARRAÇÃO

Esta concepção é a mais antiga: a embarcação é amarrada em posições fixas (4 a 6) por várias amarras de correntes ligadas a âncoras no leito (ver Figura 15.30). Ela garante que a embarcação mantenha posição e orientação fixas. A carga é transferida por meio de mangote flexível de borracha conectando o duto de meia-nau da embarcação com duto submarino conectado às instalações de estocagem em terra. Quando estiver inoperante, o emboque do duto submarino é sinalizado por boia marcadora de posição na superfície.

A conexão da embarcação às boias de amarração é efetuada por pequenas lanchas, que também trazem o mangote para a proximidade da tubulação de distribuição e o conectam com o auxílio do guindaste do navio. Essa operação exige águas relativamente abrigadas e, mesmo assim, existe o inconveniente do tempo muito longo para atracar e desatracar, cada operação durando cerca de 5 horas. A taxa de movimentação de carga também é menor que aquela em um píer e sempre com um risco maior de vazamentos.

Frequentemente esta solução é a de menor custo de investimento, entretanto, mesmo uma moderada agitação restringe as operações do terminal (cita-se altura-limite de onda de 1 m), o qual também está sujeito a altos custos de manutenção. Não é comum a utilização desse tipo de instalação para embarcações maiores do que 100 mil tpb. Também é possível o bombeamento por mangotes flutuantes, evitando o duto submarino, solução mais recomendada quando é pequeno o número de embarcações movimentadas por ano. Há vários terminais que operam com esta concepção, sendo que frequentemente uma das amarras é suprida pela âncora do navio. Podem-se citar a Refinaria de Manaus (AM), Terminal de Itacoatiara (AM), Tecarmo (SE), e o terminal de Regência (ES).

Figura 15.29
Exemplos de tancagens de granéis líquidos no Brasil.
(A) Estocagem de granéis líquidos em tanques cilíndricos do Terminal da Ilha Barnabé no Porto de Santos (SP).
(B) Granéis líquidos estocados em tanques cilíndricos com cobertura móvel.
(C) Esferas de LPG no Terminal da Alamoa no Porto de Santos (SP).
(D) Tancagem de gasolina no Porto de Cabedelo (PB).

Terminais de Granéis Líquidos do Porto de Rotterdam (Países Baixos), um dos maiores do mundo.
(E) e (F) Bacias portuárias, estocagem e polo petroquímico.
(G) e (H) Retroárea da tancagem.

Figura 15.29
(I), (J) e (K) Retroárea da tancagem, refinaria e termoelétrica.
(L) e (M) Tancagem de Maasvlakte 2.
(N) Terminal Nijhaven de LNG.

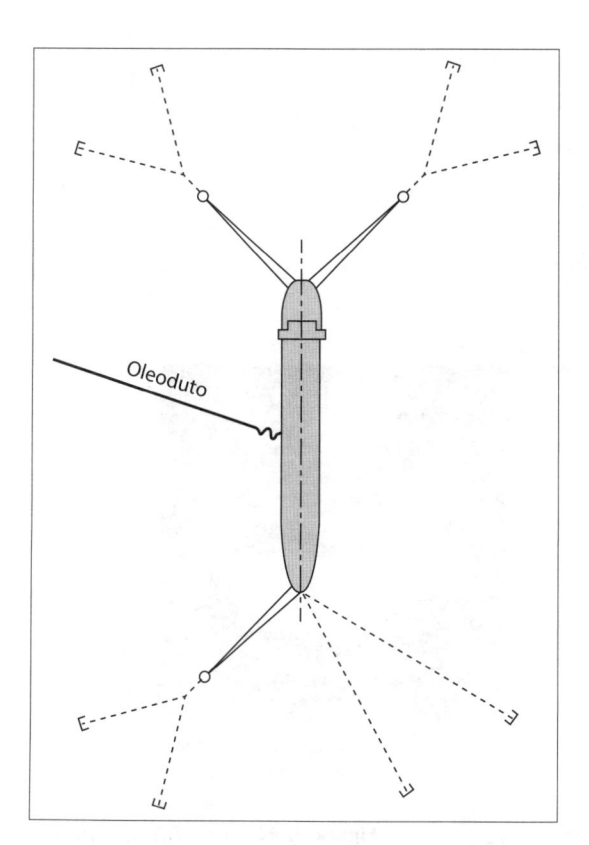

Figura 15.30
Terminal convencional com multiboias.

15.5.4.2 TERMINAL COM MONOBOIA

Nesta concepção de terminal, a embarcação é amarrada somente com um cabo lançante de proa e, consequentemente, fica livre para girar em função das condições climáticas, tendendo a se alinhar na direção de menor resistência. A embarcação pode ficar atracada mesmo em condições muito severas. A carga é transferida por meio de mangotes de borracha flutuantes na superfície, conectados ao duto à meia-nau da embarcação e a um anel giratório na monoboia. No Brasil podem ser citados o TEFRAN, em São Francisco do Sul (SC), e o TEDUT, em Tramandaí (RS).

Na Figura 15.31 está ilustrado o arranjo de monoboia CALM – *Catenary Anchor Leg Mooring*, que é o sistema mais comum, embora com alto custo de manutenção, e o mais competitivo em profundidades inferiores a 30 m. Nesse sistema, 5 a 8 pernas de amarras ancoradas estão fixadas à boia, e a carga é transportada por mangotes submersos para o duto submarino.

Na Figura 15.32 está ilustrado o arranjo de monoboia SALM, mais recomendado para águas mais profundas. A boia deve ser dimensionada para que a amarra fique sempre tesada, mesmo em condições extremas, caso contrário, pode ocorrer a ruptura por causa do impacto de esforços. A carga é transportada a partir do elemento giratório dos mangotes na base de amarração para o duto do navio por

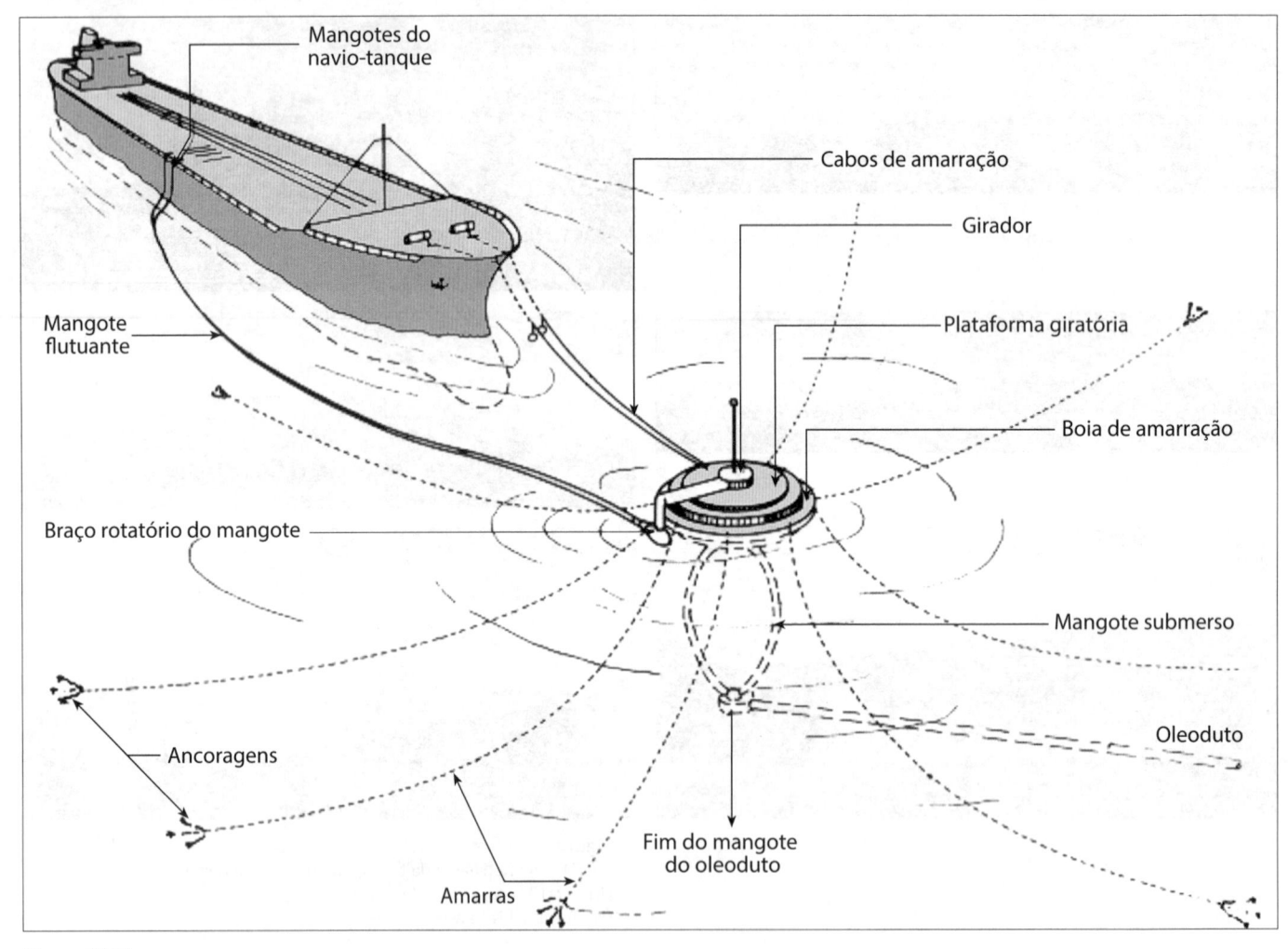

Figura 15.31
Monoboia CALM – *Catenary Anchor Leg Mooring.*

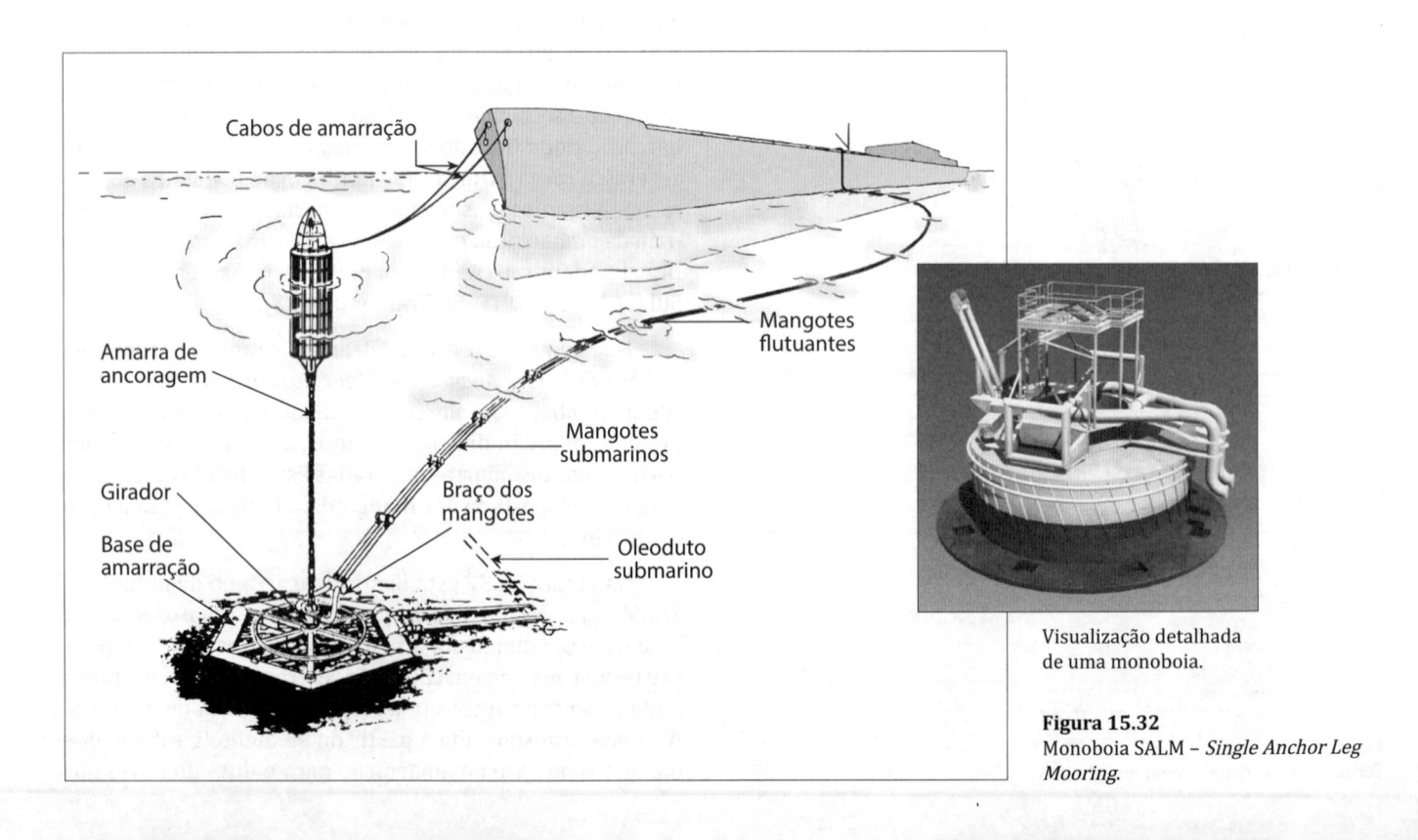

Visualização detalhada de uma monoboia.

Figura 15.32
Monoboia SALM – *Single Anchor Leg Mooring.*

meio de mangotes flutuantes na superfície, os quais mergulham somente na proximidade da base de amarração.

Embora se admita que as embarcações permaneçam atracadas durante eventos extremos de agitação, como em tempestades com alturas significativas de 4 m ou mais dependendo das instalações, em razão de problemas associados com a garantia da manutenção do acoplamento seguro dos mangotes (estanqueidade), a operação de transferência de carga é usualmente limitada a condições de agitação iguais ou inferiores a 2 m.

Mesmo nas condições de locais adequados e profundidades apropriadas para berços convencionais, é válido considerar a alternativa de atracação em monoboia, até com os riscos de pequenos vazamentos, porque a probabilidade de uma catástrofe é significativamente reduzida, uma vez que as embarcações não têm de navegar em áreas confinadas do porto entre outras embarcações ou próximo a profundidades rasas. Seguindo esse raciocínio, é provável que a profundidade requerida no porto seja reduzida se as embarcações-tanque forem acomodadas externamente.

Em geral, a distância entre a boia e a profundidade limitante para o calado do petroleiro deve ser pelo menos três vezes o comprimento da maior embarcação.

Para pequenas e moderadas movimentações, a monoboia é mais econômica que a implantação de um píer. Somente para grandes navios e altas movimentações anuais o píer torna-se mais econômico. De fato, o CAPEX pode ser de duas a três vezes inferior ao de um píer, com menor uso de rebocadores. Já o OPEX é consideravelmente mais alto, pois os mangotes (o submerso, entre o oleoduto e a boia, e o flutuante, entre o navio e a boia) exigem inspeção continuada e troca frequente.

Quanto à utilização de monoboias para a transferência de gás liquefeito, recomenda-se que somente sejam utilizadas para gases de maiores temperaturas de ebulição, como o propano. A principal dificuldade consiste no uso de mangotes de borracha, os quais não permanecem flexíveis em baixas temperaturas, na isolação térmica e nas restrições de movimentação de certas embarcações de LPG quando os tanques estão parcialmente cheios.

15.6 TERMINAIS PARA GRANÉIS SÓLIDOS

15.6.1 Considerações gerais

Uma grande variedade de produtos é transportada por embarcações como granel sólido, podendo ser subdivididos em:

- minérios como o ferro;
- carvão
- grãos comestíveis, como a soja e o trigo;
- outras cargas, como o cimento.

No comércio mundial, o minério de ferro responde por aproximadamente 45% dos embarques de granéis sólidos;

carvão e grãos comestíveis, por cerca de 20% cada um; e bauxita/alumina e rochas fosfáticas, por cerca de 7% cada.

Dependendo do volume movimentado em cada instalação portuária, um ou mais berços podem ser dedicados exclusivamente para granéis sólidos, ou reservados para uma carga particular. Geralmente, em berços especializados em granel sólido é possível empregar equipamentos de alta capacidade de transferência para acelerar a operação de movimentação de carga e, consequentemente, a rotatividade das embarcações. Todavia, quando o berço é utilizado por uma diversidade de cargas, somente é possível empregar equipamentos móveis de transferência de baixa capacidade.

O granel sólido é transferido do equipamento carregador ou descarregador para a estocagem por esteiras transportadoras. Como esses transportadores não estão usualmente localizados no nível do cais, as estruturas de apoio obstruem a movimentação horizontal de carga geral, tráfego de veículos etc. Portanto, é desejável que a estocagem de granel sólido ocorra bem próximo dos berços, mas as pilhas podem causar problemas geotécnicos por sua elevada carga unitária sobre o terreno nas áreas próximas aos berços.

Dependendo do tipo de carga, a estocagem é enquadrada nos seguintes tipos fundamentais:

- Pátio de estocagem a céu aberto, empregado para cargas que não sofrem séria degradação por estarem expostas às intempéries.

- Cobertas, utilizadas para cargas que sofrem degradação quando expostas à chuva.

- Silos, utilizados para estocagem de grãos, cimento e outras cargas que devem estar protegidas das intempéries. Normalmente, os silos possuem equipamentos eficientes de movimentação de carga.

A escolha entre pátios cobertos ou silos é fundamentada na economia do menor custo. Os silos são preferidos quando o tempo de estocagem é curto, e para cargas que se constituem em pó fino, por razões de controle de poeira.

Os granéis sólidos apresentam grande variação de fator de estiva, ângulo de repouso, produção de poeira, resistência à deterioração pela movimentação mecânica e propriedades de risco, como toxicidade, corrosividade, propriedades abrasivas, suscetibilidade ao fogo e combustão espontânea. A Tabela 15.5 elenca propriedades de alguns granéis sólidos, fator de estiva e ângulo de repouso, comparativamente a cargas gerais.

Como ordem de grandeza, para uma primeira avaliação, a capacidade de estocagem em pátios abertos deve ser de 4 a 6 vezes o maior embarque ou recebimento de cada carga; para pátios cobertos, 3 a 4 vezes; e para silagem, de 2 a 4 vezes.

Uma ligação eficiente entre a embarcação e a instalação de estocagem é de suma importância, pois os custos de movimentação de carga de muitos granéis sólidos constituem grande parcela do custo total final do produto.

Tabela 15.5 Propriedades dos granéis		
Granéis	**Fator de estiva (m³/tonelada)**	**Ângulo de repouso para granel seco (°)**
Bauxita	0,74-0,91	28-49
Alumina	0,6	
Cimento	0,65	
Carvão	0,80-1,40	30-45
Milho	1,33-1,42	30-40
Centeio	1,42	30
Soja	1,25	30
Trigo	1,33-1,39	25-30
Minério de ferro	0,30-0,66	30-50
Fosfato	0,73-0,78	30-34
Potássio	0,87-1,03	32-35
Açúcar	1,13-1,27	40
Petróleo	1,20	
Derivados de petróleo	1,04-1,39	
Óleos vegetais	1,10	
Carga geral	**Fator de estiva (m³/tonelada)**	
Café em sacas	1,84 - 2,12	
Cobre em lingotes	0,28 - 0,34	
Cobre em bobinas	0,85	
Algodão em fardos	1,42 - 3,82	
Peixe congelado em caixas	1,98 - 2,27	
Ração de peixe em sacos	1,76 - 1,84	
Farinha em sacos	1,22 - 1,36	
Ferro gusa	0,28 - 0,34	
Veículos motorizados	4,25 - 8,50	
Borracha em sacas	1,84 - 1,90	
Placas de aço e barras	0,28 - 0,45	
Madeira e produtos derivados		
Dura	0,80 - 1,40	
Macia	1,40 - 2,40	
Bobinas de papel	2,40 - 2,70	
Bobinas de celulose	1,27 - 1,59	

A capacidade estática de armazenagem é a quantidade de carga que comporta uma unidade armazenadora de graneis. A capacidade dinâmica de armazenagem corresponde à quantidade de carga que entrou e saiu de uma unidade de armazenagem no período de um ano.

Diferentemente de quase todos os demais terminais, os de granéis sólidos são mais frequentemente dimensionados para movimentação de carga em um sentido, exportação ou importação.

O minério de ferro constitui-se no mais importante carregamento de granel sólido. A maior parte é movimentada como um pó fino e poeirento, sendo normalmente necessário prover a contenção do pó ou sua extração por equipamentos. Sua elevada densidade limita a altura das pilhas de estocagem para que não seja ultrapassada a capacidade de suporte do terreno. Também é possível concentrar o minério de ferro em usinas de pelotização, o que enriquece o teor do minério do granel.

O minério de carvão é sujeito a combustão espontânea pelo seu aquecimento. Cada espécie de carvão tem uma sensibilidade diferenciada com relação à autocombustão, o que condiciona a altura da pilha de estocagem. O incômodo da poeira pode ser controlado pelo emprego de jatos d'água nos pontos de transferência, nas posições de descarga e nas pilhas.

Os grãos comestíveis devem ser transportados e estocados com adequada ventilação, proteção contra as intempéries e controle de pragas.

A rocha fosfática é a principal matéria-prima da indústria de fertilizantes, também sendo muito pulverulenta (concentrado de pó muito fino) e grande absorvedora de umidade. A bauxita e a alumina, que resulta do seu processamento de enriquecimento, constituem a matéria-prima da indústria do alumínio, sendo a alumina particularmente pulverulenta.

O carregamento dos navios graneleiros é efetuado por equipamentos do terminal. Já a descarga pode ser feita por equipamento do terminal, o que é mais comum, mas também pelo equipamento de bordo. Nesse último caso, os navios são equipados com guindastes com caçambas no convés, geralmente um por porão. Também existem navios autodescarregáveis (*self-unloaders*) equipados com sistema de descarga contínuo, usualmente composto de uma ou mais esteiras transportadoras na porção mais baixa dos porões, as quais são alimentadas por porões de forma afunilada por meio do acionamento de válvulas ou portas controladas hidraulicamente. O transportador horizontal descarrega em um transportador inclinado ou vertical, que, por sua vez, transfere a carga para um último transportador montado em uma lança giratória (até 80 m de comprimento), que descarrega em uma moega do terminal interligada por transportadores às pilhas de estocagem.

Geralmente, as embarcações autodescarregadoras (portes entre 20.000 tbp e 70.000 tpb e calados entre 7,5 m e 12,5 m) trazem economia por não requererem o uso dos guindastes portuários, bem como por a simplicidade de um píer com dolfins ser suficiente. Também desempenham altas taxas de descarregamento (mais de 10.000 t/h para minério de ferro) e permitem o carregamento de diferentes qualidades do produto (em diferentes porões), que podem ser mesclados no sistema transportador. No entanto, os navios são mais caros por tpb (em torno a 15%, encarecendo o frete), demandam tripulações especializadas e mais caras, estão mais vulneráveis a quebras mecânicas e têm baixa capacidade de carregamento (em virtude do espaço ocupado pelo equipamento de descarga). Para pequenas capacidades, as embarcações de menor calado de cabotagem (*coasters*) podem ser mais interessantes (portes entre 300 tpb a 3.000 tpb e calados entre 2,5 m e 6,0 m), pois podem transportar carga geral e granéis, sendo equipadas com seus guindastes de bordo.

Deve-se chamar a atenção quanto a aspectos de segurança, principalmente envolvendo o risco de explosões de poeira. Esse risco ocorre principalmente com carvão e grãos, mas mesmo poeira de cimento e bauxita estão sujeitas a explosões. Esses acidentes são parecidos com as explosões de gás, mas costumam ser relativamente mais fortes pela reação em cadeia.

15.6.2 Terminais convencionais de exportação

Considerando somente terminais de grande movimentação de exportação, com um ou mais berços dedicados exclusivamente aos granéis sólidos e movimentando somente um produto por berço, o terminal mineraleiro situa-se, em geral, próximo à jazida ou a um terminal conectado à mina por via férrea ou de rodagem.

O carregamento de granéis é praticamente contínuo, em que um ou mais carregadores de navios móveis (*shiploaders*) são alimentados por um sistema de esteiras transportadoras a partir das pilhas de estocagem e vertem a carga nos diferentes porões do navio. Com produtos secos e pulverulentos, o carregador de navios deve ser provido de uma tromba telescópica ou espiralada para reduzir a altura e as velocidades de queda.

Vários tipos de arranjos de equipamentos de movimentação de carga são utilizados, dependendo do produto movimentado e do tipo de cais usado. O carregador de navios mais comum é o guindaste rolante (*travelling crane*), mas para os grandes graneleiros seriam necessários comprimentos de plataforma de apoio de cerca de 300 m, ficando a estrutura civil de apoio e fundação relativamente cara. Por esse motivo, foram desenvolvidos os carregadores radiais e lineares, que são menos custosos na subestrutura. Para grandes volumes de minérios, tanto os carregadores radiais (ou de quadrante) como os lineares são de uso comum. No caso de solução radial, a ponte do carregador pivota em torno de um ponto fixo em conjunto com a estrutura superior que se apoia na ponte, funcionando como uma extensão de comprimento variável da ponte, que do outro lado do pivô se apoia em uma viga circular. No carregador linear, que é um refinamento do radial, a extremidade da estrutura de suporte move-se paralelamente ao costado da embarcação e a estrutura superior efetua o mesmo movimento que no caso anterior, cobrindo-se maior área da embarcação.

Como não há necessidade de contato entre o equipamento de movimentação de carga e a embarcação, já que o granel cai nos últimos metros do carregamento no interior dos porões, movimentações consideráveis da embarcação podem ser toleradas sem interrupção do carregamento, admitindo-se operação em áreas relativamente expostas.

A alternativa mais simples e barata de movimentação de carga em pequenos volumes consiste em um único ponto de carregamento em posição fixa, exigindo berço maior do que o normal, pois a embarcação tem de ser deslocada ao longo do cais para que todos os porões sejam atendidos. Mas não é adequada para áreas mais expostas, que dificultam o deslocamento das embarcações em condições climáticas adversas.

Outra técnica de carregamento das embarcações comum em terminais de grãos consiste em trazer o produto para um ponto elevado ao longo da embarcação e carregar o porão por meio de uma série de grandes bocais. Também é possível uma versão mais moderna com tubos telescópicos na extremidade da lança sobrejacente à embarcação (torres pescantes).

As taxas de carregamento, dependendo do equipamento, são de 500 a 16 mil toneladas por hora. Estas devem ser compatibilizadas com o plano de carga do navio (ver Figura 15.1).

Para os materiais estocados a céu aberto, é comum dispor de grandes máquinas empilhadeiras com capacidades de até 16 mil toneladas por hora e recuperadoras, com capacidades de 1.000 a 8.000 toneladas por hora. Outro método consiste na utilização de grandes escavadeiras que conduzem os granéis para moegas ligadas a esteiras transportadoras.

Em grandes instalações de movimentação de minérios, utilizam-se equipamentos de viradores de vagões das composições ferroviárias que trazem os minérios. Tombadores de caminhões são mais usados para carregamento de grãos.

Nas Figuras 15.33 a 15.47 estão ilustrados vários dos equipamentos citados neste item. No caso de carregamento de grãos utilizam-se também as estruturas conhecidas como torres pescantes, que diferentemente dos carregadores de navios móveis (*travelling shiploaders*) são estacionárias e interligadas pelas esteiras transportadoras.

15.6.3 Terminais convencionais de importação

15.6.3.1 CONSIDERAÇÕES GERAIS

Os berços de terminais de importação são tipicamente associados a projetos de usinas termoelétricas, para recebimento de carvão, usinas siderúrgicas, para recebimento de minério de ferro e carvão, polos petroquímicos e para importação de grãos (Figura 15.48).

Geralmente, os terminais de importação têm menores taxas de movimentação de carga do que os terminais de exportação, pois é mais difícil descarregar produtos da embarcação do que carregá-la, uma vez que é inevitável que o equipamento entre em contato com a embarcação. Portanto, condições de abrigo muito mais calmas são exigidas nesses terminais. Podem ser citados os seguintes dispositivos:

- Guindastes dotados de caçambas que removem uma certa quantidade de material (até 90 toneladas) em cada ciclo (ver Figura 15.49).

- Dispositivos mecânicos de funcionamento contínuo como rodas de caçambas ou rosários (ver Figura 15.50).

- Dispositivos pneumáticos, como sugadores de grãos (ver Figura 15.51) ou descarregadores de coque e pixe (ver Figura 15.52).

- Transportadores verticais.

- Navios autodescarregadores (já comentado).

Figura 15.33
(A) Vista aérea do primeiro virador duplo de vagões do Complexo Portuário de Ponta da Madeira da Vale em São Luís (MA). (B) Composição ferroviária de até 160 vagões, transportando 98 t de minério de ferro cada um, no Complexo Portuário de Tubarão da Vale em Serra (ES). (São Paulo, Estado/DAEE/SPH/CTH).

Figura 15.34
Virador duplo de vagões com capacidade para 6.000 t/h no Complexo Portuário de Tubarão da Vale em Serra (ES). (São Paulo, Estado/DAEE/SPH/CTH).

Figura 15.35
(A) e (B) Operação de descarga simultânea de dois vagões em virador de vagões do Complexo Portuário de Tubarão da Vale em Serra (ES). (São Paulo, Estado/DAEE/SPH/CTH).

Figura 15.36
Tombador de caminhão para grãos de
soja do Porto de Paranaguá (PR).

Figura 15.37
(A) Vista do pátio de estocagem de minério de ferro, com máquinas
empilhadeiras e recuperadoras, do Complexo Portuário de Tubarão
da Vale em Serra (ES). Fonte: São Paulo, Estado/DAEE/SPH/CTH.
(B) Vista do pátio de estocagem de minério de ferro, com máquinas
empilhadeiras e recuperadoras, do Complexo Portuário de Ponta da
Madeira em São Luís (MA).
(C) Pátio de carvão da Companhia Siderúrgica de Tubarão. As pilhas
de carvão descarregadas no Porto de Praia Mole são cercadas por redes
de malha muito fina para conter a poeira.

Figura 15.38
(A) Máquina empilhadeira de minério de ferro (capacidade de 16 mil t/h) do Complexo Portuário de Ponta da Madeira da Vale em São Luís (MA).
(B) Empilhamento de ferro gusa no Complexo Portuário de Ponta da Madeira da Vale em São Luís (MA).

Figura 15.39
Máquina recuperadora de minério de ferro (capacidade de 8.000 t/h) no Complexo Portuário de Ponta da Madeira da Vale em São Luís (MA).

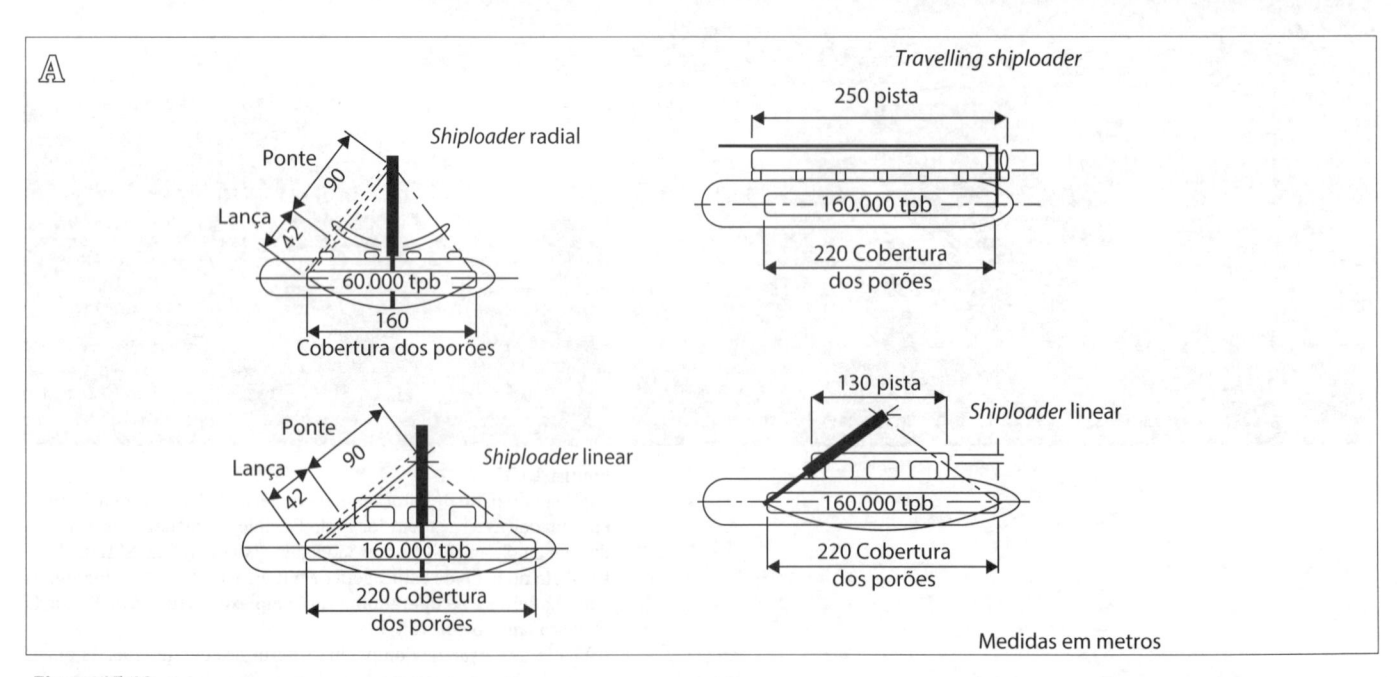

Figura 15.40
(A) Classificação de *shiploaders*.

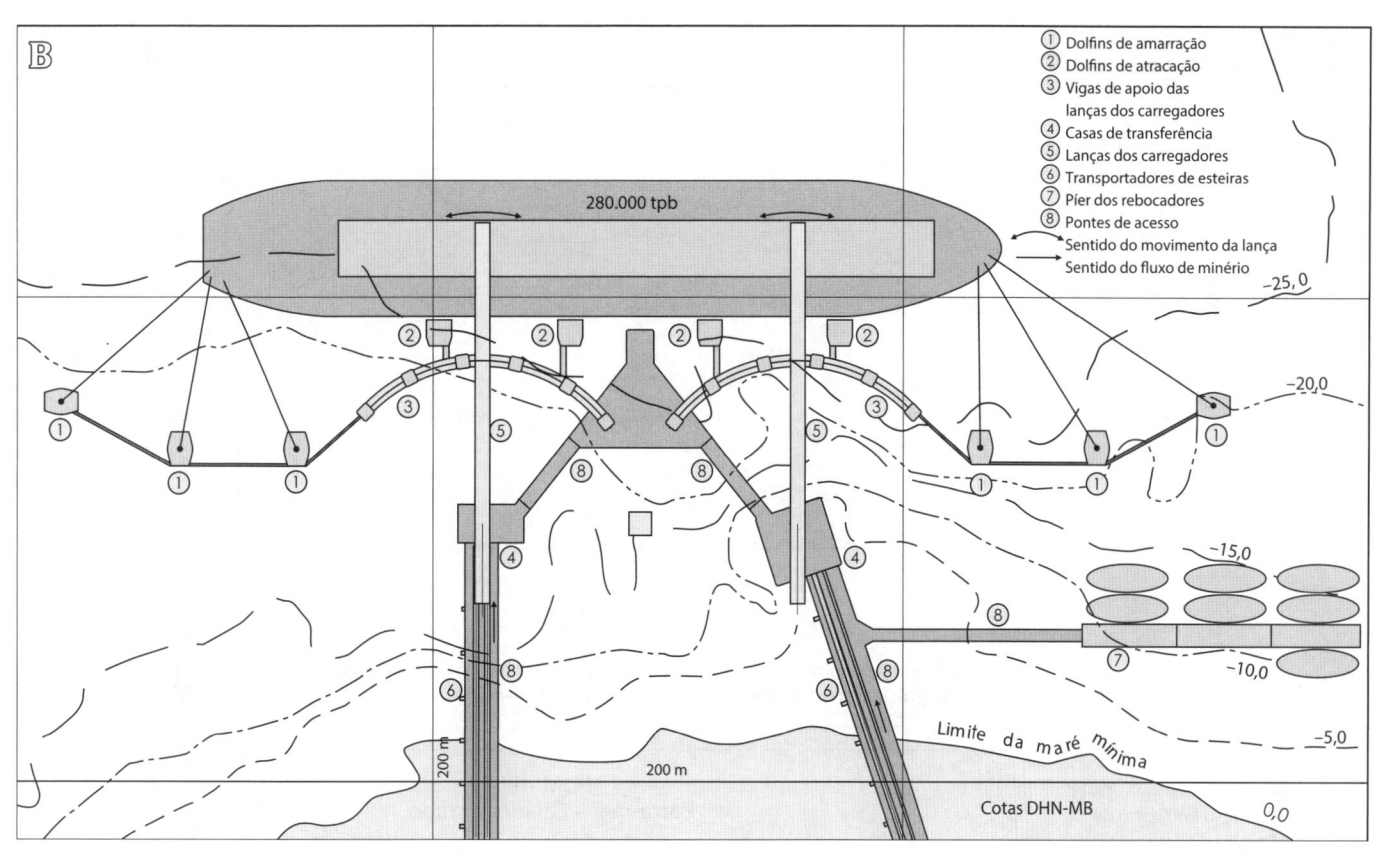

Figura 15.40
(B) Planimetria do arranjo de carregador de navios em duplo quadrante radiais.

Figura 15.41
Carregadores de navios do tipo *travelling* de (A) 8.000 t/h e (B) 6.000 t/h do Píer I do Complexo Portuário de Tubarão da Vale em Serra (ES). Fonte: São Paulo, Estado/DAEE/SPH/CTH.

Figura 15.42
(A) Elevação da seção transversal do Píer I do Complexo Portuário de Ponta da Madeira da Vale em São Luís (MA) com o navio em lastro.

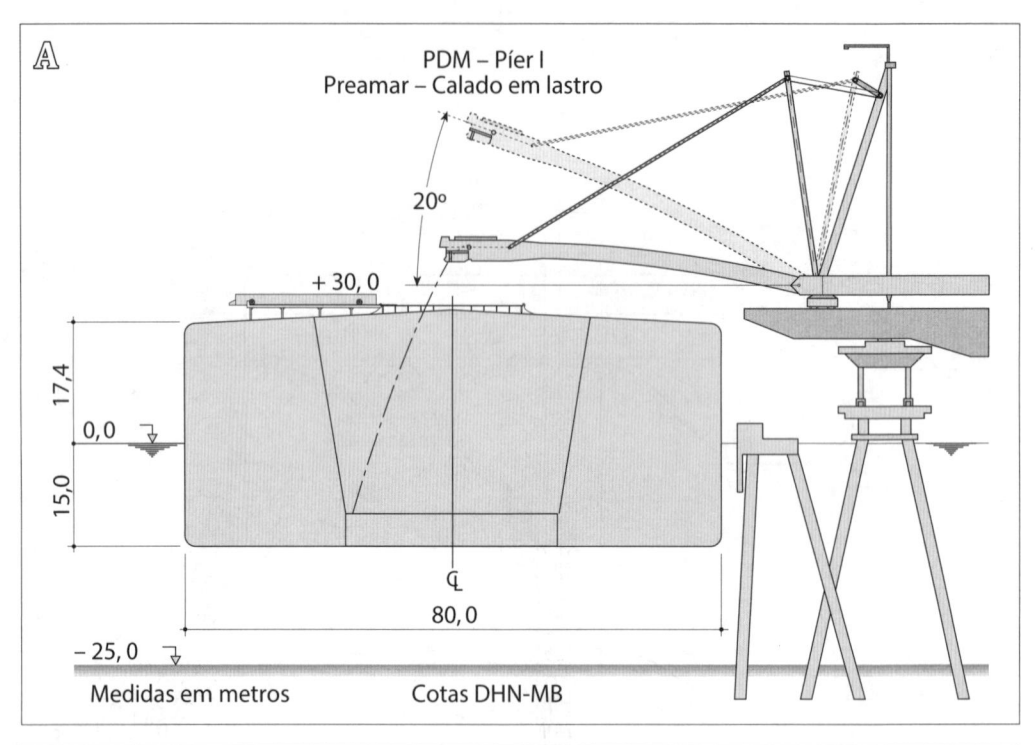

Figura 15.42
(B) Elevação da seção transversal do Píer I do Complexo Portuário de Ponta da Madeira da Vale em São Luís (MA) com o navio à plena carga.
(C) Carregador de navios, de 16 mil t/h do Píer I do Complexo Portuário de Ponta da Madeira da Vale em São Luís (MA).*

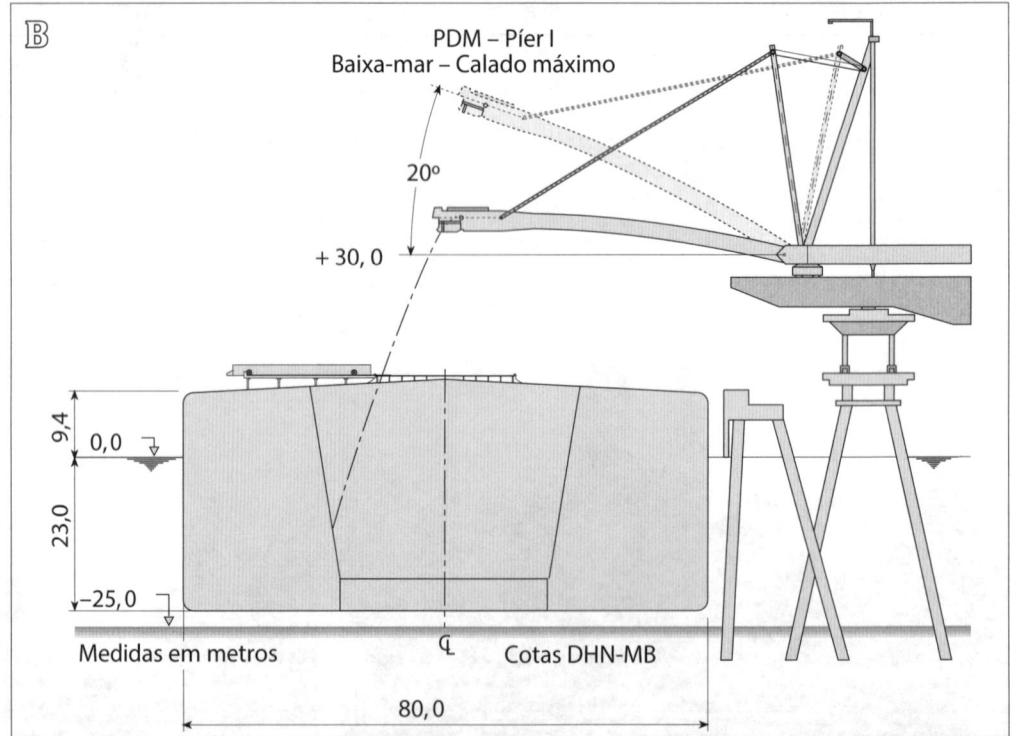

* Carregador do tipo linear com capacidade nominal de carregamento de 16 mil t/h e de projeto de 20 mil t/h; largura da esteira transportadora: 2,2 m; alcance para fora da linha de atracação: 46,30 m; deslocamento transversal: 244,00 m; ângulo de giro horizontal (para cada lado): 47°; ângulo de inclinação vertical: +21° e −22°; *air draft* máximo: 22,40 m. As velocidades operacionais são de: translação do pórtico frontal: 18 m/min; translação do carro da lança: 18 m/min; tempo de manobra da posição mais baixa à mais elevada, ou vice-versa: 4 min. Condição mais severa de vento: 61,2 km/h.

Figura 15.42
(D) Carregador de navios, de 16 mil t/h do Píer I do Complexo Portuário de Ponta da Madeira da Vale em São Luís (MA).
(E) Aspecto do empilhamento de minério de ferro no porão de navio no Complexo Portuário de Ponta da Madeira da Vale em São Luís (MA).

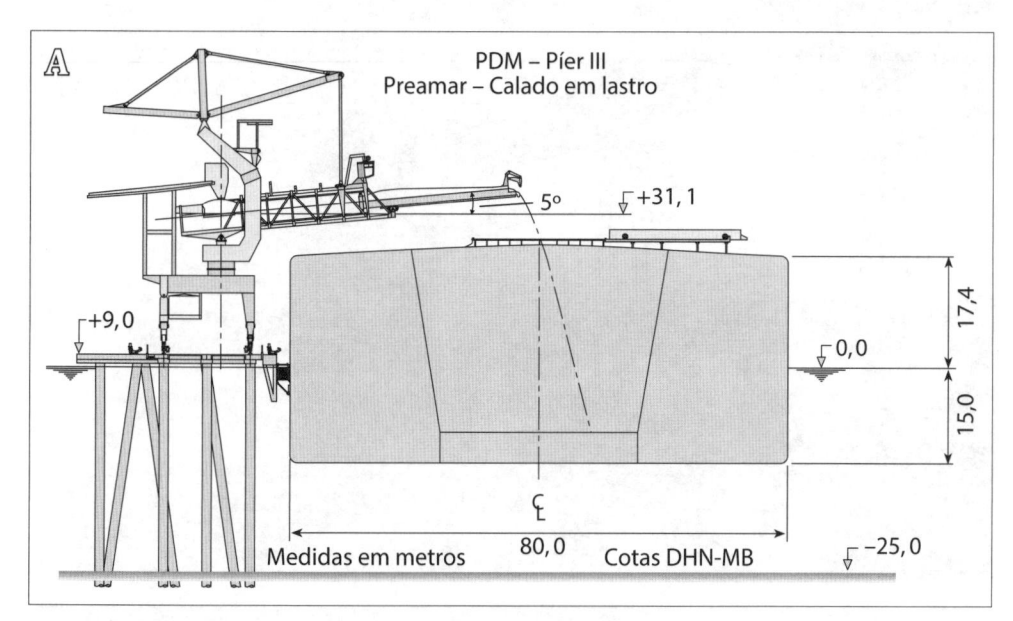

Figura 15.43
(A) e (B) Elevações das seções transversais do Píer III do Complexo Portuário de Ponta da Madeira da Vale em São Luís (MA).

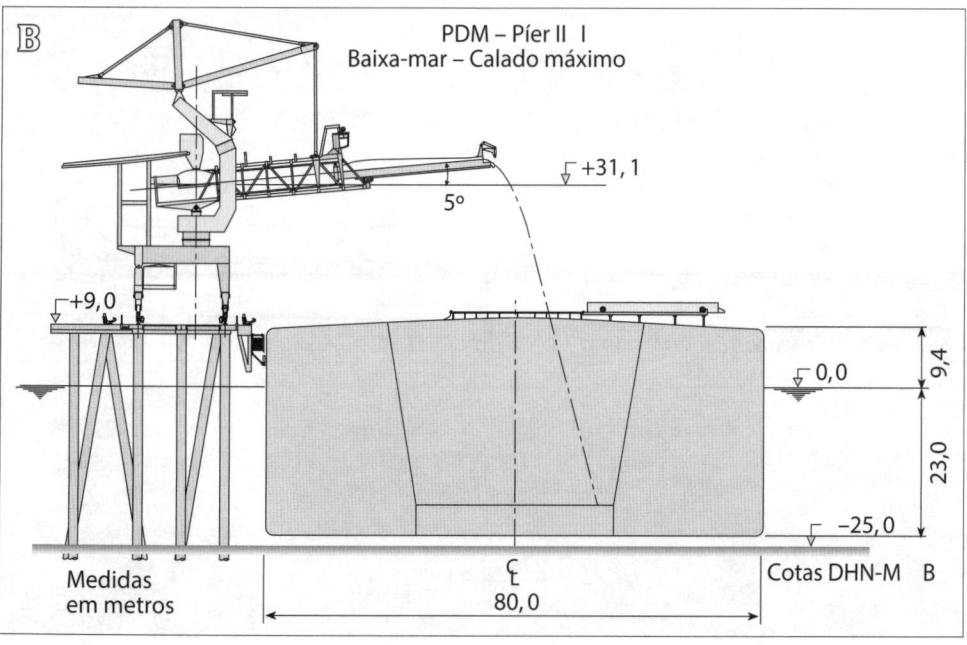

Figura 15.43
(C) Carregador de navios do tipo *travelling* de 8.000 t/h do Píer II.
(D) Transportador do Píer III do Complexo Portuário de Ponta da Madeira da Vale em São Luís (MA).
(E) e (F) Carregador de navios do tipo *travelling* de 8.000 t/h do Píer III do Complexo Portuário de Ponta da Madeira da Vale em São Luís (MA).

Figura 15.43
(G) Carregador de navios do tipo *travelling* de 800 t/h de concentrado de cobre do Píer II do Complexo Portuário de Ponta da Madeira da Vale em São Luís (MA).
(H) Vista aérea do Píer II do Complexo Portuário de Ponta da Madeira da Vale em São Luís (MA).
(I) e (J) Imagens do carregamento de navio no Píer III do Complexo Portuário de Ponta da Madeira da Vale em São Luís (MA), logo após a atracação e ao final do carregamento.

Figura 15.44
(A) Carregador de navios do tipo *travelling* de 1.500 t/h para embarque de alumina da Alunorte no Porto de Vila do Conde (PA).
(B) Carregador de navios do tipo linear para embarque de alumina no Cais da Alumar em São Luís (MA).
(C) Descarregador do tipo *travelling* de bauxita e carregador de alumina no Cais da Alumar em São Luís (MA).
(D) Vista de conjunto do Berço 1 do Cais da Alumar em São Luís, MA).

Figura 15.45
(A) Terminal de grãos no Porto de Rio Grande (RS). Em primeiro plano a bacia coberta para receber as barcaças fluviais com soja, que são descarregadas por *shiploader* do tipo *travelling* com caçamba, e à esquerda o berço para receber navios graneleiros marítimos, que são carregados por *travelling shiploaders*.
(B) Instalação típica para a exportação de grãos no Porto de Paranaguá (PR).
(C) Detalhe da tromba de carregador de grãos do tipo *travelling* do Píer II do Complexo Portuário de Ponta da Madeira da Vale em São Luís (MA).

Figura 15.46
Píer III (de grãos) do Complexo Portuário de Tubarão da Vale em Serra (ES).
(A) Torres pescantes do Terminal de Grãos do Guarujá no Porto de Santos (SP).
(B) Vista geral das Torres Pescantes.

Figura 15.46
(C), (D), (E), (F), (G) e (H) Imagens detalhadas das Torres Pescantes do Píer III e de sua operação com descarga de soja pelo bocal.

Figura 15.47
(A) e (B) Silos e correias transportadoras de grãos de soja do Complexo Portuário de Ponta da Madeira da Vale em São Luís (MA).

Figura 15.47
(C) Silos semiesféricos no Porto de Riga (Letônia).

Figura 15.48
(A) Porto de Itaqui (EMAP) em São Luís (MA). Desembarque de grãos com guindaste provido de caçamba de mandíbulas, descarregando em moega em vagões de composição ferroviária.
(B) e (C) Moegas no cais do Porto de Itaqui.

Figura 15.48
(D) Moegas no cais do Porto de Itaqui.
(E) Terminal Portuário da Vale em Barra dos Coqueiros (SE).
Guindaste de 15 t com moega acoplada.
(F) Terminal Portuário da Vale em Barra dos Coqueiros (SE).
Moegas móveis para desembarque com os guindastes do navio.

Figura 15.49
(A) Descarregador de carvão com 85 t de capacidade de
içamento e produtividade de 4.200 t/h. Adaptada de
Ligteringen e Velsink (2014).
(B) *Revolving grabbing crane*. Adaptada de Ligteringen e
Velsink (2014).

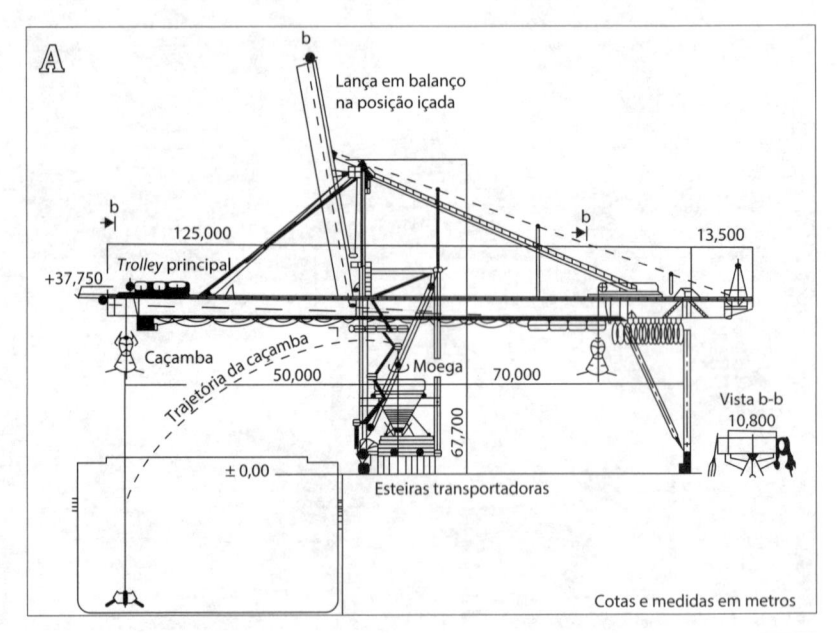

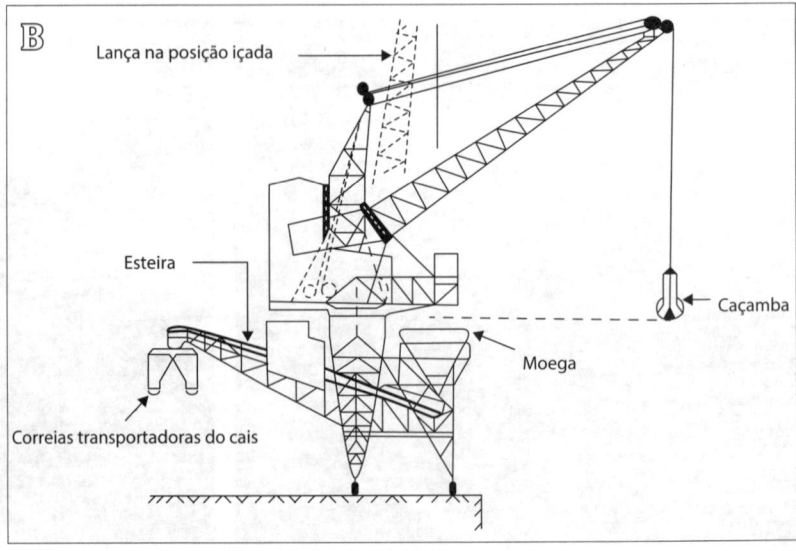

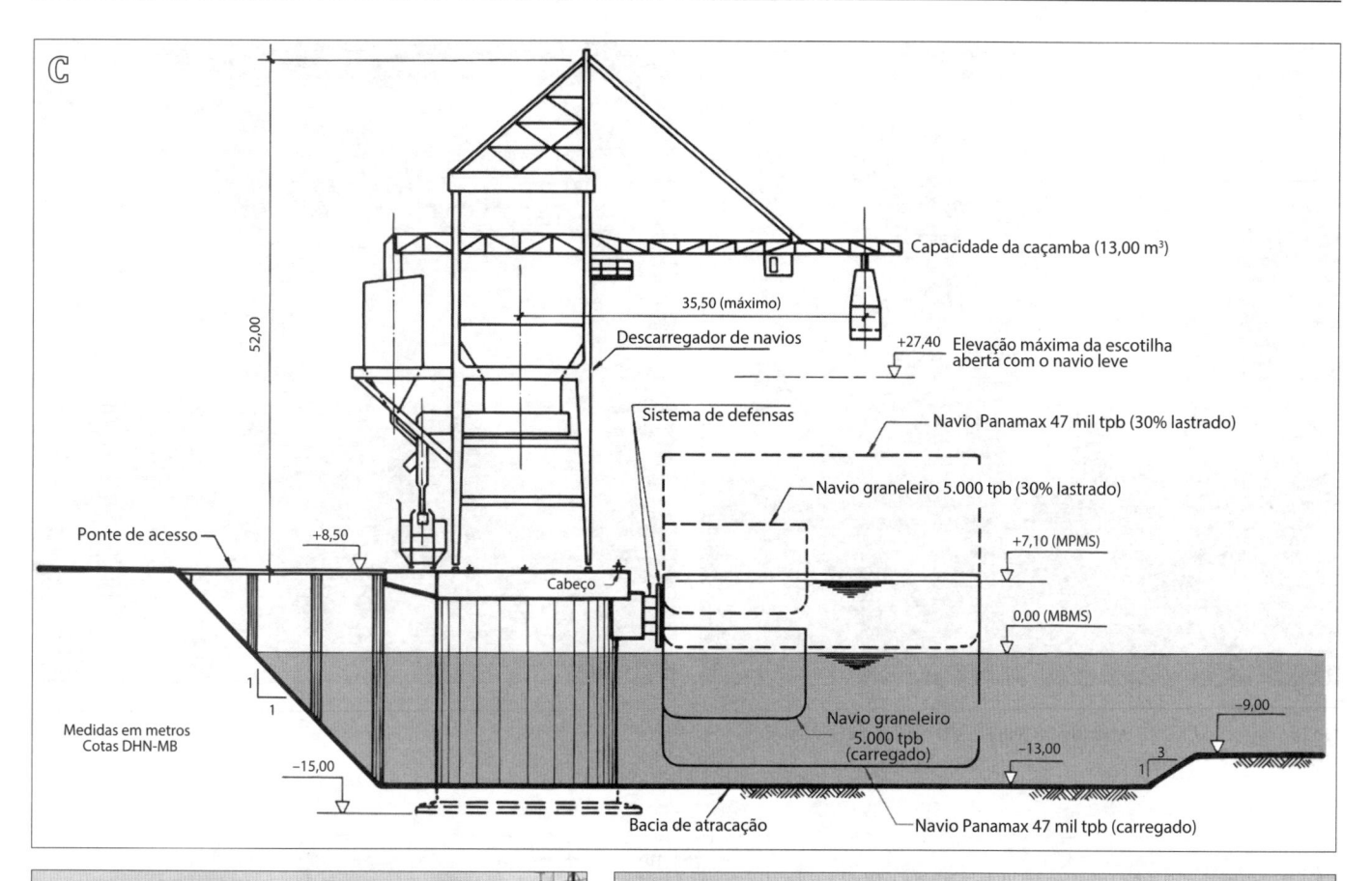

Capacidade da caçamba (13,00 m³)

52,00

35,50 (máximo)

Descarregador de navios

+27,40 Elevação máxima da escotilha aberta com o navio leve

Sistema de defensas

Navio Panamax 47 mil tpb (30% lastrado)

Navio graneleiro 5.000 tpb (30% lastrado)

Ponte de acesso

+8,50

Cabeço

+7,10 (MPMS)

0,00 (MBMS)

1 / 1

Medidas em metros
Cotas DHN-MB

Navio graneleiro 5.000 tpb (carregado)

−9,00

−15,00

−13,00

3 / 1

Bacia de atracação

Navio Panamax 47 mil tpb (carregado)

Figura 15.49
(C) Elevação de seção transversal típica do cais e descarregador de navios do Porto da Alumar em São Luís (MA).
(D) Operação de descarga de grãos no Porto Novo de Rio Grande (RS).
(E) Píer de carvão da Companhia Siderúrgica de Tubarão em Vitória (ES).

Figura 15.49
(F) Descarga no Cais do Porto de Itaqui (EMAP) em São Luís (MA).
(G) Caçamba desmontada.

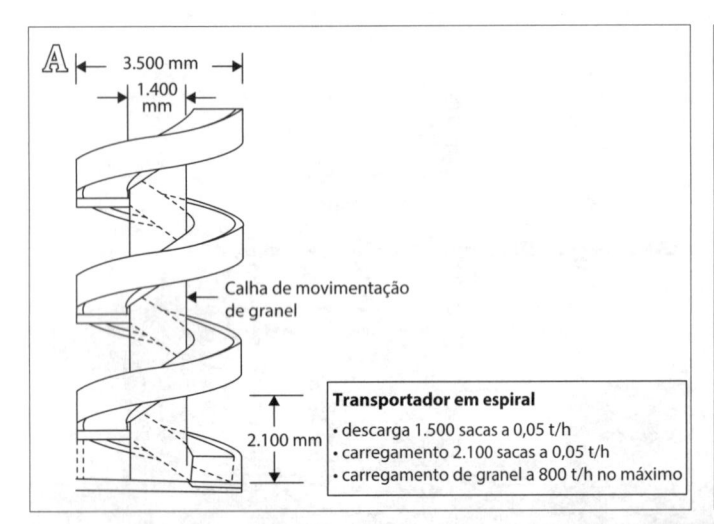

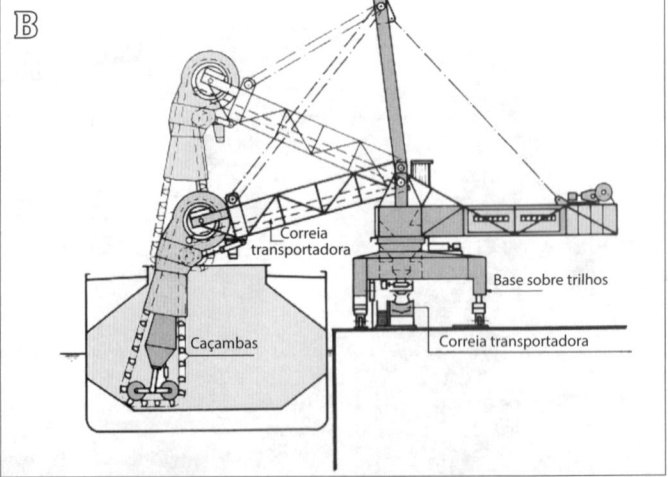

Calha de movimentação de granel

Transportador em espiral
• descarga 1.500 sacas a 0,05 t/h
• carregamento 2.100 sacas a 0,05 t/h
• carregamento de granel a 800 t/h no máximo

Correia transportadora

Base sobre trilhos

Caçambas

Correia transportadora

Figura 15.50
(A) Transportador vertical espiral.
(B) Elevação de seção transversal de descarregador
mecânico de caçambas com movimentação contínua.
(C) Portalino: descarregador mecânico de grãos no
Porto de Paranaguá (PR).

Figura 15.50
(D) Elevador de caçambas para descarga de fertilizantes no Porto de Itaqui da EMAP, em São Luís (MA).
(E) Esteiras transportadoras encapsuladas para eliminar a poeira no Porto de Itaqui da EMAP, em São luís (MA).

15.6.3.2 CAÇAMBAS

Os guindastes dotados de caçambas são os equipamentos mais comuns para a movimentação de importação de granéis sólidos. O guindaste tomba o material diretamente em área de estocagem no tardoz do cais, ou em uma moega que alimenta uma esteira transportadora até a área de estocagem (ver Figuras 15.48, 15.53 e 15.54). Tipicamente, a taxa de movimentação de carga horária deste sistema é de algumas centenas de toneladas por hora se o guindaste realiza revolução e 2 a 6 vezes essa taxa se o guindaste não necessita girar.

A taxa de movimentação de carga mais confiável de uma caçamba deve ser determinada por vários fatores, como velocidade de içamento, aceleração da caçamba, velocidade de percurso, distâncias horizontal e vertical a percorrer, tempo de fechamento da caçamba, habilidade do operador, propriedades do material movimentado, forma e dimensão do porão do navio e requisitos de limpeza. Restrições mecânicas e fadiga do operador reduzem o número de ciclos do guindaste por hora que pode ser atingido para cerca de 60, sendo 40 mais próximo de uma média normal. A carga útil da caçamba afeta a produção líquida, assim a relação normal é 1:1, mas recentes projetos aproximam-se de 2:1.

Recomendam-se 3 caçambas por guindaste, uma em uso, uma em reserva (*stand-by*) e uma em reparo. Havendo uma maior variedade de produtos, conjuntos adicionais de caçambas podem ser necessários, pois dependendo do produto o tipo de caçamba varia consideravelmente.

Um tipo de guindaste é o *trolley*, cuja capacidade média varia de 500 t/h a 2.500 t/h (Figura 15.49(A)). Outro tipo é o *revolving grabbing crane* (Figura 15.49(B)), em que a caçamba iça o material e o descarrega em uma moega frontal que alimenta um transportador de esteira, ou pode descarregar diretamente em caminhões ou vagões. Tem capacidade de içamento de até 85 t e capacidade média de produtividade de 500 t/h a 700 t/h (200 t/h a 250 t/h com movimentação a 90°).

15.6.3.3 TRANSPORTADORES VERTICAIS

Os diferentes tipos de transportadores verticais para descarregamento são:

* Transportador de parafuso vertical (*vertical screw conveyor*): consiste em um parafuso com lâminas helicoidais no interior de um invólucro tubular. Pode ser usado com eficiência para material pulverulento fino e material granular e é adequado para material com forma irregular e materiais semilíquidos e fibrosos. Sua movimentação depende da vazão com que o material possa fluir livremente em sua entrada.

* Transportador de espiral vertical: pode ser utilizado para descarregamento (ou mesmo carregamento) de sacaria ou caixas (Figura 15.50(A)).

Outro equipamento muito utilizado é o elevador de caçambas, que consiste em uma roda de caçambas suspensa pela lança de um descarregador rolante (Figura 15.50(B)). A roda de caçambas escava o material e alimenta o elevador de caçambas em operação contínua. O dimensionamento estrutural da plataforma operacional deve resistir às forças dinâmicas de escavação e ao peso da estrutura do equipamento. Também se pode utilizar um elevador de esteira de

Figura 15.51
(A), (B) e (C) Sugadores de grãos no Porto de Santos (SP).
(D) Sugadores de grãos no Porto de Rio Grande (RS).

Figura 15.52
Descarregador de coque e pixe da Alunorte
no Porto de Vila do Conde (PA).

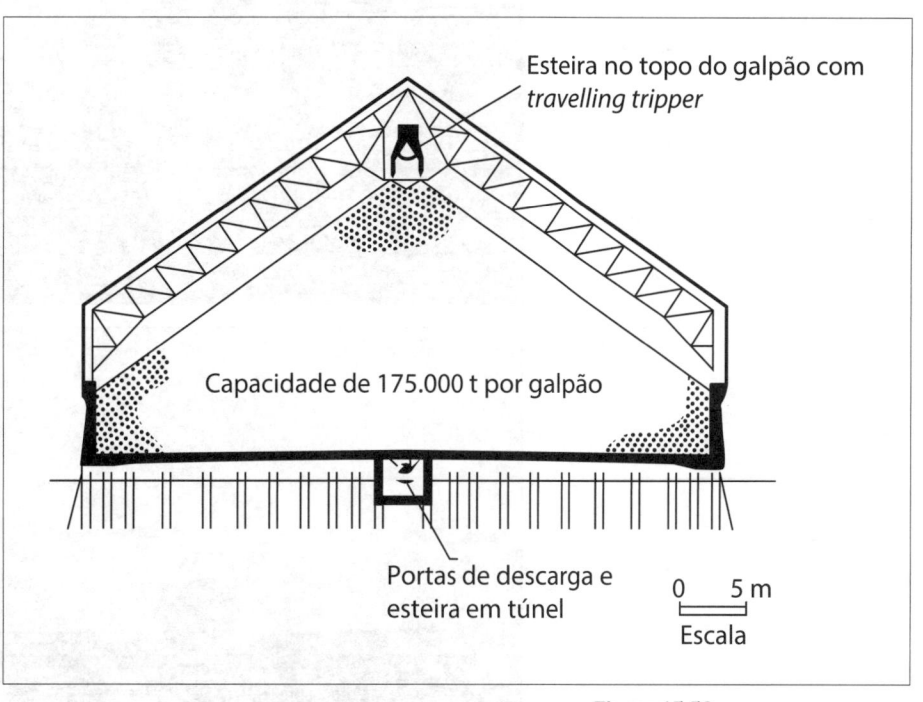

Esteira no topo do galpão com *travelling tripper*

Capacidade de 175.000 t por galpão

Portas de descarga e esteira em túnel

0   5 m
Escala

Figura 15.53
Galpão de estocagem de açúcar.

Figura 15.54
(A) Silos e correias transportadoras de grãos
no Porto de Itaqui (EMAP).
(B) Silos do Porto de Santos (SP).

caçambas (*bucket chain elevator*), em que as caçambas atuam como colheres escavadoras, com sistema de suspensão análogo ao anterior (Figuras 15.50 (C) e (D)). O capital investido (CAPEX) nesse tipo de equipamento e seus custos de operação e manutenção (OPEX) são elevados, entretanto, para os maiores descarregadores dessa concepção, consegue-se atingir uma capacidade média em torno de 5.000 t/h contra cerca de 4.000 t/h de um sistema com caçamba. Convém que o elevador, a lança com transportador e os pontos de transferência estejam todos encapsulados, bem como o transportador de esteira (Figura 15.50(E)), para evitar a emissão de poeira.

Os equipamentos mecânicos de funcionamento contínuo são utilizados para terminais de alta capacidade com grande ocupação dos berços, podendo atingir taxas de movimentação de cargas da ordem de 1.000 a 5.000 t/h.

15.6.3.4 SISTEMAS PNEUMÁTICOS

Os equipamentos pneumáticos são classificados em:

- a vácuo ou de sucção (sugadores);
- de pressão ou sopradores.

Os equipamentos a vácuo são normalmente utilizados para granéis com baixa densidade e viscosidade, como grãos, cimento, pó de carvão, peixe, ração para peixe e outros materiais similares. Exigem alto consumo de energia, mas são fáceis de manusear e proporcionam bom controle de poeira. Suas taxas de movimentação situam-se em algumas centenas de toneladas por hora, com capacidades médias de 200 t/h a 500 t/h, podendo chegar a 1.000 t/h. A grande desvantagem dos sugadores é o alto consumo de energia comparativamente a outros sistemas de transporte.

Podem ser montados no cais ou ser flutuantes, montados em um pontão.

15.6.3.5 CAPACIDADES DE DESCARGA

A capacidade do equipamento de descarregamento é fundamental para a capacidade de movimentação de carga do terminal, pois condiciona os desempenhos de capacidade dos demais equipamentos do terminal.

Ligteringen e Velsink (2014) elencam três parâmetros de produtividade empregados nos terminais de granel sólido:

- Capacidade de pico (*cream digging rate*) é a máxima taxa horária de descarregamento sob condições totalmente favoráveis, como: porão cheio, operador de guindaste experiente e início do turno de trabalho. Esse é o parâmetro para o qual deve ser dimensionada a capacidade de toda a instalação e dos equipamentos da sequência, isto é, transportadores de esteira, equipamento de pesagem e pilhas, sob pena de frequentes bloqueios e paradas no fluxo de carga.

- Capacidade sob condições médias em um período (*free digging rate*) é a taxa de descarregamento de um ciclo de tempo, equivalente ao período que compreende o enchimento total da caçamba no ponto de escavação no interior do porão, passando pela descarga na moega do cais e retornando à posição do instante inicial.

- Capacidade efetiva é a média da taxa horária atingida ao longo de todo o descarregamento do navio. São levadas em conta todas as interrupções para: trimagem do navio, limpeza, movimentação entre porões etc., não se considerando os períodos não laborais programados, como o noturno, fins de semana, feriados etc.

Assim, a capacidade efetiva multiplicada pela disponibilidade operativa anual do berço e vezes a taxa de ocupação permitida do berço fornece a capacidade anual do berço, que é o principal parâmetro de projeto para o planejador portuário. Como exemplo de proporções entre as diferentes capacidades para um sistema de descarregamento com caçamba, pode-se estimar:

Capacidade de pico: 2,5

Capacidade média: 2,0

Capacidade efetiva: 1,0

Para sistemas de descarregamento contínuos, as diferenças são menores.

15.6.4 Movimentação e estocagem

15.6.4.1 SISTEMAS DE TRANSPORTADORES

Os sistemas transportadores de granéis entre o cais e as áreas de estocagem (e vice-versa) são predominantemente esteiras.

Tratam-se predominantemente de correias transportadoras, geralmente com limitações restritivas de extensão da ordem de poucos quilômetros, por motivos econômicos. Consiste em um sistema com as vantagens de:

- construção simples;
- manutenção econômica;
- eficiência com baixos requisitos de força motriz;
- adaptabilidade;
- descarga completa dos materiais movimentados.

A principal desvantagem consiste no ângulo vertical limitado em que as esteiras podem trabalhar, exigindo muito espaço para vencer desníveis maiores.

A transferência de uma esteira para outra ocorre em pontos de transferência, os quais tem de ser encapsulados, bem como todas as correias transportadoras, em função dos requisitos ambientais quanto à emissão de poeira e material particulado fino (Figura 15.50(E)).

15.6.4.2 EMPILHAMENTO, ESTOCAGEM E RECUPERAÇÃO

As pilhas de estocagem devem ser planejadas de modo a conseguir a máxima quantidade de material estocada na mínima área, o que depende da capacidade de suporte do subsolo, das características dos materiais e do alcance e da altura das empilhadeiras (*stackers*), recuperadoras (*reclaimers*) ou empilhadeiras-recuperadoras (*stacker-reclaimers*), que são máquinas volumosas e muito pesadas sobre trilhos que exigem robustas e pesadas fundações.

A estocagem coberta é empregada para materiais cuja qualidade pode ser afetada pelas intempéries. A alimentação ocorre normalmente a partir de uma correia transportadora elevada, posicionada na cumeeira do galpão (Figura 15.53). A recuperação se dá por meio de um *scraper/reclaimer* ou um transportador subterrâneo.

A área necessária para as pilhas de estocagem deve ser dimensionada especificamente para cada caso e depende de múltiplos fatores:

- altura e formato das pilhas;
- dimensão da distribuição do carregador de navios;
- distribuição da chegada de navios;
- distribuição do transporte na interface terrestre;
- taxas de carregamento e descarregamento dos navios;
- reservas estratégicas a serem mantidas;
- relação entre as áreas bruta e líquida.

Os granéis sólidos devem ser separados de acordo com as suas propriedades. Para os terminais de importação, deve-se prever que cada pilha acomode pelo menos um carregamento completo de navio de cada fonte.

Na Figura 15.54 estão apresentados exemplos de silos de armazenamento de grãos.

15.6.5 Mesclagem, processamento e pesagem

A mesclagem de diferentes teores de minério (*blending*), principalmente para ferro e carvão, é frequentemente necessária antes da remessa para a indústria siderúrgica ou para a usina termoelétrica. Essa mesclagem pode ser feita, por exemplo, formando pilhas em camadas longitudinais de diferentes teores e recuperando-as transversalmente.

O processamento está limitado basicamente ao ensacamento de grãos, açúcar, cimento e produtos similares.

A pesagem de granéis sólidos deve ser efetuada frequentemente antes do embarque ou depois do descarregamento para fins de pagamento ou verificação dos documentos de encaminhamento. São empregados métodos de verificação por lotes, ou pesagem contínua da carga na própria esteira transportadora em movimento.

15.7 TERMINAIS E PORTOS FLUVIAIS

Um porto ou terminal fluvial pode variar de acordo com a finalidade, de um complexo hidroviário sofisticado com múltiplas bacias e equipamentos de última geração a um terminal com um berço em um rio ou canal em que algumas mercadorias e/ou passageiros são embarcados/desembarcados. Comercialmente, o porto hidroviário interior é sempre um nó intermodal entre o modal transporte terrestre e o aquaviário.

Além das funções dos portos comerciais, em rios e canais os portos podem ter outras características, como:

- refúgio com condições de abrigar as embarcações por ocasião das cheias;
- parada noturna para embarcações sem auxílios à navegação noturna;
- serviço de contratação de equipamentos, lanchas para levantamentos etc.

Os portos comerciais podem ser classificados em:

- Portos de carga geral com interface multiusuário entre o porto e outros modais de transporte terrestre e que normalmente provê abastecimento.
- Terminais especializados, que podem ser multiusuário ou de usuário individual.
- Portos industriais, que geralmente são o fim da linha do transporte hidroviário, com descarga de matérias-primas e carregamento de produtos semiacabados ou finalizados.

Com o rápido crescimento do transporte hidroviário interior por barcaças na Europa Ocidental, especialmente para contêineres, ocorreu a tendência da multiplicação de novos terminais nos principais rios e canais.

Existe uma grande variedade de embarcações empregadas na navegação hidroviária interior, dos automotores europeus aos grandes comboios de empurra no Mississippi (com até 60.000 tpb), nos rios da Amazônia brasileira (Madeira, Tapajós, Amazonas, Pará) e no rio Paraguai (com mais de 30.000 tpb), além dos próprios navios marítimos que sobem o Rio Amazonas até Iquitos (Peru) ou a Lagoa dos Patos até Porto Alegre (RS).

Arranjos gerais e dimensões de portos fluviais e em canais têm como recomendações gerais da Dutch Commissie Vaarweg Beheerders (CVB, 2006, apud LIGTERINGEN; VELSINK, 2014):

- Cais ao longo de canais devem ser evitados em casos de vias navegáveis com mais de 15.000 barcaças por ano e em qualquer caso ao longo de vias navegáveis Classe V (European Conference of Ministers of Transport – ECMT) ou superior. Onde for permitido, é desejável ter a embarcação em berço inteiramente fora do limite teórico do canal, sendo a muralha de cais posicionada a uma boca da embarcação tipo da borda do canal (Figura 15.55(A)). Sendo necessário mais de um berço, estes devem ser preferencialmente separados, de modo a terem visão da borda do canal original. O comprimento do cais recomendado é de 1,1 L_{OA}, com referência ao navio tipo, e as alas em ambos os lados devem ter angulação menor que 1:2 com a borda do canal, visando facilitar as manobras de atracação e desatracação.

- As bacias portuárias ao longo da hidrovia devem ser localizadas em canais laterais, ou conectadas por eles, que permitam suficiente linha de visão na conexão (Figura 15.56). A largura da bacia portuária deve ser no mínimo de 4B, em referência à boca do navio tipo, se houver berços de ambos os lados. Ao longo dos rios, a entrada do porto deve ser preferencialmente orientada para montante, de modo que as embarcações possam entrar contra a corrente, pois a manobra é mais fácil e segura desse modo (Figura 15.57). Sendo possível, a entrada será locada na margem côncava de uma curva, para se beneficiar da maior profundidade natural e, consequentemente, minimizar o assoreamento na entrada. A entrada do porto deve ser suficientemente larga para permitir o cruzamento de embarcações tipo, recomendando-se um mínimo de 60 m para embarcações classe Va (ECMT) e, havendo tráfego de comboios de empurra, o valor mínimo é de 80 m. No caso dos comboios de empurra, um berço de atracação pode ser previsto próximo da entrada para permitir o desmembramento do comboio, sendo as chatas subsequentemente rebocadas para os seus berços com pequenos rebocadores. Para quatro chatas de comboios de empurra, o referido berço precisa de um espaço de 225 m x 25 m fora da borda da via navegável.

- Bacias de evolução são necessárias na proximidade dos cais e no fim de bacias portuárias com comprimento maior que $5L_{OA}$, em referência ao comprimento do navio tipo. O diâmetro recomendado para a bacia de evolução é de $1,3L_{OA}$ (Figura 15.55(B)). Se localizada adjacente à via navegável, o círculo de giro deve ao máximo tangenciar o eixo da via navegável. Para chatas de empurra,

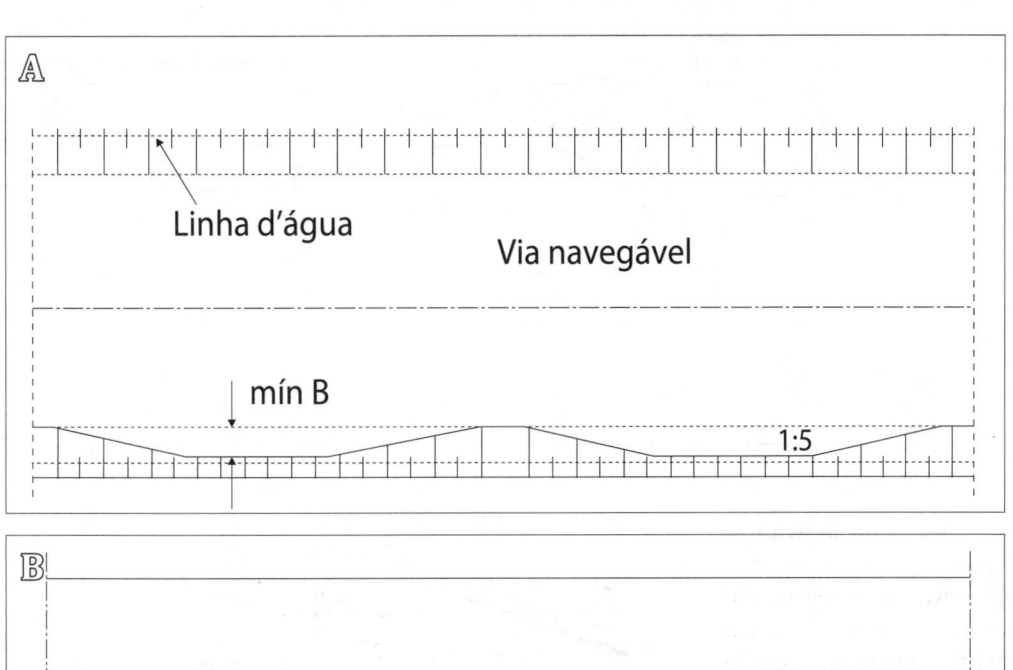

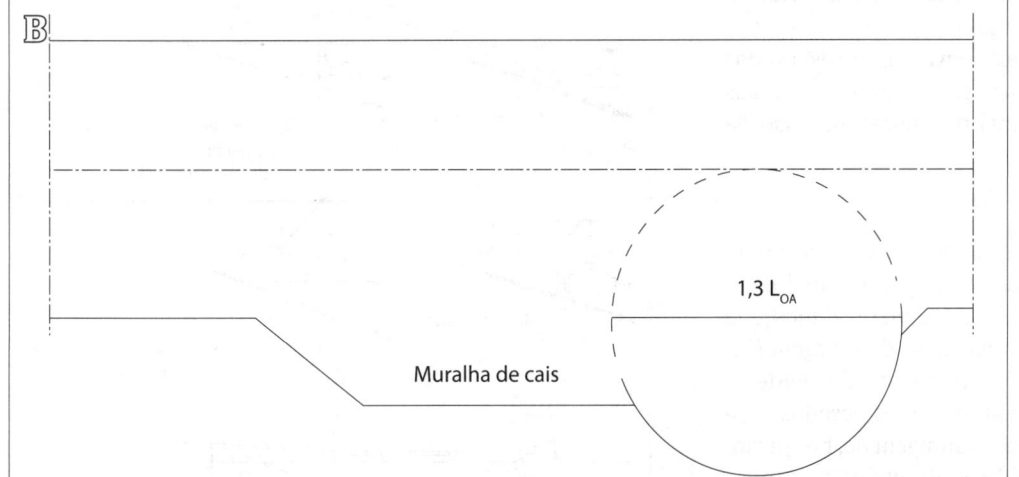

Figura 15.55
(A) Berços ao longo da via navegável.
(B) Bacia de evolução em um cais fluvial.

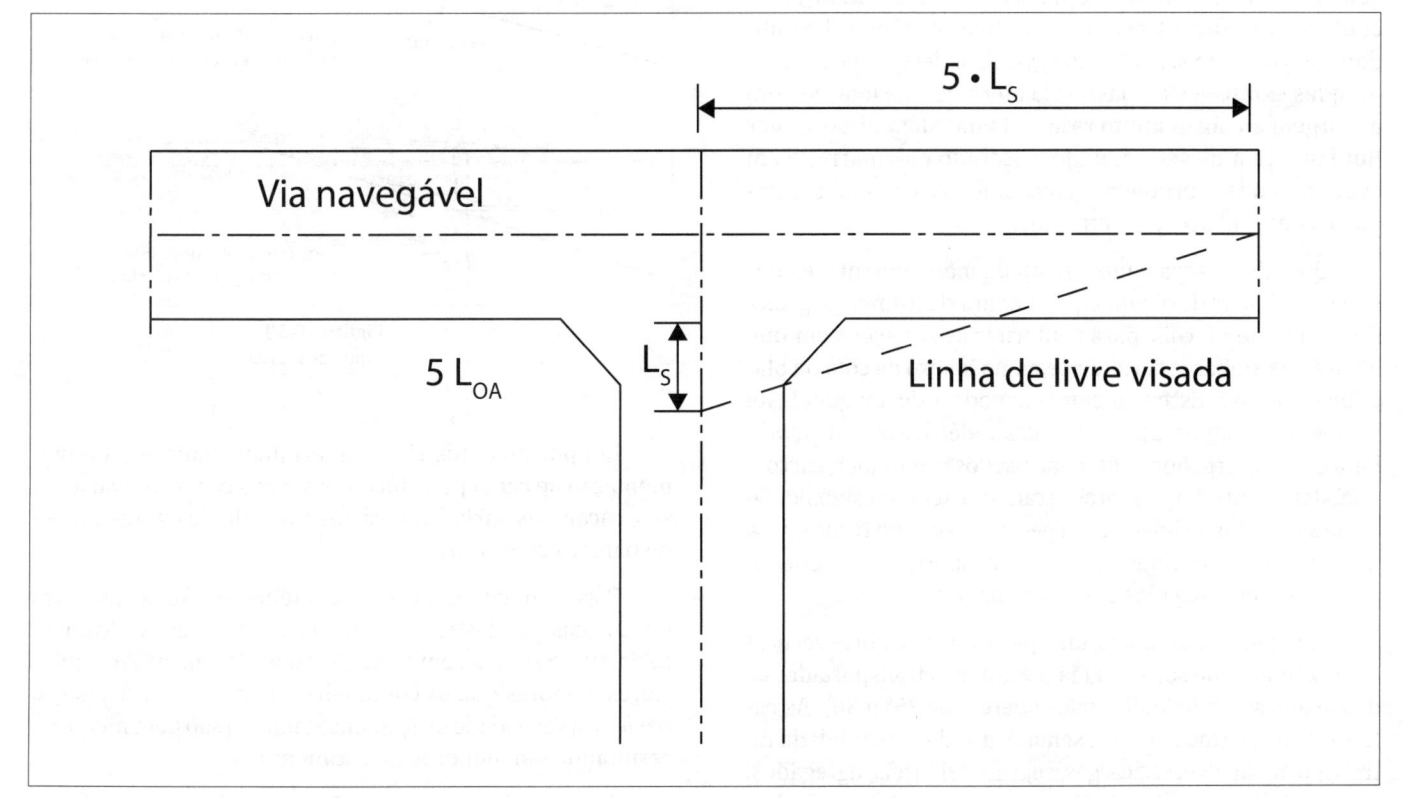

Figura 15.56
Linha de visão livre em canais laterais.

Figura 15.57
Entrada de um porto ao longo de um rio.

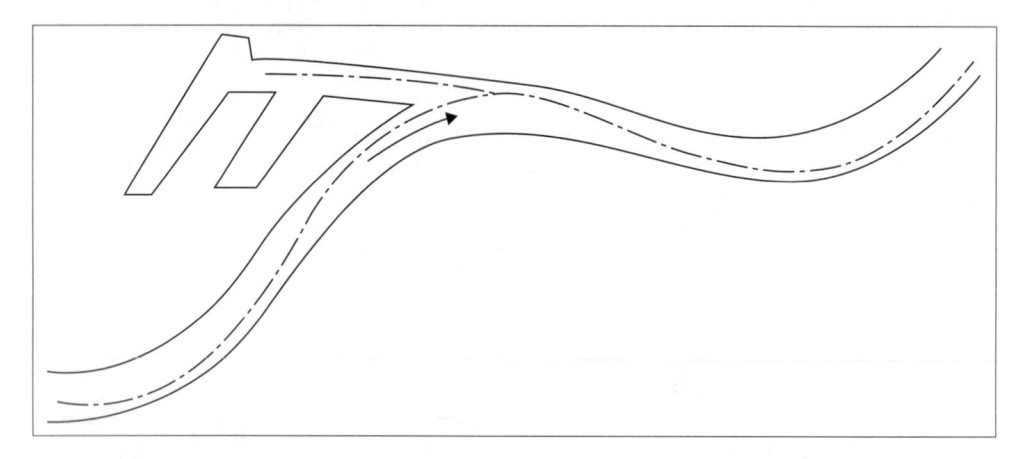

deve-se aplicar o comprimento das chatas individualmente. Embarcações com cargas perigosas devem estar em bacias sem correntes, exclusivamente reservadas para essas cargas e que possam ser facilmente tornadas estanques mediante barreiras flutuantes em caso de derrames ou outros acidentes.

Nos portos fluviais, é possível também usar a concepção de píer, que pode ser fixo ou flutuante, dependendo do método de movimentação de carga (manual ou mecânico), da variação do nível d'água e da configuração da margem (Figura 15.58). Os píeres fixos têm as vantagens de rigidez e estabilidade, podendo suportar equipamentos pesados e caminhões, entretanto, têm a séria desvantagem de, nos períodos de estiagem, situarem-se muito mais alto que o convés das embarcações. Também nos píeres fixos há a desvantagem de não poderem ser adaptados em caso de alteração da configuração fluvial. Os píeres flutuantes têm a flexibilidade de poderem ser relocados, mas são desvantajosos com grandes extensões da passarela ou rampa de ligação com a margem em água muito rasa ou lama. Além disso, o píer flutuante tem de ser apoitado, ancorado ou amarrado em estacas, o que é problemático com fortes correntes e impactos das embarcações atracadas.

Quando a carga é movimentada manualmente, é conveniente dispor de algum equipamento de içamento, preferencialmente no cais, para contornar as situações em que o porão da embarcação situa-se muito abaixo da cota da plataforma do cais. Esse equipamento pode ir de um guindaste de operação manual até um guindaste elétrico ou um *mobile*. Para o transporte horizontal, são usados caminhões, carros-plataforma ou empilhadeiras. O cais deve ter boa estabilidade e não ser muito inclinado para permitir o uso de trilhos para um transporte contínuo. Correias transportadoras também podem ser empregadas com limitada declividade.

Para píeres flutuantes, uma parte do transporte vertical e horizontal pode ser efetuada por esteiras transportadoras, desde que as declividades não superem de 25° a 30°. As esteiras transportadoras apresentam grande versatilidade no transporte de diversas cargas, seja granel (areia, agregados, enrocamento, carvão etc.), seja carga geral (em sacas, fardos, acartonados e caixas pequenas).

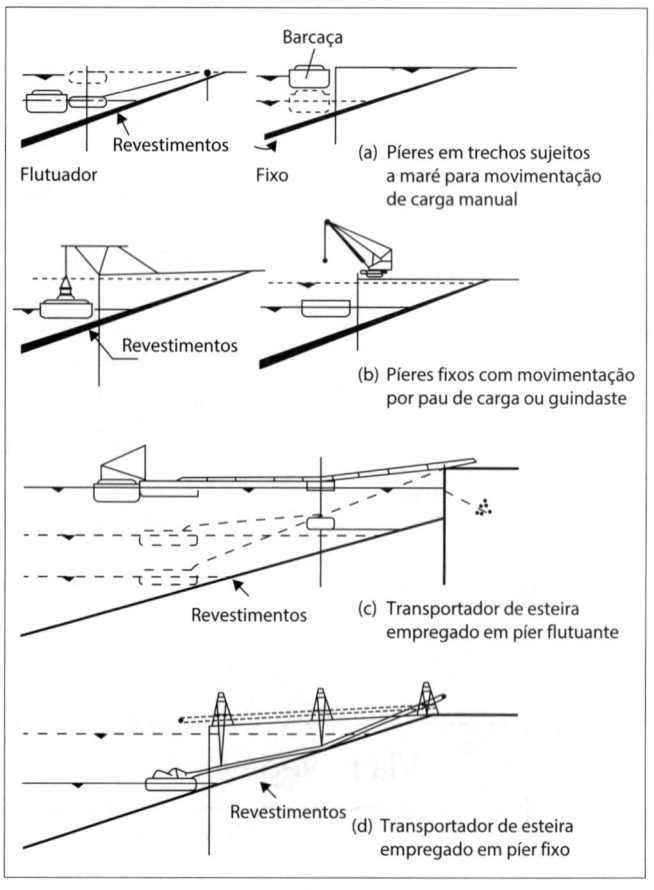

Figura 15.58
Tipos de píeres.

Em portos industriais ou terminais maiores, a movimentação de carga pode incluir sistemas com cabos suspensos, caçambas variadas e vários tipos de descarregadores de barcaça contínuos.

Para a movimentação de contêineres são necessários um ou mais guindastes dedicados com capacidade de içamento de 40 t. Sendo as embarcações das vias navegáveis interiores menores que os conteneiros marítimos, o alcance, o *trolley* e a velocidade de içamento também são bem menores, resultando em menores investimentos.

As áreas de estocagem são dimensionadas de forma análoga ao já visto para carga geral e conteinerizada.

Quando a via navegável tem apreciável oscilação vertical, é possível projetar um cais em degraus para atender aos dois níveis extremos (máximo maximorum e mínimo minimorum), ou mesmo um terceiro intermediário, de acordo com a evolução histórica da hidrógrafa (Figura 15.59(A)), no entanto existem muitas desvantagens:

- Por um grande período, o nível d'água situa-se em cota em que o cais mais baixo está muito baixo e o intermediário muito alto.

- O nível máximo maximorum é excepcional e de curta duração (aproximadamente uma semana a cada dez anos), bem como, nessas ocasiões, a correntada reduzirá a navegação ao mínimo e as conexões aos modais terrestres estarão provavelmente inundadas.

- Nos períodos em que o degrau do cais esteja inundado (Figura 15.59(B)), mas não o suficiente para que uma barcaça flutue sobre ele, é muito difícil operar, sendo que essa situação pode perdurar por várias semanas ao ano.

- Mesmo com vários degraus de escalonamento, a solução não é interessante porque o cais mais baixo acaba sendo utilizado muito mais (da ordem do dobro) que os outros combinados, podendo atrair mais da metade do investimento.

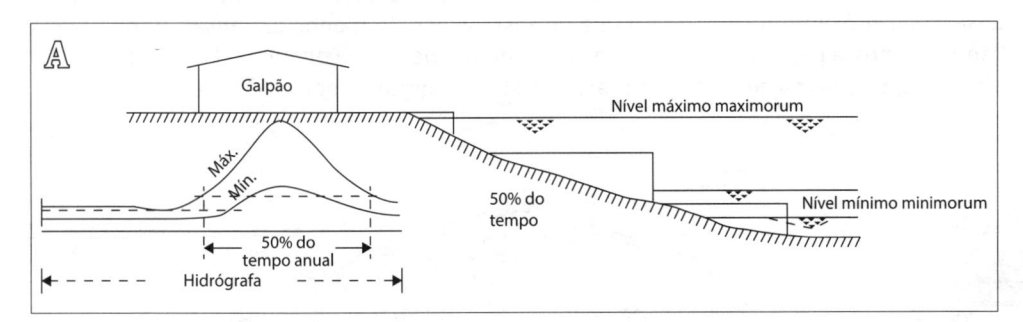

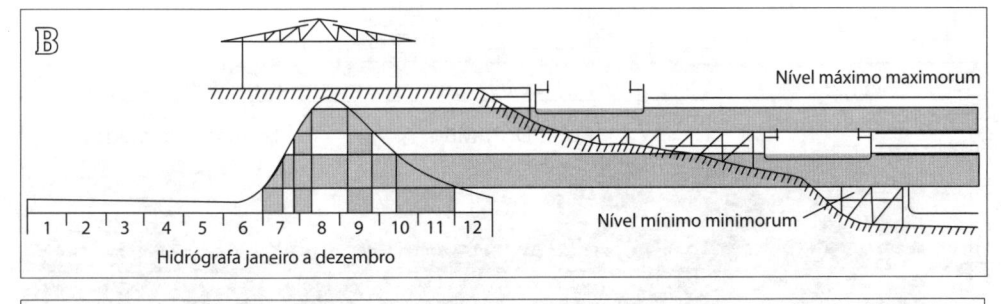

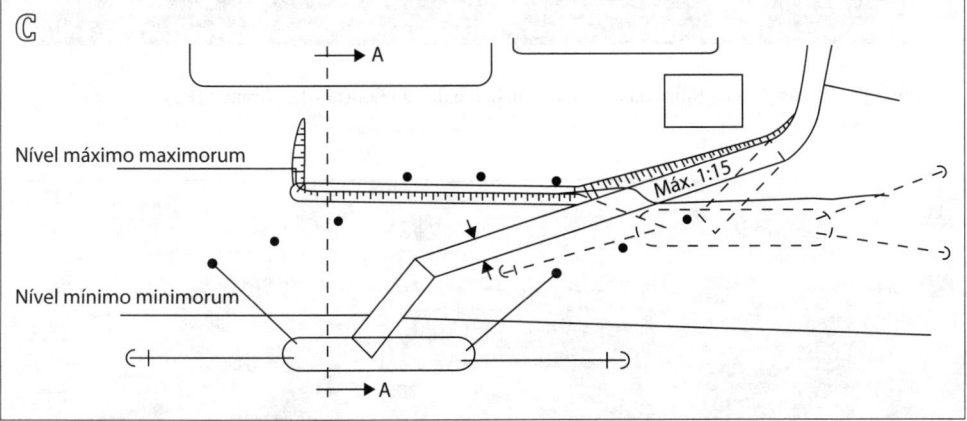

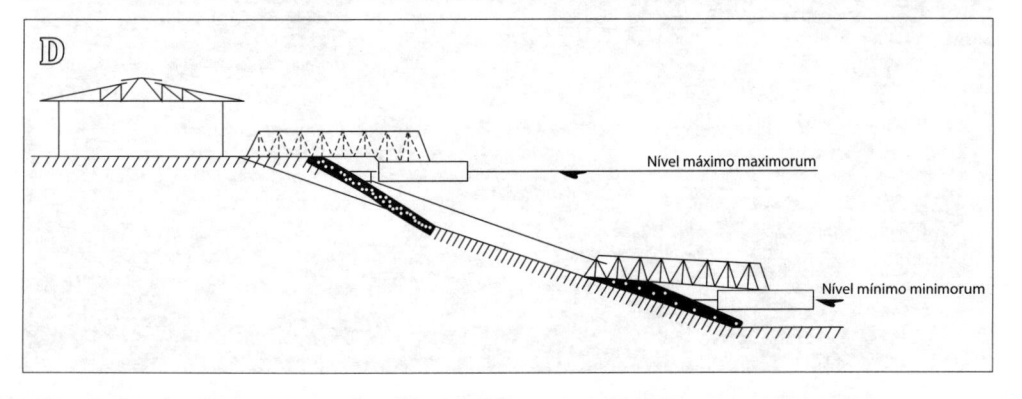

Figura 15.59
(A) Cais em degraus.
(B) Interrupção das operações portuárias.
(C) Terminal em pontão.
(D) Elevação da seção transversal AA.

Por esses motivos, quando a oscilação do nível d'água é apreciável, a alternativa mais barata é a de píer flutuante (Figuras 15.59 (C) e (D)). Essa solução permite o acesso de caminhões até a proximidade da barcaça, respeitando-se uma declividade máxima de 1:15. A rampa deve estar conectada ao pontão por articulações sólidas, que permitam o uso de âncoras e guinchos do pontão mover a rampa. Caso necessário, um guincho no topo da rampa pode ser necessário para auxiliar a puxar a rampa para cima.

Cabeços ou anéis de atracação devem estar instalados ao longo da rampa para fixar amarrações de aço bem fortes. As âncoras devem empregar manilhas de amarras de elo pesadas o suficiente para resistir às correntes e às forças de atracação.

Os cabeços de amarração devem se situar próximos da borda do cais, de tal forma que um tripulante possa colocar a linha de amarração diretamente no cabeço quando o navio aproxima-se do berço. O espaçamento entre os cabeços deve ser de cerca de 10% a 30% do comprimento do navio tipo.

O talude e o fundo próximo ao cais devem ser periodicamente inspecionados, tendo em vista o risco de erosões e deslizamentos ocasionados pela ação do propulsor das embarcações.

Os BSC anteriormente mencionados têm uma capacidade entre 1.000 t e 2.500 t de carga por ano por metro de comprimento de cais (com base em um tempo efetivo de trabalho anual de 75%, correspondendo a 6.600 horas ativas), dependendo do tipo de mercadoria e da eficiência com que ela é manuseada.

Nas Figuras 15.60 a 15.65 estão apresentadas ilustrações de projetos de terminais e portos fluviais brasileiros. Trata-se de instalações de menor dimensão implantadas em áreas somente sujeitas a correntes. Fazem exceção a essa característica os grandes portos da região amazônica.

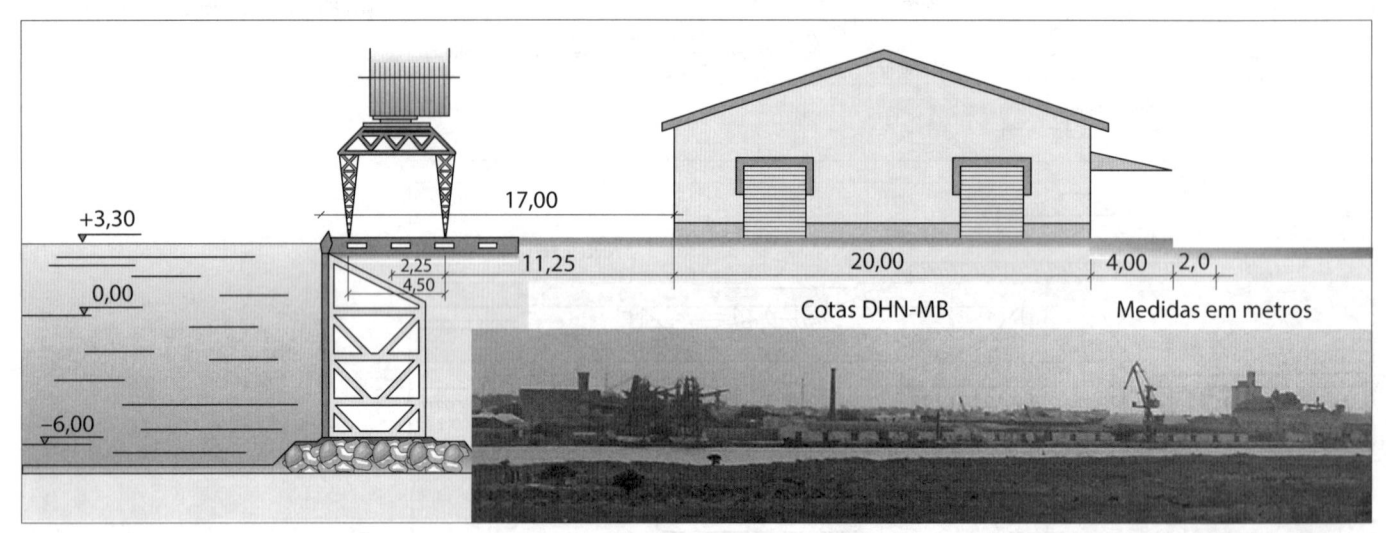

Figura 15.60
Elevação da seção transversal de Porto Flúvio-Lagunar de Pelotas (RS) na Hidrovia Lagoa Mirim, Canal de São Gonçalo, Rio Grande (RS).

Figura 15.61
(A) Vista aérea do Porto Fluvial de Porto Alegre (RS), no Rio Guaíba, na Hidrovia Taquari-Jacuí-Lagoa dos Patos.

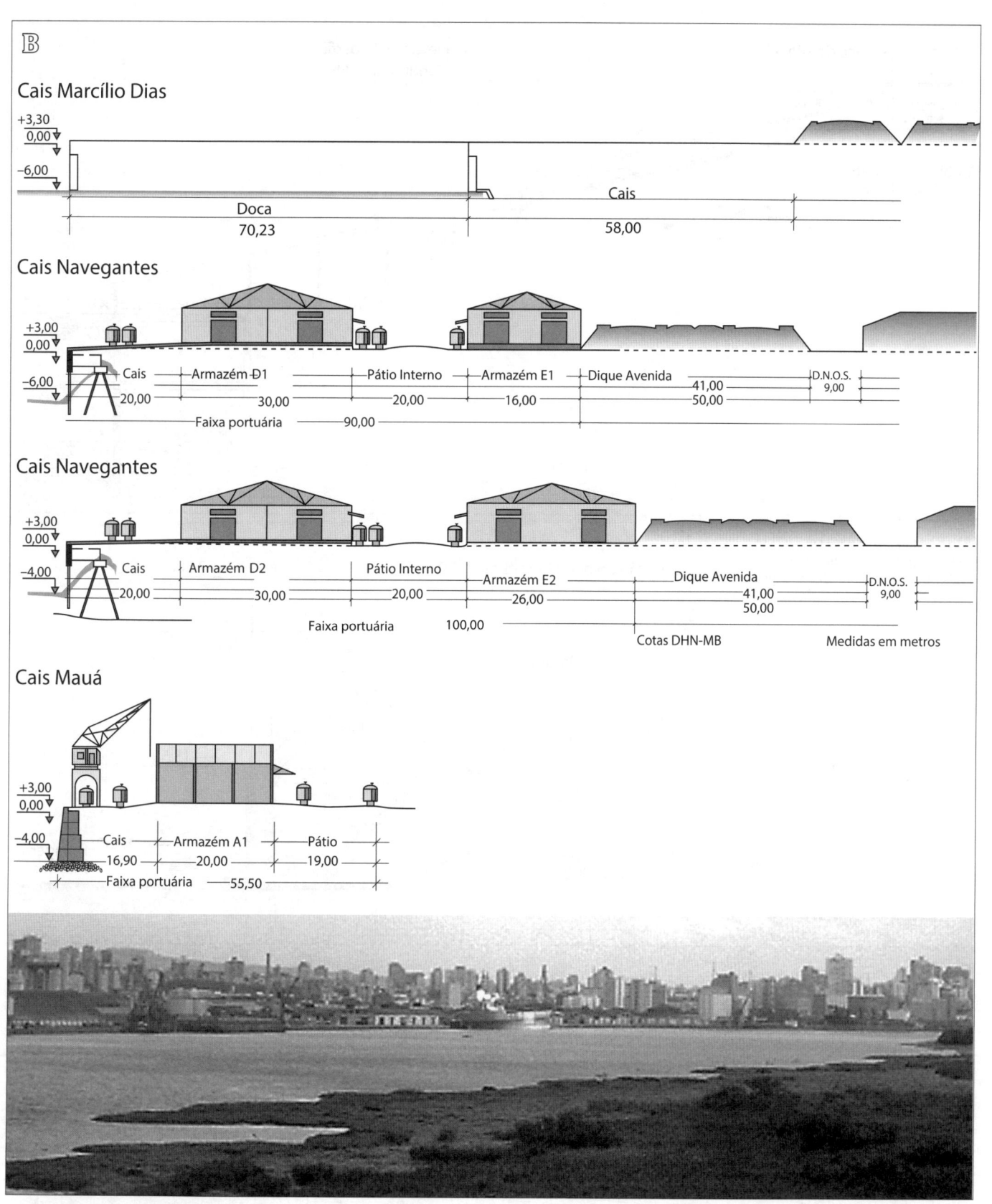

Figura 15.61
(B) Elevação das seções transversais do Porto Fluvial de Porto Alegre (RS) no Rio Guaíba na Hidrovia Taquari-Jacuí-Lagoa dos Patos.

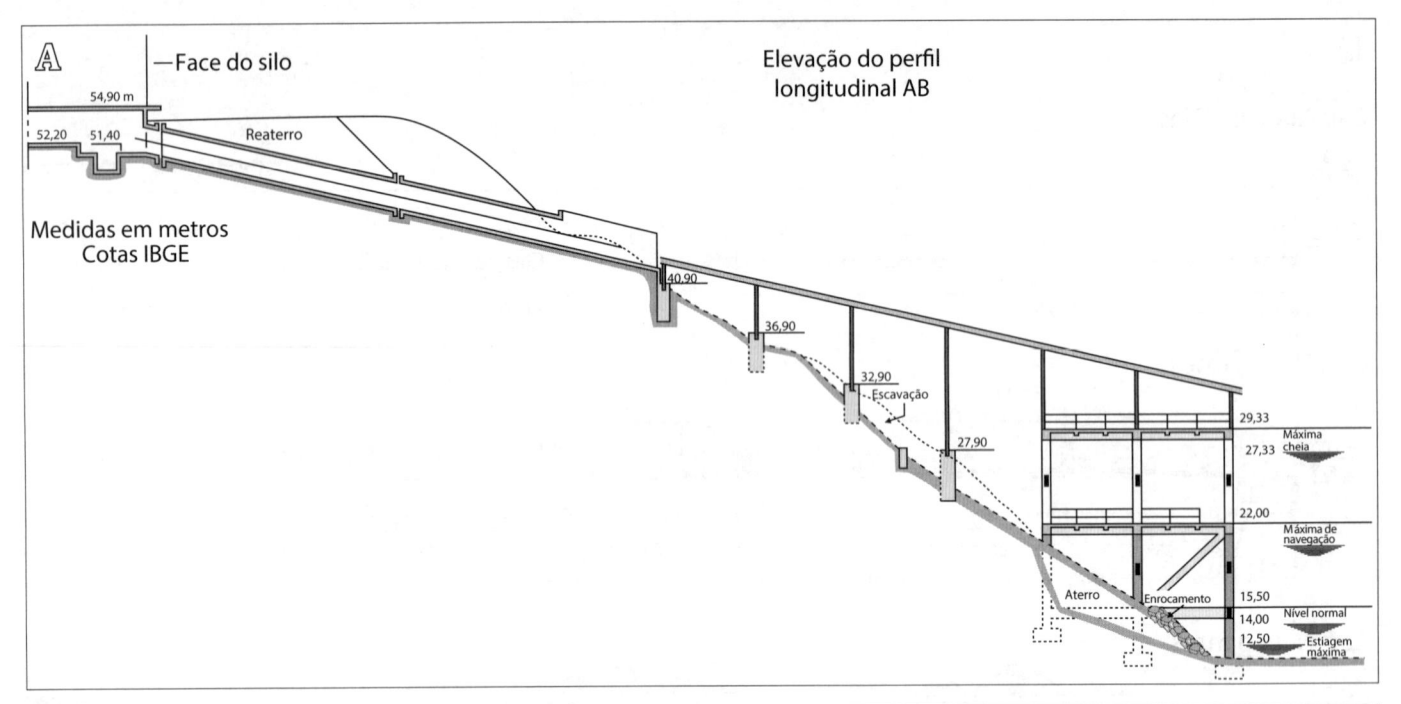

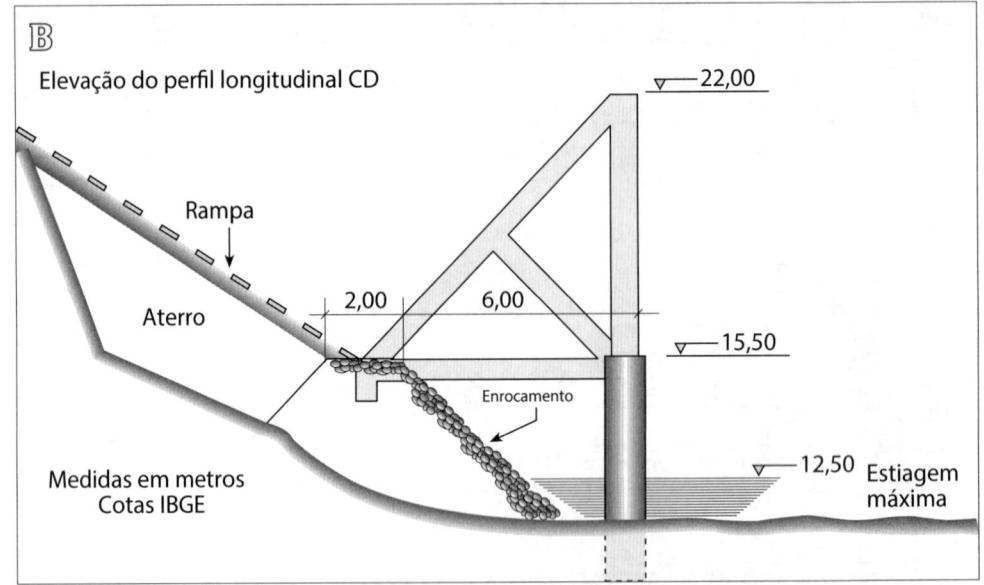

Figura 15.62
(A), (B) e (C) Porto para cereais em Cachoeira do Sul (RS) no Rio Jacuí na Hidrovia do Taquari-Jacuí-Lagoa dos Patos.

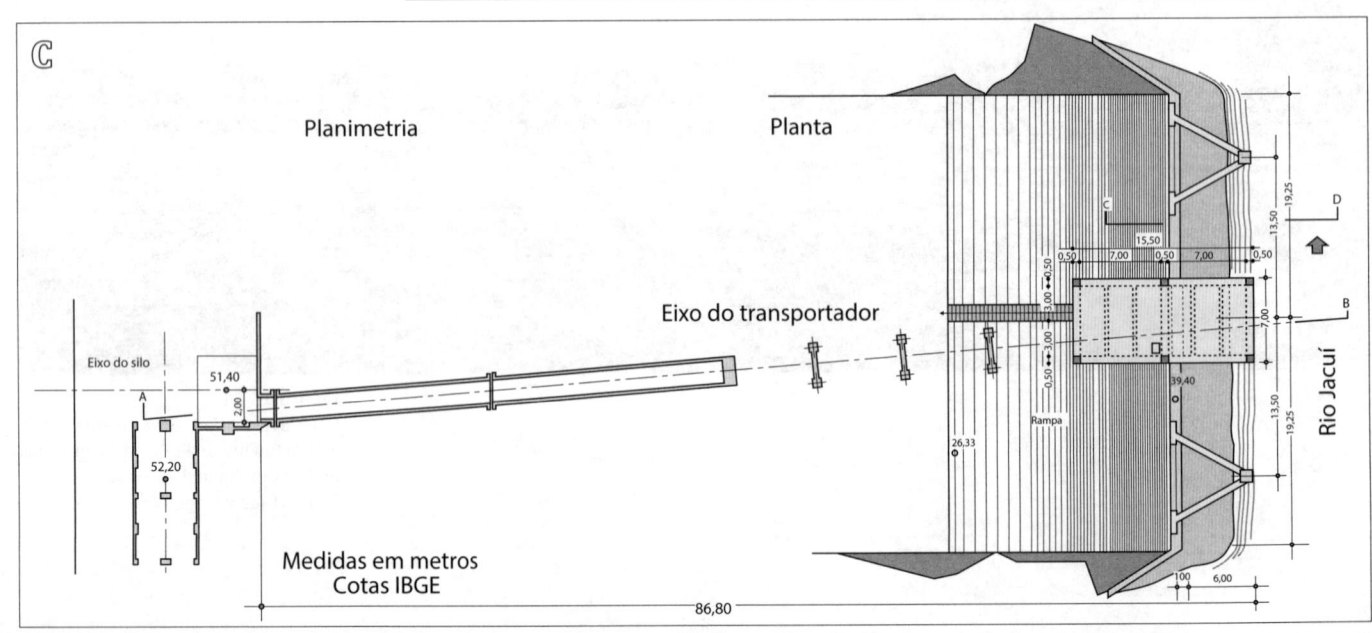

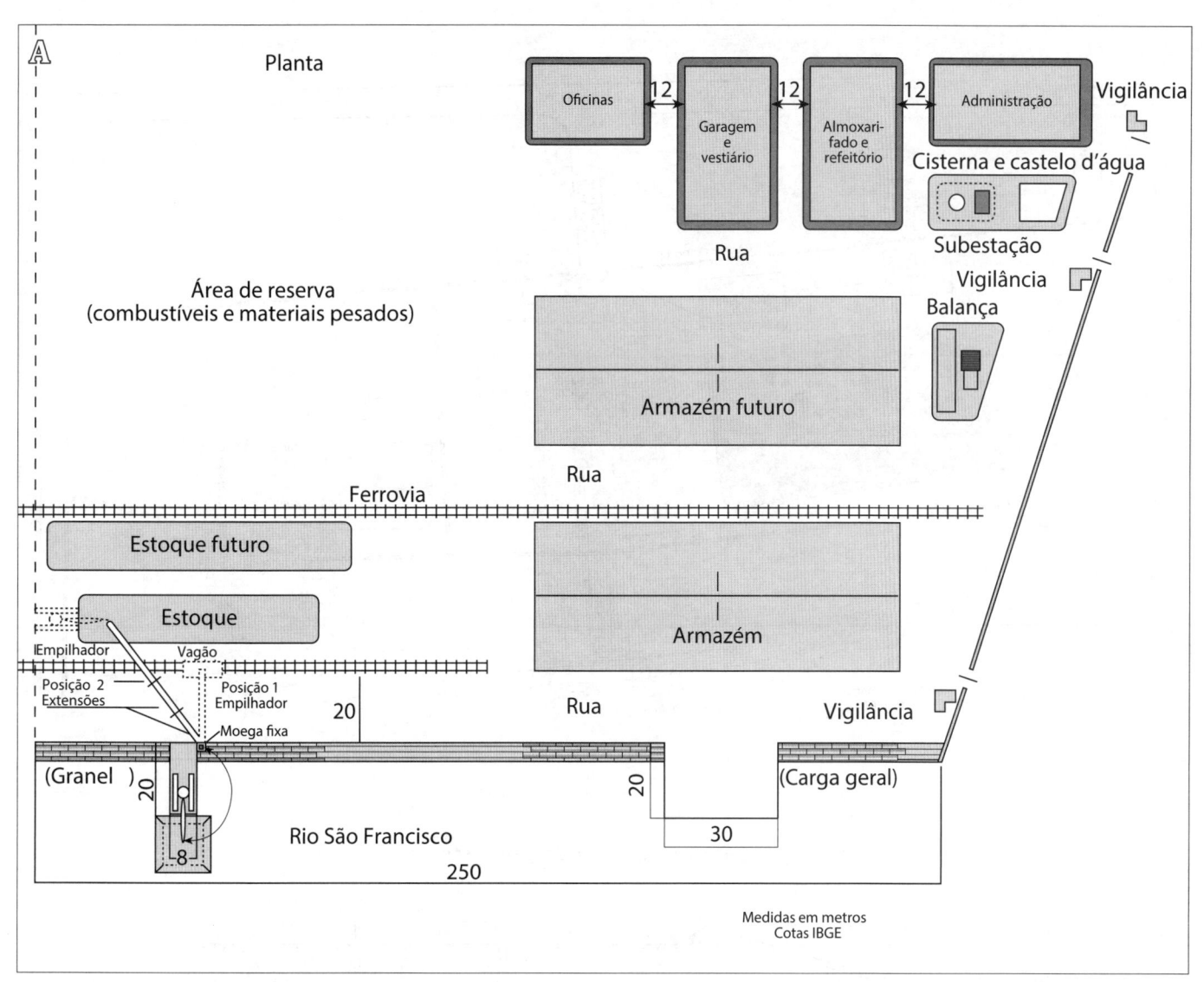

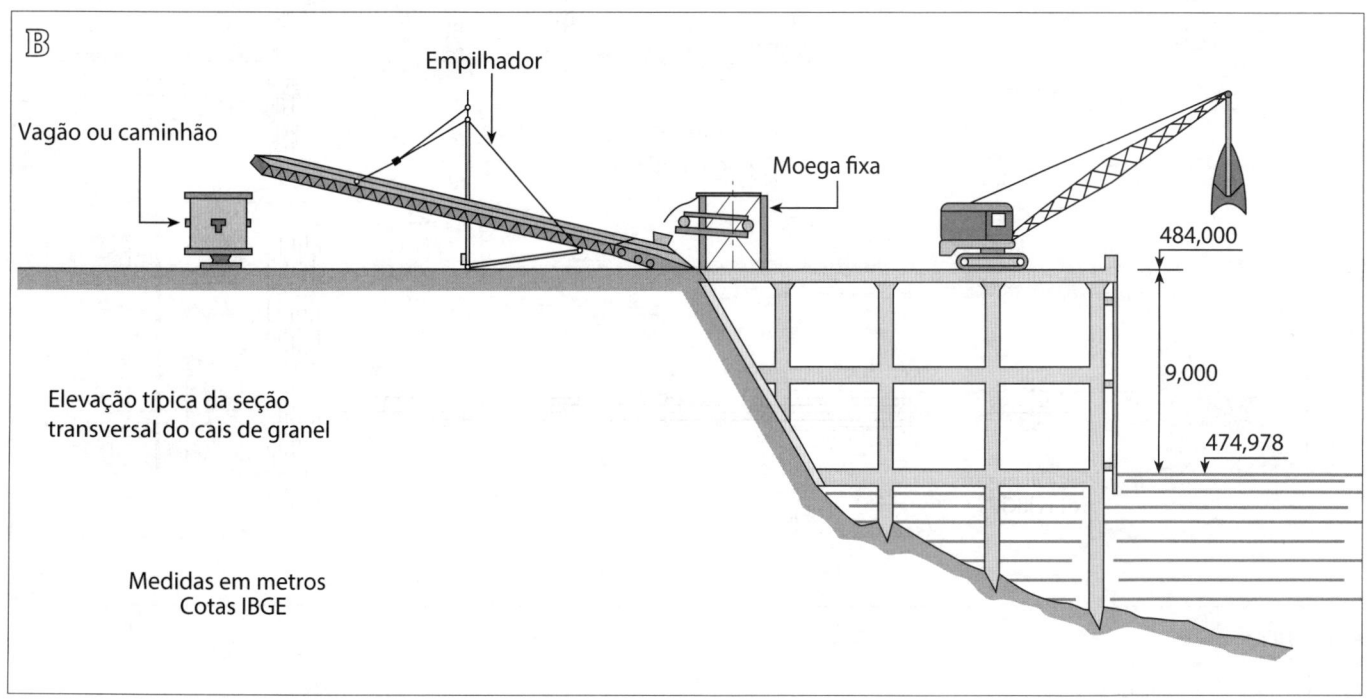

Figura 15.63
(A) e (B) Porto de Pirapora (MG) na Hidrovia do Rio São Francisco.

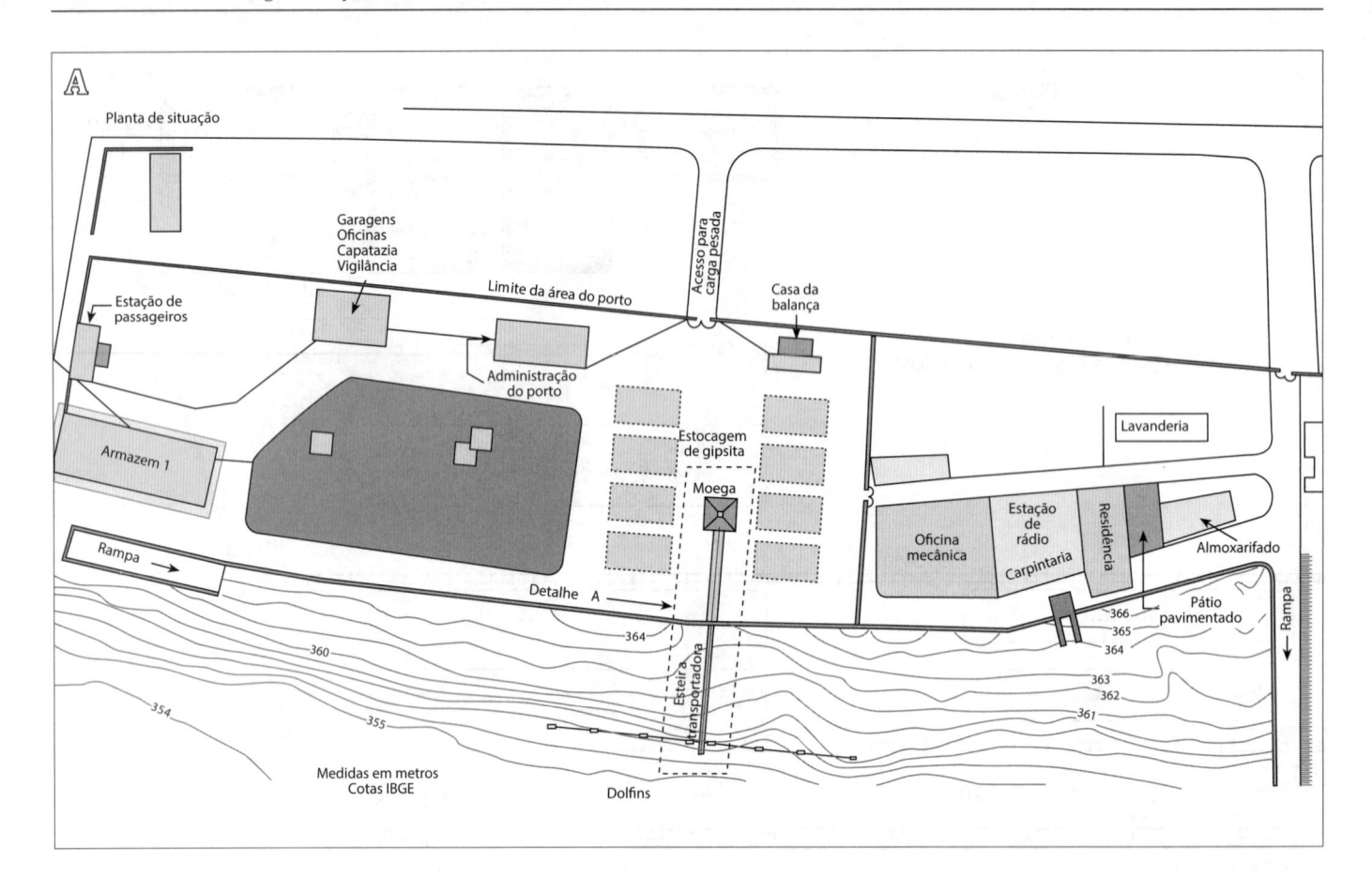

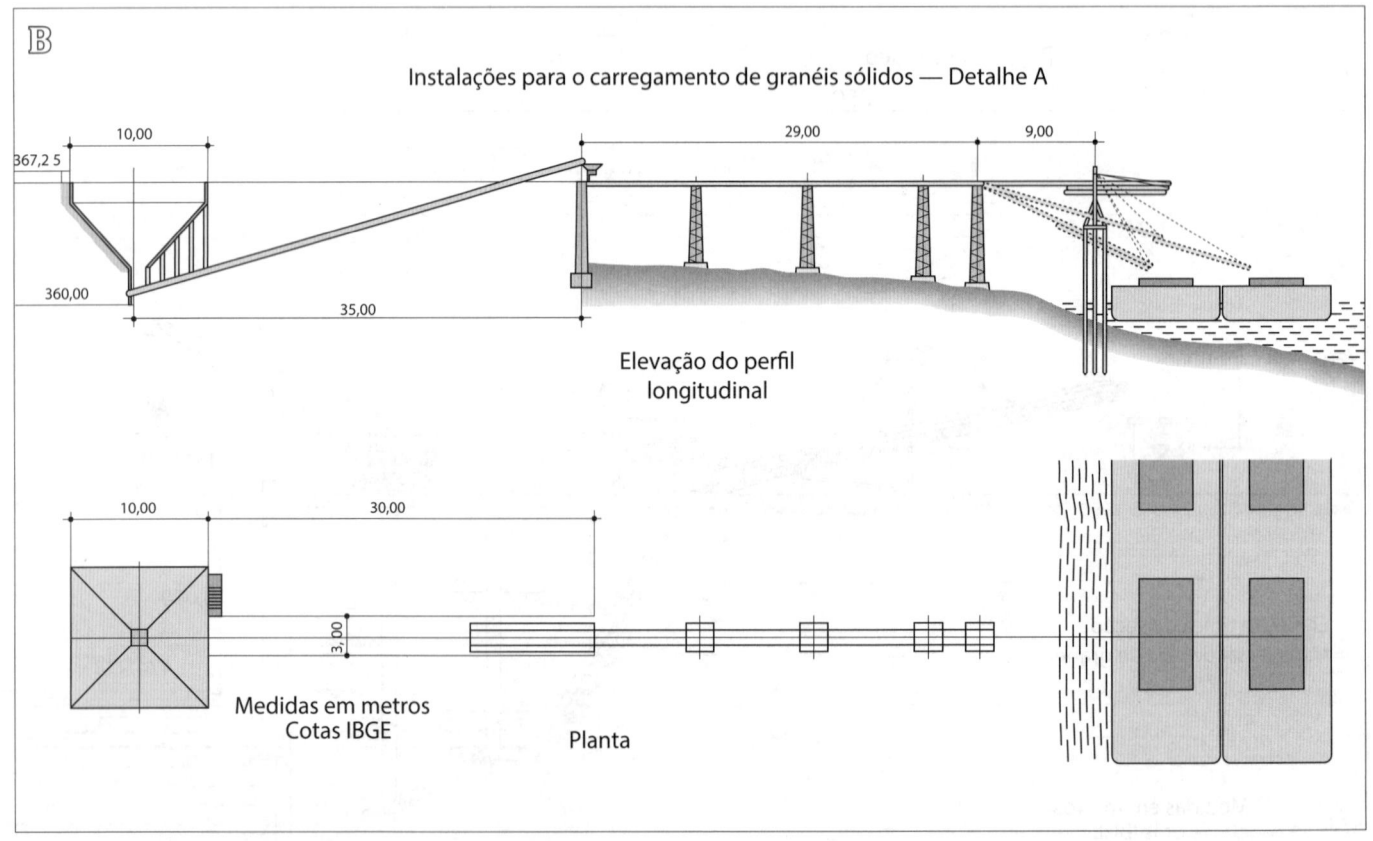

Figura 15.64
(A) e (B) Porto de Juazeiro (BA) na
Hidrovia do Rio São Francisco.

Figura 15.65
(A) e (B) Porto Fluvial de Santarém no Rio Tapajós na Hidrovia Tapajós-Teles Pires. Armazenagem de madeira.
(C) e (D) Porto Fluvial de Santarém no Rio Tapajós na Hidrovia Tapajós-Teles Pires. Pátio externo de armazenagem de madeira.
(E) Porto Fluvial de Santarém no Rio Tapajós na Hidrovia Tapajós-Teles Pires. Silos de grãos.
(F) Porto Fluvial de Santarém no Rio Tapajós na Hidrovia Tapajós-Teles Pires. Armazenagem de granéis líquidos.

Figura 15.65
(G) Porto Fluvial de Santarém no Rio Tapajós na Hidrovia Tapajós-Teles Pires. Carregamento de madeira com empilhadeira em caminhão.
(H) Porto Fluvial de Santarém no Rio Tapajós na Hidrovia Tapajós-Teles Pires. Movimentação de madeira a partir de caminhões na plataforma do píer com paus de carga do navio.

Figura 15.66
(A) Porto Fluvial de Viena (Áustria) na Hidrovia do Rio Danúbio.

Figura 15.66
(B) Pátio de Contêineres do Porto Fluvial de Viena (Áustria) na Hidrovia do Rio Danúbio.

Figura 15.67
(A) Guindastes e instalações de armazenagem no Porto de Frankfurt, no Rio Meno (Alemanha).
(B) Grande pórtico em ponte rolante na área de movimentação e armazenagem de granéis do Porto de Frankfurt, no Rio Meno (Alemanha).

Figura 15.68
Navegação fluvial no Rio Elba no Porto
de Hamburg (Alemanha).

Figura 15.69
(A) e (B) Navegação fluvial no Rio Scheldt
no Porto de Antuérpia (Bélgica).

Figura 15.70
Arranjo geral de concepção do Astillero Nor Oriental da PDVSA Naval S.A. em Punta Playa, Península de Araya, Estado de Sucre (Venezuela). Fonte: cortesia de Andrade Gutierrez.

Legenda	Dimensões (m)	Legenda	Dimensões (m)
01 Pátio de armazenamento de aço	250x4x4 baias	15 Oficina mecânica	60x40
02 Usina de pré-tratamento do aço	60x40	16 Oficina de carpintaria	100x40
03 Baia de transferência	150x30	17 Oficina de isolamento	50x40
04 Oficina de cascos – Processamento e subseções	30x340x5 baias	18 Oficina de galvanização	80x40
05 Oficinas de barras T (corte, formas)	216x40	19 Estação elétrica principal	40x60
06 Linha de Painéis	216x33x2 baias	20 Estação de ar comprimido	40x60
07 Oficina de composição de blocos planos	255x33x3 baias	21 Oficina de oxigênio	60x30
08 Oficina de composição de blocos curvos	80x245	22 Área de armazenamento de gases	80x40
09 Oficina de composição de blocos do casario	175x40	23 Oficina de manutenção	40x100
10 A Oficina de tratamento e pintura de blocos	320x40	24 Dique seco nº 1	380x70
10B Oficina de tratamento e pintura de equipamentos	250x70	25 Dique seco nº 2	490x70
11 Oficina de equipamentos de aço	100x40	26 Edifício principal de oficinas	80x40
12 Oficina de unidade/módulo	80x40	27 Oficinas de produção	50x50
13 Oficina de tubulações	100x40	28 Almoxarifado principal	125x120
14 Oficina elétrica/corte de cabos	80x40	29 Depósito de pré-equipamento dos blocos	150x500
		30 Estaleiro de reparos	400x70

Nas Figuras 15.66 a 15.69 estão apresentadas instalações de portos fluviais europeus.

15.8 ESTALEIROS NAVAIS

As instalações dos estaleiros navais são caracterizadas por constituírem-se em áreas portuárias especiais, que em perfil completo contam com espaços náuticos de berços para recebimento de equipamentos e insumos, berços para acabamento, diques secos e/ou carreiras para construção e reparos navais. Para a realização destas atividades inerentes à indústria mecânica pesada, contam com a implantação de um aparato industrial, que pode ser ilustrado conforme apresentado na Figura 15.70. Evidentemente, as dimensões destas instalações podem variar desde estaleiros para embarcações de

pequeno e médio porte (Figura 15.71), até grandes corporações (Figuras 15.72 e 15.73).

A necessidade de movimentação e içamento de peças e equipamentos de pesos extremamente variados, até os blocos do casco, faz com que nos estaleiros navais encontre-se a mais variada gama de guindastes industriais que são usados nos pátios, baias, usinas, oficinas, linhas de montagem, estações, almoxarifados, depósitos, carreiras e diques secos (Figura 15.74). Podem ser citados:

- *Gantry Cranes*, *bridge cranes* e *overhead cranes*, são tipos de guindastes que dispõem de carro de içamento que se move horizontalmente em trilho, ou trilhos fixos sob uma viga. No caso dos *overhead travelling cranes*, ou pontes rolantes, as extremidades da viga apoiam-se em rodas que correm em trilhos elevados sobre as paredes

Figura 15.71
(A), (B), (C), (D), (E), (F), (G), (H), (I) e
(J) Diques secos flutuantes e diques
secos dos estaleiros navais do Porto
de Hamburg (Alemanha).
(K) Dique seco no Porto de Dunkerque
(França).
(L) Estaleiro Damen no Porto de
Dunkerque (França).

dos prédios das oficinas ou armazéns, de modo que podem ser acessadas todas as posições longitudinalmente ou transversalmente da construção. Os *portal cranes*, ou pórticos rolantes diferenciam-se por serem constituídos por um pórtico dotado de rodas nas bases, que conferem a mobilidade longitudinal ao equipamento.

- *Mag Cranes*, ou guindastes com acionamento hidráulicos.

- Grua, ou guindastes de torre com lança entreliçada horizontal.

- *Jibs*, ou guindastes com lança inclinada com articulação para lança horizontal.

- BTC (*bridge type crane*).

- Tipo *Goliath,*[*] trata-se do mais potente guindaste do tipo pórtico rolante, para utilização sobre um dique seco, ou carreira.

Figura 15.72
Base Naval de construção e operação dos submarinos nucleares brasileiros em Itaguaí (RJ). Cortesia: Centro de Comunicação Social da Marinha.

Figura 15.73
Estaleiro Naval Lenin, em Gdansk (Polônia).

---

* Denominação advinda do nome do primeiro equipamento deste tipo instalado em 1969 no Estaleiro Harland & Wolff, em Belfast (Irlanda do Norte) pela fábrica alemã Krupp.

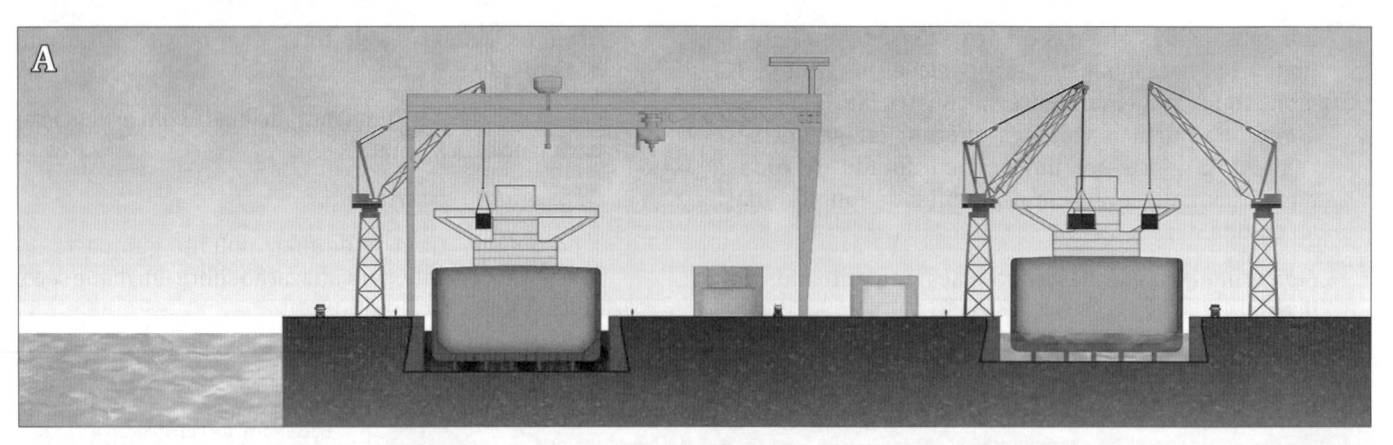

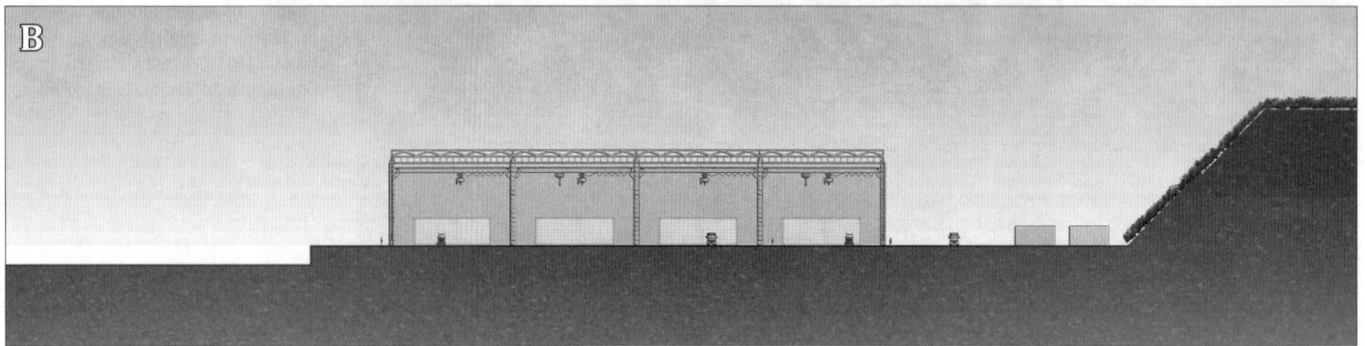

Figura 15.74
Elevações de seções transversais típicas
de instalações de estaleiros navais.
(A) Diques secos de construção e reparos.
(B) Área de produção.
(C) Área de produção do estaleiro de Halifax
(Canadá).

Como exemplo, 306 guin-
dastes dos mais variados tipos de
utilização (Tabela 15.6) foram previstos no Astillero Nor Oriental
da PDVSA Naval S.A, Astialba, em
Punta Playa, Península de Araya,
Estado de Sucre (Venezuela).

Tabela 15.6 Relação dos guindastes previstos no Astillero Nor Oriental da PDVSA Naval S.A, Astialba, em Punta Playa, Península de Araya, Estado de Sucre (Venezuela)			
Tipo (número)	**Capacidade (t)**	**Alcance (m)**	**Içamento (m)**
OH (188)	2,8 – 200	20 – 40	8 – 30
Semi-Gantry Mag (32)	5 – 25	15 – 30	7 – 10
Mag (25)	10 – 25	30 – 40	8 – 16
Grua (50)	10	30	25
Semi-Gantry (4)	5 – 25	15 – 30	7 – 14
Jib (22)	20 – 40	40 – 45	15 – 35
BTC (2)	30	25	10
Goliath (3)	1.200	120	75

15.9 BASES DE APOIO LOGÍSTICO *OFFSHORE*

Tendo em vista a necessidade de suprimentos e operações das instalações *offshore* (Figura 15.75) de exploração de petróleo e gás, torna-se necessário dispor de bases de apoio logístico. Estas bases são áreas portuárias de pequeno e médio porte com berços comuns e berços do tipo *slip*, cobertos, para embarcações *suppliers* como os PSV (*Platform Supplier Vessel*), que podem chegar a dimensões de 123 m de comprimento, 25 m de boca e 7 m de calado (Figura 15.76). As cargas movimentadas são principalmente: contêineres, resíduos sanitários e outros provindos das plataformas, tubulações, fluidos, cimento, conforme ilustrado nas Figs 15.77 a 15.81.

15.10 PORTO ILHA

As Figuras 15.82 a 15.84 ilustram as características do Tersab – Terminal Salineiro de Areia Branca (RN) da Codern, o porto ilha construído a 14 MN da costa. Considerado pelas entidades de Engenharia internacionais um dos 10 melhores projetos portuários no mundo na época de sua construção. Obra pioneira de engenharia *offshore* em toda a América Latina, o Terminal foi inaugurado em 1º de março de 1974. Construído de aço em alto mar, o empreendimento passou a ser o principal ponto de escoamento de sal a granel produzido no Rio Grande do Norte, que vem a ser a quase totalidade do sal produzido no País (95%). A plataforma de armazenagem do porto ilha tem uma estrutura retangular, que mede 92 m de largura e

Figura 15.75
Instalações *offshore* de exploração de petróleo e gás.

Figura 15.76
Arranjo geral de base de apoio logístico *offshore*.

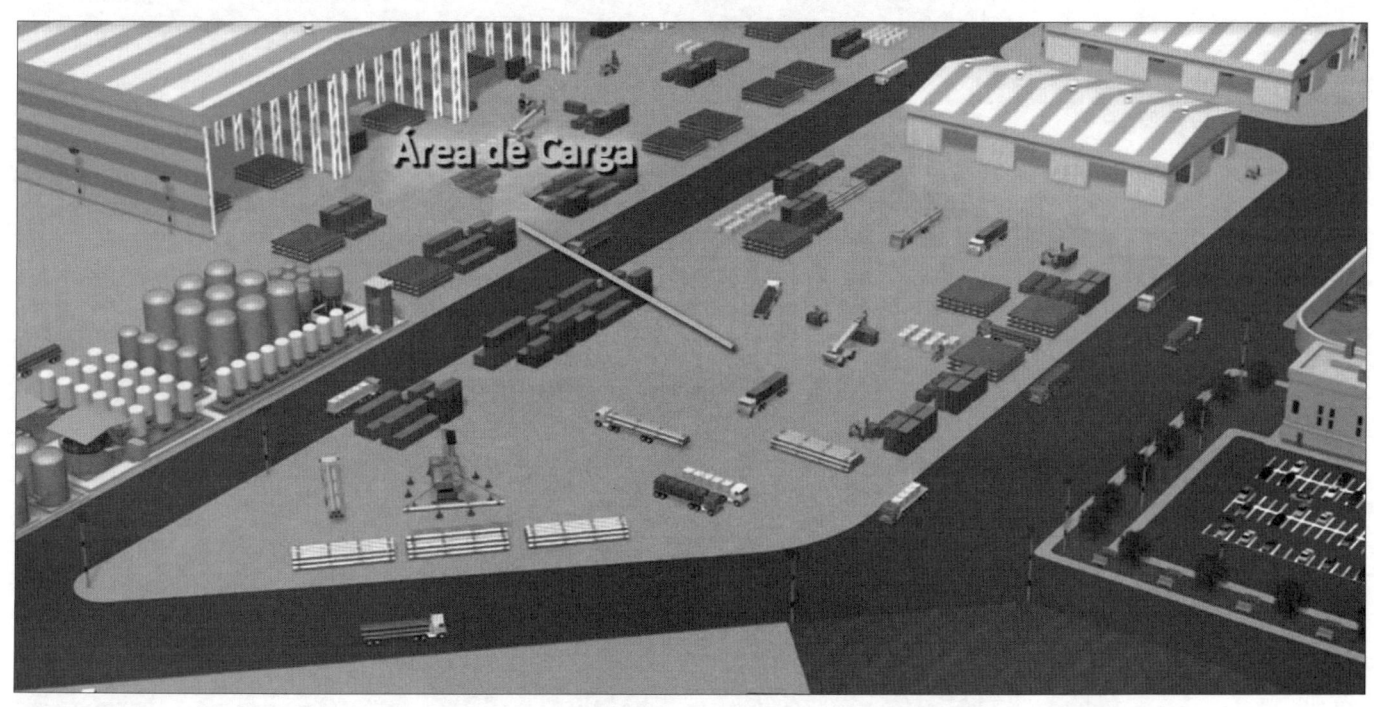

Figura 15.77
Área de carga.

Figura 15.78
Áreas de gerenciamento de resíduos e de inspeção e reparo de tubos.

Figura 15.79
Tancagem de cimento, fluidos de completação e fluidos de perfuração.

Figura 15.80
(A) Operações de carregamento de um PSV.

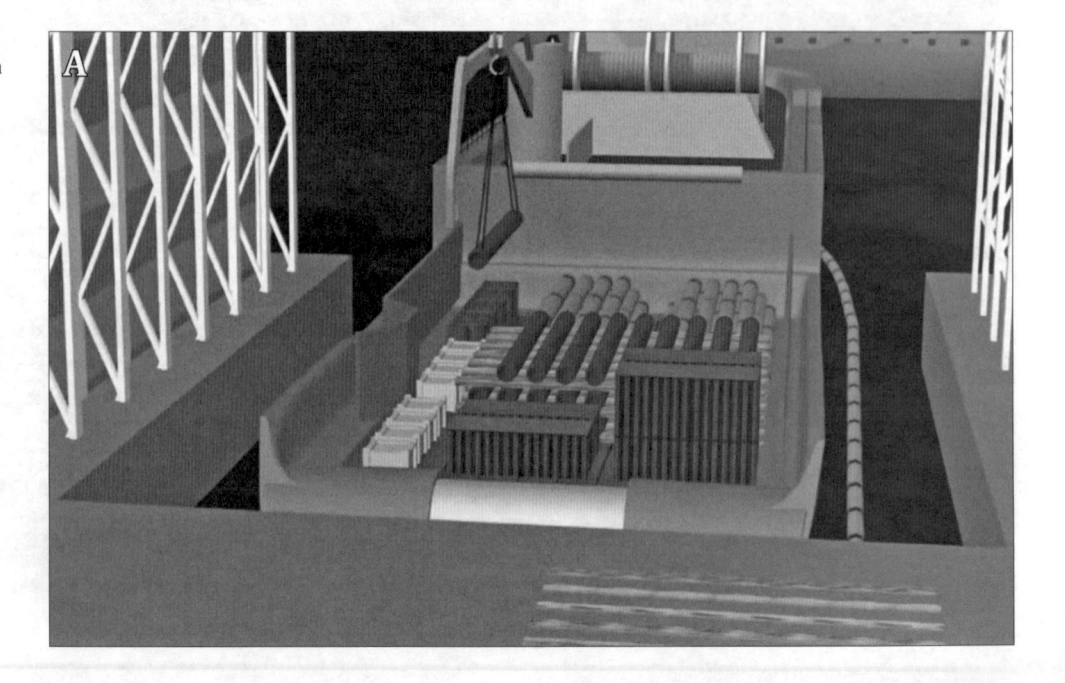

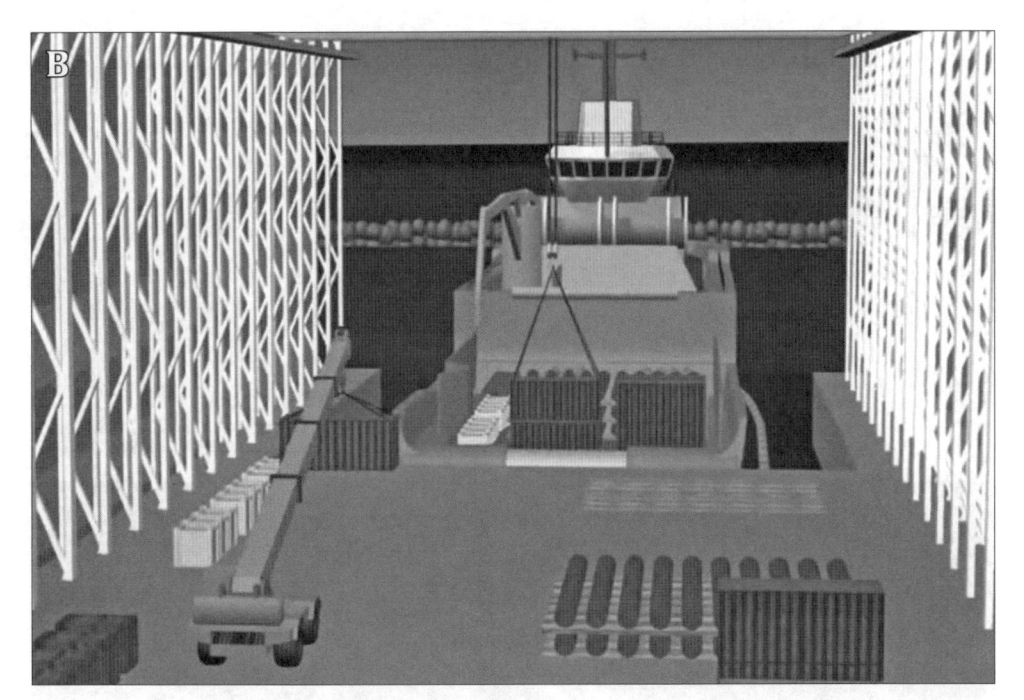

Figura 15.80
(B) Conclusão de carregamento de um PSV.

Figura 15.81
(A) Embarcação carregadora de carretéis de dutos.
(B) Carretéis a embarcar.
(C) Base de apoio logístico *offshore* do Porto de Eems (Países Baixos).

Figura 15.82
Localização e futura expansão do Tersab
– Terminal Salineiro de Areia Branca (RN).

Figura 15.83
Vista aérea do Tersab – Terminal
Salineiro de Areia Branca (RN).

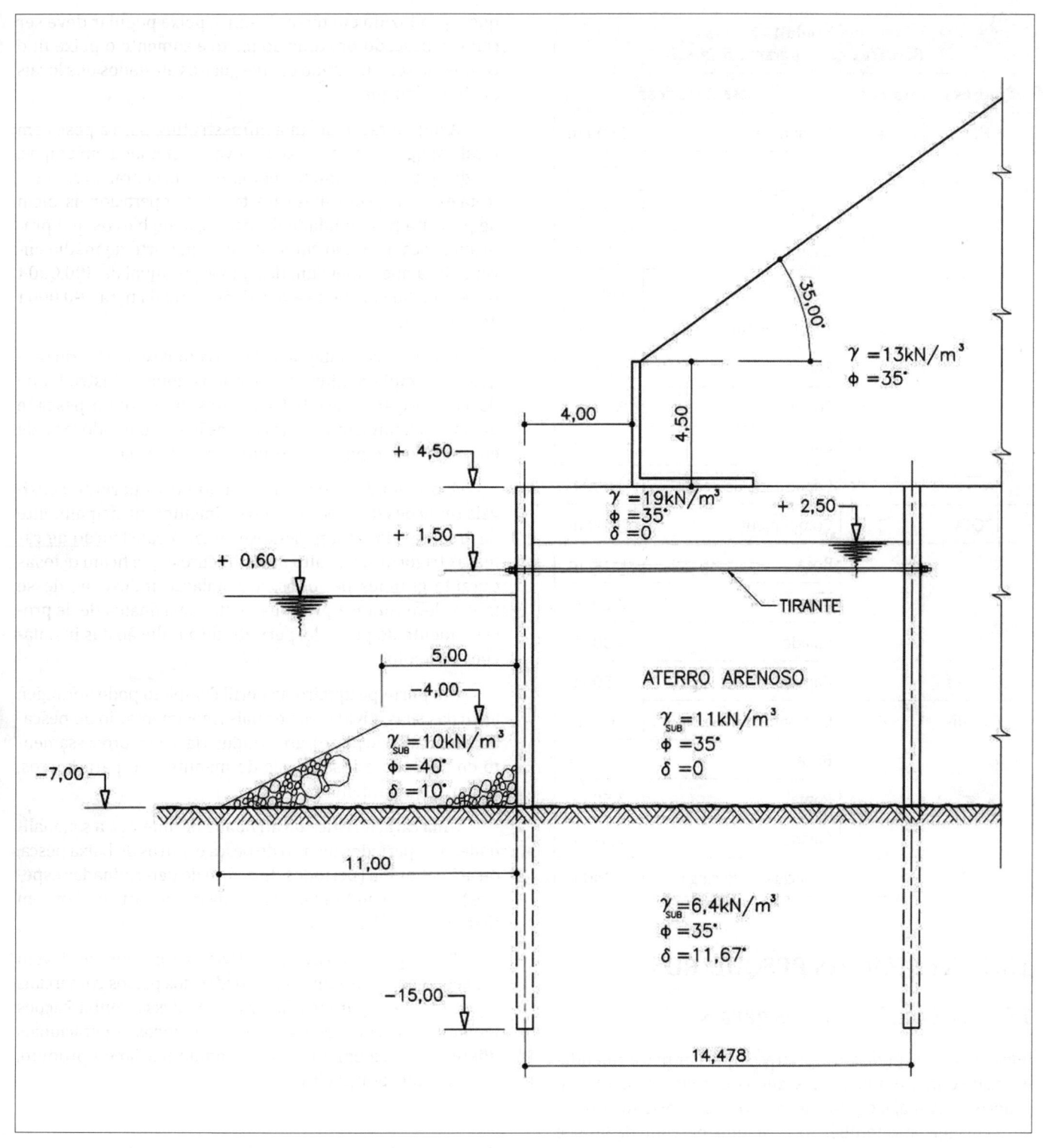

Figura 15.84
Elevação da seção transversal das paredes não acostáveis do Tersab.

244 de comprimento. Foi aterrado com material coralíneo tirado da região marinha e coberto com um piso de sal para garantir a pureza do produto armazenado. A Figura 15.83 evidencia isso.

O Tersab atualmente apresenta a seguinte capacitação:

- Pode receber navios até 75 mil tpb;

- Taxa de carregamento: 2.500 t/h;

- Área de armazenagem de 19.280 m², com capacidade estática de 150 mil t;

- 244 m de cais acostável para barcaças salineiras;

A Tabela. 15.7 resume a frota de barcaças salineiras que opera no Tersab.

Tabela 15.7 Barcaças que operam no Tersab			
Empresa	**Barcaça**	**Características**	
HB	1	Comprimento	85,00 m
		Boca	14,50 m
		Pontal	3,70 m
		Calado	1,00 m
		Capacidade de carga	2.000 t
	2	Comprimento	75,50 m
		Boca	11,20 m
		Pontal	3,10 m
		Calado	1,00 m
		Capacidade de carga	1.000 t
FROTA	3	Comprimento	70,00 m
		Boca	15,00 m
		Pontal	3,20 m
		Calado	1,00 m
		Capacidade de carga	1.500 t
CODERN	4	Comprimento	65,20 m
		Boca	11,36 m
		Pontal	3,50 m
		Calado	2,91 m
		Capacidade de carga	1.340 t

15.11 TERMINAIS PESQUEIROS

15.11.1 Considerações gerais

Inicialmente, é importante esclarecer que por peixe entende-se não somente o peixe pescado com redes de cerco, do gênero sardinha, e o pescado com redes de arrasto, do gênero corvina, mas também o peixe fino, pescado de linha e anzol, do gênero badejo, para não falar das iguarias camarão e lagosta. Os três gêneros têm abundâncias naturais, no Brasil e no mundo, com proporções aproximadas de 4 : 2 : 1. Se considerarmos apenas dois gêneros, popular e fino, as abundâncias naturais são, portanto, de 6 : 1, sendo, consequentemente, a proporção de preço quase exatamente a inversa, isto é, o peixe fino é seis vezes mais caro do que o peixe popular.

O peixe resfriado tem um período de conservação curto comparativamente ao peixe congelado, porém a operação de congelamento a bordo é muito mais cara do que em terra, pois o kWh produzido a bordo custa de 3 a 5 vezes mais do que o produzido em terra. Assim, o peixe popular deve ser sempre pescado próximo ao porto e somente o peixe fino compensa ser capturado em pesqueiros afastados dos locais de desembarque.

A implantação de uma infraestrutura para a pesca em local em que ainda não existe deve ser efetuada em etapas, sendo que uma primeira etapa deve procurar atender à frota existente, com suas características operacionais, além de prever a possibilidade de atracação de barcos que praticam pesca de longo curso. Assim, um porto de média envergadura que almeje um desembarque anual de 300.000 t poderá ter sua primeira etapa dimensionada para 100.000 t anuais de pescado.

Em uma visão integrada de um complexo portuário pesqueiro, complementam o porto uma zona industrial, que deverá abrigar os estabelecimentos afins com a pesca, e uma zona habitacional, para a fixação dos pescadores e de empregados do porto e das indústrias da área.

A proximidade da indústria ao porto permite sensíveis reduções do preço nos investimentos, principalmente da área do frio. Assim, pode-se evitar a construção de câmaras frigoríficas de alto investimento e que ficam ociosas durante grandes períodos. A instalação industrial, desse modo, deve cumprir precipuamente a sua finalidade de processamento do pescado, permitindo a redução das instalações de apoio.

Um porto pesqueiro de perfil completo pode abranger, além das suas atividades normais (movimentação do pescado e mercado de peixe), áreas industriais para processamento do pescado e instalações de manutenção para barcos, redes e equipamentos.

Uma característica da atividade pesqueira é a sazonalidade, com períodos de pico de pesca e outros de baixa pesca, ou até nenhuma (períodos de defeso de determinadas espécies), condicionando a localização da maior parte da frota em mar ou atracada.

Tanto quanto possível, as atividades pesqueiras devem ser segregadas das demais atividades dos portos comerciais por razões de segurança da navegação dessas embarcações menores, bem como pelos requisitos náuticos e operacionais diferenciados, além do risco de contaminação do produto, por exemplo, por poeira.

15.11.2 Tipos de portos pesqueiros

15.11.2.1 ATRACADOUROS

Os atracadouros são utilizados por pescadores de certa localidade que pescam em uma zona de curta distância. As embarcações são principalmente construídas em madeira ou fibra de vidro, com comprimentos entre 3 m e 15 m e calados de 1 m a 2 m, operando com motor de popa, motor de centro, vela ou remos. Tais atracadouros, muitas vezes, situam-se em condições de abrigo que até dificultam o lançamento dos barcos ou a sua retirada na orla, mas existem alguns em condições mais favoráveis, que contam com abrigos naturais em enseadas ou estuários. As instalações são compostas de uma rampa, um pequeno cais ou píer e equipamentos simples para a movimentação do pescado, podendo também dispor de alguns serviços de manutenção e reparo.

O ciclo de pesca é de 1 a 2 dias e as artes de pesca são geralmente redes de emalhar e armadilhas de fundo.

15.11.2.2 PORTOS PESQUEIROS COSTEIROS

Os portos pesqueiros costeiros são bases para as embarcações pesqueiras costeiras pequenas, feitas normalmente de aço, com comprimento entre 15 m e 25 m e calando de até 3,5 m, com capacidade usual de 0,5 t a 20 t (excepcionalmente 60 t). As zonas de pesca estão mais ao largo, requerendo viagens de alguns dias de duração.

O ciclo de pesca é de até 1 semana, exigindo o emprego de gelo ou sal para preservar o pescado, e as artes de pesca são as redes de cerco e de arrasto.

As embarcações dessa classe são equipadas com dispositivos um pouco mais sofisticados com relação aos barcos menores.

Os terminais requerem maior proteção e infraestrutura de fornecimento de serviços mais elaborada.

15.11.2.3 PORTOS COM DISTÂNCIA DE PESCA PRÓXIMA

Para esses portos pesqueiros, as embarcações variam de 25 m a 40 m de comprimento com calado de até 4,5 m e capacidade para até 500 t de pescado, uma vez que as zonas de pesca situam-se a várias centenas de milhas, exigindo viagens de vários dias até duas semanas. As embarcações já são dotadas de uma limitada capacidade de processamento a bordo, como tirar as cabeças, destripar e cobrir com gelo em contêineres, ou de uma unidade de congelamento.

Os terminais devem ter disponibilidade de suprimentos para viagens mais longas e serviços de reparo e manutenção.

15.11.2.4 PORTOS PESQUEIROS OCEÂNICOS

Os portos pesqueiros oceânicos são bases para os navios de pesca tipo fábrica de beneficiamento, que são equipados para longas viagens e permanências no oceano. O processamento industrial é realizado a bordo, como enlatamento e envasamento. Em virtude das dimensões e das cargas envolvidas, instalações portuárias convencionais são frequentemente utilizadas por esses navios, pois não se justifica economicamente projetar um píer pesqueiro para esse porte de navio.

Os navios de alto mar, com comprimentos entre 25 m e 80 m e capacidade para até 3.000 t de pescado e até 1 mês de autonomia, gelam, refrigeram, congelam ou processam o pescado a bordo. São típicos dos navios de pesca de atum.

Os navios-fábrica têm porte bruto e calados semelhantes aos dos pequenos navios comerciais, sendo frequentemente supridos de pescado pelas embarcações menores.

15.11.2.5 DIMENSÕES TÍPICAS MÉDIAS DOS BARCOS NA COSTA BRASILEIRA

Na costa brasileira, os barcos costumam ser subdivididos, pelos seus comprimentos, em pequenos (até 10 m), médios (entre 10 m e 20 m) e grandes (com mais de 20 m). A frota pesqueira é classificada, ainda, segundo o tipo de aparelho de pesca empregado isoladamente ou em associação com outros barcos em:

- Traineira: apresenta como característica a pesca de cerco e captura através da traina, rede de cercar, de superfície; geralmente, são utilizadas para a pesca das sardinhas.
- *Trawler* de porta: usa o arrastão, que trabalha no fundo, e possui dispositivo para abertura da boca da rede, a porta. Trabalha isolado.
- *Trawler* de parelha: barco que trabalha em conjunto com outro arrastando uma mesma rede de fundo (sem as portas).
- Linha e espinhel (*longline*): utiliza-se de determinado número de anzóis numa linha postada na horizontal.
- De rede de espera: usam redes (panos) fixadas por meio de âncoras e postadas verticalmente.

As traineiras são barcos que apresentam como característica o casario no seu extremo, oferecendo em seu convés de proa vasta área livre para recolhimento da rede e os manuseios necessários. O acesso ao porão está localizado no meio desse convés. Uma traineira média tem cerca de 17 m de comprimento, potência de motor de 200 HP e tripulação de 12 homens para um alcance de 120 milhas náuticas e viagens de um dia, 77 viagens anuais e captura por viagem de 15 t. Têm comprimento máximo em torno a 25 m, calado máximo em torno de 3 m e potência máxima em torno de 400 HP.

Os *trawlers* de porta classificam-se em termos de comprimento em grandes, médios e pequenos, sendo estes últimos mais conhecidos como baleeiras.

Os *trawlers* de porta grandes têm, em média, cerca de 22 m de comprimento, potência de motor de 300 HP e tripulação de 7 homens para um alcance de 500 milhas náuticas. Têm comprimento máximo em torno de 50 m, calado máximo em torno de 3,8 m e potência máxima em torno de 650 HP e 20 tripulantes.

Os *trawlers* de porta médios são normalmente barcos que possuem a maior preferência dos armadores e pescadores, apresentando como característica o casario na proa, oferecendo todo o convés de popa livre para os manuseios necessários com as redes. As suas bordas laterais são altas, oferecendo maior segurança ao trabalho dos pescadores. O acesso ao porão está localizado imediatamente após o casario. O seu mastro possui dois equipamentos para o disparo e recolhimento das redes. Um *trawler* de porta média tem, em média, 14 m de comprimento, potência de motor de 140 HP e tripulação de 5 homens para um alcance de 350 milhas náuticas e viagens de 13 dias, 22 viagens anuais e captura por viagem de 2,5 t. Têm comprimento máximo em torno de 30 m e potência máxima em torno de 230 HP e 8 tripulantes.

Os *trawlers* de porta pequenos têm pequeno casario na popa e escotilha do porão na sua parte dianteira; têm, em média, 9 m de comprimento, potência de motor de 35 HP e tripulação de 3 homens para um alcance de 150 milhas náuticas e viagens de um dia, 170 viagens anuais e captura por viagem de 0,2 t. Têm comprimento máximo em torno a 10 m e potência máxima em torno de 40 HP.

Os *trawlers* de parelha grandes apresentam o casario elevado com dois ou mais conveses, localizados entre o meio do barco e a popa. É provido de mastro com equipamento para disparo e recolhimento da rede. Por terem porte razoavelmente grande e com bastante autonomia, têm condições para a pesca oceânica. Têm, em média, 22 m de comprimento, potência de motor de 300 HP e tripulação de 8 homens para um alcance de 450 milhas náuticas e viagens de 13 dias, 8 viagens anuais e captura por viagem de 65 t. Têm comprimento máximo em torno de 30 m, calado máximo em torno de 3,0 m, potência máxima em torno a 320 HP e 14 tripulantes.

Os *trawlers* de parelha médios apresentam características visuais semelhantes às das traineiras, apresentando casario na popa. Têm, em média, 15 m de comprimento, potência de motor de 150 HP e tripulação de 6 homens para um alcance de 350 milhas náuticas e viagens de 10 dias, 35 viagens anuais e captura por viagem de 11 t.

15.11.3 Dimensões náuticas

15.11.3.1 CONSIDERAÇÕES GERAIS

As dimensões náuticas em portos pesqueiros seguem fundamentalmente os preceitos vistos no Capítulo 11, entretanto, como a maioria das embarcações pesqueiras é de pequeno porte, comparativamente com os navios comerciais, é interessante estabelecer algumas ordens de grandeza.

15.11.3.2 CANAIS DE ACESSO

Segundo Ligteringen e Velsink (2014), a largura mínima para um canal de mão única, pequenas embarcações e condições náuticas favoráveis é de 30 m a 40 m, passando para 90 m a 100 m no caso de canal de mão dupla. Para um canal externo, como regra prática, a largura mínima é de cerca de 10 vezes a boca da maior embarcação e, para um canal interno, 8 vezes a boca. Quanto à profundidade, o procedimento de dimensionamento é o mesmo já apresentado no Capítulo 11.

15.11.3.3 BACIAS E BERÇOS

A recomendação para a dimensão da bacia de evolução, considerando a condição sem assistência de rebocador, é de 5 a 6 vezes o L_{OA} da maior embarcação.

Quanto às recomendações para os berços, a condição-limite de agitação para que se possa descarregar o pescado (com equipamento convencional de guindaste ou pau de carga do barco) com ondas de períodos inferiores a 6 s (pior condição para os períodos naturais da maioria dos barcos pesqueiros) é de $H_s = 0,3$ m quando atracado perpendicularmente às cristas de ondas incidentes e 0,15 m quando paralelamente. As maiores embarcações pesqueiras podem ser descarregadas e operadas com magnitudes de altura significativa, respectivamente, de 0,5 m e 0,25 m, sendo que, para períodos superiores a 6 s, os mesmos limites passam a ser de 0,3 m e 0,15 m.

O arranjo geral dos berços pode ser:

- Paralelo ao cais (Figura 15.85(A)): é um arranjo que aumenta a velocidade do descarregamento diretamente no cais, no entanto, exige grandes comprimentos de cais, nos quais devem ser previstos de modo localizado os serviços de combustível, água e gelo. No caso de barcos maiores, os serviços devem estar disponíveis ao longo de todo o cais.

- Oblíquo ao cais (Figura 15.85(B)): essa alternativa reduz o comprimento do cais linear ou da alternativa em dente de serra, sendo que, nesse último caso, é importante que sejam barcos de dimensões semelhantes.

- Perpendicular ao berço (Figura 15.85(C)): seja com atracação de proa ou de popa, esse arranjo reduz bastante o comprimento do cais, mas a operação de descarga deverá ser praticamente manual.

- Píeres *finger* perpendiculares ao cais (Figura 15.86): essa alternativa é uma variante do arranjo perpendicular ao berço que procura não reduzir tanto a capacidade de descarga, mas exige um equipamento de transporte para a zona de estocagem, agregando a vantagem de se poder movimentar o pescado de ambos os lados, o que reduz o comprimento do cais.

Quanto ao comprimento requerido do cais, existem inúmeros fatores que influem no seu dimensionamento (LIGTERINGEN; VELSINK, 2014), mas uma primeira estimativa pode ser obtida pela fórmula:

$$L_q = [c_p (L_{OAméd} + s) f_r]/(c \cdot n)$$

em que:

L_q: comprimento do cais.

c_p: pico total diário da descarga no porto.

c: taxa média de descarregamento por barco por hora.

n: número de horas de descarregamento por dia.

$L_{OAméd}$: comprimento médio do barco.

s: espaço entre barcos.

f_r: fator de irregularidade para os barcos (entre 1 e 2).

Outra alternativa interessante de arranjo é o cais ou píer de espera, com barcos lado a lado, cujo comprimento pode ser dado pela seguinte fórmula:

$$L_q = [N_r (L_{OA} + s)]/N_a$$

em que:

N_a: número de barcos lado a lado.

N_r: número de barcos na espera = $[N (n_r + n_u)]/(n_c \cdot f_r)$.

N: número total de barcos.

n_r: dias de espera em um ciclo.

n_u: dias de descarregamento em um ciclo.

n_c: número de dias compreendidos em um ciclo de pesca.

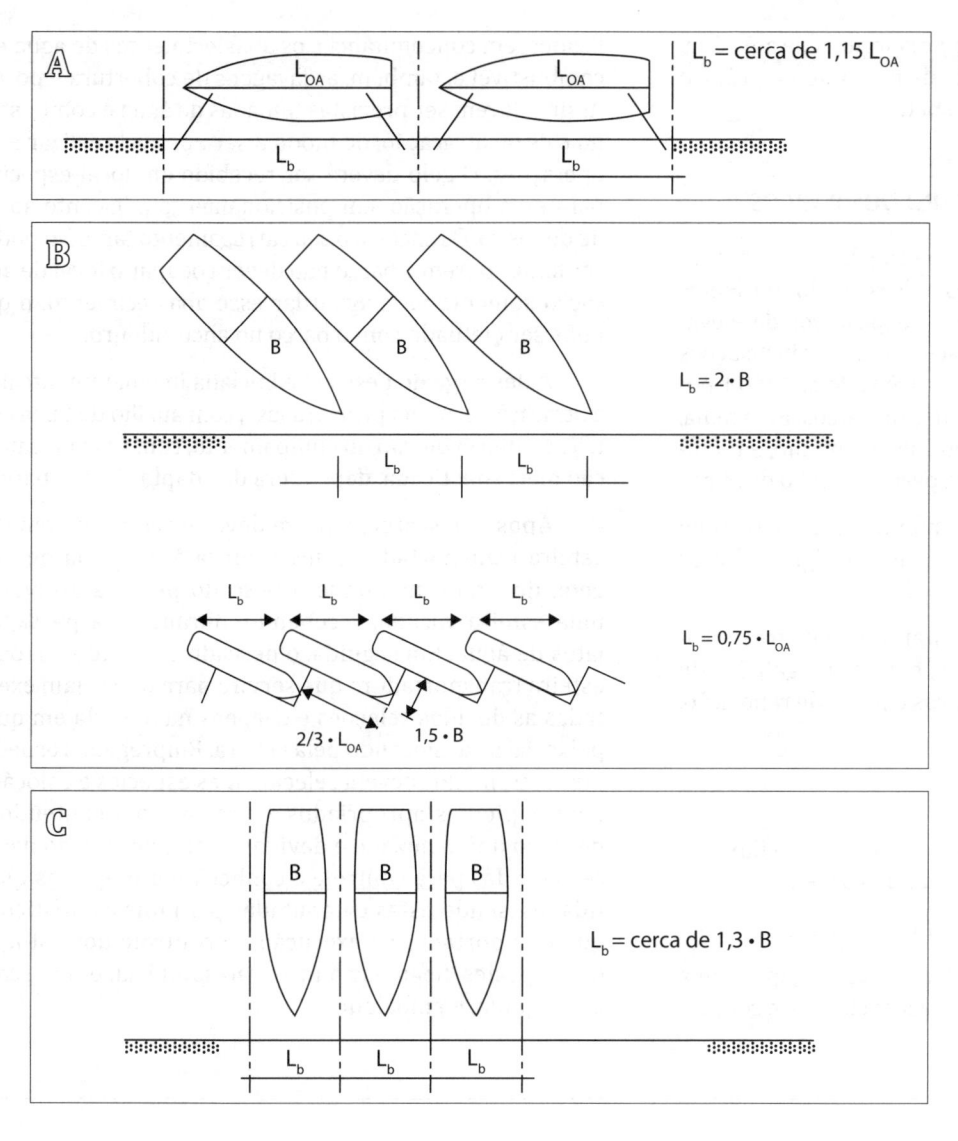

Figura 15.85
Comprimento do cais com arranjos dos berços (A) paralelo ao cais, (B) oblíquo com cais linear e em dente de serra e (C) perpendicular ao cais.

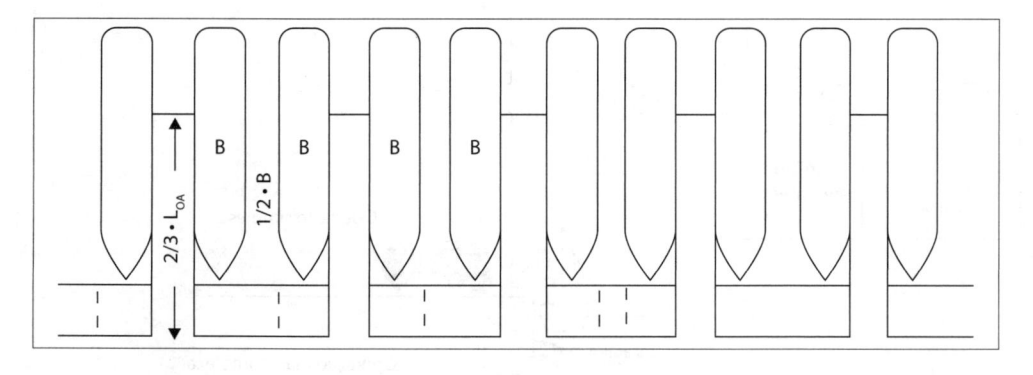

Figura 15.86
Finger píeres perpendiculares ao cais.

Em condições específicas, é possível manter atracados lado a lado até 8 barcos, o que resulta em significativo incremento na capacidade.

15.11.4 Dimensões requeridas em terra

15.11.4.1 ÁREA DE OPERAÇÕES NO CAIS

Para esse dimensionamento, teriam de ser levados em conta inúmeros fatores, mas, como uma primeira abordagem, podem ser consideradas as seguintes larguras da área de operações do cais:

- Para operações manuais, com ou sem auxílio de equipamento do navio: 1,5 m a 4 m.

- Para operações com guindastes do terminal e esteiras transportadoras ou transporte por trilhos: 4 m a 8 m.

- Para operações com empilhadeiras de movimentação vertical com forquilha ou caminhões: 8 m a 20 m.

- Para operações em píeres *finger*: larguras de até 15 m, sendo possível locar o galpão de recepção no próprio *finger* se não houver espaço em terra.

15.11.4.2 MANUTENÇÃO E REPARO DOS BARCOS

Nos terminais pesqueiros, devem-se sempre prever instalações para manutenção e reparo dos barcos, sendo suficientes carreiras convencionais ou simples dispositivos de elevação. Para maiores embarcações, são necessárias instalações de estaleiros de carenagem. Embarcações de até 250 t podem ser puxadas por SC tipo elevador de barcos. Em média, podem-se prever de 5 a 15 dias por navio por ano, em função da eficiência da instalação e da perícia da mão de obra.

Em portos sujeitos a grandes amplitudes de maré e que operam com barcos pequenos, esse trabalho algumas vezes é realizado durante a baixa-mar.

Oficinas mecânicas, de carpintaria e de eletroeletrônica também devem ser previstas, bem como galpões de estocagem de materiais para reparos e peças de reposição.

15.11.4.3 FLUXO DO PESCADO

Na Figura 15.87 estão ilustradas as atividades no fluxo do pescado, às quais se deve acrescentar a pesagem.

Sobre a operação na movimentação de carga:

Enquanto se processa a descarga do pescado, que é uma operação que dispende um tempo razoável, devem ser rea-

lizados, em concomitância, os abastecimentos de água e de combustível e, também, as lavagens de cobertura e porões. Assim, devem ser previstas tomadas de água e combustível no cais de atracação, de modo a ser possível realizar essas operações. O gelo deverá ser recebido em local específico para essa operação, em posicionamento adjacente ao silo de depósito. O rancho e o seu carregamento também podem ser feitos, porém o barco não deverá ocupar o local de atracação somente para aguardar esse abastecimento, o qual pode ser efetuado com o barco no ancoradouro.

A descarga do pescado é iniciada imediatamente após a atracação e, numa primeira fase, com auxílio de talhas elétricas. Uma evolução no equipamento, com uma mecanização mais sofisticada, dependerá da adaptação dos barcos.

Após a descarga, o peixe deve ser colocado em uma esteira transportadora, que o dirija à máquina de lavagem, do tipo túnel, onde o pescado penetra através de uma esteira vazada, recebendo, durante sua passagem, jatos de água. Em seguida, o pescado é lançado em outra esteira transportadora que servirá para que sejam executadas as devidas seleções e triagens na medida em que o peixe vai se deslocando pela esteira. Empregados especialmente treinados devem selecionar as espécies e colocá-las em recipientes apropriados. As caixas com conteúdo de pescado uniformizado e devidamente classificado devem ser pesadas para controle e conhecimento de suas quantidades, sendo estas computadas para fins estatísticos, o que é importante na execução do controle dos estoques das espécies. Segue-se a inspeção sanitária, e o pescado, em seguida, é embalado.

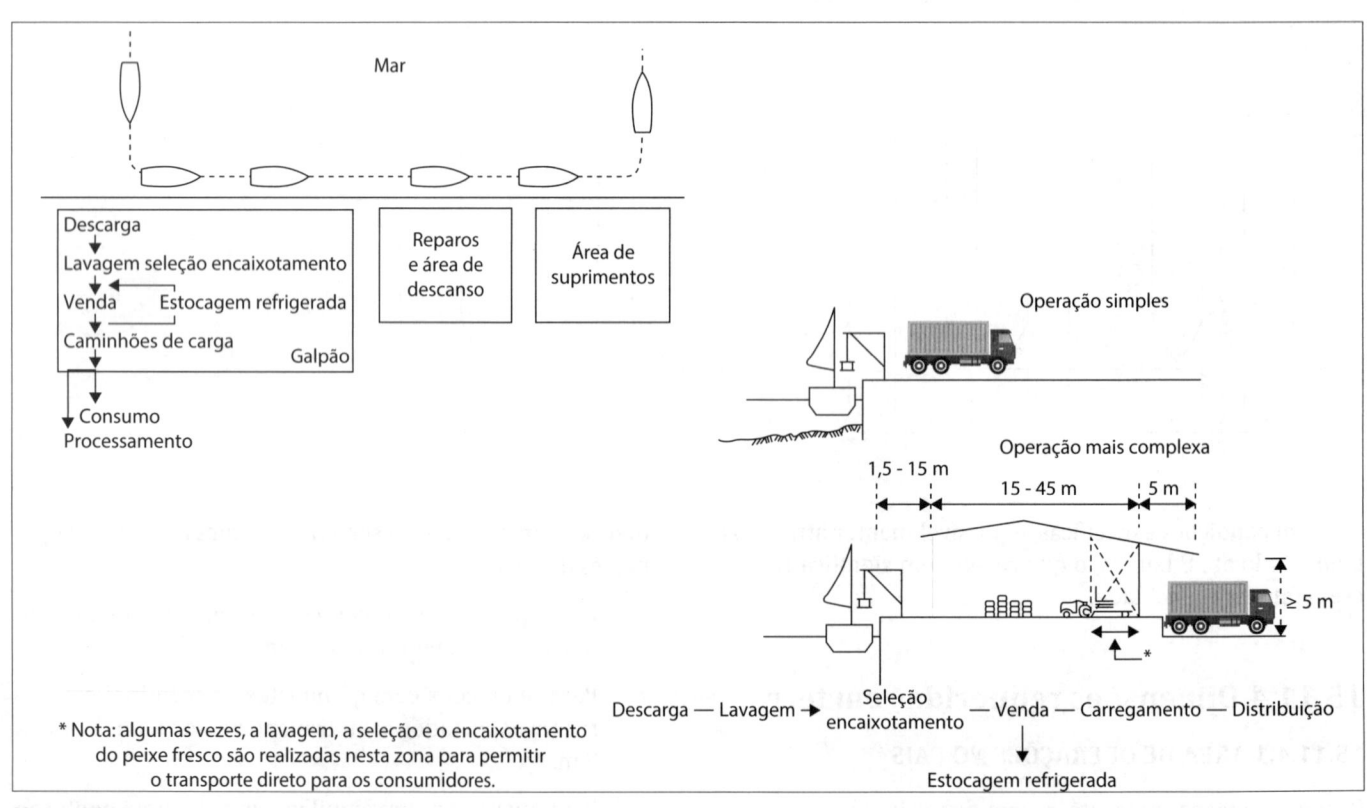

Figura 15.87
Fluxo do pescado.

Uma vez completada a operação de embalagem, com o emprego de empilhadeiras ou carros especiais, o pescado segue para a destinação, que pode ser:

- Direto ao consumidor, por meio da colocação nos caminhões que o transportarão.

- Para a câmara do resfriado, onde, por um prazo de tempo relativamente curto, poderá ficar estocado, para, ao fim desse período, ser remetido à comercialização ou ao consumidor.

- Para o túnel de congelamento, sendo posteriormente estocado nas câmaras de congelado, nas quais poderá permanecer por um tempo bastante longo. Chegado o momento de ser utilizado, da mesma forma segue à comercialização ou ao consumidor final.

- Ao leilão, quando o produto ficará no aguardo de sua comercialização, que se deverá dar no mesmo dia, para, em seguida, ter uma destinação que poderá ser qualquer uma das três anteriormente mencionadas.

15.11.4.4 EQUIPAMENTOS DE DESCARGA

Vários tipos de equipamentos são empregados na descarga das embarcações pesqueiras (Figuras 15.88 e 15.89), dependendo de o peixe chegar embalado ou não: guindastes do terminal, paus de carga, sistemas pneumáticos, esteiras transportadoras verticais e horizontais, elevadores de caçambas, bombas etc.

15.11.4.5 EDIFICAÇÕES E OUTRAS INSTALAÇÕES

Após o descarregamento do pescado dos barcos, o peixe para consumo humano direto é trazido para o mercado ou galpão, onde é comercializado. Nessas instalações desenvolvem-se as atividades de: limpeza, classificação, seleção, pesagem, recongelamento, encaixotamento, etiquetamento, leilão, empacotamento e baixa de estoque. Assim, as instalações devem prever espaço para as caixas, equipamentos para estocagem, transporte interno, estocagem fria temporária, sala de leilão, escritórios, boxes para os comerciantes etc.

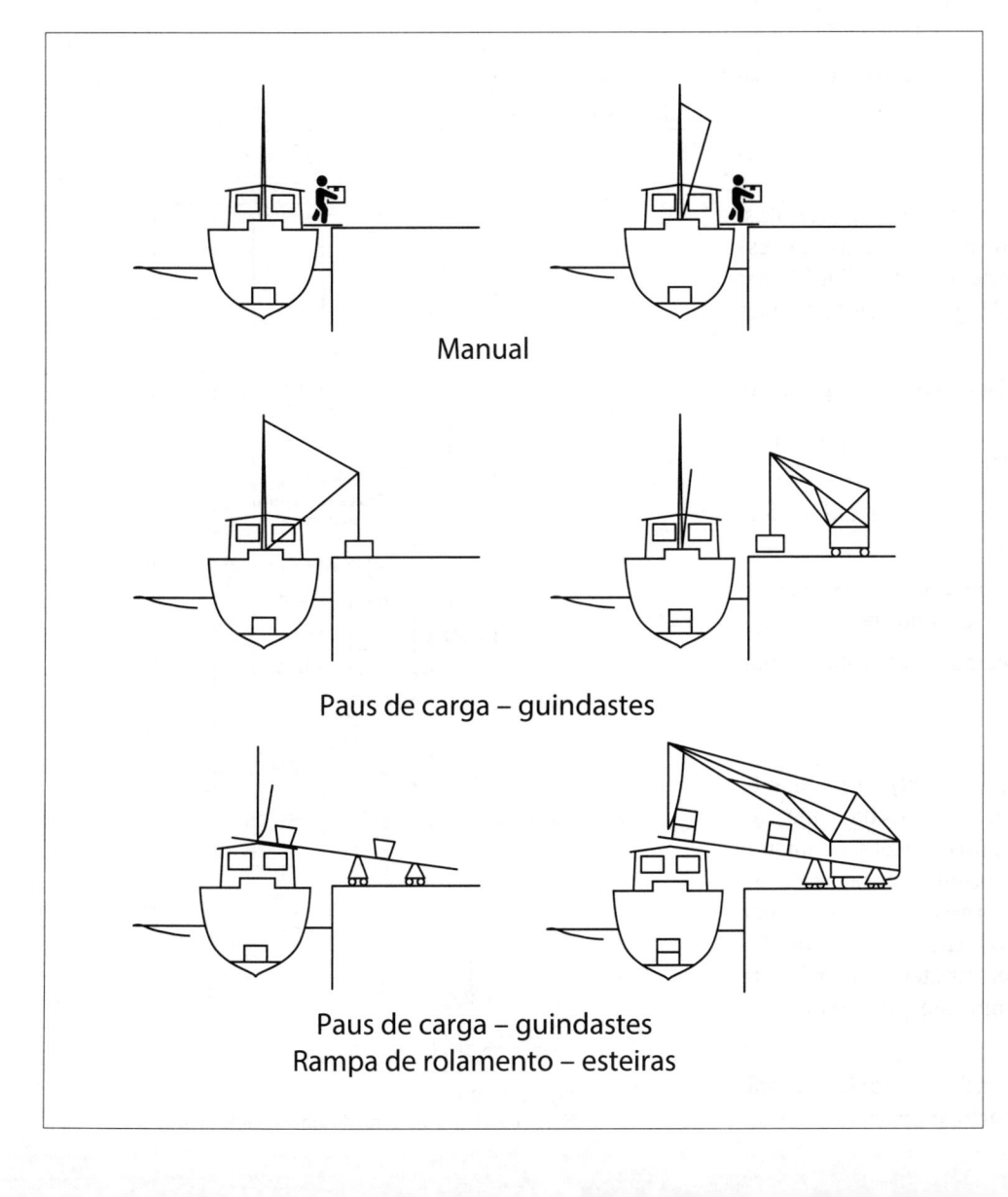

Figura 15.88
Operações de descarregamento do pescado.

Figura 15.89
Equipamento de descarregamento do pescado.

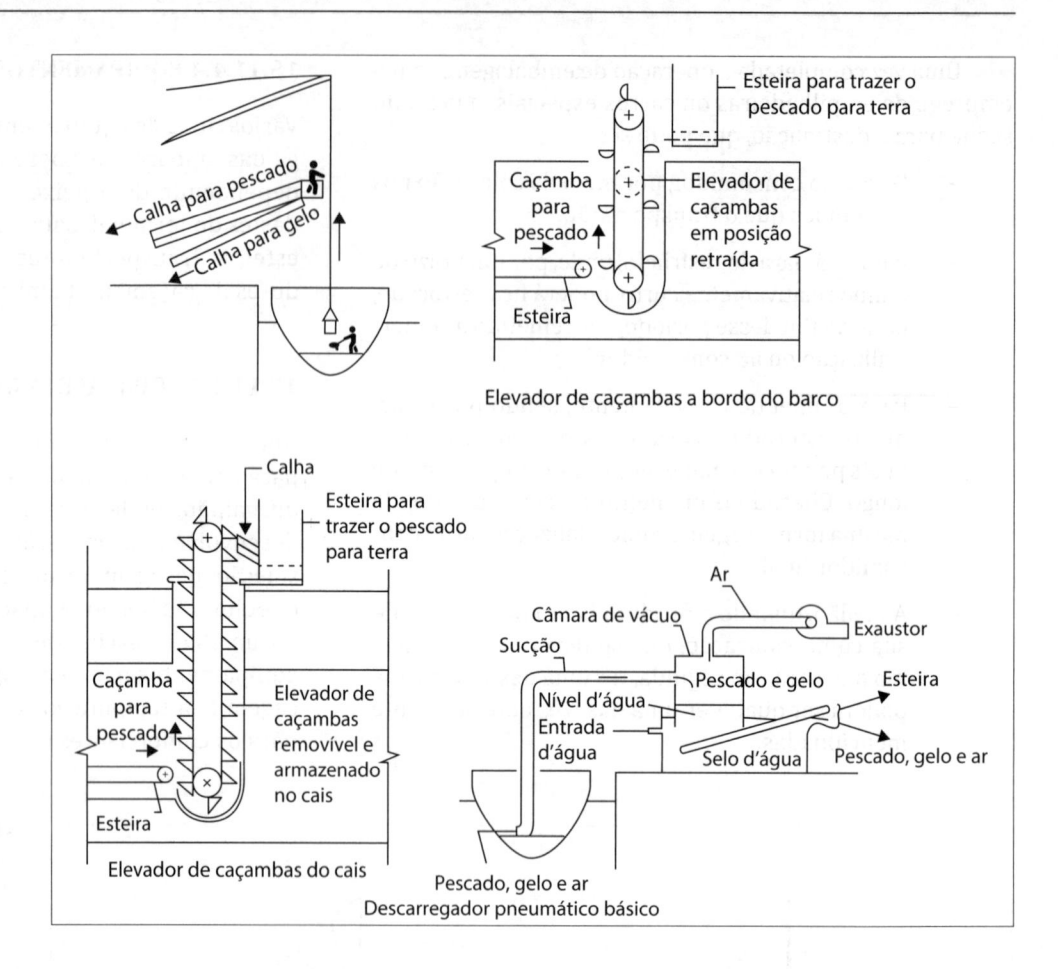

Dependendo das atividades anteriormente descritas, dos tipos e das quantidades de cada pescaria, a área necessária para o mercado pode variar de 6 m²/t a 25 m²/t por leilão (LIGTERINGEN; VELSINK, 2014), tendo-se como uma primeira aproximação:

- Preparo do pescado antes das vendas: 4 m²/t por leilão.

- Etiquetamento e leilão, com variados tipos e qualidades: 12 m²/t por leilão.

- Etiquetamento e leilão de produtos uniformes: 6 m²/t por leilão.

- Estocagem de caixas e equipamento e estocagem temporária do produto: 4 m²/t por leilão.

- Escritórios e boxes dos comerciantes: 4 m²/t por leilão.

A edificação do mercado (Figura 15.90) normalmente deve ter portas de enrolar em ambos os lados da edificação entre colunas estruturais. O pavimento deve ter acabamento antiderrapante. O suprimento de água deve ser separado em água doce e salgada (esta em alta pressão de 4 bar a 5 bar para limpeza do pescado). A instalação elétrica e de iluminação deve ser cuidada para ser resistente ao ambiente úmido e corrosivo e para uma iluminação que não distorça a coloração natural do pescado.

Os espaços de escritórios, cantinas e sanitários são definidos em função de: tipo de porto, número de pessoas

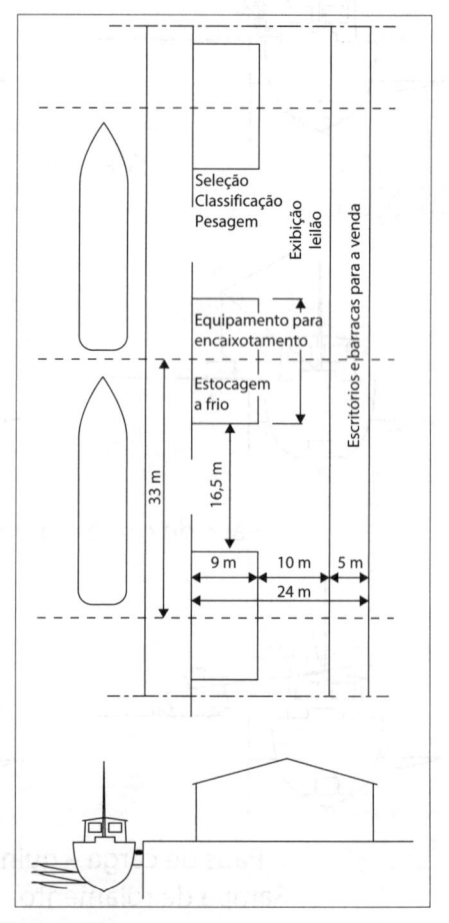

Figura 15.90
Exemplo de arranjo geral de um mercado de peixe.

envolvidas nas operações com o pescado e tipo de gerenciamento e administração do porto.

Outras instalações podem incluir áreas para:

- secagem para pintura e reparos nas embarcações;
- combate a incêndio;
- estocagem de suprimentos;
- estocagem de combustível;
- galpões para manutenção e reparos de equipamentos;
- destinação do lixo e tratamento da água servida;
- drenagem;
- vias e estacionamentos.

A fábrica de gelo é necessária para produzir o gelo para a conservação e a preparação do pescado a bordo das embarcações, mas também para o preparo do peixe para o leilão público e o subsequente transporte ao consumidor final. Assim, podem-se usar dois tipos principais de fábricas de gelo:

- fábrica de blocos de gelo (de 10 kg a 150 kg);
- fábrica de gelo pequena.

A fábrica de blocos de gelo tem um sistema de transporte horizontal, enquanto as fábricas pequenas usualmente trabalham verticalmente, com o gelo caindo da máquina em um silo de estocagem abaixo. O espaço de armazenamento deve acomodar a produção de blocos de gelo, cuja capacidade varia de 10 m^2 a 20 m^2 por tonelada de gelo por dia, com um fator de estiva de 1,4 m^3/t, de modo que a estocagem de blocos de gelo requer em torno de 1,5 m^2/t (LIGTERINGEN;

VELSINK, 2014). As cifras para uma fábrica de gelo pequena são: de 1 m^2 a 6 m^2 por tonelada de gelo por dia, exigindo uma edificação de altura de até 10 m, sendo o fator de estiva de 1,6 m^3/t a 2,1 m^3/t, de modo que a estocagem de blocos de gelo requer em torno a 0,5 m^2/t a 1 m^2/t.

Quanto à estocagem a frio, o peixe fresco é principalmente estocado, uma vez gelado, em câmara fria para armazenagem de produtos simplesmente resfriados e, portanto, com curto período de conservação, que é mantida a alguns graus centígrados abaixo de zero. O peixe previamente congelado é estocado em uma câmara de congelamento em temperatura de −20 °C (pode oscilar entre −15 °C e −30 °C). O espaço necessário pode ser estimado na faixa de 0,5 m^2/t a 1,5 m^2/t, aqui incluindo o espaço de acessibilidade e a relação entre a área de construção bruta e a área líquida de estocagem fria.

15.11.4.6 EXEMPLOS DE INSTALAÇÕES DE PORTOS PESQUEIROS

Na Figura 15.91 apresenta-se um arranjo geral de terminal pesqueiro de grande envergadura. Nas Figuras 15.92 a 15.95 estão mostradas as instalações do porto pesqueiro do Saco da Ribeira, em Ubatuba (SP). Na Figura 15.96 observa-se uma carreira utilizada em Annapolis Royal (Canadá).

Um entreposto de pesca de pequenas dimensões pode ser composto pelas seguintes áreas:

Fábrica de gelo (32 m^2)

Câmara frigorífica (295 m^2)

Galpão para preparo de pescado (500 m^2)

Galpão para venda direta (98 m^2)

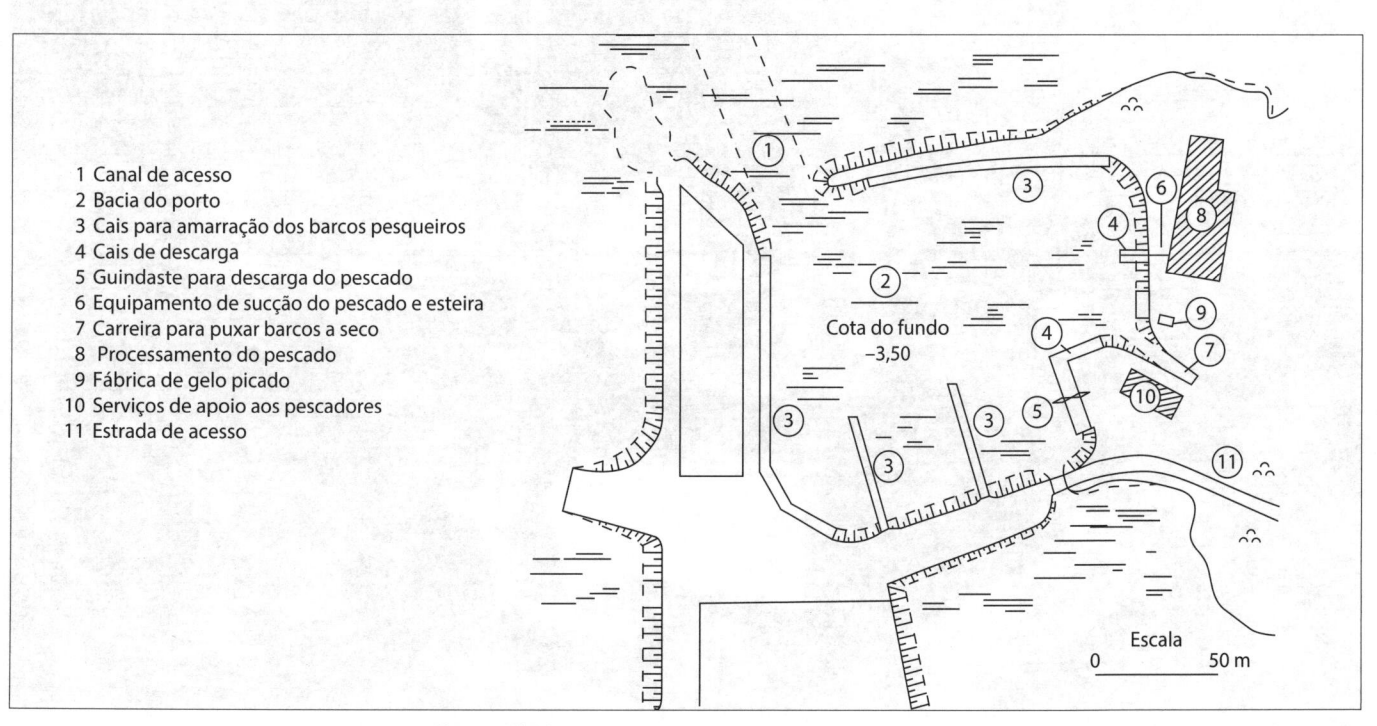

1 Canal de acesso
2 Bacia do porto
3 Cais para amarração dos barcos pesqueiros
4 Cais de descarga
5 Guindaste para descarga do pescado
6 Equipamento de sucção do pescado e esteira
7 Carreira para puxar barcos a seco
8 Processamento do pescado
9 Fábrica de gelo picado
10 Serviços de apoio aos pescadores
11 Estrada de acesso

Cota do fundo −3,50

Escala
0   50 m

Figura 15.91
Arranjo geral típico de um terminal pesqueiro de grande porte. Adaptada de Ligteringen e Velsink (2014).

Armazém para venda de víveres e material de pesca (40 m²)

Depósito de combustível (24 m²)

Instalação de água doce (23 m²)

Edifício de fiscalização, controle e apoio à navegação (70 m²)

Carreira para reparo e retirada de embarcações (525 m²)

Oficinas (140 m²)

Garagem e estacionamento (288 m²)

Área total das instalações: 2.035 m²

Como exemplo, as instalações portuárias do Entreposto de Pesca de Santos, que são de pequenas a médias dimensões, são compostas por um píer com 50 m de comprimento por 11,5 m de largura, profundidade máxima de 4 m (DHN) e cujo acesso é feito por uma ponte com 123 m de comprimento por 8 m de largura, a qual permite acostagem em 48 m de comprimento sobre o mar. A estrutura do píer é toda de concreto armado apoiado sobre estacas.

Existe, adicionalmente, um cais com 32 m de frente para o mar e profundidade máxima de 1,0 m (DHN).

O galpão existente para manuseio do pescado tem área livre de 680 m².

As instalações para armazenagem de pescado frigorificado e para cura de gelo são compostas por 7 câmaras com capacidade de 60 t cada uma e uma câmara com capacidade de 30 t. A temperatura de trabalho é em torno de −10 °C.

A fabricação de gelo emprega o sistema de tanques de salmoura, com uma capacidade nominal de produção de 3.200 barras de 25 kg, correspondendo a 80 t de gelo por dia.

O Entreposto possui instalação para fornecimento de combustível aos barcos, escritório para as empresas de pesca, depósito para caixas, instalação para a inspeção sanitária e sala para radiocomunicação.

Considerando uma projeção de um entreposto pesqueiro de pequeno porte inicialmente, visando movimentar anualmente 100.000 t de pescado, mas preparado para atender 300.000 t no futuro, pode-se imaginar uma frota de 60 traineiras (70 viagens anuais com captura por viagem de 15 t),

Figura 15.92
Instalações do porto pesqueiro do Saco da Ribeira, em Ubatuba (SP).

Figura 15.93
Instalações do porto pesqueiro do Saco da Ribeira, em Ubatuba (SP).

Figura 15.94
Instalações do porto pesqueiro do Saco da Ribeira, em Ubatuba (SP):
caminhão frigorífico no cais.

Figura 15.95
Instalações do porto pesqueiro do Saco da Ribeira, em Ubatuba (SP): carreira para manutenção e reparos de barcos.

Figura 15.96
Carreira para manutenção e reparo de barcos em Annapolis Royal (Canadá).

120 *trawlers* grandes (25 viagens anuais com captura por viagem de 6 t) e 150 *trawlers* médios (25 viagens anuais com captura por viagem de 5 t).

Convém serem concebidas duas estruturas de atracação:

– Cais corrido, que apresenta melhores possibilidades para atracação de barcos de pesca oceânica e permite, também, a atracação da frota existente.

– Cais composto por dársenas para receber essencialmente a frota de pesca já existente na região.

O cais corrido convém ser projetado em condições tais que possa, em uma fase sucessiva, ser transformado (ou não) no tipo dársena, dependendo unicamente da resposta, em desenvolvimento, que a pesca terá. Ele pode ter 14 m de largura por 220 m de comprimento, sendo 60 m empregados como cais para carregamento de gelo e os demais 160 m seriam para descarga usual de pescado, podendo ser transformado em 5 dársenas com as dimensões indicadas,

permitindo o acostamento de dois navios de pesca de longo curso em cada uma. Pode ser subdividido em subtrechos de 50 m de extensão, separados entre si por juntas de dilatação. Uma solução interessante é a do cais tipo dinamarquês, composto por uma plataforma de alívio de 6 m de largura apoiada sobre estacas (prever um cavalete de estacas inclinadas), com o paramento fechado por uma cortina de estacas-prancha em concreto armado. Cabeços para até 30 tf, espaçados de 25 m junto ao paramento do cais podem constituir os dispositivos de amarração.

Uma dársena básica pode ter por dimensões 50 m de comprimento por 22 m de largura, com afastamento de 10 m entre elas (píeres), permitindo o acostamento simultâneo de até 4 barcos com 25 m de comprimento cada um. Ao todo, podem ser 6 unidades. Os trechos de cais corrido podem ter 50 m de extensão e plataforma de 14 m de largura com cortina de estacas-prancha na retaguarda da plataforma (cais dinamarquês de paramento aberto) com cabeços dispostos para suportar esforços de até 5 tf. Estacas pré-moldadas de concreto armado de 35 x 35 cm² para suportar cargas até 60 tf podem constituir a fundação (prever um cavalete de estacas inclinadas). Para os píeres, pode ser adotada a solução com superestrutura em concreto armado pré-moldado apoiada nos blocos de coroamento das estacas. Essas estacas dos píeres podem ser verticais devido aos reduzidos esforços horizontais de atracação e amarração, para suportar cargas verticais de até 60 tf e horizontais da ordem de 3 tf, com dispositivos de amarração constituídos por cabeços espaçados a cada 10 m e capacidade para suportar até 5 tf.

Convém prever um cais de reparos, na continuidade do alinhamento dos anteriores, com estrutura idêntica aos cais componentes das dársenas.

O galpão de triagem, manipulação, embalagem e expedição:

Deve ser uma área que acompanhará longitudinalmente a estrutura do cais de atracação, sendo sua largura recomendável de 30 m, a partir do paramento do cais corrido, de forma que as operações de lavagem, seleção e triagem, pesagem, inspeção sanitária, embalagem e expedição do pescado, a serem realizadas nesse local, tenham espaço suficiente. Trata-se simplesmente de uma cobertura com cerca de 4,5 m de altura subdividida em três faixas de 10 m em que todo o processamento que se fizer necessário ao pescado desembarcado em cada um dos barcos atracados seja efetuado. Na faixa mais próxima à linha de atracação, devem ser realizadas as operações de lavagem, seleção e triagem do pescado, na segunda a pesagem e embalagem e na terceira a exposição e expedição do produto.

Essa área deve abrigar em posição estratégica o laboratório destinado a analisar as condições sanitárias do pescado. O porto deve prever construir e equipar um laboratório que permita a execução de todos os testes necessários para a verificação das condições sanitárias do pescado. Para tanto, uma área de 50 m² é suficiente para abrigar um bom laboratório. Deverá crescer com a ampliação do porto.

Uma proposta locacional interessante também é a de localizar junto a esta instalação, em posição elevada, o centro de comando das operações de atracação dos barcos, o qual deverá dispor de um completo equipamento de radiocomunicação.

Área de congelamento:

A instalação frigorífica pode ser prevista para empregar amônia, com utilização de compressores tipo parafuso de alta eficiência, contando com unidades de reserva. O consumo de frio é da ordem de 4 milhões de kcal/h e a demanda de energia de cerca de 3.500 HP.

O pescado, antes de ser dirigido para as câmaras de congelado, deve ser previamente submetido a frio intenso a fim de ser congelado rapidamente, o que pode ser feito por dois tipos de equipamentos:

– Túnel de congelamento: para a finalidade de congelar pescado de maior porte ou então de dimensões muito variadas.

– Congelador de placa: para congelar pescado de pequeno porte e tamanho uniforme.

Para as condições iniciais de funcionamento do porto, há necessidade de três túneis de congelamento com capacidade de 18 t diárias cada um e três congeladores de placa que congelem 5 t por dia cada um, totalizando uma capacidade de 69 t de congelamento.

As câmaras de estocagem de congelados também deverão operar como câmaras de estocagem de resfriados por simples manobras de válvulas.

Outras instalações:

O salão de comercialização é a área em que são realizados os leilões diários de pescado recebido pelo porto. Sua área deve ser de cerca de 500 m², embora a exposição do produto deva ser realizada em outro local. A concepção dessa estrutura é definitiva, pois independe do crescimento do porto, já que independe do volume de pescado desembarcado. Poderá, também, ser empregado para outras funções, além dessas precípuas, como para centro de formação profissional. Próximo do salão deverão ser construídos dois prédios de área de 120 m² para agências bancárias.

Devem ser construídos boxes para serem alugados às firmas que comercializarem no porto, com função principal de serem utilizados para escritórios. Assim, uma área de 20 m x 6 m deve ser suficiente. Na fase inicial, seriam necessários cerca de 60 boxes, podendo-se construir prédios com dimensões aproximadas de 120 m por 20 m, comportando, então, cada um, 20 unidades. A oferta de boxes não deve aumentar no mesmo ritmo do crescimento do porto, pois aumenta o volume comercializado por cada comerciante e não necessariamente na mesma proporção ocorre aumento de interessados na comercialização.

Para a frota imaginada na primeira fase de funcionamento, a estrutura portuária deverá fornecer cerca de 30.000 l de combustível por dia, havendo necessidade de área para abrigar os depósitos de combustível, que, por razões de segurança, deve ser bem ampla e localizada distante das zonas de maior movimentação.

A carreira para serviços navais deve ser construída com capacidade para encalhe médio de 300 barcos por ano, sendo que um cais corrido de 100 m de extensão deve ser implantado adjacente à carreira, para manutenções e reparos que não exijam o encalhe. Deverá ter cerca de 90 m de comprimento (cerca de 35 m submersos) por 40 m de largura. Próximo a essas instalações, complementando o conjunto de instalações de manutenções e reparos, deve ser construído um prédio para as oficinas de mecânica, ferragem, soldagem, eletricidade, chapeamento e caldeiraria, carpintaria e depósito de tintas. O edifício fechado das oficinas de manutenção e reparos pode ter da ordem de 50 x 25 m² de área, com mais 15 x 25 m² de área descoberta, com a seguinte subdivisão:

– Carpintaria: 25 m x 12 m

– Mecânica: 15 m x 12 m

– Chapeamento e caldeiraria: 20 m x 12 m

– Ferragem: 10 m x 12 m

- Soldagem: 5 m x 12 m

- Eletricidade: 10 m x 12 m

- Depósito de tintas: 5 m x 12 m

- Vestiário e compartimento sanitário: 10 m x 12 m

A área descoberta pode ser empregada como depósito de chapas, perfis e madeira.

O prédio para abrigar a administração do porto deve ter aproximadamente 500 m². Outro prédio deverá prover em cerca de 350 m² a área de apoio à pesca artesanal. Finalmente, neste complexo administrativo, deve ser previsto um ambulatório com 400 m².

Nas proximidades da área administrativa, deve ser construído um refeitório popular com uma área de cerca de 600 m² e outro de padrão médio de atendimento com 250 m². A área comum de cozinha, dispensa e copa pode ser estimada em 100 m².

Ainda nesse núcleo, devem ser previstas áreas para:

- Comercialização de mantimentos e artefatos de pesca com 400 m².

- Caixaria com 600 m².

- Área para garagem, almoxarifado, depósito e execução de manutenção dos equipamentos do porto com 1.000 m².

Nessa primeira fase, estimam-se as seguintes necessidades de consumo (entre parêntesis a estimativa para uma fase final de comercialização de cerca de 300.000 t anuais de pescado):

- Energia elétrica: 4.000 kW (10.000 kW)

- Água: 2.000 m³/dia (6.000 m³/dia)

- Esgoto: 2.000 m³/dia (6.000 m³/dia)

15.12 MARINAS

No caso das marinas ou portos de recreio, a composição da frota é determinante na definição do arranjo geral e das dimensões das instalações de atracação. A estrutura do porto está diretamente vinculada às características e às condições operacionais dos barcos:

- O canal de acesso e suas dimensões dependem em grande parte dos iates que somente navegam com as condições do vento dominante, em que os barcos a vela têm de bordejar. Dessa forma, o alinhamento do canal deve ser apropriadamente orientado e ter larguras iguais ou superiores a 40 m.

- Os barcos pequenos são normalmente colocados em terra, sendo o seu lançamento feito por rampas. Condições ambientais desfavoráveis podem determinar

que barcos maiores sejam guardados ao abrigo, o que demanda o emprego de um pequeno guindaste.

- A inclusão de operações de manutenção e reparo na marina leva à necessidade de instalações de pátios e docagem a seco.

Sendo portos de lazer, várias condicionantes devem ser consideradas:

- abrigo das ondas;

- serviços de docagem para manutenção periódica a preços razoáveis e sem muita espera;

- atracação e vigilância dos barcos;

- estocagem sazonal a seco dos menores barcos em pátios ou galpões;

- estacionamento para os veículos dos iatistas;

- execução rápida de reparos de incidentes;

- comercialização de barcos novos e usados;

- serviços administrativos ou privados: escritório do capitão do porto, informações de previsão do tempo, clubes, serviços médicos, lavatórios, chuveiros etc.

Em costas abertas, as marinas precisam de obras de defesa maciças, enquanto, em áreas mais protegidas, sistemas de abrigo mais leves podem ser empregados, como os quebra-mares flutuantes. Frequentemente a marina propriamente dita é precedida por um anteporto, em que as ondas ainda são mais altas.

As bacias portuárias de uma marina compreendem:

- bacias em portos de escala, que não necessitam de grandes estacionamentos;

- bacias reservadas somente para os iates registrados no porto, com grandes áreas de estacionamento;

- bacias para manutenção, com berços de reparo flutuantes, equipamento de içamento dos barcos, pátios para os barcos a serem docados a seco, oficinas e galpões para guardar barcos.

Segundo Ligteringen e Velsink (2014), como uma primeira estimativa de dimensão de bacia, pode ser usada a fórmula:

$$A \ (m^2) = 80 \ N$$

em que N é o número de barcos que podem ser acomodados.

As áreas de atracação devem ser orientadas alinhadas com a direção do vento prevalecente. Em regiões com grande amplitude de maré e, consequentemente, correntes de maré e/ou frequentes ventos fortes, são necessárias áreas de manobra maiores entre os píeres e píeres mais curtos, comparativamente com um porto abrigado.

Em termos de arranjos gerais de sistemas de píeres flutuantes (Figura 15.97), o arranjo paralelo é mais comum em portos de escala. Os arranjos de atracação perpendiculares mais comuns são o de proa para o largo e popa voltada para o píer flutuante e o *slip/finger*, em que tanto a proa como a popa do barco ficam voltadas para a passarela principal, sendo ladeado pelos *fingers* laterais. O *slip/finger* é uma solução mais cara, mas mais segura quanto a acessibilidade e amarração, de modo que é a solução mais usada.

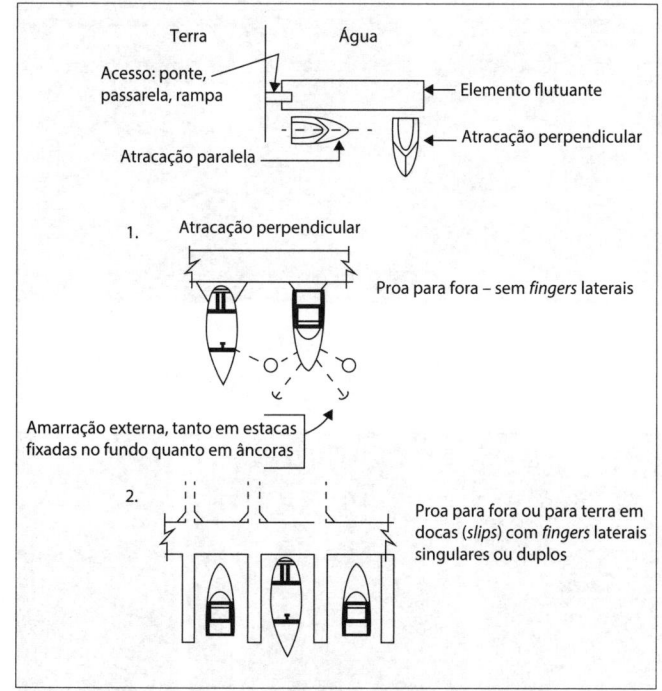

Figura 15.97
Arranjo geral de docas flutuantes.

As principais dimensões para as áreas molhadas da marina (Figura 15.98) são o comprimento e a largura da vaga (*slip*) e a largura do canal de acesso:

- O comprimento do *slip* em muitas normativas equivale ao L_{OA} do maior barco a ser atracado, e em algumas recomendações tem um valor mínimo de $(2/3)L_{OA}$.

- A largura do slip é estabelecida pela soma da boca da maior embarcação com duas folgas, três folgas no caso de dois barcos, com a folga variando de 0,3 m a 0,5 m. No caso de embarcações com mais de 15 m de L_{OA}, valores de até 1,0 m de folga são encontrados.

- O canal entre os *slips* deve ter largura mínima de 1,5 L_{OA} do maior barco, empregando-se frequentemente 1,75 L_{OA}.

- A largura das passarelas de até 200 m de comprimento está padronizada em 1,8 m.

- Os *slips/fingers* apresentam largura mínima de 0,6 m, aumentando para 1,5 m para L_{OA} maiores que 15 m.

- O estacionamento deve ser dimensionado para até 2,5 vezes o número de barcos acomodados na marina, sendo recomendável que se situe fora do recinto da marina.

- Para os barcos transportados por *trailers* deve haver um estacionamento amplo para os barcos, ou garagens de barcos, e, se necessário, para veículos.

Molhes e quebra-mares, quando existentes, representam geralmente grande parte do investimento (CAPEX) na marina, devendo ser dimensionados para prevenir *overtopping*, principalmente quando não existe anteporto, uma vez que alturas limitadas de ondas são recomendadas: 30 cm para o conforto dos passageiros e 60 cm para as embarcações permanecerem atracadas em segurança. Os mais comuns são maciços de enrocamento e quebra-mares de parede vertical, esses últimos em águas mais profundas.

Os quebra-mares flutuantes são empregados em locais mais abrigados, que já propiciam uma redução suficiente da agitação das ondas curtas, com a vantagem de serem mais baratos e permitirem maior renovação das águas, melhorando a qualidade da água no interior da marina.

Nas Figuras 15.99 a 15.104 estão ilustradas algumas marinas brasileiras.

Figura 15.98
Recomendações para áreas molhadas de marinas.

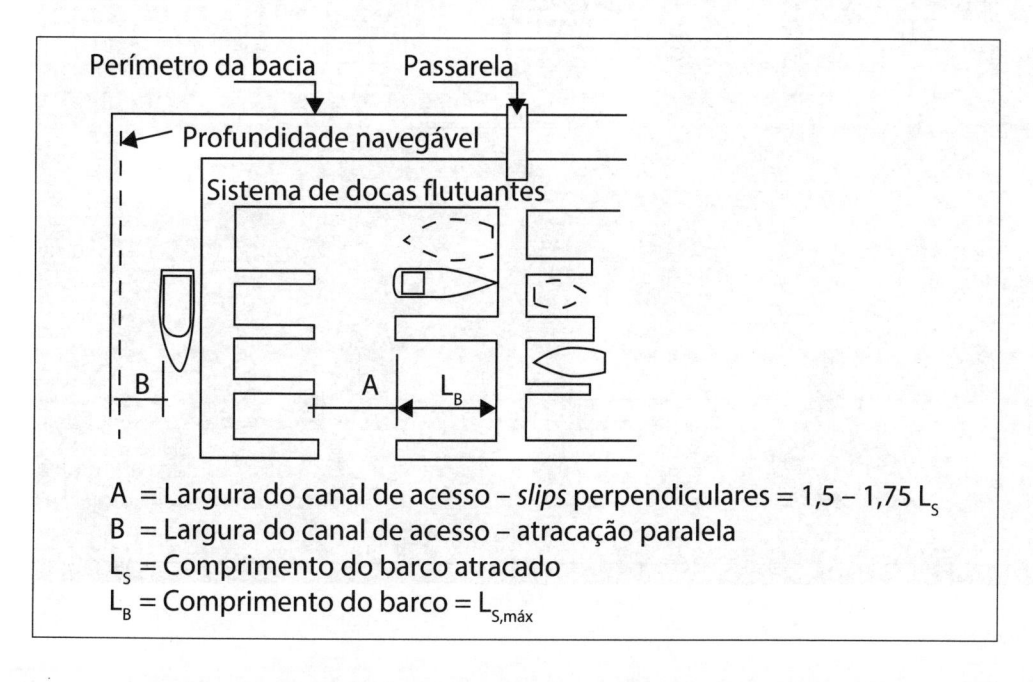

A = Largura do canal de acesso – *slips* perpendiculares = 1,5 – 1,75 L_S
B = Largura do canal de acesso – atracação paralela
L_S = Comprimento do barco atracado
L_B = Comprimento do barco = $L_{S,máx}$

Figura 15.99
Marina do Centro Náutico de Salvador (BA).

Figura 15.100
Marina do Saco da Ribeira, em Ubatuba (SP).

Figura 15.101
Marina do Yacht Club de Ilhabela.

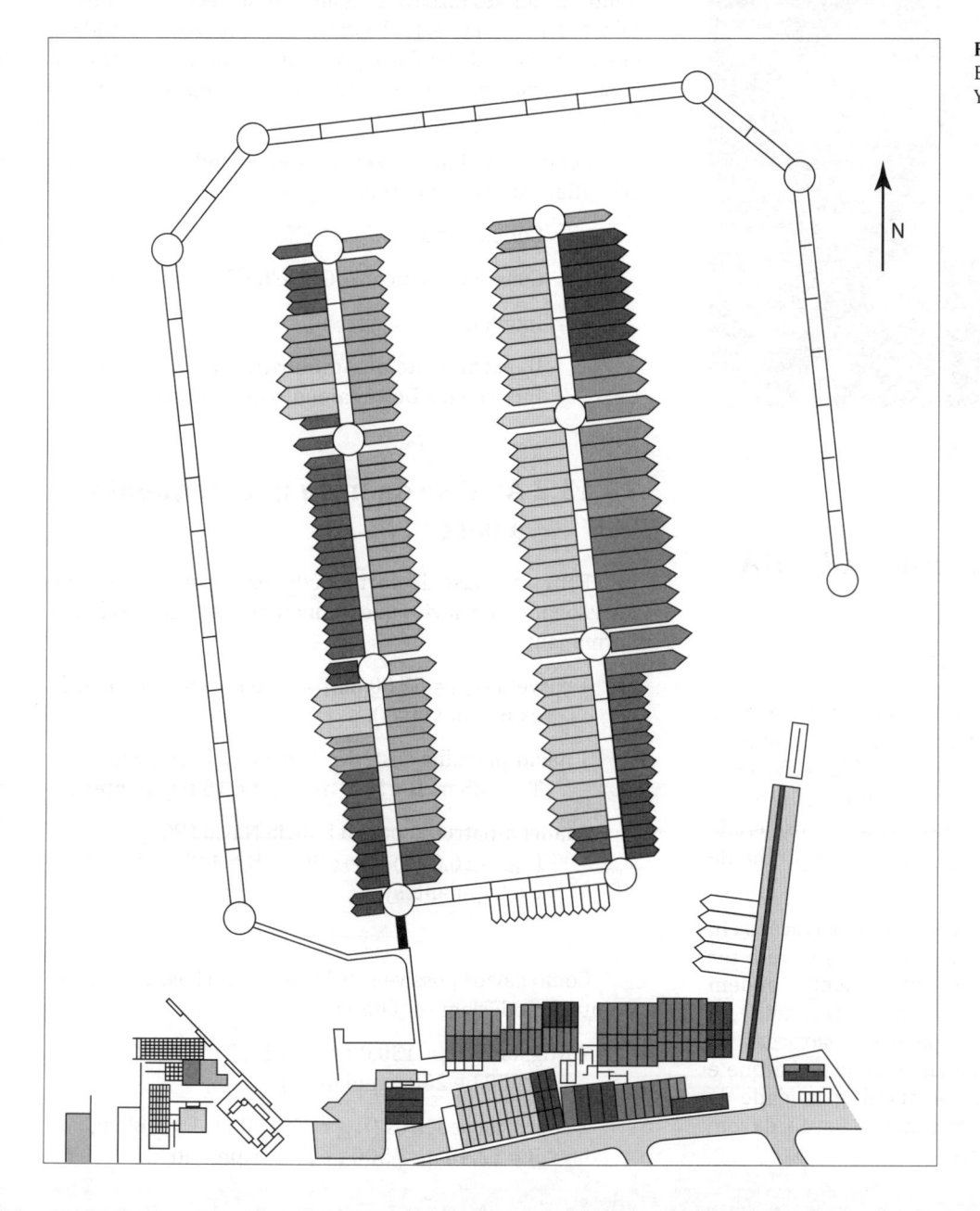

Figura 15.102
Esquema planimétrico da Marina do
Yacht Club de Ilhabela.

Figura 15.103
Marina Tedesco em Camboriú (SC). Capacidade para 500 embarcações de 15 a 90 pés, sendo 400 vagas secas e 100 molhadas.

Figura 15.104
Marinas nas ilhas ao final do molhe da embocadura do Canal do Panamá no Oceano Pacífico.

15.13 BASES NAVAIS PARA MARINHA DE GUERRA

15.13.1 Considerações gerais

A complexidade do porte e os objetivos de uma base naval para a Marinha de Guerra ensejariam por si só um compêndio, pela especialização envolvida, o que não é intenção deste livro. Entretanto, para exemplificar conceitualmente as características de uma instalação como essa, será considerada uma base naval de porte médio no âmbito da Marinha de Guerra do Brasil.

Uma base naval destina-se a receber embarcações em caráter permanente e eventual. As primeiras devem ter preferência de atracar no cais, enquanto as demais podem fundear em uma bacia de estacionamento (fundeio) ou atracar a contrabordo em filas de até quatro embarcações. Os navios-transporte, pelo grande movimento de embarque e desembarque de pessoas e pela apreciável quantidade de carregamento de gêneros para consumo de bordo, devem atracar preferencialmente no cais.

A base deverá prestar serviços de abastecimento, manutenção, apoio e reparação à sua frota permanente e serviços de abastecimento, manutenção e apoio à frota eventual, dentro de limites razoáveis. Assim, a base deve dispor de instalações industriais e de abastecimento capazes de atender a esses objetivos, devendo-se prever áreas para estaleiros, oficinas, tancagem, armazéns de gêneros e depósitos subterrâneos e elevados de água.

Fundamentalmente, a cadeia de comando pode ser descrita hierarquicamente como segue:

- – Comandante;
- – Conselho Econômico, Conselho Técnico e Secretaria;
- – Imediato;
- – Departamento de Administração, Departamento Industrial e Departamento de Intendência.

15.13.2 Análise da frota que frequentará a base

Para uma base de porte médio estuarina, pode-se dimensionar como navios que frequentarão a base em caráter permanente:

- 1 corveta (L_{OA} = 57,00 m, T = 4,00 m, B = 9,00 m, 950 t e 66 tripulantes).
- 1 navio-patrulha costeiro (NPC) (L_{OA} = 29,00 m, T = 1,85 m, B = 5,80 m, 105 t e 15 tripulantes).
- 2 lancha-patrulha para a Polícia Naval (PCF) (L_{OA} = 16,00 m, T = 1,00 m, B = 4,00 m, 82,5 t e 6 tripulantes).

Como navios possíveis de frequentar a base em caráter eventual, poderiam ser citados:

- 2 fragatas (L_{OA} = 130,00 m, T = 5,50 m, B = 13,50 m, 3.900 t e 200 tripulantes).
- 2 contratorpedeiros (L_{OA} = 120,00 m, T = 5,80 m, B = 12,40 m, 3.500 t e 274 tripulantes).

2 submarinos (L_{OA} = 100,00 m, T = 5,50 m,
B = 8,30 m, 1.975 t e 85 tripulantes).

1 navio de transporte menor (L_{OA} = 122,00 m,
T = 6,50 m, B = 17,00 m, 7.300 t, 130 tripulantes
e até 500 passageiros).

1 navio de transporte maior (L_{OA} = 136,00 m,
T = 5,20 m, B = 19,00 m, 7.800 t, 175 tripulantes
e até 600 passageiros).

1 navio hidrográfico menor (L_{OA} = 45,00 m, T = 2,00 m,
B = 6,10 m e 300 t).

1 navio hidrográfico maior (L_{OA} = 78,00 m, T = 3,80 m,
B = 12,00 m, 1800 t e 102 tripulantes).

4 varredores (L_{OA} = 47,00 m, T = 2,10 m, B = 7,20 m,
280 t e 31 tripulantes).

3 navios de patrulha fluvial menores (L_{OA} = 45,00 m,
T = 1,50 m, B = 8,50 m, 340 t e 53 tripulantes).

2 navios de patrulha fluvial maiores (L_{OA} = 62,00 m,
T = 2,10 m, B = 9,50 m, 700 t e 74 tripulantes)

4 avisos hidrográficos (L_{OA} = 16,00 m, T = 1,30 m,
B = 4,60 m e 50 t)

15.13.3 Concepção preliminar do tipo e do comprimento do cais

Uma solução preliminar possível (Figura 15.105) é um píer em T para receber um navio de transporte (maior comprimento dentre os navios esperados) na sua face exterior, dois submarinos ou duas fragatas a contrabordo na face maior do T, e lanchas ou navios-patrulha na face interna de aba menor do T. Além disso, a ponte de acesso poderá ser calcu-

lada e prevista para receber as lanchas que efetuarão o transporte de oficiais e tripulantes dos navios estacionados ao largo da base. Dimensões sugeridas:

Face externa: 160,0 m.

Largura da plataforma: 15,0 m.

Largura da ponte de acesso: 7,0 m.

Comprimento da face interna da aba maior do T: 120,0 m.

Comprimento da aba menor: 33,0 m.

Cota de coroamento: +3,5 m acima do nível médio da maré (Z_0 = 1,77 m com nível máximo registrado de +4,6 m).

Prevê-se a implantação de 1 dólfim para amarração do navio de transporte e dos submarinos ou fragatas. Com essas dimensões, podem atracar na face externa todos os navios da frota permanente com folgas de 6,0 m.

A distância mínima perpendicular entre a face interna da plataforma de atracação do píer, a aba maior do T e o cais de saneamento não deve ser menor que 4B (considerando atracação a contrabordo), em que B é a boca do maior navio (uma fragata com 13,5 m), resultando em 54,0 m. No caso de serem submarinos atracados a contrabordo, devem-se prever defensas intermediárias entre eles.

15.13.4 Previsão para a bacia de estacionamento

Considerando a bacia de estacionamento (ou fundeio) ao largo do cais e as embarcações ancoradas com uma só

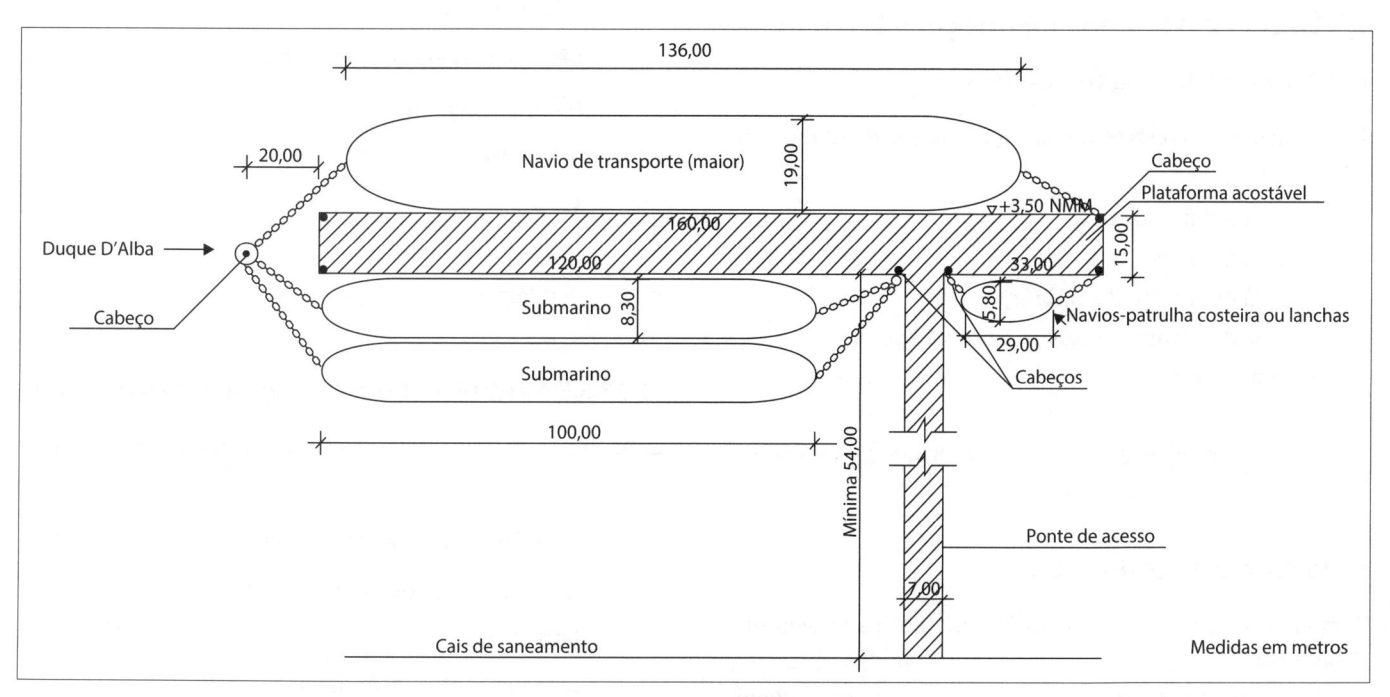

Figura 15.105
Arranjo geral de uma base naval de porte médio no Brasil.

âncora, a frota a comportar seria a dos navios de maiores comprimentos, excetuando os de transporte, que têm prioridade no cais:

- – 2 fragatas.
- – 2 contratorpedeiros.
- – 2 navios hidrográficos.
- – 2 submarinos.

Adotando-se para o dimensionamento do cálculo do diâmetro dos círculos de giração o navio de maior comprimento (fragata) com uma folga entre dois círculos vizinhos de 27 m (duas bocas de fragata, que também é o navio de maior boca), o diâmetro foi determinado pela fórmula recomendada pelo Departamento da Marinha dos Estados Unidos (Bureau of Yards and Docks) na publicação NAVDOCKS DM-26:

$$D = 2[0,987 \times 6 \, (h_{máx}) + (L_{OA} + C)$$

que considera um comprimento de corrente de âncora igual a seis vezes a máxima profundidade local ($h_{máx}$) e uma folga para arraste da âncora (C), que foi adotada igual a 90 pés, ou 27,5 m. A constante 0,987 leva em conta a movimentação do navio. Para uma profundidade máxima de 15,5 m, resulta D = 500 m.

Considerando-se as embarcações fundeadas em duas fileiras paralelas de quatro unidades, a área mínima para o estacionamento de oito navios é de 215 ha, formando um retângulo de 1.030 m de largura por 2.080 m de comprimento.

15.13.5 Previsão das instalações terrestres

15.13.5.1 CONSIDERAÇÕES GERAIS

As instalações terrestres da base podem ser divididas em seis grandes áreas:

- – área administrativa;
- – área militar;
- – área operacional e militar;
- – área de equipamentos gerais e de apoio;
- – vila militar.

Áreas verdes e sistema viário principal totalizam 234.350 m².

15.13.5.2 ÁREA ADMINISTRATIVA

Com área total reservada de 13.500 m², abriga os seguintes setores:

- • Edifício do Comando: com estimativa de área construída de 1.000 m².

- • Sala de Estado: com estimativa de área construída de 200 m².

- • Praça d'Armas: com estimativa de área construída de 350 m².

- • Prefeitura: com estimativa de área construída de 200 m².

- • Hotel de Trânsito: com estimativa de área construída de 300 m².

15.13.5.3 ÁREA MILITAR

Com área total reservada de 26.100 m², abriga os seguintes setores:

- • Alojamento da guarnição: com estimativa de área construída de 1.400 m².

- • Rancho: com estimativa de área construída de 800 m².

- • Duas organizações militares sediadas: com estimativa de área construída de 800 m².

- • Presídio: com estimativa de área construída de 150 m².

15.13.5.4 ÁREA OPERACIONAL E INDUSTRIAL

Com área reservada de 64.400 m² e estimativa de área construída de 9.000 m², abriga os seguintes setores:

- – oficina mecânica;
- – oficina de madeira;
- – oficina elétrica;
- – oficina eletrônica;
- – oficina de manutenção geral;
- – oficina de manutenção predial;
- – almoxarifados e depósitos gerais;
- – cais;
- – parque de tanques;
- – estaleiros.

15.13.5.5 ÁREA DE EQUIPAMENTOS GERAIS E DE APOIO

Com área reservada de 6.600 m², abriga os seguintes setores:

- – veículos;
- – estação de tratamento de água;
- – grupo gerador de emergência;
- – lavanderia;
- – brigada contra incêndios;
- – incinerador de lixo.

15.13.5.6 ÁREA DE APOIO A HABITANTES E FREQUENTADORES DA BASE

Com área reservada de 30.800 m², abriga os seguintes setores:

- Posto médico e pronto-socorro: com estimativa de área construída de 300 m².

- Centro comercial: com estimativa de área construída de 500 m².

- Escola de ensino fundamental: com estimativa de área construída de 900 m².

- Ginásio de esportes: com estimativa de área construída de 1.000 m².

- Clube dos oficiais: com estimativa de área construída de 5.000 m².

- Clube dos militares subalternos: com estimativa de área construída de 5.000 m².

15.13.5.7 ÁREA RESIDENCIAL DA VILA MILITAR

Tem área reservada de 88.000 m².

15.13.5.8 PARQUE DE TANQUES

Considerando o consumo de óleo *bunker* da frota permanente conforme:

Corveta: 8.000 L/dia.

Navio-patrulha: 4.600 L/dia.

2 lanchas: 2 x 800 = 1.600 L/dia.

Total: 14.200 L/dia.

Adotando-se um estoque para 20 dias, obtém-se: 284.000 L = 284 m³.

Para a frota eventual, a maior hipótese é a da seguinte flotilha, para a qual se supôs o abastecimento de apenas 30% de seus tanques nos 20 dias:

2 fragatas: 420 m³.

2 submarinos: 300 m³.

1 navio transporte: 540 m³.

4 varredores: 42 m³.

5 navios-patrulha fluviais: 261 m³.

Total: 1.563 m³.

A estocagem total necessária é de 1.847 m³. Tanques de medida-padrão, com 9 m de diâmetro e 7,2 m de altura, correspondem a 480 m³, equivalentes a 3.020 barris. Assim, serão necessários 4 tanques de 480 m³ cada um, que darão um volume total de 1.910 m³ (Figura 15.106). O volume mínimo da bacia de proteção tem de conter o volume total dos

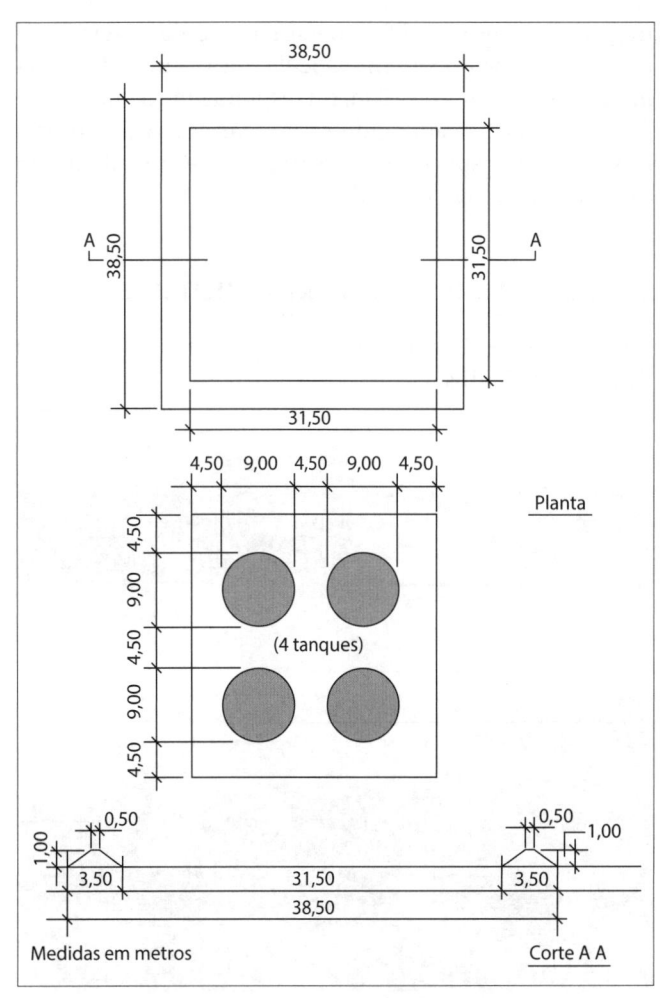

Figura 15.106
Tancagem da base.

tanques, considerando dique em terra com talude 1:1,5 de altura máxima igual a meia altura do tanque e mínima igual a 1,00 m com coroamento mínimo de 0,5 m. Quanto ao espaçamento entre tanques, deve-se observar de costado a costado a maior dimensão do tanque (diâmetro ou altura para tanques cilíndricos). Para a distância, temos as propriedades adjacentes:

- Líquidos não sujeitos a transbordar por efeito de ebulição turbilhonar:

   - mínimo: 1,5 vez a maior dimensão do tanque;

   - máximo: 50 m.

- Caso contrário:

   - mínimo: 3 vezes a maior dimensão do tanque;

   - máximo: 100 m.

- Em qualquer caso, para estabelecimento de indústrias: 100 m.

15.13.5.9 ESTALEIROS

Deve ser reservado espaço para duas carreiras perpendiculares à margem, capazes de docar simultaneamente duas fragatas com boca de 13,5 m. Desse modo, cada carreira deve ter a largura de 6,75 m (metade da boca) e uma distância mínima entre eixos de 20 m, correspondendo a uma frente útil de 33,5 m. Considerando-se as áreas de circulação laterais e outras instalações acessórias, tal reserva de frente deverá se situar em torno dos 50 m.

15.13.5.10 EXEMPLOS DE PORTOS MILITARES

Nas Figuras 15.107 a 15.109 estão apresentados exemplos de portos militares.

Figura 15.108
Base Naval da Marinha de Guerra da Turquia em Esmirna, no Mar Mediterrâneo.

Figura 15.107
Cais do 8° Distrito Naval da Marinha do Brasil no Porto de Santos (SP).
(A) Navio hidrográfico e submarino da classe Humaitá.
(B) Navio P46.
(C) Navio para desembarque de tropas.

Figura 15.109
Base Naval da Marinha de Guerra portuguesa, em Lisboa.

15.14 SISTEMAS OCEÂNICOS

Atualmente, o Brasil é líder mundial na exploração de óleo e gás natural em águas de lâmina d'água profundas (entre 400 e 1.000 m) e ultraprofundas (mais de 1.000 m), no talude continental de sua ZEE, especialmente nas Bacias de Campos e Santos. Como 75%, das reservas de óleo brasileiras estão em lâminas d'água acima de 1.000 m, a Petrobras é hoje a empresa que tem o maior número de sistemas flutuantes. Nos 100 mil km^2 da Bacia de Campos, segundo a Petrobras, nos dias atuais operam 40 unidades de produção, atuando em 546 poços, com uma produção média diária de 1,265 milhão de barris.[*] Essas unidades subdividem-se em plataformas fixas, semissubmersíveis e FPSO (*Floating, Production, Storage and Offloading*), campos petrolíferos como Espadarte, Marlim Sul, Albacora Leste e Roncador, situados entre lâminas d'água de 1.500 a 3.000 m (Figura 15.110).

As plataformas fixas (*Rig Platform)* são estruturas, geralmente autônomas, apoiadas no fundo do mar por meio de estacas, sapatas, cascos inteiros (plataformas de concreto), permanecendo no local por muito tempo (Figura 15.111). Constam, em caso geral, de duas partes: jaqueta e convés. A jaqueta consta normalmente de vários módulos. Podem ser assentadas em lâminas d'água de até 300 m. As plataformas de concreto são também fixas. Todas as plataformas fixas têm árvores de natal, os equipamentos que controlam o fluxo nos poços, secas, ou seja, acima da linha d'água. Existem plataformas fixas duplas, instaladas sobre o mesmo conjunto de poços, ligadas por passarela, pois uma concentra os equipamentos para a produção e a outra tem os alojamentos e a administração.

As plataformas fixas são ligadas a gasodutos ou oleodutos submarinos, que são lançados por balsas guindaste lançamento, tipo BGL, que transportam, elevam e colocam esses dutos. Estas, além do içamento de cargas pesadas (até 1.000 tf) em sistemas oceânicos, destinam-se a instalações de dutos rígidos, plataformas e estruturas submarinas. O lançamento de dutos submarinos permite a interligação entre plataformas, entre plataforma e poços e entre plataformas e uma estação em terra. Os equipamentos BGL sem propulsão própria são posicionados por pelo menos dois rebocadores, que reposicionam âncoras ligadas a cabos de estaiamento. As tubulações a serem lançadas já são previamente revestidas por proteção anticorrosiva e concreto. O acoplamento dos tubos de 12 m e soldagem é feita em linha de montagem de sete estágios na barcaça, culminando com o revestimento das juntas com mantas a quente em várias camadas e resina de poliuretano para proteção contra a corrosão e lançamento (Figura 15.112).

Na Bacia de Campos há 16 plataformas semissubmersíveis (SS) (Figura 15.113). Para manter o posicionamento, em grandes profundidades, esses sistemas contam com linhas de amarração em oito âncoras especiais, oscilando como embarcações, e têm árvores de natal submersas, apoiadas sobre o fundo do mar. A extração do óleo é realizada por dutos denominados *risers,* que elevam o óleo e gás extraídos até a plataforma de produção, sendo que no caso do gás liquefeito são necessários mangotes criogênicos (para operar em temperaturas muito baixas). A P52 é a mais sofisticada destas plataformas, tendo as seguintes dimensões e características:

- 125 m × 110 m;
- Capacidade para 200 pessoas;
- Lâmina d'água: 1.800 m (Campo de Roncador);
- Deslocamento total: 45.800 t.
- Planta de processo:
  - Capacidade de óleo: 180 mil bpd (barris por dia);

---

[*] O barril de petróleo corresponde a um volume de 159 L de petróleo cru.

Figura 15.110
(A) Mapa das bacias petrolíferas do Sudeste do Brasil.
(B) Corte transversal da bacia petrolífera de Campos.

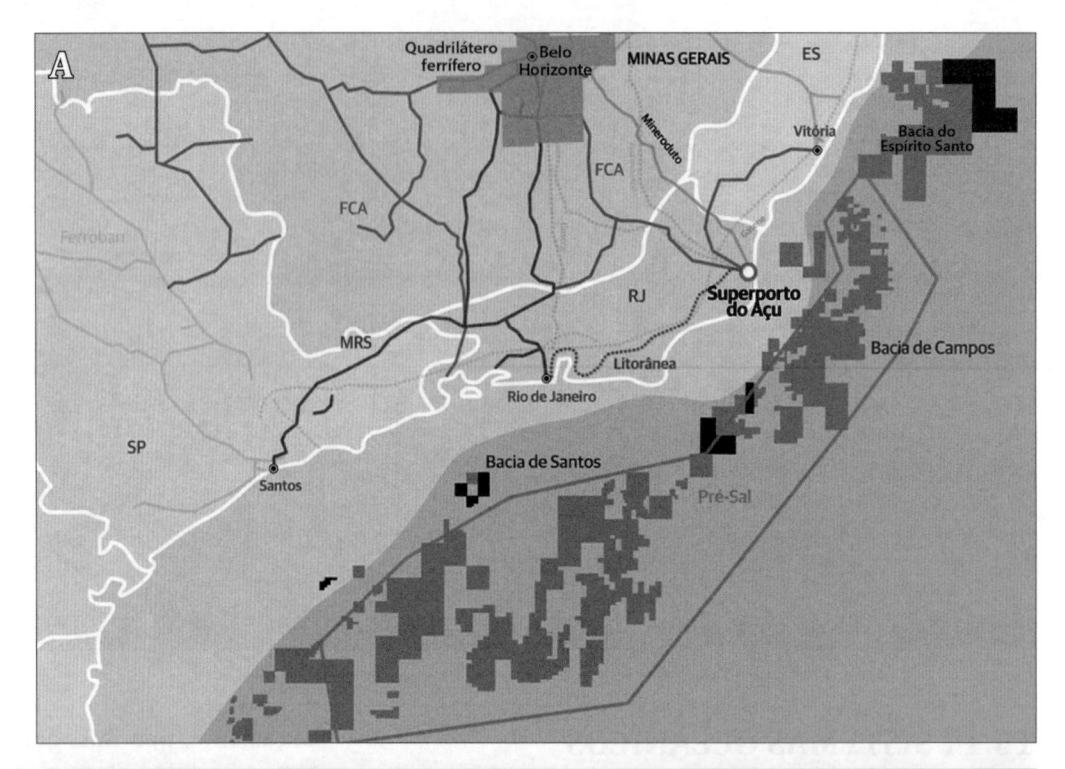

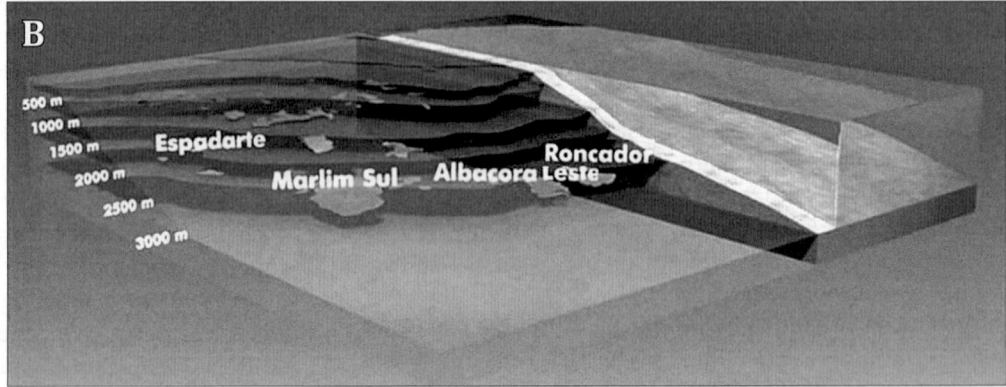

Figura 15.111
Simulação de retirada de módulo de acomodação (com peso de 205 tf) de plataforma fixa no Campo de Cherne (Bacia de Campos) por guindaste Clyde (capacidade de içamento de até 1.000 tf) de balsa guindaste lançamento (BGL). Na simulação numérica o alcance horizontal foi de 42,7 m e a tração de içamento no cabo foi de 271,4 tf com ondas de altura 1 m, sem marulho.

Figura 15.112
Lançamento de duto submarino pela BGL.

Figura 15.113
Plataforma tipo semissubmersível.

- Capacidade de gás: 9.300.000 m³ por dia;
- Capacidade de injeção de água: 300 mil bpd;
- Geração elétrica: 100 MW;
- *Risers*: 68;
- Número de poços: 19 produtores e 10 injetores;
- Vida útil: 25 anos.

Atualmente, na Bacia de Campos, operam nove navios FPSO, sendo alguns capazes de armazenar até 2 milhões de barris, com capacidade de processamento de até 250 mil bpd vindos de plataformas semissubmersíveis. Na exploração oceânica profunda os FPSOs são preferidos pela facilidade de instalação, não requerendo instalações de dutos submarinos para o alívio. Frequentemente, resultam da conversão de navios petroleiros em desuso. Quando a embarcação somente é usada para estocagem, sem processamento, é denominada FSO. As embarcações que extraem e liquefazem o gás natural (GNL), que é o metano, são os FLNG (*Floating Liquid Natural Gas*). A Figura 15.113 (A) ilustra o arranjo operacional de uma unidade FPSO produtora e processadora de óleo ancorada no leito marinho. Nas Figuras 15.114 (B) e (C) estão ilustradas embarcações adaptadas para FPSO, sendo a (C) correspondente à P31 da Petrobras.

Para o alívio dos FPSOs e FLNGs são utilizados navios aliviadores de óleo, usualmente da classe Suezmax (ver Capítulo 11), ou de gás liquefeito, conforme ilustrado na Figura 15.115.

Figura 15.114
(A) Arranjo operacional de uma
unidade FPSO.
(B) e (C) FPSOs.

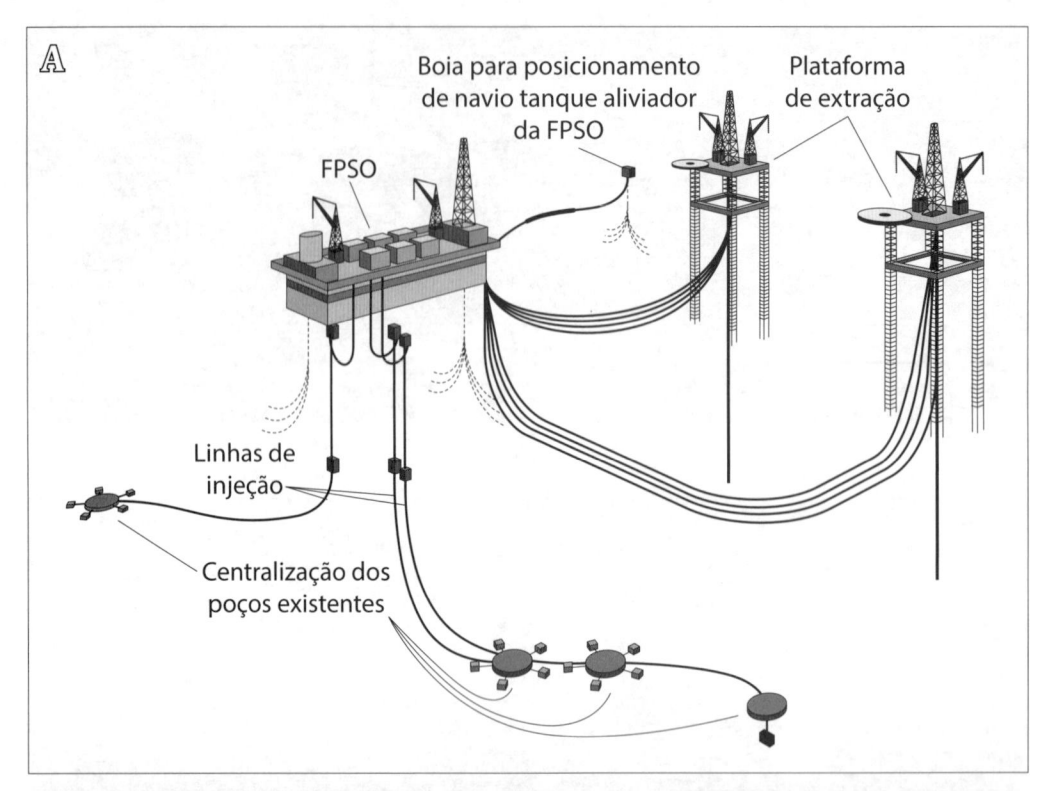

Boia para posicionamento
de navio tanque aliviador
da FPSO

Plataforma
de extração

FPSO

Linhas de
injeção

Centralização dos
poços existentes

Figura 15.115
(A) Simulação de alívio de FPSO sob ação de ondas, ventos e correntes.
(B) Simulação de alívio de FLNG.

A exploração das jazidas na camada de pré-sal constitui-se em ulterior desafio para os sistemas oceânicos na ZEE brasileira. A Figura 15.116 ilustra um FPSO explorando esta camada e a Figura 15.117 com dois tipos de FPSO projetado para tanto.

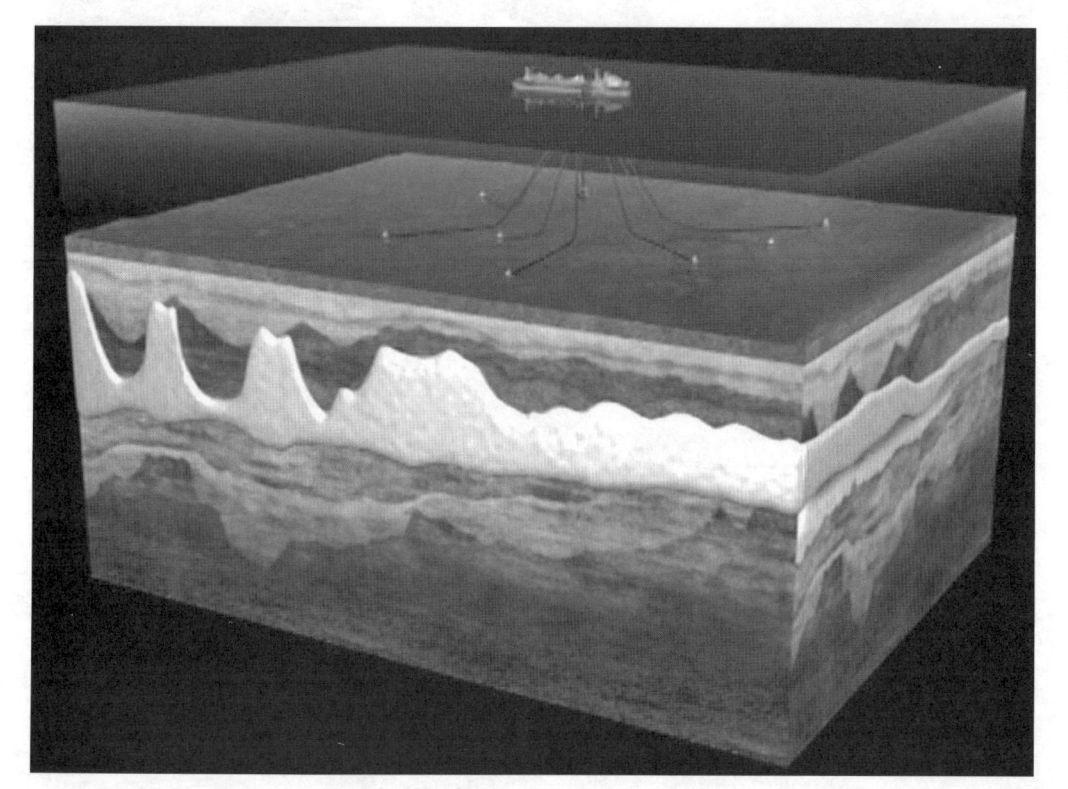

Figura 15.116
Exploração de óleo em grande profundidade na camada de pré-sal

Figura 15.117
(A) FPSO embarcação para exploração de óleo na camada de pré-sal (Cortesia TPN USP).
(B) MonoBR, unidade flutuante FPSO com forma mergulhada cilíndrica para otimizar a passagem dos *risers*.

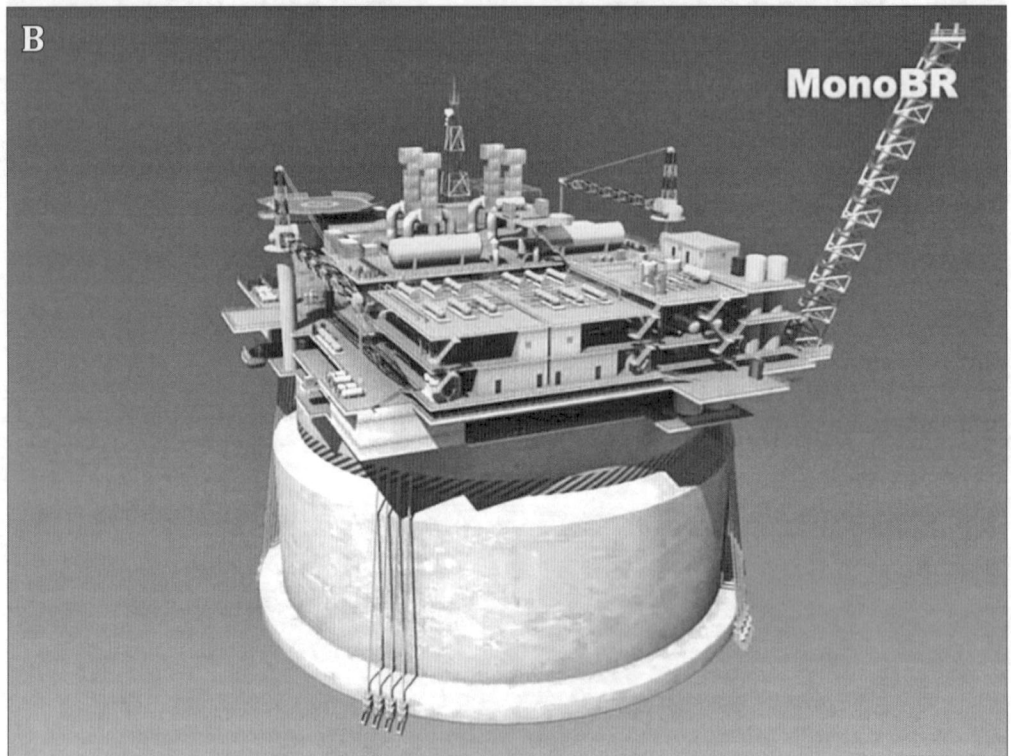

FUNÇÕES, ORGANIZAÇÃO E PLANEJAMENTO PORTUÁRIO

Modelo físico do Complexo Portuário de Ponta da Madeira da Vale, na Baía de São Marcos, em São Luís (MA).
Escala geométrica 1:170. Rastreamento de manobra de atracação do modelo de navio Valemax (400.000 tpb)
no Berço Norte do Píer IV efetuada no Simulador Analógico de Manobra (SIAMA) em modelo físico.

16.1 FUNÇÕES DE UM PORTO

As funções portuárias primárias dizem respeito ao tráfego, sendo o terminal um ponto de conexão multimodal, e ao transporte dos fluxos de carga, além de várias outras, como componente de atividades industriais (estaleiros navais e indústria de petróleo e gás) e de serviços comerciais.

Em termos da função ligada ao tráfego, deve-se ter um bom balanceamento entre as três condições básicas: acessibilidade segura pela interface marítima, espaços náuticos e de movimentação/armazenamento de cargas adequados e eficientes conexões (rodo-ferroviárias, hidroviárias e dutoviárias) com a *hinterland*. Caso haja um desequilíbrio entre essas condicionantes, resultarão situações de congestionamento nos modais e saturação nas áreas de armazenamento.

Quanto às funções de transporte, é preciso inicialmente discernir entre situações de um porto com ausência de competição ou de vários portos com muita competição pela carga na mesma *hinterland*. No fundo, a função da prestação do serviço pelo porto à sociedade é fornecer o trinômio eficiência ao mínimo custo e ininterruptamente. O porto público de algumas décadas atrás raramente atingia essas metas pela ausência de competição e pela sua operação ser muitas vezes monopólio do Estado, como no Brasil até 1993. No segundo caso, o caminho da privatização completa, ou do arrendamento de espaços pelo Estado, com maior eficiência, confiabilidade e flexibilidade na movimentação de carga, menores custos da praticagem e redução de tarifas e taxas portuárias, ágil regime alfandegário, é normalmente a via para atingir o trinômio virtuoso dos portos.

Nos portos contemporâneos, o avanço da automação na movimentação de carga é inexorável, motivo pelo qual os empreendimentos portuários devem se empenhar, em contrapartida, em sua análise do custo-benefício de apoiar medidas que tragam indiretamente benefícios sociais e empregos para a comunidade local. No outro extremo, subsidiar portos para vencer a concorrência leva a distorções de custos e capacidade ociosa quando o subsídio cessa. Finalmente, uma política ambiental racional, solidamente ancorada em métodos de avaliação quantitativa, é mandatória.

Os portos seguem um ciclo de vida, inicialmente com o crescimento da movimentação de carga até chegar à saturação, seguida do envelhecimento pela mudança no padrão de cargas e/ou no projeto dos navios, que desemboca na obsolescência, a qual encerra o ciclo. Sendo esse ciclo praticamente inexorável, cabe à Autoridade Portuária, a partir dos primeiros indícios de envelhecimento, iniciar um planejamento portuário para reestruturar, revitalizar áreas, ou mesmo expandir o porto. Essa é a tendência que ocorreu com os terminais de carga geral, que passaram a multipropósito ou mesmo a terminais de contêineres.

No âmbito da competitividade, bem como considerando o ciclo de vida de um porto, áreas de expansão, ou mesmo espaços do porto que caíram em obsolescência, podem ser ocupados ou convertidos para atender a novas demandas comerciais.

16.2 ORGANIZAÇÃO DOS PORTOS

16.2.1 Considerações gerais

Para caracterizar os modelos de organização dos portos, devem-se considerar duas questões principais:

- A propriedade, ou controle sobre o porto. Os portos públicos (nacionais, regionais ou municipais) são denominados de portos organizados, distinguindo-se dos terminais privativos ou cativos, construídos e operados pela indústria para seu próprio uso (caso da indústria de petróleo e gás e da mineração, por exemplo).

- A abrangência e o perfil das atividades desenvolvidas pela Autoridade Portuária.

Até 1990, o sistema portuário brasileiro era altamente centralizado, concentrando em uma empresa da União (Portobrás) todas as atividades de planejamento, investimento e regulamentação, com caráter de serviço público. Em 1990, com a extinção da Portobrás e o acirramento da discussão sobre a política portuária nacional, iniciou-se um processo de transição, a partir da Lei nº 8.630/93, substituída pela atual Lei 12.815 de 05/06/2013. No âmbito administrativo instituiu-se a Administração do Porto Organizado – APO composta pelo Conselho da Autoridade Portuária – CAP e pela Administração do Porto – AP, que devem atuar em harmonia com as autoridades aduaneiras (Alfândega da Receita Federal), marítima (Capitania dos Portos da Marinha do Brasil), de saúde (ANVISA) e da polícia marítima (Marinha do Brasil).

Cabe às APs dos portos organizados, administrar e fiscalizar as operações, planejar o desenvolvimento, fiscalizar projetos de investimento, arrendar áreas, autorizar atracação e desatracação das embarcações.

A Diretoria de Portos e Costas da Marinha do Brasil (DPC) exerce o papel de Autoridade Marítima e consiste em um órgão integrante da Diretoria Geral de Navegação da Marinha do Brasil.

Cabe à DPC normatizar o tráfego aquaviário, incluindo: o tráfego do espaço aquaviário, as obras de dragagem, os serviços de praticagem, as fiscalizações às embarcações visando a segurança, entre outras questões. As principais atribuições da DPC estão definidas na Lei 9.537/1997, a qual é também conhecida como Lei de Segurança do Tráfego Aquaviário (LESTA).

A Capitania dos Portos é a Autoridade Marítima do país e a ela compete a segurança da navegação e o tráfego marítimo.

As Capitanias dos Portos são subordinadas ao Comando de Operações Navais do Comando da Marinha do Ministério da Defesa, cabendo à elas fazer cumprir as normas estabelecidas pela DPC.

Cabe à Diretoria de Hidrografia e Navegação da Marinha do Brasil (DHN) da Marinha do Brasil a realização de atividades relacionadas a hidrografia, oceanografia, meteorologia, navegação e sinalização náutica, garantindo a qualidade das atividades de segurança da navegação na área marítima de interesse do Brasil e nas vias navegáveis interiores. Publicações como cartas náuticas, marítimas e fluviais, tábuas das marés, meteorologia marinha e avisos aos navegantes estão dentre as produções da DHN. Relevantes também são os roteiros de navegação (BRASIL, 2006; 2013a; 2013b).

16.2.2 Modelos de controle portuário

16.2.2.1 CONTROLE DA UNIÃO

O modelo de controle pela União, embora possa apresentar as vantagens de um planejamento centralizado, em termos de possibilidade de maior racionalidade nos investimentos, da disponibilidade de recursos e da adequação do sistema tarifário, tende a gerar ineficiência em razão da complexidade administrativa – envolvendo departamentos de vários ministérios –, da burocracia e da eventual falta de competição. Todos os serviços, incluindo a operação de movimentação de carga e armazenagem, são executados pela Autoridade Portuária.

16.2.2.2 CONTROLE DOS ESTADOS OU MUNICÍPIOS

Como mencionado, o controle centralizado da União possui algumas vantagens, porém também está sujeito aos mecanismos de influência política. A eventual concorrência entre portos estaduais ou municipais pode induzir ao aumento da eficiência, mas também conduzir à alocação ineficiente de investimentos públicos.

16.2.2.3 AUTORIDADES PORTUÁRIAS AUTÔNOMAS (*LANDLORD PORT*)

Este tipo de organização de porto público é a mais praticada pelos maiores terminais portuários do mundo.

A Autoridade Portuária é constituída por membros eleitos ou indicados por Conselho de Autoridade Portuária (CAP) de usuários e operadores, e/ou pelo próprio governo, sendo um órgão voltado para fiscalização, planejamento e administração do porto organizado.

O Conselho de Autoridade Portuária foi criado pela Lei dos Portos (Lei 8.630/1993) para atuar no âmbito do porto organizado, servindo como um agente conciliador dos vários *stakeholders* que nele atuam. Deste modo, o CAP é composto por quatro blocos sob a presidência de um representante do poder público:

1. Representantes do poder público (das esferas federal, estadual e municipal) (três membros);
2. Operadores portuários, incluindo-se Autoridade Portuária, armadores, arrendatários das áreas no porto (quatro membros);
3. Trabalhadores portuários (quatro membros); e
4. Usuários dos serviços portuários (armadores, exportadores, importadores, por exemplo) (cinco representantes).

O CAP atua nas questões relativas ao funcionamento do porto organizado no qual atua, bem como a exploração do porto, seu funcionamento, seus horários de funcionamento, suas tarifas. O CAP possui poder deliberativo sobre a AP.

A Autoridade Portuária tem as funções básicas de: regular, fiscalizar e explorar (habilitar o operador portuário), elaborando e gerindo o Plano de Desenvolvimento e Zoneamento – PDZ. O operador portuário neste modelo tem um contrato de arrendamento, terceirizando-se a operação segundo a Lei nº 8.666, de licitações. Os contratos de arrendamento são comumente de 25 a 35 anos, renováveis por igual prazo, findos os quais a instalação deve ser devolvida com todas as benfeitorias. Caracteriza-se a Autoridade Portuária autônoma pela sua estabilidade e independência do governo. Os portos assim organizados têm a vantagem da unidade na administração e da garantia de não estar subsidiando um outro porto menos eficiente. Mas esse modelo, além de expor-se à ação de *lobbies*, pode produzir dificuldade para captação de recursos de investimento e para o desenvolvimento de uma política portuária nacional. No Quadro 16.1 visualiza-se um exemplo das atribuições típicas da Autoridade Portuária.

Quadro 16.1 **Atribuições da Autoridade Portuária de Santos**
Infraestrutura aquaviária
Fornecimento e **manutenção** das facilidades e utilidades
Regulamentação, **gerenciamento** e fiscalização das operações portuárias
Regulamentação e **gerenciamento de operações** portuárias em áreas arrendadas
Arrendamento de instalações e áreas do porto
Planejamento e desenvolvimento competitivo do porto: infraestrutura e utilização das áreas e instalações
Regulamentação, auditoria do cumprimento do sistema de **gestão integrada** da qualidade, segurança ocupacional e meio ambiente
Segurança e vigilância
Manutenção de instalações de sistemas de combate a incêndio, como tanques dutos, mangueiras, hidrantes e outros recursos de uso público
Manutenção de instalações não arrendadas, vinculadas à administração do porto, como guaritas de controle de acesso de pessoas e veículos, postos fiscais, grades, muros, vestiários, sanitários, entre outras
Pré-qualificação e **gerenciamento** dos cadastros de operadores portuários
Administração da Autoridade Portuária

A Lei nº 8630/93 introduziu a Figura do Operador Portuário, que é a pessoa jurídica pré-qualificada para a execução e organização da operação portuária na área do Porto Organizado. Com a atuação do operador portuário, ocorreu a quebra do monopólio exercido pelas Companhias Docas, que representam a Administração do Porto.

16.2.2.4 CONTROLE PRIVADO (*CAPTIVE PORT*)

Nos terminais privativos, os portos estão associados a outras atividades industriais ou de transporte para atender às necessidades de um grupo ou empreendimento industrial local. Funcionam como empreendimentos comerciais e o gerenciamento é flexível e voltado para a maximização dos lucros. São portos construídos e operados pela iniciativa privada, tendo esta a responsabilidade pela manutenção. O governo permanece responsável pela segurança da navegação, pela proteção do meio ambiente e pelo controle alfandegário e sanitário.

16.2.2.5 BOT (*BUILT-OPERATE-TRANSFER*)

Como o retorno de muitos investimentos portuários ocorre em longo prazo (tipicamente 30 anos), o que é insuficiente para atrair a iniciativa privada, uma abordagem combinada entre esta e o poder público tem se mostrado atraente. Assim, o poder público financia uma infraestrutura básica, sendo o restante complementado por investimentos privados. A operacionalização desse modelo de empreendimento ocorre via abordagem do tipo *landlord* ou via um investimento comercial de parceria público privada (PPP – *Public Private Partnership*).

16.2.3 Atividade portuária

Em alguns casos, a Autoridade Portuária executa diretamente todas, ou quase todas, as atividades e os serviços na área do porto. Noutros, executa apenas as atividades de planejamento e controle geral, transferindo para empresas privadas ou outras instituições (sindicatos ou corporações) todos os serviços. Na maioria dos casos, ocorrem situações intermediárias, nos quais a Autoridade Portuária executa parte das atividades, transferindo as demais.

As principais funções da Autoridade Portuária são:

- Garantir canais de navegação seguros e balizados segundo as recomendações de IALA,[*] serviço de praticagem[**] e assistência de rebocadores quando necessário (Figuras 16.1 e 16.2).
- Garantir condições abrigadas de fundeio e atracação.
- Serviços de movimentação de carga entre a embarcação e o cais.
- Movimentação da carga em terra e estocagem.
- Suprimentos de combustível, água, eletricidade, telefonia e outros congêneres para as embarcações (Figura 16.3).

As duas primeiras funções são as primordiais para a Autoridade Portuária, podendo as demais ser desempenhadas por empresas públicas ou privadas. Nas Figuras 16.4 a 16.11 estão ilustrados esquemas de operação portuária em portos marítimos e fluviais.

---

[*] A IALA, International Association of Marine Aids to Navigation and Lighthouses Authorities, é a referência internacional quanto a questões de sinalização náutica. O sistema de balizamento por boias que vigora nas Américas, Japão, Coreia e Filipinas é o IALA B, enquanto os demais países adotam o IALA A. As boias principais são: cardinais, em que o nome da boia indica o quadrante por onde o navegante deve passar com relação a ela (águas mais profundas), laterais do canal, perigo isolado, águas limpas e especiais de monitoramento (BRASIL, 2008).

[**] Prático é o profissional habilitado pela Marinha na condução de embarcações, devendo estar atualizado com dados sobre profundidade e geografia do local, o clima e as informações do tráfego das embarcações. É também o responsável pelo controle e direcionamento dos rumos de uma embarcação próxima à costa. No Brasil a praticagem é obrigatória e as Estações de Praticagem (Atalaias) escalam os profissionais. O CONAPRA, Conselho Nacional de Praticagem, presta assessoria técnica à DPC e às Capitanias dos Portos quanto a manobras críticas, cenários de perigo, procedimentos usualmente adotados e restrições ambientais e operacionais. Atualmente, o Brasil dispõe de cerca de 400 práticos em 22 Atalaias.

Figura 16.1
(A) Balizamento no Canal de Piaçaguera em Santos (SP).
(B) Balizamento de sinalização de perigo isolado.

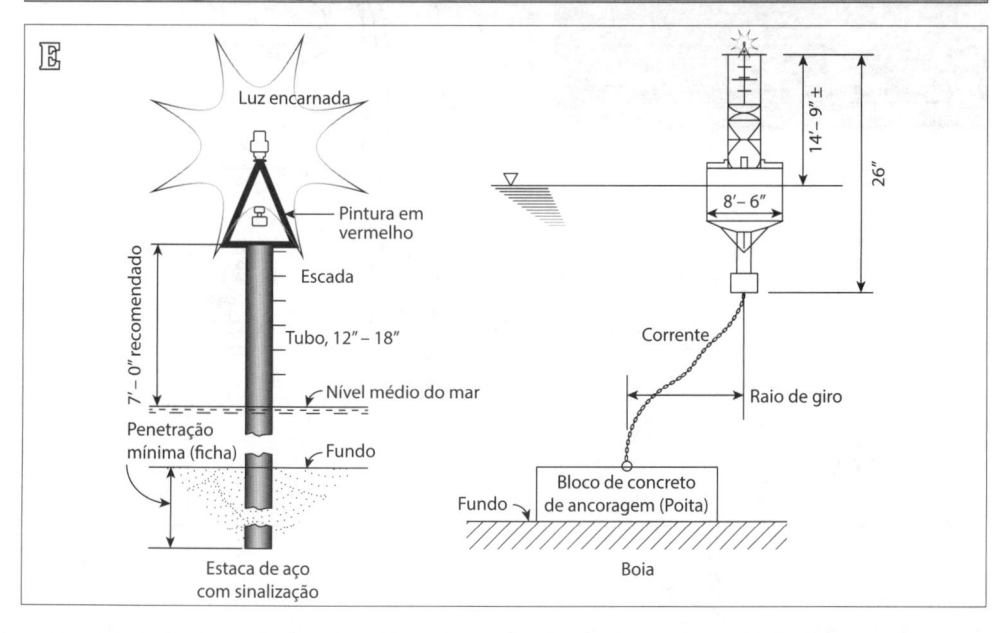

Figura 16.1
(C) Torres de alinhamento para o emboque do canal de acesso ao Porto de ALUMAR em São Luís (MA).
(D) Farolete na extremidade do cabeço do Espigão Sul do Complexo Portuário de Ponta da Madeira da Vale em São Luís (MA).
(E) Sinalizações fixas (balizas) e boias. No sistema IALA B as sinalizações são encarnadas a boreste das embarcações que adentram ao canal e verdes na margem oposta.

Figura 16.1
(F) Placas de sinalização utilizadas na Hidrovia Paraguai-Paraná (IALA B).
(G) Balizamento do Canal de Acesso ao Porto de Cananeia (SP).
E: boias encarnadas
V: boias verdes

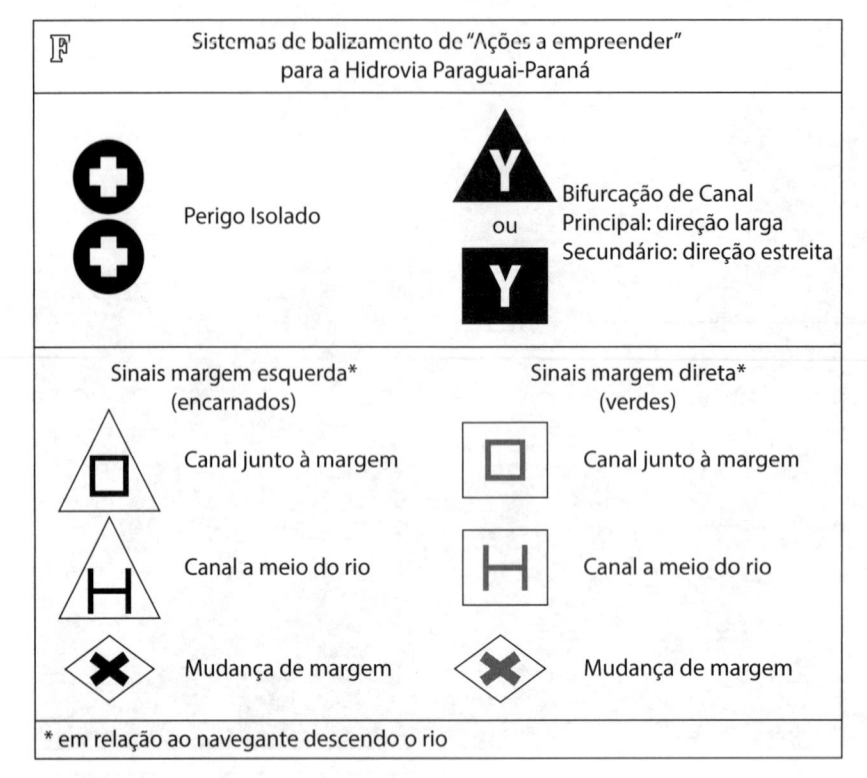

F — Sistemas de balizamento de "Ações a empreender" para a Hidrovia Paraguai-Paraná

Perigo Isolado

ou — Bifurcação de Canal Principal: direção larga Secundário: direção estreita

Sinais margem esquerda* (encarnados)
- Canal junto à margem
- Canal a meio do rio
- Mudança de margem

Sinais margem direta* (verdes)
- Canal junto à margem
- Canal a meio do rio
- Mudança de margem

* em relação ao navegante descendo o rio

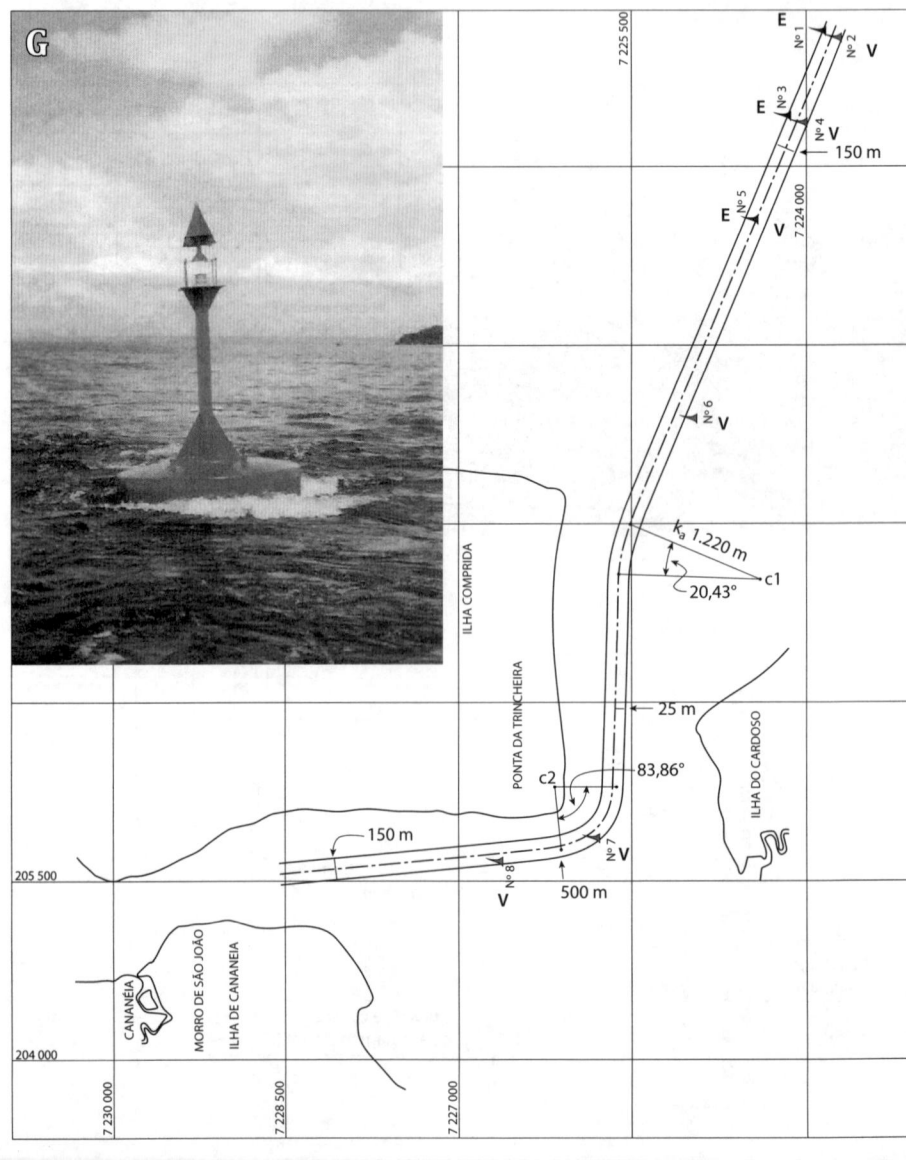

Figura 16.1
(H) Sinalização em baliza no Estreito de Bósforo em Istambul (Turquia), seguindo o sistema regional IALA A.
(I) Faroletes de balizamento em entrada de bacia portuária em Izmir (Turquia), seguindo o sistema regional IALA A.

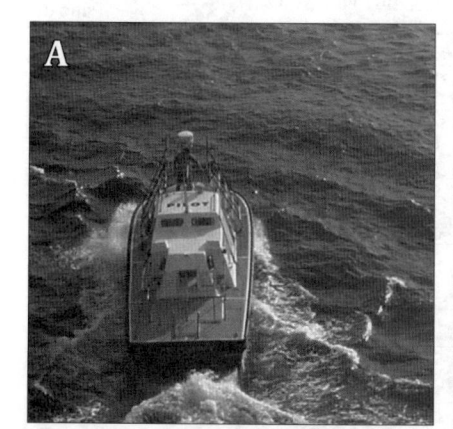

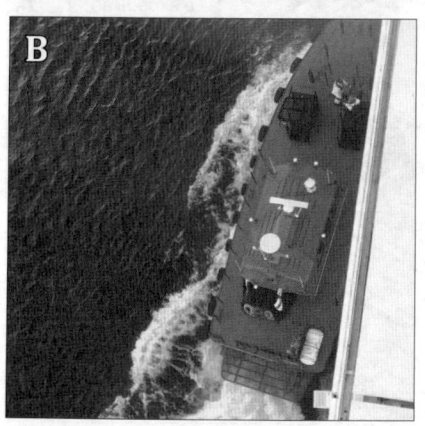

Figura 16.2
(A) Lancha da praticagem com Prático desembarcando do navio na Barra de Santos (SP).
(B) Barco da praticagem de São Petersburgo (Rússia) com Prático desembarcando.
(C) Berço de rebocadores do Complexo Portuário de Ponta da Madeira da Vale em São Luís (MA).

Figura 16.3
(A) Abastecimento de navio atracado com óleo bunker (combustível marítimo) no Porto de Santos (SP).
(B) Barcaça de abastecimento de água potável no Porto de Santos (SP).

Figura 16.4
Planimetria do arranjo de terminal de contêineres.

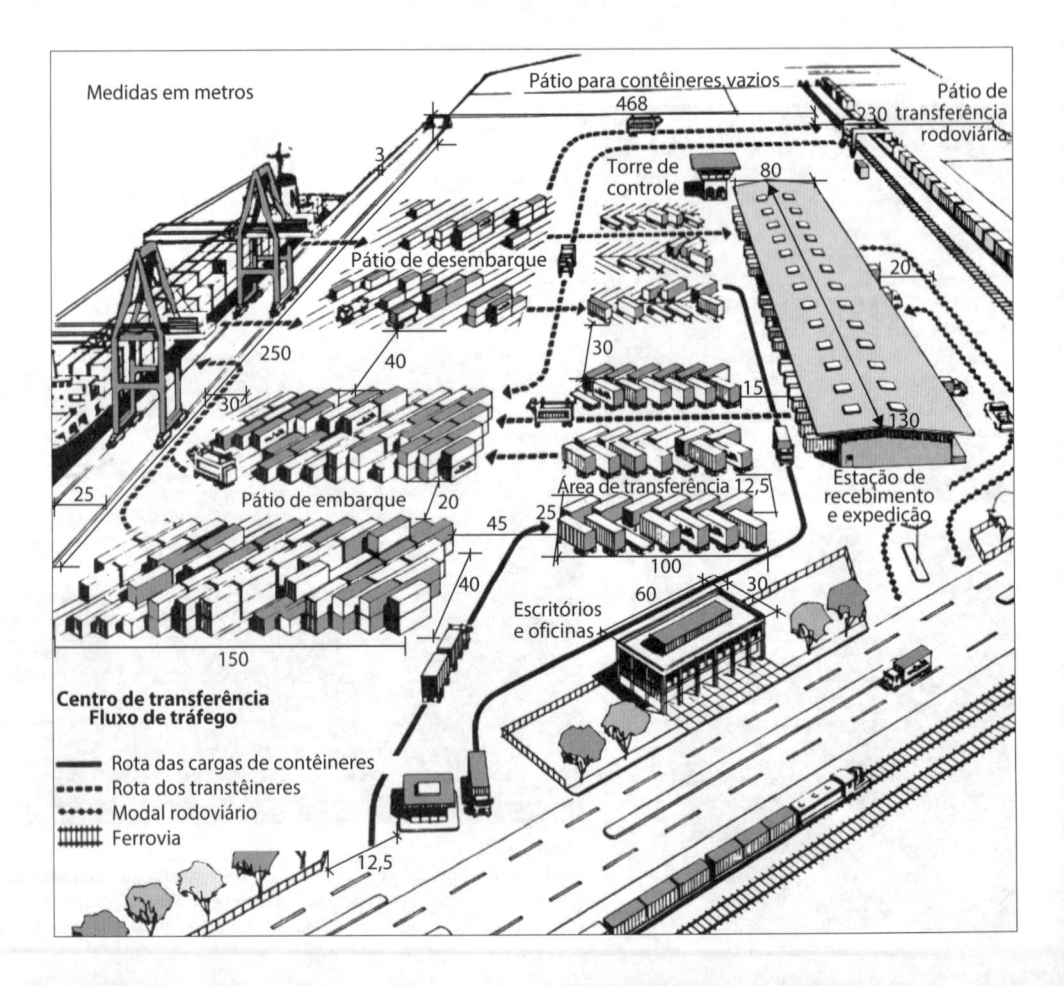

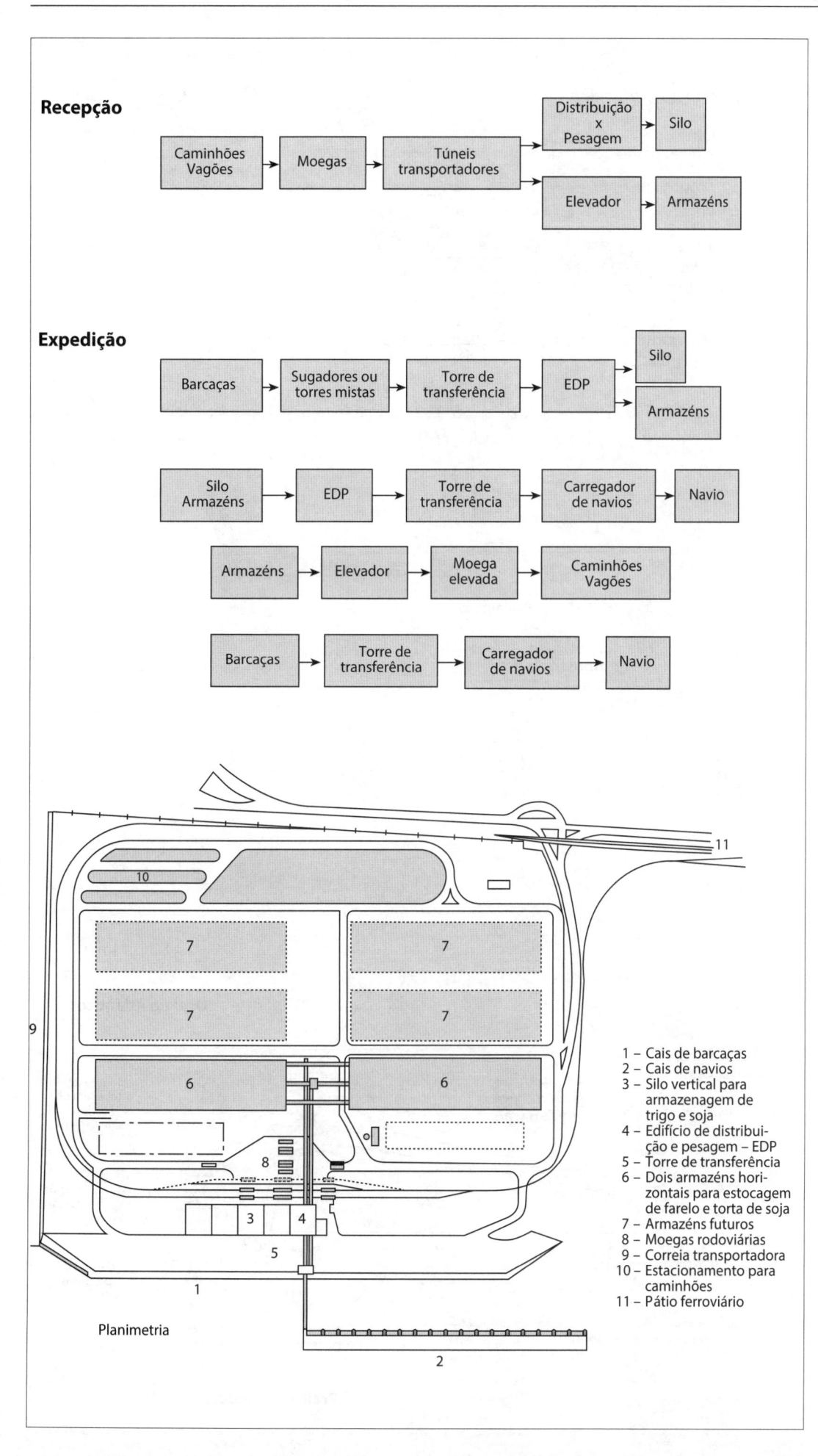

Recepção

Caminhões Vagões → Moegas → Túneis transportadores → Distribuição x Pesagem → Silo

Túneis transportadores → Elevador → Armazéns

Expedição

Barcaças → Sugadores ou torres mistas → Torre de transferência → EDP → Silo

EDP → Armazéns

Silo Armazéns → EDP → Torre de transferência → Carregador de navios → Navio

Armazéns → Elevador → Moega elevada → Caminhões Vagões

Barcaças → Torre de transferência → Carregador de navios → Navio

Planimetria

1 – Cais de barcaças
2 – Cais de navios
3 – Silo vertical para armazenagem de trigo e soja
4 – Edifício de distribuição e pesagem – EDP
5 – Torre de transferência
6 – Dois armazéns horizontais para estocagem de farelo e torta de soja
7 – Armazéns futuros
8 – Moegas rodoviárias
9 – Correia transportadora
10 – Estacionamento para caminhões
11 – Pátio ferroviário

Figura 16.5
Esquema operacional do Superporto de Rio Grande (RS). Terminal de trigo e soja.

Figura 16.6
Planimetria do arranjo geral do
Complexo Portuário de Ponta Ubu (ES)
da Vale.

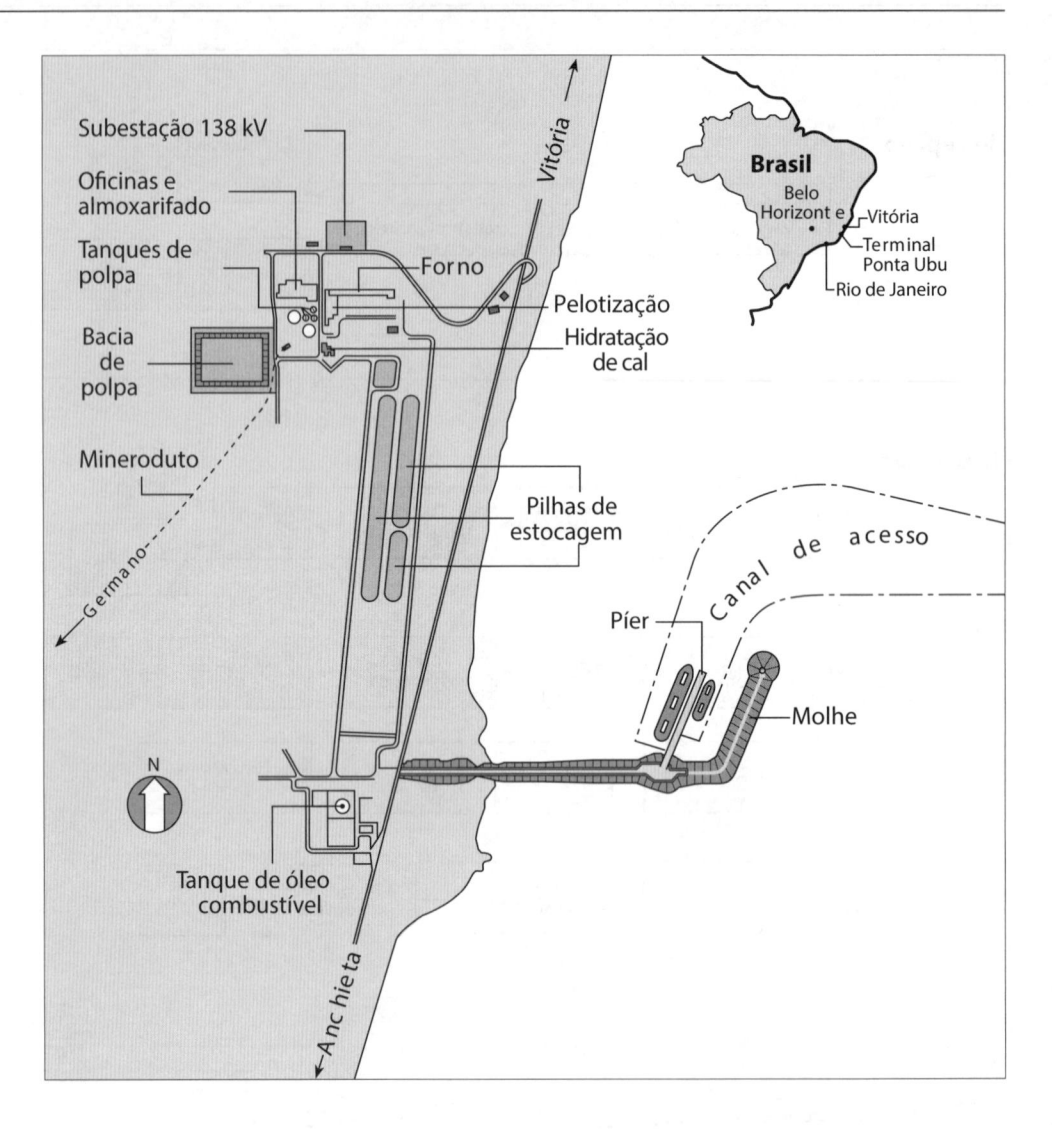

Figura 16.7
(A) Planimetria do Complexo Portuá-
rio de Tubarão da Vale em Vitória (ES).
Esquema das instalações.

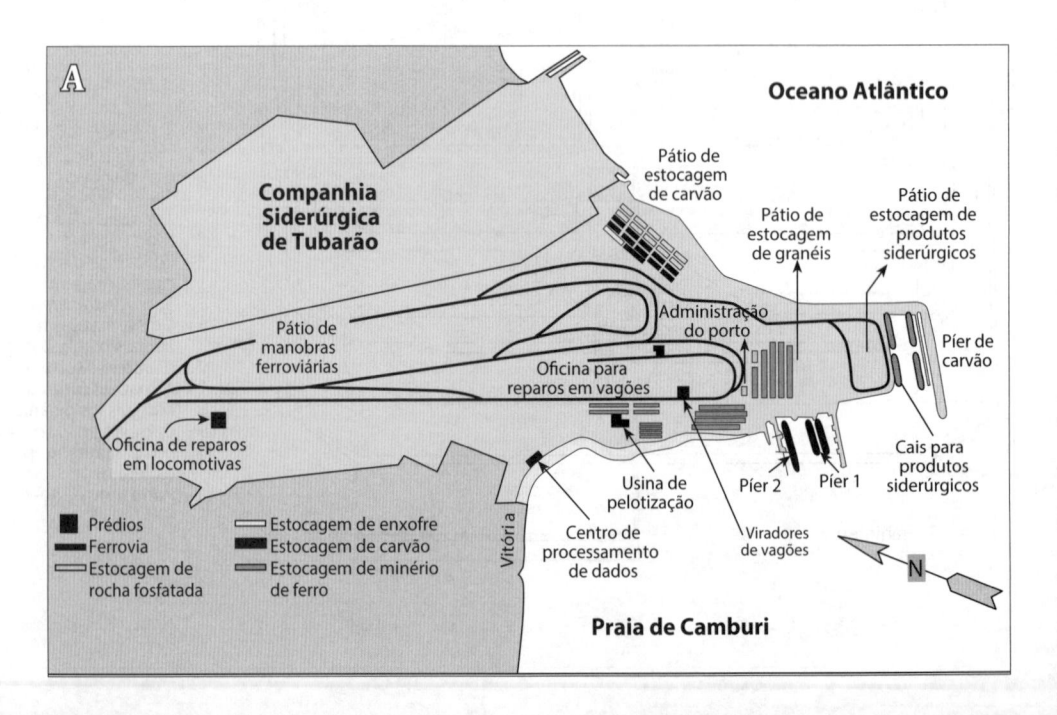

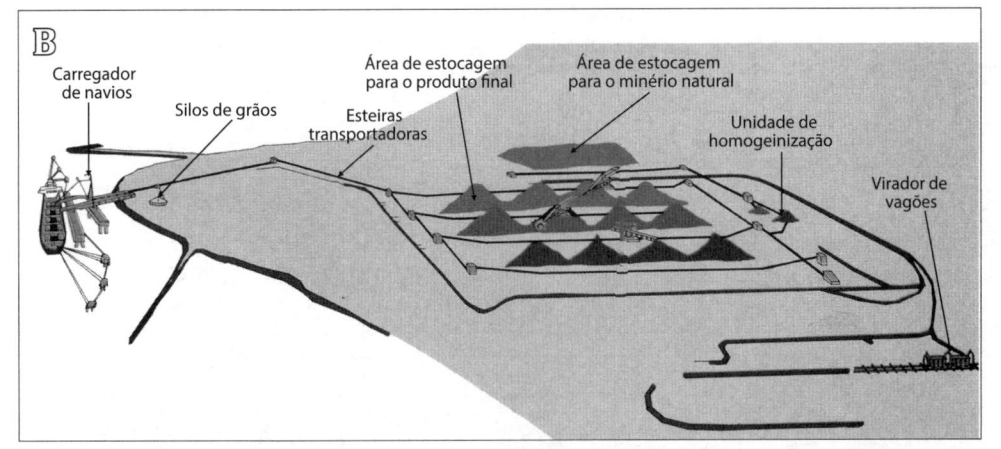

Figura 16.7
(B) Planimetria do esquema das instalações do Complexo Portuário de Ponta da Madeira da Vale em São Luis (MA).
(C) Vista do pátio de estocagem de minério, junto da pera ferroviária e área portuária do Complexo Portuário de Ponta da Madeira da Vale em São Luís (MA).

Figura 16.8
Planimetria do esquema das instalações portuárias do Porto de Itaqui (EMAP) em São Luís (MA).

Berço	Comp. (m)	Prof. (m)
101	239	9,0
102	239	10,5
103	239	14,0
104	200	14,0
105	280	18,0
106	420	19,0

* Bitolas das ferrovias
CVRD/Norte-Sul:
1,60 m
CFN: 1,00 m

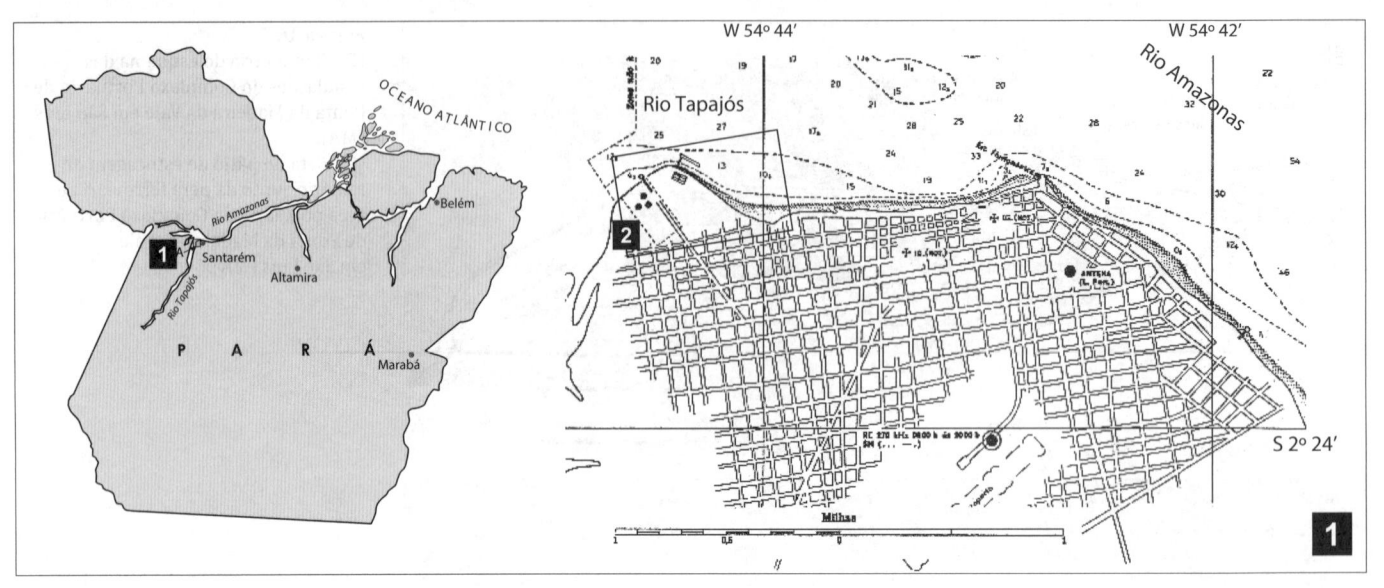

Figura 16.9
Planimetria do Porto de Santarém (PA)
no Rio Tapajós na Hidrovia Tapajós-Teles
Pires para navios-tipo de até 18 mil tpb.

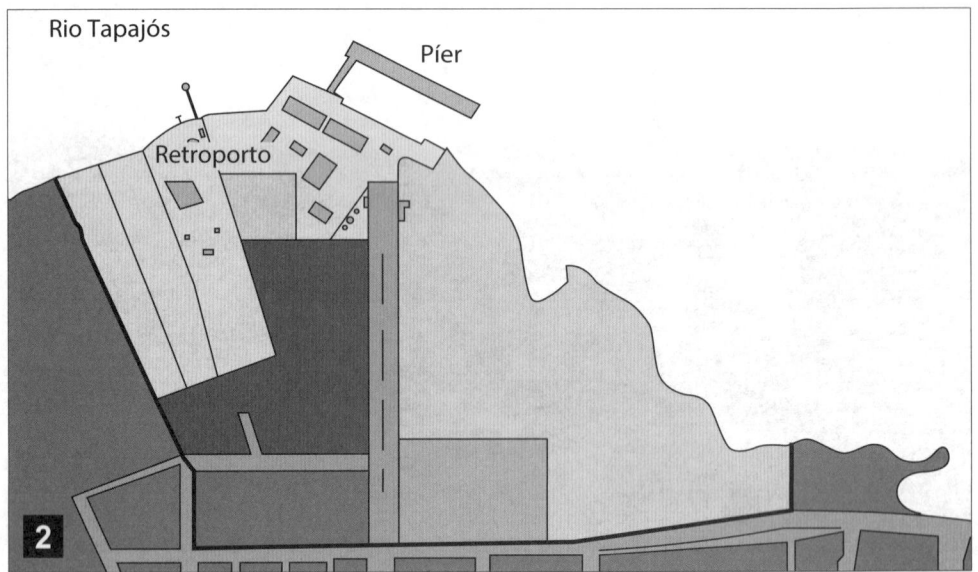

Figura 16.10
Planimetria do esquema operacional do
entroncamento rodo-ferro-hidroviário
de Estrela (RS).

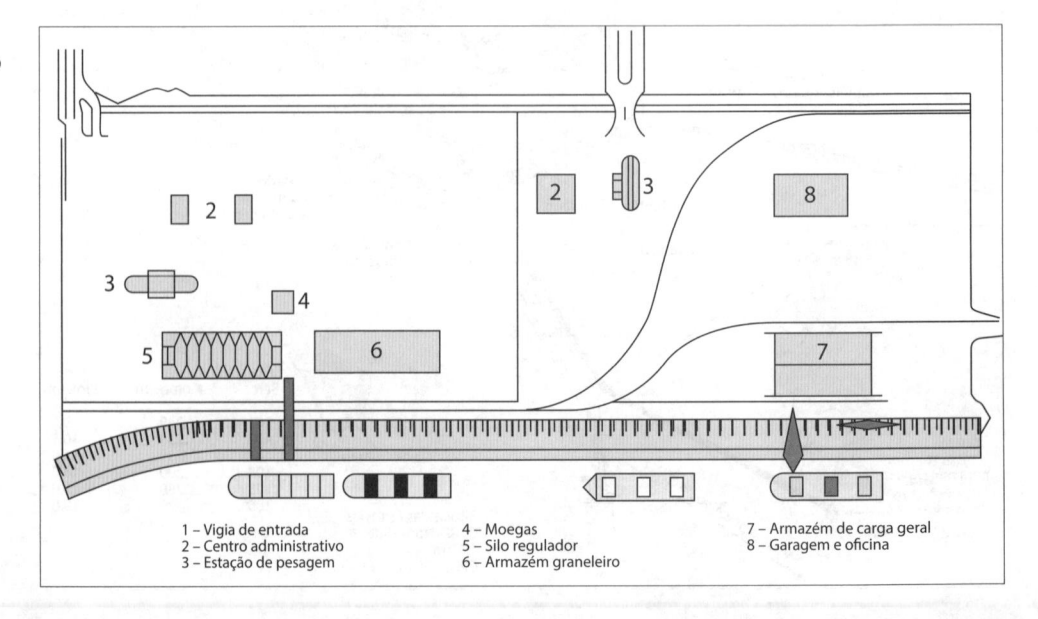

1 – Vigia de entrada
2 – Centro administrativo
3 – Estação de pesagem
4 – Moegas
5 – Silo regulador
6 – Armazém graneleiro
7 – Armazém de carga geral
8 – Garagem e oficina

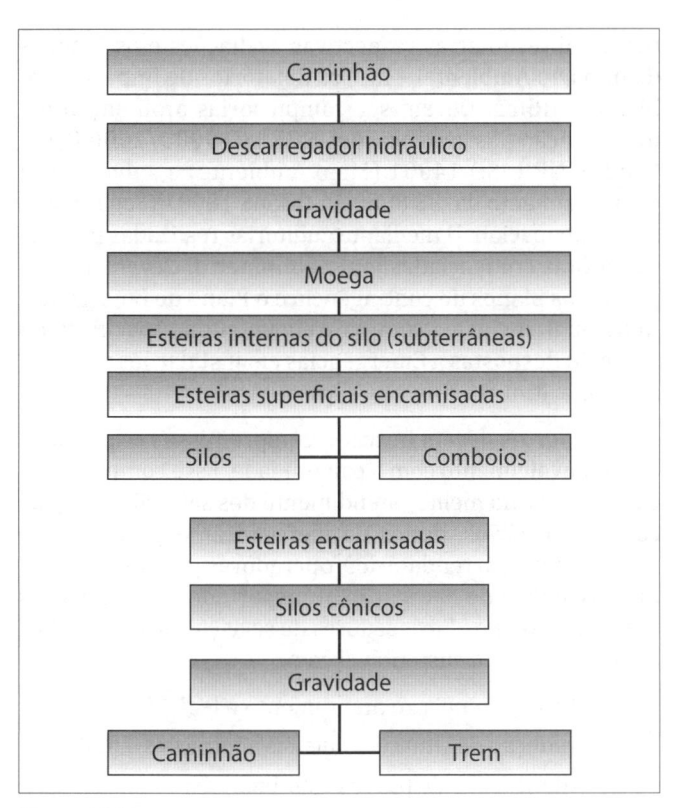

Figura 16.11
Fluxograma genérico do transporte de granéis em um terminal hidroviário multimodal.

16.3 MÃO DE OBRA

Na caracterização dos modelos de organização de portos, um aspecto particularmente relevante é o da regulamentação e organização do trabalho de estiva a bordo do navio.

Em linhas gerais, as alternativas são as mesmas dos modelos de políticas portuárias: ou o serviço é executado pela própria Autoridade Portuária, ou é transferido para empresas ou corporações, como é o caso de quase todos os portos importantes.

No caso de empresas estivadoras, os trabalhadores são contratados e os serviços são oferecidos no mercado, havendo ou não competição. No caso de sindicatos ou corporações, os trabalhadores sindicalizados são recrutados pela organização, que define as condições do serviço e negocia com os usuários.

O trabalho de movimentação de carga no cais é denominado de capatazia, diferenciando-se do trabalho de estiva.

Pela atual legislação portuária brasileira, nos portos organizados constitui-se o Órgão Gestor de Mão de Obra – OGMO, que administra toda a mão de obra avulsa ligada à operação portuária: estiva, capatazia, operadores de equipamentos, conferentes de carga, vigias etc. O órgão tem como atribuições cuidar da escalação dos trabalhadores para atender à demanda de cada terminal, fazer o repasse dos pagamentos para os trabalhadores e efetuar o recolhimento dos encargos. Essa alteração na relação da prestação do serviço portuário visou também à redução do custo da movimentação da carga, dimensionando corretamente as equipes de trabalho, reduzindo a influência dos sindicatos.

O OGMO, também instituído em 1993 pela Lei dos Portos (Lei 8.630), corresponde a uma entidade civil de utilidade pública sem fins lucrativos, constituída pelos operadores portuários do porto em que atua. O OGMO é responsável pela mão de obra nos portos públicos, onde seus trabalhadores portuários são responsáveis por inúmeras atividades no porto organizado, incluindo-se: a movimentação, o transporte, o acondicionamento das cargas; o carregamento e o descarregamento das embarcações; o recebimento e a conferência das cargas; a abertura, a contagem e a anotação dos volumes das cargas; a adequação das embalagens, o reparo das instalações portuárias, a fiscalização do trânsito na área do porto organizado, entre outras atividades.

16.4 TARIFAS PORTUÁRIAS

Em termos gerais, alguns dos fatores que influem nos mecanismos de formação de preço das tarifas são:

- Competição

  Pode ser a concorrência entre portos situados em áreas próximas, ou entre terminais (ou outros prestadores de serviço) operando no mesmo porto. Em qualquer caso, o objetivo de maximizar o lucro, a receita ou o tráfego, poderá influir significativamente na estrutura e nas tarifas.

- Custos

  Quando o planejamento é centralizado, ou não há competição, o custo tende a ser o elemento mais importante na definição dos preços dos serviços.

- Tipo de valor da carga

  Quando a concorrência não existe ou não é suficientemente intensa, o objetivo de maximizar lucros ou receitas pode levar a tarifas de acordo com o valor da mercadoria.

As tarifas são função de fatores específicos, como a natureza do serviço e da carga, características tecnológicas das instalações, as relações industriais vigentes e taxas de câmbio. No entanto, o que determina o tipo de mecanismo de formação de preços (de que maneira e em que medida os fatores mencionados atuarão) é o modelo de política portuária. Efeitos como subsídios entre portos ou instalações no mesmo porto, discriminação de usuários, influências políticas, consideração do porto como um elemento de política de transporte ou da política comercial do país, entre outros, podem ser determinantes em alguns modelos de política portuária.

As despesas portuárias podem ser esquematicamente classificadas em dois grandes grupos: taxas relativas às embarcações e taxas relativas à carga. As últimas referem-se aos serviços realizados depois de a carga ter sido desembarcada, ou até que esteja preparada para o embarque.

As tarifas referentes à operação da embarcação são classificadas em tarifas de uso das instalações do porto e tarifas de movimentação de carga.

As tarifas de uso das instalações do porto são taxas de ocupação de instalações de acostagem, da bacia portuária (canais dragados, balizamento etc.) e taxas de serviços específicos (reboque, praticagem etc.), entre outras. São estabelecidas, em geral, em função das características do navio (tpb) e do tempo de permanência no porto.

As tarifas de movimentação de carga são as taxas de estiva, aluguel de equipamentos específicos (como portêineres, transtêineres etc.), sendo principalmente função da quantidade de carga movimentada (número de contêineres, tonelagem etc.).

Além das tarifas, as receitas portuárias são compostas dos recursos provindos dos contratos de arrendamento.

16.5 A POLÍTICA DE GESTÃO INTEGRADA

A Política de Gestão Integrada – PGI tem por objetivo promover o desenvolvimento sustentável, articulando, desenvolvendo, harmonizando, agregando valor e integrando os diversos instrumentos de gestão e definindo procedimentos, ações e empreendimentos para sua consecução, sempre observando a importância das funções e atividades portuárias, bem como a atuação do Governo Federal no setor portuário.

Dentro da atuação do governo, as Leis nº 9.605, de 12/02/1998, e nº 9.966, de 28/04/2000, além do art. 225 da Constituição Brasileira, e da Lei Nacional da Política do Meio Ambiente, dispõem sobre as regras de prevenção, controle e fiscalização da poluição, instituindo sanções, determinando observâncias, exigências e realizações de conformidade. Cabe destacar:

- observância às políticas nacionais pertinentes;
- observância a convenções, acordos e resoluções internacionais;
- exigência de monitoramento diário das atividades portuárias;
- implantação de planos de emergência e de contingência;
- desenvolvimento de um programa de gerenciamento de resíduos;
- implantação de auditorias ambientais;
- exigência de licenciamento ambiental;
- exigências de mitigação, reparação e compensação ambiental.

Em consonância com a Política Ambiental do Ministério dos Transportes, de junho de 2002, os portos devem efetuar todos os procedimentos para implantação da Gestão Ambiental Portuária. A elaboração, junto com a sociedade e órgãos do governo, do Plano de Desenvolvimento e Zoneamento do Porto – PDZ deve ser compatibilizada com o Zoneamento Ecológico-Econômico Costeiro – Decretos Estaduais. Todos os empreendimentos, sujeitos a licenciamento ambiental,

devem apresentar as respectivas avaliações e os Estudos de Impacto Ambiental – EIA, os Relatórios de Impacto Ambiental – Rima. Devem ser compulsórias a obtenção e a manutenção das certificações NBR ISO 9000/2000 (Qualidade), NBR ISO 14001 (Meio Ambiente) e a declaração de atendimento da BS 8800 ou OHSAS 18001 (Segurança e Saúde Ocupacional) mediante auditorias realizadas por certificadoras credenciadas junto ao Inmetro. Devem ser implantados planos de contingência e o Plano de Emergência Individual, inclusive com os treinamentos específicos do Plano de Respostas a Emergências em instalações prediais, áreas marítimas e áreas públicas.

Os portos devem buscar o compromisso recíproco de maior envolvimento com a comunidade. Esse compromisso corresponde ao melhor atendimento dos seus clientes, parceiros e usuários: donos da mercadoria, exportadores e importadores, arrendatários, operadores portuários e sindicatos, linhas de navegação, transportadores rodoviários e ferroviários e os fornecedores de serviço, promovendo o desenvolvimento sustentável com:

- transparência ao atendimento à legislação;
- redução de situações sujeitas a infrações e multas;
- diminuição de passivos ambientais;
- obtenção da excelência do produto;
- envolvimento com a comunidade;
- correição e ética, e assim fazer o seu papel de Autoridade Portuária;
- exercício de suas funções integrando-se com as demais autoridades;
- fomento do comércio marítimo de exportação e importação;
- melhoramento da segurança e das operações portuárias;
- agregação de valores ao produto final;
- minimização dos desperdícios;
- redução do Custo-Brasil.

- Capacitação na aplicação das normas nacionais e internacionais de segurança, qualidade e respeito ao meio ambiente, com a integração e incorporação de normas nacionais e internacionais:

    - Código Internacional de Gerenciamento para a Operação Segura de Navios e para a Prevenção de Poluição, o Código ISM – *International Safety Management*, Resolução A. 741 (18) – IMO – *International Maritime Organization*, inclusive com os seus usuários de navegação interna e sua extensão para o Código ISPS – *International Safety Ports and Ships*, que abrange medidas antiterrorismo;

    - Resolução A. 868 (20) – IMO sobre a transferência de organismos aquáticos nocivos e agentes patogênicos da água de lastro;

    - Convenção Internacional para Salvaguarda da Vida Humana no Mar – SOLAS 74, promulgada pelo Decreto nº 87.186/82;

– Resolução Conama nº 237/97, que regulamenta os aspectos de licenciamento ambiental estabelecidos na Política Nacional do Meio Ambiente – Lei nº 6.938/81;

– Resolução Conama nº 293/2001, que dispõe sobre o conteúdo mínimo do Plano de Emergência Individual para incidentes de poluição por óleo originados em portos organizados, instalações portuárias ou terminais, dutos, plataformas, bem como suas respectivas instalações de apoio, e orienta a sua elaboração;

– Convenção Internacional para Proteção da Poluição por Navios – Marpol 73/78, realizada em Londres e promulgada no Brasil por meio do Decreto nº 2.508, de 4 de março de 1998;

– NBR nº 7.500/82 – transporte terrestre de mercadorias perigosas;

– Legislação Ambiental, destacando a Lei Federal nº 9.966/2000;

– NBR nº 14.253/98 – cargas perigosas, manipulação em áreas portuárias, procedimentos e a NR nº 29/97;

– Programa de Prevenção de Riscos Ambientais – PPRA, instituído pela NR nº 9/94 – SSST/MTE;

– auditoria ambiental;

– programa de gerenciamento de resíduos;

– destinação final de resíduos perigosos;

– coleta seletiva de lixo e baterias;

– reciclagem de materiais inservíveis.

• Atender às diretrizes e políticas governamentais, promovidas pelas reformas que estão sendo implantadas, como:

– incentivos à exportação;

– incentivos aos modelos de gerações de bens;

– incentivos às micro e pequenas empresas;

– reflexos voltados para o crescimento do comércio de exportação e importação.

• A melhoria da cadeia logística de transporte aquaviário e ferroviário, com a modernização dos portos, da infraestrutura hidroviária e ferroviária, concepção de intermodalidade, o documento único de transporte, a disponibilidade de navios modernos e o aumento de escalas de cabotagem.

O Porto de Santos é o sistema brasileiro com maior número de certificações, possuindo quase 100 certificações NBR ISO 9000, 14001 e declarações de atendimento da OHSAS 18001 do Sistema Brasileiro de Certificação dos Órgãos credenciados junto ao Inmetro. Possui mais de 100 programas e cronogramas voltados para o Sistema Integrado de Certificação, inclusive para a declaração de atendimento do Guia de Segurança e Saúde ocupacional, BS 8800 ou OHSAS 18001.

16.6 PLANEJAMENTO PORTUÁRIO

16.6.1 Considerações gerais

O planejamento portuário é caracterizado pela complexidade do processo, pois, além do planejamento da ocupação espacial e técnica e das condicionantes ambientais e legais comuns às obras de outras áreas da engenharia civil, agregam-se as complexidades hidráulicas, operacionais e náuticas. Além disso, o planejamento portuário está vinculado ao objetivo e à dimensão de influência do empreendimento, que pode ser nacional, regional ou de um porto individual.

Dependendo do tempo previsto para o planejamento portuário, podem-se distinguir:

– Curto prazo: em um período de 1 a 2 anos, em que são efetuadas pequenas alterações no arranjo geral.

– Médio prazo: em um período de 5 a 10 anos, que constitui a primeira fase de um plano diretor (*master plan*).

– Longo prazo: em um período de 20 a 30 anos, constituindo o plano diretor.

Um plano diretor necessita de atualizações em intervalos de cerca de 5 a 10 anos, para verificação das alterações nas movimentações de cargas, fazendo-se os necessários ajustes em função da revisão e atualização. Dessa forma, consegue-se um processo contínuo de planejamento, o que seria o mais racional, embora não o mais frequente na prática. Entretanto, o plano diretor deve ser flexível o suficiente para acomodar flutuações no desenvolvimento econômico e alterações nos padrões de transporte.

Em nível de plano diretor, parte-se de alguns anteprojetos de arranjos gerais bem aproximados, dos quais vão ser selecionados 2 ou 3 mais promissores por uma matriz de decisão (*trade off*), contando-se com os dados disponíveis no momento e fornecendo uma estimativa grosseira de custo. Após essa seleção inicial, com melhores informações é possível elaborar as alternativas mais promissoras em nível de projeto conceitual, chegando-se a uma incerteza na estimativa do custo da ordem de 30%. A alternativa selecionada, tendo sido otimizada em nível de projeto básico, contando com levantamentos de campo mais detalhados, passa a ter incerteza na estimativa do custo da ordem de 20%, quando uma análise econômica mais detalhada pode ser feita, e a obra, licitada. Finalmente, na etapa de projeto executivo e mobilização para a construção, a incerteza na estimativa de custo deve ser da ordem de 10%.

Várias disciplinas e especializações são importantes nesse processo de planejamento:

– hidráulica marítima;

– engenharia costeira;

– hidronáutica;

– obras marítimas;

– dragagem;

- geotecnia;
- equipamentos de transporte;
- logística das operações;
- engenharia de tráfego;
- engenharia de segurança;
- engenharia ambiental;
- economia.

16.7 CONSIDERAÇÕES SOBRE ANTEPROJETO DE DIMENSIONAMENTO OPERACIONAL

16.7.1 Aspectos básicos

O dimensionamento operacional portuário insere-se no âmbito estabelecido por alguns aspectos básicos, conforme descrito a seguir.

As condições dos portos de origem e destino e o custo do transporte aquaviário definem o navio-tipo, ou seja, suas dimensões, capacidade de carga e o custo do navio parado esperando (CE).

Dispondo-se da capacidade de carga do navio e da comparação de custos entre navio parado e os custos para aumento da produtividade de um berço, pode-se otimizar economicamente a produtividade anual ótima (PR) de um berço pela minimização de custo.

Deve-se conhecer as projeções ou metas de capacidade de movimentação anual de carga (T) para o dimensionamento do número de berços pelo critério de minimização de custo.

O número de berços dimensionado é função fundamentalmente do custo de berço ocioso vazio (CV) comparativamente ao custo de navio parado esperando para movimentar carga (*downtime* ou *demourage*). Esse último pode atingir US$ 100.000,00/dia, dependendo do porte e tipo de carga.

Finalmente, as instalações de armazenagem, que são o pulmão que permite compensar as diferenças de vazão existentes entre as diversas modalidades de transporte que servem o porto, são função do número de berços, da produtividade dos berços e da capacidade dos acessos externos.

16.7.2 Dimensionamento do número de berços

A estimativa da probabilidade de se ter n navios simultaneamente no porto pode ser aproximada pela distribuição de Poisson nos seguintes termos:

$$P_n = \frac{y^n}{n!} e^{-y}$$

Sendo:

y: número médio de berços

n: número de navios chegando em um dia

H: horas trabalhadas em um ano = 8.760 h

Resulta que:

$$y = \frac{\left(\dfrac{T}{PR} \right)}{H}$$

Desse modo, montam-se as probabilidades de chegada de 0 a n (n > 1) navios e computam-se os custos anuais de berço(s) ocioso(s) somados aos custos de navio(s) parado(s). Faz-se esse cálculo para números discretos de berços a partir de 1, optando-se pelo número de berços que minimize os custos.

Exemplo: Terminal de granéis líquidos para refinaria.

$$T = 3.200.000 \text{ t/ano}$$

$$PR = 300 \text{ t/h}$$

$$CE = 4 \text{ CV}$$

O navio-tipo ocupa o berço por um dia.

Resultam *y* = 1,22 e as seguintes probabilidades:

n = 0	P0 = 29,3%	109 dias
n = 1	P1 = 36,0%	132 dias
n = 2	P2 = 22,0%	80 dias
n = 3	P3 = 8,9%	32 dias
n = 4	P4 = 2,7%	10 dias
n = 5	P5 = 0,7%	2 dias

Para a hipótese de 1 berço resultam 109 dias com berço ocioso e 182 dias com navios parados. Com 2 berços, 350 dias e 58 dias, respectivamente. Para 3 berços, resultam 671 dias e 14 dias, respectivamente. Assim, têm-se as proporções de custos: 1,45:1,00:1,25, e a solução mais indicada é a construção de 2 berços.

Variando a capacidade de movimentação anual, pode-se calcular o ponto de saturação dos dois berços, ou seja, quando seria interessante a construção de um terceiro berço, neste caso, em torno de 4.000.000 t/ano.

Essa abordagem é uma primeira aproximação da estimativa mais precisa fundamentada na teoria de filas, pois as chegadas dos navios não se distribuem ordenadamente no tempo e a frota é composta por embarcações diversificadas. Além do que o *downtime* pode ocorrer por outros motivos, que não sejam somente o berço ocupado, como manutenções estruturais, instalação ou troca de equipamentos de acostagem e movimentação de carga, mau tempo, entre outros.

A Tabela 16.1 apresenta a análise das chegadas diárias de navios no Porto de Rio Grande no primeiro semestre de 2007.

A taxa de ocupação dos berços (TOB) é um coeficiente logístico importante, que permite avaliar o nível de ociosidade ou de saturação da instalação de atracação. Para o cálculo deste parâmetro são necessários os seguintes dados:

① Horas de estadia de cada navio, que é composta de horas de movimentação de carga mais tempo com outras esperas: esperas de berço, espera pelos rebocadores, espera para inspeções, esperas para os preparativos etc.

② Número de embarcações operando no berço por ano.

③ Dias úteis por ano, levando-se em conta as interrupções de atividades por feriados, mau tempo etc.

④ Horas de trabalho por dia.

⑤ Número de berços.

Assim, $\text{TOB} = \dfrac{① \times ②}{③ \times ④ \times ⑤} \times 100 \ (\%)$

Uma taxa de ocupação adequada situa-se entre 50% e 60%.

16.7.3 Dimensionamento de instalações de armazenagem para granéis

O dimensionamento de instalações de armazenagem para granéis consiste em que, se a capacidade dos acessos externos ao porto for inferior à produtividade do berço, será necessário prover uma reserva de produto no pico da movimentação de carga. Assim,

$$CS = N - VR\, t_N\, h$$

sendo:

CS: capacidade de armazenagem

N: capacidade total dos navios no maior pico = $m \times PR \times h \times t_N$

m: número de berços

h: turno diário de trabalho

VR: capacidade dos acessos externos

t_N: duração do pico

Tabela 16.1 Chegadas diárias de navios no Porto de Rio Grande (RS)			
Número de chegadas	**Número de dias**	**Frequência relativa**	**Frequência relativa acumulada**
0	0	0,0000	0,0000
1	0	0,0000	0,0000
2	1	0,0055	0,0055
3	0	0,0000	0,0055
4	5	0,0276	0,0331
5	19	0,1050	0,1381
6	17	0,0939	0,2320
7	22	0,1215	0,3536
8	21	0,1160	0,4696
9	25	0,1381	0,6077
10	19	0,1050	0,7127
11	17	0,0939	0,8066
12	15	0,0829	0,8895
13	9	0,0497	0,9392
14	6	0,0331	0,9724
15	3	0,0166	0,9890
16	1	0,0055	0,9945
17	1	0,0055	1,0000
TOTAL	181	1,0000	–

Exemplo correspondente ao dimensionamento da seção 16.5.2:

VR = 100 t/h

h = 20 h/dia

t_N = 7 dias

densidade do petróleo = 0,7

Resulta CS = 70.000 t (100.000 m³)

16.7.4 Estudo logístico comparativo de embarque de soja

Tomando por base a produção de soja em uma fazenda em Rondonópolis (MT), é interessante proceder-se à comparação de duas rotas alternativas para atingirem o destino final em Shangai (China), por meio de um porto na Região Norte (Vila do Conde, PA) e na Região Sudeste (Santos, SP). A primeira utiliza-se predominantemente de hidrovia e no longo curso o Canal do Panamá, enquanto a segunda é eminentemente rodoviária e no longo curso passa pelo Cabo da Boa Esperança, podendo verificar-se a economia de escala pelo porte de dois navios, Panamax e Post Panamax. Este exemplo foi calculado no âmbito da SEP.

Com as informações básicas, os cálculos de custos são decisivamente favoráveis ao roteiro hidroviário pelo Porto de Vila do Conde, com o que fica demonstrada a competitividade desta rota, desafogando os portos do sul do Brasil.

1 Portos	• Santos (SP) – Entrega do navio no porto e reentrega em Shangai. • Vila do Conde (PA) – Idem ao porto de Santos.
2 Navios	• Porte de 62 mil tpb, com embarque de 56 mil t de soja em grão com *charter* de US$ 12 mil ao dia e velocidade de cruzeiro de 14,5 nós. • Porte de 120 mil tpb, com embarque de 96 mil t de soja em grão com *charter* de US$ 15 mil ao dia e velocidade de cruzeiro de 14,5 nós.
3 Rotas	• Vila do Conde via Canal do Panamá (11 mil milhas náuticas), com custo de passagem no canal de 1 US$/tpb. • Santos via Cabo da Boa Esperança (11 mil milhas náuticas).
4 Consumo	• No porto: 2,0 toneladas de óleo diesel/dia, ao preço de US$ 1.200,00/t. • Navegando: 162 g·Hp/hora de óleo pesado, ao preço de US$ 660,00/t.
5 Logística	• Fazenda em Rondonópolis (MT)/Hidrovia Tapajós → US$ 20,00/t. • Armazenamento e embarque em Miritituba → US$ 8,00/t. • Transporte e embarque em Vila do Conde → US$ 25,00/t. • Fazenda em Rondonópolis até Santos via rodoviária → US$ 130,00/t.

6 – Custos portuários	Vila do Conde	Santos	Shangai
• Armazenagem e embarque	US$ 8,00/t	US$ 8,00/t	–
• Praticagem por manobra	US$ 10.000,00	US$ 5.000,00	–
• Rebocador por escala	–	US$ 2.000,00	–
• Acesso marítimo por escala	US$ 600,00	US$ 1.000,00	US$ 5.000,00
• Agenciamento por escala	US$ 1.000,00	US$ 1.500,00	–
• Desembarque	–	–	US$ 5,00/t

16.8 CENTRO INTEGRADO DE OPERAÇÃO LOGÍSTICA

A maximização da produtividade e segurança operacional em um sistema logístico que envolve a movimentação portuária consiste em dispor de um monitoramento e um controle remotos em tempo integral, operacionalizados por softwares de gestão específicos. Tais informações são enfeixadas em uma sala de Controle, também conhecida como Sala de Situação.

Na Figura 16.12 está apresentada a Sala de Controle do Centro Integrado de Operação das Ferrovias Carajás-Ponta da Madeira e Norte-Sul e do Terminal Marítimo de Ponta da Madeira, localizado em São Luís (MA). Este centro concentra e gerencia as informações operacionais provindas das linhas ferroviárias, com cerca de 1.200 km de extensão, dos estoques de granéis e carga geral do porto e da taxa de carregamento dos navios nos berços de atracação. Sendo um dos mais avançados do mundo, sua descrição exemplifica o paradigma de um Centro Integrado de Operação.

No Centro Integrado de Operação das Ferrovias Carajás-Ponta da Madeira e Norte-Sul são controladas por dia, em média, 11 composições ferroviárias carregadas e, simultaneamente, trafegam 26 composições, entre carregadas, vazias e outras (passageiros, manutenção, formação de composições etc.). A via é singela, com uma distância média entre pátios de cruzamento de 17 km, dispondo-se de ATC – *Automatic Train Control* nos trechos sinalizados de 7 km que abrangem esses pátios. Sensores nos trechos sinalizados e na composição proveem detectores de descarrilamento, sendo que nessa última dispõe-se de detectores de temperatura (*hot box*). Assim, a logística e a segurança de tráfego das composições são monitoradas e controladas remotamente, pois é possível atuar remotamente na frenagem da composição no trecho sinalizado, independentemente da ação do maquinista, bem como dispor de sistema automático antidescarrilamento nos trechos não sinalizados. O maquinista da composição comunica-se via rádio e pelo Sistema de Gestão Ferroviária – SGF com o Centro de Operação. As composições ferroviárias são integradas por 206 vagões e 2 locomotivas, com reforço de até mais 2 nas rampas, perfazendo uma carga líquida de 21.500 t nas composições de minério de ferro (a tara de cada vagão é de 20 t com carga líquida de 104 t).

A Vale dispõe na ferrovia de 110 locomotivas: em média, 11% encontram-se em manutenção, de 70% a 80% são utilizadas nas composições de minério (ferro e manganês), e as demais, nos trens cargueiros (soja, gusa e concentrado de cobre), de passageiros, de manutenção e nas peras ferroviárias do porto e da mina para a formação de composições. Trata-se de locomotivas de tração diesel-elétrica com 3.000 a 4.400 HP de potência.

No Centro Integrado de Operação das Ferrovias Carajás-Ponta da Madeira e Norte-Sul os operadores dispõem de um mapa gráfico de espaço × tempo (passado e futuro) que permite estabelecer o planejamento operacional, definindo preferências entre composições, atividades de manutenção, consumo de combustível, horas trabalhadas, entre outras informações operacionais.

Tabela 16.2
Elaboração dos cálculos – Valores em US$

Discriminação	Vila do Conde/Shangai		Santos/Shangai	
	Navio 62.000 tpb 56.000 t	Navio 120.000 tpb 96.000 t	Navio 62.000 tpb 56.000 t	Navio 120.000 tpb 96.000 t
Porto de origem/Shangai				
Fazenda hidrovia Tapajós	1.120.000,00	1.920.000,00	00,00	00,00
Armazenagem/embarque Miritituba	448.000,00	768.000,00	00,00	00,00
Transporte até o porto	1.400.000,00	2.400.000,00	7.280.000,00	12.480.000,00
Custo portuário	470.200,00	790.200,00	467.000,00	790.200,00
Afretamento	398.400,00	510.000,00	420.000,00	525.000,00
Dias no porto	1,2	2	2	2
Dias navegando	32	32	33	33
Óleo diesel	1.440,00	2.400,00	1.440,00	2.400,00
Óleo pesado	472.000,00	472.000,00	485.882,00	485.882,00
Taxa canal	62.000,00	120.000,00	00,00	00,00
Subtotal	4.372.040,00	6.388.200,00	8.654.322,00	14.283.482,00
Porto de Shangai				
Dias no porto	1,2	2	1,2	2
Descarga	280.000,00	480.000,00	280.000,00	480.000,00
Óleo diesel	1.440,00	2.400,00	1.440,00	2.400,00
Entrada/saída	5.000,00	5.000,00	5.000,00	5.000,00
SUBTOTAL	286.440,00	487.400,00	286.440,00	487.400,00
Margem (Viagem + Navio + Custo fixo) × 10%	436.168,00	508.800,00	166.076,00	229.088,00
Total custo	**5.094.648,00**	**7.384.400,00**	**8.940.762,00**	**14.999.970,00**
Dolar/tonelada	**90,97**	**76,92**	**159,65**	**156,24**

O monitoramento e o controle dos estoques de granéis e carga geral nos pátios do porto são geridos remotamente pelo Centro Integrado de Operação das Ferrovias Carajás-Ponta da Madeira e Norte-Sul. Os viradores de vagões, as empilhadeiras e os transportadores de esteira são operados a distância, estando prevista também essa atuação para as máquinas recuperadoras. As taxas de embarque dos carregadores de navios e câmaras de vídeo nos berços também são monitoradas e geridas pelo Centro Integrado de Operação.

Obviamente, o domínio completo da cadeia logística por uma única empresa (verticalização), como no exemplo descrito do Sistema Norte da Vale (Mina – Ferrovia – Porto), é condição mais favorável para a obtenção das máximas produtividade e segurança operacionais com a gestão de um Centro Integrado de Operação. Efetivamente, no contexto citado, as decisões de gestão logística geram menor intensidade de conflitos de interesse, em comparação a uma gestão compartilhada entre diferentes empresas, propiciando tomadas de decisão mais rápidas e integradas ao conjunto do empreendimento produtivo.

16.9 CONTROLE DE TRÁFEGO AQUAVIÁRIO

O advento da era de posicionamento satelital permitiu o aprimoramento dos sistemas de controle de tráfego aquaviário pelas Autoridades Portuárias, bem como pelas Estações de Praticagem das Atalaias. Sistemas como o VTS (*Vessel Traffic Service*) por meio de radar e AIS (*Automatic Identification System*) (ver Figuras 16.13 e 16.14), são projetados para implantar a segurança e eficiência da navegação, segurança da vida no mar e proteção do meio ambiente marinho. As imagens de tráfego do VTS são compiladas e

Figura 16.12

(A) Vista da Sala de Controle do Centro Integrado de Operação das Ferrovias Carajás-Ponta da Madeira e Norte-Sul, do Terminal Marítimo de Ponta da Madeira da Vale em São Luís (MA). Painel mostrando a operação da Ferrovia Carajás-Ponta da Madeira.

(B) Painel mostrando a Área Portuária do Terminal Marítimo de Ponta da Madeira.

(C) Vista do painel da Sala de Situação mostrando as condições do Complexo Portuário de Tubarão da Vale em Serra (ES).

(D) Vista da Sala do CCO do Terminal Maritimo de Ponta da Madeira da Vale em São Luís (MA). Controle das máquinas empilhadeiras e recuperadoras no pátio de minério de ferro.

(E) Detalhe de visualização da operação de máquina de pátio no CCO.

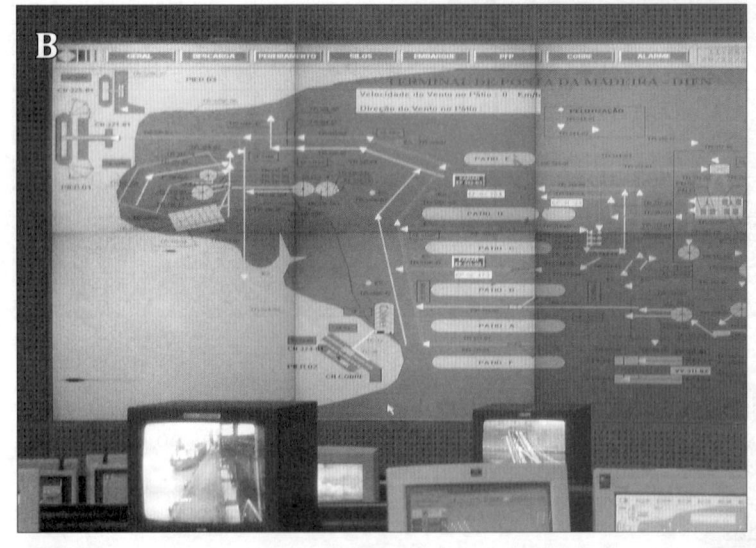

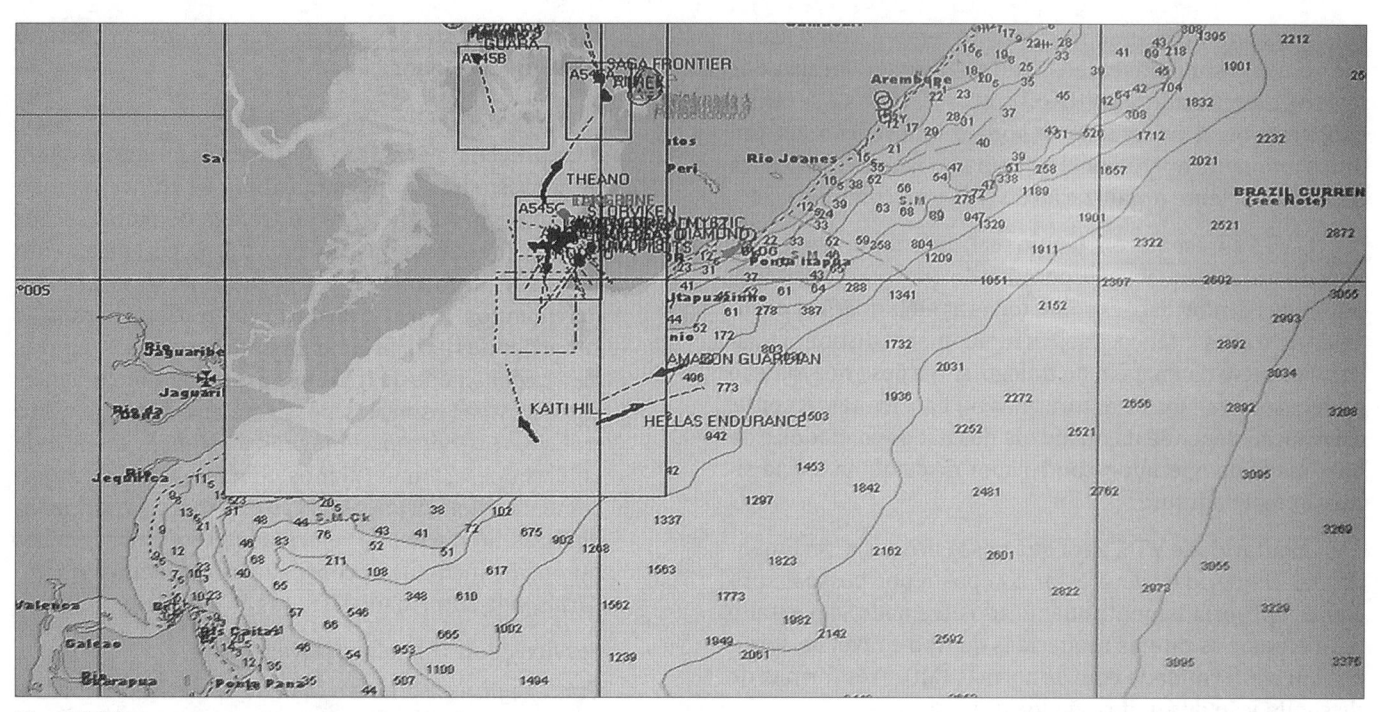

Figura 16.13
AIS na Atalaia da Bahia Pilots em Salvador (BA), com cobertura da Baía de Todos os Santos e proximidades.

Figura 16.14
Mesa de monitoramento de AIS na Estação de Praticagem da Bahia Pilots em Salvador (BA).

coletadas por meio de sensoriamento remoto, como radar, AIS (o navio somente é detectado se tiver seu localizador ligado), direcionadores, VHF ou outros sistemas e serviços cooperativos. A integração de toda a informação em um único ambiente operacional de trabalho facilita o uso para permitir eficiente organização do tráfego e comunicação.

O VTS apresenta, em tempo real, uma abrangente imagem do tráfego aquaviário, permitindo que todos os fatores influentes e informações sobre todas as embarcações participantes e suas intenções sejam rapidamente disponibilizadas. Por meio da imagem de tráfego, situações em evolução podem ser avaliadas e autorizadas ou não. Evidentemente, a avaliação depende da qualidade dos dados coletados e da habilidade do operador/controlador de combiná-las na situação real ou futura.

A autoridade VTS, para que possa prover as recomendações requeridas, deve estar composta por pessoal suficiente, apropriadamente qualificado e treinado, capacitado para efetuar as tarefas requeridas do tipo e nível de serviços em conformidade com as normas IMO. Três formas de disseminação dos dados são fornecidas:

- Serviço de Informação

  Para garantir tempestivamente informações essenciais a bordo, visando à tomada de decisões de navegação, como: posicionamento, identificação, intenções dos outros tráfegos, condições da hidrovia, condições climáticas, riscos e outros fatores que possam afetar o trânsito da embarcação.

- Serviço de Organização do Tráfego

  Para prevenir a evolução de situações potencialmente perigosas para o tráfego marítimo e garantir o movimento seguro e eficiente do tráfego de embarcações na área de circunscrição do VTS. O gerenciamento operacional do tráfego e o planejamento futuro dos movimentos deve prevenir congestionamentos e situações de risco, principalmente em regiões/épocas de alta densidade de tráfego, ou quando a movimentação de cargas especiais possa afetar o fluxo de outro tráfego. O serviço pode incluir o estabelecimento de janelas operacionais/planos de navegação hierarquicamente prioritários, alocação de espaços, rotas mandatórias, limitações de velocidade a serem observadas, ou outras medidas apropriadas consideradas necessárias pela autoridade VTS.

- Serviço de Assistência à Navegação

  Trata-se de assistência à tomada de decisão à bordo e à monitoração dos seu efeitos, o que é especialmente importante em condições de navegação ou meteorológicas difíceis, ou em caso de panes ou avarias.

  Nas Figuras 16.15 a 16.17, podem-se visualizar as instalações do C3OT – Centro de Coordenação, Comunicações e Operação de Tráfego da Praticagem de Santos (SP).

Figura 16.15
AIS do C3OT.

Figura 16.16
Imagens das câmaras do C3OT.

Figura 16.17
Mostradores dos dados meteo-oceanográficos.

O C3OT é o mais avançado centro de operações portuárias do Brasil, totalmente desenvolvido pela própria praticagem de São Paulo. Seu sistema de monitoramento permanente oferece segurança às manobras do maior porto do Hemisfério Sul.

O C3OT centraliza informações de diversos tipos de monitoramento. Câmaras e AIS seguem os navios ao longo de todo o porto para localização e identificação das embarcações e gestão dos berços e terminais. Os dados meteo-oceanográficos, como direção das correntes, maré, altura das ondas, visibilidade e velocidade do vento, são transmitidos em tempo real. Essas informações subsidiam a tomada de decisões estratégicas para o gerenciamento das navegações pela praticagem de São Paulo. Isso amplia a movimentação de cargas e a sua segurança. Oferece também maior segurança à população e diminui riscos de acidentes ambientais.

O C3OT ainda conta com uma sala de crise. Em caso de emergência, práticos e autoridades têm acesso a todas as informações e podem avaliar o que ocorreu e como agir rapidamente.

O sistema de gerenciamento de informações de tráfego de embarcações mais completo é o VTMIS (*Vessel Traffic Management Information System*). Localizado em um Centro de Controle Operacional (CCO), além do posicionamento das embarcações, há informações locais precisas sobre meteorologia e condições do mar, além de imagens em alta definição de câmaras.

CAPÍTULO 17

TIPOS DE OBRAS DE DEFESA DOS LITORAIS

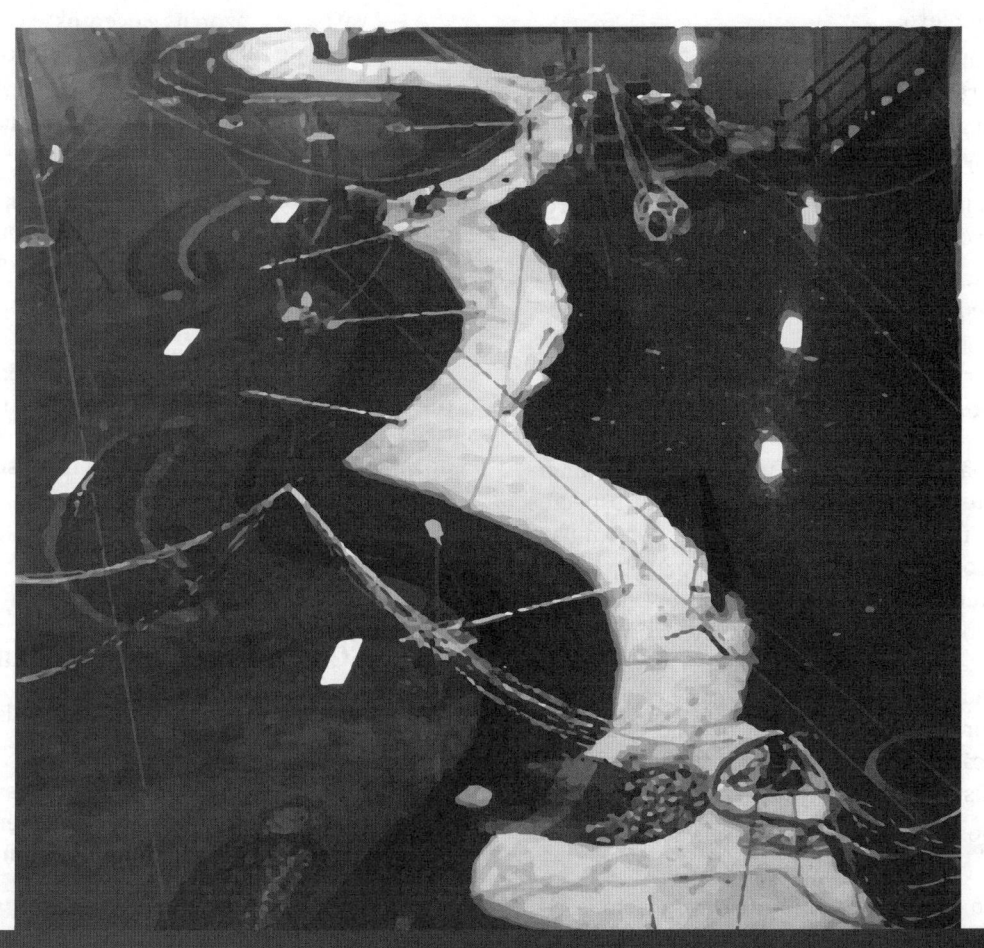

Estudo em modelo físico de quebra-mares encurvados na formação de praias de bolso.

17.1 INTRODUÇÃO

17.1.1 Erosão costeira

A erosão costeira é o conjunto de processos no qual é removido mais material da praia do que suprido, em consequência à quebra do equilíbrio dinâmico original, e um dos principais problemas mundiais do ponto de vista da preservação do solo. De fato, nas zonas densamente povoadas, com infraestruturas urbanas, industriais e turísticas de alto valor econômico, a erosão costeira representa custos sociais, ambientais e econômicos muito elevados.

17.1.2 Obras de defesa dos litorais

As obras de defesa dos litorais são intervenções estruturais cujas funções são agir no balanço do transporte sólido, favorecer a estabilização ou a ampliação da linha de costa, e defendê-la contra a erosão.

Os requisitos básicos no projeto das obras de defesa dos litorais são:

- econômicos, de análise custo-benefício;
- ambientais, ligados a questões socioeconômicas, ecológicas e estéticas;
- mínima influência nas áreas adjacentes.
- Definir a obra mais conveniente em cada caso é muito complexo:
- exige apurado estudo e ponderação, sendo frequente o recurso a modelos físicos e matemáticos;
- obras mal estudadas ou improvisadas correm o risco de agravar a erosão na área ou nas adjacências;
- é importante a coleta de dados sobre o comportamento de obras costeiras nas proximidades;
- o comportamento da obra deve ser avaliado nas situações extremas e nas dominantes.

17.1.3 Intervenções não estruturais

As intervenções não estruturais são medidas que não interferem fisicamente com o litoral, mas atuam nos aspectos socioeconômicos relacionados com a questão, determinando condições de contorno mais favoráveis, com o objetivo de reduzir as intervenções estruturais, que devem ser adotadas somente como último recurso. As características dessas medidas são de terem efeitos em longo prazo (décadas), mediante planejamento dos aspectos físicos, urbanísticos e de defesa dos litorais quanto ao uso e à ocupação racionais do solo na definição de políticas de gerenciamento costeiro. Estas são algumas normas para a conservação dos litorais:

- Faixa não edificável para conservação da praia natural.
- Limitação da extração de fluidos do subsolo.
- Limitação da mineração nas bacias contribuintes ao transporte litorâneo.

- Privilegiar o desenvolvimento urbano em profundidade (normal à costa) e não concentrado na orla marítima. Inclusive pela alteração microclimática de edificações com gabaritos verticais muito altos, que afetem a circulação eólica (terral, brisa marítima).

17.2 LEVANTAMENTO DE DADOS PARA O PROJETO

Deve-se caracterizar a unidade morfológica local com base em:

- morfologia da linha de costa a partir de levantamentos topográficos, aerofotogramétricos, ou por satélite;
- análises sedimentológicas e petrográficas;
- regimes de ondas e correntes associadas.

Deve-se caracterizar a conformação atual da costa e estimar sua tendência evolutiva com base em:

- evolução histórica de linhas de praia e do comportamento de obras costeiras existentes;
- análises sedimentológicas associadas aos perfis de praia;
- avaliação da tendência de subsidência do terreno;
- marés;
- regimes de vento;
- clima de ondas;
- regime das correntes marítimas;
- variações sazonais e eventos excepcionais, com período de retorno superior a cinco anos;
- características socioeconômicas de uso e ocupação do solo e estruturas costeiras atuais e futuras.

É preciso conhecer a dinâmica da praia, entendida como o complexo de fenômenos que determinam o movimento dos sedimentos e condicionam o balanço sedimentar. E com fundamento nesta análise, formular um diagnóstico das causas da erosão.

A definição da obra mais adequada, em geral, não é imediata, pois raramente a situação real é simples e esquematizada por uma relação linear entre o problema e o tipo de obra; o recurso à conjugação de diversos tipos de obras é frequente.

17.3 AS OBRAS DE DEFESA

17.3.1 Classificações genéricas

As obras de defesa podem ser classificadas, quanto à natureza, em:

- Naturais (praias e dunas), que são as linhas de defesa por excelência; as obras de defesa serão tanto mais eficientes quanto mais proporcionarem essas condições.

- Artificiais com as funções de:
  - revestimento contra a ação erosiva;
  - sustentação de terraplenos;

- assoreamento por obras;
- alimentação artificial de areia nas praias.

Quanto à característica de transporte litorâneo das areias, as obras empregadas recomendadas são:

- Costas com transporte litorâneo de rumo dominante devem dispor tipicamente de obras de defesa normais à costa.
- Costas com transporte litorâneo insignificante ou nulo devem dispor tipicamente de obras paralelas à costa.

Quanto à localização com referência à linha de costa, as estruturas são classificadas em:

- Estruturas construídas aproximadamente normais (transversais) à costa e usualmente a ela conectadas são os espigões.
- Estruturas destacadas (não enraizadas) da costa e aproximadamente a ela paralelas (longitudinais) são os quebra-mares costeiros.
- Estruturas construídas no estirâncio e aproximadamente paralelas à costa (obras longitudinais aderentes) são genericamente conhecidas como paredões, construídos na interface terra-mar.
- Alimentação artificial de areia nas praias.
- Outras, como as obras de fixação de dunas de areia, ou a proteção das escarpas sujeitas a solapamento.
- Conjugação das anteriores.

17.4 OBRAS LONGITUDINAIS ADERENTES

17.4.1 Descrição

As obras longitudinais aderentes são empregadas para fixar o limite da praia em costas não protegidas adequadamente por praia natural, e, frequentemente são obras de emergência (provisórias) em áreas seriamente afetadas pelo mar para evitar o recuo da praia. São usadas como obras definitivas quando se pretende manter a costa em posição avançada com relação a áreas vizinhas, como no caso de avenidas beira-mar.

Os efeitos duradouros dessas obras somente são conseguidos em combinação com outros métodos de defesa.

Na terminologia genérica, são denominadas por muros e paredões, embora possam ter diferentes funções específicas.

17.4.2 Funções

As três funções específicas que as obras longitudinais aderentes podem desempenhar são:

- Resistir à ação das ondas como simples revestimentos do estirâncio frente climas de ondas fracos ou moderados em baías ou enseadas. Resistir a climas de ondas severos em muros de choque maciços para retardar a erosão de praia ou escarpas. Nessas funções, podem reter parcialmente o transporte litorâneo se forem avançadas da costa.
- Arrimo de contenções de aterros ou praias artificiais.
- Evitar inundações em eventos meteorológicos mais intensos.

17.4.3 Limitações

As limitações das obras longitudinais aderentes são basicamente:

- Não retenção de sedimentos em trânsito, contribuindo, pela turbulência frontal que criam, para a erosão da própria base, podendo tais repercussões ser minizadas em obras flexíveis de enrocamento.
- Em obras de paramento vertical, o inconveniente citado é agravado pela ação das ondas refletidas, podendo levar à ruína da obra (ver Figura 17.1(A)).
- Grande tendência a serem galgadas pelo escoamento, pois não existe praticamente praia a seu pé, contribuindo para a erosão no tardoz da estrutura.
- Protegem somente a área no seu tardoz; portanto, os extremos de barlamar e sotamar devem corresponder a trechos não erodíveis, ou devem ser protegidos por muros de cabeceira (para não serem flanqueados pela erosão).
- Na melhor das hipóteses de funcionamento, o processo erosivo não será interrompido e desaparecerá a praia frontal, com riscos de estabilidade para a estrutura.

17.4.4 Parâmetros funcionais do projeto

Principais parâmetros funcionais de projeto das obras longitudinais aderentes:

- Cota de coroamento o mais alta possível para evitar galgamentos frequentes.
- Perfis transversais:
  - de talude: recomenda-se que sejam suaves (1:4 a 1:10);
  - com concha defletora: mais convenientes contra o galgamento, sendo indicados, por exemplo, para proteger vias litorâneas;
  - verticais: vantajosos para atracações, mas inconvenientes pela reflexão produzida nas ondas;
  - compostos ou mistos.
- Rugosidade e permeabilidade do paramento inclinado aumentam a eficiência da dissipação de energia da onda e reduzem o galgamento.
- Proteção da fundação externa (pé da estrutura):
  - nas obras de enrocamento, deve-se prover berma no pé do talude para criar reserva de pedra (para

admitir acomodações moderadas), abrir vala suficientemente profunda e enchê-la com enrocamento para constituir a fundação da obra (existe dificuldade prática pelo rápido enchimento da vala), e critérios de filtro para adequada transição entre o enrocamento e a areia;

– as obras rígidas devem ser fundadas em cota suficientemente baixa, se possível em rocha.

- Impermeabilização no tardoz do paredão para impedir efeitos nocivos de infiltração por galgamento.

- O comprimento deve estender-se à frente de toda a zona a proteger.

- Esforços solicitantes no dimensionamento se devem ao impacto das ondas e aos empuxos de terra.

17.4.5 Materiais empregados

Estes são os principais materiais empregados na construção das obras longitudinais aderentes:

- Nos muros de choque utilizam-se enrocamento, peças maciças de concreto, estacas-prancha de concreto, metálicas ou de madeira.

- Nos revestimentos de alto da praia, somente atingidos pelas ondas nas preamares excepcionais, podem ser muretas de 1,5 a 2 m de altura (de concreto ou alvenaria de pedra), gabiões, usando-se também enrocamento, blocos ou placas de concreto arrumadas, estacas-prancha (de madeira ou metálicas) para a fundação.

17.4.6 Modelos de obras longitudinais aderentes

Nas Figuras 17.1 e 17.2 apresentam-se exemplos de estruturas de muros de choque e arrimo e de revestimentos de praia.

A escolha da solução estrutural de muro mais apropriada vincula-se à característica do perfil transversal pretendido da costa, conforme esquematizado na Figura 17.3.

Figura 17.1
Estabilização da costa (pós-praia) com paredão vertical, mas com erosão por reflexão na praia frontal.

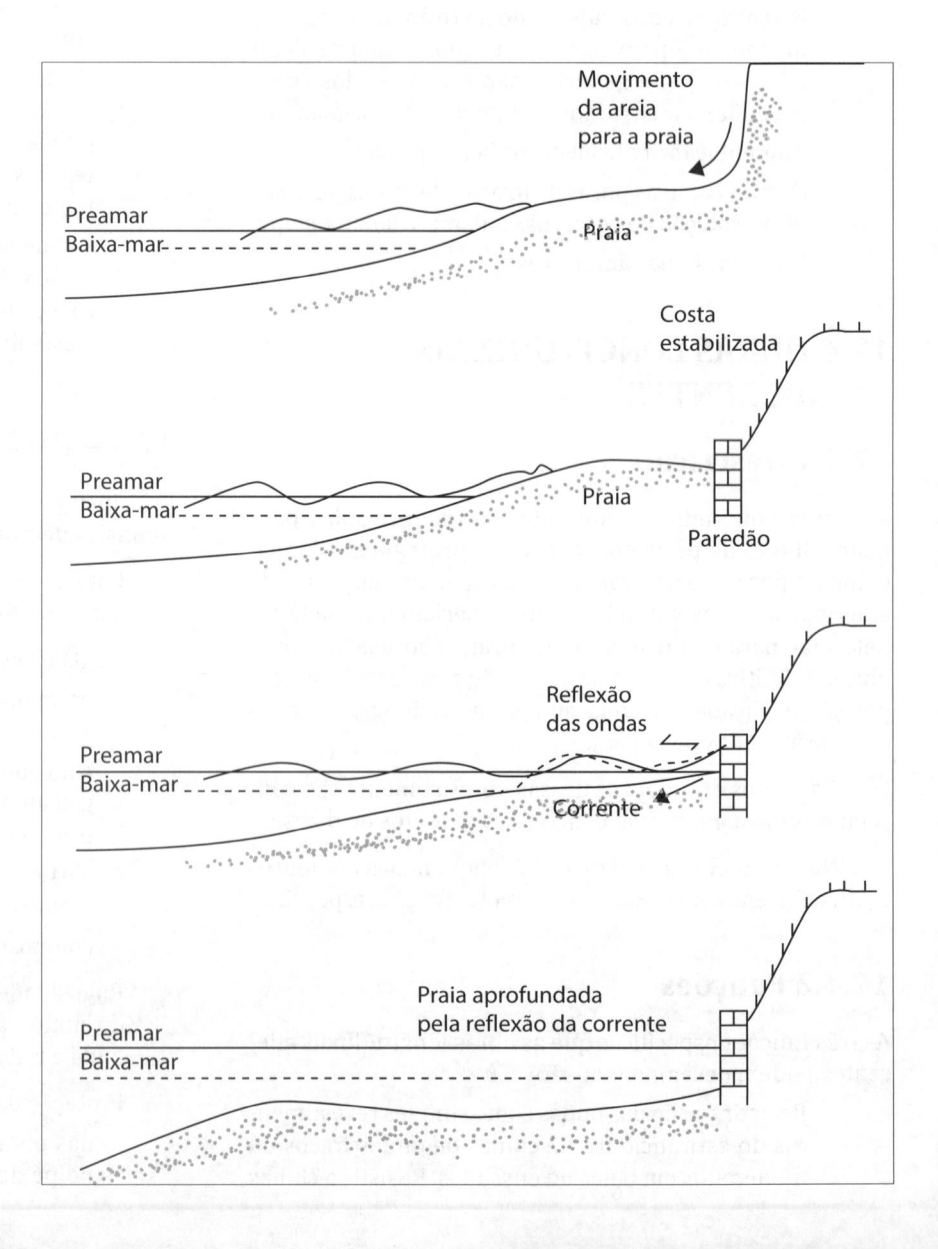

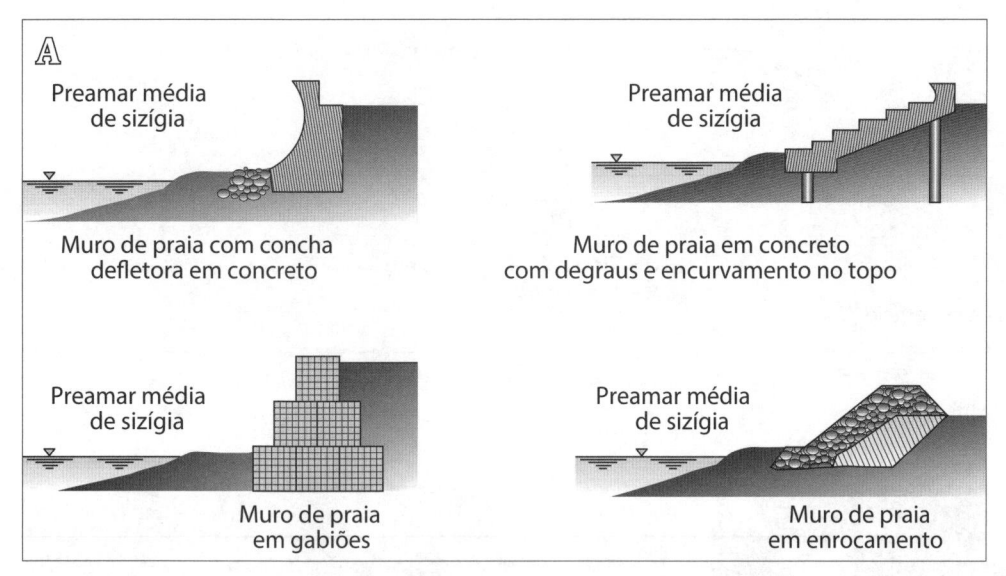

Figura 17.2
(A) Exemplos de elevações de seções transversais de estruturas de muros de choque.
(B) Exemplos de elevações de seções transversais de revestimentos de praia.

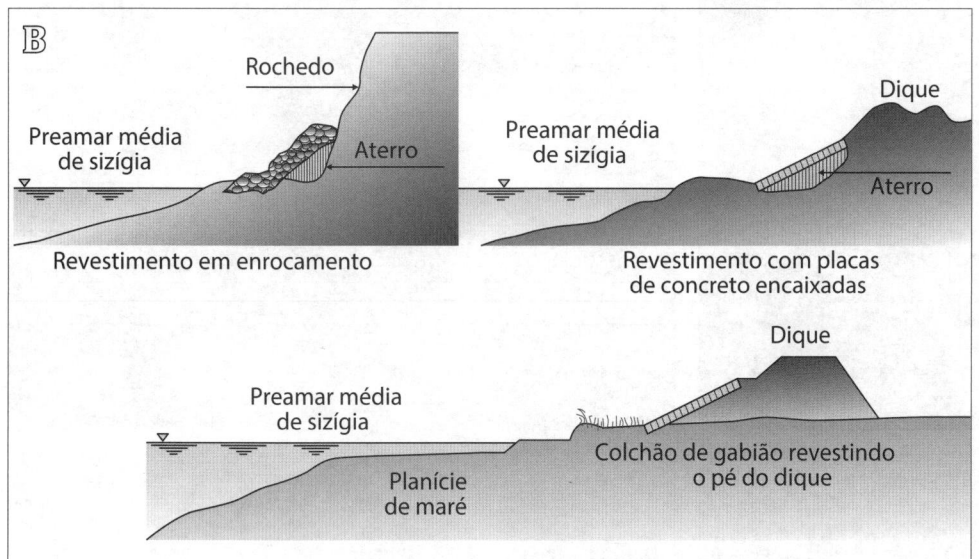

Nas Figuras 17.4 a 17.10 estão exemplificadas soluções seguindo a classificação apresentada na Figura 17.3:

- Modelo a

  Corresponde a um paramento vertical, apoiado em fundação rígida, e pode ser construído em concreto, blocos de rocha e até madeira. Pela sua alta refletividade, não devem ser empregadas com materiais de praia finos, pois o solapamento induzido no pé da estrutura pode fazê-la tombar. No caso de se optar por esta solução em solos de fraca resistência, a fundação deve ser convenientemente reforçada.

- Modelo b

  Consiste em um plano inclinado, que somente é indicado em zonas de ataque pouco intenso das ondas. O trecho mais exposto à energia das ondas arrebentando é a sua porção superior, devendo-se prover estrutura suficientemente ancorada e embasada.

- Modelo c

  Corresponde a uma seção côncava no fundo e convexa no ápice, que conduz maior quantidade de água sobre a costa, podendo solicitar excessivamente o trecho de topo do paramento.

- Modelo d

  Trata-se de perfil côncavo, modelo mais eficiente na moderação da energia das ondas que b e c, sendo sempre recomendada a proteção da parte elevada do paramento protetor com densa cobertura até atingir o topo.

17.5 ESPIGÕES

17.5.1 Descrição

Os espigões de praia são estruturas transversais que se estendem do pós-praia, suficientemente enraizadas para não serem contornadas pelo espraiamento, até a primeira linha de arrebentação, agindo diretamente sobre o transporte de sedimentos litorâneo na faixa em que ele é mais significativo. Podem ser empregados isoladamente ou em conjunto (campo de espigões), e provavelmente é a obra de defesa dos litorais mais difundida.

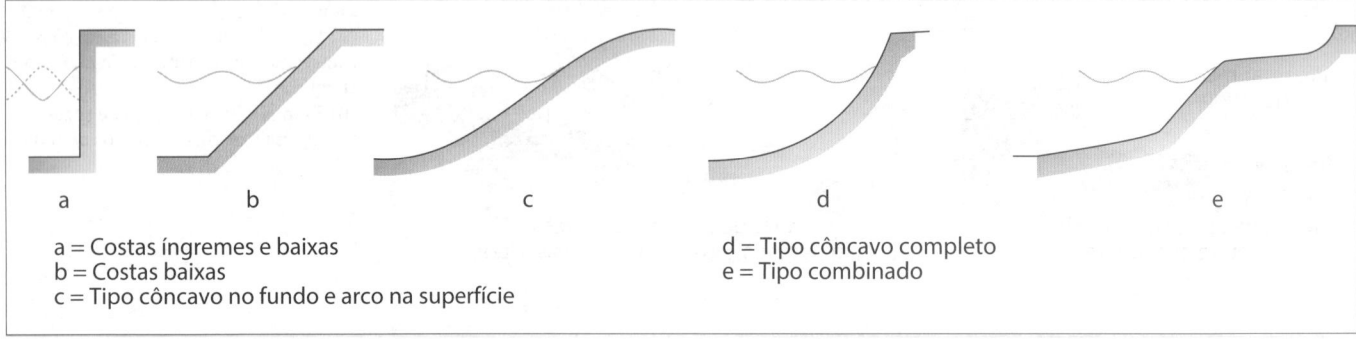

a = Costas íngremes e baixas
b = Costas baixas
c = Tipo côncavo no fundo e arco na superfície

d = Tipo côncavo completo
e = Tipo combinado

Figura 17.3
Perfis transversais de proteção de costas e margens.

Figura 17.4
Obras longitudinais aderentes na Praia de Milionários em São Vicente (SP).

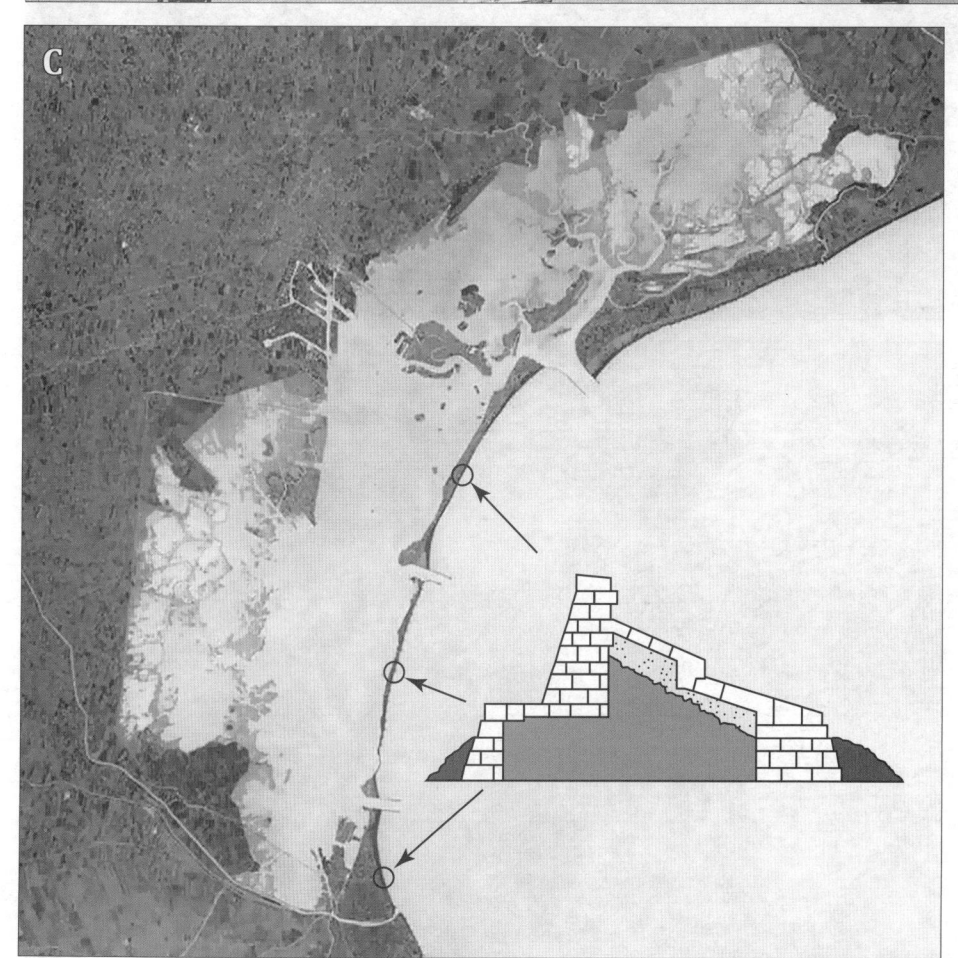

Figura 17.5
(A) Obras longitudinais aderentes na Praia de Gonzaguinha em São Vicente (SP). (São Paulo, Estado/DAEE/SPH/CTH).
(B) Vista do muro de praia do Clube Satélite na Praia do Centro em Itanhaém (SP) em 1998.
(C) Elevação típica dos Murazzi da Repubblica di Venezia (1751), uma obra de defesa costeira de 20 km de extensão, implantada nas ilhas barreiras da Laguna di Venezia de Lido, Pellestrina e Sottomarina, considerada uma das grandes obras de engenharia do século XVIII. Com a finalidade de resistir às fortes tempestades e consequentes inundações produzidas pelo Mar Adriático, seus blocos de rocha da Ístria foram cimentados com a pozolana de origem vulcânica, herança da ancestral civilização romana, garantindo grande eficácia na impermeabilização da construção.

Figura 17.5

(D) Em primeiro plano, murazzi na
ilha de Lido, em Venezia (Itália), com
complementação de defesa por campo
de espigões realizado no século XX.
Vista rumo à Bocca di Lido,
no Mar Adriático.

(E) Em primeiro plano, murazzi na ilha
de Lido, no Mar Adriático, em Venezia
(Itália), com complementação de
defesa por campo de espigões realizado
no século XX. Vista rumo à Bocca di
Malamocco, no Mar Adriático.

(F) Em primeiro plano, murazzi na
ilha de Lido, em Venezia (Itália), com
complementação de defesa por campo
de espigões realizado no século XX.
Observar as pedras argamassadas no
paramento inclinado visando reduzir
o espraiamento da onda.

Figura 17.5
(G) Em primeiro plano, murazzi na ilha de Malamocco, em Venezia (Itália), com complementação de defesa por campo de espigões realizado no século XX. Vista rumo à Bocca di Chioggia, no Mar Adriático.

Figura 17.6
(A) Trecho não protegido de orla praiana em Ilhéus (BA).
(B) Proteção de orla praiana com gabiões saco e gabiões caixa em Ilhéus (BA).

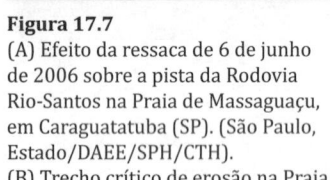

Figura 17.7
(A) Efeito da ressaca de 6 de junho de 2006 sobre a pista da Rodovia Rio-Santos na Praia de Massaguaçu, em Caraguatatuba (SP). (São Paulo, Estado/DAEE/SPH/CTH).
(B) Trecho crítico de erosão na Praia de Massaguaçu, em Caraguatatuba (SP) em 2009. Resto de muro colapsado e sacos de areia.
(C) Muro de praia implantado em 2013 na Praia de Massaguaçu, Caraguatatuba (SP).
(D) Defesa da Route 5 Otaru em Sakaemachi, Yoichi, Hokkaido (Japão).

Figura 17.8
(A) Vista da ação das vagas e seu espraiamento na preamar de 5,0 m (DHN) (15/07/2003) sobre o muro semi-arruinado de concreto ciclópico de proteção de falésia de Salinópolis (PA). Aspecto do fraturamento do muro por tensões de tração associadas ao solapamento da base por ausência de tapete protetivo.
(B) Mureta de alto da praia em Mongaguá (SP) em 1991, próximo da Plataforma de Pesca Amadora. (São Paulo, Estado/DAEE/SPH/CTH).
(C) Mureta de alto da praia em Espinho (Portugal).
(D) Muro de alto da praia em Zeebrugge (Bélgica).

Figura 17.9
(A) Muro de praia de enrocamento na Praia de Ponta Negra, Natal (RN).
(B) Muro de proteção de encosta com blocos cúbicos de concreto em
Cadiz (Espanha), no Mar Mediterrâneo.

Figura 17.10

(A) Praia de São Vicente na década de 1910.

(B) Praias de São Vicente na década de 1920.

(C) Duplicação da avenida beira-mar ao fim da década de 1940, avançando sobre o estirão praiano. (D) Avanço da urbanização sobre o estirão praiano no início da década de 1950.

(D) Avanço da urbanização sobre o estirão praiano no início da década de 1950.

(E) Urbanização da Praia de Milionários sobre o estirâncio no início da década de 1950. (São Paulo, Estado/DAEE/SPH/CTH).

(F) Vista da *promenade* no pós-praia em Zeebrugge (Bélgica).

(G) Vista do avanço da ocupação urbana, com a distribuição das cabines de banho no pós-praia em Zeebrugge (Bélgica)

(H) Cabines de banho na berma superior e inclusive na inferior no pós-praia em Zeebrugge (Bélgica). Notar ao fundo o Porto de Zeebrugge.

17.5.2 Funções

As funções específicas que os espigões desempenham são:

- Interceptação de parte, ou da totalidadade, do transporte de sedimentos litorâneo, por meio de deposições (assoreamento) a barlamar.

- Estabilização de praia sujeita a variações periódicas.

- Alargamento de praia para fins balneários, ou de reurbanização.

- Evitar assoreamento a sotamar (contenção de restingas ou flechas, por exemplo).

- Complemento de fixação para a alimentação artificial de praias.

17.5.3 Limitações

As limitações das obras de espigões são basicamente:

- Não são indicados quando é fraco o transporte de sedimentos litorâneo, pois as erosões a sotamar podem ser graves, ou quando o rumo deste transporte for variável, pois isso reduz a eficácia da obra.

- Não evitam erosões associadas a correntes de retorno transversais, como as *rip currents*.

- Criam turbulências nas suas extremidades ao largo, capazes de produzir erosões que os arruinem se não for mantido um adequado esquema operacional de manutenção.

17.5.4 Utilização de espigão isolado

Na Figura 17.11 apresenta-se o mecanismo de proteção de costa de um espigão isolado, que pode propiciar:

— aumento local da praia a barlamar;

— fixação de embocadura a sotamar (guia-corrente);

— limitação da extremidade de defesas longitudinais aderentes, ou de alimentação artificial de praias;

— delimitação de uma unidade morfológica existente ou criada.

Figura 17.11
(A) Mecanismo de funcionamento de espigão isolado em processo de proteção de costas.
(B) Espigão na Praia da Ponta da Areia, em São Luís (MA). implantado como guia-corrente na margem leste do Embaiamento de São Luís e visando ao engordamento e defesa da praia. (Fotos de barlamar para sotamar.)

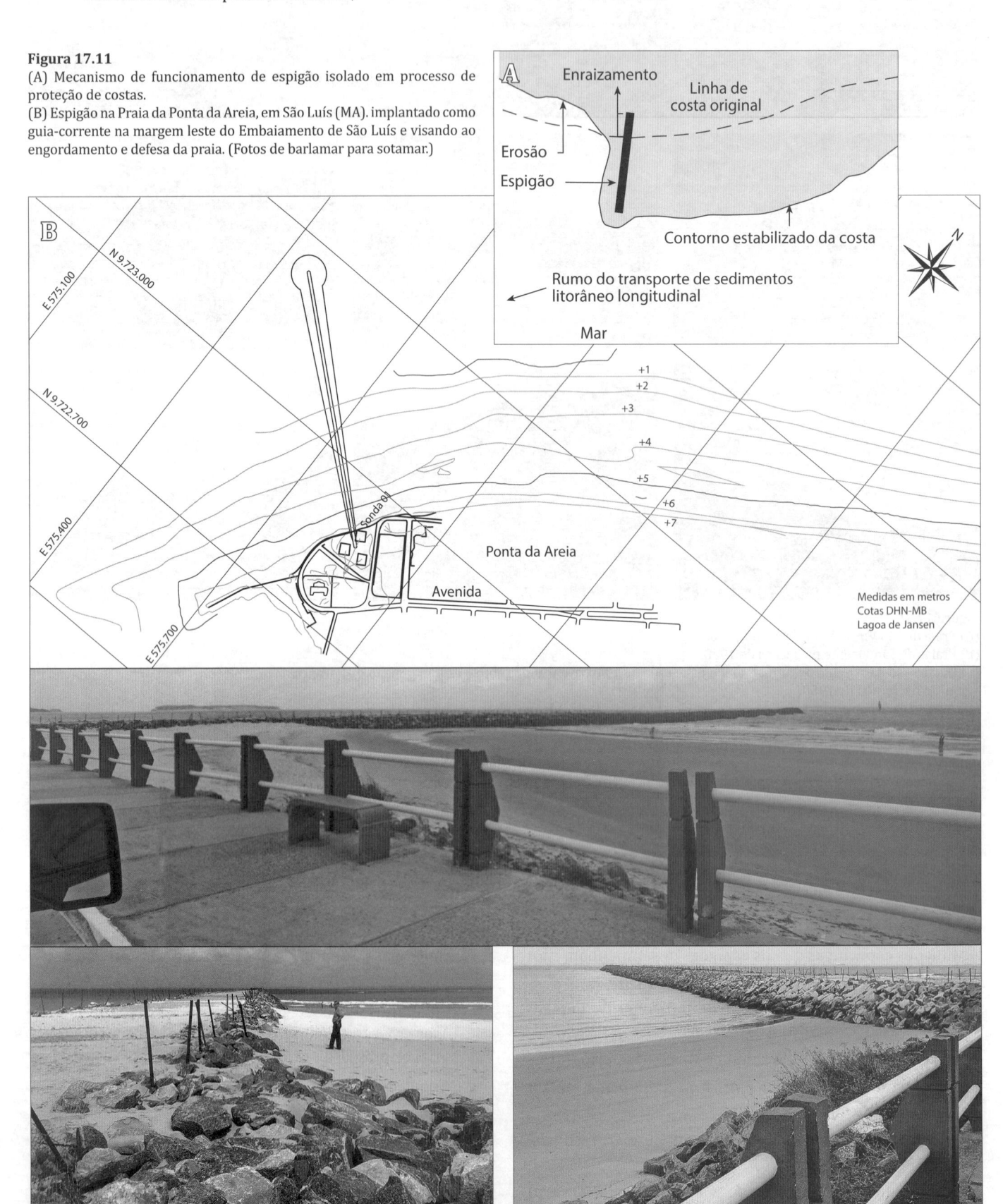

17.5.5 Utilização de um campo de espigões

Na Figura 17.12 vê-se o mecanismo de estabilização de linha de costa com um campo de espigões, caracterizado por:

- criação ou proteção de uma extensa faixa de praia;

- formação da praia com o transporte litorâneo natural, funcionando os espigões como obra fundamental;

- formação da praia com alimentação artificial de areia, funcionando os espigões como obras complementares para reduzir os volumes de alimentação e/ou a sua frequência.

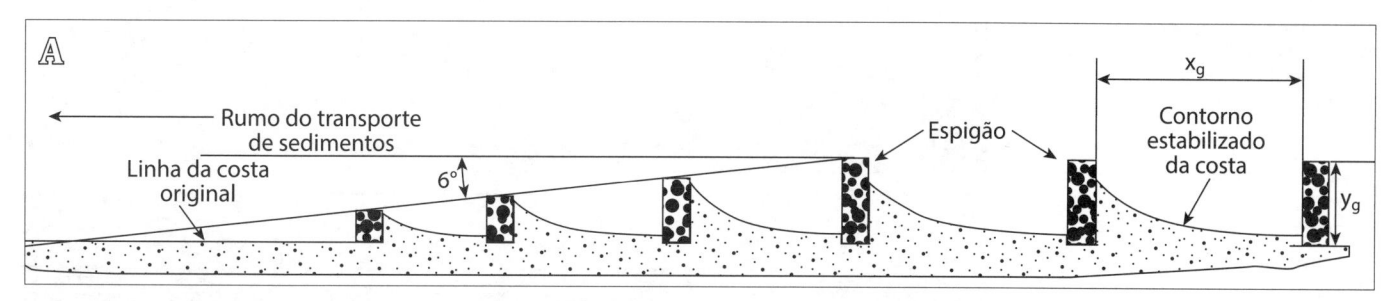

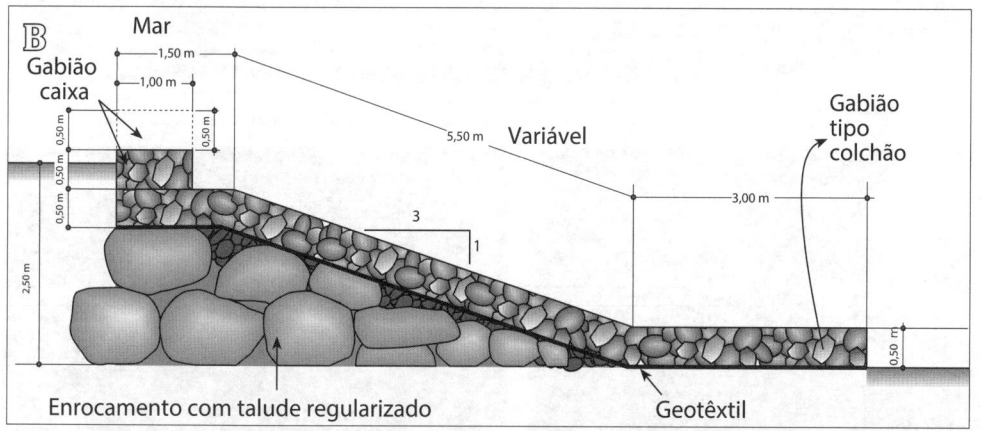

Figura 17.12
(A) Planimetria do mecanismo de funcionamento de um campo de espigões no processo de estabilização de linhas de costas.
(B) Exemplo de elevação de perfil longitudinal de espigão de praia.
(C) Engordamento da Praia de Camburi em Vitória (ES).

Figura 17.12
(D) Fotografia da recuperação da Praia Mansa de Caiobá (PR), com espigões curtos, que foram com o tempo soterrados pela areia.
(E) Campo de espigões de enrocamento na Praia de Areia Preta, Natal (RN).
(F) Vista lateral de um dos espigões da Praia de Areia Preta, Natal (RN).
(G) Vista frontal do mesmo espigão.
(H) Campo de espigões em praia de Biarritz (França), no Golfo de Biscaya.
(I) Campo de espigões em Okinawa (Japão).

O mecanismo de funcionamento de um campo de espigões é caracterizado por:

- A construção dos espigões em etapas deve-se iniciar de sotamar, e são adicionados novos espigões assim que a capacidade de retenção máxima for atingida e o transporte litorâneo começar a contornar a obra.

- Quando a construção do campo de espigões se realiza em uma só etapa, os espigões de barlamar enchem-se primeiro, ajustando-se a linha de costa entre os espigões às ondas incidentes e suas deformações (refração, arrebentação e difração), enchendo-se o campo sequencialmente de barlamar para sotamar, conforme os espigões de barlamar são enchidos e os sedimentos os contornam.

- As erosões de praia a sotamar ocorrerão em uma taxa aproximadamente igual à de deposição no sistema, supondo-se a praia a sotamar do campo de espigões composta pelas mesmas características de material.

- Considerando y_g o comprimento médio do espigão medido na linha de praia média engordada e x_g o espaçamento entre eles, a proporção recomendada é de $\frac{x_g}{y_g} = 2$ a 3.

- Como pode-se observar na Figura 17.12(A) a transição de um campo de espigões para a praia natural é conseguida gradualmente encurtando o comprimento e largura das células para permitir mais transpasse. Geralmente o comprimento dos espigões são reduzidos ao longo de uma linha que converge com a linha da costa a partir do último espigão de comprimento pleno, fazendo um ângulo de cerca de 6° a linha de costa natural.

- A prevenção das erosões a sotamar pode ser conseguida em alguns casos por:
  - alimentação artificial de areia no campo de espigões, para permitir o trânsito natural do transporte litorâneo;
  - transporte litorâneo crescente para sotamar;
  - redução do comprimento dos espigões gradativamente no rumo de sotamar;
  - situar o último espigão de sotamar em área não sujeita a erosão (com defesas litorâneas, embocadura costeira, ou formação rochosa);
  - a perda de areia para o largo não é prevenida pelo campo de espigões, como no caso de ressacas muito severas.

17.5.6 Parâmetros funcionais do projeto

Os principais parâmetros funcionais de projeto das obras de espigões são:

- Comprimento:
  - Depende da fração do transporte litorâneo que se deseja interceptar: os muito curtos interceptam somente o transporte do jato de praia no estirâncio, mas normalmente atingem boa parcela da zona de arrebentação e espraiamento, interceptando grande porcentagem do transporte litorâneo.
  - Usualmente, corresponde a cerca de 50% da largura média da zona de arrebentação e espraiamento.
  - Excetuando os espigões extremos de sotamar, devem ter o mesmo comprimento, sob pena de inutilidade dos mais curtos.
  - A declividade requerida para a praia de areia (em torno de 2%) condiciona a extensão do espigão, sendo maior quanto mais suave a declividade exigida.

- Altura:
  - É ligada à fração do transporte sólido que se deseja interceptar, pois, quanto mais alto, maior a eficiência de retenção.
  - A cota do coroamento em terra deve corresponder pelo menos ao topo da berma de inverno, pois é preciso evitar o flanqueamento do enraizamento pela erosão, particularmente quando recém-construídos.
  - As cotas de coroamento situam-se usualmente entre 0,5 e 1,2 m sobre a superfície da praia.
  - Classificam-se em altos ou baixos, e esses últimos proporcionam menor retenção, podendo, nas tempestades mais severas, ser contornados pelo transporte litorâneo mesmo antes de cheios.

- O perfil transversal tipo deve preferencialmente ser composto em talude, não sendo aconselhável o uso de paramentos verticais, que causam galgamentos das obras e, em razão do alto poder erosivo das reflexões das ondas, podem descalçar as fundações.

- Permeabilidade:
  - Ligada à fração do transporte litorâneo que se deseja interceptar.
  - Espigões muito permeáveis são pouco eficientes na retenção de areia. Utilizados para evitar modificações bruscas na linha de costa, são, entretanto, mais vulneráveis à remoção dos depósitos com tempestades muito fortes. Com o tempo, podem colmatar-se.

- Espaçamento entre espigões:
  - Em geral, é definido como um múltiplo do comprimento, normalmente entre 1 e 4 (até 10) e, mais frequentemente, de 1,5 a 3 vezes.
  - Devem situar-se relativamente próximos uns dos outros, para que se reduzam os inconvenientes de erosões e descalçamentos a sotamar.
  - Depende da direção dominante das ondas incidentes em relação à praia.

- Configuração planimétrica:
  - A mais frequente é a retilínea.
  - No caso de espigões isolados, podem ser usados paredões ou esporões secundários, visando mitigar as erosões associadas.

- Orientação com relação à linha de costa:
  - Em geral, são aproximadamente perpendiculares à linha de costa original, sobretudo, quando as ondas incidentes não têm direção dominante.
  - No caso de incidências muito oblíquas e sem significativas inversões de direção, podem ser ligeiramente inclinados para barlamar, evitando-se descolamentos com turbilhões erosivos nas extremidades.

17.5.7 Materiais empregados

Os principais materiais empregados na construção de espigões são:

- Enrocamento:

  É o material mais difundido, com a vantagem de formar estruturas flexíveis, adaptáveis aos assentamentos do terreno. Também é possível aplicar o sistema de gabiões, particularmente nos trechos nos quais as estruturas ficarão assoreadas, ou sacos preenchidos com argamassa de alta resistência.

- Estacas-prancha metálicas, planas ou celulares preenchidas de agregados, de concreto, ou de madeira (indicadas em áreas de agitação menos intensa).

17.6 QUEBRA-MARES COSTEIROS

17.6.1 Descrição

Os quebra-mares costeiros com a função de obras de defesa do litoral são estruturas mais simples do que os quebra-mares associados ao abrigo das instalações portuárias, pois não têm a função de interromper completamente as ondas incidentes. Estruturas sensivelmente paralelas à costa e dela desligadas, são, portanto, implantadas em áreas de profundidades maiores do que os espigões.

Estes quebra-mares costeiros podem ser usados em áreas sem apreciável transporte litorâneo, e são constituídos por estruturas segmentadas com vãos que têm a finalidade de renovar a água (melhorando sua oxigenação e favorecendo a balneabilidade da praia) e evitar a formação de tômbolos muito desenvolvidos.

Com relação ao nível médio do mar, podem ser emersos ou submersos; no último caso, os vãos entre as obras podem não ser necessários, pois, às vezes, prejudicam a obra com o crescimento do galgamento.

17.6.2 Função

A função específica que os quebra-mares costeiros desempenham é agir diretamente sobre as ondas associadas, interceptando as ondas incidentes e difratando as adjacentes, dissipando a energia das ondas antes de atingirem a praia, prevenindo a erosão na zona de sombra da obra (ver Figura 17.13).

17.6.3 Funcionamento

O funcionamento dos quebra-mares costeiros caracteriza-se por:

- A dissipação da energia das ondas e as correntes de difração propiciam a deposição dos sedimentos no tardoz da obra, sendo transportados das zonas mais agitadas para as mais calmas.

- Produção de bancos de areia no tardoz da obra, que podem evoluir para tômbolos no caso de quebra-mares emersos e próximos à praia.

- No caso de quebra-mares submersos, produzem-se a arrebentação prematura de algumas ondas e o galgamento do fluxo que traz areia.

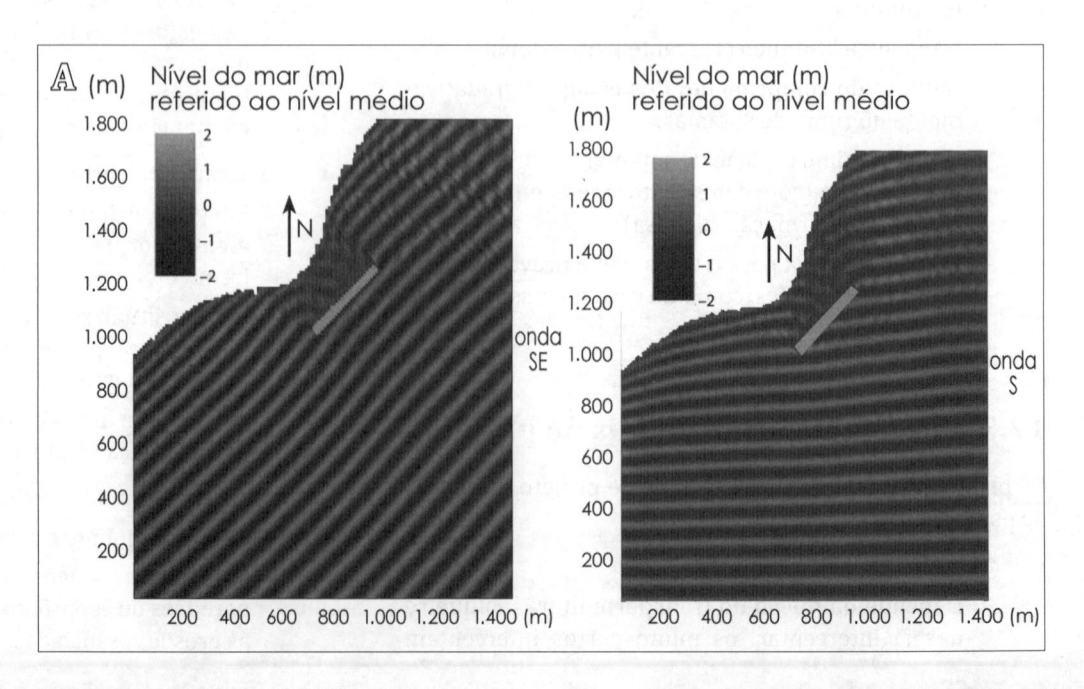

Figura 17.13
(A) Planimetria das condições de onda junto a um quebra-mar costeiro com aproximação paralela e inclinada das ondas. Ondas com T = 10 s e H = 2,0 m ao largo aproximando-se do Terminal Marítimo de Belmonte (BA) da Veracel.

Figura 17.13
(B) Quebra-mares destacados longos e espigões curtos na Praia da Piedade, em Recife (PE).
(C) Quebra-mares destacados longos, observando-se a formação de salientes e tômbolos no tardoz das estruturas, em Olinda (PE).
(D) Quebra-mares destacados longos na Praia de Milano Marittima, em Cervia (Itália), no Mar Adriático.
(E) Quebra-mares destacados curtos na Praia de Cesenatico (Itália), no Mar Adriático.

Figura 17.13
(F) Vista em nível dos enrocamentos de quebra-mares costeiros em Rimini (Itália), no Mar Adriático.
(G) Quebra-mares destacados unidos à costa em forma de "T" e "L" na praia frontal ao porto de recreio de Chiavari, no Mar Tirreno (Itália).
(H) Vista de quebra-mar de praia na Baía de Napoli (Itália), no Mar Tirreno.
(I) Foto aérea de campo de quebra-mares destacados da praia de Cunit, Mar Mediterrâneo (Espanha).
(J) Quebra-mares costeiros em Sakaemachi Yochi, Hokkaido (Japão) no Mar do Japão.

- A granulometria da areia depositada corresponde aos materiais mais finos existentes na área.

- Nos sistemas de quebra-mares em que existe transporte litorâneo dominante, a deposição é mais rápida a barlamar, enquanto o enchimento a sotamar é mais lento, ocorrendo somente por ação frontal com a adequação do perfil da praia à menor altura das ondas na área abrigada, enquanto não houver o contornamento das obras a barlamar. A formação dos bancos de areia no tardoz dos quebra-mares, impedindo o transporte litorâneo, faz a obra funcionar com as características dos espigões.

- No caso de ausência de transporte litorâneo dominante, o enchimento ocorre a partir de ambas as extremidades.

17.6.4 Limitações

As limitações das obras de quebra-mares costeiros são basicamente:

- A formação do tômbolo não é fenômeno sanitariamente favorável, pois reduz a capacidade de renovação das águas, o que aumenta os índices de poluição.

- Não é obra aconselhável em locais com grandes excursões de maré, pois a eficiência do sistema depende sensivelmente da cota de coroamento da obra.

- Em locais com grande declividade do terreno, não são indicadas, por exigirem obras em grandes profundidades (antieconômicas).

- Não se constituem em obras flexíveis no tempo em se adaptar ao crescimento da praia.

- Erosões associadas, principalmente nas obras emersas.

- Riscos à navegação.

- Esteticamente desagradáveis, principalmente os emersos.

17.6.5 Parâmetros funcionais de projeto

Os principais parâmetros funcionais de projeto são:

- Cota de coroamento e profundidades (distância da costa) determinam atenuação da onda, galgamento, fração do transporte de sedimentos litorâneo captado, e, consequentemente, potencial de erosão nas costas adjacentes, seção transversal e custo.

- Comprimento – em geral, são obras de extensão proporcional à distância da linha de costa. Para atenuação da onda, não devem ser muito curtos, pois os cabeços extremos são a fonte da difração e devem ser mais reforçados (portanto, mais custosos) para resistirem à concentração da energia das ondas.

- Percentual de vãos – é a relação entre os comprimentos dos vão e da obra, controlando a fração de energia que atinge a costa.

- A inclinação e a rugosidade do paramento externo definem as características refletivas da obra e a profundidade da fossa a seu pé.

- A largura da berma no pé da estrutura está ligada a considerações geotécnicas de estabilidade do maciço (berma de equilíbrio) e hidráulicas, ligadas à erosão.

- Devem ser adotadas transições seguindo os critérios de filtro entre as camadas de diferentes granulometrias, para evitar acomodações excessivas e perdas de finos.

17.6.6 Indicações para o estudo preliminar de um sistema de quebra-mares costeiros

Em profundidades reduzidas, inferiores à da primeira arrebentação, o seu comprimento aproximado situa-se em 3 a 5 vezes o comprimento da onda dominante, e os vãos entre quebra-mares, na ordem de 1 comprimento de onda dominante.

Em profundidades médias, na linha de arrebentação, o seu comprimento aproximado situa-se em 2 a 6 vezes o comprimento da onda dominante, e os vãos entre quebra-mares, na ordem de 1 comprimento de onda dominante.

Em grandes profundidades, além da primeira linha de arrebentação, geralmente têm a função essencial de dissipar a energia das ondas.

Como dimensões de ordens de grandeza típicas, em profundidades de 3 m essas obras podem ter 100 m de comprimento e vãos de 30 m.

17.6.7 Materiais empregados

Os principais materiais empregados são:

- Enrocamento – é o material mais utilizado, compondo quebra-mares de talude.

- Blocos artificiais de concreto são utilizados em obras em maiores profundidades, podendo formar estruturas denominadas recifes artificiais.

- Caixões de concreto são utilizados para formar perfis verticais ou mistos em obras em maiores profundidades.

- Estacas metálicas ou de madeira em áreas mais abrigadas.

O seu dimensionamento e as suas características são análogos aos das obras portuárias externas.

17.7 ALIMENTAÇÃO ARTIFICIAL DAS PRAIAS

17.7.1 Descrição

A alimentação artificial de praia consiste no suprimento de areia com material adequado obtido de áreas de empréstimo.

Trata-se de solução temporária por excelência, quando não se conhecem suficientemente as causas da erosão.

Esta obra permite estabilizar ou ampliar praias sujeitas a erosão, ou criar nova praia, que é a configuração morfológica mais adequada para absorver a energia das ondas (praia protetiva).

Ela pode também ser utilizada para acelerar o enchimento de campos de espigões, ou sistemas de quebra-mares destacados.

A alimentação artificial de praia é a intervenção estrutural reconhecida mundialmente como a melhor defesa contra a erosão costeira, pois não necessita de obras fixas, estranhas ao ambiente natural, que são de eficiência difícil de prever e, em geral, com efeitos colaterais nas áreas adjacentes. No caso da alimentação artificial de praias, os efeitos não previstos de excessivo arrastamento das areias podem até favorecer praias adjacentes.

Podem ser consideradas duas situações de alimentação artificial de praias. A primeira é o engordamento com areia de empréstimo marítimo ou terrestre, e a segunda é a transposição de areias por obstáculos ao transporte litorâneo, como embocaduras, molhes e guias-correntes.

A alimentação artificial de praias se divide em:

- Engordamento do pós-praia.

- Engordamento da praia.

- Engordamento na face da costa.

A alimentação artificial de praias é uma forma muito natural de combater a erosão costeira, pois repõe artificialmente um déficit no balanço sedimentar em um certo trecho de praia com o volume correspondente. Entretanto, se a causa da erosão não for eliminada, a erosão continuará na areia alimentada. Assim, a alimentação artificial de praia requer um esforço de manutenção em longo prazo. A alimentação artificial de praias somente se adapta bem em trechos mais extensos de praia, e a realimentação periódica requer uma organização permanente e eficiente.

17.7.2 Funções

As funções das obras de alimentação artificial de praia são:

- Agir sobre o balanço de sedimentos litorâneo, tornando-o positivo ou nulo, de acordo com o objetivo de ampliação ou estabilização de praia.

- Pode ter o caráter de praia protetora ou de lazer (ou ambas).

- Restabelecer o transporte de sedimentos litorâneo (transposição) interrompido por obstáculo.

17.7.3 Limitações

As principais limitações de obras de alimentação artificial de praias são:

- Disponibilidade e custos econômicos dos materiais de empréstimo.

- No caso de transposição de areias, a interrupção do sistema de transposição, principalmente se coincidente com grandes tempestades, pode produzir grandes erosões a sotamar.

- No caso de instalações fixas de transposição de areias a flexibilidade é pouca, podendo haver inconvenientes na travessia da embocadura.

17.7.4 Parâmetros funcionais de projeto

Principais parâmetros funcionais de projeto de obras de alimentação de praias:

- Área de alimentação:

  - Em mar aberto, ao largo da zona de arrebentação, normalmente é de difícil eficácia.

  - Na zona de arrebentação e espraiamento, pode ser econômica e funcionalmente preferível quando houver um transporte litorâneo dominante, efetuando-se a alimentação a barlamar da área a ser engordada.

  - Depositada diretamente no estirâncio, sendo a areia transportada pelo jato de praia.

  - A transposição de material da própria praia de uma área de deposição a barlamar para a de erosão a

  sotamar consiste na obra de transpasse de obstáculos ao transporte litorâneo.

  - As zonas de alimentação e despejo devem situar-se fora das áreas de influência das correntes de refluxo das embocaduras, para evitar perdas.

  - É importante considerar o conceito de profundidade de fechamento, que corresponde àquela em relação à qual, para profundidades superiores, o transporte de sedimentos litorâneo não é significativo.

- A quantidade depende de:

  - vazão do transporte de sedimentos litorâneo;

  - intervalo entre alimentações;

  - volume de areia e granulometria para formar o perfil de praia estabilizado, dependendo da finalidade;

  - sobre-enchimento em razão da erosão natural e à remoção das frações mais finas.

- Frequência de alimentação ligada à permanência do material, podendo ser contínua ou intermitente.

- Lançamento:

  - pontual em pontos discretos para ser uniformemente distribuído mais adequadamente;

  - distribuição contínua, sendo cada faixa alimentada até atingir a largura prevista;

  - combinado.

- Granulometria:

  As areias supridas devem ter dimensões medianas superiores ou iguais às areias originais, equivalendo a declividades da praia maiores ou iguais à natural, para serem estáveis nas condições hidrodinâmicas reinantes.

- Fonte:

  - Marítima em praias afogadas e depósitos ao longo das embocaduras.

  - Terrestre, em baías, lagunas e campos de dunas.

  - A escolha da fonte condiciona o equipamento a adotar.

  - Devem ser consideradas as repercussões ambientais nas áreas de empréstimo e depósito.

  - A escolha depende de fatores técnicos, características e volumes dos materiais, fatores econômicos, distância de transporte, obras e equipamentos e fatores ambientais.

- Equipamentos:

  - Transporte mecânico terrestre, correspondendo a equipamentos de terraplenagem, que é mais econômico, mas com rendimento reduzido e condicionado pelo acesso.

  - Transporte hidráulico, correspondendo a equipamentos de dragagem e condutos, indicado para grandes volumes, e particularmente conveniente quando associado a serviços de dragagem em curso em áreas portuárias próximas.

17.7.5 Modelos de engordamentos artificiais de praias

Nas Figuras 17.14 a 17.16 estão exemplificadas algumas soluções de engordamento artificial de praias.

A praia suspensa é retida acima do perfil normal por uma estrutura costeira submersa paralela à praia. Esta solução permite obter uma praia larga em locais onde a praia natural tornou-se muito estreita e baixa em virtude da erosão do perfil transversal. Efetivamente, se somente estiver disponível para empréstimo areia da mesma granulometria natural, ou mais fina, a alimentação artificial de areia irá requerer uma grande quantidade de material, uma vez que se deve atingir, em princípio, a profundidade de fechamento para ser estável. Para evitar isso, a soleira submersa sustenta a porção mais baixa do perfil. Sob a ação de ondas extremas, a areia do topo da praia se moverá sobre a soleira, sendo perdida permanentemente, além do que, em condições de baixa-mar, as ondas arrebentando sobre a soleira produzirão transporte de massa indesejável. Por outro lado, soleiras muito altas são indesejáveis, pois em condições de mar calmo resultam em água estagnada com pobre qualidade da água. Assim, trata-se de uma obra que deve ser construída em áreas com transporte litorâneo resultante praticamente nulo, com soleira baixa, exigindo muita manutenção.

O sucesso do engordamento artificial de praias depende muito da granulometria da areia alimentada, material de empréstimo, em comparação à granulometria da areia nativa. Sabe-se que as características das areias são determinantes no estabelecimento da forma geral do perfil transversal da costa, por meio do conceito de perfil de equilíbrio, e que existe uma graduação granulométrica que varia ao longo do perfil praial em função do processo hidrodinâmico. No caso de o material de empréstimo ser mais grosseiro do que o nativo, haverá a tendência de o perfil praial tornar-se mais íngreme do que o natural (ver Figura 17.15), sendo mais estável quanto às perdas para o transporte de sedimentos litorâneo. No caso contrário, haverá a tendência de formar-se um perfil mais suavizado do que o natural, requerendo um grande volume de areia (ver Figura 17.15).

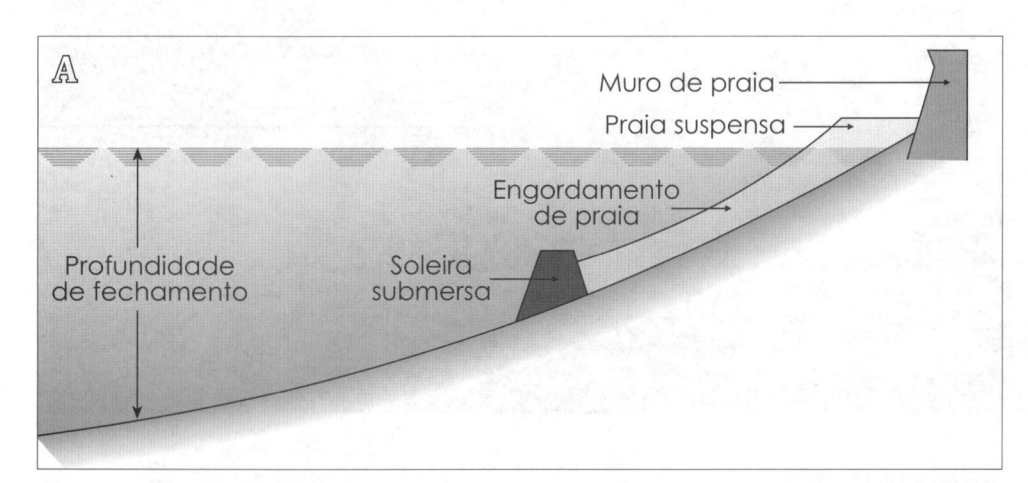

Figura 17.14
(A) Perfil transversal de esquema da praia suspensa.
(B) Praia artificial criada com abrigo de molhes com blocos Antifer na armadura (Ilha da Madeira, Portugal).

Figura 17.14
(C) Praia artificial com quebra-mares destacados e espigões em Sitges no Mar Mediterrâneo (Espanha).
(D) Aeroporto Internacional de Nice em Saint Laurent du Var (França), no Mar Mediterrâneo, aterro ganho ao mar.

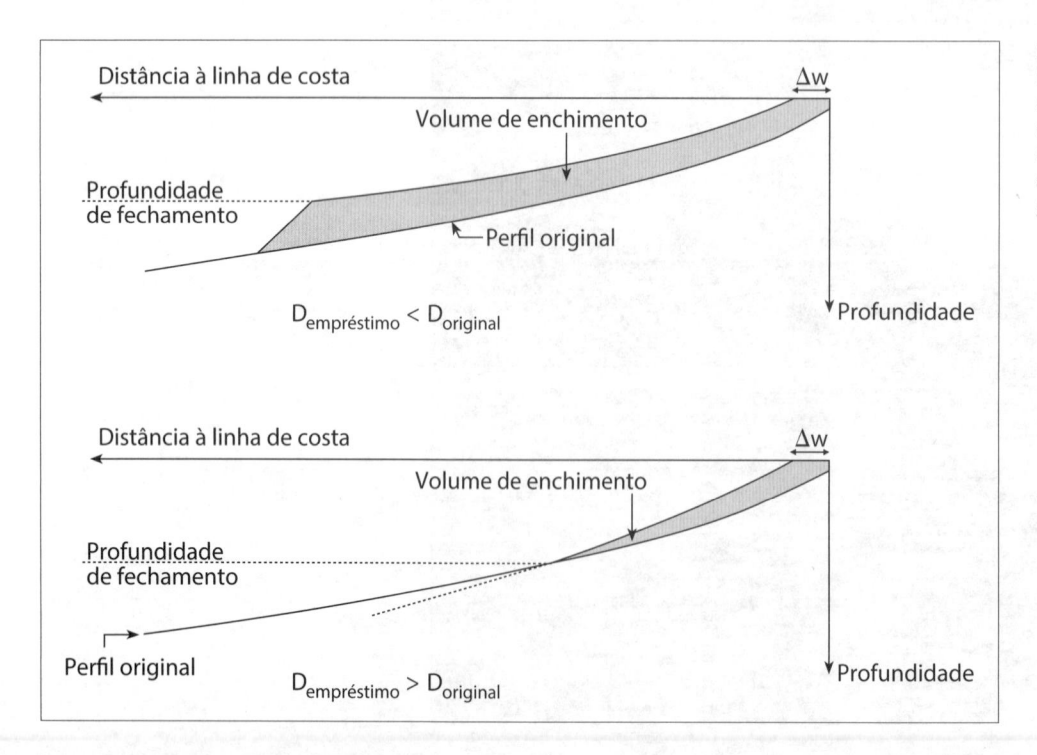

Figura 17.15
Perfis transversais de condições de equilíbrio necessárias para praias engordadas artificialmente visando obter largura adicional de Δw com areia de empréstimo mais fina e mais grossa do que a areia original.

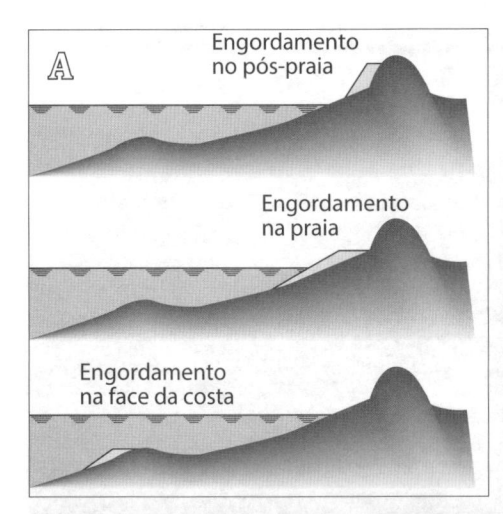

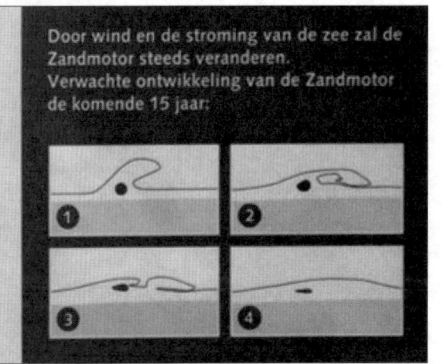

Figura 17.16
(A) Perfis transversais de princípios do engordamento no pós-praia, praia e face da costa.
(B) Ilustração de execução de engordamento de praias com jato aéreo.
(C) Evolução típica de um perfil praial por alimentação artificial de areia.
(D) A concepção do *Sand Engine*. Em tracejado, a rota de caminhada. O ponto assinalado é o mastro de monitoramento. Na terceira imagem, descreve-se o desenvolvimento esperado do *Sand Engine*, da implantação até 15 anos.
(E) e (F) Vistas da área de implantação do *Sand Engine* em 2014.

Figura 17.16
(G), (H) e (I) Vistas da área de
implantação do *Sand Engine* em 2014.

Figura 17.16
(J), (K), (L), (M), (N), (O), (P) e (Q) Área do campo de dunas.

Figura 17.16
(R) Área do campo de dunas.
(S), (T) e (U) Distância típica com a urbanização em muitas linhas de costa dos Países Baixos, visando à preservação do campo de dunas sob o qual fica armazenada uma grande reserva de água doce.

A alimentação do pós-praia ou no pé de campos de dunas (ver Figura 17.16) tem a finalidade de evitar erosões e solapamentos durante eventos extremos. Assim, o material é depositado agindo como pulmão sedimentar de sacrifício por ocasião dos eventos extremos. Esse tipo de alimentação funciona mais por volume do que na restauração de uma larga praia natural. É caracterizada como medida emergencial.

O engordamento da praia (ver Figura 17.16) consiste no suprimento de areia para aumentar o valor balneário e/ou assegurar a praia contra a erosão costeira, adicionando areia ao balanço sedimentar. A areia de empréstimo deve ser semelhante à nativa para se ajustar de forma similar ao perfil natural, e é vantajoso utilizar areia um pouco mais grosseira do que a nativa, pois ajudará a aumentar a estabilidade com perfis ligeiramente mais íngremes. As areias mais finas são rapidamente transferidas para profundidades maiores, não contribuindo para a formação de praia mais larga, mas contribuirão para compor a porção mais externa do perfil.

A alimentação da face da costa (ver Figura 17.16) consiste no suprimento de areia da porção mais externa do perfil da costa, tipicamente na face ao largo da barra de arrebentação. Sua função é a de reforçar a base do perfil costeiro e adicionar sedimento ao balanço sedimentar em geral. Esse tipo de alimentação é utilizado em áreas nas quais as medidas de proteção costeira tornaram o perfil da costa mais íngreme, ou em áreas com *deficits* sedimentares de longo prazo. É utilizado algumas vezes em conjunto com o engordamento da praia, de modo a propiciar o fortalecimento de todo o perfil costeiro.

17.7.6 Aspectos da engenharia para a alimentação artificial de praia

17.7.6.1 OBJETIVOS DO PROJETO

A principal função de um projeto de alimentação artificial de praia é proporcionar uma melhor proteção às infraestruturas costeiras em seu tardoz e adjacências contra os efeitos das tempestades mais severas. A concepção dos projetos de aterro de praia é fundamentada na otimização dos benefícios líquidos anuais, definidos como a diferença entre os custos médios anuais e os benefícios médios anuais. Esse procedimento leva em conta uma análise de *trade-off* quanto ao potencial de redução de danos causados por tempestades de várias alternativas de projeto da alimentação artificial de praia e ao custo anual médio.

Um projeto típico de alimentação de praia envolve a construção de uma praia mais ampla para reduzir os danos da tempestade em relação ao nível de dano resultante sem o projeto. O nível de proteção contra tempestades fornecido por um projeto de alimentação não é uma medida absoluta, em virtude das incertezas na frequência de tempestades com altas intensidades que podem afetar o projeto. Há sempre alguma probabilidade que se traduz em risco de danos que uma tempestade possa causar às propriedades, mesmo com o projeto implantado. O nível de proteção sucessivamente a uma erosão produzida por uma grande tempestade certamente será reduzido se a manutenção adequada pós-tempestade não for executada. O nível de proteção também será comprometido se a realimentação periódica prevista, que é geralmente um elemento importante do projeto, não for executada quando prevista.

17.7.6.2 CARACTERÍSTICAS DO PROJETO

Os projetos de realimentação de praias envolvem, tipicamente, a construção de uma ou várias das seguintes características: berma, alimentação da praia, berma costeira ou estabilização estrutural (isto é, com quebra-mar costeiro ou espigões). Assim, os principais parâmetros de projeto de cada alternativa incluem as dimensões físicas do perfil transversal e o volume de areia necessário para obter o perfil de projeto. Alternativas de projeto de alimentação de praia normalmente incluem combinações de bermas de praia com largura variável. Projetos de bermas são caracterizados por elevação da crista da berma e largura da berma.

Existem também vários aspectos de um projeto de alimentação praial que consistem especificamente em prever o futuro da integridade da berma. Estes incluem: alimentação periódica, alimentação antecedente e manutenção emergencial (ver Figura 17.6(C)).

17.7.6.3 BERMA PRAIAL

A berma praial é a principal característica da maioria dos projetos de alimentação de praia. A maioria das praias têm uma berma ou várias bermas. A berma menor, mais próxima da água, é formada pelo espraiamento da ação das ondas durante o intervalo normal de flutuações do nível d'água. Praias que estão em uma condição de erosão severa podem ter pouca ou nenhuma berma na maré alta.

Um projeto de alimentação geralmente envolve o alargamento da praia (ou seja, em direção ao largo) para criar um colchão de areia mais extenso, dissipando a energia de ondas de tempestades. A largura adicional Δw é determinada

com base no nível desejado de proteção da tempestade, nas tendências de erosão persistentes em longo prazo que caracterizam a área do projeto e no intervalo de realimentação necessário, além do estoque natural de areia para tanto. A largura do projeto da berma é determinada por um processo iterativo que avalia os benefícios econômicos em função da largura. A elevação da berma construída é geralmente definida com a mesma altura da berma natural, ou ligeiramente superior.

Por razões práticas e econômicas, durante a construção da berma praial, o volume total de aterro necessário é colocado normalmente sobre a porção visível da praia, para fazer avançar o aterro. Esse método de construção, por vezes referido como método de sobrealimentação, permite o aproveitamento econômico dos equipamentos-padrão de terraplenagem na movimentação de terra para a distribuição do material de aterro e minimiza a relocação do ponto de descarga. O método também permite uma fiscalização mais eficiente quanto ao volume de aterro colocado em cada perfil de controle (volume de aterro por unidade de comprimento da linha costeira) pelo contratado, utilizando técnicas de agrimensura e topográficas convencionais.

O resultado dessa técnica de construção é uma berma praial que inicialmente é implantada mais larga que o aterro final projetado. Larguras pós-construção da berma são muitas vezes de duas a três vezes maiores que a largura de projeto da berma, ou até quatro vezes. A sobrealimentação inicial da berma é uma condição temporária, ajustando-se imediatamente após a construção, especialmente durante a primeira temporada de mau tempo (tempestades mais intensas e frequentes), a uma largura que é mais próxima da largura de projeto do aterro. Então, a diminuição rápida da largura de praia implantada para a largura de projeto é muitas vezes observada e esperada. Como regra geral, a largura da praia pode diminuir de 40% a 75% dentro de um curto período (meses) imediatamente após a construção.

Assim, a largura da berma da praia será reduzida como processo natural de distribuição de material para o perfil natural de equilíbrio. Variações sazonais e mudanças cíclicas na largura de praia também devem ser esperadas, ou seja, a perda de largura de praia durante a temporada de mau tempo e a subsequente recuperação da praia durante o período de bom tempo. As mudanças sazonais de largura da praia serão mascaradas, inicialmente, pelas mudanças muito maiores associadas ao processo de ajuste inicial.

17.7.6.4 ALIMENTAÇÃO DA PRAIA E CONCEITO DE PRAIA ALIMENTADORA OU DE TRANSIÇÃO

Projetos de alimentação artificial de praia geralmente envolvem a colocação de uma berma ao longo de um comprimento definido de linha de costa. Os projetos de realimentação de praias podem incluir a criação de uma praia alimentadora, ou de transição, em que areia adicional é introduzida ao final da extremidade de barlamar da área destinada a receber a alimentação artificial, permitindo que o processo de transporte litorâneo distribua este excesso para além da área do projeto. Praias alimentadoras são eficazes em áreas que servem como fonte de material final do transporte sedimentar praial em áreas que estão atualmente enfrentando um déficit no fornecimento de material litorâneo com taxas de perda elevadas, com rumo do transporte litorâneo previsível e taxa de transporte intensa. Estes pré-requisitos existem quando o transporte de areia ao longo da costa em um rumo excede, em muito, o transporte no rumo oposto. Em áreas que têm sido identificadas como de forte erosão, à medida que o material de alimentação se espalha sob a influência das ondas, a orientação da linha de costa da praia alimentadora se aproxima da praia adjacente, resultando em transporte ao longo da linha de costa fora da área de alimentação, sem solução de continuidade, sendo igual ao transporte ao longo da área adjacente. Evidentemente, a proteção fornecida pela praia alimentadora não terá o mesmo grau de uniformidade ao longo da costa como a obtida pela colocação do aterro prescrito na área do projeto.

17.7.6.5 ESTRUTURAS EXISTENTES

A presença de estruturas costeiras e as suas características são também um parâmetro importante no contexto de definição do cenário para um projeto de alimentação de praia. Que medidas já estão implantadas para fornecer proteção ao litoral e qual é a condição e a eficácia dessas estruturas? Altura do coroamento, condições da proteção do pé, composição e estado dessas estruturas existentes determinam a sua eficácia funcional.

17.7.6.6 DELIMITAÇÃO E EXTENSÃO DA ALIMENTAÇÃO

Além da definição de um projeto de alimentação de praia e de suas características, igualmente importante é o delineamento de seções da costa ao longo da qual o projeto deverá ser implantado. A parte econômica do projeto é frequentemente um fator de controle no processo para a extensão esperada. Os valores de propriedades, benfeitorias e ativos de infraestrutura na orla e os benefícios obtidos pela redução proporcional de danos por tempestades entram na definição dos limites para a extensão do projeto. Assim, os limites do projeto podem ser determinados em coincidência com características físicas e ativos econômicos.

Do ponto de vista da engenharia, a extensão da delimitação deve ser avaliada com base na resposta do projeto no controle dos processos físicos. Por exemplo, a localização e as características dos limites de contorno do projeto podem ser estimadas com base na retenção de material de alimentação dentro dos limites do projeto e nos impactos do projeto sobre as linhas costeiras adjacentes. Quando se atinge a extremidade final ao longo da costa aberta, as transições de aterro podem ser usadas para reduzir a taxa de perda por espalhamento nos limites do projeto. Transições podem ser colocadas tanto dentro quanto fora do limite do projeto com base em objetivos e/ou restrições de projeto.

Os projetos de alimentação artificial de praias, muitas vezes, empregam um modelo uniforme, com largura constante da berma e da elevação de duna ao longo de toda a

extensão do projeto, principalmente durante a implantação inicial. Na maioria das circunstâncias, no entanto, aprimora-se o desempenho a ser alcançado pelo projeto, modificando o gabarito geométrico ao longo de subtrechos específicos, onde não há uniformidade por causa de singularidades hidrossedimentológicas ao longo da costa existentes na situação natural.

No projeto, um objetivo prático é a distribuição do volume de aterro de areia ao longo da costa de modo a conseguir uma posição mais ou menos uniforme da linha costeira após o equilíbrio inicial dos locais aterrados.

17.7.6.7 INTERCEPTAÇÃO DAS ÁGUAS PLUVIAIS

O lançamento de águas pluviais em praias ou em rios é prática comum em vários locais do mundo. No entanto, as águas de chuva carregam lixo, matéria orgânica, poluentes, derivados de petróleo e outros materiais que se acumulam em vias e casas. Em episódios chuvosos, aquele material poluente é levado em direção à praia, resultando na impropriedade para banho logo após a chuva. No período chuvoso, outro grande problema é a necessidade de dissipar adequadamente a descarga para evitar a remoção de sedimentos da praia, colaborando para a erosão e o solapamento de estruturas. Boas práticas conduzem à interceptação dessa drenagem e a sua condução a deságues adequadamente projetados.

17.7.6.8 VIABILIZAÇÃO DAS POTENCIAIS JAZIDAS DE AREIA

Depósitos *offshore*, ao largo da zona de arrebentação e da profundidade de fechamento, podem ser escavados convenientemente por dragas marítimas autotransportadoras de sucção e arrasto (*hopper*). Quando o material de empréstimo é obtido por dragas, costuma ser bombeado diretamente para a praia através de tubulações que transportam para a costa e bombeiam para a praia, ou, no caso de dragas com capacidade de bombeamento por jato aéreo.

Dragas *hopper* são normalmente mais rentáveis para áreas de empréstimo localizadas a poucos quilômetros do local do projeto. Essas dragas exigem uma área de empréstimo com pelo menos uma dimensão mais longa, que permita à embarcação navegar sobre o local por cerca de 1 milha náutica. Em alguns casos, o material dragado é levado a um local de estocagem (tombo) e descarregado, para, em seguida, ser transferido para a praia por bombeamento ou caminhões basculantes. Material colocado em profundidades rasas requer equipamentos especiais, como batelões *split barges*, dragas ou outros equipamentos para lançar o material para a costa.

Fontes de empréstimo *offshore* possuem várias características favoráveis. Depósitos adequados podem muitas vezes ser localizados perto da área do projeto. Depósitos *offshore*, em particular os lineares, geralmente contêm grandes volumes de sedimentos com características uniformes e material com pouco ou sem silte ou material do tamanho de argila. Grandes dragas com elevadas taxas de produção podem ser utilizadas com grande economia de escala, e os efeitos ambientais podem ser mantidos em níveis aceitáveis com planejamento adequado.

Um aspecto desfavorável de operações de empréstimo *offshore* é a necessidade de operação sob condições de mar aberto. Restrições na alimentação ocorrem durante a época de temporadas de veraneio, o que frequentemente requer maior atividade das dragagens durante os meses de mau tempo, quando a energia das ondas é maior. Dragas capazes de trabalhar em condições de mar aberto geralmente possuem um maior custo operacional e de aluguel, o que é compensado por uma maior capacidade de produção.

As potenciais jazidas de empréstimo *offshore* podem ser empregadas se não apresentarem impacto nos processos litorâneos ao longo da área de projeto e em áreas adjacentes, em virtude do afastamento que têm da profundidade de fechamento.

O potencial transporte costeiro e a área de empréstimo a sotamar devem ser comparados entre si. Os limites ou a geometria da área de empréstimo proposta podem exigir adaptações para evitar concentrações não intencionais de energia de ondas ou gradientes de transporte ao longo da costa, produzido pela batimetria escavada. Em geral, sempre que possível, áreas de empréstimo devem ser instaladas em profundidades maiores que a estimada de fechamento, sendo uma regra básica que seja duas vezes mais profunda.

17.7.6.9 FATORES AMBIENTAIS NAS ÁREAS DE EMPRÉSTIMO

Em geral, os efeitos ambientais de operações de empréstimo podem ser aceitáveis pela escolha cuidadosa do local, do equipamento, da técnica e da programação das operações. A restauração da flora e da fauna, muitas vezes, ocorre em um curto espaço de tempo após as operações.

Um efeito das operações de empréstimo é a mortalidade direta de organismos causada pela operação em si e a destruição ou a alteração das características de *habitats* naturais. A mortalidade direta da fauna, como peixes, geralmente não é grande, porque eles se movem para outras áreas durante os distúrbios da operação de empréstimo. Flora e fauna sésseis não podem desocupar a área e a mortalidade desses organismos é, por consequência, maior. No entanto, eles geralmente são substituídos pela reprodução de sobreviventes ou de ativos de áreas periféricas não afetadas.

Outra consideração é a destruição ou a modificação das condições do *habitat* necessárias para a sobrevivência de espécies nativas. Uma alteração comum é a exposição de um substrato que difere do substrato natural como resultado da escavação de material sobrejacente. Muitas espécies marinhas bentônicas e algumas pelágicas são organismos adaptados às condições específicas de substrato. Mesmo que as larvas das espécies nativas cheguem à área afetada, elas não poderão sobreviver.

Na comparação de locais de empréstimo, é necessário considerar se a condição do substrato natural vai ser modificada pela operação projetada. Isso depende da espessura da camada superficial e da profundidade da escavação necessária para produzir material de aterro suficiente. Em muitos casos, quando a camada de material de aterro adequado é fina, um aumento na extensão da área de empréstimo permitirá escavação suficiente de materiais sem alterar as condições de substrato. Embora essa alternativa aumente diretamente a mortalidade, ela preservará as condições favoráveis para o repovoamento de organismos nativos. Em áreas subaquáticas, efeitos prejudiciais sobre organismos nativos, tanto dentro como periféricos ao local de empréstimo, podem ocorrer pela geração de lodo e de argila em suspensão na coluna de água como resultado da operação de dragagem. Depósitos que contenham mais que uma pequena quantidade (geralmente considerada em 10% em volume) de lodo e argila são, portanto, menos desejáveis fontes de empréstimo do ponto de vista ambiental. Além disso, a fração fina será instável no meio ambiente praial.

17.7.6.10 EXPLORAÇÃO DA ÁREA DE EMPRÉSTIMO

As características mais importantes das jazidas que sejam fontes potenciais de empréstimo de areia na avaliação da aptidão para a alimentação artificial de praia são: localização, acessibilidade, morfologia local, estratigrafia, volume de material disponível, característica dos sedimentos, história geológica, fatores ambientais e fatores econômicos.

- Localização

  A localização de uma área de empréstimo no que diz respeito à área do projeto é uma consideração importante na avaliação da adequação. A distância que o material tem de ser transportado e os meios possíveis de transporte têm uma grande influência sobre os custos do projeto e podem ser decisivos na escolha da fonte mais adequada. A localização também é importante em termos de ambiente. Fontes *offshore* podem envolver questões de competência e estar situadas em áreas onde a dragagem e as atividades de transporte impeçam ou ponham em risco a navegação, o que deve ser melhor avaliado com a Capitania dos Portos.

- Acessibilidade

  A fim de ser utilizável, a área de empréstimo deve ser acessível ou tornada acessível para o equipamento necessário para escavar e transportar o material. Na avaliação de depósitos subaquáticos, um dos principais fatores é a lâmina d'água. Para ser acessível, o depósito deve situar-se no intervalo entre a profundidade máxima em que a draga pode escavar o material e a profundidade mínima para manter folga sob a quilha segura quando em calado máximo. Locais de empréstimo subaquáticos devem estar localizadas suficientemente longe da costa e em águas mais profundas para que a escavação não induza impactos adversos ao litoral por alterações permanentes sobre o clima de ondas. Outro aspecto da acessibilidade é a presença de camadas incompatíveis em cotas mais elevadas aos sedimentos utilizáveis. A composição, a extensão da área e a espessura de qualquer camada incompatível devem ser determinadas e consideradas na análise econômica (ou seja, o custo para removê-la e descartá-la).

- Volume disponível

  A maioria dos projetos de alimentação artificial de praias exigem grandes volumes de material de aterro adequado. O volume de material em cada fonte potencial deve ser calculado para determinar se há quantidade suficiente disponível para construir e manter o projeto por toda a sua vida econômica (incluindo a construção inicial, todos as posteriores realimentações e manutenções de emergência). A fim de fazer isso, é necessário definir a extensão lateral e a espessura do depósito.

- Composição química do sedimento

  A composição química dos sedimentos de empréstimo é uma das características mais importantes para a determinação da sua adequação para o projeto de alimentação em uma praia. As propriedades físicas desejáveis de material de aterro de praia são resistência mecânica, resistência à abrasão e estabilidade química. Na maioria dos lugares, a areia é predominantemente composta de partículas de quartzo com menores quantidades de outros minerais, como feldspato. O quartzo tem propriedades de boa resistência mecânica, resistência à abrasão e estabilidade química. Nos depósitos de origem marinha pode haver uma grande quantidade de carbonato de cálcio, que na maior parte dos casos é de origem orgânica (biogênicos). O carbonato de cálcio é mais suscetível que o quartzo a ruptura, abrasão e dissolução química, mas, se não é altamente poroso ou oco, é aproveitável na alimentação da praia.

- Composição granulométrica

  Em geral, materiais adequados para a alimentação da praia terão tamanhos de grãos predominantemente na faixa de areia fina a muito grossa. As jazidas que têm uma quantidade substancial de finos devem ser evitadas se outras fontes mais adequadas estiverem disponíveis. Quando se utiliza uma área de empréstimo com elevado teor de argila ou lodo, uma grande quantidade de material deve ser manipulada para se obter a parte utilizável, aumentando assim os custos. Além disso, a geração de turbidez durante a escavação e colocação na praia é ambientalmente indesejável. Uma das principais considerações na seleção de uma jazida de empréstimo é a similaridade entre as distribuições granulométricas do material de empréstimo e do material de praia nativo, isto é, a compatibilidade do material de empréstimo com o material nativo.

Para fazer essa comparação, é necessário determinar, tanto para a praia nativa como para cada jazida de empréstimo potencial, uma granulometria representativa composta.

Para obter informações sobre o desenvolvimento da estatística da granulometria, a parte mais ativa está localizada entre a crista da berma natural (imediatamente a partir da média da altura da linha de água, rumo à linha de costa) e a profundidade correspondente à posição da barra de tempestade típica. A composição estatística deve ser desenvolvida para uma série de seções transversais na praia em todo o domínio do projeto. Uma composição ao longo da praia deve ser calculada para todo o domínio do projeto para reduzir a variabilidade.

A estatística da granulometria da área de empréstimo deve ser determinada usando distribuições granulométricas computadas para amostras retiradas de vários núcleos dentro do potencial local de empréstimo. Para núcleos uniformes gerais, amostras devem ser recolhidas a partir de topo, meio e fundo da areia utilizável dentro do núcleo. As características da composição do material de empréstimo devem ser ponderadas com base no volume estimado de cada tipo de material presente no depósito.

- Adequação do sedimento

  A distribuição granulométrica do material de empréstimo afetará a forma do perfil da praia alimentada, a taxa na qual o material do aterro é erodido a partir da alimentação e como a praia responderá a tempestades. Normalmente, o material de empréstimo não coincidirá exatamente com o material da praia nativa, assim, uma análise é necessária para avaliar a compatibilidade do material da área de empréstimo com o material de praia nativa. Uma análise comparativa da adequação da areia também é necessária para avaliar economicamente as áreas de empréstimo alternativas para um determinado projeto.

O fator de sobre-enchimento R_A e o fator de realimentação, R_J devem ser estimados conforme apresentado no Capítulo 18. Conceitualmente, R_A é a estimativa do volume de material de empréstimo requerido para produzir uma unidade estável de material de aterro utilizável com as mesmas características de tamanho de grãos como a praia de areia nativa. O fator de sobre-enchimento tenta considerar a distribuição de tamanhos dos grãos, portanto fornece uma informação sobre a quantidade de material de empréstimo que poderá ser necessária para a construção de um projeto de alimentação da praia em casos de projetos mais dificultosos, em que as características da dimensão dos grãos do material de empréstimo diferem significativamente das do material da praia nativa, especialmente o caso em que os sedimentos de empréstimo são mais finos do que os nativos. Como recomendação geral, um projeto de alimentação deve usar o material de aterro com um diâmetro de grão mediano igual à do material da praia nativa, e com um fator de sobre-enchimento dentro do intervalo de 1,00 a 1,05.

Esse é o nível ideal de compatibilidade de sedimentos. No entanto, a obtenção deste nível de compatibilidade nem sempre é possível, devido às limitações nos locais de empréstimo disponíveis. O fator de realimentação avalia a transportabilidade ao longo da praia das dimensões de grãos mais finos das areias de empréstimo, fornecendo uma estimativa das necessidades de realimentação.

Outra alternativa, mais utilizada atualmente, é basear o projeto em conceitos de equilíbrio do perfil de praia, uma avaliação da erosão induzida por tempestades e uma avaliação das perdas de transporte ao longo da praia induzida pelas ondas. Na prática, esses métodos recomendados tratam as características do sedimento usando como único parâmetro a dimensão do grão de diâmetro médio, não considerando variações naturais do tamanho de grãos que ocorrem nas praias naturais e praias alimentadas. No entanto, têm a vantagem de incorporar mais da física de processos costeiros.

Ambos os conceitos, de fator de sobre-enchimento e perfil de equilíbrio da praia, indicam que a compatibilidade de sedimentos é sensível à composição nativa do diâmetro médio de grãos. Como tal, a gama de compatibilidade varia dependendo das características do material da praia nativa, com material grosseiro sendo menos sensível a pequenas variações entre o sedimento nativo e o sedimento de empréstimo do que material fino. Como regra geral, para o material de praia nativa com um diâmetro médio de grãos superior a 0,2 mm, o material de empréstimo com um diâmetro médio de mais ou menos 0,02 mm de diâmetro médio do grão nativo é considerado compatível. Mesmo que o material seja considerado compatível com base nessas regras, o projetista deve utilizar as diferenças granulométricas em estimativas de volume de aterro necessário via método de equilíbrio do perfil de praia ou fator de sobre-enchimento, ou ambos. Essas diretrizes são fundamentadas em diâmetros médios estabelecidos para todo o projeto e todo o local de empréstimo. Tipicamente, a granulometria de determinados perfis, ou subseções do local de empréstimo, poderão ter variações de diâmetro médio que podem exceder a compatibilidade de intervalos previamente discutidos.

Materiais que não sejam compatíveis de acordo com essas orientações podem ainda ser adequados para utilização. Assim, material de empréstimo que seja mais grosso que o material nativo produzirá uma praia pelo menos tão estável quanto um aterro constituído por material da praia nativa. Preencher com material grosseiro oferece melhor resistência à erosão induzida por tempestades. Um menor volume de aterro de material mais grosseiro será necessário para criar uma praia de uma dada largura, em comparação com o volume de areia da praia nativa que seria necessário. Se o diâmetro médio do material de empréstimo excede o diâmetro médio do material nativo em mais de 0,02 mm, uma praia visivelmente mais íngreme poderá ser formada. Por outro lado, a utilização de material mais fino que o material nativo deve ser evitada, se possível, mas ainda tal material pode ser adequado. Um volume muito maior de material será necessário para formar uma praia de uma dada largura em comparação com o volume de areia nativa que seria necessário. Uso de areia mais fina produzirá uma praia com declives mais suaves, o que poderia ser um problema de projeto também.

17.7.7 *Sand Engine*

Em 2011, um projeto único no mundo foi implantado na costa da província da Holanda do Sul, entre Hoek van Holland e Scheveningen (praia de Den Haag). Trata-se de uma obra de prevenção de erosão, que tenderia a ocorrer nessa costa entre o Porto de Rotterdam (foz do Rio Maas) e Den Haag pela implantação do segundo avanço do porto para *offshore*, o chamado projeto Maasvlakte 2. De fato, sendo o transporte litorâneo resultante da ordem de 2.000.000 m^3 por ano no rumo positivo nessa linha de costa (de SW para NE), o avanço dos terraplenos contidos pelos molhes de Maasvlakte 2 retém sedimentos a barlamar, reduzindo o aporte a sotamar da embocadura do Rio Maas. Por essa estimativa inicial, a obra teria dez anos para se consolidar, garantindo naturalmente um reforço de defesa da linha de costa através do alargamento da praia e do campo de dunas.

Trata-se de uma obra que emprega o princípio de construir com a natureza (*building with nature*). De fato, a intervenção preserva uma linha de costa segura, ao mesmo tempo que a dinâmica natural cria uma área para lazer. Assim, trata-se de um projeto-piloto, que vem sendo monitorado, em que a área recreacional criada vai continuamente se alterando em função do vento e das correntes litorâneas, ao mesmo tempo que consiste em uma maneira inovadora de reforçar a defesa do litoral e mantê-lo sem erosão.

O *Sand Engine*, ou *Sand Motor* (Figura 17.16(D)), como foi batizado o projeto, consiste de 21.500.000 m^3 de areia dragada a 10 km da linha de costa e empregada para construir uma península com a forma de um gancho de 128 ha, resultando em 35 ha de novas praias e dunas. O *Sand Engine* gradualmente mudará sua forma e deverá ser totalmente incorporado em novas dunas e em uma praia mais larga (Figuras 17.16 (E) a (U)). Dessa forma, dentro do princípio de construir com a natureza, a linha de costa crescerá naturalmente.

17.8 OBRAS DE PROTEÇÃO CONTRA INUNDAÇÕES E AÇÃO DO VENTO

17.8.1 Diques

Um dique é uma estrutura de proteção costeira de costas baixas e terrenos costeiros das inundações por ocasião das grandes ressacas. Normalmente, são constituídos de areia com camada de terra e grama (ver Figura 17.17(A)) em áreas sem problemas de erosão, ou até mesmo revestimentos mais resistentes (ver Figuras 17.17(B) e 17.18) em costas mais sujeitas à erosão.

A altura do dique é o parâmetro de projeto mais importante, entretanto, a obra deve resistir ao ataque das ondas

Figura 17.17
(A) Perfis transversais de dique de areia tradicional junto à planície de maré. Dique construído com areia e revestido com solo e grama.
(B) Dique exposto protegido com revestimento em costas duníferas.

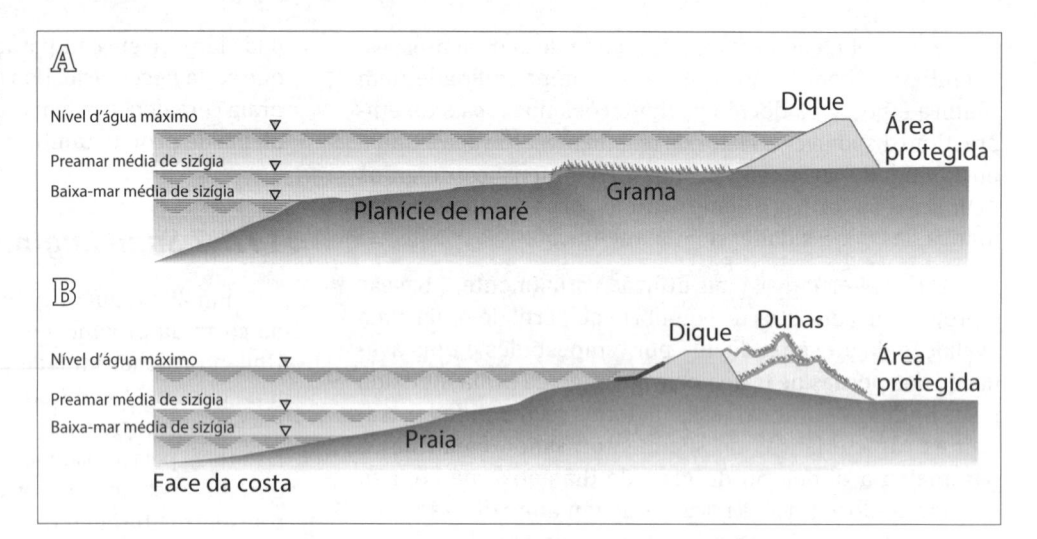

Figura 17.18
(A) Colchão de concreto articulado para proteção de costas.
(B) Proteção de costas com revestimento flexível.

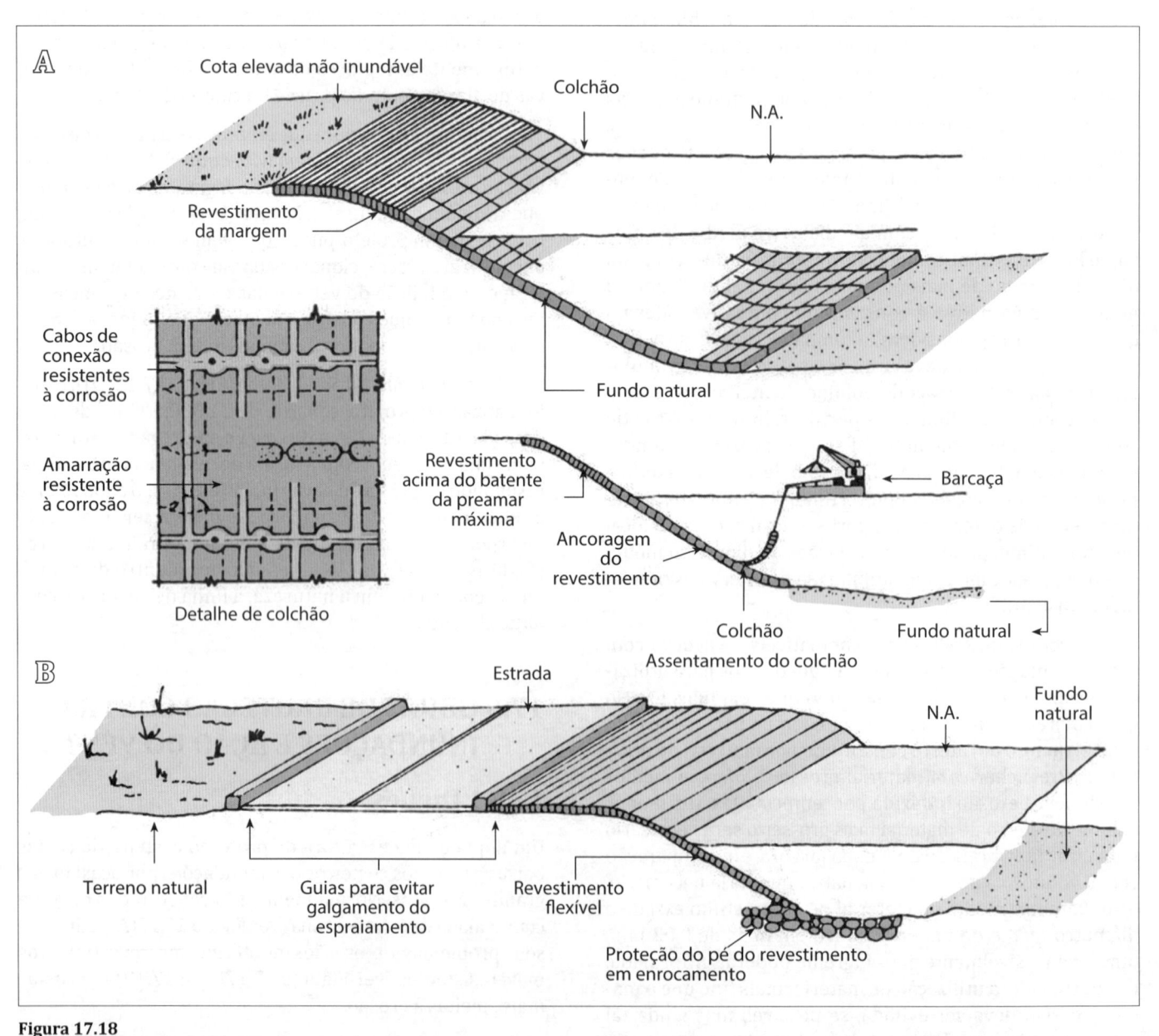

durante níveis d'água extremamente altos. Normalmente, a extensão frontal ao dique atenua a ação das ondas (a presença de vegetação de restinga ou manguezais é favorável), que também são de curta atuação. Os diques são construídos com taludes frontais muito suaves e com vegetação densa e bem enraizada, o que favorece a estabilidade da obra. Nas condições em que a costa frontal está sujeita a erosão, reveste-se o trecho frontal do dique para evitar o seu solapamento.

17.8.2 Fixação das dunas de areia

17.8.2.1 DESCRIÇÃO

As dunas de areia móveis ou errantes são constituídas de material incoerente movido pelo vento, e são pouco convenientes do ponto de vista da proteção dos litorais (ver Figura

17.19). Já as dunas fixadas são vantajosas para a defesa dos terrenos costeiros, pois são barreiras contra as inundações das marés meteorológicas, podendo ser fonte de areia para as praias erodidas. Assim, constituem-se em obstáculo ao vento, retendo as areias no pós-praia como estoque sedimentar de reposição.

Na Figura 17.20(A) está apresentado o entulhamento da embocadura do Rio Tramandaí (RS) em 1980 pelo transporte eólico de areias agindo sobre as dunas da margem direita, cujo efeito chega a encobrir o enrocamento de fixação da margem esquerda. Este avanço das areias eólicas sobre o canal do rio produz estrangulamento da seção transversal, sendo resultado de um evento de maré meteorológica em 1980, cujo incremento de velocidades descalçou as estacas-prancha de concreto do cais da Petrobras (ver Figura 17.20(B)).

Figura 17.19
(A) Dunas móveis em Arraial do Cabo (RJ).
(B) Dunas móveis em Cascais (Portugal).

Figura 17.20
(A) Embocadura do Rio Tramandaí (RS), em 1980.
(B) Descalçamento das estacas-prancha do cais da Petrobras em Tramandaí (RS), em 1980.

Outro exemplo dramático de avanço eólico é apresentado na Figura 17.21, que é a duna de Barreirinha (MA), às margens do Rio Preguiças, observando-se como o muro de concreto, já alteado com várias fieiras de alvenaria, ainda é incapaz de reter a duna que tem mais de 15 m de altura e ainda não atingiu seu perfil de equilíbrio aerodinâmico.

17.8.2.2 MEDIDAS PARA A FIXAÇÃO DAS DUNAS

O processo mais eficaz para a fixação das dunas é a implantação de antedunas criadas artificialmente. A sua esquematização sequencial está apresentada na Figura 17.22. As paliçadas de cercas de madeira são utilizadas para obstruir a ação do vento, criando acumulações fixas, que devem ser gradativamente alteadas até atingir dimensões de equilíbrio, ao mesmo tempo em que é plantada vegetação. As gramíneas e os arbustos naturais ou plantados podem reter de 6 a 10 m3 de areia por metro de comprimento de duna.

17.9 MATERIAIS NÃO CONVENCIONAIS DE CONTENÇÃO COM GEOSSINTÉTICOS

17.9.1 *Geotube*

Trata-se de tecnologia de geocontenção para obras de proteção marítima e de estruturas subaquáticas. Pela sua versatilidade tem sido utilizada nas últimas décadas na criação de núcleo de dunas, aterros hidráulicos (Figura 17.23), extensão de áreas portuárias, ilhas, molhes, espigões e quebra-mares de variadas dimensões. Constitui-se em tecnologia amigável ambientalmente e que apresenta durabilidade, baixo custo, eficiência, simplicidade de instalação e alta flexibilidade comparativamente a outras soluções.

Um grande tubo geotêxtil tecido de polipropileno de alta resistência (Figura 17.24) e, em alguns casos, com mais de 30 m de comprimento constitui esta tecnologia patenteada, que na maioria dos casos compõe uma instalação permanente e invisível, mas que, se necessário, pode ser removida. Pela sua simplicidade, trata-se de tecnologia de rápida instalação, apresentando grande eficiência em situações de emergência, que requeiram a recuperação de áreas atingidas por tempestades muito fortes, ou erosões fluviais severas. Uma vez instaladas, as unidades *Geotube* são soterradas, proporcionando uma inclinação suave e natural para a praia recuperada.

Áreas de aterro e alagadiços podem ser recuperados e criados com suporte das contenções em *Geotube* de aterros hidráulicos. O importante é manter as unidades soterradas ou protegidas por cobertura adequada de proteção contra raios UV (Figura 17.25).

As unidades *Geotube* podem ser empilhadas até formarem a cota necessária, podendo ser cobertas com areia e pedra, ou outro tipo de solo, para recomposição de paisagem

Figura 17.21
(A) Duna de Barreirinha (MA).
(B) *Promenade* e muro de contenção de areia soprada do pós-praia em Dunkerque (França).
(C) Muro de contenção de areia soprada do pós-praia em Dunkerque (França).

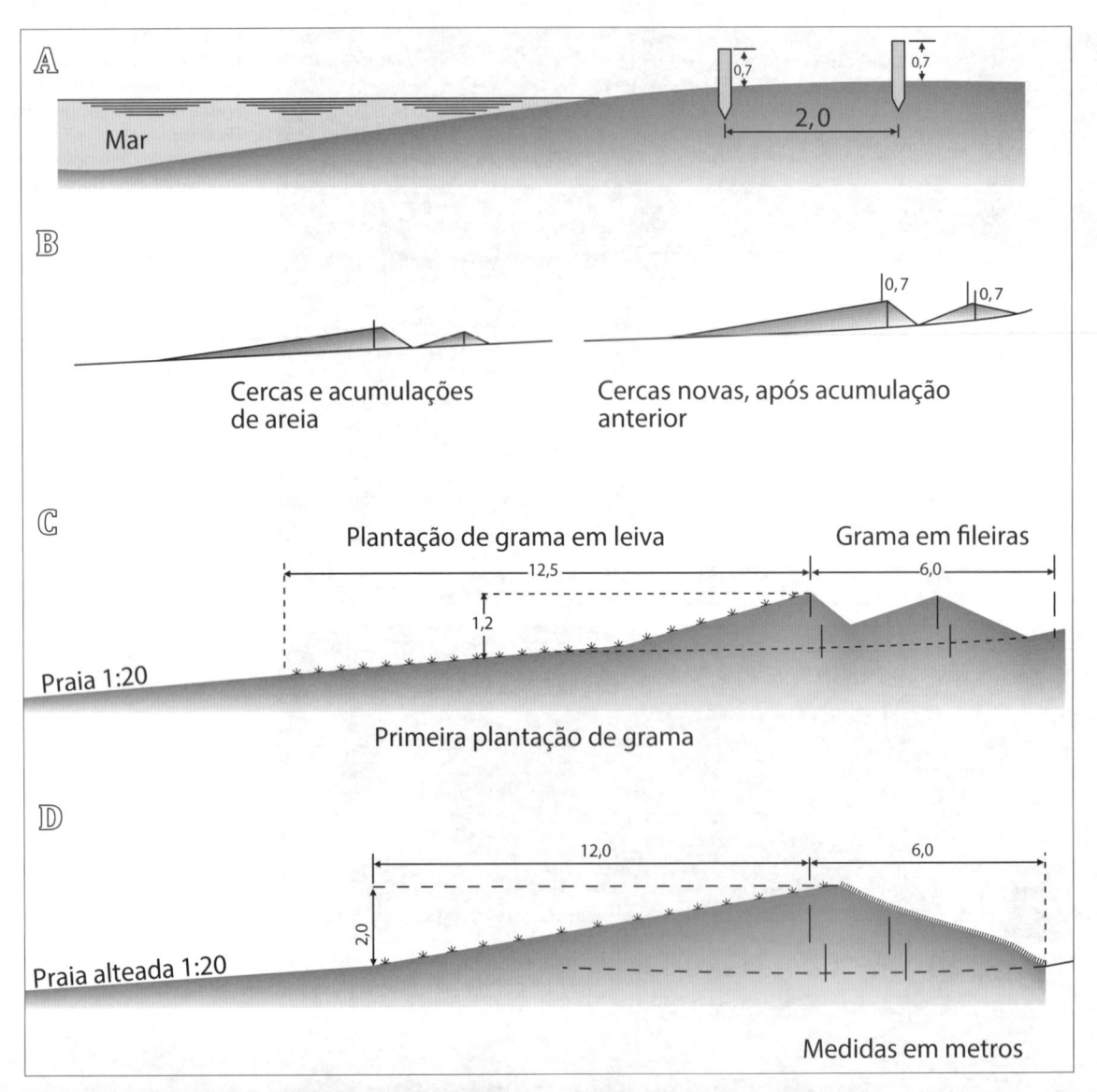

Figura 17.22
Perfis transversais da sequência de criação de anteduna.
(A) Duas fileiras de cercas.
(B) Cercas e cercas novas, após a primeira cobertura.
(C) Primeira plantação.
(D) Formação de anteduna.
(E) Vista de conjunto do muro de contenção de areia e das telas de geotêxtil para a contenção da areia soprada do pós-praia em Dunkerque (França).
(F) Vista da área dunífera na retaguarda da praia de Dunkerque (França), vendo-se as cercas de geotêxtil com a função de criar antedunas. Ao fundo à direita encontra-se o monumento aos combatentes da Batalha de Dunkerque (junho de 1940).

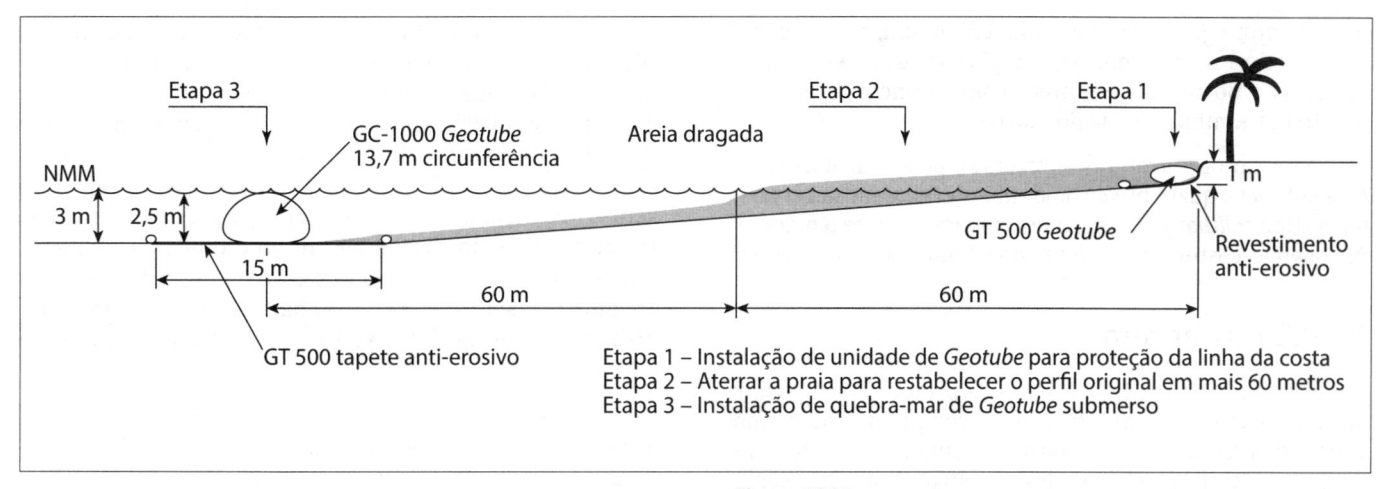

Etapa 1 – Instalação de unidade de *Geotube* para proteção da linha da costa
Etapa 2 – Aterrar a praia para restabelecer o perfil original em mais 60 metros
Etapa 3 – Instalação de quebra-mar de *Geotube* submerso

Figura 17.23
Exemplo de elevação de perfil transversal de praia com aplicação de *Geotube* em conformação de praia artificial.

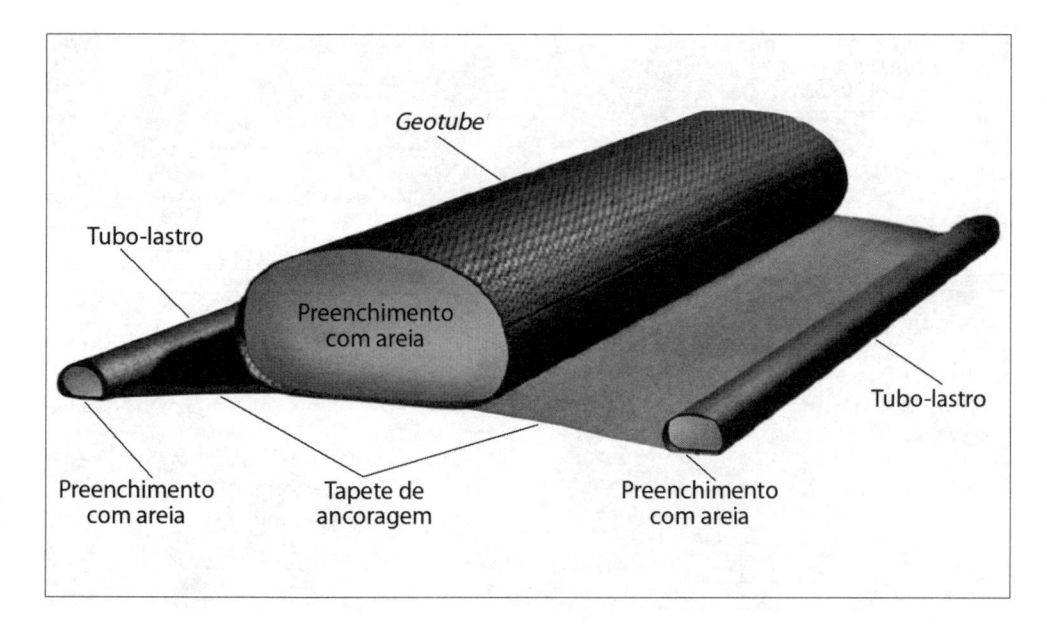

Figura 17.24
Elevação de seção transversal de arranjo com núcleo de *Geotube*.

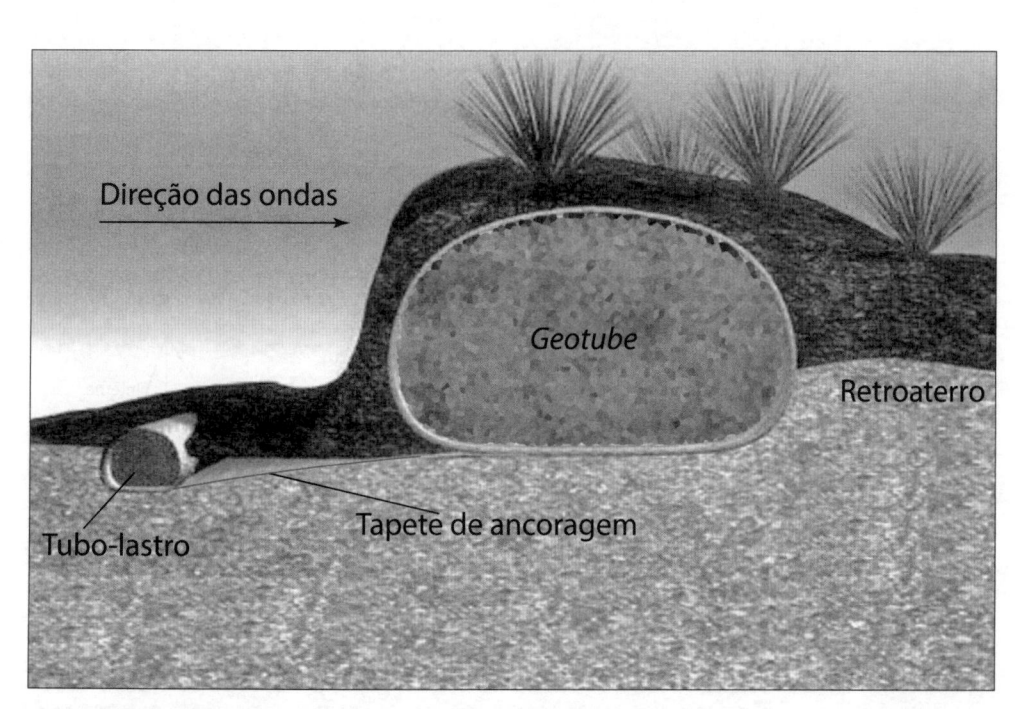

Figura 17.25
Elevação de seção transversal de duna de areia com núcleo de *Geotube*.

o mais natural possível (Figura 17.26). Assim, podem constituir quebra-mares, molhes, espigões e outras estruturas costeiras e portuárias em áreas com carência de enrocamento por limitação de jazida de rocha.

No caso de estruturas submersas, pode ser utilizado o *Geocontêiner* o qual é preenchido antes de ser afundado em batelões tipo *splitbarge*, costurando-se manualmente o módulo. Ao longo da costura existe um reforço feito com nós de corda.

17.9.2 Bolsacreto

Na técnica denominada bolsacreto, a proteção da erosão é obtida a partir da montagem de sacos preenchidos com concreto. A resistência é obtida após a cura do concreto, sendo que o material plástico se desfaz com o tempo. Apresenta a vantagem de poder ser executado submerso. Pode ser também utilizado para obras como espigões.

O bolsacreto é uma geoforma têxtil de várias dimensões padronizadas, confeccionado com tecido de combinações poliméricas, com fios de alta resistência tracionados, retorcidos e fibrilizados, semipermeáveis, para moldagem *in loco* dentro ou fora d'água, com microconcreto usinado, argamassa de cimento e areia ou solo-cimento injetável, sem a necessidade de ensecadeiras, ou de esgotamento. Destacam-se pelo dispositivo de microfiltrante unifluxo, que garante a drenagem do excesso de água da massa do enchimento, sem a migração da nata de cimento, impedindo a entrada de água do exterior para a forma, garantindo a qualidade do concreto.

As aplicações mais comuns deste material são de muros acostáveis, encontros de pontes, proteção e contenção de margens e controle da erosão de solos, como a realizada pela CDP na margem do Rio Pará, no Porto de Vila do Conde (PA), conforme Figura 17.27.

Figura 17.26
Engordamento de praia com contenção *Geotube*.

Figura 17.27
Elevação de perfil transversal de revestimento de margem no Rio Pará, no Porto de Vila do Conde (PA).

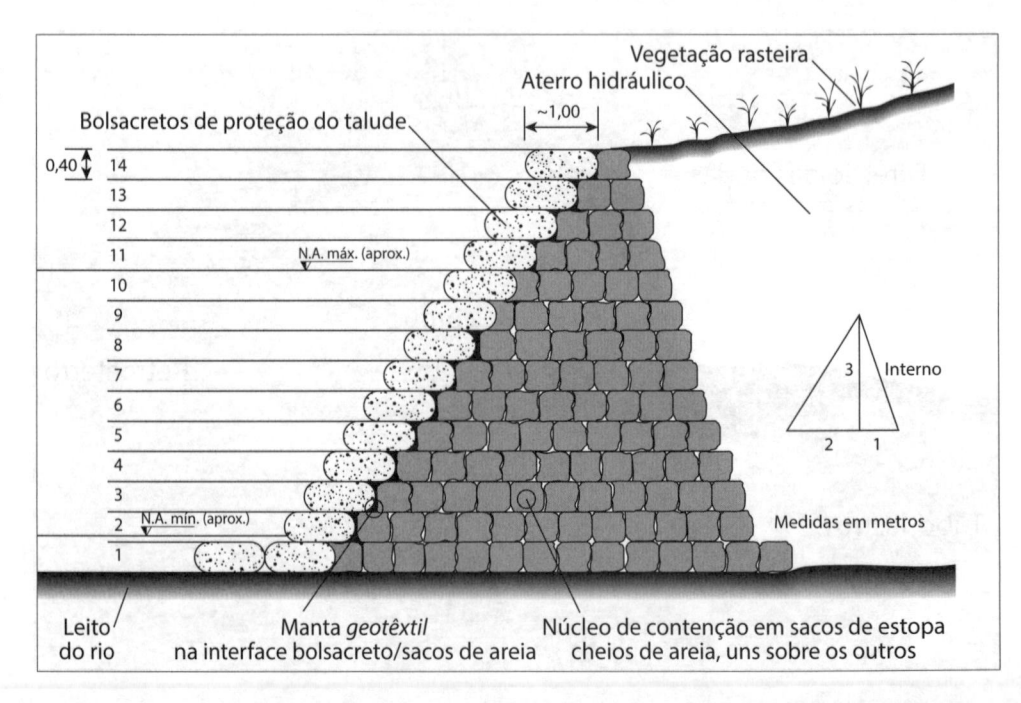

Da mesma forma que o *Geotube*, trata-se de solução indicada quando da pouca disponibilidade de material lapideo na região. Pelas dimensões do bolsacreto, é a fuga de material pelo rompimento do filtro geotêxtil entre o revestimento e o aterro, mas as mesmas podem ser tratadas isoladamente. A Figura 17.28 mostra a evolução de

Figura 17.28
(A) e (B) Trecho com ruptura do revestimento de margem com bolsacreto e sua recuperação na margem no Rio Pará, no Porto de Vila do Conde (PA).

uma avaria no revestimento de margem do Porto de Vila do Conde, no Rio Pará (PA), com a fuga de material, perda de núcleo e aterro, gerando a desarrumação dos blocos de concreto. A recuperação das falhas localizadas, que são facilmente detectáveis, é relativamente simples sem necessidade de desmonte da estrutura a ser recuperada, pelo simples envelopamento do local danificado, cuidando da recomposição do filtro geotêxtil.

Uma variante da bosacreto é a colchacreto, que é um tecido sintético de combinação polimérica em polipropileno (PP), polipropileno de baixa densidade (PEBD) e plástico (PA), de 1.200 denier[3], retorcidos e fibrilizados. Apresenta tensores internos de cabo de PP. Encontra-se articulado, com excelente flexibilidade e facilidade de ajuste em virtude da movimentação do solo, com espessuras de 10 a 25 cm, para solos de baixo valor de suporte, orgânicos e até expansivos; e com tensionamento interno de cabos de PP para espessuras de 20 a 30 cm, com características rígidas para solos com boa capacidade de suporte e estabilidade.

EFEITOS DAS OBRAS COSTEIRAS SOBRE O LITORAL

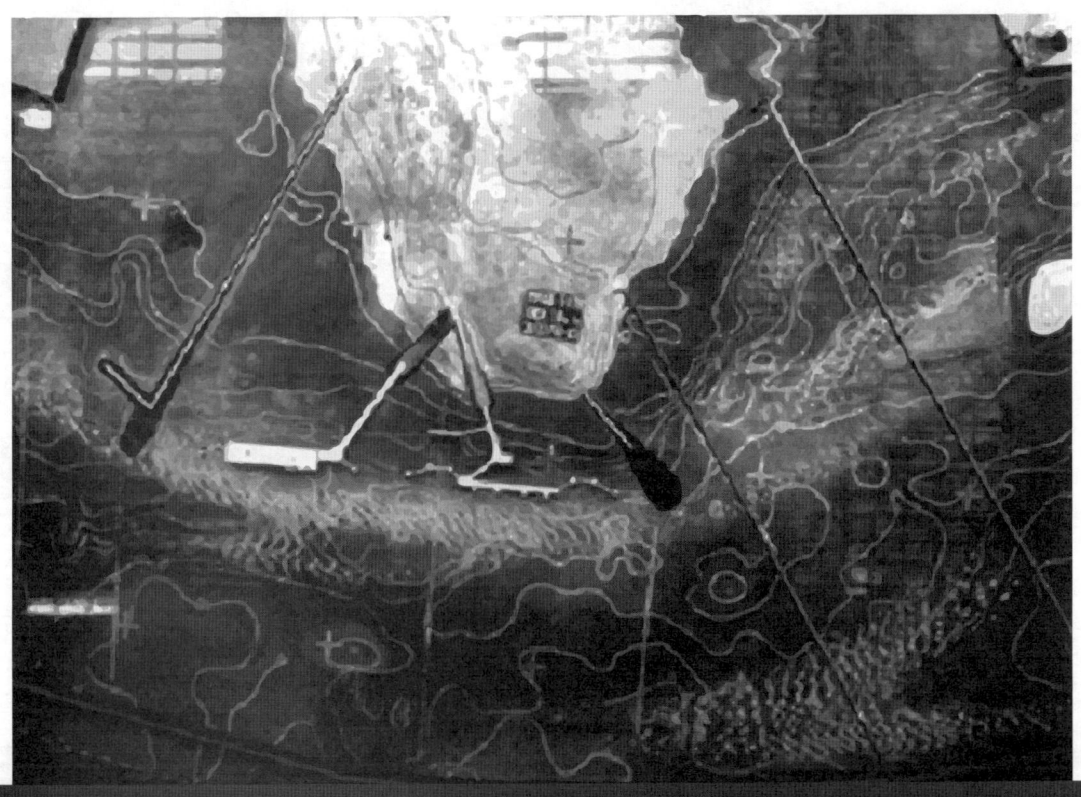

Modelo físico do Complexo Portuário de Ponta da Madeira da Vale, na Baía de São Marcos, em São Luís (MA).
Escala geométrica 1:170. Resultado de simulação do transporte de sedimentos com uso de traçadores de poliestireno.

18.1 ESPIGÕES

18.1.1 Descrição conceitual do impacto sobre a linha de costa

Um espigão isolado, longo ou curto, em uma costa exposta a clima de ondas ligeiramente oblíquo à linha de costa, produz erosão a sotamar. Visando estender o comprimento da área protegida, e compensar a erosão na região de sombra a sotamar, é prática normal a implantação de uma série de espigões ao longo da linha de costa, formando o campo de espigões.

Na Figura 18.1 está simulada a evolução da linha de costa em uma condição de largura de 400 m da zona de arrebentação e espraiamento para os seguintes casos:

- Três espigões longos, abrangendo toda a largura da zona de arrebentação, com espaçamento de 600 m, ou seja, 1,5 vez o comprimento dos espigões.

- Três espigões longos, abrangendo toda a largura da zona de arrebentação, com espaçamento de 1.200 m, ou seja, 3 vezes o comprimento dos espigões.

- Três espigões curtos, abrangendo metade da largura da zona de arrebentação e espraiamento, com espaçamento de 600 m.

- Três espigões curtos, abrangendo metade da largura da zona de arrebentação e espraiamento, com espaçamento de 1.200 m.

A capacidade do campo de espigões de proteger um determinado trecho da linha de costa depende de vários fatores:

- Clima de ondas: rumo e intensidade.
- Comprimento do espigão.
- Espaçamento e tempo de enchimento em campos de espigões implantados numa só etapa.

Figura 18.1
Planimetria do desenvolvimento da linha de costa para campos de espigões com espigões longos e curtos e aproximação ligeiramente oblíqua do clima de ondas.

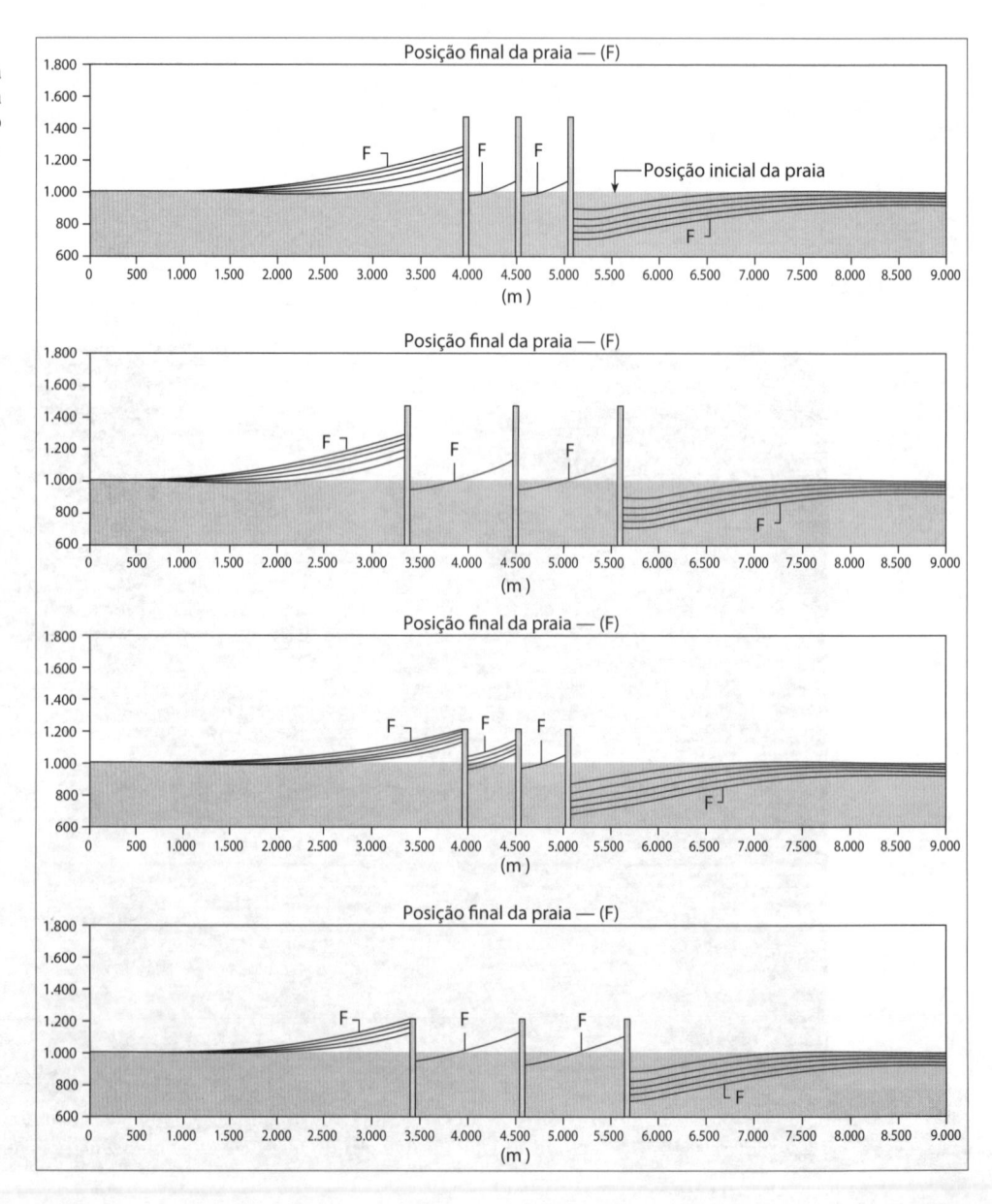

Como demanda um tempo relativamente longo para o enchimento com areia do campo de espigões, até que isso ocorra haverá erosão temporária entre os espigões, maior quanto maior o espaçamento.

Nos dois casos de espigões longos, o transpasse das areias pelo primeiro espigão a barlamar ainda não havia sido iniciado no período simulado, significando que a única evolução de linha de costa nas células entre espigões foi uma rotação inicial da linha de costa para a direção de transporte de sedimentos litorâneo nulo. A erosão a sotamar do campo de espigões é idêntica à erosão produzida por um espigão único longo enquanto não ocorre o transpasse do primeiro espigão a barlamar. A diferença começa a ser marcante após o início do transpasse, pois no caso do espigão único haverá uma maior desaceleração na taxa de erosão comparativamente ao campo de espigões, uma vez que, nesse último caso, a taxa de erosão continuará alta até que as duas células estejam cheias e comece o transpasse pelo último espigão a sotamar. Assim, o campo de espigões em longo prazo produzirá maiores erosões a sotamar, maior quanto maior o espaçamento entre os espigões, do que um único espigão.

Nos dois casos de espigões curtos, o desenvolvimento inicial nas células é muito similar ao descrito para os espigões longos, mas a influência do transpasse pelo primeiro espigão a barlamar pode ser vista na primeira célula, que gradualmente se enche com as areias de transpasse. Da mesma forma que no caso anterior, a erosão na região de sombra a sotamar é maior do que para o espigão único curto, porque demora mais para iniciar o transpasse pelo último espigão de sotamar.

Assim, o projeto de um campo de espigões deve ser conduzido com muito cuidado para evitar os prejuízos de erosões temporárias nas células do campo de espigões. Deve-se também recordar que a proteção obtida pelo campo de espigões é sempre às expensas de erosão na região de sombra a sotamar no caso de praias arenosas contínuas. Sendo assim,

esta solução vem sendo menos utilizada na sua concepção clássica do que anteriormente. Novas concepções do campo de espigões em associação com alimentação artificial de areia das células estão sendo adotadas com sucesso, visando mitigar as erosões associadas com a obra, tanto a temporária como a da região de sombra a sotamar.

18.1.2 Exemplificação de obras de campos de espigões

Uma solução de campo de espigões que teve sucesso e seguiu, em parte, a concepção de enchimento com areia apresentada na Figura 18.2(A), utilizando espigões curtos de gabiões e um grande espigão de fechamento. Por outro lado, na Figura 18.2(B) observa-se a ineficácia da solução de espigões construídos com sistema de sacos preenchidos por argamassa para proteção de muro de proteção de falésia em Salinópolis (PA). Já na Figura 18.3 visualiza-se um exemplo de ineficácia da implantação de espigões muito afastados e sem alimentação artificial de areia, mantendo erosões fortes junto à linha de costa. Da mesma forma, nas Figuras 18.4(A) e 18.4(B) são visualizados os mesmos inconvenientes para estruturas tranversais curtas na erosão da região de sombra a sotamar do transporte de sedimentos litorâneo dominante. Na Figura 18.3(B) pode-se observar como o banco de areia na entrada da Baía de São Vicente, funcionando como um quebra-mar destacado frontal submerso aos setores de onda que atingem a Praia de Gonzaguinha, abrigou o estirão praiano, produzindo a franja de arrebentação notada na foto.

Uma obra do gênero do campo de espigões bem-sucedida na defesa litorânea está exemplificado na Figura 18.5.

O impacto produzido pela implantação do espigão de praia para engordamento da praia da Ponta de Areia, em São Luís (MA), conforme Figura 17.11(B), pode ser observado

Figura 18.2
(A) Recuperação da Praia Mansa de Caiobá (PR) com espigões. Nos anos 1970, a erosão já havia solapado parte do passeio à beira-mar.
(B) Espigões de praia em Salinópolis (PA).

Figura 18.3
(A) Fotografia aérea de 2002, observando-se os espigões de praia.
(B) Fotografia aérea de 12 de dezembro de 2000 da Baía de São Vicente (SP) e da Praia de Itararé. Observa-se o acúmulo sedimentar junto aos espigões de praia e o acúmulo diferencial dos dois lados do istmo da Ilha Porchat. (Base).
(C) Fotografia aérea de dezembro de 1994 das praias de Gonzaguinha e Milionários na Baía de São Vicente (SP). Observa-se o acúmulo sedimentar junto aos espigões de praia. (Base).

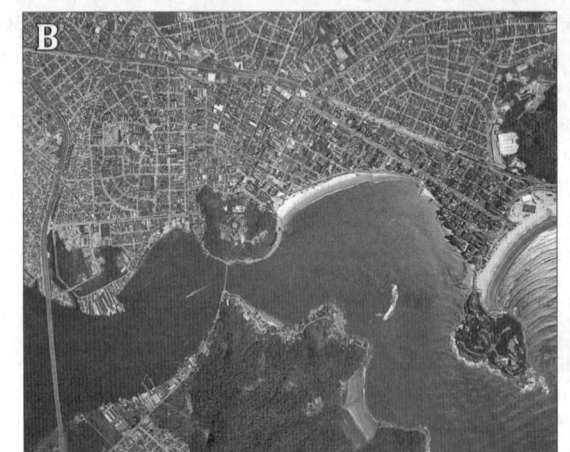

Figura 18.4
(A) Efeito espigão na praia em Caraguatatuba (SP), observando-se o acúmulo diferencial de areia entre barlamar (primeiro plano) e sotamar (segundo plano).

Figura 18.4
(B) Efeito de espigão na praia de Colonia do Sacramento (Uruguai).

Figura 18.5
Campo de espigões na Praia de Espinho (Portugal).

na Figura 18.6. O espigão foi concluído ao final de 2011 e em 2013 já mostrava, em maio, um significativo avanço da linha da praia. As linhas previstas para 2030 são resultado de aplicação de métodos numérico e analítico de estimativa do engordamento final.

A intervenção costeira retratada nas Figuras 18.7 a 18.11 é muito completa na exemplificação de quão complexas são as respostas à implantação de obras costeiras nos processos litorâneos e do cuidado que se deve ter em projetá-las, pois suas consequências podem influenciar dezenas de quilômetros da costa e por longo tempo, com elevados custos de remediação. Trata-se da erosão costeira desencadeada ao final da década de 1940 com a implantação do molhe do Titã, na Ponta de Mucuripe, visando a implantação do novo Porto de Fortaleza. Na Figura 18.7 apresenta-se o mapa de situação da área, na Figura 18.8(A) está a localização do Porto de Mucuripe, e na Figura 18.8(B), o mapa geomorfológico costeiro da Região Metropolitana de Fortaleza. Como se observa

na Figura 18.8(C), o transporte de sedimentos litorâneo de areias na zona de arrebentação é dominado pelos ventos alíseos de sudeste e nordeste, produzindo transporte resultante negativo (da direita para a esquerda do observador que olha o mar a partir da costa) da ordem de 600 mil m3/ano, ao qual se soma um significativo transporte eólico de areias da ordem de 150 mil m3/ano. Com a implantação do molhe do Titã, produziu-se um desvio das areias provindas de barlamar da unidade morfológica (Praia do Futuro, ver Figura 18.8(B)), que, em vez de contornarem a Ponta de Mucuripe e alimentarem as praias de Iracema e as seguintes para sotamar, foram deslocadas para a formação de uma restinga submersa, cujo contorno da isóbata de 10 m se observa na Figura 18.7, em uma área na qual as cotas batimétricas originais eram de 15 m. Além disso, as correntes de difração em torno do molhe assorearam violentamente o tardoz do molhe e a bacia portuária. Assim, o porto está sujeito a dragagens periódicas, cujos despejos são efetuados ao largo das praias (ver Figura 18.8(C)). O crescimento

Figura 18.6
Avanços da linha de costa pelo engordamento proporcionado com o Espigão Costeiro de Praia da Ponta da Areia, em São Luís (MA). As linhas grossas denotam os níveis permanentemente submersos em 2005, antes da obra, e em 05/05/2013. As linhas finas pontilhadas são estimativas para 2030.

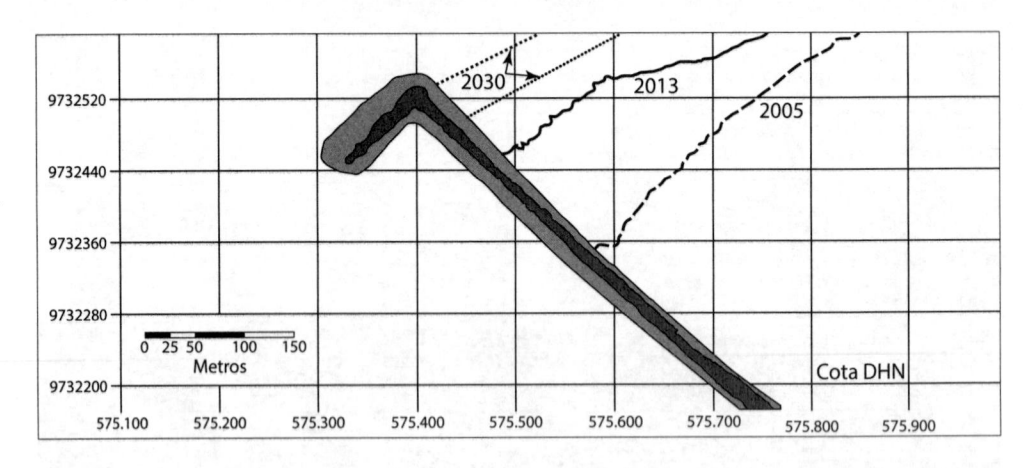

Figura 18.7
Mapa de situação da costa da Região Metropolitana de Fortaleza.

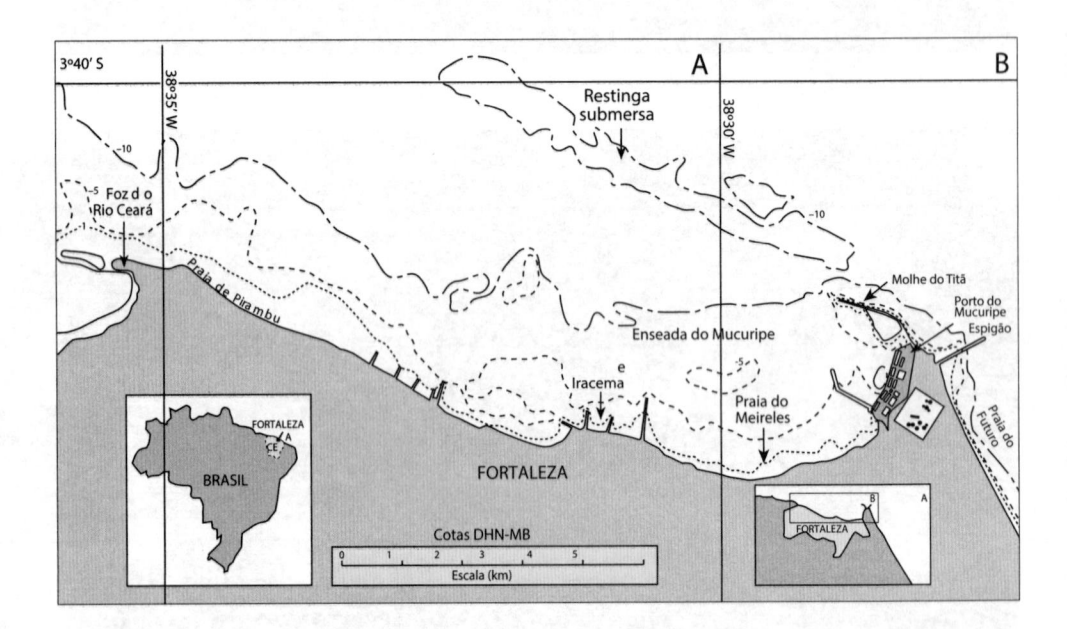

Figura 18.8
(A) Planimetria do Porto de Mucuripe em Fortaleza (CE).

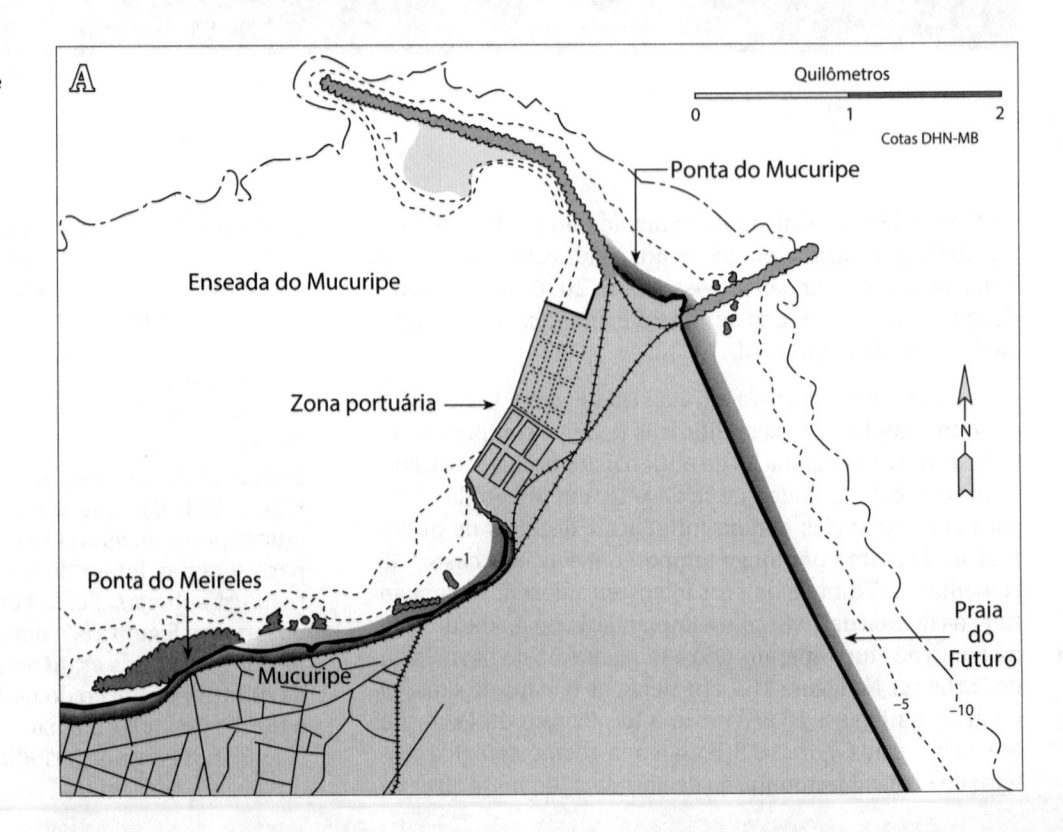

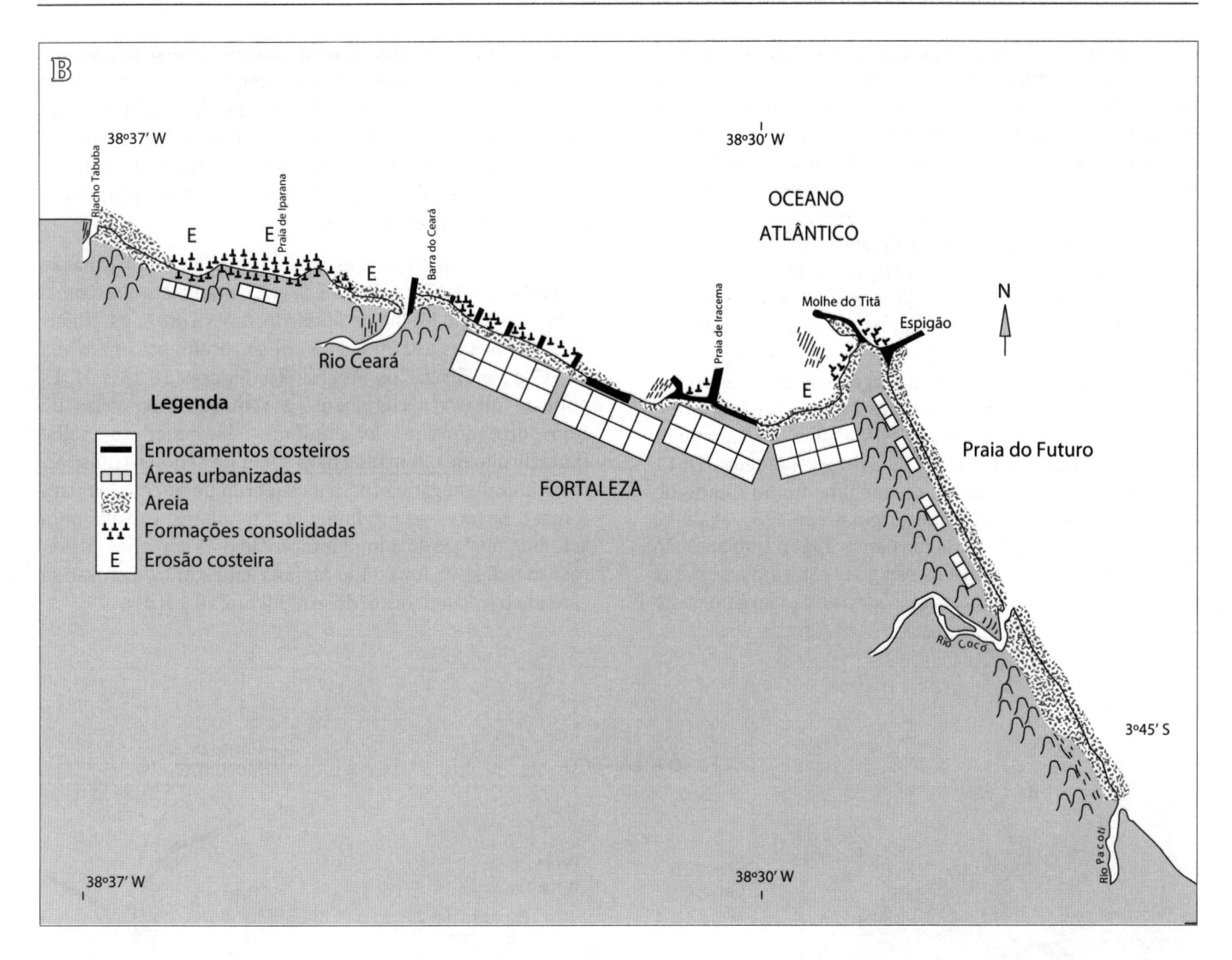

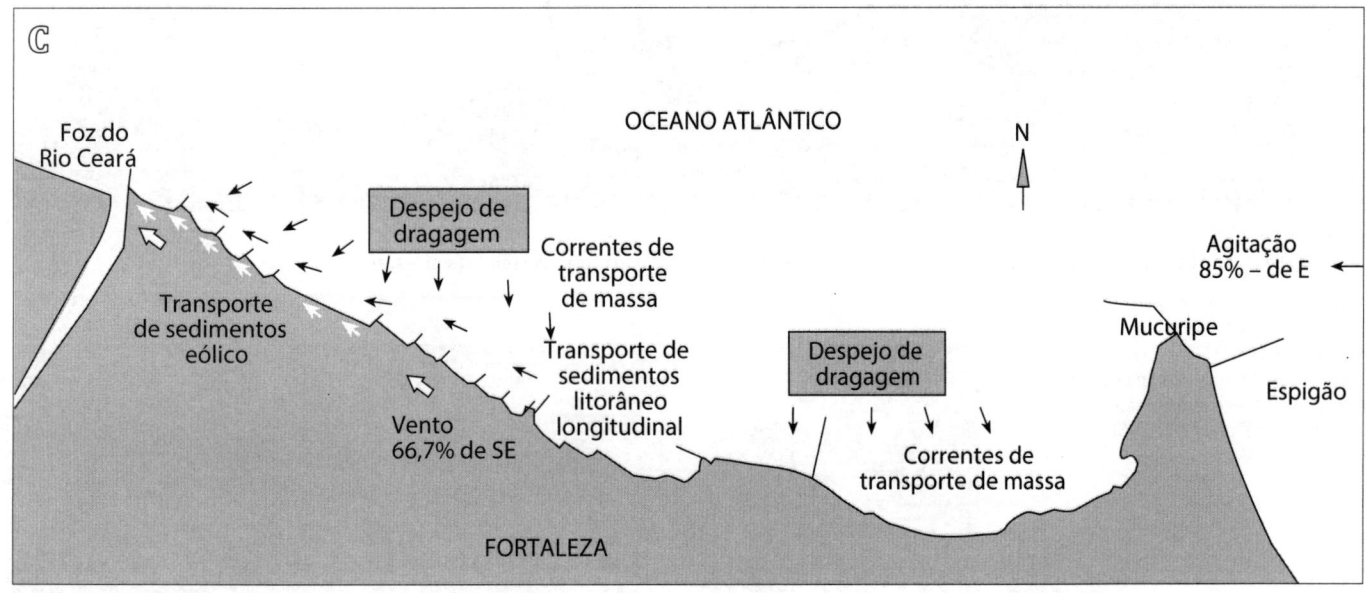

Figura 18.8
(B) Mapa geomorfológico da Região Metropolitana de Fortaleza (CE).
(C) Planimetria do modelo conceitual dos processos litorâneos na Região Metropolitana de Fortaleza.

da cidade de Fortaleza, verticalizando-se e impermeabilizando faixas de dunas, reduziu ulteriormente o suprimento de areias eólico para as praias a sotamar do porto. Como obras de defesa contra as erosões desencadeadas na Praia de Iracema, foi inicialmente construído um longo espigão nesta praia, e para desviar o transporte das areias que entulharam o porto, foi implantado o longo espigão da Praia do Futuro (ou Titãozinho), que atualmente tem cerca de 1 km de comprimento (ver Figura 18.10), com a ideia original de se proceder a um transpasse de areias que nunca foi concretizado. Na década de 1970 tornou-se necessária a implantação de obra de defesa nas praias entre Iracema e a foz do Rio Ceará, uma vez que a erosão progressivamente estendia-se para sotamar do rumo dominante das ondas. Assim, foram construídos mais 11 espigões (ver Figura 18.9), constituindo-se o último em um guia-corrente. Na Figura 18.11 está apresentada a evolução do enchimento do campo de espigões a partir da situação original em 1960. Pode-se observar que já em 1978, alguns anos após a implantação das obras, as células entre os espigões estavam saturadas e o processo erosivo já passara a ocorrer na margem oeste

do Rio Ceará, sendo que atualmente estende-se por alguns quilômetros para oeste. Este comportamento já poderia ser esperado a partir do conhecimento do funcionamento de um campo de espigões não alimentado previamente de areia. No ano 2001 foi realizado um aterro com material dragado da área da Praia de Iracema, visando recuperar a área degradada pela erosão.

Processo análogo a este ocorrido com a implantação do Molhe do Titã, em Fortaleza (CE), manifestou-se com a implantação do Molhe de Malhado, da CODEBA, em Ilhéus (BA). Ambas as estruturas são de enrocamento em forma de "L" para abrigar os berços. Nas Figuras 18.12 e 18.13 pode-se observar claramente a retenção das areias do transporte litorâneo longitudinal a barlamar do molhe (lado direito de quem olha para o mar), e sendo o transporte resultante negativo (para a esquerda de quem olha para o mar), observa-se nitidamente a tendência erosiva para sotamar, obrigando a implantação de dois espigões costeiros em defesa da foz do Rio Almada, entretanto, a erosão se estende para além desta defesa (Figura 18.13(B)).

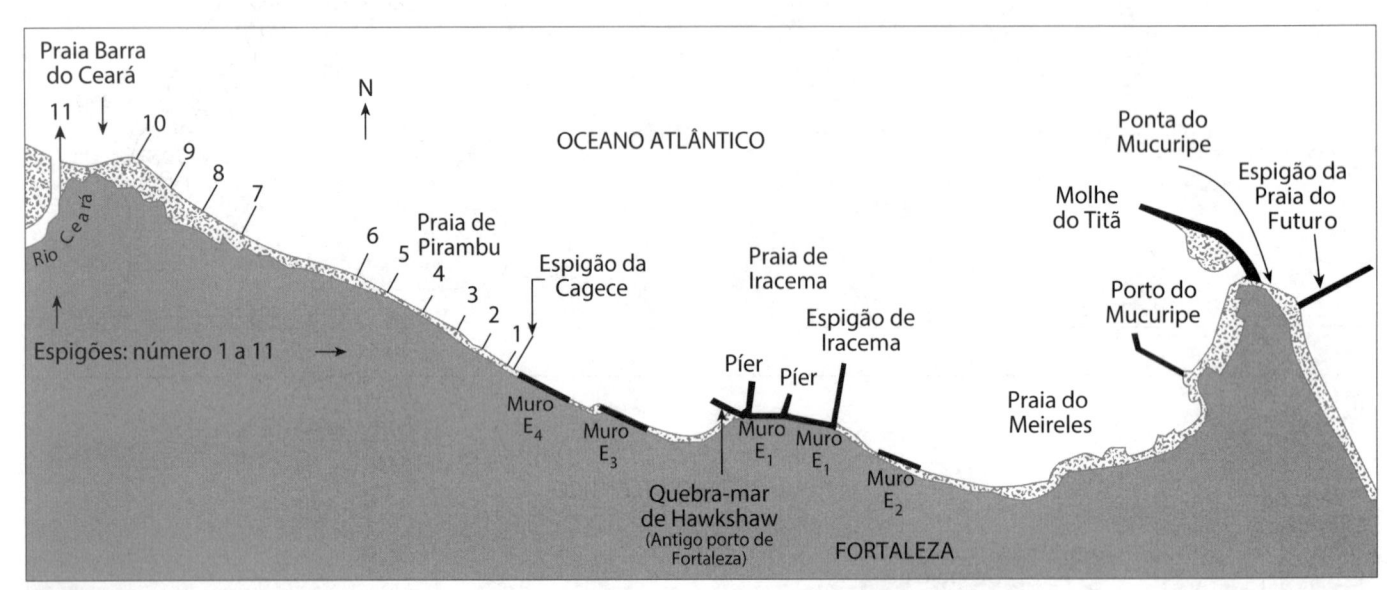

Figura 18.9
Mapa do trecho do litoral da Região Metropolitana de Fortaleza e a disposição das estruturas costeiras (sem escala).

Figura 18.10
Vista do Porto de Mucuripe e ao fundo a Praia do Futuro, em Fortaleza (CE). (São Paulo, Estado/ DAEE/SPH/CTH).

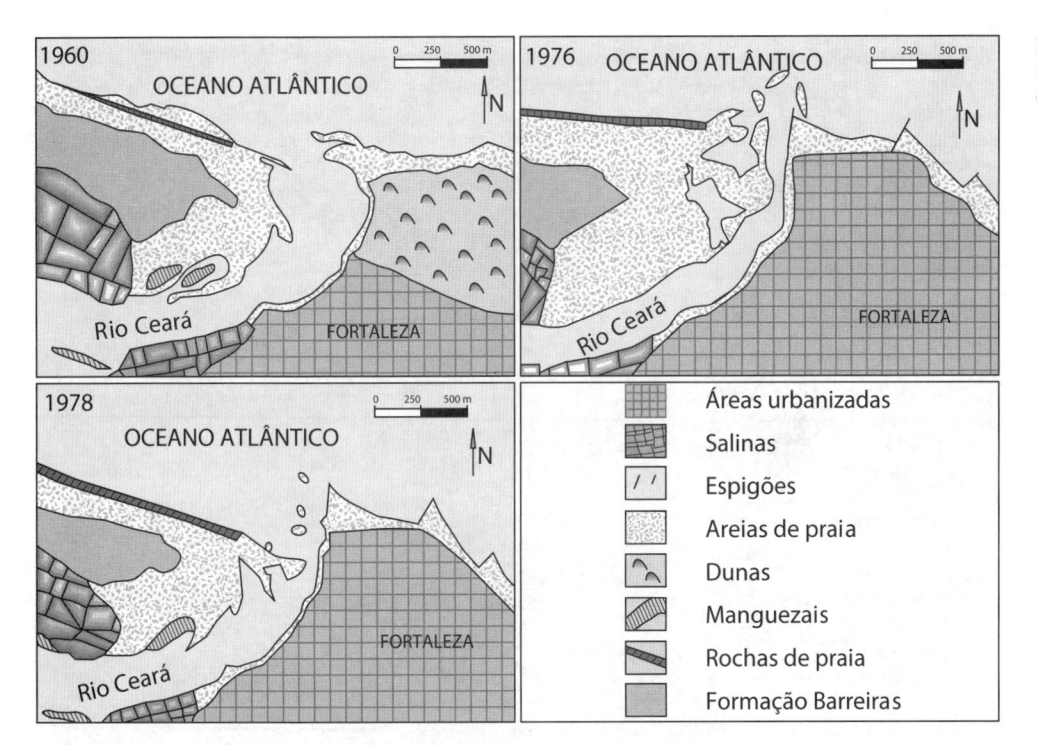

Figura 18.11
Planimetria de evolução da Embocadura do Rio Ceará.

Figura 18.12
Vista aérea da retenção a barlamar do molhe em forma de "L" do Porto do Malhado, em Ilhéus (BA), que reteve o transporte litorâneo longitudinal de areias, vindo a produzir as erosões a sotamar, nas praias da desembocadura do Rio Almada.

Figura 18.13
(A) Vista aérea do espigão para engordamento de praia na desembocadura do Rio
Almada, a sotamar do porto do Malhado,
em Ilhéus (BA).
(B) Sinais de erosão ativa, com os
desbarrancamentos e queda de
coqueiros na praia a sotamar do Porto
do Malhado, em Ilhéus (BA).

18.2 QUEBRA-MARES COSTEIROS

18.2.1 Descrição conceitual do impacto sobre a linha de costa

Na Figura 18.14(A) apresenta-se um exemplo de padrão de alturas de ondas que produzirá o impacto morfológico respectivo por quebra-mar costeiro com aproximação paralela e inclinada das ondas. A Figura 18.14(B) apresenta os parâmetros principais das características dos quebra-mares costeiros. De acordo com U.S. Army Corps of Engineers (2002) a formação de salientes é a preferível como resposta da linha de costa para um conjunto de quebra-mares costeiros, pois permitem a continuidade do transporte de sedimento litorâneo longitudinal de areias para sotamar. Eles predominam quando os quebra-mares estão mais afastados

da costa, curtos com relação ao comprimento da onda e relativamente transmissíveis (crista baixa, ou grandes trechos com pouco suprimento sedimentar). Assim as ondas e correntes previnem a conexão tombolar. A pesquisa de Pope & Dean, mostrada na Fig. 18.14(C) é importante para avaliar esta tendência, uma vez que o eixo vertical y/d_s representa a distância do quebra-mar costeiro com relação à profundidade média local junto do quebra-mar. A lâmina d'água é importante por se relacionar com a largura nominal da zona de arrebentação y_b. Assim, a relação adimensional y/y_b é uma medida de locação da arrebentação com relação à largura da zona de arrebentação. Quanto à relação de abcissa L_s/L_g, para maiores valores y/d_s, ou y/y_b, tem-se quebra-mares localizados mais para o largo (além da normal zona de quebra) para formar salientes, pois obviamente quanto mais afastados para o largo, menos efeito sobre a linha de costa.

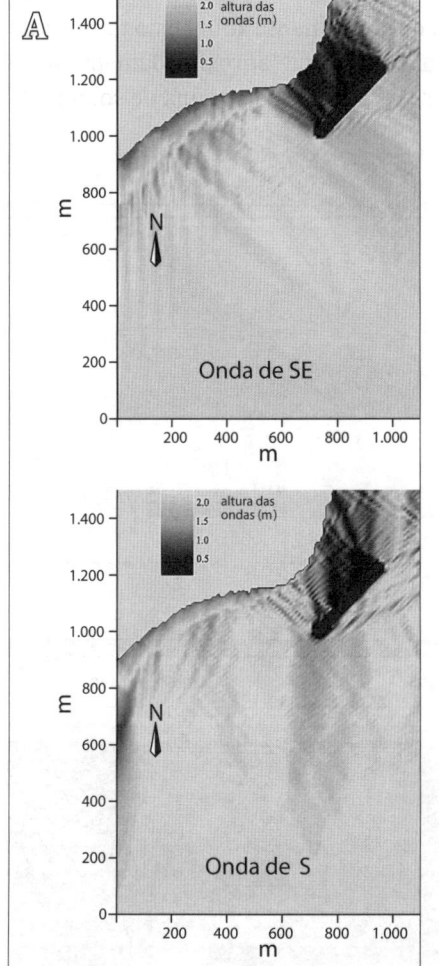

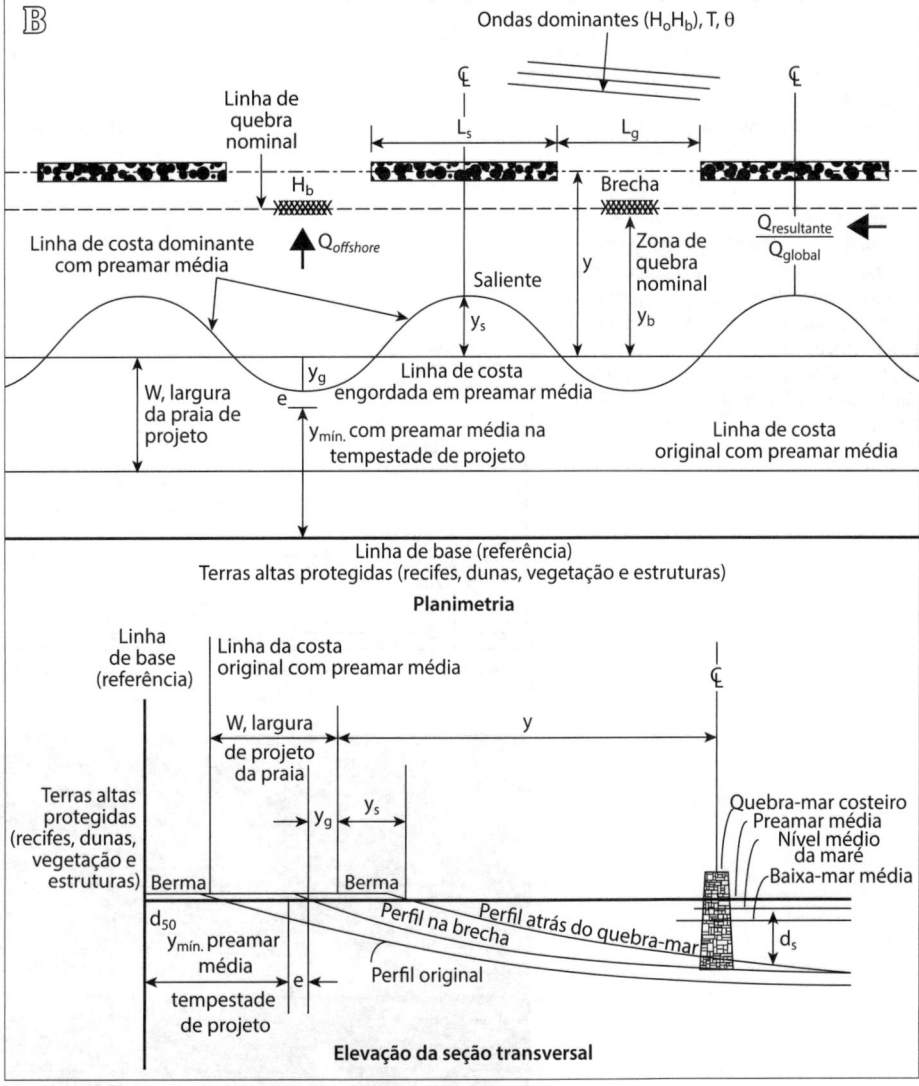

Figura 18.14
(A) Planimetria de distribuição de alturas de ondas no entorno de quebra-mar costeiro com aproximação paralela e inclinada das ondas. Ondas com T = 10 s e H = 2,0 m ao largo aproximando-se do Terminal Marítimo de Belmonte (BA) da Veracel.
(B) Definição dos parâmetros principais para os quebra-mares costeiros.

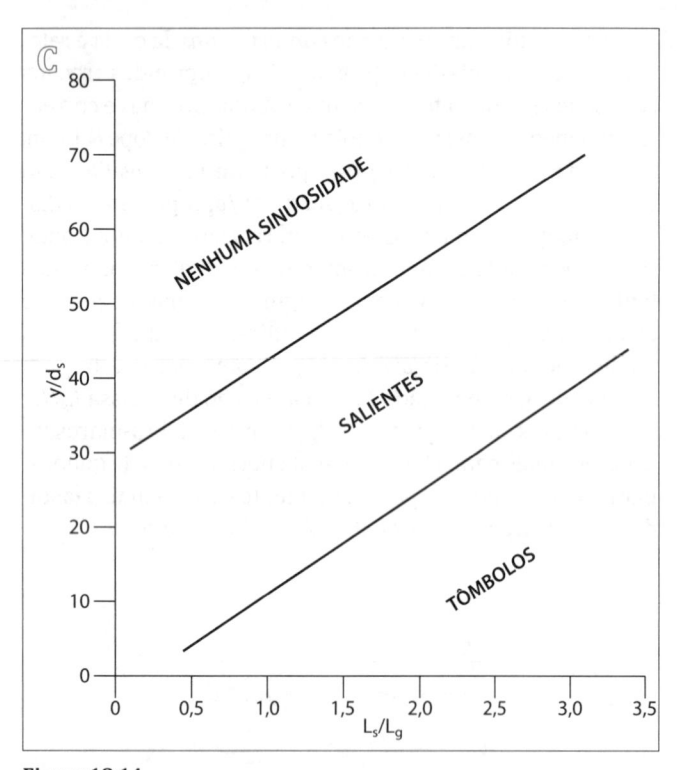

Figura 18.14
(C) Relação adimensional $y/d_s \times L_s/L_g$.

Na Figura 18.15(A) estão apresentadas simplificadamente as definições dos parâmetros que caracterizam os quebra-mares costeiros e as formas de acumulação:

- L_B: comprimento do quebra-mar.

- y: distância do quebra-mar à linha de costa.

- y_{80}: largura da zona de arrebentação e espraiamento, onde aproximadamente 80% do transporte de sedimentos litorâneo ocorre.

- $L_B^* = L_B/y$: comprimento adimensionalizado do quebra-mar com referência à distância da linha de costa.

- $y^* = y/y_{80}$: distância adimensionalizada do quebra-mar com referência à largura da zona de arrebentação e espraiamento.

As formas de acumulação são:

- Cúspide ou Saliente

Ocorre quando o comprimento adimensionalizado do quebra-mar é menor do que aproximadamente 0,6 a 0,7, formando-se esta saliência na zona de sombra do quebra-mar.

Figura 18.15
(A) Planimetria de definição dos parâmetros que caracterizam os quebra-mares costeiros e formas de acumulação a partir da profundidade de fechamento (distância não perturbada).
(B) Campo de quebra-mares costeiros em San Benedetto del Tronto no Mar Adriático (Itália).

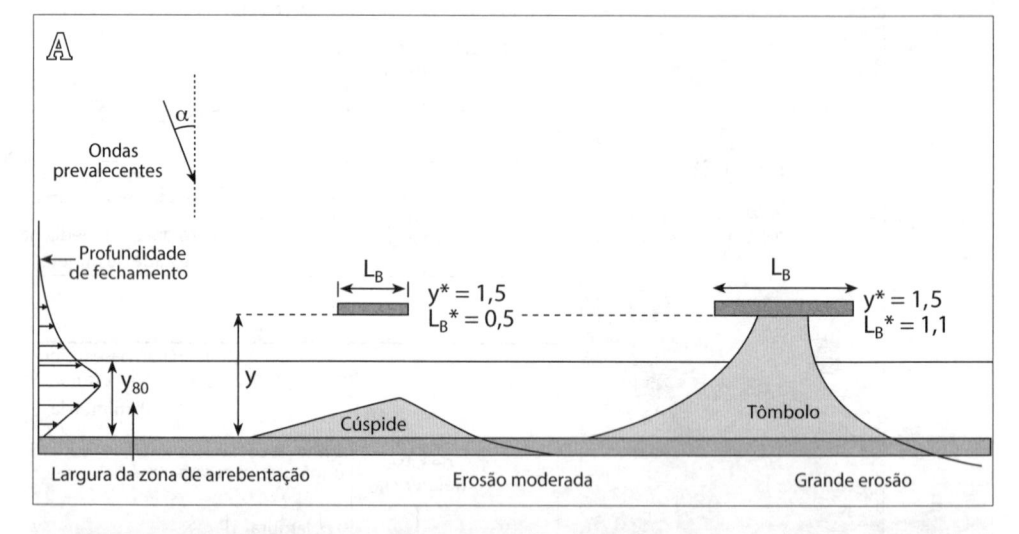

Figura 18.15
(C) Campo de quebra-mares destacados em Bellaria no Mar Adriático (Itália).
(D) Efeito da barreira de recifes na Praia de Boa Viagem, Recife (PE) em condições de baixa-mar (D1) e preamar (D2), comportando-se como quebra-mares costeiros naturais. Aspectos da barreira de recifes em condições de meia maré (D3), (D4) e (D5).

- Tômbolo

    Ocorre essa formação quando o comprimento adimensionalizado do quebra-mar supera 0,9 a 1,0, fazendo a conexão entre a acumulação de areia da praia e o quebra-mar.

    Em havendo uma série de quebra-mares costeiros, ou seja, segmentados, o parâmetro de comprimento do vão entre cada estrutura passa a ser importante no funcionamento do sistema (Figura 18.15(B)).

    Há praias que são protegidas naturalmente por barreiras de recifes frontais, que funcionam como verdadeiros quebra-mares costeiros, como se verifica na Figura 18.15(C).

18.2.2 Características funcionais de quebra-mar emerso costeiro

Na Figura 18.16 estão apresentadas características funcionais de quebra-mares emersos.

18.2.2.1 QUEBRA-MAR SITUADO AO LARGO

No caso de quebra-mares situados bem externamente à zona de arrebentação e espraiamento ($y^* > 3$), a finalidade é prover abrigo a um berço portuário ao largo, quando a costa é muito rasa. Em tais localidades, um porto tradicional deverá situar-se bem afastado da linha de costa, ou grandes trabalhos de dragagem terão de ser desenvolvidos para prover acesso ao

Figura 18.16
Tipos de quebra-mares costeiros em perfil transversal à praia.
(A) Condições naturais.
(B) Modelos.

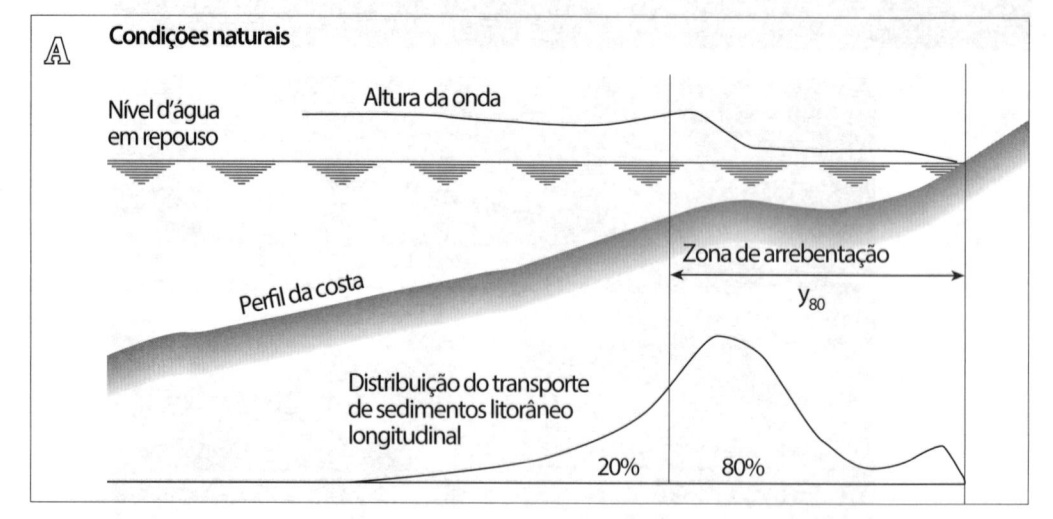

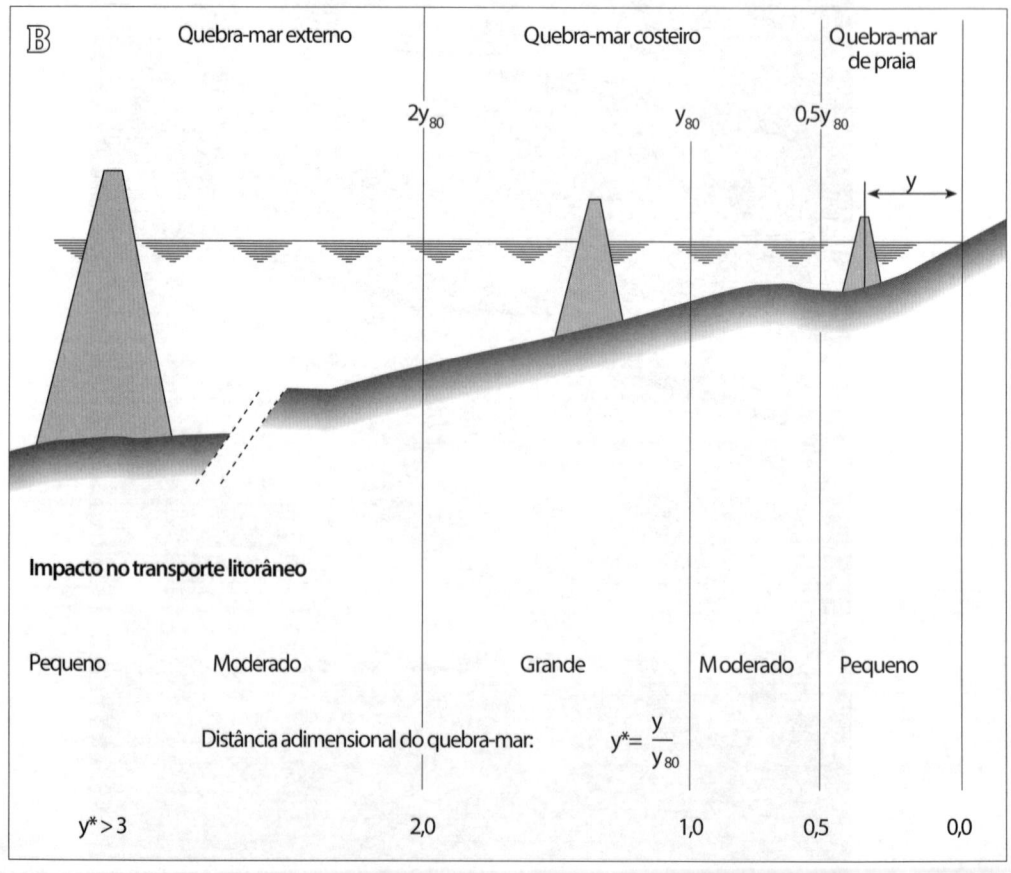

porto. Assim, na implantação de quebra-mar ao largo, que pode ser a solução em muitos casos, a obra situa-se em profundidades ligeiramente superiores às requeridas para a navegação, minimizando dragagens e assoreamentos e o impacto sobre a linha de costa. A concepção deste quebra-mar, com relação ao impacto sobre as condições de transporte de sedimentos, é localizá-lo bem afastado da zona de arrebentação e espraiamento e com o menor comprimento, de modo a tornar o impacto morfológico negligenciável. Na Figura 18.17 está exemplificada uma obra desse tipo, devendo-se relevar que o saliente praial observado se deve ao atracadouro de serviço com enrocamento situado bem mais próximo à costa do que o quebra-mar externo, que acabou funcionando como quebra-mar costeiro (ver seção 18.2.2.2).

18.2.2.2 QUEBRA-MAR COSTEIRO

Os quebra-mares costeiros, propriamente ditos, situam-se na faixa de $0,5 < y^* < 2$, em que as areias são capturadas no trecho de influência do tardoz da obra, pois é área protegida da erosão.

18.2.2.3 QUEBRA-MAR DE PRAIA

Os quebra-mares de praia estão situados na faixa $y^* < 0,5$, captando areia do estirâncio, sem interferir significativamente com o padrão geral do transporte de sedimentos litorâneo.

Figura 18.17
(A) Acumulação de areia formando saliente na costa no tardoz do quebra-mar externo do Terminal Portuário de Sergipe em Barra dos Coqueiros (SE).
(B) Detalhe da difração no tardoz do quebra-mar da Veracel em Belmonte (BA).
(C) Detalhe da difração em torno do atracadouro com enrocamento que induziu o saliente.

18.2.3 Características funcionais de quebra-mares emersos segmentados

Na Figura 18.18 estão apresentadas as características principais das vantagens (+) e desvantagens (–) de esquemas de quebra-mares segmentados.

18.3 ALIMENTAÇÃO ARTIFICIAL DE PRAIAS

18.3.1 Dimensionamento conceitual para a alimentação artificial de praia

18.3.1.1 ELEVAÇÃO DA BERMA

A elevação da berma deve geralmente corresponder à elevação da crista da berma natural. Um declive suave da berma pode ser especificado como um elemento do perfil de projeto. A inclinação da berma é mais apropriadamente estimada a partir de perfis que representam uma praia próxima saudável (não em erosão), ou pode ser estimada na faixa de 1:100 a 1:150. Além disso, adicionar no coroamento um declive suave para o largo também ajuda a prevenir o galgamento e o alagamento.

A elevação da berma natural pode ser determinada examinando levantamentos de perfis de praia das condições existentes e históricas no local do projeto (Figura 18.19(A)), uma vez que bermas praiais formam-se naturalmente sob ondas de baixa energia, sendo geralmente mais bem desenvolvidas em seu formato no final da temporada de verão (bom tempo). Assim, os levantamentos do outono mostram que a berma da praia é mais larga, seguindo as ondas mais calmas do verão, enquanto os da primavera mostram a berma em uma condição mais erodida, após as ondas de inverno (mau tempo). Pesquisas de perfis sazonais podem ser usadas para examinar as mudanças temporais na forma da berma e identificar melhor as características da berma desenvolvida.

Para determinar uma altura representativa da berma de uma praia, os perfis de praia devem ser alinhados

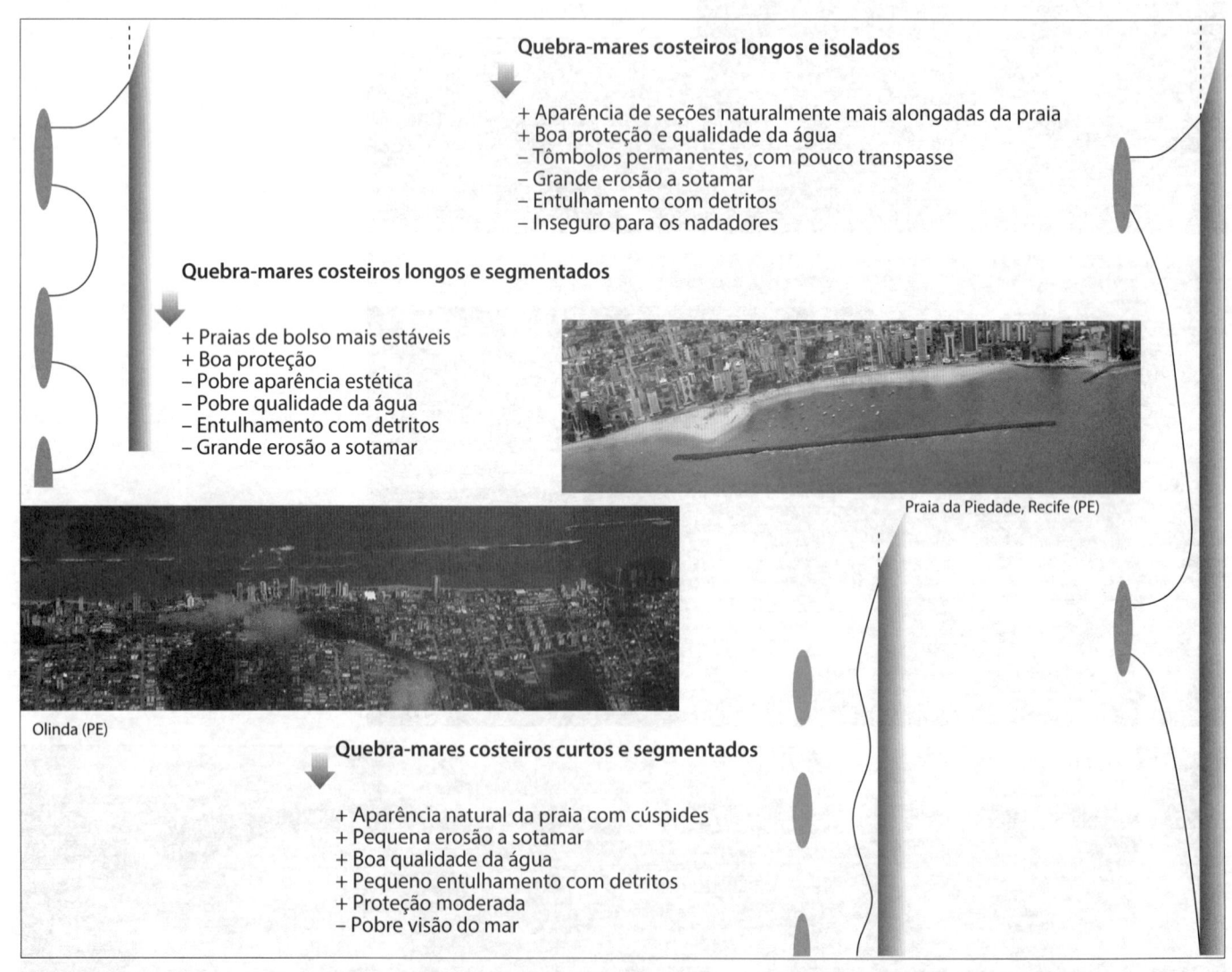

Figura 18.18
Planimetrias características para vários esquemas de quebra-mares segmentados.

horizontalmente na face ao largo da duna para sobrepor os perfis da berma na base da duna. Um perfil médio pode ser calculado pela média das elevações dos perfis alinhados, calculando essa cota média em incrementos de 1 m de distância da costa.

Nos casos em que não exista uma praia seca no local do projeto, ou onde a praia existente tenha um déficit de areia devido à redução substancial ou à eliminação de uma fonte de sedimentos crítica, a elevação da berma natural deve ser estimada utilizando dados do perfil dos trechos ou praias adjacentes que são mais saudáveis em termos de disponibilidade de areia, mas estão expostos a ondas e níveis de água similares.

Deve ser dada prioridade à identificação de uma elevação de berma natural, utilizando medições de praia a partir do local do projeto ou um local similar.

18.3.1.2 LARGURA DA BERMA

A seleção da largura da berma depende da finalidade do projeto e é frequentemente afetada por fatores como economia do projeto, questões ambientais e preferências do empreendedor local. A largura da berma é determinada por um processo de otimização fundamentado na redução de danos causados por tempestades. A largura de praia do projeto é otimizada por meio do cálculo de custos e benefícios das várias alternativas de projeto e da seleção da alternativa que maximiza os benefícios líquidos.

18.3.1.3 FORMA DO PERFIL

A forma do perfil do projeto da berma é necessária para calcular requisitos de volume de aterro e usada como entrada para a modelação da erosão induzida pela tempestade, utilizada para otimizar as dimensões da berma. De modo a obter o modelo de berma na praia, areia suficiente deve ser colocada para alimentar todo o perfil.

Considerando que as dimensões das bermas são determinadas pela otimização, a forma do perfil abaixo da berma de praia é uma função da morfologia e do tamanho do grão local do material de aterro. A morfologia da praia local muitas vezes inclui um sistema de barra próximo à costa, que pode estar ausente em perfis nativos de praia com acentuada erosão. Em tais casos, uma berma também pode estar ausente do perfil, ou anormalmente baixa na elevação, ou o perfil nativo pode refletir uma face da praia demasiado íngreme. Um aspecto-chave para definir a forma do perfil é reconhecer se a praia reflete uma condição não natural, carente de sedimento, em que a forma do perfil nativo é diferente da que evoluirá uma vez colocado o aterro. Por exemplo, uma praia com erosão severa pode não ter o sistema de barra próximo à costa comumente observada, mas o sistema de barra provavelmente se formará em condições ricas em sedimentos que se seguem à alimentação. Consequentemente, o volume de aterro deverá incluir uma estimativa do volume de barra. Nessas situações, a forma do perfil do projeto pode ser definida pela análise de perfis de praia adjacentes que sejam mais saudáveis em termos da oferta de sedimentos disponível (a partir da parte alta da praia e de fontes ao longo da costa). Dados de perfis de praias adjacentes dentro do domínio de projeto, ou dados de local próximo que esteja exposto a condições de ondas e marés similares e com características de tamanho de grãos semelhantes, podem ser usados para estimar a forma do perfil de praia saudável para o projeto. Um perfil de erosão frontalmente a um muro exposto não se constituirá na forma correta para uma alimentação de praia saudável, resultando em uma subestimação do volume necessário para obter a largura de projeto da praia em frente ao muro. O perfil do projeto deve ser determinado a partir da forma natural (saudável) de perfil largo para a obtenção da largura de projeto da berma em frente ao paredão (Figura 18.19(B)). Diferenças de dimensão de grãos entre a praia nativa e o material de empréstimo devem também ser consideradas na definição da forma de criação do perfil.

Se o tamanho médio do grão do material de empréstimo é o mesmo que o da praia nativa, a forma do perfil de projeto deve ser obtida por translação de um perfil médio que represente as condições das praias localmente saudáveis (ricas em sedimento). Por exemplo, dadas as mesmas dimensões compostas de grãos médios, o perfil de projeto para uma praia com 30 m de largura de berma adicionada é determinado mediante a conversão do atual perfil de 30 m em direção ao mar entre a elevação da crista da berma e a profundidade de fechamento (Figura 18.19(C)). Ao aplicar o método de translação do perfil, a forma de praia existente deveria ser determinada com base em uma média de vários levantamentos, para levar em conta a sazonalidade e/ou a variabilidade ao longo da costa na forma de perfil, evitando incluir características de perfis anômalos na forma de perfil do projeto.

Quando o material de empréstimo é mais fino ou mais grosso que o sedimento nativo, o projeto da forma do perfil de praia deve ser estimado com base em conceitos de perfil de equilíbrio. De acordo com a teoria do perfil de equilíbrio, areia grossa produzirá um perfil de projeto mais íngreme, ao passo que areia mais fina produzirá um perfil com uma inclinação mais suave, como ilustrado na Figura 18.19(D). Para estimar a forma do perfil de projeto usando conceitos de perfil de equilíbrio, a forma de perfil médio que representa localmente condições de praia saudável (rica em sedimento) deve primeiramente ser transferida em direção ao mar a uma distância igual à largura da berma acrescentada. Para levar em conta a diferença na forma de perfil devida à diferença de granulometria da areia, o perfil é transladado de uma distância adicional como uma função da profundidade entre o nível médio do mar e a profundidade de fechamento, com base em diferenças nas formas teóricas do perfil de equilíbrio, como mostrado na Figura 18.19(D).

Quando o material de empréstimo é mais fino que a areia nativa, W_a é positivo, o que produz um perfil de projeto mais suave que a declividade do perfil nativo. Por outro lado, para o material de empréstimo que é mais grosso que o da praia nativa, W_a é negativo e produz um perfil de projeto mais íngreme.

Figura 18.19
(A) Evolução típica de um perfil de
praia em dois anos.
(B) Projeto de alimentação do perfil de
praia em frente a um muro de praia.
(C) Projeto de alimentação do perfil de
praia determinado por translação.

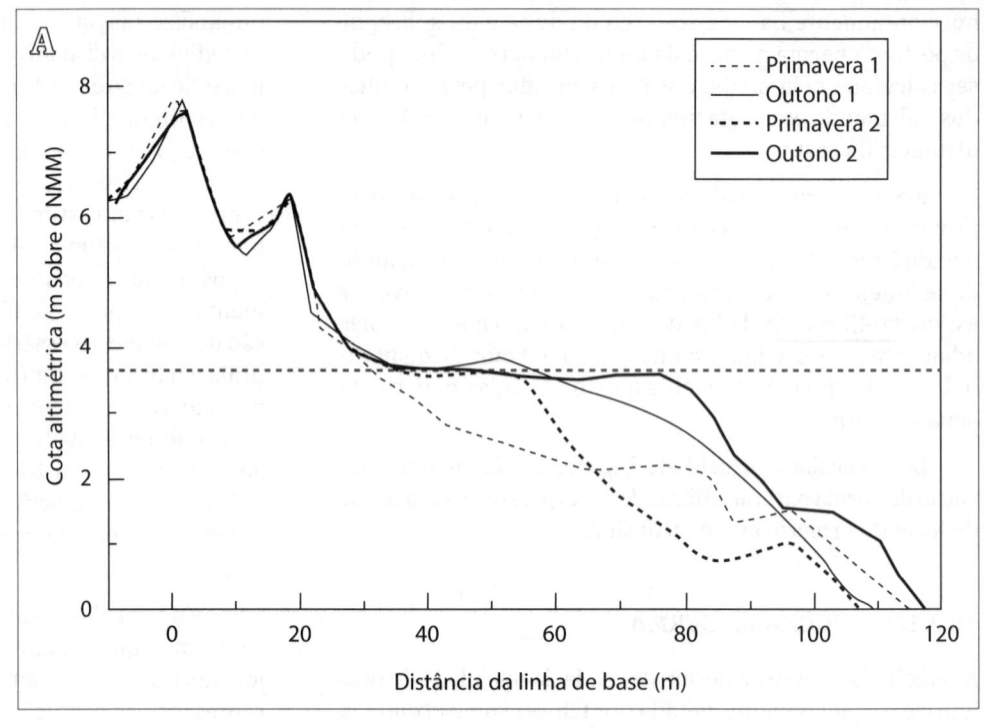

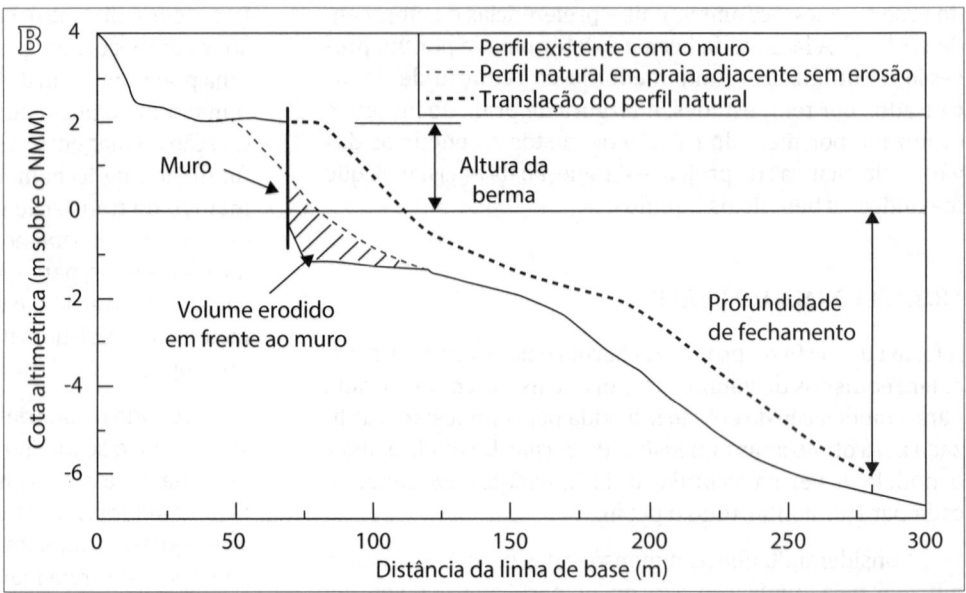

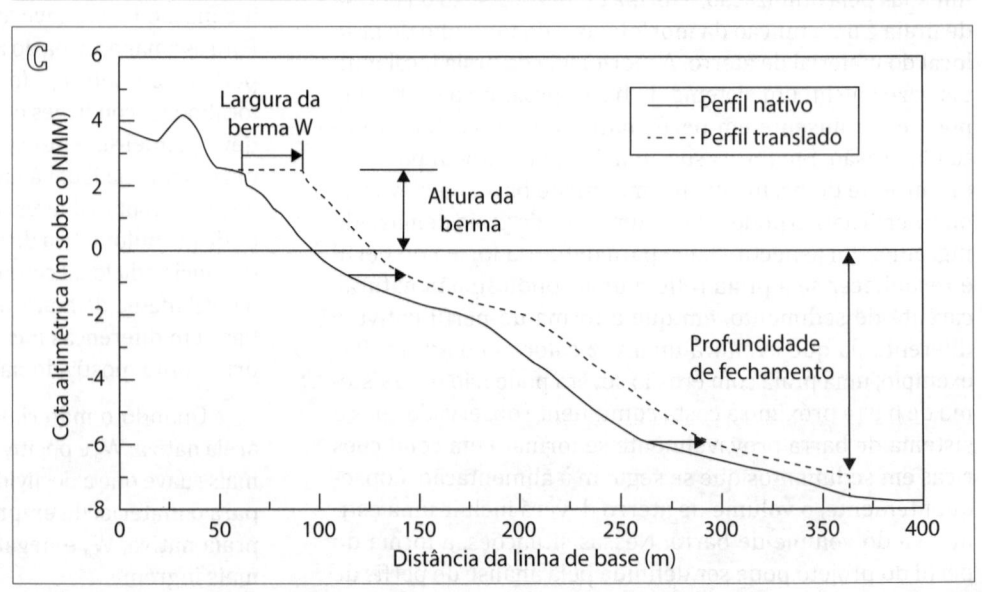

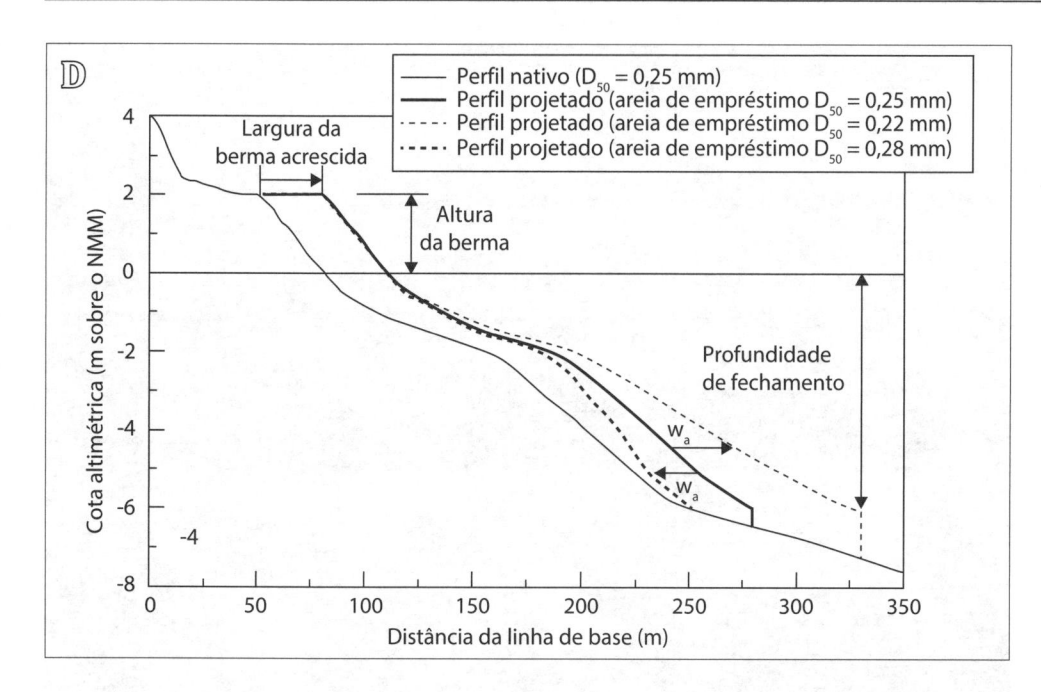

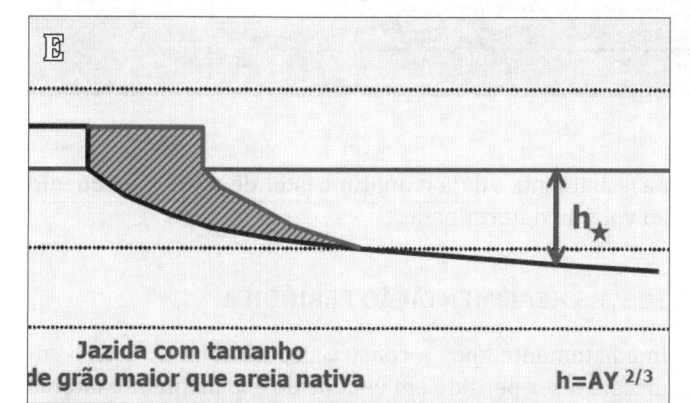

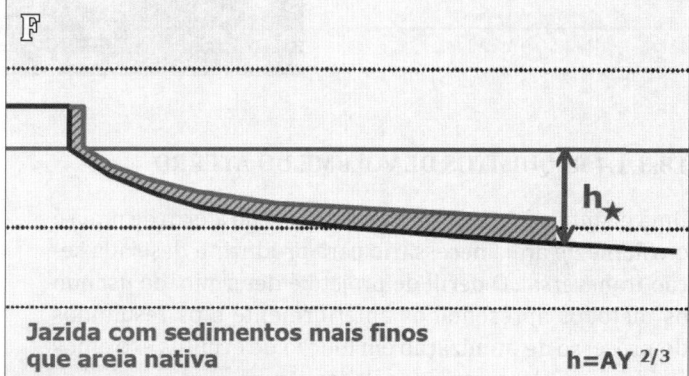

Figura 18.19
(D) Perfis de projeto para diferentes granulometrias de empréstimo.
(E) Perfil de alimentação com intersecção do perfil nativo antes da profundidade de fechamento.
(F) Perfil de alimentação sem intersecção com o perfil nativo antes da profundidade de fechamento.
(G) Panorama esquemático de alimentação hidráulica de praia.
(H) Duto de recalque.

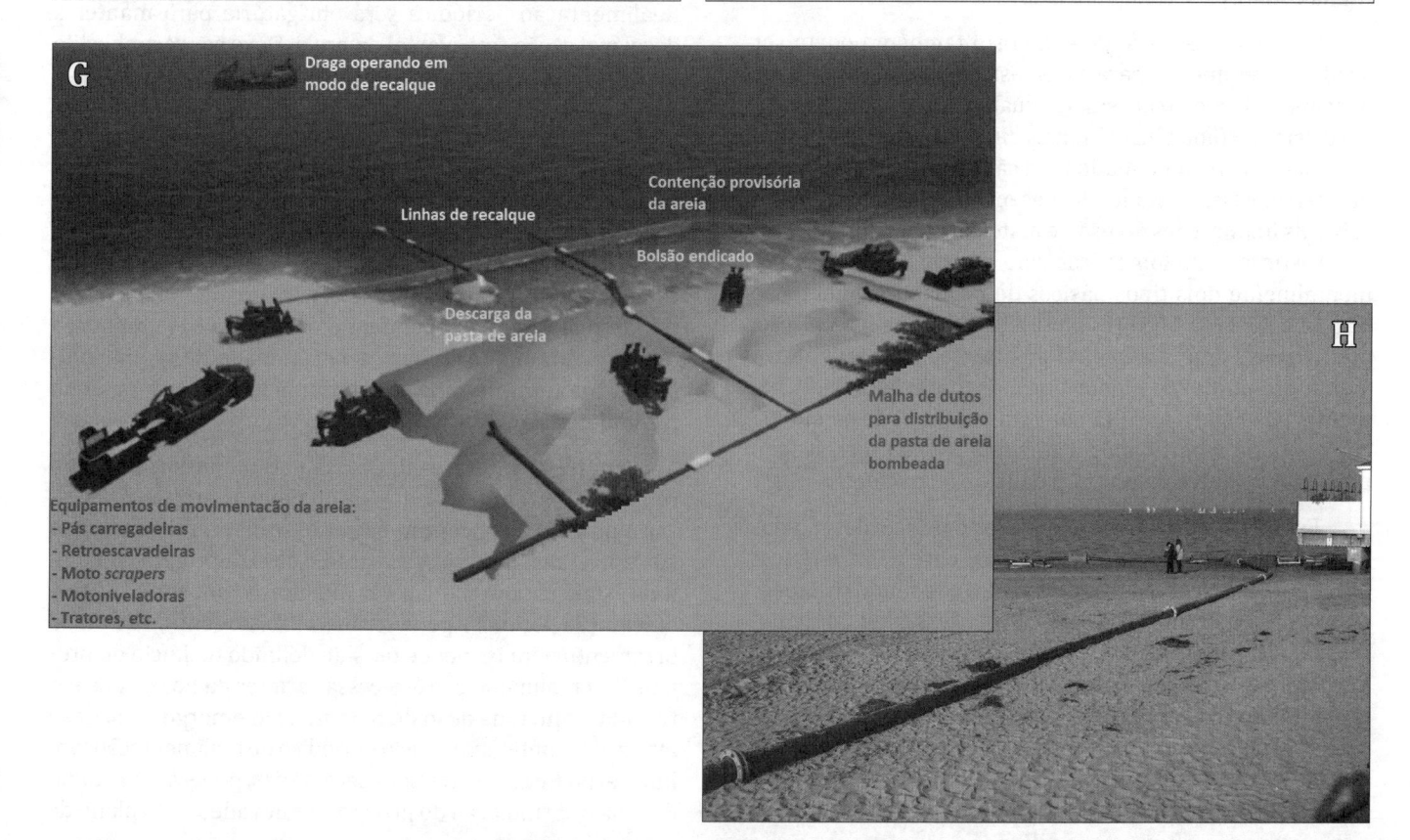

Figura 18.19
(I) Bacia confinada para descarga do bombeamento hidráulico na alimentação de praia.

18.3.1.4 REQUISITOS DE VOLUME DO ATERRO

Uma quantidade essencial na concepção do aterro de praia é o volume de areia necessário para produzir a desejada seção transversal. O perfil de projeto é determinado usando os métodos apresentados anteriormente e os resultados do processo de otimização em função de eventos extremos (onda e maré) a serem modelados.

Conceitos de perfil de equilíbrio também podem ser usados diretamente para fazer estimativas preliminares de volume de aterro necessário quando o sedimento nativo e o de empréstimo têm diferentes dimensões medianas. Embora não seja recomendado para cálculos finais de volume de aterro, esses métodos fornecem informações valiosas sobre as implicações do uso de material com diferentes características granulométricas para aterro. Existem fundamentalmente dois tipos básicos de perfis de alimentação de praia. A Figura 18.19(E) mostra um perfil de intersecção, onde o perfil após a alimentação intersecta o perfil nativo a uma profundidade menor que a profundidade de fechamento. Já a Figura 18.19(F) mostra um perfil de não intersecção, onde o perfil após a alimentação não intersecta o perfil nativo antes da profundidade de fechamento.

Esses métodos são recomendados para cálculos rápidos e para complementar os cálculos com base nas diferenças entre perfis nativos e perfis de projeto, não sendo recomendados para uso no cálculo de estimativas finais de volumes de aterro por seção de perfil transversal. Um terceiro método para estimar o volume de aterro quando os sedimentos nativos e os de empréstimo têm diferentes características de granulometria é transladar o perfil saudável de referência, calcular a área do paralelogramo composto pela largura e pela altura da berma mais a profundidade

de fechamento e depois aplicar o fator de sobre-enchimento ao volume determinado.

18.3.1.5 REALIMENTAÇÃO PERIÓDICA

Imediatamente após a construção, material de aterro começará a ser perdido em virtude do espalhamento lateral. Realimentação periódica será obrigatória para manter a desejável seção transversal da praia. Deve ser reconhecido pelo projetista que as taxas de perda anuais podem desviar-se das taxas de erosão média em longo prazo. Além dos efeitos nas transições finais, as perdas são significativamente influenciadas pela ocorrência de grandes tempestades. Perdas anuais provavelmente variarão de ano para ano, pela dependência da ação de eventos extremos. Portanto, enquanto num intervalo médio a quantidade de realimentação pode ser estimada, num determinado intervalo a quantidade real variará, dependendo das condições climáticas que ocorrerem. Idealmente, a necessidade de realimentação será determinada pelo monitoramento do desempenho da alimentação.

Algum nível de realimentação ou manutenção, como redistribuição de areia dentro do domínio de projeto, é necessária quando a concepção da seção transversal do projeto não estiver mantida. Nessa situação, o nível de proteção pretendido estará comprometido. No entanto, o cronograma de realimentação periódica pode ser mais fixo, no sentido de que o orçamento para isso pode ter sido definido no início do projeto. Se a realimentação é necessária antes da hora, pode ser tratada como uma ação de manutenção emergencial. Caso alterações contínuas no ciclo periódico de realimentação (volume e/ou frequência) sejam necessárias, poderá ser estudada uma reformulação do projeto. Ter um adequado plano de monitoramento do projeto é muito importante. Dados de monitoramento são particularmente valiosos se o projeto não funcionar como projetado. Os dados podem ser analisados para avaliar a natureza das condições que levaram à necessidade de realimentação inesperada e a sua frequência de ocorrência. A análise dos dados de monitoramento também pode lançar luz sobre uma deficiência do projeto.

18.3.1.6 SOBRE-ALIMENTAÇÃO

Sobre-alimentação é o volume de areia colocado para fins de sacrifício durante a alimentação inicial para manter a alimentação de projeto durante o período antes da primeira realimentação, ou seja, o tempo de projeto estimado para deflagração da primeira realimentação programada. A magnitude da alimentação deve ser antecipadamente determinada com base em resultados de trabalhos realizados para avaliar o espalhamento lateral, as perdas e as perdas devidas à redução volumétrica da linha costeira no longo prazo, isto é, a taxa de regressão histórica ou conhecida. A taxa de erosão da costa no período pós-projeto será maior que a taxa de erosão histórica ou conhecida no período pré-projeto nos casos em que, no período pré-projeto da praia, destaque-se um déficit de sedimentos ou sedimentos insuficientes. Por exemplo, trechos de projeto caracterizados por uma linha de costa engessada podem historicamente apresentar pouca ou nenhuma erosão, mas podem apresentar significativa erosão quando reabastecidos com alimentação de areia. Quantidades de sobre-alimentação são incluídas no volume total da construção inicial.

18.3.1.7 TRANSIÇÕES DE ATERRO

A escolha de um método para finalização de um projeto de alimentação de praia depende de vários fatores. Uma consideração importante é o que se encontra imediatamente além dos limites do projeto. Por exemplo, existe uma praia reta aberta ou uma embocadura? Em trechos abertos da costa, a transição para a praia adjacente pode ser realizada utilizando uma seção de transição de aterro ou estruturas rígidas. As estruturas colocadas nos limites de um projeto de alimentação são chamadas de estruturas terminais. Estruturas rígidas produzem uma interrupção abrupta da seção da praia alimentada. No entanto, essas estruturas podem ser caras e podem interferir no transporte longitudinal natural de sedimentos ao longo da linha de costa. Se não forem projetadas corretamente, essas interferências podem resultar em efeitos adversos ao longo da praia não restaurada e reclamações subsequentes por proprietários de áreas adjacentes à praia.

Outro fator fundamental é a finalidade do projeto. Se o projeto for construído para fornecer proteção contra tempestades, qual a extensão de costa a ser protegida e qual é o nível desejado de proteção dentro dessa extensão? O desejo de manter uma concepção específica de largura de praia pode ditar o projeto da seção de transição. Na prática, se uma largura de projeto uniforme é desejável para toda a extensão do projeto, será extremamente difícil manter a largura junto das extremidades laterais do projeto, a menos que uma estrutura terminal seja utilizada ou que o projeto de alimentação seja estendido além dos limites da extensão do projeto. Se a areia for colocada fora da extensão do projeto, outras questões se tornam importantes. A alimentação artificial de areia pode proporcionar benefícios para a propriedade adjacente? E como essas vantagens serão levadas em conta na justificativa econômica do projeto (como um todo)? Pode ser mais prático considerar o projeto de alimentação em três compartimentos, um interior, onde será mantido um nível desejado de proteção, e dois compartimentos exteriores, onde um menor grau de proteção existirá (isto é, as áreas de transição). Nas áreas de transição, o nível de proteção diminuirá com a distância a partir do limite do projeto principal.

Se o projeto for construído principalmente para fins recreativos, o objetivo pode ser maximizar a retenção de volume de alimentação dentro dos limites da extensão do projeto. Esse objetivo pode ditar ou não se os aterros de transição serão utilizados efetivamente e, em caso afirmativo, como eles serão projetados.

Embora às vezes encarada como uma reflexão tardia na concepção do projeto, o término da praia alimentada artificialmente merece uma consideração cuidadosa. Isso é particularmente verdadeiro em termos de sua relação com a economia do projeto e do nível de proteção de tempestade que é procurado/reivindicado perto dos limites do projeto.

O objetivo das transições de aterro é a minimização do efeito das perdas nas extremidades sobre a integridade do projeto. Perdas nas extremidades da extensão do projeto podem ser reduzidas pelo alargamento da seção de projeto, passados os limites da extensão onde a proteção é desejada, ou pelo suave afunilamento do alinhamento para as praias adjacentes (isto é, reduzindo gradualmente a largura de projeto para zero). Afunilar as extremidades do aterro diminuirá os efeitos de perturbação da seção do projeto. O efeito da variação do comprimento do afunilamento pode ser estimado com o auxílio de modelos de resposta analíticos ou numéricos.

Se houver pouco ou nenhum benefício econômico para justificar a seção de transição, todo o volume de aterro deve ser colocado dentro dos limites da extensão do projeto (isto é, sem utilização de seções de transição). A mesma conclusão seria alcançada se o principal objetivo do projeto fosse maximizar a retenção de volume de aterro. No entanto, a longevidade projetada varia com o quadrado do comprimento do projeto, embora essa regra prática sobre o uso de transições seja verdadeira para aterros mais curtos. Além disso, para aterros curtos, pode não ser desejável colocar volume de areia nas seções de transição, podendo-se necessitar de uma percentagem significativa do volume total colocado dentro do projeto.

Para projetos maiores, o requisito de manutenção da largura de projeto da berma nos limites durante todo o intervalo até a realimentação pode favorecer a colocação de seções de transição de aterros de praia. No entanto, mesmo para projetos longos, o benefício de colocar uma seção de transição de aterro somente é obtido durante os primeiros anos após a construção (dentro do primeiro ciclo de realimentação, como uma regra prática).

Seções de transição têm um impacto mais duradouro e significativo na redução das taxas de perda de areia do projeto apenas quando o seu comprimento for superior a um valor equivalente a 25% do comprimento da extensão de projeto. Nas práticas do passado, seções de transição raramente foram construídas nesse comprimento. O comprimento exato da seção de transição de aterro não é, em última análise, o que importa, desde que esteja em proporção correspondente à dimensão do projeto. Comprimentos de transição de aterro típicos para pequenos projetos (cerca de 1 km a 2 km; 100.000 m^3 a 200.000 m^3) são da ordem de 150 m a 300 m, enquanto, para projetos de maior dimensão, são da ordem de 300 m a 600 m.

Seções de transição fazem reduzir a taxa de perda de material do projeto, mas, novamente, esse benefício dura apenas nos primeiros anos seguintes à construção. Alguns arranjos gerais de projetos passados indevidamente estimaram os efeitos benéficos das transições de praia com alimentação artificial de areia pelo cálculo da redução da taxa de perda na extremidade durante os primeiros anos do projeto e, em seguida, projetando esses benefícios em toda a vida do projeto (50 anos). A análise aqui apresentada sugere que, embora os benefícios associados a taxas de perdas reduzidas sejam muito elevados durante os primeiros anos, eles diminuem significativamente depois.

Uma análise das transições de aterro de praia deve primeiramente examinar a evolução do projeto com seções de transição, tanto afuniladas como extensões laterais da seção de projeto, e depois analisar a evolução do projeto, com o volume de transição distribuído dentro do projeto econômico da área beneficiada. A distribuição dentro do projeto não deve ser uniforme, como nos exemplos aqui apresentados. Se as transições são uma característica desejável, elas devem ser otimizadas pelo equilíbrio entre a redução da taxa de perdas finais do projeto (que reduzirão os custos de alimentação) e o custo de colocação do volume de aterro externamente à área de projeto. Em seguida, os custos das seções de transição ao longo da vida do projeto devem ser comparados com o custo da utilização de uma estrutura terminal ou da compartimentação do material de alimentação de praia com espigões ou molhes, incluindo uma avaliação dos impactos que podem ser causados por uma estrutura terminal. A abordagem de melhor custo-benefício deve ser selecionada. Preocupações ambientais, restrições de propriedade da terra e outros fatores também precisam ser considerados na seleção das seções de transição de aterro ideais.

18.3.1.8 QUESTÕES CONSTRUTIVAS

Remoção, transferência e colocação de material de empréstimo são eminentemente atividades de dragagem. No entanto, certos aspectos da obra de dragagem devem ser entendidos de modo que o projeto prático e especificações razoáveis possam ser desenvolvidos antes da licitação para o trabalho de dragagem.

As áreas de empréstimo ao largo normalmente têm material fino nas camadas superiores. Portanto, se área de empréstimo é superficial, grandes perdas de finos poderão ocorrer durante a operação de colocação. Normalmente, áreas de empréstimo com sedimentos mais grossos são mais econômicas por esse motivo.

Quanto mais afastada da costa está localizada a área de empréstimo, mais caro se torna o bombeamento do material. Bombeamento direto à praia pode não ser economicamente viável se a área de empréstimo estiver localizada muito longe da costa.

Se uma draga *hopper* ou barcaça é usada para transportar material de alimentação para o local, muito da fração fina do material de empréstimo é carreada com o extravasamento, proporcionando uma distribuição de tamanho de grão do material de aterro maior que aquela baseada em amostras *in situ* a partir do local de empréstimo.

Áreas de empréstimo não devem ser localizadas muito próximas à costa, pois, se a área de empréstimo está localizada muito próxima da praia e em águas muito rasas, o perfil batimétrico irregular criado como resultado da escavação pode alterar significativamente a propagação de ondas incidentes, podendo levar a um *hot spot* de erosão. Como regra geral, áreas de empréstimo devem estar localizadas em lâmina d'água de aproximadamente duas vezes a profundidade estimada de fechamento, ou a uma distância comparável ao largo.

Para projetos por alimentação hidráulica, existe um volume de aterro seccional prático mínimo, isto é, a praia alimentada artificialmente de areia deve ter largura suficiente para que a empresa de dragagem possa construir diques, posicionar tubulações, operar equipamentos de alimentação, implantar a berma etc. (Figura 18.19 (G)). Volumes de alimentação seccional típicos variam de 25 m^3/m a 63 m^3/m em projetos usando caminhões basculantes e acima de 75 m^3/m para projetos por alimentação hidráulica.

Volumes de aterro seccionais entre 140 m^3/m e 215 m^3/m são razoavelmente comuns, no entanto, um volume de aterro seccional mínimo de 200 m^3/m seria desejável a partir de uma perspectiva de performance.

O método de colocação do material com alimentação feita de uma só vez em toda a extensão da linha costeira a ser protegida é o mais utilizado. Normalmente, o material de alimentação é bombeado como uma pasta para a praia através de dutos hidráulicos (Figura 18.19(H)) e então retrabalhado para a desejada configuração utilizando equipamentos de movimentação de terraplenagem. Dutos adicionais são acrescentados em seções para extensão da zona de colocação de alimentação ao longo da praia. Os maiores tamanhos de grãos na pasta de alimentação se assentarão mais próximos ao ponto de descarga de pasta (Figura 18.19(I)). Já o grão mais fino se assentará a distâncias maiores do ponto de descarga da pasta. Assim, localizar pontos de descarga em locais de erosão máxima conhecidos ou regiões de ponto de acesso pode ser desejável.

18.3.1.9 ESTRUTURAS COMBINADAS COM A ALIMENTAÇÃO DE PRAIA

O uso de estruturas pode melhorar o desempenho de um projeto de alimentação artificial de praia. Quando o projeto é relativamente curto em comprimento, pode ser desejável limitar perdas ao longo da costa pela utilização de uma estrutura terminal ou estruturas. Outro uso de estruturas é colocá-las no interior do projeto de alimentação, com a intenção de aumentar a longevidade do projeto, reduzindo a taxa de transporte de areia ao longo da costa e minimizando as perdas finais. Estruturas também podem ser usadas localmente dentro de um projeto para manter o nível desejado de proteção. Por exemplo, as estruturas podem ser usadas para compartimentalizar e estabilizar uma praia em antecipação (ou resposta) a uma área com taxas anormalmente elevadas de perdas em volume (*hot spot*). Sempre que são usadas estruturas, o seu potencial de impactos a barlamar e sotamar deve ser avaliado. É importante notar que as estruturas não criam areia, somente controlam seu movimento. Se as estruturas são construídas sem a adição de alimentação praial, então o acúmulo de areia em uma localidade ocorrerá provavelmente à custa de outra área, onde ocorrerá erosão. Como regra geral, compartimentos entre as estruturas, e a praia imediatamente a barlamar e/ou a sotamar das estruturas, devem ser preenchidos com areia para minimizar os efeitos adversos nas praias adjacentes.

Diferentes tipos de estruturas podem ser usados em conjunto com projetos de alimentação artificial de praia para retardar e cobrir a erosão e, assim, reduzir os custos periódicos de realimentação. Perdas são particularmente pronunciadas nas extremidades de um projeto de alimentação, em que ocorre um deslocamento entre a seção de engordamento e a praia adjacente não aterrada. Estruturas podem ser necessárias nessas zonas de transição para manter as perdas de alimentação em níveis aceitáveis. Em alguns casos, as estruturas podem já estar no local do projeto de praia. Dependendo do tipo e da localização dessas estruturas, pode ser vantajoso retê-las e, eventualmente, recondicioná-las.

Um projeto de alimentação de praia envolve a reconstrução periódica de sua planialtimetria durante toda a vida do projeto. Estruturas costeiras são comparativamente mais caras e permanentes que uma alimentação de material de empréstimo para a praia, entretanto, a otimização de um projeto requer a análise de *trade-off* da relação custo-eficácia na incorporação ou não de estruturas para reduzir os requisitos periódicos de alimentação.

18.3.2 Exemplos de obras de alimentação artificial de praia

A obra de alimentação de praia mais famosa e bem-sucedida do Brasil foi o engordamento da Praia de Copacabana, planejado e executado ao final da década de 1960 e no início da década de 1970, em que a praia foi suprida com cerca de 3,5 milhões de m^3 de areia, em parte bombeados para o estirâncio a partir da Enseada do Botafogo e despejados de área de empréstimo ao largo por draga auto-transportadora. Na Figura 18.20(A) estão apresentados a localização e o aspecto da obra em andamento, e nas Figuras 18.20 (B), (C) e (D), a situação após o engordamento, com a duplicação da avenida, alargando-se a faixa de praia em

cerca de 80 m. Nas Figuras 18.20 (E) e (F), observam-se os espigões de retenção de areias do Aterro da Enseada do Flamengo na Baia de Guanabara, Rio de Janeiro (RJ). Esse aterro contou com estruturas combinadas visando a maior estabilidade do engordamento da praia.

18.4 INSTALAÇÃO DE COMPORTAS E SOLUÇÃO INTEGRADA

Em situações como mostrado nas Figuras 18.21 e 18.22, a defesa da costa abrange a instalação de comportas nos canais estuarinos em associação a defesas rígidas e flexíveis.

A costa norte da Itália no Mar Adriático está sujeita ao processo de subsidência. A subsidência é um lento movimento de abaixamento da crosta terrestre que se verifica em determinadas zonas e é atribuído ao peso dos sedimentos que se acumulam. De fato, é um fenômeno que faz parte do desenvolvimento natural das planícies aluvionares. Nessa costa da Regione Emilia-Romagna (Itália), a partir das décadas de 1940 e 1950, o fenômeno foi de tal magnitude que foi a causa preponderante da erosão costeira. Anteriormente a esse período, a subsidência era de 3 a 4 mm/ano, passando então a 20 a 40 mm/ano na fase de máxima extração de água nas décadas de 1950 a 1980. A partir da década de 1990, com o fechamento de vários poços, a taxa passou a variar entre 3 mm/ano a 8 mm/ano. Da década de 1970 até hoje, os estudos efetuados mostraram rebaixamentos registrados em 110 cm a 115 cm na cidade de Cesenatico.

A causa principal da subsidência antrópica está correlacionada à extração de água dos aquíferos subterrâneos. No início do século XX, iniciou-se a extração de água do lençol artesiano com poços de 70 m a 80 m de profundidade. Com o grande aumento da extração de água a partir da década de 1950, passou a ser necessário o uso de bombas submersas para elevar a água, uma vez que a sua retirada passou a superar a recarga do aquífero. Entretanto, quando se bombeia água de um aquífero, os grãos de sedimentos se aproximam e se rebaixa a superfície do solo. Além disso, os pântanos existentes na região têm muita turfa, que se mantém inchada porque absorve a água, mas quando seca diminui de volume. Assim, com a difusão dos poços, à lenta subsidência natural por carga sedimentar veio se somar essa subsidência antrópica muito mais veloz.

Nessa costa há a presença de importantes jazidas de metano. A extração do gás metano de jazidas localizadas nas proximidades da costa determina rebaixamentos significativos do solo em áreas mais extensas que a projeção da superfície dos perímetros das próprias jazidas. A extração do gás do subsolo provocou a compressão dos sedimentos das camadas sobrejacentes e daqueles subjacentes à zona de produção. Verificaram-se significativos rebaixamentos do terreno em correspondência aos poços de metano. Um estudo efetuado nas proximidades de uma dessas jazidas mostrou que, em 20 anos de extração, os fundos originalmente entre 4 m e 6 m sofreram rebaixamentos superiores a 200 cm, bem como entre 1984 e 1993 registrou-se um rebaixamento de 80 cm a 90 cm nos fundos entre 3 m e 6 m.

Figura 18.20
(A) Planimetria de Praia de Copacabana (RJ) e o engordamento artificial.
(B) Engordamento por alimentação artificial da Praia de Copacabana no Rio de Janeiro (Estado da Guanabara) em 1970. Esta foi a primeira obra do gênero realizada no Brasil.
(C) e (D) Vistas da Praia de Copacabana (RJ) após o engordamento artificial.

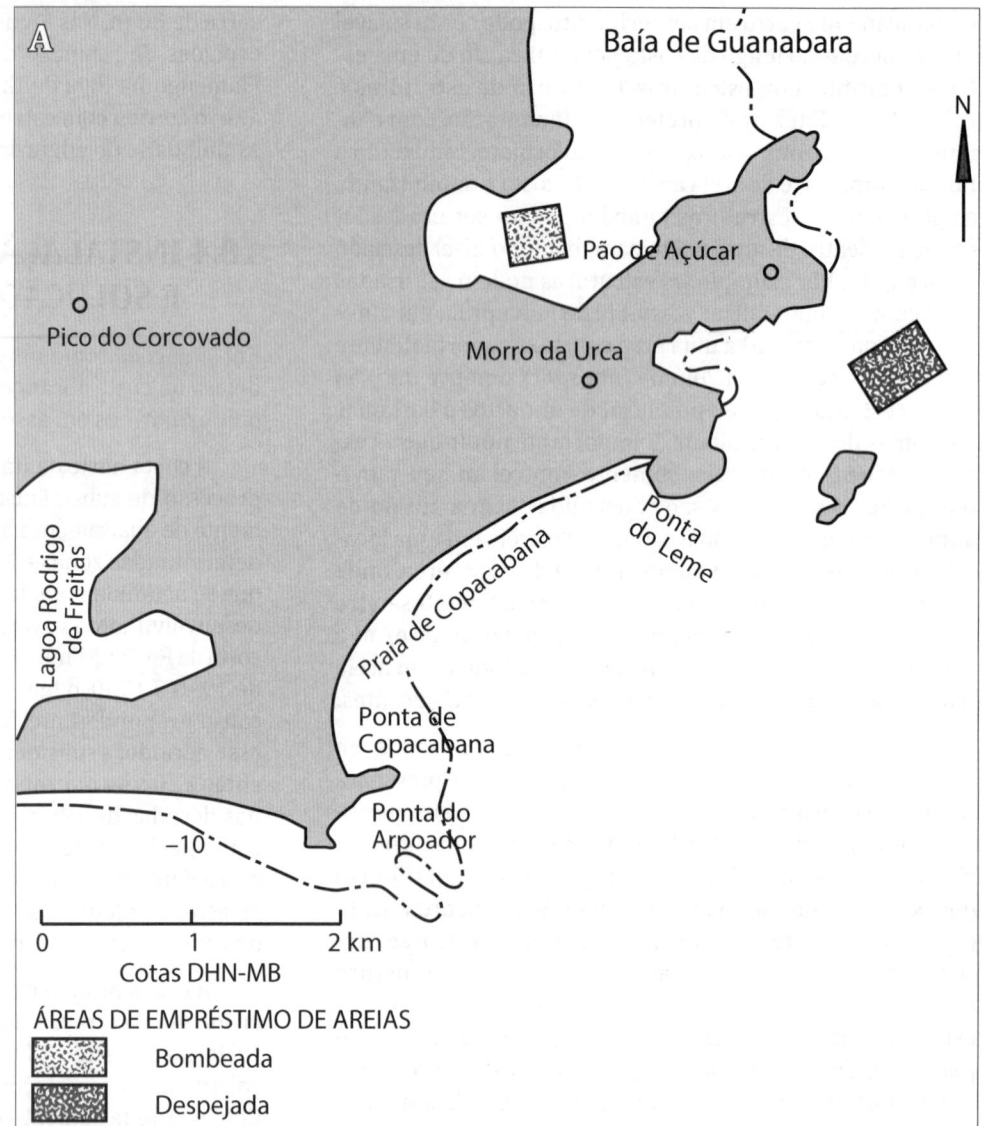

Baía de Guanabara

N

Pão de Açúcar

Pico do Corcovado

Morro da Urca

Ponta do Leme

Lagoa Rodrigo de Freitas

Praia de Copacabana

Ponta de Copacabana

Ponta do Arpoador

−10

0   1   2 km

Cotas DHN-MB

ÁREAS DE EMPRÉSTIMO DE AREIAS

Bombeada

Despejada

Figura 18.20
(C) e (D) Vistas da Praia de Copacabana (RJ) após o engordamento artificial.
(E) Vista do Aterro da Enseada do Flamengo, observando-se os espigões de retenção das areias que se movimentam rumo à entrada da Marina da Glória.
À direita na foto a embocadura da Marina da Glória e a pista do Aeroporto Santos Dumont.
(F) Vista de espigão de retenção de areia do Aterro da Enseada do Flamengo.

Figura 18.21
Comportas vincianas no Canal de Acesso ao Porto de Cesenatico (Itália) no Mar Adriático.

18.5 SOLUÇÕES ANALÍTICAS DO MODELO DE UMA LINHA PARA AS MUDANÇAS DA LINHA DE COSTA

18.5.1 Considerações gerais

Conforme já evidenciado em décadas de evolução e aprimoramentos, a modelação matemática da evolução da linha de costa provou ser ferramenta fundamental para o entendimento e previsão dos impactos advindos de obras portuárias e costeiras em praias arenosas. Assim, a implantação de muros de praia, espigões costeiros ou portuários, quebra-mares costeiros ou de praia, alimentação artificial, ou extração de areias podem ser de forma concisa, qualitativa e quantitativamente avaliados em termos das tendências sistemáticas da resposta dos processos litorâneos. Soluções analíticas suficientemente acuradas, obtidas a partir das descrições matemáticas descritoras da hidrossedimentologia básica, com base em uma esquematização das características essenciais

Figura 18.22
Exemplos de múltiplas obras de defesa, rígidas e flexíveis na Praia de Cesenatico (Itália) no Mar Adriático.

da resposta da praia podem fornecer resultados conceituais mais prontamente disponíveis, comparativamente a modelações matemáticas ou físicas mais complexas. Em estudos conceituais com estas técnicas é possível estimar rapidamente e de forma mais econômica as características essenciais dos quantitativos ligados aos processos litorâneos envolvidos, como o tempo necessário para o transpasse de um espigão costeiro, a perda com o tempo de areia de um aterro de uma alimentação artificial de praia, o crescimento de um saliente no tardoz de um quebra-mar costeiro ou de praia. Evidentemente, os processos hidrossedimentológicos litorâneos constituem-se de complexas interações físicas, devendo-se ter a consciência das limitações ligadas às hipóteses assumidas para a solução analítica. Em estágios mais avançados dos projetos de engenharia, modelações mais acuradas devem ser utilizadas.

Para dispor-se da viabilidade da solução analítica de alteração da linha de costa, a formulação matemática deve ser forçosamente simplificada, caso contrário é mais compensatório lançar mão das soluções numéricas, entretanto, a essência do mecanismo envolvido deve ser preservada, para evitar distorções nos resultados. Pioneiro da teoria de uma linha foi Pelnard-Considère, em 1956, no estudo da evolução da linha de costa pela implantação de um espigão ou molhe, verificando sua validade com ensaios em modelo físico.

As soluções analíticas descritas estão fundamentadas no estado da arte recolhido por Larson, Hanson & Kraus (1987).

18.5.2 Descrição da teoria de uma linha

A teoria de uma linha visa descrever as variações de longo prazo da posição da linha de costa, assumindo-se a simplificação que os contornos de fundo sejam em média paralelos, implicando que basta considerar o movimento de uma linha ao se estudar a alteração da linha de costa. A Figura 18.23 evidencia como assim se mantém uma forma de equilíbrio para o perfil de praia, sendo conveniente assumir a linha de costa como referência, pela facilidade de sua observação. Além disso, como mostrado na Figura 18.24, assume-se que o ângulo de quebra α_b seja pequeno, bem como o ângulo α_{sg}, entre a linha de costa e o eixo x.

O transporte litorâneo longitudinal de areias é assumido que se processe uniformemente até a profundidade de fechamento. Considera-se que o perfil de praia translada-se somente paralelamente a si mesmo, mantendo sua forma, uma alteração na localização x de uma posição Δy relaciona-se com a mudança da área da seção transversal ΔA na localização x. Assim, com base em uma equação de transporte de sedimentos litorâneo e considerando as esquematizações e definições das Figuras 18.23 e 18.24, deduz-se a equação diferencial fundamental de difusão:

$$\varepsilon \frac{\partial^2 y}{\partial x^2} = \frac{\partial y}{\partial t}$$

em que:

$$\varepsilon = \frac{KH_b^2 c_{gb}}{8}\left(\frac{\rho}{\rho_s - \rho}\right)\left(\frac{1}{1-n}\right)\left(\frac{1}{d_B + d_c}\right)$$

sendo:

$K = 0{,}77$

H_b: altura da onda raiz do valor quadrático médio na arrebentação

c_{gb}: celeridade de grupo na arrebentação em águas rasas

ρ: massa especifica da água do mar, tipicamente 1.025 kg/m^3

ρ_s: massa específica do sedimento, tipicamente 2.650 kg/m^3

n: porosidade dos sedimentos, tipicamente 0,4

d_B: altura da berma

d_c: profundidadede fechamento

O coeficiente ε tem dimensão de comprimento ao quadrado dividido por tempo, sendo interpretado como um coeficiente de difusão que expressa a escala de tempo da alteração da linha de costa em resposta a uma perturbação, que é devida à ação da onda. Assim, uma elevada vazão de transporte litorâneo longitudinal induz rápida resposta da linha de costa buscando nova condição de equilíbrio em função das ondas incidentes. Por outro lado, uma grande profundidade de fechamento corresponde ao envolvimento de grande parte do perfil praial participando do movimento de areia, demandando uma resposta mais lenta da linha de costa.

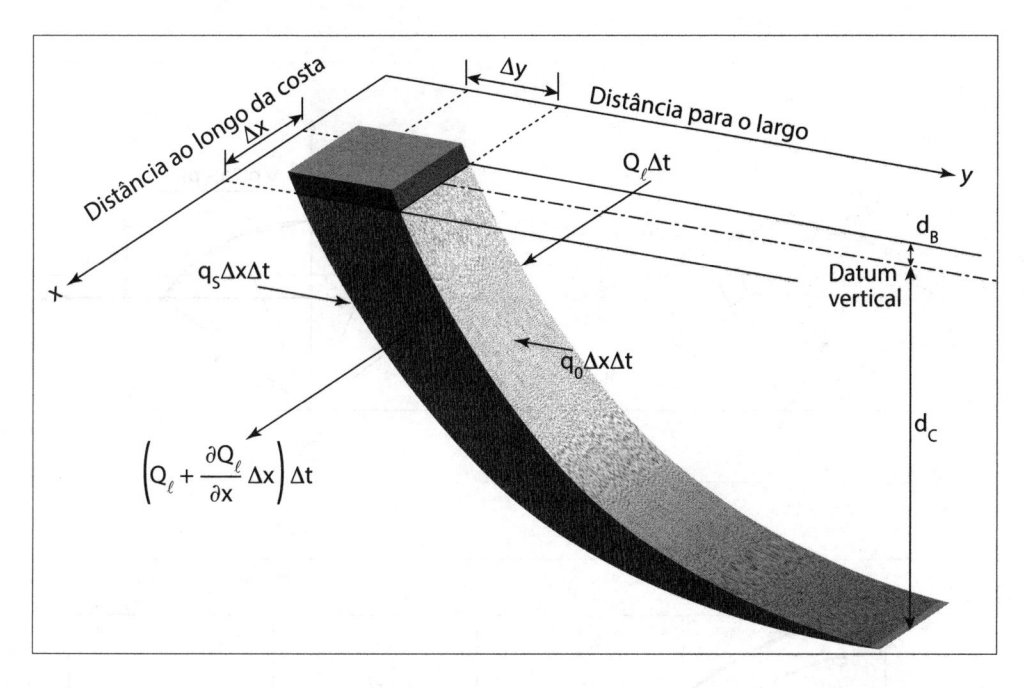

Figura 18.23
Volume elementar no perfil de equilíbrio da praia.

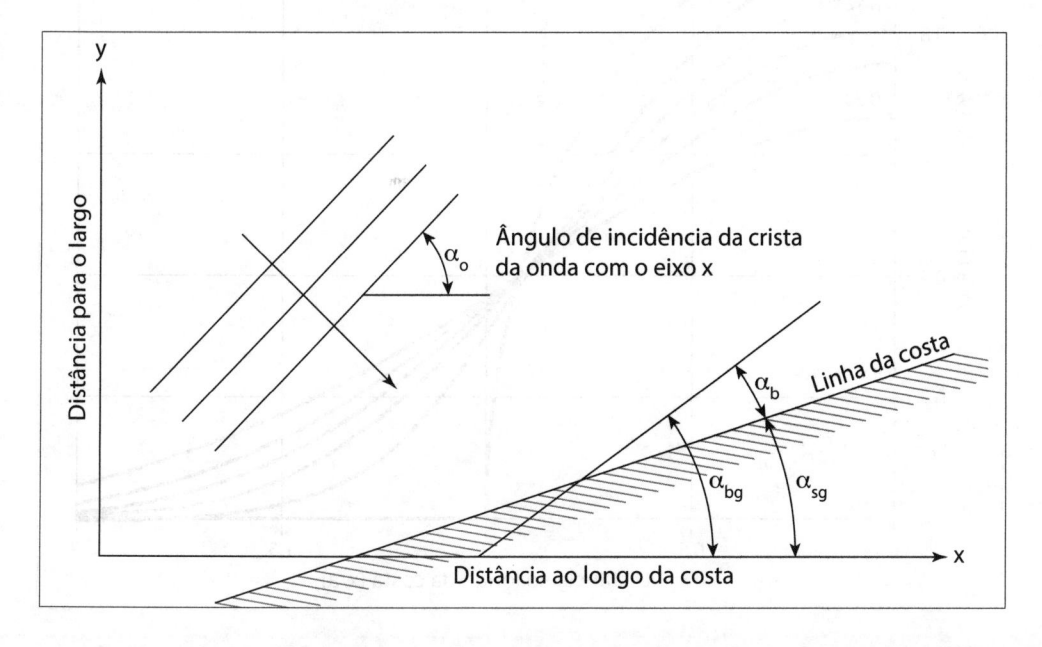

Figura 18.24
Definição da angulação da arrebentação da onda.

18.5.3 Soluções para a evolução de linha de costa no tempo sem a presença de estruturas costeiras

18.5.3.1 PRAIA EM FORMA SEMICIRCULAR

Para chegar a uma solução analítica no caso de uma praia em forma semicircular, entre $-a < x < a$, a circunferência é aproximada por segmentos lineares de um polígono com um número finito de vértices N (Figura 18.25(A)). A solução gráfica adimensionalizada para $N = 101$, em que praticamente o polígono coincide com o semicírculo, está apresentada na Figura 18.26. Se a praia é formada por um segmento circular (Figura 18.25(B)), a solução gráfica adimensionalizada está apresentada na Figura 18.27(A). A solução gráfica adimensionalizada para uma reentrância semicircular está apresentada na Figura 18.27(B).

18.5.3.2 VAZÃO DE DESCARGA DE SEDIMENTOS A PARTIR DE UM RIO FUNCIONANDO COMO FONTE PONTUAL

Na situação em que a embocadura fluvial é de reduzidas dimensões, comparativamente com a área em que descarrega areia, o processo hidrossedimentológico pode ser considerado como fonte pontual. Considerando que a vazão de areia fluvial seja permanente no tempo, denominada q_0 em m^3/s, a solução gráfica adimensionalizada está apresentada na Figura 18.28(A), na qual a distância x, ao longo da costa, da fonte é L e a vazão Q_0 corresponde à vazão do transporte de sedimentos litorâneo longitudinal

Se a descarga de sedimentos fluvial tiver um comportamento aproximadamente periódico, a vazão de areia fluvial q_R no tempo pode ser ajustada como:

$$q_R(t) = q_0 + q_s \,\mathrm{sen}(\omega t + \phi)$$

Figura 18.25
(A) Esquema planimétrico de definição de uma praia em forma circular em planta.
(B) Esquema planimétrico de definição de uma praia em forma de segmento circular em planta.

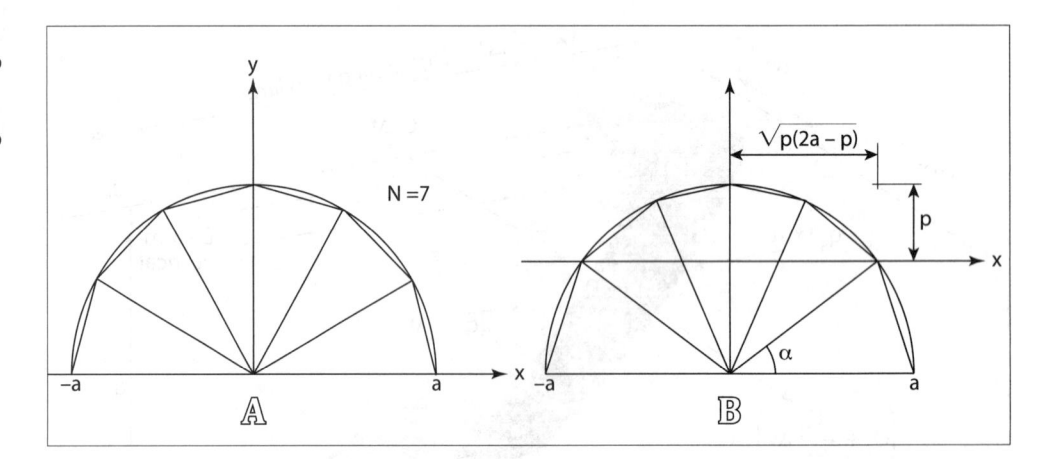

Figura 18.26
Curvas adimensionais de solução no tempo para a evolução de uma praia em forma semicircular em planta no tempo inicial.

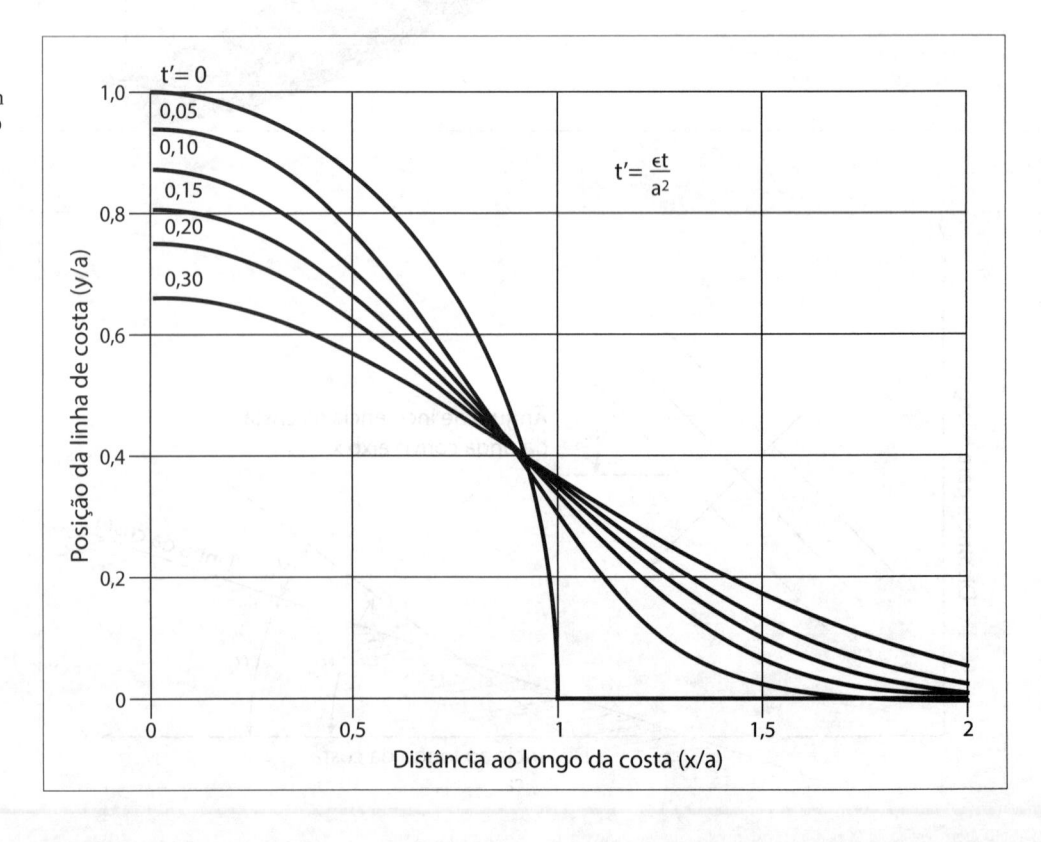

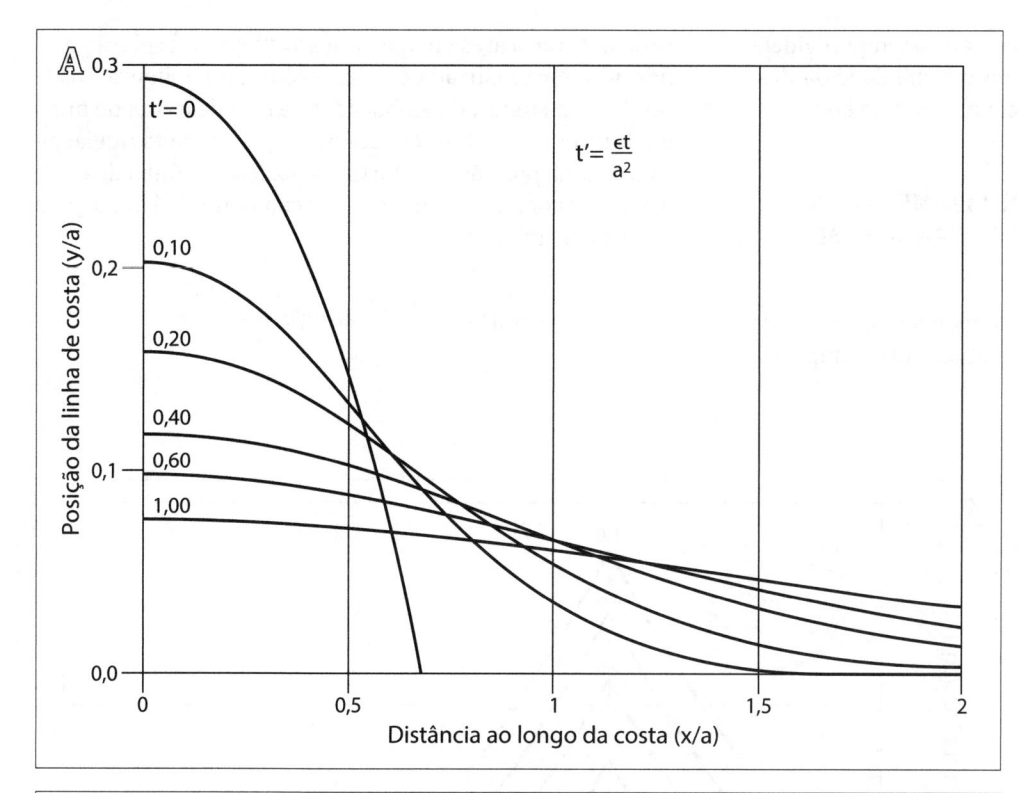

Figura 18.27
(A) Curvas adimensionais de solução no tempo para a evolução de uma praia em forma de segmento circular em planta no tempo inicial. (α = 45°).
(B) Curvas adimensionais de solução no tempo para a evolução de uma reentrância de praia em forma semicircular em planta no tempo inicial.

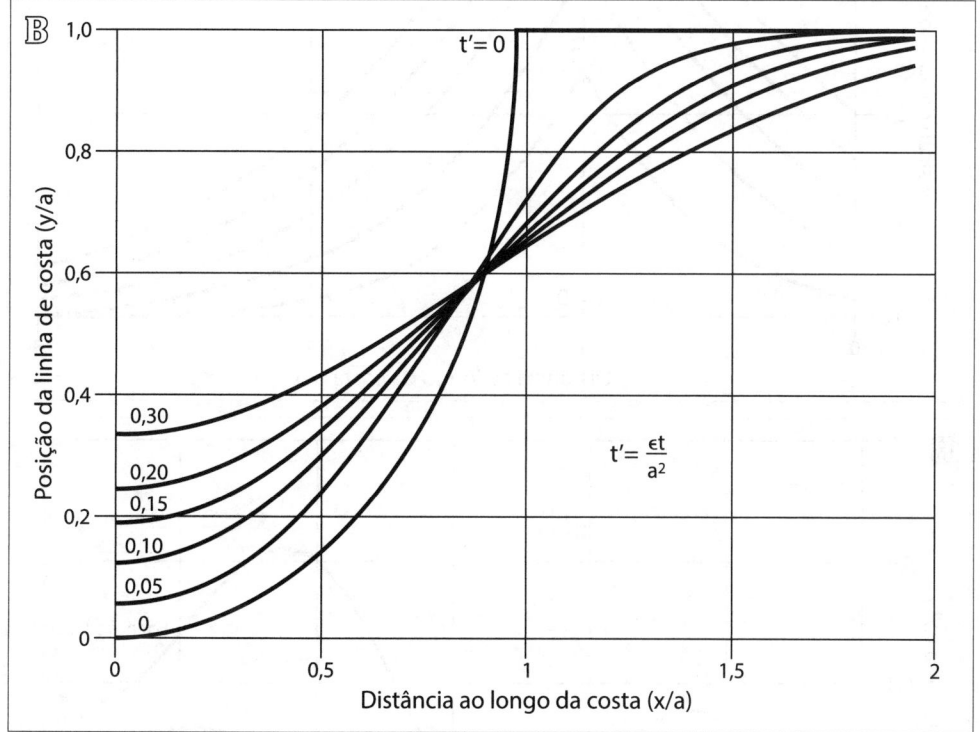

sendo:

q_0: descarga permanente de areia fluvial

q_s: amplitude da variação periódica da descarga de areia fluvial

ω: frequência angular = $2\pi/T$

T: período de variação da descarga de areia fluvial

ϕ: ângulo de fase da variação periódica

O comportamento da linha de costa é composto de uma contribuição que evolui aproximadamente proporcionalmente com a raiz quadrada do tempo despendido e outra correspondendo com uma oscilação periódica que se dissipa ao longo do eixo x, o que faz com que além de uma certa distância da descarga o efeito periódico possa ser desprezado, permanecendo somente a solução anterior. Em virtude destas variações periódicas na descarga, desenvolvem-se ondas de areia na embocadura fluvial. Na Figura 14.28(B) está apresentada a evolução da linha de costa em posições específicas nas proximidades da embocadura em função do tempo, evidenciando o amortecimento do efeito da variabilidade da descarga de areia fluvial com a distância da fonte no eixo *x*.

18.5.3.3 VAZÃO DE DESCARGA DE SEDIMENTOS A PARTIR DE UM RIO FUNCIONANDO COM LARGURA FINITA

Para uma contribuição de descarga de sedimentos em um rio de grande dimensão de largura na embocadura, comparativamente com a área em que descarrega areia, a solução gráfica adimensionalizada está apresentada na Figura 18.29, sendo 2a a largura da embocadura e q_R a descarga de areia em função de *x*. O tempo necessário para o delta fluvial alcançar uma posição y_0 a partir da posição da linha de costa original e com profundidade de fechamento *D* é dada, para *x* = 0, pela equação:

$$y_0(t) = \frac{q_R t}{D}\left[1 - 4i^2 erfc\left(\frac{a}{2\sqrt{\varepsilon t}}\right)\right]$$

Figura 18.28
(A) Curvas adimensionais de solução no tempo para a evolução da linha de costa em planta na vizinhança de uma embocadura fluvial com fonte pontual de descarga constante de sedimentos no tempo inicial.
(B) Evolução da linha de costa nas proximidades de uma embocadura fluvial com fonte pontual de descarga de sedimentos em função do tempo.

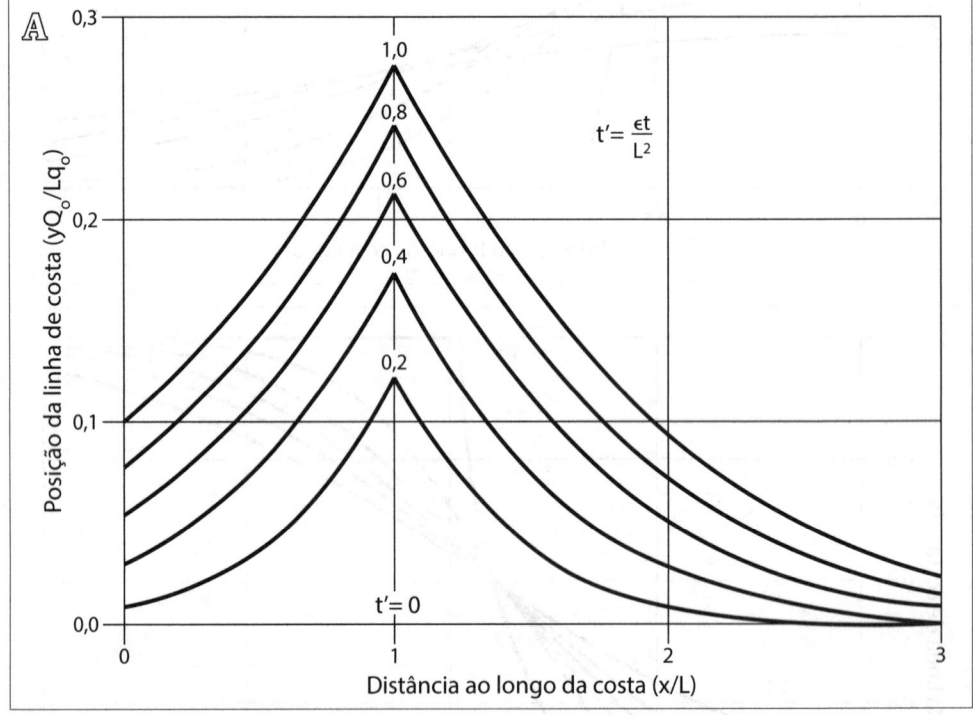

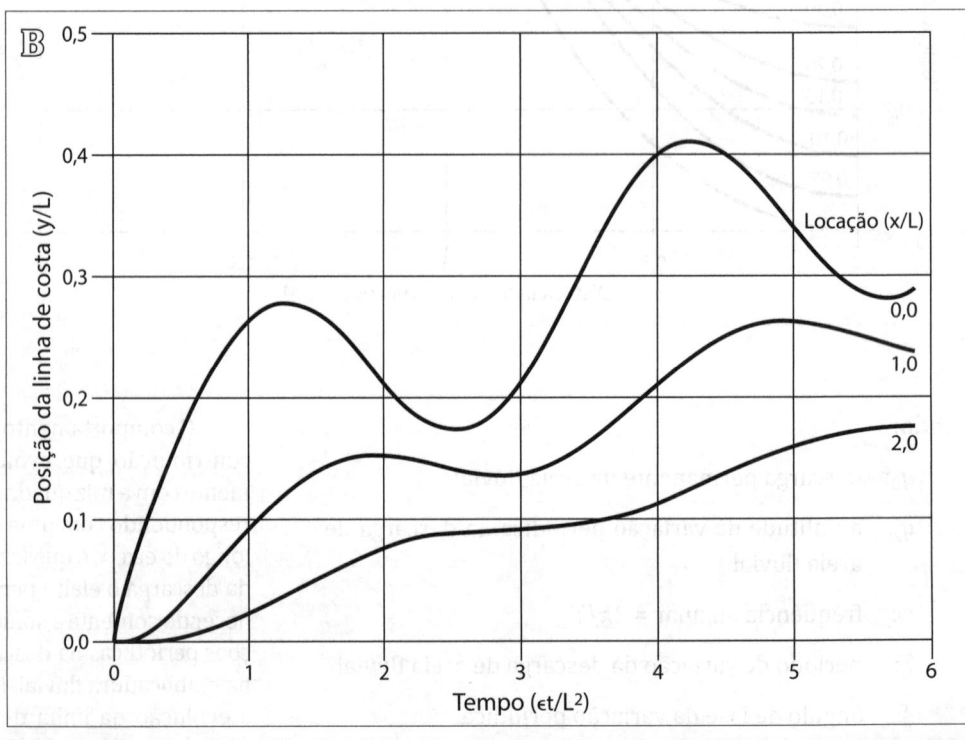

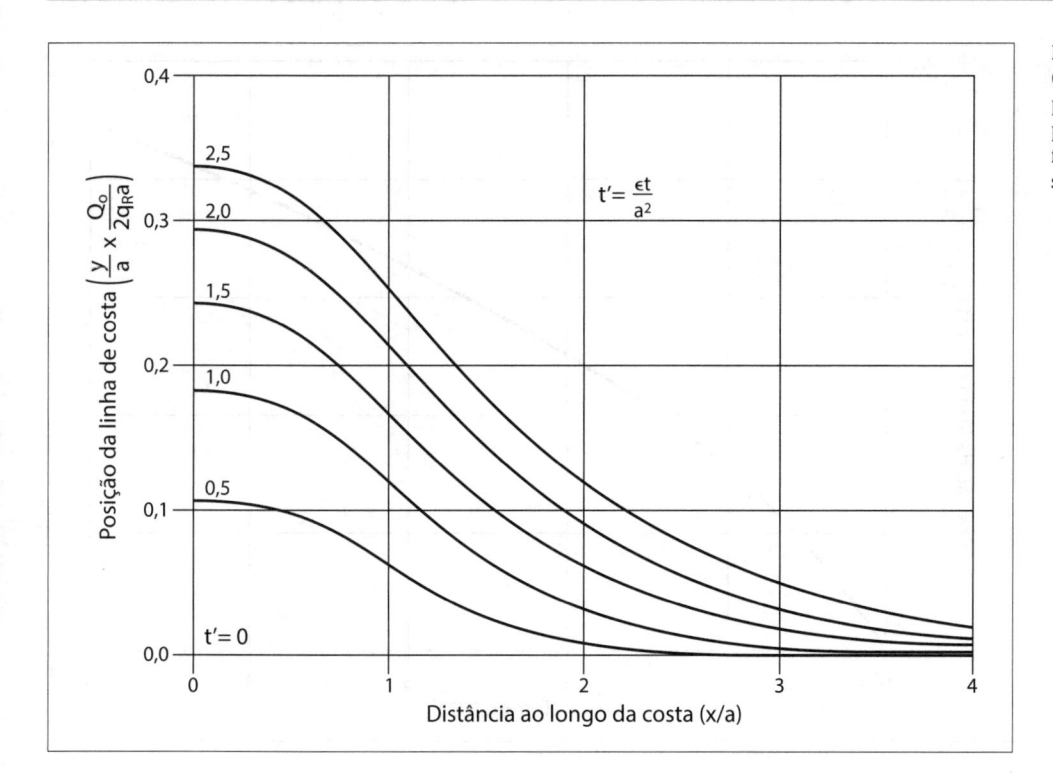

Figura 18.29
Curvas adimensionais de solução no tempo para a evolução da linha de costa em planta na vizinhança de uma embocadura fluvial com largura finita de descarga de sedimentos no tempo inicial.

Sendo *erfc* a função de erro complementar, descrita na Figura 18.30(B):

$$erfc(x) = 1 - erf(x)$$

$$erf(x) = \frac{2}{\sqrt{\pi}} \int_0^{(x)} e^{-z^2} dz$$

A Figura 18.31 apresenta em gráfico a solução anteriormente equacionada.

18.5.4 Soluções para a evolução de linha de costa no tempo com a presença de estruturas costeiras rígidas

18.5.4.1 MODIFICAÇÃO DA LINHA DE COSTA JUNTO A UM MURO DE PRAIA

A construção de muros de praia objetiva prevenir que a linha de costa sofra retrações ao longo de trechos específicos. Se a erosão ocorre ao lado do muro, ou seja, o flanqueia (Figura 18.32), a solução que descreve a forma em planta da linha de costa erodida é a mesma que descreve a erosão a sotamar de um espigão, funcionando o muro como uma estrutura de defesa costeira semi-infinita. Quando, no entanto, a erosão flanqueia e penetra no tardoz do muro (Figura 18.33), a onda incidente apresenta um ângulo externo maior do que no tardoz, em razão da difração em torno do extremo do muro (considerando um ângulo médio da difração). A relação δ entre o transporte litorâneo externo e interno, bem como os referidos ângulos, devem ser considerados para a obtenção da solução gráfica adimensionalizada (Figura 18.34).

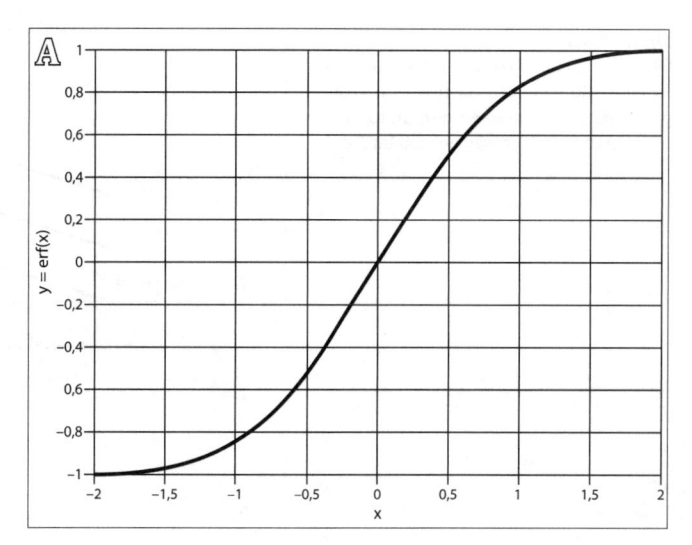

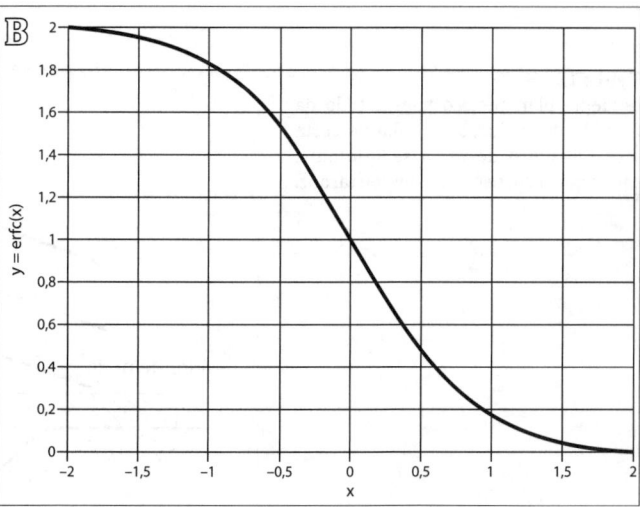

Figura 18.30
(A) Função erro gaussiana.
(B) Função erro complementar.

Figura 18.31
Curvas adimensionais de solução no tempo para a evolução da linha de costa em planta na vizinhança de um delta fluvial com largura finita de descarga de sedimentos no tempo inicial.

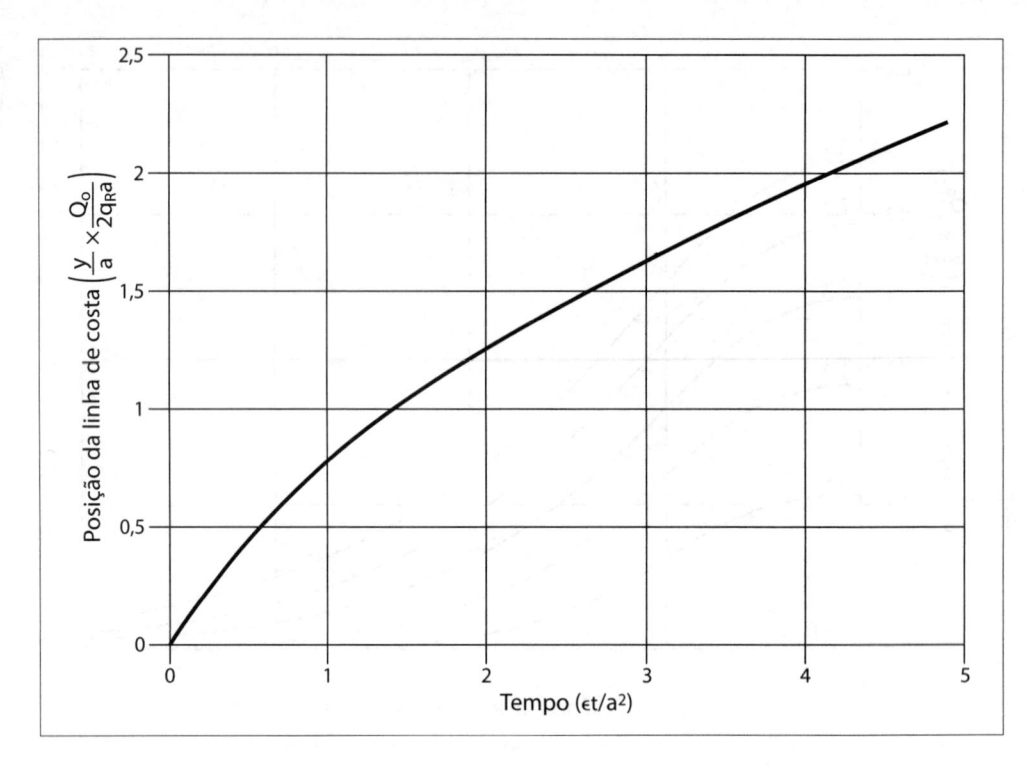

Figura 18.32
Esquema planimétrico para estudo da situação de evolução da linha de costa para um muro de praia semi-infinito, para o qual não ocorre erosão em seu tardoz.

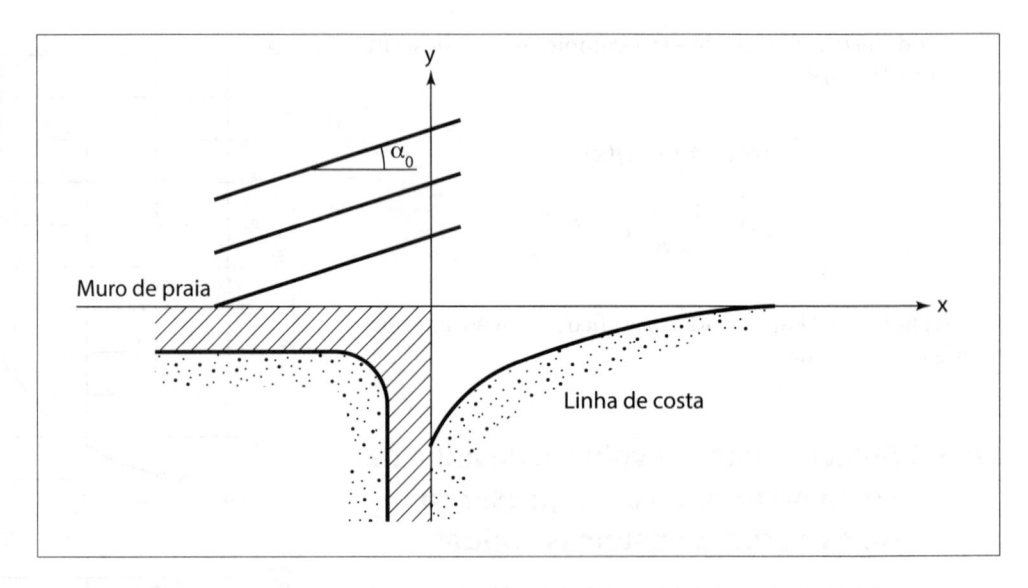

Figura 18.33
Esquema planimétrico para estudo da situação de evolução da linha de costa para um muro de praia semi-infinito, para o qual ocorre erosão em seu tardoz.

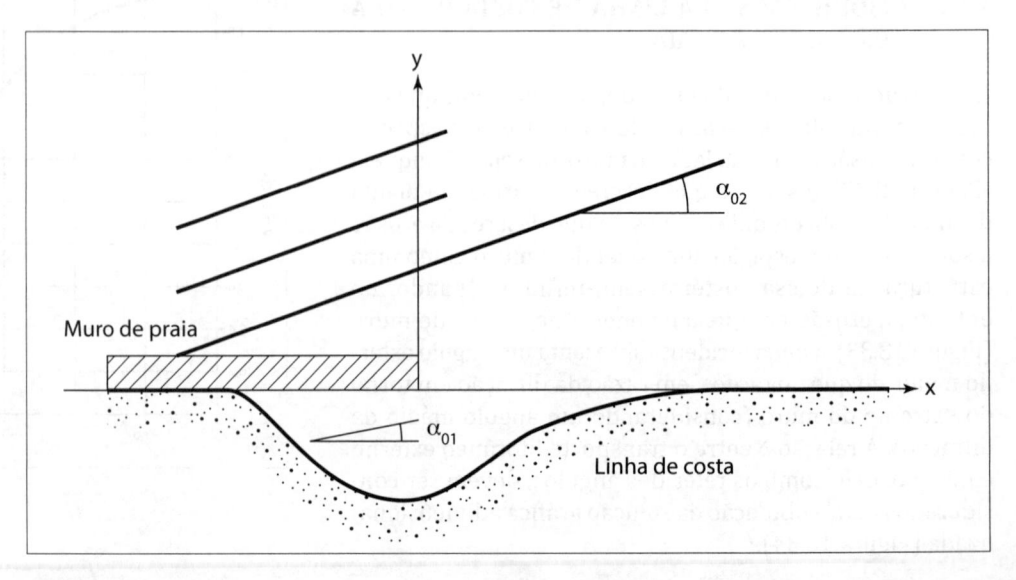

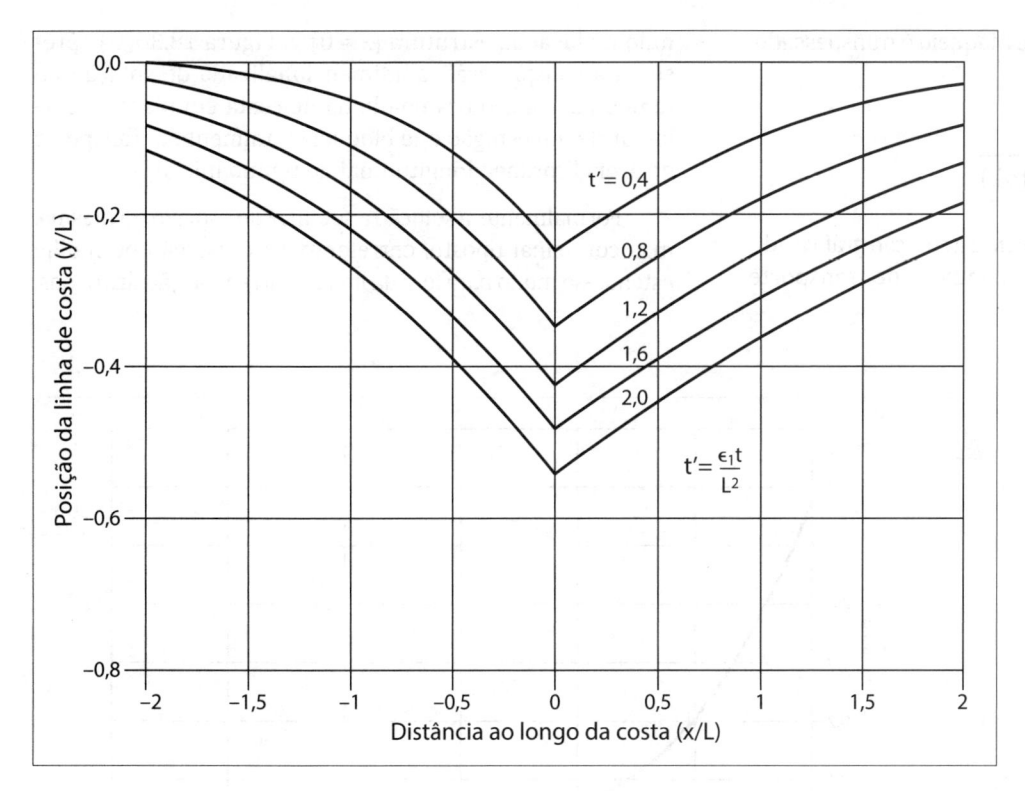

Figura 18.34
Curvas adimensionais de solução no tempo para a evolução da linha de costa em planta nas proximidades de um muro de praia em que a erosão e o flanqueamento podem ocorrer em seu tardoz ($\delta = 0,6$, $\alpha_{01} = 0,2$ radianos e $\alpha_{02} = 0,4$ radianos).

18.5.4.2 MODIFICAÇÃO DA LINHA DE COSTA POR ESPIGÕES E MOLHES

A solução analítica para a alteração da linha de costa por espigões, ou outra estrutura delgada normal à costa, que bloqueie o transporte litorâneo longitudinal de areia foi obtida inicialmente por Pelnard-Considère, em 1956. De início a praia encontra-se em equilíbrio com alinhamento paralelo ao eixo x, com transporte uniforme de areias promovido por um ângulo de arrebentação igual ao longo da praia. A colocação da estrutura normal à linha de costa de comprimento L, no instante, $t = 0$ e na posição $x = 0$, passa inicialmente a bloquear o transporte de areias. (Figura 18.35). Passa a ocorrer uma acumulação a barlamar e uma erosão a sotamar da estrutura. A solução dimensional que descreve a acumulação é dada pela equação:

$$y = 2\sqrt{\varepsilon t}\,\tan(\alpha_b)\left\{\frac{1}{\sqrt{\pi}}\exp\left[-\left(\frac{x}{2\sqrt{\varepsilon t}}\right)^2\right] - \frac{x}{2\sqrt{\varepsilon t}}\,erfc\left(\frac{x}{2\sqrt{\varepsilon t}}\right)\right\},\ \text{para}\ t < t_f$$

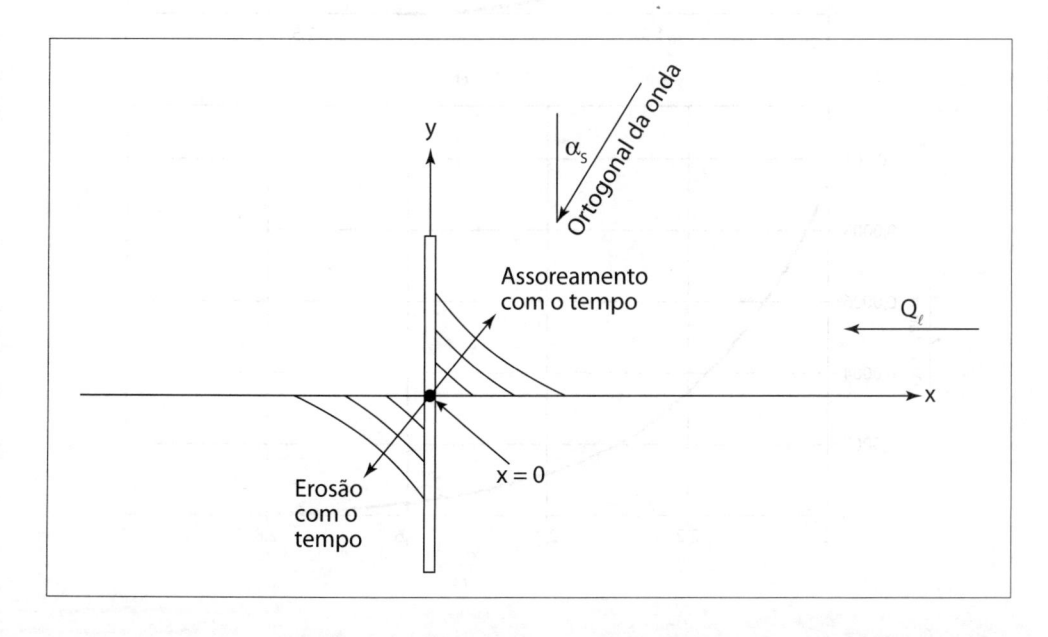

Figura 18.35
Estrutura localizada perpendicularmente à costa.

sendo t_f o tempo em que o efeito de bloqueio é transpassado. Este tempo é dado por:

$$t_f = \frac{L^2 \pi}{4\varepsilon \tan^2(\alpha_b)}$$

A Figura 18.36(A)(B)(C) apresenta a solução gráfica adimensionalizada em planta para a condição de transporte nulo no local da estrutura ($x = 0$). A Figura 18.36(D) apresenta a solução gráfica adimensionalizada de solução no tempo para a evolução da linha de costa em planta a barlamar de um espigão que bloqueia totalmente o transporte de areia litorâneo longitudinal no tempo inicial.

Formalmente, a solução a sotamar do espigão é a mesma, mas com sinal oposto, entretanto, se o espigão ou molhe estende-se muito para fora da linha de arrebentação das ondas,

Figura 18.36
(A), (B) e (C) Solução gráfica adimensionalizada em planta para a condição de transporte nulo no local da estrutura (x = 0).

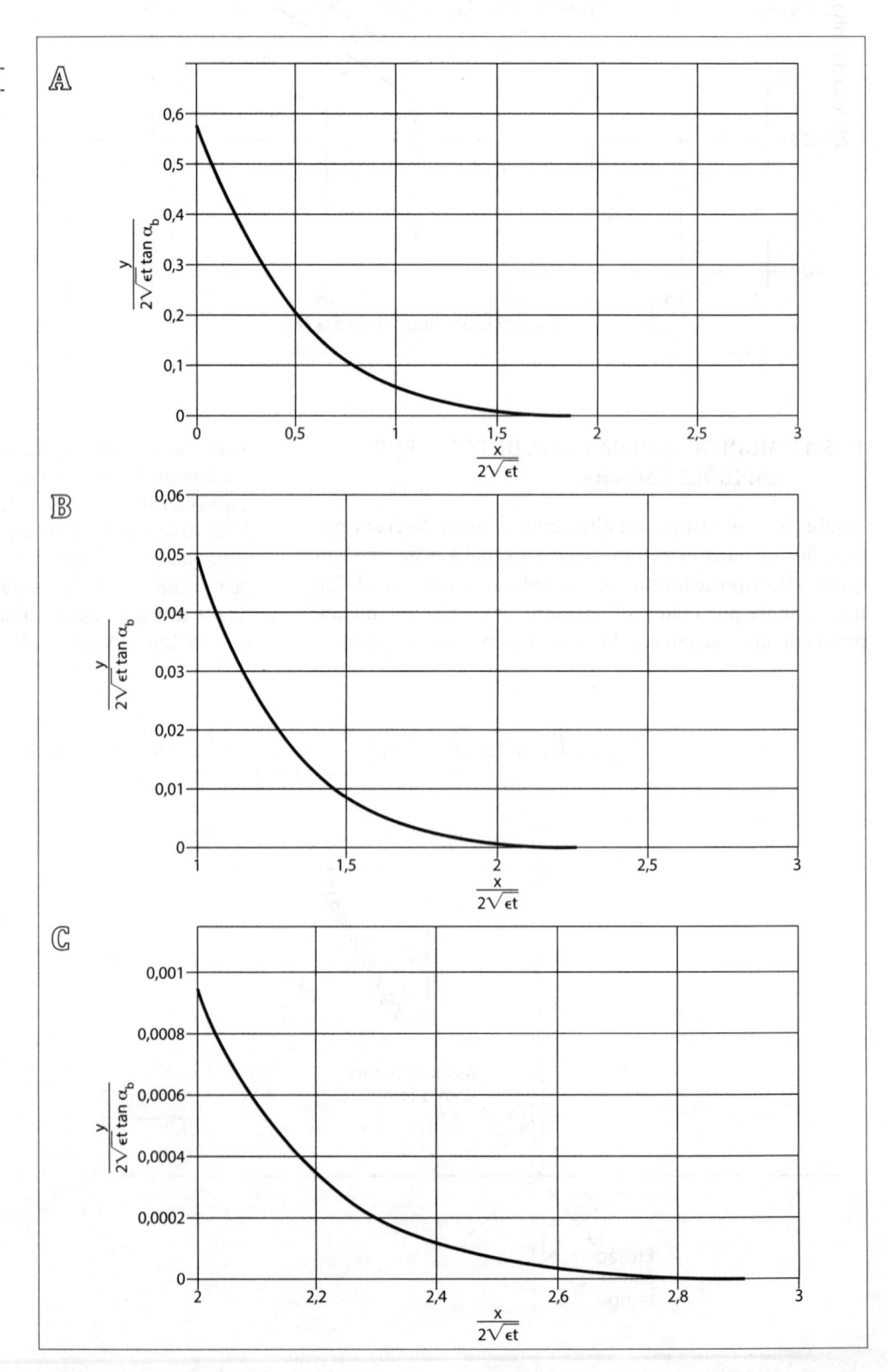

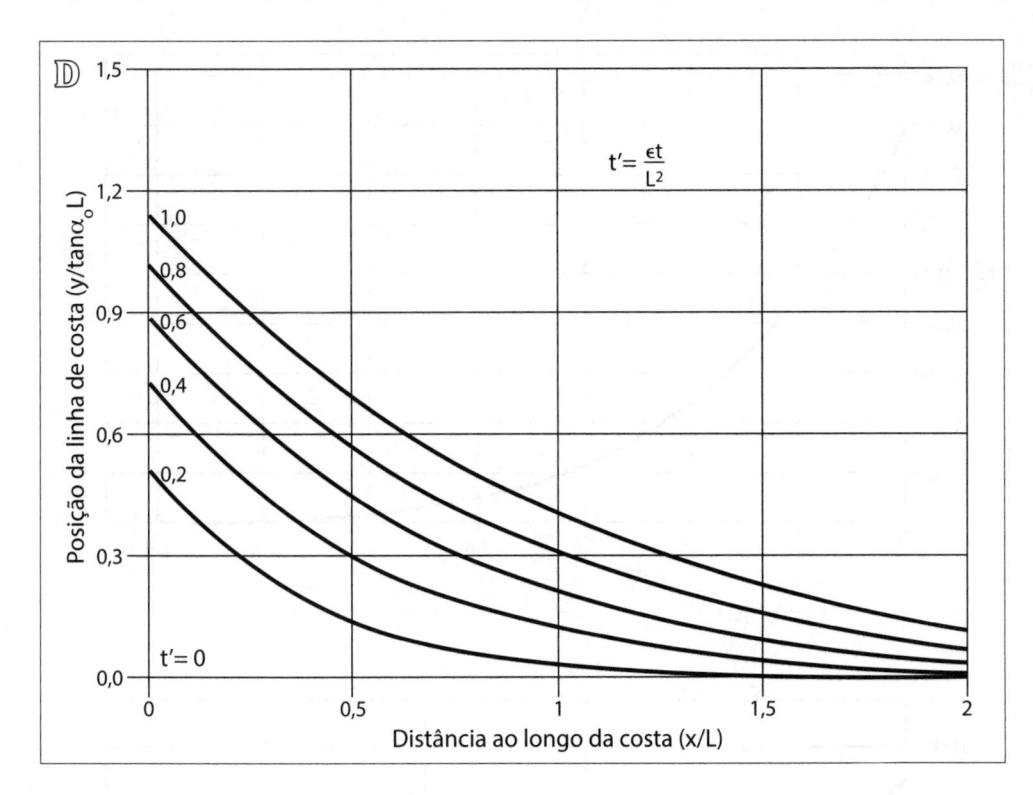

Figura 18.36
(D) Curvas adimensionais de solução
no tempo para a evolução da linha de
costa em planta a barlamar de um
espigão que bloqueia totalmente o
transporte de areia litorâneo
longitudinal no tempo inicial.

a difração ocorrerá no tardoz do espigão, modificando, quanto mais significativa for a difração, a altura e ângulo na arrebentação, e, consequentemente, a capacidade de transporte.

Uma vez iniciado o transpasse de sedimentos pela cabeça da extremidade da estrutura tem-se que $y = L$ para $x = 0$ e $y = 0$ para $x = \infty$ para todos os tempos. A solução neste caso é dada pela equação:

$$y = L\ erfc\left(\frac{x}{2\sqrt{\varepsilon t_2}}\right),\ t > t_f$$

Pelnard-Considére usou o tempo igual a t_2 de modo que as áreas de linha de costa acima do eixo x fossem iguais para a equação com transpasse usando t_2 e para a equação com bloqueio de transporte $t = t_f$, correspondendo à condição de saturação do enchimento, de modo que os volumes fossem iguais em planta. Deste modo, $t_2 = t - 0,38\ t_f$, sendo t o tempo da solução inicial com bloqueio do transporte de areia. A Figura 18.37(A)(B)(C) apresenta a solução gráfica adimensionalizada em planta a barlamar de um espigão para a condição em que ocorre transpasse no local da estrutura ($x = 0$).

O transpasse pode iniciar-se imediatamente após a construção de um espigão, dependendo do seu comprimento, sem que haja um completo enchimento. Assim, pode-se considerar que o transpasse seja regido por uma equação exponencial do tipo:

$$Q_B(1 - e^{-\gamma\tau})$$

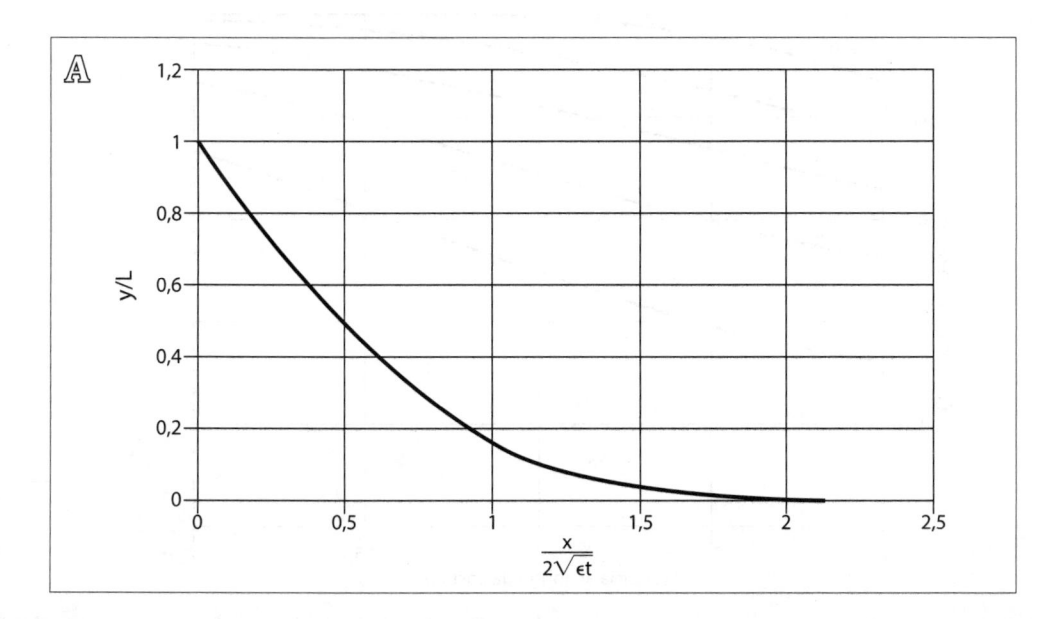

Figura 18.37
(A) Solução gráfica adimensionalizada
em planta para a condição de
acumulação de sedimentos na
estrutura costeira uma vez iniciado
o transpasse natural.

Figura 18.37
(B) e (C) Solução gráfica adimensionalizada em planta para a condição de acumulação de sedimentos na estrutura costeira uma vez iniciado o transpasse natural.
(D) Curvas adimensionais de solução no tempo para a evolução da linha de costa em planta a sotamar de um espigão em que há o transpasse do transporte de areia litorâneo longitudinal no tempo inicial.

Descrito por $Q_B(1 - e^{-\gamma t})$ para $(Q_B/Q_0 = 0,7)$, $\alpha_0 = 0,4$ rad, $\gamma \dfrac{L^2}{\varepsilon} = 2$.

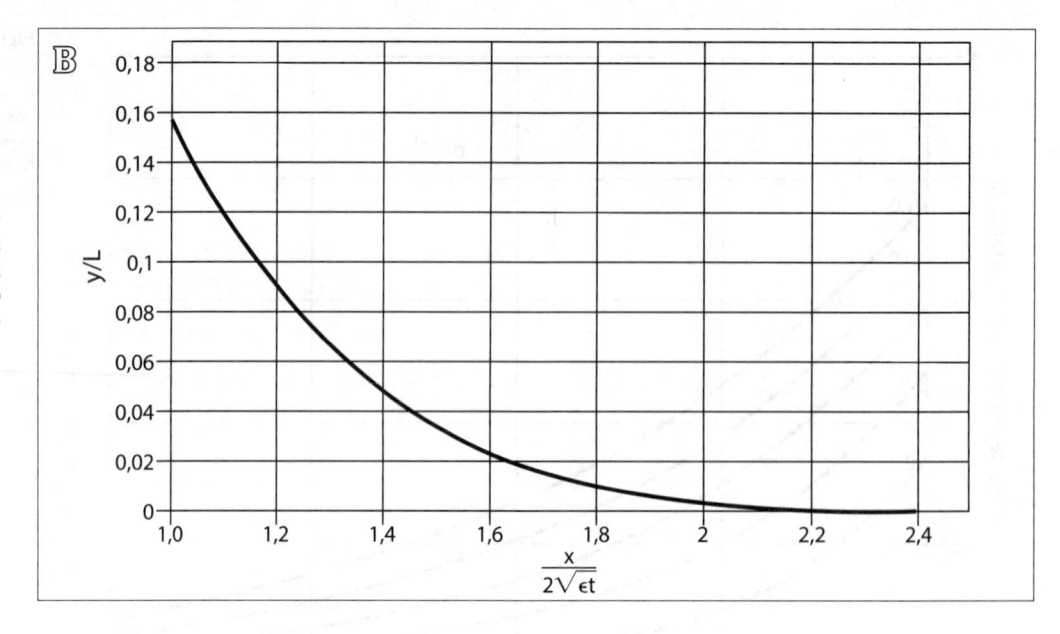

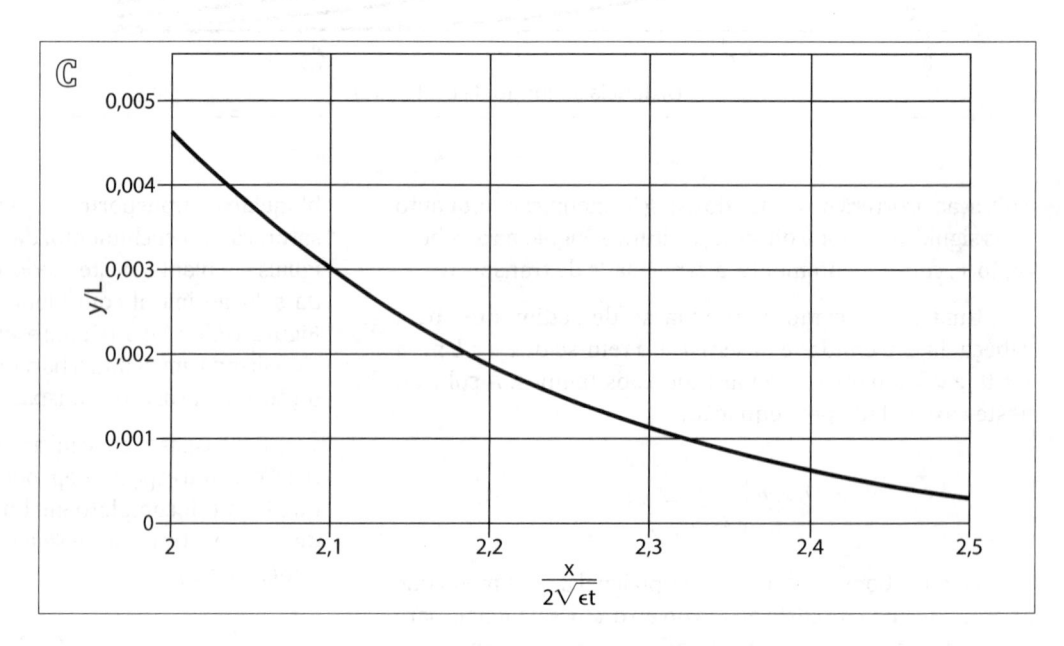

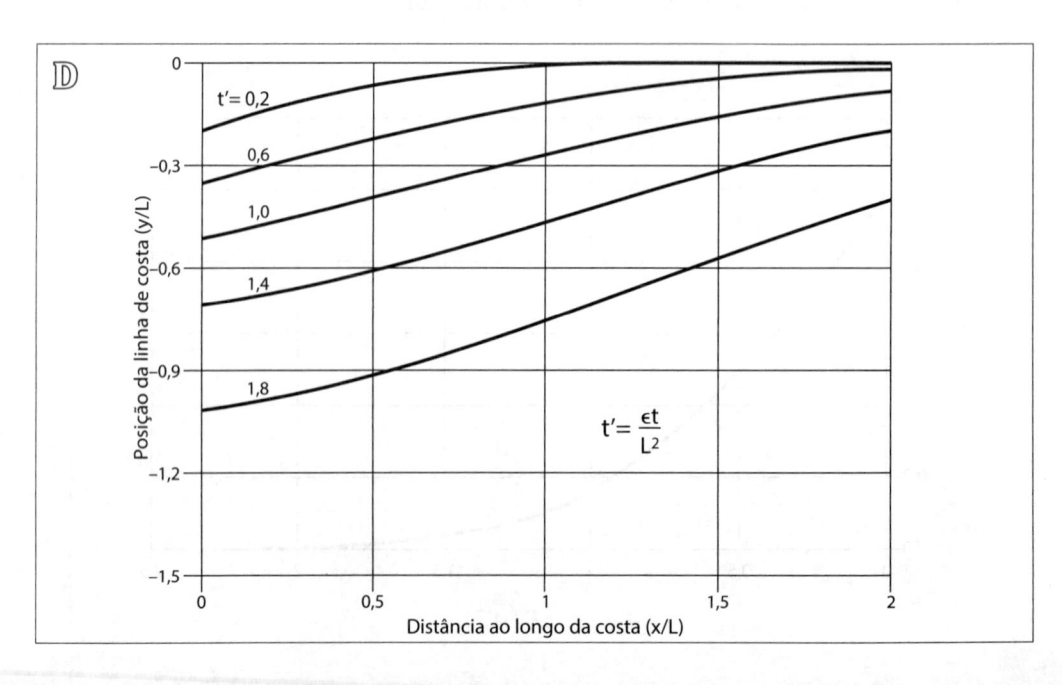

Nesse caso, Q_B é o máximo valor da vazão de transpasse de areia e γ um coeficiente descritivo da taxa em que o valor limite Q_B é aproximado no tempo. Empregando-se dois parâmetros adimensionais, Q_B/Q_0 e $\gamma L^2/\varepsilon$, uma solução da evolução no tempo da linha de costa a sotamar de um espigão está apresentada na Figura 18.37(D). Esta solução também é válida para descrever a alteração da linha de costa a barlamar do espigão, invertendo-se o sinal.

O transpasse da Figura 18.37(D) apresenta uma solução gráfica adimensionalizada de solução no tempo para a evolução da linha de costa em planta a sotamar de um espigão, após o transpasse do transporte de areia litorâneo longitudinal no tempo inicial.

18.5.4.3 MODIFICAÇÃO DA LINHA DE COSTA POR UM CAMPO DE ESPIGÕES PREVIAMENTE PREENCHIDO

Quando o campo de espigões e a alimentação artificial de suas células são efetuados conjuntamente, conforme ilustrado na Figura 18.38, uma solução gráfica adimensionalizada em planta está apresentada na Figura 18.39.

18.5.4.4 MODIFICAÇÃO DA LINHA DE COSTA POR UM QUEBRA-MAR COSTEIRO

Um quebra-mar costeiro reduz a altura de onda em seu tardoz por efeito de difração em seus cabeços e o resultante campo

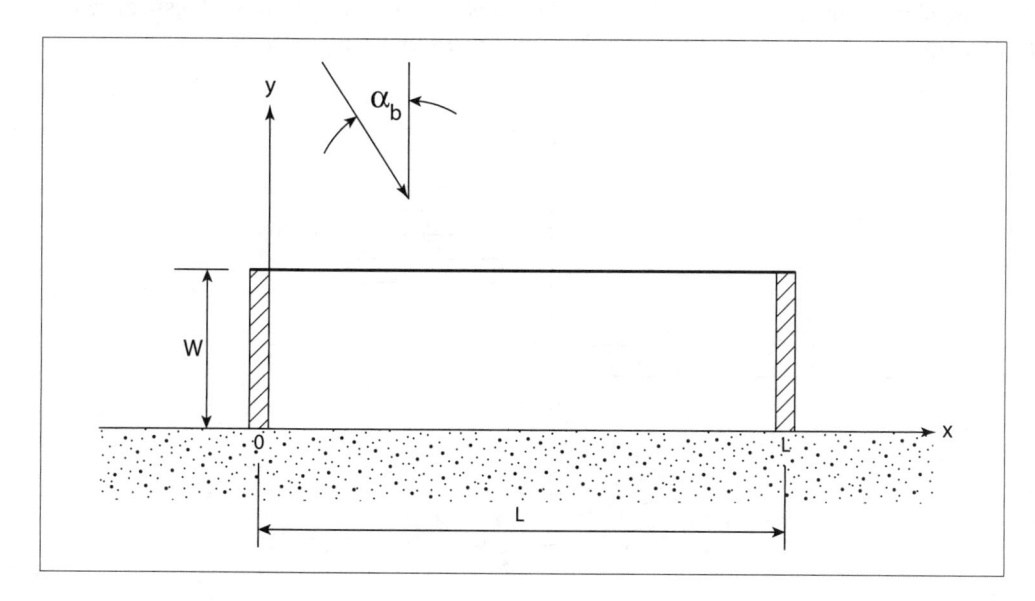

Figura 18.38
Esquema planimétrico para estudo da evolução de um aterro de praia disposto entre espigões em planta no tempo inicial.

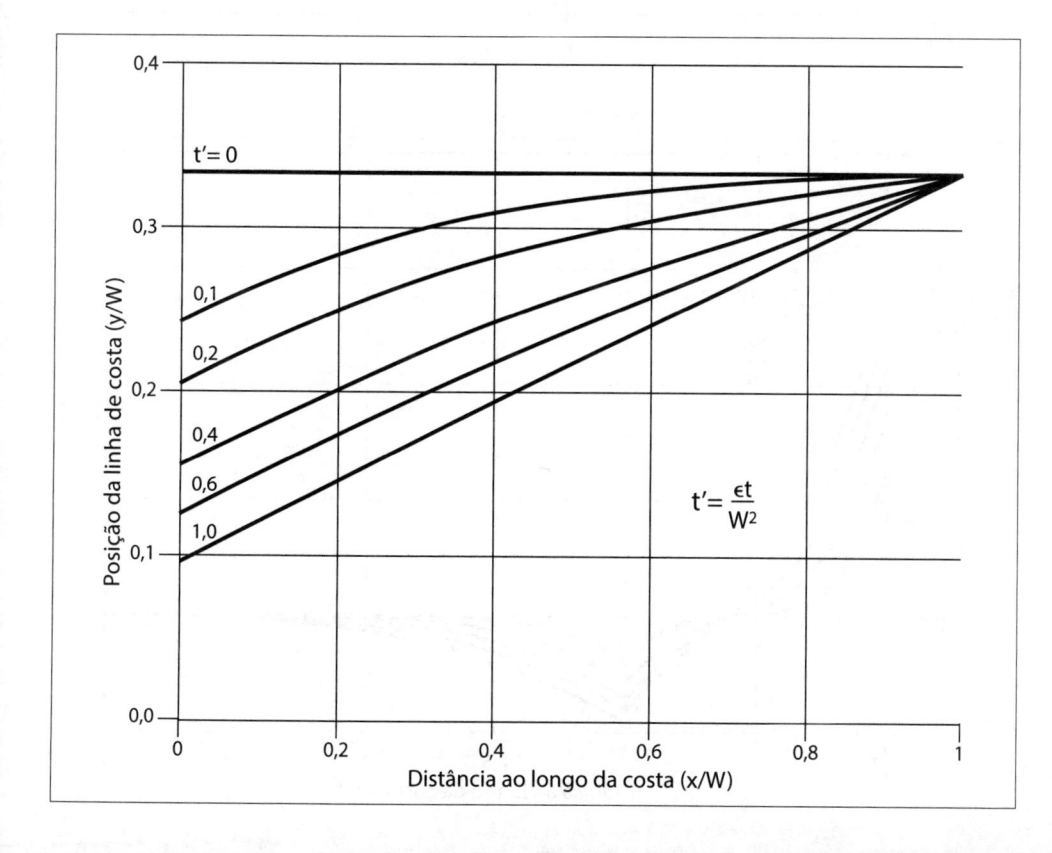

Figura 18.39
Curvas adimensionais de solução no tempo para a evolução do aterro de praia disposto entre espigões em planta no tempo inicial com $L/W = 0,33$ e $\alpha_0 = 0,25$ rad.

de correntes, reduzindo a vazão do transporte litorâneo longitudinal de areias. Embora seja um processo complexo, a solução analítica pode ser obtida considerando a esquematização apresentada na Figura 18.40. A relação δ entre o transporte litorâneo externo e interno, bem como os referidos ângulos, devem ser considerados para a obtenção da solução gráfica adimensionalizada em tempos curtos (Figura 18.41) e longos (Figura 18.42). O comprimento do saliente no tardoz do quebra-mar costeiro cresce no tempo tendendo ao valor máximo de $L\tan\alpha_{01}$.

18.5.4.5 MODIFICAÇÃO DA LINHA DE COSTA POR UM ATERRO RETANGULAR DE DIMENSÃO FINITA

Conforme mostrado na Figura 18.43, a alimentação artificial de uma praia para formar um aterro retangular de dimensão finita apresenta uma solução dada pela equação:

$$y = \frac{y_0}{2}\left\{ erf\left[\left(\frac{a}{2\sqrt{\varepsilon t}}\right)\left(1-\frac{x}{a}\right)\right] + erf\left[\left(\frac{a}{2\sqrt{\varepsilon t}}\right)\left(1+\frac{x}{a}\right)\right]\right\}$$

cujo gráfico adimensionalizado está apresentado na Figura 18.44. Esta equação pode ser integrada nos limites do projeto para permitir estimar a proporção p(t) de enchimento remanescente nos limites do projeto em um dado tempo, após o início do projeto, resultando em:

$$p(t) = \frac{1}{\sqrt{\pi}}\left(\frac{\sqrt{\varepsilon t}}{a}\right)\left\{\exp\left(-\left(\frac{a}{\sqrt{\varepsilon t}}\right)^2\right)-1\right\} + erf\left(\frac{a}{\sqrt{\varepsilon t}}\right)$$

cujo gráfico adimensionalizado está apresentado na Figura 18.45. Somente a parte da solução para $x \geq 0$ está apresentada, pois a solução é simétrica para $x < 0$.

Figura 18.40
Esquema planimétrico para estudo da situação de evolução da linha de costa nas proximidades de um quebra-mar costeiro.

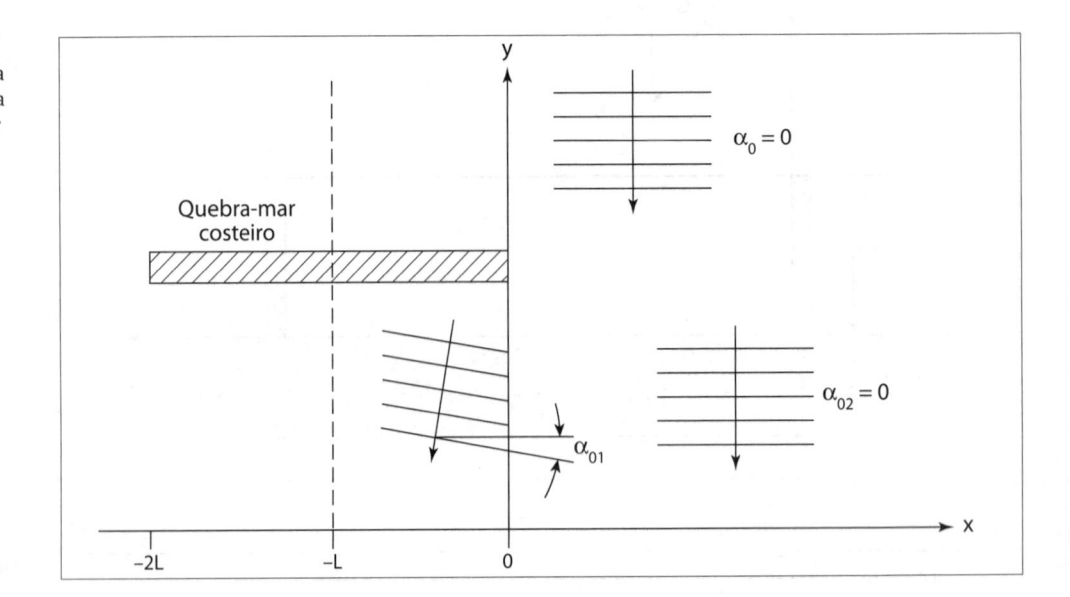

Figura 18.41
Curvas adimensionais de solução no tempo para a evolução inicial da linha de costa em planta nas proximidades de um quebra-mar costeiro ($\delta = 0{,}5$, $\alpha_{01} = 0{,}4$ radianos e $\alpha_{02} = 0$).

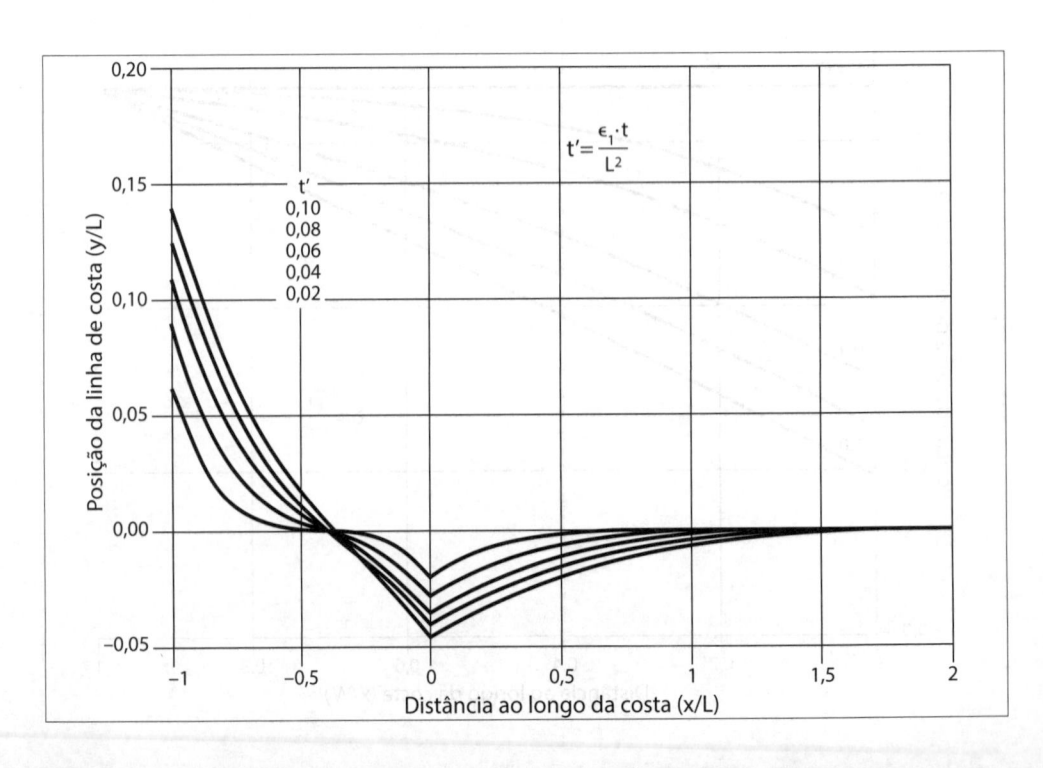

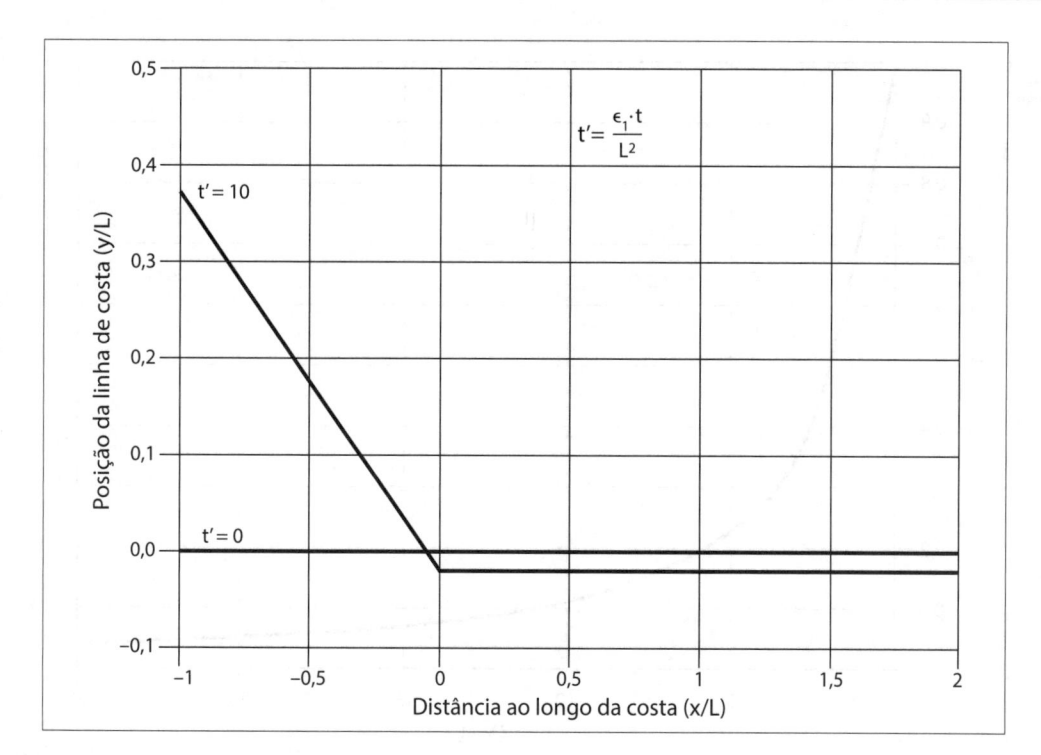

Figura 18.42
Curva adimensional de solução no tempo para a evolução final da linha de costa em planta nas proximidades de um quebra-mar costeiro ($\delta = 0,5$, $\alpha_{01} = 0,4$ radianos e $\alpha_{02} = 0$).

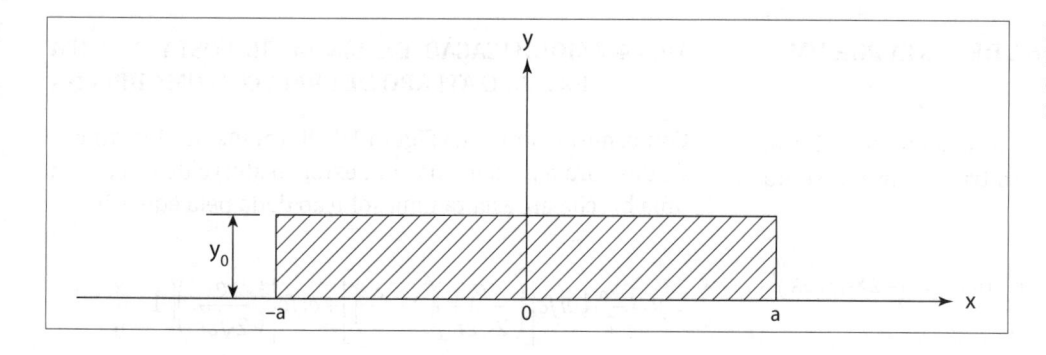

Figura 18.43
Esquema planimétrico para estudo da evolução de um aterro de praia retangular em planta no tempo inicial.

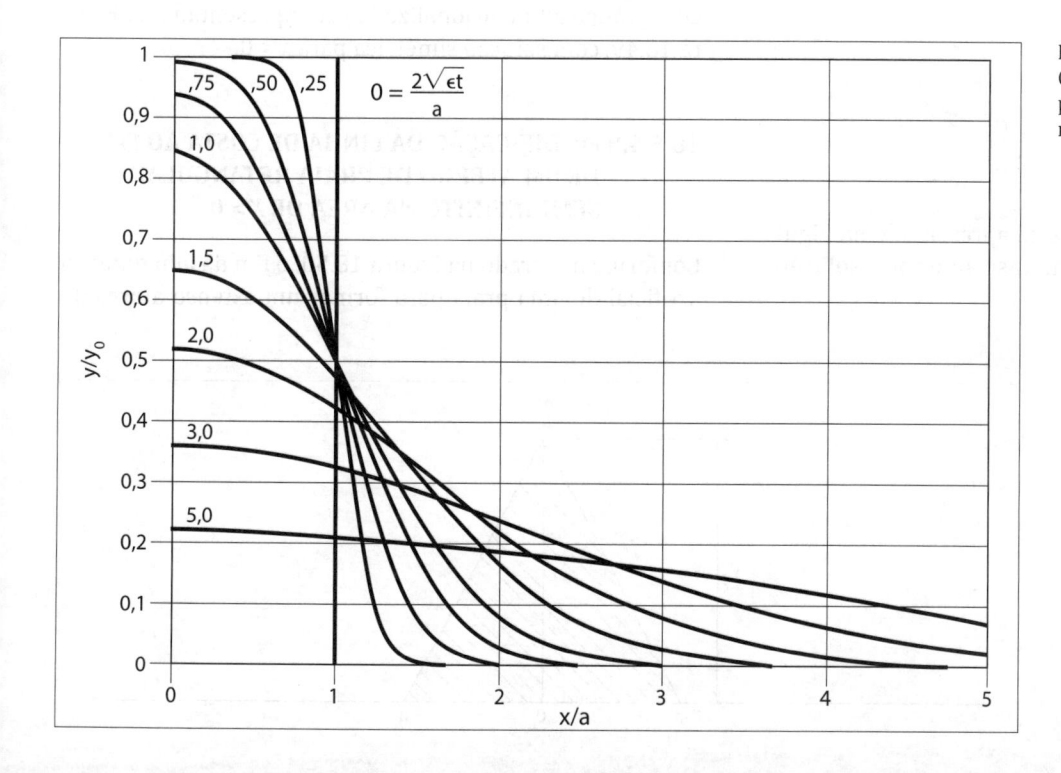

Figura 18.44
Curvas adimensionais de solução no tempo para a evolução do aterro de praia retangular em planta no tempo inicial.

Figura 18.45
Proporção do aterro de praia no tempo $p(t)$ remanescente nos limites da planta retangular inicial.

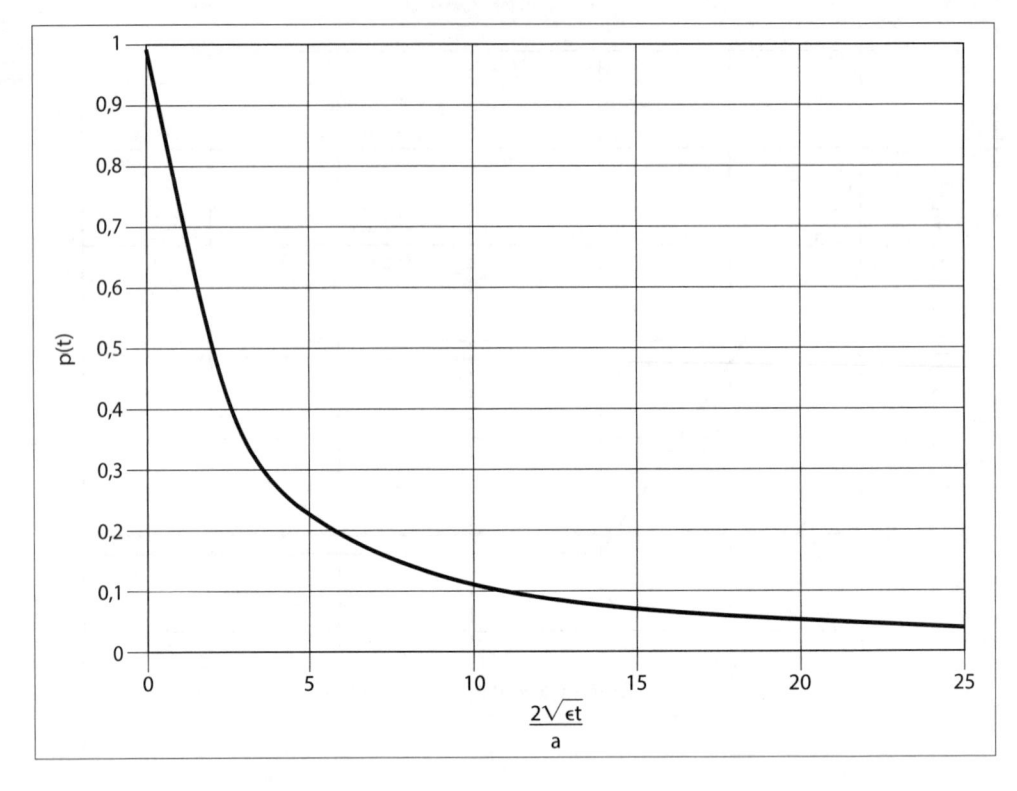

18.5.4.6 MODIFICAÇÃO DA LINHA DE COSTA POR UM ATERRO TRIANGULAR

Conforme mostrado na Figura 18.46, a alimentação artificial de uma praia para formar um aterro triangular apresenta uma solução dada pela equação:

$$y = \frac{y_0}{2}\left\{(1-X)erf\left[U(1-X)\right]+(1+X)erf\left[U(1+X)\right]-2Xerf(UX)+ \\ +\frac{1}{\sqrt{\pi}U}\left[e^{-U^2(1-X)^2}+e^{-U^2(1-X)^2}-2e^{-(UX)^2}\right]\right\}$$

em que:

$$X = \frac{x}{a} \quad e \quad U = \frac{a}{2\sqrt{\varepsilon t}}$$

cujo gráfico adimensionalizado está apresentado na Figura 18.47. Da mesma forma que no caso anterior, a solução é simétrica para $x < 0$.

18.5.4.7 MODIFICAÇÃO DA LINHA DE COSTA POR UM EXTENSO ATERRO DE PRAIA COM UMA BRECHA

Conforme mostrado na Figura 18.48, a alimentação artificial de uma praia para formar um extenso aterro de praia com uma brecha apresenta uma solução dada pela equação:

$$y = \frac{y_0}{2}\left\{erfc\left[\left(\frac{a}{2\sqrt{\varepsilon t}}\right)\left(1-\frac{x}{a}\right)\right]+erfc\left[\left(\frac{a}{2\sqrt{\varepsilon t}}\right)\left(1+\frac{x}{a}\right)\right]\right\}$$

cujo gráfico adimensionalizado está apresentado na Figura 18.49, com solução simétrica para $x < 0$.

18.5.4.8 MODIFICAÇÃO DA LINHA DE COSTA AO FIM DE UM ATERRO DE PRAIA RETANGULAR SEMI-INFINITO NA ÁREA DE $X > 0$

Conforme mostrado na Figura 18.50, o fim da alimentação artificial de uma praia para formar um extenso aterro de

Figura 18.46
Esquema planimétrico para estudo da evolução de um aterro de praia triangular em planta no tempo inicial.

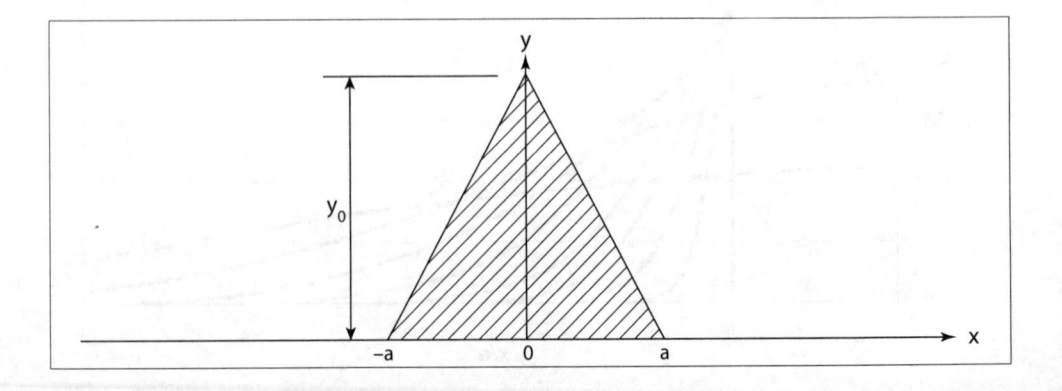

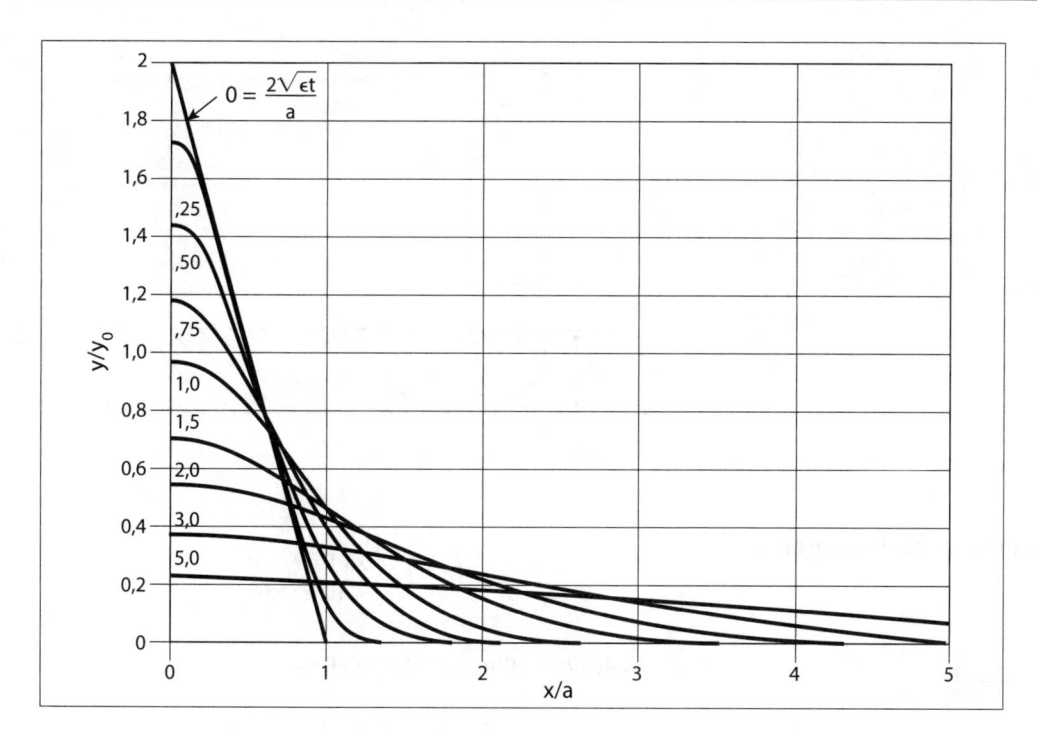

Figura 18.47
Curvas adimensionais de solução no tempo para a evolução do aterro de praia triangular em planta no tempo inicial.

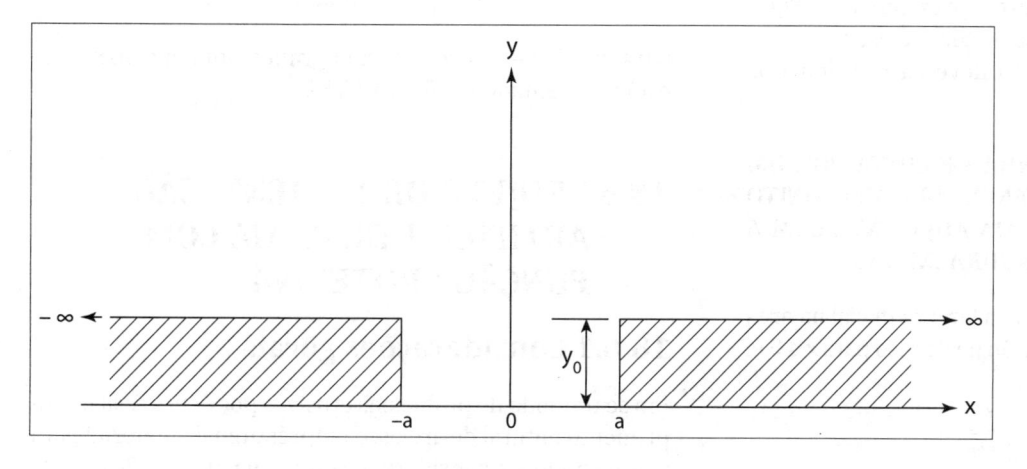

Figura 18.48
Esquema planimétrico para estudo da evolução de um extenso aterro de praia em planta com uma brecha no tempo inicial.

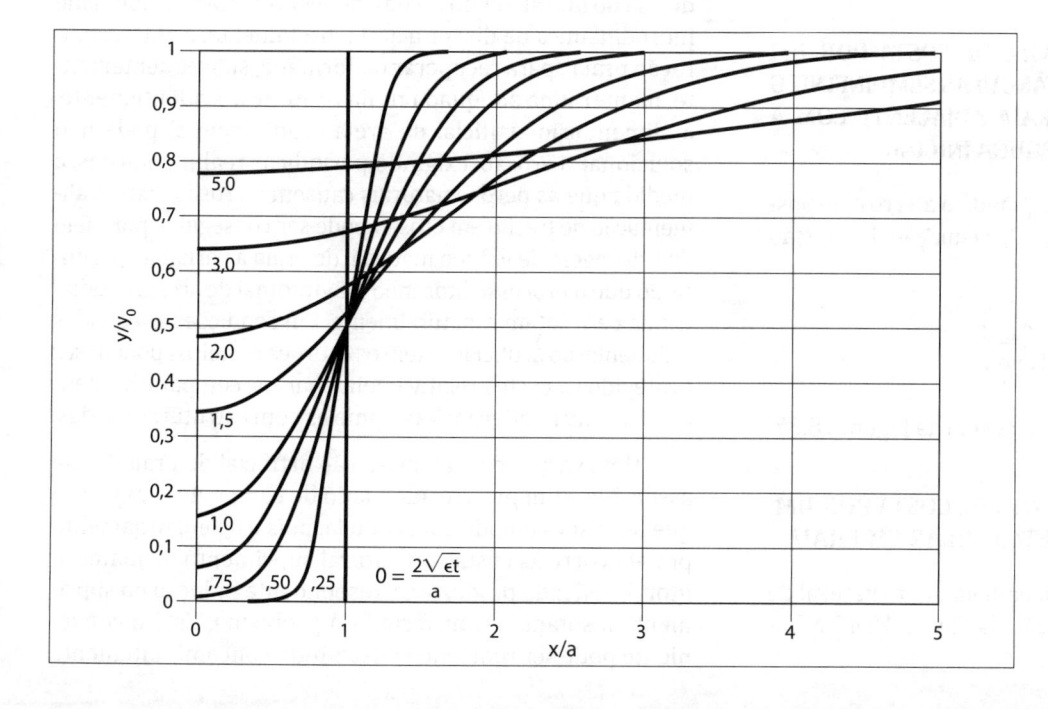

Figura 18.49
Curvas adimensionais de solução no tempo para a evolução de extenso aterro de praia em planta com brecha no tempo inicial.

Figura 18.50
Esquema planimétrico para estudo da evolução de um aterro de praia retangular semi-infinito em planta no tempo inicial.

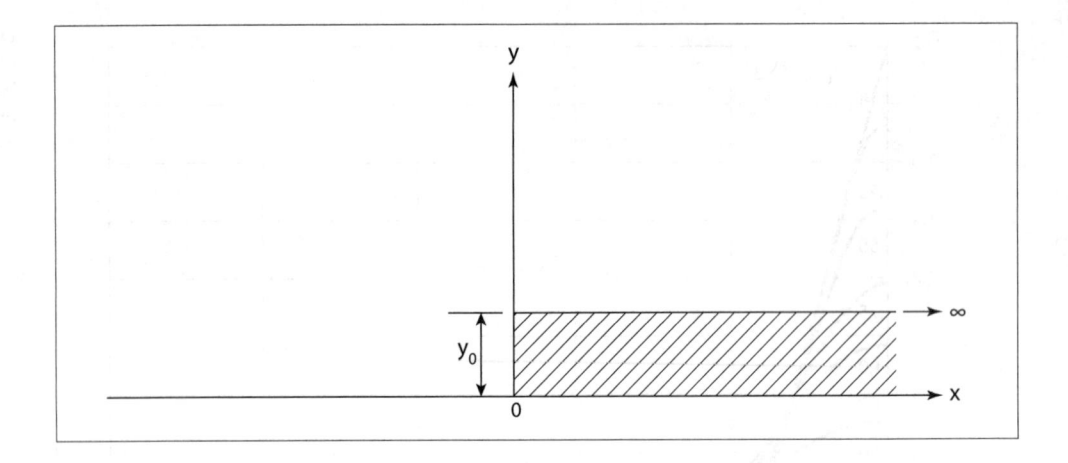

praia retangular semi-infinito na área de $x > 0$ apresenta uma solução dada pela equação:

$$y = \frac{y_0}{2}\left\{1 + erf\left(\frac{x}{2\sqrt{\varepsilon t}}\right)\right\}$$

cujo gráfico adimensionalizado está apresentado na Figura 18.51. Para a condição em que o aterro é executado na área $x < 0$, o gráfico da Figura 18.51 deve ser rotacionado.

18.5.4.9 MODIFICAÇÃO DA LINHA DE COSTA POR UM ATERRO DE PRAIA RETANGULAR SEMI-INFINITO NA ÁREA X > 0 NA PRAIA ADJACENTE COM A MANUTENÇÃO DA LARGURA INICIAL

Quando no caso anterior é mantida a largura inicial na área de projeto $x > 0$, a equação de solução neste caso para $x \leq 0$ é:

$$y = y_0\left\{1 + erf\left(\frac{x}{2\sqrt{\varepsilon t}}\right)\right\}$$

18.5.4.10 MODIFICAÇÃO DA LINHA DE COSTA POR UM ATERRO DE PRAIA RETANGULAR SEMI-INFINITO NA ÁREA X < 0 NA PRAIA ADJACENTE COM A MANUTENÇÃO DA LARGURA INICIAL

Situação análoga do caso anterior, quando o aterro é disposto e mantido na área $x < 0$. Para $x \geq 0$, a equação da solução neste caso é:

$$y = y_0\, erfc\left(\frac{x}{2\sqrt{\varepsilon t}}\right)$$

cujo gráfico adimensionalizado é o mesmo da Figura 18.37.

18.5.4.11 MODIFICAÇÃO DA LINHA DE COSTA POR UM CORTE DE FORMA RETANGULAR EM PRAIA

Na condição de uma dragagem ou embaiamento natural de forma retangular, tem-se a situação da Figura 18.43 rebatida no eixo x, ou seja:

$$y(x,0) = \begin{cases} y_0 & p/|x| \geq a \\ 0 & p/|x| < a \end{cases}.$$

A equação da solução neste caso é:

$$y(x,t) = \frac{1}{2}y_0\left[erfc\left(\frac{a-x}{2\sqrt{\varepsilon t}}\right) + erfc\left(\frac{a+x}{2\sqrt{\varepsilon t}}\right)\right]$$

para: $t > 0$ e $-\infty < x \times \infty$, cujo gráfico adimensionalizado está apresentado na Figura 18.52.

18.6 PROJETO DE ALIMENTAÇÃO ARTIFICIAL DE PRAIA COM FUNÇÃO PROTETIVA

18.6.1 Considerações gerais

Em se tratando de problemas erosivos por deficiência no suprimento natural de areias, o empréstimo de material para a praia pode ser considerado como uma medida flexível de defesa do litoral, sendo recomendável verificar a viabilidade hidrodinâmica de dispor a areia diretamente, como restauração praial, para recuperar ou formar e, subsequentemente, manter uma adequada praia protetiva. Evidentemente, a alimentação artificial da areia erodida em si pode não solucionar a erosão, exigindo periódicas realimentações, à medida que as perdas naturais causem a erosão. Esta realimentação de trecho em erosão pode ser conseguida por meio da estocagem de idôneo material de praia a barlamar, permitindo que o processo litorâneo longitudinal de areias o redistribua para sotamar naturalmente. Em condições adequadas à alimentação artificial, extensos estirões costeiros podem ser protegidos a custos relativamente baixos, comparativamente ao de outras alternativas, como as com estruturas rígidas.

Uma variante da alimentação artificial de praia é a de associá-la a um projeto adequado de campo de espigões, o que deve ser adotado com cautela, pois este engordamento praial ocorre às custas do natural suprimento de material litoral, podendo produzir correspondente redução no suprimento a sotamar, transferindo o problema. Este inconveniente pode ser reduzido construindo concomitantemente

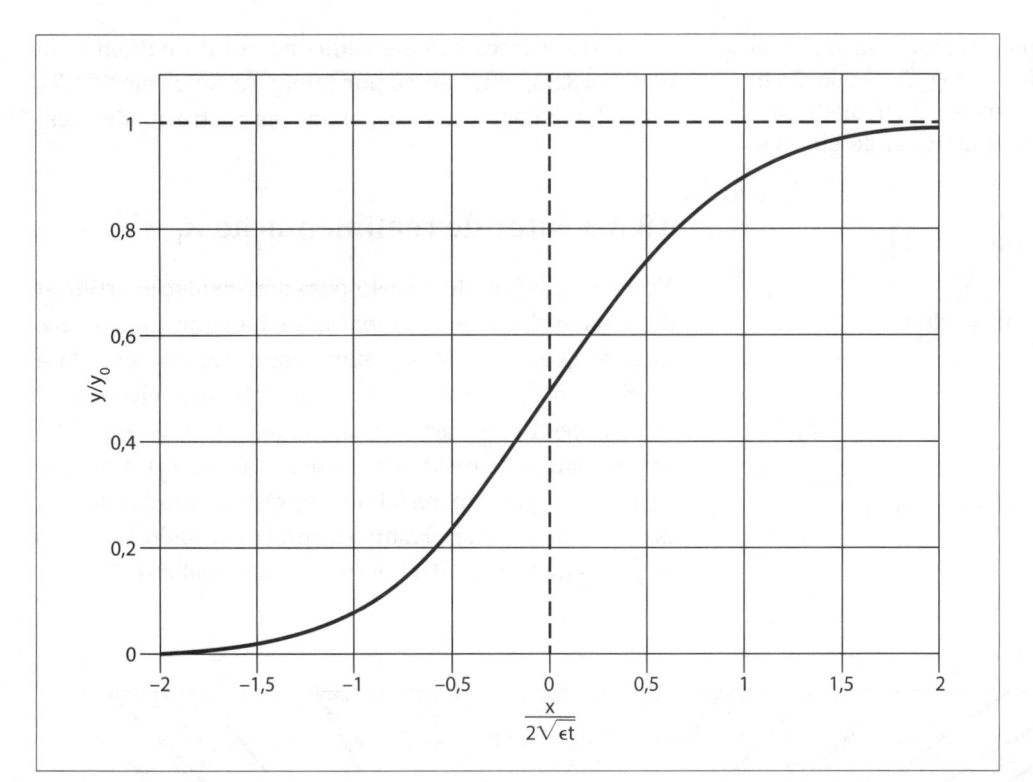

Figura 18.51
Curvas adimensionais de solução no tempo para a evolução do aterro de praia retangular semi-infinito em planta no tempo inicial.

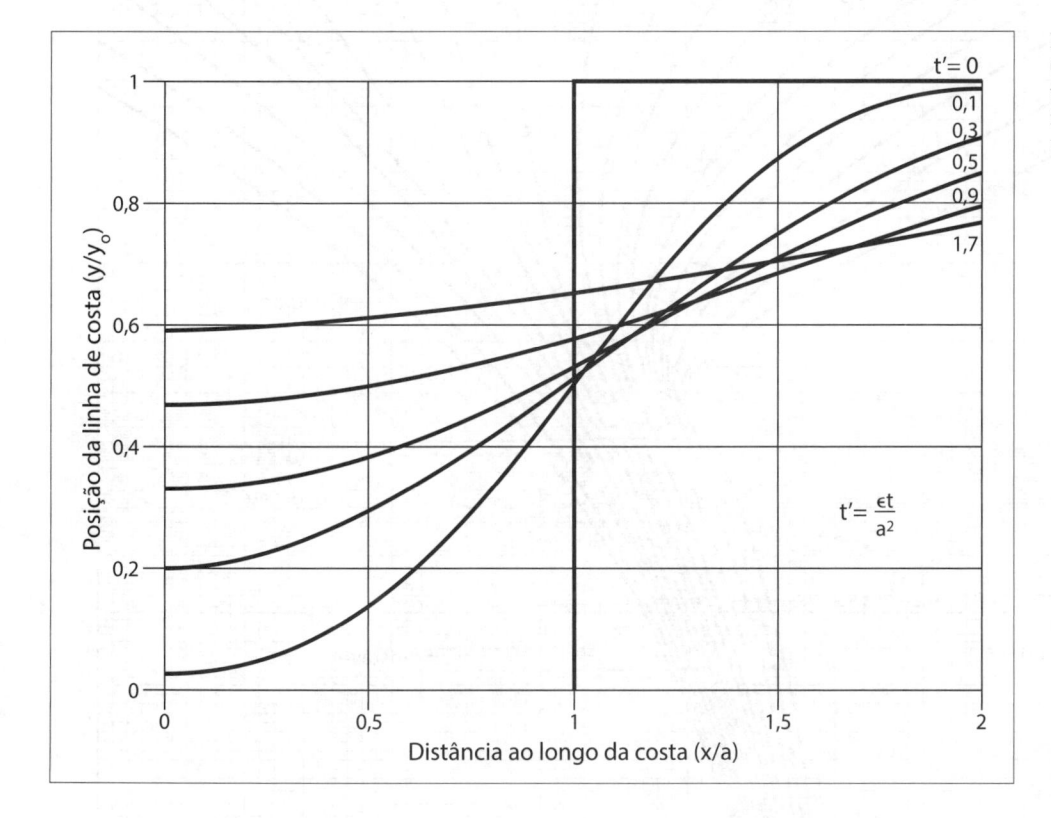

Figura 18.52
Curvas adimensionais de solução no tempo para a evolução de corte de forma retangular em praia infinita no tempo inicial.

o campo de espigões e promovendo a alimentação artificial de suas células, facilitando o transpasse das areias para sotamar e reduzindo a taxa de perda de areia induzido pelo engordamento.

A escolha da jazida para o material de empréstimo para a alimentação e as periódicas realimentações entram nas considerações técnico, econômicas e ambientais dos dragados.

18.6.2 Fator de sobre-enchimento R_A

A escolha do material de empréstimo a partir da pesquisa da jazida condiciona majoritariamente os custos do projeto de alimentação artificial de praia. O fator de sobre-enchimento corresponde ao volume de material de empréstimo necessário para compor 1 m^3 de material de praia, quando a mesma está em condição compatível com o material nativo. R_A é determinado pela comparação do diâmetro médio com os valores de graduação dos sedimentos da praia nativa com os de empréstimo em unidades fi ($\phi = - \log_2 D$, sendo D em mm). Assim, o fator de sobre-enchimento é calculado com base nas seguintes relações entre o material de empréstimo (b) e o nativo (n):

$$\frac{\sigma_{\Phi b}}{\sigma_{\Phi n}} = \frac{\left[\dfrac{(\Phi_{84} - \Phi_{16})}{4} + \dfrac{(\Phi_{95} - \Phi_5)}{6}\right]_b}{\left[\dfrac{(\Phi_{84} - \Phi_{16})}{4} + \dfrac{(\Phi_{95} - \Phi_5)}{6}\right]_n}$$

$$\frac{M_{\Phi b} - M_{\Phi n}}{\sigma_{\Phi n}} = \frac{\left[\dfrac{(\Phi_{16} + \Phi_{50} + \Phi_{84})}{3}\right]_b - \left[\dfrac{(\Phi_{16} + \Phi_{50} + \Phi_{84})}{3}\right]_n}{\left[\dfrac{(\Phi_{84} - \Phi_{16})}{4} + \dfrac{(\Phi_{95} - \Phi_5)}{6}\right]_n}$$

Estes valores são marcados no gráfico de James da Figura 18.53, obtendo-se por interpolação o valor de R_A. O resultado pode situar-se em um dos quatro quadrantes.

18.6.3 Fator de realimentação R_J

Nesta abordagem de projeto para a alimentação artificial de praia avalia-se a manutenção de longo prazo, ou seja, quão frequentemente a realimentação será necessária a partir da jazida de material de empréstimo selecionada. Assim, diferentes características granulométricas terão diferentes tempos de residência na praia. Assim, R_J é a relação da taxa em que o material de empréstimo erodirá para a taxa em que o material nativo da praia é erodido. O gráfico de James da Figura 18.54 permite obter o valor de R_J.

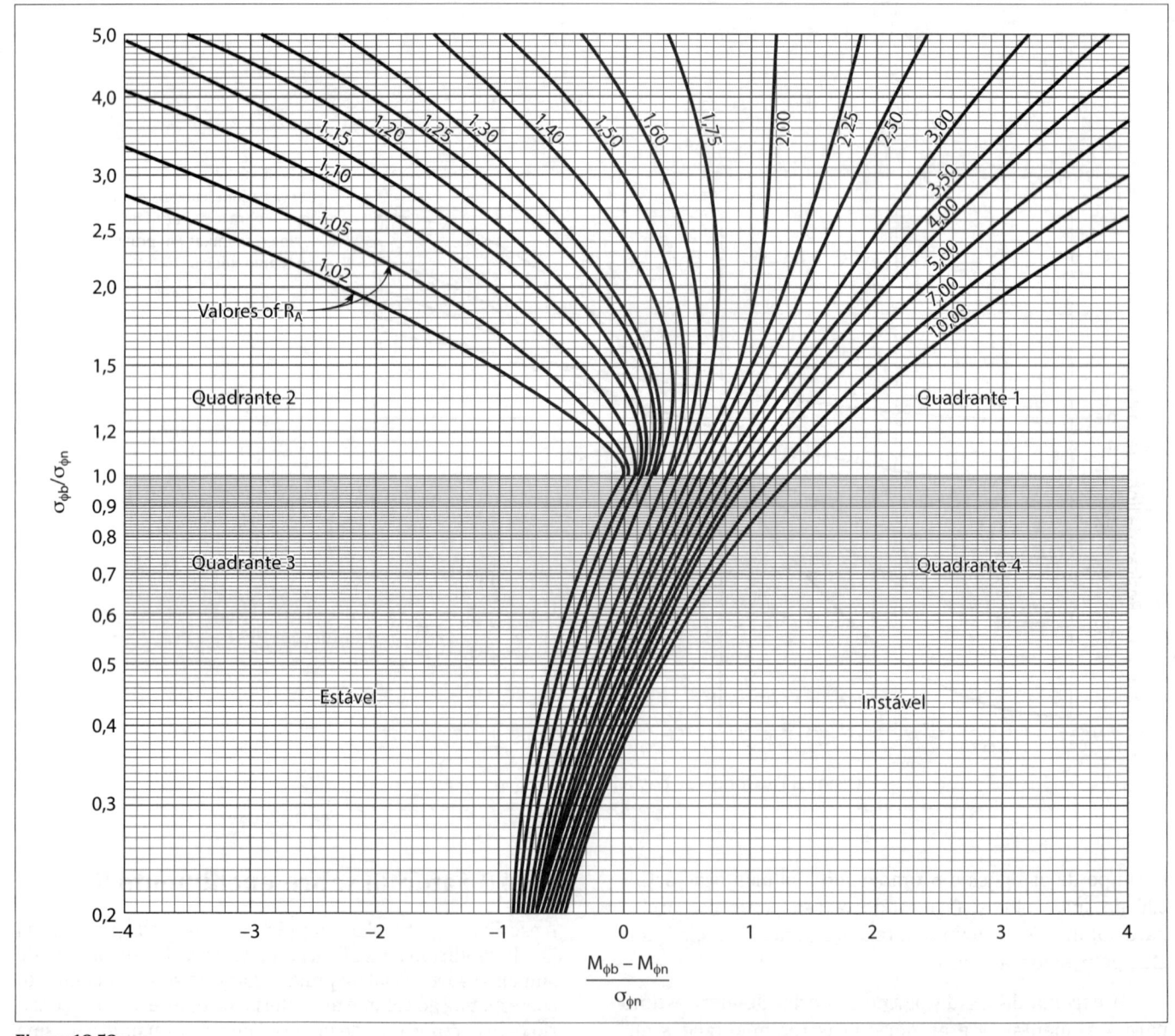

Figura 18.53
Isolinhas do fator de sobre-enchimento R_A, com relação ao quociente entre a diferença das médias do material de empréstimo (b) e o nativo (n) e o desvio do material nativo, em unidades ϕ.

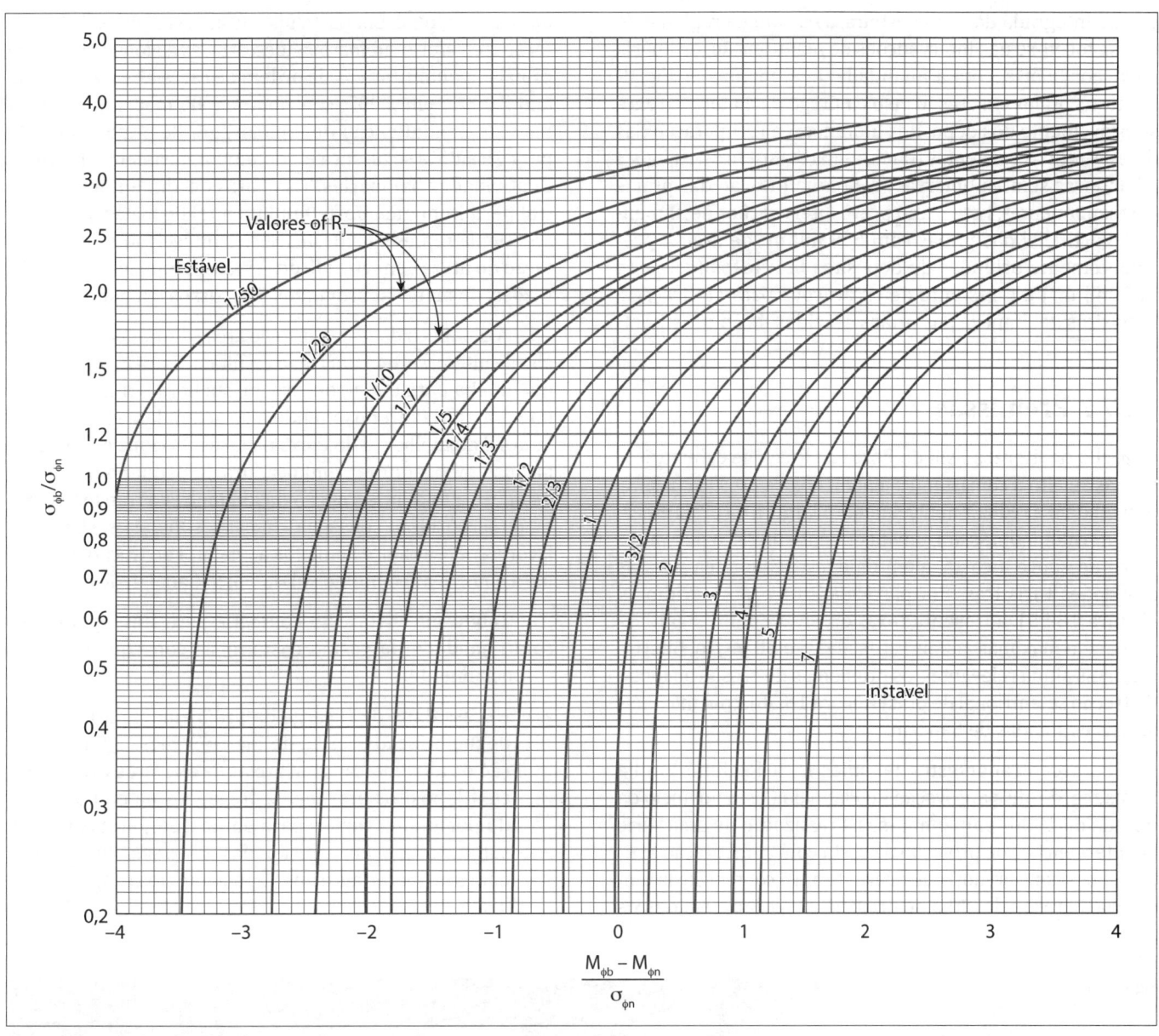

Figura 18.54
Isolinhas do fator de realimentação R_j, com relação ao quociente entre a diferença das médias do material de empréstimo (b) e o nativo (n) e o desvio do material nativo, em unidades ϕ.

18.7 ARENODUTO

18.7.1 Descrição dos objetivos da instalação do "Sabbiodotto di Riccione", na Itália

A singular obra do arenoduto *"Sabbiodotto interrato permanente a servizio dei lidi nord e sud di Riccione"* foi inaugurada em 2013, tendo sido realizada pela *Regione Emilia Romagna – Assessorato Sicurezza Territoriale – Difesa del Suolo e della Costa – Protezione Civile* com base no projeto elaborado pelos técnicos regionais do *Servizio Tecnico di Bacino Romagna* e do *Servizio Tecnico di Bacino Po di Volano e della Costa*, tendo por objetivo otimizar a gestão do material arenoso provindo das dragagens periódicas de manutenção da embocadura do Porto Canal (Rio Melo) de Riccione no Mar Adriático, na Província de Rimini,

Itália. Por meio desta obra realiza-se um círculo virtuoso de reutilização do sedimento na alimentação artificial dos segmentos de praia em forte erosão, até uma distância de mais de 3 km da área de dragagem, com reduzido impacto ambiental.

A manutenção e recuperação de adequados perfis de praia, por meio da alimentação artificial, foi selecionada como estratégia de ação para a defesa da costa.

O litoral Emiliano-romagnolo estende-se por mais de 120 km de praias entre Goro, na Província de Ferrara, aonde encontra-se o limite sul do Delta do Rio Po, o maior da Itália, até Cattolica, na Província de Rimini, englobando o território de 14 municípios. São cerca de 56 km de costa que apresentam criticidade, dos quais 33 com fenômenos de erosão mais ou menos acentuadas e 23 em equilíbrio precário. Desde a aprovação, em 2005, das diretrizes para a gestão integrada da zona costeira, a estratégia regional de defesa focou-se nas intervenções de manutenção, ordinária e extraordinária, com a finalidade de alimentar artificialmente as praias em erosão pelo emprego de material arenoso proveniente dos depósitos litorâneos, a recuperação das defesas rígidas existentes (quebra-mares costeiros, espigões e barreiras semi-submersas) e a requalificação das praias correspondentes. Este plano prevê intervenções de alimentação artificial das praias com 648 mil m^3 de areias, prevalentemente oriundas de depósitos litorâneos (cerca de 505 mil m^3) e o restante de escavações para edificações, depósitos de limpeza das praias e jazidas de empréstimo.

18.7.2 Premissas

O trecho de litoral ao sul do Porto de Riccione é, historicamente, sujeito a consistentes fenômenos de erosão costeira, que tendem a reduzir notavelmente a largura da praia emersa, determinando, assim, um incremento do risco de avanço marinho sobre a costa, além de dano econômico para as atividades turísticas. Em particular, o trecho meridional (Figura 18.55), apresenta taxas erosivas muito significativas, com máximas anuais estimadas em 50 m^3/m. Inferiores, mais ainda relevantes, os problemas de erosão ao longo do trecho setentrional de praia (Figura 18.56), com máximas anuais estimadas de 5 m^3/m.

Para contrapor estes fenômenos, a Regione Emilia Romagna, desde a aprovação do Plano da Costa no início da década de 1980, empenhou-se na realização de uma série de intervenções de proteção da costa com alimentação artificial do prisma arenoso, que permitiram a contenção da tendência de recuo da linha de praia neste trecho e em outros

da costa regional. Em particular, as intervenções de alimentação com areias submarinas, descartadas ao longo do prisma praial em quantitativos da ordem de cerca de 100 m^3/m no ano 2.000 e em 2.007, contribuíram, de maneira determinante, na manutenção de uma largura de praia suficiente para garantir a segurança e, contemporaneamente, permitir as atividades balneárias. Tais obras de alimentação artificial permitem um aporte fundamental de material externo ao sistema, representando uma insubstituível fonte de alimentação do litoral, em virtude dos escassos aportes, por várias razões, de material provindos dos cursos d'água.

A dinâmica do transporte de areias litorâneo, neste trecho de interesse, tem um rumo resultante para a esquerda de quem olha para o mar, ou seja, de sul para norte, de modo que o material arenoso tende a se acumular, em parte, do lado sul do molhe sul do Porto Canal de Riccione e, em parte, na sua embocadura. A embocadura do pequeno porto não promove a total interrupção da dinâmica do transporte, e o material, portanto, consegue, em parte, superar esta barreira, favorecendo, assim, a alimentação natural do trecho de praia para o norte até o molhe sul do Porto Canal de Rimini.

Tendo em vista este contexto, para fins operativos, com finalidade de gestão costeira, as consequências são essencialmente:

- Necessidade de recarga da praia emersa nos pontos de maior ação erosiva do mar, por meio da intervenção de alimentação com areias de diferente proveniência (depósitos litorâneos, dragagens na embocadura do porto, escavações para edificações, areias fósseis submarinas), em função das diversas disponibilidades de materiais e dos financiamentos programados disponíveis.

Figura 18.55
Imagem satelital com a superposição do projeto do ramal sul do Arenoduto no trecho de costa ao sul do Porto Canal de Riccione, no Mar Adriático, Itália.

Figura 18.56
Imagem satelital com a superposição do projeto do ramal norte do Arenoduto no trecho de costa ao norte do Porto Canal de Riccione, no Mar Adriático, Itália.

- A necessidade de proceder a interventos periódicos de dragagem do porto na sua embocadura.

Nos anos de 2.000 a 2.010, somente em uma célula litorânea mais crítica ao sul, de 1.000 m de comprimento, procedeu-se a uma alimentação de mais de 530 mil m^3 de areia, enquanto 175 mil m^3 foram descartados no trecho adjacente à segunda célula litorânea mais crítica, de comprimento de 1.850 m. As modalidades de intervenção, uma ou mais vezes ao ano, empregavam habitualmente veículos terrestres de transporte e espalhamento com pás carregadeiras; excepcionalmente, aproximadamente uma vez a cada seis anos, o material era descarregado na praia por meio de condutos marítimos provisórios. Quanto à dragagem, é realizada com draga da própria Prefeitura, correspondendo à retirada de cerca de 10 mil a 15 mil m^3/ano da embocadura portuária, habitualmente transportado por caminhões para realizar à alimentação artificial da praia, tratando-se de material em grande parte mobilizado da célula mais crítica e, posteriormente, interceptado pelo sistema portuário, que funciona como armadilha de sedimento.

Assim, o projeto do arenoduto permitiu instalar um sistema permanente de tubulações enterradas para permitir a alimentação artificial das praias em erosão, favorecendo o emprego das areias periodicamente dragadas no Porto Canal. Esta solução permite a otimização da gestão do material arenoso em qualquer época do ano, mesmo no período balneário, de forma imediata e sem necessidade de equipamento temporário na superfície, que acarrete interferências indesejáveis no tráfego e trânsito de pessoas.

18.7.3 As obras

A instalação é composta de dois sistemas de condutos realizados com tubulações de PEAD PN10 (Polietileno de Alta Densidade) com diâmetro externo de 355 mm soldados na obra (Figura 18.57) e flangeadas em correspondência dos poços de inspeção e de peças especiais, enterradas na cota + 0,50 sobre o nível médio do mar, correspondendo a cerca de 0,95 m abaixo do nível da praia. Apresenta dois ramais, um com 3.300 m para sul do porto canal, e outro 550 m para norte.

Cada conduto tem, em sua cabeça, um sistema de conexão para permitir o engate da tubulação provinda da draga (Figura 18.58), sendo tais sistemas de dimensões 1,50 m × 2,40 m × 1,50 m (altura) alojados nos cabeços dos molhes guias-correntes de nascente (Figuras 18.59 e 18.60) e poente do porto canal.

Ao longo dos dois trechos de condutos estão enterrados 25 poços de derivação/inspeção, 3 a norte e 22 a sul do porto canal, com as dimensões úteis de 1,40 m × 2,50 m × 1,50 m (altura), conforme mostrado na Figura 18.61. Quinze destes poços (12 no ramal sul e 3 no norte), denominados A, são dotados de válvulas de gaveta e peças especiais (bocas de derivação), que permitem o engate rápido das tubulações móveis de derivação da mistura de água e areia, em uma

Figura 18.57
Tubo de PEAD PN10 (Polietileno de Alta Densidade) com diâmetro externo de 355 mm soldado na obra do Arenoduto de Riccione, no Mar Adriático, Itália.

Figura 18.58
Draga de sucção e recalque Riccione II dragando na embocadura do Porto Canal de Riccione, no Mar Adriático, Itália, com a linha de recalque engatada no ramal norte do arenoduto.

concentração volumétrica de 15% a 20%. Por meio das bocas de derivação é possível operar o expurgo do conduto. Os poços do tipo B, que são 10 somente no ramal norte, não são dotados de válvulas, mas apresentam um bocal de tubulação flangeado nas duas extremidades (Figura 18.62), portanto fixos, que permite a inserção de uma peça especial com boca de derivação e flange cega, para a eventual derivação da mistura de água e areia. A presença do bocal fixo permite também as eventuais operações de expurgo

A cerca de 1.750 m do início do ramal sul, está localizada a estação de recalque (*booster*), contida em um vão técnico em concreto armado, semienterrado (Figura 18.63), composto de bomba de 450 kW, motor de alimentação *diesel* e tanque de combustível para 7.000 L (Figura 18.64). A estação de recalque é dotada de comando local e remoto, com ligação *wireless* à draga; o que permite a regulação do sistema diretamente a partir da draga, otimizando as operações de dragagem e recalque.

Figura 18.59
Assentamento do ramal sul do
arenoduto sobre o talude externo do
molhe nascente do Porto Canal de
Riccione, no Mar Adriático, Itália.

Figura 18.60
Alojamento do engate para a tubulação
da draga do ramal sul do arenoduto,
junto ao cabeço do molhe nascente
do Porto Canal de Riccione,
no Mar Adriático, Itália.

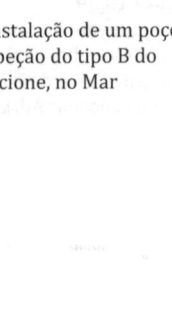

Figura 18.61
Escavação para instalação de um poço
de derivação/inspeção do tipo B do
Arenoduto de Riccione, no Mar
Adriático, Itália.

Figura 18.62
Inserção da peça a ser flangeada no
poço de derivação/inspeção do tipo B
do Arenoduto de Riccione, no Mar
Adriático, Itália.

Figura 18.63
Escavação para instalação do vão técnico em concreto armado para o *booster* do Arenoduto de Riccione, no Mar Adriático, Itália.

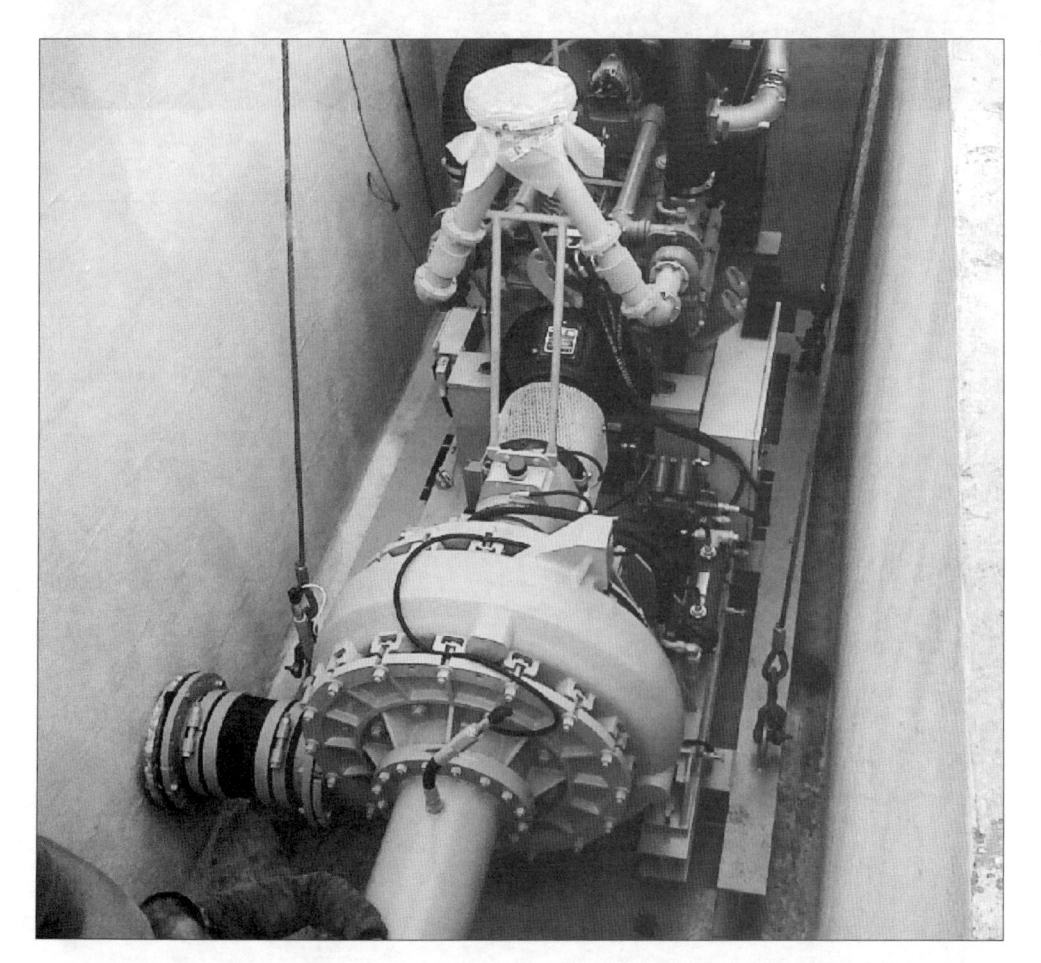

Figura 18.64
Instalação do *booster* do Arenoduto de Riccione, no Mar Adriático, Itália.

Completam a instalação o conjunto de tubulações removíveis e flexíveis para a derivação e o recalque na praia a partir dos poços.

A draga estacionária de sucção e recalque Riccione II, de propriedade da Prefeitura de Riccione, e as tubulações flutuantes e flexíveis de conexão da draga aos dois ramais, fazem parte integrante do projeto inaugurado.

A obra foi realizada em 300 dias, ao custo de €878.535,00.

O volume potencial de alimentação de material é de cerca de 600 – 700 m³/dia de areia, correspondente a cerca de 5.000 m³/dia de mistura de areia e água. Deste modo, estima-se que a instalação possa operar cerca de 10 mil a 15 mil m³/ano de areia, conforme os testes realizados (Figuras 18.65 e 18.66).

Figura 18.65
Testes no ramal norte do Arenoduto de Riccione, no Mar Adriático, Itália.

Figura 18.66
Testes no ramal norte do Arenoduto de Riccione, no Mar Adriático, Itália.

CAPÍTULO 19

TIPOS DE OBRAS EM EMBOCADURAS MARÍTIMAS

Modelo físico para o estudo dos molhes guias-corrente da Embocadura Lagunar de Tramandaí (RS).

19.1 PRINCÍPIOS DAS OBRAS DE CONTROLE E APROVEITAMENTO DOS ESTUÁRIOS

19.1.1 Princípios gerais

19.1.1.1 COMPORTAMENTO DE CIRCULAÇÃO ESTRATIFICAÇÃO

Consideração importante para o gerenciamento estuarino está no comportamento de circulação estratificação. Assim, de acordo com a classificação já vista em Hidráulica Estuarina, tem-se:

- Classe 4
  Trata-se de estuário altamente estratificado (em cunha salina), onde é mínima a troca de água vertical.

- Classes 3 e 2
  Trata-se de estuário com circulação gravitacional clássica, com melhor qualidade de água do que a anterior, parcialmente estratificado (classe 3) e parcialmente misturado (classe 2).

- Classe 1
  Trata-se do estuário verticalmente homogêneo, bem misturado.

As obras de controle e aproveitamento estuarino podem alterar o comportamento da circulação estratificação da seguinte forma:

- Aprofundamento por dragagem nos canais
  Produz a tendência de aumento da estratificação, da classe 1 para 2/3 ou da 2/3 para a 4. Com isso, há uma piora da qualidade da água e cria-se uma limitação quanto à estabilização econômica do canal. De fato, o aprofundamento máximo estável, economicamente, situa-se em torno a 50% da profundidade média natural original, a qual se situa na mesma categoria, ou em uma acima, se considerarmos o critério de Bruun para a estabilidade de embocadura. Na Figura 19.1 são mostrados diagramas esquemáticos dos efeitos resultantes do aprofundamento do canal estuarino e da remoção de barras de embocadura na penetração da intrusão salina.

- Regularização de vazões
  Produz a redução das vazões fluviais, com consequente tendência de redução da estratificação, da classe 4 para a 2/3 ou da 2/3 para a 1. Produz-se uma modificação do período hidrológico, uma redução do aporte de sedimentos fluvial, podendo desencadear uma possível erosão costeira e um deslocamento da região de maior floculação para montante.

- Calibração da embocadura por guias-correntes
  Produz a tendência de aumento da estratificação.

- Aumento da altura de maré
  Produz a tendência de redução da estratificação.

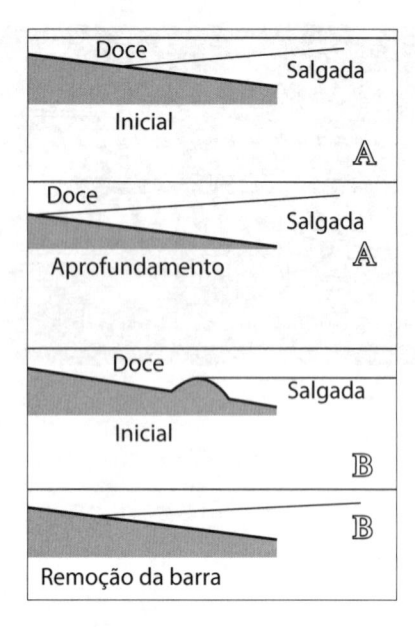

Figura 19.1
Esquematização mostrando:
(A) efeitos de aprofundamento do canal;
(B) efeitos de remoção de barra de embocadura, na penetração da intrusão salina.

19.1.1.2 PRINCÍPIOS GERAIS DE COMPORTAMENTO

Elencam-se a seguir 10 princípios gerais de comportamento estuarino que devem ser considerados no gerenciamento desses corpos d'água como diretrizes para a implantação de obras de aproveitamento e controle.

- Obras de melhoramento do estuário, como diques direcionadores ou espigões, produzem aumento da carga potencial do escoamento. O efeito das obras não permeáveis, em seção plena, é maior do que o de obras permeáveis.

- Os sedimentos erodidos por uma obra de melhoramento depositam-se quando a zona de influência da obra cessam seu efeito sobre a competência das correntes. Este princípio também é conhecido como a regra da unidade do canal.

- Para sedimentos mais finos, como a argila e o silte, a erosão produzida por obra de melhoramento dispersa o material por uma área mais ampla do que para as areias.

- Os canais de enchente e vazante, produzindo os respectivos deltas de maré, carreiam considerável volume de sedimentos, mantendo o equilíbrio dinâmico. Qualquer realinhamento afetando essa circulação natural pode produzir erosão e deposição, redistribuindo material no estuário. Nesta linha de consequências, estabelece-se a regra da continuidade:

  - Evitar eliminar totalmente o mecanismo de ressuspensão de material fino propiciado pelos meandros.

  - Variação contínua das sinuosidades entre inflexões e vértices das curvas.

  - Canais mais largos nas curvas, quanto menor o raio de curvatura, do que nas inflexões.

– Regra da solidariedade:
- a continuidade deve ser respeitada em planta, perfil transversal e longitudinal;
- a repercussão da obra se dá também em outros pontos do estuário.

- A redução do prisma de maré em um trecho estuarino reduz o fluxo da maré nas seções rumo ao mar a partir deste ponto, e também a competência das correntes de transportarem sedimentos, o que causa deposição (regra da solidariedade). Processo oposto ocorre com o aumento do prisma, excetuando-se os aspectos estudados para as embocaduras de maré lagunares.

- O fechamento de áreas rasas, embaiamentos e embocaduras, que, muitas vezes, constituem áreas consideráveis do estuário comparativamente ao canal principal, produz o mesmo efeito descrito no princípio anterior.

- O aprofundamento dos canais facilita a penetração da água salgada, reduzindo a capacidade de barreira hidráulica da vazão de água doce.

- A velocidade de propagação da maré é proporcional à raiz quadrada da profundidade, em uma primeira aproximação.

- A defasagem temporal entre níveis e correntes é mais eficiente na competência de manutenção dos fundos quando a maré vazante atua em níveis mais baixos, produzindo maiores velocidades das correntes de maré, por serem menores as áreas molhadas, além de incluírem a contribuição da água doce (primado da ação da vazante), tendo o estuário boa capacidade de expelir sedimentos que penetram pela embocadura.

- A organização de um circuito estável de materiais em equilíbrio dinâmico, conforme ilustrado na seção 19.3.2, é um procedimento a ser seguido.

19.2 MÉTODOS DE CONTROLE

Os métodos de controle estuarino podem ser subdivididos em:

- Passivo
Trata-se da adoção de medidas visando a solução de situação indesejável localizada, como erosão de margem ou sedimentação localizada.

- Ativo
Trata-se da adoção de medidas em que se busca a mudança de regime, como a implantação de um canal estável mais profundo, em substituição a um mais raso e meandrante, com muitas más passagens. Pode-se citar como exemplos:
– mudança do canal em planta ou seção transversal por estruturas ou dragagem;
– mudança da direção local do transporte de sedimentos, controlando escoamentos secundários;
– mudança do hidrograma fluvial, alterando o aporte sólido;
– mudança do fluxo sólido local por alteração da propagação da maré ou por dragagem.

19.3 CONTROLE HIDRÁULICO

19.3.1 Revestimentos de margem

Trata-se da adoção de medidas de proteção ou prevenção de erosão:
- por ação de ondas pelo vento ou passagem de embarcações;
- por gradiente de pressão no terreno pela subida e descida da maré e movimentos de filtração;
- na extensão côncava de curvas em uma extensão suficiente para abranger o ataque das correntes de vazante e enchente.

19.3.2 Diques direcionadores

As obras de direcionamento das correntes por diques são implantadas com as seguintes características:

- Dispostos aproximadamente paralelos à direção do escoamento para conduzir a corrente em direção desejada, ou concentrar o escoamento em um ponto particular.

- Mais frequentemente são diques baixos, com cota de coroamento entre a meia-maré e as baixa-marés de águas mortas, com o objetivo de estabilizar o canal dominado pela vazante, concentrando as correntes de vazante e as canalizando para o mar.

- Constituem obstáculo eficaz contra correntes oblíquas de enchente, suscetíveis de assorearem ou desviarem o canal dominado pela vazante, pois são as camadas mais profundas do escoamento que carreiam mais material.

- Criam frequentemente assoreamento associado à sua desembocadura.

- Aumentam a vazão por unidade de largura do canal, forçando a erosão. O aumento do carreamento sólido natural à desembocadura produz barras arenosas, a menos que se estendam até maiores profundidades, embora neste caso seja necessário analisar o impacto sobre os processos litorâneos.

- Dragagens complementares podem ser frequentemente necessárias para evitar o galgamento lateral de sedimentos, situação que também poderá ser conduzida com o alteamento dos diques.

- Recomendações para o traçado em planta:
– Ligação contínua a trechos já endicados, para evitar a redução da capacidade de canalização do fluxo.
– Menor obliquidade possível com o rumo das correntes de enchente em instantes com alturas de maré acima do nível médio do mar. Na Figura 19.2 ilustra-se o inconveniente de canais transversais às correntes, por estarem sujeitos ao entulhamento oriundo do aporte sólido carreado pela circulação estuarina.
– Utilização de efeitos de curvatura dos filetes, formando junto ao dique côncavo profundidades estáveis maiores do que as médias de um canal retilíneo.

– Inflexões no traçado, que em fundo móvel são acompanhadas de menores profundidades, devem, tanto quanto possível, ser reportadas a trechos mais estreitos, onde obras secundárias, como espigões, podem direcionar o escoamento e calibrar o canal.

Alguns exemplos esquemáticos podem ilustrar os resultados possíveis de tais tipos de obras e sua complexidade:

• Canal central entre dois diques baixos
Este arranjo geral de obra, conforme esquematizado na Figura 19.3, pode resultar na formação de uma barra de profundidade de equilíbrio reduzida, excedendo as possibilidades de dragagem. Produz-se uma transferência de materiais dos bancos laterais em direção à barra, por intermédio das correntes de enchente, direcionados transversalmente ao canal para montante, e reconduzidos para jusante pela vazante. Uma solução possível para a situação é utilizar apenas um dique baixo, conforme mostrado na Figura 19.4, com um canal de vazante menos potente, porém com uma barra de extremidade menos importante, pois parte da alimentação sólida de vazante contribui para o grande banco estuarino, podendo ser contida por dragagens mais facilmente.

• A utilização de efeitos de curvatura
Um dique baixo côncavo, prolongando a curvatura do trecho interno estuarino, conforme ilustrado na Figura 19.5, pode oferecer um bom canal de navegação, formando um banco de convexidade que se estende para o largo, vindo a se proceder a alongamentos sucessivos do dique, ou ao contorno da margem convexa por novo dique.

Muitas vezes, implantam-se guias-correntes visando manter alinhamentos de canais de navegação, mas, em vez de os canais manterem-se ou se aprofundarem, assoreiam-se, pois é eliminada a possibilidade de se formarem meandros e consequentemente se elimina um mecanismo natural que repõe em suspensão material fino de origem marítima e que se deposita sobre os fundos nas estofas. Foi o que ocorreu no Estuário do Lune (Inglaterra), que entre 1847 e 1955 teve seu prisma de maré em sizígias reduzido em 47,3%, após a implantação de um sistema de diques baixos.

• Organização de circuito estável de materiais
A avaliação da estabilidade de uma configuração de equilíbrio pode ser feita, em linhas gerais, com o conceito de circuito estável de materiais, implicando que os materiais trazidos pela enchente sobre os bancos e

Figura 19.2
Elevação de seção transversal de canal estuarino transversal às correntes.

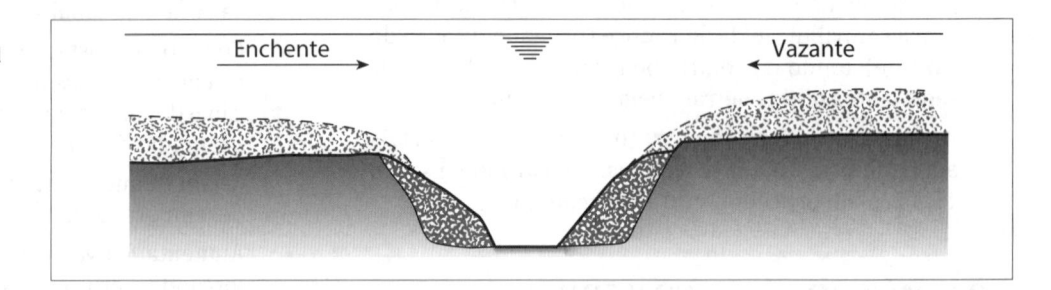

Figura 19.3
Planimetria de canal central entre diques baixos.

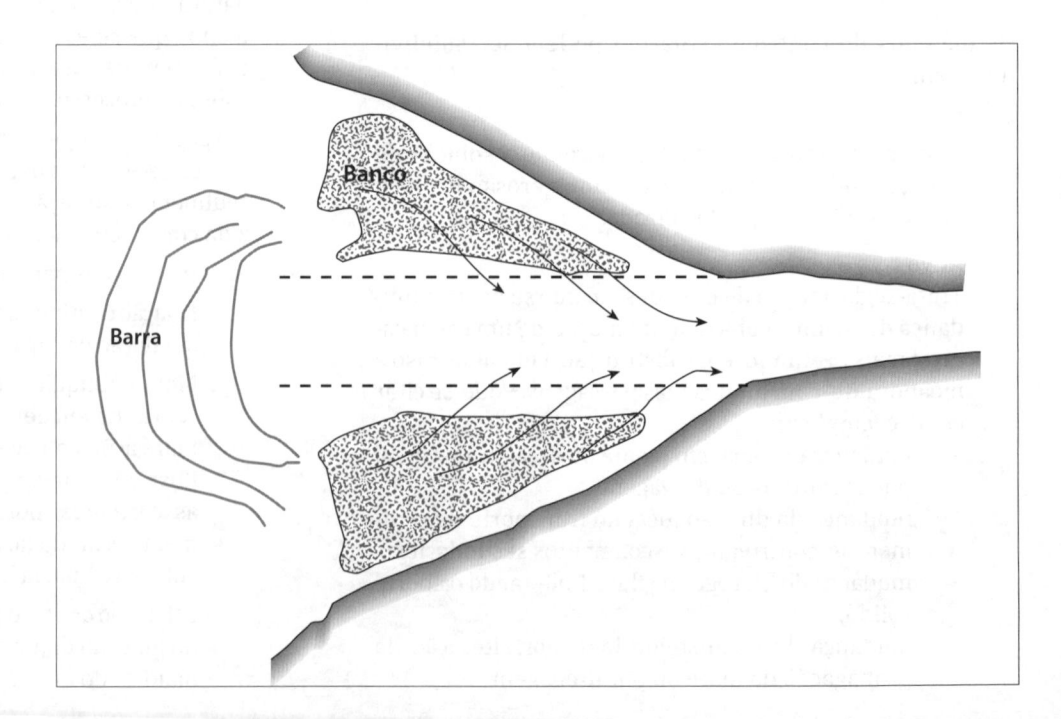

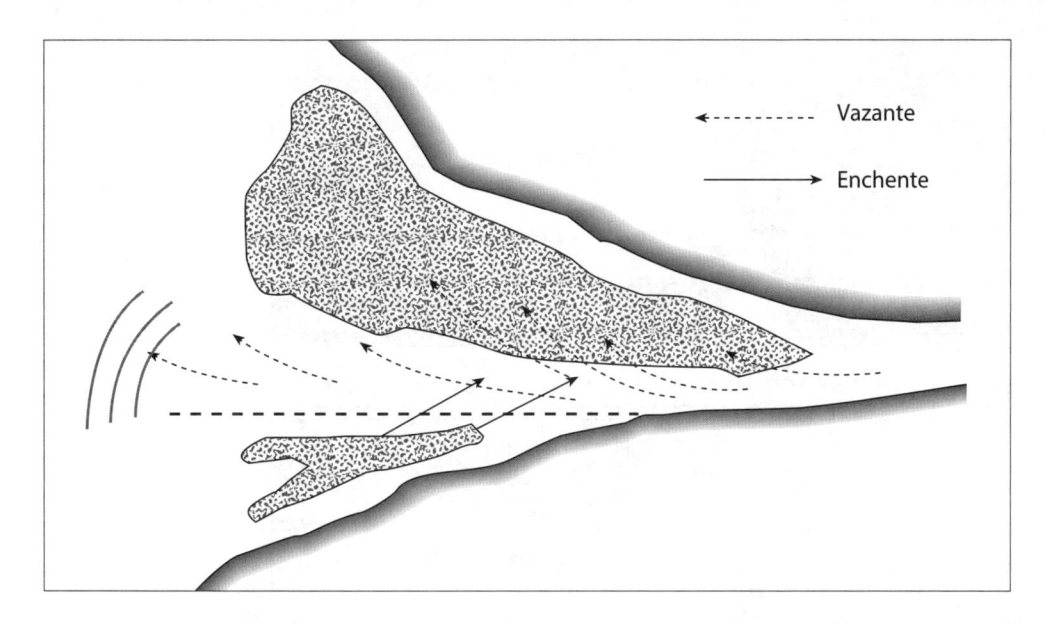

Figura 19.4
Planimetria de dique baixo único.

Vazante ←- - - - - - -

Enchente ——→

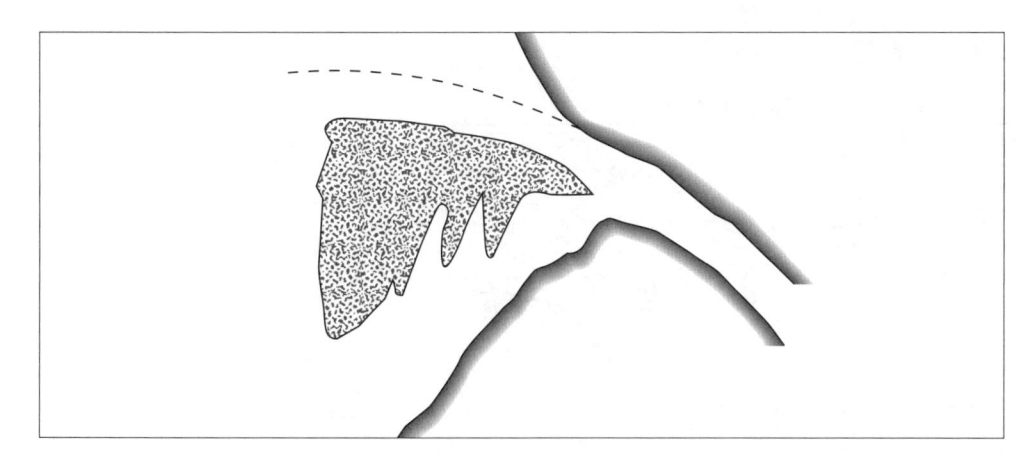

Figura 19.5
Planimetria de dique único.

levados para montante retornem pela vazante à origem, durante o ciclo de maré.

Assim, no exemplo da Figura 19.6, os materiais trazidos pela enchente da parte norte do banco são restituídos a este pelo efeito de curvatura da vazante, conseguido com o dique baixo, na borda convexa do canal. Em menor proporção, existe um circuito análogo ao sul.

É muito importante a existência de um banco de equilíbrio, que atue como origem e depósito do circuito de materiais. Uma obra de melhoria estuarina que não apresente um circuito estável de materiais tem poucas probabilidades de ser viável.

A importância do melhoramento de estuários para fins de navegação pode ser ilustrada pelos exemplos que se seguem. Na Figura 19.7 estão esquematizadas as fases evolutivas da embocadura do Rio Ribeira do Iguape (SP) entre 1953 e 1965.

Na Figura 19.8 estão apresentadas várias obras de melhoramento de embocaduras por molhes guias-correntes.

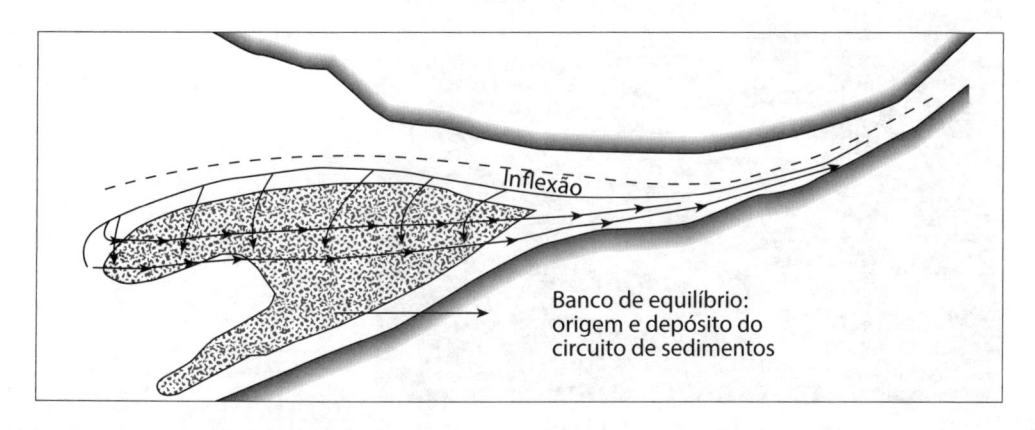

Figura 19.6
Planimetria de organização de circuito estável de sedimentos.

Inflexão

Banco de equilíbrio: origem e depósito do circuito de sedimentos

Figura 19.7
Planimetria das fases evolutivas da
embocadura do Rio Ribeira do Iguape (SP).

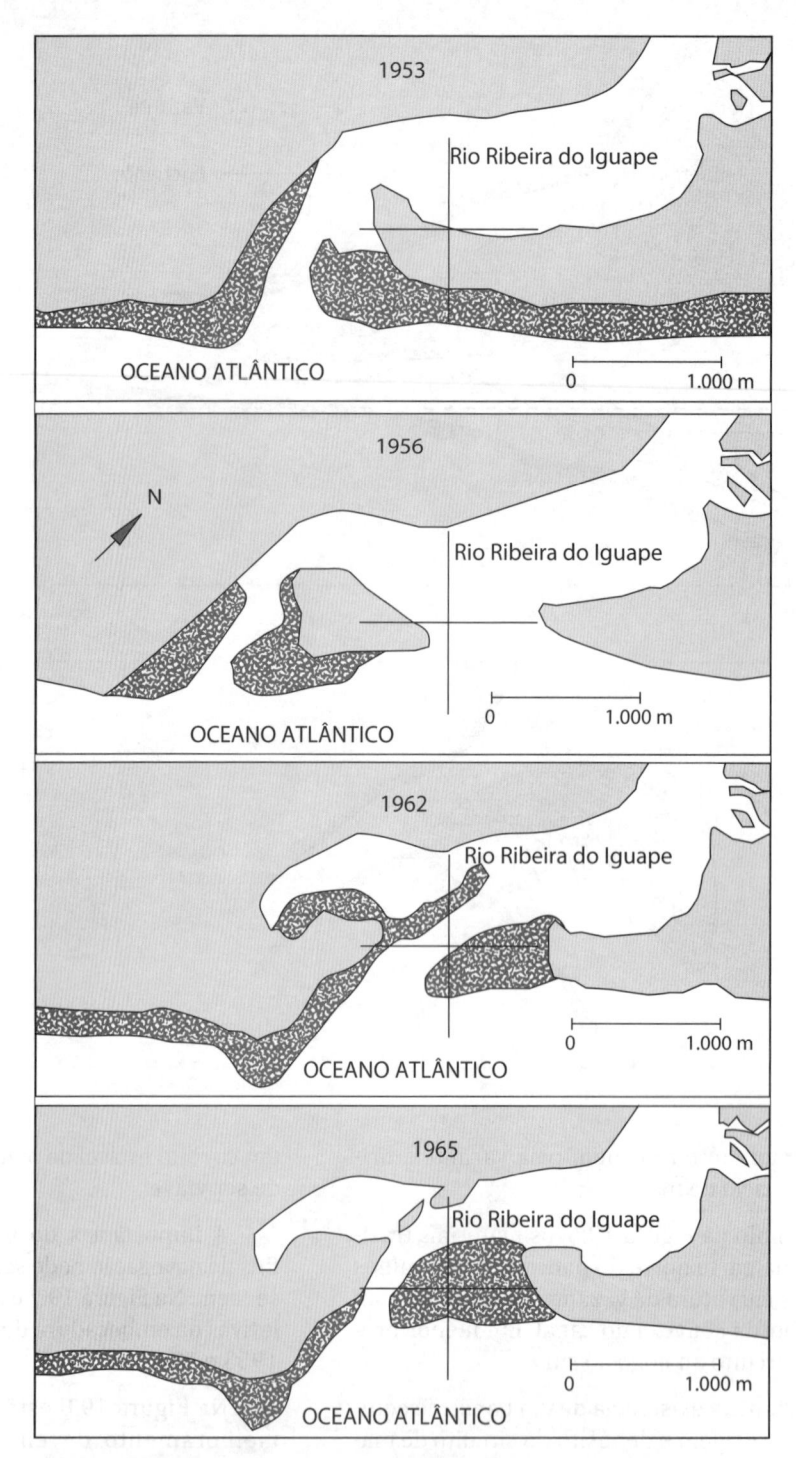

Figura 19.8
(A) Vista aérea dos molhes de
Rio Grande.

Figura 19.8
(B) Molhe norte do Estuário do Rio Potengi, em Natal (RN).
(C) Molhes guias-correntes do Porto de Rotterdam (Países Baixos).

Figura 19.8
(D) e (E) Molhes guias-correntes do Porto de Rotterdam (Países Baixos).
(F) Molhes guias-correntes no Porto de Calais (França).
(G) Molhes na embocadura do Porto de Barcelona (Espanha).
(H), (I), (J) e (K) Molhes guias-correntes do Porto de Riga (Letônia).

19.3.3 Espigões

A seguir são descritas as características de atuação dos espigões:

- Produzem conversão de energia cinética em potencial defletindo o escoamento.

- Para a prevenção de grande vorticidade, e consequente perda de energia, com drásticos efeitos de erosão e sedimentação, pode ser conveniente a implantação de um campo de espigões, conforme esquematizado na Figura 19.9.

- Podem fazer as vezes de margens direcionadoras.

- As cotas de coroamento são usualmente fixadas ao nível da baixa-mar na extremidade, gradualmente subindo até o nível de preamar na raiz, visando atender ao objetivo de concentrar o escoamento de vazante.

- Espigões permeáveis reduzem a perda de capacidade das correntes de maré em razão do assoreamento produzido.

- Estruturas de atracação podem ser consideradas com impacto semelhante aos espigões, devendo, tanto quanto possível, atender aos seguintes requisitos:

- Obliquidade máxima da linha de atracação com as correntes de 10° a 15° para evitar desacelerações muito grandes das correntes e consequentes deposições.

- Recomendável a adoção de infraestruturas sobre apoios descontínuos para interferir minimamente no escoamento.

19.3.4 Aumento do volume do prisma de maré

Em estuários, os aprofundamentos, alargamentos e remoções de obstáculos por dragagem aumentam o prisma de marés e permitem manter as seções aprofundadas, em virtude da intensificação das correntes de maré enchente e vazante.

Para conseguir resultados mais efetivos, é necessário que as amplitudes de maré nos estirões internos do estuário sejam sensivelmente menores do que na embocadura, e que a obra abranja grandes extensões do estuário.

Assim, é possível aprofundar um estuário pelo simples incremento de seu prisma de maré, sem acrescer muito às dragagens de manutenção e sem recorrer a obras de regularização ou calibração. Como exemplo é citado o Estuário

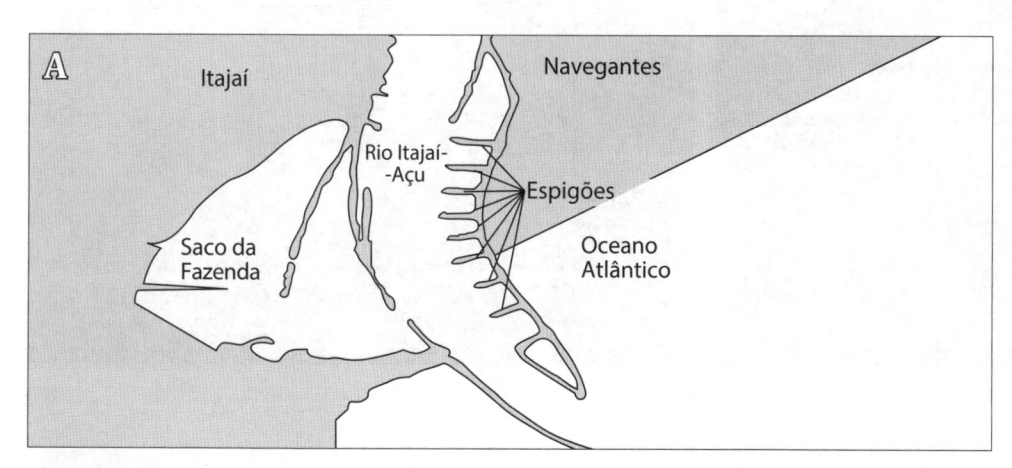

Figura 19.9
(A) Planimetria da regularização da embocadura do Rio Itajaí-Açu (SC).
(B) e (C) Baixa-mar na Baía de Fundy (Canadá).

Figura 19.9
(D), (E), (F), (G), (H) e (I) Espigões na margem da Baía de Fundy (Canadá).

do Rio Weser na Alemanha – a 78 km da desembocadura no Mar do Norte situa-se o Porto de Bremen. Entre 1887 e 1952, o trecho entre a embocadura e o porto foi objeto de obras de melhoramento visando a navegação, que até então somente permitia o acesso a navios de até 3 m de calado, usando-se grandes dragagens de aprofundamento, alargamento e remoção de obstáculos, que amontaram a 4 milhões de m^3. Assim, o abaixamento total foi da ordem de 10 m. O efeito de tais obras nos níveis de preamares foi de reduzida monta, mas resultou em abaixamento considerável dos níveis de baixa-mares nos trechos mais internos, sendo de 3 m no porto, tendo como consequência o aumento da altura de maré de 0,2 m para 3,1 m em Bremen, e aumento do prisma de marés, praticamente ao mesmo valor da embocadura, que é de 3,4 m. Na realidade, o aumento de profundidade foi maior do que o decorrente simplesmente das dragagens, pois as correntes de maré com velocidades incrementadas pelo aumento do prisma de marés produziram aprofundamento ulterior dos fundos dragados. O inverso, com fechamento de braços ou implantação de aterros, reduzindo-se drasticamente o volume do prisma de marés, desencadeia processos de assoreamento. Os aterros em lagunas litorâneas, como as da Região dos Lagos no Estado do Rio de Janeiro, têm efeito deletério quanto a manutenção dos fundos e renovação das águas.

19.3.5 Alterações da defasagem entre variações de níveis e velocidades

As obras que alteram a dominância da capacidade de transporte das correntes de vazante sobre as de enchente reduzem a capacidade de autodepuração sedimentar do estuário, produzindo maior potencial de assoreamento. Esse efeito pode ocorrer pela implantação em um estuário desobstruído, em que níveis e velocidades encontram-se em fase, de uma barragem que venha a tornar a onda mais próxima da estacionária.

Outro exemplo estuarino alemão pode ilustrar tal situação. Trata-se da construção, datada da década de 1930, da barragem contra marés de tempestade no Estuário do Rio Eider, que desemboca no Mar do Norte. Anteriormente à implantação da obra, o comportamento da onda de maré era praticamente progressivo, resultando velocidades de vazante muito maiores do que as de enchente, por causa das menores seções hidráulicas, além da contribuição da vazão fluvial. Assim, a capacidade de transporte do escoamento de vazante era sensivelmente maior do que a de enchente, e, em consequência, o estuário apresentava boa capacidade de expelir sedimentos que penetravam pela embocadura, e que constituem a maior quantidade de sedimentos. Com a implantação da barragem, o comportamento da onda de maré passou a ser praticamente estacionário, e desapareceu a dominância da capacidade de transporte das correntes de vazante, resultando em um processo generalizado de assoreamento entre a embocadura e a barragem.

19.3.6 Delimitações lagunares

19.3.6.1 BACIAS INTERMEDIÁRIAS

Exemplifica-se esta situação com a obra de barramento do Zuiderzee (Holanda), o qual até a década de 1920 constituía uma ampla bacia ligada ao Mar do Norte. A porção setentrional da bacia, denominada Waddenzee, é delimitada em relação ao mar por uma série de ilhas litorâneas e é caracterizada por uma morfologia típica de laguna de maré: os profundos canais que se estendem a partir das bocas são flanqueados por amplas zonas de planícies de maré, as quais podem estar permanentemente cobertas de água, *slikken* em holandês, ou submersas somente em condições de preamar, analogamente às barene da Laguna de Venezia, denominadas *schorren*, em holandês. Em 1920 foram iniciados os trabalhos de construção de uma grande barragem concluída em 1933, que separou o Zuiderzee do Waddenzee. O primeiro, isolado do mar, foi em parte drenado e em parte transformado em lago de água doce, chamado Ijsselmeer.

A construção da barragem encurtou de modo drástico o comprimento da bacia. A principal consequência hidrodinâmica de tal encurtamento foi acentuar a reflexão da onda de maré na extremidade da bacia e, então, aumentar a vazão pelas embocaduras e incrementar a altura da maré nas proximidades da barragem. Enquanto antes da construção da barragem o tempo de propagação entre o Mar do Norte e a extremidade meridional da bacia era de 0,6 período de maré (além de sete horas), ou seja, muito superior àquele de ressonância, após o bloqueio o tempo se reduziu a um par de horas, aproximando-se da condição de ressonância.

Do ponto de vista morfológico, o aumento das vazões pelas embocaduras levou a um generalizado aprofundamento delas, enquanto se nota um assoreamento dos canais nas proximidades da barragem, nos quais evidentemente, as velocidades se reduziram.

Pode-se concluir que o aforisma *Gran Laguna fa gran Porto* não é aplicável a este caso.

19.3.6.2 BACIAS DE BAIXA PROFUNDIDADE

Diferente é o caso da atual Laguna de Venezia, na qual os tempos de propagação estão muito próximos à condição de ressonância, conforme mostra a análise de dados maregráficos. Tais tempos são pouco superiores às duas horas para as bacias de Malamocco e Chioggia e pouco inferiores às três horas para a extremidade norte oriental da bacia do Lido, o que confere às embocaduras condições de capacidade de vazão próximas às máximas de ressonância, que correspondem a uma condição estável do sistema.

19.4 CONTROLE DO TRANSPORTE DE SEDIMENTOS

19.4.1 Controle do fluxo de sólidos

19.4.1.1 TRANSPORTE POR ARRASTAMENTO DE FUNDO

Para o material transportado por arrastamento de fundo, o controle do fluxo sólido pode ser conseguido de diversas formas.

Uma primeira maneira de exercer esse controle é pela regulação da hidrógrafa da vazão de água doce, com a construção de barragens reguladoras. Estas são usualmente construídas para amortecer os picos de cheias, armazenando-se a água para os períodos de estiagem. A remoção dos picos de escoamento conduz a uma considerável redução do transporte sólido para o mar nas porções do sistema estuarino em que o escoamento da vazão fluvial é dominante. Assim, em um estuário típico, esta condição influi nos trechos mais internos e também nos canais de águas baixas, que têm muito menor área de seção transversal do que os de águas altas. Nos escoamentos estratificados, entretanto, uma moderada redução da vazão de água doce reduz também o movimento para a terra junto ao leito. Na realidade, a situação é mais complicada, porque o estuário pode ser estratificado para baixas vazões e moderadas vazões fluviais, mas bem misturado durante as marés de sizígia.

Grandes vazões deslocam a cunha salina rumo ao mar, enquanto aumentam a intensidade do movimento para a terra na camada inferior. Em muitos sistemas naturais em equilíbrio, vazões ocasionais que varrem a água salgada para fora da embocadura fazem, necessariamente, parte do equilíbrio dinâmico. Assim, ao planejar o aproveitamento da bacia hidrográfica, as consequências da remoção das vazões de pico devem ser examinadas e a possibilidade de restabelecimento do equilíbrio por descargas ocasionais com altas vazões deve ser considerada. Situação como esta ocorreu na Barra do Riacho (ES), em que uma barragem para tomada d'água desviou boa parte da vazão fluvial do trecho flúvio-marítimo do rio.

A velocidade do escoamento pode também ser controlada pelas mudanças na seção transversal dos canais, como visto nos itens precedentes, ou por meio de dragagens, modificando a capacidade de transporte de sedimentos.

19.4.1.2 SEDIMENTOS EM SUSPENSÃO

Uma camada de lama tem sua densidade e tensão crítica de arrastamento aumentadas gradualmente na profundidade do depósito, e, à medida que o escoamento sobre a lama gradualmente se torna mais veloz, a tensão de arrastamento crítica vai sendo excedida para as sucessivas camadas. Assim, a disponibilidade de material a ser movimentado depende do aumento gradual da tensão de arrastamento crítica à medida que as camadas superficiais vão sendo removidas. O controle dos sedimentos em suspensão, portanto, pode ser conseguido reduzindo-se o transporte de sedimentos, seja pela sua remoção do sistema, seja evitando perturbar o leito, a menos que absolutamente necessário.

A remoção dos sedimentos finos do sistema pode ser feita pelo despejo dos sedimentos ao largo, em área que ofereça suficiente garantia de não retorno à área de remoção, ou seja, em uma outra unidade morfológica. De fato, em muitas situações estuarinas existe um movimento residual no leito induzido por efeitos de densidade rumo às embocaduras estuarinas que descarregam suficiente vazão de água doce. Durante várias décadas os dragados do Porto de Santos (SP) foram despejados em um setor da Baía de Santos, no qual parcela considerável retornava para o canal externo e estuarino, situação que foi modificada a partir dos estudos realizados na década de 1970.

As perturbações sobre o leito podem ser causadas pela passagem de navios – no caso da Lagoa dos Patos (RS) a navegação lagunar é fator importante na manutenção dos canais de material muito fino –, porém a mais importante causa é oriunda da ação de dragagens. Basta lembrar que os volumes das dragagens de implantação são sempre muito maiores do que as correspondentes dragagens de manutenção, embora técnicas inadequadas de extração de portos de areia também podem incrementar o transporte em suspensão, vindo a degradar profundidades a jusante na área estuarina em função do depósito de material mais fino. As modificações das técnicas de dragagem, e a sua minimização são alternativas para um maior controle sobre esses sedimentos mais finos.

19.5 EXEMPLOS DE OBRAS EM EMBOCADURAS ESTUARINAS E SEUS IMPACTOS

Nas Figuras 19.10 a 19.20 estão apresentadas fotografias aéreas de 1959 a 2000 da embocadura do Rio Guaraú em

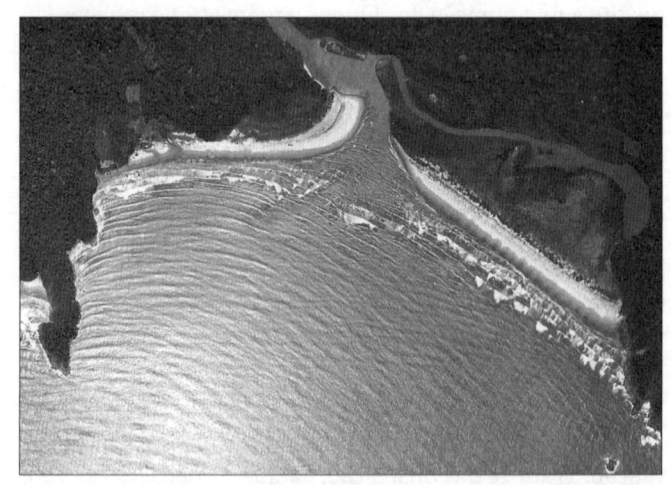

Figura 19.10
Fotografia aérea de 1959 da embocadura da foz do Rio Guaraú, em Peruíbe (SP). (Base).

Figura 19.11
Fotografia aérea de julho de 1973 da embocadura da foz do Rio Guaraú, em Peruíbe (SP). (Base).

Figura 19.12
Vista aérea da ocupação da foz do Rio Guaraú em 1977, em Peruíbe (SP). (São Paulo, Estado/DAEE/SPH/CTH).

Figura 19.13
Fotografia aérea de 1980 da embocadura da foz do Rio Guaraú, em Peruíbe (SP). Observa-se a urbanização na Praia do Guaraú. (Base).

Figura 19.14
Vista aérea da situação da ocupação da área da foz do Rio Guaraú, em Peruíbe (SP), no início da década de l980. (São Paulo, Estado/DAEE/SPH/CTH).

Figura 19.15
(A), (B) e (C) Vista da destruição junto aos muros construídos sobre o pós-praia na Praia do Guaraú em Peruíbe (SP). (São Paulo, Estado/DAEE/SPH/CTH).

Figura 19.16
Fotografia aérea de 1987 da embocadura da foz do Rio Guaraú em Peruíbe (SP). É visível ao sul o início da obra de enrocamento de fixação da foz. (Base).

Figura 19.17
Vista aérea do enrocamento da embocadura da foz do Rio Guaraú em Peruíbe (SP). (São Paulo, Estado/DAEE/SPH/CTH).

Figura 19.18
Fotografia aérea de março de 1994 da embocadura da foz do Rio Guaraú em Peruíbe (SP) fixada pela obra de enrocamento. (Base).

Figura 19.19
Fotografia aérea de 12 de agosto de 1997 da embocadura da foz do Rio Guaraú em Peruíbe (SP) fixada pela obra de enrocamento. (Base).

Figura 19.20
Fotografia aérea de 2000 da embocadura da foz do Rio Guaraú em Peruíbe (SP) fixada pela obra de enrocamento. (Base).

Peruíbe (SP). A partir de 1966, a Praia do Guaraú e o bairro respectivo sofreram um intenso processo de urbanização avançando sobre a área estuarina do Rio Guaraú. Em meados da década de 1980, uma obra de fixação da foz com um dique único, ainda inacabado, conduziu a embocadura a uma posição ao sul da Praia do Guaraú. Nas Figuras 19.21(A) e (B) pode-se avaliar as migrações da embocadura livre, enquanto nas Figuras 19.21(C), (D) e (E) verificam-se o período de implantação da obra e a estabilização da embocadura.

Nas Figuras 19.22 e 19.23 estão apresentadas imagens de estudos em modelo físico. Na Figura 19.22 observam-se as obras de melhoramento projetadas para a embocadura estuarina do Rio Itanhaém (SP), que constam de dois guias-correntes. Na Figura 19.23 observa-se o modelo da Baía e Estuário de Santos.

Na Figura 19.24 apresenta-se a obra de fixação da foz do Rio Preto, em Peruíbe (SP).

Nas Figuras 19.25 apresentam-se as fotografias aéreas da embocadura do Rio Monguaguá (SP), à época em que não se encontrava fixada e a foz migrava para SW sob a ação das ondas. Na Figura 19.26 pode-se observar a fixação efetuada a partir de meados da década de 1970.

Na Figura 19.27 observa-se a obra de guia-corrente implantada em 1988 junto à embocadura do Rio Grande em Ubatuba (SP).

A Figura 19.28 apresenta a situação do antigo Porto de São Luís (MA), carta de 1867, que até 1968 tinha cotas batimétricas de 5 m, mas, em virtude da construção de uma barragem na embocadura principal (Bacanga), teve forte assoreamento com redução para cota de 1 m.

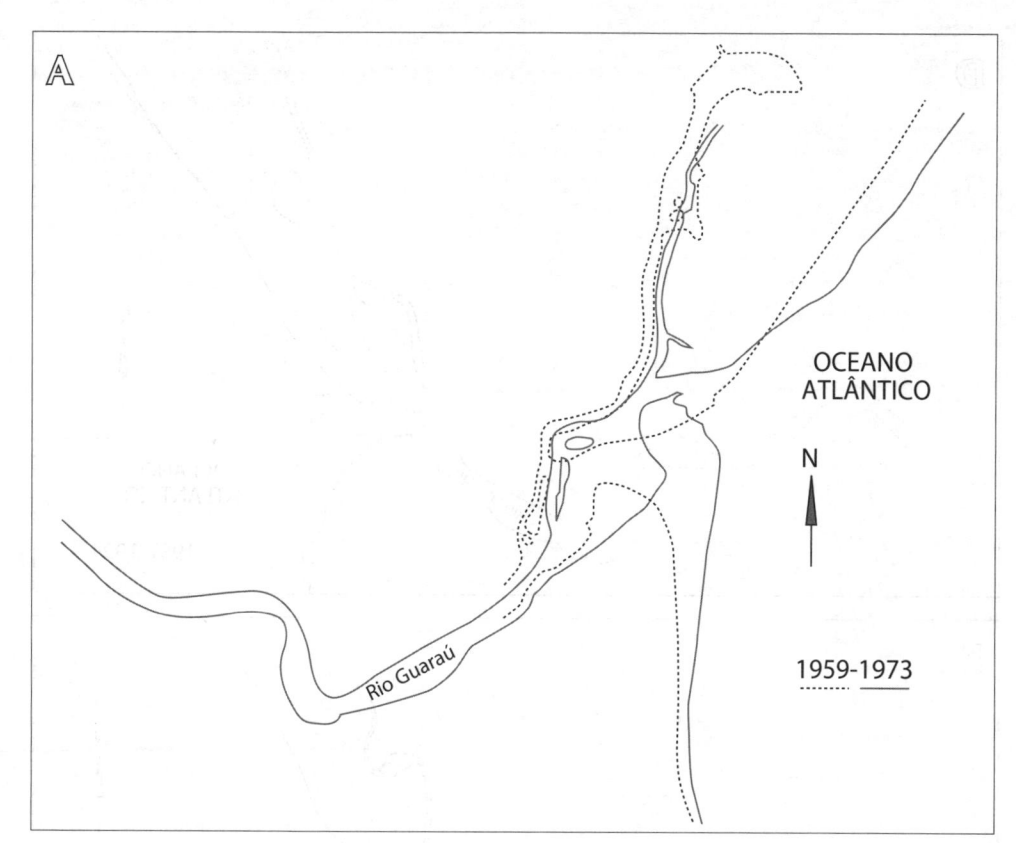

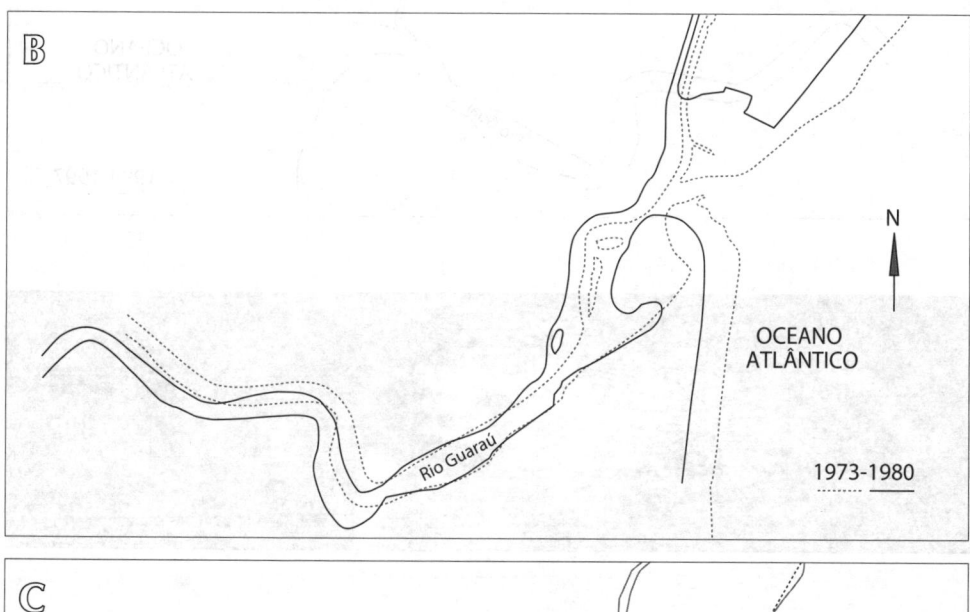

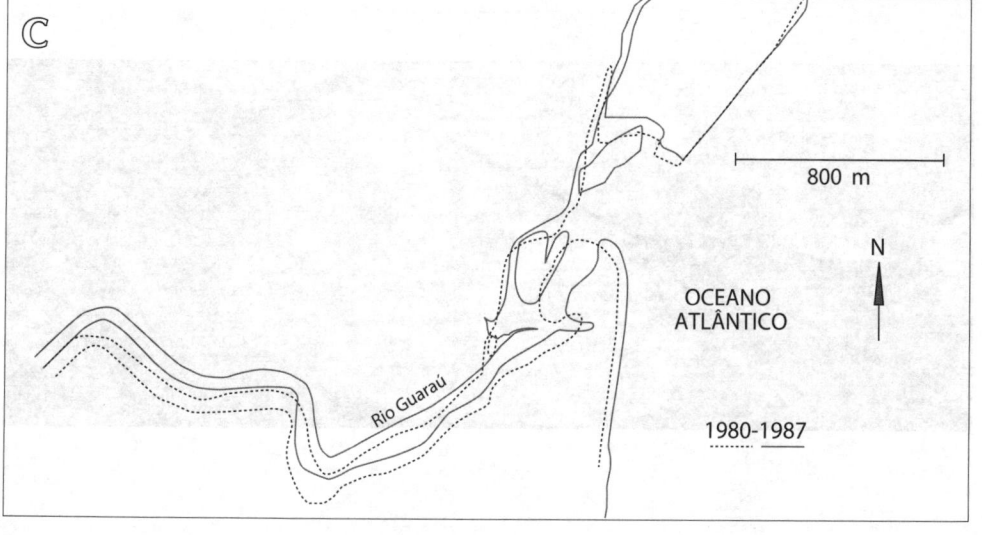

Figura 19.21
Planimetrias de:
(A) evolução da embocadura da foz do Rio Guaraú em Peruíbe (SP) entre 1959 e 1973. Trata-se da evolução natural de migração da embocadura indicando rumo dominante de transporte litorâneo longitudinal de sedimentos para o norte;
(B) evolução da embocadura da foz do Rio Guaraú em Peruíbe (SP) entre 1973 e 1980. Trata-se de evolução natural, contida ao norte por muro de pedra de área urbanizada;
(C) evolução da embocadura da foz do Rio Guaraú em Peruíbe (SP) entre 1980 e 1987. Em 1987 observa-se ao sul o início de obra de fixação da foz. (São Paulo, Estado/DAEE/SPH/CTH).

Figura 19.21
Planimetrias de:
(D) evolução da embocadura da foz do
Rio Guaraú em Peruíbe (SP) entre 1987
e 1994. Em 1994, com a obra de fixação
concluída, observa-se o fechamento da
antiga foz ao norte por entulhamento
sedimentar;
(E) evolução da embocadura da foz
do Rio Guaraú em Peruíbe (SP) entre
1994 e 1997. Observa-se que a obra de
fixação estabilizou a evolução da linha
de costa. (São Paulo, Estado/DAEE/
SPH/CTH).

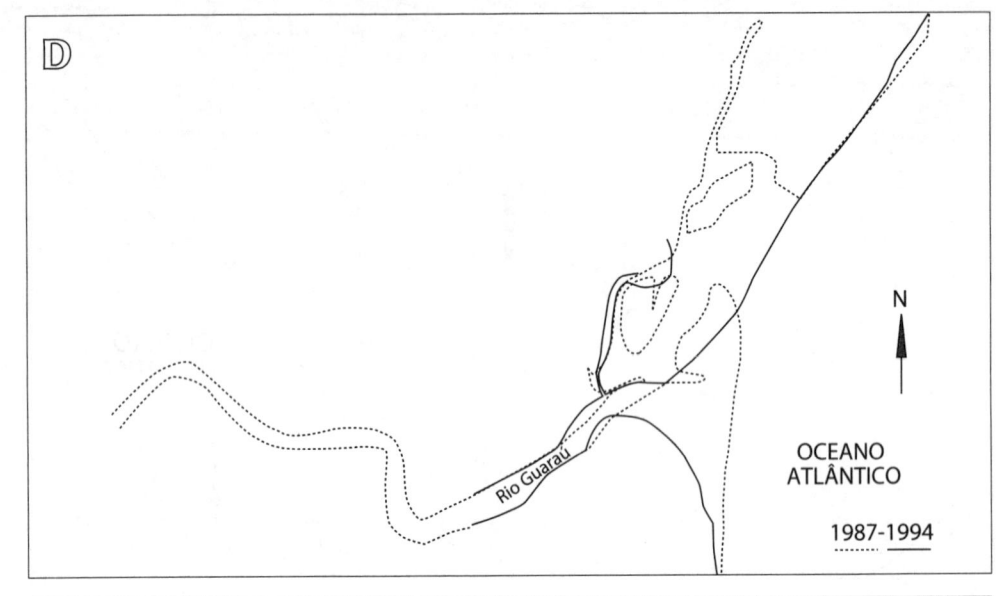

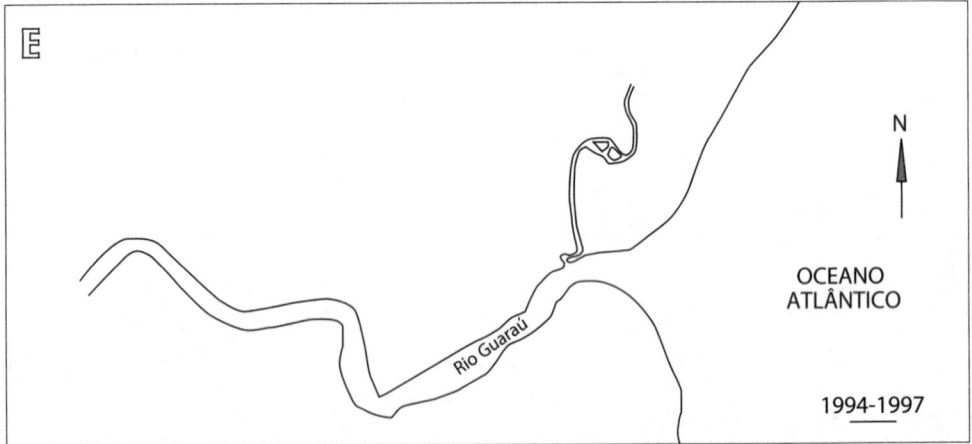

Figura 19.22
Estudo em modelo físico (escala
vertical 1:50 e escala horizontal 1:300)
da obra de melhoramento da Barra do
Rio Itanhaém (SP) por guias-correntes.
Visualização da Bacia de Ondas do
Laboratório de Hidráullica da EPUSP.
(São Paulo, Estado/DAEE/SPH/CTH).

Figura 19.23
Estudo em modelo físico (escala vertical
1:200 e escala horizontal 1:1.200) da
Baía e Estuário de Santos (SP). (São
Paulo, Estado/DAEE/SPH/CTH).

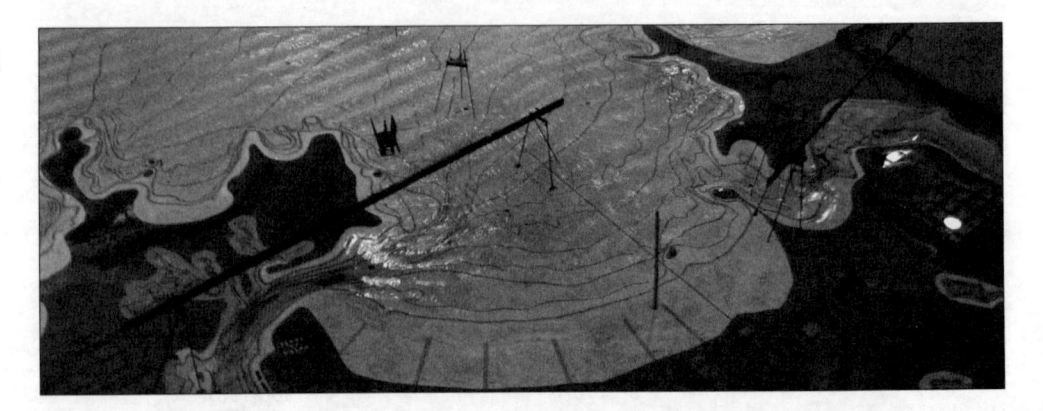

Figura 19.24
Enrocamentos de fixação da foz do Rio Preto, em Peruíbe (SP), em 1998.

Figura 19.25
(A) Foto aérea da foz do Rio Mongaguá (SP), em 1959. (Base).
(B) Foto aérea da foz do Rio Mongaguá (SP), em 1972. (Base).

Figura 19.26
(A) Foto aérea da foz do Rio Mongaguá (SP) em 1997 com a foz fixada pelos enrocamentos. (Base).

Figura 19.26
(B), (C) e (D) Enrocamentos de fixação da foz do Rio Mongaguá (SP). (São Paulo, Estado/DAEE/SPH/CTH).

Figura 19.27
Guia-corrente de fixação da foz do Rio Grande em Ubatuba (SP), em 1988.

Figura 19.28
A implantação da Barragem de Bacanga na Embocadura de São Luís (MA). (São Paulo, Estado/DAEE/SPH/CTH).

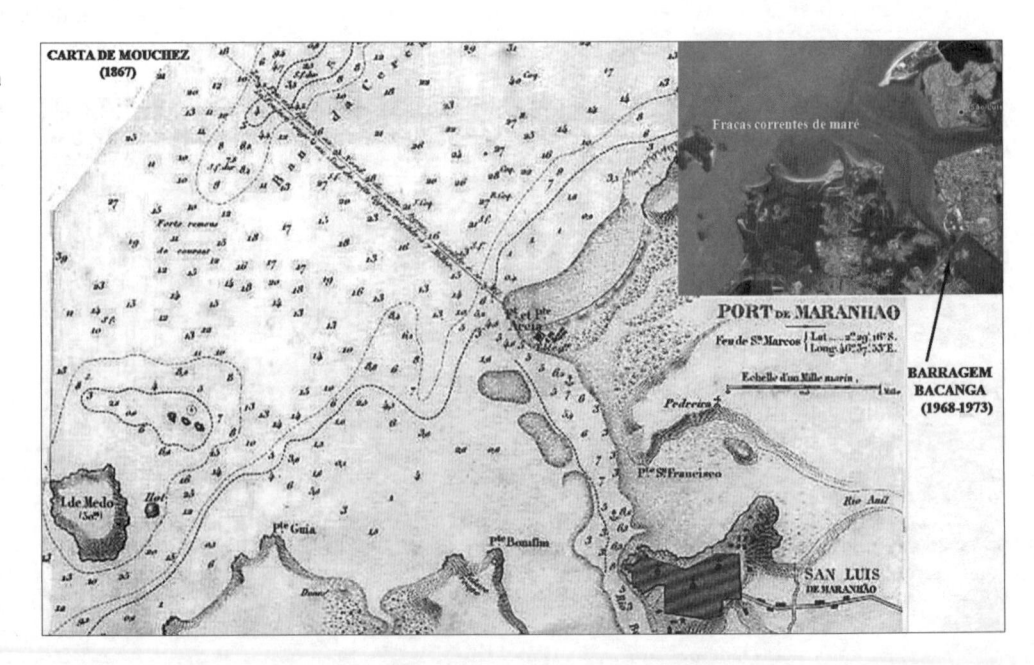

19.6 EVENTOS EXTREMOS

19.6.1 Alguns casos portuários brasileiros

Para exemplificar algumas situações de eventos extremos ocorridas em instalações portuárias, a seguir são apresentados alguns casos em portos brasileiros.

Em novembro de 2008 o Rio Itajaí-Açu atingiu vazão máxima diária superior a 3.500 m³/s e vazão média mensal acima de 1.000 m³/s, cujo período de retorno é da ordem de 20 anos, mas foi suficiente para o descalçamento das estacas-prancha do cais de Itajaí, situado em margem côncava (Figuras 10.2 e 19.29). Na excepcional cheia de 1983 também já havia ocorrido

desabamento, o que levou a obra de recuperação em 2009 à utilização de estacas-prancha de mais de 50 m de comprimento.

Em março de 1985, período de fortes correntes de sizígias equinociais, ocorreu o solapamento do Cais 102 do Porto de Itaqui, na Baía de São Marcos, em São Luís (MA), situação que ameaçou inclusive o armazém do porto (Figura 19.30(A)) e interditou a sua operação por vários meses.

Em 11 de maio de 1985, no mesmo período equinocial, em torno das 19h:00, final de uma maré vazante de 3,1 m de quadratura, mas após um período em abril em que as amplitudes atingiram 6,9 m (Figura 19.30(B)), ocorreu repentinamente e a um só tempo um deslizamento no talude norte do Espigão Norte, desde a seção 600 até a seção 900 m,

Figura 19.29
Cais do Porto de Itajaí, desabado após cheia de novembro de 2008 no Rio Itajaí-Açu.

Figura 19.30
(A) Em março de 1985 o desabamento do Cais 102 do Porto de Itaqui, em São Luís (MA).

Figura 19.30
(B) Em maio de 1985 o deslizamento no Espigão Norte do Terminal Marítimo de Ponta da Madeira, da Vale, em São Luís (MA).

ALTURAS HORARIAS DO NIVEL DAGUA

ENTIDADE AMZA-CARAJAS — LOCAL PORTO DE ITAQUI — HIDROLOGIA S.A.

ESTACAO ITAQUI — LATITUDE 02 34,6 S — LONGITUDE 044 22,3 W — ESTADO MARANHAO — FUSO +3,0 HORAS

DATUM VERTICAL — NR DA DHN PARA O PORTO DE ITAQUI — RN-1HSA — COTA 7,260 M — COTA ZERO MAREGRAFO -1,625 M

ALTURAS ACIMA DO ZERO DA DHN-ITAQUI(M) -MAREGRAFO IH MOD.LNG-7 M- MES ABRIL — ANO 1985 - FL.1 DE 2

DIAS	00/12	01/13	02/14	03/15	04/16	05/17	06/18	07/19	08/20	09/21	10/22	11/23	LEITURAS DAS ESTOFAS			
01	2,75	3,69	4,49	4,99	5,05	4,71	3,99	3,07	2,07	1,39	1,27	1,83	0338	0940	1547	2215
	2,79	3,75	4,65	5,19	5,36	5,06	4,30	3,30	2,14	1,25	0,78	0,98	5,09	1,22	5,38	0,76
02	1,77	2,87	4,02	4,91	5,47	5,46	4,91	3,97	2,82	1,69	0,94	0,90	0427	1037	1700	2326
	1,61	2,73	3,87	4,75	5,55	5,86	5,53	4,55	2,23	1,11	0,41		5,53	0,81	5,86	0,33
03	0,53	1,47	2,73	4,01	5,11	5,82	5,88	5,29	4,21	2,93	1,62	0,68	0537	1145	1750	
	0,43	1,27	2,57	3,85	5,07	5,90	6,14	5,69	4,73	3,49	2,09	0,93	5,93	0,40	0,15	....
04	0,21	0,51	1,67	3,11	4,39	5,53	6,15	6,03	5,25	4,01	2,63	1,27	0016	0622	1237	1840
	0,31	0,21	1,33	2,76	4,13	5,41	6,20	6,29	5,57	4,43	3,03	1,57	0,17	6,19	0,09	6,45
05	0,39	-0,08	0,69	2,13	3,57	4,97	6,01	6,44	5,98	4,89	3,63	2,11	0100	0700	1315	1917
	0,81	0,00	0,33	1,71	3,25	4,65	5,93	6,55	6,33	5,42	4,13	2,66	-0,08	6,44	-0,08	6,58
06	1,23	0,17	-0,07	0,97	2,53	4,01	5,45	6,36	6,55	5,83	4,61	3,13	0147	0741	1400	2000
	1,57	0,37	-0,24	0,53	2,07	3,57	5,05	6,10	6,55	6,12	5,07	3,71	-0,12	6,59	-0,24	6,55
07	2,24	0,91	0,01	0,11	1,45	3,01	4,47	5,77	6,49	6,37	5,47	4,17	0228	0820	1446	2047
	2,61	1,15	0,03	-0,26	0,77	2,29	3,77	5,23	6,13	6,37	5,77	4,65	-0,10	6,55	-0,30	6,39
08	3,28	1,77	0,63	0,01	0,61	1,97	3,41	4,81	5,93	6,39	5,97	4,97	0305	0900	1530	2130
	3,65	2,11	0,77	-0,05	0,07	1,23	2,67	4,05	5,31	5,99	5,99	5,29	0,01	6,39	-0,16	6,09
09	4,19	2,89	1,49	0,57	0,45	1,15	2,49	3,77	5,01	5,85	6,14	5,65	0345	0947	1603	2214
	4,63	3,32	1,89	0,77	0,19	0,68	1,87	3,17	4,37	5,31	5,63	5,85	0,25	6,15	0,19	5,83
10	4,97	3,89	2,71	1,51	0,84	0,97	1,81	3,01	4,21	5,27	5,87	5,85	0422	1030		
	5,31												0,75	5,95		
11			3,93	2,83	1,79	1,17	1,04	1,46	2,29	3,29	4,18	4,85			1745	
															1,11	....
12	5,16	5,02	4,57	3,78	2,89	2,01	1,58	1,69	2,22	3,03	3,87	4,81	0010	0617	1250	1910
	5,13	5,22	4,91	4,27	3,33	2,37	1,59	1,27	1,45	2,03	2,83	3,65	5,17	1,54	5,24	1,26
13	4,39	4,87	5,00	4,78	4,19	3,33	2,47	1,81	1,63	1,93	2,56	3,31	0153	0750	1452	2040
	4,08	4,75	5,09	5,05	4,59	3,79	2,77	1,81	1,23	1,15	1,54	2,25	5,01	1,62	5,13	1,12
14	3,05	3,95	4,67	5,01	4,93	4,47	3,63	2,62	1,75	1,33	1,46	2,03	0314	0914	1544	2124
	2,83	3,71	4,55	5,13	5,22	4,57	3,65	2,50	1,55	1,00	1,05	1,60	5,03	1,31	5,23	0,93
15	2,47	3,45	4,42	5,16	5,35	5,01	4,33	3,25	2,13	1,33	1,08	1,43	0354	0951	1607	2225
	2,27	3,33	4,35	5,21	5,51	5,29	4,65	3,61	2,33	1,30	0,72	0,84	5,35	1,07	5,53	0,66
16	1,57	2,69	3,79	4,85	5,51	5,58	5,11	4,25	3,09	1,89	1,07	0,83	0437	1050	1649	2310
	1,41	2,47	3,61	4,69	5,53	5,74	5,32	4,49	3,29	2,03	1,01	0,53	5,62	0,81	5,75	0,51

sendo o trecho crítico entre as seções 750 e 800 m, no qual a crista sofreu rebaixamento de cerca de 2 m (Figura 19.30(B)). A última sondagem batimétrica, realizada em março de 1985, não indicava nenhuma notável alteração dos fundos. Assim, uma série de levantamentos foram realizados para procurar as causas do evento: topografia das seções transversais em todos os 1.050 m do espigão, sondagens batimétricas em faixas longitudinais ao maciço, coletas de sedimentos junto à base dos taludes, caracterização das correntes no entorno do maciço e levantamento sísmico. A conclusão final evidenciou que a hipótese mais provável como causadora do acidente foi a de que as correntes de maré muito intensas do mês de abril tenham solapado o pé do talude norte do Espigão Norte e provocado seu escorregamento. Isto ocorreu porque o maciço encontrava-se assentado sobre uma camada de areia com alguns metros de espessura, pois a sua construção foi efetuada por enrocamento basculado por avanço de ponta. Quando o enrocamento foi lançado, por ação de seu peso próprio e das correntes de maré, houve uma certa penetração dos blocos na camada de areia formando um pequeno embasamento. No trecho final do espigão, em virtude da presença de correntes de maior intensidade, durante o avanço formava-se uma fossa na extremidade, que era em seguida preenchida com o enrocamento, de modo que, além daquela penetração dos blocos na areia, formou-se sob esse trecho final uma base de enrocamento de maior espessura. Esse fato teria evitado que o solapamento do pé do talude e o deslizamento ocorresse ao longo de toda a extensão do maciço até sua extremidade. Contribuiu para o processo o assoreamento provocado ao norte do Espigão Norte, na chamada Praia do Boqueirão, e assim com as fortes correntes de sizígia equinocial provocaram a ruptura dos depósitos, resultando na erosão generalizada que pode ser observada na Figura 19.30(B). Nessas condições, a modificação do campo de correntes e o aumento de suas intensidades junto ao talude norte do Espigão Norte, solaparam o seu pé e no trecho em que o maciço não tinha uma base de enrocamento suficientemente espessa o talude deslizou. Desta forma, na recomposição sucessiva do maciço proveu-se a colocação de um tapete em forma de berma no entorno de todo o pé da estrutura, como elemento fusível de proteção do maciço.

Em maré equinocial do primeiro semestre de 2013, no dia 28 de março, na baixa-mar em torno da meia-noite, ocorreu o solapamento das ancoragens das articulações situadas na margem do Canal de Santana (AP) do Terminal de Uso Privativo da Anglo-American (Figura 19.31(A)). Como resultado, ocorreu o colapso da estrutura, como provável consequência das fortes correntes de maré de vazante equinocial (Figura 19.31(B)).

19.6.2 *Storm surge barriers*

19.6.2.1 CONSIDERAÇÕES GERAIS

Uma questão relevante para as próximas décadas diz respeito ao impacto das alterações climáticas no transporte aquaviário interior. Estimativas da União Europeia para o Rio Reno indicam que no inverno haverá um aumento de precipitações pluviométricas, bem como de temperatura, levando a um menor acúmulo de neve nas nascentes nos Alpes e proporcionando maiores picos e médias de níveis d'água. Em contraposição, no período de verão ocorrerá menor contribuição de vazão pelo derretimento das geleiras, menor precipitação pluviométrica e maior evaporação, acarretando maiores dificuldades para o transporte pelo modal hidroviário, reduzindo a capacidade de transporte. Por outro lado, nas altas latitudes do Mar Ártico, é cada vez mais viável a navegação no período de verão, sendo que a Passagem de Nordeste, entre o Estreito de Bering e o norte do Canadá e oeste da Groenlândia, já está livre do gelo por dois meses ao ano.

Nos trechos flúvio-marítimos e estuarinos das bacias hidrográficas, a elevação do nível do mar e o recrudescimento dos eventos extremos de tempestades e ciclones geram outra necessidade de controle nas planícies costeiras, sendo cada vez mais frequentes os projetos de barreiras contra inundações e a implantação de obras de ilhas e praias artificiais para acomodar a expansão das regiões metropolitanas costeiras portuárias. Essas regiões estão associadas com grandes e crescentes concentrações populacionais e, consequentemente, atividades socioeconômicas e, com o aumento da prosperidade dessas regiões, os padrões de defesa contra inundações serão mais exigentes. Dessa perspectiva econômica resultará uma alta demanda por maior segurança contra eventos extremos, a qual levará a substanciais investimentos em aprimoramentos das obras empregadas, fazendo com que os governos passem a investir mais na defesa costeira.

O recrudescimento de eventos, como o da tempestade de 1/2/1953 no Mar do Norte, que produziu 2.150 vítimas fatais e 282 mil feridos e/ou desabrigados no SW dos Países Baixos, na costa E do Reino Unido e no Estuário do Rio Tâmisa, foi um prenúncio de que novas obras de defesa contra tempestades e inundações nas planícies costeiras da Europa seriam necessárias.

Em regiões de grandes baías, estuários ou hidrovias costeiras, com defesas contra inundação, a construção de uma barreira pode ser uma opção adequada de proteção da zona costeira, principalmente quando o comprimento de reforço necessário em diques no tardoz da barreira for significativamente reduzido. Dentre os vários tipos de barreiras, as *storm surge barriers* são ainda consideradas intervenções futuras, entretanto, a preservação da ecologia e a manutenção da navegação têm um enorme valor. Sob esse ponto de vista, os altos custos das *storm surge barriers* devem ser avaliados como alternativa. Grande parte desse item é embasado em Mooyaart (2014).

O notável conjunto de obras neerlandesas contra a subida do nível do mar ficou conhecido como Projeto Delta e reuniu as desembocaduras dos rios Reno, Maas e Scheldt, sendo iniciado em 1957 e concluído em 2010. No Estuário do Rio Tâmisa (Reino Unido), entre 1974 e 1982, foi construída a Barreira do Tâmisa.

Já a grande inundação de Venezia (Itália) pela *acqua alta* da maré no Mar Adriático em 4/11/1966 originou os estudos do *Progetto* MOSE de comportas nas três bocas lagunares. Tais sistemas preventivos são operados mediante a previsão de vazões, marés ou tempestades extremas, sendo o equipamento mecânico de diferentes concepções.

Figura 19.31
(A) Vista aérea do Porto de Santana, da Anglo-American, no Canal de Santana, Rio Amazonas (AP).
Observar no detalhe o píer flutuante ancorado na margem.
(B) Vista aérea da situação no Porto de Santana, após o desastre de 28 de março de 2013, estando assinalada a posição do píer flutuante, observando-se os restos de estrutura metálica.

Até hoje, somente quinze *storm surge barriers* foram construídas, as quais evidenciam uma grande variabilidade de projeto, empregando muitos tipos de comportas hidráulicas em função das peculiaridades locais, o que explica por que ainda não existem recomendações sistematizadas.

19.6.2.2 CARACTERIZAÇÃO DE ESTRUTURAS DE *STORM SURGE BARRIERS*

• **Tipos de barreiras**

Existem três tipos principais de barreiras:

– Barragens de fechamento

As barragens de fechamento fecham uma embocadura estuarina, evitando a entrada de água salgada no novo lago formado, diminuindo o risco de inundações. Em muitos casos formam-se lagos de água doce. Trata-se de solução adequada para desenvolver a agricultura por aterro, como os Países Baixos fizeram com o Afsluitdijk (Figuras 19.33 (A) a (C)). O Afsluitdijk (dique de fecho) é uma enorme barragem de fechamento de 32 km de comprimento, largura de 90 m e altura de 7,25 m sobre o nível do mar do antigo Zuider Zee, ligando o norte da Holanda do Norte com a província da Frísia e fechando o IJsselmeer do Mar de Wadden em 1932.

Além das seções fechadas, muitas barragens de fechamento empregam comportas para descarregar as cheias fluviais e regular o nível d'água no lago formado. Muitas barragens de fechamento consistem em uma eclusa para navegação, como a Berendrechtsluis no Porto de Antuérpia (Bélgica), situada no Estuário do Rio Scheldt.

– Barragens de maré

As barragens de maré são uma barreira para geração de energia maremotriz. São equipadas com turbinas e comportas para permitir o fluxo entre a bacia e o mar, com o que também se consegue a proteção contra tempestades extremas.

Esse tipo de barreira pode se tornar economicamente viável em estuários com amplitudes de maré acima de 5 m. Exemplos dessas instalações são as usinas maremotrizes da Rance (França) e Annapolis Royal (Canadá).

– Storm surge barriers

Uma *storm surge barrier* é uma barreira parcialmente móvel em um estuário ou rio, mas que pode ser fechada temporariamente, cuja principal função é conter a elevação das águas interiores durante uma tempestade. Assim, essas barreiras fornecem proteção suficiente para as áreas interiores contra inundações. Também deve-se levar em conta o máximo nível permissível de acumulação, determinado pela vazão fluvial e pela altura de segurança para as quais foram dimensionados os diques perimetrais na retaguarda da barreira. Nas condições normais, o nível d'água estuarino não é regulado, permitindo a renovação das águas e a navegação, motivo pelo qual as dimensões das seções móveis devem ser grandes o suficiente para permitir circulação da maré. De modo geral, também dispõem de grandes extensões como barragens fechadas, para reduzir os custos do investimento.

• **Definição das dimensões**

A *storm surge barrier* consiste de três seções tipo principais (Figura 19.32(A)): a seção das comportas, a seção de barragem (similar à barragem de fechamento) e, em alguns casos, uma eclusa.

A seção das comportas é constituída de comportas hidráulicas e das respectivas estruturas para operá-las. O comprimento da barreira é a extensão ao longo do eixo longitudinal da barreira entre uma margem e outra, enquanto o comprimento da abertura corresponde ao vão das comportas. O total de todas as aberturas de uma barreira é chamado de vão cumulativo das comportas. O comprimento da eclusa também encontra-se assinalado, sendo perpendicular ao eixo da barreira.

• **Classificação dos tipos de comportas hidráulicas**

As comportas hidráulicas mais utilizadas nas *storm surge barriers* podem ser classificadas pelos seus graus de liberdade, direção de movimento ou rotação. Nas Figuras 19.32 (B) a (J), estão descritas as comportas das seguintes *storm surge barriers*:

– Hollandsche IJssel (Krimpen aan de IJssel, Países Baixos, 1958);

– New Bedford (New Bedford, Massachusetts, Estados Unidos, 1966);

– Stamford (Stamford, Connecticut, Estados Unidos, 1969);

– Eider (Tönning, Alemanha, 1973);

– Hull (Hull, Reino Unido, 1980);

– Thames (Londres, Reino Unido, 1982);

– Eastern Scheldt (Neeltje Jans, Países Baixos, 1986);

– Maeslant (Rotterdam, Países Baixos, 1997;)

– Hartel (Spijkenisse, Países Baixos, 1997);

– Ramspol (Ens, Países Baixos, 2002);

– Ems (Gandersum, Alemanha, 2002);

– Inner Harbor Navigation Canal (IHNC) (New Orleans, Estados Unidos, 2011);

– Seabrook (New Orleans, Estados Unidos, 2011);

– St. Petersburg (St. Petersburg, Rússia, 2011);

– *Progetto* MOSE (Venezia, Itália, 2018).

Figura 19.32
(A) Vista de topo esquematizada de uma *storm surge barrier*.
(B) Comportas planas de içamento vertical.
(C) Comportas planas embutidas sob a soleira em posição aberta.

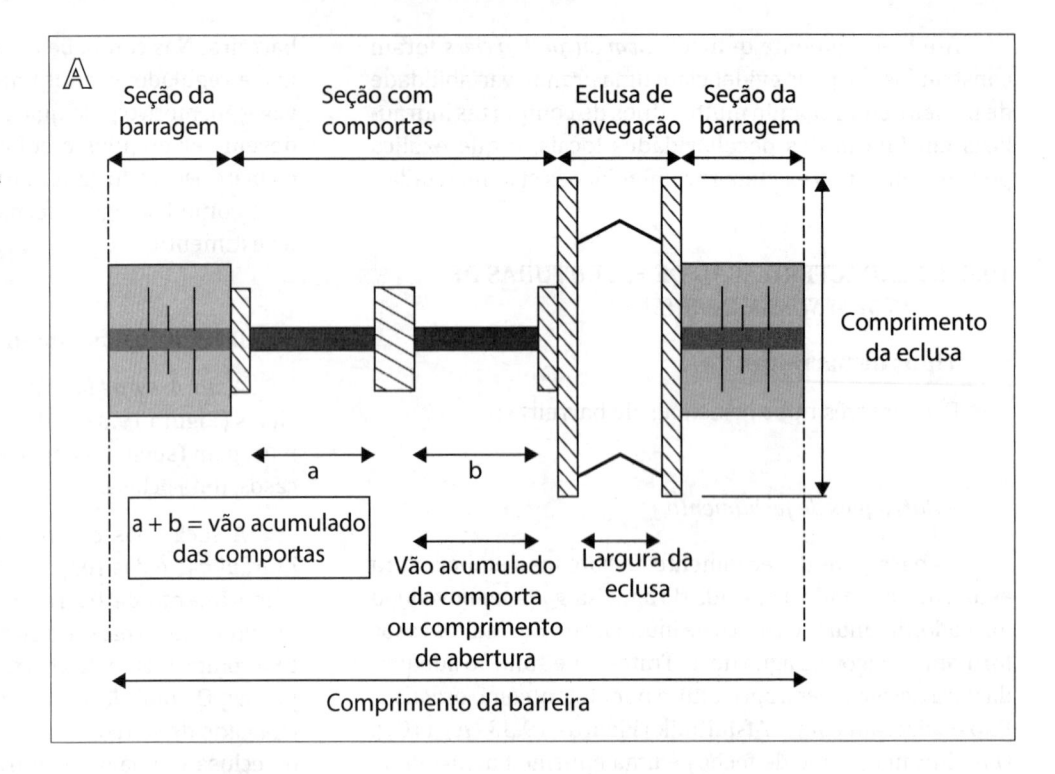

Seção da barragem · Seção com comportas · Eclusa de navegação · Seção da barragem

Comprimento da eclusa

a

b

a + b = vão acumulado das comportas

Vão acumulado da comporta ou comprimento de abertura

Largura da eclusa

Comprimento da barreira

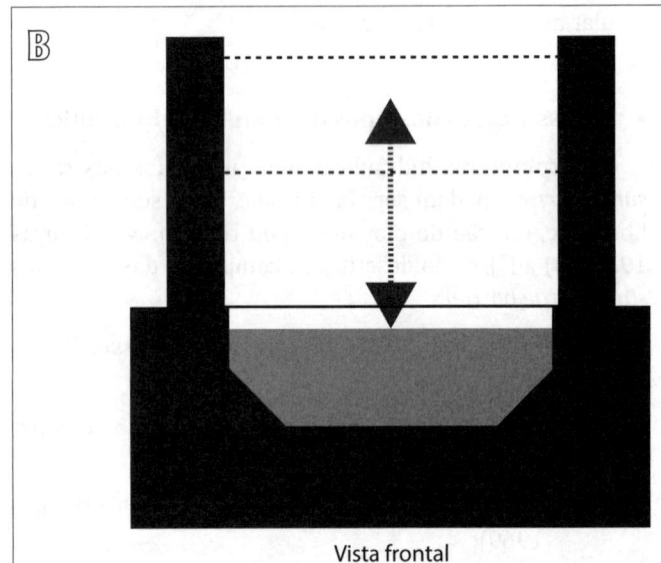

Vista frontal

Comportas planas de içamento vertical a partir da soleira para abrir. O içamento pode ser feito empregando uma torre com cabos suspensos, roldanas e rodas motrizes para suportar a comporta nesta operação.

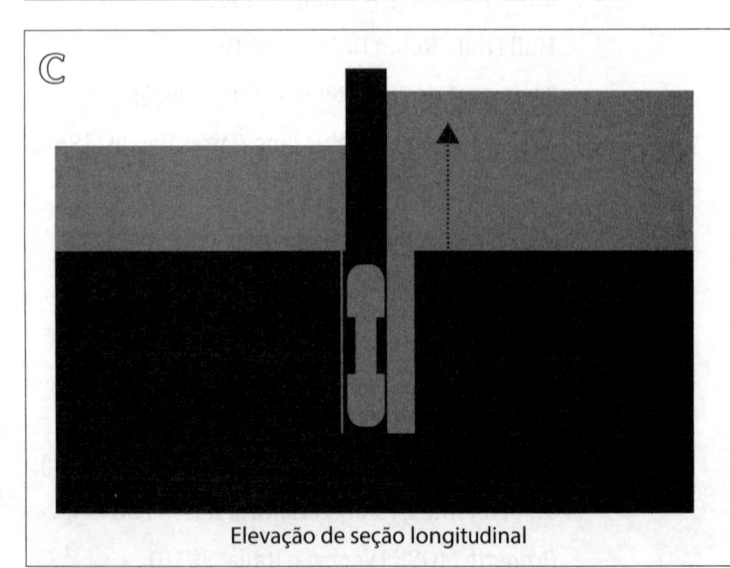

Elevação de seção longitudinal

Comportas planas embutidas sob a soleira em posição aberta. As comportas são içadas verticalmente para fechar a barreira. Tanto na posição aberta quanto na fechada a comporta fica em grande parte submersa. Para permitir a manutenção é possível içar a comporta acima do nível d'água.

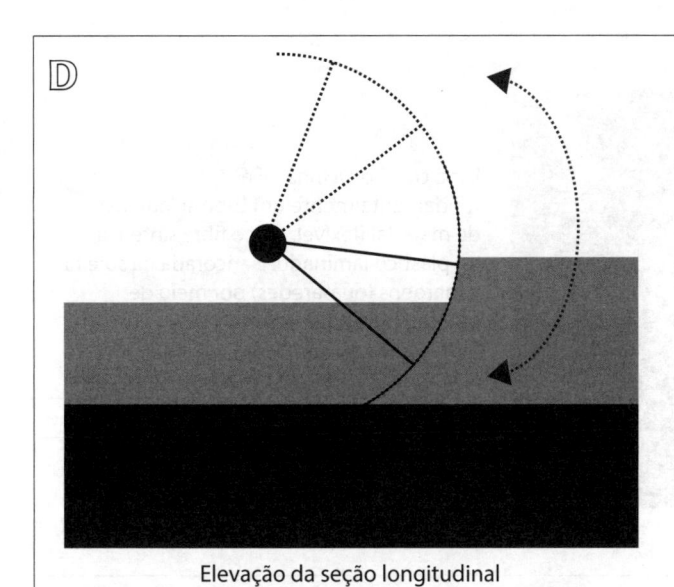

A comporta segmento (ou radial) rotaciona em torno de um eixo horizontal como centro. Em posição fechada, a comporta segmento se apoia na soleira e é içada na posição aberta.

Elevação da seção longitudinal

Trata-se de comporta similar à segmento, a comporta segmento rotatória (ou tambor) tem um eixo horizontal. Fica embutida em rebaixo da soleira de concreto no leito. Difere fundamentalmente da comporta segmento normal por ser possível navegar sobre a comporta nessa posição. A operação da comporta é realizada pela rotação de 90^0 de levantamento para a posição de defesa. Rotacionando mais 90^0 a comporta posiciona-se para inspeção e manutenção.

Elevação da seção longitudinal

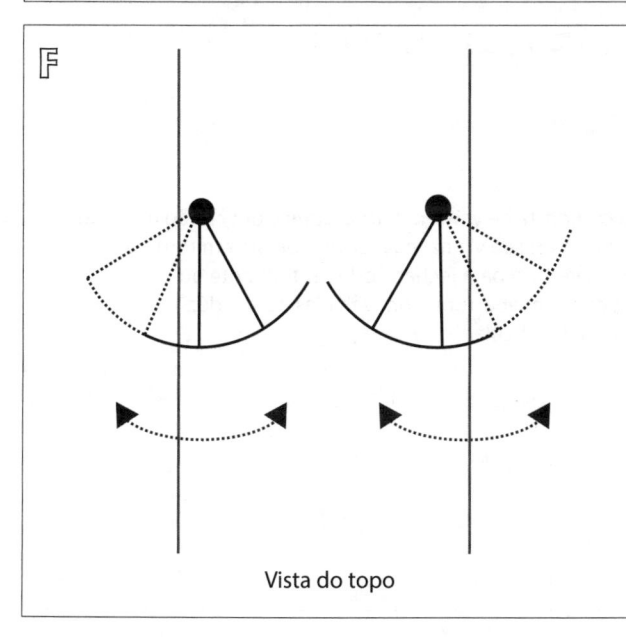

Uma comporta setor corresponde a uma dupla comporta, cada uma correspondendo a um quarto de círculo, que transferem as forças através de uma estrutura de aço para os lados. Opera rotacionando em torno dois eixos verticais. Um setor flutuante é similar a uma comporta setor normal, mas na posição de flutuação as comportas podem girar em torno a uma articulação esférica nas margens, enquanto durante a operação, as portas são mantidas em uma soleira com fundação preparada especialmente para suportar a carga da comporta. Na condição não operacional, as portas são mantidas em docas secas especialmente construídas nas margens.

Vista do topo

Figura 19.32
(D) Comporta segmento (ou radial).
(E) Comporta segmento rotatória.
(F) Comporta setor dupla.

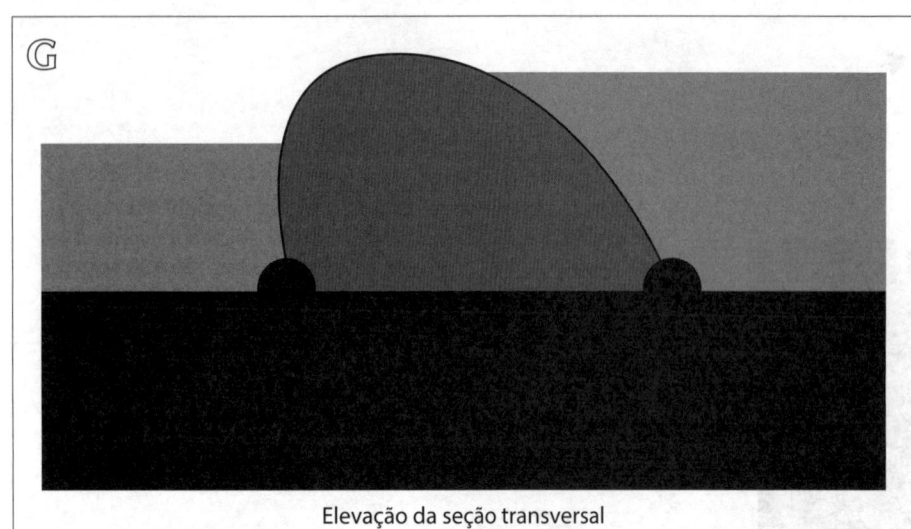

G

Uma comporta inflável é fundamentalmente um tubo selado feito de material flexível, como fibra sintética, ou plástico laminado. É ancorada na soleira e margens (ou paredes) por meio de parafusos de ancoragem e sistema de fixação que garanta estanqueidade ao ar e água. A comporta é inflada de ar, ou enchida de água, ou uma combinação dos dois.

Elevação da seção transversal

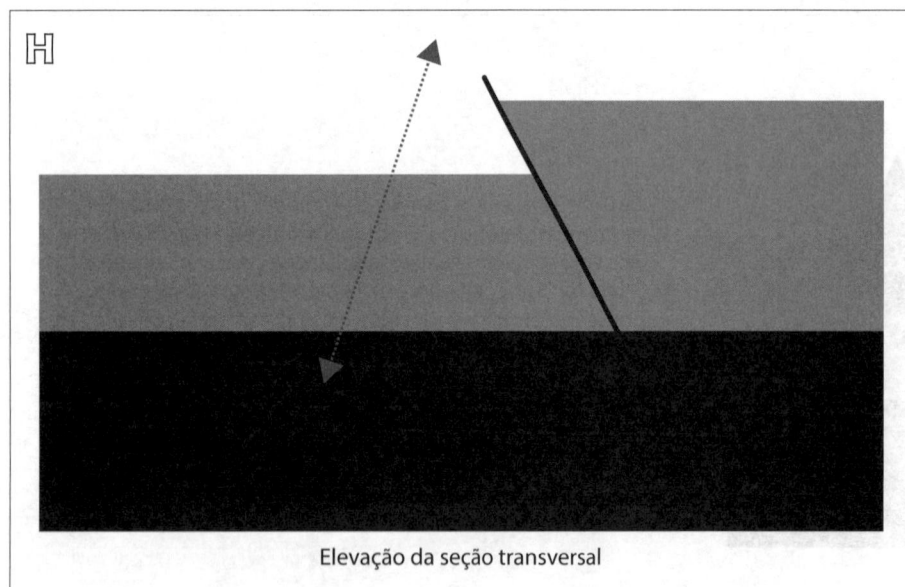

H

As comportas *flap* consistem de uma superfície de retenção reta ou curva, que pivota em um eixo fixado na soleira. Em Venezia, as comportas são operadas enchendo-as de ar, ou de água.

Elevação da seção transversal

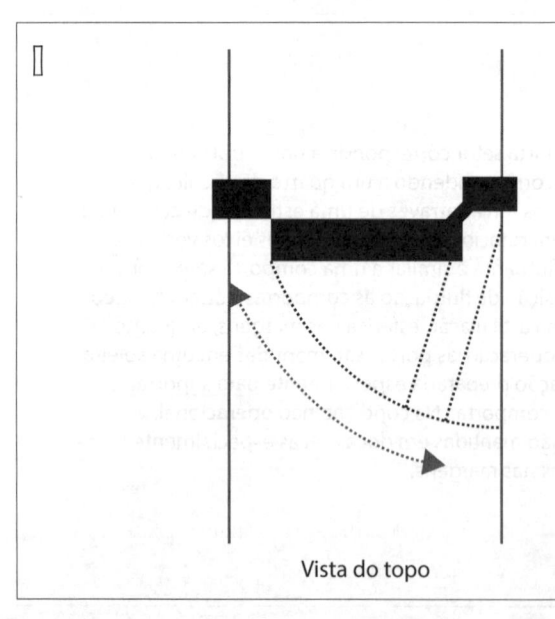

I

Uma comporta de vai-vem (*barge gate*) é um caixão mantido em uma lateral da via navegável, que pivota em torno de um eixo vertical para fechar. Pode ser flutuante ou equipada com aberturas com válvulas para reduzir as forças de articulação e operação.

Vista do topo

Figura 19.32
(G) Comporta inflável.
(H) Comporta *flap*.
(I) Comporta de vaivém.

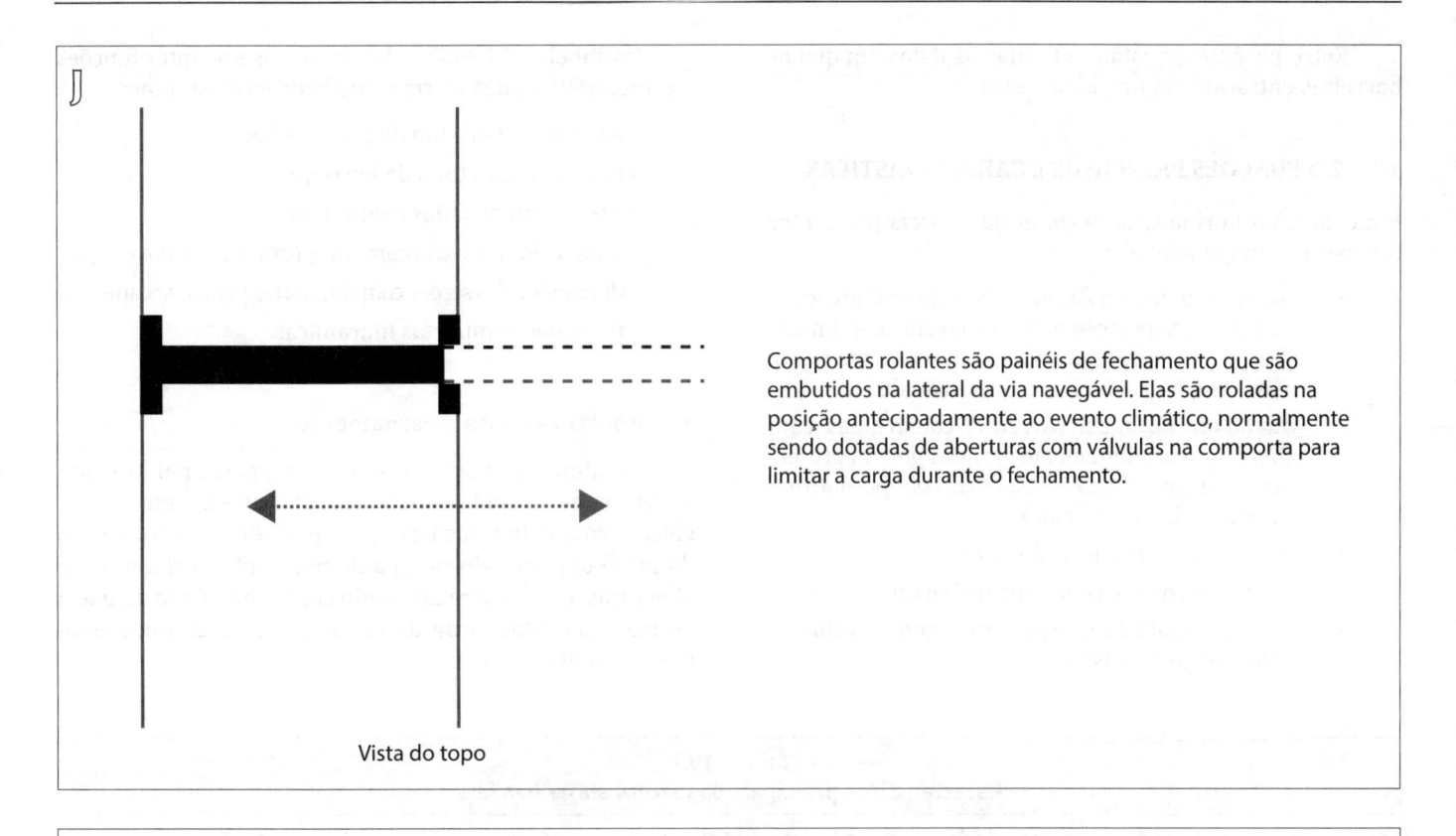

Comportas rolantes são painéis de fechamento que são embutidos na lateral da via navegável. Elas são roladas na posição antecipadamente ao evento climático, normalmente sendo dotadas de aberturas com válvulas na comporta para limitar a carga durante o fechamento.

Vista do topo

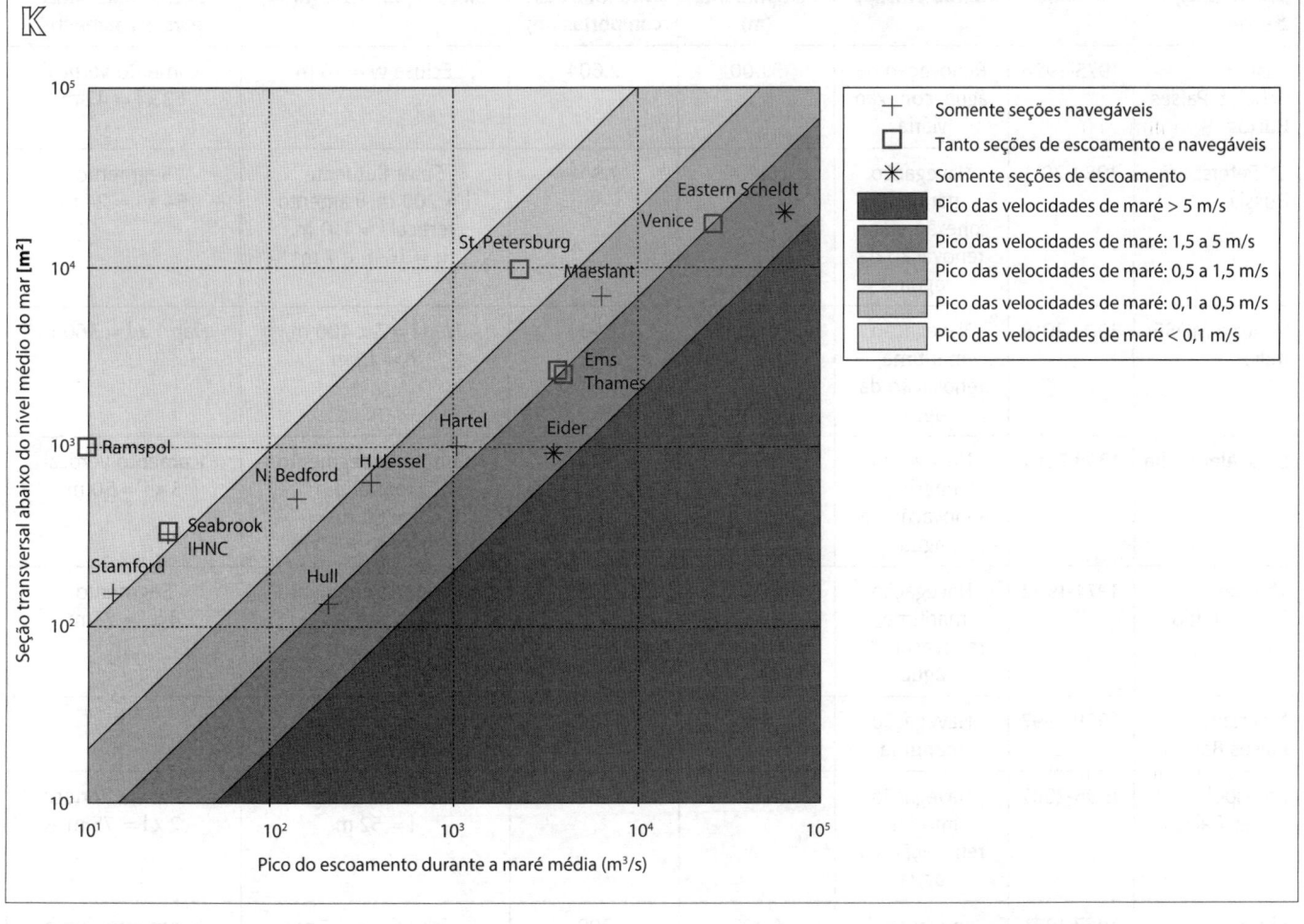

Figura 19.32
(J) Comportas rolantes.
(K) Relação entre seção transversal e máximo escoamento durante a meia-maré.

Entre parênteses estão indicadas as datas em que as barreiras entraram em funcionamento.

19.6.2.3 FUNÇÕES PRINCIPAIS E CARACTERÍSTICAS

Em condições normais, as *storm surge barriers* podem ter funções mútuas adicionais:

- Navegação: pela passagem livre de embarcações ou pela transposição através de eclusa. A dimensão das aberturas depende do tipo de navegação: marítima, hidroviária, pesqueira ou de lazer.
- Qualidade da água: barreiras construídas com aberturas suficientemente grandes podem preservar o ambiente típico dos estuários por permitirem a troca de água pela maré.
- Acomodação de cheias dos rios.
- Conexão rodoviária no topo da barreira.
- Gerenciamento da água pela drenagem do estuário após chuvas intensas.

Na Tabela 19.1 estão relacionadas as seguintes funções e características das *storm surge barriers* existentes:

- anos de início e fim de construção;
- comprimento total da barreira;
- vão cumulativo das comportas;
- dimensões da seção com comportas para a navegação;
- dimensões das seções com comportas para o escoamento;
- tipos das comportas hidráulicas.

- **Aberturas para o escoamento**

Geralmente, o fluxo das marés é a principal forçante do escoamento pelas aberturas da barreira em condições normais de utilização. A magnitude do escoamento da maré depende do prisma de maré influenciado pelas aberturas, que é correlacionado com a dimensão da bacia de maré na retaguarda da barreira e pela amplitude da maré (Tabela 19.2).

Tabela 19.1
Características principais das *storm surge barriers*

Storm surge barrier	Período	Função principal	Comprimento (m)	Vão total das comportas (m)	Seções para navegação	Seções adicionais para escoamento
Eastern Scheldt, Países Baixos	1973-1986	Renovação da água, conexão viária	9.000	2.604	Eclusa w = 16 m	Içamento vertical 62 x l = 42 m
St. Petersburg, Rússia	1984-2011	Navegação marítima, conexão viária, renovação da água	25.400	1.846	Setor flutuante l = 200 m, içamento vertical l = 110 m, h = 16 m e 7 m	Segmento 64 x l = 24 m
Venezia MOSE, Itália	2003-2018	Navegação marítima, renovação da água	1.500	1.460	*Flap* l = 3 x 400 m, h = 15 m	*Flap* 1 x l = 360 m
Ems, Alemanha	1998-2002	Navegação interior, renovação da água	476	414	Comporta segmento rotatória l = 60 m, segmento = 50 m	Içamento vertical 5 x l = 50 m
Thames, Reino Unido	1974-1982	Navegação marítima, renovação da água	530	369	Comporta segmento rotatória 4 x l = 61 m e 2 x l = 31 m	Segmento 4 x l = 31 m
Maeslant, Países Baixos	1989-1997	Navegação marítima	610	360	Setor flutuante l = 360 m, h = 17 m	–
Ramspol, Países Baixos	1996-2002	Navegação interior, renovação da água	450	202	Inflável de borracha l = 52 m	Inflável de borracha 2 x l = 75 m
Eider, Alemanha	1967-1973	Renovação da água, conexão viária	4.900	200	Eclusa w = 14 m	Segmento duplo 5 x l = 40 m

(continua)

(continuação)

Tabela 19.1
Características principais das *storm surge barriers*

Storm surge barrier	Período	Função principal	Comprimento (m)	Vão total das comportas (m)	Seções para navegação	Seções adicionais para escoamento
Hartel, Países Baixos	1993-1997	Navegação interior	250	147	Içamento vertical l = 98 m e 49 m, eclusa w = 24 m	–
IHNC, EUA	2008-2011	Navegação interior	2.300	107	Setor l = 45 m, barcaça l = 45 m, içamento vertical l = 17 m	–
Hollandsche IJssel, Países Baixos	1954-1958	Navegação interior	200	80	Duplo içamento vertical l = 80 m, eclusa w = 24 m	–
Seabrook, EUA	2008-2011	Navegação interior	130	59	Setor l = 29 m	Içamento vertical 2 x l = 15 m
New Bedford, EUA	1962-1966	Navegação pesqueira	1.370	46	Setor l = 46 m	–
Hull Barrier, Reino Unido	1977-1980	Navegação de lazer	40	30	Içamento vertical l = 30 m	–
Stamford, EUA	1965-1969	Navegação de lazer	870	27	*Flap* = 27 m	–

Tabela 19.2
Características hidráulicas das *storm surge barriers*

Storm surge barrier	Parâmetros maregráficos				Vazão fluvial média anual (m³/s)
	Área da bacia estuarina (km²)	Amplitude média da maré (m)	Prisma de maré (10⁶ m³)	Vazão de pico (m³/s)	
Eastern Scheldt	–	–	925	65.000	–
St. Petersburg	329	0,1	33	2.300	2.500
Venezia	500	0,75	375	26.000	–
Ems	–	–	52	3.700	80
Thames	11	5	55	3.900	66
Maeslant	–	–	90 (média da vazante e enchente)	6.300	2.200
Ramspol	–	–	–	–	85 (inverno)
Eider	–	–	50	3.500	–
Hartel	–	–	15	1.100	–
IHNC	2	0,2	0,4	30	–
Hollandsche IJssel	–	–	5	350	–
Seabrook	2	0,2	0,4	30	–
New Bedford	1,5	1,1	2	120	–
Hull	0,7	4	3	200	–
Stamford	0,1	2,2	0,2	15	–

Para os escoamentos de maré, é frequente a menção ao pico do escoamento durante uma maré média, que pode ser calculado pela fórmula:

$$Q_p = \pi \cdot \Omega/T$$

sendo:

Ω: prisma de maré

T: período da maré

Para encontrar a relação entre os escoamentos de maré e o tamanho das seções das comportas, as vazões de pico foram comparadas com as seções hidráulicas abaixo do nível médio do mar (Figura 19.32(K)), que são resultado do produto do vão cumulativo das comportas pela profundidade da soleira. Foram consideradas três espécies de barreiras: somente com seções de navegação, com seções de navegação e escoamento e somente com seções de escoamento. Faixas de velocidade subdividem o gráfico.

Quanto às velocidades de pico da maré, observa-se que não há barreiras com velocidade de pico superiores a 5 m/s, pois essas velocidades correspondem a uma significativa carga sobre a estrutura, o que não corresponde à operação da *storm surge barrier*.

Considerando as duas barreiras com seções de escoamento somente, as velocidades situam-se entre 1,5 m/s e 5 m/s, verificando-se em ambas sérios danos em suas proteções de fundo, além de haver semelhança no fato de terem eclusas adjacentes, já que com essas velocidades não seria possível navegar através da barreira. Assim, tais barreiras escoam um grande volume de maré com aberturas relativamente reduzidas.

Observando-se as barreiras somente com seções navegáveis, os requisitos de navegação são mais exigentes que os de escoamento, embora ainda se verifiquem grandes correntes de maré, de até 1,5 m/s em algumas barreiras.

Para as barreiras que possuem tanto seções navegáveis quanto de escoamento, três barreiras são muito semelhantes, Venezia, Thames e Ems, que têm como velocidade de pico da maré 1,5 m/s. Essa velocidade ainda é comum em áreas estuarinas, sendo considerada limítrofe para a navegação. As barreiras de St. Petersburg e Ramspol têm velocidades de maré extremamente baixas, que são francamente adequadas para a navegação, assim as seções de escoamento foram adicionadas para a preservação da qualidade da água.

Para analisar a qualidade da água, aplica-se o tempo de residência médio (τ), o qual, sendo maior, torna a água mais estagnada e de pior qualidade. O tempo τ é calculado como o quociente do volume de água médio da bacia (V) pelo escoamento médio da maré (Q), os quais estão relacionados com a superfície média da bacia (S).

$$\tau = V/Q = (S.h)/(2.R.S/T) = hT/2R$$

sendo:

h: profundidade média da bacia

R: amplitude da maré

T: período do ciclo da maré em segundos

Sendo comumente a maré semidiurna, aproxima-se T a meio-dia, de modo que o tempo de residência em dias (τ_d) pode ser dado bem aproximadamente por:

$$\tau_d \sim d/(4.R)$$

Na Tabela 19.3, calcularam-se os τ_d para as barreiras com seções adicionais de escoamento. Pode-se notar que as barreiras com tempos de residência mais altos, acima de 10 dias, têm velocidades de pico das correntes de maré baixas inferiores a 0,5 m/s. Ao contrário das barreiras com tempos de residência mais baixos, abaixo de 1 dia, que têm

Tabela 19.3 **Tempo de residência médio para as barreiras com aberturas adicionais para o escoamento**				
Barreira	Profundidade média (m)	Amplitude da maré (m)	Tempo de residência (dias)	Velocidade de pico (m/s)
Eastern Scheldt	8	2,7	0,7	3,3
St. Petersburg	6	0,1	15	0,2
Venezia	1,5	0,8	0,5	1,5
Ems	5	3,0	0,4	1,4
Thames	7	5,0	0,4	1,5
Ramspol	2	0,0	50	0,0
Eider	5	3,1	0,4	3,9
Seabrook	5	0,2	6	0,1

velocidades de pico das correntes de maré superiores a 0,5 m/s. Consequentemente, as barreiras com baixa renovação das águas necessitam de maiores aberturas para preservar uma qualidade da água aceitável. Destaque-se que, no caso de St. Petersburg, existe também a contribuição de um grande rio como o Neva como emissário do Lago Ladoga, o maior da Europa.

19.6.2.4 ESTIMATIVA DE CUSTO

Na Tabela 19.4, procurou-se sintetizar os custos totais de implantação (CAPEX) das *storm surge barriers* a partir de diferentes referências, que provavelmente incluíram todos os custos de construção, mas é duvidoso se foram incluídas também as despesas com sondagens geotécnicas, projetos de engenharia, licenças e taxas. Os custos originais (C_n) no ano n foram corrigidos pela taxa de juros r para 2014 em euros (CP):

$$CP = C_n(1 + r)^{2014 - n}$$

Na definição de r foram também comparados os índices de custo da construção em comparação com os índices de preço ao consumidor para Países Baixos, Alemanha e Estados Unidos. Para os demais países, pela comparação com os dois índices para os três países anteriormente mencionados, adotou-se em todos os casos o valor de r equivalente ao índice de preço ao consumidor anual aumentado de 0,5% ao ano.

Os custos das *storm surge barriers* são geralmente elevados, correspondendo em média a 2,2 milhões de euros por metro de vão com comportas, variando, no entanto, significativamente com um desvio-padrão de 1,2 milhão de euros por metro de vão com comportas. O principal diferencial dessas estruturas para as barragens de fechamento são as seções com comportas, que são críticas nesse comparativo quanto ao custo, podendo as *storm surge barriers* ser de 10 a 100 vezes mais caras.

Quanto aos custos de manutenção (OPEX), estima-se serem de 0,5% a 2% do custo de investimento (CAPEX).

19.6.2.5 *OOSTERSCHELDEKERING STORM SURGE BARRIER* (EM INGLÊS, EASTERN SCHELDT, PAÍSES BAIXOS)

O notável conjunto de obras neerlandesas contra a subida do nível do mar, que ficou conhecido como Projeto Delta, reuniu as desembocaduras dos rios Reno, Maas e Scheldt, tendo sido iniciado em 1957 e concluído em 2018. Trata-se de um enorme conjunto de barragens, comportas, eclusas, diques e barreiras contra a elevação do nível do mar (Figura 19.33(D)) que encurtaram a linha costeira neerlandesa com o intuito de reduzir os comprimentos de novos diques a serem erguidos. Os períodos de retorno utilizados para os eventos extremos de inundações por tempestades marítimas variaram de 2 mil a 10 mil anos nos trechos de maior risco, enquanto nos trechos fluviais variaram de 250 a 1.250 anos, pois a

Tabela 19.4
Custos das *storm surge barriers*

Storm surge barrier	Custos (C_n em milhões)	Ano (n)	Taxa do índice da construção (r)	Taxa de câmbio	Custos presentes (CP em milhões)
Eastern Scheldt	€ 2.360	1986	2,5%	1,00	€ 4.602
St. Petersburg	£ 4.500	2010	6,8%	1,20	€ 6.578
Venezia	€ 4.700	2011	3,0%	1,00	€ 4.986
Ems	€ 290	2002	2,7%	1,00	€ 387
Thames	£ 467	1984	3,8%	1,20	€ 1.667
Maeslant	€ 450	1997	2,5%	1,00	€ 668
Ramspol	€ 100	2002	2,8%	1,00	€ 136
Eider	€ 87	1973	2,9%	1,00	€ 275
Hartel	€ 98	1997	2,5%	1,00	€ 145
IHNC	US$ 550	2011	2,5%	0,74	€ 425
Hollandsche IJssel	f 40	1956	4,0%	0,45	€ 173
Seabrook	US$ 165	2011	2,5%	0,74	€ 127
New Bedford	US$ 19	1966	4,8%	0,74	€ 122
Hull	£ 2,7	1980	4,3%	1,20	€ 19
Stamford	US$ 15	1969	4,8%	0,74	€ 83

Figura 19.33
(A) e (B) Afsluitdijk (Países Baixos).

água salgada produz maior dano às terras agriculturáveis e o alerta pode ser dado com muita antecedência. Essas reavaliações estão em curso, tendo em vista as mudanças climáticas quanto à elevação do nível do mar e aos eventos extremos marítimos e fluviais, o que já levou a um reforço nas defesas do Projeto Delta que será concluído em 2018. Em longo prazo, para o final deste século, a previsão da Comissão Delta é de elevação do nível do mar em 1,3 m (com relação a 2010), o que exigirá grandes investimentos no reforço das defesas costeiras, além de lançar mão de maciços engordamentos de praia e alargamento das dunas costeiras como defesas naturais.

Inicialmente, o objetivo era simples e consistia em elaborar um plano para garantir que dois pontos fossem alcançados:

1. Drenar as áreas que inundam regularmente durante a temporada de tempestades e protegê-las da água.

2. Impedir que a terra ficasse salobra.

Assim, o Deltaplan teve vários objetivos:

* Proteção contra tempestades e inundações.
* Redução do comprimento total dos diques convencionais necessários em 700 km.
* Melhoria do abastecimento de água doce agrícola.
* Melhoria do balanço hídrico e manejo da área de delta.
* Melhoria da infraestrutura e da mobilidade na região.
* Apoio à navegação interior.
* Novos desenvolvimentos nas áreas ambiental e de lazer.

As diferentes estruturas do Deltaworks (Figura 19.33(D)) não seriam concluídas ao mesmo tempo, portanto, o Rijkswaterstaat optou por uma ordem lógica: do pequeno ao grande porte e do simples ao complexo. Dessa forma, o que se aprendia era implementado nas obras futuras e as experiências adquiridas foram úteis para a realização das estruturas mais complexas do Deltaworks. O Rijkswaterstaat (Agência Nacional de Obras Públicas e Gestão da Água dos Países Baixos) também considerou que a proteção contra as *storm surges* seria a prioridade e, com base nessas considerações, decidiu realizar o Deltaworks na seguinte sequência:

– Hollandsche Ijsselkering

– Zandkreekdam

– Veersegatdam

– Grevelingendam

– Volkerakdam

– Haringvlietdam

– Brouwersdam

– Oosterscheldekering

– Maeslantkering

A barreira contra tempestade de Oosterschelde é, sem dúvida, a mais impressionante *storm surge barrier* dos Países Baixos. Considerada uma obra extremamente complexa e importante para a região, ela possui 3 km de comprimento total (Figuras 19.33 (E) a (H)).

Inicialmente, a Oosterschelde seria fechada nos moldes de uma barragem de fechamento. Já em 1967, iniciaram-se as obras para formação de três ilhas artificiais. Após essa etapa, iniciou-se a concretagem para o fechamento do Oosterschelde. No entanto, discussões foram realizadas e começou-se a perceber que o represamento do Oosterschelde teria várias consequências negativas, relacionadas principalmente ao ecossistema da região. Assim, em 1975, o governo propôs construir uma barreira aberta, que poderia ser temporariamente fechada quando de fortes tempestades no Mar do Norte. De acordo com a Comissão Ministerial, as principais vantagens desta barreira foram as seguintes:

* Garantias suficientes para a segurança das áreas limítrofes da região de Oosterschelde sem diques convencionais.
* Uma rota livre de maré foi criada entre Antuérpia e o Reno.
* Melhoria da infraestrutura da região pela construção sobre a barreira de uma rodovia para interligar as ilhas, cabos de energia, telefonia e outros sistemas foram instalados.
* Preservação da planície de maré, com os regimes de marés locais, em virtude do ecossistema de Oosterschelde.
* Manutenção do cultivo de ostras e mexilhões da região do Oosterschelde.
* Melhores condições para o desenvolvimento da pesca de lazer.

As desvantagens do projeto foram:

* Execução em 10 a 15 anos, contra apenas 5 anos para o plano original.
* Aumento dos custos.
* Obstáculo adicional para a navegação causado por um bloqueio extra no Ketendam.

A barreira é composta por 65 pilares de concreto pré-fabricado (Figuras 19.33 (I) e (J)) e possui 62 comportas instaladas (Figura 19.33 (L)). Quando as comportas estão abertas (Figuras 19.33 (O) a (R)), três quartos do movimento original das marés são preservados, possibilitando que o ecossistema não seja tão afetado.

Inicialmente, foram criadas ilhas artificiais de areia (Roggeplaat, Neeltje Jans e Noordland), que formaram a parte fechada da barreira. Neeltje Jans foi utilizada para as operações de construção dos módulos pré-fabricados. O enrocamento que seria lançado ao redor dos pilares também foi armazenado ali.

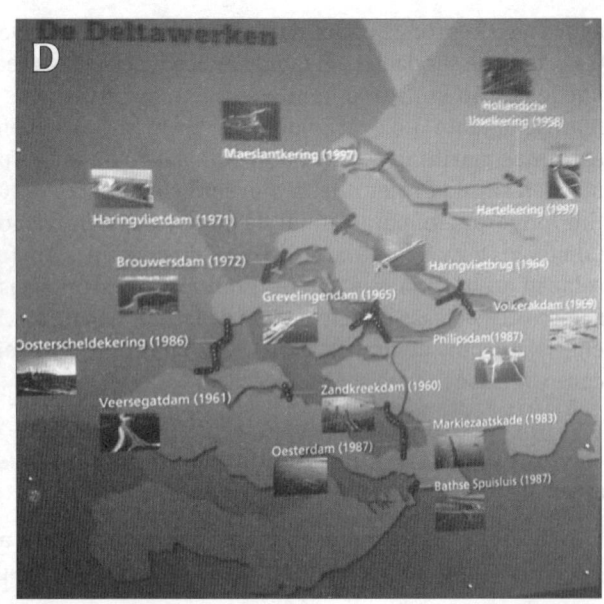

Figura 19.33
(C) Afsluitdijk (Países Baixos).
(D) Localização das obras do Projeto Delta (Países Baixos) e ano de conclusão. *Oosterscheldekering Storm Surge Barrier.*
(E) e (F) Vistas da barreira.

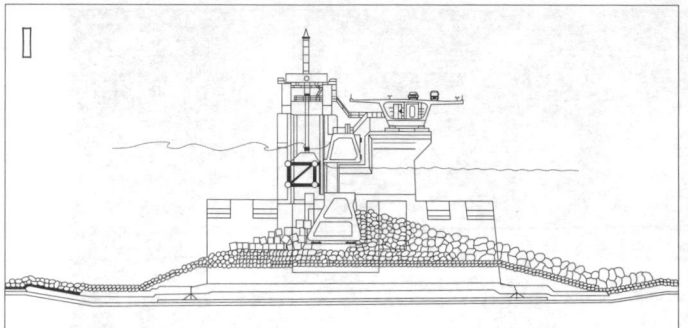

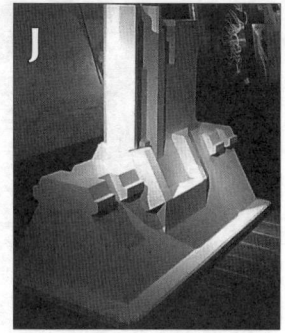

Figura 19.33
(G) e (H) Vistas da barreira.
(I) Elevação da seção transversal da barreira.
(J) Maquete dos pilares de 18.000 t da barreira.

Para a análise da fundação foram realizados estudos geotécnicos e geofísicos com o objetivo de determinar rigidez, densidade, composição do fundo, estratificação e estruturas geológicas da área. Os estudos demonstraram que várias adaptações deveriam ser realizadas antes da construção da barreira. O fundo no qual seria assentada a barreira foi considerado muito mole. Várias operações foram realizadas para consolidar o fundo (Figura 19.33(K)). Assim, foi construído um navio especialmente para isso, o Mytilus (Figura 19.33 (K)), cuja função era compactar areias e adensar argilas ao longo da seção em que a barreira seria construída, tornando a fundação mais firme. O processo de compressão se desenvolveu submerso e continuamente 24 horas por dia. O Mytilus era constituído por 5 pontões com um comprimento de 32,9 m, dispunha de pórticos de içamento de 55 m de altura onde estavam fixados os guinchos de içamento, com capacidade, cada um, para 120 t. Hastes perfuratrizes vibratórias de 18 m de comprimento e 2,1 m de diâmetro perfuraram o fundo. O motor do navio gerava vibrações que eram transferidas para as hastes e dessas para o terreno.

Mantas sintéticas também foram colocadas na parte inferior ao redor do local onde seria mais tarde assentada a barreira. Essas mantas foram cobertas com blocos de concreto. Em seguida, o lodo foi dragado e substituído por areia. No entanto, o fundo do Oosterschelde ainda não apresentava rigidez suficiente para suportar as estruturas da barreira. Por isso, colchões especiais preenchidos com areia e cascalho foram confeccionados para reforçar a fundação, sendo que, para o assentamento desses colchões, foi construído o navio Cardium (Figura 19.33(K)). Esses colchões tinham 36 cm de espessura, 42 m de largura e 200 m de comprimento.

Os colchões eram assentados no fundo a uma taxa de 10 m a cada hora. Além disso, um colchão adicional foi colocado nas áreas em que os pilares seriam assentados para proteger o colchão principal (inferior) do desgaste quando da abertura e do fechamento das comportas.

As estruturas pré-moldadas foram construídas com uma ensecadeira que formou uma doca seca que possuía uma área de 1 km², estando localizada a −15,2 m (NAP). O Amsterdam Ordnance Datum (AOD), conhecido como Normal Amsterdam Level (NAP), consiste em um plano horizontal de referência para as cotas topográficas e náuticas nos Países Baixos. A doca era composta por quatro subdivisões, de modo que, completando-se os pilares de uma repartição, esta era inundada e navios especiais levavam os pilares para o local de assentamento.

A construção de cada pilar demorou quase 1 ano e meio. Uma estrutura era iniciada após duas semanas de outra, de modo que trinta pilares podiam estar em produção ao mesmo tempo. Grandes organização e planejamento foram necessários para terminar as gigantes e complexas estruturas ao mesmo tempo. Os operários trabalharam dia e noite, porque, caso contrário, o concreto não poderia endurecer adequadamente. Os 65 pilares tinham em torno de 30,25 m e 38,75 m de altura e pesavam 18.000 t, com 7.000 m³ de concreto.

Quando todas as estruturas estavam concluídas, a doca era inundada e dois navios levavam as estruturas para o seu destino final. Os navios Ostrea e Macoma (Figuras 19.33 (K), (M) e (N)), construídos com essa finalidade, foram empregados nessa faina. O posicionamento e o lançamento das estruturas foram um trabalho de precisão e só poderiam ser executados quando as correntes de maré estavam no período de estofa. O Ostrea tinha 87 m de comprimento e casco em forma de "U" (ferradura), para poder abraçar o pilar. Com potência de 8.000 HP, podia içar a peça do fundo e navegar com ela até o local de assentamento. A manobrabilidade do navio era excelente porque dispunha de 4 hélices. Em ambos os lados do "U" havia dois pórticos de 50 m de altura em que eram fixados os pilares. A capacidade de içamento era de 10.000 t, o suficiente para tirar o pilar do fundo e, contando com o empuxo da água, transportá-lo flutuando ao local de assentamento.

O pontão Macoma acoplava-se ao Ostrea (Figura 19.33(K)) para dar maior estabilidade, bem como tinha um sistema de dragagem para garantir que não houvesse areia entre a base do pilar e o lastro de assentamento.

O espaçamento entre os pilares foi preenchido com pedras, areia e concreto. Para aumentar a estabilidade, os pilares foram preenchidos com areia e finalmente o concreto foi lançado ao seu redor. No total, 5 milhões de toneladas de rochas de alto peso específico (de 2,8 tf/m^3 a 3,0 tf/m^3) foram colocadas entre os pilares, pelo equipamento chamado Toplaagstorter (Figura 19.33(K)). Esse equipamento posicionava cuidadosamente os blocos de rocha entorno da base dos pilares por meio de sua caçamba especial, com o objetivo de proteção contra erosão pelo escoamento da água.

Figura 19.33
(K) Maquete de uma frente de trabalho com os navios especiais construídos sob medida para o Projeto Delta. Em primeiro plano à direita, o Mytilus para compactar o leito. Em segundo plano à direita, o Cardium para desenrolar os colchões de primeira cobertura do leito. Na extremidade da frente de avanço o Ostrea, navio transportador dos pilares. Observam-se também várias outras barcaças de apoio.
(L) Maquete da vista frontal dos vãos com as comportas.
(M) Navio Ostrea.
(N) Navio Macoma.

As rochas, que pesavam 10 t cada, foram colocadas em seu lugar perfeitamente. Algumas foram importadas de Alemanha, Finlândia, Suécia e Bélgica, pois a quantidade necessária não existia nos Países Baixos.

Após a fixação dos pilares e a concretagem da sua base, a construção da barreira seria terminada com a instalação do equipamento eletromecânico das comportas. Nas ranhuras dos pilares foram instaladas comportas de aço (Figura 19.33(X)), que são movimentadas por cilindros hidráulicos (Figuras 19.33 (S) a (W)) operados a partir da central de controle. A altura das comportas dependia da profundidade do local que

seria fechado. Para fechar o vão mais profundo, foi necessária uma comporta de 12 m de altura, que pesava 480 t.

As comportas são fechadas quando houver *storm surges* que atinjam +3,25 m (NAP), como na Figura 19.33(Y). Para efeitos de comparação, a catástrofe de 1 de fevereiro de 1953 atingiu +4,20 m (NAP). Para manter o sistema sempre em condições ótimas de operação, cada comporta é fechada uma vez ao mês e o conjunto completo é baixado cada ano em setembro, fechando completamente o estuário. Essa operação é feita em estofo de maré para minimizar o efeito no meio ambiente.

Figura 19.33

(O) e (P) Vista da estrutura dos vãos das comportas da barreira. Observe-se na foto (P) a indicação de NAP 3,00 m para o fechamento das comportas e NAP 4,20 m o nível que correspondeu à catastrófica *storm surge* de 1953.

Figura 19.33
(Q), (R) e (S) Vistas dos vãos das comportas entre as torres de içamento.

Figura 19.33
(T), (U) e (V) Vistas dos vãos das comportas entre as torres de içamento.
(W) Vista em detalhe do apoio da haste de acionamento da comporta.
(X) Vista em detalhe da comporta em sua ranhura no pilar.
(Y) Vista da barreira em condição de uma *storm surge*.

19.6.2.6 *MAESLANTKERING* (PORTO DE ROTTERDAM, PAÍSES BAIXOS)

A Maeslantkering, uma *storm surge barrier* no canal de acesso ao Porto de Rotterdam (Figuras 19.34 (A) a (C)) considerada uma das maiores estruturas móveis da Terra, é constituída por duas grandes comportas em estrutura de aço, feitas para flutuar na água, de 22 m de altura, 240 m de comprimento e 6.800 t, em forma de segmento de circunferência em planta (Figura 19.34(F)). Elas repousam em dois diques secos (Figuras 19.34 (K) a (M)) nas margens do canal hidroviário de 360 m de largura e 17 m de profundidade, com comando automático de um sistema computadorizado, alimentado por dados maregráficos e meteorológicos. Quando a modelação meteorológica prevê uma elevação de +3,0 m (NAP), a barreira inicia seu procedimento de fechamento, com inundação dos diques secos, flutuação das comportas, locomoção de fechamento do vão navegável e submersão das comportas com enchimento dos compartimentos de

Figura 19.34
Maeslantkering no Porto de Rotterdam (Países Baixos).
(A) Vista aérea do Nieuwe Waterweg fechado pela Maeslantkering, à direita, e do Calandkanaal, à esquerda.
(B) Vista aproximada da Maeslantkering fechada.
(C) Passo da Maeslantkering em condição normal aberta, com as comportas em suas docas nas margens.
(D) Estrutura entreliçada de um dos braços da Maeslantkering.

Figura 19.34
Maeslantkering no Porto de Rotterdam (Países Baixos).
(E) Estrutura entreliçada de um dos braços da Maeslantkering.
(F) Vista da face de uma das imensas comportas.
(G) Extremidades de uma das comportas.

lastro até tocarem na soleira de fundo do seu batente, constituído de uma fundação de concreto. Para movimentar as comportas, emprega-se uma locomotiva fixa que movimenta os trilhos acoplados no topo das comportas. Para a sua abertura, deve-se proceder ao deslastreamento e ao procedimento inverso. Pela previsão de projeto, a obra deveria ser fechada uma vez a cada 10 anos, mas com a elevação do nível do mar em curso, é provável que essa frequência passe a ser de 1 vez a cada 5 anos nos próximos 50 anos. O primeiro fechamento não programado ocorreu em tempestade no dia 8/11/2007, mas todo ano em setembro é feito um teste programado de fechamento antes do período de tempestades mais fortes.

Os braços da barreira (Figuras 19.34 (D), (E), (G), (H) e (I)) são formados por treliças bem reforçadas (237 m de comprimento, 20 m de altura e 5.500 t), porém a sua função é transferir a solicitação sobre as comportas fechadas para os muros de contenção, por meio da articulação de uma junta esférica e seu berço (Figura 19.34(J)). Ambas as articulações, uma em cada margem, possibilitam que as comportas movam-se em todas as direções, tanto horizontal (ao navegar para fora) quanto verticalmente (quando afundam ou submergem). Além disso, as comportas devem ser capazes de oscilar sobre as ondas no caso de uma tempestade. Essa articulação também deve ser capaz de transferir a enorme pressão da água sobre as comportas até as fundações. O único tipo de articulação que pode aceitar todos esses movimentos é uma esfera, que, no caso, tem um diâmetro de 10 m, pesando 680 t, com uma fundação de concreto de 52.000 t.

Figura 19.34
Maeslantkering no Porto de Rotterdam (Países Baixos).
(H) Extremidades de uma das comportas.
(I) Dimensão comparativa de um dos entreliçamentos da comporta.

Figura 19.34
Maeslantkering no Porto de Rotterdam (Países Baixos).
(J) Casa da articulação esférica de uma das comportas.

A construção da fundação de apoio das comportas no fundo da Nieuwe Waterweg possui três funções:

- Formar uma base plana e sólida para que as comportas se apoiem e vedem a entrada do canal.

- Limitar o fluxo de água no caso da barreira estar fechada.

- Estabilizar os blocos em que as comportas devem ser encaixadas quando abaixadas.

A fundação de apoio das comportas é constituída por 64 blocos de concreto (12 m × 6 m × 4 m) sobre 6 camadas com diferentes granulometrias.

As estruturas que se movimentam têm 3 componentes: a porta do dique seco, a locomotiva e o sistema de flutuabilidade das comportas. A porta do dique se abre quando a comporta é ativada, esta é conduzida para dentro do canal pela locomotiva e o sistema de flutuabilidade da barreira permite que ela afunde.

Em síntese, os tempos de operação das comportas são:

- Alerta de elevação do nível crítico (+3,00 m NAP).

- Aviso de ação.

- Aviso de parada do tráfego de embarcações 2 horas antes do início de fechamento das comportas.

- Abertura dos diques (20 minutos).

- Fechamento das comportas (30 minutos).

- Imersão das comportas (120 minutos).

- Abertura das comportas (120 minutos).

A Maeslantkering é operada por um computador, que, no caso de uma *storm surge*, toma a decisão sobre o fechamento da barreira. A probabilidade de erros seria muito maior se a decisão fosse humana. O computador segue procedi-

mentos predefinidos levando em conta apenas as previsões do nível de água e do tempo. O sistema opera automaticamente, mas continua sob supervisão humana constante.

19.6.2.7 *STORM SURGE BARRIER* INFLÁVEL DE RAMSPOL

A barragem inflável em Ramspol (Países Baixos), mostrada em sua condição normal nas Figuras 19.34 (N) a (P), constitui-se em uma *storm surge barrier* que protege as áreas a montante do IJsselmeer no Ketelmeer, principalmente quando da corrente dos fortes ventos de NW, que tendem a empilhar e remansar as águas para montante. Quando ocorre um alerta de tempestade severa, que corresponde a +0,5 m (NAP), com o fluxo empilhado em direção à terra, as três seções da barragem são infladas por compressores com água e ar, criando uma barreira de 8 m de altura em duas horas. Uma vez passado o perigo da inundação, ocorre o esvaziamento, com o retorno pelo próprio peso (40 t) dos módulos à posição de repouso nos berços de concreto armado. A barreira foi projetada para suportar uma cota de inundação de +3,5 m (NAP), cuja estimativa de ocorrência é de uma vez em 2 mil anos.

A barreira é constituída por três módulos de 80 m cada um, que repousam em um berço de concreto armado de 240 m de comprimento. O material flexível da barreira é constituído de uma manta de borracha reforçada por *nylon* de 1,6 cm de espessura. Com essa instalação evitou-se a necessidade de erigir dezenas de quilômetros de diques fluviais, trazendo economia de solução e preservando a paisagem local.

19.6.2.8 *STORM SURGE BARRIER* DE ST. PETERSBURG (RÚSSIA)

O Rio Neva, que provém do Lago Ladoga (o maior da Europa), tem 74 km de comprimento e deságua no Golfo da Finlândia em St. Petersburg (Rússia), o mais importante porto russo e a

Figura 19.34
Maeslantkering no Porto de Rotterdam (Países Baixos).
(K), (L) e (M) Uma das comportas em seu berço na doca.
(N) *Storm surge barrier* inflável em sua condição normal permitindo a navegação, em Ramspol (Países Baixos).

Figura 19.34
Maeslantkering no Porto de Rotterdam (Países Baixos).
(O) e (P) *Storm surge barrier* inflável em sua condição normal permitindo a navegação, em Ramspol (Países Baixos).

Base Naval da Armada da Marinha Russa. Quando há ventos ciclônicos provenientes da Islândia, no Atlântico Norte, rumando de W para E (normalmente no outono), ocorre o represamento do rio, podendo haver cheias que já foram catastróficas para St. Petersburg, como a pior, em 1824, que destruiu a frota da Armada Russa. Em virtude do afunilamento que o Mar Báltico tem no Golfo da Finlândia, ocorre a tendência de acumulação de água junto da costa nessas ocasiões.

A fundação de St. Petersburg foi em 27/5/1703 e já em agosto daquele ano ocorreu a primeira inundação na cidade. Desde então, foram 308. Existe uma classificação das inundações em função da cota atingida com relação ao nível do mar:

- < 160 cm: sem classificação.
- entre 160 cm e 200 cm: perigosa.
- entre 200 cm e 300 cm: muito perigosa.
- > 300 cm: catastrófica (aproximadamente uma por século).

A cheia de 1777 atingiu 321 cm e provocou milhares de mortos. A maior de todas foi em 1824, com 421 cm. Em

27/28 de dezembro de 2011, o Ciclone Patrick provocaria outra inundação catastrófica, acima da cota 300 cm, mas a *storm surge barrier* já havia sido inaugurada em 12/8/2011 e garantiu a defesa de St. Petersburg. Desde então, foram prevenidas 13 inundações: 1 catastrófica, 5 muito perigosas e 7 perigosas.

A barreira foi projetada para resistir até a cota 540 cm. O centro da cidade de St. Petersburg está na cota 700 cm.

O alerta meteorológico para fechamento da barreira é dado com 74 horas de antecedência a partir de previsões meteorológicas para a Escandinávia.

Duas usinas hidrelétricas suprem a energia para os equipamentos, e a obra como um todo custou da ordem de US$ 7 bilhões.

O Golfo da Finlândia é relativamente raso e congela no inverno, assim, as estruturas metálicas da barreira são de aço especial, como o dos quebra-gelos, que são navios essenciais para o porto poder operar no inverno.

A barreira (Figuras 19.35(A) e (B)) tem comprimento de 25 km, sendo 11 diques de terra e enrocamento perfazendo 22 km, com 6 trechos com comportas (64 vãos de 24 m) para garantir a renovação das águas (Figuras 19.35 (C) a (F)) e 2 passos navegáveis. O vão navegável menor (Figuras 19.35 (G) a (K)), chamado de C2, tem 100 m de largura e 7 m de profundidade, e em 2 a 3 minutos um sistema de cabos e contrapesos levanta a comporta submersa, que tem 11,5 m de altura. O vão navegável maior (200 m de largura e 16 m de profundidade), chamado C1 (Figuras 19.35 (L) a (O)), tem um sistema de comportas (122 m de comprimento e 26 m de altura) análogo ao Maeslantkering, sendo dotadas de uma articulação esférica de 1,5 m de diâmetro e 155 tf. Nesse sistema, é a locomotiva que se desloca nos trilhos (Figuras 19.35 (P) a (Z)).

Figura 19.35
Storm surge barrier no Golfo da Finlândia em St. Petersburg (Rússia).
(A) Extensão da barreira, que também faz parte do Anel Viário de St. Petersburg. No passo navegável C1, há um túnel com 1.961 m de comprimento, largura total da estrutura chegando a 400 m, cota mais baixa do teto do túnel em -24,0 m, sobre o qual há 16 m de água e 6 m de concreto. No passo navegável C2, foi feita uma ponte com vão livre de 100 m e gabarito vertical de 17,0 m sobre o nível do mar, permitindo a passagem de navios até 4.000 tpb.
(B) Vista aérea da barreira com o passo navegável C2 em primeiro plano e o passo navegável C1 em segundo plano,

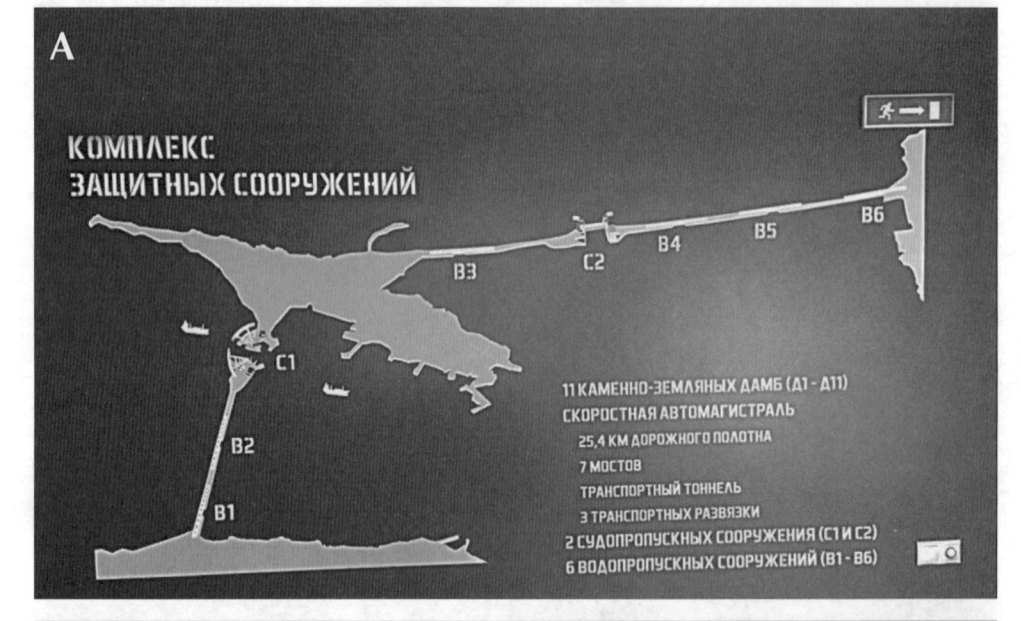

Figura 19.35
(C), (D) e (E) Aspectos de um dos vãos das comportas de fluxo em condições normais, observando-se os atuadores hidráulicos.

Figura 19.35
(F) Vistas da barreira fechada em condição de tempestade com alto risco de inundação.
(G), (H), (I) e (J) Vistas do passo navegável C2 fechado, observando-se a comporta vertical plana que fecha o vão e pesa 2.377 t.
(K) Passo navegável C2 aberto.
(L) Vistas aéreas do passo navegável C1 aberto e fechado.

Figura 19.35
(M) Comporta Sul do passo navegável C1 aberta.
(N) Comporta Norte do passo navegável C1 aberta.
(O) Vistas do passo navegável C1 fechado em condição de tempestade com risco de inundação.
(P) Locomotiva acionando a viga para fechamento da comporta.
(Q) Garagem da locomotiva.

Figura 19.35
(R) e (S) Vista em detalhe da cremalheira da locomotiva.
(T) Viga de ligação entre a comporta e a locomotiva.
(U) Visualização da casa sede da articulação da comporta.

Figura 19.35
(V) e (W) Vistas da estrutura de ligação entre a comporta e a articulação.
(X) e (Y) Vistas da seção da comporta em repouso na doca seca.
(Z) Vista da comporta que garante a estanqueidade da doca seca.

19.6.2.9 *STORM SURGE BARRIER* DO TÂMISA (REINO UNIDO)

No Estuário do Rio Tâmisa (Reino Unido), entre 1974 e 1982, foi construída a Barreira do Tâmisa, constituída por comportas setor (Figuras 19.36 (A) a (E))). Além das operações programadas, a barreira já foi fechada em dois eventos extremos que teriam produzido repercussões semelhantes às de 1953. Elas ocorreram em 24 de dezembro de 1988 e em 11 de janeiro de 1993 (Figura 25.30) e teriam devastado a área que se visualiza na Figura 25.31 e as partes baixas da cidade de Londres.

19.6.2.10 *PROGETTO* MOSE (VENEZIA, ITÁLIA)

O sistema MOSE (*Modulo Sperimentale Elettromeccanico*) está sendo concluído nas três bocas de porto de Lido (Figura 19.37(A)), Malamocco e Chioggia, as três embocaduras no cordão litorâneo pelas quais a maré se propaga do Mar Adriático na Laguna di Venezia (Figura 19.37(B)). Trata-se de um sistema integrado de obras com barreiras constituídas de comportas móveis com capacidade de isolar a Laguna do mar em eventos de maré alta. Obras complementares, como maciços de enrocamento fora das embocaduras para atenuar os níveis de maré mais frequentes e levantamento das margens e da pavimentação nas áreas mais baixas dos distritos lagunares, foram realizadas. Assim, dispõe-se de um conjunto de medidas de defesa extremamente funcional que garante a qualidade das águas, a preservação da morfologia e da paisagem e a manutenção da atividade portuária.

O MOSE é formado por uma série de barreiras constituídas de comportas móveis colocadas nas bocas de porto. São 4 barreiras de defesa: 2 na boca de porto

Figura 19.36
(A) Esquema da Barreira do Tâmisa.
(B) Modelo em escala geométrica 1:6 usado em ensaios no modelo Físico em 1973.
(C) Sino de mergulho usado para inspecionar o fundo do estuário em estofas de maré.
(D) Vista para montante.

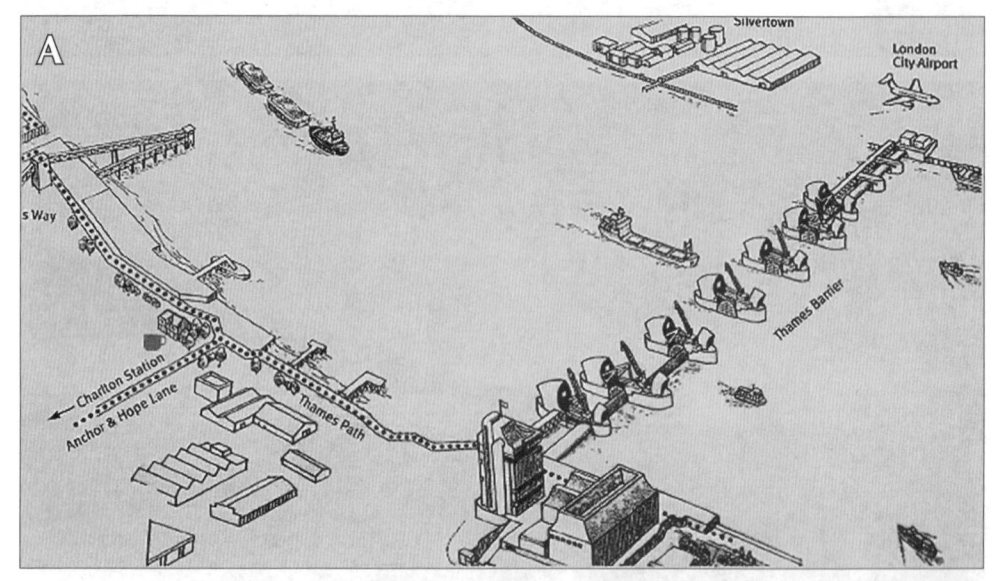

Figura 19.36
(E) Vista para jusante.

Figura 19.37
Progetto MOSE nas embocaduras lagunares de Lido, Malamocco e Chioggia em Venezia (Itália), no Mar Adriático.
(A) Vista aérea da embocadura lagunar de Lido, a principal da Laguna de Venezia (Itália).
(B) Canal Grande em Venezia (Itália).
(C) Elevação da seção transversal das comportas do *Progetto* MOSE.

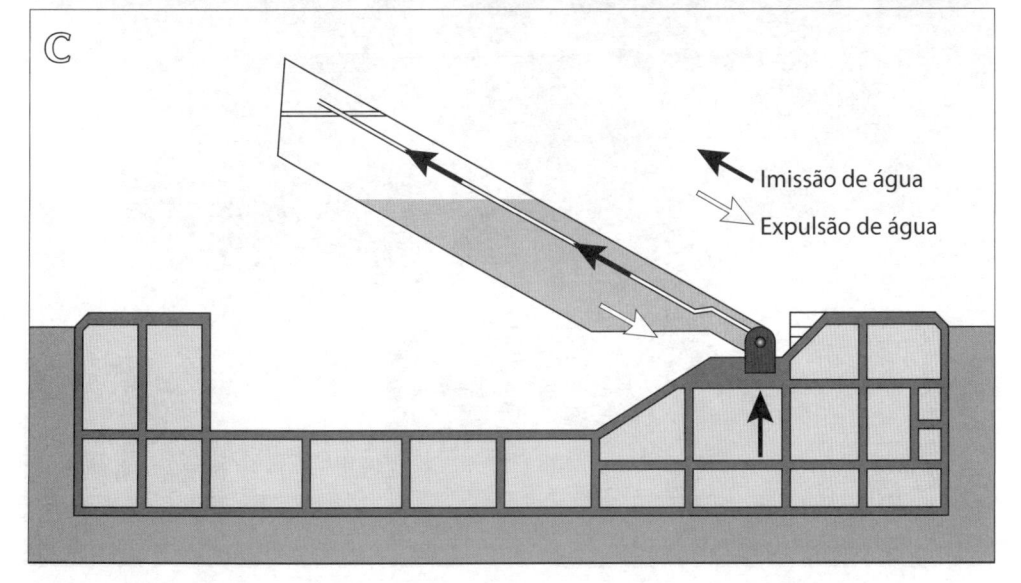

Imissão de água

Expulsão de água

de Lido (Figura 19.37(A)), que é a mais larga e constituí-da por dois canais de diferentes profundidades, compostas por 21 comportas no Canal Norte e 20 no canal Sul. Essas barreiras são interligadas por uma ilha intermediária que foi criada. A barreira na boca de porto de Malamocco é constituída por 19 comportas, e na de Chioggia, por 18 comportas.

Nas bocas de porto de Lido e Chioggia, portos de refú-gio e pequenas eclusas de navegação permitem o abrigo e o trânsito de embarcações de lazer, meios de socorro e em-barcações pesqueiras, mesmo com as comportas funcio-nando. Na boca de porto de Malamocco, a mais importante para a navegação comercial, porque dá acesso ao Porto de Marghera, foi construída uma eclusa de navegação para o trânsito de navios, de modo a garantir a operatividade do porto mesmo em condições das comportas funcionando.

Essa eclusa, situada na margem sul, tem comprimento útil de 370 m e largura de 48 m e é protegida por um molhe que abriga a bacia das ondas.

Quando estão inativas, as comportas encontram-se cheias de água e assentam completamente invisíveis em seus berços colocados no fundo. Em caso de perigo maior de inundação, injeta-se nas comportas ar comprimido, que drena a água (Figura 19.37(C)). À medida que a água sai, as comportas rotacionam em torno do eixo de articulação e se elevam até emergir e bloquear o fluxo da maré na entra-da da Laguna (Figura 19.37 (H) a (M)). As comportas per-manecem operativas somente durante o evento de *acqua alta* e, quando a maré desce até ter o mesmo nível da Laguna, as comportas são novamente enchidas d'água e retornam aos seus berços. Cada comporta é constituída de uma es-trutura em caixa metálica articulada em duas dobradiças

Figura 19.37
(D) Operadores no interior da estrutura de concreto armado submersa, conforme mostrado no quadro à direita da foto.
(E) Operador em seu trabalho de inspeção na estrutura de operação da comporta.

ao caixão do berço. Cada comporta tem largura de 20 m, comprimentos dependendo da profundidade (em Lido-Treporti é de 18,6 m e em Malamocco é de 29,6 m) e espessura variável (Lido-Treporti: 3,6 m; Chioggia: 5 m). O tempo médio de fechamento é de cerca de 4 a 5 horas.

Os caixões de concreto armado para o alojamento das comportas são os elementos estruturais que formam a base da barreira de defesa, abrigando as comportas móveis e as instalações para o seu funcionamento. Estão conectados entre si por um túnel que permite as inspeções técnicas (Figuras 19.37 (D) e (E)). Os caixões de ombreira contêm as instalações e os edifícios necessários para o funcionamento das comportas (Figuras 19.37 (F) e (G)).

Para reduzir os recalques absolutos e diferenciais a que estão sujeitos os caixões, o terreno de fundação foi previamente consolidado pela cravação de estacas com profundidade de 19 m sob o plano da fundação, para criar um efeito de uniformização das camadas estratigráficas. Em Lido-Treporti, o tratamento de consolidação foi realizado empregando *jet grouting*, em Lido-San Nicolò e em Malamocco, concreto armado, e em Chioggia, estacas de aço. Previu-se que a acomodação dos caixões seja de 3 cm a 5 cm ao final da construção e que cresçam, provavelmente, até 6 cm a 8,5 cm em 100 anos, o que está sendo monitorado constantemente.

Figura 19.37
(F) e (G) Sala de controle operacional.

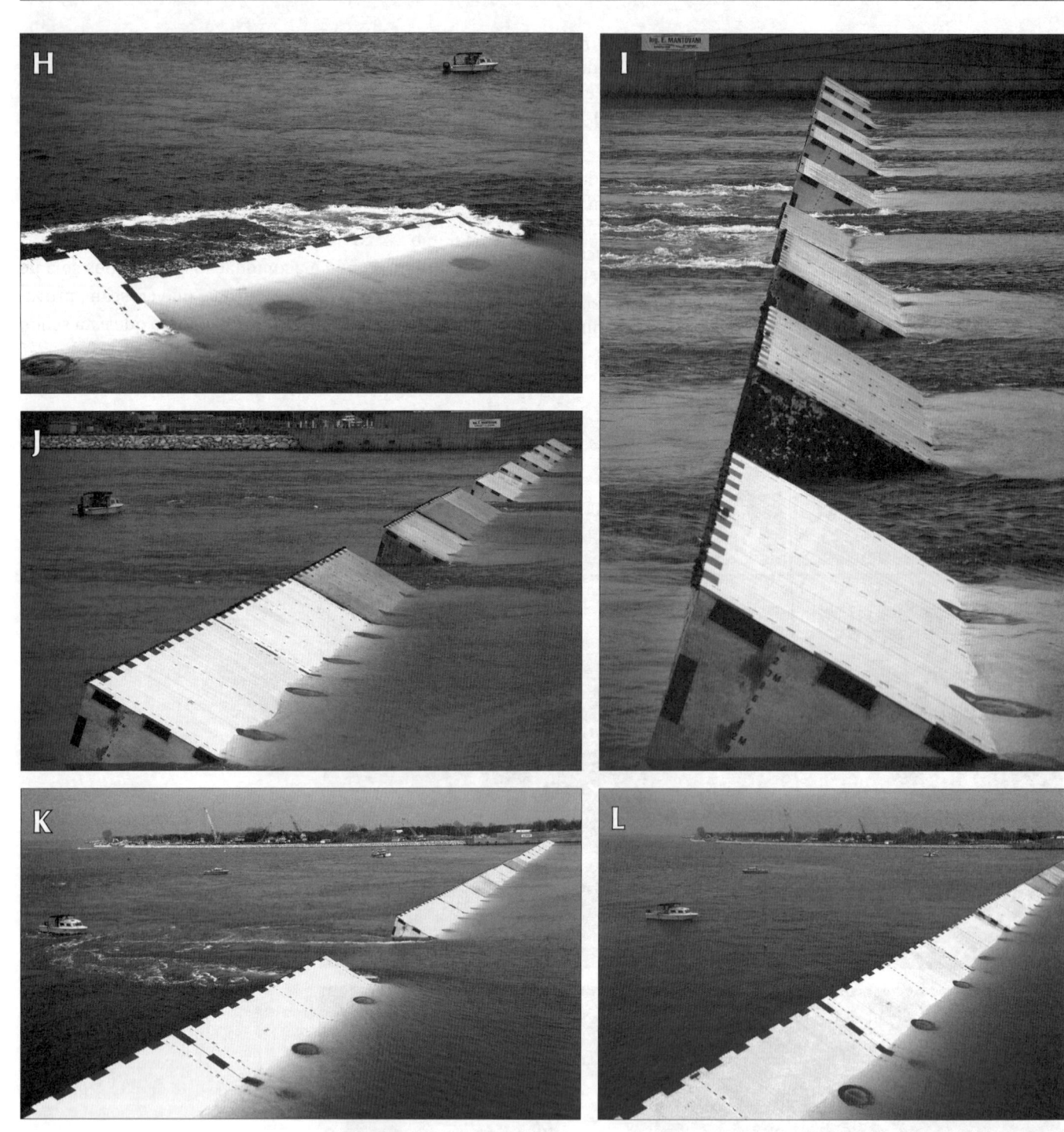

Figura 19.37
(H), (I), (J), (K) e (L) Sequência de
levantamento das comportas.
(M) Aparência de comportas
adjacentes flutuando.

19.6.2.11 PORTAS VINCIANAS NA BOCA DE PORTO DE CESENATICO (ITÁLIA)

Nas Figuras 19.37 (N) a (Q), pode ser avaliado o efeito de uma *storm surge* na boca de porto de Cesenatico, no Mar Adrático

(Itália). Para minorar as inundações, foi implantada uma barreira de dimensões mais modestas, composta por portas vincianas (Figura 19.37(R) a (T)). Este é um exemplo da multiplicação do uso das barreiras mesmo em áreas de menor importância econômica e artística.

Figura 19.37
(N), (O), (P) e (Q) *Storm surge* ocorrendo em Cesenatico (Itália). Portas vincianas no Canal de Acesso ao Porto de Cesenatico (Itália) no Mar Adriático.
(R) Vista para o mar do canal.
(S) Vista pelo lado de terra.
(T) Vista pelo lado do mar.

19.6.3 Obras de defesa no Japão

No Japão, a severidade da ação das ondas de tufões sobre quebra-mares de caixão de concreto armado produziu, até a década de 1960, situações de escorregamento dos caixões sobre as soleiras de embasamento por mais de 1,0 m (até 4,0 m em alguns casos). Todavia, o colapso e a perda da funcionalidade somente ocorreram quando o caixão tombou, por insuficiência de extensão do embasamento ou ruptura do terreno de fundação. Essa situação levou ao emprego cada vez maior, a partir de 1955, de pesados blocos artificiais de concreto com resistência incrementada, como os tetrápodos, para formar uma armadura de proteção dos molhes e quebra-mares de parede vertical com caixões de concreto armado (Figuras 19.38 (A) e (B)). Desse modo, podem-se reforçar as obras de parede vertical, bem como obter um decisivo amortecimento das reflexões e/ou galgamentos das ondas incidentes, frequentemente nocivas para a operação portuária.

Inúmeras das maiores regiões metropolitanas do mundo situam-se em importantes áreas portuárias e passaram a conviver em uma sinergia porto-cidade. Como exemplo, além dos megaempreendimentos nos Emirados Árabes, podem ser citadas as cidades de Osaka (Figura 19.38(C)) e Tokyo (Figuras 19.38 (D) a (L)). Na região de Odaiba, junto ao Porto de Tokyo (Japão), uma grande operação urbanística vem implantando ilhas artificiais na Baía de Tokyo (Figuras 19.38 (F) a (J)), tendo em vista a grande necessidade de espaço nesta, que é a maior região metropolitana do mundo. Nessa área também foi criada uma praia artificial, a Tokyo Beach (Figuras 19.38 (K) e (L)).

Figura 19.38
(A) Molhe em caixão de concreto armado com proteção de armadura em tetrápodos no Porto de Hizukacho, em Shakotan, Hokkaido no Mar do Japão.
(B) Canteiro de confecção de tetrápodos de 45 tf no Shakotan Port, em Yobetsucho, Hokkaido, no Mar do Japão.
(C) Cidade e Porto de Osaka (Japão).

Figura 19.38
(D) Ponte Pênsil Rainbow na região do Porto de Tokyo e de Odaiba, Nova Tokyo, expansão urbana em aterros formando ilhas artificiais na Baía de Tokyo (Japão).
(E) Ponte Pênsil Rainbow vista a partir da praia artificial de Tokyo (Japão).
(F) Ilhas artificiais em implantação em Odaiba, na Baía de Tokyo (Japão).

Figura 19.38
(G), (H), (I) e (J) Ilhas artificiais em implantação em Odaiba, na Baía de Tokyo (Japão).

Figura 19.38
(K) Tokyo Beach em Odaiba, Tokyo (Japão).
(L) Espigão de retenção do aterro da praia
artificial Tokyo Beach em Odaiba, Tokyo (Japão).

19.7 OBRA DE TRANSPASSE DE AREIAS (*SAND BY-PASS*)

A primeira proposta de obra de transpasse de areias de que se tenha notícia no Brasil, foi a concebida no início da década de 1950 pelo laboratório SOGREAH, de Grenoble (França), para mitigar as erosões desencadeadas pela construção do Molhe do porto de Mucuripe, em Fortaleza (CE), que de início erodiram violentamente as praias de Meireles e Iracema, mas, no entanto, nunca foi concretizada. Como exemplificação de uma possível solução de obra de transpasse de areias para recomposição de praias a sotamar de interferência rígidas, como molhes, é citado o caso projetado para a Barra do Furado (RJ), proposto pela SEP.

O Canal das Flechas, que liga a Lagoa Feia ao Oceano Atlântico, situa-se na divisa dos municípios de Quissamã e Campos dos Goytacazes no litoral norte do Estado do Rio de Janeiro. A Barra do Furado localiza-se na foz do Canal das Flechas (Figura 19.39(A)).

Os citados municípios contam com privilegiada posição geoeconômica em relação às principais plataformas marítimas instaladas na Bacia de Campos, província petrolífera responsável por 85% da produção de petróleo em território nacional.

A Barra do Furado dista em média 100 km das principais plataformas petrolíferas, o que lhe confere excepcionais condições para o desenvolvimento de atividades de apoio *offshore*, representado por sua localização e condições estruturais, uma das alternativas mais econômicas para o apoio às atividades da Bacia de Campos, com destaque para implantação de indústria naval, centros intermodais de transporte e bases de apoio, todos integrados às atividades petrolíferas da região.

Além da atividade petrolífera, o fomento à atividade pesqueira também é outro fator econômico a ser considerado na região, visto o potencial de aumento da capacidade de tráfego pesqueiro, oferecendo atracadouro seguro em região de costa de mar aberto.

De encontro ao potencial geoeconômico dessa região, depara-se a grave situação de infraestrutura aquaviária na Barra do Furado.

A praia da Barra do Furado possui dois molhes guias-correntes na foz do Canal das Flechas, construídos em 1982, pelo DNOS, objetivando a fixação da embocadura do canal das Flechas. Tal obra tornaria estável a comunicação da Lagoa Feia com o mar, assegurando o tráfego seguro das embarcações da colônia de pesca de São Tomé.

Com o passar dos anos, verificou-se que a intervenção dos guias-correntes estabeleceu uma interferência na dinâmica costeira naquele ponto, interrompendo o fluxo de sedimentos na direção predominante rumo E, causando um processo de assoreamento e erosão.

O resultado desse processo foi um engordamento da costa superior a 200 metros no segmento da praia a barlamar, atingindo a extremidade do molhe-guia-corrente oeste (no lado de Quissamã), contornando o assoreamento para o interior do canal (Figura 19.39(A)), muitas vezes fechando totalmente sua embocadura. Por outro lado, a sotamar, ocorre a erosão no segmento de praia do lado leste dos molhes guias-correntes (no lado de Campos), provocando um recuo da praia também superior a 200 metros, agravado pelo risco de desenraizamento do molhe guia-corrente leste da praia

Os dois municípios atualmente conduzem projetos no intuito de tornar navegável o trecho mais a jusante do Canal das Flechas, o que dotaria a região de infraestrutura de acesso aquaviário para viabilizar o projeto de implantação do Complexo Logístico e Industrial de Barra do Furado. As obras de infraestrutura para implantação do Complexo compreendem:

Figura 19.39
(A) Molhes guias-correntes na Barra do Furado (RJ).

- Implantação de transpasse de areia (*sand by-pass*) com capacidade de transportar 500 mil m³/ano;

- Dragagem de aprofundamento para cota de –9,00 m na embocadura e –7,00 m no interior do canal e bacia de evolução, em uma extensão total aproximada de 2.400 m, com largura de 70 m e diâmetro da bacia de evolução de 200 m;

- Prolongamento do enrocamento do molhe guia-corrente oeste em 130 m;

- Demais obras de infra-estrutura.

A solução definitiva para o problema de assoreamento e erosão da Barra do Furado é a restauração artificial do transporte de sedimentos ao longo da praia, por meio de um sistema de bombas que draguem a areia do lado assoreado e a descarreguem do lado erodido.

Essa concepção procura coletar os sedimentos antes que estes alcancem os guias-correntes, evitando a penetração de areia no canal. A transferência de sedimentos se processaria por meio de bombas fixadas em estrutura, tal como um píer, posicionado a barlamar do molhe guia-corrente oeste, em Quissamã. As bombas succionariam a mistura bifásica de água e sedimentos, transportando-os, por meio de uma linha de recalque, até o despejo final a sotamar do molhe guia-corrente leste, em Campos. A linha de recalque, após percorrer o píer, passaria sobre o enraizamento dos guia-correntes e sob o canal.

O volume médio anual de transpasse na Barra do Furado foi estimado em cerca de 500 mil m³/ano.

Para o adequado entendimento do sistema de transpasse de areia foi necessário considerar técnicas de Engenharia Costeira, tais como a determinação do clima de ondas, o cálculo do transporte litorâneo de sedimentos e o estudo da solução propriamente dita.

Para o problema em questão, as ondas originadas em águas profundas e que arrebentam na praia da Barra do Furado representam o principal agente de movimentação de sedimentos.

Na análise da estatística de ondas, foram avaliadas a estatística média anual e a estatística de ondas máximas.

Para o conhecimento das ondas ao largo foram analisados os dados do Global Waves Statistics (GWS, Hogben, 1986) que apresenta observações de ondas em águas profundas em todas as direções, setorizadas em diferentes áreas oceânicas da Terra. No caso da região Norte Fluminense, a área de observação de ondas a ser analisada é a de número 74. As tabelas do GWS apresentam a ocorrência de ondas, caracterizadas por seus períodos e alturas significativas, separadas por estação do ano e por direção. Em virtude do alinhamento da costa na região, que na Barra do Furado é NE-SW, e ao norte, a região pode receber ondas oriundas de SW até NE. As demais direções foram consideradas como calmaria, pois não atingem o trecho de litoral em estudo.

Calculando a taxa de transporte para todos os rumos, períodos e alturas de ondas geradas, multiplicando-se pela probabilidade de ocorrência de cada evento e somando os valores para todos os casos possíveis, obtém-se o provável volume de sedimentos transportado naquele período de tempo. Os resultados obtidos de transporte litorâneo são apresentados na Tabela 19.5.

Período	Sentido do transporte	Azimute da ortogonal à praia (graus)					
		110	**120**	**130**	**140**	**150**	**160**
dez./jan./fev.	Positivo	1.773	2.052	2.151	2.462	2.513	2.272
	Negativo	−2.337	−2.599	−2.562	−2.258	−2.156	−1.865
abr./maio/jun.	Positivo	1.817	2.103	2.204	2.696	3.425	3.408
	Negativo	−4.066	−4.309	−4.010	−3.903	−4.796	−5.257
jul./ago./set.	Positivo	2.365	2.734	2.864	3.693	4.153	4.055
	Negativo	−5.173	−5.663	−5.470	−5.584	−6.841	−7.479
out./nov./dez.	Positivo	2.774	3.206	3.359	4.357	4.917	4.816
	Negativo	−5.030	−5.202	−4.689	−4.255	−5.035	−5.359
Anual	Positivo	2.182	2.524	2.644	3.370	3.752	3.638
	Negativo	−4.151	−4.443	−4.183	−4.000	−4.707	−4.990

Tabela 19.5
Taxas de Transporte Litorâneo para a Barra do Furado (m³/dia)

Estes resultados, em termos de rosa de transporte litorâneo fornecem a Figura 19.39(B).

O transporte residual de areia médio anual na Barra do Furado foi estimado em cerca de 500 mil m³/ano.

A água que movimentará o sistema de transpasse de areia, aqui denominada água motriz, seria captada no canal Furadinho, que passa atrás da localidade de Barra do Furado e seria levada por uma adutora de água, com cerca de 500 m de comprimento, até a estação de bombeamento a ser instalada na praia. Para este sistema de baixa pressão e alta vazão seria prevista a instalação de 1 bomba de turbina ou submersível de 200 kW (270 HP). Esta água seria recalcada até o prédio de controle na praia de Quissamã, onde, por meio de uma bomba centrífuga de alta pressão (900 kW – 1.200 HP) seria recalcada para ativar as bombas a jato (*jet pumps*).

As bombas a jato, compostas por tubulações de aço com interior revestido de polietileno (para proteger a abrasão provocada pela passagem da areia), seriam fixadas nas estacas na estrutura do píer, que estará posicionado a barlamar do molhe guia-corrente oeste (lado de Quissamã). Estas têm a função de succionar a mistura bifásica água e areia, transportando-os, por meio de um canal por gravidade até um poço de mistura denominado *slurry pit*, que concentra toda a mistura. Deste poço o excesso de água seria retornado ao mar. Antes de chegar ao referido poço, a mistura passa por um sistema de peneiramento para retirada de detritos que vêm naturalmente

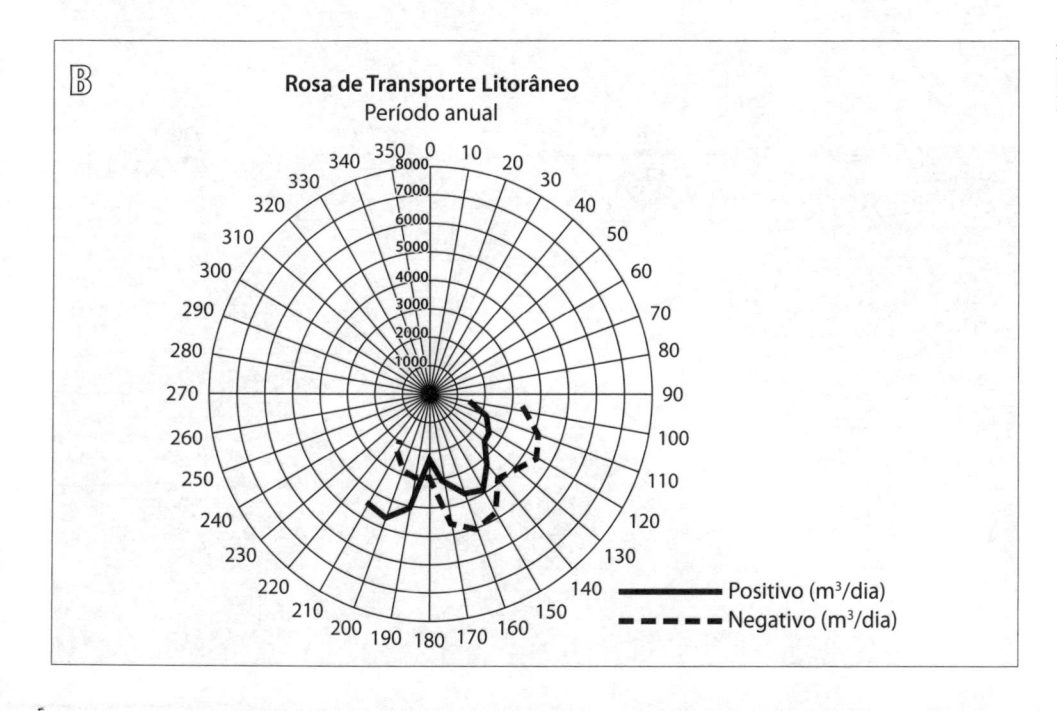

Figura 19.39
(B) Rosa de Transporte Litorâneo para Barra do Furado – Período Anual.

carreados com o transporte litorâneo, detritos estes que geralmente são compostos por vegetação flutuante oriunda da lagoa Feia, pedaços de madeira etc. Prevê-se a remoção de qualquer detrito de modo a evitar danos às bombas e à tubulação de descarga. Todo o detrito recolhido deve ser disposto separadamente. Quanto à proteção ao bombeamento que fornece água limpa ao sistema de transpasse, esta pode ser feita pela simples instalação de um crivo na extremidade da adução.

Um conjunto de duas bombas centrífugas de velocidade variável, também denominadas *slurry pump* de 250 kW (330 HP), dispostas em série, captará a referida mistura de água e areia na concentração de 48% no poço de mistura, e transportá-la até o local de destino, a sotamar do guia-corrente leste, em Campos. Para tanto, a linha de recalque (*sand slurry discharged pipeline*) deverá margear a avenida litorânea e passar por debaixo do canal da Barra do Furado. O material a ser utilizado nesta linha é o aço com revestimento interno de poliuretano, podendo ser o trecho final de despejo, na praia do lado de Campos, composto por tubulação de polietileno. A utilização de uma bomba de baixa pressão de 30 kW (40 HP) será necessária para adicionar água no canal de gravidade para evitar a decantação de areia neste canal.

O píer para suporte das bombas a jato (*jet pumps*) terá cerca de 400 m de extensão, com cerca de 300 m sobre o mar (de forma a abranger toda a zona de armadilha de areia) e 100 m sobre a praia. A estrutura, com altura de 6 m, será suficiente para a livre passagem de pessoas na praia e estar segura do galgamento de ondas e de dimensões suficientes para suportar a tubulação que traz a água motriz,

as bombas a jato e fluidificadoras, além do canal de mistura água e areia. A distância do píer para o enrocamento será de 230 m. Serão instalados 10 conjuntos de bombas a jato, solidárias aos pilares, espaçados a cada 30 metros e, em locais em que se prevê uma maior movimentação de areia. O espaçamento pode ser menor, de 20 metros. As bombas deverão estar assentadas na cota –15 m, de modo a construir uma zona dragada, que funcionará como armadilha de areia, pois com o funcionamento das mesmas serão formados vários cones de depleção de sedimentos.

Acoplado às bombas a jato tem-se a tubulação de fluidificação da areia, esta, conduzindo jatos de água no leito, é responsável pelo revolvimento da areia do fundo, facilitando, assim, a sucção da mistura água e areia a ser realizada pela bomba a jato propriamente dita. Com diâmetro de 250 mm, a tubulação da bomba a jato permite a passagem de grande parte dos detritos normalmente contido no transporte litorâneo de sedimentos, minimizando, consequentemente o acúmulo no entorno dos pontos de sucção. Não se recomenda a utilização de tubos menores, pois acarretariam dificuldades operacionais no tratamento deste acúmulo de detritos, que poderia ocorrer ao redor da tubulação de sucção da bomba a jato. O talude dos cones formado pelo bombeamento na armadilha de areia é variável, dependendo das características da areia, da taxa de transporte de sedimentos local e da própria operação do sistema.

Quando, pela primeira vez, a armadilha é escavada pelo funcionamento do bombeamento, o talude é uniforme e muito íngreme, podendo chegar a 1:1, sendo até mais íngreme que o ângulo de repouso da areia. Esta situação é instável, pois, com o passar do tempo e sob atuação de ondas

Figura 19.40
Vista aérea da praia de Barra do Furado com projeção do sistema de transpasse de areia a oeste dos molhes.

este ângulo é naturalmente suavizado, a partir do topo, até o ângulo de repouso dos sedimentos ou até valores ainda menores. Contudo, quando o transporte litorâneo é alto e o sistema de transpasse opera em capacidade máxima este talude torna-se mais íngreme.

Bocais de porcelana devem ser acoplados tanto na saída da tubulação de fluidificação, quanto na saída do jato de água da bomba a jato, pois tal medida protege do desgaste a extremidade do duto metálico, prolongando a vida útil do sistema.

Prevê-se um pequeno prolongamento do molhe guia-corrente oeste, de cerca de 130 m, com a função de mitigar a passagem de areia pela extremidade da obra, o que causaria assoreamento no canal.

Estima-se que aproximadamente 2% a 5% do transporte litorâneo não sejam capturados pelo sistema de transpasse, sendo depositado na entrada do canal. Recomenda-se, portanto, a escavação de uma armadilha de areia secundária, adjacente à entrada do canal de forma a capturar sedimentos que escapem pelo molhe guia-corrente leste. Com um volume previsto de 20 mil m^3, esta armadilha limitaria a sedimentação na entrada do canal e seria dragada em ocasiões de dragagens periódicas do canal. Lembre-se que qualquer dragagem realizada na entrada do canal deverá ser lançada na praia do lado de Campos, a menos que haja necessidade justificável para outro fim.

Está previsto que o ponto principal de lançamento da areia na praia do lado de Campos esteja a uma distância de cerca de 300 m do molhe guia-corrente oeste. A própria ação das ondas espalhará os sedimentos ao longo do arco praial. Esta distância é importante para evitar que esta areia retorne ao canal.

A Figura 19.40 apresenta uma vista de conjunto do empreendimento do Complexo Logístico e Industrial projetado.

Logo no início da operação do sistema de transpasse de sedimentos, pontos móveis de descarga podem ser instalados na praia do lado de Campos, em distâncias menores que 300 m, de forma a promover uma restauração imediata de trecho contíguo ao molhe guia-corrente leste. Desta forma, previne-se contra o desenraizamento deste guia-corrente, que já foi por vezes verificado desde sua implantação.

Outro aspecto a mencionar em relação ao funcionamento inicial do sistema, refere-se ao funcionamento das bombas a jato. Como a praia do lado de Quissamã encontra-se muito assoreada, as bombas situadas mais ao largo funcionarão no início da operação. Conforme a velocidade do recuo da praia em virtude da dragagem da armadilha de areia, estas bombas podem ser deslocadas para o início do píer. Em regime mais estabilizado as bombas podem funcionar alternadamente, em número de três.

As condições de projeto propostas são as seguintes:

- Capacidade nominal de transporte de 450 m^3/h $\approx$ 825 t/h;

- Tempo de operação médio anual de 1.110 horas;

- Tempo de operação médio semanal de 21 horas;

- Capacidade de transporte para ressaca de cinco dias 75 mil m^3/semana;

- Passagem de 10% de areia pela armadilha principal no píer, sendo que 60% retido pelo molhe guia-corrente oeste e, posteriormente, transpassado pelo sistema.

Quanto ao píer armadilha de areia têm-se as seguintes especificações:

- Extensão total de 402,2 m;

- Distância entre pilares de 10 m;

- Largura do tabuleiro de 4,50 m;

- Tabuleiro na cota +6,00 m (IBGE).

Quanto às armadilhas de areia tem-se:

- Armadilha principal com extensão máxima de cerca de 300 m;

- Armadilha principal com profundidade máxima do cone de depleção na cota –15 m;

- Armadilha secundária junto ao prolongamento do molhe guia-corrente oeste com capacidade de 20 mil m^3.

CAPÍTULO 20

DISPERSÃO AQUÁTICA DE EFLUENTES

Túnel de vento para estudo do funcionamento do Emissário Submarino de Santos em modelo físico da Baía de Santos.

20.1 EMISSÁRIOS SUBMARINOS

A dispersão oceânica de efluentes, seja esgoto doméstico ou água de processamento industrial, constitui-se, em muitos casos, na solução adotada para o destino final de efluentes por meio da descarga submersa. Na Tabela 20.1 está apresentada a composição típica de esgoto doméstico não tratado.

Tabela 20.1
Composição típica de esgoto doméstico não tratado

Contaminante	Unidade	Concentração		
		Fraca	Média	Forte
Sólidos totais (ST)	mg/L	350	720	1.200
Sólidos dissolvidos totais	mg/L	250	500	850
– Fixos	mg/L	145	300	525
– Voláteis	mg/L	105	200	325
Sólidos suspensos (SS)	mg/L	100	220	350
– Fixos	mg/L	20	55	75
– Voláteis	mg/L	80	165	275
Sólidos sedimentáveis	mg/L	5	10	20
$DBO_{5,20\,°C}$	mg/L	110	220	400
Carbono orgânico total	mg/L	80	160	290
DQO	mg/L	250	500	1.000
Nitrogênio	mg/L	20	40	85
– Orgânico	mg/L	8	15	35
– Amônia livre	mg/L	12	25	50
– Nitrito	mg/L	0	0	0
– Nitrato	mg/L	0	0	0
Fósforo	mg/L	4	8	15
– Orgânico	mg/L	1	3	5
– Inorgânico	mg/L	3	5	10
Cloretos	mg/L	30	50	100
Sulfatos	mg/L	20	30	50
Alcalinidade ($CaCO_3$)	mg/L	50	100	200
Óleos e graxas	mg/L	50	100	150
Coliforme total	NMP/10 mL	10^6-10^7	10^7-10^8	10^7-10^9
Compostos orgânicos voláteis	µg/L	< 100	100-400	> 400

A Figura 20.1 apresenta a comparação entre o processo de tratamento convencional de esgoto sanitário e a disposição oceânica, conforme esquematizado na Figura 20.2. A dispersão oceânica compõe-se da advecção e da difusão, fenômenos que no corpo receptor marítimo encontram grande capacidade diluidora no chamado campo afastado, cuja densidade é inferior à da água salgada por ser constituído de efluentes de água doce com carga bacteriana associada. Este efluente, ao ser lançado no fundo do mar, é submetido a uma dispersão forçada inicial, no chamado campo próximo, promovido pelo empuxo positivo que produz uma pluma ascendente do efluente. É desejável que a diluição no campo próximo, comandada pela hidráulica do difusor do emissário, reduza em pelo menos 100 vezes a concentração bacteriana da saída do difusor.

A existência de uma Zona de Mistura Legal constitui-se em uma região onde os parâmetros dos contaminantes ainda se encontram em concentrações mais elevadas do que o permitido para a finalidade de uso do corpo receptor, mas que é reconhecidamente uma zona de sacrifício. Quanto mais apropriadamente dimensionado o emissário, menor esta região e o risco de ela afetar negativamente as regiões próximas que exigem melhor qualidade da água. Para esse dimensionamento, é de fundamental importância o conhecimento da dinâmica dos processos litorâneos ao longo do ano.

Na Figura 20.3 estão apresentadas algumas plumas do Emissário Submarino de Esgotos de Santos e São Vicente mapeadas por imagens de satélite. Nas Figuras 20.4 a 20.6 estão ilustradas modelações da dispersão da concentração de contaminantes deste emissário no campo afastado. Na Figura 20.6 está ilustrado o processo de construção do Emissário de Esgotos de Santos e São Vicente (SP), constituído de tubulação de aço revestida por concreto. Em 2009 o difusor de 200 m deste emissário foi retirado e substituído por um novo de 425 m em PEAD (polietileno de alta densidade), como ilustrado na Figura 20.7.

20.2 CONCEITUAÇÃO SOBRE O COMPORTAMENTO DE VAZAMENTOS DE ÓLEO

O espalhamento de uma camada de hidrocarbonetos sobre a superfície da água do mar é um fenômeno rápido e muito importante, desde o início do derrame, cujo efeito se processa ao longo de vários dias. Muitos fatores contribuem para uma maior ou menor intensidade desse fenômeno, dependendo da natureza do produto, das quantidades derramadas e das condições meteorológicas predominantes (correntes de superfície, vento e temperatura da água).

Os hidrocarbonetos derramados à superfície do mar estão sujeitos, na zona de interface ar-água e na coluna de água, aos múltiplos efeitos do meio ambiente que conduzem a alterações importantes do seu estado físico e características químicas, agrupadas em duas fases distintas:

• Uma evolução primária, preponderante no decurso dos primeiros dias, em razão do espalhamento do produto, à evaporação das suas frações leves sob a ação dos ventos, à dissolução dos compostos mais solúveis, à formação de emulsões sob o efeito da agitação das águas e à sedimentação por fixação de partículas em suspensão na coluna de água. Essa evolução primária afeta principalmente as características do produto (massa específica volumétrica, viscosidade, ponto de escoamento, teor de água) sem modificar a natureza química dos seus constituintes. Conforme ilustrado na Figura 20.8, uma

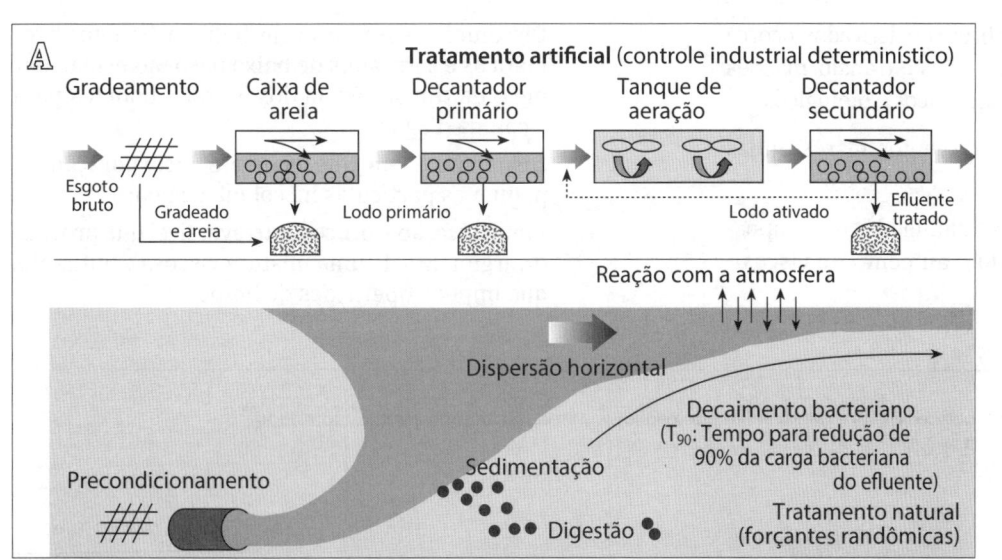

Figura 20.1
(A) Comparação entre o processo de tratamento de esgotos sanitários por lodo ativado e disposição oceânica no campo próximo (controlado pelos difusores).
Nas fotografias estão ilustradas instalações típicas de precondicionamento em emissários do Estado de São Paulo.
(B) e (C) Gradeamento – Praia Grande I (SP).
(D) Material retido – Praia Grande I (SP).
(E) Peneiras rotativas – Santos (SP).
(F) Resíduos da peneira rotativa – Guarujá (SP).
(G) Caixa de decantação – Santos (SP).
(H) Local de cloração do efluente – Cigarras, São Sebastião (SP).
(I) Cilindro de cloro – Praia Grande I (SP).

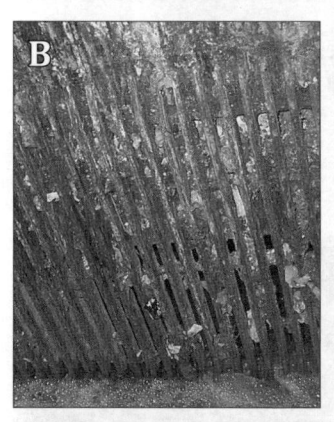

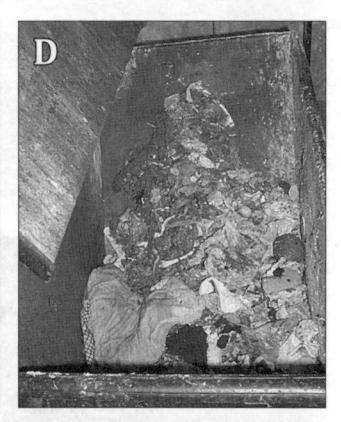

vez ocorrido o derrame de óleo bruto ou derivados, ocorre uma grande variedade de alterações e transformações por meio de processos físicos, químicos e biológicos:

– Espalhamento – pela ação de ventos, marés, ondas e correntes;

– Evaporação – pela qual são eliminados os compostos mais leves, ocorrendo o aumento de viscosidade do óleo derramado;

– Dissolução – remoção de hidrocarbonetos aromáticos e saturados de baixo peso molecular, por meio da transferência dos hidrocarbonetos para a coluna d'água;

– Dispersão – em que ocorre a incorporação de pequenas partículas na coluna d'água;

– Emulsificação – processo irreversível que provoca o surgimento de uma mistura viscosa e flutuante, que impede operações de limpeza;

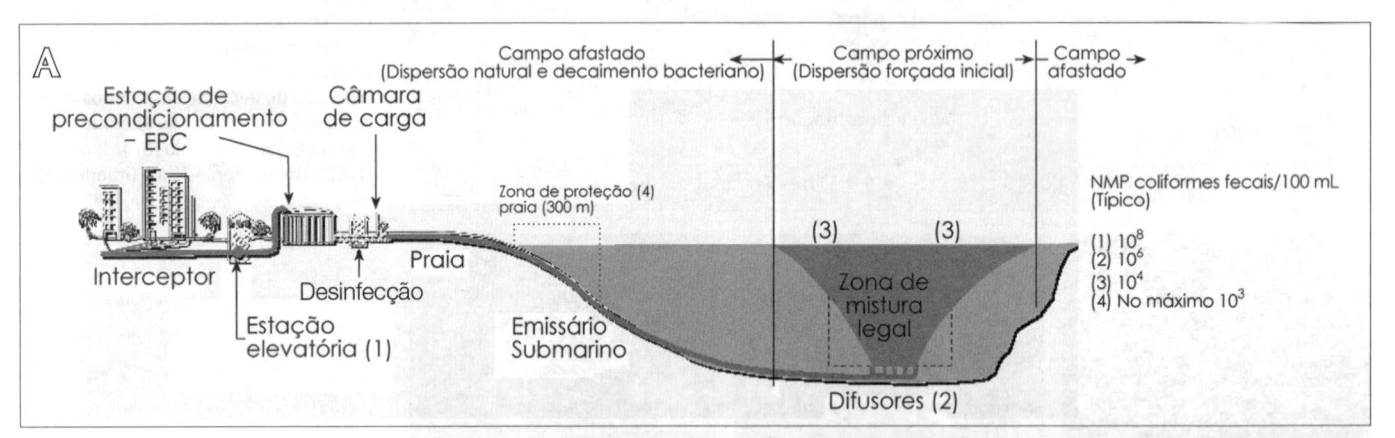

Figura 20.2
(A) Elevação do perfil longitudinal do esquema do sistema de disposição oceânica.
(B) Vista aérea do molhe canteiro de construção de Emissário de Santos e São Vicente na Praia de José Menino em Santos (SP). (São Paulo, Estado/DAEE/SPH/CTH).

Figura 20.3
Planimetria de delimitação de plumas mapeadas na Baía de Santos por imagens de satélite.

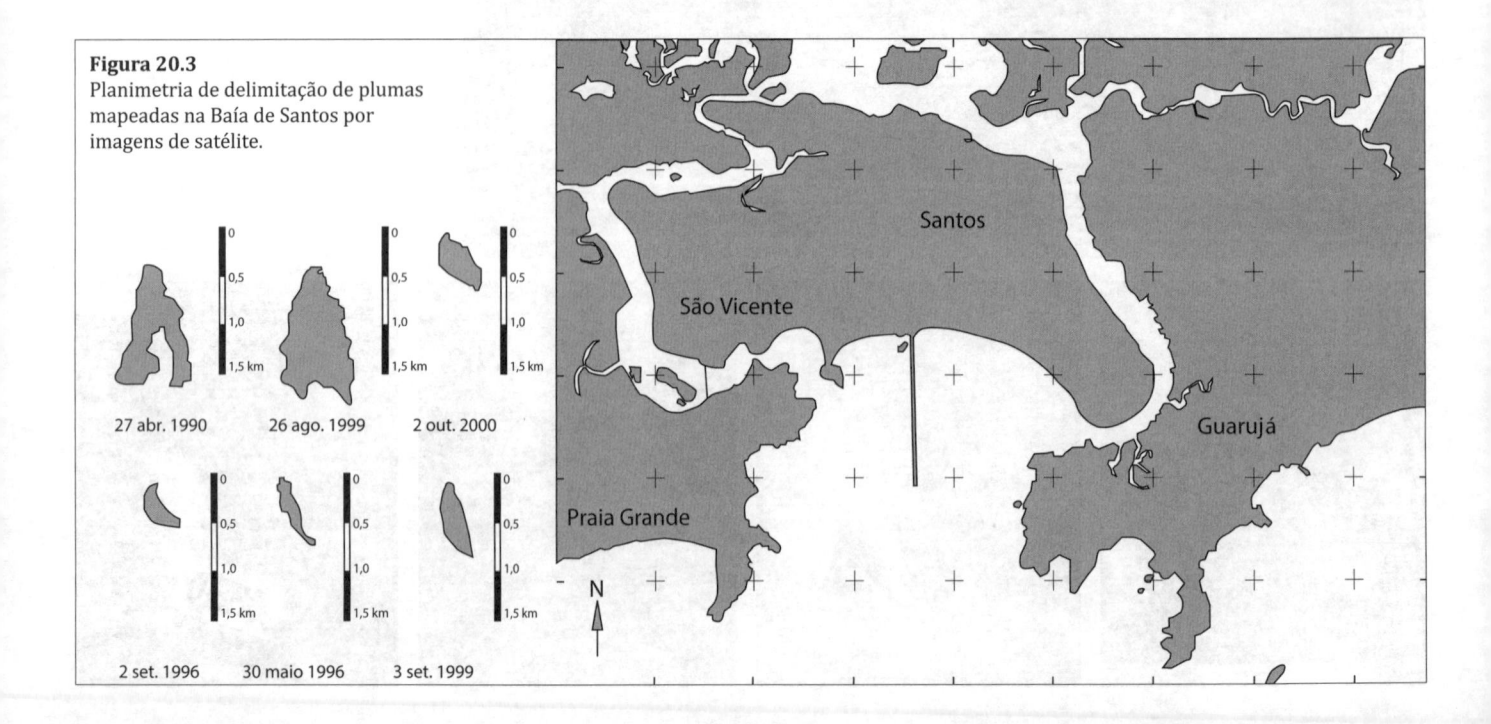

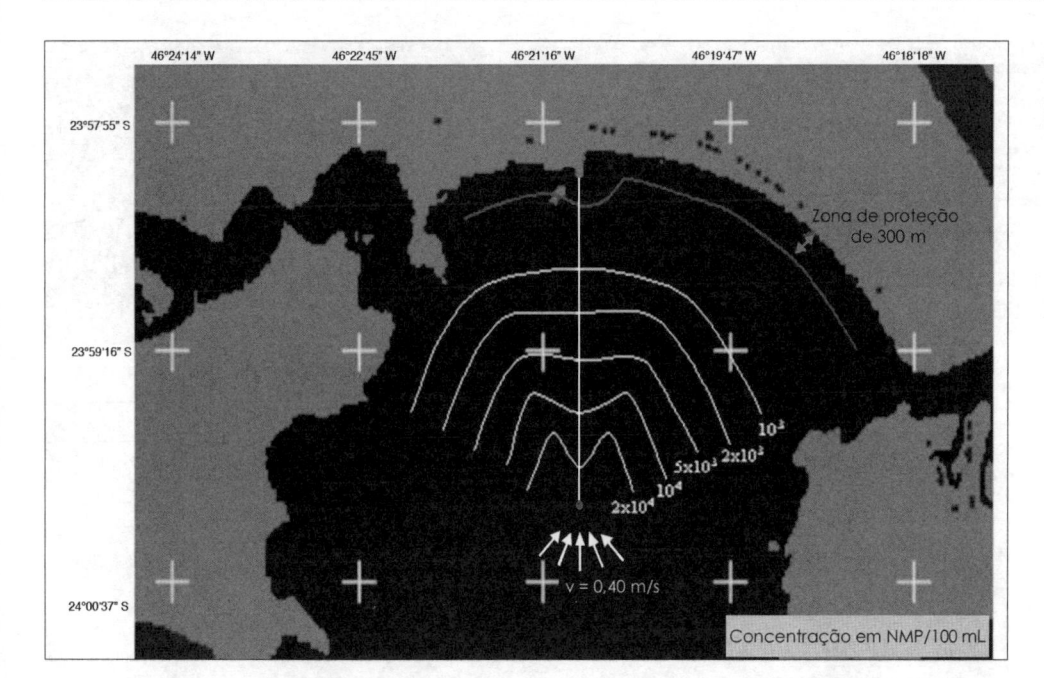

Figura 20.4
Planimetria de isolinhas de concentração de coliformes fecais na Baía de Santos para a situação original de projeto.

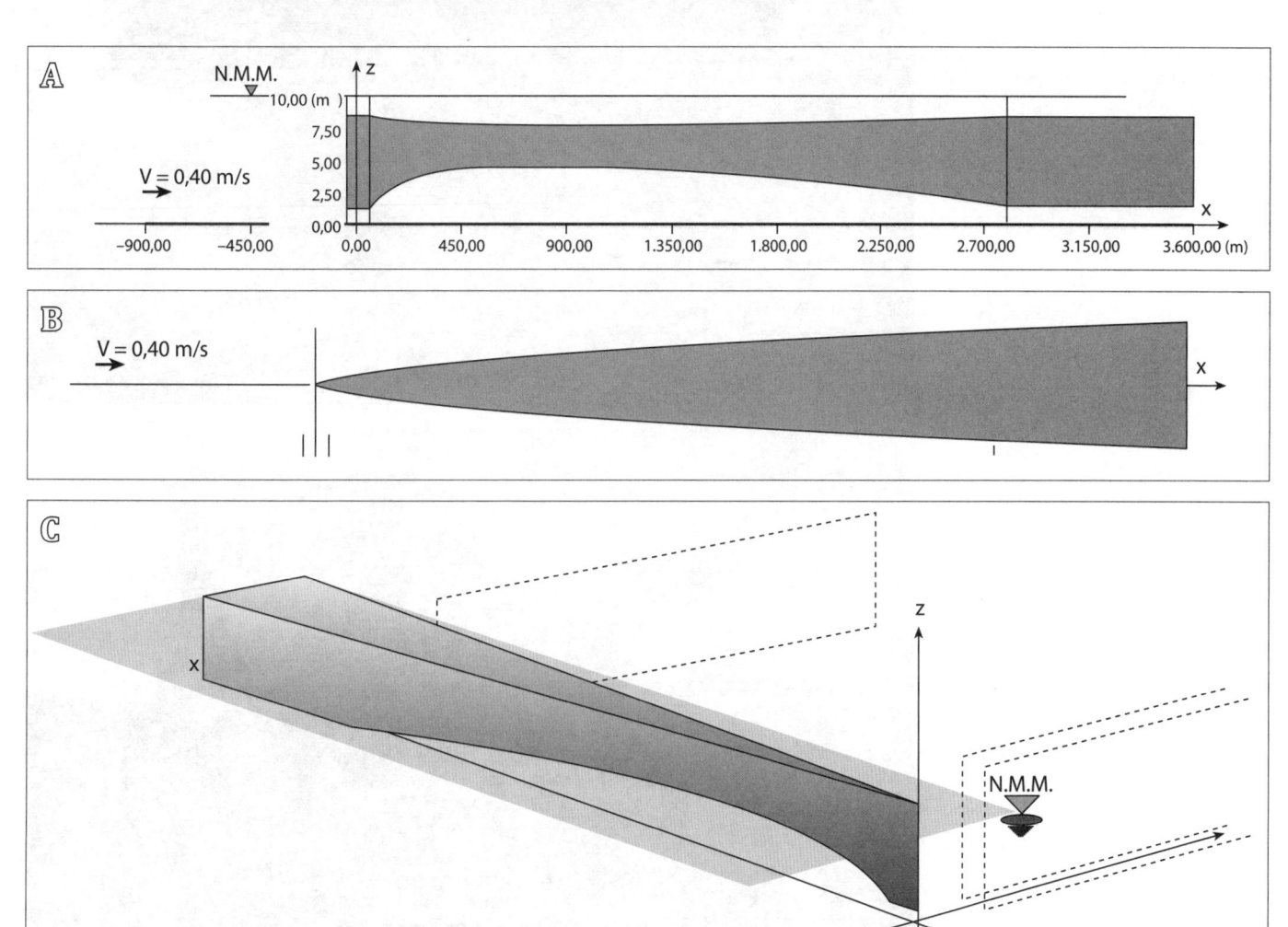

Figura 20.5
(A) Elevação de trajetória da pluma em perfil longitudinal.
(B) Planimetria da Trajetória da pluma em planta.
(C) Trajetória da pluma em 3-D.

Figura 20.6
(A), (B), (C), (D) e (E) Processo
construtivo da tubulação de aço
revestida de concreto do Emissário de
Esgotos de Santos e São Vicente (SP)
(São Paulo, Estado/DAEE/SPH/CTH).

Figura 20.7
Posicionamento do novo difusor em PEAD do Emissário de Esgotos de Santos e São Vicente (SP), observando-se os blocos de ancoragem e os *risers* do difusor. (São Paulo, Estado/DAEE/SPH/CTH).

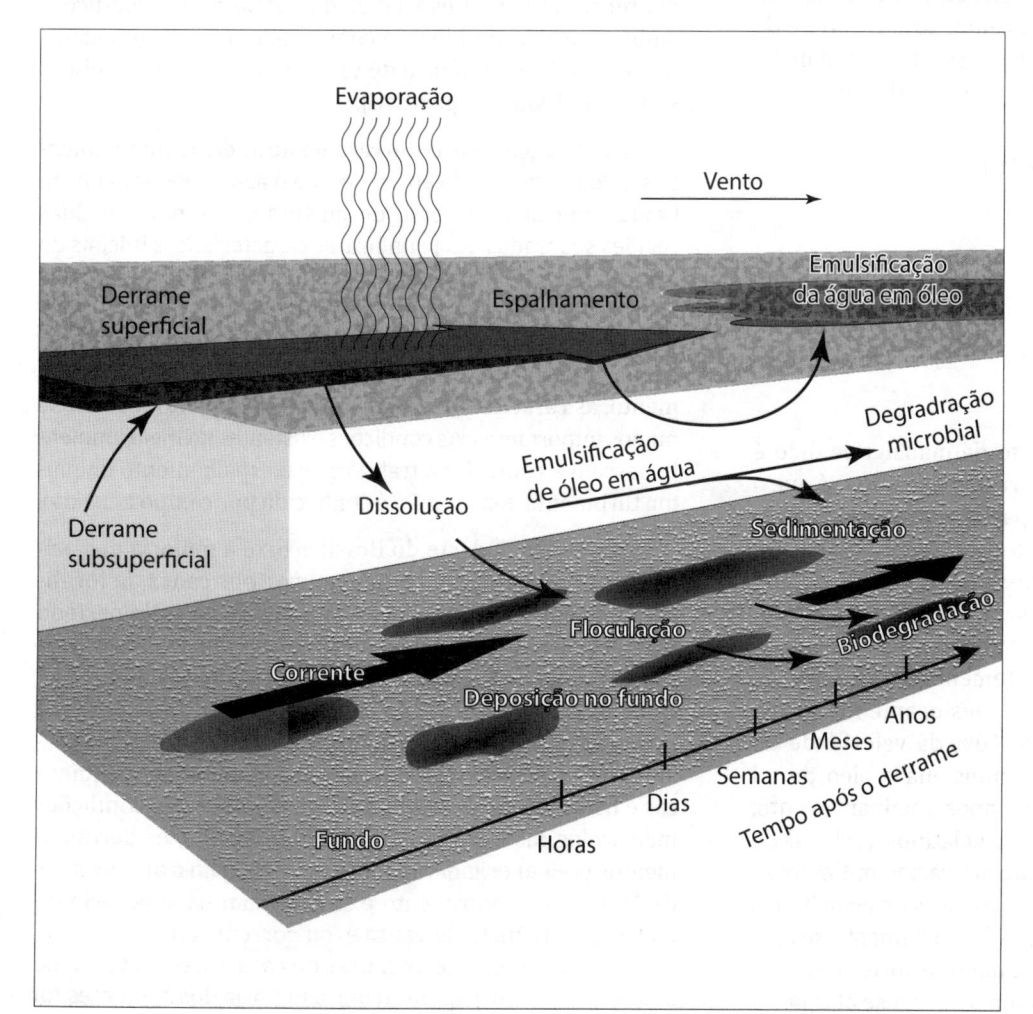

Figura 20.8
Principais processos que afetam a mancha de óleo, após o derrame em escala temporal, Assinalando-se a importância dos fenômenos em função do tempo transcorrido, após o derrame.

- Adsorção de compostos solúveis – junto aos tecidos de organismos vivos e sedimentos;

- Sedimentação – havendo a remoção do óleo da coluna líquida;

- Biodegradação – com a seguinte ordem de preferência: alcanos, alcenos, aromáticos e cicloalcanos;

- Oxidação fotoquímica – que produz uma maior dispersão em virtude da oxidação de compostos mais solúveis.

• Uma evolução secundária que se pode estender de vários meses a vários anos sobre o produto já envelhecido e que conduz à transformação das suas moléculas por oxidação química e biodegradação.

O estudo da evolução de hidrocarbonetos no mar é efetuado em três partes: o transporte da mancha pelo campo de velocidades do vento e correntes; o aumento da área da mancha em virtude da tendência do óleo para se espalhar; e o envelhecimento e alteração das propriedades do produto em razão dos processos de evaporação, emulsificação, dispersão natural e dissolução. A dispersão é produzida pelas ondas e turbulência à superfície da água do mar, que atuam sobre o derrame produzindo gotas de vários tamanhos, das quais as maiores tendem a permanecer à superfície e as menores ficarão em suspensão na coluna líquida.

A deriva de uma mancha de hidrocarbonetos na superfície do mar resulta da ação do vento, de correntes e da agitação. O transporte do centro de massa de uma mancha é modelado pela formulação matemática de Hoult:

$$U_m = U_c + 0,0351 \, U_v$$

sendo: U_m: a velocidade do centro de massa da mancha

U_c : a velocidade da corrente

U_v : a velocidade do vento

A velocidade de deslocamento da mancha de óleo é praticamente determinada pela corrente marítima, já que o vento adiciona somente pequena parcela de sua velocidade quando incide na mesma direção da corrente marítima. Sem correntes, o óleo movimenta-se em função do vento. Em águas mais quentes, como as do litoral brasileiro, a temperatura das águas induz maior diferença de velocidade entre o óleo e a água, e consequentemente uma menor espessura do óleo, facilitando o seu deslocamento a uma velocidade ligeiramente acima de 10% da velocidade do vento. O vento, quando intenso, emulsiona o óleo de tal forma que, quando este sobrenada após amainar o vento, formam-se grandes manchas de óleo gelatinosas, cheias de gotículas de água e com espessura de vários milímetros. Essas manchas ficam separadas por espaços de água limpa. Durante o vazamento do produto, o óleo movimenta-se com o vento, e neste local a espessura é maior e apresenta pouca largura. No caminhamento da mancha, ela se alarga e a película de óleo vai ficando mais fina à medida que as distâncias do ponto de vazamento aumentam.

Quando se procede à abordagem de questões ligadas à previsão do comportamento de manchas de óleo, é necessário conhecer os aspectos físicos concernentes aos processos de evolução primária hidrodinâmicos, que determinam o comportamento e a distribuição da mancha. O comportamento da mancha é governado pela interação das condições ambientais no corpo d'água receptor e pelas características da descarga.

As condições ambientais no corpo d'água receptor são descritas pela sua geometria e características dinâmicas. As características geométricas estão basicamente ligadas à topobatimetria nas vizinhanças do ponto de vazamento. As características dinâmicas são dadas pelas distribuições de velocidade, que no caso em tela são dependentes da variação da maré no tempo, e de densidade no corpo d'água, principalmente nas proximidades do vazamento.

As condições da descarga do vazamento relacionam-se com as características geométricas e de fluxo do vazamento. Considerando o vazamento proveniente de uma abertura, como uma válvula de fundo, furo ou trinca no casco de um navio, o diâmetro, a sua elevação acima do fundo e a sua orientação com relação às correntes constituem a caracterização geométrica. As características de fluxo são fornecidas pela vazão, por sua quantidade de movimento e pelo seu fluxo de empuxo. O fluxo de empuxo representa o efeito da diferença de massa específica da descarga das condições ambientais em combinação com a aceleração da gravidade. Corresponde à tendência do vazamento de óleo de subir à superfície (empuxo positivo).

A hidrodinâmica de um vazamento de óleo continuamente sendo descarregado em um corpo d'água pode ser conceituada como um processo de mistura ocorrendo em duas regiões separadas. Na primeira, as características iniciais do jato quanto a quantidade de movimento, fluxo de empuxo e geometria da abertura influenciam a trajetória e misturação do jato. Tal região denomina-se campo próximo. À medida que a pluma turbulenta desloca-se mais além da origem do vazamento, as características da fonte do vazamento tornam-se menos importantes. As condições existentes no meio ambiente passam a controlar a trajetória e o espalhamento da pluma turbulenta. Esta região é conhecida por campo afastado.

Na região Sudeste do Brasil ocorre a maioria dos acidentes de vazamento de óleo no mar por causa da localização dos terminais mais importantes do país. No período entre 1974 e 1978 registraram-se os três maiores acidentes cadastrados, perfazendo, cada um, vazamentos de navios-tanque de volumes da ordem de 6.000 m^3. Nas décadas posteriores, vazamentos em oleodutos atingiram cifras próximas aos 3.000 m^3. Dependendo das características químicas e físicas do óleo, da quantidade vazada e das condições meteorológicas e oceanográficas do momento, os derramamentos podem originar manchas que chegam a atingir mais de 10 km de comprimento e se deslocam na superfície do mar por influência de vento e/ou correntes de superfície. A estatística referente às causas dos acidentes no Canal de São Sebastião (SP) apontou que a maioria dos acidentes foi provocada por defeito em válvulas de fundo dos navios e por falhas operacionais, sendo significativa também a porcentagem da ocorrência de furos e trincas no casco dos navios. Os acidentes podem proceder basicamente dos navios (por operação de carga, descarga e/ou colisão) ou do terminal (oleoduto, transbordamento do separador de água/óleo etc.). A análise mostra que os maiores causadores dos derramamentos são os navios. Apesar de as colisões não serem tão frequentes, observa-se que, quando ocorrem, são responsáveis por grande volume derramado.

Existe um grande número de tipos diferentes de petróleo, de acordo com a procedência, ou de derivados. A densidade de um óleo é a sua densidade em relação à água pura, e a maioria dos óleos é mais leve do que a água. Eles são classificados como leves abaixo de 0,88, e pesados, acima.

A experiência acumulada por todos os acidentes marítimos, que originaram grandes poluições por hidrocarbonetos no meio marinho, demonstrou que os fatores tempo e organização são de primordial importância para a obtenção das maiores possibilidades de êxito na luta contra a poluição resultante desse tipo de acidentes. Por essa razão, uma rápida, eficiente e eficaz resposta é fator essencial para a luta que se tenha de empreender.

Sendo assim, para que as operações de combate à poluição se iniciem tão rapidamente quanto possível e se possa desenhar uma estratégia adequada e eficaz (contenção e recolhimento, proteção das áreas sensíveis, limpeza das costas, aplicação de dispersantes etc.) de forma a prevenir e minimizar os efeitos de um derrame, é necessário conhecer o comportamento e a evolução aproximada da mancha nas horas imediatamente subsequentes a um derrame, o que pode ser avaliado pelo campo de circulação das correntes.

Vazamentos de outros efluentes comportam-se de forma semelhante. Nas Figuras 20.9 a 20.17 estão apresentados esquemas de deslocamento e impacto nas praias dos maiores vazamentos ocorridos na instalação petrolífera da Petrobras em São Sebastião (SP), segundo São Paulo/Cetesb

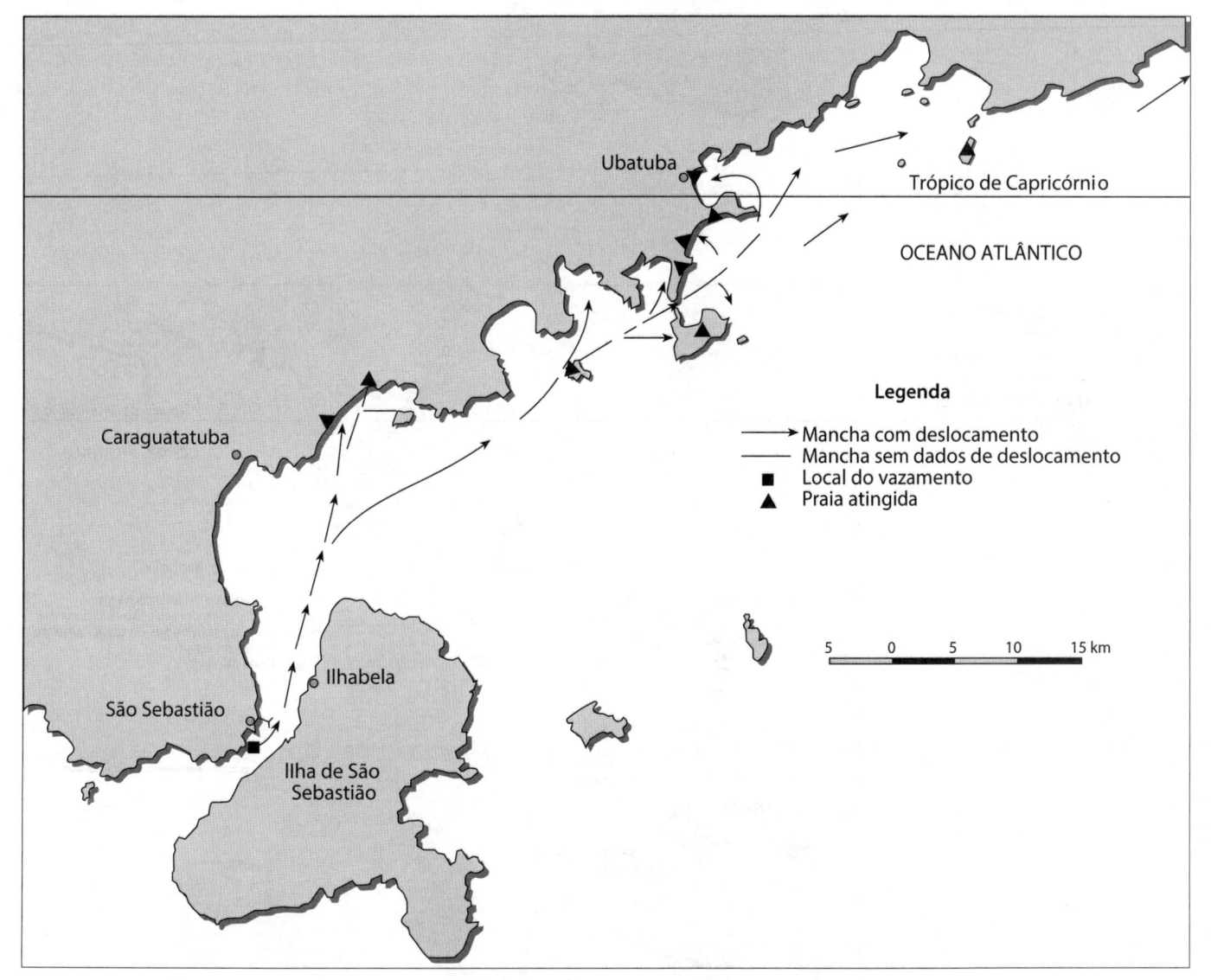

Figura 20.9
Planimetria de deslocamento das manchas de óleo do vazamento ocorrido pela colisão com rocha submersa do navio Takimiya Maru, em agosto de 1974. O volume vazado foi de 6.000 m³.

Figura 20.10
Planimetria de deslocamento das manchas de óleo do vazamento ocorrido pela colisão com rocha submersa do navio Brazilian Marina, em 09/01/1978. O volume vazado foi de 6.000 m³ e o período representado é de 09 a 20/01/1978.

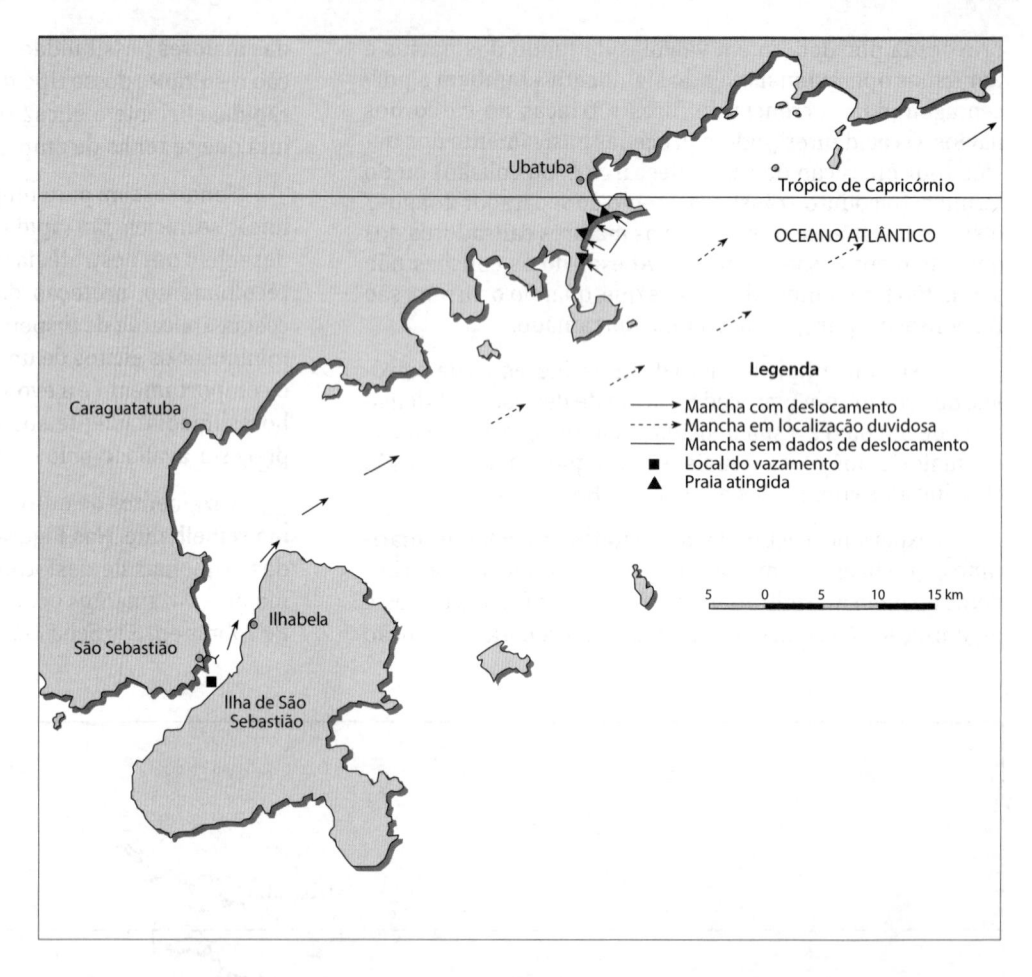

Figura 20.11
Planimetria de deslocamento das manchas de óleo do vazamento ocorrido pela colisão com dolfim de atracação do navio Marina, em 18/03/1985. O volume vazado foi de 2.500 m³ e o período representado é de 18 a 28/03/1985.

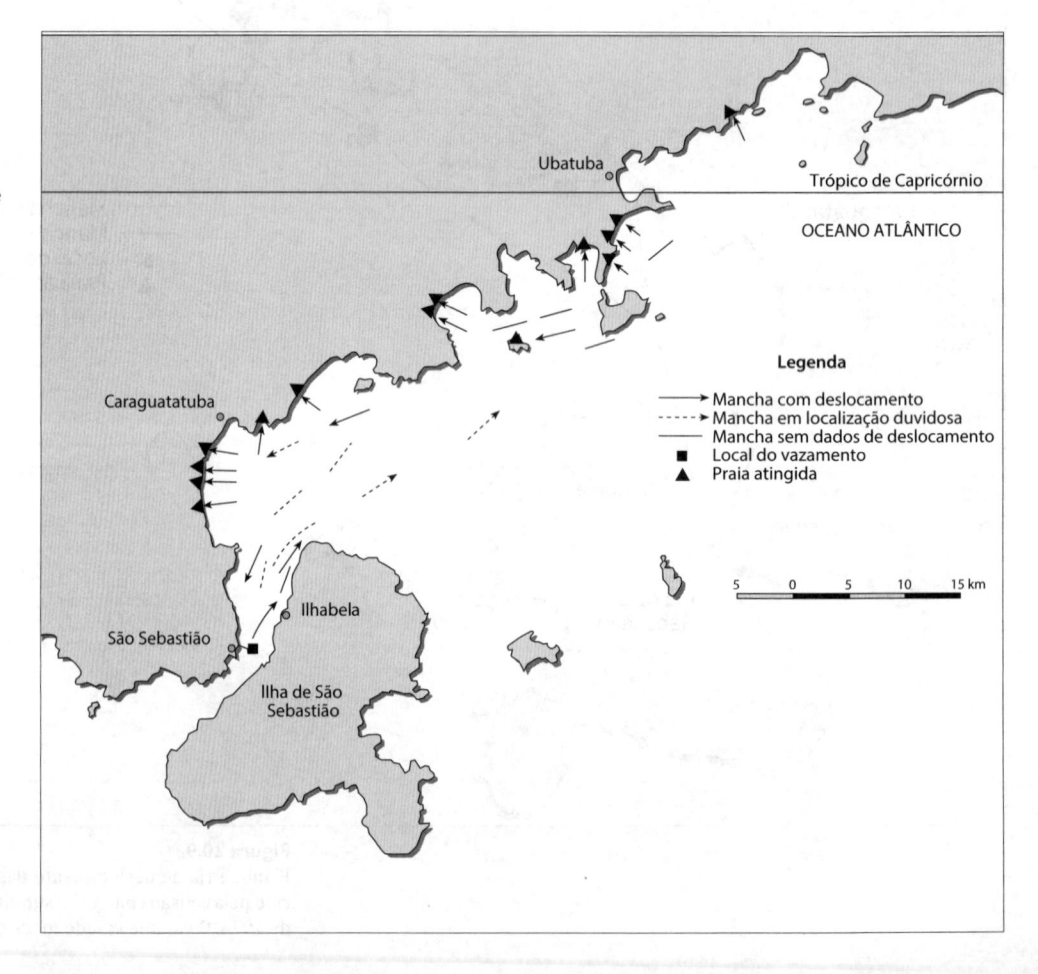

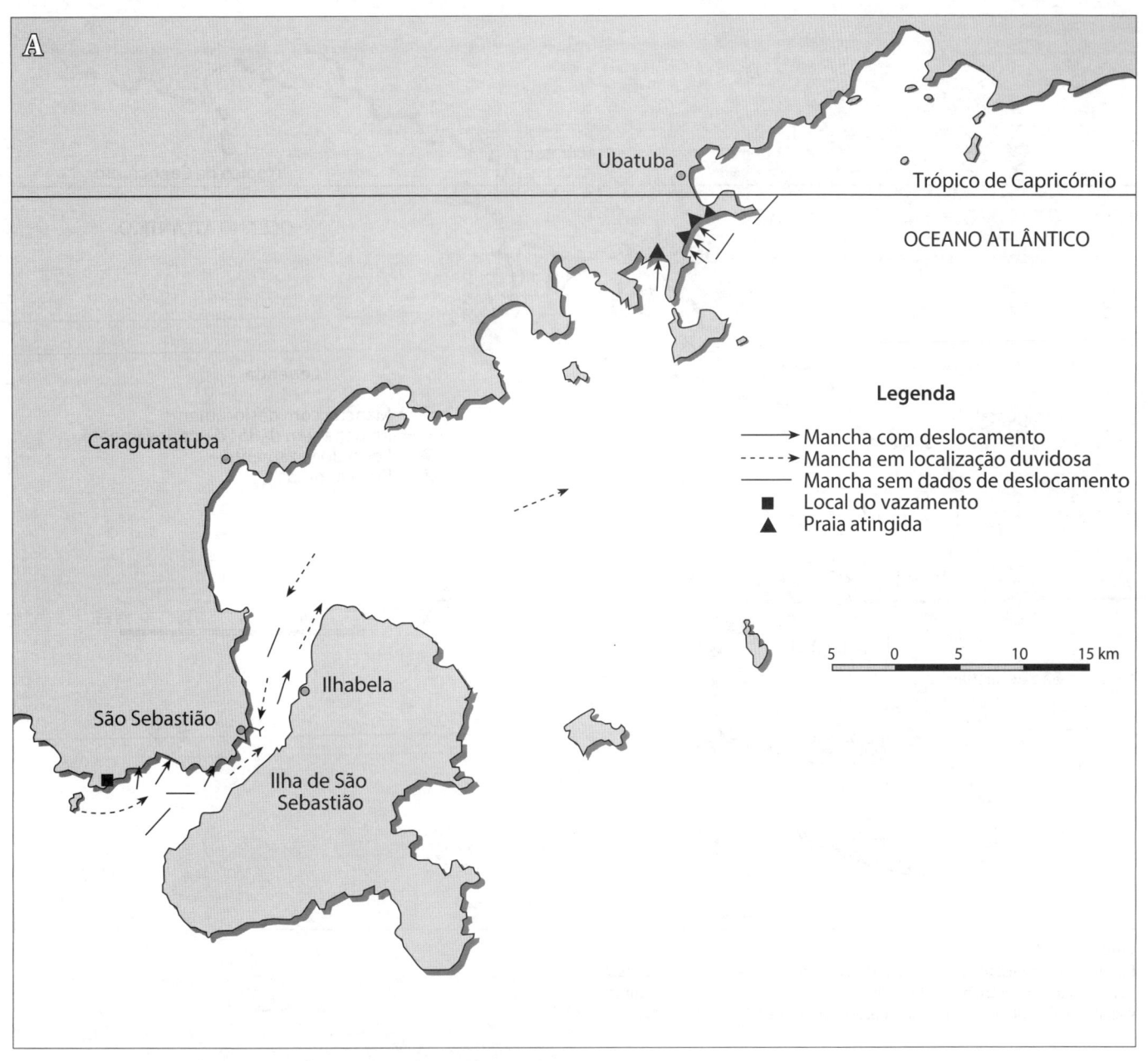

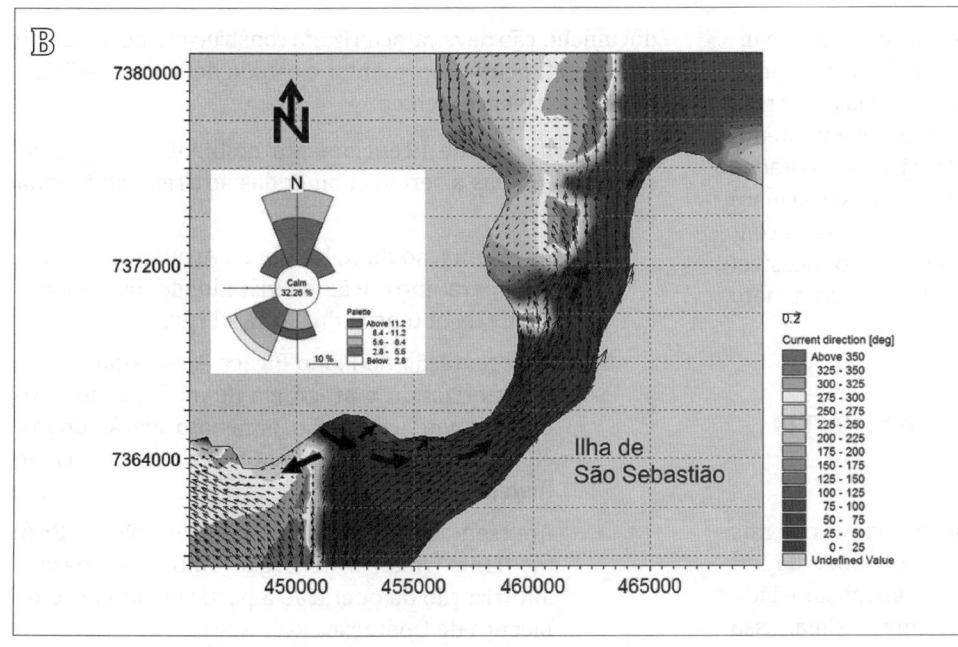

Figura 20.12

(A) Planimetria de deslocamento das manchas de óleo do vazamento ocorrido pelo rompimento do oleoduto em 02/05/1988. O volume vazado foi de 1.000 m³ e o período representado é de 02 a 10/05/1988.

(B) Superposição do deslocamento da mancha com modelação matemática pelo software MIKE21HD da circulação de correntes de maré superpostas à eólica (RODRIGUES, 2009).

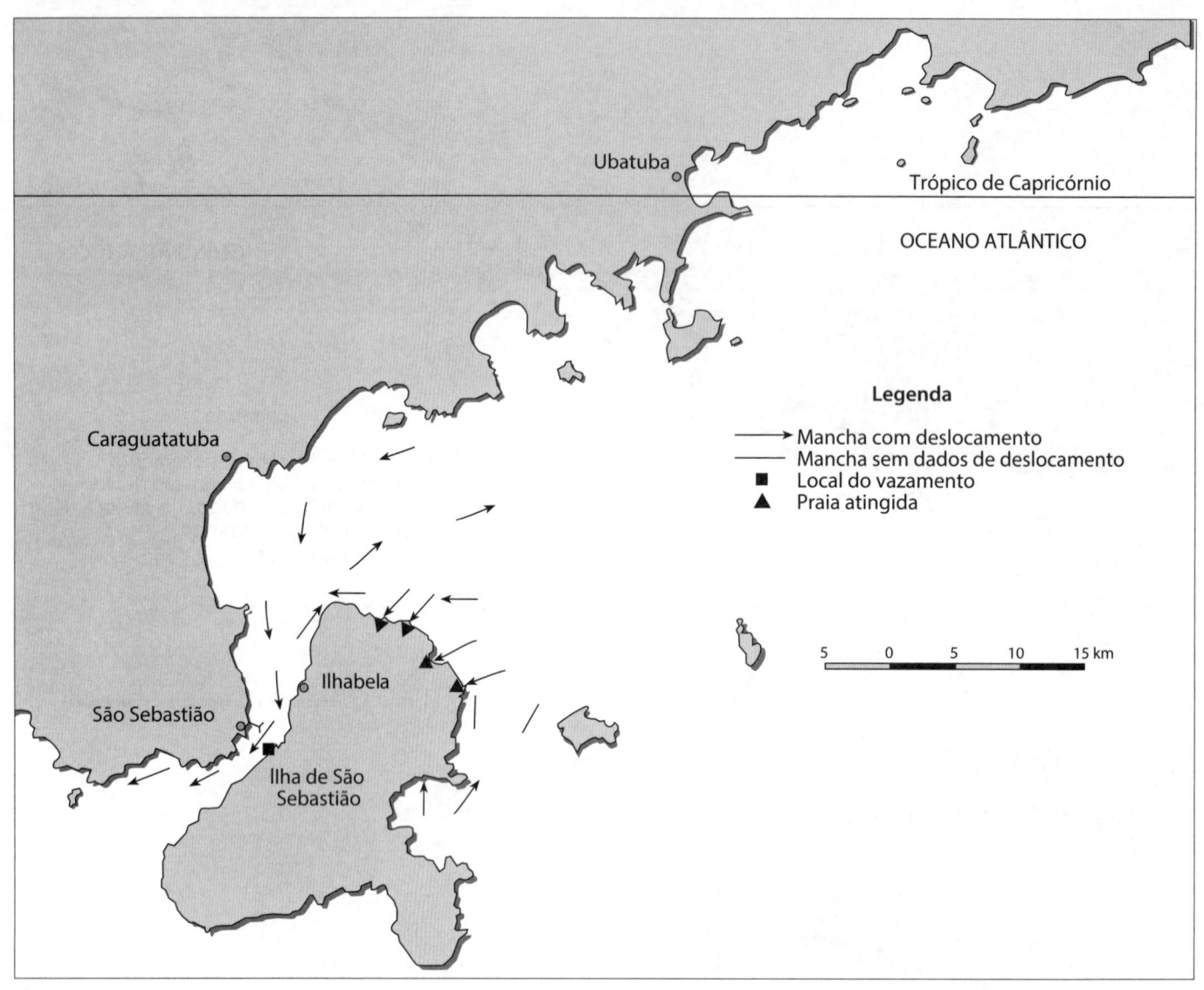

Figura 20.13
Planimetria de deslocamento das manchas de óleo do vazamento ocorrido
pela colisão com outro navio do navio Penélope em 26/05/1991. O volume
vazado foi de 280 m³ e o período representado é de 26 a 31/05/1991.

(1996), evidenciando a velocidade da propagação das manchas sob a ação de correntes e ventos. A sequência de Figuras 20.13 a 20.17 detalha uma evolução das manchas, ocorrida com um grande vazamento determinado por rompimento do oleoduto. Nas Figuras 20.12 e 20.14 são apresentadas também as condições correntométricas induzidas pela maré e vento simulados em software hidrodinâmico. Para as condições apresentadas na Figura 20.14 também foi possível classificar as condições da água por sensoriamento remoto a partir de imagem de satélite.

20.3 PROCESSO DE LICENCIAMENTO AMBIENTAL

O licenciamento ambiental de obras portuárias e costeiras deve, obrigatoriamente, estar embasado no Estudo de Impacto Ambiental – EIA – Licença Prévia, consubstanciado no Relatório de Impacto do Meio Ambiente – Rima. Essa documentação deve caracterizar a construção e operação do empreendimento e apresentar o estudo do ambiente físico, biótico e socioeconômico.

O processo de licenciamento ambiental cumpre as seguintes etapas a serem submetidas ao órgão ambiental competente:

- Apresentação do Relatório de Avaliação Prévia – RAP para aprovação da viabilidade ambiental a partir da obtenção da Licença Prévia.

- Apresentação do Plano Básico Ambiental – PBA, caracterizando o programa de medidas de mitigação e potencialização, para autorização do início das obras a partir da obtenção da Licença de Instalação.

- Apresentação do Relatório de Avaliação do PBA, mediante vistoria do órgão ambiental, para a autorização da operação a partir da obtenção da Licença de Operação.

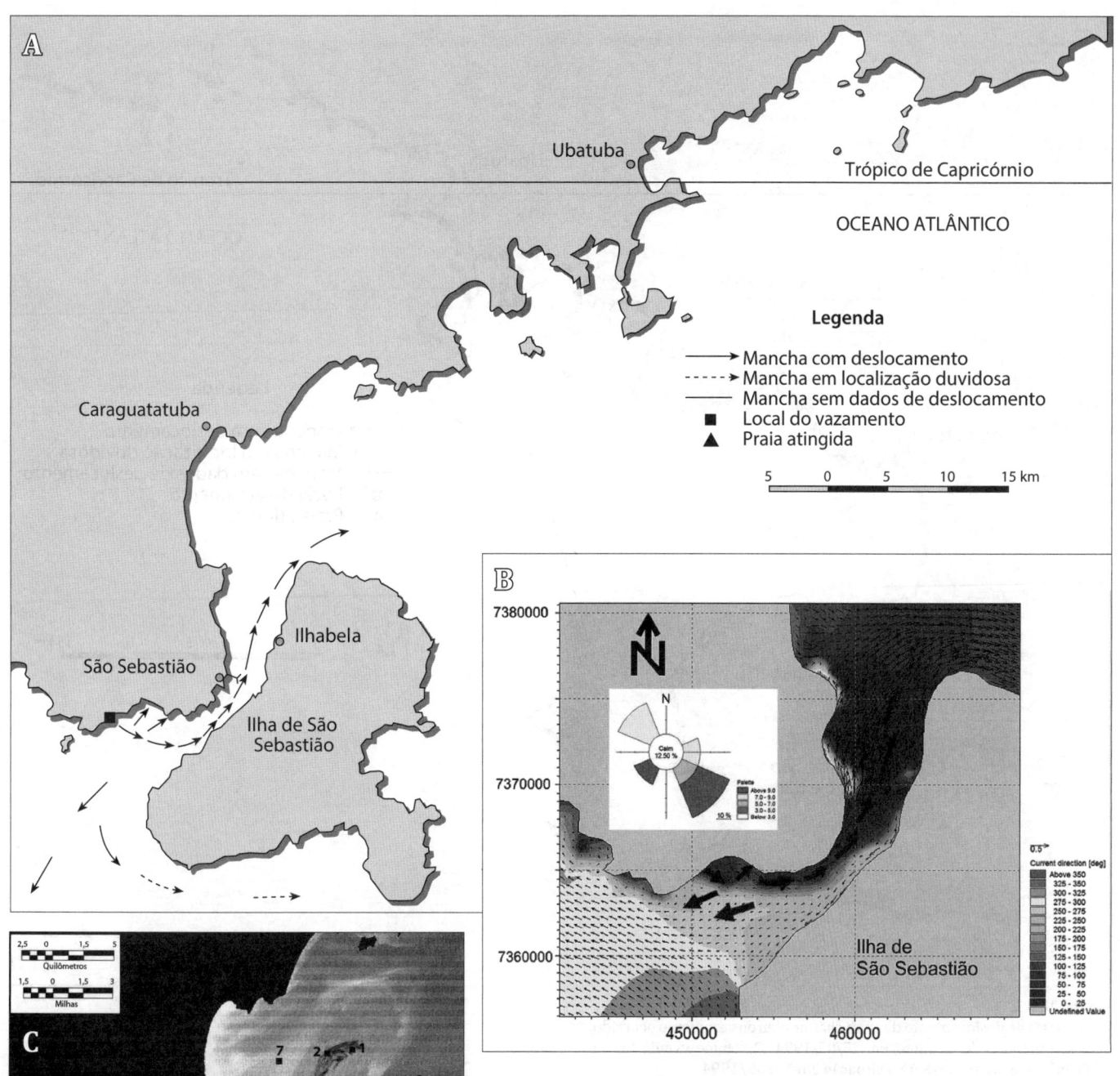

Pontos	Classificação
1 a 5	Mancha de óleo
6	Água oceânica
7	Água intermediária
8	Água costeira
9 e 10	Água com suspeita de película de óleo
11	Água da desembocadura sul

Figura 20.14
(A) Planimetria de deslocamento das manchas de óleo do vazamento ocorrido pelo rompimento do oleoduto, em 15/05/1994. O volume vazado foi de 2.700 m³ e a figura representa a situação em 15/05/1994.
(B) Superposição do deslocamento da mancha com modelação matemática pelo software MIKE21HD da circulação de maré superpostas à eólica (RODRIGUES, 2009).
(C) Imagem de satélite e classificação da água em função da reflectância (RODRIGUES, 2009).

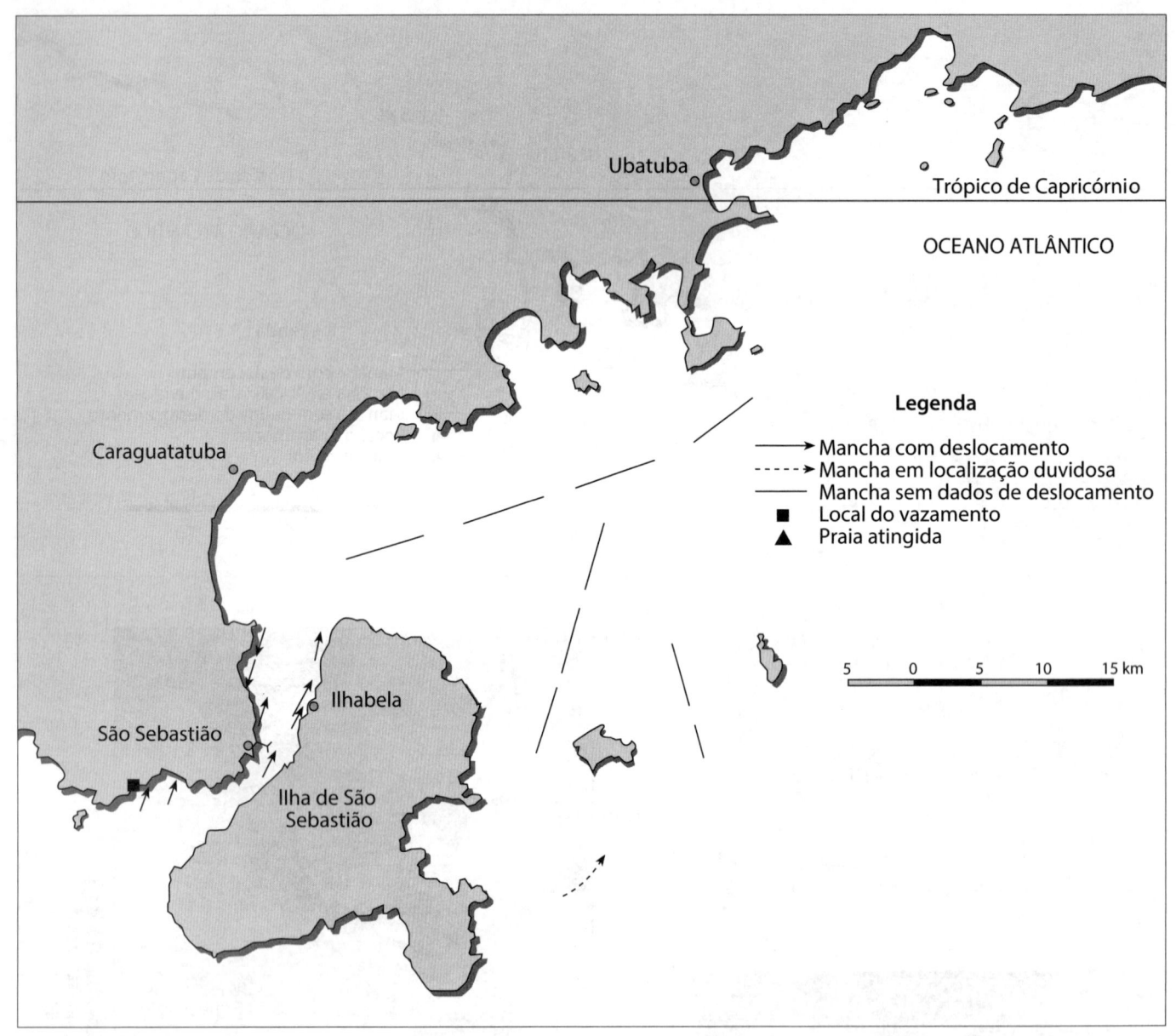

Figura 20.15
Planimetria de deslocamento das manchas de óleo do vazamento ocorrido pelo rompimento do oleoduto, em 15/05/1994. O volume vazado foi de 2.700 m³ e a figura representa a situação em 17/05/1994.

O Planejamento Ambiental Estratégico visa que o empreendedor desenvolva estudos ambientais e gestões para o licenciamento da obra, tendo em vista:

- Análise de viabilidade ambiental.

- Estudo de alternativas locacionais.

- Condicionantes ambientais.

- Medidas mitigadoras.

- Medidas potencializadoras de incremento de benefícios ambientais.

- Gestão ambiental com base em monitoramento dos parâmetros do estudo do ambiente contidos no EIA/Rima.

20.4 IMPACTO AMBIENTAL E GERENCIAMENTO AMBIENTAL INTEGRADO

20.4.1 Impacto ambiental causado por emissário submarino

No Brasil, a Lei Federal nº 6.938/81 estabelece critérios para o licenciamento ambiental de todo empreendimento potencialmente impactante pela Política Nacional de Meio Ambiente, sendo complementada pela Resolução Conama nº 237 de 19 de dezembro de 1997. Entre as atividades sujeitas ao licenciamento ambiental estão os chamados serviços de utilidade, como estações de tratamento de água,

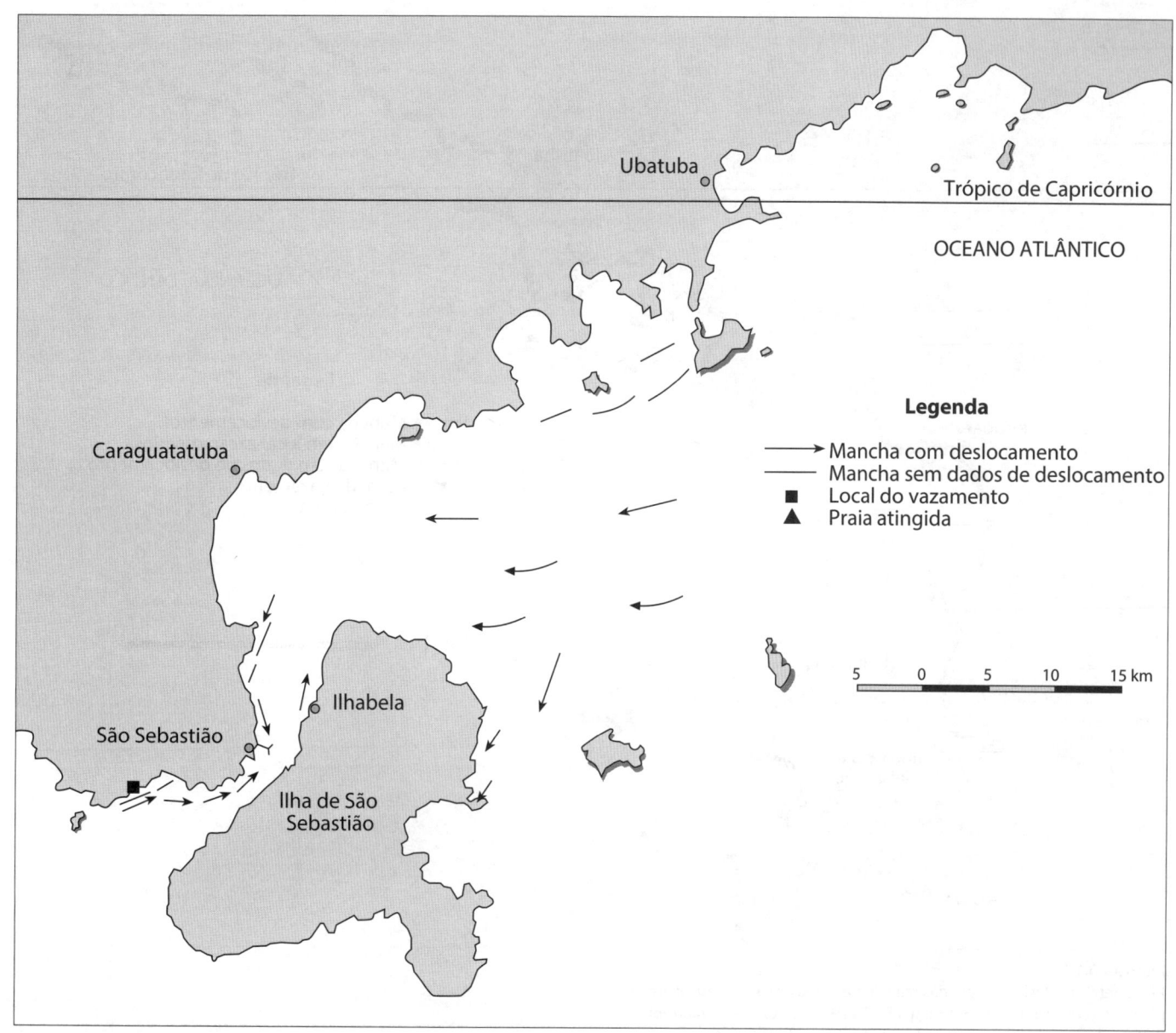

Figura 20.16
Planimetria de deslocamento das manchas de óleo do vazamento ocorrido
pelo rompimento do oleoduto em 15/05/1994. O volume vazado foi de
2.700 m^3 e a figura representa a situação em 18/05/1994.

interceptores, emissários, estação elevatória e tratamento
de esgoto sanitário.

A citada Resolução Conama, além de definir os procedimentos de gestão ambiental, caracteriza o licenciamento ambiental em três fases, a saber: Licença Prévia – LP, Licença
de Instalação – LI e Licença de Operação – LO. A LP é con-
cedida na fase de planejamento do empreendimento, contendo requisitos básicos a serem atendidos nas fases de
localização, instalação e operação, observados os planos
municipais, estaduais ou federais de uso do solo. A licença
não poderá ser superior a 5 anos.

Já a LI autoriza o início da implantação de acordo com
as especificações constantes nos programas aprovados, incluindo as medidas de controle ambiental. O prazo dessa
licença não poderá ser superior a 6 anos.

A LO autoriza a operação da atividade, após a verificação do cumprimento das licenças anteriores, além do funcionamento adequado de seus equipamentos de controle
de poluição. A validade dessa licença será de, no mínimo, 4
anos e, no máximo, 10 anos.

Impactos causados durante a fase de construção de
emissários submarinos são relatados por Grace (1978) e
Gonçalves e Souza (1997). O primeiro autor relaciona possíveis problemas causados durante a construção, podendo
seus efeitos durar de 1 a 2 anos ou até mais, se for construído um emissário longo. A utilização de explosivos em fundos
rochosos é um dos primeiros problemas citados pelo autor,
mas no Brasil tal técnica não é utilizada para a implantação
de um emissário. A dragagem, necessária para o assentamento da tubulação sobre o leito marinho, promove a ressuspensão do sedimento, principalmente em áreas de antigos

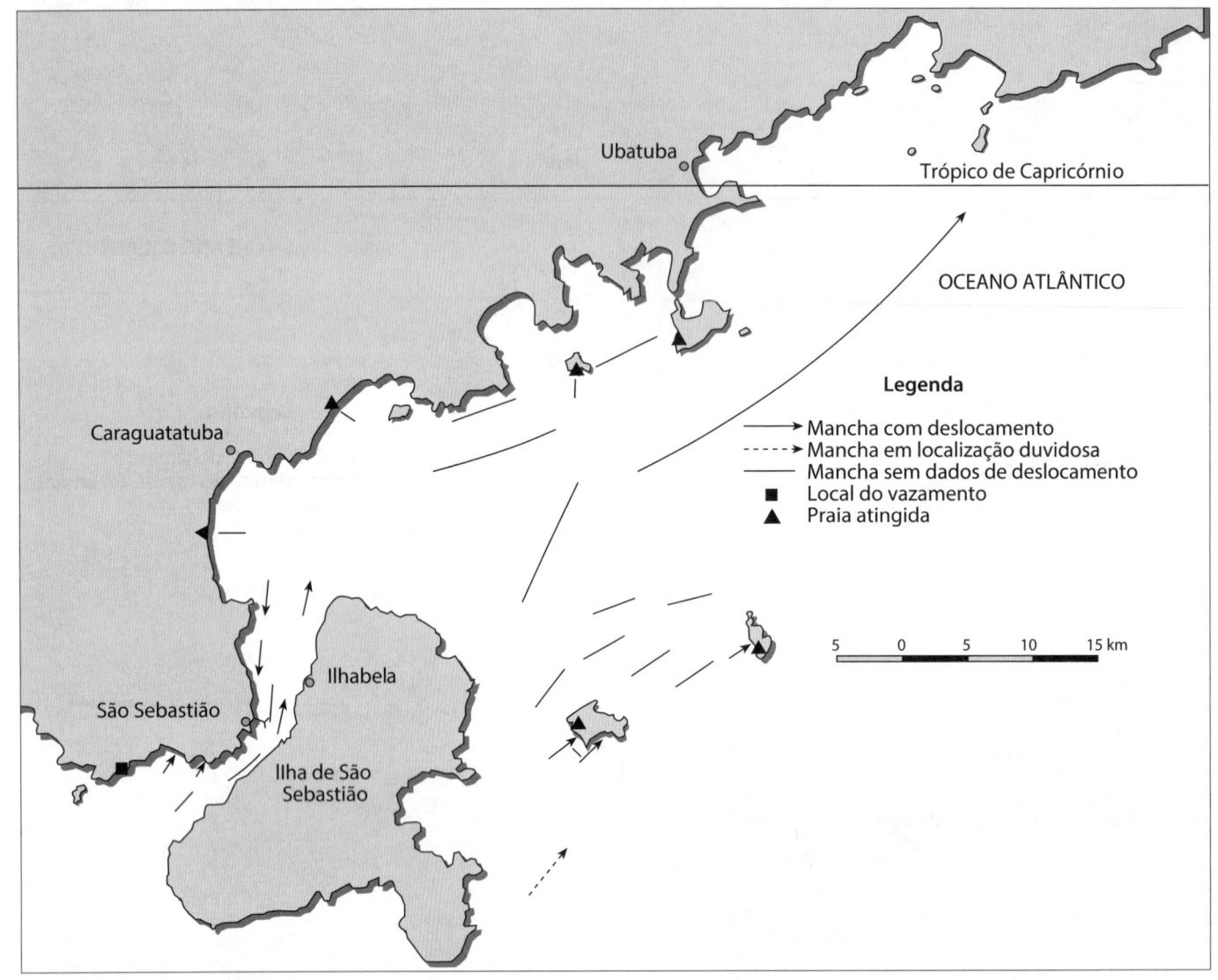

Figura 20.17
Planimetria de deslocamento das manchas de óleo do vazamento ocorrido
pelo rompimento do oleoduto em 15/05/1994. O volume vazado foi de
2.700 m^3 e o período representado é de 19/05 a 02/06/1994.

emissários, havendo entrada de metais pesados, hidrocarbonetos, matéria orgânica, pesticida e material inerte na
coluna d'água. Metais pesados e hidrocarbonetos têm normalmente efeito tóxico sobre plâncton e nécton.

Além disso, a remobilização e/ou despejo do sedimento
alteram as condições para a fixação da fauna e flora bênticas,
podendo promover a mortalidade. A ressuspensão de material mais fino pode causar a aderência das partículas em
brânquias de peixes e outros organismos filtradores, ocasionando infecções secundárias ou a morte desses organismos. Uma das alternativas para minimizar os problemas
decorrentes da dragagem é a utilização de contêineres ou
diques para a retenção do sedimento dragado e o descarte
em locais apropriados.

De acordo com Gonçalves e Souza (1997), outras possíveis alterações ambientais que ocorrem durante as construções da elevatória final e do emissário terrestre são
eventos registrados para toda obra civil, como: interrupção
de vias locais para o tráfego, emissão de ruídos, emissão de

material particulado, interferência com redes de utilidade
pública, bota-fora do material escavado. Já durante a implantação do emissário e da tubulação difusora, os problemas
causados são: geração de odores, abertura de vala na praia
e zona de arrebentação, dragagem do canal no eixo do emissário, interferência com frequência de praia, interferência
no tráfego marítimo, bota-fora do material dragado.

Além desses problemas reportados, o tratamento do
esgoto em si também gera impacto. Segundo o Guidelines for
submarine outfall structures for Mediterranean small and
medium-sized coastal communities (Unep/WHO, 1996a),
sólidos em suspensão são extremamente prejudiciais ao
ambiente marinho, reduzindo a penetração da luz solar na
coluna d'água. Especialmente para áreas nas quais existam
bancos de algas, a turbidez causada pelos sólidos em suspensão reduz o tamanho desses bancos. Além disso, pode
ocasionar a obstrução de locais de desova, comprometendo
a reprodução de muitas espécies de organismos. A sedimentação dessas partículas pode promover a asfixia do ambiente

bêntico, principalmente em área com pouca renovação de água. Por outro lado, a suspensão por meio de fortes correntes afeta a qualidade da água em áreas sensíveis.

Os sólidos em suspensão também podem servir como suporte para muitos poluentes adsorvidos (e em especial bactérias e vírus), o que impede a ação depuradora do ambiente marinho.

Por essas razões, alguns países proíbem qualquer tipo de descarga sem uma eliminação parcial de sólidos em suspensão. Por exemplo, na França, após o tratamento preliminar (gradeamento e remoção de areia e graxa), obriga-se eliminar, antes da descarga, cerca de 90% dos sólidos sedimentáveis (ou 50% a 60% dos totais de sólidos em suspensão). Essa regulação está no fato de que tais resultados podem ser alcançados dentro de um processo físico simples como a decantação por gravidade. Se os resultados tiverem de ser melhores (acima de 90% dos sólidos em suspensão totais), utilizam-se processos físico-químicos de coagulação, floculação e sedimentação. Processos biológicos como lodos ativados e filtros biológicos também proporcionam bons resultados para a remoção desses sólidos e são recomendados para áreas denominadas sensíveis quando grande parte da matéria orgânica deve ser eliminada antes da descarga dos efluentes no mar.

A princípio, toda a matéria orgânica gerada pelo esgoto urbano pode servir de alimento aos organismos, havendo somente duas situações de risco ambiental pela deposição desse material orgânico:

- quando o conteúdo ou a renovação de oxigênio dissolvido são inadequados para garantir a biodegradação;

- e quando a água está estagnada ou sua renovação é insuficiente.

As situações descritas são encontradas em locais mais abrigados como baías e enseadas, onde as correntes de menor dinâmica não penetram e há contra-indicação para a instalação de emissário submarino. Outra situação desfavorável à degradação da matéria orgânica se dá quando acontece um termoclina, fenômeno que ocorre com frequência durante o verão. Em ambos os casos, a biodegradação de matéria orgânica é inibida pela inadequada renovação do oxigênio, resultando em um decréscimo de componentes na forma oxidada (sulfatos, nitratos, fosfatos), havendo, então, a eutrofização.

Substâncias tóxicas (orgânicas e inorgânicas) não são em sua maioria degradáveis, retendo suas propriedades tóxicas durante longo período. Esgoto urbano contém algumas dessas substâncias, mas a recomendação do Guideline da Unep/WHO (1996a) é que se faça um tratamento adequado para os efluentes industriais, visando abater as cargas de poluentes. Sendo assim, o tratamento preconizado para efluentes domésticos não deverá ser aplicado, ficando a cargo das indústrias se comprometerem em utilizar processos adequados para a eliminação dessas substâncias tóxicas.

Outro impacto ambiental que necessita ser considerado refere-se à desinfecção do esgoto urbano antes de sua descarga

no oceano, especialmente o processo por desinfecção química. Ela é baseada em propriedades bactericidas de agentes oxidantes como cloro, ozônio e brometo, e sua utilização não é desejável por várias razões. Uma delas se refere à conhecida resistência dos vírus ao tratamento por cloro. Outras razões descritas no trabalho emitido pela Unep/WHO (1996a) são:

- Efluentes que contenham compostos nitrogenados, especialmente amônia, formam cloraminas, que são menos bactericidas do que o cloro, porém tóxicas para a fauna marinha em concentrações menores que 0,02 mg/L.

- Equipamentos de desinfecção são sensíveis durante a sua operação, o que obriga reparos constantes, ocasionando interrupções que resultam em não cumprimento dos padrões de qualidade em áreas a serem protegidas.

- A instalação e os custos operacionais de um sistema de desinfecção química, o qual necessita de um constante e cuidadoso monitoramento, e em muitos casos, de valor proibitivo.

Outras desvantagens apontadas pela Usepa (1999) mostram que o cloro livre é letal e seu efeito é mais rápido quando ocorre em baixas concentrações, menores que as cloraminas. Durante a cloração, formam-se os chamados tri-halometanos, ácidos acéticos halogenados e halofenóis, que são identificados como tóxicos ou considerados potencialmente carcinogênicos (Blatchley et al., 1997; Brungs, 1973; Bull et al., 1990; Kool et al., 1982; Meier et al., 1987, todos apud Yang et al., 2000).

Estando em forma livre, a toxicidade do cloro no meio ambiente aumenta com a redução do pH e a elevação da temperatura. O cloro também pode contribuir para o crescimento dos micro-organismos patogênicos, pois "quebra" cadeias de proteínas em moléculas menores, peptídeos e outros aminoácidos que podem ser utilizados pelos coliformes (Usepa, 1999).

O *Guideline* (Unep/WHO, 1996a) considera que essas desvantagens apontadas, principalmente no que se refere à eficácia na redução de patógenos, não são controláveis na prática e sobrepõem-se às vantagens, que somente se apresentariam no caso de uma continuidade na operação dos equipamentos de desinfecção. Quanto à desvantagem econômica, Burrows et al. (1998) citam uma estimativa realizada no Reino Unido: com 30% da população despejando seu esgoto em águas costeiras, em que o custo da introdução de um tratamento secundário completo deve ser 3 vezes maior do que a implantação de um emissário submarino.

20.4.2 Exemplo de utilização de modelação matemática para descargas de efluentes

20.4.2.1 CONSIDERAÇÕES GERAIS

A Scottish Environment Protection Agency – SEPA possui regulamentações em relação a diluição inicial e zonas de mistura para as descargas em águas costeiras, estuarinas e lagunas. A versão atual (SEPA, 2013) estabelece critérios para a quantificação dos processos de diluição inicial, reconhecendo que há diferentes graus de complexidade e especificidades locais envolvidas, dependendo da natureza e composição da descarga, e da dinâmica e da sensibilidade do corpo receptor. O objetivo em definir zonas de mistura é permitir que critérios científicos norteiem as descargas e que possam ser relacionados prontamente com as concentrações de efluentes no trecho final dos difusores e os critérios de projeto.

Em termos de diluição inicial, a agência escocesa determina que, para descargas de esgoto projetado para uma população equivalente maior que 100, deve-se observar:

- diluição inicial de 100 vezes (95 percentil) para efluentes com tratamento primário;

- diluição inicial de 50 vezes (95 percentil) para efluente com tratamento secundário;

- diluição de 50 vezes (95 percentil) para efluentes industriais dependendo do tratamento (caso específico).

A agência também destaca a importância no cuidado do projeto para os difusores, aconselhando a utilização de modelagem para determinar a forma e a diluição potencial da zona de mistura, que deverão atender aos seguintes pontos:

1) Exposição do objetivo: para esclarecer a situação a ser modelada e os objetivos do estudo da modelagem, incluindo detalhes sobre a saída requerida pelo modelo.

2) Justificativa do modelo: para demonstrar que o modelo usado é adequado para o estudo, devendo incluir exemplos de aplicações prévias em circunstâncias similares.

3) Descrição técnica do modelo: histórico do modelo, desenvolvimento, artigos publicados, detalhes de conversão do modelo dentro do pacote do programa. Detalhes da experiência e treinamento dos usuários.

4) Dados: os dados requeridos para o modelo devem ser claramente definidos.

5) Coleta de dados: a coleta de dados e as técnicas de medição devem ser citadas, incluindo os erros esperados e a relevante certeza na qualidade. Os dados brutos deverão ser avaliados quando requerido, assim como os detalhes de instrumentação e suas calibrações.

6) Calibração: é importante que o modelo esteja calibrado com um conjunto de dados representativos das condições a serem modeladas. Os coeficientes do modelo deverão ser calibrados e os procedimentos utilizados para otimizar a calibração deverão ser determinados claramente.

7) Validação: grupos de dados independentes daqueles usados para a calibração deverão ser empregados para os testes de validação. Cada esforço será feito para validar o modelo ao longo das condições para as quais deverão ser rodados. Testes de validação e análises dos erros do modelo serão assumidos como variáveis importantes requeridas para o estudo da modelagem.

8) Análise da sensibilidade: esta análise deve ser apresentada para demonstrar o efeito dos parâmetros na saída do programa, resultante da variação nos dados de entrada e do controle das hipóteses.

9) Controle de qualidade: para demonstrar que o modelo tem sido objeto de um procedimento de avaliação, estabelecendo sua capacidade para tarefas relevantes.

10) Auditoria: para assegurar que há uma clara justificativa do exercício de modelagem para a inspeção pelo orgão ambiental.

11) Relatório: clara descrição do modelo, incluindo os princípios importantes e hipóteses. Também um sumário sobre a saída numérica, assim como os erros, tendências, sensibilidade e suas implicações para os objetivos do estudo e as conclusões.

20.4.2.2 DEFINIÇÃO DE MODELO

De acordo com a SEPA (2013), é essencial definir as principais questões e variáveis para selecionar um modelo apropriado, quais sejam:

- Duração do modelo: é a extensão temporal da descarga, em que a duração do modelo simula processos que podem ser um número de ciclos de maré, dias, semanas, meses ou até anos.

- Domínio do modelo: é a extensão espacial do modelo determinada a partir do conhecimento do local e dos efeitos temporais sobre a descarga.

- Dimensionalidade do modelo: é decidida uma vez que o domínio do modelo e a duração sejam conhecidos. Requer conhecimento da hidrografia da área e do comportamento dos poluentes. Descreve como a área é dividida:

  I – Modelo unidimensional (1D): tem uma escala simples, por exemplo, o comprimento de um estuário.

  II – Modelo bidimensional (2D): tem duas escalas, por exemplo, comprimento e profundidade do estuário.

  III – Modelo tridimensional (3D): possui três escalas – comprimento, largura e profundidade.

- Grade do modelo: constitui-se de dados importantes como profundidade, topografia, entrada de rios, elevações da maré, vazões de limite etc., necessários para calibrar e validar o modelo.

Os três tipos básicos de modelos são:

- modelo hidrodinâmico;

- modelo de qualidade da água;

- modelo traçador de partícula.

- **Modelo hidrodinâmico**

O modelo hidrodinâmico prediz as elevações da superfície e a velocidade da corrente em campo na grade do modelo. Fornece os dados de fluxo e dispersão que podem ser usados para executar outros modelos, como qualidade da água ou rastreamento de partículas. Este inclui a dispersão de um marcador conservativo, comumente calibrado com observações de salinidade no meio marinho.

Embora a execução desse modelo possa ser bastante demorada, uma vez completada, os arquivos de saída podem ser usados para modelar cenários para diferentes locais de saída e condições.

- **Modelo de qualidade da água**

O modelo de qualidade da água simula reações químicas que acontecem dentro do corpo d'água modelado. Dependendo dos requisitos do estudo, a simulação pode ser limitada a um único determinante, ou um número de determinantes.

Quanto mais complexo for o modelo, mais complexos os dados necessários para configuração, calibração e validação dos resultados. Portanto, é importante que a ferramenta utilizada seja adequada para o problema a ser resolvido. Um erro comum é implementar um modelo mais sofisticado que o necessário e, em seguida, encontrar problemas com calibração e validação.

- **Modelo traçador de partículas**

O modelo de rastreamento de partículas simula o comportamento de compostos ou organismos na coluna d'água, representando-os como uma série de partículas. Estas sofrem advecção e são dispersas em todo o corpo d'água usando um campo de fluxo obtido a partir de um modelo hidrodinâmico ou similar. O modelo simula o comportamento dessas partículas ao longo do tempo, incluindo processos como morte bacteriana ou flutuabilidade variável.

Tais modelos são frequentemente usados em conjunto com a teoria da dispersão denominada "caminhada aleatória", onde números aleatórios são usados para descrever a natureza dispersiva do meio ambiente. Eles rodam muito mais rápido do que a maioria dos modelos de qualidade da água e hidrodinâmico, pois leem o campo de fluxo a partir de arquivos de dados em

vez de computá-los. O modelo rastreia e registra o movimento das partículas através do tempo.

Outra vantagem desse modelo é que as rodadas podem ser feitas para diferentes condições ambientais e parcelas percentis de conformidade. O rastreamento de partículas é comumente usado para modelagem bacteriana.

20.4.2.3 DILUIÇÃO INICIAL

A descarga de um efluente em águas sujeitas a marés é geralmente flutuante como consequência da diferença de densidade entre o efluente e as águas salinas circundantes.

Sem diluição inicial adequada, o afundamento de efluentes pode criar manchas de superfície, causando impactos estéticos significativos. A diluição inicial é o processo pelo qual a descarga de uma saída submersa é arrastada por águas circundantes como resultado de mistura turbulenta e descarga flutuante em relação à densidade da água do entorno.

Os principais fatores que controlam a diluição inicial proporcionada por um emissário são:

- profundidade;

- corrente;

- densidade do efluente;

- *design* dos difusores (número de portas, diâmetro, vazão de descarga etc.).

Alguns modelos de diluição inicial são citados para garantir a compatibilidade de análise com os utilizados pela SEPA, como o software ELSID (proveniente da Environmental Agency of England and Wales), PLUMES e CORMIX (ambos da USEPA – United States Environment Protection Agency).

O ELSID é um programa que pode calcular diluições para descargas em águas tranquilas e em águas sujeitas às marés.

PLUMES inclui dois modelos de diluição inicial e uma interface de gerenciamento do modelo na preparação de entrada comum e na execução do modelo. Os modelos são utilizados para plumas despejadas em água doce.

CORMIX é um modelo de escala de comprimento destinado a análise e previsão de características do campo de esgoto e diluições de descargas de múltiplas portas submersas. Ele tenta cobrir casos de descargas flutuantes positiva ou negativamente dinâmicas que são emitidas em ambientes estratificados ou não estratificados. Se houver dados hidrográficos suficientes e disponíveis, o programa pode também ser usado para calcular a diluição potencial dentro de uma zona de mistura definida.

Em termos gerais, ELSID é indicado para pequenas profundidades e onde as plumas ascendentes dos difusores multiportas não se interceptem. Para situações mais complexas, CORMIX ou PLUMES deverão ser utilizados. Todos os programas são de domínio público, sujeitos a determinadas condições de uso, não excluindo a possibilidade de que os responsáveis pela descarga (e seus consultores) utilizem outros cálculos para complementação.

Verificação cuidadosa deve ser feita para que a pluma do efluente alcance a superfície do mar, após a diluição inicial com todas as possíveis combinações entre a densidade do efluente e a estratificação do corpo receptor. Caso haja a hipótese de não ocorrer o afloramento da pluma à superfície, serão considerados os padrões para atender a condição de confinamento da pluma.

A diluição potencial, as formas e as orientações de qualquer zona de mistura sob várias condições hidrográficas não podem ser definidas sem o monitoramento técnico específico para o corpo receptor em estudo. Coletas em campo podem incluir medidas de temperatura e salinidade para avaliar a probabilidade de estratificação.

A zona de mistura deve satisfazer aos seguintes critérios:

1) É esperado que a superfície onde se encontre a zona de mistura tenha uma largura máxima de 100 m (para qualquer rumo que a pluma se direcione), a partir do centro do afloramento da pluma ou do ponto mais próximo dos difusores. A diluição deve ser calculada para cada local.

2) A concentração do efluente disperso deve ser tal que não ultrapasse os limites estabelecidos pelo padrão de qualidade ambiental na região externa da zona de mistura.

3) Onde um efluente requeira o controle baseado em critérios de toxicidade, o efluente disperso não deve conter toxicidade residual ao redor da zona de mistura.

4) Após a diluição inicial, não deverão ocorrer (dentro da zona de mistura) pontos onde a concentração de efluentes promova efeitos letais ou subletais comprovados em testes.

5) Duas ou mais zonas de mistura (provenientes de emissários próximos) não devem fundir-se ou ocupar toda a capacidade de diluição do corpo receptor. É recomendado que as fronteiras das zonas de mistura estejam afastadas a pelo menos 100 m. Se, por qualquer razão, esse critério não puder ser observado, a toxicidade desse conjunto de efluentes deve ser considerada.

6) Espera-se que a zona de mistura não afete os padrões de qualidade da água nas praias, embora isso possa ocorrer em estuários estreitos.

7) Uma zona de mistura não deve ser inserida em um pequeno estuário, lago marinho ou em uma pequena baía. É esperado que a zona de mistura não ocupe mais do que a metade da dimensão mais estreita do local escolhido para a descarga.

8) A zona de mistura não deve ter uma película oleosa na água ou outros problemas estéticos.

9) Onde os sólidos estão presentes nos efluentes e são esperados que se acumulem no fundo do mar, uma conduta similar à preconizada na dispersão líquida deverá ser utilizada. Neste caso, prevalecem os 100 m da zona de mistura, mas o critério de toxicidade deve reconhecer a extensão da exposição dos organismos bênticos presentes no local.

20.4.3 Características ambientais

Um dos pontos se refere à batimetria e topografia, que, para regiões bem detalhadas, cartas e mapas em escala de 1:5.000, são suficientes para o estudo da área de descarga. Para a averiguação do local em que será assentado o emissário, aconselha-se um perfil batimétrico detalhado, com o intuito de identificar possíveis obstáculos. Inspeção subaquática também é interessante para verificação das condições locais.

Outra questão é quanto à morfologia da costa, característica a ser considerada para a localização, o projeto e o cálculo de um emissário, e que define a capacidade de renovação do meio. Não é incomum encontrar um emissário cujo comprimento aparenta ser suficiente para a eficiência na disposição oceânica, mas, por estar em local mais abrigado, efetivamente o comprimento acaba não sendo suficiente para dispor os efluentes em mar aberto. No caso do Mar Mediterrâneo, recomenda-se que o emissário não deva estar afastado mais de 5 milhas da costa (ou aproximadamente 9 km). Quanto ao comprimento total do emissário, sugere-se a extensão de 1.500 m (além dos 300 m de área de proteção) e profundidade mínima de 15 m. Outras regiões sob domínio de legislação local adotam comprimento de 1.000 m e 30 m de profundidade (como na Liguria, Itália) e 1.300 m e 20 m (caso da Turquia), mostrando que não há uma uniformização nas condições ditas mínimas para a implantação de um emissário (Avanzini et al., 1997).

Toda a área ao redor do emissário a ser proposto (cerca de 20 km) e que contenha atividades que necessitem manter a qualidade de água e todas as áreas sensíveis que poderão ser afetadas pela descarga deverão ser estudadas e plotadas em mapas apropriados. A distância entre o ponto de descarga e a linha que cerca essas zonas (com uma faixa de proteção adicional de 300 m) deverá ser usada para a modelagem, considerando a diluição obtida pelo emissário.

O estudo de correntes superficiais predominantes deve ser sempre incluído nos projetos de emissários, embora somente para os menores emissários tais correntes influam na vazão entre o ponto de descarga e as áreas afetadas, com uma velocidade de 30 cm/s, sendo aconselhável um estudo utilizando traçadores lançados no ponto de descarga projetado.

Estudos de corrente de superfície para o projeto de emissário submarino devem preferencialmente cobrir diferentes condições climáticas, incluindo pelo menos o verão. Tais levantamentos, com duração de 3 a 4 dias, são suficientes para a obtenção de dados. O estudo dos padrões de vento na área de descarga complementa o resultado dos estudos em campo das correntes. Se não houver uma estação meteorológica próxima ao local em que será proposto o emissário, tais medidas serão usadas para prever a rosa de ventos na área de descarga. Correntes de superfície podem ser estimadas assumindo que possuam velocidade igual a 1% da velocidade do vento, quando no mesmo rumo.

Outras características citadas na maioria dos manuais e guidelines para o projeto e modelagem de emissários submarinos recomendam medidas e estudos de outros parâmetros e características do corpo receptor. Entre os comumente recomendados estão as medições contínuas de correntes, os coeficientes de dispersão horizontal e vertical, o decaimento bacteriano ou T90, a temperatura da água, o perfil de densidade e as comunidades bênticas. Embora essas informações aumentem o conhecimento da área de descarga, em grande parte das situações no Mediterrâneo e para médios e pequenos emissários tais estudos não são indispensáveis para a projeção e o cálculo do emissário, e o esforço necessário para a requerida acurácia normalmente excede os recursos disponíveis (Unep/WHO, 1996a).

A Tabela 20.2 mostra valores propostos pela Unep/WHO para os parâmetros de modelagem de um emissário.

Tabela 20.2
Valores propostos para a modelagem computacional de emissários

Parâmetros	Valores
Correntes de superfície	20-30 cm/s
Coeficiente de dispersão horizontal	300 cm²/s
Coeficiente de dispersão vertical	100 cm²/s
Coliformes fecais T_{90}	1,5-2,5 h
Estreptococos fecais T_{90}	2,5-3,5 h

Fonte: Unep/WHO (1996a).

Contínuas medições de correntes requerem estudos em várias localidades, em diferentes profundidades e por um longo período. Há a dificuldade extra em se medir as correntes superficiais em razão da necessidade de atenuar a influência das ondas sobre o equipamento. Além disso, os equipamentos são caros, sujeitos a vandalismo e danos provocados pelas más condições do tempo, e necessitam de pessoal especializado para reparos, processamento e interpretação dos dados obtidos. Esse tipo de esforço se justifica no caso de grandes ou longos emissários, enquanto para médios e pequenos emissários o uso de traçadores é suficiente.

Coeficientes de dispersão horizontal e vertical fazem parte do procedimento de cálculo para a dispersão subsequente do campo de esgoto, uma vez que a pluma tenha alcançado a superfície. As medidas desses parâmetros requerem estudos de campo em diferentes condições climatológicas, utilizando traçadores e que deverão ser repetidos várias vezes para se obter resultados confiáveis. Valores

normais para o coeficiente horizontal de dispersão (encontrados em literatura) estão em torno de 200-300 cm²/s, enquanto o coeficiente de dispersão vertical é cerca de 70-100 cm²/s.

Como a subsequente dispersão não contribui efetivamente para a dispersão total, em situações consideradas normais, não é plenamente justificável medir *in situ* esses coeficientes para o projeto de pequenos e médios emissários submarinos.

A correta determinação da constante de decaimento bacteriano é sempre mais complexa do que a delimitação dos coeficientes de dispersão. Além disso, o T90 é variável em sua composição. Se a medição ocorrer durante o dia ou à noite, os resultados podem ser de magnitude diversa. Valores seguros e classificados como normais estão na ordem de 2,5 h para os coliformes fecais e 3,5 h para os estreptococos fecais. Tais valores são considerados suficientes para serem adotados no projeto de médios a pequenos emissários.

No caso de vírus, estes têm pouca mortalidade quando lançados na água do mar, não havendo correlação direta entre sua presença e valores elevados de bactérias. Há estudos que comprovam a sobrevivência de adenovírus (como a hepatite tipo A) e de mais de 100 tipos encontrados em esgoto por até 130 dias no oceano (Jiang et al., 2001), mas esses potenciais indicadores não são utilizados para a determinação da qualidade de água.

Os perfis de temperatura em uma área de descarga são usados para estimar a possibilidade de a pluma ser contida, reduzindo o impacto na superfície e o transporte de poluentes através da costa, mas isso pode deixar um acúmulo de contaminantes no fundo marinho e encobrir a ressurgência perto da costa. A precisa determinação do perfil de densidade é um exercício que demanda tempo e requer o uso contínuo dos dados de temperatura e salinidade. Além disso, a estratificação das massas de água é um fenômeno não previsível com grande acurácia. Portanto, para a maioria dos pequenos e médios emissários, não é justificável realizar tais estudos.

O mapeamento e a caracterização das comunidades bênticas é também outro estudo ambiental recomendado para o projeto de emissários submarinos. Para a maioria das situações, uma coleta da epifauna é suficiente e, assim como os parâmetros citados anteriormente, estudos detalhados poderão ser feitos se houver recursos disponíveis, mas terão repercussão marginal sobre o projeto (Unep/WHO, 1996a).

20.4.4 Recomendações para o pré-tratamento de efluentes de emissários

Os métodos para a redução de esgoto e descarga de efluentes industriais e de esgotos domésticos deverão ser selecionados considerando a disponibilidade e a possibilidade de alternativas nos processos de tratamento. Tais métodos seriam a disponibilidade de reúso, as alternativas de disposição em terra e as tecnologias apropriadas para a redução do esgoto.

Quanto aos critérios para a definição da melhor técnica disponível a ser adotada, o anexo IV do trabalho Guidelines for authorizations for the discharge of liquid wastes into the Mediterranean Sea (Unep/WHO, 1996b) descreve que:

1. O termo "a melhor técnica disponível" significa o último estágio de desenvolvimento (estado da arte) de processos, facilidades e métodos de operação que constituam as melhores técnicas disponíveis em geral ou em casos específicos, e uma especial consideração deve ser dada para:

   a) processos, facilidades ou métodos de operação que tenham recentemente sido testados com êxito;

   b) possibilidade econômica de utilização de tais técnicas;

   c) possibilidade de instalação tanto em estações de tratamento em funcionamento quanto nas novas construções;

   d) a natureza e o volume que dizem respeito às descargas e emissões.

2. Se a redução de descargas e emissões resultantes a partir do uso da melhor técnica não alcançar resultados aceitáveis para o meio ambiente, medidas adicionais deverão ser aplicadas.

3. "Técnicas" incluem tanto a tecnologia utilizada quanto a forma como a instalação é projetada, construída, mantida, operada e desmontada.

As alternativas utilizadas no pré-tratamento de esgotos com disposição oceânica incluem gradeamento, controle de ar, remoção de graxas, escuma e material flotante, peneiras, remoção de sólidos e desinfecção mediante processos naturais. Se a desinfecção é aplicada, para a modelagem é necessário considerar o comprimento do emissário, adaptando os valores iniciais de descarga.

Tratamento secundário biológico de esgotos é avaliado como desnecessário para a maioria dos médios e pequenos emissários, dada a capacidade do corpo receptor em grande parte das situações, e também pelas dificuldades e custos de operação e manutenção desses processos. Somente quando a combinação do efeito de múltiplas descargas em uma mesma área exceder a capacidade do corpo receptor o tratamento secundário deverá ser considerado.

Desinfecção por cloro também não é recomendada por causa dos problemas de operação e manutenção, pela incompleta eficiência e por possíveis efeitos ambientais adversos. Segundo Ambriz et al. (s.d.), um dos parâmetros mais afetados é a turbidez, quando há um aumento de partículas em suspensão presentes na água residual ao se adicionar o hipoclorito de sódio. Embora a carga de cloro não contribua para o desaparecimento ou a diminuição de vírus na água

do mar, a desinfecção por ozônio também não é recomendada para pequenos emissários por causa dos altos custos e dificuldades de operação.

As principais condições a serem analisadas quando é necessário decidir o tratamento a ser aplicado são: facilidade de operação e manutenção, baixo consumo de energia, pequena construção, custos de mão de obra e adequado tratamento dos contaminantes que são relevantes em uma descarga em meio marinho.

As características essenciais aos tratamentos recomendados para emissários submarinos são:

1. gradeamento;

2. peneiramento;

3. controle de ar;

4. remoção de flotantes, escuma e graxas;

5. caixas de gordura;

6. remoção de areia;

7. remoção de sólidos;

8. desinfecção utilizando-se de processos naturais (tanques ou lagoas).

A retirada de material como sólidos grosseiros no gradeamento é necessária para todos os emissários (principalmente para os emissários menores), em função da qualidade estética do corpo receptor. Grades também são necessárias para prevenir o bloqueio dos difusores. As grades não têm importante perda de carga, sendo dispositivos comuns, simples, fáceis de construir e manter, podendo ser limpas de forma mecânica ou manual. Para emissários submarinos, duas ou mais unidades deverão ser instaladas, preferencialmente do tipo de limpeza mecânica, com separação de 1 a 2 cm entre as barras.

O controle da penetração de ar dentro da tubulação é de fundamental importância para prevenir um dos maiores perigos, que é a flutuação. Aparelhos para o controle de ar devem ser incluídos no projeto de todos os emissários submarinos e podem ser combinados com a remoção de flotantes e escuma. Porém, os melhores resultados são obtidos quando há uma chaminé de equilíbrio. O tempo mínimo de detenção para o tanque sob a chaminé deve ser de 1 a 5 minutos para uma vazão máxima.

Caixas de gordura são dispositivos de fácil construção, e seu uso é restrito aos menores emissários, em vista do problema de operação associado à necessidade de remoção do material que se acumula na superfície do tanque. A produção de odor é outro fator que restringe sua utilização.

A remoção de areia transportada pelo esgoto é necessária para impedir seu acúmulo no interior da tubulação. Adequar a velocidade de transporte também parece ser suficiente para contornar essa questão, sem incorrer em custo e problemas operacionais desse tratamento. Quando há a necessidade de remoção, são utilizadas peneiras rotativas que permitem o assentamento da areia, enquanto a maioria das partículas orgânicas permanece em suspensão. Para médios e pequenos emissários, a melhor solução é a construção de um canal com velocidade horizontal constante, sendo sua seção parabólica projetada para manter uma velocidade próxima a 0,3 m/s.

A remoção de sólidos em suspensão é recomendada para ser incluída em projetos de emissários submarinos que sirvam cidades com mais de 50 mil habitantes, e o Guideline a recomenda para emissários que atendam mais de 10 mil pessoas. A remoção pode ser feita com milipeneiras, sedimentação e flotação. Para a maioria das situações, milipeneiras e especialmente a sedimentação são as melhores escolhas por causa do seu baixo custo e simplicidade, embora o controle do odor deva ser sempre considerado quando a estação de tratamento está situada perto da costa. A flotação proporciona o melhor tratamento, mas é um processo mais complexo, que requer o uso significativo de energia elétrica para o seu funcionamento e maior manutenção do que os outros anteriormente citados.

A recomendação do Guideline (Unep/WHO, 1996a) para a desinfecção por meio de processos naturais prevê a utilização de lagoas ou tanques (com irradiação solar) como a melhor solução para áreas sensíveis. É especialmente indicada para localidades com grandes espaços livres. O sistema deve consistir de duas a três lagoas ou tanques em série, com profundidades respectivas de 1 m , 1 m e 0,5 m e entre 6 semanas e 3 meses de retenção para o sistema. A área total recomendada é de 1 a 2 hectares para cada grupo de 1.000 pessoas. Esse tipo de sistema permite a sedimentação dos sólidos em suspensão, a biodegradação da matéria orgânica e a desinfecção microbiana.

O processo sofre influência de vários fatores, como diluição, dispersão, radiação solar, salinidade, temperatura, valores de pH, presença de substâncias tóxicas, competição por nutrientes e predação, observados em vários estudos (Anderson et al., 1979; Ayres, 1977; El-Sharkawi et al., 1989; McCambridge e McMeekin, 1981; McFeters e Stuart, 1972; Scheuerman et al., 1988; Solic e Krstulovic, 1992, apud Yang et al., 2000). Em estudos laboratoriais, Yang et al. (2000) observaram que um efluente com tratamento primário pode ser lançado no mar em locais com intensa radiação solar e, em conjunto com a salinidade, a desinfecção será realizada, tornando-se desnecessária a cloração.

Embora o bombeamento seja indispensável para colocar o efluente em terra, a maioria das pequenas cidades possui terrenos disponíveis para esse tipo de tratamento, tendo a vantagem adicional de reúso de parte ou total do efluente na agricultura. Esse tipo de tratamento é considerado ideal para pequenos emissários que atendam mais de 10 mil pessoas. Uma precaução necessária na sua construção é impedir a contaminação do lençol freático existente na região.

O processo permite a redução de 10^2 a 10^3 de coliformes totais por 100 mL, mas quando não é possível a utilização desse tipo de sistema, o abatimento da carga microbiana aceitável é entre 10^4 e 10^5, para o efluente entre a saída da estação de tratamento e a qualidade da água do mar na área de recreação (contato primário). Nesse caso, a solução é o lançamento da descarga a certa distância das áreas sensíveis, garantindo uma adequada diluição hidráulica e tempo para o decaimento bacteriano, promovido pela capacidade depuradora do meio marinho.

20.4.5 Principais procedimentos a serem considerados no projeto de emissários

Tais procedimentos, como mencionado anteriormente, poderão ser aplicados para outras áreas costeiras. Os principais tópicos são:

a) Os emissários devem sempre estar localizados em áreas costeiras abertas, onde outras descargas situadas na mesma área não afetem os níveis considerados normais. Descargas em locais mais abrigados ou dentro da faixa de proteção de 300 m devem ser avaliadas sempre que possível.

b) Assim como a diluição inicial é essencial, qualquer esforço deve ser feito para construir emissários com o ponto de descarga situado o mais distante das áreas a serem protegidas e com a maior profundidade que pode ser economicamente viável. Técnicas modernas de assentamento de tubulações fazem com que o comprimento total e a profundidade do emissário sejam itens com menor importância no custo total do projeto, por causa do emprego de tubulações plásticas, cujo assentamento alcança mais de 1.000 m em um dia, para diâmetros acima de 1 m. Esse tipo de material é resistente à corrosão, adapta-se aos movimentos normais do fundo marinho e é livre de fugas por não apresentar junções na tubulação.

É sabido que os difusores aumentam a diluição inicial no ponto de descarga. Os difusores devem ter um diâmetro mínimo de 10 a 15 cm, e o comprimento do trecho difusor não deve ultrapassar 75% da seção transversal da tubulação e com espaçamento igual a 1/4 da profundidade. Para emissários menores, é aconselhável adotar uma descarga simples na saída final da tubulação, visando prevenir o bloqueio dos difusores.

A efetiva distância entre o ponto de descarga e a borda mais externa da faixa de proteção de 300 m deve ser maior que 1.500 m, e a profundidade de descarga não deve ser menor do que 15 m. Nessas condições, o Guideline informa que as descargas de emissários menores não tem efeitos negativos na maioria das situações, qualquer que seja o resultado na modelagem (diluição, dispersão e decaimento bacteriano).

A diluição até a borda externa da faixa de proteção de 300 m deve alcançar um valor mínimo de 10^5 com a combinação do efeito da pluma subindo na coluna d'água, decaimento bacteriano e dispersão da nuvem pelas correntes superficiais. A contribuição do decaimento bacteriano deve ser limitada para um máximo de 10^2. Essa aparente diluição devida ao decaimento não deve ser considerada quando da modelagem na eficiência dos emissários. Essa forte recomendação está baseada nos elevados valores do período noturno de T90 para a maioria dos organismos indicadores e na longa persistência dos vírus patogênicos na água do mar.

O projeto de um emissário deve ser concebido para uma pior situação possível, sem a vantagem de algum aparato, dada a instabilidade do fenômeno.

Para prevenir o entupimento dos difusores, a velocidade de descarga poderá ser de 1 m/s, mas não ultrapassar 2 m/s para reduzir a perda de carga.

Em locais nos quais existe variação drástica de vazão entre os períodos do verão e inverno, o bombeamento é considerado. O uso de lagoas de estabilização é também muito efetivo e deve ser levado em conta sempre que possível.

20.4.6 Monitoramento de emissários submarinos

Monitoramento regular tem de ser realizado para médios e grandes emissários de cidades com mais de 50 mil habitantes e para as descargas industriais. Padrões de efluentes devem ser controlados mensalmente, e os critérios para a qualidade de água, de 5 em 5 anos. O desempenho de pequenos emissários urbanos deve ser controlado indiretamente, mediante programas regulares de monitoramento visando a balneabilidade e locais de maricultura.

Para manter o controle dos efluentes, todos os emissários, mesmo os menores, devem ser projetados adequadamente para facilitar a amostragem e medição da descarga. Equipamentos de medida utilizados para os emissários incluem calhas Parshall, vertedores e calhas Palmer-Bowlus quando situados em canal aberto, e tubos Venturi ou bocais se situados na tubulação. Recipientes gravimétricos e volumétricos são usados para calibrar esses equipamentos, cujos descrição e critérios são explanados em bibliografias como Metcalf e Eddy. Fáceis acessos a poços de visita e canais de drenagem são geralmente as melhores soluções para a amostragem de efluente.

O programa de monitoramento consiste em coletas intensivas, com medidas na superfície e perfil vertical de uma malha de amostragem com pelo menos 12 pontos situados ao redor dos difusores. Amostragens de sedimento à distância de 100 e 500 m poderão ser feitas para uma correta avaliação da descarga. Duas a quatro coletas sazonais (com duração de uma semana cada) são suficientes. Também é considerado satisfatório avaliar a execução do emissário e seus efeitos de 5 em 5 anos.

O monitoramento contemplará um controle anual do estado físico da estrutura do emissário, incluindo verificar e identificar possíveis danos sofridos pela ação de ondas e navios e a perda da capacidade de transporte da tubulação pela deposição de sólidos ou bloqueio dos difusores.

Inspeção subaquática da tubulação é uma atividade cara e de difícil execução. Melhores resultados são obtidos com a adição de uma pequena quantidade de traçadores que marcará a existência de qualquer perda na junção, fuga ou ruptura do emissário, assim como a situação de descarga dos bocais. Esse tipo de inspeção é feito anualmente e após eventos extremos como tempestades e ressacas de grande intensidade, havendo, então, tempo suficiente para possíveis reparos antes do verão. O verão é, sem dúvida, a melhor época para os trabalhos em campo, mas o uso de traçadores nesse período causa impressão negativa aos veranistas.

A excessiva perda de carga em uma tubulação é checada medindo-se a carga hidráulica disponível no início do emissário e a velocidade de vazão. Com cálculos hidráulicos dessas medições e a perda de carga teórica obtida em dados de projeto, um possível entupimento da tubulação será facilmente detectado.

20.4.7 Precauções na construção e na manutenção de emissários e estações de tratamento

Segundo o Guideline (Unep/WHO, 1996a), emissário submarino é uma boa solução para médias e pequenas cidades pela facilidade de construção, não havendo dificuldades quanto a manutenção, operação e custos, e ainda são eficientes na proteção da qualidade de águas costeiras. Para Burrows (2000), esse tipo de disposição de esgoto tem-se mostrado não somente aceitável, mas também oferece a "melhor solução ambiental".

Deve-se avaliar primeiro o rumo do emissário, livre de obstáculos (ou que minimize a remoção de grandes rochas, arrecifes), evitando áreas problemáticas. O tempo e o custo para determinação desse rumo evitarão problemas durante a sua instalação (Reiff, 2002).

Outra questão importante a ser considerada durante a fase de projeto é, sempre que possível, utilizar a carga hidráulica estática de gravidade e evitar o bombeamento de águas residuais. Tal cuidado será para manter os custos de operação baixos para as pequenas comunidades. Deve-se recordar também que as marés altas e o fluxo de pico para as águas residuais provavelmente ocorrerão simultaneamente, devendo-se evitar uma sobrecarga nas conexões no momento do deságue.

Também é importante lembrar que a água do mar tem uma densidade de aproximadamente 2,5% maior que as águas residuais, e essa carga hidráulica estática deverá ser superada pela carga disponível ou pelas instalações de bombeamento. A carga hidráulica pode ser significativa, especialmente para emissários profundos. Em um emissário de 60 m de profundidade, ela representa 1,5 m (Reiff, 2002).

Há pouca necessidade de manutenção, sendo limitada ao controle de atividades de operação e limpeza do sistema de pré-tratamento, em conjunto com a adequada disposição dos resíduos sólidos gerados. Manutenção intensiva só ocorrerá quando o emissário sofrer danos e vazamentos que reduzam a distância e profundidade da descarga ou quando acontecer o entupimento por depósito de sólidos ou incrustação de organismos marinhos.

O bloqueio de um emissário pode ser evitado com um adequado projeto de descarga dos bocais e pela inspeção regular, como descrito anteriormente. Caso ocorra, é relativamente fácil e de baixo custo desobstruir a tubulação, tanto manualmente como por bombeamento com vazões elevadas para um curto período. Segundo Reiff (2002), outra forma de obter velocidades adequadas dentro da tubulação é selecionar o diâmetro do tubo – utilizando o balanço da redução de perda de carga e as velocidades de fluxo – necessário para manter o suficiente arraste que evitará a deposição de resíduos e o crescimento de bactérias. No caso de emissários de polietileno de alta densidade e que transportam efluentes tratados com milipeneiras, fossas sépticas ou outros tratamentos mais completos, as velocidades de fluxo satisfatórias tanto para a fricção como para a limpeza estão apontadas na Tabela 20.3. O autor também destaca a importância de se obter essas velocidades para a limpeza pelo menos uma vez ao dia, durante tempo suficiente para conseguir uma lavagem completa da tubulação. Caso contrário, possivelmente haverá deposição de sólidos ou incrustação de graxas e crescimento de bactérias, necessitando a utilização de algum dispositivo de limpeza dentro da tubulação para evitar sua constrição ou fechamento.

Tabela 20.3
Intervalos de velocidade de fluxo para emissários submarinos de PEAD

Tamanho do tubo (cm)	Intervalos de velocidade (m/s)
10-30	0,7-2
25-50	1,2-3
40-75	2-4

Fonte: Reiff (2002).

Ao se projetar um emissário com vida útil de 25 anos, é importante revisar as velocidades de vazões máximas atuais para verificar se terão velocidades de arraste suficientes nos primeiros anos de operação. Se não for possível, deve-se implantar um programa de limpeza (Reiff, 2002).

Rupturas no emissário ou vazamentos pequenos requerem maiores recursos, pois a reparação de estruturas embaixo d'água normalmente é difícil e morosa. Por isso, todo o esforço deverá ser direcionado para prover uma adequada proteção ao emissário durante a fase de construção.

As principais causas de rupturas, vazamentos ou destruição total são as ações de ondas, os impactos diretos de âncoras de embarcações, redes de pesca e a flutuação. Mudanças no perfil do fundo marinho com a respectiva falha de adaptação da tubulação também são causas importantes para o vazamento em emissário.

Para evitar a flutuação, é importante (e geralmente suficiente) prevenir a penetração de ar na tubulação com a instalação de chaminés de equilíbrio e a adoção de um perfil vertical que não apresente curvas e bolsões que possam acumular o ar. A ancoragem da tubulação dependerá do tipo de material a ser utilizado, e há vários exemplos em literatura para definir as especificações.

Proteção contra a ação de ondas pode ser feita enterrando-se a tubulação ou cobrindo-a com molhe, e deve incluir toda a área da zona de arrebentação para as diferentes épocas do ano. Um detalhamento do projeto para essa proteção requer a determinação da altura de onda, mas, para a maior parte das situações encontradas, e especialmente para os médios e pequenos emissários, a melhor solução é enterrar a tubulação em profundidade igual a 4 m, medida a partir da superfície do mar até a menor baixa-mar.

Para proteger a tubulação contra a ação de âncoras e redes de pesca, a solução apontada é o enterramento ou a cobertura com blocos de ancoragem, em profundidades de 10 a 15 m. Embora blocos de ancoragem sejam caros, são a melhor alternativa para pequenos e médios emissários, e o investimento é compensado ao longo da vida útil do emissário. Para enterrar a tubulação, há diferentes opções, como a abertura de uma vala antes do assentamento da tubulação ou a dragagem paralela ao emissário, utilizando-se equipamento operado manualmente.

Para contornar a questão da mobilidade natural do leito oceânico, aconselha-se a utilização de tubos em material plástico ou aço para pequenos e médios emissários. A utilização de material plástico como o polietileno de alta densidade e o PVC é vantajosa por não oferecer problemas de corrosão e facilitar serem transportados e assentados com comprimentos acima de 1.000 m, sem junção.

Como uma precaução adicional contra os danos de âncoras e redes de pesca, os emissários submarinos devem ser claramente demarcados com boias no seu final e nas partes desprotegidas, assim como sinalizar a proibição de ancoragem e pesca em um raio de 200 m. Avisos de perigo para o mergulho ou a prática de vela ao redor também devem ser colocados, pois não é incomum encontrar botes ancorados próximo aos difusores para a pesca ou a boia servir como ponto de referência para a prática de mergulho. É preciso demarcar as áreas de emissários em cartas náuticas, com a clara indicação da proibição para ancoragem e pesca.

O estudo (Unep/MAP/WHO, 2000) reforça a necessidade de se manter dados populacionais atualizados de forma a permitir projeções adequadas aos novos sistemas de tratamento de esgoto, monitorar o funcionamento dos sistemas existentes e avaliar a performance dos sistemas em operação. Destaca também manter um "mecanismo de alerta" que permita uma rápida detecção de qualquer risco de poluição ao meio ambiente marinho e proteja a população envolvida.

O registro da flutuação sazonal da população é inexistente em muitos países ou de difícil obtenção, apesar de ser vital para estimar os chamados "serviços de pico", ou seja, dimensionar apropriadamente a rede coletora, as estações de tratamento e provisões necessárias para o período máximo de descarga das unidades do sistema.

O problema da dispersão de dados é apontado pelo estudo (Unep/MAP/WHO, 2000) como a principal causa para a ausência de informações disponíveis, necessárias para o controle de qualidade do meio marinho. Para contornar essa conjuntura, um mecanismo de coordenação pode ser aplicado em âmbito nacional, com base em legislação que cubra as esferas central, intermediária e periférica.

Problemas de poluição por esgoto deverão ser estudados, como a infiltração de esgoto disposto em fossas sépticas construídas próximo à praia, descargas periódicas no meio marinho do conteúdo dessas fossas, e descarga periódica dos resíduos poluentes nas estações com tratamento primário, secundário ou terciário.

Do ponto de vista do gerenciamento da qualidade ambiental, instalações centrais ou regionais de tratamento de esgoto podem ser prioritárias, pois, quanto maior a estação, melhor desempenho da ETE e mais uniforme é a qualidade do efluente (UN/ECE, 1984, apud Unep/WHO, 1996b). As vantagens de grandes estações são as seguintes:

a) Custos de planejamento e construção são menores para uma grande estação de tratamento do que para duas ou mais instalações individuais.

b) Custos de operação são menores de acordo com a economia de escala, ou seja, quanto mais esgoto é tratado, menor é a taxa por unidade de volume total.

c) Menor custo de energia com a aplicação de digestão anaeróbia.

d) Maior eficiência no controle do lodo e na destinação final.

e) Operadores de grandes estações de tratamento são mais bem qualificados, o que permite melhor controle e eficiência na manutenção.

f) O número de operadores necessários para grandes estações é menor do que o indispensável para operar duas ou mais pequenas estações.

Quanto às desvantagens:

a) Os custos de construção e operação podem aumentar significativamente por causa da extensão da rede coletora e da instalação de mais estações elevatórias.

b) Interrupções em uma instalação centralizada podem prejudicar a qualidade e os fluxos do efluente em uma grande área geográfica, quando comparada com uma área menor e localizada de uma estação de tratamento de pequeno porte.

c) Uma grande estação de tratamento concentra efluente em um só ponto de descarga, podendo prejudicar a capacidade assimilativa do corpo receptor,

enquanto a capacidade depuradora de toda a extensão de um rio, muitas vezes, não é utilizada com numerosas e pequenas descargas de estações de tratamento dispersas.

d) Há uma dificuldade crescente em alocar os respectivos custos aos usuários.

e) Há um aumento significativo na vulnerabilidade do sistema em caso de falhas, quebras e acidentes no processo de tratamento.

f) O financiamento da obra é mais complexo.

g) Deverá haver aumento em medidas de segurança, capacidade disponível e programas de controle para prevenir ou reduzir danos às águas receptoras.

A área e o número de habitantes servidos em cada instalação dependerão tanto das considerações técnicas como das administrativas. Do ponto de vista administrativo, o tamanho dependerá da disponibilidade territorial e das comunidades locais que serão agrupadas para receberem o tratamento. Do ponto de vista técnico, no caso de um sistema de tratamento coletivo, a dimensão da instalação é importante, de modo a não ser muito pequena, para prevenir problemas operacionais e reduzir os custos por habitante. Por outro lado, não poderá ser muito extensa para prevenir:

- longo tempo no transporte, propiciando condições anaeróbias, fermentação e desvantagens como odor, deterioração da estação, problemas durante o período de tratamento biológico, após o aumento no fluxo de turistas;

- grande impacto nas águas costeiras em virtude do volume de descarga final.

Embora cada caso deva ser estudado, há um procedimento geral a seguir. Com o objetivo de estimar corretamente os efluentes líquidos provenientes de fontes domésticas, a Figura seguinte (ver Figura 20.18) ilustra os passos a serem considerados.

O conteúdo de poluentes em um efluente tratado ou a ser tratado deverá sempre ser expresso em termos de carga de poluentes, pois, em termos de concentração, poderá facilmente ser mascarado pela diluição. Isso é importante para os efluentes industriais, que deverão sofrer um pré-tratamento antes de serem lançados no sistema coletor municipal.

A recomendação feita para a concepção de estações de tratamento de esgoto é utilizar sistemas simples e seguros como as lagoas de estabilização, por exemplo. Mas há fatores que afetam a escolha do processo de tratamento:

- Custo mínimo de instalação (devem ser considerados as dimensões do terreno necessário para a obra, estruturas mecânica e elétrica, número de aeradores e média de operação, custos e equipamento).

- Custo mínimo de operação (eficiência, segurança, durabilidade, efeitos das condições climáticas, possibilidade de automação).

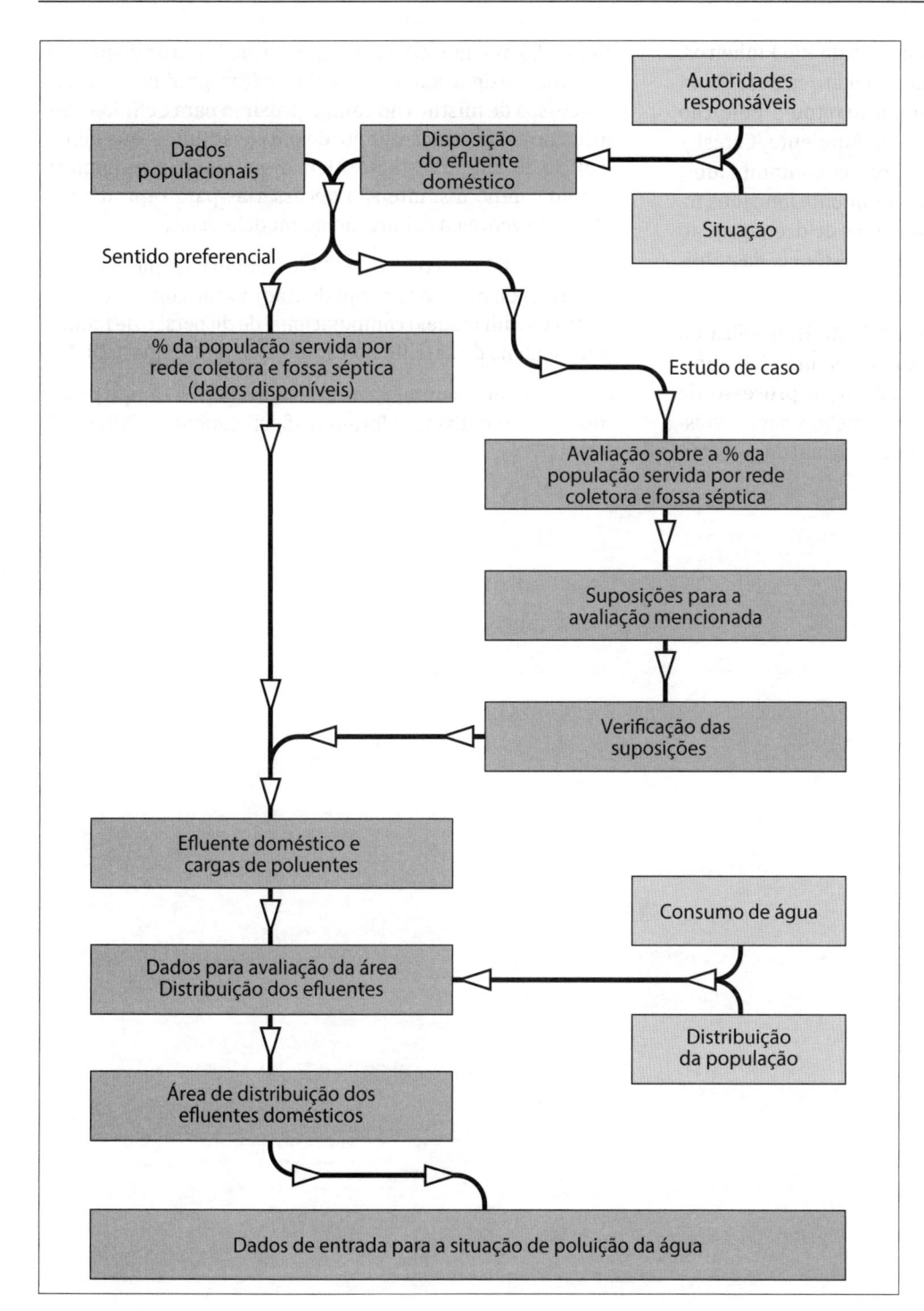

Figura 20.18
Estimativa dos efluentes provenientes de fontes domésticas.

- Efeitos colaterais mínimos (produção de lodo e destinação final, impacto sobre outros processos de tratamento, adequação da velocidade de aeração para 0,3 m/s com o intuito de prevenir deposição, supressão da espuma produzida por detergente, ruído, odor e aerossóis).

- Adaptabilidade (facilidade de aumento na capacidade de tratamento, efeitos nas flutuações em volume e/ou carga, facilidade de automação ou modificação de padrões de operação, efeitos de falhas elétricas e subsequente eficiência na aeração).

20.5 AVALIAÇÃO EM MODELO FÍSICO DO EMISSÁRIO DE SANTOS (SP)

Há que se destacar que situações como o da Baía de Santos, que recebe contribuição dos canais de Santos e São Vicente, trazendo os poluentes do complexo portuário e das indústrias localizadas no entorno, precisam de um estudo cuidadoso, como foi feito para o Mar Mediterrâneo, identificando as fontes e os efeitos das atividades antrópicas. O sistema estuarino de Santos recebeu até 1988 a contribuição de esgotos e efluentes industriais da Região Metropolitana de São Paulo pela reversão do fluxo do Rio Pinheiros, o que possibilitou a geração de energia elétrica pela Usina de Henry Borden e, dessa maneira, acarretou a poluição no Rio Cubatão (Secretaria do Meio Ambiente/Cetesb/ Procop, 2001). O aporte de sedimentos contaminados, dragados do Porto de Santos e indevidamente lançados na baía, assim como a localização dos canais de drenagem ao seu redor, igualmente colaboram na persistência da poluição estuarina.

O estudo elaborado no Laboratório de Hidráulica da EPUSP (ALFREDINI et al., 2017) teve como objetivo apresentar uma performance de comparação do processo de dispersão da pluma em diferentes comprimentos para o emissário de Santos: a 4 km, o comprimento original da constru-

ção, e a 5 km, como alternativa para a melhoria da dispersão. O estudo exigiu simulações numéricas preliminares dos processos de mistura do campo próximo para definir a condição de concentração-limite de um constituinte, que define o início do campo distante. Além disso, simulações numéricas do campo distante são necessárias para reproduzir o efeito do vento na calibração do modelo físico.

O modelo físico foi executado usando uma metodologia avançada de monitoramento de traçador de corantes e validado com um modelo computacional de dispersão de plumas por imagens de satélite no campo próximo (Figura 20.3).

Os modelos numéricos utilizados para o campo próximo e o campo distante foram respectivamente o CORMIX 2 e o FLUENT.

PARTE 4

OBRAS HIDROVIÁRIAS

Reprodução em modelo físico do escoamento fluvial em uma confluência com um campo de espigões.

Navigare necesse est...

(Incitação de Pompeu aos marinheiros da República de Roma)

OBRAS DE ESCAVAÇÃO SUBMERSAS

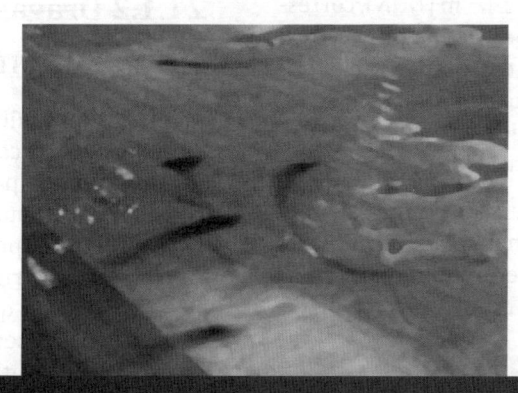

Modelo físico da Baía e do Estuário de Santos (SP) para estudos de melhoramentos para a navegação (2004 a 2010). Escala horizontal 1:1.200, escala vertical 1:200, com simulação da maré, geração de ondas e fundo fixo, utilizando corante como traçador do transporte de sedimentos em suspensão. Visualização da dispersão dos dragados nas áreas que já foram utilizadas como descarte de material de manutenção dos fundos.

21.1 DRAGAGEM

21.1.1 Introdução

O serviço de dragagem consiste na escavação e remoção (retirada, transporte e deposição) de solo, e camadas rígidas desagregáveis (não rochas) submersos em qualquer profundidade e por meio de variados tipos de equipamentos (mecânicos ou hidráulicos) em mares, estuários e rios. Neste item estão consideradas somente as dragagens em lâminas d'água de até cerca de 30 m de profundidade para fins de navegação.

As dragagens fluviais envolvem, normalmente, menores volumes do que as marítimas, pois as profundidades são reduzidas (abaixo de 5 m), e realizadas somente sob a ação de correntes, o que reduz o porte dos equipamentos. Dependendo da largura do canal fluvial, pode ser realizada a escavação a partir da margem por escavadeiras, embora preponderem os equipamentos flutuantes.

As dragagens de implantação (*capital dredging* representando o custo CAPEX), efetuadas para a implantação de um determinado gabarito geométrico (profundidade, largura e taludes), diferem das dragagens de manutenção (*operational dredging* a custo OPEX), efetuadas sistematicamente para manter o gabarito. De fato, as primeiras acarretam um maior volume de serviço, uma vez que na implantação da cava existe a necessidade da acomodação do terreno virgem ao gabarito imposto, estando sujeita a deslizamentos de taludes até conseguir a estabilidade das rampas, além disso o aporte de sedimentos fluvial e/ou marítimo continua a ocorrer durante a obra e deve ser contemplado no volume de implantação. Em 2010, o aprofundamento do canal de acesso ao Porto de Santos, de cota –12,8 m (DHN) para –15,0 m (DHN) e seu alargamento para 220 m (visando atender conteneiros de até 14,0 m de calado), por exemplo, exigiu a remoção por dragagem de 12,6 milhões de m^3 a R$189 milhões e 22,22 mil m^3 de derrocamento a R$ 17,9 milhões.

Em 2018, nova dragagem teve de ser contratada para canal de acesso, bacias e berços para cotas – 15,4 m (DHN) e – 15,7 m (DHN) a um custo de R$ 369 milhões, com o custo do m^3 de R$ 15,61.

Em 2010, o Porto do Rio de Janeiro procedeu ao aprofundamento entre – 11,7 m (DHN) e – 14,5 m (DHN), correspondendo à dragagem de 3,5 milhões de m^3 por R$ 150 milhões. A dragagem de manutenção em 2016 exigiu a retirada de 3,97 milhões de m^3 para a mesma cota a um custo de R$ 210 milhões, para permitir o acesso a navios conteneiros de até 8.000 TEUs (calado carregado de 13,5 m).

Leve-se em conta que 10 cm de redução do calado à plena carga de uma embarcação Panamax de 60.000 tpb, devido a redução correspondente de profundidade, equivale a cerca de 450 tpb a menos de carga, ou cerca de 35 contêineres a menos.

O objetivo de uma dragagem consiste na escavação de material de acordo com um determinado gabarito de navegação especificado. Assim, na Figura 21.1 apresentam-se curvas características de assoreamento no Canal de Acesso ao Porto de Santos (SP), levantadas após as dragagens de manutenção feitas em 1973, 1974 e 1975, sendo esquematizadas as curvas de evolução temporal do alteamento dos fundos em função das cotas finais de dragagem.

É preciso levar em conta que o aprofundamento superior a 50% das lâminas d'água mínimas originais acarreta necessidades de manutenção muito frequentes, ou até permanentes, o que exige que as dragas ocupem canais e bacias continuamente, o que pode prejudicar o tráfego das embarcações.

Quanto à localização do despejo ou descarte dos dragados (bota-fora) de modo a compatibilizar os aspectos técnico, econômicos e ambientais. Assim, técnica e economicamente deve-se buscar a minimização da distância do transporte que permita o afastamento dos dragados descartados sem causar perda de profundidade que comprometa a segurança da navegação ou o meio ambiente (ver Figura 21.2(A)). A gestão e a operação das áreas de despejo de dragagem, visando assegurar a sua utilização em longo prazo, constituem os mais importantes objetivos de longo prazo. No caso do exemplo da dragagem do Canal de Acesso ao Porto de Santos, em novembro de 1975 a Companhia Docas de Santos alterou o local de despejo dos dragados do extremo oeste da Baía de Santos (Ponta de Itaipu), em que eram despejados desde 1928, para o extremo leste (Ponta da Munduba), pois extensivas e detalhadas campanhas hidrográficas, envolvendo inclusive testes com traçadores radioativos, indicaram que no primeiro local havia um rápido retorno de praticamente metade do volume removido, enquanto no segundo os dragados eram afastados do local de dragagem (ver Figura 21.1(B)).

As áreas de despejo de dragados subaquáticas devem ter características hidrodinâmicas que favoreçam a dispersão dos sedimentos, evitando acúmulos que reduzam a lâmina d'água mínima primitiva em mais de 10%. Por outro lado, esta dispersão não deve propiciar retorno de material dragado para as áreas já dragadas, nem afetar outros canais ou bacias aquaviárias. Também não devem estar tão afastadas que onerem demasiadamente o consumo de combustível e gastem muito tempo no transporte e retorno ao local de dragagem, pois nesse tempo não estão dragando se forem dragas autotransportadoras.

21.1.2 Dragas mecânicas

21.1.2.1 CARACTERIZAÇÃO

As dragas mecânicas são caracterizadas pelo uso de alguma espécie de caçamba para escavar e elevar o material do fundo. Esses equipamentos podem ser classificados, em função do modo como as caçambas estão montadas na draga, em: conectadas por cabos, estruturalmente conectadas e com esteira e estruturalmente conectadas. Podem também ser classificadas, quanto ao tipo de trabalho, em descontínuo e de alcatruzes. As primeiras têm pequena capacidade de escavação relativamente ao custo, não sendo utilizadas nos trabalhos rotineiros de manutenção de profundidades em obras mais amplas.

No caso dos equipamentos terrestres, o transporte para a área de despejo é efetuado por caminhões.

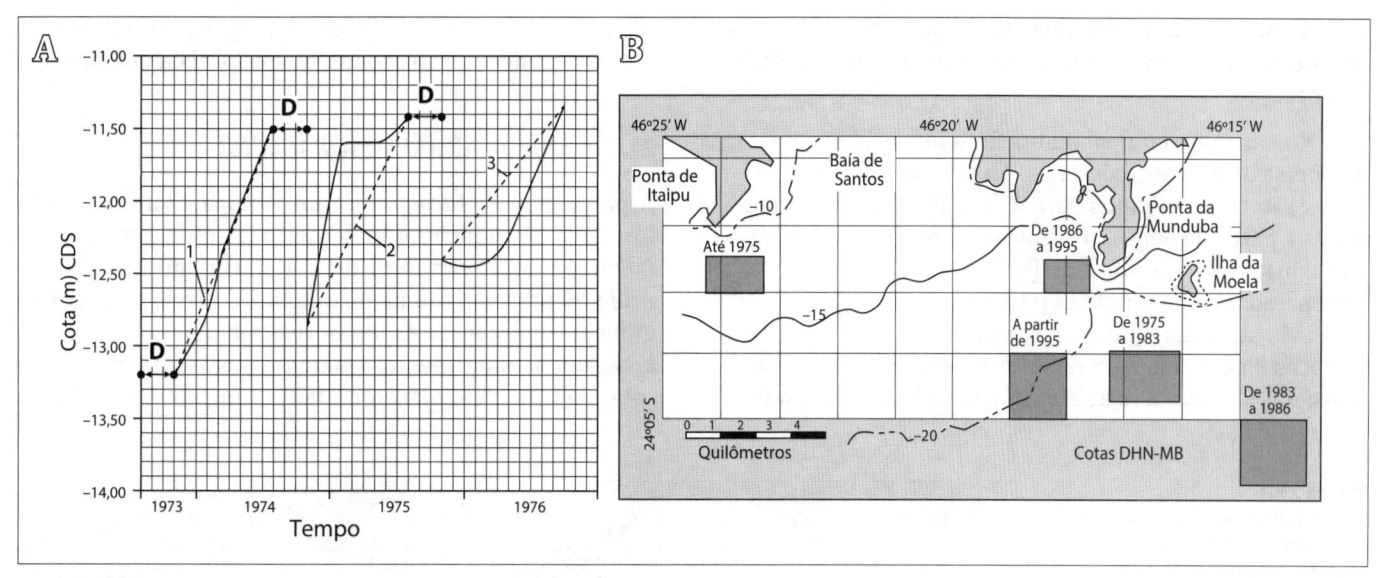

Figura 21.1
(A) Curvas características de assoreamento na curva do Canal de Acesso ao Porto de Santos e esquematização da evolução temporal do assoreamento no canal externo na curva do Canal de Acesso ao Porto de Santos. Tendências (1, 2 e 3), dragagem (D) (BRASIL, 1977).
(B) Áreas de despejo dos dragados do Porto de Santos utilizadas no século XX.

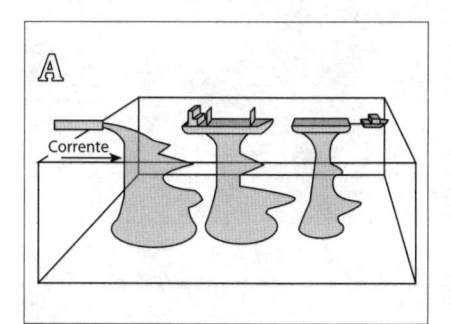

Bacia de evolução

Obs.:

fc: fundo do canal
cd: cota de dragagem
acd: abaixo da cota de dragagem

Figura 21.2
(A) Comportamento dos sedimentos ao serem dispostos em águas expostas por meio de diferentes processos.
(B) Resultados analíticos da contaminação dos sedimentos do Canal de Acesso ao Porto da Usiminas – Canal de Piaçaguera em Cubatão (SP) em 2002.

RESULTADOS ANALÍTICOS INORGÂNICOS

Procedência/seção		AA			BB			CC			GG		
Valores													
Parâmetros	**Unid.**	**Mín.**	**Máx.**	**Médio**	**Mín.**	**Máx.**	**Médio**	**Mín.**	**Máx.**	**Médio**	**Mín.**	**Máx.**	**Médio**
METAIS													
Cádmio (Cd)	mg/kg	6,16	93,33	30,69	3,83	31,44	10,85	3,50	38,03	12,00	< 1,00	7,69	4,92
Chumbo (Pb)	mg/kg	19,13	593,65	261,41	16,02	82,38	32,62	11,62	69,78	31,67	17,38	59,06	31,19
Cobre (Cu)	mg/kg	4,81	190,51	80,74	6,44	42,28	17,65	5,03	43,61	17,92	1,99	79,15	24,26
Cromo (Cr)	mg/kg	54,96	206,10	118,97	22,16	71,27	46,04	33,16	80,71	46,58	29,81	90,00	63,55
Ferro (Fe)	mg/kg	5,11	41,59	19,76	2,73	14,61	5,96	2,05	6,29	4,25	1,99	4,72	3,33
Mercúrio (Hg)	mg/kg	< 0,50	< 0,50	< 0,50	< 0,50	< 0,50	< 0,50	< 0,50	< 0,50	< 0,50	< 0,50	< 0,50	< 0,50
Níquel (Ni)	mg/kg	14,21	193,97	71,73	15,45	44,87	28,47	12,37	50,82	26,97	15,53	39,57	24,92
Vanádio (V)	mg/kg	28,74	136,19	57,90	17,64	65,00	50,39	23,49	74,95	47,57	30,39	49,23	41,98
Zinco (Zn)	mg/kg	27,63	2.491,53	963,97	48,85	255,56	104,86	37,26	197,38	86,65	27,94	134,69	64,73
GLOBAIS													
Sólidos finos	% p/p	23,80	58,90	40,42	23,00	44,60	43,23	26,40	59,10	44,32	27,90	55,40	46,01
Sólidos voláteis	% p/p	4,54	7,09	5,84	1,97	5,01	4,01	2,28	5,63	3,64	3,48	4,43	4,07
Cianetos	mg/kg	1,73	6,60	3,43	< 1,00	22,26	5,44	< 1,00	5,01	2,03	< 1,00	4,96	1,86
Amônia	mg/kg				6,12	297,92	237,58	20,50	395,18	183,25	21,08	364,57	171,61

RESULTADOS ANALÍTICOS ORGÂNICOS

Procedência/seção		AA			BB			CC			GG		
Valores													
Parâmetros	**Unid.**	**Mín.**	**Máx.**	**Médio**	**Mín.**	**Máx.**	**Médio**	**Mín.**	**Máx.**	**Médio**	**Mín.**	**Máx.**	**Médio**
HIDROCARBONETOS POLICÍCLICOS AROMÁTICOS (PAH'S)													
Benzo(a)pireno	mg/kg	< 0,07	57,00	19,03	< 0,07	9,40	1,56	< 0,07	1,50	0,41	< 0,07	1,50	0,47
Somatória PAH	mg/kg	< 0,01	1.100,00	321,02	< 0,01	75,00	12,96	< 0,01	23,00	4,62	< 0,01	12,00	3,38
COMPOSTOS VOLÁTEIS													
Benzeno	mg/kg	< 0,04	0,83	0,21	< 0,04	< 0,04	< 0,04	< 0,04	< 0,04	< 0,04	< 0,04	< 0,04	< 0,04
Etilbenzeno	mg/kg	< 0,10	0,47	0,20	< 0,10	< 0,10	< 0,10	< 0,10	< 0,10	< 0,10	< 0,10	< 0,10	< 0,10
Tolueno	mg/kg	< 0,10	0,74	0,22	< 0,10	< 0,10	< 0,10	< 0,10	0,21	0,11	< 0,10	< 0,10	< 0,10
Xilenos	mg/kg	< 0,10	1,50	0,46	< 0,10	< 0,10	< 0,10	< 0,10	< 0,10	< 0,10	< 0,10	< 0,10	< 0,10
m.p.Xileno	mg/kg	< 0,10	1,10	0,34	< 0,10	< 0,10	< 0,10	< 0,10	< 0,10	< 0,10	< 0,10	< 0,10	< 0,10
o-Xileno	mg/kg	< 0,10	0,35	0,17	< 0,10	< 0,10	< 0,10	< 0,10	< 0,10	< 0,10	< 0,10	< 0,10	< 0,10

DISTRIBUIÇÃO GRANULOMÉTRICA

Procedência/seção		AA			BB			CC			GG		
Horizonte													
Parâmetros	**Unid.**	**fc**	**cd**	**acd**	**fc**	**cd**	**acd**	**fc**	**cd**	**acd**	**fc**	**cd**	**acd**
Argila	%	42,43	31,67	51,33	25,00	48,67	47,33	25,00	40,00	41,67	31,00	40,00	46,67
Silte	%	39,70	36,33	20,33	27,00	24,67	24,67	35,33	26,67	24,33	33,67	31,33	22,67
Areia fina	%	13,30	23,00	25,67	42,67	23,00	18,33	28,33	30,00	32,67	30,33	24,33	29,67
Areia média	%	3,30	9,00	2,67	5,33	3,33	9,00	7,67	3,33	1,33	5,00	4,33	1,00
Areia grossa	%	1,30	0	0	0	0,33	0,67	3,67	0	0	0	0	0

As dragas flutuantes têm maior produtividade pelo fato de seu peso ao flutuar permitir maior versatilidade de operação.

No caso dos equipamentos flutuantes estacionários, dispõe-se de embarcações auxiliares de reboque, e os dragados são transportados para a área de despejo normalmente a partir do depósito em uma barcaça (batelão), a qual leva o material para o destino final. As dragas estacionárias são operadas com pontaletes (charutos, ou *spuds*), ou âncoras em locais mais fundos, movimentados com sistema de elevação e guinchos para posicionamento e deslocamento (em geral, sistemas à ré e sistemas à vante). Também podem ser utilizadas as modalidades de dragas autotransportadoras, dependendo das condições no local da dragagem.

21.1.2.2 PÁ DE ARRASTO (*DRAGLINE*)

A pá de arrasto (*dragline*) é um equipamento mecânico terrestre de guincho que se desloca sobre esteiras que movimentam o conjunto de plataforma giratória, onde estão montados a cabine de operação, a treliça (lança) do guincho, o motor e três tambores com dois cabos ligados à caçamba (lançamento, içamento, arrastamento) e um estai para movimentação da lança (ângulo vertical) (ver

Figura 21.3
(A) e (B) Pá de arrasto (*dragline*) em operação na manutenção da profundidade do Rio Tietê em São Paulo (SP).
(C) Nas obras junto ao Espigão Norte do Complexo Portuário de Ponta da Madeira da Vale em São Luís (MA) (São Paulo, Estado/DAEE/SPH/CTH).

Figura 21.3). O ciclo completo de operação consiste em lançamento, arrasto pela cabresteira, içamento, giro e descarga da caçamba operada pelos cabos. Adequada para operação em terrenos moles, é equipamento de baixa produtividade e indicado para serviços de abertura de calhas em várzeas ou mangues, ou manutenções localizadas (por exemplo, em confluências).

21.1.2.3 DRAGA MECÂNICA DE COLHER

A draga mecânica de colher, seja de pá carregadeira (*shovel*) ou retroescavadeira (*backhoe*), é um equipamento mais robusto que o anterior, permitindo penetração e corte em materiais mais duros, uma vez que a caçamba está estruturalmente conectada à extremidade de um braço rígido (ver Figura 21.4). Os comandos normalmente são de acionamento hidráulico.

21.1.2.4 DRAGA DE CAÇAMBA DE MANDÍBULAS (*CLAMSHELL* OU *ORANGE PEEL*)

A draga de caçamba de mandíbulas é um equipamento operado por três cabos, que movimentam verticalmente a lança, movimentam verticalmente a caçamba e abrem ou fecham as mandíbulas (ver Figura 21.5(A)). Para solos moles, utiliza-se o *clamshell*, e para blocos de material duro, utiliza-se a caçamba orange peel (ver Figura 21.5(C)). Seu ciclo de operação compreende giro, lançamento, fechamento de mandíbulas, içamento, giro de retorno e abertura da caçamba para descarga, tendo, portanto, menor rendimento do que a pá de arrasto.

Nas Figuras 21.5(A) e (B) está apresentado este equipamento com um sistema estacionário de pontão ancorado, e na Figura 21.6, uma draga autotransportadora, com cisternas dotadas de portas de fundo acionadas por sistema hidráulico para despejo dos dragados.

Figura 21.4
Operação na manutenção da profundidade do Rio Tietê em São Paulo (SP). (São Paulo, Estado/DAEE/SPH/CTH).

Figura 21.5
(A), (B) e (C) Draga de caçamba de mandíbulas operando no Complexo Portuário de Ponta da Madeira da Vale em São Luís (MA). (São Paulo, Estado/DAEE/SPH/CTH).

A draga autotransportadora mecânica, como a mostrada na Figura 21.6, é vantajosa em canais muito movimentados ou portos em que o tráfego e as condições de operação vedam o uso de dragas estacionárias, com suas linhas de recalque flutuantes, cabos de amarração, embarcações auxiliares etc. Também capaz de operar em estados do mar mais severos, nos quais não é viável a operação de dragas estacionárias. Outra vantagem é a sua rápida mobilização pela sua autopropulsão. A obra de dragagem é rapidamente efetuada percorrendo a extensão do canal sem bloqueá-lo, enquanto as dragas estacionárias têm avanços muito laboriosos. Podem efetuar cortes profundos em todo o comprimento de um banco, de modo a concentrar o escoamento das correntes e induzir erosão, sendo, portanto, de melhor desempenho em leitos arenosos. Também é favorável a acessibilidade permitida por esse equipamento a áreas de despejo profundas e distantes.

Como aspectos desfavoráveis a considerar, pode-se elencar o seu custo, uma vez que deve atender às condições de navegação marítima, com a tripulação afeita às lides do mar. A operação de despejo é também muito cara. É um equipamento que não pode operar em um padrão irregular, nem operar próximo a píeres ou obstruções, em águas muito rasas, com materiais muito duros.

De um modo geral, são equipamentos escavadores de baixo custo, exigem recursos humanos de modesta capacitação, permitem operação com condições de agitação (caçambas operadas por cabos) e em maiores profundidades, bastando estender o comprimento de cabo no tambor. Suas desvantagens são a baixa capacidade, sendo indicada para serviços localizados; não é eficiente na dragagem de material muito fluido.

21.1.2.5 DRAGA ESCAVADEIRA FLUTUANTE (*DIPPER*)

A draga *dipper* consiste fundamentalmente de draga mecânica de colher montada em barcaça (ver Figuras 21.7 e 21.8). Normalmente, a caçamba está localizada no extremo do braço, o qual se conecta aproximadamente no meio do braço a um pivô e por um cabo à roldana no extremo do braço. Os equipamentos mais modernos são dotados de atuadores hidráulicos e podem ser dotados de retroescavador de caçamba de até 40 m^3 e profundidades superiores a 32 m.

De um modo geral, são equipamentos escavadores de custo médio, com baixa a moderada capacidade em áreas de operação mais amplas, e bom desempenho na escavação

Figura 21.6
Draga autotransportadora com 3 escavadeiras de capacidade para 50 t cada, dotada de caçamba do tipo *clamshell* ambiental de 4 m^3. A capacidade na cisterna é de 1.900 m^3 com 12 portas para descarga pelo fundo. Dimensões: 74,0 m x 15,5 m x 5,10 m, velocidade de dragagem de 12 nós e profundidade de dragagem de 30 m.

 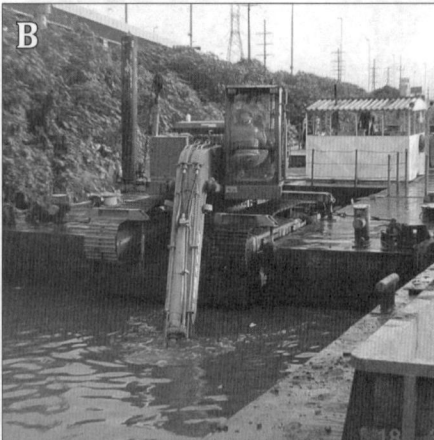 

Figura 21.7
(A) Draga *dipper* e batelão no Rio Pinheiros.
(B) e (C) Draga *dipper* e batelão no Rio Tietê em São Paulo (SP). (São Paulo, Estado/DAEE/SPH/CTH).

Caçambas

Figura 21.8
(A) Draga *dipper* estacionária, com caçambas de 13 e 23 m³.
(B) Draga *dipper* estacionária carregando batelão *split barge*

de argila rija, areia grossa, pedregulhos e materiais duros maiores e desagregados. Suas desvantagens estão na recomendação de não operar com condições de agitação (principalmente a ondulação), na limitação de operação em maiores profundidades, e não são eficientes na dragagem de material muito fluido.

Em 2010, a dragagem para a cota – 15 m (DHN) de 1,8 milhões de m³ do fundo do Canal de Acesso Sul do Porto de Itaqui (MA) exigiu R$ 34 milhões com equipamento *dipper* de capacidade de 660 m³/h de material mole (lodo e areia), operando com 2 batelões de 3.000 m³.

21.1.2.6 DRAGA DE ALCATRUZES (*BUCKET LADDER*)

A draga de alcatruzes (ver Figuras 21.9 a 21.12) utiliza uma cadeia sem fim móvel de caçambas (rosário), montada em uma lança, que escava o fundo próximo ao tombo inferior, roldana-guia da lança movida pelo rosário, e eleva o material para o tombo superior, do qual parte a geração do movimento do rosário, onde cada caçamba descarrega sua carga e retorna para outra. Abaixo do tombo superior situa-se a caixa de lama que recebe a descarga das caçambas, estando dotada de dispositivo distribuidor que descarrega os dragados para um bordo ou outro, conforme o posicionamento dos batelões que transportam o material para o despejo.

Figura 21.9
Representação esquemática de uma
draga de alcatruzes.

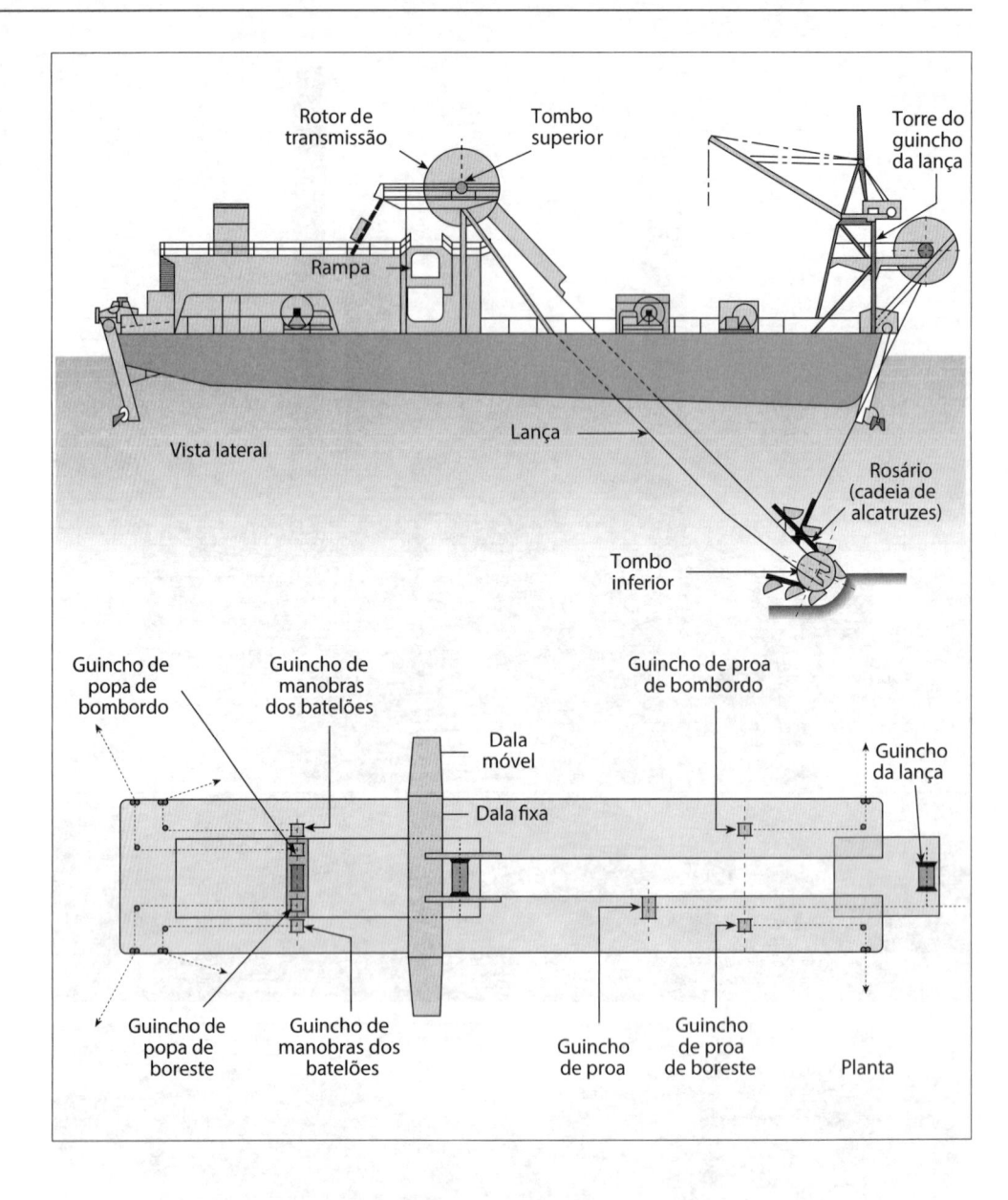

Figura 21.10
(A) Draga mecânica de alcatruzes
operando no Porto de Rio Grande (RS).
(B) Detalhe do tombo superior e dala
de bombordo.

Figura 21.10
(C) Batelões de draga.
(D) Draga mecânica de alcatruzes operando no Porto de Santos (SP).
(E) Draga de alcatruzes na área portuária do Chifre de Ouro, em Istambul (Turquia).

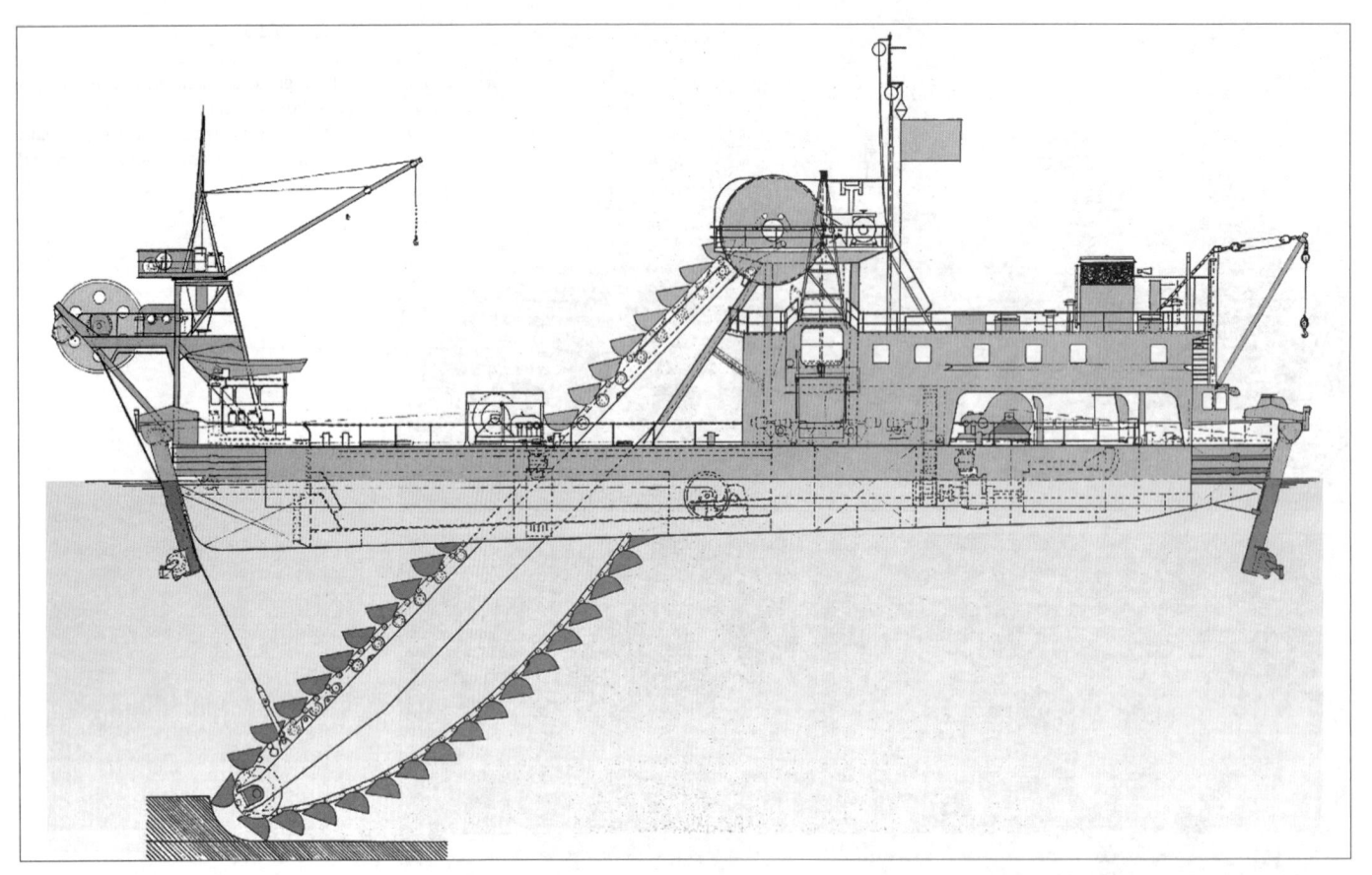

Figura 21.11
Draga de alcatruzes – perfil de escavação.

Uma draga como essa com 52 caçambas pode escavar 1.000 t em menos de 40 minutos.

A draga de alcatruzes estacionária opera posicionando-se com cabos presos em âncoras (ver Figura 21.12) ou em pontos nas margens. Na Figura 21.13 apresenta-se um esquema operacional de uma draga de alcatruzes.

De modo geral, suas vantagens são operação contínua, alta força de corte, mínima diluição, aplicação em grandes projetos de implantação de canais e boa capacidade de escavação (inclusive das partículas maiores) com maior rendimento para dragas de grande capacidade dragando material homogêneo, sendo, então, indicadas para trechos fluviais de rios de grande porte, flúvio-marítimos e estuarinos. São convenientes para dragar localizadamente junto ao cais, onde há muita sujeira, como restos de madeira e outros detritos, o que produz frequentes entupimentos nas tubulações e bombas das dragas hidráulicas. Suas desvantagens consistem no alto custo de mobilização e manutenção, na sua grande sensibilidade à ação de ondulação e na necessidade do uso de batelões para o transporte, pois a operação destes é restrita para aterro em áreas rasas marginais.

21.1.3 Dragas hidráulicas

21.1.3.1 CARACTERIZAÇÃO E HIDRÁULICA APLICADA À DRAGAGEM

As dragas hidráulicas são caracterizadas pela misturação e pelo transporte do material dragado em escoamento hidráulico de alta velocidade. Desagregadores mecânicos são usados quando for necessário escavar ou raspar material mais consistente. Uma bomba de dragagem é utilizada para criar a carga hidráulica e o escoamento necessários para transportar a mistura bifásica água-solo ao longo de tubulação para o seu despejo.

Pode-se considerar basicamente dois tipos de dragas hidráulicas: draga estacionária de sucção e recalque, que se desloca em maiores distâncias com auxílio de rebocadores, e autotransportadora, montada em embarcação autopropelida que armazena os dragados em cisterna e os despeja pelo fundo ou por bombeamento.

De um modo geral, são elementos fundamentais de uma draga hidráulica:

– tubulação de sucção;

– bomba de dragagem;

– tubulação de recalque;

– conexões existentes entre esses elementos e pertencentes a eles.

A tubulação de sucção é o elemento de ligação entre o material a ser dragado e o elemento fundamental de uma draga hidráulica, que é a sua bomba de dragagem. A bomba de dragagem, geralmente do tipo centrífuga, de simples

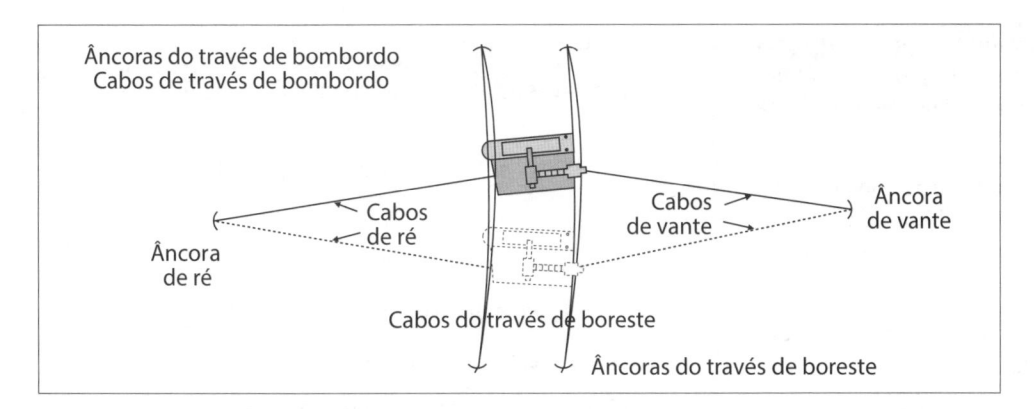

Figura 21.12
Planimetria do esquema operacional de uma draga mecânica de alcatruzes.

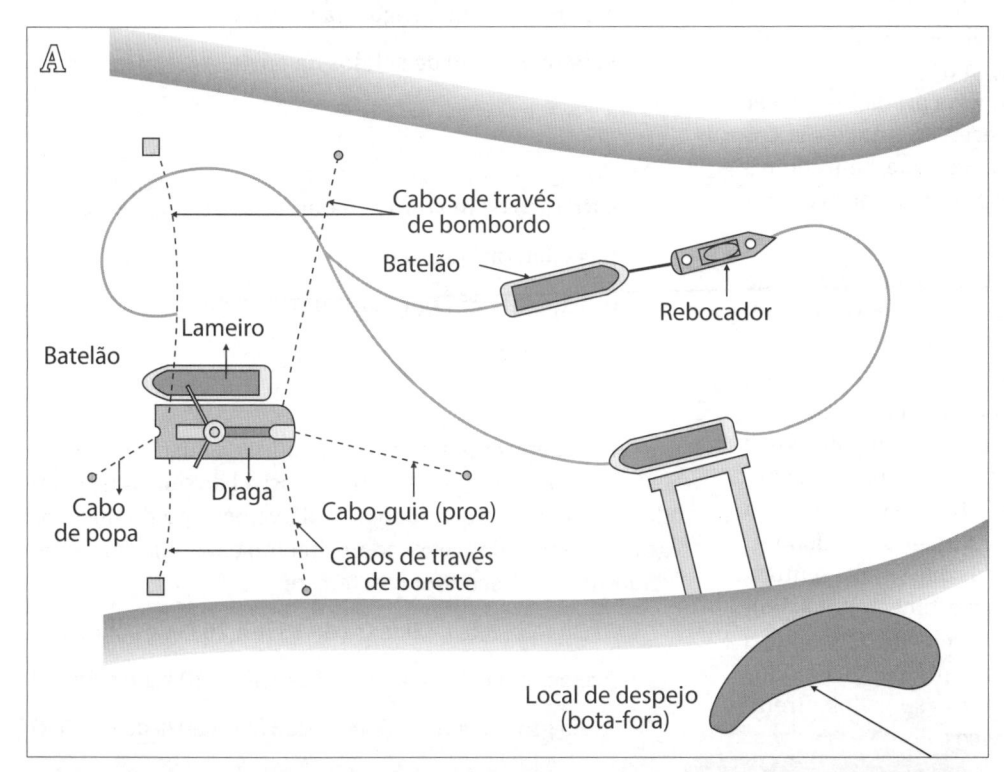

Figura 21.13
(A) Planimetria do esquema operacional de uma draga de alcatruzes.
(B) Exemplo de paliçada com geotêxtil em bota-fora junto ao Rio Itanhaém (SP) na dragagem de 1998.

estágio, é o elemento que fornece ao fluido (mistura de água e material dragado) a energia suficiente para que a mistura seja aspirada e, posteriormente, recalcada até a boca de descarga.

A tubulação de recalque, ou descarga, é o meio pelo qual a mistura, depois de receber energia da bomba de dragagem, é transportada, a uma determinada velocidade, até o local de destino.

Toda vez que se tem um problema de dragagem hidráulica a resolver, este se apresenta de duas formas:

- Problema de dimensionamento, que trata da determinação das características hidráulicas fundamentais do equipamento a ser utilizado, partindo-se de uma determinada produção de mistura (vazão) a ser dragada e recalcada. Esse problema, ao ser solucionado, deverá fornecer as características das tubulações de sucção e recalque, bem como a potência da bomba necessária à realização do trabalho a ser executado.

- Problema de verificação, que trata do estudo da possibilidade de utilização de determinados equipamentos de dragagem, verificando-se a compatibilidade deles com a produção de mistura (razão) desejada. Esse problema ocorre mais comumente que o problema de dimensionamento, visto que, normalmente, as empresas possuem uma determinada frota de dragas e tratam de verificar a possibilidade de, com o equipamento disponível, resolverem os problemas que se apresentem. Isso ocorre pelo fato de os investimentos em aquisição de equipamento, teoricamente adequado a cada problema, estarem sempre condicionados a grandes investimentos, e estes ligados diretamente ao mercado de serviços.

A solução do problema fundamental de hidráulica aplicada à dragagem é determinar a potência de acionamento da bomba de dragagem (HP), a fim de atender a uma determinada razão. Como se sabe, a potência de acionamento de uma bomba centrífuga é dada por:

$$HP = (p \times Q \times H_t)/ (75 \times n)$$

sendo:

HP: potência em HP

p: peso específico da mistura (kgf/m^3)

Q: vazão da mistura (m^3/s)

H_t: altura manométrica total (m)

n: rendimento da bomba

Analisando cada elemento individualmente:

- Peso específico

O peso específico da mistura é dado pela expressão:

$$p = (a \times p' + b \times p'')/(a + b)$$

sendo:

p: peso específico da mistura

p': peso específico da água

p": peso específico do material dragado

a: percentagem de água na mistura

b: percentagem de sólidos na mistura

a + b = 1

– No caso de mistura água-areia:

p' = 1,0 tf/m^3 (água doce)

p' = 1,03 tf/m^3 (água salgada)

p" = 2,65 tf/m^3 (valor médio)

Para determinar o peso específico da mistura, deve-se estimar a percentagem de areia possível de ser transportada. Essa percentagem depende da velocidade da mistura, granulometria da areia e comprimento da tubulação. Como dados práticos econômicos, tem-se:

Areia fina: 3,0 a 4,0 m/s (de 15% a 20% de sólidos)

Areia média: 3,5 a 4,5 m/s (de 15% a 20% de sólidos)

Areia grossa: 4,5 a 5,5 m/s (de 15% a 20% de sólidos)

Os dados referidos são valores médios contínuos. Deve-se experimentar em cada caso, durante a operação, a situação de melhor rendimento. Entretanto, considerando-se que a operação de uma draga sofre descontinuidades quanto à regularidade de sucção, havendo momentos de maior percentagem de sólido aspirada e momentos de bombeamento de água pura, deve-se tomar o valor de 15% como base de estimativa de valor médio para projeto. Note-se que, para tubulações curtas (500 m), esses valores podem sofrer acréscimo de até cerca de 30%.

– No caso de mistura água-lodo

É bastante difícil a determinação exata do peso específico da mistura nesse caso. Pode-se tomar como base o valor de p" = 2,0 tf/m^3 a 1,5 tf/m^3 e admitir que percentagens de 20% a 50% possam ser bombeadas, dependendo do grau de consistência do lodo, do comprimento da tubulação e da quantidade de matéria orgânica contida na sua composição.

– No caso de mistura água-areia-lodo

Neste caso, o estudo é semelhante aos dos casos anteriores, devendo-se fazer estimativa da percentagem de incidência de cada elemento e calcular o valor do peso específico, do mesmo modo que anteriormente.

- **Altura manométrica total**

A altura manométrica total, ou simplesmente altura manométrica, representa o trabalho realizado pela bomba, por unidade de peso da mistura, capaz de fazer a mistura ser aspirada do fundo e atingir o ponto de destino a uma determinada velocidade. Por motivos didáticos, este valor é subdividido em várias parcelas:

– Altura relativa à perda de energia na boca de sucção (H_e)

Em virtude da presença de elementos mecânicos, como desagregadores, dentes, grades etc., e da forma de sua seção transversal, bem como da descontinuidade entre a seção imediatamente anterior à entrada, que seria infinita, e a seção de entrada do tubo de sucção, a boca de sucção exige um determinado trabalho a ser realizado, a fim de permitir que a mistura flua através dela. O valor desta perda de carga singular é:

$$H_e = K(v^2/2g)$$

sendo K função dos aspectos mencionados e, na prática, oscilando entre 0,4 e 0,6.

– Altura relativa à velocidade (H_v)

Representa o trabalho que o fluido pode realizar ao deixar a tubulação de recalque, ou seja, a sua energia cinética naquele ponto:

$$H_v = (v^2/2g)$$

– Altura relativa à perda de carga pelo atrito da mistura com a tubulação (H_f)

A fórmula geral de H_f é:

$$H_f = K(v^2/2g)$$

Para perdas de cargas localizadas, tem-se:

Caixa de pedra: K = 2

Válvula gaveta: K = 0,6

Transição de seção quadrada para circular: K = 2,3

Curva de 90°: K = 0,26 + 0,32$(D/R)^{3,5}$

Ball joint ou mangote: K = 0,1

Tubo retilíneo de comprimento L: K = fL/D (fórmula universal de perda de carga)

Sendo:

D: diâmetro do tubo

R: raio da curva

f: coeficiente universal de perda de carga

– Altura de sucção (H_z)

Depende da posição vertical da boca de sucção com relação ao eixo da bomba:

$$H_z = [(t - h)p - tp']/p$$

onde:

t: profundidade máxima da boca de sucção

h: profundidade do eixo da bomba

p: peso específico da mistura

p': peso específico da água

– Altura estática de elevação (H_s)

Representa a altura da boca de descarga do tubo em relação ao eixo da bomba.

– Altura manométrica total

Representa a soma de todas as alturas anteriormente referidas: $H_t = H_e + H_v + H_z + H_f + H_s$

- **Determinação da vazão**

É feita diretamente a partir da equação da continuidade como o produto da velocidade pela área da seção transversal da tubulação.

- **Rendimento n**

Na prática costuma-se empregar n = 0,60 para efeitos de dimensionamento de projeto para bombas novas e bem construídas.

- **Potência (HP)**

A determinação é feita pela expressão já vista.

- **Curvas características de uma bomba**

Para um valor de rotação por minuto constante, as curvas características de uma bomba são: n (Q), HP (Q) e H_t (Q). O emprego dessas curvas do fabricante deve ser feito com cuidado, tendo em vista que se referem a água pura. Por outro lado, a sua utilização está sempre condicionada à determinação de vazões-limite. O limite inferior de vazão restringe as baixas velocidades de bombeamento, situação em que há tendência de sedimentação dos materiais em transporte, ocorrendo o perigo de bloqueio da tubulação, que é um fato sempre desastroso em uma operação de dragagem. O limite superior está condicionado a dois fatores fundamentais. O primeiro é a necessidade de grandes potências para vazões elevadas, tornando antieconômica a operação. O segundo é o alto grau de desgaste das partes em contato com a mistura, como tubos, juntas, *ball joints*, bombas etc. De modo geral, evita-se trabalhar com velocidades superiores a 6 m/s.

Deve-se notar que todo projeto de bomba precisa apresentar seus limites de operação coincidindo com a faixa de máximo rendimento, a fim de que a operação seja sempre econômica.

• Determinação de H_t para o caso de bombeamento de mistura

Como regra prática, pode-se admitir que:

$$H_{t\,mistura} = (p/p')\,H_{t\,calculado\,para\,a\,água}$$

• Relação entre a tubulação flutuante e a terrestre

Para as dragas usuais, um valor prático de grande utilidade é considerar que a perda de carga da tubulação flutuante de mesmo comprimento de uma terrestre de mesmo material é 75% maior. Isso decorre das conexões e das curvas naturais típicas das tubulações flutuantes.

• Potência do motor de acionamento da bomba

A expressão de HP fornece apenas a potência hidráulica, ou seja, a que deve ser transmitida para o eixo da bomba, de modo que forneça à mistura a energia capaz de transportá-la desde a boca de sucção até o ponto de descarga a uma velocidade determinada. Entretanto, o motor de acionamento deve, por conveniências mecânicas, possuir potência nominal de carga de 15% a 25% maior que a necessária pelos cálculos hidráulicos.

• Associação de bombas em série: utilização de *booster*

Quando se tem de associar duas bombas centrífugas em série, as alturas manométricas das duas bombas são somadas, bem como suas potências, ficando o rendimento e a vazão constantes. Hidraulicamente, tudo se passa como se tivéssemos uma nova bomba. Esses princípios regem o estudo primário para a determinação da utilização de estações intermediárias de recalque, denominadas *boosters*. Existem várias razões que determinam o emprego de *boosters*, como a necessidade

de potências elevadas, em que as dimensões dos acionadores ficam fora da disponibilidade técnica ou que o investimento não se justifique para um caso isolado. Mesmo admitindo-se a possibilidade de bombear com alta potência em uma só bomba, os valores das pressões são de tal ordem que tornariam antieconômicas as bombas e as tubulações usuais.

• Leis fundamentais da dragagem

A partir do que foi visto, resultam as sete leis fundamentais da dragagem hidráulica:

I.   A produção varia segundo o produto da vazão de sólidos multiplicado pela percentagem média de sólidos.

II. A percentagem média dos sólidos é igual à máxima percentagem de sólidos (pico no limiar da cavitação) multiplicada pela eficiência da draga (percentagem média de sólidos dividida pelo pico de sólidos).

III. O pico da percentagem de sólidos varia com o pico da velocidade da mistura no tubo de sucção.

IV. A maior ou menor produção varia com a área do tubo de sucção.

V.   A velocidade ótima no tubo de sucção varia em função da profundidade de dragagem.

VI. O comprimento da linha de recalque varia com o HP da bomba de dragagem, ou a potência HP determina não a máxima produção, mas a distância em que ela pode ser bombeada.

VII. Síntese – a produção é limitada por: condições da sucção (altura barométrica), HP da bomba disponível (altura manométrica necessária) e velocidade da mistura (capacidade de transporte).

21.1.3.2 DRAGA ESTACIONÁRIA DE SUCÇÃO E RECALQUE

A draga estacionária de sucção e recalque é a forma mais simples de draga hidráulica (ver Figuras 21.14 e 21.15). Seu esquema operacional de posicionamento está apresentado na Figura 21.16. Quando a draga não dispõe de desagregador, o seu uso fica limitado a escavar materiais móveis e fluidos em áreas localizadas, podendo dispor de bomba de hidrojatos de alta velocidade na boca de dragagem para facilitar a retirada de material.

A draga estacionária de sucção e recalque com desagregador é a mais comum e versátil draga hidráulica. É equipada com um desagregador rotatório (ver Figura 21.17), que é um escavador que envolve a boca da linha de sucção. O desagregador escava e translada os dragados para a área de influência do escoamento de alta velocidade na boca de sucção, onde os sedimentos são misturados, passando pela bomba da draga para a linha flutuante e/ou terrestre de recalque e para a área de despejo. Esse tipo de draga também

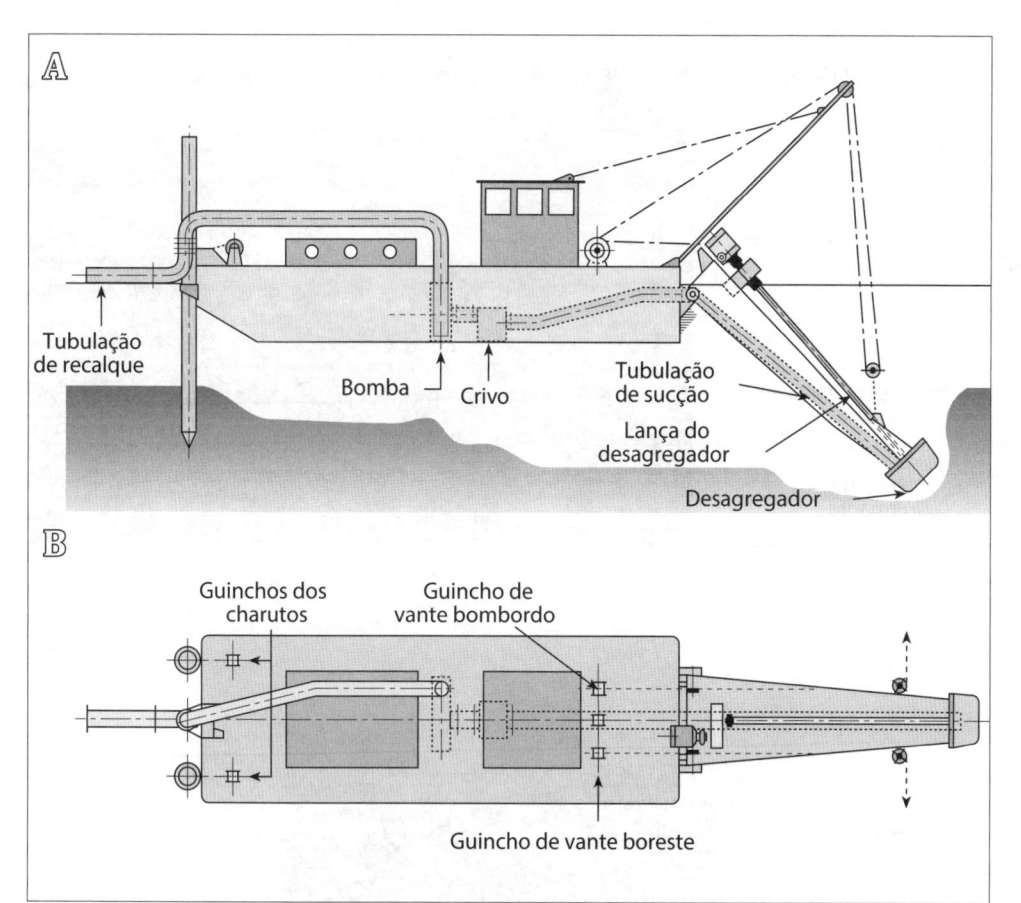

Figura 21.14
(A) Elevação em perfil longitudinal de draga de sucção e recalque estacionária.
(B) Planta de draga de sucção e recalque estacionária.

Figura 21.15
(A) e (B) Draga de sucção e recalque estacionária com desagregador operando em obra de retificação do Rio Tietê em Osasco (SP). (São Paulo, Estado/DAEE/SPH/CTH).

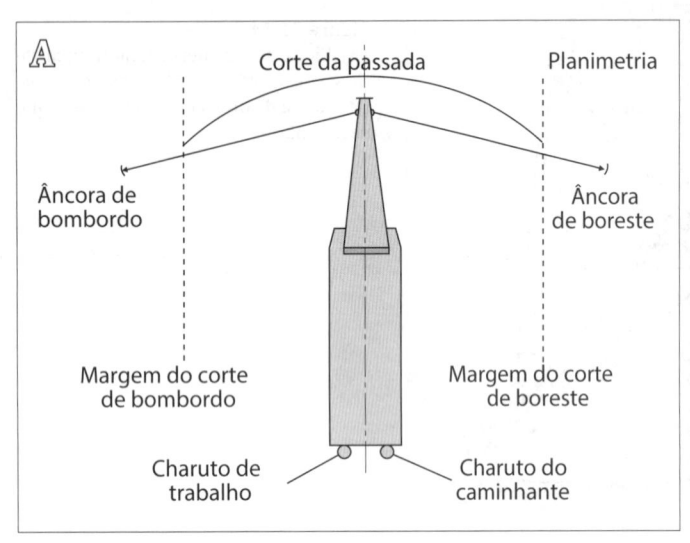

Figura 21.16
(A) e (B) Esquemas operacionais de draga de sucção e recalque estacionária.

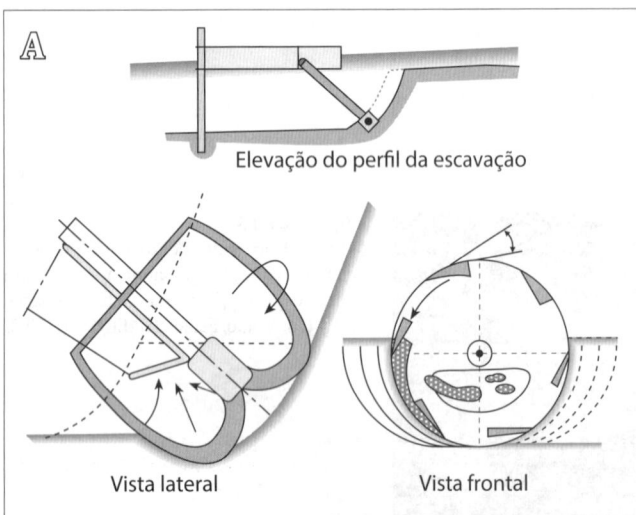

Figura 21.17
(A) Efeito do desagregador.
(B) Visualização em detalhe de coroa de corte de grande capacidade.
(C), (D) e (E) Dragas de sucção e recalque com seu desagregador.

é conhecida como *cutter suction dredger* (CSD), ou draga de sucção e corte.

Nas Figuras 21.18(A) e (B) estão apresentadas duas possibilidades de avanço e dragagem. Observa-se que a draga é mantida em posição por dois charutos na popa do flutuante, sendo somente um afundado no leito enquanto a draga gira. Há duas âncoras de fixação, uma em cada bordo, ligadas a guinchos de giro que recolhem ou soltam dois

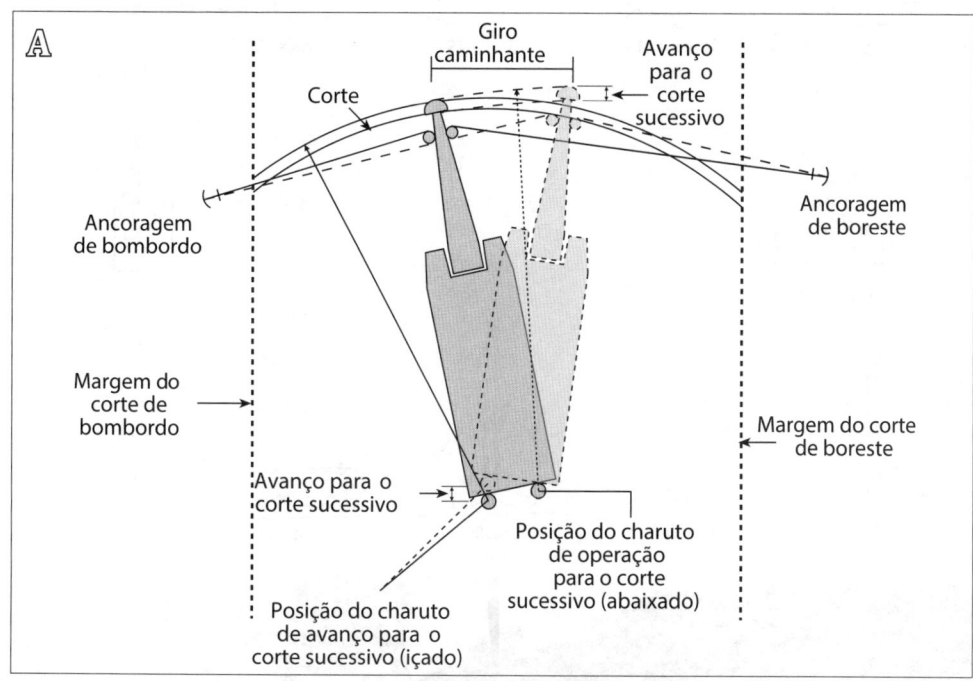

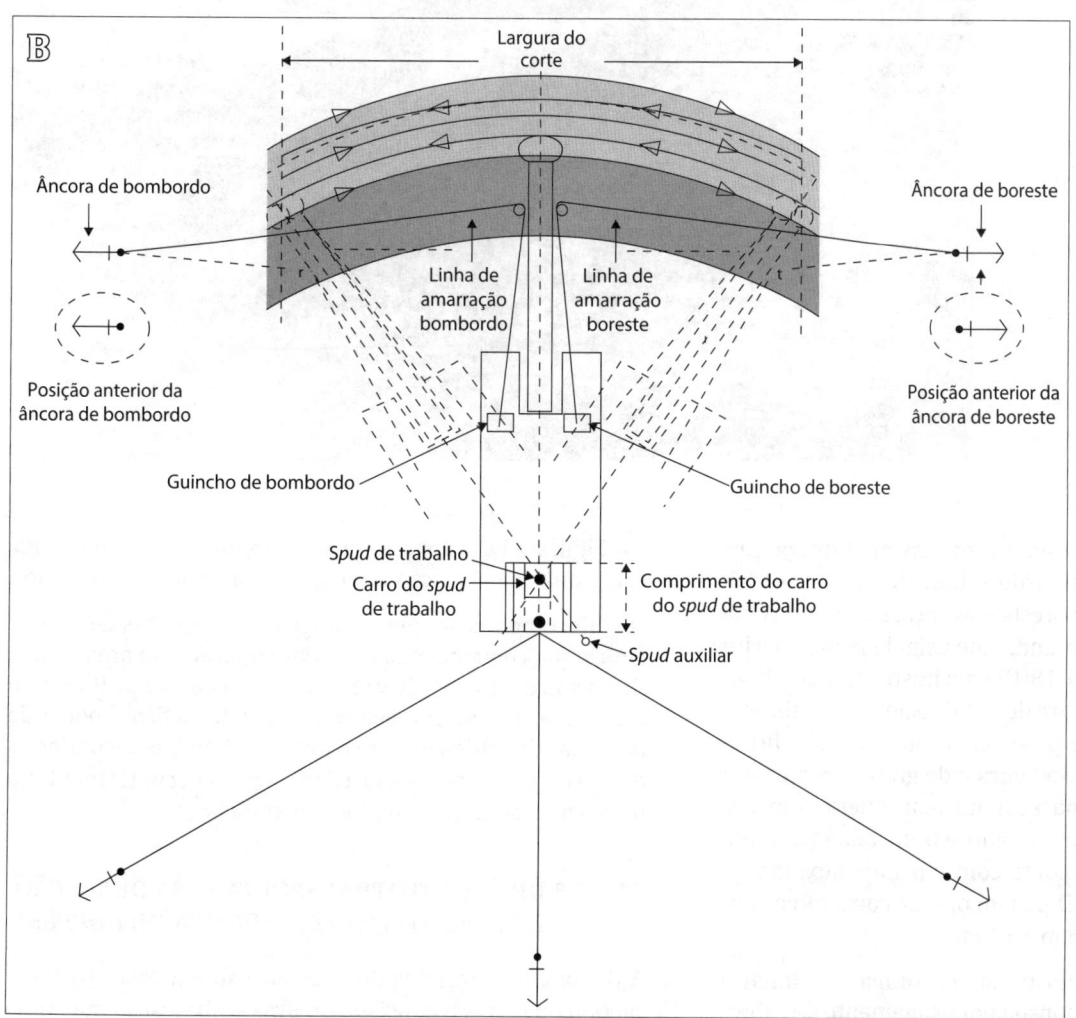

Figura 21.18
(A) Planimetria do método de avanço e dragagem de draga de sucção e recalque estacionária sem carro do *spud*.
(B) Planimetria de amarração tipo árvore de natal usada em CSD de grande porte.

Figura 21.18
(C) Tipos de âncoras para fundeio.
(D) Âncora tipo Danforth.

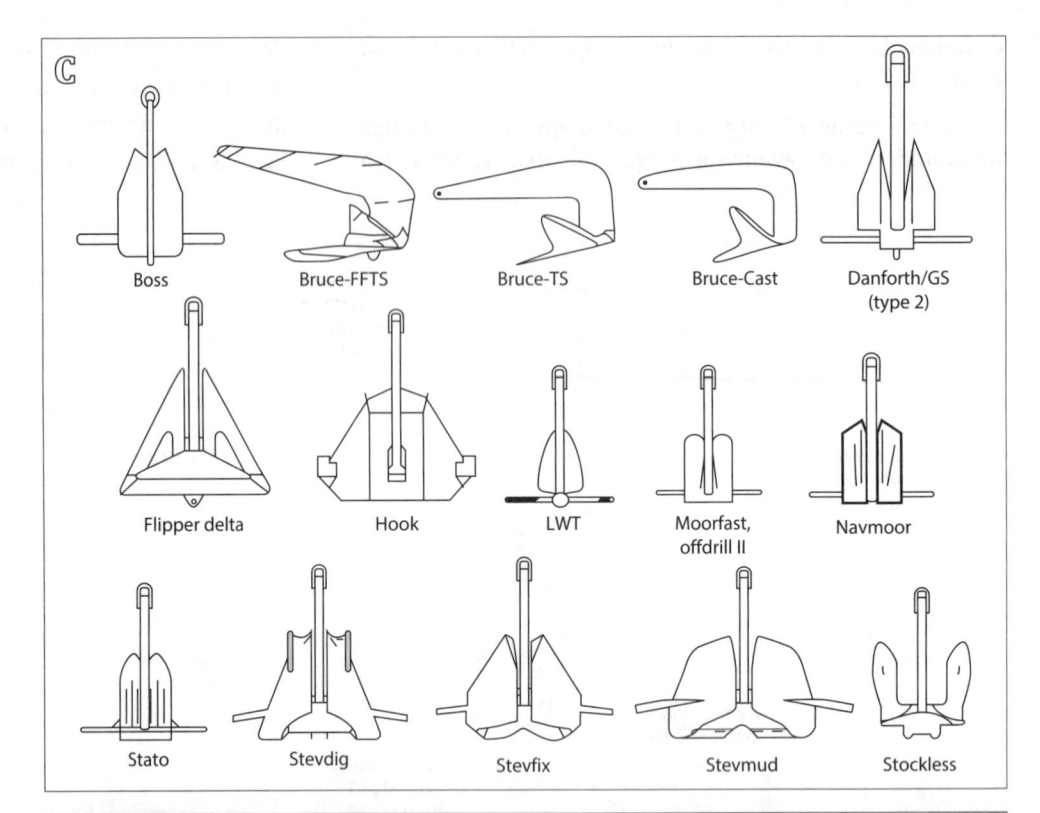

Boss Bruce-FFTS Bruce-TS Bruce-Cast Danforth/GS (type 2)

Flipper delta Hook LWT Moorfast, offdrill II Navmoor

Stato Stevdig Stevfix Stevmud Stockless

cabos laterais que sustentam o giro. Assim, a draga gira alternadamente para bombordo e boreste em torno dos charutos de bombordo e boreste e avança, enquanto corta o material de fundo na profundidade exigida pelo gabarito de dragagem. Na Figura 21.18(B) está ilustrada a planimetria de amarração tipo árvore de natal, usada para minorar o movimento em ondas e proteger o *spud* de trabalho. O tipo de CSD mostrado nessa figura é de grande porte, tem propulsão própria para navegar no mar, opera com um *spud* de trabalho, que, quando içado, é transladado à frente por meio de um carro, e conta com um *spud* auxiliar. As maiores dessas dragas CSD podem operar cortando o fundo em profundidades de 6 m a 30 m.

Na Figura 21.19 está ilustrada uma draga estacionária de sucção e recalque posicionada por estaiamento de cabos.

Na Figura 21.20 apresenta-se a operação de uma draga estacionária de sucção e recalque para barcaça (batelão).

Recomenda-se que as dragas estacionárias de sucção e recalque convencionais somente operem em áreas marítimas sob condições de vagas de altura abaixo de 0,75 m. É ideal para despejo em regiões rasas ou terra firme, podendo bombear dragados por até 6 km, com bombas secundárias em série (*boosters*) a cada 1.500 m para permitir manter a pressão no recalque a maiores distâncias.

21.1.3.3 DRAGA AUTOTRANSPORTADORA DE SUCÇÃO E ARRASTO (*TRAILING SUCTION* OU *HOPPER*)

A draga autotransportadora de sucção e arrasto (*trailing suction* ou *hopper*) consiste em uma embarcação marítima

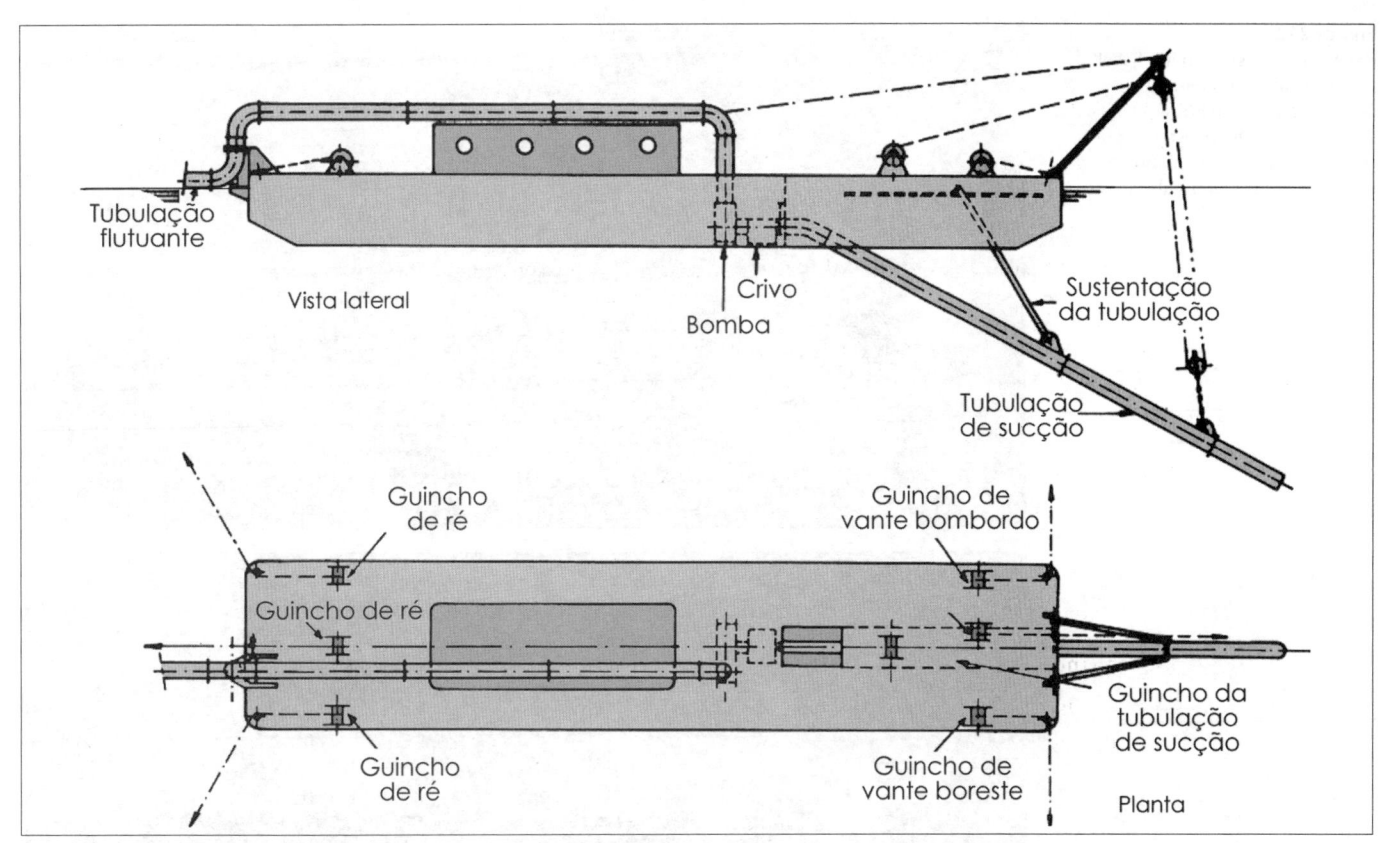

Figura 21.19
Draga estacionária de sucção e recalque com cabos de estaiamento.

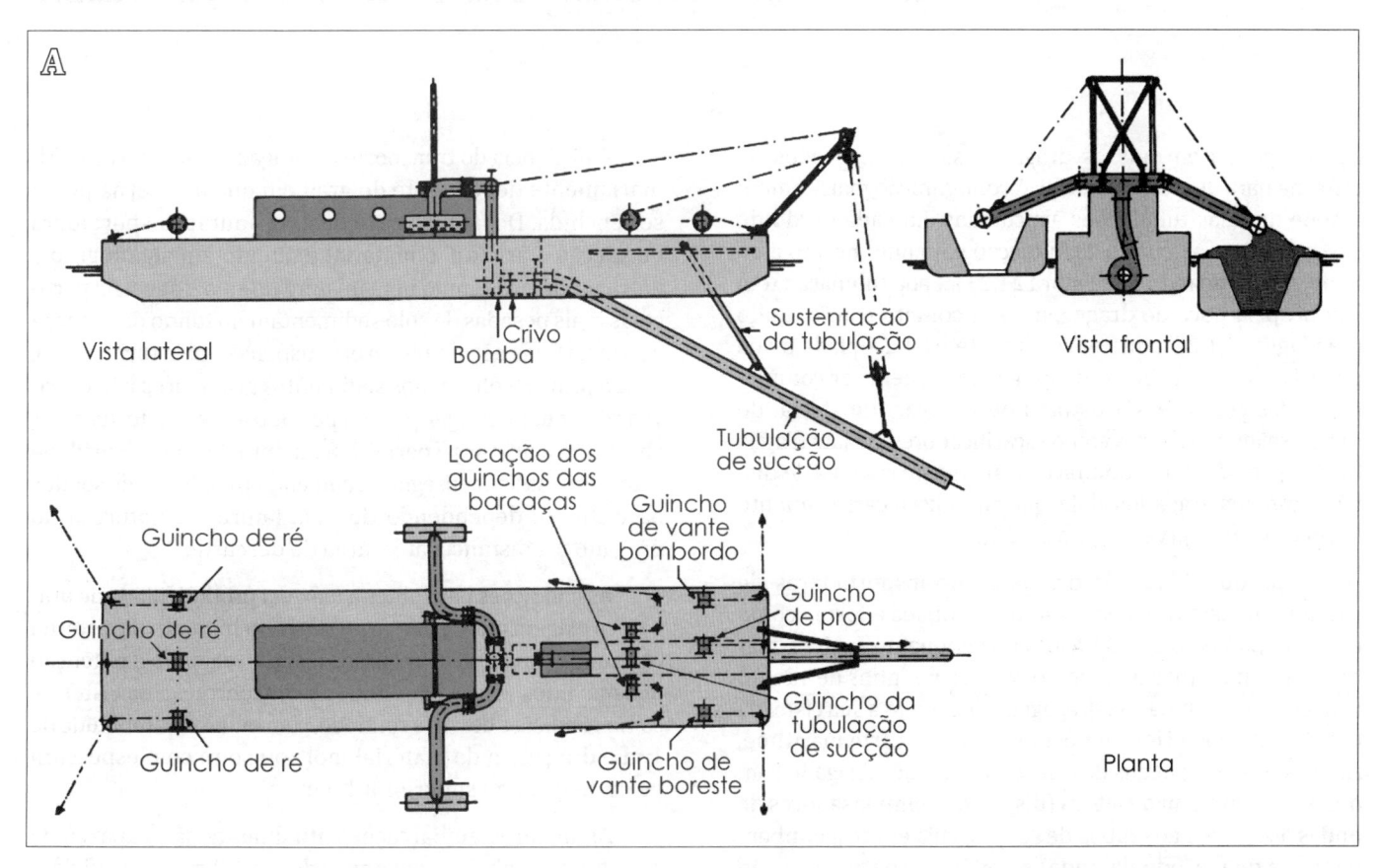

Figura 21.20
(A) Draga estacionária de sucção com sistema de carregamento de barcaças.

Figura 21.20
(B) e (C) Dragagem no Rio IJssel, nas proximidades de Kampen (Países Baixos). Duas dragas de sucção e recalque conectadas por tubulação flexível e enchimento de batelão por uma tubulação em flauta.

autopropelida em que os dragados são armazenados na cisterna para despejo posterior. A configuração mais comum dispõe de duas tubulações articuladas em cada bordo do casco próximo ao centro de flutuação para minimizar o efeito do estado do mar (ver Figura 21.21). Cada tubulação tem sua própria boca de dragagem para contato com o fundo (ver Figura 21.22), que normalmente está acoplada à sua própria bomba. As bocas de dragagem podem ser complementadas com acessórios para desagregar o material do fundo, sejam mecânicos como escarificadores, ou jato d'água de alta pressão. Cada bomba descarrega no sistema de distribuição dos dragados, dala, que equaliza o carregamento na(s) cisterna(s) (ver Figura 21.22).

A produtividade de dragas autotransportadoras de sucção e arrasto (*hopper*) está condicionada à forma como esse equipamento opera navegando, enquanto aspira o material do fundo (areia ou lama) através de tubos de sucção conectados a bombas de dragagem, enchendo a sua cisterna e liberando posteriormente a carga no descarte marítimo. Aplica-se em dragagens de canais, em mar desabrigado com ondas de 1 m a 2 m de altura (dispõe de compensadores de ondas acoplados aos tubos de sucção, cuja eficácia também depende do período da onda) e em áreas contínuas e não restritas, com despejo a longa distância. Têm baixa eficiência operando em áreas restritas.

A eficiência do transporte de dragados na cisterna é primariamente dependente do grau em que a cisterna possa ser enchida. De fato, no caso da draga autotransportadora de sucção e arrasto, o material é diluído em algum grau e entra na cisterna como uma mistura de solo e água. As partículas mais pesadas de solo sedimentam no fundo da cisterna e as mais finas permanecem em suspensão pela turbulência, sendo prática comum nos sedimentos granulares não coesivos continuar a dragar por um período após a cisterna estar cheia com a mistura e permitir à mistura de baixa densidade extravasar. Assim, consegue-se aumentar o conteúdo de sólidos na cisterna, dependendo de dois fatores: a natureza do dragado e a distância até a área de descarte.

As condições para obter a máxima produtividade de dragagem exigem que se prossiga com o enchimento da cisterna utilizando um ou mais recursos disponíveis para a obtenção dos máximos volume de sólidos e concentração na cisterna, como condições de corte contínuo, com ondas de amplitude de 1 m e dragagem de material mole ou solto com espessura de corte igual ou superior a 1,5 m.

As maiores embarcações atualmente são capazes de continuar a trabalhar em ondas de até 4,0 m e com eficiência até 3,0 m, considerando períodos de 6 s (vagas) a 8 s (marulhos), entretanto, a maioria das dragas têm esses

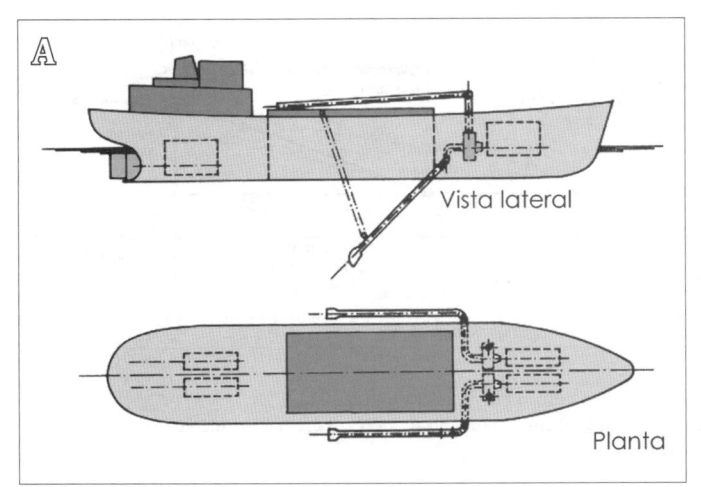

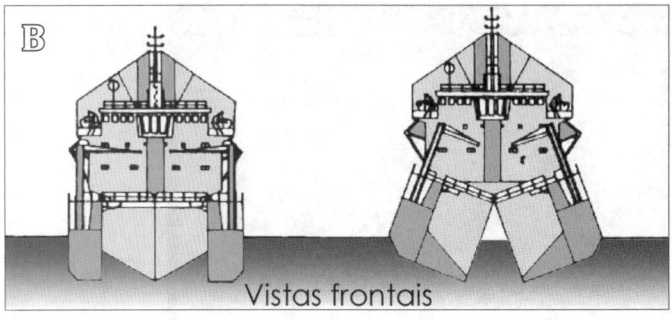

Figura 21.21
(A) Vistas esquematizadas de draga de sucção e arrasto autotransportadora (*hopper*).
(B) Vista frontal em navegação e condição de despejo. Os vários módulos podem ter portas autônomas, acionadas hidraulicamente e abrindo/fechando individualmente.

Figura 21.22
(A) Tubulação e boca de dragagem de draga autotransportadora içadas por guincho ligado a compensador de onda.
(B) e (C) Enchimento de cisterna de draga autotransportadora de sucção e arrasto e extravasamento pelo *overflow*.

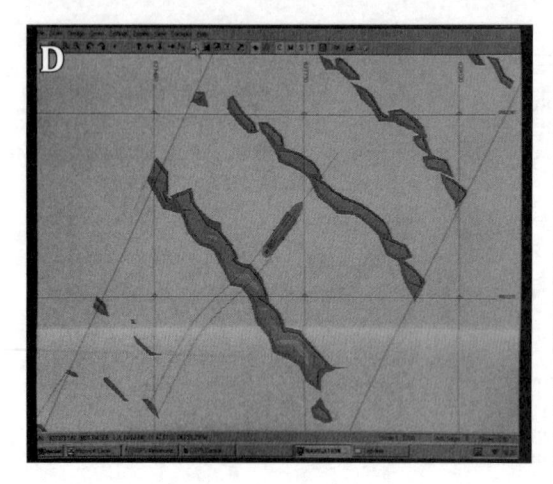

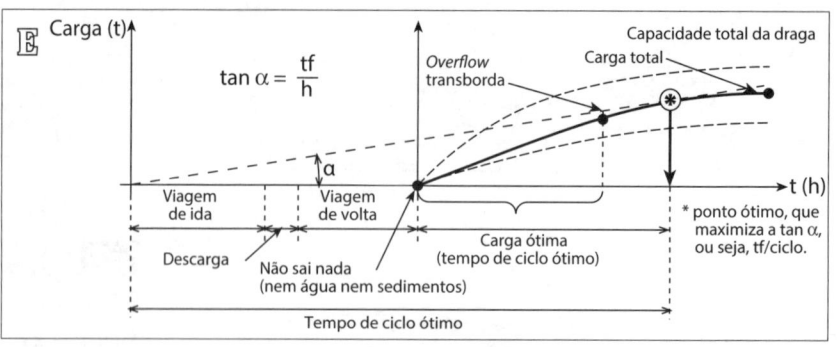

$$\tan \alpha = \frac{tf}{h}$$

Carga (t)

Capacidade total da draga

Carga total

Overflow transborda

α

Viagem de ida

Viagem de volta

Descarga

Não sai nada (nem água nem sedimentos)

Carga ótima (tempo de ciclo ótimo)

* ponto ótimo, que maximiza a tan α, ou seja, tf/ciclo.

t (h)

Tempo de ciclo ótimo

Figura 21.22
(D) Visualização da trajetória da draga no monitor do draguista.
(E) Curva operacional de dragagem em função da percentagem de areia (crescente da curva inferior para a superior).

valores limitados por 2,5 m e 1,5 m, respectivamente. A operação da draga começa a ficar prejudicada para alturas de ondas superiores a 2,0 m, pois o compensador de ondas chega a seu limite de operação. Além disso, o estado do mar com maior agitação que a prevista carreia mais sedimento para a escavação, aumentando o volume de dragagem previsto e a produtividade aparente da dragagem, pois o aporte maior que o previsto resulta em menor escavação na sondagem batimétrica.

Comprimentos de corte contínuo ideais são muito superiores a 1.000 m para não serem considerados restritivos. Para se ter uma ideia, uma dragagem produtiva ideal para uma draga com as dimensões estruturais para 14.000 m³ na cisterna necessitaria de pelo menos 4 km de tiro direto para sua produção ótima, sem a necessidade de manobras (quando os tubos de sucção têm de ser içados).

A mínima largura para a draga evoluir em seu giro ao final de uma passada, contando com *bow thrust*, é de 2,5 L_{OA} (comprimento total da draga).

Outros requisitos para se obter maior produtividade na dragagem são:
- Equilibrada distribuição de carga pelas portas das dalas.
- Liberação de mistura pobre de sólidos pelo *overflow*.
- Desagregação por hidrojato nas bocas de dragagem com pressão mínima de 10 bar (10,2 mca ou 1,02 kgf/cm²).
- Utilização de apetrechos nas bocas de dragagem (dentes, lâminas etc.) indicados para cada tipo de material.

A Figura 21.22(E) apresenta a curva operacional de dragagem da draga autotransportadora de sucção e arrasto. Tem baixa eficiência em descartes de curta distância de transporte, a menos de 2 km do corte em áreas restritas e material consistente. Nesta figura são mostradas as curvas de carregamento da draga, de acordo com a porcentagem de areia dragada no sedimento total. Para cada curva de carregamento corresponde um tempo ótimo de dragagem e desborde (*overflow*).

A draga de sucção e arrasto (ver Figuras 21.23 e 21.24) dispõe de sistema compensador de ondas acoplado à tubulação de sucção para amortecer o efeito do estado do mar sobre a boca de dragagem. Os dragados são bombeados para a cisterna, na qual os sólidos tendem a decantar para o fundo. Uma vez cheia a cisterna, inicia-se o extravasamento para o mar, constituído de água contendo alguns sólidos em função do tempo de decantação disponível. O *overflow*, peça vertedora de altura regulável propicia carga com maior concentração de sólidos. Assim que a carga economicamente proporcionada de sólidos está completa, as tubulações de sucção são elevadas e o navio segue para a área de despejo, frequentemente em grandes profundidades, onde as portas de fundo, ou válvulas, são abertas e os dragados são descarregados (ver Figuras 21.21(B) e 21.23(A)). A draga então retorna para a área de dragagem para outro carregamento.

Denomina-se *overboard* o extravasamento direto da vazão bombeada para fora da cisterna empregado nos momentos de manobra, quando as tubulações de sucção são momentaneamente suspensas, mas ainda com pressão de sucção nas bombas.

A draga Copacabana (Figura 21.23(B)) operava com características de boa versatilidade para diferentes obras subaquáticas:
- velocidade máxima: 13 nós;
- potência: 10.000 HP;
- bombas: 2 × 36";
- hidrojato nas bocas de sução: 10 kg/cm²;
- 3 escavadeiras com caçambas de 5 a 35 m³;
- dragagem estacionária junto ao cais e derrocamento;
- sistema de dragagem ambiental;
- carregamento de batelões;
- bombeamento para terra;
- ecobatímetro multifeixe na proa;
- monitoramento eletrônico da dragagem.

A draga da Figura 21.24(B) é uma draga *hopper* multipropósito muito competitiva para dragagens de implantação e manutenção, execução de aterros e engordamento de praia, apresentando grande manobrabilidade.

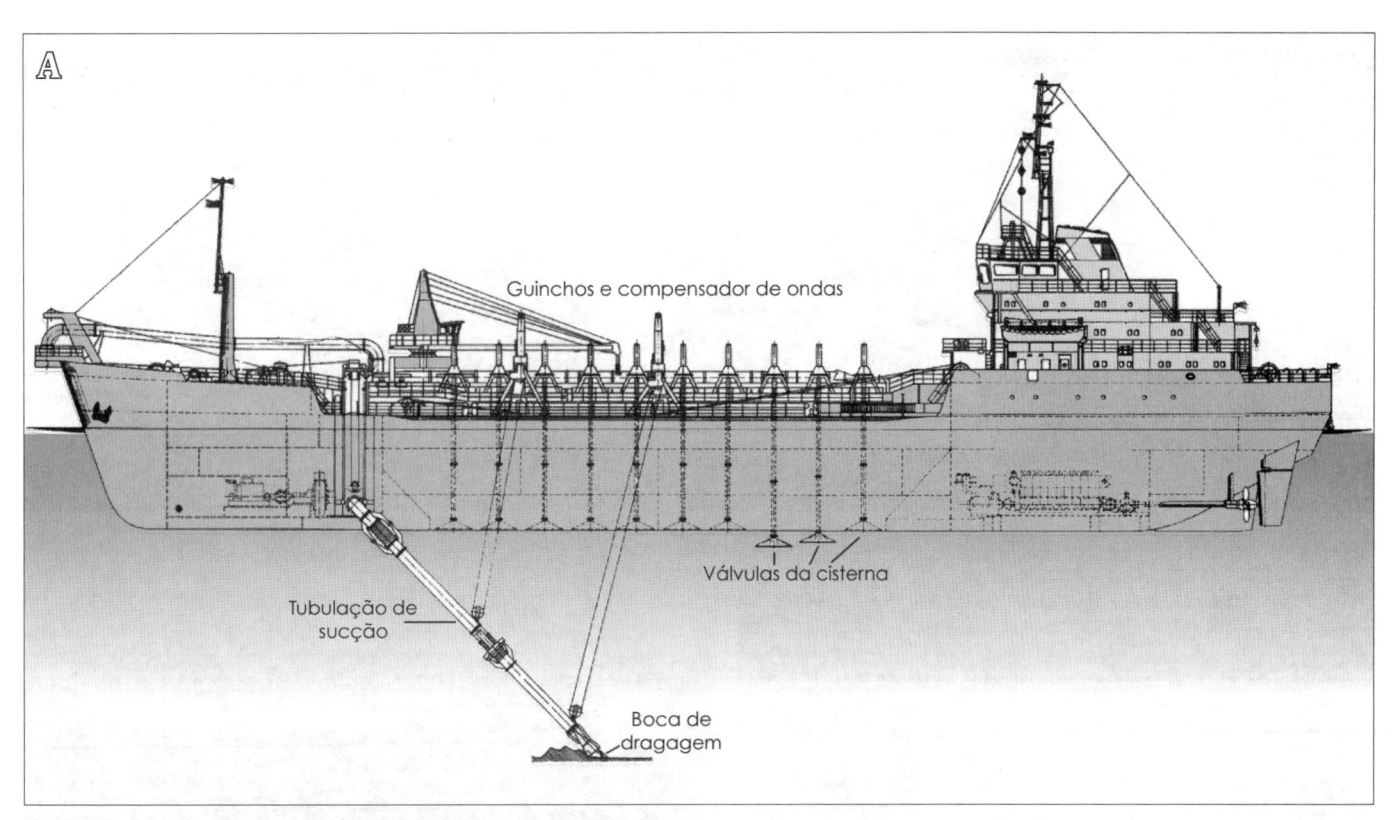

Guinchos e compensador de ondas

Válvulas da cisterna

Tubulação de sucção

Boca de dragagem

Figura 21.23
Dragas autotransportadoras de sucção e arrasto (*hopper*) de grande porte:
(A) Seção longitudinal típica.
(B) Draga Copacabana de 5.000 m³ de capacidade na cisterna dragando no Porto de Santos em 2010.
(C) Draga Hang Jun 5001 da CHEC, de 13.500 m³ de capacidade na cisterna, dragando o Canal de Acesso ao Porto de Santos em 2010, seguindo para o descarte.

Figura 21.23

(D) Dragagem no Porto de Santos.

(E) Draga Pearl River da Deme, de 24.130 m^3 na cisterna, retornando de área de descarte para dragar no Canal de Acesso ao Porto de Santos. Dimensões: 182,22 m (L_{OA}) x 28,00 m x 10,60 m (máximo). Velocidade máxima carregada: 15,00 nós. Profundidade de dragagem de 30,00 m extensível para 60,00 m e 120,00 m. Diâmetro das duas tubulações de sucção: 1.200 mm. Diâmetro da tubulação de descarga: 1.000 mm. Potência total instalada: 19.061 kW. Propulsão de navegação: 17.280 kW.

(F) e (G) Draga Utrecht da Van Oord, de 18.292 m^3 na cisterna, dragando no Canal de Acesso ao Porto de Santos e seguindo para a área de descarte. Dimensões: 159,65 m (L_{OA}) × 28,03 m × 11,85 (Pontal) × 10,38 m (calado para operação até 15 milhas náuticas da costa) × 10,80 m (calado para operação até 8 milhas náuticas da costa). Velocidade máxima carregada: 15,5 nós. Profundidade de dragagem de 60 m extensível para 74,6 m. Diâmetro das duas tubulações de sucção: 1.100 mm. Diâmetro da tubulação de descarga: 1.000 mm. Potência total instalada: 23.807 kW. Propulsão de navegação: 2 motores de 7.000 kW cada. Bombas internas: 2 de 2.600 kW cada. *Bow thruster*: 2 de 750 kW cada. *Boosters* submersos: 2 de 1.800 kW cada. *Jet pumps*: 2 de 1.250 kW.

Figura 21.24

Draga Gefion da Rhode Nielsen, de 2.658 m^3 na cisterna, dotada de duas bombas de dragagem e duas tubulações de sucção. Dimensões: 96,50 m (L_{OA}) x 15,10 m x 5,45 m (carregada) e 3,60 m (descarregada). Velocidade: carregada 10,5 nós e descarregada 11,0 nós. Profundidade de dragagem de 4,5 m a 45 m. Dispõe de bomba de hidrojato nas bocas de dragagem para deixar o solo mais solto. Motores principais: 2 x 1.100 kW. Dois propulsores e *bow thruster* de 257 kW. Quando descarregando material por bombeamento, o alcance é de até 3 km, sendo que essa capacidade pode ser aumentada colocando as duas bombas de dragagem em série (2.822 kW). Potência total instalada de 6.414 kW. Capacidade para 9 tripulantes.

A grande capacidade de dragagem das dragas *hopper* as qualificam para operar na construção de grandes aterros, bem como na abertura das grandes bacias portuárias e canais, como no caso de TX2 do Porto do Açu, LLX, no Estado do Rio de Janeiro (Figura 21.25). Nesta obra foi utilizada a maior draga do mundo, a Cristobal Colón, da empresa belga Jan de Null. A Cristobal Colón tem as seguintes características:

Capacidade de cisterna: 46.000 m³

Deslocamento de porte bruto: 78.000 tpb

L_{OA}: 223 m

Boca: 41,0 m

Calado carregada: 15,15 m

Máxima profundidade de dragagem: 155,0 m

Diâmetro da bomba de sucção: 1.300 mm

Potência da bomba na sucção: 2 × 6.500 kW

Potência da bomba na descarga: 16.000 kW

Potência de propulsão: 2 × 19.200 kW

Potência total instalada: 41.500 kW

Construção: 2009

Tripulação: 46

A draga autotransportadora de sucção opera posicionada por guinchos com cabos em amarrações apoitadas e com o tubo voltado para vante (ver Figura 21.26), podendo-se constituir em alternativa de operação em áreas portuárias confinadas. A Figura 21.27 apresenta uma pequena draga autotransportadora de sucção e arrasto, que se caracteriza pela sua capacidade de manobra e versatilidade de uso: autotransportadora de sucção e arrasto, pequeno porte e alcance até 29 m de profundidade, dotada de pilão derrocador e guindaste, acoplável com linha de recalque para engordamento de praia.

Figura 21.25
Abertura do canal e bacia do TX2 do Porto do Açu da LLX (RJ).

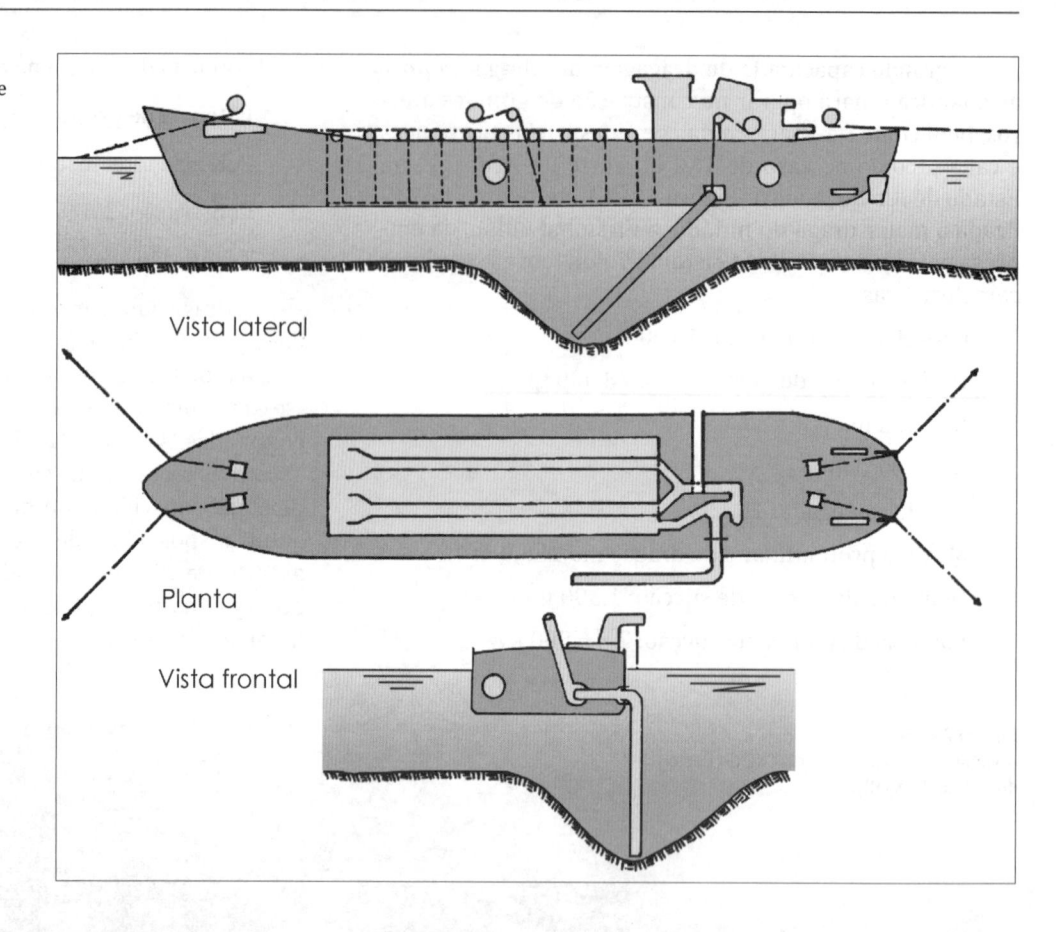

Vista lateral

Planta

Vista frontal

Figura 21.27
(A) e (B) Draga *hopper* de 800 m³ operando no Píer I do Complexo Portuário
de Ponta da Madeira da Vale em São Luís (MA).

21.1.3.4 PROCESSOS ALTERNATIVOS DE DRAGAGEM

Existem inúmeros processos de dragagem por agitação (mexida) ou arrasto, além de outros não convencionais.

Entre os equipamentos não convencionais usados em dragagem, destaca-se a draga de injeção de água (ver Figura 21.28), que tem realizado serviços nos portos de Itajaí (SC), Ponta da Madeira (MA) e Alumar (MA). Seu princípio consiste em criar em sedimentos finos (granulometria inferior à areia fina) uma mistura bifásica que, por correntes de densidade, tende a se deslocar rampa abaixo da escavação, devendo,

então, correntes favoráveis afastar esse material inconsolidado da área de dragagem. Evidentemente, tal processo somente é aplicável em áreas estuarinas em que a dragagem se dê nas proximidades da embocadura e na vazante.

21.1.3.5 CARACTERÍSTICAS DE OPERAÇÃO DAS DRAGAS EM FUNÇÃO DO SOLO

Na Tabela 21.1 apresenta-se uma comparação sintética das características de operação dos sistemas convencionais de dragagem em função dos tipos de solo. Para tanto, é de fundamental importância dispor de sondagens. Estas podem

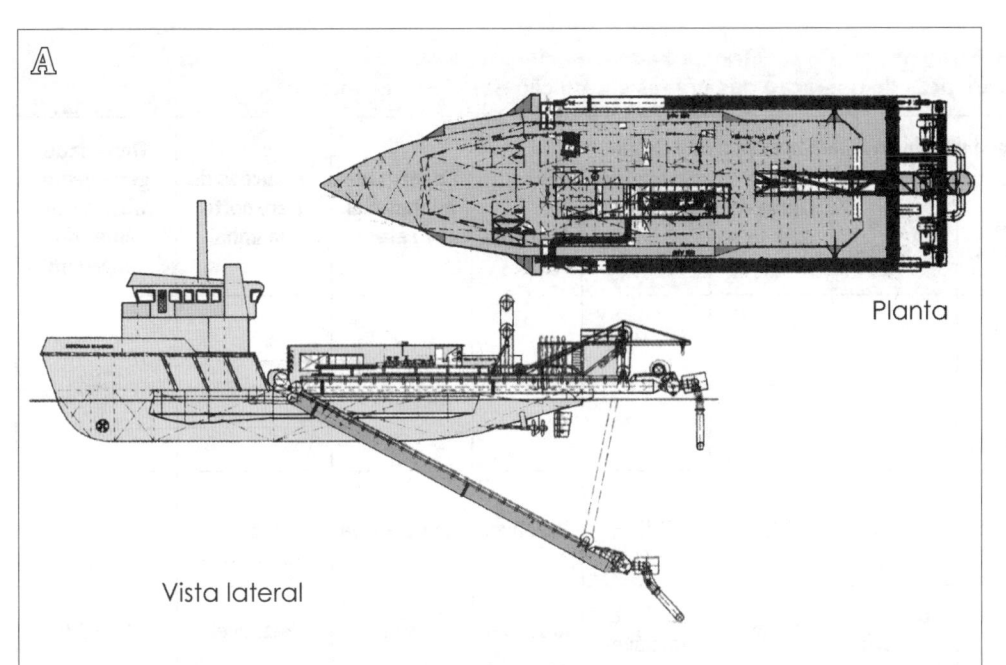

Planta

Vista lateral

Figura 21.28
(A) Draga de injeção de água.
(B) Draga de injeção de água atuando no Estreito dos Coqueiros, canal de acesso ao Porto da Alumar em São Luís (MA).
(C) Draga de injeção de água operando na bacia do Porto de Itajaí e Navegantes (SC).

Tabela 21.1
Características de operação das dragas em função dos tipos de solo

Tipos de solos	Adequabilidade dos diferentes tipos de draga						Capacidade do material com aterro	Condições de transporte na linha	Densidade geralmente observada antes da dragagem
	Draga *dipper*	Draga alcatrazes	Draga de sucção	Draga de sucção e recalque	Draga *hopper*	*Clamshell*			
Seixos	Razoável	Muito vagarosa, pode requerer adaptações	–	–	–	–	Não aceitável	–	–
Calhau ou calhau com cascalho	Razoável	Razoável	Difícil	Difícil	Difícil	Razoável	Má para boa	Fraca	–
Cascalho	Fácil	Razoável	Difícil a razoável	Razoável	Difícil a razoável	Razoável	Boa	Razoável	1,73-2,0
Cascalho arenoso	Fácil	Razoável a fácil	Razoável	Razoável a fácil	Razoável a fácil	Razoável a fácil	Muito boa	Razoável a boa	2,0-2,3
Areia média	Fácil, mas baixa produção	Fácil	Fácil	Fácil	Razoável a fácil mas com alta perda de material pelo *overflow*	Fácil	Muito boa	Boa	1,7-2,3
Areia fina							Boa	Muito boa	
Areia muito fina									
Areia siltosa fina			Razoável						
Areia fina cimentada	Razoável	Razoável	–	Razoável a fácil	Difícil	Difícil	Boa	Boa a má	1,7-2,3
Silte	–	Fácil	Difícil a razoável	Fácil	Razoável a fácil com alta perda pelo *overflow*	Razoável	Má	Muito boa	1,6-2,0
Argila arenosa dura ou compacta com cascalho (argila com seixos)	Razoável	Difícil a razoável	–	Difícil a razoável	–	Difícil a razoável	Boa	Somente possível após desagregação	1,8-2,4
Argila siltosa mole (argila de aluvião)	–	Razoável a fácil	–	Fácil	Razoável	Fácil	Má	Razoável	1,2-1,8 Assoreamento recente (1,5-1,6)
Argila siltosa dura ou compacta	Razoável a fácil	Fácil	–	Razoável a fácil	Difícil a razoável	Razoável	Má a razoável	Somente possível após desagregação	1,5-2,1
Turfa	–	Fácil	–	Fácil se não contém gás	Razoável	Fácil	Inaceitável	Muito boa	0,9-1,7

Obs.: Esta tabela dá uma estimativa inicial do grau de capacidade de dragagem e deve ser usada como orientativa.

ser geofísica ou geotécnicas. Os métodos geofísicos, ou indiretos, permitem a identificação de diferentes horizontes de coluna sedimentar, por meio de parâmetros relacionados à velocidade de propagação do som nas diferentes camadas. As sondagens geotécnicas são amostragens pelo trado (broca giratória) que perfura o leito, coletando testemunhos para obtenção de dados de mecânica dos solos, como ensaios SPT (*Standard Penetration Test*) na sondagem a percussão e sondagens rotativas em fundo rochoso para determinação da porcentagem de recuperação.

Outros processos mais simples, rápidos e baratos para classificação do material sondado são *jet-probe*, cravação de tubos e coleta de amostras com auxílio de mergulhadores.

21.1.3.6 EMBARCAÇÕES AUXILIARES

A atividade de dragagem com dragas estacionárias utiliza-se de embarcações auxiliares, fundamentalmente barcaças, rebocadores, lanchas de transporte de pessoal e lanchas para efetuar os serviços de sondagem batimétrica.

As barcaças ou batelões lameiros são embarcações autopropelidas que dispõem de sistema de abertura para descarga dos dragados no despejo (ver Figura 21.29). Uma vez descarregados os dragados, voltam a flutuar com calado leve e água na cisterna suficiente para lastreá-las. Podem ser do tipo casco bipartido (Figura 21.29(A)), ou *split-hull*, indicado para argilas plásticas e consistentes, pedras e detritos, sendo

a descarga processada em menos de 1 minuto. Os batelões lameiros dispõem de portas convencionais com batentes.

Os rebocadores (ver Figura 21.16(B)) são utilizados para conduzir o flutuante da draga e posicionar o sistema de fixação dela.

21.1.3.7 LINHAS DE RECALQUE

A linha de recalque de dragas de sucção e recalque em seu trecho flutuante é interligada ao final de cada tubo, cujo comprimento usual é de 6 a 12 m, por um mangote flexível, devendo dispor de folga que permita a movimentação da draga (ver Figura 21.30). Na Figura 21.31(A) estão apresentados as conexões mais usadas e o detalhe da curva giratória, que consta de duas curvas conectadas no meio a um tubo giratório vertical, que garante rotação total. Na mesma figura está apresentado o detalhe do flutuante da tubulação, cuja função é manter a linha em flutuação.

Nas Figuras 21.31(B) a (G) está ilustrada a sequência de execução de junta a quente em tubulação de recalque de PEAD. Na Figura 21.31(B) observa-se a marcação com fita-gabarito de anel a ser cortado, na extremidade do longo tubo soldado, para que a junta não apresente ponto de fraqueza. Na Figura 21.31(C) está sendo efetuado o corte com serra circular manual. Na Figura 21.31(D) as extremidades dos tubos a serem soldados encontram-se fixadas e acopladas ao braço hidráulico, sendo desbastadas de ambos os lados por faca circular inserida, visando obter superfície mais

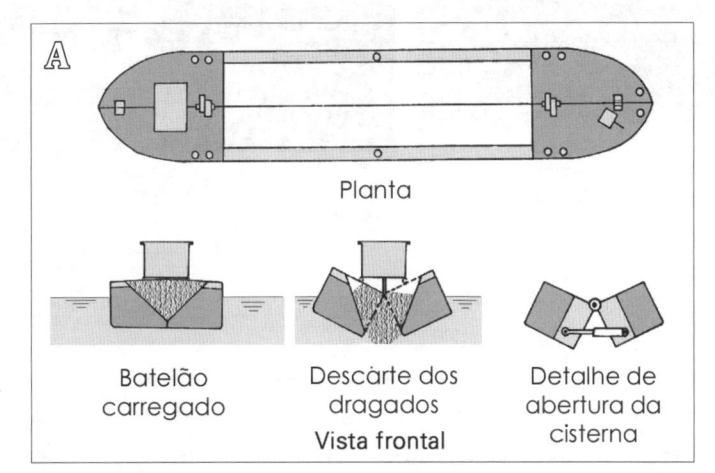

Planta

Batelão carregado

Descarte dos dragados

Detalhe de abertura da cisterna

Vista frontal

Figura 21.29
(A) Operação de batelões ou barcaças de dragagem.
(B) e (C) Batelões lameiros em operação no Porto de Santos (SP) carregado seguindo para o descarte e em lastro retornando do descarte.
(D) *Split hopper barge* em carga plena rumando para a área de descarte do Porto de São Petersburgo, no Golfo da Finlândia.
(E) *Split hopper barge* de 2.853 m³ na cisterna Jan Blanken da Van Oord rumando para a área de descarte de dragados do porto de Santos. Dimensões: 96,1 m x 18 m x 5,1 m. Velocidade carregada: 10,8 nós. Potência total instalada: 2.236 kW. Pode operar até 15 milhas náuticas da costa com ondas até 2,5 m de altura significativa.

Figura 21.30
(A), (B), (C), (D) e (E) Vistas de serviços
de dragagem no Rio Tietê (A e B) e
Pinheiros (C, D, E) em São Paulo (SP).
(São Paulo, Estado/DAEE/SPH/CTH).

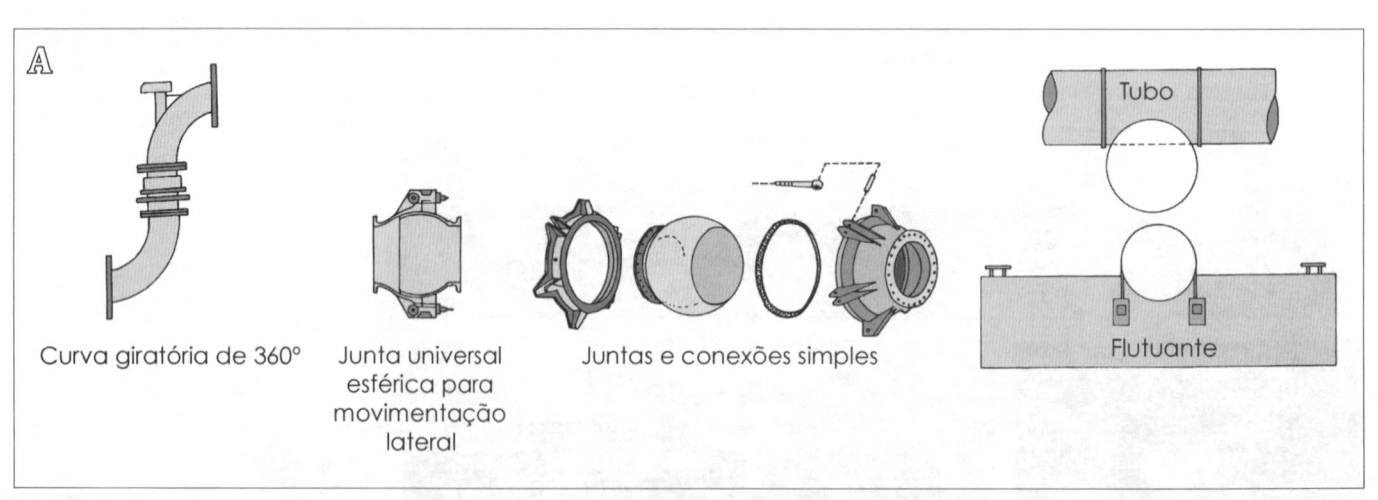

Figura 21.31
(A) Juntas e flutuantes em tubulações
de recalque flutuantes.

Figura 21.31
(B), (C), (D), (E), (F) e (G) Execução de junta a quente em tubulação de PEAD.

regular possível. Na Figura 21.31(E) está sendo inserida a peça circular metálica que é mantida em suporte de aquecimento ao lado da junta, visando o derretimento do PEAD, após um tempo adequado (Figura 21.31(F), quando os dois tubos são afastados (Figura 21.31(G) para retirada da peça de aquecimento e imediata recompressão com o braço hidráulico para a soldagem definitiva e formação do cordão de junta

21.1.3.8 HIDROCICLONE

Visando o adensamento dos dragados, reduzindo ou eliminando os sedimentos em suspensão carreados pela extravasão de dragas autotransportadoras, é possível instalar hidrociclones na draga.

21.1.3.9 LÂMINA REGULARIZADORA DO FUNDO

A lâmina regularizadora do fundo varre o leito visando aplainar alto-fundos residuais arrastando esse material para os cavados mais profundos que as cotas de projeto. O equipamento é arrastado por rebocador por meio de cabos presos em guinchos ou flutuador acoplado.

21.1.4 Eficiência da dragagem na operação com dragas *hopper*

A eficiência do transporte em cisterna de dragas *hopper*, autotransportadoras de sucção e arrasto, é dependente do grau de enchimento com o qual a cisterna possa ser carregada. Isso é particularmente importante para essas dragas, pois o material dragado é diluído em um certo valor e entra na cisterna como uma mistura de solo e água. As partículas sólidas mais pesadas sedimentam no fundo da cisterna e as partículas menores, mais leves, permanecem em suspensão pela turbulência. É prática comum, nos materiais não coesivos granulares, continuar a dragagem por um período após o enchimento da cisterna pela mistura e permitir o extravasamento da mistura de baixa densidade. Esse procedimento é adotado de modo a aumentar o conteúdo de sólidos na cisterna.

Para uma maior produtividade em menor tempo de impacto, é necessário analisar o porte da draga com relação a:

– parâmetros operacionais de navegação;

– gabarito geométrico das áreas a serem dragadas;

– tráfego aquaviário local.

Os parâmetros operacionais são importantes para que as dimensões do equipamento selecionado não sejam superiores às permitidas pela Autoridade Marítima para o local. Uma draga com calado operacional ou comprimento muito próximo do limite máximo permitido para o canal onde esteja operando muito dificilmente será autorizada a executar um giro em uma área não predeterminada para este fim. Tal restrição é impensável para uma operação-padrão.

Quanto ao gabarito geométrico das áreas a serem dragadas, é preciso levar em conta que, quanto mais tempo consecutivo de dragagem efetiva, maior é a capacidade do equipamento em bombear para dentro de sua cisterna uma mistura de melhor concentração. Toda vez que o bombeamento é interrompido ou a espessura da camada dragada é alterada, perde-se a qualidade da mistura que está sendo bombeada. As características dimensionais influem nessa continuidade, pois, toda vez que a profundidade da cabeça de dragagem é alterada em relação ao leito, essa interrupção está caracterizada. Quanto mais curta uma área, maior é a quantidade de curvas que o equipamento terá de fazer para se manter no interior dela. Sendo essa área não larga o suficiente para permitir um amplo giro do equipamento, o qual poderia ser executado ainda sem interromper a dragagem (situação na prática muito rara fora de bacias de evolução), em cada curva os braços do equipamento devem ser suspendidos do leito para permitir o giro do navio sem danos mecânicos. Apesar de, em muitos momentos, os componentes da draga dedicados exclusivamente à etapa produtiva estarem ativos, ou seja, em fase de dragagem, não necessariamente operam com a mesma produtividade. Em todo período de bombeamento em que a cabeça de dragagem não esteja completamente imersa na lâmina de material a ser removida, ocorre o succionamento e o consequente armazenamento de água de forma indevida e improdutiva.

Tendo em vista a capacidade volumétrica da draga como uma variável fixa, cabe garantir que a maior porcentagem do material que está sendo transportado seja, de fato, do material a ser removido, e não de água, que muitas vezes entra no sistema além do necessário para que a mistura seja simplesmente bombeável.

O *overflow* (vertedor ou extravasor) é um dispositivo para extravasar a água sobrenadante, ou a parcela que não sedimenta, na cisterna, funcionando como um vertedor tulipa, que deixa esse fluxo transbordar por cima das anteparas do dispositivo e passa a liberar volume para ser preenchido com material passível de sedimentação. Essa remoção otimiza a etapa de armazenamento dos sedimentos, aumentando a densidade da carga a ser transportada, elevando a porcentagem do material transportado, que de fato se configura como o solo a ser removido pela atividade, e tornando a operação mais eficiente. O ajuste do nível do *overflow* permite algum grau de controle sobre o volume e a característica da mistura dragada retida na cisterna. De fato, materiais muito finos não sedimentarão facilmente a partir da suspensão. Assim, quando se dragam tais materiais, usualmente, não se consegue significativo incremento de carga continuando a bombear após o início do extravasamento. Muitas dragas *hopper* são projetadas para carregar em carga plena material granular fino, mas não são geralmente capazes de carga plena de areia, pela grande densidade do material na cisterna, e somente podem ter condições de carregar cerca de 80% da capacidade da cisterna com esses materiais. Nesse último caso, o *overflow* deve ter seu nível de vertimento de soleira da crista mantido em nível apropriadamente abaixo do máximo.

A duração do extravasamento depende de dois fatores primordiais, dentre outros: a natureza do material dragado e a distância de transporte para a área de descarte.

Para materiais mais grosseiros, o extravasamento mais longo pode resultar em significativo aumento da carga. Esse aumento diminui na medida em que a dimensão da partícula torna-se menor, porque uma maior proporção de sólidos permanece em suspensão e, em um tempo relativamente mais curto, a densidade da mistura extravasada é praticamente a mesma da mistura descarregada na cisterna.

Deve-se observar que há três regimes de carregamento quando se trabalha com argilas e siltes:

- Materiais extremamente fluidos, que formam uma verdadeira pasta quando bombeados para a cisterna, se for atuado o extravasamento, ocorrerá eventualmente um mínimo de aumento (ou nulo) na capacidade da cisterna em reter mais sólidos. Estes materiais podem ser frequentemente bombeados em sua densidade *in situ* (ou muito próximo) e a carga na cisterna iguala aproximadamente o volume que foi dragado no instante em que o extravasamento se inicia.

- Em materiais moles, o solo será bombeado como uma mistura diluída de pasta e pelotas de argila. As propriedades da mistura são tais que a sedimentação na cisterna será impedida e ocorre uma pequena vantagem em extravasar por um curto período. Entretanto, como o solo foi carregado como uma mistura com água adicionada, a carga da cisterna será significativamente menos densa que o solo *in situ*.

- Em argilas rijas, embora o solo bombeado seja uma mistura diluída de pelotas de argila e água adicionada, há somente uma relativamente pequena componente de pasta, o que permite sedimentação rápida das pelotas floculadas de argila na cisterna, e o uso do *overflow* pode aumentar a carga na cisterna de modo similar ao dos materiais granulares mais grosseiros.

Deve-se ressaltar que, na etapa do transporte, toda a capacidade operacional de escavação da embarcação (equipamentos utilizados na sucção de material) permanece ociosa. Dessa forma, de modo a otimizar o processo produtivo como um todo, o equipamento evoluiu no sentido de trazer a maior eficiência possível para essa etapa. A forma de se atingir esse objetivo passa necessariamente por pelo menos uma das seguintes opções:

- redução da distância até a área de descarte;

- aumento na velocidade de transporte;

- aumento na capacidade de armazenamento da cisterna do equipamento.

Sendo a distância entre a área de dragagem e o descarte predeterminada e impossível de melhorar e a velocidade de navegação da draga sempre explorada em seu máximo, consequentemente a variável a ser trabalhada é a capacidade de carga do equipamento. Assim, uma vez mobilizado um equipamento para a dragagem de um trecho, e sendo a capacidade volumétrica de sua cisterna uma constante, cabe o emprego de técnicas que permitam a otimização da capacidade de carga pela eliminação de água na mistura bombeada e pelo consequente adensamento da carga.

21.1.5 Trabalhos necessários para a execução de dragagem de implantação em áreas de navegação

A informação adquirida durante as investigações prévias à operação de dragagem é vital para a sua organização, bem como para a determinação dos métodos a serem utilizados, das taxas de produção e dos custos desses métodos e das restrições à sua operacionalização, as quais podem resultar da natureza e da configuração do local. Todas essas investigações aprofundadas são fundamentais para o sucesso do projeto de trabalhos de dragagem.

Antes de desenvolver qualquer trabalho de implantação de um novo gabarito de dragagem, devem ser conduzidas investigações para estabelecer uma ampla gama de parâmetros essenciais para o projeto, o planejamento e a seleção de métodos, bem como para uma estimativa acurada do custo do trabalho a ser desenvolvido. Essas investigações situam-se em cinco grupos principais:

- Investigações meteorológicas para estabelecer o clima de ventos no local, e a incidência de neblina e precipitações pluviométricas, que podem afetar as operações de dragagem.

- Levantamentos hidrográficos para mensurar marés, correntes e ondas para definir a forma e as cotas do fundo do leito marinho.

- Investigações geológicas e geotécnicas para determinar a natureza dos materiais que serão dragados.

- Levantamentos ambientais para identificar os potenciais efeitos dos trabalhos no meio ambiente, tanto durante a execução como no seu término.

- Investigações gerais para estabelecer requisitos legais, operacionais ou estatutários que possam afetar os trabalhos.

Frequentemente, a caracterização deficiente das condições do fundo e da natureza dos materiais que se poderiam encontrar constitui-se na falha principal das investigações preliminares. Essa falha não se justifica, pois não há nada a ser ganho, e muito a ser perdido, com investigações limitadas a um mínimo. Particularmente em dragagens de implantação, um significativo grau de sobreposição é desejável, pois a redundância é recomendável.

Dois aspectos impactam sobremaneira a produtividade de dragas autotransportadoras de sucção e arrasto (*hopper*), que, como se sabe, depende da continuidade de navegação em trechos longos, sem interrupção, com as duas tubulações de sucção funcionando.

O primeiro aspecto diz respeito à caracterização de detritos náuticos pelas investigações prévias, que apontem a localização destes para prevenir danos aos equipamentos de dragagem por esses destroços, pois, de fato, a presunção de trecho a dragar livre e desimpedido é fundamental.

Leve-se em conta que o aprofundamento especificado em dragagens de implantação escava pela primeira vez camadas mais profundas que as anteriormente dragadas, motivo pelo qual muitos detritos poderiam encontrar-se enterrados até então. O mapeamento da incidência desses detritos deve ser enfatizado previamente, exigindo uma varredura para retirada prévia, assegurando um bom rendimento para a dragagem.

Em qualquer trabalho de dragagem, é importante localizar áreas características, como naufrágios e detritos náuticos, além de outros corpos submersos, como pedroços ou tubulações, cuja presença representa obstruções para a dragagem. Frequentemente, a localização genérica de tais áreas deveria ser conhecida pela Autoridade Portuária. Duas técnicas são largamente utilizadas para localizar essas áreas características e obstruções: sonografia com sonar de varredura lateral (*side-scan sonar*), para as localizações superficiais e magnetômetros, para as subsuperficiais.

A varredura com magnetômetro, que detecta anomalias no campo magnético terrestre pela presença de objetos de composição metálica de ferro (há metais que não são magnéticos), é um procedimento que deveria ser mandatório nos contratos de dragagem de implantação. Ela deve ser complementada com outras técnicas, como a sônica de varredura lateral e as sísmicas rasas, tendo em vista detectar outros detritos não magnéticos. Uma vez detectados, a limpeza da área a dragar é efetuada comumente com a retirada por equipamento mecânico de mandíbulas, o que torna bastante mais produtiva a operação posterior de dragagem, sendo particularmente sensíveis a esse resultado as dragas autotransportadoras de sucção e arrasto.

O segundo aspecto mencionado diz respeito ao comportamento de uma draga sujeita a vagas e marulhos, que depende de muitas variáveis, como a orientação da embarcação com relação ao rumo da onda, as características dinâmicas da embarcação, a altura das ondas e o período de vagas e marulhos. Esses e outros fatores, como as características do compensador de ondas, contribuem para a eficiência global da operação de dragagem em águas expostas. De fato, dispositivos compensadores ajudam a manter a boca de sucção em contato com o leito, mas, inevitavelmente, a produtividade tende a se reduzir na medida em que a altura da onda aumenta.

21.1.6 Medições dos volumes dragados

Para efetuar o pagamento e controlar o rendimento dos serviços de dragagem, torna-se necessário efetuar a medição dos serviços efetuados, que pode ser feita por:

- Medição no corte (*in situ*):

  Essa medição está sujeita a imprecisões oriundas de: assoreamentos, pelo retorno dos dragados ou pelo próprio transporte sólido natural, e empolamento de fundo, pelo alívio das pressões com a retirada da camada dragada. As sondagens batimétricas pré e pós-dragagem são mandatórias para avaliação da eficácia do serviço. A partir da sondagem batimétrica primitiva, estabelece-se o volume inicial de dragagem antes do início das operações. As sondagens durante o serviço de dragagem são importantes para avaliar a eficácia da obra, e na fiscalização, para verificar a produtividade da obra. Quando se trata de lama fluida, esse tipo de medição está sujeito a incertezas ilustradas na Figura 21.32, em razão da presença de nuvem coloidal, ao se utilizar sondagem batimétrica de alta frequência.

- Medição no despejo:

  A medição no despejo conduz normalmente a valores menores do que no corte por perdas de material em suspensão nas correntes, compactação do material diferente da natural e recalque do leito.

- Medição na cisterna:

  A medição na cisterna é a forma mais direta de medição. Quando o transporte é feito em batelões lameiros ou dragas autotransportadoras, pode-se medir a espessura do material decantado e a concentração de sedimentos em suspensão por amostragem na cisterna, medindo-se o depósito em 72 h em provetas de amostragem. Nas dragas de sucção, a medição contínua da concentração de sedimentos em suspensão

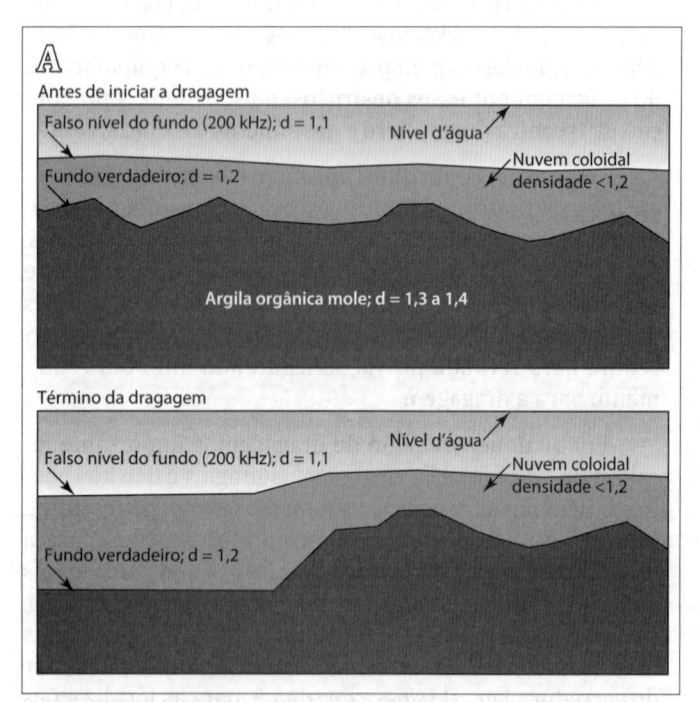

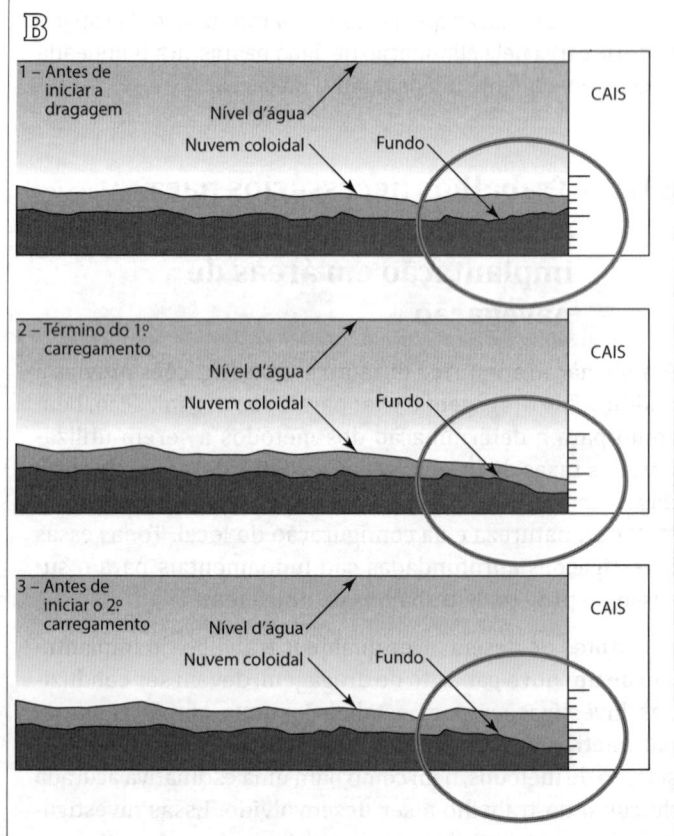

Figura 21.32
Elevações de perfis de áreas sob dragagem.
(A) Efeitos da presença de nuvem coloidal na determinação do fundo dragado.
(B) Nuvem coloidal ressuspendida na desatracação de um navio junto ao cais.

transportados pela tubulação, associada à vazão líquida medida, permite cubagem bem precisa do dragado.

- Medição por hora trabalhada:

  Indicada em dragagens de baixo rendimento, pela descontinuidade dos trechos a dragar com a mesma passada. Por exemplo, ondas de areia do Canal de Acesso à Baía de São Marcos (MA).

21.2 DERROCAMENTO

21.2.1 Considerações gerais

O derrocamento submerso apresenta grande diferença em relação ao derrocamento comum, em virtude do grande número de problemas especiais nela envolvidos e do custo mais elevado.

Diversos fatores são determinantes no custo do derrocamento submerso, como proteção contra ondas e ventos, possibilidade de ligação do local de trabalho com a terra e profundidade do material a ser derrocado. Grandes dificuldades se apresentam quando se é obrigado a trabalhar em mar aberto, sem possibilidade de proteção contra ondas e ventos, tornando-se praticamente impossível o emprego de métodos usualmente empregados no derrocamento comum. Também a remoção do material derrocado pode encontrar sérias dificuldades. Quando se empregam mergulhadores, a visibilidade debaixo d'água é de fundamental importância. Outro fator relevante é a existência de camadas de lodo sobre o material a ser derrocado, sendo que muitas vezes se é obrigado a removê-las para executar os trabalhos.

Com as dificuldades inerentes a esse tipo de serviço, o tempo necessário aumenta, comparativamente: no derrocamento a fogo em bancada a céu aberto o tempo gasto na perfuração e no carregamento varia de 0,1 a 0,3 h/m^3, enquanto no derrocamento submerso, mesmo em condições favoráveis, o tempo gasto varia de 4 a 6 h/m^3.

O derrocamento é uma obra de melhoramento que atua na desagregação e remoção de materiais submersos que afetam a navegação e cuja dureza inviabiliza a remoção por dragagem. Tais materiais podem ser reconhecidos por sondagem com embarcação varredora, sendo o sistema mais simples de régua composta por trilho suspenso por correntes até os mais modernos sensores sônicos multifeixes. Podem ser consideradas as seguintes fases no derrocamento: desmonte, retirada, transporte e deposição.

O desmonte por ondas de choque pode ser obtido por percussão direta (a frio) ou com o uso de explosivos (a fogo).

Na retirada do material desagregado, são usadas dragas mecânicas apropriadas para a retirada de material duro e compatíveis com o método de desmonte utilizado, sendo o material transportado por batelões para a área de despejo.

Diferentemente do processo de dragagem, são obras definitivas que aumentam as velocidades e a declividade da linha d'água. Pela especificidade dos equipamentos utilizados, podem custar da ordem de 10 vezes mais do que o metro cúbico dragado.

21.2.2 Métodos de derrocamento

21.2.2.1 DESMONTE MECÂNICO

O desmonte mecânico utiliza-se da energia de impacto por percussões reiteradas, usando para tanto basicamente o derrocador de percussão ou perfuratrizes. A energia utilizada no equipamento é função da dureza, espessura e profundidade da camada, bem como da dimensão máxima desejada para o material desagregado. A seguir descrevem-se os equipamentos mais empregados:

- Derrocador de queda livre:

  O derrocador de queda livre utiliza-se da percussão de uma haste de derrocamento de grande peso constituída de um pontalete de forma tronco-cônica de aço de liga especial ultraduro, cuja energia de impacto é função da altura de queda da haste (normalmente de 2 a 5 m). Conforme apresentado na Figura 21.33, o equipamento é montado em um pontão onde está instalada uma torre com um sistema de suspensão acionado por guinchos de grande capacidade para elevarem o pilão, que pode pesar de 4 a 25 toneladas. Esses equipamentos são indicados para espessuras a desmontar de 1 a 1,5 m e as profundidades em que são operados variam de 4 a 15 m, exigindo, consequentemente, torres que podem ter até 20 m de altura, uma vez que a profundidade deve corresponder a 2/3 a 3/4 do comprimento do pontalete. Para profundidades maiores do que 4 m, é necessário usar um tubo de ferro estaiado por cabos de aço e apoiado no casco para servir de guia ao pontalete na parte submersa.

  A produção desses equipamentos é muito variável, pelos aspectos já citados, situando-se frequentemente entre 5 e 20 m^3/h, devendo-se substituir a ponteira e o pilão, após um determinado número de golpes, que varia em função das características das obras efetuadas.

- Perfuratriz:

  O desmonte por perfuração utiliza tubulões em que é expulsa a água por instalação pneumática de ar comprimido, permitindo operações a seco com perfuratrizes, marteletes, por ação manual, somente em serviços de menor porte, ou mecânica. Os compressores de ar para os grandes martelos pneumáticos são instalados em embarcações e permitem perfurações até mais de 20 m de profundidade, com forças de choque de 3 a 10 toneladas em camadas de até cerca de 1,5 m de espessura. Para camadas acima de 1,5 m de espessura, é conveniente proceder à remoção do material desagregado, por jato d'água ou ar injetados por orifícios existentes

Figura 21.33
Derrocador de 15 toneladas.

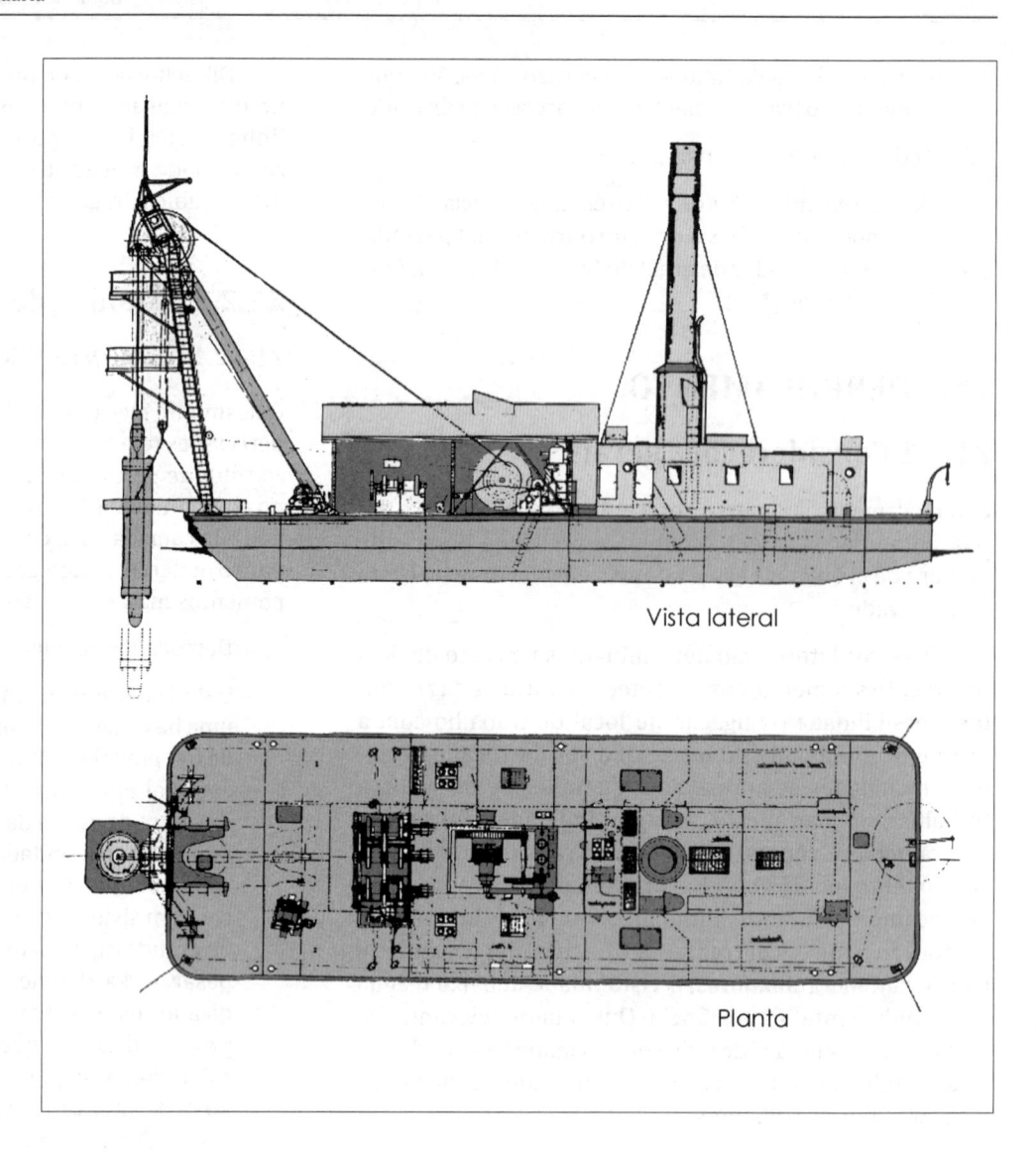

Vista lateral

Planta

na própria broca, antes de continuar a perfuração, evitando-se a redução da produtividade e o risco de ruptura da haste da broca.

21.2.2.2 DESMONTE COM EXPLOSIVOS

Considerações gerais

O desmonte com explosivos usa a introdução de cargas a serem detonadas em perfurações previamente executadas, sendo atualmente mais comum o emprego de marteletes a ar comprimido. Nas perfurações efetuadas a partir da superfície, utilizam-se embarcações estacionárias com várias torres, muitas vezes móveis sobre trilhos, dotadas de hastes perfuratrizes longas que se movem no interior de tubos-guia solidários ao flutuante, o qual garante o seu posicionamento com quatro charutos apoiados sobre o fundo e operados por guinchos (ver Figura 21.34).

Em 2011, a obra de aprofundamento e alargamento do canal estuarino do Porto de Santos (SP) exigiu derrocar as Pedras de Teffé e Itapema, por meio de 31 detonações, gerando 31.000 m³ em fragmentos.

Cálculo das cargas

No derrocamento submerso, o cálculo das cargas pouco difere do cálculo para derrocamentos comuns. Deve-se observar que é necessária uma quantidade adicional de explosivo para compensar a perda de energia causada pela detonação dentro d'água. Nas Figuras 21.35 (A), (B) e (C) estão ilustrados o esquema básico de desmonte em bancada, a sua perspectiva e o esquema de desmonte em cratera. Na Figura 21.35(D), observa-se a influência da configuração do material rochoso no volume a ser desmontado.

No derrocamento submerso, a carga costuma ser adotada em função da experiência adquirida em trabalhos anteriormente realizados. As especificações suecas sobre a quantidade de carga a ser empregada no derrocamento submerso, por exemplo, indicam de 1,0 kg a 1,5 kg de gelatina explosiva por m³ de material derrocado. Comparando-se esses valores com os correspondentes para derrocamento comum, verifica-se que representam um aumento de carga da ordem de 150% a 400%. Essa sobrecarga, porém, nem sempre é necessária e apresenta inconvenientes pelos elevados custos de perfuração, carregamento e explosivos.

Entretanto, às vezes, torna-se necessária, pois alguns equipamentos de remoção do material fragmentado exigem dimensões muito finas.

Os fatores que influem de modo decisivo no cálculo das cargas são: quebra do material, erros de perfuração, embolamento, fragmentação e falhas devidas ao carregamento.

A carga necessária para produzir a quebra de material no derrocamento submerso é superior àquela que seria necessária no derrocamento comum, pois parte da energia do explosivo é transmitida à massa d'água sob a forma de energia cinética. A perda de energia é proporcional à profundidade. Para profundidades inferiores a 15 m, é suficiente compensar as perdas mantendo a carga e reduzindo o afastamento (V) e o espaçamento (E) em 10%. Pode-se,

também, manter o valor do afastamento, reduzir o espaçamento em 20% e aplicar as relações comumente empregadas do derrocamento a céu aberto, observando, porém, que, no caso de bancada de pequena altura, a carga de fundo pode chegar a 2/3 V da face da rocha em lugar de V. Essa última medida pode não ser recomendável se houver perigo de o furo próximo detonar por influência da detonação deste furo, o que implica que o afastamento deva ser consideravelmente aumentado.

Erros de perfuração

Um dos mais importantes fatores a ser levado em conta no cálculo das cargas são erros de perfuração. Estes determinam uma percentagem de sobrecarga. Nos trabalhos de

Figura 21.34
Desmonte com explosivos com barco perfurador no Rio Tietê em Osasco (SP) nos serviços realizados nas décadas de 1980-1990.
(A) Barco perfurador.
(B) Detonação. (São Paulo, Estado/DAEE/SPH/CTH).
(C) Embarcação perfuratriz e execução de detonação para a fragmentação de derrocamento da Pedra de Itapema, no Porto de Santos (SP) em 2011.
(D) Derrocamento a fogo na barra do Porto de Natal (RN). Fonte: São Paulo, Estado/DAEE/SPH/CTH.

Figura 21.35
(A), (B) e (C) Esquema básico para desmonte em bancada, perspectiva, esquema de desmonte do tipo cratera.

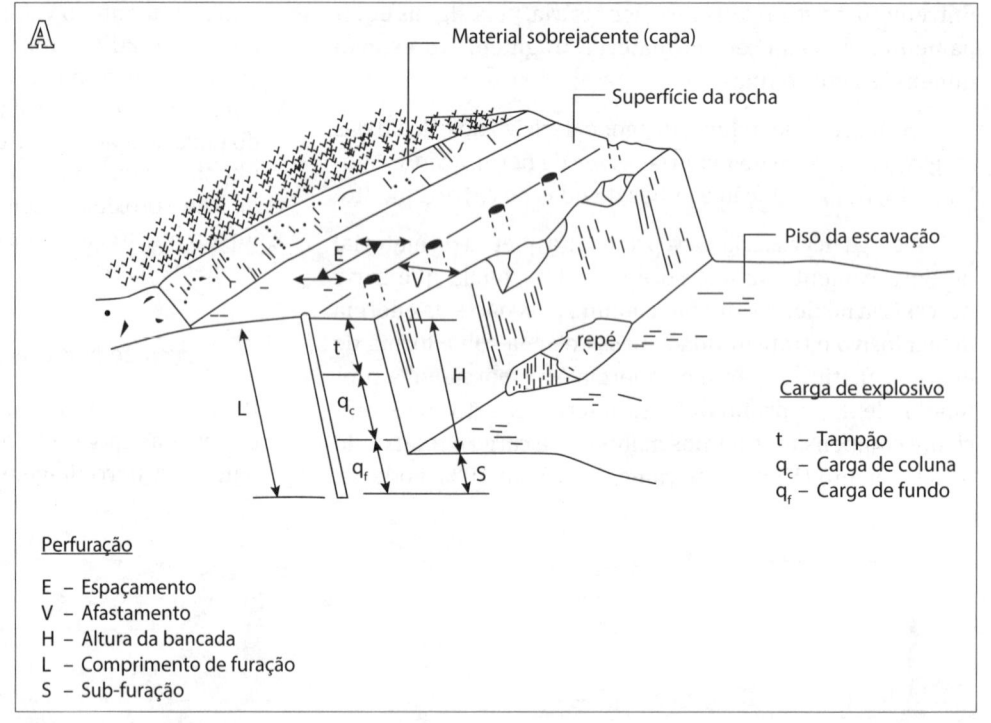

A

Material sobrejacente (capa)

Superfície da rocha

Piso da escavação

repé

Carga de explosivo

t – Tampão
q_c – Carga de coluna
q_f – Carga de fundo

Perfuração

E – Espaçamento
V – Afastamento
H – Altura da bancada
L – Comprimento de furação
S – Sub-furação

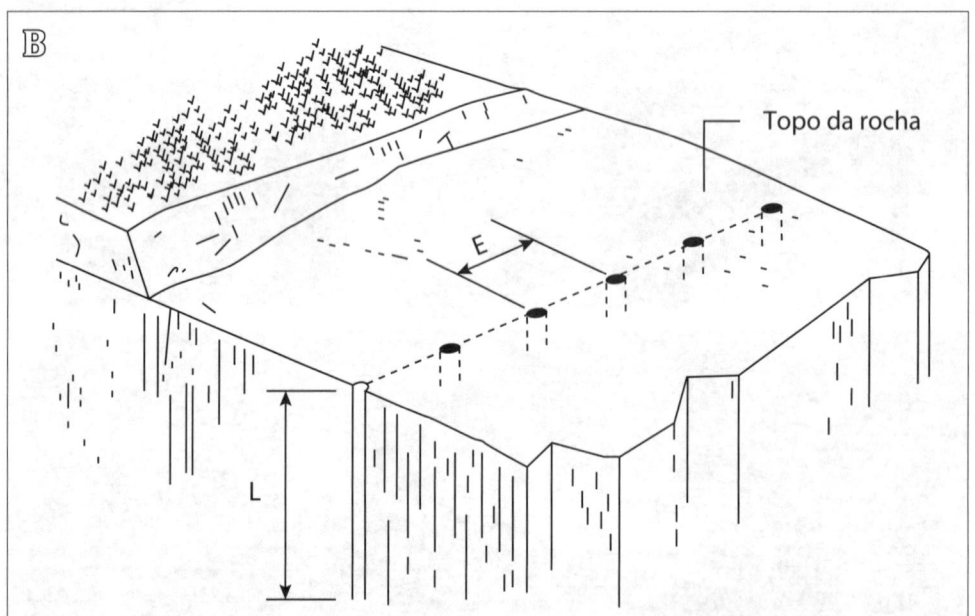

B

Topo da rocha

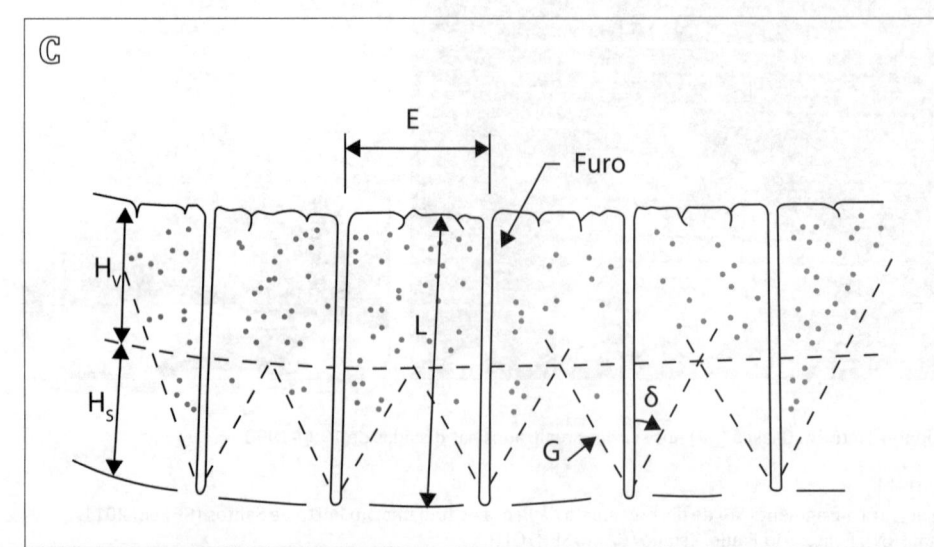

C

Furo

E – Espaçamento entre furos
L – Comprimento de furação
H_V – Altura máxima do desmonte
H_S – Perfuração adicional
G – Geratriz do cone
δ – Ângulo de quebra

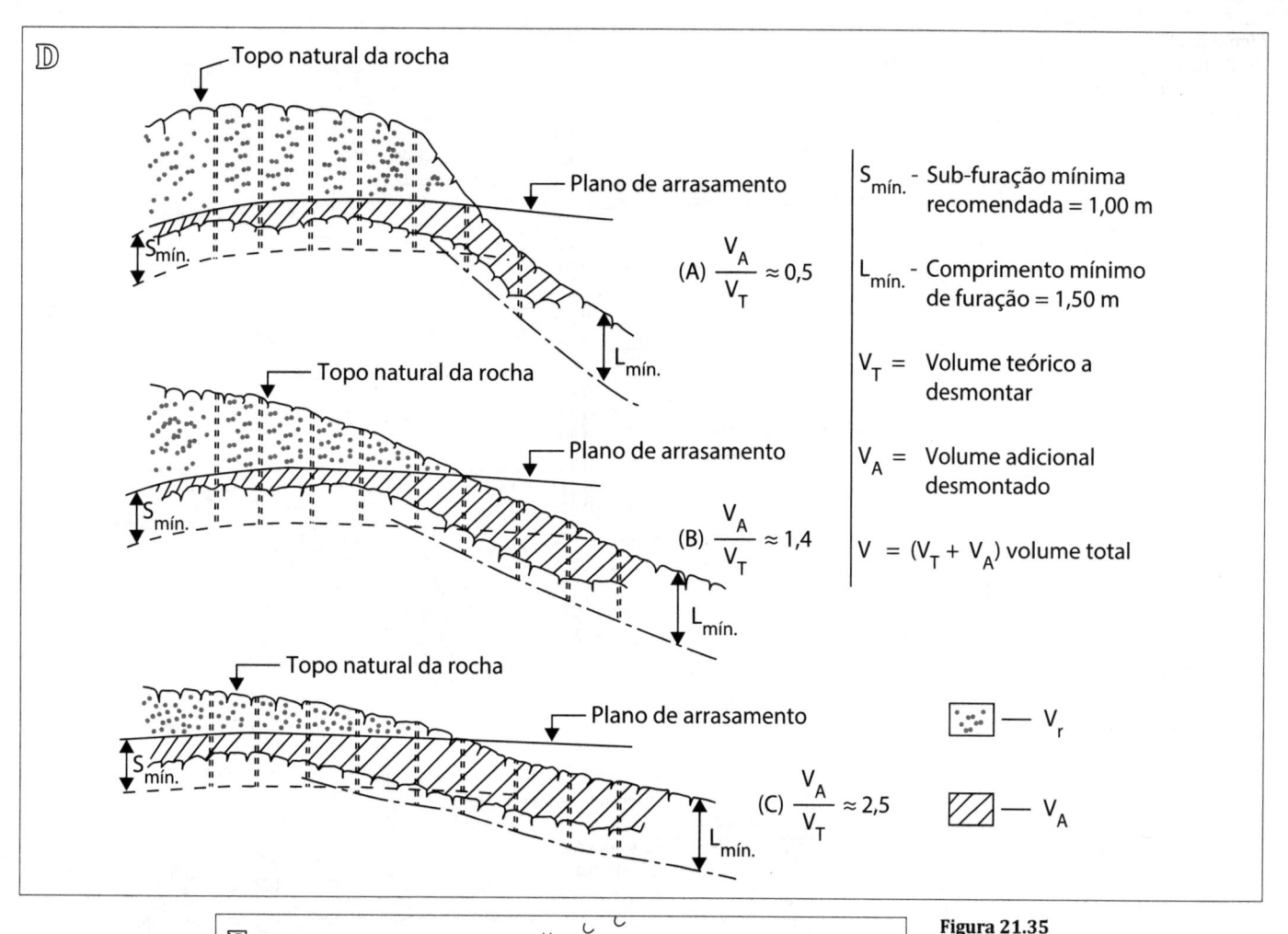

Ⓓ

Topo natural da rocha

Plano de arrasamento

$S_{mín.}$

$L_{mín.}$

(A) $\dfrac{V_A}{V_T} \approx 0,5$

Topo natural da rocha

Plano de arrasamento

$S_{mín.}$

$L_{mín.}$

(B) $\dfrac{V_A}{V_T} \approx 1,4$

Topo natural da rocha

Plano de arrasamento

$S_{mín.}$

$L_{mín.}$

(C) $\dfrac{V_A}{V_T} \approx 2,5$

$S_{mín.}$ - Sub-furação mínima recomendada = 1,00 m

$L_{mín.}$ - Comprimento mínimo de furação = 1,50 m

V_T = Volume teórico a desmontar

V_A = Volume adicional desmontado

$V = (V_T + V_A)$ volume total

▦ — V_r

▨ — V_A

Ⓔ

Figura 21.35
(D) Influência da configuração do material rochoso no volume a ser desmontado.
(E) Perfuração com marteletes manuais operados por mergulhadores.

perfuração submersa são encontradas dificuldades maiores que no derrocamento comum, o que obriga a tolerar um erro maior na perfuração submersa e, em consequência, aumentar a carga de desmonte.

Quando a perfuração é executada por mergulhadores (Figura 21.35(E)), costuma-se admitir um erro de 20 cm no emboque e um desalinhamento inferior a 5 cm por metro de profundidade. Quando se perfura a partir de plataformas está-

veis (Figuras 21.35 (F) e (G)), a medida do erro no emboque depende da profundidade da face da rocha. Na prática, neste caso, o desvio total é medido de um ponto fixo da perfuratriz até o fundo do furo terminado. Esse desvio, nos melhores casos, costuma ser da ordem de 3 cm por metro de profundidade. Em virtude das condições gerais insatisfatórias para plataformas estáveis e/ou correto emboque e alinhamento dos furos em operações submersas, podem ser necessários valores de correção sensivelmente maiores para erros de

Figura 21.35
(F) Perfuração por tubos guia.
(G) Método *overburden drilling* (OD) e plataforma.

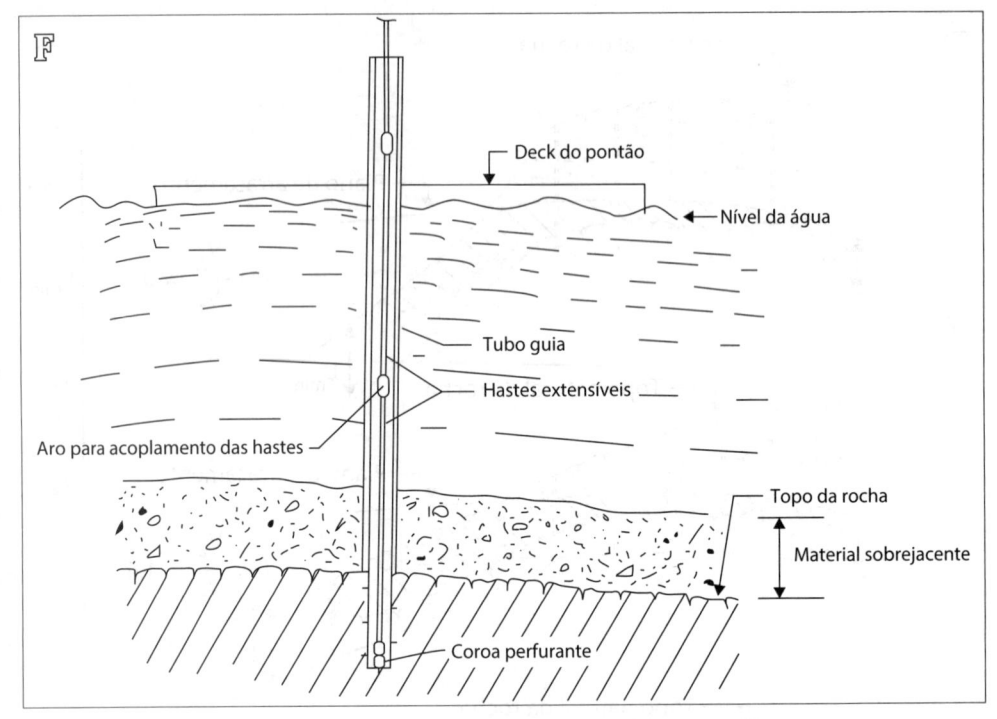

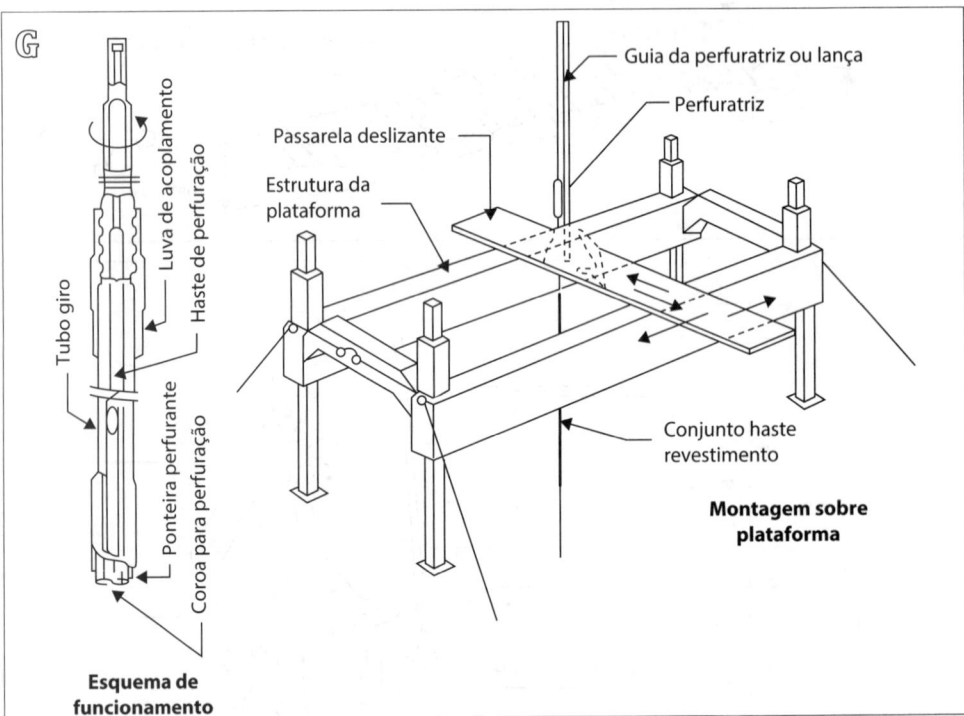

perfuração que no derrocamento comum. Essa correção varia com o quadrado da profundidade da base acabada.

Os efeitos relativos aos erros de perfuração são atenuados aumentando-se os diâmetros dos furos.

Inchamento e fragmentação

Na detonação de diversas fileiras de furos, deve-se adotar uma sobrecarga para permitir o inchamento do material derrocado, pois a carga deve ser capaz de remover também a rocha correspondente à fileira anteriormente detonada e que ficou acumulada em frente à face livre correspondente

à fileira em questão. A sobrecarga necessária aumenta linearmente com a altura da bancada.

Quando a perfuração é executada por mergulhadores com perfuratrizes manuais, a sobrecarga necessária para atender aos erros de perfuração é maior que a necessária para atender ao inchamento. Nessas condições, não se necessita fazer qualquer consideração para o inchamento.

Quando a perfuração é executada a partir de plataformas estáveis e se adotam furos de maiores diâmetros, os erros devidos à perfuração são consideravelmente reduzidos, de modo que, neste caso, a sobrecarga necessária para produzir o inchamento passa a ser mais importante que a sobrecarga relativa a erros de perfuração.

As condições de perfuração mudam completamente quando o inchamento passa a ser um fator dominante. Para furos oblíquos, com inclinação 1:2 para frente e para cima, a sobrecarga é apenas metade daquela necessária para uma inclinação 1:3 prover a mesma energia.

No derrocamento submerso, desde que seja feita uma perfeita distribuição das cargas e das esperas, podem-se aplicar as mesmas relações entre cargas específicas e fragmentação empregadas no derrocamento comum.

A fragmentação se torna mais uniforme quando se usam grandes sobrecargas, pelo fato de a contrapressão da água aumentar o efeito de colisão. Por outro lado, a resistência do explosivo é reduzida se este permanece algum tempo sob água, antes que seja feito todo o carregamento dos furos.

Supondo-se uma redução de energia de 20%, a relação entre carga específica e fragmentação é a seguinte:

– $0,24$ kg/m^3 produz fragmentação da ordem de 1 m^3.

– $0,30$ kg/m^3 produz fragmentação da ordem de $1/2$ m^3.

– $0,50$ kg/m^3 produz fragmentação da ordem de $1/2,5$ m^3.

– $0,60$ kg/m^3 produz fragmentação da ordem de $1/3$ m^3.

– $0,70$ kg/m^3 produz fragmentação da ordem de $1/4$ m^3.

– $0,85$ kg/m^3 produz fragmentação da ordem de $1/5$ m^3.

– $1,0$ kg/m^3 produz fragmentação da ordem de $1/6$ m^3.

Os blocos maiores provêm da rocha próxima à face.

No derrocamento submarino, costuma-se adotar a carga específica de $0,60$ kg/m^3 para carga de fundo em bancadas de altura superior a 3 m.

Quando uma fragmentação melhorada facilitar a remoção, pode-se aumentar, em muitos casos, a carga específica, contudo, sem aumentar o número de furos do esquema de perfuração. Nessas condições, os furos devem ser completamente carregados, observando-se, entretanto, que seja mínimo o risco de propagação da detonação de um furo para outro.

A fragmentação apresenta-se menos favorável, em geral, quando é grande a distribuição de fraturas e falhas na rocha, ou em virtude de uma sequência errada na detonação dos furos, muitas vezes causada pela propagação da detonação.

As Figuras 21.35 (H) e (I) ilustram a perfuração pelo método OD (*overburden drilling*) em rochas em diferentes condições. Trata-se de uma técnica desenvolvida na Suécia, que envolve o afundamento, pela perfuração percussiva e rotativa, de uma caixa de perfuração através da sobrecarga até onde se encaixa na rocha subjacente. Um furo de percussão rotativo é então continuado até a profundidade desejada na rocha. Enquanto o invólucro está sendo afundado através da sobrecarga, ele é acoplado à haste de broca e gira e alterna com ele. A Figura 21.35(J) mostra as condições de perfuração a partir de pontão flutuante. Nas Figuras 21.35 (K) a (M) são mostrados aspectos e equipamentos típicos relacionados à colocação das cargas explosivas.

Medidas de segurança

- Gases e fumaças

A detonação de um explosivo é uma reação muito rápida entre o combustível e o oxidante produzindo, em uma situação ideal, dióxido de carbono, vapor de água e nitrogênio. Contudo, em reações reais, além dos gases, são produzidos vapores em forma de fumaças, como monóxido de carbono e óxidos de nitrogênio, que a céu aberto, são usualmente dispersados pelo vento e pelas correntes de ar em um curto espaço de tempo, não chegando a prejudicar animais e seres humanos. Porém, no submerso, medidas de prevenção devem ser tomadas com detonação de microcargas diversos dias antes das detonações de grande porte, para afugentar os peixes da água, minimizando a possibilidade de mortandade. A prevenção é feita adotando explosivo original ensalsichado tipo emulsão.

- Vibrações

A velocidade da partícula é o melhor parâmetro para descrever a vibração e os danos potenciais para uma classe de estruturas com características de resposta bem definidas. Ela é diferente da velocidade de propagação. A velocidade de oscilação é a velocidade da partícula e a velocidade de propagação é a velocidade na qual a onda sísmica viaja pela terra, do ponto da detonação para o sensor. São três as componentes da velocidade da partícula: vertical, longitudinal e transversal. A resultante é o indicador mais usual.

A prevenção é feita de acordo com os seguintes procedimentos: adotar acessórios e esquemas de ligação que dificultem a sobreposição de tempos e adotar carga máxima por espera de acordo com a Equação de Propagação Sísmica Teórica estabelecida, levando-se em consideração a distância do fogo à interferência externa mais próxima. O controle comum à vibração é a redução da carga por espera, procedimento que é o mais importante na redução da amplitude da velocidade da partícula e da pressão acústica. Isso pode ser conseguido por redução do número de furos por espera, diminuição do diâmetro dos furos e escalonamento da carga dentro do furo.

- Impacto de ar (pressão acústica/ruído)

É outro efeito indesejável produzido pela detonação. Os danos e as reclamações causados pelo impacto de ar estão relacionados com: Plano de Fogo, condições do tempo e sensibilidade humana. O efeito do impacto de ar é propagado via uma onda de compressão que viaja na atmosfera, similarmente à onda viajando no solo. Sob determinadas condições atmosféricas e de Plano de Fogo inadequado, o impacto de ar produzido pode viajar longas distâncias. Essa onda consiste de som audível e concussão, ou som pouco audível. Se a pressão dessa onda, dita pressão acústica, é suficientemente alta, ela pode causar danos.

Figura 21.35
(H) Perfuração pelo método OD em rochas duras com material sobrejacente mole.
(I) Perfuração pelo método OD em rocha dura com cavernas (duas fases) e em rocha branda.

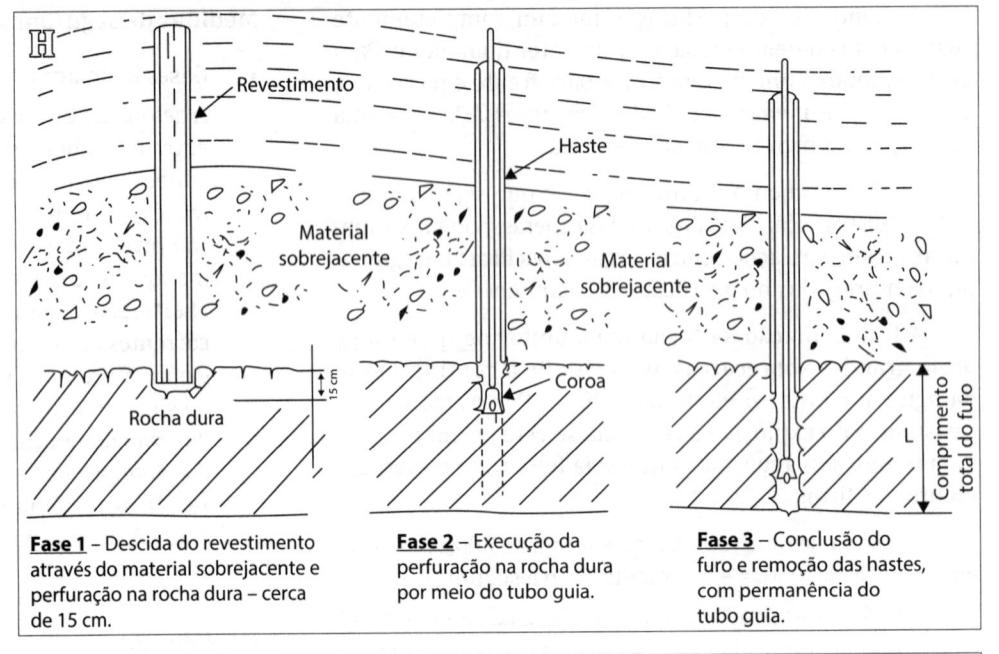

Fase 1 – Descida do revestimento através do material sobrejacente e perfuração na rocha dura – cerca de 15 cm.

Fase 2 – Execução da perfuração na rocha dura por meio do tubo guia.

Fase 3 – Conclusão do furo e remoção das hastes, com permanência do tubo guia.

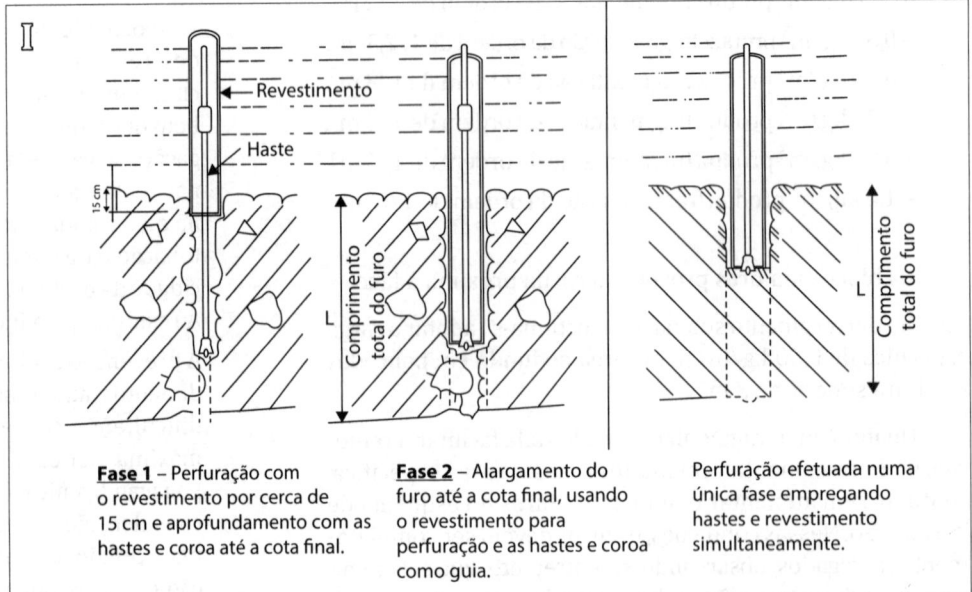

Fase 1 – Perfuração com o revestimento por cerca de 15 cm e aprofundamento com as hastes e coroa até a cota final.

Fase 2 – Alargamento do furo até a cota final, usando o revestimento para perfuração e as hastes e coroa como guia.

Perfuração efetuada numa única fase empregando hastes e revestimento simultaneamente.

O impacto de ar é medido e reportado como pressão acústica, isto é, pressão acima da pressão atmosférica. Normalmente é fornecido em kg/cm^2 ou em decibéis (dB).

Decibel é uma expressão exponencial para a intensidade do som que se aproxima da resposta do ouvido humano.

- Marolas

  Poderão ser instalados na lâmina d'água, próximo ao local de detonação, cordões de flutuadores antimarolas em polietileno, para minimizar o efeito destas, caso haja necessidade.

- *Line drilling*

  Junto às construções próximas às detonações, poderá ser feita uma linha de furos adjacentes (*line drilling*),

sempre 1 m abaixo da cota de detonação, para criar um anteparo às possíveis passagens de ondas de vibração, caso haja necessidade.

- Cortinas de borbulhas

  Poderá ser colocado um conjunto pneumático, com dispositivos submersos, no lado em que se queira preservar das ondas de choque, para gerar uma cortina de borbulhas.

- Ultra-lançamento (*Fly rock*)

  O ultra-lançamento é o arremesso de fragmentos de rocha decorrente do desmonte com uso de explosivos, que pode viajar a distâncias superiores à área de segurança da explosão, podendo resultar em lesões humanas, mortes e danos estruturais.

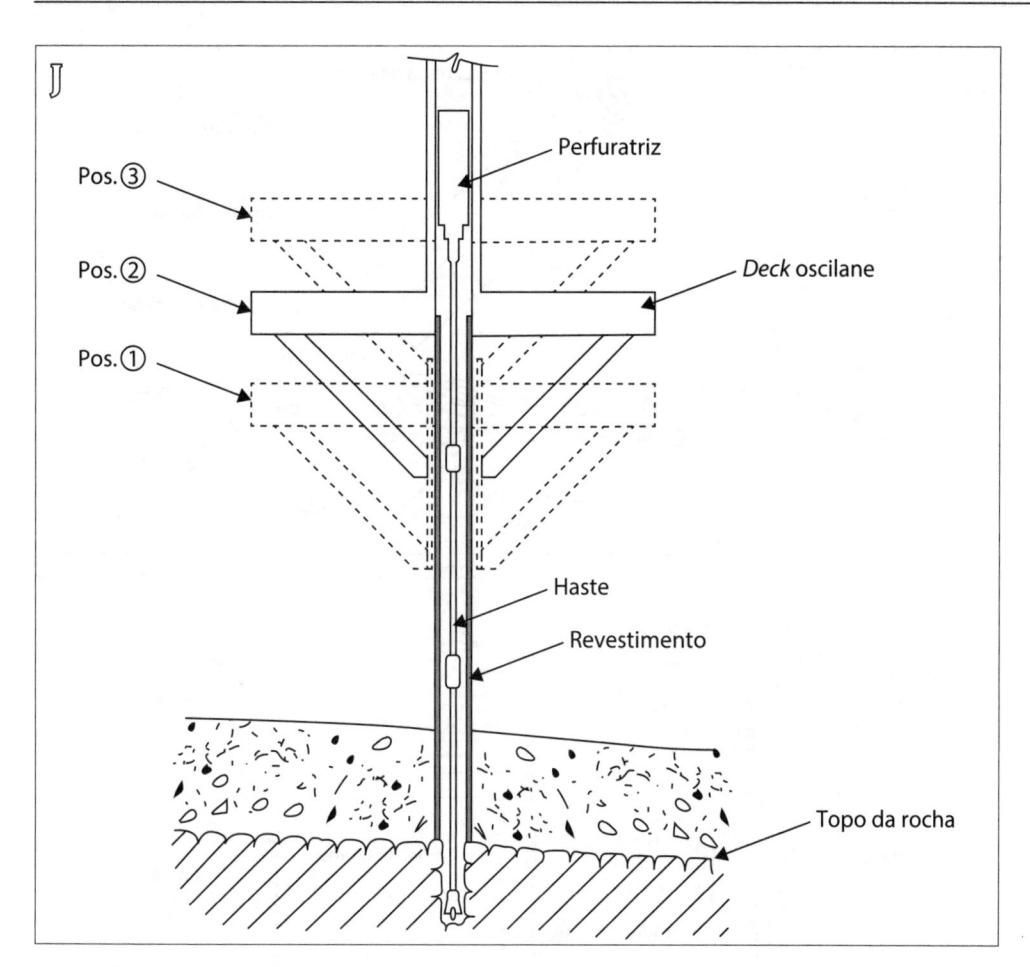

Figura 21.35
(J) Perfuração a partir de pontão flutuante.
(K) Carga explosiva de uso corrente em desmontes submersos com emprego de mergulhadores.

Apesar de o ultra-lançamento consumir apenas 1% da energia explosiva utilizada numa detonação, seu efeito é de natureza mais grave em comparação a outros efeitos, como as vibrações provenientes da detonação que se propagam pelo solo, em virtude dos danos que pode provocar.

Para estudo particular de determinada operação, é extremamente útil mapear o ultra-lançamento em relação à área de detonação levando-se em conta o peso dos fragmentos ultralançados.

- Mantas de borracha

Nos locais de maior risco ao impacto, deverão ser colocadas mantas de borracha e/ou pneus para absorção do impacto provocado pela detonação através da água. A água, por ser incompressível, transmite o impacto. Não confundir o conceito de vibração através da rocha com o do impacto.

Para evitar o ultra-lançamento de fragmentos, telas sobrepostas deverão ser utilizadas nos locais em que as edificações se aproximem do local da detonação e que não tenham muros de proteção ou qualquer outro anteparo.

Ligação dos furos

- Amarração ou ligação dos furos: executar a amarração ou ligação dos furos conforme detalhado no esquema de ligação, constante no Plano de Fogo.

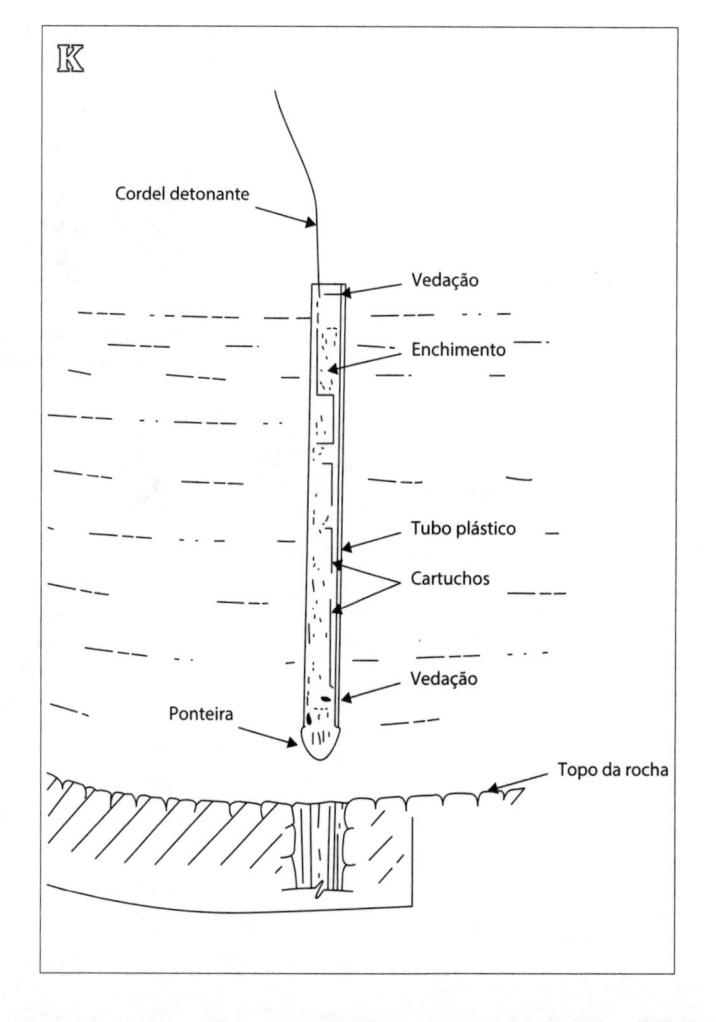

Figura 21.35
(L) Carregador pneumático.
(M) Colocação da carga explosiva e remoção.
(N) Retirada do material desmontado com escavadeira de cabo e *clamshell*.

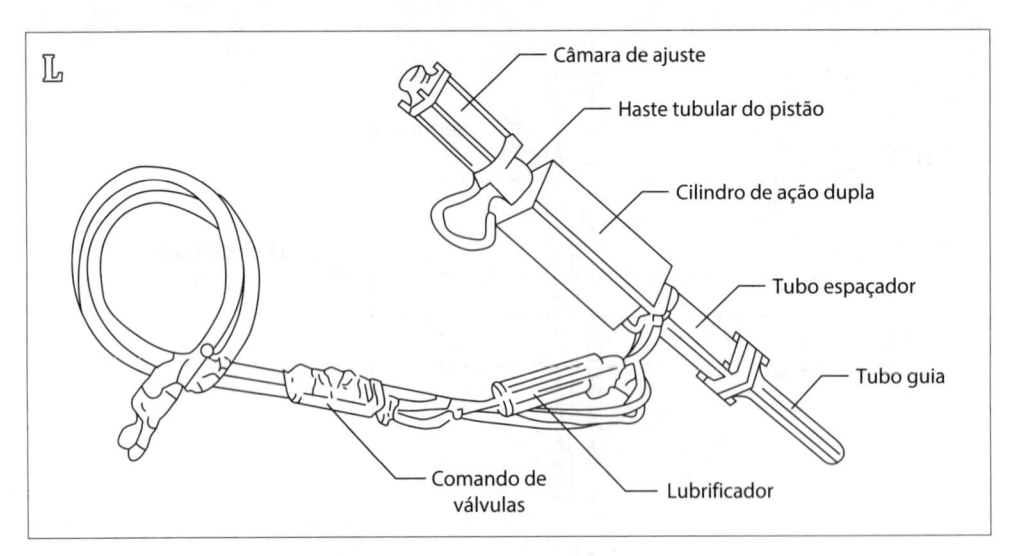

L

Câmara de ajuste
Haste tubular do pistão
Cilindro de ação dupla
Tubo espaçador
Tubo guia
Comando de válvulas
Lubrificador

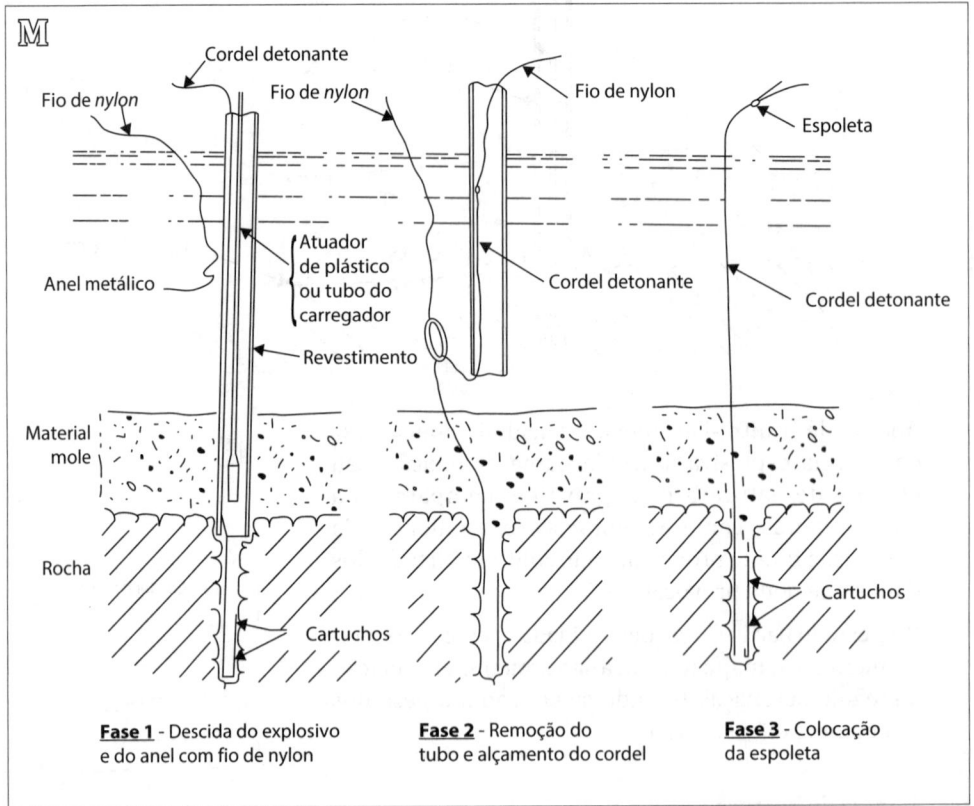

M

Cordel detonante
Fio de *nylon*
Fio de *nylon*
Fio de nylon
Espoleta
Anel metálico
Atuador de plástico ou tubo do carregador
Cordel detonante
Cordel detonante
Revestimento
Material mole
Rocha
Cartuchos
Cartuchos

Fase 1 - Descida do explosivo e do anel com fio de nylon

Fase 2 - Remoção do tubo e alçamento do cordel

Fase 3 - Colocação da espoleta

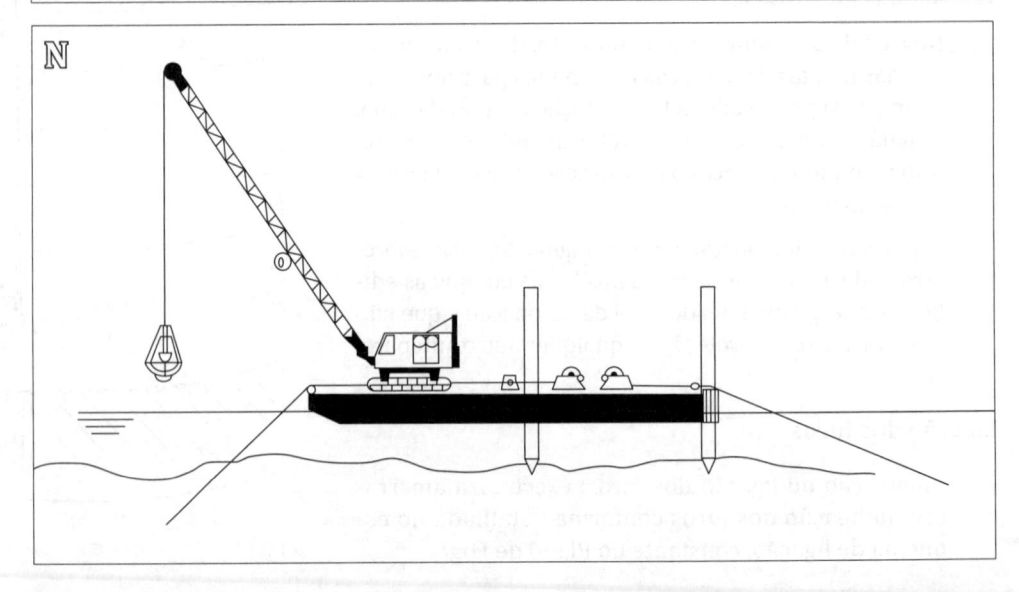

N

- Inspeção: inspecionar a área, verificando se todas as sobras de materiais explosivos acessórios foram recolhidas e devidamente armazenadas.
- Isolamento de área: após a amarração, o *Blaster* (Encarregado de organizar e conectar a distribuição e a disposição dos explosivos e dos acessórios empregados no desmonte) deverá efetuar a conferência rigorosa da ligação e acionar a segurança do trabalho, para efetuar o isolamento da área de detonação.

Detonação

- Afastamento do flutuante no mínimo 30 m do local da detonação.
- Verificação se todos os procedimentos de segurança descritos em procedimento específico foram obedecidos.
- Colocação da espoleta de iniciação do fogo somente depois de concluídas a execução e a liberação da área.
- Iniciação do fogo, para a qual deverá ser utilizada espoleta elétrica ou não elétrica de tubo de choque ou estopim, deve ser efetuada por um *Blaster* ou com acompanhamento deste.
- Isolamento da área executado conforme procedimento específico da área de segurança do trabalho.
- Algumas medidas de segurança para a detonação deverão ser adotadas, como:
  - toque longo 15 minutos antes da detonação para evacuação da área;
  - todos os integrantes que estiverem em atividades externas deverão seguir para os pontos de encontro;
  - toque longo 5 minutos antes da detonação para isolamento e paralisação na passagem do canal;
  - toque longo 1 minuto antes da detonação;
  - toque contínuo no momento da detonação;
  - após a detonação, checagem da área pelo *Blaster*.
- Para a liberação da área pelo *Blaster*, toque longo de 1 minuto.
- Para a situação de falha na detonação do Plano de Fogo, será realizado novo acionamento para iniciação, de imediato, sendo que para esse procedimento não será dado toque de sirene.

A comunicação para liberação de tráfego e/ou para informação das pessoas de modo geral será realizada via meios de comunicação interna.

Sismografia

A detonação deverá ser acompanhada de ensaio sismográfico para se verificar a vibração nas residências da região. Em função de os serviços não estarem sendo executados em área urbana, utilizam-se os limites de velocidade máxima de partícula, 50 mm/s para frequência maior que 40 Hz e de 128 dB para pressão acústica nas edificações mais próximas.

Deverá ser utilizado sismógrafo preparado para captação de vibrações e deslocamento de ar.

Os geofones deverão ser fixados convenientemente ao piso e nivelados seguindo as recomendações da NBR-9653 (2005).

Relatório de Fogo

- O Relatório de Fogo deverá ser preenchido e calculado antes da detonação.
- Muitos itens da eficiência da detonação apenas estarão disponíveis depois da limpeza.
- A produção média na limpeza pode ser um item a ser incorporado na eficiência.
- A ligação e o esquema de carregamento não precisam ser desenhados, pois eles são imutáveis para o objetivo deste procedimento.
- Nada precisa ser feito em termos de preenchimento dos consumos e dos consumos específicos, pois a planilha fornece estes dados.

Limpeza

Após as detonações será feita a limpeza do fogo com equipamentos apropriados.

Controle do processo

O controle dos procedimentos de execução será efetuado por meio de:
- Verificação da vibração induzida pela detonação.
- Análise da fragmentação obtida na detonação.
- Controle dos materiais explosivos utilizados.

Segurança das equipes de desmonte, gerenciamento e de controle da qualidade

- Antes do carregamento:
  - O Cabo de Fogo (Encarregado) deve seguir os padrões locais para limpeza da área.
  - O Cabo de Fogo é o responsável pela remoção de todo o equipamento e o pessoal da área de fogo.
  - A área de fogo deve ser definida pela supervisão.
  - Sirene deve ser usada para alertar e seu alcance mínimo deve ser de 300 m.
  - A iniciação a ser preparada deve garantir que o fogo seja detonado por sistema elétrico ou não elétrico de tubo de choque ou estopim.

- Durante o carregamento:
  - Não carregar furos que não foram programados para detonar.
  - Terminado o carregamento, remover imediatamente toda a sobra de explosivos e acessórios.

- Metal não faiscante poderá ser usado para interligar os bastões.

- Evitar tamponamento violento.

- Nunca tamponar o cartucho escorva.

- No tamponamento, tomar cuidado para não danificar tubetes de sistema não elétrico de tubo de choque, cordel detonante ou fios de espoletas elétricas.

- Nunca deixar os furos já carregados sem vigilância.

- Nunca deixar explosivo ou acessório não usado na área de detonação.

- Somente ferramentas usadas no carregamento podem permanecer na área de detonação após a chegada do explosivo. Máquinas e outros equipamentos devem permanecer fora dessa área.

- Não operar equipamentos a menos de 15 m de furos carregados.

- A única atividade permitida na área de detonação é aquela requerida para carregamento dos furos com explosivos.

- No final do carregamento, o Cabo de Fogo deve verificar a ligação do fogo para garantir que todas as cargas estejam propriamente ligadas ao circuito.

- A detonação deverá ocorrer no horário preestabelecido.

Armazenamento, transporte e manuseio de explosivos e acessórios

A armazenagem de explosivos e acessórios deverá ser feita em paiol devidamente credenciado, conforme estabelecido no regulamento aprovado pelo Decreto nº 3.665, de 20 de novembro de 2000, conhecido como Regulamento para Fiscalização de Produtos Controlados (R-105).

Os explosivos e os acessórios serão transportados e acondicionados na obra por veículos devidamente licenciados pelo Ministério da Defesa, conforme estabelecido no R-105.

No final do dia, o saldo de explosivos será retirado da obra e armazenado no paiol.

Remoção dos fragmentos da rocha desmontada

- Escavação com escavadeira a cabo e *clamshell* (Figura 21.35(N)), um equipamento que permite trabalhar com caçambas de maior volume e peso, dando produtividade aos trabalhos. Tem também a vantagem de ter maior alcance de varredura em um mesmo posicionamento, porém tem a desvantagem de necessitar de flutuantes de maior porte e, consequentemente, de sistema de fundeio de maior capacidade. Sua vantagem principal é a capacidade de escavação em lâminas d'água profundas, em que as retroescavadeiras não alcançam.

- Escavação com retroescavadeira (Figura 21.35(O)), que tem grande capacidade de escavação e boa produtividade, além de necessitar de flutuante de pequeno porte, com custos mais baixos. Contudo, seu alcance é limitado em profundidades maiores.

- Os flutuantes são estacionários, dotados de *spuds*, guinchos e âncoras, com embarcação auxiliar (rebocador ou equivalente).

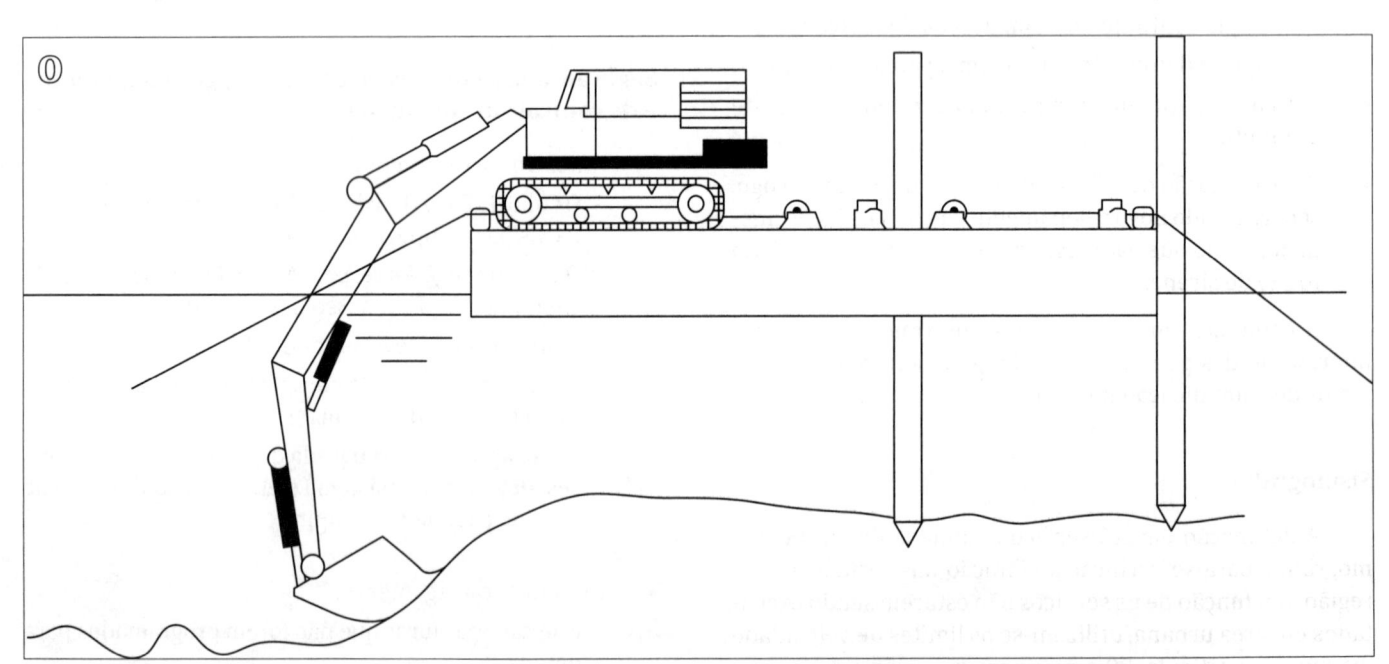

Figura 21.35
(O) Retirada do material desmontado com retroescavadeira.

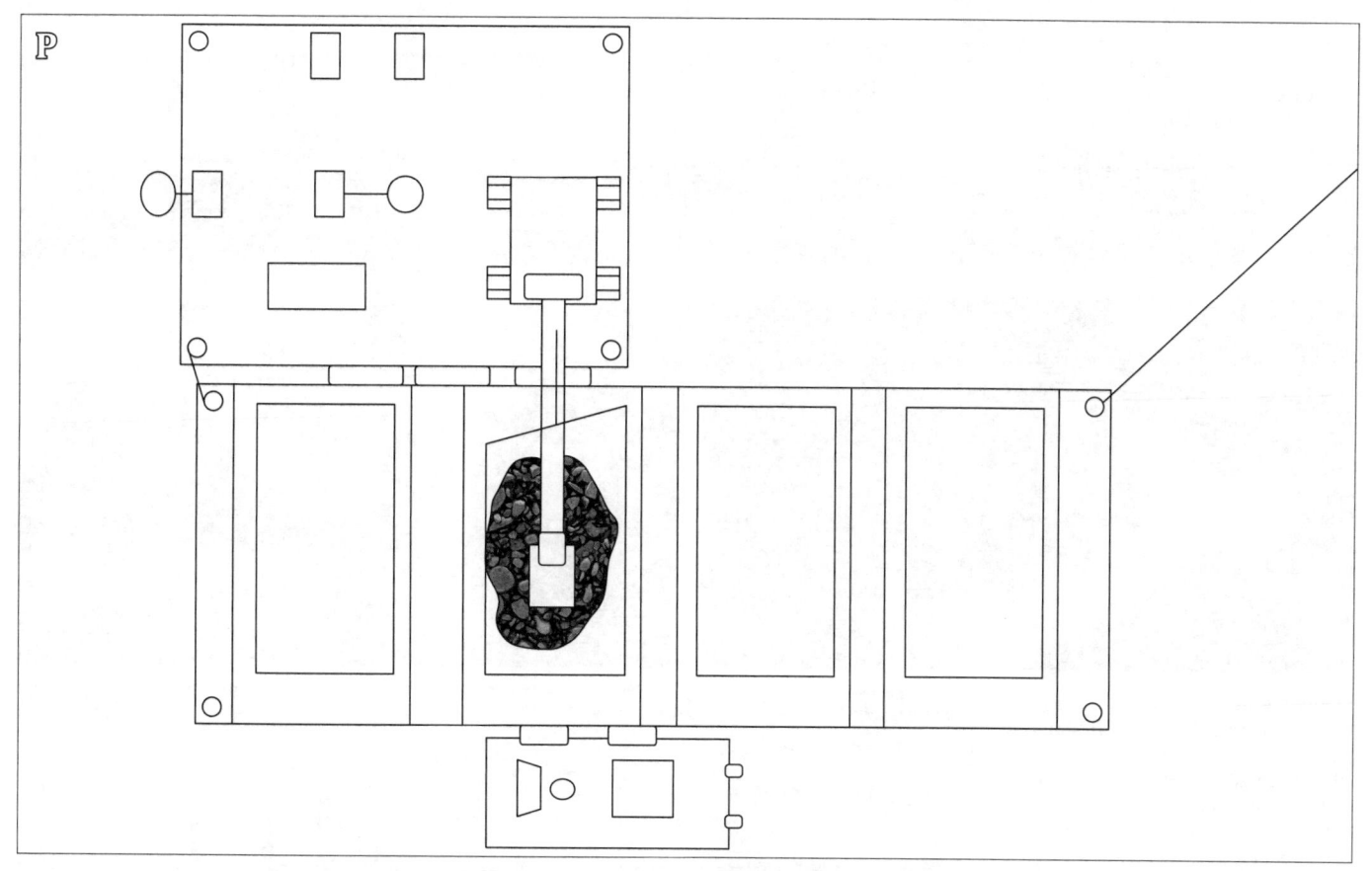

Figura 21.35
(P) Vista em planta do carregamento da barcaça que transportará os materiais fragmentados.

A Figura 21.35(P) ilustra a escavadeira carregando uma barcaça, que levará os fragmentos do desmonte para o destino final.

21.3 GESTÃO AMBIENTAL DE DRAGADOS NÃO INERTES

No Brasil, a Resolução Conama nº 454/2012 apresenta a caracterização química dos critérios para avaliação da qualidade do material dragado. A gestão dos dragados não inertes (CDM – *Confined Disposal Material*) exige destinação final em CDF – *Confined Disposal Facility*, como esquematizado na Figura 21.36, que são áreas de sacrifício implantadas com critérios de projeto semelhantes às barragens de rejeitos. Por esse motivo, o custo de metro cúbico é da ordem de 5 vezes superior ao do material inerte.

O Slufter (Figura 21.36(D)) é um CDF que vem sendo usado desde 1987 pelo Porto de Rotterdam (Países Baixos). Situa-se a SW de Maasvlakte, tem capacidade para 143 milhões de m³ de sedimentos contaminados dos canais de acesso e das bacias portuárias, ocupando uma área de 250 ha. O dique tem cota de coroamento de +23 m (NAP) e seu fundo está na cota -28 m (NAP). Atualmente, está com cerca de 2/3 de sua capacidade ocupada, com demanda em decréscimo tendo em vista os controles ambientais mais rígidos empregados nas últimas duas décadas na Bacia Hidrográfica do Rio Reno.

A Resolução nº 454, de 1 de novembro de 2012, estabelece as diretrizes gerais e os procedimentos referenciais para o gerenciamento do material a ser dragado em águas jurisdicionais brasileiras.

São adotadas, ente outras, as seguintes definições:

- Avaliação de bioacumulação na acumulação de substâncias químicas em organismos por meio de contato direto com o sedimento.

- Efeito tóxico medido é o parâmetro estabelecido para ensaio ecotoxicológico, expressando o efeito tóxico da amostra sobre o organismo-teste, sob condições experimentais específicas e controladas, como mortalidade (ensaio agudo), ou desenvolvimento embriolarval (ensaio crônico).

- Eutrofização é o processo natural, ou antrópico, de enriquecimento por nutrientes, em particular nitrogênio e fósforo, sucedido de aumento da produção primária, como proliferação de algas, com consequente prejuízo à qualidade ambiental.

Para efeito de classificação do material a ser dragado, são definidos critérios de qualidade, a partir de dois níveis:

I) Nível 1: limiar abaixo do qual há menor probabilidade de efeitos adversos à biota.

II) Nível 2: limiar acima do qual há maior probabilidade de efeitos adversos à biota.

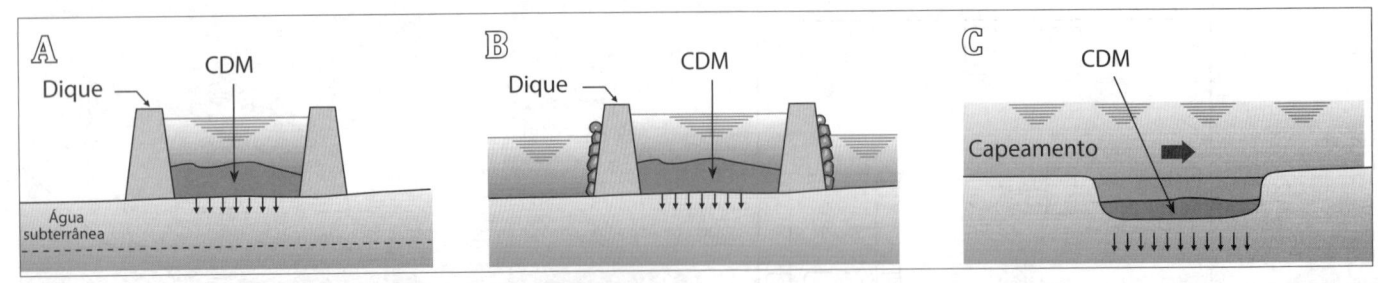

Figura 21.36
(A) Esquematização de um CDF em terra firme.
(B) Esquematização de um CDF em ilha ou junto à margem.
(C) Elevação de esquematização de um CDF subaquático.
(D) Slufter, CDF do Porto de Rotterdam (Países Baixos).
(E) Dragagem ambiental no Canal de Piaçaguera (Cubatão, SP).
(F) e (G) Escavação de CDF subaquático no Canal de Piaçaguera (Cubatão, SP), com draga *dipper* e batelão *split hopper barge*.

É dispensado de classificação para disposição em águas marítimas o material a ser dragado no mar, em estuários e em baías com volume dragado igual ou inferior a 100 mil m³, desde que todas as amostras coletadas apresentem porcentagem de areia igual ou superior a 90%.

É dispensado de classificação para disposição em águas jurisdicionais brasileiras o material a ser dragado em rios ou em lagoas com volume dragado igual ou inferior a 10 mil m³, desde que todas as amostras coletadas apresentem porcentagem de areia igual ou superior a 90%.

Para subsidiar o acompanhamento da eutrofização em áreas de disposição sujeitas a esse processo, a caracterização química do material a ser dragado deve incluir as determinações de carbono orgânico e nutrientes previstas na Resolução.

Deverão ser realizados ensaios de ecotoxicidade, conforme descrito a seguir, na hipótese do material a ser dragado indicar ocorrência das condições listadas a seguir:

a) a concentração de HAPs do Grupo A, arsênio, cádmio, chumbo ou mercúrio for superior ao Nível 1;

b) a concentração de HAPs do Grupo B estiver entre os Níveis 1 e 2, desde que a soma das concentrações individuais de todos os HAPs (Grupos A e B) presente na amostra seja maior que o valor orientador para o HAP total, indicado na Tabela 21.4;

c) a concentração de qualquer substância relacionado na Tabela 21.4 for superior ao Nível 2.

A Tabela 21.2 fornece o número mínimo de estações de coleta a serem estabelecidas. Ela não se aplica para rios e hidrovias nos quais as estações deverão ser dispostas a uma distância máxima de 500 m entre si nos trechos a serem dragados, medida no sentido longitudinal, independentemente do volume a ser dragado.

Tabela 21.2 Resolução Conama nº 454/2012 para critérios de avaliação de número mínimo de estações de coleta	
Volume a ser dragado (m³)	**Número de amostras**
Até 25.000	3
Entre 25.000 e 100.000	4 a 6
Entre 100.000 e 500.000	7 a 15
Entre 500.000 e 2.000.000	16 a 30
Acima de 2.000.000	10 extras por 1 milhão de m³

O programa de investigação laboratorial (ensaios) do material a ser dragado será desenvolvido em até três etapas:

1ª etapa – Caracterização física

As características físicas básicas incluem a quantidade de material a ser dragado, a distribuição granulométrica. Na Tabela 21.3 está apresentada a classificação granulométrica dos sedimentos.

2ª etapa – Caracterização química

A caracterização química deve determinar as concentrações de substâncias poluentes contidas na fração total da amostra. O detalhamento se dará de acordo com as fontes de poluição pré-existentes na área do empreendimento e será determinado pelo órgão ambiental competente, conforme os níveis de classificação do material a ser dragado, previstos na Tabela 21.4. As substâncias não listadas na referida tabela, quando necessária a sua investigação, terão seus valores orientadores previamente estabelecidos pelo órgão ambiental competente.

Existindo dados sobre valores basais, que representam concentrações de substâncias químicas de sedimentos de uma determinada região, deverão prevalecer sobre os valores da Tabela 21.4 sempre que se apresentarem mais elevados.

Quando da caracterização química, são realizadas, ainda, determinações de carbono orgânico total – COT, nitrogênio Kjeldahl total e fósforo total do material a ser dragado para subsidiar o gerenciamento na área de disposição. A Tabela 21.5 apresenta valores orientadores para carbono orgânico total e nutrientes. O valor de alerta é aquele acima do qual há possibilidade de prejuízos ao ambiente na área de disposição. A critério do órgão ambiental competente, o COT poderá ser substituído pelo teor de matéria orgânica. Ficam excluídos de comparação com a presente caracterização os valores oriundos de ambientes naturalmente enriquecidos por matéria orgânica e nutrientes, como manguezais.

3ª etapa – Caracterização ecotoxicológica

A caracterização ecotoxicológica deve ser realizada, quando couber, em complementação à caracterização química, com a finalidade de avaliar os impactos potenciais à vida aquática, no local proposto para a disposição do material dragado. Amostras da interface água-sedimento marinho ou estuarino podem ser analisadas pelos ensaios que utilizam organismos reconhecidos por instituições de normatização como a ABNT, com referência específica para sedimentos. Para a interpretação dos resultados, os ensaios ecotoxicológicos serão acompanhados da determinação de nitrogênio amoniacal, na fração aquosa, e correspondente concentração de amônia não ionizada, bem como dos dados referentes a pH, temperatura, salinidade e oxigênio dissolvido.

Tabela 21.3
Resolução Conama nº 454/2012 para classificação granulométrica dos sedimentos

Classificação	PHI (ϕ) = $-\log_2 D$ (mm)	D (mm)
Areia muito grossa	−1 a 0	2 a 1
Areia grossa	0 a 1	1 a 0,5
Areia média	1 a 2	0,5 a 0,25
Areia fina	2 a 3	0,25 a 0,125
Areia muito fina	3 a 4	0,125 a 0,062
Silte	4 a 8	0,062 a 0,00394
Argila	8 a 12	0,00394 a 0,0002

Tabela 21.4
Resolução Conama nº 454/2012 para critérios de avaliação da qualidade do material dragado

Poluentes		Níveis de classificação do material a ser dragado em unidade de material seco			
		Água doce		Água salina e salobra	
		Nível 1	Nível 2	Nível 1	Nível 2
Metais pesados e arsênio (mg/kg)	Arsênio (As)	5,9[1]	17[1]	19[4]	70[2]
	Cádmio (Cd)	0,6[1]	3,5[1]	1,2[2]	7,2[4]
	Chumbo (Pb)	35[1]	91,3[1]	46,7[2]	218[2]
	Cobre (Cu)	35,7[1]	197[1]	34[2]	270[2]
	Cromo (Cr)	37,3[1]	90[1]	81[2]	370[2]
	Mercúrio (Hg)	0,17[1]	0,486[1]	0,3[4]	1,05[5]
	Níquel (Ni)	18[1]	35,9[1]	20,9[2]	51,6[2]
	Zinco (Zn)	123[1]	315[1]	150[2]	410[2]
TBT (µg/kg) Tributilestanho		–	–	100[5]	1.000[5]

(continua)

(continuação)

Tabela 21.4
Resolução Conama nº 454/2012 para critérios de avaliação da qualidade do material dragado

Poluentes		Níveis de classificação do material a ser dragado em unidade de material seco			
		Água doce		**Água salina e salobra**	
		Nível 1	Nível 2	Nível 1	Nível 2
Pesticidas organoclorados (µg/kg)	HCH (Alfa-HCH)	–	–	0,32[3]	0,99[3]
	HCH (Beta-HCH)	–	–	0,32[3]	0,99[3]
	HCH (Delta-HCH)	-	–	0,32[3]	0,99[3]
	HCH (Gama-HCH/Lindano)	0,94[1]	1,38[1]	0,32[1]	0,99[1]
	Clordano (Alfa)	–	–	2,26[3]	4,79[3]
	Clordano (Gama)	–	–	2,26[3]	4,79[3]
	DDD	3,54[1]	8,51[1]	1,22[1]	7,81[1]
	DDE	1,42[1]	6,75[1]	2,07[1]	3,74[1]
	DDT	1,19[1]	4,77[1]	1,19[1]	4,77[1]
	Dieldrin	2,85[1]	6,67[1]	0,71[1]	4,3[1]
	Endrin	2,67[1]	62,4[1]	2,67[1]	62,4[1]
PCB (µg/kg) Bifenilas policloradas – Somatória das 7 bifenilas		34,1[1]	277[1]	22,7[2]	180[2]
Hidrocarbonetos aromáticos policíclicos (µg/kg)	Grupo A — Benzo(a)antraceno	31,7[1]	385[1]	280[4]	690[1]
	Benzo(a)pireno	31,9[1]	782[1]	230[4]	760[1]
	Criseno	57,1[1]	862[1]	300[4]	850[1]
	Dibenzo(a,h)antraceno	6,22[1]	135[1]	43[4]	140[1]
	Grupo B — Acenafteno	6,71[1]	88,9[1]	16[2]	500[2]
	Acenaftileno	5,87[1]	128[1]	44[2]	640[2]
	Antraceno	46,9[1]	245[1]	85,3[2]	1.100[2]
	Feantreno	41,9[1]	515[1]	240[2]	1.500[2]
	Fluoranteno	111[1]	2.355[1]	600[2]	5.100[2]
	Fluoreno	21,2[1]	144[1]	19[2]	540[2]
	2-Metilnaftaleno	20,2[1]	201[1]	70[2]	670[2]
	Naftaleno	34,6[1]	391[1]	160[2]	2.100[2]
	Pireno	53[1]	875[1]	665[2]	2.600[2]
Soma de HAPs		1.000		4.000[2]	

[1]Environmental Canada (2002). [2]Long, MacDonald, Smith e Calder (1995). [3]FDEP (1994). [4] Environmental Canada (2008). [5] HPA - Hamburg Port Authority (2011).

Tabela 21.5
Resolução Conama nº 454/2012 para critérios para orientação de carbono orgânico total e nutrientes

Parâmetros	Valor de alerta
Carbono orgânico total (%)	10
Nitrogênio Kjeldahl (mg/kg)	4.800
Fósforo total (mg/kg)	2.000

Os resultados analíticos deverão ser encaminhados ao órgão ambiental licenciador junto com a carta-controle atualizada da sensibilidade dos organismos-teste. Também deverá ser enviado o resultado do teste com substância de referência, realizado na época dos ensaios com as amostras de sedimento.

21.4 ESTUDO DE CASO DA AVALIAÇÃO DO PROCESSO DE ASSOREAMENTO NO CANAL DE ACESSO E BACIA DE EVOLUÇÃO DO PORTO DA ALUMAR, EM SÃO LUÍS (MA)

21.4.1 Considerações gerais

O Porto da Alumar foi ampliado em 2009 para atender à nova demanda de matérias primas para a Refinaria do Consórcio (produção de alumina). As obras de expansão, que contemplaram a duplicação do píer existente e outras melhorias, visaram permitir operações simultâneas de dois navios no Terminal.

O canal de acesso foi aprofundado em mais 1 metro, de –7,0 m para –8,0 m (DHN), para permitir um maior calado dos navios, passando de 10,90 m para11,60 m.

21.4.2 Histórico das dragagens na Alumar

O Terminal Portuário da Alumar está localizado no Estreito dos Coqueiros, canal localizado na margem leste da Baía de São Marcos, 6 km ao sul do Porto de Itaqui (Figura 11.15).

O acesso ao Estreito dos Coqueiros se faz pelo canal leste da Baía de São Marcos, cujas profundidades tem se mantido estáveis nas últimas décadas, até aproximadamente 1,5 km ao sul do emboque do Estreito, a partir de onde se observaram pronunciadas evoluções de fundo, incluindo a área onde se situava o despejo usado na fase de implantação.

Na sua conformação natural, o talvegue do Estreito dos Coqueiros sobre o qual foi traçado o canal de acesso com cota inicial de projeto –9,0 m (DHN), compunha-se de uma sucessão de fossas e bancos desde o emboque na Baía de São Marcos até a confluência com o Rio dos Cachorros, onde se localizou o Terminal Portuário. As fossas atingiam cotas de –9 e –13 m (DHN) no canal e –20 m (DHN) na confluência, ao passo que os bancos, na região de maior curvatura do canal, quase atingiam a cota zero. Na confluência, para acomodar as estruturas de atracação e a bacia de manobras foi necessário cortar margens que evidenciavam progressão por meio de processo de sedimentação (áreas de mangue).

Essas características sugeriam uma primeira indicação da forma como a natureza tentaria recompor a conformação natural do canal.

O canal de acesso foi projetado com seção transversal trapezoidal, fundo de largura variável na cota –9,0 m (DHN) e taludes de inclinação 3:1. A variabilidade da largura do fundo foi função das singularidades que o canal possui em planta: emboque na Baía de São Marcos, duas curvas ao longo do seu percurso e transição com a bacia de evolução. A bacia localizada na confluência do pelos taludes com inclinação 3:1 e abrigava uma área de manobra com diâmetro de 400 m A bacia de atracação tinha fundo na cota –13,0 m (DHN) e concordava com o fundo da bacia de manobra pelos taludes com inclinação 3:1.

Durante a dragagem de implantação o projeto original sofreu algumas adaptações em função do tipo do material encontrado e do método de dragagem empregado. A inclinação de todos os taludes passou de 3:1 para 6:1 e até 8:1 em alguns trechos. As demais adaptações, tais como pequenas modificações no emboque e nos raios de curvatura das curvas não acarretaram alterações sensíveis no projeto original e foram feitas para reduzir a escavação em material duro.

Na dragagem de implantação foram dragados os seguintes tipos de materiais:

- Silte e argila localizados principalmente nas regiões originalmente de mangues.

- Areia fina localizada de forma generalizada ao longo do canal e se concentrando no trecho próximo à confluência.

- Areia média e grossa localizadas nas camadas superiores de dragagem e mais próximo ao emboque.

- Material duro, arenito e argilito, localizados nas cavas para assentamentos dos caixões, na bacia de atracação e também no fundo e margens do canal no trecho mais próximo ao emboque.

A dragagem de implantação foi feita por duas empresas, cada uma encarregada de um trecho do canal, além da dragagem da confluência e transição.

Para lançamento do material dragado foi selecionada uma área de 3×1 km^2 na Baía de São Marcos, 1,5 km ao sul da embocadura do Estreito dos Coqueiros e a leste do Banco dos Lanzudos, entre este e a ilha Tauá-Mirim. Durante as dragagens essa área foi ampliada. Foram ainda selecionadas áreas em terra, nas ilhas Tauá-Mirim e de São Luís, para lançamento de materiais dragados na confluência.

Resumidamente, os trabalhos de dragagem foram realizados da seguinte forma:

Abertura de canais de serviço por meio dos bancos mais rasos com dragas de alcatruzes (Figura 21.37). O material dragado foi lançado no despejo da Baia de São Marcos com auxílio de batelões.

Dragagem da confluência e transição ao canal com dragas estacionárias de sucção e recalque (Figura 21.38). No início da dragagem da confluência, para agilização do corte do mangue para implantação das estruturas de atracação, o material dragado foi lançado nas fossas existentes na própria confluência. A parte mais grosseira desse material depositou-se nas fossas, preenchendo-as, e a parte mais fina foi carreada principalmente pelas correntes de vazante depositando-se parcialmente ao longo do canal e parcialmente dispersando-se na Baía de São Marcos. Após essa fase, o material dragado passou a ser lançado em áreas indicadas selecionadas nas ilhas Tauá-Mirim e de São Luís.

Dragagem do canal e emboque com dragas autotransportadoras de sucção e arrasto e lançamento do material dragado no despejo da Baía de São Marcos (Figura 21.39).

Figura 21.37
Detalhe da operação do rosário da draga de alcatruzes. (São Paulo, Estado/ DAEE/SPH/CTH).

Figura 21.38
Draga estacionária sendo utilizada na confluência. (São Paulo, Estado/ DAEE/SPH/CTH).

Figura 21.39
Draga autotransportadora de sucção e arrasto Macapá atuando no Canal da Alumar. (São Paulo, Estado/DAEE/SPH/CTH).

A abertura dos canais de serviço iniciou-se com uma empresa em outubro de 1981 e terminou os trabalhos no seu trecho em outubro de 1983 com um volume dragado de aproximadamente 7.500.000 m^3, segundo dados fornecidos pela obra. A outra empresa iniciou os trabalhos na confluência em fevereiro de 1982 e terminou em junho de 1983, com um volume dragado de aproximadamente 6 milhões m^3 segundo dados da obra. Admite-se que lançou-se na confluência aproximadamente 2.200.000 m^3, dos quais 700 mil m^3 ficaram retidos nas fossas da confluência e o restante entrou em circulação no sistema depositando-se parcialmente no leito do canal. A parcela depositada no canal não pode ser determinada em razão da simultaneidade das dragagens na confluência e canal.

Ao término das dragagens, o fundo do canal ficou em média aproximadamente na cota –10,5 m (DHN), portanto, 1,50 m abaixo da cota de projeto. Na região mais escavada a profundidade chegou à cota –11,5 m (DHN). Na confluência as profundidades também ficaram em geral abaixo da cota –9,0 m (DHN), exceto na região próxima aos berços, nas quais algumas áreas não puderam ser totalmente dragadas em virtude da interferência com o manuseio e colocação dos caixões de apoio da superestrutura do berço de atracação.

21.4.3 Dragagem de manutenção

O término da dragagem de implantação foi em junho de 1983 para a bacia de evolução e berço de atracação e em outubro de 1983 para o canal de acesso com o projeto na cota –9,0 m (DHN) e berço na cota –13,0 m (DHN).

Durante o período de julho de 1983 a março de 1984 praticamente não houve dragagem, com exceção do mês de dezembro de 1983, em que foi feita a primeira dragagem de limpeza (*clean up*) da confluência (bacia e berço).

Com os levantamentos de controle da evolução natural dos fundos do canal e confluência no período de julho de 1983 a março de 1984 foi feita uma primeira avaliação dos volumes e taxas de sedimentação a partir da cota –9,0 m (DHN) para o canal e bacia.

No período de abril a julho de 1984 foram iniciadas as dragagens de manutenção do canal de acesso utilizando-se a draga autotransportadora de sucção e arrasto com capacidade *hopper* de 5.500 m^3.

A partir de agosto de 1985, o canal e confluência passaram a ser mantidos na cota –7,0 m (DHN) utilizando-se dragas autotransportadoras de sucção e arrasto no canal e dragas de sucção e recalque na confluência (bacia e berço).

Esse processo permaneceu até 1995. Durante esses anos houve alguns períodos aproveitados para se estudar a evolução da sedimentação natural dos fundos.

Até 1995 utilizou-se como despejo a área autorizada pela Marinha, na Baía de São Marcos, ao sul do emboque do canal, entre o Banco dos Lanzudos e a Ilha Tauá-Mirim. Para limpeza do berço de atracação foi utilizado o lançamento do material dragado na confluência por sucção e recalque, em que o material mais pesado era retido e o mais leve entrando em circulação pela ação das correntes de enchente e vazante.

A partir de 1996, foi adotada a solução de dragagem por injeção de jato d'água que é utilizada até os dias atuais. Este sistema ressuspende o material e o redistribui nas marés de vazante exclusivamente. Com a atuação das correntes de densidade e das correntes de maré, boa parte do material movimentado fica nas vizinhanças do porto. Na Figura 21.40 pode ser vista uma fotografia da draga Norham Camorim, utilizada pela Alumar.

21.4.4 Levantamento de dados

O conjunto de documentos utilizados no estudo envolveu as sondagens batimétricas disponíveis desde antes da dragagem de implantação até as mais recentes, dados pluviométricos e registros de marés. Para estas últimas foram utilizadas as previsões de marés do Porto de Itaqui extraídas das Tábuas de Marés da Marinha para os períodos das sondagens.

Para realizar a análise da evolução dos fundos e estimativa de taxas de sedimentação no canal e bacia foi feita, em princípio, uma triagem dos dados aproveitando-se preferencialmente os períodos em que não houve redragagem ou esta foi de pequeno volume.

Por fim, foram utilizados os dados encaminhados sobre os volumes mensais dragados no período de 1983 a 1995 para comporem o cálculo da sedimentação anual na área do Porto. Na Tabela 21.6 é apresentado o resumo dos volumes anuais dragados até 1995.

21.4.5 Metodologia

Foram analisadas separadamente duas situações distintas em função do sistema de dragagem: período por dragas *hopper* e estacionárias e período por jato d'água. Em ambos foram selecionados períodos da série histórica em que houve pequena e grande pluviosidade visto que o volume de material sedimentado é fortemente influenciado pelas chuvas.

Nos períodos de dragagem por *hopper* e estacionárias foram definidos quatro anos em função da pluviosidade, a saber: 1984 e 1985 (com períodos de alta pluviosidade) e 1983, 1988 e 1992 (ano mais seco). Já para o período de utilização da dragagem por jato d'água foram selecionados os anos de 2001 (chuvoso) e 2002 (seco).

Em função da característica associada a cada processo de dragagem executado foram definidos parâmetros de comparação das sondagens. No período com dragagem por *hopper* foram feitas comparações entre sondagens realizadas em períodos entre dragagens e foram extraídos volumes de sedimentação para obter as taxas de sedimentação. Para o período por jato d'água, como não há possibilidade de obter um volume de sedimentação foi analisado apenas se a dragagem mantinha a cota exigida pelo gabarito por meio da comparação das sondagens ao longo do ano.

É necessário ressaltar que o gabarito de dragagem passou por modificações durante este tempo, com cotas objetivo que variaram de −9,0 m (DHN) até março de 1985 e −7,0 m

Figura 21.40
Draga de injeção de água Norham Camorim operando na Alumar.

Tabela 21.6
Resumo dos volumes anuais dragados (m³) no período de 1983 a 1995

Ano	Sistema de dragagem		Equipamento utilizado
	Sucção e recalque	Hopper	
1983	–	400.000	Draga Hopper de 923 m³
1984	–	1.769.826	Draga Hopper de 5.500 m³ Draga de sucção e recalque com pagamento em base horária
1985	259.819	2.949.635	Draga Hopper de 5.500 m³ Draga de sucção e recalque com pagamento em base horária de janeiro a agosto
1986	672.878	2.904.028	Draga Hopper de 923 m³ e 5.500 m³ Draga de sucção e recalque com pagamento por m³ medido *in situ*
1987	757.256	2.324.448	Draga Hopper de 5.500 m³ Draga de sucção e recalque com pagamento por m³ medido *in situ*
1988	63.641	1.709.678	Draga Hopper de 1.231 m³ Draga de sucção e recalque com pagamento por m³ medido *in situ* (mês de janeiro)
1989	–	1.728.155	Draga Hopper de 1.231 m³
1990	–	1.779.926	Draga Hopper de 1.231 m³ Draga Hopper de 2.428 m³ (119.926 m³ em dezembro)
1991	–	1.798.102	Draga Hopper de 2.428 m³
1992	–	1.321.757	Draga Hopper de 2.428 m³ (387.927 m³ em janeiro e fevereiro) Draga Hopper de 1.231 m³ (993.830 m³)
1993	–	1.615.965	Draga Hopper de 1.231 m³
1994	–	1.515.947	Draga Hopper de 1.231 m³
1995	–	661.234	Draga Hopper de 1.231 m³
Total	1.753.594	22.478.701	

(DHN) até 2008. Atualmente, a Alumar mantem o canal na cota –8,0 m (DHN).

Para realizar as comparações entre sondagens batimétricas foram realizadas as seguintes etapas:

- Digitalização das sondagens selecionadas.

- Traçado das superfícies de nível (Figura 21.41).

- Subtração de superfícies consecutivas em períodos entre dragagens por *hopper* para obtenção dos volumes sedimentados.

- Traçado do perfil longitudinal e perfis transversais das seções típicas para análise de evolução do fundo (*hopper* e estacionárias) ou manutenção de cota (jato d'água).

As taxas de sedimentação foram obtidas subdividindo-se a área total de dragagem em dois trechos visto que apresentam características distintas de evolução dos fundos: confluência e canal. Esta divisão é apresentada na Figura 21.42.

Os volumes utilizados para estimativas das taxas foram divididos pelo número de dias entre as sondagens e pela área delimitada de cálculo e multiplicados por 30 dias para se obter a taxa de sedimentação na unidade m³/mês·m².

Para analisar os volumes anuais de sedimentação da área foram feitos dois procedimentos:

- Utilizando-se dos dados de sedimentação extraídos a partir da comparação entre sondagens nos períodos sem dragagem foram extrapolados volumes semestrais. Estes volumes foram compostos entre os períodos analisados para estimativa do volume anual sedimentado.

- Utilizar em conjunto os valores sedimentados nos períodos sem dragagem com os volumes dragados entre estes períodos para compor um volume anual de sedimentação.

21.4.6 Resultados

A dragagem de implantação do Acesso ao Porto da Alumar no Estreito dos Coqueiros terminou em junho de 1983 para

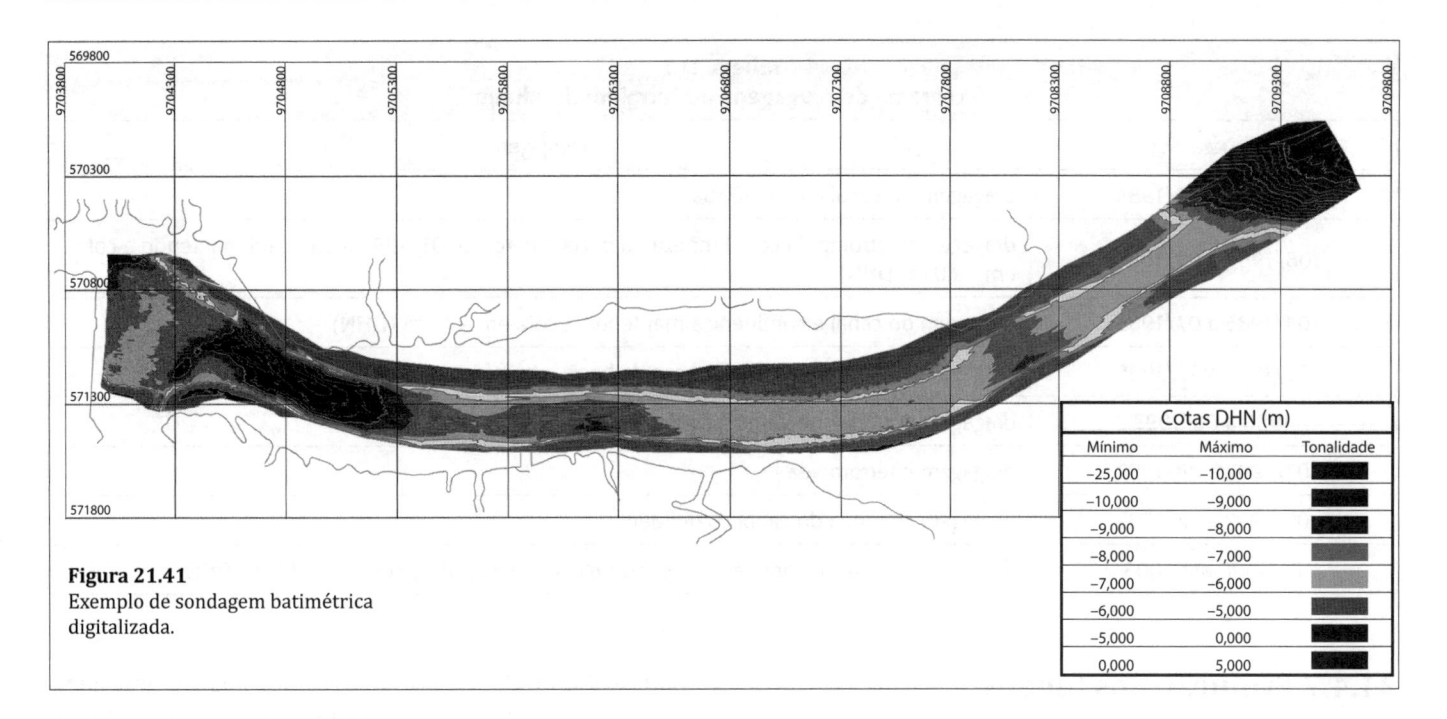

Figura 21.41
Exemplo de sondagem batimétrica
digitalizada.

Cotas DHN (m)		
Mínimo	Máximo	Tonalidade
−25,000	−10,000	
−10,000	−9,000	
−9,000	−8,000	
−8,000	−7,000	
−7,000	−6,000	
−6,000	−5,000	
−5,000	0,000	
0,000	5,000	

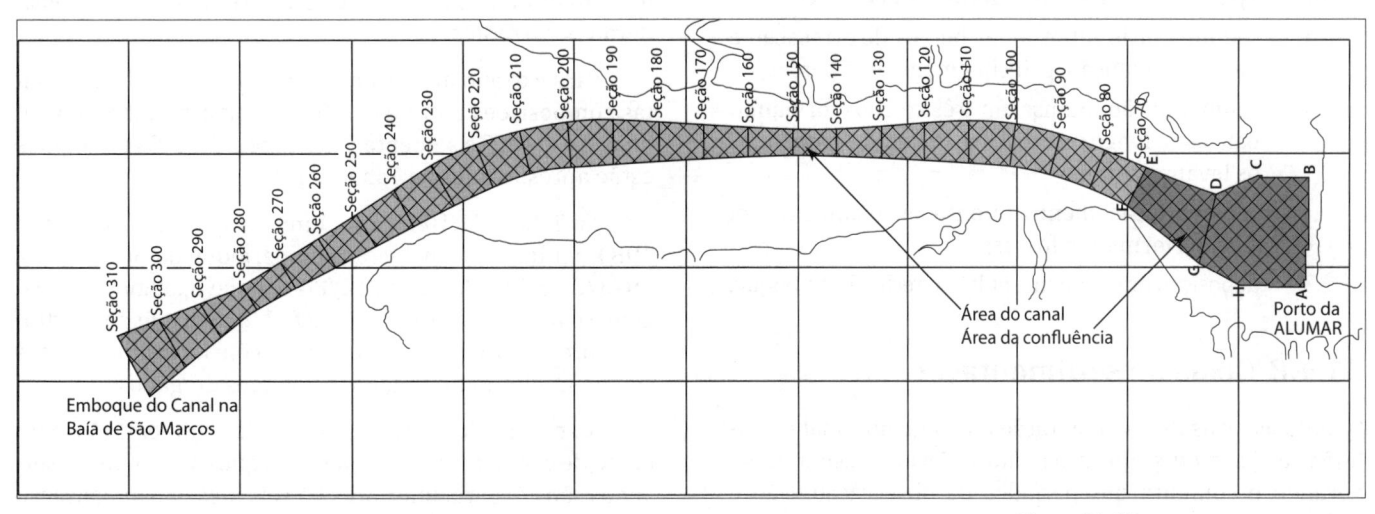

Figura 21.42
Subdivisão de área de controle de
sedimentação do Canal de Acesso ao
Porto da Alumar.

a confluência e em outubro de 1983 para o Canal, deixando os fundos na cota mínima de −9,5 m (9,0 m + 0,5 m de sobredragagem) (DHN) e tendo como objetivo mantê-la na cota −9,0 m (DHN) mais sobredragagem.

Até março de 1984 não houve dragagem de manutenção, com exceção de dezembro de 1983 quando foi realizada a primeira dragagem de limpeza (*clean up*) na Bacia de Evolução e berços de atracação.

Esse período, de julho de 1983 até março de 1984, foi aproveitado para se fazer a primeira estimativa de volumes de sedimentação dos fundos, considerando que não havendo dragagem e sua evolução seria natural.

A partir de abril de 1984 o programa de dragagens seguiu conforme apresentado na Tabela 21.7.

Os períodos em que não houve dragagem, ou que houve pequenas intervenções na bacia e berço de atracação, além de julho de 1983 a março de 1984, foram utilizados para realizar novas estimativas dos volumes a mais de dragagens de manutenção.

Foram também feitas análises considerando períodos com dragagens (abril a julho de 1984 e o ano de 1988), cujos resultados pela sua coerência puderam ser aproveitados. As características naturais do canal no que respeita às profundidades indicaram em princípio como a natureza tentaria recompor os fundos por sedimentação.

Nos períodos posteriores, ou seja, agosto de 1984 a março de 1985, agosto a dezembro de 1985 e julho a agosto de 1992, foram feitas observações no que respeita à evolução dos fundos, taxas de sedimentação e volumes sedimentados.

Tabela 21.7	
Programa de dragagens do Terminal da Alumar	
Data	**Dragagem**
04/1984 a 07/1984	dragagem do canal e confluência
08/1984 a 03/1985	dragagem interrompida com limpeza da bacia e berço de 01/1985 a 03/1985 mantendo a cota em −9,0 m (DHN)
04/1985 a 07/1985	dragagem do canal e confluência mantendo a cota em −7,0 m (DHN)
08/1985 a 12/1985	dragagem interrompida com limpeza da bacia e berço em 08/1985
1986 a 06/1992	dragagem contínua do canal e confluência
07/1992 a 08/1992	dragagem interrompida
09/1992 a 12/1995	dragagem contínua do canal e confluência
01/1996 até 2008	dragagem do canal e confluência por jato d'água mantendo a cota em −7,0 m (DHN)

21.4.7 Evolução dos fundos

No que respeita a evolução dos fundos observou-se:

- sedimentação intensa nos berços de atracação e bacia de evolução, principalmente nos berços;
- sedimentação intensa em três trechos formando bancos ao longo do canal bem definidos para todos os levantamentos;
- sedimentação menos intensa ou incipiente em trechos formando fossas;
- deposição praticamente nula no trecho do emboque.

21.4.8 Taxas de sedimentação

Quanto às taxas de sedimentação ao longo do canal e confluência observou-se que são muito variáveis, mesmo considerando o conjunto dos períodos de observação. Não é nítida a correlação das taxas com os trechos de maior ou menor sedimentação (bancos e fossas) nem a sua variabilidade sazonal (períodos secos e chuvosos).

Ao contrário do que se observou de julho de 1983 a março de 1984 em que se têm taxas bem definidas para os períodos secos e chuvosos, nos períodos posteriores as taxas são muito dispersas não transparecendo uma definição nítida dependendo da pluviosidade, provavelmente pelo curto período de observação durante as chuvas (janeiro a março de 1985) e pela defasagem entre o início das chuvas e o aumento no processo de sedimentação.

21.4.9 Volumes sedimentados

Quanto aos volumes sedimentados nos períodos em que não houve dragagem e sua extrapolação anual para efeito comparativo, os valores calculados são os constantes da Tabela 21.8. Nesta tabela consta também o balanço volumétrico do ano 1988, em que houve dragagem e no qual foi considerada a soma dos volumes calculados por evolução natural dos fundos e os volumes removidos por dragagem. O ano 1988 foi considerado porque o controle dos volumes foi feito durante o ano todo e os valores resultantes considerados coerentes.

Para extrapolar os valores para o ano 1985 foram feitas composições entre os períodos correspondentes às linhas 3 e 4, 4 e 5 e somente 5, da Tabela 21.8. Os resultados estão apresentados na Tabela 21.9.

Na Tabela 21.10 foi feita uma composição para o ano 1984 em que se consideram os períodos da 30/12/83 a 19/3/84 e 27/7/84 a 31/12/84 em que não houve dragagem e o período de 19/3/84 a 27/7/84 em que houve dragagem, este último como para 1988, considerando volumes sedimentados naturalmente e volumes dragados.

No cálculo dos volumes anuais de sedimentação, para efeito de comparação, considerando que os períodos observados são em geral inferiores há seis meses, a anualisação foi feita extrapolando-se para um semestre cada período analisado e coincidindo aproximadamente com as épocas chuvosas (1º semestre) e secas (2º semestre) e depois somando-se os resultados de dois semestres perfazendo um ano.

Na Figura 21.43 é apresentado um gráfico com o resumo dos volumes de sedimentação no período de 1983 a 1995 e as respectivas precipitações anuais. A Tabela 21.11 apresenta os volumes sedimentados em função das chuvas de 1983 a 1995.

Os valores discrepantes dos períodos 1983-1984, 1984-1985 e 1985 completo podem ser justificados pela grande variação das chuvas nos anos de 1983, 1984 e 1985 com reflexo nos volumes sedimentados no segundo semestre de 1984 e no ano de 1985.

Considerando a mudança da cota de projeto do fundo, os valores apresentados não refletem de forma clara a influência das profundidades do canal, mantida em −9,0 m (DHN) até o primeiro semestre de 1985 e em −7,0 m (DHN) a partir do segundo semestre de 1985. Os volumes sedimentados parecem ser muito mais influenciados pelo regime das chuvas

Tabela 21.8
Volumes sedimentados extrapolados por semestre e por ano

Nº	Período	Cota do gabarito (m)	Área do gabarito		Volumes sedimentados no período (m³)			Volumes sedimentados extrapolados (m³)			
								Semestre			Ano
					Canal	Confluência	Total	Canal	Confluência	Total	Total
1	07/83-03/84	−9,0	Antiga	Com taludes				1.434.444	979.968		2.414.412
2				Sem taludes				1.203.108	623.946		1.836.054
3	08/84-12/84	−9,0	Antiga	Sem taludes	735.993	341.233	1.077.225	1.077.493	499.565	1.577.058	
4	01/85-03/85	−9,0	Antiga	Sem taludes	479.639	177.097	656.736	1.020.627	376.845	1.397.473	
5	08/85-12/85	−9,0	Antiga	Sem taludes	604.478	325.278	929.756	927.036	498.851	1.425.886	
6	1988	−7,0	Antiga	Sem taludes				1.501.664	984.667		2.486.335
7				Com taludes				1.400.789	928.781		2.329.569
8	1992	−7,0	Antiga	Sem taludes	115.559	66.079	181.639	604.208	345.499	949.712	1.894.235
9			Atual	Sem taludes	82.672	59.673	142.346	432.256	312.005	744.266	1.484.465

Tabela 21.9
Composições de volumes anuais

Nº	Período	Cota do gabarito (m)	Área do gabarito		Volumes sedimentados no período (m³)			Volumes sedimentados extrapolados (m³)			
								Semestre			Ano
					Canal	Confluência	Total	Canal	Confluência	Total	Total
1	08/84-12/84	−9,0	Antiga	Sem taludes	735.993	341.233	1.077.225	1.077.493	499.565	1.577.058	2.974.531
2	01/85-03/85	−9,0	Antiga	Sem taludes	479.639	177.097	656.736	1.020.627	376.845	1.397.473	
3	01/85-03/85	−9,0	Antiga	Sem taludes	479.639	177.097	656.736	1.020.627	376.845	1.397.473	2.823.359
4	08/85-12/85	−9,0	Antiga	Sem taludes	604.478	325.278	929.756	927.036	498.851	1.425.886	
5	08/85-12/85	−9,0	Antiga	Sem taludes	604.478	325.278	929.756	927.036	498.851	1.425.886	2.851.772

Tabela 21.10
Composição de volumes para 1984 considerando o período de dragagem

Período	Cota do gabarito (m)	Canal	Confluência	Total
30/12/83-19/03/84	−9,0	382.420	231.181	613.601
19/03/85-27/07/84	−9,0	899.705	−107.649	792.056
27/07/84-31/12/84	−9,0	735.993	341.233	1.077.225
				2.482.882

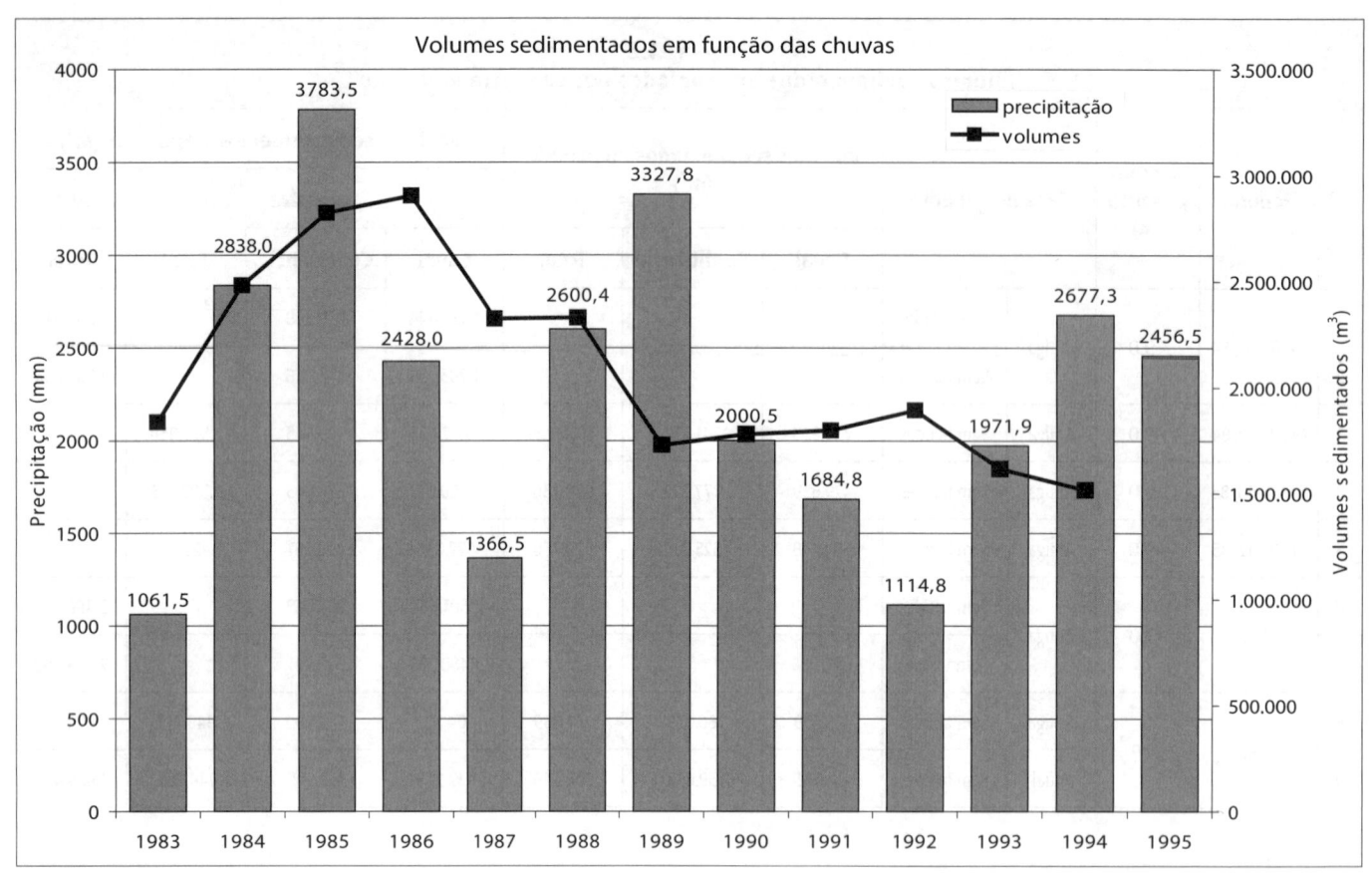

Figura 21.43
Volumes sedimentados e precipitações
pluviométricas.

Tabela 21.11 Volumes sedimentados em função das chuvas de 1983 a 1995		
Ano	**Volume sedimentado (m³)**	**Tipo**
1983	1.836.054	Extrapolação de dados
1984	2.482.882	Volume sedimentado mais dragado
1985	2.823.359	Extrapolação de dados
1986	2.904.028	Volume dragado
1987	2.324.448	Volume dragado
1988	2.329.569	Volume sedimentado mais dragado
1989	1.728.155	Volume dragado
1990	1.779.926	Volume dragado
1991	1.798.102	Volume dragado
1992	1.894.235	Extrapolação de dados
1993	1.615.965	Volume dragado
1994	1.515.947	Volume dragado

e, provavelmente, pelas variações das alturas das marés ao longo do ano do que pela variação de cotas entre –9,0 m e –7,0 m (DHN). Isso poderia indicar que o processo por jato d'água aplicado a partir de 1996 mantendo o fundo do canal na cota –7,0 m, poderia ser aplicado na manutenção do canal na cota –8,0 sem problemas.

Nos anos de 1987, 1989, 1990, 1991 e 1992, os volumes foram baixos, menores do que 2 milhões m³, provavelmente porque na operação de dragagem a parcela colocada em suspensão se desloca para a Baía de São Marcos e mascara os volumes reais sedimentados e, também, porque a partir de 1987 o regime de chuvas foi menos intenso do que no período de 1984 a 1986, com exceção do ano de 1989.

A partir de 1996, quando a manutenção do sistema passou a ser realizada por jato d'água, o volume de sedimentos movimentados não foi passível de ser estimado em razão das características da dragagem empregada e do controle das cotas de fundo realizado. É possível constatar apenas que a dragagem empregada conseguiu manter os fundos na cota –7,0 m, tanto em períodos chuvosos quanto secos.

21.4.10 Dragagem de manutenção

Após o término da dragagem de implantação, em junho de 1983 para a confluência e em outubro de 1983 para o canal, e considerando o resultado das observações sobre a sedimentação natural nos meses em que não houve dragagem, até abril de 1984 e também o efeito produzido pela limpeza (*clean up*) da confluência em dezembro de 1983 na sedimentação do canal, foi possível tirar algumas conclusões para a orientação das futuras dragagens de manutenção de todo o sistema, quais sejam:

- Ficou muito evidente, tanto na confluência quanto no canal, quais as áreas preferenciais de sedimentação naturais (períodos sem dragagens) e nestas áreas a distribuição das taxas médias anuais de sedimentação para os períodos secos (até 27 de dezembro de 1983 quando começaram as chuvas) e chuvosos.

- O material colocado em suspensão pela dragagem da confluência com despejo na própria confluência aumenta as taxas de sedimentação no canal.

- Na observação e controle realizados após a dragagem principal, até abril de 1984, foi possível caracterizar um período seco, até o fim de dezembro de 1983, e logo depois de um período chuvoso, de janeiro a março de 1984. Não havendo dragagens nos períodos observados obteve-se taxas de sedimentação bem características para os dois períodos, seco e chuvoso. A partir de abril de 1984, provavelmente em virtude de dragagens sistemáticas de manutenção em que os materiais são postos em suspensão, seja pelo despejo na confluência, seja pela própria operação de dragagem (*overflow* das dragas auto transportadoras), nos períodos de observação de 1984 (agosto a dezembro) e 1985, em que não houve dragagem, as taxas apresentaram valores dispersos tanto ao longo do sistema quanto em relação aos períodos seco e chuvoso.

Considerando os seguintes aspectos observados durante o monitoramento do canal e confluência: volumes anuais de sedimentação estimados; diferença acentuada das taxas de sedimentação que ocorreram tanto no canal quanto na confluência; forma como o material se movimenta e se deposita com e sem a influência das dragagens e importância das áreas onde ocorrem as maiores taxas de sedimentação, é possível concluir que:

- A dragagem de manutenção geral do sistema na cota de projeto poderá ser realizada de forma contínua com dragas autotransportadoras de sucção e arrasto de menor porte ou de forma descontínua com dragas autotransportadoras de maior porte e mantendo uma sobredragagem satisfatória para atender os períodos de paralisação, dependendo da recorrência da dragagem.

- Nas áreas em que a sedimentação é mais intensa, como na confluência (bacia de manobras e berços de atracação) e em áreas do canal, a limpeza poderá ser realizada por sucção e recalque ou por jato d'água, lançando-se o material no próprio sistema em marés de vazante.

- A manutenção geral do sistema poderá ser feita ainda utilizando-se continuamente a dragagem por jato d'água, aproveitando-se apenas as marés de vazante.

21.4.11 Conclusões

A partir dos estudos realizados e da análise dos resultados foi possível tirar as seguintes conclusões:

A recomposição dos fundos no canal por sedimentação natural foi semelhante, tanto após a dragagem de implantação, quanto nos intervalos posteriores entre dragagens, com sedimentação mais intensa nos trechos com formação em bancos e evidentemente menos intensa nas fossas. Na confluência a sedimentação ocorre com mais intensidade na área dos berços de atracação onde houve corte do mangue e, atualmente, constitui-se em uma área de recirculação de correntes e, portanto, de intensa deposição.

As taxas de sedimentação caracterizaram bem os períodos seco e chuvoso para o controle feito após a dragagem de implantação. Nos períodos posteriores, porém, as taxas se mostraram muito dispersas tanto ao longo do sistema quanto em relação à pluviosidade. Isso provavelmente se justifica pelos sedimentos postos em suspensão pelas dragagens sistemáticas de manutenção e pela forma como eram executadas (lançamento na confluência e *overflow* das dragas autotransportadoras) antes de se adotar a dragagem por jato d'água.

Os volumes anuais sedimentados resultantes do período analisado (1983 a 1995) mostraram valores variando entre 2 milhões m^3 e 3 milhões m^3, considerando períodos sem e com dragagem de manutenção. Essa variação, parece ser muito mais influenciada pelo regime de chuvas, cuja distribuição sofre flutuações significativas ao longo dos anos como ficou evidente no período de 1983 a 1987 e depois de 1987 a 1992.

Os valores dos volumes sedimentados não refletem de forma clara a influência das profundidades do canal, mantida em −9,0 m (DHN) até o primeiro semestre de 1985 e em −7,0 m (DHN) a partir do segundo semestre de 1985.

A dragagem por jato d'água empregada a partir de 1996, face à conclusão do item anterior, poderá manter o sistema na cota −8,0 m sem maiores dificuldades, apenas aumentando um pouco o número de horas de operação da draga ou, talvez, até mantendo o ritmo que já era utilizado.

21.5 EXEMPLOS DE CÁLCULOS SOBRE DRAGAGEM

21.5.1 Aterro hidráulico

21.5.1.1 ENUNCIADO

Deseja-se aterrar hidraulicamente, para fins industriais, uma área costeira com areia proveniente de um banco ao largo. Sabendo-se que a distância máxima de recalque das dragas é de 8.700 m e que, por não haver areia disponível nas imediações, esta deverá ser trazida por draga autotransportadora de sucção e arrasto (*hopper*) de um banco a 20 milhas náuticas da costa e tombada para ser succionada por draga estacionária de sucção e recalque, pede-se:

a) Definição de draga de sucção e recalque para executar o aterro da área.

b) Definição da draga *hopper* para o transporte da areia.

c) Cronograma físico-financeiro da obra, sabendo-se que o prazo de duração será de 40 meses, sendo 37 meses de produção efetiva e 3 meses para as atividades de mobilização, instalação dos equipamentos e desmobilização.

d) Apresentação do arranjo geral da operação.

Dados complementares:

– Comprimento da tubulação flutuante (com flutuante e *ball joint* a cada 12 m): 4.000 m.

– Comprimento da tubulação terrestre (soldada): 4.700 m.

– Volume total de areia: 11.636.000 m^3.

– Pressão máxima admissível no recalque: 10kgf/cm^2, ou 100 mca.

– Diâmetro máximo de recalque: 24".

– Draga *hopper*: capacidade máxima da cisterna de 4.000 m^3.

– Regime de operação: 24 h/dia x 6 dias na semana.

– Eficiência operacional da draga de sucção e recalque: 70%.

– Eficiência operacional da draga *hopper*: 85%.

– Profundidade máxima da boca de sucção da draga de sucção e recalque: 12 m abaixo do nível de redução.

– Profundidade do eixo da bomba: 1 m abaixo do nível de redução.

– Cota do aterro: 3,0 m acima do nível de redução.

– Peso específico da água do mar: 1,025 tf/m^3.

– Peso específico aparente da areia: 2,0 tf/m^3.

– Coeficiente universal de perda de carga (f) para tubulação de ferro fundido: 0,0157.

– Altura manométrica total por bomba, ou *booster*: 100 m.

– Rendimento do sistema completo de sucção e recalque: 60%.

– Velocidade da draga *hopper*: 10 nós.

– Tempo de enchimento da cisterna da *hopper*: 1 h.

– Tempo de descarga da cisterna da *hopper*: 0,2 h.

– Conteúdo de sólidos da cisterna: 80%.

21.5.1.2 DIMENSIONAMENTO DA DRAGA DE SUCÇÃO E RECALQUE

• **Cálculo da vazão de mistura requerida**

Admite-se que, no volume de areia necessário ao aterro, tenham sido incluídas as perdas por fuga de material do aterro e vazamentos na linha de recalque.

Para a execução da obra em 37 meses, será necessária uma **produção mensal de 314.490 m^3** de areia.

Com o regime de operação de 24 h/dia x 6 dias por semana x 4,3 semanas por mês x 70% = **433 h por mês**.

A **vazão horária de sedimentos** resulta em: 314.490/ 433 = **726 m^3/h**.

A **vazão de mistura requerida** será: 726/0,15 = 4.840 m^3/h = **1,35 m^3/s**.

• **Cálculo da altura manométrica total**

Considerando a tubulação de recalque de 24" (600 mm), obtém-se:

Velocidade na tubulação = $(4 \times 1,35)/(\pi \times 0,6^2)$ = **4,77 m/s**. Trata-se de velocidade mais que suficiente para carrear areia sem sedimentação.

Perda de carga singular na boca de sucção (admite-se o coeficiente de perda de carga localizada de 0,5) = $0,5 \times 4,77^2/ (2 \times 9,81)$ = **0,58 m**.

Perda de carga localizada na saída do recalque = $4,77^2/ (2 \times 9,81)$ = **1,16 m**.

Perda de carga distribuída:

Comprimento da linha = $4.000 \times 1,5 + 4.700$ = **10.700 m** (acréscimo de 50% na flutuante pela presença das juntas).

Considerando f = 0,0157 (ferro fundido), resulta uma **declividade da linha de carga de 0,0303**, e, consequentemente, uma **perda de carga distribuída** de: $10.700 \times 0,0303$ = **324,21 m**.

Altura manométrica na sucção = $[(t - h)p - tp']/p$

onde:

t: profundidade máxima da boca de sucção (12 m)

h: profundidade do eixo da bomba (1 m)

p: peso específico da mistura

p': peso específico da água (1,025 tf/m^3)

$$p = (0,85 \times 1,025 + 0,15 \times 2,00) = 1,17 \text{ tf/m}^3$$

Assim, a **altura manométrica na sucção** resulta em: $[(12 - 1)1,17 - 12 \times 1,025]/1,17$ = **0,49 m**.

Altura estática de elevação = 4,0 m

Altura manométrica total de água = $0,58 + 1,16 + 324,21 + 0,49 + 4,00$ = **330,44 m**

Altura manométrica total da mistura = (1,17/1,025) x 330,44 = 377, 19 m = **~390 m**

- **Cálculo da potência do sistema**

Bombas: 1 bomba da draga mais 3 _boosters_ na linha

Potência total do sistema = (1170 x 1,35 x 390)/(75 x 0,60) = 13.689 HP = **~14.000 HP (3.500 HP por bomba)**

21.5.1.3 DIMENSIONAMENTO DA DRAGA _HOPPER_

- **Cálculo do número de ciclos e do volume de produção mensal da draga**

Tempo de ciclo = 2 x 20/10 + 1,0 + 0,2 = **5,2 h**

Número de ciclos por mês = 24 x 6 x 4,3 x 0,85/5,2 = **101,2 ciclos**

Produção mensal em volume de sólidos: 4.000 x 0,80 x 101,2 = **323.700 m³/mês**

A descarga sólida mensal da draga de sucção e recalque é de 314.490 m³, portanto, a draga _hopper_ seleciona-da atende.

21.5.1.4 DIMENSIONAMENTO DOS _BOOSTERS_

A perda de carga na tubulação flutuante de 4.000 m é 50% maior que a perda de carga na tubulação terrestre (h_t) de 4.700 m.

Com altura manométrica total da mistura de 390 m e admitindo que cada bomba atenda a até 100 mca (pressão máxima admissível no recalque), tem-se:

$$4.700 \times h_t + 1,5 \times h_t \times 4.000 = 390$$

Resulta que:

$$h_t = 3{,}64 \text{ m/100 m e } h_f = 5{,}47 \text{ m/ 100 m}$$

Se subdividirmos os 390 mca em 4 trechos de bombeamento, haveria em cada trecho 97,5 mca de elevação. Assim, no trecho flutuante, para completar os 97,5 mca com perda de 5,47 m/100 m, resultaria a distância entre bombas de 1.780 m. Desse modo, haveria, além da bomba da draga, **2 _boosters_ flutuantes** e até 3.560 m de tubulação flutuante. O _booster_ flutuante mais próximo da costa teria ainda 440 m de tubulação flutuante com perda de 5,47 m/100 m e mais um trecho terrestre, já com perda de 3,64 m/100 m, para totalizar 100 mca, o que corresponde a mais 2.020 m de tubulação terrestre. Assim, o trecho de transição da tubulação flutuante para a terrestre teria 2.460 m. Finalmente, o último trecho de 2.680 m de tubulação terrestre, com perda de carga de 3,64 m/100 m, é atendido pelo **único _booster_ terrestre** do sistema com folga.

21.5.1.5 ITENS PARA O ORÇAMENTO DA OBRA (OPERAÇÃO)

- **Relação de equipamentos principais**

  – Draga _hopper_ de 8.000 HP e 4.000 m³ na cisterna: 1.

  – Draga de sucção e recalque com bomba de 4.500 HP de potência e 24" de diâmetro: 1.

  – _Booster_ flutuante com bomba de 4.500 HP de potência e 24" de diâmetro: 2.

  – _Booster_ terrestre com bomba de 4.500 HP de potência e 24" de diâmetro: 1.

  – Tubulação flutuante com _ball joints_: 4.000 m.

  – Tubulação terrestre soldada: 4.700 m.

  – Lancha de apoio de 200 HP: 1.

  – Cábrea de 100 HP para 15 t de içamento: 1.

  – Viaturas: 2.

  – Rebocador de 700 HP: 1.

  – Barca de óleo e água: 1.

- **Pessoal**

Deve-se considerar para cada profissional os seguintes custos:

  – salário;

  – horas extras equivalentes a mais um salário (somente para tripulantes);

  – prêmio de produção equivalente a 60% do salário (somente para tripulantes e supervisores);

  – encargos sociais;

  – alimentação.

A quantidade de pessoal é a seguinte:

- Draga _hopper_: **33 tripulantes.**
- Draga de sucção e recalque: **33 tripulantes.**
- _Boosters_: **24 tripulantes** (8 para cada unidade).
- Lancha de apoio à draga de sucção e recalque: **2 tripulantes**.
- Cábrea: **2 tripulantes**.
- Rebocador de 1.000 HP de apoio à draga de sucção e recalque: **6 tripulantes**.
- Barca de óleo e água **terceirizada**:
- Viatura de 100 HP: **2 motoristas** (1 para cada veículo).
- Engenheiro-chefe da obra: **1**.
- Engenheiro-supervisor: **2**.
- Supervisor administrativo: **2**.
- Equipe de sondagem terceirizada.

- **Combustíveis**

O consumo mensal é: [0,175kg/(HP x h)] x 1,1 L/kg x h de operação x 0,80 x potência em HP.

- **Lubrificantes**

Calcula-se **10% do custo dos combustíveis**.

- **Provisões para reparos e revisões**

Equivale a **0,3% do valor atualizado do equipamento (VAE) ao mês**. Incide também sobre barca de óleo e água.

- **Manutenção**

Representa **5% do VAE ao ano (0,42% ao mês)**. Incide também nas tubulações e na barca de óleo e água.

- **Seguro**

Corresponde a **1,3% do VAE ao ano (0,11% ao mês)**. Incide também nas tubulações e na barca de óleo e água.

- **Custo operacional total**

É igual à **somatória dos custos operacionais**.

- **Imprevistos**

Calcula-se **10% do custo operacional total**.

Overhead

- Calcula-se **15% do custo operacional total**.

- **Juros**

Calcula-se **8,7% do VAE por ano (0,73% ao mês)**.

- **Depreciação**

- Considerada uma depreciação linear com relação à vida útil do equipamento (VUE).

- A duração da obra é de 40 meses ou 3,33 anos.

- **A depreciação ao longo dos 40 meses é dada por: (VAE/VUE) x 3.33**.

- Vida útil dos equipamentos:
  - Draga *hopper* de 8.000 HP e 4.000 m^3 na cisterna: 20 anos.
  - Draga de sucção e recalque com bomba de 4.500 HP de potência e 24" de diâmetro: 15 anos.
  - *Booster* flutuante com bomba de 4.500 HP de potência e 24" de diâmetro: 15 anos.

- *Booster* terrestre com bomba de 4.500 HP de potência e 24" de diâmetro: 15 anos.
- Tubulação flutuante e terrestre: a cada 3 milhões de m^3, o que dá cerca de 4 VAE.
- Flutuantes e *ball joints*: devem ser trocados a cada obra.
- Lancha de apoio de 200 HP: 10 anos.
- Cábrea de 100 HP para 15 t de içamento: 10 anos.
- Viaturas: 9 anos.
- Rebocador de 700 HP: 10 anos.
- Barca de óleo e água: 10 anos.

- **Custo total**

É a **somatória do custo operacional total com os itens anteriores**.

- **Lucro sugerido**

Estima-se em **10% do custo total**.

- **Preço sugerido**

Calculado por **custo total + lucro**.

- **Preço sugerido com impostos**

- **Preço unitário**

É o **preço sugerido com impostos/produção**.

21.5.1.6 ITENS PARA O ORÇAMENTO DA OBRA (PARALISAÇÃO)

- **Pessoal**

Como no **custo de operação subtraindo-se o prêmio de produção**.

- **Combustíveis**

Estima-se **20% do regime de operação**.

- **Lubrificantes**

Calcula-se **10% do custo dos combustíveis**.

- **Manutenção**

Equivale a **10% do regime de operação**.

- **Seguros**

Inalterado.

- **Provisão**

Inalterado.

- **Imprevistos**

Corresponde a **10% do regime de operação**.

- **Juros**

Inalterado.

- **Depreciação**

Inalterado.

- **Lucro sugerido**

Calcula-se em **10% do custo total de paralisação**.

- **Preço sugerido com impostos**

21.5.1.7 CRONOGRAMA

1. Batimetria e balizamento: mês 1.
2. Instalação da tubulação: meses 1 e 2.
3. Mobilização da draga *hopper*: mês 1 + 15 dias.
4. Operação da draga *hopper*: do mês 1 + 15 dias ao mês 39 + 15 dias.
5. Mobilização da draga de sucção e recalque: meses 1 e 2.
6. Operação da draga de sucção e recalque: do mês 3 ao 39.
7. Desmobilização: mês 40.

A draga *hopper* inicia a operação 15 dias antes da draga de sucção e recalque. Não foi prevista paralisação das dragas para docagem.

21.5.2 Comparação de dragas para emprego em manutenção de gabarito geométrico junto de obras

21.5.2.1 PREMISSAS

O objetivo dessa dragagem é a manutenção de cota –20,0 m (DHN) em região na qual a maré oscila até 7 m de amplitude, estimando-se em 50.000 m³/mês a produtividade necessária. Trata-se de área nas proximidades de obras de atracação, exigindo dragas de pequeno porte para varrer uma área retangular de 400 m x 50 m livres com 80% do volume a dragar, com os 20% restantes do volume a dragar em área de manobra restrita. As seguintes alternativas de equipamento devem ser consideradas: draga de sucção e recalque, draga *hopper* e draga *hopper* de sucção. O sedimento é constituído de areia muito fina e admite-se uma concentração de sólidos na mistura de 17,5%. O peso específico da água do mar é de 1,025 tf/m³. Observe-se que os valores em US$ referem-se ao ano de 2001.

21.5.2.2 DRAGA DE SUCÇÃO E RECALQUE

- **Descrição**

Essa alternativa prevê o emprego de uma draga de sucção e recalque, movimentada por meio de cabos de aço acionados por guinchos amarrados em âncoras ou poitas de concreto. Essa draga deverá ser dotada de tubo de sucção que permita realizar a dragagem em profundidade de 27,0 m, estando sua bomba 1,0 m abaixo do nível d'água, apresentando um rendimento de 70%. A sua tubulação de recalque terá um comprimento de cerca de 1.000 m. O regime de operação é de 28,75 dias médios por mês com (12 + 2) h/dia, totalizando 403 h/mês. A eficiência operacional é de 60%.

- **Cálculo da vazão de mistura requerida**

Horas de operação efetivas = 403 x 0,60 = **242 h por mês.**

Produção horária de sedimentos = 50.000/242 = **207 m³/h.**

A **vazão de mistura requerida** será = 207/0,175 = 1.183 m³/h = **0.328 m³/s.**

- **Dimensionamento da tubulação de recalque**

Considerando velocidade de 3,75 m/s de bombeamento da mistura, que é compatível com areia muito fina e concentração de sólidos de 17,5%, resulta:

$$0,328 = 0,785 \times D^2 \times 3,75$$

O **diâmetro D** = 0,33 m corresponde a 13", adotando-se **14".**

Assim, a **velocidade do escoamento corrigida** resulta em: $(13/14)^2$ x 3,75 = **3,25 m/s.**

A **declividade da linha de carga** resulta em **2,8 m/100 m.**

- **Cálculo da perda de carga total e potência**

Peso específico da mistura = 0,175 x 2,0 + 0,825 x 1,025 = **1.195 kgf/m³**

$H_{t\,mistura}$ = (0,27 + 0,54 + 28 + 2,84 + 1,0) 1,195/1,025 = **38,1 m**

$HP_{hidráulica}$ = 1.195 x 0,328 x 38,1/(75 x 0,7) = **284 HP**

HP_{motor} = 1,15 x 284 = **327 HP**

- **Equipamento e investimento**

Uma draga de sucção e recalque com diâmetro de tubulação de 14" e diâmetro interno de 350 mm, 327 HP na bomba de dragagem, 284 HP no sistema hidráulico, capaz de dragar até 27,0 m de profundidade, equipada com jato d'água e ejetor de 120 HP e 1.000 m de tubulação, PN-6, custa **US$ 1,90 milhão**.

- **Estimativa simplificada do custo operacional mensal**

- Mão de obra no regime de 12 x 12 h/dia:

  Encarregado com 1,20 Sb: 1.

  Draguista com 0,75 Sb: 4 (total de 3,00 Sb).

  Maquinista com 0,75 Sb: 2 (total de 1,50 Sb).

  Auxiliar de dragagem com 0,50 Sb: 3 (total de 1,50 Sb).

  Auxiliar de máquina com 0,50 Sb: 3 (total de 1,50 Sb).

  Total: 8,70 Sb

  Sb = US$ 550,00

  <u>**Custo da mão de obra**</u> = 8,70 x 550 x 2 (refeições, horas extras, prêmio de produtividade etc.) x 2 (leis sociais) = <u>**US$ 19.140,00**</u>

  <u>**Combustível e lubrificante**</u> = 1,15 (327 + 284 + 120) x 0,2 x 242 x 0,50 = <u>**US$ 20.345,00**</u>

- **Custos em função do investimento mensal**
  - Manutenção operacional: 5% a.a.
  - Provisões para reparos e revisões: 7% a.a.
  - Depreciação em 15 anos: 6,7% a.a.
  - Juros: 6,0% a.a.
  - Seguros: 2% a.a.
  - Total: 26,7% a.a. ou 2,225% a.m.

  <u>**Custos do investimento mensal**</u> = 1.900.000 x 0,02225 = <u>**US$ 42.275,00**</u>

  <u>**Custo total mensal**</u> = <u>**US$ 81.760,00**</u>

  <u>**Custo unitário**</u> = US$ 82.235,00/50.000,00 = <u>**US$ 1.635,00/m³**</u>

21.5.2.3 *TRAILING SUCTION HOPPER DREDGER* DE PEQUENO PORTE

- **Descrição**

A draga deverá ser capaz de dragar em profundidade de até 27,0 m, o que não é comum para equipamento de pequeno porte. Também deverá ser capaz de carregar a cisterna com sedimentos sem permitir o extravasamento. A distância da área de dragagem para a área de descarte autorizada é de 3,13 milhas náuticas. Será adotada uma draga de 450 m³ na cisterna para areia. O ciclo operacional desses equipamentos pode ser estimado como segue.

- <u>**Tempo de carga efetivo**</u>

Considerando os cuidados para não ocorrer retorno de sedimentos pelo extravasor, o tempo de carga efetivo (t_{ce}) é de <u>**0,75 h**</u>.

- <u>**Tempo de manobras de carga**</u>

Considerando a velocidade de dragagem de **1 nó** (1,8 km/h), o tempo de passe é 0,4/1,8 = **0,22 h**. Assim, o número de passes por ciclo é de 0,75/0,22 = **3,4 passes**. Estimando-se o **tempo de manobra em 0,15 h**, resulta um tempo de manobras de carga t_{mc} = 3 x 0,15 = <u>**0,45h**</u>.

- <u>**Tempo de carga com manobras**</u>

O tempo de carga com manobras t_c = 0,75 + 0,45 = <u>**1,2 h**</u>.

- <u>**Tempo de manobras de aproximação e retorno da área de descarte e de aproximação e entrada na área de dragagem**</u> = <u>**0,15 h**</u>

- <u>**Tempo de viagem (t_v)**</u>

Considerando uma velocidade de 5 nós, o tempo de viagem de ida e volta entre a área de dragagem e a área de descarte é de <u>**1,25 h**</u>.

- <u>**Tempo de descarte (t_d) = 0,1 h**</u>

- <u>**Ciclo operacional (c)**</u>

$c = t_c + t_m + t_v + t_d = 1,2 + 0,15 + 1,25 + 0,1 = $ <u>**2,7 h**</u>

- <u>**Produção da draga em área livre (p)**</u>

$p = 450/2,7 = $ <u>**167 m³/h**</u>

- <u>**Produção da draga em área restrita (p')**</u>

$p' = 450/(2,7 + 1,3) = $ <u>**112,5 m³/h**</u>

- <u>**Tempos de produção**</u>

$t = 40.000/167 = $ **239,5 h**

$t' = 10.000/112,5 = $ **88,9 h**

- <u>**Tempo total: 328,4 h**</u>

Calculando-se o **coeficiente de eficácia**, correspondente ao quociente do tempo total de operação pelo tempo disponível ao longo do mês, resulta 328,4/720 = <u>**0,456**</u>. Esse coeficiente é muito baixo, indicando que a draga ficará ociosa praticamente a metade do mês.

- **Equipamento e investimento**
- Características principais da draga:

  L = 60 m

  B = 9,5 m

  P (pontal) = 3,5 m

  T = 2,7 m

  Deslocamento total = 1.250 t

  HP propulsão = 2 x 375 HP

  HP bomba = 1 x 500 HP

  HP auxiliar = 1 x 200 HP

  HP total = 1.450 HP

- **Estimativa do investimento: US$ 5.470.000,00**

- **Estimativa simplificada do custo operacional mensal**

Custo da mão de obra: US$ 21.000,00

Combustível e lubrificante: 1,15 x 0,7 x 1.450 x 0,2 x 329 x 0,50 = **US$ 38.400,00**

Custos do investimento: 5.470.000 x 0,02225 = **US$ 121.710,00**

Custo total: US$ 181.110,00

Custo unitário = US$ 181.110,00/50.000,00 = **US$ 3,62/m^3**

21.5.2.4 *SUCTION HOPPER DREDGER* DE PEQUENO PORTE

- **Descrição**

Essa alternativa emprega uma draga *hopper* acionada por guinchos, que carrega os sedimentos dragados de modo semi-estacionário, de maneira similar à que a draga de sucção e recalque transporta os sedimentos e os descarrega pelo fundo na área de descarte autorizada. Sua operação dependerá de sistema de amarração similar ao da draga de sucção e recalque, porém muito mais possante em função do seu deslocamento. Sua produtividade é menor que a da *trailing suction*, em virtude das manobras de amarração e desamarração, respectivamente quando retorna do descarte e quando tem de se deslocar para ele.

- **Ciclo operacional (c)**

c = 2,7 + 2 x 0,35 = **3,4 h**

- **Produção da draga (p)**

p = 450/(3,4) = **132 m^3/h**

- **Tempo de produção**

t = 50.000/132 = **379,0 h**

Calculando-se o **coeficiente de eficácia**, resulta 379/720 = **0,526**. Esse coeficiente também é baixo, indicando que a draga ficará ociosa praticamente a metade do mês.

Estimativa simplificada do custo operacional mensal

Custo da mão de obra: US$ 21.000,00

Combustível e lubrificante: 1,15 x 0,7 x 1.450 x 0,2 x 379 x 0,50 = **US$ 44.240,00**

Custos do investimento: 5.470.000,00 x 0,02225 = **US$ 121.710,00**

Custo total = US$ 186.950,00

Custo unitário = US$ 186.950,00/50.000,00 = **US$ 3,74/m^3**

21.5.2.5 AVALIAÇÃO DOS EQUIPAMENTOS

- **Draga de sucção e recalque**
- Vantagens:
  - Custo unitário de m^3 dragado bem mais baixo, cerca de 40% do custo unitário das *hoppers*.
  - Menor risco de avarias por colisão com as estruturas.
  - Menor investimento.
  - Manutenção mais simples, porque não tem propulsão.
  - Por não navegar, adapta-se melhor em áreas confinadas entre estruturas.

- Desvantagens:
  - Sistema de amarração complexo.
  - Interferências da linha de recalque com as estruturas de acostagem.

- ***Trailing suction hopper dredger***
- Vantagens:
  - Não tem amarração.
  - Muito menor interferência com as estruturas de acostagem.

- Desvantagens:
  - Custo 140% mais elevado que a draga de sucção e recalque.
  - Riscos de abalroamento com as obras de atracação.
  - Dragagem mais complexa em área confinada.
  - Navegação difícil na área confinada.

- ***Suction hopper dredger***
- Vantagens:
  - Não tem amarração.
  - Muito menor interferência com as estruturas de acostagem.
  - Menor risco de abalroamento com as obras de atracação.

– Desvantagens:

• Não tem amarração.

• Custo 140% mais elevado que a draga de sucção e recalque.

• Navegação difícil para entrar e sair da área confinada.

21.5.3 Relação entre volume medido em cisterna de draga *hopper* e volume medido *in situ*

21.5.3.1 DADOS DISPONÍVEIS

O objetivo principal deste exemplo é estabelecer uma relação entre o volume medido em cisterna de draga *hopper*, constituído de areia fina a muito fina quartzosa, e o volume medido *in situ* retirado da superfície submersa, para atingir-se a produção mensal de 50.000 m³ *in situ*.

– Volumes medidos na cisterna ao longo de um mês: 18.629 m³.

– Número de ciclos de dragagem: 40.

– Tempo correspondente de bombeamento: 73,16 h.

– Tempo médio de carga até o início do *overflow*: 18 min.

– Amostragem dos sedimentos simultaneamente na cisterna, no *overflow* e na superfície do fundo (*in situ*) durante a dragagem.

– Determinar nas amostras coletadas o peso específico saturado das areias, o teor de sólidos decantados nas amostras do *overflow* e as curvas granulométricas de todas as amostras. Da análise dos dados disponíveis dos pesos específicos saturados na cisterna e submersos, conclui-se que o empolamento médio das areias na cisterna da draga é de 4,0%. Verifica-se que pelo *overflow* 31,77% dos sedimentos está abaixo da areia muito fina, isto é, com dimensão média inferior a 0,0625 mm, e 38,47% têm dimensão de areia muito fina, ou seja, com dimensão média entre 0,0625 mm e 0,125 mm.

21.5.3.2 CÁLCULO DOS PARÂMETROS DE DRAGAGEM

• **Volume médio de carga medido na cisterna da draga (areia fina a muito fina)**

V_c = 18.629 m³ em 40 ciclos = **465,7 m³/ciclo**

• **Volume total do *hopper* (v_t): 880 m³**

• **Volume do *hopper* sem água residual (V)**

V = 880 – 90 = **790 m³**

• **Tempo antes do início do *overflow* (dragagem sem *overflow*)**

$T_{s/o}$ = 18 minutos = **0,30 h**

• **Tempo médio de bombeamento por ciclo**

t_b = 73,16/40 = **1,83 h por ciclo**

• **Tempo médio de dragagem com *overflow***

$T_{c/o}$ = 1,8 – 0,3 = **1,5 h**

• **Vazão da bomba**

Q = 790/0,3 = **2.633 m³/h**

• **Taxa de sólidos no *overflow***

Corresponde ao percentual médio de sólidos, obtido pela média no início, no meio e no final do procedimento de *overflow*.

%s = (2,71 + 4,69 + 5,67)/3 = **4,36%**

• **Produção de sólidos através do *overflow* por ciclo**

q_o = 2.633 x 0,0436 x 1,5 = **172,2 m³/ciclo**

21.5.3.3 CONCLUSÃO DA ANÁLISE

• **Empolamento medido pelos pesos específicos**

Vamos assumir um empolamento de 4%, muito embora o conceito de empolamento para areias possa não refletir com precisão uma efetiva variação volumétrica. Consequentemente, o empolamento de 4% do volume médio de cada ciclo (medido na cisterna e equivalente a 465 m³/ciclo) é de 18,6 m³/ciclo e deve ser subtraído desse volume para obter-se o volume correspondente *in situ*. A conclusão é que **o volume por ciclo de 465 m³ na cisterna da draga equivale a 446,4 m³ considerado *in situ***.

• **Dragagem devida às taxas de sólidos do overflow da draga**

Durante a operação de dragagem, cujo tempo médio de bombeamento é de 1,8 h, utiliza-se 0,3 h com o enchimento do *hopper*, até ocorrer o início do *overflow*, e a 1,5 h restante é empregada com o bombeamento para completar a carga média de 465 m³, com a ocorrência simultânea do *overflow*. A produção média de mistura no *overflow* é de 172,2 m³ por ciclo da draga. Analisando a curva granulométrica média dos sólidos do *overflow*, podemos dizer que:

– 31,77% dos sedimentos, sendo de dimensão menor que 0,0625 mm, não deverão retornar às áreas de dragagem, em virtude do nível de agitação e porque as correntes facilmente movimentam esse sedimento muito fino.

– A faixa mais fina da areia, que corresponde a 38,47% da carga média do *overflow*, também é muito suscetível a ser movimentada, estimando-se que cerca de 1/3 do volume de areia existente, correspondente a essa faixa de peneiras, não retorne às áreas de dragagem. Essa verdadeira dragagem por agitação da percentagem de 31,77% + 12,82%, ou seja, 44,59% de 172,2 m³ por ciclo = 76,8 m³ por ciclo deve ser adicionada ao volume de dragagem médio, medido na cisterna, de 465 m³/ciclo, para obter-se a produção total da draga.

– Como balanço final, teríamos, por ciclo de operação da draga, *in situ*:
  - Produção na cisterna: +465 m³/ciclo.
  - Produção do *overflow*: +76,8 m³/ciclo.
  - Empolamento na cisterna: –18,6 m³/ciclo.
  - Produção média *in situ*: 523,2 m³/ciclo.

Conclui-se que, para atingir a produção média mensal de 50.000 m³ *in situ*, deve-se medir na cisterna da draga um volume mensal equivalente à mesma proporção obtida em cada ciclo médio da draga, ou seja:

$$465/523,2 = 89\%$$

Assim:

89% de 50.000 m³ *in situ* = 44.500 m³/ mês medidos na cisterna.

21.6 EQUIPAMENTOS DE DRAGAGEM PARA ALIMENTAÇÃO ARTIFICIAL DE PRAIA

21.6.1 Descrição geral

A draga recomendada para a execução de alimentação artificial é a de sucção e arrasto autotransportadora (*trailing suction dredger hopper*), também conhecida como *hopper*, de pequeno porte com calado compatível para poder se aproximar da praia. Trata-se de embarcação com grande capacidade de manobra, frequentemente dotada de dupla propulsão e *thrusters*. A carga é feita com a embarcação movendo-se lentamente a vante, com velocidade entre 1 e 5 nós com relação à terra, e a descarga é realizada por bombeamento para o aterro.

Suas vantagens principais são:

- relativa imunidade ao clima e às condições de mar;
- operação autônoma, não dependendo de embarcações auxiliares;
- efeito muito reduzido na navegação de outras embarcações;
- relativamente alta taxa de produção;
- possibilidade de transporte dos dragados a longas distâncias;
- mobilização simples.

Suas principais desvantagens são:

- inabilidade de dragar em áreas muito restritas;
- inabilidade de dragar materiais duros;

- sensibilidade ambiental à concentração de sedimentos em suspensão.

As limitações que afetam a operação dessas dragas de porte pequeno variam de acordo com a dimensão da embarcação e suas características particulares. A seguir são apresentadas limitações extremas desse tipo de draga em uso comum:

- Profundidade mínima: 4 m
- Profundidade máxima: 45 m
- Velocidade máxima de navegação: 17 nós
- Mínimo círculo de giro: 75 m
- Máxima altura de onda: 1,5 m (para operação eficiente) e 2,5 m (como limite de operação perigosa e/ou muito ineficiente) com períodos entre 6 s e 8 s.

Quando conectadas a tubulações de recalque, as limitações quanto às ondas passam a ser:

- Máxima altura das vagas: 2 m
- Máxima altura do marulho: 1 m

A máxima profundidade de dragagem na jazida de areia deve ser verificada para selecionar o equipamento.

A regulagem do extravasor (*overflow*) da draga permite algum grau de controle quanto ao volume e à granulometria da mistura dragada retida na cisterna. Geralmente, as dragas *hopper* são capazes de carregar 80% de sua capacidade nominal em areia, tendo-se que manter o *overflow* em apropriada cota abaixo do máximo.

Se for constatada a presença de areia muito densa (compactada), a desagregação do material poderá ser assistida por jatos de alta pressão, escarificadores (dentes) ou facas de aço de alta dureza instaladas na boca de sucção (Figura 21.44).

Para a alimentação artificial de praia, a draga deve ser ancorada para fazer conexão com a linha de recalque, podendo a descarga usualmente requerer cerca de uma hora. A descarga também pode ser eventualmente efetuada por um bocal instalado na proa, pelo qual o dragado pode ser jateado para a praia, sendo esta a técnica do jato aéreo.

21.6.2 Exemplos de dragas recomendadas

A seguir, elencam-se algumas especificações típicas de modelos de dragas autotransportadoras de sucção e arrasto de pequeno porte que podem ser adequadas para a realização de uma alimentação artificial.

Capacidade da cisterna: 884 m³

Comprimento (OA): 59,51 m

Figura 21.44
(A) Boca de sucção com dentes escarificadores.
(B), (C), (D), (E) e (F) Boca de sucção danificada pela presença de detritos náuticos no fundo dragado, ocasionando perda de uma haste do atuador hidráulico no visor da boca e de vários dentes.
(G), (H), (I) e (J) Reparo da boca de sucção.

Comprimento (pp): 58,4 m

Boca: 9,5 m

Calado (carregada): 3,1 m

Velocidade (carregada): 8 nós

Profundidade máxima de dragagem: 25 m

Diâmetro do tubo de sucção: 500 mm

Capacidade da cisterna: 957 m^3

Comprimento (OA): 66,50 m

Boca: 12,20 m

Calado carregada: 4,64 m

Calado em lastro: 2,50 m

Motores principais: 997 kW

Bow thruster: 250 kW

Bomba para recalcar a areia da cisterna: 1.650 kW

Velocidade carregada: 8,5 nós

Velocidade em lastro: 9,5 nós

Profundidade máxima de dragagem: 33 m

Capacidade da cisterna: 1.010 m^3

Comprimento (OA): 66,80 m

Boca: 11,85 m

Calado carregada: 4,52 m

Calado em lastro: 2,85 m

Motores principais: 2 x 441 kW

Bow thruster: 165 kW

Bomba para recalcar a areia da cisterna: 1.080 kW

Velocidade carregada: 8,5 nós

Velocidade em lastro: 9,0 nós

Profundidade máxima de dragagem: 20 m

Alcance do recalque: 1.500 m

Capacidade da cisterna: 1.410 m^3

Comprimento (OA): 62,40 m

Boca: 12,80 m

Calado carregada: 3,81 m

Calado em lastro: 1,50 m

Motores principais: 2 x 471 kW

Bow thruster: 235 kW

Bomba para recalcar a areia da cisterna: 2.016 kW

Velocidade carregada: 7,5 nós

Velocidade em lastro: 9,0 nós

Profundidade máxima de dragagem: 24 m

Alcance do recalque: 2.000 m

Capacidade da cisterna: 1.570 m^3

Comprimento (OA): 74,40 m

Boca: 12,80 m

Calado carregada: 3,80 m

Calado em lastro: 1,50 m

Motores principais: 2 x 746 kW

Bow thruster: 235 kW

Bomba para recalcar a areia da cisterna: 2.016 kW

Velocidade carregada: 7,5 nós

Velocidade em lastro: 8,0 nós

Profundidade máxima de dragagem: 28 m

Alcance do recalque: 2.500 m

Capacidade da cisterna: 2.173 m^3

Comprimento (OA): 80,00 m

Boca: 13,80 m

Calado carregada: 4,66 m

Calado em lastro: 3,36 m

Motores principais: 2 x 736 kW

Bow thruster: 261 kW

Bomba para recalcar a areia da cisterna: 681 kW

Velocidade carregada: 7,0 nós

Velocidade em lastro: 9,5 nós

Profundidade máxima de dragagem: 30 m

Capacidade da cisterna: 2.320 m^3

Comprimento (OA): 83,50 m

Boca: 14,5 m

Calado carregada: 4,45 m

Motores principais: 2 x 800 kW

Bomba de sucção: 760 kW

Velocidade carregada: 9,1 nós

Profundidade máxima de dragagem: 23 m

21.6.3 Equipamentos auxiliares

21.6.3.1 BOCAS DE DRAGAGEM

Para a otimização do desempenho de dragagem, a boca de dragagem deve ser selecionada de acordo com o tipo de material a ser escavado. Em conformidade com a areia a ser encontrada na jazida, deverão estar previstas bocas de dragagem montadas normalmente de acordo com os tipos:

- Tipo Fruhling: areia solta (Figura 21.45)
- Californiana: areia, especialmente as compactas (Figura 21.46)
- Venturi: areias (Figura 21.47).
- *Waterjet* (jatos de água): areias firmes (Figura 21.48)

Os dentes, ou os jatos d'água, podem ser fixados na parte inferior da boca de sucção para romper material do leito mais resistente. O uso dos dentes pode resultar em significativo incremento na potência necessária para manter a velocidade de navegação. Por outro lado, o uso de jatos pode ser indesejável em áreas ambientalmente sensíveis.

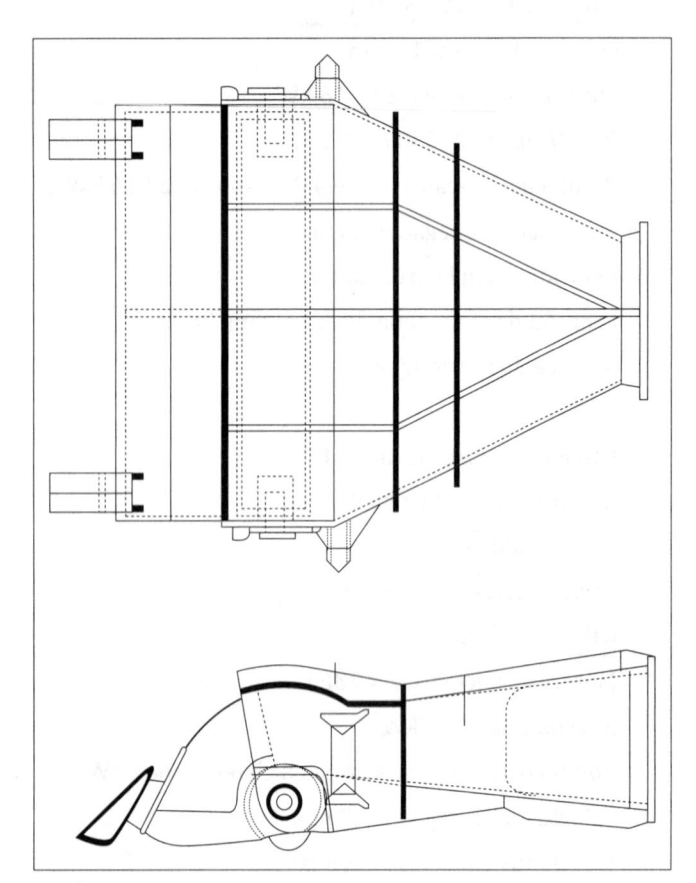

Figura 21.45
Boca de dragagem tipo Fruhling para areias soltas.

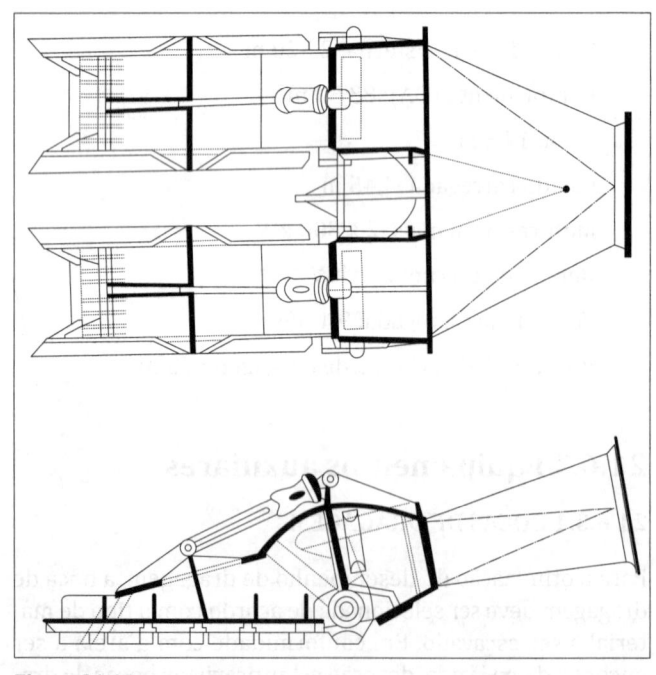

Figura 21.46
Boca de dragagem tipo californiana para areias compactas.

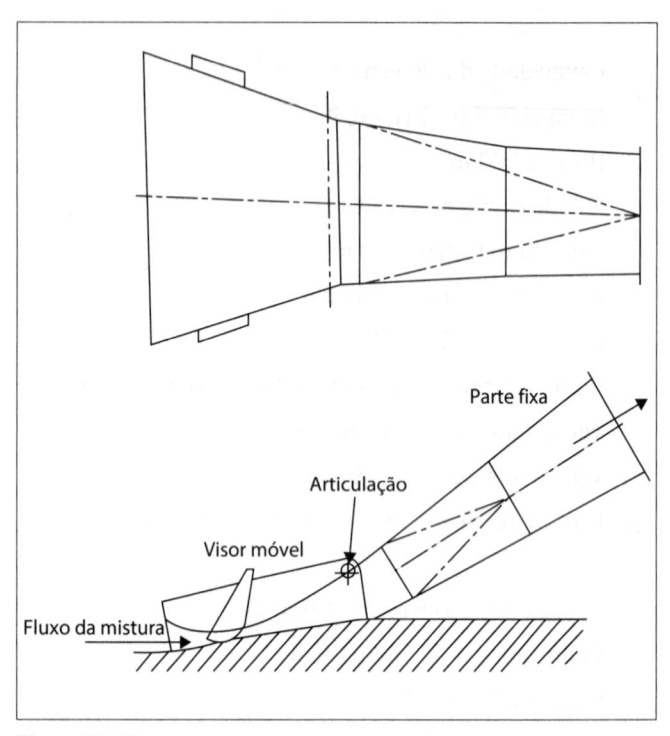

Figura 21.47
Boca de dragagem tipo Venturi para areias.

21.6.3.2 MÉTODOS DE DESCARGA POR BOMBEAMENTO

Algumas dragas *hopper* são especialmente construídas para efetuar o bombeamento. As maiores bombas de dragagem são empregadas na descarga por bombeamento. Do lado de pressão da bomba, uma tubulação de descarga, geralmente sobre a proa da embarcação, permite a conexão para uma tubulação na costa, ou flutuante. Como as bombas normais de dragagem são de baixa queda, não são capazes de bombear ao longo de tubulações longas, a menos que contem com bombas *booster* intermediárias.

Uma variante desse método é descarregar a mistura solo/água através de um bocal montado na proa da draga com jato aéreo (*rainbow*), o qual permite jatear ou dispersar o dragado a até 100 m da embarcação. É um método usado quando o aterro se situa imediatamente abaixo de um muro de praia, ou quando a alimentação deve ser feita na face da costa.

- **Características gerais das tubulações**

O diâmetro da tubulação afeta diretamente a eficiência do processo hidráulico de transporte. Para os possíveis

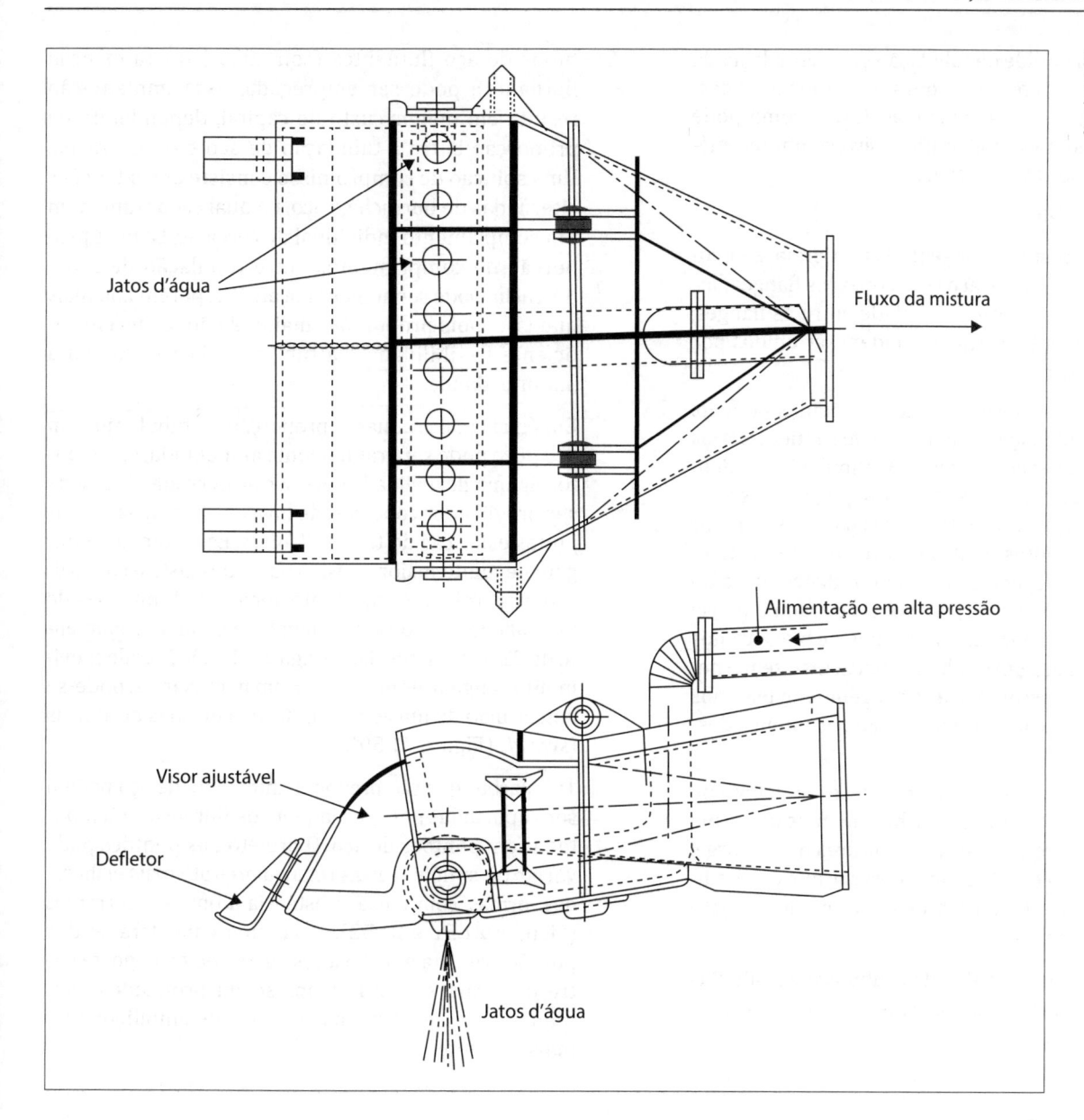

Figura 21.48
Boca de dragagem
tipo jatos de água para
areias firmes.

tipos de material das jazidas de areia visando à alimentação artificial, sem o risco de produzir o bloqueio da tubulação, tem-se as seguintes velocidades limites mínimas da mistura bifásica do dragado para 15% de concentração de sólidos:

Lodo: 2,7 m/s

Silte: 2,0 a 3,0 m/s

Areia fina: 3,0 a 4,0 m/s (de 15% a 20% de sólidos)

Areia média e conchas: 3,5 a 4,5 m/s (de 15% a 20% de sólidos)

Areia grossa e argila muito fluida: 4,0 a 5,5 m/s (de 15% a 20% de sólidos)

Areia com pedregulhos finos: 4,5 a 5,0 m/s

Areia com pedregulhos médios e argilas rígidas: 4,5 a 5,5 m/s

Argila em bolas: 5,0 m/s

Areia com pedregulhos grosseiros: 5,0 a 5,5 m/s

Areia com pedregulhos e cascalhos: 5,5 a 6,5 m/s

Essas velocidades mínimas devem ser aumentadas à medida que a percentagem de sólidos crescer, que resulta em maiores taxas de produção, mas exigindo maior potência e demandando maior desgaste da tubulação.

A granulometria de pedregulho pode ser associada com a presença de grânulos de carbonato biogênico, por vezes presentes em algumas áreas de empréstimo.

Ao dimensionar as operações para um transporte hidráulico, o objetivo é obter a maior descarga de sólidos, isto é, a combinação de concentração e velocidade, concomitantemente mantendo-se dentro da capacidade da bomba de prover a energia necessária. Essa condição é obtida operando em velocidade e pressão ligeiramente acima da crítica. Nas situações em que o comprimento da tubulação, ou a elevação do aterro com relação à draga são tão elevados que não se conseguem vazões relativamente altas, é prática usual intercalar uma bomba *booster* na tubulação entre a bomba e a área de aterro de modo a aumentar a produção.

A espessura da parede da tubulação deve ser adequada para resistir à pressão interna. Se, durante o trabalho, o desgaste reduzir a espessura a valor inaceitável, como pode ocorrer quando se bombeia material abrasivo, como areia média, a tubulação deverá ser trocada.

– Tubulações costeiras

As tubulações costeiras, assentadas na praia, são comumente compostas de aço com conexões flangeadas, incluindo um selo de estanqueidade entre os flanges, ou alternativamente os tramos podem ser unidos por meio de soldagem.

As tubulações são normalmente assentadas no solo. Travessias ou tubulações-ponte podem ser necessárias para manter o acesso a veículos. As tubulações podem se ramificar ao longo do seu percurso, seja para servir áreas de deposição alternativas, seja para descarregar em diferentes pontos dentro da área do aterro. Com esse arranjo consegue-se uma melhor distribuição do material, particularmente para solos de granulometria mais grosseira, e também o acréscimo de mais tramos de tubulações para uma linha em particular, sem a necessidade de interromper a dragagem. Válvulas nos pontos de bifurcação (ou comportas) permitem o desvio do fluxo.

No ponto da descarga, a tubulação deve ser dotada de dispersor, que provê uma distribuição mais uniforme do material. É recomendável que, na área de descarga, se proceda a uma terraplenagem prévia, que crie endicamentos que contenham o extravasamento do jato em áreas já aterradas.

Nos trechos mais elevados das tubulações, válvulas ventosas podem ser necessárias para expelir o ar aprisionado.

– Tubulações flutuantes

As tubulações flutuantes podem ser classificadas em termos de sua resistência e flexibilidade. A resistência é importante se a tubulação deve resistir a altas pressões internas ou a altas tensões de tração. A flexibilidade é importante em áreas de trabalho confinadas e, particularmente, quando o trabalho está exposto em áreas marítimas a significativa ação das ondas. Usualmente, uma boa resistência à abrasão, ou cisalhamento, é também importante.

As tubulações mais flexíveis são formadas por borracha reforçada. Esta usualmente incorpora uma jaqueta de material flutuante com deslocamento tal que garanta o empuxo positivo quando a tubulação é enchida com a mistura bombeada de densidade normal. Tais tubulações são mais apropriadas para utilização com dragas de maior porte em localidades costeiras expostas, entretanto, seu custo de implantação é elevado.

Quando a flexibilidade completa é menos importante, a construção de uma tubulação composta, que inclui tubos de aço flutuantes (com uma jaqueta externa flutuante), pode ser empregada. Essa implantação resulta em menor custo de capital, dependendo da proporção entre a tubulação de aço e de borracha. Uma solução de compromisso consiste em extensões alternadas de borracha e aço, na qual cada tramo tem um comprimento individual de cerca de 12 m. A proporção de comprimentos entre tubulação de aço e borracha pode ser aumentada até 2:1, porém não mais que isso, pois proporções maiores não fornecem suficiente flexibilidade e a tubulação ficaria sujeita a maiores danos.

Em águas mais calmas, a proporção da tubulação com aço puro pode ser grandemente aumentada, entretanto, alguma flexibilidade deve ser preservada. Esta pode ser provida por conexões de luvas de borracha ou por juntas esféricas do tipo *ball joints*. Estas têm a vantagem de muito maior resistência ao desgaste e construção mais robusta, entretanto, fornecem limitações de flexibilidade, sendo o movimento máximo normalmente de 22,5° para cada lado (Figura 21.49). Quando movimentos angulares maiores forem necessários, pode-se lançar mão de um conjunto de articulações giratórias (*swivel*) (Figura 21.50).

Tubulações que são predominantemente de aço podem ser suportadas por uma jaqueta de flutuação, ou montadas em pontões de aço. O projeto dos pontões pode variar de simples caixas retangulares até mais elaboradas formas, com baixa resistência a ondas e correntes (Figuras 21.51 e 21.52). O volume considerável dos pontões resulta em elevados custos de transporte entre os locais, embora alguns sejam projetados para minimizar esse problema por meio de empilhamento mais eficiente.

– Estações de bombeamento *booster*

Estações de bombeamento *booster* são utilizadas em longas extensões de tubulações pressurizadas, quando altura manométrica adicional seja necessária para suplantar atrito ou altura estática.

Consistem em uma bomba centrífuga para manuseio de sólidos montada num pontão flutuante, ou em terra, sendo acionada por motor elétrico ou diesel.

A carga manométrica adicional por cada bomba dependerá das características particulares de cada uma, bem como a distância de bombeamento adicional que puder ser conseguida dependerá do diâmetro da tubulação, da velocidade da mistura e de sua concentração. Para areia média, variará tipicamente de 900 m para diâmetro da tubulação de 300 mm até 3.000 m para diâmetro da tubulação de 800 mm.

Para maximizar sua eficiência, a estação de bombeamento *booster* deve ser posicionada na tubulação de descarga a uma distância da draga tal que a pressão positiva seja mantida na entrada da bomba *booster* em

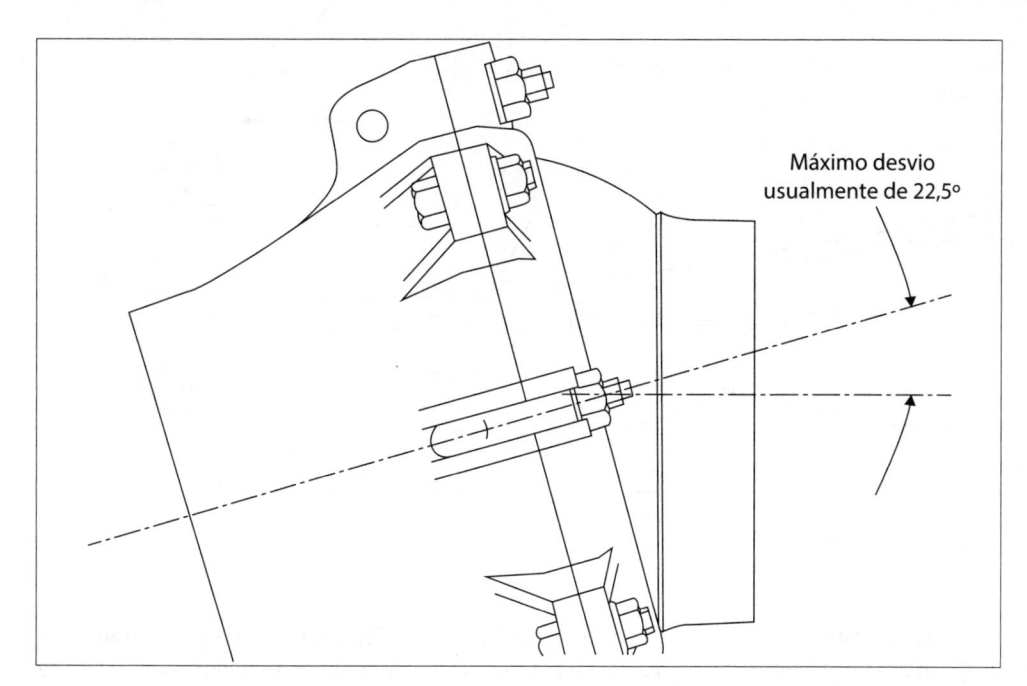

Máximo desvio
usualmente de 22,5°

Figura 21.49
Exemplo de *ball joint* usada em linhas
de recalque flutuantes.

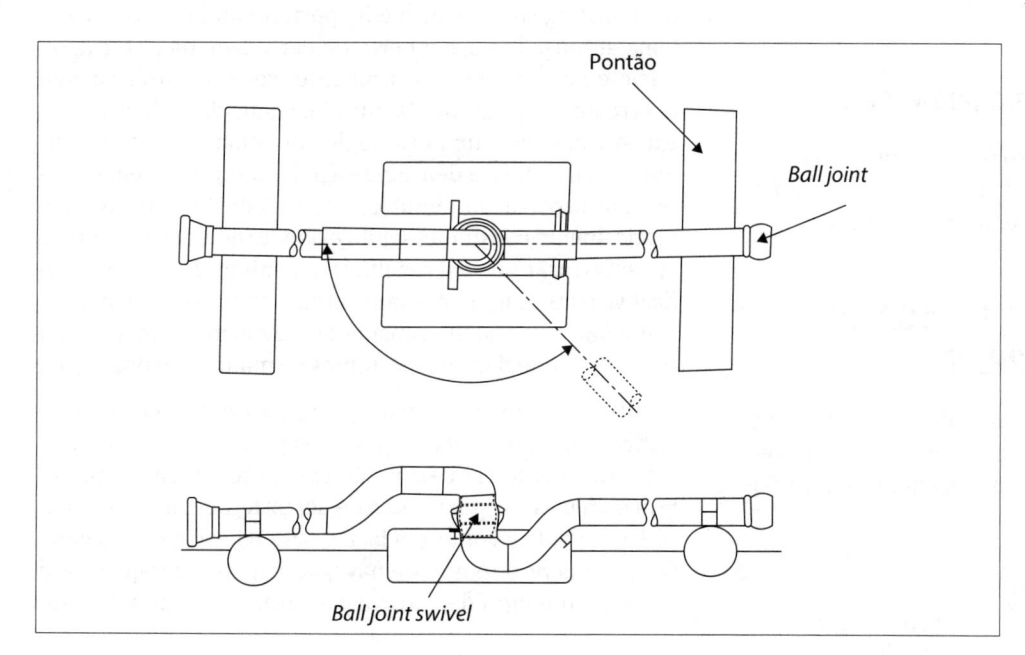

Pontão

Ball joint

Ball joint swivel

Figura 21.50
Exemplo de *ball joint swivel* usada em
linhas de recalque flutuantes.

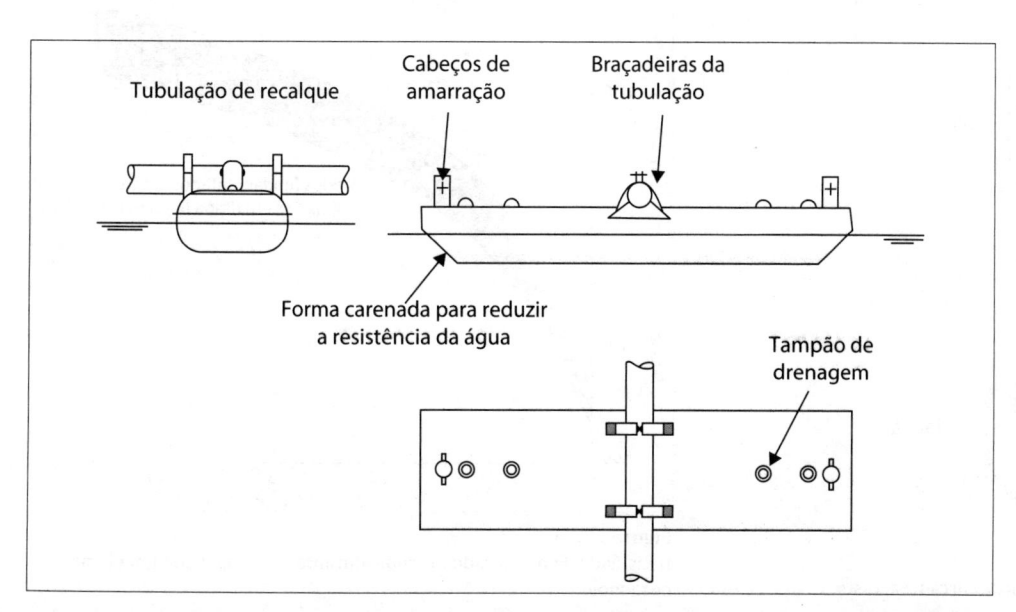

Tubulação de recalque

Cabeços de
amarração

Braçadeiras da
tubulação

Forma carenada para reduzir
a resistência da água

Tampão de
drenagem

Figura 21.51
Exemplo de linha flutuante suportada por
pontões.

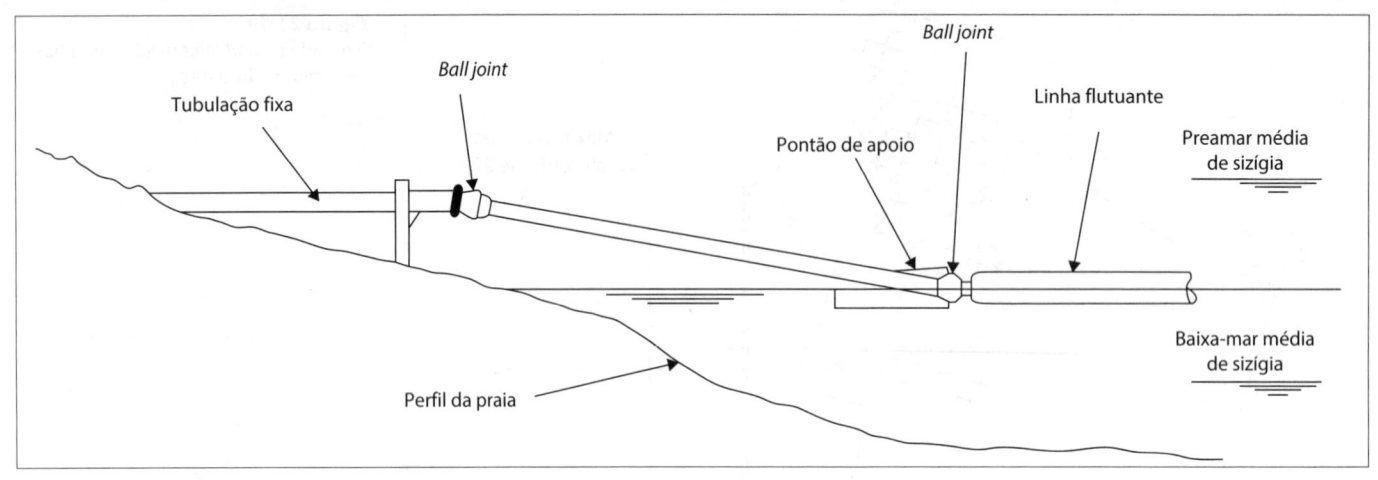

Figura 21.52
Exemplo de conexão simples com a praia na solução com pontões.

todos os momentos, entretanto, condições práticas podem exigir que o *booster* esteja localizado mais próximo da draga.

21.6.3.3 EQUIPAMENTOS DE TERRAPLENAGEM

O espalhamento, a compactação e o nivelamento do aterro são concluídos por equipamentos de terraplenagem, como tratores de lâmina tipo pá carregadeira com esteiras.

21.7 PERFORMANCE DA DRAGAGEM COM DRAGAS *HOPPER*

Considerando a operação normal de dragas *hopper*, autotransportadoras de sucção e arrasto, isto é, empregando o *overflow* (Figura 21.53), a performance de operação da dragagem é discutida a seguir.

As Figuras 21.54 e 21.55 mostram, respectivamente, o progressivo aumento da densidade da mistura extravasada de uma draga *hopper* de médio porte, quando operando em lama arenosa mole, e o perfil de densidade na cisterna no início e no fim do extravasamento. Pode-se observar que ocorre uma rápida subida inicial na densidade do material extravasado, por um período de aproximadamente 10 minutos, após o qual a densidade aumenta somente lentamente. Após cerca de 45 minutos, a densidade do extravasado é praticamente constante, sendo evidente que a continuidade em extravasar não vai resultar em nenhum aumento significativo para a carga total da cisterna. Assim, esse caso mostra como uma quantidade considerável de material foi perdida transbordando durante os últimos 45 minutos de dragagem.

Definido um particular tipo de material e suas características de carregamento, para fins preditivos, o tempo de extravasamento será estimado com base no tempo que se leva para navegar para a área de descarte, descarregar o material dragado e voltar em lastro para o local de dragagem. Quanto maior o tempo de navegação, mais vantajoso será estender o tempo de extravasamento, conforme ilustrado

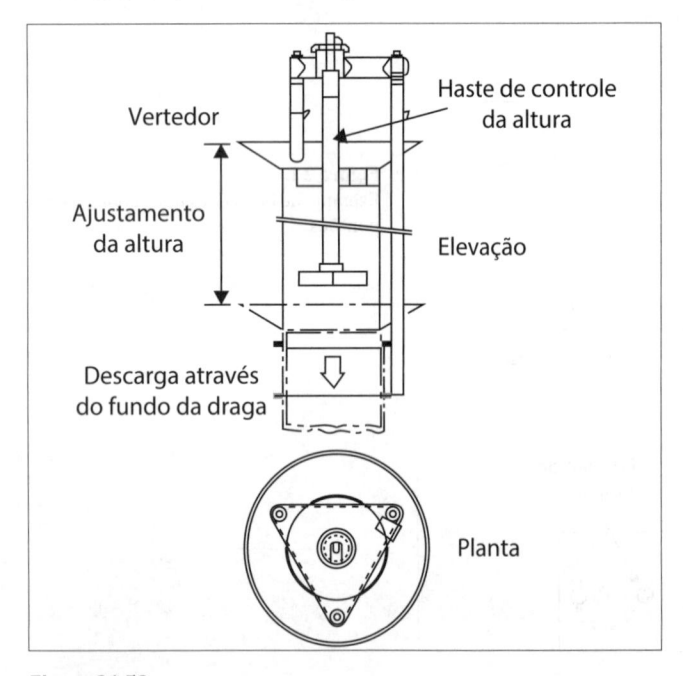

Figura 21.53
Detalhe de *overflow* típico de draga *hopper* de sucção e arrasto.

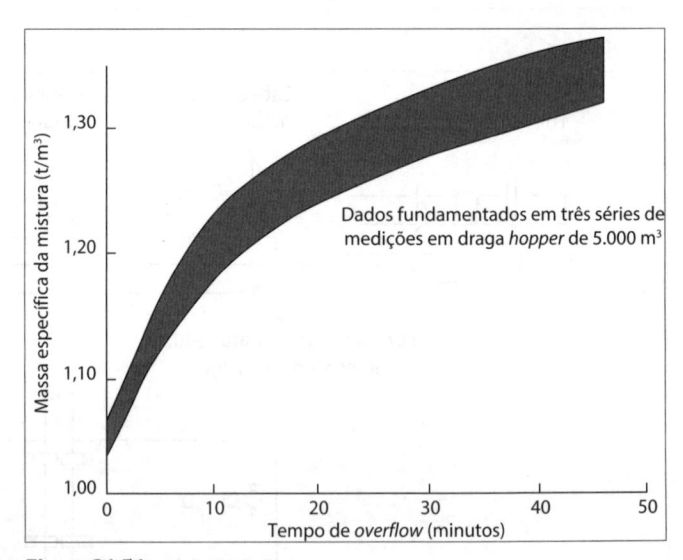

Figura 21.54
Densidade da mistura do *overflow* durante a dragagem de uma lama arenosa mole.

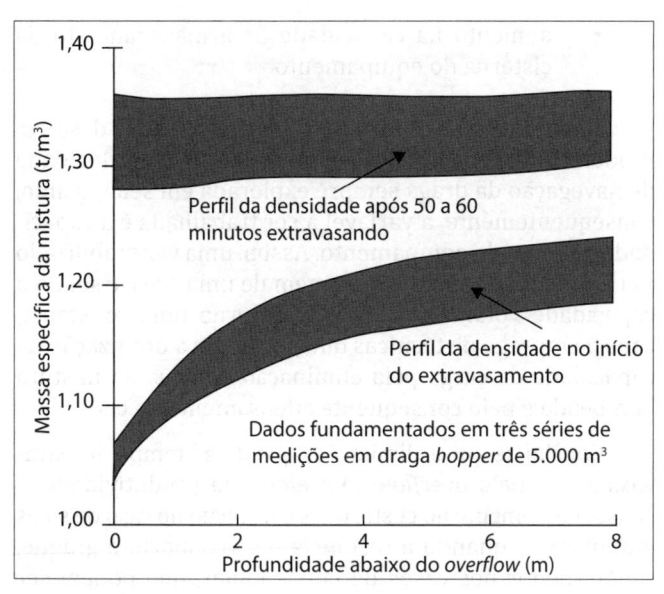

Figura 21.55
Perfis de densidade na cisterna no início e no fim do extravasamento durante a dragagem de lama arenosa mole.

nas Figuras 21.56 e 21.57 pela combinação dos tempos de navegação com o tempo de extravasamento. O Ponto A corresponde ao tempo somado das duas navegações (ida carregada e retorno em lastro), mais o tempo de descarte e mais o tempo de pré-esgotamento da cisterna. O Ponto B é o tempo de início da dragagem, e BC representa a duração de carregamento até o instante em que o *overflow* extravasa. Em termos de produtividade e, portanto, custo, a duração ideal de extravasamento é determinada desenhando a linha reta AE, sendo E o ponto de tangência com a curva de carregamento, verificando-se que, neste exemplo, a duração de extravasamento mais econômica é CD. De fato, no tempo D, a cisterna está aproximadamente 85% cheia. Para distâncias de descarte maiores, com maior tempo de navegação, um maior período de extravasamento seria indicado.

É importante lembrar que as dragas, apesar de atualmente contarem com tecnologias de última geração e com os mais diversos indicadores, ainda dependem da perícia de um operador, cujas eficiência e precisão na produção não são padronizadas, mas, passíveis de eventual imperícia.

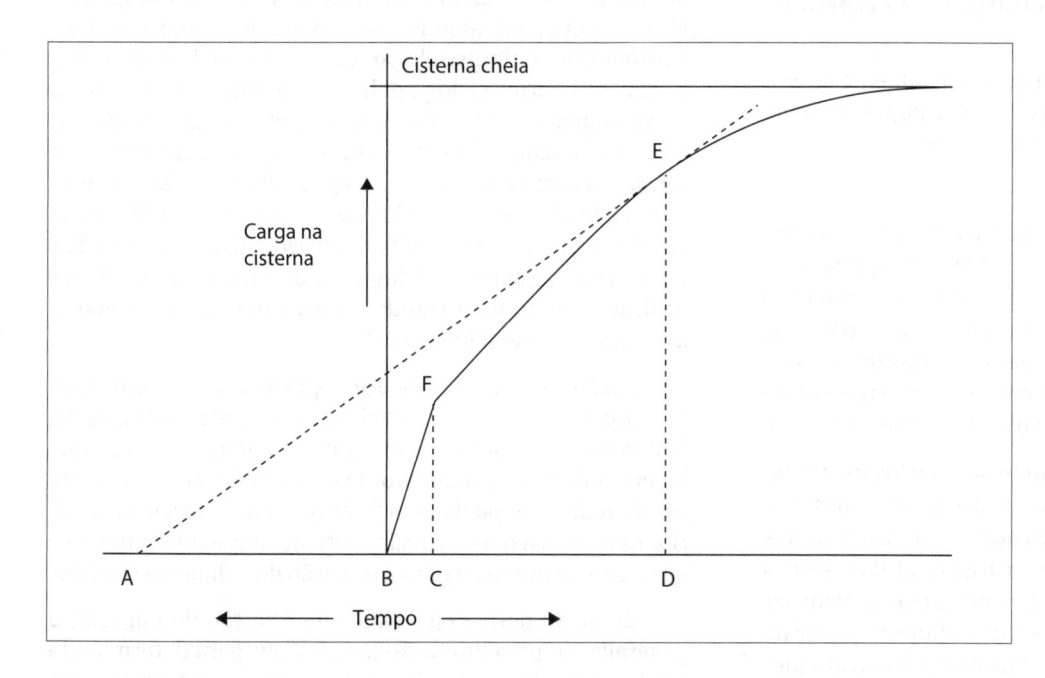

Figura 21.56
Método gráfico de estimativa da duração ótima do extravasamento.

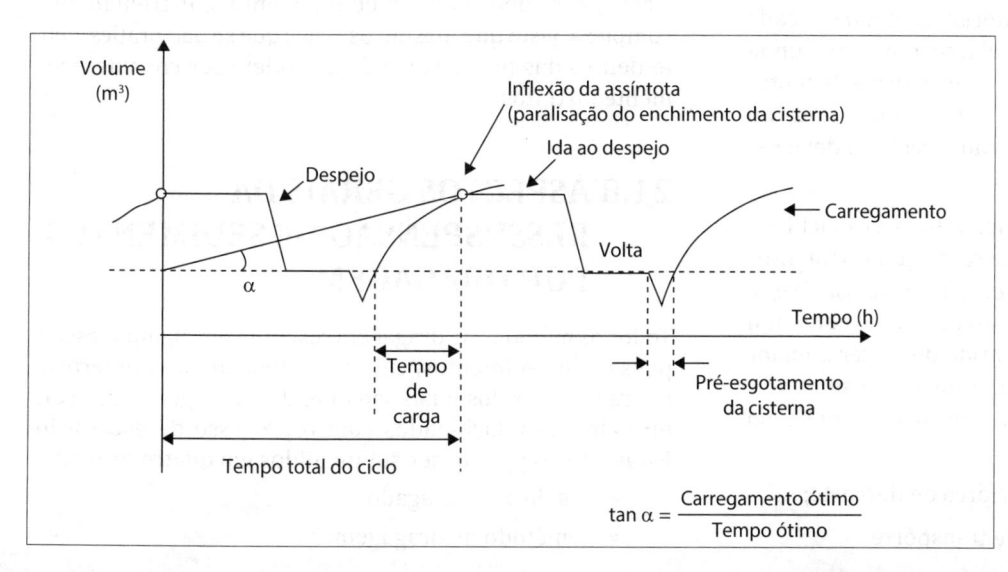

Figura 21.57
Determinação do ciclo ótimo de draga *hopper*.

$$\tan \alpha = \frac{\text{Carregamento ótimo}}{\text{Tempo ótimo}}$$

Assim, uma abordagem alternativa equivalente pode ser registrar a carga na cisterna e o tempo de ciclo total para uma série inicial de ciclos tentativos, determinando o tempo de carga que fornece a mais alta produção global por hora trabalhada. Dentre outros fatores, esses testes devem levar em consideração:

- qualidade do material a ser dragado (granulometria do sedimento);

- curvas de enchimento de cisterna do equipamento de dragagem;

- profundidade constante ou não;

- necessidade de maior número de manobras;

- imperícia do operador.

Outros aspectos que interferem na quantidade de *overflow* de cada ciclo de produção podem ser:

- quantidade de manobras necessárias;

- ocorrência ou não de obstruções na cabeça de dragagem;

- succionamento de materiais pontualmente alterados dentro de uma camada que se supunha constante em granulometria ou coesão.

Desse modo, essa maneira empírica de definir um tempo de extravasamento está tecnicamente consagrada, permitindo a definição de um tempo médio ótimo, ou tempo máximo de *overflow*, a ser praticado em determinado trecho. Assim, consegue-se, por meio da realização dos testes, avaliar a produtividade e o impacto em uma amostragem de ciclos significativa para a área e o equipamento em questão.

Durante um determinado número de ciclos de dragagem em um trecho específico, devem ser elaboradas as curvas de carregamento da embarcação, em que constam a variação dos dados de volume e a carga total da cisterna em função do tempo. Durante os mesmos ciclos, devem ser coletadas amostras do material sedimentado na cisterna para análise granulométrica, de forma a relacionar, em momento posterior, cada curva ao material coletado em cada um dos ciclos analisados. Essa correlação, por ser oriunda de dados obtidos de forma empírica, é uma forma de tentar estabelecer, mesmo que de forma vaga, o que seria um "tempo de *overflow*" eficiente para cada trecho, e deve ser feita por meio de medições *in situ*.

Ocorre que, na etapa do transporte, toda a capacidade operacional de escavação da embarcação (equipamentos utilizados na sucção de material) permanece ociosa. Dessa forma, de modo a otimizar o processo produtivo como um todo, o equipamento evoluiu no sentido de trazer a maior eficiência possível para essa etapa. A forma de se atingir esse objetivo passa necessariamente por pelo menos uma das seguintes opções:

- redução da distância até a área de descarte;

- aumento na velocidade de transporte;

- aumento na capacidade de armazenamento da cisterna do equipamento.

Sendo a distância entre a área de dragagem e o descarte predeterminada, é impossível de melhorar, e a velocidade de navegação da draga sempre explorada em seu máximo, consequentemente, a variável a ser trabalhada é a capacidade de carga do equipamento. Assim, uma vez mobilizado um equipamento para a dragagem de uma área, e sendo a capacidade volumétrica de sua cisterna uma constante, cabe o emprego de técnicas que permitam a otimização da capacidade de carga pela eliminação de água na mistura bombeada e pelo consequente adensamento da carga.

Conclui-se que as limitações quanto ao tempo de extravasamento pelo *overflow* têm efeito na produtividade e, consequentemente no custo, mais conspícuo no caso de solos granulares e quando a distância de transporte é grande, sendo menor nos casos de lamas moles, que podem ser dragadas próximo de sua densidade *in situ*.

Um aspecto que deve ser considerado também é que a atividade de dragagem resulta em aumento do tráfego marítimo, o qual, em alguns casos, pode perturbar o tráfego existente, ou ser impedido por ele. Quanto mais viagens efetuadas por vários ciclos de dragagem, maior interferência no tráfego aquaviário, como ocorre em dragagens com limitação de tempo de extravasamento. De qualquer modo, torna-se necessário rever o tráfego marítimo existente, preferencialmente em consulta com a Autoridade Marítima Local, e estimar se há conflitos prováveis. Caso identificados, torna-se necessário restringir ou controlar as atividades de dragagem de algum modo, ou providenciar um remanejamento do tráfego local existente.

Assim, as restrições de utilização de *overflow* têm significativos impactos na produtividade e no custo da dragagem, bem como outros ambientais, como: maior incidência da turbulência do hélice, aumento de emissão de gases de efeito estufa, maior tempo de interferência com o tráfego aquaviário. Essas consequências são fruto do aumento do número de viagens requeridas para a remoção do volume necessário.

Como se pode depreender, a definição de um tempo generalizado para limitação de *overflow*, para determinado trecho, com determinado equipamento, é extremamente complexa, visto que mesmo os ciclos que se dão praticamente dentro das mesmas variáveis podem ser consideravelmente distintos.

21.8 ASPECTOS GERAIS DA RESSUSPENSÃO DE SEDIMENTOS POR DRAGAGEM

Todos os métodos de dragagem resultam em alguma ressuspensão de sedimentos, cujo grau depende de numerosos fatores, muitos dos quais são interativos e alguns não estão diretamente relacionados com o processo de escavação. Estes fatores podem ser subdivididos em quatro grupos:

- solo a ser dragado;

- método de dragagem;

- regime hidrodinâmico na área dragada;
- qualidade e características existentes da água.

Qualquer análise dos efeitos ambientais das operações de dragagem deve reconhecer a complexidade e o grau de interação sinergística desses fatores. É evidente, a partir de um estudo dos dados disponíveis, que é virtualmente impossível predizer com acurácia os níveis de sedimentos em suspensão em torno de uma draga em operação (Figura 21.58, a partir de SPEARMAN et al., 2011). Entretanto, é possível descrever em termos relativos o potencial de geração de sedimentos dos vários métodos e predizer em um nível indicativo a provável ordem de grandeza das concentrações de sedimentos em suspensão.

Frequentemente, a insuficiente clareza sobre os efeitos de uma draga *hopper* podem levar a uma previsão irrealística – otimista ou pessimista – dos efeitos da dragagem nos Estudos de Impacto Ambiental, o que, por sua vez, pode impedir significativamente o sucesso da implementação de trabalhos de dragagem.

Como mostrado na Figura 21.58, as plumas originadas a partir de uma draga *hopper* são resultado da extravasão a partir do *overflow* de sedimentos sobrenadantes, que formam plumas superficiais ou junto ao fundo. Essa pluma, conhecida como pluma dinâmica no campo próximo, por correntes de densidade, força um empuxo negativo direcionado para o fundo do leito. Perturbação pela boca de dragagem e erosão a partir do jato do propulsor também se agregam na formação dessas plumas do chamado campo próximo, além da própria ressuspensão de sedimentos oriundos da pluma dinâmica do *overflow*. Todas essas fontes contribuem para a pluma observada já a uma certa distância da draga, denominada pluma passiva, porque são as correntes marítimas que a transportam no campo afastado.

Assim, a pluma dinâmica, que é resultante da mistura dos sedimentos na água do campo próximo da pluma do *overflow*, em sua magnitude e geometria, é a fonte para a pluma passiva, que sofre sua dispersão (advecção e difusão turbulenta) no campo afastado. A extensão espacial destas zonas, campo próximo e campo afastado, depende das condições da hidrodinâmica local e, adicionalmente, no caso do campo próximo, da natureza da descarga do *overflow*.

Hayes (apud CLAUSER, 2003) descreveu as quatro escalas espaciais associadas ao transporte de sedimentos ressuspensos. Ele afirmou que as escalas temporais, os critérios de desempenho e os controles regulatórios associados à ressuspensão induzida por dragagem devem ser avaliados com relação à produtividade (ou seja, a duração do projeto de dragagem), com impactos na qualidade da água que sejam permitidos. Critérios e controles devem basear-se em ciência, não conjecturas, pois os dados disponíveis são limitados. Esta limitação geralmente leva a regulamentos excessivamente protetores. Dados e modelos aprimorados devem levar a melhores estruturas regulatórias. A medição da ressuspensão dos sedimentos pela dragagem, com qualidade suficiente para permitir o uso dos dados para o desenvolvimento de modelagem, é difícil. A variedade de dragas, variáveis operacionais, níveis de habilidade dos operadores, hidrodinâmica e características de sedimentos complica muito o desenvolvimento de modelos confiáveis. Com base em trabalhos realizados nas décadas de 1970, 1980 e 1990, algumas técnicas empíricas foram desenvolvidas, no entanto, a extrapolação dessas técnicas para outras dragas, sedimentos e/ou ambientes provou ser problemática. Similarmente, esses modelos são inadequados em muitas situações.

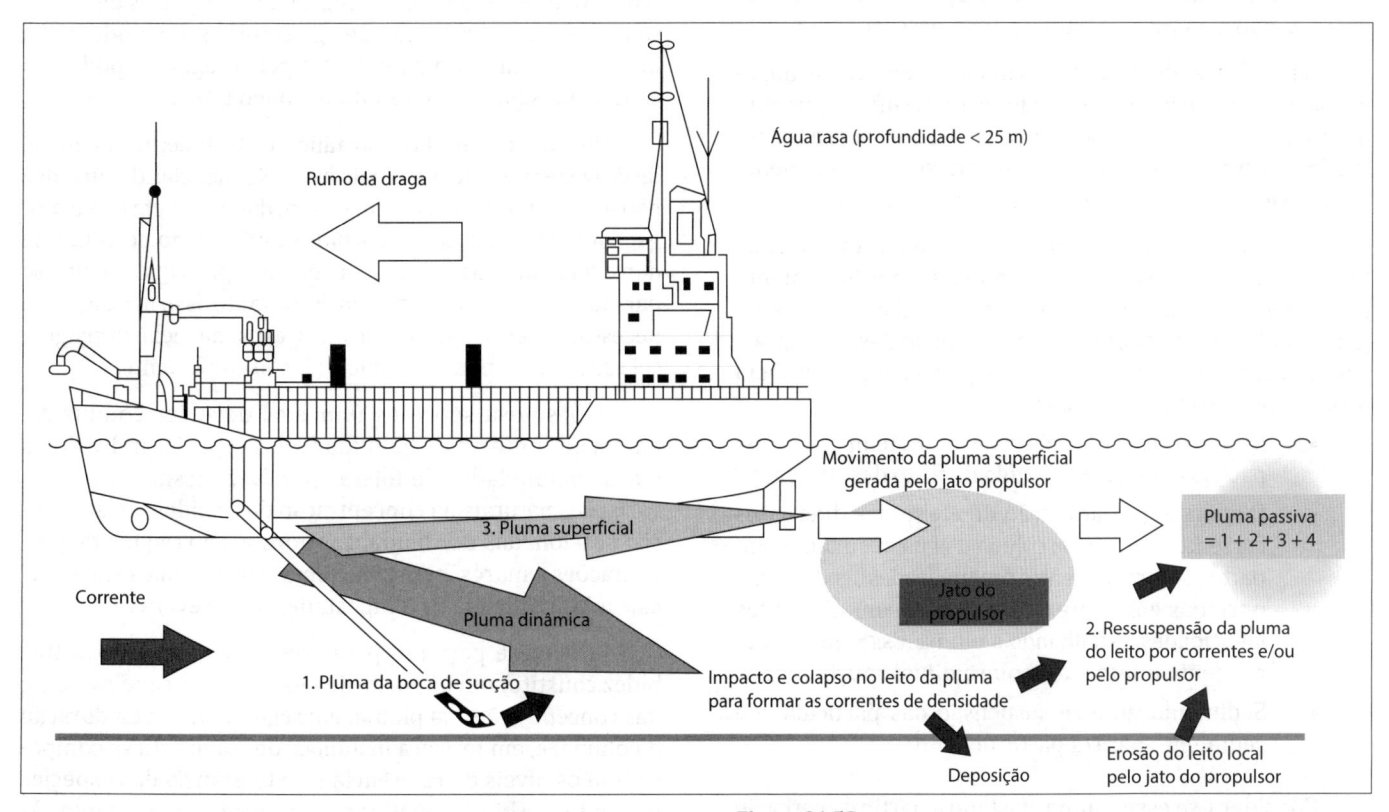

Figura 21.58
Mecanismos de produção de sedimentos oriundos de draga *hopper*.

É muito oportuno notar que a descrição da dinâmica da pluma no campo próximo guarda estreita analogia com o estudo de emissários submarinos, com a única diferença de que estes são fixos e assentados no fundo do leito, enquanto a pluma da dragagem provém da superfície para o fundo e é móvel. No caso de emissários submarinos, na zona de mistura serão admitidas concentrações de substâncias em desacordo com os padrões de qualidade estabelecidos para o corpo receptor, desde que não comprometam os usos previstos para o mesmo. Pode-se estender esse conceito para a pluma da dragagem, com a diferença de que a pluma é móvel, bem como considerar que não há comprometimento para o corpo receptor quando esta interessa a zona das atividades portuárias.

Os sedimentos na pluma dinâmica são mobilizados e introduzidos no corpo d'água via *overflow* na medida em que a água é deslocada da *hopper*. A introdução no corpo d'água desse sedimento, com significativa quantidade de movimento inicial na coluna d'água, resulta num corpo d'água mais denso que a água ao redor, que desce rumo ao leito. A pluma ejetada desse modo cria a pluma dinâmica propriamente dita, que desce rumo ao leito, bem como uma pluma superficial, passiva, que é frequentemente visível, representando uma pequena fração (5% a 15%) dos sedimentos extravasados. Em particular, a pluma superficial é significativamente reduzida quando se exclui ar dela por meio da chamada válvula ambiental, ou verde, que minimiza o conteúdo de ar no *overflow*. Por outro lado, a pluma dinâmica em águas rasas impacta e colapsa no leito, vindo a formar uma pluma de leito, que pode não se misturar inicialmente com as camadas sobrejacentes, dependendo da diferença de densidades das duas camadas e da ação das correntes e das ondas. Entretanto, esses sedimentos frequentemente são novamente colocados na coluna d'água, por exemplo, pela ação do propulsor da draga, vindo a contribuir para a pluma passiva.

A fase descendente da pluma dinâmica encerra-se quando ela impacta no leito, ou quando se torna suficientemente difusa, transformando-se em corrente passiva, pois a turbulência da corrente de densidade reduziu-se suficientemente para permitir a mistura com as águas circundantes.

Os processos da pluma passiva, quando esta se forma, fazem com que os sedimentos se dispersem lentamente pelos efeitos de mistura de correntes e ondas. Esse efeito, juntamente com a sedimentação das partículas, reduzirá a concentração da pluma passiva ao longo do tempo, por meio de três mecanismos principais:

- Difusão turbulenta, pelas variações temporais e espaciais em escala reduzida do fluxo das correntes.
- Dispersão por advecção do efeito das diferentes correntes médias na coluna d'água, resultando em partículas em diferentes profundidades sendo transportadas em diferentes direções, com diferentes velocidades, espalhando a pluma. Esse efeito é geralmente muito maior que a difusão turbulenta.
- Sedimentação e ressuspensão das partículas de sedimento para/a partir do leito.

Considera-se esse campo afastado a partir de cerca de 200 m da draga, sendo que, tipicamente, com relação ao fluxo de sedimentos pelo *overflow*, no campo afastado este fluxo se situa em torno de 5% daquele (SPEARMAN et al., 2011).

Um melhor conhecimento dos efeitos reais da dragagem *vis-à-vis* com os efeitos percebidos, bem como investigações adicionais quanto a meios para mitigar esses impactos, pode ser conseguido a partir da definição do mecanismo da produção sedimentar ou ressuspendida pelas operações de dragagem, conforme ilustrado na Figura 21.59 (BURT; HAYES, 1998), o qual deve ser apropriadamente apreciado no contexto da variabilidade natural, devida a correntes ou ondas.

Finalmente, deve ser reconhecido que dragas não são a única fonte antrópica de produção de sedimentos. Operações náuticas, particularmente quando grandes navios estão manobrando para atracar ou desatracar dos berços, podem fazer com que sedimentos do leito sejam levados à suspensão (Figura 21.60). Atividades de pesca de arrasto também ressuspendem muitos sedimentos, com a pluma oriunda da rede de arrasto chegando até 10 m do fundo (CHURCHILL, 1989, apud WILBER; CLARKE, 2001). Isso permanece grandemente não quantificado, mas parece ser, em muitas situações, ocorrência muito mais frequente que uma operação de dragagem.

Outro aspecto a levar em conta são os limites de aceitação para um ambiente em particular, em termos de tolerância das espécies presentes, que devem ser relacionados, por exemplo, com as alterações ambientais causadas pela ressuspensão e pela movimentação de uma pluma de sedimentos, particularmente a concentração de sedimento ressuspendido que possa ser tolerada acima da referência. Tais limites são específicos de cada local e das espécies da biota aquática existente. Assim, algumas espécies de peixes são tolerantes à condição de águas turvas, de modo que a indução no aumento da turbidez pela dragagem pode não causar um significativo efeito de longo prazo.

Uma das razões da importância da turbidez na atividade de dragagem reside no fato de as consequências da turbidez não necessariamente ficarem confinadas à área em que a dragagem ocorre. De fato, a turbidez pode, como corrente de densidade, ou carregada pela corrente principal, mover-se para fora da área de dragagem. Entretanto, isso não significa necessariamente que a turbidez causada pela dragagem seja sempre o impacto ambiental mais importante.

A pesquisa sobre os impactos deve ser conduzida, então, no contexto da habilidade das espécies individuais e das comunidades de tolerar (e talvez mesmo requerer) variações naturais na concentração dos sólidos em suspensão ocasionadas por mudanças normais no regime de precipitações e marés, bem como em variações mais extremas causadas por cheias e tempestades mais severas.

Em síntese, portanto, para determinar se o efeito da turbidez constitui um impacto, deve-se dispor primeiramente das concentrações da pluma; em segundo lugar, da duração da pluma; e, em terceira instância, de como esta se compara com os níveis de referência e da tolerância das espécies presentes na biota aquática para conviver ou se adaptar às mudanças de condição.

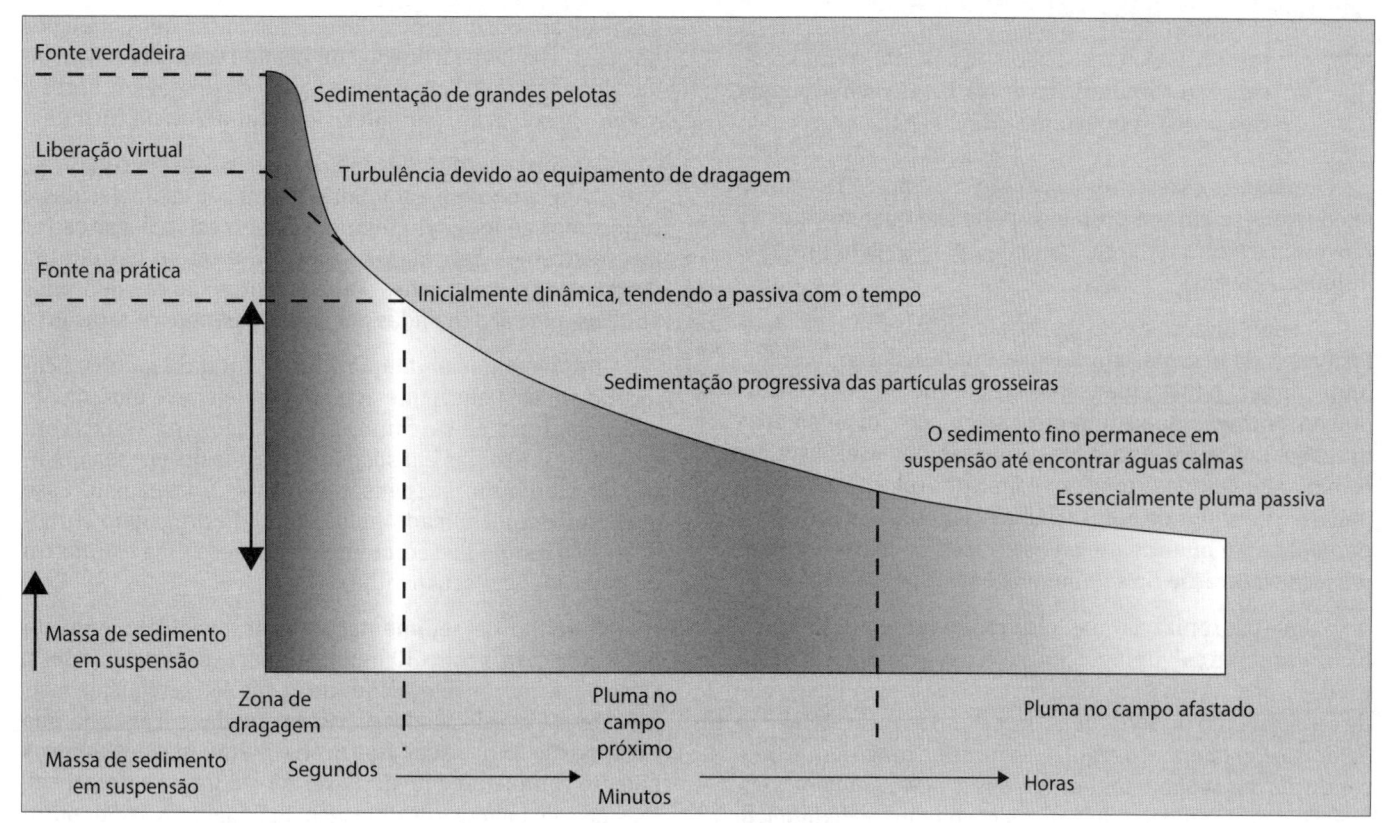

Figura 21.59
Definição de tempos na produção de sedimentos pela atividade de dragagem por draga *hopper*.

Figura 21.60
Levantamento de pluma de sedimentos em ressuspensão a partir do fundo do berço do Terminal de Cruzeiros CONCAIS do Porto de Santos pelo efeito do *bow thruster* de uma embarcação.

Não é possível estabelecer um simples e universalmente aplicável modelo de turbidez ocasionado pela dragagem, porque muitos fatores determinantes são dependentes do local e têm papel decisivo no fenômeno (PENNEKAMP et al., 1996).

Além da técnica de dragagem, como a utilização da draga *hopper*, dois outros fatores são relevantes: a sensibilidade na ressuspensão do leito e as condições da água superficial na área de dragagem e vizinhanças. No caso da sensibilidade, ela é resultado da natureza geotécnica, reológica e microbiológica do material do leito.

Quatro parâmetros independentes são importantes neste contexto da turbidez:

- Turbidez ou concentração de material seco (mg/L) mediada na profundidade para as condições naturais de referência. Esse valor varia muito de localidade para localidade, desde ordens de 15 mg/L a 75 mg/L, mas grande parte dos valores medidos situam-se em torno a 50 mg/L. Em regiões sujeitas à maré, pode haver variações no tempo da ordem de dezenas de mg/L por hora.

- Aumento característico da turbidez mediada na profundidade ocasionada pela atividade de dragagem no campo próximo da draga (50 m). Raramente essa característica supera 400 mg/L.

- Tempo de colapso do aumento da turbidez, que é o período após a cessação da atividade de dragagem, depois do qual a pluma de turbidez não é mais observada na cota de 50 cm acima do leito, significando que a turbidez na área de dragagem diminuiu para os valores de referência. Costuma se situar em torno a 1 h, mostrando como a turbidez afunda rapidamente para o leito

- O parâmetro de suspensão (S) fornece o volume do material do leito que é ressuspendido na coluna d'água por volume dragado (*in situ*) do leito. Portanto, neste parâmetro o impacto da atividade de produção da draga é levado em consideração. A turbidez não cresce necessariamente com a capacidade de produção da draga. Esses valores podem variar de 0 a pouco mais de 20 kg/m^3.

Em muitos casos, a ressuspensão de sedimentos somente constitui-se em um problema potencial quando estes se movem para fora da área imediata de dragagem (área de influência direta).

A quantificação da ressuspensão pode ser feita de duas formas, cada uma possuindo suas implicações ambientais importantes. A ressuspensão pode ser medida em termos de concentração de sedimento na água em torno da área dragada. Por outro lado, a ressuspensão pode ser vista em termos da quantidade total de sedimentos colocados em suspensão e perdidos da área de influência direta da dragagem, podendo essa quantidade não ser diretamente proporcional à concentração de sedimentos em suspensão.

Uma padronização das técnicas de observação não é fácil, no entanto, algumas técnicas são recomendáveis, como estabelecer estações de medida em torno da draga numa grade de espaçamento de cerca de 50 m, estendendo-se até 150 m da draga. Em intervalos regulares durante a dragagem, a concentração dos sedimentos em suspensão deve ser inferida em faixas de profundidade de 1 m a 3 m com um turbidímetro.

Além disso, observações devem ser feitas em condições não perturbadas pela dragagem, visando estabelecer a turbidez de referência, bem como na zona de dragagem, antes e após sua execução, para aferir o decaimento da turbidez.

Para cada vertical de medida do perfil da concentração, a máxima, a mínima e a média devem ser estabelecidas e reportadas ao longo do tempo, visando estabelecer os valores extremos de cada parâmetro durante o período de dragagem. Concentrações características são consideradas aquelas que são igualadas, ou excedidas, com reiteração

A determinação da quantidade total de material colocado em suspensão inevitavelmente envolve um grau de especulação. Pode-se, como aproximação, a partir das concentrações medidas em suspensão, estabelecer uma quantidade média em suspensão durante a dragagem. Esse parâmetro multiplicado pelo tempo de dragagem e dividido pelo tempo de sedimentação fornece uma estimativa da quantidade ressuspendida.

O tempo de sedimentação varia consideravelmente para cada caso, sendo 30 minutos uma ordem de grandeza. Observe-se que as velocidades de queda são geralmente mais rápidas que as velocidades teóricas definidas em água parada e com partículas isoladas. Isso ocorre porque os solos coesivos não são completamente desagregados durante a dragagem, mesmo com métodos de dragagem mais agressivos. Por outro

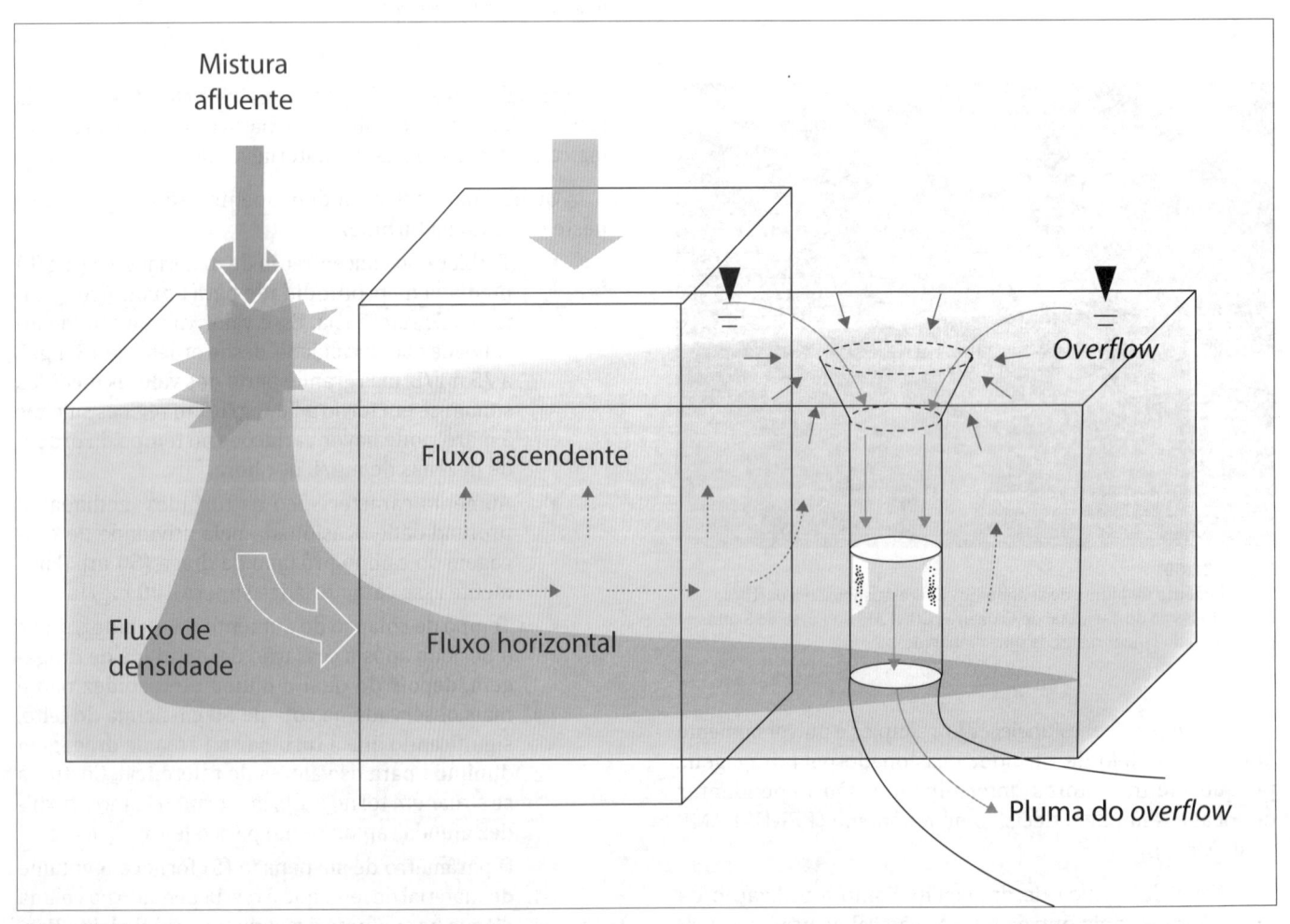

Figura 21.61
Esquematização conceitual da operação do *overflow* de draga *hopper*.

lado, quando se trata de solos não coesivos descarregados na coluna d'água, particularmente pelo *overflow*, as partículas tendem a afundar para o leito marinho numa corrente de densidade, que também é mais veloz que a queda das partículas individuais (Figura 21.61).

A definição do fator S, que corresponde ao quociente da quantidade ressuspendida pela quantidade de solo dragado (kg/m³ no SI), pode ser usada como uma estimativa razoável da quantidade de sedimentos que sai da imediata área das operações de dragagem, isto é, tipicamente até 50 m da draga.

Medições conclusivas de sedimentos em suspensão em torno de dragas *hopper* são difíceis de realizar e interpretar pela sua mobilidade própria, cobrindo grandes áreas antes que a cisterna esteja cheia. De qualquer modo, a quantidade de dados disponíveis mostra que, quando extravasando ou dragando areia, o fator S pode superar 500 kg/m³ em areia fina, ou mesclada com finos, mas pode ser praticamente negligenciável quando dragando areia grossa limpa. Em materiais finos, tipo silte e lama, as concentrações de sedimentos em suspensão podem ser da ordem de vários milhares de mg/L junto ao fundo, mas na superfície as concentrações são geralmente inferiores a 100 mg/L, exceto imediatamente atrás da draga. De fato, dragar lama com a operação de extravasamento equivale a uma dragagem por agitação, na qual todo o material extravasado segue para o ambiente em torno, de acordo com a dispersão das correntes marítimas.

Com o avanço da tecnologia de tecidos geossintéticos, têm sido cada vez mais empregadas, para reter a ressuspensão de sedimentos pela atuação de dragagem, as cortinas de lodo ou silte, permeáveis ou não. Trata-se de geotecido para controle de sedimentação em suspensão, principalmente importante quando se trata de sedimentos contaminados. São barreiras contra a turbidez compostas de flutuadores, cabos, saias e âncoras.

Como exemplo de sensibilidade, o bioma dos corais é o ecossistema mais vulnerável à turbidez das águas. Entretanto, se tomarmos como referência de paradigma esse ecossistema mais delicado, sabe-se que a redução da luminosidade da água pela turbidez é provavelmente o mais importante dos impactos relacionados com os sedimentos em suspensão numa dragagem. Isso porque resulta em um declínio da produtividade fotossintética, que desencadeia efeitos em cascata de queda em nutrição, crescimento, reprodução, taxa de calcificação e distribuição dos corais em profundidade, podendo mesmo haver desnutrição para algumas espécies. Valores de mínima luz necessária, reportados na literatura especializada, variam de menos de 1% a 35% (ou mesmo 60%) da irradiação na superfície, dependendo de sua forma de crescimento, profundidade e região.

O período durante o qual os corais podem tolerar altos valores de turbidez varia de poucas horas a várias semanas, dependendo da espécie e dos níveis de turbidez. Assim, uma pressão de turbidez crônica pode mudar a composição das espécies dos recifes de coral, com a morte dos corais mais dependentes da luminosidade e sua substituição por outros mais tolerantes à sombra. Certamente ocorre um declínio rápido na diversidade de espécies de coral e de flora e fauna associadas aos recifes de coral (incluindo a ictiofauna).

Normalmente, há uma correlação específica da localidade coralífera entre turbidez e concentração de sólidos totais em suspensão. Os limites de tolerância dos corais quanto às concentrações de sedimentos em suspensão, reportados na literatura especializada, variam de menos de 10 mg/L, em áreas de recifes não sujeitas à pressão antrópica, a 40 mg/L, ou mesmo 165 mg/L em recifes de coral às margens de ambientes costeiros próximos a praias de recreio. Essa grande variação demonstra como diferentes espécies de corais, em diferentes regiões geográficas, podem responder diferentemente ao aumento das concentrações de material em suspensão.

As comunidades de coral são geralmente mais bem desenvolvidas, com maior diversidade, bem como maior cobertura de coral e taxas de crescimento, quando a carga de sedimentos nas camadas de água mais superficiais é baixa. De fato, a cobertura de coral e a diversidade são grandemente reduzidas próximo a fontes terrestres de sedimentos, aumentando significativamente com a distância de desembocaduras fluviais.

Outro aspecto quanto aos efeitos da turbidez nos corais é a sua dependência quanto à granulometria dos sedimentos em suspensão, com as partículas mais finas contribuindo muito mais para a redução da luz.

Em termos de sedimentos em suspensão, valores-limite de soleira devem levar em conta tanto a magnitude quanto a duração da carga. Muitos recifes de coral estão adaptados a curtos períodos de altas cargas, que podem ocorrer naturalmente durante eventos de tempestades, de modo que tais valores de soleira nunca devem ser considerados como valores absolutos (por exemplo 10 mg/L), mas também associar a duração da carga (por exemplo, não exceder 10 mg/L por mais que 10% do tempo). Quanto a esse aspecto, observe-se que a operação de dragagem pode ser frequentemente caracterizada por plumas relativamente de curta duração com altas concentrações.

21.9 USO DA VÁLVULA VERDE EM DRAGAS *HOPPER*

Quando uma mistura dragada se afasta de uma draga *hopper* a partir de seu *overflow*, frequentemente volumes significativos de ar são arrastados na mistura. Esse arrastamento é resultado da turbulência de um ressalto hidráulico gerado no núcleo do aparato vertedor, que é frequentemente circular. Como visto, os processos sedimentares no campo próximo são importantes, na medida em que alimentam as plumas do campo afastado. Uma vez descarregado, o ar aprisionado tende a se segregar da pluma do *overflow* por seu empuxo positivo. Essa subida das bolhas para a superfície tem pronunciado efeito sobre a dispersão no campo próximo, obstruindo a sedimentação da mistura de sedimentos (PARYS et al., 2000, apud SAREMI; JENSEN, 2015).

A dispersão no campo próximo enfraquece a força da corrente de densidade, o que é altamente indesejável, pois aumenta a esteira da pluma da draga. Consequentemente, plumas com altos níveis de turbidez podem ter impactos severos no ambiente aquático. Assim, frequentemente as operações de dragagem são obrigadas a reduzir a esteira da pluma para atender a diretivas ambientais.

Uma das medidas mais eficazes para reduzir a esteira da pluma é a chamada válvula verde ou ambiental (JAN DE NUL, 2003, apud SAREMI; JENSEN, 2015). A válvula verde é instalada no interior do fuste da estrutura do *overflow*, com a função básica de aumentar a perda de carga hidráulica dentro do fuste, levando a aumentar a submergência do *overflow*, o que reduz o arrastamento de ar. Na Figura 21.62 está ilustrado o comportamento do fluxo pelo fuste sem e com a válvula em diferentes ângulos de fechamento.

A presença da válvula causa uma perda de carga singular que reduz a vazão, reduzindo os números de Froude no interior do fuste. Assim, a submergência crítica fica reduzida na tomada d'água, resultando em menor arrastamento de ar.

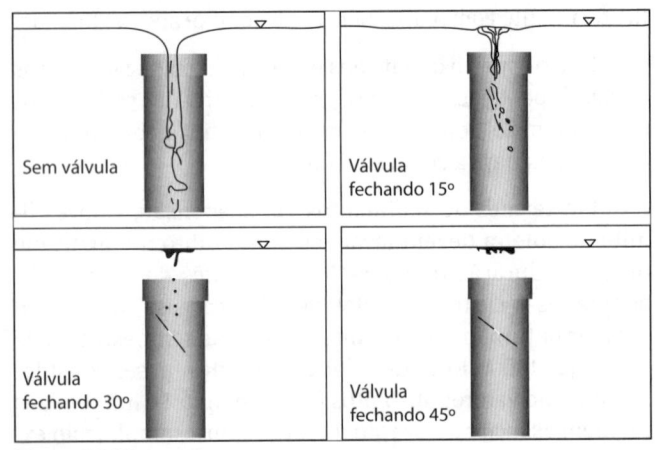

Figura 21.62
Interface ar-água sem e com a válvula verde.

A redução do arrastamento de ar em virtude do fechamento da válvula é muito mais importante que a redução relativa da vazão.

21.10 EXEMPLO DE UMA DRAGAGEM AMBIENTAL – CANAL DE PIAÇAGUERA

Conforme ilustrado na Figura 21.2 (B), o Canal de Piaçaguera, em Cubatão (SP), implantado ao final da década de 1960 entre o Canal de Acesso ao Porto de Santos e a foz original do Rio Mogi, constitui-se em uma das mais poluídas áreas portuárias do Brasil, com contaminação química e orgânica provinda de graves passivos ambientais criados até a década de 1990.

O Canal de Piaçaguera é um trecho de cerca de 5 km que provê o acesso aos TUPs da Usiminas (antiga COSIPA) e TIPLAM da VLI. A dragagem com resguardos ambientais do canal vem sendo implementada há mais de dez anos, constituindo-se de três etapas:

Na primeira etapa, entre 2006 e 2009 e em 2015, foram dragados os trechos com sedimentos sem contaminação,

que foram destinados ao Quadrilátero de Disposição Oceânica (PDO) do Porto de Santos.

Entre 2006 e 2009 também foram criados CDFs em terra para os sedimentos com uma contaminação intermediária, que não podem ser lançados no mar, construídos no chamado Dique do Furadinho na Ilha Piaçaguera, que separa as duas bocas da foz do Rio Cubatão.

Finalmente, entre 2017 e 2018, foram criadas as cavas de CDFs subaquáticos no Canal de Piaçaguera, especialmente concebidas para receber os sedimentos mais contaminados da região da Bacia de Evolução ao final do canal, que são capeados por uma "rolha" de material inerte, que isola os sedimentos contaminados do fundo do canal (Figuras 21.36 (E), (F) e (G)). Para esta região, diversos requisitos ambientais deverão ser seguidos:

- Monitoramento e controle.
- Manutenção de uma cortina de silte em torno do CDF subaquático para a contenção de eventual material em suspensão de pluma por ocasião da disposição do material contaminado, que é bombeado para dentro da cava por um difusor.
- Rotina de análise da qualidade da água.
- Limitação do volume mensal de dragagem.

21.11 EXEMPLO DE UMA OBRA DE DERROCAMENTO

21.11.1 Metodologia de execução

Tomemos como exemplo a execução de serviços de derrocamento submerso fluvial em um pedral com um volume total estimado de 94.000 m³.

Os serviços de perfuração para detonação a fogo serão realizados por dois equipamentos compostos cada um por duas torres de perfuração instaladas sobre um flutuante, que se deslocarão sobre a área a ser derrocada com orientação de topografia para acompanhar a malha predeterminada pelo Plano de Fogo. O Plano de Fogo será desenvolvido para determinar uma boa fragmentação do material, com uma malha de 5,0 a 9,0 m², com o emprego do OD (*overburden drilling*).

Os trabalhos serão realizados em dois turnos de 9 horas. Ao longo do período de trabalho, a cota a ser alcançada será determinada pela topografia, que determinará a profundidade dos furos. Após a detonação de todas as linhas componentes da malha, será realizado o serviço de limpeza e batimetria da área detonada. Caso seja necessário, será feito repasse dos serviços para retirada de repés.

As detonações deverão ser monitoradas por sismógrafo instalado nas margens.

Proteções diversas poderão ser executadas para preservação das estruturas existentes.

A produção será de até 7.000 m³ por mês com dois flutuantes e quatro torres de perfuração.

Para a limpeza, será utilizado um guindaste com *clamshell* de 6,5 jd³, posicionado sobre um flutuante, e um batelão para o transporte para bota-fora.

21.11.2 Premissas na formação dos preços

Os serviços serão executados em 2 turnos de 9 horas por dia, por 6 dias da semana.

21.11.3 Condições gerais

21.11.3.1 DO CONTRATANTE (NORMALMENTE)

- Licenças necessárias para o bom andamento dos serviços.
- Vistoria e seguro das construções circunvizinhas.
- Ambulância e apoio médico no canteiro.
- Seguro de risco de engenharia.
- Sismografia.
- Batimetria para verificação da cota final.
- Área cercada para colocação de contêineres de explosivos, acessórios e vigilância destes.
- Construção de qualquer tipo de cais que se fizer necessário.

21.11.3.2 DA EMPRESA

- Licenças do Ministério da Defesa e da Polícia Civil.
- Perfuração e derrocamento com utilização de explosivos.
- Transporte de explosivos e acessórios em veículos devidamente licenciados.
- Reparo em danos às construções circunvizinhas.
- Carga e transporte do material derrocado até 1 km.

21.11.4 Equipamentos

Serão utilizados os seguintes equipamentos:

- Derrocamento
    - Flutuante 40 x 15 x 2,40 m – com sistema de fundeio (dragagem): 2
    - Rebocador de guarnição e apoio – 600 HP – casco nu: 1
    - Torre de perfuração OD: 4
    - Perfuratriz *stand-by*: 1
    - Compressor 825 pcm (pés cúbicos por minuto, aproximadamente 28 L de ar por minuto): 6
    - Grupo gerador diesel 105 kVA: 2
    - Guinchos elétricos para posicionamento do flutuante: 8
    - Barco de apoio – 120 HP – tripulado: 2
    - *Pick-up*: 1
    - Veículo leve: 1

- *Dragagem dos fragmentos*
    - Futuante: 1
    - *Clamshell* de 6,5 jd³: 1
    - Batelão: 1

21.11.5 Quantificação de pessoal

21.11.5.1 EQUIPE PARA SERVIÇOS DE ESCAVAÇÃO PARA O TURNO

- Ajudante: 40
- Encarregado *Blaster*: 4
- Operador de perfuratriz OD: 16
- Tripulante: 14

21.11.5.2 PESSOAL ADMINISTRATIVO E APOIO GERAL

- Gerente de contrato: 1
- Engenheiro de produção: 3
- Técnico de segurança: 6
- Técnico da qualidade: 2
- Administrativo: 3
- Mecânico e soldador: 7
- Almoxarife: 2
- Motorista: 2
- Equipe de batimetria e sismografia: por conta da contratante

21.11.6 Planejamento da atividade

21.11.6.1 MOBILIZAÇÃO

Após o preparo, os equipamentos de perfuração e todos os equipamentos auxiliares serão enviados em contêineres, e o flutuante com as torres será montado no porto mais próximo disponível. Quando o flutuante estiver pronto, será rebocado para o local de perfuração e o derrocamento se iniciará.

21.11.6.2 POSICIONAMENTO

O flutuante será posicionado por um DGPS, operado no flutuante.

21.11.6.3 SEQUÊNCIA DE PERFURAÇÃO

O flutuante com as torres de perfuração será trazido para o local predeterminado para realizar uma linha de furos com precisão. A estabilidade do flutuante será definida pela boa amarração de 6 âncoras posicionadas estrategicamente. Após o flutuante estar posicionado e bem fixado, se iniciará a perfuração.

Em um ciclo de perfuração típico:

- O tubo de OD é fixado no fundo do rio. O tubo primeiramente é apoiado na superfície sólida, e após apoiado inicia-se a cravação do tubo na rocha sã.

- Os aços de perfuração interna são inseridos no interior do tubo e inicia-se a perfuração. O tamanho do furo vai depender da profundidade preestabelecida de projeto, considerando uma subfuração de 1,50 m.

- Após a conclusão da perfuração, retiram-se os aços de perfuração, deixando a tubulação externa fixada na rocha.

- O furo é, então, carregado de explosivos pelo interior do tubo, calculando sempre o total de bananas a serem distribuídas.

- Com o carregamento concluído, retira-se o tubo do fundo do rio e posiciona-se a torre de perfuração para o próximo furo, concluindo assim um ciclo.

Com a conclusão de uma linha de furos, o flutuante se posiciona na linha seguinte e um novo ciclo é iniciado. Com a quantidade de linhas predeterminadas concluída, realiza-se a detonação.

21.11.6.4 DETALHES DO CARREGAMENTO

Serão utilizados explosivos à base de emulsão para um trabalho em ambiente marinho de até 20 m de profundidade. Cada furo será retardado por iniciadores não elétricos, que serão colocados no cartucho posicionado no fundo do furo.

Cada furo será carregado do flutuante, conforme descrição a seguir:

- Após a confirmação do topo da rocha, a profundidade do furo e a quantidade de explosivos necessária são estabelecidas.

- Um iniciador com retardo é inserido no cartucho posicionado no fundo do furo.

- Quando a perfuração do furo é concluída satisfatoriamente, a carga é colocada pelo tubo exterior e um tampão de brita zero ou algum material com peso significativo é despejado por cima da carga para evitar a saída do explosivo do furo.

- Quando todos os furos estiverem carregados, eles são interligados.

- O flutuante então é posicionado a uma distância de segurança e a detonação acontece.

Malha de perfuração e taxa de carregamento

A malha de perfuração deverá ser entre 5 e 9 m², com uma subfuração de 1,50 m. A razão de carregamento deverá estar entre 0,6 e 0,9 kg/m³. A variação da malha e a razão de carga ocorrem em virtude de diferenças de alturas de corte e de durezas de rocha que poderão aparecer ao longo dos serviços.

21.11.7 Planejamento das medidas de segurança a serem adotadas no processo

- Comunicar a Capitania dos Portos.
- Comunicar às comunidades vizinhas.
- Comunicar a todos os colaboradores.

DIMENSÕES NÁUTICAS HIDROVIÁRIAS

Simulação da navegação de um comboio de empurra em modelo físico.

22.1 EMBARCAÇÕES FLUVIAIS

22.1.1 Considerações gerais

É fundamental conhecer as embarcações que serão empregadas na hidrovia a ser dimensionada para projetar adequadamente as obras de seu melhoramento, bem como seu desempenho do ponto de vista logístico para avaliar os aspectos econômicos.

Basicamente, dois aspectos diversos, porém interligados, precisam ser abordados para que as obras de melhoramento projetadas sejam empregadas nas condições mais próximas das ideais, isto é, por embarcações que sejam o mais semelhantes da embarcação tipo considerada no dimensionamento.

O dimensionamento da embarcação que vai trafegar na hidrovia é o aspecto que mais interessa ao armador. Trata-se de dimensionar a frota para obter a maior rentabilidade pelo capital empregado, o que equivale a, dentro das necessidades e das limitações, transportar a carga pelo menor custo. Desse modo, a seleção da embarcação é fundamentalmente efetuada em função das peculiaridades da hidrovia e do volume total de carga a ser transportado. Outros variados fatores podem ter influência maior ou menor, dirigindo a escolha para uma embarcação, não necessariamente a mais desejável, que seria a de elevado rendimento com praticamente a padronização da frota. É por isso que são encontrados vários tipos de embarcações em uma mesma hidrovia. Dentre outros fatores adicionais, temos:

- disponibilidade de crédito;
- facilidade da construção naval;
- facilidades portuárias;
- diversidade de cargas;
- distribuição da carga ao longo da hidrovia e no tempo (como as safras de produção agrícola);
- instrução e condição de vida dos tripulantes;
- hábitos regionais.

O segundo aspecto fundamental refere-se à seleção da embarcação tipo para o dimensionamento das obras a serem realizadas na hidrovia, pois é condição necessária para se obter o sucesso econômico. Assim, a embarcação tipo ideal é a que minimiza o acréscimo de custo das obras e do custo total do transporte estimado no período de *pay back*, isto é, minimiza a relação custo *versus* benefício. Essa escolha, no entanto, não é feita somente sob esse enfoque, devendo-se considerar:

- Os fatores condicionantes das embarcações das frotas dos usuários (armadores).
- As embarcações fluviais têm vida longa, devendo-se, pois, considerar as frotas existentes, principalmente se elas atendem às demandas do transporte, uma vez que continuarão trafegando por muito tempo depois da conclusão das obras.

- Disponibilidade financeira para o empreendimento, pois são obras vultosas, de custo muito elevado, mas de alta rentabilidade quando bem projetadas. Uma alternativa, nesta condição de restrição orçamentária, é a de realizar as obras em etapas ligadas às peculiaridades naturais do curso d'água. Nesta última hipótese, fica muito mais dificultada a escolha da embarcação tipo, tendo em vista não ser viável planejar as diversas etapas contando com uma melhoria gradativa das embarcações, já que normalmente as novas potencialidades da hidrovia somente podem ser aproveitadas plenamente pelas novas embarcações.

- Aumento relativamente contido do custo das obras de canalização integral de um curso d'água comparativamente ao aumento notável da capacidade de carga da embarcação tipo. Sob esse aspecto há sempre a tendência em dimensionar essas obras para empregar os grandes comboios, que são os de maior rentabilidade e que em melhores condições competem com os demais modais terrestres. Também deve-se considerar que se trata da obra de melhoramento que mais se adapta ao conceito de aproveitamento múltiplo dos recursos hídricos.

Desse modo, esse segundo aspecto fornece também subsídios para a definição da embarcação mais adaptada às peculiaridades de uma hidrovia já existente, como as vias naturais sem melhoramentos, situação em que obras de pequena envergadura previstas influem pouco nas características gerais de navegabilidade.

Os comboios de empurra, originados nos Estados Unidos, propiciaram economias em relação aos automotores e acabaram por dominar a navegação interior devido ao seu excelente desempenho de navegação de alto rendimento. Assim, atualmente, os estaleiros navais especializados em embarcações fluviais praticamente constroem apenas embarcações de empurra (chatas e empurradores), havendo raras exceções de emprego de automotores em canais artificiais e rios a eles ligados.

Esses comboios se caracterizam pela concentração de todo o sistema propulsor e de governo e alojamento da tripulação no empurrador. A carga é transportada em chatas isoladas somente com essa função. O conjunto é rigidamente garantido pelo emprego de cabos de aço, o que permite facilmente o desmembramento das chatas, que são deixadas ou recolhidas em pontos de embarque e desembarque. Dessa forma, conseguem-se grandes vantagens quanto ao rendimento de propulsão e de manobra, bem como quanto à tripulação.

São especialmente indicados para longos percursos, com grande volume de carga, geralmente originadas ou destinadas a diferentes portos. São de grande rendimento para o transporte entre dois pontos fixos de cargas com movimentação portuária demorada, como os granéis pesados, e sempre que a mão de obra for de custo elevado.

22.1.2 Características das embarcações fluviais

A via fluvial que consente a navegação regular de embarcações é denominada hidrovia interior. A tendência atual para as embarcações fluviais é a de utilização de comboios de empurra, compostos por rebocador empurrando chatas, com as maiores dimensões compatíveis com a via, e automotores. Tem-se buscado também a padronização das dimensões, visando a otimização das obras hidroviárias, a navegação ininterrupta com balizamento adequado, e a unificação da carga geral com contêineres.

As dimensões das embarcações fluviais estão ligadas às características da hidrovia (dimensões, correnteza e obras), características da embarcação (tipo de carga, capacidade de carga, local de operação, manobrabilidade e velocidade), e forma hidrodinâmica. Da análise econômica operacional de minimização dos custos totais por tonelada (soma dos parciais investidos na hidrovia e na embarcação) carregada em função da tonelagem da embarcação resulta a embarcação adotada.

As características das embarcações são sintetizadas em:

- Comprimento (L): corresponde à distância entre as verticais que passam pelos extremos de popa e proa.
- Boca (B): corresponde à distância entre as verticais tangentes aos extremos de bombordo e boreste da seção-mestra (maior transversal).
- Calado (T): corresponde à distância entre a quilha e a linha d'água da seção-mestra.
- Pontal (P): corresponde à altura entre a quilha e o convés principal.
- Deslocamento total, correspondente ao peso do volume de água deslocado pela embarcação.

- Porte bruto ou capacidade de carga: corresponde à diferença entre o deslocamento total e o peso do casco, motor, tripulação e equipamentos. Costuma ser citado em tpb (tonelagem de porte bruto).

22.1.3 Automotores

Os automotores, graças à sua versatilidade, são embarcações apropriadas ao emprego nas hidrovias pioneiras, e onde também a carga movimentada não atinja valores que compensem a adoção de grandes comboios de empurra, bem como nas hidrovias consolidadas para cargas de rápida movimentação, como os granéis líquidos, pois é possível obter maiores velocidades médias de percurso.

As embarcações fluviais automotoras assemelham-se às marítimas pela total independência de tráfego por disporem de propulsão própria. A diferenciação está ligada ao menor calado comparativamente ao comprimento e boca, à pequena borda livre entre a linha d'água e o convés por navegarem em águas abrigadas, e às baixas estruturas para facilitar a navegação sob estruturas com pequenas alturas livres.

Podem-se citar como exemplos de tecnologia atual os automotores projetados para a Hidrovia Tocantins-Araguaia: flúvio-marítimo (a jusante de Marabá) e fluvial (ver Figura 22.1). O primeiro tem dimensões L, B, T de 99,5 m, 15 m, 5 m (4.700 tpb) e o segundo, 47 m, 8 m, 1,7 m (340 tpb). Esse último automotor poderá operar como empurrador ao se acoplar com uma chata de 286 tpb, desenvolvendo até 7,5 nós quando escoteiro e 6,6 nós quando acoplado (ver Figura 22.2(A), de forma semelhante ao mostrado na Figura 22.2(B)). Na Figura 22.3 estão apresentadas outras embarcações automotoras empregadas na Europa.

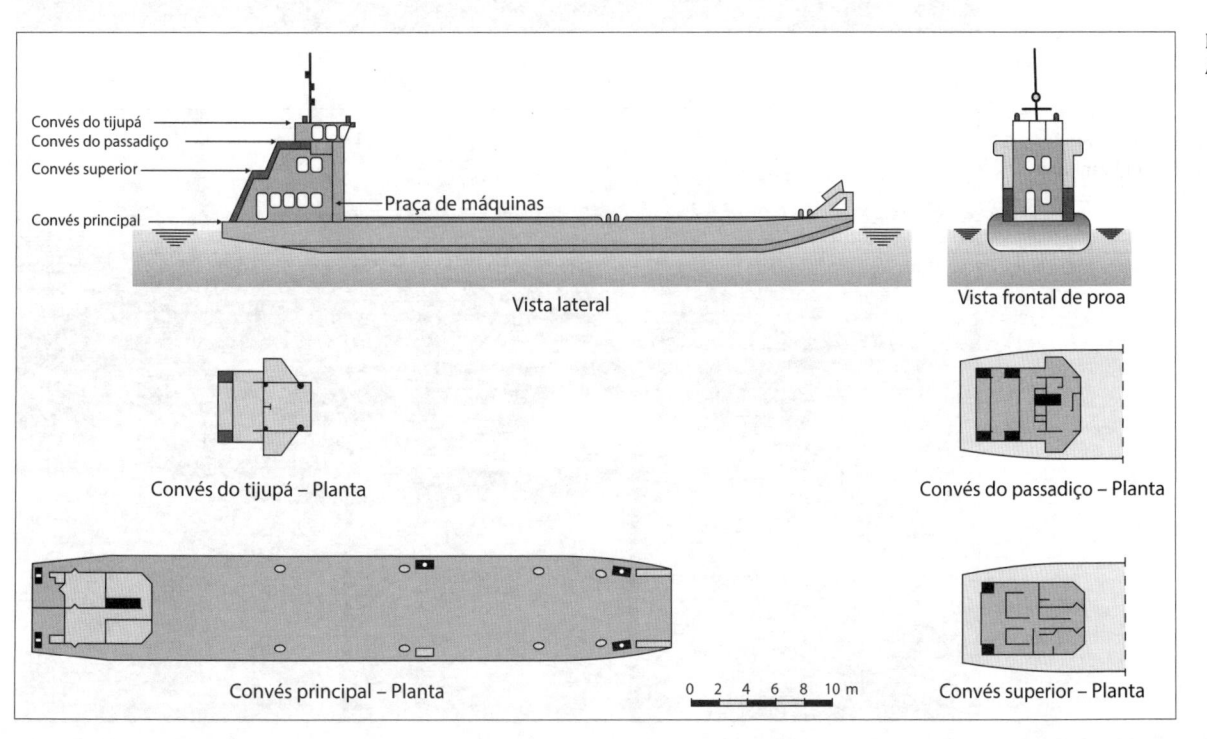

Figura 22.1
Automotor fluvial.

Convés do tijupá
Convés do passadiço
Convés superior
Convés principal
Praça de máquinas

Vista lateral

Vista frontal de proa

Convés do tijupá – Planta

Convés do passadiço – Planta

Convés principal – Planta

0 2 4 6 8 10 m

Convés superior – Planta

Figura 22.2
(A) Configuração do automotor Araguaia operando como empurrador.
(B) Configuração de automotor operando como empurrador de uma chata no Rio Meno em Frankfurt (Alemanha).
(C) Automotor operando como empurrador no Rio Waal, próximo à cidade de Lent (Países Baixos).

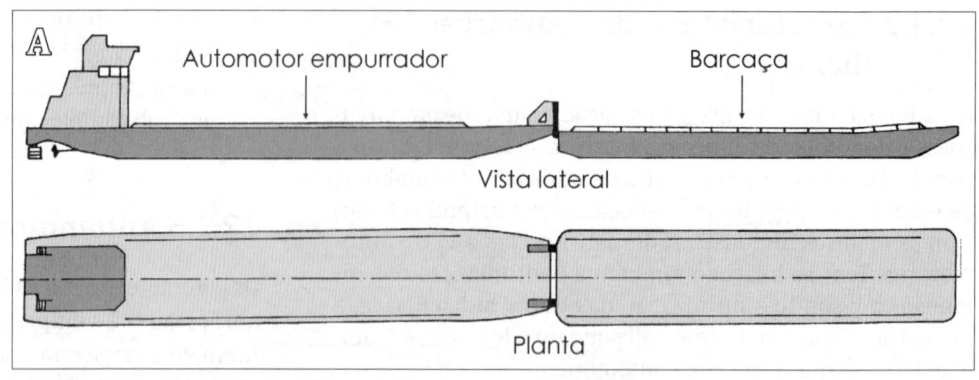

Automotor empurrador   Barcaça
Vista lateral
Planta

Figura 22.3
(A) Embarcação automotora em navegação no Rio Meno em Frankfurt (Alemanha).

Figura 22.3
(B) Embarcação automotora de transporte de granel líquido em navegação no Rio Meno em Frankfurt (Alemanha).
(C) Embarcação automotora, egressa da Eclusa de Fontinettes (Gabarito Va ECMT), em navegação no Canal de Neufossé (França), que conecta o Rio Aa em Arques ao Canal d'Aire em Aire-sur-la-Lys. É um segmento do Canal Dunkerque-Scheldt (Canal de Grande Gabarito Vb ECMT).
(D) Automotor navegando no Albert Canal (Gabarito VIb ECMT), em Vroenhoven (Bélgica), 5 km a sudoeste de Maastricht (Países Baixos). Esse canal liga as cidades de Antuérpia e Liège (Bélgica), assim como os rios Maas e Scheldt.
(E) e (F) Automotores conteneiros classe Johann Welker no Porto de Liège (Bélgica).
(G) Automotor conteneiro classe Grands Rhénans no Rio Waal, próximo à cidade de Lent (Países Baixos).

Figura 22.3
(H), (I) e (J) Intensa navegação de automotores no Rio Waal, próximo à cidade de Lent (Países Baixos).

Figura 22.3
(K) Intensa navegação de automotores no Rio Waal, próximo à cidade de Lent (Países Baixos).
(L) Automotor conteneiro para Gabarito III (ECMT).
(M) Arrumação da carga a bordo de automotor com empilhadeira.

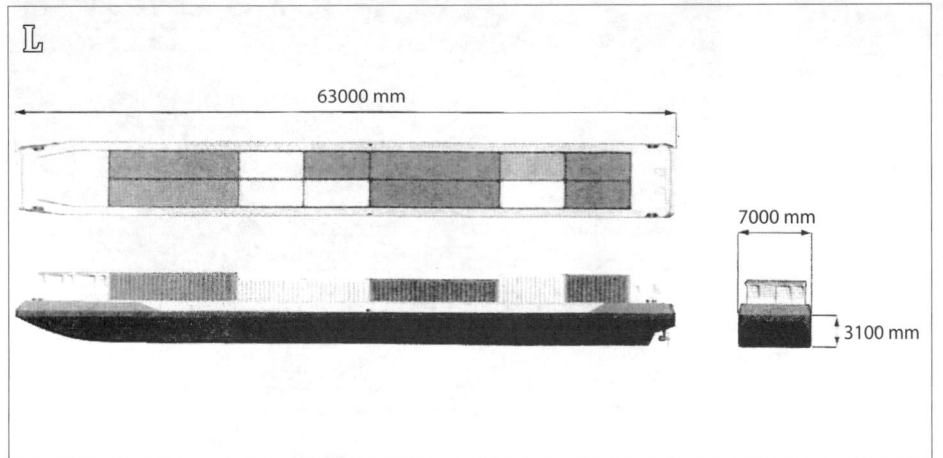

22.1.4 Empurradores

Os empurradores são embarcações dotadas de meios próprios de propulsão e manobra e destinadas a deslocar chatas de empurra em um comboio de empurra.

Os empurradores dispõem de uma ampla plataforma, em que se encontram as estruturas suportes de sustentação compostas por perfis verticais, articulados com as embarcações, que deverão ser movimentadas pela pressão do barco automotor (ver Figura 22.4).

A Figura 22.4(A) apresenta empurrador fluvial com cabine retrátil para ser empregado em hidrovias com insuficiente gabarito vertical. Como exemplo, o empurrador fluvial projetado para a Hidrovia Tocantins-Araguaia (ver Figura 22.4 (B) e (C)) tem capacidade para empurrar até 1.484 tpb em uma velocidade de 6,3 nós.

Os empurradores da Hidrovia do Rio Tapajós – Rio Amazonas – Estreitos – Rio Pará, que transportam soja de Miritituba, no Rio Tapajós, para os terminais em Vila do Conde têm as seguintes características.

Empurrador de 6000 HP:

- Comprimento total (L_{OA}): 37,0 m
- Boca moldada (B): 12,00 m
- Calado estático (T): 3,6 m

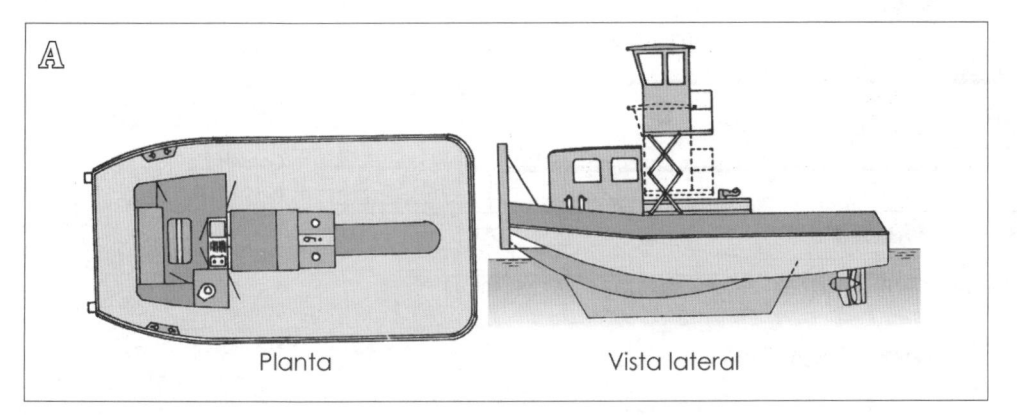

Figura 22.4
(A) Empurrador fluvial provido de cabine retrátil para a passagem sob pontes com insuficiente tirante de ar.
Comprimento total: 18,28 m.
Comprimento entre perpendiculares: 17,00 m.
Boca: 8 m. Pontal: 1,90 m. Calado: 0,80 m.
Potência: 700 CV (2 motores).

Planta   Vista lateral

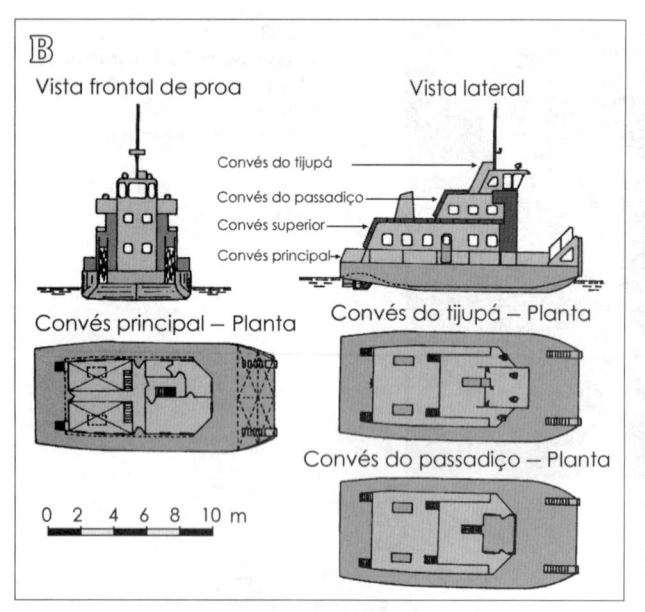

Figura 22.4
(B) e (C) Empurrador fluvial para o sistema Tocantins-Araguaia.
(D) Empurrador fluvial de 1.200 HP empregado como auxiliar no desmembramento e composição dos comboios para carregamento de soja nos portos de Miritituba (PA), no Rio Tapajós e Vila do Conde (PA), no Rio Pará.
(E) Elevação da seção longitudinal e planta do empurrador fluvial da Figura 22.5(D).

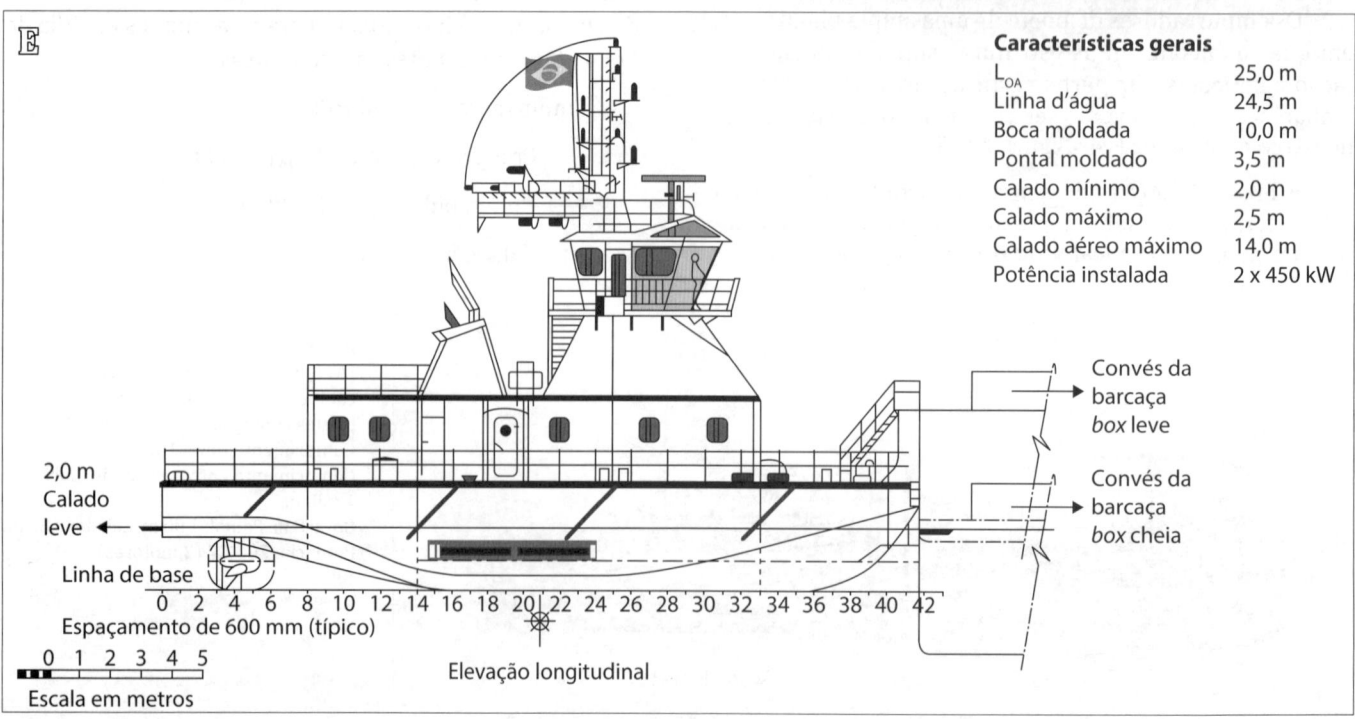

Características gerais

L_{OA}	25,0 m
Linha d'água	24,5 m
Boca moldada	10,0 m
Pontal moldado	3,5 m
Calado mínimo	2,0 m
Calado máximo	2,5 m
Calado aéreo máximo	14,0 m
Potência instalada	2 x 450 kW

Convés da barcaça *box* leve

Convés da barcaça *box* cheia

2,0 m Calado leve

Linha de base

Espaçamento de 600 mm (típico)

Escala em metros

Elevação longitudinal

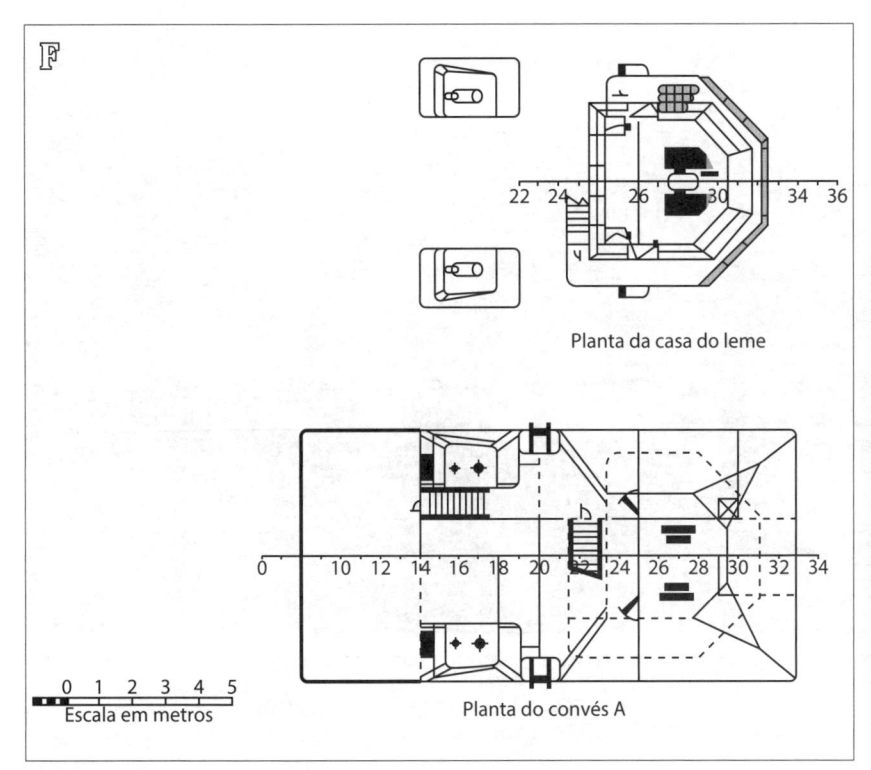

Planta da casa do leme

Escala em metros

Planta do convés A

Figura 22.4
(F) Elevação da seção longitudinal e planta do empurrador fluvial da Figura 22.5(D).
(G) Faina de desmembramento de comboio com o empurrador auxiliar em Vila do Conde (PA) no Rio Pará.

Rebocador auxiliar de 1.200 HP, *bollard pull* de 15 tf e 8 tripulantes (Figura 22.4(D), (E) e (F)).

22.1.5 Chatas

Constituem-se em embarcações com formas predominantemente retilíneas, propiciando facilidade de construção a baixo custo e favorecendo o acoplamento em conjunto para o transporte de cargas. As chatas acopladas a empurradores dispensam propulsão, leme e tripulação. Na Figura 22.6 observa-se o reboque de barcaça de dimensões características L = 50 m, B = 25 m, T = 0,6 m para carga total de 280 tpb em navegação no Rio Juqueriquerê em Caraguatatuba (SP).

Na Figura 22.4(G) estão mostradas barcaças de dimensões características de L_{OA} = 66,00 m, L_{pp} = 58,64 m, B = 15,00 m, P = 2,40 m, com deslocamento leve de 240,85 t e capacidade de carga no convés de 4,125 t/m² em operação em Barcarena (PA), no Rio Pará.

Três tipos básicos são empregados na navegação de empurra, dando origem aos comboios não integrados, aos semi-integrados e aos integrados.

As chatas para comboios não integrados têm proa e popa carenadas (ver Figura 22.2) e na fila apresentam em cada junta de linha uma descontinuidade que reduz significativamente o rendimento propulsivo do conjunto, fazendo com que as dimensões das chatas tenham importância por definirem o maior ou menor número de descontinuidades do casco conjunto. Considerando como exemplo as chatas apresentadas na Figura 22.2 e o tipo de carga a que se destinam, podem apresentar as seguintes características:

- Chata de uso múltiplo pela diversificação das cargas (ver Figura 22.7): apresenta convés corrido e fechado, permitindo o transporte de granéis em seus porões e carga geral (sacaria, fardos amarrados etc.) e, também, veículos no convés. Dimensões características: L = 36 m, B = 8 m, T de 0,7 a 1,6 m, P = 2 m e capacidades de carga máxima nos porões de 433 m² (volumétrica) e 286 tpb.

- Chata de casco duplo para transporte de granéis sólidos (ver Figura 22.7): para o transporte exclusivo de granéis sólidos (grãos, minérios, materiais de construção, fertilizantes etc.), as paredes do casco têm sua estrutura reforçada. Dimensões características: L = 36 m, B = 8 m, T de 0,7 a 1,6 m, P = 2 m, capacidades de carga nos porões de 52 a 286 tpb e deslocamento total de 137 t a 371 t.

Para as vias fluviais canalizadas, ou canais artificiais, a tendência para estas embarcações é L = 50 m, B = 8 m e T de 1,8 m a 3 m.

As chatas para comboios semi-integrados têm uma face carenada e outra vertical, visando a redução do número de juntas com descontinuidade. As faces verticais são acopladas umas às outras.

As chatas para comboios integrados têm proa e popa retangulares verticais de forma paralelepipédica (chatas tipo caixa, *box* ou alvarenga), minimizando a descontinuidade

Figura 22.5
(A) Transporte de carga puxada por reboque de barcaça no Rio Juqueriquerê, em Caraguatatuba (SP).
(B) Barcaça com empurrador em Vila do Conde (PA), no Rio Pará.

Figura 22.6
Chata de uso múltiplo ilustrando a possibilidade de distribuição de carga.

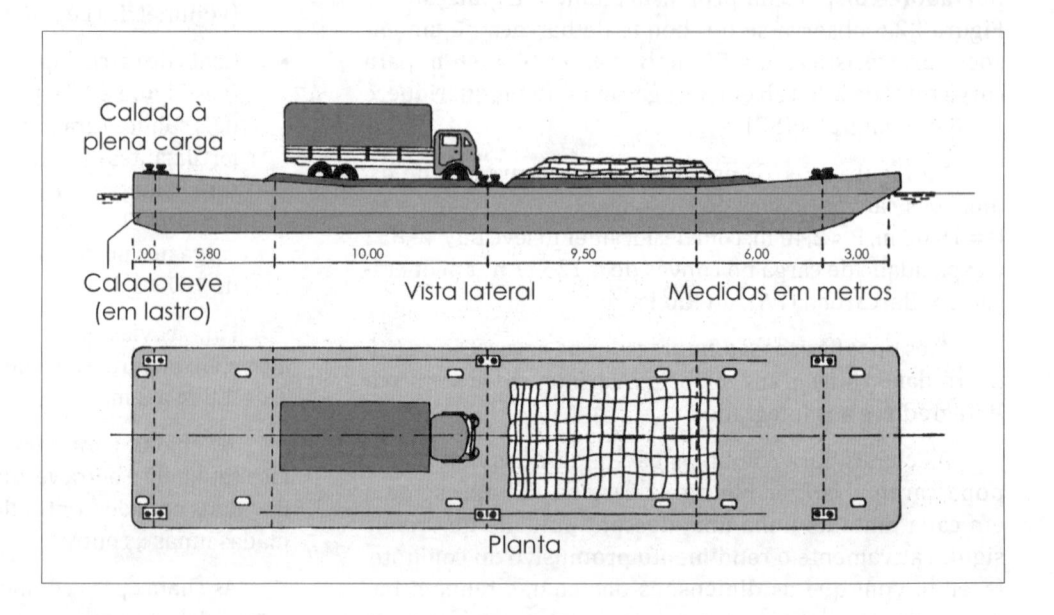

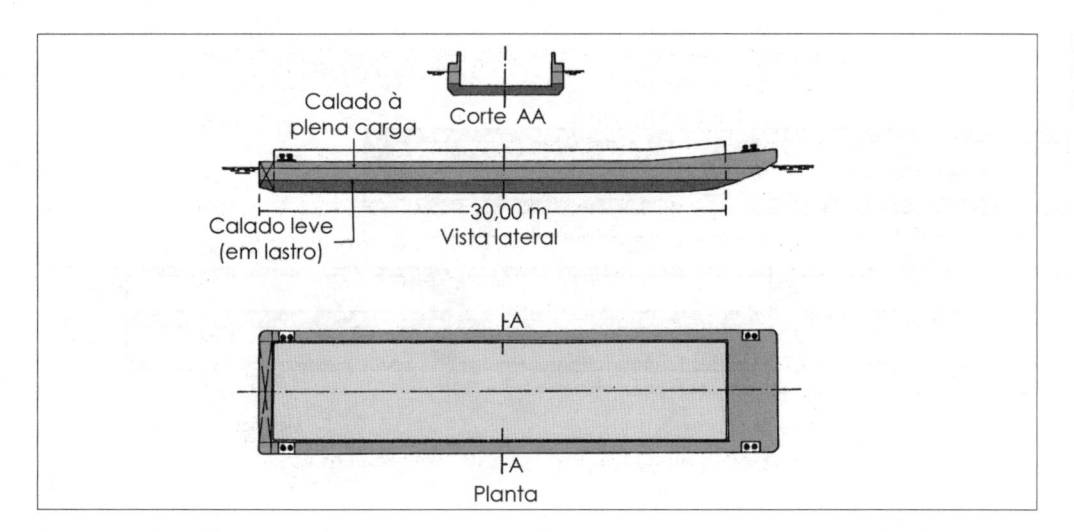

Figura 22.7
Chata de casco duplo projetada
para transporte de granéis sólidos.

nas juntas das filas, com chatas especiais semi-integradas idênticas na proa e na popa (*raked*).

Nas Figuras 22.8, 22.9 e 22.10 e na Tabela 22.1 estão apresentadas características básicas de composição de chatas semi-integradas e integradas em algumas das principais hidrovias brasileiras.

O sistema de ligação das chatas entre si e com o empurrador deve garantir a rigidez do conjunto, e também ser de rápido desmembramento e rearranjo no caso da necessidade dessas operações. Os sistemas mais avançados são constituídos de engates mecânicos, que são bem mais aperfeiçoados que o tradicional com cabos de aço cruzados em cabeços e tracionados por cabrestantes. O desmembramento é feito na longitudinal, deixando unificar, para depois desmembrar na transversal.

Na Hidrovia do Rio Tapajós – Rio Amazonas – Estreitos – Rio Pará, as barcaças (*box* ou *racked*) dos comboios que transportam soja têm as seguintes dimensões:

- Comprimento total (L_{OA}): 60,96 m (L_{pp} = 60,20 m na chata *racked*);
- Boca moldada (B): 10,67 m;
- Pontal moldado (P): 4,27 m;

- Calado estático à plena carga (T_{pc}): 3,66 m;
- Calado estático vazio (T_v): 0,46 m.

Tabela 22.1 Características básicas do comboio tipo para a Hidrovia do Rio Paraguai entre Ladário e Assunção			
Características básicas	**Empurrador**	**Chatas tipo caixa**	**Chatas tipo semi-integrada**
Comprimento total	30,00 m	40,00 m	60,00 m
Boca moldada	12,00 m	12,00 m	12,00 m
Pontal	2,20 m	3,30 m	3,30 m
Calado máximo	1,20 m	2,70 m	2,70 m
Deslocamento máximo	302 t	2.080 t	1.880 t
Deslocamento leve	100 t	300 t	240 t
Potência nominal	2.200 HP	–	–
Capacidade de carga	–	1.780 tpb	1.640 tpb

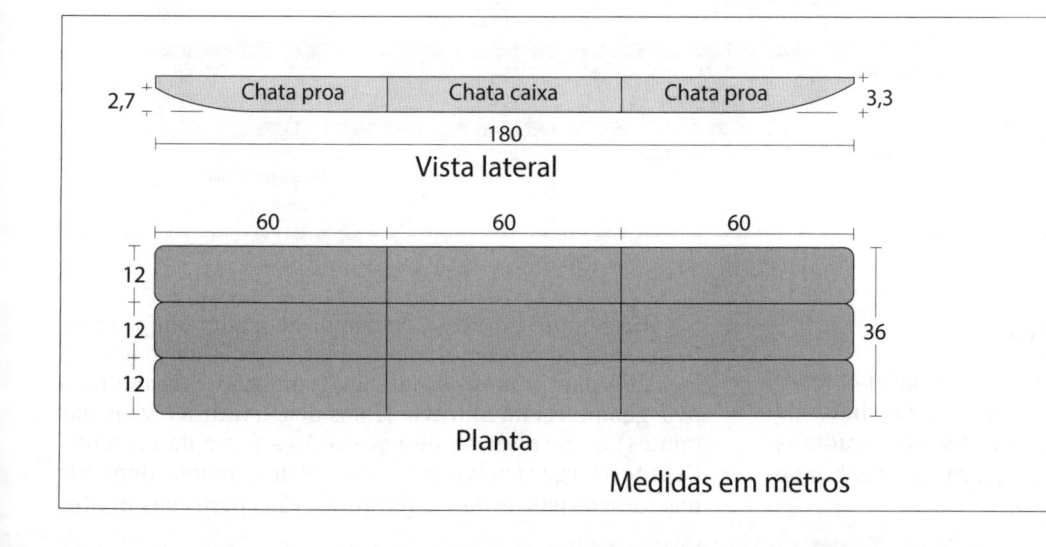

Figura 22.8
Configuração do comboio tipo para o
Rio Paraguai.

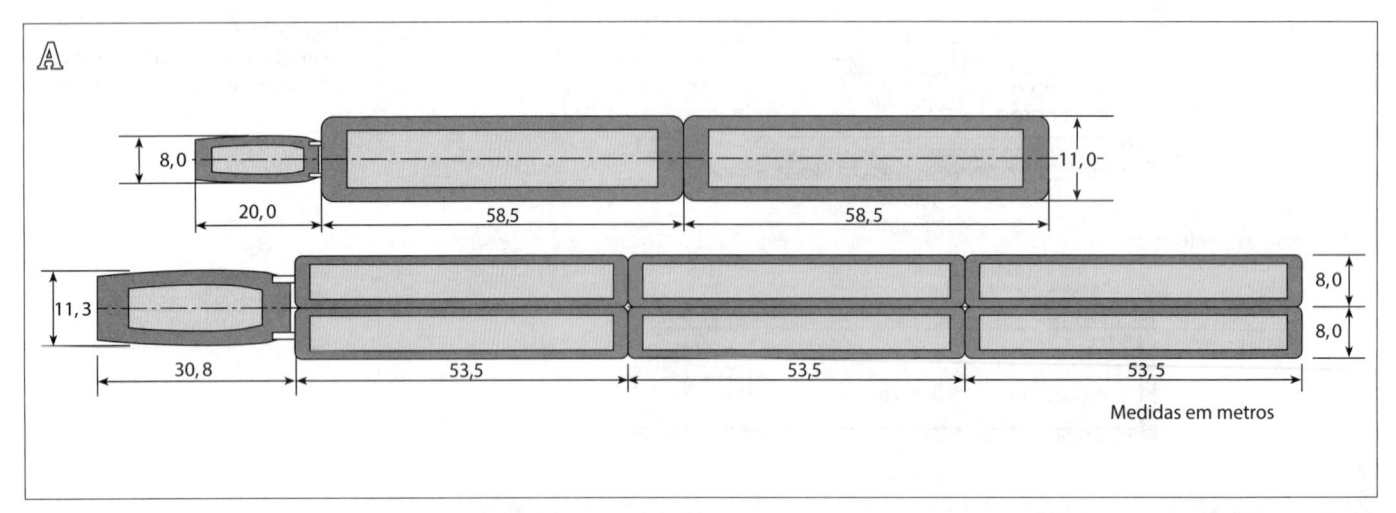

Figura 22.9
(A) Configurações planimétricas dos comboios tipo para o Rio Tietê e Rio Paraná.
(B) Planimetria de localização do Canal de Pereira Barreto (SP) que conecta as duas bacias.

Figura 22.10
(A) Comboio Araguaia com 2 ou 4 chatas. Calado máximo 4,50 m; calado garantido em 100% do tempo de 3,00 m.

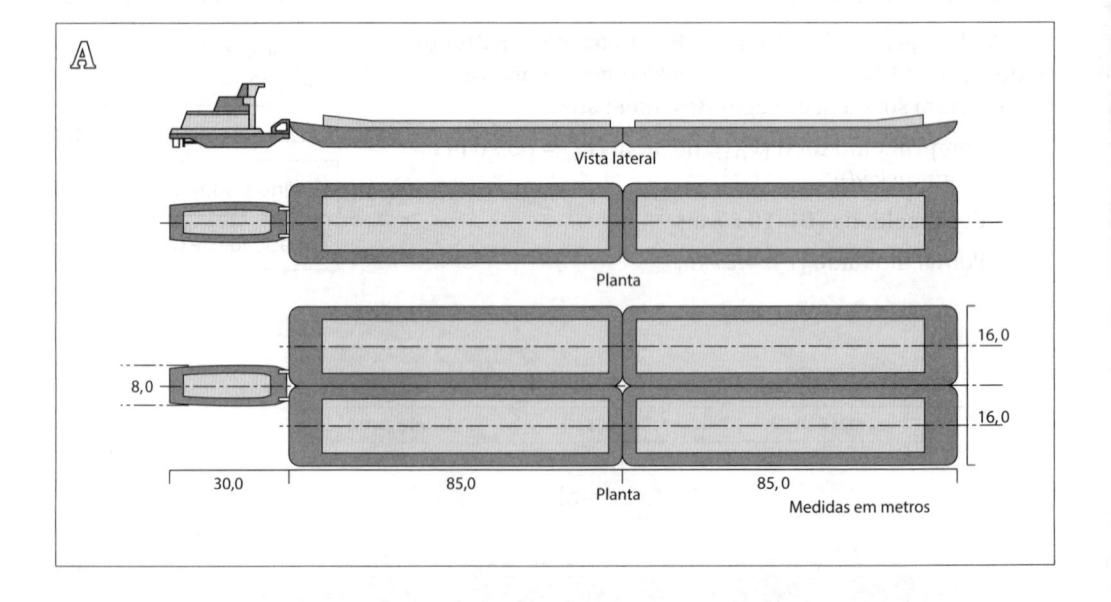

22.1.6 Comboios de empurra

O comboio de empurra é constituído pelo agrupamento de um ou mais empurradores e de uma ou várias chatas de empurra, formando um conjunto rígido. Os empurradores concentram toda a capacidade de propulsão e manobra do comboio integrado.

Há sempre interesse de dispor do maior comprimento possível do comboio, com o objetivo de obter maior velocidade para a mesma potência, condição essa limitada pela geometria da hidrovia (raios de curvatura e vãos das pontes) e na condição de navegação a favor da corrente. Quanto à largura máxima admissível do comboio, depende das características da via (larguras, vãos livres das pontes

Figura 22.10
(B) Empurrador de 1.200 HP no Rio Tocantins (PA).

e larguras das câmaras das obras de transposição). A disposição das chatas em planta é caracterizada pela formação, sendo convencionada a nomenclatura de popa para proa com a indicação de E (*empurrador*) e números indicativos do número de chatas em linha (lado a lado). Por exemplo, nas Figuras 22.8 a 22.10 observam-se comboios com as formações, pela ordem: E,3,3,3; E,1,1; E,2,2,2; E,1,1; E,2,2; ou na denominação matricial: 3 × 3; 1 × 2; 2 × 3; 1 × 2; 2 × 2. Nas Figuras 22.11 a 22.13 observam-se fotografias de comboios fluviais em operação em diversas hidrovias. Nas Figuras 22.14 e 22.15 são mostrados comboios em navegação pelo Rio Danúbio (Europa).

Os comboios integrados constituem o melhor aproveitamento de volume (maior coeficiente de bloco: relação entre a capacidade volumétrica e o volume do paralelepípedo equi-

valente à seção-mestra com o comprimento total), menor custo das chatas e maior rendimento propulsivo, sendo mais empregados para o transporte especializado entre destinos determinados (minérios e grãos) ou de combustíveis líquidos (de rápido manuseio nos terminais hidroviários), situações em que os comboios mantêm-se íntegros no percurso. Os comboios semi-integrados e não integrados são mais utilizados com cargas diversas movimentadas entre vários terminais.

Para a navegação em canais de reduzidas dimensões, como poderia ser o Hidroanel (projetado com 170 km de perímetro com 20 eclusas e 1 canal artificial), em torno da Região Metropolitana de São Paulo, o Innovative Barge Train System (INBAT) é um comboio estudado pela União Europeia para a navegação em hidrovias de baixa profundidade (ver Figura 22.16) com as seguintes especificações:

Figura 22.11
Comboio fluvial Tietê na Eclusa de Ibitinga (SP). (São Paulo, Estado/ DAEE/SPH/CTH/FCTH).

Figura 22.12
(A) Comboio fluvial de minério da Hidrovia do Rio Paraguai com 240 m de comprimento e capacidade de 22.500 tpb de minério.
(B), (C) e (D) Comboios carvoeiros Gabarito Vb (ECMT) no Porto de Liège (Bélgica).
(E) Comboio carvoeiro Gabarito Vb (ECMT) no Rio Waal, próximo à cidade de Lent (Países Baixos).
(F) Comboio de Empurra E1 Gabarito IV (ECMT) em canal neerlandês.

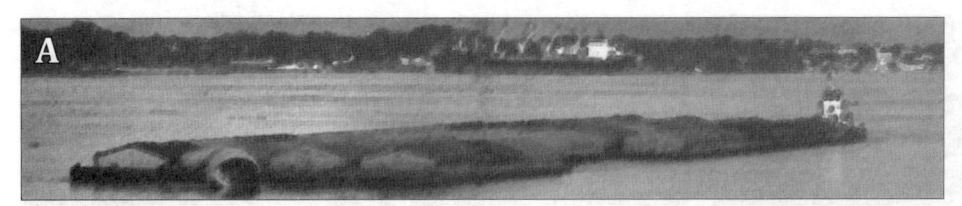

Figura 22.13
(A) Comboio fluvial da Hidrovia do Rio Madeira com 275 m de comprimento, 44 m de boca e capacidade de 34.000 tpb para transporte de soja.
(B) e (C) Comboios em espera no Furo do Arrozal, em Barcarena (PA), no Rio Pará. Esses comboios da Hidrovia do Rio Tapajós – Rio Amazonas – Estreitos – Rio Pará chegam à composição 5 x 5, com L_{OA} = 304,8 m e B = 53,35 m.

Figura 22.14
Empurrador com uma chata no Rio Danúbio em Viena (Áustria).

Figura 22.15
Comboio 2 x 2 (Gabarito VIb ECMT) em navegação no Rio Danúbio em Budapeste (Hungria).

Figura 22.16
(A) e (B) Possibilidades de utilização do INBAT na navegação na Região Metropolitana de São Paulo (São Paulo, Estado).

- Profundidade mínima do canal: 1 m;

- Calado máximo operacional do comboio: 0,6 m;

- Calado máximo de projeto para aumento da capacidade de carga: 1,70 m;

- Barcaças padrão: 32,5 m a 48,75 m de comprimento e 9,0 m de boca;

- Capacidade de carga: 143 tpb com calado de 0,6 m e 476,9 tpb com calado de 1,6 m.

22.1.7 Embarcações especializadas

Em regiões isoladas, carentes de outro modal de transporte, as embarcações poderão ter arranjos e compartimentações internas específicos, permitindo com adaptações no convés o transporte de cargas de reduzido volume ou de grande peso específico e podendo ser adaptadas ao transporte de passageiros. Além disso, há a necessidade de embarcações auxiliares, destinadas ao suprimento de equipamentos suplementares e reparos em caso de avarias.

22.1.8 Características das embarcações fluviais contemporâneas

22.1.8.1 GENERALIDADES

Tanto as chatas quanto os automotores são empregados com convés coberto – para cargas perecíveis e carga geral – e aberto – para materiais de construção, minerais, carvão e para cargas volumosas de produtos manufaturados em geral. As embarcações com convés coberto têm amplas escotilhas fechadas por braçolas, ou coberturas telescópicas, que facilitam bastante a movimentação vertical de cargas. As embarcações cisternas, dotadas de bombas para carga e descarga, são empregadas para petróleo e combustíveis líquidos em geral, bebidas, produtos químicos, gases liquefeitos etc. Também devem ser mencionadas embarcações especiais, como frigoríficas, transporte de veículos, despejos industriais etc.

Em geral, não dispõem de paus de carga, sendo preferível a operação portuária com equipamento do porto.

22.1.8.2 DIMENSÕES

As dimensões das embarcações em função das características da hidrovia são mais rentáveis quanto maior for a capacidade de carga. Considere-se que sempre há uma tara morta continuamente transportada, a qual se reduz significativamente quando as dimensões são aumentadas, principalmente do calado.

As dimensões mais empregadas para os automotores estão entre 40 m e 80 m de comprimento e 5 m a 10 m de boca e, para as chatas, entre 30 m e 60 m de comprimento e 7 m a 11 m de boca.

Para os automotores, as proporções entre as dimensões influem na resistência à propulsão, enquanto para os comboios influem tão somente as dimensões do comboio como um todo.

Assim, geralmente são empregadas as proporções entre boca e comprimento variando de 1 para 4 a 1 para 7, para as chatas, e de 1 para 6 a 1 para 8,5, para os automotores contemporâneos.

A relação do calado para a boca varia, normalmente, entre 1 para 2 e 1 para 4, tanto para os automotores quanto para as chatas.

As dimensões dos empurradores são definidas em função da necessidade de espaço para acomodar o sistema propulsivo (motor) e os alojamentos para os tripulantes. A tendência contemporânea é a de garantir o maior conforto possível, com camarotes individuais e espaçosos refeitórios. A restrição que existe é a de que a boca do empurrador não deve ser maior do que a das chatas.

22.1.8.3 FORMAS DO CASCO

As formas dos automotores contemporâneos configuram-se normalmente com proa bem definida, com ligeira quilha e popa moldada com conformação apropriada para receber os túneis dos propulsores. O corpo central é prismático, praticamente paralelepipédico, com cantos arredondados e costados ligeiramente oblíquos. Mediante essas formas, conseguem-se coeficientes de aproveitamento entre 0,62 t/m^3 e 0,73 t/m^3 e coeficientes propulsivos entre 0,54 HP/t e 0,67 HP/t.

As chatas são de formas simples, dimensionadas para o máximo aproveitamento da carga e razoáveis resistências ao deslocamento. Os modelos de chatas são três: com proa e popa carenadas idênticas; com proa carenada e popa vertical; e as chatas com proa e popa verticais. Os dois últimos modelos são empregados nos comboios integrados e semi-integrados, nos quais procura-se evitar descontinuidades nas juntas entre chatas, fazendo a união de faces verticais e não carenadas. Os comboios integrados empregam no corpo central chatas totalmente paralelepipédicas. Nos comboios semi-integrados, todas as chatas são iguais, com corpo central paralelepipédico e uma face carenada e a outra vertical, o que mantém algumas juntas com descontinuidade, mas ganha-se em flexibilidade operativa.

Testes em tanques de prova demonstram que em um comboio com quatro chatas alinhadas (três juntas), consegue-se até 30% de redução da resistência ao deslocamento se o comboio é integrado e apenas 5% se o comboio é semi-integrado (com todas as chatas de proa e popa iguais).

Com essas formas de chatas, conseguem-se coeficientes de aproveitamento superiores a 0,95 t/m^3.

Quanto aos empurradores, suas formas praticamente não influem na resistência ao deslocamento, mas a forma da proa influi significativamente no aproveitamento propulsivo e na manobrabilidade do conjunto e a proa normalmente é carenada, para facilitar a movimentação nos portos. De qualquer modo, procura-se simplificar ao máximo as formas para reduzir os custos de construção.

Desse modo, nos grandes comboios costuma-se obter rendimentos propulsivos de 0,24 HP/t a 0,35 HP/t para velocidades de 6,5 nós. Comboios integrados com aprimoramentos otimizados ao máximo nos sistemas propulsores podem atingir 8,1 nós. Observe-se que, do ponto de vista operacional, a velocidade equivalente é o que importa. Ela corresponde ao tempo total de percurso entre dois pontos da hidrovia, o que inclui as perdas de tempo nas eclusas (em uma primeira estimativa da ordem de 1 h por ciclo completo por eclusa) e outros embaraços à navegação. Assim, a vantagem de embarcações mais rápidas em hidrovias com numerosas eclusas perde importância.

22.1.8.4 PROPULSÃO

O sistema de propulsão das embarcações fluviais contemporâneas mais empregado é o de dois ou mais motores com caixas de redução e reversão alinhadas com hélices dispostos em túneis. São motores de alta rotação movidos a óleo diesel com consumo médio de cerca de 180 g/HP de potência nominal. As principais alternativas desse sistema

básico são as propulsões azimutais, como Schottel (utilização de rabetas) e os hélices de eixo vertical (Voith-Schneider).

Os maiores rebocadores de empurra atingem potências totais de 6.000 HP, enquanto para os automotores as maiores potências atingem 1.000 HP.

22.1.8.5 SISTEMA DE MANOBRA

A técnica americana de empurra emprega três lemes por propulsor, sendo um ativo atrás do hélice (*steering rudder*) que é empregado na marcha normal e dois à frente (*backing rudders*), para a marcha à ré. Nos grandes comboios americanos também são empregados lemes suplementares fixados nas chatas frontais e dotados de controle remoto a partir do empurrador (*bow steering*), bem como chatas de manobra, que são pequenas unidades dotadas de lemes e motores colocadas à frente do comboio, e, também, controladas por rádio a partir do passadiço do empurrador. Assim, consegue-se considerável incremento de eficiência na manobrabilidade, sem perda de flexibilidade do conjunto, pois o emprego de vários hélices com comandos independentes permite contemplar pequenos raios de giro.

Os automotores têm menores problemas de manobrabilidade e vêm se beneficiando dos avanços dos mencionados sistemas de manobra dos grandes comboios, principalmente nas hidrovias com canais sinuosos e más passagens.

22.1.8.6 VISIBILIDADE

A visibilidade na navegação por empurra é uma das maiores dificuldades pela distância entre o piloto no passadiço e a proa do comboio, além de situações que aumentam o calado aéreo das chatas, como no transporte de cargas de convés, ou quando as chatas estão vazias. Sob esses aspectos, passa a ser necessário elevar a cabine de comando a um segundo, ou mesmo terceiro piso acima do convés principal, de modo que o piloto fique de 5 m a 8 m acima do nível d'água. Desse modo, com referência às águas mortas, chega-se a atingir 7 m a 11 m, altura a qual deve ainda se acrescentar os mastros e a antena de radar, mandatória nos grandes comboios de empurra. Assim, há necessidade de uma altura livre adequada nas pontes.

Quando não há a possibilidade de alcançar a altura livre mínima nas pontes, empregam-se cabines de comando retráteis, o que encarece consideravelmente o custo do comboio.

Para os automotores, em geral, não há problemas maiores de visibilidade.

Um aspecto a ser salientado é a dificuldade de visibilidade nas curvas, principalmente com topografia elevada das margens e curvas apertadas, pois há uma tendência natural de navegar mais próximo da margem côncava. Esta situação pode dificultar o cruzamento das embarcações, mas o uso mais difundido da rádio-comunicação entre embarcações permite suficiente segurança.

22.1.8.7 TRIPULAÇÕES

Um comboio de empurra em tráfego normal exige a seguinte tripulação mínima: um piloto, um mecânico e três marinheiros, enquanto nos automotores um marinheiro é suficiente. Empregando-se dois turnos de 6 horas de serviço por dia e a tripulação auxiliar de um cozinheiro e um taifeiro, chega-se a um mínimo de 12 tripulantes a bordo dos comboios de empurra e de 7 tripulantes a bordo dos automotores. Nas unidades de grande potência, estes números sobem para 17 e 12 tripulantes, respectivamente.

Nos grandes comboios americanos, é comum dispor de 3 tripulações, ficando, alternativamente, uma em repouso em terra.

22.1.8.8 CUSTOS OPERACIONAIS

Os dois parâmetros de maior impacto nos custos operacionais são o custo da embarcação e a mão de obra, os quais decrescem significativamente com o incremento da carga transportada em cada unidade. Assim, o custo operacional em condições normais é função principalmente deste último fator.

A velocidade de tráfego influi no custo operacional, mas varia pouco em um trajeto muito extenso. O aumento da velocidade em águas paradas além dos limites mencionados acarreta significativo incremento de resistência à propulsão, não interessando economicamente pelo aumento do consumo de combustível e custo dos motores.

22.1.8.9 COMUNICAÇÕES E AUXÍLIOS À NAVEGAÇÃO

As embarcações contemporâneas empregam equipamentos de rádio de curto alcance, em contato constante em frequência fixa com as demais embarcações, portos, pontes móveis e eclusas dentro do raio de alcance. Essas comunicações são importantes para a segurança e para otimizar os procedimentos operacionais.

A comunicação a longa distância empregando telefonia em VHF ou AM está disponível na maioria das embarcações fluviais de longo curso, permitindo a troca de informações entre o comandante da embarcação e a sede da empresa armadora, o que permite uma operação mais flexível e econômica. Essa comunicação permite atender ao mercado no *just in time* quanto à distribuição das cargas.

Ainda quanto às comunicações, os grandes empurradores dispõem de sistema de autofalantes potentes na casa de comando, que possibilita a transmissão de ordens para todo o comboio e nos portos até aproximadamente 800 m de distância. Também costumam dispor de eficientes sistemas de intercomunicações entre os principais compartimentos do empurrador e das chatas.

O emprego de radar e ecobatímetros, que nos grandes comboios têm o transdutor fixado na chata mais avançada e registro na casa de comando, contribui na viabilização da navegação noturna ou com nevoeiro em condições de mínima visibilidade. O balizamento das pontes é muito importante, principalmente em ocasiões de pobre visibilidade, mas cuidados especiais devem ser empregados para o uso do radar, para evitar as falsas imagens por reflexões múltiplas na estrutura da ponte, o que pode ser evitado com estruturas especiais nas pontes que permitem obter imagens nítidas nas telas do radar.

22.2 DIMENSÕES BÁSICAS DAS HIDROVIAS

22.2.1 Considerações gerais sobre a adaptação das embarcações às vias navegáveis

As vias navegáveis devem atender a certos requisitos visando garantir a navegação livre e segura das embarcações tipo adotadas. A definição das embarcações tipo está condicionada a estudos econômicos e ambientais, uma vez que o custo de transporte é barateado quanto maior o porte da embarcação, o que, em contrapartida, acarreta aumento no custo das obras de infraestrutura da via navegável.

Definidas as dimensões da embarcação tipo, a via navegável deve contemplar as diretrizes dimensionais elencadas nos itens seguintes.

22.2.2 Profundidade mínima

A profundidade mínima da hidrovia deve corresponder ao calado da embarcação tipo acrescido de uma folga mínima de 0,3 a 0,5 m, devendo ser admitida somente em trechos restritos da hidrovia, pois profundidades inferiores a 2 vezes o calado reduzem significativamente o rendimento propulsivo, onerando o custo do transporte pelo maior consumo de combustível para a manutenção de uma mesma velocidade. A folga mínima de 0,5 m é recomendável por motivo de segurança, ou para que não haja perda maior de tempo de percurso em longo trecho, com velocidade reduzida pelo efeito da resistência em águas rasas, sendo o caso de canais artificiais, ou em locais sujeitos a assoreamentos e/ou seções muito confinadas.

Segundo Padovezi (2003), a equação de Eryuzlu (1994, apud PADOVEZI, 2003) é muito empregada para calcular o *squat* de embarcações fluviais.

Sendo a folga sob a quilha da embarcação cerca de 1,5 vezes inferior ao seu próprio calado, ocorre uma influência considerável no rendimento propulsivo das embarcações. Quanto menor a folga, maior a resistência ao deslocamento e pior o funcionamento dos hélices. Isto é, para uma mesma potência, a redução da folga induz menor velocidade e maior custo dos transportes.

É nos canais artificiais, onde a profundidade é constante, que essa influência é mais sentida, enquanto nos rios as profundidades mínimas ocorrem em pontos isolados, com menor impacto sobre a velocidade das embarcações.

Principalmente nas canalizações, as profundidades mais reduzidas ocorrem somente em trechos a jusante próximos das barragens. Nos canais artificiais existe também a influência do confinamento lateral das águas, o qual pode ser medido pelo parâmetro n da relação entre a área molhada do canal e a área da seção mestra da embarcação.

Evidentemente, as embarcações não devem tocar o fundo, principalmente fundos rochosos, pelo perigo de naufragarem. Nos canais artificiais sem escoamento o fundo é liso e fixo, sem riscos de pontos rasos isolados, permitindo menor folga sob a quilha (0,30 m). Nos cursos d'água naturais ou artificiais, os fundos são irregulares e móveis, sujeitos a erosões e assoreamentos, sendo recomendáveis maiores folgas com relação ao nível d'água mínimo navegável (0,50 m).

A definição dos ciclos hidrológicos conduz a dois intervalos de classe notáveis para a navegação: período hidrológico médio e período de estiagem, tendo esse último a probabilidade de ocorrência de 10%.

22.2.3 Largura mínima

A influência da largura se prende principalmente à segurança da navegação. Duas situações devem ser analisadas: quando os limites laterais do canal são perfeitamente demarcados pelas margens e, o caso mais desfavorável, quando um grande rio tem canal não delimitado por sistema de balizamento razoavelmente eficiente.

Verifica-se que, para uma embarcação, trafegar com segurança em trechos retilíneos ou com curvas de grande raio, deve-se dispor de uma largura livre de cada lado equivalente a no mínimo uma boca da embarcação. Estando essas margens perfeitamente delimitadas, pode-se reduzir essa folga a meia boca, com exceção de canais artificiais.

Considerando o evento isolado de cruzamento ou de ultrapassagem entre duas embarcações, é possível considerá-lo em condições um pouco mais restritas sendo suficientemente seguro manter meia boca.

Desse modo, a largura mínima de um canal de mão dupla que permite cruzamento e ultrapassagem, é de 4,5 vezes a boca da embarcação (em canais de via singela seria de 3 vezes a boca). Em curvas de menor raio de curvatura e em canais com margens muito mal definidas, as larguras mínimas devem ser aumentadas.

Uma folga de 0,5 m de cada lado para operação segura entre a embarcação e a câmara de uma eclusa é suficiente, tendo em vista a velocidade usualmente empregada pelas embarcações para entrada e saída da câmara. Inclusive, para um comboio de empurra em uma eclusa com acessos bem dimensionados, e com um muro-guia retilíneo com pelo menos um comprimento igual a metade do da câmara, pode adentrar à câmara com folga total de apenas 0,4 m a mais do que a boca do comboio.

22.2.4 Área mínima da seção molhada

É bem conhecida a influência significativa sobre a resistência ao deslocamento das embarcações da relação n = S/s, isto é, o quociente entre a área da seção molhada do canal e a área da seção mestra da embarcação, tanto em água parada nos canais artificiais quanto nos cursos d'água (neste caso principalmente na navegação contracorrente).

Nos canais artificiais, a resistência ao deslocamento das embarcações cresce com o quadrado da velocidade, bem como decresce exponencialmente com o aumento do coeficiente n, sendo significativamente mais alta em condições de altas velocidades (acima de 4,9 nós).

Na navegação contemporânea, são necessários valores de n acima de 4 a 5 para que a hidrovia não produza significativa perda de rendimento propulsivo da embarcação tipo, caso contrário seriam exigidas potências muito grandes e antieconômicas para atingir a velocidade desejada.

Avaliações econômicas têm demonstrado que nas grandes hidrovias com cruzamentos frequentes de embarcações é viável atingir, com potências razoáveis nos motores, velocidades entre 5,4 nós e 6,5 nós, se o coeficiente n estiver entre 8 e 10. Em hidrovias secundárias e em trechos curtos, em que são admitidas velocidades mais reduzidas (condicionadas a serem sempre superior à da corrente), pode-se admitir n entre 4 e 5.

Nas Figuras 22.17 a 22.19 estão apresentadas seções transversais tipo de canais de navegação, sendo a forma trapezoidal a mais comum, com taludes laterais de inclinação variável de 1H:3V até 3H:1V, dependendo do tipo de terreno.

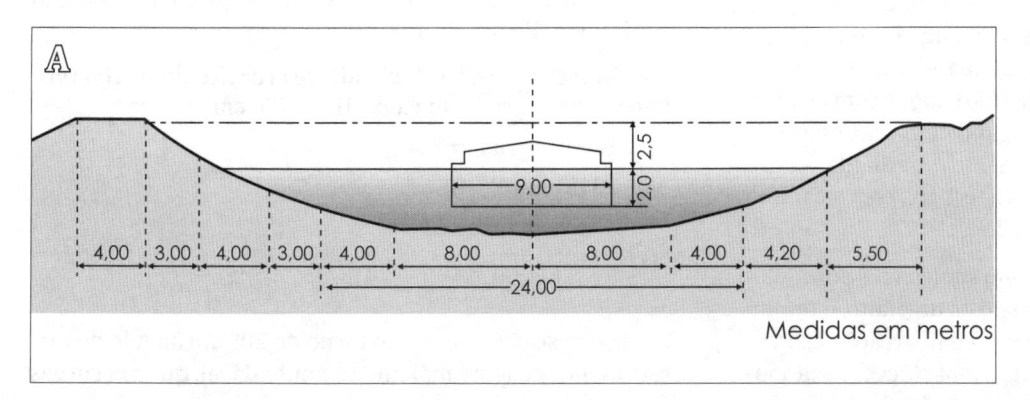

Figura 22.17
(A) Elevação de seção transversal tipo de canal navegável.

Medidas em metros

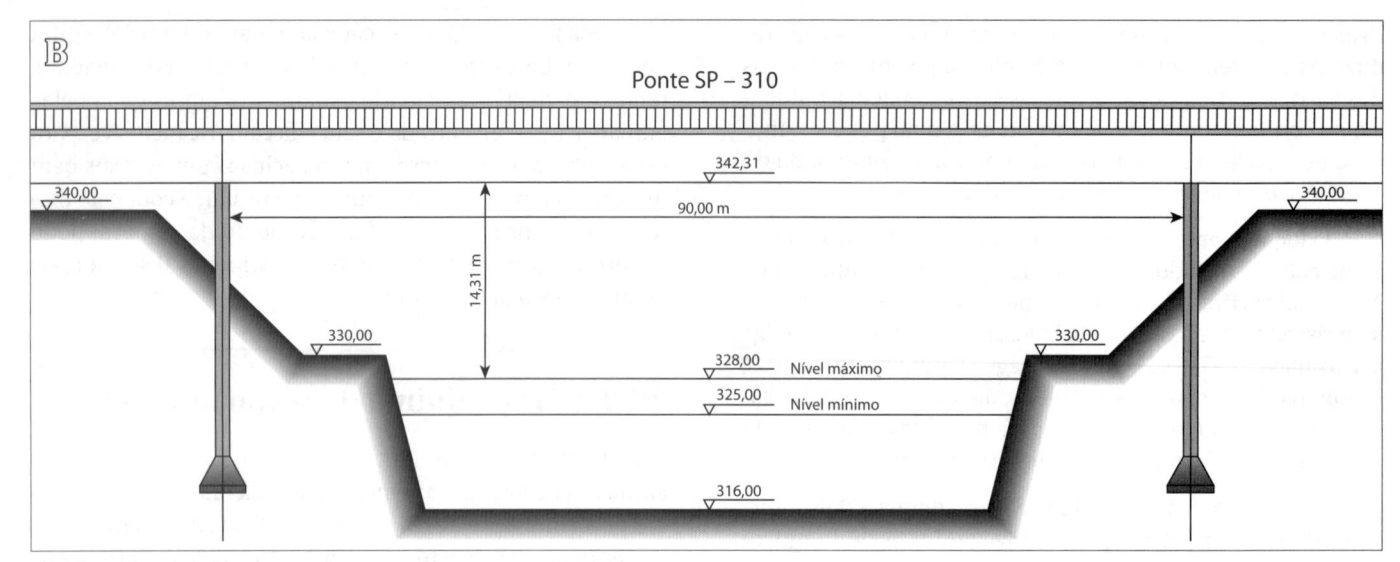

Figura 22.17
(B) Elevação de seção transversal do Canal de Pereira Barreto (SP) na travessia da Rodovia SP-310. Apresenta 50 m de largura navegável em seu fundo.

Figura 22.18
Embocadura do Canal de Suez em Port Said (Egito). Aberto ao tráfego em 1869, após 10 anos de construção, liga o Mar Mediterrâneo ao Mar Vermelho, com 193 km de extensão, 24 m de profundidade e 205 m de largura.

22.2.5 Raio de curvatura a partir do eixo do canal

A definição do menor raio de curvatura em planta de uma hidrovia para uma embarcação com comprimento e largura conhecidos é uma questão diretamente ligada com a segurança. De fato, trata-se fundamentalmente de determinar a dimensão para evitar possibilidades de choque com as margens ou outras embarcações navegando em sentido oposto, bem como avaliar economicamente a perda de tempo mínima para passar em curva muito fechada com a cautela necessária.

Outros aspectos também devem ser levados em consideração, como a capacidade de resposta do piloto, o tempo de resposta ao comando dos lemes da embarcação e, principalmente, a manobrabilidade da embarcação. Essa ma-

nobrabilidade pode ser avaliada pelo raio do menor círculo que pode ser efetuado pela embarcação em águas paradas.

Sabe-se que, na navegação de empurra, a resistência ao deslocamento se reduz com o aumento do comprimento do comboio.

Na prática, uma embarcação contemporânea é capaz de efetuar uma curva com raio de 10 vezes o seu comprimento sem redução de marcha, enquanto para raios de curvatura inferiores a esse limite se recomenda, tanto pela segurança quanto pela economia, dispor de uma sobrelargura. A sobrelargura deve se estender por toda a curva e, entre duas curvas reversas convêm dispor-se de um trecho retilíneo de inflexão com comprimento entre uma sobrelargura e três sobrelarguras.

Para que não ocorra restrição de velocidade nas curvas, o raio mínimo de curvatura, a partir do eixo do canal, deverá ser de 10 vezes o comprimento da embarcação (L). Caso se admitam curvas mais fechadas, dever-se-á adotar sobrelargura no ápice da curva de:

$$s = \frac{L^2}{2R}$$

sendo R o raio de curvatura.

Na Alemanha e nos Países Baixos, emprega-se a equação de Graewe (Figura 22.19).

Nesses casos, a velocidade de cruzeiro do trecho retilíneo deve ser reduzida a partir de 8 L em:

12,5% para $R = 7L$

25% para $R = 6L$

37,5% para $R = 5L$

50% para $R = 4L$

Deve-se considerar em torno de 20º um ângulo de carregamento do leme máximo recomendável, que em curvas e más passagens exige os raios mínimos de curvatura recomendados anteriormente.

Na Figura 22.20 estão apresentados traçados-tipo para canais hidroviários em trechos de curvas.

22.2.6 Vão e altura livres nas pontes

Pela necessidade de os empurradores serem bastante altos, é recomendável que a altura livre mínima sobre o nível máximo navegável seja de 9 m para as novas hidrovias, chegando a 15 m para os grandes rios navegáveis.

Com relação à distância entre pilares, tratando-se de um obstáculo isolado e quando em trecho perfeitamente retilíneo e bem balizado, um grande comboio de empurra pode, com total segurança e somente com redução momentânea da velocidade, passar entre os dois pilares com distância entre si de duas vezes a boca da embarcação. Como princípio geral, é conveniente evitar o cruzamento sob pontes, sendo preferível adotar um vão para cada sentido.

Sendo a ponte oblíqua às correntes, ou localizada em uma curva da hidrovia, é necessário aumentar o vão livre entre os pilares, com base em avaliações de cada caso. Outra situação a ser mencionada é a de grandes cursos d'água com fundo móvel, onde o canal de navegação pode sofrer migrações, caso em que são recomendados vãos bastante largos e vários vãos iguais, que permitem contemplar a navegação dependendo da posição do canal.

Pontes levadiças também podem ser adotadas nas situações em que a altura mínima não possa ser obtida, havendo inconvenientes para os modais terrestres e aquaviário. Outra alternativa é a cabine dos empurradores ser móvel, podendo ser rebaixada ou rebatida por ocasião dessas travessias.

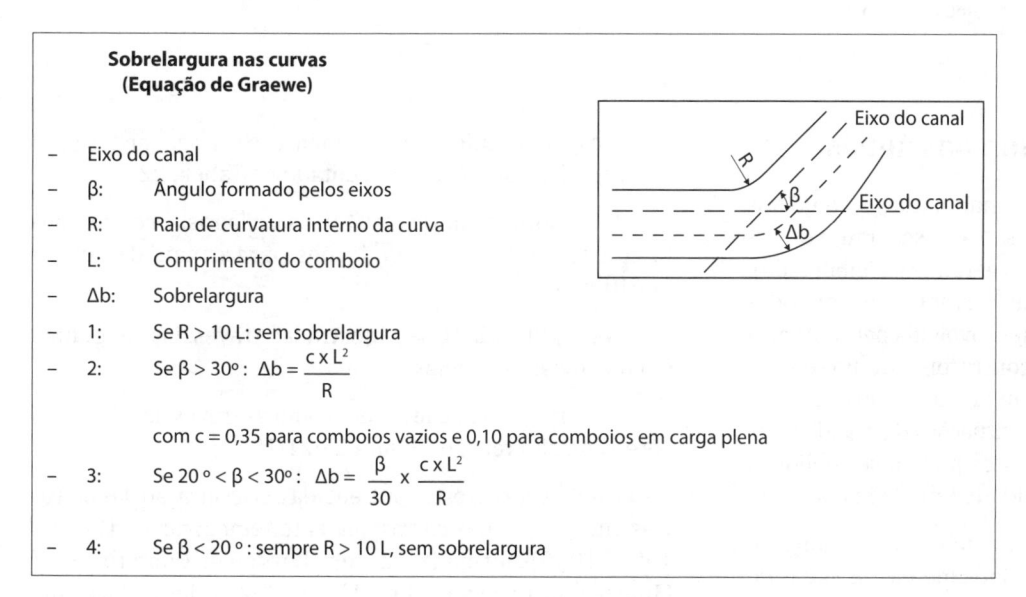

Sobrelargura nas curvas (Equação de Graewe)

- – Eixo do canal
- – β: Ângulo formado pelos eixos
- – R: Raio de curvatura interno da curva
- – L: Comprimento do comboio
- – Δb: Sobrelargura
- – 1: Se R > 10 L: sem sobrelargura
- – 2: Se β > 30°: $\Delta b = \dfrac{c \times L^2}{R}$

  com c = 0,35 para comboios vazios e 0,10 para comboios em carga plena
- – 3: Se 20° < β < 30°: $\Delta b = \dfrac{\beta}{30} \times \dfrac{c \times L^2}{R}$
- – 4: Se β < 20°: sempre R > 10 L, sem sobrelargura

Figura 22.19
Sobrelargura nas curvas (Equação de Graewe).

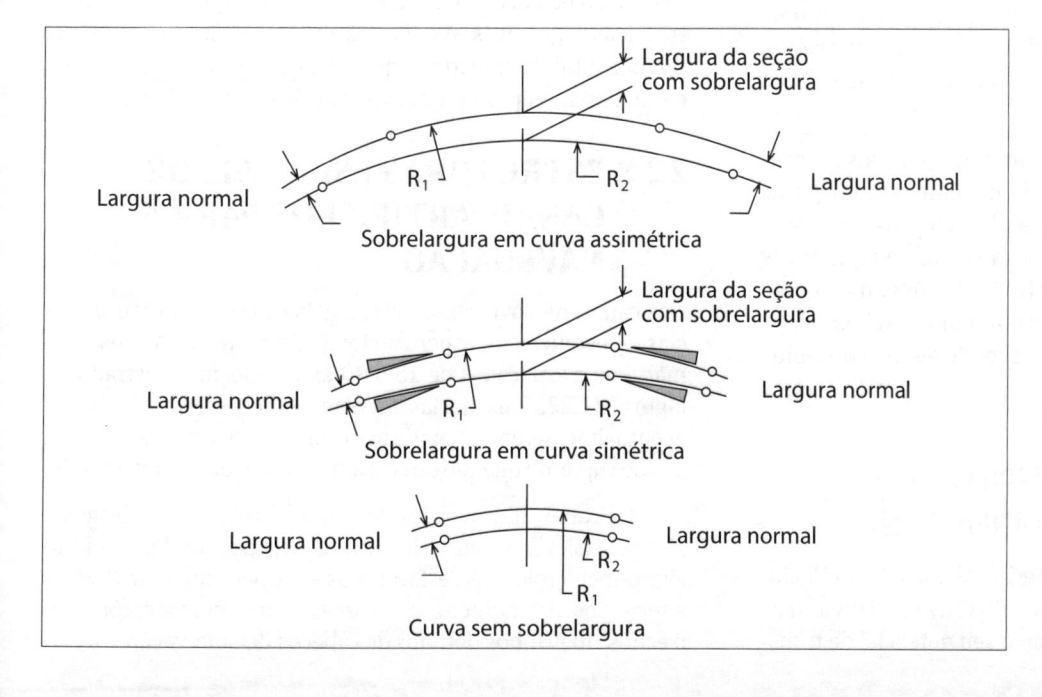

Largura da seção com sobrelargura
Largura normal — R_1 — R_2 — Largura normal
Sobrelargura em curva assimétrica

Largura da seção com sobrelargura
Largura normal — R_1 — R_2 — Largura normal
Sobrelargura em curva simétrica

Largura normal — R_2 — Largura normal
R_1
Curva sem sobrelargura

Figura 22.20
Planimetria de traçados-tipo para canais hidroviários em trechos curvilíneos.

Tabela 22.2
Gabaritos horizontal e vertical propostos no Plano Nacional das Vias Navegáveis Interiores – PNVNI/1989
(Brasil, Ministério dos Transportes)

Gabarito	Características	Tirante de ar[1]	Vão livre horizontal	Profundidade (m) Em 75% do tempo	Profundidade (m) Em 25% do tempo	Calado definitivo (m)[2]
I	"Especial" para rios onde a navegação marítima tenha acesso	(3)	(4)	–	–	–
II	Para rios de grande potencial de navegação Comboio tipo 32 m de boca	15 m	1 vão de 128 m, ou 4B 2 vãos de 70 m, ou 2,2B	>2,50	2,00-1,50	4,50
III	Para rios de potencial médio de transporte Comboio tipo 16 m de boca	10 m	1 vão de 64 m, ou 4B 2 vãos de 36 m, ou 2,2B	>2,00	1,50-1,20	3,50
IV	Rios de menor potencial Embarcações de 11 m de boca	7 m	1 vão de 44 m, ou 4B 2 vãos de 25 m, ou 2,2B	>1,50	1,20-0,80	2,50
V	"Reduzido" para rios interrompidos, ou onde a navegação tenha possibilidade remota	–	–	–	–	–

(1) Referência – rio em estado natural – Corresponde à enchente com período de recorrência de 10 anos (TR = 10). Reservatório Barragem – Nível máximo normal de operação do reservatório.
(2) Calado definitivo quando a hidrovia estiver canalizada.
(3) Em função da maior altura do mastro da embarcação marítima.
(4) Em função das embarcações marítimas.

22.2.7 Velocidade máxima das águas

Havendo escoamento de água nos canais naturais, como nos rios, as questões mais importantes são a da segurança da navegação no sentido de jusante (para garantir dirigibilidade), com velocidade mínima igual à das correntes adicionando--se a velocidade correspondente desenvolvida pela potência dos motores. Já para a navegação contracorrente, no sentido para a montante, a velocidade da embarcação tem que superar a velocidade das correntes. Nas situações de grandes rios não melhorados, em que as correntes podem ser oblíquas ao canal de navegação, essa dificuldade é ainda maior.

Em linhas gerais, considera-se como economicamente viável um curso d'água com velocidade média das águas de até 1,9 nós a 3,9 nós, podendo em pontos isolados atingir 7,8 nós, velocidade máxima que a potência dos motores normais das embarcações contemporâneas consegue suplantar. No caso de correntes oblíquas ao canal, não é possível formular uma regra geral.

A condição mais difícil, fundamental para a segurança, de ser testada é a capacidade de um empurrador parar totalmente o comboio, com relação às margens, em navegação para jusante, dando marcha à ré em seus motores em determinados trechos mais críticos do curso d'água. De fato, a utilização de âncoras pelos comboios é de emprego restrito e pouco recomendável, devendo esses comboios estacionar acostados à margem.

22.2.8 Gabaritos propostos pelo Ministério dos Transportes

Para a regulamentação do modal hidroviário, o Plano Nacional das Vias Navegáveis Interiores – PNVNI/1989 dividiu as hidrovias em classes, de acordo com o seu potencial de transporte, especificando tipos de embarcações e gabaritos para a navegação, conforme apresentado na Tabela 22.2.

Para pontes em reservatórios ou lagos, é conveniente considerar as recomendações para canais de acesso marítimos.

Na Figura 22.21 são mostradas travessias de pontes em hidrovias europeias.

Também deve-se levar em conta as travessias de cabos aéreos de alta tensão (Figura 22.21(N)).

Na Tabela 22.3 está apresentada a classificação das hidrovias europeias e das correspondentes embarcações (PIANC, 1990, 1999), formalizada pela European Conference of Ministers of Transport (ECMT) em 1992. A classe IVa é uma derivação da classe IV para embarcações tipo cisternas, petroleiras e gaseiras. As classes VIc e VII são de comboios fluviais e flúvio-marítima, que têm que ser desmembrados e reagrupados para passar pelas eclusas de Gabarito VI.

22.3 ESTRUTURAS ESPECIAIS DE CANAIS ARTIFICIAIS PARA A NAVEGAÇÃO

Nos canais hidroviários de via singela é necessário prever bacias de evolução ou espera ao longo do canal, localizadas nas margens e espaçadas de 15 a 30 km, conforme mostrado na Figura 22.22. Tais bacias tornam-se necessárias, inclusive eventualmente, em canais de mão dupla, nas situações de inversão de curso, ou quando do cruzamento com outra embarcação.

Os canais hidroviários devem ser providos de abrigos – seja pela falta de sinalização noturna, seja por condições hidrológico-meteorológicas desfavoráveis – que permitam, em trechos alternados de margem, a arrumação das embarcações em trechos ribeirinhos dotados de cabeços de amarração.

Tabela 22.3 Padronização das hidrovias europeias segundo a ECMT

Classes das vias navegáveis europeias	Automotores e barcaças					Comboios de empurra					Barcaças				Altura mínima sob as pontes Os valores de 5,25 7,00 e 9,10 equivalem ao empilhamento de 2, 3 e 4 contêineres
	Tipo da embarcação: características gerais					Tipos de comboios: características gerais					Tipos de barcaças: características gerais				
	Denominação	Compr.	Boca	Calado	Tonelag.	Denominação	Compr.	Boca	Calado	Tonelag.	Denominação	Compr.	Boca	Calado	
(1)		m	m	m	t		m	m	m	t		m	m	m	m (4)
I	Péniche	38,50	5,05	1,80 a 2,20	250-400										4,00
II	Kast Campinois	50-55	6,60	2,50	400-650										4,00 a 5,00
III	D.E.K Gustave Koenings	67-80	8,20	2,50	650-1000										4,00 a 5,00
IV	R.H.K Johann Welker	80-85	9,50	2,50	1000-1500	1 barcaça E I	85	9,60	2,50 a 2,80	1250 a 1450	Europe I	70,00	9,50	2,50	5,25 ou 7,00
V a	Grands Rhénans	95-110	11,40 (2)	2,50 a 2,80	1500-3000	1 barcaça E II	95-110	11,40	2,50 a 4,50	1600 a 3000	Europe II	76,50	11,40 (2)	2,80	5,25 ou 7,00 ou 9,10
V b						2 barcaças E II	172-185	11,40	2,50 a 4,50	3200 a 6000					
VI a							95-110	22,80	2,50 a 4,50	3200 a 6000					7,00 ou 9,10
VI b		140	15,0	3,90		4 barcaças E II	185-195	22,80	2,50 a 4,50 (3)	6400 a 12000					
VI c							270-280	22,80	2,50 a 4,50 (3)	9600 a 18000	Europe IIa	76,50	11,40 (2)	3,90	9,10
						6 barcaças E II	193-200	33-34,20	2,50 a 4,50 (3)	9600 a 18000					
VII						9 barcaças E II a	285	33-34,20	2,50 a 4,50 (3)	14500 a 27000					

(1) A classe da hidrovia é determinada pelas dimensões horizontais das embarcações.
(2) Na Bacia do Danúbio, a boca é geralmente de 11 m.
(3) Leva em conta o desenvolvimento futuro.
(4) Leva em conta uma folga de segurança entre o ponto mais alto da embarcação com carga e a face inferior da estrutura da ponte de 30 cm.

Figura 22.21
(A) Travessia de automotor por ponte no Rio Sena em Paris (França).
(B) Ponte sobre o Rio Neckar em Heidelberg (Alemanha).
(C) e (D) Travessias de automotores por pontes no Rio Meno em Frankfurt (Alemanha).
(E) e (F) Intensa navegação na ponte sobre o Rio Waal, em Nijmegen (Países Baixos).

Figura 22.21
(G), (H), (I) e (J) Intensa navegação na ponte sobre o Rio Waal, em Nijmegen (Países Baixos).
(K) Ponte Vroenhoven no Albert Canal (Bélgica).

Figura 22.21
(L) Travessia de automotor por ponte no Rio Danúbio em Bratislava (Eslováquia).
(M) Travessias marítimas pelo Estreito de Bósforo, em Istambul (Turquia).
(N) Travessias de cabos aéreos de alta tensão pelo Estreito de Bósforo na confluência com o Mar Negro, em Istambul (Turquia).

Figura 22.22
(A) Bacias de evolução para canais hidroviários.

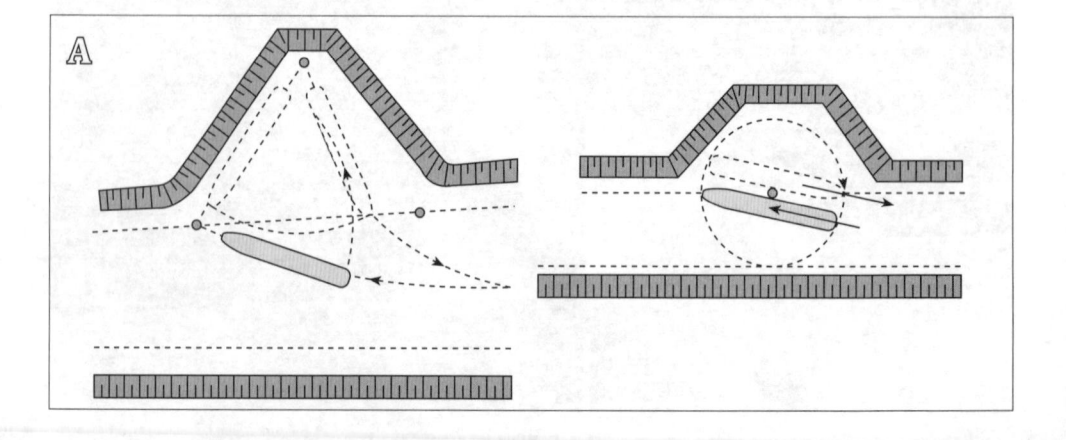

Figura 22.22
(B) Bacia de evolução no canal de Cesenatico (Itália).
(C) Área de espera na margem da Hidrovia do Rio Danúbio em Viena (Áustria).
(D) Embarcação automotora em área de espera da Hidrovia do Rio Danúbio em Viena (Áustria).
(E) Área de espera de embarcações de turismo às margens do Rio Meno, em Frankfurt (Alemanha).

Nos canais hidroviários deverão prever-se amplos locais de atracação nas áreas de previsíveis congestionamentos, como nas bifurcações para outras vias navegáveis, nas quais possam reunir-se os comboios de chatas. Os locais devem situar-se fora da zona de navegação do canal, com seção transversal com sobrelargura de uma ou mais bocas das maiores embarcações, que se atracam justapondo costados. Nesses locais, os taludes devem ter grande inclinação do canal e estar revestidos para evitar danos às embarcações, e deve haver margens dotadas de cabeços de amarração. Locais de transbordo precisam ser dotados de equipamentos e instalações portuários.

Nas áreas de movimentação de cargas, em que as embarcações necessitam efetuar manobras, é preciso haver bacias de evolução, que possuam características semelhantes às já citadas.

22.4 OBRAS DE MELHORAMENTO HIDROVIÁRIO PARA A NAVEGAÇÃO

Os rios em condições de serem considerados habilitados ao transporte de cargas em caráter comercial devem permitir em trechos suficientemente longos o tráfego contínuo e seguro de embarcações de porte. Esse conceito de navegabilidade é relativo e está vinculado ao aspecto econômico do transporte, dependendo o porte das embarcações dos modais de transporte disponíveis.

Os embaraços à navegação podem ser elencados como:

- Deficiências de profundidade, condição necessária de navegabilidade, pela presença de fundos resistentes, alargamentos excessivos (perda de competência das correntes), corredeiras; sendo dependentes dos níveis em função das vazões, de acordo com as condições hidrológicas.

- Deficiências planimétricas por larguras e raios de curvatura abaixo dos mínimos requeridos para a passagem e evolução segura das embarcações.

- Outras deficiências como: correntes com velocidade excessiva ou direção inconveniente, falta de fixação do canal de navegação e más passagens pela mudança brusca do talvegue nas inflexões das curvas.

Uma alternativa para superar essas deficiências é a regularização de vazões, implantando-se obras a montante do trecho de interesse, visando aumentar as vazões e, consequentemente, os níveis na estiagem, ou excepcionalmente reduzir as vazões das cheias. Assim, em geral são realizadas barragens nos afluentes e formadores do rio navegável para evitar as condições desfavoráveis de tráfego das embarcações pelas variações de vazão.

Classicamente, as obras de melhoramento hidroviário de rios para a navegação em ordem crescente de complexidade e custo associado são a normalização, a regularização do leito e a canalização. As obras dos dois primeiros grupos mantêm o rio em corrente livre, enquanto o último corresponde à construção de represamentos. São comuns as obras concomitantes, sempre visando a economia do meio de transporte.

A normalização, ou melhoramentos gerais, caracteriza-se por ser obra localizada voltada para questões específicas e, de modo geral, não repercute sobre o regime hidromorfológico fluvial.

A regularização do leito constitui-se em conjunto de obras endereçadas a um melhoramento sistemático de um trecho fluvial extenso, introduzindo novas conformações geométricas que induzam conformações às linhas de corrente que melhorem as condições de navegação.

A canalização consiste na transformação do rio em uma série de estirões por meio de barragens sucessivas dotadas de obras de transposição de desnível, sendo as Hidrovias do Rio Jacuí, do Rio Tietê e do Rio Paraná exemplos dessa sistemática (ver Figura 22.23). Tais obras apresentam as seguintes características:

- possível em qualquer rio;
- maiores profundidades (maior calado das embarcações e menor resistência ao trânsito das embarcações);
- menor velocidade das águas (menor tempo de percurso);
- menor percurso (retificação das sinuosidades);
- raras interrupções de tráfego;
- facilidade para a implantação de terminais hidroviários;
- associação da navegação com obras de aproveitamento múltiplo dos recursos hídricos;
- custo em geral elevado;
- inundação das áreas ribeirinhas;
- dispêndio de tempo nas obras de transposição de desnível;
- capacidade de tráfego limitada.

Na Figura 22.24(A) está mostrada a rede hidroviária da Bélgica, que é uma das mais complexas do mundo, estando assinaladas as hidrovias em função do Gabarito (ECMT), com destaque para os canais de Gabarito VI (ECMT) e os principais terminais hidroviários. O Canal Albert, o mais importante em tráfego de embarcações ligando os portos de Liège e Antuérpia, o Zeekanal, que liga os portos de Brussel e Antuérpia, o Canal Terneuzen, que liga o Porto de Gent ao Western Scheldt. Na Figura 22.24(B) está destacado o principal eixo hidroviário belga, que une os portos de Liège (no Rio Maas) e Antuérpia (no Rio Scheldt) através do Albert Canal com 3,4 m de profundidade e capacidade para comboios até 10.000 t, o qual com suas seis eclusas (cada uma com duas câmaras de 136 m × 16 m e uma câmara para comboios com 200 m × 24 m) vence um desnível de 56 m em 129,5 km de percurso. Na Figura 22.24(C) está apresentado em detalhe o Canal Albert com todas as travessias de pontes.

Os rios navegáveis e potencialmente navegáveis na Hidrovia do Rio Tietê-Paraná, perfazem cerca de 8.600 km.

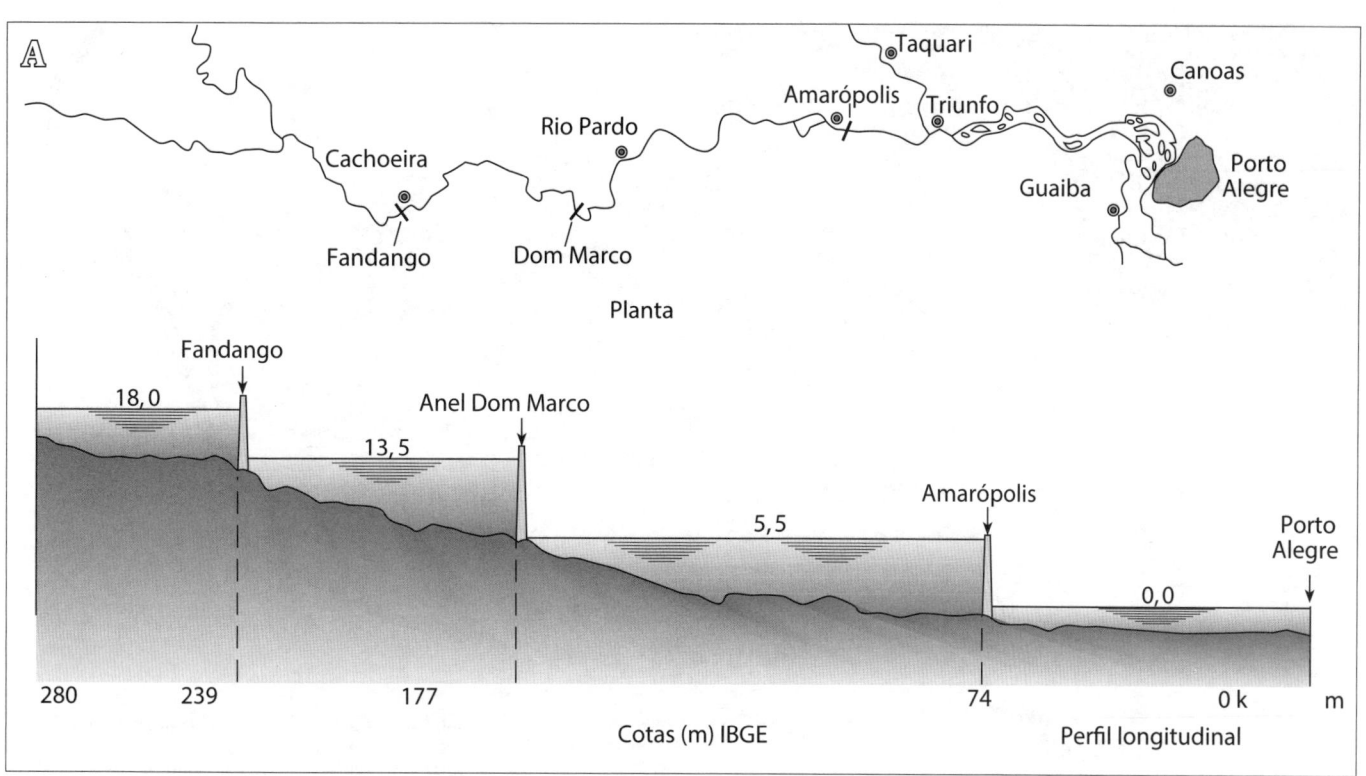

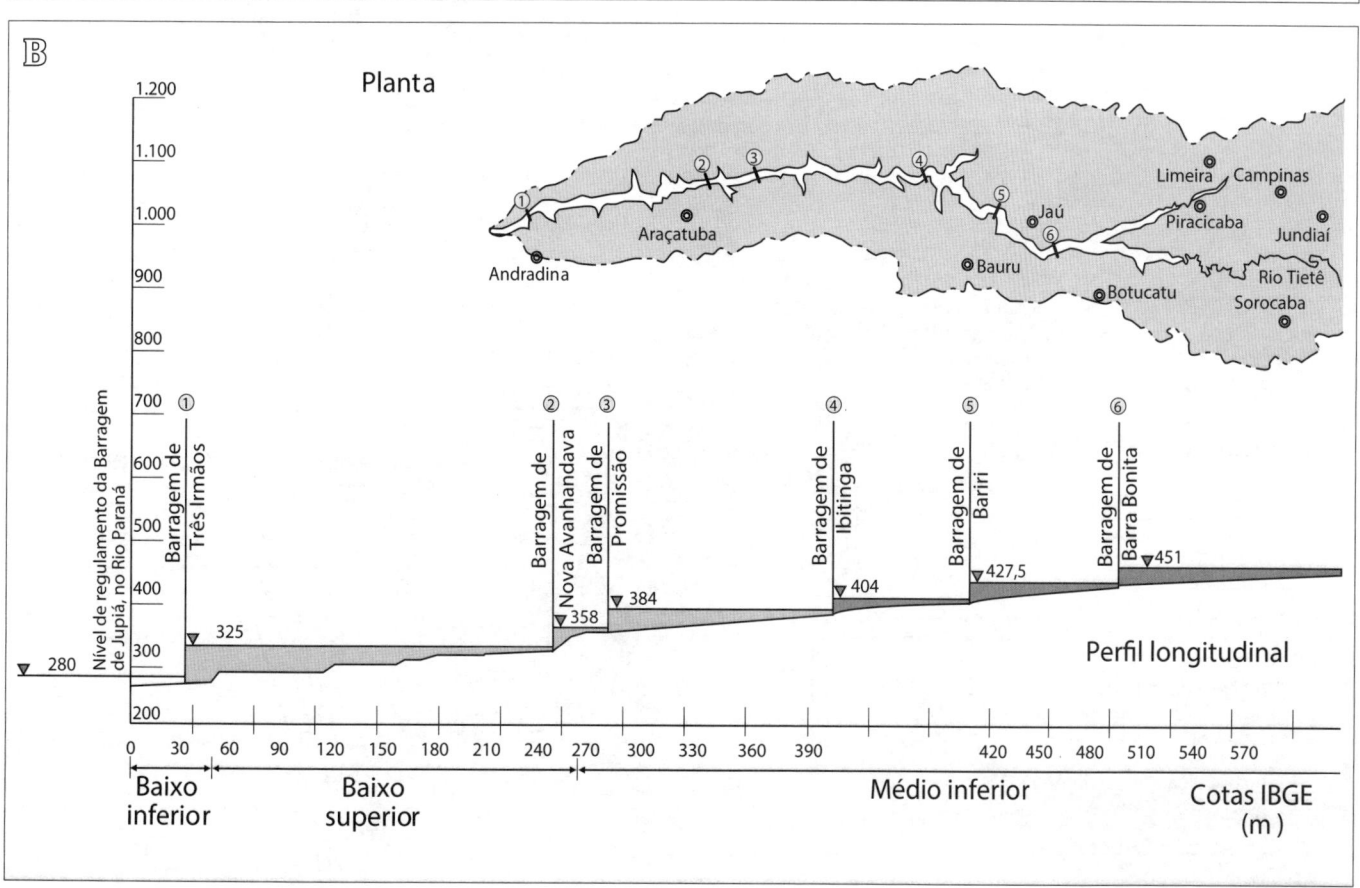

Figura 22.23
(A) Perfil da canalização do Rio Jacuí (RS).
(B) Perfil da canalização do Rio Tietê (SP).

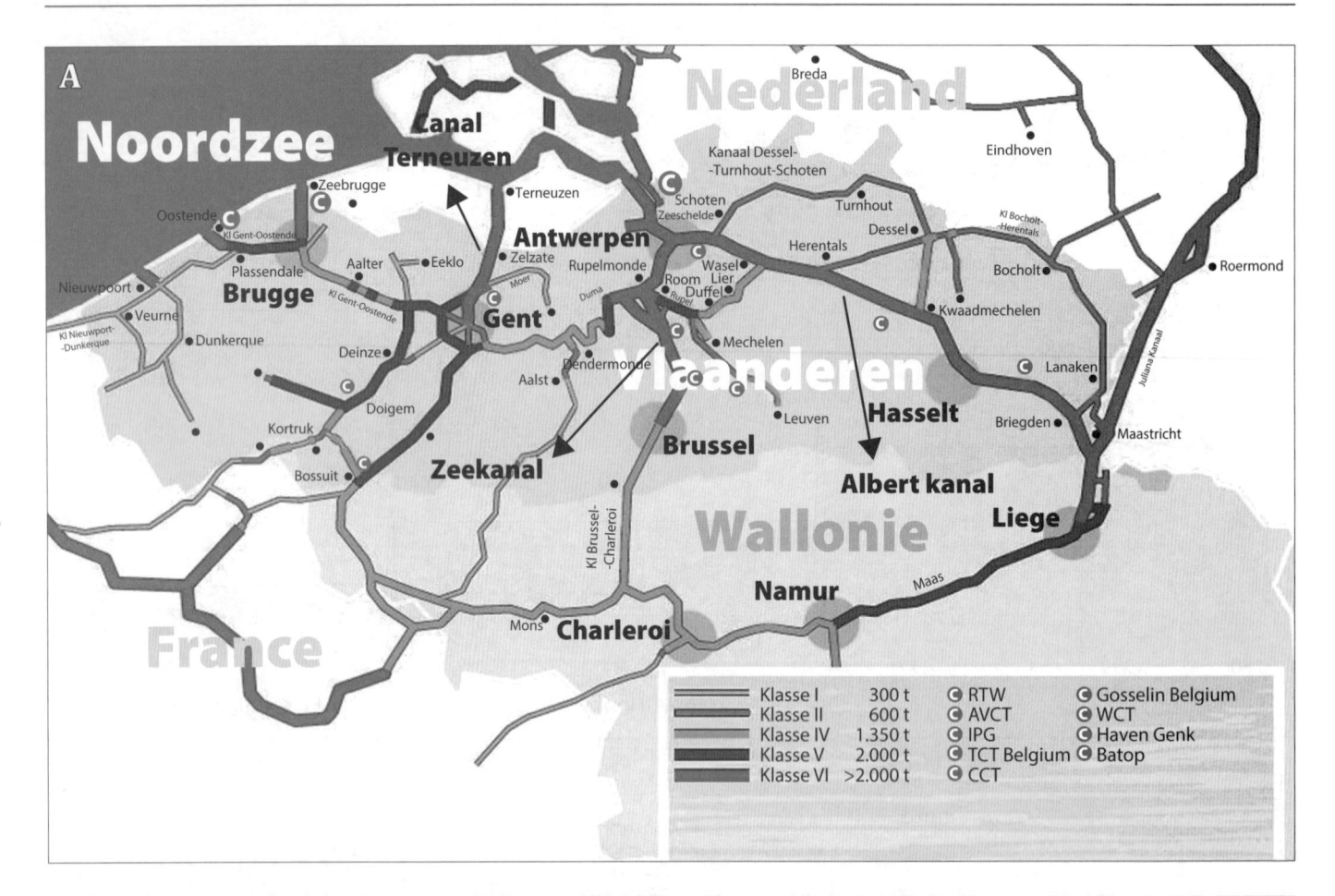

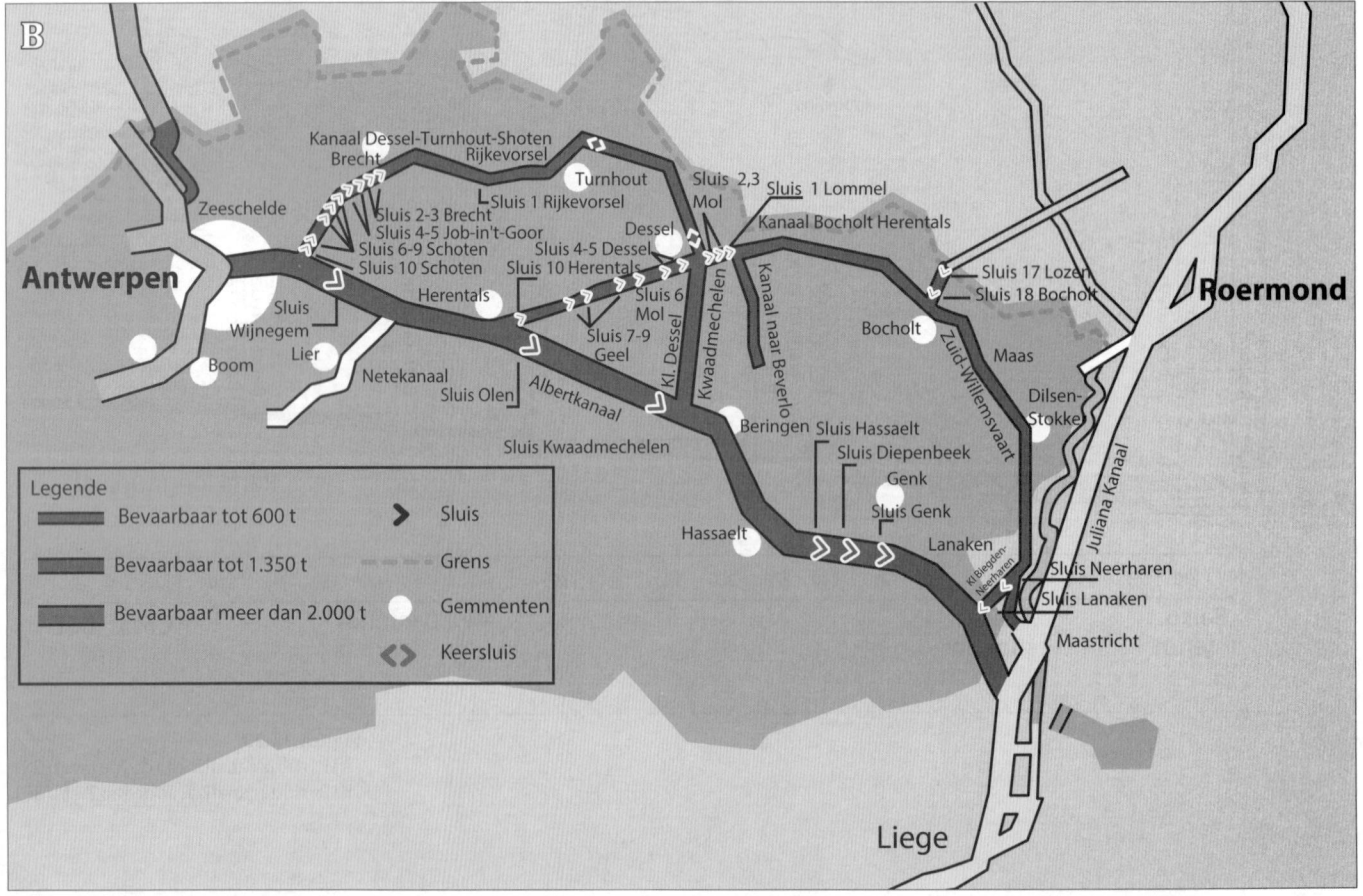

Figura 22.24
(A) Rede hidroviária da Bélgica.
(B) Eixo hidroviário entre os portos de Liège (Rio Maas) e Antuérpia (Rio Scheldt) na Bélgica.

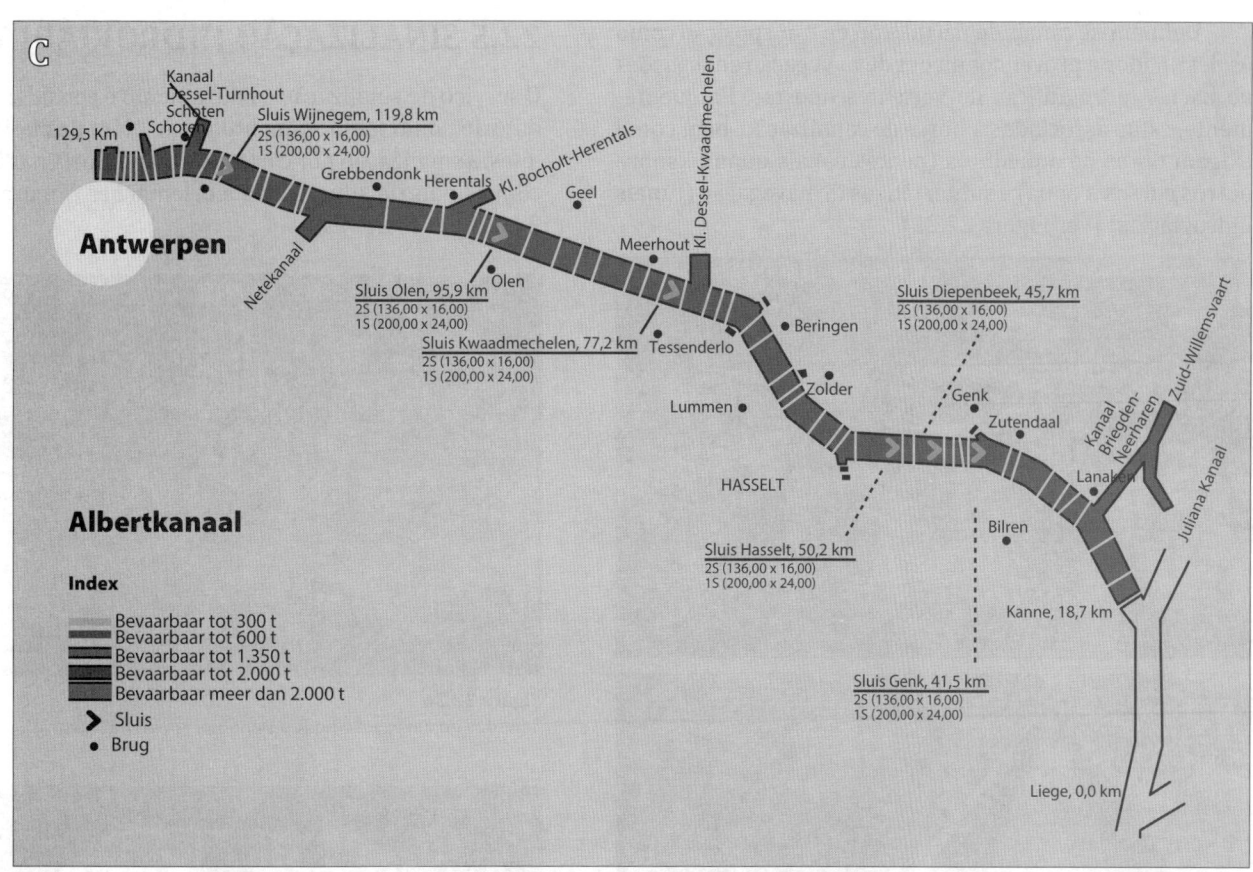

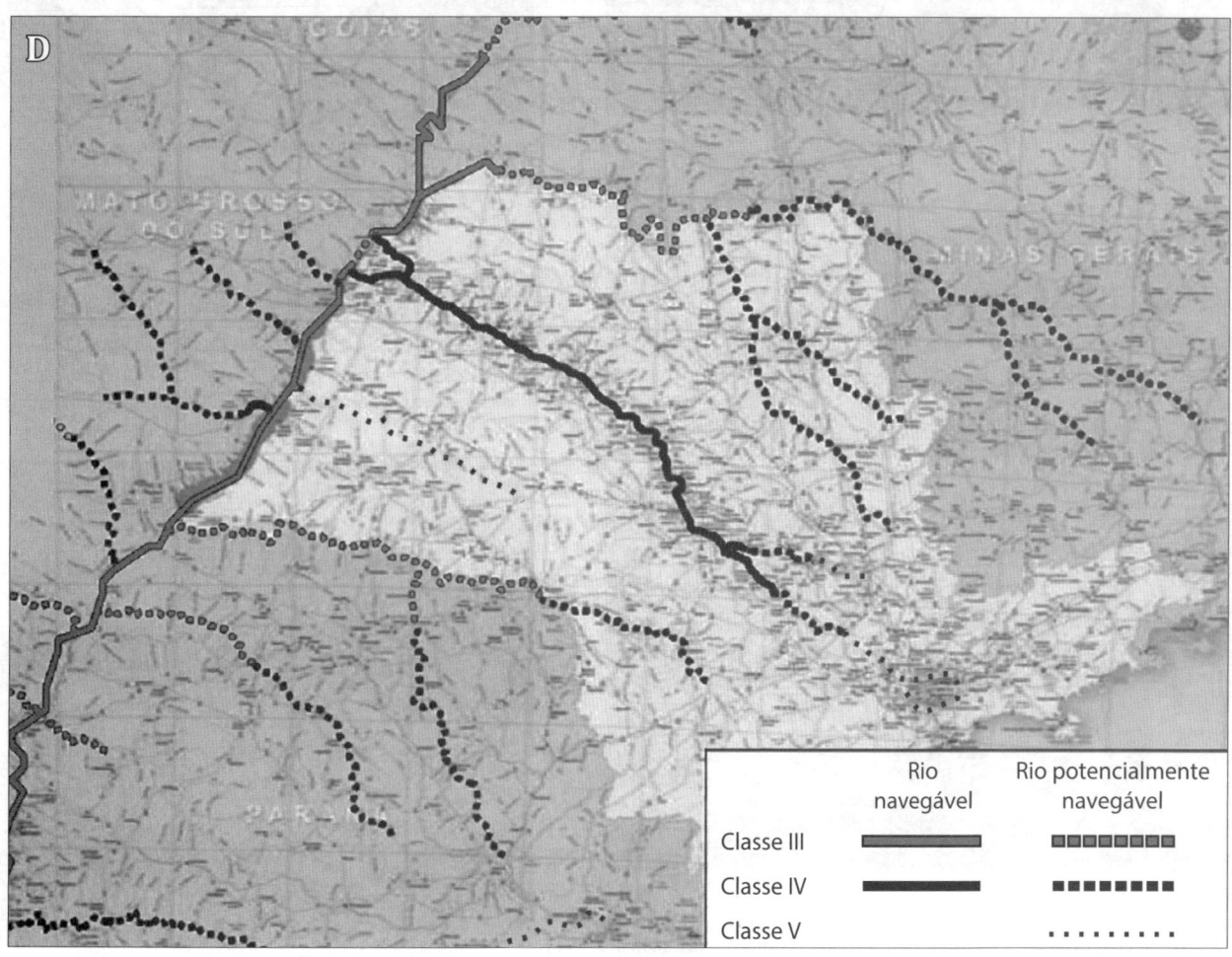

Figura 22.24
(C) Albert Canal (Bélgica).
(D) Rios navegáveis e potencialmente navegáveis na Hidrovia Tietê-Paraná.

Definem-se canais de partilha ou de transposição como os destinados a prover condições de navegação em ligações de bacias hidrográficas de vertentes opostas. Frequentemente, estão associados a obras de canalização, bem como exigem obras de aquedutos (pontes canais quando sobre outros cursos d'água) e subterrâneos de navegação (túneis hidroviários) (ver Figura 22.25).

Figura 22.25
(A) Aqueduto Digoin no canal lateral do Rio Loire (França).
(B) e (C) Aqueduto Edstone no Canal Stratford (Reino Unido) com 226 m de extensão e 9 m de altura sobre curso d'água, rodovia e linha férrea dupla.
(D) Túnel Harecastle no Canal entre o Rio Trent e o Rio Mersey (Reino Unido) com 2.800 m de extensão (SANTIAGO, 2003).

22.5 SINALIZAÇÃO HIDROVIÁRIA

O serviço de sinalização e balizamento é considerado mandatório como melhoramento geral. Além das boias e faroletes, a sinalização por cartazes é mandatória nas hidrovias como sinais de advertência e orientações (Figuras 22.26 a 22.33) nas margens.

Figura 22.26
Sentidos de navegação no Rio Danúbio, em Viena (Áustria).

Figura 22.27
Posicionamentos para atracação no Rio Danúbio, em Viena (Áustria).

Figura 22.28
Indicações de posicionamentos permitidos e proibidos para atracação no Rio Danúbio, em Viena (Áustria).

Figura 22.29
Atracação proibida na margem do Rio Meno, em Frankfurt (Alemanha).

Figura 22.30
Sinalizações na entrada da Marina de Viena, no Rio Danúbio (Áustria).

Figura 22.31
Indicação de distância de bacia de evolução, em braço do Rio Danúbio, em Viena (Áustria).

Figura 22.32
(A), (B) e (C) Sinalizações no vão navegável de pontes no Rio Meno em Frankfurt (Alemanha).

Figura 22.33
Sinalização de alinhamento na
margem do Corte Culebra, no Canal
do Panamá.

22.6 SIMULAÇÕES EM MODELO FÍSICO E MATEMÁTICO

Do mesmo modo que no caso de obras marítimas, também para o melhoramento de obras de navegação é de todo conveniente proceder a avaliações das obras de melhoramentos fluviais visando à navegação. Essas avaliações são conduzidas por meio de modelação física, quando há o interesse de obter resultados detalhados e precisos para projetos de Engenharia (Figura 22.34) e por simulação matemática, com o intuito mais qualitativo de proceder com treinamentos de pilotos (sequência da Figura 22.35).

Figura 22.34
Modelação física de comboio de
empurra.

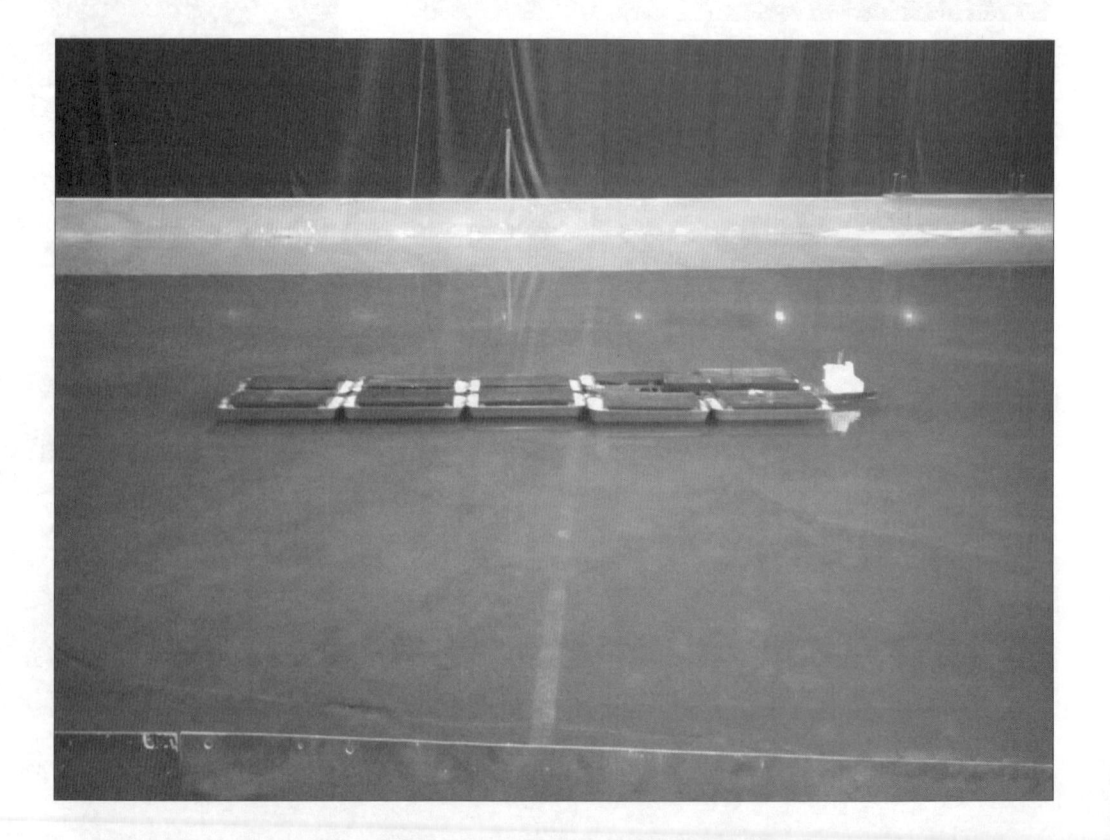

Figura 22.35
(A), (B), (C) e (D) Sequência de simulação matemática para treinamento de pilotos em situações de cruzamento em hidrovia e atracação em terminal fluvial.

Figura 22.35
(E), (F) e (G) Sequência de simulação matemática para treinamento de pilotos em situações de cruzamento em hidrovia e atracação em terminal fluvial.

CAPÍTULO 23

OBRAS DE MELHORAMENTO HIDROVIÁRIO PARA A NAVEGAÇÃO

Modelo físico em fundo fixo distorcido (escala vertical 1:100 e escala horizontal 1:400) para os estudos de retificação do Rio Tietê em seu trecho de Osasco até a Barragem Edgard de Souza (SP).

23.1 IMPORTÂNCIA DA NAVEGAÇÃO INTERIOR E TÉCNICAS DE MELHORAMENTOS

23.1.1 Caracterização geral da importância da navegação interior em nível global

Na economia contemporânea uma ampla gama de mercadorias é movimentada pelo transporte aquaviário interior, ou hidroviário, além dos granéis sólidos e líquidos, podendo-se citar, entre outros, produtos siderúrgicos, produtos alimentares, equipamentos industriais e veículos.

A intermodalidade e a conteinerização crescentes têm ensejado que na União Europeia e nos Estados Unidos o frete aquaviário possa ser competitivo também em distâncias menores. Assim, o transporte aquaviário de cabotagem e interior na União Europeia e Estados Unidos vem recuperando gradativamente as cargas perdidas na segunda metade do século XX para a expansão rodoviária por meio da implantação de várias obras de porte para a criação de novas hidrovias, ou a interligação de bacias hidrográficas.

As vias interiores navegáveis no mundo totalizavam mais de 450 mil km e eram responsáveis pelo transporte de mais de 2,5 bilhões de t de carga na primeira década deste século.

23.1.2 A rede hidroviária interior no Brasil e na América do Sul

Na Figura 23.1(A) configura-se o mapeamento das principais hidrovias e terminais hidroviários brasileiros. A Tabela 23.1 apresenta os trechos navegáveis, suas extensões e as respectivas profundidades mínimas em 90% do tempo dos principais rios brasileiros.

No Brasil, uma das primeiras hidrovias que veio a se constituir de modelo para a modernização dos transportes pelo modal aquaviário interior foi o transporte de minério de manganês e ferro, a partir dos portos de Corumbá e Ladário (MS), pela Hidrovia do Rio Paraguai, e destinados aos portos de Nueva Palmira (Uruguai) e Buenos Aires (Argentina). Neste percurso o comboio de empurra com 28 mil tpb e empurrador de 4.800 HP transporta o equivalente a 1.650 viagens de um caminhão com 210 HP.

A Hidrovia dos rios Paraná–Paraguai tem extensão total de 3.442 km, do Rio Paraná até a foz do Rio Paraguai e desta até Cáceres:

- Rio Paraná do início no Rio da Prata (km 0) até a foz do Rio Paraguai (km 1.240) na cidade de Corrientes, em território argentino.
- Rio Paraguai da sua foz até a foz do Rio Pilcomayo (km 1.619), constituindo a divisa entre Argentina e Paraguai.
- Rio Paraguai da foz do Rio Pilcomayo até a foz do Rio Negro (km 2.504) em território paraguaio.
- Rio Paraguai da foz do Rio Negro até a foz do Rio Apa, como divisa entre Brasil e Paraguai.

- Rio Paraguai da foz do Rio Negro até a divisa Brasil e Bolívia (km 2.560), constituindo a divisa.
- Rio Paraguai da divisa Brasil e Bolívia até Cáceres (km 3.442) em território brasileiro.

Cada um dos países servidos pela Hidrovia Paraná-Paraguai têm as seguintes extensões navegáveis:

- Argentina: 1.619 km
- Bolívia: 48 km
- Brasil: 1.270 km
- Paraguai: 1.264 km

A Hidrovia dos rios Paraná-Paraguai tem profundidades variáveis ao longo de seus 3.442 quilômetros, do Rio Paraná até a Confluência, e do Rio Paraguai até Cáceres. Esses trechos possuem os seguintes valores mínimos durante o período seco:

- Rio da Prata em Buenos Aires: 9,8 m
- Rio Paraná em Rosário: 9,5 m
- Rio Paraná em Santa Fé: 7,3 m
- Rio Paraná na Foz do Paraguai: 3,0 m
- Rio Paraguai em Assunção: 2,5 m
- Rio Paraguai em Corumbá: 1,8 m
- Rio Paraguai em Cáceres: 0,9 m

A Hidrovia Tietê-Paraná e suas vias secundárias abrange 2.400 km de hidrovias navegáveis desde a inauguração da eclusa de Jupiá, em 1998, movimentando, anualmente, mais de 5 milhões de toneladas, mas com um potencial estimado para 20 milhões de toneladas.

23.1.3 A rede hidroviária europeia

Como o Brasil (Figura 23.1(B)), a União Europeia (Figura 23.1(C)) possui extensa linha costeira, com portos disponíveis para a cabotagem e bacias hidrográficas importantes, como as do Reno e Danúbio, interligadas por 171 km de canal desde 1992, constituem o eixo principal de 3.500 km de hidrovia do centro-leste, do Mar Negro (Porto de Constança, na Romênia), ao centro-oeste, no Mar do Norte (Porto de Rotterdam, nos Países Baixos), europeus. As eclusas do canal de partilha Reno-Meno-Danúbio foram construídas com gabarito de 207 m de comprimento, 12 m de largura e 3,5 m de profundidade (Gabarito V e Va ECMT). A partir deste eixo, as bacias secundárias se interligam pelos canais de partilha, aquedutos hidroviários, subterrâneos de navegação (túneis hidroviários), obras de elevadores ou eclusas, formando uma malha de mais de 37.000 km, que em 2007 movimentou 515 milhões de toneladas. Segundo a estatística citada, somente a Hidrovia do Reno transportou 328,3 milhões de toneladas e o Porto de Rotterdam recebeu mais de 30 mil navios e mais de 200 mil barcaças. Somente os Países Baixos dispõem

Tabela 23.1			
Trechos navegáveis, extensões e respectivas profundidades mínimas dos principais rios brasileiros			
BACIA E RIO	TRECHO NAVEGÁVEL	EXTENSÃO (km)	Profundidade mínima 90% do tempo (m)
Bacia AMAZÔNICA			
Amazonas/	Foz - Manaus	1.488	6,90
Solimões	Manaus - Benjamin Constant	1.620	4,50
	Foz - Baía das Bocas	316	12,00
Pará	Estreito de Boiuçu - Furos do Tajapuru, Limão e Ituquara	154	6,50
	Estreito de Breves - Furo do Mucujubim	84	8,00
Capim	Foz - Santana	53	1,50
	Santana - 200 km montante	200	1,20
Guamá	Foz - Foz do Rio Capim	112	2,00
Madeira	Foz - Porto Velho	1.100	2,10
Tapajós	Santarém - Cururu	35	15,00
	Cururu - Itaituba	245	2,50
	Itaituba - São Luís	47	1,70
Rio Negro	Foz - Cucuí	1.160	2,40
Trombetas	Foz - Oriximiná	30	2,10
	Oriximiná - Porteira	230	1,50
Bacia TOCANTINS			
Tocantins	Foz - Cametá	60	5,00
	Cametá - Tucuruí	190	3,00
	Tucuruí - Itupiranga	210	1,60
	Itupiranga - S. João do Araguaia	95	0,90
	S. João do Araguaia - Imperatriz	190	1,50
	Imperatriz - Tocantinópolis	100	(1)
	Tocantinópolis - Miracema	500	1,00
	Miracema - Confluência Maranhão/Pará	390	(1)
Araguaia	Confluência Tocantins - Sta. Isabel	165	1,10
	Santa Isabel - Xambioá	63	(1)
	Xambioá - Conceição do Araguaia	276	0,70
	Conceição do Araguaia - Barra do Garças	1.194	0,90
Mortes	Foz - Foz do Pindaíba	150	1,00
Bacia do SÃO FRANCISCO			
São Francisco	Foz - Piranhas	208	2,50
	Piranhas - Itaparica	106	...
	Itaparica - Boa Vista	296	...
	Boa Vista - Juazeiro	150	(1)
	Juazeiro - Pirapora	1.290	1,50
	Pirapora - Três Marias	140	...
	Remanso de Três Marias	150	2,10
	Final do Remanso de Três Marias – Iguatama	190	(1)
Grande	Foz - Campo Largo	250	2,00
	Campo Largo - Barreiras	116	1,00

(continua)

(continuação)

Tabela 23.1
Trechos navegáveis, extensões e respectivas profundidades mínimas dos principais rios brasileiros

BACIA E RIO	TRECHO NAVEGÁVEL	EXTENSÃO (km)	Profundidade mínima 90% do tempo (m)
Bacia do PARANÁ			
Paraná	Foz do Iguaçú - Itaipu	29	2,40
	Itaipu - Jupiá	657	1,90
	Jupiá - Ilha Solteira	54	2,40
	Ilha Solteira - Paranaíba Grande	68	2,40
Grande	Foz - Água Vermelha	59	2,10
Paranaíba	Foz - Canal de São Simão	180	2,10
Tietê	Foz - Laras	585	3,00
Piracicaba	Foz - 22 km montante (Remanso de Barra Bonita)	22	3,00
Bacia do PARAGUAI			
Paraguai	Foz Apa - Corumbá	603	1,50
	Corumbá - Cáceres	720	1,50
	Cáceres - Barra Bugres	370	(1)
Rios do NORDESTE			
Mearim	Foz - Barra do Ipixuna	216	2,00
	Barra do Ipixuna - Pedreiras	188	1,50
	Pedreiras - Uchoa	210	0,80
	Uchoa - Barra do Corda	31	(1)
Pindaré	Foz - Pindaré-Mirim	178	2,50
	Pindaré-Mirim - Santa Inês	39	2,00
	Santa Inês - Rio Caru	112	1,00
	Rio Caru - Porto Boa Vista	40	0,80
	Porto Boa Vista - Buriticupu	87	(1)
Parnaíba	Foz - Floriano	641	0,80
	Floriano - Guadalupe (Barragem de Boa Esperança)	75	1,00
	Remanso da Barragem de Boa Esperança	155	3,00
	Uruçui - Santa Filomena	364	0,80
Jequitinhonha ou Belmonte	Foz - Salto Grande	130	2,80
	Salto Grande - Itabepi	484	1,50
RIOS DO SUL			
Lagoa dos Patos	Itapuã - Rio Grande	250	5,80
Guaíba	Porto Alegre - Itapuã	50	5,80
Jacuí	Porto Alegre - Largo Santa Cruz	36	4,00
	Largo Santa Cruz - Colônia Penal	7	3,50
	Colônia Penal - Barra do Vacacaí	226	3,00
	Barra do Vacacaí - Cachoeira Pau a Pique	22	1,30
	Cachoeira Pau a Pique - 1º Loteamento do Monjoeiro	8	1,00
Taquari	Foz - Arroio do Meio	100	3,00

Fonte: DP/MT.
(1) Navegável somente nas cheias.
... Navegação pelo reservatório.

de 5.056 km de rede hidroviária. A Hidrovia do Danúbio foi responsável por 48,8 milhões de toneladas transportadas em 2007.

A política de transportes da União Europeia, importante paradigma a ser considerado para o transporte aquaviário, estabeleceu na década passada um plano de ação que reduziu o crescimento do modal de transporte rodoviário, responsável por congestionamentos e agressiva poluição do meio ambiente, como a necessidade de barreiras acústicas, poluição e impermeabilização do solo. Estimulou-se, sobre-

maneira, a cabotagem e o transporte hidroviário interior, gerando incentivos econômicos de financiamentos para infraestruturas, modernização dos equipamentos, instalações multimodais e sistemas de comunicação e controle. Em 2006, o programa de ação plurianual NAIADES – *Navigation and Inland Waterways Action and Development in Europe*, sucedido a partir de 2013 pelo NAIADES II, que abrange o período de 2014 a 2020, preconiza que entre 2007 e 2025 ocorra um incremento de 24% na tonelagem total movimentada pela rede hidroviária interior da União Europeia.

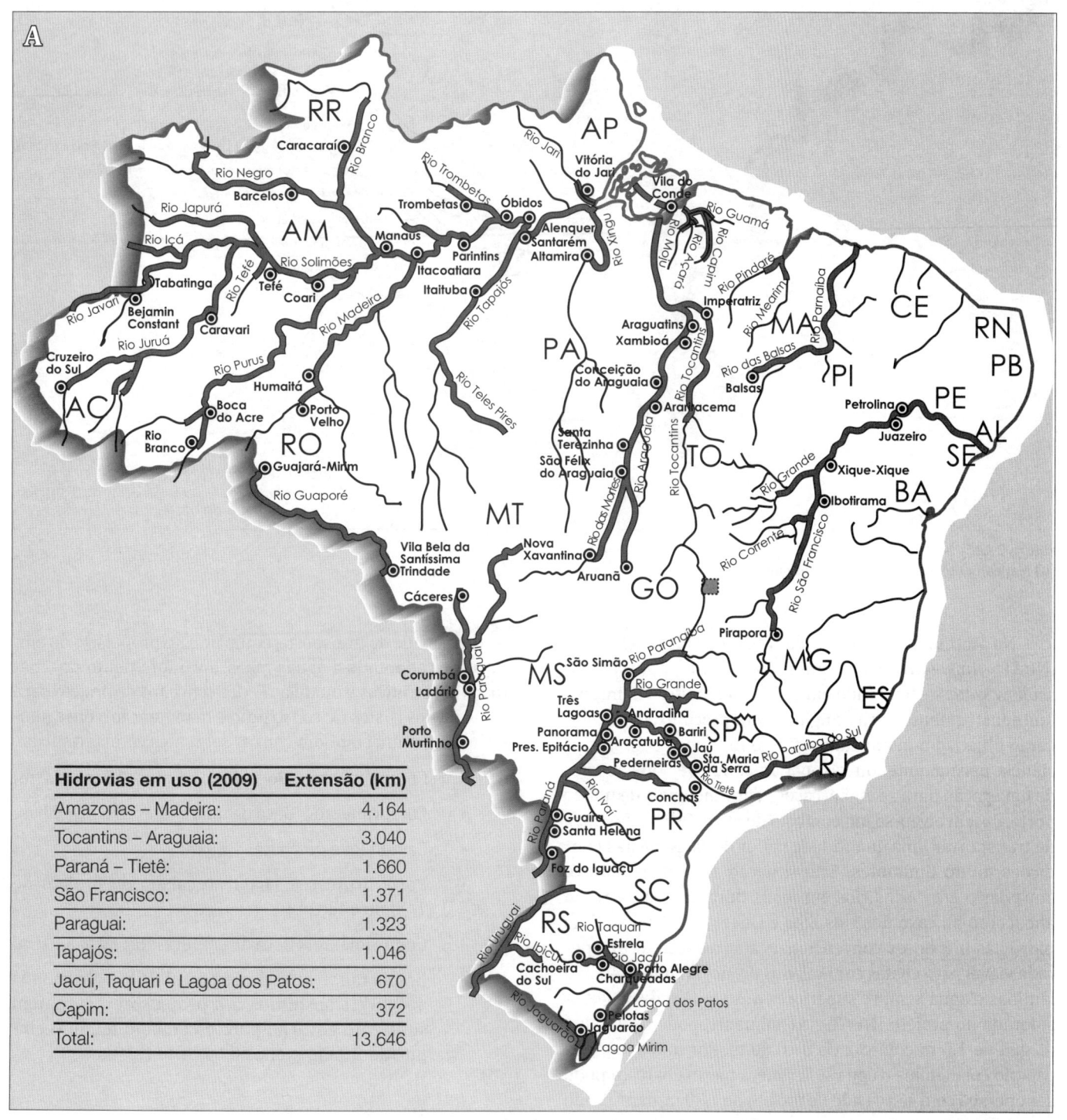

Hidrovias em uso (2009)	Extensão (km)
Amazonas – Madeira:	4.164
Tocantins – Araguaia:	3.040
Paraná – Tietê:	1.660
São Francisco:	1.371
Paraguai:	1.323
Tapajós:	1.046
Jacuí, Taquari e Lagoa dos Patos:	670
Capim:	372
Total:	13.646

Figura 23.1

(A) Mapeamento das hidrovias e terminais hidroviários brasileiros.

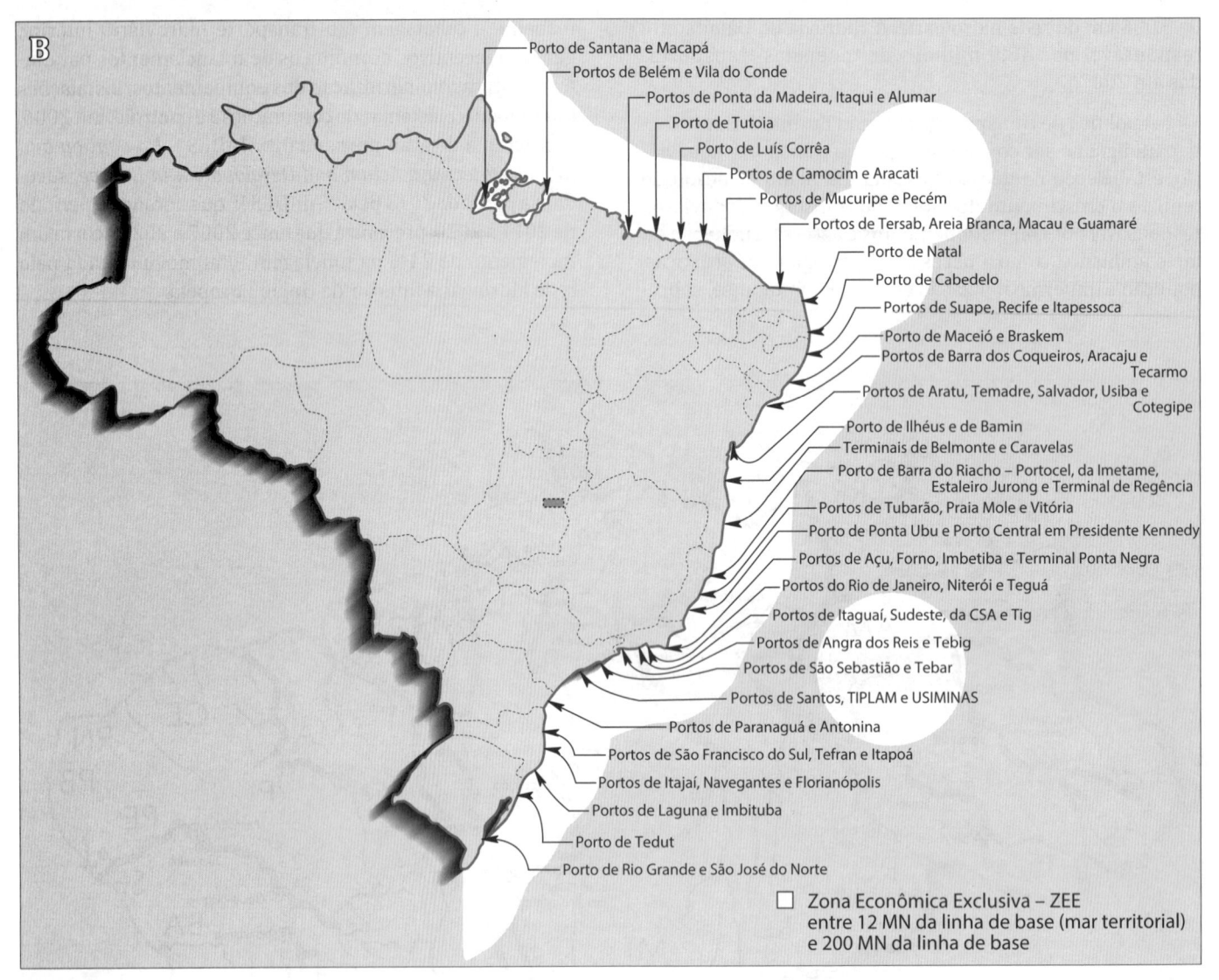

Figura 23.1
(B) Mapeamento dos principais portos marítimos brasileiros.

No âmbito desta diretriz da União Europeia, o Projeto INBAT – *Innovative barge trains for effective transport on shallow waters* – finalizado em 2005, constitui-se em importante instrumento para atingir a meta preconizada. Tendo como objetivo a maior utilização de hidrovias com insuficiência permanente, ou sazonal de condições de gabarito de navegação para as embarcações convencionais de maior porte, desenvolveu-se um comboio de até duas chatas capaz de transportar uma quantidade maior de carga nestas condições muito limitantes. Esta situação afeta o transporte aquaviário em vários rios europeus durante boa parte do ano, como no caso dos rios Elba e Oder na Alemanha. Nas hidrovias interiores convencionais a navegação é considerada viável para chatas com calados de, no mínimo, 1,40 m e lâminas d'água sempre superiores a 2,0 m. A hidrovia considerada no projeto INBAT, sazonalmente, pode ter lâmina d'água de 1,0 m com calado de 0,60 m. Por outro lado, na estação com lâmina d'água suficiente, a mesma barcaça pode ser operada com seu calado de projeto de 1,70 m, permitindo sua plena capacidade de transporte. Fundamentalmente, por meio da redução do peso líquido das barcaças, otimização

da capacidade de transporte, equipamento propulsivo do empurrador adaptado a águas rasas, aprimoramento dos métodos construtivos e modulação dos conceitos de projeto para redução dos custos de construção e manutenção, conseguiu-se otimizar um comboio com as seguintes características:

- Comprimento × Boca do comboio: 118 m × 9,0 m;

- Comprimento × Boca de uma chata: 48,5 m × 9,0 m;

- Calado leve da chata: 0,20 m;

- Porte bruto por chata no calado de projeto de 1,70 m: 641 tpb;

- Comprimento × Boca do empurrador: 20 m × 9,0 m;

- Empurrador com potência total de pelo menos 480 kW, transmitida a 3 propulsores, garantem suficiente governo para o comboio tendo o empurrador pelo menos 0,60 m de calado.

A navegação hidroviária de pequeno gabarito, com menos de 60 tpb, por exemplo, não é mais economicamente viável comercialmente, no entanto, em vários países tem sido utilizada como atividade de recreação.

23.1.4 Aspectos da rede hidroviária interior francesa

Na França, a rede hidroviária (Figura 23.1(C)) é a maior da Europa Ocidental, contando com 8.501 km, transportando mais de 70 milhões de toneladas de carga por ano. A canalização do Rio Moselle (França), há 50 anos atrás, criou uma hidrovia com 270 km entre França e Alemanha para o transporte de minério de ferro, vencendo um desnível de 90 m com 14 barragens dotadas de eclusas de 170 m de comprimento, 12 m de largura e 3,5 m de profundidade (Gabarito Va ECMT).

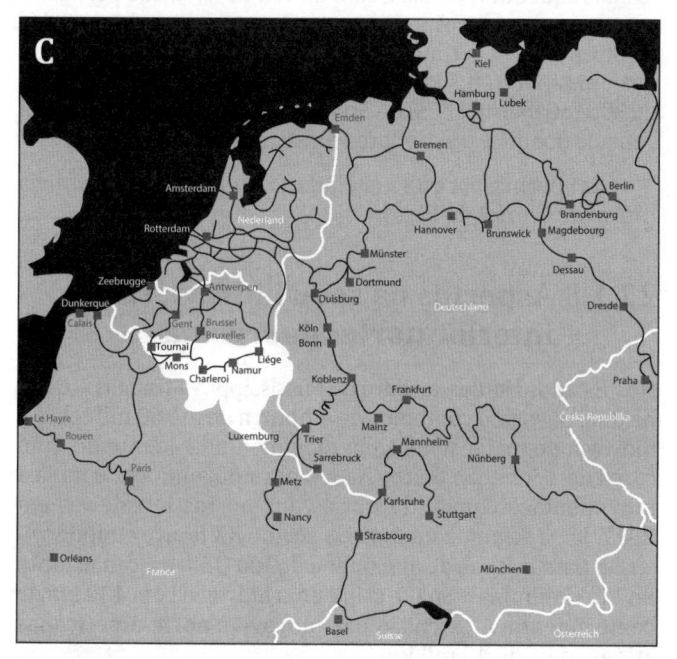

Figura 23.1
(C) Mapeamento das principais hidrovias e terminais hidroviários europeus.

O Porto Genevilliers em Paris movimenta mais de 20 milhões de toneladas, sendo o primeiro porto fluvial francês.

O Porto de Lille situa-se no Rio Deule, sendo o terceiro porto fluvial da França, depois de Paris e Strasbourg. Com mais de 8 milhões de toneladas movimentadas por ano, incluindo 100.000 TEUs, liga-se com o Porto de Dunkerque por um canal de grande gabarito.

O Canal do Marne ao Reno tem 289 km de extensão, dispondo de 127 eclusas de Gabarito Freycinet (I ECMT), para vencer as montanhas de Vosges, a ligação fluvial dispõe de dois subterrâneos de navegação (túneis hidroviários), de 2.306 m e 475 m de comprimento, além do plano inclinado de Arzviller que substituiu 17 eclusas em 1969. O canal conecta-se com o canal do Rio Maas, garantindo a navegação fluvial até os portos belgas e dos Países Baixos.

A ligação fluvial do Rio Oise, afluente do Rio Sena, à Bélgica (Canal do Norte) garante a ligação de Paris aos principais portos da região: Dunkerque, Zeebrugge, Gent, Antuérpia,

Rotterdam e Amsterdam. O canal foi inaugurado em 1965. A ligação com o Canal de Dunkerque e o Canal de Deule permitem a navegação até os portos de Dunkerque e Zeebrugge. O canal tem 93 km de extensão de Gabarito IV (ECMT), 2 subterrâneos e 19 eclusas de 91,0 m de comprimento, que permitem a passagem simultânea de 2 embarcações gabarito Freycinet, ou uma embarcação de 90 m de comprimento, semelhante ao RHK com capacidade de 1.250 toneladas.

23.1.5 Aspectos da rede hidroviária interior alemã

A evolução do transporte de veículos, máquinas e produtos acabados e semi-acabados pelas hidrovias alemãs na segunda metade do século XX, que se expandiu de 25,3 milhões de toneladas em 1950 para 225,4 milhões de toneladas em 1993, fez evoluir de 8,1% para 20,1% o total de cargas transportadas por hidrovias. Cresceram nesta estatística, também, as cargas referentes a gêneros alimentícios, forragens e produtos siderúrgicos. Assim, a carga geral teve um notável aumento na participação do total de cargas movimentadas pelo modal aquaviário alemão, passando de 18,5% para 37,8% entre os anos 1953 e 1993.

A Alemanha conta com 7.339 km de extensão de hidrovias (Figura 23.1(C)). Como exemplo, a meta na Alemanha é atingir uma distribuição de 30% dos tku para os modais hidroviário, ferroviário e rodoviário, por meio de política de incentivos. As dez eclusas do Rio Reno têm as dimensões mínimas de 190 x 24 m (Gabarito VIb ECMT).

O porto fluvial de Duisburg, no Reno, é o maior porto fluvial da Europa, movimentando mais de 45 milhões de toneladas por ano. Tornou-se o principal porto fluvial para os portos do Mar do Norte. Dispõe de quatro terminais intermodais com modernos equipamentos e capacidade anual para 1 milhão de TEUs, devido à sua alta produtividade no transbordo entre os modais terrestres e o hidroviário. É o hub hidroviário de contêineres que são transportados para Rotterdam. Destaca-se também pela grande movimentação de graneis sólidos e líquidos. Além disso, muitas indústrias estão localizadas nas margens do Rio Reno, o que reduz significativamente o frete de seus produtos, uma vez que o embarque é direto da fábrica para as embarcações.

23.1.6 Aspectos da rede hidroviária interior dos Países Baixos

Contando com 5.046 km, a rede hidroviária interior dos Países Baixos é a terceira da Europa Ocidental, contando com a maior densidade de canais por superfície territorial (Figura 23.1(D)).

23.1.7 Aspectos da rede hidroviária interior belga

Com 1.040 km de extensão (Figura 23.1(C)), a rede hidroviária belga notabiliza-se pela sua complexidade de recursos entre eclusas e elevadores.

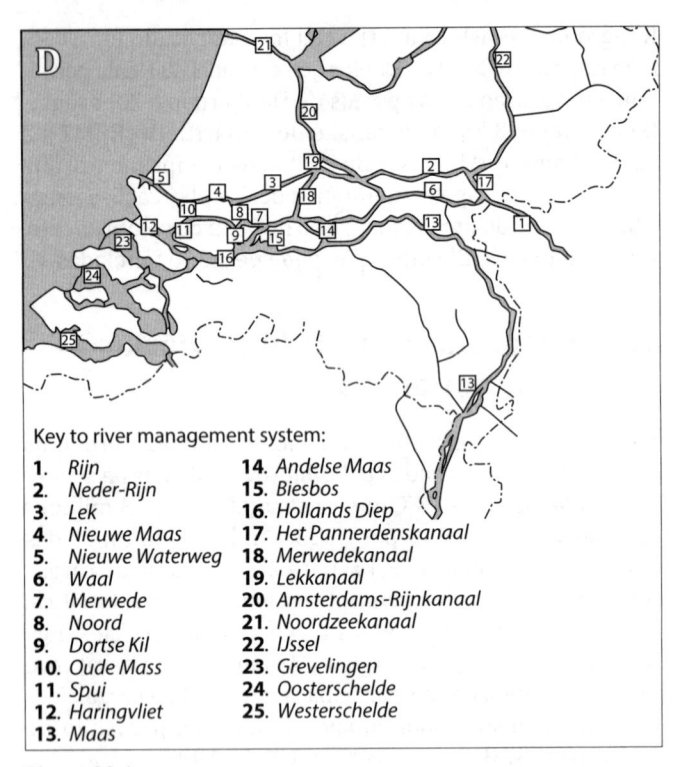

Key to river management system:

1. Rijn
2. Neder-Rijn
3. Lek
4. Nieuwe Maas
5. Nieuwe Waterweg
6. Waal
7. Merwede
8. Noord
9. Dortse Kil
10. Oude Mass
11. Spui
12. Haringvliet
13. Maas
14. Andelse Maas
15. Biesbos
16. Hollands Diep
17. Het Pannerdenskanaal
18. Merwedekanaal
19. Lekkanaal
20. Amsterdams-Rijnkanaal
21. Noordzeekanaal
22. IJssel
23. Grevelingen
24. Oosterschelde
25. Westerschelde

Figura 23.1
(D) Mapeamento das principais hidrovias dos Países Baixos, Delta do Reno e do Maas.

O Albert Canal é a principal via navegável belga, ligando os portos de Liège, no Rio Maas, a Antuérpia, no Rio Scheldt, com um comprimento total de 129.5 km e uma queda de 56 m. Essa queda é vencida por seis conjuntos de eclusas triplas (duas Gabarito Va e uma VIb ECMT), sendo as cinco a montante com 10 m de queda e a de Wijnegem, última a jusante, com 5,45 m. Há também uma eclusa simples (comprimento 135 m e largura de 15 m) em Monsin (Porto de Liège), no Canal Monsin (Gabarito Va ECMT), que liga o Albert Canal ao Rio Maas em Liège. Transporta anualmente mais de 50 milhões de toneladas, entre graneis e carga geral solta e conteinerizada da região mais industrializada da Bélgica. Suas dimensões são de 24 m de largura mínima no fundo, com profundidade padrão de 3,4 m e tirante de ar de 6,7 m (em adaptação para 9,1 m). Com essas dimensões permite a navegação dos comboios de empurra de 4 barcaças com 10.000 t.

O canal Brussel-Charleroi é um canal belga, com 74 km de extensão, que faz a ligação entre estas duas cidades, inscrevendo-se em um eixo norte-sul que liga o Porto de Antuérpia, pelo canal marítimo Brussel-Scheldt, aos vales dos rios Sambre e Maas (Charleroi, Namur, Liège) e a Mons e ao norte da França (Lille, Dunkerque), pelo Canal du Centre. Desde 1968 tem um Gabarito IV (ECMT), acessível a embarcações de 1350 toneladas, com as seguintes dimensões:

– Largura do canal de navegação: 50 m

– Largura na soleira: 28 m

– Profundidade mínima: 3 m

– Secção molhada corrente: 125 m^2

– Calado autorizado: 2,50 m

– Tirante de ar mínimo: 5,50 m

Por atravessar três regiões da Bélgica, o canal é gerido por três entidades diferentes ligadas à Valónia, Flandres e Brussel.

O Canal du Centre pode ser considerado o terceiro eixo hidroviário belga em ordem de importância e faz a ligação entre o Canal Brussel-Charleroi, e o lago artificial do Grand Large (Bacia do Scheldt), na cabeceira dos canais de Mons-Condé e Nimy-Blaton-Péronnes. Tem 21,3 km de extensão, inscrevendo-se em um eixo leste-oeste que liga as bacias dos rios Sambre e Maas com a cidade de Mons, a bacia do Scheldt e o norte da França (Lille e Dunkerque).

Desde 2002 tem um Gabarito IV (ECMT), acessível a embarcações de 1350 t. O elevador funicular de Strépy-Thieu, inaugurado em 2002, é a obra de arte mais notável do Canal du Centre, vencendo um desnível de 73,15 metros. A ponte-canal (aqueduto) do Sart, com 500 m de extensão permite o acesso ao elevador. Antes da entrada em serviço do elevador de Strépy-Thieu, o tráfego entre La Louvière e Thieu fazia-se por um canal com 7 km de extensão acessível a embarcações de 300 t (Gabarito I ECMT – Freycinet) e o desnível de 66 m era vencido por quatro elevadores construídos entre 1888 e 1917.

Em Bernissart está instalada a Comporta de Segurança (*Porte de Garde*) de Blaton.

23.1.8 Aspectos da rede hidroviária interior norte-americana

Nos Estados Unidos, a Hidrovia Mississippi – Missouri – Ohio, na qual navegam comboios de empurra de até 60 mil tpb, é a hidrovia de maior tonelagem movimentada do mundo, com cerca de 1,5 bilhão de toneladas por ano, uma vez e meia a movimentação anual de cargas dos portos brasileiros em 2017. Já na segunda metade do século XX houve a modernização para eclusas de alta queda do Rio Ohio e a canalização do Rio Columbia e Snake criou uma hidrovia com 400 km de comprimento. A extensão das hidrovias norte-americanas atinge mais de 45 mil km.

23.1.9 Técnicas de melhoramento das hidrovias interiores

23.1.9.1 CONSIDERAÇÕES GERAIS

Os cursos d'água naturais quase sempre precisam de algum melhoramento para se tornarem plenamente navegáveis. As mesmas técnicas podem ser empregadas para hidrovias totalmente artificiais. Tais obras podem ser distinguidas em melhoramentos menores e melhoramentos maiores.

23.1.9.2 MELHORAMENTOS MENORES

Os melhoramentos menores, ou obras de normalização, são aqueles que têm por objetivo facilitar as condições de navegação das embarcações existentes em um determinado trecho do curso d'água, sem, contudo, permitir novos tipos de embarcações. Assim, as intervenções abaixo elencadas podem ser consideradas algumas desta categoria:

–   Retirada de troncos mais ou menos submersos do leito do rio, constituindo obstáculos visíveis ou invisíveis.

- Retirada de pedraços isolados, que somente permitem a passagem para determinado nível d'água.

- Aprofundamento por dragagem de um baixio formando uma soleira que surgiu durante uma cheia excepcional em curso d'água não canalizado, visando retomar a navegação das embarcações existentes.

- Melhorar as condições de acesso ou atracação das embarcações nas entradas das eclusas.

23.1.9.3 MELHORAMENTOS MAIORES

Os melhoramentos maiores promovem a possibilidade de acesso a embarcações maiores.

- Toda operação de canalização, pois resulta em aumento, às vezes até considerável, da profundidade disponível.

- Um amplo plano de derrocamento.

- A execução de um canal lateral com uma ou várias eclusas, permitindo a travessia de uma região de corredeiras.

- A construção de uma barragem e de uma eclusa.

23.1.9.4 CLASSIFICAÇÃO DOS PROCESSOS DE MELHORAMENTO

Os diversos processos de melhoramento vinculam-se a quatro grandes concepções, sendo que nas duas primeiras modificam-se em detalhe as formas do leito do rio:

- Através de melhoramentos em corrente livre nos trechos em que o rio é aluvionar.

- Através do derrocamento nos trechos rochosos.

Nas outras duas os detalhes da forma do leito antigo não precisarão ser levados em conta, abandonando-se quase completamente o leito menor do rio para passar:

- Lateralmente pelo aprofundamento de um canal, que vem a se constituir em um novo leito.

- Pelo alto, submergindo o leito antigo por uma lâmina d'água de vários metros, o que se obtém pela construção de uma ou várias barragens de canalização.

23.1.9.5 ABANDONO DO LEITO MENOR: DERIVAÇÃO E CANALIZAÇÃO

Nos casos de derivação e canalização, não é necessário um conhecimento detalhado do leito do rio.

No caso da derivação, emprega-se um canal lateral que, iniciando no rio, se afastará dele para somente reencontrá-lo a uma distância muito grande. Assim, o trecho abandonado do rio não tem mais utilidade para a navegação, vindo, na prática, a funcionar como um dreno das cheias.

Quando se conduz uma canalização, as formas e a natureza do leito têm influência somente quanto à localização e a altura de retenção das diversas barragens. Uma vez efetuada a localização, e estando superada a profundidade necessária, o problema estará resolvido, pois a navegação se dará com suficientes folgas sob a quilha.

23.1.9.6 CONSERVAÇÃO DO LEITO MENOR. MELHORAMENTO A CORRENTE LIVRE E DERROCAMENTO

No caso destes dois processos é necessário um profundo conhecimento do rio, pois o leito menor é conservado e utilizado em ambos os casos. Os diversos rios do mundo são, uma vez que tenham declividades e vazões análogas, simultaneamente similares em suas linhas gerais, mas muito diferentes nos detalhes, não somente entre rios diferentes, mas talvez mais ainda de um ponto a outro do mesmo rio. De fato, nos leitos aluvionares os obstáculos são constituídos por baixios denominados de soleiras, que separam duas fossas sucessivas, sendo importante saber em cada caso particular com que velocidade evolui a forma destas soleiras. Ao se efetuarem obras de correção, uma soleira poderá se aprofundar rapidamente, enquanto outra poderá se comportar com mais resiliência. Para os leitos rochosos podem ser tiradas as mesmas conclusões, pois em um mesmo rio as soleiras rochosas sucessivas podem ter formas absolutamente desiguais, como resultado da resistência das rochas e da forma como foram erodidas. Pode-se mesmo afirmar que cada rocha saliente no fundo é singular, sendo o efeito da remoção dela difícil de prever sem apurados estudos de modelação.

23.1.10 Melhoramentos em corrente livre

23.1.10.1 CONSIDERAÇÕES GERAIS

Deve-se estudar inicialmente a concentração das águas em leito único, método que, quando é completado por certas obras de fixação, constitui o que é chamado também de correção de um rio. A concentração e correção constituem, frequentemente, o início de um melhoramento mais completo. Assim, será examinado um método que consiste na retirada pura e simples dos baixios perturbadores, de modo que as profundidades poderão ser melhoradas por:

- Um adequado traçado em planta.

- Uma atuação nas formas dos perfis transversais.

- Uma atuação no perfil longitudinal do rio.

Na sequência será abordado o Método de Girardon, que age simultaneamente nas três características do rio acima elencadas. Pode-se dizer que, com algumas modificações, é quase o único a ser empregado.

23.1.10.2 CONCENTRAÇÃO DAS ÁGUAS EM LEITO ÚNICO

Pode ocorrer que em um período de estiagem as águas divaguem por uma área relativamente vasta, chamada leito médio, que é formado pelas águas quando a vazão já é grande. Neste caso, não haverá em nenhum dos pequenos canais, que constituem o leito menor e que divagam entre as ilhas constituídas pelos bancos de aluvião, profundidade suficiente para a navegação.

Ao se concentrar as águas em um único leito consegue-se obter um canal mais largo e profundo. Esta concentração pressupõe que no vértice a montante de cada ilha é feita uma escolha, que consiste em determinar qual será o braço conservado e o obstruído (Figura 23.1(E)). Essa definição é orientada pelas circunstâncias locais, como a situação topográfica, a localização das comunidades e das pontes, o valor do terreno ou os hábitos comerciais, em já existindo pequenos portos. O fechamento do braço, cuja supressão foi decidida, é conseguida empregando obras que normalmente atingem a cota do nível correspondente às águas médias.

Ao invés de se empregar uma única barragem (dique transversal), que estaria sujeito ao desnivelamento total do rio entre os dois vértices da ilha, deve-se preferir, sempre que o braço a ser suprimido for de grande comprimento, o emprego de uma série de pequenas barragens escalonadas, cada uma delas atendendo a um pequeno desnivelamento (Figura 23.1(F)). Quando a vazão ultrapassar as águas médias, uma colmatagem natural ocorrerá entre as barragens, bloqueando definitivamente o escoamento por esse braço.

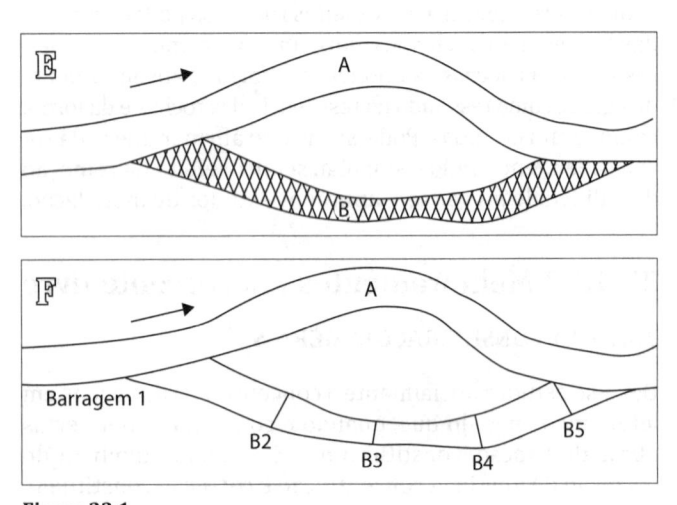

Figura 23.1
(E) Planimetria simplificada de bloqueio único de bifurcação fluvial.
(F) Planimetria simplificada de bloqueio múltiplo de bifurcação fluvial.

– Retirada dos baixios aluvionares incômodos

Para a retirada dos baixios incômodos, a dragagem simplesmente não é solução, pois os mesmos se reformarão pelo regime natural do rio. Se forem empregadas obras de estreitamento do canal em conjunto com a dragagem, a capacidade de transporte do rio aumentará e, consequentemente, o baixio não se reformará, o que pode ser entendido como uma auto-dragagem. Neste caso, os sedimentos tenderão a se depositar na região a jusante em que não foi implantado o estreitamento, formando ali novos baixios. Facilmente se conclui que os diques de contração teriam que ser prolongados indefinidamente para jusante, o que corresponde ao método de normalização dos perfis transversais.

No caso de baixio rochoso isolado, o processo equivalente seria o derrocamento, e este poderia ter resultados satisfatórios.

As Leis de Fargue constituem outro método bem conhecido, no qual se pretende obter boas profundidades somente com a imposição de um bom traçado planimétrico do rio.

Um terceiro método, conhecido como regularização das declividades, fundamenta-se em que se for impedido o aprofundamento excessivo das fossas, empregando soleiras de fundo, será evitada a formação de baixios.

– Melhoramento simultâneo em planta, dos perfis transversais e do perfil longitudinal

Este método, conhecido como o método de Girardon, é uma condensação dos três métodos anteriormente mencionados. De fato, a aplicação simultânea dos três métodos permite obter resultados superiores àqueles oriundos da utilização de um só deles. Os princípios do método são:

• Exposição do modelo

O objetivo da obra de melhoramento é o de migrar das más passagens para as de boa passagem (Figura 23.1(G)), segundo a classificação de Girardon apresentada no Quadro 23.1.

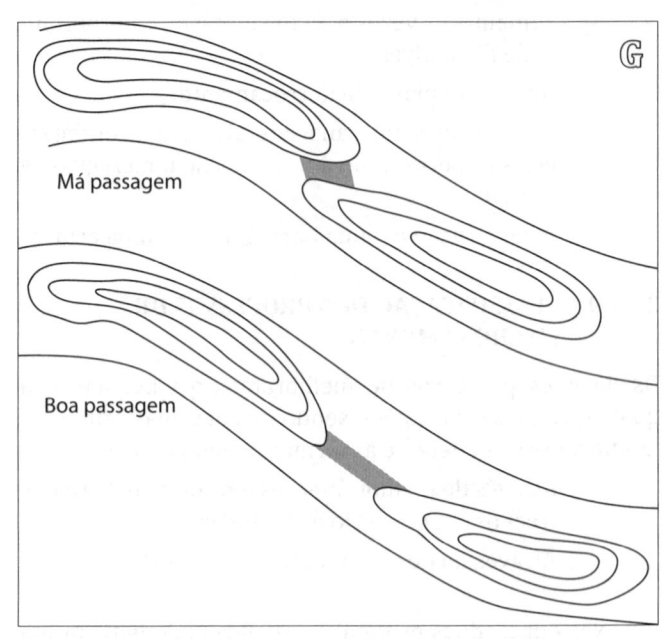

Figura 23.1
(G) Exemplificação de planimetria simplificada de má passagem e boa passagem.

Assim, o método de Girardon não confronta as leis naturais, procurando transformar o rio em canal regular admitindo curvas e contra-curvas (planimetricamente), dissimetria triangular, grandes profundidades próximas da margem côncava (perfil transversal) e sucessão de fossas e baixios (perfil longitudinal). Entende-se por dissimetria triangular a passagem gradativa da forma da elevação da seção transversal de triangular, com seu máximo de dissimetria na profundidade máxima da fossa, para trapezoidal e simétrica no baixio. É dada grande importância para a continuidade planimétrica e das elevações transversais e longitudinais, pois estas três continuidades estão presentes nas boas passagens naturais dos rios. Para a obtenção da continuidade das conformações em planta, os traçados das curvas são arcos de círculo.

Um dos aspectos essenciais do método de Girardon é a natural erosão dos baixios, que são aprofundados, o que ocorre na estação das águas baixas. Para que esse mecanismo possa ser eficiente, a erosão deve ocorrer em cada estiagem anual sobre os mesmos pontos, produzindo resultados cumulativos, de modo que é essencial a fixação das formas dos baixios e das fossas ao fim de cada cheia.

Quadro 23.1 **Classificação de Girardon das boas passagens de um curso de água**		
Aspectos	Más passagens	Boas passagens
Comprimento do baixio formando vertedor	Longo, devido à superposição dos baixos	Curto, pois as extremidades das duas fossas estão frente a frente
Direção do baixio	Oblíqua, com relação ao eixo longitudinal do rio	Alinhada com relação ao eixo longitudinal do rio
Declividade da queda	Grande, pela proximidade das duas fossas	Fraca, devido à distância entre as duas fossas
Espessura da lâmina vertente	Pequena, devido ao grande comprimento do vertedor e ao grande declive da queda	Grande, devido à junção da vazão em curta distância e ao pequeno declive da queda

Para a fixação das fossas devem ser dadas curvaturas suficientes aos vértices do traçado do leito menor, decrescendo regularmente a partir destes pontos. Isso pode ser conseguido pelo emprego nas margens côncavas de diques longitudinais, de modo a induzir e manter as profundidades. Em correspondência, na margem convexa em frente à fossa, espigões forçarão a redução de velocidades, produzindo depósitos com ligeiras declividades. O emprego dos diques e espigões constitui-se no projeto de conformação planimétrica do curso d'água.

A fixação das soleiras é uma consequência da fixação das fossas, com a condicionante de que as extremidades das fossas não se superponham. Esse resultado deve ser obtido trecho a trecho através de espigões, que já foram usados para a fixação das formas e de soleiras de fundo. Desse modo, consegue-se a passagem progressiva da forma triangular, com seu máximo de dissimetria na profundidade máxima da fossa, à forma trapezoidal e simétrica do baixio.

Para o projeto do perfil longitudinal devem ser evitadas variações excessivas da profundidade, o que é conseguido impedindo-se o aprofundamento das fossas por meio de soleiras de fundo. Sendo menor a profundidade da fossa, a declividade superficial das águas será mais forte na estiagem, o que elevará o nível d'água sobre o baixio situado a montante. Ao se impedir o aprofundamento das fossas durante a subida das águas e as cheias, obtém-se a redução da tendência de aumento concomitante dos baixios durante o mesmo período.

23.1.10.3 EFICÁCIA DO MÉTODO

Os melhoramentos em corrente livre permitem no máximo transformar as más passagens em boas passagens, pois consegue-se obter na estiagem de 0,5 m a 1,5 m e, muito excepcionalmente, 2,0 m na profundidade. São resultados de modesta eficácia.

Admitindo-se o caráter sazonal das vazões, as profundidades não podem ser obtidas se as vazões forem muito reduzidas, devendo-se renunciar à navegabilidade por um período médio de 20 a 40 dias. Em ocorrendo uma estiagem excepcional, corre-se o risco de interromper a navegação por 2 a 3 meses.

Trata-se de obras de longo prazo, para que o lento trabalho do rio aprofunde os seus baixios, demandando dezenas de anos, embora a despesa anual seja modesta, mas o custo total das obras pode ser relevante. De fato, são inevi-

táveis diversas tentativas para adaptações nos posicionamentos de diques e espigões.

23.1.11 Derrocamento

23.1.11.1 CORREDEIRAS

Nos trechos em que o rio atravessa regiões rochosas, a sua declividade é geralmente forte, ao que se denomina de corredeiras ou pedrais. As corredeiras podem se estender por dezenas de quilômetros. Cite-se, a propósito, como exemplo, o Pedral do Lourenço, no Rio Tocantins a montante da Barragem de Tucuruí (PA), que tem 43 km de extensão, com um volume de pedras a ser derrocado de cerca de 1,2 milhões de toneladas a um custo aproximado de R$ 520 milhões.

As corredeiras sempre apresentam declividades fortes, mas onde a declividade média em extensões relativamente grandes não é muitas vezes excessiva, concentrando-se os declives bruscos e de valores máximos em extensões relativamente curtas.

Por outro lado, as larguras sofrem grandes variações em seções vizinhas. Por vezes as águas se concentram entre as margens de uma garganta estreita, por vezes se espraiam em uma lâmina delgada sobre um alargamento do rio.

23.1.11.2 MÉTODO DE MELHORAMENTO DAS CORREDEIRAS

Para conseguir a transposição das corredeiras podem ser empregados três métodos:

- Afogar a corredeira por uma barragem, cuja altura será definida de modo a se obter profundidade suficiente em todos os estirões a montante.

- Criar um canal lateral artificial que transpasse as corredeiras.

- Modificação das formas do leito para tornar a navegação possível, por exemplo através de derrocamento que crie macrorugosidades no leito. Este método não se aplica às cachoeiras.

23.1.11.3 MÉTODO DA BARRAGEM

A barragem a ser construída para afogar as corredeiras deverá estar a jusante destas e munida de uma eclusa.

A altura do represamento será determinada de modo que as saliências do fundo rochoso, na zona em que as embarcações navegam, estejam sempre cobertas por uma lâmina d'água suficiente para evitar colisões de embarcações.

Em geral, uma única barragem é suficiente para submergir as corredeiras, mesmo se muito extensas. Entretanto, considerações econômicas e/ou geotécnicas poderiam levar à solução de diversas barragens escalonadas, solução que deve ser adotada quando não se puder submergir margens habitadas.

23.1.11.4 MÉTODO DA DERIVAÇÃO ECLUSADA

Este método constitui-se em uma alternativa para evitar que as embarcações transponham um trecho difícil do curso do rio. É aplicado também quando a navegação se tornaria difícil pela alta declividade, raios de curvatura muito pequenos, sem que o fundo seja necessariamente rochoso. Sob esse ponto de vista geral, a derivação não precisa ser necessariamente eclusada, vindo a se constituir em um braço artificial livre do rio, caso a extensão for suficiente para fazer com que a declividade média não seja muito forte. Entretanto, nas regiões rochosas esta solução de uma derivação bastante longa para não necessitar de eclusas é quase sempre descartada, pelo custo proibitivo da terraplenagem.

Para a transposição de corredeiras e, mais ainda, cachoeiras, a derivação navegável comportará sempre uma ou várias eclusas.

23.1.11.5 MÉTODO DE REGULARIZAÇÃO DO PRÓPRIO LEITO

– Processos empregados

Este método comporta o emprego de dois processos:

• Contração lateral

Podem ser empregados diques de contração lateral, assim como espigões ou soleiras de fundo, com os quais procura-se aumentar não somente a profundidade pela contração lateral do curso d'água, mas também regularizar as declividades superficiais e diminuir seu valor médio, aumentando o comprimento através do qual se reparte o desnível total da região problemática.

• Derrocamento

Normalmente, os dois processos são conjugados. De fato, pode-se aplicar um método de distribuição de desníveis. Esse método pode ser ilustrado pela Figura 23.1(H), em que as cruzes representam as saliências rochosas. Há um certo desnível entre C e D, que pode ser de 1 metro, por exemplo, repartido de forma desigual por uma distância suposta de 1 km. Para criar uma profundidade suficiente ao longo da margem direita (menos pedregosa), o derrocamento das rochas P1, P2 e P3 não seria suficiente, pois as embarcações navegando para montante deveriam enfrentar uma correnteza que não conseguiriam vencer. Entretanto, se a operação de derrocamento for complementada pela construção de um dique longitudinal de enrocamento AB que pode ter cerca de 4 km (como na figura), ou mesmo mais, dividindo o desnível total de 1 m pela distância desejada, isso não aconteceria.

Na Figura 23.1(I) apresenta-se outro exemplo de obra, a qual abriu por derrocamento um segundo passo navegável pelas corredeiras na margem esquerda. Entretanto, grandes precauções tiveram que ser tomadas para que os derrocamentos não ocasionassem nenhum abaixamento do plano d'água a montante para não prejudicar a navegação a montante. Com essa finalidade, estreitou-se o leito na margem esquerda estabelecendo um dique longitudinal ligado à margem direita por espigões de amarração e mais a jusante mais alguns espigões.

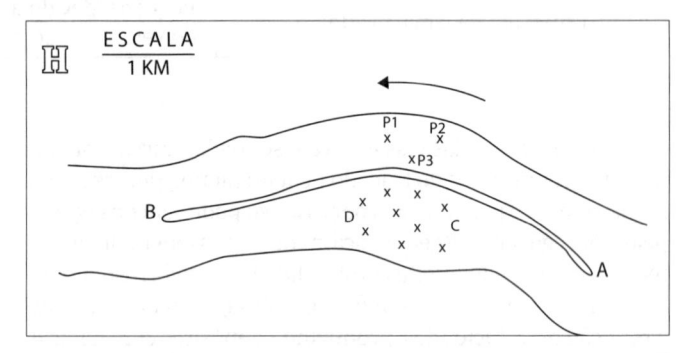

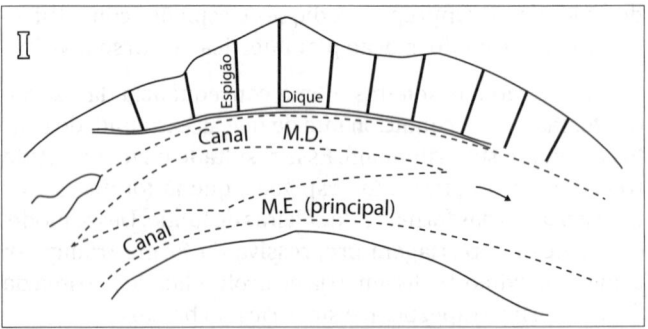

Figura 23.1
(H) Planimetria simplificada de derrocamento complementado pela construção de dique.
(I) Planimetria simplificada de derrocamento complementado pela construção de dique criando um segundo passo navegável.

– Sobre as obras de contração e derrocamento

Nas obras de contração devem ser usados diques longitudinais, ao invés de espigões, quando os vórtices produzidos pelas cabeças destes não venham a causar uma nova dificuldade ao escoamento. Entretanto, os espigões podem ser empregados com sucesso em diversos setores rochosos, desde que os intervalos entre os espigões sejam preenchidos por depósitos. Por outro lado, as soleiras de fundo são aconselhadas nas sobreprofundidades.

O derrocamento de um canal profundo tenderá sempre a fazer baixar o nível a montante. Entretanto, também não se devem limitar excessivamente os aprofundamentos, principalmente nos trechos a montante dos canais. De fato, não convém reinstalar canteiros de obras complexos como estes para derrocamento, porque não se aprofundou suficientemente. Assim, pode-se convenientemente compensar um certo rebaixamento do nível a montante, criando com poucas despesas, contrações por meio de diques ou soleiras nas larguras e/ou profundidades excessivas, impedindo dessa forma um abaixamento inconveniente no nível das águas.

No traçado da Hidrovia do Rio Araguaia, observam-se trechos críticos em termos de embaraços à navegação, representados pela existência de corredeiras entre Xambioá (TO) e Santa Isabel (PA). Esses trechos localizam-se, na sequência de montante para jusante, em Cachoeira de São Miguel, Pedral de Sumaúma, Pedral de Santa Cruz e Cachoeira de Santa Isabel. Na década de 1990, para superar esses obstáculos, desenvolveu-se no Laboratório de Hidráulica da Escola Politécnica da USP (ver Ilustração da Parte 2 – Hidráulica Fluvial) a solução de implantar dentro do próprio leito do rio um canal escavado na rocha e separado do leito natural por um dique longitudinal, canal este com declividade uniforme compatível com o desnível existente em cada corredeira. Esse canal, em cada corredeira, foi estudado para ter lâmina d'água e velocidades do escoamento compatíveis com as condições de navegação estabelecidas para a hidrovia. Nessa concepção de obra, visando a economia nos volumes de derrocamento nos canais, o fundo destes era conformado por travessões, formando degraus e soleiras, constituindo-se em macro rugosidades visando a obter velocidades do escoamento iguais ou inferiores a 3,3 nós e lâminas d'água sobre a soleira compatíveis com a folga líquida mínima sob a quilha da embarcação; mas também para permitir um balanço volumétrico adequado entre o volume escavado e o volume necessário para implantar os diques. De um modo geral, a distribuição mais conveniente entre as soleiras (travessões) correspondeu a um afastamento entre eles de 8 a 10 vezes a altura dos mesmos, as quais variaram entre 2,0 m e 3,0 m, com larguras da soleira de 4,0 m a 6,0 m.

23.1.12 Regularização de vazões por meio de reservatórios – canalização

23.1.12.1 CONSIDERAÇÕES GERAIS

É de toda conveniência suprimir, ou pelo menos atenuar, as estiagens e as cheias de um curso d'água. Durante as estiagens a navegação é perturbada ou interrompida, por outro lado as cheias podem acarretar velocidades do escoamento muito altas para a navegação. Verifica-se que os lagos naturalmente produzem uma regularização das vazões dos cursos d'água que são originados nele, ou o atravessam. Os reservatórios criados artificialmente por barragens desempenham o mesmo papel. Para canalizar um curso d'água, deve-se normalmente construir diversas barragens.

23.1.12.2 MELHORAMENTO DOS LAGOS

Um lago pode ser sobrelevado por meio de uma barragem vertedora (sangradouro), ou esvaziado por uma galeria de esgotamento até um nível próximo da sua maior profundidade. Dessa forma será possível dispor de um certo controle sobre o regime de vazões a jusante.

23.1.12.3 LOCALIZAÇÃO E DISPOSIÇÃO DOS RESERVATÓRIOS DE BARRAGENS

– Considerações gerais

Os reservatórios de barragens podem ocupar diferentes localizações em relação ao rio, podem ser atravessados pelo curso d'água, podem estar em canais laterais a ele, ou em afluentes. Reservatórios estabelecidos para aumentar as vazões de estiagem, em princípio sempre cheios fora do período de secas, serão construídos com menores despesas (inclusive de desapropriações) nos altos vales, podendo-se empregar sua queda para uma usina hidrelétrica. Os reservatórios para contenção de cheias, ao contrário, em princípio sempre vazios, deverão estar situados tão próximos possível do ponto a ser protegido e, se possível, a jusante do último afluente, de modo a captar e amortecer todas as águas e cheias da bacia de drenagem a montante.

– Categoria dos reservatórios

Podem ser considerados dois tipos de reservatório:

- Com extravasores abertos, isto é, com ação independente de manobras operacionais.
- Manobrados por operadores responsáveis pela vazão defluente.

Os reservatórios com extravasores abertos são os lagos, naturais ou artificiais, de onde as águas defluem livremente, não existindo nenhuma operação de manobra. Assim, em um lago natural atravessado por um rio, a elevação da seção transversal tem normalmente uma forma em V, enquanto em um reservatório artificial a saída poderá ser estrangulada por dois diques laterais (barragem seletiva). Ao nível 1 da Figura 23.1(J) corresponde um escoamento livre, ao nível 2 um escoamento retardado e ao nível 3 uma descontinuidade da vazão escoada, uma vez que para níveis mais altos a água escoará não somente entre os diques, mas também por sobre os mesmos. Como mostra a Figura 23.1(K) pode-se ter um dique pleno com uma abertura em orifício.

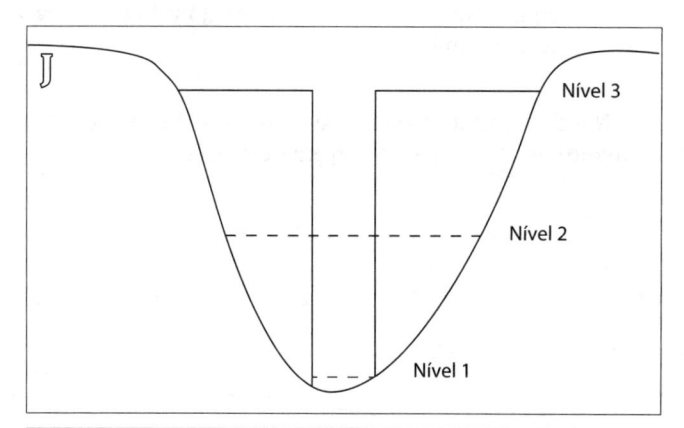

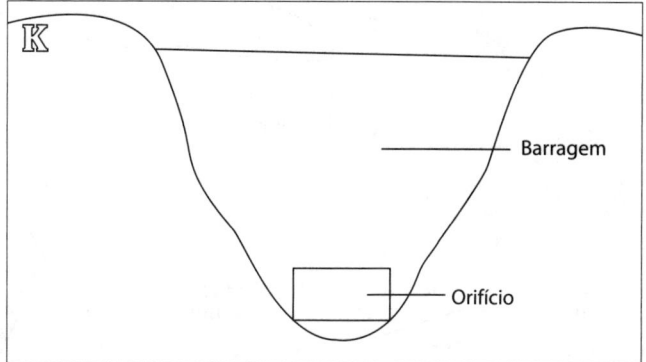

Figura 23.1
(J) Rasgão em elevação de seção transversal.
(K) Barragem com orifício em elevação da seção transversal.

Quanto à canalização de um curso d'água, trata-se de uma intervenção que produz modificações radicais em seu perfil longitudinal natural. Na estiagem, o novo perfil é composto por uma série de degraus, como em uma escada, unidos uns aos outros por eclusas. A cada degrau corresponde um estirão, que para ser o mais estendido possível e mantido em toda a sua extensão em profundidade adequada exige:

- Dragar o leito a montante, situado imediatamente a jusante da eclusa superior.
- Elevar as margens a jusante, na vizinhança da eclusa inferior.

Para a escolha das cotas dos diferentes estirões devem ser levados em conta:

- Custo da dragagem, cujo volume aumenta se for baixada a cota de um estirão.
- Custo dos diques, que aumenta se a mesma cota for elevada.

Na localização das barragens podem ocorrer três situações:

- Partes constituídas pelo leito natural do curso d'água.
- Partes constituídas por esse mesmo leito dragado, calibrado, ou mesmo deslocado, principalmente nos trechos mais sinuosos.
- Derivações sem corrente, habitualmente escavadas a céu aberto, ou mesmo, às vezes, subterrâneas. O emprego dessas derivações permite abandonar certos trechos do curso d'água considerados como muitos difíceis de serem melhorados, principalmente no que diz respeito ao raio de curvatura mínimo.

Nas duas primeiras situações, a eclusa é do tipo no leito, enquanto no terceiro é do tipo em derivação.

A adoção de uma das três disposições mencionadas evidentemente condiciona a localização das barragens. Desse modo, pode-se distinguir as barragens sem eclusa, implantadas em trechos do rio não empregados para a navegação, e barragens ligadas a uma eclusa.

As barragens ligadas a uma eclusa devem estar situadas em trechos sensivelmente retilíneos do leito, permitindo um bom alinhamento da eclusa e das duas garagens de barcos que a cercam. Este alinhamento pode ser oriundo de uma alteração mais ou menos importante do leito natural.

A implantação de uma barragem visando exclusivamente à navegação sem eclusa normalmente ocorrerá no extremo a montante da derivação correspondente. Deverá ser reservada uma extensão de 130 m aproximadamente, entre a entrada da derivação e a barragem, para que uma embarcação que, descendo o rio, não consiga entrar na derivação não arrisque de se acidentar e obstruir a passagem. É importante também procurar dissipar a energia da vazão efluente o mais eficientemente e junto da obra, mas, de qualquer modo, a jusante da barragem deve ser mantido um trecho da ordem de largura do rio em linha reta, para evitar a escavação das margens côncavas.

23.1.12.4 BARRAGENS MISTAS PARA NAVEGAÇÃO E GERAÇÃO DE ENERGIA HIDRELÉTRICA

Nas barragens mistas, empregadas para finalidade de navegação e para geração de energia hidrelétrica, somente será possível a navegação se a empresa geradora obedecer a disposições quanto aos limites para a oscilação dos estirões. Em sendo a empresa geradora a proprietária da barragem, a empresa responsável pela obra de navegação deve respeitar as regras de manobra estabelecidas ao projetar as obras de transposição das quedas, mesmo que esta adaptação onere consideravelmente o empreendimento hidroviário.

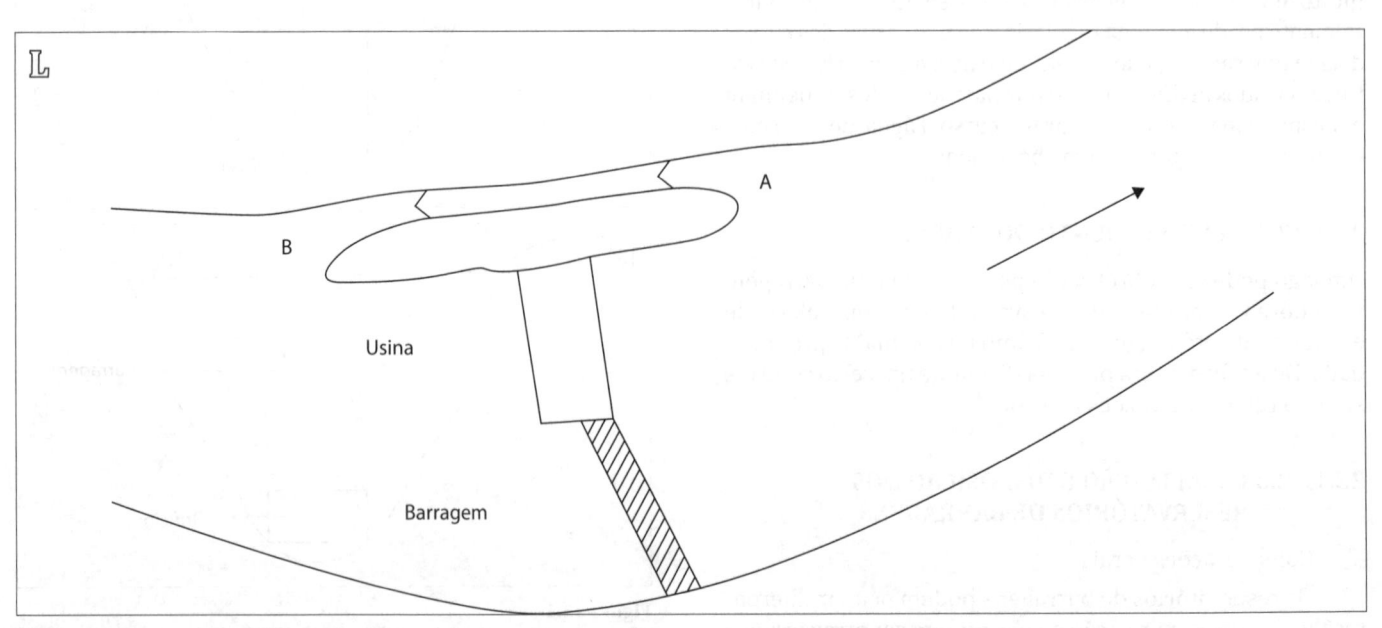

Figura 23.1
(L) Disposição clássica de planimetria esquemática de arranjo geral de usina hidrelétrica, barragem e eclusa.

– Disposição clássica

A Figura 23.1(L) apresenta uma usina hidrelétrica, uma barragem e uma eclusa implantadas em uma pequena derivação AB. No ponto B a profundidade prevista deverá ser suficiente para que a lâmina d'água necessária seja assegurada mesmo para o nível mais baixo possível da represa. O mesmo deve ocorrer para o ponto A, em que a profundidade necessária terá que ser garantida mesmo para o nível mais baixo do estirão de jusante. Estas condicionantes referentes às profundidades são válidas se a derivação em que se encontra a eclusa for curta.

Em elevação da seção longitudinal a Figura 23.1(M) mostra a eclusa inserida na derivação, com as cotas notáveis, h_1 a montante da eclusa, h_2 a jusante da eclusa e h_4 na eclusa. Assim, verifica-se a relação:

$$h_4 = h_1 + h_2 + h_3$$

Sendo h_3 a queda mínima da eclusa quando o estirão de montante estiver em seu nível mínimo e simultaneamente o de jusante em seu nível máximo.

– Situação em que a distância entre as barragens é excessiva

Na Figura 23.1(N) estão representadas as barragens 1, 2, 3 e 4, sendo mostradas a montante de cada uma delas uma linha cheia horizontal para a retenção mínima e uma linha tracejada para a retenção máxima. Assim, neste exemplo observa-se que:

- A barragem 2 não assegura nunca a profundidade h necessária a jusante da barragem 1.

- A barragem 3 sempre garante a profundidade h a jusante da barragem 2.

- A jusante da barragem 3 a profundidade h não é mais garantida, desde que a retenção da barragem 4 seja muito inferior ao seu nível máximo.

Resumindo, a profundidade h é ou poderá ser insuficiente nos trechos entre a barragem 1 ao ponto A_1 e da barragem 3 ao ponto A_3.

Para contornar essa insuficiência, a solução mais comum está apresentada na Figura 23.1(O). Em vez de terminar em A, conforme assinalado em tracejado na figura,

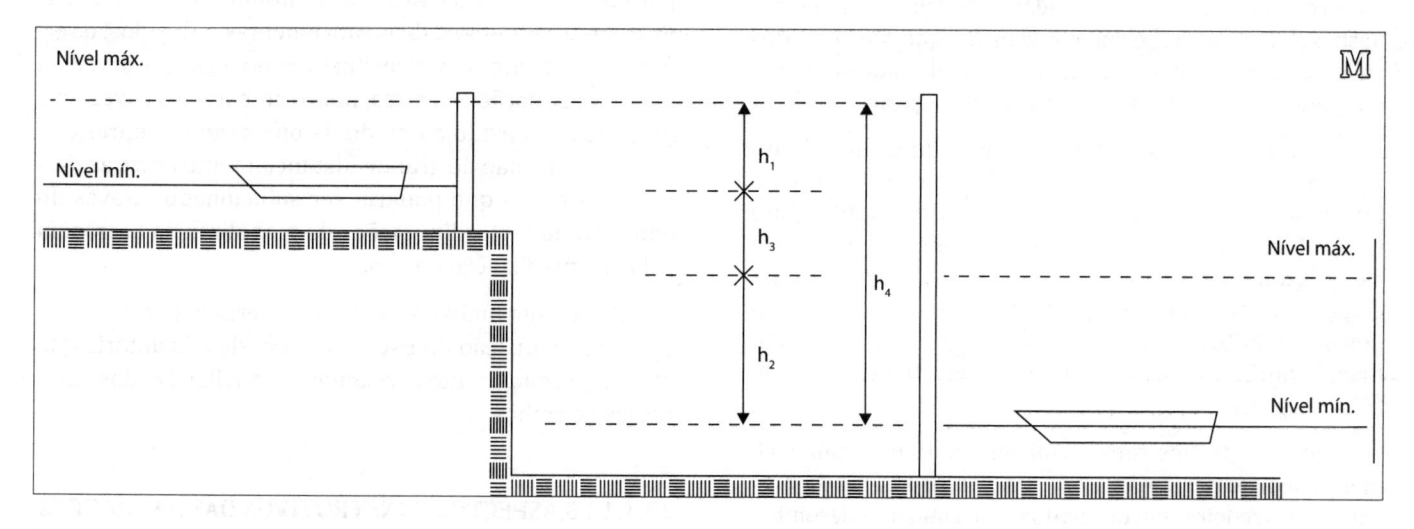

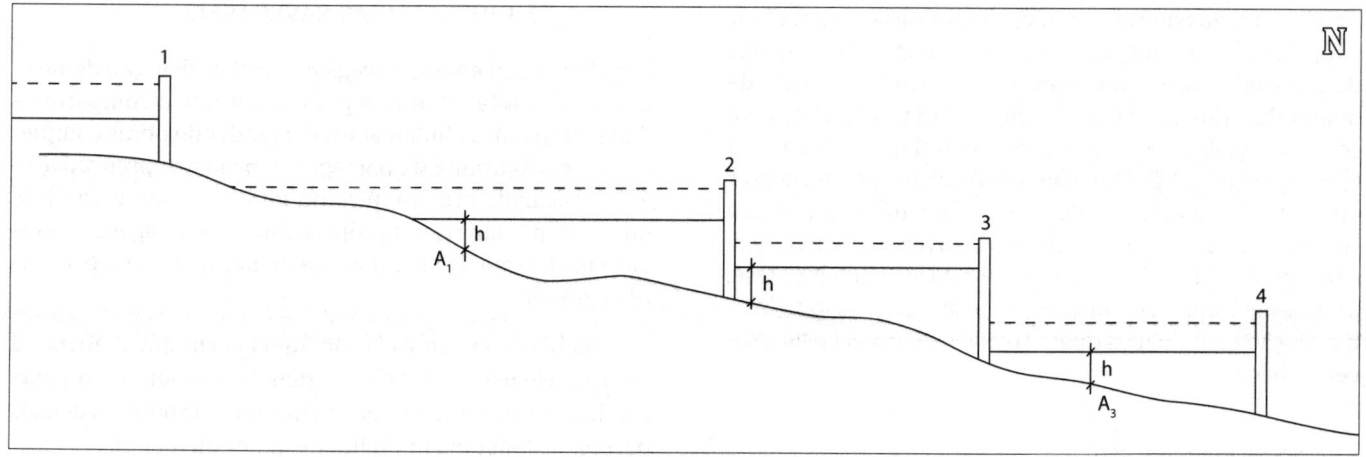

Figura 23.1
(M) Elevação da seção longitudinal de eclusa com suas cotas notáveis.
(N) Exemplo de canalização com quatro barragens em elevação da seção longitudinal.

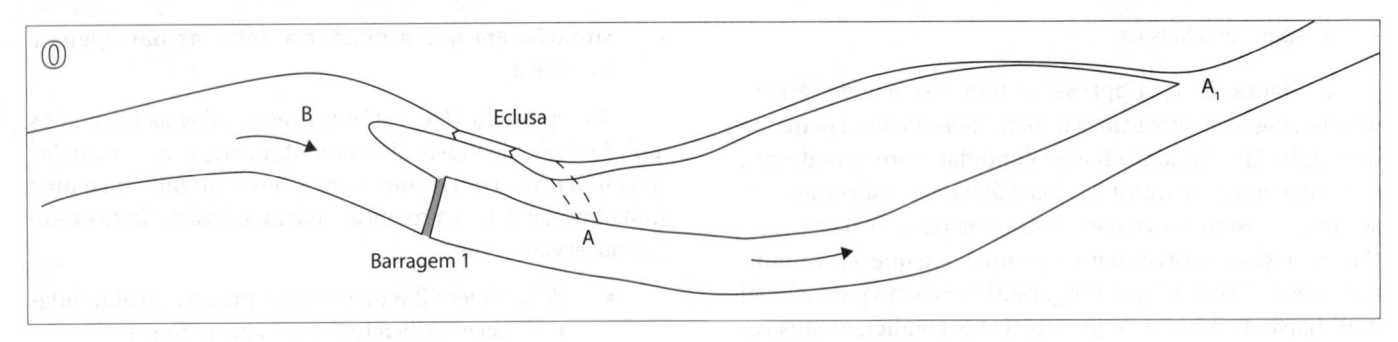

Figura 23.1
(O) Prolongamento do canal de derivação de uma eclusa em planimetria esquemática.

deve-se prolongar o canal de derivação até o ponto A_1, onde a profundidade h é sempre assegurada no curso d'água. Ocorre que esta solução pode resultar muito cara se as oscilações do nível d'água na represa da barragem 2 forem muito grandes e se o canal de derivação tiver extensão de muitos quilômetros. De fato, o canal se adapta muito mal a variações de nível superiores a 1 m.

– Derivações laterais a um curso d'água

Esta solução é a utilizada quando a solução clássica resulte muito onerosa. Nesse caso, a navegação percorre a derivação lateral mantendo em condição natural os trechos do rio abandonados. As extremidades do canal de derivação nesta solução desembocam nos estirões, que são mantidos em níveis sensivelmente constantes, manobrando-se convenientemente as barragens móveis de navegação.

Quando as barragens forem construídas com o principal objetivo de geração de energia hidrelétrica, com interesse de não baixar muito o nível de montante (para não reduzir a queda disponível), estabelecer a via navegável fica mais difícil, entretanto as oscilações de níveis d'água por demanda hidrelétrica não tem sempre uma grande amplitude. Fazem exceção os grandes lagos artificiais concebidos para permitir a regularização de vazões sazonais.

No caso de rios sem barragens, como no estabelecimento de uma derivação lateral para transposição de uma zona de corredeiras em que as duas extremidades desembocam em trechos do rio com nível muito variável, a melhor alternativa é a de empregar eclusas nas duas extremidades da derivação, sendo que para não aumentar a perda de tempo deverão ser evitadas eclusas intermediárias, bem como se escolha um local em que o nível do estirão único seja superior ou igual ao mais alto nível que possa ocorrer no estirão de montante. De fato, atendendo a esta última condicionante a navegação poderá ocorrer em todas as circunstâncias. Caso não seja possível esta segunda hipótese, deverá ser empregada uma porta de guarda e suspender a navegação quando for atingido o nível em que a porta estiver fechada.

– Barragem intermediária

Esta é a alternativa para a situação em que a solução clássica seria muito onerosa, que consistiria no emprego de uma barragem móvel, com finalidade única de navegação, entre duas barragens muito distantes entre si.

Considere-se novamente o caso da Figura 23.1(N) em que ocorrem deficiências de profundidade nos trechos a montante das seções A_1 e A_3. Para A_1, o que ocorre é o grande distanciamento entre as barragens 1 e 2, sendo razoável que se autorize a construção de uma barragem móvel para navegação em A_1. Evidentemente haveria uma redução na queda da usina da barragem 1 e a diminuição da superfície do trecho útil de armazenamento a montante da barragem 2 e, consequentemente, do volume para a laminação da vazão a montante da barragem 2. Entretanto, tratam-se de inconvenientes reduzidos, que a empresa geradora provavelmente poderia absorver. Já para A_3 a situação é diversa, pois o embaraço à navegação neste caso é devido ao modo de operação da represa da barragem 4 e não do grande distanciamento entre as barragens 4 e 3, o que poderia ser solucionado através do emprego de certas limitações de manobras da barragem e da sua fiscalização de uso.

Assim, em ambas as situações, seria necessária uma apropriada atuação do Estado por ocasião da autorização dos empreendimentos, visando a conciliação dos interesses de ambos.

23.1.12.5 ASPECTOS CONSTRUTIVOS DAS BARRAGENS MÓVEIS EM VIAS NAVEGÁVEIS

Uma barragem em via navegável produz elevação do nível d'água a montante, o que pode acarretar incompatibilidades com outras finalidades, demandando obras complementares. A jusante da barragem a principal preocupação é a capacidade erosiva, mesmo muito a jusante da obra, que pode pôr em risco a própria obra. As barragens móveis para navegação são geralmente de baixa queda e com vazões grandes.

As barragens móveis são aquelas em que a abertura total dos elementos móveis de retenção reconduz o rio a uma condição próxima àquela ocorrente antes da obra. As demais barragens têm uma imobilidade maior ou menor.

A cheia máxima que deve atravessar a obra é a cheia de projeto, sendo usual a cheia milenar, que deve ser escoada pelos vãos móveis da barragem, pela casa de força (quando houver) e por outros extravasores livres.

A inundação no remanso da barragem leva ao emprego de diques insubmersíveis, para evitar transbordamentos do leito maior, implantados a partir da barragem até uma certa distância a montante, que depende de:

- Impossibilidade de dispor de uma concordância natural do terreno a uma distância razoável.

- Manutenção das várzeas de laminação das cheias para redução dos picos de vazão para jusante.

- Impossibilidade de construir um dique elevado devido à importante área urbanizada.

Imagine-se um leito menor com 200 m a 300 m de largura (n ≈ 0,030) e um leito maior, com 2 km (n ≈ 0,050). Se os diques insubmersíveis restringirem a largura do leito maior para 300 m a 500 m, deixando um espaço para o leito maior entre diques de 100 m a 300 m. Com a barragem, o nível d'água se elevará, o que não é admissível para montante. A solução para anular o efeito do remanso é a de escavar o leito entre as margens do leito menor e os diques para aumentar a capacidade de vazão, pois reduz a rugosidade do canal para n ≈ 0,025 a 0,030 pela eliminação da vegetação da várzea e regularização das formas e aumenta o raio hidráulico, com o que a vazão cresce cerca de três vezes para uma mesma cota. Pode-se especificar entre os diques uma profundidade de escavação mínima (D_m), que permite manter os níveis do escoamento natural. D_m corresponde a um H_m da barragem, mas convém escavar o leito mais do que D_m, já que:

- A escavação mínima não fornece o volume suficiente de materiais a serem empregados na construção dos diques.

- Convém ter uma submersão mínima de 2 m na área escavada para conter a proliferação de vegetação aquática.

- Um maior D diminui a declividade do escoamento, aumentando a cota na tomada d'água das turbinas.

É recomendável restringir o aprofundamento ao nível do lençol freático médio e nunca abaixo da linha d'água de estiagem, como máximo aprofundamento da escavação (D_M), que permitiria uma cota H_M para a barragem.

A jusante da barragem, o nível d'água (h_v) independe da cota a montante, mas varia com a vazão Q. Para lâminas d'água que não cheguem ao regime torrencial, a equação abaixo permite calcular a superfície total S da barragem para escoar a vazão Q em função de H e h_v, medidas a partir da soleira. Considerando L a largura do vão, tem-se

$$S = L\,h_v$$

A velocidade média do escoamento a jusante, V, considerando um coeficiente corretivo $\phi \approx 0{,}95$ corresponde a:

$$V = \phi\,[2\,g\,(H - h_v)]^{1/2}$$

Se a altura h_v for pequena ou nula, são as equações do escoamento torrencial que controlam o escoamento.

Desse modo, a cada valor de D entre D_m e D_M corresponderá uma largura da barragem L.

Supondo um remanso de 12 km de extensão, 430 m de largura e uma declividade de $5{,}5\cdot10^{-4}$, sendo a escavação D das margens entre 1,50 m e 4,50 m, a cota a montante da barragem se eleva 2 m e a largura da barragem passa de 170 m a 116 m. A definição final da cota de escavação obedecerá a uma otimização de custos de aumento da barragem, de escavação do terreno e do rendimento energético, desde que o estreitamento não inicie erosões a jusante.

23.1.12.6 PASSOS NAVEGÁVEIS

A situação de não empregar eclusas e navegar através de uma barragem móvel completamente aberta representa uma economia de tempo. De fato, comparando com uma barragem eclusada ou uma derivação curta, a economia de tempo é da ordem de 30 minutos, correspondendo a uma redução de percurso de cerca de 8 km para as embarcações que descem o rio e 3 km para as que sobem.

No caso de uma longa derivação com uma barragem implantada em trecho habitualmente abandonado do curso d'água não é possível fornecer uma avaliação genérica.

Se a parte abandonada do curso d'água tiver uma extensão equivalente à derivação que a substitui, a economia de tempo para as embarcações que descem o rio, usufruindo da velocidade da correnteza em grande extensão, pode ser muito acima de 30 minutos, em vez de navegar em águas mortas na derivação. Ao contrário, para os que sobem o rio, a economia poderá ser inferior aos 30 minutos, ou mesmo chegar a ser negativa. Assim, os que sobem passarão sempre pela eclusa da barragem, e os que descem se beneficiam de uma via de sentido único, desde que se façam alguns melhoramentos para que não haja raios de curvatura muito pequenos.

Se o trecho abandonado do rio for muito mais longo do que a derivação, o emprego da eclusa pode chegar a ser mais vantajosa que a do passo navegável, mesmo para as embarcações que descem o rio.

É importante considerar o tempo em que o passo navegável será empregado, isto é, quando a barragem móvel estiver toda abatida, o que vai depender do regime hidrológico e da seleção do nível de represamento normal com referência às mais altas águas navegáveis. De fato, em rios com grande declividade, existe a tendência do nível de retenção normal atingir, ou mesmo ultrapassar, não apenas o das mais altas águas navegáveis, mas também o das mais altas águas conhecidas. Este último aspecto se justifica pela preocupação de gerar o máximo de energia hidrelétrica, bem como pelo fato do custo do endicamento, mesmo de altura elevada, ser razoável. Assim, nestes casos o conceito de passo navegável perde seu sentido.

Quando o declive fluvial for pequeno ou moderado, o nível de represamento normal é inferior ao das mais altas águas navegáveis. Quando a vazão atinge um valor limite, as barragens são abatidas e os passos navegáveis começam a ser utilizados. Eles são mantidos nessa condição até ser atingida uma vazão correspondente às mais altas águas navegáveis, ou se esta não for atingida até a condição em que a vazão, após ter ultrapassado o valor máximo, for bastante fraca, tornando necessário novamente o fechamento da barragem para assegurar a profundidade indispensável. Assim, o tempo de duração da abertura dos passos navegáveis não precisa ser longa, muitas vezes ocorre um mês ao ano.

Finalmente, observe-se que os passos navegáveis se prestam a servir como via auxiliar de emergência em raros casos da eclusa se encontrar momentaneamente inoperante. Dessa forma, o emprego de um passo navegável que não represente uma grande despesa é uma precaução interessante, mesmo com a utilização em poucos períodos.

Uma observação deve ser feita no caso de um arranjo de obra mista, que comporte no leito menor do rio a implantação de uma barragem fixa associada a uma barragem móvel (Figura 23.1(P)). Como se pode ver, este arranjo induz forte recirculação que atinge a margem do lado da barragem fixa. A solução para esta situação é a de construir um dique de ligação curvilíneo (trecho tracejado na Figura 23.1(P)) a jusante da barragem fixa, cujo desenvolvimento em planta deve ser preferencialmente estudado em modelo físico para otimizar a aderência dos filetes d'água à face do dique. Assim, com a eliminação da zona de água estagnada, a recirculação e seu efeito danoso sobre a margem são eliminados. Esse dique pode ser impermeável e nivelado em cota um pouco inferior à crista da barragem fixa, de modo a não desacelerar o fluxo d'água que transpõe a crista da barragem fixa em época de cheia.

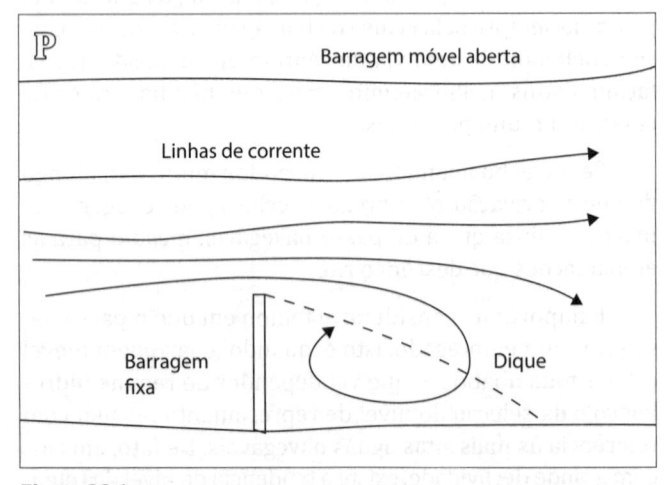

Figura 23.1
(P) Elevação da seção longitudinal de barragem fixa associada a uma barragem móvel.

23.1.13 Canais

23.1.13.1 CONSIDERAÇÕES GERAIS

Em hidrovias (navegação interior), os canais são as vias navegáveis inteiramente artificiais, enquanto que as vias navegáveis naturais são os rios em seu estado natural ou com melhoramentos.

Os canais hidroviários são normalmente de água parada, e a fraca corrente que pode existir em certas situações é resultante da alimentação de água do próprio canal e da operação das eclusas. De fato, o próprio método clássico de construção dos canais não se adequa a que eles resistam continuamente à ação erosiva das águas.

Exclusivamente para a navegação predominam os canais sem corrente.

Além dos canais sem corrente, existem os chamados canais mistos, cuja construção não visa somente a navegação e, em algumas ocasiões, têm também escoamento em alta velocidade. Estes últimos são voltados à irrigação e à alimentação das usinas hidrelétricas, sendo muitas vezes sua seção hidráulica muito superior à que seria necessária somente para a navegação. Assim, a área da seção hidráulica é, evidentemente, determinada pela vazão que deve ser escoada e pela velocidade limite para a navegação.

Nos canais mistos, a navegação encontra condições ideais, ocorrendo cruzamentos de embarcações, mesmo comboios, com facilidade e segurança equivalentes à de um grande rio. De fato, no caso dos aproveitamentos hidrelétricos, a alternativa mais econômica, sob o ponto de vista de geração da energia hidrelétrica, seria a de admitir velocidades acima de 2 m/s. Com os recursos de propulsão contemporâneos, as embarcações poderiam até sustentar velocidades maiores do que as ideais, que estariam entre 1 e 2 m/s, o que facilitaria a contemporização entre os dois fins.

23.1.13.2 CANAIS LATERAIS

Um canal lateral está inserido no vale de um rio importante, devendo, em princípio, se situar fora da área de inundação, para não prejudicar o escoamento das cheias, bem como para eliminar todo o risco de danos que ela possa provocar.

23.1.13.3 CANAIS DE PARTILHA

Os canais de partilha são aqueles que atravessam os divisores de águas entre bacias hidrográficas, sendo o maior do mundo o Canal do Panamá. Nesse caso o grande desafio é a de prover a alimentação da água. Em situações mais favoráveis, a possibilidade de dispor de um bom reservatório em cota mais alta (caso da represa do Lago Gatún para o Canal do Panamá, por exemplo), ou mesmo pela existência de lagos naturais cuja capacidade pode ser ligeiramente aumentada. Na ausência de recursos naturais, a solução é empregar o bombeamento, sendo aconselhável que o mesmo se faça durante a noite/madrugada em períodos de menor demanda de eletricidade. Essas instalações de bombeamento são muito diversas, podendo alimentar o estirão de partilha, ou alimentar estirão em estirão.

23.1.13.4 TRAÇADO EM PLANTA DOS CANAIS

Normalmente, o alinhamento do traçado de um canal deve acompanhar aproximadamente uma curva de nível do terreno entre duas eclusas. Entretanto, interferências (rios secundários, urbanizações e outras vias de comunicação) são comuns e afastam o traçado do padrão mencionado.

É muito importante evitar curvas com raios de curvatura inferiores a 10 vezes o comprimento da embarcação tipo, de modo a que elas possam ser percorridas sem redução de velocidade. Excepcionalmente, podem ser adotados com justificativa bem fundamentada, raios de curvatura menores do que o mencionado, mas com apropriada sobrelargura nos vértices da curva e respectiva redução de velocidade. É de se ressaltar que os automotores manobram muito mal a favor da corrente em águas altas em curvas de pequeno raio e com sobrelargura correspondente, pois precisam desenvolver velocidade mais alta do que a da corrente, motivo pelo qual não deve ser admitido nenhum cruzamento, enquanto os comboios de empurra governam bem mesmo com velocidade menor que a da corrente e o risco de acidente é quase nulo evitando cruzamento.

A segurança da estabilidade das margens e sua estanqueidade é básico, sendo sempre que possível recomendado empregar seções em corte, ou em pequenos aterros, como mostrado na Figura 23.1(Q). Assim, o equilíbrio entre volumes de corte e aterro não é uma condição necessária, como na construção de estradas.

Os trechos de canais localizados em amplos vales são geralmente situados no pé das encostas (Figura 23.1(R)), como locação mais favorável, pois não é recomendável estreitar sem justificativa relevante o leito maior. Esta localização no limite do leito maior também apresenta a vantagem de encontrar-se geralmente terrenos pouco permeáveis, favorecendo a redução das obras de garantia de estanqueidade. Quando for inevitável a localização mais dentro do vale, o canal terá que ter um dique contra as inundações.

Na escolha do traçado dos trechos de canais que se situam fora dos vales, dois aspectos devem ser avaliados:

– Passar o mais próximo possível das áreas de demanda do transporte, tais como indústrias ou mineração, estando fora de cogitação ramais de canais pelo seu custo muito elevado.

– Encontrar alternativas para a alimentação de água. Assim, por exemplo, nos canais de partilha deve-se selecionar preliminarmente qual o local do divisor de águas que deve ser atravessado. Esta escolha é evidentemente ditada pela cota altimétrica, bem como pela viabilidade de alimentação por canaletas que tragam a água das duas vertentes associadas à garganta. Para buscar essa alimentação, frequentemente se é obrigado a fazer a travessia do divisor de águas com cortes profundos, ou mesmo com um subterrâneo de navegação.

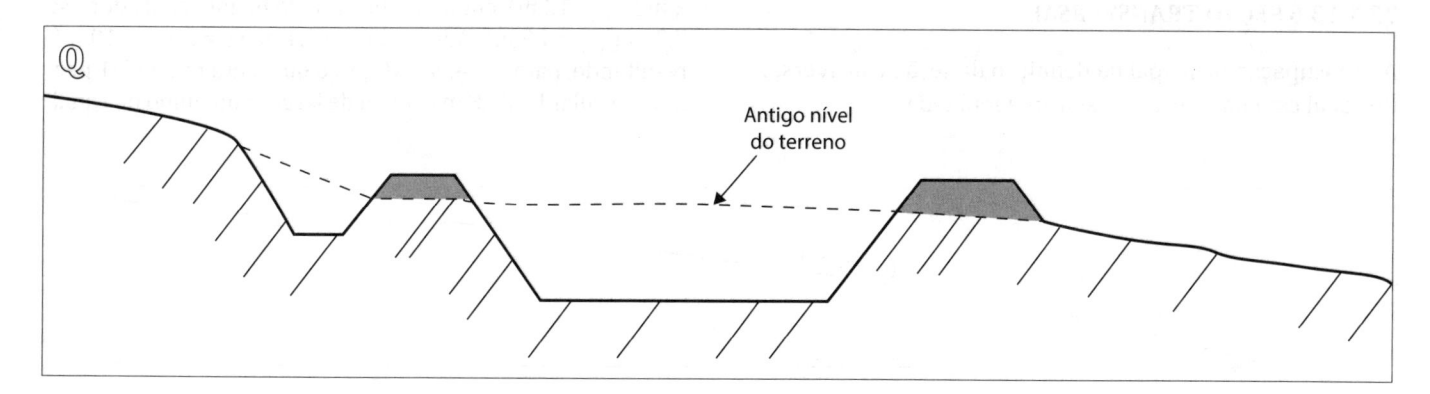

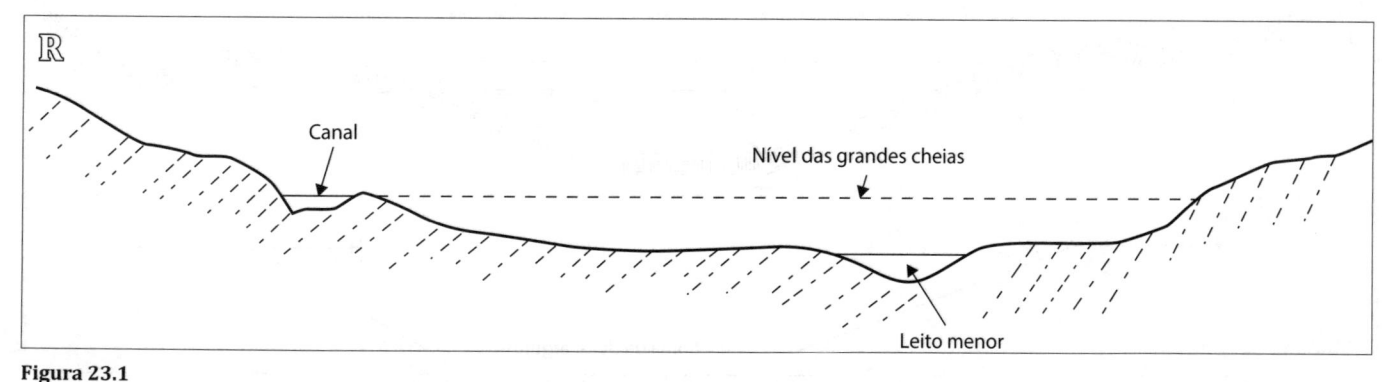

Figura 23.1
(Q) Elevação esquemática da seção transversal de canal em corte ou com pequenos aterros.
(R) Elevação esquemática da seção transversal de canal localizado em vale largo situado no pé das encostas.

23.1.13.5 PERFIL LONGITUDINAL

As eclusas podem ser entendidas como os degraus do perfil longitudinal e são, tanto quanto possível, localizadas em trechos nos quais as condicionantes para o traçado planimétrico exijam passar de uma curva de nível para outra. De fato, para minimizar os volumes de cortes busca-se não afastar o canal de uma certa curva de nível ao longo de todo o estirão. Entretanto, é a altura de queda definida para as eclusas que frequentemente determina o perfil longitudinal. Como exemplo, pode-se citar o Albert Canal que liga o porto fluvial de Liège com o porto estuarino de Antuérpia, cuja altura de queda máxima das eclusas é de 10 m.

Com a possibilidade de emprego de eclusas de maior queda, dependendo da capacidade de suporte da fundação, consegue-se diminuir o seu número, o que leva a menor perda de tempo para as embarcações que usam os canais e, consequentemente, a redução das despesas de utilização. Deve ser lembrado que o consumo de água nas eclusas é proporcional à altura de queda, com exceção da utilização de dispositivos especiais que permitam a retenção de parcela das águas para seu reaproveitamento na eclusa. Além disso, não se deve esquecer que a capacidade de transporte da hidrovia é limitada pelo tempo de passagem de uma embarcação pela eclusa de operação mais lenta, que corresponde às de maior queda.

O emprego de elevadores é muitas vezes a alternativa a ser levada em conta, principalmente pela economia de água inerente a esta solução.

23.1.13.6 SEÇÃO TRANSVERSAL

A preocupação principal na definição da seção transversal do canal está na seleção de sua área molhada.

– Escavação em terreno susceptível de dragagem.

Conforme mostrado na Figura 23.1(S), evidentemente as dimensões são consequência do tamanho das embarcações que serão empregadas na hidrovia. Como ordem de grandeza mínima, teríamos valores entre 8 e 16 m de boca, considerando as chatas empregadas no Brasil, sendo que para exemplificação serão considerados valores entre 5 m e 11 m e calado de 2 m. Ainda no Brasil, os calados das chatas podem chegar até 3,7 m nos grandes rios, mas para efeitos de exemplificação, será considerado um valor intermediário de 2,0 m. Além das dimensões principais da seção mestra, deve-se estabelecer o valor do coeficiente n, que é o quociente entre a seção molhada do canal (S) e a seção mestra da embarcação (s), entre 4 e 8. Considerando a variação das embarcações resulta $S_{mín} = 4 \times 10 = 40 \text{ m}^2$ e $S_{máx} = 8 \times 22 = 176 \text{ m}^2$. Finalmente, a inclinação natural das margens será admitida em 3 (H):1 (V) para margens taludadas em terreno inconsistente, mas margens mais aprumadas usando revestimento também podem ser empregadas.

Na exemplificação que se segue claramente serão admitidos cruzamentos das embarcações.

• Margens taludadas

No caso de margens taludadas, a exemplificação será elaborada aqui para $n = 4$. Desse modo, duas variáveis devem ser consideradas para as folgas, isto é para o cruzamento e para a profundidade. Adotando um deles, o outro é decorrência.

Inicialmente, adota-se um valor julgado aceitável para as três folgas de cruzamento, que são: distância de passagem entre embarcações e folgas do fundo dos barcos com as duas margens. No caso do menor canal a folga total adotada é de 2 m ($l_{mín} = 12$ m), enquanto no caso do maior canal adota-se 7,0 m ($l_{mín} = 29$ m). Adotando h = 2,4 m e s = 5 x 2 = 10 m², resultando, para $n = 4$, S = 40 m², o que, para talude 3:1 permite calcular l = 23,8 m e 9,4 m de largura no fundo do canal.

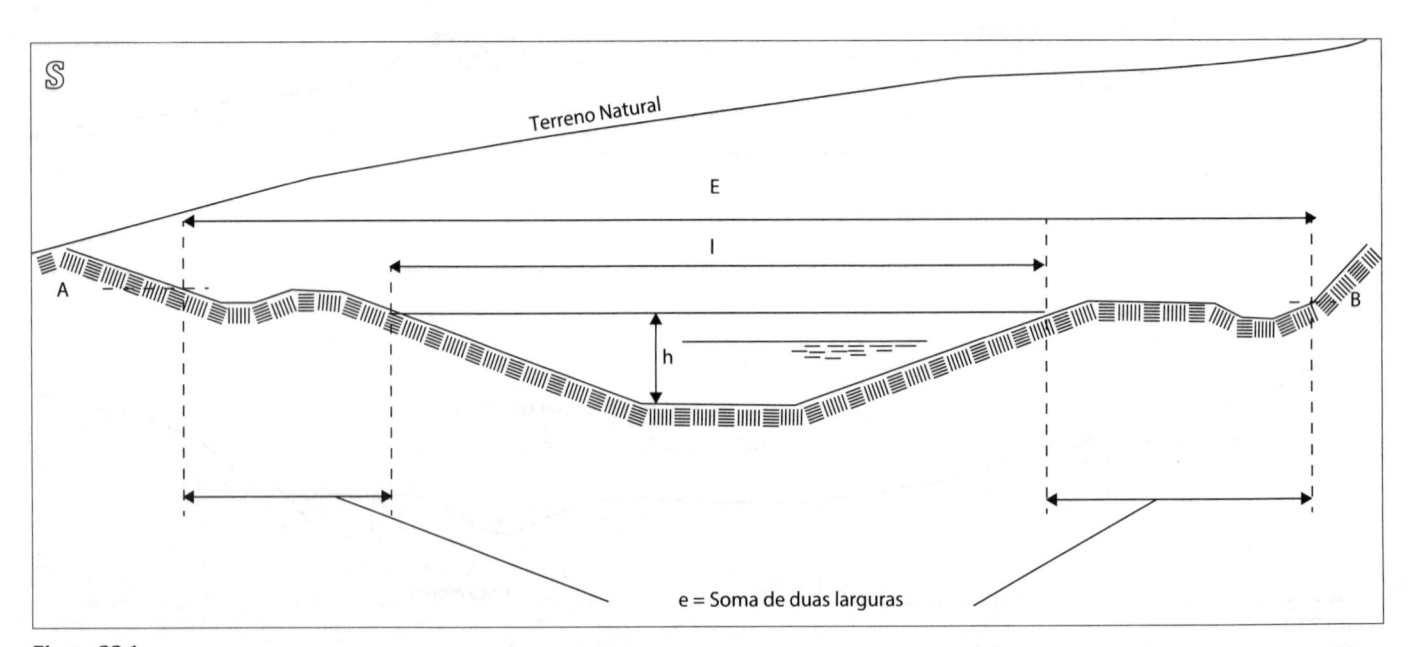

Figura 23.1
(S) Elevação da seção transversal de canal dragado com as margens taludadas.

Na profundidade da quilha resulta uma largura de 11,8 m, que praticamente garante o $l_{mín}$, mas com ligeira redução de velocidade. Do mesmo modo, adotando h = 2,8 m e s = 11 x 2 = 22 m², resulta, para *n* = 4, o valor de S = 88 m² e l = 40 m e 23,1 m de largura no fundo do canal. Na profundidade da quilha resulta uma largura de 27,9 m, que está abaixo de $l_{mín}$, exigindo redução de velocidade. Assim, estabelecendo relação linear entre l e S, para valores entre 40 m² e 88 m², obtém-se: l = 10,67 + 0,333 S (em metros). Para valores de S entre 88 m² e 176 m² é recomendável adotar uma lei linear diferente, pois o cruzamento entre embarcações não cria nenhum embaraço, limitando-se a largura a 48 m, obtendo-se a lei linear: l = 32 + 0,0909 S (em metros).

A parte a seco da faixa de influência do canal, isto é os trechos fora d'água nas duas margens, compreende a superfície dos taludes acima do nível d'água, as vias de circulação e as valas. Pode-se considerar 0,60 m como borda livre entre o plano d'água normal e as vias laterais, os taludes ocupam, então, uma largura de 3,6 m. A largura dos caminhos pode ser considerada independente da seção, mas para os canais com S = 40 m² é razoável adotar 3 m em uma margem e 2 m na outra, totalizando 5 m. Para um canal de maiores dimensões com S = 176 m², a largura de cada caminho é recomendada em 6 m, totalizando 12 m. Desse modo, torna-se possível propor que a largura das vias de circulação somadas seja:

$$C = 2,94 + 0,0515 S \text{ (em metros)}$$

Acrescentando 2 m para as valas e 3,6 m para os taludes a seco, correspondendo a 5,6 m, obtém-se a largura total a seco de:

$$e = 8,54 + 0,0515 S \text{ (em metros)}$$

A largura total da faixa de influência do canal (E) é a soma da largura l do plano d'água com a largura total a seco.

Para os valores da superfície molhada S até 88 m² a largura total em metros (E) resulta:

$$E = 19,21 + 0,3848 S$$

Para valores da área molhada superiores a 88 m²:

$$E = 40,54 + 0,1424 S$$

• Margens mais aprumadas

Em certas situações pode-se empregar revestimento de concreto descido profundamente até cerca de 2,5 m abaixo do nível d'água, a partir de cuja profundidade segue o talude de 3:1, como na Figura 23.1(T). Assim, para retornar a superfície S ao valor original pode-se aumentar a largura do fundo horizontal, ou aumentar a profundidade, ou ambas simultaneamente. Para ambas as dimensões, abaixo e acima de 88 m² é preferível aumentar a largura do fundo por dragagem, tendo em vista propiciar melhores condições de cruzamento.

Para o canal de 40 m² de seção, com profundidade de 2,4 m, obtém-se l' = 19 m e 14,3 m de largura no fundo do canal. Na profundidade da quilha resulta uma largura de 15,1 m, que supera folgadamente o $l_{mín}$.

Para o canal de 88 m² de seção, com profundidade de 2,8 m, tem-se uma seção composta até 2,5 m de profundidade por um trapézio isósceles com inclinação dos lados de 1:1 e mais 0,3 m de aprofundamento com outro trapézio isósceles com inclinação dos lados de 3:1. Obtém-se l' = 34 m, 29 m de largura na profundidade de 2,5 m e 27,2 m no fundo do canal. Na profundidade da quilha resulta uma largura de 30 m, que supera o $l_{mín}$.

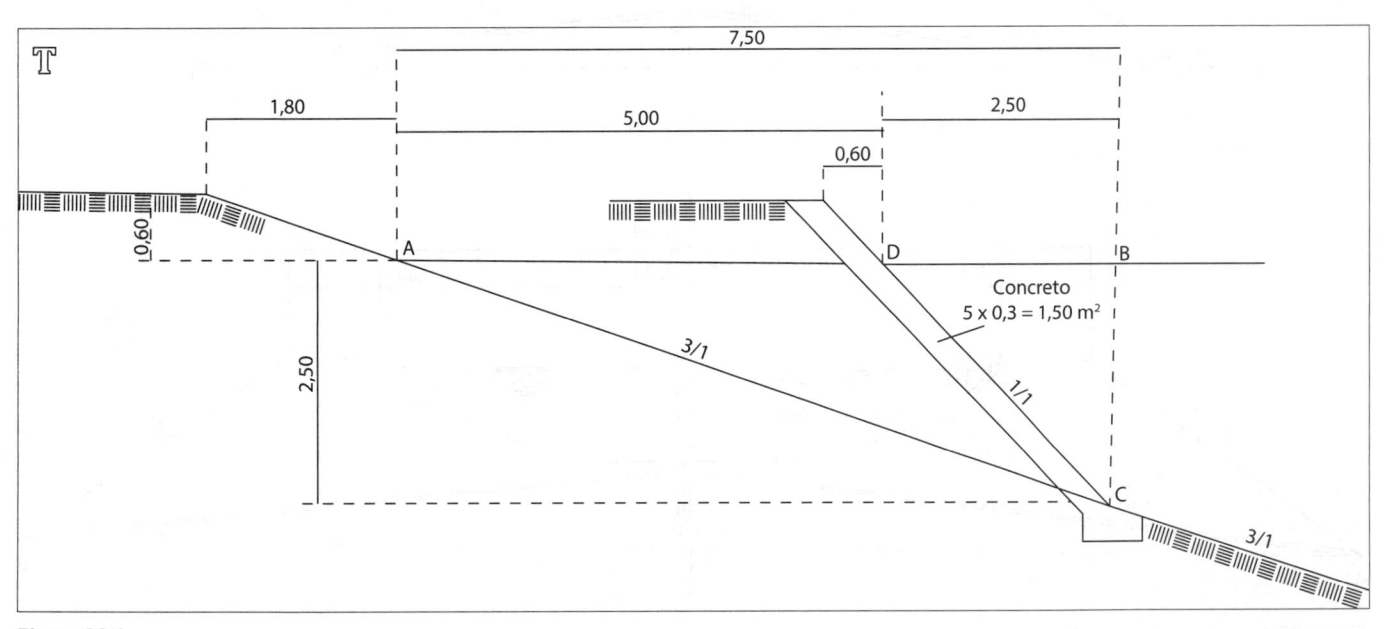

Figura 23.1
(T) Canal mais aprumado.

Assim, a relação linear entre S e l' para estes canais menores resulta em l' = 4,92 + 0,352 S (em metros). Assim, a largura total da faixa de influência do canal (E') resulta na soma de l' com a largura total a seco: E' = 11,06 + 0,4035 S (em metros).

Para o canal de 176 m² a profundidade é de 5,7 m, tendo-se fixado l' em 48 m. Novamente repete-se o cálculo da área de dois trapézios isósceles, um com inclinação dos lados de 1:1 até 2,5 m de profundidade e desta profundidade até 5,7 m a inclinação dos lados passa a 3:1. Na profundidade da quilha resulta uma largura de 44 m, que supera folgadamente o $l_{mín}$. A relação linear entre S e l' para estes canais maiores resulta em l' = 28,80 + 0,065 S (em metros). Assim, a largura total da faixa de influência do canal (E') resulta na soma de l' com a largura total a seco: E' = 34,94 + 0,1155 S (em metros).

– Escavação em rocha dura

Do mesmo modo como foi feito para a escavação em terreno susceptível de dragagem, é interessante expressar uma lei de variação da largura no nível d'água l em função da área molhada S. Por se tratar de material rígido, será considerada para simplificar uma seção retangular. Também será adotado n = 4 com folgas de 3 m para embarcações com 5 m de boca e 5 m para boca de 11 m. Assim, para S = 40 m² obtém-se l = 13 m e para S = 88 m² obtém-se l = 27 m. A essas condições extremantes, adotando relação linear, resulta: l = 1,334 + 0,292 S (em metros). Para a

seção de 176 m² a largura escolhida será de 32 m, resultando l = 22 + 0,0568 S (em metros) quando a área molhada estiver compreendida entre 88 e 176 m². Para a largura das vias de circulação será mantida a fórmula C = 2,94 + 0,0515 S. A largura a seco considerando 1 m de largura das valas resulta em: e = 4,94 + 0,0515 S (em metros). Finalmente, pode-se obter E' = 6,274 + 0,3435 S (em metros) para os canais com S menor do que 88 m² e E' = 26,94 + 0,1083 S (em metros) para os canais com S acima de 88 m².

– Canais comportando partes em aterro

A condição em que o terreno natural se encontra em nível mais elevado do que as vias de circulação associadas ao canal não ocorre em toda a extensão, mesmo que o nível do estirão seja sempre determinado de modo que o volume dos cortes seja superior ao dos aterros.

Um canal a ser estabelecido em meia encosta pode comportar aterros, mesmo que a altitude do solo no eixo da obra seja um pouco acima à das vias de comunicação.

Nestas considerações, para generalizar, admite-se como horizontal o terreno natural.

Quando o volume dos aterros não é muito grande, caso das seções molhadas abaixo de 88 m², estando o nível do terreno natural acima da cota – 7 m, com relação ao nível d'água no canal, a solução é idêntica à aplicada para o terreno inconsistente. Caso a cota do terreno natural esteja abaixo de – 7 m, a Figura 23.1(U) exemplifica a solução, empregando

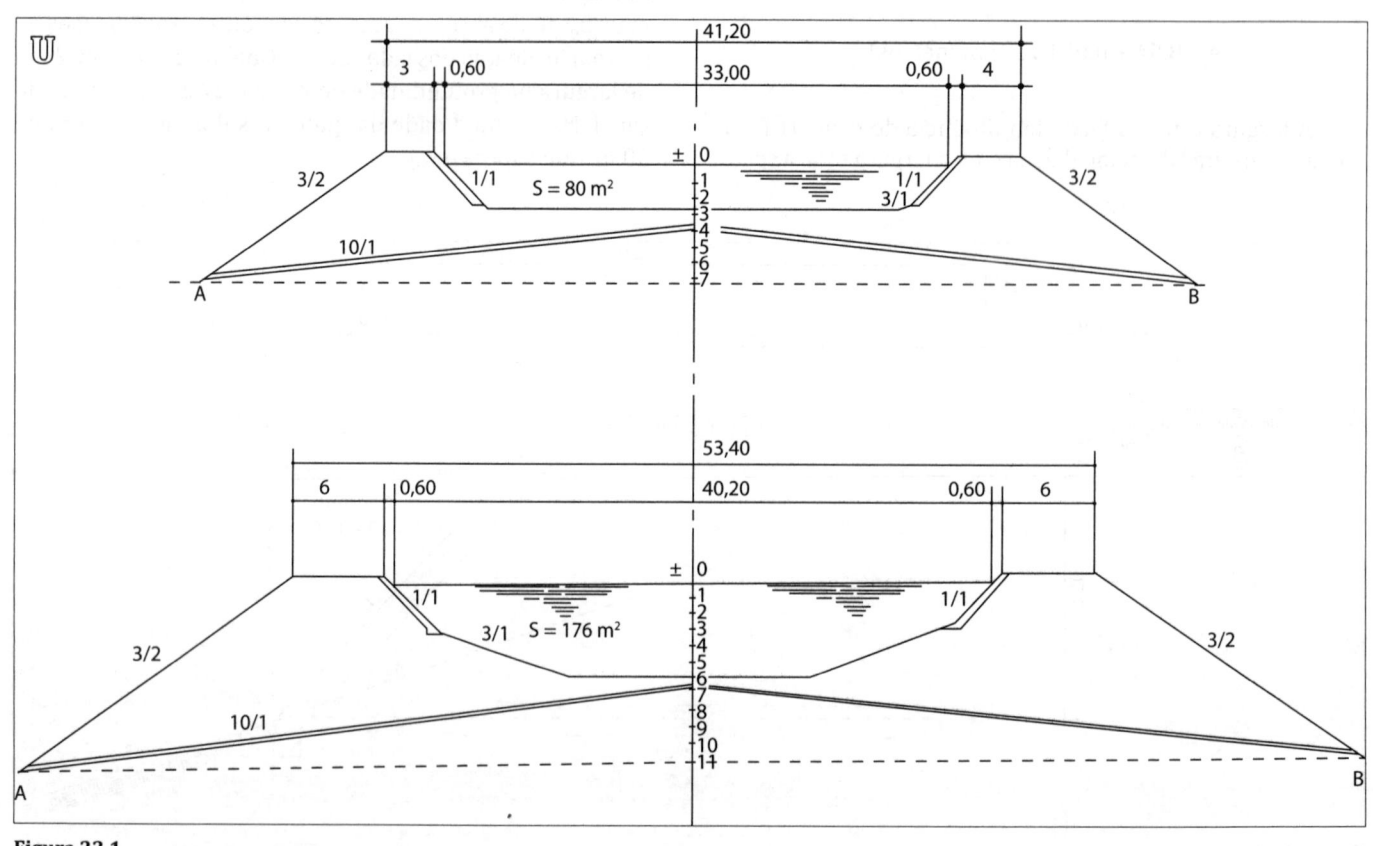

Figura 23.1
(U) Elevações esquemáticas das seções transversais dos canais comportando partes em aterro.

taludes revestidos, para buscar reduzir o volume dos aterros, que são mais onerosos do que os cortes, mesmo que se agreguem as despesas com revestimento. Convém revestir o fundo com uma pequena laje de concreto fracamente armado. Observa-se também o emprego de uma camada drenante para garantir a estabilidade dos aterros, aconselhável pelo inevitável aparecimento de fissuras nos revestimentos. A Figura 23.1(U) ilustra o caso das seções molhadas com S entre 88 e 176 m^2.

23.1.13.7 SEÇÃO CORRENTE

A proteção do fundo e margens de um canal (quase sempre assegurada pela defesa das margens) e estanqueidade delas para evitar excessivas perdas de água, são as questões que sucedem à definição da área molhada.

– Proteção do fundo e margens de um canal

A passagem das embarcações pelo canal produz ondas principalmente com velocidades acima de 1,6 a 2,2 nós, como ocorria na antiga navegação a sirga por tração animal. As defesas de margem empregadas mais frequentemente são os revestimentos em alvenaria apoiados sobre uma cortina de estacas prancha e enrocamentos naturais na zona de marola, para as margens com inclinação 3:1. No caso das erosões no fundo, devido a correntes fortes formadas pelos hélices propulsores das embarcações, que é muito acentuada quando da partida, se manifesta mais quanto menor a folga sob a quilha.

– Estanqueidade do fundo e margens

Quando o canal for escavado em terrenos muito permeáveis, em que o lençol freático se encontra em nível inferior à linha d'água do canal, a solução mais eficaz para garantir a estanqueidade do canal é o revestimento completo em concreto.

23.1.13.8 SEÇÕES PARTICULARES

– Considerações gerais

Com diferentes propósitos podem ocorrer aumentos ou reduções localizados da área da seção molhada de um canal. Esta alteração da área pode ser conseguida atuando na largura, ou na profundidade, ou em ambas simultaneamente. Disposições particulares devem ser tomadas na travessia de vias terrestres ou aquavias.

As eclusas e os subterrâneos de navegação (ou túneis hidroviários) também se constituem em pontos singulares do canal.

Os aumentos de área molhada justificam-se somente nos trechos do canal em que ocorra uma vazão, como no caso dos canais mistos. As reduções locais de área molhada são principalmente o caso das pontes-canais (ou aquedutos) ou dos subterrâneos de navegação.

– Modificação da largura na linha d'água

A alteração da largura da linha d'água pode ser motivada por circunstâncias relativas à obra, ou de especificidades do seu emprego.

Na primeira situação interessa somente a redução de largura, quando da travessia de terrenos rochosos, nas escavações profundas e nos aterros de grande porte. A recomendação é compensar a redução da largura com um aumento de profundidade.

Na segunda situação ocorre sempre com aumento da largura pela necessidade de facilitar a passagem das embarcações. Assim, os alargamentos podem ser necessários:

- Na sobrelargura das curvas.

- Nas garagens de barcos, que devem existir a montante e a jusante das eclusas, e nas confluências ou defluências dos canais com os rios, as quais introduzem descontinuidades na circulação.

- Nos portos existentes, às vezes, na própria margem do canal.

Nestes alargamentos as profundidades não são reduzidas para compensar, para manter a mesma folga sob a quilha (pé do piloto).

Outros alargamentos podem ser previstos para aumantar a área molhada de um estirão curto, visando reduzir o efeito de movimentos d'água oriundos do funcionamento de eclusas em suas extremidades, para que não se transformem em flutuações excessivas do nível d'água.

23.1.13.9 SOBRELARGURA NAS CURVAS

Uma embarcação de comprimento L ao descrever uma curva de raio R é obrigada a varrer uma faixa de largura superior à sua própria boca somada com as folgas horizontais. Assim, para manter a mesma separação que as embarcações mantêm em trecho reto, a mínima sobrelargura é dada por $L^2/4R$. Algumas vezes, pelo fato do piloto não conduzir a embarcação tão facilmente quanto nas retas, opta-se por uma folga adicional traduzida por $L^2/2R$.

Alguns exemplos de projetos podem optar por valores específicos. Assim é que para embarcações de 140 m de comprimento pode-se adotar a fórmula para a sobrelargura: (10.000/R) – 5 (em metros). Em rios canalizados com vazão pequena e embarcação de comprimento de 170 m, pode-se usar a fórmula para a sobrelargura: 12.500/R (em metros).

Para passar da largura normal à sobrelargura, como para o piloto as operações de entrada e saída da curva são mais delicadas do que a própria travessia da curva, o trecho de concordância deve ter duas ou três vezes a sobrelargura. Esta é uma recomendação válida também para canais de águas mortas.

23.1.13.10 ALTERAÇÕES DE PROFUNDIDADE

Exceção feita a um hipotético caso teórico em que se diminuiria a profundidade de um canal, compensando com uma sobrelargura, que poderia ocorrer para evitar um derrocamento, na prática é sempre um aumento de profundidade que se deseja. Assim é no caso de compensar uma redução de largura, ou para comportar um possível rebaixamento temporário da linha d'água normal em um estirão.

23.1.13.11 CRUZAMENTO DE VIAS TERRESTRES

Quando um canal cruza com uma via terrestre, a solução mais comum é de emprego de uma ponte sobre o canal. As pontes levadiças, ou as basculantes, ou as giratórias, encontram-se em desuso pela lentidão da circulação em ambas as vias. Outra solução também em desuso era a redução da largura do canal, compensada pelo aumento da profundidade local. Atualmente prefere-se aumentar o vão da ponte para conservar a largura do canal.

23.1.13.12 CRUZAMENTO COM RIOS

– Considerações gerais

Como o canal normalmente segue o vale de um rio, mantendo-se completamente externo à área de inundação, forçosamente corta os vales de todos os afluentes perenes ou temporários. Mesmo em bacias vertentes muito pequenas, em grandes temporais podem-se originar cursos d'água temporários de vazão não desprezível. De fato, a experiência mostrou que aceitar o transbordamento dos pequenos cursos d'água no canal, a título de um reforço líquido para poupar a reserva lacustre, pode ser ao final danoso para o canal. De fato, para prevenir uma afluência temporariamente excessiva torna-se necessária a implantação de extensos vertedores ao longo do canal, bem como a carga sólida aportada nestas cheias pode reduzir significativamente a profundidade do canal.

Tendo em vista os inconvenientes mencionados, deve-se prover o escoamento dos pequenos cursos d'água passando sob o canal em sifão (Figura 23.1(V)), ou preferencialmente por aquedutos desembocando livremente a jusante (Figura 23.1(W)). No primeiro caso é muito importante limpar periodicamente o poço de decantação, evitando o entulhamento do sifão, com consequências potencialmente de alto risco, devido à possibilidade de pressões elevadas sobre os diques das margens do canal, não previstas em projeto.

Para a travessia de rios as soluções mencionadas não são viáveis, restando as opções da travessia em nível ou da ponte-canal.

– Travessia em nível

A travessia em nível corresponde a fazer desembocar o canal em uma das margens do rio, com outro canal iniciando na margem oposta, o mais próximo possível a montante ou a jusante da desembocadura da primeira margem.

– Ponte-canal

A solução empregando ponte-canal é inexoravelmente sempre de vultoso custo. Quando não se tratar da travessia de um vale seco ou de um córrego, mas sim de um rio navegável há a necessidade de empregar grandes vãos entre pilares de sustentação da ponte-canal, ficando a obra bem mais onerosa.

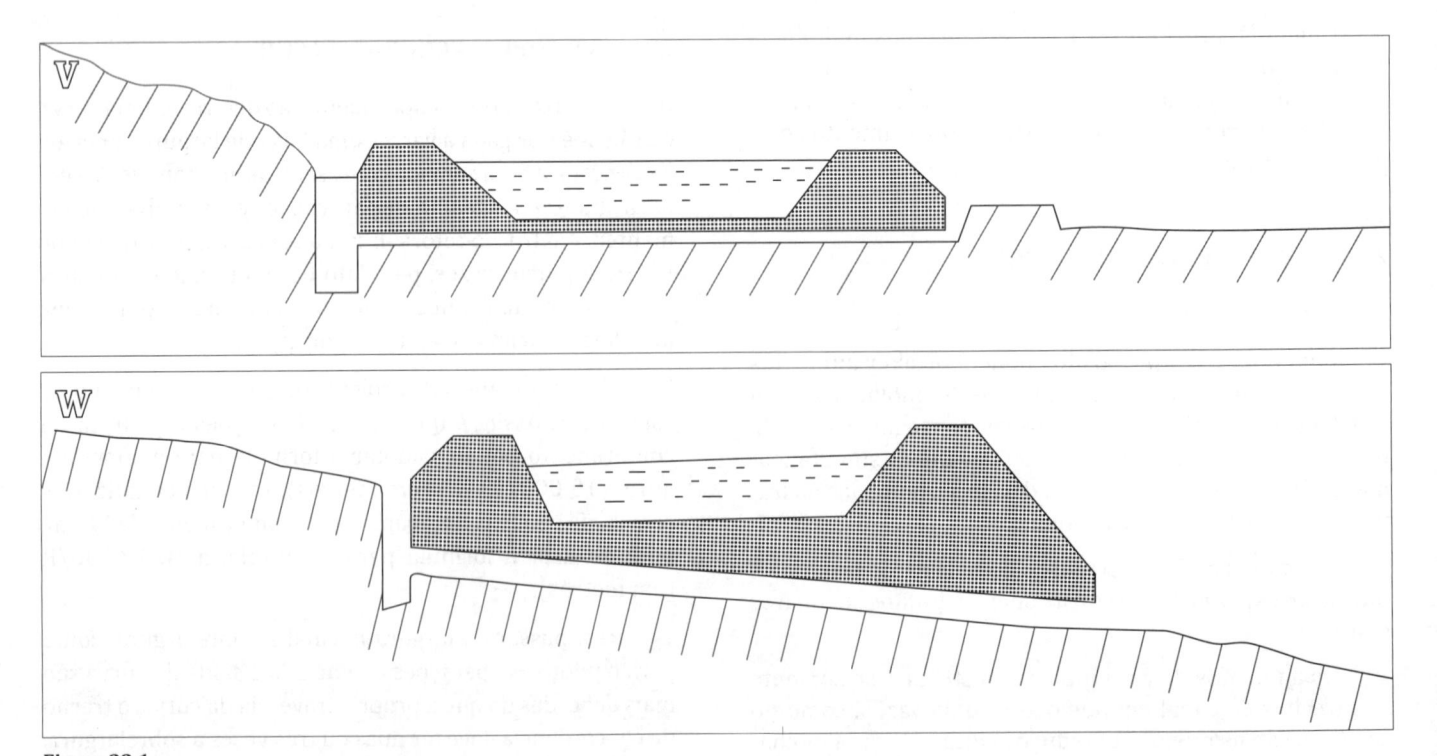

Figura 23.1
(V) Elevação esquemática de seção transversal de escoamento de pequeno curso d'água passando sob o canal em sifão.
(W) Elevação esquemática de seção transversal de escoamento de pequeno curso d'água por aqueduto desembocando livremente a jusante.

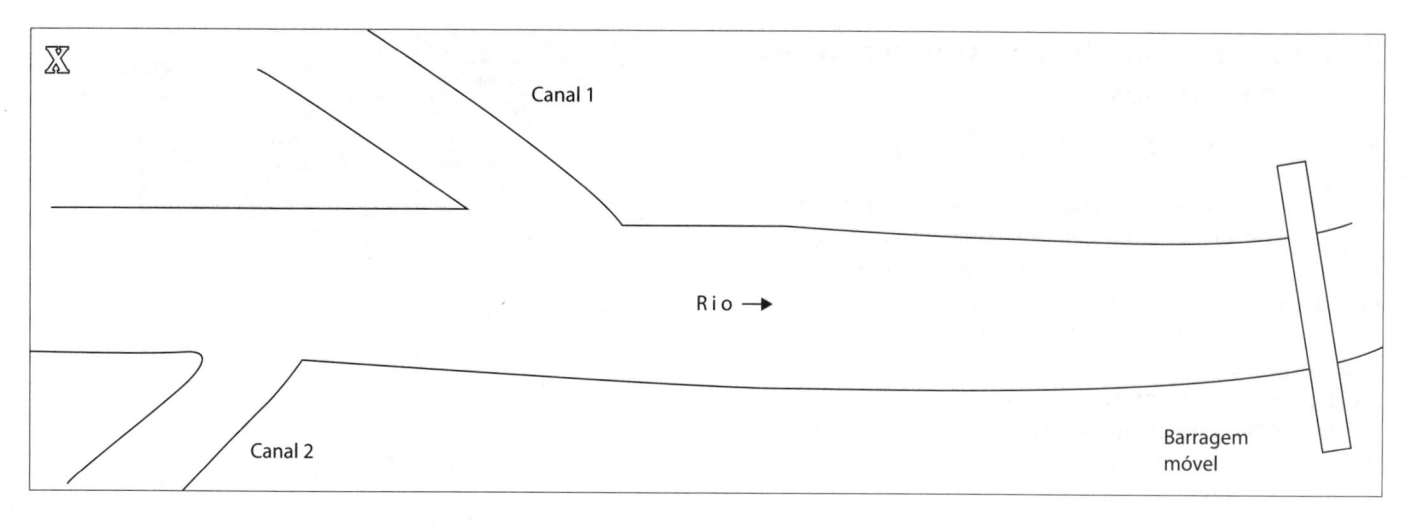

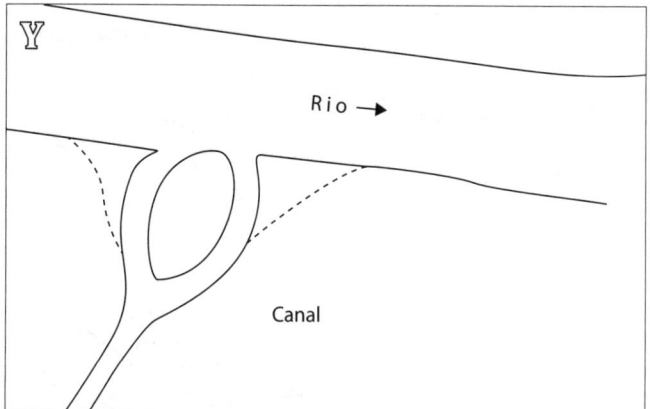

Figura 23.1
(X) Planimetria esquemática da situação de extremidade de um canal em rio largo.
(Y) Planimetria esquemática da situação de extremidade de um canal em rio estreito.

– Extremidade de um canal

Quando uma das extremidades de um canal confluir com outro canal, somente devem ser estudados os raios de curvatura adequados.

Quando, no entanto, o canal desembocar em rio não canalizado, com nível d'água muito variável, a solução é mais complexa. Para que a navegação não seja interrompida no período de estiagem, a alternativa é construir uma barragem móvel no rio, um pouco a jusante da confluência do canal (Figura 23.1(X)), o que permitirá manter o estirão criado em nível sensivelmente constante. Trata-se da travessia fluvial em nível, na qual um segundo canal origina-se na margem oposta, de modo que a travessia do rio somente será interrompida quando da abertura total da barragem móvel, por ocasião das cheias. Observa-se na Figura 23.1(X) que uma embarcação que vai deixar o rio para entrar no canal navega contra a corrente, com velocidade bem reduzida, o que reduz riscos de colisão e afundamento. Na situação inversa, em que a embarcação deixa o canal para entrar no rio, terá que ocorrer mandatoriamente uma guinada, o que exige que a manobra seja executada no remanso da barragem móvel. Em o rio não sendo suficientemente largo para garantir a guinada, pode-se pensar no arranjo da Figura 23.1(Y), que permite que as embarcações ao deixar o canal entrem no rio no sentido desejado.

23.2 OBRAS DE NORMALIZAÇÃO

23.2.1 Considerações gerais

As obras de normalização têm como objetivo o melhoramento geral dos cursos d'água, sendo localizadas em trechos restritos e não alterando significativamente o regime fluvial, e por esses motivos são utilizadas associadas a outros tipos de obras. Assim, destacam-se:

- desobstrução e limpeza;
- limitação dos leitos de inundação;
- bifurcação fluvial e confluência de tributários;
- obras de proteção, ou defesa, de margens;
- retificação de meandros;
- obras de proteção de pilares de pontes;
- dragagens e derrocamentos.

As obras de dragagens e derrocamentos já foram tratadas no Capítulo 21 em função de suas especificidades.

23.2.2 Desobstrução e limpeza

Trata-se das operações periódicas de retirada de vegetação, troncos, matacões, restos de construção e outros obstáculos estranhos ao leito da hidrovia visando o restabelecimento das profundidades e larguras naturais. São utilizadas embarcações destocadoras com variados tipos de guindastes.

23.2.3 Limitação dos leitos de inundação

Com a finalidade de concentrar o escoamento em um leito bem definido para facilitar a navegação, são implantados diques longitudinais impermeáveis – comumente com núcleo de argila – no leito maior, tendo-se o cuidado de drenar as áreas isoladas e de proteger da maior capacidade erosiva das correntes concentradas o leito e margens indicadas.

23.2.4 Bifurcação fluvial e confluência de tributários

23.2.4.1 BIFURCAÇÃO FLUVIAL

A existência de braços secundários ou falsos braços em rios de grande porte não altera significativamente as condições de navegabilidade, entretanto, em rios de porte médio e pequeno, pode constituir embaraço à navegação. Nos casos em que a bifurcação ocorre em braços de dimensões diferentes, o mais largo deve ser adotado para desvio do curso principal. É possível que o braço de maior capacidade de vazão, e consequentemente maior dimensão de área molhada, permita a navegação em águas médias e baixas, mantendo-se o outro para aliviar as vazões maiores.

O fechamento de braços secundários em hidrovias é uma obra implantada para aprofundar o curso d'água principal, por exemplo em torno de uma ilha, seguindo princípio semelhante ao apresentado na seção 23.2.3. Esse fechamento pode ser realizado por meio de barramentos normalmente galgáveis para as maiores vazões, com altura até a cota mínima de navegação, podendo ser construídos em enrocamento ou terra e sendo protegidos da erosão em sua superfície por blocos mais pesados ou estaqueamento, de forma a induzir um gradativo processo de colmatação por assoreamento acompanhado de progressivo alteamento do barramento situado a jusante do braço secundário (ver Figura 23.2(A)). Outra alternativa de obra é a implantação de obras fixas guias-correntes (ver Figura 23.2(B)) que deverão ser construídas nos extremos a montante e jusante do braço secundário, tendo o de montante cota de coroamento acima do nível de águas altas, visando garantir suficiente vazão para manter as profundidades exigidas para a navegação nos níveis médios e baixos.

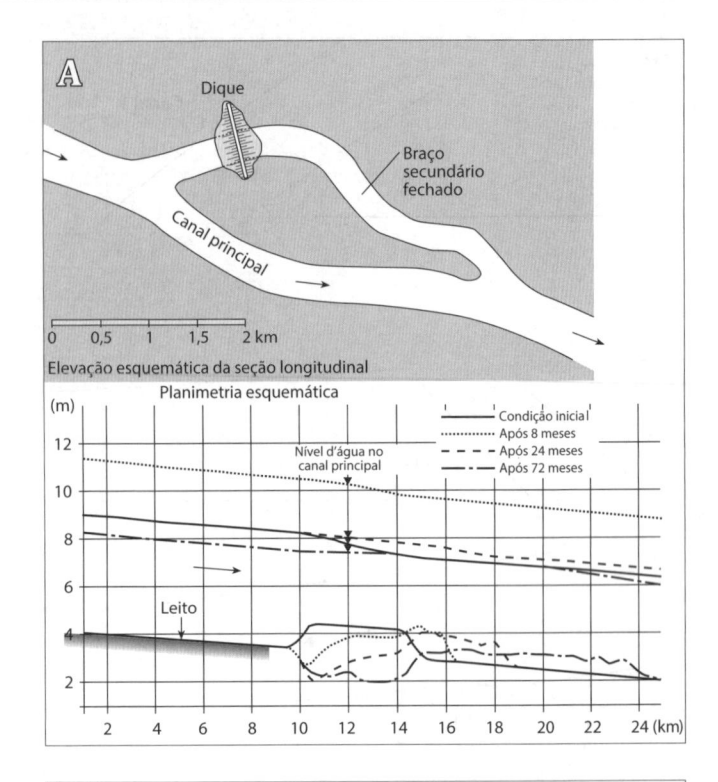

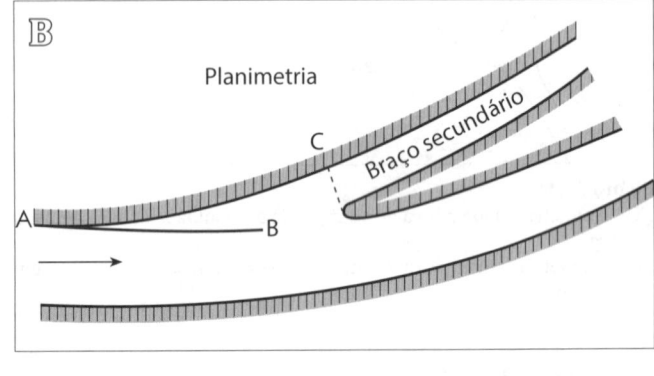

Figura 23.2
(A) Fechamento de braço secundário e variação do nível d'água e do leito com o tempo.
(B) Esquema de guia-corrente (AB) em bifurcação fluvial.
(C) Bifurcação fluvial na Ilha de Notre Dame (Paris) no Rio Sena.

Como no item anterior, nestas obras haverá incremento de tendência erosiva no canal principal, podendo vir a se depositar material em trecho a jusante onde o canal retorna a ser único.

23.2.4.2 CONFLUÊNCIA DE TRIBUTÁRIOS

Os afluentes, dependendo de seu porte, declividade e disposição da embocadura, podem criar embaraços grandes à navegação do curso principal. Em termos hidrodinâmicos, ângulos de 20° a 25° são desejáveis. Invariavelmente se formam bancos sedimentares a jusante da confluência, uma vez que a declividade do afluente em geral é maior do que o rio principal, apresentando maior capacidade de transporte. Por outro lado, o curso principal apresenta deposição de sedimentos antes da confluência em virtude da perturbação da singularidade. Nos rios de pequeno porte é necessária a dragagem para manter as profundidades, enquanto nos de maior porte há maior capacidade de autolimpeza nas águas altas. Quando o leito principal tiver sua seção limitada por diques (ver Figura 23.2(D)), as cotas de coroamento destes deverão ser elevadas no ponto de confluência, visando evitar que as águas do afluente, desembocando no rio principal, sobrelevem o nível de coroamento pela turbulência produzida.

23.2.4.3 BARRAGENS MÓVEIS

O Rio Maas, nos Países Baixos, desde a década de 1920, conta com sete barragens móveis, localizadas em Borgharen (associada à Eclusa de Maastricht e ao Juliana Canal), conforme mostrado nas Figuras 23.2(E) e 23.2(F), Linne, Roermond, Belfeld, Sambeek, Grave e Lith. As barragens móveis bloqueiam o rio para vazões abaixo de 1.200 m³/s. Para vazões superiores, os vertedores são completamente abertos, funcionando como passos navegáveis.

O Rio Reno se subdivide inicialmente em dois principais distributários do delta, o Rio Waal (2/3 da vazão) e o Neder-Rijn (1/3 da vazão). Desta última parcela 1/3 vai para o Rio IJssel, levando água doce ao IJselmeer, e 2/3 para o Rio Lek, que, na prática, é a continuação do Neder-Rijn para oeste. O Rio Waal é a principal rota das maiores embarcações para o Porto de Rotterdam, ficando o Rio Lek para embarcações menores, em função de sua menor correnteza.

O Rio Neder-Rijn e o Rio Lek dispõem de três barragens móveis localizadas em Hagestein, Amerongen e Driel, que têm importante papel no programa de gerenciamento de recursos hídricos do Rijkswaterstaat. O vertedor em Driel distribui a água para os rios Neder-Rijn, Lek e IJssel, de modo a mandar água suficiente para o IJsselmeer. Juntas, as três barragens móveis asseguram que os níveis d'água permaneçam suficientemente altos para o tráfego rápido e seguro das embarcações nos rios.

As barragens móveis do Neder-Rijn e Lek, que datam da década de 1960, dispõem das chamadas comportas visor duplas (Figuras 23.2(G) e 23.2(H)), com cada vão de 54 m para controle do escoamento para geração de energia hidrelétrica e navegação. Quando totalmente abertas

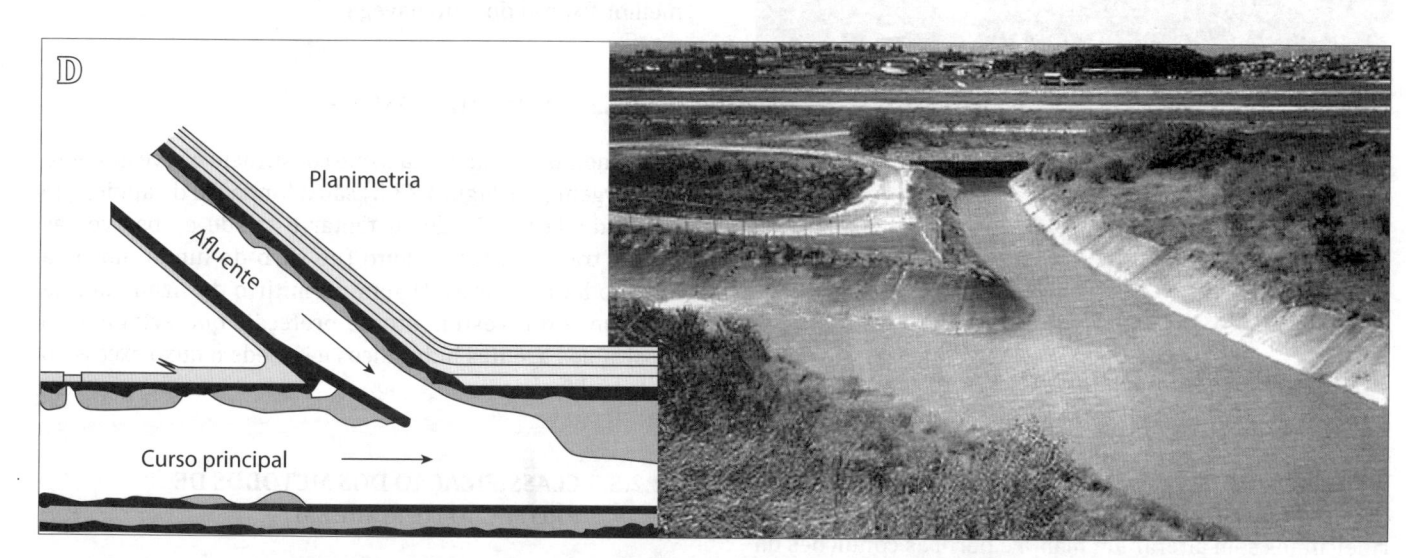

Figura 23.2
(D) Regularização de confluências (São Paulo, Estado/DAEE/SPH/CTH).
(E) Barragem móvel com passo navegável no Rio Maas em Borgharen (Países Baixos). Vista para jusante, rumo ao Juliana Canal.
(F) Barragem móvel com passo navegável no Rio Maas em Borgharen (Países Baixos). Vista para montante.

funcionam como passo navegável, sendo que o trecho curvo aponta para o Lek. O complexo dispõe da eclusa de Ossenwaard.

Figura 23.2
(G) Comportas visor duplo de Hagestein (Países Baixos), no Rio Lek, com passo navegável aberto.
(H) Comportas visor duplo de Hagestein (Países Baixos), no Rio Lek, com passo navegável fechado.

23.2.5 Obras de proteção de margens

23.2.5.1 CONSIDERAÇÕES GERAIS

A proteção das margens destina-se basicamente à sua defesa, propiciando a proteção ou estabilização dos terrenos ribeirinhos sem alterar em planta e perfil as condições da corrente livre do canal. A defesa das margens consiste na execução de obras que evitem o seu deslizamento por ação dinâmica das correntes fluviais (distribuição das tensões na margem e fundo), ou pelo solapamento produzido pela ação de vagas transversais geradas pelo vento (efeito mais importante em trechos mais largos ou lagos) ou trânsito de embarcações (esteira produzida e turbulência da hélice). Além dessas causas hidrodinâmicas, existem as originadas na redução da resistência do solo, ligadas à oscilação do lençol freático: a saturação reduz o ângulo de equilíbrio dos solos, a percolação por variação brusca do nível d'água pode produzir escorregamento de cunhas

de solo, e o arrastamento de finos (*piping*) pode favorecer a desestabilização.

A margem pode ser considerada composta pela superfície de terreno em contato direto com a água ou imediatamente acima; assim, tem-se de cima para baixo: a berma, que somente é atingida por cheias excepcionais e pode corresponder aos diques de proteção contra inundações, o talude, entre o nível de estiagem mínima e o das enchentes normais, e o pé da margem, abaixo do nível de estiagem e permanentemente submerso. Essas duas últimas porções são as mais solicitadas pelos efeitos erosivos, sobretudo, as mais inferiores de sustentação do talude. Assim, a defesa deve ser projetada com maior resistência até o nível das máximas enchentes anuais, podendo ser convenientemente aliviada para as cotas mais altas até a cota de máxima enchente e borda livre. É fato conhecido dos estudos de morfologia fluvial que as cheias de águas altas mais frequentes, com períodos de retorno entre 1 e 2 anos, são as vazões modeladoras do canal, por terem maior atuação no leito menor, comparativamente com as cheias excepcionais que extravasam em níveis mais altos.

De modo geral, as margens mais solicitadas pelas correntes são aquelas de desenvolvimento côncavo, nas quais se torna necessário mitigar a ação erosiva oriunda da força centrífuga induzida pelo escoamento.

A fixação das margens pelas obras de proteção preserva a integridade dos diques e diminui o transporte de sedimentos, reduzindo a formação de bancos de areia e propiciando melhor fixação do leito navegável.

23.2.5.2 ELEMENTOS BÁSICOS

Os elementos fundamentais que constituem o revestimento de margem (ver Figura 23.3) são a fundação de apoio, que tem a dupla função de sustentar o talude e absorver as cargas transmitidas ao leito (no caso de fundo móvel, a cota do leito é variável) sem permitir o deslizamento da margem, e o revestimento de proteção, que evita a ação erosiva dos agentes hidráulicos e impede o fluxo excessivo do lençol freático.

23.2.5.3 CLASSIFICAÇÃO DOS MÉTODOS DE PROTEÇÃO DE MARGEM

Os métodos de proteção de margem podem ser inicialmente subdivididos em:

- Métodos diretos, ou contínuos, executados sobre a margem os mais usuais. Obras desse tipo são as de adequação de um talude de sustentação mais reduzido (taludamento), vários tipos de revestimentos e redes de drenagem para redução das infiltrações.

- Métodos indiretos, ou descontínuos, consistindo em obras executadas distanciadas da margem, com o intuito de afastar a ação hidrodinâmica, sendo a solução em casos nos quais o solo não suporta intervenções.

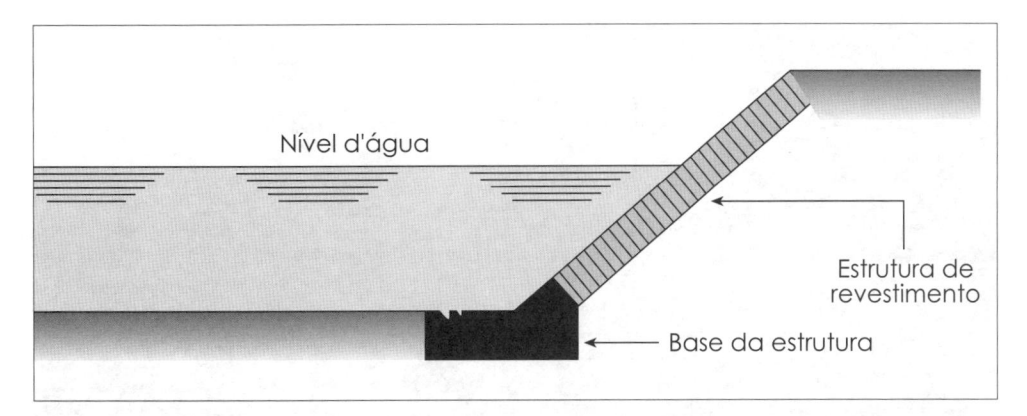

As obras de proteção de margem podem também ser subdivididas quanto à sua adaptação às condições de variabilidade morfológica do canal em:

- Obras rígidas, que proveem defesa sem produzir grandes modificações na dinâmica do escoamento.

- Obras flexíveis, indicadas nas situações de maior variabilidade da dinâmica morfológica do leito e margens, sendo indicadas obras que se adaptem a essas possíveis alterações em planta e perfil.

23.2.5.4 MÉTODOS DIRETOS

As obras de proteção contínua da margem podem ser elencadas, em ordem crescente de complexidade (entre parênteses assinalam-se indicativamente as tensões de arrastamento críticas dos diferentes revestimentos), em:

- Adequação de talude de sustentação, aplicando-se um taludamento mais abatido (até 1:3) com a horizontal e compatível com o talude de equilíbrio de solos saturados. Esta obra frequentemente é complementada, nos trechos mais solicitados pela ação das correntes nos canais, pelos revestimentos de talude, sendo inviável em áreas com margens já ocupadas, ou de alto preço dos terrenos.

- Revestimento simples por substituição com material mais resistente (ver Figura 23.4), como britas ($1,5$ kgf/m^2); leivas constituídas de plantação de placas de vegetais (2 a 3 kgf/m^2); colchões de material vegetal em faxinas

Figura 23.4
Proteção de margem com enrocamento e vegetação.
(A) No Canal Danúbio em Viena (Áustria).

Figura 23.4
Proteção de margem com enrocamento e vegetação.
(B) No Rio Ill em Strasburg (França).
(C) Revestimento de margem com proteção de pé em blocos artificiais de concreto do Rio Shogawa em Shirakawa-go (Japão).

(5 kgf/m2); revestimento com pintura asfáltica para impermeabilização e fixação dos grãos.

- Enrocamentos lançados (*riprap* variando com a maior dimensão dos blocos de 16 a 21 kgf/m2), gabiões: em igualdade de dimensões de pedra, os gabiões suportam o dobro da tensão tangencial das pedras soltas e os grandes gabiões atingem até 150 kgf/m2, entretanto, deve-se garantir a integridade da tela para que não percam sua funcionalidade; e blocos artificiais de concreto (ver Figuras 23.5 a 23.8).

- Alvenaria ciclópica em pedra seca (60 kgf/m2) ou rejuntada (60 kgf/m2) ou uso de lajotas pré-fabricadas (ver Figuras 23.9 e 23.10).

- Lajes em concreto armado (de 80 a 100 kgf/m2) ou não (60 kgf/m2), moldadas *in loco* ou pré-moldadas (ver Figura 23.11).

- Cortinas constituídas por muros de sustentação compostos por muros de gravidade (ver Figura 23.11), estacas-prancha ou paredes-diafragma atirantadas ou não.

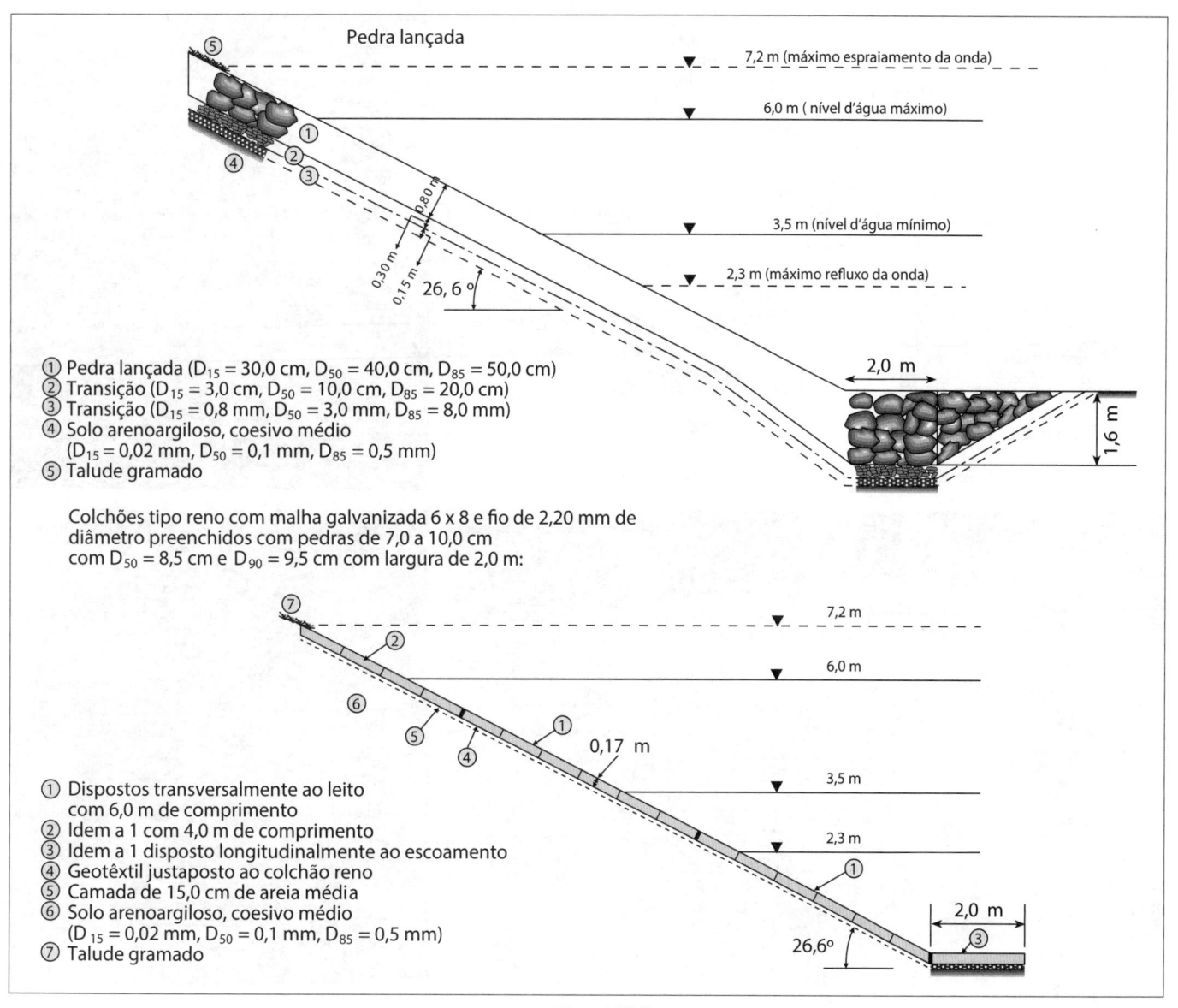

Pedra lançada

① Pedra lançada ($D_{15} = 30,0$ cm, $D_{50} = 40,0$ cm, $D_{85} = 50,0$ cm)
② Transição ($D_{15} = 3,0$ cm, $D_{50} = 10,0$ cm, $D_{85} = 20,0$ cm)
③ Transição ($D_{15} = 0,8$ mm, $D_{50} = 3,0$ mm, $D_{85} = 8,0$ mm)
④ Solo arenoargiloso, coesivo médio
  ($D_{15} = 0,02$ mm, $D_{50} = 0,1$ mm, $D_{85} = 0,5$ mm)
⑤ Talude gramado

Colchões tipo reno com malha galvanizada 6 x 8 e fio de 2,20 mm de diâmetro preenchidos com pedras de 7,0 a 10,0 cm com $D_{50} = 8,5$ cm e $D_{90} = 9,5$ cm com largura de 2,0 m:

① Dispostos transversalmente ao leito
  com 6,0 m de comprimento
② Idem a 1 com 4,0 m de comprimento
③ Idem a 1 disposto longitudinalmente ao escoamento
④ Geotêxtil justaposto ao colchão reno
⑤ Camada de 15,0 cm de areia média
⑥ Solo arenoargiloso, coesivo médio
  ($D_{15} = 0,02$ mm, $D_{50} = 0,1$ mm, $D_{85} = 0,5$ mm)
⑦ Talude gramado

Figura 23.5
Elevação de seção transversal de obra de proteção de margem em pedra lançada e gabião tipo colchão. Exemplo de projeto para hidrovia com as seguintes condições:
– Profundidade mínima: 3,5 m.
– Profundidade máxima: 6 m.
– Declividade média do leito: $4 \cdot 10^{-4}$.
– Canal largo com talude 1V:2H em solo arenoargiloso com $D_{médio} = 0,1$ mm.
– $n = 0,030$ s/m$^{1/3}$.
– Altura da onda de vento máxima: 0,4 m.
– Altura da onda pela passagem de embarcação: 0,8 m.

Ao se projetar os revestimentos, devem ser considerados os seguintes fatores:

• Estabilidade do solo com o peso suplementar da obra de proteção, segundo métodos geotécnicos.

• Prover drenagem das subpressões nos revestimentos menos drenantes e impermeáveis.

• O talude natural de enrocamentos submersos é mais suave do que nas condições emersas.

• No caso do efeito das embarcações, a estimativa da dimensão (D) dos blocos de enrocamento lançado para resistir à ação hidrodinâmica pode ser feita com as fórmulas holandesas (Laboratório de Hidráulica de Delft) pela condição mais severa entre:

– Esteira produzida:

$$D \geq \frac{\beta}{\Delta} \frac{v^2}{2g} \frac{1}{(\cos\alpha - \text{sen}\alpha)}$$

– Efeito do hélice:

$$D \geq \frac{\beta'}{\Delta} \frac{H}{(\cos\alpha - \text{sen}\alpha)}$$

Figura 23.6
(A) Tipos de gabiões para revestimento de margem.
(B) Perda de funcionalidade de gabião saco por corte do arame.
(C) Proteção de margem no Rio Douro (Portugal) com gabiões.
(D) Telas para retenção de blocos em encostas íngremes instáveis.

sendo:

- v: velocidade do escoamento mais a velocidade das correntes transversais na esteira, sendo esse efeito mais significativo em canais de baixa declividade e com a embarcação deslocando-se contra a corrente

- b: coeficiente variável de 0,7 a 1,4

- b': coeficiente variável entre 0,25 e 0,45, de acordo com a rugosidade do talude

- D: densidade relativa, equivalente a $\left(\dfrac{\gamma_s}{\gamma_a} - 1\right)$

- H: altura da onda

- g_s: peso específico do enrocamento

- g_a: peso específico da água

- g: aceleração da gravidade

- a: ângulo formado com a horizontal pelo talude

- Segundo Maynord (1999, apud PADOVEZI, 2003), é possível estimar a altura de onda máxima $H_{máx}$ produzida sobre a margem pela passagem de um comboio fluvial, como segue:

$$H_{máx} = \alpha_1\, S^{-0,33}\, (V \cdot g^{-0,5})^{2,67}$$

em que:

S: distância da margem mais próxima ao comboio (m)

V: velocidade da embarcação (m/s)

g: aceleração da gravidade em m/s^2

α_1: constante que depende do porte da embarcação, que, no caso de chatas, é 0,60.

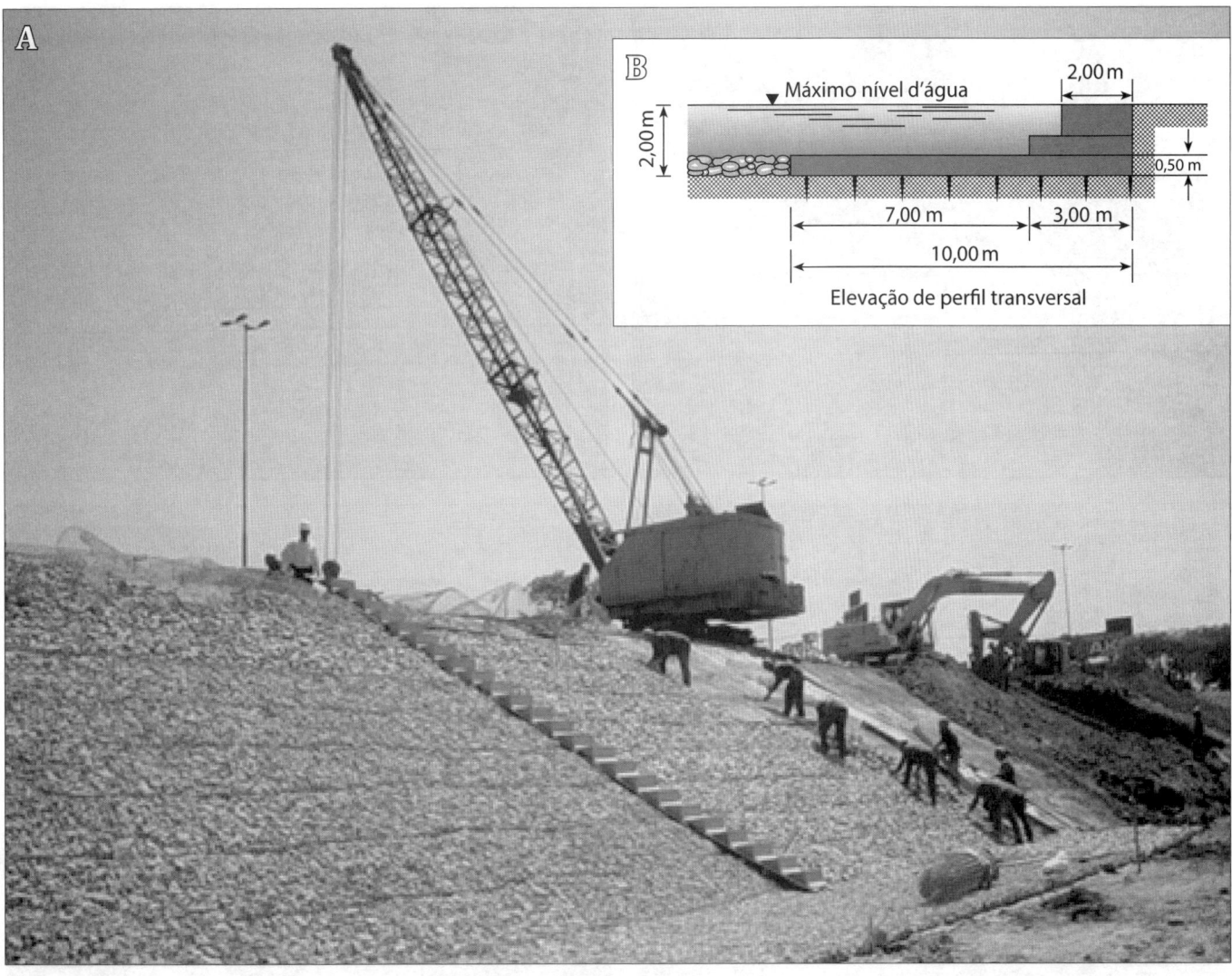

Figura 23.7
(A) Revestimento de talude com gabião tipo manta. (São Paulo, Estado/DAEE/SPH/CTH).
(B) Defesa de margem com gabião tipo caixa.

Figura 23.8
Sequência de operações para o revestimento de margem com aplicação de concreto projetado estruturado com gabiões.
(A) Escavação e preparação do talude para o revestimento.
(B) Serviços de ancoragem na parte superior do talude com utilização de gabião caixa.

Figura 23.8
Sequência de operações para o revestimento de margem com aplicação de concreto projetado estruturado com gabiões.
(C) Ligação da ancoragem com o revestimento em gabião tipo colchão.
(D) Armação das telas do gabião tipo colchão.
(E) Aplicação do geotêxtil e enchimento do gabião tipo colchão.
(F) Colocação das juntas antes da aplicação do concreto projetado.
(G) Aplicação do concreto projetado.
(H) Vista geral da obra concluída na Calha 2 no Rio Tietê em São Paulo
(SP). (São Paulo, Estado/DAEE/SPH/CTH).

Figura 23.9
Alvenaria ciclópica.
(A) Margens do Rio Mongaguá (SP).
(São Paulo, Estado/DAEE/SPH/CTH).
(B) Canais de Strasbourg (França).
(C) Rio Kamo em Kyoto (Japão).

Figura 23.9
(D) Vista em detalhe do revestimento de margem e da proteção do pé da estrutura com blocos artificiais de concreto que favorecem a formação de faxinas de vegetação. Rio Kamo em Kyoto (Japão).
(E) Revestimento e proteção de pé no Rio Miyagawa, Takayama (Japão).

- No caso de enrocamentos lançados, a faixa granulométrica em torno do peso médio definido para resistir aos agentes hidrodinâmicos deve variar de dimensões equivalentes a pesos entre 0,75 e 1,25 do peso médio para reduzir o índice de vazios e aumentar o embricamento entre os blocos (maior capacidade de absorção de energia dos agentes hidrodinâmicos), com pelo menos duas camadas de enrocamento de espessura.

- Na alvenaria ciclópica de blocos naturais arrumados, o dimensionamento é feito de maneira análoga à de enrocamentos lançados, mas com menor rugosidade, dispondo-se, no entanto, apenas uma camada de blocos e camada de transição menos espessa, pois o embricamento garante maior coeficiente de segurança.

- A proteção do pé do talude é função da erosão esperada em relação ao leito pré-existente, com um mínimo de 2 m de comprimento e três camadas de enrocamento.

- Os gabiões formam estruturas monolíticas, flexíveis e drenantes, podendo ser impermeabilizados com argamassa de cimento e areia (n de Manning da ordem de 0,013) ou mastique asfáltico (n de Manning da

Figura 23.10
Defesa de margem côncava do Rio Santo Antônio em Caraguatatuba (SP) executado com bolsacreto.

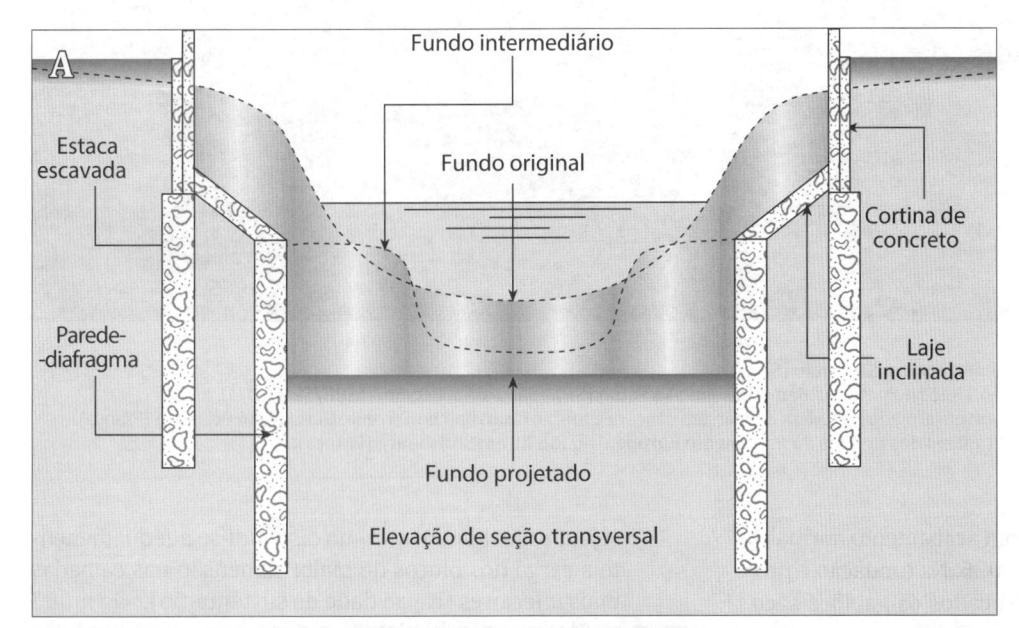

Figura 23.11
(A), (B) e (C) Elevação da seção transversal do revestimento de margens no Rio Tamanduateí em São Paulo (SP) com lajes e cortinas de concreto armado.

Figura 23.11
(D) Revestimento de margens no Rio Cabuçu de Cima em São Paulo (SP).
(E) Paredes-diafragma junto à margem do Rio Tietê na Ponte das Bandeiras em São Paulo (SP). (São Paulo, Estado/DAEE/SPH/CTH).
(F) Muro de gravidade com contrafortes em concreto armado em defesa de margem côncava e função de arrimo no Torrente Guisane em Briançon (França).
(G) Cortina de estacas-prancha contendo terrapleno dos prédios do Parlamento Europeu, no Rio Ill, em Strasbourg (França).

ordem de 0,018), sendo que, com acabamento normal, o n de Manning é da ordem de 0,025. Na fundação e proteção do pé do talude, são indicados os gabiões saco. Após a implantação do revestimento, passa a ocorrer a colmatação dos vazios das pedras contidas nas malhas por sedimentos e matéria orgânica, o que favorece a incorporação natural da estrutura à margem protegida.

- Considerando a questão da transição entre camadas e a drenagem em revestimentos permeáveis, o dimensionamento pode considerar as relações de Terzaghi:

$$5D_{15_{BASE}} < D_{15_{FILTRO}} < 5D_{85_{BASE}}$$

Com esse critério de filtro invertido para o fluxo de água da margem para o canal, as camadas filtrantes mais grosseiras situam-se no sentido do terreno natural para o canal e evita-se a perda de finos com material suficientemente grosseiro para que as forças de percolação (subpressões)

sejam reduzidas, bem como distribui-se adequadamente a carga dos blocos de maior dimensão nas camadas mais inferiores (capacidade de sustentação). São muito usadas mantas geotêxteis drenantes em substituição às camadas drenantes e de transição de menor espessura (inferiores a 10 cm), ou no caso do uso dos gabiões, devendo ser assentadas sobre lastro regularizador de areia fina a média e transição para os blocos maiores do revestimento (quando estes forem blocos superiores a 15 cm) para que o geotêxtil não se danifique.

23.2.5.5 MÉTODOS INDIRETOS

As obras de proteção descontínua da margem vêm a constituir margens artificiais, alterando em planta e perfil localmente a corrente livre do curso d'água, sendo, por isso, tratadas com maior detalhamento no item referente à regularização do leito. O afastamento da ação hidrodinâmica da margem é conseguido com a implantação de espigões, que são obras transversais à margem e nela enraizados.

23.2.6 Retificação de meandros

A correção de um percurso sinuoso de um curso d'água para fins hidroviários visa a retificação do desenvolvimento do canal, uma vez que um meandro pode representar alongamento de 10% a 20%, mas chegando a dobrar a distância navegável entre dois pontos do canal. Quanto mais acentuada for a curvatura dos meandros, maior é a sua influência no retardamento do escoamento, que poderá ser da ordem de 50%, estando o meandro muitas vezes associado à presença de vegetação ou formações sedimentares ou resistentes no leito, que induzem o curso d'água a desvio em busca de moldar o leito com menos dispêndio de energia. Assim, a retificação, muitas vezes, dobra a capacidade de escoamento das águas.

A primeira possibilidade de obras de derivação é a de corte direto e fixação das margens. Então, a abertura do canal de retificação pode ser feita na estiagem com equipamento de terraplenagem escavando a seção total prevista até o lençol freático com a área ensecada por dois diques, ou mantendo as extremidades da alça como ensecadeiras; ou dragando-se de jusante para montante. Na Figura 23.12 apresenta-se uma sequência típica de fases para retificação de um meandro, implantando-se os barramentos na sequência de alças por trechos de montante para jusante e empregando explosivos detonados de jusante para montante nos cortes sucessivos. Uma vez a água passando pelo corte aberto, implanta-se o barramento sucessivo e detona-se a carga de explosivos do corte sucessivo.

Outra possibilidade de obras de derivação consiste em escavá-la a partir de um canal-piloto de pequena seção e utilizar a capacidade de transporte da corrente, a qual depende das características de resistência geotécnicas do leito,

que será ampliado pela ação das águas. Quando o braço de derivação é mais curto que o leito natural original, como ocorre nos meandros, a declividade e, consequentemente, a velocidade do escoamento são significativamente maiores no leito artificial, produzindo-se nele erosão de tal ordem a transformá-lo em braço dominante (ver Figura 23.13).

Recomenda-se que os extremos do corte sejam alargados em cerca de 30% em uma extensão de 15% do comprimento total do corte para concordar da melhor forma possível com as margens originais.

Considerando as Figuras 23.14 e 23.15, observa-se a alteração do perfil esquemático do curso d'água com a retificação. A resposta morfológica a essa alteração do perfil consistirá em um rebaixamento do leito por erosão a montante e em um assoreamento a jusante do corte. Assim, em terrenos nos quais as sinuosidades desenvolvem-se sobre terrenos aluvionares (pouco resistentes), um corte como o mostrado na Figura 23.15 sem revestimento induzirá com o tempo o retorno à situação pré-existente. Para melhor fixar a retificação, torna-se necessário revestir o trecho do corte e a montante, bem como aterrar a alça abandonada. Este procedimento de fixação no caso de retificação por canal-piloto é fundamental iniciar previamente, de forma a garantir a posição e largura do canal projetado, a delimitação das margens por meio de enrocamento depositado em valas escavadas até o lençol freático, ou estacas-prancha cravadas, que constituirão o embrião do revestimento final.

Na Figura 23.16 apresenta-se a retificação efetuada no Rio Paraíba do Sul em Pindamonhangaba (SP).

Finalmente, cabe ressaltar que nas retificações de extensos trechos sinuosos as obras devem ser conduzidas de jusante para montante no curso d'água, uma vez que o aumento da capacidade de transporte da corrente trará para

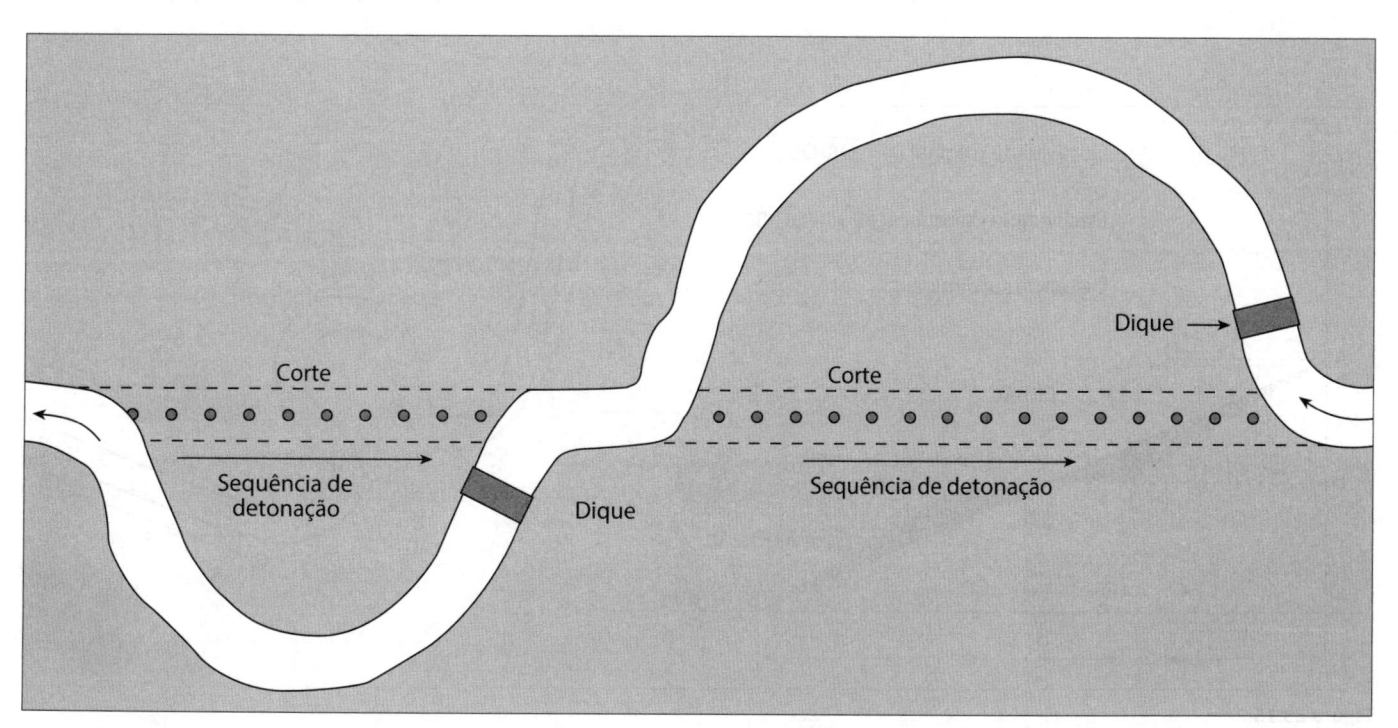

Figura 23.12
Planimetria esquemática das fases de retificação de um meandro.

Figura 23.13
Planimetria esquemática das
modificações sucessivas do perfil das
seções transversais das derivações.

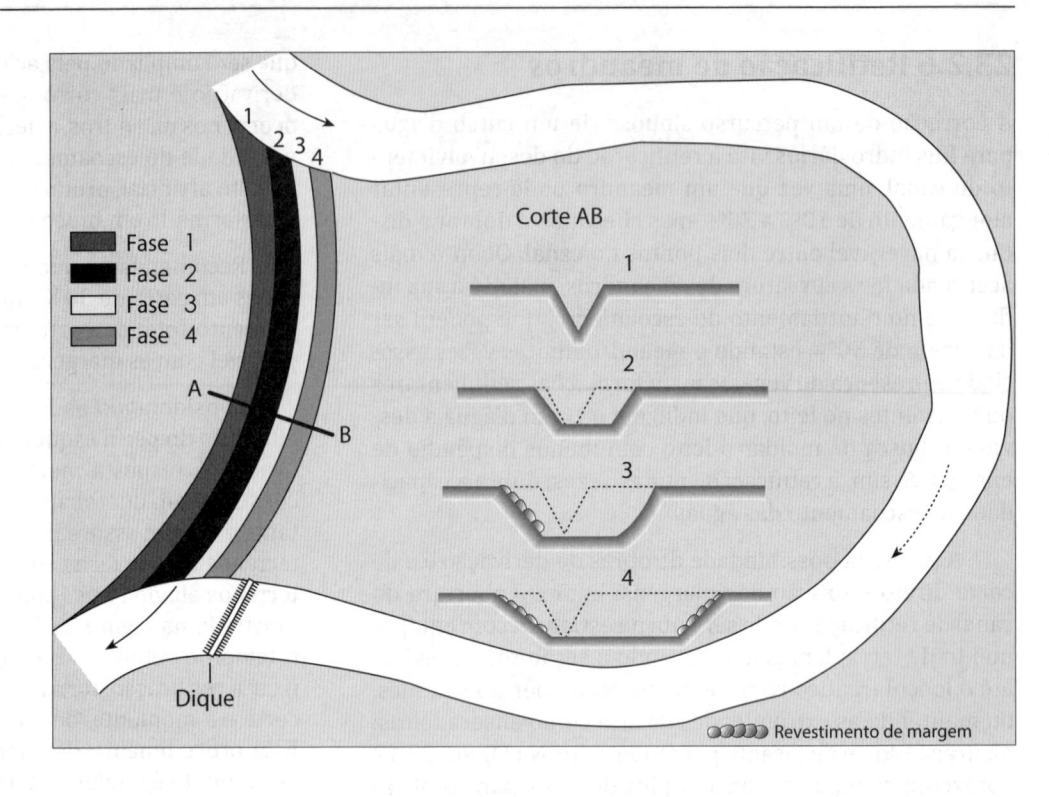

Figura 23.14
Perfil longitudinal esquemático de uma
derivação.

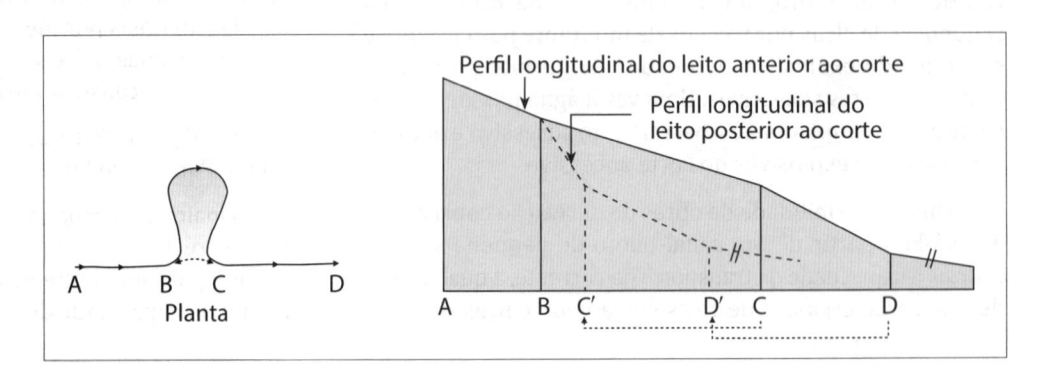

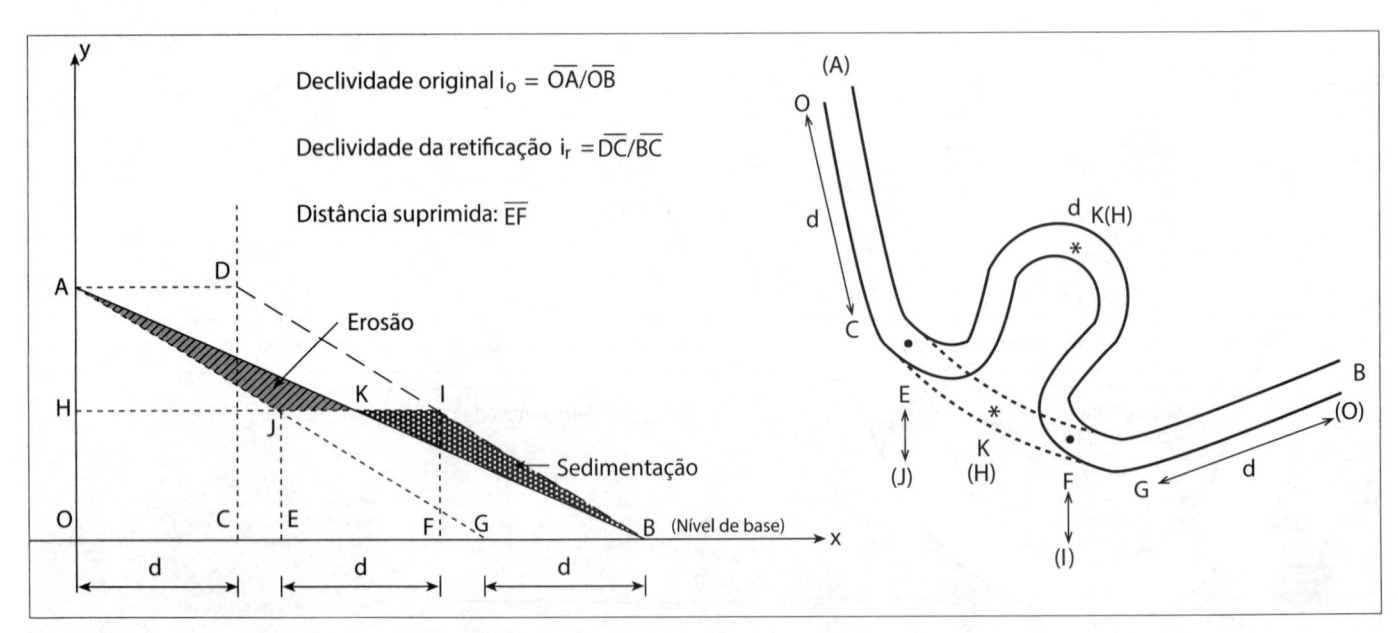

Figura 23.15
Planta e perfil longitudinal esquemáticos
de retificação de meandro.

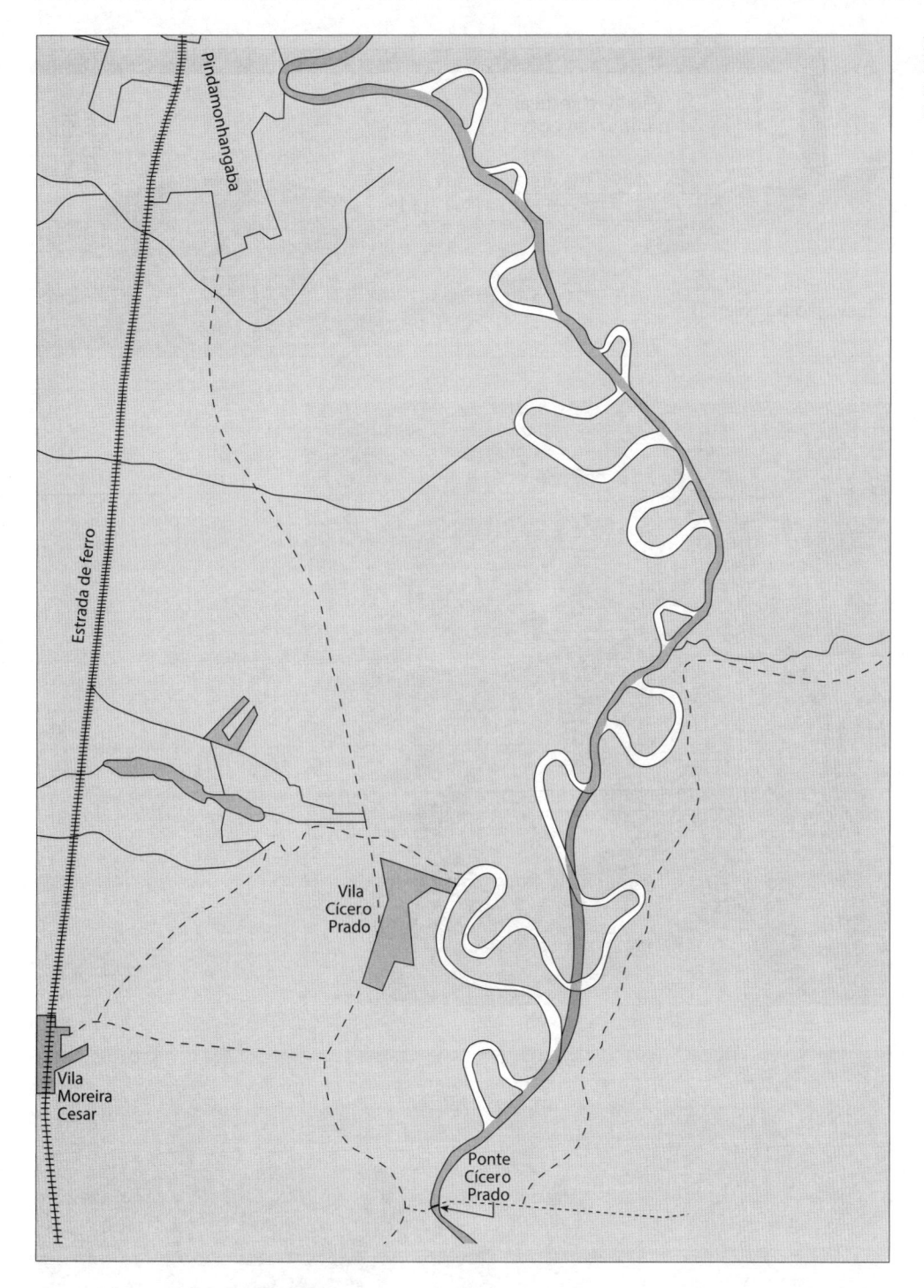

Figura 23.16
Planimetria de cortes de meandros no Rio Paraíba do Sul em Pindamonhangaba (SP).

jusante grandes volumes de sedimentos, bem como afetará a propagação das ondas de cheias.

23.2.7 Obras de proteção de pilares de pontes

23.2.7.1 CONSIDERAÇÕES GERAIS

A aresta inferior do tabuleiro de uma ponte deverá ficar em um plano de cota mínima acima do nível d'água, definindo o vão livre navegável vertical (ver Figura 23.17), conforme citado na seção 22.2.8. Sobre as obras laterais e complementares da seção transversal, a altura útil poderá ser da ordem de 3,5 m. Os vãos livres navegáveis horizontais entre as fundações dos

pilares das pontes não devem produzir estreitamento significativo da seção hidráulica, devendo ser obedecidas as recomendações citadas na seção 22.2.8, considerando a passagem de uma embarcação por vez, em razão do alto grau de complexidade da manobra. Nas Figuras 23.18 a 23.20 estão apresentados exemplos de travessias sobre hidrovias.

Com a implantação do transporte hidroviário em cursos d'água, a travessia das embarcações sob os vãos das pontes constitui-se em preocupação para a segurança da navegação. Como exemplo, apresentam-se na Tabela 23.2(A) as características das seções dos gabaritos das pontes que cruzam os rios Tietê e São José dos Dourados (SP) na Hidrovia do Rio Tietê. A Tabela 23.2(B) apresenta a relação dos

Figura 23.17
(A) Grandezas verticais da seção transversal em seções de pontes rodoferroviárias.
(B) Vista da proteção rígida da estrutura do transportador de minério contra colisões de rebocadores, no Complexo Portuário de Ponta da Madeira da Vale em São Luís (MA).
(C) Ponte levadiça sobre o Rio IJssel, em Kampen (Países Baixos), com as proteções dos pilares nos vãos centrais.

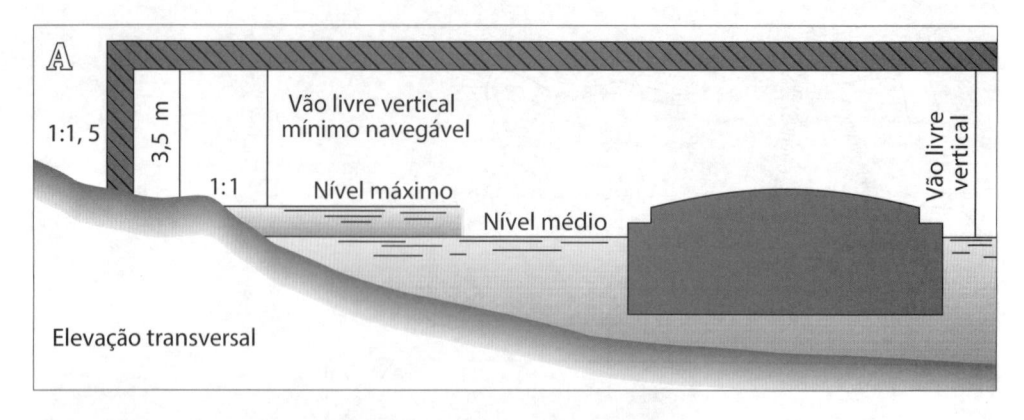

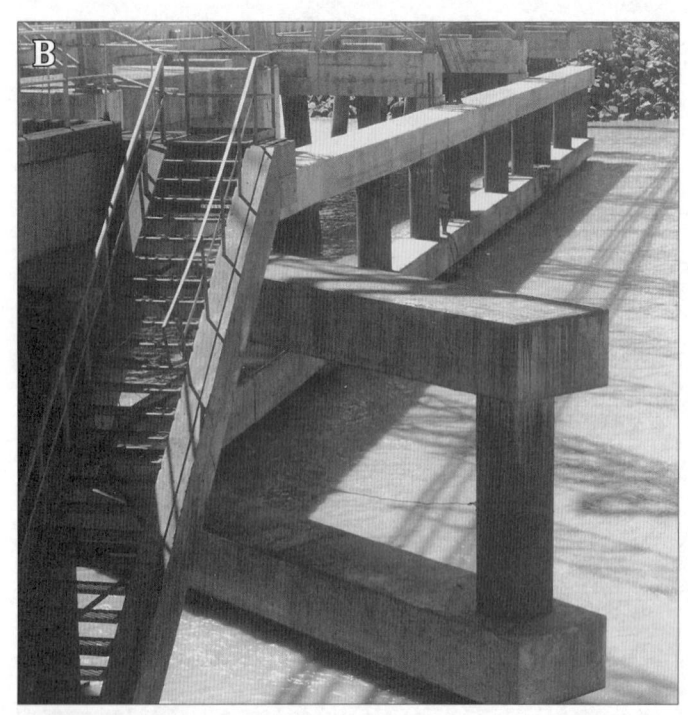

Figura 23.17
(D) Detalhe de um dos esporões de proteção dos pilares nos vãos centrais da ponte levadiça sobre o Rio IJssel em Kampen (Países Baixos).

Tabela 23.2(A)
Pontes sobre os rios Tietê e São José dos Dourados

| Ponte | Vão livre navegável (m) | | Profundidade (m) |
	Horizontal	Vertical mínimo	
SP – 147	30,30	8,78	6,50
SP – 191	83,60	7,92	5,00
SP – 255	48,23	12,38	4,00
Canal Iguaraçu	26,09	8,20	5,00
Airosa Galvão	39,95	7,20	7,00
SP – 225	40,00	7,40	10,00
SP – 333	40,00	8,00	10,00
BR – 153	40,30	8,00	3,00
SP – 425	37,00	8,50	12,00
SP – 461	39,50	10,62	3,00
SP – 463	67,09	7,03	20,00
Jacaré (paralisada)	39,50	7,41	30,00
SP – 563	50,00	8,70	40,00
Barrageiros SP – 595	38,50	7,74	11,00
SP – 595 São José Dourados	73,30		20,00

Tabela 23.2(B)
Acidentes ocorridos com pontes na Hidrovia Tietê-Paraná
(formação do comboio: L x C, onde L = linhas e C = colunas)

Ponte	Comboio	Causas	Data
SP – 333			06/94
SP – 333	2 x 2	Vento forte	09/94
SP – 425	2 x 2	Vento forte	09/94
BR – 153	2 x 2	Chuva, vento, correnteza	11/94
SP – 147	1 x 3	Correnteza forte	01/95
SP – 191 Tietê			03/95
SP – 147	1 x 2 + 1	Velocidade alta (8 nós)	10/95
SP – 463	1 x 2		10/95
BR – 153	1 x 2	Correnteza forte	01/96
SP – 595 SJD	1 x 2	Vento forte/mudança de direção	04/97
SP – 225	1 x 3	Vento forte	11/97
Santa Fé do Sul	2 x 2	Mudança de direção do vento	03/98
SP – 333			08/98
BR – 153	1 x 2	Vento e correnteza	09/98
Jacaré			01/99
SP – 463	1 x 2	Vento forte	04/99
SP – 225	1 x 2	Mudança de direção do vento	04/99
SP – 595 SJD	1 x 2		09/99
SP – 595 Tietê	2 x 3	Correnteza, baixa visibilidade	10/99

Figura 23.18
Ponte ferroviária sobre o Rio Paraguai. (São Paulo, Estado/DAEE/SPH/CTH).

Figura 23.19
Ponte ferroviária João Bosco Barbosa
sobre o Canal de Bertioga (SP).
Observar o vão móvel levadiço central
de 45 m, com 14 m de possibilidade
de elevação. A composição ferroviária
passa a 5 km/h pelo vão móvel, visando
segurança contra descarrilhamentos.

acidentes ocorridos com pontes nos cinco primeiros anos de operação da navegação de comboios. Cerca de 72% dos acidentes ocorreram com as chatas vazias, com maior área vélica exposta aos ventos, sendo que em 90% dos casos as condições ambientais eram adversas. Analisando esses acidentes, verifica-se que as causas, muitas vezes inter-relacionadas, são:

- Reduzido vão livre navegável horizontal: vãos livres navegáveis horizontais inferiores a 90 m são vulneráveis mesmo no caso de pequenas embarcações.

- Condições ambientais adversas: principalmente a correnteza de popa e ventos transversais com grande área vélica e baixa visibilidade.

- Baixa capacidade de manobrabilidade das embarcações.

Figura 23.20
(A) Ponte rodoviária Getúlio Vargas com o vão central levadiço sobre o Rio Guaiba em Porto Alegre (RS).
(B) Ponte ferroviária com o vão central levadiço no canal de São Gonçalo em Pelotas (RS).
(C) Ponte levadiça no Porto de Buenos Aires (Argentina).

- Deficiência de capacitação das tripulações: 70% das ocorrências incluem essa causa.

Muitas pontes que cruzam hidrovias não tiveram seus pilares dimensionados para colisões de embarcações, não suportando esforços laterais, com tabuleiros constituídos por vigas simplesmente apoiadas. Nesse contexto, é necessário implantar proteções não vinculadas estruturalmente aos pilares.

23.2.7.2 ALTERNATIVAS DE PROTEÇÕES

Para profundidades superiores a 7 m na Hidrovia do Rio Tietê, foi projetado, testado e instalado em várias pontes um sistema flutuante (ver Figura 23.21(A)) composto por quatro módulos metálicos com defensas de madeira e grandes bolinas, ancorados por cabos de náilon em poitas de concreto. Esse sistema apresenta elevado amortecimento hidrodinâmico e é capaz de proteger os pilares de grande parte dos riscos de abalroamentos por embarcações (VICTORIA Jr.; PADOVEZI, 2001).

Para profundidades até 6 a 7 m foram projetados e instalados na Ponte Ferroviária Airosa Galvão, na Hidrovia do Rio Tietê, dolfins de gravidade (ver Figura 23.21(B)) preenchidos com concreto e/ou agregados (VICTORIA Jr.; PADOVEZI, 2001).

23.2.7.3 ALARGAMENTO DO VÃO PRINCIPAL DE NAVEGAÇÃO

A alternativa de retirada de uma fileira de pilares, adaptando-se o tabuleiro para vencer o vão ampliado, por exemplo com estrutura metálica, vem sendo adotada e constituirá a solução definitiva em várias das pontes citadas na Tabela 23.1.

Figura 23.21
(A) Sistema flutuante de proteção de pilares de ponte com as bolinas na posição de operação.
(B) Dolfim de gravidade.

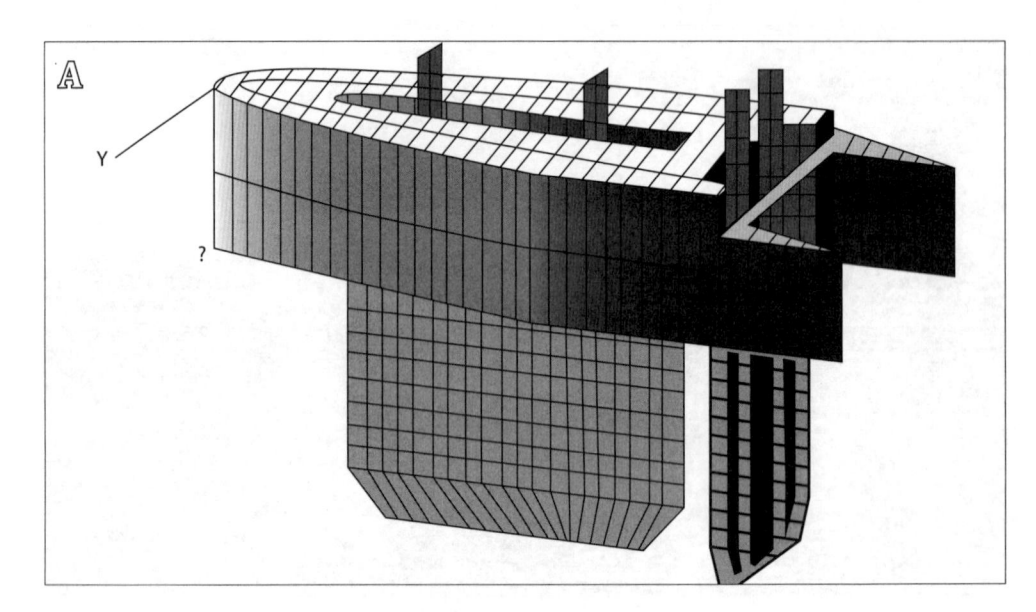

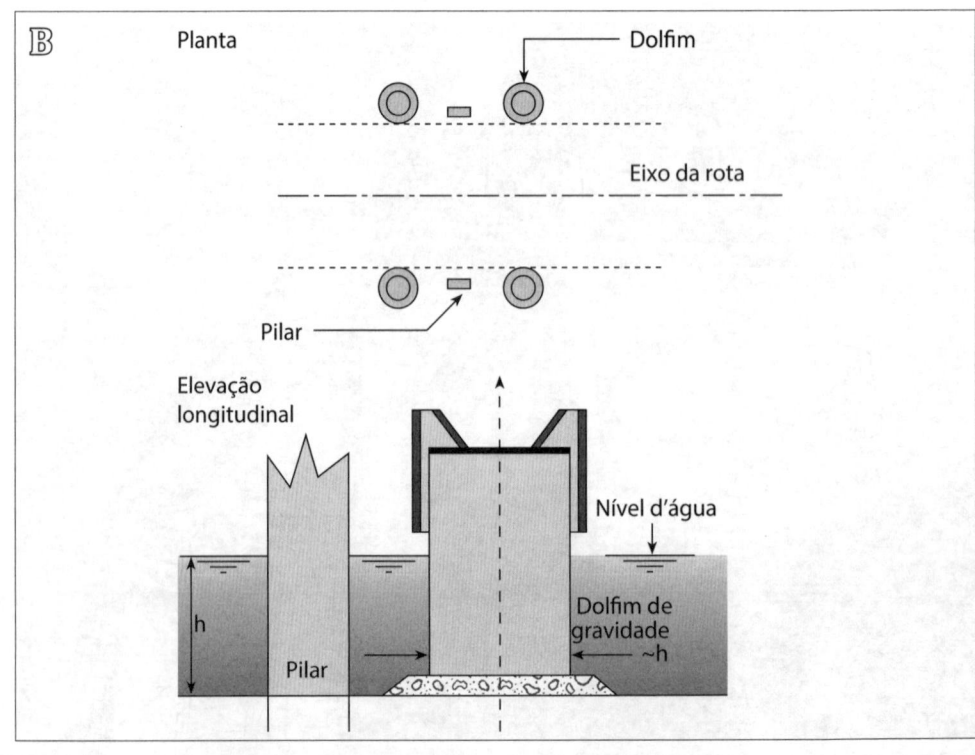

23.3 OBRAS DE REGULARIZAÇÃO DO LEITO

23.3.1 Considerações gerais

As obras de regularização do leito visando profundidade suficiente e percurso satisfatório para a navegação são efetuadas no leito menor, com o objetivo de usar a própria energia do escoamento para orientar as correntes na obtenção de um traçado específico com leito estável, atendendo gabarito geométrico especificado pelos requisitos hidroviários. É fundamental nortear o projeto dessas obras pelos princípios da Hidráulica Fluvial, compatibilizando as intervenções com as evoluções morfológicas naturais nos casos de fundo móvel.

As obras podem ser implantadas em fundo fixo (argilas compactas ou rochas), nas quais as modificações no escoamento não alteram o leito (condições atuantes muito inferiores às críticas para início de movimento), ou em fundo móvel.

As obras de regularização do leito clássicas são constituídas de diques, espigões e soleiras de fundo, complementadas por dragagens e derrocamentos.

Como exemplo de dimensões, no Canal RMD (Reno--Main-Danúbio) a seção transversal é trapezoidal com 31 m no fundo do leito e 55 m na superfície da água, com 4 metros de profundidade e inclinações das margens de 1:3.

23.3.2 Regularização em fundo fixo

23.3.2.1 PRINCÍPIOS GERAIS

A regularização em fundo fixo para melhoramento da navegação visa:

- Aumento de profundidade nas vazões mínimas.
- Controle das velocidades para valores normais entre 2 e 3 m/s e máximos de 5 m/s.
- Melhoria do traçado, por exemplo, em corredeiras.

O princípio básico da regularização é o do estreitamento das seções transversais para altear o nível d'água sem aprofundamento sensível do leito.

23.3.2.2 TIPOS DE OBRAS

As obras abrangem basicamente o confinamento das seções por diques, que são obras contínuas longitudinais (margens artificiais), ou espigões, que devem ser dimensionados quanto à estabilidade em função das vazões e níveis máximos. O dimensionamento é feito em uma primeira aproximação em regime uniforme, considerando o gabarito mínimo de navegação e as velocidades máximas, sendo posteriormente refinado com cálculo de remanso.

Frequentemente o confinamento não basta para eliminar totalmente o efeito de topos de afloramentos duros, sendo, então, necessário um derrocamento complementar dos afloramentos mais significativos. Não tendo de recorrer a um derrocamento generalizado do leito, este não é tão caro, pode fornecer material para diques e espigões e administra-se melhor a sobrelevação a montante. Assim, condições de rugosidade antes de derrocar com n de Manning em torno a 0,05 podem reduzir-se a 0,03 a 0,04, uma vez que o derrocamento regulariza a superfície do fundo.

Uma notável obra da engenharia hidráulica foi a implantação do Albert Canal, concluído em 1939, na Bélgica, que liga o Porto de Liège com o Porto da Antuérpia. Na Figura 23.22, podem ser apreciadas vistas de seu emboque montante e de um trecho nas proximidades de Maastricht. Em bons trechos, como neste a montante, a abertura do canal se deu por derrocamento, bem como trata-se de hidrovia que vem se adaptando dimensionalmente à grande demanda de cargas (mais de 50 milhões de toneladas anualmente). De fato, sua largura original no fundo era de 24 m e podia ser navegado por embarcações de até 2.000 t com calado máximo de 2,7 m. Em 1960, iniciou-se a sua ampliação, que hoje permite a navegação de comboios de empurra até 10.000 t com 3,6 m de calado.

O confinamento alteia o nível d'água, enquanto o derrocamento o rebaixa, sendo importante verificar a montante problemas de assoreamento ou geração de energia pelo remansamento.

Figura 23.22
Albert Canal (Bélgica), ligação entre o Porto de Liège e Antuérpia.
(A) Vista do emboque a montante (lado esquerdo da foto) e das estruturas das Eclusas de Lanaye.
(B) Vista em detalhe do emboque com embarcações seguindo no rumo Liège para a Antuérpia. Podem ser observados os estratos derrocados nas encostas da garganta.

Figura 23.22
Albert Canal (Bélgica), ligação entre o Porto de Liège e Antuérpia.
(C) Vista em detalhe do emboque com embarcações seguindo no rumo Liège para a Antuérpia. Podem ser observados os estratos derrocados nas encostas da garganta.
(D) Eclusas de Lanaye, visão rumo o Rio Maas e Maastricht (Países Baixos) por ocasião da conclusão da quarta e maior eclusa (2015).
(E), (F) e (G) Garganta na altura da Ponte de Vroenhoven.

23.3.3 Regularização em fundo móvel

23.3.3.1 PRINCÍPIOS GERAIS

Os canais de fundo móvel são muito largos e pouco profundos. Assim, na regularização em fundo móvel a maioria das obras no curso d'água consiste em confinar o escoamento para aprofundar o leito ou direcionar o fluxo, tendo-se o cuidado de que a sobrelevação a montante não produza assoreamento, nem que a capacidade de transporte a jusante com *deficit* sedimentar com relação à situação original ocasione erosões.

Deve-se lembrar que, para as vazões contidas no leito menor, o perfil da linha d'água acompanha as irregularidades dos fundos, situação mais importante para a navegação, pois, para as vazões mais altas, a declividade é mais próxima da média no trecho, tendendo a uniformizar-se.

As obras de definição do traçado com auxílio das obras de diques, espigões e soleiras de fundo direcionam o escoamento para se conseguir a estabilização do álveo com a própria energia hidráulica, atingindo condições atuantes ligeiramente inferiores às críticas para início de movimento. Classicamente, a implantação dessas obras é governada pelo princípio de Girardon, que recomenda o direcionamento suave do escoamento, atendendo às leis qualitativas de Fargue em planta e agindo sobre os perfis transversal e longitudinal, orientando o escoamento com obras sucessivas e atendendo aos seguintes critérios:

- Eliminação dos braços secundários, para concentrar o escoamento em um leito unificado. Com o aumento da declividade da linha de energia em um primeiro momento após o fechamento, associado à elevação do nível d'água, aumenta a tensão atuante sobre o álveo, que se alarga.

- O método de Girardon recomenda, então, a eliminação das más passagens nas inflexões do talvegue do canal, atuando sobre as soleiras formadas pelos bancos ali localizados por meio da suavização da transição do alinhamento do talvegue entre uma margem côncava e a sucessiva.

- Melhoramento do traçado em planta para se obter traçado estável

Considerando a Figura 22.20, a partir da largura normal B do canal no trecho de inflexão (em princípio, retilíneo), deve ser considerada uma transição de curvatura variável para a margem externa e a interna até atingir-se os pontos de tangência com a curva côncava e convexa, respectivamente. A variação contínua da curvatura das margens na transição é importante para garantir a continuidade necessária ao escoamento. As dimensões planimétricas citadas são médias na superfície e devem estar compatíveis com o gabarito de navegação.

- Continuidade do talvegue

Consiste na eliminação das más passagens por meio da implantação de obras de diques e espigões. Visando obter a fixação das fossas e dos bancos de inflexão dentro dos parâmetros planimétricos apresentados, utilizam-se preferencialmente diques longitudinais nas margens côncavas (eventualmente complementados por serviços de dragagens) e espigões nas margens convexas (ver Figura 23.23).

No perfil longitudinal, evitam-se grandes variações de velocidade do escoamento lançando mão de soleiras de fundo nas fossas (ver Figura 23.24), para a maior declividade da linha d'água e níveis mais elevados sobre os bancos

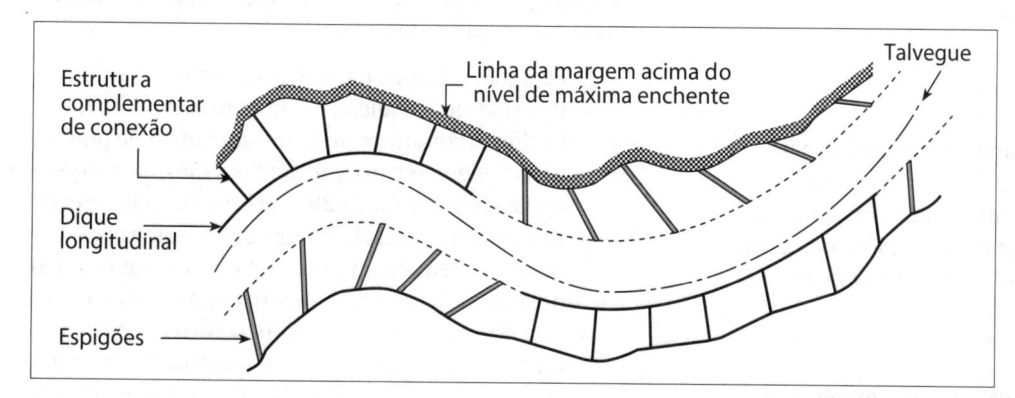

Figura 23.23
Planimetria de sistema de regularização com estruturas combinadas.

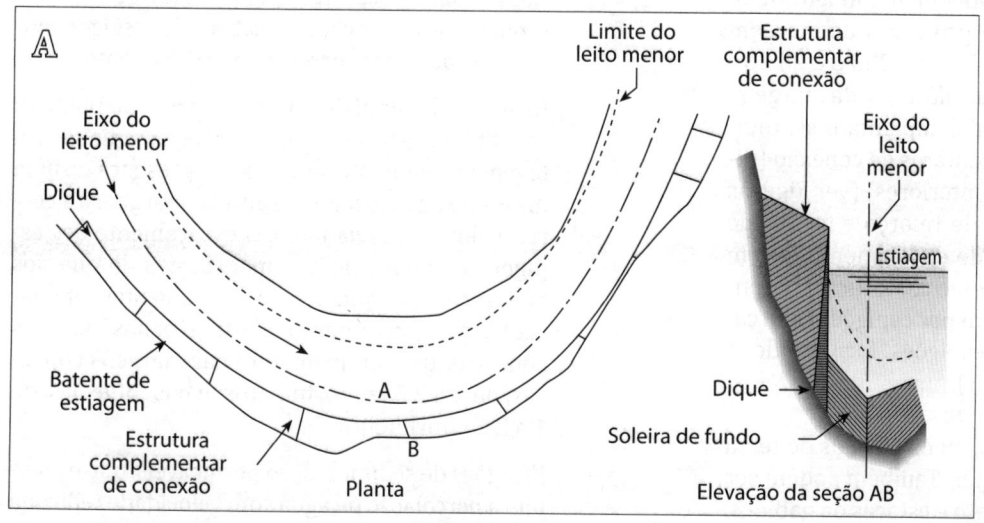

Figura 23.24
(A) Projeto integrado de regularização de curva côncava.

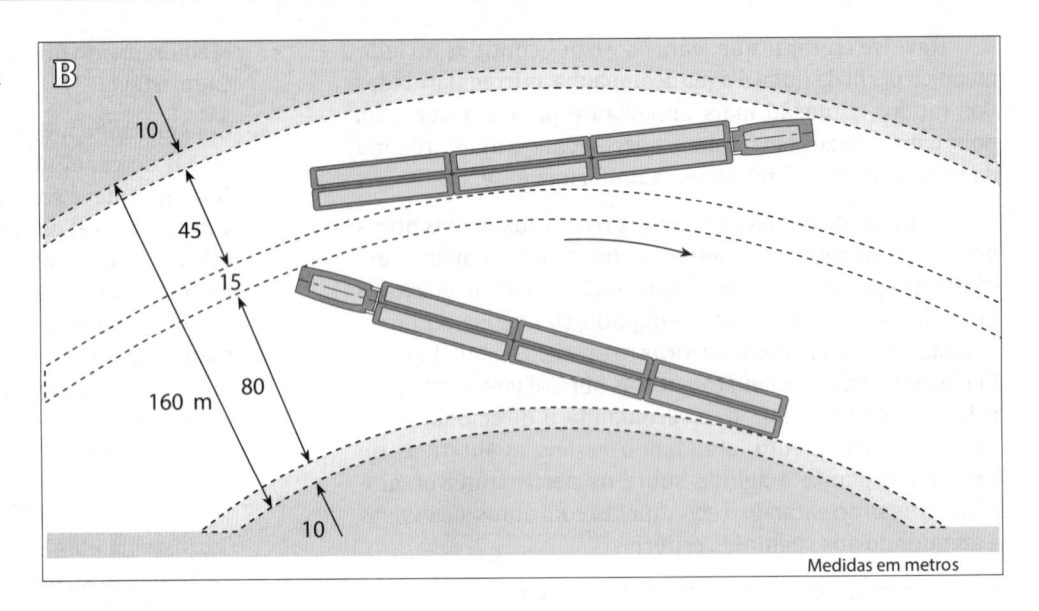

Figura 23.24
(B) Planimetria do comboio de empurra em cruzamento em curva.

nas estiagens (controles do escoamento), ao mesmo tempo em que se evitam a ação erosiva sobre as fossas nos períodos de cheia, controlando o crescimento dos bancos.

O dimensionamento é feito em uma primeira aproximação em regime uniforme, considerando o gabarito mínimo de navegação e as velocidades máximas, sendo, posteriormente, refinado com cálculo de remanso. Considerando a estabilidade das seções, as tensões atuantes devem ser ligeiramente inferiores às críticas para início de movimento, evitando-se a erosão, e garantindo-se que a sedimentação não venha a ocorrer, pois somente seria desencadeada com valores atuantes muito mais baixos.

23.3.3.2 TIPOS DE OBRAS

Nas curvas muito pronunciadas, com fossas associadas muito profundas, normalmente são utilizadas as soleiras de fundo para a estabilização das profundidades, revestimento da margem côncava com diques e espigões na margem convexa. Nas inflexões são utilizados espigões em ambas as margens.

- Diques

  Os diques são obras de desenvolvimento longitudinal ao curso d'água, constituindo proteções de margem quando aderentes a estas (ver Figuras 23.25 e 23.26). Quando o alinhamento do dique afasta-se da margem, constituindo margens artificiais, implantam-se, muitas vezes, estruturas complementares de conexão (diques transversais ou espigões interiores) (ver Figuras 23.23 e 23.24) com o intuito de reforço e facilidade construtiva. As extremidades do endicamento devem concordar com a margem segundo curvaturas coerentes, ou devem ligar-se à margem por espigões reforçados seguindo-se campo de espigões fornecendo a concordância (ver Figura 23.23).

  É muito usado o enrocamento, ou os núcleos de terra com revestimento de pedras e faxinas. Também podem ser constituídos por cortinas de concreto e estacas ou gabiões.

As vantagens desse tipo de obras consistem em: concluída, a obra já define o canal com fixação da corrente na margem côncava, não obstrução ao escoamento e adaptação às curvaturas do canal. As desvantagens desse tipo de obra são: por ser obra contínua, tem custo elevado de implantação e eventual correção de geometria, instabilidade dos taludes pela ação do escoamento, que no caso de romperem podem trazer consequências desastrosas, e lenta incorporação das margens artificiais à margem por assoreamento.

- Espigões

  Os espigões, como obras de proteção descontínua, podem ser classificados em:

  – Espigões isolados para afastamento do escoamento da margem: indicados somente em condições específicas, como a proteção de encontros de pontes, pois podem ser provocadas erosões na margem oposta (ver Figura 23.28) e escavações a jusante de sua extremidade. Na Figura 23.29 está representado, esquematicamente, o efeito de um espigão posicionado ortogonalmente a uma forte correnteza. São induzidos vórtices pela corrente principal, criando-se zonas de baixas velocidades e propícias à sedimentação. Entretanto, a ação dos vórtices produz fossas associadas à cabeça dos espigões por concentração das correntes do escoamento.

  – Espigões de repulsão impermeáveis (ou plenos): constituídos por um campo de espigões que se protegem mutuamente, induzindo a presença de uma massa de água estagnada entre a margem e a corrente fluvial, desviando-a. O espaçamento dos espigões é maior nos rios mais largos do que nos mais estreitos, adotando-se espaçamentos referenciados ao comprimento do espigão: nas margens côncavas, um comprimento; nas margens convexas, de 2 a 2,5 comprimentos; e nas inflexões, de 1 a 2 comprimentos.

  – Espigões de sedimentação permeáveis, que permitem a percolação de água com velocidade reduzida

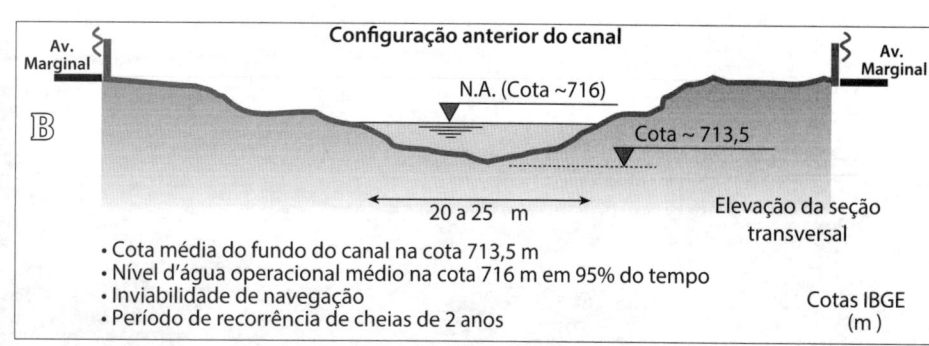

Configuração anterior do canal

N.A. (Cota ~716)

Cota ~ 713,5

20 a 25 m

Elevação da seção transversal

- Cota média do fundo do canal na cota 713,5 m
- Nível d'água operacional médio na cota 716 m em 95% do tempo
- Inviabilidade de navegação
- Período de recorrência de cheias de 2 anos

Cotas IBGE (m)

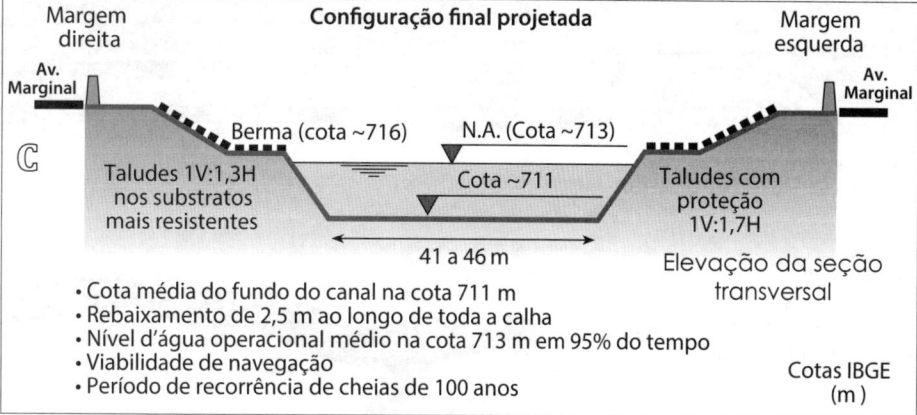

Margem direita

Configuração final projetada

Margem esquerda

Berma (cota ~716)

N.A. (Cota ~713)

Taludes 1V:1,3H nos substratos mais resistentes

Cota ~711

Taludes com proteção 1V:1,7H

41 a 46 m

Elevação da seção transversal

- Cota média do fundo do canal na cota 711 m
- Rebaixamento de 2,5 m ao longo de toda a calha
- Nível d'água operacional médio na cota 713 m em 95% do tempo
- Viabilidade de navegação
- Período de recorrência de cheias de 100 anos

Cotas IBGE (m)

Figura 23.25
(A) Obra de retificação do Rio Tietê em Osasco. (B), (C), (D) e (E) Obra de rebaixamento da calha do Rio Tietê – Fase 2 – em São Paulo (SP). (São Paulo, Estado/DAEE/SPH/CTH).

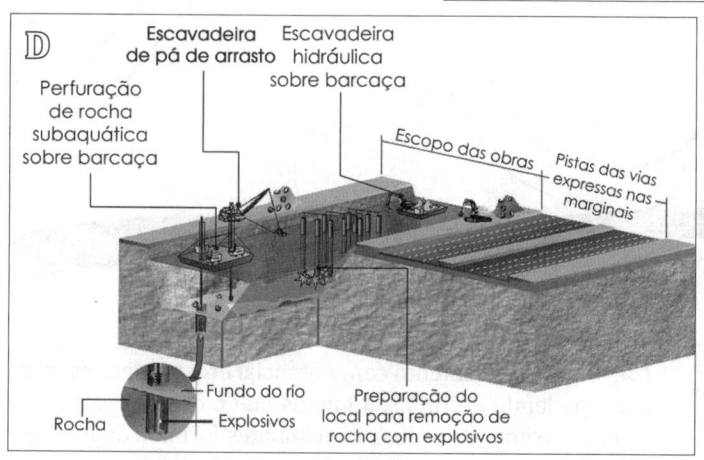

Figura 23.26
Vista aérea da obra de regularização do leito do Rio Cabuçu de Cima em São Paulo (SP). (São Paulo, Estado/DAEE/SPH/CTH).

Figura 23.27
Diques de muralha de gravidade no Torrente Bidente (Itália).

Figura 23.28
Planimetria esquemática da representação gráfica da corrente refletida por um espigão.

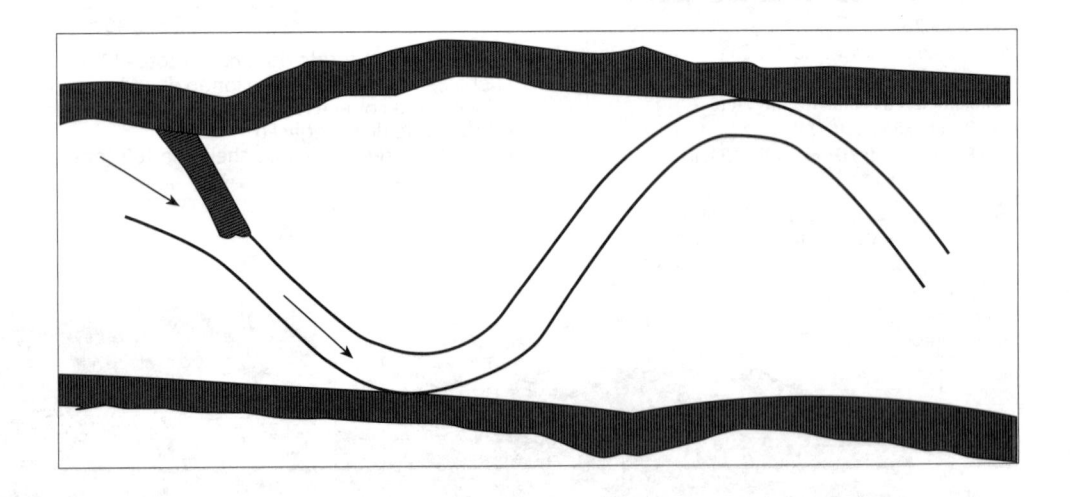

para favorecer a sedimentação do transporte sólido em suspensão, implantados em série para favorecer o depósito de sedimentos sobre a margem visando protegê-la. São eficazes em rios com elevado transporte sólido em suspensão. Buscando-se reduzir o forte efeito de descolamento das correntes nas extremidades, devem ser de comprimento reduzido e com sua crista declinando da margem para o canal, vindo a ser prolongados à medida que a sedimentação da margem se ampliar.

Todos os sedimentos acumulados nas áreas de sombra dos espigões originam-se das fossas associadas à extremidade dos espigões. Na Figura 23.30 estão apresentados esquematicamente os fluxos hidrossedimentológicos em uma célula de um campo de espigões, correspondendo o caminhamento ab ao da condição de águas baixas, e o ac, ao de águas altas (ver Figura 23.31).

Os espigões podem ser classificados, de acordo com a direção que formam com o escoamento principal do curso d'água (ver Figura 23.32), em: normais (utilizados nas curvas ou em trechos flúvio-marítimos sujeitos a correntes alternativas), inclinantes ou divergentes e declinantes ou convergentes. A última disposição somente deve ser adotada em circunstâncias específicas, uma vez que tem a tendência a convergir o escoamento com potencial erosivo para as margens, podendo erodi-las, a menos que o espigão sucessivo esteja próximo. Os espigões inclinantes formam ângulos de 10° a 30° com a normal da margem, guiando o escoamento para se concentrar no centro do canal (ver Figura 23.33).

Considerando a terminologia apresentada na Figura 23.34, as dimensões geométricas do talude ou aba, cota e declividade do coroamento dependem dos materiais que compõem a obra. Os espigões são normalmente mergulhantes da raiz para o canal, visando reduzir seu impacto de interferência no escoamento principal. O cabeço deve estar submerso em cheias ordinárias, recomendando-se manter a cota da raiz no nível médio do rio e a cota da cabeça inferior ao nível de estiagem (KLUMP; BAIRD, apud TOMAS, 1992). Correspondendo à declividades de 1:20 a 1:200. A declividade do talude do cabeço deve variar entre 1:4 e 1:2, e a dos taludes laterais do corpo do espigão, entre 1:1,5 e 1:3,0 (mais suave a jusante).

A distância entre os cabeços de espigões opostos deve ser ajustada de modo que ambos influam na mesma intensidade sobre o escoamento, caso contrário poderá ocorrer deflexão da posição central, o que poderá vir a concentrar corrente erosiva sobre outros espigões ou a margem oposta (ver Figura 23.35). Recomenda-se que a distância entre o eixo do canal principal e a nova margem

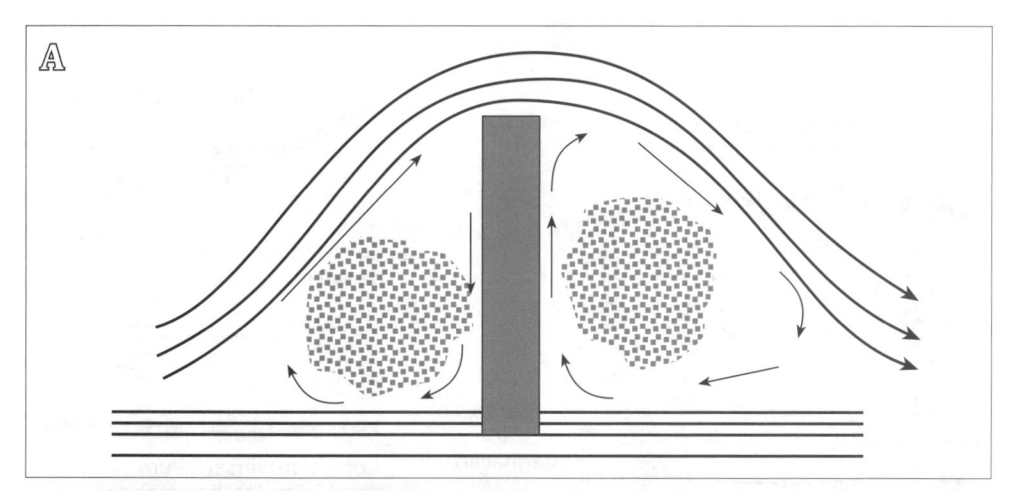

Figura 23.29
(A) Planimetria esquemática da representação esquemática do comportamento de uma corrente fluida em decorrência de sua interceptação por um espigão.
(B) Proteção de margem côncava com espigão de placas de pedras argamassadas no Rio Shogawa em Shirakawago (Japão).

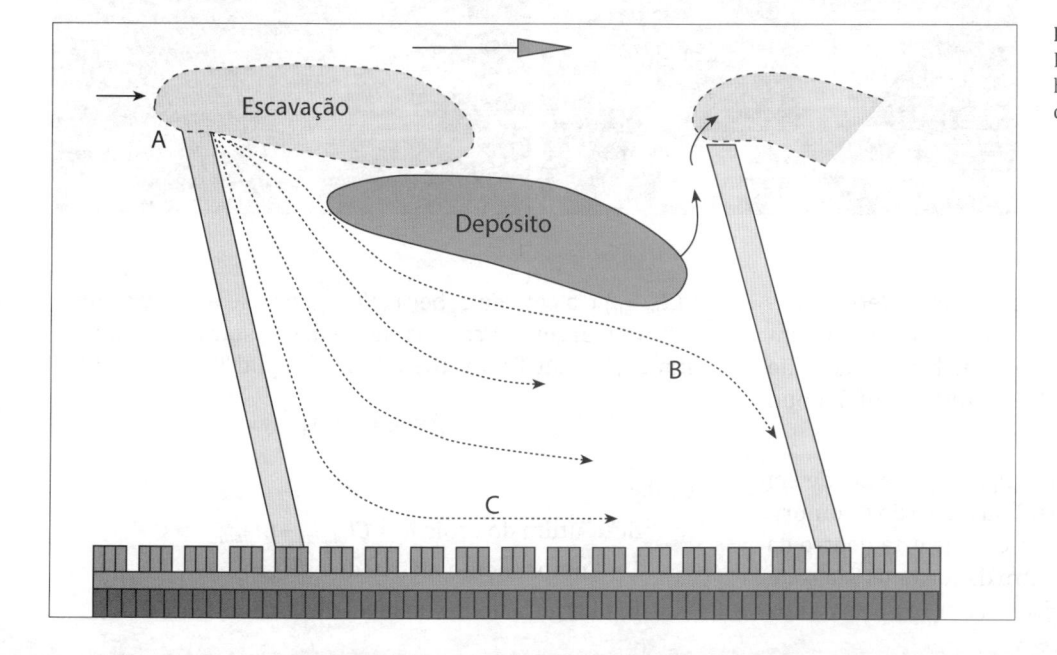

Figura 23.30
Planimetria do esquema da mecânica hidrossedimentológica de uma célula de um campo de espigões.

Figura 23.31
Comportamento hidrossedimentológico de uma célula de um campo de espigões em período de enchente.

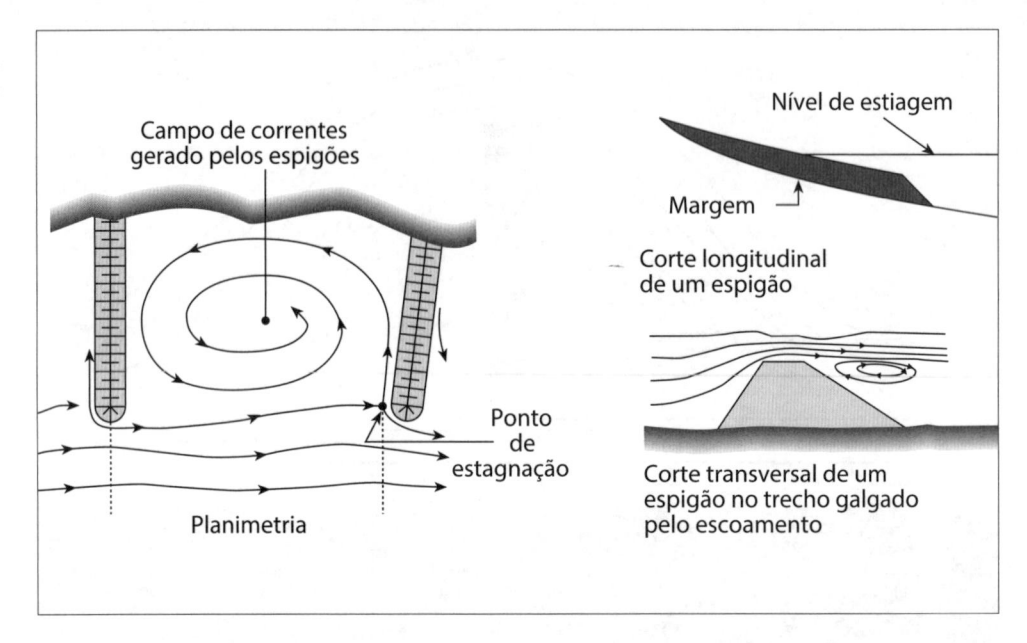

Figura 23.32
Planimetria da classificação de espigões segundo sua direção com o escoamento.

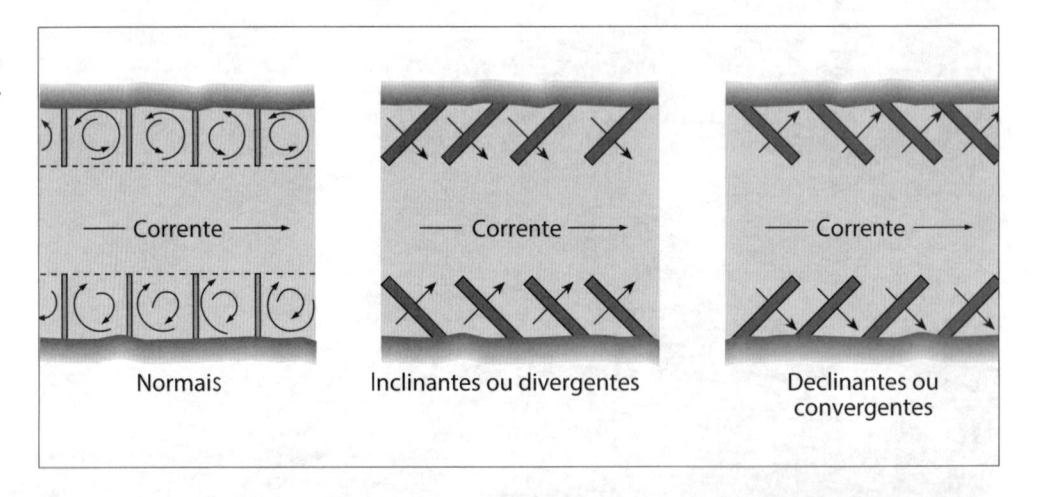

Figura 23.33
(A) e (B) Esquema de um conjunto de espigões em defesa de margem côncava. (São Paulo, Estado/DAEE/SPH/CTH).

(que passa pelas cabeças dos espigões) considere a finalidade do espigão. Para proteção de margens é recomendado o valor no máximo de B/4, onde B é a largura da seção do rio com nível d'água médio (COPELAND, 1983, apud TOMAS, 2014).

O comprimento total de um espigão (L_T) se divide em comprimento de enraizamento (L_e) ou cravação e comprimento efetivo (L). A primeira parte é a que está dentro da margem e a segunda a que está dentro da corrente. Seu comprimento varia de acordo com a distância entre a cota da raiz ($Ct_{inicial}$) e a cota da cabeça (Ct_{final}), que se encontra sobre a nova margem. O comprimento deve estar dentro de um limite (PRAMOD; RAVINDRA, 2012, apud TOMAS, 2014):

$$\Delta Ct \leq L \leq B/4$$

Onde:

ΔCt: Altura do espigão = $Ct_{inicial} - Ct_{final}$

L = Comprimento efetivo do espigão

B = Largura do rio no nível médio.

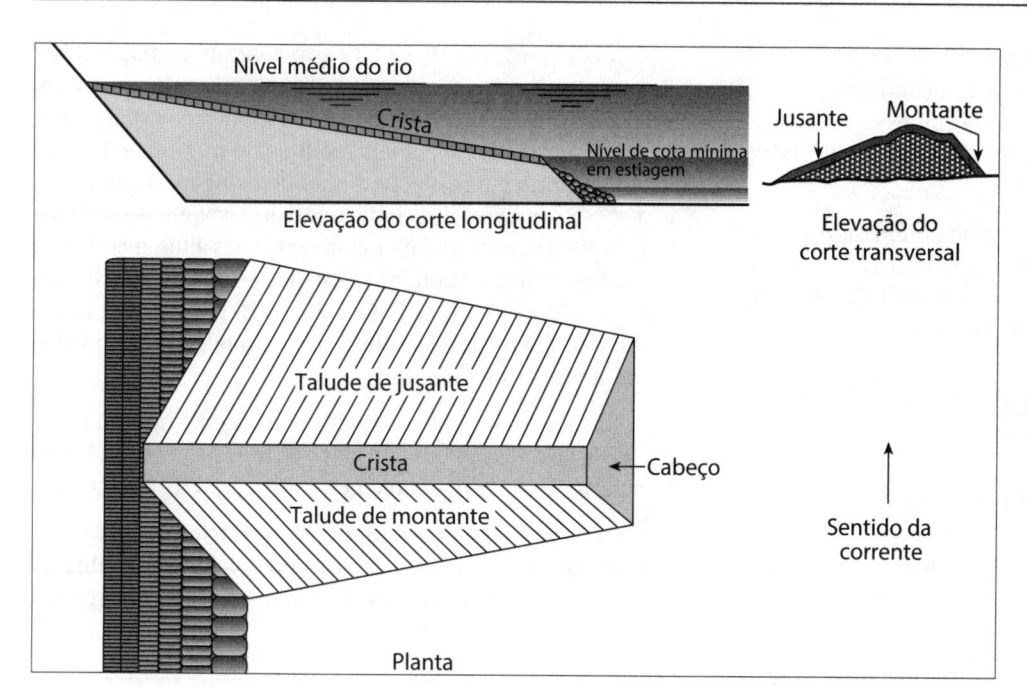

Figura 23.34
Terminologia relativa aos espigões.

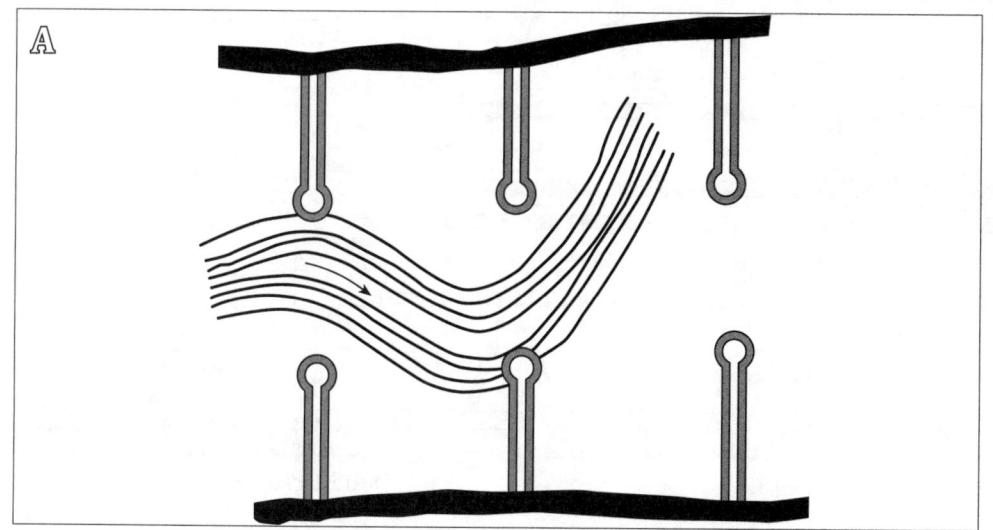

Figura 23.35
(A) Planimetria esquemática da distribuição da corrente em um campo de espigões com deflexão da posição central.
(B) Parâmetros para o dimensionamento de um espigão fluvial em elevação da seção transversal.

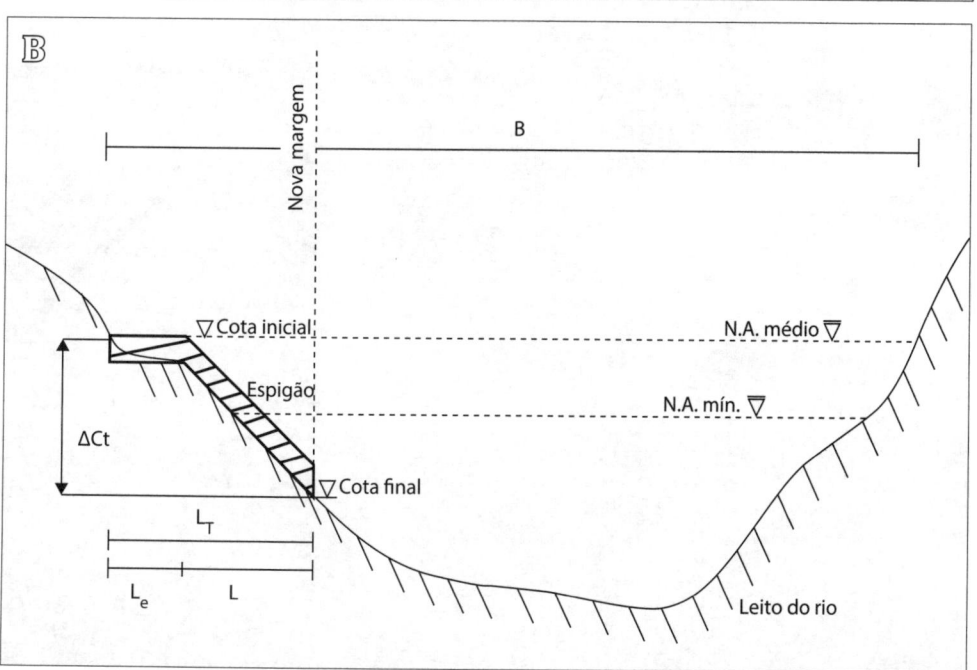

Os espigões podem ser construídos sem ter comprimento de enraizamento, por medida de economia, porém, quando não se pode correr o risco de um espigão falhar, este comprimento deve ser no mínimo de L/4 (KLUMP; BAIRD, 1992, apud TOMAS, 2014).

O espaçamento (s) entre os espigões tem sido geralmente relacionado ao seu comprimento efetivo (L). Recomenda-se que a relação esteja dentro do intervalo (PRAMOD; RAVINDRA, 2012, apud TOMAS, 2014):

$$1,5 \leq s/L \leq 5$$

A proporção de comprimento do espigão em relação ao espaçamento necessário para promover a proteção das margens é menor do que o requerido para os canais de navegação (TOMAS, 2014).

Nas Figuras 23.36 e 23.37 apresentam-se disposições de campos de espigões em trechos retilíneo e em curva. Na Figura 23.36(A), o valor de b corresponde ao espaçamento horizontal entre os níveis médio e de mínima estiagem interceptando o desenvolvimento do espigão. O campo de espigões promove o direcionamento do escoamento do fluxo d'água em águas baixas, enquanto em águas altas, nas cheias, as embarcações podem navegar por sobre os trechos do campo de espigões (ver Figura 23.36(B)). Na Figura 23.37 a linha de fluxo corresponde à linha do talvegue, e o valor de ac corresponde a $2ab$.

Nas Figuras 23.36, pode-se ver a importância da realização de ensaios em modelo físico de fundo móvel, ou fundo fixo para otimizar o arranjo geral do campo de espigões.

Os espigões plenos podem ter seu núcleo de terra protegido por enrocamento, gabiões ou colchões ou rolos de faxinas com terra ou pedras, devendo ser mais robustos do

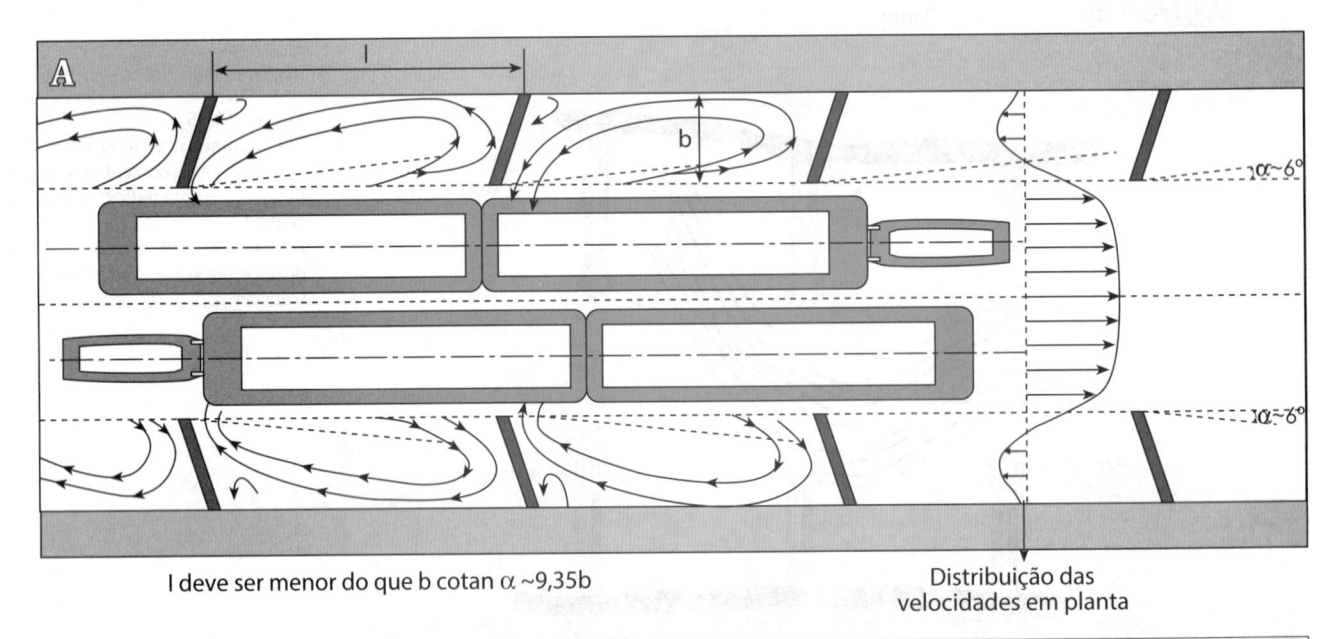

l deve ser menor do que b cotan $\alpha \sim 9,35b$

Distribuição das velocidades em planta

Figura 23.36
(A) Planimetria esquemática do comportamento da corrente fluida entre espigões inclinantes.
(B) Navegação em águas altas por sobre os espigões.

Figura 23.36
(C) Resultado final de ensaio, em modelo físico de fundo móvel, de campos de espigões em ambas as margens do Rio Waal, em Nijmegen (Países Baixos).
(D) Fotografia da mesma região estudada em (C).
(E) Resultado final de ensaio, em modelo físico de fundo móvel, de campos de espigões em ambas as margens em uma curva do Rio Waal, em Nijmegen (Países Baixos).
(F) Fotografia da mesma região estudada em (E).
(G) Fotografia da mesma região estudada em (E).
(H) Ensaio com fundo móvel em andamento em modelo físico da bifurcação dos campos de espigões em ambas as margens do Rio Neder-Rijn e na margem convexa do Rio IJssel (Países Baixos).
(I) Vista de campo de espigões em trecho retilíneo do Rio IJssel (Países Baixos).
(J) Ensaio de fundo móvel em andamento em modelo físico para estudo do comportamento de um campo de espigões em uma margem fluvial.
(K) Ensaio de fundo móvel em andamento em modelo físico para estudo do comportamento de campos de espigões em ambas as margens de um rio.

Figura 23.36
(L) Em primeiro plano margem do Rio Waal, próximo à cidade de Nijmegen (Países Baixos), com um campo de espigões e a margem oposta com diques destacados.
(M) Margem do Rio Waal, próximo à cidade de Nijmegen (Países Baixos), com um campo de espigões.

Figura 23.37
Planimetria da distribuição dos elementos de um campo de espigões em curva.

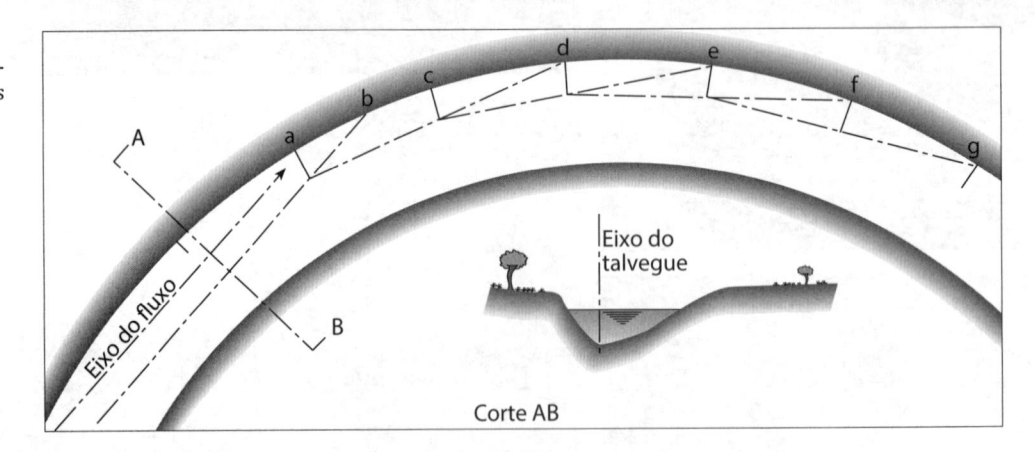

que os permeáveis, pois estão sujeitos a fortes correntes. Os espigões permeáveis utilizam, normalmente, como materiais, cascalho, enrocamento, faxinas e gabiões (ver Figuras 23.38 a 23.40).

Tanto o cabeço como a raiz do espigão devem ser protegidos da erosão, visando evitar, respectivamente, o flanqueamento nas cheias e o solapamento do pé da obra, sendo executados revestimentos especiais em enrocamento da margem e tapete de fundo (ver Figuras 23.39 e 23.40).

As vantagens desse tipo de obras comparativamente aos diques consistem em: custo mais reduzido de implantação, embora requeiram trabalhos contínuos de manutenção, facilidade de correção da geometria de implantação, menores riscos à margem em caso de danos às estruturas, e maior flexibilidade de atuação em regularizações em andamento e/ou com insuficiente informação do regime hidrossedimentológico. As desvantagens desse tipo de obra comparativamente aos diques são: divagação do leito entre os espigões nas águas baixas, não apropriados para fixação

Figura 23.38
Tipos de composição de seções transversais de espigões com blocos naturais.

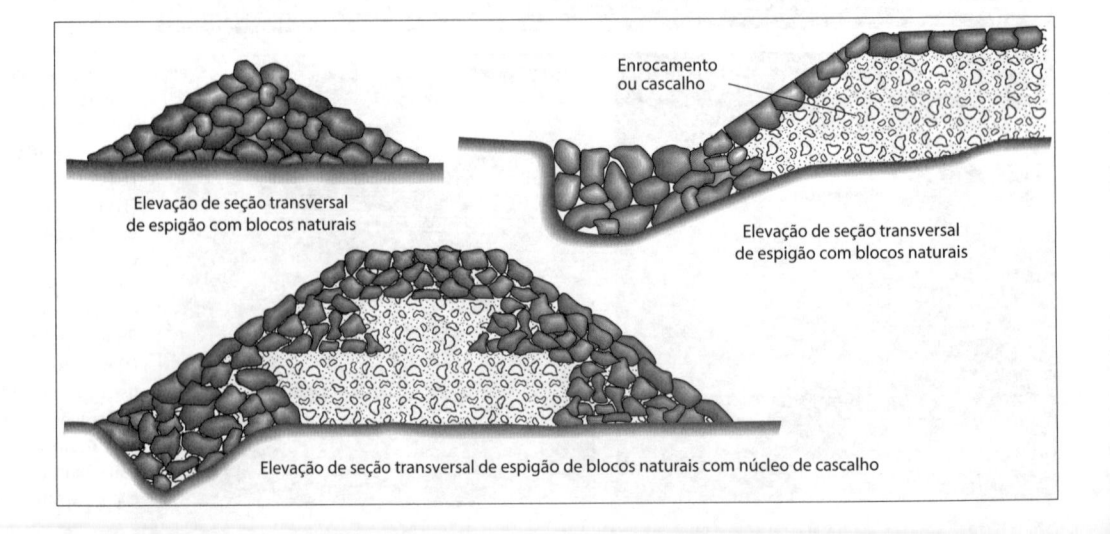

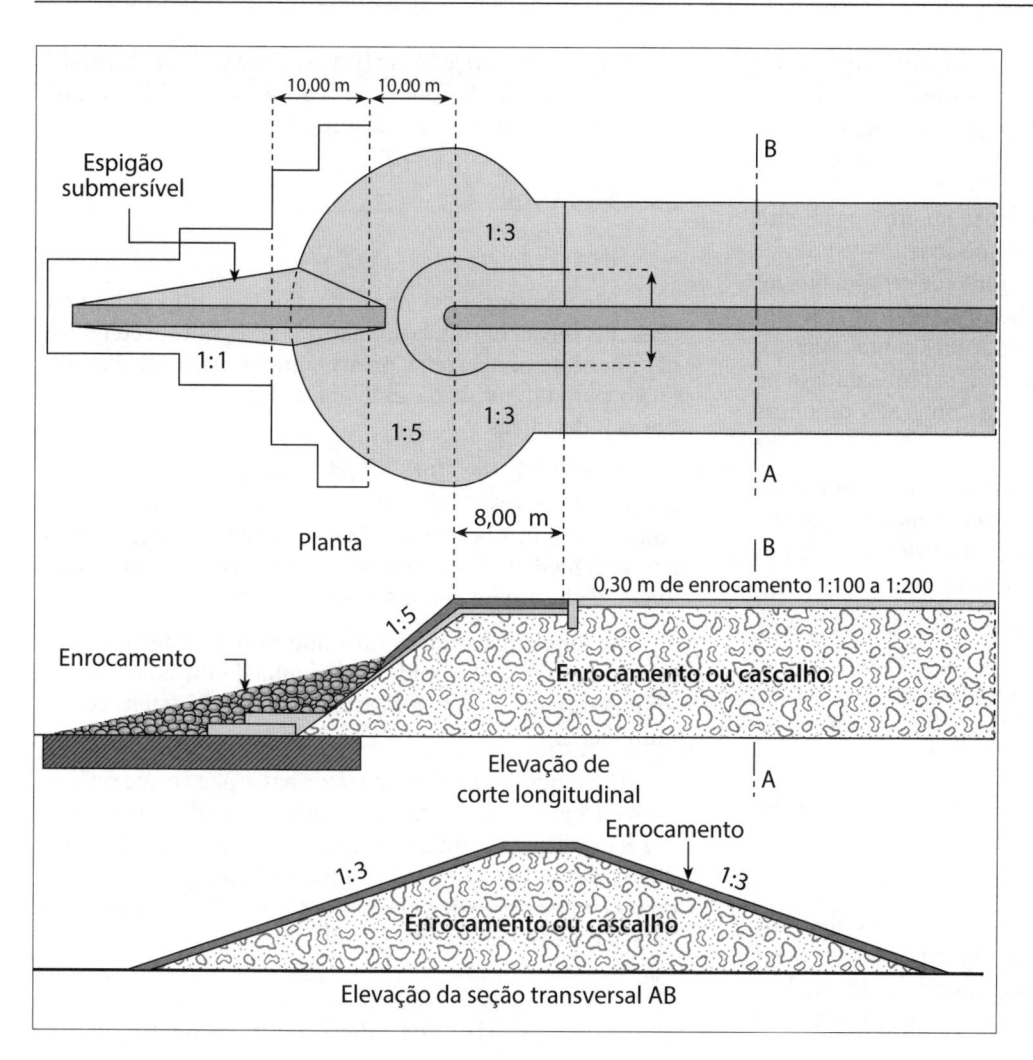

Figura 23.39
Espigão submerso para regularização do leito menor.

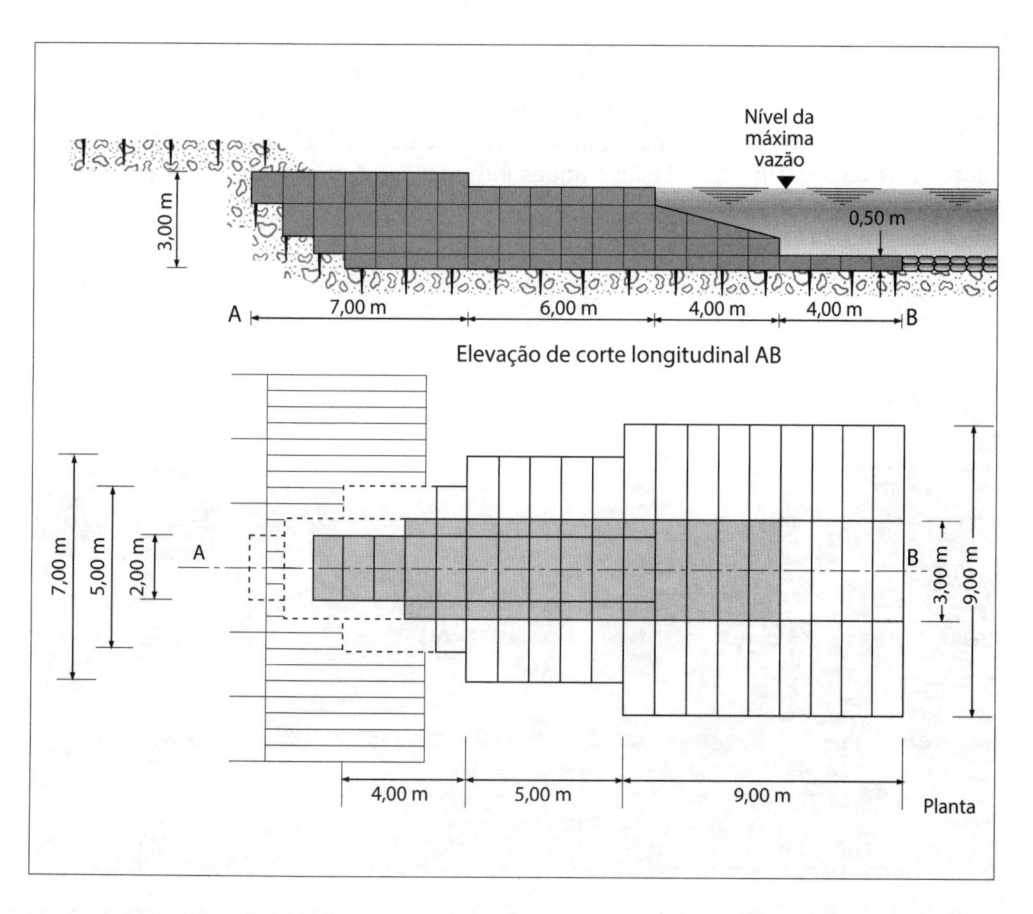

Figura 23.40
Locação de espigões de gabiões em margem fluvial.

da margem côncava, obstrução ao escoamento no período em que a margem ainda não estiver sedimentada pela lentidão desse processo, e maior perigo para a navegação.

- Soleiras de fundo

As soleiras de fundo constituem-se no prolongamento dos diques ou espigões sempre que ao leito tiver de ser imposta condição superior ao limite de erosão, funcionando como proteção de pé das proteções de margem contra a ação do escoamento, porque, muitas vezes, é necessário prover a fixação do fundo, protegendo-o de novos aprofundamentos, após a conclusão de obras de estreitamento da seção.

As soleiras passam a exercer um controle sobre o escoamento, remansando as águas para montante e promovendo a suavização de trechos de declividade irregular por sedimentação (ver Figura 23.41).

A largura da soleira no coroamento varia de 1 a 2 m, os taludes a montante, de 1:1 a 1:2, e os de jusante, de 1:2 a 1:4, devendo o coroamento apresentar inclinações suaves (1:10 a 1:40) voltadas para o eixo do canal.

As soleiras podem ser de enrocamento, ou faxinas de diferentes tipos e materiais.

- Estruturas combinadas

Procurando aliar as vantagens de cada tipo de obra, é prática comum nas obras de regularização associar os diferentes tipos. Assim, nas Figuras 23.23, 23.24 e 23.42 a 23.43 são apresentadas obras que são exemplo dessa concepção.

- Proteção de taludes em áreas de reservatórios de barragens

Em grandes reservatórios de barragens podem formar-se ondas de relativa magnitude, como se observa na Figura 23.44, referente a agitação ocorrida na UHE Engenheiro Sérgio Motta (Porto Primavera) no Rio Paraná, na qual as ondas podem atingir valores máximos próximos a 2 m para fins de projeto.

23.3.3.3 DIQUES

- Generalidades

Pela relevância das obras de diques contra as inundações nas terras baixas, pelo mar ou pelos rios, pretende-se detalhar este tipo de obra, principalmente com a fundamentação paradigmática da excelência dos Países Baixos nas obras hidráulicas.

Dijk, *Dyck*, *Dyc*, *Diik* e *Dick* são palavras holandesas derivadas de *dijk*. Assim como a palavra inglesa *dike*, elas compartilham sua etimologia com o verbo *to dig* (cavar). No latim medieval há várias palavras para *dike*: *diccus*, *dicus*, *dika* e *diche*, assim como o verbo *diccare*.

Ao longo dos anos, muitos nomes diferentes têm sido usados para diques e ainda não há uma definição uniforme. Muitos os consideram somente barreiras de defesa contra inundação.

Um dique é uma elevação onde havia água e que retém o corpo d'água contra terra e com todos seus edifícios associados e estruturas artificiais (PLEIJSTER; VAN DER VEEKEN, 2014). Esta definição inclui todos os diques que possuem ou não uma função de defesa contra inundações, o que, nos Países Baixos, representa 22.000 km.

- Diques primários de defesa contra enchentes no caso dos Países Baixos

Os diques que servem como diques principais (ou guardiães) de defesa contra inundações são os elementos mais importantes que protegem da água alta. Eles fazem parte dos chamados anéis de dique: anel de defesa contra inundação (diques e dunas, terreno elevado ou estruturas de

Figura 23.41
(A) Soleiras de fundo em torrente em Bardonecchia (Itália).

Figura 23.41
(B) Soleira de fundo no torrente Talvera em Bolzano (Itália). Vista para montante; e
(C) Vista para jusante.
(D) Grande soleira de fundo oblíqua no Rio Arno, em Firenze (Itália).

Figura 23.41
(E) Soleira de fundo no Rio Moldava, em Praga (República Tcheca) para prover nível à passagem no canal lateral eclusado à direita da Ponte Carlos.

Figura 23.42
Projeto integrado de estruturas complementares da regularização.

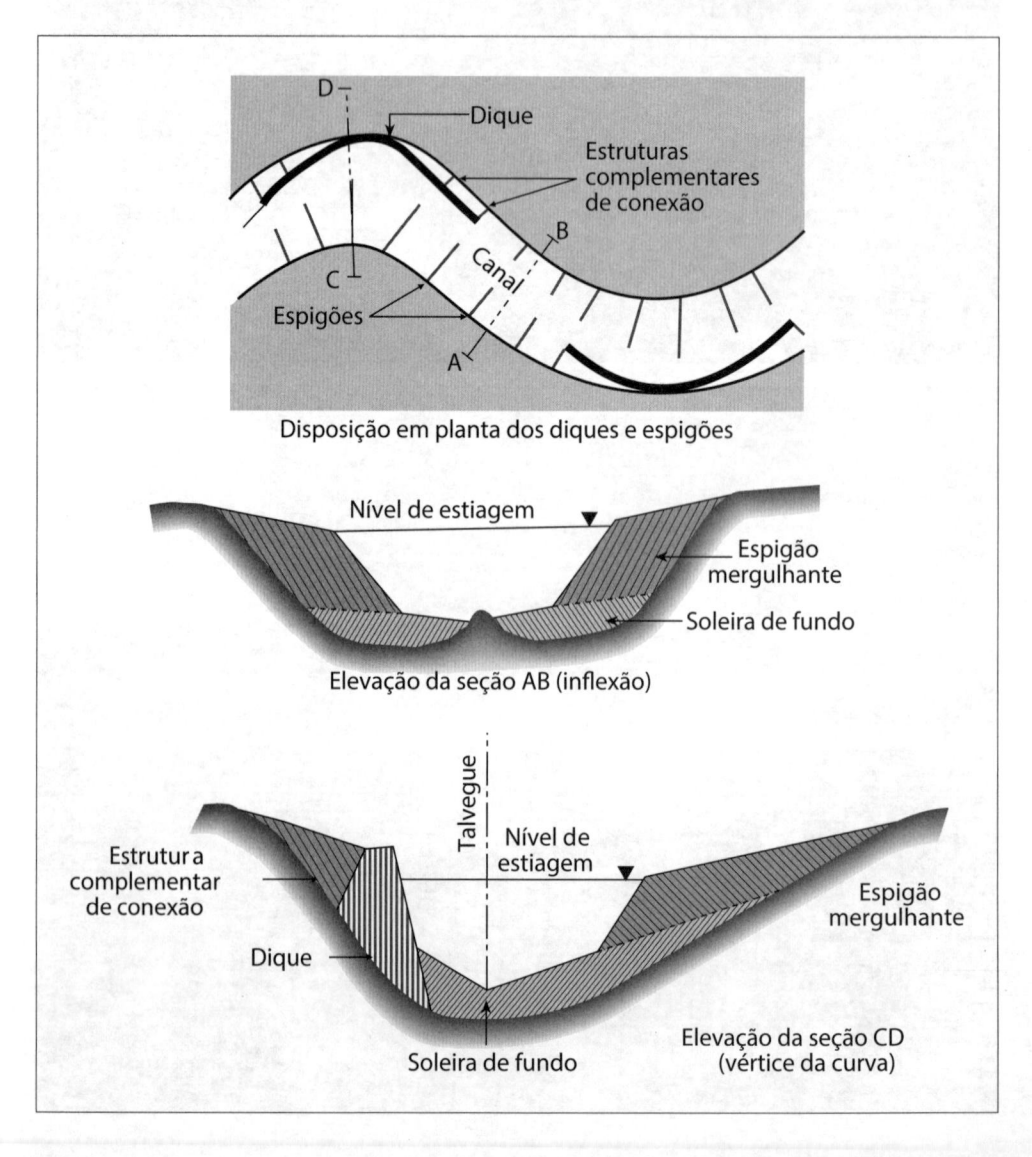

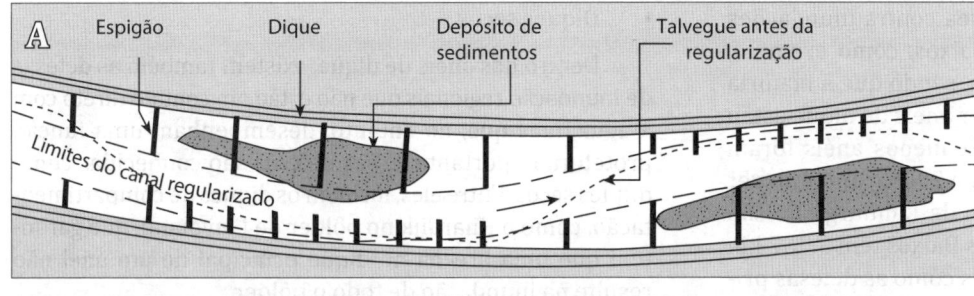

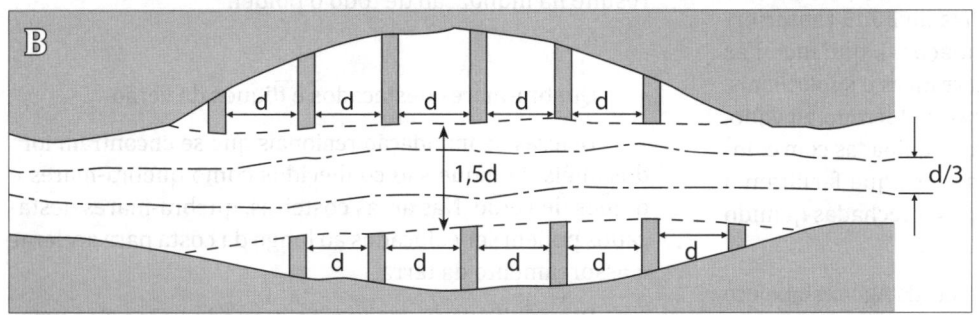

Figura 23.43
(A) Planimetria esquemática de representação da regularização com a correção de margem convexa.
(B) Planimetria esquemática de exemplo de correção do desenvolvimento de margens em um alargamento fluvial.

Figura 23.44
(A) Dia de agitação intensa junto à Barragem de Porto Primavera no Rio Paraná.
(B) Proteção de talude com bolsacreto e gabião na margem do reservatório da Barragem de Porto Primavera.

Engenharia) que protegem uma área contra inundações do mar ou dos rios. Nos Países Baixos, como exemplo, existem cerca de 95 anéis de dique, sendo que a maioria das 50 maiores áreas protegidas por anéis de dique estão nas regiões de planície do país. Pequenos anéis foram adicionados ao longo do Rio Maas, em 2006, para proteger os pequenos trechos montanhosos de Limburg que são vulneráveis a inundações. Os Países Baixos têm 3.767 km de dunas e diques que são definidos como as defesas primárias de inundação na Lei de Águas de 2009 (anteriormente Lei de Proteção contra Inundações), que inclui as regras estatutárias para águas subterrâneas e superficiais. Além de estarem conectados a áreas de terreno elevado, as defesas de inundação primárias são equipadas com comportas, barragens e *storm surge barriers*, que facilitam a navegação e a drenagem, mas podem ser fechadas quando existe uma ameaça de elevação da água.

Para cada área de anel de dique, a Lei da Água estabelece um padrão de segurança com base na natureza da ameaça, o tamanho da área e a importância econômica/social. Para muitas áreas, foram feitas simulações computacionais de possíveis cenários de inundação, com base em vazões hipotéticas de rios e níveis de maré. O mapa das cotas de inundação obtido a partir dessas simulações fornece uma imagem da extensão de cada colapso potencial nas defesas contra inundação, o dano que poderia ser feito à economia e o risco às vítimas.

– Diques regionais de defesa contra inundações dos Países Baixos

Os diques regionais fazem parte de um sistema geral de defesa contra inundações construído para proteger áreas dentro ou fora de um anel de dique. Podem ser divididos grosseiramente em três grupos: aqueles que afastam a água externa, mas não são defesas de inundação primárias (diques molhados), diques secos e defesas de inundação que ficam fora dos anéis de dique, como quebra-mares destacados e diques de verão (período de estiagem).

• Diques molhados

Os diques molhados podem ser divididos em diques de drenagem de pôlderes e defesas ao longo de rios, canais e reservatórios regionais. O nome diques molhados é devido ao fato de eles estarem em contato direto com um curso d'água. Os diques de drenagem acompanham um sistema de cursos de água a que estão conectados, mas estes últimos estão desligados da água externa, na qual a água dos pôlderes de baixa altitude é drenada.

Os diques que mantêm os rios menores dentro de suas margens não são considerados de defesa primária, mas executam a mesma função. Embora as vazões drenadas e as flutuações do nível d'água desses afluentes sejam muito menores do que no caso dos rios mais caudalosos, também aqui as consequências das inundações podem ser muito dramáticas, como no caso de *flash floods*.

• Diques secos

Dentro dos anéis de dique, existem também as defesas de inundação regionais que não estão em contato direto com a água, mas que, no entanto, desempenham uma função protetora importante. Essas defesas são conhecidas como diques secos. Entre eles, incluem os diques de compartimentação, como o Knardijk no pôlder de Flevoland, que garantem que uma brecha no dique principal de um anel não resulte na inundação de todo o pôlder.

• Quebra-mares destacados e diques de verão

Defesas de inundação regionais que se encontram fora dos anéis de dique são conhecidos como quebra-mares e diques de verão. Nas áreas costeiras, quebra-mares destacados podem ser colocados ao longo da costa para acelerar o assoreamento da terra.

Diques de verão na região drenada pelos rios principais canalizam o fluxo do rio e influenciam seus cursos. Também protegem as áreas que ficam entre o rio e os diques principais de defesa contra inundação.

• Diques desaparecidos

A argila, matéria-prima básica como selo para a impermeabilização, de diques que ficavam mais para o interior do que os diques de defesa de inundação primária, são utilizadas muitas vezes para fortalecer e elevar os diques guardiães. Entretanto, em alguns casos, ocorreu o oposto. Assim, na região sudoeste dos Países Baixos (Zeeland), nas rupturas nos guardiães (1953), as partes restantes eram escavadas e o barro usado para consolidar os diques de reserva. Nesses casos, o velho guardião era demolido, com a consequente perda de território.

Alguns diques modernos têm os mais velhos escondidos abaixo deles (Figura 23.45(A)).

– Coesão da rede neerlandesa de diques

Nos Países Baixos, os deltas dos rios Reno, Maas e Scheldt se unem. Os deltas no mundo têm certas características compartilhadas: são áreas de planície, influenciadas tanto pelo rio como pelo mar, e suas terras férteis significam que, provavelmente, são densamente povoadas. Desde tempos imemoriais, os deltas têm sido centros estratégicos de comércio para o e do interior (Figura 23.45(B)).

Em todo o mundo, cerca de meio bilhão de pessoas vivem em ou perto de um delta de rio, muitas delas em grandes metrópoles. Tais cidades, localizadas entre o mar e os estuários fluviais, são vulneráveis a inundações. Cada ano, mais de 10 milhões de habitantes de deltas são atingidos por inundações resultantes de *storm surges* (deixando de lado os rios que inundam suas margens e *tsunamis*). Se o nível do mar continuar a subir e as pessoas continuarem a inchar as populações das regiões deltaicas, o número de vítimas potenciais também vai aumentar constantemente.

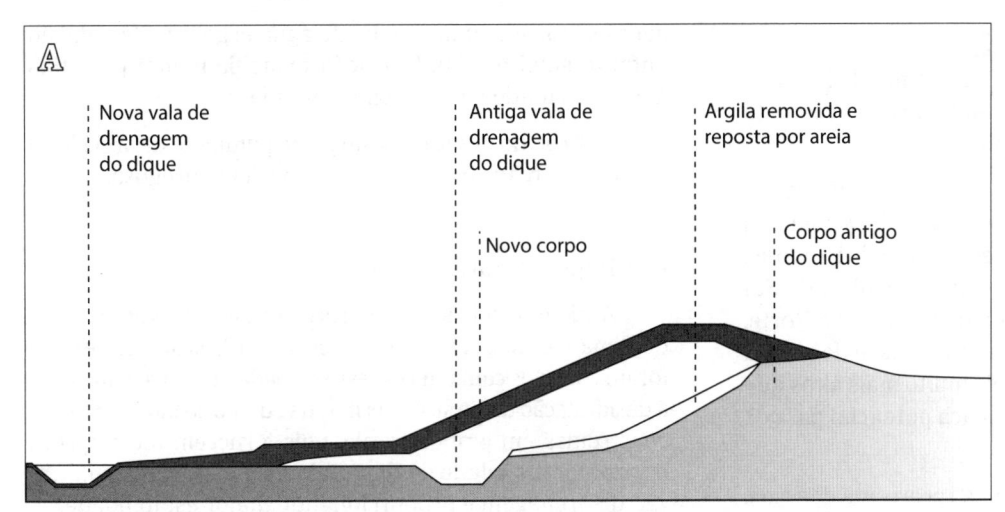

Figura 23.45
(A) Exemplo de seção transversal de um dique.
(B) Perfil transversal a uma costa evidenciando os tipos de diques marítimos e fluviais.

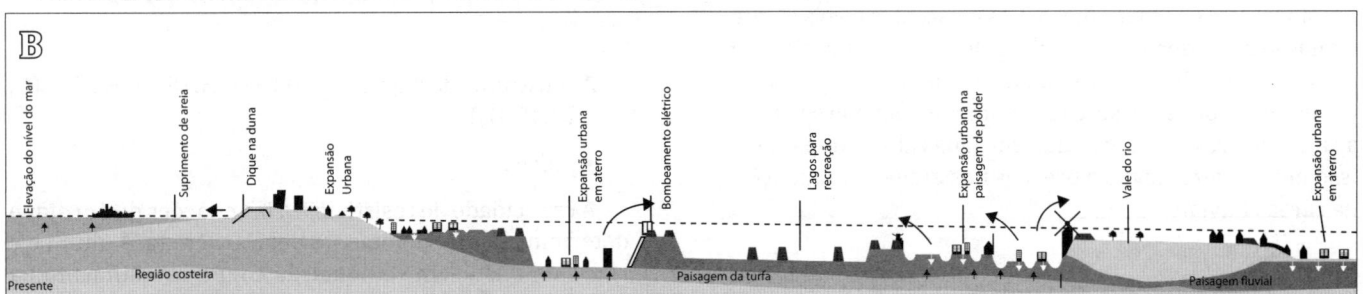

Nos últimos cinquenta anos, o nível do solo caiu em relação ao nível do mar em 24 dos 33 maiores deltas do mundo. A extração de fluidos do subsolo tende a causar subsidência, e a criação de diques e aterros significa que o sedimento dos rios não é mais depositado na terra. Dos 33 deltas mencionados, 85% foram afetados por inundações em vários pontos nos últimos dez anos. Somente em 2007 e 2008, inundações nesses deltas fizeram mais de 100.000 vítimas e deixou mais de um milhão de pessoas desabrigadas.

O solo do delta do Reno, Maas e Scheldt, nos Países Baixos, é também afetado pela subsidência, mas em parte, graças ao sofisticado sistema de diques neerlandeses, há um risco muito menor de inundação do que em muitos outros deltas. Desde a catástrofe de 1 de fevereiro de 1953 (*De Ramp* em neerlandês, isto é, O Desastre), nem uma única pessoa morreu nos Países Baixos em razão de uma brecha em um dique e inundações subsequentes.

Sem diques, grande parte dos Países Baixos ocidental seria submersa sob a água. A linha imaginária que marca a transição da água para a terra se não existissem diques é considerada como a linha divisória entre as terras baixas e a parte mais alta do país. As terras altas dos Países Baixos representam pouco mais de metade da superfície total (53%). O ponto mais baixo do país é o pôlder Zuidplas ao nordeste de Nieuwerkerk aan den IJssel: –6,76 m (NAP) *Amsterdam Ordnance Datum*, considerado o zero altimétrico holandês.

O clima está mudando em todo o mundo, e mais rapidamente do que se esperava. Nos Países Baixos, as alterações climáticas têm inevitavelmente um impacto nos diques. Ao longo dos últimos cem anos, a temperatura média nos Países Baixos subiu 1,7 ºC, e a quantidade anual de dias classifica-

dos como "estivais" (com temperatura máxima de 25 °C) aumentou para quase 20. A quantidade total de precipitação aumentou aproximadamente 20%, e a frequência de chuvas fortes também aumentou muito. Efeitos adversos esperados da mudança climática nos Países Baixos resultam, principalmente, de mudanças na incidência das condições climáticas extremas (secas e tempestades mais severas) (PLEIJSTER; VAN DER VEEKEN, 2014).

Como esses efeitos adversos podem afetar os diques? Períodos muito longos de seca podem constituir uma ameaça aos diques de turfa. Aumentos no volume de água que percorre os rios principais nos meses de inverno exacerbarão a carga em diques fluviais. Além disso, pode-se esperar que níveis de água extremamente altos ocorram com mais frequência nos rios. Picos de água da chuva maiores podem representar uma ameaça para pôlderes e drenagens ou bueiros, tornando impossível drenar o excesso de água com rapidez suficiente. Finalmente, o nível do mar também está aumentando – ainda não se sabe o quanto irá subir. Um aumento substancial no nível do mar aumentará a carga sobre diques marítimos e dunas.

A questão-chave é se os diques podem ser adaptados para se acomodarem às mudanças climáticas e, em caso afirmativo, como? É essencial antecipar as mudanças antes que elas ocorram e, por este motivo, foi lançado em 2010 um novo Programa Delta. Trata-se de um programa governamental criado sob a supervisão de um Comissário Delta para proteger os Países Baixos dos efeitos das alterações climáticas. Em 2050, os Países Baixos devem ser à prova de clima, garantindo que os diques podem ser adaptados às condições climáticas. Para atingir este objetivo, cerca de 20 bilhões de Euros serão investidos na proteção contra inundações nos Países Baixos durante os próximos 30 anos.

– Inundações

Ao longo dos séculos, os Países Baixos têm sido frequentemente atingidos por inundações, tanto dos rios como do mar, em graus variados de severidade.

O maior perigo do mar são os ventos de força de vendaval a partir do noroeste. As águas do Estreito de Dover tendem a ser empurradas para cima da costa neerlandesa, dirigindo-as para o delta sudoeste, que inclui Zeeland, as ilhas do Sul dos Países Baixos e a parte ocidental de Brabant do Norte. Quando a água do mar coincide com uma maré de sizígia equinocial, a água pode subir a níveis muito mais altos que o normal, o que representa uma ameaça potencial para os diques marítimos.

Água alta também é um problema recorrente dos rios. Se não fossem os diques fluviais, os crescentes níveis de precipitação ou de derretimento das geleiras já teriam feito com que os rios transbordassem e inundassem a terra circundante. Os diques impedem isso, e naturalmente têm que sustentar a carga de pressão aumentada em águas altas. No passado, isso muitas vezes levou a brechas nos diques e inundações nas áreas fluviais.

– Diques de solo

Os diques e o solo são interdependentes: o solo é a fundação e o núcleo de diques e, inversamente, os diques afetam a formação do solo. O solo nos Países Baixos consiste primariamente de areia, silte, argila e turfa. A argila marinha e a turfa estão principalmente em regiões de planície, enquanto as áreas que contêm areia e argila fluviais são as mais altas. Desde os tempos imemoriais, o solo imediatamente ao redor das terras baixas foi usado para construir e reforçar os diques.

Como em muitos outros deltas em todo o mundo, o solo em muitas partes da região do Holoceno dos Países Baixos está sujeito a subsidência. A subsidência é gradual, em parte devido à constante desidratação do solo. No norte do país, está sendo acelerada pela extração de gás que ocorre ao longo da costa do Mar do Norte. Isso também afeta os diques: onde houver subsidência, os diques também afundarão com o solo e sua eficácia como defesas de inundação é obviamente minada como resultado.

– Afsluitdijk

O Afsluitdijk (barragem de fechamento do IJsselmeer) entre o norte dos Países Baixos e a Frísia é uma barragem fechada de 29,5 km, com crista na cota + 8,4 m (NAP), sem troca de água significativa com o mar. Como parte do projeto Zuider Zee, fechou-se o gargalo do antigo Zuider Zee e parcialmente recuperou-se o lago IJsselmeer de água doce resultante.

O Afsluitdijk foi concluído em 1932 e, a partir de então, não houve mais inundações. No entanto, a segurança alcançada também teve um lado reverso difícil: a construção da barragem fechada teve consequências dramáticas para o Zuider Zee, que foi transformado no lago de água doce IJsselmeer. O mar, que tinha sido repleto de vida marinha, agora se tornou uma piscina de água esgotada de vida, no entanto sujeito à polderização principalmente para fins agrícolas, tendo o solo menor salinidade.

O corpo do dique consiste principalmente da areia local que foi reforçada e coberta com a argila pedregosa.

– Diques de turfa

A vulnerabilidade dos diques de turfa em longos períodos de clima seco não era prevista. Desde 2012, os diques de turfa foram cobertos com uma espessa camada de argila para evitar a desidratação da turfa. As bermas de equilíbrio também foram construídas em grande escala, pois fornecem interrupções horizontais no talude do dique, alongando a rota de infiltração da drenagem e proporcionando maior estabilidade.

– A construção de diques: o perfil técnico (Figuras 23.45(C) e 23.45(D))

• Crista

A capacidade de resistência a inundações de um dique é determinada principalmente pela sua crista. A altura e a largura da crista, em combinação com o revestimento na crista e o talude interno conferem a característica de resiliência do maciço.

• Talude interno e berma interna

O talude interno é a inclinação no lado terrestre do dique. A berma interna é uma seção plana do talude interno. Uma berma interna pode ser usada para melhorar a estabilidade do talude interno ou para aumentar o comprimento da drenagem, aumentando assim a quantidade de resistência contra infiltrações e *piping*.

• Valas de bermas

No fundo dos taludes interiores e das bermas internas, existem as valas de drenagem das bermas. A vala da berma tem um efeito benéfico no nível d'água e nas pressões dos poros no dique, o que aumenta a estabilidade da estrutura de defesa contra inundações.

• Núcleo do dique

Juntamente com o subsolo, o núcleo do dique forma a estrutura de suporte sobre a qual os vários elementos da seção transversal são construídos. Segundo as normativas, o dique deve suportar enormes tensões. O primeiro requisito é que o núcleo em si seja estável, tanto sob as cargas dos elementos do dique quanto nas cargas externas e internas criadas no maciço.

• Talude externo e berma externa

O talude externo é a inclinação no lado da água de um dique. A berma externa é uma seção plana no talude externo

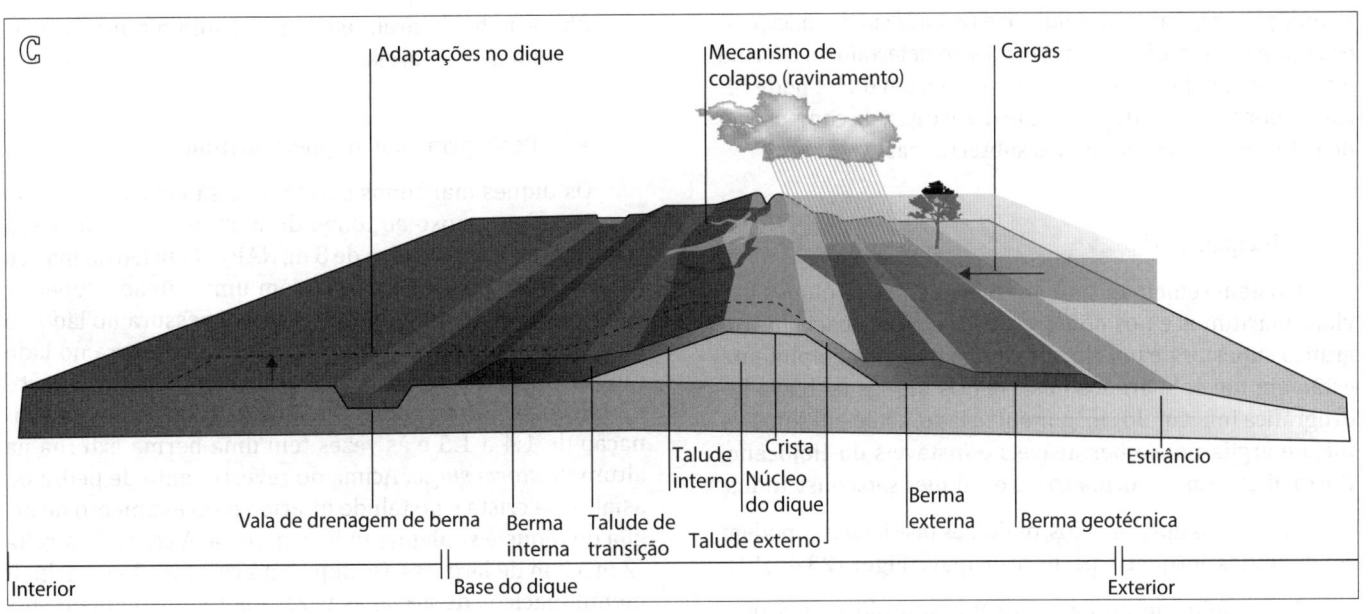

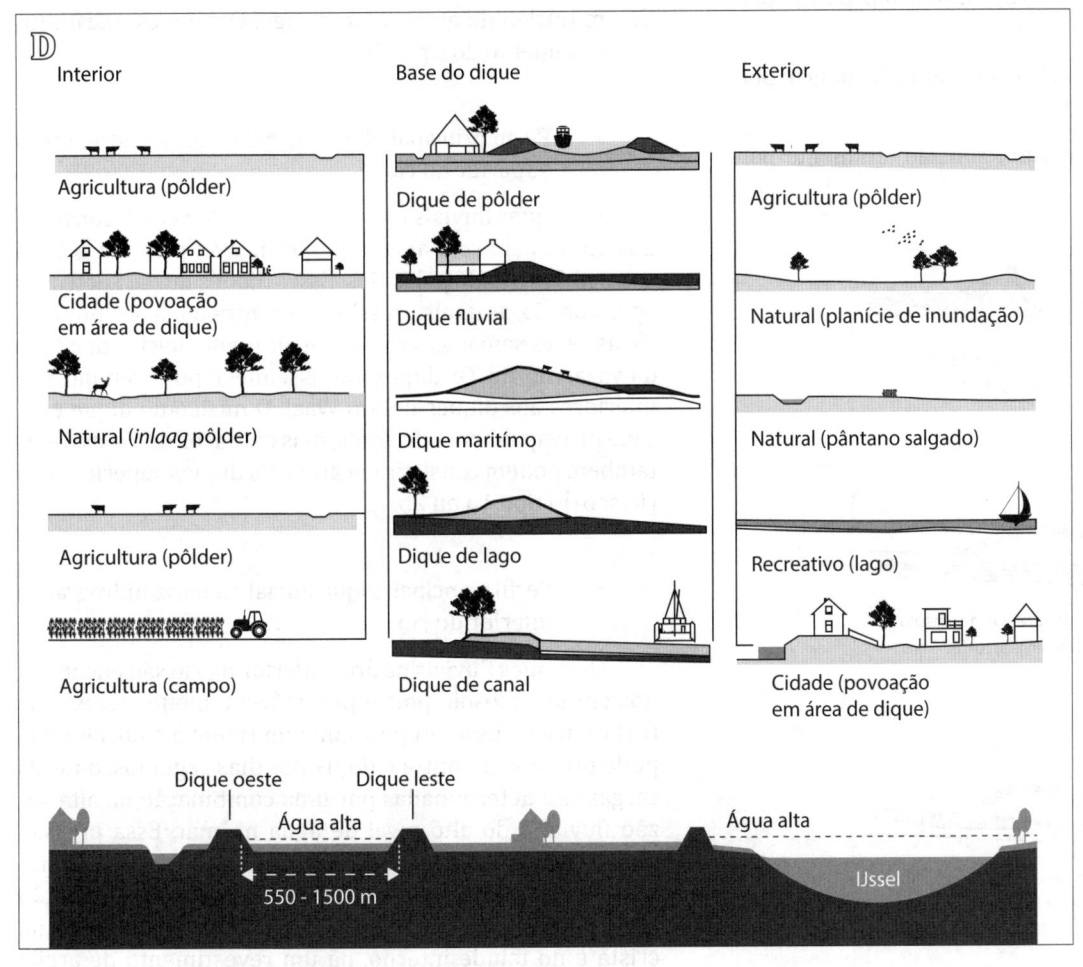

Figura 23.45
(C) Visualização da terminologia associada à obra de um dique.
(D) Representações topográficas típicas de diques em diversas funcionalidades.

do dique. Uma berma externa é frequentemente usada em diques marítimos e em diques lacustres, por seu efeito de defesa de inundação na redução da onda extrema. O mesmo efeito também pode ser alcançado, tornando a inclinação da parte externa menos acentuada.

- O interior

A terra localizada diretamente no tardoz de um dique é chamada de interior. Às vezes, o interior é composto de terras com uso agrícola, mas um dique que atravessa um ambiente urbano tem grandes superfícies pavimentadas e edifícios. A estrutura em camadas, do solo sob o dique e do interior, é importante para a estabilidade do maciço.

- A base do dique

O subsolo do dique, a base do dique, é o alicerce da estrutura terrestre da defesa contra inundações. O solo existente deve ser capaz de resistir à estrutura de defesa contra inundações e garantir a rigidez e a resistência do maciço. A estrutura e composição do perfil do solo determinam a forma e o volume do dique. Após a construção, um dique pode recalcar, por exemplo, dependendo das cargas, da composição do solo e dos níveis das águas subterrâneas.

– Principais perfis

Existem semelhanças e diferenças entre os diques fluviais, marítimos e nos pôlderes. Os diques na bacia hidrográfica superior de um rio, e ao longo da costa, geralmente estão em um solo arenoso estável. Os diques na bacia hidrográfica inferior do rio, por outro lado, estão em solos de turfa e argila pouco permeáveis e instáveis do Holoceno. Outra diferença é a forma como os diques são construídos.

Em termos aproximados, os diques neerlandeses podem ser divididos em quatro perfis principais (Figura 23.45(E)):

1a   – feito de argila sobre um subsolo pouco permeável de argila/turfa.

2a   – feito de areia sobre um subsolo pouco permeável de argila/turfa.

1b   – feito de argila em um subsolo altamente permeável de areia.

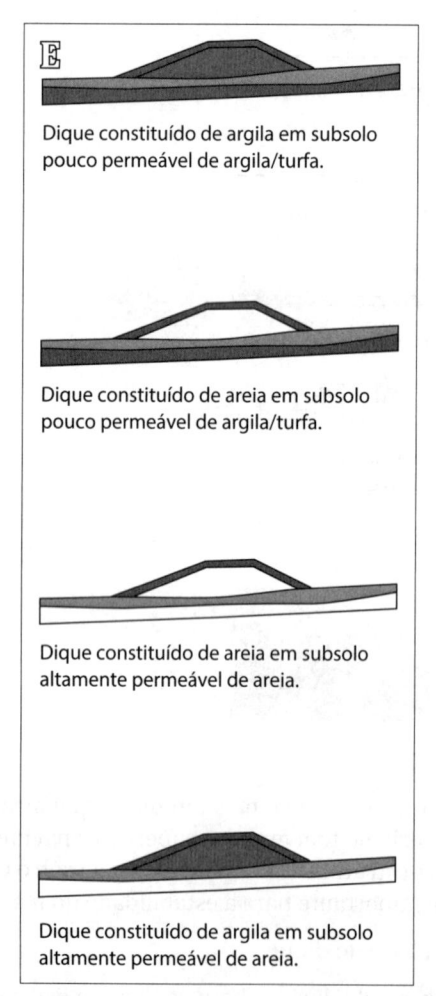

Figura 23.45
(E) Os quatro tipos de perfis transversais de material de constituição do dique e do subsolo.

2b   – feito de areia em um subsolo altamente permeável de areia.

• Perfil principal: diques marítimos

Os diques marítimos geralmente são construídos em um subsolo arenoso ao longo do mar. Esses maciços são relativamente altos (cerca de 8 m, NAP). O núcleo do maciço geralmente consiste em areia com uma camada superior de argila com cerca de um metro de espessura no lado do mar e na crista e de 70 cm a 80 cm de espessura no lado interno. A parte inferior do talude exterior tem um revestimento de asfalto ou pedra. O talude externo tem uma inclinação de 1:4 a 1:5 e às vezes tem uma berma externa na altura da *storm surge*. Acima do revestimento de pedra ou asfalto, na crista e no talude interior, o revestimento de argila do dique é suplementado com turfa. A crista é estreita (2 m a 3 m de largura). Os diques marítimos são principalmente maciços de areia, às vezes contendo alguns restos de um núcleo de argila mais antigo. Os diques marítimos são geralmente do tipo 2b.

• Perfil principal: dique fluvial na bacia hidrográfica superior do rio

Os diques fluviais na área superior de rio são construídos em um subsolo altamente permeável de areia e sedimento, alimentado pelos rios. Esses diques fluviais detêm as águas do rio, as quais pressionam contra o maciço por dias – e às vezes semanas seguidas. A altura do maciço depende da vazão do rio. Os diques do IJsselmeer, por exemplo, são inferiores aos diques do Rio Waal. O núcleo do dique consiste principalmente de argila, mas em casos de reforço eles também podem consistir em areia. Os diques superiores do rio são do tipo 1b ou 2b.

• Perfil principal: dique fluvial na bacia hidrográfica inferior do rio

Os diques fluviais na área inferior do rio são encontrados em um subsolo pouco permeável e menos estável de turfa e argila. Esses diques também retêm a água alta que pode pressionar contra o dique por dias seguidos, onde as cargas são determinadas por uma combinação da alta vazão fluvial e do alto nível de água no mar. Essa pressão pode ser limitada ao fechar as *storm surge barriers*. No talude externo, geralmente há um revestimento de pedra tão alto quanto o nível normativo de água alta. Acima disso, na crista e no talude interno, há um revestimento de argila coberto de turfa. Muitos desses diques fluviais foram reforçados ou reconstruídos. O núcleo geralmente consiste em argila e areia. Esses maciços são do tipo 1a e 2a.

• Perfil principal: diques de pôlder

Os diques de pôlder surgiram durante a escavação de turfa ou a recuperação de terras. Os diques de anel resultantes da recuperação de terras são feitos de materiais disponíveis localmente: turfa e argila. Esses diques de turfa são, em grande medida, também em uma camada de argila/turfa pouco permeável. Para combater a oxidação nos longos períodos secos, os diques de pôlder são cobertos com uma camada de argila. Os diques de pôlder são do tipo 1.

– Cargas nos diques (Figura 23.45(F))

• Cargas permanentes

O peso do dique em si é uma carga permanente no subsolo. Isso é motivo de preocupação em solos mais fracos, como a turfa e a argila. Se a extração de fluidos do subsolo ou as escavações de mineração ocorrem na área imediata, essas forças terão efeito no dique. Em Groningen, pesquisas estão em andamento sobre o impacto da perfuração de gás natural na estabilidade e altura dos diques na área.

• Cargas variáveis

As principais cargas variáveis em diques são hidráulicas. Os diques fluviais, por exemplo, têm que lidar com uma onda de inundação que ocorre quando há fortes chuvas na área de terra firme e o rio descarrega uma grande vazão. Isso cria uma onda de cheia, que caminha lentamente

para o mar e deve ser contida pelos diques de inverno (período das cheias). A pressão da água contra os maciços pode continuar por um período prolongado. Na área costeira, o nível alto da água é frequentemente de curta duração (algumas horas), mas os ataques de ondas podem prejudicar gravemente o maciço. A ação das ondas pode causar danos ou erosão dos revestimentos.

• Outras cargas

Além das cargas causadas pelo peso do dique em si e as cargas hidráulicas, existem outros fatores que dão tensão ao dique, como o trânsito ao longo do dique, terremotos ou detritos trazidos pelo vento provenientes de árvores, edifícios etc. Os diques também têm de enfrentar o vandalismo (consciente ou inconsciente). Uma fogueira pode prejudicar o revestimento de grama, e colocar gazebos no dique pode danificar seu núcleo. Os ataques biológicos são muitas vezes causados por ratos-almiscarados ou outros animais que fazem buracos nos diques, o que facilita a entrada da água no núcleo do dique.

– Mecanismos de falha (Figuras 23.45(G) e 23.45(H))

Quando as cargas são maiores que a força ou a estabilidade da construção do dique, um mecanismo de falha pode ser desencadeado. Em termos de mecanismos de falha, deve-se precisar que há uma diferença entre um colapso e uma

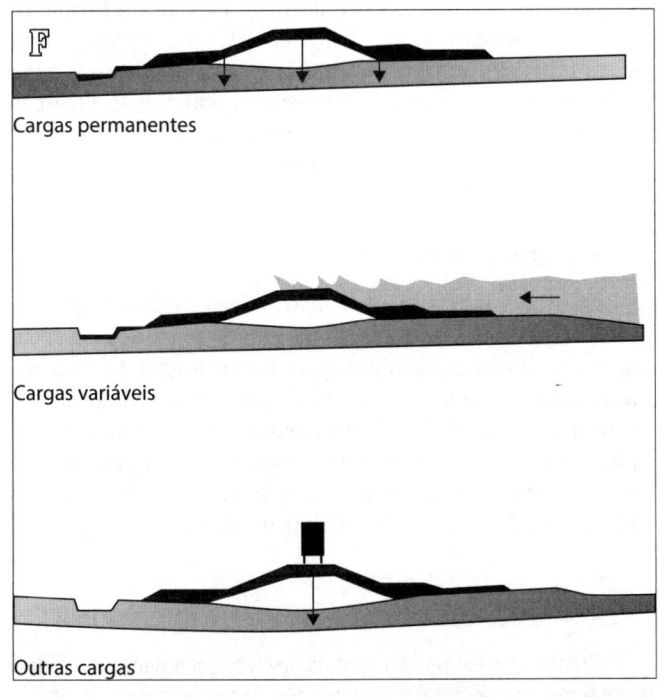

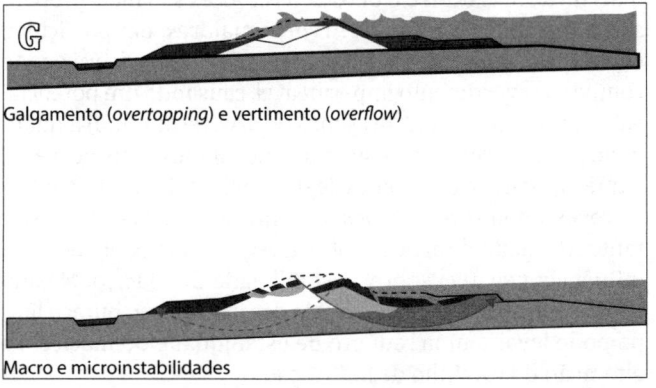

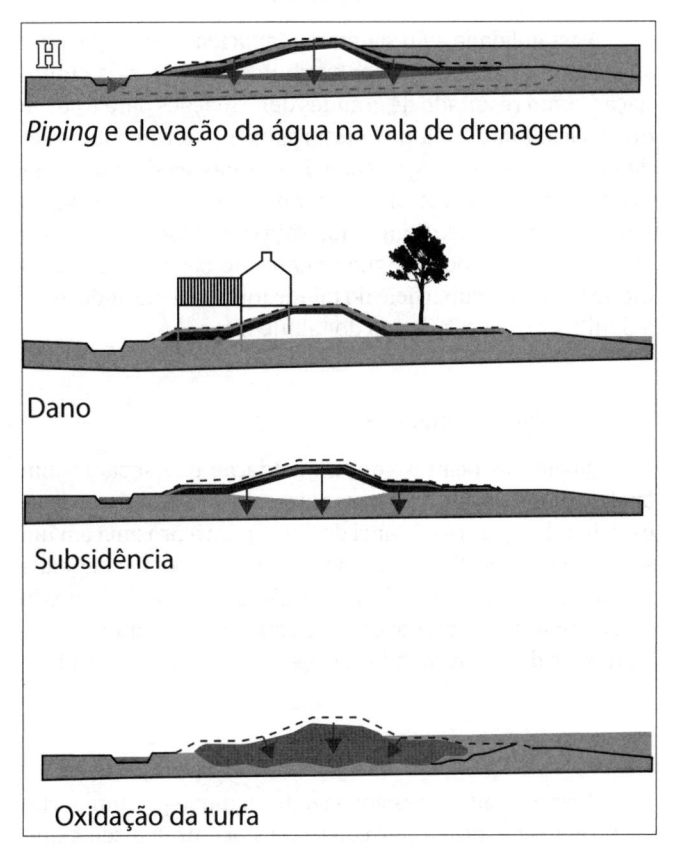

Figura 23.45
(F) Tipos de cargas atuantes sobre um maciço de dique.
(G) Galgamento e macro/micro instabilidades em um dique.
(H) Ilustração dos inconvenientes que podem ocorrer com *piping*, subsidência, danos por intrusões e oxidação de turfa.

falha do corpo do dique. Se o corpo do dique colapsar, grandes deformações ocorrerão no maciço, o que significa que a estabilidade dessa obra estará perdida. Por outro lado, se um dique falhar, significa que ele não mais satisfaz os critérios funcionais que foram determinados. Uma barreira de defesa contra inundações, então, pode falhar sem colapsar. Por exemplo, um dique pode ser muito baixo, mas isso não significa que colapsaria automaticamente, ou entraria em colapso. Os mecanismos de falha mais comuns são:

- Transbordamento e galgamento de onda

Quando o nível da água se torna maior do que a crista do dique, a água pode simplesmente verter sobre o maciço. Este mecanismo de falha de longa data é chamado de transbordamento. A água também pode fluir sobre o dique quando, em períodos de água alta, as ondas atingem a crista, o que é principalmente relevante para diques marítimos nas principais vias navegáveis interiores, pois em grandes corpos de água o vento não tem nada para detê-lo, e isso provoca galgamentos de onda. Com ambos os mecanismos de falha, a água penetra no corpo do maciço. Essa infiltração pode causar cisalhamento, lavagem ou erosão do talude interno, e, também, pode danificar o revestimento no talude interno. O talude externo do dique também pode ser danificado por correntes ou impactos de ondas.

- Macro e microinstabilidade

A estabilidade aqui significa a capacidade do dique para suportar cargas sem perder sua função de defesa de inundação como resultado de grandes deformações para o corpo do maciço. Tanto o talude interno como o externo podem ser deformados pelas cargas. Quando um desses dois torna-se instável, pode atravessar um comprimento considerável: a microinstabilidade. Com a microinstabilidade, a ameaça vem do interior, pois a água penetra no corpo de terra do dique e atinge a superfície do talude interno. Isso pode levar a danificar o revestimento do talude interno.

- Efeito dominó

Quando as defesas contra inundação que separam um anel de dique de outro são rompidas, uma inundação pode se espalhar de uma área de anel de dique para a próxima em um efeito de dominó. Se o efeito dominó ocorre ou não depende do nível de água externo, da localização da brecha no dique, do curso tomado pela inundação e da estabilidade e altura da estrutura de defesa de inundação que separa os anéis de dique.

- *Piping* e subpressão

Quando a água pressiona contra o dique por um período prolongado, acaba por conseguir encontrar o seu caminho sob o maciço. Às vezes, há camadas de areia abaixo das camadas impermeáveis do dique, e a água pode se deslocar através delas com relativa facilidade. Como resultado do movimento da água através dessas camadas, pequenos canais

subterrâneos são criados, o que pode levar o solo a ser carreado por debaixo do maciço, o que é chamado de *piping*. Na extremidade inferior do talude interno do maciço, a infiltração pode fazer com que a areia seja perdida do corpo do dique. Quando isso ocorre, há uma espécie de situação de areia movediça, que é conhecida como subpressão. Essas falhas ocorrem principalmente nos diques fluviais, nos quais o maciço pode ter que suportar longos períodos de inundação.

- Subsidência

O assentamento é o resultado combinado do peso do dique, do afundamento do subsolo (conhecido como subsidência) e da acomodação do material do dique. A consolidação do subsolo pode ser compensada pela adição de altura extra. O maciço é construído um pouco mais alto, de modo que, após a construção, ele possa se acomodar e ainda obedecer às normas de altura. O peso de um dique também pode fazer com que o maciço se expanda, um mecanismo de falha que ocorre em todos os tipos de dique.

- Danos

Objetos localizados no dique, ou proximidades, que não têm uma função de defesa contra inundações, tais como casas, turbinas eólicas, árvores e tubulações, mas que ainda podem ter uma influência sobre o efeito defensivo do maciço podem causar danos ao maciço. Por exemplo, as raízes da vegetação podem danificar o maciço, do mesmo modo que os alicerces dos edifícios. As tubulações subterrâneas podem produzir infiltrações no dique, ou mesmo explodir.

- Oxidação da turfa

Os diques parcialmente construídos a partir de turfa podem se assentar e secar durante longos períodos de seca. Como resultado da desidratação e da formação de fissuras, materiais orgânicos como a turfa podem se oxidar, o que reduz a resistência do solo e o peso do maciço. Como resultado, o dique não é capaz de oferecer tanta resistência à pressão horizontal da água e isso pode causar uma mudança horizontal, o que pode resultar numa ruptura.

- Vegetação de porte (árvores) sobre um dique

Costumava-se pensar que as árvores tornavam um dique mais forte, mas ocorre o oposto: as árvores são mais propensas a enfraquecer o dique. Árvores maiores, em particular, constituem uma ameaça substancial. O sistema da raiz pode romper o revestimento impermeável, causando um potencial vazamento no dique. A presença de árvores diminui a qualidade do recobrimento do gramado no talude em torno a elas, o que aumenta a possibilidade de erosão e danos adicionais ao revestimento. As tensões do vento sobre as raízes, resultantes do efeito de arrasto sobre a vegetação, podem ter uma influência negativa sobre a estabilidade do maciço. Mesmo depois que uma árvore tenha sido desarraigada, o buraco limpo pode levar a uma redução de estabilidade do maciço e a alteração do caminho de infiltração.

- Cabos e tubulações

Um cabo ou uma tubulação forma um espaço oco dentro, ao longo, através ou sob o maciço de defesa de inundação, criando o potencial de vazamento ao longo do cabo e das tubulações. As crateras de erosão e as crateras de explosão, bem como o amolecimento que resulta da ruptura ou vazamento do encanamento, podem reduzir a altura da defesa aquática do dique, a estabilidade ou a resistência ao *piping*. Os oleodutos paralelos ao dique precisam estar localizados fora da zona de estabilidade do dique. Os oleodutos que cruzam com um dique precisam atender a requisitos mais rigorosos em termos de resistência e outras capacidades. Existem requisitos específicos para os cruzamentos de gasodutos que correm debaixo do dique (como perfuração direcional horizontal).

- Outros objetos

Outros objetos não ligados à defesa contra inundação incluem pilares, cais, moinhos de vento e mobiliário para dique. O mobiliário do dique consiste em todos os objetos na barreira de defesa que não se destinam a conter a água, mas isso precisa ser gerenciado e mantido. Exemplos incluem escadas, cercas, bancos e objetos de arte. Para essa categoria de objetos não há regras gerais, cabendo a avaliação ao gestor competente.

– Adaptações em dique (Figura 23.45(I))

Desde a construção dos primeiros diques, ajustes foram feitos para aumentar sua resistência e reduzir a carga com o objetivo de minimizar as possibilidades de falha.

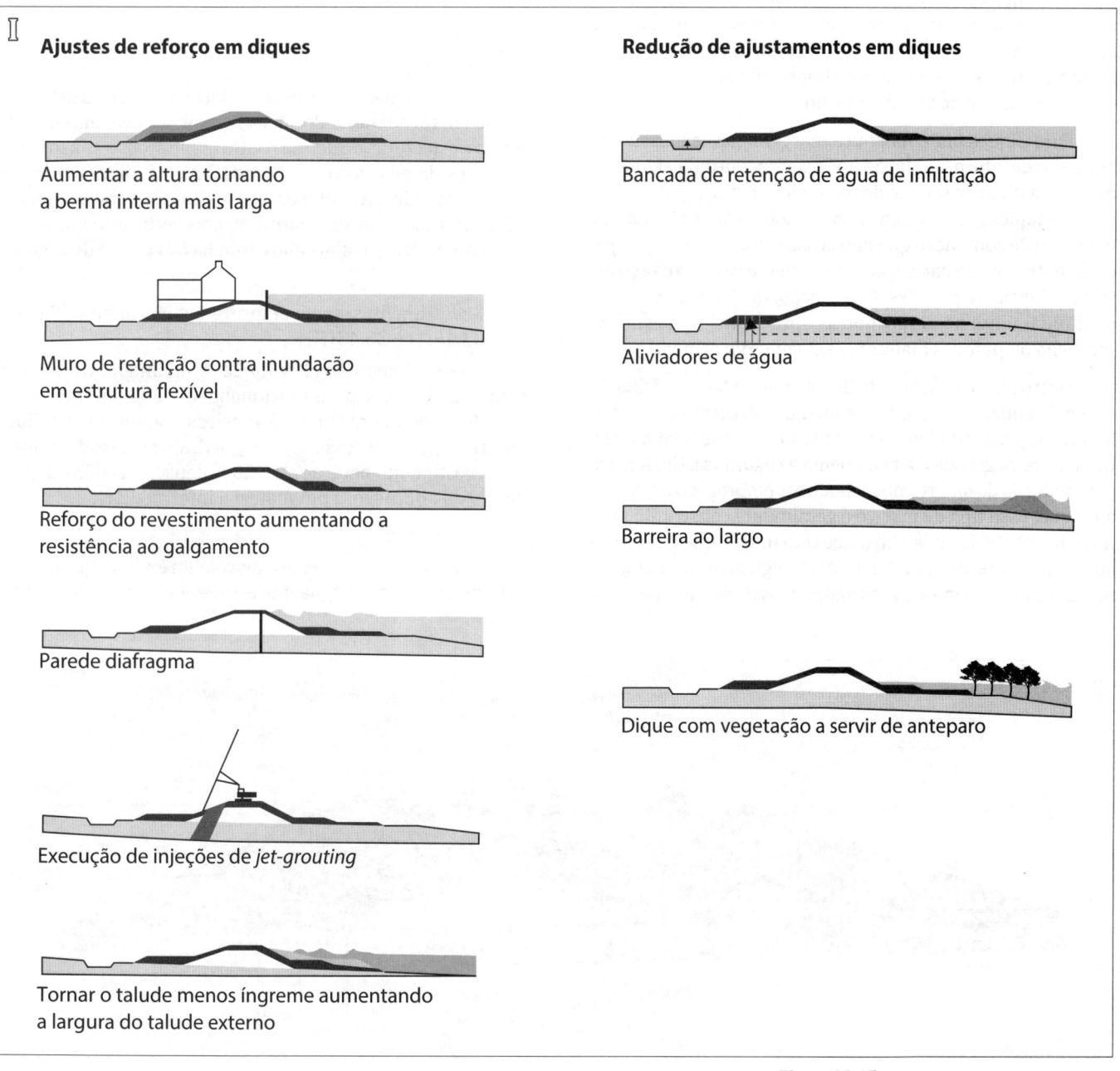

Ajustes de reforço em diques

Aumentar a altura tornando a berma interna mais larga

Muro de retenção contra inundação em estrutura flexível

Reforço do revestimento aumentando a resistência ao galgamento

Parede diafragma

Execução de injeções de *jet-grouting*

Tornar o talude menos íngreme aumentando a largura do talude externo

Redução de ajustamentos em diques

Bancada de retenção de água de infiltração

Aliviadores de água

Barreira ao largo

Dique com vegetação a servir de anteparo

Figura 23.45
(I) Tipos de reforços da resistência em diques.

Uma medida comum é fortalecer o corpo do maciço. As formas de fazer isso incluem o aumento da sua altura, tornando-o mais amplo e seu talude menos íngreme, adicionando uma berma externa ou interna ou uma combinação dessas soluções. Uma berma externa pode levar a uma menor tensão relacionada à onda no revestimento. Também pode reduzir o espraiamento e o galgamento das ondas, fortalecendo a estabilidade do talude externo. Esse tipo de reforço é usado principalmente em taludes marítimos e diques de lago. As bermas internas, por outro lado, são muitas vezes construídas em diques fluviais e diques de pôlder, pois isso dá mais estabilidade a todo o talude interno e aumenta o comprimento do percurso da infiltração.

Revestimento de pedra e asfalto são, também, exemplos de medidas de fortalecimento da resistência, em que o corpo do maciço é reforçado por materiais duros. O talude externo do dique pode ser revestido para oferecer uma melhor resistência às ondas e às correntes. As pedras colocadas no pé do maciço também podem ser usadas para esse fim. Quando os diques têm que lidar com o perigo de excesso de galgamento de ondas, o revestimento também pode ser usado na crista do dique e no talude interno.

Para diques onde há pouca margem para expansão ou aumento de altura, a solução pode ser encontrada em medidas alternativas de reforço de resistência. Este é geralmente o caso de diques que possuem edifícios sobre eles, por exemplo, um muro de contenção que não possa ser deslocado, porque é fixo entre uma urbanização e o rio. Nesse caso, o reforço assume a forma de paredes de retenção, que são construídas profundamente no dique, outras opções incluem estacas-prancha ou paredes diafragma em concreto armado.

Outro método para reduzir a probabilidade de falha do dique é reduzir a carga. Essas medidas ocorrem principalmente empregando barreiras do lado de onde vem a água. Uma barreira grande e alta aumenta a segurança. Um maciço para redução de onda também pode ser empregado em frente ao dique. Esse tipo de maciço é geralmente construído para mitigar o efeito da onda. Um dique com um bosque de árvores adaptáveis a terras úmidas (como salgueiros, marismas e manguezais), assegura que as ondas possam ser amortecidas.

Essa é uma solução natural para reduzir o espraiamento e o galgamento de ondas. As combinações dessas duas primeiras medidas também são possíveis, por exemplo, ao mesmo tempo em que se eleva um quebra-mar se fortalece o seu corpo. Essas soluções são referidas como defesas híbridas.

Em locais em que a linha de dunas se torna estreita, diques podem ser construídos nas dunas, o que é mais adequado para uma costa arenosa. Em Scheveningen (Países Baixos), por exemplo, construiu-se uma avenida em cima do dique em duna, criando assim um dique em bulevar.

Reduzir o dique também é essencialmente uma medida de redução de carga. Também é possível reduzir a carga dentro do maciço: um exemplo são os chamados aliviadores de água, que são drenos verticais de areia ou cascalho que abrangem a camada de areia com água do dique e estão conectadas às águas subterrâneas. Quando a água aumenta, a pressão sobre o lençol freático encontra esses caminhos preferenciais até o topo, sem causar falhas.

–   Perfil espacial

O perfil espacial de um dique inclui tudo o que está localizado em torno e ao redor dele. Isso inclui revestimentos do maciço, estruturas de defesa contra inundações e construções especiais de defesa contra inundações. Há também objetos que não atendem a qualquer função de defesa contra inundações: edifícios, árvores e outras plantas verticais e infraestrutura subterrânea, como cabos, tubulações e rede de esgotos.

–   Revestimentos finais empregados em diques (Figuras 23.45(J) e 23.45(K))

O revestimento final de diques tem um grande impacto sobre sua eficiência de funcionalidade e na sua manutenção. Os revestimentos nestes maciços podem ser divididos em três tipos principais: grama, pedra e asfalto. A grama é um revestimento natural, o asfalto é denso, e a pedra, dependendo da aplicação, é um material intermediário.

•   Grama

O revestimento de dique mais comum é a turfa, que protege o dique da erosão. A água que está sendo retida pressiona a

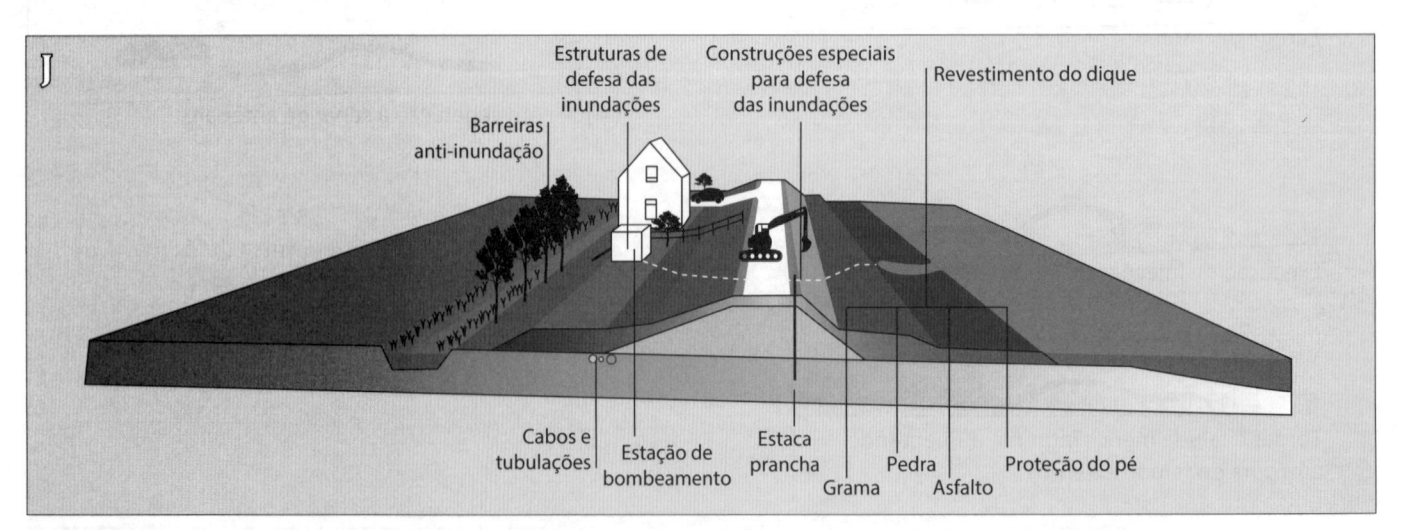

Figura 23.45
(J) Exemplificação em detalhe de medidas de reforço em diques.

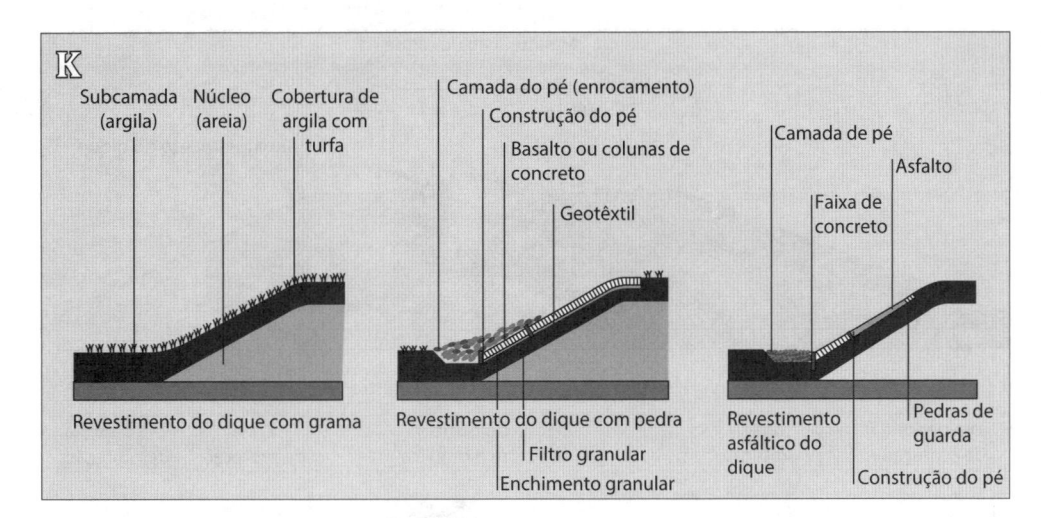

Figura 23.45
(K) Tipos de revestimento de taludes de diques.

barreira de defesa contra inundações e, portanto, também afasta a turfa sob a forma de pressão da água, ondas e correntes. A turfa tem a função de proteger o corpo principal da estrutura de defesa de inundações da erosão, e um tanto da elevação do nível da água.

A construção do revestimento em turfa ocorre em três etapas: a aplicação de uma cobertura de argila; a semeadura da grama e erva; e o crescimento das várias plantas em uma forma fechada de vegetação que está em equilíbrio tanto com o manejo de pastagens, quanto com o *habitat*. São necessários de três a cinco anos para criar um tipo de grama devidamente fechado. Os diques com turfa precisam ser regularmente mantidos e são valiosos em termos de flora e fauna, especialmente quando a mistura de grama é constituída por uma variedade de diferentes tipos de capim, o que favorece o entrelaçamento das raízes.

- Rocha

O revestimento final em rocha é empregado em zona de impacto das ondas dos diques marítimos e lacustres, e na parte inferior dos taludes exteriores dos diques fluviais. A estrutura básica do revestimento é a seguinte: o subsolo geralmente é formado pela camada superior do maciço de terra do dique. Uma camada de filtro (granular ou geotêxtil, e destinada a evitar a lixiviação) é então colocada, seguida de uma camada de enchimento granular e, finalmente, da camada superior. Na parte inferior, uma proteção de pé apoia o revestimento, auxiliada por uma camada de *riprap* sobre este.

A carapaça de blocos de enrocamento é a configuração mais empregada e pode consistir em concreto, pedra natural ou resíduo. Esses materiais podem ser usados sob a forma de blocos ou colunas. No passado, colunas de basalto e tijolos de granito foram empregados, mas podem resultar em grande despesa. Uma alternativa mais barata são os oriundos de resíduos industriais, como blocos de resíduo de cobre. Os elementos da carapaça feitos de concreto são mais versáteis em comparação com a pedra natural, e podem ter uma camada superior ecológica. Se materiais já empregados anteriormente estiverem disponíveis para reutilização, o equilíbrio mudará: a reutilização é muitas vezes benéfica em termos de meio ambiente e custos.

Tipos de revestimentos alternativos também são possíveis, além dos elementos padrão: exemplos incluem colchões de blocos e blocos de concreto com furos para crescimento da vegetação pelas aberturas (*doorgroeistenen*). Os colchões de blocos que são usados sob a água são compostos de blocos de concreto conectados por cabos ou geotêxtil, enquanto os blocos são frequentemente usados na transição do revestimento rígido para o revestimento de grama.

- Asfalto

Nos Países Baixos, o asfalto foi amplamente utilizado durante o Delta Works como um revestimento de talude em diques e barragens no mar, principalmente em taludes externos. No entanto, quando níveis elevados de excesso de vazão de vertimento ou galgamento de ondas são esperados, o asfalto também é usado na crista e no talude interno. Asfalto é um nome genérico para misturas que são compostas de pedra britada, cascalho, areia e *filler*. Existem três tipos de asfalto: asfalto de pedra aberta, concreto hidráulico de asfalto e detritos que são ligados com asfalto.

Nas situações em que há ataques de ondas severos, são empregados enrocamento e concreto hidráulico de asfalto, o que cria um talude externo mais áspero. Isso reduz o espraiamento de onda. Em casos de ataques de ondas mais fracos, é empregado o asfalto de pedra aberta, isto é, poroso, devido ao tamanho grosseiro do agregado.

Esse tipo de asfalto foi utilizado pela primeira vez nos Países Baixos, em 1958, para proteger as margens ao longo do IJsselmeer. Com o Delta Works, o uso de asfalto de pedra aberta rapidamente ganhou impulso. O concreto de asfalto hidráulico foi usado em um estágio posterior, e é muito mais denso devido aos seus poros finos.

O asfalto de pedra aberto é mais ecológico do que os outros tipos de revestimento de asfalto. Devido à sua estrutura fechada e superfície lisa, o concreto hidráulico de asfalto não permite o desenvolvimento de flora e fauna.

- Perfil de gestão (Figuras 23.45(L) e 23.45(M))

Obviamente, a segurança das terras baixas não para com a construção de diques. Ao longo de toda a história da construção do dique, a gestão desempenha um papel fundamental no sucesso da defesa contra a água. Gestão aqui

Figura 23.45
(L) Zonas de manutenção e monitoramento de um dique.
(M) Dois exemplos de mudança de funcionalidades de diques.

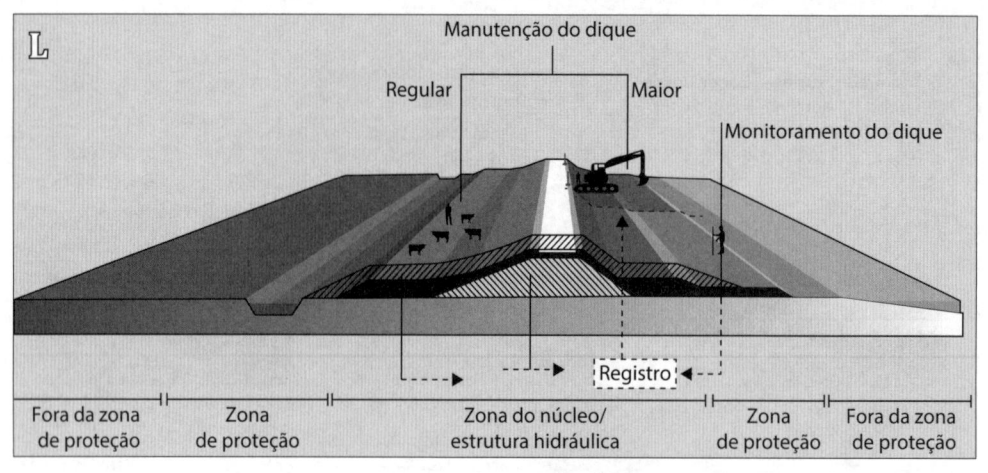

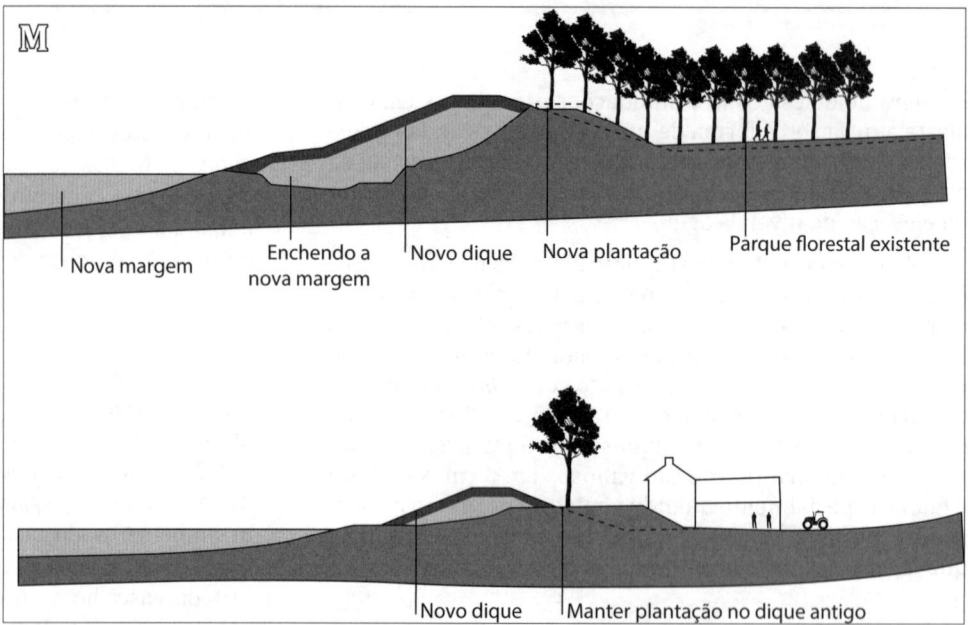

significa o conjunto de todas as atividades necessárias para manter as defesas contra inundação nos níveis de segurança exigidos. Esses incluem não apenas o trabalho de manutenção regular, mas também o monitoramento e inspeção das defesas de inundação e, por exemplo, manter animais daninhos (como os ratos-almiscarados e outros escavadores assemelhados) sob controle.

Uma grande parte da responsabilidade pela segurança da água está nas mãos do Rijkswaterstaat (Agência Nacional de Obras Públicas e Gestão da Água) e dos Conselhos da Água, que verificam continuamente as defesas contra inundação para garantir sua segurança. Os Conselhos da Água gerenciam mais de 17.500 km de defesas primárias e regionais de inundação (de cerca de 22.000 km no total), e as inspeções de alcance-próximo ocupam uma grande quantidade de homens-hora. Ao equipar o maciço com sensores e usar sensoriamento remoto, é possível economizar muito tempo, e a precisão da inspeção é melhorada. O *LiveDijk* significa um dique com sensores que medem a estabilidade e as pressões nos poros do dique, indicando onde a situação pode estar se tornando crítica. O sistema DMC (*Dike Monitoring and Conditioning*) usa uma rede de sensores e tubos de filtro para monitorar a temperatura e a pressão dos

poros no corpo do maciço. Quando há muita água no dique, o excesso pode ser bombeado e, quando está muito seco, pode-se adicionar água.

- Sensores de imagem termográfica

As câmeras infravermelhas podem fornecer informações sobre o estado de um dique: a partir dos sinais infravermelhos, a temperatura das diferentes partes do dique pode ser estimada. Isso permite que fissuras e infiltrações sejam detectadas rapidamente. Ao comparar imagens múltiplas, as mudanças na superfície do dique podem ser detectadas e um sistema de alerta tempestivo pode ser acionado. Além da imagem feita ao nível do solo, esse tipo de técnica de imagem também pode ser realizado a partir de um avião ou de um helicóptero.

- Sensores satelitais e radar
- Manutenção de diques

Gerenciar diques também significa a realização de um trabalho regular de manutenção: manter a grama em boas condições (incluindo corte regular) e reparação de danos causados por, por exemplo, tráfego, animais roedores/escavadores e gado de pequeno porte (como ovelhas). As pessoas que têm que executar essa manutenção são os proprietários e funcionários. Em casos em que o Conselho da Água é responsável pela manutenção, ou onde os resultados das inspeções exigem ajustes, o próprio conselho pode realizar trabalhos de manutenção, como reparar vazamentos ou casos menores de subsidência.

O trabalho de manutenção principal é realizado quando uma defesa de inundação não pode mais atender ao perfil mínimo exigido, conforme indicado no seu registro de matrícula. O perfil do dique é então trazido de volta às dimensões indicadas no registro, por meio da ampliação, reforço ou deslocamento do dique.

– Técnicas construtivas e exemplos de diques mencionados

A Figura 23.45(N) apresenta esquematicamente as etapas de construção do Afsluitdijk, que fechou o Zuider Zee em 1932 e criou o IJselmeer.

A Figura 23.45(O) esquematiza o padrão de construção de um dique de areia.

As Figuras 23.46(A) a 23.46(D) mostram o Eemsdijk no canal do Porto de Eems.

Nas Figuras 23.46(E) a 23.46(H) é possível visualizar o chamado dique-em-duna, nesse caso também um dique-em-bulevar, em Scheveningen.

– O futuro dos diques: lidando com riscos

Quais são os padrões de segurança que devem ser contemplados por diques e como esses padrões são calculados? Após a inundação do Mar do Norte de 1953 (*De Ramp*), o primeiro Comitê do Delta informou que as defesas de inundação para os Países Baixos centrais deveriam estar equipados para lidar com o tipo de inundação que deveria ser esperada a cada 10.000 anos. O cálculo dessa norma de segurança incorporou uma análise de custo-benefício dos custos de reforço dos diques e os danos financeiros e econômicos projetados causados pelas inundações. Essa foi essencialmente uma elaboração inicial de uma abordagem com base em risco, que leva em consideração a probabilidade de falha nas defesas de inundação e as consequências de uma inundação, o que pode ser expresso como: risco = probabilidade × consequências.

Os padrões de segurança não são permanentes, mas podem mudar: eles dependem das variáveis incluídas nos cálculos. Os padrões de segurança nos Países Baixos estão atualmente sendo recalculados usando uma abordagem baseada em risco. Além de ter em conta a probabilidade estatística de que as defesas de inundação falhem, essa abordagem também incorpora as consequências, expressas em termos de danos econômicos, potenciais vítimas individuais (risco individual local – LIR) e grupos de acidentes (grupo de risco).

O princípio básico é que, quando a brecha de um dique puder causar grandes danos ou grande número de vítimas, as margens de segurança devem ser mais amplas. O mesmo se aplica a locais com infraestrutura vital e vulnerável, como a área que envolve usinas nucleares. Margens de segurança mais amplas também são essenciais onde as inundações podem potencialmente colocar em perigo grandes grupos de vítimas. Este grupo de risco é maior perto de cidades densamente povoadas.

Esses novos padrões de segurança são baseados em modelos computacionais que calculam as consequências de uma falha no dique para regiões específicas. Estes mo-

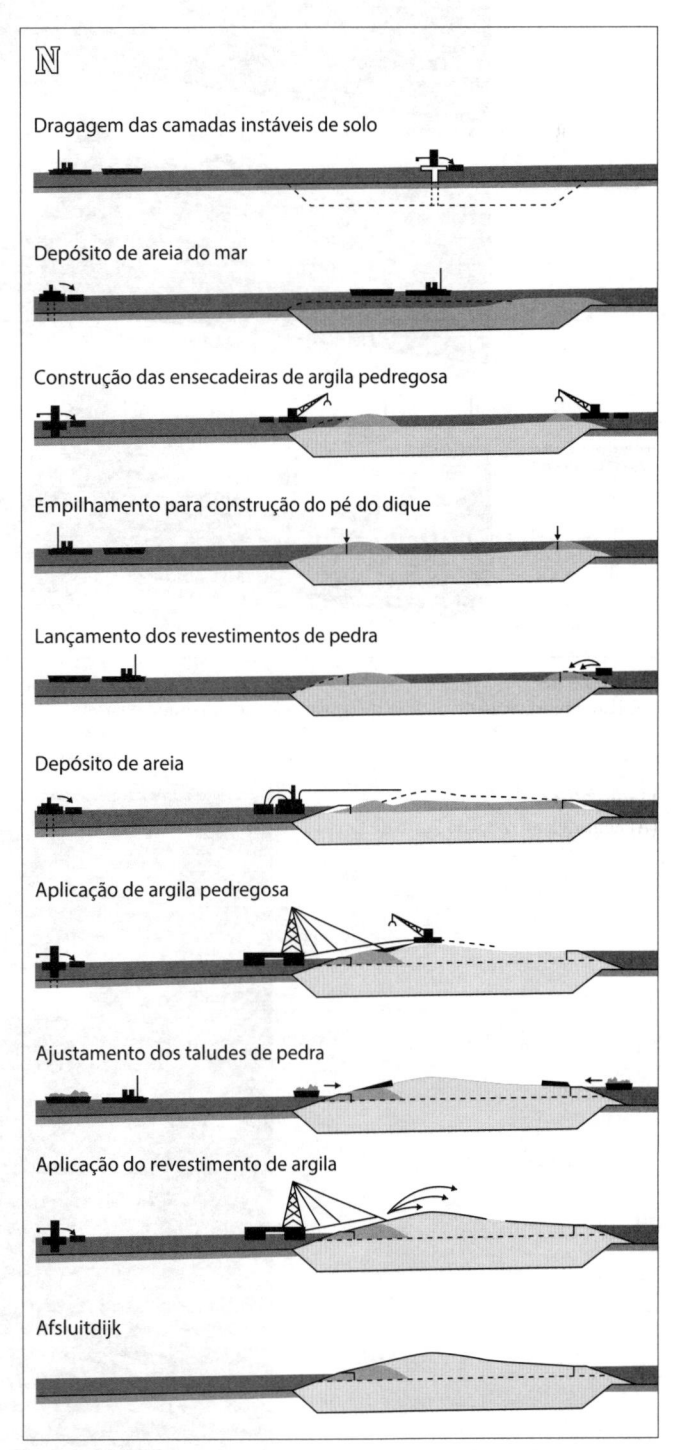

Figura 23.45
(N) Esquematicamente as etapas de construção do Afsluitdijk.

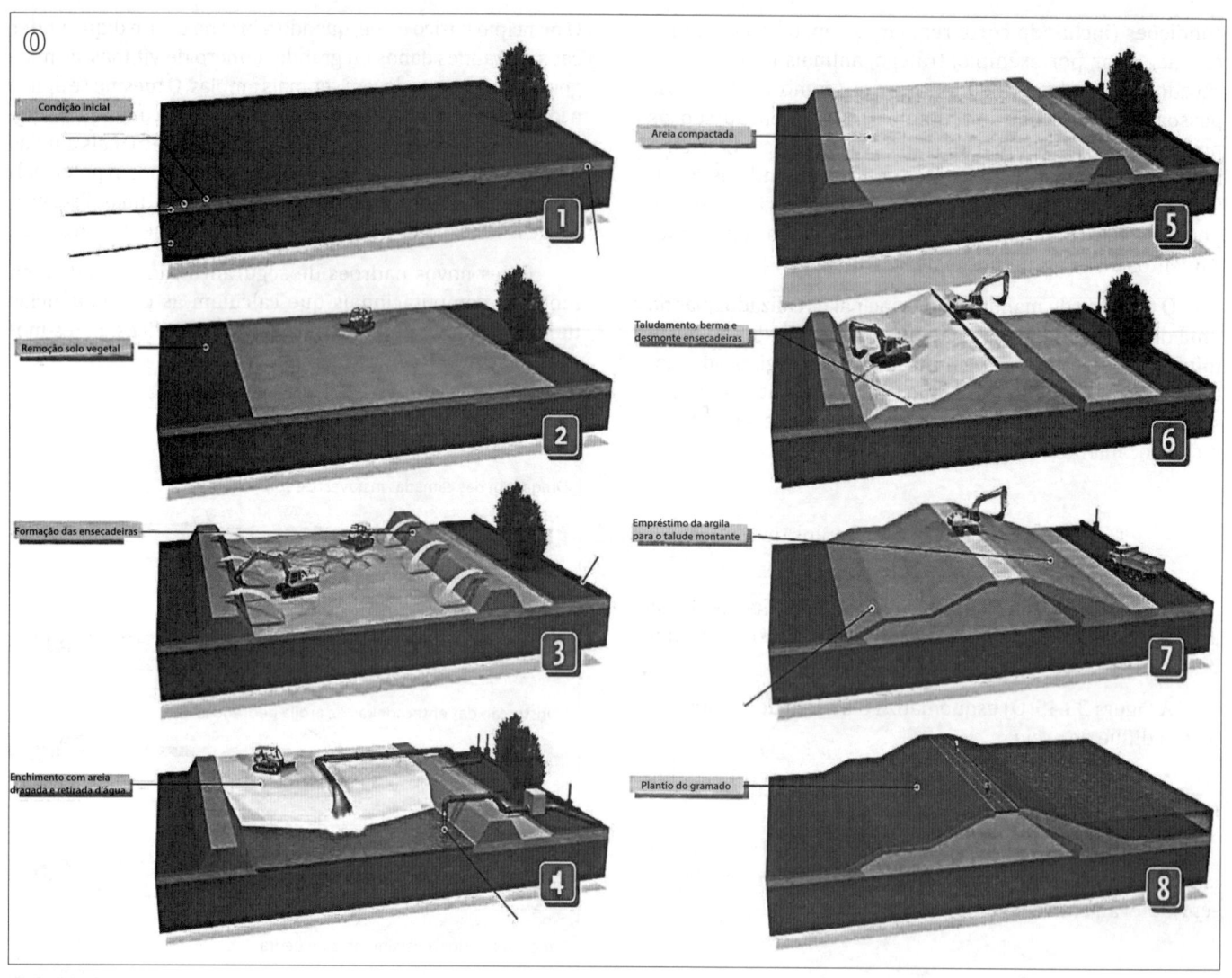

Figura 23.45
(O) Esquematização do padrão de construção de um dique de areia.

Figura 23.46
(A) Eemsdijk no canal do Porto de Eems.

Figura 23.46
(B), (C) e (D) Eemsdijk no canal do Porto de Eems.

Figura 23.46
(E), (F) e (G) Dique-em-duna e bulevar em Scheveningen.

Figura 23.46
(H) Dique-em-duna e bulevar em Scheveningen.

delos ajudam muito a esclarecer a forma como as inundações se desenvolvem ao longo do tempo e a exposição e vulnerabilidade das regiões estudadas. Isso torna possível adaptar os investimentos e as melhorias nas defesas de inundações de forma mais eficiente para a região em questão. Uma alteração aos novos padrões de segurança ocorreu em 2017, sendo as probabilidades de inundação definidas para cada área do anel de dique.

– Segurança em várias camadas

No contexto do novo Plano Delta, o governo dos Países Baixos e o setor de gerenciamento de água tem trabalhado nas questões de gerenciamento e controle de riscos há alguns anos. Além da abordagem baseada em risco, também foi empregada uma abordagem multicamada: somente reforçar os diques não seria suficiente para minimizar o risco de danos sociais e econômicos oriundos de uma falha no dique. A estratégia de defesa do futuro é, então, composta por três camadas para limitar as consequências das inundações:

1   Prevenção: prevenir inundações pela construção de defesas robustas contra inundações, reforçando os diques existentes e construindo diques tipo Delta Works e multifuncionais.

2   Ordenamento do território: isso envolve estudar como o arranjo espacial pode melhorar a segurança das áreas dentro e fora dos diques, por exemplo, por compartimentação ou criando áreas de armazenamento de água excedente.

3   Controle de desastres: significa estar bem preparado para tomar medidas rápidas e efetivas no caso de uma inundação. Isso inclui planos de evacuação, sistemas de alerta e exercícios de emergência.

– Estações de bombeamento

Sem a drenagem por bombeamento das águas das áreas ensecadas, a eficácia dos diques contra as inundações ficaria comprometida.

Em 1787, a primeira bomba a vapor foi usada no pôlder de Blijdorp de Rotterdam. Elas substituíram os corredores de moinhos de vento, o que permitiu a realização de projetos de recuperação de terras alagadiças mais substanciais. No século XX, muitas estações de bombeamento a vapor foram demolidas ou convertidas em estações de bombeamento a diesel e, posteriormente, movidas a eletricidade. Mas no início, várias novas estações de bombeamento a vapor foram construídas. A mais importante preservada em condições de operação, é a estação de bombeamento Ir. D.F. Wouda (Figura 23.46(I) a 23.46(K)) finalizada em 1920, em Lemmer, entre o Stream Kanaal e o IJsselmeer (Lago IJsselmeer).

Figura 23.46
(I) Estação de bombeamento Ir. D. F. Wouda entre o Stream Kanaal e o IJsselmeer (Lago IJsselmeer). Emboque no Stream Kanaal.
(J) Estação de bombeamento Ir. D. F. Wouda. Equipamentos de bombeamento.

Figura 23.46
(K) Estação de bombeamento Ir. D. F. Wouda. Salão das caldeiras.

Muitas estações de bombeamento nos Países Baixos agora são operadas remotamente e são monitoradas por computadores.

23.4 INTERVENÇÕES PARA PREVENIR E CONTER AS EROSÕES POR REMOÇÃO EM MASSA

23.4.1 Considerações gerais

As intervenções de medidas e obras para prevenir e conter as erosões por remoção em massa podem ser sintetizadas conforme apresentado na Tabela 23.3 e ilustrado esquematicamente na Figura 23.47. Tais medidas tornam-se necessárias nas vertentes das cabeceiras dos rios navegáveis visando reduzir o aporte sedimentar ao curso principal, reduzindo volumes de dragagem de manutenção, mas principalmente em defesa dos territórios ao sopé desses vales.

Essas medidas e obras subdividem-se nas três zonas que compõem o processo das erosões por remoção em massa: formação ou fonte, movimentação ou transporte e depósito ou cone de dejeção.

Referência bibliográfica importante sobre esse tema é a de Rosso (2011).

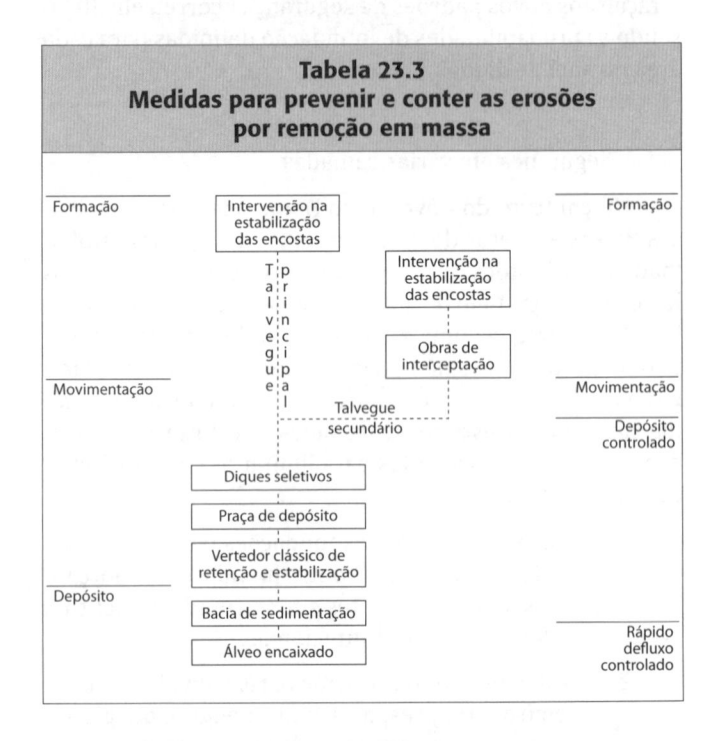

Tabela 23.3
Medidas para prevenir e conter as erosões por remoção em massa

23.4.2 Medidas e obras na zona de formação

Na zona de formação são muito utilizadas obras de cunho de Engenharia Naturalística (ou Engenharia Verde), como as de estabilização das vertentes para retenção:

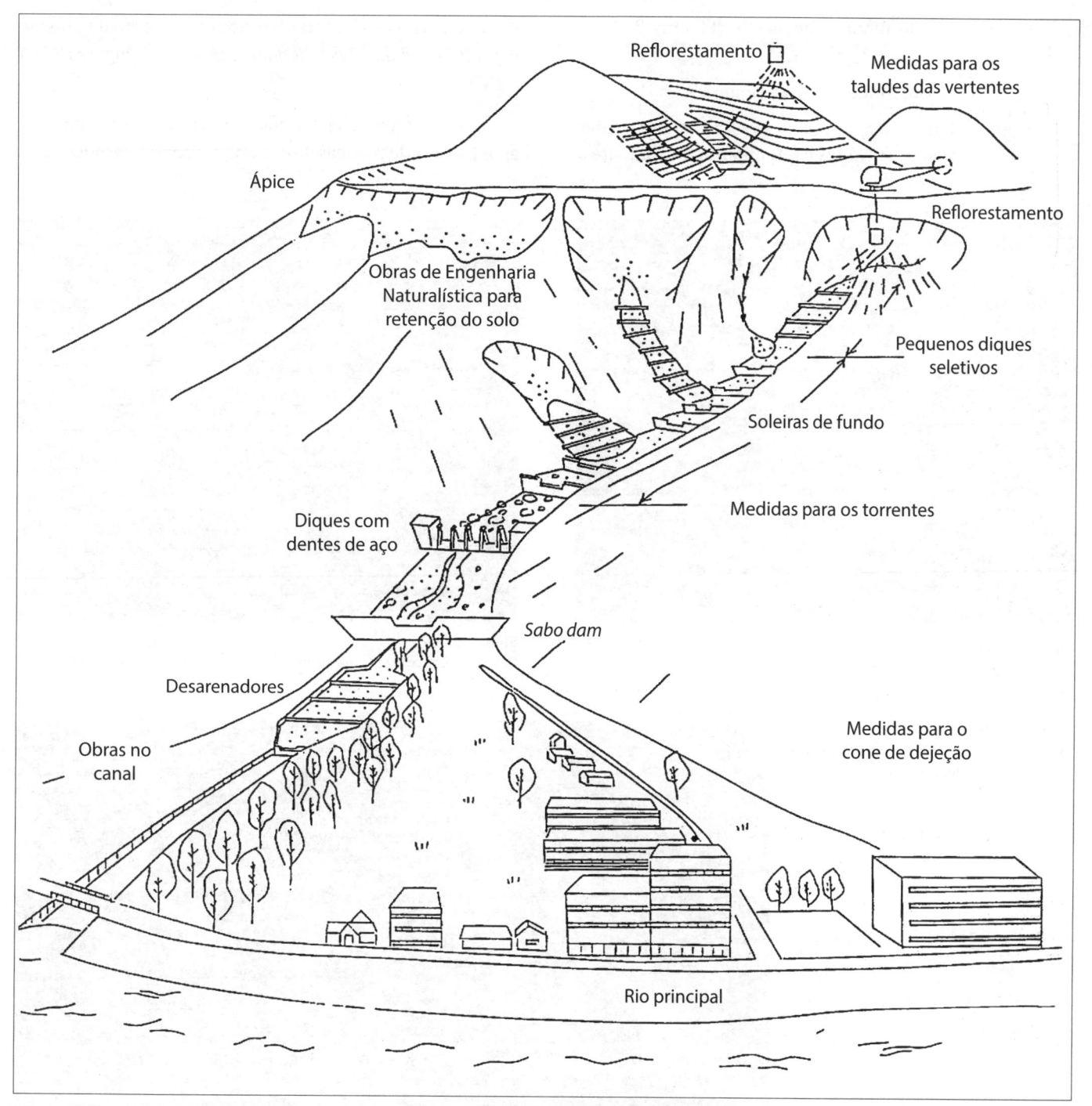

Figura 23.47
Medidas e obras utilizadas para a prevenção e contenção de erosões por remoção em massa.

- Reflorestamento das encostas com espécies nativas;
- Redes metálicas encobrindo encostas com blocos rochosos de maiores dimensões (Figuras 23.48 a 23.50) com risco de instabilização;
- Pranchadas e cercas metálicas, ou de madeira para contenção de escorregamentos de menores dimensões (Figuras 23.51 e 23.52);
- Terraceamento em alvenaria ciclópica ou com estruturação em madeira (Figuras 23.53 e 23.54);
- Contenção em terra armada (Figura 23.55).

Em situações extremas pode-se lançar mão da impermeabilização por concretagem das encostas com cimento Portland (Figura 23.56) ou asfáltico (Figura 23.57).

23.4.3 Medidas e obras na zona de movimentação

Na zona de movimentação são utilizadas obras de proteção passivas que aqui são ilustradas por várias soluções adotadas nos Alpes e Apeninos italianos:

- Soleiras de fundo sequenciais (Figuras 23.58 e 23.59);

- Soleiras de fundo seletivas (Figura 23.60);

Diques seletivos que permitam a passagem das vazões de água das grandes chuvadas e retenham seletivamente a granulometria desejada de acordo com o trecho de implantação (*Check dams, Steel slit dams, Sabo dams*) (Figuras 23.61 a 23.70).

É importante salientar que essas estruturas de retenção, após eventos de corridas de detritos, devem ser desobstruídas

Figura 23.48
Rede metálica pênsil suspensa atravessando o vale.

Figura 23.49
Rede metálica convencional no vale do Torrente Lamone em Marradi (Itália).

Figura 23.50
Rede metálica reforçada nas vertentes do Torrente Bidente (Itália).

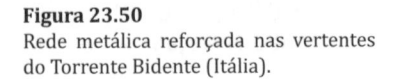

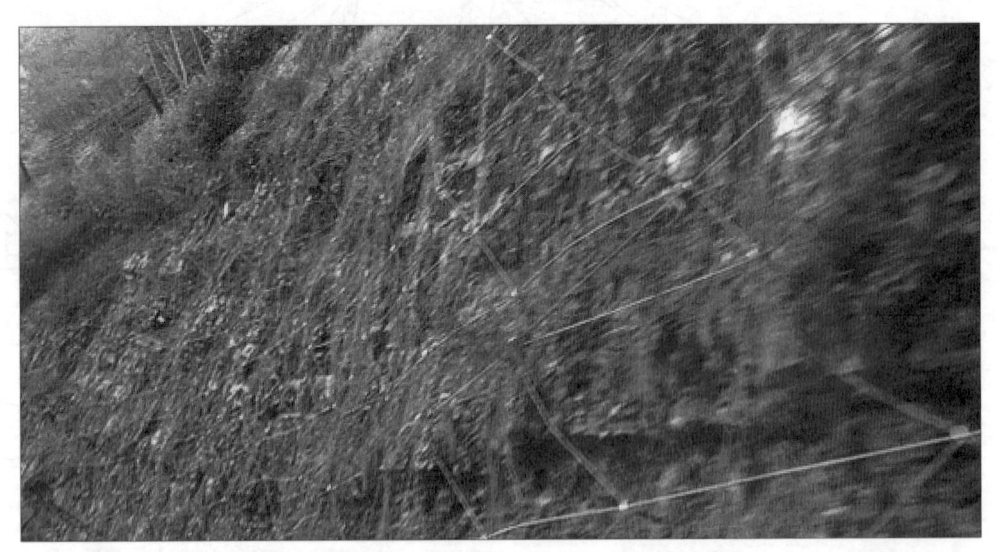

Figura 23.51
Cercas metálicas para retenção de corridas de detritos em taludes e reticulado em concreto armado para retenção do solo (Japão).

Figura 23.52
Pranchadas metálicas para retenção de corridas de detritos em taludes e reticulado em concreto armado para retenção do solo já com vegetação crescida (Japão).

Figura 23.53
Terraceamento em alvenaria de pedra nas encostas do Torrente Bidente (Itália).

Figura 23.54
Terraceamento estruturado em madeira nas encostas do Torrente Bidente (Itália).

Figura 23.55
Contenção de encosta em terra armada.

Figura 23.56
Concretagem da encosta do Monte Serrat em Santos (SP).

Figura 23.57
Revestimento asfáltico de talude da Rodovia dos Tamoios em Caraguatatuba (SP).

Figura 23.58
Soleiras de fundo no Torrente Bidente (Itália).

Figura 23.59
Soleiras de fundo sequenciais no Torrente Lamone em Marradi (Itália).

Figura 23.60
Soleira de fundo no Torrente Lamone em Marradi (Itália).

Figura 23.61
Dique seletivo tipo *sabo dam* com aberturas no corpo central em Shirokawago, Japão.

Figura 23.62
Dique seletivo tipo *steel slit dam* com retenção em grelha.

Figura 23.63
Dique seletivo tipo *sabo dam* com retenções em pente.

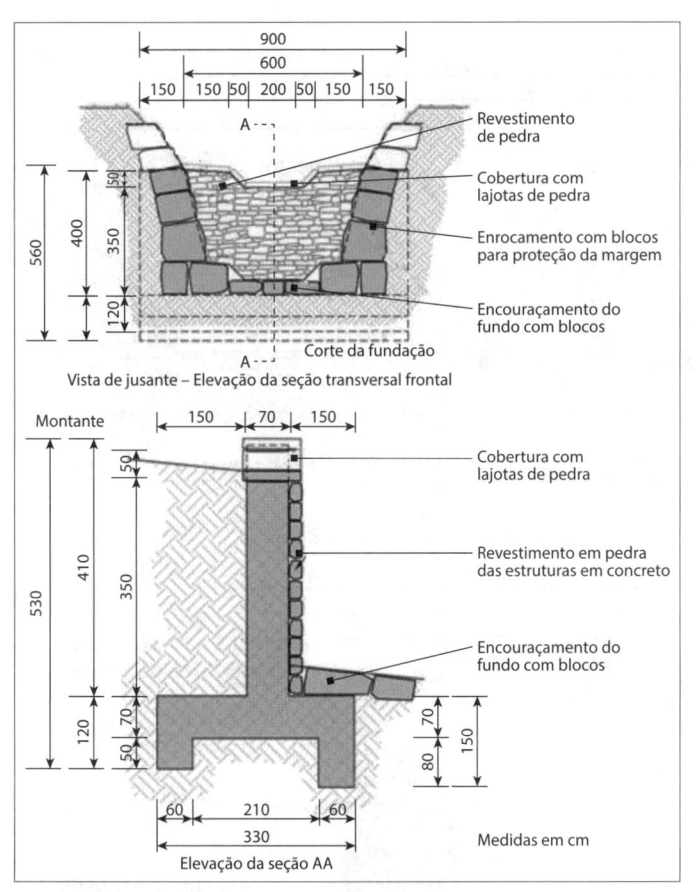

Figura 23.64
Dique seletivo em soleira em concreto revestida em pedra tipo *sabo dam*.

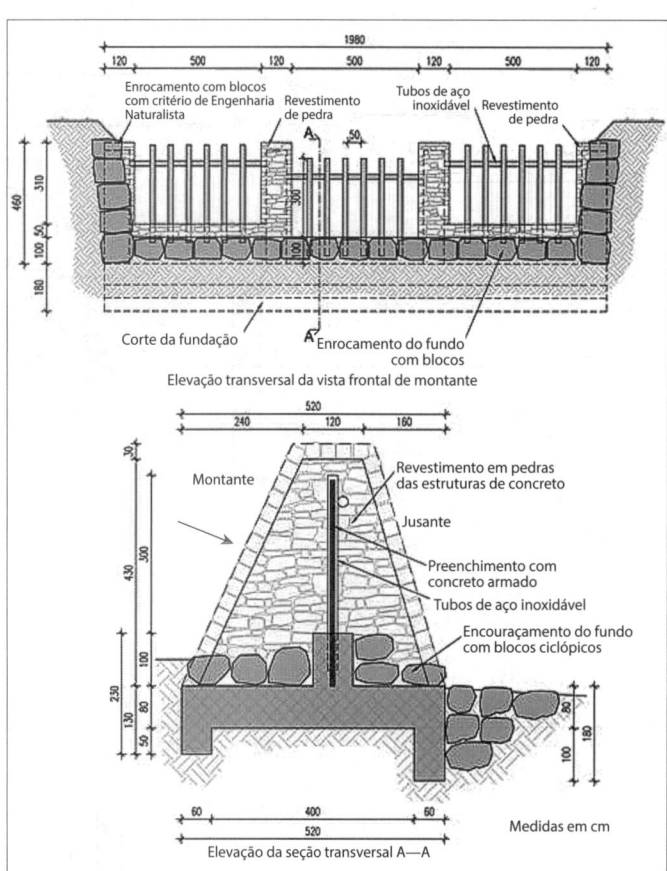

Figura 23.65
Dique seletivo em grade quebra-avalanche.

Figura 23.66
Dique seletivo *sabo dam* (Japão).

Figura 23.67
Dique seletivo com fenda vertical.

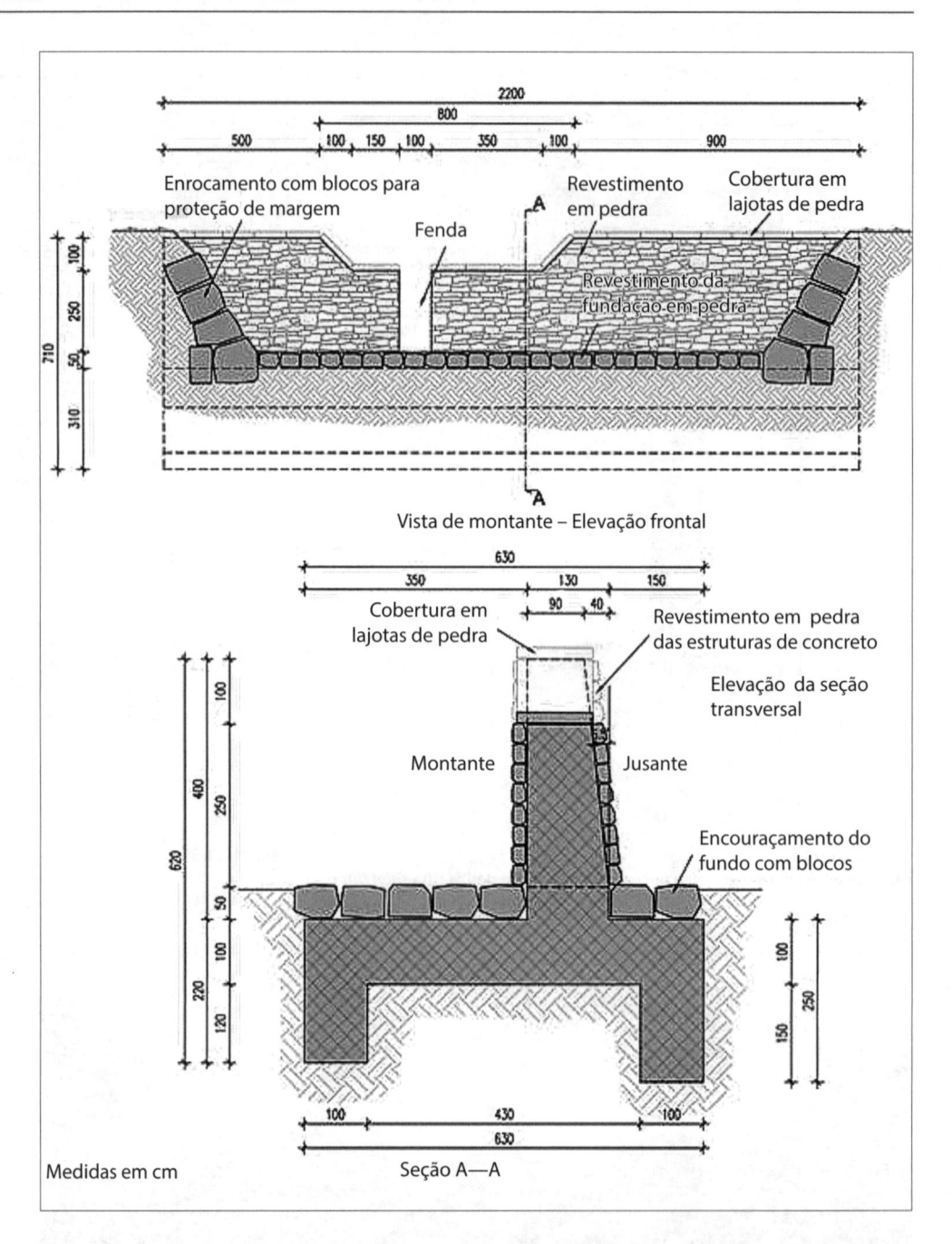

Figura 23.68
Dique seletivo com fenda central única e coroamento vertente.

Figura 23.69
Dique seletivo com fenda e grade metálica.

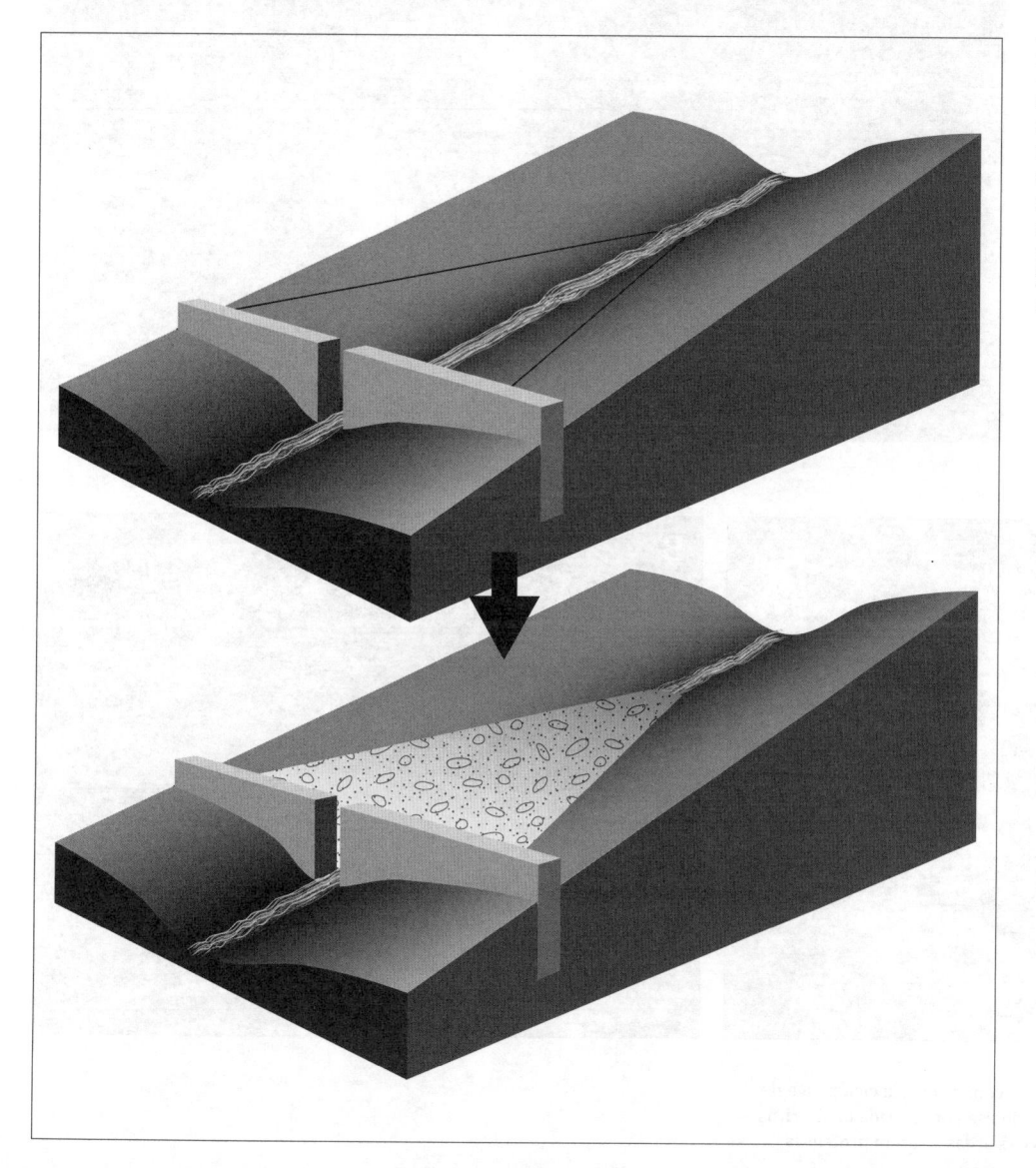

Figura 23.70
Funcionamento do dique seletivo tipo *sabo dam* com fenda seletiva ou dotada de grade. Nas condições de escoamento fluvial normal os sedimentos fluem com a água para jusante (acima); enquanto nas ocorrências de corridas de detritos maiores, esses são capturados para prevenir desastres a jusante, mas o fluxo de água e sedimentos mais finos continua se processando.

para que não percam sua efetividade de retenção em eventos sucessivos.

sedimentos, para continuar mantendo a eficácia das intervenções realizadas.

23.4.4 Medidas e obras na zona de depósito

Na zona de depósito do cone de dejeção os taludes devem resistir a impactos, ter deformabilidade, circunscrever área de detenção de acúmulos compatível com as corridas de detrito de projeto e serem implantados com critérios de Engenharia Naturalística para não impactar a paisagem.

As Figuras 23.71 a 23.75 ilustram esses tipos de obras no trecho mais a jusante da encosta. Devendo-se lembrar sempre da importância da manutenção continuada dessas estruturas, principalmente quanto à remoção de detritos e

23.4.5 Exemplo de arranjo de obras na zona de movimentação e deposição

São aqui apresentados exemplos de arranjos de obras na zona de movimentação e deposição das corridas de detritos:

- No trecho mais a montante da zona de movimentação (Figura 23.76);
- No trecho mais a jusante da zona de movimentação (Figuras 23.77 e 23.78);
- Na zona de deposição (Figuras 23.79 e 23.80).

Figura 23.71
Rápido do canal que conduz à bacia de retenção.

Figura 23.72
(A) e (B) Terraplenos e paliçadas em pente com alvenaria ciclópica e de junta seca constituindo a última linha de defesa anti-corrida de detritos nas áreas externas à canalização e antes das áreas a serem protegidas.

Figura 23.72
(C) Terraplenos e paliçadas em pente com alvenaria ciclópica e de junta seca constituindo a última linha de defesa anti-corrida de detritos nas áreas externas à canalização e antes das áreas a serem protegidas.

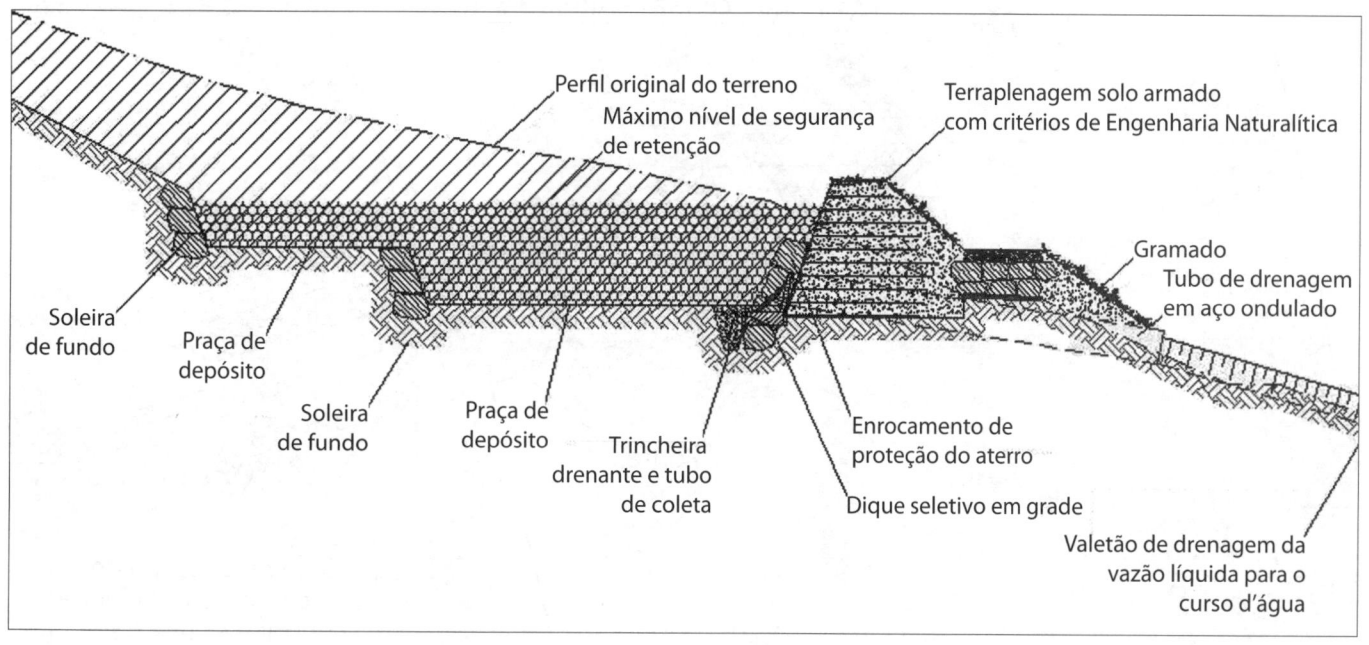

Figura 23.73
Seção transversal esquemática de terrapleno de defesa passiva.

Figura 23.74
Implantação de bacia de retenção com terraplenos formando os diques em solo armado.

Figura 23.75
Último dique seletivo *sabo dam* com fenda dotada de grade metálica, após a bacia de retenção e conduzindo ao canal revestido para o rio principal.

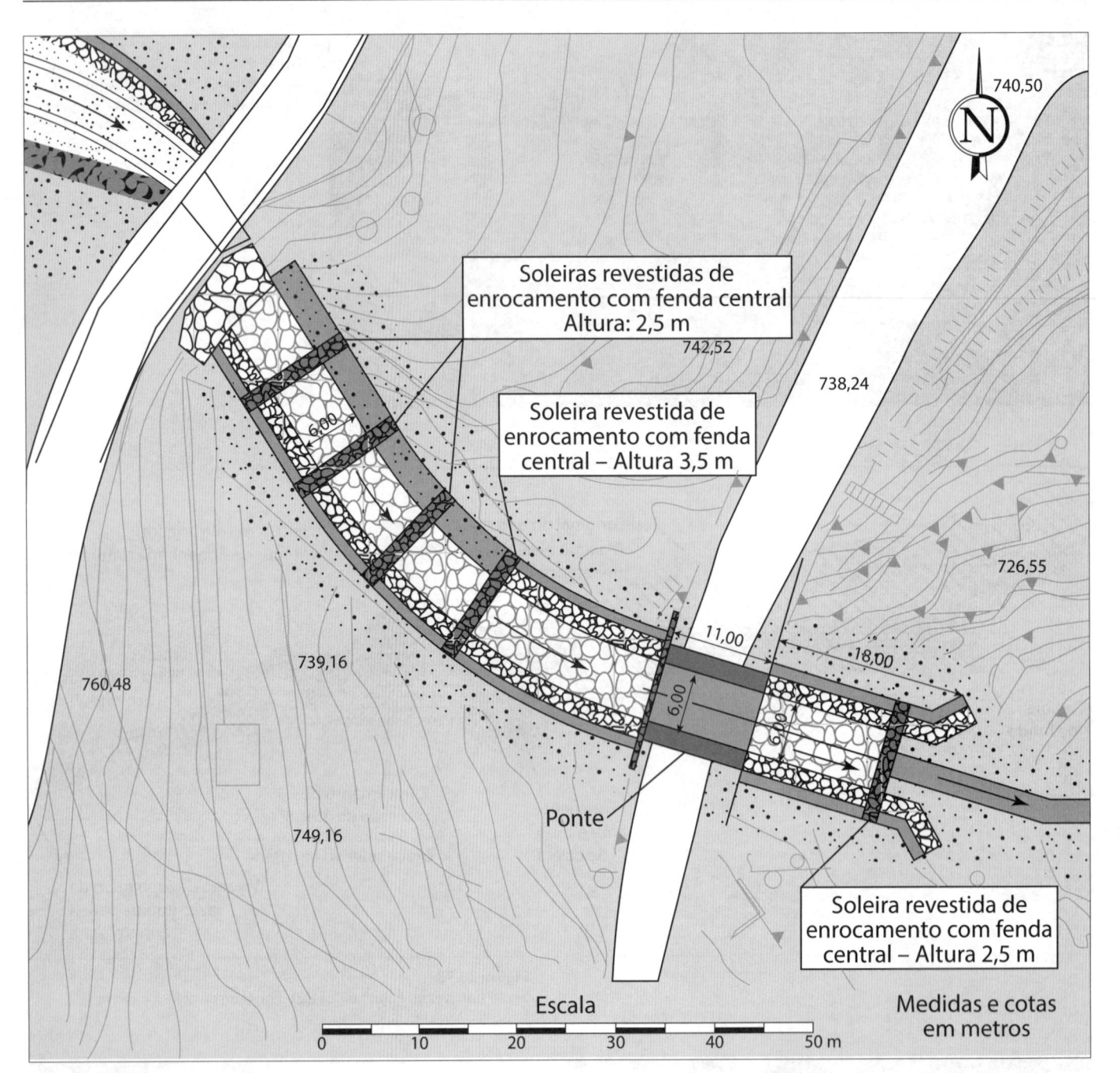

Soleiras revestidas de enrocamento com fenda central
Altura: 2,5 m

Soleira revestida de enrocamento com fenda central – Altura 3,5 m

Soleira revestida de enrocamento com fenda central – Altura 2,5 m

Ponte

Escala

Medidas e cotas em metros

Figura 23.76
Planimetria de trecho a montante da zona de movimentação.

Figura 23.77
Diques seletivos na zona de movimentação. Volume de contenção de 71 mil e 25 mil m³ a montante e a jusante com declividades do canal, respectivamente, de 15% e 10%, As grades são de tubos de aço de seção quadrada (350 x 350 mm e 8 mm de espessura).

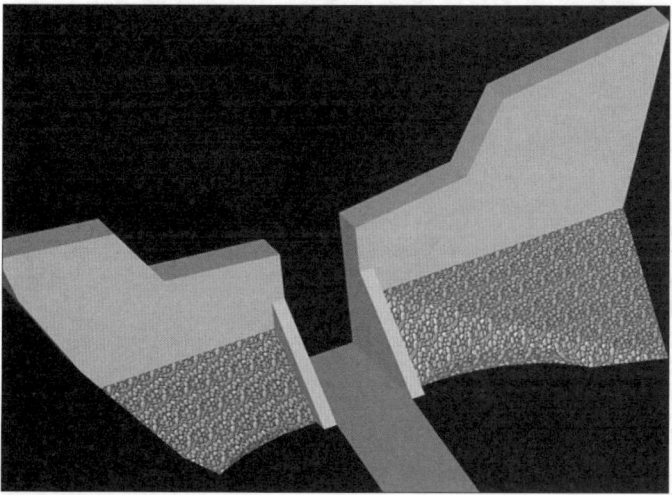

Figura 23.78
Dique seletivo tipo *sabo dam* com fenda vertical de 3,0 m de largura.

Figura 23.79
Simulação tridimensional de obras de consolidação e proteção, no trecho de bacia de retenção, de um povoado.

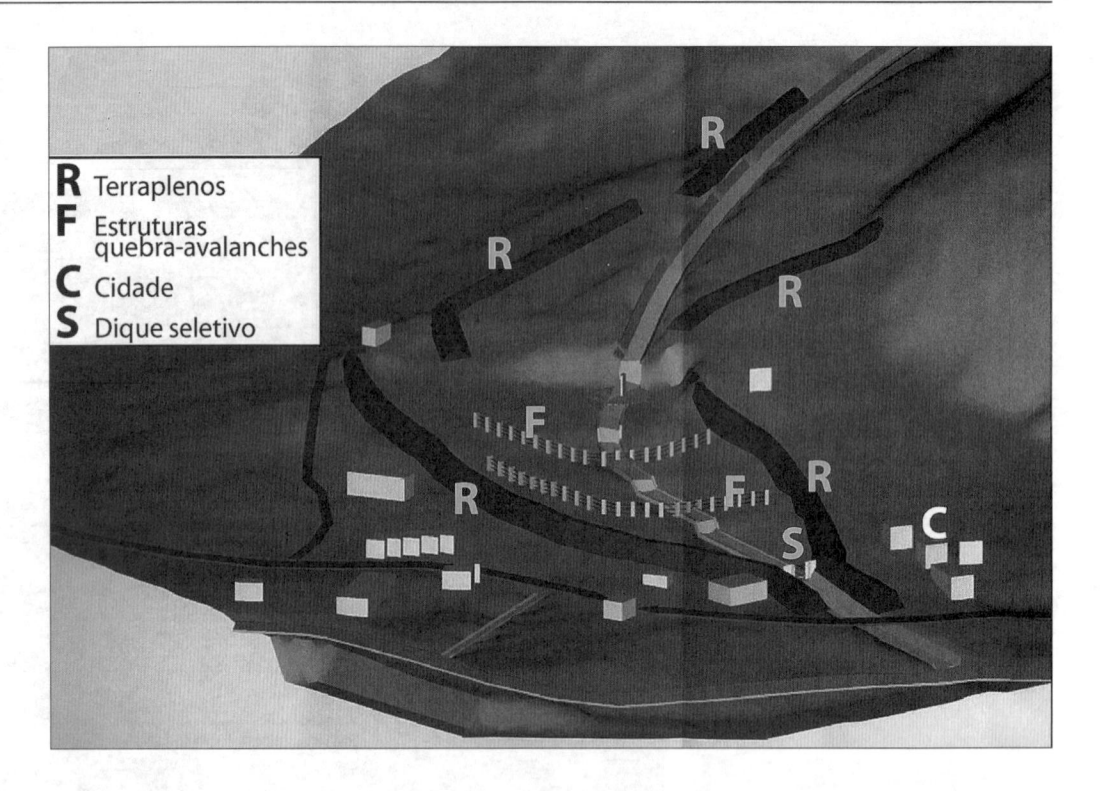

R Terraplenos
F Estruturas quebra-avalanches
C Cidade
S Dique seletivo

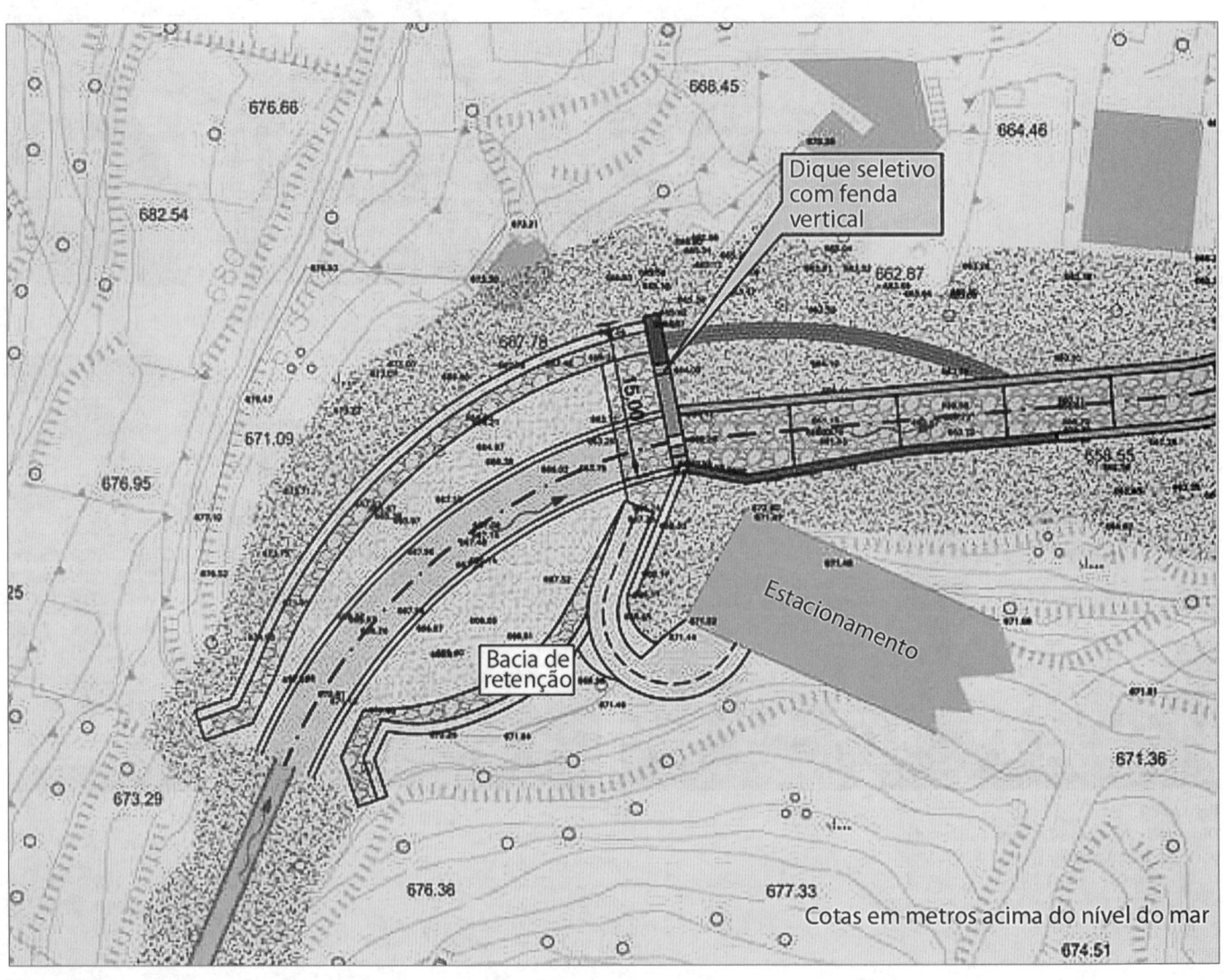

Figura 23.80
Planimetria descritiva de arranjo de bacia de retenção.

23.5 SEÇÃO DE ESCOAMENTO DAS BARRAGENS MÓVEIS

23.5.1 Âmbito

Nesse contexto não é estudado o problema das barragens móveis em geral, mas somente a das barragens móveis sobre areia e com uma altura de represamento limitada, não havendo acoplamento com uma usina hidrelétrica. Em particular, o estudo é limitado a um tipo de barragem análoga àquela considerada em Amarópolis (RS), no Rio Jacuí. Essa obra consiste na justaposição de vãos móveis de grande largura, mas todos de modesta altura de represamento (Figura 23.81) e de diques vertedores fixos fracamente protegidos, isto é, ficam submersos quando o desnivelamento h entre montante e jusante for limitado a algumas dezenas de centímetros. Na Figura 23.81, observa-se a existência de enrocamento a jusante do *radier*, para evitar a formação de fossas de solapamento, bem como a elevação da base da passarela sob a qual desloca-se o carrinho com o qual se efetua a montagem das alças. Essas últimas estão fixadas às soleiras pelas duas extremidades inferiores de cada cavalete.

23.5.2 Objetivo da barragem móvel

Trata-se de determinar a superfície S do elemento móvel de retenção, assim como as variações de S em função da altura H_0 do represamento, medida em relação ao nível de estiagem local, confundido com o nível de fundo do rio. O estudo da variação de S em função de H_0 deve conduzir ao custo da obra, em função de H_0.

Com fundamentação nos custos estimados para cada H_0, determina-se o valor ótimo de H_0 que será adotado na canalização de uma extensão L do rio, que se supõe homogênea, empregando *n* barragens móveis escalonadas, assegurando uma profundidade m para a navegação no período de estiagem.

23.5.3 Manobras de operação de uma barragem móvel

Partindo-se de uma vazão Q nula ou muito fraca, a partir da qual ocorra um aumento progressivo, as seguintes manobras deverão ser efetuadas:

1. Abertura progressiva do elemento móvel de retenção (Figura 23.81), estando os diques fixos submetidos a um desnível máximo entre montante e jusante, mas não estarão submetidos a nenhum transbordamento

2. Quando se abater (içar) o último elemento móvel, o desnível entre montante e jusante estará reduzido a h, pois a superfície S foi dimensionada para esta condição.

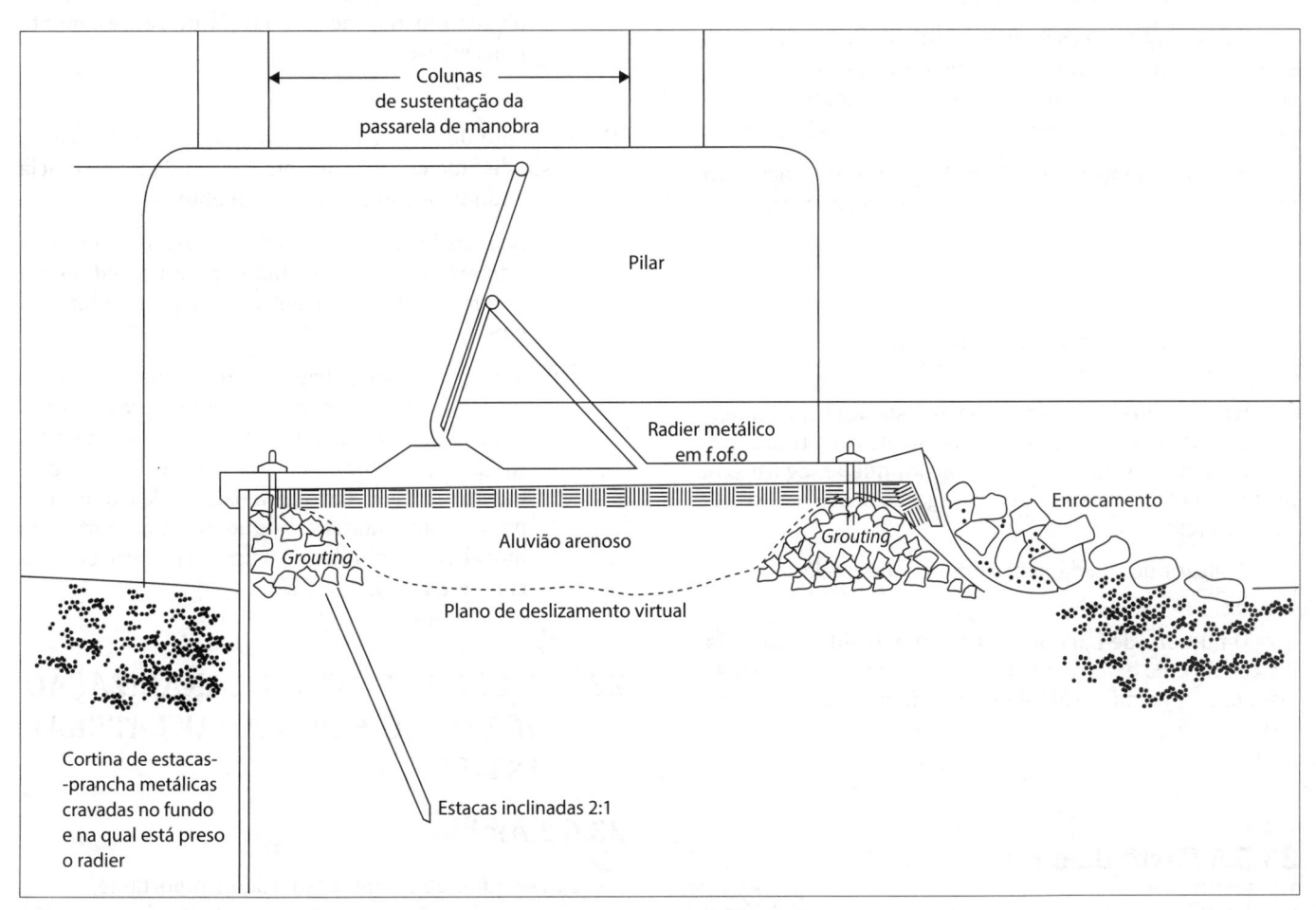

Figura 23.81
Elevação da seção transversal de uma barragem móvel na seção das alças.

3   Quando a vazão ultrapassar o valor Q_0, correspondente à abertura total do elemento móvel, a água começará a escoar por sobre os diques fixos, mas supõe-se que a extensão destes seja suficiente para fazer com que o desnível h, correspondente à vazão Q_0, vá se reduzindo se Q continuar a aumentar. Assim, é para uma vazão um pouco superior a Q_0 que os diques fixos estarão mais expostos à erosão de seu revestimento superficial.

23.5.4 Relação entre S e H_0

Admitindo-se que h seja uma constante, independentemente do valor de H_0, considerado como variável. Essa condição de h ser uma constante é que determina a área S do elemento móvel, sendo S uma função crescente de H_0.

23.5.5 Hidrologia do curso d'água

A síntese da hidrologia do rio corresponde principalmente à curva-chave que determina a altura do nível natural da água em função de Q univocamente: $H = f(Q)$. Supõe-se que esta curva seja sensivelmente válida para todo o trecho L do rio considerado.

A vazão Q_0 corresponde, a jusante da barragem, a um nível H_0 e, a montante, a um nível $H_0 + h$.

Sob a carga h, o escoamento através da totalidade da superfície S do fechamento, totalmente aberto, se realiza com uma velocidade v, que depende unicamente de h. Despreza-se o atrito e a influência das contrações laterais.

Assim, quando a vazão Q_0 é atingida, a superfície S estando totalmente tomada pelo escoamento, resulta:

$$v\,S = Q_0$$

A relação da curva-chave permite determinar Q_0 e, consequentemente, S em função de H_0.

No período de estiagem, com os estirões supostamente horizontais, a obra situada a jusante da estrutura considerada, deverá estar nivelada na cota que assegure uma profundidade m necessária à navegação sobre o busco da eclusa, a jusante da obra.

A altura de queda será então medida pela diferença $H_0 - m$.

O número de barragens a ser construído para canalização de uma extensão L do rio, cuja declividade média p é suposta constante, será determinado pela relação:

$$n = pL/(H_0 - m)$$

23.5.6 Custo da obra

O custo total P da obra aumenta na medida em que H_0 cresce, correspondendo a maior parte da despesa à parte móvel.

Por outro lado, o custo P também leva em conta a despesa relativa à eclusa, que varia como uma potência superior à unidade da altura dos muros laterais. Por fim, o custo dos diques fixos deve também estar contemplado em P.

23.5.7 Otimização do número de barragens *n*

Representando-se as variações de P por um gráfico em cuja abcissa correspondem os diversos valores de H_0, obtém-se uma segunda curva multiplicando cada ordenada (custo) pela abcissa correspondente (H_0). Esta segunda curva comportará normalmente um mínimo, que corresponde ao número ótimo de barragens a ser adotado. O valor de *n* assim determinado deve ser arredondado para cima ou para baixo ajustando o L da canalização. Também é conveniente verificar como varia o valor mínimo do produto *n* × P por uma análise de sensibilidade quanto às seguintes modificações:

1) Aumento de h, conservando a mesma superfície do elemento móvel, mas acrescentando algumas despesas adicionais correspondentes a:

    a) Melhor proteção contra a erosão dos diques fixos que fazem parte da barragem quando estiverem submersos.

    b) Uma certa elevação dos diques das margens, para assegurar proteção às terras vizinhas dos cursos d'água em relação aos níveis de represamento mais elevados.

2) Aumento de m, acarretando o estudo da variação do custo de uma canalização, em função da importância da profundidade m que se deseja obter.

    a) Adoção de um número *n* de barragens, inferior ao número ótimo determinado pelo procedimento anterior, para favorecer a navegação, reduzindo o número de eclusas.

    b) Redução da superfície S, conservando os valores iniciais de h e de m, melhorando a proteção dos diques fixos contra a erosão quando submersos. No limite, se S for eliminada, transforma-se a barragem móvel em barragem fixa, sendo o dique fixo muito mais oneroso do que em uma barragem móvel, correspondendo a um grande vertedor de concreto armado.

23.6 ESCOLHA ENTRE A CANALIZAÇÃO DE UM RIO E UM CANAL LATERAL ARTIFICIAL

23.6.1 Âmbito

Em se tratando de um curso d'água importante, deverá ser dada preferência, geralmente, à solução de navegação no próprio leito do rio. Entretanto, quando se progride de jusante para montante, as vazões do rio vão decrescendo e, na parte alta da bacia, os cursos d'água, mesmo canalizados, dificilmente podem ser utilizados como via navegável. Chega-se em um ponto em que a solução de canalização deve ser substituída por um canal lateral artificial, que pode, aliás, se afastar do rio. A escolha da seção em que deve ser efetuada esta transposição é difícil, mas é possível considerar as abordagens que seguem.

23.6.2 Raciocínio elementar

Como mostrado na Figura 23.82, um rio desenvolve-se em meandros a partir da seção A e, em tracejado, assinala-se o possível traçado de um canal lateral. Observe-se que a derivação mencionada pode terminar no próprio rio, como assinalado na figura, mas pode também ser prolongada por um outro canal artificial, que se afaste um pouco do rio, e atravesse um divisor de águas para juntar-se a outro curso d'água navegável, cuja bacia é adjacente e próxima da primeira.

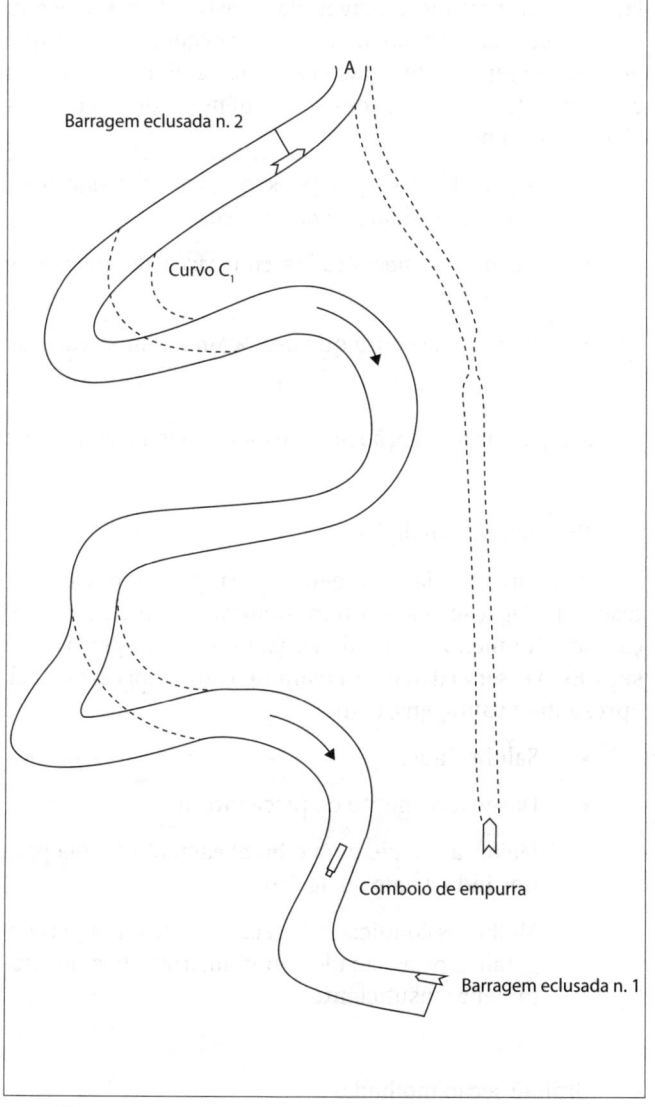

Figura 23.82
Planimetria do desenvolvimento de um rio em meandros a partir da seção A e, em tracejado, assinala-se o possível traçado de um canal lateral.

Considerando especificamente a situação mostrada na Figura 23.82, o percurso retilíneo do canal lateral corresponde a x km, enquanto o percurso fluvial entre as mesmas cotas é s · x, sendo s o coeficiente de sinuosidade.

Nesse raciocínio elementar, considere-se o perfil longitudinal de uma canalização, no qual se supõe que a altura de queda na época da estiagem, nas diversas barragens, é constante e igual a h, por simplificação.

Navegando pelo rio, são encontradas duas eclusas. Se as dimensões fluviais permitirem a navegação das embarcações em condições aceitáveis, a construção das duas barragens eclusadas corresponderá ao custo do melhoramento no rio.

O custo da construção do canal lateral compreenderá a sua escavação, a construção de duas eclusas, bem como a construção, a jusante de A, de uma barragem não eclusada.

Deslocando-se de jusante para montante, o perfil longitudinal tem sua concavidade aproximadamente parabólica dirigida para o alto, o que faz com que para uma mesma altura h, os comprimentos dos estirões irão sempre diminuindo.

O trecho do canal lateral a ser construído, e que corresponde a um degrau de escada, será então cada vez mais curto, chegando a uma posição em que a solução do canal lateral será menos onerosa do que a navegação no próprio leito do rio. Assim, a necessidade de abandonar o rio para fazer navegar as embarcações em um canal lateral totalmente artificial é logo evidenciada, entretanto, fica a questão em que ponto seja recomendável essa migração.

23.6.3 Análise detalhada do problema

Os inconvenientes da navegação no rio estão a seguir elencados.

– Raio mínimo

Tendo em vista as embarcações que navegam pelo rio, é indispensável que se adote um certo raio mínimo a fim de permitir não somente a passagem, mas também o cruzamento das embarcações nas curvas de pequeno raio. Assim, no caso da Figura 23.82, as duas curvas C_1 e C_2 deveriam ser melhoradas por dragagem, conforme assinalado pelas linhas tracejadas das margens, para tornar o rio efetivamente utilizável. As despesas feitas com estas dragagens e, eventualmente, com algumas obras de defesa das margens e do fundo do novo leito deverão ser acrescidas às que correspondem à construção das barragens eclusadas.

A questão da navegação em curvas de pequeno raio, especialmente nas situações de cruzamento de duas embarcações, apresenta-se de modo bem diferente em um canal ou em um rio.

Em um canal sem correnteza, raios de curvatura muito pequenos, que podem chegar ao limite do círculo mínimo de manobra, poderão ser aceitáveis se as sobrelarguras correspondentes tiverem sido calculadas com folga. De fato, a existência destes pequenos raios não constitui perigo, mas, tão somente, obrigam a uma redução da velocidade mais ou menos acentuada. Em um rio canalizado, a velocidade da correnteza varia de acordo com a vazão:

1) É quase nula no período de estiagem, comparável à condição de um canal artificial.

2) Aumenta de acordo com a vazão, situação em que os cruzamentos nos trechos com raios de curvatura menores se tornam cada vez mais difíceis, e mesmo perigosos.

3) Atinge-se o ponto máximo quando as barragens estão totalmente abertas, situação em que o rio canalizado retorna à condição de rio em corrente livre.

– Custo das eclusas nos rios

A construção das duas eclusas no rio será mais onerosa do que as duas semelhantes no canal, pois, primeiramente, a obra em seco é mais fácil e, consequentemente mais econômica. Além disso, para a escolha do traçado em planta do canal dispõe-se, com frequência, de uma certa liberdade que permite a implantação das eclusas em seções onde sua construção seja mais fácil, podendo-se algumas vezes até reduzir o número de eclusas.

– Redução do número de eclusas

Admitindo-se que a topografia local não permita a substituição das barragens por uma única obra, a fim de se construir somente uma eclusa, não necessariamente ocorrerá o mesmo em um canal lateral. De fato, a construção de uma eclusa de queda dupla no canal é mais onerosa do que as duas eclusas se a queda h ultrapassar da ordem de 4 m a 5 m, mas essa despesa suplementar eventual permitirá a redução do tempo de percurso, vindo a ser vantajosa para os usuários.

– Redução do percurso

Em ambos os casos analisados no item anterior, o tempo de duração da navegação no rio será maior do que no canal, o que representa uma vantagem que pode ser avaliada financeiramente em função das embarcações empregadas e da importância do tráfego futuro. Essa constatação é válida mesmo no caso em que o coeficiente de sinuosidade seja apenas um pouco superior à unidade, o que pode ser demonstrado como segue.

Sendo V a velocidade do barco em relação à água, v a velocidade da correnteza e L a distância a ser percorrida. Em água parada a duração de um ciclo com percurso de ida e volta é:

$$T_1 = 2L/V$$

Em água corrente:

- A duração de uma subida é $L/(V - v)$
- A duração de uma descida é $L/(V + v)$

Assim, ida e volta é:

$$T_2 = L \{[1/(V-v)] + [1/(V+v)]\} = 2 (L/V)[V^2/(V^2 - v^2)] = T_1 [V^2/(V^2 - v^2)]$$

Constata-se que a duração T_2 é sempre superior à duração T_1, e esse aumento cresce exponencialmente com o crescimento de v. De fato, para v correspondente a 0,25 V, 0,50 V e 0,75 V, os respectivos aumentos na duração do percurso são de 6,66%, 33,33% e 128,57%.

– Perigos da navegação

A navegação no rio será sempre mais perigosa que em um canal de águas mortas. Embora não se deva associar ao fato uma importância exagerada, a estimativa financeira do risco correspondente não deve ser negligenciada, o que pode ser comprovado pelos custos das apólices de seguro correspondentes. As razões e frequências dos acidentes são causadas por:

- Águas baixas que possam provocar encalhes, avarias nos lemes e nos hélices.

- Nevoeiros inesperados com risco de colisões e encalhes.

- Rajadas de vento que deslocam as embarcações.

As vantagens da navegação no rio estão relacionadas a seguir.

– Preenchimento do leito

A construção da barragem 1, correspondente à hipótese de navegação pelo rio, tem como vantagem a manutenção do leito menor pleno de água, mesmo em período de seca. Essa reserva d'água e a manutenção de um certo nível, apresentam vantagens, como:

- Salubridade.

- Desenvolvimento da piscicultura.

- Maior facilidade para o bombeamento d'água para fins industriais ou agrícolas.

- Melhores condições de recuperação das águas esgotadas pelas cidades ou indústrias após um tratamento insuficiente.

– Grande seção molhada

Quando a seção do rio for grande, a navegação no leito se beneficia de uma importante seção molhada, medida pelo coeficiente *n*, que corresponde à relação entre a seção transversal molhada do rio e a seção mestra da embarcação. Em muitos canais antigos, esse coeficiente é inferior a 5, enquanto nos canais de construção mais recente, adota-se frequentemente o *n* igual a 7. Em um rio, a navegação se beneficia, às vezes, de um coeficiente 20, ou mesmo muito superior. Quanto maior o coeficiente *n* maior será a velocidade de deslocamento de uma embarcação considerando a mesma potência, ou seja, para velocidades iguais, menor será a potência necessária.

– Utilização dos passos navegáveis

Quando se navega em um rio, é possível, em período de águas altas, ser beneficiado com a abertura das barragens móveis (1 e 2). A navegação poderá, durante esse período, empregar os passos navegáveis das barragens e não através das eclusas, resultando um importante ganho de tempo, se o regime hidráulico do rio permitir que as barragens possam ser mantidas abertas durante um longo período.

– Inundação de parte do leito maior

Nas regiões em que os terrenos são de baixo valor, poderá ser em alguns casos recorrer à inundação de toda uma parte do leito maior do rio, pela construção de uma barragem bastante elevada, de modo a obter um lago de grande extensão. Assim, é nesse lago, e não no rio, que os barcos poderão navegar, e o fazem em linha reta, sem serem obrigados a seguir as sinuosidades submersas do leito menor e do leito médio. Quanto menor for a declividade fluvial, mais indicada torna-se a solução de barragem única, que pode ser considerada um caso particular de canalização.

Mesmo se houver discordância entre as necessidades de navegação (nível garantido) e as necessidades de geração de energia (desnível grande), em certos casos essa solução pode ser vantajosa, embora a conjugação das duas operações torne a solução menos atraente. Outra situação em que seria indicada esta solução seria quando a geração de energia representar apenas um pequeno interesse para a região.

23.7 TRANSPOSIÇÃO DE UM DIVISOR DE ÁGUAS

23.7.1 Considerações gerais

Tratando-se da navegação para a transposição de um divisor de águas entre bacias hidrográficas, devem ser comparados os diferentes traçados possíveis, empregando ou não (Figura 23.83) os túneis hidroviários (como os subterrâneos ativos), como mostrado na Figura 23.84. É um problema efetivamente complexo, podendo colocar-se a questão nos seguintes termos:

• Transpor o divisor em uma cota relativamente elevada, atravessando a linha de cumiada por meio de uma profunda garganta escavada.

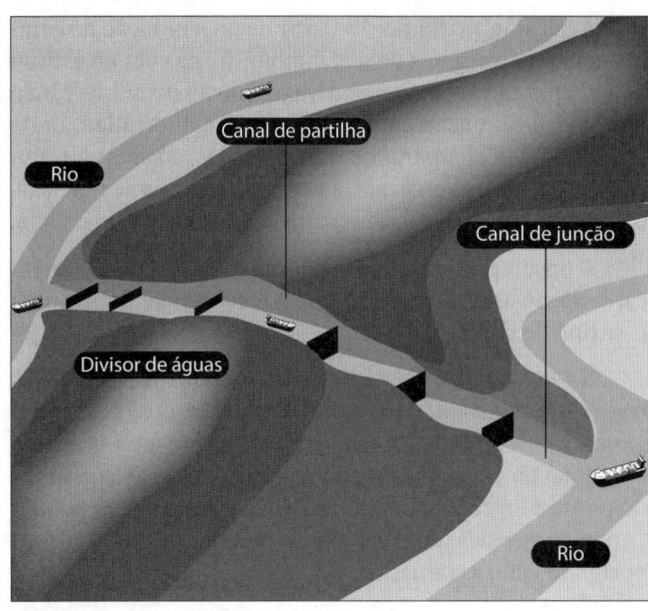

Figura 23.83
Esquema simplificado de um canal de partilha eclusado.

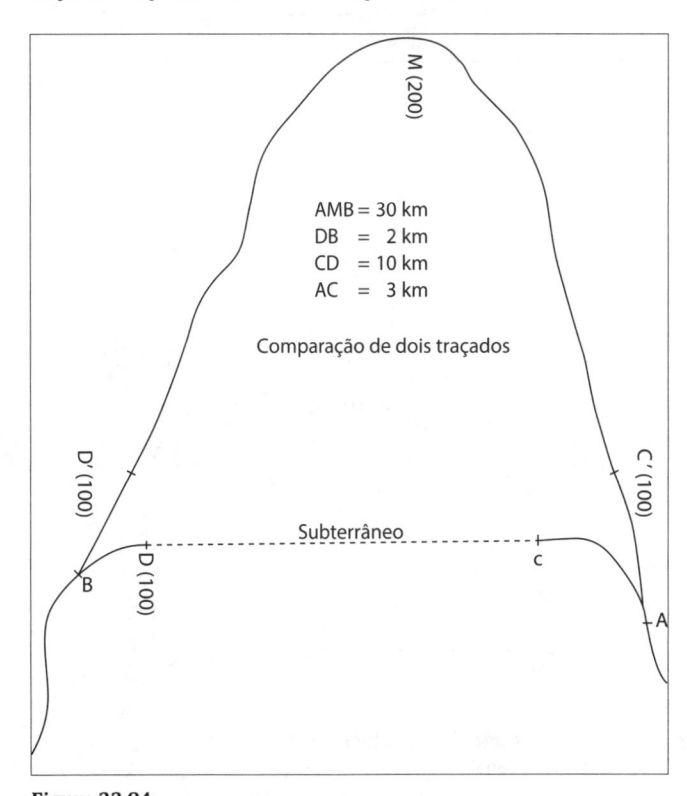

Figura 23.84
Elevação simplificada da transposição de um divisor de águas entre bacias hidrográficas para a comparação dos diferentes traçados possíveis, empregando ou não subterrâneo de navegação.

• Construir um subterrâneo hidroviário para atravessar a montanha em uma cota inferior, com a vantagem de um traçado mais curto.

Os subterrâneos ativos são aqueles em que a propulsão das embarcações é assegurada pela corrente d'água. O canal único entre os pontos A e B é dividido entre duas vias, havendo a necessidade de uma eclusagem nas proximidades de, no mínimo, uma das duas extremidades do mesmo.

A questão, no fundo, é a partir de qual redução de comprimento de traçado e de que diminuição na cota do estirão de partilha torna-se competitiva a solução do subterrâneo hidroviário. Em ocorrendo a opção pelo subterrâneo, ainda terão que ser comparados dois traçados no mínimo: um subterrâneo longo escavado a uma cota relativamente baixa, ou um subterrâneo menor estabelecido em cota mais alta.

A opção por elevadores mecânicos será discutida em capítulo posterior, supondo que o local não se presta para esse tipo de solução.

Na Figura 23.85 está ilustrada a comparação de dois traçados, correspondendo o primeiro à transposição de uma garganta M por meio de eclusas e outro com uma travessia em subterrâneo em CD. O estirão de partilha na proximidade do ponto M está na cota 200 e o subterrâneo na cota 100. Supõe-se que seja uma obra para comboios de 3.000 t, comportando eclusas de 185 m x 12 m.

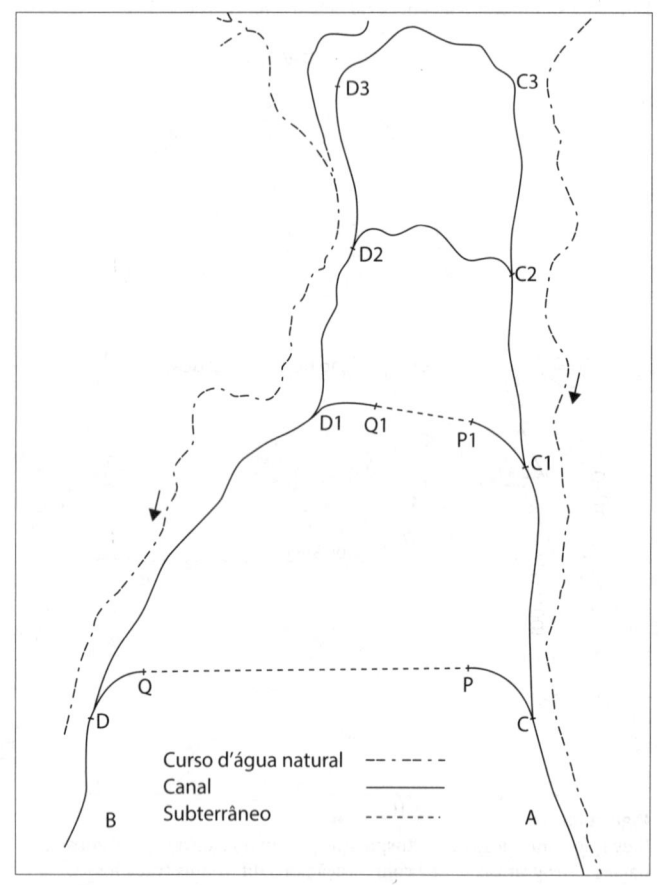

Figura 23.85
Planimetria simplificada de comparação de dois traçados, correspondendo o primeiro à transposição de uma garganta M por meio de eclusas e outro com uma travessia em subterrâneo em CD.

23.7.2 Estudo do custo das eclusas

23.7.2.1 DESPESAS DE CONSTRUÇÃO

Somente sob o ponto de vista do custo da obra, as eclusas mais vantajosas para a transposição de um determinado desnivelamento são normalmente as de queda aproximada entre 15 m e 20 m. Desse modo, convém elaborar um quadro com alturas de queda de 5 m, 10 m, 15 m, 20 m e 25 m e computar essas despesas em função da altura de queda, admitindo que o radier se encontre sempre 3 m abaixo do nível de jusante e que a folga acima do nível de montante seja uniformemente de 0,50 m. Para efeitos de exemplificação, vamos adotar uma moeda fictícia ($) e tomar uma queda de 20 m, à qual corresponde um custo total de $ 28,5 milhões, com custo por metro de queda de $ 1,42 milhões.

23.7.2.2 DESPESAS DE OPERAÇÃO

Para se determinar as despesas de operação deve-se fixar um tráfego hipotético. Colocando em números para exemplificar melhor, por exemplo, durante vinte anos um tráfego constante anual de 3 milhões de toneladas em um sentido e 2 milhões no outro.

Excluindo-se as "falsas eclusagens", o número anual de eclusagens será determinado para 3 milhões de toneladas, ou seja, 1.000 comboios de 3.000 t. Para levar em conta os comboios com carga incompleta, serão acrescidos mais 500 comboios em 300 dias úteis de navegação, o que corresponde à média de 5 eclusagens por dia. Simplificadamente somente serão abrangidas as despesas com o bombeamento, não contemplando as despesas com pessoal e manutenção, que seriam praticamente constantes para diferentes valores do bombeamento. Também será suposto que bombas para recalcar toda a água consumida pelas eclusagens sejam instaladas em cada eclusa. Em termos de potência, pode-se admitir que a alimentação natural é possível durante a metade do ano. Ainda para simplificar, não serão levados em conta o custo dos reservatórios e canais de alimentação.

Neste item, então, incluem-se os custos para as bombas, motores e aparelhagem complementar, que corresponde a $ 2,5 milhões para uma instalação de bombeamento de 1.000 kWh de potência.

23.7.2.3 POTÊNCIA DE BOMBEAMENTO

Deve-se primeiramente determinar o valor de kWhora a ser fornecido para recalcar a água de uma eclusagem do estirão de jusante para o de montante. Este cálculo é função da altura de queda da eclusa.

O volume d'água a ser bombeado por metro de altura da eclusa é: 185 x 12 = 2.220 m³. Para uma altura h, o volume será de 2.220 h. Assim, a potência hidráulica a ser fornecida para uma operação de bombeamento igual a h será:

$$2.220 \text{ h x Y x h} = 6,05 \text{ h}^2 \text{ kWhora}$$

Considerando os rendimentos dos equipamentos em torno a 67%, a potência elétrica final da bomba estará em torno a 9 h². Dessa forma, pode-se calcular a potência para uma eclusagem com altura de queda h, da qual decorre a potência vinculada ao metro de queda, fazendo-se variar o h entre 5 e 25 m, a cada 5 m. Para a queda de 20 m, correspondem 3.600 kWh para uma eclusagem com potência vinculada ao metro de queda de 180 kWh.

Sendo a média das eclusagens de 5 por dia, deve-se estar preparado para atender a um dia de pico com até 10 eclusagens, bombeando durante 20 horas. Desse modo, é possível chegar ao valor de kWh por metro de queda e ao custo das bombas para as diferentes quedas. Para a queda de 20 m, corresponde a potência vinculada ao metro de queda de 90 kWh, a um custo das instalações de bombeamento por metro de queda de $ 0,225 milhões.

Essas instalações de bombeamento estão incluídas no CAPEX, isto é, o custo da primeira instalação, devendo ser somadas nas despesas de construção da própria eclusa. Assim, verifica-se qual o CAPEX mínimo para a transposição de um metro de queda, para os diferentes valores de h. Para a queda de 20 m corresponde um custo total de $ 1,64 milhões para um metro de queda.

23.7.2.4 DESPESAS DE OPERAÇÃO DO BOMBEAMENTO

Admite-se que para a metade das 1.500 eclusagens anuais será necessário bombear toda a água, enquanto para as demais pode-se dispor de alimentação natural gratuita. Conhecendo a potência vinculada ao metro de queda e multiplicando-a por 750 obtém-se o trabalho total anual a ser fornecido por metro de queda das eclusas. Para 20 m de queda corresponde a 180 × 750 = 135.000 kWh. Este consumo de kWh corresponde a uma despesa que depende da tarifa energética em vigor. Admitindo uma tarifa de $ 0,1 por kWh consumido, para uma queda de 20 m resulta um custo por metro de queda transposto de $ 13.500.

23.7.2.5 CAPITALIZAÇÃO DAS DESPESAS ANUAIS

Admitindo-se uma taxa de capitalização um pouco inferior a 11% ao ano, que corresponde a um total capitalizado em vinte anos igual a oito vezes a despesa anual pode-se obter o valor atualizado de vinte anos de operação capitalizando as despesas de bombeamento, anteriormente calculadas, por metro de queda. Para 20 m de queda resulta $ 108.000.

23.7.2.6 VALOR DO TEMPO

Ao tempo dispendido pelas embarcações nas eclusagens, incluindo as manobras nas proximidades das eclusas (o qual pode ser correlacionado à duração do ciclo da eclusagem), pode ser associado o custo da hora parada, que será adotado como $ 200. Um panorama interessante pode ser montado a partir da constatação prática de que a ordem de grandeza de um ciclo de eclusagem seja de cinquenta minutos para uma queda de 10 m, acrescentando-se um minuto para cada variação por metro de queda a mais ou a menos. Assim, para 20 m de queda resulta um tempo de ciclo de sessenta minutos (uma hora), ou 0,05 horas por metro transposto e, como são cinco eclusas para vencer 100 m, a duração total da transposição de 100 m é de cinco horas.

Retornando à questão do número de comboios, tomou-se 1.500 comboios para 3 milhões de toneladas, o que daria então 2.500 comboios para 5 milhões de toneladas de tráfego acumulado nos dois sentidos. Assim, as durações de transposição para 100 m de desnível total, a ser vencido por eclusas de 5 m a 25 m de queda, variando de 5 m em 5 m, permite contabilizar o custo por comboio e para 2.500 comboios, isto é, para um ano e o custo atualizado para todos os anos futuros, multiplicando o custo atual por 8. Assim, para 20 m de queda, a transposição dos 100 m durante cinco horas, o que corresponde a 5 × $ 200 = $ 1.000 por comboio e para 2.500 comboios $ 2,5 milhões, que atualizados amontam a $ 20,0 milhões.

23.7.2.7 CUSTO ATUALIZADO DAS ECLUSAS PARA COMBOIOS DE 3.000 T PARA 100 M DE QUEDA E 5 MILHÕES DE T DE TRÁFEGO ANUAL EM VINTE ANOS

Deve-se acrescentar às despesas de CAPEX e às despesas capitalizadas de bombeamento, as correspondentes aos tempos de transposição empregados pelas embarcações. Novamente, chega-se a uma solução mais vantajosa, de custo mínimo. Para 20 m de queda, resulta a soma $ 164,0 + $ 10,8 + $ 20,0 = $ 194,8 milhões. Na realidade, normalmente, a configuração do solo não sendo homogênea, não permite que seja adotado exatamente para cada eclusa um desnível determinado, mas ao final o desnível vencido deve ser de 100 m.

Este é o custo atualizado integral de transposição de um desnível vertical de 100 m para um tráfego de 5 milhões de toneladas anualmente.

23.7.2.8 CUSTO ATUALIZADO INTEGRAL DO TRAÇADO AC E DB

O traçado em questão compreende uma ascensão de 100 m e uma descida igual. Assim, o conjunto de eclusas corresponde a duas vezes a despesa de $ 200 milhões (arredondando, 194,8), resultando $ 400 milhões, aos quais tem que ser acrescido o custo de um canal de 30 km de comprimento, cujo custo deve ser determinado. Tratando-se de uma localidade montanhosa, e as quedas nas eclusas são numerosas e importantes, o volume de terraplenagem será superior, por km, ao de um canal em planície.

Admite-se que o custo dos trechos horizontais seja de $ 5 milhões por km.

Considerando que se possa navegar a 2,2 nós nos estirões curtos, compreendidos entre as eclusas, será necessário um quarto de hora para percorrer 1 km. Adotando $ 240 por hora de marcha do comboio, cada trecho desses percorrido custará $ 60. Para os 2.500 comboios anuais, essas despesas amontam a $ 150.000, cuja atualização das despesas futuras em vinte anos corresponde a $ 150.000 × 8 = $ 1,2 milhões.

Desse modo, o custo atualizado integral de 1 km de canal horizontal é dado pela soma de $ 5 milhões com $ 1,2 milhões = $ 6,2 milhões. Em 30 km de canal tem se o valor atualizado de $ 186 milhões.

Chega-se finalmente ao custo atualizado total de $ 586 milhões, ou seja $ 600 milhões em números redondos.

23.7.3 Custo atualizado integral do traçado AC DB em subterrâneo de navegação

Poderiam existir eclusas em AC e DB, mas a altura a ser transposta seria a mesma que em AC' e DB', de modo que as obras em questão não interfeririam na comparação entre as duas alternativas de obras de navegação.

Uma das eclusas próxima das cabeças do subterrâneo deveria ser desdobrada. Como se tratam de eclusas simplificadas, por serem empregadas somente em um sentido, admitiu-se adotar metade do custo de uma eclusa não desdobrada. Considerando agora uma queda em torno a 10 m, que pode ser calculado em $ 20,7 milhões, o custo atualizado integral é estimado em $ 10,4 milhões (metade dos 20,7 milhões).

Para os trechos horizontais AC e DB, que totalizam 5 km, deve-se considerar: $6,2 \times 5 = \$ 31$ milhões.

Para a estação de bombeamento, estima-se $ 2,4 milhões para uma instalação de bombeamento de 1.000 kWh de potência. Para a fixação do valor dos kWh, será considerada a potência de 1.000 kW usada em doze horas por dia durante, trezentos dias, resultando em 3,6 milhões de kWh, correspondentes a $ 0,36 milhão.

O custo de escavações subterrâneas será adotado como $100 por m^3 de seção de obra acabada, desde que não haja dificuldades específicas e que a abóboda não precise de revestimento contínuo, mas tão somente em alguns pontos. Assim, o custo por metro linear de uma seção de 115 m^2 para cada subterrâneo, ou 230 m^2 para o subterrâneo duplo, resulta em $ 23.000, ou seja $ 23 milhões por km, significando cerca do triplo do custo de um canal a céu aberto compreendendo as obras de arte.

Quanto ao tempo de percurso, com uma velocidade de navegação da ordem de 2 nós, o tempo gasto para a transposição de 1 km é de 0,278 horas. Os custos para um comboio são: $200 \times 0,278 = \$ 55,6$, o que para 2.500 comboios resulta em $ 0,139 milhões, que atualizados multiplicando-se por 8 equivalem a $ 1,11 milhão.

O custo atualizado integral para 1 km de subterrâneo duplo é de: $ 23 milhões + $ 1,11 milhão = $ 24,11 milhões. Em 10 km resultam $ 241,1 milhões.

Finalmente, o custo atualizado total é de $ 285,3 milhões, ou seja $ 300 milhões em números redondos.

23.7.4 Comparação dos dois traçados

A comparação feita dos dois traçados apresenta os custos totais de $ 600 milhões para o traçado a céu aberto e $ 300 milhões para o subterrâneo duplo ativo.

Assim, foi possível mostrar como a comparação entre duas alternativas somente é possível se for expressa uma hipótese sobre a importância da demanda do tráfego.

Outra variável a considerar é a altura de queda das eclusas, para a qual também deve ser expressa a demanda de tráfego.

Também é possível fazer uma interessante constatação sobre a equivalência de custo de diversas quantidades de obras. De fato, para valores atualizados integrais de custo de $ 24 milhões, tem-se: 1 km de subterrâneo duplo ativo, 4 km suplementares de canal a céu aberto com grandes obras de terraplenagem e uma elevação suplementar de 6 m seguida de uma descida suplementar da mesma altura.

Por outro lado, destaque-se que os resultados deste estudo de caso foram obtidos com duas premissas: tráfego anual sempre constante de 5 milhões de t e recursos hídricos disponíveis para bombear a metade do volume consumido pelas eclusagens.

23.7.5 Considerações sobre comparações de traçados variando as hipóteses básicas

Pode-se fazer considerações quanto a nove casos em que são variados o tráfego anual (5, 10 e 20 milhões de t) e a disponibilidade de água de que necessitam (A = 0, B = 50% e C = 100%), mantendo invariável os 100 m de desnível.

As comparações que serão feitas vão ser denominadas, por facilidade, de 5A, 5B (estudo de caso resolvido), 5C, 10A, 10B, 10C, 20A, 20B e 20C.

– Eclusas

O custo das eclusas mantém-se invariável para os nove casos estudados.

– Bombas e bombeamentos

Nos casos C, o custo das bombas e do bombeamento é nulo.

Nos outros casos tem-se:

1) Para as bombas:

a) Para 5A e 5B o custo é o anteriormente obtido.

b) Para 10A e 10B o custo é duplicado.

c) Para 20A e 20B o custo é quadruplicado.

2) Para o bombeamento, tomando como referência a 5B, já calculada, tem-se:

a) Para 10B o custo duplica.

b) Para 20B o custo quadruplica.

c) Para 5A o custo duplica.

d) Para 10A o custo quadruplica.

e) Para 20A o custo é multiplicado por oito.

– Valor do tempo:

1) Para os casos 5A, 5B e 5C o custo já é conhecido.

2) Para os casos 10A, 10B e 10C o custo é duplicado.

Tabela 23.4
Custos parciais

Nomenclatura		Altura de queda das eclusas (m)				
		5	10	15	20	25
Custos expressos em milhões de $ referentes a uma queda de 100 m	E	220,0	157,0	141,0	142,0	148,0
	P	6,0	11,0	17,0	22,0	30,0
	2P	12,0	22,0	34,0	44,0	60,0
	4P	24,0	44,0	68,0	88,0	120,0
	K	2,7	5,4	8,1	10,8	13,5
	2K	5,4	10,8	16,2	21,6	27,0
	4K	10,8	21,6	32,4	43,2	54,0
	8K	21,6	43,2	64,8	86,4	108,0
	T	60,0	33,4	29,0	20,0	17,4
	2T	120,0	66,8	58,0	40,0	34,8
	4T	240,0	133,6	116,0	80,0	69,6

3) Para os casos 20A, 20B e 20C o custo é quadruplicado.

– Custo total.

Para simplificar o entendimento, adota-se a seguinte nomenclatura com referência ao caso já estudado:

* E é o custo das eclusas.

* P é o custo das bombas.

* K é o custo da energia.

* T é o valor do tempo.

Os custos totais serão, então, representados por:

5A: E + P + 2K + T

5B: E + P + K + T

5C: E + 0 + 0 + T

10A: E + 2P + 4K + 2T

10B: E + 2P + 2K + 2T

10C: E + 0 + 0 + 2T

20A: E + 4P + 8K + 4T

20B: E + 4P + 4K + 4T

20C: E + 0 + 0 + 4T

Tabela 23.5
Custos integrados totais

5A	10A	20A
291	363	506
212	267	378
203	265	390
205	269	396
222	297	446
5B	**10B**	**20B**
289	347	495
207	257	356
195	249	357
195	248	353
209	270	392
5C	**10C**	**20C**
280	340	460
190	224	291
170	199	257
162	182	222
165	183	218

Essas operações geram 45 somas a serem efetuadas para eclusas de queda 5 m, 10 m, 15 m, 20 m e 25 m, cujos termos de custos parciais são apresentados na Tabela 23.4.

A partir desses custos parciais, os resultados dos custos integrados totais em milhões de $ estão na Tabela 23.5.

Em todas as hipóteses, constata-se que a queda de 20 m, ou ligeiramente inferior, é a mais econômica devido à considerável influência do valor do tempo, a despeito das despesas de bombeamento, que aumentam em função da queda. Os custos referentes às hipóteses A e B são, para todos os tráfegos, muito próximas, pois incluem a instalação das mesmas estações de bombeamento.

23.7.6 Sobre a utilização dos subterrâneos

Para passar de uma bacia hidrográfica a outra, a solução clássica empregada, consiste em subir na bacia A o curso de um pequeno afluente até P. O mesmo é feito com um afluente da bacia B, elevando-o até Q. Em conclusão, interliga-se P a Q por meio de uma escada dupla de eclusas que passa por uma garganta de altitude a mais baixa possível. Às vezes, uma parte do traçado MN comporta um subterrâneo do tipo clássico.

O emprego do subterrâneo faz com que sejam considerados diversos traçados, como: $AC_n P_n Q_n D_n B$. Esses diferentes traçados admitem subterrâneos mais ou menos longos. No mesmo traçado $C_n D_n$ pode-se dar ao subterrâneo um comprimento maior ou menor.

Nas Figuras 23.86 e 23.87 comparam-se duas soluções com o mesmo traçado em planta, mas que diferem uma da outra em 1 km de comprimento de subterrâneo.

Na Figura 23.87 deve-se construir 1 km a menos de subterrâneo (supõe-se que as duas vertentes sejam simétricas), que é substituído por 1 km de canal a céu aberto, correspondendo a uma economia com relação à alternativa 5B de: $ 24,1 milhões – $ 6,2 milhões = $ 17,9 milhões.

Para que as duas soluções sejam equivalentes, é preciso que a elevação de uma altura h na Figura 23.87, seguida de uma descida igual, corresponda a $ 17,9 milhões. Como se sabe, uma elevação suplementar de 6 m seguida de uma descida suplementar da mesma altura custa $ 24 milhões, então a elevação e descida de 1 metro

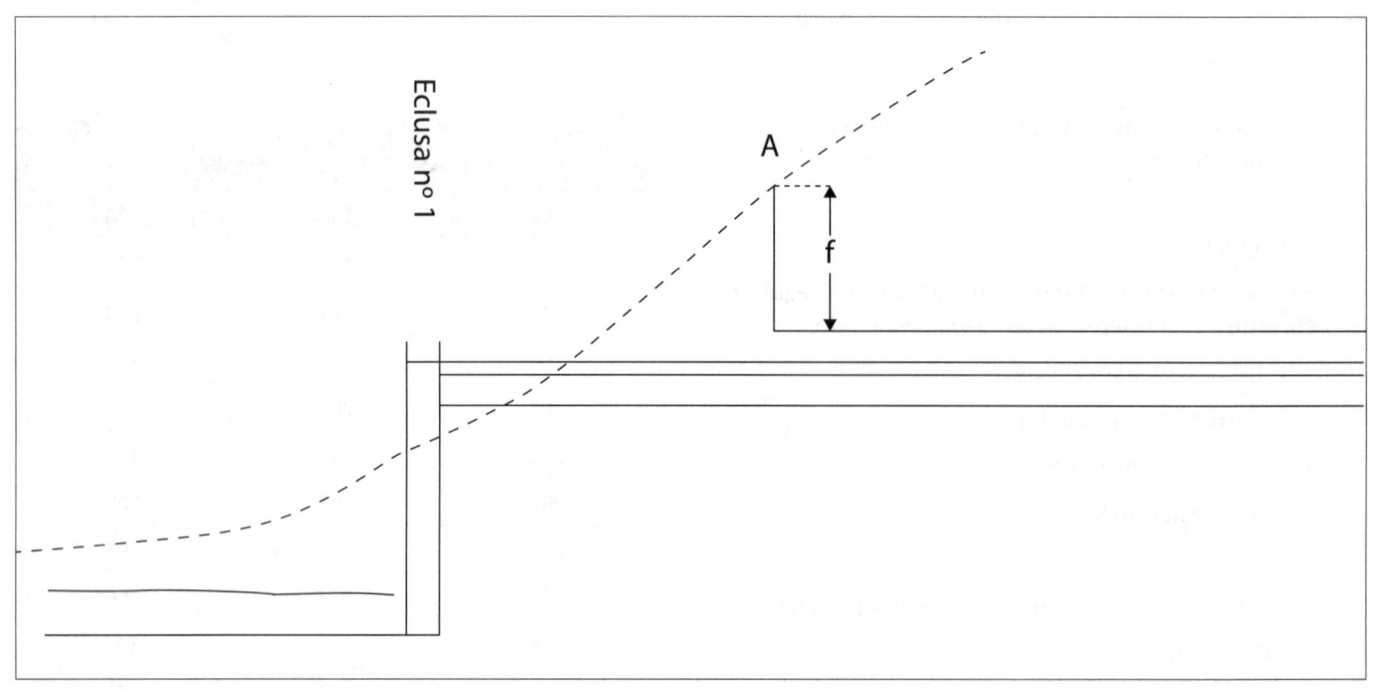

Figura 23.86
Elevação da seção longitudinal de subterrâneo de navegação duplo.

Figura 23.87
Elevação da seção longitudinal de subterrâneo de navegação duplo com 1 km a menos que o anterior.

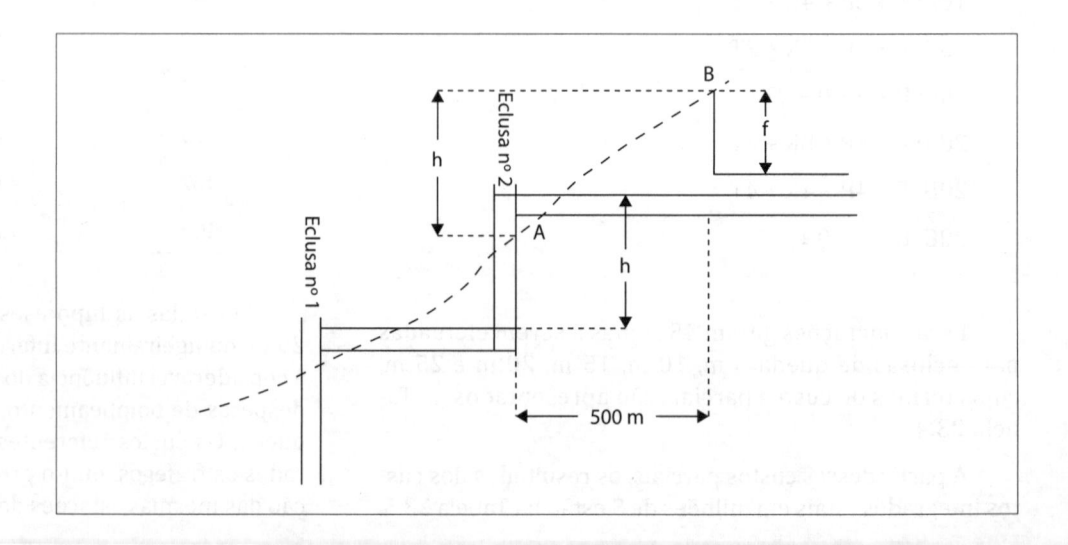

custa $ 4 milhões. Assim, o desnível duplo correspondente a $ 17,9 milhões, arredondados para $18 milhões é de 4,5 m. Nesse caso, o declive do terreno é de 4,5 m para 500 m, ou seja, 9 m por km.

Na hipótese 5B haveria interesse em abandonar o traçado a céu aberto em favor do subterrâneo ativo, desde que o declive se torne superior a 1%.

23.8 CANAL DE PEREIRA BARRETO (SP)

23.8.1 Considerações gerais

Uma das finalidades básicas do Canal de Pereira Barreto (SP) é a de permitir a navegação na Hidrovia Tietê-Paraná. Para tanto, as curvas de raio mais curto foram dimensionadas para velocidades menores a 1,94 nós, enquanto nos trechos retos, ou nas curvas mais abertas, admitiu-se o limite de 3,89 nós.

Para tanto, verificou-se como parâmetros hidráulicos de dimensionamento:

- Potência gerada na UHE Ilha Solteira: 1.696 MW.
- Vazão turbinada na UHE Ilha Solteira: 4.345 m^3/s.
- Vazão pelo canal: 453 m^3/s.

23.8.2 Dimensões da seção

A configuração geométrica do Canal de Pereira Barreto (SP), que liga os reservatórios das Barragens das Usinas Hidrelétricas de Ilha Solteira e Três Irmãos (SP), é definida pelas diversas seções transversais, caracterizadas por sua largura de fundo e declividade de suas paredes laterais, o que é mostrado esquematicamente na Figura 23.88. A largura de fundo (Figura 23.89) pode ser considerada constante e igual a 50 m, desde o reservatório de Três Irmãos até o km 5, havendo um alargamento gradual até 70 m no km 8, e a partir daí mantém-se constante até seu final no km 9,2.

Trata-se de uma seção transversal simétrica, com as paredes laterais com as seguintes inclinações (V:H):

- Do km 0,0 ao km 1,8: 1 V : 2 H

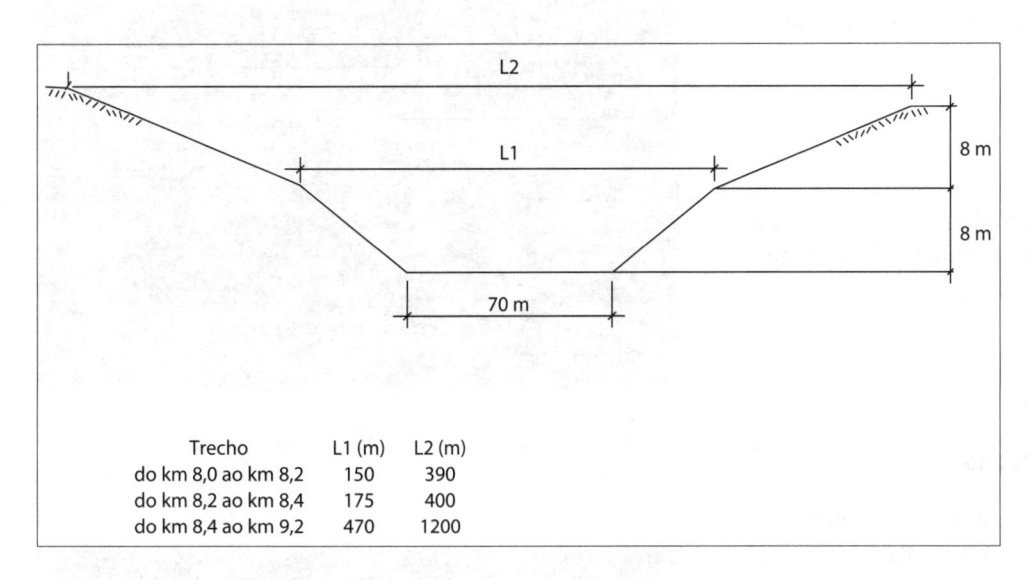

Trecho	L1 (m)	L2 (m)
do km 8,0 ao km 8,2	150	390
do km 8,2 ao km 8,4	175	400
do km 8,4 ao km 9,2	470	1200

Figura 23.88
Elevação da seção transversal do Canal de Pereira Barreto (SP).

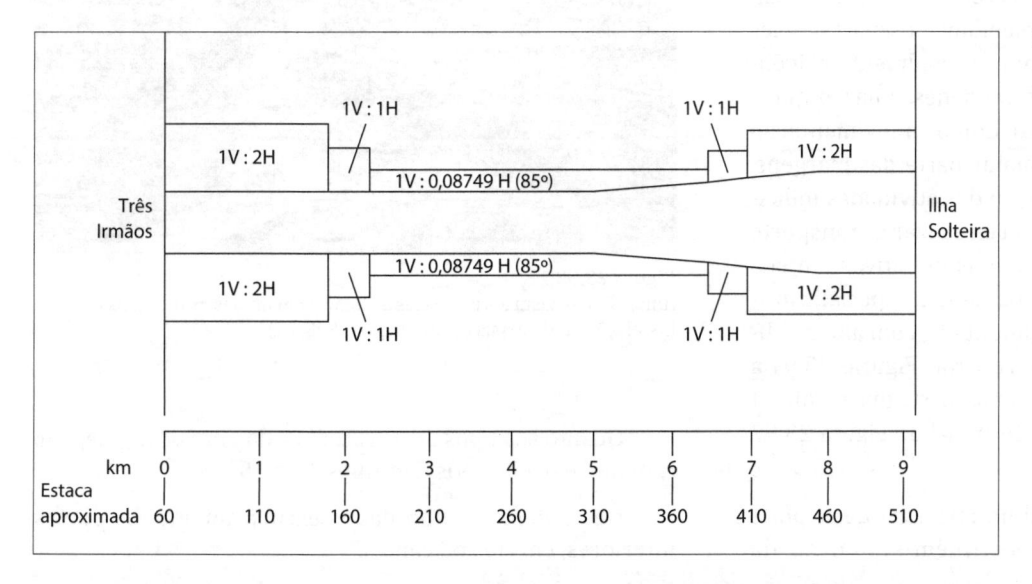

Figura 23.89
Esquema planimétrico simplificado do Canal de Pereira Barreto (SP).

Figura 23.90
Elevação do perfil longitudinal do Canal
de Pereira Barreto (SP).

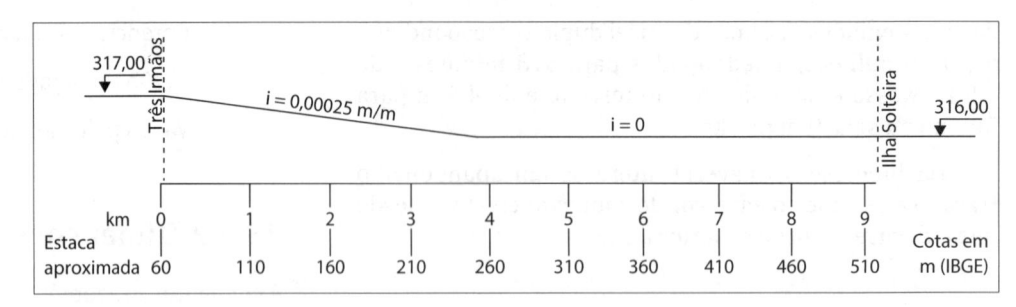

- Do km 1,8 ao km 2,3: 1 V : 1 H

- Do km 2,3 ao km 6,5: 1 V : 0,087 H (85°)

- Do km 6,5 ao km 7,0: 1 V : 1 H

- Do km 7,0 ao km 9,2: 1 V : 2 H

23.8.3 Declividade de fundo

O perfil longitudinal do canal está apresentado na Figura 23.90. A declividade de fundo é constante e igual a $2,5 \times 10^{-4}$ no primeiro trecho, entre a cota 317,00 m (IBGE) no km 0 e a cota 316,00 m (IBGE) no km 4,0, a partir de onde o fundo é horizontal até o fim, no km 9,2.

23.8.4 Rugosidade

Os valores de n (coeficiente de Manning) no fundo são da ordem de 0,032 a 0,033, como coeficiente médio da seção hidráulica.

23.9 PORTOS FLUVIAIS

23.9.1 Considerações gerais

As hidrovias interiores normalmente têm a possibilidade de permitir a movimentação de carga, matérias-primas, semiacabadas e manufaturadas, pelas embarcações em qualquer ponto dela. De fato, são empreendimentos mais simples do os portos marítimos, não tendo normalmente exigências de abrigo ou de grandes profundidades, uma vez que o calado das embarcações é restrito. Como a movimentação de carga pode ser efetuada na maior parte das margens, existe a facilitação para a instalação das atividades industriais e comerciais junto à hidrovia e realizar o transporte porta a porta. Tratam-se de terminais privativos em sua maior parte, que empregam equipamentos especializados para o tipo de produto a ser movimentado, com alto rendimento e mínimo custo de transbordo. Nas Figuras 23.91 a 23.96 e 23.98 estão mostrados terminais deste tipo no Albert Canal (Bélgica), como também o terminal da Figura 23.97 no Canal Bocholt-Herentals.

Os grandes terminais multimodais, em que se pode justificar o caráter público, constituem-se um nó da infraestrutura de transportes, realizam a transferência da carga entre os modais terrestres. Nas Figuras 23.99 a 23.101 estão apresentados terminais do Porto de Antuérpia (Bélgica) no Rio Scheldt e nas Figuras 23.102 a 23.105 são mostradas algumas das instalações do Porto de Liège, que é o terceiro porto fluvial da Europa. O Porto Autônomo de Liège distribui-se por 26 km de cais acostável que constituem 32 terminais portuários em 3,7 km² de área.

Figura 23.91
Albert Canal, vista aérea do cais acostável de instalações industriais em Zutendaal (Bélgica).

Figura 23.92
Albert Canal, vista aérea do cais acostável em ambas as margens de instalações industriais em Zutendaal (Bélgica).

Quanto aos tipos de estruturas e da obra de acostagem, remete-se o leitor aos Capítulos 14 e 15.

Neste item são abordados exclusivamente os portos interiores, em rios ou canais.

Figura 23.93
Albert Canal, vista aérea do cais acostável de instalações siderúrgicas em Genk (Bélgica).

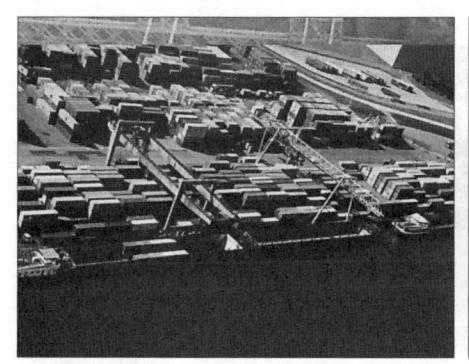

Figura 23.94
Albert Canal, vista aérea do cais acostável do Tecon BCTN em Meerhout (Bélgica).

Figura 23.95
Albert Canal, movimentação de contêineres no cais acostável do Tecon BCTN em Meerhout (Bélgica).

Figura 23.96
Albert Canal, vista aérea do cais acostável das instalações petroquímicas de tancagem em Geel (Bélgica).

Figura 23.97
Canal Bocholt – Herentals, vista aérea do cais acostável de instalação graneleira em Dessel (Bélgica).

Figura 23.98
Albert Canal, vista aérea dos cais acostáveis em ambas as margens em Schoten-Wijnegem/Houtlaanbrug (Bélgica).

Figura 23.99
Albert Canal, vista aérea dos cais acostáveis em ambas as margens em Schoten- Porto de Antuérpia (Bélgica).

Figura 23.100
Terminal em Deurne, Porto de Antuérpia (Bélgica) no Delta do Rio Scheldt, vista aérea dos cais acostáveis em ambas as margens.

Figura 23.101
Vista aérea do cais acostável do terminal de contêineres no Porto de Antuérpia (Bélgica) no Delta do Rio Scheldt, com diversas embarcações automotoras conteneiras.

Figura 23.102
Vista aérea do Porto Autônomo de Liège (Bélgica), em primeiro plano a Ilha e os terminais de Monsin, à esquerda o Canal Monsin – Albert Canal e, à direita, o Rio Maas.

Figura 23.103
Vista de instalações industriais na Ilha de Monsin do Porto Autônomo de Liège (Bélgica), notando-se em segundo plano um estaleiro naval.

Figura 23.104
Vista do Canal Monsin no Porto Autônomo de Liège (Bélgica).

Figura 23.105
Vista de instalações de píer e tancagem petroquímica do Canal Monsin no Porto Autônomo de Liège (Bélgica).

23.9.2 Requisitos para um porto hidroviário interior público

Um porto público para a hidrovia interior deve apresentar as seguintes premissas:

– Acostagem fácil e segura.

– Amplo terrapleno para acomodar em condições apropriadas a guarda e movimentação das cargas.

– Eficiente transbordo de carga entre os modais e de/para as áreas de armazenagem, por meio de equipamentos adequados de movimentação e transporte, como guindastes, empilhadeiras etc.

– Entroncamento rodo-ferro e dutoviário com amplo *hinterland*.

– Armazenagem coberta para carga que não pode ficar ao relento.

– Armazéns especiais, como silos e instalações frigorificadas.

– Área destinada a uma zona industrial para a produção de semiacabados e produtos manufaturados a partir das matérias primas recebidas pelo porto.

23.9.3 Peculiaridades na seleção do local para um porto hidroviário interior

A principal diversidade a ser relevada inicialmente diz respeito aos portos hidroviários interiores em canais, nos quais a correnteza é baixa e o nível é praticamente constante, dos rios canalizados ou não. Evidentemente, nos rios canalizados existe um pouco mais de controle sobre estes dois parâmetros do que nos rios em corrente livre.

O arranjo geral de tais portos pode ser ao longo das margens da hidrovia interior, ou em bacias em suas proximidades e comunicantes com ela. No arranjo em bacias, pode-se empregar a concepção de cais contínuo, ou em dársena, que aumente o comprimento acostável para um mesmo perímetro envoltório.

Claramente, a alternativa de porto ao longo da margem é a mais simples, mas a que tem em seu bojo o maior número de inconvenientes, dos quais os mais relevantes são:

– Obstrução do canal de acesso, pois caso não haja uma sobrelargura suficiente, o cruzamento de embarcações pode ser limitado.

– Efeito de *passing ship* com relação ao navio atracado, o que pode prejudicar a movimentação de carga, dependendo da velocidade e da distância do navio passante.

– Limitações oriundas da correnteza no caso fluvial.

– Dificuldades derivadas das variações de nível no caso fluvial.

Os portos localizados em bacias não enfrentam nenhum dos três primeiros inconvenientes, bem como por meio de uma eclusa podem ficar isolados do canal de acesso. Este último deve ser orientado para jusante, o que torna tanto a navegação de demanda para a bacia, quanto de saída, mais segura, além de reduzir as probabilidades de sedimentação na bacia.

23.10 EXEMPLO DE PEQUENAS CARREIRAS FLUVIAIS

23.10.1 Considerações preliminares

Trata-se da construção de duas carreiras, cais e ancoradouros em área destinada a oficinas de reparações de pequenas embarcações fluviais, com as seguintes especificações:

– Navios currais, destinados a transporte de gado, com dimensões em planta de 45 m × 12,4 m e peso de 200 a 280 tf.

– Rebocadores de chatas não motorizadas, com dimensões em planta de 27,65 m × 12,00 m e peso de 240 tf.

– Chatas tipo "C" para transporte de minério, com dimensões em planta de 60 m × 11,30 m e peso de 252 tf.

– Chatas tipo "N" para transporte de minério, com dimensões em planta de 30 m × 11,30 m e peso de 160 tf.

23.10.2 Descrição das carreiras

A operação de arrasto das embarcações sobre as carreiras pode ser realizada por meio de um carrinho de estrutura metálica, revestido internamente de madeira para o apoio do casco e externamente para deslizamento no berço igualmente de madeira fixado na estrutura das carreiras.

O berço para deslizamento do carrinho é constituído de transversinas de madeira com espessura de 17 cm. O comprimento das transversinas fixadas na longarina de concreto armado central é de 0,90 m, e o comprimento das transversinas fixadas nas longarinas laterais é de 0,40 m. O espaçamento entre as transversinas é de 0,66 m.

A folga entre as dimensões do carrinho e as dimensões do berço deslizante é de 2 cm de cada lado. Para o confinamento lateral existem vigotas contínuas de madeira de seção 17 cm × 17 cm, fixadas por meio de parafusos em pilaretes de concreto.

Para que a superfície de deslizamento apresente a face nivelada, o ajuste da madeira (por esmerilhamento) deve ser executado após a colocação e fixação das vigas. A tolerância máxima admissível para o nivelamento da madeira é de 2 mm.

Na extremidade mais alta da carreira, foi prevista a colocação de duas argolas em cada lado da longarina central para permitir a fixação de moitões (roldanas). Cada argola deve resistir a um esforço de 50 tf. Outras duas argolas devem ser fixadas a 47,0 m do primeiro ponto de fixação.

As carreiras são de concreto armado com comprimento de 145,0 m, composto por três longarinas com inclinação de 8,5% e tendo largura de 7,5 m. O sistema estrutural é aporticado, tanto longitudinal como transversalmente, com tubulões apoiados em rocha sã e superestrutura de vigas longarinas, vigas transversinas e lajes de tabuleiro. Juntas de dilatação transversais devem ser previstas a cada 22,0 m.

Considerando o nível de referência (mínimas de estiagem), as carreiras apresentarão um trecho submerso de 80,0 m e um trecho de 65,0 m acima do nível d'água para esta referência de cotas.

As carreiras devem ser dimensionadas para suportar a carga móvel relativa às embarcações de 280 tf e 252 tf apoiadas em um carrinho de 20,0 m. Devem ser previstos os esforços horizontais resultantes do atrito do carrinho com a superfície das carreiras, madeira – madeira com coeficiente de atrito de 0,24.

A Figura 23.106 ilustra o arranjo geral final.

Figura 23.106
Arranjo geral de pequeno estaleiro de reparos navais de embarcações fluviais (empurradores e barcaças).

CAPÍTULO 24

OBRAS DE TRANSPOSIÇÃO DE DESNÍVEL COM ECLUSAS E CAPACIDADE DE TRÁFEGO HIDROVIÁRIO

Modelo físico da Eclusa de Lajeado no Rio Tocantins com comboio tipo em seu interior.

24.1 PRINCÍPIO DE FUNCIONAMENTO DAS ECLUSAS DE NAVEGAÇÃO

24.1.1 Caracterização geral

O problema da transposição de desnível foi solucionado há mais de 500 anos, sendo atribuído a Leonardo da Vinci, quando, a serviço de Ludovico il Moro, Duque de Milano, projetou as eclusas para o sistema de canais da cidade, conhecido por Naviglio. Trata-se da solução clássica da eclusa. O incremento da geração de energia hidrelétrica a partir do início do século XX, com barragens cada vez mais altas, levou à construção de eclusas cada vez mais altas nos rios canalizados. Em canais artificiais, a busca de reduzir o tempo de navegação também conduziu ao grande aumento de eclusas. A outra solução para estes desníveis é o emprego de elevadores de barcos, seja ascensores (verticais) ou rampas hidráulicas, obras que serão tratadas no Capítulo 25.

A transposição dos desníveis de grande altura por eclusas de alta queda (acima de 15,00 m a 20,00 m) teve um grande desenvolvimento no Brasil nos últimos cinquenta anos, como será exposto neste capítulo.

As obras de transposição de desnível mais difundidas continuam sendo as eclusas, existindo mais de 3.000 em operação no mundo. Digna de nota foi a construção do terceiro conjunto de eclusas para ampliação do Canal do Panamá, que entrou em funcionamento em 2016 e que permite a passagem de navios muito maiores do que os antigos Panamax. O novo conjunto de eclusas é paralelo às existentes, para ser operado, simultaneamente, junto às eclusas centenárias. As dimensões das câmaras originais são de 304,8 m de comprimento, 33,5 m de largura e 12,8 m de lâmina d'água, para navios de 294,1 m de comprimento, 32,3 m de boca e 12,04 m de calado. As dimensões das novas câmaras são de 427 m de comprimento, 55 m de largura e 18,3 m de lâmina d'água, para navios de 366 metros de comprimento, 49 m de boca e 15 m de calado, dimensões equivalentes a um conteneiro de 12 mil TEUs. Cada conjunto destas novas eclusas dispõe de bacias de reutilização de água, de dimensões de 430 m de comprimento, 70 m de largura e 5,5 m de lâmina d'água, permitindo coletar gravitacionalmente a água utilizada no tráfego pelas eclusas, em um reaproveitamento de 60% da água.

Para as eclusas de quedas moderadas (abaixo de 15,00 m) não há, atualmente, interesse no emprego de elevadores.

As eclusas simples correspondem a uma porta estabelecida em um porto marítimo entre duas bacias, sendo que uma, no mínimo, é de nível variável frequentemente devido à maré. A porta somente pode ser aberta quando os dois níveis se igualam. Como exemplos, podem-se citar as eclusas do Porto de Antuérpia (Bélgica). Até 2016, a maior eclusa do mundo era a de Berendrecht (Figura 24.1(A) a (G)), de câmara dupla, com 500 m de comprimento, 68 m de largura e profundidade operacional de 13,5, e que dá acesso às docas da margem direita do Porto de Antuérpia e foi construída logo após o término da Segunda Guerra Mundial. Em novembro de 2012 iniciou-se a construção da Eclusa de Kieldrecht, no Porto de Antuérpia (Bélgica). A eclusa conecta a doca de Deurganck, onde navios conteneiros chegam, a outras docas no Porto Waasland, área do porto na margem esquerda do Rio Scheldt, e o Waasland Canal, ligação para o Mar do Norte. A Eclusa Kieldrecht (Figura 24.1(H)) é a maior do mundo, com câmara de 500 m por 68 m e lâmina d'água de 17,8 m. Ambas as eclusas têm comportas planas rolantes lateralmente com 69,69 m de comprimento e altura de 22,60 m. Trata-se de eclusas em áreas sujeitas a fortes oscilações de maré, sendo conveniente

Figura 24.1
Eclusas simples.
(A) Eclusa Berendrecht no Porto de Antuérpia (Bélgica).

Figura 24.1
Eclusas simples.
(B), (C) e (D) Eclusa Berendrecht no
Porto de Antuérpia (Bélgica).

Figura 24.1
Eclusas simples.
(E), (F) e (G) Eclusa Berendrecht no
Porto de Antuérpia (Bélgica).
(H) Eclusa Kieldrecht, que é a maior
do mundo, no Porto de Antuérpia
(Bélgica).

isolar os terminais portuários desta influência. Outros exemplos são a Eclusa Trystram (Figura 24.1(I)) no Porto de Dunkerque (França), local em que as marés oscilam de 8 a 9 m, a eclusa Spaarbekken North Lock (Figura 24.1(J)) em Nieuwport (Bélgica) e as eclusas na Marina do Porto de Québec (Canadá) no Rio São Lourenço (Figuras 24.1(K) e (L)). Em escala menor, nas Figuras 24.1(M) e (N) estão mostradas as Portas Vincianas no Porto Canal de Cesenatico (Itália) no Mar Adriático. A eclusa que será a maior do mundo encontra-se em construção em IJmuiden, acesso ao Porto de Amsterdam (Países Baixos), estando previsto seu início de operação para 2019, constituindo-se como obra de navegação e de proteção contra a elevação do nível do mar para os próximos duzentos anos nos Países Baixos, sendo composta por uma câmara de 500 m × 70 m × 18 m e dotada de portas deslizantes horizontalmente de 2.800 t (72 m de comprimento, 25 m de altura e 11 m de espessura).

Já as eclusas empregadas na navegação interior são de um tipo distinto, muitas vezes mencionadas como eclusas de caldeiras.

Figura 24.1
Eclusas simples.
(I) Eclusa Trystram no Porto de Dunkerque (França).
(J) Eclusa Spaarbekken North Lock em Nieuwport (Bélgica). Eclusa com comporta plana levadiça em Ijzer (Bélgica) para compatibilização de níveis d'água com a maré (SANTIAGO, 2003).
(K) Eclusa na Marina do Porto de Québec (Canadá) no Rio São Lourenço.

Figura 24.1
Eclusas simples.
(L) Eclusa na Marina do Porto de Québec
(Canadá) no Rio São Lourenço.
(M) e (N) Portas Vincianas no Porto
Canal de Cesenatico (Itália) no Mar
Adriático.

A eclusa de navegação consiste de uma câmara delimitada por duas portas (de montante e de jusante) que dão acesso às embarcações e na qual, por circuito hidráulico específico, o nível d'água varia entre os níveis extremos de montante e jusante, vencendo o desnível necessário. Na Figura 24.2 são apresentadas visualizações da Eclusa 1 da Barragem de Tucuruí (montante) na Hidrovia do Rio Tocantins, que juntamente com a Eclusa 2 (jusante) constituem-se nas maiores obras de transposição de desnível nas hidrovias brasileiras. A energia potencial da água é utilizada para vencer o desnível, acarretando uma transferência de água para jusante em um ciclo de enchimento-esvaziamento da câmara.

A elevação ou o abaixamento do nível d'água juntamente com as embarcações são efetuados por meio de um conjunto de aquedutos interligados, com o controle do escoamento executado por comportas ou válvulas instaladas nos aquedutos ou nas portas. A Figura 24.2(G) mostra esquematicamente a descida do nível d'água na operação de esvaziamento.

Nas eclusas de queda intermediária e alta, as questões hidráulicas usualmente mais relevantes a determinar na modelação da otimização das operações de eclusagem (enchimento/esvaziamento) são: vórtices junto à tomada d'água, perdas de carga e cavitação nos aquedutos, agitação no interior da câmara induzindo esforços de amarração. As pressões ao longo dos aquedutos dos sistemas hidráulicos de enchimento e esvaziamento da câmara, definindo a lei de enchimento/esvaziamento da eclusagem, são um dos principais parâmetros

de análise, objetivando a definição de condições operacionais de comportamento hidráulico tecnicamente satisfatório e economicamente viável, visando principalmente o controle da cavitação.

Lateralmente, a câmara da eclusa é delimitada pelos muros de ala (ver Figura 24.2(B)). Estes muros devem ser verticais, retilíneos e paralelos para guiarem perfeitamente as embarcações na movimentação vertical da transposição de desnível, mantendo-se as embarcações atracadas junto aos muros pelos cabos. Os muros de ala contêm o volume d'água em que flutuam as embarcações, resistindo aos empuxos hidrodinâmicos e, eventualmente, de terras em trechos enterrados; guiando as embarcações em seu movimento em elevação e suportando os esforços solicitantes de amarração e atracação (choques). Tais estruturas devem ser perfeitamente verticais e sem saliências, com todos os acessórios embutidos em ranhuras. Estruturalmente, os muros de ala podem ser embutidos no terreno, salientes totalmente acima do terreno, ou mistas. Nas embutidas, os muros essencialmente resistem aos empuxos de terras, enquanto os hidrodinâmicos são em grande parte absorvidos pela rocha. Nas eclusas salientes, os muros comportam-se como barragens, resistindo aos empuxos hidrodinâmicos. Estruturalmente, em função das características geotécnicas da fundação, os muros de ala podem ser:

- Leves, engastados no fundo em estacas-prancha, ou ancorados em rocha por placas de concreto com tirantes inclinados nas eclusas embutidas, para eclusas de baixa queda, inferior a 6 metros de desnível, e terreno de fraca capacidade de suporte.

- Tipo dique seco, como caixões de concreto armado invertidos, com a soleira integrada aos muros e frequentemente sobre estacas. Esta concepção semi-pesada, para alturas de 5 a 20 m, pode também contar com atirantamento dependendo da topografia, para maiores alturas.

- Muros de gravidade simples, ou com contrafortes, propiciam maior simplicidade construtiva e espaço amplo para o alojamento dos circuitos hidráulicos, pela maior espessura dos muros.

Os trechos em que se movimentam as portas são denominados de cabeças de montante e jusante, sendo este espaço condicionado pelo tipo de portas adotado (Figuras 24.3(C) e (D)). Nas cabeças de montante e jusante, painéis de vedação (Figura 24.3(A)) tipo comporta ensacadeira (*stop-logs*) de emergência podem ser dispostos para os eventuais reparos das portas ou quando da necessidade de esgotamento total da câmara (ver Figura 24.3). Em eclusas de queda intermediária e alta, a porta de montante pode ter sua altura reduzida com a colocação, em sua porção inferior, de um muro de queda (ver Figura 24.7), enquanto a porta de jusante pode ter a sua porção superior substituída por uma máscara fixa (ver Figura 24.7), desde que, para o nível máximo de jusante sob ela, houver luz livre suficiente para a passagem das embarcações. Nas extremidades da câmara estendem-se os muros-guias e as garagens de barcos ou anteportos (ver Figuras 24.4 a 24.6) que direcionam as embarcações no acesso à câmara. Os canais de acesso interligam a hidrovia à eclusa.

A soleira de fundo é projetada para distribuir o peso da coluna hidráulica para o terreno, devendo ter capacidade de suporte e impermeabilização para tanto. O sistema

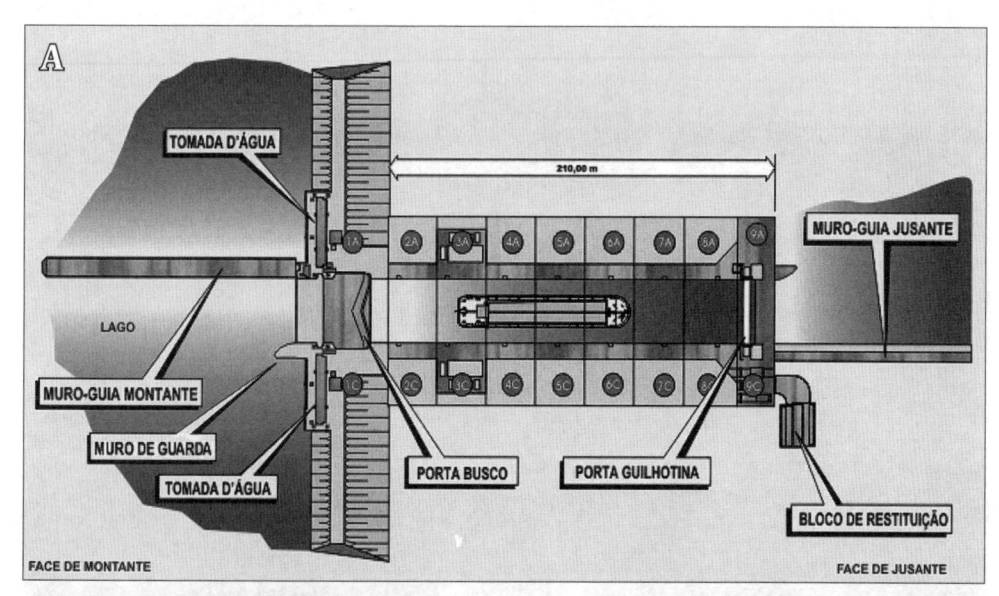

Figura 24.2
(A) e (B) Planta e elevação transversal da Eclusa 1 da Barragem de Tucuruí na Hidrovia do Rio Tocantins (PA).

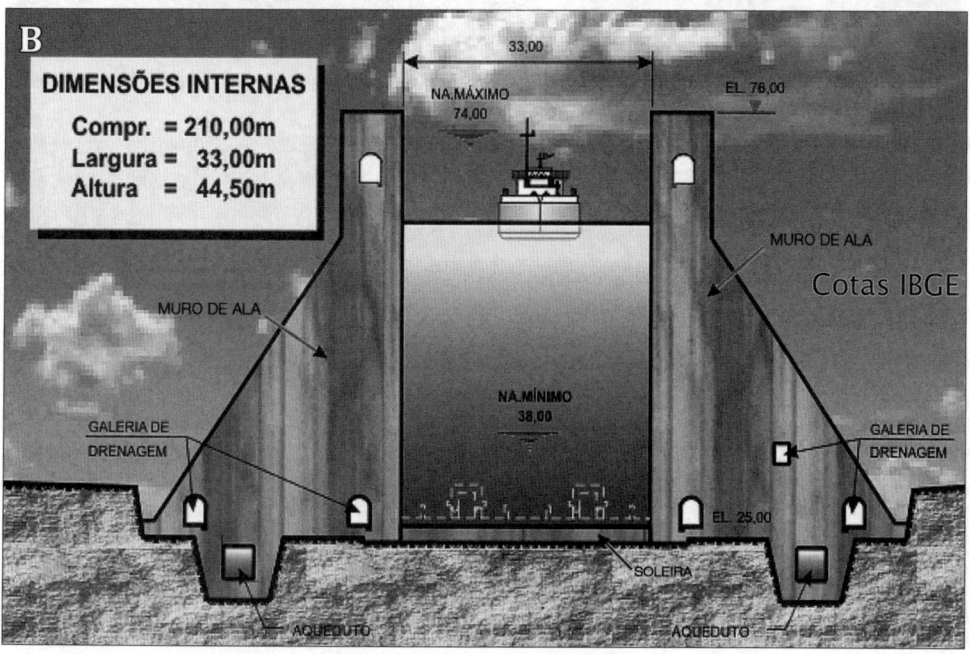

Figura 24.2
(C) e (E) Imagem da Eclusa 1 da Barragem de Tucuruí na Hidrovia do Rio Tocantins (PA).
(D) Vista da aproximação da Eclusa 1 vindo de jusante com a comporta guilhotina levadiça aberta e muro-guia à esquerda.

Figura 24.2
(F) Saída de comboio da Eclusa 1 para montante pelas portas de busco abertas.
(G) Eclusa: corte longitudinal esquemático dos principais elementos.

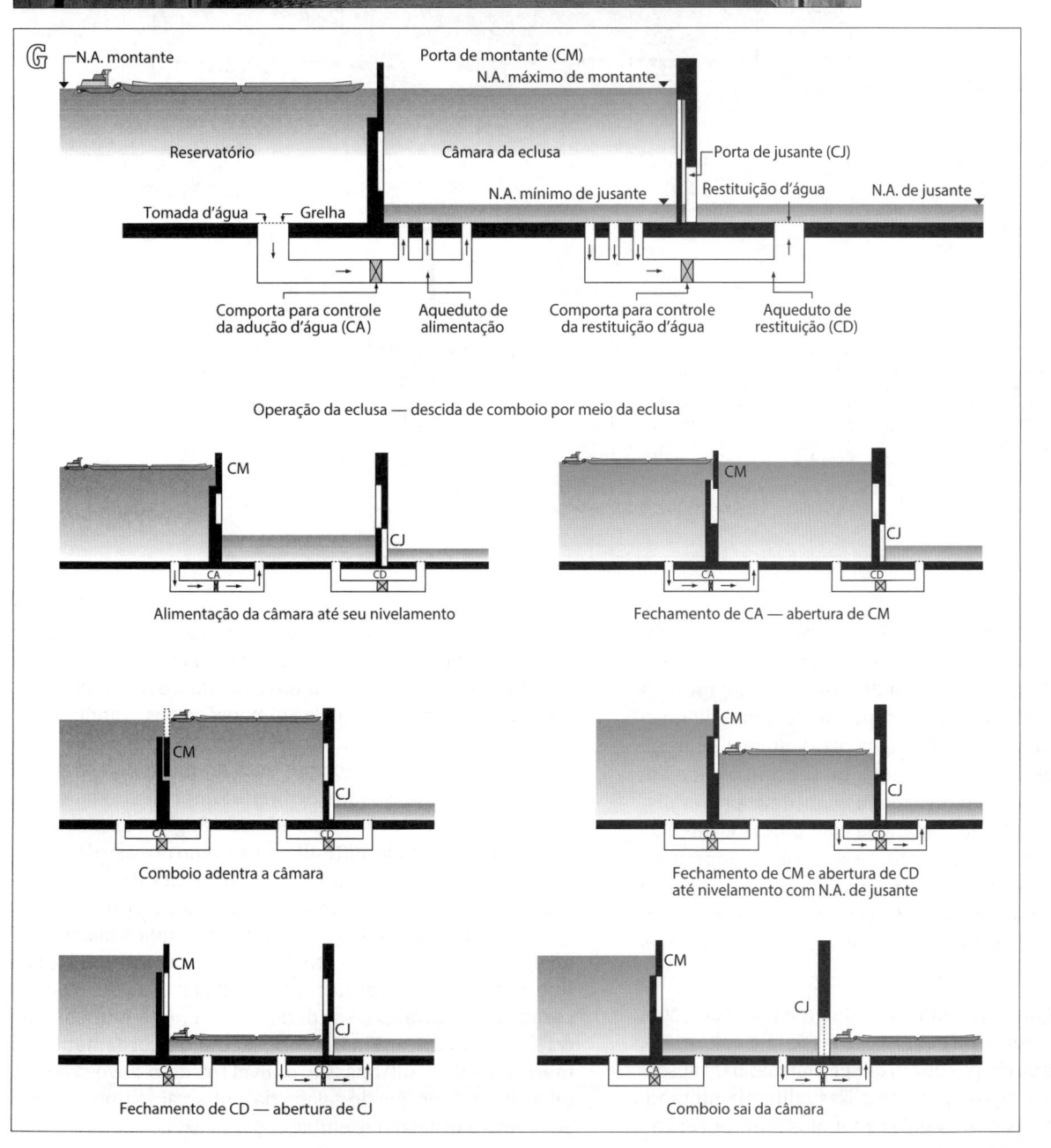

Figura 24.3
(A) Comportas *stop-logs* de uma eclusa.
(B) Dimensões detalhadas da eclusa da
Barragem Móvel no Rio Tietê em São
Paulo (SP). (São Paulo, Estado/DAEE/
SPH/CTH).

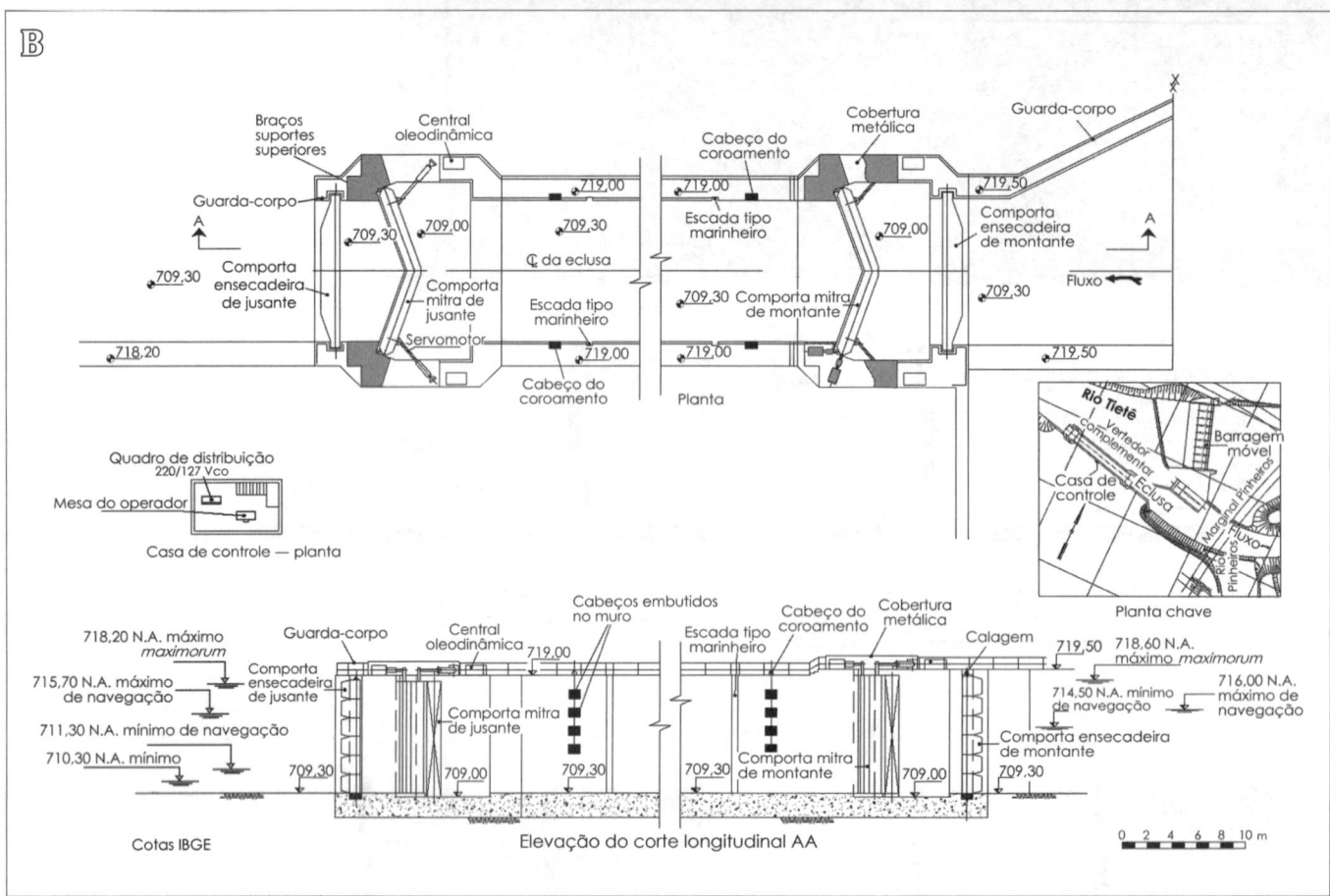

de distribuição e dissipação hidráulicos são frequentemente incorporados na soleira. Esta estrutura deve ser horizontal e sem saliências, garantindo profundidade mínima segura para as embarcações, independentemente do nível de jusante, facilitando a saída d'água pelo volume de carena entrante. A manutenção de soleiras que encontram-se em cota mais baixa do que o nível de jusante, deve prever sistema de esgotamento da câmara, já com portas e válvulas fechadas. No dimensionamento da soleira a subpressão deve ser sempre verificada com terrenos permeáveis e na condição de câmara vazia quando a eclusa situa-se no reservatório. A ancoragem, ou soleiras espessas, são as soluções possíveis nestas condições.

Os muros-guias, que são normalmente retilíneos, têm a função de guiamento das embarcações para e da câmara, sendo revestidos de chapas de aço dimensionadas para absorver impactos e o desgaste por atrito. Nas eclusas contemporâneas europeias os muros-guias adotados têm concepção afunilada convergente rumo à câmara, formando em geral 45° com o seu eixo e com comprimento da ordem de 1/10 da câmara. A concepção de projeto das grandes eclusas norte-americanas é norteada pelas dimensões dos grandes comboios de empurra, sendo dotadas de um único muro-guia em cada acesso no prolongamento do muro de ala, sendo seu comprimento mínimo de meio comprimento da câmara, chocando-se a proa com reduzido ângulo, deslizando o comboio a seguir aderente ao muro. Como no caso da Eclusa 1 de Tucuruí, na qual o muro-guia de montante é flutuante (Figura 24.4), quando as variações do nível d'água são grandes, ou a lâmina d'água é muito profunda, uma medida de economia para o projeto é a de empregar muros-guias flutuantes, articulados nas cabeças dos muros de ala e ancorados na outra extremidade por meio de guinchos de tração automática. Finalmente, a cota de coroamento do muro-guia deve ultrapassar o nível máximo navegável em uma altura da ordem do calado da embarcação tipo, levando em conta o tráfego das embarcações vazias.

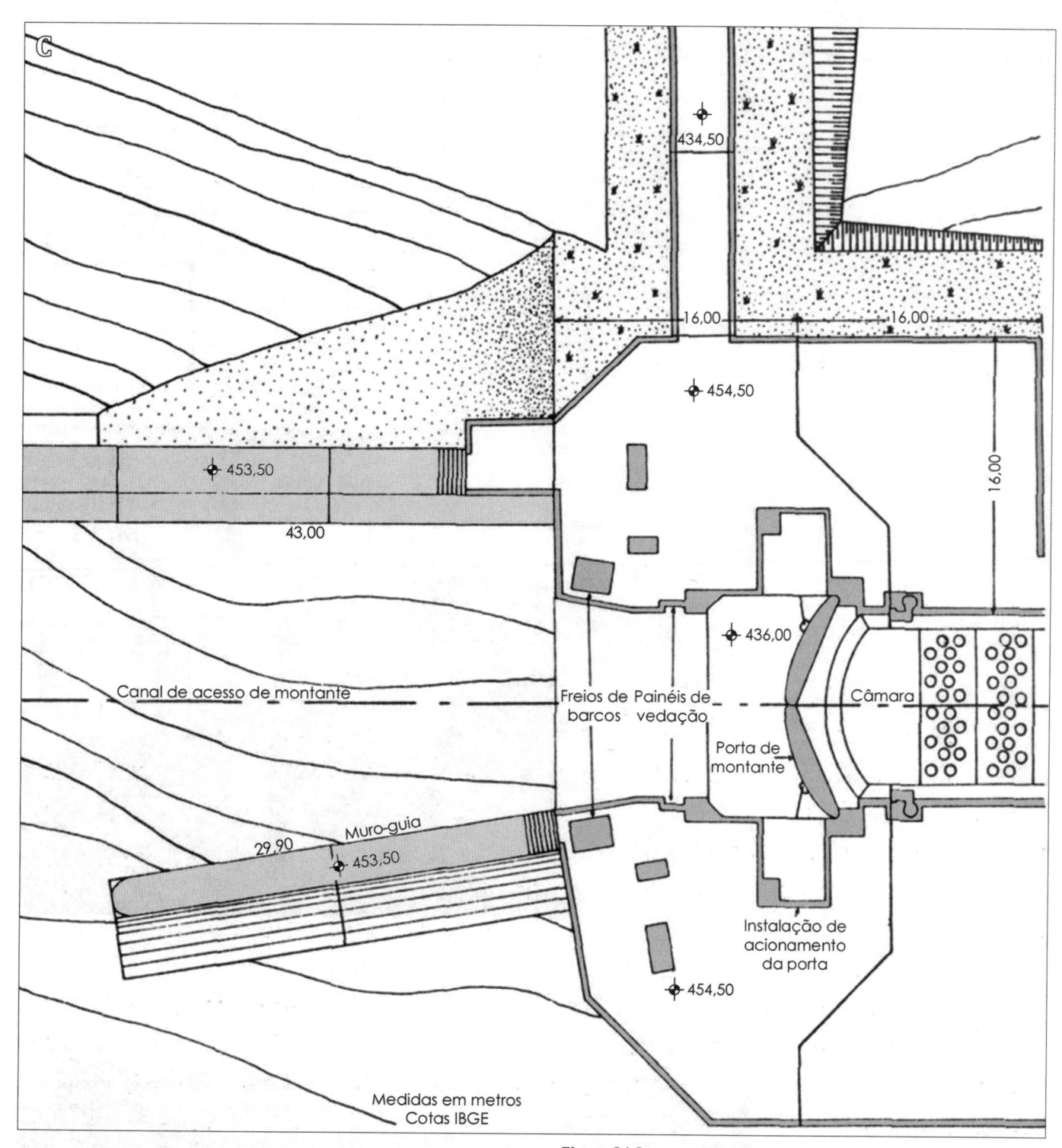

Figura 24.3
(C) Planialtimetria do setor de montante da Eclusa de Barra Bonita na Hidrovia do Rio Tietê (SP).

Completam o conjunto das obras de transposição de desnível eclusadas as garagens de barcos, ou de espera. Denomina-se tempo de liberação da eclusa para uma nova embarcação aquele que corresponde à manobra para o posicionamento junto ao muro-guia de outra embarcação que aguarda na garagem de espera. Assim, é de todo conveniente que o cruzamento das embarcações, a que sai e a que entra na câmara, ocorra o mais próximo possível da porta. Assim, a garagem de espera deve situar-se próximo a cabeça ou ao lado do muro-guia da eclusa. A garagem de espera deve ser dimensionada para acomodar, no mínimo, o conjunto de embarcações que a câmara comporta.

As garagens de espera podem ter concepções em muros planos verticais, ou estacadas de amarração, que devem ser providos de cabeços semelhantes ao da câmara. Em termos de localização, devem respeitar uma folga mínima de 5 m com relação à direção do muro de ala, para minimizar a interação entre as embarcações atracadas e as em trânsito.

Figura 24.3
(D) Planimetria do esquema da porta de montante da Eclusa de Barra Bonita na Hidrovia do Rio Tietê (SP).

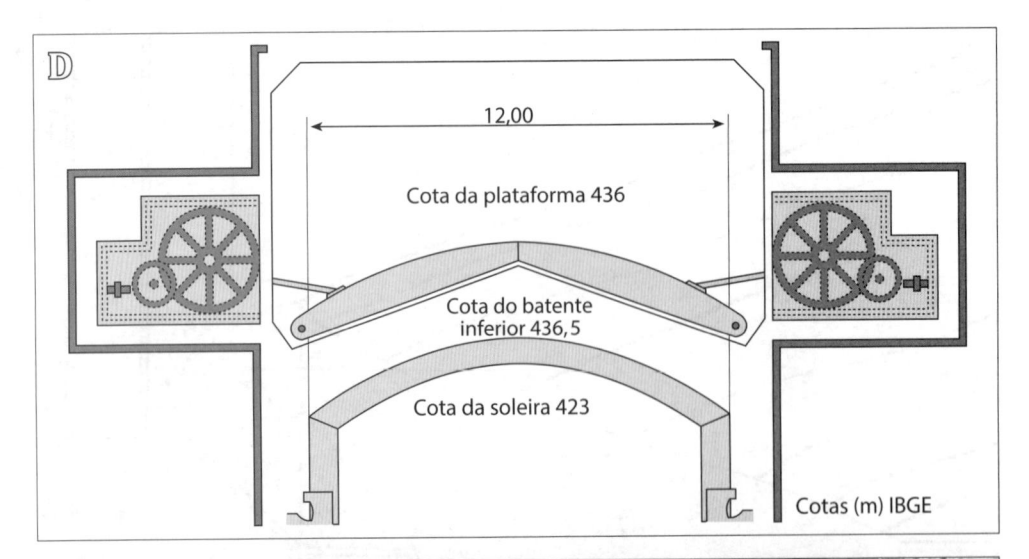

Figura 24.4
(A) Aproximação do muro-guia e garagem de jusante da Eclusa 2 da Barragem de Tucuruí na Hidrovia do Rio Tocantins (PA).

Figura 24.4
(B) Vista em primeiro plano do muro de guarda e muro-guia de montante e da tomada d'água da Eclusa 2.
(C) Muro-guia de montante da Eclusa 2 e canal de interligação.
(D) Aproximação do muro-guia e garagem de jusante da Eclusa 1.
(E) Muro-guia de jusante da Eclusa 1.

Figura 24.4
(F) Muro-guia flutuante, sendo transportado para a instalação.
(G) Muro de guarda de montante da Eclusa 1.

Figura 24.5
(A) Vista do muro-guia e estacada na Garagem de Espera na Eclusa de Ibitinga na Hidrovia do Rio Tietê (SP). (São Paulo, Estado/DAEE/SPH/CTH).
(B) Estacada na aproximação da eclusa de Viena, no Rio Danúbio (Áustria).

Figura 24.6
(A) e (B) Trânsito de comboio saindo da Eclusa de Ibitinga na Hidrovia do Rio Tietê (SP) e comboio na estacada de espera. (São Paulo, Estado/DAEE/SPH/CTH).

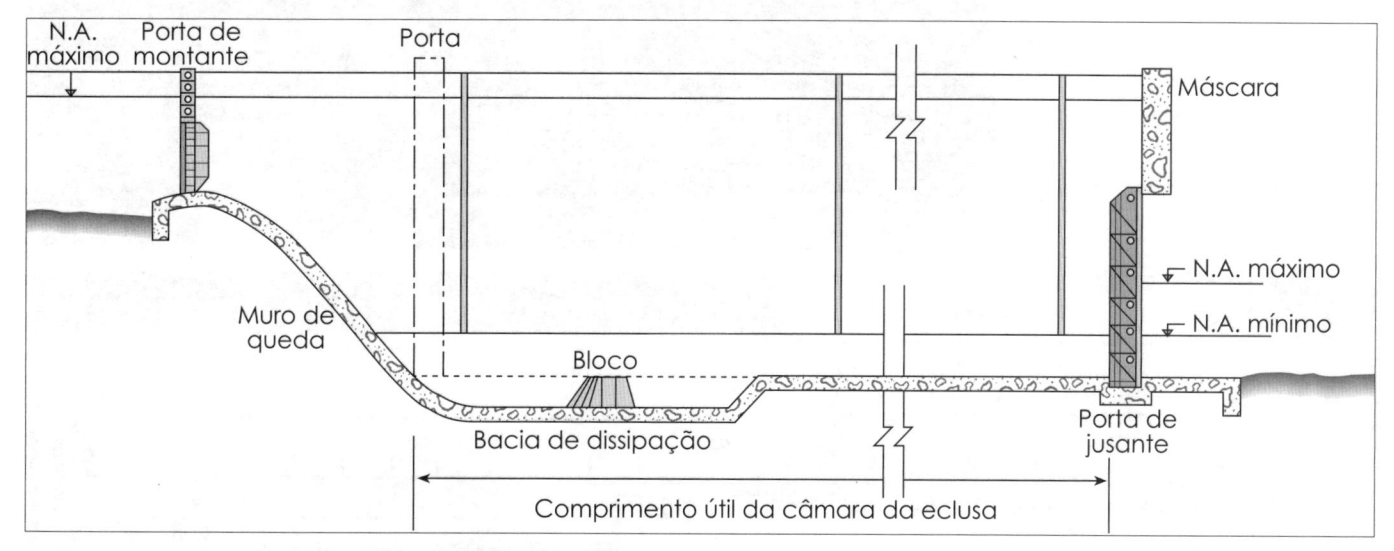

Figura 24.7
Elevação longitudinal do esquema de uma eclusa de desnível médio com muro de queda em forma de soleira vertente com dissipador de energia.

Dimensionalmente, a garagem, em geral, tem comprimento e largura iguais ao da câmara. Finalmente, uma estrutura de concordância entre a garagem e a cabeça da eclusa é sempre uma conveniente complementação.

Apesar de os progressos tecnológicos permitirem a construção de muros e portas cada vez mais altos, acima de uma certa queda torna-se necessário subdividir o desnível em degraus sucessivos. Nas situações em que o desnível a ser transposto supera o máximo economicamente viável, convém substituir o desnível em degraus, como no caso da escada de eclusas, em que entre duas eclusas implanta-se um canal de conexão que permite o cruzamento das embarcações, como em Tucuruí (ver Figura 24.8) na Hidrovia do Rio Tocantins (PA), no qual o canal tem 6.000 m de extensão. Pode-se considerar que, em média, o desnível máximo econômico para uma eclusa esteja entre 30 e 35 m.

Nas Figuras de 24.9 a 24.19 estão ilustradas e caracterizadas algumas das obras de eclusas brasileiras.

24.1.2 Critérios de projeto

O espaço útil para acomodar o comboio tipo na câmara é um comprimento igual ao seu mais 10 m de folga em eclusas de até 100 m de comprimento, podendo ser reduzido para 5 m em eclusas mais compridas, e a folga mínima entre diferentes embarcações é de 5 m. Quanto à largura, deve-se prever uma folga da boca da embarcação tipo de 0,5 m com cada muro de ala, e a folga mínima de 2 m na largura entre embarcações lado a lado. A folga mínima no fundo da soleira da porta e câmara a ser considerada é de 1 m em águas mínimas para facilitar a entrada do comboio e reduzir o efeito de pistonamento da água, devendo a cota da soleira e da câmara ser única. A redução da velocidade de entrada na câmara é indesejável pela perda de tempo, e consequente custo, envolvido.

O projeto de uma eclusa visa fundamentalmente que uma embarcação transponha com segurança e no menor tempo possível um certo desnível. Assim, a agitação produzida no interior da câmara deverá ser tolerável, tanto para um comboio de grandes dimensões, quanto para pequenas embarcações. O tempo de eclusagem corresponde ao critério econômico, que conflita geralmente com as condições de segurança das embarcações, correspondentes à agitação na câmara, e com questões hidráulicas de cavitação a jusante das válvulas. A solução globalmente otimizada exige um compromisso entre os critérios conflitantes. Entre os aspectos de projeto que são otimizados com menor prioridade hidráulica, destacam-se:

Figura 24.8
(A) e (B) Vistas da situação dos elementos da instalação de transposição de Tucuruí na Hidrovia do Rio Tocantins (PA).
(C) Vista aérea da Eclusa 1 e canal de interligação.

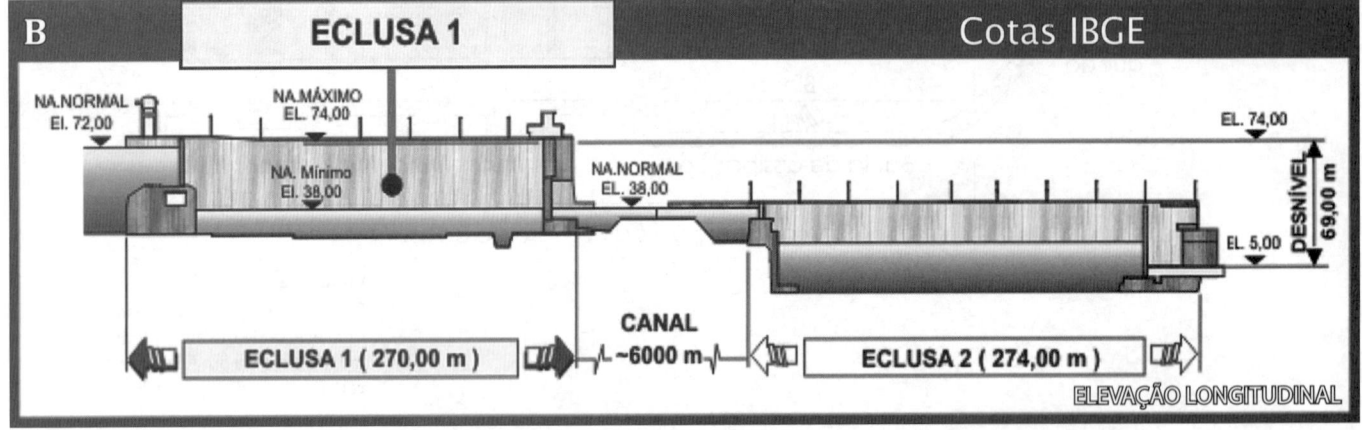

Figura 24.8
(D) Vista aérea de conjunto da Eclusa 1, Casa de Força e Vertedouro da UHE Tucuruí no Rio Tocantins (PA).
(E) VIsta aérea da Eclusa 2.

- Localização:

  A disposição da eclusa está vinculada a limitações mais abrangentes quanto à localização da barragem, preponderando as condicionantes geológicas, quanto a fundações e custo das estruturas, e de navegabilidade, quanto a condições de manobra. Assim, podem ocorrer: alimentação desigual dos aquedutos, em virtude de assimetrias induzidas no escoamento por estruturas limítrofes, além de submergência insuficiente da tomada, capaz de originar vórtices.

- Altura de transposição (queda):

  Nesse caso, os aspectos econômicos adquirem importância determinante. De fato, uma eclusa de baixa queda minimiza os problemas hidráulicos oriundos das altas velocidades nos aquedutos, sendo, no entanto, necessário um maior número de eclusas para a transposição de um mesmo desnível. Essa última situação apresenta diversos inconvenientes, pois as eclusas consomem tempo de navegação, são obras caras e de manutenção operacionalmente onerosa, podendo vir a ser um fator limitante com relação à capacidade máxima de tráfego da hidrovia. Atualmente, tendo em vista as implicações de desenvolvimento econômico associadas a uma hidrovia, as eclusas de alta queda são a opção mais frequente, embora seu projeto seja mais complexo. De fato, as eclusas de alta queda exigem soluções para um sistema hidráulico escoando em altas velocidades/induzindo cavitação: vibração em válvulas, erosões em singularidades, dissipação de energia junto à saída de orifícios ou aquedutos e, em decorrência, esforços excessivos nos cabos das embarcações, tanto no interior da câmara quanto nas atracadas nos dolfins de espera.

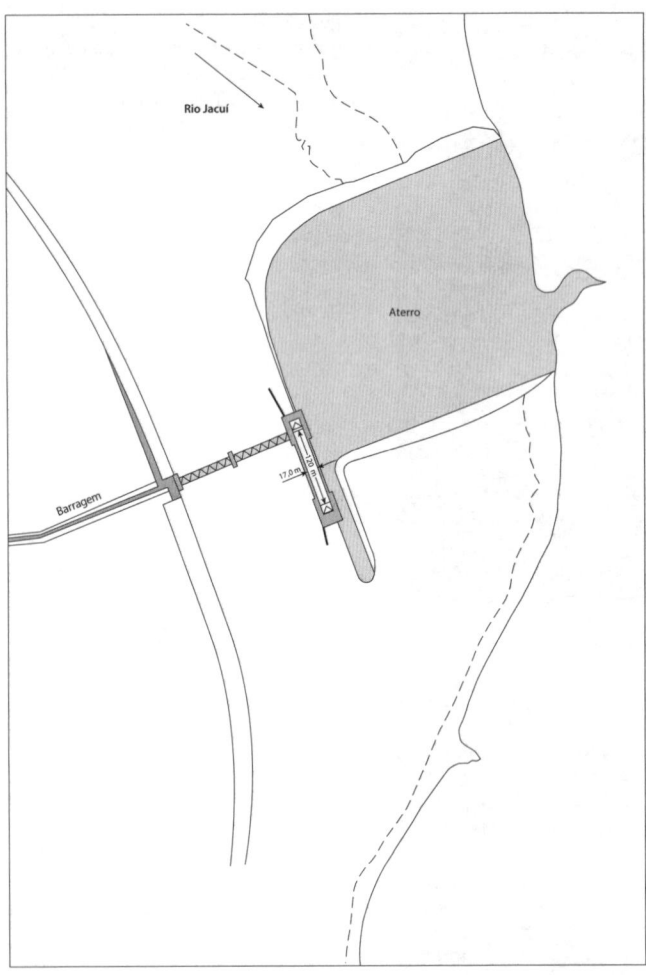

Figura 24.9
Planimetria de locação da Eclusa de Amarópolis na Hidrovia do Rio Taquari-Jacuí e Lagoa dos Patos. Dimensão da câmara: comprimento de 120,0 m, largura de 17,0 m e profundidade de 3,5 m.

A altura de queda condiciona o sistema hidráulico de enchimento mais conveniente, que pode ser composto por dois sistemas fundamentais: o de alimentação por meio de aqueduto longitudinal ao eixo da câmara (ver Figuras 24.20 e 24.21), posicionado abaixo ou ao longo das suas laterais, que é adequado para eclusas de até 20 m de queda; e o sistema hidraulicamente balanceado (ver Figura 24.22), adequado para as eclusas de alta queda. Esses sistemas apresentam diferenciada distribuição de vazões pelos orifícios de saída da câmara, e, consequentemente, esforços solicitantes nos cabos de amarração das embarcações eclusadas. As suas características estão descritas na seção referente ao escoamento nos aquedutos; os esforços longitudinais são preponderadamente mais elevados no primeiro caso, e os transversais, no segundo caso.

* Válvulas:

O controle da operação de eclusagem é realizado por válvulas (ver Figura 24.23), que operam sempre submersas, instaladas em aquedutos independentes de enchimento e esvaziamento.

O dimensionamento estrutural deve considerar nível máximo a montante e seco a jusante, que é a situação de manutenção da câmara e aquedutos.

Em princípio, as válvulas funcionam no esquema todo aberto ou todo fechado, sendo fechadas sempre sem carga. Normalmente, usam-se válvulas iguais para montante e para jusante. Sua estanqueidade de vedação é obtida por juntas de borracha, ou neoprene, admitindo-se perda de até 0,2 L/s por metro de junta.

Figura 24.10
Eclusa da Barragem Anel de Dom Marco no Rio Jacuí (RS).
(São Paulo, Estado/DAEE/SPH/CTH).

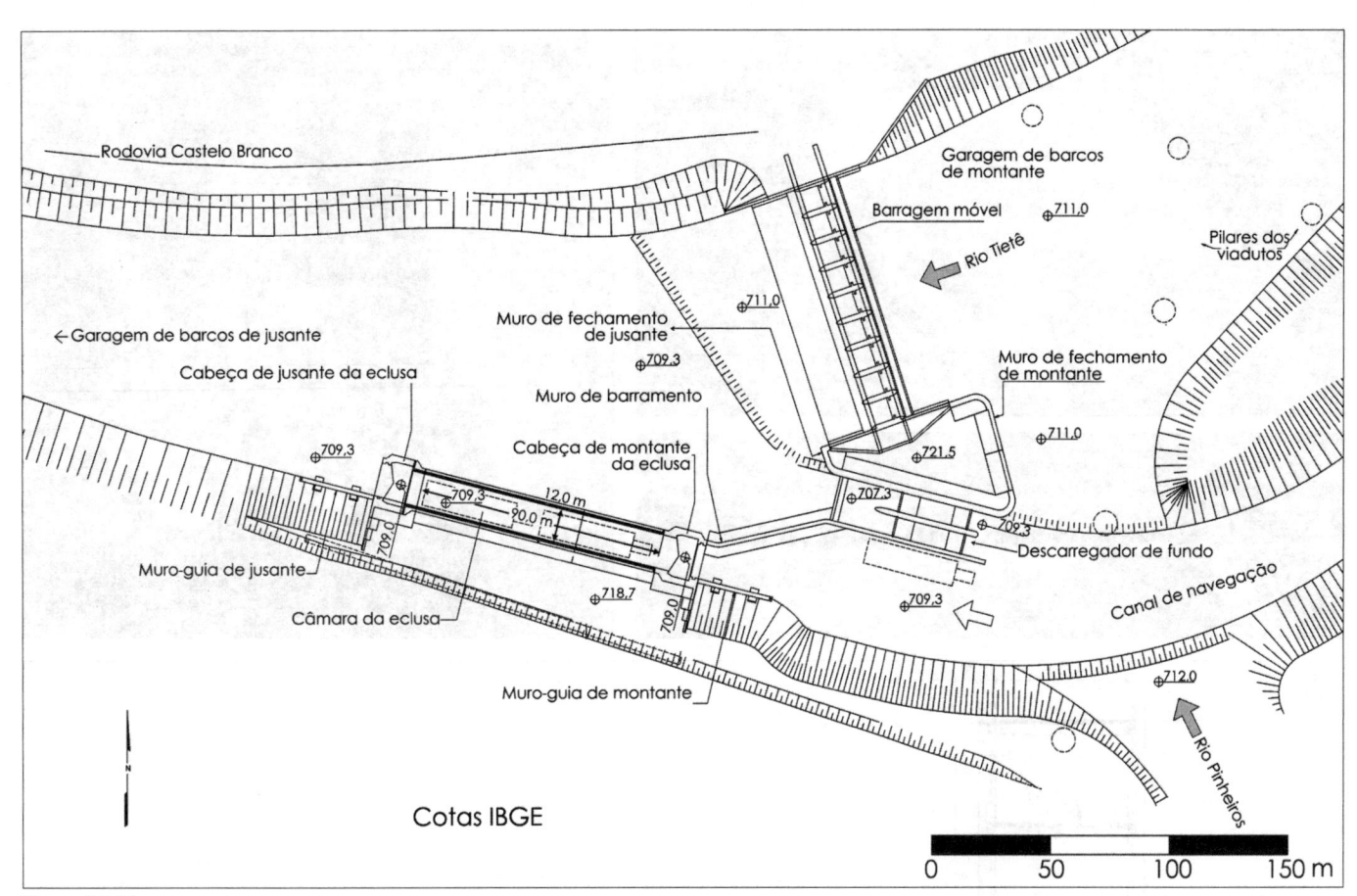

Figura 24.11
Planta de conjunto de localização da Eclusa da Barragem Móvel no Rio Tietê em São Paulo (SP). (São Paulo, Estado/DAEE/SPH/CTH).

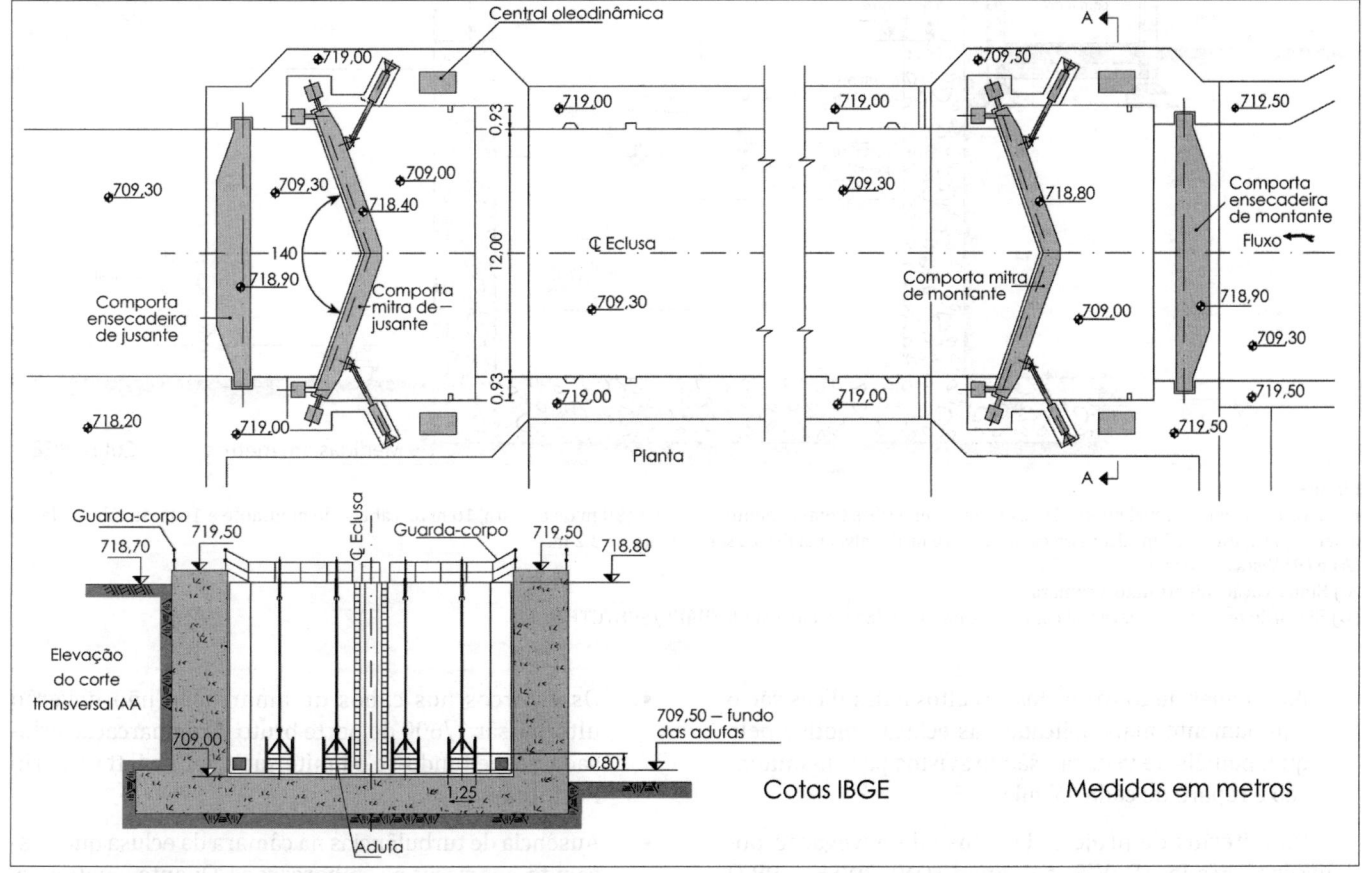

Figura 24.12
Detalhes da Eclusa da Barragem Móvel no Rio Tietê em São Paulo (SP). (São Paulo, Estado/DAEE/SPH/CTH).

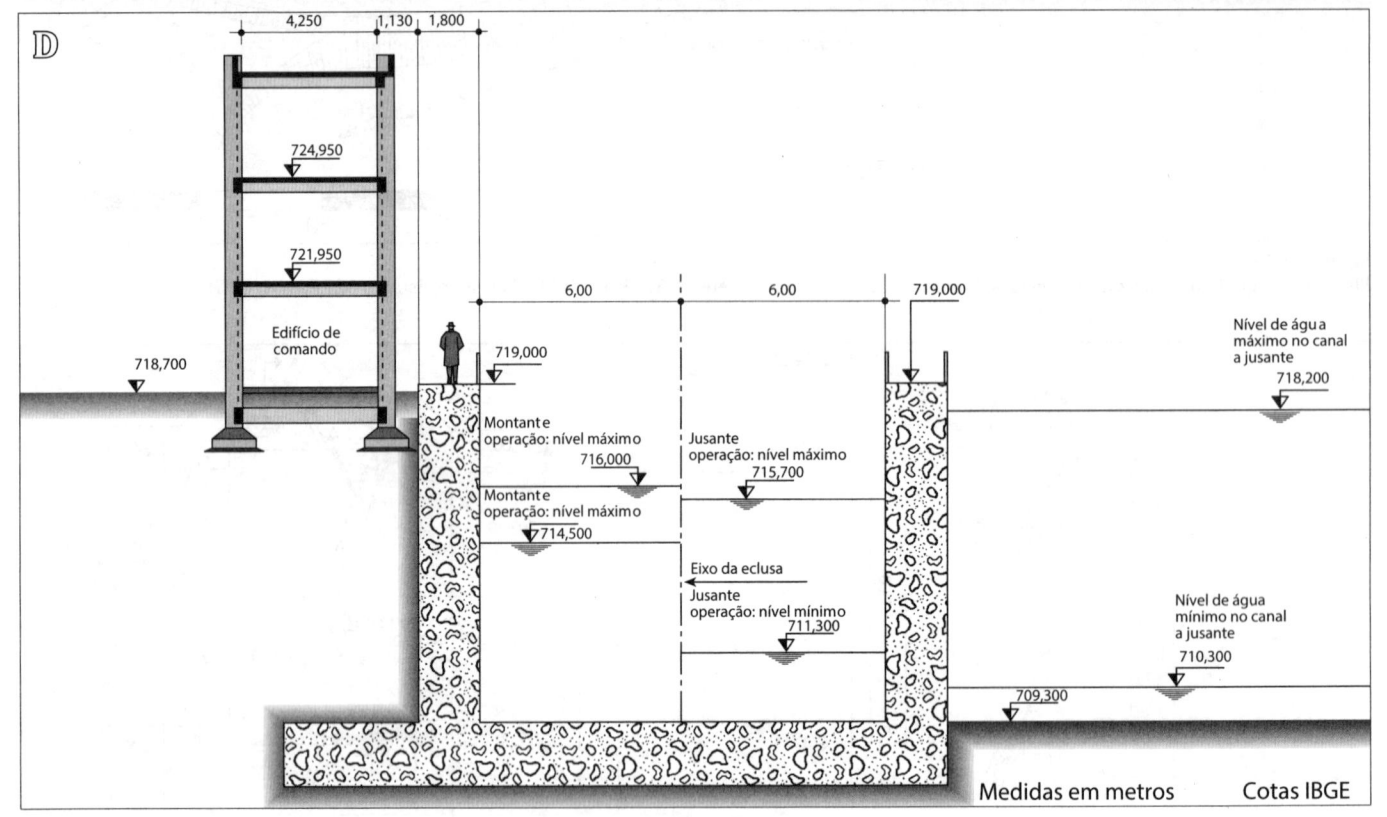

Medidas em metros   Cotas IBGE

Figura 24.13
Eclusa da Barragem Móvel no Rio Tietê em São Paulo (SP). Comprimento de 122 m (90 m de câmara, 16 m de cabeça de montante e 16 m de cabeça de jusante), largura de 12 m, altura da câmara de 10 m, desnível máximo a ser vencido de 3,2 m.
(A) e (B) Vistas aéreas.
(C) Embarcação adentrando a câmara.
(D) Elevação da seção transversal com níveis notáveis. (São Paulo, Estado/DAEE/SPH/CTH).

As válvulas de controle dos circuitos hidráulicos são o equipamento mais delicado das eclusas, motivo pelo qual painéis de vedação são previstos para manutenção e reparo de cada válvula.

Os critérios de projeto de eclusa de navegação podem ser elencados (DAVIS et al., apud TONDOWSKI, 1987) como segue:

- Os esforços nos cabos de amarração não deverão ultrapassar 1/600 do porte bruto da embarcação eclusada, respeitando-se o limite superior de 5 tf (critério Portobrás).

- Ausência de turbulências na câmara da eclusa que possam trazer riscos às embarcações. Quanto à natureza, podem ocorrer ondas estacionárias na direção lon-

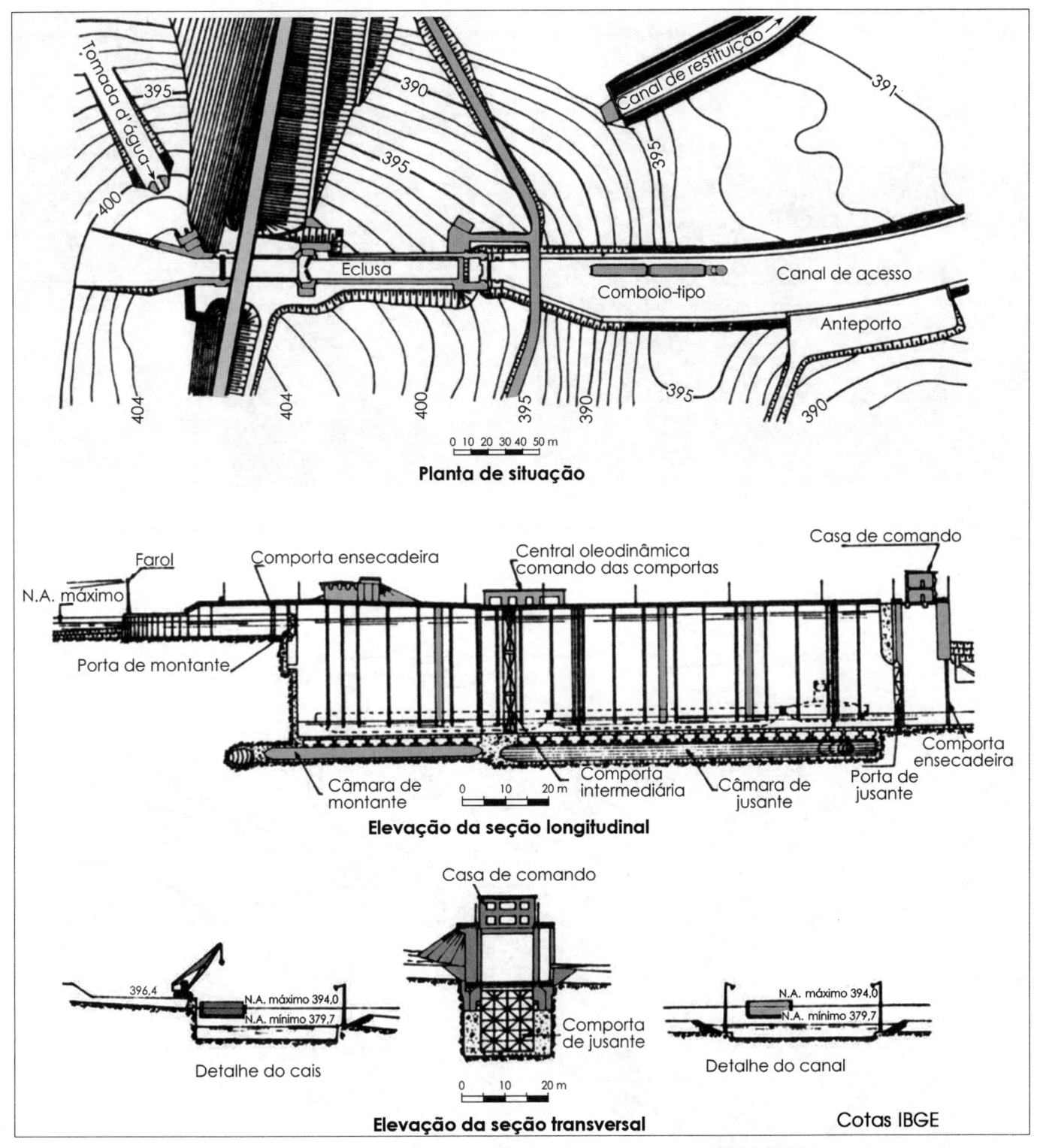

Figura 24.14
Eclusa de Ibitinga na Hidrovia do Rio Tietê (SP).

gitudinal e transversal ao eixo da câmara, e correntes recirculatórias transversais. O objetivo almejado é o de que o enchimento se processe de modo simétrico e homogêneo em toda a câmara, principalmente nos instantes de vazão máxima.

- O sistema de adução deve ser capaz de efetuar a eclusagem somente com uma tubulação, apenas com o inconveniente do tempo de operação.

- O escoamento na aproximação da tomada d'água não deve acarretar problemas às embarcações menores, como as vorticidades por entrada de ar na tomada.

- As estruturas de restituição devem produzir reduzida turbulência, localizando-se, preferencialmente, fora do percurso de navegação, bem como com apropriado sistema de dissipação de energia em bacias de dissipação e/ou blocos de choque.

Figura 24.15
(A) Tomada d'água tipo tulipa no Canal Intermediário das eclusas da Barragem de Tucuruí na Hidrovia do Rio Tocantins (PA) para adução à Eclusa 2.
(B) Canal de restituição para esvaziamento da Eclusa 2.

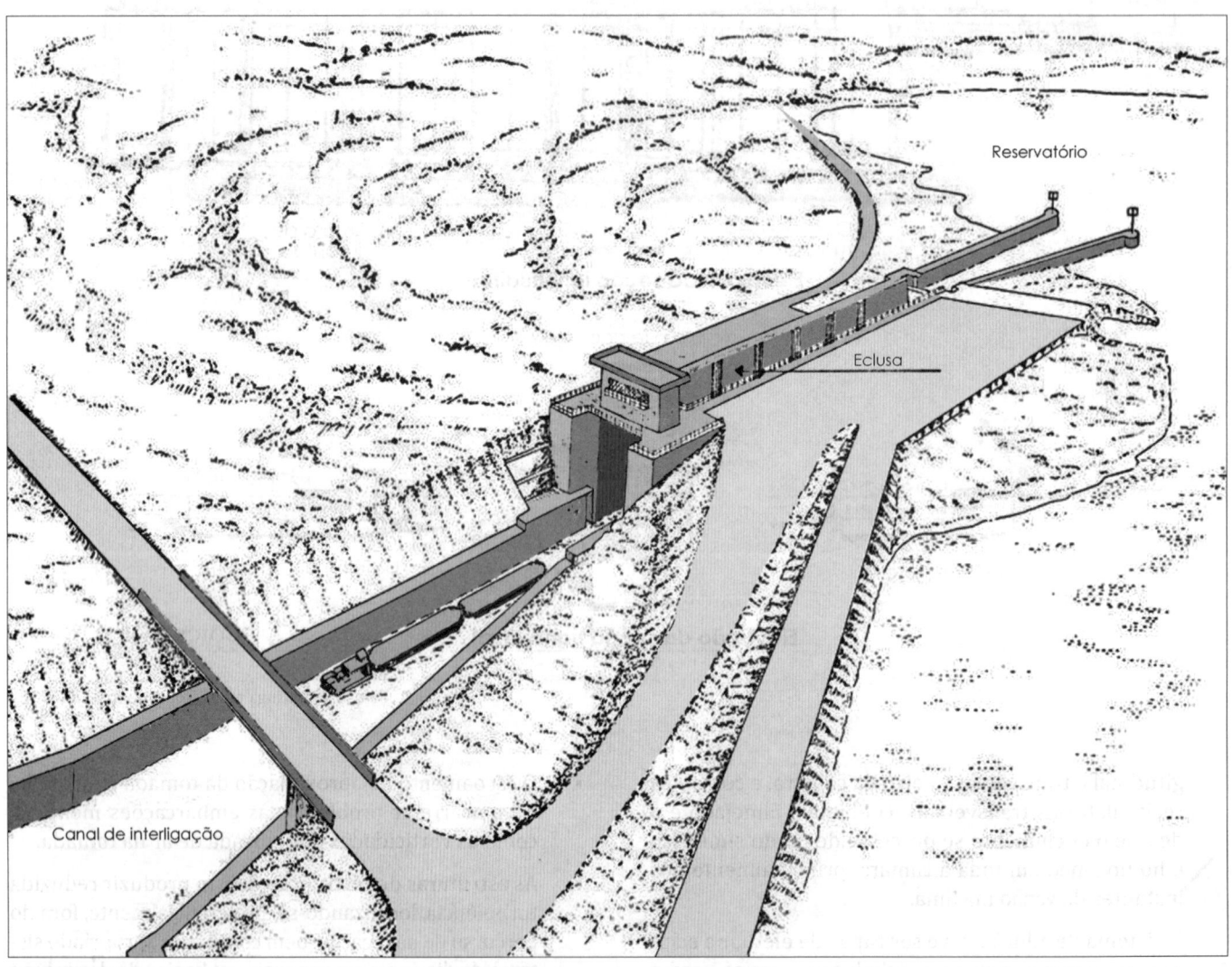

Figura 24.16
Eclusa de montante da Barragem de Nova Avanhandava na Hidrovia do Rio Tietê (SP).

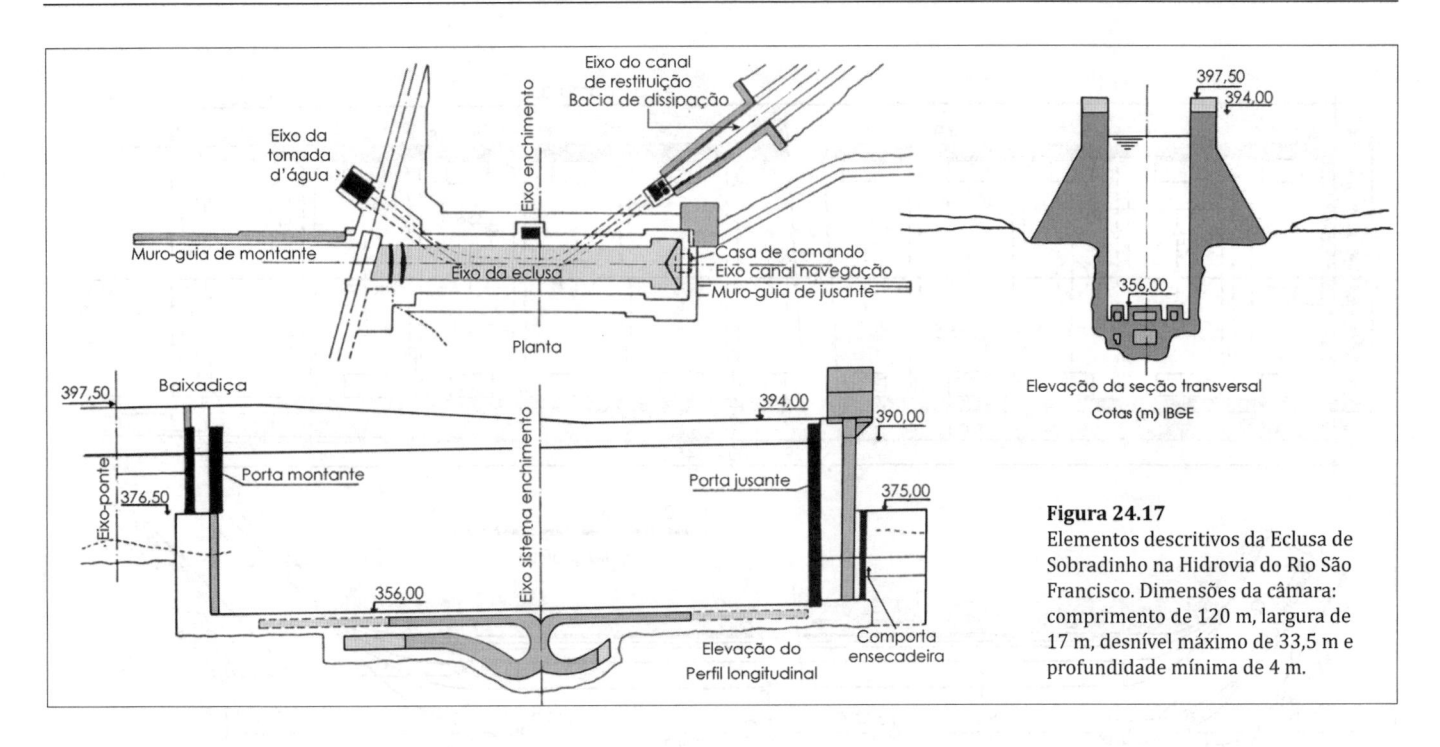

Figura 24.17
Elementos descritivos da Eclusa de Sobradinho na Hidrovia do Rio São Francisco. Dimensões da câmara: comprimento de 120 m, largura de 17 m, desnível máximo de 33,5 m e profundidade mínima de 4 m.

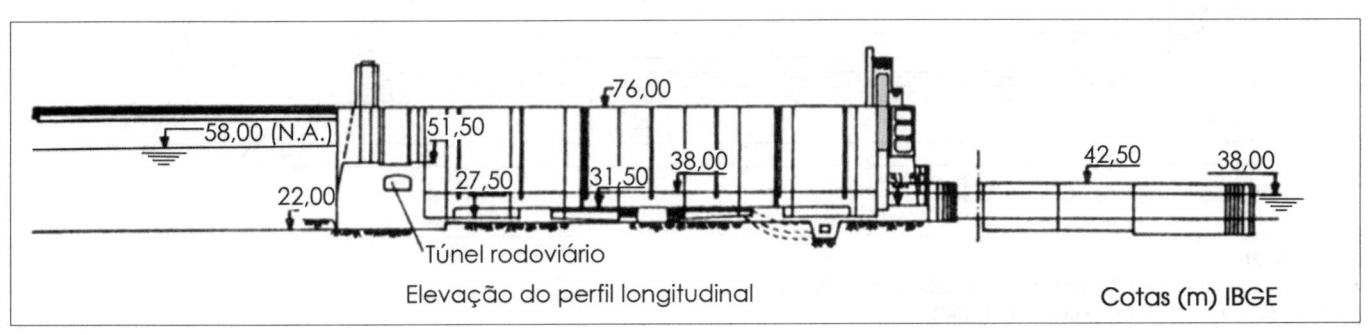

Figura 24.18
Eclusa 1 de Tucuruí (PA) na Hidrovia do Rio Tocantins.

Figura 24.19
Eclusa 2 de Tucuruí (PA) na Hidrovia do Rio Tocantins. Vista do interior da câmara com a porta de busco (jusante) totalmente aberta e a porta guilhotina baixadiça de montante totalmente fechada.

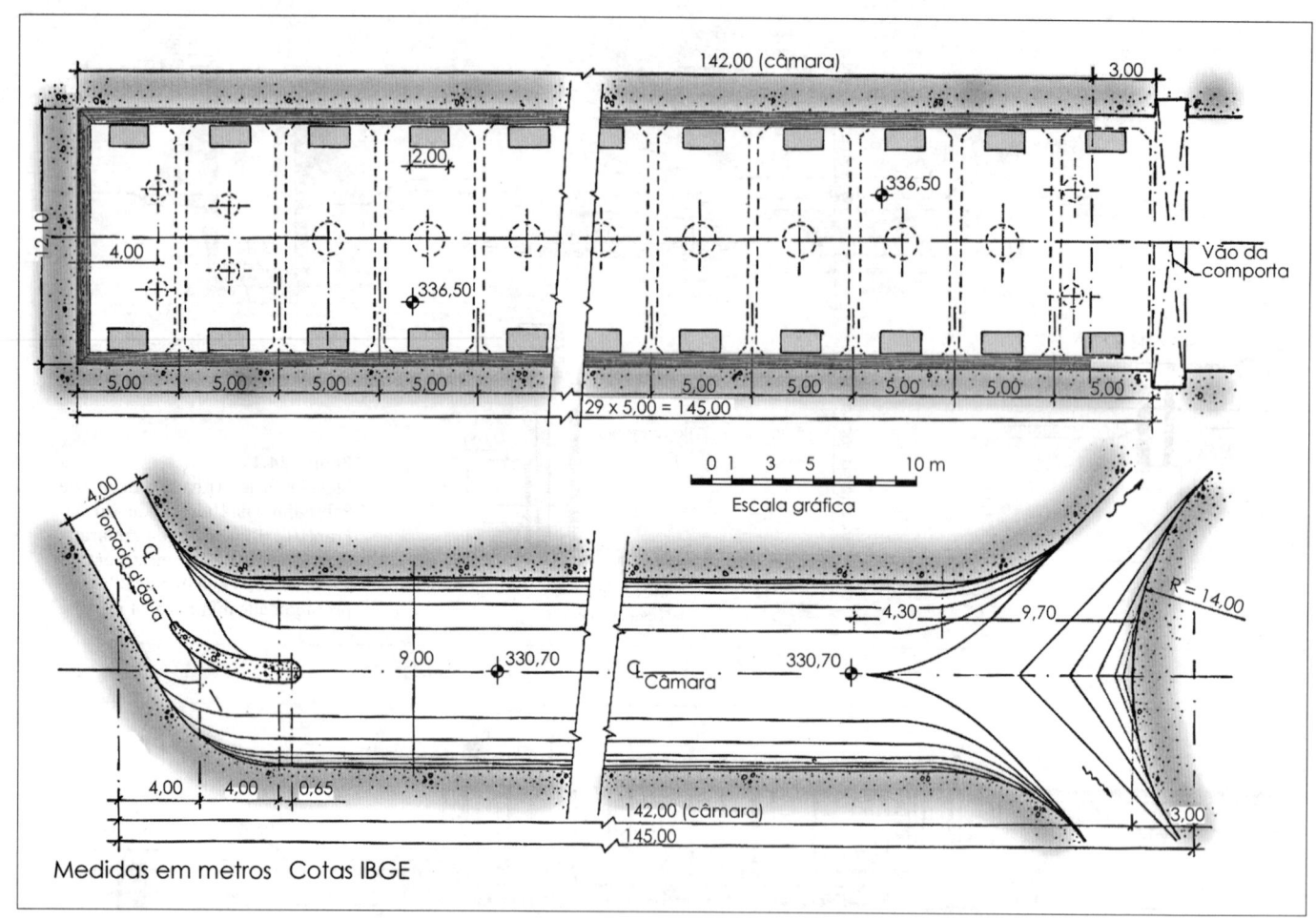

Figura 24.20
Planialtimetria do sistema de enchimento/esvaziamento da Eclusa de
Nova Avanhandava na Hidrovia do Rio Tietê (SP).

Figura 24.21
Aqueduto longitudinal da Eclusa de
Nova Avanhandava na Hidrovia do Rio
Tietê (SP).

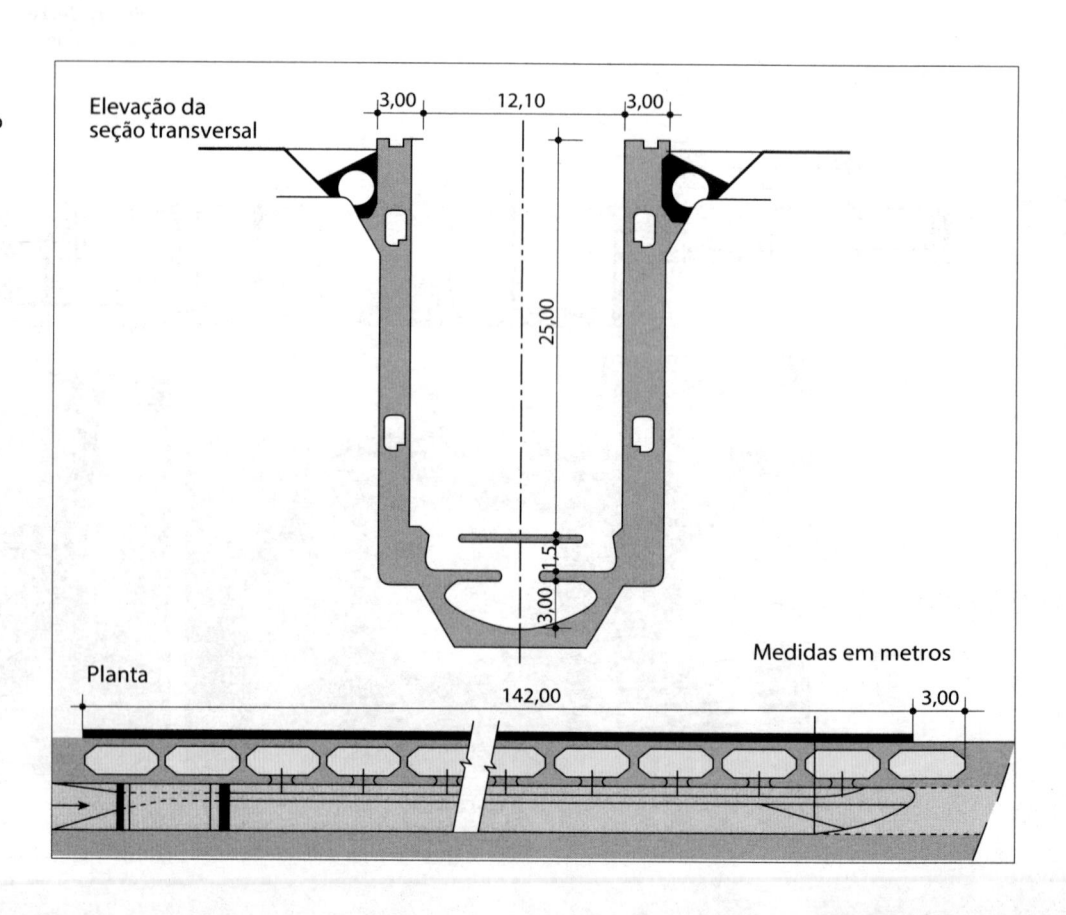

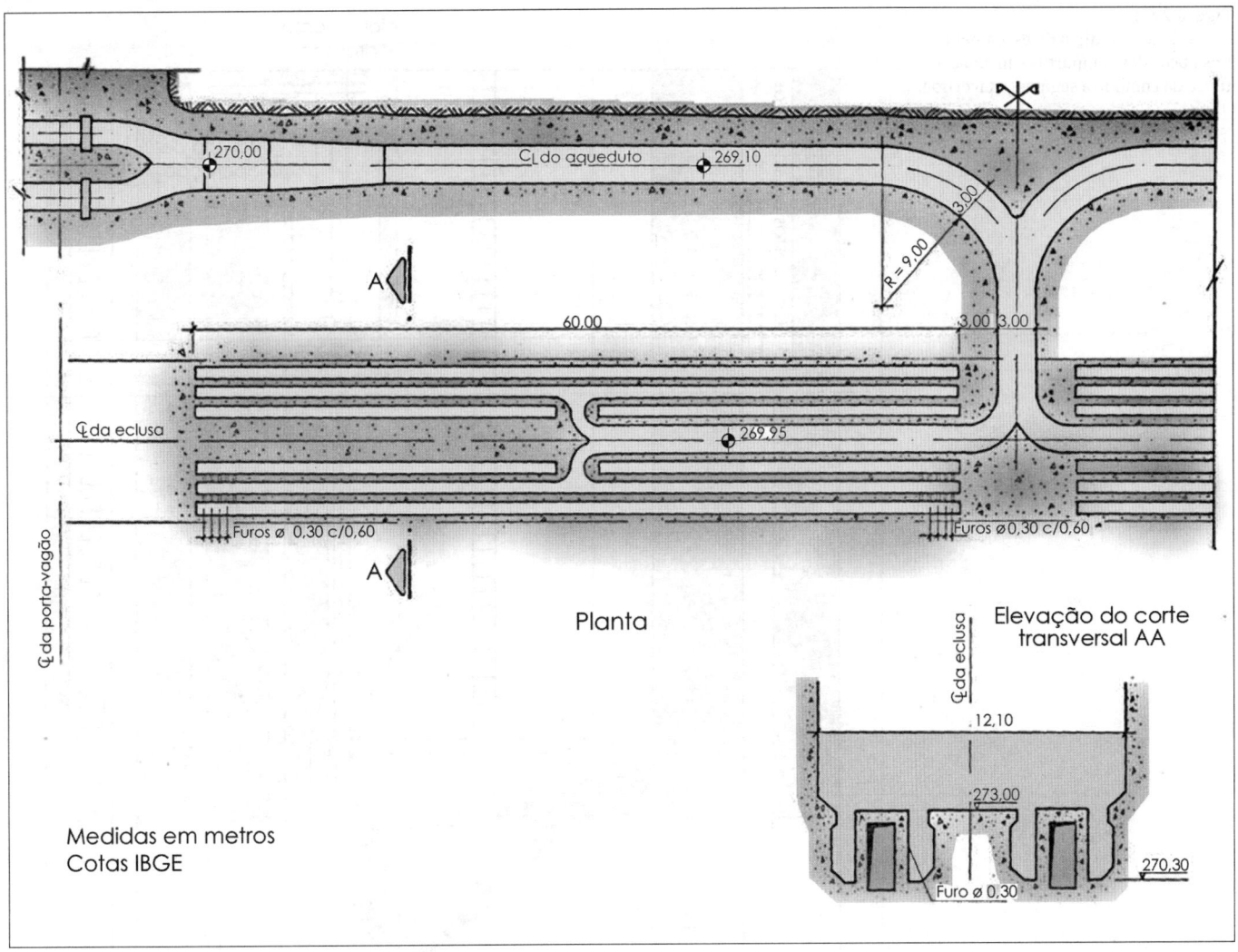

Figura 24.22
Sistema de enchimento da Eclusa de Três Irmãos na Hidrovia do Rio Tietê (SP).

- As pressões nos aquedutos e válvulas devem manter-se fora das condições de risco de cavitação, sendo que a jusante das válvulas a linha de energia tem de se manter acima da geratriz superior do duto.

- Os tempos de eclusagem devem ser reduzidos na proporção em que o aumento dos custos gerados por essa condição seja compatível com as vantagens oriundas de uma rápida operação das válvulas.

As soluções otimizadas para satisfazerem os critérios de projeto são pesquisadas e otimizadas por meio da modelação dos escoamentos.

24.2 DIMENSÕES TÍPICAS DAS ECLUSAS

24.2.1 Eclusas brasileiras

A seguir apresentam-se algumas dimensões de eclusas de hidrovias interiores brasileiras (comprimento útil/largura útil/profundidade mínima em m):

- Hidrovia do Rio Tietê (SP): 145/12/3.

- Hidrovia do Rio Paraná: 210/17/4,5 (Eclusa de Jupiá).

- Hidrovia do Rio Jacuí (RS): 120/17/3.

- Eclusa do Fandango no Rio Jacuí (RS): 85/15/3.

- Hidrovia do Rio São Francisco: 120/17/4,5 (Eclusa de Sobradinho).

- Hidrovia do Rio Tocantins: 210/33/6,5 (Eclusas de Tucuruí).

Na Tabela 24.1 apresentam-se as dimensões exatas das eclusas da Hidrovia do Rio Tietê. No PNVNI a Hidrovia do Tietê foi classificada como classe IV (embarcações de 11 m de boca e calado definitivo de 2,5 m). No entanto, a evolução da navegação na hidrovia, após a conclusão de sua canalização, no final da década de 1990, exigiu a adoção de medidas diversas que buscassem a redução em seus custos operacionais. Assim, adotou-se, a partir de 1998, a navegação com comboios com 4 barcaças, seguindo a tendência dos modais rodo e ferroviário que passaram a operar com veículos de dimensões e capacidades maiores.

Figura 24.23
Elevação longitudinal do escoamento
nos poços das comportas e instalação
típica da comporta segmento invertida.

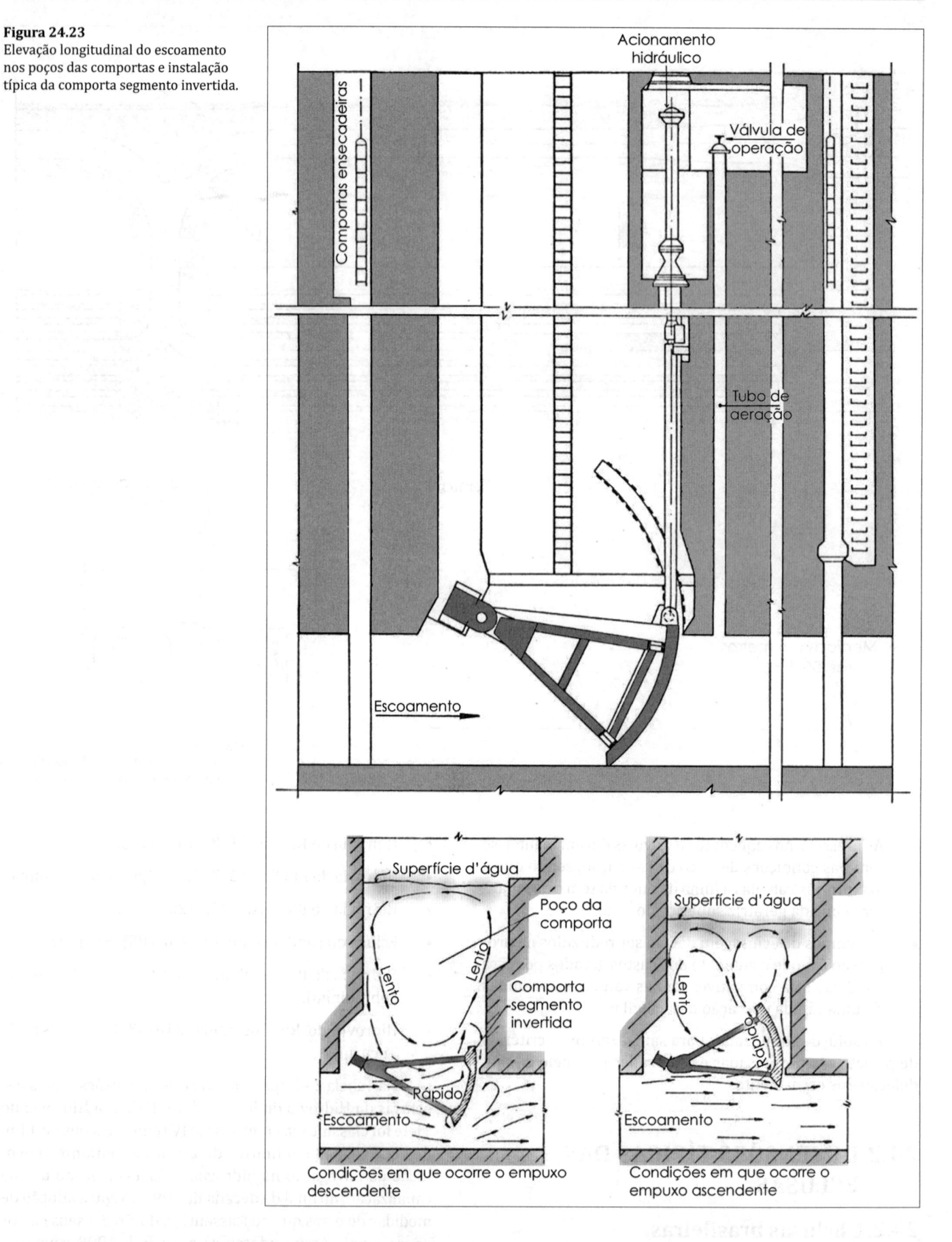

A formação de comboios na hidrovia passou a ser de 4 chatas + empurrador. Como o limite de formação para transposição da eclusa de 2 chatas + empurrador, são necessárias 3 passagens para completar o comboio. Assim, a duplicação do comboio trouxe como consequência a obrigação do desmembramento dos mesmos para a passagem pelas eclusas,

Tabela 24.1
Dimensões das eclusas do Tietê

Eclusa	Comprimento (m)	Largura (m)	Desnível (m)
Barra Bonita	147,25	11,76	25,50
Bariri	142,00	12,02	24,00
Ibitinga	142,45	12,04	24,30
Promissão	142,00	12,00	27,50
Nova Avanhandava Superior	142,00	12,10	17,50
Nova Avanhandava Inferior	142,00	12,10	15,50

Tabela 24.2
Dimensões do comboio Duplo Tietê

Comboio com formação de 4 chatas de carga padrão Tietê	4 chatas de 60 m em 2 linhas de 2 colunas + empurrador
Comprimento com formação máxima	138,50 m
Boca	22,00 m
Calado máximo admitido	3,00 m
Capacidade de carga	6.000 t
Deslocamento carregado	7350 t

uma vez que suas dimensões somente permitem a passagem de 2 barcaças por eclusagem. Como as eclusas não foram projetadas para essa situação, não dispõem de estrutura vinculada que auxilie as manobras de desmembramento e recomposição dos comboios. Essas operações são executadas em locais projetados e implantados, denominados Ponto de Espera – PE.

Os PEs, em geral, constituem-se de uma ou mais boias de atracação, implantadas em local adequado e o mais próximo possível à entrada das eclusas (posição montante e jusante), de modo a permitir as operações de desmembramento, recomposição e atracação dos comboios com segurança e sem interromper o tráfego local. Ocorre que as distâncias da eclusa em que esses pontos são implantados, aliados a dificuldades nas manobras, principalmente em situações de mau tempo, tornam as operações de eclusagem lentas, não raras vezes com tempos superiores a 2 horas. Em um cenário de elevada ocupação da via, estes tempos de transposição somados aos tempos de fila, podem comprometer os tempos de ciclo das embarcações e consequentemente seus custos operacionais.

Para reduzir os tempos de eclusagem é necessário aproximar ao máximo os pontos onde as manobras de desmembramento e recomposição são executados, tarefa difícil, senão impossível para realizar com o sistema de bóias. Para a solução desse problema é necessário projetar e implantar estruturas auxiliares, situadas imediatamente a jusante e a montante das portas das eclusas, conhecidas como garagem de barcos, ou atracadouro de espera.

Outro aspecto a considerar foi o de que os muros-guia foram projetados para suportar esforços de uma embarcação com dimensões máximas correspondentes às de um comboio tipo Tietê. Para um comboio Duplo Tietê tornou-se necessário o reforço dos muros-guia e a adequação dos acessos.

Na Tabela 24.2 apresentam-se as pricipais características do comboio Duplo Tietê. O calado aéreo (distância entre a geratriz inferior da estrutura e o nível d'água local) mínimo de 7,0 m. A velocidade máxima de aproximação foi estabelecida em 1,9 nós, com ângulo máximo de 12° entre o eixo do comboio e do canal para aproximação e alinhamento.

24.2.2 Eclusas da Europa Norte Ocidental

24.2.2.1 ECLUSAS DOS PAÍSES BAIXOS

Neste item descrevem-se algumas das eclusas mais notáveis dos Países Baixos.

O Rio Maas, desde a década de 1920, dispõe de sete barragens localizadas em Borgharen (próximo a Maastricht), Linne, Roermond, Belfeld, Sambeek, Grave e Lith. Esses vãos vertentes regulam os níveis d'água nas seções do rio para garantir suficiente água na navegação pelo Juliana Canal, que é um canal lateral ao Maas. A operação é regulada pelas medições de nível em Maastricht, extremo a montante da bifurcação. Os vertedores barram o rio para vazões inferiores a 1.200 m³/s, enquanto para vazões superiores são completamente abertos.

O Juliana Canal (Gabarito Va ECMT) situa-se na província de Limburg nos Países Baixos e transporta parte da água do Rio Maas. Trata-se de um canal lateral em trecho no qual o Rio Maas não é navegável. A maioria das embarcações que atravessam os Países Baixos para a Bélgica e a França passa por ele. O canal começa a montante ao norte de Maastricht, na barragem de Borgharen (Figuras 24.24 (A) e (B)), como um ramo do Rio Maas e termina a jusante em Maasbracht cerca de 36 km mais ao norte, onde a água flui novamente para o Rio Maas, que escoa um pouco a oeste, formando a fronteira com a Bélgica.

Em Limmel há um complexo de eclusas (Figura 24.24 (C)) que liga o Rio Maas ao Juliana Canal, em Maastricht. As eclusas são em duas câmaras sucessivas que vencem uma queda de 23 m. Cada eclusa permite a passagem de embarcações de 137,50 m de comprimento, 14,00 m de boca e 3,00 m

Figura 24.24
(A) Barragem de Borgharen olhando-se rumo ao Juliana Canal.
(B) Barragem de Borgharen olhando-se para o Maas.
(C) Eclusa Limmel com suas comportas levadiças.
(D) a (F) Esvaziamento e abertura das portas de uma das eclusas de Maasbracht. Embarcação provinda por montante, do Juliana Canal, e saindo pelas portas de jusante, rumo ao Rio Maas.

Figura 24.24
(G) a (J) Esvaziamento e abertura das portas de uma das eclusas de Maasbracht.
Embarcação provinda por montante, do Juliana Canal, e saindo pelas portas
de jusante, rumo ao Rio Maas.
(K) a (M) Embarcação automotora carvoeira fazendo a mesma manobra em
outra das câmaras.

Figura 24.24
(N) a (R) Embarcação automotora carvoeira fazendo a mesma manobra em outra das câmaras.
(S) e (T) Câmaras das Prins Bernhardsluizen ou Eclusas de Tiel fazem a ligação Amsterdam-Rijnkanaal (Waal).
(U) a (W) Princesa Beatrixsluizen é um complexo de eclusas no município de Nieuwegein nos Países Baixos.

Figura 24.24
(X) Princesa Beatrixsluizen é um complexo de eclusas no município de Nieuwegein, nos Países Baixos.
(Y) e (Z) Eclusa Empel encontra-se localizada em Binnenvaart, no Maxima Canal, que é uma derivação do Rio Maas.

de calado. Os vertedores são geralmente abertos assim que a vazão do Rio Maas supera cerca de 1.200 a 1.300 m³/s medida em Maastricht, NAP +44,00 m, dependendo do nível d'água a montante.

As eclusas em Maasbracht formam um complexo (Figuras 24.24(D) a (R)) no Juliana Canal que constitui a transição ao norte entre o Juliana Canal e o Rio Maas. É composto por três eclusas de câmaras idênticas, com um comprimento de 142,00 m, uma largura de 16,00 m (Gabarito Va ECMT) e queda de 11,85 m, o maior desnível de todas as eclusas nos Países Baixos. Para permitir o acesso a embarcações maiores e mais longas no canal, foi estendida a câmara oriental a 225 metros (Gabarito Vb ECMT). O canal de acesso (Gabarito Vb ECMT) é dimensionado para embarcações com um comprimento de 190 m, uma largura de 11,4 m e um calado de 3,5 m.

As eclusas Prins Bernhardsluizen ou Eclusas de Tiel (Figuras 24.24(S) e (T)) fazem a ligação Amsterdam-Rijnkanaal (Waal), sendo a mais antiga (1952) de 350 m de comprimento, 18 m de largura e 4 m de queda (Gabarito Vb ECMT) e a mais recente (1974) de 260 m de comprimento, 24 m de largura e 4 m de queda (Gabarito VIc ECMT).

A Princesa Beatrixsluizen é um complexo de eclusas (Figuras 24.24(U) a (X)) no município de Nieuwegein nos Países Baixos, com duas câmaras idênticas lado a lado de 225,00 m de comprimento e 18,00 m de largura, classificadas como Gabarito Classe Vb (ECMT), no Lekkanaal, ligação entre o Rio Lek e o Canal de Amsterdam-Rijnkanaal (Waal). As câmaras duplas são tipicamente empregadas nos canais em que é grande o tráfego (todos os anos 50.000 embarcações trafegam por estas eclusas), uma vez que as câmaras podem ser usadas separadamente em ambas os sentidos e a navegação para montante e para jusante não interferirá entre si.

A Eclusa Empel (Figuras 24.24(Y) e (Z)) encontra-se localizada em Binnenvaart, no Maxima Canal, que é uma derivação do Rio Maas. Sua câmara tem comprimento de 115,5 m e largura de 12,60 m (Gabarito Va ECMT), permitindo calado máximo de 3,00 m e dispondo de freios de barcos. Sua queda máxima é de 5,83 m e seu tempo de eclusagem é de 20 minutos. As suas portas têm a peculiaridade de terem uma folha apenas.

24.2.2.2 ECLUSAS DA BÉLGICA

Neste item descrevem-se algumas das eclusas mais notáveis da Bélgica.

As Eclusas de Lanaye constituem um complexo de eclusas situadas na Bélgica na divisa com os Países Baixos fazendo a ligação entre o Canal de Lanaye (derivação do Rio Maas) e o Albert Canal, e entre o Canal de Lanaye e o Rio Maas e o Juliana Canal nos Países Baixos, situando-se na cidade de Visé, província de Liège. A maior das quatro eclusas, inaugurada em 2015, permite a passagem de embarcações de 9.000 t, dispondo de 225 m de comprimento, 25 m de largura e uma queda de 13,68 m. Este complexo já foi conhecido como gargalo de Lanaye, porque as primeiras eclusas construídas na década de 1960 se tornaram muito pequenas para as exigências da navegação interior crescente entre os portos de Liège e Rotterdam. São duas eclusas menores com 55 m de comprimento e 7,5 m de largura (hidrovia Gabarito II ECMT para embarcações até 600 t) juntamente com uma eclusa maior de 136 m de comprimento e 16 m de largura (hidrovia Gabarito Va ECMT para embarcações até 2.000 t). Em 2001, foi firmado um acordo de colaboração entre a Bélgica e os Países Baixos, o que permitiu a construção entre 2004 e 2015 da quarta eclusa, com 25 m de largura, a qual permite a passagem de comboios de quatro barcaças (hidrovia Gabarito VIb ECMT). Nas Figuras 24.25(A) a (V) está mostrada a passagem de um automotor para montante na eclusa de dimensão intermediária, na qual pode-se observar o funcionamento de uma comporta plana (vagão) de acionamento horizontal. Depois desta embarcação sair, adentra outra, que é um comboio tipo Va, que seguirá para montante.

As eclusas do Albert Canal têm todas três câmaras, duas de comprimento de 136 m e largura de 16 m (Gabarito Va ECMT) e uma câmara para comboios com 200 m x 24 m (Gabarito VIb ECMT). Do Maas para Antuérpia são, pela ordem: Genk (Figura 24.25 (W)), Diepenbeek (Figura 24.25 (X)), Hasselt, Kwaadmechelen, Olen e Wijnegem (Figura 24.25 (Y)).

No Canal Charleroi – Brussel (Gabarito IV ECMT) as cotas (NAP) notáveis são:

Charleroi: 100,60 m (Bacia do Maas)

Ronquières: 120,45 m (ponto culminante)

Brussel: 13,30 m (Bacia do Scheldt)

Os desníveis são vencidos por 11 eclusas e um plano inclinado (Ronquières).

Valônia:

Marchienne: Eclusa n.º 1 (85,11 m x 11,50 m) – queda de 5,45 m

Gosselies: Eclusa n.º 2 (85,80 m x 11,50 m) – queda de 7,20 m

Viesville: Eclusa n.º 3 (85,92 m x 11,50 m) – queda de 7,20 m

Figura 24.25
(A) a (D) As eclusas de Lanaye constituem um complexo de eclusas situadas na Bélgica na divisa com os Países Baixos fazendo a ligação entre o Canal de Lanaye (derivação do Rio Maas) e o Albert Canal, e entre o Canal de Lanaye e o Rio Maas e o Juliana Canal nos Países Baixos, situando-se na cidade de Visé, província de Liège.

Ronquières: Plano inclinado n.º 4 – (2 cubas de 87,00 m x 12,00 m) – queda de 67,73 m

Ittre: Eclusa n.º 5 (90,00 m x 12,00 m) – queda de 14,00 m

Flandres:

Lembeek: Eclusa n.º 6 (81,60 m x 10,50 m) – queda de 7,00 m

Halle: Eclusa n.º 7 (81,60 m x 10,50 m) – queda de 3,30 m

Lot: Eclusa n.º 8 (81,60 m x 10,50 m) – queda de 3,70 m

Ruisbroek: Eclusa n.º 9 (81,60 m x 10,50 m) – queda de 3,70 m

Brussel:

Anderlecht: Eclusa n.º 10 (81,60 m x 10,50 m) – queda de 3,70 m

Molenbeek-Saint-Jean: Eclusa n.º 11 (81,60 m x 10,50 m) – queda de 4,70 m

Existe também, em Blanc Pain, Seneffe (121 m, NAP), uma comporta de segurança (*porte de garde*) no trecho entre a eclusa n.º 3 e o plano inclinado de Ronquières.

O Canal du Centre é um canal que faz a ligação entre Seneffe, no Canal Brussel-Charleroi, e o lago artificial do Grand Large (cota 33 m NAP) na Bacia do Rio Scheldt, a oeste do qual está a cabeceira do Canal de Mons-Condé, e a leste o Canal Nimy-Blaton-Péronnes. Tem 21,3 km de extensão, inscrevendo-se num eixo leste-oeste que liga as bacias dos rios Sambre e Maas com a cidade de Mons, a Bacia do Scheldt e o norte da França (Lille e Dunkerque). Desde 2002 tem um Gabarito IV (ECMT), acessível a embarcações de 1350 t. O elevador de Strépy-Thieu, inaugurado em 2002, é a obra de arte mais notável do Canal du Centre, vencendo um desnível de 73,15 metros. A ponte-canal do Sart com 500 m de extensão permite o acesso ao elevador.

Figura 24.25
(E) a (H) As eclusas de Lanaye constituem um complexo de eclusas situadas na Bélgica na divisa com os Países Baixos fazendo a ligação entre o Canal de Lanaye (derivação do Rio Maas) e o Albert Canal, e entre o Canal de Lanaye e o Rio Maas e o Juliana Canal nos Países Baixos, situando-se na cidade de Visé, província de Liège.

Figura 24.25

(I) a (N) As eclusas de Lanaye constituem um complexo de eclusas situadas na Bélgica na divisa com os Países Baixos fazendo a ligação entre o Canal de Lanaye (derivação do Rio Maas) e o Albert Canal, e entre o Canal de Lanaye e o Rio Maas e o Juliana Canal nos Países Baixos, situando-se na cidade de Visé, província de Liège.

Figura 24.25
(O) a (T) As eclusas de Lanaye constituem um complexo de eclusas situadas na Bélgica na divisa com os Países Baixos fazendo a ligação entre o Canal de Lanaye (derivação do Rio Maas) e o Albert Canal, e entre o Canal de Lanaye e o Rio Maas e o Juliana Canal nos Países Baixos, situando-se na cidade de Visé, província de Liège.

Figura 24.25
(U) e (V) As eclusas de Lanaye
constituem um complexo de eclusas
situadas na Bélgica na divisa com os
Países Baixos fazendo a ligação entre o
Canal de Lanaye (derivação do Rio
Maas) e o Albert Canal, e entre o Canal
de Lanaye e o Rio Maas e o Juliana
Canal nos Países Baixos, situando-se na
cidade de Visé, província de Liège.
(W) Eclusas em Genk no Albert Canal
(Bélgica).
(X) Eclusas Diepenbeek no Albert Canal
(Bélgica).
(Y) Eclusas Wijnegem no Albert Canal
(Bélgica).

O Grand Large situa-se próximo a Mons e Nimy, cabeceira no nível do lago, de onde inicia o Canal Nimy-Blaton-Péronnes, que segue até Péronnes, que fica na Bacia do Scheldt. Assim, o Canal Nimy-Blaton-Péronnes, o Canal du Centre e o Canal Brussel-Charleroi interligam as bacias hidrográficas dos rios Scheldt e Maas.

O Canal Nimy-Blaton-Péronnes dispõe de uma comporta de segurança em Blaton, Bernissart.

Antes da entrada em serviço do elevador de Strépy-Thieu, o tráfego entre La Louvière e Thieu se fazia por um canal com 7 km de extensão acessível a embarcações de 300 t. O desnível de 66 m era vencido por quatro elevadores hidráulicos construídos entre 1888 e 1917.

24.2.3 Eclusas da França, de Portugal, da Áustria e do Danúbio

Neste item descrevem-se algumas das eclusas mais notáveis de outros países da Europa Ocidental:

– França: Eclusa do Rio Moselle (Figuras 24.26 (A) a (C)) de Gabarito Va (ECMT).

– Portugal: Eclusa de Carrapatelo (Figura 24.26 (D)) de Gabarito IV (ECMT) no Rio Douro. Trata-se da eclusa de maior queda já construída no mundo. Eclusa de Crestuma (Figura 24.26 (E)) de Gabarito IV (ECMT) no Rio Douro.

Figura 24.26
(A) a (C) Eclusagens no Rio Moselle (França). Saída de automotor com L = 110 m, B = 10 m, T = 2.217 tpb. Estas embarcações navegam de 10 a 12 nós (SANTIAGO, 2003).
(D) Porta plana baixadiça a montante da eclusa de Carrapatelo, no Rio Douro (Portugal): dimensões de 90 m de comprimento, 12,1 m de largura, 13 min de enchimento e 35 m de desnível máximo.
(E) Portas de busco a jusante da eclusa de Crestuma, no Rio Douro (Portugal), com 13,9 m de desnível máximo e tempo de enchimento de 8,5 min.
(F) Eclusa de Freudenau no Rio Danúbio, em Viena (Áustria), com câmaras de 275 m de comprimento, 24 m de largura e queda de 10,68 m.

As maiores eclusas fluviais europeias encontram-se no Danúbio, pela ordem de montante para jusante:

- Alemanha: 2 eclusas de 190 m de comprimento e 12 m de largura Gabarito Vb (ECMT) de câmara dupla, 2 eclusas de 230 m de comprimento e 24 m de largura Gabarito VIb (ECMT) de câmara simples e 2 eclusas de gabarito com 230 m de comprimento e 24 m de largura Gabarito VIb (ECMT) de câmara dupla.

- Áustria: 9 eclusas de gabarito com 230 m de comprimento e 24 m de largura de câmara dupla, como a Eclusa Freudenau, em Viena (Áustria) (Figura 24.26 (F), de Gabarito VIb (ECMT).

- Eslováquia: Eclusa de câmara dupla Gabcikovo com comprimento de 280 m e largura de 34 m (Gabarito VII ECMT).

- Sérvia - Romênia: Eclusas Iron Gate I e Iron Gate II de câmaras duplas, cada uma com comprimento de 310 m e largura de 34 m (Gabarito VII ECMT).

- Romênia: No Canal Danúbio - Mar Negro: Eclusa Cernavoda com comprimento de 310 m e largura de 25 m (Gabarito VIc ECMT) de câmara dupla e Eclusa Agigea, em Constança, com dimensão idêntica.

24.2.4 Eclusas norte-americanas, russas e chinesas

As maiores eclusas de navegação americanas encontram-se no Rio Ohio, normalmente com câmaras de 180 m de comprimento por 33 m de largura e de 360 m de comprimento por 33 m de largura, esta última para a passagem de comboios de até quinze barcaças sem necessidade de desmembramento.

A principal hidrovia russa é a do Volga-Canal Báltico ao Golfo da Finlândia, já conhecido como Mariinsk Canal System. As eclusas têm dimensões de 210 m de comprimento, 17,6 m de largura e 4,2 m de profundidade, permitindo a navegação de embarcações até 5.000 t.

As maiores embarcações permitidas nas eclusas chinesas da Barragem de Três Gargantas, no Rio Yangtzé são de 10.000 t. As câmaras têm 280 m de comprimento, 35 m de largura e 5 m de profundidade.

24.3 SEGURANÇA NAS ECLUSAGENS

As embarcações nas eclusagens não deverão estar sujeitas a riscos de acidentes maiores do que os existentes em tráfego normal, não devendo produzir danos à própria obra. A segurança nas eclusagens é uma questão diretamente vinculada à velocidade de transposição, que deve ser a maior possível para propiciar maior capacidade de tráfego (menor perda de tempo) à hidrovia.

Nas entradas de montante e jusante, com o objetivo de evitar o avanço das embarcações em direção às portas, são instalados os chamados freios de barcos (ver Figura 24.27). O dispositivo indicado consta de dois cabrestantes situados nas laterais dos canais de acesso com grupos de motores redutores alojados em poços. Próximo a cada cabrestante há um cilindro fixo por onde o cabo de frenagem deverá dar uma volta e atravessar o canal para ligar-se ao cabrestante da margem oposta, mantendo-se o cabo a uma distância de 0,5 m do nível d'água por boias que comandam os cabrestantes. A frenagem é conseguida pelo atrito no cilindro e retenção do freio motor, liberando-se a passagem da embarcação baixando-se o cabo abaixo do calado máximo com contrapesos que mantêm o cabo esticado. O dimensionamento deve ser feito de modo que o esforço da embarcação sobre o cabo seja amortecido em um deslocamento máximo inferior ao distanciamento do cabo à porta, que costuma ser de 8 a 10 m.

Figura 24.27
(A) Elevação do esquema de freio de segurança para embarcações.

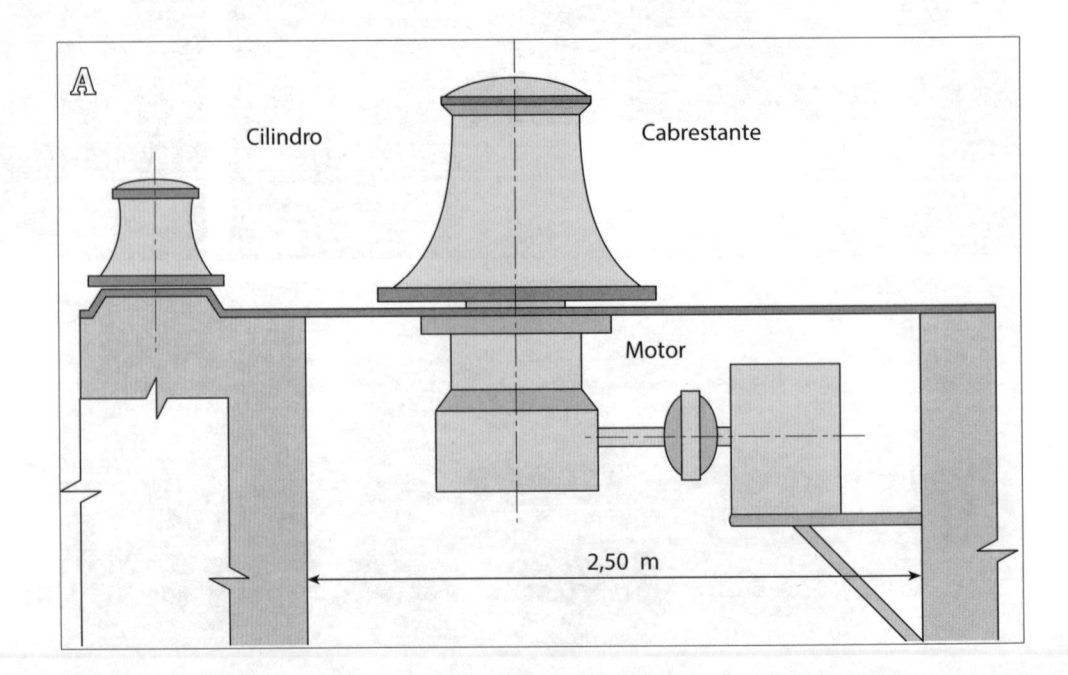

Figura 24.27
(B) Freio de barco de proteção de porta da eclusa de Viena no Rio Danúbio (Áustria).

Nas eclusas completas, são sempre previstos três sistemas de movimentação das portas e válvulas: um sistema a partir da casa de comando, um sistema de comando local e um sistema manual de emergência.

A embarcação, ao adentrar a câmara da eclusa, utiliza o sistema de amarração, impedindo que as embarcações se choquem contra os muros ou portas, sendo esse último o maior risco, em função da agitação reinante na massa líquida. Nas eclusas de pequena queda (desnível inferior a 8 m), os cabos são fixos a cabeços de amarração engastados nos muros (ver Figura 24.28 (A)). Para as maiores quedas, os cabos são presos a cabeços flutuantes (ver Figura 24.28) que acompanham

a variação do nível d'água, deslocando-se apoiados em guias colocadas em ranhuras especiais nos muros de ala. No Brasil adota-se o critério Portobrás quanto ao esforço máximo admissível por cabo. Na Figura 24.29 observa-se um comboio amarrado em uma eclusa. Os cabeços dispostos nos muros de ala dispõe-se em espaçamento de 20 a 25 m.

Externamente à câmara, as embarcações atracadas estão sujeitas, além da agitação da água, a correntes e ventos, adotando-se o mesmo critério de segurança aplicado no interior da câmara.

Para as embarcações em navegação, admite-se que nos acessos a velocidade da corrente não deva ultrapassar 0,9 m/s

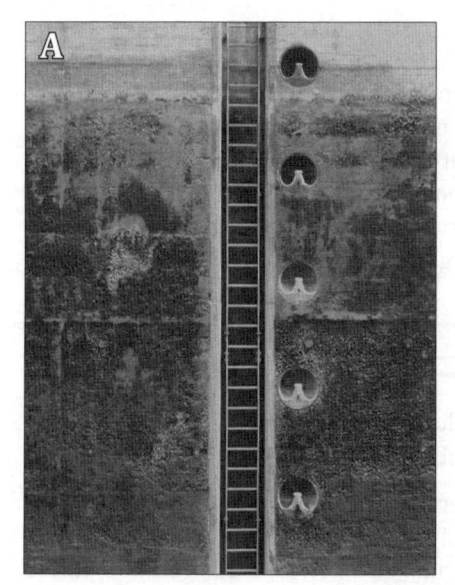

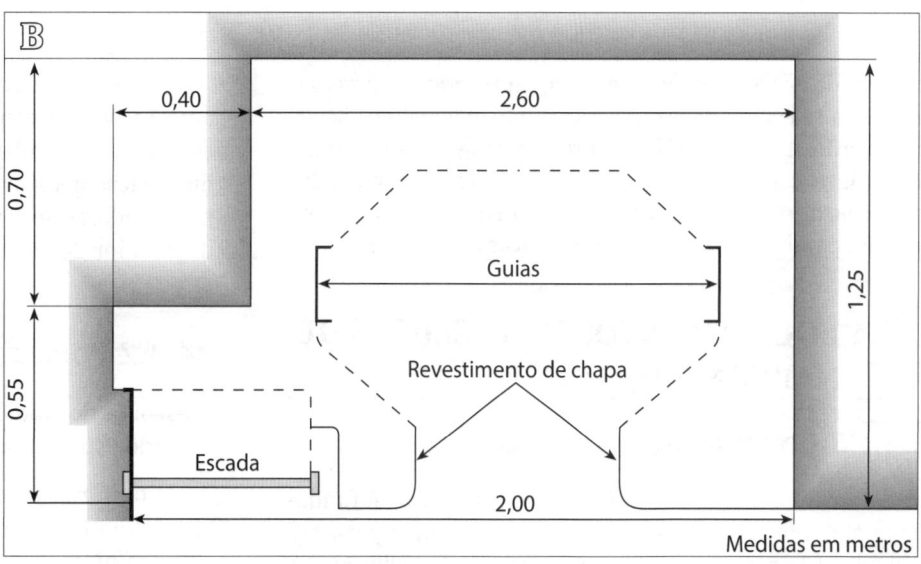

Figura 24.28
(A) Cabeços fixos engatados no muro de ala em eclusa no Rio Danúbio em Viena (Áustria).
(B) Planimetria da ranhura para fixação de guias de cabeços.

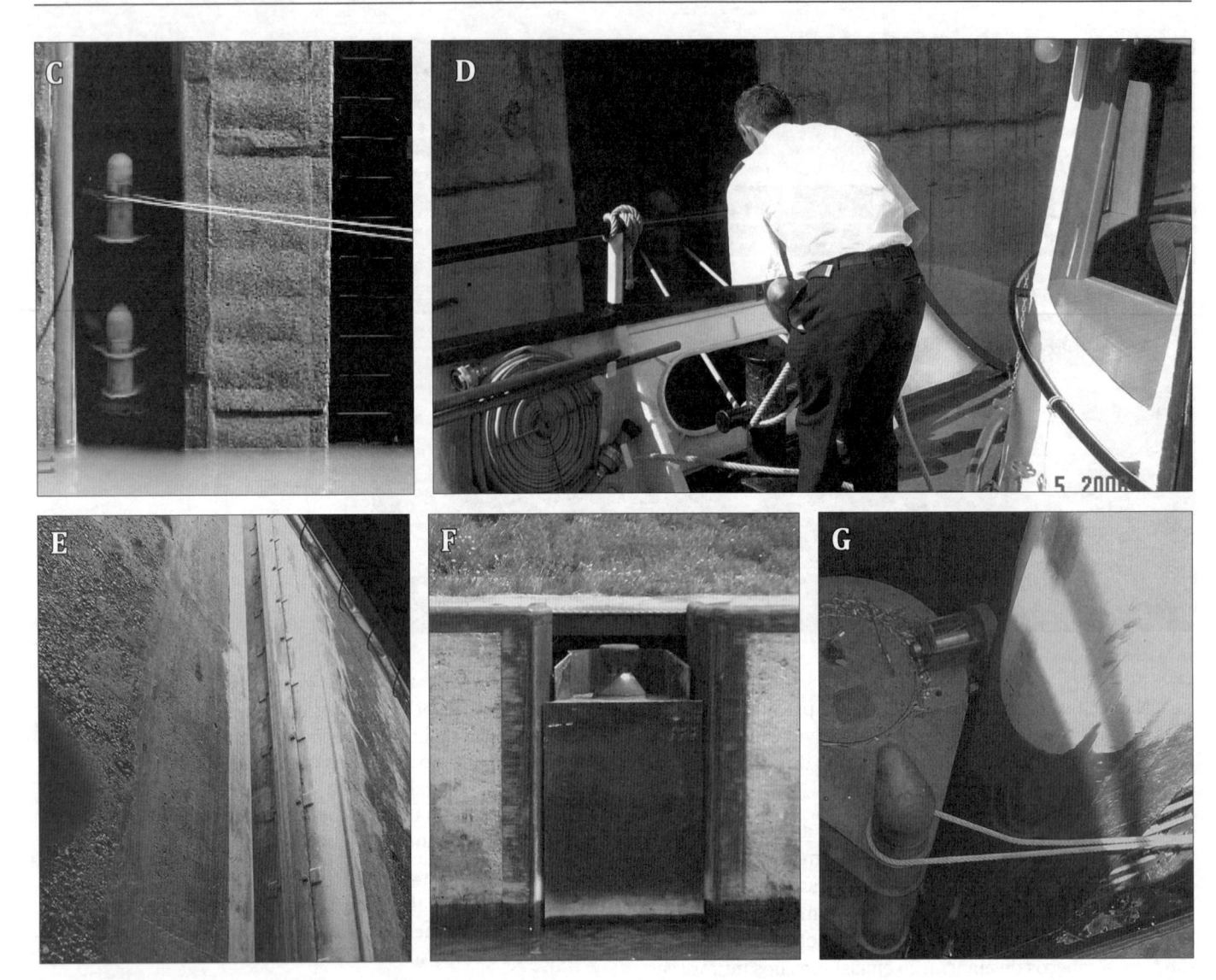

Figura 24.28
(C) e (D) Amarração na eclusa de Carrapatelo no Rio Douro (Portugal).
(E), (F) e (G) Detalhes do posicionamento de flutuante e cabeço do nível
inferior ao superior na eclusa do Danúbio em Viena (Áustria).

no sentido de movimentação e 0,3 m/s no sentido transversal, devendo-se evitar ao máximo as corrente oblíquas ao eixo de navegação. A influência de órgãos de barragem, como tomadas d'água, canais de fuga e vertedouros devem ser mitigados por meio de quebra-ondas e/ou guias-correntes, quando houver proximidade dos mesmos com os acessos da eclusa.

24.4 EQUIPAMENTOS DAS ECLUSAS DE NAVEGAÇÃO

24.4.1 Considerações gerais

O equipamento para funcionamento das eclusas é fundamentalmente composto de: portas (de montante e jusante), válvulas (de montante e jusante), painéis de vedação das portas e seus sistemas de movimentação e controle. Dos tempos de movimentação das portas, e válvulas dependerá, em grande parte, a capacidade de tráfego da eclusa.

Os equipamentos complementares são: cabeços de amarração (fixos ou móveis), escadas de acesso às embarcações, freios de embarcação, sinalização luminosa e acústica, iluminação geral, bombas para esgotamento total da câmara, elevadores de serviço para eclusas de alta queda, sistema de gerador de emergência.

24.4.2 Portas

A escolha do tipo de porta mais conveniente merece um cuidado especial, sobretudo nas grandes obras.

Como regra geral, as portas somente são movimentadas com níveis d'água igualados nas duas faces ou com carga mínima de alguns decímetros, o que garante grande simplificação no sistema de movimentação e na sua estrutura. A favor da segurança, recomenda-se que sejam projetadas para poder abrir com desnível de até 0,5 m.

Figura 24.29
(A) Amarração de comboio na Eclusa de Ibitinga no Rio Tietê (SP) com nível alto (São Paulo, Estado/DAEE/SPH/CTH).
(B) Amarração de comboio na Eclusa de Ibitinga no Rio Tietê (SP) com nível baixo (São Paulo, Estado/DAEE/SPH/CTH).

As características que distinguem os tipos de portas residem nos movimentos de rotação em torno de um eixo, sendo as mais utilizadas as de busco (também conhecidas como vincianas ou mitra) (ver Figuras 24.3, 24.12, 24.13, 24.24, 24.25 e 24.30), por vantagens estruturais e de vedação em portas para grandes e pequenas dimensões, e as planas, planas (guilhotinas ou vagão) de movimentação vertical (ver Figuras 24.7, 24.31 e 24.32).

As portas de busco são constituídas por um par de painéis que, ao girarem em torno de cada um de seus eixos verticais junto aos muros de ala, encontram-se no eixo central da câmara formando um ângulo com vértice voltado sempre para montante, apoiando-se no fundo em um batente (busco). Quando abertas, as portas ficam encaixadas nos muros de ala (Figura 24.30). A vedação é conseguida pela pressão hidrostática da água, lateralmente contra os muros, no fundo contra o busco e na junção uma contra a outra. A movimentação nas obras maiores é mecanizada por guinchos, ou mais usualmente por pistão hidráulico articulado na face interna da porta, ou por sistema mecânico de cremalheira-roda dentada motorizado por motor elétrico (ver Figura 24.25). Os principais inconvenientes desse tipo de porta são: exigir maior comprimento de muro de ala, risco de serem atingidas pelas embarcações quando abertas e não admitirem manutenção em serviço. Suas vantagens são a simplicidade (menor custo), sem partes móveis delicadas, peso que exige menor energia para serem movimentadas e manobras rápidas por sistemas simples de acionamento.

As portas planas de movimentação vertical podem ser levadiças ou baixadiças. No primeiro caso são movimentadas, em geral, por pórticos que devem ter grande altura para permitir a passagem da embarcação. No caso de portas de jusante de eclusas de alta queda, a movimentação pode ser feita contra a máscara, pois somente esse tipo de porta é bem adaptado ao uso da máscara fixa. No segundo caso, a porta desce contra o muro de queda, quando a eclusa é de queda relativamente grande. As comportas planas são geralmente movimentadas por cabos, sendo quase sempre possível dispor de sistemas de contrapeso, que reduzem a energia necessária para a movimentação, não tem partes delicadas constantemente submersas e nas levadiças sua manutenção pode ser feita fora d'água. Os maiores inconvenientes desse tipo de porta estão ligados à manutenção dos cabos, que são solicitados por grandes esforços e devem ter grandes comprimentos, alto peso comparativamente às portas de busco equivalentes, sistemas de manobra complicados, exigindo pórticos de manobra e no caso das levadiças deixam cair água sobre as embarcações.

A vedação deve permitir uma perda d'água admissível de até 2 L/s por metro de junta, com uma perda máxima total de 2 L/s multiplicado por um terço do perímetro de vedação. Juntas de borracha, ou neoprene, aderidas a madeira apoiada em chapas metálicas chumbadas no concreto são o sistema usual para estas vedações.

A combinação dos dois tipos de portas é comum, por permitir em caso de acidente, fechar com escoamento. Quando tem máscara, a porta levadiça situa-se a jusante; e sem máscara a porta baixadiça situa-se a montante.

24.4.3 Válvulas

Atualmente, são comportas segmento-invertidas ou planas verticais (tipo gaveta), havendo maior preferência pelas primeiras por sua facilidade de acionamento (menor atrito e vibrações), simplicidade, durabilidade e menor manutenção (ver Figura 24.23). As comportas segmento-invertidas, ou seja, com a articulação a montante da face vedante, fecham

Figura 24.30
(A) Portas de busco de jusante fechados na Eclusa 2 da Barragem de Tucuruí na Hidrovia do Rio Tocantins (PA).
(B) Portas em operação de abertura.
(C) Portas abertas embutidas nos muros de ala, muro-guia à esquerda e muro de guarda à direita.
(D) Portas de busco de montante da Eclusa 1, fechadas.
(E) Portas em operação de abertura na Eclusa 1.
(F) Portas abertas na Eclusa 1.

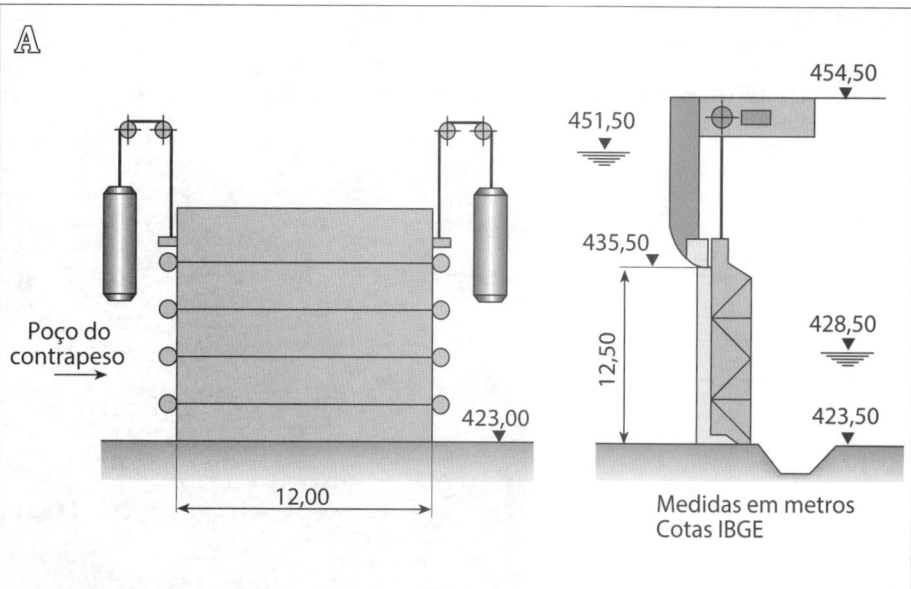

Poço do contrapeso

454,50

451,50

435,50

428,50

423,50

423,00

12,50

12,00

Medidas em metros
Cotas IBGE

Figura 24.31
(A) Porta levadiça de jusante da Eclusa de Barra Bonita na Hidrovia do Rio Tietê (SP).
(B) Porta guilhotina baixadiça de montante da Eclusa 2 da Barragem de Tucuruí (PA), na Hidrovia do Rio Tocantins, represando o canal de interligação, observando-se, em segundo plano, a tomada d'água.
(C) Porta guilhotina em operação de abertura.

Figura 24.31
(D) Porta guilhotina em operação de abertura.
(E) Porta guilhotina levadiça de jusante da Eclusa 1 aberta.

a extremidade de jusante do poço de comportas e, consequentemente, impedem a entrada de ar descontroladamente.

24.4.4 Equipamentos complementares de controle e segurança

Como equipamentos complementares para garantir a segurança da navegação e rendimento operacional, deve-se dispor de:

- Sinalização náutica adequada nos canais de acesso a partir de uma distância de dois comprimentos da embarcação tipo a partir da garagem de espera;

- Sinalização luminosa semafórica nas extremidades dos muros-guias e nas garagens de espera, para indicação das condições de liberação operacional;

- Sistemas de altofalantes e iluminação de serviço e náutica, permitindo avisos gerais e manobras noturnas;

- Radiofonia para comunicação entre a torre de controle das operações, que deve estar posicionada com ampla visão da obra de transposição, e as embarcações;

- Circuito interno de imagens captadas por câmara em locais notáveis da obra e centralizadas em monitores na torre de controle.

24.5 FUNCIONAMENTO HIDRÁULICO DAS ECLUSAS

24.5.1 Considerações gerais

A eclusagem de enchimento apresenta dificuldades significativamente maiores na comparação com a de esvaziamento: a energia residual, que não foi perdida ao longo dos aquedutos, deverá ser dissipada no interior da câmara, em uma condição na qual o colchão d'água ainda é baixo, e o desbalanceamento na distribuição das vazões ao longo da câmara tem mais

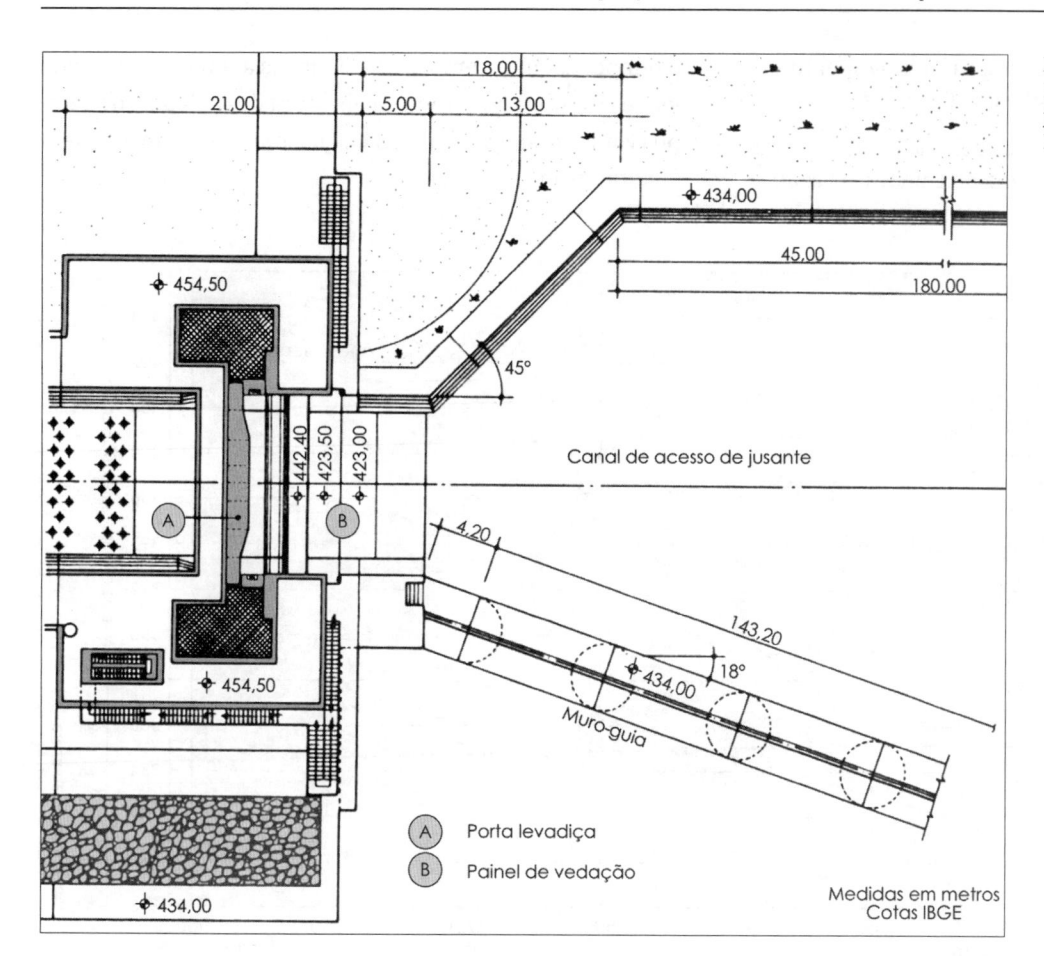

Figura 24.32
Planta de situação da porta levadiça de jusante da Eclusa de Barra Bonita na Hidrovia do Rio Tietê (SP).

repercussão do que no esvaziamento, pois, comparativamente, a aceleração do escoamento no esvaziamento ocorre de maneira muito mais ordenada. No esvaziamento há algumas condições que também merecem verificação, como a cavitação a jusante das válvulas e a dissipação de energia a jusante dos aquedutos (bacias de dissipação).

As condições de escoamento nas eclusas devem ser avaliadas visando minimizar as fontes que contribuem para a turbulência na câmara e na restituição, seguindo-se para tanto um roteiro do tipo:

- Condições do comportamento do escoamento na aproximação ao emboque da tomada d'água.

- Condições de escoamento nos aquedutos.

- Condições de distribuição das vazões nos aquedutos de alimentação.

- Manobras das válvulas.

- As condições de restituição no escoamento de saída dos aquedutos de esvaziamento.

24.5.2 Descrição do escoamento de enchimento

O início e as características do escoamento relacionam-se diretamente ao tipo de manobra com que se operam as válvulas de enchimento. A agitação e, eventualmente, as condições críticas no interior da câmara ocorrem nos estágios iniciais do enchimento, quando o nível d'água no interior da câmara é baixo, a alimentação por meio dos orifícios dos aquedutos está desbalanceada e a probabilidade de cavitação é alta. Após os primeiros estágios, o escoamento adquire de forma gradual uma condição que tende a uma distribuição uniforme de vazões, diminuindo eventualmente a agitação no interior da câmara. Entretanto, o fenômeno da cavitação ainda pode ocorrer, em decorrência da elevação das vazões em função das aberturas das válvulas, situação que se mantém até a ocorrência da vazão máxima. A partir desse instante, o desnível existente entre a câmara e o lago de montante é pequeno, verificando-se a redução das velocidades. O estágio final do enchimento apresenta, em função da inércia do sistema, um sobre-enchimento e um subsequente movimento de oscilação de massa entre a câmara e o lago, que será função, em um dado sistema, da velocidade de operação das válvulas, e tanto maior quanto mais rápida for a manobra.

Quando a posição da válvula aproxima-se da abertura total (acima de 80% de abertura), a velocidade nos aquedutos alcança o seu máximo. Alguns tempos de manobras das válvulas de eclusas da Hidrovia dos Rios Tietê-Paraná podem ser citados como exemplos: 180 s (Porto Primavera no Rio Paraná), 300 s (Nova Avanhandava e Três Irmãos no Rio Tietê) e 720 s (Ibitinga no Rio Tietê).

Ao final do processo de enchimento, o escoamento afasta-se significativamente da condição permanente, e caso não se atue nas comportas e válvulas, o efeito inercial permanece atuando na câmara, produzindo o fenômeno de sobre-enchimento, ao qual se adiciona um movimento de oscilação de massa de água no interior da eclusa.

As leis de enchimento de uma eclusa são as curvas que relacionam a variação do nível d'água na câmara, a vazão e o tempo. Estarão sempre relacionadas a uma determinada lei de manobra que traduz a abertura das válvulas no tempo (ver Figuras 24.33 e 24.34), quase sempre lineares para facilitar as manobras.

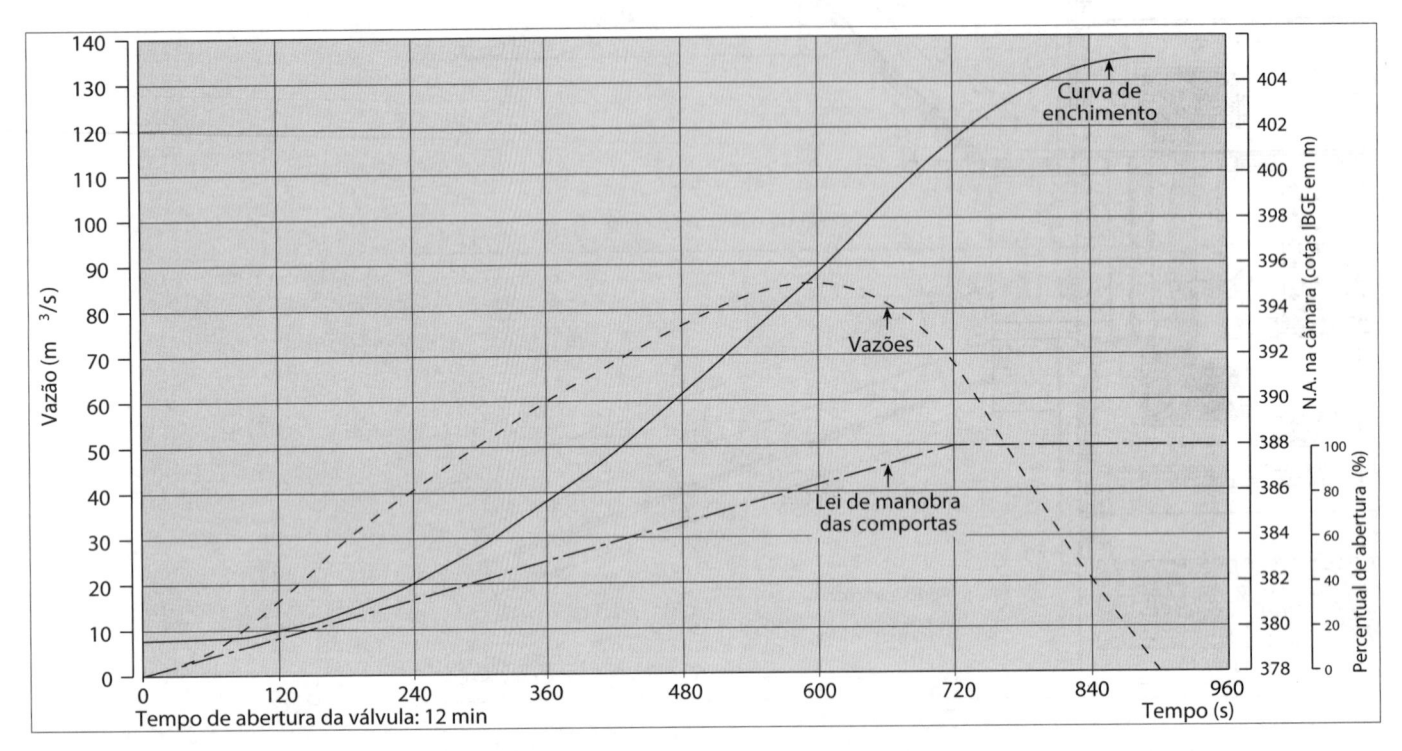

Figura 24.33
Lei de enchimento, levantada em modelo físico, da Eclusa de Ibitinga na Hidrovia do Rio Tietê (SP). (São Paulo, Estado/DAEE/SPH/CTH).

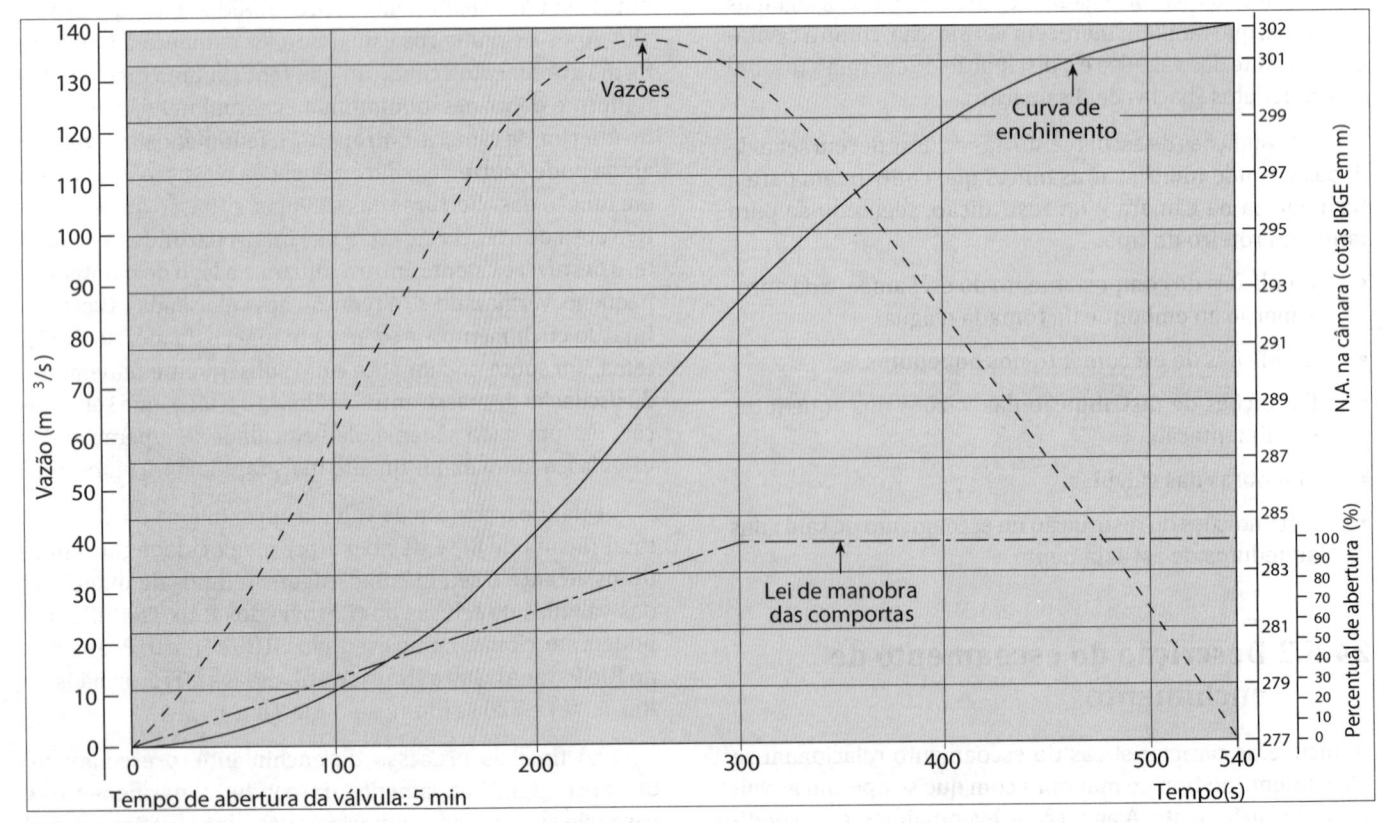

Figura 24.34
Lei de enchimento, levantada em modelo físico, da Eclusa de Três Irmãos na Hidrovia do Rio Tietê (SP). (São Paulo, Estado/DAEE/SPH/CTH).

24.5.3 Condições de aproximação ao emboque da tomada d'água

Deve-se avaliar a distribuição de velocidades defronte à tomada produzida pelos contornos adjacentes e a possível formação de vórtices.

Os cuidados a serem tomados nas condições de aproximação ao emboque da tomada d'água são:

- Impedir a formação de vórtices, uma vez que a admissão de ar associada pode acumular-se na forma de bolsões em alguns pontos dos aquedutos, os quais, ao estrangularem o escoamento nos aquedutos por atingirem grandes dimensões, são expulsos pelos orifícios de alimentação da câmara, em razão do aumento de pressão. Os bolsões de ar liberados expandem-se na câmara e entram em colapso violentamente na superfície da água, perturbando o enchimento e pondo em risco a segurança das embarcações pela geração de ondas.

- A distribuição não uniforme de velocidades junto ao emboque, além de propiciar a formação de vórtices, produz, principalmente em aquedutos curtos, a desigual distribuição de vazões pelos orifícios, produzindo ondas ao longo do eixo longitudinal.

Nas Figuras 24.35 a 24.37 estão apresentados alguns exemplos de projetos de tomadas d'água da Hidrovia do Rio Tietê (SP).

24.5.4 Condições de escoamento nos aquedutos das válvulas

Devem ser definidas após o estudo da tomada d'água, pois muitas deficiências do escoamento nos aquedutos são oriundas de comportamento não satisfatório da tomada. O local que merece mais atenção é a região do poço das comportas e painéis de vedação, em que se deve avaliar a uniformidade do escoamento, existência de descolamentos, velocidades altas em pontos localizados, pressões baixas a jusante das válvulas e sucção de ar. A sucção de ar em grandes quantidades e não controlada produz perturbações no interior da câmara prejudiciais às condições de amarração das embarcações, conforme já descrito. A admissão de ar em quantidades controladas emulsionadas pelo escoamento turbulento à água é favorável à operação de eclusagem por evitar a cavitação e amortecer a agitação na câmara.

24.5.5 Condições de distribuição das vazões nos aquedutos de alimentação

A função básica dos aquedutos é distribuir uniformemente as vazões, por meio de derivações ou de orifícios constituintes do sistema, ao longo da câmara da eclusa. A adequação dessa distribuição influi diretamente sobre o grau de agitação na câmara e, portanto, nos esforços atuantes nos cabos de amarração das embarcações eclusadas. A distribuição de vazão atua na câmara de forma diferenciada, dependendo do sistema projetado para o escoamento das vazões.

- Ondas longitudinais ao eixo:

  Um sistema como o da Eclusa de Nova Avanhandava na Hidrovia do Rio Tietê (ver Figuras 24.20 e 24.21), onde um único aqueduto longo de seção constante efetua a distribuição das vazões por meio de orifícios situados no fundo da câmara no pé dos muros de ala, apresenta uma característica com relação ao plano d'água da câmara completamente diferente da existente nos sistemas designados como hidrodinamicamente

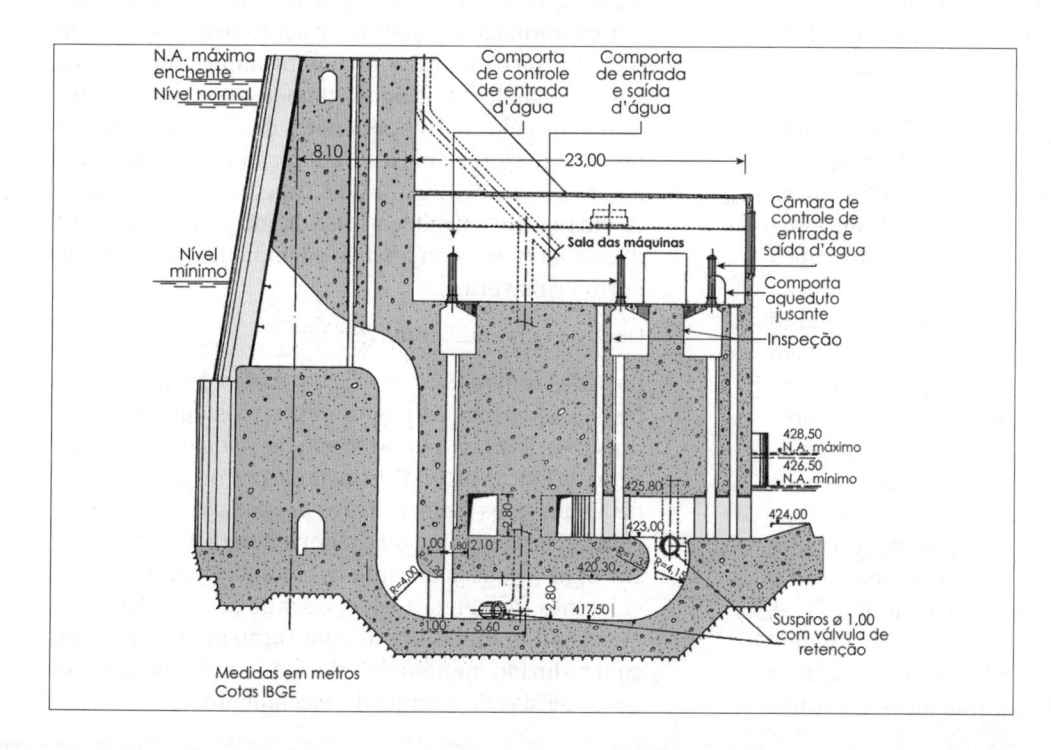

Figura 24.35
Elevação em seção longitudinal da tomada d'água da Eclusa de Barra Bonita na Hidrovia do Rio Tietê (SP).

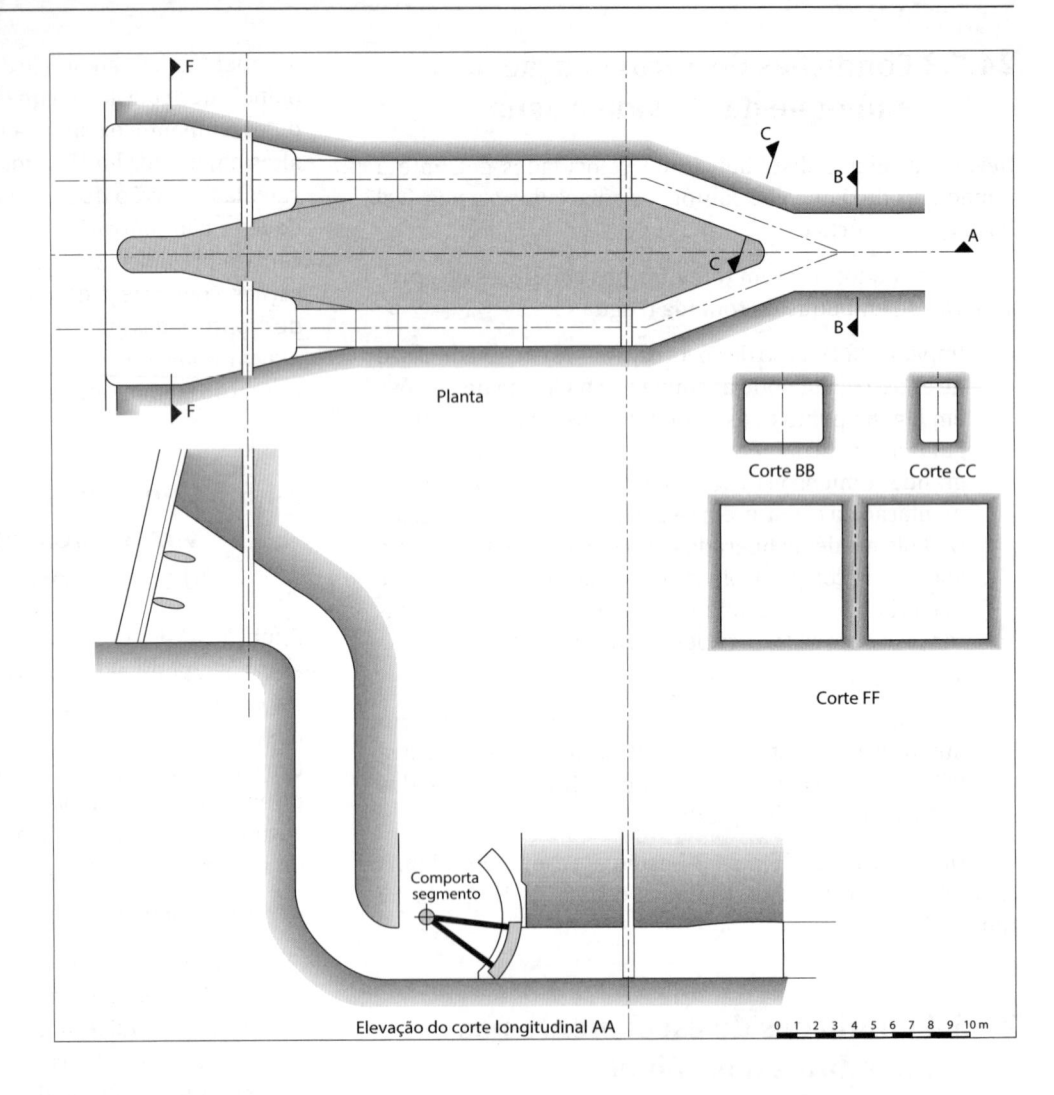

Planta

Corte BB   Corte CC

Corte FF

Comporta
segmento

Elevação do corte longitudinal AA   0 1 2 3 4 5 6 7 8 9 10 m

balanceados, em que os orifícios distribuem-se pela soleira de fundo da câmara, como é o caso da Eclusa de Três Irmãos na Hidrovia do Rio Tietê (ver Figura 24.22). A onda formada no interior da câmara da primeira eclusa assemelha-se a um seiche uninodal (ver Figura 24.38), enquanto na segunda ocorre um seiche polinodal (ver Figura 24.39). No primeiro caso, logo que as válvulas são abertas, as pressões são maiores nos primeiros orifícios, que descarregam desbalanceadamente antes que os de jusante, ocasionando, com as grandes acelerações da massa líquida e o desnível na linha d'água na câmara, esforços elevados nos cabos das embarcações nos estágios iniciais, mas a operação de abertura das válvulas faz com que o escoamento ocorra em todos os orifícios e a pressão disponível em cada saída é crescente para jusante e, portanto, também as vazões. Projetos desenvolvidos para maiores quedas inviabilizaram esses sistemas convencionais de enchimento, conduzindo ao projeto de uma série de aquedutos secundários, com comprimentos iguais e dispostos de modo a aduzir em pontos apropriadamente distribuídos escoamentos simultâneos, como nas eclusas de Três Irmãos na Hidrovia do Rio Tietê, Porto Primavera na Hidrovia do Rio Paraná, Sobradinho na Hidrovia do Rio São Francisco, Lajeado e Tucuruí na Hidrovia do Rio Tocantins. A medição de esforços nos

cabos de amarração nos modelos físicos das eclusas de Nova Avanhandava e Três Irmãos (ver Figuras 24.40 a 24.42) ilustra o que ocorre no interior da câmara: no segundo caso (seiche polinodal), como os aquedutos têm comprimentos significativamente menores, também o desbalanceamento é menos pronunciado, com os ângulos das linhas d'água compensados por aqueles formados pelos outros aquedutos da câmara, traduzindo-se em esforços baixos na direção longitudinal das embarcações. Na Figura 24.43 ilustra-se o resultado de um registro em modelo físico da sobrelevação do nível d'água na câmara ao final do enchimento da Eclusa de Porto Primavera.

• Ondas e correntes transversais:

As ondas transversais ao eixo da câmara decorrem também do desbalanceamento das vazões em função de uma distribuição não uniforme de velocidades, tendo características de onda estacionária. Por sua vez, a difusão dos jatos pelos orifícios produz correntes recirculatórias, de maior ou menor energia, cujos efeitos são mais intensos durante os instantes iniciais do enchimento (ver Figura 24.44), sendo as sobrelevações maiores nos aquedutos de concepção mais simples ou com reduzido número de orifícios, em virtude das menores perdas de energia do escoamento.

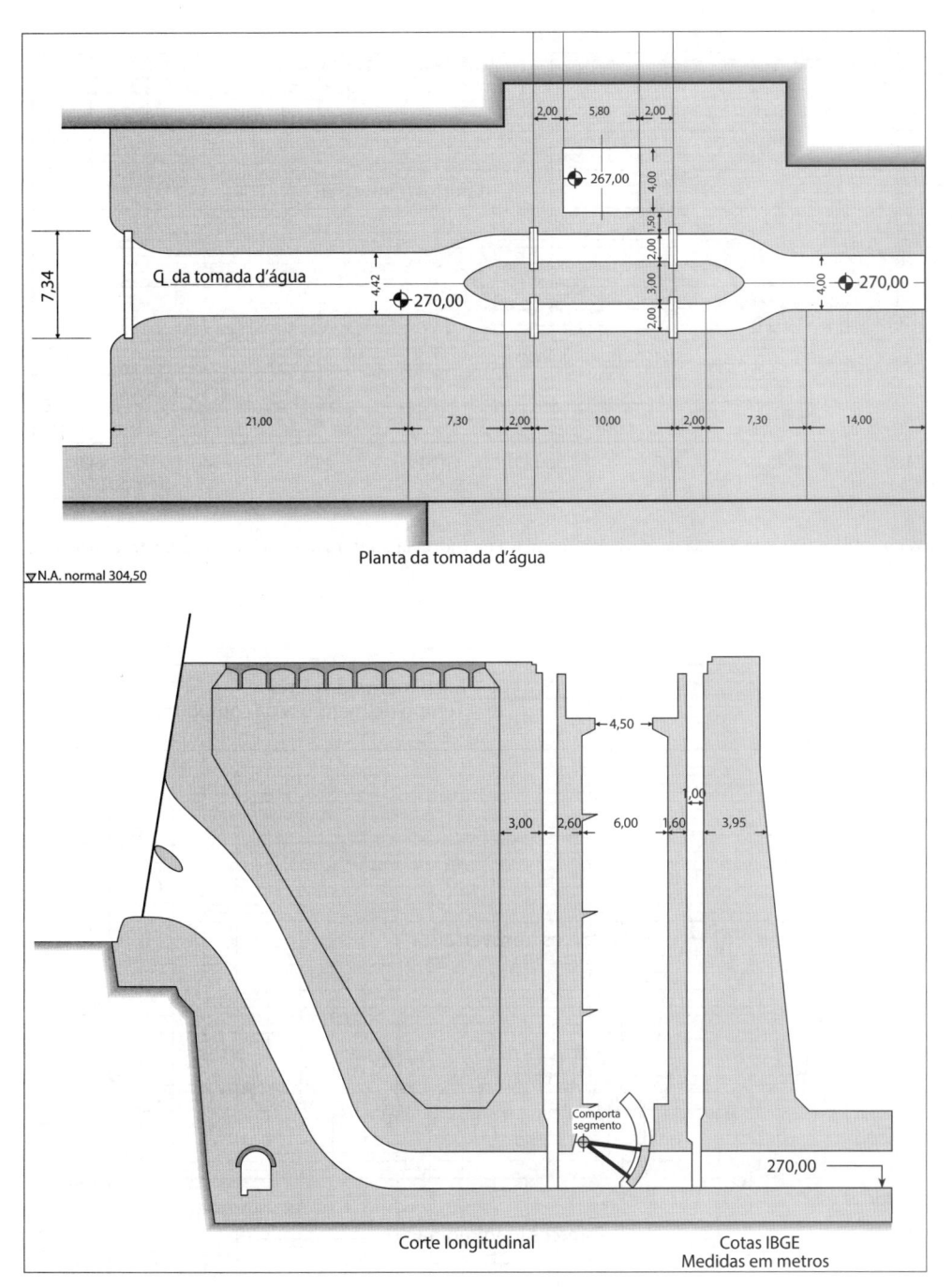

Figura 24.37
Planta e elevação longitudinal da tomada d'água da Eclusa de Três Irmãos na Hidrovia do Rio Tietê (SP).

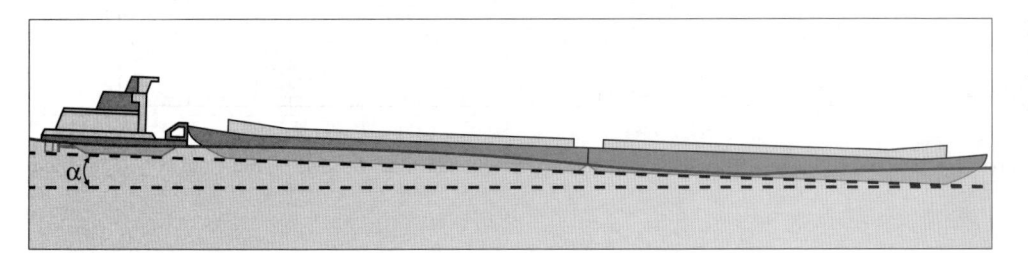

Figura 24.38
Ocorrência de uma onda estacionária uninodal e sua influência sobre o comboio.

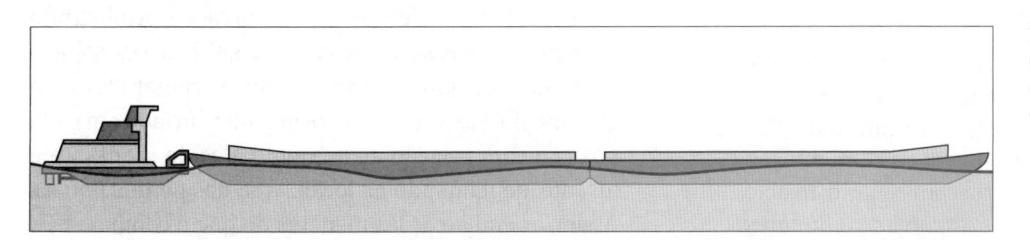

Figura 24.39
Onda estacionária polinodal; note-se que, neste caso, o comboio fica sujeito a esforços menores do que no anterior.

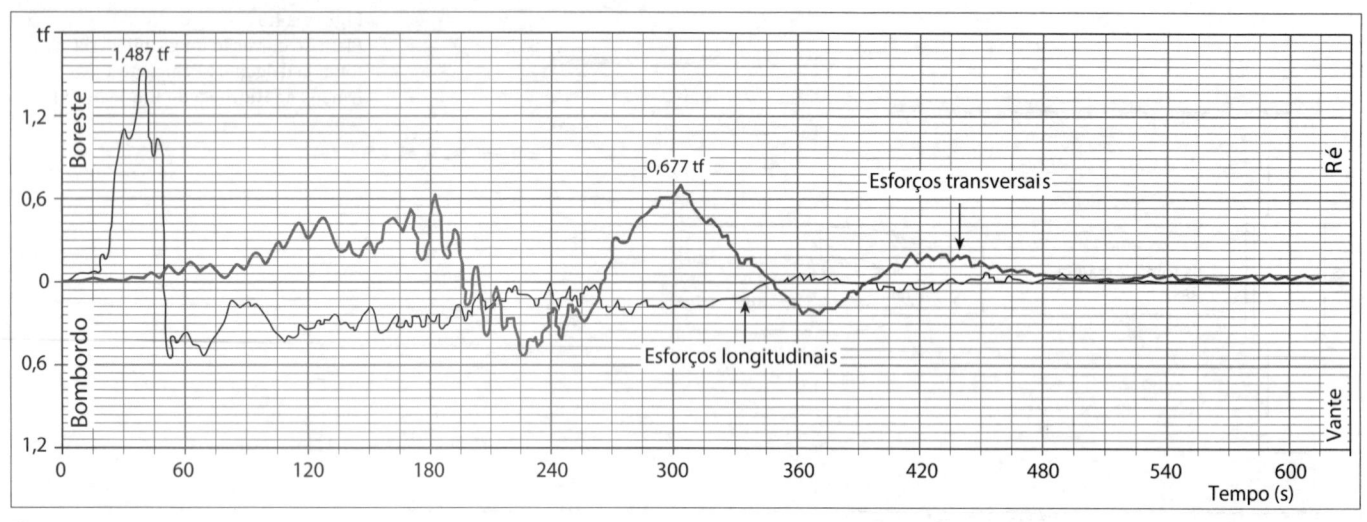

Figura 24.40
Registro de um ensaio de medição de esforços no modelo físico da Eclusa de Nova Avanhandava na Hidrovia do Rio Tietê (SP). (São Paulo, Estado/DAEE/SPH/CTH).

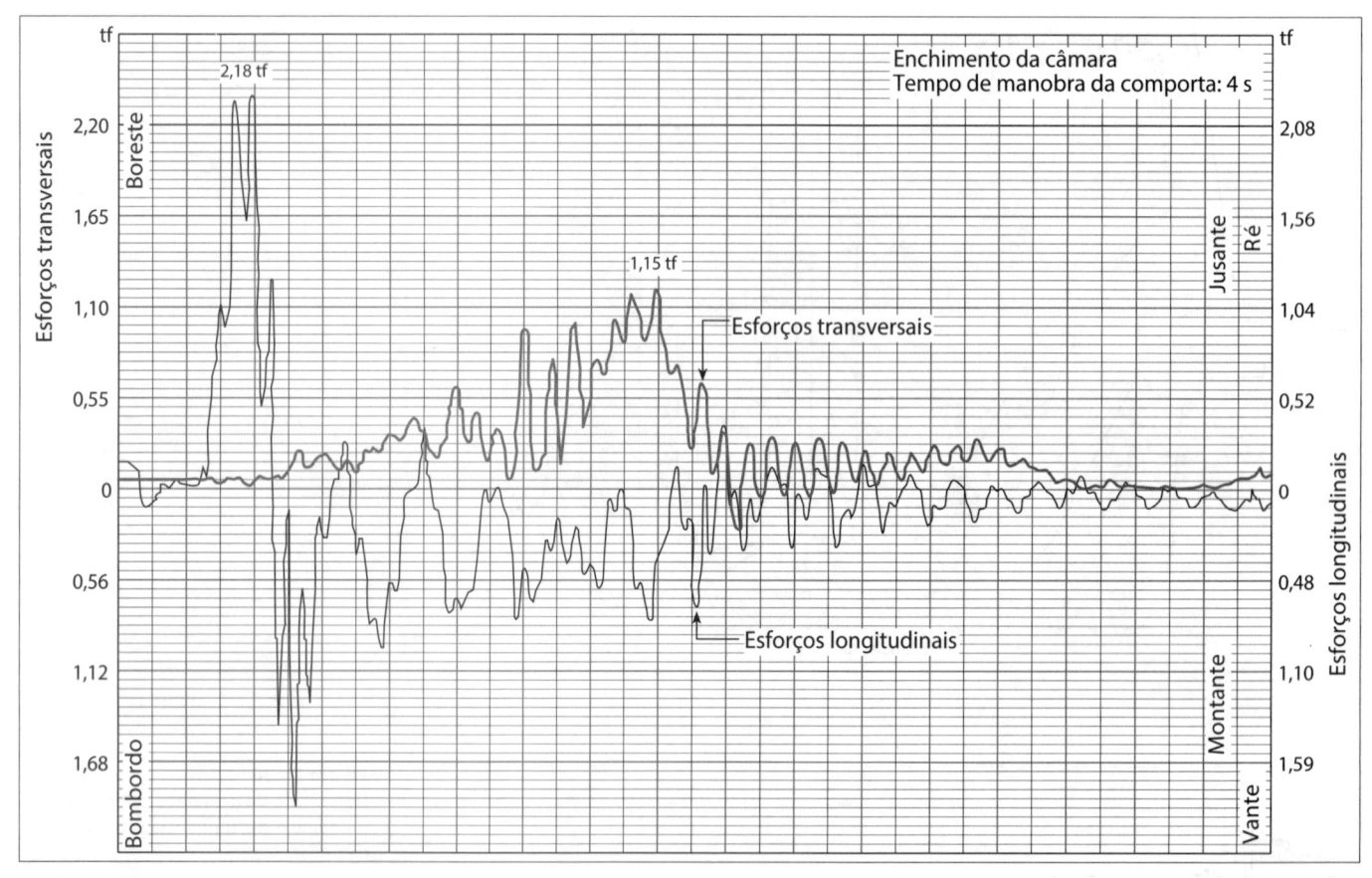

Figura 24.41
Registro de um ensaio de medição de esforços em comboio no modelo físico da Eclusa de Nova Avanhandava na Hidrovia do Rio Tietê (SP). (São Paulo, Estado/DAEE/SPH/CTH).

- Interação entre ondas e embarcações:

   Posições relativas assimétricas ao eixo longitudinal e às extremidades de montante e jusante que uma embarcação pode ocupar no interior da câmara induzirão interações diferentes, mesmo com alimentação hidráulica simétrica. A assimetria com relação ao eixo longitudinal faz com que jatos simétricos efluentes atuem de forma diferente na embarcação, produzindo esforços transversais (ver Figura 24.45). Já a existência de ondas estacionárias no interior da câmara faz com que os esforços variem de forma diferenciada em cada posição com relação às extremidades de montante e jusante, dependendo da localização dos pontos nodais. Assim, as embarcações menores do que o comboio tipo

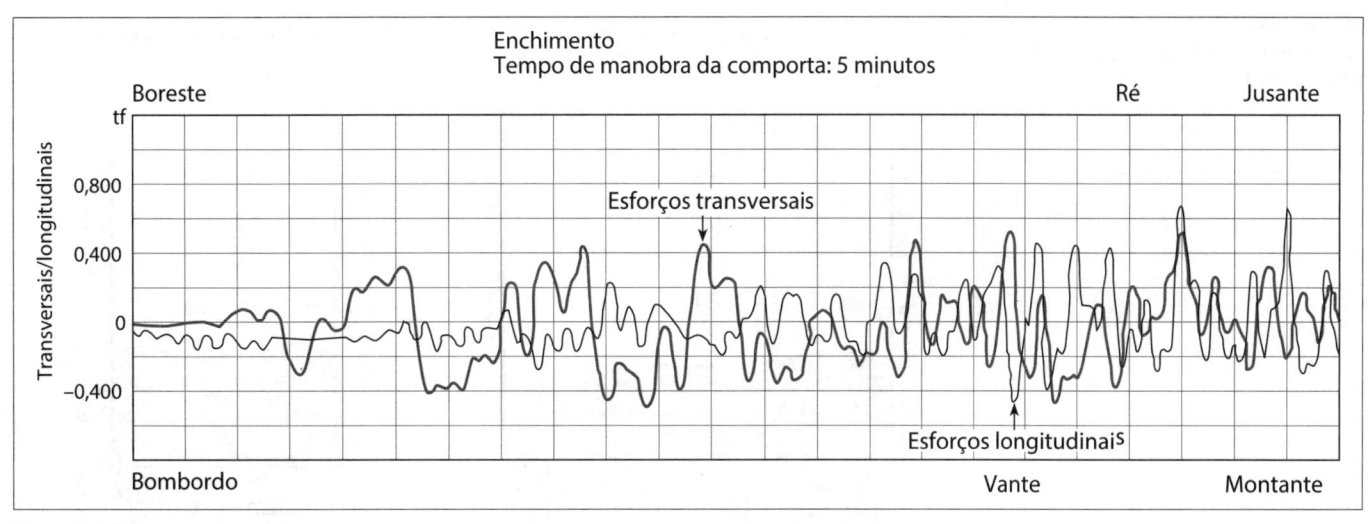

Figura 24.42
Registro de um ensaio de medição de esforços em comboio no modelo físico da Eclusa de Três Irmãos na Hidrovia do Rio Tietê (SP). (São Paulo, Estado/DAEE/SPH/CTH).

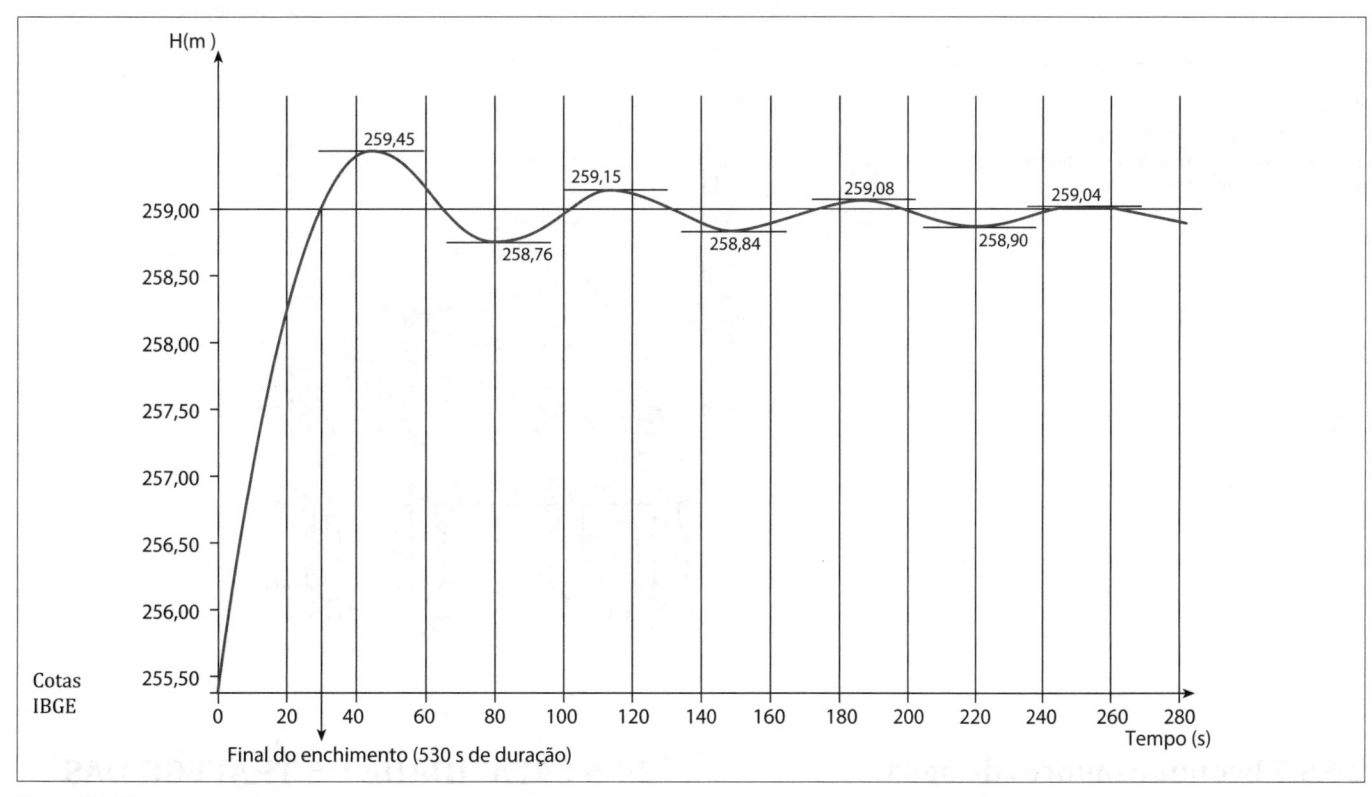

Figura 24.43
Registro em modelo físico de sobrelevação do nível d'água na câmara ao final do enchimento. Eclusa Porto Primavera na Hidrovia do Rio Paraná (SP/MS). (São Paulo, Estado/DAEE/SPH/CTH).

poderão ressentir-se, por suas características de ocupação assimétrica da câmara, de esforços maiores, mesmo possuindo menor deslocamento.

24.5.6 Manobras das válvulas

A turbulência no interior da câmara será essencialmente determinada pela velocidade de enchimento ou esvaziamento, já que os problemas hidráulicos intensificam-se nos aquedutos com o aumento das velocidades do escoamento, as quais são condicionadas à velocidade de manobra das válvulas. Assim, as manobras de abertura não podem estar somente condicionadas às características do escoamento a jusante das válvulas (basicamente, evitar a cavitação), também deverão ser considerados os esforços produzidos sobre o sistema de amarração das embarcações. Manobras não lineares costumam satisfazer às condições de compromisso da questão.

Figura 24.44
Elevações de sobrelevações provocadas
pela ação do jato.

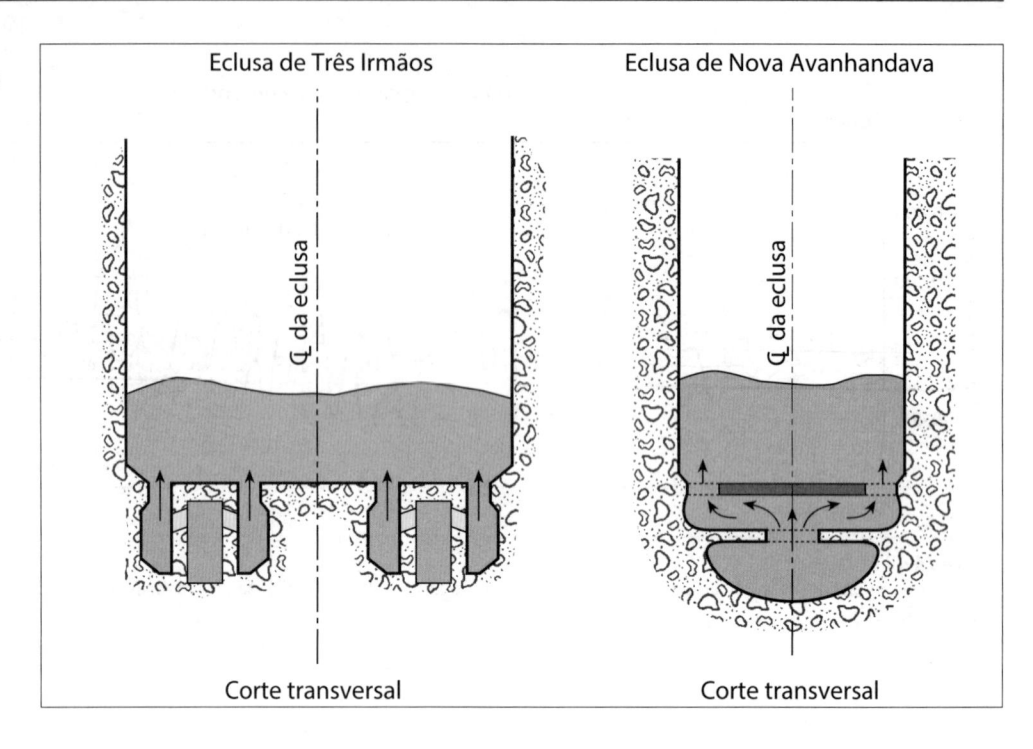

Figura 24.44
Elevações de sobrelevações provocadas
pela ação do jato.

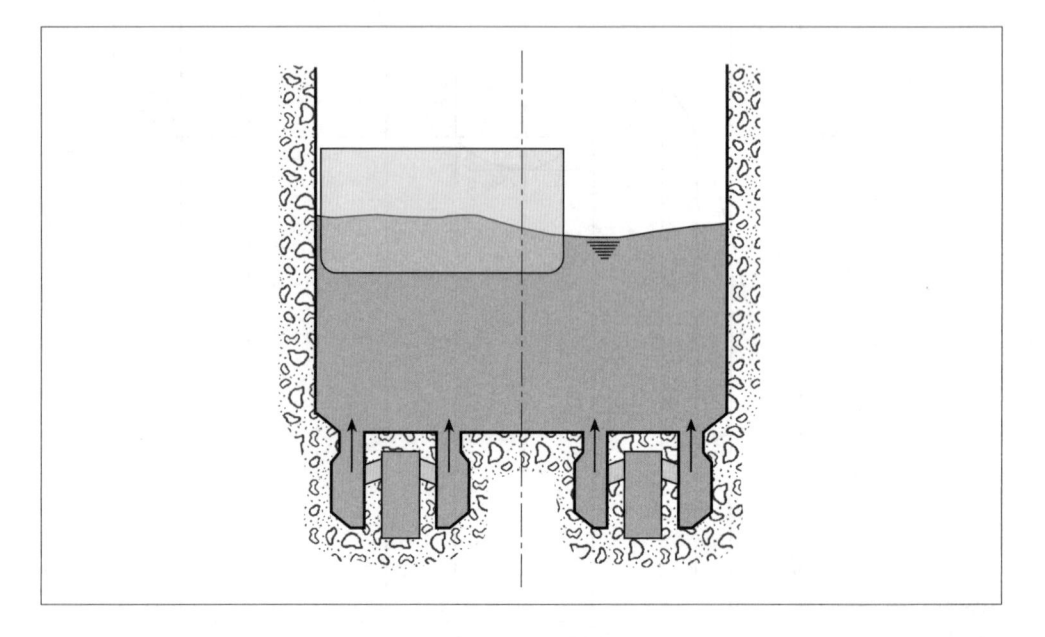

Figura 24.45
Elevação transversal de posição
assimétrica da embarcação em relação
ao eixo da câmara.

24.5.7 Economizadores de água

Soluções para reduzir o consumo de água nas eclusas podem ser a retenção de um certo volume d'água acima do nível de jusante na operação de esgotamento, em bacias de recuperação e nas eclusas geminadas e os que reduzem volume útil da câmara, com portas intermediárias e eclusas paralelas com câmaras de dimensão diferente, que permitam a passagem de embarcações menores sem gastar o volume d'água total da câmara. No primeiro caso, a retenção rende mais complexos os circuitos hidráulicos e encarecem, consequentemente, as obras e a operação, permitindo economizar teoricamente no máximo 5/7 do volume total da câmara. No segundo caso, pressupõe-se um número muito elevado de embarcações menores do que as embarcações tipo.

24.6 CAPACIDADE DE TRÁFEGO DAS ECLUSAS

24.6.1 Considerações gerais

A capacidade de tráfego das hidrovias é definida pela tonelagem máxima anual que pode transitar por ela em condições operacionais normais. Nos canais de navegação não eclusados, qualquer obra que limite a velocidade ou restrinja a passagem das embarcações reduz a capacidade de tráfego: restrições de cruzamento, navegação somente diurna, pontes com vãos restritivos, fortes correntezas etc. Nos rios canalizados, a capacidade de tráfego está normalmente limitada pelas obras de transposição de desnível. Assim, nas vias eclusadas a capacidade de tráfego é imposta pela obra mais lenta, ou seja, a que obriga a um maior tempo de transposição (intervalo em que a obra deve atender a um comboio ou embarcação), o que evidencia o interesse de projetar todas as obras de transposição da mesma via otimizadas com igual capacidade de tráfego.

A capacidade de tráfego é um importante parâmetro econômico utilizado para exame da viabilidade das novas vias navegáveis e para a justificativa de reformas e ampliações das vias existentes.

24.6.2 Estimativa da capacidade de tráfego das eclusas

Para a o estudo de viabilidade de novas hidrovias, pode-se seguir o método simplificado apresentado a seguir.

Define-se capacidade máxima de tráfego – CMT a quantidade máxima de carga que poderia ser movimentada por ano ao longo da via, nas condições ideais de fluxo contínuo nos dois sentidos com as embarcações-tipo trafegando totalmente carregadas, sendo um parâmetro fundamentalmente dependente das características da obra de transposição. A capacidade efetiva de tráfego – CET é definida como aquela que pode realmente ser atingida em um regime operacional normal de uma utilização econômica da hidrovia.

O quociente entre CET e CMT depende das condições locais de operação e exploração da via fluvial, sendo denominado coeficiente de utilização.

A CMT é fornecida pela equação:

$$CMT = 24 \times 60 \times 365\, W/T$$

sendo $T = \bar{T}_t$ o tempo médio de transposição em minutos e W a capacidade de carga de cada embarcação. O tempo T é a média dos tempos de transposição, pois em cada sentido de tráfego estes tempos são diferentes, além disso são diferentes quando de passagens sucessivas ou alternadas, as primeiras adotadas no caso de desmembramento de comboios. Quando de passagens sucessivas, as mesmas devem ser limitadas a um máximo de três, para não prejudicar o tráfego no sentido oposto.

O tempo T_t, de transposição total entre o fim do cruzamento com a embarcação que sai e o fim do cruzamento com a embarcação que vai entrar na câmara, varia de 18 a 40 minutos, de 30 a 40 minutos nas eclusas de alta queda.

Na determinação da CET, os fatores considerados são:

- tempo real de operação;
- tempo de transposição das diferentes embarcações que frequentam a obra;
- número de embarcações efetivamente empregadas em cada operação;
- tonelagem de carga efetivamente transportada por cada embarcação.

Fundamentando-se nas estatísticas de tráfego de obras existentes em hidrovias com padronização acentuada das embarcações, a CET é cerca de 0,34 (obras norte-americanas) e 0,17 (obras europeias) da CMT. Para o cálculo preciso, devem ser subdivididos quatro fatores de eficácia, que multiplicados fornecem o coeficiente de eficácia global da obra, a saber:

- Tempo real de operação da obra. É dependente do número de dias úteis de funcionamento e do número de horas de funcionamento por dia; interrupções para manutenção, acidentes ou erros de operação, enchentes ou estiagens, condições meteorológicas desfavoráveis, ou devidas a irregularidades do fluxo de embarcações. Nas eclusas norte-americanas esse coeficiente é da ordem de 0,90 e nas europeias 0,34.

- Tempo de transposição. É dependente dos tipos de embarcações, perdas de tempo nas manobras operacionais e por influência do funcionamento de outros órgãos da barragem e do desnível no momento da transposição. Nas eclusas norte-americanas esse coeficiente é da ordem de 0,90 e nas europeias de 0,85.

- Aproveitamento da área da câmara, pela diversidade de tipos de embarcações e descontinuidade do fluxo das embarcações. Nas obras norte-americanas, esse coeficiente é de 0,75 e nas europeias de 0,25.

- Capacidade de carga das embarcações pela diversidade da capacidade, utilização parcial ou em lastro e restrições devidas à lâmina d'água limitada da via. Nas eclusas norte-americanas esse coeficiente é de 0,57 e nas europeias de 0,71.

24.6.3 Fatores a considerar no tempo de transposição total

O tempo de transposição total de uma eclusa (T_t) é o tempo em que a eclusa fica à disposição de um carregamento. É composto do tempo de operação (T_o) e do tempo de liberação (t_l). Assim:

$$T_t = T_o + t_l$$

O tempo de operação é o que decorre entre a embarcação encostar no muro-guia, alinhando-se, e a sua saída completa da câmara. Assim, é composto de:

t_e tempo de entrada na câmara (em média, a 1 nó);

t_f tempo de fechamento de porta (em média, de 1,5 a 3,5 min), abrangendo, simultaneamente, a arrumação das embarcações e a amarração;

t_v tempo de variação do nível d'água na câmara, enchimento ou esvaziamento, decorrendo entre a completa igualdade dos níveis da câmara com os canais externos (em média, com velocidade de 1 m/30 s, não se ultrapassando 3,5 m/min);

t_a tempo de abertura de porta (em média, de 1,5 a 3,5 min);

t_s tempo de saída da câmara (em média, a 1,5 nó), até a passagem da popa da última embarcação pela porta.

Os tempos de movimentação da porta de jusante são 50% maiores do que os da porta de montante, por suas maiores dimensões.

O tempo de liberação da eclusa para uma nova embarcação corresponde ao tempo de manobra para o posicionamento junto ao muro-guia de outra embarcação que estaria aguardando na garagem de espera.

Também chamado de tempo de acesso à câmara, do fim do cruzamento da embarcação que sai com a embarcação que entra, até o instante em que a porta fica liberada para ser operada, corresponde a $t_\ell + t_e$.

O tempo de abertura das válvulas (t_{ab}) é cerca de 1/3 a 1/4 t_v. Como exemplo, nas eclusas de Barra Bonita e Bariri na Hidrovia do Rio Tietê, a velocidade de variação do nível d'água é de 2 m/min em média para vencer desníveis em torno aos 22 m, correspondendo a $t_v = 11$ min e t_{ab} em torno dos 3 min. Consideram-se como admissíveis tempos de enchimento e esvaziamento de 10 a 12 minutos, independentemente do desnível.

No âmbito do conceito de tempo de ciclo, operação de enchimento e esvaziamento sucessivos, o ciclo temporal (C_i) de uma eclusa é dado por:

$$C_i = T_{oench} + T_{oesvaz} + T_{lmontante} + T_{ljusante}$$

É o tempo em que a eclusa fica à disposição de comboios sucessivos em sentidos opostos.

Na Figura 24.46 está mostrada uma sequência de uma saída de embarcação automotora para jusante, entrada de outra rumo a montante, saída desta a montante e entrada de uma terceira a montante na Eclusa de Fontinettes (Gabarito Va ECMT), no Canal de Neufossé (França), que conecta o Rio Aa em Arques ao Canal d'Aire em Aire-sur-la-Lys. É um segmento do Canal Dunkerque-Scheldt (Canal de Grande Gabarito Vb ECMT). As dimensões da câmara são de 144,60 m de comprimento, que podem ser subdivididos em dois compartimentos (um de 45 m e outro de 91,60 m), 12 m de largura, 13,13 m de queda, consumo d'água 25.000 m³ por eclusagem, duração média de 30 minutos para uma eclusagem de um comboio de 3.000 t.

24.6.4 Estimativa do esforço em um cabo de amarração

O máximo esforço em um cabo de amarração em uma eclusagem, levando em conta a inclinação da linha d'água por ondas, correntes de enchimento e angulação da amarração, pode ser estimado em:

$$F = 1{,}75 \frac{W_t}{g(Fe - Fb)} \frac{dQ}{dt}$$

sendo:

W_t :   deslocamento total do comboio

F_e :   área transversal molhada da eclusa

F_b :   área transversal da seção-mestra da embarcação

$\frac{dQ}{dt}$:   taxa de variação da vazão no tempo

Figura 24.46
Eclusa de Fontinettes (Gabarito Va ECMT), no Canal de Neufossé (França). (A) Embarcação iniciando procedimento de saída da eclusa pela porta plana levadiça de jusante e espera na garagem de barcos da embarcação que deve seguir para montante.

Figura 24.46
Eclusa de Fontinettes (Gabarito Va ECMT), no Canal de Neufossé (França).
(B) Embarcação saindo da câmara da eclusa e espera na garagem de barcos da embarcação que deve seguir para montante.
(C) e (D) Aproximação e cruzamento das embarcações, estando a segunda embarcação já navegando, saindo da garagem de barcos rumo à câmara da eclusa.

Figura 24.46
Eclusa de Fontinettes (Gabarito Va ECMT), no Canal de Neufossé (França).
(E) A primeira embarcação retoma velocidade no canal a jusante da garagem de barcos, enquanto a segunda embarcação entra na eclusa.
(F) e (G) A segunda embarcação posicionada na câmara, segue-se o fechamento da porta de jusante.

Figura 24.46
Eclusa de Fontinettes (Gabarito Va ECMT), no Canal de Neufossé (França).
(H) Fechamento da porta de jusante.
(I) Entrada de montante da eclusa, após a saída da segunda embarcação entra uma terceira.
(J) Portas de busco de montante fechadas.

Assim, esse esforço é função da taxa de enchimento ou esvaziamento da câmara da eclusa, ligando a segurança da eclusagem com a eficiência econômica do sistema.

24.6.5 Pré-dimensionamento de frota em uma hidrovia

Considerando uma hidrovia que una dois terminais hidroviários, um de importação (I) e um de exportação (E), distantes entre eles de d, sabendo-se que anualmente deve ser transportada uma tonelagem t, é possível pré-dimensionar uma frota de embarcações que atenda a essa produção. Tendo-se a definição da tonelagem de porte bruto (W) da embarcação tipo e de suas velocidades de cruzeiro carregada (v_c) e em lastro (v_l), bem como das taxas de carregamento (τ_E) e descarga (τ_I) nos terminais (já considerando tempos de manobras de atracação/desatracação), é possível estimar o número de embarcações necessárias para atender à operação contínua em um ano. Esse cálculo pode ser efetuado no caso de via livre, mas também com eclusas, cuja caracterização é dada pelo tempo de transposição total (T_{ti}) das i eclusas da hidrovia. Assim, resulta o tempo de ciclo t_C (em horas) para um comboio:

$$t_C = \frac{d}{v_c} + \frac{d}{v_l} + 2\sum_1^i T_{ti} + \frac{W}{\tau_E} + \frac{W}{\tau_I}$$

Então, a capacidade de tráfego (CT) para um comboio operando as h horas do ano resulta:

$$CT = (W/t_C) \times h$$

e o número de embarcações (n) é de:

$$n = \frac{t}{CT}$$

Na prática, é necessário dispor de um número maior de embarcações, levando em conta necessidades de manutenção e outras contingências.

Esse cálculo simplificado permite verificar pontos singulares críticos no transporte, que controlam a capacidade de tráfego da hidrovia, como filas nos terminais hidroviários, ou nas eclusas, o que permite otimizar a operação hidroviária.

24.7 O CANAL DO PANAMÁ

Por sua importância, apresenta-se uma descrição sobre a grande obra do Canal de Partilha Interoceânico do Panamá. Três características naturais convergiram para que o Istmo do Panamá fosse o local propício: um istmo estreito, um rio caudaloso (Rio Chagres) e um regime de chuvas abundante. São 82 km de canal balizado com um jogo de eclusas do lado do Golfo do Panamá e um jogo do lado do Mar do Caribe. Tais eclusas levam os navios para a cota 26 m acima do nível do mar, no grande Lago Gatún, formado pelo barramento do Rio Chagres, e reserva de água para as eclusagens (cada uma consome 100.000 metros cúbicos de água doce). Outro desafio foi o Corte Culebra (divisor de águas), onde foram escavados 213 milhões de metros cúbicos de terra e rocha. Em 15 de agosto de 1914, o canal foi inaugurado com capacidade de operação para navios de 294,1 m x 32,31 m x 12,04 m em câmaras de 304,8 m x 33,5 m x 12,8 m. Em 26 de junho de 2016, foi inaugurado o Terceiro Jogo de Eclusas para atender aos navios Neo Panamax, que devem ter 366 m x 49 m x 15,0 m, com câmaras de 427 m x 55 m x 18,3 m, dispondo de bacias associadas economizadoras de água para reúso de até 60% do volume de água de uma eclusagem (197.000 metros cúbicos). O arquivo com mais informações e fotografias do canal pode ser encontrado na página do livro *Engenharia portuária* no site da editora Blucher: www.blucher.com.br.

OBRAS DE ARTE E EQUIPAMENTOS ESPECIAIS DA INFRAESTRUTURA ASSOCIADA À NAVEGAÇÃO HIDROVIÁRIA INTERIOR

*Ascensores n. 3 situado em Bracquegnies (queda de 16,933 m) e n. 4 situado em Thieu (queda de 16,933 m)
e ponte giratória entre os dois ascensores do Canal du Centre (Bélgica). Construídos entre 1885 e 1917.
Plano inclinado com carrinho puxado por cabos passando por roldanas e tracionado por guinchos,
para transporte a seco de embarcação no Canal Elblag (Kanal Elblaski), na Polônia.*

25.1 CONSIDERAÇÕES INICIAIS

Neste capítulo, busca-se reunir as obras de arte e os equipamentos especiais associadas à navegação hidroviária interior, à exceção das eclusas, que já foram tratadas no capítulo anterior. Tratam-se de obras não convencionais e que não necessariamente existem em todas as hidrovias. Assim, foram agrupadas em:

- Elevadores mecânicos, em que a embarcação é posicionada no interior de uma cuba estanque com água, que pode ser encarada como uma eclusa móvel. Eles podem ser subdivididos em:

  - Ascensores (movimentação vertical), em que a transposição é efetuada empregando os sistemas:

    i) funicular;

    ii) de pistão ou êmbolo;

    iii) com grandes flutuantes.

  - Em rampa ou plano inclinado (movimentação inclinada), nos quais podem ser empregados os sistemas:

    i) funicular longitudinal;

    ii) funicular transversal;

    iii) em cremalheira.

  - Na movimentação funicular, as cubas são suspensas por cabos e equilibradas por contrapesos.

  - Em movimentação circular, com as cubas posicionadas como em uma roda gigante.

- Rampa de água, que substitui a eclusa móvel de uma cuba por uma cunha de água em que a embarcação flutua, à medida que veículos nas laterais da rampa movimentam uma máscara (antepara) que é responsável pela retenção da cunha de água.

- Pontes canais ou aquedutos, que efetuam a travessia sobre rodovias, ferrovias, ou mesmo outras hidrovias ou cursos d'água, empregadas em canais de partilha que interligam, através do divisor de águas, duas bacias hidrográficas vizinhas.

  - Diferentes tipos de vãos móveis de pontes de travessia da hidrovia quando o tirante aéreo da ponte não é suficiente para o calado aéreo das embarcações. Existem diferentes princípios para estas pontes:

    i) levadiças;

    ii) basculantes;

    iii) giratórias.

- Comportas de segurança (ou de guarda), que são instalações de bloqueio total de um canal de partilha antes do ápice culminante de um canal de partilha, para evitar a propagação de uma onda transiente que possa ser gerada por algum tipo de acidente que possa provocar perda d'água no trecho de transposição da cumeada do canal de partilha.

- Anteparas de barragens móveis. A possibilidade de dispor de passos navegáveis em barragens móveis nas quais a preocupação principal não é a geração de energia hidrelétrica, leva ao emprego de estruturas de retenção com diferentes concepções, que são associadas a eclusas de navegação, como no caso das eclusas da hidrovia do Rio Grande do Sul. Desse modo, pode-se regular a vazão nos períodos de estiagem sem interromper a navegação, pois ocorrerá pela eclusa, e abater (ou içar) completamente as comportas nas cheias, em que muitos detritos e sedimentos devem ser descarregados para jusante. É exatamente nos períodos de cheias que se emprega o princípio dos passos navegáveis, mesmo que a duração dessa operação não seja longa, uma vez que a economia estimada com relação à travessia eclusada, ou de uma derivação, é de cerca de trinta minutos.

- Subterrâneos de navegação, ou túneis hidroviários, empregados normalmente para encurtar distâncias em canais de partilha.

- Estações de bombeamento para fornecimento de um mínimo de água nos canais de partilha e cubas, bem como de quantidades maiores no caso de eclusas que precisem contar com este reforço.

25.2 ELEVADORES DE EMBARCAÇÕES

25.2.1 Generalidades

Até a década de 1960, os elevadores, embora com princípios de soluções diferenciadas, apresentavam grande semelhança. De fato, em todos os sistemas, as embarcações adentravam em uma cuba estanque, a qual era transportada com a finalidade de conectar duas vias navegáveis terminadas em trechos afunilados. Tratam-se de soluções de custo elevado, mas que, dependendo do contexto da hidrovia, podem competir técnica, econômica e ambientalmente com o sistema de transposição mais corrente, que é o das eclusas ou escadas de eclusas. De fato, as eclusas apresentam claramente uma limitação de viabilização em termos de altura individual (em torno de 35 m a 40 m de queda), as escadas de eclusas apresentam um sério inconveniente da perda de tempo e da perda de água, pois os sistemas de bacias economizadores de água são de construção onerosa e somente mitigam o problema. Nas épocas de estiagem e nos pontos altos das bacias hidrográficas, onde a água é mais escassa, essa economia ainda é importante.

25.2.2 Ascensores com êmbolos

É um tipo de ascensor que já não é mais empregado, no entanto merece ser mencionado por ter sido o pioneiro dentre os elevadores de embarcações de maior porte. Este sistema pode ser muito bem exemplificado pelos ascensores da hidrovia do Canal Du Centre (Bélgica), em Hainaut (Wallonie), ainda hoje em operação para finalidades turísticas, mas que operaram comercialmente por mais de cinquenta anos. É como uma enorme balança com cada prato (cuba) pesando 1.000 t e as cubas tendo as dimensões de 43 m de comprimento, 5,8 m de largura e 3,5 m de altura (compatível com o gabarito Freycinet – ECMT I), as quais dispõem em cada extremidade de uma porta levadiça. As cubas estão preenchidas com água numa profundidade de 2,4 m.

Na Figura 25.1 apresenta-se a ilustração esquemática em elevação transversal e longitudinal para o funcionamento do sistema. Cada cuba repousa sobre um pistão cilíndrico de 2 m de diâmetro e 19,44 m de altura, o qual se move em cilindros ligeiramente maiores, estando os dois conectados por uma tubulação com uma válvula centralizada que é controlada por um operador de máquina. A tubulação e os dois cilindros são alimentados com água. Quando a válvula se encontra fechada, as duas bacias ficam paradas na posição que ocupavam antes do fechamento da válvula. Quando a válvula é aberta, se as duas cubas contêm a mesma carga, elas se equilibram à distância de meio caminho dos seus cursos. No entanto, se uma cuba é mais pesada que a outra, ao se abrir a válvula, a cuba vai para baixo enquanto a outra sobe. Considerando, agora, o princípio de Arquimedes, uma embarcação que adentra uma eclusa expele um volume de água correspondente ao seu peso (deslocamento). Entretanto, a presença de embarcação nas cubas do ascensor não altera o peso existente anteriormente à entrada da embarcação, trabalhando o sistema exatamente do mesmo modo do que quando sem a embarcação. Supondo que a embarcação adentra na cuba inferior, em que o nível é mantido em 2,4 m, isolando-se essa cuba do canal pelo fechamento adequado deste, bem como da cuba; nesse momento, a cuba na posição mais alta, também isolada do canal superior, recebe uma quantidade de água adicional de 30 cm, que corresponde a 75 t a mais, suficiente para vencer o atrito estático e iniciar o movimento ao se abrir a válvula de conexão, uma vez que a diferença de peso faz a cuba superior descer e a inferior subir, até que as posições se invertam. Uma vez chegado nesse ponto, a válvula é novamente fechada e a cuba transportadora é aberta no sentido do canal superior, deixando a embarcação sair. Um detalhe operacional importante na operação de garantia de estanqueidade entre cuba e canal encontra-se mostrado na Figura 25.2, sendo que a conexão inflável isola a cuba do canal na abertura ou fechamento das portas, que somente podem ser operadas com o preenchimento do interstício entre as duas portas nivelado. Evidentemente, torna-se necessário um mínimo suprimento de água para prover os 30 cm de carga a mais na cuba superior, bem como para preencher o interstício entre as portas, que, neste caso, é bombeado a partir do Canal Brussel-Charleroi. Uma sequência de descida pelo Ascensor n. 4 situado em Thieu (queda de 16,933 m) pode ser acompanhada a partir da terceira foto (de cima para baixo) da ilustração deste capítulo, seguida pelas Figuras 25.3 a 25.5.

No caso da hidrovia do Canal Du Centre (21,8 km), situado no ponto culminante do divisor de águas que separa as bacias hidrográficas do Scheldt e do Maas, o trecho mais baixo é de 15 km entre Mons e Thieu, e uma queda de 23,26 m, vencidos por cinco eclusas de 4,2 m e uma de 2,26 m em Thieu. Os ascensores com êmbolos são empregados para vencer uma queda de 66 m entre Thieu (Ascensor n. 4 com queda de 16,993 m), passando por Bracquegnies

(Ascensor n. 3 com queda de 16,933 m), Houdeng-Aimeries (Ascensor n. 2 com queda de 16,934 m) e chegando ao ponto culminante em Houdeng-Gœgnies (Ascensor n. 1 com queda de 15,397 m).

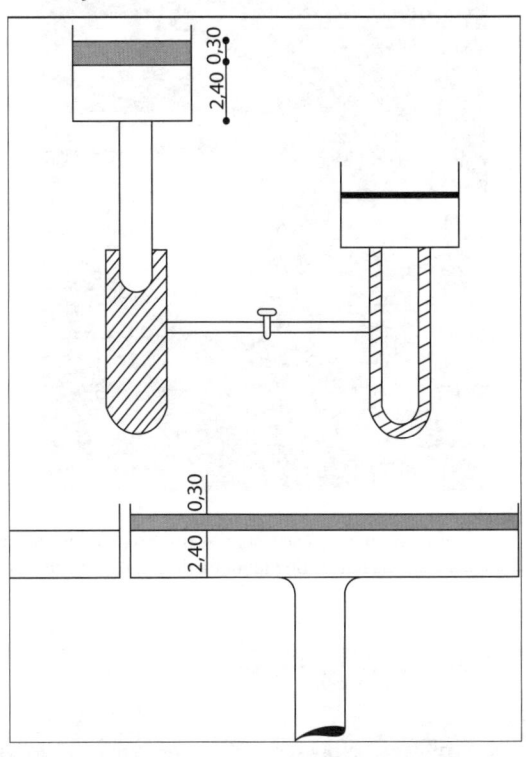

Figura 25.1
Esquematização do funcionamento do sistema empregado nos ascensores a pistão ou êmbolo (elevações da seção transversal e da seção longitudinal).

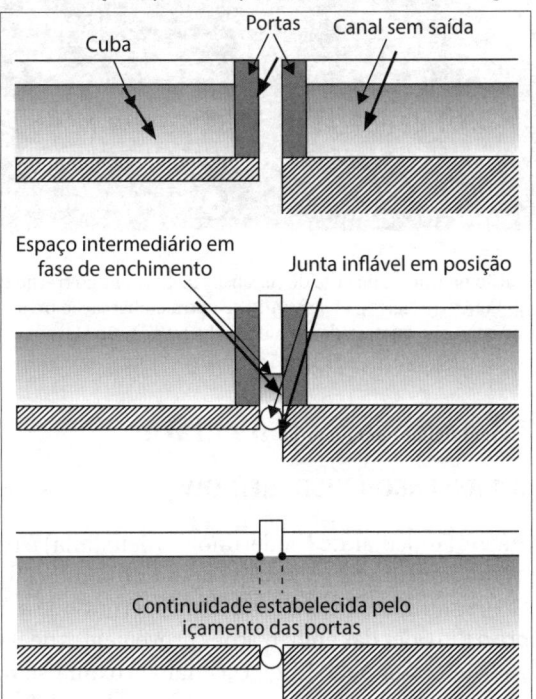

Figura 25.2
Ilustração de junta de estanqueidade entre canal e cuba.

Digno de nota a ser mencionado foi o recorde de movimentação de 72 embarcações entre às quatro horas da manhã e às nove horas da noite na época da navegação comercial pelo sistema de ascensores.

Figura 25.3
Embarcação dentro da cuba do Ascensor n. 4, no antigo trecho do Canal du Centre (Bélgica), com as portas de montante do canal e da cuba fechadas.

Figura 25.4
Embarcação dentro da cuba e descendo pelo Ascensor n. 4, no antigo trecho do Canal du Centre (Bélgica), vendo-se a porta de montante do canal.

Figura 25.5
Embarcação no canal a jusante do Ascensor n. 4, no antigo trecho do Canal du Centre (Bélgica), observando-se outra embarcação prestes a entrar na cuba que foi descida e a outra cuba na posição elevada.

25.2.3 Ascensores funiculares

25.2.3.1 ASCENSOR NIEDERFINOW

O Ascensor Funicular de Niederfinow (Alemanha) é o mais antigo equipamento do gênero em operação comercial (desde 1934), situa-se no Oder-Havel Kanal, permitindo a descida sobre o Rio Oder das embarcações provenientes de Berlim. A queda superada é de 37 m. O canal aproxima-se da cabeça do elevador em um aqueduto de aço. A cuba, quando cheia de água, pesa 4.290 t e é suportada por 256 cabos de aço passados por roldanas ligadas a 192 contrapesos que equilibram a cuba. Seu ciclo completo é de vinte minutos. Além dos cabos que ligam a cuba aos contrapesos, para aumentar a segurança e manter rigorosa posição horizontal da cuba, existem quatro parafusos verticais de grande diâmetro, presos cada um a uma porca solidária com a cuba nos

quatro vértices da mesma e que giram em ângulos idênticos, o que é garantido por um único motor, cujo movimento é transmitido por engrenagens. Esses quatro parafusos estão fixados na armação e trabalham por tração, sendo capazes de sustentar a cuba a partir das quatro porcas, mesmo se todos os cabos de contrapeso se partirem.

25.2.3.2 ASCENSOR DE STRÉPY-THIEU

O duplo Ascensor Funicular de Strépy-Thieu (Bélgica) foi construído entre 1982 e 2002 para substituir os quatro ascensores de êmbolo do Canal du Centre (gabarito I ECMT), tendo em vista que no pós-Segunda Guerra Mundial a necessidade de uma hidrovia para embarcações de pelo menos 1.350 t (gabarito IV ECMT) tornou-se uma demanda premente. De fato, a ligação entre as áreas industriais do norte da França com as áreas industriais de Hainaut e vice-versa, ligação com os portos de Lille e Dunkerque e Paris (pelo Canal Du Nord), bem como a ligação da França com o leste, através da região liegina, do Maas e finalmente o Reno, passou a ser um eixo hidroviário vital para a Wallonie.

Nesse contexto, foi proposto um novo traçado de 12 km do canal, contornando o trecho com os ascensores, vindo a exigir um aqueduto (ponte-canal) em La Louvière e prosseguindo até Seneffe, onde se entronca com o Canal Brussel-Charleroi.

Este equipamento é importante para o transporte fluvial europeu, pois possibilita a ligação da fronteira franco-belga com o Rio Maas, na rota hidroviária para Frankfurt e Berlim. A grande obra custou o equivalente a 160 milhões de euros, e substituiu o conjunto de duas eclusas e quatro elevadores construídos a partir de 1888. O tempo para transitar nesse sistema antigo era aproximadamente de duas horas. Esse ganho de capacidade permitiu que o fluxo de carga entre o Rio Maas, o Rio Scheldt, acesso ao Porto de Ghent, e o Canal Brussel--Charleroi, acesso ao porto de Antuérpia, aumentasse para 2.300.000 toneladas, oito vezes o volume transportado antes da inauguração do ascensor.

Quanto ao emprego do ascensor, a decisão dessa obra de arte adveio das seguintes constatações em termos da queda de 73,15 m a ser vencida:

- O emprego de uma escada de eclusas imporia aos armadores um tempo de transposição muito mais longo, mas sobretudo acarretaria um consumo de água muito importante. De fato, para superar um desnível desta envergadura seriam consumidos mais de 100.000 m^3 de água perdidos para jusante para cada eclusagem, que teriam que ser recalcados para montante na eclusagem inversa. Como o Canal du Centre é um canal de partilha, alimentado, na prática, exclusivamente por bombeamento, portanto não é conveniente desperdiçar água.

- Na comparação de custos realizada, o investimento em uma obra única é mais conveniente do que em obras múltiplas, como a escada de eclusas ou dois elevadores.

- Em termos geotécnicos, o ascensor exerce uma pressão constante sob o solo, o que é mais favorável do que as opções de plano inclinado (5% a 10%) ou rampa hidráulica a 3,5%.

A estrutura do ascensor exigiu escavações de aproximadamente 60 m de profundidade e a carga transmitida ao solo é da ordem de 300.000 tf.

Tomando por base a esquematização da Figura 25.6, algumas características principais da obra são:

- Altura total: 117 m
- Comprimento: 130 m
- Largura: 75 m
- Área do radier de fundação: 1 ha
- Concretagem total: 100.000 m^3
- Para cada cuba, os equipamentos eletromecânicos são:
    - 4 motores elétricos de 550 kW cada.
    - 16 tambores de enrolamento dos cabos de comando.
    - 112 polias de 4,80 m de diâmetro para os cabos de suspensão.

Cada cuba funciona completamente independente da outra, com um comprimento útil de 112 m e uma largura útil de 12 m. A profundidade da água corresponde à do canal, pode variar de 3,35 m a 4,15 m. É construída em aço e pesa 2.000 t, que adicionados à água se aproxima de 8.000 t. Cada cuba é ligada a contrapesos de concreto, sendo quatro externos e quatro internos à torre, cada um pesando 1.000 t.

A translação vertical é assegurada por 32 cabos motores que passam em tambores e tracionados por guinchos. Além disso, há 112 cabos de suspensão passantes em polias livres, que não participam da transmissão do movimento. Com a velocidade ascensional de 20 cm/s o percurso total dura cerca de seis minutos, o que perfaz cerca de quarenta minutos para uma embarcação efetuar a transposição completa.

As cubas são dotadas em suas extremidades de uma porta levadiça e todas as operações de abertura de porta são precedidas de uma operação de aplicação de junta de estanqueidade inflável entre a cuba e o canal.

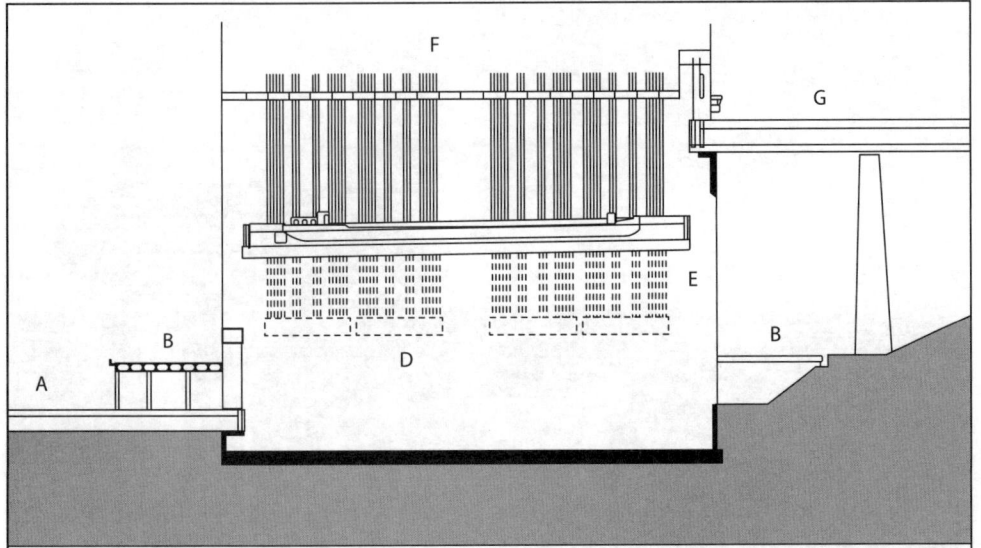

Figura 25.6
Esquema em elevação da seção longitudinal do Ascensor de Strépy-Thieu (Bélgica).

Os cabos de içamento suportam o peso da cuba e dos contrapesos (16.000 t) compatíveis com Gabarito Va (ECMT) para automotor de 1.350 t ou comboio de empurra com uma barcaça de 2.000 t.
Elevação da seção longitudinal:
A – Canal a jusante.
B – Via que contorna a obra.
C – Radier ou fundação da obra, cuja espessura é constituída de 4 m de concreto armado.
D – Contrapesos (8.000 t).
E – Cuba de 118 m de comprimento e 8 m de altura (peso total de 8.000 t).
F – Sala de máquinas.
G – Canal a montante.

Para exemplificação de uma transposição de jusante para montante, segue a sequência de operações:

- A cuba é descida na posição baixa e uma junta de estanqueidade entre a cuba e o canal é automaticamente aplicada.

- As portas de jusante da cuba e do canal são içadas simultaneamente de alguns centímetros inicialmente, para preencher o interstício entre a extremidade do canal e a cuba e permitir a equalização de níveis entre os dois, sendo posteriormente içadas completamente.

- A sinalização para a embarcação que vai ser elevada passa ao verde e a embarcação adentra a cuba.

- As portas da cuba e do canal são descidas e a água do interstício é drenada.

- A embarcação é liberada de sua operação a jusante e inicia sua ascensão à velocidade de 20 cm/s.

- A cuba é parada na posição elevada e a junta de estanqueidade de montante é aplicada.

- As portas de montante da cuba e do canal são içadas simultaneamente, de modo idêntico ao já visto para jusante.

- O farol de saída passa ao verde e a embarcação sai da cuba e entra na ponte canal de 117 m a montante.

Deve-se mencionar também a existência de vários outros equipamentos de segurança:

- O emprego de vigas anti-impacto, que protegem as portas de acidentes com as embarcações.

- Outro equipamento de segurança são as comportas de segurança (ou portas de guarda), localizadas a montante, para proteger a jusante de todo o risco de inundação.

- Geração de energia hidrelétrica a partir de uma tubulação (*penstock*) que alimenta uma microcentral, capaz de assegurar a autonomia de funcionamento da obra.

- Existência de equipamento de combate a incêndio na cuba, para evitar todo o risco de propagação de um sinistro para a casa de máquinas.

Nas Figuras 25.7 a 25.39 estão documentadas detalhadamente as características da obra.

Figura 25.7
Vista aérea da aproximação a montante, do Ascensor de Strépy-Thieu e de seu canal a jusante.

Figura 25.8
Vista do vale a jusante do Ascensor de Strépy-Thieu.

Figuras 25.9 e 25.10
Vista do vale a jusante do Ascensor de Strépy-Thieu.

Figura 25.11
Vista de jusante para montante do
Ascensor de Strépy-Thieu.

Figura 25.12
Vista de jusante para montante do
Ascensor de Strépy-Thieu.

Figura 25.13
Vista de jusante para montante do
Ascensor de Strépy-Thieu.

Figura 25.14
Vista de jusante para montante do
Ascensor de Strépy-Thieu.

Figura 25.15
Vista de jusante para montante do
Ascensor de Strépy-Thieu.

Figura 25.16
Vista de jusante para montante do
Ascensor de Strépy-Thieu.

Figura 25.17
Vista de jusante para montante do Ascensor de Strépy-Thieu.

Figuras 25.18 e 25.19
Vistas de jusante para montante do Ascensor de Strépy-Thieu.

Figura 25.20
Canal de aproximação por montante do Ascensor de Strépy-Thieu.

Figura 25.21
Canal de aproximação por montante do Ascensor de Strépy-Thieu.

Figura 25.22
Canal de aproximação por montante do
Ascensor de Strépy-Thieu.

Figura 25.23
Canal de aproximação por montante do
Ascensor de Strépy-Thieu.

Figura 25.24
Canal de aproximação por montante do
Ascensor de Strépy-Thieu.

Figura 25.25
Canal de saída do Ascensor de Strépy-Thieu.

Figura 25.26
Vista da cuba esquerda do Ascensor de Strépy-Thieu na posição elevada, observando-se os cabos de içamento dos contrapesos.

Figura 25.27
Os quatro contrapesos da cuba esquerda do Ascensor de Strépy-Thieu assentados em suas posições inferiores e as fixações dos cabos de aço de içamento.

Figura 25.28
Aproximação do canal a jusante da cuba esquerda do Ascensor de Strépy-Thieu com a cuba em posição elevada, notando-se a porta do canal aberta e içada a jusante, a cuba suspensa e a porta do canal de aproximação de montante aberta.

Figura 25.29
Vista em detalhe da porta do canal aberta e içada a jusante do Ascensor de Strépy-Thieu, notando-se na porta as vigas longitudinais de proteção da porta contra impactos.

Figura 25.30
Vista da câmara direita do Ascensor de Strépy-Thieu.

Figura 25.31
Vista da câmara direita do Ascensor de Strépy-Thieu, com uma embarcação automotora saindo para o canal de jusante.

Figura 25.32
Vista do canal de aproximação de montante da cuba esquerda do Ascensor de Strépy-Thieu com os muros-guia e as portas do canal e da cuba abertas.

Figura 25.33
Operação de fechamento das portas de montante do canal e cuba esquerda do Ascensor de Strépy-Thieu.

Figura 25.34
Vista da cuba esquerda do Ascensor de Strépy-Thieu em sua posição mais baixa.

Figura 25.35
Vista dos contrapesos da cuba esquerda do Ascensor de Strépy-Thieu em posição intermediária.

Figura 25.36
Içamento das portas de jusante do canal e cuba esquerda do Ascensor de Strépy-Thieu para a saída de embarcação.

Figura 25.37
Bacia de evolução no canal de aproximação do Ascensor de Strépy-Thieu em proximidade de terminal hidroviário.

Figura 25.38
Vista da câmara esquerda do Ascensor de Strépy-Thieu, observando-se a porta de fechamento do canal de jusante e a área do berço da cuba.

Figura 25.39
Vista da câmara direita do Ascensor de Strépy-Thieu, observando-se a cuba e a porta do canal e da cuba fechadas.

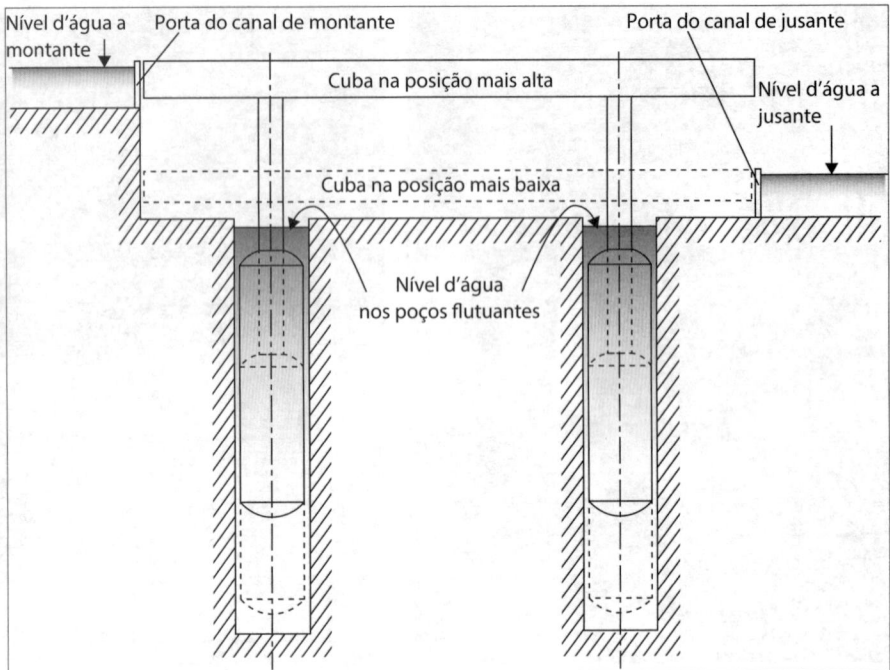

Figura 25.40
Esquema da elevação longitudinal de um ascensor com grandes flutuantes.

25.2.3.3 ASCENSOR DA BARRAGEM DE TRÊS GARGANTAS NO RIO YANGTZÉ

Em 18 de setembro de 2016, o Ascensor Funicular da Barragem de Três Gargantas, no Rio Yangtzé (China), superou o de Strépy-Thieu, com queda de 113 m e uma cuba que com água pesa 15.500 t, comportando embarcações de até 3.000 t. As dimensões da cuba de aço são 119 m × 18 m × 3,7 m, equilibrada por dezesseis contrapesos aos quais se liga por cabos de aço. Trata-se de sistema análogo ao dos ascensores funiculares anteriores.

25.2.4 Ascensores com grandes flutuantes

Este sistema foi aperfeiçoado na Alemanha, país em que foi empregado em várias obras. A cuba é suportada por dois flutuantes de grande volume, que mergulham em dois poços cavados profundamente no solo (Figura 25.40).

Graças a dispositivos de correção destinados à compensação das pequenas variações do volume das estruturas mais ou menos imersas que ligam os flutuantes à cuba móvel, esta última se encontra a todo instante em equilíbrio indiferente. Independentemente das armações de guias indispensáveis para assegurar a verticalidade do conjunto constituído pelo flutuador e a cuba, esta última está munida de quatro porcas que abraçam grossas colunas filetadas, como no caso do ascensor funicular.

O maior inconveniente, que é característico de todos os ascensores, é o preço elevado de sua construção, mas este é parcialmente compensado pela vantagem de um ciclo de funcionamento rápido. Outro inconveniente a assinalar também é o rápido desgaste dos grandes parafusos fileta-

dos, cuja supressão foi considerada pelos engenheiros alemães como muito arriscada, apesar dos progressos obtidos em matéria de sincronização elétrica.

A última construção de ascensores com flutuantes realizada foi a de Henrichenburg, para barcos de 1.350 t vencendo uma queda de 14 m, posto em funcionamento em 1962.

25.2.5 Elevador em rampa funicular longitudinal

25.2.5.1 CONSIDERAÇÕES GERAIS HISTÓRICAS

Trata-se de um tipo de obra há muito tempo mencionada nos tratados de navegação interior e sua longa existência faz com que às vezes seja chamada plano inclinado clássico.

Como curiosidade, na ilustração deste capítulo está apresentado o Canal Elbląg, localizado na Polônia, em Warmian-Masurian Voivodeship, com 80,5 km de comprimento. Esse canal se desenvolve para sul do Lago Drużno (que se conecta pelo Rio Elblag com a Laguna do Rio Vístula), para o Rio Drwęca e Lago Jeziorak. Esse elevador em plano inclinado pode acomodar pequenas embarcações de até 50 t de deslocamento. A queda total aproxima-se a 100 m e é vencida com eclusas e este notável sistema de planos inclinados entre estirões de lagos.

O canal foi projetado entre 1825 e 1844 por Georg Steenke, encarregado da comissão formada pelo Rei da Prússia, cuja construção iniciou em 1844 e foi concluída em 1860. A queda em 9,5 km entre os lagos era muito grande para as antigas eclusas da época, tendo-se lançado mão, então, do sistema de planos inclinados baseado no empregado no Morris Canal (em Easton, Pennsylvania,

Estados Unidos, no Rio Delaware). São cinco planos inclinados construídos no Oberländischer Kanal (canal das terras altas), na época Reino da Prússia e, desde 1945, na Polônia.

Do ápice para jusante, os planos inclinados têm as seguintes características: Buczyniec (Buchwalde) com queda de 20,4 m e comprimento de 224,8 m; Kąty (Kanten) com queda de 18,83 m e comprimento de 225,97 m; Oleśnica (Schönfeld) com queda de 21,97 m e comprimento de 262,63 m; Jelenie (Hirschfeld) com queda de 21,97 m e comprimento de 262,63 m; e Całuny Nowe (Neu-Kußfeld) com uma queda de 13,72 m, foi construído entre 1860 e 1880 para substituir cinco eclusas de madeira.

As dimensões máximas das embarcações que podem trafegar são de 24,48 m de comprimento, 2,98 m de boca e 1,1 m de calado máximo.

A subida da rampa consiste em dois trilhos paralelos com bitola de 3,27 m, sobre os quais desloca-se o carrinho em que se apoia a seco a embarcação. O sistema funicular empregado faz com que, enquanto um carrinho sobe, outro desça para contrabalançar.

25.2.5.2 ELEVADOR DE RONQUIÈRES

O primeiro elevador em rampa funicular longitudinal realizado modernamente foi o Plano Inclinado de Ronquières (Bélgica), na cidade de Braine-le-Comte, sobre o Canal de Brussel-Charleroi, que está em funcionamento desde 1968. As Figuras 25.41 a 25.51 ilustram essa instalação.

Em vez de o tanque ser deslocado por elevadores, o mesmo vence o desnível subindo, ou descendo, através de trilhos sobre um plano inclinado tracionado por um conjunto de cabos e motores. O plano inclinado de Ronquières permite a circulação de embarcações fluviais entre o porto de Antuérpia e o *hinterland* belga-europeu, passando pelo centro de Brussel. O plano inclinado de Ronquières foi construído entre 1960 e 1968 para substituir um conjunto de catorze eclusas do século XIX. O ganho de tempo foi considerável, pois o tempo total de travessia, incluindo acesso, abertura e fechamento das comportas, é de cinquenta minutos.

O elevador de plano inclinado por sistema funicular longitudinal de Ronquières permite em 22 minutos a transposição de desnível de 68 m em 1.432 m de percurso de embarcações de até 1.350 tpb em duas cubas, de 91 m × 12 m × 3 m a 3,7 m, cada uma com contrapeso.

Foi a melhor solução para lidar com a declividade natural do terreno rochoso local, bem como tendo em vista a necessidade de economizar água. A escavação do leito entre 1962 e 1968 exigiu a remoção de 2.500.000 m³ de solo, 1.700.000 m³ de terra solta e 2.500.000 m³ de leito rochoso,

Figura 25.42
Vista da cuba esquerda do Elevador de Ronquières em descida para a posição inferior.

Figura 25.43
Vista do extremo inferior de percurso do Elevador de Ronquières, podendo-se observar as portas de fechamento do canal de jusante.

Figura 25.41
Aqueduto de aproximação a montante do Elevador de Ronquières (Bélgica).

Figura 25.44
Vista do canal de aproximação a jusante do Elevador de Ronquières.

Figura 25.45
Imagem em detalhe da posição inferior do percurso do Elevador de Ronquières, observando-se a porta de fechamento do canal, dos trilhos e da passagem dos cabos de aço correspondentes à cuba direita.

Figura 25.46
Vista específica dos trilhos e da passagem dos cabos de aço correspondentes à cuba direita do Elevador de Ronquières.

Figura 25.47
Vista da cuba com duas embarcações automotoras em sua posição mais baixa e prestes a abrir as portas de jusante do canal e da cuba.

Figura 25.48
Vista de jusante para montante do Elevador de Ronquières.

Figura 25.49
Vista de jusante para montante do Elevador de Ronquières, com um automotor se aproximando pelo lado direito para efetuar a travessia para montante.

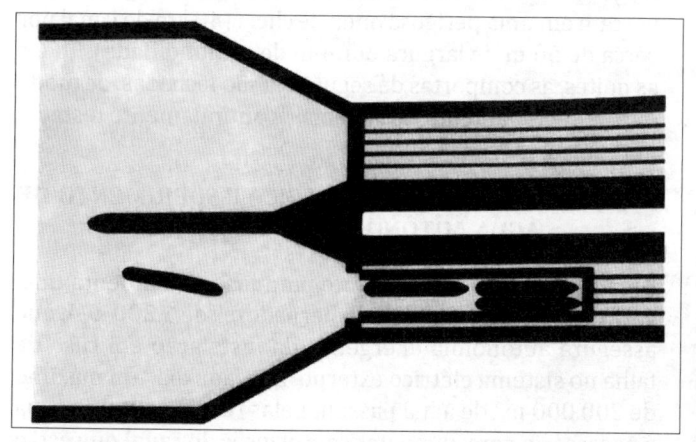

Figura 25.50
Esquematização planimétrica das docas a montante do Elevador de Ronquières.

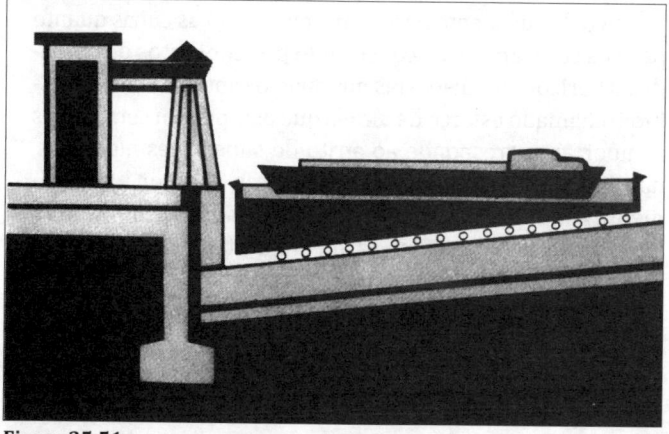

Figura 25.51
Esquematização em elevação da seção longitudinal do Elevador de Ronquières com a cuba em sua posição mais baixa.

1.100.000 m³ de terra solta para a construção dos diques e 600.000 m³ de terra solta na área de bota-fora. Foi construída a montante um aqueduto com 300 m de comprimento.

25.2.5.3 ROLAMENTO

Cada cuba repousa em um trem de 236 rodas metálicas de 0,70 m de diâmetro e cada uma é capaz de suportar uma carga de 22 t. Cada linha de percurso é composta por quatro trilhos. Para assegurar uma divisão exata do peso, apesar das desigualdades dos trilhos, cada roda está ligada à cuba por intermédio de uma mola.

25.2.5.4 CABOS

Como não se trata de um engenho automotor, o emprego de cabos é necessário. A adoção de um declive de 5%, faz com que a quase totalidade do peso repouse sobre as rodas, para reduzir a 270 tf a força total no conjunto de cabos. São empregados oito cabos de 55 mm de diâmetro e 1.500 m de comprimento. Esses cabos são puxados por um tambor de guincho com 5,5 m de diâmetro operado por seis motores elétricos de 400 V em corrente contínua e 175 HP (125 kW) por motor. Foi prevista uma disposição especial dos macacos hidráulicos para assegurar uma igualdade de tensão permanente desses cabos, que estão sujeitos a alongamentos desiguais em carga.

25.2.5.5 CONTRAPESO

As duas cubas do elevador, perfeitamente independentes uma da outra, estão munidas de contrapesos de concreto e ferro fundido. O contrapeso pesa 5.200 t, enquanto o peso de uma cuba está compreendido entre 5.000 t e 5.700 t. Trata-se, pois, de um equilíbrio parcial, e não poderia deixar de sê-lo. Cada contrapeso repousa sobre rodas metálicas idênticas às das cubas, cada um com 192 rodas agrupadas em duas fileiras de 48 eixos, que também recebem as cargas por meio de molas.

25.2.5.6 GUIAS LATERAIS

O emprego de rodas corrediças chatas tornou-se outro dispositivo de guiamento necessário, tanto para as cubas quanto para os contrapesos. É constituído por conjuntos de corrediças horizontais, dispostas nos quatro cantos da cuba. O esforço chamado esforço de virada que elas podem ser levadas a suportar, corresponde ao atrito de superfícies metálicas, não lubrificadas, uma contra as outras. O valor habitualmente admitido para este esforço de virada é de um sétimo da carga transportada: no caso em questão pode-se atingir 700 tf. Todavia, os engenheiros estimaram que seria suficiente prever um esforço de aproximadamente a metade.

25.2.5.7 MODO DE TRAÇÃO

Os guinchos que manobram os cabos são acionados por motores elétricos e precauções particulares foram tomadas para evitar uma falta de corrente. O transporte de uma grande cuba cheia de água, principalmente sendo realizado no sentido de sua maior dimensão, constitui realmente uma operação delicada. De fato, a menor irregularidade no movimento ocasiona a formação de ondas que se refletem muitas vezes nas duas extremidades da cuba antes de se amortecerem. Perturbações múltiplas podem então provocar um fenômeno de ressonância. Para prevenção, na partida e parada do sistema previu-se uma aceleração e uma desaceleração que não ultrapassa 2 cm/s². Mesmo sem levar em conta a possível agitação da água, é evidente que só se pode obter a parada da cuba nas extremidades, com a precisão indispensável, operando a uma baixa velocidade.

Em princípio, foi difícil conseguir que no caso de disjunção a desaceleração não atingisse um valor perigoso. A solução foi conseguida assegurando-se a disponibilidade permanente da quantidade de energia potencial necessária, não somente para evitar uma parada brusca, mas também para assegurar a continuação do movimento até a parada, sem ultrapassar a desaceleração admitida para as manobras normais. Essa energia potencial é constituída pela força viva armazenada nos diversos volantes muito pesados que rodam em grande velocidade, solidários aos guinchos que manobram os cabos.

25.2.5.8 ISOLAMENTO TÉRMICO

O efeito de congelamento teve de ser solucionado empregando as paredes exteriores da cuba com material isolante protegido por uma fina película de alumínio.

25.2.5.9 COMPORTAS

As comportas do canal e a correspondente da cuba abrem e fecham simultaneamente.

Existem também comportas de segurança (de guarda) que tornam possível isolar a parte do canal feita de terra solta e situada bem acima do terreno natural. Se vier a ocorrer uma brecha na margem, a comporta de segurança situada 5 km a montante de Ronquières e duas outras no aqueduto, em frente às comportas de montante do canal e da cuba, tornam possível evitar o esvaziamento do canal, o que dá uma segurança de que um volume de 8.000.000 m³ de água não se percam em uma perigosa onda de cheia (40 km de canal por cerca de 50 m de largura por 4 m de profundidade). Todas as noites, as comportas de segurança são fechadas, de modo que o funcionamento do sistema é continuamente testado.

25.2.5.10 ENERGIA HIDRELÉTRICA E SUPRIMENTO DE ÁGUA AUTÔNOMOS

Uma canalização de montante para jusante alimenta uma casa de força com dois turboalternadores de 1.200 kVA, que assegura autonomia energética da instalação em caso de falha no sistema elétrico externo. Em cada dia, um máximo de 200.000 m³ de água passam pelas turbinas, e essa água é necessária para alimentar sete eclusas do canal que estão a jusante constituindo uma escada de eclusas. Essa vazão é obtida bombeando água do Rio Sambre (Bacia Hidrográfica do Rio Maas), em um desnível de 21 m. A microcentral hidrelétrica pode suprir 9.000.000 kWh por ano. Entretanto, durante cinco meses por ano, na estiagem, a água do rio não é suficiente, então cerca de 1.000.000 m³ estocados na baia divisória e mais alguns reservatórios localizados em pequenas barragens nas margens do canal são empregados. A construção das barragens para os lagos de Eau d'Heure (afluente de margem direita do Rio Sambre), que têm a principal função exatamente de manter o nível de água no Canal Brussel-Charleroi, assegurando a navegação mesmo em períodos de estiagem extrema.

25.2.5.11 DOCAS

No ponto culminante a montante do elevador, há duas docas de 290 m de comprimento por 59 m de largura. Nas paredes externas, atracam as embarcações maiores (de 1.350 t), enquanto o píer que as separa longitudinalmente é reservado para embarcações de menor tonelagem. A doca é suportada por setenta colunas, cada uma com 2 m de diâmetro e 20 m de altura. A jusante do elevador existem mais outras duas docas similares.

25.2.5.12 CONTROLE AUTOMATIZADO

A velocidade de cada cuba atualmente é regulada por três computadores: o primeiro regula a velocidade ascendente; o segundo regula a velocidade descendente e verifica a regulação da subida; e o terceiro fica de *stand-by*, caso ocorra alguma falha com os dois primeiros. Assim, a lei de movimento executada é a seguinte:

- partida com aceleração variando de 0 mm/s² a 10 mm/s²;
- período de aceleração uniforme de 10 mm/s²; até uma velocidade de 1,20 m/s;
- período de velocidade uniforme de 1,20 m/s;
- período de desaceleração, constante inicialmente e depois variável, o reverso da partida.

25.2.6 Elevador em rampa funicular transversal

O primeiro elevador em rampa funicular transversal construído modernamente foi o de Arzviller, nas montanhas dos Vosges, na Hidrovia da Alsácia-Lorena no Canal Marne-Reno, que começou a operar em janeiro de 1968, substituindo uma sequência de dezessete eclusas. Com uma rampa de 28%, o que diminui um pouco a fração do peso transportado pelas rodas, mas aumenta a tensão dos cabos, supera um desnível de 44,50 m, para embarcações de até 300 tpb com cuba de dimensões 40 m × 6 m × 3,2 m (gabarito Freycinet, I ECMT), pesando com água 900 t, sendo equilibrada por dois contrapesos que se movimentam sobre trilhos, movendo-se, a cuba, a 36 m/min (Figura 25.52). O projeto original previa uma segunda cuba equilibrada por um outro contrapeso. Sua capacidade com uma câmara é para quarenta embarcações gabarito Freycinet por treze horas de operação.

Figura 25.52
(A), (B), (C) e (D) Plano inclinado transversal de Arzviller (França) no Canal entre o Rio Marne e o Reno. Ascensor do tipo funicular transversal, com 24 cabos, vencendo com uma rampa de 1:4 um desnível de 45 m. A cuba tem 41,00 m de comprimento e 5,20 m de largura, pesa cerca de 900 toneladas e é equilibrada por contrapesos que se movem sobre trilhos (SANTIAGO, 2003).

25.2.7 Elevador em rampa com cremalheira

Um outro plano inclinado longitudinal foi concluído em 1976, trata-se da obra russa associada à Usina Hidrelétrica de Krasnoyarsk, no Rio Ienissei, na Sibéria (Rússia). Trata-se de um elevador duplo em cremalheira (de 23.600 HP) com uma queda de 116 m, vencida por uma rampa de 10%. Sua cuba de aço tem 95 m × 18 m × 3,3 m, correspondendo a um peso total com água de 6.700 tf, que repousa sobre truques. Assim, embarcações até 1.500 t efetuam a transposição a 6 m/s.

25.2.8 Elevador com movimento circular das cubas

Em 2002, foi posta em operação a chamada Roda de Falkirk (Escócia), ligando o Canal Forth and Clyde com o Canal Union, em um desnível de 35 m. Até hoje é a única em sua concepção. Composta por duas cubas com água, capazes de conter cada uma delas uma embarcação de 600 tpb, suportadas por uma estrutura que gira e encaixa as duas cubas nos canais superior e inferior, simultaneamente, como se estivessem em uma roda gigante.

25.2.9 Rampa hidráulica

Todos os sistemas de elevadores anteriormente descritos utilizam uma cuba móvel. O sistema em rampa hidráulica (*pente d'eau*), descrito nos antigos tratados hidráulicos e reinventado em 1960 pelo engenheiro Ponts et Chaussés Bouchet (AUBERT, 1968).

Ao mesmo tempo em que a cuba móvel é eliminada, os dois trechos de via navegável sem saída restabelecem a continuidade do canal, sem que a embarcação necessite abandoná-lo.

Os dois estirões horizontais que antecedem ou sucedem a obra estão ligados por uma rampa inclinada intermediária, um ligeiro declive de 2% a 5% é suficiente, estando, portanto, normalmente a seco. Basta que a embarcação esteja rodeada com uma cunha de água no momento em que a percorre. O estirão inclinado tem uma seção em forma de U e é obturado por uma antepara móvel chamada máscara. A máscara é constituída por um escudo metálico de um trator que se adapta à vala. A disposição geral é a da Figura 25.53.

Devido à arrebentação na ponta de um triângulo, a reflexão da onda produzida por uma perturbação é, realmente, quase insensível.

Em 1974, foi inaugurada em Montech (França), no Canal Lateral da Garonne, uma rampa hidráulica para embarcações de até 400 tpb (gabarito Freycinet I ECMT), a qual vence um desnível de 13,3 m, sendo a máscara puxada por duas automotrizes sobre pneus nas laterais do canal. Suas principais características técnicas são:

- Peso do escudo móvel (máscara): 200 tf
- Esforço de impulso: 60 tf
- Velocidade: 4,5 km/h
- Volume de água deslocado: 1.500 m³
- Declividade: 3%
- Desnível vencido: 13,30 m
- Nível d'água na máscara: 3,75 m
- Comprimento da cunha de água: 125 m
- Potência das automotrizes: 2 x 1.000 CV
- Comprimento da rampa: 443 m
- Largura da rampa: 6 m
- Duração do percurso de ascensão e descenso e tempo total: cerca de 6 minutos contra os 65 minutos das cinco eclusas.
- Comprimento, boca e tpb: 38,5 m, 5,5 m e 250 t.

Um sistema análogo existe em Béziers, no Canal du Midi (França), tendo sido concebido para substituir as 7 eclusas de câmaras múltiplas de Fonséranes. Entretanto, atualmente, nenhum dos dois sistemas encontra-se em operação.

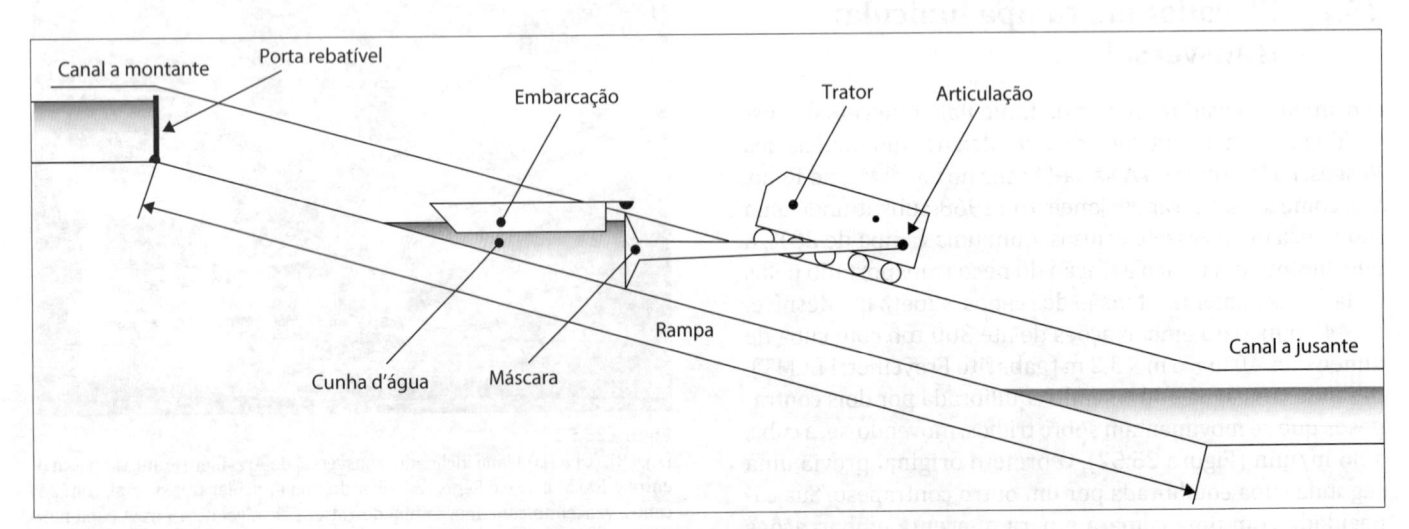

Figura 25.53
Esquematização em elevação da seção longitudinal de uma rampa hidráulica.

25.3 AQUEDUTOS (PONTES-CANAIS)

Em 2003, foi inaugurado o Wasserstraßenkreuz, em Magdeburg, ou aqueduto (ponte-canal) de cruzamento de hidrovias por sobre o Rio Elba, unindo as hidrovias alemãs do oeste (Weser e Ruhr) até Berlim. Com uma extensão de ponte de 228 m de comprimento, 34 m de largura e 4,25 m de lâmina de água, é a maior obra do gênero no mundo, permitindo a navegação de embarcações de até 1.350 tpb, tendo sido construída ao longo de seis anos ao custo de meio bilhão de Euros.

A imensa Pont du Sart no Canal du Centre, na Bélgica, fica em cima de um entrocamento rodoviário. Sua estrutura é de concreto protendido e possui um compartimento impermeável chamado de plataforma independente, apoiado em 28 colunas de sustentação de 3 m de diâmetro cada. Considerada uma obra de arte, o aqueduto tem dimensões impressionantes: 498 m de comprimento, 46 m de largura e um canal de navegação de 33 m de largura no fundo. Nas Figuras 25.54 a 25.58 estão ilustradas as obras associadas a este aqueduto.

Figura 25.54
Vista para montante do Aqueduto Pont du Sart (Bélgica).

Figura 25.55
Vista para montante do Aqueduto Pont du Sart (Bélgica).

Figura 25.56
Vista para montante do Aqueduto Pont du Sart (Bélgica).

Figura 25.57
Túnel sob o Canal du Centre entre o
Aqueduto Pont du Sart e o Ascensor de
Strépy-Thieu.

Figura 25.58
Aqueduto na aproximação do Ascensor de Strépy-Thieu.

Na Figura 25.59, é mostrado o trecho do Aqueduto de Ringvaart (anel hidroviário) em torno do aterro denominado Haarlemmermeer, próximo ao povoado de Oude Wetering (Países Baixos), passando por sobre túnel da Autoestrada A4.

25.4 VÃOS MÓVEIS DE PONTES DE TRAVESSIA EM HIDROVIA

Inúmeros princípios de vãos móveis de pontes são empregados quando o tirante de ar sob a ponte é insuficiente para o calado aéreo das embarcações. Assim, empregam-se pontes basculantes (Figuras 25.60 a 25.68), para pequenos ou grandes vãos, giratórias, estas já em desuso pelo espaço ocupado na hidrovia, como nas Figuras 25.69 e 25.71 e levadiças (Figuras 25.72 e 25.73). A Figura 25.74 mostra uma passarela levadiça.

25.5 COMPORTAS DE SEGURANÇA (OU DE GUARDA)

25.5.1 Comporta de Segurança de Blanc Pain

25.5.1.1 GENERALIDADES

A Comporta de Segurança do Blanc Pain (Figuras 25.75 e 25.76) situa-se em La Louvière, na Province du Hainaut, Région Wallonie (Bélgica). É uma comporta de emergência levadiça implantada para proteger o ascensor de 73 m de queda de Strépy-Thieu, no Canal du Centre, entre Mons e o Canal Brussel-Charleroi. O trecho do canal a montante é de cerca de 40 km de comprimento e contém 8.000.000 m³ de água. Por outro lado, nos 5 km a montante do ascensor, devido à topografia, o canal está construído acima do nível do terreno original, com um aqueduto na aproximação do ascensor (117 m), dois túneis rodoviários e o Aqueduto Pont du Sart, com 498 m de comprimento.

Figura 25.59
Aqueduto de Ringvaart [anel hidroviário], em torno do aterro denominado Haarlemmermeer próximo ao povoado de Oude Wetering (Países Baixos), passando por sobre túnel de autoestrada.

Figura 25.60
(A) e (B) Pontes basculantes de acionamento hidráulico em travessias no Canal Nieuwpoort a Ghent (Bélgica). Observa-se a sinalização luminosa (SANTIAGO, 2003).

Figura 25.60
(C) e (D) Pontes basculantes de acionamento hidráulico em travessias no Canal Nieuwpoort a Ghent (Bélgica). Observa-se a sinalização luminosa (SANTIAGO, 2003).

Figura 25.61, 25.62, 25.63 e 25.64
Sequência de abaixamento de uma ponte basculante em rodovia dos Países Baixos.

Figura 25.65
Ponte basculante no Porto de Québec (Canadá).

Figura 25.66
Ponte basculante no Porto de Dunkerque (França).

Figura 25.67
Ponte basculante no Porto de Zeebrugge (Bélgica).

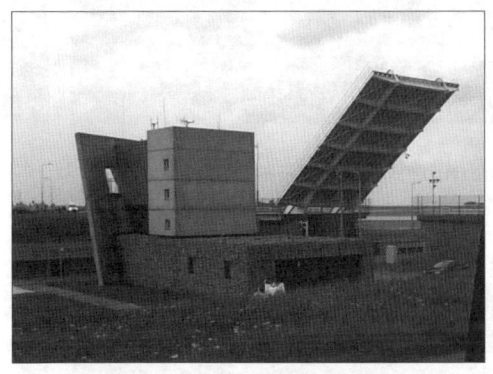

Figura 25.68
Ponte basculante costeira
nos Países Baixos.

Figura 25.69
Ponte giratória no antigo
Canal du Centre (Bélgica).

Figura 25.70
Ponte giratória no antigo Canal du Centre (Bélgica).

Figura 25.71
Ponte giratória em travessia no Canal Nieuwpoort a Ghent (Bélgica)
(SANTIAGO, 2003).

Figura 25.72 e 25.73
Ponte com vão levadiço sobre o Rio IJssel em Kampen (Países Baixos).

Figura 25.74
(A) e (B) Etapas sucessivas de içamento de ponte levadiça em Brugge (Bélgica) (SANTIAGO, 2003).

Figura 25.74
(C), (D) e (E) Etapas sucessivas de içamento de ponte levadiça em Brugge (Bélgica) (SANTIAGO, 2003).

Figura 25.75
Porta de Guarda em Blanc Pain no Canal du Centre (Bélgica).

Figura 25.76
Porta de Guarda em Blanc Pain no Canal du Centre (Bélgica).

Isso significa que uma grande inundação poderia ocorrer se uma margem do canal ou uma estrutura colapsasse. Se isso acontecesse, sem a Comporta de Guarda do Blanc Pain, a água contida nos 40 km inundaria as cidades e vilarejos ribeirinhos. Para reduzir o impacto da inundação, a comporta reduz por oito a quantidade de água que pode extravasar para fora do canal. A comporta fecha o canal em uma largura de 32,4 m. O tirante de ar sob a comporta quando levantada é de 7 m.

25.5.1.2 DESCRIÇÃO DAS ESTRUTURAS

As estruturas da comporta e as duas torres laterais são fabricadas em aço, enquanto as construções das torres de operação (uma em cada margem) são estruturas mistas em aço e concreto. A altura da torre é de 21,3 m acima do nível do canal. Por segurança, o portão é fechado todas as noites, pois não há navegação durante a noite no Canal du Centre. Este fechamento diário permite verificar continuamente a eficácia do sistema.

A conexão técnica entre as duas margens é obtida através de uma galeria sob o canal feita com tubos de aço corrugado de 2 m de diâmetro.

- Descrição:
  - comporta vertical levadiça;
  - estrutura de aço;
  - profundidade da água no canal: 4,05 m;
  - peso estimado da comporta, incluindo vários equipamentos e guias para os rolamentos: 115 t, incluindo 90 t para a estrutura de aço.

- Equipamento eletromecânico:
  - tempo de elevação do portão: 4 minutos;
  - tempo de abaixamento do portão: 2 minutos;
  - fonte de energia: rede pública elétrica de 10,5 kV, transformador de 400 kVA;
  - fonte de alimentação de emergência: inversor de bloco e carregador de bateria para permitir a operação dos sensores e as válvulas de acionamento elétrico necessárias para fechar a comporta (em caso de emergência);
  - cabos de aço de içamento: dois por margem com diâmetro de 48 mm;
  - liberação (fechamento do portão): por medida da vazão no canal, do nível de água, da detecção de choques nas estruturas a serem protegidas ou com o uso de sistemas de segurança (radar/câmara de vídeo), como no caso da presença de uma embarcação sob o portão. Em princípio, o içamento do portão e seu fechamento são totalmente automáticos, mas uma ação humana sempre é possível durante o procedimento de manobra;

- as juntas laterais e inferiores (contato) são de aço, uma vez que não é necessária uma vedação estanque perfeita. As peças de aço fixadas no chão e nas paredes laterais são moldadas no concreto e o projeto dessas peças é tal que, na posição fechada, o peso da comporta e/ou a pressão da água tende a comprimir as partes móveis contra as partes fixas. A extremidade inferior do portão termina permitindo que a comporta, se necessário, possa penetrar no sedimento (solo).

- O sistema de proteção anticorrosiva do portão foi realizado com um revestimento metálico (120 mm) sucedido da aplicação em três camadas de pinturas epóxi-poliamidas (400 mm para as peças imersas e 180 mm para as demais).

- Por simulações em modelos físico e numérico, a velocidade de escoamento de água máxima chega a 2 m/s na posição da comporta no caso de um acidente. Essa velocidade ocorre em caso de esvaziamento rápido do canal causado, por exemplo, por uma margem rompendo ou um colapso do Aqueduto Pont du Sart a 2 km a jusante.

25.5.2 Comporta de Segurança de Blaton-Bernissart (Bélgica)

No Canal Nimy-Blaton-Péronnes (com 38,9 km de extensão), no trecho Nimy-Blaton em Bernissart existe uma Comporta de Segurança (Figuras 25.77 e 25.78), que apresenta tirante de ar máximo admissível de 5,17 m. O canal permite embarcações de 85 m × 10,50 m × 2,50 m e velocidade máxima de 4,5 nós e, em trechos restritos e cruzamentos, de 2,3 nós.

Figura 25.77
Porta de Guarda em Blaton (Bélgica).

Figura 25.78
Porta de Guarda de Blanc Pain em Blaton (Bélgica).

25.6 ANTEPARAS DE BARRAGENS MÓVEIS

Neste item, é apresentado o sistema de barragens móveis com alças ilustrado na Figura 25.79, que é viável técnica e economicamente até desníveis de 6 m a 7 m, e que é típico de emprego em grandes vãos navegáveis.

25.7 SUBTERRÂNEOS DE NAVEGAÇÃO OU TÚNEIS HIDROVIÁRIOS

25.7.1 Considerações gerais

Os túneis hidroviários são empregados raramente e costumam ser chamados de subterrâneos de navegação.

A finalidade da obra é a de encurtar a via navegável, evitando curvas com raios muito reduzidos.

Os subterrâneos de navegação antigos tinham seção muito pequena para admitir o cruzamento de embarcações, obrigando seu emprego alternadamente, ou, como no caso do subterrâneo de navegação de Ruyaulcourt (Figuras 25.80 a 25.86) no Canal du Nord (França), que tem no meio de seus 4.354 m um trecho alargado de 800 m que permite o cruzamento. Tal cruzamento não seria aceitável em um canal frequentado por grandes embarcações a menos que se estabelecesse uma alternância de sentido de tráfego a cada número de horas a ser definido.

A França é o país no mundo em que há maior número destas obras, com 33 túneis ainda em operação correspondendo a 42 km de vias navegáveis. Na Figura 25.88 estão apresentadas imagens do Túnel Arzviller (França).

Está para ser iniciada a construção na Noruega do Stad Ship Tunnel, que será o primeiro túnel náutico marítimo com 3 milhas náuticas de extensão, -12,00 m (LAT), 25 m de largura útil, cortando a Península Stad entre Bergen e

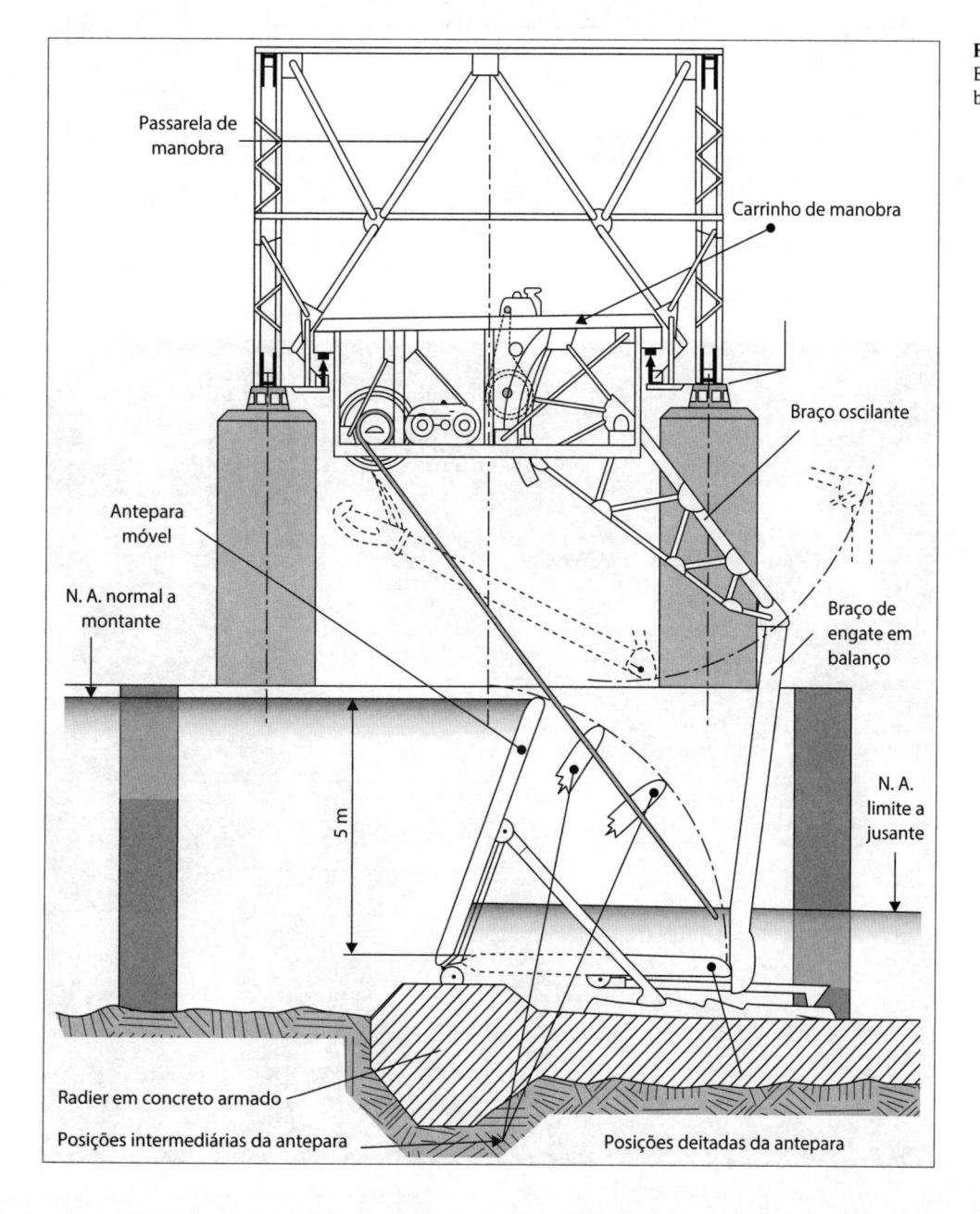

Figura 25.79
Elevação de seção transversal de barragem móvel com alças.

Passarela de manobra

Carrinho de manobra

Braço oscilante

Antepara móvel

N. A. normal a montante

Braço de engate em balanço

5 m

N. A. limite a jusante

Radier em concreto armado

Posições intermediárias da antepara

Posições deitadas da antepara

Figura 25.80
Elevação da seção transversal de um
subterrâneo de navegação convencional.

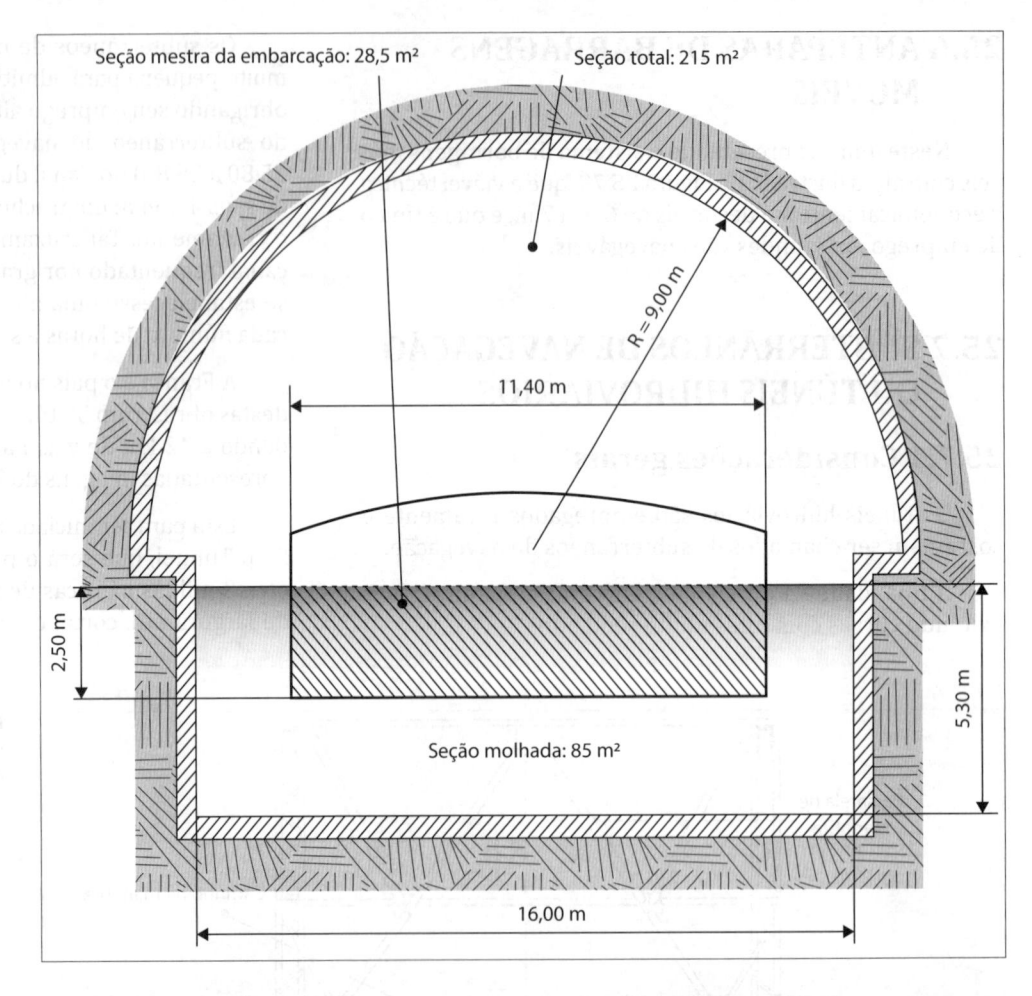

Figura 25.81
Imagens do subterrâneo de navegação
de Ruyaulcourt no Canal du Nord
(França).

Figura 25.82
Imagem do subterrâneo de navegação de Ruyaulcourt no Canal du Nord (França).

Figura 25.83
Imagem do subterrâneo de navegação de Ruyaulcourt no Canal du Nord (França).

Figura 25.84
Imagem do subterrâneo de navegação de Ruyaulcourt no Canal du Nord (França).

Figura 25.85
Imagem do subterrâneo de navegação de
Ruyaulcourt no Canal du Nord (França).

Figura 25.86
Imagem do subterrâneo de navegação de
Ruyaulcourt no Canal du Nord (França).

Alesund. Esta obra será de via singela, alternando o sentido a cada hora. A máxima velocidade de percurso será de 5 nós para todas as embarcações, exceto *ferries* velozes que poderão atingir até 8 nós. Sua capacidade será para 5 grandes embarcações por hora prevendo-se correntes de maré máximas de 2 nós. De ambos os lados do túnel, 3 m acima do nível do mar, haverá uma estrutura de guiamento dotada de defensas. Em ambas as entradas do túnel serão implantadas estruturas de emboque anguladas de 9° com relação ao alinhamento do túnel, dotando-se a intersecção dessa estrutura com o túnel de 3 defensas rotativas. Como auxílio de navegação no interior do túnel serão implantadas luzes no centro do teto a cada 50 m, bem como luzes laterais.

A não ser no caso de solos de má qualidade, as trincheiras profundas são a alternativa de solução preferencial até profundidades de no mínimo de 50 m. Excetuando a França, a solução em subterrâneo de navegação não tem sido considerada como uma alternativa. Assim é, como exemplo, o caso do Albert Canal, na Bélgica, no qual a travessia da bacia hidrográfica do Rio Maas para a do Rio Geer foi escavada em uma trincheira excepcionalmente profunda, de 62 m com relação ao terreno natural, correspondendo a 24.000.000 m³ de escavação, ou seja, 2.000.000 m³ por km.

25.7.2 Subterrâneos de navegação que permitem o cruzamento

Admitindo uma seção retangular, ladeada por dois taludes de um metro de largura e coberto por uma abóboda semicircular, para o cruzamento de duas chatas de 11 m de largura torna-se necessária uma largura de 25 m no plano de água. É mais adequado, neste caso, pensar em um n = 5 se não for muito oneroso, o que corresponderá a uma seção semicircular de 279 m² somada a uma seção retangular de 150 m², totalizando 429 m². Obras desse gênero somente encontram paralelo na engenharia civil nas abóbadas de algumas usinas hidrelétricas enterradas, ou obras militares, mas deve-se ter em conta que são obras de curta extensão. Desse modo, conclui-se ser extremamente desafiadora uma empreitada para este tipo de obra, seja pelo seu custo de implantação, seja pelas dificuldades de manutenção e reparação em havendo riscos de desabamentos.

25.7.3 Subterrâneo duplo

Admitindo-se o coeficiente n = 3, porque em um subterrâneo pode-se aceitar uma circulação lenta, que permite normalmente uma velocidade de 2,5 nós, pode-se pensar na execução de dois subterrâneos simples de 215 m², que praticamente têm a mesma área de seção escavada do que o subterrâneo simples acima proposto. Pode ser considerada uma solução mais condizente na prática, embora a velocidade de tráfego seja mais lenta, que a alternativa de subterrâneo simples, pois o risco de colisão é nulo e o menor risco de acidentes como desabamentos.

25.7.4 Princípios dos subterrâneos ativos

Além das duas alternativas de subterrâneos de navegação, existe a solução denominada de subterrâneo ativo (Figura 25.87).

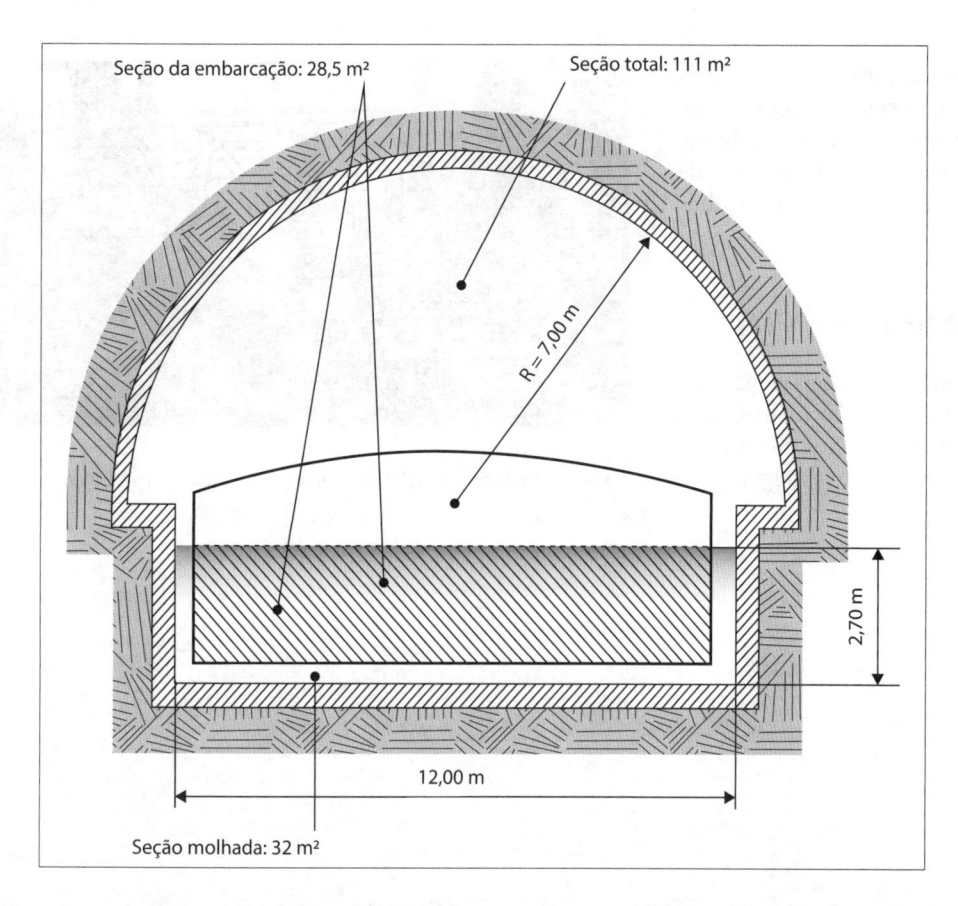

Figura 25.87
Elevação da seção transversal de um subterrâneo de navegação ativo.

Seção da embarcação: 28,5 m²

Seção total: 111 m²

R = 7,00 m

2,70 m

12,00 m

Seção molhada: 32 m²

Figura 25.88
(A), (B), (C) e (D) Túnel Arzviller no Canal do Rio Marne ao Rio Reno (França) com 2.306 m de comprimento. Observa-se a sinalização náutica luminosa e o limitador de calado aéreo.

Essa alternativa é assim denominada porque a propulsão das embarcações é assegurada pela corrente de água. Nesse caso, a embarcação é levada pela corrente com velocidade em torno a 1,9 nós se a declividade da linha de água for de cerca de 1:10.000, o que é conseguido por meio de um radier com esta inclinação.

25.8 ESTAÇÕES DE BOMBEAMENTO

Modernas estações de bombeamento por acionamento elétrico, como a ilustrada na Figura 25.89, são empregadas para suprimento de eclusas e canais em trechos de partilha, principalmente por ocasião dos períodos de estiagem.

Figura 25.89
Vista de sofisticada estação de bombeamento nos Países Baixos.

PARTE 5

ADAPTAÇÃO DO TRANSPORTE AQUAVIÁRIO ÀS MUDANÇAS CLIMÁTICAS

Modelo físico em escala 1:40 com embarcação comboio VIa (ECMT) autotripulada para estudo do cruzamento em nível do Rio Neder-Rijn/Lek com o Amsterdam-Rijnkanaal (Waal).

É provável que o improvável aconteça.

(Aristóteles, séc. IV a.C.)

INDUTORES, IMPACTOS E MITIGAÇÃO NA INFRAESTRUTURA AQUAVIÁRIA MARÍTIMA, PORTUÁRIA E HIDROVIÁRIA INTERIOR

Modelo físico em escala 1:40 com embarcação comboio VIa (ECMT) autotripulada para estudo em canal hidroviário interior.

26.1 CONSIDERAÇÕES GERAIS SOBRE OS PARADIGMAS DO TRANSPORTE AQUAVIÁRIO

A globalização da economia, associada ao aumento da competitividade internacional, está se fazendo presente de maneira incontestável, pressionando e descartando os concorrentes que têm seus custos internos elevados para o transporte e a movimentação de matérias-primas e produtos acabados. Neste contexto, o transporte aquaviário é fator indutor do desenvolvimento planejado e abrangente, interligando regiões e proporcionando a movimentação, de maneira segura e econômica, de insumos, produtos e pessoas.

Entre todas as infraestruturas de transporte terrestre, unicamente a aquaviária apresenta um aspecto polivalente. Realmente, ela se constitui em:

- um instrumento de transporte;

- um vetor d'água, ou seja, a presença de volumes de água consideráveis que se prestam a diversas utilizações;

- luta contra as inundações.

Os efeitos da utilização da aquavia se exercem sobre o desenvolvimento das atividades industriais e agrícolas, assim como sobre a urbanização.

O transporte aquaviário é, indiscutivelmente, o mais econômico para deslocamento de grandes volumes de carga com baixo valor unitário entre os modais competidores diretos, a ferrovia e a rodovia, desde que ressalvados alguns pressupostos. Assim, os polos de origem ou destino das cargas deverão situar-se próximos a uma aquavia, o que estimula o armazenamento e a produção de mercadorias nas faixas marginais, agregando densidade econômica ao sistema. Sempre que houver a participação conjugada de um outro modal de transporte, torna-se indispensável que as distâncias percorridas pelo modal aquaviário sejam bem superiores às demais. Em decorrência, o aproveitamento aquaviário deve estar inserido em programas mais amplos, considerando a exploração dos recursos minerais, o desenvolvimento agrícola, industrial ou de planejamento estratégico.

Deve-se considerar também que o modal aquaviário é o de menor imposição de custos ambientais, ou seja, de menores quantidades de energia necessárias para a recomposição ambiental na obtenção do menor afastamento do equilíbrio pré-existente. Para transportar 1 tonelada a uma distância de 1.600 km, uma composição ferroviária a propulsão diesel-elétrica produz 3 vezes mais monóxido de carbono, e um caminhão, 9 vezes mais do que uma embarcação.

A possibilidade de navegação cria uma alternativa de transporte de baixo custo para minérios, grãos (soja, trigo, milho), combustíveis (álcool, gasolina, diesel), materiais de construção, cana-de-açúcar, madeiras e carga geral (contêineres) entre o interior do país e as principais áreas de consumo e exportação.

O frete é fator fundamental nas análises logísticas de transportes das matrizes de custos das empresas e, portanto, a aquavia, integrada a outros modais de transporte (multimodalidade), pode concorrer com redução de frete de até 50%, principalmente em trechos longos, colaborando, indubitavelmente, para a modernização da economia nacional. Uma embarcação com 22.500 tpb de granéis equivale a 220 vagões de composição ferroviária com 2,5 km de comprimento, ou 900 carretas em uma fila de 58 km.

Apesar de uma série de implicações para a sua realização, como a necessária intermodalidade, ou seja, é a conexão com outro modal de transporte, como o transbordo de cargas (elevação de carga ao se passar de um modal para outro) ou transposições de desnível, o transporte aquaviário é o de menor gasto energético.

26.2 A AQUAVIA COMO INSTRUMENTO DE TRANSPORTE

A aquavia de grande capacidade de transporte é um meio de transporte moderno, eficaz e de baixo custo, que permite a redução do preço dos transportes. A utilização da aquavia, quando possível, também permite reduzir os gastos nos portos marítimos, ou nas instalações de transbordo terrestres. Os preços de embarque e desembarque em terminais são igualmente pouco elevados nos estabelecimentos que recebem seus produtos por via navegável, quando neles são utilizados equipamentos de movimentação de grande rendimento, como esteiras transportadoras e carregadoras, rodas de caçambas, alcatruzes e dispositivos pneumáticos.

Quando um navio marítimo chega a um porto e sua carga é transferida para uma embarcação da navegação interior ou de cabotagem, há um curto período de pique, durante o qual o aumento da capacidade de transporte da via fluvial tem um papel importante, pois:

- as fábricas, dessa forma, são incitadas a se desenvolverem e a chegarem à sua dimensão ótima;

- a presença da aquavia atenua as graves perturbações provenientes das interrupções dos outros meios de transporte quando seus usuários dependem deles exclusivamente;

- o baixo custo da imobilização das unidades não motorizadas melhora as possibilidades de espera e estocagem.

A aquavia é aconselhável para o transporte de cargas indivisíveis pesadas e incômodas e é praticamente o único meio de transporte capaz de carregar material desse tipo pesando mais de 250 t. Somente ela permite o transporte de volumes de grande altura e largura.

As aquavias asseguram o tráfego misto estrada-hidroviário, que pode garantir, em boas condições econômicas, um certo número de ligações.

A aquavia assegura à indústria instalada nas suas proximidades o poder se beneficiar, em todas as circunstâncias, de condições de transporte mais favoráveis, mesmo se ela não a utilizar efetivamente. Ela cria uma verdadeira concorrência entre os tipos de transporte, que, mesmo que não se efetive, permanece em potencial teórico, vantagem que é de grande importância quando o custo dos transportes representa uma parte ponderável no preço de venda, principalmente pelos seus efeitos de competição. Essa área de preços de transporte favoráveis não se limita estritamente às vizinhanças imediatas das aquavias, pois é inevitável que se estenda a uma mais ampla zona de influência.

A aquavia assegura às unidades de produção implantadas nas suas proximidades uma vantagem adicional sobre aquelas mais afastadas, o que exerce um efeito de atração na instalação de novos estabelecimentos industriais, e isso é perceptível até no plano internacional.

26.3 O VETOR D'ÁGUA

A água das aquavias fluviais tem um papel de importância crescente pelo seu consumo cada vez maior para fins industriais, agrícolas e urbanos. Uma questão de relevo com a qual já deparamos no Brasil é a de que a limitação dessa fonte obriga a atribuir um preço sob a forma de remuneração, transformando-a em um verdadeiro bem econômico. Assim, a via navegável é suscetível de:

- fornecer às unidades de produção localizadas às suas margens a água necessária ao consumo e à circulação de resfriamento de maquinaria;

- assegurar a irrigação das terras agrícolas;

- contribuir para o abastecimento d'água das comunidades.

26.4 A LUTA CONTRA AS INUNDAÇÕES

O melhoramento dos cursos d'água, estuários e costas permite realizar uma proteção eficaz contra as inundações e para a defesa dos litorais, e, frequentemente, criar zonas industriais, agrícolas ou urbanas em terrenos antes inundáveis e, por esse motivo, inúteis. Assim, o valor das terras aumenta significativamente nas zonas habitadas, após o melhoramento de uma aquavia.

26.5 ATIVIDADES RELATIVAS À AQUAVIA

As atividades relativas à aquavia atendem a várias necessidades.

Necessidades industriais

As indústrias que podem obter maiores vantagens com a aquavia são as que:

- Recebem ou exportam produtos de grande volume (granéis de elevado peso específico), mercadorias pesadas ou volumosas que não podem utilizar outras formas de transporte, ou que utilizam técnicas de transporte adaptadas à aquavia.

- As que têm importante demanda de água:
  - siderurgia;
  - metalurgia e mecânica pesada;
  - metais não ferrosos;
  - construção elétrica pesada;
  - cimento e fabricação de materiais de construção;
  - centrais termoelétricas;
  - petróleo e petroquímica;
  - química e adubos;
  - alimentação;
  - indústria automobilística.

Uma evolução muito nítida na natureza dos produtos transportados por aquavia é, atualmente, verificada com a crescente demanda de transporte de produtos de carga geral (metalúrgicos, mecânicos, elétricos, automóveis, contêineres etc.), para os quais o transporte aquaviário, por vários motivos, passa a ser interessante. Deve-se mencionar, particularmente, a importância econômica das massas indivisíveis pesadas e volumosas, que se constituem frequentemente em elementos de uma encomenda global, como elementos de uma instalação completa de uma planta industrial.

Necessidades agrícolas

- as que criam fluxos importantes de transporte, como os grãos;

- as que são sensíveis a uma irrigação satisfatória, ou que temem particularmente, as inundações.

Necessidades das cidades

A aquavia é um instrumento de urbanização, pois permite assegurar a baixo custo:

- o transporte de agregados para concreto, cimento e outros materiais de construção indispensáveis ao desenvolvimento das zonas urbanas;

- a evacuação de entulho, resíduos e detritos provenientes das comunidades.

Atividades de recreação e lazer

26.6 O PAPEL DA AQUAVIA NO DESENVOLVIMENTO TERRITORIAL SUSTENTÁVEL

O chamado desenvolvimento territorial sustentável se propõe a assegurar uma divisão harmônica do desenvolvimento econômico com o meio ambiente e, consequentemente, com as atividades da população.

Interesse na criação de eixos econômicos

A criação de eixos privilegiados apresenta vantagens reconhecidas que consistem em uma certa unificação dos meios e das atividades, em relação a um desenvolvimento mais disperso e menos eficaz, e em um desenvolvimento linear, em oposição a um desenvolvimento concêntrico, que pode apresentar grandes inconvenientes para o futuro, em razão de polarização excessiva, desequilíbrio entre regiões e congestionamentos. Criam-se, assim, grandes eixos atraentes de desenvolvimento.

A aquavia de grande capacidade aparece como um instrumento decisivo para a definição da orientação escolhida e a promoção de uma divisão geográfica espontânea do crescimento, principalmente nos grandes eixos previstos no esquema geral do desenvolvimento do território brasileiro. Essa infraestrutura deve fazer parte de um conjunto completo de infraestruturas de transporte, energia, mão de obra, urbanismo e estímulos financeiros que lhe deem sustentabilidade.

A realização de ligações contínuas, constituindo uma rede reduzida aos eixos essenciais, favorece a concentração linear ao longo do eixo. Assegura-se também, aos empreendimentos implantados ao longo da aquavia, vantagens estratégicas, pois poderão estar em comunicação, por meio de uma rede integrada, com vários outros portos marítimos, zonas de provisionamento e mercados, reforçando sua competitividade. Essas características são muito importantes em um país com as dimensões continentais do Brasil.

26.7 ALTERAÇÕES CLIMÁTICAS GLOBAIS

É fato geologicamente conhecido que a Terra está sujeita a variabilidades climáticas, em escalas de longo período, bastando recordar a chamada "Pequena Idade do Gelo", cujo ápice ocorreu no século XVII. Ocorre que a partir da Revolução Industrial no século XVIII, e dos avanços científicos e tecnológicos ocorridos nos dois séculos sucessivos, com crescimento exponencial, a população mundial aumentou significativamente com a melhoria da qualidade de vida e graças aos grandes progressos da Medicina. Este contexto contemporâneo passou a criar, cada vez mais, situações de risco para a vida de um modo geral e os seres humanos em particular, tendo em vista a maior probabilidade de ocorrência de eventos extremos mais severos, a necessidade de defesas de obras de Engenharia para este enfrentamento e o crescimento dos valores envolvidos.

Significativas mudanças climáticas e seus impactos são visíveis, regionalmente, sendo esperadas suas intensificações nas próximas décadas, o que afetou a primeira componente do risco para as comunidades humanas. A elevação das temperaturas atmosféricas, a partir da Revolução Industrial até 2100, já produziu o derretimento de significativas parcelas de gelo polar e das geleiras das montanhas,

além da expansão térmica das camadas mais superficiais dos oceanos. Como consequência, o litoral de áreas tropicais e equatoriais apresenta, generalizadamente, uma elevação relativa do nível do mar com base nas informações maregráficas de longo período disponíveis, como no caso do Brasil (Belém, Recife, Rio de Janeiro, Ubatuba, Santos e Cananeia), desde a década de 1940. De fato, a variabilidade do nível médio, das baixa-mares e das preamares, nos citados marégrafos, aponta gradientes seculares entre 2000 e 2100 variáveis de 30 a 100 cm, considerando tendências lineares ou por médias móveis de 19 anos. A variabilidade estimada pelo IPCC (2007) varia de 40 a 110 cm entre 2000 e 2100, incluindo a expansão térmica e o derretimento das geleiras da Antártida e Groenlândia.

Da mesma forma, tem-se verificado em vários litorais no mundo a maior frequência e intensificação de ventos e ondas extremas, gerando furacões, tufões e storm surges mais severos. Em locais do litoral brasileiro já estudados quanto às storm surges, como na Ponta de Tubarão em Vitória (ES) e no litoral de São Paulo, esta realidade já foi quantificada com base nos dados das últimas cinco décadas. Por outro lado, o ciclone extra tropical Catarina, que atingiu os litorais do Rio Grande do Sul e Santa Catarina, ao final de março de 2004, foi considerado pelo INPE – Instituto Brasileiro de Pesquisas Espaciais – Furacão de Classe 1 na escala internacional de furacões.

Para a navegação hidroviária interior as consequências são mais uma questão de confiabilidade, ou mesmo fundamentalmente de existência. Uma pequena mudança nos nível de água nos rios e terminais hidroviários, por exemplo, por mudança do padrão de chuvas sazonal, pode afetar o número de dias por ano em que as hidrovias podem ser usadas sem restrição, como é o caso da maioria das hidrovias brasileiras, excetuando-se parcialmente o Rio Amazonas, cujas nascentes são alimentadas pelo degelo na Cordilheira dos Andes, também sofrendo sob este aspecto de um maior recuo das geleiras.

Estima-se que cerca de 4% do gás de efeito estufa seja de origem antropogênica (PIANC, 2008), sendo que destas o transporte e tráfego seja responsável por 23%. Desta última parcela, a navegação contribui com apenas 10%, mostrando o potencial deste modal em constituir-se em transporte ambientalmente apropriado para a redução da contribuição antropogênica dos gases de efeito estufa.

Sendo as mudanças climáticas uma realidade impactante para a vida e as atividades econômicas, como a navegação, a discussão para o futuro é o quão rapidamente ocorrerão e quanto à vulnerabilidade sobre os sistemas naturais e antropogênicos. Assim, torna-se fundamental o estabelecimento da adaptação a estas alterações inevitáveis, para moderar o dano e/ou aproveitar oportunidades, como o caso das estratégias de adaptação da navegação.

Segundo os termos padrão usados pelo IPCC (2007) para definir a qualidade probabilística de uma previsão climática, as terminologias correspondentes às melhores probabilidades de ocorrência em função do resultado previsto são:

- Virtualmente certo: > 99%
- Extremamente provável: >95%
- Muito provável: >90%
- Provável: >66%

26.8 POTENCIAIS IMPACTOS SOBRE A NAVEGAÇÃO E OS PORTOS MARÍTIMOS

As mudanças climáticas resultarão, cada vez mais, em impactos generalizados na navegação e operação portuária marítimas, bem como na infraestrutura relacionada. A Tabela 26.1 sintetiza esses impactos, indicando com "x" qual mudança climática indutora poderia impactar nos setores de navegação relacionados, como Porto, Área da Costa, Offshore e Navios. Por seu turno, a Tabela 26.2 apresenta as potenciais respostas aos impactos em virtude das alterações climáticas.

26.9 POTENCIAIS IMPACTOS SOBRE A NAVEGAÇÃO HIDROVIÁRIA INTERIOR

Como no caso da navegação marítima, os indutores relacionados com as mudanças climáticas para a navegação hidroviária interior são variáveis meteorológicas fora do controle do setor de navegação, como a temperatura, a precipitação e a intensidade das tempestades. O setor da navegação interior teria maior capacidade de responder a estes indutores do que a navegação marítima, uma vez que vários países que se utilizam intensivamente deste transporte dispõem de infraestrutura de gestão dos recursos hídricos, que permite administrar o escoamento oriundo das precipitações, como é o caso da rede de reservatórios das barragens brasileiras. Entretanto, no balanço destes mesmos recursos hídricos as finalidades da água doce são múltiplas e a navegação tem de competir com o abastecimento de água, a geração de energia hidrelétrica, o controle de inundações e a irrigação, com

	Tabela 26.1 Indutores e impactos na navegação marítima				
Indutores	**Impacto potencial**	**Porto**	**Área da costa**	*Offshore*	**Navios**
Aumento na potência e alcance das *storm surges*, inundação costeira, zona de espraiamento e erosões	Degradação, colapso e relocação	X	X		
	Mudança dos requisitos de dragagem	X			
Mudança na magnitude e duração das *storm surges* em galgar os diques	Inundação das terras baixas	X	X		
Ataque da onda em cotas mais elevadas, reduzindo a dissipação na quebra	Aumento da vulnerabilidade das estruturas	X	X	X	
Mudança na frequência, duração e intensidade das tempestades	Perda permanente de areia para *offshore* e *onshore*	X	X	X	
	Degradação das estruturas	X	X	X	
	Perda de área para expansão do porto	X	X		
	Recuo das paisagens costeiras		X		
	Problemas de manobrabilidade do navio				X
	Aumento do *downtime* do porto	X			X
	Reduzida capacidade do sistema natural se recompor		X		
Mudança na amplitude da maré e outros parâmetros do estado do mar	Degradação dos materiais com o tempo	X	X	X	
	Exposição das plataformas dos cais e píeres à corrosão	X		X	

Tabela 26.2 Amplitude das respostas da navegação às futuras mudanças climáticas	
Área de intervenção	**Resposta (medidas)**
Projeto de infraestrutura marítima	Readaptação do projeto de defensas do cais para absorção dos impactos dos navios na estrutura.
	Aumento da cota dos cais, diques e muros de praia e das áreas em seu tardoz para fazer frente ao aumento da frequência de galgamento e inundação de terras baixas, recuperando-se bordas livres perdidas.
	Os pontos mais baixos nos prédios devem situar-se em nível mais alto.
	Revisão das cotas de calado aéreo máximo, tendo em vista os equipamentos de movimentação de carga.
	Relocação ou reforço de proteção de marinas mais desabrigadas.
	Pontes mais fortes e resistentes ao desgaste pela maior intrusão de água salgada.
	Estabilidade e galgamento de quebra-mares: altura do coroamento, aumento da dimensão dos blocos de carapaça e possível reorientação.
	Restrições no desenvolvimento de portos e limitações para a locação de novos portos.
	Na ausência de séries maregráficas de longo período, adotar como adequada uma elevação de 5 mm/ano para o nível médio.
	Uma análise de sensibilidade para futuras alterações das condições de ondas *offshore* é a de verificar que o projeto e operação não sejam seriamente afetados por uma margem de 10% de incremento nas alturas de ondas e 5% de aumento nos períodos.
	Para condições de ondas litorâneas afetadas pela arrebentação, a alteração na cota do nível do mar, e, portanto sua profundidade, devem ser consideradas; verificar como o aumento precaucional do clima *offshore* afeta a zona de arrebentação.
	Análise de sensibilidade razoável para possíveis alterações de condições de vento futuras é a de verificar que o projeto e operacionalidade não sejam seriamente afetadas por uma margem de 10% de aumento na velocidade do vento.
	Comunidades e instalações industriais na zona costeira podem já estar sendo ameaçadas ou forçadas à relocação, caso contrário enfrentarão aumento de riscos e custos.
Operação e manutenção de infraestrutura marítima	Aumento dos custos de manutenção e reposição portuários, costeiros e nas infraestruturas de plataformas.
	Aumento dos custos de manutenção devido ao recrudescimento de danos por *storm surge* nas infraestruturas de proteção costeira, muros de praia, diques, dunas, quebra-mares etc.
	Maior sedimentação nas embocaduras marítimas, aumentando a necessidade de dragagens.
Operação do navio	Mais recifes submersos que necessitarão ser demarcados por precaução.
	Relocação de canais de navegação para áreas menos expostas e aumento da necessidade de canais de transporte protegidos.
	Aumento de tempos de espera, exigindo maiores áreas de fundeio para os navios.
Projeto do navio	Uso de diferente combustível, ou mais eficiente, para reduzir, ainda mais, as emissões de gases de efeito estufa.
	Maiores ondas poderão exigir projeto de navios mais resistentes.

Tabela 26.3
Tendências e projeções para eventos climatológicos e hidrológicos extremos

Fenômeno e direcionamento da tendência	Frequência com que a tendência se deu após 1960	Frequência da tendência futura ao longo do século XXI	Relevância para a navegação
Mais quente e menos dias e noites frias em muitas terras	Muito provável. Redução da frequência dos dias e noites mais frios, nos 10% mais frios.	Virtualmente certo. Aquecimento dos dias e noites mais quentes de cada ano.	Forma de precipitação: neve ou chuva, com ou sem gelo.
Mais quente e mais frequentes noites quentes	Muito provável, aumento da frequência dos dias e noites mais quentes, nos 10% mais quentes.	Virtualmente certo. Aquecimento dos dias e noites mais quentes de cada ano.	Associada com a seca.
Fases de ondas de calor com maior frequência	Provável.	Muito provável.	Associada com a seca.
A área afetada por estiagens aumenta	Provável em muitas regiões desde 1970.	Provável.	Associada com a seca.
A frequência das chuvadas, ou a proporção delas, no total, aumenta em muitas áreas	Provável.	Muito provável.	Associada com as cheias.

critérios de tomada de decisão complexos, de cunho político, social e ambiental.

As tendências e projeções para os eventos climatológicos e hidrológicos extremos, sintetizadas na Tabela 26.3, utilizam-se da terminologia padrão usada pelo IPCC (2007) para definir a qualidade probabilística de uma previsão climática, correlacionando-a com sua relevância para a navegação.

Na Figura 26.1 apresenta-se um gráfico adaptado de Pleijster e Van der Veeken (2014) em que pode ser avaliada, a partir do ano 800 até uma projeção no ano 2100, a influência sobre o Delta dos Países Baixos da elevação do nível

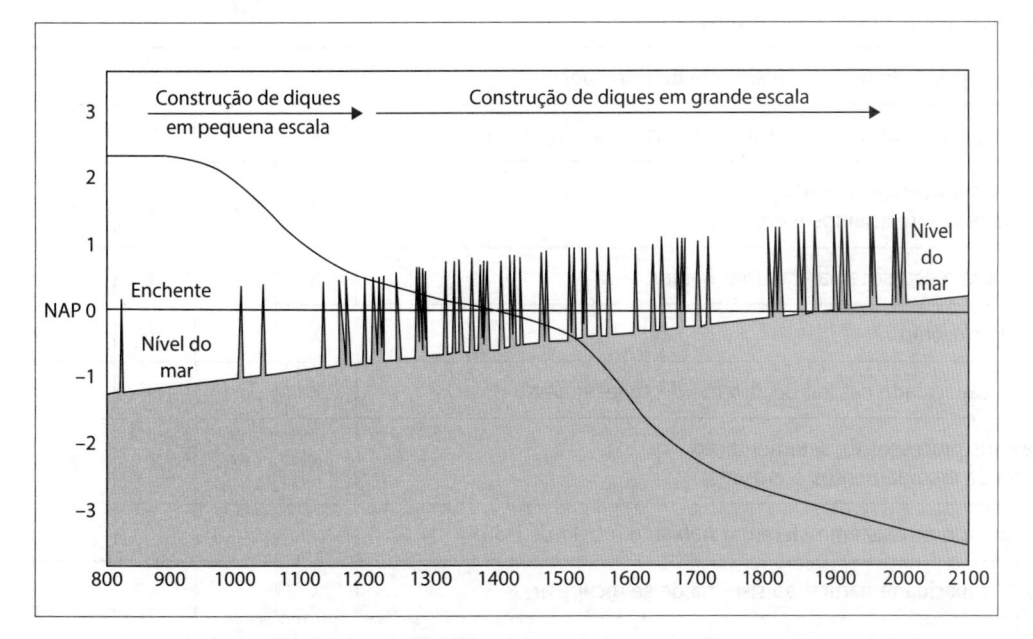

Figura 26.1
Gráfico de elevação do nível do mar e subsidência do solo no delta neerlandês.

médio do mar e da subsidência média do terreno. Os dois fenômenos somados constituem uma significativa elevação relativa do nível do mar no Delta dos Países Baixos. Estão também assinaladas as estimativas de cotas atingidas pela água alta de todas as informações históricas quanto a eventos de *storm surge* que assolaram a região em 1200 anos. A oscilação relativa do nível d'água com o terreno atingiu a partir do ano de 1200, aproximadamente, uma situação em que nitidamente o esforço em deter as inundações começou a se acelerar, com a construção em larga escala de diques.

Os potenciais impactos das mudanças climáticas devidos à temperatura, precipitação e elevação do nível do mar continuarão a influenciar a navegação interior no que se refere, primariamente, ao nível d'água e à velocidade, o que resulta em alterações na sedimentação. Em termos gerais, apresenta-se a Tabela 26.4 em que são listados os impactos

Tabela 26.4
Indutores e impactos para a navegação interior

Indutores	Impactos	Rios, canais e lagos	Eclusas, barragens e infraestrutura	Controle operacional	Embarcações
Suprimento de água: aumento de chuva Condições extremas com cheias extremas	Aumento do nível d'água e velocidade.	X	X	X	X
	Alteração nos processos de sedimentação de taludes, erosões localizadas, locais de assoreamento e degradação.	X	X	X	
	Manobrabilidade.		X		X
	Aumento das cargas nas estruturas.		X		
	Diminuição da área de terreno disponível para o desenvolvimento.		X		
	Redução do *uptime* do porto.		X	X	
	Redução da capacidade natural do sistema de se recuperar.	X			
Suprimento de água: redução de chuva Condições extremas com estiagens extremas	Redução do nível d'água e velocidade.	X	X	X	X
	Redução do *uptime* do porto.		X	X	
	Mudanças nos processos de sedimentação (localização de assoreamentos e erosões).	X	X	X	
	Redução da capacidade natural do sistema de se recuperar.	X			
Suprimento de água: alterações na forma e quantidade da precipitação sazonal	Alteração no período de sazonalidade de águas altas e águas baixas.	X	X	X	X
	Mudanças nos processos de sedimentação (localização de assoreamentos e erosões).	X	X	X	X
Aumento da temperatura da água	Impactos sobre o ecossistema afetam o *habitat*.	X		X	
	Depleção do oxigênio.	X		X	
	Redução da capacidade natural do sistema de se recuperar.	X			
Morfologia do rio	Mudanças nos processos de sedimentação (localização de assoreamentos e erosões).	X	X	X	X
	Impactos sobre o ecossistema afetam o *habitat* e o ciclo de vida.				
	Redução da capacidade natural do sistema de se recuperar.	X			

em função dos indutores. Por outro lado, a Tabela 26.5 sintetiza as possíveis respostas da navegação interior aos impactos das mudanças climáticas, algumas das quais requerem investimentos adicionais e/ou acarretam maiores custos operacionais, não dependendo somente de aspectos legais e técnicos, mas também de limitações econômicas. Para este conjunto de medidas em resposta à adaptação às mudanças climáticas, as melhores escolhas, em termos de custo × benefício de cada medida, devem ser conhecidas.

Nas Figuras 26.2 e 26.3 apresentam-se gráficos adaptados de Pleijster e Van der Veeken (2014) quanto às vazões médias históricas do Rio Reno e Rio Maas, nos Países Baixos. O Rio Reno, é sabido, subdivide-se em Waal, Neder-Rijn e IJssel e o Rio Maas conflui no Rio Waal próximo da foz no mar. Na Figura 26.3, são comparadas a vazão de pico anual de 2014 e as faixas de vazões estimadas hidrologicamente para os anos 2050 e 2100 para o Rio Reno antes de sua subdivisão,

entrando em território neerlandês. Esses dados evidenciam o substancial incremento das vazões extremas, denotando a seriedade da situação para as próximas décadas.

26.10 PERSPECTIVAS DE OPORTUNIDADES PARA A NAVEGAÇÃO E A ATIVIDADE PORTUÁRIA EM TERMOS DE ADAPTAÇÃO ÀS MUDANÇAS CLIMÁTICAS

As perspectivas de oportunidades para a navegação e a atividade portuária, quanto à adaptação às mudanças climáticas, podem ser promissoras, principalmente em função

Tabela 26.5
Possíveis respostas da navegação interior aos impactos das mudanças climáticas

Área de intervenção	Respostas (medidas)	Informação adicional
Projeto e manutenção da hidrovia	Criação de instalações de armazenamento de água.	Reservatórios a montante para controle de cheias podem ser usados para aprimorar a navegação.
	Aprofundamento ao invés de alargamento dos canais.	
Operação da hidrovia	Gestão do escoamento d'água.	Armazenagem d'água em tempos de cheias e descarga nas águas baixas
	Aprimorar a previsão do nível d'água.	Melhor informação, à frente, pode otimizar o uso da capacidade da embarcação para dadas condições, reduzindo as margens de incerteza.
	Aprimoramento de procedimentos de filas (*queuing*).	Sistemas de suporte à decisão e automatização de filas podem auxiliar em superar restrições de infraestrutura da hidrovia.
	Implantação dos Serviços de Informações Fluviais.	Os Serviços de Informações Fluviais permitem eficiente e segura navegação.
	Prover cartas eletrônicas dos canais com cotas.	Melhor informação para otimizar o uso das embarcações em determinadas condições, reduzindo as margens de incerteza.
Gestão de transporte	Arrendamento de embarcações adicionais.	
	Aumento dos tempos de operação diários das embarcações.	
	Cooperação com outros modais de transporte.	Acordos contratuais com transporte rodo e ferroviário podem ser feitos para épocas de reduzida navegabilidade.
	Aumento da estocagem de cargas.	
Operação da embarcação	Emprego de modernos Sistemas de Informação e Visualização das Cartas Eletrônicas para controle do tráfego hidroviário.	Fornecimento de toda a informação necessária, e sempre atualizada, para a melhor utilização dadas as possibilidades de navegação.
Projeto da embarcação	Redução do deslocamento.	Emprego de materiais alternativos de projeto, com equipamentos mais leves.
	Aumento de boca.	Embarcações mais largas exigem menor calado.

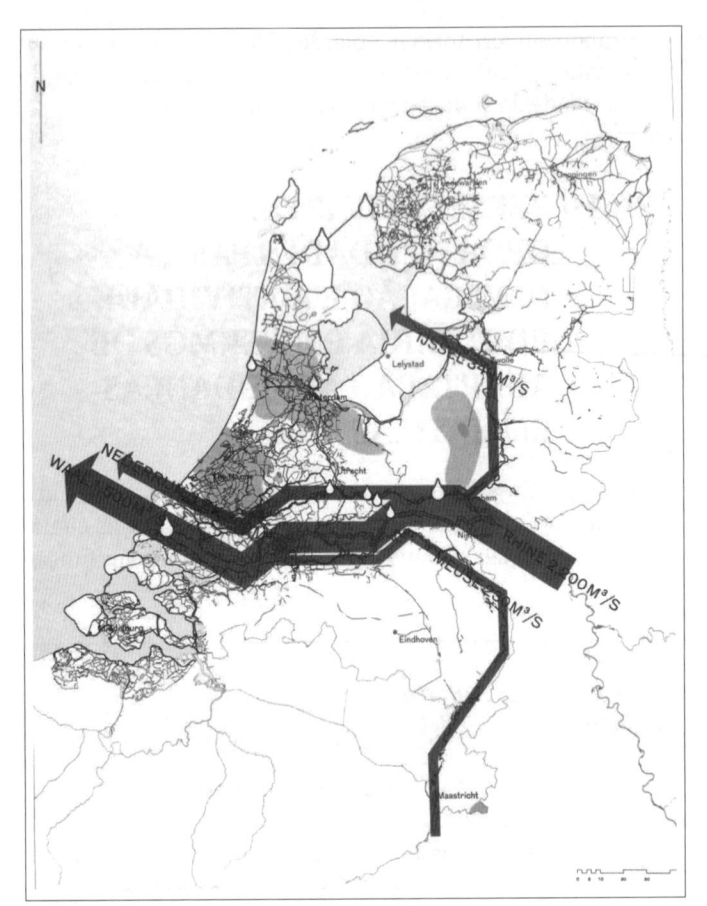

Figura 26.2
Distribuição das vazões médias históricas das ramificações do delta neerlandês.

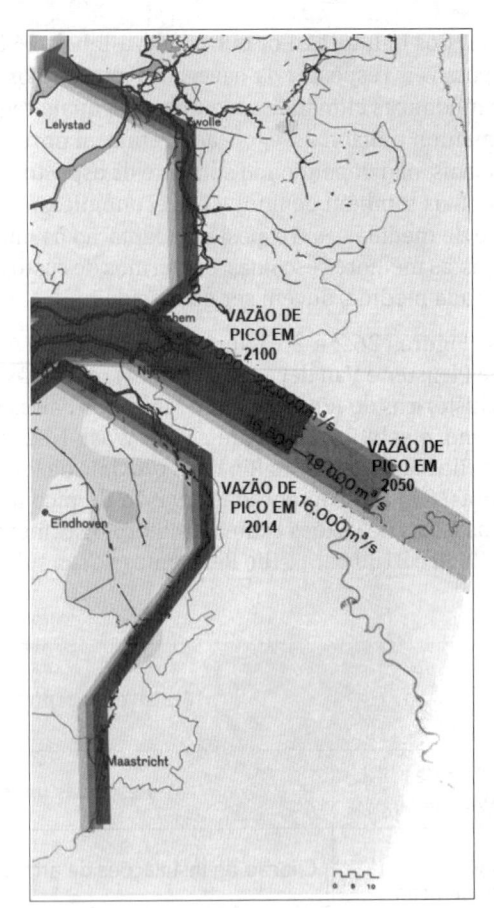

Figura 26.3
Vazões de pico do Rio Reno a montante de sua subdivisão nos respectivos distributários do delta neerlandês, em 2014 e as faixas estimadas para 2050 e 2100.

de medidas regulatórias para a mitigação de tais mudanças. Da mesma forma que a demanda para algumas cargas tradicionais, como combustíveis fósseis (carvão e petróleo) decairá, a de outros combustíveis, de fontes renováveis de energia, como o etanol, aumentará, bem como dos equipamentos industriais para a sua produção. As indústrias química e da construção civil deverão, cada vez mais, fazer uso do transporte aquaviário.

A navegação é caracterizada pelo baixo consumo de energia e, portanto, reduzida pegada de carbono, com a grande possibilidade de reduzir mais ainda. Trata-se do modal de transporte com imagem mais amigável ao meio ambiente, sendo já atrativa para a movimentação de carga, sendo a única mesmo para a maioria das cargas movimentadas em grandes volumes. Medidas regulatórias e o ônus sobre a indústria petroquímica tornarão ainda maior a margem competitiva sobre os outros modais, especialmente o rodoviário e o aeroviário. Conforme evidenciado na Figura 26.4, o transporte rodoviário é largamente o maior responsável para o aquecimento entre os modais de transporte, enquanto a navegação, em termos comparativos de carga transportada, produziu uma resultante de esfriamento (FUGLESTVEDT et al., 2008, apud PIANC, 2008).

26.11 AS DIRETRIZES

O reconhecimento das mudanças climáticas em curso e seus futuros impactos, previstos ou não, fornecem uma oportunidade para a navegação formatar políticas, estratégias de adaptação e medidas de mitigação para a navegação marítima e hidroviária interior. Para as dimensões continentais do Brasil, com sua extensão de costa marítima e bacias hidrográficas, é o momento decisivo para ajustar sua matriz de transportes, pendendo decisivamente para o modal hidroviário, tendência da qual se desviou na década de 1950.

Considera-se que na adaptação incluem-se estratégias que ajustam os sistemas correntes e a infraestrutura para levar em conta as mudanças climáticas. A mitigação, por outro lado, refere-se a atividades que diretamente diminuam para o aquecimento global, que é o maior indutor da mudança climática. Assim, de acordo com o IPCC (2007), muitos impactos podem ser evitados, reduzidos, ou adiados pela mitigação, e, embora, alguma adaptação esteja em andamento, atualmente, para fazer frente às observadas e projetadas mudanças climáticas, mais adaptação é necessária para reduzir a vulnerabilidade e as consequências associadas com as mudanças climáticas. Estas medidas assinalam que o desenvolvimento sustentável

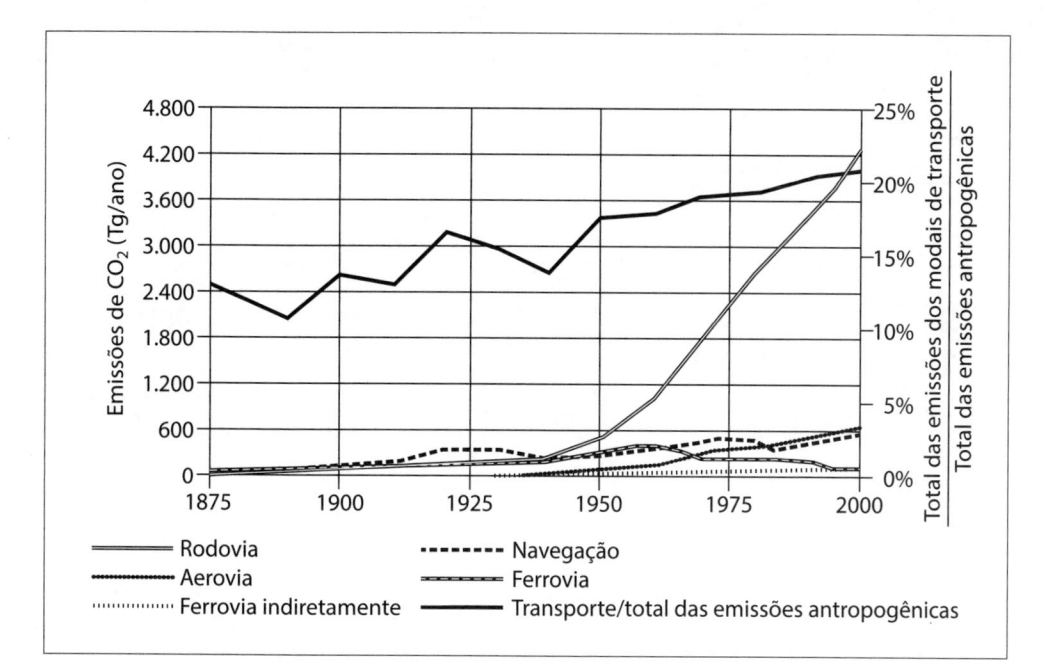

Figura 26.4
Evolução histórica das emissões de CO_2 a partir dos diferentes modais de transporte (ordenada esquerda) e como fração das emissões antropogênicas de CO_2 (excluindo as mudanças no uso da terra).

é necessário para a adaptação com sucesso às mudanças climáticas, no entanto, tais custos, podem ser proibitivos para certas alternativas de adaptação. A União Europeia recentemente implantou uma Diretiva Quadro para a Água, incluindo para todos os novos projetos a exigência do conceito de prova-climática, definida como a "Garantia de sustentabilidade dos investimentos ao longo da inteira vida útil, levando explicitamente em consideração uma mudança climática". Trata-se de um importante indutor para todos os processos de planejamento, que o Brasil deve ter como paradigma para a definição de sua política para o setor de navegação.

Para a navegação, a tomada de decisão sobre a adaptação do planejamento, da operação e da infraestrutura que leve em conta as características naturais e sociais do sistema e as mudanças incrementais dos impactos ao longo do tempo. Uma abordagem compreensiva dos sistemas que permita a contínua atualização ao novo conhecimento emergente e novas práticas da Engenharia, sendo desenvolvidas para garantir a segurança satisfatória dos sistemas e seu desempenho sob as condições dinâmicas, bem como aos processos não lineares associados às mudanças climáticas.

BIBLIOGRAFIA

Simulador de manobras fluviais para treinamento.

ABNT – Associação Brasileira de Normas Técnicas. *Ações em estruturas portuárias marítimas ou fluviais – Procedimento*. NBR 9782, Rio de Janeiro, mar. 1987.

____. *Planejamento portuário – obras de acostagem*. NBR 13.209, Rio de Janeiro, out. 1994.

____. *Planejamento portuário – aspectos náuticos*. NBR 13.246, Rio de Janeiro, fev. 1995.

ABOIM, J. R. L. *Elementos de hidrografia*. Rio de Janeiro: IBGE, 1954.

AGERSCHOU, H. et al. *Planning and design of ports and marine terminals*. Chichester: John Wiley & Sons Ltd., 1983.

ALFREDINI, P. *Influência de obras de engenharia na morfologia de embocaduras estuariais*. In: Seminário de Obras Fluviais e Marítimas na Pós-Graduação do Departamento de Engenharia Hidráulica e Sanitária da Escola Politécnica da Universidade de São Paulo. São Paulo, 1982.

____. *Análise de métodos de modelação física da ação de correntes sobre leito móvel*. São Paulo, 1983. Dissertação (Mestrado apresentado à Escola Politécnica da Universidade de São Paulo).

____. *A técnica de traçadores em modelos de fundo fixo aplicada a estudos sedimentológicos*. São Paulo, 1988. Tese (Doutorado apresentado à Escola Politécnica da Universidade de São Paulo).

____. *A modelação física do comportamento de navios atracados na otimização do arranjo geral de áreas portuárias*. São Paulo, 1992. Tese (Livre-Docência na Área de Obras Hidráulicas Fluviais e Marítimas apresentada em Concurso Público à Escola Politécnica da Universidade de São Paulo).

____. Aspectos relativos à dinâmica hidráulico-salina do Baixo Rio Cubatão (Estado de São Paulo, Brasil). *Anais* do XVI Congresso Latinoamericano de Hidráulica da IAHR, Santiago do Chile, 1994.

____. Caracterização histórica da estabilidade morfológica de canais de barras marítimas da costa do Estado de São Paulo. *Anais* do XX Congresso Latinoamericano da IAHR, La Habana, Cuba, 2002.

____. Longshore sediment transport quantification in selected locations along the Brazilian Coastline. *Boletim Paranaense de Geociências*, n. 47, 1999.

____; ARASAKI, E.; AMARAL, R. F. Mean sea-level rise impacts on Santos Bay, Southeastern Brazil – Physical modelling study. *Environmental Monitoring and Assessment* 144: 377-387, 2008.

____; ____; DE MELO BERNARDINO, J. C. Santos sea outfall wastewater dispersion process: Physical modeling evaluation. *Journal of Coastal Research*, v. 33, n. 1, p. 173-190, 2017.

____; ____; PEZZOLI, A.; DE SOUZA, W. C. Impact of maritime climate changes on the harbours land areas and wetlands of Sao Paulo State Coastline (Brazil). *Proceedings* of the International Perspectives on Water Resources & the Environment Conference, ASCE, Izmir (Turkey), 2013.

____; ____; ____; FOURNIER, C. P. Impact of Climate Changes on the Santos Harbor, São Paulo State (Brazil). *Journal of TRANSNAV*, v. 7, n. 4, pp. 609-617, dec. 2013.

____; ARAÚJO, R. N. La valutazione del trasporto di sedimenti litoraneo applicato allo studio morfodinamico della costa brasiliana. *Atti* – Volume I del XXVI Convegno di Idraulica e Costruzioni Idrauliche, Catania, 1998.

____; ____. Longshore sediment transport rate along Suarão and Cibratel Beaches, Itanhaém, SP, Brazil. *Journal of Coastal Research* Special Issue 35, 2003.

____; CARTACHO, D. L. et al. Extreme events assessment methodology coupling rainfall and tidal levels in the coastal floodplain of the São Paulo North Coast (Brazil) for drainage purposes. *Geophysical Research Abstracts*. v. 14, EGU 2012 – 10439, Viena (Áustria).

____; GERENT, J. P.; ARASAKI, E. Analogical manoeuvring simulator with remote pilot control for port design and operation. *Journal of TRANSNAV*, v. 5, n. 3, pp. 315-322, set. 2011.

____; GONÇALVES, R. R. C. Dez anos de desenvolvimento da técnica de modelo físico de navio rádio-controlado manobrado por piloto real no LHEPUSP. *Anais do II Congresso sobre Planejamento e Gestão da Zona Costeira dos Países de Expressão Portuguesa*, Recife (PE), 2003.

____; GRAGNANI, M. Influência da maré nos teores de cloretos do Baixo Rio Cubatão (Estado de São Paulo, Brasil). *Anais do XVII Congresso Latinoamericano de Hidráulica da IAHR*, Guayaquil, Equador, 1996.

____; MARTINS, R. G. Caracterização de canais de acesso externos a áreas portuárias brasileiras, segundo as recomendações da PIANC – Análise de larguras. *Revista Brasileira de Recursos Hídricos*, v. 5, n. 4, out./dez. 2000.

____; PEZZOLI, A.; CRISTOFOLI, E. J.; DOVETTA, A.; ARASAKI, E. Wave and tidal level analysis, maritime climate change, navigation's strategy and impact on the coastal defences – Study case of São Paulo State Coastline Harbour Areas (Brazil). *Geophysical Research Abstracts* v. 14, EGU 2012 – 10735, Viena (Áustria).

____; SANTOS, I. O. Aplicação de métodos unidimensionais teórico-experimentais na descrição da dinâmica hidráulico-salina estuarina. *Anais do XX Congresso Latinoamericano da IAHR*, La Habana, Cuba, 2002.

____; SANTOS, I. O. Impacto da vazão da Barragem do Valo Grande na distribuição de salinidade no Complexo Estuarino-Lagunar de Iguape-Cananeia (Estado de São Paulo). *Anais do XVIII Congresso Latinoamericano de Hidráulica da IAHR*, Oaxaca (México), 1998.

____; SOUZA, O. J.; GÓIS, J. S.; SILVA, G. C. Avaliação do impacto morfológico do projeto de guias-correntes na Barra do Rio Itanhaém (SP). *Anais do II Congresso sobre Planejamento e Gestão da Zona Costeira dos Países de Expressão Portuguesa*, Recife (PE), 2003.

ALIANÇA NAVEGAÇÃO. A importância do Porto Brasileiro no desenvolvimento da cabotagem. 1.º Seminário sobre o Desenvolvimento da Cabotagem Brasileira, 2009.

ALMEIDA, C. E. *As deformações das ondas nas proximidades da costa*. São Paulo, 1968. Tese para Concurso à Docência Livre da Cadeira Nº 16 - Navegação Interior e Portos Marítimos- da Escola Politécnica da Universidade de São Paulo.

____. *Obras de transposição de desnível em barragens de aproveitamentos múltiplos*. São Paulo, 1968. Tese apresentada à Congregação da Escola Politécnica da Universidade de São Paulo para concurso de provimento efetivo da Cátedra 16 – Navegação Interior e Portos Marítimos.

ALUMAR – Consórcio Alumínio do Maranhão. *Informações portuárias do Terminal Privativo da ALUMAR em São Luís do Maranhão – Brasil*. São Luís (MA), 1984.

AMARAL, R. F.; ALFREDINI, P.; SOUZA, O. J. Caracterização hidrossedimentológica das ondas de areia do Canal de Acesso do Complexo Portuário do Maranhão. *Anais do II Congresso sobre Planejamento e Gestão da Zona Costeira dos Países de Expressão Portuguesa*, Recife (PE), 2003.

AMBRIZ, M. A. C.; ORTA DE VELÁSQUEZ, M. T.; RAMÍREZ, I. M. *Efecto del cloro sobre las propriedades físicas y químicas del agua residual*. s.d. Disponível em: <www.cepis.ops--oms.org>. Acesso em: 22 abr. 2004.

ANTAQ – Agência Nacional de Transportes Aquaviários. *Visita as hidrovias, canais e portos de Flanders*. Brasília, 2007.

____. *Revista Panorama Aquaviário*, v. 6, ago. 2011.

____. *Anuário Estatístico Aquaviário 2012*. Brasília, 2013.

API – American Petroleum Institute. *Analysis of spread mooring systems for floating drilling units*. RP2P, Dallas (TX), 1987.

ARASAKI, E.; ALFREDINI, P.; PEZZOLI, A.; ROSSO, M. Coastal area prone to extreme flood and erosion events induced by climate changes; study case of Juqueriquerê River Bar Navigation, Caraguatatuba (São Paulo State), Brazil. *Journal of TRANSNAV*, v. 6, n.4, pp 571-575, Dec. 2012.

ARAÚJO, R. N. A. *O cálculo do transporte de sedimentos litorâneo: estudo de caso das praias de Suarão e Cibratel (Município de Itanhaém, São Paulo)*. São Paulo, 2000. Dissertação (Mestrado apresentado ao Departamento de Engenharia Hidráulica e Sanitária da Escola Politécnica da Universidade de São Paulo).

____; ALFREDINI, P. O cálculo do transporte de sedimentos litorâneo: estudo de caso das praias de Suarão e Cibratel (município de Itanhaém, São Paulo). *Revista Brasileira de Recursos Hídricos da ABRH*, v. 6, n. 2, jun. 2001.

____; ____. Cálculo do clima de ondas em águas profundas para duas regiões do litoral sul do Estado de São Paulo. *Anais* do II Congresso sobre Planejamento e Gestão da Zona Costeira dos Países de Expressão Portuguesa, Recife (PE), 2003.

ARAÚJO FILHO, J. R. *A baixada do rio Itanhaém.* São Paulo, 1950. Tese (Doutorado apresentado à cadeira de Geografia do Brasil da Faculdade de Filosofia, Ciências e Letras da Universidade de São Paulo).

ALAD – Associação Latinoamericana de Dragagem. *IV Curso de Tecnologia de Dragagem*, Rio de Janeiro, 1978.

ASCE – American Society of Civil Engineers. Ship channel design and operation. *Manuals and Reports on Engineering Practice.* nº 107, 2005.

____. Mooring of ships to piers and wharves. *Manuals ans Reports on Engineering Practice.* n. 129, 2014.

AUBERT, J. *Navigation Intérieure. Extrait de L'encyclopédie Pratique De La Construction Et du Batiment.* Paris: Librairie Aristide Quillet, 1968.

AVANZINI, C. et al. Guidelines for submarine outfall structures for Mediterranean small and medium sized coastal communities – an analysis of the practical aspects: engineering and construction. In: MEDCOAST 97 CONFERENCE, Malta, 1997. *Anais*, p. 1-12.

BANDEIRA, J. V. *Estudo estatístico das ondas ao largo da Baía de Paranaguá.* Trabalho apresentado como parte dos requisitos para o título de Mestre em Ciências em Hidrologia Aplicada. Centro de Hidrologia Aplicada do Instituto de Pesquisas Hidráulicas da Universidade Federal do Rio Grande do Sul, Porto Alegre. 1974.

BAPTISTELLI, S. C.; ARAÚJO, R. N.; ALFREDINI, P. Modelação numérica da circulação de correntes de maré e induzidas pelo vento aplicada a estudos de disposição oceânica de efluentes na Praia Grande – São Paulo. *Anais do II Congresso sobre Planejamento e Gestão da Zona Costeira dos Países de Expressão Portuguesa*, Recife (PE), 2003.

BARROS, G. L. M. *Navegar é Fácil-Manual do Desportista Náutico Amador.* 3. ed. Rio de Janeiro: Edições Marítimas Ltda, 1985.

BASE AEROFOTOGRAMETRIA E PROJETOS S.A. *Acervo de levantamentos aerofotogramétricos da Costa de São Paulo.*

BENASSAI, E. *Appunti delle lezioni di Costruzioni Marittime.* Facoltà d'Ingegneria dell'Università di Napoli, 1978.

____. *Le dighe marittime.* Istituto Italiano per gli Studi Filosofici. Napoli, 2006.

BERGER, F. R. *Glossário Portuário Ilustrado.* Joinville: Fotoimagem, 2011.

BERNARDINO, J. C. M. *Estabilidade de cursos d'água escoando sobre leitos aluvionares não coesivos.* São Paulo, 2005. Dissertação (Mestrado apresentado ao Departamento de Engenharia Hidráulica e Sanitária da Escola Politécnica da Universidade de São Paulo).

BEZERRA, E. R. Custos portuários para navios porta-contêiners. *Anais do 1º Simpósio de Tecnologia Portuária na CVRD*, São Luís (MA), 1993.

BITTENCOURT, A. G. *Morfologia fluvial*: geometria, hidráulica e resposta fluvial – aplicabilidade à engenharia. In: Seminário de Obras Hidráulicas no Curso de Pós-Graduação do Departamento de Engenharia Hidráulica e Sanitária da Escola Politécnica da Universidade de São Paulo, São Paulo, 1980.

BOMTEMPO, V. L. *Características hidráulicas e sedimentológicas de trecho do litoral Sul do Estado de São Paulo.* Rio de Janeiro, 1991. Dissertação (Mestrado apresentado a COPPE, UFRJ).

BONNEFILLE, R. *Cours d'hydraulique maritime.* Colletion de l'École Nationale Supérieure de Techniques Avancées, Paris, 1976.

BOWDEN, K. F. *Physical oceanography of coastal waters.* New Jersey: John Wiley & Sons Ltd., 1984.

BRASIL, MARINHA, DHN – Diretoria de Hidrografia e Navegação. *Normas da Autoridade Marítima para Auxílios à Navegação.* NORMAN-17/DHN. 3ª edição, 2008.

_____; CHM – Centro de Hidrografia da Marinha. *Atlas da Hidrovia Tietê-Paraná. Da Ilha Solteira a Barra Bonita.* Rio de Janeiro, 1997.

_____. *Roteiro Costa Leste – do Cabo Calcanhar ao Cabo Frio e Ilhas Oceânicas.* 12ª edição, 1ª reimpressão, 2005.

_____. *Carta 12.000-Símbolos, abreviaturas e termos usados nas cartas náuticas brasileiras.* 3ª edição, Niterói (RJ), 2008.

_____. *Roteiro Costa Norte – da Baía de Oiapoque ao Cabo Calcanhar e Rios Amazonas, Jari, Trombetas e Rio Pará.* 11ª edição, 4ª reimpressão, 2013a.

_____. *Roteiro Costa Sul – do Cabo Frio ao Arroio Chuí e Lagoa dos Patos e Mirim.* 12ª edição, 4ª reimpressão, 2013b.

_____; BNDO – Banco Nacional de Dados Oceanográficos. *Informações sobre vagas e marulhos do subquadrado 46 do quadrado 376 MARSDEN de 1965 a 1990.* s.d.

_____. *Cartas náuticas e folhas de bordo da Costa de São Paulo.* s. d.

BRATTELAND, E. *A Survey on accetable ship movements in harbour.* The Dock & Harbour Authorithy, 1974.

BRAY, R. N.; BATES, A. D.; LAND, J. M. *Dredging – A handbook for Engineers.* New York: Arnold and John Wiley and Sons Inc., Second Edition, 1997.

BRUUN, P. *Stability of tidal inlets:* theory and engineering. Amsterdam: Elsevier Scientific Publishing Company, 1978.

_____. *Port Engineering.* Houston: Gulf Publishing Co. 4th Edition, 1993.

BS – British Standards. *Code of practice for design of fendering and mooring systems.* BS 6349-1, London, 2000.

BSRA – British Ship Research Association. *Research Investigation for the Improvements of Ship Mooring Methods, Wind and Current Data for Various Classes of Ships*, Report NS 386, 1973.

BURROWS, R. et al. European attitude to the disposal of wastewater in the sea: the case for a (European) network for sea outfall research. *Wat. Sci. Tech.*, v. 38, n. 10, p. 317-321, 1998.

BURROWS, R. The United Kingdom's philosophy for coastal sewerage and sewage disposal 1980s – present. In: MARINE WASTE WATER DISCHARGES, Genova, 2000. *Anais.* Genova: M. E. C. C. & MWWD Organization, 2000. p. 47-53.

BURT, N.; HAYES, D. F. Framework for research leading to improved assessment of dredge generated plumes. *Terra et Aqua*, Number 98, March 2005.

CAMARGO JR., A. Sistema de gestão ambiental para terminais hidroviários e comboios fluviais da Hidrovia Tietê-Paraná. *Anais* do 2º Seminário Nacional de Transporte

Hidroviário Interior da Sociedade Brasileira de Engenharia Naval – Sobena, Jaú (São Paulo), 2001.

CARDOSO, C. O.; ALFREDINI, P. A. Modelo analítico para vazão de barreira hidráulica no Rio Cubatão (Estado de São Paulo, Brasil). *Anais do XVIII Congresso Latinoamericano de Hidráulica da IAHR*, Oaxaca (México), 1998.

CARTACHO, D. L. *Análise probabilística chuva-maré para a Bacia do Rio Santo Antônio em Caraguatatuba (SP).* São Paulo, 2013. Dissertação (Mestrado apresentado ao Departamento de Engenharia Hidráulica e Ambiental da Escola Politécnica da Universidade de São Paulo).

CARVALHO, J. J. R.; SOUZA, O. J.; ALFREDINI, P. Rubble mound groins design in area submitted to strong tidal currents. Second International Symposium on Desing of Hydraulic Structures. *Proceedings*, Fort Collins, 1989.

CARVALHO, N. O. *Hidrossedimentologia prática.* Rio de Janeiro: Editora Interciência, 2ª edição, 2012.

CASTANHO, J. Rebentação das ondas e transporte litoral. *Memória* n. 275 do Laboratório Nacional de Engenharia Civil, Lisboa, 1966.

CASTRO, J. W. A.; VALENTINI, E.; ROSMAN, P. C. C. Estudo diagnóstico do comportamento atual da linha de costa entre os rios Pacoti e Tabuba – CE. *Anais do 39º Congresso Brasileiro de Geologia da SBG*, São Paulo, 1992.

CAZZOLI, S. V. *Dinâmica sedimentar atual das praias de Cibratel e Itanhaém-Suarão, Município de Itanhaém, Estado de São Paulo.* São Paulo, 1997. Dissertação (Mestrado apresentado ao Instituto Oceanográfico da Universidade de São Paulo).

CETESB. *Relatório de qualidade das águas litorâneas do Estado de São Paulo: balneabilidade das praias*, 2003. São Paulo, 2004.

CLAUSNER, J. E. International workshop participants take hard look at resuspension of sediments due to dredging. *Dredging Research*, Vol 6, N.° 2, US Army ERDC, 2003.

CHACRABARTI, S. K. Hydrodynamics of offshore structures. *Computation Mechanics Publications*, Southampton,UK, 1994.

CIRIA, CUR, CETMEF. *The Rock Manual. The use of rock in hydraulic engineering.* London, 2nd Edition, 2012.

CNEC – Consórcio Nacional dos Engenheiros Consultores. *Estudo do comportamento hidráulico do Canal de Pereira Barreto.* São Paulo, s.d.

CNT. *Pesquisa CNT do Transporte Marítimo*, 2012.

CODESP. *Relatório Anual 2010.* Santos, 2011.

CODESP – USP. *Estudos do sistema de acessibilidade ao Porto de Santos.* Relatório Interno, Santos, 2009.

COMINO, E.; PICCIONE, S.; ROSSO, M. *Pellice e Drac si parlano: histoire d'eau* Torino, Celid, 2012.

COMISSÃO NACIONAL INDEPENDENTE SOBRE OCEANOS. *O Brasil e o Mar no Século XXI: Relatório aos Tomadores de Decisão do País.* Rio de Janeiro, 1998.

CONAMA. *Resolução Conama n. 237 de 19 de dezembro de 1997.*

____. *Resolução Conama n. 397 de 03 de abril de 2008.*

____. *Resolução Conama n. 454 de 01 de novembro de 2012.*

CONSIGLIO SUPERIORE DEI LAVORI PUBBLICI. *Istruzioni tecniche per la progettazione delle dighe maritime.* 1994.

COPEIRO, E. Extremal prediction of significant wave. *Proceedings* of the XVI International Coastal Engineering Conference, ASCE, Hamburg, 1978.

CORTEMIGLIA, G. C. et al. *Raccomandazioni tecniche per la protezione delle coste.* Consiglio Nazionale delle Ricerche, Progetto Finalizzato: Conservazione del suolo, Sottoprogetto: Dinamica dei Litorali, Bologna, 1981.

COSTA, A. Tipologia e classificação de navios. S.l. 2013. Disponível em: <https://trans-portemaritimoglobal.files.wordpress.com/2013/11/tipologia-de-navios_antonio-costa.pdf>.

CUNHA, L. V. Evolução e posição actual dos conceitos sobre transporte sólido em escoamento com superfície livre. *Memória 346 do LNEC* – Laboratório Nacional de Engenharia Civil, Lisboa, 1969.

CUOMO, A. R. Estudo bibliográfico sobre rios – características e critérios de regularização. *Separata da Revista Engenharia*, n. 152, jul. 1955.

____; RAMOS, C. L.; ALFREDINI, P. Resistência ao escoamento em canais de fundo móvel. *Anais do XII Congresso Latinoamericano de Hidráulica da IAHR*, São Paulo, 1986.

DEAN, R. G. *Palestra sobre alimentação artificial de praia.* Proferida no Departamento de Engenharia Hidráulica e Sanitária da Escola Politécnica da Universidade de São Paulo, 1996.

DELMELLE, J. L'ascenseur Funiculaire De Strépy-Thieu. Hainaut: Fédération du Tourisme de la Province de Hainaut, Troisième édition, 2002.

DERSA – Desenvolvimento Rodoviário S.A. *Ligação Viária Santos-Guarujá.* 2014.

DEUTSCHE NORM. *Highway structures – Testing and inspection.* DIN 1076, 1999.

____. *Solid structures in hydraulic engineering – bearing capacity, serviceability and durability.* DIN 19702, 2013.

DH – Departamento Hidroviário de São Paulo. *Projeto básico de atracadouros de espera junto à Eclusa de Bariri.* São Paulo, s.d.

DOURADO, C. L. *Aplicações e usos da medição de pressões em modelos de eclusas de navegação.* São Paulo, 1986. Dissertação (Mestrado apresentado à Escola Politécnica da Universidade de São Paulo).

DOVETTA, A. *Analisi dell'influenza dei cambiamenti climatici sul moto ondoso: applicazione alla zona costiera dello Stato di São Paulo (Brasile).* Tesi di Laurea Magistrale nel Corso di Laurea in Ingegnaria Civile del Politecnico di Torino, 2012.

DUHÁ, P. A.; PIRES, F. M. M. A. Eixos de integração e desenvolvimento regional. *Anais* do 2º Seminário Nacional de Transporte Hidroviário Interior da Sociedade Brasileira de Engenharia Naval – Sobena, Jaú (São Paulo), 2001.

DUISPORT. *Hafenplan Port Map.* Duisburg, 2013.

EMBRAPA – Empresa Brasileira de Pesquisa Agropecuária. *CD Brasil visto do espaço.* Disponível em: <www.cdbrasil.cnpm.embrapa.br>.

ENVIRONMENTAL CANADA. *Canadian Sediment Quality Guidelines for the Protection of Aquatic Life.* Canadian Environmental Quality Guidelines – Summary Tables, atualizado em 2002.

ERDOS, I. T.; PIRES, F. M. A. Transporte de produtos perigosos na Bacia do Sudeste – Transporte hidroviário interior de produtos perigosos. *Anais* do 2º Seminário Nacional de Transporte Hidroviário Interior da Sociedade Brasileira de Engenharia Naval – Sobena, Jaú (São Paulo), 2001.

EUROTOP. *Wave overtopping of sea defences and related structures: Assessment Manual,* 2007.

FDEP. *Approach to the Assessment of Sediment Quality in Florida Coastal Waters.* Vol. I. Development and Evaluation of Sediment Quality Assessment Guidelines. Prepared for Florida Department of Enviromental Protection – FDEP, Office of Water Policy, Tallahasee, FL, by MacDonald Enviromental Sciences Ltd., Ladysmith, British Columbia, 1994.

FEMAR – Fundação de Estudos do Mar. *Catálogo de estações maregráficas brasileiras.* Rio de Janeiro, 2000.

FIALHO, J. R. R. *Navegação interior na Europa – A experiência belga.* Apresentação na ANTAQ – Agência Nacional de Transportes Aquaviários. Brasília, 2008.

FIELD, J. *Potential consequences of climate variability and change on coastal areas and marine resources.* Chapter 16 – National Assessment Foundation Report, 2001.

FIGUEIREDO, A. G. *A dinâmica da produção e transporte de sedimentos em suspensão na bacia do rio Aguapeí.* São Paulo, 1993. Tese (Doutorado apresentado ao Departamento de Engenharia Hidráulica e Sanitária da Escola Politécnica da Universidade de São Paulo).

FINCOSIT. *Lavori marittimi 1906-1976.* Genova, 1977.

FRANCO, A. S. *Análise linear de ondas: teoria e prática.* São Paulo: IPT, 1984.

____. *Marés: Fundamentos, Análise e Previsão.* Niteroi, Diretoria de Hidrografia e Navegação, 2009.

FURLAN, P. K. *Análise de procedimentos operacionais e burocráticos dos portos brasileiros*: estudo de caso do Porto de Santos. Exame de qualificação no Curso de Pós-Graduação em Engenharia Naval da Escola Politécnica da USP, São Paulo, 2012.

FURTADO V. V. *Contribuição ao estudo da sedimentação atual no Canal de São Sebastião.* São Paulo, 1978. Tese (Doutorado apresentado ao Instituto Oceanográfico da Universidade de São Paulo).

GALLEZ, A. *Ronquieres – Where boats go on rollers.* Hainaut: Tourist Federation of Hainaut, 11th Edition, 1998.

GARBRECHT, G. On the Aligment of Channels. *Proceedings* of the Second International Symposium on River Sedimentation, Water Resources and Electrical Power Press, 879-892. Nanjing, 1983.

GEOBRÁS S. A. Engenharia e Fundações. Complexo Valo Grande, Mar Pequeno e Rio Ribeira de Iguape. *Relatório para o Serviço do Vale do Ribeira do DAEE*, São Paulo, 1966.

GHOSH, S. K. A Study of Regime Theories for an Alluvial Meandering Channel. *Proceedings* of the Second International Symposium on River Sedimentation, Water Resources and Electrical Power Press, 706-712. Nanjing, 1983.

GOMES, G. O. *Marés Fluviais: resultados de uma solução analítica adimensional.* Florianópolis, 2003. Dissertação (Mestrado apresentado à Universidade Federal de Santa Catarina).

GONÇALVES, F. B.; SOUZA, A. P. *Disposição oceânica de esgotos sanitários:* história, teoria e prática. Rio de Janeiro: Abes, 1997.

GORDON, M. *Modelagem da dispersão de substâncias no Porto e Baía de Santos.* 2000. Dissertação (Mestrado apresentado ao Instituto Oceanográfico da Universidade de São Paulo).

GRACE, R. A. *Marine outfall systems*: Planning, design and construction. Englewood Cliffs: Prentice Hall, 1978.

GRAF, W. H. *Hydraulics of sediment transport.* McGraw Hill Book Company, 1971.

GUIA DEL CANAL DE PANAMÁ. Panamá: Ediciones Balboa, 2017.

HAIGH, I.; ELIOT, M.; PATTIARATCHI, C. Global influences of the 18,61 year cycle of lunar perigee on high tidal levels. *Journal of Geophysical Research*, vol. 116, C 06025, 2011.

HARARI, J.; GORDON, M. Simulações numéricas da dispersão de substâncias no porto e baía de Santos, sob a ação de marés e ventos. *Revista Brasileira de Recursos Hídricos*, 6(2), 115-131, 2001.

____; CAMARGO, R. Tides and mean sea level variabilities in Santos (SP), 1944 to 1989. *Relatório Interno do Instituto Oceanográfico da USP*, n. 36, 1995.

____; PEREIRA, J. E.; ALFREDINI, P.; SOUZA, O. J. Estudo da circulação de maré na sub-área oceânica do canal de acesso de Ponta da Madeira (MA), através de modelagem numérica. *Boletim Técnico da Escola Politécnica da USP*, BT/PHD/019, São Paulo, 1995.

HARRIS INC. *Concept master plan for the expansion of the Port of Sines.* PRC HARRIS INC, 1981.

____. *Port of Sines – Comparative layout report*. PRC HARRIS INC, 1982.

HENSEN, H. *Tug use in ports*. The Nautical Institute. London, 1997.

HERBICH, J. B. *Handbook of Coastal and Ocean Engineering*. Houston: Gulf Publishing Company, 1991.

HERZ, R. *Manguezais do Brasil*. São Paulo: Instituto Oceanográfico, Universidade de São Paulo, 1991.

HIDROSERVICE – Engenharia de Projetos Ltda. *Serviço de Navegação da Bacia do Prata S.A. Relatório Final do Projeto*. HE 346-ROI-0875, 1975.

____; Governo do Território Federal do Amapá. *Estudo de Localização e Plano Geral para uma Base Naval em Macapá*. Relatório Final. HE 509-R01-0477, 1977.

____; COPESUL – Companhia Petroquímica do Sul. *Terminal de Santa Clara. Projeto Conceitual*. Minuta do Relatório Final. HE 764-R02-1079, 1979.

HOEP, F. S. *Holland Compass - 2000 Years History of Water*. Haarlem: Communicatie Bureau Hoep & Partners, 2002.

HOGBEN, N. *Global wave statistics*. 1986.

HORIKAWA, K. *Coastal engineering/An introduction to Ocean Engineering*. Tokyo: Halsted Press Book/John Wiley & Sons, 1978.

HSU, J. R. C.; EVANS, C. Parabolic bay shapes and applications. *Proceedings*, Institution of Civil Engineers, London (UK), vol. 87 (Part 2), p.556-570, 1989.

HUESKER. Berth Scour Protection. Disponível em: <https://www.huesker.com>. Acesso em: 16 jul. 2018.

IAHR – International Association for Hydro-Environment Engineering and Research. *Design Manual – HYDRALAB III and IV*, 2014.

IHO – International Hydrographic Organization. *IHO Standards for Hydrographic Surveys*. Special Publication n°44. Monaco: The International Hydrographic Bureau, 2008.

____. *Manual on Hydrography*. Publication C-13. Monaco: The International Hydrographic Bureau, 2011.

____. *Regulations of the IHO for International (INT) Charts and Chart Specifications of the IHO*. Edition 4.5.0. Monaco: The International Hydrographic Bureau, 2014.

INSTITUTION OF CIVIL ENGINEERS. Capital dredging. *Proceedings* of the Conference held in Edinburgh on 15-16 May 1991.

INSTITUTO DE PESQUISAS HIDRÁULICAS. *Relatório geral sobre o estudo em modelo reduzido para regularização da embocadura do rio Tramandaí*. Porto Alegre, 1965.

INTERGOVERNMENTAL PANEL ON CLIMATE CHANGE. *Climate change and biodiversity*. IPCC Technical Paper V, 2002. Disponível em: <ttp://www.ipcc.ch/pub/techrep.htm>. Acesso em: 22 maio 2004.

____. *Climate Change 2007*. Cambridge University Press, Cambridge, UK, 2007.

Internave Engenharia. Projeto executivo para saneamento, regularização de vazão, regularização de curso, contenção de margens e desassoreamento de rios interiores da área urbana do município de Itanhaém. *Relatório n. 92204.01*, Maré, São Paulo, mar. 2000.

____; JZ Engenharia. *Batimetria da barra do rio Itanhaém*, 1998.

IPPEN, A. T. *Estuary and coastline hydrodynamics*. Nova York: McGraw Hill Book Company Inc., 1966.

JAPAN ASSOCIATION OF PORTS AND HARBOUR. *Technical standards for port and harbour facilities in Japan*. s.d.

JIANG, S. et al. Human adenoviroses and coliphages in urban runoff impacted coastal waters of Southern California. *Applied and Environmental Microbiology*, v. 67, n. 1, p.179-184, January 2001.

JOHNSON, W. Generalized wave diffraction. *Proceedings* of the Second Conference on Coastal Engineering, ASCE, 1951.

KAMPHUIS, J. W. Alongshore sediment transport rate. *Journal of Waterways*, Port, Coastal and Ocean Engineering, ASCE, v. 117(6), 624-640, 1991.

____. *Introduction to coastal engineering and management*. Advanced Series on Ocean Engineering - Volume 80, World Scientific, 2012.

KENNEDY, V. S. et al. *Coastal and marine ecosystems & global climate change – potential effects on US resources*. Report of the Pew Center on Global Climate Change, Arlington, VA, 2002.

KIKUTANY, H. *Some requirements for the design of sea berths from the view- point of ship handling*. PIANC, SI., v. 3, 1977.

KJERFVE, B. *A course on estuarine oceanography*. Notas de aulas de Curso de Pós-Graduação ministrado no Departamento de Engenharia Hidráulica e Sanitária da Escola Politécnica da Universidade de São Paulo, São Paulo, 1985.

KJERFVE, B. (Ed.). *Hydrodynamics of estuaries*. Boca Raton (USA): CRC Press Inc., 1988.

KUTNER, A. S. Levantamentos sedimentológicos de apoio na pesquisa e reconhecimento de áreas portuárias. *Anais* do 1º Congresso Brasileiro de Geologia Aplicada à Engenharia, Rio de Janeiro, 1976.

LARRAS, J. *Plages et cotes de sable*. Paris: Eyrolles Éditeur, 1957.

____. *Embouchures, estuaires, lagunes et deltas*. Paris: Eyrolles, 1964.

LARSON, M.; HANSON, H.; KRAUS, N. C. *Analytical solutions of the one-line model of shoreline change*. Final Report, CERC, U.S Army Corps of Engineers, Vicksburg, October, 1987.

LAVAL, M. D. *Cours de travaux maritimes*. Paris: Ecole Nationale des Ponts et Chaussees, 1963.

LE MÉHAUTÉ, B. Wave agitation criteria for harbour. ASCE, *Journal of the Waterways and Harbour Division*, 1977.

LEISHMAN, R. S; HUDSON, D. An approach to Economic Tug Design. In: Fifth International Tug Convention: *Proceedings* of the Convention in Rotterdam 1976. London: Thomas Reed Industrial Press, 1977.

LENCASTRE, A. *Manual de hidráulica geral*. São Paulo: Editora Blucher e Editora da Universidade de São Paulo, 1972.

LEOPOLD, L. B.; Langbein, W. B. River Meanders. *Geol. Soc. Am. Bulletin*, v. 71, 1960.

LIBERATORE, G. Opere di difesa costiera: l'approccio tradizionale e nuovi orientamenti. *Atti* del XXIII Congresso Geografico Italiano, Catania, 1983.

LIGTERINGEN, H.; VELSINK, H. *Ports and Terminals*. Delft: Delft Academic Press, 2014.

LINDROTH, G. *Praia Mansa de Caiobá – Um modelo em recuperação e proteção contra a erosão marítima*. Laboratório Nacional de Engenharia Civil – LNEC – Obras de proteção costeira. Seminário 210, Lisboa, 1977.

LONG, E. R. et al. Incidence of adverse biological effects within ranges of chemical concentrations in marine and estuarine sediments. *Environmental Management* 19(1): 81-97, 1995.

DE LUCCA, Y. F. L. *Acervo fotográfico de portos do Mediterrâneo*, São Paulo, 2011.

LUEDERWALDT, H. Os manguezais de Santos. *Revista do Museu Paulista* 11: 309-408, 1919.

MANGOR, K. *Shoreline management guidelines*. DHI Water & Environment, Hörsholm, Denmark, 2001.

MARQUEZ, A. L. *Estudo da agitação, correntes induzidas por ondas e balanço sedimentar na Região do Porto de Tubarão e Praia de Camburi, Vitória (ES)*. São Paulo, 2009. Dissertação (Mestrado apresentado ao Instituto Oceanográfico da Universidade de São Paulo).

_____. *Projeção futura das ondas de gravidade da superfície e dos oceanos para a América do Sul*. São José dos Campos, 2016. Tese (Doutorado do Curso de Pós-Graduação em Meteorologia apresentado ao INPE - Instituto de Pesquisas Espaciais do Ministério da Ciência, Tecnologia , Inovações e Comunicações).

DE MAS, F. B. *Cours de Navigation Intérieure de L'École Nationale des Ponts et Chaussées. Rivières a Courant Libre*. Paris: Librairie Polytechnique, Baudry & Cie, Libraires-Éditeurs, 1899.

MASON, J. *Obras portuárias*. Rio de Janeiro: Campus, 1981.

MASSIE, W. W. *Coastal engineering*. Coastal Engineering Group, Department of Civil Engineering, Delft University of Technology, Delft, The Netherlands, 1980.

MATTEOTI, G. Su alcuni criteri di intervento nella difesa e nel ripascimento delle spiagge erose. *Pubblicazione 131* dell'Istituto di Costruzioni Marittime e di Geotecnica della Facoltà d'Ingegneria dell'Università di Padova, 1977.

MCDOWELL, D. M.; O'CONNOR, B. A. *Hydraulic behaviour of estuaries*. London: The Mac Millan Press Ltd., 1977.

MEIRELES, A. J. A. et al. Dinâmica sedimentar entre as praias do Futuro e Iparana, Fortaleza – Ceará. *Anais do 36º Congresso Brasileiro de Geologia da SBG*, Natal, 1990.

MELO FILHO, E. Marés fluviais. Parte 1: Teoria; Parte 2: Aplicações. *RBRH - Revista Brasileira de Recursos Hídricos*. v. 7, n. 4, out-dez., p. 135-165, 2002.

_____. *Maré meteorológica na costa Brasileira*. Rio Grande (RS), 2016. Tese (apresentada à Escola de Engenharia da Universidade Federal do Rio Grande, como requisito para promoção a Professor Titular).

MINISTÉRIO DO MEIO AMBIENTE, dos Recursos Hídricos e da Amazônia Legal (Brasil). *Macrodiagnóstico da Zona Costeira do Brasil*. Brasília, 1996.

MINISTÉRIO DOS TRANSPORTES (BRASIL) – Site oficial na Internet.

_____/DNPVN (Brasil). *Portos do Brasil*. Rio de Janeiro, 1968.

_____/_____/Consórcio Franco Brasileiro SGTE-LASA. *Vias navegáveis interiores do Brasil*. Rio de Janeiro, 1972.

_____/INPH – SONDOTÉCNICA (Brasil). *Comportamento hidráulico e sedimentológico do Estuário Santista*. Rio de Janeiro, 1977.

MIRANDA, L. B.; CASTRO, B. M.; KJERFVE, B. *Princípios de oceanografia física de estuários*. São Paulo, EDUSP, 2002.

MIYASAWA, F. A. *Acervo fotográfico da Patagônia Argentina*. São Paulo, 2012.

MONTEIRO, J.; MONTEIRO, I. A. *Reminiscências de Mongaguá*. São Vicente: Danúbio, 1999.

MOOYAART, L. F. et al. Storm Surge Barrier: Overview and design considerations. *Proceedings* of the 24th International Conference on Coastal Engineering, ASCE. Seoul (Korea), 2014.

MORAIS, J. Evolução sedimentológica da Enseada do Mucuripe (Fortaleza-Ceará-Brasil). *Arquivos de Ciências do Mar*, v. XXI, n. 1/2, Fortaleza, 1981.

MOREIRA, A. S. *Metodologia aplicada para obter um sistema de indicadores de porto concentrador de cargas*. São Paulo, 2009. Tese (Doutorado apresentado ao Departamento de Engenharia Hidráulica e Sanitária da Escola Politécnica da Universidade de São Paulo).

_____; ALFREDINI, P. Porto de Santos como concentrador de carga do Atlântico Sul. *Boletim Técnico PHD-EPUSP*, São Paulo, 2004.

MOTTA, V. F. *Processos sedimentológicos em estuários*. Instituto Nacional de Pesquisas Hidroviárias da Portobrás, Rio de Janeiro, 1978.

MUIR WOOD, A. M. et al. *Coastal hydraulics*. London: The MacMillan Press Ltd, 1981.

NASCIMENTO, M. B. C.; PIRES JR., F. C. M. Uma análise do sistema hidroviário e seu impacto no desenvolvimento da agroindústria brasileira. *Anais do 2º Seminário Nacional de Transporte Hidroviário Interior da Sociedade Brasileira de Engenharia Naval – Sobena*, Jaú (São Paulo), 2001.

NEW YORK CITY ECONOMIC DEVELOPMENT CORPORATION; prepared by Han-Padron Associates Consulting Engineers. *Waterfront facilities maintenance management system – Inspection Guidelines Manual*. New York, 1999.

NICHOLLS, R. J. et al. Ranking Port Cities with high exposure and vulnerability to climate extremes: Exposure estimates. *OECD Environment Working Papers*, n. 1, OECD Publishing, 2008.

NOGUEIRA NETO, M. S.; SANTOS, C. R.; PRADO, A. C.; LIMA, J. L. A. Equipamentos portuários de movimentação de contêineres: portêiner e guindaste móvel sobre pneus. S.d. Disponível em: <www.fatecguaratingueta.edu.br/fateclog/artigos/Artigo_129.PDF>.

NUCLEBRAS/CDTN – Centro de Desenvolvimento da Tecnologia Nuclear – Divisão de Engenharia Ambiental. *Relatórios de progresso da campanha de medições oceanográficas na região das Praias do Una e do Rio Verde, no litoral Sul do Estado de São Paulo*. 11 volumes, Belo Horizonte, 1982 a 1985.

OCIMF – Oil Companies International Marine Forum. Prediction of wind and current loads on vLccs. London, 1977.

____. *Orientações e recomendações para a amarração com segurança dos petroleiros de grande porte (VLCC) aos píeres e pontos oceânicos*. Tradução da Petrobras, 1978.

____. *Effective Mooring*. 2010.

____. SIGTTO (Society of International Gas Tanker Terminal Operators). *Prediction of wind loads on large liquefied gas carriers*. Whiterby, London, 1995.

OPEN UNIVERSITY COURSE TEAM. *Waves, tides and shallow water processes*. London: Butterworth Heinemann, 1997.

PADOVEZI, C. D. *Conceito de embarcações adaptadas à via aplicado à navegação fluvial no Brasil*. São Paulo, 2003. Tese (Doutorado apresentado à Escola Politécnica da Universidade de São Paulo).

____; CALTABELOTI, O. Sistema flutuante de proteção de pilares de pontes junto a rotas de navegação. *Anais do 2º Seminário Nacional de Transporte Hidroviário Interior da Sociedade Brasileira de Engenharia Naval – Sobena*, Jaú (São Paulo), 2001.

PAIVA FILHO, A. M. *Estudo sobre a ictiofauna do canal dos Barreiros, estuário de São Vicente, SP*. São Paulo, 1982. Tese (Livre-Docência apresentada ao Instituto Oceanográfico da Universidade de São Paulo).

PAULY, D.; INGLES, J. The relationship between shrimp yields and intertidal vegetation mangrove areas: a reassessment. In: Yanes-Arancibia, A.; Lara- Domingues, A. L. (Ed.). *Mangrove ecosystems in tropical America*. Instituto de Ecologia, A C. Xalapa, México; UICN/ORMA Costa Rica, NOOA/NMFS Silver Spring MD USA, 1999.

PENNEKAMP, J. G. S. et al. Turbidity caused by dredging; viewed in perspective. *Terra et Aqua*, Number 64, September 1996.

PEZZOLI, A.; ALFREDINI, P.; ARASAKI, E.; ROSSO, M.; SOUZA, W.C. Impacts of climate changes on management policy of the harbours, land area and wetlands in the São Paulo State Coastline (Brazil) *Advance Research in Meteorological Science (ARMS) Journal*, Los Angeles, 2013.

PHILPOTT, K. L. *Ship movements and wave agitation – Considerations on the adoption of standard criteria for harbours design*. Danish Institute of Applied Hydraulics, 1969.

PIANC – Permanent International Association of Navigation Congresses. *Report of the International Commission for Improving the Design of Fender Systems.* Brussels (Belgium), 1984.

____. *Standartization of inland waterways' dimensions.* Report of Working Group 9 of the Permanent Technical Committee I. Brussels, 1990.

____. *Critères régissant les mouvements des navires amarrés dans les ports.* Rapport du Groupe de Travail, n. 24, Brussels (Belgium), 1995.

____. *Approach channels: a guide for design.* Final Report of the Joint Working Group II-30 PIANC-IAPH in cooperation with IMPA and IALA, Brussels (Belgium) and Tokyo (Japan), 1997.

____. *Life cycle management of port structures – General principles.* Report of Working Group 31 of the Permanent Commission Committee II, Brussels (Belgium), 1998.

____. *Factors involved in standardising the dimensions of class V_b inland waterways (Canals).* Report of working Group N. 20 of the Permanent Technical Committee I. Supplement to Bulletin nº 101, Brussels, 1999.

____. *Gestion du dépôt des matériaux de dragage en milien aquatique.* Rapport du Groupe de Travail 1, Bruxelles, 2000.

____. *Guidelines for the design of fender systems.* Brussels, 2002.

____. *State of the Art of designing and constructing berm breakwaters.* Brussels, 2003.

____. *Inspection, maintenance and repair of maritime structures exposed to damage and material degradation caused by a salt water environment.* Report of Working Group 17 Maritime Navigation Commission, Brussels (Belgium), 2004.

____. *Blanc Pain Emergency Gate (Belgium).* WG26 PIANC, 2004.

____. *Climate Change and Navigation – Waterborne transport, ports and waterways: A review of climate change drivers, impacts, responses and mitigation.* EnviCom Task Group 3, Brussels, 2008.

____. *The safety aspect affecting the berthing operations of tankers for oil and gas terminals.* Report of Working Group 55. Brussels, 2010.

____. *Harbour approach channels design guidelines.* Report n. 121, Maritime Navigation Commission, Brussels, 2014.

PICARELLI, S. S. *Modelagem numérica da circulação de maré na região costeira centro-sul do Estado de São Paulo.* São Paulo, 2001. Dissertação (Mestrado apresentado ao Instituto Oceanográfico da Universidade de São Paulo).

PICCININI, F. C. A onda de projeto por meio de análise estatística de extremos a partir de dados medidos por satélite. *Pesquisa Naval.* n. 19, Serviço de Documentação da Marinha. Rio de Janeiro, 2007.

PLEIJSTER, E. J.; van der VEEKEN, C. *Dutch Dikes.* The Netherlands: LOLA LANDSCAPE Architects, 2014.

PONÇANO, W. L. *Sedimentação atual aplicada a portos do Brasil.* São Paulo, 1985. Tese (Doutorado apresentado ao Instituto de Geologia da Universidade de São Paulo).

____; GIMENEZ, A. F. Reconhecimento sedimentológico do Estuário do Itajaí-Açu (SC). *Revista Brasileira de Geociências,* 17(1), São Paulo, mar. 1987.

PROVINCE DE HAINAUT. *Les Voies D'eau du Hainaut – Boat lifts.* 2014.

QUAYQUIP. *Bollards & Mooring Systems.* Disponível em: <https://quayquip.com/catalogues>. Acesso em: 15 jun. 2018.

RAMOS, C. L. *Mecânica do transporte de sedimentos e do escoamento em leito móvel.* São Paulo, 1984. Dissertação (Mestrado apresentado ao Departamento de Engenharia Hidráulica e Sanitária da Escola Politécnica da Universidade de São Paulo).

RANKINE, G.; NETHERSTREET, I.; PEREZ ROMERO, D.; PALMER, J. COFASTRANS (Container Vessel Fast Transhipment System). In: *Proceedings* of 34th PIANC World Congress. Panama City, 2018.

REIFF, F. M. *Small diameter (HDPE) submarine outfalls.* Lima: Centro Panamericano de Ingenieria Sanitaria y Ciencias del Ambiente, 2002. (OPS/CEPIS/PUB/0060). Disponível em: <www.cepis.ops-oms.org/bvsaca/e/dispagua.html>. Acesso em: 12 set. 2003.

RIBEIRO, A. A. Portos fluviais nas hidrovias. *Revista do Instituto de Engenharia de São Paulo*, n. 491, 1992.

RIBEIRO NETO, J. G. *Modal hidroviário do Sudeste Brasileiro integrado na Política Nacional de Transportes reduz custo Brasil?* Santos, 2012.

RIGO, P.; HERBILLON, V. *Voies navigables et constructions hydrauliques.* Notes de cours destinées aux étudiants de la 2ème année du Master en Ingénieur Civil des Constructions. Faculté des Sciences Appliquées Département ArGEnCo ANAST ArchicteturNavale, Génie Maritime et Portuaire, Navigation Intérieure et Maritime, Analyse des Systèmes de Transport. Université de Liège. Annee Academique 2010-2011.

RIJN, L. C. VAN. Sediment Transport, Part III: Bed forms and alluvial roughness. *Journal of Hydraulic Engineering*, ASCE, v. 110, n. 12, 1733-1754, 1984.

RITA, M. A. B. M. *On the behaviour of moored ships in harbours: theory, practice and model tests.* Tese apresentada ao LNEC, Lisboa, 1984.

ROBERT ALLAN LTD. Naval Architects and Marine Engineers. *General Arrangement Z-Drive.* 2013.

RODRIGUES, M. *Modelagem numérica do comportamento de derrames de óleo como método de gestão ambiental, em planos de contigência, aplicado ao Canal de São Sebastião (SP).* São Paulo, 2009. Tese (Doutorado apresentado à Escola Politécnica da Universidade de São Paulo).

ROM 0.2-90. *Maritime works recommendations. Actions in the sign of maritime and harbourworks.* Puertos del Estado, Espanha, 1990.

ROM Recomendaciones para Obras Marítimas. *Série 3: Planificación, gestión y explotación de áreas portuarias.* Espanha, 1999.

_____. *Série 1: Recomendaciones del diseño y ejecución de las obras de abrigo.* Puertos del Estado, Espanha, 2009.

ROSSO, M. *Short course on debris flow.* Projeto Rede Litoral do Edital CAPES – Ciências do Mar, 2011.

_____; ALFREDINI, P.; MAGNI, L.; SAKAI, R. O.; WITISKI, H. M.; SOUZA JR., W. C. Numerical simulation model of debris flow for the Santo Antonio Catchment, in Caraguatatuba, São Paulo State, North Coast, Brazil. *Geophysical Research Abstracts* v. 14, EGU 2012 – 10331, Viena (Áustria).

SAKAI, R. O. *Estudo do impacto de debris-flow – Caso da Bacia do Rio Santo Antônio em Caraguatatuba (Brasil).* São Paulo, 2014. Dissertação (Mestrado apresentado ao PPGEC - Geotecnia da Escola Politécnica da Universidade de São Paulo).

SALIM, L. H.; ALMEIDA, L. E. S. B. Implementação do modelo numérico de evolução de praia – GENESIS – em um trecho litorâneo da cidade de Fortaleza – Ceará. *Anais* do XIII Simpósio Brasileiro de Recursos Hídricos da ABRH, Belo Horizonte, 1999.

SALLES, C. M. *Rios e canais.* Elbert Indústria Gráfica Ltda., 1993.

SANT'ANNA, J. A. Rede básica de transportes da Amazônia. *Anais* do 2º Seminário Nacional de Transporte Hidroviário Interior da Sociedade Brasileira de Engenharia Naval – Sobena, Jaú (São Paulo), 2001.

SANTIAGO, A. M. *Acervo fotográfico de hidrovias europeias.* São Paulo, 2003.

SANTOS, S. dos. *Aspectos da navegação interior.* Florianópolis: LabTrans/UFSC, 2014.

SÃO PAULO, Estado/DAEE – Departamento de Águas e Energia Elétrica/SPH/CTH/ FCTH – *Acervo de relatórios e documentação fotográfica*. São Paulo, 1955 a 2004.

____; ____. CETESB. *Dinâmica dos vazamentos de óleo no Canal de São Sebastião – São Paulo (1974-1994)*. São Paulo, 1996.

____. DAEE/Serviço do Vale do Ribeira/Geobrás. *Complexo Valo Grande-Mar Pequeno-Rio Ribeira de Iguape*. Relatório, São Paulo, 1966.

____. IPT – Instituto de Pesquisas Tecnológicas. *Relatório de caracterização dos terminais fluviais implantados nos municípios da Amazônia*. Relatório 12.940, IPT, outubro de 1979.

____. Secretaria do Meio Ambiente, Cetesb; Lamparelli, C. C., Moura, D. O. *Mapeamento dos ecossistemas costeiros do Estado de São Paulo*. São Paulo, 1998.

SARDINHA, A.; MACHADO, J.; KRUS, V. *International Safety Management Code – Código de Gestão da Segurança*. Lisboa: Escola Superior Náutica Infante D. Henrique. Unidade Curricular - Segurança, 2013. Disponível em: https://transportemaritimoglobal.files. wordpress.com/2013/12/ism_cc3b3digo-de-gestc3a3o-da-seguranc3a7a_dez2013.pdf.

SARPKAYA, T.; ISAACSON, M. *Mechanics of wave forces on offshore structures*. Van Nostrand Reinhold Co., 1981.

SATO. Cubipod. Disponível em: www.cubipod.com. Acesso em: 16 jun. 2018.

SAYÃO, O. J. Projeto de quebra-mares de berma para obras portuárias e litorâneas. In: *Anais do* XIII Simpósio Brasileiro de Recursos Hídricos da ABRH, Belo Horizonte, 1999.

____; SILVA, R. F. Stability and damage of tetrapod-armoured breakwaters. *Proceedings* of the 6th International Conference on the Application of Physical Modelling in Coastal and Port Engineering and Science (Coastlab 16). Ottawa (Canada), 2016.

SEPA – Scottish Environment Protection Agency. *Supporting Guidance (WAT-SG-11). Modelling Coastal and Transitional Discharges*. 2013. Disponível em: <www.sepa.org.uk/ media/28322/wat-sg-11_modelling-discharges-to-coastal-and-transitional- -waters.pdf>.

SCHETTINI, C. A. F. Caracterização física do estuário do rio Itajaí-Açu, SC. *Revista Brasileira de Recursos Hídricos da ABRH*, v. 7, n. 1, jan./mar. 2002.

SCHOONEES, J. S.; THERON, A. K. Accuracy and applicability of the SPM longshore transport formula. *Proceedings* of the 24th Intern, Conference on Coastal Engineering, ASCE, v. 3, 2595-2609. Kobe, 1994.

SCHOONEES, J. S. Improvement of the most accurate longshore transport formula. *Proceedings* of the 25th International Conference on Coastal Engineering, ASCE, v. 4, 3652-3665. Orlando, 1996.

SCHUMM, S. A. *River mechanics*. Fort Collins, Colorado: Water Resources Publ. 1971.

SECRETARIA DO MEIO AMBIENTE/CETESB/PROCOP. *Sistema estuarino de Santos e São Vicente*. São Paulo: Cetesb, 2001.

SECRETARIAT OF THE CONVENTION ON BIOLOGICAL DIVERSITY. *Interlinkages between biological diversity and climate change*. Advice on the integration of biodiversity considerations into the implementation of the United Nations Framework Convention on Climate Change and its Kyoto protocol. CDB Technical Series n. 10, 2003. Disponível em: <http://www.biodiv.org/doc/publications/cdb-ts.pdf>.

SETZER, J. Transporte sólido por suspensão em rios paulistas. *Boletim 1 do Centro Tecnológico de Hidráulica DAEE*. EPUSP, São Paulo, 1985.

SGTE-LASA Consórcio Franco-Brasileiro. *Vias navegáveis interiores do Brasil*. DNPVN, 1968.

SHE – Society For Harbour Engineering And The German Society For Soil Mechanics And Foundation Engineering 2000. *Recommendations of the Committee for Waterfront Structures Harbours and Waterways EAU 1996*. Ernst & Sohn, 2000.

SHORETENSION. Dynamic Mooring System. Disponível em: <https://shoretension.com/>. Acesso em: 16 jun. 2018.

SIANO, J. B. *Obras Marítimas* Portobras, 1983.

SIEGMANN, E. F.; JACOBSEN, L. Projeto e construção em mar aberto de um terminal para graneleiros de grande porte. *Anais* do Simpósio sobre tendências atuais no projeto e execução de estruturas marítimas, Rio de Janeiro, 1977.

SILVA, G. C.; ALFREDINI, P. Determinação do clima ondulatório da arrebentação nas Praias de Itanhaém (Estado de São Paulo, Brasil). *Anais* do 4º SILUSBA, Coimbra, 1999.

____; ____. Análise comparativa de metodologias de modelagem numérica da propagação de ondas aplicada à engenharia costeira e portuária. *Anais* do II Congresso sobre Planejamento e Gestão da Zona Costeira dos Países de Expressão Portuguesa, Recife (PE), 2003.

____; ____. Wave refraction assessment for Itanhaém Beaches (São Paulo, Brazil). *Journal of Coastal Research* Special Issue, 35, 2003.

SILVA, G. C., ARAÚJO R. N.; ALFREDINI, P. Aprimoramento e aplicação do programa de cálculo de refração e arrebentação de ondas de oscilação monocromáticas para aplicações em hidráulica marítima. *Boletim Técnico* n. 51 do Departamento de Engenharia Hidráulica e Sanitária da Escola Politécnica da USP, São Paulo, 1998.

SILVA, I. X.; et al. *Avaliação do estado de degradação dos ecossistemas da Baixada Santista*, São Paulo. Relatório Técnico. São Paulo, Cetesb, 32 p. e anexos, 1991.

SILVA, J. A. R. *Estudo de regularização fluvial através de cortes de meandros*. In: Seminário de Obras Hidráulicas no Curso de Pós-Graduação do Departamento de Engenharia Hidráulica e Sanitária da Escola Politécnica da Universidade de São Paulo, 1978.

SLEATH, J. F. A. *Sea bed mechanics*. Nova York, Cambridge University, Cambridge: John Wiley & Sons, 1984.

SORENSEN, R. M. *Basic coastal engineering*. Nova York: John Wiley & Sons, 1978.

SOULSBY, R. *Dynamics of marine sands*. London: Thomas Telford, Publications, 1997.

SOUZA, E. M. S. V. *Os métodos de cálculo no transporte litorâneo e sua aplicação ao litoral de Natal, RN*. Rio de Janeiro, 1980. Tese (Mestrado apresentado à Coordenação dos Programas de Pós-Graduação da Universidade do Rio de Janeiro).

SOUZA, L. A. P. *Revisão crítica da aplicabilidade dos métodos geofísicos na investigação de áreas submersas rasas*. São Paulo, 2006. Tese (Doutorado apresentado ao Instituto Oceanográfico da Universidade de São Paulo).

SOUZA, O. J.; ALFREDINI, P. Estudo em modelo reduzido do Terminal Portuário de Ponta da Madeira. *Anais* do 1º Seminário de Tecnologia Portuária na CVRD, São Luís (MA), 1993.

THORESEN, C. A. *Port Designer's Handbook*. ICE Publishing of Thomas Telford Limited, London, 2014.

TITUS, J. B.; RICHMAN, C. Maps of lands vulnerability to sea-level rise: modeled elevation along the US Atlantic and gulf coasts. *Climate Research* v. 18(3): 205-228, 2001.

TOMAS, G. P. *Avaliação hidromorfológica do uso de espigões em hidrovias*. Curitiba, 2014. Dissertação (Mestrado em Engenharia de Recursos Hídricos e Ambiental da Universidade Federal do Paraná).

TONDOWSKI, L. Técnicas de laboratório para avaliação de turbulência em câmaras de eclusas. In: Seminário de Obras Hidráulicas e Fluviais do Curso de Pós-Graduação em Hidráulica da Escola Politécnica da Universidade de São Paulo, São Paulo, 1982.

____. *Modelismo físico e efeitos de escala em eclusas de navegação*. São Paulo, 1987. Dissertação (Mestrado apresentado à Escola Politécnica da Universidade de São Paulo).

UNIVERSIDAD DE CANTABRIA. *Documento tematico Regeneración de playas*. Grupo de Ingeniería Oceanográfica y de Costas, Dirección del Ministerio del Medio Ambiente, Santander, 2002.

UNEP/WHO. *Guidelines for submarine outfall structures for Mediterranean small and medium-sized coastal communities.* Athens: UNEP, 1996. MAP Technical Reports Series, n. 112, 1996a. Disponível em: <http://195.97.105.164/ Acrobatfiles/MTSAcrobatfiles/mts112.pdf>. Acesso em: 24 ago. 2001.

____. *Guidelines for authorizations for the discharge of liquid wastes into the Mediterranean Sea.* Athens: UNEP, 1996b. MAP Technical Reports Series, n. 107, 1996b. Disponível em: <http://195.97.105.164/Acrobatfiles/MTSAcrobatfiles/mts107.pdf>. Acesso em: 13 mar. 2002.

UNEP/MAP/WHO. *Municipal wastewater treatment plants in Mediterranean coastal cities.* Athens: UNEP/MAP, 2000. MAP Technical Reports Series, n. 128, 2000. Disponível em: <http://195.97.105.164/Acrobatfiles/MTSAcrobatfiles/mts128.pdf>. Acesso em: 12 abr. 2002.

UNIVERSIDAD POLITÉCNICA DE VALENCIA, DEPARTAMENTO DE INGENIERÍA E IN-FRAESTRUCTURA DE LOS TRANSPORTES. *Apuntes de Ingeniería Marítima.* Laboratório de Puertos y Costas, Valencia, 2001.

U.S. ARMY CORPS OF ENGINEERS. *Shore Protection Manual.* Coastal Engineering Research Center, Vicksburg, 1984.

____. *Technologies for assessing the geologic and geomorphic history of coasts.* Technical Report CERC 93-5, by Morang, Andrew; Mossa, Joan; Larson, Robert J.; March 1993.

____. *Coastal Engineering Manual.* EM 1110-2-1100 Coastal Engineering Research Center. Vicksburg, 2002.

____. *Engineering and Design – Hydraulic Design of Deep Draft Navigation Projects.* Engineering Manual EM 1110-2-1613; May, 2006.

U.S., Department of Defense. *UFC. Unified Facilities Criteria. Design: Moorings.* UFC 4-159-03. 2016.

U.S., NATIONAL RESEARCH COUNCIL, COMMITTEE ON ENGINEERING IMPLICATIONS OF CHANGES IN RELATIVE MEAN SEA-LEVEL. *Responding to changes in sea level – Engineering Implication*, September 1987.

U.S.A., DEPARTMENT OF DEFENSE. *Unified Facilities Criteria; Design: Mooring.* UFC4-159-03 October, 2005.

USEPA – United States Environmental Protection Agency. Combined Sewer Overflow Technology Fact Sheet: Chlorine Disinfection, Washington, DC: 1999. (EPA 832-F-99-034). Disponível em: <http://www.epa.gov/owmitnet/mtb/chlor.pdf>.

VALE – Companhia Vale do Rio Doce. *Informações sobre os Sistemas Norte e Sul.* s.d.

____. *Inspeção em estruturas metálicas e de concreto armado nas instalações industriais.* N.: PRO-003591 Rev.: 03-08/05/2014.

VELSINK, H. PIANC Bulletin, n. 56. PIANC, Brussels, 2011.

VENTURA, M. Navios tanques. Mestrado em Engenharia e Arquitectura Naval. Secção Autónoma de Engenharia Naval. Instituto Superior Técnico de Lisboa. S.d. Disponível em: <https://azslide.com/navios-tanques-manuel-ventura-mestrado-em-engenharia--e-arquitectura-naval-secao-_59da38241723dd2b34ab1771.html>.

VERA CRUZ, D. Artificial nourishment of Copacabana Beach. *Memória* n. 414 do Laboratório Nacional de Engenharia Civil, Lisboa, 1972.

VICTORIA JR., P.; PADOVEZI, C. D. Pontes sobre a hidrovia Tietê-Paraná: questões relacionadas à segurança da navegação. *Anais do 2º Seminário Nacional de Transporte Hidroviário Interior da Sociedade Brasileira de Engenharia Naval – Sobena*, Jaú (São Paulo), 2001.

WILBER, D. H.; CLARKE, D. G. Biological effects of suspended sediments: a review of suspended sediment impacts on fish and shellfish with relation to dredging activities in estuaries. *North American Journal of Fisheries Management*, v. 21, n. 4, p. 855-875, 2001.

WITISKI, H. M. *Modellazione numerica di debris-flow per il bacino del Rio Santo Antônio, in Caraguatatuba, costa nord dello stato di São Paulo, Brasile.* Tese di Laurea Specialistica nel Corso di Laurea in Ingegneria Civile della Facoltà di Ingegneria del Politecnico di Torino, 2012.

WOLTERS, G. *Breakwaters. IAHR Design Manual – Users guide to physical modelling and experimentation. Experience of the Hydralab Network.* CRC Press Balkema, Leiden, The Netherlands, 2011.

YANG, L.; CHANG, W. S.; HUANG, M. N. L. Natural disinfection of wastewater in marine outfall fields. *Wat. Res.*, v. 34, n. 3, p. 743-750, 2000.

PEQUENO GLOSSÁRIO DE TERMOS NÁUTICOS E PORTUÁRIOS

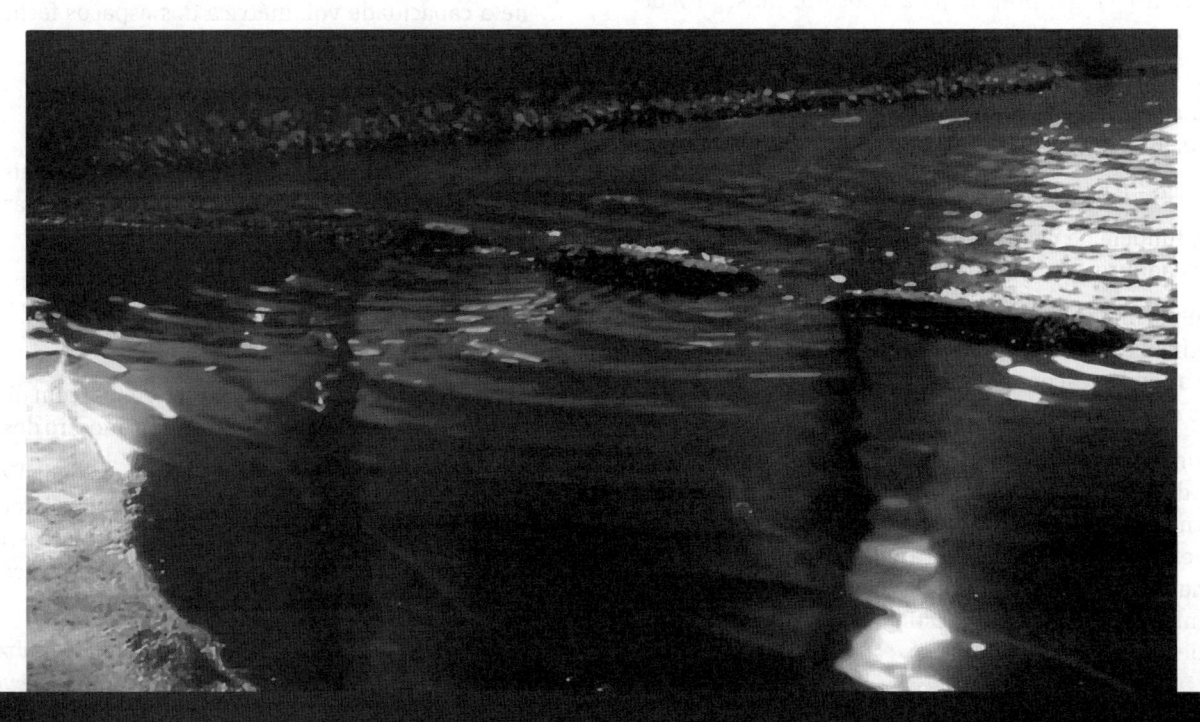

Modelo físico dos quebra-mares destacados na Ponta da Praia (Santos, SP) para estudos de defesa do litoral contra erosão (2017). Escala 1:120 com geração de ondas em simulador físico de ondas espectrais. Visualização da dupla difração no tardoz das estruturas.

Abicada – embarcação encontra-se abicada quando navega com a proa baixa, ou seja, calado a vante maior que o calado a ré.

Abicar – quando a embarcação, de forma intencional, aproxima-se da praia de forma controlada com o intuito de desembarque de material ou de pessoas.

Acostar – aproximar-se até tocar; navegar junto à costa.

Adernar – é a inclinação ou banda para um dos bordos da embarcação e é medida em graus.

Água de lastro – água utilizada para manter a estabilidade do navio durante a sua travessia até o próximo porto, armazenada em sistema de tanques de lastro. O descarte da água de lastro só é permitido em alto mar.

Águas livres – são as águas do alto-mar ou pleno oceano, não sendo subordinadas ao domínio ou à jurisdição de qualquer nação.

Águas territoriais – termo regulado pela Convenção das Nações Unidas sobre o Direito do Mar que trata de todos os rios, lagos e mares sob uma mesma jurisdição de um Estado soberano.

Air draft do berço de atracação – é a distância entre a lança do carregador de um navio e a linha d'água.

Air draft do navio – é a distância entre o ponto mais alto do navio e a linha d'água.

Alfândega – repartição federal instalada nos portos de entrada no país, onde se depositam mercadorias importadas e se examinam as bagagens de passageiros que estão em trânsito para o exterior ou chegam ao país.

Ancoradouro – lugar próprio para a ancoragem segura de navios ou outras embarcações; fundeadouro.

Ancorar – lançar âncora talingada (fixação da extremidade de um cabo no arganéu da âncora) à sua amarra; largar ferro, fundear.

Aquaviário – é o transporte marítimo, fluvial e lacustre.

Área de fundeio de navios – o mesmo que ancoradouro ou fundeadouro.

Área do porto – compreende a parte terrestre e marítima, contínua e descontínua, das instalações portuárias, em que as embarcações possam fundear, ou efetuar operações de carregamento ou de descarga.

Área primária (zona primária) – compreende as faixas internas de portos, recintos alfandegados e locais habilitados na fronteira terrestre, além de outras áreas nas quais são efetuadas operações de carga e descarga de mercadorias. Recintos alfandegados são pátios, armazéns, terminais e outros locais destinados à movimentação e ao depósito de mercadorias.

Armador – denomina-se aquele que física ou juridicamente, com recursos próprios, equipa, mantém e explora comercialmente as embarcações mercantis. É a empresa proprietária do navio que tem como objetivo transportar mercadorias.

Armar o barco – operar um casco nu próprio ou afretado e dotá-lo de tripulação, combustível, lubrificante, manutenção, conservação e reparos.

Armazém – construção existente ou galpão para acomodação de cargas a serem embarcadas ou desembarcadas dos navios.

Armazém aduaneiro – depósitos temporários de mercadorias desembarcadas para fiscalização e pagamentos de encargos tributários.

Armazém alfandegado – armazém próprio para receber cargas estrangeiras que permanecerão sob a tutela do Estado até a quitação das taxas correspondentes à importação.

Armazém estruturado – galpão montável de estrutura metálica e cobertura em lona para armazenagem de produtos.

Armazém inflável – são estruturas compostas de fibras flexíveis ou pneumáticas e infladas com o auxílio de ventiladores, permitindo ser colocados em qualquer tipo de terreno, com grandes vãos livres para o armazenamento.

Armazém frigorífico – espaços refrigerados (temperaturas médias de -25 °C a -35 °C) para permitir a preservação de produtos perecíveis.

Armazenagem – compreende a fiel guarda de mercadoria recebida em depósito pela administração do porto. Compreende também a abertura dos volumes e a manipulação das mercadorias para a conferência aduaneira, a inspeção sanitária e outros casos previstos, além do recondicionamento posterior.

Arqueação bruta – é medida em metros cúbicos e define a capacidade volumétrica dos espaços fechados na embarcação.

Arrendamento – acordo contratual regido por Lei de privatização da atividade portuária.

Atracação – operação para fixação do navio ao cais de um porto ou terminal privativo, com o intuito de carregar e descarregar mercadorias ou pessoas.

Autoridade Portuária – é a administração de um porto exercida diretamente pela União ou pela entidade concessionária do porto organizado.

Bacia de evolução – área do porto ou terminal com dimensão e profundidade adequadas à manobra e ao giro dos navios.

Balizamento – ato ou efeito de utilizar a boia ou balizas com finalidade de assinalar ou demarcar limites laterais dos canais navegáveis, perigos naturais e outras obstruções, zonas ou acidentes marítimos importantes, novos perigos etc.

Balsa – também pode ser chamado de batelão. Embarcação utilizada em rios e canais para o transporte de veículos e pessoas.

Bandeira – define a legislação a ser seguida. Efetuado o registro em determinado porto, a embarcação estará habilitada a arvorar a bandeira do País de Registro e seguir suas regras marítimas, além de ter a proteção no alto-mar e outras vantagens inerentes à nacionalidade.

Bandeira de conveniência – bandeira de países que aceitam que o armador não tenha sede, mas apenas um representante formal. É utilizada em viagens internacionais e temporárias de embarcações que estão sendo adquiridas ou fretadas.

Barca – embarcação que serve para transportar passageiros e carga.

Barcaça – embarcação com pouco calado que é empregada para o transporte de granéis sólidos, líquidos e outras cargas, possuindo propulsão própria ou com encaixe na popa para o empurrador.

Barlavento – lado de onde sopra o vento.

Barreiras de contenção – utilizadas para o combate e contenção de derramamentos de óleos e produtos químicos imiscíveis na superfície da água, usadas em áreas oceânicas, portos, canais e outras áreas abrigadas.

Base naval – porto preparado para o abastecimento e reparo das unidades navais, cuja importância se condiciona à proximidade ou afastamento dos pontos geográficos estratégicos.

Batelão lameiro – embarcação dotada de cisterna e portas de fundo para transporte ao despejo de material dragado por qualquer tipo de draga.

Berços de atracação – são locais de atracação e de movimentação de cargas ou passageiros para embarque ou desembarque.

Big bags – são contentores flexíveis utilizados para transporte e armazenamento de líquidos e granéis sólidos, confeccionados em tecidos recicláveis de polipropileno e revestimento interno em polietileno. Possuem alças fixadas nas laterais, permitindo o levantamento. Utilizados para a contenção de produtos alimentícios, agrícolas, químicos, fertilizantes, dentre outros.

Boias sinalizadoras – corpo flutuante de dimensões, formas e cores definidas, estabelecido em posição geográfica determinada, fundeado por meio de equipamento de fundeio específico, dotado ou não de equipamento luminoso, sonoro ou radioelétrico, encimado ou não por marca de tope, a fim de:

- indicar ao navegante o rumo a ser seguido;
- indicar os limites de um canal navegável, seu início e fim, ou a bifurcação de canais;
- alertar o navegante quanto à existência de um perigo à navegação;
- delimitar bacias de evolução de portos, terminais e marinas;
- indicar a existência de águas seguras; e
- indicar a existência e a rota de cabos ou tubulações submarinas, delimitar áreas especiais (como áreas

de despejo de dragagem ou áreas de exercícios militares), indicar zonas de separação de tráfego ou outra característica especial de uma determinada área, mencionada em documentos náuticos apropriados.

Bombordo (BB) – é o lado esquerdo do rumo da embarcação.

Bordo – cada uma das duas partes simétricas em que se divide longitudinalmente o casco das embarcações.

Boreste (BE) – é o lado direito do rumo da embarcação.

Braço de carregamento – sistema mecânico para o carregamento e descarregamento de cargas diversas entre uma embarcação e terminais, vagões, píeres etc.

Boca – é a largura da seção transversal a que se referir; a palavra boca, sem a referência à seção em que foi tomada, significa a maior largura do casco e, por isso mesmo, é a medida da seção mestra.

Boca máxima – também chamada de boca extrema, é a maior largura do casco medido entre as superfícies externas do forro exterior, ou seja, é a largura externa máxima da embarcação.

Boca moldada – boca medida entre as faces exteriores das cavernas, excluindo a espessura do chapeamento exterior. Quando não for feita referência à seção específica, significa boca moldada na seção-mestra.

Borda livre – distância vertical medida entre o plano do convés e a superfície das águas, na parte de maior largura da embarcação. Com o deslocamento máximo a borda livre atinge seu limite mínimo.

Braça – unidade de medida inglesa, equivalente a 1.829 m ou 6 pés, usada para medir o comprimento de amarras e cabos, ou a profundidade da água.

Bulbo – saliência na proa das embarcações para reduzir a resistência ao avanço do casco na água.

Bunker – óleo diesel ou óleo combustível para caldeira.

Cabeço – coluna de ferro de altura reduzida encravada à beira do cais ou junto à borda de uma embarcação para nela se amarrar as cordas que mantêm o navio atracado ao cais. Para um desengate rápido, existem ganchos de desengate (denominado gato de escape) do tipo remoto ou manual. O tipo remoto possui um sistema de monitoramento eletrônico para avaliação das tensões nos cabos e o seu desengate pode ser pneumático, elétrico ou hidráulico.

Cabo dobrado – cabo pré-passado em moitões ou roldanas.

Cabo singelo – cabo único, ou seja, sem volta.

Cabotagem – navegação doméstica (pela costa do país). Grande cabotagem ou cabotagem internacional, estende o conceito aos países adjacentes, na mesma costa ou ilhas próximas.

Cábrea flutuante – embarcação ou pontão sobre o qual existe montado um aparelho de manobras de pesos. É utilizada para embarcar ou desembarcar grandes pesos sem necessidade de atracar o navio ao cais; para transportar grandes pesos a pequenas distâncias; para retirar do fundo do mar objetos pesados ou embarcações submersas. Pode ser de dois tipos: com propulsão e sem propulsão.

Caçamba – recipiente que funciona com o auxílio de guindaste e destinado ao carregamento e descarregamento de granéis sólidos das embarcações. Podem ser articuladas, com garras que se fecham quando pegam a porção de granéis, ou fixas.

Cais ou embarcadouro – plataforma em parte da margem de um rio ou porto de mar ao qual atracam os navios e onde se faz o embarque ou desembarque de pessoas e/ou mercadorias.

Calado d'água – profundidade mínima necessária para a embarcação flutuar sem perigo de encalhe, medida cuja determinação se baseia no conhecimento do tamanho do calado. O mesmo que calado.

Calado máximo – é o calado do navio medido quando este estiver na condição de deslocamento em plena carga ou deslocamento máximo.

Calado médio – é a média aritmética dos calados medidos sobre as perpendiculares a vante e a ré.

Calado mínimo – é o calado do navio medido quando este estiver na condição de deslocamento mínimo. O mesmo que calado leve.

Calado moldado – é aquele que se refere à linha da base moldada do casco. É utilizado no cálculo dos deslocamentos e para as consultas às curvas hidrostáticas da embarcação.

Cálculos práticos:

- Cálculo prático de peso
  - chapa de aço: peso em kg de 1 m² com ½" de espessura = 100 kg/m².

    Exemplos: chapa de ½" com 3 m² (1 m x 3 m) = 300 kg; chapa de ½" com 7,2 m² (1,8 m x 4 m) = 720 kg; chapa de ¼" com 28,8 m² (2,4 m x 12 m) = 1440 kg.

  - tubo de aço: o peso em kg de um metro linear de tubo é 8 vezes o seu diâmetro em polegadas, para chapa de ½".

    Exemplos: tubo de 20" por ½" de espessura com 3 m de comprimento = (20" x 8) x 3 = 480 kg; tubo de 10" por ¼" de espessura com 6 m de comprimento (10" x 8) x 0,5 x 6 = 240 kg.

- Cálculo prático de vazão: para tubo de 20" a vazão é de 1 m³/s ou 3600 m³/h, considerando uma velocidade de escoamento de 5 m/s. Se aumentar o diâmetro do tubo, a vazão varia ao quadrado do diâmetro e se diminuir o diâmetro, a vazão será a raiz quadrada deste.

- Principais conversões: 1 milha = 1,852 km; 1 Kw = 1,34 Hp 1 bar = 1 atm = 1 kg/cm² = 14,7 psi ou lb/pol² = 10 mca (metros de coluna d'água) = 0,1 Mpa (mega Pascal).

- Principais pesos específicos: água = 1,0; óleo = 0,85; lama = 1,3; argila consistente = 1,7; areia saturada = 2,0; ferro = 7,6.

- Fórmulas importantes para medição na cisterna de dragas ou batelões:

Cálculo do volume de sólido na cisterna:

$$\text{Volume do sólido} = \text{volume da mistura} \frac{(densidade\ da\ mistura - 1)}{(densidade\ no\ fundo - 1)}$$

$$\text{Densidade da mistura na cisterna} = \frac{peso\ da\ mistura\ na\ cisterna}{volume\ da\ mistura\ na\ cisterna}$$

$$\text{Concentração de sólidos na cisterna} = \frac{volume\ de\ sólidos}{volume\ da\ mistura}$$

CAP – Conselho de Autoridade Portuária. Órgão composto por diversas entidades de classe, que atua, juntamente com as Autoridades Portuárias, nas questões de desenvolvimento da atividade, promoção da competição, proteção do meio ambiente e de formação de preços dos serviços portuários e seu desempenho.

Capacidade de carga – volume dos espaços cobertos do navio realmente utilizáveis para carga. É expressa em metros cúbicos ou pés cúbicos, exceto em petroleiros, onde pode ser expressa por barris.

Capatazia – é a atividade de movimentação de mercadorias no porto, compreendendo o recebimento, conferência, transporte interno, abertura de volumes para conferência aduaneira, manipulação, arrumação e entrega, bem como o carregamento e descarga de embarcações.

Capitania dos Portos – órgão subordinado à Diretoria de Portos e Costas, da Marinha do Brasil, competindo-lhe a regulamentação de assuntos referentes à navegação, pesca, praias etc., com base no Regulamento do Tráfego Marítimo e nas convenções internacionais firmadas pelo país.

Carga a granel – também denominada de granéis, é aquela que não é acondicionada em qualquer tipo de embalagem. Os granéis são cargas que necessitam ser individualizadas, subdividindo-se em granéis sólidos e granéis líquidos. São granéis sólidos: os minérios de ferro, manganês, bauxita, carvão, sal, trigo, soja, fertilizantes etc. São granéis líquidos: o petróleo e seus subprodutos, óleos vegetais, etanol etc.

Carga frigorificada – aquela que, para conservar suas qualidades essenciais durante o transporte, necessita ser refrigerada, isto é, guardada sob temperatura fresca constante, acima do grau de congelamento; ou congelada, ou seja, mantida sob temperatura abaixo do grau de congelamento. As principais cargas frigorificadas são: carnes, peixes, sucos, hortaliças e frutas.

Carga geral – toda mercadoria que poderá vir em sacos, caixas, cartões, engradados, amarrados, tambores etc., ou ainda volumes sem embalagens como veículos, maquinários industriais ou blocos de pedra, animais vivos.

Carga geral fracionada – é a carga solta ou avulsa, que pode estar embalada ou não.

Carga pré-lingada – carga unitizada com o propósito de içamento ou arriamento com linga, estando envolvida por rede de carregamento.

Carga solta ou convencional – carga fracionada com embalagem própria.

Carregadeira *high lift* – equipamento projetado para manuseio de toras, permitindo maior empilhamento e carregamento e descarregamento mais rápido em caminhões, vagões, barcaças etc.

Carta náutica – é a representação gráfica de uma superfície situada no fundo de áreas oceânicas, mares, baías, rios, canais, lagos, lagoas, ou qualquer outra massa d'água navegável e que se destina a informar a profundidade da navegação. São referenciadas ao Zero (DHN) e editadas na Projeção de Mercator. Também representam os acidentes terrestres, boias e sinalizadores marítimos dos canais e bacias de navegação.

Castanha – peça de metal com um furo circular ou quadrangular, fixada no costado, em uma antepara ou em um convés, destinada a sustentar ou a segurar o pé de uma haste, ferro do toldo, balaústre etc.

Caturro – é a oscilação de proa a popa que a embarcação faz quando está a navegar.

Chata – pequena embarcação com ou sem propulsão própria, destinada aos serviços de transporte dentro do porto, cujo fundo achatado permite sua movimentação em locais de água pouco profunda. Quando a chata não tem propulsão própria, seu movimento é provido por um rebocador ou empurrador.

Chicote – extremidade de qualquer cabo, corrente ou amarra.

Cintagem – sistema pelo qual vários volumes são presos por meio de cintas, arames ou fitas, formando uma unidade de carga. Usada para tábuas de madeira, de compensado, fardos, amarrados etc.

Clip on – é uma máquina de refrigeração que é acoplada ao contêiner que não possui equipamento próprio de refrigeração, sendo utilizado para o transporte de produtos perecíveis.

Companhia Docas – companhias vinculadas ao Governo Federal por meio do Ministério dos Transportes para gestão dos portos ainda vinculados ao governo. Termo extensível a portos estaduais ou municipais.

Comprimento – é a medida entre as extremidades do casco. Pode ser considerado de popa a proa ou entre perpendiculares (L_{pp}). Importante observar que o comprimento, geralmente, é igual a seis vezes a boca. Quando essa relação aumenta, a velocidade também aumenta, mas a estabilidade é prejudicada. No entanto, se a relação diminuir, ocorre o inverso. Para manter a embarcação estável, com maior boca e boa velocidade, é necessário aumentar a potência da propulsão.

Contêiner – recipiente construído de material resistente destinado a propiciar o transporte de mercadorias com segurança, inviolabilidade e rapidez, dotado de dispositivos de segurança aduaneira, inclusive atendendo às condições técnicas e de segurança previstas pela legislação nacional e pelas convenções internacionais ratificadas pelo Brasil.

Contêiner *dry box* – totalmente fechado, possuindo portas nos fundos e utilizado para o transporte de cargas gerais secas e não perecíveis.

Contêiner *dry bulk* – semelhante ao *dry box*, totalmente fechado, tendo aberturas no teto (escotilhas) para seu carregamento e uma escotilha na parede do fundo, na parte inferior para descarregamento, apropriado para transporte de granéis sólidos, como produtos agrícolas.

Contêiner *Flat Rack* – é um contêiner plataforma, sem paredes laterais e teto, utilizado para o transporte de cargas de formato irregular, pesadas e grandes como maquinários, barcos, veículos e caminhões, tanques, bobinas de papel.

Contêiner *Flexitank* – é uma embalagem flexível para líquidos a granel (não perigosos) usada no transporte em contêineres secos, normais e refrigerados, com capacidade entre 16.000 litros a 24.000 litros. Podem ser enchidos e escoados entre 20 e 40 minutos em operação realizada por apenas uma pessoa. São fabricados em polietileno, sendo descartáveis e recicláveis.

Contêiner high cube (HC – alta cubicagem) – contêiner usado para cargas de alto volume e baixo peso, medindo 2,89 m de altura e comprimento de 12,2 m.

Contêiner *Open Top* – sem teto, mas fechado com lonas, sendo utilizado para o transporte de cargas que não podem ser contidas num contêiner tradicional, dada a altura das mercadorias excederem a altura do contêiner, como máquinas e produtos frágeis como peças de vidros, placas de mármore etc.

Contêiner *Open Side* – com apenas três paredes, sem uma parede lateral, sendo apropriado para mercadorias que apresentam dificuldades para embarque pela porta dos fundos ou que excedam um pouco a largura do equipamento ou ainda para agilização de sua estufagem.

Contêiner refrigerado ou *Reefer* – contêiner equipado de gerador de frio, para transporte de produtos perecíveis. Sua máquina frigorífica está permanentemente ligada enquanto portador de carga.

Contêiner *Tank* – contêiner tanque fixado dentro de uma armação de tamanho padronizado, sendo utilizado para o transporte de líquidos e gases (perigosos ou não).

Contêiner ventilado – utilizado para cargas que necessitam de circulação de ar no seu interior (evitando a condensação). Possui pequenas aberturas na parte inferior e nas laterais da estrutura.

Corredor de exportação – é composto por um conglomerado de silos horizontais e verticais, correias transportadoras, carregadores (*shiploaders*), entre outros, dentro de áreas e retroáreas do porto.

Correia transportadora – equipamento eletromecânico dotado de esteira móvel, utilizado para movimentar granéis sólidos. A relação entre o comprimento e a largura determina a potência e a velocidade do mecanismo a ser adotado em cada caso específico, objetivando o deslocamento contínuo.

CTS (Cartão de Tripulação de Segurança) – tripulação mínima que deve operar a embarcação. É especificada pela Marinha com base na NORMAN 2, que leva em consideração a arqueação bruta (AB) da embarcação, o tipo de navegação, a potência da propulsão (em kw), o tipo de trabalho realizado pela embarcação e os sistemas de auxílio à navegação a bordo.

Deadweight (DWT) ou peso bruto de uma embarcação – é o peso da carga acrescido dos consumíveis e do lastro. No caso de dragas e batelões dotados de cisterna, também inclui o peso do volume de água normalmente depositado no fundo da cisterna.

Demurrage – sobre-estadia. Demora do navio entre fundeamento, atracação e saída do porto devido a congestionamento ou problemas com equipamentos.

Derrabada – embarcação encontra-se derrabada quando navega com a proa alta, ou seja, calado a vante menor que calado a ré. A embarcação deve navegar sempre um pouco derrabada, seja leve ou carregada.

Derrocamento – operação de fragmentação de rochas subaquáticas, a fogo ou a frio, e remoção para despejo. Utiliza-se de flutuantes com perfuratriz ou guindastes com pilão derrocador, escavadeira, a cabo ou hidráulica, para remoção dos fragmentos e batelão tombador (convés inclinado) ou *split*, para o transporte até o despejo.

Derrocamento – tipos de equipamentos:

- *Clamshell* semipesado – para argila muito mole a argila rija e pedras, com SPT (*Standard Penetration Test*) de 9 a 15. Utilizado para quase todas as situações, sendo indicado para derrocar lajes de arenito (quebradiças). A chapa da concha apresenta espessura aproximada de 1 ½", com dentes compridos (superior a 30 cm) parafusados nas mandíbulas, no caso de argila dura ou pedras.

- *Clamshell* pesado Stone – para argila rija à dura, arenito de média dureza e pedras, com SPT de 8 a 30. Dragagem de aprofundamento, pedras, sucatas, detritos, demolição de embarcações naufragadas de aço ou concreto. A chapa da concha apresenta espessura aproximada de 2 ½", necessitando de dentes U-1958 para argila dura e dente pesado para arenito ou pedra.

- *Orange peel* de 4 ou 5 pétalas – usado para pedras, sucatas, madeira, argila média e execução de enrocamento. Ideal para derrocamento e enrocamento pois se aplica a todos os tamanhos de rochas fraturadas. Não é recomendável para argila consistente a rija, devido ao seu pouco peso e sua forma, escavando pouco material. Pode ser usada em materiais de médio a baixo SPT.

- Pinça de quatro dedos com esporas – usada em pedras para enrocamento, para recolher detritos, cabos,

sucatas etc. na beira do cais e lugares que precisem de pré-limpeza antes da remoção de lama.

- Pinça para tora de madeira – usada em pedras para enrocamento, limpeza e seleção de detritos no fundo.

- Pilão bate-estacas com ponta em talhadeira – utilizado em lajes de arenito de pouca a média dureza (até 30 Mpa), para retirada de pedra e material mais duro, podendo ser adaptado a bate-estaca de percussão a diesel ou hidráulico.

- Pilão bate-estacas e extensão – usado em lajes de arenito de pouca a média dureza (até 50 MPa), para retirada de pedra e material mais duro.

- Talhadeira derrocadora queda livre 5 t – usada em lajes de arenito de pouca a média dureza (até 30 MPa), para derrocamento de lajes de arenito e coral e para rochas de fraca a média dureza. Atua em queda livre também para corte de embarcações naufragadas de aço ou concreto.

- Pilão derrocador queda livre com ponta cilíndrica – usado para derrocamento de lajes de arenito de média dureza (até 80 MPa).

- Talhadeira em cruz – equipamento utilizado no derrocamento de lajes de arenito e coral, rochas de fraca a média dureza. Atua em queda livre, abrangendo, em cada pancada, uma área de 3 m por 3 m.

- Roldana em cruz para carregamento – usada para evitar a torção do cabo de aço na operação de içamento dos equipamentos de derrocamento, permitindo a estabilidade do derrocador quando operado com os dois cabos da escavadeira.

- Dente pesado – usado em arenito, pedras e estruturas submersas de concreto e aço. Esse tipo de dente não deve ser soldado, mas parafusado na caçamba do tipo pesada, com parafusos de 12,9 de resistência e 1 ⅜" de diâmetro. Para evitar a perda do dente em caso de quebra dos parafusos, aconselha-se a soldagem de um pedaço de corrente do dente à caçamba, bem como a averiguação do ajustamento dos parafusos nos respectivos furos.

Desatracação – ato ou efeito de afastar a embarcação do cais ou de qualquer local em que ela esteja atracada. A desatracação pode ser realizada com a utilização ou não de rebocadores, de tal forma que ela possa ser manobrada por seus próprios meios.

Descarregador – equipamento utilizado na descarga de granéis, como: minério de ferro, carvão, milho, trigo, fertilizantes etc.

Desencalhar – ação de tirar o navio do lugar onde encalhou.

Desestiva – operação que consiste na desarrumação da carga no porão de um navio, quando vai se realizar a descarga.

Deslastrar – retirar a água de lastro do navio.

Deslocamento carregado (DW) – é a soma do deslocamento leve ao peso de carga transportada:

$$\underbrace{\overbrace{\text{Casco + motor + partes fixas + consumíveis + lastro + água da cisterna*}}^{\text{Deslocamento leve}} + \overbrace{\text{carga}}^{\substack{\text{peso líquido} \\ \text{da carga}}}}_{\text{Peso bruto}} = DW$$

*apenas para dragas e batelões dotados de cisterna.

Deslocamento leve – peso do casco de uma embarcação acrescido dos consumíveis (água doce e combustível) e do lastro móvel (água doce ou salgada) ou lastro fixo (barras de aço, concreto ou mistas).

Despacho marítimo – documento emitido pela Capitania dos Portos, que autoriza a viagem de uma embarcação de um porto a outro.

Dique de construção – dique seco onde o navio é construído no plano horizontal e posto a flutuar, depois de pronto, por alagamento do dique.

Diretoria de Hidrografia e Navegação (DHN) – é uma Organização Militar da Marinha do Brasil, responsável pela segurança à navegação e pelos projetos relacionados às áreas marítima e fluvial brasileiras. Fornece serviços como dados oceanográficos, previsão meteorológica, cartas náuticas das áreas sob sua jurisdição e avisos importantes.

Diretoria de Portos e Costas (DPC) – é a Organização Militar da Marinha do Brasil, integrante da Autoridade Marítima no país, responsável por fiscalizar as atividades relacionadas com a segurança da navegação e salvaguarda da vida humana no mar, prevenção da poluição, formação dos profissionais da marinha mercante e capacitação mediante cursos profissionalizantes e de aperfeiçoamento.

Disco de *Plimsoll* – o mesmo que disco da borda livre. Disco pintado no costado das embarcações mercantes, em ambos os bordos, cujo diâmetro horizontal indica a linha de flutuação máxima de verão. Nos dois extremos desse diâmetro, estão pintadas as letras que designam as sociedades classificadoras em que o navio foi classificado, a exemplo da LR – *Lloyd's Register*, AB – *American Bureau of Shipping*, BV – *Bureau Veritas* etc.

Doca – 1) trecho de instalações portuárias construído com muros ou cais em alvenaria, concreto armado etc., onde atracam os navios para as operações de carga e descarga ou de reparação. O mesmo que dique e estaleiro, lugar para abrigo de embarcações. 2) Grande depósito de mercadorias para o comércio marítimo. 3) Construção metálica móvel que permite, por elevação, ficarem os navios em seco, para reparos no casco.

Dolfim de amarração – estrutura portuária situada em local de maior profundidade, com dimensões capazes de receber embarcações. Tal estrutura é independente da linha do cais, que pode ser ou não dotada de plataforma de comprimento variável e, em geral, possui equipamentos.

Dragas autotransportadoras de sucção e arrasto (termos e acessórios utilizados):

- Tubos de dragagem – tubulação de sucção das dragas autotransportadoras, que é arrastada pelo fundo do mar enquanto a draga navega, propiciando a dragagem por sucção do material através da veia líquida formada.

- Mangote – tubo de borracha que permite a flexibilidade da tubulação de sucção, impedindo a sua quebra em condições de mar agitado. É envolvido por um cardã, que permite a dobra do tubo de sucção em várias direções.

- Cisterna – tanque das dragas autotransportadoras e dos batelões lameiros, que recebe o material dragado. Funciona como uma caixa de decantação de sólidos, permitindo o retorno ao mar da água separada da mistura.

- Boca de dragagem – peça situada na extremidade do tubo de sucção, adequando-o a um melhor contato com o fundo e produzindo sucção de material com maior concentração de sólidos na mistura com a água do mar.

- Visor da boca de dragagem – peça móvel que adequa a boca de dragagem às diversas inclinações do tubo em relação à profundidade do leito do mar a ser dragado.

- Bomba de hidrojato – bomba de alta pressão que atua na boca de dragagem por meio de bicos, permitindo a desagregação do material a ser dragado.

- Bomba de selagem – bomba de baixa vazão com pressão superior à da bomba de dragagem, que atua no lado oposto, pelo retentor, evitando que a mistura dragada atue por abrasão e danifique a bucha, o retentor ou gaxeta e o eixo da bomba de dragagem.

- Bomba de dragagem – equipamento utilizado para bombear a mistura dragada. Pode ser de alta vazão e baixa pressão (dragas autotransportadoras) ou de baixa vazão e alta pressão (dragas de sucção e recalque). É composta por: carcaça, rotor, difusor, placas de desgaste, buchas, eixo e retentores ou gaxetas.

- Cavitação – deficiência na bomba de dragagem provocada pela aspiração de ar ou gases da argila orgânica, que provoca forte vibração e queda ou interrupção de vazão.

- Rotor – componente rotativo interno da bomba de dragagem que produz sucção e recalque do material dragado por diferença de pressão.

- *Booster* – bomba colocada em série a outra primária, para propiciar aumento de pressão na tubulação de recalque, permitindo bombeamento a maiores distâncias.

- *Overflow* – transbordador de altura variável, colocado na cisterna das dragas para lançar para fora a água com material sólido de pouca concentração, a fim de propiciar uma carga com maior concentração de sólidos. Funciona como o "ladrão" das caixas d'água.

- Dala – tubulação que conduz até a cisterna a mistura de água e sólidos proveniente do recalque da bomba de dragagem, permitindo a deposição e o espalhamento do material em diferentes regiões.

- Portinhola da dala – portinholas situadas na dala para lançamento do material em diferentes pontos da cisterna, permitindo uma melhor distribuição da carga de sólidos decantados.

- Difusor – abertura situada no final da dala para reduzir a velocidade de escoamento e melhorar a decantação do material na cisterna.

Dragas – tipos de equipamentos:

- Caçamba *clamshell* – caçamba do tipo concha, que atua verticalmente na escavadeira mecânica por meio de cabos ou sistema hidráulico. É indicada para dragagem pontual a curta distância (< 10 m) e depende do movimento da embarcação (que lhe serve de base) para o seu deslocamento. Quanto ao carregamento, pode-se dizer que está vazia (0% de carga), rasa (100% de carga) e coroada ou cheia (120% a 130% de carga). A seguir, são descritos os tipos:

  1. *Clamshell* ambiental – utilizado para vaza marinha, argila muito mole, material contaminado e SPT (*Standard Penetration Test*) até 5. Trabalha por área, planificando o fundo e raspando uma camada superficial de 0,5 m. Não draga material consistente, areia e taludes.

  2. *Clamshell* leve – para argila muito mole a materiais de dureza média, SPT de 2 a 5. Apresenta bom rendimento em argilas moles a médias e é ideal para dragagem em beira de cais, atuando por penetração pontual em queda livre. A chapa da concha tem espessura menor que 1", podendo operar sem dentes.

  3. *Clamshell* inglês jumborizado leve – para argila mole a consistente, com densidade de até 1,5 t/m^3, com SPT de 2 a 8. Dragagem de manutenção e aprofundamento, com detritos. Possui largura na medida da sua concha, podendo operar sem dentes.

  4. *Clamshell* inglês jumborizado pesado – para argila mole, média à rija. Necessita de dentes do tipo espatular para areia ou argila, com parafusos, além de pesos que lhe conferem a capacidade de realizar dragagem de argila mais rija.

- Caçamba picadeira – para argila média a dura, arenito. Caracteriza-se por apresentar conchas compridas, permitindo maior amplitude de corte e regularizando o fundo. Adequada tanto para transferência de material no fundo quanto para o seu corte ou picamento, propiciando a posterior remoção com a própria escavadeira ou com draga autotransportadora por sucção.

- *Dragline* – caçamba do tipo pá de arraste, utilizada na escavadeira mecânica, porém de atuação horizontal por meio de cabos ou sistema hidráulico. É geralmente operada em terra, para dragagem de rios, lagos e beira de cais, tendo alcance de até 15 m.

- Caçamba de retroescavadeira – caçamba utilizada para escavação mecânica, com atuação em movimentos combinados verticais e horizontais por meio de cilindros hidráulicos. Ideal para materiais consistentes e rochas, combinando a atuação com outras caçambas, mas com limite de alcance do braço hidráulico.

- Lâmina reguladora de fundo – para lama, argila mole e areia. Regulariza os alto-fundos, empurrando o excesso de material para valas preexistentes ou para áreas mais fundas.

- Dente tipo arado (cód.:U-1954/U-1955); dente com gengiva – usados na boca de dragagem, contrapinado e travado à gengiva, sem solda.

- Dente cód.: U-1958 – para argila média a dura, tendo alta penetração em argila dura e sempre parafusado com parafuso de 12,9 de resistência e 1 ⅜" de diâmetro. É necessário também soldar um pedaço de corrente ligando o dente à caçamba, para não o perder quando da quebra do parafuso. Observar que os parafusos estejam bem apertados e justos em cada furo, dificultando a probabilidade de quebra.

- Gengiva Caterpillar modelo FH 240/270-3 – utilizada na boca de dragagem e em caçambas. Essa gengiva deve ser soldada no lábio da caçamba ou da boca, mas nunca se deve soldar o dente a ela, para facilitar a remoção.

- Dente Caterpillar D8-D9 – para argila média a dura, arenito. Dente alternativo utilizado com gengiva FH 240/270-3, para caçambas e bocas de dragagem.

- Dente Caterpillar cód.: AR 1211201 – para argila média a dura. Dente alternativo parafusado a caçambas e bocas de dragagem.

- Dente METISA – argila dura. Escarificador de motoniveladora, adaptável à boca de dragagem, dispondo de unha postiça confeccionado com material mais duro.

Dunnage – material de estiva.

Duto – tubulação que tem por finalidade conduzir vários tipos de granéis sólidos (geralmente impelidos com ar comprimido), líquidos ou gasosos: mineroduto – quando transporta minérios; oleoduto – quando transporta óleo; gasoduto – quando transporta gás.

Embarcação – toda construção feita de madeira, ferro, aço, fibra de vidro ou da combinação desses e outros materiais que flutuem, especificamente para transportar, pela água, pessoas ou objetos.

Embarcação de apoio – denominação dada a qualquer embarcação de pequena tonelagem, que serve no porto na sua área de administração, como rebocadores, lanchas, chatas etc.

Embarcação – tipos de equipamentos e materiais usados:

- Aducha – amarrado de cabo de manilha ou nylon que contenha 220 m.

- Agulheiro – ferramenta pneumática composta por agulhas metálicas, utilizada para a remoção de ferrugem.

- Amarra – cabo náutico ou corrente que prende o navio à âncora. A amarra é constituída de quartéis, na qual um quartel tem o comprimento de 27,5 m.

- Âncora – peça de aço de forma especial e peso proporcional ao deslocamento da embarcação que tem por finalidade mantê-la em um fundeadouro. As principais partes de uma âncora são: a haste, os braços, as patas, a cruz, o cepo (quando existe) e o anete.

- Boia de arinque – pequena boia com cabo fino de nylon para determinar a posição de um ponto no leito marinho. O cabo deve ter uma folga para compensar a maré, a profundidade e as ondas. A poita deve ter peso igual ao triplo da flutuabilidade da boia.

- *Bow thruster* – hélice situada em tubulação transversal na proa da embarcação que permite deslocamento lateral desta, aumentando a rapidez das manobras quando combinado com a atuação do leme de popa.

- Bucha – peça de material de baixa dureza (bronze) que é ajustada no furo de uma peça onde se apoia um eixo giratório. Quando é montada no eixo, chama-se camisa.

- Cabos – são as cordas de uma embarcação. Os velhos cabos de fibras vegetais, como sisal, linho, algodão e outros, foram substituídos pelos de fibras sintéticas que, embora mais caros, são mais duráveis e apresentam resistência à tração cerca de 6 vezes maior. A especificação e medida de um cabo de nylon ou sisal são dadas pela sua circunferência, diferentemente dos cabos de aço, que são especificados pelo seu diâmetro.

- Cabresteira – montagem de cabo que se subdivide em duas pernas para distribuir melhor as forças de tração. Também cabo auxiliar utilizado nas caçambas das escavadeiras para mantê-las sem girar, evitando que os cabos principais de fechamento e elevação se torçam.

- Carretel – pedaço de tubo ou eixo composto por flanges nas extremidades, utilizado para ligação de tubulações ou eixos de transmissão.

- Castanha – polia utilizada em guinchos para o recolhimento de amarras ou correntes.

- Clips – dispositivo utilizado para unir cabos ou fazer alças. Sempre é utilizado aos trios para melhor fixação e segurança.

- Compensador de ondas – cilindro hidráulico com roldana na extremidade, que envolve o cabo e sustenta a boca de dragagem, mantendo o tubo de dragagem com leve pressão sob o fundo, evitando o seu enterramento na lama e o seu descolamento com o balanço da draga em mar desabrigado.

- Corrente – peça composta por anéis metálicos ou elos.

- Croque – vara manual com um gancho na extremidade para puxar cabos ou outros objetos para bordo.

- Defensa – proteção de borracha, pneus ou madeira colocada no costado das embarcações ou no cais, para amortecer o impacto na atracação. Denomina-se verdugo quando se constitui de uma cinta que envolve o costado das embarcações, próximo ao convés.

- Distorcedor de cabos de aço – dispositivo utilizado para compensar a torção do cabo de aço e, consequentemente, evitar que este desfie.

- Elo patente – elo desmontável que une a amarra ao ferro.

- Espia – ferramenta pontiaguda utilizada para fazer a mão ou trançar o cabo de aço.

- Estropo de cabo de aço – cabo de aço com duas mãos muito utilizado em içamento de cargas.

- Gaxeta – elemento de vedação de eixos. Geralmente feita de barbante ou nylon.

- Giroscópio – equipamento que corrige o Norte magnético e detecta a variação da direção de navegação.

- Guarda-cabo – meia cana de tubo que protege o eixo propulsor, próximo ao hélice, do enrolamento de cabos. Pode dispor de facas "corta-cabos".

- Hélice – peça existente na popa da embarcação que produz a sua propulsão.

- Leme – equipamento situado na popa que compõe o governo da embarcação, permitindo sua mudança de direção.

- Macaco hidráulico – equipamento hidráulico utilizado para a elevação de cargas.

- Manilha – equipamento utilizado na união de cabos de aço ou no içamento de cargas. Esse dispositivo pode ser de pino roscado ou manilha de contrapino.

- MCA (Motor de Centro Auxiliar) – comumente mencionado para indicar o motor a diesel do grupo gerador elétrico da embarcação.

- MCP (Motor de Centro Propulsor) – motor propulsor ou motor principal da embarcação.

- Moitão – grupo de roldanas separadas por espelhos, utilizado para reduzir a tensão no cabo e nos guinchos por meio de várias voltas do cabo.

- Mordedor – usado para prender cabos.

- Passo variável – sistema que varia o ângulo da pá do hélice, produzindo aumento da velocidade e inversão no sentido de propulsão, apesar de o eixo propulsor girar sempre no mesmo sentido. Equipamento similar ao turbo hélice do avião.

- Patesca – roldana ou polia cujo espelho pode ser aberto para se instalar um cabo.

- Picadeira – martelo manual pontiagudo, utilizado para retirar ferrugem.

- Radar – equipamento que emite e recebe ondas refletidas em objetos flutuantes e terrestres, abrangendo determinados raios de atuação.

- Retentor – elemento de vedação composto por anel de aço e borracha utilizado em eixos e rolamentos, que evita o vazamento de óleo, água, gás, entre outros.

- Reversão da propulsão – equipamento que permite a inversão do sentido de giro do eixo propulsor e do hélice de pás fixas, propiciando a parada ou o movimento a ré da embarcação.

- Rolamento – peça dotada de bilhas ou roletes de aço, que opera com alta rotação e baixo atrito entre um eixo giratório e outra peça fixa, permitindo maior pressão do que a bucha.

- Roldana – disco girante com uma ranhura ou sulco na periferia (gorne) por onde passa um cabo, corda ou corrente, utilizado para içamento ou mudança de direção de tração.

- Sapatilha ou ferradura – dispositivo de proteção utilizado para dobras de cabos de aço.

- Sexta-feira – marreta bem pesada.

- Soquete ou terminal de cabo com chumbador – terminal cônico onde se chumba e se aloja a ponta de um cabo de aço. Dispõe de dois olhais para se conectar a outro, por meio de um pino.

- Talha – guincho suspenso destinado à movimentação de cargas por meio de correntes.

- Telescópio – tubo integrante do casco que envolve as buchas e o eixo propulsor de uma embarcação ou amortecedor, feito de tubos encaixados que protegem a lança das escavadeiras contra impactos.

- Tensionador de cabo – dispositivo utilizado para tensionar cabos de aço.

- Tirfor – guincho de catraca portátil, movido por cabos.

Embarcação – tipos de estrutura:

- Antepara – são as separações verticais que subdividem em compartimentos o espaço interno do casco.

- Arranjo geral – planta que apresenta as três vistas que são padrão em uma embarcação (plano superior, frontal e lateral).

- Borboleta – pedaços de chapas em forma de esquadro, que servem para união de duas peças quaisquer.

- Borda-falsa – é a borda do tanque da cisterna, saliente ao convés, que evita a queda de tripulantes.

- Bordos ou costados – são os lados de uma embarcação.

- Cabeço – estrutura de ferro maciça, encravada no cais ou aos pares, junto à amurada da embarcação, destinada a suportar as voltas dos cabos de amarração ou reboque.

- Cabine de comando ou passadiço – é o compartimento de um navio a partir do qual ele é comandado.

- Castelo de proa – superestrutura na parte extrema da proa, acompanhada de elevação da borda.

- Cavernas – perfis curvos que se fixam na quilha em direção perpendicular a ela, e que servem para dar forma ao casco e sustentar o chapeamento exterior.

- Compartimento estanque – compartimento limitado por um chapeamento, que impede a comunicação entre tanques.

- Convés – qualquer dos pavimentos a bordo.

- Duto-quilha – estrutura de seção triangular situada no meio longitudinal da cisterna, que serve de separação entre as portas de fundo. É elemento de reforço estrutural.

- Estrado – piso removível, montado com chapas de aço xadrez, geralmente utilizado na praça de máquinas.

- Gola – barra de aço que contorna uma abertura qualquer, para reforço local.

- Longarinas – perfis colocados da proa à popa, na parte interna das cavernas, ligando-as entre si.

- Paiol – é o local de uma embarcação que se destina ao armazenamento de alimento, suprimentos, amarras, sobressalentes etc.

- Pé de carneiro – coluna que sustenta os vaus para aumentar a resistência.

- Picadeiro – bloco de madeira, concreto ou aço utilizado para apoiar o casco das embarcações no dique ou na carreira.

- Praça de bombas – é o compartimento da embarcação onde estão instaladas as bombas de dragagem.

- Praça de máquinas – é o compartimento de um navio onde estão instaladas as máquinas de propulsão e os motores auxiliares.

- Prumos – perfis metálicos dispostos verticalmente nas anteparas a fim de reforçá-las.

- Quilha – peça longitudinal situada no centro do fundo do casco que limita as cavernas da embarcação.

- Roda de proa – viga robusta que, em prolongamento da quilha, na direção vertical ou quase vertical, forma o extremo do navio a vante.

- Seção-mestra – é a seção com vista em corte situada a meia-nau da embarcação.

- Sicordas – perfis colocados da proa à popa num convés, ligando os vaus entre si.

- Tanque de água potável – compartimento fechado e devidamente tratado para armazenar água doce de consumo da embarcação.

- Tanque de combustível – espaço permanente destinado ao transporte de combustível para uso da embarcação. É ligado à atmosfera por meio de tubos chamados suspiros, que permitem a saída dos gases.

- Tanque de flutuação – compartimento fechado e estanque no casco que promove a flutuabilidade das embarcações.

- Tanque de lastro – compartimento especial das embarcações, que se enche de água ou sólido para melhorar a sua estabilidade, por meio do rebaixamento do centro de gravidade e consequente aumento da altura metacêntrica da embarcação.

- Tijupá – teto superior da cabine de comando ou passadiço.

- Trincanis – fiada de chapas mais próxima aos costados.

- Vaus – vigas colocadas de bombordo e boreste em cada caverna, servindo para sustentar os chapeamentos dos conveses.

Embarcação – tipos de atracação: os principais cabos desse conjunto são os lançantes de proa e popa (*Bow Line & Stern Line*), *springs*, através de proa e popa (apenas para embarcações de maior porte, acima de 13 m). Há três conceitos de ancoragem para embarcações:

- Âncora + amarra + cabo de fibra sintética – é a melhor opção de sistema de ancoragem para embarcações de médio porte, pois combina a leveza de todo o sistema com facilidade de manuseio, alta capacidade de absorção de energia produzida pela elasticidade da fibra e grande resistência ao atrito da amarra junto ao fundo do mar.

- Âncora + cabo de fibra sintética – indicada para embarcações de pequeno porte, a mobilidade e dinâmica do sistema de ancoragem é possível devido ao alongamento da fibra sintética de construção do cabo.

- Âncora + amarra – seu conceito utiliza o efeito catenária produzido pelo peso da amarra para reduzir as cargas transmitidas da embarcação para a âncora. As desvantagens começam pelo excesso de peso no barco, na dificuldade de manuseio e na transmissão de cargas grandes e destrutivas à embarcação, no caso de tempestades e ventos fortes. A utilização de amarração com 100% de amarras na âncora principal é comum em embarcações de grande porte (a partir de 15 m).

Embarcar – ato ou ação de carregar a bordo de navio ou de embarcação.

Empilhadeira – tipo de veículo empregado nas dependências portuárias para execução dos serviços de transporte, empilhamento e desempilhamento de cargas. Trata-se de um equipamento mecânico, versátil, utilizado basicamente para a movimentação horizontal de cargas, inclusive para seu armazenamento. Pode ser dotado de garfo para a movimentação de cargas peletizadas ou similares, bem como a movimentação de tambores e barris.

Empilhamento – serviço de arrumação das cargas sob a forma de pilha, visando maior racionalidade na operação portuária, aproveitamento de área, facilidades para separação em lotes por importador etc.

Empurrador – diz-se de pequeno navio de grande robustez e alta potência, dispondo de uma proa de forma e construção especiais, destinado a empurrar uma barcaça ou conjunto de barcaças que formam um comboio. O mesmo que rebocador.

Entreposto aduaneiro – do francês *entrepot*, indica mais propriamente o armazém onde se depositam as mercadorias em trânsito, baldeadas, ou que serão reexportadas.

Escala de calado – graduação marcada no costado dos navios a vante, a ré e, algumas vezes, a meia-nau, em ambos os bordos, para a leitura de calados.

Escavadeira – é um equipamento montado sobre um flutuante, semelhante a um guindaste. Utiliza cabos e possui uma caçamba para extrair material do fundo. Não tem cisterna, dependendo de batelões para o transporte do material dragado. A escavadeira é dimensionada para resistir aos ciclos contínuos de dragagem. Opera em regiões de águas abrigadas, beira de cais e áreas restritas. É indicada a todo tipo de materiais, incluindo detritos (pneus, cabos, sucatas, pedras etc.) e não tem limitação de profundidade de dragagem.

Escotilha – são aberturas nos conveses, por onde as cargas são arriadas e içadas. São as "tampas" dos porões. Geralmente, numeram-se os porões de proa para popa. Assim, o porão n.º 1 é o mais à proa, sendo seguido pelo porão n.º 2, e assim por diante.

Espia – cabo que amarra um navio a um cais ou a outro navio. Deve ser leve, flexível e resistente à tensão, podendo ser feito de aço, náilon, fibra ou misto.

Estaleiro – 1) armação de cantaria ou de madeira sobre a qual assentam as traves e a envazadura (espeques do navio) que sustam o navio enquanto está sendo construído. 2) lugar onde navios são construídos.

Estiva – todo o fundo interno de um navio, da proa à popa; a primeira camada de carga que se coloca em um navio, geralmente a mais pesada; contrapeso que se põe no navio para equilibrá-lo e para ele não descair para o lado mais carregado; grade ou pau, assente no porão do navio, sobre o qual se amarra a primeira carga, para isolar da umidade; registro de gêneros alimentícios feito pelos oficiais de bordo. O serviço de movimentação de mercadorias entre o porão do navio e o convés, e vice-versa.

Estivador – carregador que trabalha na carga e descarga de navios; o que dirige a carga e a descarga de navios por conta própria ou de casa comercial.

Estivagem – conjunto de operações destinadas à movimentação de mercadorias de terra para bordo, ou de uma embarcação para outra, bem como de bordo das embarcações para terra. A estivagem será sempre executada de acordo com as instruções do comandante do navio ou seu preposto.

Estrado – também chamado palete, é uma peça que serve de base às mercadorias, como: conjuntos de sacos, de pacotes, de tambores etc.; constituída de tabuleiro de madeira, metal, papelão, plástico ou outro material, com forma adequada para ser usada por empilhadeira, guindaste ou autoguindaste e que permita superposição segura e movimentação fácil de mercadorias em armazéns, portos, pátios de carga e por veículos de transporte. Às vezes, é utilizado com cintas de aço ou plásticas para formar conjunto integrado.

Estufagem – ato de carregar os contêineres com a mercadoria a ser exportada.

Extra roll – tripulação adicional, não exigida pelo CTS, porém necessária para realizar os serviços de dragagem e manutenção (ex.: mecânicos, draguistas, eletricistas etc.).

Faixa do cais – denomina-se o local adequado para receber a atracação de uma embarcação.

Farol – sinal marítimo facilmente identificável, à luz do dia, por sua construção alta, em forma de torre, e, à noite, pela luz de longo alcance (6 milhas, no mínimo) emitida na parte superior. O farol é de elevada importância para a navegação, pois assinala acidentes da costa, entrada de portos ou canais, ilhas, baixios etc. Sua luz de cor vermelha, verde e branca é geralmente intermitente e pode ser elétrica, a gás ou a vapor de petróleo.

Farolete – é uma armação metálica para sinalização das vias navegáveis, tendo, em sua parte superior, uma luz cujo raio de alcance é inferior a 10 milhas náuticas.

Fazer um morto – fazer uma base enterrada para instalar guinchos ou cabos que realizarão grande esforço de tração.

Ferry-boat – termo inglês para batelão, barcaça, chata. Embarcação preparada para o transporte de veículos e pessoas. Geralmente une margens de rios, lagos ou mesmo mares menores.

Flutuabilidade – é a propriedade de poder permanecer na superfície d'água, mesmo com sua carga completa.

Flutuante – plataforma flutuante, sem propulsão própria e sem equipamentos e compartimentagem que lhe deem finalidade específica. Pode ser empregado nos mais variados serviços que necessitam de uma base de apoio flutuante ou para impedir o contato direto do casco de um navio com o de outro navio ou cais onde se acha atracado.

Front loader – empilhadeira para movimentação de contêiner vazio com capacidade de içamento de 10 a 12 toneladas.

Forklift – empilhadeira de porte pequeno utilizada para carregar e descarregar mercadorias em paletes, com capacidade de içamento de 1 a 16 toneladas e até a 14 m de altura.

Fator de estiva – volume em metros cúbicos ocupado por uma tonelada métrica de uma mercadoria, em sua embalagem normal para embarque. No sistema inglês de medidas e volumes, é dado em pés cúbicos ocupados por uma tonelada pelo alto-mar.

Feeder – serviço marítimo de alimentação de um porto de distribuição (*hub port*) ou de distribuição das cargas nele concentradas. O termo *feeder* também pode se referir a um porto secundário (alimentador ou distribuidor) em determinada rota. Cabe salientar que um porto de distribuição ou concentrador (*hub*) pode ser receptor para determinadas rotas de navegação e alimentador (*feeder*) para outras.

FOB (*Free On Board*) – preço sem frete incluso (posto a bordo). Consiste na denominação da cláusula de contrato segundo a qual o frete não está incluído no custo da mercadoria.

Fretamento – contrato segundo o qual o fretador cede a embarcação a um terceiro (afretador). Poderá ser por viagem (*Voyage Charter Party* – VCP), por tempo (*Time Charter Party* – TCP) ou visando a uma partida de mercadoria envolvendo vários navios (*Contract Of Afreightment* -COA). O fretamento a casco nu envolve não só a cessão dos espaços de carga do navio, mas também a própria armação do navio, em que o cessionário será o empregador da tripulação.

Frete – 1) aquilo que se paga pelos serviços de transporte de mercadorias, cujo valor é resultante da aplicação de uma tarifa. 2) locação de um navio ou qualquer outro veículo. 3) preço pago ao condutor pelo fretamento ou transporte de coisas ou mercadorias, por qualquer via, de um lugar a outro. O frete pode ser pago ou a pagar: 1) pago – quando o pagamento é feito ao condutor no ato da entrega da mercadoria para o transporte, que neste caso é denominado livre; 2) a pagar – quando o pagamento é feito posteriormente pelo destinatário, ao retirar as mercadorias que lhe foram consignadas.

Fumigação – tipo de controle de pragas por procedimento de desinfecção por via seca. É feita por meio de tratamento químico realizado com compostos ou formulações pesticidas (fumigantes) voláteis em sistema hermético, visando à desinfestação de materiais, objetos e instalações que não possam ser submetidas a outras formas de tratamento.

Gato – gancho de metal preso na extremidade do cabo ou corrente do guindaste e ao qual é engatado o laço do estropo, da funda etc., auxiliando no içamento de pesos e na fixação das amarras na movimentação da lingada.

Grab (caçamba, *clamshell*) – equipamento dotado de duas ou mais garras, que funciona com o auxílio do guindaste e destinado ao carregamento e descarregamento de granéis sólidos das embarcações. Suas garras se fecham automaticamente ou semiautomaticamente quando pegam a porção de granéis.

Granel líquido – todo líquido transportado diretamente nos porões do navio, sem embalagem e em grandes quantidades, sendo movimentado por meio de bombas através de dutos. Ex.: álcool, gasolina, melaço etc.

Granel sólido – todo sólido fragmentado ou granulado, incluindo grão vegetal, transportado diretamente nos porões do navio, sem embalagem e em grandes quantidades, sendo movimentado por transportadores automáticos, tipo pneumático ou de arraste e similares ou aparelhos mecânicos, como eletroímã, colher mecânica ou caçamba automática. Ex.: carvão, sal, trigo em grão, minério de ferro, fertilizantes etc.

Grua – também chamado de guindaste, é um equipamento utilizado para a elevação e a movimentação de cargas e materiais pesados. Pode descarregar e carregar contêineres, organizar materiais pesados em grandes depósitos, movimentar cargas pesadas e é comumente empregado em indústrias, terminais portuários e aeroportuários.

Guindaste de bordo – guindaste existente no próprio navio.

Guindaste móvel portuário (MHC – *Mobile Harbour Crane*) – em formato de grua sobre pneus, utilizado para a elevação e movimentação de cargas dos navios e pátios de armazenagem. Possui capacidade nominal de carga entre 42 e 208 toneladas. Permite a adaptação de quase todos os implementos de movimentação de carga: caçambas para granéis, garras para sucata, eletroímã para chapas, gancho para cargas de projeto e *spreader* para contêineres.

Hinterland ou hinterlândia (território interior) – é o potencial gerador de cargas do porto em sua área de influência terrestre interior.

Hub port (porto de distribuição ou concentrador) – porto de transbordo, normalmente de linhas transoceânicas para linhas de cabotagem e vice-versa.

Instalações portuárias – nos portos organizados, compreendem as seguintes estruturas: os ancoradouros, as docas ou os trechos de rios em que as embarcações sejam autorizadas a fundear ou a efetuar operações de carregamento ou de descarga; as vias de acesso aos ancoradouros, às docas, aos cais ou às pontes de acostagem, desde que tenham sido construídas ou melhoradas ou que devam ser mantidas pelas administrações dos portos; os cais, pontes de acostagem, guias-correntes ou quebra-mares construídos para atracação de embarcações ou para tranquilidade e profundidade de águas nos portos ou nas respectivas vias de acesso; as áreas de terreno, os armazéns e outros edifícios, as vias férreas e as ruas, bem como todo o aparelhamento de que os portos disponham para atender às necessidades do respectivo tráfego e à reparação e à conservação das próprias instalações portuárias que tenham sido adquiridas, criadas, construídas ou estabelecidas. Podem ser contínuas ou localizadas em pontos diferentes do mesmo porto, mas devem estar sujeitas à mesma administração do porto.

IALA – são as iniciais de *International Association of Marine Aids to Navigation and Lighthouse Authorities* (Associação Internacional de Autoridades de Sinalização Náutica) – criada em 9 de julho de 1957 para se dedicar a atividades técnicas e normativas no campo de auxílio à navegação marítima.

IMO (*International Maritime Organization*) – agência da ONU que tem como propósito regulamentar todas as atividades que englobam a navegação, incluindo eficiência, segurança, preocupações ambientais, questões jurídicas e cooperação técnica.

IMPA (*International Maritime Pilots Association*) – reúne associações de pilotos dos cinco continentes e desde 1973 é membro da IMO.

Intermodal – transporte que se refere a uma mesma operação, envolvendo dois ou mais modos de transporte, no qual cada transportador emite um documento e responde individualmente pelos serviços que presta.

ISM *Code* (*International Safety Management*) – código para a melhoria da segurança do transporte marítimo internacional, estabelecendo um padrão para a gestão segura e a operação de navios, implementando um sistema de gestão de segurança.

ISSC (*International Ship Security Certificate*) – é o certificado internacional de proteção do navio, obrigatório em todos os navios.

ISPS *Code* (*International Ship and Port Facility Security*) – código internacional para a segurança de navios e instalações portuárias no controle e monitoramento de acessos.

Lâmina regularizadora de fundo – equipamento desenvolvido para aplainar os alto-fundos remanescentes da dragagem, derrubando-os para as valas mais fundas, dragadas além da cota de projeto. É uma lâmina que pode ter 10 m de comprimento ou mais, sustentada por um catamarã e tracionada por um rebocador. Possui um cambão (equipamento em forma de triângulo para acoplá-la ao rebocador) que permite o retorno de ré para área de dragagem, podendo também trabalhar de forma transversal ao cais, com alta eficiência. Pode operar em condições de mar abrigado ou desabrigado.

Lançantes – são os cabos (espias) dispostos para fora da proa ou da popa, evitando o movimento do navio para ré ou para vante.

LH – levantamento hidrográfico, termo normalmente empregado para as batimetrias.

Linga – aparelho feito de varão de ferro, corrente ou cabo, com que se prendem objetos pesados que se queira içar ou arriar.

Lingada – é a porção de objetos de forma homogênea que é içada ou arriada de uma só vez, conduzida em cada movimento do guindaste ou de equipamentos como ponte rolante, cábrea, pau de carga etc.

Lingar – operação que consiste em amarrar a carga para possibilitar a sua movimentação pelo guindaste.

Linha d'água – também chamada de linha de flutuação, é uma faixa pintada com tinta especial no casco dos navios, de proa a popa, delimitando uma linha que separa a parte imersa do casco de um navio (obras vivas) da sua parte emersa (obras mortas). A linha d'água é definida pela interseção do plano de superfície da água calma com a superfície exterior do casco. Existem várias linhas de água correspondentes ao nível de carga do navio: flutuação carregada ou flutuação em plena carga (navio completamente carregado); flutuação leve (navio completamente vazio) e flutuação normal (navio em deslocamento normal).

Layday ou *laytime* – tempo de atracação. Estadia do navio no porto no período previsto para acontecer a operação (atracar, carregar e zarpar).

Lona de proteção – utilizada para proteção entre o costado do navio de carga a granel e o cais, evitando que a carga caia na água.

Longo curso – navegação a grande distância, normalmente intercontinental. Dessa forma, costuma-se dizer mercadoria de longo curso, tarifas de longo curso, transporte de longo curso etc.

Mangote – tipo de mangueira destinado aos serviços marítimos líquidos e granéis em pó.

Mão do cabo – alça feita com o auxílio de uma ferramenta (espia) que abre as pernas de um cabo para permitir que suas pontas sejam trançadas em seu corpo.

Moega – denominação dada a uma instalação portuária especialmente aparelhada para a movimentação de determinados granéis sólidos. A moega tem um formato próprio para receber e destinar granéis sólidos a correias transportadoras, vagões ou caminhões.

Maior calado observado no porto – o calado observado no porto é uma característica operacional da embarcação dependendo do seu carregamento, lastro e da densidade da água. Seu registro será feito após a observação das marcas do calado, devendo-se registrar, em pés, o maior calado medido na entrada ou na saída.

Mar alto – ponto do mar de onde já não se avista terra.

Mar interior – o que se acha circundado de terras ou circunscrito em continente.

Mar territorial – é a faixa marítima de largura igual a 12 milhas marítimas, medidas a partir de uma linha de base, determinada em conformidade com as normas da Convenção da ONU sobre Direito do Mar. A linha de base normal, definida na referida Convenção, é a linha de baixa-mar ao longo da costa, conforme aparece marcada por sinal apropriado em cartas náuticas reconhecidas oficialmente pelos próprios Estados.

Marca de Dragagem (DR) – marca observada em dragas e batelões, situada entre o convés e o calado máximo convencional das embarcações (Disco de Plimsoll), devido ao aumento da altura do nível do calado máximo, proporcionando um aumento da carga e otimizando o volume de material dragado e transportado até o local de despejo. É permitido para dragas e batelões lameiros se forem dotados de processos de despejo da carga pelas portas situadas no fundo de suas cisternas em menos de 1 minuto, unicamente com comando manual de abertura de portas.

Meia-nau – é a seção do casco compreendida entre a proa e a popa. Centro da embarcação.

Milha náutica – é a unidade de distância equivalente ao comprimento de um arco de um minuto do meridiano terrestre. Seu valor, com ligeiro arredondamento, foi fixado em 1.852 m pela Convenção Internacional para a Salvaguarda da Vida Humana no mar.

Navegação de travessia – a que se faz quer nas águas fluviais e lacustres, quer nos interiores marítimos. Caracterizam-se como navegação de travessia: a) quando transversalmente ao curso dos rios e canais; b) quando ligando dois pontos das margens em lagos, lagoas, baías, angras e enseadas; c) quando entre ilhas e margens de rios, de lagos, em extensão inferior a vinte quilômetros; d) quando realizada dentro da área portuária nos portos, baías, enseadas, angras, canais, rios e lagoas, em atendimento às atividades específicas do porto e em trechos nunca excedentes aos limites dos portos marítimos e interiores; e) quando é realizada ao longo do litoral de um país, dentro dos limites da costa, é considerada travessia costeira.

Navegação em águas restritas – é aquela realizada quando a proximidade de perigos traz restrição à manobra do navio. Ela é realizada nas entradas/saídas de portos, travessias de estreitos, canais, lagos, rios etc. A navegação deve ser adotada quando a distância entre o navio e o perigo mais próximo for menor que 3 milhas ou a profundidade local for menor que 20 m.

Navegação fluvial – é o que se faz em rios e canais interiores.

Navegação interior – é aquela realizada em hidrovias interiores, em percurso nacional ou internacional.

Navegação lacustre – é a que se faz em lagos, lagoas e represas.

Navios (tipos, classificação, denominação comercial) – a seguir, são mencionados os tipos de cargas e suas classificações:

1- Carga líquida ou liquefeita – são navios-tanque especialmente projetados para o transporte de líquidos (derivados de petróleo e outros tipos de carga como óleos para alimentação, água, melaço, vinhos). São equipados com tubos, válvulas e bombas para transferir a carga de e/ou para terra ou para outros navios.

1.a. Petroleiros – os tamanhos vão desde o costeiro até o supertanque ULCC (*Ultra Large Crude Carrier*) para o transporte internacional de petróleo. A regra é que o volume que pode ser transportado num petroleiro aumenta em função do cubo do seu comprimento. As principais classes de petroleiros são:

- *Bumboat* – navio abastecedor.

- Costeiros – menos de 50.000 t de porte bruto para o transporte de produtos refinados (gasolina, gasóleo etc.).

- Costeiros P-Max – são navios de produtos com cerca de 49.900 t de porte bruto. O conceito Max significa que estão projetados para uma capacidade máxima de carga em águas rasas. A concepção segura para o transporte de óleo inclui casco duplo, dois motores propulsores em salas de máquinas separadas, lemes duplos, dois hélices e sistemas de controle em duplicado.

- Costeiros químicos – o *Chemical Carrier Code* da IMO separa os produtos químicos em três categorias de acordo com critérios de arranjo e proteção dos tanques para os diversos tipos de navios: tipo I, II e III. Os tanques são revestidos ou totalmente construídos em aço inoxidável.

- Costeiros químicos C-Max – utilizados entre os portos do Mar do Caribe, apresenta porte bruto de 10.000 t.

- Handymax – porte bruto de até 65.000 t para o transporte de óleo bruto ou produtos refinados pesados.

- Panamax – porte bruto de até 85.000 t para o transporte de petróleo bruto.

- Aframax – porte bruto de cerca de 80.000 t para transporte de petróleo bruto. AFRA (*Average Freight Rate Assessment*) é um sistema de composição de frete através da média ponderada dos navios-tanque de propriedade independente.

- Suezmax – entre 125.000 tpb e 180.000 tpb (tonelagem de porte bruto), a capacidade máxima do Canal de Suez.

- Capesize – acima de 180.000 tpb, que não passam pelo Canal de Suez. Nessa classe estão incluídos todos os VLCC e ULCC.

- VLCC (*Very Large Crude Carrier*) – com até 320.000 tpb. Comprimento comum entre 300 m e 330 m, sendo que alguns deles foram transformados para atividades fixas em *offshore*.

- V-Max – transportam carga de volume idêntico ao VLCC com calado de Suezmax. Possuem duplicação de sistemas de propulsão e governo.

- V-Plus – da classe ULCC com casco duplo.

- ULCC – *Ultra Large Crude Carrier* – com capacidade superior a 320.000 tpb. Alguns foram transformados para atividades fixas em *offshore*.

- *Shuttle tanker* – surgiu na exploração petrolífera *offshore* em mar profundo e zonas remotas para facilitar a operação de condução do petróleo bruto diretamente até a refinaria. Grande parte são navios tanques convertidos, com equipamentos para manipulação da mangueira e de impulsores laterais de grande potência com o intuito de permanecerem acostados às boias de descarga em mar alto. Tem porte útil de 120.000 t e velocidade de 16 nós, muito superior à dos navios-tanque convencionais.

1.b. Gases liquefeitos – são os gases de petróleo liquefeitos (GLP ou LPG em inglês), gás natural liquefeito (GNL ou LNG em inglês) e outros gases como amônia, propileno e etileno, todas reguladas pelo *Gas Carrier Code* da IMO.

1.b.1 – GLP

- Costeiros (não refrigerados, semirrefrigerados, refrigerados) – são de pequeno porte, inferior a 6.000 m^3, utilizados para pequeno curso ou navegação costeira.

- Oceânicos (refrigerados) – porte médio, capacidade entre 20.000 m^3 e 60.000 m^3 para o transporte de GLP e amônia anidra.

- VLGC (*Very Large Gas Carriers*, refrigerados) – capacidade entre 75.000 m^3 e 100.000 m^3.

1.b.2 GNL

- SGC (*Small Gas Carriers*) – capacidade de 2.000 m^3 a 20.000 m^3.

- MGC (*Medium Gas Carriers*) – capacidade de 20.000 m^3 a 40.000 m^3.

- LGC (*Large Gas Carriers*) – capacidade de 50.000 m^3 a 70.000 m^3.

- VLGC (*Very Large Gas Carriers*) – capacidade de 70.000 m^3 a 135.000 m^3.

- ULGC (*Ultra Large Gas Carriers*) – capacidade acima de 135.000 m^3.

- ULGC (Q-Flex, Q-Max) – navios com dois motores a diesel de baixa velocidade e equipados com sistema de reliquefação para reduzir perdas de LNG. "Q" significa Qatar e "Max" o tamanho máximo de navio nos terminais de LNG no Qatar.

- Tipo A (Moss); Tipo B (SPB); Tipo C (ConocoPhillips); Membrana (TechnigazMarkIII) – são todos sistemas de construção e contenção de tanques de carga, pressurização e refrigeração.

2. Carga sólida ou seca

2.a Graneleiros – são navios classificados de acordo com o porte e tipos de carga, sendo estes que delimitam as proporções e arranjos internos de acordo com a densidade da carga a ser transportada.

- BC (*Bulk Carriers*) – navios graneleiros.

- O (*Ore Carriers*) – navios mineraleiros.

- OO (*Ore & Oil Carriers*) – transportam minérios e petróleo.

- OBO (*Ore, Bulk & Oil Carriers*)

- CONBULK (*Containers & Bulk*)

- CIM (*Cement Carriers*) – transporte de cimento a granel. Embarcação semelhante ao navio-tanque, com o tanque de carga totalmente fechado e equipamento de movimentação de carga autossuficiente.

- OHBC (*Open Hatch Bulk Carriers*) – não possuem tanques laterais superiores e inferiores, permitindo que as bocas dos porões abram totalmente na largura, podendo carregar polpa de madeira unitizada, papel laminado ou madeira embalada, podendo também carregar contêineres. Podem ter sistemas de desumidificação e/ou equipamento de vácuo para carregamento e descarregamento de carga.

- HyCon (*Hybrid Configuration Bulk Carriers*) – graneleiros mais modernos, com porões de vante e ré com casco duplo, havendo um reforço adicional sem aumentar significativamente o peso do navio.

- BIBO (*Bulk In, Bag Out*) – graneleiros equipados para o ensacamento de carga durante o carregamento. Em uma hora, o navio pode carregar e embalar 300 t de açúcar a granel em sacos de 50 kg.

- SUBC (*Self-Unloader Bulk Carriers*) – graneleiros equipados com um sistema de descarga.

- *Collier* – navios carvoeiros de pequeno a médio porte com 3 a 5 porões e grandes escotilhas para descarga rápida e fácil acesso das caçambas. O carregamento é feito através de tubos ou calhas de escoamento. Alguns podem ter correias transportadoras.

- *Minibulkers* – utilizados na navegação costeira para servirem de apoio para navios maiores. Possuem de 100 m a 130 m de comprimento, calado menor que 10 m e 3.000 tbp a 14.999 tpb.

- Handysize – porte de 15.000 t a 35.000 t.

- Handymax – porte de 35.000 t a 50.000 t.

- Supramax – capacidade de 50.000 tpb a 60.000 tpb. De pequeno porte para operação em regiões com restrições de comprimento e calado.

- Panamax – porte de 60.000 t a 80.000 t, não excedendo 294,13 m (965 pés) de comprimento, 32,31 m (106 pés) de boca e 12,04 m (39,5 pés) de calado.

- New Panamax – criado para a expansão do Canal do Panamá, com eclusas dimensionadas para 427 m (1.400 pés) de comprimento, 55 m (180 pés) de largura e 18,30 m (60 pés) de profundidade.

- Suezmax – capacidade de 150.000 tpb para a travessia do Canal de Suez.

- Capesize – porte bruto de 80.000 t a 170.000 t.

- Small Cape – Capesize com capacidade de 80.000 tpb a 120.000 tpb.

- VLBC (*Very Large Bulk Carrier*) – comprimento de 270 m, 20 m de calado e de 180.000 tpb a 200.000 tpb. Somente para tráfegos específicos.

- VLOC (*Very Large Ore Carriers*) – porte bruto de 150.000 t a 320.000 t e com mais de 20 m de calado.

- VLOC Malaccamax – é o maior navio que pode passar pelo Estreito de Malaca, com 350 m de comprimento, 20 m de calado e 300.000 tpb.

- ULOC (*Ultra Large Ore Carriers*) – acima de 300.000 tpb, transportando minério de ferro entre o Brasil, a Europa e a Ásia, apenas alguns portos estruturados podem receber esse tipo de navio.

- Valemax – categoria ULOC com 400.000 tpb, 362 m de comprimento, 65 m de boca e 23 m de calado.

- Seawaymax – navios que podem passar através das eclusas dos Grandes Lagos (St. Lawrence Seaway).

- Setouchmax – categoria que permite passagem no Mar Setouch (ligação entre o Pacífico e o Mar do Japão) para os portos da região de Kansai, incluindo Osaka e Kobe. Porte de 205.000 t, 299,9 m de comprimento máximo e até 16,1 m de calado.

- Dunkirkmax – limite de 289 m de comprimento, 45 m de boca máxima e 175.000 tpb, para passar pela eclusa leste do porto de Dunkerque.

- Kamsarmax – dimensões máximas de 229 m de comprimento e cerca de 82.000 tpb para o acesso ao porto de Kamsar, na Guiné Equatorial, para a exportação de bauxita.

- Newcastlemax – dimensões de Capesize com 180.000 tpb e boca máxima de 47 m para a exportação de carvão pelo porto de Newcastle, Austrália.

2.b Navios de carga geral – navios de convés único ou multiconvés, com escotilhas de convés que transportam todos os tipos de carga até 20.000 tpb. São também chamados de navios polivalentes (*multi-purpose*) que transportam contêineres, granéis, cargas unitizadas, de grandes volumes, veículos ou cargas laminadas etc. Para a operação no Ártico, os cascos devem ser reforçados com capacidade de quebra-gelo.

- Lo/Lo (*General cargo vessels; Liners; Freighters*); *Lift On-Lift Off* – navios de carga convencional com ou sem meios complementares para a carga e descarga, utilizando guindastes para essas operações.

- GPV – *General Purpose Vessel*.

- *Coaster* – pequeno porte para navegação costeira, utilizado para transporte de carga geral.

- *Combi Coaster* – cargueiro geral de pequeno porte para navegação em mar/rio.

- MPC ou MPV ou MPP (*Multipurpose Vessel*) – dotado de convés único com porões quadrados que podem ou não ter anteparas móveis. São utilizados tanto para o transporte a granel como em carga unitizada.

- *Reefer* ou *Reefer ship* – para carga refrigerada que necessita de temperatura controlada durante o transporte de produtos perecíveis.

- *Banana Ship* – tipo de navio *reefer* convencional ou de porta lateral para transporte de mercadorias refrigeradas como carnes e frutas.

- Ro/Lo (*Pallet carrier; Roll-On/Lift-Off*) – são usadas para o transporte de mercadorias em paletes (carregadas pela porta lateral) e contêineres, que podem ser movimentadas de forma convencional.

- *Box-shape ships* – navios em forma de caixa, sem distinção de proa e popa, utilizados em navegação fluvial e muitas vezes, sem propulsão própria.

- *Combi-vessel* – navio misto para transporte tanto de passageiros quanto de contêineres e cargas convencionais.

- *Sea-River Vessel* – transporte marítimo (navegação costeira) e fluvial para cargas convencionais, granéis e contêineres, com especificações para restrição de navegação em rios e canais. Porte máximo de 3.000 tpb, calado de 5 m e calado aéreo de até 9 m (para passagem sob pontes e viadutos).

- *Laker* – apenas para a navegação nos Grandes Lagos.

- *Cattle carrier* (*Livestock carrier* ou *Sheep carrier*) – para transporte de animais vivos em compartimentos (células).

- T-ACS ou HDFD (*Tactical Auxiliary Crane Ships*) – embarcações que aliviam a carga de navios fora dos portos. Ex: *Heavy Duty*, *Floating Derrick* (cábrea).

- *Jumbo Ship* (*Heavy Lift Ship*) – para cargas muito pesadas ou volumosas (acima de 200 t), levantadas por guindastes próprios do navio.

- Flo/Flo (*Float-On/Float-Off Ships*) – navios semissubmersíveis que permitem que a carga flutue para dentro ou fora do navio.

- *Timber carrier* – dotados de convés único com porões espaçosos e grandes escotilhas para facilitar a movimentação de madeira em geral.

- *Log carrier* – ao longo do convés, postes verticais robustos estão instalados em intervalos regulares.

- OSD ou OSH (*Open Shelter Deck vessel*) – navio com abrigo aberto.

- DSH (*Closed Shelter Deck vessel*) – navio com abrigo fechado.

- HSD (*Half Shelter Deck vessel*) – navio com abrigo parcial.

- SID (*Single Decker vessel*) – navio com deque único.

- SIDBC (*Single Deck Bulk Carrier*) – graneleiro de plataforma única.

- TW ou TDK (*Tweendeckers*) – navios de carga geral com um ou dois conveses de carga inferiores.

- LASH ou SEA-B (*Lighter Aboard Ship*) – navio de transporte de barcaças carregadas que são rebocadas para o navio oceânico (navio-mãe). As barcaças podem ser colocadas a bordo por

elevação ou flutuação, completam a travessia oceânica a bordo e, ao chegarem no local determinado, são desembarcadas e rebocadas para o destino final.

- Rhinemax – para tráfego nos canais da Europa com as seguintes limitações: 1.500 tpb a 3.000 tpb, 110 m de comprimento, calado de 2,5 m, boca de 11,4 m e altura máxima acima da linha de água de 7,3 m, ou distância mínima entre as pontes de 0,30 m.

- *Rhine-Herne*; canal max – específico para a navegação Reno-Herne, com 1.300 tpb a 1.350 tpb, calado de 2,5 m, comprimento de 80 m e boca máxima de 9,5 m.

- *Cruise ship* ou *Cruise Liner* – navio de cruzeiro para passageiros em viagens turísticas.

- HSC (*High-Speed Craft*) ou *Fast Ferry* – embarcação de alta velocidade para transporte de pessoas.

2.c Navios de carga rolada – denominados de Ro/Ro (*Roll-On/Roll-Off*), possuem rampa articulada na popa para facilitar a entrada e a saída de veículos automotores destinados a exportação (automóveis, caminhões, tratores etc.).

- PCC (*Pure Car Carrier*); PCTC (*Pure Car/Truck Carrier*) – navios para transporte de veículos novos ou usados que servem os portos de grandes montadoras para a distribuição em vários países.

- ConRo (*container/Roll-On/Roll-Off Cargo Ship*) – navio híbrido de Ro/Ro e conteneiro, com área abaixo do convés destinada aos veículos e o empilhamento dos contêineres é realizado no convés.

- Ro/Lo (*Roll-On/Lift-Off*) – embarcação híbrida com rampas para veículos e plataformas de carga acessíveis somente com o uso de gruas.

- Ropax (*Roll-On/Roll-Off passengers*) – navio que transporta pessoas (e possui acomodações) ou veículos que são designados como *ferry*. Navios com acomodações para mais de 500 passageiros e transporte de veículos são chamados de *cruise ferries*.

- *Cassete carrier* – navios Ro/Ro que possuem um tipo especial de plataforma para o transporte de cargas volumosas e pesadas que são puxadas para dentro e para fora do navio por meio de reboque. Tem o nome comercial de Mafis para o transporte de rolos de aço, maquinários etc.

- LMSR (*Large, Medium-Speed Roll-On/Roll-Off*) – navios de carga rolante para transporte de carga militar.

2.d Navios de carga conteinerizada – também denominados porta-contentores, os porões são divididos em células, para agilizar a carga e a descarga. Alguns navios polivalentes também podem ser usados, mesmo sem porões divididos dessa forma. Podem também dispor de meios de carga como paus de carga ou gruas. Há navios com capacidade para mais de 18.000 contêineres de 20 pés (TEU – *twenty foot equivalent unit*).

- FCC (*Full Container Carrier*) – navios exclusivos para o transporte de contêineres e equipados com guias nos porões.

- REFCV (*Refrigerated Container Vessel* ou *Reefer Container Vessel*) – quase todos os navios porta-contêineres possuem mais da metade de sua capacidade total reservada para a carga refrigerada.

- *Small Feeder* – capacidade normal de 100 a 499 TEUs, podendo chegar até 1.000 TEUs.

- *Feeder* – capacidade normal de 500 a 1.500 TEUs, podendo chegar até 2.000 TEU's.

- Feedermax – navegação apenas no Canal de Kiel, com calado máximo de 9 m e capacidade de 3.000 TEUs.

- Handy – capacidade entre 1.000 e 1.999 TEUs.

- Sub-Panamax – capacidade entre 2.000 e 2.999 TEUs.

- Panamax – capacidade entre 3.000 e 4.500 TEUs.

- Post Panamax – capacidade superior a 4.500 TEUs.

- New-Panamax – com dimensões-limite de: 366 m de comprimento, 49 m de boca e 15,2 m de calado. Capacidade entre 8.000 e 11.000 TEUs.

- VLCS (*Very Large Container Ship*) – capacidade superior a 7.500 TEUs.

- ULCS (*Ultra Large Container Ship*) – capacidade acima de 12.000 TEUs, como os navios da *Maersk Line* Classe E (13.000 TEUs) e Classe Triple E (18.000 TEUs).

- Tipos A, B e C – arranjo geral da classe ULCS, de acordo com a posição do casario: tipo A (entre a meia-nau e a aleta); tipo B (a meia-nau) e tipo C (entre a meia-nau e a amura).

- Malaccamax – projeto de navio para navegar pelo Estreito de Malacca, com dimensões estimadas em 400 m de comprimento, calado de 20 m e 300.000 tpb.

- Bangcokmax – capacidade até 2.200 TEUs com 172 m de comprimento, 8,2 m de calado e 30 m de boca, utilizado para a navegação entre os *hub ports* da região da Tailândia.

- WAFMax (West Africa Max) – navios da *Maersk Line* com 249,9 m de comprimento e calado de 13,4 m, para navegação entre os portos da Ásia e a costa ocidental da África, com capacidade de 4.500 TEUs e alguns estão equipados com meios para descarga. Cada navio apresenta pelo menos 150 ligações para contêineres refrigerados.

- SAMMax (South America Max) – nomenclatura da *Maersk Line* para a rota América do Sul e Europa.

Dada a especificação de casa do leme sobre-elevada, permitindo transportar mais duas camadas de contêineres, a capacidade total é de 8.700 TEUs. Apresenta comprimento total de 299,9 m de comprimento, boca de 44,8 m e 11,9 m de calado, com 1.700 ligações para contêineres refrigerados.

- CONPAX (*Containers Passengers Vessels*) – navios de uso para passageiros e contêineres, presente nas rotas litorâneas e ilhas próximas das regiões da China, Indonésia e Rússia.

- OBC (*Ore Bulk Container Carrier*) – navios que possuem casco duplo, guindastes de grande capacidade e longo alcance, porões alternados (I, III e V), grandes escotilhas descobertas, usados para o transporte de minérios e produtos siderúrgicos.

- *Boxship* – também chamado de porta-contêineres.

3. Navios e embarcações de apoio em portos – são os de serviço para atividades marítimas como rebocadores, dragas portuárias, navios abastecedores, barcos de combate a incêndios, de combate à poluição, dragas, dentre outros.

3.a Rebocadores

- Rebocador portuário – para as operações de atracação e desatracação de navios que se destinam ao porto.

- Convencional – rebocador com propulsor convencional na popa com 1 ou 2 hélices.

- ASD ou *Z-drive* ou *Azimuth Truster* (*Azimuth Stern Drive Tugs*) – tipo de propulsor azimutal que pode girar 360° para permitir rápidas mudanças de direção, eliminando a necessidade de um leme convencional.

- VSP ou *Cycloidal Drive* (CD) ou *Tractor Tug* ou *Rotor Tug* (*Voith Schneider Propeller*) – é um propulsor cicloidal que combina propulsão e governo numa só unidade, sendo conhecido também como rebocador trator por ter a unidade propulsora de vante da meia-nau.

- ITB ou *Towboat* ou *Push Boats* ou *Pushers* (*integrated tug and barge units*) – rebocador que se encaixa na popa de uma barcaça, permitindo empurrar enormes comboios de barcaças em rios.

- *Kort* – rebocador com hélices providos de *Kort nozzle* (nome específico de um tubo de propulsão).

- *Carrousel* – embarcação provida de um anel em torno do casario que permite que o gancho de reboque ou guincho possa girar a 360°, permitindo maior estabilidade e aumento nas forças hidrodinâmicas para atenuar o emborcamento.

- Salvadego (*Salvage Tug*) – rebocadores maiores que os portuários, utilizado na salvatagem de navios, cascos, sondas de perfuração e plataformas de produção de petróleo em mar aberto.

4. Navios utilizados na prospecção, perfuração e exploração de jazigos de petróleo na região *offshore*.

- FPV (*Floating Production Vessel*) – petroleiro transformado para o processamento de hidrocarbonetos (petróleo e gás).

- FPSO (*Floating Production Storage and Offloading Vessel*) – petroleiro transformado para o processamento de hidrocarbonetos e armazenamento de óleo (petróleo e gás).

- FPDSO (*Floating Production, Drilling, Storage and Offloading Vessel*) – navio com capacidade de perfuração, produção, armazenamento e descarga.

- FLNG (*Floating Natural Gas Platform*) – capacidade plena de 600.000 tpb de GNL com comprimento de 488 m, boca de 75 m e 105 m de altura.

- MPSV (*Multipurpose Supply Vessel*); MSV (*Motor Support Vessel/Multi-Service Vessel*) – navios polivalentes usados na manutenção dos campos de petróleo. Executam abastecimento, entrega de suprimentos, reboque, manobras de âncoras, trabalho de pesquisa e resgate.

- OSV (*Offshore Support Vessel*) – navio específico para testes, manutenção e construção submarina *offshore*.

- AHTS (*Anchor Handling Towing and Supply*) – utilizado para manobrar, rebocar e resgatar âncoras, além de servir como navio de abastecimento e entrega de suprimentos.

- CPLV (*Cable & Pipeline Laying Vessels*) – conhecido como *Cable ship*, utilizado para colocação de cabos ou tubulações no fundo do mar.

- SRV (*Standby and Rescue Vessels*) – navio provido de heliponto para salvamento, além de combater incêndios e conter poluição.

- FSIV (*Fast Supply Intervention Vessel*) – navio de alta velocidade para transporte de pessoal e com capacidade para salvamento e combate a incêndio.

- WSV (*Well Stimulation Vessel*) – maximiza a saída de óleo, aumentando a produção.

- ROVSV (*Seismic Research Support Vessels*) – também conhecidos como *Seismic "Chasers"*, são navios de pesquisas para dados sísmicos.

- PRV (*Platform Removal Vessel*) – dois cascos de petroleiros de 300.000 tpb que servem como base do tipo catamarã, para remover e substituir topos de plataformas petrolíferas.

Náutica – arte ou ciência de navegar. Divide-se em estudo dos navios considerados estaticamente e manobra naval, ou estudo do comportamento dinâmico dos navios.

Navegação costeira – o mesmo que cabotagem.

Navegação de pequena cabotagem – aquela realizada entre portos, mas sem que as embarcações se afastem mais de 20 milhas da costa, com escalas em portos cuja distância não exceda a 250 milhas.

Navegação interior – é aquela realizada em hidrovias interiores, em percurso nacional ou internacional.

NM – abreviatura de *Nautical Mile* ou Milha Náutica ou Marítima. É uma unidade de medida de comprimento, equivalente a 1.852 m.

Nó – 1) medida de velocidade equivalente a uma milha marítima (1.852 m) por hora. 2) entrelaçamento de duas pontas de corda ou cabo, trabalho de marinheiro, feito à mão e passível de ser desfeito manualmente a qualquer momento, destinado a unir dois cabos entre si, ou um cabo a um objeto, pelo chicote ou pelo seio ou, ainda, a unir dois chicotes de um mesmo cabo.

Obras de abrigo nos portos – obras feitas para proporcionar a tranquilidade das águas na bacia de evolução e junto ao berço de atracação. Ex.: os molhes, os espigões, guias-correntes, quebra-mares etc.

Obras mortas – parte do casco da embarcação situada acima do plano de flutuação com o navio na situação de deslocamento em plena carga.

Obras vivas – parte do casco da embarcação situada abaixo do plano de flutuação com o navio na situação de deslocamento em plena carga. O mesmo que carena.

Offshore – que se situa ou é realizado ao largo da costa.

OGMO (Órgão Gestor de Mão de Obra) – sua instituição em cada porto organizado é obrigatória, de acordo com a Lei 8.630/93. Responsável por administrar e regular a mão de obra portuária, garantindo ao trabalhador acesso regular ao trabalho e remuneração estável. Além disso, promove o treinamento multifuncional, a habilitação profissional e a seleção dos trabalhadores. As despesas com a sua manutenção são custeadas pelos operadores portuários, e os recursos arrecadados devem ser empregados, prioritariamente, na administração e na qualificação da mão de obra portuária avulsa.

Oleodutos – dutos terrestres ou marítimos de transporte ou transferência que movimentam petróleo, líquidos de gás natural, condensado, derivados líquidos de petróleo e gás liquefeito de petróleo.

Ova de contêiner – função de preencher o contêiner com mercadorias.

Pá carregadeira – equipamento mecânico utilizado na área portuária, destinado a carregar caminhões ou vagões com granéis sólidos e empurrar ou rechegar porções.

Paioleiro – tripulante responsável pela manutenção e organização do paiol.

Paletização – processo pelo qual vários volumes (sacos, caixas, tambores, rolos de arame etc.) são colocados sobre um estrado ou palete.

Paleteira – também chamado de porta-paletes, é um carrinho hidráulico destinado ao transporte e à locomoção de cargas postas sobre palete.

Passadiço/Ponte de comando – simplesmente ponte ou passadiço, é o compartimento de um navio a partir do qual ele é comandado. É o pavimento elevado, de bombordo a estibordo, de onde se manobra o navio.

Pátio de estocagem – são as áreas descobertas que se encontram localizadas na área de um porto, intercaladas aos armazéns ou isoladas, destinadas ao recebimento de cargas pesadas ou de natureza especial.

Pau de carga – tipo de aparelho de movimentação de peso que consiste numa verga (lança), que posiciona a carga suspensa por cabos. Normalmente é fixada ao mastro e postada junto à escotilha (abertura do porão). O pau de carga completo é constituído de aparelho de acionamento, aparelho de ligada e guincho fixado numa mesa de operação no convés, de onde é operado pelo guincheiro.

PDZPO – Plano de Desenvolvimento e Zoneamento dos Portos.

Pé – unidade de medida linear anglo-saxônica, equivalente a 12 polegadas ou a 30,48 cm.

Peação – fixação da carga nos porões, conveses da embarcação ou em contêineres, visando evitar sua avaria pelo balanço do mar.

Pellet feed – partículas finas de minério, com granulometria abaixo de 0,15 mm.

Pelotização – processo de aglomeração de *pellet feed*, originando pelotas aproximadamente esféricas, com diâmetro aproximado de 12 mm.

Pescantes – equipamento instalado em solo para carregar e descarregar cargas. Não se movimenta no cais.

Píer – plataforma enraizada em terra ou em um quebra-mar, acostável em um ou em ambos os lados, para funcionar como cais. É um cais não paralelo à costa, mas a ela perpendicular ou com ela formando um ângulo, oferecendo a vantagem de permitir atracação pelos dois lados.

Piggback – transporte combinado via rodovia ou ferrovia, podendo também ser o transporte de carretas ou semirreboques sobre vagões ferroviários.

Plano de carregamento – conhecido também como *Master Plan*, é o planejamento para o embarque do navio, fornecido pelo comandante do navio ao operador portuário.

Poitas – blocos de concreto para segurar em local fixo no fundo do mar as boias de sinalização existentes ao longo do canal dos portos.

Polegada – unidade de medida inglesa equivalente a 25,3995 mm ou, por aproximação, a 25,4 mm.

Pontal – altura do casco entre o convés principal e a linha de fundo da seção-mestra a meia-nau.

Ponte – construção erguida sobre o mar servindo de ligação com um cais avançado, a fim de permitir a acostagem de embarcações para carga ou descarga e a passagem de pessoas e veículos.

Popa – parte posterior do navio.

Porão – é o espaço entre o convés mais abaixo e o teto do duplo-fundo, ou entre o convés mais baixo e o fundo se o navio não for dotado de duplo-fundo. Num navio mercante destinado ao transporte de mercadorias, porão é todo o compartimento estanque onde se acondiciona a carga. Esses porões são numerados seguidamente de vante para a ré e de baixo para cima.

Portêiner ou Pórtico de cais – é um guindaste de grande porte especialmente desenhado para carregar e descarregar contêineres em navios. Tem uma braçadeira de levantamento especial adaptada para encaixar nos cantos do contêiner.

Portalino/*Portalink* – descarregador mecânico e contínuo de navio, usado para descarga de grãos, oleaginosas e derivados.

Portaló – local de entrada do navio, onde desembarca a escada que liga o cais ao navio. É o local de passagem obrigatória para quem entra ou sai da embarcação.

Porto – lugar abrigado contra os ventos e contra as ondas, com instalações suficientes para apoiar a navegação e realizar operações de carga e descarga de mercadorias, embarque e desembarque de passageiros etc. É o elo de ligação entre os transportes aquáticos e terrestres, onde se encontram todas as instalações portuárias para carga e descarga, pátios, armazéns etc. A área onde os navios ficam fundeados, aguardando oportunidade para atracação ou aguardando berço no cais, é o que se denomina anteporto. O corredor de ligação entre o alto-mar e as instalações do porto é o que se denomina canal de acesso de um porto.

Portos artificiais – aqueles que exigem obras de abrigo para que tenham condições de funcionar.

Portos carvoeiros e de minérios – aqueles que exigem amplas profundidades e instalações mecânicas especiais para carga e descarga, a exemplo das esteiras transportadoras.

Portos comerciais – os que estão convenientemente aparelhados para operações de carga e descarga de navios mercantes. Conhecidos também como portos de amarração.

Portos de carga geral – aqueles que se encontram instalados em caráter geral, movimentando sacarias, fardos, caixarias, além de possuírem armazéns e pátios de estocagem.

Porto de distribuição ou concentrador (*hub port*) – porto de transbordo, normalmente de linhas transoceânicas para linhas de cabotagem e vice-versa.

Portos de pesca – aqueles que podem ser de pequena profundidade, mas de amplas instalações de cais acostável. São portos que exigem tendais para redes, depósitos frigoríficos, fábrica de gelo etc.

Portos externos – aqueles situados junto ao mar.

Portos flúvio-marítimos – aqueles que se encontram situados em trechos de rios sujeitos a marés.

Portos internos – aqueles situados no interior de uma baía, um rio etc.

Portos lacustres – aqueles situados à margem de um lago ou uma lagoa.

Porto livre – onde os produtos podem ser armazenados sem pagamento de tarifas e impostos relevantes até saírem do local.

Portos militares – aqueles que devem dispor de amplos ancoradouros para abrigar os navios de guerra. As entradas e saídas do porto devem ser definidas militarmente pelo comando terrestre. O cais de um porto militar pode ser de pequeno comprimento.

Portos naturais – aqueles instalados em locais naturalmente abrigados.

Portos organizados – todos aqueles que tenham sido melhorados ou aparelhados, atendendo às necessidades da navegação, da movimentação e guarda de mercadorias e cujo tráfego se realiza sob a direção de uma administração do porto.

Portos petroleiros – aqueles que devem possuir grandes profundidades. Sua principal característica é não exigir cais corrido para as operações de carga e descarga. São os píeres que, em síntese, são pontes mais leves, porém capazes de suportar as tubulações de escoamento dos produtos. Nesses portos as medidas de segurança devem ser extremas.

Porto seco – é um terminal alfandegário que tem a função de facilitar o despacho aduaneiro de importação e exportação longe do litoral.

Praticagem – pode ser definida como um serviço de assessoria aos comandantes de todos os tipos de embarcações para a navegação em águas restritas, isto é, onde existam condições que dificultem a livre e segura navegação em portos, estuários e hidrovias.

Prático – profissional especializado, com grande experiência e conhecimentos técnicos de navegação e de condução e manobra de navios, bem como das particularidades locais, correntes, variações de marés, ventos reinantes, limitações dos pontos de acostagem e os perigos submersos e outros. Assessora o comandante na condução segura do navio em áreas de navegação restritas ou sensíveis para o meio ambiente.

Pré-ligada – denominação dada a uma rede especial, fabricada com fios de poliéster ou similar, suficientemente resistente, de forma a constituir um elemento adequado à unitização de mercadorias ensacadas, empacotadas ou condicionadas de outras formas semelhantes.

Proa – a parte da frente do navio.

Processo *door-to-door* – tipo de movimento em que o exportador transporta o contêiner vazio até o local da mercadoria, coloca-a dentro do contêiner e providencia seu embarque. O importador, por usa vez, transporta o contêiner até suas dependências, esvazia-o e devolve-o ao armador/proprietário, observando-se que, nesse caso,

apenas o importador e o exportador manipularam a mercadoria. No frete para esse tipo de operação estão previstos um desconto de 10% sobre o frete de exportação (na importação cai para 5%), aluguel do contêiner a ser pago pelo importador ou exportador; taxa de sobre-estadia se o contêiner não for devolvido ao armador num prazo de 5 dias da retirada ou descarga, descontando-se esse dia e o da devolução (total de 7 dias). Também denominado de *house-to-house* (casa a casa).

Processo porta a porto – semelhante ao processo porta a porta, com foco nos exportadores que levam as cargas soltas até um terminal de contêineres para armazenagem e embarque da carga para a exportação, permitindo otimizar a movimentação das cargas dentro do complexo portuário. Atende principalmente as áreas de celulose, madeira, carnes congeladas, produtos alimentícios e *commodities*.

Proprietário – aquele que é dono legal da embarcação.

Porte bruto – diferença entre o deslocamento totalmente carregado e o deslocamento leve. Compreende os pesos do combustível, lubrificantes, aguada, água potável, sobressalentes, tripulação e seus pertences, mantimentos, carga e lastro, passageiros e bagagens.

Porte líquido – parcela do porte comercialmente utilizável. Compreende o peso da carga, passageiros e suas bagagens, mala de correio e outros itens sobre os quais é possível cobrar frete ou passagem. Também é chamado porte útil = ato ou ação do peso – carga, da sobrecarga .

Quadro de boias – terminal oceânico composto por boias fixadas por amarras e posicionadas estrategicamente para amarração de navios.

Quebra-mar – construção que recebe e rechaça o ímpeto das ondas ou das correntes, defendendo as embarcações que se recolhem num porto, baía ou outro ponto da costa. O quebra-mar se diferencia do molhe por não possuir ligação com a terra, enquanto este sempre parte de um ponto em terra.

Rateira – proteção colocada na amarra do navio para evitar que roedores adentrem na embarcação.

Reach stackers – empilhadeiras de grande porte para o transporte de contêineres, sendo de fácil manobrabilidade para pátios e terminais de pequeno a médio porte.

Rechego ou achano – operação destinada a facilitar a carga e descarga de mercadorias transportadas a granel. Consiste em juntar, arrumar, espalhar, distribuir e aplanar a carga, abrir furos, canaletas ou clareiras, derrubar paredes etc.

Retinida – cabo fino que é lançado para terra com o intuito de servir como guia aos cabos mais pesados da amarração.

Retroárea – área onde se encontram os locais de estocagem, circulação rodoferroviária e os prédios de apoio operacional. É basicamente constituída por armazéns e silos, pátios de estocagem (para contêineres, granéis sólidos, produtos siderúrgicos, tanques para estocagem de granéis líquidos), vias de circulação rodoviária, vias de circulação ferroviária e prédios de apoio (onde se encontram administração, receita federal, vestiários, refeitório, oficinas, portaria e controle, subestação etc.).

Retroescavadeira – escavadeira com braços articulados por acionamento de cilindros hidráulicos, para remoção de material utilizando o peso adicional do próprio equipamento. Tem as mesmas características operacionais da escavadeira a cabo, porém é mais ágil e rápida, mas a profundidade de dragagem é limitada pelo alcance do braço hidráulico de escavação. Pode dragar pedras, arenitos e argilas duras e consistentes.

RIPEAM (Regulamento Internacional para Evitar Abalroamento no Mar) – conjunto de normas e procedimentos estabelecido na Conferência Internacional para a Salvaguarda da Vida Humana no Mar e adotado no Brasil em 1977.

Risco marítimo – todos os perigos a que se acham expostas as embarcações e mercadorias por danos que lhes possam sobrevir, em consequência de acidentes no mar.

RTG (*Rubber Tyre Gantry Crane*) – chamado de guindaste de pórtico sobre pneus, com mais de 30 m de altura, capaz de passar sobre os pátios de armazenagem e deslocar qualquer contêiner (mesmo no meio de uma pilha) por um sistema de cabos de içamento, sem a necessidade de movimentar ou transportar outras unidades.

Seguimento – diz-se da movimentação de uma embarcação para frente; também quando a embarcação está em marcha.

Shifting do navio – movimento realizado pelo navio para a atracação. Esse movimento abrange desde o momento em que o navio levanta a âncora até o momento em que o navio está totalmente amarrado no cais de atracação.

Shiploader (carregador de granéis sólidos) – carregador de navios, equipamento portuário móvel em forma de torre, com um tubo ou um túnel que é projetado para um berço, destinado ao carregamento de carga a granel através de correias transportadoras, diretamente de um armazém ou silo aos porões do navio.

Shipunloader (descarregador contínuo) – equipamento utilizado na descarga de granéis como minério de ferro, carvão, milho, trigo, fertilizantes etc.

Sider – carroceria para caminhão ou vagão para transporte de carga paletizada, possuindo lonas móveis, o que permite rapidez nas operações de carga e descarga.

Silo – armazém de granéis. Podem ser verticais ou horizontais. Os verticais recebem as cargas por meio de elevadores e a expedição acontece exclusivamente por gravidade, sem uso de equipamentos. Nos horizontais, as cargas são depositadas no nível do solo, manuseadas por carregadores frontais e, no momento de expedição, parte é transportada pela gravidade e parte com o uso de equipamentos.

Sociedade classificadora – entidade que enquadra um navio, por sua construção, numa das categorias estabelecidas por especificações de materiais empregados e observância dos índices de segurança.

Solecar um cabo – soltar o cabo enrolado em um cabeço, liberando-o lentamente por atrito, com pouco esforço manual.

Sondagem (tipos de levantamento):

- Sondagem geofísica – levantamento para determinar os materiais abaixo do leito marinho por meio de suas propriedades físicas (acústica, magnética, elétrica etc.) e geológicas.

- Sondagem geológica – sondagem por meio de trado (broca giratória) que perfura o leito marinho e recolhe amostras de material (testemunho) para análise geológica, oferecendo dados para a mecânica dos solos.

- Ensaio SPT (*Standard Penetration Test*) – constitui-se em uma medida de resistência dinâmica conjugada a uma sondagem de simples reconhecimento. Ao se realizar a sondagem, pretende-se conhecer o tipo de solo atravessado por meio do recolhimento de amostras. O procedimento de ensaio consiste na cravação de um amostrador e o valor "SPT" é o número de golpes necessários para fazer o amostrador penetrar no solo. Os índices de resistência à cravação do amostrador permitem avaliar a capacidade e/ou a consistência do solo ao longo da perfuração.

- Sondagem a percussão – por meio de um procedimento-padrão (pancadas sequenciais em determinada peça penetrante), determina o SPT, isto é, a consistência do material pelo número de golpes necessários para atravessar uma espessura definida do material.

- Sondagem *jet-probe* – equipamento de sondagem geológica operado por mergulhador com bombas de alta pressão que, recolhendo amostras dissolvidas pelo jato, classifica o material sondado sem determinar a sua consistência. É rápido e barato para determinação da profundidade de obstáculos submarinos (pedras, embarcações afundadas etc.).

- Sondagem com mergulhadores – as amostras de fundo são recolhidas por meio de recipientes e tubo de 2 polegadas (com penetração até 1 m) ou com vergalhão de 1 polegada (com penetração até 3 m em lama). A sondagem (até 1 m de penetração) pode também ser realizada com furadeira pneumática ou hidráulica, por meio de broca oca de até 2 polegadas.

- Sondagem com coletor de amostras Kullemberg – é um testemunho realizado por meio de um coletor de amostra lançado em queda livre de uma embarcação, amostrando as camadas que conseguir penetrar. Usado para todo tipo de material (exceto areia), permite o encapsulamento do material em tubo de

PVC, que é tamponado e posteriormente aberto por corte a serra. Com aplicação do penetrômetro, determina-se o SPT das argilas plásticas nas fatias encontradas no testemunho.

- Sondagem batimétrica – levantamento da profundidade do leito aquático utilizando o ecobatímetro ou a sonda de ultrassom e posicionamento por GPS, instalada em uma pequena embarcação.

- Ecobatímetro ou sonda – equipamento que utiliza emissão de ondas de alta e baixa frequência (200 kHz a 20 kHz) para determinar o levantamento do fundo do mar. Seu princípio de funcionamento baseia-se na medida do tempo necessário para que um pulso acústico seja transmitido e refletido pelo fundo (eco) e sensibilize o receptor. Basicamente o equipamento constitui-se por um gerador de pulso, gerador de alta tensão, emissor, receptor, amplificador e registrador. Pode ser instalado no fundo do casco (ecobatímetro fixo) ou na borda da embarcação (ecobatímetro portátil).

O ecobatímetro fixo no casco (quilha) tem melhor precisão, sofrendo menor ação dos movimentos da embarcação; no entanto, a praticidade do transdutor portátil é bem vantajosa. Para ambos os casos, é necessário o uso de um compensador de ondas para eliminar a interferência das ondas na leitura final do ecobatímetro. Há dois tipos de ecobatímetro:

1. *Single-beam* (feixe único) – sondagem tradicional que depende da escala na qual é realizado o levantamento, da precisão nominal do equipamento utilizado e do afastamento entre as linhas de sondagem;

2. *Multi-beam* (múltiplos feixes) – transversal ao deslocamento na área, obtendo as profundidades sobre uma faixa e não somente ao longo de uma linha, cobrindo com maior abrangência o leito marinho, obtendo todas as deformidades e suas delimitações.

- Dados brutos – dados digitais obtidos do ecobatímetro e que representam x e y (coordenadas) e z (profundidade).

- *Hypack* – programa que permite levantamento batimétrico, processamento e cálculo de volume dragado, além de, combinado com o DGPS, proporcionar o posicionamento dinâmico por satélite das embarcações e de cada ponto da sondagem batimétrica.

- Penetrômetro – é um instrumento utilizado para quantificar a compactação do solo.

- Consistência – qualidade das argilas plásticas que define a sua resistência ao corte ou à penetração.

- Compacidade – qualidade das areias que define a resistência à penetração ou o suporte em função de sua granulometria ou da forma dos grãos.

- Empolamento – absorção de água pelo sólido desagregado, aumentando o seu volume.

- GPS – equipamento de posicionamento dinâmico por satélite que indica latitude e longitude de um ponto.

- Marégrafo digital – marca o nível de maré para correção da profundidade. Os dados são emitidos online por ondas de rádio aos sistemas de posicionamento da draga ou da embarcação de sondagem batimétrica.

- Régua de maré – régua de madeira graduada com as alturas das marés, marcadas a partir do Zero Hidrográfico (DHN). Torna-se necessária verificação visual e é suscetível a erros, pelas marolas que variam o nível real do mar.

Sotavento – o ponto ou bordo do navio para onde sopra o vento. O lado oposto ao de barlavento.

Split-Hull (casco dividido) – embarcação (draga ou batelão) com cisterna formada por dois cascos unidos apenas por duas dobradiças, permitindo descarga de materiais sem interferência dos batentes das portas convencionais. É indicado para argilas plásticas e consistentes, pedras e detritos. A sua descarga é muito rápida e se processa em menos de 1 minuto.

Spreader – dispositivo para levantar contêineres e carga unitizada, fixado ao cabo de guindastes ou conectado em qualquer outro maquinário que erga contêineres. Para o levantamento de contêineres, há um mecanismo de travamento denominado *twist lock* em cada extremidade, que se prende aos quatro cantos do contêiner e sinaliza o seu travamento.

Springs – toda espia lançada à meia-nau de uma embarcação para a sua atracação.

Stern thruster – propulsor transversal de popa.

Straddle carrier – equipamento utilizado para estocagem de contêineres no parque de estocagem, possibilitando a superposição de três contêineres.

Suspender (os ferros) – colher as amarras e âncoras para a embarcação se deslocar para operação.

Tabela de deslocamento (t/cm) – determina o peso da água deslocada pelo casco (deslocamento leve ou carregado) em função da variação do calado da embarcação.

Tabela de ulagem (m^3/cm) – determina o volume transportado em um tanque ou cisterna de uma embarcação, em função da altura da carga.

Tábua das marés – é uma publicação náutica anual da Diretoria de Hidrografia e Navegação (DHN) que fornece todas as informações sobre alturas da maré nas baixa-mares e preamares (referência: zero hidrográfico), bem como as horas em que elas ocorrem. Isso para todos os dias do ano, nos principais portos do Brasil e em alguns portos estrangeiros.

Tempo atracado – diferença entre a data da desatracação e a data de atracação da embarcação no porto.

Tempo atracado máximo – refere-se à embarcação que apresentou o maior tempo de atracação.

Tempo atracado médio – corresponde à divisão do tempo atracado total pelo número de embarcações correspondentes.

Tempo atracado total – somatória dos tempos de atracação de todas as embarcações.

Tempo de carga e descarga – basicamente é definido em função da jornada de trabalho (horas/dia) e do número de porões operados simultaneamente a taxa de carga e descarga do equipamento ou sistema.

Tempo de espera – é o tempo entre a data da entrada da embarcação no porto até a data de atracação.

Tempo de estadia médio – relação entre o tempo total da estadia e o número de embarcações correspondentes.

Terminal – ponto inicial ou final para embarque e/ou desembarque de cargas e passageiros.

Terminal de uso privativo (TUP) – é a instalação construída ou a ser construída por instituições privadas ou públicas, não integrante do patrimônio do Porto Público, para a movimentação e armazenagem de mercadorias destinadas ao transporte aquaviário ou provenientes dele, sempre observando que somente será admitida a implantação de terminal dentro da área do porto organizado quando o interessado possuir domínio útil do terreno.

Terminal retroportuário – terminal situado em zona contígua à do porto organizado ou instalação portuária.

TEU (*Twenty-foot Equivalent Unit*) – unidade de medida de contêiner tendo como unidade-base o contêiner de 20 pés. Exemplo: um contêiner de 40 pés equivale a 2 TEU.

Torre sugadora – equipamento sugador de carga a granel a partir do porão do navio que é encaminhada através de tubulação para armazenamento em outros navios, barcaças, caminhões, vagões ou silos.

tpb (tonelada de porte bruto) – corresponde à tonelagem total de embarque do navio, incluindo a carga a ser transportada, os equipamentos, a tripulação, o combustível etc.

Tracking – é o rastreamento da carga desde o ponto de embarque até a chegada ao seu destino final, com o objetivo de melhorar a logística e a segurança do transporte de cargas, permitindo uma visão estratégica do percurso.

Transbordo ou *transhipment* – transferir mercadorias de um para outro meio de transporte ou veículo, no decorrer do percurso da operação de entrega.

Transporte multimodal – conexão sistemática que se utiliza dos vários sistemas de transporte existentes procurando reunir as vantagens operacionais de cada um dos modos de transporte, aliando-se a outras de origem institucional,

visando bem servir ao usuário quando este necessita deslocar sua carga de porta a porta.

Transtêiner ou pórtico de pátio – equipamento de pórtico destinado à movimentação horizontal de contêineres, transportando-os de um para outro ponto do pátio de contêineres. Pode ser montado sobre pneus ou linha férrea.

Travas de contêineres (*twistlocks*) – travas existentes com o intuito de facilitar o intertravamento dos contêineres em pilhas e o travamento dessas pilhas no convés do navio cargueiro.

Través – posição em relação à embarcação, sendo perpendicular à linha proa-popa, aproximadamente a meio-navio. Para efeito de marcações relativas, o través de boreste está aos 90° da proa e o de bombordo aos 270° dela.

Trim – é a inclinação de uma embarcação de um dos seus extremos ao outro oposto.

Trimming do navio – é o termo que designa a acomodação da carga nos compartimentos do navio para que fique sempre aprumado.

Tripulação – é o nome dado à equipe que realiza a operação e as demais atividades de bordo. Geralmente é organizada de forma hierárquica. No caso de dragas, devem participar da limpeza, dos reparos e da manutenção, integrando-se na operação de dragagem. Dividem-se em setores como máquinas, convés e câmara (cozinha).

Tripulação-padrão – é a soma da tripulação exigida pelo CTS (Marinha) e a *Extra roll* (definida pela empresa), considerando-se a operação e a manutenção da embarcação.

Unitização – é o ato de juntar as mercadorias em lotes-padrão, facilitando seu manuseio e seu transporte multimodal e agilizando a movimentação. São exemplos de unitização: a paletização – acondicionamento da carga em paletes (estrados de madeira) e a conteinerização (acondicionamento em contêineres).

Velocidade de cruzeiro – medida em *knots*, é a velocidade de trabalho em condições normais de vento, maré e com motores em rotação nominal de trabalho.

Vigia – abertura feita no costado para iluminação e arejamento dos compartimentos.

Virador de vagão – equipamento utilizado para descarregar a carga de dentro dos vagões. O virador gira os contêineres, fazendo com que os granéis sólidos (em geral minérios) sejam despejados nas correias transportadoras. O mecanismo de tração para puxar toda a composição fica no próprio virador, não necessitando de uma locomotiva para puxá-los à medida que a carga é descarregada.

VTMS (*Vessel Traffic Management System*) – sistema de informação que monitora a movimentação de navios.

LISTA DE TERMOS